Arthur Scheunert · Alfred Trautmann

Lehrbuch der Veterinär-Physiologie

7. Auflage

Arthur Scheunert · Alfred Trautmann

Lehrbuch der Veterinär-Physiologie

Siebte, völlig neubearbeitete Auflage

Herausgegeben von Günter Wittke

Unter Mitarbeit von

Elmar Bamberg, Wien · Kurt Bronsch, Berlin · Heinz Eder, Gießen · Michael Fromm, Berlin · Jürgen Gropp, München · Klaus Hierholzer, Berlin · Heiko Hörnicke, Stuttgart · Gerhard Hofecker, Wien · Klaus Männer, Berlin · Ernst Pfeffer, Bonn · Erwin Scharrer, Zürich · Heinrich Spörri, Bassersdorf · Antonius Wels, Gießen · Günter Wittke, Berlin · Konrad Zerobin, Zürich · Hermann Zucker, München

1987 · Mit 418 Abbildungen, 2 Farbtafeln und 116 Tabellen

Verlag Paul Parey · Berlin und Hamburg

Mitarbeiterverzeichnis

Professor Dr. med. vet. Elmar Bamberg
Vorstand des Instituts für Biochemie
der Veterinärmedizinischen Universität Wien
Linke Bahngasse 11, A-1030 Wien

Professor Dr. med. vet. Dr. med. vet. h. c. Kurt Bronsch
Direktor des Instituts für Tierzucht und Tierernährung
der Freien Universität Berlin
Brümmerstraße 34, D-1000 Berlin 33

Professor Dr. med. vet. Heinz Eder
Direktor des Instituts für Veterinär-Physiologie
der Justus-Liebig-Universität Gießen
Frankfurter Straße 100, D-6300 Gießen

Priv. Doz. Dr. med. Michael Fromm, Hochschulass.
Institut für Klinische Physiologie
am Universitätsklinikum Steglitz
der Freien Universität Berlin
Hindenburgdamm 30, D-1000 Berlin 45

Professor Dr. med. vet. Jürgen Gropp
Institut für Physiologie, Physiologische Chemie und
Ernährungsphysiologie – Tierärztliche Fakultät
der Ludwig-Maximilians-Universität München
Veterinärstraße 13, D-8000 München 22

Professor Dr. med. Klaus Hierholzer
Direktor des Instituts für Klinische Physiologie
am Universitätsklinikum Steglitz
der Freien Universität Berlin
Hindenburgdamm 30, D-1000 Berlin 45

Professor Dr. med. vet. Heiko Hörnicke
Institut für Zoophysiologie der Universität Hohenheim
Garbenstraße 30, D-7000 Stuttgart 70

Professor Dr. med. vet. Gerhard Hofecker
Vorstand des Instituts für Physiologie
der Veterinärmedizinischen Universität Wien
Linke Bahngasse 11, A-1030 Wien

Akad. Oberrat Dr. med. vet. Klaus Männer
Institut für Tierzucht und Tierernährung
der Freien Universität Berlin
Brümmerstraße 34, D-1000 Berlin 33

Professor Dr. sc. agr. Ernst Pfeffer
Direktor des Instituts für Tierernährung
der Rheinischen Friedrich-Wilhelms-Universität
Endenicher Allee 15, D-5300 Bonn 1

Professor Dr. med. vet. Erwin Scharrer
Direktor des Instituts für Veterinärphysiologie
der Universität Zürich
Winterthurer Straße 260, CH-8057 Zürich

Professor Dr. med. vet. Dr. med. vet. h. c.
Heinrich Spörri
Hubstraße 24, CH-8303 Bassersdorf ZH

Professor Dr. med. vet. Antonius Wels
Institut für Veterinär-Physiologie
der Justus-Liebig-Universität Gießen
Frankfurter Straße 100, D-6300 Gießen

Professor Dr. med. vet. Günter Wittke
Institut für Veterinär-Physiologie, -Biochemie,
-Pharmakologie und -Toxikologie
der Freien Universität Berlin
Koserstraße 20, D-1000 Berlin 33

Professor Dr. med. vet. Konrad Zerobin
Direktor des Instituts für Zuchthygiene
der Universität Zürich
Winterthurer Straße 260, CH-8057 Zürich

Professor Dr. agr. Hermann Zucker
Inhaber des Lehrstuhls für Ernährungsphysiologie,
Vorstand des Instituts für Physiologie, Physiologische
Chemie und Ernährungsphysiologie – Tierärztliche
Fakultät der Ludwig-Maximilians-Universität München
Veterinärstraße 13, D-8000 München 22

CIP-Kurztitelaufnahme der Deutschen Bibliothek

Scheunert, Arthur:
Lehrbuch der Veterinär-Physiologie / Arthur
Scheunert : Alfred Trautmann. — 7., völlig
neubearb. Aufl. / hrsg. von Günter Wittke.
Unter Mitarb. von Elmar Bamberg ... — Berlin ;
Hamburg : Parey, 1987.
ISBN 3-489-66216-4
NE: Trautmann, Alfred:

Einband: Christian Honig

Anschriften: Lindenstraße 44–47, D-1000 Berlin 61;
Spitalerstraße 12, D-2000 Hamburg 1

ISBN 3-489-66216-4 · Printed in Germany

Satz und Druck: Saladruck Steinkopf & Sohn,
D-1000 Berlin 36

Lithographie: Carl Schütte & C. Behling
D-1000 Berlin 42

Bindung: Lüderitz & Bauer Buchgewerbe GmbH,
D-1000 Berlin 61

Vorwort zur siebten Auflage

Auf Bitten der Verlagsbuchhandlung Paul Parey habe ich die Herausgabe dieser 7. Auflage des inzwischen wohl als klassisch zu bezeichnenden Werkes »Lehrbuch der Veterinär-Physiologie« übernommen, dessen erste Auflage von den Professoren ARTHUR SCHEUNERT (seinerzeit Leipzig), ALFRED TRAUTMANN (Hannover) und FRIEDRICH WILHELM KRZYWANEK (Berlin) verfaßt worden war und im Jahre 1939 erschien. Noch während des zweiten Weltkrieges konnte eine 2. neubearbeitete Auflage im Jahre 1944 erscheinen. Von der 1951 erschienenen 3. Auflage an, die infolge des Ablebens von Professor KRZYWANEK von ARTHUR SCHEUNERT und ALFRED TRAUTMANN allein bearbeitet worden war, erschienen alle weiteren Auflagen unter der Verfasserbezeichnung SCHEUNERT/TRAUTMANN (4. Auflage 1957, 5. Auflage 1965, 6. Auflage 1976). Die bedeutendsten Veterinärphysiologen des deutschsprachigen und europäischen Raumes waren an der Aus- und Neugestaltung des Werkes maßgeblich beteiligt, wie z. B. JOHANNES BRÜGGEMANN (4.–6. Auflage), HANS HILL (4.–6. Auflage), VALENTIN HORN (4.–6. Auflage), ALFRED KMENT (5.–6. Auflage), JOHANNES MOUSTGAARD (5. Auflage) und HEINRICH SPÖRRI (5.–7. Auflage).

Die an sich im Hinblick auf den raschen Verkauf der 6. Auflage rechtzeitig eingeleiteten Vorbereitungen für eine neugestaltete Neuauflage verzögerten sich bedauerlicherweise durch berufliche Belastungen der beteiligten Autoren und die schwere Erkrankung des Herausgebers erheblich, so daß zwischen dem Ausverkauf der 6. Auflage (Herbst 1982) und dem Erscheinen der 7. Auflage leider ein längerer Zeitraum verstrich, während dessen die Studenten auf dieses Lehrbuch verzichten mußten.

Auch diesmal ist man darauf bedacht gewesen, daß möglichst viele kompetente Hochschullehrer der Tierärztlichen Bildungsstätten in Deutschland, Österreich und der Schweiz sich an dem Werk beteiligten, um auf diese Weise überall auf das gleiche Informationsmittel im physiologischen Unterricht zurückgreifen zu können, was besonders beim Wechsel des Studienortes von Vorteil sein dürfte. Über den genannten Kreis von Verfassern hinaus haben auch Professoren aus zoologischen, landwirtschaftlichen und humanmedizinischen Instituten die Autorengemeinschaft verstärkt und bereichert.

Die inhaltliche Struktur des Buches hat sich gegenüber der letzten Auflage verändert. So sind diesmal alle Abschnitte fortgelassen worden, die in den Arbeitsbereich der Biochemie fallen. Dadurch sollte erstens eine Entlastung des überfrachteten Bandes erreicht und zweitens der faktischen Arbeitsteilung zwischen Physiologie und ihrer Nachbardisziplin eindeutig Rechnung getragen werden. Die Biochemie verfügt über eigene Lehrbücher, die ihren Stoff in angemessener Ausführlichkeit behandeln, so daß die bisher gepflogenen Kurzdarstellungen biochemischer Prozesse in unserem Lehrbuch der Veterinär-Physiologie keine didaktische Funktion mehr haben. Beibehalten sind hingegen — dem Wunsche vieler Mitautoren und dem Rate von Kollegen aus der Biochemie folgend — die Abschnitte über Mineralstoffe und Vitamine, weil sie in Vorbereitung der speziellen Ernährungslehre und Futtermittelkunde veterinärmedizinisch wichtige Kenntnisse vermitteln, die auch in der Ätiologie vieler Erkrankungen der Tiere eine erhebliche Rolle spielen.

Eine Reihe von Kapiteln sind aus der letzten Auflage übernommen, jedoch revidiert und auf den neuesten Stand gebracht worden. Andere Teile des Textes wie z. B. mehrere Abschnitte des Kapitels Stoff- und Energiewechsel, die Kapitel über die Physiologie der Niere und über das Endokrinium sind von erstmals hinzugekommenen Verfassern gänzlich neu formuliert worden. Dem bisher schon enthaltenen Kapitel über die Physiologie der Milchsekretion folgt nun eine ausführliche Darstellung der Physiologie der Eibildung. Abgeschlossen wird das Werk wiederum durch ein neu gestaltetes Kapitel über die Physiologie des Verhaltens, deren Kenntnisse für den Umgang mit Tieren und für ihre artgerechte Haltung von großer Bedeutung sind.

Der Verlag hat das Seine getan, um dem Band wieder ein ansprechendes und praktisches Gewand zu geben. Durch Kapitelübersichten und Zweispaltendruck sind die Orientierung im Text und die Lesbarkeit wesentlich erleichtert worden. Die Dimensionen der Meßgrößen sind durchgehend auf S. I.-Einheiten umgestellt oder zur Erleichterung von Vergleichen neben den herkömmlichen Einheiten angegeben worden.

Die Gemeinschaft der Verfasser hat sich bemüht, eine Ausgabe dieses Lehrbuches der Veterinär-Physiologie zu besorgen, die unter Konzentration auf die Hauptgebiete der Physiologie im engeren Sinne ihre Grundlagen in ausreichendem Maße vermittelt, und zwar mit Blickrichtung auf die klinisch-medizinische Anwendung einerseits wie auf die Probleme der Reproduktion, der Aufzucht, Ernährung, Haltung und Nutzung der Tiere andererseits. Wir hoffen, daß das Unterfangen wenigstens im Ansatz gelungen ist und so dem Benutzerkreis wieder ein brauchbares Arbeitsmittel für Studium und Beruf zur Verfügung steht.

Berlin, im Frühjahr 1987

Günter Wittke

Vorwort zur ersten Auflage

Nachdem das von W. Ellenberger und A. Scheunert als Sammelwerk herausgegebene und 1925 in 3. Auflage erschienene Lehrbuch der vergleichenden Physiologie der Haussäugetiere veraltet ist, macht sich das Bedürfnis nach einem für den Unterricht und zur Fortbildung geeigneten Lehrbuch der Veterinär-Physiologie von Jahr zu Jahr dringender bemerkbar. Zu einer neuen Auflage des früheren Sammelwerks konnte sich nach dem Tode Ellenbergers der verbliebene Herausgeber nicht entschließen, da der Grundgedanke, der zur Entstehung dieses Werkes im Jahr 1910 geführt hatte, für die gegenwärtigen Verhältnisse keine Bedeutung mehr besitzt. Damals handelte es sich darum, an Stelle des von Ellenberger herausgegebenen zweibändigen Handbuches der Physiologie der Haussäugetiere ein kürzeres, aber trotzdem umfassendes Werk zu setzen, welches auch noch als Nachschlagewerk Dienste leisten konnte. Die Nachkriegsverhältnisse ließen es notwendig erscheinen, diesen Gedanken schon in der 2. Auflage des genannten Werkes fallen zu lassen. Die seitdem erfolgte gewaltige Verbreiterung und Vertiefung der physiologischen Erkenntnisse wiesen zwangsläufig auf eine Stoffbeschränkung hin. Damit mußte der Handbuchcharakter des Werkes verlassen und als neues Ziel die Schaffung eines kürzeren Lehrbuches, das nur einen Überblick über den Stoff der Veterinär-Physiologie bietet, ins Auge gefaßt werden. Hierzu drängten auch die Beschränkung der Semesterzahl und der Unterrichtsstunden des veterinär-medizinischen Studiums sowie die Ansprüche des Studenten, dem eine klare, alles Wesentliche zusammenfassende Darstellung dienlicher ist als eine in die Breite gehende Erörterung von Fragen, die noch hart an den Grenzen der Forschung liegen. Bei einem solchen Buch bestand eine Berechtigung für die Form des Sammelwerkes nicht mehr.

Herausgeber und Verlag entschlossen sich deshalb, ein völlig neues Lehrbuch der Veterinär-Physiologie zu schaffen. Wenn für dieses trotz der obigen Ausführungen drei Verfasser zeichnen, so geschieht dies aus zwei Gründen. Der eine besteht in der sehr nüchternen und praktischen Erwägung, die sich darauf stützt, daß im Hinblick auf die verhältnismäßig geringe Anzahl der Studierenden der Veterinärmedizin die Gefahr der Überalterung eines Buches um so geringer wird, je mehr Unterrichtsstätten sich seiner bedienen. Der andere Grund aber war der Wunsch, auch in dem neuen Werk dem unvergeßlichen Altmeister der Veterinärmedizin, Wilhelm Ellenberger, dadurch ein Denkmal zu setzen, daß die aus seiner Schule hervorgegangenen drei Veterinärphysiologen deutscher Hochschulen sich zu gemeinsamer Arbeit im Sinne ihres Lehrers von einst zusammenschlossen.

Daß hierbei der traditionelle Verlag der Ellenbergerschen Werke, Paul Parey, nicht fehlen durfte und in altbekannter Weise sein Bestes zum Gelingen des Werkes beitrug, ist selbstverständlich.

Leipzig, Hannover, Berlin, im Juni 1939

A. Scheunert, A. Trautmann,
Fr. W. Krzywanek

Inhaltsverzeichnis

VIII. Wasser- und Elektrolythaushalt; Physiologie der Niere (K. Hierzolzer und M. Fromm) 359

IX. Endokrinium (E. Bamberg) . . . 437

XI. Physiologie der Milchsekretion (K. Zerobin) 522

XII. Physiologie der Eibildung (K. Männer) 541

XIII. Physiologie des Nervensystems und der Sinnesorgane (G. Wittke) 558

XIV. Physiologie der Bewegung (A. Wels) 655

XV. Physiologie des Verhaltens (G. Hofecker) 686

I. Einleitung

G. Wittke

Physiologie in ihrer modernen Definition gilt als Teilgebiet der Biologie, das heißt der allgemeinen Kunde und Lehre vom Leben. Das Ziel ihres Forschens ist, den raum-zeitlichen Ablauf normaler Lebensfunktionen in Zellen, Geweben, Organen, Organsystemen und schließlich im ganzen Organismus quantitativ zu beschreiben. Sie bedient sich dazu der exakten Verfahren der Physik und Chemie, die in Anwendung auf biologische Systeme zu den Wissensgebieten der Biophysik und Biochemie geführt haben. Beide gehören zu den Grundlagen einer allgemeinen Physiologie, die darauf angelegt und zugleich darauf beschränkt ist, die Summe der im lebenden Organismus miteinander verbundenen Prozesse in physiko-chemischen Kategorien zu formulieren.

Zu den hervorstechenden Merkmalen eines Lebewesens gehört, daß in ihm zweckmäßige, auf eine Vielzahl von Determinanten reagierende Steuerungen fungieren, deren Arbeitsweise aufzuklären, ebenfalls zu den Aufgaben der Physiologie gehört. Sie bedarf dazu einer Reihe formaler Vorstellungen und analoger Modelle, die aus der Kybernetik, der Informations- und Regelungstheorie bezogen werden können, deren Aussagen eine wichtige heuristische Rolle in der Erkenntnis biologischer Regulationsmechanismen spielen. Neben solchen deduktiven Ansätzen geht die Physiologie als empirische Wissenschaft in ihrer experimentellen Alltagspraxis induktiv und kausalanalytisch vor, d. h. sie sucht aus dem Studium einer Vielzahl von Teilvorgängen allgemeine Regeln abzuleiten und die Abläufe selber als notwendige Folgen einzelner oder zusammenwirkender Ursachen darzustellen.

Es ist keineswegs sicher, ja sogar wenig wahrscheinlich, daß man das Phänomen »Leben« methodologisch auf die beschriebene Weise vollständig erfassen kann. Das gilt vor allem auch für die Zustände »Krankheit« oder »Leiden« als zeitweiligen Formen des Lebens, deren Ursachen zwar häufig, aber nicht immer aus physiologischen Überlegungen bestimmbar sind. Wir dürfen jedoch annehmen, mit Hilfe physiologischer Begriffe eine Teilwirklichkeit zutreffend zu beschreiben, die in der Gesamtwirklichkeit dessen, was unter allen nur möglichen Aspekten als »Leben« erfahren wird, mit Sicherheit enthalten ist. Aus alledem folgt, daß die Physiologie sich als eine wissenschaftliche Basis der Medizin verwenden läßt, von der aus es möglich ist, Störungen normaler Funktionen festzustellen und, falls die Ursachen erkannt sind, auch zu beheben. Die Physiologie ist sozusagen die »Grammatik« der Medizin, deren syntaktische Regeln es erlauben, aus den »Worten« der Einzelbefunde »Sätze« zu bilden, die plausibel genug erscheinen, um als Grundlage diagnostischer und therapeutischer Erwägungen zu dienen.

Die Bedingungen des Zustandekommens und des Ablaufs von Fehlfunktionen zu ergründen, ist die besondere Aufgabe der Pathophysiologie, die eine wichtige, aber nicht die einzige medizinische Anwendung physiologischer Kenntnisse ist. Weil Lebewesen niemals isoliert, sondern stets als Komponenten ökologischer Gefüge existieren, untersucht die Physiologie außer den im Innern des Körpers sich abspielenden Prozessen auch die Reaktionen der Individuen auf ihre physikalische und biologische Umwelt. Je nach Dauer der Einwirkung lösen Außenfaktoren im Organismus akute Veränderungen im Stellbereich geregelter Funktionen aus oder haben zweckgerichtete Anpassungsvorgänge zur Folge. Als Beispiele damit befaßter Disziplinen im Aufenthalts- und Tätigkeitsbereich des Menschen seien Arbeits-, Sport- und Höhenphysiologie genannt.

Veterinär-Physiologie schließlich ist die Anwendung physiologischer Kenntnisse und Methoden auf den Haltungs- und Produktionsbereich von Haus- und Nutztieren. Das gilt sowohl für die Grundlagen ihrer prophylaktischen und kurativen Betreuung als auch für die Erhaltung und Entwicklung ihrer Leistungsfähigkeit. Im Lebensbereich des Menschen werden Leistungen von Tieren nicht nur als Nahrungs- und Rohstoffproduzenten, sondern auch in Funktionen erwartet, die von der Gefährtenrolle des Heimtieres über den Einsatz als Transport-, Such- und Rettungsmittel bis zum Probanden im wissenschaftlichen Laboratorium (Versuchstier) reichen. Jede dieser Verwendungen geht von der Kenntnis und Nutzung spezieller physiologischer Eigenschaften aus, weshalb die Veterinär-Physiologie als Lehrfach sich nicht damit begnügen darf, allgemeine Funktionsregeln verständlich zu machen, sondern sich vielmehr bemühen muß, tierartliche Besonderheiten herauszuarbeiten. Im Vergleich zur Humanphysiologie sind sie nicht nur quantitativer, sondern bisweilen qualitativer Natur, wie z. B. die Verdauungsvorgänge der Wiederkäuer oder die äußere Atmung der Vögel.

Ein praktisch bedeutendes Anwendungsfeld veterinärphysiologischen Forschens sind die funktionellen Belastungen, denen Haustiere durch moderne Techniken der Haltung und Nutzung ausgesetzt sind. In der Konkurrenz ökonomischer, medizinischer und ethischer Interessen haben physiologische Argumente hier eine wichtige Ausgleichsfunktion. Die intensive Haltung von Nutztieren in künstlichen ökologischen Systemen, ihre Verpflanzung aus gemäßigten Zonen in subtropische und tropische Klimate verlangen Anpassungen verschiedenster Art, die einer besonderen veterinärphysiologischen Analyse bedürfen und nicht einfach aus anderen zoophysiologischen und humanphysiologischen Erfahrungsbereichen extrapoliert werden können. Aus diesen und weiteren Gründen hat sich im Rahmen einer umfassenden Lehre von den normalen Lebensfunktionen eine spezielle Veterinär-Physiologie als Basis- und Hilfswissenschaft der Veterinärmedizin entwickelt, deren Elemente in diesem Buch unterbreitet werden.

Der Spezialisierung der Autoren wegen und aus didaktischen Gründen ist hier eine abschnittsweise Darstellung der Physiologie nach Organ- und Funktionssystemen vorgenommen worden. Doch darf beim Studium der Partialprozesse nie außer acht gelassen werden, daß der Organismus ein integriertes System ist, in dem alle Teile aufeinander bezogen sind, um als Gesamtheit auf endogene wie exogene Einflüsse zu reagieren. Hochdifferenzierte Regulationsmechanismen auf jeder Organisationsebene des Körpers sorgen für ein dynamisches Gleichgewicht (Homoiostase), um die Konstanz eines »inneren Milieus« zu erhalten, das dem Organismus in verschiedenen Zuständen seiner Eigentätigkeit und in wechselnden Situationen der Außenwelt eine relativ stabile Existenz garantiert.

Um ein Lebewesen in seiner staunenswerten Komplikation begreifen zu lernen, ist es ein zwar notwendiger, aber nicht ausreichender Schritt, sich eine genaue Vorstellung von seiner morphologischen Organisation zu machen. Vielmehr müssen funktionelle Betrachtungsweisen frühzeitig einsetzen, sind doch schon die biologischen Strukturen das Gestalt gewordene Ergebnis programmgesteuerter physiko-chemischer Prozesse. Als entwickelte Strukturen wiederum sind sie das Substrat von Funktionen, deren Prinzipien zu erfassen der Sinn physiologischer Studien ist. Ihnen in genügendem Maße nachzugehen, bedeutet, sich eine unerläßliche Voraussetzung für naturwissenschaftlich orientiertes medizinisches Denken zu verschaffen.

II. Allgemeine Grundlagen der Lebensvorgänge

A. Die Zelle

H. Eder

Die morphologische und funktionelle Grundeinheit der Lebewesen ist die Zelle. Alle Lebenserscheinungen lassen sich auf Leistungen von Zellen zurückführen. Jede Zelle zeigt die fundamentalen Merkmale des Lebens: Strukturelle Organisation und Stoffwechsel, Informationsfluß, Reizbarkeit und Anpassungsfähigkeit, Vermehrung und Vererbung sowie Wachstum, Alterung und Tod.

Alle Zellen haben bei prinzipiell gleichem Aufbau wesentliche Funktionen gemeinsam. Aber es gibt viele Zellarten, die sich sowohl morphologisch als auch funktionell erheblich voneinander unterscheiden. Beispielsweise ist die Größe der tierischen Zellen sehr verschieden. Die Blutzellen (5 bis 20 µm) sind die kleinsten, die Eizellen die größten Zellen des tierischen Organismus. Die Vielfalt in Struktur und Funktion ist Ausdruck der Anpassung an verschiedene Aufgaben.

Unsere Vorstellung über den Bau der tierischen Zelle wurde lange Zeit durch das lichtmikroskopische Bild geprägt: Sie weist einen Zellkern auf, der im Zytoplasma liegt, das seinerseits von einer Zellmembran umschlossen ist und verschiedene Zelleinschlüsse enthalten kann. In den letzten Jahrzehnten ermöglichten neue methodische Entwicklungen sehr weitgehende Einblicke in die Struktur und die Funktion von Zellen. Hier ist zunächst die Elektronenmikroskopie zu nennen. Das Auflösungsvermögen des Elektronenmikroskops ist rund tausendmal höher als das des Lichtmikroskops. Der Aufbau der Zellorganellen, der Membranen und anderer Strukturen wurde dadurch bis ins Detail bekannt, und neue zytologische Elemente wurden überhaupt erst jetzt entdeckt. Obwohl elektronenmikroskopische Aufnahmen grundsätzlich nur an fixierten Strukturen möglich sind, gab und gibt die Aufklärung der Ultrastruktur von Zellorganellen der Zellforschung entscheidende Impulse. Neben der Elektronenmikroskopie haben biochemische und zytochemische Methoden wesentliche Erkenntnisse über die Funktion der Zelle und ihrer Bestandteile erbracht. Derartige Verfahren sind außerordentlich vermehrt und verfeinert worden. Schließlich tragen molekularbiologische, genetische und zellphysiologische Methoden wesentlich dazu bei, das heutige Bild von der Zelle und den Gesetzmäßigkeiten ihrer Funktion zu entwerfen.

Dieses Bild zeigt eine Fülle von Einzelheiten und Zusammenhängen. Viele Funktionen sind aufgeklärt, viele erst in Umrissen erkennbar oder noch unbekannt. Auch weiterhin werden sowohl morphologische als auch funktionelle Methoden eingesetzt werden müssen, denn nur aus ihrem Zusammenwirken können neue Erkenntnisse resultieren. Gerade im zellulären und noch deutlicher im subzellulären — dem molekularbiologischen — Bereich zeigt sich, daß Struktur und Funktion nicht voneinander zu trennen sind.

1. Strukturbestandteile

a. Zytoplasma und Organellen

Die **Zellmembran** (Plasmamembran) umschließt die tierische Zelle gegenüber dem extrazellulären Raum. Sie ist etwa 6–8 nm dick und grenzt das Zellinnere gegenüber der Umgebung ab. Sie gewährleistet die Aufrechterhaltung eines bestimmten inneren Milieus durch einen geregelten Stoffaustausch: Für verschiedene Stoffe ist sie unterschiedlich durchlässig. Auf der Membranoberfläche können Rezeptorsubstanzen lokalisiert sein, die mit spezifischen Stoffen wie Hormonen oder Überträgersubstanzen aus Nervenzellen reagieren. Bei spezialisierten Zellen ermöglichen die elektrophysiologischen Eigenschaften der Zellmembran die Phänomene der Erregung und Erregungsleitung.

In das **Zytoplasma** sind alle Zellbestandteile eingelagert. Lichtmikroskopisch erscheint das Zytoplasma der lebenden, ungefärbten Zelle homogen, sofern nicht gröbere Zellelemente, beispielsweise Granula, vorhanden sind. Auch die Fixierung und Färbung der Zelle führt nur zur Darstellung der größeren Zytoplasma-Einschlüsse und Organellen. Erst die elektronenmikroskopische Untersuchung

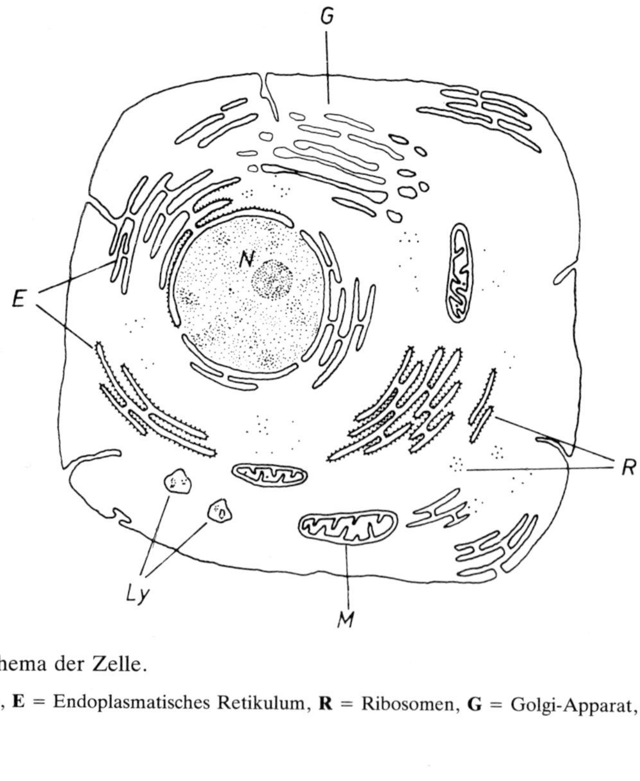

Abb. 1. Allgemeines Schema der Zelle.

N = Nukleolus im Zellkern, **E** = Endoplasmatisches Retikulum, **R** = Ribosomen, **G** = Golgi-Apparat, **M** = Mitochondrium, **Ly** = Lysosomen läßt die vielfältigen ultramikroskopischen Strukturen erkennen, die den zytoplasmatischen Raum erfüllen und gliedern. Das weiterhin homogen erscheinende eigentliche Zytoplasma (Hyaloplasma, Zytosol) besteht aus einem komplexen System von Proteinen, Lipiden, Kohlenhydraten, anorganischen Ionen und Wasser. Die hydratisierten Proteine bilden kristallähnliche Strukturen und diese ein dreidimensionales Netzwerk (Mizellarstruktur), in dessen Maschen Wasser und anorganische Ionen eingelagert sind. Dieses System ist im übrigen in stetem Umbau begriffen. Bei den verschiedenen Zellarten zeigen die Proteine des Zytoplasmas in Anpassung an die spezifischen Zellfunktionen beträchtliche Unterschiede in Aufbau und Anordnung.

Das **Endoplasmatische Retikulum** bildet innerhalb des Zytoplasmas ein membranöses System, das Hohlräume sehr verschiedener Form (Bläschen und Zysternen) umschließt und teilweise verbindet. Es durchzieht im allgemeinen das ganze Zytoplasma, hat aber keine starre Form, sondern ist in ständiger Umordnung begriffen. Durch das Endoplasmatische Retikulum kann einmal eine Unterteilung des zytoplasmatischen Raumes in *Kompartimente* erfolgen, die als Reaktionskammern aufzufassen sind. Zum anderen bildet die Gesamtheit der von den Membranen umschlossenen Hohlräume, die vielfach miteinander in Verbindung stehen, ein Kanalsystem, das für intrazelluläre Transportvorgänge von Bedeutung ist. Es steht mit der Kernhülle — genauer: dem perinukleären Raum — in Verbindung und scheint auch über die Zellmembran mit dem extrazellulären Raum zu kommunizieren. Die Membranen des Endoplasmatischen Retikulums haben dabei offenbar eine Barrierenfunktion zwischen den Hohlräumen und dem eigentlichen Zytoplasma.

Auf der dem Zytoplasma zugewandten Seite der Membranen des Endoplasmatischen Retikulums finden sich in vielen Fällen etwa 15 nm große, elektronendichte Körnchen. Man spricht dann von rauhwandigen oder granulären Membranen. In bestimmten Zytoplasmabezirken, vor allem von Zellen mit starker Proteinsynthese, bilden derartige Membranen ein besonderes Zellorganell, das *Ergastoplasma.* Die Körnchen sind **Ribosomen,** die aus Proteinen und Ribonukleinsäure bestehen. Sie sind in großer Zahl den rauhwandigen Membranen aufgelagert, aber auch frei im Zytoplasma suspendiert. Ribosomen sind der Ort der Proteinsynthese: An ihnen werden unter Mitwirkung von Nukleinsäuren die Aminosäuren zu Polypeptiden verknüpft.

Der **Golgi-Apparat** wird von geschichtet angeordneten, flachen Säckchen gebildet, die von einer Membran umgeben sind. Diese Organellen sind in sekretsezernierenden Zellen besonders gut ausgeprägt. In ihnen vollzieht sich offenbar die Konzentrierung von Sekreten, die dann aus der Zelle abgegeben werden. Möglicherweise erfolgt im Golgi-Apparat auch eine Umwandlung von Zellprodukten.

Lysosomen sind ultramikroskopische Organellen, die als kleine Bläschen von einer Membran umgeben sind. Sie enthalten vor allem proteolytische Enzyme, die im sauren Milieu optimal wirksam sind. Man nimmt an, daß Lysosomen unter bestimmten Bedingungen zelleigene Bestandteile, vor allem Proteine, abbauen und auch bei der intrazellulären Verdauung phagozytierten Materials eine Rolle spielen.

In allen tierischen und pflanzlichen Zellen findet man **Mitochondrien,** 0,5–1 μm dicke und einige μm lange, in steter Bewegung befindliche, zusammengesetzte Organellen. Sie sind im Lichtmikroskop noch zu erkennen. Ihre Zahl und ihre Größe variieren erheblich. Stoffwechselaktive Zellen weisen relativ viele Mitochondrien auf. Ein Mitochon-

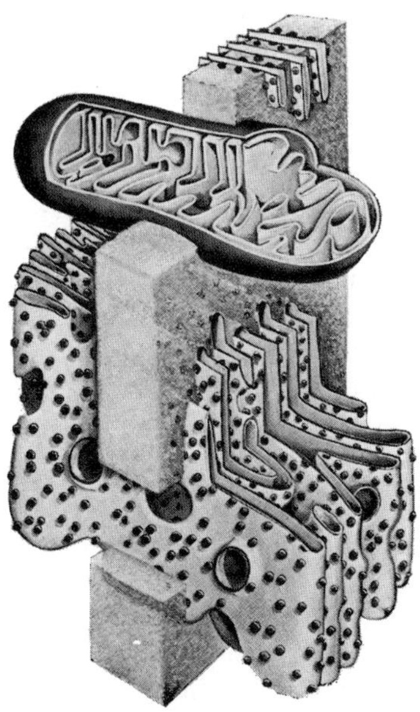

Abb. 2. Teilstück aus dem Zytoplasma (Modell). (Aus J. P. SCHADÉ: Die Funktion des Nervensystems. Gustav Fischer, Stuttgart 1971).

Oben ein Mitochondrium, darunter Endoplasmatisches Retikulum mit Ribosomen drium wird von einer doppelten Elementarmembran begrenzt, deren inneres Blatt septenartige Vorsprünge (Cristae) bildet. Durch dieses Membransystem wird die innere Oberfläche gegenüber der Matrix, der Grundsubstanz, wesentlich vergrößert. Bei einigen Zellarten findet man anstelle der Cristae röhrenförmige Membransysteme (Tubuli). Die Membranen sind sowohl außen als auch innen mit winzigen Körperchen übersät.

Die Mitochondrien sind vor allem in jenen Zellbereichen lokalisiert, in denen energetische Reaktionen ablaufen. Sie spielen im Stoffwechselgeschehen der Zelle eine wichtige Rolle. Mitochondrien sind erstens die hauptsächlichen Orte der Energiefreisetzung aus Nährstoffen. Zweitens erfolgt in ihnen die Energiespeicherung: Die freigesetzte Energie wird in Form chemischer Bindungsenergie in ATP gespeichert (Synthese von ATP aus ADP) und in den Mitochondrien für den Zellstoffwechsel bereitgehalten. Man findet wegen der Vielfalt der Stoffwechselprozesse in den Mitochondrien eine große Zahl von Enzymen, so die des Zitronensäurezyklus, der Atmungskette, des oxidativen Fettsäureabbaus sowie ATPasen. Die verschiedenen Enzyme sind bestimmten Bereichen innerhalb des gekammerten Mitochondriums zugeordnet.

b. Zellkern (Nukleus)

Tierische Zellen enthalten im allgemeinen einen Zellkern mit einem Durchmesser in der Größenordnung von 10 µm. Eine kernlose Zelle vermag zwar noch weiter zu leben und bestimmte Funktionen auszuüben, dies aber nur eine begrenzte Zeit lang. Sie ist nicht mehr fähig, zu wachsen und sich zu teilen.

Gegenüber dem Zytoplasma wird der Kern von der **Kernhülle** abgegrenzt. Diese ist aus zwei Elementarmembranen aufgebaut. Der Bereich zwischen beiden wird als perinukleärer Raum bezeichnet. Er kommuniziert mit den intrazysternalen Bereichen des Endoplasmatischen Retikulums und dadurch offenbar auch direkt mit dem extrazellulären Raum. So ist ein direkter Stoffaustausch zwischen dem kernnahen perinukleären Bereich und der Zellumgebung möglich.

Man nimmt an, daß die Bildung der Kernmembran vom Endoplasmatischen Retikulum ausgeht, indem dieses sich um die eigentliche Kernmasse, das **Karyoplasma,** faltet. So könnte auch die Entstehung der zahlreichen *Kernporen* zu erklären sein. Diese nehmen einen relativ großen Teil der Kernoberfläche ein und stellen eine unmittelbare Kommunikation zwischen Karyoplasma und Zytoplasma her.

In jedem Zellkern findet man in der Interphase mindestens einen **Nukleolus,** ein Kernkörperchen. Er läßt sich mittels Färbung leicht gegenüber dem übrigen Karyoplasma abgrenzen. Auch in der lebenden Zelle kann man ihn wegen seiner starken Lichtbrechung phasenkontrastmikroskopisch gut erkennen. Der Nukleolus ist membranlos. Während der Metaphase löst er sich auf, in der Telophase wird er an bestimmten Chromosomen neu geformt. Er besteht aus Proteinen und verschiedenen Ribonukleinsäuren. Wahrscheinlich werden die tRNA und die rRNA im Nukleolus gebildet und wie die mRNA in ihm gespeichert, um dann durch die Kernporen ins Zytoplasma zu gelangen. Die Größe der Nukleolen ist von der Art und dem Funktionszustand der Zelle abhängig. Zellen mit starker Proteinsynthese haben gewöhnlich relativ große Nukleolen.

Ein wesentlicher Bestandteil des Zellkerns ist das **Chromatin,** das genetische Material der tierischen Zelle. Chromatin ist ein *DNA-Protein-Komplex (DNP).* Es setzt sich aus DNA (Desoxyribonukleinsäure), basischen Proteinen (Histonen) sowie Nichthistonproteinen zusammen. Stets findet man auch geringe Anteile von RNA (Ribonukleinsäure). Die Histone bilden die strukturelle Grundlage der *Nukleosomen.* So bezeichnet man Komplexe aus acht Histonmolekülen, die vom DNA-Faden (mit jeweils etwa 200 Nukleotidpaaren) sehr raumsparend umsponnen sind. Elektronenmikroskopisch erscheinen sie wie Perlen, durch freie

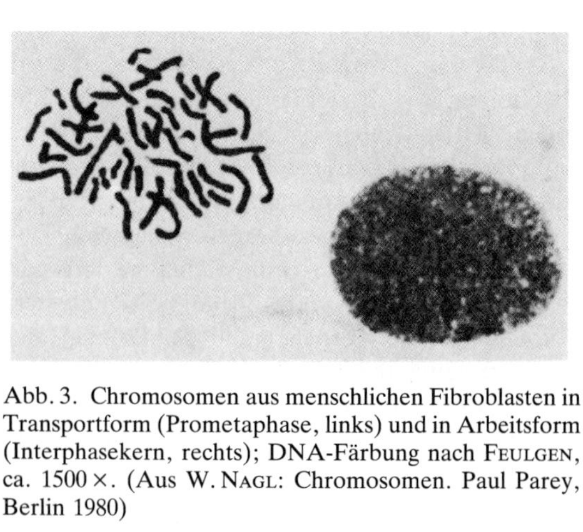

Abb. 3. Chromosomen aus menschlichen Fibroblasten in Transportform (Prometaphase, links) und in Arbeitsform (Interphasekern, rechts); DNA-Färbung nach FEULGEN, ca. 1500×. (Aus W. NAGL: Chromosomen. Paul Parey, Berlin 1980)

DNA-Teile zu einer Kette verknüpft. Im nativen Chromatin sind diese Grundstrukturen eng gepackt und nicht ohne weiteres sichtbar zu machen. Sie bilden Chromatinfibrillen, diese ihrerseits Strukturen höherer Ordnung.

Chromatin liegt im Zellkern in der Interphase normalerweise in dispergierter Form vor. Es wird hier lichtmikroskopisch erst sichtbar, wenn es verdichtet oder kondensiert ist. Während der Kernteilung (Mitose) wird das Chromatin stark zu **Chromosomen** kondensiert. Diese Strukturen sind bereits seit langem bekannt, weil sie sich durch Färbung leicht darstellen lassen. Chromatin und Chromosomen sind also chemisch dasselbe, und zwar DNP, aber je nach Kondensationsgrad in verschiedenen Funktionszuständen.

Die Chromosomen gelangen während der Mitose nach Auflösung der Kernhülle in das Zytoplasma. Sie können hier in Chromatiden getrennt, zu den Polen transportiert und auf die Tochterzellen verteilt werden. Die Zahl der Chromosomen ist bekanntlich für jede Spezies typisch. Ihre individuelle Form erlaubt die Aufstellung von *Karyogrammen* (Idiogrammen), bei denen sie nach morphologischen Gesichtspunkten angeordnet werden. In allen haploiden Zellen sind die Chromosomen voneinander verschieden; in diploiden Zellkernen können homologe Paare gebildet werden.

2. Zellzyklus und Genexpression

a. Zellzyklus

Vielzellige Organismen wachsen durch Zellteilung. Auch im erwachsenen Organismus teilen sich ständig Zellen, besonders häufig in den proliferationsaktiven Geweben, zum Beispiel in den Zellerneuerungssystemen des Knochenmarks oder des Dünndarms. Derartige Zellen durchlaufen den **Zellzyklus** oder *Teilungszyklus* in rascher Folge. Andere Zellen differenzieren sich nach der Mitose. Sie teilen sich seltener und nur unter besonderen Umständen oder auch gar nicht mehr.

Der Zellzyklus somatischer Zellen umfaßt die *Mitosephase* und die *Interphase.* Bei der Mitose entstehen aus einem Mutterzellkern zwei Tochterzellkerne (und im allgemeinen auch zwei Zellen), die in ihrer genetischen Information mit dem ersteren identisch sind. Die Interphase ist der Zeitraum zwischen zwei mitotischen Kernteilungen.

Man teilt die *Interphase* in mehrere Unterabschnitte: In der *G_1-Phase,* die sich an die Mitose anschließt, werden die spezifischen Zelleistungen erbracht, beispielsweise Hormone produziert. Die Dauer der G_1-Phase ist sehr variabel. Sie kann

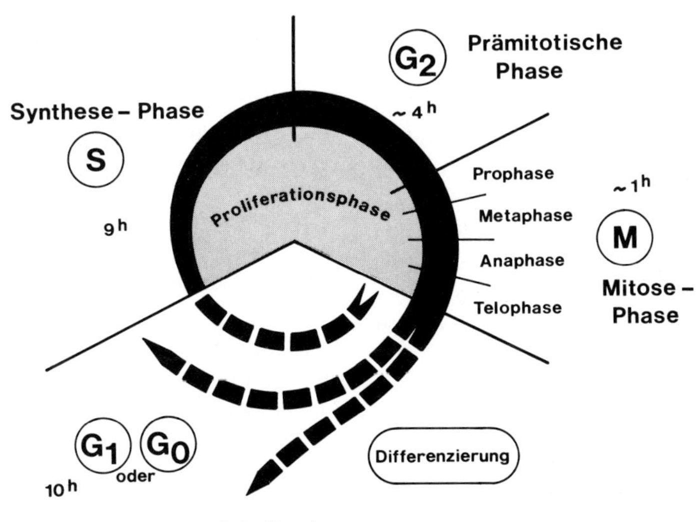

Abb. 4. Zellzyklus. Die Zeitspannen der Zyklusphasen können für verschiedene Spezies sehr unterschiedlich sein. Die angegebenen Zeiten gelten für Hepatomzellen der Maus

einerseits sehr kurz sein oder sogar ganz entfallen; andererseits können gewisse Zellarten sehr lange in dieser Phase verbleiben, wie die regenerierenden Leberzellen oder bestimmte Subpopulationen kleiner Lymphozyten. Dann spricht man von G_0-Zellen oder der *G_0-Phase*. Durch Prozesse, die man als Initiation bezeichnet, ohne sie bisher näher zu kennen, werden Zellen aus der G_1- oder G_0-Phase zur Verdoppelung ihres genetischen Materials angestoßen. In der Synthese- oder kurz *S-Phase* werden die Chromosomen verdoppelt. Diese **identische Reduplikation der Chromosomen** umfaßt die Replikation der DNA (s. u.) und die Histonbildung sowie die Verknüpfung der Syntheseprodukte zu neuen Chromatinstrukturen. Der Vorgang wird auch *Chromatinbiosynthese* genannt. Eine relativ kurze *G_2-Phase* leitet über zur *Mitose,* die im allgemeinen etwa eine Stunde dauert.

Zwischen dem Anstoß zur DNA-Synthese und der Aufteilung in zwei Tochterzellen während der späten Telophase laufen die Vermehrungsprozesse ab: Die Zelle befindet sich in der **Proliferationsphase.** Ihr steht die **Arbeitsphase** gegenüber, in der die Funktionssynthesen erfolgen. Sie umfassen die RNA- und die Proteinsynthese als Ausdruck der Genexpression des »Arbeitskerns«. (Die Arbeitsphase bezeichnet man übrigens auch heute noch oft als Ruhephase. Das ist nur scheinbar paradox: Die nichtproliferierende Zelle befindet sich zellkinetisch in Ruhe.)

b. Nukleinsäuren

Die vor allem im Zellkern enthaltenen Nukleinsäuren DNA und RNA stellen die molekulare Basis für die Speicherung und Weitergabe der genetischen Information und für die Regulation der Stoffwechselprozesse der Zelle dar. Während die DNA der eigentliche Informationsträger ist und ein stabiles Informationsdepot bildet, sieht man in der RNA im wesentlichen den Überträger der Information. Die DNA liegt nahezu ausschließlich in den Chromosomen vor, die RNA dagegen im Nukleolus und im Zytoplasma, und zwar in mehreren Varianten.

Beide Nukleinsäuren bauen sich als Makromoleküle aus einer Vielzahl von (Mono-)Nukleotiden auf. Ein Nukleotid besteht aus einer Pyrimidin- oder Purinbase und einem Zucker (Pentose), der mit Phosphorsäure verestert ist. Über die Phosphorsäure sind die einzelnen Nukleotide zu langen Nukleinsäuremolekülen verknüpft. Bei der DNA ist der Zucker immer Desoxyribose, bei der RNA stets Ribose. Die DNA liegt in den Chromosomen in Form einer Doppel-Helix vor (Watson-Crick-Modell), bei der zwei DNA-Moleküle gegenläufig umeinander gewunden sind und so die Doppelwendel bilden. Sie sind über die Basen durch relativ leicht lösbare Wasserstoffbrücken verbunden, und zwar so, daß sich die komplementären Basen Cytosin und Guanin, Thymin und Adenin gegenüberstehen. Bei der RNA, die im übrigen einsträngig ist, korrespondiert Uracil anstelle von Thymin mit Adenin.

Jeweils drei aufeinanderfolgende Mononukleotide bilden in beiden Nukleinsäuren mit ihren jeweiligen Basen funktionelle Einheiten, die *Tripletts.* Diese sind die genetischen Informationseinheiten. Die Sequenz der Tripletts und damit die *Basensequenz* ist die genetische Information. Denn jedes Triplett ist einer bestimmten Aminosäure zugeordnet, für ihren Einbau in eine Peptidkette und damit in ein Protein zuständig. Man kennt heute alle den einzelnen Aminosäuren zugehörigen Tripletts.

c. DNA-Replikation

In der S-Phase wird die genetische Information unmittelbar an neugebildete DNA übergeben. Dabei rollt sich die DNA-Doppelwendel von einem Ende her auf. Auf jedem Einzelstrang wird ein neuer DNA-Strang aus Mononukleotiden gebildet, wobei sich komplementäre Basen oder komplementäre Tripletts gegenüberliegen. Die beiden neu entstandenen Doppelstränge sind in ihrer Zusammensetzung und Basensequenz identisch. Diese **Replikation der DNA** führt also zur Verdoppelung des genetischen Materials, das bei der Zellteilung in vollem Umfang den Tochterzellen weitergegeben wird. Die Replikation wird unter Beteiligung einer Reihe weiterer Enzyme durch DNA-Polymerase katalysiert. Die Informationsübertragung erfolgt auf diese Weise sowohl bei den Keimzellen als auch bei der Vermehrung somatischer Zellen.

d. Genexpression

Die Funktion der Zelle und damit der Organismen wird bestimmt durch die Art, den Zustand und die Menge der produzierten *Proteine.* Sie katalysieren als *Enzyme* die Vielzahl der Stoffwechselprozesse und bauen als *Strukturproteine* die Zellen auf. Die Anweisung für ihre Produktion geschieht durch die DNA. Die Übertragung ihrer genetischen Information auf Proteine nennt man *Genexpression.* Konkreter bedeutet sie die Übersetzung der Nukleotidsequenzen der DNA in Aminosäuresequenzen von Polypeptiden.

Nach der konventionellen Definition ist ein Gen ein Abschnitt der DNA, der für die Codierung eines Proteins notwendig ist; er besteht aus der proteincodierenden Sequenz und Kontrollsequenzen. Nach heutiger Auffassung trifft diese Definition nur für *Prokaryonten* (zellkernlose Zellen) zu. Bei *Eukaryonten* (Zellen mit echtem Zellkern) ist die Genstruktur komplizierter: Hier liegen die Gene ganz überwiegend nicht als zusammenhängende Codierungssequenzen vor, sondern in Stükken, als sogenannte Mosaikgene. Die informative DNA-Sequenz zeigt mehrere oder viele Teilabschnitte (Exons), die durch zwischengeschaltete Sequenzen (Introns) voneinander getrennt sind. Im übrigen können die Teilabschnitte gegeneinander bewegt oder verlagert werden, oder sie können überlappend angeordnet sein.

Die **Genexpression** erfolgt, sehr vereinfacht dargestellt, in zwei Schritten:

1. Die **Transkription** umfaßt die **Synthese der RNA-Arten.** Man beschreibt diese Stufe auch als (primäre) *Genaktivität.* Auf dem Muster der DNA wird unter Einfluß von RNA-Polymerase **mRNA = Messenger-RNA** gebildet. Die DNA wird an einem bestimmten Abschnitt des betreffenden Chromosoms zunächst von den einhüllenden Histonen befreit. Die freigelegte DNA-Wendel buchtet sich aus. Von einem DNA-Strang wird eine Kopie in Form eines komplementären mRNA-Einzelstrangs synthetisiert. Dabei lagert sich an jedes Triplett der DNA (das *Codogen*) ein komplementäres RNA-Triplett an, das *Codon.* Es stellt gewissermaßen ein Negativ der DNA-Tripletts dar und dementsprechend ist die Codonsequenz der RNA ein Negativ der Codogensequenz der DNA. Die mRNA-Moleküle werden, durch Proteine stabilisiert und proteinumhüllt, als *Informosomen* durch die Kernporen zu den Ribosomen gebracht. Hier ist die mRNA-Basensequenz die Anweisung für die Aminosäuresequenz bei der Proteinsynthese.
Die **Transfer-RNA**-Moleküle sind relativ kurz. Sie haben die verschiedenen Aminosäuren aus dem Aminosäure-Pool der Zelle zu binden und zu den Ribosomen zu transportieren. Ein Molekül **tRNA** bindet jeweils eine bestimmte Aminosäure. Dies geschieht unter Aktivierung durch ATP, und zwar mit Hilfe von Aktivierungsenzymen. Die tRNA trägt ein *Anticodon,* ein dem Codon wiederum komplementäres Triplett.

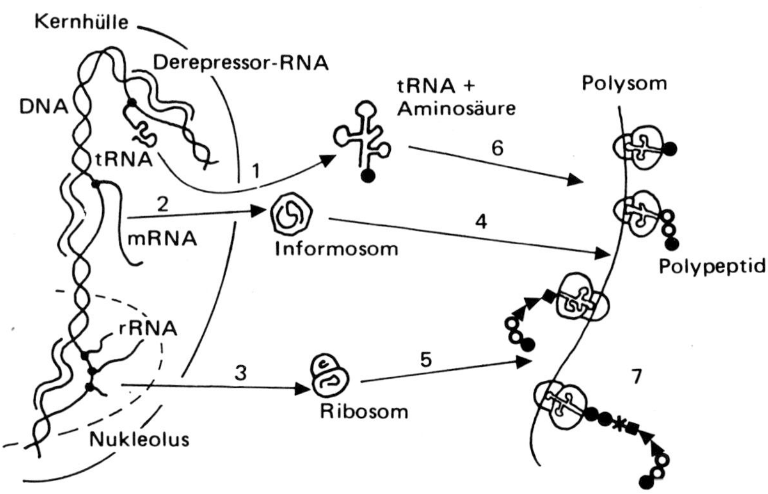

Abb. 5. Vereinfachtes Schema der Transkription und Translation. (Aus W. NAGL: Chromosomen. Paul Parey, Berlin 1980).

Im Kern wird mRNA, rRNA und tRNA an der DNA synthetisiert. Die tRNA verläßt den Kern durch eine Kernpore (**1**), wird mit der passenden Aminosäure verestert und gelangt zu den Polysomen (**6**). Die mRNA verläßt (**2**), in Proteine verpackt, ebenfalls den Kern durch Kernporen; schließlich wird sie aus den Informosomen ausgepackt (**4**) und dient in den Polysomen als Matrize für die Proteinsynthese. Die rRNA verbindet sich noch im Nukleolus mit ribosomalen Proteinen und verläßt den Kern, ebenfalls durch Kernporen, als Ribonukleoprotein (**3**). Die Ribosomen binden nacheinander an das 5'-Ende der mRNA und bilden so die Polysomen. Durch Konformationsänderung können die Ribosomen bei der Umlagerung der Esterbindung zwischen tRNA und Aminosäure in eine Peptidbindung zwischen zwei Aminosäuren (Verlängerung der Polypeptidkette, **7**) an der mRNA entlanggleiten

Die **Ribosomen-RNA (rRNA)** bildet zusammen mit Proteinen die Ribosomen. Diese sind nicht einheitlich, sondern können leicht in Fragmente zerlegt werden. Die kleineren Teile sind der Bindungsort für die mRNA, an den größeren Teilen wird die Peptidbindung katalysiert. Alle RNA-Arten müssen Reifungsprozesse durchlaufen. In einer Reihe verschiedener Einzelschritte werden die Primär-Transkripte abgewandelt. Man bezeichnet diese Reifungsvorgänge als *RNA-Prozessierung.*

2. Die **Translation** oder **Proteinsynthese** ist der zweite Teil der Genexpression. Sie erfolgt ganz überwiegend im Zytoplasma, und zwar an den Ribosomen, die in einer Vielzahl an einem mRNA-Molekül liegen. Man stellt sich die Bildung der Polypeptidkette so vor, daß die Ribosomen an der mRNA entlanggleiten. An jedem Ribosom tritt jeweils ein Codon der mRNA in Korrespondenz mit dem komplementären Anticodon einer tRNA und bindet eine bestimmte Aminosäure an die wachsende Polypeptidkette.

e. Regulation der Genexpression

Für einen geordneten Ablauf der vielfältigen Stoffwechselprozesse auf Zell- und Organebene ist die Regulation der Proteinsynthese, vor allem der Enzymsynthese von kardinaler Bedeutung. Wirksame Regulationsmechanismen der Genexpression sind also notwendig. Bei *Prokaryonten,* beispielsweise bei Bakterien, erfolgt sie nur auf der Ebene der Transkription.

Das **Operon-Modell** von Jacob und Monod erwies sich hier als sehr fruchtbar. Hat sich beispielsweise in der Zelle ein Substrat über den Bedarf angehäuft, vermag es seine weitere Synthese zu unterdrücken (reprimieren). Es verbindet sich mit einem im Zytoplasma befindlichen *Repressor,* dem Produkt eines *Regulator-Gens.* Hierdurch wird dieser aktiviert und kann ein sogenanntes *Operator-Gen* verschließen. Dieses Operator-Gen kontrolliert die Tätigkeit von *Struktur-Genen,* die über die Bildung von mRNA die Enzymsynthese bewirken. Ein Verschluß des Operator-Gens führt also zur **Repression** (Unterdrückung) der Enzymsynthese: Weiteres Substrat wird nicht mehr gebildet. Operator-Gen und Struktur-Gene faßt man zur funktionellen Einheit des *Operon* zusammen.

Das gleiche System wird in abgeänderter Weise auch bei der Regulation von Abbauvorgängen eingesetzt, beispielsweise beim Abbau energieliefernder Substanzen. Gelangt ein derartiges Substrat in die Zelle, reagiert es mit dem entsprechenden Repressor und blockiert ihn. Damit kann das Operator-Gen nicht mehr geschlossen gehalten werden (Derepression). Die zugehörigen Struktur-Gene können die Information zur Synthese der abbauenden Enzyme geben, die den Abbau der betreffenden Substanz in die Wege leiten. Diesen Vorgang bezeichnet man als **Induktion.**

Bei **Eukaryonten** sind die Regelmechanismen der Genexpression komplexer. Sie sind im einzelnen noch nicht völlig geklärt. Die Regulation erfolgt hier offenbar auf *mehreren Ebenen.* Schon auf der Ebene des Informationsträgers erfolgt eine Kontrolle des Genotyps durch nichtcodierende Sequenzen der DNA.

Überhaupt wird bei Eukaryonten nur ein sehr geringer Teil der DNA transkribiert. Die meisten Strukturgene finden sich in sogenannten einmaligen Sequenzen oder *nicht-repetitiver DNA,* die etwa 1 % der gesamten DNA ausmacht. Die *mittelrepetitive DNA* enthält Sequenzen, die öfter als einmal (10^2–10^5mal) vorliegen. In ihr liegen vielfache Kopien der Gene für tRNA, rRNA und Histone vor. Sie spielen sicherlich bei der Regulation der Genexpression und der Zelldifferenzierung eine Rolle. In sehr häufiger, zum Teil millionenfacher Wiederholung findet man kurze Basensequenzen bei der *hochrepetitiven DNA,* die auch Satelliten-DNA genannt wird und die das konstitutive *Heterochromatin* bildet. Sie wird offenbar überhaupt nicht transkribiert.

Zahlreich sind bei Eukaryonten die Möglichkeiten, die Transkription durch Induktion und Repression über Operonmechanismen zu beeinflussen oder über den Kondensationsgrad des Chromatins zu regulieren. Hier spielen die Histone und die Nichthistonproteine eine Rolle. Auf der posttranskriptionellen Ebene gibt es Regulationsmechanismen im Zusammenhang mit der *RNA-Reifung* (RNA-Prozessierung), die in mehreren Schritten erfolgt. Auch eine Beeinflussung der Proteinsynthese selbst sowie jener Abläufe, die man als Protein-Prozessierung beschreibt, ist nachgewiesen.

Differenzierung Die Zellen eines Vielzeller-Organismus sind mehr oder weniger differenziert, sie haben also unterschiedliche Zellfunktionen. Da alle Zellen eines Organismus von einer Mutterzelle abstammen, haben sie alle die im Prinzip gleiche genetische Gesamtinformation, das gleiche *Genom.* Die Differenzierung muß somit auf einer unterschiedlichen Stillegung oder Aktivierung von Teilen des Genoms beruhen. Sie ist also eng mit der Regulation der Genexpression verknüpft. Am bekanntesten sind auf dem grundlegenden Gebiet der differentiellen Genexpression solche regulativen Prozesse, die im Bereich der Transkription liegen. Hier gibt es auch Ansatzpunkte für deren Beeinflussung durch extrazelluläre Faktoren.

Literatur

Fasold, H., 1976: Bioregulation. Regulations- und Kontrollmechanismen in der Zelle. Uni-Taschenbücher 547. Quelle & Meyer, Heidelberg.

Gallwitz, D., 1981: Zellteilung und Zellzyklus. Verh. Ges. Dt. Naturf. u. Ärzte 1980, S. 182–188. Springer-Verlag, Berlin, Heidelberg, New York.

Hirsch, G. C., H. Ruska, P. Sitte (Hrsg.), 1973: Grundlagen der Cytologie. Verlag Gustav Fischer, Stuttgart.

Lodish, H. F., J. E. Rothman, 1979: Die Bildung von Zellmembranen. Spektrum d. Wiss., S. 31–47.

Metzner, H. (Hrsg.), 1981: Die Zelle. Struktur und Funktion. 3. Aufl. Wissenschaftliche Verlagsgesellschaft, Stuttgart.

Nagl, W., 1976: Zellkern und Zellzyklen. Molekularbiologie, Organisation und Entwicklungsphysiologie der Desoxyribonukleinsäure und des Chromatins. Verlag Eugen Ulmer, Stuttgart.

Nagl, W., 1980: Chromosomen. Organisation, Funktion und Evolution des Chromatins. 2. Aufl. (Pareys Studientexte Nr. 23). Verlag Paul Parey, Berlin, Hamburg.

Schütz, G., 1981: Gen-Struktur und Gen-Expression. Verh. Ges. Dt. Naturf. u. Ärzte 1980, S. 189–195. Springer-Verlag, Berlin, Heidelberg, New York.

B. Physiologie biologischer Membranen

G. Wittke

Lange Zeit ist der Nachweis besonderer Hüllstrukturen an Grenzen tierischer Zellen nicht möglich gewesen. Dennoch hat man ihre Existenz, wenn nicht aus morphologischen, so doch aus funktionellen Gründen, zwingend annehmen müssen. Sich vorzustellen, daß mobile Zellen des Körpers wie Erythrozyten oder Spermatozoen einer formerhaltenen Oberflächenstruktur bedürfen, fällt nicht allzu schwer. Man wird sie auch bei Epithelien erwarten, die Gangsysteme und Hohlorgane auskleiden. Bei Zellen **inmitten** eines Gewebeverbandes erscheinen sie schon weniger wichtig und bei solchen mit amöboider Beweglichkeit nach Art der Leukozyten wohl eher hinderlich. Das Postulat einer zwar flexiblen, aber deutlich vom Protoplasma differenzierten Grenzstruktur beruht denn auch weniger auf der Notwendigkeit einer konfigurativen Funktion als vielmehr auf dem Argument, daß die Verteilung einiger Stoffe im Zellwasser eine andere ist als in der extrazellulären Flüssigkeit. Das läßt sich nur mit Diffusionsbarrieren erklären, die an der Zelloberfläche postiert sind und eine freie Verteilung verhindern. In grober Näherung könnte man an semipermeable Niederschlagsmembranen denken, die nur Wasser passieren lassen, aber keine gelösten Teilchen. Tatsächlich kann man mit der Ferrocyankupferhaut der Pfefferschen Tonzelle zwei verschieden konzentrierte Salzlösungen voneinander trennen. Allerdings kommt es allmählich zu einem Ausgleich auf osmotischem Wege. Ein anderes Beispiel böten Kollodium-Membranen, die für Wasser und Ionen durchlässig sind, größere Partikel wie Proteinmoleküle dagegen zurückhalten. Wir werden sehen, daß diese Modelle partielle Eigenschaften der Zellgrenze zwar widerspiegeln, bei weitem aber zu einfach sind, um ihre ganze Funktion vollständig zu simulieren. Gleichwohl ist man übereingekommen, die hypothetischen Oberflächenstrukturen der Zelle in verbaler Analogie zu den genannten Systemen als biologische **Membranen** zu bezeichnen. Nicht selten wird die Definition weiter gefaßt, indem sie auf ganze Zellschichten bezogen wird. So spricht man von der Alveolar- oder Darmmembran. Im folgenden soll unter »Membran« hauptsächlich eine Zell**grenzmembran** verstanden werden.

Die ersten Andeutungen einer **Struktur** hat man durch elektronenoptische Auflösung erhalten. Dabei sind in den Präparaten immer wieder 3 Schichten erkennbar geworden, die so angeordnet sind, daß 2 elektronenoptisch dichte, also dunkel erscheinende Lagen eine dünnere, d. h. hellere Schicht flankieren.

Wegen der Gleichartigkeit dieses Bildes bei verschiedenen Zelltypen ist diese Struktur im angelsächsischen Sprachgebrauch als »Einheitsmembran« (unit membrane) bezeichnet worden. In der deutschsprachigen Fachliteratur wird sie vorwiegend »Elementarmembran« genannt. Biochemische Analysen ergeben, daß sie aus Phospholipiden und Proteiden besteht. Die elektronenoptische Anisotropie im Verein mit physikochemischen Daten deutet auf einen geordneten Aufbau in der Weise hin, daß eine mittlere Doppelschicht von Lipidmolekülen zu beiden Seiten von Eiweiß abgedeckt wird. Diese Strukturvorstellung kann aber zweifellos nur approximativ sein. Die Abmessung der Membrandicke von 75–100 Å (7,5–10 Nanometer) beweist aber, daß sie nur aus wenigen Lagen von Makromolekülen bestehen kann. Es sei darauf hingewiesen, daß auch Teile des endoplasmatischen Reticulums sowie die Grenzflächen von Zellorganellen ähnlich gebaut sind. Bei Untersuchungen der Myelinschicht von Nervenfasern hat man mit Permanganatfixation die trilaminäre Struktur der Elementarmembran noch weiter auflösen können. Aus diesen und anderen Befunden ist eine Modellvorstellung entwickelt worden, deren Schema die Abbildung 6 enthält.

Inzwischen gibt es Anhaltspunkte dafür, daß die Membranen Planaraggregate mizellarer Untereinheiten sein könnten, die sich ständig verlagern, so daß man statt einer statischen eine mehr dynamische Vorstellung einsetzen muß. Von den Strukturelementen sind Proteine ablösbar, ohne daß der Membrancharakter des Verbandes beeinträchtigt wird. Dabei könnte es sich um angelagerte Enzyme handeln, die Oberflächenreaktionen katalysieren, wie sie an vielen Zellgrenzen zu beobachten sind. Am Ende dieses skizzenhaften Einblicks in die molekulare Struktur der Membranen muß betont werden, daß alle Vorstellungen darüber noch hypothetischen Charakter haben und ständiger Revision unterliegen.

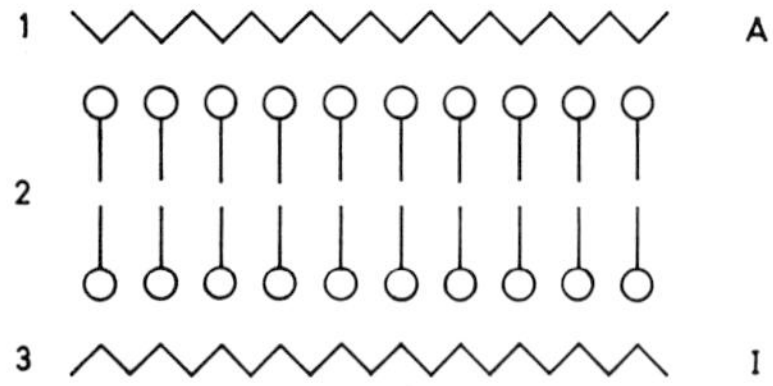

Abb. 6. Schema der Robertson-Hypothese.

A = Außenseite, **I** = Innenseite einer Zellmembran; **1** = ca. 20 Å dicke Schicht von Mukopolysacchariden oder Mukoproteiden, **2** = ca. 35 Å starke Doppellage von Phospholipidmolekülen mit zueinander ins Innere der Membran gerichteten hydropoben Abschnitten, **3** = ca. 20 Å dicke Polypeptidschicht

Zum Verständnis der **Funktion der Membranen** kann man von 3 hervorstechenden Eigenschaften ausgehen: von ihrer selektiven Permeabilität, ihrer Fähigkeit zum aktiven Transport und ihrer elektrischen Polarisation. Die letztgenannte Eigenschaft setzt die beiden ersten Qualitäten voraus. Es ist weiter oben angedeutet worden, daß die Zellmembranen in ihrer Gesamtheit 2 Flüssigkeitsräume im Organismus voneinander abgrenzen, die wir als extra- und intrazelluläre Kompartimente bezeichnen. In ihnen kommen bestimmte Ionensorten in ganz unterschiedlichen Konzentrationen vor. So enthält die intrazelluläre Flüssigkeit Protein-Anionen, die extrazellulär, wenn man vom Blutplasma absieht, nur sehr selten auftreten. Im Zellwasser sind ferner K^+-Ionen in relativ hoher, Na^+- und Cl^--Ionen dagegen in geringerer Konzentration enthalten. Im extrazellulären Kompartiment liegen die Verhältnisse umgekehrt: Na^+- und Cl^--Ionen beherrschen das Feld, denen gegenüber das Kalium zurücktritt.

Die bestehenden Konzentrationsdifferenzen drängen nach Ausgleich, dem aber die Zellmembran beständigen Widerstand entgegensetzt. Er ist zunächst einmal passiver Natur. Während die Ionen im Wasser rasch beweglich sind, wird ihre Diffusionsgeschwindigkeit trotz des Druckgefälles in der Zellmembran stark gebremst. Das ist leicht einzusehen, wenn wir uns an ihre chemische Struktur erinnern. Sie läßt es überhaupt fraglich erscheinen, auf welche Weise denn hydrophile Teilchen in die Lage versetzt werden, Lipidschichten zu durchdringen. Es ist aber eine Tatsache, daß K^+-, Na^+- und Cl^--Ionen passieren können, wenn auch in der Regel mit unterschiedlicher Geschwindigkeit. Für Protein-Anionen allerdings scheint die Membran dicht zu sein, d. h. ihre Permeationsgeschwindigkeit ist praktisch Null. Diese ungleichartige Durchlässigkeit der Membran für verschiedene Ionen-Sorten nennen wir ihre **selektive Permeabilität.** Um sie zu erklären, unterstellt man gewöhnlich, daß die Membran wassergefüllte Poren geringer Abmessung besitze, durch welche K^+- und Cl^--Ionen relativ leicht, Na^+-Ionen wegen der großen Hydrathülle nur schwer und die riesigen Protein-Anionen überhaupt nicht hindurchtreten können.

Die Existenz solcher mechanischer Lecks ist allerdings nicht schlüssig bewiesen, so daß man vorläufig sagen muß, es verhalten sich die Membranen so, als ob es die erwähnten Poren gebe. Eine andere, viel diskutierte Möglichkeit ist, daß die ausströmenden Ionen von Membranmolekülen eingefangen werden, um sie durch Verlagerung von einer Seite zur anderen zu befördern, wo sie dann dissoziieren können. Die differenten Permeationsgeschwindigkeiten wären in einem solchen Falle durch unterschiedliche Affinitäten der Trägermoleküle (carrier) zu den einzelnen Ionen-Sorten zu erklären. Poren- und Trägerhypothese schließen einander nicht notwendig aus. Es ist denkbar, daß beide Mechanismen nebeneinander wirken.

Nach alledem können wir feststellen, daß zwischen den Kompartimenten beiderseits der Membran in bezug auf bestimmte Teilchen Konzentrationsunterschiede bestehen, deren Ausgleich durch die Zellmembran hindurch zwar verzögert, aber keineswegs verhindert wird. Für den Fall des Transports durch Träger muß man sogar sagen, daß sie eine schwer mögliche Diffusion erleichtern und eine scheinbare Behinderung eher mit der begrenzten Beladungskapazität der Carrier zusammenhängt. Die wesentliche treibende Kraft bei diesen Vorgängen ist der jeweilige chemische Gradient (Konzentrationsgradient). Die von ihm bewirkte Ionenbewegung durch die Membran hindurch wird als »passiver Transport« bezeichnet. Da es dabei, wie wir gleich noch genauer besprechen werden, zur Trennung elektrischer Ladungen kommt, wird er auch durch elektrische Gradienten beeinflußt.

Trotz der ständigen »passiven« Passage von Ionen findet man, daß, auf die Dauer gesehen, ihre Verteilung im intra- und extrazellulären Raum sich nicht ändert. Das ist nur möglich, wenn die gerichteten Nettoströme durch gleich große Ionenflüsse in entgegengesetzter Richtung kompensiert werden. Dem Kalium-Ausstrom (Efflux) aus der Zelle müßte ein äquivalenter Einstrom (Influx) gegenüberstehen. Für eine bestimmte Menge in die Zelle eingedrungener Na^+-Ionen müßte eine ebenso große Menge hinausbefördert werden. Die Schwierigkeit für solche Gegenströme besteht nur darin, daß sie entgegen dem Konzentrationsgefälle und mitunter auch entgegen einem elektrischen Gradienten erfolgen müßten. Es bedarf keiner Frage, daß dazu Energie notwendig ist. Zu den erstaunlichen Leistungen des Organismus gehört, daß seine ultradünnen Membranen über Einrichtungen verfügen, diese Energie aus dem Stoffwechsel zu beziehen. Es wird allgemein angenommen, daß in erster Linie Adenosintriphosphat (ATP) als Energiequelle für den »Bergauftransport« benutzt wird. Tatsächlich läßt sich in den Membranen eine durch K^+- und Na^+-Ionen aktivierbare ATP-ase nachweisen, die durch Abspaltung eines Phosphatrestes aus dem Substrat eine relativ hohe Bindungsenergie verfügbar macht. Die Beförderung von Teilchen unter Aufwand chemischer Energie entgegen einem elektrochemischen Gradienten bezeichnet man als »aktiven« Transport. Er ist ein Charakteristikum biologischer Membranen, die damit in der Lage sind, ionale Ungleichgewichte zwischen zwei Kompartimenten aufrechtzuerhalten.

Selektive Permeabilität und die Fähigkeit zu aktivem Transport haben zur Folge, daß Zellmembranen elektrisch polarisiert sind und diesen Zustand nach Veränderung restituieren können. Um den Aufbau eines Transmembranpotentials zu verstehen, gehen wir am besten von einem fiktiven Zustand aus, in dem eine unterschiedliche Ionenverteilung in den benachbarten Kompartimenten zwar gegeben ist, die Trennmembran selber aber noch vollständig frei von permeierenden Ionen sein soll. Lassen wir nun in unserem Gedankenexperiment der Teilchenbewegung plötzlich freien Lauf, so werden sofort Diffusionsströme durch die Membran entlang dem Konzentrationsgefälle einsetzen. Das bedeutet, daß K^+-Ionen aus der Zelle nach außen streben. Ihre elektrostatischen Partner im Innern der Zelle können aber nicht folgen, da sie zu einem erheblichen Teil große Protein-Anionen sind, die nicht die Barriere passieren können. Damit wird momentan eine elektrische Doppelschicht aufgebaut mit einem positiven Ladungsüberschuß an der Außenseite und einem negativen an der Innenseite der Membran.

Die hohen extrazellulären Na^+- und Cl^--Konzentrationen können an diesem Zustand prinzipiell nichts ändern. Wegen der geringen Permeabilität für Natrium wird der Kalium-Efflux nicht durch einen gleich großen Natrium-Influx kompensiert. Andererseits laufen die leicht permeablen Cl^--Ionen ihren behinderten Partnern voraus und beteiligen sich an der Negativierung der Membraninnenseite. Da die durch unterschiedliche Permeabilitätsbedingungen getrennten ungleichnamigen Ladungen einander anziehen, bleibt die Bildung von Dipolen auf den Bereich der Membran beschränkt. Sind diese erst einmal entstanden, schwächen sie die Wirkung der chemischen Gradienten ab. Ein K^+-Ion, das sich dem Konzentrationsgefälle entsprechend nach außen bewegt, muß nunmehr in der Membran durch ein elektrisches Feld transportiert werden. Dabei wird es von der positiven Außenseite zurückgestoßen und von der negativen Innenseite überdies zelleinwärts gezogen. Dem chemischen Gradienten ist ein elektrischer Gradient entgegengerichtet. Beide Kräfte kompensieren einander weitgehend, aber doch nicht vollständig, so daß eine Nettokraft übrigbleibt, die K^+-Ionen nach außen zu treiben vermag. Wir kommen darauf noch einmal zurück, nachdem wir die Situation für die Cl^--Ionen erörtert haben. Bei ihnen ist der chemische Gradient von außen nach innen gerichtet. Durch die Polarisation der Membran mit negativer Innenseite ist auch ihm ein elektrischer Gradient entgegengesetzt. Er ist in diesem Falle aber ausreichend, um einen Gleichgewichtszustand zu erhalten, in dem pro Zeiteinheit ebenso viele Cl^--Ionen in die Zelle hinein- wie umgekehrt aus der Zelle herausdiffundieren. Das diesem Zustand entsprechende Transmembranpotential wird als Gleichgewichtspotential bezeichnet. Seine theoretische Größe läßt sich aus den Ionen-Konzentrationen beiderseits der Membran nach der **Nernstschen** Gleichung berechnen.

Sie lautet allgemein

$$E = \frac{R \cdot T}{F \cdot n} \cdot \ln \frac{c_1}{c_2}$$

Darin bedeuten:

E = Gleichgewichtspotential
R = Gaskonstante
T = absolute Temperatur
F = Faradaysche Zahl
n = Valenz
$\frac{c_1}{c_2}$ = Konzentrationsverhältnis in einer Konzentrationskette

Demnach gilt für das Gleichgewichtspotential von Cl^-:

$$E_{Cl^-} = \frac{RT}{F \cdot n} \ln \frac{[Cl_a^-]}{[Cl_i^-]} \text{ mV},$$

wobei die Indices a und i außen bzw. innen bedeuten.

Im Innern des Motoneurons einer Katze beträgt die Cl^--Konzentration 9 mmol/l H_2O, in der extrazellulären Flüssigkeit 125 mmol/l H_2O.

Beim Übergang auf dekadische Logarithmen ergibt sich nach Zusammenfassung aller Konstanten und Einsetzen der genannten Zahlen

$$E_{Cl^-} = 61{,}5 \log \frac{[Cl_i^-]}{[Cl_a^-]} = -70 \text{ mV}.$$

Dieser Wert stimmt mit dem tatsächlich gemessenen Ruhemembranpotential überein. Man kann daraus folgern, daß die Permeation von Cl^--Ionen in diesem Falle allein von den chemischen und elektrischen Gradienten bestimmt werden.

Für Kalium ist die Gleichgewichtsbedingung an der Zelle nicht erfüllt. Bleiben wir beim Beispiel eines Motoneurons der Katze und setzen eine intrazelluläre K^+-Konzentration von 150 mmol/l H_2O sowie eine extrazelluläre von 5,5 mmol/l H_2O in die Nernstsche Gleichung ein, so resultiert ein Gleichgewichtspotential von

$$E_{K^+} = 61{,}5 \log \frac{[K^+_a]}{[K^+_i]} = -90 \text{ mV}.$$

Der Unterschied zum gemessenen Ruhemembranpotential von −70 mV ist erheblich. Für die Kaliumpermeation können also nicht nur osmotische und elektrische Kräfte maßgebend sein. Ein Gleichgewichtspotential in Höhe des existierenden Membranruhepotentials würde sich einstellen, wenn die intrazelluläre Kalium-Konzentration nur etwa halb so hoch wäre, wie sie tatsächlich ist. Allein unter dieser Bedingung würde die Zelle keinen Kaliumverlust erleiden. Die in vivo bestehende Konzentrationsdifferenz zwischen intra- und extrazellulärem Kompartiment muß also im Gegensatz zu den Cl^--Ionen bei den K^+-Ionen durch aktiven Transport aufrechterhalten werden. Kalium muß von der Membran entgegen dem chemischen Gradienten permanent in die Zelle zurückbefördert werden.

Beim Natrium wirken durch die höhere Konzentration außen und die zelleinwärts gerichtete Negativität der Membran der chemische und der elektrische Gradient im gleichen Sinne, d. h. beide treiben das Kation in die Zelle hinein. Nun ist zwar die Permeabilität für diese Teilchen wesentlich geringer als für K^+-Ionen (ca. 1/50), doch ist sie keineswegs Null. Die Konzentrationsdifferenz zwischen den Kompartimenten läßt sich also auch in diesem Falle auf die Dauer nur bewahren, wenn dem Natrium-Influx ein äquivalenter Efflux gegenübersteht. Da er entgegen dem elektrochemischen Gradienten ablaufen muß, kann auch er nur durch aktiven Transport unterhalten werden. Der Vorgang wird gern in einer technischen Analogie als Natrium-Pumpe bezeichnet, die mit der oben postulierten K^+-Pumpe wahrscheinlich gekoppelt ist. Sehr viele Membranpotentiale im tierischen Körper, insbesondere an Muskel- und Nervenzellen, sind solche Kaliumdiffusionspotentiale. Sie stellen die physikochemische Bedingung ihrer Erregbarkeit dar. Veränderungen des Polarisationszustandes und ihre elektrotonische Ausbreitung über die Membran von Zellen und Zellfortsätzen werden vom Organismus als Mittel der Reizaufnahme und der Informationsübertragung verwendet. Mehr wird darüber in den Spezialkapiteln berichtet.

Permeabilitätseigenschaften und die Fähigkeit zum Trägertransport spielen natürlich auch eine große Rolle bei Sekretions- und Resorptionsprozessen, bei denen es sich in den meisten Fällen um eine Translokation von Teilchen durch Zellmembranen hindurch handelt. Darüber hinaus muß aber eine trans**zelluläre** Beförderung von Stoffen erfolgen wie etwa im Darm- oder Nierenepithel. Das bedeutet, daß einander gegenüberliegende Membranen einer resorbierenden Zelle eine funktionelle Asymmetrie aufweisen müssen, da der Transport einmal zelleinwärts und sodann zellauswärts zu bewerkstelligen ist. Mitunter können Transportprozesse hormonal beeinflußt werden, wie z. B. die Aufnahme von Glucose in die Muskelzelle durch Insulin und die Aufnahme von Aminosäuren durch das Wachstumshormon Somatotropin.

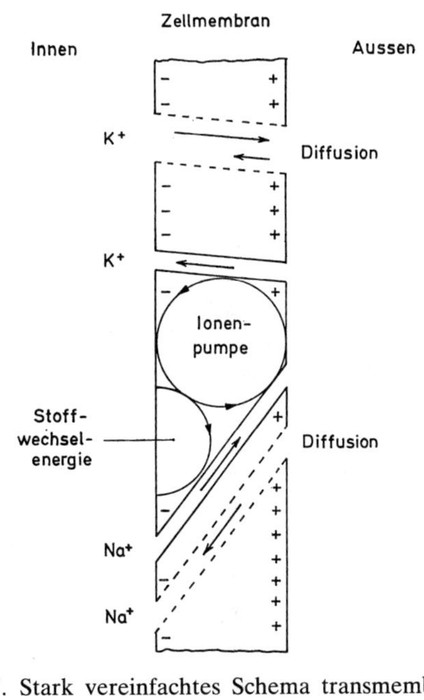

Abb. 7. Stark vereinfachtes Schema transmembranöser Kalium- und Natriumbewegungen durch Diffusion und energieabhängigen Transport

Ein wichtiger Vorgang, der unter Mitwirkung der Zellmembran abläuft, ist die Pinocytose (»Trinken der Zelle«). Man versteht darunter die Aufnahme großer gelöster Teilchen wie Eiweißmoleküle oder Fetttröpfchen in die Zelle. Sie läuft so ab, daß außen angelagerte Partikel durch Invagination und Ablösung eines Membranstückes unter Vakuolenbildung von der Zelle inkorporiert werden (Abb. 8). Auf der anderen Seite ist die Evakuierung durch Fusion der Vakuolenhaut mit der Zellmembran in einem umgekehrten Vorgang möglich (Emeiocytose = »Erbrechen der Zelle«). Auf diese Weise ist u. a. der transepitheliale Transport von Immunoglobulinen aus der Kolostralmilch bei neugeborenen Tieren zu erklären.

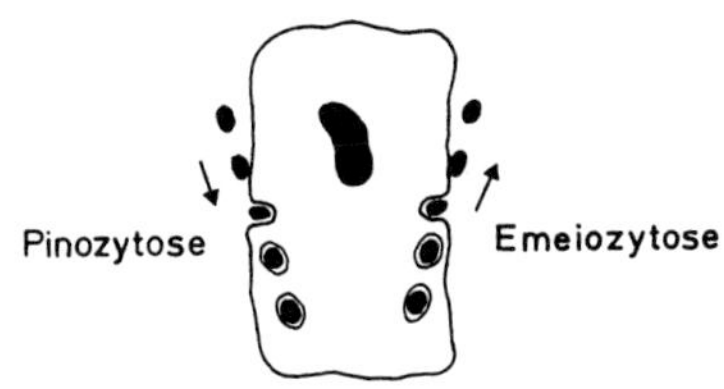

Abb. 8. Schema des transzellulären Transports von Teilchen durch Pinozytose und Emeiozytose

In dieser kurzen Charakteristik haben nicht alle Momente angesprochen werden können, die in ihrer Gesamtheit die komplexe Funktion biologischer Membranen ausmachen. Wesentliche sind jedoch genannt worden. Sie lassen erkennen, daß die chemische Architektur und eigene Energieübertragungssysteme die Membranen zu Leistungen befähigen, die sich als unerläßliche Bedingung für die Funktion der ganzen Zelle erweisen. Membranen sind in der Regel keine passiven Häute, sondern hochdifferenzierte Organellen, die für die Aufrechterhaltung des inneren Milieus, für die »Homöostase« auf zellulärer Ebene, entscheidende Bedeutung haben. Darüber hinaus sind sie an spezifischen Leistungen beteiligt, von denen Stofftransport oder Erregungsleitung nur zwei besonders markante Beispiele sind.

Literatur

Chapman, D. (Editor), 1968: Biological Membranes. Physical fact and function. Academic Press, London, New York.

Dowben, R. M. (Hrsg.), 1969: Biological Membranes. Little, Brown a. Comp. Boston.

Hendler, R. W., 1971: Biological Membrane Ultrastructure. Physiological Reviews **51,** 66–97.

C. Biologische Regulation

A. Wels

Die im Organismus von Tieren ablaufenden Prozesse sind immer mit Regulationen verbunden. Allgemeine Ziele dieser biologischen Regulation sind

1. die Aufrechterhaltung eines konstanten inneren Milieus — der Homöostase — sowohl unter Ruhebedingungen als auch unter den verschiedensten Funktionszuständen des Organismus,
2. die zweckmäßige und effektive Gestaltung der Lebensabläufe.

Damit kommen der biologischen Regulation die wesentlichen Funktionen der Kontrolle der im Organismus ablaufenden Prozesse und der Kontrolle der Wechselwirkungen des Organismus mit seiner Außenwelt zu.

Zu den Aufgaben der Regulation gehört es, bestimmte Größen im Organismus, die **Betriebsgrößen,** konstant zu halten, veränderten Bedingungen anzupassen oder nach einem Programm einzustellen. Solche Betriebsgrößen sind z. B. der arterielle Blutdruck, die Kerntemperatur, das Atemminutenvolumen, die Konzentrationen von Blutzucker und von Hormonen oder der pH-Wert des Blutes.

Die Regulationen laufen in einem vorgegebenen physiologisch begrenzten Bereich ab. Werden seine Grenzen nach oben oder unten überschritten, dann versagt die Regulation. Die Betriebsgrößen im Organismus befinden sich häufig in einem Fließgleichgewicht. Diejenigen Faktoren, die zur Änderung der Betriebsgrößen führen, heißen **Störgrößen.** Die Aufgabe der Regulation besteht darin, diese Störgrößen fernzuhalten bzw. ihre Wirkungen auszugleichen. Der Organismus verwendet hierzu Einrichtungen mit und ohne **Informationsverarbeitung.** Die Information fließt dabei auf nervösem und humoralem Wege, also in den klassischen biologischen Nachrichtenkanälen. Daraus ergibt sich die folgende Gliederung biologischer Regulationssysteme:

1. Regulation ohne Informationsfluß:
   a) Abschirmung,
   b) Stabilisierung;
2. Regulation mit Informationsfluß:
   a) Steuerung,
   b) Regelung.

Die biologische Regulation befaßt sich also mit den Mechanismen der Regulation in Lebewesen und verwendet dabei regeltechnische Begriffe. Regulation wird als allgemeiner Oberbegriff für alle Regulationsarten verwendet. Dagegen sind die Begriffe Steuerung und Regelung definiert (DIN). Nur solche Prozesse, die diesen Definitionen entsprechen, sollten als Steuerung oder Regelung bezeichnet werden. Die Begriffe Abschirmung, Stabilisierung, Steuerung und Regelung werden sowohl für die entsprechenden Vorgänge als auch für die jeweiligen Einrichtungen verwendet.

1. Regulation ohne Informationsfluß

a. Abschirmung

Das Prinzip der **Abschirmung** besteht darin, den Einfluß der Störgröße mit Hilfe eines »Schirmes« von der Betriebsgröße fernzuhalten. Dieses einfache Verfahren ist sehr wirkungsvoll, wie es Beispiele aus dem Alltag (Regenschirm, Kleidung, Haus) und aus der Technik (Hitzeschild der Raumfahrzeuge, Druckkabine des Flugzeuges, Thermosflasche) zeigen.

Die biologische Abschirmung schützt den Organismus gegen Störgrößen verschiedenster Art. Sie beruht auf den entsprechenden Eigenschaften der Membranen, Zellen und Gewebe und ist gekennzeichnet durch abgrenzende, den Transport in verschiedene Richtungen lenkende und den Organismus allgemein schützende und isolierende Wirkungen.

Beispiele für die biologische Abschirmung sind die Schutzwirkung der Haut gegen Nässe, Strahlungen und Krankheitserreger, die isolierende Wirkung des Haar- und Federkleides sowie der subkutanen Fettschicht gegen Wärmeverlust, der Schutz des Schädels, der Zehenendorgane und Hautanhangsgebilde gegen mechanische Einwirkungen, schließlich die Lichtabschirmung des Augapfels, so daß der wirksame Lichteintritt nur durch die Pupille stattfindet. Weiter sind zu nennen: Die isolierende Wirkung der Markscheiden, die vielfältigen Diffusions- und Filtrationsbarrieren gegen den Verlust oder die Verschiebung körpereigener Substanzen und als Schutz vor Aufnahme schädlicher Stoffe sowie die abgrenzenden, transportlenkenden Funktionen der Mikro- und Makrokompartimente und vieles andere mehr.

b. Stabilisierung

Regulationsprozesse, die ohne Beteiligung von Informationsfluß die Wirkung von Störgrößen ausgleichen, bezeichnet man als **Stabilisierung.** An ihnen ist wesentlich, daß eine Reihe von Größen in gesetzmäßiger Beziehung zueinander stehen, z. B. entsprechend dem Massenwirkungsgesetz. Solche Größen können Konzentrationen von Reaktionspartnern, Energieflüsse, Reaktionsgeschwindigkeiten u. a. sein.

$$\frac{[C] \times [D]}{[A] \times [B]} = K$$

Wird z. B. in der oben stehenden Gleichung die Konzentration eines Reaktionspartners durch eine Störgröße verändert, dann setzen Reaktionen ein, die nach Maßgabe einer Gleichgewichtskonstanten K das Konzentrationsverhältnis zwischen den Partnern (A, B, C, D) wiederherstellen. Die Wirkung der Störgröße wird also kompensiert.

Beispiele für technische Stabilisierungen: Das Konstanthalten der Temperatur durch ein Eis-Wasser-Gemisch, des Wasserstandes durch Stauanlagen und der Wasserstoffionenkonzentration durch Puffergemische.

Beispiele für biologische Stabilisierungen: Die Regulation der Wasserstoffionenkonzentration im Blutplasma, die Regulation des Säure-Basen-Haushaltes mit Hilfe der Nierenfunktion, die Einstellung der Blutgaspartialdrucke (O_2-Bindung, CO_2-Bindung), der autoregulatorische Frank-Starling-Mechanismus des Herzens, die myogene Autoregulation der Organdurchblutung und insbesondere die vielfältigen Regulationen der enzymatischen Reaktionen. Diese Reaktionen laufen im Organismus sehr vielgestaltig ab, z. B. als allosterische Hemmung und Aktivierung, kompetitive, Substrat- und Produkthemmung, Michaelis-Kinetik, Schrittmacherreaktion und andere mehr. Sie sind zahlreich in wichtige Reaktionswege eingebaut (Glykolyse, Citratzyklus, Atmungskette, Acetyl-CoA-Pool, Fettsäuresynthese, Fettsäureabbau) und regulieren zu einem großen Teil die intermediären Stoffwechselprozesse.

2. Regulation mit Informationsfluß

In den biologischen Wissenschaftsdisziplinen hat es sich als zweckmäßig erwiesen, Regulationsprozesse als Steuerung oder Regelung zu erkennen, um sie dann anschaulich, nach Möglichkeit auch quantitativ beschreiben zu können. Dieses Bemühen, biologische Prozesse mit den von Menschen entwickelten Mechanismen der technischen Steuerung und Regelung zu vergleichen und zu behandeln, fördert das Erkennen und Verstehen komplizierter Lebensabläufe.

Steuerung und Regelung basieren auf dem Erfassen, Übertragen und Verarbeiten von Informationen. Beide sind Abläufe in Systemen, in denen weder der Massen- noch der Energiefluß, sondern allein Informationsübertragung und -verarbeitung wesentlich sind. Sie unterscheiden sich durch ihre verschiedenartige Struktur.

Die Steuerung ist ein System in Kettenform mit offenem Wirkungsablauf. Der Steuervorgang wirkt nicht auf den Eingang der Steuereinrichtung zurück. Die Regelung ist dagegen ein System in Kreisstruktur mit geschlossenem Wirkungsablauf. Der Regelprozeß wirkt auf den Eingang der Regeleinrichtung zurück. Beide Strukturen — Kette und Kreis — setzen sich weitgehend aus Elementen mit gleichartigen Funktionseigenschaften zusammen.

Die Benennung »Steuerung« oder »Regelung« bezieht sich sowohl auf den Vorgang des Steuerns bzw. Regelns als auch auf die entsprechende Steuer- bzw. Regelanlage. Steuerungen oder Regelungen können in andere Systeme eingebaut sein. So kann eine Steuerkette oder ein Regelkreis Teil einer übergeordneten Steuerung oder Regelung sein (s. hierzu Vermaschung S. 22).

a. Steuerung

In einer **Steuerung** beeinflußt die Eingangsgröße in vorgegebener Weise die Ausgangsgröße, ohne Kontrolle über die gewünschte Wirkung. Das Ergebnis des Steuervorganges wird weder erfaßt noch an den Eingang der Steuerkette zurückgeführt. Es besteht keine Rückkopplung. Kennzeichnend für die Steuerung ist der offene Wirkungsablauf.

In der Abbildung 9 bilden Steuereinrichtung und Steuerstrecke eine Steuerkette. Die Steuerstrecke ist der zu beeinflussende Bereich des Systems, die Steuereinrichtung ist der Teil, der die Beeinflussung bewirkt. Die Führungsgröße wird als Eingangsgröße der Steuerkette zugeführt. Sie beeinflußt in vorgegebener Abhängigkeit die Aufgabengröße, ohne daß diese Größe erfaßt und an den Eingang der Steuerkette zurückgemeldet wird (offener Wirkungsablauf). Störgrößen können auf das System einwirken und z. B. von der Steuereinrichtung so erfaßt werden, daß die Aufgabengröße zusätzlich zur Führungsgröße auch von der Störgröße beeinflußt wird (Störgrößenaufschaltung).

Die Funktionsweise soll am Beispiel einer durch die Außentemperatur gesteuerten Heizungsanlage erläutert werden (dazu gehören die in Abbildung 9 in Klammern gesetzten Begriffe). Die Führungsgröße (vorgegebene Heizleistung) bewirkt durch die Steuereinrichtung bei einer mittleren Außentemperatur eine bestimmte Heizleistung des Ofens. Änderungen der Außentemperatur (Störgrößen) beeinflussen die Steuereinrichtung. Fällt am Abend die Außentemperatur ab, wird die Heizleistung erhöht. Steigt in den Mittagsstunden die Außentemperatur an, wird die Heizleistung gesenkt. Die effektive Raumtemperatur im Gebäude übt dagegen keinen Einfluß auf die Heizleistung aus. In der Nacht wird die Heizleistung unabhängig von der Außentemperatur über eine Schaltuhr gedrosselt. Die Führungsgröße wird also nach einem Zeitprogramm eingestellt. Sie ist programmgesteuert. In unserem Beispiel arbeitet die Steuerung mit programmierter Führungsgröße und Störgrößenaufschaltung.

Als Beispiel für Steuerungen in Organismen sind an erster Stelle Reflexe zu nennen. Abgesehen von den Eigenreflexen der Muskulatur, die als Regelungen ablaufen, können andere Reflexe als Steuerungen aufgefaßt werden. Das gilt für jene Reflexe, die der Nahrungsaufnahme und der Verdauung dienen, wie Saugreflex, Kaureflex, Schluckreflex, Sekretionsreflexe (Speichel, Magensaft), Reflexe der Darm- und Blasenentleerung. Es gilt für die Schutzreflexe, wie Niesreflex, Hustenreflex, Kornealreflex, Bauchdeckenreflex, Kremasterreflex, aber auch für die Genitalreflexe, Fluchtreflexe und viele andere Reflexe mehr.

Zu den biologischen Steuerungen müssen auch Willkürbewegungen, wie die isolierte Beugung oder Streckung einer Gliedmaße, gerechnet werden. Der Vorgang der autonomen Erregung des Herzens mit Erregungsbildung, Erregungsleitung und Kontraktion ist ein weiteres Beispiel für eine Steuerung im Organismus. Auch der psychische Einfluß der Großhirnrinde auf vegetative Zentren (Änderung von Kreislauf und Atmung bei Angst, Freude, Schreck) sowie die Beeinflussung der

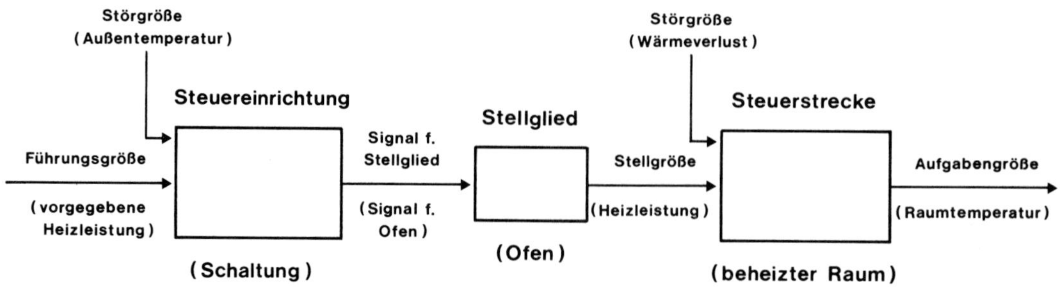

Abb. 9. Allgemeines Schema einer Steuerung. Begriffe in Klammern: Eine Heizungsanlage als Beispiel für eine Steuerung

Kreislauf- und Atemzentren direkt durch die Großhirnrinde oder über den Hypothalamus gleichzeitig mit dem Beginn einer Arbeit (ergotrope Reaktion) sind Steuerungen. Ferner kann man einen großen Teil der in Sinnesorganen ablaufenden Prozesse als Steuerung auffassen.

b. Regelung

Bei der Regelung wird die zu regelnde Größe fortlaufend erfaßt, mit der Führungsgröße verglichen und bei Abweichungen an den Wert der Führungsgröße herangeführt. Die Aufgabe der Regelung ist es, den Wert der zu regelnden Größe trotz störender Einflüsse selbsttätig an den durch die Führungsgröße vorgegebenen Wert anzugleichen. Dieser Prozeß (Wirkungsablauf) findet in einem geschlossenen Kreis, dem Regelkreis, statt.

Der **Regelkreis** besteht aus Regeleinrichtung oder Regler und Regelstrecke (Abb. 10). Die Regelstrecke ist der zu beeinflussende Bereich der Anlage, die Regeleinrichtung ist derjenige Teil des Regelkreises, der die Beeinflussung der Regelstrecke bewirkt. Die Regeleinrichtung enthält mindestens eine Einrichtung zum Erfassen der Regelgröße (Fühler), zum Vergleichen mit der Führungsgröße (Vergleicher) und zum Bilden der Stellgröße (Stellglied). Die Einrichtung zum Vergleichen zusammen mit einer anderen Einrichtung, z. B. mit der zum Erfassen der Regelgröße (Fühler), kann auch als **Regler** bezeichnet werden. Die Führungsgröße w wird dem Regler als Eingangsgröße zugeführt und beeinflußt in vorgegebener Abhängigkeit die Regelgröße x in der Regelstrecke. Die Führungsgröße ist unabhängig von der betreffenden Regelung und kann konstant (Halteregelung) oder programmgesteuert sein (Folgeregelung). Die Regelgröße wird in der Regelstrecke zum Zwecke des Regelns durch den Fühler erfaßt, dem Regler zugeführt und hier im Vergleicher mit der Führungsgröße verglichen. Die Differenz zwischen Regelgröße x und Führungsgröße w ist die **Regelabweichung** x_w ($x_w = x - w$). Diese Regelabweichung ist die Voraussetzung für das Ingangsetzen des Regelprozesses. Bei Abweichung zwischen Regelgröße und Führungsgröße löst der Regler über das Stellglied eine Wirkung auf die Regelgröße aus (Stellgröße y), die der Abweichung entgegengesetzt ist und zur Aufhebung der Regelabweichung führt (negative Rückkopplung).

Als Beispiel für eine technische Regelung ist in dem allgemeinen Schema eines Regelkreises in der Abbildung 10 dem jeweiligen regeltechnischen Begriff der entsprechende Begriff einer geregelten Heizungsanlage in Klammern beigefügt. Danach erfaßt ein Thermometer in dem beheizten Raum die Raumtemperatur und leitet diesen Wert dem

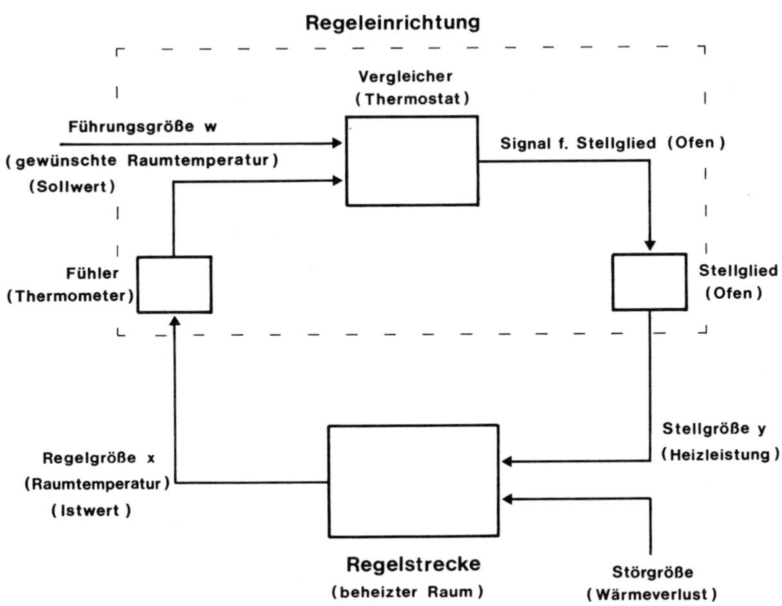

Abb. 10. Allgemeines Schema eines Regelkreises. Begriffe in Klammern: Eine Heizungsanlage als Beispiel für eine Regelung

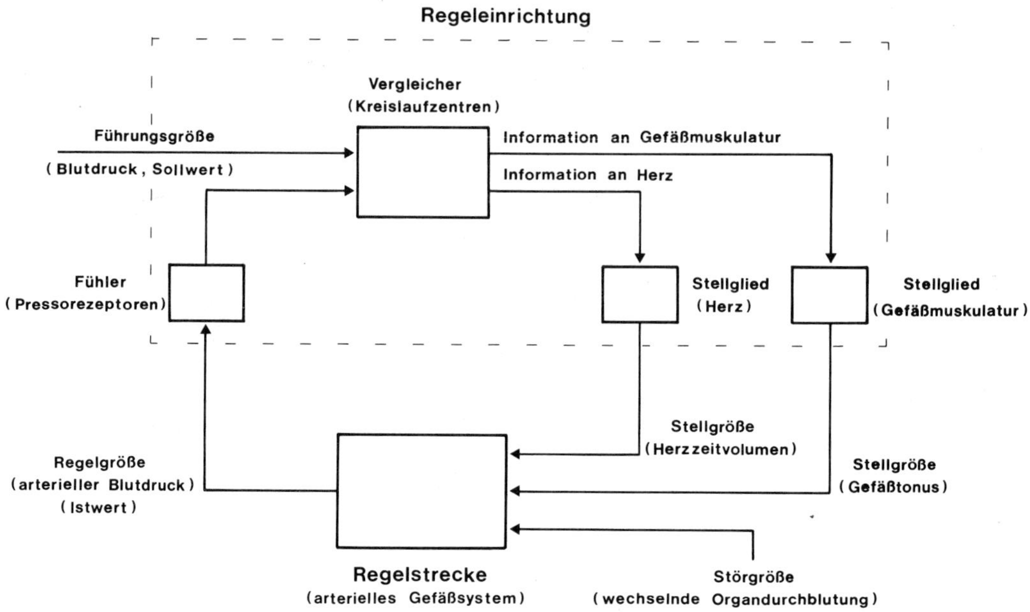

Abb. 11. Arterielle Blutdruckregelung als Beispiel für einen biologischen Regelkreis

Thermostaten zu. Dort wird der Wert der Raumtemperatur (Istwert) mit dem der gewünschten Raumtemperatur (Sollwert) verglichen. Bei einer Regelabweichung (Absinken der Raumtemperatur) wird in dem Ofen eine Heizleistung solange eingeschaltet, bis die Regelabweichung aufgehoben ist. Wegen der Trägheit des Ofens sinkt die Raumtemperatur zunächst aber noch weiter ab und steigt dann nach Abschalten des Ofens auch noch weiter an. Die Regelgröße (tatsächliche Raumtemperatur) schwingt also um die Führungsgröße (gewünschte Raumtemperatur) und ergibt damit die Regelabweichung x_w, die ihrerseits den Regelprozeß in Gang setzt.

Diese **Schwingungen** dürfen aber in den jeweiligen Systemen zulässige Amplituden nicht überschreiten und sollten gedämpft verlaufen. Andernfalls wird die Regelung instabil oder bricht zusammen. Die Qualität einer Regelung hängt unter anderem wesentlich von ihrem Schwingungsverhalten ab, besonders auch nach sprunghaften Änderungen der Führungs- oder Störgröße.

In der Abbildung 11 ist als Beispiel für einen **biologischen Regelkreis** die arterielle Blutdruckregelung schematisch dargestellt. Der arterielle Blutdruck wird durch Pressorezeptoren im Aortenbogen und in den Carotis-Sinus erfaßt und in den Kreislaufzentren mit dem Sollwert für den Blutdruck verglichen. Bei einer Regelabweichung (z. B. Blutdruckabfall) erhalten die Stellglieder Herz und arterielle Gefäßmuskulatur Informationen, die zur Änderung ihrer Stellgrößen führen (Vergrößerung des Herzzeitvolumens, Erhöhung des Gefäßtonus). Der resultierende Blutdruckanstieg wirkt dann der Regelabweichung entgegen. Das Beispiel der Blutdruckregelung zeigt einen Regelkreis mit zwei Stellgliedern.

Die Zahl der Regelkreise im menschlichen und tierischen Organismus ist so groß, daß nur typische Beispiele aufgeführt werden sollen. Biologische Betriebsgrößen, wie die Kerntemperatur, das Blutvolumen, das Herzminutenvolumen, der Blutdruck, die Atmung, die Sauerstoffversorgung des Organismus, das zirkulierende Erythrozytenvolumen, die Sekretion der Verdauungsenzyme, der Tonus und die Länge der Muskelfasern, die Motorik, das Gleichgewicht, die Pupillenweite oder die Konzentrationen von Blutzucker, Plasmaproteinen, Hormonen und Ionen oder der Sexualzyklus werden in zweckmäßiger Weise geregelt.

Allein mit der Funktion der innersekretorischen Drüsen sind viele Regelkreise verbunden. So werden wohl ausnahmslos die Bildung und Freisetzung dieser Hormone einschließlich ihrer Freisetzungsfaktoren geregelt. Damit unterliegen ganze Funktionskomplexe, wie die Verdauung, der Wärmehaushalt, der Wasserhaushalt, der Mineralhaushalt, der Säure-Basen-Haushalt und andere der Regelung.

Auch die Funktion des Zentralnervensystems beruht weitgehend auf der Tätigkeit von Regelkreisen. Auf der Rückenmarksebene soll der Eigenreflex als Beispiel hierfür dienen: die Länge der quergestreiften Muskelfasern des ganzen Organismus wird ständig mit Hilfe zahlreicher Regelkreise reguliert. Die Auslösung eines Eigenreflexes zu diagnostischen Zwecken durch Dehnung der Muskulatur (z. B. der Patellarsehnenreflex) ist dabei die Störgröße, die sofort die Regelung der richtigen Muskellänge (Führungsgröße) auslöst. Der Ablauf koordinierter fließender Bewegungen ist für uns überhaupt nur mit Hilfe dieser Regelungen verständlich. Die Verflechtung der Funktionen in den vegetativen Zentren der Medulla oblongata sowie der Funktionen im Mittelhirn, Zwischenhirn und in der Großhirnrinde mit Regelkreisen geht aus den oben genannten Regelungsbeispielen hervor. Auch die vielfachen Verbindungen zwischen Großhirnrinde und Thalamusgebiet machen es deutlich, daß hier viele Regelkreise vorhanden sind. Auch das tierische Verhalten, wie z. B. das Fangen einer Beute oder Zielhandlungen des Menschen, sind weitere Beispiele für biologische Regelungen.

Totzeit und Übergangsverhalten

Sowohl in Steuerungen als auch in Regelungen hat der Wirkungsablauf in den einzelnen Übertragungsgliedern (Fühler, Vergleicher) einschließlich ihrer Leitungsbahnen (neurale oder humorale Leitungswege) einen bestimmten Zeitbedarf. Das Wirkungsgefüge kann sogar direkte Verzögerungsglieder enthalten (z. B. verzögerte Erregungsleitung zwischen Sinusknoten und Atrioventrikularknoten). Die Folge ist eine zeitliche Verschiebung im Wirkungsablauf, die **Totzeit** genannt wird. Sie entspricht z. B. der Zeitdifferenz zwischen Eingangs- und Ausgangssignal einer Steuer- oder Regeleinrichtung. Wirkungsgefüge mit rein neuraler Leitung haben die kürzeste Totzeit (Bruchteile von Sekunden bis Sekunden), während solche mit humoraler Leitung längere Totzeiten besitzen (den Kreislaufzeiten entsprechend 10, 20 und mehr Sekunden). Sind endokrine Prozesse in eine Regulation eingeschaltet, dann können die Totzeiten wesentlich länger sein.

Regeleinrichtung und Regelstrecke, aber auch Steuereinrichtung und Steuerstrecke, haben ebenso wie die einzelnen Glieder ein bestimmtes **Übergangsverhalten,** durch das der zeitliche Verlauf der Ausgangsgröße in Abhängigkeit von der Eingangsgröße gegeben ist. In Abbildung 12 werden als Beispiele die Sprungfunktionen der Regelabweichung x_w dargestellt. Glieder mit Proportional-Verhalten heißen P-Glieder, solche mit Integral-Verhalten I-Glieder und diejenigen mit Differential-Verhalten D-Glieder. Dementsprechend bezeichnet man Kombinationen als PI-, PD- und PID-Glieder.

Bei einer *P-Regeleinrichtung* folgt nach einer Totzeit T z. B. die Stellgröße y einem sprunghaften Anstieg der Regelabweichung x_w direkt proportional. Beim P-Verhalten ist nachteilig, daß die Regelgröße um einen bestimmten Betrag von der Führungsgröße abweichen kann (Proportionalabweichung).

Dagegen nimmt in einer *I-Regeleinrichtung* bei sprunghaftem Anstieg der Regelabweichung die Stellgröße langsam, aber stetig zu (proportional dem Zeitintegral der Abweichung). Die Stellgrößenzunahme hört erst auf, wenn die Regelabwei-

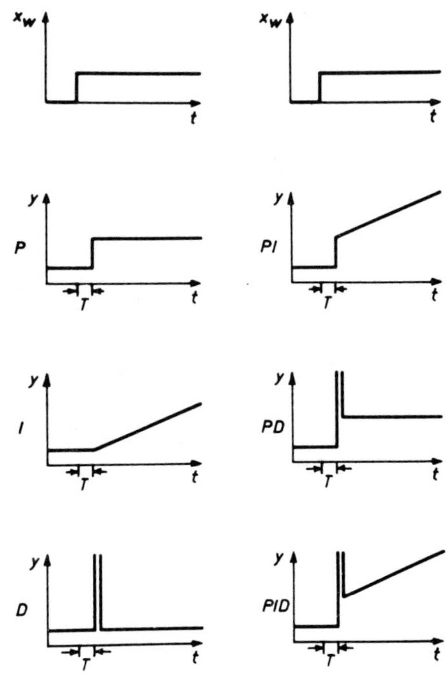

Abb. 12. Übergangsfunktionen von Regeleinrichtungen (schematisch).

Verlaufsformen der Stellgröße **y** mit Totzeit **T** nach Sprungfunktion der Regelabweichung $\mathbf{x_w}$

chung Null ist. Nachteilig ist die relativ träge Reaktion der I-Regelung.

Die *D-Regeleinrichtung* zeichnet sich dadurch aus, daß bei einem Sprung der Regelabweichung die Stellgröße sich nur kurzzeitig und stark verändert. Die D-Regeleinrichtung reagiert nur auf Änderungen der Regelabweichung (Differentialquotient nach der Zeit) und wäre deshalb allein in einer Regelung nicht brauchbar.

Durch Kombination dieser verschiedenen elementaren Übergangsfunktionen können die Nachteile der einzelnen Funktionen ausgeglichen und die biologischen Regulationssysteme damit den unterschiedlichen Erfordernissen des Organismus angepaßt werden. So ergibt in einer *PI-Regeleinrichtung* die Kombination des Proportional- und Integralverhaltens eine Verminderung der Proportionalabweichung, da das integrierende Glied für die Dauer der Regelabweichung die Stellgröße stetig beeinflußt. Die relativ langsame Regelung des I-Anteiles wird dabei weitgehend durch das schneller wirksam werdende P-Glied aufgehoben.

In der *PD-Regeleinrichtung* wird das Proportional-Verhalten durch den zusätzlichen D-Anteil mit seiner schnell einsetzenden kurzzeitigen und starken Stellgrößenänderung günstig beeinflußt. Die PD-Regelung wirkt rascher als die P-Regelung. Der Nachteil der Proportionalabweichung bleibt allerdings bestehen. Viele Rezeptoren zeigen ein PD-Verhalten, so daß die zugehörigen Regelkreise ebenfalls PD-Eigenschaften aufweisen. Überhaupt haben die meisten bisher bekannten biologischen Regelkreise *PD-Verhalten.* Wahrscheinlich steht das häufige Vorkommen von PD-Regelungen im tierischen Organismus mit der Verbesserung der Ansprechbarkeit in Zusammenhang, denn die differenzierenden Glieder sind geradezu prädestiniert, Einschleichprozesse zu überwinden.

Die Ergänzung der PD-Einrichtung mit einem I-Anteil verbessert die oben beschriebenen PD-Eigenschaften noch durch das Integral-Verhalten. Bei der *PID-Regeleinrichtung* folgt einer sprunghaften Änderung der Regelabweichung durch das D-Glied eine kurzzeitige starke Änderung der Stellgröße. Die Stellgrößenänderung verläuft dann mit Hilfe des P-Gliedes proportional zur Regelabweichung und wird mit Hilfe des I-Gliedes solange stetig ansteigen, bis die Regelabweichung Null wird. Eine Reihe biologischer Regelungen scheint mit mehr oder weniger starken I-Anteilen ausgerüstet zu sein.

3. Kennzeichen biologischer Regulationen

a. Statistische Arbeitsweise

Biologische Steuerungen und Regelungen sind wesentlich komplizierter aufgebaut als technische. Sie arbeiten statistisch. Während im technischen Regelkreis z. B. der Fühler im allgemeinen aus einem Element besteht (Manometer, Thermometer) und zufriedenstellend arbeitet, ist im biologischen Regelkreis der einzelne Rezeptor nicht in der Lage, eine Nachricht eindeutig zu signalisieren. Er besitzt auch nur einen kleinen Arbeitsbereich. Erst eine große Zahl parallelgeschalteter Rezeptoren erfaßt die Regelgröße zuverlässig und leitet diese Informationen eindeutig und sicher weiter. Im biologischen Regelkreis setzen sich daher die einzelnen Glieder, wie Fühler und Vergleicher, aber auch Leitungsbahnen, aus einer großen Zahl von Einzelelementen zusammen.

b. Vermaschung

Isolierte Regulationsvorgänge, wie Abschirmung, Stabilisierung, Steuerung oder Regelung gibt es in höheren Organismen nicht. Die biologische Regulation unterscheidet sich von der technischen besonders durch ihre starke **Vermaschung.** Viele Regelungen, Steuerungen, Stabilisierungen oder Abschirmungen sind eng miteinander verbunden. Teile von Regelkreisen sind Bestandteile anderer Kreise oder Ketten oder umgekehrt. Regelkreise, Steuerketten und Stabilisierungen können auch hintereinandergeschaltet oder so zugeordnet sein, daß in eine Steuerkette ein Regelkreis dazwischengeschoben oder umgekehrt eine Kette in eine Regelung eingesetzt ist. Je nach Art der Verknüpfung beeinflussen sie sich gegenseitig oder sind voneinander abhängig. Besonders komplex sind solche Verknüpfungen im Rahmen der Temperaturregulation, der Regulation von Kreislauf und Atmung, der Regulation des Wasserhaushalts, der Blutzukkerkonzentration oder des Sexualzyklus, um nur einige Beispiele zu nennen.

c. Anpassung

Die Führungsgrößen der biologischen Regulationen sind im adaptierten Zustand so eingestellt, daß

Homöostase im Organismus herrscht. Das Verhältnis von Umwelt zu Organismus steht in einem Gleichgewicht. Verschiedenste Umwelteinflüsse wirken als Störgrößen auf den Organismus ein und werden durch die Regulationsprozesse abgeschirmt oder kompensiert. Wenn aber unter besonderen Lebensbedingungen (Krankheit, Klima, Tageszeit, Ernährung) die Störgrößen gegebene Regulationsbereiche überschreiten, dann kommt es zur Störung der Homöostase. Das Gleichgewicht zur Umwelt geht verloren. Der Organismus reagiert darauf durch Umstellen der Führungsgrößen, um so auf verändertem Niveau wieder Homöostase und damit Gleichgewicht zur Umwelt zu erreichen. Anpassung bedeutet also selbständiges Einstellen der Führungsgrößen auf veränderte Umweltbedingungen.

Literatur

BLEICHERT, A., 1962: Grundlagen biologischer Regelung. Klin. Wschr. **40,** 497.

FLECHTNER, H.-J., 1970: Grundbegriffe der Kybernetik. 5. Aufl. Wissenschaftliche Verlagsgesellschaft, Stuttgart.

FRANK, H., 1970: Kybernetik. 7., neubearb. Aufl. Umschau Verlag, Frankfurt/Main.

Normblatt DIN 19226, 1968: Regelungstechnik und Steuerungstechnik. Beuth-Vertrieb, Berlin, Köln.

SACHSSE, H., 1974: Einführung in die Kybernetik. Verlag Vieweg, Braunschweig.

VOSSIUS, G., 1980: Grundlagen der Biologischen Kybernetik. In: GAUER, O. H., K. KRAMER, R. JUNG: Physiologie des Menschen, Bd. 10. Verlag Urban & Schwarzenberg, München, Berlin, Wien.

III. Stoff- und Energiewechsel

A. Regulation der Futteraufnahme

E. Scharrer

1. Verzehrsverhalten

Mensch und Tier sind auf die Zufuhr von Energie in Form von Nahrung angewiesen.

Die Nahrungsaufnahme erfolgt bei Mensch und Tier periodisch, d. h. in Form von Mahlzeiten. Der Mensch nimmt bekanntlich 3 bis 5 Mahlzeiten pro Tag zu sich. Unsere Haustiere fressen ihr Futter bei freiem Zugang zum Futter in 5 bis 10 Mahlzeiten pro Tag. Wachsende Tiere fressen dabei häufiger als ausgewachsene Tiere. In der Haustierhaltung wird die Mahlzeitenfrequenz natürlich vielfach vom Menschen bestimmt.

Die Nahrungsaufnahme wird weitgehend durch Hunger und Sättigung geregelt. Der Hunger wird dabei als Nahrungsaufnahmetrieb definiert, während die Stillung dieses Triebes als Sättigung bezeichnet wird. Hunger löst demnach bei freiem Zugang zum Futter meist die Aufnahme einer Mahlzeit aus. Sättigung dagegen führt zur Beendigung der Mahlzeit.

Freilich kann ein Tier auch zu fressen beginnen, ohne Hunger zu haben. Dies trifft zum Beispiel zu, wenn einem satten Tier sehr schmackhaftes Futter angeboten wird. In diesem Fall wird die Futteraufnahme durch den Appetit auf das betreffende Futter ausgelöst. Der Appetit wird demnach als Verlangen nach einem bestimmten Futter definiert.

Dabei können neben der sensorischen Beschaffenheit des Futters auch Stoffwechselfaktoren eine Rolle spielen. So fressen z. B. an Azetonaemie erkrankte Kühe lieber Heu als Kraftfutter. Gesunde Kühe dagegen bevorzugen Kraftfutter. Dieses Beispiel zeigt, daß der Appetit sehr variabel ist. Dabei sind vielfach Lernvorgänge im Spiel. Das Tier vermag die Bekömmlichkeit oder Unbekömmlichkeit eines Futters mit den sensorischen, insbesondere den geschmacklichen, Eigenschaften des betreffenden Futters zu assoziieren und reagiert daher auf unbekömmliches Futter mit Inappetenz. Man spricht in diesem Zusammenhang von erlernten Geschmacksaversionen.

Die bei bestimmten Vitamin- und Mineralstoffmangelzuständen (z. B. Vitamin B_1-Mangel, Zinkmangel) auftretenden Verzehrsdepressionen gehen teilweise auf derartige erlernte Geschmacksaversionen zurück.

Im Gegensatz zum Säugetier assoziiert der Vogel nicht die geschmacklichen, sondern die visuellen Eigenschaften (Farbe, Form) des Futters mit der Bekömmlichkeit bzw. Unbekömmlichkeit des Futters.

Viele Befunde deuten darauf hin, daß auch die als Begleitsymptom vieler Erkrankungen auftretende Inappetenz beim Säugetier zum Teil Ausdruck einer erlernten Geschmacksaversion ist, auch wenn die Erkrankung nicht fütterungsbedingt ist. Das Tier scheint bei vielen Erkrankungen das gestörte Wohlbefinden fälschlicherweise mit den geschmacklichen Eigenschaften des während der Krankheitsentstehung aufgenommenen Futters zu assoziieren und reagiert daher mit Inappetenz gegenüber dem betreffenden Futter. Durch Futterwechsel kann in solchen Fällen die Futteraufnahme vorübergehend stimuliert werden.

Die der erlernten Geschmacksaversion zugrunde liegenden Mechanismen sind noch weitgehend ungeklärt.

2. Zentralnervensystem und Verzehrsregulation

Man weiß seit langem, daß dem Hypothalamus bei der Regulation des Verzehrs wichtige Integrationsfunktionen zukommen. So führen bilaterale Läsionen im ventromedialen Hypothalamus beim Versuchstier zu Hyperphagie (griechisch phagein = fressen) und Fettsucht, während bilaterale Läsionen im ventrolateralen Hypothalamus Aphagie und Gewichtsverlust bewirken. Aufgrund dieser Beobachtungen wurde dem ventromedialen Hypothalamus lange Zeit die Funktion eines Sättigungszentrums zugeschrieben, während man dem ventrolateralen Hypothalamus die Funktion eines Hungerzentrums zuerkannt hat.

Dieses einfache Konzept wurde inzwischen aufgegeben, da sich durch Läsionen in anderen Arealen des Hypothalamus sowie auch in bestimmten Arealen des limbischen Systems sowie des Mittelhirns entsprechende Effekte auf den Verzehr hervorrufen ließen.

Die Regulation des Verzehrs erfolgt nach heutiger Auffassung über ein komplexes Netzwerk von Neuronen, das sich von der Medulla oblongata bis zum Hypothalamus und limbischen System erstreckt. Auch zur Hirnrinde projiziert dieses System über den Thalamus und Hypothalamus.

Eine wichtige Relaisstation für die Einspeisung von über afferente Vagusfasern übertragenen gastrointestinalen und hepatischen »Feedback«-Signalen in dieses neuronale Netzwerk ist der Nucleus tractus solitarii der Medulla oblongata. Von dort aus projizieren Nervenfasern über eine Relaisstation in der Pons zum Hypothalamus, zum limbischen System und zur Hirnrinde.

3. Signale für das Zustandekommen von Hunger und Sättigung

a. Gastrale Signale

Die erste auf experimentellen Befunden beruhende Hypothese über das Zustandekommen von Hunger und Sättigung geht auf den berühmten amerikanischen Physiologen Walter Cannon zurück. Cannon stellte vor über 60 Jahren bei Versuchspersonen einen Zusammenhang zwischen

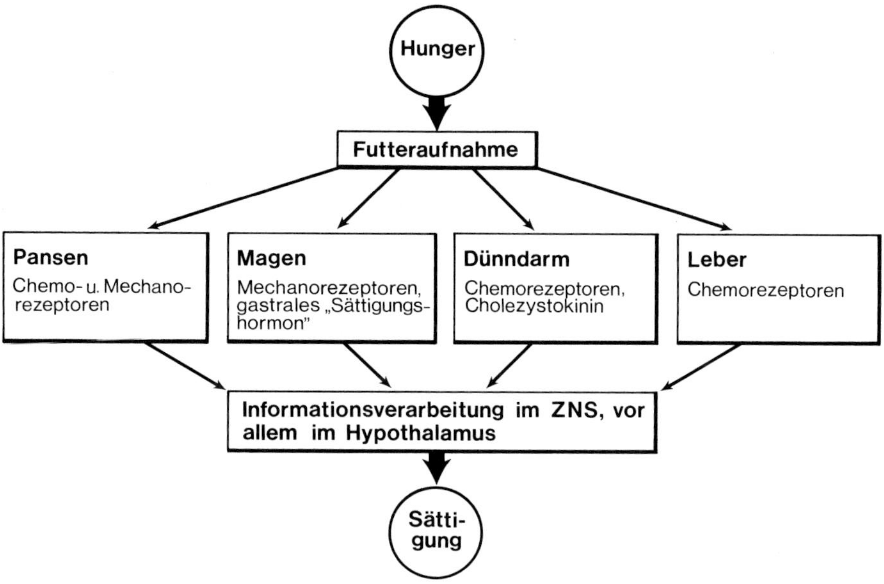

Abb. 13. Signale für die Regulation der Futteraufnahme

den am leeren Magen zu registrierenden starken Kontraktionen (= Hungerkontraktionen) und dem Auftreten von Hungergefühlen fest. Er führte daher den Hunger auf die Kontraktionen des leeren Magens zurück. Es stellte sich jedoch mit der Zeit heraus, daß Hunger und Sättigung auch unabhängig von den Hungerkontraktionen des Magens auftreten können. Damit war CANNONS Hypothese nicht mehr haltbar.

Trotzdem scheint der Magen bei der Regulation der Futteraufnahme eine wichtige Rolle zu spielen. So konnte z. B. gezeigt werden, daß die Infusion von Nährstoffen direkt in den Magen die spontane Futteraufnahme kompensatorisch reduziert, auch wenn der Pylorus durch eine Manschette verschlossen war und eine stärkere Dehnung des Magens vermieden wurde. Damit scheinen bei Anwesenheit von Nahrung im Magen gastrale Sättigungssignale wirksam zu werden. Da auch nach Denervierung des Magens der verzehrsreduzierende Effekt von Nährstoffinfusionen in den verschlossenen Magen erhalten bleibt, scheint die vom Magen ausgehende »Feedback«-Meldung humoraler Natur zu sein. Neuerdings nimmt man an, daß vom Magen während der Futteraufnahme ein „Sättigungshormon" in die Blutbahn abgegeben wird. Das betreffende Hormon ist allerdings noch nicht identifiziert.

Neben der Anwesenheit von Nahrung im Magen ist auch die Dehnung der Magenwand für die Sättigung bedeutsam. Durch die Dehnung werden Mechanorezeptoren der Magenwand stimuliert. Die Stimulierung dieser Rezeptoren wird hauptsächlich über afferente Vagusfasern an das ZNS gemeldet. Als erste Relaisstation fungiert dabei der Nucleus tractus solitarii der Medulla oblongata (s. o.).

Bei **Wiederkäuern** liegen bezüglich der gastralen »Feedback«-Signale Sonderverhältnisse vor. Dies ist nicht verwunderlich, da bei Wiederkäuern dem eigentlichen Magen ein umfangreiches Vormagensystem vorgeschaltet ist, in dem die über das Futter aufgenommenen Kohlenhydrate mikrobiell hauptsächlich zu Essigsäure, Propionsäure und Buttersäure abgebaut werden. Diese flüchtigen Fettsäuren werden zu einem großen Teil bereits aus den Vormägen absorbiert und stellen die Hauptenergiequelle für den Wiederkäuer dar. Es ist daher naheliegend, daß beim Wiederkäuer zusätzliche »Feedback«-Signale aus dem Vormagensystem die Futteraufnahme mitdeterminieren. So führte in zahlreichen Untersuchungen die Infusion von flüchtigen Fettsäuren in den Pansen bei Rind, Schaf und Ziege zu einer Verzehrsdepression, während entsprechende Infusionen in die Blutbahn den Verzehr im allgemeinen nicht beeinflußten. Auch die Infusion flüchtiger Fettsäuren in den Labmagen verringerte die Futteraufnahme kaum.

Dies spricht für eine Beteiligung von Chemorezeptoren in der Vormagenschleimhaut an der Verzehrsregulation beim Wiederkäuer.

Bei rauhfutterreicher Ernährung limitiert ferner das Fassungsvermögen des Vormagensystems die Futteraufnahme. Dabei sind offenbar Dehnungsrezeptoren der Vormagenwand im Spiel. Inwieweit der Labmagen an der Verzehrsregulation beteiligt ist, ist nicht geklärt.

b. Intestinale Signale

Während der Futteraufnahme scheinen außer vom Magen auch vom Dünndarm präabsorptive »Feedback«-Signale auszugehen. Nach vielen Untersuchungen bewirkt nämlich die Infusion von Nährstoffen direkt in den Dünndarm ebenfalls eine ausgeprägte Verzehrsdepression, während entsprechende Infusionen in die Blutbahn viel geringere Effekte auf die Futteraufnahme zur Folge hatten. Man weiß seit kurzem, daß in der Darmschleimhaut Chemorezeptoren existieren, die auf Glucose bzw. Aminosäuren ansprechen. Von diesen Chemorezeptoren scheinen während der Futteraufnahme »Feedback«-Signale auszugehen, die über Vagusafferenzen zum Hirn gelangen. Neben diesen nervalen »Feedback«-Signalen scheinen vom Dünndarm zusätzlich hormonale »Feedback«-Signale auszugehen. Dabei kommt möglicherweise vor allem dem Cholezystokinin, das die Sekretion des exokrinen Pankreas sowie die Gallenblasenentleerung steuert, die Rolle eines Sättigungshormons zu.

c. Hepatische Signale

Bezüglich der postabsorptiven »Feedback«-Signale scheint die Leber eine wichtige Rolle zu spielen, denn Nährstoffinfusionen in die Pfortader (Glucose, Aminosäuren, Glycerin) reduzieren die Futteraufnahme stärker als entsprechende Infusionen in die Vena jugularis.

Ferner wurden mit Hilfe elektrophysiologischer Methoden Chemorezeptoren in der Leber nachgewiesen, die mit dem Hirn über afferente Vagusfasern in Verbindung stehen. Diese Chemorezeptoren sprechen auf Glucose und andere Nährstoffe an und tragen wahrscheinlich während der Futteraufnahme zur Sättigung bei, da die Blutglucosekonzentration im Pfortaderblut bei Monogastriden bereits während der Aufnahme einer Mahlzeit ansteigt. Darüber hinaus wird Glucose während der Futteraufnahme wahrscheinlich infolge der Ausschüttungen von Glucagon aus den α-Zellen des Pankreas kurzfristig aus dem Leberglykogen freigesetzt, so daß es auch auf diesem Wege zu einer Stimulierung der hepatischen Chemorezeptoren kommen könnte.

Neuerdings wurde gezeigt, daß auch die Oxidaton von Fettsäuren in der Leber ein »Feedback«-Signal auslöst.

d. Lipostatische Signale

Nach zahlreichen Untersuchungen unterliegt die Nahrungsaufnahme auch einer lipostatischen Kontrolle. Werden z. B. bei Versuchstieren die Fettdepots durch Zwangsfütterung vergrößert, so resultiert daraus im Anschluß an die Zwangsfütterung eine Hypophagie, die so lange anhält, bis sich das Körpergewicht bzw. die Größe der Fettdepots wieder normalisiert haben. Die kompensatorische Hypophagie geht dabei mit einer Verringerung der Mahlzeitengröße bei unveränderter Mahlzeitenfrequenz einher. Demnach scheinen von den Fettdepots »Feedback«-Signale auszugehen, die mit der Größe des Fettdepots korreliert sind und zur Sättigung beitragen.

Derartige lipostatische »Feedback«-Signale könnten auch für die im ersten Viertel der Laktation bei der Hochleistungskuh zu verzeichnenden negativen Energiebilanz (Energieaufnahme < Energieabgabe) maßgebend sein, da in der letzten Phase der Gravidität vermehrt Fett gespeichert wird.

Da während der kompensatorischen Hypophagie Fettsäuren und Glycerin in vermehrtem Umfang aus den Fettdepots mobilisiert werden, kommen diese Metabolite als humorale lipostatische »Feedback«-Signale in Betracht, die Chemorezeptoren aktivieren. Näheres ist darüber leider nicht bekannt.

Literatur

CARLSON, N. R., 1980: Physiology of Behavior. Allyn and Bacon, Boston.

CASTONGUAY, T. W., E. E. APPLEGATE, D. E. UPTON, J. S. STERN, 1983: Hunger and Appetite. Nutr. Rev. **41,** 101–110.

LE MAGNEN, J., 1983: Body Energy Balance and Food Intake: a Neuroendocrine Regulatory Mechanism. Physiol. Rev. **63,** 314–386.

MILLIGAN, L. P., W. L. GROVUM, A. DOBSON, 1986: Control of Digestion and Metabolism in Ruminants. Prentice Hall, Englewood Cliffs, NJ.

SCHARRER, E., N. GEARY, 1977: Regulation der Futteraufnahme bei Monogastriden. Übers. Tierernährung **5,** 103–122.

SCHARRER, E., 1984: Der Sättigungsmechanismus. Z. Ernährungswiss. **23,** 241–254.

STUNKARD, A. J., E. STELLAR, 1984: Eating and its Disorders. Raven Press, New York.

B. Verdauung

E. PFEFFER

1. Allgemeines

Unter »Verdauung« wird die Summe mechanischer und chemischer Vorgänge verstanden, die dazu beitragen, daß die in der Nahrung enthaltenen lebensnotwendigen Stoffe in eine solche Form überführt werden, die einen Durchtritt durch die Wand des Magen-Darm-Kanals und damit den Eintritt in die Körperflüssigkeiten Blut oder Lymphe ermöglicht. Die mechanischen Vorgänge werden durch Kontraktion bestimmter Muskeln, die chemischen Vorgänge hauptsächlich durch die Aktivität mehr oder weniger spezifischer Enzyme bewirkt. Die Motorik des Verdauungstraktes und die Abgabe der verschiedenen Sekrete werden über das Nervensystem und über spezifische Gewebshormone gesteuert.

Besteht ein wesentlicher Anteil der Nahrung gewöhnlich aus Fleisch, wie beispielsweise bei Hund und Katze, so sprechen wir von **Carnivoren.** Den Gegensatz hierzu bilden die ausschließlich von pflanzlicher Nahrung lebenden **Herbivoren,** zu denen außer allen Wiederkäuern u. a. auch Pferd und Kaninchen gehören. Den Übergang zwischen diesen beiden Extremen bildet die Gruppe der **Omnivoren** oder »Allesfresser«, zu denen unter den Haustieren das Schwein zu rechnen ist.

Der unterschiedlichen Beschaffenheit der Nahrung entsprechen typische Unterschiede in der Ausbildung einzelner Abschnitte des Verdauungstraktes. Bei Carnivoren findet die chemische Verdauung nahezu ausschließlich durch solche Enzyme statt, die in Drüsen des Tieres gebildet werden und durch Sekretion in das Lumen des Verdauungstraktes gelangen. Zum Abbau eines großen Teils der pflanzlichen Substanz sind jedoch solche Enzyme notwendig, die zwar von Mikroorganismen, nicht jedoch von höheren Tieren gebildet werden. Aus diesem Grunde muß sich grundsätzlich im Verdauungstrakt von Herbivoren ein gesonderter Bereich finden, in welchem für Bakterien besonders günstige Lebensbedingungen herrschen. Eine derartige »Gärkammer« kann dem Ort der Verdauung durch eigene Enzyme vorgeschaltet sein, wie der Vormagen des Wiederkäuers, oder nachgeschaltet, wie der stark ausgebildete Enddarm des Pferdes.

Der auf den Inhalt des Verdauungstraktes entfallende Anteil an der gesamten Lebendmasse ist regelmäßig bei Herbivoren größer und bei Carnivoren kleiner als bei Omnivoren, er kann für Wiederkäuer bei Fütterung von Rauhfutter bis zu 20 % ausmachen. Setzt man die Länge des Darmes, die nach Entnahme aus der Bauchhöhle ohne Zuganwendung gemessen worden ist, in Relation zur Körperlänge, so liegen die erhaltenen Werte für die Katze bei 4 : 1, für das Schwein bei 14 : 1 und für das Schaf bei 30 : 1.

2. Maulverdauung

a. Aufnahme fester und flüssiger Nahrung

Voraussetzung für den Ablauf der Verdauungsvorgänge ist die Futteraufnahme. Durch welche Mechanismen diese reguliert wird, ist im Abschnitt A ausführlich besprochen.

Für den Vorgang der Futteraufnahme bestehen zwischen einzelnen Tierarten voneinander abweichende Bilder, die man sich am besten durch eigene Beobachtung zugänglich macht.

Beim Rind sind die Lippen nur wenig beweglich. Futterteile werden durch die Zunge erfaßt und so zwischen Schneidezähne des Unterkiefers und Dentalplatte des Zwischenkiefers geführt, daß sie dort festgehalten werden können. Durch ruckartige Bewegungen des Kopfes wird anschließend Gras vom Boden abgerissen oder Rauhfutter aus dem größeren Stapel entfernt.

Bei kleinen Wiederkäuern wie Schaf und Ziege sind dagegen die gespaltenen Lippen wesentlich beweglicher, so daß diesen für das Erfassen der Futterteile und deren Zuführung zu den Schneidezähnen erheblich größere Bedeutung zukommt. Hierdurch ist bedingt, daß Schafe und Ziegen den Aufwuchs wesentlich »sauberer verbeißen« können als Rinder. Die spitze Form des Mauls befähigt sie darüber hinaus zum selektiven Aufnehmen weicher Pflanzenteile, die sich zwischen stark verholztem oder gar dornigem Material noch finden können. Hierin liegt ein wesentlicher Grund dafür, daß Schafe häufig noch auf solchen Flächen gehalten werden können, auf denen Rinder nicht mehr ausreichende Nahrung finden würden.

Pferde greifen Futterteile vorwiegend mit den sehr beweglichen und kräftigen Lippen. Weidegras oder langes Futter wird zwischen die Schneidezähne geschoben, mittels derer es abgebissen wird, wobei ein leichter Ruck des Kopfes unterstützend wirkt.

Für das Schwein typisch ist das Durchwühlen des Futters mit dem Rüssel, wobei für das Erfassen von schrot- oder breiförmigem Futter Lippen und Zunge entscheidende Bedeutung zukommt. Wird Gras oder Rauhfutter eingesetzt, etwa in der Sauenhaltung, so benutzt das Schwein die Schneidezähne zum Abbeißen oder zum Halten beim Abreißen.

Hund und Katze erfassen und halten feste Nahrung mit den Haken- und Schneidezähnen, wie dies auch mit Beutetieren geschieht. Um aufnehmbare Teile abbeißen oder abreißen zu können, halten sie häufig größere Stücke mit den Schulterextremitäten. Weiches oder breiiges Futter wird mit der Zunge aufgenommen.

Neugeborene, für die gewöhnlich Muttermilch zunächst die einzige Nahrung ist, ernähren sich durch Saugen am Euter des Muttertieres. Dabei wird die Zitze zwischen Maulhöhlendach und Oberfläche der Zunge gebracht. Durch rhythmisches Öffnen der Kiefer und Rückwärtsbewegen der Zunge wird in der Maulhöhle ein Unterdruck erzeugt, der zum Übertreten von Milch aus der Zisterne des Euters in die Maulhöhle führt.

Bei Herbivoren und Omnivoren erfolgt die Flüssigkeits-Aufnahme auch bei fortschreitendem Alter durch Saugen nach Eintauchen der Lippen in die Flüssigkeit. Wird dabei in nennenswertem Maße außer Flüssigkeit auch Luft in die Maulhöhle angesaugt, wie dies beim Schwein oft der Fall ist, so kommt es zum typischen »Schlürfen«.

Carnivoren saugen nur am Euter des Muttertieres, im späteren Leben benutzen sie zur Aufnahme von Flüssigkeit nur die Zunge. Hunde schöpfen mit der nach Art eines Löffels geformten Zungenspitze. Bei Katzen haftet Flüssigkeit zwischen den besonders zahlreichen Papillen der Zunge. Durch wiederholtes Eintauchen und Zurückziehen in die Maulhöhle nehmen Katzen Flüssigkeit auf.

b. Bildung abschluckbarer Bissen

Nach der Aufnahme in die Maulhöhle muß festes Futter mehr oder weniger stark mechanisch verändert werden, bevor es abgeschluckt werden kann. Durch Bewegung des Unterkiefers gegen den feststehenden Oberkiefer kommt es zwischen den Backenzähnen zu einer Zerkleinerung der Futterteile. Bei Carnivoren erfolgt diese Bewegung des Unterkiefers fast nur in vertikaler, bei Herbivoren dagegen zusätzlich auch in horizontaler Ebene, so daß bei ersteren vom »Greiftyp« und bei letzteren vom »Mahltyp« der Kaubewegung gesprochen wird. Durch die Zunge werden die von der Kaufläche der Zähne gefallenen Futterteile immer wieder zwischen die Reihen der Backenzähne geschoben.

Bei Carnivoren weisen Ober- und Unterkiefer etwa gleiche Weiten auf, während bei Herbivoren der Unterkiefer eine deutlich geringere Weite als der Oberkiefer besitzt. Dies hat zur Folge, daß Pflanzenfresser jeweils nur auf einer Seite kauen können, wobei die bevorzugte Seite laufend wechseln kann.

Während der Hund das Kauen im wesentlichen auf die Zerkleinerung von Knochen beschränkt und schnell größere Bissen abschluckt, kaut die Katze sehr gründlich.

Besonders gründlich kaut das Pferd, das zur

Aufnahme vergleichbarer Rauhfuttermengen gegenüber dem Rind etwa die drei- bis vierfache Zeit benötigt.

Neben der Zerkleinerung durch Kauen (Mastikation) ist die Einspeichelung eine wesentliche Aufgabe der Maulverdauung. Der Speichel ist ein Gemisch von Sekreten verschiedener Wanddrüsen und der drei paarig angeordneten Anhangsdrüsen. Auf jeder Seite befinden sich:

1 Ohrspeicheldrüse *(Glandula parotis)*
1 Unterkieferdrüse *(Glandula mandibularis)*
2 Unterzungendrüsen *(Glandulae sublinguales)*.

In den Drüsen lassen sich zwei Zelltypen unterscheiden. Die einen sondern Flüssigkeit ab, die im Zellwasser außer Elektrolyten noch Protein enthält und als »serös« bezeichnet wird. Die anderen vermögen einem prinzipiell ähnlichen Produkt noch Schleimstoffe (Mucine) zuzufügen, weshalb man hierbei von einem »mukösen« Sekret spricht. Durch diese Schleimstoffe entsteht die fadenziehende Konsistenz des Maulspeichels. In den Ohrspeicheldrüsen finden sich nur Zellen des ersten Typs, das Sekret ist demnach rein serös. In den übrigen Drüsen finden sich Zellen beiderlei Typs, so daß sie einen seromukösen Speichel sezernieren.

Durch mechanische oder auch chemische Reize an den Nervenendigungen der sensiblen Nerven in der Maulschleimhaut ausgelöste Erregungen werden zum Zentrum der Speichelsekretion im Stammhirn geleitet. Dort erfolgt die Umschaltung auf sympathische oder parasympathische Fasern, über die Zusammensetzung und Menge des Sekrets der Speicheldrüsen gesteuert werden.

Neben dieser unbedingt reflektorischen Kontrolle der Sekretion von Maulspeichel (Salivation) gibt es noch die bedingt reflektorische, die vor allem beim Hund stark ausgebildet ist. Bei Wahrnehmung bestimmter Erscheinungen, die erfahrungsgemäß mit der Verabreichung von Futter zusammenfallen, werden über Geruchs-, Gesichts- oder Gehörsnerven zum Großhirn gelangte Erregungen zum Zentrum der Speichelsekretion weitergeleitet, so daß die Salivation einsetzt.

Außer bei den Wiederkäuern findet die Sekretion größerer Mengen an Maulspeichel nur während der Futteraufnahme statt. Bei Wiederkäuern fließt kontinuierlich eine geringe Speichelmenge, die jedoch bei Aufnahme von Futter und in stärkerem Maße noch beim Wiederkauen gesteigert wird. Über besondere Funktionen des Speichels beim Wiederkäuer wird im Abschnitt über die Vormagenverdauung berichtet.

Der Speichel der Haustiere ist alkalisch mit pH-Werten im Bereich zwischen 7,2 und 8,4. Unter den organischen Verbindungen im Speichel sind Proteine und Glykoproteine sowie Harnstoff zu nennen. Im Vergleich zum Blutplasma ist der Speichel bei Wiederkäuern etwa isotonisch, bei anderen Haustieren dagegen hypotonisch.

Bei bedarfsdeckender Versorgung steht unter den Kationen das Natrium mengenmäßig bei weitem an erster Stelle, neben dem sich in vergleichsweise geringen Konzentrationen auch Kalium, Magnesium und Calcium finden. Gleichzeitig enthält der Speichel Hydrogencarbonat, Phosphat und Chlorid als wichtigste Anionen. Kommt es infolge unzureichender Natrium-Versorgung zu einer Verarmung von Wiederkäuern an diesem Element, so wird allerdings die Konzentration an Natrium im Maulspeichel sehr stark reduziert bei kompensatorischer Erhöhung der Kalium-Konzentration. Aus diesem Grunde kann ein von der Norm abweichendes Verhältnis Na/K im Speichel von Rindern als Indiz für einen Natrium-Mangel dieser Tiere angesehen werden.

Im Maulspeichel der Haustiere werden nicht in nennenswertem Ausmaß Verdauungsenzyme sezerniert, wenn auch eine gewisse Aktivität von Amylase im Speichel des Schweins nachweisbar ist.

Die Kenntnis über die täglich sezernierte Speichelmenge ist für verschiedene Tiere unterschiedlich gut gesichert. Es darf jedoch angenommen werden, daß Wiederkäuer die vergleichsweise größten Speichelmengen aufweisen, die im Bereich etwa zwischen 8 und 14 l je kg verzehrter Trockenmasse des Futters liegen. Dies bedeutet, daß eine Kuh, die täglich 15 kg Trockenmasse frißt, zwischen 100 und 200 l Maulspeichel sezerniert.

c. Abschlucken des Bissens

Durch das Kauen wird die Futterportion nicht nur zerkleinert, es kommt auch zu einer intensiven Durchmischung mit dem in die Maulhöhle sezernierten Speichel. Hierdurch wird das Futter teilweise infolge von Quellungsvorgängen erweicht, zum anderen wird es durch die Mucine des Speichels schlüpfriger und damit besser schluckbar. Erst durch diese Veränderungen wird bei vielen

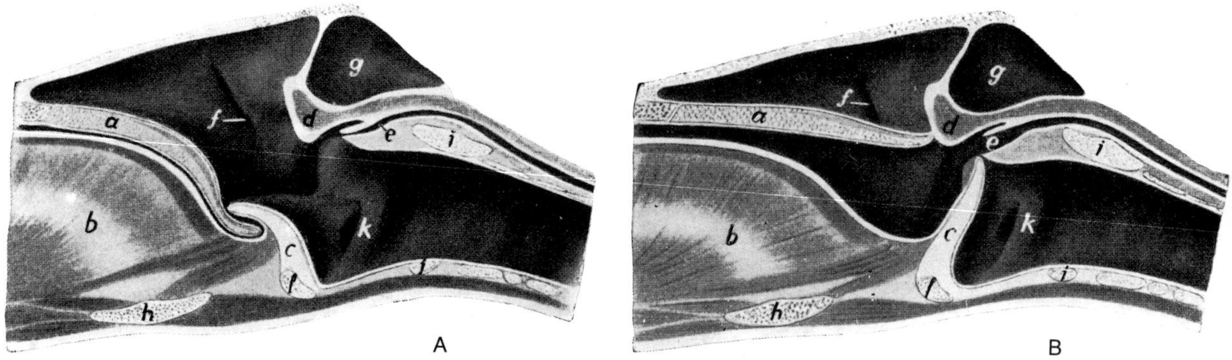

Abb. 14. Halbschematische Medianschnitte durch die Schlundkopfhöhle des Pferdes.

A = bei geöffnetem Atmungsweg und unterbrochenem Bissenweg; **B** = bei unterbrochenem Atmungsweg und geöffnetem Bissenweg

Futtermitteln das Abschlucken (Deglutition) möglich.

Beim Schluckakt wird zunächst willkürlich der zubereitete Bissen oder die Flüssigkeit vom Zungenrücken gegen den harten Gaumen gepreßt. Sodann befördert eine Wölbung des Zungengrundes das zu schluckende Gut in den Pharynx.

In der Gegend des *Isthmus faucium* liegen sensible Nervenendigungen, sogenannte Schluckstellen, die bewirken, daß im weiteren der Schluckakt reflektorisch, also unwillkürlich abläuft. Damit der Bissen in den Oesophagus und nicht in den Atemweg gelangt, wird das Gaumensegel horizontal gestellt, so daß es sich an die hintere Pharynxwand anlegt. Der Kehlkopf wird angehoben und durch den Kehlkopfdeckel geschlossen. Gleichzeitig öffnet sich der Anfangsteil der Speiseröhre trichterförmig. In dieser Phase ist der Speiseweg geöffnet, der von diesem durchkreuzte Atemweg jedoch geschlossen, so daß es beim Schlucken jeweils zu einer kurzfristigen Unterbrechung der Atmung kommt (s. Abb. 14).

Der Schluckakt findet seinen Abschluß im Transport des Bissens oder des Schluckes durch die Speiseröhre (Oesophagus) in den Magen. Die hierfür notwendigen peristaltischen Bewegungen der quergestreiften Muskulatur des Oesophagus werden entweder reflektorisch mit dem Schluckakt oder nach lokaler Reizung der Speiseröhre durch den Bissen ausgelöst. Während dabei auf der magenwärtigen Seite des Bissens der Muskel erschlafft, kommt es maulseitig zu einer ringförmigen Einschnürung, die sich wellenartig in Richtung Magen fortsetzt und dadurch den auch als »Bolus« bezeichneten Bissen zum Magen hin gleiten läßt. Den Übergang vom Oesophagus in den Magen bildet ein Sphincter, der beim Pferd am stärksten ausgebildet ist. Die Regelung des Schluckaktes erfolgt über ein zentralnervöses Schluckzentrum, das über sensible Fasern Erregungen erhält, die es zu motorischen und autonomen Fasern führt, welche dann die Kontraktionen der beteiligten Muskeln in der notwendigen Folge bewirken.

3. Verdauung im einhöhligen Magen

a. Ausbildung des Magens und Sekretion von Magensaft

Man kann sich den Magen als sackartige Ausbuchtung des »Verdauungsschlauches« vorstellen, die zwischen zwei unterschiedlich stark ausgeprägten verengenden Wülsten entstanden ist (*M. sphincter cardiae* und *M. sphincter pylori*). Funktionell stellen Magen und Dünndarm insofern eine Einheit dar, als in diesen beiden Abschnitten die vom Säuger produzierten Verdauungsenzyme mit dem Verdauungsbrei zusammentreffen. Hier findet daher der auf tiereigene Enzyme zurückzuführende Anteil an der chemischen Verdauung statt.

Je nachdem, ob Enzyme Protein, Fett oder Kohlenhydrate spalten, werden sie der Gruppe der Proteasen, Lipasen oder Carbohydrasen zugeordnet. In der Tabelle 1 werden die wesentlichsten von Säugern produzierten Verdauungsenzyme mit ihren Trivialnamen aufgeführt. Dabei ist anzumerken, daß mit einzelnen Trivialnamen teilweise verschiedene Enzyme zusammengefaßt sind, deren weitgehende Differenzierung nach Molekular-

Tab. 1. Die wichtigsten vom Säuger produzierten Verdauungsenzyme

Vorkommen	Gruppe	Enzym Trivialname	pH-Optimum	Substrat	Spaltprodukte
Magensaft	Proteasen	Pepsin	1,5–2,5	Proteine	Polypeptide
		Chymosin	3,5	Casein	Paracasein + Peptid
Pankreassaft	Proteasen	Trypsin	7,5–8,5	Proteine, Polypeptide	Peptide
		Chymotrypsin		Proteine, Polypeptide	Peptide
		Carboxypeptidasen		Peptide	Aminosäuren
	Carbohydrasen	α-Amylase	6,7–7,2	Stärke	Oligosaccharide
	Lipasen	Pankreas-Lipase	8	Triglyceride	Fettsäuren, Monoglyceride Glycerin
Darmsaft	Proteasen	Aminopeptidasen	8	Peptide	Aminosäuren
		Dipeptidasen		Dipeptide	Aminosäuren
	Carbohydrasen	α-Glucosidase		Maltose, Dextrine	Glucose
		Saccharase		Saccharose	Glucose + Fructose
		Lactase		Lactose	Glucose + Galaktose

struktur oder nach Wirkungsoptimum bzw. Spezifität mit heute verfügbaren Methoden möglich ist.

Zum Lumen hin ist die Magenwand mit Schleimhaut ausgekleidet. Bei Mensch und Carnivoren handelt es sich dabei ausschließlich um Drüsenschleimhaut, bei Omni- und mehr noch bei Herbivoren findet sich im cranialen Teil eine Region mit drüsenfreier kutaner Schleimhaut. Abbildung 15 zeigt dies schematisch für einige Arten.

Bei den angesprochenen Drüsen handelt es sich um tubulöse Einzeldrüsen, von denen jeweils mehrere gemeinsam in die Grübchen der Oberfläche der Schleimhaut münden. Es werden drei jeweils in abgrenzbaren Regionen anzutreffende Typen unterschieden, nämlich

▷ Cardiadrüsen,
▷ Fundusdrüsen,
▷ Pylorusdrüsen.

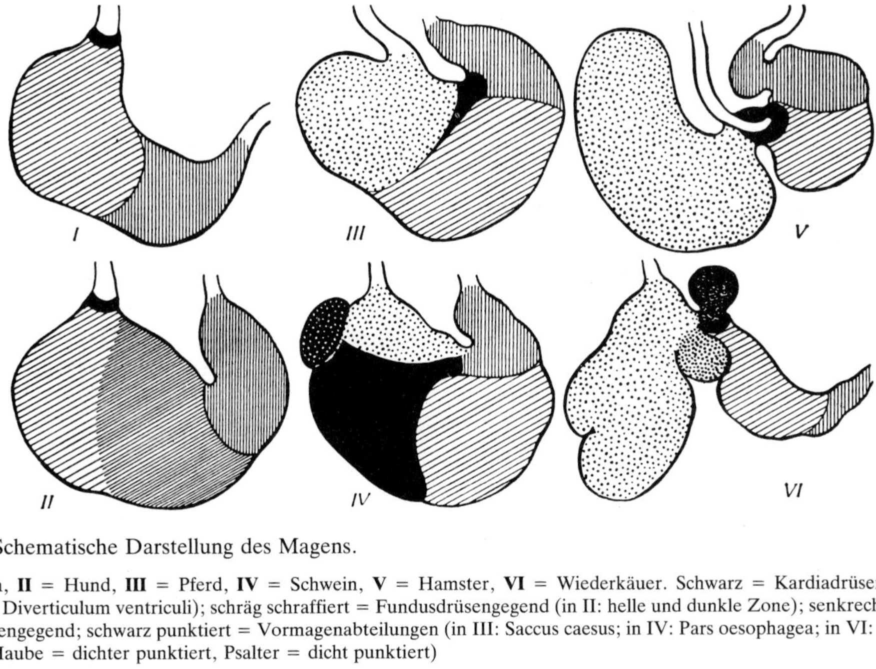

Abb. 15. Schematische Darstellung des Magens.

I = Mensch, **II** = Hund, **III** = Pferd, **IV** = Schwein, **V** = Hamster, **VI** = Wiederkäuer. Schwarz = Kardiadrüsengegend (weiß punktiert = Diverticulum ventriculi); schräg schraffiert = Fundusdrüsengegend (in II: helle und dunkle Zone); senkrecht schraffiert = Pylorusdrüsengegend; schwarz punktiert = Vormagenabteilungen (in III: Saccus caesus; in IV: Pars oesophagea; in VI: Pansen = weit punktiert, Haube = dichter punktiert, Psalter = dicht punktiert)

Cardiadrüsen sind reich verästelt bis verknäuelt. Sie finden sich bei den meisten untersuchten Arten nur in einem geringen Anteil der Schleimhaut, bei Mensch und Carnivoren im Bereich der für sie namengebenden Cardia. Bei Omni- und Herbivoren mündet die Cardia in die Region der kutanen Schleimhaut, die als Vormagen schwach angedeutet oder auch voll ausgebildet sein kann. Angrenzend an diese Region sind die Cardiadrüsen angeordnet, deren Region nur beim Schwein mit etwa einem Drittel einen erheblichen Anteil an der gesamten Magenschleimhaut einnimmt. Im alkalischen Sekret von Cardiadrüsen wurden Protease- und Lipaseaktivitäten nachgewiesen, deren quantitative Bedeutung für die Gesamtverdauung unterschiedlich eingeschätzt wird. Die Sekretion ist jeweils dann stärker, wenn seit längerer Zeit kein Futter aufgenommen worden ist, und sinkt andererseits nach der Futteraufnahme deutlich ab. Die Wirkung des Gastrins auf die Cardiadrüsen scheint demnach derjenigen auf die übrigen Drüsen im Magen entgegengesetzt zu sein.

Die Fundusdrüsen weisen den geringsten Grad der Verzweigung auf. Die Zellen des Drüsenkörpers sind in zwei Arten zu unterteilen, nämlich Hauptzellen und Belegzellen. Am Übergang zum Drüsenhals findet sich eine dritte Zellart, mit der Bezeichnung Nebenzellen. In den Hauptzellen werden die wichtigsten Enzyme der Magenverdauung, Pepsin und Chymosin, gebildet. Die Belegzellen sind Ort der Bildung von Salzsäure und der hauptsächlichen Flüssigkeits-Sekretion. Aus den Nebenzellen stammt ein schleimiges Sekret.

Zum Magenausgang hin, also im Bereich des Pförtners, treten die Pylorusdrüsen auf, die kürzer als die Fundusdrüsen sind und deren schleimiges Sekret alkalisch reagiert.

Fundus- und Pylorusdrüsen zusammen kleiden bei Mensch und Carnivoren den weitaus größten Teil des Magens, bei Wiederkäuern den gesamten Labmagen aus.

Die Sekretion der Magendrüsen findet aufgrund verschiedener mechanischer und chemischer Reize statt, die vom Mageninhalt ausgehen. Da der Magen von Omnivoren kaum und derjenige von Herbivoren nie leer wird, werden diese Reize ständig ausgelöst, so daß wir uns für diese Tiere die Abgabe der Sekrete als kontinuierlichen Vorgang vorstellen müssen, bei dem nur die Intensität variiert.

Bei den Carnivoren dagegen ist davon auszugehen, daß der Magen regelmäßig für einen Teil der Zeit zwischen einzelnen Mahlzeiten praktisch leer wird. In solchen Perioden kommt die Sekretion im Magen zum Erliegen. Erst mit erneuter Futteraufnahme wird die Sekretion wieder aufgenommen. Hierbei lassen sich drei Phasen unterscheiden, nämlich die reflektorische oder nervöse Phase, die vom Magen ausgehende und schließlich die vom Darm ausgehende chemische Phase.

Obwohl bedingte Reflexe als Auslöser der Magensekretion von Pawlow für den Hund nachgewiesen worden sind, dürften sie für die meisten Tiere nicht von wesentlicher Bedeutung sein. Dagegen verursachen sensible Nervenendigungen, die sich in Maul- und Rachenhöhle finden, infolge mechanischer und chemischer Reizung nach der Futteraufnahme unbedingte Reflexe, die zum Einsetzen der Sekretion führen.

Peptide und ähnliche Verbindungen, die in manchem Futter enthalten sein können, die aber in jedem Fall nach Einsetzen der Verdauung als Spaltprodukte anfallen, führen in den chemischen Phasen zu weiteren Verstärkungen der Sekretion. Das Auftreten dieser aus dem Nahrungsbrei freigesetzten Stoffe verursacht die Abgabe bestimmter Gewebshormone, die mit dem Blut zu den Zellen der Magendrüsen gelangen und dort stimulierend wirken. Vom Pylorusteil des Magens wird das Gastrin, von der Schleimhaut des Dünndarms das Gastrozymin als Hormon zur Steigerung der Magensekretion gebildet. Eine ähnliche Wirkung entfaltet Histamin. Dabei ist zu bemerken, daß in der Darmschleimhaut auch ein Gewebshormon gebildet wird, welches die Sekretion der Magendrüsen hemmt. Es handelt sich dabei um das Enterogastron, dessen Abgabe an das Blut durch Fett im Dünndarm angeregt wird (vgl. Tab. 2).

Als besonders eindrucksvolle Leistung im Zusammenhang mit der Sekretion ist die Bildung von Salzsäure in den Belegzellen der Fundusdrüsen anzusehen. Die hierbei gegenüber dem Blutplasma bewirkte Steigerung der Wasserstoffionen-Konzentration etwa um den Faktor 10^6, die sich in der pH-Senkung von 7,4 auf etwa 1 ausdrückt, ist nur mit erheblichem Energieaufwand zu erreichen.

Katalysiert durch das in den Belegzellen reichlich anzutreffende Enzym Carboanhydrase entsteht aus Wasser und CO_2, welches im Zellstoffwechsel anfällt oder aus dem Blut entstammt, Kohlensäure, die zu Wasserstoff- und Hydrogencarbonationen dissoziiert.

Auf äquimolarer Basis wird nun Hydrogencarbonat aus den Belegzellen gegen Chlorid aus dem Blut ausgetauscht. Hierauf beruht die Erschei-

Tab. 2. Gewebshormone des Verdauungstraktes

Name	Ort der Bildung	induzierende Reize	Wirkung
Gastrin	Magenschleimhaut	chemisch: Polypeptide neural: Dehnung im Antrum pylori	Stimulation der HCl-Bildung (Anhäufung von HCl bewirkt rückkoppelnd Hemmung)
Enterogastron	Dünndarmschleimhaut	Fette, Galle, Fettsäuren	Hemmung von Magensekretion und -motilität
Sekretin	Dünndarmschleimhaut	HCl, Polypeptide, Aminosäuren	Stimulation der Sekretion von Pankreassaft und Galle
Pankreozymin/ Cholezystokinin	Dünndarmschleimhaut	HCl, Peptide, Fett	Erhöhung der Enzymgehalte im Pankreassaft, Kontraktion der Gallenblase
Enterokinin	Dünndarmschleimhaut	Zwischenprodukte der Verdauung	Stimulation der Sekretion von Darmsaft
Villikinin	Dünndarmschleimhaut	HCl	Stimulation der Zottenbewegungen im Dünndarm

nung, daß im Anschluß an die Futteraufnahme bei monogastrischen Tieren die Konzentration von Hydrogencarbonat im Blutplasma steigt. In der Folge muß es zu einer Anreicherung von Wasserstoff- und Chlorid-Ionen an der Seite der Kanälchen kommen. Zu diesem Zweck werden vorübergehend Protonen in Wasserstoffatome umgewandelt, was möglich ist, wenn gleichzeitig Eisen aus der zweiwertigen in die dreiwertige Form überführt wird. Wasserstoffübertragende Enzyme transportieren die H-Atome zur Wand eines Kanälchens (Canaliculus). Dort wird das Elektron vom Wasserstoff wieder auf Eisen übertragen und das entstandene Proton tritt über in den Canaliculus. Diesem aktiv betriebenen Vorgang folgt das Chlorid-Anion passiv.

Verschiedene anorganische Substanzen sind in Magensekreten nachweisbar, ohne daß ihnen eine klare Funktion zugeordnet werden kann. Unter den organischen Bestandteilen ist zunächst der Schleim zu nennen, der einerseits von Oberflächenepithel der Magenschleimhaut und andererseits von Schleimzellen in Drüsen gebildet wird.

Dieser Schleim ist äußerst wichtig als Schutz der Magenschleimhaut gegen die hydrolytische Aktivität der in das Lumen des Magens abgesonderten Proteasen, aber auch gegen verschiedene aggressive Substanzen, die im aufgenommenen Futter enthalten sein könnten.

Besonders bedeutungsvolle Bestandteile des Magensaftes sind die unter dem Namen Pepsin zusammengefaßten Proteasen, die vorwiegend in den Hauptzellen der Fundusdrüsen gebildet werden, zunächst in einer inaktiven Vorstufe, die als Pepsinogen bezeichnet wird. Das Wirkungsoptimum liegt im pH-Bereich zwischen 1 und 3.

Das in den Labmagen des Kalbes abgegebene Sekret enthält zusätzlich ein für das mit der Milch aufgenommene Casein spezifisches Enzym, das die Namen Chymosin, Rennin oder auch Labferment führt. Sein Wirkungsoptimum liegt mit pH 5–6 deutlich höher als das des Pepsins.

Als weiteres, ebenfalls im sauren Bereich wirksames proteolytisches Enzym ist Gastricsin nachgewiesen worden. Der ebenfalls nachweisbaren Lipase des Magensaftes wird gewöhnlich keine praktische Bedeutung zugemessen.

b. Mechanik des Magens

Beim Menschen und bei Carnivoren kann es häufig vorkommen, daß zu Beginn der Nahrungsaufnahme abgeschluckte Bissen in den leeren Magen gelangen. Bei den meisten Tieren jedoch befinden sich zu diesem Zeitpunkt im Magen noch beachtliche Mengen an Inhalt, die von einer früheren Futteraufnahme herrühren. Innerhalb spezifischer Grenzen paßt sich der Magen der durch abgeschluckte Nahrung verursachten Volumenausdehnung seines Inhaltes durch Entfaltung an, ohne daß es zu einer Erhöhung des Innendruckes kommt. Dabei schichten sich die neueren Bissen über dem schon länger im Magen liegenden Inhalt an, was nach Fütterung verschiedener Futtermittel oder unterschiedlich gefärbter Mahlzeiten deutlich gemacht werden kann. Abbildung 16 verdeutlicht dies an einem klassischen Beispiel.

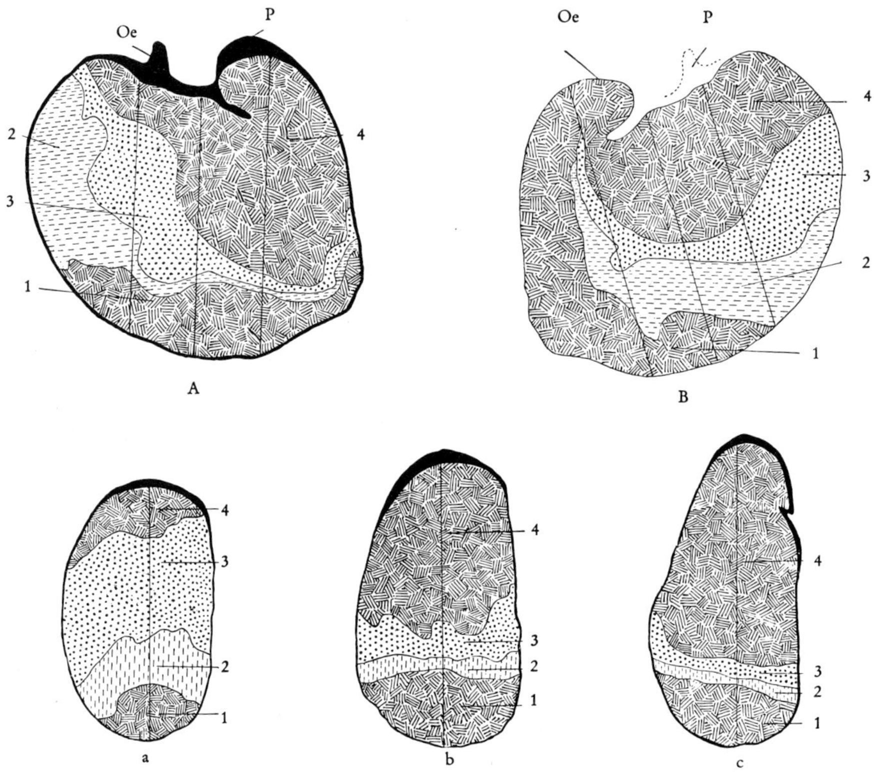

Abb. 16. **A:** Längsschnitt durch den gefrorenen Magen eines Pferdes, das 1 = Heu, 2 = gewöhnlichen Hafer, 3 = blaugefärbten Hafer, 4 = Heu erhalten hatte. Die drei parallelen Linien geben die Lage der Querschnitte a, b, c an. **B:** Oberflächenansicht des Inhaltes desselben Magens nach dem Abziehen der zwerchfellseitigen Magenwand. a, b, c: Querschnitte durch denselben Pferdemagen. **Oe** = Oesophagus, **P** = Pylorus. (Scheunert)

Für die Art der Schichtung ist auch die physikalische Beschaffenheit des abgeschluckten Futters von Bedeutung. Die einmal entstandene Schichtung bleibt während der Magenverdauung weitgehend erhalten, da die Bewegungen des Magens nicht zu einer Durchmischung des Mageninhalts führen. Nur im kaudalen Teil, also kurz vor dem Pylorus, kann eine gewisse mechanische Durchmischung des dort dünnflüssigen Chymus infolge der Bewegung angenommen werden.

Trinkt ein Tier bei gefülltem Magen, so bildet die abgeschluckte Flüssigkeit im Gegensatz zu festen Bissen keine Schicht über dem schon vorhandenen Inhalt, dringt auch kaum in diesen ein, sondern umspült ihn wie einen Teigkloß nahezu vollständig, wobei die kleine Kurvatur einen bevorzugten Weg darstellt. Auf diese Weise gelangt aufgenommene Flüssigkeit auch bei vollem Magen sehr schnell in den Dünndarm.

Für die Betrachtung der Bewegungen eignet sich eine Unterteilung des Magens in drei Abschnitte, die nicht mit den oben besprochenen Schleimhautregionen identisch sind. Die Abschnitte werden als Fornix oder Fundus, Corpus und Antrum pylori bezeichnet, wobei letzterer Abschnitt weiter in Sinus und Canalis egestorius unterteilt wird (s. Abb. 17).

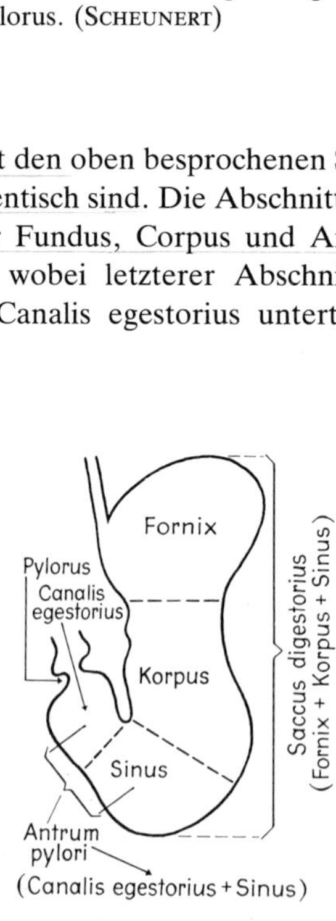

Abb. 17. Die Abschnitte des Magens

Die Magenbewegungen sind peristaltische Wellen, welche an der Cardia beginnen und zum Pylorus hin verlaufen. Sie werden durch mechanische und chemische Reize ausgelöst. Zunehmende Sekretion von Magensaft wirkt fördernd, Anhäufung von Säuren oder Fetten im Darm dagegen hemmend. Die peristaltischen Wellen sind im Bereich von Fornix und Corpus nur an der Oberfläche schwach bemerkbar. Im Bereich des Sinus werden sie zu stärkeren Einschnürungen, die sich wie Ringe langsam auf den Pylorus zubewegen.

In Fornix und Corpus bewirken die Bewegungen nur, daß Teilchen, die sich unter dem Einfluß der von der Schleimhaut her wirkenden Sekrete vom Teig des Mageninhalts gelöst haben, weitertransportiert werden. Im Sinus verursachen die dort stärkeren Einschnürungen ein Kneten und ein gewisses Durchmischen des Chymus sowie dessen Weiterbewegung in den Canalis egestorius, von dem während der in regelmäßigen Schüben reflektorisch bewirkten Öffnung des Pylorus ein Übertritt in den Dünndarm möglich wird.

Die Entleerung von Mageninhalt in das Duodenum wird dadurch möglich, daß der Tonus im Sphincter nachläßt, hervorgerufen durch chemische oder auch mechanische Reflexe von der Schleimhaut in Magen oder Duodenum aus. Starke Füllung des Duodenums und niedriger pH dort als Folge des Übertritts größerer Mengen des sauren Mageninhalts bewirken ein festes Verschließen des Pylorus, während umgekehrt Leere und hoher pH eine Erschlaffung des Schließmuskels zu dem Zeitpunkt bewirken, wenn eine peristaltische Welle ankommt. Durch diese Anpassung des Schließmuskels an den Grad der Füllung des Duodenums wird eine wichtige Steuerung der Verdauungsabläufe bewirkt. Auch wenn die Tagesration in nur wenigen Mahlzeiten verzehrt wird, kommt es nicht zu vorübergehender Überlastung im Dünndarm. Der Zufluß von Chymus in das Duodenum wird vielmehr über längere zeitliche Phasen ausgedehnt, so daß die Verdauung im Darm wesentlich kontinuierlicher abläuft als die Futteraufnahme.

Während der Öffnung des Pylorus kann es gelegentlich auch zu einem Rückfluß von Duodenalinhalt in den Magen kommen (Regurgitation).

Auch bei längerem Hungern kommt der Magen nicht infolge der Entleerung zu einem völligen Ruhezustand. In Intervallen von wechselnder Dauer treten für kürzere Phasen motorische und sekretorische Aktivitäten auf, die als »periodische Leertätigkeit« bezeichnet werden.

c. Ablauf, Ausmaß und Bedeutung der Magenverdauung

Die im Magen bewirkte Auflösung festerer Strukturen der Futterbestandteile hat zur Folge, daß der weitere Transport durch den Darm in flüssiger Form erfolgen kann. Neben diesem reinen Lösen kommt es zum teilweisen Abbau größerer Moleküle.

Die für die hydrolytischen Spaltungen erforderlichen Enzyme müssen nicht unbedingt aus Magensekreten stammen, sie können vielmehr bereits im Futter vorhanden gewesen sein. Auch die im Speichel des Schweines in geringer Konzentration anzutreffende Amylase kann im Magen wirksam werden. Schließlich muß berücksichtigt werden, daß dem Futter häufig Mikroorganismen anhaften, die im Magen gewisse Gäraktivitäten entwickeln. Es ist in diesem Zusammenhang nochmals anzumerken, daß die aus den Fundusdrüsen stammende Salzsäure nur vom Rand her mit dem geschichteten Mageninhalt in Berührung kommt. Obwohl der Magensaft stark sauer ist, weist der vor dem Abschlucken infolge der Kautätigkeit gründlich mit Speichel durchmischte Nahrungsbrei in seinem Inneren eine neutrale bis schwach saure Reaktion auf, bei der die Mikroorganismen noch sehr gut leben können. Es muß angenommen werden, daß gelegentlich bei Omnivoren und Herbivoren beträchtliche Mengen an Milchsäure im Magen durch Vergärung von Kohlenhydraten entstehen. Allerdings sind die quantitativen Kenntnisse gerade auf diesem Gebiet erweiterungsbedürftig.

In dem stärker verflüssigten Teil des Mageninhalts, der sich vor allem im Antrum pylori findet, bewirkt die sezernierte Salzsäure einen deutlichen Abfall im pH des Chymus auf Werte zwischen 2 und 3. Dabei kann zum einen das Pepsin, welches im salzsauren Milieu durch die hydrolytische Abspaltung einer Peptidkette aus dem inaktiven Pepsinogen entstanden ist, seine proteolytische Aktivität entwickeln. Da Pepsin Peptidbindungen im Inneren der Peptidketten spaltet, wird es der Gruppe der »Endopeptidasen« zugerechnet. Spaltprodukte sind nicht einzelne Aminosäuren, sondern Peptidketten unterschiedlicher Länge.

Eine weitere Bedeutung der Salzsäure des Magens ist darin zu sehen, daß durch sie Mikroorganismen verschiedenster Art abgetötet oder mindestens in ihrer Aktivität stark eingeschränkt werden, die mit dem Futter in den Magen gelangen. Hierdurch wird die im Dünndarm anzutreffende

Mikroflora vor Instabilität durch plötzlich auftretende fremde Keime geschützt.

4. Verdauung im Magen von Wiederkäuern

a. Lage und Bau der Magenabschnitte

Zur Subordnung der Wiederkäuer (Ruminantiae) gehörende Säuger, unter ihnen die Haustiere Rind, Schaf und Ziege, verfügen über einen großen gekammerten Vormagen (Proventriculus), der dem als Labmagen (Abomasus) bezeichneten Drüsenmagen funktionell vorgeschaltet ist (Abb. 18). Die Wand des Vormagens ist mit kräftigen Lagen glatter Muskulatur ausgestattet und innen mit drüsenloser kutaner Schleimhaut ausgekleidet.

Beim erwachsenen Wiederkäuer ist die bei weitem größte Kammer des Vormagens der Pansen (Rumen), der fast die gesamte linke Hälfte der Bauchhöhle ausfüllt. Durch besondere Muskelanordnung ergeben sich von der Wand in das Lumen hineinragende Haupt-, Längs- und Kranzpfeiler, die auf der Serosaseite als Pansenfurchen zu erkennen sind. Diese Pfeiler teilen den Innenraum in einen dorsalen und einen ventralen Pansensack, die jeweils caudal einen Endblindsack (Saccus caecus) aufweisen. Cranial endet der dorsale Pansensack in den Anfangsblindsack, der als Pansenvorhof oder auch als Schleudermagen bezeichnet wird. Das in den Vorhof mündende Ende des Oesophagus wird von einer Cardiamuskelschleife umgeben. Von hier verläuft eine durch zwei spiralig angeordnete muskulöse Lippen geformte Rinne (Haubenrinne oder »Schlundrinne«) an der Haubenwand entlang bis zur Hauben-Psalter-Öffnung. Die innere Oberfläche des Pansens ist durch zahlreiche Zotten unterschiedlicher Länge vervielfacht (Abb. 19).

Eine weitere Kammer des Vormagens, die dem kopfwärts gelagerten Pol des Pansens aufsitzt, trägt die Namen Haube oder Netzmagen (Reticulum). Diese Namen deuten auf die wabenartigen Netzstrukturen, welche durch muskulöse Leisten in der Schleimhaut gebildet werden. Die durch die Leisten abgegrenzten fünf- bis sechseckigen Blättchen sind mit kleinen Papillen bedeckt. Die Haube liegt cranial dem Zwerchfell an, dem sich in der Brusthöhle der Herzbeutel anfügt. Funktionell wird der Hauben-Pansen-Raum (Reticulorumen) häufig als Einheit angesehen.

Zwischen Pansen und Leber liegt, dorsal zur Haube, als dritte Kammer der Psalter, auch Buch- oder Blättermagen genannt (Omasus), der beim Rind kugelig, beim Schaf oval ist. Die Namen sind entstanden durch die von dorsal und den Seitenwänden in das Lumen dieser Kammer vorspringenden Blätter, die an ein nicht vollständig zugeklapptes Buch erinnern. Diese Blätter werden auch als Psalterkörper bezeichnet. Vom Psalterkörper zu unterscheiden ist der Psalterkanal mit der Psalterrinne, die als Fortsetzung der Haubenrinne verstanden werden kann. Sie wird durch je eine Öffnung cranial zur Haube (Ostium reticulo-omasicum) und caudal zum Labmagen (Ostium omasoabomasicum) begrenzt.

Der Labmagen liegt als langer, sich verengender Sack gekrümmt cranioventral rechts unter dem Pansen. Begünstigt durch gewisse Fütterungsfehler kann es zu Verlagerungen des Labmagens auf die linke Seite kommen, die dann meist mit Komplikationen verbunden sind. Im Gegensatz zum Vormagen ist der Labmagen mit Drüsenschleimhaut aus-

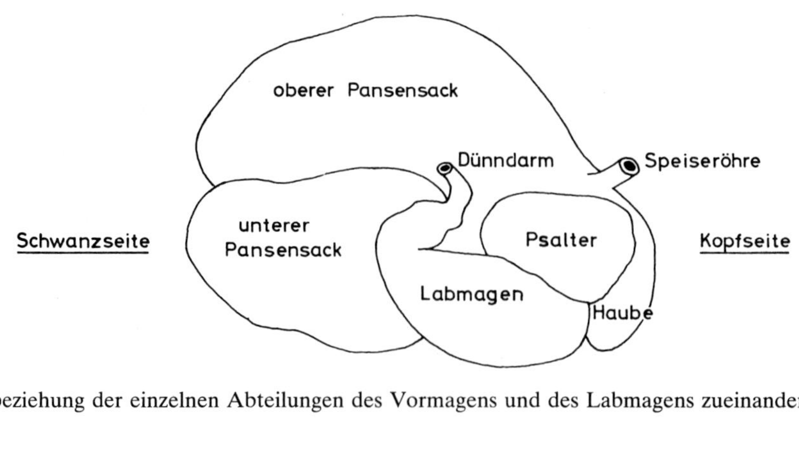

Abb. 18. Lagebeziehung der einzelnen Abteilungen des Vormagens und des Labmagens zueinander

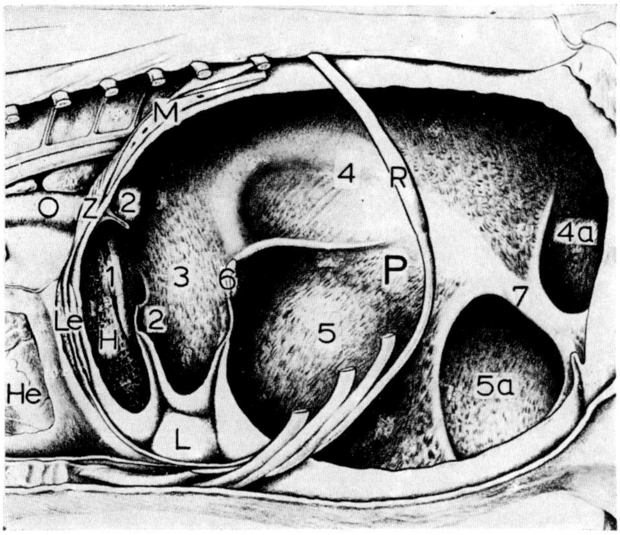

Abb. 19. Der Wiederkäuermagen. Linke Bauchseite, Haube und Pansen eröffnet.

H = Haube, **P** = Pansen, **L** = Labmagen, **O** = Oesophagus, **R** = 13. Rippe, **Le** = Leber, **M** = Milz, **Z** = Zwerchfell, **He** = Herz mit eröffnetem Herzbeutel; **1** = Haubenrinne, **2** = Haubenpansenfalte, **3** = Schleudermagen (kranialer Pansensack), **4** = dorsaler Pansensack, **4a** = dessen Endblindsack, **5** = ventraler Pansensack, **5a** = dessen Endblindsack, **6** = kranialer Pansenpfeiler, **7** = kaudaler Pansenpfeiler

gekleidet, die im Fundusabschnitt längs verlaufende größere Falten aufweist.

Alle Teile des Vormagens sind durch Äste des X. Gehirnnervs (Nervus vagus) mit dem Zentralnervensystem verbunden, woher sie ihre Bewegungsimpulse erhalten. Wird diese Verbindung unterbrochen, so steht der Vormagen vorübergehend still. Somit verhält sich der Vormagen anders als die übrigen Abschnitte des Verdauungstraktes, die sich auch ohne übergeordneten Antrieb ständig bewegen. In der Medulla oblongata liegt das motorische Zentrum der Vormagenbewegungen im dorsalen Vaguskern, wo die sensorischen erregenden und hemmenden Impulse eintreffen und von wo periodisch die Erregungen für die Muskulatur der Vormagenwand ausgehen. Aus der Differenz zwischen erregenden und hemmenden Impulsen ergeben sich Frequenz, Intensität und Dauer derjenigen Bewegungen, die in einem Kontraktionszyklus auftreten.

An der inneren Oberfläche der kutanen Schleimhaut bewirken keratinhaltige Hornzellen den erforderlichen Schutz gegen Einwirkungen, die vom Inhalt des Vormagens ausgehen könnten. Da ein erheblicher Anteil des in der Mucosa stattfindenden interzellulären Stofftransportes aktiv, also unter Energieaufwand, betrieben wird, ist sie Ort intensiven enzymatisch katalysierten Stoffwechsels. Dabei scheint als Lieferant der benötigten Energie mit dem Blut zugeführte Glucose unbedeutend, die aus dem Lumen aufgenommene Buttersäure dagegen von besonders großer Bedeutung zu sein. Zwischen den Zellen verschiedener Hauptschichten findet sich ein breit angelegtes Labyrinthsystem. Kapillaren eines subepithelialen Geflechtes umziehen schlingenartig die Zapfen der Papillarkörper. Die hierdurch erreichte Vergrößerung der Oberflächen der Gefäßwände erleichtert den Stoffdurchtritt. Blut fließt über Zentral- und Randarterien den Zotten zu bis in das subepitheliale Kapillarnetz an den Zottenspitzen. Durch die an den Seitenflächen der Zotten ebenfalls unter dem Epithel liegenden Venolennetze fließt es zurück in die Venen der Mucosa. Zwischen Kapillaren und Venolen stattfindende Senkungen des Druckes dürften für die Unterschiede in der Richtung des Stofftransportes von Bedeutung sein.

b. Entwicklung des Vormagensystems

Nicht in allen Entwicklungsstadien ist das Verhältnis zwischen den einzelnen Kammern des Wiederkäuermagens so wie beim erwachsenen Tier. Deutliche Veränderungen treten vielmehr im Laufe sowohl der intrauterinen als auch der postnatalen Entwicklung auf.

Vergleicht man die auf die einzelnen Kammern entfallenden Anteile an der gesamten Wandmasse des Magens, so entsprechen die Verhältnisse am Ende des vierten Monats der Trächtigkeit etwa denjenigen, die sich auch bei ausgewachsenen Tieren ermitteln lassen. Während der weiteren Entwicklung des Foetus erfolgt dann jedoch eine typische Verschiebung, so daß zum Zeitpunkt der Geburt eines Kalbes die Hälfte der Wandmasse auf den Labmagen entfällt. Nur etwa 30 % entfallen auf den Pansen, gut 10 % auf den Psalter und knapp 10 % auf die Haube. Pansenzotten, Haubenleisten und Psalterblätter sind beim Neugeborenen kaum entwickelt, so daß in dieser Entwicklungsphase physiologisch nicht von Wiederkäuern gesprochen werden kann.

Im Laufe der weiteren Entwicklung wächst der Vormagen deutlich stärker als der Labmagen, wobei Geschwindigkeit und Ausmaß, mit welchen sich die Verhältnisse zwischen den Kammern ändern, durch die Fütterung beeinflußt werden können. Sie werden um so größer sein, je früher von der Milchtränke auf Fütterung von Rauhfutter und Kraftfutter umgestellt wird. Von der gesamten Wandmasse des Magens entfallen beim ausgewachsenen Rind auf

Pansen	über	50 %,
Haube	knapp	10 %,
Psalter	etwa	25 %,
Labmagen	etwa	10 %.

Für diese Entwicklung sind einerseits mechanische Reize der Vormagenwand nötig, die etwa von Rauhfutter ausgehen und vorwiegend das Größenwachstum der Vormagenkammern fördern. Andererseits sind chemische Reize durch Gärprodukte, vor allem durch Buttersäure, nötig für die Ausbildung der Zotten und der übrigen typischen Schleimhautstrukturen.

c. Motorik des Vormagens

Die Motorik des Vormagens stellt eine unentbehrliche Komponente seiner Gesamtfunktion dar, deren entscheidende Wirkung durch das sinnvolle Zusammenspiel der einzelnen Abteilungen erreicht wird. Somit läßt sich von regelmäßigen Hauben-Pansen-Zyklen sprechen, in welche schließlich die Motorik des Psalters einbezogen wird.

Zu Beginn eines Bewegungs-Zyklus führt die Haubenwand eine zweiphasige Kontraktion durch. An die erste, schwächere Phase schließt sich nach einer unvollständigen Erschlaffung eine zweite, stärkere Kontraktionsphase an, wobei infolge der bewirkten Halbierung des Haubenvolumens der Inhalt weitgehend in den zu diesem Zeitpunkt schlaffen Vorhof übertritt. Bei der sich anschließenden Kontraktion des Vorhofes wird der Inhalt weitgehend in die Haube zurückbefördert, teilweise jedoch auch in den dorsalen Pansensack. Im folgenden kontrahiert sich der dorsale Pansensack, wodurch Inhalt aus diesem in den während dieser Phase erweiterten ventralen Pansensack gedrückt wird. Es schließt sich eine Kontraktion des ventralen Pansensacks an, während der Inhalt angehoben und in den dorsalen Pansensack befördert wird.

Hiermit kann der Bewegungszyklus abgeschlossen sein. Neben diesem ersten Typ gibt es noch einen zweiten Typ der Bewegung des Reticulorumens, bei dem sich in schwächerer Form nochmals nacheinander dorsaler und ventraler Pansensack kontrahieren. Der weiter unten zu besprechende Ructus erfolgt während der zweiten Kontraktion des dorsalen Pansensacks.

Typ 1: Haube — Vorhof — dorsaler Pansensack — ventraler Pansensack

Typ 2: Haube — Vorhof — dorsaler Pansensack — ventraler Pansensack — dorsaler Pansensack — ventraler Pansensack.

Beim Rind kann man beobachten, daß die beiden Endblindsäcke sich jeweils in einer gesonderten Bewegung unmittelbar nach der Kontraktion des zugehörigen Abschnittes zusammenziehen.

Bei diesem Bewegungsablauf wird der mit großen Mengen Speichel vermischte Inhalt mehrfach umgewälzt, was für die gleichzeitig ablaufende chemische Verdauung durch Mikroorganismen von Bedeutung ist. Die dabei bewirkte Durchmischung entspricht nun keineswegs einer Homogenisierung des Inhalts, vielmehr wird, beim Rind stärker als beim Schaf, eine Trennung in unterschiedliche Phasen erreicht und aufrechterhalten.

Den Inhalt des ventralen Pansensackes muß man sich als Flüssigkeit vorstellen, in der kleinere Partikel schwimmen. Im dorsalen Pansensack dagegen finden sich vorwiegend festere Futterpartikel, die wegen der faserigen Struktur des Rauhfutters wie ein grobes Netzwerk wirken. An diesem Netzwerk anhaftend finden sich in besonderem Maße stoffwechselaktive Mikroorganismen, die

die Verdauung des Futters betreiben. Die während der Kontraktion des ventralen Pansensackes erfolgende Durchtränkung der festen Partikel mit Flüssigkeit trägt dazu bei,

- daß der Inhalt des dorsalen Pansensackes nicht zu stark austrocknet,
- daß die den Futterpartikeln anhaftenden Mikroben immer wieder mit Nährstoffen versorgt werden,
- daß durch die Tätigkeit der Mikroorganismen gebildete Säuren abgepuffert werden,
- daß alle anfallenden Gärungsendprodukte abtransportiert werden.

Die Notwendigkeit, immer einen bestimmten Mindestanteil an strukturiertem Rauhfutter in der Ration der Milchkuh einzuhalten, ergibt sich daraus, daß bei Fütterung ausschließlich von gemahlenem Futter die deutliche Trennung zwischen fester und flüssiger Phase nicht mehr möglich wäre. Strukturiertes Futter wirkt offenbar über mechanische Reizung der Pansenwand stimulierend auf die Motorik, während ein pH-Abfall infolge der Ansammlung von bei der Gärung gebildeten Säuren die gegenteilige Wirkung zeigt.

Flüssige und festere Phase füllen nie den gesamten Hohlraum des Reticulorumens aus. Da im Zuge der stattfindenden Gärungen ständig auch Gase gebildet werden, liegt ständig über dem festeren Inhalt eine Gasblase, die ein Gemisch aus CO_2 und CH_4 enthält. Damit diese Gasblase ein etwa konstantes Volumen hält, muß Gas im Mittel mit derselben Rate, mit der es gebildet wird, aus dem Vormagen entfernt werden. Der Weg hierbei führt vornehmlich durch den Oesophagus in einem Vorgang, der als Ructus oder Eructation bezeichnet wird.

Während der zweiten Kontraktion des dorsalen Pansensacks verschiebt sich die Gasblase so, daß sie in die Haube bis zur Cardia hin reicht. Nach Kontraktion und anschließender Dilatation des Oesophagus öffnen sich die kaudalen Sphincteren, während der craniale geschlossen bleibt. Hierdurch entsteht ein Druckgefälle vom Reticulorumen zum Oesophagus hin, welches den Übertritt von Gas verursacht. Nach Schließen der caudalen

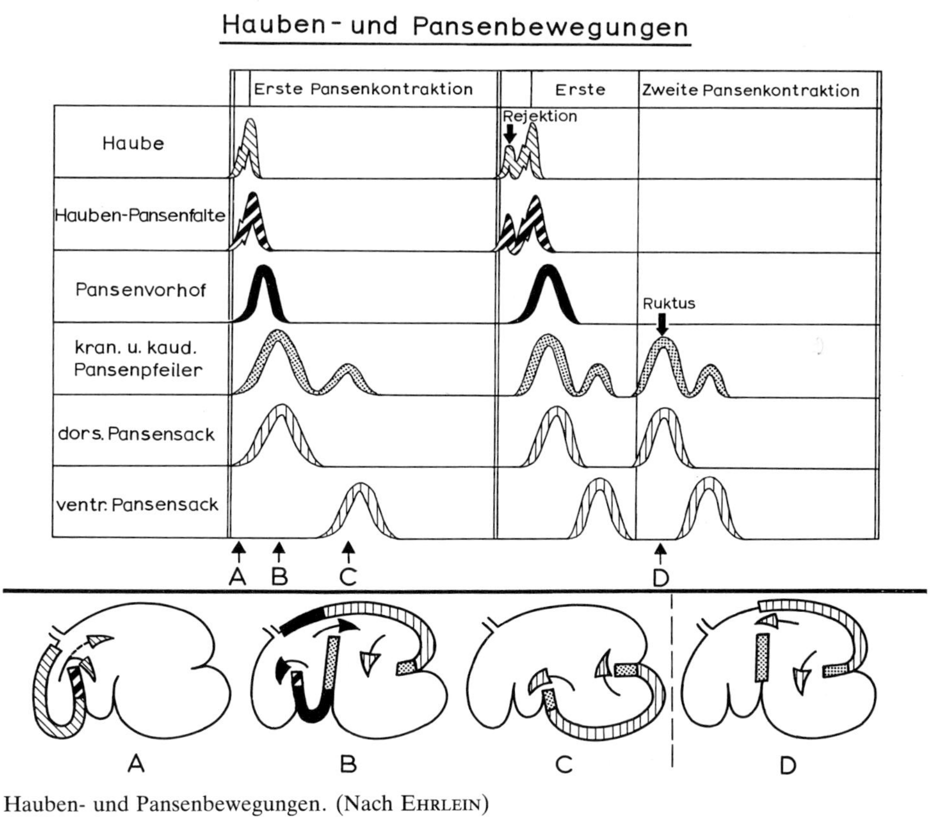

Abb. 20. Hauben- und Pansenbewegungen. (Nach Ehrlein)

Sphincteren wird das übergetretene Gas durch antiperistaltische Wellen im Oesophagus maulwärts bewegt und tritt durch den sich öffnenden cranialen Sphincter in die geschlossene Maulhöhle. Zu diesem Zeitpunkt wird die Atmung unterbrochen, der Nasenraum wird durch das Gaumensegel verschlossen. Daher gelangt ein Teil des Gases durch die Trachea bis in den Alveolarraum der Lunge, wo es durch die nachfolgenden Atemzüge stark verdünnt wird.

Kommt es infolge einer Störung des normalen Bewegungsablaufes nicht regelmäßig zum Ructus, so entsteht das Bild des »Aufblähens«, durch das ein Tier schnell in akute Lebensgefahr kommen kann. Alle Bestrebungen müssen dann auf Minderung des Gasdruckes im Vormagen und Normalisierung der Motorik gerichtet sein.

Damit die bezeichnende Tätigkeit des Wiederkauens stattfinden kann, muß Inhalt des Hauben-Pansen-Raums durch die Speiseröhre in die Maulhöhle zurückgebracht werden. Dieser Vorgang wird als Rejektion bezeichnet. Der eigentlichen Haubenkontraktion geht zunächst eine zusätzliche schwächere Kontraktion dieses Abschnitts voraus. Durch die in Abbildung 20 dargestellten aufeinander abgestimmten Bewegungen von Haube, Hauben-Pansen-Falte, Vorhof und Pansenpfeilern wird sehr flüssiger Haubeninhalt vor die Cardia

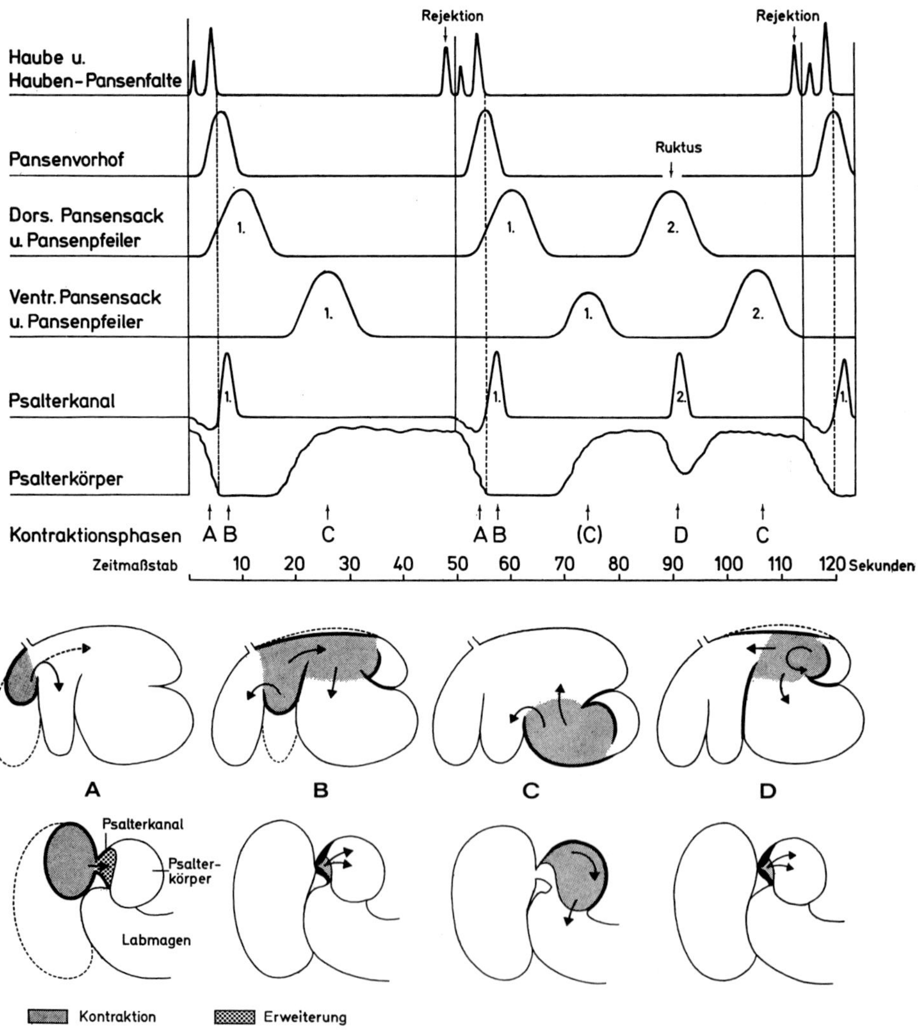

Abb. 21. Bewegungszyklus der Vormägen

transportiert. Der sich anschließende Saugakt läßt sich in eine Ansaugphase und eine Auspreßphase gliedern.

In der Ansaugphase wird zunächst im Oesophagus ein Unterdruck erzeugt durch Inspiration bei geschlossener Glottis. Reflektorisch öffnet sich nun die Cardia, so daß Inhalt in den Oesophagus eintritt. Wegen der Höhe des Druckunterschiedes erfolgt dies sehr schnell. Mit dem reflektorischen Schließen der Cardia endet diese Phase.

In der Auspreßphase bildet sich in der Mitte des Oesophagus ein Kontraktionszentrum, von dem aus die Kontraktionswelle in beiden Richtungen fortschreitet. Hierdurch wird ein Teil der in den Oesophagus angesaugten Ingesta in den Hauben-Pansen-Raum zurückbefördert, während der andere Teil in die Maulhöhle gelangt. Unmittelbar anschließend wird der größte Teil von dessen Flüssigkeit wieder abgeschluckt, so daß ein formbarer Wiederkaubissen im Maul zurückbleibt.

Nach einem Wiederkauen mit bis zu 60 Kieferschlägen pro Bissen, während derer der Speichelfluß stark erhöht ist, wird der Bissen wieder abgeschluckt, so daß er sich wieder mit dem Inhalt des Reticulorumens mischt.

Voraussetzung für den Wiederkauakt ist unter anderem eine gewisse Behaglichkeit der Tiere. Das längere Ausbleiben der Wiederkautätigkeit muß daher als extrem leicht zu registrierendes Anzeichen dafür angesehen werden, daß Tiere sich unbehaglich fühlen.

Bei der Bewegung des Psalters werden drei Phasen unterschieden, die offenbar auf den Ablauf des Hauben-Pansen-Zyklus abgestimmt sind, wie in Abbildung 21 gezeigt wird.

In der ersten Phase öffnet sich während der zweiten Hauben-Kontraktion die Hauben-Psalter-Öffnung, der Psalterkanal erweitert sich und Inhalt des Reticulorumens wird angesaugt. In der zweiten Phase kontrahiert sich der Psalterkanal bei geschlossener Hauben-Psalter-Öffnung und erweitertem Psalterkörper, wodurch Inhalt zwischen die Blätter des Psalterkörpers gepreßt wird. In der dritten Phase schließlich steigt der Druck im Psalterkörper, was zum Übertritt von Inhalt in den Labmagen führt. Der Psalter wirkt als Saug- und Druckpumpe.

d. Transport von Futterbestandteilen durch den Vormagen

Feste Nahrung gelangt nach dem Abschlucken in den Hauben-Pansen-Raum, wo sie mechanischer und chemischer Verdauung ausgesetzt ist. Größere Partikel verweilen vorwiegend im dorsalen Pansensack, während sich sehr kleine Partikel vor allem in dem wesentlich flüssigeren Inhalt des ventralen Pansensackes und der Haube anreichern.

Die Partikel verlassen den Vormagen entweder durch Abbau oder durch Abfluß. Beim Abbau wird durch die Tätigkeit der im Vormagen angesiedelten Mikroorganismen unlösliches Material zu völlig löslichen Verbindungen vergoren, die weitestgehend durch die Pansenwand absorbiert werden. Unter Abfluß ist der Weitertransport durch den Psalter hin zum Labmagen zu verstehen. Für den Abfluß müssen drei wesentliche Bedingungen erfüllt sein:

1. Der Vormageninhalt muß einen ausreichenden Wassergehalt aufweisen. Neben dem Tränkwasser trägt der bereits diskutierte Speichelfluß entscheidend hierzu bei.
2. Das Material muß soweit zerkleinert sein, daß es die enge Hauben-Psalter-Öffnung passieren kann. Wird Rauhfutter gemahlen, so sinkt die mittlere Verweildauer im Vormagen, so daß Substanz abfließt, bevor die Abbauvorgänge zum Abschluß gekommen sind, weshalb die Verdaulichkeit sinkt.
3. Die Füllung im Hauben-Pansen-Raum muß ausreichend sein. Mit Steigerung der Futteraufnahme steigt die Vormagenfüllung und sinkt die Verweildauer, was in bestimmten Fällen ebenfalls zu Erniedrigungen der Verdaulichkeit führt.

Das Ostium reticulo-omasicum stellt für feste Futterteile den Engpaß bei der Passage durch den Verdauungstrakt dar, so daß die Verweildauer im Reticulorumen bestimmend für die Verweildauer im gesamten Verdauungstrakt ist. Füttert man einmalig eine gefärbte Mahlzeit, so dauert es zwei bis drei Wochen, bevor keine gefärbten Partikel mehr im Kot ausgeschieden werden.

Tränke stellt für Neugeborene zunächst die einzige Nahrung dar, die in der Natur in Form von Muttermilch aufgenommen wird. Die beim Saugen abgeschluckte Milch gelangt direkt in den zunächst relativ großen Labmagen, da sich während des Saugens reflektorisch die Lippen der Haubenrinne fest schließen (»Schlundrinnenreflex«).

Im Laufe des Wachstums, wenn sich unter dem Einfluß der langsam einsetzenden Aufnahme von fester Nahrung der Vormagen ausbildet, geht gewöhnlich der Schlundrinnenreflex verloren, doch kann er auch bei Fütterung von Rauhfutter und festem Kraftfutter über Jahre erhalten bleiben, wenn bestimmte äußerliche Erscheinungen im Zusammenhang mit der Tränkeaufnahme ganz bewußt konstant gehalten werden.

Meist gelangt aufgenommenes Tränkwasser beim erwachsenen Wiederkäuer zunächst in den Hauben-Pansen-Raum, kann jedoch bei genügender Flüssigkeit dort auch gleich zum Labmagen hin fließen.

e. Mikrobielle Besiedlung des Vormagens

Im Vormagen der Wiederkäuer finden sich ideale Voraussetzungen für eine Symbiose zwischen dem als Wirtstier anzusprechenden Säuger und einer äußerst vielfältigen Mikroflora und Mikrofauna, die den Vormagen besiedeln. Dabei stellen die verschiedenen Mikroorganismen in sich ein beeindruckendes Ökosystem dar, bei dem wechselseitige Abhängigkeiten nachweisbar sind.

Die Mikroflora wird durch verschiedenartigste Bakterien gestellt, von denen die meisten nicht versporende Anaerobier sind. Sie sind jeweils zur Nutzung einzelner oder auch mehrerer Kohlenhydrate des Futters als Energiequelle befähigt, die sie zu einem Gemisch flüchtiger Fettsäuren vergären. Großenteils genügt ihnen Ammoniak als Stickstoffquelle, obwohl einzelne Stämme auch auf das Vorhandensein bestimmter Aminosäuren angewiesen sein können.

Bakterien gelangen mit dem Futter in den sich entwickelnden Vormagen, wo der Anteil einzelner Arten an der Gesamtflora innerhalb weiter Grenzen durch die Fütterung variiert werden kann. Bei rauhfutterreichen Rationen findet sich meist eine sehr vielfältige Population mit einer Keimzahl in der Größenordnung 10^6 je ml Pansensaft. Bei starker Kraftfutter-Fütterung kann die Keimzahl stark erhöht sein, wobei die Artenvielfalt vermindert ist. Den größten Anteil machen kleine Kokken, Stäbchen und spiralige Zellen aus, deren Klassifizierung nach biochemischen Eigenschaften zweckmäßiger als nach Formenmerkmalen ist. Für eine weitergehende Beschreibung einzelner Stämme muß auf spezielle Literatur verwiesen werden.

Neben den Bakterien finden sich sehr weit verbreitet Protozoen unterschiedlicher Größe, die im wesentlichen den Ciliaten oder Infusorien zuzurechnen sind. Sie gelangen nicht mit dem Futter, sondern nur nach Kontakt mit solchen Tieren, die bereits besiedelt sind, in den Vormagen. Es ist möglich, Wiederkäuer protozoenfrei zu halten, wenn jeder Kontakt mit protozoen-besiedelten Tieren unterbunden wird. Die Protozoen werden heute als nicht lebensnotwendig für Wiederkäuer angesehen.

Von einer Symbiose zu sprechen, ist dann gerechtfertigt, wenn beide Partner Leistungen erbringen, zu denen der jeweils andere nicht befähigt ist. Folgende Leistungen des Säugers für die Mikroorganismen sind offenkundig:

- ▷ In der Gärkammer wird die für Wachstum sehr förderliche Körpertemperatur permanent gewährleistet.
- ▷ Mit dem Futter wird kontinuierlich neues Substrat als Energiequelle für die Fermentation zugeführt.
- ▷ Da aus dem Blut die benötigten Nährstoffe N und P in den Vormagen fließen, beispielsweise mit dem Speichel, findet auch bei sehr schlechter Futterqualität mikrobielles Zellwachstum statt.
- ▷ Infolge der guten Durchmischung mit Speichel werden die fortlaufend im Zuge der Fermentation gebildeten Säuren abgepuffert.
- ▷ Durch Absorption und Abfluß werden Endprodukte der Gärung kontinuierlich entfernt, so daß es nicht durch deren Anreicherung zu einer »Alterung« der Kultur kommt.

Neben der Tatsache, daß die Mikroorganismen einen begrenzten Teil der Futterenergie verbrauchen, also dem Wirtstier vorenthalten, müssen folgende Leistungen für den Säuger hervorgehoben werden:

- ▷ Nur durch Mikroorganismen ist der größte Teil der vorwiegend in der pflanzlichen Zellwand anzutreffenden Kohlenhydrate abbaubar, von denen beispielhaft die Zellulose genannt sei. Ohne Mikroorganismen wäre demnach Gras als Futter kaum zu verwerten.
- ▷ Die Mikroorganismen synthetisieren im Zuge ihres Wachstums alle essentiellen Aminosäuren unter Verwendung einfachster N-Quellen. Da ständig ein Abfluß von Mikroorganismen in den Labmagen stattfindet, wird hierdurch die Versorgung des Säugers unabhängig von der Qualität des Futterproteins sichergestellt.

▷ Da die Mikroorganismen alle wasserlöslichen Vitamine synthetisieren, ist der Säuger unabhängig von deren Vorkommen im Futter.

f. Chemische Verdauung im Vormagen

Obwohl mit abgeschluckten Bissen Luft in den Vormagen gelangt und auch ein Übertritt von Sauerstoff aus dem Blut durch die Vormagenwand nicht auszuschließen ist, wird Sauerstoff im Vormagen derartig schnell verbraucht, daß wir praktisch immer von anaeroben Bedingungen für die Mikroorganismen sprechen müssen. Folglich können die Mikroorganismen zur Energiegewinnung ihr Substrat nicht veratmen, sondern nur vergären. Unter Gärung ist zu verstehen, daß energiereichere in energieärmere Verbindungen überführt werden, wobei ein Teil der durch diese Umwandlungen freiwerdenden Energie in die für Organismen nutzbare Form energiereicher Phosphatbindungen überführt wird.

Da die Endprodukte der im Vormagen stattfindenden Gärungen größtenteils durch die Vormagenwand ins Blut absorbiert werden, fließt wesentlich weniger organische Substanz in den Labmagen, als mit dem Futter abgeschluckt worden ist. Der auf den Vormagen entfallende Anteil an der Gesamtverdauung liegt je nach Futterration zwischen 50 und 75 %. Die Vergärung der hauptsächlichen Gruppen organischer Futterbestandteile soll hier knapp skizziert werden. Dabei wird bewußt auf die Zuordnung einzelner Stoffwechselleistungen an bestimmte Arten verzichtet. Vielmehr wird das gesamte Ökosystem »Mikroorganismen im Vormagen« wegen der wechselseitigen Abhängigkeiten wie ein einziges Organ behandelt. Zum größten Teil laufen die dargestellten Vorgänge im Hauben-Pansen-Raum ab, während im Psalter nur eine begrenzte Nachgärung angenommen wird.

Kohlenhydrate: Während der Säuger auf die Spaltung der α-glucosidischen Bindung bei der Kohlenhydrat-Verdauung beschränkt ist, können Mikroorganismen praktisch alle Oligo- oder Polysaccharide sowie ähnliche Verbindungen in ihre Bausteine zerlegen. Dabei ist festzuhalten, daß bei der Spaltung von Polysacchariden in Monosaccharide nur extrem wenig Energie freigesetzt wird. Ihren Energiegewinn ziehen die Mikroorganismen aus der in Abbildung 22 angedeuteten weiteren Verstoffwechselung der Monosaccharide.

Dabei wird zunächst die Glykolyse in der allgemein beschriebenen Weise bis zum Pyruvat durchlaufen. Bei den folgenden, je nach Art bzw. Stamm verschieden verlaufenden Reaktionen müssen vor allem geeignete Akzeptoren für den Wasserstoff gefunden werden, damit die H-übertragenden Coenzyme, vor allem NAD, wieder neue H-Atome aufnehmen können. Als Endprodukt des Kohlenhydrat-Abbaus fallen Methan und ein Ge-

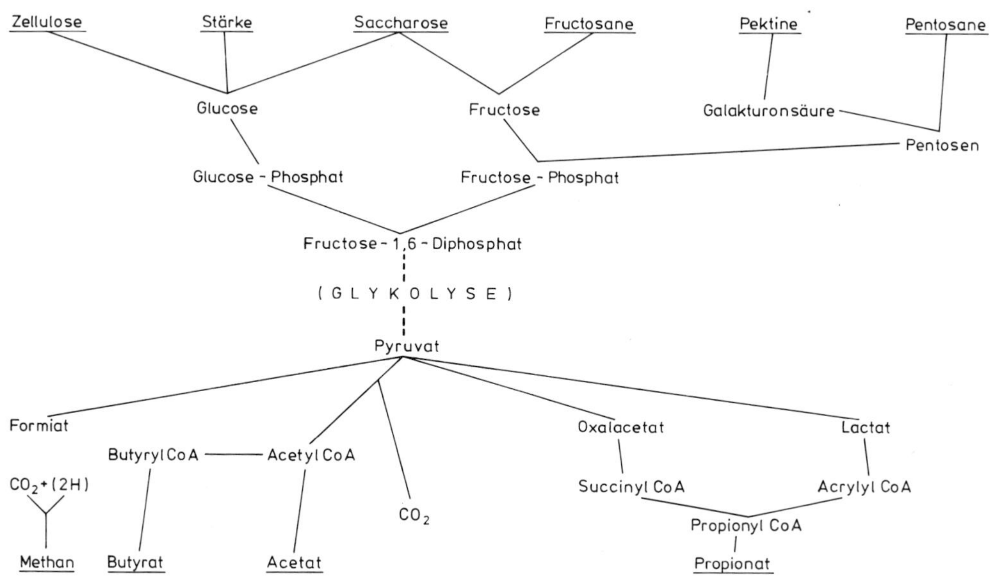

Abb. 22. Vereinfachendes Schema der Kohlenhydrat-Vergärung im Vormagen (und im Enddarm)

Tab. 3. Theoretisch mögliche stöchiometrische Verhältnisse bei der Vergärung von Kohlenhydraten zu flüchtigen Fettsäuren, Methan, Kohlendioxid und Wasser nach Hydrolyse zu Monosacchariden

$$31\ C_6H_{12}O_6 + 62\ H_2O \longrightarrow 62\ CH_3COOH + 62\ CO_2 + 124\ (2H)$$

$$11\ C_6H_{12}O_6 + 22\ (2H) \longrightarrow 22\ CH_3CH_2COOH + 22\ H_2O$$

$$16\ C_6H_{12}O_6 \longrightarrow 16\ CH_3CH_2CH_2COOH + 32\ CO_2 + 32\ (2H)$$

$$58\ C_6H_{12}O_6 + 40\ H_2O \longrightarrow 62\ CH_3COOH + 22\ CH_3CH_2COOH + 16\ CH_3CH_2CH_2COOH + 94\ CO_2 + 134\ (2H)$$

$$134\ (2H) + 33{,}5\ CO_2 \longrightarrow 33{,}5\ CH_4 + 67\ H_2O$$

58 Hexose ⟶ 62 Essigs. + 22 Propions. + 16 Butters. + 33,5 Methan + 60,5 Kohlendioxid + 27 Wasser

163,1 MJ ⟶ 54,4 MJ + 33,8 MJ + 34,9 MJ + 29,4 MJ

misch verschiedener organischer Säuren an, unter denen Essigsäure, Propionsäure und Buttersäure gewöhnlich mehr als 95 % ausmachen.

Obwohl die Bildung der flüchtigen Fettsäuren jeweils in zahlreichen Einzelschritten verläuft, läßt sich die Reaktionskette jeweils stöchiometrisch zusammenfassen, wie dies in Tabelle 3 dargestellt wird. Durch den Klammerausdruck (2 H) wird dabei ausgedrückt, daß der Wasserstoff noch an Coenzyme gebunden vorliegt und an einen Akzeptor weitergegeben werden muß. Demnach kann die Bildung einzelner Säuren nicht als isolierter Reaktionsablauf stattfinden. Durch Koppelung von Abläufen negativer mit solchen positiver »H-Bilanzen« läßt sich eine stöchiometrische Modellformel für die Vergärung von Hexose ableiten, in deren Verlauf die drei wichtigsten flüchtigen Fettsäuren im molaren Verhältnis 62 : 22 : 16 anfallen. Bei diesem Modell sind in der Summe der gebildeten flüchtigen Fettsäuren 75,5 % und im gebildeten Methan 18,0 % der Energie der vergorenen Hexose wiederzufinden. Demnach stehen den Mikroorganismen nur die 6,5 % der Energie aus Hexose zur Verfügung, die nicht in den Endprodukten erscheinen. Hiervon wird der größte Teil als Wärme frei.

In Wirklichkeit finden sich kleine oder auch größere Abweichungen von diesem Modell, die dadurch entstehen, daß neben den Abbauvorgängen auch Einbau von Zwischenprodukten in wachsende Zellsubstanz stattfindet und daß neben Kohlenhydraten auch andere Substrate vergoren werden. Bei Fütterung von Rauhfutter liegt der pH im Pansensaft im Bereich zwischen 6,4 und 6,8. Plötzliche Aufnahme großer Mengen leichtlöslicher Kohlenhydrate wie Stärke oder Zucker kann jedoch zu einem starken pH-Abfall durch verstärkte Säurebildung führen.

Proteine: Mit dem Futter in den Vormagen gelangte Proteine werden sehr weitgehend abgebaut, wobei der Abbau über Peptide und Aminosäuren bis zur Desaminierung und Bildung von Ammonium führen kann. Auch andere N-haltige Verbindungen, z. B. Harnstoff, werden unter Bildung von Ammonium abgebaut. Gleichzeitig mit den Abbauvorgängen findet jedoch im Zuge des kontinuierlich stattfindenden mikrobiellen Wachstums eine Proteinsynthese statt, bei der zahlreiche Arten mit Ammonium als alleiniger Stickstoffquelle auskommen können.

Dabei ist unbedeutend, ob dieses Ammonium aus Protein oder anderen N-haltigen Verbindungen (NPN = Nicht-Protein-N) abgespalten worden ist. Es ist seit langem bekannt, daß innerhalb gewisser Grenzen NPN hervorragend durch Wiederkäuer verwertet wird, bedingt durch die im Vormagen stattfindende mikrobielle »Veredelung«.

Ammonium im Pansensaft geht in nennenswertem Ausmaß auch auf Harnstoff zurück, der in der Leber als Stoffwechsel-Endprodukt gebildet worden ist und mit dem Speichel oder direkt durch die Vormagenwand einer erneuten Verwertung zugeführt wird. Dieser Rückfluß von Stickstoff über den »rumino-hepatischen Kreislauf« ist um so stärker ausgeprägt, je weiter das Verhältnis zwischen Energie und Stickstoff im Futter ist. Für das Überleben unter ungünstigen Bedingungen ist diese Form der Wiederverwertung von Stoffwechsel-Endprodukten von großer Bedeutung. Abbildung 23 stellt die Zusammenhänge schematisch dar.

Fette: Mit dem Futter aufgenommene Fette werden durch die Mikroorganismen nahezu voll-

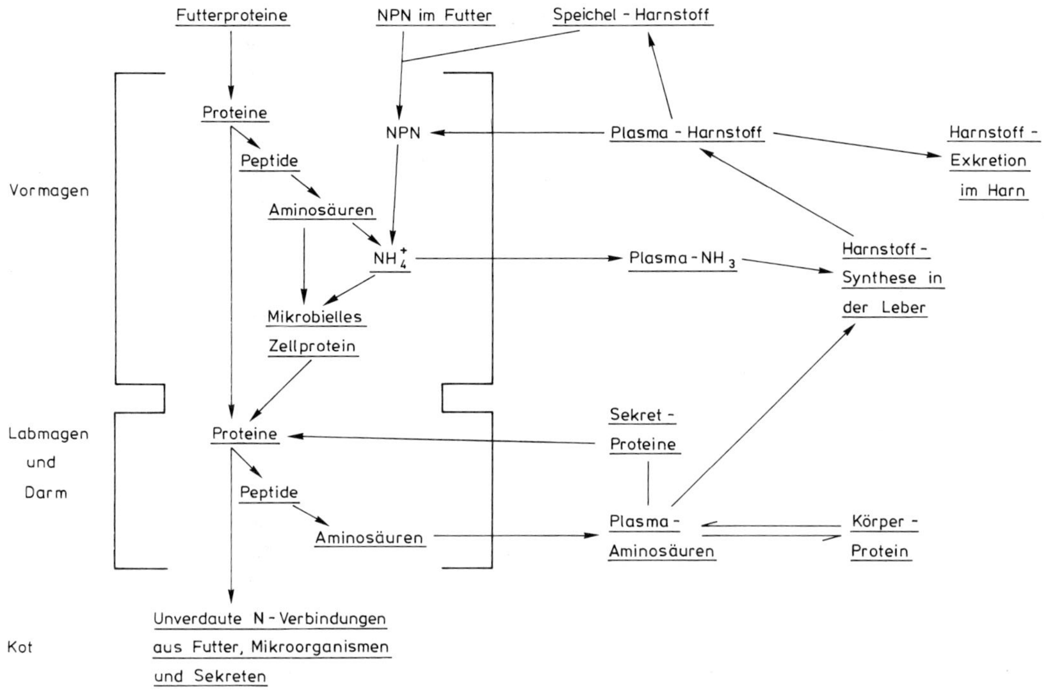

Abb. 23. Schematische Darstellung des Kreislaufs N-haltiger Verbindungen

ständig hydrolysiert. Das dabei entstehende Glycerin wird vorwiegend zu Propionsäure umgewandelt. Die freien Fettsäuren können für die Resynthese von mikrobiellen Lipiden als Bausteine verwendet werden, als Energiequelle für die Mikroorganismen sind sie dagegen nicht anzusehen. Ungesättigte Fettsäuren, die in jungem Gras oder in Ölkuchen aufgenommen werden, verlieren durch Wasserstoff-Anlagerung ihre Doppelbindungen und werden so durch die Mikroorganismen »gehärtet«.

g. Vorgänge im Labmagen

Es wurde bereits verschiedentlich darauf verwiesen, daß der Labmagen dem Magen des monogastrischen Tieres funktionell entspricht. Als Besonderheit ist dabei für den erwachsenen Wiederkäuer bemerkenswert, daß der Zufluß von Chymus aus dem Vormagen nahezu kontinuierlich abläuft, so daß die beim Monogastrier festzustellenden regelmäßigen Unterschiede des Füllungsgrades in Abhängigkeit vom zeitlichen Abstand zur Futteraufnahme entfallen. Dementsprechend entfällt auch die beim Monogastrier typische Schichtung des Mageninhalts. Schließlich ist hervorzuheben, daß der in den Labmagen fließende Chymus wegen des hohen Speichelflusses beim Wiederkäuer stark gepuffert ist, was mit dazu beitragen dürfte, daß der Abfall des pH im Pylorusteil des Labmagens weniger drastisch ausfällt als im entsprechenden Magenabschnitt des Monogastriers.

Beim Neugeborenen bzw. beim noch nicht entwöhnten Kalb oder Lamm kommt dem im Labmagen außer Pepsin sezernierten Chymosin oder Labferment große Bedeutung zu. Die sezernierte inaktive Form wird im sauren Milieu schnell aktiviert und bewirkt durch eine hydrolytische Spaltung die Überführung von Casein in Paracasein, welches großflockig ausfällt und dadurch zunächst am schnellen Abfluß in den Dünndarm gehindert wird. Voraussetzung für diese Ausfällung ist allerdings neben ausreichender Acidität auch eine genügend hohe Temperatur. Wird in Mahlzeiten zu kalte Milch verabreicht, so kommt es nur zu unvollständiger Wirkung des Chymosins, was die Gefahr von Dysenterien erhöht.

5. Besonderheiten der Maul- und Magenverdauung beim Geflügel

Bei Vögeln kann die mechanische Verdauung nicht mit einem Kauvorgang beginnen, weil im Laufe der stammesgeschichtlichen Entwicklung von den flugunfähigen Zahnvögeln der Kreidezeit bis zu den späteren fliegenden Arten die Gebisse rückgebildet worden sind, was zu einer Erleichterung des Kopfskelettes beigetragen hat. An Dach und Boden der Schnabelhöhle befinden sich zahlreiche kleinere Drüsen, die Speichel mit hohem Schleimgehalt sezernieren, der das Futter gleitfähig macht. Nach dem Abschlucken gelangt es beim Huhn nicht sofort in den Magen, sondern zum größten Teil in den Kropf, eine beutelförmige Erweiterung des mittleren Abschnitts der Speiseröhre. Er hat die Funktion eines Behälters, in dem der Inhalt bei längerem Verweilen aufweichen und Futterkörner quellen können. Dazu erforderliche Flüssigkeit wird dem Trinkwasser und dem abgeschluckten Speichel entnommen.

In den Futterpausen wird aus diesem Reservoir der Inhalt schubweise magenwärts befördert, ein Vorgang, der über den Füllungszustand des Magens reflektorisch gesteuert wird. Zunächst passieren die Portionen ohne Aufenthalt den Drüsenmagen, um schließlich in den kräftigen Muskelmagen zu gelangen. Hier unterliegt das Futter einer intensiven mechanischen Bearbeitung und Zerkleinerung, wie sie bei Säugetieren durch Kauen und Wiederkauen zwischen den Zähnen zustande kommt. Dieses Organ verhindert also, daß das Fehlen der Zähne zu einem Nachteil für die körnerfressenden Vögel wird. Es wird daher auch als Kaumagen bezeichnet. Dieser ist so konstruiert, daß sich je zwei aus der Ringmuskulatur des Verdauungstraktes hervorgegangene Muskeln einander gegenüberstehen, von denen das eine Paar besonders stark entwickelt ist (Abb. 24).

Seitlich sind die mächtigen Hauptmuskeln durch schlaffe Sehnenspiegel miteinander verbunden und im Inneren mit einer festen Hornlage überzogen, dem Sekretionsprodukt darunter liegender Drüsen.

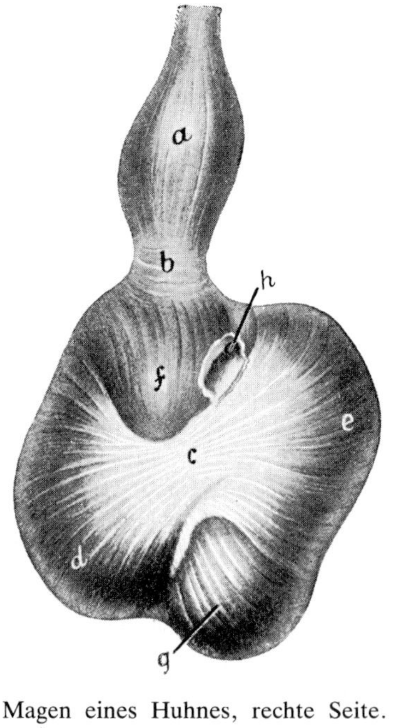

Abb. 24. Magen eines Huhnes, rechte Seite. (ELLENBERGER/BAUM).

a = Drüsenmagen, **b** = Intermediärzone, c, d, e, f und g = Muskelmagen, und zwar **c** = Sehnenspiegel, **d** = M. lateralis dorsalis bzw. dorsale Hälfte des Magenkörpers, **e** = M. lateralis ventralis bzw. ventrale Hälfte des Magenkörpers, **f** = kranialer und **g** = kaudaler Blindsack mit den M. intermedii, **h** = Öffnung in das Duodenum

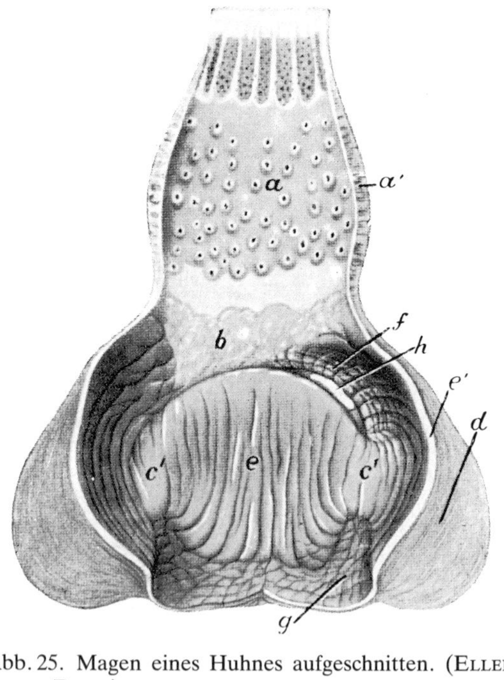

Abb. 25. Magen eines Huhnes aufgeschnitten. (ELLENBERGER/BAUM).

a = Drüsenmagen mit Ausmündungsstellen der Drüsen, die bei **a'** auf dem Durchschnitt getroffen sind, **b** = Intermediärzone, **c'** = Schleimhaut der Sehnenspiegel, **d** = durchschnittener M. lateralis dorsalis, **e'** = Schleimhaut mit Hornschicht des Magenkörpers, bei **e** auf dem Durchschnitt, **f** = Schleimhaut mit Hornschicht des kranialen und **g** des kaudalen Blindsackes, **h** = Pylorusöffnung

In einer ersten Phase der Magenkontraktion ziehen sich die Hauptmuskeln zusammen, wobei sie wegen ihrer asymmetrischen Ausbildung sich nicht nur einander annähern, sondern auch gegeneinander verschieben. Dadurch wird der Inhalt zugleich gequetscht und verrieben. Wegen der sehnigen Widerlager kann er nur in Richtung der erschlaffenden Zwischenmuskeln ausweichen, deren Kontraktion in der zweiten Phase ihn dann wieder zwischen die relaxierenden Hauptmuskeln rückt. Darauf beginnt das Wechselspiel von neuem, und zwar mit unterschiedlicher Frequenz, je nachdem, ob der Magen es mit härterem oder weicherem Futter zu tun hat. Im Mittel ereignen sich zwei bis drei Kontraktionen pro Minute. In der Mauser erfolgen sie seltener und unregelmäßig. Ihr ohnehin erheblicher Effekt wird noch dadurch gesteigert, daß Hühner wie auch zahlreiche Wildvögel instinktiv Sand und Steinchen (Grit) aufnehmen, so daß im Kaumagen eine Art »Schrotmühlenwirkung« erzielt wird. Bei Käfighaltung ohne Auslauf wird gewöhnlich Flintgrit beigefüttert.

Die überwiegend mechanische Verdauung im Kaumagen wird durch einen chemischen Prozeß ergänzt. Der vorgelagerte Abschnitt des Verdauungsschlauches besitzt eine drüsenhaltige Schleimhaut, wie sie für Tiere mit einhöhligem Magen kennzeichnend ist. Ebenso wie dort wird ein Magensaft sezerniert, der Salzsäure und Pepsinogen enthält. Infolge der anatomischen Anordnung bleibt das Sekret jedoch nicht im Drüsenmagen, sondern fließt in den Kaumagen ab, um dort erst seine enzymatische Wirkung auf Futterprotein zu entfalten.

6. Verdauung im Darm

Der Darm wird unterteilt in Dünndarm oder auch kleines Intestinum und Dickdarm oder auch großes Intestinum. Beim Dünndarm sind weiter zu differenzieren die Abschnitte Zwölffingerdarm (Duodenum), Leerdarm (Jejunum) und Hüftdarm (Ileum). Als Abschnitte des Dickdarms, der auch als Enddarm bezeichnet wird, sind Blinddarm (Caecum), Grimmdarm (Colon) und Mastdarm (Rectum) zu unterscheiden.

Der Dünndarm ist im allgemeinen bei Herbivoren länger als bei Carnivoren, zeigt anatomisch aber keine besonders bemerkenswerten Unterschiede zwischen verschiedenen Arten. Der Dickdarm dagegen weist für verschiedene Arten typische Besonderheiten der Form bzw. der Relation zwischen seinen Abschnitten auf, wobei gerade in diesem Abschnitt auch Menge und Beschaffenheit

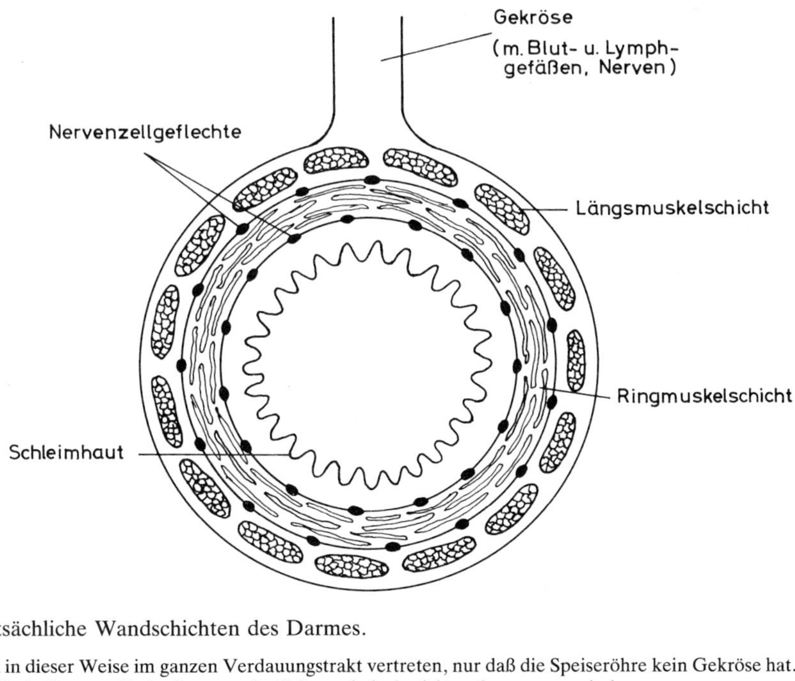

Abb. 26. Hauptsächliche Wandschichten des Darmes.

Sie sind prinzipiell in dieser Weise im ganzen Verdauungstrakt vertreten, nur daß die Speiseröhre kein Gekröse hat. In der Schleimhaut gibt es ebenfalls Muskelfasern, die in dieses grobe Schema jedoch nicht aufgenommen sind des aufgenommenen Futters deutlich nachweisbare Einflüsse auf die erreichte Form und Größe haben.

a. Motorik

Die glatte Muskulatur des Darms ist gewöhnlich in einer äußeren Längsmuskelschicht und einer inneren Ringmuskelschicht angeordnet (Abb. 26). Diese Schichten vollführen als Eigenleistung, die keines Antriebs von außen bedarf, ständig Bewegungen, welche nach ihrem Funktionsziel in Misch- und Transportbewegungen unterteilt werden können. Die Tunica muscularis mucosae als dritte Muskelschicht bewirkt mit ihren Kontraktionen im wesentlichen Bewegungen der Schleimhaut mit den Darmzotten.

Die glatte Muskulatur des Darms hat die Eigenschaft, in sich selbst Erregungen bilden und sich automatisch zusammenziehen zu können. Die zwischen den Muskelschichten eingelagerten Nervenzellgeflechte haben die Aufgabe, diese eigenständigen, von wechselnden »Schrittmacherzonen« ausgehenden Grundkontraktionen zu zweckmäßigen Bewegungsmustern zusammenzustellen. Zentralnervöse und hormonale Faktoren vermögen lediglich, die Intensität der im übrigen selbständigen Motorik des Darms zu beeinflussen, wobei sie entweder fördernd oder hemmend wirken.

Die auf den im Darmlumen befindlichen Chymus einwirkenden Misch- und Transportbewegungen lassen sich in folgender Weise systematisch anordnen:

1. Mischbewegungen
1.1. Tonusänderungen
1.2. Pendelbewegungen
1.3. Segmentationen
2. Transportbewegungen
   Peristaltik.

Tonusänderungen treten örtlich begrenzt an allen Teilen des Darms unabhängig von Füllungsdrücken auf und erreichen einen gewissen Kneteffekt. Pendelbewegungen dagegen sind bereits wohlgeordnete, abschnittsweise Kontraktionen und Erschlaffungen der Längsmuskulatur in der Darmwand. Ihre Frequenz beträgt 10 bis 12 pro Minute. Bei der Segmentation schließlich als besonders charakteristischer Mischbewegung, welche durch die Ringmuskulatur bewirkt wird, kontrahieren sich benachbarte Abschnitte und erschlaffen wieder, wodurch deren Inhalt hin- und hergeschoben wird (Abb. 27).

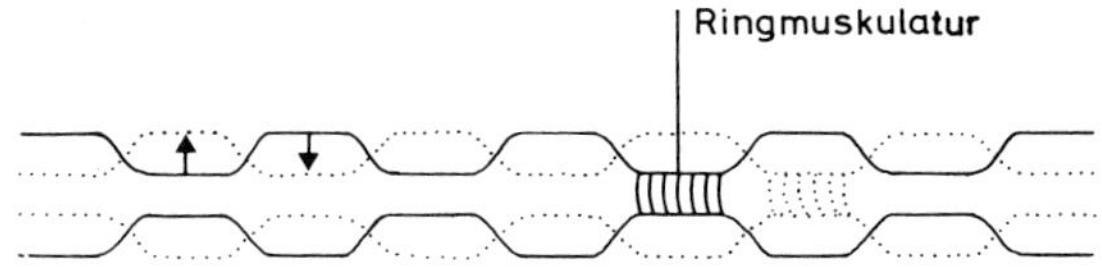

Abb. 27. Segmentationsbewegungen des Dünndarms. Sie dienen nicht dem Transport, sondern der gründlichen Durchmischung seines Inhalts

Die Peristaltik schließlich ist in Form von Kontraktionswellen nachweisbar, welche analwärts im Darm verlaufen. Zur Auslösung solcher Wellen erhöht sich bei angestiegenem Druck im Lumen zunächst der Tonus in der Längsmuskulatur. Von einer bestimmten Wandspannung an kommt es zu einer analwärts verlaufenden Kontraktion der Ringmuskulatur, wobei dem Kontraktionsort jeweils eine Zone der Erschlaffung vorausläuft.

b. Sekretionen in den Darm

Zur Ermöglichung der Verdauung im Darm werden dreierlei Sekrete in das Lumen hinein abgegeben, nämlich Bauchspeichel, Galle und Darmsaft.

Der **Bauchspeichel** oder **Pankreassaft** wird im sekretorischen Teil des Pankreas gebildet, der eine tubulo-alveoläre Drüse darstellt. Von dieser Drüse kann Sekret durch zwei Gänge in das Duodenum fließen, einen Hauptgang, welcher sich mit dem Gallengang zum Diverticulum duodeni vereint, und einen hiervon getrennt einmündenden Nebengang. Nicht bei jedem Tier sind beide Gänge anzutreffen. Beim Rind fehlt der Hauptgang, beim Schwein der Nebengang.

Zur Erregung der sekretorischen Drüsen führende Reize werden vor allem durch Bestandteile des aus dem Magen in den Darm fließenden Chymus verursacht, insbesondere durch im Magen gebildete Salzsäure. Gelangt diese an die Schleimhaut des Duodenums, so ruft sie die Freisetzung eines als Sekretin bezeichneten Polypeptids hervor, welches mit dem Blut zu den Drüsenzellen des Pankreas gelangt und diese zur Sekretion veranlaßt. Sekretin ist das am längsten bekannte Gewebshormon. Als weiteres Gewebshormon, dessen Freisetzung ebenfalls durch vom Chymus ausgehende chemische Reize ausgelöst wird, bildet die Schleimhaut Pankreozymin/Cholezystokinin.

Dieses bewirkt eine Erhöhung der Enzymaktivitäten im Sekret, während Sekretin eher das Sekretvolumen fördert.

Neben dieser Erregung auf humoralem Wege ist auch eine reflektorische Erregung möglich, die beim Hund wirksam werden kann, bevor Nahrung in Magen oder Darm gelangt. Dies ist möglich, da die Bauchspeicheldrüse mit sympathischen und auch mit parasympathischen Nervenfasern versorgt wird. Über bedingte und unbedingte Reflexe kann die Sekretion unmittelbar mit oder sogar schon vor der Futteraufnahme angeregt werden.

Bei Wiederkäuern scheint die reflektorische Erregung der Pankreas-Sekretion unerheblich, was in Zusammenhang mit der Tatsache zu sehen ist, daß bei diesen Tieren der Chymusfluß im Duodenum nahezu kontinuierlich und durch Mahlzeiten unbeeinträchtigt abläuft.

Der vom Pankreas sezernierte Saft ist leicht alkalisch und gegenüber dem Blutplasma etwa isotonisch, was durch einen hohen Gehalt an Elektrolyten erreicht wird. Natrium ist das am stärksten vertretene Kation, neben dem Kalium, Magnesium und Calcium in geringerer Menge enthalten sind. Unter den Anionen sind vor allem Hydrogencarbonat und Chlorid zu nennen, wobei beim Monogastrier vergleichsweise höhere Hydrogencarbonat- und niedrigere Chloridgehalte als beim Wiederkäuer angenommen werden.

Besonderes Interesse verdienen die im Bauchspeichel enthaltenen Verdauungsenzyme. Kein anderes Sekret weist eine derartig weite Palette an hydrolytischen Aktivitäten auf wie der Pankreassaft.

Ebenso wie das Pepsin im Magen werden die im Bauchspeichel enthaltenen Proteasen zunächst in einer inaktiven Vorstufe gebildet und sezerniert, erst im Darmlumen erlangen sie nach hydrolytischer Abspaltung einer spezifischen Peptidkette ihre Aktivität. Würden sie in ihrer wirksamen Form gebildet, so müßten sie am Ort ihrer Bildung schon wirksam werden und damit eine »Selbstverdauung« des Gewebes verursachen.

Das mit Pankreassaft in das Duodenum gelangende Trypsinogen wird dort durch ein hochspezifisches Enzym, die aus dem Darmsaft stammende Enterokinase, in das aktive Trypsin überführt. Trypsin gehört zur Gruppe der Endopeptidasen, die jeweils nur Peptidbindungen im Inneren der Kette spalten, deren Spaltprodukte daher Peptide unterschiedlicher Länge sind, nicht aber freie Aminosäuren. Bevorzugt spaltet Trypsin Peptidbindungen von Arginin und Lysin.

Eine Schlüsselfunktion kommt dem Trypsin nicht nur wegen seiner Wirkung auf Futterprotein zu, sondern deshalb, weil es auch notwendig ist zur Aktivierung des ebenfalls im Pankreas gebildeten Chymotrypsinogens, welches durch Trypsin in aktives Chymotrypsin überführt wird. Chymotrypsin ist ein Gemisch aus mindestens drei Endopeptidasen, die ebenfalls spezielle Peptidbindungen bevorzugt lösen.

Weiterhin werden mit dem Bauchspeichel zwei Carboxypeptidasen (A und B) sezerniert, Exopeptidasen, die vom Carboxyl-Ende der Peptidketten her einzelne Aminosäuren ablösen. Auch die Carboxypeptidasen werden durch Trypsin im Darmlumen aktiviert.

In bestimmten Leguminosen sind »Trypsin-Inhibitoren« enthalten, die Trypsin fest binden und daher am Wirksamwerden hindern. Die Konsequenz hieraus ist, daß auch die übrigen Proteasen des Bauchspeichels nicht aktiviert werden, so daß der Abbau der ins Duodenum gelangten Proteine nur äußerst unvollkommen abläuft. Da weiterhin offenbar die erforderlichen Rückkoppelungssignale ausbleiben, wird die Menge der sezernierten Vorstufen der Enzyme stark erhöht, was zu einer deutlichen Steigerung der endogenen N-Verluste für das Tier führt. Im Falle der Sojabohne kann die Wirkung der für Trypsin-Inhibitionen verantwortlichen Inhaltsstoffe durch Erhitzung aufgehoben werden, weshalb Sojabohnenextraktionsschrot nur nach Dampferhitzung (»Toastung«) gefüttert werden sollte.

An der Kohlenhydratverdauung ist der Bauchspeichel entscheidend beteiligt durch die in ihm enthaltene Amylase, die α-glucosidische Bindungen löst, wie sie in der Stärke vorhanden sind. Amylase ist beim Neugeborenen noch nicht vorhanden, erst im Laufe der postnatalen Entwicklung steigt ihre Aktivität im Bauchspeichel. Bei erwachsenen Wiederkäuern, bei denen gewöhnlich wegen der starken mikrobiellen Tätigkeit im Vormagen nur wenig Stärke im Darm ankommt, ist die Amylase-Aktivität im Bauchspeichel meist sehr gering. Sie kann jedoch erheblich gesteigert werden, wenn über längere Zeit, etwa bei hohem Maisanteil in der Ration, die in den Darm gelangende Stärkemenge erhöht ist.

Ferner enthält der Bauchspeichel mit seiner Lipase das wichtigste Enzym für die Fettverdauung. Sofern Fette in feiner und feinster Emulsion vorliegen, spaltet die Pankreaslipase Triglyceride, teils zu Monoglyceriden und Fettsäuren, teils auch völlig bis zu Glycerin und Fettsäuren.

Bei Wiederkäuern ist schließlich von Bedeutung, daß im Bauchspeichel RNAase und DNAase enthalten sind, Enzyme, die Nucleinsäuren zu Poly- und Oligoribonucleotiden bzw. -desoxyribonucleotiden spalten.

Galle wird von der größten Darmanhangsdrüse, nämlich der Leber, gebildet. Die Bildung der Galle läuft kontinuierlich ab. Außer bei Einhufern, die über keine Gallenblase verfügen, sammelt sich Galle zunächst in der der Leber anhängenden Gallenblase, wo, bei verschiedenen Arten unterschiedlich weitgehend, eine Konzentrierung durch Wasserentzug stattfinden kann. Die Bildung von Galle wird durch das bereits im Zusammenhang mit Bauchspeichel besprochene Sekretin gesteigert. Die Galle-Bildung wird ebenfalls gesteigert, wenn mit dem Pfortaderblut größere Mengen an Gallensäuren der Leber zugeführt werden. Entnahme von Galle, etwa durch eine Fistel, ohne Rückführung der entsprechenden Mengen von Gallensäuren, läßt die Bildung von Galle dagegen sehr weit zurückgehen. Die Gallensäuren bzw. gallensauren Salze unterliegen also einem ausgeprägten »entero-hepatischen Kreislauf«.

Die Entleerung der Gallenblase erfolgt durch Kontraktion ihrer glatten Ring- und Längsmuskeln, auf welche der Nervus vagus fördernd, der Nervus sympathicus hemmend wird. Daneben ist eine humorale Steuerung anzunehmen, an der das Gewebshormon Cholezystokinin/Pankreozymin beteiligt ist.

Bezüglich seiner Elektrolyt-Gehalte ist die Galle dem Bauchspeichel sehr ähnlich. Unter den organischen Bestandteilen der Galle sind neben den Gallensäuren noch Gallenfarbstoffe besonders zu nennen.

Der je nach Tierart und Rations-Zusammensetzung zwischen gelb und grün einzuordnende Farbton der Galle wird vor allem durch das Mengenverhältnis zwischen den beiden Farbstoffen Bilirubin und Biliverdin bestimmt. Diese Farbstoffe entstehen beim Abbau des Häms, der prosthetischen Gruppe des Hämoglobins, unter Verlust des Eisens. Sie unterscheiden sich nur durch einen um 2 unterschiedlichen Gehalt an Wasserstoffatomen je Molekül. Die Summenformeln lauten:

Bilirubin	$C_{33}H_{36}N_4O_6$
Biliverdin	$C_{33}H_{34}N_4O_6$.

Für das Verdauungsgeschehen wichtigste Bestandteile der Galle sind die Gallensäuren, deren spezifische Bestandteile in die physiologisch besonders vielseitige Stoffgruppe der Steroide gehören. Ihre Struktur entspricht der aufgeführten Formel der Cholansäure, wobei jeweils in spezifischen Positionen ein H-Atom durch eine OH-Gruppe ersetzt ist.

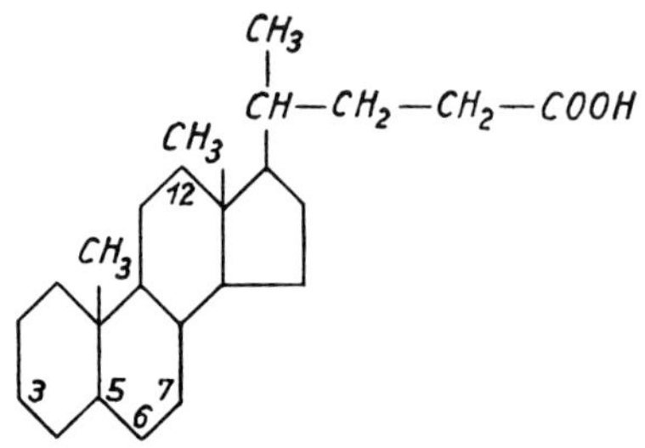

Cholansäure

Die spezifischen, von der Cholansäure abgeleiteten Säuren verbinden sich nun zum weitaus überwiegenden Teil entweder mit der Aminosäure Glykokoll oder mit dem Cystein-Derivat Taurin, so daß wir von Glykochol- und Taurocholsäuren sprechen. Diese Verbindungen entstehen analog zur Peptidbindung unter Wasseraustritt zwischen der Carboxylgruppe der Gallensäure und der Aminogruppe des Glykokolls bzw. Taurins. Bei Herbivoren und Omnivoren kommen beide Typen vor, wobei Glykocholsäuren überwiegen, während in der Galle von Carnivoren nur Taurocholsäuren auftreten.

Die große Bedeutung der Gallensäuren liegt in ihrer Beteiligung an der Fettverdauung. Da Lipasen als Proteine sich nur in Wasser verteilen lassen, können sie ihr Substrat nur von der Oberfläche her angreifen, eben dort, wo sie an die wäßrige Phase ihres Milieus grenzen. Die Wirkungsfläche der Lipasen muß daher um so größer sein, je feiner die Fette im Chymus verteilt sind. Umgeben Emulgatoren, die jeweils ein »lipophiles« und ein »hydrophiles« Ende aufweisen, feinste Fetttröpfchen, so weist das lipophile Ende zu dem Tröpfchen und eine hydrophile Schicht weist nach außen, die dann das Zusammenkommen von Tröpfchen zu Kügelchen verhindern. Gallensäuren sind solche Emulgatoren mit dem lipophilen Ende des Steranringes und dem hydrophilen Ende des Glykokolls bzw. Taurins.

Als **Darmsaft** werden Sekrete zusammengefaßt, die einerseits den in der Submucosa angelegten

Duodenaldrüsen (Brunnersche Drüsen) und andererseits den in der Mucosa zu findenden Darmeigendrüsen (Lieberkühnsche Drüsen) entstammen. Duodenaldrüsen finden sich nur im proximalen Teil des Dünndarms, allerdings bei verschiedenen Arten in unterschiedlicher Ausdehnung. Darmeigendrüsen finden sich auf der gesamten Länge des Darmes. Im Dickdarm steigt analwärts die Zahl der Becherzellen, weshalb das abgesonderte Sekret reicher an Schleim wird. Becherzellen des Oberflächenepithels geben ebenfalls Schleim ab.

Die Sekretion von Darmsaft hält während der gesamten Darmverdauung an. Dies bedeutet, daß sie bei Herbivoren kontinuierlich abläuft, während bei Carnivoren Phasen starker Sekretion nach Futteraufnahme mit Phasen reduzierter Sekretion vor der nächsten Mahlzeit abwechseln. Chemische Reize durch Salzsäure und Abbauprodukte scheinen eine Hauptrolle zu spielen. Die Übertragung auf humoralem Weg wird durch das Gewebshormon Enterokinin bewirkt, welches die Sekretion anregt. Nervöse Reflexe sind jedoch auch nachgewiesen.

Unter den im Darmsaft enthaltenen Elektrolyten ist als Kation im Normalfall das Natrium an überragender Stelle zu nennen, bei den Anionen für Monogastrier das Hydrogencarbonat. Für Wiederkäuer steht unter den Anionen in proximalen Abschnitten das Chlorid an erster Stelle, das mit Fortschreiten in distaler Richtung zunehmend durch Hydrogencarbonat ersetzt wird.

Unter den organischen Bestandteilen des Darmsaftes sind zum einen die in allen Sekreten enthaltenen Schleimstoffe und zum anderen die nur im Sekret der Duodenaldrüsen enthaltenen Enzyme zu nennen:

▷ Enterokinase: die Bedeutung dieses Enzyms für die Aktivierung von Trypsinogen zu Trypsin wurde bereits erwähnt;
▷ Aminopeptidasen: diese Exopeptidasen spalten vom Aminoende her einzelne Aminosäuren von Peptidketten ab;
▷ Dipeptidasen: spalten Dipeptide in freie Aminosäuren;
▷ α-Glucosidasen: spalten Glucose aus Oligo- oder Disacchariden;
▷ Lactase: spaltet Milchzucker in Glucose und Galaktose;
▷ Phosphordiesterasen: vor allem bei Wiederkäuern für die Verdauung von Nucleotiden bedeutsam.

Es muß angenommen werden, daß ein Teil der Enzyme nicht nach Sekretion ins Lumen wirksam wird, sondern zunächst in der Region des Bürstensaums aktiv ist und nur später aus desquamierten Epithelzellen freigesetzt wird. Für einzelne Enzyme ändern sich die Aktivitäten während der Entwicklung des Tieres in starkem Maße. So finden sich im Darmsaft neugeborener Säuger, die sich zunächst ausschließlich von Milch ernähren, hohe Lactase-Aktivitäten, während Glucosidase-Aktivitäten zunächst nur äußerst schwach vertreten sind. Im Laufe der Entwicklung, wenn in zunehmendem Maße anderes Futter aufgenommen wird und die Bedeutung der Milch zurücktritt, steigt parallel zum Anstieg der Amylase-Aktivität im Pankreassaft auch die Sekretion von Glucosidasen im Darmsaft, während die Aktivität der Lactase abnimmt.

Wiederkäuer scheinen nicht zur Bildung des Enzyms Saccharase befähigt, welches bei Monogastriern die Saccharose in Glucose und Fructose spaltet. Diese spezielle Unfähigkeit bedeutet keinen Nachteil für ausgewachsene Wiederkäuer, da auch bei Fütterung großer Mengen an Saccharose, etwa bei Fütterung von Rüben oder Zuckerrohr, wegen der intensiven Vergärung im Vormagen kein Zukker im Duodenum ankommt.

Der Darmsaft von Geflügel enthält keine Lactase, weshalb die Fütterung von Milchzucker, etwa in Form von Molke oder Molke-Produkten, bei dieser Tiergruppe nicht empfohlen werden kann. Beim Menschen wird über eine offenbar genetisch bedingte Unfähigkeit zur Bildung von Lactase in manchen Regionen, vor allem in Südostasien berichtet. In diesen Regionen ist Milch, zumindest in unverarbeiteter Form, nicht als Nahrungsmittel für die Menschen geeignet.

Außer den Verdauungsenzymen werden noch die in der Tabelle 2 aufgeführten Gewebshormone zum größten Teil in der Schleimhaut des Dünndarms gebildet. Sie werden an das Blut abgegeben und gelangen auf diesem Wege an den Ort ihrer Wirksamkeit.

c. Ablauf der Dünndarmverdauung

Der Dünndarm ist derjenige Abschnitt des Verdauungstraktes, in dem der größte Teil der durch tiereigene Verdauungsenzyme bewirkten hydrolytischen Spaltungen stattfindet. Die aus diesen Spaltungen resultierenden Verdauungs-Endprodukte können absorbiert und damit dem Stoffwechsel des Tieres zugeführt werden. Im Dickdarm dagegen finden mikrobielle Umsetzungen statt, deren Ausmaß je nach Tierart und Fütterungsbedingungen zwischen unbedeutend bei Carnivoren und ausgesprochen weitgehend bei Einhufern einzustufen ist. Im Dickdarm stehen bei den meisten Tieren nicht mehr Abbauvorgänge im Vordergrund, vielmehr kommt hier der Absorption von Wasser und Elektrolyten zur Formung des Kotes größte Bedeutung zu.

Der aus dem Magen in das Duodenum fließende Chymus enthält über 95 % Wasser, das nur zum Teil direkt auf Tränkwasser, im wesentlichen jedoch auf proximal zum Pylorus abgegebene Sekrete zurückgeht. Die Partikel sind, sofern festes Futter verabreicht wird, gegenüber dem Futter deutlich verkleinert. Läßt man aus dem proximalen Dünndarm entnommenen Chymus in einem Glasgefäß stehen, so ist bereits nach Sekunden zu erkennen, daß sich festere Partikel am Boden sedimentieren.

Wegen der Abgabe von Salzsäure in den Magen weist der in das Duodenum fließende Chymus einen sehr niedrigen pH auf. Während der weiteren Passage steigt der pH nun beim Monogastrier schon nach einer verhältnismäßig kurzen Strecke bis in den Bereich des Neutralpunktes an. Beim Wiederkäuer werden hierfür sehr viel längere Abschnitte benötigt. Nach Passage durch etwa ein Drittel des Dünndarms weist der Chymus einen pH von etwa 4,5 auf, der sich dann allmählich dem Neutralpunkt nähert.

Eine wesentliche Ursache für die Unterschiede in der Geschwindigkeit der pH-Änderung wird in den bereits oben dargestellten unterschiedlichen Gehalten der in das proximale Duodenum gelangenden Sekrete an Hydrogencarbonat gesehen. Da die in den Darm abgegebenen Verdauungsenzyme für optimale Wirksamkeit ein leicht alkalisches Milieu benötigen, bedeutet dies, daß im Dünndarm des Wiederkäuers die enzymatische Verdauung erst in distalen Abschnitten voll zur Geltung kommen kann, während hierfür beim Monogastrier bereits kurz nach dem Eintritt in das Duodenum die Voraussetzungen gegeben sind.

Beim Monogastrier sind die organischen Bestandteile des Futters bis zum Erreichen des Pylorus noch weitgehend erhalten, während beim erwachsenen Wiederkäuer wegen der intensiven Gärung im Vormagen sowohl quantitativ als auch qualitativ erhebliche Unterschiede zwischen der jeweiligen organischen Substanz im Futter einerseits und im Duodenalinhalt andererseits bestehen.

Da Kohlenhydrate im Vormagen weitgehend abgebaut werden, entfallen von der gesamten Kohlenhydrat-Verdauung gewöhnlich weniger als 15 % auf den Dünndarm.

Die in den Dünndarm fließende Fettmenge unterscheidet sich meist nicht sehr stark von derjenigen im Futter, jedoch liegt der größte Teil der Fettsäuren wegen der lipolytischen Aktivität der Mikroorganismen des Vormagens als freie Fettsäuren vor, die fast keine Doppelbindungen aufweisen.

Die aus dem Labmagen abfließende Stickstoffmenge hängt in erster Linie davon ab, wieviel organische Substanz im Vormagen vergoren wird, da das mikrobielle Wachstum meist durch die zur Verfügung stehende Energie und nicht durch den Nährstoff N begrenzt wird. Die den Pylorus passierende Proteinmenge kann je nach Art der Ration deren Proteinmenge deutlich über- oder untertreffen. Im erstgenannten Fall übertrifft der Einbau von N aus vom Blut in den Vormagen gelangtem Harnstoff die Ammoniak-Absorption aus dem Vormagen, im zweiten Fall ist es umgekehrt. Als Folge der intensiven Gärungen im Vormagen ist das Muster der im Duodenalchymus enthaltenen N-haltigen Verbindungen sehr konstant und, anders als bei monogastrischen Tieren, nicht durch die Zusammensetzung des Futterproteins zu beeinflussen. Etwa 70 % des Stickstoffs im Duodenalinhalt entfallen auf Aminosäuren, 15 bis 20 % auf Nucleinsäuren und knapp 5 % auf Ammoniak.

Für Monogastrier und Wiederkäuer ist die in den Dünndarm fließende Menge an Natrium und an Chlorid wegen der proximal zum Pylorus erfolgenden Sekretion sehr viel höher als die mit dem Futter aufgenommene, für Wiederkäuer gilt dasselbe im Falle des Phosphors.

Damit die Verdauungsvorgänge im Dünndarm effizient ablaufen können, darf es hier nie zu einem übermäßigen Füllungsgrad kommen. Die Relation zwischen vorhandener Menge an Enzymaktivität und vorhandener Menge an Substrat muß immer so gestaltet werden, daß die Wahrscheinlichkeit des Zusammentreffens von Enzym und Substrat, gefördert durch die Mischbewegungen des Darms, sehr hoch ist. Unter diesem Gesichtspunkt kommt der Tatsache große Bedeutung zu, daß auch bei Aufnahme von nur einer oder zwei Mahlzeiten am Tag der Zufluß von Chymus in das

Duodenum sich wegen der Verweildauer im Magen über Stunden hinzieht und beim Wiederkäuer praktisch kontinuierlich abläuft.

Für die Passage durch die gesamte Länge des Dünndarms werden einige Stunden gebraucht, während derer die Verdauungsenzyme auf ihre Substrate einwirken können. Am Ende des Dünndarms kommen meist nur noch solche Futterbestandteile an, die durch Verdauungsenzyme nicht spaltbar sind oder die in einer nicht erreichbaren Form vorliegen.

Am Ende des Ileums weist der Chymus eine etwa neutrale Reaktion und eine deutlich zähflüssigere Konsistenz auf als im Duodenum, da der Wassergehalt nur noch größenordnungsmäßig 90% beträgt.

Für die meisten organischen Verbindungen ist die vom Dünndarm in den Dickdarm fließende Menge ganz wesentlich geringer als die vom Magen in den Dünndarm fließende, wobei Unterschiede im Ausmaß dieser Erscheinung vor allen Dingen durch die Art des verabreichten Futters bedingt sind. Dabei ist zu bedenken, daß vor allem bei N-haltigen Verbindungen am distalen Ende des Dünndarms ein erheblicher Anteil aus Bestandteilen verschiedener Sekrete stammt, also »endogen« ist im Gegensatz zu »exogenem« Stickstoff aus unverdautem Futterprotein. Für Wiederkäuer wird beispielsweise angenommen, daß von den durch das proximale Duodenum fließenden N-haltigen Verbindungen nur etwa 10% am distalen Ileum ankommen, daß die Höhe des N-Flusses dort aber etwa 30% desjenigen im Duodenum entspricht. Demnach muß geschlossen werden, daß etwa zwei Drittel des Stickstoffes, der vom Dünndarm in den Dickdarm fließt, auf Bestandteile von Dünndarmsekreten zurückgeführt werden muß.

Die pro Zeiteinheit im Chymus analwärts transportierte Menge an mehrwertigen Mineralstoffen vermindert sich meist während der Passage durch den Dünndarm, während dies für die einwertigen Elektrolyte nicht in jedem Fall so sein muß.

d. Ablauf der Dickdarmverdauung

In den Dickdarm fließen außer beim Pferd gewöhnlich nur noch geringe Mengen an fermentierbarer organischer Substanz, so daß mikrobielle Gärungen in diesem Abschnitt zwar stattfinden, quantitativ jedoch meist von untergeordneter Bedeutung sind. Die überragende Bedeutung des Dickdarms dürfte für alle Tiere darin liegen, daß in diesem Abschnitt in sehr großem Maße eine Absorption von Wasser und von Elektrolyten stattfindet. Für die Passage durch den Dickdarm brauchen kotpflichtige Partikel etwa die zwei- bis dreifache Zeit gegenüber der Passage durch den Dünndarm.

Durch Vergärung von organischer Substanz im Dickdarm, die sich prinzipiell nicht von der Gärung im Vormagen unterscheidet, können in nennenswertem Ausmaß noch flüchtige Fettsäuren gebildet werden, die nach der Absorption energetisch durch das Tier genutzt werden. Abweichend vom Vormagen kann der Dickdarm jedoch bei den meisten Tieren nicht wesentlich dazu beitragen, daß die Versorgung des Tiers mit Aminosäuren verbessert wird. Da im Dickdarm gewachsene Mikroorganismen nicht nach Abfluß aus der »Gärkammer« durch Verdauungsenzyme des Tiers verdaut werden, kommen sie kaum als große Quelle für die Versorgung von Tieren mit Aminosäuren in Frage.

Im Gegensatz zu Säugern hat der Dickdarm bei Vögeln keinen Colonabschnitt aufzuweisen, er ist vielmehr insgesamt als Mastdarm anzusehen. Die am Übergang vom Dünndarm zum Dickdarm abzweigenden paarig angelegten Blinddärme können beim Huhn eine Länge von über 20 cm erreichen. Das Ausmaß des Abbaues von organischer Substanz im Dickdarm des Huhns ist deutlich geringer als beim Schwein. Die bei geeigneten Haltungsbedingungen zu beobachtende Neigung der Hühner, Teile der eigenen Exkremente aufzupicken (Koprophagie) gilt als eine besondere Art, Syntheseleistungen der Mikroorganismen des eigenen Dickdarms zu nutzen. In der Natur wird der Koprophagie vor allem unter dem Aspekt der Versorgung mit wasserlöslichen Vitaminen eine Bedeutung beigemessen, wobei diese teils im Dickdarm, teils aber auch außerhalb des Körpers nach der Darmentleerung durch Mikroorganismen gebildet sein können.

Verdauungsleistungen besonderer Art werden im Dickdarm von Kaninchen erbracht, wo es wegen morphologischer Besonderheiten des Colons zu einer bei anderen Tieren nicht bekannten Phasentrennung kommt, welche bewirkt, daß die Passage der flüssigen Phase, in der kleinere Partikel enthalten sind, gegenüber groben Partikeln verzögert wird. Rohfaserreiche schwerverdauliche Futterteile passieren also schneller und stellen den größten Teil des vorwiegend tags ausgeschiedenen Hartkots, der die typische kaffeebohnenähnliche Form aufweist. Während der Passage der groben Teile durch das distale Colon findet in sehr weitgehendem Maße Absorption von Wasser und Elektrolyten statt.

Teile der im Caecum und Colon zurückgehaltenen flüssigen Phase passieren nachts durch das distale Colon, wobei vergleichsweise wenig Wasser und Elektrolyte absorbiert werden. Hieraus resultiert der typische Weichkot, auch Coecotrophe genannt, der nachts vom Anus direkt wieder aufgenommen und abgeschluckt wird. In der Coecotrophe enthaltene Bakterien werden dann in Magen und Dünndarm verdaut und tragen damit nennenswert zur Versorgung des Kaninchens mit Aminosäuren und wasserlöslichen Vitaminen bei.

Gegenüber anderen Herbivoren mit ausgeprägter Dickdarmverdauung ist beim Kaninchen die Verdaulichkeit von Bestandteilen der pflanzlichen Zellwand deutlich geringer, der Beitrag zur Versorgung mit Aminosäuren und Vitaminen aber deutlich größer.

7. Verweildauer im Verdauungstrakt und Defäkation

Zwischen verschiedenen Tierarten existieren wesentliche Unterschiede bezüglich der Dauer, während welcher Chymus in den einzelnen Abschnitten des Verdauungstrakts verweilt. Innerhalb einer Art kommt es aber auch zu Variabilitäten, die teilweise durch die Höhe der Futteraufnahme bedingt sind. Mit steigender Futteraufnahme verkürzt sich gewöhnlich die Verweildauer in einzelnen Abschnitten, was unter Umständen zu einer Minderung der Verdaulichkeit führen kann, da die chemische Verdauung aus Zeitmangel unvollständig bleibt.

Bedeutendster Einflußfaktor für die Verweildauer im Vormagen der Wiederkäuer ist die Partikelgröße. Strukturiertes Rauhfutter verweilt länger im Vormagen als identisches Ausgangsmaterial in vermahlenem Zustand, da feine Partikel relativ schnell durch die Hauben-Psalter-Öffnung abfließen können.

Beim Carnivoren beginnt der Fluß von Mageninhalt zum Duodenum gewöhnlich erst längere Zeit nach Aufnahme einer Mahlzeit, bei Omnivoren und monogastrischen Herbivoren schon früher, teilweise sogar während des Fressens.

Für die Passage durch den Dünndarm der meisten Haustiere brauchen Partikel 4 bis 6 Stunden, durch den Dickdarm beim Hund 6 bis 12 Stunden, beim Schwein und Wiederkäuer etwa einen Tag, beim Pferd bis drei Tage.

Die schließlich mit dem Kot ausgeschiedenen Substanzen können dem Futter entstammen und der Verdauung entgangen sein, weil es für ihren Abbau keine Verdauungsenzyme gibt oder weil die Bedingungen für den prinzipiell möglichen Abbau zu ungünstig waren. Als zweites können sie aber auch solche Bestandteile von Sekreten sein, die nach ihrer Sekretion nur unvollständig im Darm abgebaut und absorbiert wurden. Da Schleimstoffe als Schutz der Darmwand gegen den enzymatischen Abbau fungieren, kann logischerweise für diese Stoffgruppe keine weitgehende »Wiederverwertung« nach Abbau und Absorption angenommen werden. Auch mit dem Verlust von abgestoßenen Oberflächenschichten der Schleimhaut muß regelmäßig gerechnet werden. Schließlich entfällt ein nicht unbedeutender Teil der im Kot ausgeschiedenen Substanz auf im Verdauungstrakt gewachsene Mikroorganismen bzw. Bestandteile von diesen.

Die Menge der täglich von einem Tier im Kot ausgeschiedenen Trockensubstanz richtet sich nach der Menge der mit dem Futter aufgenommenen Trockensubstanz und nach deren Verdaulichkeit für die betreffende Tierart.

Wieviel Wasser zusammen mit der Trockensubstanz im Kot ausgeschieden wird, ist je nach Tierart verschieden. Auch bei Fütterung identischer Futterkomponenten an Schafe und Rinder wird sich der Gehalt an Trockensubstanz beim Schaf zwischen 35 und 50 %, beim Rind dagegen zwischen 13 und 17 % bewegen.

Während die Bildung der Faeces als kontinuierlich ablaufender Vorgang anzusehen ist, findet die Defäkation periodisch statt. Durch peristaltische Bewegungen in das Rectum beförderter Inhalt des distalen Colons reizt dort zentripetale Nerven und ruft so reflektorisch eine Defäkation hervor. Unkontrollierte Darmentleerungen werden durch den internen und vor allem den externen Sphincter ani verhindert.

Die Anzahl der täglichen Defäkationen wird beeinflußt durch die Menge der auszuscheidenden Trockenmasse. Während sie beim Hund, der meist extrem hoch verdauliches Futter aufnimmt, bei 1 liegt, steigt sie beim laktierenden Rind, das einen vergleichsweise hohen Energiebedarf mit Futter niedriger Verdaulichkeit deckt, auf 12 bis 16.

Für die Defäkation selbst wird die Muskulatur von distalem Colon und Rectum kontrahiert in Form peristaltischer Wellen, während gleichzeitig die Sphincter am Ende des Darms erschlaffen. Bei Carnivoren wird die Arbeit der Rectalmuskulatur durch Einnehmen einer typischen Körperhaltung mit gekrümmtem Rücken und durch Arbeit der Bauchmuskulatur unterstützt. Weniger ausgeprägt, aber noch erkennbar, ist die Ausrichtung der gesamten Körperhaltung auf die Kotabgabe beim Schwein, während Pferde und Wiederkäuer sowohl im Liegen als auch während der Fortbewegung ohne sichtbare Anstrengung Kot absetzen können. Gesteuert wird die Defäkation durch das im Sakral- und Lumbalmark liegende Centrum anospinale, dem ein weiteres Zentrum im Großhirn übergeordnet ist, das Centrum anale. Letzteres bewirkt die willkürliche Beherrschung der Defäkationszeit und die unwillkürlichen Defäkationen bei psychischen Erregungen.

Beim Geflügel gibt es keinen getrennten Absatz von Kot und Harn, da Mastdarm und Harnleiter nicht nach außen, sondern in die Kloake münden. Aus ihr wird ein grünlicher Darmkot entleert, dem häufig weißliche Harnsäure beigemengt ist. Letztere macht bei den Vögeln den Hauptbestandteil der Nierenexkrete aus, da bei ihnen nicht wie bei den Säugern Harnstoff, sondern Harnsäure das Endprodukt des Proteinstoffwechsels ist. Außerdem gibt es Entleerungen der Blinddärme, die als eine schmierige Masse vom festeren Mastdarmkot zu unterscheiden sind.

Literatur

Argenzio, R. A., C. E. Stevens, 1984: The large bowel — a supplementary rumen? Proc. Nutr. Soc. **43,** 12–24.

Armstrong, D. G., 1976: Proteinverdauung und -absorption bei Monogastriden und Wiederkäuern. Übers. Tierernährung **4,** 1–24.

Armstrong, D. G., K. Hutton, 1975: Fate of nitrogenous compounds entering the small intestine, S. 432–447. In: Digestion and Metabolism in the Ruminant (Ed.: McDonald, J. W., A. C. I. Warner). Proc. 4th Intern. Symp. on Ruminant Physiology, Sydney 1974. Univ. New England Publ. Unit. Armidale, Australia.

Armstrong, D. G., R. R. Smithard, 1979: The fate of carbohydrates in the small and large intestines of the ruminant. Proc. Nutr. Soc. **38,** 283–294.

Aumaitre, A., 1983: Die Entwicklung der Verdauungsfunktionen beim Ferkel sowie Probleme des Absetzens. Übers. Tierernährung **11,** 103–132.

Dirksen, G., W. Kaufmann, E. Pfeffer, 1972: Untersuchungen zur Verdauungsphysiologie der Milchkuh mit der Umleitungstechnik am Duodenum. Fortschritte in der Tierphysiologie und Tierernährung, Heft 1.

Drochner, W., 1984: Einfluß wechselnder Rohfaser- und Pektingehalte im Futter auf einige praecaecale und postileale Verdauungsvorgänge beim wachsenden Schwein. Fortschritte in der Tierphysiologie und Tierernährung, Heft 14.

Fuller, 1984: Microbial activity in the alimentary tract of birds. Proc. Nutr. Soc. **43,** 55–61.

Giesecke, D., H. K. Henderichx, 1973: Biologie und Biochemie der mikrobiellen Verdauung. BLV-Verlagsgesellschaft, München, Bern, Wien.

Hagemeister, H., W. Kaufmann, 1980: Nährstoff-Fermentation im Dickdarm des Wiederkäuers und Konsequenzen für die Messung der Proteinverdaulichkeit. Übers. Tierernährung **8,** 101–122.

Harrison, F. A., W. M. F. Leat, 1975: Digestion and absorption of lipids in non-ruminant and ruminant animals: a comparison. Proc. Nutr. Soc. **34,** 203–210.

Hörnicke, H., 1978: Futteraufnahme beim Kaninchen — Ablauf und Regulation. Übers. Tierernährung **6,** 91–148.

Hörnicke, H., 1984: Dickdarmverdauung beim Kaninchen. Übers. Tierernährung **12,** 215–250.

Hungate, R. E., 1984: Microbes of nutritional importance in the alimentary tract. Proc. Nutr. Soc. **43,** 1–11.

Just, A., 1983: The role of the large intestine in the digestion of nutrients and amino acid utilization in monogastrics, S. 289–309. In: Proc. IVth Int. Symp. Protein metabolism and nutrition. Ed. INRA Publ., 1983, I (les Colloques de l'INRA, No 16).

Kaufmann, W., H. Hagemeister, 1975: Zur Verwertung von Harnstoff (NPN) beim Wiederkäuer. Übers. Tierernährung **3,** 33–65.

Kay, R. N. B., W. v. Engelhardt, R. G. White, 1980: The digestive physiology of wild ruminants, S. 743–761. In: Digestive Physiology and Metabolism in Ruminants (Ed.: Ruckebusch, Y., P. Thivend). Proc. 5th Int. Symp. Ruminant Physiol., Clermont-Ferrand, 3.–7. 9. 1979. MTP Press, Falcon House, Lancaster.

Lebzien, P., 1980: Fütterungsbedingte Einflüsse auf die Pansenfermentation und Möglichkeiten zur Bestimmung der flüchtigen Fettsäuren. Übers. Tierernährung **8,** 151–184.

Liener, J. E., 1979: The nutritional significance of protease inhibitors. Proc. Nutr. Soc. **38,** 109–110.

Low, A. G., 1977: Digestibility at several intestinal sites in pigs. Proc. Nutr. Soc. **36,** 189–194.

Manners, M. J., 1976: The development of digestive function in the pig. Proc. Nutr. Soc. **35,** 49–55.
Mason, V. C., 1984: Metabolism of nitrogenous compounds in the large gut. Proc. Nutr. Soc. **43,** 45–53.
Meyer, H., 1982: Beiträge zur Verdauungsphysiologie des Pferdes. Fortschritte in der Tierphysiologie und Tierernährung, Heft 13.
Niess, E., 1980: Die ernährungsphysiologische Wirkung von Trypsininhibitoren der Sojabohne, insbesondere beim Huhn. Übers. Tierernährung **8,** 83–100.
Nolan, J. V., B. W. Norton, R. A. Leng, 1973: Nitrogen cycling in sheep. Proc. Nutr. Soc. **32,** 93–98.
Rerat, A. A., 1980: Some quantitative aspects of protein and carbohydrate absorption in the pig. Proc. Nutr. Soc. **39,** 177–184.
Roy, J. H. B., 1983: Funktion und Dysfunktion des Dünndarms bei Tieren: Diätetische Einflüsse. Übers. Tierernährung **11,** 1–46.
Smith, R. H., 1984: Microbial activity in the omasum. Proc. Nutr. Soc. **43,** 63–68.
Soest, P. J. van, 1984: Some physical characteristics of dietary fibres and their influence on the microbial ecology of the human colon. Proc. Nutr. Soc. **43,** 25–33.
Sutton, J. D., J. D. Oldham, 1977: Feed evaluation by measurement of sites of digestion in cannulated ruminants. Proc. Nutr. Soc. **36,** 203–209.
Tamminga, S., 1983: Recent advances in our knowledge of protein digestion and absorption in ruminants, S. 263–287. In: Proc. IVth Int. Symp. Protein Metabolism and Nutrition. Ed. INRA Publ., 1983, I (les Colloques de l'INRA, No 16).

C. Absorption

E. Pfeffer

1. Allgemeines

Im Abschnitt III.B. wurde besprochen, welche mechanischen und chemischen Vorgänge an der Verdauung der Nahrung beteiligt sind und welche niedermolekularen Endprodukte der Verdauung anfallen, wenn die wichtigsten organischen Bestandteile des Futters, nämlich Kohlenhydrate, Proteine und Fette durch tiereigene oder durch mikrobielle Enzyme hydrolysiert werden.

Damit die verschiedenen Endprodukte der Verdauung im Körper ihre Funktion als Energielieferanten, als Baustoffe für die Synthese körpereigener Gewebe oder als Wirkstoffe verschiedenster Art erfüllen können, müssen sie zunächst durch die Wand des Magen-Darm-Kanals hindurchtreten, um in die Körperflüssigkeiten Blut oder Lymphe zu gelangen. Dieser Vorgang des Durchtritts wird in der internationalen Literatur gewöhnlich als Absorption bezeichnet, im deutschsprachigen Raum wird hierfür sehr häufig auch die Bezeichnung Resorption verwendet.

Zu absorbierende Stoffe müssen die Epithelschicht durchlaufen, mit welcher der Verdauungstrakt ausgekleidet ist. Der anschließende Weitertransport erfolgt entweder über Kapillaren der Blutgefäße, Darmvenen und Pfortader zur Leber hin oder über kleine und größere Lymphgefäße und den Ductus thoracicus in das System der Vena cava cranialis.

Bei Absorptionsstudien in vivo kann das Verschwinden der zu untersuchenden Substanzen aus dem Lumen des Verdauungstraktes bzw. isolierter Teile desselben als quantifizierendes Kriterium angesehen werden. Als Alternative kann das Erscheinen der zu untersuchenden Stoffe in Blut oder Lymphe näher untersucht werden. Für organische Verbindungen müssen Verschwinden aus dem Lumen und Erscheinen in Pfortaderblut plus Lymphe nicht gleich groß sein, da eine Metabolisierung in der Schleimhaut denkbar ist. Als Substrat für aerob, also unter Sauerstoff-Verbrauch ablaufende Reaktionen zur Energie-Gewinnung dient in der Darmwand vor allem Glucose, während in der Wand des Vormagens die von Mikroorganismen gebildete Buttersäure weitgehend in β-Hydroxibuttersäure umgewandelt wird.

Zahlreiche Stoffe durchtreten die Wand des Verdauungstraktes nicht nur in einer Richtung, sie werden an bestimmten Stellen auch in größerem Maße in das Lumen sezerniert. Die aus gleichzeitig ablaufenden Bewegungen in beiden Richtungen resultierende Veränderung der Menge eines Stoffes im Lumen wird zweckmäßig als »Netto-Absorption« bzw. als »Netto-Sekretion« bezeichnet. Soll neben der Netto-Bewegung auch die Höhe der gesamten Absorption und Sekretion erfaßt werden, so läßt sich dies unter bestimmten Umständen durch eine »Markierung« in Form von Isotopen erreichen.

2. Mechanismen der Absorption

a. Diffusion und Osmose

Gaspartikel oder in einer Flüssigkeit gelöste Moleküle oder Ionen sind stets bestrebt, sich in dem verfügbaren Volumen gleichmäßig zu verteilen. Bei Bestehen örtlicher Konzentrationsunterschiede bewegen sich in der Zeiteinheit mehr Teilchen von der höheren zur niederen Konzentration hin als umgekehrt. Dieser als Diffusion bezeichnete Vorgang läuft auch dann ab, wenn zwischen den Orten unterschiedlicher Konzentration sich zwar Gewebestrukturen befinden, diese für die wandernden Teilchen aber durchlässig sind. So können Wasser und bestimmte Teilchen an einigen Stellen zwischen dem Lumen des Verdauungstraktes und den Kapillaren durch Epithel der Schleimhaut und Endothel diffundieren, sobald und solange sie ein Konzentrationsgefälle dazu zwingt.

Als Erklärung für die Absorption kann Diffusion allerdings nur solange in Frage kommen, wie die Konzentration der absorbierten Teilchen im Chymus höher ist als im Blutplasma; die durch Diffusion bewirkte Bewegung findet immer nur »mit dem Gefälle« und nie »bergauf« statt.

Für Elektrolyte tritt eine an verschiedenen Abschnitten unterschiedlich weitgehende Modifikation des jeweils herrschenden Gefälles dadurch auf, daß eine elektrische Potentialdifferenz zwischen dem Chymus einerseits und dem Blut andererseits besteht. Wenn also die dem Lumen zugekehrte Seite gegenüber der zur Serosa weisenden Seite elektrisch negativ ist, so wird hierdurch die Diffusion von Anionen, gegebenenfalls auch gegen ein Konzentrationsgefälle, erleichtert, während die von Kationen erschwert wird, gegebenenfalls auch trotz eines Konzentrationsgefälles. Für das Ausmaß der Diffusion von Elektrolyten ist daher der aus dem Zusammenwirken von Konzentrationsunterschied und elektrischem Potential resultierende »elektro-chemische Gradient« verantwortlich.

Von erleichterter Diffusion wird gesprochen, wenn der Durchtritt nach Verbindung mit einer Trägersubstanz, auch »Carrier« genannt, erfolgt. Zwischen Träger und Substrat wird auf der Lumenseite der Membran ein Komplex gebildet, für den ein Konzentrationsgefälle in die Zelle hinein besteht. Nach der Diffusion durch die Membran wird der Komplex gelöst, der Träger diffundiert zurück ins Lumen. Typisch für diese Form der erleichterten Diffusion ist, daß der Carrier spezifisch wirkt, daß er bei Erreichen einer bestimmten Konzentration gesättigt ist, den Transport also nicht bei Erhöhung der Konzentration noch weiter steigert, und daß schließlich durch Verbindungen mit analoger Struktur eine kompetitive Hemmung möglich ist.

Osmose ist eine Flüssigkeitsbewegung, die dadurch zustande kommt, daß Lösungen unterschiedlicher Konzentration durch solche Membranen voneinander geschieden werden, welche zwar die Moleküle des Lösungsmittels, nicht aber diejenigen des gelösten Stoffes passieren lassen. Wenn also Lösungen unterschiedlicher Konzentration durch Membranen getrennt sind, so entscheidet das Verhältnis zwischen dem Durchmesser der gelösten Teilchen und der Porenweite darüber, ob es zur Diffusion der gelösten Teilchen mit dem Konzentrationsgefälle oder zur Bewegung des Lösungsmittels entsprechend dem »osmotischen Sog« kommt. (Die Bezeichnung »osmotischer Sog« beschreibt den Sachverhalt bildlich besser als die gebräuchliche Formulierung von der Wanderung des Lösungsmittels zum Ort höheren osmotischen Druckes.)

b. Aktiver Transport

Es wurde ausgeführt, daß Diffusion nur von Orten höherer zu Orten niederer Konzentration erfolgt. Da verschiedene Endprodukte der Verdauung restlos aus dem Chymus entfernt werden, obwohl sie als Metaboliten im Blutplasma ständig in meßbaren Konzentrationen vorliegen, kann die Diffusion für einen großen Teil der ständig stattfindenden Absorption nicht als Erklärung dienen.

Unter »aktivem Transport« versteht man in der Physiologie die Beförderung von Teilchen in einer Richtung, wie sie aufgrund der physikalisch-chemischen Bedingungen allein nicht zustande kommen würde. Für »Bergauf-Transporte« dieser Art müssen naturgemäß Kräfte aufgewendet werden, die imstande sind, den gegensinnig gerichteten Diffusionsdruck zu überwinden. Derartige Arbeiten können nur unter Aufwand von Energie geleistet werden, welche dem Stoffwechsel der Zelle entnommen werden muß. Aktiver Transport setzt demnach voraus, daß energiereiche Phosphatbindungen verbraucht werden.

c. Pinocytose

Werden wasserunlösliche Verbindungen, Makromoleküle oder gar feinste Tröpfchen, in die Zelle aufgenommen, so sprechen wir von »Pinocytose«. Stoßen die Teilchen auf den Zellsaum, so stülpt dieser sich ein und schnürt sich ab. Durch die Membranscheide umhüllt, findet sich der Stoff als Vakuole in der Zelle, die er in einem analogen Prozeß, der als Emeiose bezeichnet wird, wieder verlassen kann.

3. Orte der Absorption im Verdauungstrakt

Obwohl für einige Stoffe die Durchlässigkeit der Schleimhaut im Bereich der Maulhöhle nachgewiesen ist, hat die Absorption weder hier noch in der Speiseröhre irgendeine nennenswerte Bedeutung.

Auch im Drüsenmagen findet nur in begrenztem Maße eine Absorption statt. Im Kapitel III.B.3. wurde dargelegt, daß beim monogastrischen Tier

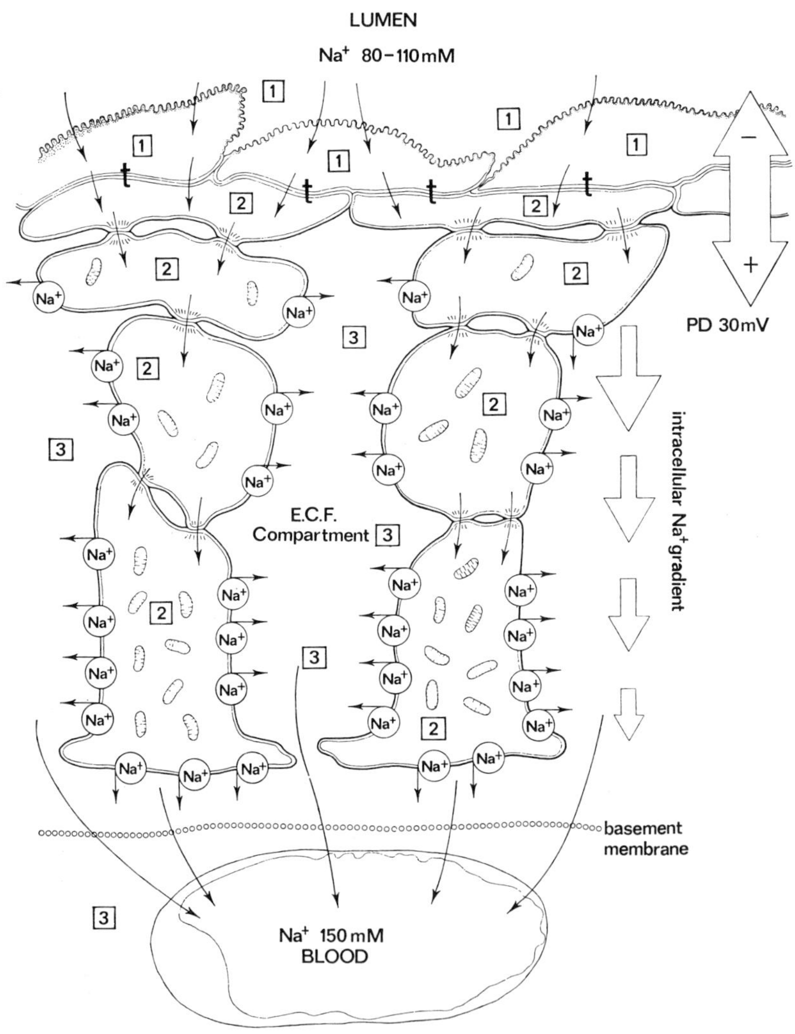

Abb. 28. Schematische Darstellung der Na^+-Absorption durch das Pansen-Epithel. Die Schicht der engen Zellverbindungen (tight cell junctions = t,t,t) trennt Lumen und Stratum corneum (Compartment 1) von den tieferen Zellen des Epithels (Compartment 2). Die interzellulären Räume (Compartment 3) sind an ihren lumenseitigen Enden durch enge Zellbindungen verschlossen, jedoch durch die »basement membrane« gegenüber dem subepithelialen Raum offen. Aus den Basalzellen gepumptes Na^+ bewirkt einen intrazellulären Gradienten innerhalb des Compartments 2, der die Diffusion von Natrium-Ionen in Richtung Basalschicht bewirkt. (Übernommen aus STEVEN and MARSHALL, 1970)

bis zum Pylorus hin noch keine weitgehende chemische Verdauung stattfindet, daß demnach auch der Anfall absorbierbarer Endprodukte der Verdauung im Magen nicht erheblich sein kann. Da Flüssigkeit und in Lösung gegangene Substanzen nicht genügend lange Zeit mit der Schleimhaut in Kontakt bleiben, ist die Wahrscheinlichkeit der Absorption im Magen nur gering. Auch im Labmagen der Wiederkäuer ist die Verweildauer des aus dem Vormagen kontinuierlich zufließenden sehr flüssigen Chymus so gering, daß der Absorption in diesem Abschnitt quantitativ ebenfalls keine große Bedeutung beigemessen wird.

Daß dagegen die Wand des Vormagens ein Ort intensivster Absorption sein muß, ergibt sich zwingend aus der Tatsache, daß beim erwachsenen Wiederkäuer im Mittel 65 % der verdaulichen organischen Substanz den Darm gar nicht erreichen, also nach der chemischen Verdauung durch Mikroorganismen bereits im Vormagen absorbiert werden.

Das den Vormagen auskleidende Epithel ist in vier unter dem Lichtmikroskop unterteilbaren Schichten angeordnet (Stratum basale, Stratum spinosum, Stratum granulosum und Stratum corneum). Verbindungen zwischen den Zellen werden durch »Desmosome« dargestellt, von denen sich besonders viele in den beiden mittleren Schichten finden. Größere Interzellularräume sind anzutreffen außer im Stratum granulosum, wo die Zellen am Übergang zum Stratum corneum besonders eng aneinanderliegen und somit eine »Versiegelung« der Zwischenzellräume darstellen.

Aufgrund der Anordnung der Zellen im Epithel der Vormagenwand stellt man sich den aktiven Transport des Natriums vom Lumen in das Blut als eine Bewegung durch drei Compartimente vor. Das Natrium wandert zunächst in das Innere von Zellen des Stratum corneum, von wo es nur durch die engen Zellbindungen in das Zellinnere der tieferen Epithelschichten gelangen kann. Von hier schließlich wird es dann in die Zwischenzellräume gepumpt, die zwar gegenüber dem Lumen verschlossen, gegenüber dem subepithelialen Raum aber durch die Basalmembran für Diffusionsvorgänge offen sind.

Da sich im Stratum basale besonders viele Mitochondrien finden, muß angenommen werden, daß

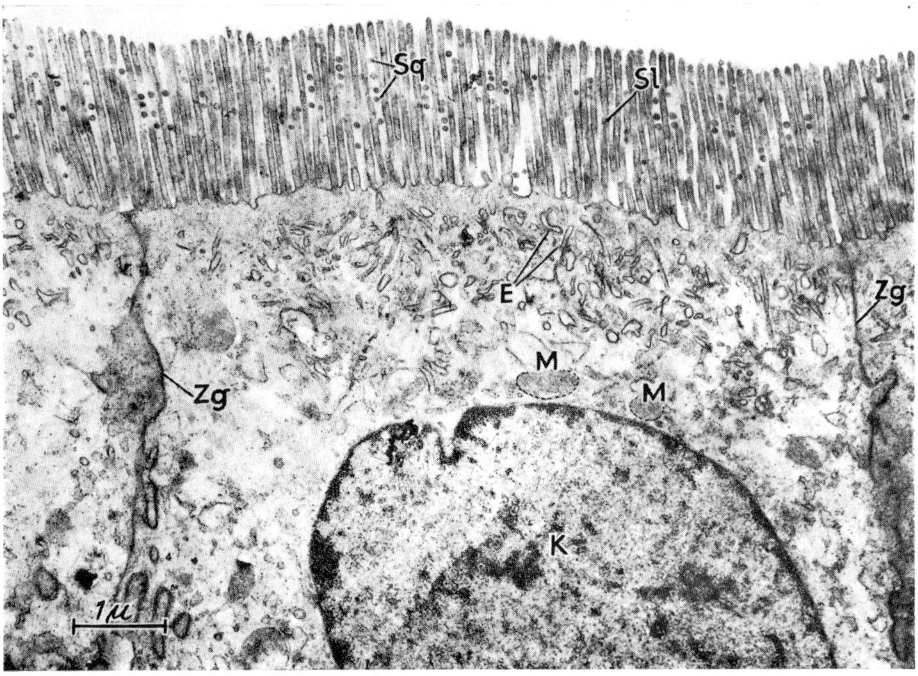

Abb. 29. Stäbchensaum einer Epithelzelle aus dem Jejunum vom Ferkel. Elektronenmikroskopische Aufnahme 15 750 ×. (Aufnahme: Dr. SCHWARZ, Anatomisches Institut der Tierärztlichen Hochschule Hannover).

Sl = Stäbchen oder Mikrovilli im Längsschnitt, **Sq** = im Querschnitt, **K** = Kern, **M** = Mitochondrien, **Zg** = Zellgrenze, **E** = Ergastoplasma hier der größte Teil der Arbeit der Natriumpumpe geleistet wird. Damit wäre gleichzeitig erreicht, daß im Inneren der durch Desmosomen verbundenen Zellen laufend Natrium-Ionen zum Ort niedrigerer Konzentration in der Basalschicht hin diffundieren.

Von der Trockensubstanz der Epithelschichten des Vormagens entfallen beim Schaf fast 80 % auf den Pansen und je etwa 10 % auf Haube und Psalter. Es wird daher angenommen, daß bezüglich der Absorption der Pansen die bedeutendste Kammer des Vormagens ist.

Bei Carnivoren und Omnivoren werden die organischen Endprodukte der Verdauung fast ausschließlich im Dünndarm absorbiert, dessen Bedeutung auch bei Herbivoren für die Absorption von Aminosäuren und Lipiden überragend ist. Die absorbierende Oberfläche des Dünndarms wird zum einen dadurch vergrößert, daß der Darm infolge seiner Lagerungen in Schlingen sehr lang ist und daß zusätzlich die Schleimhaut Falten bildet. Zum anderen weist die Schleimhaut zahlreiche Zotten auf, welche bei Carnivoren am längsten und bei Wiederkäuern am kürzesten in das Lumen des Darmes hineinragen. Die Zotten gehen jeweils in Vertiefungen der Schleimhaut über, welche als Krypten bezeichnet werden.

Die Zotten sind mit einschichtigem Zylinderepithel überzogen, das auf seiner Lumenseite eine weitere Vergrößerung der absorbierenden Fläche dadurch bewirkt, daß es feinste Stäbchen (Mikrovilli) trägt, die als »Stäbchen-« oder »Bürstensaum« bezeichnet werden. Der Bürstensaum ist vergleichsweise reich an verschiedenen Enzymen, welche für die membrangebundene Verdauung erforderlich sind, beispielsweise Disaccharidasen und Dipeptidasen.

Am lumenseitigen Pol liegen die Plasmamembranen benachbarter Zellen so eng aneinander, daß eine Stoffaufnahme aus dem Lumen nur durch die Membran in das Innere der Epithelzellen möglich ist. Hydrophile Bezirke der Membran wirken als Poren, durch welche gelöste Teilchen je nach Durchmesser mehr oder weniger gut diffundieren können, während apolare Verbindungen durch die hydrophoben, lipophilen Bezirke hindurchtreten. Aus dem Zellinneren können aufgenommene Substanzen dann in den Interzellularraum befördert werden, der sich zwischen den absorbierenden Zellen findet.

Im reticulären Zottengewebe findet sich außer zahlreichen Leukozyten, einem reichen subepithelialen Kapillarnetz und Nervenfasern ein von Endothelzellen begrenzter axialer Lymphraum, der Zentralchyluskanal, der von glatter Muskulatur umgeben ist. Diese Muskulatur bewirkt die typische Tätigkeit der Zotten. Wenn sich die Zotten infolge der Muskelkontraktion verkürzen, wird zum einen Inhalt aus dem Zentralchyluskanal in das Netz der Lymphkapillaren gedrückt. Zum anderen entsteht auf der Lumenseite ein gewisser Unterdruck, der zum Ansaugen von Chymus an

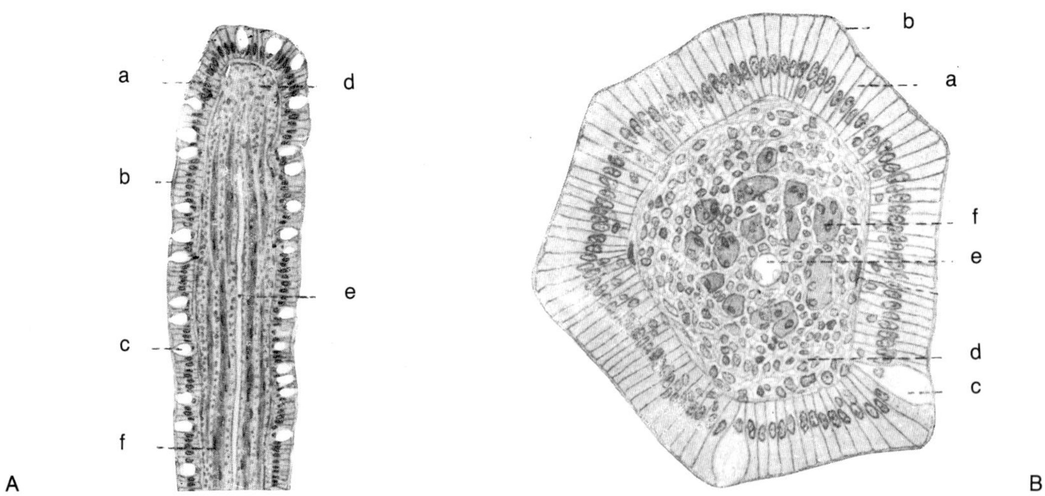

Abb. 30. **A** Längsschnitt einer Darmzotte der Katze. **B** Querschnitt einer Darmzotte des Pferdes.

a = Zottenepithel, **b** = Kutikularsaum, **c** = Becherzelle, **d** = Zottengewebe, **e** = Zentralkanal, **f** = glatte Muskelbündel

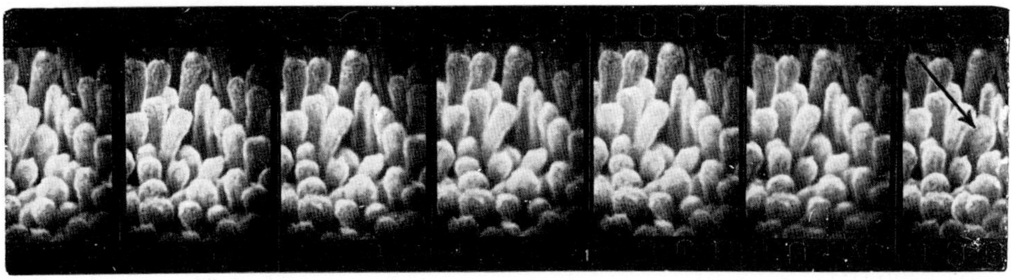

Abb. 31. 7 Aufnahmen aus einem Film über Darmzottentätigkeit im lebenden Hund (v. KOKAS-LUDANY). Es ist nur jede achte Aufnahme dargestellt. Die Abbildung zeigt verschiedene nacheinander folgende Teilphasen aus einer Zottenbewegung. Besonders klar ist die Zustandsveränderung der mit einem Pfeil bezeichneten Zotte

das Oberflächenepithel führt. Bei der anschließenden Erschlaffung tauchen die Zotten dann in den angesaugten Chymus ein, so daß an immer wieder wechselnden Stellen absorbierbare Stoffe aus dem Chymus Kontakt mit der Oberfläche absorbierender Zellen finden können.

Reize für die Kontraktion der Zottenmuskel gehen von Inhaltsstoffen des Chymus aus. In besonderem Maße führt das bereits besprochene Hormon Villikinin, dessen Freisetzung aus der Darmschleimhaut ins Blut durch Salzsäure angeregt wird, zu erheblichen Steigerungen der Frequenz der Zottenkontraktionen.

Im Dickdarm weist die Schleimhaut keine Zotten auf, vollbringt aber dennoch beachtliche Absorptionsleistungen. Bei monogastrischen Herbivoren, beispielsweise beim Pferd, finden regelmäßig in größerem Umfang Gärprozesse in Caecum und proximalem Colon statt, so daß die hieraus resultierenden flüchtigen Fettsäuren nach der Absorption erheblich zur Energieversorgung der Tiere beitragen. Ein geringeres, aber doch nennenswertes Ausmaß kann die Absorption flüchtiger Fettsäuren aus dem Dickdarm für das Schwein annehmen bei Fütterung von Rationen mit hohem Anteil pflanzlicher Gerüstsubstanzen. Beim Wiederkäuer steigt das Ausmaß der Gärungen im Dickdarm nur dann zu einiger Bedeutung, wenn vegetatives Pflanzenmaterial in gemahlener Form gefüttert wird und daher großenteils aus dem Vormagen abfließt, bevor es von den dort angesiedelten Mikroorganismen abgebaut werden kann. Bei Carnivoren ist gewöhnlich nicht mit größeren Gärungen im Dickdarm zu rechnen, so daß der Absorption flüchtiger Fettsäuren keine Bedeutung zukommt.

Bei allen Tieren findet auf der gesamten Länge des Dickdarms, also bis zum Rectum, eine umfangreiche Absorption von Wasser und von einwertigen Elektrolyten statt, während der endgültige Kot geformt wird.

4. Die Absorption wichtiger Stoffe und Stoffgruppen

a. Kohlenhydrate

Als Endprodukte der chemischen Verdauung von Kohlenhydraten durch tiereigene Enzyme fallen bei milchernährten Tieren Glucose und Galaktose, ansonsten Glucose und, meist in geringerem Umfang, Fructose an. Zur Absorption können zusätzlich auch verschiedenste andere Monosaccharide gelangen, sofern sie in freier Form mit dem Futter aufgenommen und nicht vor Erreichen des Absorptionsortes mikrobiell abgebaut worden sind.

Es existieren mindestens zwei Systeme für den aktiven Glucose-Transport, die Natrium-abhängig sind und die Energie aus Oxidationsprozessen nutzen, welche im Bereich des Bürstensaumes ablaufen. Galaktose wird durch diese Systeme ebenfalls transportiert. Glucose und Galaktose werden mindestens doppelt so schnell transportiert wie andere Monosaccharide. Bei erwachsenen Wiederkäuern läßt die Kapazität zum aktiven Glucose-Transport im Dünndarm oft nach. Dies kann als Anpassung an die Tatsache interpretiert werden, daß gewöhnlich nur sehr geringe Mengen an α-glucosidisch gebundener Glucose im Darm ankommen, daher also auch nur in geringem Ausmaß eine Absorption von Monosacchariden möglich wird. Gelangen jedoch größere Mengen an Stärke, welche der Gärung im Vormagen entgangen ist, in den Darm, so steigt als Anpassung offenbar die Absorption relativ schnell an. Dies kann bei Fütterung größerer Anteile an Körnermais in der Ration praktische Bedeutung gewinnen.

Gelangen Disaccharide wie Maltose, Saccharose oder Lactose in die Zellen der Mucosa, so werden sie im Zellinneren hydrolysiert, so daß auf jeden Fall Monosaccharide in der Blutbahn ankommen.

Im wesentlichen wird die absorbierte Glucose mit dem Pfortaderblut zur Leber transportiert, wo sie bei größerem Anfluten zunächst als Glykogen abgelagert, im Verlauf der folgenden Stunden aber auch wieder freigesetzt werden kann. Im peripheren Blut steigt die Glucose-Konzentration deshalb kurz nach einer Mahlzeit nur geringfügig an und fällt bis zur nächsten Mahlzeit auch nur geringfügig ab.

b. N-haltige Verbindungen

Während der Hydrolyse durch Proteasen verlieren Futterproteine ihre Artspezifität, so daß die aus der Schleimhaut des Dünndarms in das Blut übertretenden freien Aminosäuren für den Organismus nicht als Fremdstoff wirken. Die natürlicherweise auftretenden L-Aminosäuren werden nach ähnlichen Prinzipien wie die Monosaccharide aktiv im Dünndarm absorbiert, wobei mindestens drei verschiedene Systeme angenommen werden müssen, nämlich für neutrale und saure Aminosäuren, für basische Aminosäuren und für Glycin und Iminosäuren. In die Mucosazellen transportierte Peptide werden dort hydrolysiert, so daß nur freie Aminosäuren im Blut ankommen.

Der Weitertransport der Aminosäuren erfolgt mit dem Pfortaderblut zur Leber, wo sie in Proteine eingebaut oder anders verstoffwechselt werden.

Im Gegensatz zu älteren Tieren ist bei neugeborenen Schweinen, Pferden und Wiederkäuern die Abwehr körperfremder Proteine an der Schleimhaut des Dünndarms zunächst sehr unvollkommen. Makromoleküle durchtreten nach dem Prinzip der Pinocytose die Schleimhaut und werden im wesentlichen über die Lymphe weitertransportiert. Unmittelbar nach der Geburt ist das Colostrum des Muttertieres in der Natur zunächst die einzige Nahrung des Neugeborenen. Im Colostrum ist nun die Konzentration an Antikörpern, spezifischen Globulinen, besonders hoch. Würden diese durch Verdauungsenzyme hydrolysiert, so ginge ihre spezielle Schutzwirkung gegen Krankheitserreger oder Toxine verloren.

Da für die genannten Tierarten ein Erwerb dieser Immun-Globuline während der intra-uterinen Entwicklung unmöglich ist, kommt der möglichst frühen Aufnahme von Colostrum eine entscheidende Bedeutung für die Immunisierung der Neugeborenen zu. Keineswegs sollte in dieser Phase reife Milch eines anderen als des Muttertieres verabreicht werden, da die erwünschten Globuline nur im Colostrum enthalten sind. Die Durchlässigkeit des Darmes für Makromoleküle geht nach einigen Tagen verloren, wie umgekehrt das Produkt des Euters bald die Eigenschaften des Colostrums verliert und zur reifen Milch wird.

Als Endprodukte der Verdauung von Nucleinsäuren, die vor allem beim erwachsenen Wiederkäuer in größeren Mengen im Darm ankommen, werden im Dünndarm Purin- bzw. Pyrimidinbasen, Ribose bzw. Desoxiribose und Phosphat absorbiert.

Schließlich kann es noch in unterschiedlichem Ausmaß zur Absorption von Ammoniak kommen, der bei dem fermentativen Abbau von Proteinen entsteht. Ammoniak wird mit dem Pfortaderblut zur Leber transportiert und dort unter Energie-Aufwand zu Harnstoff entgiftet. Harnstoff kann nun seinerseits entweder über die Nieren ausgeschieden werden oder erneut in das Lumen des Verdauungstraktes gelangen. Dieser Rückfluß erfolgt entweder mit dem Speichel oder direkt durch die Wand des Traktes. Diffundiert Harnstoff in der Schleimhaut des Vormagens bis zum Stratum corneum, so kann er hier durch Urease, welche durch der Schleimhaut anhaftende Bakterien gebildet wird, zu Ammoniak und Kohlendioxid gespalten werden. Der Ammoniak kann nun entweder in das Blut zurück diffundieren oder er wandert in das Lumen des Vormagens, wo er wegen des niedrigeren pH in Ammonium überführt wird. Steht den Mikroorganismen im Vormagen ausreichend Energie aus Kohlenhydraten des Futters zur Verfügung, so können sie dieses Ammonium als Stickstoffquelle für die Synthese ihres Zellproteins nutzen. Nach Abfluß in den Darm und Verdauung durch die Enzyme des Wirtstieres kann dann der Stickstoff wieder in Form von Aminosäuren absorbiert werden.

Nicht nur bei Wiederkäuern, auch bei anderen Herbivoren kann unter den Bedingungen eiweißarmer Ernährung der größte Teil des in der Leber regelmäßig gebildeten Harnstoffs zur erneuten Nutzung den Mikroorganismen im Verdauungstrakt zufließen. Für Schweine ist ein analoger Vorgang ebenfalls nachgewiesen, erreicht aber offenbar nicht dasselbe Ausmaß wie bei Herbivoren.

c. Lipide

Bei monogastrischen Tieren gewinnt die Fettverdauung erst dann ein nennenswertes Ausmaß, wenn im Duodenum Galle und Pankreassaft dem Chymus beigemengt sind. Dabei wird zunächst durch die Salze der Gallensäuren die Oberflächenspannung erniedrigt, was zu einer Emulgierung der Fetttröpfchen führt mit dem Ergebnis der Vervielfachung der Oberfläche des Fettes. Pankreas-Lipase hydrolysiert nun aus den Triglyceriden die Fettsäuren in den Positionen 1 und 3. Das resultierende 2-Monoglycerid und die freien Fettsäuren formen Micellen mit den Gallensalzen und gelangen so an die Oberfläche der Mucosa. Monoglyceride und freie Fettsäuren treten in die Mucosazellen ein, wo sie erneut zu Triglyceriden verestert werden. Im Jejunum verbleiben die Gallensalze im Darmlumen und dienen erneut der Micellenbildung. Nach der Passage bis ins Ileum werden sie absorbiert, zur Leber transportiert und erneut mit der Galle in das Lumen des Duodenums sezerniert.

Beim Wiederkäuer werden vergleichsweise wesentlich mehr Fettsäuren absorbiert, da der bei weitem größte Teil der verdaulichen Kohlenhydrate durch die Mikroorganismen im Vormagen zu flüchtigen Fettsäuren vergoren wird. Fettsäuren einer Kettenlänge bis zu 10 C-Atomen werden aus dem Vormagen absorbiert. Zur Erklärung dieser Absorption scheint die Diffusion auszureichen. Dabei muß berücksichtigt werden, daß der Durchtritt durch die Membranen als Anion oder in Form der undissoziierten Säure erfolgen kann. Das mit dem pH veränderliche Verhältnis zwischen dissoziierter und nicht dissoziierter Form ist dabei sowohl für den Übergang vom Lumen in die Epithelzelle als auch von den Epithelzellen in das Blut von großer Bedeutung.

Fettsäuren mit 12 C-Atomen werden teilweise im Vormagen und teilweise im Darm absorbiert, während bei einer Kettenlänge von 14 oder mehr C-Atomen die Absorption nur noch im Darm stattfindet.

Durch mikrobielle Lipasen werden praktisch alle Futterfette, die im Gras als Galaktoglyceride und im Kraftfutter als Triglyceride vorliegen, bereits im Vormagen hydrolysiert. Daher besteht im Gegensatz zu monogastrischen Tieren beim Wiederkäuer die Lipidfraktion des im Duodenum ankommenden Chymus zum größten Teil aus freien, gesättigten Fettsäuren, die sich in der festen Phase bewegen.

Die Absorption der Fettsäuren im Dünndarm findet hauptsächlich in der proximalen Hälfte statt, und zwar sowohl beim Monogastrier als auch beim Wiederkäuer. Dies ist bemerkenswert deshalb, weil der pH in diesem Abschnitt beim Monogastrier über 6,5, beim Wiederkäuer aber noch eindeutig im sauren Bereich von 3 bis maximal 6 liegt. Sinkt beim Menschen der pH im Duodenum und oberen Jejunum unter 6,5, so ist die Absorption von Fettsäuren gestört.

Nachdem die im Lumen des Dünndarms gebildeten Micellen die Lipide an die absorbierende Oberfläche der Schleimhaut gebracht haben, treten diese in das Innere der Epithelzellen ein. Während die erneute Synthese von Triglyceriden beim einhöhligen Tier aus absorbierten Monoglyceriden und freien Fettsäuren erfolgt, muß beim Wiederkäuer, da praktisch kein Monoglycerid oder Glycerin in die Mucosazelle eintritt, Glycerophosphat aus dem Zellstoffwechsel gewonnen werden, damit die absorbierten freien Fettsäuren in Triglyceride überführt werden können.

In den Zellen der Mucosa werden außer Triglyceriden auch Phosphatide und Proteine synthetisiert, die für die Bildung von Chylomikronen erforderlich sind. Chylomikronen sind Fetttröpfchen, die von einer sehr feinen Membran aus Protein umhüllt sind. Sie geben der Lymphe das typisch milchig-trübe Aussehen, aufgrund dessen der Ductus thoracicus auch den Namen Milchbrustgang führt.

Kürzerkettige Fettsäuren können über die Blutkapillaren in das Blut der Pfortader gelangen, während längerkettige Fettsäuren nahezu vollständig in der Form der Chylomikronen durch Emeiose aus der Zelle in den extrazellulären Raum abgegeben werden und mit dem Weg der Lymphe in den Kreislauf gelangen. In der Leber werden als wesentliche Formen für den weiteren Transport der Fette die verschiedenen Lipoproteide gebildet.

Cholesterinester im Darmlumen werden durch eine Cholesterase des Pankreassaftes gespalten. Nach Eintritt in die Mucosazellen werden Cholesterin und Fettsäuren wieder weitgehend verestert und erscheinen dann als Bestandteile der Chylomikronen.

Auch bei Phosphatiden besteht kein grundsätzlicher Unterschied gegenüber den Triglyceriden. Vor der Absorption erfolgt eine weitgehende, aber nicht unbedingt vollständige Hydrolyse in Fettsäuren, Glycerin, Phosphat und Cholin bzw. Cholamin. Der Weitertransport erfolgt im wesentlichen mit dem Lymphstrom.

Die fettlöslichen Vitamine diffundieren durch die lipophilen Bezirke der Membran vom Lumen in das Innere der Epithelzellen, wobei die Anwesenheit der Salze von Gallensäuren förderlich wirkt. Ihr Weitertransport erfolgt im wesentlichen mit der Lymphe.

d. Wasserlösliche Vitamine

Chemisch gesehen gehören die verschiedenen wasserlöslichen Vitamine in sehr unterschiedliche Gruppen. Ihre Absorption wird allgemein im Dünndarm angenommen, wobei die Absorption um so leichter und schneller zu erfolgen scheint, je niedriger das Molekulargewicht ist.

Am kompliziertesten erscheint die Absorption von Cyanocobalamin (Vitamin B_{12}), welches ein Molekulargewicht von etwa 1500 aufweist. An der Absorption ist ein in der Pylorusregion des Magens produziertes Glykoproteid beteiligt, das häufig als »Intrinsic Factor« bezeichnet wird.

e. Mineralstoffe und Wasser

Da der Gehalt an verschiedenen mineralischen Elementen im Futter sehr starken Schwankungen unterworfen ist, müssen die Tiere sich mit der Ausscheidung innerhalb weiter Grenzen jeweils unterschiedlichen Versorgungslagen anpassen, damit es weder zu Verarmungen noch zu übermäßigen Anreicherungen an einzelnen Elementen im Organismus kommt. Der Zustand einer relativ konstanten Körperzusammensetzung trotz ständiger Stoffbewegungen wird allgemein als Homöostase bezeichnet. Für die Aufrechterhaltung einer Homöostase bei den verschiedenen Mineralstoffen kommen der Verdauungstrakt und die Nieren in Frage.

Beim Calcium paßt sich die Höhe der Absorption innerhalb weiter Grenzen dem Verhältnis zwischen Versorgung und Bedarf an, während die Ausscheidung vom Blut in das Lumen des Traktes, also die endogene Ausscheidung, durch die Versorgung nur wenig beeinflußt wird. Wesentlichen Anteil an der Absorption hat offenbar das aus dem Vitamin D_3 abgeleitete 1,25-Dihydroxicholecalciferol (1,25-$(OH)_2D_3$), dessen Bildung durch das Parathormon gesteigert und durch das Calcitonin wahrscheinlich gehemmt wird.

Bei monogastrischen Tieren ist die Absorption des Phosphats eng mit derjenigen des Calciums verbunden, die endogene Ausscheidung ist ebenfalls nur unwesentlich durch die Versorgung zu beeinflussen. Ganz anders sind offenbar die Verhältnisse beim Wiederkäuer, bei dem die mit dem Speichel in den Vormagen gelangende Phosphormenge nicht selten größer ist als die Phosphor-Aufnahme mit dem Futter. Unabhängig von der Höhe der Calcium-Versorgung findet im proximalen Drittel, in dem der pH noch recht niedrig ist, die Absorption von Phosphat statt, wobei die Menge des absorbierten Phosphors gewöhnlich wesentlich höher ist als die des absorbierten Calciums. Da die Phosphat-Konzentration im Speichel in Abhängigkeit von der Phosphor-Versorgung variabel ist, wird in der Höhe der endogenen Phosphor-Ausscheidung die wichtigste homöostatische Regelung des Phosphor-Haushalts beim Wiederkäuer gesehen.

Für das Magnesium ist bisher eine Beteiligung des Endokriniums an homöostatischer Regelung nicht bekannt. Bei monogastrischen Tieren reicht offenbar auch in der Natur immer die aus dem Darm in die Körperflüssigkeiten diffundierende Menge zur Deckung des Bedarfes, wobei im Überschuß absorbierte Mengen mit dem Harn ausgeschieden werden, sobald die Magnesium-Konzentration im Blutplasma die entscheidende »Nierenschwelle« überschreitet.

Beim erwachsenen Wiederkäuer wird aus bisher nicht eindeutig erklärbarer Ursache Magnesium nicht in nennenswertem Maße aus dem Darm absorbiert. Durch die Wand des Vormagens wird Magnesium aktiv transportiert, wobei das Ausmaß dieses Transportes durch das Verhältnis Na/K im Inhalt des Vormagens zu beeinflussen ist. Darüber hinaus scheinen andere Faktoren auf der Lumenseite die Höhe der Absorption einschränken zu können. Speziell bei Fütterung von jungem Gras kann die Absorption von Magnesium in bisher nicht ausreichend erklärbarer Weise so stark beeinträchtigt werden, daß es bei Kühen zu einer akuten Verarmung an diesem Element und damit zur Gefahr der »Weidetetanie« kommen kann.

Kalium und Chlorid werden bei Herbivoren und Omnivoren immer in sehr reichlicher Menge aufgenommen und zum weitaus größten Anteil absorbiert. Zur Erklärung der Absorption reicht die Diffusion aus. Bei den meisten Tieren erfolgt der größte Teil der Absorption des Kaliums im Dünndarm, beim Rind allerdings entfällt ein größerer Teil auf den Dickdarm. Im Überschuß aufgenommene Mengen werden renal ausgeschieden, wie andererseits auch die Einschränkung der Konzentration dieser Elemente im Harn die wichtigste Anpassung an eine knappe Versorgung sein dürfte.

Da Natrium in allen Sekreten außer dem Magensaft das am stärksten enthaltene Kation ist, übersteigt die regelmäßig sezernierte Menge ständig die im Futter aufgenommene Menge dieses Elementes um ein Vielfaches. Da trotzdem im Kot immer wesentlich weniger Natrium ausgeschieden wird, als im Futter enthalten ist, sagt die Höhe der Netto-Absorption gar nichts über die Höhe der tatsächlich stattfindenden Absorption aus. Auf der gesamten Länge des Verdauungstraktes findet ein aktiver Transport von Natrium aus dem Lumen in das Blut statt, großenteils in Kombination mit der Absorption anderer Substanzen.

Im Falle einer mangelhaften Versorgung mit Natrium, die bei Herbivoren häufiger auftreten kann, stellt das normalerweise im Verdauungstrakt befindliche Natrium eine mobilisierbare Reserve dar, die vor allem bei Wiederkäuern von erheblicher Bedeutung sein kann. Das während des Natrium-Mangels verstärkt ausgeschüttete Hormon der Nebennierenrinde Aldosteron bewirkt neben der verstärkten Natrium-Resorption in den Tubuli der Niere, daß im Speichel das Natrium weitgehend auf molarer Basis durch Kalium ersetzt wird. Der so verstärkte Zufluß von Kalium in den Vormagen bewirkt, daß Natrium in verstärktem Maße durch die Wand des Vormagens absorbiert wird. In der Folge wird in allen Abschnitten im Chymus Natrium durch Kalium ersetzt, so daß schließlich eine verminderte Ausscheidung im Kot resultiert. Bei überreichlicher Versorgung steigt jedoch die Ausscheidung im Kot nicht über diejenige bei angemessener Versorgung an, überschüssiges Natrium wird vielmehr vermehrt im Harn ausgeschieden.

Für die Bewegungen des Wassers in beiden Richtungen durch die Wand des Verdauungstraktes sind weitgehend osmotische Kräfte bestimmend, obwohl für einzelne Abschnitte auch die Möglichkeit des aktiven Transportes diskutiert wird. Welche Wassermengen sich an den verschiedenen Abschnitten im Chymus finden, ist wahrscheinlich in erster Linie davon abhängig, welche Menge an fester und gelöster Substanz zu transportieren ist, was wiederum hauptsächlich von Menge und Zusammensetzung des gefressenen Futters abhängt.

Für verschiedene Spurenelemente wird angenommen, daß die Höhe der Absorption die wichtigste homöostatische Regelung darstellt, wobei die Mechanismen der Absorption und die Einzelheiten der Regelung großenteils noch unerforscht sind. Als Beispiel für unvollkommene Homöostase wird gelegentlich die Anfälligkeit einiger Schafrassen gegenüber einer zu hohen Versorgung mit Kupfer aufgeführt, da diese Tiere offenbar nicht in ausreichendem Maße entweder die Absorption senken oder die endogene Ausscheidung steigern können, wenn im Futter ein kritischer Gehalt überschritten wird.

Literatur

Brambell, F. W., 1969: The transmission of immune globulins from the mother to the foetal and newborn young. Proc. Nutr. Soc. **28,** 35–41.

Bremner, J., N. T. Davies, 1980: Dietary composition and the absorption of trace elements by ruminants, S. 409–427. In: Digestive Physiology and Metabolism in Ruminants (Ed.: Ruckebusch, Y., P. Thivend). Proc. 5th Int. Symp. Ruminant Physiol., Clermont-Ferrand, 3.–7. 9. 1979. MTP Press, Falcon House, Lancaster.

Brindley, D. N., 1984: Digestion, absorption and transport of fats: general principles, S. 85–103. In: Fats and Animal Nutrition (Ed.: Wiseman, J.). Butterworths, London.

Darcy, B., A. Rerat, 1983: Protein digestion and absorption of the hydrolysis products in the small intestine of the pig, S. 233–244. In: Proc. IVth Int. Symp. Protein Metabolism and Nutrition. Ed. INRA Publ., 1983, I (les Colloques de l'INRA, No 16).

Engelhardt, W. von, R. Hauffe, 1975: Role of the omasum in absorption and secretion of water and electrolytes in sheep and goats, S. 216–230. In: Digestion and Metabolism in the Ruminant (Ed. McDonald, I. W., A. C. I. Warner). Proc. 4th Int. Symp. Ruminant Physiology, Sydney, August 1974. Univ. New England Publ. Unit. Armidale, Australia.

Freeman, C. P., 1984: The digestion, absorption and transport of fats — non-ruminants, S. 105–122. In: Fats

in Animal Nutrition (Ed.: WISEMAN, J.). Butterworths, London.
KAY, R. N. B., E. PFEFFER, 1970: Movements of water and electrolytes into and from the intestine of sheep, S. 390–402. In: Physiology of Digestion and Metabolism in the ruminant (Ed.: PHILLIPSON, A. T.). Proc. 3rd Int. Symp., Cambridge, August 1969. Oriel Press, Newcastle upon Tyne.
MARTENS, H., 1978: Lokalisation und Mechanismus der Magnesiumresorption bei Wiederkäuern. Übers. Tierernährung **6**, 75–90.
MOORE, J. H., W. W. CHRISTIE, 1984: Digestion, absorption and transport of fats in ruminant animals, S. 123–149. In: Fats in Animal Nutrition (Ed.: WISEMAN, J.). Butterworths, London.
SCHARRER, E., 1975: Developmental Changes of sugar and amino acid transport in different tissues of ruminants, S. 49–59. In: Digestion and Metabolism in the ruminant (Ed.: MCDONALD, I. W., A. C. I. WARNER). Proc. 4th Int. Symp. Ruminant Physiology, Sydney, August 1974. Univ. New England Publ. Unit. Armidale, Australia.
SCOTT, D., A. F. MCLEAN, 1981: Control of mineral absorption in ruminants. Proc. Nutr. Soc. **40**, 257–266.
SMITH, M. W., 1983: Amino acid and peptide transport across the mammalian small intestine, S. 211–232. In: Proc. IVth Int. Symp. Protein Metabolism and Nutrition. Ed. INRA Publ., 1983, I (les Colloques de l'INRA, No 16).
STEVEN, D. H., A. B. MARSHALL, 1970: Organization of the rumen epithelium, S. 80–100. In: Physiology of Digestion and Metabolism in the Ruminant (Ed.: PHILLIPSON, T.). Proc. 3rd Int. Symp., Cambridge, August 1969. Oriel Press, Newcastle upon Tyne.
TOULLEC, R., P. GUILLOTEAU, P. PATUREAU-MIRAND, J. W. SISSONS, 1983: Digestion and absorption of protein in the preruminant, S. 245–261. In: IVth Int. Symp. Protein Metabolism and Nutrition. Ed. INRA Publ., 1983, I (les Colloques de l'INRA, No 16).

D. Vitamine

J. GROPP

»Die Krankheiten vom Typ der Beriberi und Skorbut haben ihren Ursprung ... in dem Mangel bestimmter unbekannter Substanzen in der Nahrung, die unerläßlich für das Leben sind und bereits in unendlich kleinen Konzentrationen wirksam sind« (FUNK, 1912).

Vor der Isolierung der ersten Vitamine war damit von FUNK für diese Substanzgruppe bereits eine Definition gefunden und ihr der Name Vitamine gegeben worden, in der damals irrigen Annahme, daß diese für das Leben (vita) notwendigen Stoffe organische Stickstoffbasen (Amine) sind bzw. enthalten.

1913 isolierten OSBORNE und MENDEL aus Butter einen für das Wachstum von Ratten essentiellen »fettlöslichen Faktor A«, der nahezu gleichzeitig auch von MCCOLLUM und DAVIS in Butter, Eiern und Fischtran festgestellt wurde. Letztere ermittelten 1915 aus anderen Nahrungsmitteln (Bierhefe, Getreidekörner) den »wasserlöslichen Faktor B«, der sich später als nicht einheitlich erwies. Danach entdeckte Verbindungen wurden analog fortlaufend nach dem Alphabet bezeichnet. Auf diese Art entstand die erste — international nicht völlig einheitliche — Vitaminnomenklatur.

Vitamine sind exogene organische Verbindungen, deren Vorhandensein in kleinsten Mengen im tierischen Organismus für den physiologischen Ablauf verschiedenartigster Stoffwechselvorgänge unerläßlich ist. Meist müssen sie als solche (Vitamine) oder als Vorstufen (Provitamine) von außen, d. h. über die Nahrung oder aus der enteralen mikrobiellen Synthese zugeführt werden oder aber sie entstehen durch äußere Einflüsse (Vitamin D durch UV-Licht). Manche wirken in unveränderter Form (Vitamin E, Ascorbinsäure), manche bedürfen der intermediären Metabolisierung (Vitamine A und D), wieder andere besitzen Coenzymfunktion (Vitamine des B-Komplexes).

Ihr Fehlen führt zu mehr oder weniger typischen Erkrankungen (Avitaminosen), die durch Zufuhr des entsprechenden Vitamins geheilt werden können. Sie sind bei Nutztieren heute äußerst selten.

Von mehr aktueller Bedeutung sind noch immer sog. Hypovitaminosen, die durch eine ungenügende Vitaminversorgung entstehen. Ursächlich hierfür können sein: ein erhöhter Vitaminbedarf (Endokarenz) etwa infolge von Gravidität oder Infektionskrankheiten, eine bereits zahlenmäßig ungenügende Zufuhr (Exokarenz) oder eine Resorptionsstörung im Magen-Darmtrakt (Enterokarenz). Wachstumsdepression, Leistungsrückgang sowie eine reduzierte Futterverwertung sind unspezifische allgemeine Anzeichen einer Mangelsituation.

Die Verwertung von Vitaminen kann durch Antivitamine gestört werden. Antivitamine ändern entweder die Struktur der Vitamine und inaktivieren sie dadurch oder sie treten im Stoffwechsel an die Stelle der Vitamine (kompetitive Hemmung).

Einer Reihe von Vitaminen wird in Überdosierung eine Sonderwirkung zuerkannt, die oft unabhängig von der eigentlichen Vitaminfunktion als pharmakologischer Effekt aufgefaßt werden muß. Bei noch höherer Zufuhr wirken die Vitamine ohne Coenzymfunktion toxisch (Hypervitaminose).

Die Standardisierung der Vitamine wurde früher in Internationalen Einheiten (IE) vorgenommen. Diese waren meist auf den Tierversuch (Ratte) bezogen und definierten jene Menge, die gerade einen Vitaminmangel verhindern (prophylaktischer Test) oder einen experimentell erzeugten Mangel in einem bestimmten Zeitraum heilen konnte (curativer Test). Heute werden die Vitamine in Mengeneinheiten (µg, mg oder g) angegeben. Dementsprechend verlagerte sich auch die Analytik vom Tierexperiment zunächst auf mikrobiologische und heute immer mehr auf physikalische oder chemische Bestimmungsverfahren.

Der Vitaminbedarf ist eigentlich als die notwendige täglich zuzuführende Menge zu charakterisie-

Tab. 4. Vitamine: Bedarf und Vorkommen

Vitamin	Bedarf[1] (mg/kg Futter-Trockensubstanz)	Vorkommen[2]
Vitamin A (Retinol)	1–3	Lebertran, Leber, Milch, Eier Provitamine: Karotten, Paprika, Klee, Luzerne, Gras, Mais, Palmöl, Rotalgen und Pilze
Vitamin D (Calciferol)	0,01–0,02	Cholecalciferol: Lebertran, Milch, Goldhafer, Solanaceen (1,25-DHCC) Ergocalciferol: Klee, Luzerne, Gras (als Heu)
Vitamin E (α-Tocopherol)	10–30[3]	Pflanzenkeimöle, Ölsaatkuchen, Getreide
Vitamin C (Ascorbinsäure)	150[5]	Citrusfrüchte, Kohlarten, Spinat, Salat, Kartoffeln
Vitamin K	0,3[4]	Fischmehl, Luzerne
Thiamin	2[6]	Hefen, Getreide (Keim und Aleuron), (Mager)milch, Ölsaatschrote
Riboflavin	3–6[6]	Innereien, (Mager)milch, Fleisch, Getreide, Kartoffeln, Luzerne
Niacin	20–40[6]	Hefen, Fischmehl, Luzerne, Klee, Gras, Weizenkleie, Ölsaatschrote
Pantothensäure	10–20[6]	Hefen, (Mager)milch, Luzerne, Ölsaatschrote, Getreide (Kleie)
Pyridoxin	4[6]	Hefen, Fischmehl, (Mager)milch, Maiskleber, Luzerne, Getreide (Kleie), Ölsaatschrote
Biotin	0,1–0,3[6]	Hefen, Zuckerrohrmelasse, (Mager)milch, Luzerne, Ölsaatschrote
Folsäure	0,3–1,0[6]	Hefen, Tierkörpermehl, Luzerne, Sojaschrot, Spinat
Cobalamin	0,01–0,02[7]	Fischmehl, Tierkörpermehl, (Mager)milch, Molke
Cholin[8]	1000–1500	Hefen, Fischmehl, Ölsaatschrote, Maiskleber

[1] Die angegebenen Bedarfswerte sollen nur eine Größenordnung vermitteln. Sie schwanken von Tierart zu Tierart und sind vom Leistungsstadium abhängig. In der Fütterungspraxis wird der Bedarfswert noch mit einem Sicherheitszuschlag (Faktor 2–5) versehen, um höhere Einzelansprüche (infolge Streß, Hochleistung, Krankheit) auszugleichen. Nähere Einzelheiten siehe Lehrbücher der Tierernährung.

[2] Hier werden unter Verzicht auf quantitative Angaben nur Futtermittel genannt, die relativ reich an dem jeweiligen Vitamin sind. Genaue Angaben finden sich in Lehrbüchern der Futtermittelkunde.

[3] Bei selenarmer Nahrung bzw. mehrfach ungesättigten Nahrungsfetten steigt der Bedarf an.

[4] Für Monogastrier (und Geflügel) ohne Koprohagie.

[5] Nur für Primaten, Meerschweinchen und Forelle (Fische).

[6] Wiederkäuer decken ihren Bedarf in der Regel aus der ruminalen mikrobiellen Synthese.

[7] Anstelle von Cobalamin ist für die Pansensynthese des Wiederkäuers Cobalt essentiell.

[8] Cholin kann grundsätzlich vom Organismus gebildet werden, Synthese nicht immer ausreichend.

ren, welche den optimalen Ablauf der physiologischen Stoffwechselvorgänge garantiert. Er kann auf ein Einzeltier, auf eine Einheit (kg) der Lebendmasse oder des metabolischen Körpergewichts (Vitamine mit Coenzymfunktion) bezogen werden. Zur Vereinfachung ist es heute aber allgemein üblich, den Bedarf bzw. die Versorgung als Vitamin-Konzentration im Futter (mg/kg Futter-Trockensubstanz) anzugeben. Tabelle 4 zeigt eine Übersicht über Bedarfsgrößenordnung und Vorkommen.

Die gebräuchliche Gruppierung der Vitamine in fettlösliche (Vitamine A, D, E und K) und wasserlösliche (Vitamine des B-Komplexes, Vitamin C) ist nur noch historisch zu verstehen. Heute werden die Vitamine mit Coenzymfunktion denen ohne vergleichbaren Wirkungsmechanismus gegenübergestellt.

1. Vitamine ohne Coenzymfunktion

a. Vitamin A (Retinol)

Vitamin A gehört zur Gruppe monocyclischer Diterpene. Es besteht aus 4 Isopreneinheiten, von denen 2 auf einer Seite zu einem β-Iononring kondensiert sind. Der wichtigste Vertreter ist das Retinol (Vitamin-A-Alkohol), daneben besitzen Retinal (A-Aldehyd), Retinylester sowie die Retinsäure (Vitamin-A-Säure) physiologische Bedeutung. Eine 3-dehydro-Form des β-Iononrings ist für Süßwasserfische bzw. die dort wirksamen Vitamin-A-Formen (Vitamin A_2) charakteristisch.

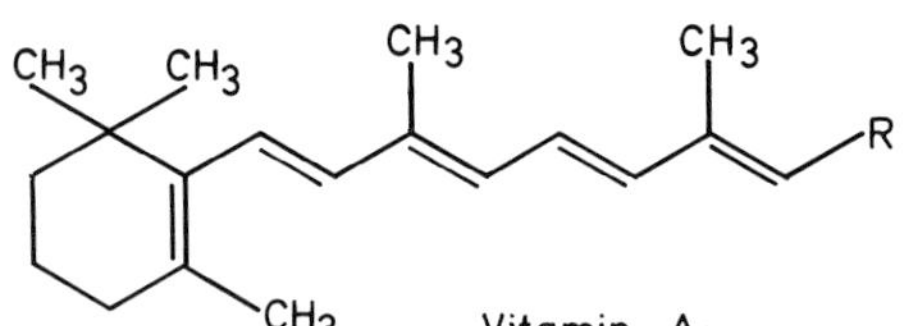

Vitamin A_1

(1): R = CH_2OH ; Retinol (Vitamin A)

(2): R = CH=O ; Retinal

(3): R = CO_2H ; Retinsäure

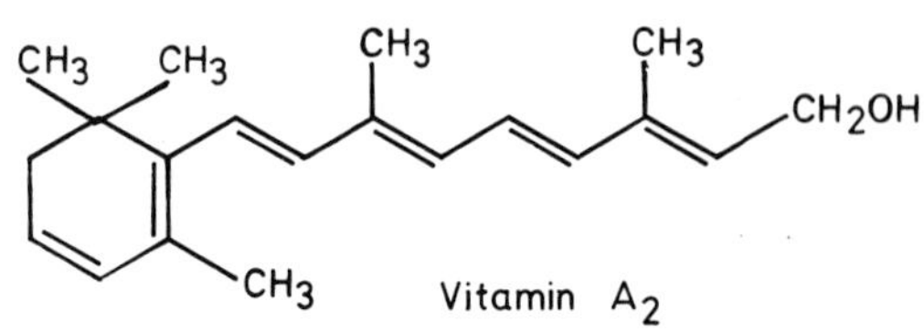

Vitamin A_2

Abb. 32. Vitamin A — Struktur der Vitamine A_1 und A_2

Vitamin A kommt nur in tierischen Geweben vor. Es entsteht im Organismus durch die enzymatische Spaltung (15,15′-Dioxygenase) aus Carotinoiden (Tetraterpene). Als zweiter Abbauweg existiert die oxidative Verkürzung der Kohlenstoffkette vom Ende her um jeweils 2 C-Atome, die über die Apocarotinale schließlich auch zum Retinol führt.

Wichtigstes Provitamin A ist das β-Carotin, daneben das α- und γ-Carotin sowie u. a. noch Kryptoxanthin, Torulin und Echinenon. Das Vorhandensein des β-Iononrings entscheidet über die Vitamin-A-Aktivität, Oxidation am β-Iononring (farbgebende Carotinoide) schließt eine Vitamin-A-Wirksamkeit aus.

Eine Einheit (IE) Vitamin A entspricht 0,3 μg Retinol, 0,344 μg Retinylacetat und früher auch 0,6 μg β-Carotin. Heute sieht man von der Festlegung eines Carotinumwandlungsfaktors in Vitamin A ab, da abhängig von der Versorgung und der Art des biologischen Tests nur unterschiedliche Faktoren ermittelt werden können. Das optimale Umwandlungsverhältnis (0,3 μg Retinol = 0,6 μg β-Carotin) läßt sich nur bei hohem tierexperimentellem Aufwand unter Beweis stellen und wird in der Praxis der Tierfütterung nie erreicht. Hier werden Umwandlungsraten zwischen 6–20 : 1 (Gewichtsverhältnis) angenommen.

Retinol, seine Ester und die Carotine sind instabil gegenüber oxidativen Einflüssen, insbesondere bei höherer Temperatur oder bei Bestrahlung.

Resorption, Transport, Speicherung, Ausscheidung

Im Darmtrakt wird Retinyl durch Esterasen in Retinol und Fettsäuren gespalten. Retinol wird in der Darmzelle wieder verestert (vorwiegend mit Palmitinsäure, auch Stearin- und Ölsäure). Die Retinylester gelangen über die Lymphe in die Leber. Carotin wird in der Darmzelle durch die 15,15′-Dioxygenase zu Retinal gespalten, dieses zu Retinol reduziert und dann verestert. Carotine können aber auch ungespalten resorbiert und in der Leber und anderen Geweben gespeichert bzw. abgebaut werden. Die Resorption wird durch Fett- und Gallensäuren gefördert.

Retinyl wird in der Leber umverestert, in der Regel mit Palmitat. Retinylpalmitat wird in den

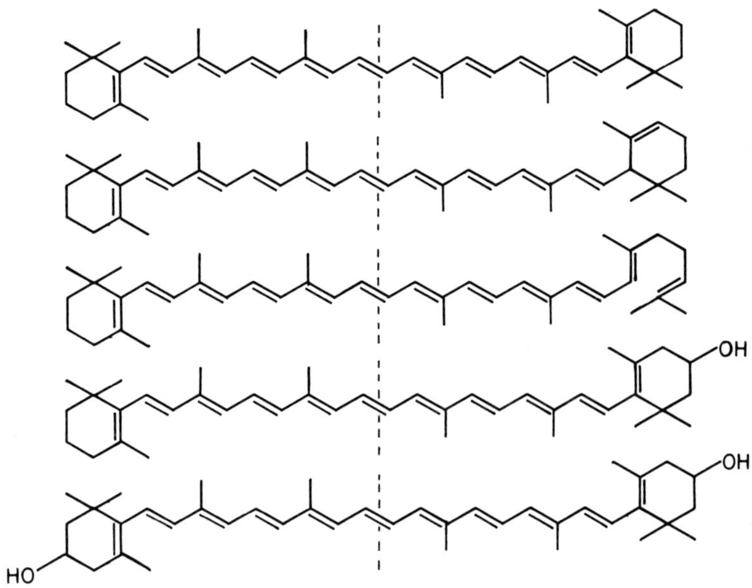

Abb. 33. Provitamine A mit relativer Vitamin-A-Wirksamkeit (β-Carotin = 100)

Leberparenchymzellen gespeichert, Retinylablagerung in den Lipozyten der Leber ist Anzeichen einer Vitamin-A-Hypervitaminose. Der Transport von Retinol im Blut erfolgt gekoppelt an ein Retinol-bindendes Protein (RBP). Retinsäure wird an Plasmaalbumin gebunden transportiert.

Die Mobilisierung von Retinol aus der Leberzelle ist abhängig von der Spaltung des Retinyl-Palmitats durch eine Gallensalz-stimulierbare Hydrolase und von RBP, das in der Leber synthetisiert wird. RBP ist eine einfache Polypeptidkette (MG: 20 000), die Retinol im molaren Verhältnis von 1:1 bindet. Ein Mangel an Vitamin A läßt sich an einem verminderten RBP-Plasmaspiegel erkennen. Dagegen ist der Lebergehalt an RBP erhöht. Offensichtlich hat Vitamin A keinen Einfluß auf

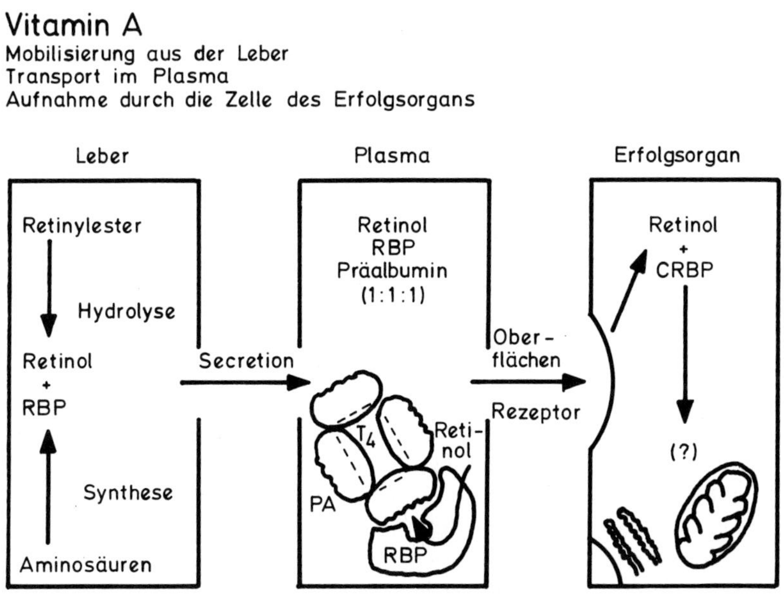

Abb. 34. Vitamin A — Transport aus der Leber in das Erfolgsorgan (Goodman, 1980)

die Synthese dieses Proteins, sondern nur auf dessen Freisetzung.

Der Retinol-RBP-Komplex lagert sich an ein tetrameres Protein (MG: 54980), ein Präalbumin (PA) an, das gleichzeitig Schilddrüsenhormon transportiert (Abb. 34). Der Präalbumin-Spiegel sinkt bei Lebererkrankungen, er steigt bei chronischen Nierenschäden. Die Sekretion von RBP und PA ist jeweils unabhängig voneinander geregelt. Das Vorkommen von nicht proteingebundenem Retinol bzw. Retinyl im Plasma weist offensichtlich auf eine Hypervitaminose A hin.

Die Anlagerung von Retinol an das Erfolgsorgan geschieht über einen Oberflächenrezeptor. Retinol tritt ohne RBP in die Zelle ein, es ist in der Zelle an celluläres RBP (MG: ca. 14600) gebunden. CRBP weist (ebenso wie celluläres Retinsäure-bindendes Protein) keine Affinität zu Präalbumin auf. CRBP erleichert wahrscheinlich die spezifische Interaktion von Retinol und Zellkern. An CRBP gebundenes Retinol wird — einer Sättigungskinetik folgend — Kernrezeptoren angelagert. Die Gegenwart von Retinol fördert die Zelldifferenzierung.

Der Abbau von Retinol oder Retinyl erfolgt über die Retinsäure, die nicht wieder reduziert und auch nicht gespeichert werden kann. Retinsäure wird überwiegend als β-Retinoyl-Glucuronid über die Galle ausgeschieden, daneben existieren offensichtlich weitere Decarboxylierungsschritte.

Wirkprinzipien

Retinol wird heute als die eigentliche Wirkform von Vitamin A angesehen. Durch seine Wirkung auf die Zelldifferenzierung kommt ihm ein Steroidhormon-ähnlicher Effekt zu. Aber auch zytoplasmatische (Coenzym-) Funktionen scheinen durch den Nachweis von Glykoysl-Übertragungen durch Retinyl-Phosphat nicht ausgeschlossen. Letzteres ist Bestandteil der Zellmembran. Mit Manosyl glykosyliert, kann es Manosyl an Membranglycoproteine abgeben und (auch) auf diese Weise zur Zelldifferenzierung beitragen.

Am besten aufgeklärt ist die Rolle von Retinal im Sehvorgang. Stäbchen und Zapfen der Retina des Auges enthalten Opsin (Protein) und Retinal. 11-cis-Retinal entsteht in der Netzhaut durch Dehydrierung und Isomerisierung von all trans-Retinol. Retinal wird an den Lysin-Rest des Opsins gebunden (Rhodopsin in Stäbchen-, Jodopsin in Zapfenzellen). Diese Reaktion verläuft exergonisch. Auf den Lichtrezeptor auftretende Lichtquanten führen zur Isomerisierung von 11 cis-Retinal zu all trans-Retinal, das nach Konfigurationsänderung des Proteins hydrolytisch abgespalten wird. Dieser Vorgang verändert den Ionentransport und das Membranpotential und löst somit einen Impuls zum Sehnerv aus. All trans-Retinal kann über Retinol bzw. Retinyl und die entsprechenden 11-cis-Isomere letztlich wieder in 11-cis-Retinal umgewandelt werden.

Die Retinsäure galt bisher ausschließlich als Vitamin-A-Abbauprodukt, welches nur die Vitamin-A-Funktion zur Unterhaltung des Wachstums ausfüllen könne. Lokal gebildete Retinsäure kontrolliert aber die Testosteronfreisetzung aus den Leydigschen Zwischenzellen des Hodens. Insofern spielt sie eine eigenständige Rolle im Fruchtbarkeitsgeschehen.

Mangelerscheinungen

Da Vitamin A am Aufbau von Glycoproteinen und Mucopolysacchariden beteiligt ist, die ihrerseits wieder bei Wachstum und Epithelbildung besonders wichtig sind, wirkt sich Vitamin-A-Mangel nachteilig auf beide Prozesse aus. Vitamin-A-frei ernährte Mastküken verenden nach ca. 21–25 Tagen, sie zeigen vorher starke Anzeichen von Ataxien und Krämpfen. Das Knochenwachstum ist gestört (übermäßiges Dickenwachstum, Matrixdefekte). Die im Mangel zu beobachtenden Epithelschäden (Xerophthalmie, Keratomalazie im Bereich der Augen, Xerosis und Keratitis verschiedener Schleimhäute) haben zur Benennung von Vitamin A als Epithelschutzvitamin geführt. Fruchtbarkeitsstörungen (Atrophien von Testes und Ovarien, Resorptionssterilität) sind nur teilweise mit diesem Funktionsausfall zu begründen (s. oben: Retinsäure).

Entsprechend der Beteiligung von Vitamin A am Sehvorgang kommt es im Mangel zur Hemeralopie (Nachtblindheit, zuvor verlangsamte Adaptation an Dämmerungssehen), zur Netzhautdegeneration und schließlich zur Erblindung. Im subakuten Vitamin-A-Mangel (Hypovitaminose) ist offensichtlich auch die Infektionsanfälligkeit erhöht (Trachea, Bronchien, Mundhöhle, Magen-Darmtrakt, Urogenitalbereich).

Vitamin-A-Mangel führt in der Regel zu einer Beeinträchtigung der Immunantwort, insbesondere der Antikörperbildung. Daraus resultiert eine erhöhte Infektionsanfälligkeit.

Hypervitaminose A

Da Vitamin A gespeichert werden kann und die Umwandlung zu exkretionsfähigen Formen begrenzt ist, führt eine Überversorgung zur Hypervitaminose. Bereits subakute Formen (30 mg Retinol/kg Futter) sind in Störungen des Knochenwachstums (kurze, breite Knochen) und der Blutgerinnung (Küken) zu erkennen. Die Eidotterfärbung (durch Carotinoid-Pigmente) nimmt mit steigender Vitamin-A-Versorgung ab. Im Blutplasma ist der Anteil von freiem Vitamin A (vorwiegend Retinylester gegenüber proteingebundenem Retinol) deutlich erhöht. Klinisch augenfällige Symptome treten ab ca. 120 mg Retinol/kg Futter auf. Beschrieben sind Spontanfrakturen bei Schweinen und Ratten, Hyperostosen bei Katzen und Forellen. Die Schlupfrate von Hühnereiern nimmt ab. Schließlich muß davon ausgegangen werden, daß Retinol in Megadosen die Spermatogenese durch Änderung der lysosomalen Enzymaktivitäten beeinträchtigt.

Sonderwirkungen

Die Wirkung von Vitamin A auf die Zelldifferenzierung legt es nahe, nach Vitamin-A-Effekten in der Behandlung bösartiger Tumoren zu suchen, zumal epidemiologische Studien an Menschen eine negative Korrelation zwischen Karzinomerkrankungsrisiko und Vitamin-A-Blutspiegel ergaben.

Mit Retinol-Derivaten geringerer Toxizität und Vitamin-A-untypischer Gewebsverteilung konnten bisher tierexperimentell gute Ergebnisse erzielt werden. Möglicherweise wird auch die Rheumaerkrankung des Menschen eine spätere Indikation für den Einsatz synthetischer Retinoide, da Retinsäure die Produktion von Kollagenase, des neben Prostaglandin E_2 bedeutendsten Auslösers dieser Entzündungen, hemmt.

Von zusätzlichen Vitamin-A-Gaben an bereits ausreichend versorgte Tiere darf eine Steigerung der spezifischen (humoralen bzw. zellvermittelten) sowie der unspezifischen (Phagozytose) Immunreaktionen erwartet werden. Diese Wirkung beruht möglicherweise auf einer Labilisierung der Zell- und Lysosomenmembran, dadurch würden der Eintritt des Antigens in die Zelle und damit die Immunglobulinsynthese gefördert.

β-Carotin

Der Mangel an β-Carotin führt beim Rind trotz ausreichender Vitamin-A-Versorgung zu einer verzögerten Ovulation und schwach ausgeprägter Brunst, vergrößert das Zeitintervall zwischen LH-Gipfel und Ovulation, verlangsamt die Gelbkörperbildung und begünstigt Zystenbildung am Ovar. Der Gelbkörper enthält weniger β-Carotin und auch weniger Progesteron. Die Reproduktionsrate nimmt deutlich ab. Nicht auszuschließen ist auch, daß Carotin-Mangel Eutererkrankungen (Mastitiden) begünstigt.

150–300 mg β-Carotin/Tier und Tag verbessern bei vorheriger Mangelsituation die Fruchtbarkeitslage entscheidend. Noch ist offen, ob damit bereits ein von der Provitamin-Funktion unabhängiger Effekt beschrieben ist (β-Carotin als Vitamin beim Rind). β-Carotin könnte auch als Speicher- und Vitamin-A-Vorratsform direkt im Gelbkörper dienen, der dann unabhängig vom Vitamin-A-Transport und von der Penetration in die Zelle über Retinol verfügen würde.

b. Vitamin D (Calciferol)

Als Calciferole werden eine Reihe nah verwandter Steroid-Derivate bezeichnet, die mehr oder weniger deutlich antirachitisch wirken. Die wichtigsten unter ihnen sind das pflanzliche Vitamin D_2 (Ergocalciferol) und das tierische Vitamin D_3 (Cholecalciferol).

Die Vitamine D_2 und D_3 sind unbeständig gegenüber Licht und Luft sowie gegen Wärme. Cholecalciferol und Ergocalciferol sind biologisch etwa gleich wirksam (Vitamin D_2 ca. 20–30 % weniger). Nur bei Geflügel entfaltet Ergocalciferol allenfalls 1–3 % der Vitamin-D_3-Potenz. Die Internationale Einheit ist definiert als 0,025 μg kristallinen Cholecalciferols.

Biosynthese

Vitamin D_2 entsteht in Pflanzen durch UV-Lichteinwirkung aus dem Provitamin Ergosterin. Der Tierkörper kann 7-Dehydrocholesterin, das Provitamin D_3, synthetisieren. In der Haut kommt es durch den Einfluß von UV-Licht zur Ringöffnung von 7-Dehydrocholesterin, es entsteht das Prävitamin D_3, das dann seinerseits durch eine enzymunabhängige, temperaturkatalysierte Isomerisierung, die relativ langsam verläuft, zu Vitamin D_3 umgewandelt wird. Dies kann mit Hilfe eines für Vitamin D und hydroxilierte Produkte spezifischen

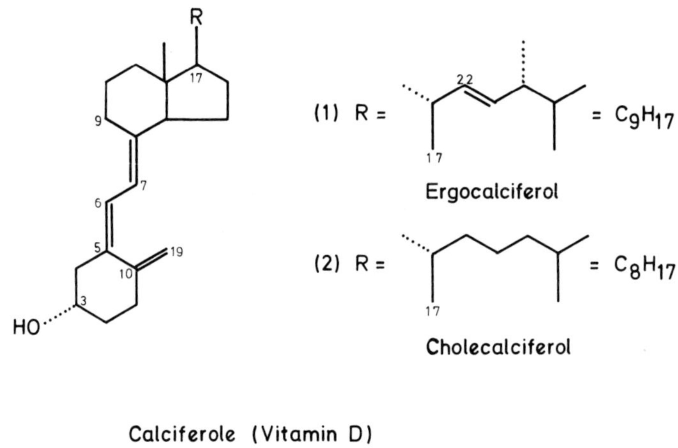

Abb. 35. Ergocalciferol und Cholecalciferol

Vitamin-D-bindenden Proteins (DBP) über das Plasma zur Leber abtransportiert werden. Damit liegt sozusagen eine intermediäre Slow-Release-Form für Vitamin D vor, welche infolge der langsamen Bildung von Vitamin D — für eine Gleichgewichtseinstellung werden bei Körpertemperatur ca. 36 Stunden benötigt — eine Überflutung des Organismus mit körpereigenem Calciferol ausschließt.

Manche Pflanzen können nach UV-Lichteinwirkung auch Vitamin D_3 bilden. So kommt in Goldhafer (Trisetum flavescens) Cholecalciferol vor, in Solanaceen (Solanum malacoxylon) und Cestrum Diurnum sowie ebenfalls in Goldhafer das 1,25-Dihydroxycholecalciferol (1,25-DHCC).

Resorption, Transport, Metabolisierung, Ausscheidung

Über die Nahrung aufgenommenes Vitamin D wird nach Resorption im Dünndarm wie im Tierkörper entstandenes Cholecalciferol an ein Vitamin-D-bindendes Protein (DBP) gebunden in die Leber transportiert. Die Anwesenheit essentieller Fettsäuren im Darm begünstigt die Resorption. Eine erste Hydroxylierung am 25-C-Atom erfolgt

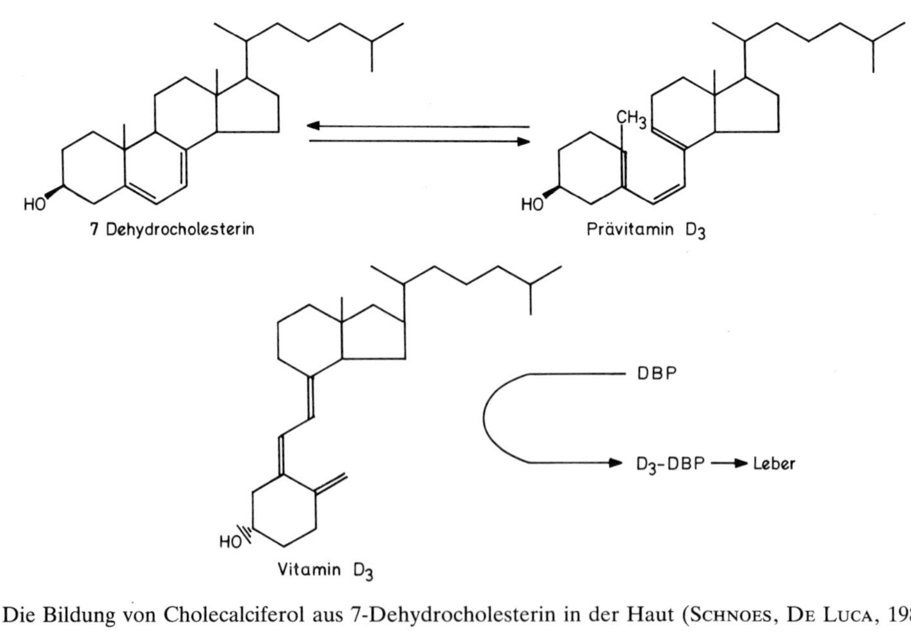

Abb. 36. Die Bildung von Cholecalciferol aus 7-Dehydrocholesterin in der Haut (SCHNOES, DE LUCA, 1980)

in der Leber durch eine 2-Komponenten-Monooxygenase. Daran schließt sich eine weitere Hydroxylierung am 1-C-Atom meist in der Niere durch eine 3-Komponenten-Monooxygenase an. Der letzte Hydroxylierungsschritt kann auch in der Placenta stattfinden, wie bei Ratten nachgewiesen. Dieser Befund erklärt die wesentlich höheren 1,25-Dihydroxycholecalciferol-Plasmaspiegel bei graviden und laktierenden Ratten, welche die Anforderungen von Gravidität und Laktation an die Resorption von Calcium widerspiegeln.

Die Ausscheidung weiter metabolisierter Produkte, die zum Teil wasserlöslich sind wie z. B. das Calcidiol und die Calcitronsäure, ist erwiesen. Wahrscheinlich sind aber noch nicht alle Abbauvorgänge und -produkte bekannt.

Wirkprinzip

Die Wirkung ist offensichtlich von den verschiedenen Hydroxylierungsschritten abhängig. Sie besteht in der besonderen Förderung des intestinalen Calciumtransports über die Bildung eines in der Darm-Mucosa etablierten Calcium-bindenden Proteins und der Calcium-Freisetzung aus dem Skelett. Alle diese Reaktionen führen zu einer Erhöhung des Plasma-Calcium-Spiegels. Die Entstehung des 1,25-DHCC wird letztlich durch Parathormon, ein Hormon der Nebenschilddrüse, gesteuert, welches bei niedrigem Blutcalciumspiegel vermehrt ausgeschüttet wird. Die Nieren-1-Hydroxylase wird entweder direkt oder über den Umweg eines niedrigen lokalen Phosphatspiegels stimuliert.

Damit sind die Vitamin-D-abhängigen Stoffwechsel-Regulierungen aber nur unzureichend beschrieben, zumal ca. 20 Calciferol-Metaboliten bekannt sind, über ihre Funktion zur Zeit aber nur wenig ausgesagt werden kann. In der Niere kann 25- bzw. 1,25-DHCC auch aus C-24-Hydroxy-Calciferol gebildet werden. Die 24-hydroxylierten Produkte sind möglicherweise Reservesubstanzen für die 1-Hydroxylierung. Daneben wird aber auch eine unterstützende Wirkung auf die durch 1,25-DHCC bewirkte Calcium-Resorption diskutiert, so daß geringere Mengen an 1,25-DHCC hier bereits wirken können, ohne die Freisetzung von Calcium und Phosphor aus dem Knochen zu stimulieren.

1,25-DHCC gilt heute als das eigentlich wirksa-

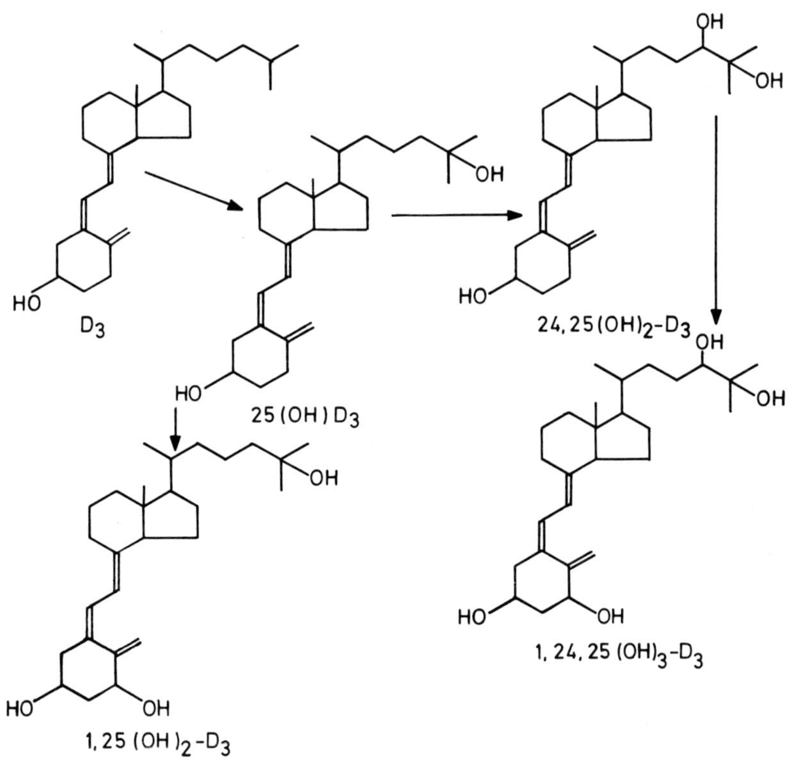

Abb. 37. Die stoffwechselaktiven Vitamin D-Metabolite

me Vitamin, das korrekt als Steroidhormon bezeichnet wird, weil es über cytosolische Rezeptorproteine unmittelbar am Zellkern angreifen kann (Proteinsynthese) und weil es in seiner Entstehung endokrin kontrolliert wird.

Verschiedene Gewebe sind ihrerseits Vitamin-D-sensitiv. Für sie sind spezifische Rezeptoren nachgewiesen worden, die nur partiell mit der Synthese Calcium-bindenden Proteins in Zusammenhang stehen, in bestimmten Geweben sind diese Rezeptoren ohne heute erkennbare Funktion vorhanden. Orte primärer Wirkung sind Darm (Ca-Absorption), Knochen (Ca-Freisetzung) und die Nieren (Ca-Reabsorption). Ferner sind Rezeptoren in Placenta, Hypophyse, Pankreas und Nebenschilddrüse bekannt. Im Vitamin-D-Mangel wird weniger Insulin von den Langerhans'schen Inselzellen produziert, die Glucagon-Synthese bleibt unbeeinflußt. Bei Ratten gilt das Vorkommen von Calcium-bindendem Protein im Gesäuge als gesichert. Gesteuert von der Vitamin-D-Konzentration, schwankt in Abhängigkeit von Calcium-bindendem Protein der Calcium-Gehalt der Muttermilch. Weiter ist noch bekannt, daß der Muskel schneller ermüdet, wenn er nicht mit genügend Vitamin D versorgt wird, weil der Transport von Calcium durch das reticuläre Sarkolemm gestört und die Anreicherung von Calcium in den Mitochondrien verringert ist.

1,25-DHCC stimuliert die Synthese von Osteo-

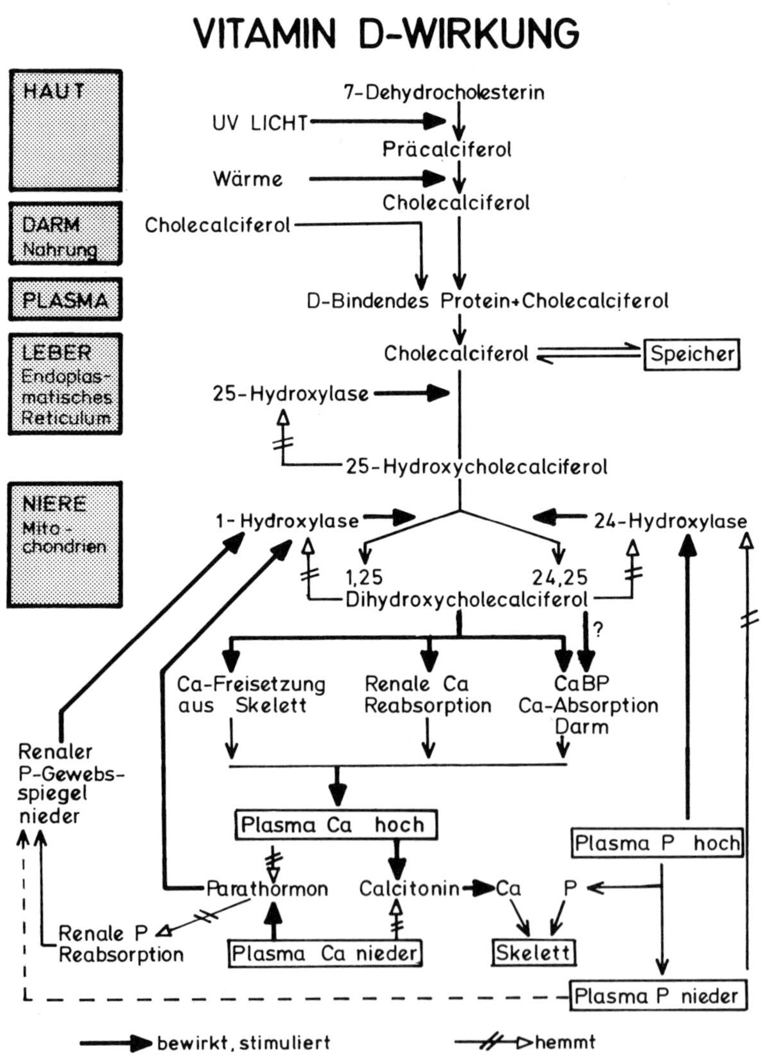

Abb. 38. Entstehung, Wirkungsweise und Regulation der Vitamin D-Steroidhormone

calcin mit Calcium-bindenden Eigenschaften. Das Osteocalcin benötigt zur Carboxylierung der Glutaminsäurereste Vitamin K (s. dort). Es ist beteiligt am Calcium-Turnover und vielleicht auch der -Mobilisierung im Knochen, es verhindert geradezu eine exzessive Knochenmineralisierung.

In der Niere wurde ein dem Osteocalcin ähnliches Protein KGP (Kidney-γ-carboxy glutamic acid-Protein) aufgefunden. Die zu seiner Bildung notwendige, ebenfalls Vitamin-K-abhängige Carboxylase wird durch Parathormon und 1,25-DHCC stimuliert. Es darf spekuliert werden, daß die erhöhte renale Ca-Absorption als 1,25-DHCC-Effekt mit diesem Protein in Zusammenhang steht.

Mangelerscheinungen

Vitamin-D-Mangel führt zu mehr oder weniger empfindlichen Störungen des Calcium-Stoffwechsels, aus denen die äußeren Erscheinungen einer Unterversorgung an Calcium (und Phosphor) abzuleiten sind. Da Vitamin D in der Leber und im Unterhautfettgewebe gespeichert werden kann, ist eine kontinuierliche Zufuhr nicht unbedingt notwendig, sie erscheint gleichwohl sinnvoll.

Mangelerscheinungen sind in Phasen intensiven Calcium-Umschlags — Wachstum, Eiablage, Milchproduktion — besonders auffällig. So kann während des Skelettwachstums Rachitis auftreten, die im wesentlichen durch eine unzureichende Mineralisierung neugebildeten Knochengewebes gekennzeichnet ist. Da das Knochengerüst — insbesondere die langen Röhrenknochen — statischen Belastungen schlechter gewachsen ist, bestimmen Verformungen der Röhrenknochen und Verdikkungen des Epiphysenbereichs das äußere Bild der Rachitis. Bei Hypertrophie der organischen Knochensubstanz und verringertem Aschegehalt des Knochens ist die Schließung der Epiphysenfuge verzögert. Die röntgenologisch verfolgbare Schließung dieses Zwischenknorpelspalts bildet die Grundlage wichtiger biologischer Vitamin-D-Bestimmungsverfahren. Ursächlich ist eine zu geringe Calciumabsorption, deren Auswirkung auf den Blutcalciumspiegel durch eine verstärkte Parathormonausschüttung kompensiert wird. Dadurch wird ohnehin knappes Calcium aus den Knochen mobilisiert, die Skelettmineralisierung folglich zusätzlich gestört. Die Entmineralisierung der Knochensubstanz beim erwachsenen Tier führt zur Osteomalacie. Die Konzentration der alkalischen Phosphatase im Blut ist erhöht.

Bei Legehennen treten dünnschalige bis schalenlose Eier auf. Dieses Phänomen wird allerdings auch in vermindertem Maße gegen Ende der Legeperiode beobachtet, es konnte durch Verabreichung des Metaboliten 1,25-Dihydroxycholecalciferol gebessert werden.

Bei Fischen konnte die Essentialität von Vitamin D bisher nicht unter Beweis gestellt werden.

Sekundärer Vitamin-D-Mangel

Bei chronischen Nierenschäden (verringerte Nierenmasse, Phosphatretention) kann die Bildung von 1,25-DHCC gestört sein (renale Osteodystrophie). Auch eine Unterfunktion der Nebenschilddrüse (zu wenig Parathormon) führt zu einer verminderten Hydroxylierung am 1-C-Atom, so daß weniger stoffwechselaktives 1,25-DHCC gebildet wird.

Die Gebärparese (hypocalcämisches Gebärkoma) ist zwar primär nicht als Vitamin-D-Mangelerkrankung anzusprechen. Ein plötzlich erhöhter Calcium-Bedarf für die Milchbildung erfordert aber eine schnelle Calcium-Mobilisierung aus dem Knochen, ansonsten führt ein Absinken des Blut-Calcium-Spiegels zur Auslösung der Erkrankung. Hier hat sich die prophylaktische Gabe von Vitamin D (25 mg zwischen 7 und 3 Tage ante partum) bewährt. Der Erfolg dieser Maßnahme dürfte allerdings eher in der bereits toxischen Umkehrwirkung von Megadosen begründet sein. Für die hier genannten Ausfallerscheinungen dürfte 1,25-DHCC oder zumindest 1-HCC mit nachfolgender 25-Hydroxylierung in der Leber von therapeutischer Bedeutung sein.

Antimetaboliten

Ausgesprochene Antivitamine sind nicht bekannt. Dennoch finden sich im Futter rachitogene Faktoren, welche die Calciferol-Wirkung verminderten und dadurch den Bedarf erhöhen. Dies trifft für unerhitztes Sojaextraktionsschrot zu, Hitzebehandlung (Toasten) läßt diese Wirkung abklingen. Auch in bakterieller Einzellerbiomasse können rachitogene Faktoren — noch unbekannter Struktur — vorkommen, welche die Absorption von Vitamin D (und anderer fettlöslicher Vitamine) teilweise drastisch herabsetzen. Das nahezu endemische Auftreten von Rachitis bzw. dünnschaligen Eiern in Geflügelbeständen hat zur Aufdeckung mikrobieller Futterkontamination (mit Pilzen) als

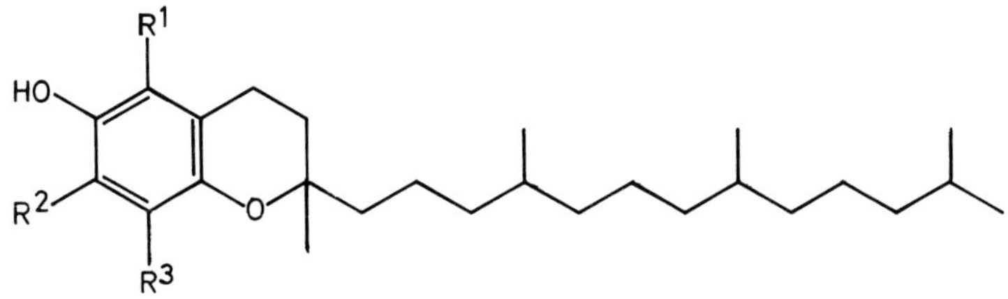

(1a), α-Tocopherol : $R^1 = R^2 = R^3 = CH_3$

(1b), β-Tocopherol : $R^1 = R^3 = CH_3$, $R^2 = H$

(1c), γ-Tocopherol : $R^1 = H$, $R^2 = R^3 = CH_3$

(1d), δ-Tocopherol : $R^1 = R^2 = H$, $R^3 = CH_3$

Abb. 39. Vitamin E — Basisstruktur und verschiedene Substituenten

Ursache eines Calciferol-Mangels geführt. Möglicherweise sind Fusarien- und/oder Penicillium-Toxine hier beteiligt.

Hypervitaminose D

Die Sicherheitsspanne zwischen notwendiger und bereits toxischer Zufuhr ist bei den Calciferolen relativ gering (Faktor 10). Typische Symptome einer D-Hypervitaminose sind Kalkablagerungen in verschiedenen Geweben wie etwa am Herzen, in Blutgefäßen und der Niere infolge starker Calcium-Mobilisierung aus dem Skelett. Eine akute Hypervitaminose kann bereits bei hundertfacher Überdosierung auftreten. Enzootische Kalzinosen, wie sie durch die Aufnahme von Goldhafer im voralpinen Grünlandgürtel bei Rindern entstehen (Dirksen, 1969), sind ebenso wie Erkrankungen nach längerfristigem Verzehr von Solanaceen als Hypervitaminosen D anzusprechen.

c. Vitamin E (Tocopherol)

Vitamin E ist der Gruppenname für 8 in der Natur vorkommende Verbindungen, die Tocopherole genannt werden. Sie besitzen alle einen Chromankern, der unterschiedlich substituiert sein kann, und eine relativ lange Seitenkette. Eine erste Gruppe von Verbindungen, die Tocopherole im engeren Sinn, leitet sich von Tocol ab (Abb. 39). Die zweite Gruppe besteht aus Derivaten des Tocotrienols, dessen C_{16}-Seitenkette dreifach ungesättigt ist.

Die biologische Wirksamkeit der Tocopherole ist höher als die entsprechender Ester, α-Tocopherole sind wirksamer als β-, γ- bzw. δ-Tocopherole, die D-Formen wieder besser als die DL-Racemate (Tab. 5). Die Tocotrienole sind geringerwertig als die Tocopherole.

Die Tocopherole werden durch Luftsauerstoff allmählich verändert, nicht dagegen die futterstabilen Tocopherolester.

Resorption, Transport, Ausscheidung

Die Tocopherolester werden im Darm gespalten und zusammen mit den Lipiden der Nahrung (Chylomikronen) absorbiert. Im Plasma treten Tocopherole zusammen mit Lipoproteinen auf. Hauptspeicherorgan ist die Leber, in deren Zellen die Mitochondrien etwa 50–60 %, die Mikrosomen und das Cytoplasma jeweils ca. 20 % des Gesamttocopherols enthalten. Tocopherole finden sich auch im Depotfett und in der Muskulatur. Die Gewebskonzentration folgt der Vitamin-E-Zufuhr

Tab. 5. Biologische Aktivität verschiedener Tocopherole (Brubacher, Weiser, 1967)

1 mg DL-α-Tocopherolacetat	1,0 I. E.	1 mg D-α-Tocopherolacetat	1,36 I. E.
1 mg DL-α-Tocopherol	1,10 I. E.	1 mg D-α-Tocopherol	1,49 I. E.
1 mg DL-β-Tocopherol	0,3 I. E.	1 mg D-β-Tocopherol	0,4 I. E.
1 mg DL-γ-Tocopherol	0,15 I. E.	1 mg D-γ-Tocopherol	0,2 I. E.
1 mg DL-δ-Tocopherol	0,012 I. E.	1 mg D-δ-Tocopherol	0,016 I. E.

über die Nahrung. Die Ratte scheidet biologisch inaktives Tocopheronolacton als Glucuronid im Harn aus.

Wirkprinzip

Die biologische Schwerpunktwirkung der Tocopherole liegt in ihren antioxidativen Eigenschaften, ihrer Funktion als Redoxsystem, begründet. So schützt Tocopherol die Zellmembran und subzelluläre Membranen vor der Entstehung freier Radikale (Lipidperoxide). Synergistisch wirkt hier die Selen-haltige Glutathionperoxidase, welche bereits gebildete Radikale wieder »detoxifizieren« kann. Hierauf beruhen die beobachteten Wechselwirkungen von Vitamin E und Selen. Die Bildung von Peroxiden im Vitamin-E-Mangel führt zur Labilisierung von Membranen und letztlich zur Veränderung von Zellbausteinen.

Tocopherole bewirken die Stabilisierung der Nahrungsfette sowie der Lipide, die aus dem Zellstoffwechsel, der Fettsynthese und dem Fettabbau hervorgehen. Sie schützen Strukturlipoproteine und die oxidierbaren Anteile von Enzymen. Dennoch erscheint der physiologische Wirkungsmechanismus von Tocopherol auf molekularer Ebene heute noch nicht befriedigend geklärt.

Daß die Wirkung von Vitamin E auf seine Funktion als physiologisches Antioxidans zurückzuführen ist, wird durch die Tatsache unterstützt, daß synthetische Antioxidantien wie BHT (Butylhydroxytoluol) oder Äthoxyquin (1,2-Dihydro-6-äthoxy-2,2,2-trimethylchinolin), wenn auch in vielfach höheren Dosierungen, die Tocopherole zumindest partiell zu vertreten vermögen. Die Effekte von Vitamin E auf Wachstum und Fruchtbarkeit lassen sich durch synthetische Antioxidantien nicht erzielen.

Mangelerscheinungen

Aufgrund der ausgeprägten Wechselbeziehungen zwischen Vitamin E, Selen, synthetischen Antioxidantien und zu schützenden mehrfach ungesättigten Fettsäuren in der Nahrung erfolgt eine tabellarische Auflistung der bekannten Mangelerkrankungen (Tab. 6).

Die der Vitamin-E-Gruppe namengebende Ei-

Tab. 6. Interaktionen von Vitamin E mit mehrfach ungesättigten Fettsäuren (PUFA), Selen und synthetischen Antioxydantien in der Symptomatik von Mangelerscheinungen (Scott, 1980)

Symptom	Tierart	Gewebe	Einfluß von			
			PUFA	Vit. E	Se	Antiox.
Embryonale Degeneration	Ratte, Hamster Maus, Geflügel	embryonales Gefäßsystem	X	X	X	X
	Rind, Schaf			X	X	
Sterilität ♂	Meerschweinchen Ratte, Kaninchen, Affe, Hund, Hamster	Gonaden		X		
Nekrosen	Ratte, Schwein	Leber		X	X	
Fibrosen	Geflügel, Maus	Pankreas			X	
Hämolyse	Ratte, Geflügel, Mensch	Erythrozyt	X	X		X
Plasmaprotein-Abnahme	Geflügel	Serum Albumin		X	X	
Anämie	Affe	Knochenmark		X		X
Enzephalomalacie	Küken	Gehirn	X	X	X	X
Exud. Diathese	Geflügel	Gefäßsystem		X	X	
Nierendegeneration	Ratte, Maus, Affe, Nerz	Tubulusepithelien	X	X	X	
Steatitis	Nerz, Schwein, Küken	Fettgewebe	X	X		X
Depigmentation	Ratte	Schneidezähne	X	X		X
Muskeldystrophie	Kaninchen, Affe, Ente, Maus, Nerz, Schwein	Skelettmuskulatur		X		
Weißmuskelkrankheit	Kalb, Lamm	Skelettmuskulatur		X	X	
Muskeldys. Typ C	Pute	Herz, Muskelmagen		X	X	
Muskeldys. Typ D	Küken	Skelettmuskulatur	X	X		

genschaft Tocopherol (geburtbringend) läßt sich als Verhinderung der Resorptionssterilität nur bei der Ratte nachweisen.

Die Folgen einer Tocopherol-Unterversorgung betreffen vor allem das reproduktive System (Embryopathien, testikuläre Atrophien), die Muskulatur (Myopathien), das Zentralnervensystem, das cardiovaskuläre System (auch Cardiomyopathien bei Rindern, Schafen, Pferden, Schweinen, Ratten, Mäusen und Kaninchen) und die Hämatopoese. Bei der alimentären Lebernekrose von Ratte und Schwein bestehen offensichtlich auch Einwirkungen einer Unterversorgung an schwefelhaltigen Aminosäuren. Bei Fischen werden eine erhöhte Kapillarbrüchigkeit, Hämorrhagien im Auge sowie Ceroid-Ablagerungen (gelb-braunes wachsartiges Pigment) in Leber, Milz und Niere beschrieben.

Hypervitaminose E

Tocopherole gelten als nicht sonderlich toxisch. 400 mg Tocopherol/kg Lebendmasse sind akut toxisch, 80 mg/kg LM (entspricht etwa 1,2 g/kg Futter) wirken immunsuppressiv. Daraus könnte geschlossen werden, daß Bedarfswerte, die ihrerseits nur in Abhängigkeit von der Versorgung mit ungesättigten Fettsäuren (und Selen) zu sehen sind, etwa um den Faktor 20 risikolos überschritten werden können.

Sonderwirkungen

Der Oxidationsschutz von Tocopherolen hält auch im geschlachteten Tier noch an: Der Schutz vor Ranzigwerden sowie eine Geschmacksverbesserung bei Fleisch- und Fleischprodukten von Schweinen, Mastgeflügel und Puten gilt als gesicherte Funktion der Versorgungshöhe mit Vitamin E in vivo.

Vitamin E verbessert die humorale Immunität. Es erhöht in der Regel auch die Phagocytose-Kapazität von Lymphozyten, deren Anregung auf einer Stimulierung der T-Helfer-Zellen beruht. Vereinzelt wurde auch nachgewiesen, daß auf hohe Tocopherol-Gaben eine gesteigerte Infektionsabwehrbereitschaft folgt. Die immunstimulierende Wirkung dürfte etwa in einem Dosisbereich von 100–400 mg Tocopherol/kg Futter liegen.

Vitamin E ist auch in der Lage, die Nitrosaminbildung in vitro und in vivo zu vermindern.

d. Vitamin C (Ascorbinsäure)

Die L-Ascorbinsäure (früher Hexuronsäure) ist die Enolform des 1,4-Lactons der 2- oder 3-Oxo-L-gulonsäure. Von den möglichen optischen Isomeren zeigt nur das D-erythro-2-oxohexonsäure-γ-lacton eine geringe (ca. 5 %) Vitaminwirkung. Als klassisches Vitamin kann Ascorbinsäure nur für Mensch, Primaten, Meerschweinchen, Fische, Invertebraten und Insekten gelten. Die meisten Haus- und Nutztiere sind zur Biosynthese befähigt.

Die Biosynthese der Ascorbinsäure aus Glucose, bei Säugetieren in der Leber, bei Geflügel in der Niere, führt über Uridindiphosphatglucose, Glucuronsäure, Gulonsäure und deren Lactonisierung zum 2-Oxogulonsäurelacton, aus dem durch spontane Isomerisierung die Ascorbinsäure entsteht. Die entsprechenden Enzyme fehlen bei den Vitamin-C-abhängigen Spezies.

Ascorbinsäure wird in wäßriger Lösung von Sauerstoff zersetzt, hohe Temperaturen und pH-Werte sowie die Gegenwart von Schwermetallionen begünstigen diesen Prozeß.

Resorption, Ausscheidung

Bei den Vitamin-C-abhängigen Säugetierspezies wird Vitamin C aktiv durch einen carriervermittelten Na-abhängigen Transportmechanismus im Duodenum und proximalen Jejunum absorbiert. Wahrscheinlich erfolgt die Absorption bei Tieren mit Eigensynthese wie bei der Ratte durch passive Diffusion, vornehmlich im Ileum.

Nach oraler Gabe wird Ascorbinsäure bei Meerschweinchen und Affen zu einem hohen Anteil (meist über 60 %) als CO_2 ausgeschieden. Da dieser Befund nach Training (Streßverminderung) und nach intravenöser Gabe sowie bei Menschen nicht erhoben wird, läßt dies auf erhebliche intestinale Umsetzungen (evtl. unter Beteiligung der Darmflora) schließen. Organe mit hoher Ascorbinsäure-Konzentration sind Nebenniere und Hypophyse. Die größeren Vitamin-C-Mengen lagern aber in der Leber, Milz und Muskulatur.

Die Reabsorption in der Niere (des Menschen) folgt einer Sättigungskinetik. Die Ausscheidung über Harn und Kot erfolgt als Ascorbinsäure, als Dehydroascorbinsäure, Diketogulonsäure und die daraus entstehenden Verbindungen Oxalsäure und Threoninsäure oder Xylonsäure und Lyxonsäure. Als Ausscheidungsprodukt findet sich auch das bei

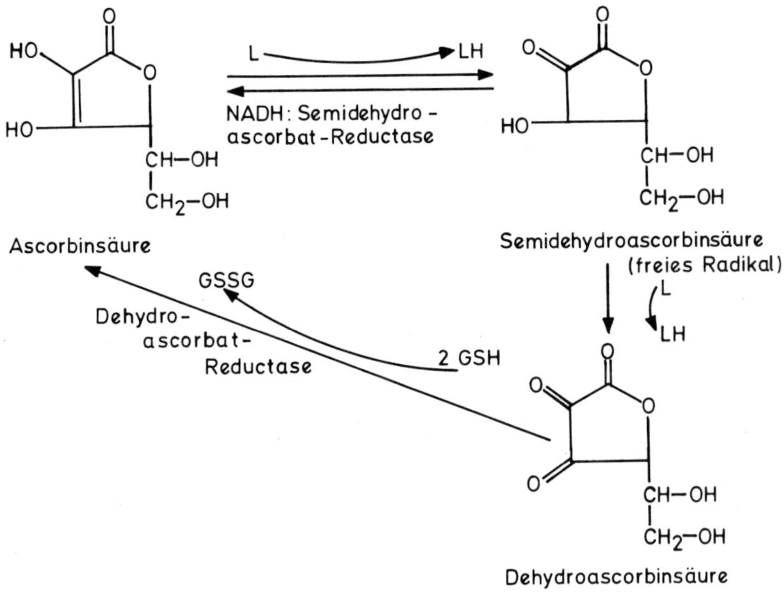

Abb. 40. Ascorbinsäure — Redoxsystem (Leibovitz, Siegel, 1981)

Fischen noch Vitamin-wirksame Ascorbinsäure-2-sulfat.

Wirkprinzipien

Ascorbinsäure ist leicht autooxidabel und daher ein kräftiges Reduktionsmittel, sie stellt ein hochwirksames Redoxsystem dar. Aus den Zwischenstufen, der relativ kurzlebigen Semidehydroascorbinsäure und der Dehydroascorbinsäure, kann Vitamin C wieder resynthetisiert werden. Der Hauptwirkungsmechanismus dürfte auf seiner Funktion als Elektronendonator beruhen; als Radikalquencher ist es etwa so wirksam wie die Superoxid-Dismutase.

Bei Hydroxylierungen dient Ascorbinsäure als Wasserstoff-Donator. So fördert sie die Prolinhydroxylierung und damit die Kollagenbildung und unterstützt schließlich die Wundheilung. Die Odontoblasten-Bildung bei Meerschweinchen ist abhängig von der Vitamin-C-Zufuhr. Damit sind Dentin- und Knochenmatrix-Bildung (sowie Calcium-Einlagerung in Knochen und Zähne) in Zusammenhang mit der Ascorbinsäure-Versorgung zu diskutieren. Vitamin C wirkt als Co-Substrat bei der Dopamin-Hydroxylierung zu Noradrenalin. Auch die Serotonin-Synthese wird durch Ascorbinsäure infolge Tryptophan-Hydroxylierung (in Darm und Niere, nicht dagegen in der Leber) eingeleitet. Sie ist ferner an der Cholesterin-Hydroxylierung beteiligt, ein Mangel vermindert die Enzymaktivität (und erhöht möglicherweise das Risiko cardiovaskulärer Erkrankungen?). Sie ist offensichtlich auch an der Steuerung der Steroidhormonbildung in der Nebennierenrinde beteiligt.

Ascorbinsäure wird als Cofaktor auch bei der Synthese von Carnitin (β-hydroxy-γ (trimethylamino) buttersäure) aus Lysin und Methionin benötigt. Die Muskelschwäche als Folge eines Mangels an Vitamin C wird so verständlicher. Über mischfunktionelle Oxygenasen beeinflußt Vitamin C auch den Fremdstoffabbau in der Leber. Die reduktiven Stoffwechseleigenschaften der Ascorbinsäure ermöglichen auch die Reaktion mit Nitrit und damit eine Blockade der Nitrosaminbildung in vitro und in vivo. Die Tocopherole wirken hier synergistisch.

Mangelerscheinungen

Bekanntes und namengebendes Mangelsymptom ist der Skorbut bei Mensch und Primaten. Beobachtet werden allgemeine Schwäche und Mattigkeit, geschwollene Gelenke, Hämorrhagien am ganzen Körper, Schmerzen in der Muskulatur (Blutungen), Gingivitis mit Hypertrophie des Zahnfleischs, verzögerte Wundheilung und eine verminderte Infektionsresistenz. Der Ascorbinsäure-Pool des Menschen beträgt maximal 3 g. Da 3 % des Pools täglich abgebaut werden, vergehen bei fehlender Vitamin-C-Zufuhr ca. 2 Monate, bis erste Symptome auftreten. Körperlicher Streß, Rauchen sowie orale Kontrazeptiva erhöhen den Vitamin-C-Verbrauch.

Bei Forellen sind Lordose und Skoliose als typisches Mangelsymptom bekannt. Die Verschiebungen der Wirbelkörper gegeneinander sind so gravierend, daß die Deformationen auch nach wiedereinsetzender Ascorbinsäure-Versorgung weitgehend bestehenbleiben. Beim Catfisch wird ein ähnliches »broken back syndrome« beschrieben.

Auch bei Tieren mit Ascorbinsäure-Biosynthese führen Streß und klimatische Belastungen zu einem Absinken der Vitamin-C-Gewebsspiegel, ohne daß aber Mangellagen augenfällig werden.

Sonderwirkungen

Seit Erscheinen der Monographie (1970) von L. Pauling über die Eignung von Ascorbinsäure als Prophylaktikum gegen Schnupfen ist die Diskussion über diese mögliche pharmakologische Eigenschaft von Vitamin C nicht mehr zum Stillstand gekommen. Dosierungen von 1–10 g/Mensch und Tag werden diskutiert und erprobt. Bei hohen Tagesgaben sinkt allerdings die Absorption im Darm, die Nierenausscheidung steigt an. Deshalb sollten 1–2 g Tagesdosen, möglichst verteilt auf 3- bis 4malige Aufnahme, nicht überschritten werden. Breitangelegte Studien an großen Kollektiven bestätigen überwiegend die Möglichkeit der Schnupfen-Prophylaxe durch Ascorbinsäure, auch wenn Versuche an Zwillingen den Effekt auf etwa 20 % eingrenzen.

Die humorale und die zellvermittelte Immunität kann durch Ascorbinsäure gesteigert werden. Dies hängt wahrscheinlich mit einer Modulation des Gehaltes an cyclischen Nucleotiden in B- und T-Zellen zusammen. Bei Mäusen bewirkte Ascorbinsäure eine Reduktion des anaphylaktischen Schocks nach wiederholten Ei-Albumin-Gaben. Diese Wirkung dürfte auf die Fähigkeit der Ascorbinsäure, den Imidazolring des Histamins zu sprengen, zurückzuführen sein.

Ascorbinsäure vermag die Eisen-Absorption wirksam zu verbessern. Dies beruht nicht nur auf der reduzierenden Eigenschaft der Ascorbinsäure — Fe^{+++} wird vor der Absorption zu Fe^{++} reduziert —, sondern muß auch in Verbindung mit einer Ascorbinsäure-Eisen-Chelatbildung gesehen werden. Im Zusammenhang mit dieser Wirkung soll auch die protektive Wirkung von Vitamin C bei Schwermetallintoxikationen erwähnt werden. Zusammen mit Eisen wird die Cadmium- und Blei-Retention vermindert und wahrscheinlich auch die Ausscheidung gefördert. Toxisches 6-wertiges Chrom wird zu 3-wertigem reduziert.

Unmittelbar verwertbare zootechnische Effekte bei Ferkeln und Sauen, Kälbern sowie Mastküken und Legehennen werden zwar diskutiert, sind heute aber nicht ausreichend belegt.

Hypervitaminose C

Ascorbinsäure gilt als wenig toxisch. Trotz Gewöhnung an Mega-Dosen treten jedoch Nebenwirkungen auf wie ein Absinken des Serum-Kupfer-Spiegels und die erhöhte Häufigkeit von Oxalat-Nierensteinen. Auch Aborte bei Labortieren und Menschen sind berichtet. In vitro konnte gezeigt werden, daß Ascorbinsäure-Hochkonzentrationen die Steroid-Hydroxylation und damit letztlich die Synthese von Progesteron und Testosteron hemmen.

2. Vitamine mit Coenzymfunktion

Die Stoffwechselfunktionen dieser Vitamine bzw. ihrer Coenzyme sind — mit Ausnahme von Vitamin K — ausführlich in den Lehrbüchern der Physiologischen Chemie beschrieben. Sie werden hier deshalb nur kurz behandelt. Die meisten Vitamine mit Coenzymfunktion sind bei Säugetieren und Geflügel — wenn überhaupt — nur begrenzt speicherbar. Allein von Fischen ist eine Speicherung größeren Umfangs in der Leber bekannt.

a. Vitamin K

Die fettlöslichen Vitamin-K-wirksamen Verbindungen sind 2-Methyl-1,4-Naphthochinonderivate oder deren Vorstufen. Die synthetisch hergestellten K-Vitamine bestehen nur aus dem Naphthochinonring (K_3: Menadion, K_4: Menadiol). Die natürlich vorkommenden Vitamin-K-Verbindungen unterscheiden sich durch Art und Länge der Seitenkette; das pflanzliche Phyllochinon (K_1) enthält

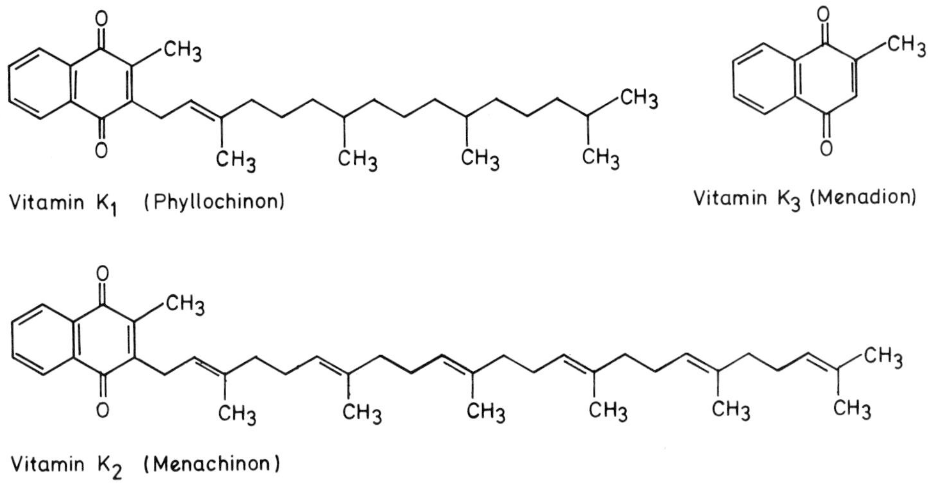

Abb. 41. Vitamine K — Phyllochinon, Menachinon, Menadion

einen Phytolrest, das überwiegend bakterielle Menachinon (Farnochinon, K_2) eine Polyprenyl-Seitenkette.

Die bisher genannten Verbindungen mit Ausnahme des Menadiols sind nicht futterstabil, auch die stabileren Na-Bisulfit- (MSB) bzw. Pyrimidinolbisulfit- (MPB) Menadionverbindungen entsprechen nur begrenzt den hier zu stellenden Anforderungen. Die biologische Vitamin-K-Aktivität von Menadiol-di-Estern ist aber geringer als die der Menadion-Derivate MSB und MPB.

Absorption, Speicherung, Ausscheidung

Phyllochinone und Menachinone sollen zusammen mit Lipiden im Dünndarm (vorzugsweise Jejunum) absorbiert werden, nur ein geringer Teil erscheint unverändert in der Lymphe, der größere Teil soll nach Abspaltung der Seitenkette als Menadion absorbiert werden.

Neuere Befunde zeigen für Phyllochinon auf einen aktiven, energieverbrauchenden Transportprozeß im Dünndarm hin, der durch die gleichzeitige Anwesenheit von Gallensäuren, Fettsäuren und Lecithinen begünstigt wird. Die Menachinone werden passiv im Dickdarm absorbiert, Gleiches gilt für Menadion im Dünndarm. Ob Menadion nun von der Darmflora zum aktiven Menachinon umgewandelt wird oder dieser Prozeß ohne mikrobielle Beteiligung auch in der Leber ablaufen kann, ist noch offen.

Im Blut wird Vitamin K an Lipoproteine gebunden transportiert. Die Speicherung von Vitamin K ist relativ gering. Bei Verhinderung der Koprophagie treten Mangelerscheinungen bei Geflügel nach etwa 2 Wochen auf. Die K-Vitamine werden nach Verkürzung der Seitenkette als Glucuronide ausgeschieden.

Wirkprinzip

Die bekannten Vitamin-K-abhängigen Proteine wie Prothrombin, die Blutgerinnungsfaktoren VII, IX und X, das Osteocalcin (s. Vitamin D) sowie das in der Niere vorkommende KGP (s. Vitamin D) enthalten alle die γ-Carboxyglutaminsäure. Die Synthese dieser Proteine einschließlich der Glutaminsäure verläuft offensichtlich unbeeinflußt von Vitamin K. Erst die Anfügung einer weiteren Carboxylgruppe an die Glutaminsäure, welche die Funktion der genannten Proteine ermöglicht, geschieht nur in Anwesenheit von Vitamin K. Die γ-Carboxyglutaminsäurereste verleihen den Vitamin-K-abhängigen Proteinen die Fähigkeit zur Calcium-Bindung. Blutgerinnungsfaktoren sind dann in der Lage, sich zusammen mit Calcium an Membranphospholipide anzulagern.

Vitamin K dient offensichtlich als Coenzym bei der Carboxylierung von Glutaminsäure zur γ-Carboxyglutaminsäure. Hierzu muß es vorher zum Hydrochinon reduziert werden. Als Zwischenprodukt tritt ein Hydroxyperoxid auf, das dem γ-C-Atom der Glutaminsäure ein Proton entreißt und dadurch in der Lage ist, ein Carbanion zu bilden. Dieses Zwischenprodukt tritt mit CO_2 und dem Carbanion zusammen, es entsteht H_2O, die γ-

Carboxyglutaminsäure und Vitamin-K-2,3-Epoxid. Dieses kann wieder in das Hydrochinon zurückgeführt werden (Epoxid-Zyklus). Die hierfür vorliegenden Beweise haben frühere Theorien wie z. B. die Regulatorproteintheorie (Vitamin K plus Protein dient als Starterprotein für die Proteinbiosynthese) in den Hintergrund gedrängt.

Mangelerscheinungen

Das bekannteste Mangelsymptom ist eine Verzögerung der Blutgerinnung, die im Extremfall zu massiven Blutungen führen kann. Daneben wird eine Verknöcherung des Epiphysenfugenspalts bei der Ratte beobachtet, die physiologisch nicht auftritt. Sie ist auf eine ausbleibende Osteocalcin-Synthese zurückzuführen.

In der Regel reicht die Eigensynthese der Darmflora, insbesondere bei Wiederkäuern und koprophagen Tieren aus, den Bedarf zu decken. Tiere mit kurzem Darm (z. B. Geflügel) sind eher gefährdet. Akute Fälle von Vitamin-K-Mangel treten meist durch die Aufnahme von Vitamin-K-Antagonisten auf.

Antivitamine K

Dicumarol entsteht unter dem Einfluß von Schimmelpilzen aus dem ungiftigen, in verschiedenen Kleearten vorkommenden Cumarin. Von ihm leitet sich eine Reihe von Derivaten ab, die in der Nagerbekämpfung (z. B. Cumatetralyl) und zur Hemmung der Blutgerinnung therapeutisch (z. B. Warfarin, Marcumar) eingesetzt werden kann. Das Wirkungsprinzip dieser Vitamin-K-Antagonisten beruht offensichtlich nicht — wie früher angenommen — auf einer kompetitiven Hemmung, vielmehr hemmen Dicumarol und seine Derivate das Enzym Phyllochinon-Epoxid-Reduktase, so daß nicht wieder Hydrochinon entstehen kann und der Epoxid-Zyklus gestört ist.

Hämorrhagische Syndrome beim Huhn und bei Schweinen werden auf eine »moldy corn disease« (Mykotoxikose) zurückgeführt. Schädigungen der Darmflora durch bestimmte Antibiotika und Sulfonamide führen zu einer Störung der intestinalen Synthese von Menachinon. Darüber hinaus üben Sulfonamide noch systemische Effekte aus.

Auch Vitamin A in Megadosen verlängert die Blutgerinnungszeit. Die Übertragung der Carboxylgruppen wird durch Vitamin A inhibiert.

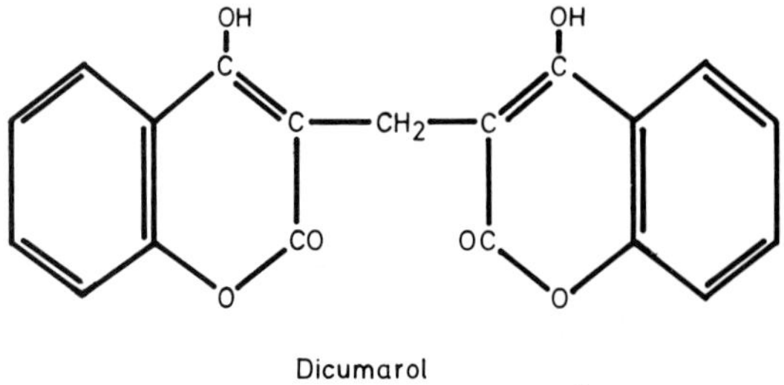

Dicumarol
3,3'-Methylen-bis-[4-oxycumarin]

Abb. 42. Dicumarol — Vitamin-K-Antimetabolit

Hypervitaminose K

Toxische Effekte manifestieren sich im hämatopoetischen und im cardiovaskulären System. Wahrscheinlich ist Menadion toxischer als Phyllochinon. Bei Katzen, Hunden und Affen bewirkten 5 mg Menadion/kg Lebendmasse eine leichte Anämie. Bei höheren Dosierungen kommen Hämoglobinurie und Urobilinurie, fallweise auch Cyanose und Methämoglobinämie hinzu.

b. Thiamin

Thiamin (Aneurin, Vitamin B_1) besteht aus einem Pyrimidin- und einem Thiazolrest. Thiamin findet sich in Pflanzen und Mikroorganismen in freier Form.

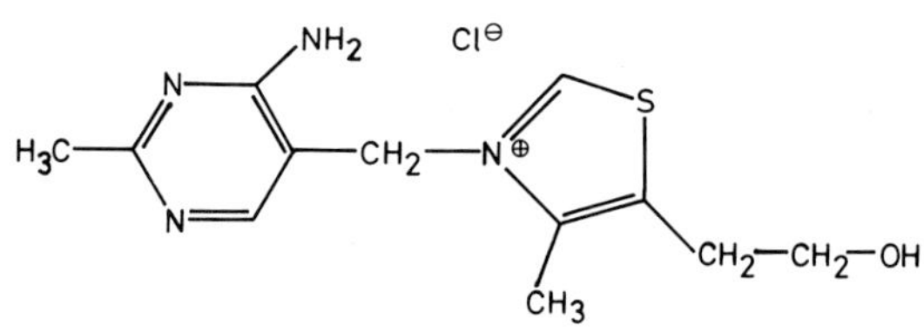

Thiamin

Abb. 43. Thiamin

Nach Resorption im tierischen Organismus wird es vorwiegend in das Thiaminpyrophosphat (Coenzym TPP) überführt. TPP ist das Coenzym bei der Decarboxylierung von α-Ketosäuren und für die Transketolasereaktion. TPP-reiche Gewebe sind Herz, Leber, Niere und Gehirn sowie die Muskulatur (bes. Schwein).

Die Halbwertszeit von Thiamin ist relativ kurz

(10–19 Tage), weshalb Thiamin kontinuierlich zugeführt werden muß. TPP wird in der Niere dephosphoryliert und überwiegend als freies Vitamin bzw. als konjugierter Sulfatester ausgeschieden.

Antithiamine

In bestimmten tierischen Geweben (Karpfen, Süß- und Seewasserfische) sowie in Pflanzen wird der Pyrimidinrest des Thiamins durch eine Thiaminase auf ein zyklisches Amin übertragen. Auch Pilze und Bakterien enthalten Thiaminasen. Die Einwirkung von Sulfiten führt ebenfalls zur Abspaltung des Pyrimidinrestes. Andere Pflanzen enthalten Antimetaboliten (z. B. Sojabohnen, Adlerfarm, Schachtelhalm). Das Coccidiostaticum Amprolium (1-(4-amino-2-N-propyl-5-pyrimidinyl-methyl) 2-picrolinium chlorid hydrochlorid) wirkt ebenfalls als Antithiamin.

Mangelerscheinungen

Im Thiaminmangel sind die Blut- (und Gewebs)-spiegel an Pyruvat und Lactat erhöht, die Transketolase-Aktivität der Erythrozyten erniedrigt.

Bekannteste Thiamin-Mangelerkrankung ist die Beri-Beri des Menschen, die auf den Verzehr von poliertem Reis zurückzuführen ist. Da das Nervensystem seinen Energiebedarf vorwiegend aus Glucose deckt, sind die neuropathischen Symptome der Beri-Beri leicht verständlich.

Polyneuritische Symptomatik kennzeichnet auch die Chastek Paralyse von Silberfüchsen und Nerzen sowie die Sternguckerkrankheit der Großkatzen (Opisthotonus). Gewichtsverlust (Wachstumsdepression), Anorexie und Störungen der gastrointestinalen Sekretion sowie fallweise kardiale Symptome sind Begleiterscheinungen eines Thiaminmangels.

Auch bei Süßwasserfischen dominieren neuritische und paralytische Symptome. Bei Karpfen wurden subkutane Hämorrhagien beobachtet, bei Aalen tritt die sog. Dreh(rumpf)krankheit (trunk winding symptom) auf.

Wiederkäuer galten bislang aufgrund der Syntheseleistung der Pansenflora als wenig anfällig für einen Thiamin-Mangel. Die weitverbreitete Corticocerebrale Nekrose (CCN) bei Kälbern und Mastrindern, Lämmern und Jungschafen wird heute allgemein einem Thiaminmangel zugeordnet. Intensiv gemästete Tiere erkranken häufiger und schwerer, insbesondere nach Futterwechsel. Wahrscheinlich wird die Krankheit durch Antithiamine im Verdauungstrakt ausgelöst. Im Pansen erkrankter Tiere wurden Clostridien- und Bacillus-Arten isoliert, die Antithiamine produzierten. Diese Antithiamine benötigen zu ihrer Aktivierung ein Co-Substrat. Möglicherweise können die Thiamin-Antimetaboliten auch absorbiert werden, so daß sie den Thiamin-Stoffwechsel zusätzlich stören.

c. Riboflavin

Riboflavin (Lactoflavin, Vitamin B_2) ist ein Ribitylderivat des Isoalloxazins. Riboflavin aus der Nahrung wird bei der Resorption in der Darmwand phosphoryliert. Als Flavin-Mononucleotid (FMN) bzw. als Flavin-Adenin-Dinucleotid (FAD) ist es prosthetische Gruppe zahlreicher Flavoproteine, die in allen Organen vorkommend an Oxidoreduktionsvorgängen beteiligt sind. Die Ausscheidung erfolgt nach Dephosphorylierung als Riboflavinphosphat bzw. als Riboflavin im Harn neben anderen Metaboliten.

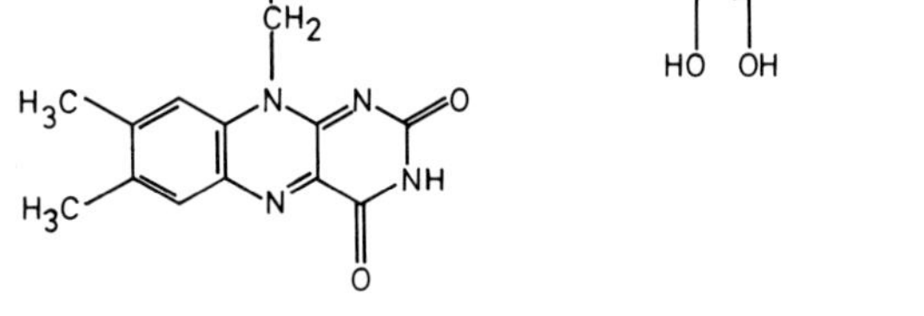

Abb. 44. Riboflavin — Coenzyme

Antivitamine

Phenothiazinderivate hemmen die Coenzymsynthese kompetitiv. Orale Kontrazeptiva steigern den Bedarf.

Mangelerscheinungen

Mangelerscheinungen zeigen sich besonders charakteristisch an ektodermalen Geweben (Mundwinkelrhagaden, Entzündung der Cornea und Linsentrübungen, Entzündungen der Schleimhäute des Mundes und des Verdauungstraktes, Schuppenbildung der Haut). Bei schweren Mangelzuständen werden Anämie, Degeneration des Nervengewebes sowie Störungen der Embryonalentwicklung beobachtet. Riboflavin-Mangel setzt die Antikörperbildung und die Phagozytoserate herab.

Bei Küken führt Riboflavinmangel zur Zehenverkrümmung mit Faustbildung, bei Puten zu Dermatitis. Bei Forellen verursacht Riboflavin-Mangel Blindheit, ausgelöst durch einen irreversiblen Linsenstar.

d. Niacin

Niacin (Vitamin PP: Pellagra Preventing) gilt heute als Sammelbegriff für die vitaminwirksamen Verbindungen Nikotinsäure und Nikotinamid. Niacin wird als solches im Darm resorbiert. Es kann auch intermediär aus der Aminosäure Tryptophan gebildet werden (nicht bei der Katze), wobei das Umwandlungsverhältnis vom Verhältnis der Metaboliten zueinander abhängig ist und außerdem noch tierartlich variiert.

Als Wirkformen von Niacin werden die Pyridin-Coenzyme NAD (Nikotinamid-Adenin-Dinukleotid) und NADP (NAD-Phosphat) angesehen, die in der Zelle für die Energieverwertung aus Kohlenhydraten, Fetten und Proteinen unerläßlich sind. Pyridoxin-Mangel hemmt die Umwandlung von Tryptophan in NAD.

Die starke Lichtabsorption reduzierter Pyridinnucleotide bei 340 nm im Gegensatz zu oxidierten Verbindungen ist die Basis vieler photometrischer Tests zur Bestimmung von Enzymaktivitäten und Substratkonzentrationen.

Abbildung 45 zeigt eine Zusammenfassung der heute gültigen Vorstellungen über die NAD/NADP-Synthese. Aus ihr geht hervor, daß die (mit pflanzlicher Nahrung) aufgenommene Nikotinsäure den tierischen Bedarf decken kann und das für bestimmte Organfunktionen notwendige Nikotinamid intermediär entsteht. Als hauptsächliches Inaktivierungsprodukt wird im Harn N-Methylnikotinamid gefunden.

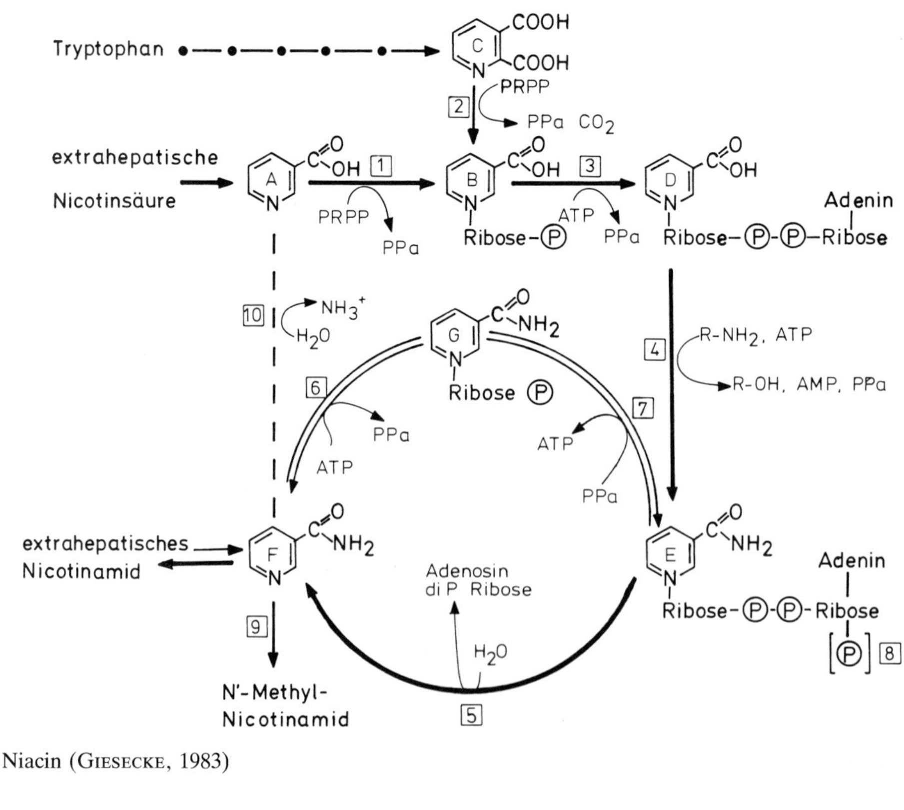

Abb. 45. Niacin (Giesecke, 1983)

Mangelerscheinungen

Pellagra wurde bisher als klassische Niacin-Mangel-Krankheit angesehen. Dermatitis (rauhe Haut) und Pigmentierungen an lichtausgesetzten Stellen (Gesicht, Nacken, Vorderarme, Handrücken) sind charakteristisch. Hinzu kommen Entzündungen des Verdauungstrakts (mit Diarrhoe), Störungen des zentralen Nervensystems sowie Gewichtsverlust. Anämie und Exsikkose vervollständigen das klinische Bild. Tryptophanarme Nahrungsmittel begünstigen einen Niacin-Mangel. Offensichtlich kann Pellagra auch durch einen Leucinüberschuß (z. B. aus Mais oder Hirse) aufgrund der Leucin-Isoleucin-Interaktion ausgelöst werden. Leucin führt zu einer Einschränkung der NAD-Synthese.

Bei Tieren sind Niacin-Mangelsymptome — sieht man von der Black Tongue Erkrankung des Hundes ab — weniger typisch. Neben verminderter Futteraufnahme und Wachstumsrate, rauhem Haarkleid und Dermatitiden werden Durchfall, fallweise verbunden mit nekrotischen Läsionen in Cäcum und Colon sowie monocytäre Anämie bei Ferkeln beobachtet. Genetische Einflüsse, Streß, Disease level sowie Futtermittel-Behandlung oder mikrobielle Kontamination des Futters verändern den Bedarf stark. Ähnliche Symptome werden auch bei Affen, Hunden, Katzen und Pferden (hier insbesondere Magen-Darm-Störungen) beschrieben.

Sonderwirkungen

Nikotinsäure in pharmakologisch hohen Dosen (Bedarf × 100) wirkt gefäßerweiternd, antilipolytisch und gluconeogenetisch. Sie senkt den Blutcholesterinspiegel. Die Ketose-Prophylaxe durch Nikotinsäure-Gaben von 3–12 g täglich an Milchkühe erscheint erfolgversprechend; die Konzentration an β-Hydroxybutyrat wird durch Niacin erniedrigt, an Glucose erhöht. Bei Kalbinnen wird die Milchleistung (insbesondere Milchfett) angehoben.

Verbesserungen von Wachstum und Futterverwertung durch 100–500 mg Niacin/kg Futtertrokkenmasse in der Rindermast sind eher durch die direkte Wirkung von Niacin auf die Pansenmikroorganismen (erhöhte Proteinsynthese) zu erklären.

e. Pantothensäure

Die weitverbreitete Pantothensäure wird von Pflanzen und Mikroorganismen synthetisiert. Vitaminwirksam ist die rechtsdrehende D-Form. β-Alanin und ein Pantocinsäurerest sind säureamidartig miteinander verknüpft. Pantothensäure ist am Aufbau des Coenzyms A beteiligt, dessen Synthese bei Vorliegen von Pantothensäure auch im tierischen Organismus möglich ist. Coenzym A katalysiert die Übertragung von Acetyl- und Acylresten.

Mangelerscheinungen

Beobachtet werden Wachstumsstillstand, Dermatitis (Alopezie bei Mäusen) und Depigmentierung des Haar- bzw. Federkleides (Graufärbung der Haare bei Ratten, Hunden und Affen, Hühnerpellagra). Ataxien und Lähmungen resultieren aus der Degeneration der Nervenbahnen unter Entmyelinisierung. Beim Schwein wird eine eigenartige Bewegungsstörung der Hinterextremitäten beobachtet, die sich in einer Art Stech- oder Parade-

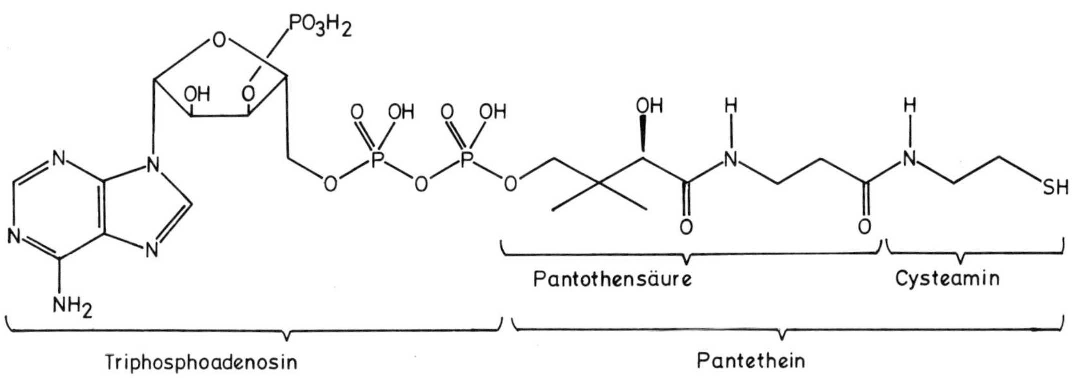

Abb. 46. Pantothensäure — Coenzym A

schritt äußert. Auch bei Fischen sind Ataxien beschrieben, allerdings auch Verklebungen und Proliferationen der Kiemen.

Ferner wurden entzündliche und degenerative Leberzellschäden, Veränderungen der Schleimhäute des Verdauungstraktes und der Atemwege sowie Nebenniereninsuffizienz (herabgesetzte Streßresistenz) beobachtet. Im Fernen Osten wird bei unterernährten Menschen das »burning feet syndrome« (Parästhesie) auf Pantothensäure-Mangel zurückgeführt.

Nach Verabreichung einer an Pantothensäure armen Diät ist die Immunglobulinbildung gegenüber einer Vielzahl unterschiedlicher Antigene beeinträchtigt.

f. Pyridoxin

Pyridoxin (Adermin, Vitamin B_6) ist der Oberbegriff für die 3 gleichermaßen vitaminwirksamen Verbindungen Pyridoxol, Pyridoxal und Pyridoxamin, die im Stoffwechsel ineinander übergehen können. Es wird von Mikroorganismen und wahrscheinlich auch von Pflanzen gebildet.

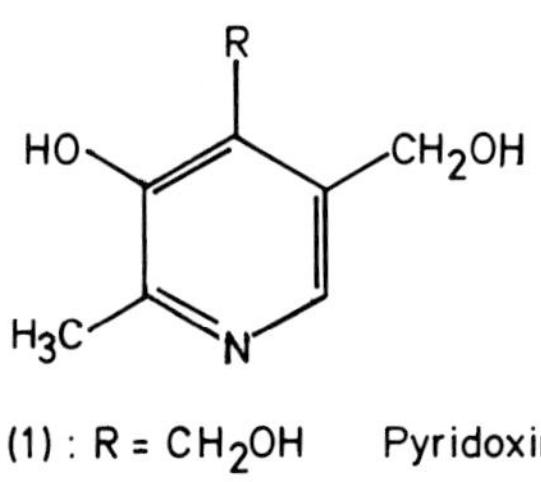

(1) : R = CH_2OH Pyridoxin
(2): R = CHO Pyridoxal
(3): R = CH_2NH_2 Pyridoxamin

Abb. 47. Pyridoxine

Wirkform ist das Pyridoxalphosphat als Coenzym im Aminosäuren-Stoffwechsel bei Decarboxylierungen, Transaminierungen, Dehydratisierungen und Racemisierung sowie bei Spaltung von Aminosäuren. Pyridoxin fördert die Aminosäurenresorption und den Aminosäuretransport in die Zelle (wahrscheinlich über Wachstumshormon). Hauptausscheidungsprodukt im Harn stellt die 4-Pyridoxalsäure dar.

Mangelerscheinungen

Zur Mangeldiagnostik kann die renale Xanthurensäure-Ausscheidung herangezogen werden, die nach Belastung mit Tryptophan erhöht ist, da der Tryptophanabbau über 3-Hydroxykynurenin zur Hydroxyanthranilsäure im Mangel blockiert ist. Statt dessen entsteht Xanthurensäure. Im Pyridoxin-Mangel wird oft auch eine ansteigende Oxalsäureausscheidung beschrieben; Glyoxylsäure wird in Oxalsäure umgewandelt, da die Transaminierung zu Glycin von Pyridoxalphosphat abhängig ist.

Im Vordergrund der Mangelerscheinungen stehen Störungen des Wachstums, der Proteinsynthese (auch der Laktation!) sowie Atrophien der Muskulatur, des Thymus und der Keimdrüsen.

Bei Küken wird das Gefieder struppig, die Lider verkleben. Bei Schweinen und Hunden (wie auch bei Kindern) treten spastischer Gang, Ataxien bis hin zu epileptiformen Anfällen auf. Ratten reagieren mit erhöhtem Blutdruck, bilateral symmetrischen Hautentzündungen an den Körperachsen (Rattenpellagra). Die Pyridoxinmangel-Anämie beruht auf einer Störung der Hämsynthese, das Eisen ist in sog. Sideroblasten des Knochenmarks abgelagert. Plötzliche Todesfälle mit vorhergehenden epileptiformen Anfällen und schnellem Eintritt der Todesstarre gelten bei Fischen als Anzeichen eines Pyridoxin-Mangels.

Die Antikörperbildung ist im Pyridoxin-Mangel vermindert. Daneben wurden eine reduzierte Phagozytoseaktivität sowie eine Atrophie lymphatischer Gewebe beobachtet. Ein Überangebot war dagegen in der Lage, die Phagozytoserate bei Ratten zu steigern.

g. Biotin

Biotin (Vitamin H) wird von Mikroorganismen und in den Blättern von Pflanzen gebildet. In letzteren liegt es meist frei vor, in Hefen und tierischen (Speicher-)Organen in wasserunlöslicher, proteingebundener Form. Als Coenzym geht Biotin eine Verbindung mit der ε-Aminogruppe des Lysylrestes von Enzymproteinen ein. Biocytin ist ein Hydrolyseprodukt proteingebundenen Biotins.

Proteingebundenes Biotin wirkt im Stoffwechsel als CO_2-Donator (Carboxybiotin), es ist somit an Carboxylierungsreaktionen beteiligt.

Da der Verdauungstrakt den Proteinanteil in

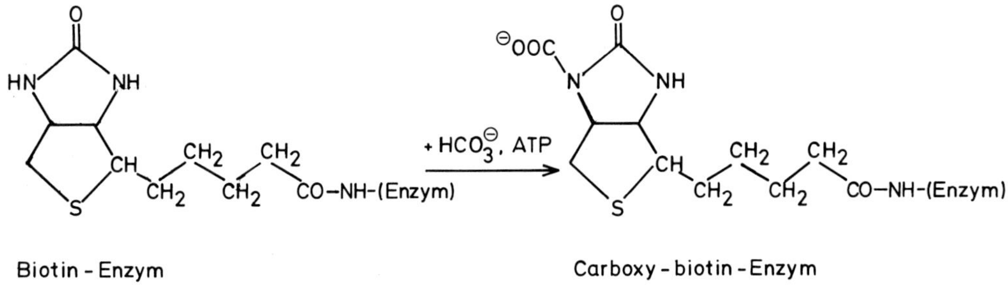

Abb. 48. Biotin — Carboxy-biotin-Enzym

der Regel abspalten kann, wird freies Biotin gespeichert. In Leber und Niere ist es begrenzt speicherfähig. Die Ausscheidung erfolgt über Harn und Kot.

Antivitamin

Unter den zahlreichen Proteinen des Eiklars findet sich Avidin, das pro Mol 3 Mol Biotin fest binden kann. Die Verdauungsenzyme können diesen Komplex nicht spalten, so daß Biotin unverfügbar wird.

Mangelerscheinungen

Wegen der reichlichen intestinalen Synthese ist ein Biotin-Mangel relativ selten. Deshalb ist auch der exogene Bedarf nur schwierig festzulegen.

Klassisches Mangelsymptom ist eine schorfige Dermatitis mit Haarverfärbungen bzw. Haarausfall. Im fortgeschrittenen Stadium kommen eine zunehmende Paralyse sowie Störungen von Reproduktion und Laktation hinzu. Das klinische Bild begleiten herabgesetzte Gluconeogenese sowie ein verminderter Kaliumgehalt der Muskulatur (Muskelschmerzen bei Menschen) und ein reduzierter Ribonucleinsäuregehalt der Leber.

Zusätzliche Symptome bei Schweinen sind Risse in Sohlen und Ballen der Klauen, bei Hühnern und Truthühnern struppiges Federkleid, Risse in Zehenballen und Schnabelwinkel sowie eine erhöhte Anfälligkeit gegen Perosis (s. Cholin). Das verlustreiche Fett-, Leber- und Nierensyndrom bei Mastküken wird durch Biotin gebessert. Bei Forellen tritt neben Anämie die sog. Blau-Schleim-Krankheit auf.

h. Folsäure

Mit Folsäure (Pteroylglutaminsäure) werden Verbindungen bezeichnet, die einen Pteridinring, p-Aminobenzoesäure und einen oder mehrere Glutaminsäurereste enthalten. Folsäure ist bei Mikroorganismen, in der Tier- und Pflanzenwelt (folium: Blatt) weit verbreitet.

Die biologisch als Coenzym (F) wirksame Tetrahydrofolsäure (THF) entsteht aus Folsäurederivaten unter Beteiligung von Ascorbinsäure. THF ist ein Mittler des C_1-Stoffwechsels bei der oxidativen

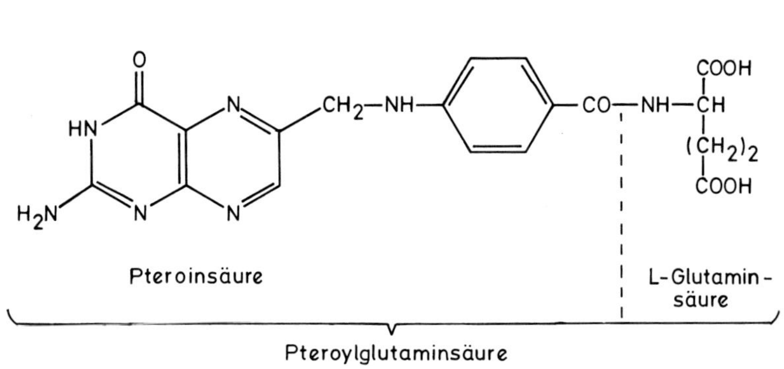

Abb. 49. Folsäure

und reduktiven Umwandlung von C_1-Einheiten, sie dient ferner als C_1-Donator bei verschiedenen Synthesen.

Freie Folsäure wird im Darm (Jejunum) schnell absorbiert. Die in der Natur überwiegenden Folsäure-Konjugate (Glutaminsäure-Peptidbindungen) werden im Verdauungstrakt durch Konjugasen des Pankreassaftes gespalten. Im Plasma wird Folsäure an Proteine gebunden transportiert. Hauptausscheidungsprodukt ist das Isoxanthopterin.

Antivitamine

Wegen der Strukturanalogie von p-Aminobenzoesäure und Sulfonamiden hemmen Sulfonamide bei Mikroorganismen den Einbau von p-Aminobenzoesäure kompetitiv und damit die Folsäuresynthese. Eine längerfristige Sulfonamid-Therapie dürfte daher die zusätzliche Gabe von Folsäure wegen Ausfalls der intestinalen Folsäurebildung erforderlich machen.

Direkte Folsäure-Antagonisten sind das Aminopterin (4-Aminofolsäure), das Amethopterin (4-Amino-10-methylfolsäure) wie das Trimethoprim (2,4-Diamino-5-(3,4,5-)trimethoxybenzylpyrimidin). Sie blockieren die Bildung der coenzymaktiven Form der Folsäure durch Hemmung der Dihydrofolsäure-Reduktase.

Mangelerscheinungen

THF-abhängige Enzyme sind an der Synthese von Purinkörpern, von Thymin und von Methionin aus Homocystein beteiligt. Mangelerscheinungen betreffen das Wachstum und die Teilung von Zellen, insbesondere mit hoher Mitoserate. Auffällige Befunde sind daher makrocytäre Anämie mit Megaloblasten, Leukopenie und Thrombopenie (Blutgerinnungsstörungen), Lymphopenie, verbunden mit verringerter Antikörperbildung. Schleimhautveränderungen im Bereich des Verdauungskanals können zu Resorptionsstörungen und Durchfall führen.

Spontan auftretende Mangelsituationen sind bei Geflügel bekannt. Neben schlechter Befiederung wird auch eine Depigmentierung des Federkleides beobachtet. Bei Puten kann es zu Halslähmungen kommen. Die Schlupfrate ist herabgesetzt, embryonale Mißbildungen (Kreuzschnabel, kleine Gliedmaßen, verdrehte Sprunggelenke) treten vermehrt auf.

i. Cobalamin

Cobalamin (Vitamin B_{12}, Antiperniziosafaktor, Extrinsicfaktor) enthält ein Porphyrin-ähnliches Corrinringsystem aus 4 Pyrrolringen mit Cobalt als Zentralatom, 5,6-Dimethylbenzimidazol, einer anorganischen Gruppe bzw. einem 5′Desoxyadenosylrest (Coenzym). Die anorganische Gruppe ist namensgebend (CN: Cyanocobalamin, OH: Hydroxycobalamin, H_2O: Aquocobalamin), sie kann ohne Änderung der biologischen Wirksamkeit auch durch Nitrit, Chlorid oder Sulfat ersetzt werden. Das Aquocobalamin ist als Speicherform in der Leber die physiologische Depotform, die anderen Cobalamine sind wahrscheinlich technologisch bedingte Artefakte. Zur Synthese sind ausschließlich Mikroorganismen befähigt.

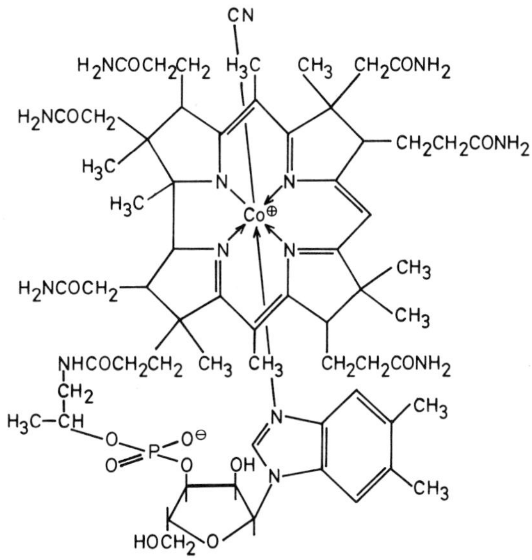

Abb. 50. Cyanocobalamin bzw. 5′Desoxyadenosylcobalamin

Cobalamin wirkt im tierischen Gewebe in 2 Coenzymformen, dem 5′Desoxyadenosylcobalamin und dem Methylcobalamin. Letzteres dient als Coenzym bei der Methioninresynthese (s. Cholin), das Erstgenannte beim Abbau von Propionsäure.

Vitamin B_{12} wird im Darmtrakt (Ileum) nur in Gegenwart des Intrinsicfaktors, eines sialinsäurehaltigen Glycoproteins des Magensaftes als Komplex in Gegenwart des Magensaftes absorbiert. Die Verwertung ist von einem Transportprotein im Plasma abhängig. Cobalamin kann in der Leber und zum geringeren Anteil in der Muskulatur gespeichert werden. Es wird über den Harn ausgeschieden.

Mangelerscheinungen

Das hämatologische Bild eines Cobalamin-Mangels (perniciöse Anämie) entspricht mit makrocytärer Anämie (auch bei Fischen), Leuko- und Thrombopenie dem eines Folsäure-Defizits. Möglicherweise wird wegen der nicht mehr möglichen Transmethylierung THF auf der Methyl-THF-Stufe angereichert, aus der dann THF nicht wieder gebildet werden kann. Zusätzliche Mangelsymptome sind Degenerationsherde im Rückenmark sowie Entzündungen der Zungenschleimhaut mit späterer Atrophie, die sich auch an der Magenschleimhaut nachweisen läßt.

Die Defekte am Nervensystem stehen möglicherweise mit der Hemmung des Propionsäure-Abbaus auf der Stufe von Methylmalonyl-CoA in Zusammenhang. Beide Verbindungen können als Bausteine zur Fettsäuresynthese herangezogen werden. Nach Kettenverlängerung entstehen ungeradzahlige und methylveresterte Fettsäuren. Bei Speckverölung (soft fat syndrome) von Mastlämmern mit relativ hohen Anteilen ungeradzahliger und verzweigter Fettsäuren im Depotfett muß an einen Cobalamin-Mangel (Endokarenz) gedacht werden.

Magen- oder Dünndarmresektionen lösen einen Cobalamin-Mangel durch herabgesetzte Absorption aus ebenso wie Parasiten (z. B. Fischbandwürmer) durch gesteigerten Cobalamin-Verbrauch. Im Mangel steigt die Ausscheidung von Methylmalonsäure.

Animal Protein Factor

Der Ersatz tierischer Proteine durch pflanzliche Proteinquellen in der Tierernährung schien Jahrzehnte unmöglich. Die Sonderwirkung tierischer Eiweißquellen (Animal Protein Factor) konnte erst nach Auffindung des Cobalamins erklärt und durch Vitamin-B_{12}-Zusatz zum Futter kompensiert werden.

3. Vitamin-ähnliche Stoffe

Die im folgenden genannten Stoffe können zum Teil im Körper synthetisiert werden. Ihr Bedarf erreicht — wenn feststellbar — Größenordnungen, die weit über den bisher besprochenen Dosierungen liegen. Deshalb wirkt ihre Zuordnung zu den Vitaminen fragwürdig. Da bei einzelnen Tierarten aber spezifische Mangelsymptome bekannt sind, müssen Myo-Inosit und Cholin hier gesondert erwähnt werden. Verzichtet wird dagegen auf eine Besprechung einer Reihe anderer Stoffe mit fraglichem Vitamincharakter. Vitamin F (mehrfach ungesättigte essentielle Fettsäuren) besitzt Nährstoffcharakter. Ubichinone werden in aller Regel ausreichend im Organismus gebildet, Mangelerscheinungen ließen sich bisher nicht klar zuordnen. Flavonoide (Vitamin P, in der Pflanzenwelt weitverbreitet) verringern zwar die Kapillarpermeabilität und -fragilität durch Antihistamin- und Antihyaluronidasewirkung und verstärken die Ascorbinsäurewirkung; letztlich gibt es für sie (bisher) aber weder einen Bedarf noch spezifische Mangelerscheinungen. Schließlich wird auch Carnitin wegen seiner Beteiligung am Fettsäuretransport als Vitamin T diskutiert.

a. Myoinosit

Myoinosit (Meso-Inosit) ist ein Hexahydroxycyclohexan. Von den 9 möglichen Stereoisomeren des Inosits ist nur der Myoinosit wirksam. Als Phytinsäure (Hexaphosphorsäureester des Inosits) ist Inosit für die schlechte Ausnutzung des Phosphors aus Getreidekörnern bei Monogastriern verantwortlich.

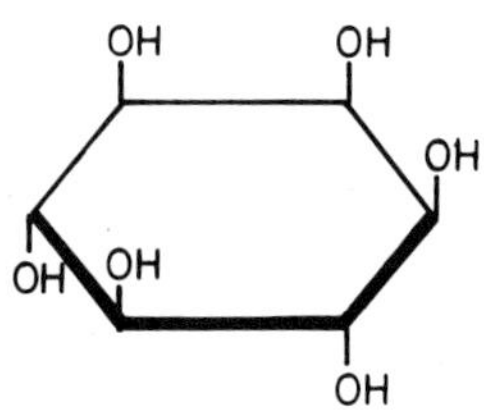

Abb. 51. Myoinosit

Im Organismus liegt Inosit teilweise frei vor, er findet sich auch als Bestandteil der Inositphosphatide sowie als Inosit-1-Phosphat, das direkt durch Cyclisierung aus Glucose-6-phosphat entstehen kann.

Experimenteller Myoinosit-Mangel ist bei Mäusen und Ratten beschrieben (Wachstumsdepression, Alopezie, kreisförmiger Haarausfall im Bereich der Augenhöhle). Seine lipotrope Wirkung hat zum Einsatz von Myoinosit in der Behandlung des Fettlebersyndroms von Legehennen (Fetttransportstörung) geführt. Die Erfolge sind nicht eindeutig.

Bei Forellen gilt ein Zusatz von 200–300 mg/kg Futter als notwendig.

b. Cholin

Cholin ist ein trimethyliertes Äthanolamin. Es erfüllt im Organismus im wesentlichen 3 Funktionen: als Bestandteil des Lecithins und des Sphingomyelins, als Acetylcholin (Neurotransmitter) und als Methylgruppendonator nach Oxidation zu Betain wie auch aus den dann verbleibenden Verbindungen Dimethylglycin und Sarkosin (Abb. 52). Aus dem weiteren Abbau kann Serin entstehen, welches wieder der quantitativ wichtigste C_1-Gruppen-Lieferant für THF ist. Während die Methylgruppenübertragung von THF auf Homocystein cobalaminabhängig ist, kann dies für eine Methylgruppe aus Cholin nicht als erwiesen gelten.

Aus Abbildung 52 geht auch hervor, daß freies Cholin im Stoffwechsel synthetisiert werden kann. Dies gilt ebenfalls für in Lecithin gebundenes Cholin.

Wegen der engen Verflechtung des Stoffwech-

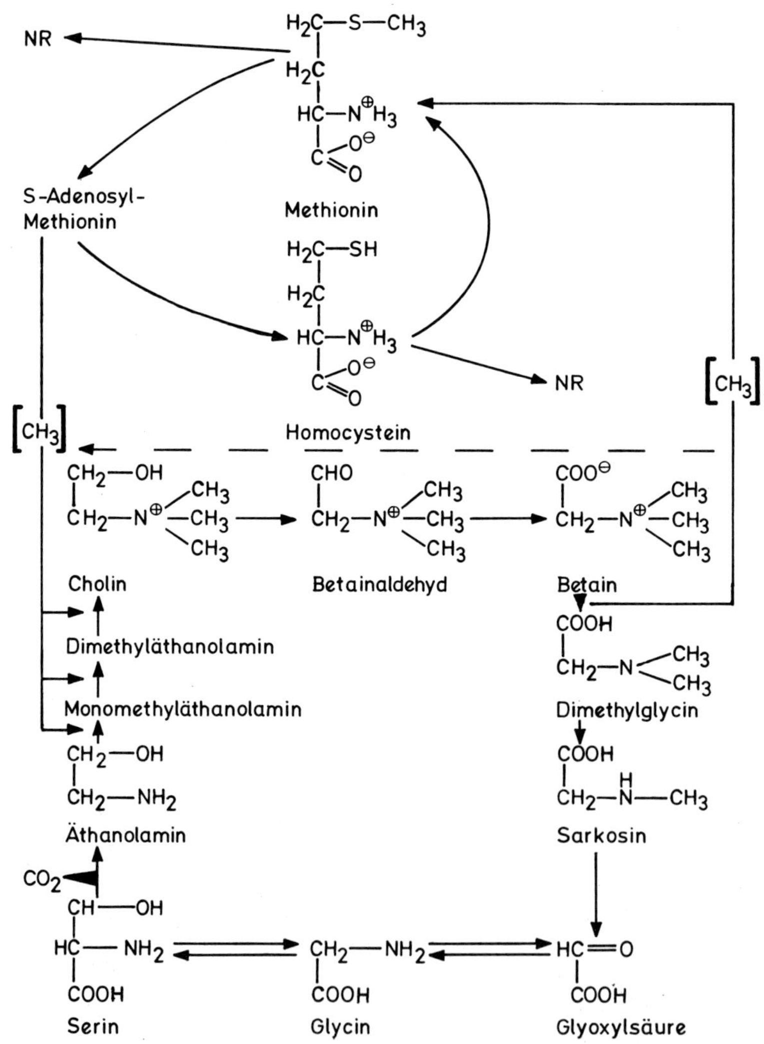

Abb. 52. Cholin — Funktion als Methylgruppendonator und Resynthese (GROPP, 1970)

sels von Cholin mit Betain, Methionin, Homocystein, Cobalamin und Folsäure sind noch viele Fragen ungeklärt bzw. experimentell widersprüchlich beantwortet. Reichliche Cholinmengen im Futter wirken methioninsparend und umgekehrt. Betain kann bei Geflügel Cholin nicht ersetzen, was auf eine ungenügende Synthese über Glycin-Serin schließen und einen Provitamincharakter von Betain verneinen läßt. Die Vitamin-Funktion von Cholin kann daher kaum in seiner Eigenschaft als Methylgruppendonator gesehen werden.

Offensichtlich gibt es keine Präferenz im Stoffwechsel für die Verwendung von Cholin in einer bestimmten Richtung. Daraus erklärt sich dann auch, daß die mehr oder weniger cholintypische Mangelerkrankung bei Geflügel, die Perosis selbst bei reichlicher Methioninversorgung nur durch zusätzliches Cholin wirksam verhindert werden kann. Insofern besteht Grund, auf das reichliche Vorkommen von Cholin (aus Phospholipiden) in Knorpelzellen hinzuweisen.

Cholin ist eine lipotrope Substanz. Im Cholin- (und im Methionin-)Mangel schaltet die Leber von der Phosphatid- auf Triglycerid-Synthese um. Als Folge entsteht eine Fettleber. Die Behandlung des Fettlebersyndroms mit Cholin ist jedoch nicht immer erfolgreich.

Mangelerscheinungen

Die Perosis (slipped tendon: Abrutschen der Achillessehne über den Fersenhöcker) kann experimentell auch durch Manganunterversorgung induziert werden. Schließlich entstehen ähnliche Symptome auch im Folsäure- bzw. Biotin-Mangel. Das klinische Bild besteht in einer eigentümlichen Auswärtsdrehung des oder der Mittelfußknochen.

Sonderwirkungen

Die pränatale Versorgung an lipotropen Faktoren (mit Cholin und Methionin bei Ratten) hat entscheidenden Einfluß auf den Immunstatus der Neugeborenen. Ein pränataler Mangel ließ sich auch durch eine reichliche postnatale Versorgung nicht mehr wesentlich korrigieren. Die Infektionsanfälligkeit blieb erhöht, das Thymusgewicht war vermindert.

Bei alternden Mäusen ist die Merkleistung im Cholinmangel vermindert. Bei hoher Cholin-Versorgung kann sie dem Lernverhalten von jungen Mäusen angeglichen werden. Mit 10 g Dosen/Proband wurde schließlich auch bei Menschen beiderlei Geschlechts die Merkfähigkeit schwer vorstellbarer Wörter verbessert.

E. Mineralstoffe

K. Männer und K. Bronsch

1. Mengenelemente

a. Allgemeines

Bei tierischen, auf geringer Entwicklungsstufe stehenden Lebewesen entspricht die Elektrolytkonzentration des Körperwassers weitgehend derjenigen des Meerwassers. Mit zunehmender Differenzierung haben die Organismen die Fähigkeit erlangt, Ionen selektiv anzureichern. Bei höher organisierten Lebewesen besteht zwischen dem Elektrolytgehalt der Körperflüssigkeit und dem der Gewebe ein charakteristischer Unterschied. Im extrazellulären Raum und Plasma wird aus der Gruppe der Kationen Natrium, aber auch Calcium, und aus der Gruppe der Anionen Chlorid konzentriert. Intrazellulär findet eine Kalium- und in geringerem Umfang auch eine Magnesium-Konzentrierung statt. Verantwortlich dafür sind die spezifischen Stoffwechselleistungen der Gewebe. Selbst innerhalb einer Zelle besteht eine unterschiedliche Verteilung der Mineral-Ionen zwischen Kernfraktion, Mitochondrien, Mikrosomen und Zellwasser. Höhere Tiere besitzen damit u. a. die Fähigkeit, sowohl hypotone (Magensaft, Speichel) als auch hypertone Flüssigkeiten (Harn) herzustellen, oder solche, in denen die Elektrolyte besondere Funktionen ausüben (Pufferungsfähigkeit des Rinderspeichels). Als Hilfsmittel für die selektive Ionenverteilung dient der Zelle 1. der durch ihren Proteingehalt bewirkte Gibbs-Donnan-Effekt, 2. der aktive Transport und 3. die bei Anwesenheit spezifisch Ionen bindender Liganden stattfindende Komplexbildung (vgl.: Physiologie biologischer Membranen).

Je nach Funktion liegen die Mineralstoffe aber nicht nur als freie Ionen, sondern auch als schwerlösliche Salze vor, oder sie sind in fester Form deponiert. Ihre Aufgaben sind vielfältig:

1. Aufrechterhaltung eines bestimmten osmotischen Drucks,
2. Erhaltung des kolloidalen Gefüges,
3. Bestandteil von Puffersystemen,
4. Herstellung von Potentialdifferenzen und Ermöglichung der Reizbarkeit sowie Reizbeantwortung,
5. Hemmung oder Förderung von Enzymsystemen,
6. Baustein des Skeletts und Zähne.

Wegen der hohen Bedeutung der Mineralstoffe für den Stoffwechsel existieren eine Reihe wirksamer Regulationsmechanismen, die die Verteilung im Gesamtverband des Organismus steuern und die Umverteilung bei Verbrauch sowie ihre Ausscheidung regeln. Dabei ist der Organismus bestrebt, durch Veränderung der Resorptionsrate, der Exkretion über Kot, Harn und Schweiß sowie der Gewebeeinlagerung und Elimination über tierische Produkte (Milch, Ei) eine relative Homöostase aufrechtzuerhalten.

Insgesamt enthalten höhere Organismen, bezogen auf das Lebendgewicht, 3–5 % anorganische Substanz, wobei der Anteil der einzelnen Mineralstoffe von Tierart zu Tierart schwankt. Entsprechend unterschiedlich verhält sich der tägliche Mineralbedarf.

Die Versorgung mit Mineralstoffen erfolgt über Grund- und Handels-*Futtermittel.* Der Mineralgehalt in Futtermitteln tierischer Herkunft ist durch das Ausgangsprodukt vorgegeben und deshalb weitestgehend konstant. Bei Futtermitteln pflanzlicher Provenienz schwanken dagegen die Mineralstoffkonzentrationen, vor allem bei *Grünfutter* und seinen Konserven, zum Teil beträchtlich. Sie sind von folgenden Faktoren abhängig:

1. Pflanzenart: bei Wiesen und Weiden von deren botanischer Zusammensetzung;
2. Standort: Boden (geologische Herkunft, Humusgehalt, pH), Witterung (Niederschlagsmenge und Temperatur während der Hauptwachstumsphase);
3. Düngung: zur Optimierung der Bodenreaktion und zur Nährstoffergänzung;
4. Vegetationsalter: zur Zeit der Werbung bzw. Verfütterung;
5. Jahreszeit: der Werbung bzw. Verfütterung.

Von diesen Einflüssen werden die vorwiegend mit Grünfutter und seinen Konserven gefütterten Rinder und Schafe betroffen. Calcium liegt hier in den meisten Fällen in einer den Nährstoffbedarf überschreitenden Menge vor, wobei keine beständigen, vom Pflanzenwachstum abhängigen Einflüsse bestehen. Mit fortschreitender Jahreszeit steigt der Calciumgehalt noch um 20–30 % gegenüber dem Frühjahr an. Der Phosphorgehalt der einzelnen Aufwüchse nimmt dagegen mit deren fortschreitendem Wachstum ähnlich wie der Rohproteingehalt ständig ab und verringert sich im Laufe der Jahreszeit bis zum Herbst noch generell um durchschnittlich 10 %. Daher ist Phosphat in der Regel zumindest für Tiere mit höherer Milchleistung unter Berücksichtigung des Phosphorgehalts anderer, zur Nährstoffaufwertung verwendeter Futtermittel ergänzend zuzufüttern. Gezielte Düngungsmaßnahmen in den vergangenen 30 Jahren haben es vermocht, daß die im Grünfutter damals beträchtlich hohen Calciumgehalte im Durchschnitt reduziert und die niedrigen Phosphorgehalte verbessert werden konnten. Diese Entwicklung ist sowohl bei der Zusammensetzung als auch bei der Dosierung von Mineralfutter zu berücksichtigen. — Der Magnesiumgehalt im Weidefutter wechselt stark und ist zumindest im Frühjahr für die bedarfsgerechte Versorgung der Rinder ungenügend. — Das für den Mengenertrag der Pflanzen wichtige Kalium liegt, am Bedarf der Tiere gemessen, im Grünfutter meist im Überschuß vor. Allein dies erfordert zur Einstellung eines optimalen K : Na-Quotienten in der Ration von etwa 10 : 1 grundsätzlich eine Natrium-Ergänzung, zumal schon der absolute Natriumgehalt im Grünfutter und seinen Konserven niemals zur Bedarfsdeckung ausreicht.

Die Beziehung zwischen dem jeweiligen Mineralstoffgehalt im Futter und dem intermediär wirksamen Anteil wird neben der Leistung, der Tierart, dem Alter, der Stoffwechsellage, der Krankheit, den endogenen Verlusten und der Verfügbarkeit auch durch die Wechselbeziehungen der Mineralstoffe untereinander beeinflußt. Methodisch wird deshalb die Resorbierbarkeit aus dem Gastrointestinaltrakt von der intermediären Verfügbarkeit getrennt. Aus beiden Größen ergibt sich die

Gesamtverwertung. Die insgesamt verfügbare Menge ist somit das Produkt aus der zugeführten Menge, der Resorbierbarkeit und der intermediären Verfügbarkeit. Die grundlegenden Vorgänge bei der Resorption und Verwertung der Elemente sowie die Quantifizierung der genannten Einzeleinflüsse sind trotz großer Fortschritte noch weithin ungeklärt.

b. Calcium

Calcium (Ca) ist ein unentbehrlicher Bestandteil aller Gewebe und Organe und wird zusammen mit Phosphat in großer Menge im Skelett gespeichert. Das erwachsene Tier enthält Ca zu 0,8–1,7 % des Körpergewichts. 97–99 % sind im Knochensystem deponiert.

Die *Resorption* von Ca durch den Darm ist die Folge eines aktiven Transports des Ca^{++} von den lumenwärts gelegenen Saumgrenzflächen der Darmzellen in die tieferen Abschnitte der Mukosa. Der Mechanismus ist deutlich von dem des Mg^{++} unterschieden und erfolgt gegen ein elektrochemisches Potentialgefälle. Der Transport ist energie- (ATP-) und kationenabhängig und bedarf nicht der Anwesenheit von Phosphaten. Vitamin D übt hierbei, besonders für die initiale Phase, einen deutlich fördernden Einfluß aus. Seine Intensität ist dem Bedarf des Organismus angepaßt und kann daher aus besonderen Anlässen wie Wachstum, Gravidität, Laktation oder Eischalenbildung erhöht werden. Unter dem Einfluß von 1.25 Dihydroxycholecalciferol wird in der intestinalen Mucosazelle ein spezifisches Ca-bindendes Protein mit einer Bindungskapazität von 1 Ca^{2+}/Proteinmolekül gebildet, das in Verbindung mit der calciumabhängigen ATP-ase für die Resorption verantwortlich ist.

Der Resorptionskoeffizient von Warmblütern steht in Beziehung zum Alter der Tiere. Er beträgt nach Ca-Zufuhr im Bereich des Bedarfs durchschnittlich bei Saugkälbern 97 %, halbjährigen Jungrindern 41 %, 1–6 Jahre alten Rindern 34 % und bei 10 Jahre alten Rindern 22 %. Dieses Verhalten zeigen auch andere Säuger, wie sich aus dem Vergleich mit Ratten ergibt (Tab. 7).

Tab. 7. Ca-Resorptionskoeffizient bei Ratten (nach Hansard) (Alleinfutter mit 0,5 % Ca und 0,4 % P)

Alter in Wochen	Gewicht g	Ca-Resorptions-Koeffizient %
4	40	98
12	180	57
24	310	46
48–76	450	41
106	450	24

Vergleichbare Verhältnisse liegen auch beim Geflügel vor. Junghennen vor der Legereife (17. Lebenswoche) resorbieren aus einer Ration mit 1 % Ca etwa 30 %. Wenige Wochen danach ist während der Legetätigkeit dagegen eine 65–75%ige Ca-Resorption zu beobachten, die sich an Tagen ohne Eischalenmineralisation wieder verringert.

Die Ca-Resorption wird von den Bindungsformen des verfütterten Ca und teilweise von der Zusammensetzung des Chymus beeinflußt. Die sehr gute Ca-Resorption aus der Milch erklärt sich u. a. durch die bei der Caseinverdauung entstehenden Phosphopeptide, die sehr leichtlösliche Calciumsalze bilden. Die Ausnutzung leichtlöslicher Salze wie Chlorid, Laktat, Gluconat, Azetat, Fumarat ist auch bei älteren Tieren praktisch gleich groß wie die aus schwerlöslichen Carbonat- und Phosphat-Salzen. Das in Futtermitteln tierischer Herkunft und in Mineralfuttern vorliegende Ca ist deshalb im großen ganzen gleich gut verwertbar und zeigt je nach Alter der Tiere einen optimalen Resorptionskoeffizienten.

Schwer verdauliche Fette können sich durch Bildung unlöslicher Calciumsalze der Fettsäuren (Kalkseifen) nachteilig auf die Ca-Resorption auswirken. Ebenfalls begünstigt eine übermäßige Rohproteinzufuhr die Bildung unlöslicher Ca-Komplexe. Auch durch Jod wird der zelluläre Transport von Calcium negativ beeinflußt. Aus pflanzlichen Futtermitteln resultiert für Monogastren meist eine geringere Ausnutzungsrate, wofür u. a. Phytate und Oxalate verantwortlich sind. Körpereigene Fermente stehen nicht oder nur höchst unvollkommen zu deren Spaltung zur Verfügung. Ca-Phytat muß daher durch das Enzym Phytase gespalten werden, das zwar in Cerealien in geringer Menge vorhanden ist, dessen Aktivitäten aber während der relativ kurzen Passagedauer nicht ausreichen, um den Komplex in nennenswertem Umfang zu spalten. Wiederkäuer sind jedoch durch die Bakterien des Vormagensystems in der Lage, die genannten Komplexe in nicht unerheblichem Ausmaß abzubauen.

Außer 1.25 Dihydroxycholecalciferol können — allerdings in weit geringerem Maße — Lysin und Arginin sowie Laktose und andere Kohlenhydrate die Ca-Resorption fördern. Dabei wird vermutlich die Löslichkeit von Ca durch die Umwandlung der Ca-Komplexe in sog. Zucker-Ca-Komplexe verbessert.

Letztlich wird das Ausmaß der Resorption durch die Höhe der Mineralstoffzufuhr bestimmt. Je größer das über den Bedarf hinausgehende Angebot, desto geringer die Ausnutzung und umgekehrt. Allerdings sind — zum Teil durch die Bindungsformen des angebotenen Ca bedingt — bei Mangelernährung den kompensatorischen Maßnahmen durch den Resorptionskoeffizienten Grenzen gesetzt.

Im *Plasma* wird — das Kaninchen mit ca. 4,7 mmol/l ausgenommen — im allgemeinen ein Ca-Spiegel von 2,25–4 mmol/l angetroffen. Dabei liegt Ca in 3 Formen vor:

	mmol/l
1. als ionisiertes Ca	1,25 –1,75
2. als komplexgebundenes Ca	0,025–0,25
3. als proteingebundenes Ca	0,75 –1

Legereifes Geflügel, das für die Eischalenmineralisation ein besonderes Transport- und Speichersystem für Ca ausbildet, erhöht seinen Ca-Spiegel auf 6–6,75 mmol/l zugunsten der proteingebundenen Fraktion, die hier wie auch bei anderen Tieren eine erweiterte, leichtverfügbare Ca-Reserve darstellt.

Als *stoffwechselwirksam* gilt nur das Calciumion, das lebenswichtige Funktionen erfüllt. Wegen seines Einflusses auf die Permeabilität von Zellmembranen können organische Reaktionen auf Reize und die Erregungsleitung durch Nerven ohne optimale Konzentration an Ca^{++} nicht stattfinden. Auch bei der Regulation vegetativ gesteuerter Organe spielt es eine entscheidende Rolle. Die Beteiligung an enzymatischen Prozessen ist an dem Vorgang der Blutgerinnung (Faktor IV) zu demonstrieren. Eine Reihe von Hydrolasen wie z. B. α-Amylase enthalten Ca, wobei das fest an sie gebundene Ca^{++} für deren Aktivität verantwortlich ist. Schließlich ist Ca bei der Sekretion verschiedener Hormone neben dem zyklischen Adenosinmonophosphat als »second messenger« beteiligt.

Wichtige Stütz- und Depot-Funktionen erfüllt Ca gemeinsam mit Phosphat bei der Bildung des *Skeletts*. Hier unterscheiden wir die vitalen Prozesse, charakterisiert durch Neubildung von Knochensubstanz, deren teilweisen Abbau sowie den ständig stattfindenden Umbau. Unter die »avitalen« Prozesse fallen der Ionenaustausch an den Oberflächen der Mikrokristalle und die Rekristallisation, sowie ein Ionenaustausch in den tieferen Schichten der Mikrokristalle.

Die Neubildung von Knochensubstanz erfolgt ununterbrochen. Ihre Rate ist während des Wachstums gegenüber dem ebenfalls stattfindenden Abbau erhöht. Im Erwachsenenstadium halten sich beide Vorgänge die Waage. Fortdauernde Belastungsreize verschieben dieses Gleichgewicht vorübergehend zugunsten der Neubildung; fehlende Beanspruchung bewirkt gesteigerten Abbau.

Voraussetzung für die Mineralisation ist die Synthese der organischen Matrix. Sie besteht aus Kollagenfasern, die in ein Gel eines Chondroitinsulfat-Protein-Komplexes eingebettet sind. Bei beginnender Mineralisation zeigen die Osteoblasten erhöhte Aktivität — mit Umstellung von Glykolyse auf Atmungsstoffwechsel — und reichern Prokollagene, Proteoglykane und Glykoproteine an. Nach der Ausscheidung bildet sich aus diesen Komponenten die sog. organisierte Matrix mit einer funktionsadäquaten Quartärstruktur (Osteoid). Die eigentliche Mineralisierung beginnt mit der Akkumulation von Ca und P in den zu Osteocyten umgewandelten Osteoblasten. Ca und P werden als $Ca_3(PO_4)_2$ aktiv in den extrazellulären Raum ausgeschieden. Gleichzeitig wird der Chondroitinsulfat-Protein-Komplex enzymatisch abgebaut. Das dabei frei werdende Ca kann mit $Ca_3(PO_4)_2$ aus den Osteocyten, nachdem die maskierende Wirkung dieses Mucopolysaccharid-Proteins auf Kollagen aufgehoben wird, mit den freien ε-Aminogruppen des Lysins bzw. Hydroxylysins im Kollagen nach Pyrophosphat-Verknüpfung in Reaktion treten.

Die Pyrophosphatgruppen bilden einen Ca-Komplex, der durch die im reifen osteoiden Gewebe vorkommenden Pyrophosphatasen gespalten wird, wodurch es zur lokalen Übersättigung an Ca^{++} und PO_4^{---} und nach dem Überschreiten des Löslichkeitsprodukts zu deren Kristallisation kommt (Nucleisation). Um diesen Kern wird die weitere Anlagerung von Kristallen als Octacalciumphosphatcarbonat erleichtert. Die apatitähnlichen, hexagonalen Plättchen ordnen sich mit ihrer Längsachse parallel zu den Kollagenfasern an und werden 100–400 Å lang und 40–100 Å breit ($1\,Å = 10^{-10}$ m). Sie verleihen dem Knochen durch die Art ihrer Anordnung eine Biegebruchfestigkeit, die zwischen der von Hartholz und Gußeisen liegt, allerdings bei wesentlich höherer Elastizität. Die Plättchen bilden eine große Oberfläche, über deren Gesamtbetrag die Angaben von 60 bis 250 m^2 schwanken. Gleichzeitig entsteht in den Hohlräumen der Gitter noch eine innere Oberfläche, die die Reaktionsbereitschaft erhöht.

Vorwiegend in jungen Knochen sind die Oberflächen der Kristalle weitestgehend von einer Wasserhülle umgeben. Erst später stabilisiert sich das Kristallgitter und die Wasserhülle wird verdrängt. Bei älteren Knochen ist nur ein Teil der Kristalloberfläche hydratisiert. Wichtig ist jedoch, daß sich in diesem Bereich die nach außen ragenden Ionen der Gitter mit Ionen aus dem Blut, vor allem Ca^{++} und PO_4^{---}, austauschen können. Neben dem isoionischen wird auch ein heteroionischer Austausch bzw. eine Adsorption beobachtet. Anstelle von Ca^{++} können u. a. Mg^{++}, Na^+, Sr^{++} und K^+ und anstelle von OH^- u. a. HCO_3^- oder F^- treten. Die Speicherung von Mg und Na ist die bedeutendste im Organismus und kann etwa 62 bzw. 30 % des Gesamtbestandes betragen. Welche Anteile hiervon im Kristallgitter eingebaut bzw. an die Oberfläche adsorptiv gebunden sind, bedarf noch der Klärung.

Von der Oberfläche der Apatite kann ein Teil der Ionen zur raschen Bedarfsdeckung an das Plasma abgegeben werden. Sie stellen die physikochemische Ionen-Reserve dar. Bei größerem Bedarf muß Knochensubstanz eingeschmolzen werden, die als chemische Mineralstoffreserve bezeichnet wird. Der Knochenabbau wird durch die Steigerung der anaeroben Glykolyse in den Osteoblasten eingeleitet, wobei das gebildete Laktat in den Extrazellulärraum abgegeben wird. Die damit verbundene Erhöhung der Protonenkonzentration führt zu löslichen Ca-Lactat- und Phosphationen. Die Abgabe lysosomaler Enzyme, wie z. B. Pyrophosphatase, fördern die Löslichkeit des Ca und bewirken den Abbau der organischen Matrix. Die fragmentierte organische Matrix wird durch adsorptive Pinocytose von Osteoklasten aufgenommen und intralysosomal abgebaut. Dabei fällt auf, daß zwischen einzelnen Knochen und Knochenabschnitten Unterschiede in der Abbaugeschwindigkeit bestehen. Sie ist in der besser durchbluteten Spongiosa 5–6mal größer als in der Kompakta. Mit steigendem Alter verringert sich die Menge der schnell abbaufähigen Skelett-Mineralien. Ältere Tiere sind demnach bei plötzlich einsetzendem erhöhten Mineral-Bedarf nicht mehr in der Lage, ihre Depots rasch zu mobilisieren.

Besonderheiten gibt es beim Lege-Geflügel, das unmittelbar vor der Legereife unter der Einwirkung der Oestrogene die Grundlage für ein zusätzliches Mineral-Depot in Form osteoiden Gewebes im Röhrenknochenmark bildet. In diesem »medullary bone« können von jungen, leichten Hybrid-Legehennen (1,8 kg KG) etwa 20 %, bei älteren Tieren bis zu 28 % des Gesamt-Ca als besonders schnell mobilisierbares Depot angelegt werden. Hierdurch sind die zeitlichen Unterschiede zwischen Ca-Resorption und Eischalenbildung sowie ein kurzfristiger Versorgungsmangel ohne Schwierigkeit kompensierbar.

Die Bedeutung eines konstanten Ca^{++}-Spiegels wird u. a. durch den aufwendigen Mechanismus der Doppel-*Steuerung* deutlich. Geringe Plasma-Schwankungen können durch den »avitalen« Ionenaustausch zwischen Apatitoberfläche und Plasma reguliert werden. Für diese Prozesse stehen in Abhängigkeit vom Alter der Tiere 20 bis 5 % des gesamten Ca- bzw. P-Gehalts zur Verfügung. Höherer Verbrauch, der den Blutspiegel des Ca^{++} fühlbar senkt, induziert gesteigerte Abgabe von Parathormon (Einzelheiten siehe Kapitel Hormone). Hierdurch wird

1. die Darmschranke für Ca und P durchlässiger,
2. Ca und P aus den rasch mobilisierbaren Teilen des Skeletts mobilisiert,
3. durch die aktive Sekretion im distalen Tubulus sowie Hemmung der Rückresorption im proximalen Tubulus Phosphat verstärkt über die Nieren ausgeschieden.

Nach Erhöhung des Ca^{++}-Spiegels über die Norm greift das in den parafollikulären Zellen der Schilddrüse gebildete Calcitonin ein, indem es

1. die Osteoklastentätigkeit im Skelett inhibiert,
2. durch Stimulation der Osteoblasten eine vermehrte Calciumphosphatdeponierung im Skelettsystem bewirkt,
3. durch Hemmung der tubulären Rückresorption von Phosphat in der Niere die PO_4^{---}-Ausscheidung erhöht.

Die Ausschüttung von Calcitonin wird darüber hinaus auch durch das Enterohormon Gastrin gefördert. Da bei der Inkretion von Gastrin in das Blut auch einige Nahrungsfaktoren (Fett, Ca, Osmolarität) eine Rolle spielen, sind negative bzw. positive Interaktionen mit dem für die Ausbildung tragfähiger Strukturen essentiellen »Remodling« nicht auszuschließen.

Die antagonistische Wirkung des Blutcalcium senkenden Calcitonins und des Blutcalcium steigernden Parathormons ist jedoch teilweise an die gleichzeitige Anwesenheit von Vitamin D gebunden. Die stoffwechselphysiologische Wirkung von Vitamin D ist von verschiedenen Hydroxylierungsschritten abhängig. Die erste Hydroxylierung erfolgt in der Leber am C25-Atom. Daran kann sich in Niere und Placenta eine weitere Hydroxylierung am C1-Atom anschließen. Während die Bildung des 1.25 Dihydroxycholecalciferols (1.25$(OH_2)D_3$) durch Parathormon gesteuert wird, erfolgt die Aktivitätssteigerung der Nieren-1-Hydroxylase direkt oder indirekt durch einen niedrigen Phosphatspiegel. Orte der primären Wirkung sind Darm (Ca-Resorption), Knochen (Ca-Freisetzung) und Nieren (Ca-Reabsorption). Ihre Funktionen stehen im Zusammenhang mit der Synthese calciumtransportierender Proteine, zumal in Gegenwart von Proteinbiosynthesehemmstoffen Vitamin D wirkungslos ist.

Die *Ausscheidung* resorbierten Calciums erfolgt über die endogene Kotfraktion und den Harn. Die Galle liefert etwa 20 % des Kot-Ca. Der Ca-Gehalt des Harns ist bei den jeweiligen Tierarten unterschiedlich. Bei bedarfsgerechter Ernährung scheiden Kalb und Rind die überwiegende Menge des endogenen Ca über den Darmkanal aus, nur etwa 2 % erscheinen im Harn. Beim Schwein beträgt die über den Harn ausgeschiedene Menge etwa 13 % des endogenen Kot-Ca. Darüber hinaus werden über Milch, auch über Eischale und Eiinhalt erhebliche Ca-Mengen ausgeschieden.

Die Hypocalzämie führt zur Blockierung der Acetylcholinfreigabe und der Transmission der Nervenimpulse entlang der neuromuskulären Synapse sowie zu einer Reduktion des membranstabilisierenden Effektes von Calcium. Weiterhin kann als Folge eines gestörten Ca- und P-Stoffwechsels bzw. eines Vitamin D-Defizits Rachitis, Osteomalazie, Gebärparese und Osteoporose auftreten. Auch die metabolische Acidose führt zu Belastungen des Ca- und P-Haushaltes. Überhöhte Ca-Zufuhr kann beim Schwein zu Zink-Mangel führen und damit eine Parakeratose auslösen. Auch die Manganresorption wird negativ beeinflußt. Entsprechend sollten die Gewichtsverhältnisse zwischen Ca und Zn bzw. Mn maximal jeweils 150 : 1 betragen. Hohe Strontium-Gehalte blockieren die Umwandlung des D_3-Metaboliten zu 1.25 $(OH_2)D_3$ in der Niere. Damit hemmen sie die Bildung des für die Ca-Resorption verantwortlichen Ca-bindenden Proteins, und es entsteht trotz ausreichender Vitamin D_3-Versorgung eine Rachitis. Beim Milchrind begünstigt eine Ca-reiche Fütterung in der Trockenperiode das Auftreten der Gebärparese, da der anfänglich hohe Ca-Bedarf infolge der Ausschüttung über die Milch durch ungenügende Mobilisation des Knochen-Ca nicht gedeckt werden kann.

c. Phosphor

Das erwachsene Tier enthält 0,5 bis 1 % Phosphor (P), der zu 75–85 % im Skelett vorliegt. Die übrigen 15–25 % verteilen sich auf Muskulatur, Gehirn, Leber und andere Organe.

P wird als Phosphat überwiegend im oberen Dünndarm, aber auch in allen anderen Abschnitten des Magen-Darmtrakts einschl. Pansen gegen ein Konzentrationsgefälle von der Mukosa zur Serosa aktiv transportiert. Vitamin D wirkt hierbei in Anwesenheit von Ca^{++} fördernd. Beim Pferd kommt auch dem Dickdarm für die P-Resorption eine große Bedeutung zu. Der *Resorptions*-Koeffizient nimmt im Laufe des Wachstums ab, hält sich aber im Gegensatz zum Ca während des Erwachsenenstadiums auf einem verhältnismäßig hohen Niveau von 40–60 %. Die Ausnutzung pflanzlicher P-Quellen liegt dabei meist im unteren Bereich, wie z. B. bei Heu (für Wiederkäuer) und Getreide (für Monogastren). Während im erstgenannten Futtermittel hierfür die geringe Gesamtverdaulichkeit verantwortlich sein dürfte, ist P in Cerealien bis zu 70 % als Phytin-P gebunden. Beim Schwein kann dieser, da die eigene, in der Darmschleimhaut vorhandene, geringe Phytase-Aktivität unzureichend ist, mit Hilfe der Darmflora nur soweit im Enddarm freigesetzt werden, daß noch rund 25 % des Phytin-P zur Resorption kommen.

Im Blut-*Plasma* befinden sich mehrere P-Fraktionen, wobei je nach Spezies die organischen (Lipoid-P, Ester-P) mehr als die Hälfte des Gesamt-P im Blutplasma betragen können. Der Gehalt an PO_4^{---} im Plasma und dessen Umsatzgeschwindigkeit sind Funktionen von der P-Versorgung und der Leistung der Tiere. Daher ist der Phosphatspiegel ein Hilfsmittel bei der Untersuchung des P-Stoffwechsels. Er liegt normalerweise zwischen 0,87 und 2,26 mmol P/l Plasma (Mensch, Pferd = 0,97–1,29; Ziege, Schaf = 0,97–1,94; Rind,

Schwein = 1,29–2,26 mmol P/l Plasma). Anorganischer Phosphor liegt bei einem pH-Wert von 7,4 zu 80 % als HPO_4^{---} und zu 20 % als HPO_4^{-} vor.

Die Bedeutung im *Stoffwechsel* ist mannigfaltig. Die wichtigsten Funktionen werden ohne Rangzuordnung zusammengefaßt:

1. Bestandteil von Nucleinsäuren (DNS, RNS);
2. Donator und Speicher von Energie (Phosphorylierungen, ADP, ATP u. a.);
3. Bestandteil wichtiger Eiweiße und Enzyme (wie NAD, NADP);
4. Phosphate als Puffersubstanzen in Zellen und Blut;
5. Bestandteil der Knochen und Zähne.

Einzelheiten sind den diesbezüglichen Kapiteln zu entnehmen.

Die *Regulation* des PO_4^{---}-Spiegels ist in Anbetracht der Wichtigkeit dieses Stoffes aufwendig. Dabei steht das Phosphat (PO_4^{---}) mit dem Phosphor-Pool im Skelett, mit phosphorhaltigen Verbindungen in der Zellmembran und dem intrazellulären Raum im Gleichgewicht. Sowohl für Ca^{++} als auch für PO_4^{---} des Blutplasmas besteht ein intensiver Ionenaustausch mit der Oberfläche der Apatitkristalle der Knochen. Voraussetzung hierfür ist eine gewisse Löslichkeit des Apatits, wobei der Knochen über Substanzen verfügt, die die Löslichkeit erhöhen, wie Citrat, ggf. Laktat. Als zusätzliches Regelsystem sind die Epithelkörperchen unter Beteiligung der Niere anzusehen. Erhöhung des Phosphatspiegels induziert (wie Ca^{++}-Mangel) erhöhte Parathormon-Aktivität, wodurch die Nierenschwelle der Phosphatausscheidung durch Hemmung der Rückresorption gesenkt wird.

Die *Ausscheidung* von P erfolgt bei Herbivoren vorwiegend über den Darmkanal, bei Omnivoren auch teilweise über den Harn. Der jeweilige Anteil ist tierartlich verschieden und abhängig von der Versorgung mit Ca und P. Über den Bedarf hinaus zugeführtes Ca wird verstärkt als Tricalciumphosphat in das Darmlumen sekretiert. Ein weites Ca : P-Verhältnis in der Nahrung (optimal bei Jungtieren 1 bis 1,5 : 1; bei älteren Tieren 1,5 bis 2 : 1; bei Legehennen 4 bis 5 : 1) ist deshalb für die P-Verwertung nachteilig. Bei Verfütterung wiederkäuergerechter Rationen ist infolge der hohen Speichelproduktion auch der Einstrom von Phosphat in den Gastrointestinaltrakt hoch. Die Regulation erfolgt hier im wesentlichen durch Veränderung der Resorption und Sekretion im Dünndarm. Bei strukturarmen Futterrationen verlagern sich die Regulationsvorgänge vermehrt auf die Nieren.

P-Mangel führt bei allen landwirtschaftlichen Nutztieren zu Verzehrs- und Wachstumsdepressionen. P-mangelbedingte Osteomalazie tritt hauptsächlich beim Milchvieh auf. Interessanterweise konnte bei Schweinen bei P-Mangel eine Schilddrüsenunterfunktion festgestellt werden. Wachsendes Geflügel und Pferde reagieren auf ein P-Überangebot besonders empfindlich. Bei Legehennen können hohe P-Gehalte im Futter die Eischalenstabilität verschlechtern. Eine durch einseitige Fleischfütterung bedingte erhöhte P-Zufuhr kann bei Hunden zu einem sekundären Hyperparathyreoidismus führen.

d. Magnesium

Die Körper erwachsener Tiere enthalten 0,03–0,05 % Magnesium (Mg); davon sind ca. 60 % im Skelett, 40 % in den Zellen des Weichgewebes und nur 1 % in der extrazellulären Flüssigkeit enthalten.

Die *Resorption* aus dem Magen-Darm-Trakt erfolgt bei Monogastren überwiegend aus dem Dünn- bzw. Dickdarm, bei Wiederkäuern jedoch bis zu 80 % aus den Vormägen. Mg wird mit Hilfe eines sogenannten Na-gekoppelten aktiven Transportmechanismus durch die Darm- bzw. Pansenmukosa transportiert. Während säugende Jungtiere einen Resorptionskoeffizient von 70–80 % aufweisen, reduziert sich die Mg-Aufnahme bereits mit der Zufütterung von anderen Futtermitteln auf 40–50 %. Ältere Schweine resorbieren im Durchschnitt 40 %, erwachsene Wiederkäuer nur 15–26 %. Die geringe Resorptionsrate ist neben der marginalen Transportkapazität eine Folge der Bildung von unlöslichem $MgNH_4PO_4$ in den Vormägen, der geringen Protonenkonzentration im Labmagensekret sowie der Mg-Bindung an Zellmembranen der Mikroorganismen. Bei mangelhafter Versorgung sind somit monogastrische Tiere gegenüber Wiederkäuern besser in der Lage, diese durch Resorptionssteigerung zu kompensieren. — Für die Mg-Verwertung spielt die Anionen-Bindungsform eine große Rolle. Sehr gut aufgenommen wird Mg aus Fumarat, Laktat und Zitrat. Auch $MgCl_2$ und MgO werden gut verwertet, $MgSO_4$ dagegen kaum.

Bei Wiederkäuern wird die Mg-Resorption im Pansen zusätzlich durch Kalium, Natrium, Ammoniak, flüchtige Fettsäuren (Acetat, Propionat, Butyrat), CO_2 und die Umgebungstemperatur beeinflußt. Die geringere Mg-Resorptionsrate bei hoher K- und niedriger Na-Konzentration ist möglicherweise auf die Erhöhung des transmuralen Potentials an der Pansenwand (Lumenseite — negativ; Blutseite — positiv) zurückzuführen. Rationen, die aufgrund eines Protein- bzw. NPN-Überschusses den Ammoniakgehalt der Pansenflüssigkeit erhöhen, führen neben der Verminderung der Durchblutung und der Permeabilität der Pansenwand offensichtlich zur teilweisen Festlegung von Mg als $MgNH_4PO_4$. Hierzu gehört junges, eiweißreiches Gras, bei dessen überwiegender oder ausschließlicher Verfütterung der Resorptionskoeffizient für Mg bis auf 8 % absinken kann. Durch Optimierung des Energie : Rohprotein-Verhältnisses läßt sich die Mg-Verwertung vielfach verbessern. CO_2 und die flüchtigen Fettsäuren bewirken dagegen eine positive Beeinflussung der Mg-Resorption. Die Ursache der nach Kälteeinwirkung beobachteten verminderten Resorptionsrate ist noch nicht bekannt.

Der Mg-Gehalt im Blut-*Plasma* schwankt im Bereich von 0,6–1,24 mmol/l, davon liegen ähnlich wie beim Ca 65–75 % in ionisierter Form, der Rest an Protein, bevorzugt an Albumin, gebunden vor. Intrazellulär wurden Konzentrationen von 5–15 mmol/l bestimmt. Nur 10 % liegen in ionisierter Form vor.

Die wichtigste Bedeutung im *Stoffwechsel* ist in der Mitbeteiligung am Phosphattransfer zu sehen. Alle Enzyme, die den Transfer von Phosphat aus ATP zu einem Akzeptor bewirken oder Phosphat von einer phosphorylierten Verbindung auf ADP katalysieren, werden durch Mg^{++} aktiviert. Darüber hinaus sind etwa 300 Enzyme bzw. Enzymsysteme bekannt, die durch Mg aktiviert werden. In erster Linie handelt es sich hierbei um Enzyme des Kohlenhydrat-, Fett-, Protein- und Nukleinsäurestoffwechsels. Die Aktivierung der Enzyme hängt von der Mg-Konzentration ab. Diese entspricht etwa der Höhe des ionisierten Anteils (1 mmol/l).

Eine wichtige Rolle spielen Mg-Ionen bei der neuromuskulären Erregungsübertragung in den motorischen Endplatten. Sie üben durch Aktivierung der Cholinesterase eine regulierende Wirkung bei der Freisetzung des Acetylcholins und auf die Ansprechbarkeit der motorischen Endplatte auf Acetylcholin aus. Sie beeinflussen damit den durch Depolarisation der Membranen ausgelösten Ionenaustausch. Die hemmende Wirkung auf die Erregungsübertragung trifft vermutlich auch auf entsprechende Vorgänge im zentralen Nervensystem zu. In der Muskulatur sind Mg^{++}-Ionen durch Einwirkung auf Nukleosidpolyphosphate für die Elastizität der Fibrillen von Bedeutung. Bei der Kontraktion wirkt ATP nur in Gegenwart von Mg^{++}, wie auch die Einstellung des Ruhezustandes ohne ausreichende Konzentration an diesen Ionen nicht möglich ist.

Über die *Steuerung* des Mg-Stoffwechsels ist wenig bekannt, direkte hormonelle Einflüsse sind nicht nachgewiesen. Wir müssen annehmen, daß Plasmakonzentration und Gewebebestand somit im wesentlichen nur durch die Höhe von Angebot, Resorption und Ausscheidung bestimmt werden. Hierfür spricht, daß bei mangelhafter Versorgung oder reduzierter Resorption rasch ein bedrohlicher Abfall des Mg-Spiegels eintreten kann.

Lediglich das Skelett ist in der Lage, durch osmotischen Austausch Mg abzugeben, allerdings nimmt diese Fähigkeit mit zunehmendem Alter ab. Akute Belastungen, z. B. bei einsetzender Laktation, können hierdurch ohnehin nicht aufgefangen werden. Diese Quelle hat lediglich für chronische Mg-Mangelzustände einige Bedeutung, bei denen der Mg-Gehalt des Skeletts bei jungen Tieren bis zu 30 %, bei älteren bis 20 % reduziert werden kann. Das Gewebemagnesium ist größtenteils an Protein, Desoxyribonukleinsäure und Adenosinpolyphosphate gebunden und bleibt relativ konstant. Soweit Austauschvorgänge stattfinden, laufen sie langsam ab, kommen also für eine Depotfunktion nicht in Frage.

Die Mg-Ausscheidung erfolgt hauptsächlich über die Nieren, wobei niedrige Blut-Mg-Spiegel die Exkretion einschränken, höhere Spiegel dagegen die Ausscheidung steigern können. Die Steuerung erfolgt am aufsteigenden Teil der Henley'schen Schleife mittels eines Na/Mg-Austauschmechanismus. Na strömt aufgrund des Gradienten in die Tubuluszelle im Austausch gegen Mg ein.

Nimmt die Mg-Konzentration im Interstitium zu, so wird die Ausschleusung und damit auch die Rückresorption von Magnesium erschwert. Im Bereich von 0,25 mmol/l Plasma unterbleibt die Exkretion fast völlig, so daß die Harnanalyse als Indikator für einen stärkeren, latenten Mg-Mangel herangezogen werden kann.

Als wirtschaftlich bedeutsame Mangelkrankheit ist die Hypomagnesämie des Milchrindes zu nennen. Infolge der altersbedingten verminderten Mg-Resorption und Mg-Mobilisierung aus dem Skelett sind ältere Tiere prädisponiert. Schweine und Geflügel sind normalerweise nicht Mg-mangelgefährdet. Zu hohe Mg-Gehalte im Futter können zu Durchfällen und Harnsteinbildung führen. Mg-Intoxikationen wurden in der Praxis noch nicht beobachtet.

e. Natrium, Kalium und Chlorid

Die beiden Kationen der Alkalireihe und das Chlorid werden wegen ihrer engen Beziehungen im Stoffwechsel gemeinsam besprochen. Ihr Anteil am Körpergewicht beträgt je etwa 0,15–0,3 %. Nutztiere enthalten je kg Körpergewicht angenähert 1,5–1,9 g Na, 2–3 g K und 1,4 g Chlorid.

Die im gesamten Gastrointestinaltrakt vor allem im Bereich des Dünndarms erfolgende *Resorption* erfaßt nahezu die gesamte zugeführte Menge (90–95 %). Die Resorption von Na^+ ist entweder von der gleichzeitigen Resorption von Cl^- oder aber von der Sekretion von K^+ im Austausch gegen Na^+ abhängig. Dabei erfolgt die Na^+- und Cl^--Resorption besonders rasch. Nach oraler Zufuhr von ^{24}Na bzw. ^{38}Cl werden bereits nach 5 Minuten Aktivitäten in der Blutbahn gefunden. 3 Stunden später sind beide Testdosen vollständig resorbiert. Für beide ist ein aktiver Resorptionsmechanismus nachgewiesen. Anschließend verteilen sich beide Ionen auf den gesamten extrazellulären Flüssigkeitsraum, sind aber auch in verstärktem Maß in Skelett, Haut, Magen und Niere konzentriert. K wird dagegen intrazellulär aufgenommen. Hohe Konzentrationen finden sich in Nervengewebe und Muskulatur.

Das Gesamtblut enthält tierartlich unterschiedliche Konzentrationen an Na, K und Cl. Sie erklären sich vor allem durch den unterschiedlichen Elektrolytgehalt der Erythrocyten, denn im *Blutplasma* bzw. Serum ergeben sich weitgehende Übereinstimmungen, und zwar durchschnittlich für

Natrium	139 –146 mmol/l,
Kalium	4,3– 6 mmol/l,
und Chlorid	100 –107 mmol/l.

Bei Geflügel liegen die Plasma-Konzentrationen dieser Elemente im Durchschnitt 10 % über den für Säugetiere angegebenen höchsten Werten.

Die wichtigsten *Stoffwechsel*-Funktionen lassen sich folgendermaßen angeben:

1. Aufrechterhaltung des osmotischen Drucks in Körperflüssigkeiten und Zellen, womit zugleich der Wasserhaushalt reguliert wird;
2. Beteiligung an der Regulierung des Säure-Basenhaushalts;
3. Errichtung von Potentialdifferenzen und damit entscheidende Mitwirkung bei der Signalleitung und Erregungsübertragung in den Nerven sowie bei der Muskelerregung;
4. Aktivierung einer Reihe von Enzymen. — Chlorid hat darüber hinaus eine spezifische Funktion bei der Magensaftsekretion.

Die Elektrolyte sind im intra- bzw. extrazellulären Flüssigkeitsraum unterschiedlich verteilt. Für den osmotischen Druck in der extrazellulären Flüssigkeit (ca. 14–17 % der Körpermasse bei erwachsenen Tieren) sind primär Na^+ und Cl^- verantwortlich. Hier stellt Natrium etwa 90 % aller Kationen und Chlorid etwa 70 % aller Anionen. Dabei kommt Cl^- als Gegenion des Na^+ bei der Aufrechterhaltung der Isotonie des Plasmas und der extrazellulären Flüssigkeit eine wesentliche Bedeutung zu. Im Gegensatz zu Na^+ kann Cl^- durch andere Anionen, wie z. B. Bikarbonat, Phosphat und organische Säuren, ersetzt werden. Zur Stabilisierung der Elektroneutralität zwischen Anionen und Kationen verändern sich Cl^- und HCO_3^- entgegengesetzt. Demzufolge führt ein Cl^--Mangel zu einer hypochlorämischen Alkalose, eine Abnahme der HCO_3^--Konzentration dagegen zu einer hyperchlorämischen Acidose. Unter den Elektrolyten der intrazellulären Flüssigkeit überwiegen dagegen — von wenigen Ausnahmen, z. B. in den Erythrocyten einiger Tierarten und den Atrioventrikularbündelzellen des Ochsen abgesehen — unter den Kationen K^+ und unter den Anionen Phosphat sowie Proteinat. Rund 90 % des K^+ im Tierkörper sind intrazellulär lokalisiert, nur 2,5 % befinden sich im extrazellulären Flüssigkeitsraum.

Die Austauschgeschwindigkeit dieser Ionen ist außerordentlich hoch. An erster Stelle steht Cl^-, das zwischen Plasma und Erythrocyten beim Menschen 600 bis 1300mal schneller ausgetauscht werden kann als Na^+ und K^+. Dem Austausch liegen keine aktiven Prozesse, sondern nur Diffusionsvorgänge zugrunde. Die Halbwertzeit des Austausches von Cl^- liegt nicht wesentlich über 2 Minuten, nach 150 Minuten ist ein Austauschgleichgewicht zu 95 % erreicht. Na^+ ist in etwa 20 Stunden zu 70 % (der Rest befindet sich überwiegend im Skelett), K^+ nach 48 Stunden zu 90 % austauschbar.

Zwischen extra- und intrazellulärem Flüssigkeitsraum gibt es bedeutende Unterschiede in der Elektrolytzusammensetzung, die jedoch nicht mit einer etwaigen strukturspezifischen Eigenschaft der Zellwände oder mit dem durch den Proteingehalt der Zellen hervorgerufenen Gibbs-Donnan-Effekt erklärt werden kann. Sie wird vielmehr durch die Leistung jeder stoffwechselaktiven Zelle eingestellt, die unter Energieverbrauch ständig Na^+ aus der Zelle hinauspumpt, während K^+ aus der Außenflüssigkeit aufgenommen wird. Diese gegen ein Konzentrationsgefälle erfolgende, selektive Ionenverteilung ist das klassische Beispiel eines aktiven Transports, hier als Natriumpumpe bezeichnet.

Die Elektrolyte in der extrazellulären Flüssigkeit befinden sich im osmotischen Gleichgewicht mit denen im intrazellulären Raum. Der osmotische Druck der Körperflüssigkeiten wird in sehr engen Grenzen konstant gehalten. Dabei hat die Isotonie Vorrang gegenüber der Konstanthaltung des Volumens der Körperflüssigkeit.

Die Mitbeteiligung dieser Elemente am Wasserhaushalt ergibt sich aus den Elektrolytkonzentrationen (vor allem Na^+ und Cl^-) in den verschiedenen Räumen. Konzentrationsverschiebungen des Na^+ haben immer korrespondierende Wasserbewegungen im Sinne einer Hyperhydratation oder Dehydratation zur Folge. Ähnliches gilt für den Säure-Basenhaushalt, da die Wasserstoffionenkonzentration sowohl durch die Menge als auch durch das Verhältnis der vorhandenen Säure-Anionen und Basen-Kationen bestimmt wird. Über die an den Zellgrenzflächen errichteten Potentialdifferenzen und die Beteiligung an der Erregungsübertragung im Nerven- und Muskelgewebe ist an anderer Stelle ausführlich berichtet.

Als Beispiel für Enzymaktivierungen wird für Na^+ die β-Galaktosidase und α-Amylase genannt. K^+ hat hier größere Bedeutung, da es Enzyme in zahlreichen Systemen, insbesondere im Bereich der biologischen Oxidation und Glykolyse aktiviert und dabei durch kein anderes Kation ersetzt werden kann. In den Mitochondrien ist die oxidative Phosphorylierung an die Fähigkeit gekoppelt, K^+ aufzunehmen.

Eine spezifische Funktion hat das Chlorid bei der Magensaftsekretion. Wegen der erforderlichen hohen H^+-Konzentration kommt aus Gründen der elektrolytischen Dissoziation nur Cl^- als Anion in Frage. Es wird aus dem den Magen durchströmenden Blut entnommen, wobei die Abnahme der Cl^--Konzentration mit einer Zunahme von HCO_3^- einhergeht. Die Summenreaktion stellt sich folgendermaßen dar:

Cl^- (Blut) + H_2CO_3 (Blut) $\rightarrow$ HCO_3^- (Plasma) + HCl (Magensaft)

Unklar bleibt noch, ob der Mechanismus des aktiven H^+-Transports mit dem ebenfalls zur Konzentrierung führenden, aktiven Cl^--Transport identisch ist.

Da die Organismen nur über ein kleines Elektrolyt-Depot im Skelett verfügen, ist ihre regelmäßige Zufuhr lebenswichtig. Ein *Regelsystem* sorgt für die Verteilung bzw. Ausscheidung überschüssig zugeführter Mengen. Für die den osmotischen Druck im extrazellulären Raum kontrollierenden Na- und Cl-Ionen ist dieses gut erforscht (vgl. Physiologie der Niere). Ein Konzentrationsabfall von Na^+ und/oder Cl^- in den Geweben wird in der Niere durch die an den afferenten Arteriolen liegenden Osmorezeptoren als Verringerung des osmotischen Drucks registriert. Hieraus erfolgt die Freisetzung von Renin, das die NNR zur Sekretion von Aldosteron stimuliert. Na^+ und Cl^- werden daraufhin in den proximalen Nierentubuli verstärkt, ggf. vollständig aus dem Primärharn rückresorbiert. Für die Meldung einer Überschreitung des normalen osmotischen Drucks sind die Osmorezeptoren im Gebiet der A. carotis interna zuständig, die neurovegetativ den Hypophysenhinterlappen zur verstärkten Sekretion von Vasopressin (Adiuretin) veranlassen. Dieses löst Durstgefühl aus und bewirkt eine erhöhte Wasserrückresorption aus den Sammelkanälchen der Nieren, wodurch sich der Harn konzentriert. Beide Osmoregulatoren reagieren nicht nur empfindlich, sondern auch rasch. Beim gesunden Menschen werden Überschüsse an Wasser oder Salz innerhalb 1–2 Stunden in der Regel restlos beseitigt. Der Adiuretinmechanismus spricht bereits auf eine 1%ige Veränderung des osmotischen Drucks an. Bei Volumenveränderungen im extrazellulären Raum bis zu 6 % erfolgt dagegen häufig noch keine unmittelbare Gegenregulation. Die Steuerung der K^+-Verteilung wird ebenfalls durch die Mineralokorticoide vorgenommen, wobei sich Na^+ und K^+ gegensätzlich verhalten. Überschüssige K-Versorgung, wie sie bei der Grünfütterung des Rindes häufig vorkommt, führt zur verstärkten Freisetzung von Aldosteron und damit auch zur erhöhten Abgabe von Na^+.

Die *Ausscheidung* von Na und Cl erfolgt über

Niere und Darm. Der Hauptausscheidungsort schwankt zwischen den einzelnen Tierarten und ihren Altersklassen in Abhängigkeit von der Höhe der Zufuhr. Im allgemeinen findet in der Niere eine beträchtliche Rückresorption statt, die noch gesteigert werden kann, wenn die Versorgung unvollkommen ist. — Im Gegensatz hierzu erfolgt die Ausscheidung von K in erster Linie über den Harn, wobei in den distalen Tubulusabschnitten der Niere eine aktive Sekretion zu beobachten ist. Zwischen K und Na erfolgt aber auch eine gegenseitige Beeinflussung. So bedeutet die Überversorgung mit K und damit dessen Ausscheidung trotz der Gegensteuerung durch Aldosteron in der Gesamtbilanz zugleich auch eine erhöhte Abgabe von Na. Hieraus folgt, daß das Verhältnis K : Na in der Ernährung möglichst klein, d. h. maximal 10 : 1 gehalten werden muß. Bei Ausweitung des Verhältnisses auf 20–30 : 1 sind u. a. Fruchtbarkeitsstörungen zu erwarten. Vermutlich beeinträchtigt die gesteigerte Biosynthese von Aldosteron die Bildung der Sexualhormone, zumal die beiden Synthesewege von teilweise identischen Enzymen abhängig sind.

Bei warmen Umgebungstemperaturen können Elektrolyte in verstärktem Maß durch Schweiß ausgeschieden werden. Bei Rindern werden auf diese Weise täglich bis 5 g NaCl, bei in schwerem Training stehenden Pferden 50 g und mehr sekretiert.

Na-*Mangel* führt bei wachsenden Tieren zu einer verminderten Protein- und Fettsynthese. Bei adulten Wiederkäuern werden neben Fruchtbarkeitsstörungen auch verminderte Milch- und Milchfettleistungen beschrieben. Die Verträglichkeitsgrenze gegenüber einem Na-Überangebot ist bei den einzelnen Nutztierarten verschieden. Schafe und Mastbullen sind weniger empfindlich als Milchkühe und Pferde, Geflügel und Schweine. Bei ausreichender Wasserversorgung kann ein Na-Überangebot innerhalb eines weiten Bereiches ausgeglichen werden.

Der K-Gehalt der Futtermittel beträgt ein Mehrfaches des K-Bedarfs, so daß Mangelerscheinungen bisher in der Praxis nicht beobachtet wurden. Die überhöhte Kalium-Zufuhr über natürliche Futtermittel hat jedoch mit Ausnahme höherer Kotwassergehalte und gesteigerter Exkretion keine gesundheitlichen Störungen zur Folge.

Auch Cl-Mangelkrankheiten sind auf Grund der Cl-Gehalte in Futtermitteln nicht zu erwarten. Beim Geflügel haben hohe Cl-Gehalte zur Senkung des pH-Wertes und der Konzentration an Bikarbonat im Blut beigetragen. In Verbindung mit der inhibitorischen Wirkung von Cl^- auf die Carboanhydratase resultiert ein negativer Einfluß hoher Cl-Gehalte auf die Eischalenqualität. Deshalb sollte das Na : Cl-Verhältnis bei Hühnern zwischen 1 : 0,5 und 1 : 1,25 liegen.

f. Schwefel

Der S-Gehalt im tierischen Organismus beträgt etwa 0,25 %. Hohe S-Anteile sind in Haaren, Wolle und Gefieder enthalten. Monogastrischen Tieren wird dieses Element vorwiegend über die S-haltigen Aminosäuren Cystein, Cystin und Methionin zugeführt, da die anorganischen Sulfate schwer resorbiert werden. Der im Stoffwechsel gebildete Sulfat-S leitet sich dabei primär vom Cystein ab.

Während Monogastren in der Regel auf die exogene Zufuhr der organischen S-Verbindungen Thiamin, Biotin und Methionin angewiesen sind, ist die Pansenflora des Wiederkäuers befähigt, diese Aminosäuren selbst zu synthetisieren. Sulfatschwefel wird zunächst zu Sulfit und weiter zu Sulfid reduziert. Mit Pyridoxalphosphat als Co-Enzym katalysiert die Serinsulfhydrase den Übergang anorganischen Schwefels in das Seringerüst, wodurch Cystein entsteht. Parallel zu diesen Reaktionen wird aus Sulfid auch Homocystein gebildet, das zum l-Methionin methylieren kann. Methionin entsteht auch aus der Spaltung von Cystathionin, das aus Homocystein und Serin unter der Wirkung der Cystathionin-Synthetase gebildet werden kann.

$$\begin{array}{ll} & \text{Cystein} \leftrightarrow \text{Cystin} \\ & \updownarrow \\ SO_4^{--} \leftrightarrow SO_3^{--} \leftrightarrow S^{--} & \text{Cystathionin} \leftrightarrow \text{Methionin} \\ & \updownarrow \\ & \text{Homocystein} \leftrightarrow \text{Methionin} \end{array}$$

Über die Höhe der S-*Resorption* gibt es nur von jungen Wiederkäuern genaue Angaben. Danach wird Methionin-S fast gleich gut wie Na_2SO_4-S zu etwa 77 % resorbiert, während die Quote für elementaren Schwefel nur halb so groß ist. Monogastren können organische und wasserlösliche anorganische S-Verbindungen gut verwerten. Die Resorptionsrate liegt somit je nach Tierart und Bindungsform zwischen 20 und 75 %. Die Höhe der Retention beläuft sich dagegen im Durchschnitt auf 70, 56 bzw. 27 %. Die Verwertung ist damit praktisch von der Fähigkeit der Pansenflora abhängig, Schwefel in organische Bindungen zu überführen. In etwaiger Übereinstimmung mit anderen Versuchsergebnissen wird demnach zur Erzielung einer gleich guten Retention etwa 20 % mehr Na_2-SO_4-S bzw. 60 % mehr elementarer Schwefel als Aminosäure-S benötigt. Die Rationen für Wiederkäuer sollten deshalb Gesamtstickstoff und Schwefel im Verhältnis 13–15 : 1 enthalten.

Im *Plasma* liegt S hauptsächlich als Aminosäure- bzw. Peptid-S, zum Teil aber auch als Estersulfat- und Sulfat-S vor. Letzterer entstammt vorwiegend der Tätigkeit der Sulfatasen. Die Erythrocyten, die viel S-haltiges Glutathion enthalten, bringen den größten S-Anteil ins Vollblut ein, das beim Menschen 0,6–1,56 mmol/l Gesamt-S aufweist.

In der Leber wird der Aminosäure-S teilweise zu Sulfat-S oxydiert und steht als »aktives Sulfat« (3′-Phosphoadenosin-5′-Phosphosulfat = PAPS) für Synthesen oder Konjugationsreaktionen zur Verfügung. Bei Bedarf können aber auch andere Organe PAPS bilden und in sulfatesterhaltige Verbindungen einbauen.

Die Bedeutung des S im *Stoffwechsel* ist vielseitig, da zahlreiche biologische Vorgänge auf der spezifischen Reaktionsfähigkeit dieses Elements in speziellen organischen Molekülen wie Coenzym A und Glutathion beruhen. Die S-haltigen Aminosäuren sind dabei Ausgangsprodukte für die Synthese dieser und anderer S-haltiger Biokatalysatoren wie Insulin, Thiamin, Biotin, Hämoglobin, Cytochrom der Klasse c.

Schwefel spielt auch für den räumlichen Aufbau der Sekundär- und Tertiär-Struktur der Proteine eine wichtige Rolle. Die häufigste kovalente Bindung ist die Disulfid-Brücke, die sich durch Dehydrierung zweier Cysteinreste bildet. Sie können innerhalb einer einzigen Polypeptidkette auftreten oder der Verknüpfung verschiedener Ketten dienen. Ihr Einfluß auf Formkonstanz und Stabilität des Proteins ist erheblich. Das in Haaren, Wolle und Hornsubstanzen vorkommende Hauptprotein Keratin dürfte seine besonders guten mechanischen Eigenschaften vorwiegend dem hohen Gehalt an Cystein verdanken, dessen Disulfid-Brükken die in der α-Helixstruktur angeordneten Peptidketten miteinander verknüpfen und stabilisieren. Ähnlich wichtige Funktionen hat S als Baustein der sauren Mucopolysaccharide, die als anionische Linearpolymere alternierend einen N-acetylierten bzw. sulfatierten Aminozucker und eine Uronsäure (bzw. Galaktose) und ggf. auch Estersulfatgruppen enthalten. Bisher sind 8 Typen bekannt, die sich bei im Prinzip gleicher Struktur durch ihren Gehalt an Monosaccharidkomponenten, Sulfat und den Typ der glycosidischen Bindung der Monosaccharidreste unterscheiden. Hierzu gehört das Hyaluronat, Heparin, Chondroitinsulfat und Keratansulfat.

Mucopolysaccharide bilden prosthetische Gruppen spezifischer Proteine und befinden sich u. a. in Bindegewebe, Knorpel und Knochen. Im Bindegewebe bilden Chondroitinsulfat und Keratansulfat ein charakteristisches Netzwerk und üben u. a. über ihre anionischen Ladungen eine hydrodynamische Aktivität aus. (Über ihre Bedeutung für den Knorpel- und Knochen-Stoffwechsel vgl. Kapitel Calcium).

Konjugationsreaktionen dienen vorwiegend der Entgiftung, indem die Löslichkeitsverhältnisse von Stoffwechselprodukten oder Pharmaka so verändert werden, daß sie ausgeschieden werden können. Neben der Konjugation mit Glucuronsäure hat die Veresterung mit Schwefelsäure z. B. für Phenole, Alkohole, Indoxyl und Steroidhormone Bedeutung.

Über die *Regulation* der S-Verteilung ist nichts bekannt. Die *Ausscheidung* endogenen Schwefels erfolgt überwiegend mit dem Harn. Beim Menschen besteht die größte Fraktion aus freiem Sulfat. Weniger als 10 % liegen als Schwefelsäureester vor, den Rest bildet der sog. Neutralschwefel, der sich u. a. aus S-haltigen Aminosäuren und Rhodanid zusammensetzt.

S-Mangelsymptome konnten unter Praxisbedingungen noch nicht beobachtet werden. Die Toxizität des elementaren Schwefels ist relativ gering. Bei Wiederkäuern kann jedoch eine übermäßige Zufuhr von S bzw. S-Verbindungen durch mikrobielle Schwefelwasserstoffbildung u. a. einen sekundären Cu-Mangel auslösen. Weitere antagonistische Wechselwirkungen des Schwefels bestehen mit Molybdän und Selen.

2. Spurenelemente

a. Allgemeines

Außer den Mengenelementen spielen im Stoffwechsel die Spurenelemente eine wichtige Rolle. Ihre Bezeichnung orientiert sich an den im Vergleich zu Mengenelementen geringen Konzentrationen im Gesamtkörper. Nach bisher gültiger Definition liegt die obere Grenze für ein Spurenelement bei 0,005 % entspr. 50 mg/kg Lebendgewicht. Da der Gehalt an Eisen, das ähnlich wie zahlreiche andere Spurenelemente wirkt, im Durchschnitt zu 0,007 % im Tierkörper enthalten ist, sollte die obere Grenzkonzentration auf diesen Wert korrigiert werden.

Essentielle Spurenelemente sind solche, die als lebensnotwendig erkannt sind und die in nennenswertem Umfang nicht durch andere Elemente oder Verbindungen ersetzt werden können. Nach dem gegenwärtigen Stand der Erkenntnisse gehören hierzu in der Reihenfolge ihrer Entdeckung Eisen, Jod, Kupfer, Mangan, Zink, Kobalt, Molybdän und Selen. Auch für die Spurenelemente Chrom, Zinn, Vanadium, Fluor, Silicium, Nickel, Arsen und Blei wurden spezifische Mangelerscheinungen an Labortieren und teilweise auch an Geflügel nachgewiesen. Kenntnisse über deren Wirkungsmechanismen konnten jedoch bisher nur teilweise gesichert werden, zumal die essentiellen Effekte von Silicium, Nickel, Arsen und Blei in sehr niedrigen Konzentrationsbereichen gefunden wurden, die um ein Vielfaches unter den in Futtermitteln anzutreffenden Gehalten liegen.

Schließlich gibt es noch etwa 20–30 Elemente, die aufgrund ihrer weiten Verbreitung in Luft, Boden, Pflanze und Trinkwasser in den Tierkörper gelangen. Ein Teil dieser *akzidentellen* Spurenelemente verhält sich im Stoffwechsel wie ein Element mit ähnlichem Schalenaufbau. So begleitet z. B. Lithium das Natrium, Rubidium das Kalium und Strontium das Calcium. Weitere »Mitläufer« mit nachgewiesener Entbehrlichkeit und ohne bisher erkannte physiologische Funktion sind u. a. Aluminium, Barium, Beryllium, Bor, Brom, Caesium, Edelgase, Gold, Platin, Silber, sowie die Elemente mit besonders niedriger toxischer Schwelle, wie z. B. Quecksilber und Thallium.

Die *Resorption* der Spurenelemente wird von verschiedenen Nahrungsfaktoren zum Teil fühlbar beeinflußt. Dabei spielt nach Kirchgessner die Chelatbildung im Darmkanal eine wichtige Rolle, wobei als Komplexliganden Abbauprodukte der Nahrung wie Aminosäuren, Peptide, andere organische Verbindungen wie Vitamine und ggf. auch Antibiotika in Frage kommen. Nach oraler Zufuhr überschüssiger Metallkationen mit großen Komplexassoziationskonstanten wie Kupfer können schwächer gebundene Metallatome in Freiheit gesetzt und adsorbierbar gemacht werden. So wird die Resorption und damit Retention von Eisen, Zink, Mangan und Kobalt durch Kupferzulagen erhöht. Die Bildung und Stabilität der Metall-Ligand-Komplexverbindungen hängt somit neben der Art des Liganden auch vom molaren Verhältnis zwischen Metall und Liganden, der Gegenwart konkurrierender Elemente und Liganden sowie dem pH-Wert des Chymus ab. Da im Chymus eine Vielzahl von Liganden und Elementen aus der Nahrung und den Verdauungssekreten aufeinander treffen und bei der Passage pH-Verschiebungen auftreten, ist die Resorptionsrate großen individuellen Schwankungen unterworfen.

Einflüsse von Nahrungsbestandteilen auf die *Verteilung* von Spurenelementen im Tierkörper sind am Schwein studiert worden. Nach Verfütterung großer Ca-Mengen an Zuchtsauen wurde bei Ferkeln die Verteilung von Zink in den Organen verändert, wobei der Gesamt-Zn-Gehalt der Tiere unverändert blieb. Erfolgt eine längere, knappe Versorgung mit dem Kupfer-Antagonisten Molybdän, kann die Ration mit bedarfsgerechtem Cu-Gehalt zu starker Cu-Akkumulation ggf. bis zur Toxizität führen. — Weitere Beispiele zur Wechselwirkung werden bei der Besprechung der einzelnen Elemente angeführt. Für viele fehlen noch die Erklärungen.

Die essentiellen Spurenelemente sind überwiegend Bestandteile bzw. Aktivatoren von Enzymen, Bestandteil des Vitamins B_{12} und der Schilddrüsenhormone. Die Aufgabe der Metalle im Enzymsystem kann darin bestehen, daß das Spurenelemention wie im Häminenzym das aktive, katalytische Zentrum bildet, oder aber wie bei der Arginase nur die Substratbindung an das Enzym vermittelt bzw. die Aktivität des Enzyms steuert durch Hemmung oder Förderung der Wirkung anderer Metalle auf das Enzym.

Der Hemmung liegen denaturierende Effekte, der Förderung dagegen Strukturstabilisierung bzw. antiautolytische Einflüsse zugrunde. Für die normalen Stoffwechselvorgänge ist entscheidend, daß die Konzentrationsanteile der essentiellen Spurenelemente in den jeweiligen Bindungsformen trotz variierender Zufuhr relativ konstant gehalten werden. Die Adaptationsleistung kann einmal durch Änderung der Resorptionsrate erfolgen. Dieser Regulationsmechanismus ist bei Eisen, Zink und Mangan von Bedeutung. Über die endogene fäkale bzw. renale Exkretion werden in abnehmender Reihenfolge Mangan, Jod und Zink bzw. Jod,

Selen und Fluor reguliert. Weiterhin kommt der homöostatischen Anpassung durch Einlagerung in Gewebe, wie z. B. Skelett, Leber oder Nieren, mit unterschiedlicher Präferenz für einzelne Organe für Eisen, Kupfer, Molybdän und Fluor eine besondere Rolle zu. Schließlich kann auch die Elimination über die Milch teilweise zum homöostatischen Ausgleich beitragen. Dieser Weg ist für die Elemente Jod, Molybdän, Selen und Zink von nicht unerheblicher Bedeutung.

Bei der zum Teil hohen katalytischen Aktivität ist die bedenkenlose Zufuhr von Spurenelementen wegen des Erreichens der *Toleranzschwelle* begrenzt. Ausnahmen gelten für Eisen, dessen intermediärer Transport und Speicherung durch Bindung an spezifische Eiweiße in besonders hohem Maß abgesichert ist.

Am empfindlichsten reagieren Nutztiere auf Selen. 5 mg/kg Futtertrockensubstanz sollen nicht überschritten werden. Bei Molybdän ist oberhalb 12–15 mg/kg mit Stoffwechselstörungen bei Wiederkäuern zu rechnen. Gegenüber höheren Kupferkonzentrationen sind nur Wiederkäuer empfindlich. Bei Lämmern und Schafen stellt die 2fache Bedarfshöhe bereits die obere Begrenzung dar (max. 20 mg Cu/kg), wobei die Cu-Toleranz vom reinen Landschaf über das Fleisch- und Milchschaf zum Texelschaf abnimmt. Kälber tolerieren maximal 30, erwachsene Rinder 50 mg/kg Futtertrockensubstanz. Im Gegensatz zu Polygastren sind z. B. Mastschweine in der Lage, bis zu 250 mg Cu/kg über längere Zeit störungsfrei aufzunehmen, wobei vor allem aufgrund der bakteriostatischen Wirkung im Darmkanal verschiedentlich sogar Wachstumsverbesserungen beobachtet werden können.

Demgegenüber liegen die Toleranzschwellen für die übrigen essentiellen Spurenelemente wesentlich höher. Die Zn-Konzentration erreicht diese Grenze beim Rind und Schaf mit 500–1000, beim erwachsenen Schwein mit 1000 mg/kg Futtertrockensubstanz. Ähnlich verhält sich Mangan. Bei Eisen liegt die toxische Schwelle beim Rind um bzw. oberhalb 500 und beim Schwein oberhalb 2000 mg Fe/kg Futtertrockensubstanz (Tab. 8).

Die Gefahren toxischer Spurenelementkonzentrationen in den vom Tier stammenden Lebensmitteln können durch zunehmende Belastung der Umwelt auch für den Menschen Bedeutung erlangen. Aufgrund der Resorptionsschranke im Gastrointestinaltrakt, der endogenen Exkretion über Fäzes und Nieren sowie der spezifischen Verteilung der toxisch wirkenden Spurenelemente im Organismus weisen die tierischen Produkte nach derzeitigem Kenntnisstand aufgrund der genannten Filterwirkungen vergleichsweise geringere Gehalte an schädlichen Spurenelementen auf.

Der Spurenelementgehalt in pflanzlichen *Futtermitteln* zeigt zum Teil beträchtliche Schwankungen. Einmal ist er abhängig von der Pflanzenart mit ihrer spezifischen Eigenschaft, Spurenelemente aufzunehmen. Damit wird der Spurenelementgehalt im Grünfutter von Wiesen und Weiden zunächst von der Zusammensetzung der Flora bestimmt. Weiterhin bestehen wie bei Mengenelementen enge Beziehungen zum Boden, zu seiner geologischen Herkunft, dem pH, der Wasserführung, dem Humusgehalt, ferner zur Art und Menge der Kalkung und Düngung sowie den Witterungsbedingungen während der Wachstumsphase der Futterpflanzen. Letztlich ist für die Höhe der Spurenelementkonzentration das Wachstumsstadium zum Erntezeitpunkt und bei einer Reihe von Elementen und Pflanzenarten auch die Jahreszeit maßgeblich.

Es würde zu weit führen, an dieser Stelle auf die genannten Faktoren einzugehen. In der praktischen Tierernährung sind sie im wesentlichen nur

Tab. 8. Oberer Toleranzbereich für längerwährende Verfütterung von Spurenelementen (mg/kg Futtertrockensubstanz)

	Cd	Co	Cu	F	Fe	J	Mn	Mo	Pb	Se	Zn
Kälber	0,2	90	30	40	200	20	1000	10	30	4	500
Rinder	0,4	20	50	100	500	40		12	50	5	1000
Lämmer	0,3		10	100	500		500	15	20	5	500
Schafe	0,3	50	20	60	500		500	15	50	5	1000
Ferkel	0,5		200	80	1000	400	200	300	30	2	600
Mastschweine	0,3		250	100	2000	400	500	500	30	4	1000
Aufzucht-Mastküken	0,5	4		300	250	50	800	100	10	4	800
Legehennen	0,5	4	150–200	300	350	60	1000	150	10	4	1000

bei der Beurteilung des Grünfutters von Bedeutung, wenn es gilt, die Angaben über die Spurenelementgehalte in den Nährstofftabellen der Futtermittel kritisch zu interpretieren. In der Bundesrepublik Deutschland wird der Eisen- und Molybdänbedarf in der Regel über Grünfutter gedeckt.

Manganarmes Grundfutter ist im wesentlichen auf alkalische Böden beschränkt. Die Kupfer-, Zink- und Kobaltgehalte erreichen jedoch selten die Bedarfshöhe und bedürfen daher meistens der Ergänzung.

b. Eisen

Der höchste Gehalt aller Spurenelemente im Tierkörper entfällt mit durchschnittlich 70 mg/kg auf das Eisen, das wegen seiner Reaktionsintensität vorwiegend in gebundener Form vorliegt. Etwa 70 % befinden sich im Hämoglobin und 2–20 % im Myoglobin. In den Fe-Depots sind 20–22 % und in den Cytochromen der Klassen a, b und c 0,1–0,4 % enthalten.

Die *Resorption* erfolgt hauptsächlich im Duodenum als zweiwertiges Eisen. Das dreiwertige Ion muß in der Regel zuvor reduziert werden. Daher ist dessen Aufnahme meist mit Verlusten verbunden, zumindest zeitlich deutlich verzögert.

Das von der Magenmucosa gebildete Gastroferrin, ein hochmolekulares Glykoprotein mit einer Bindungskapazität von ca. 280 Fe^{+++}-Ionen je Molekül, unterstützt die Resorption des Fe im Dünndarm. Das Mucosatransportsystem zeigt jedoch keine absolute Spezifität. Die Elemente Mn, Co, Ni, Cr und Zn können über das gleiche Transportsystem aufgenommen werden und damit die Fe-Resorption kompetitiv hemmen. Die Resorption anorganischen Eisens wird als Fumarat oder Zitrat bzw. bei gleichzeitiger Anwesenheit von Ascorbinat fühlbar verbessert, durch größeren Gehalt an Phosphaten bzw. Phytat sowie an starken Chelatbildnern verringert. Saugferkel resorbieren Fe zu 95–99 %, wenn Fe im Sauenmilchersatzfutter als Fumarat bzw. Zitrat vorliegt, sonst zu 80 % und weniger. Weitere Angaben über Nutztiere fehlen noch. Wie beim Menschen dürfte die Resorptionsrate erwachsener Tiere zwischen 5 und 20 % liegen. Bei Pflanzenfressern werden bei meist überschüssiger Fe-Aufnahme etwa 15–20 % resorbiert. Mit zunehmendem Alter verringert sich bei allen Tierarten die Eisenresorption.

Die Resorption durch die Mucosazellen erfolgt zunächst rasch, wobei der Fe^{++} als Chelat-Komplex gebunden und durch SH-Gruppen stabilisiert wird. Danach schließt sich ein langsamer Transport zur Serosagrenzfläche an und kann von dort durch energieabhängigen Transport an das Blut abgegeben werden. Eisen, das nicht unmittelbar ins Plasma übertritt, wird in der Zelle nach Übergang in die dreiwertige Form an Apoferritin gebunden. Apoferritin ist ein Protein, das die Fähigkeit besitzt, Eisen bis zu 25 % zu binden, und in diesem Zustand als *Ferritin* bezeichnet wird. Ferritin liegt in einer »Sackgasse» des Transportweges und übernimmt lediglich eine vorübergehende Speicherfunktion. Das Ferritin stellt eine Art Eiseneinschlußverbindung dar, in dem das dreiwertige Eisen als Ferrihydroxid-Phosphat-Komplex gebunden vorliegt und von einem hochmolekularen Protein umhüllt ist. In der Mucosazelle steht somit der Fe^{++}-Chelat-Komplex mit dem Ferritin (Fe^{+++}) im Gleichgewicht. Bei Bedarf verschiebt sich das Gleichgewicht nach der Seite des Fe^{++}-Chelats unter gleichzeitiger Fe^{++}-Dissoziation, wobei die inaktive Form des Ferritins in die aktive Form übergeht (Abb. 53). Die inaktive Form des Ferritins stellt in diesen und in den anderen Ferritin enthaltenden Zellen den größten Eisenspeicher des Organismus dar.

Nach Austritt aus der Mucosazelle wird das Fe^{++} im Blutplasma durch Coeruloplasmin zu Fe^{+++} oxidiert und von dem eisenbindenden Protein Transferrin übernommen, das pro Molekül 2 Atome Fe als Ferri-Ion aufnimmt. Ein großer Teil des Transferrin (bis zu ⅔) steht ständig als Transportreserve zur Verfügung. Sie wird als latente Eisenbindungskapazität bezeichnet. Die Gesamteisenbindungskapazität bleibt bei einem Tier meist weitgehend konstant, kann zwischen einzelnen Tieren einer Spezies aber stärker variieren. Der Fe-Gehalt im Serum schwankt beim Rind, Schaf, Schwein und Pferd im allgemeinen zwischen 18,8 und 26, beim Geflügel zwischen 18 und 44,8, bei Legehennen um 179 μmol/l. Das Plasma-Fe wird täglich mehrmals erneuert. Der Plasma-Eisen-Turnover, der sich aus der Halbwertzeit des Plasma-Fe, dem Plasma-Volumen und der Höhe des Fe-Spiegels errechnet und ein Maß für die Geschwindigkeit des Fe-Austauschs im Plasma darstellt, beträgt bei wachsenden Schweinen 1,11 und bei Milchrindern 0,81 mg Fe/kg KG/Tag.

Über die Regulierung der enteralen Fe-Aufnahme, die ein Überschwemmen des Körpers verhindert, sie aber bei gestiegenem Bedarf (Blutungen, Laktation) erhöht, liegen noch keine endgültigen

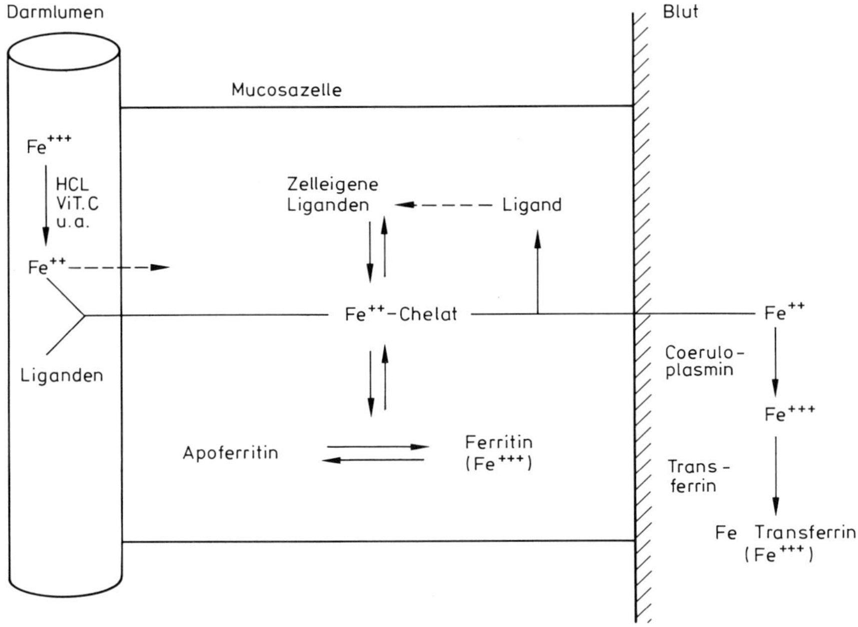

Abb. 53. Schema der intestinalen Fe-Resorption

Erkenntnisse vor. Vieles spricht für eine Steuerung durch die Darmzelle.

Im *Stoffwechsel* hat Fe eine wichtige Funktion im Rahmen der Oxidations-Reduktionsprozesse. Es ist Bestandteil der Atmungsfermente und spielt als Katalysator auch bei anderen Elektronenübergängen eine bedeutende Rolle.

Die überwiegende Menge des Plasma-Fe wird vom Knochenmark aufgenommen und dient der Hämoglobinsynthese. Der basophile Erythroblast benötigt das meiste Fe. Für den Einbau von Fe^{++} in das Protoporphyrin ist das Enzym Häm-Synthetase maßgebend. Hämoglobin und Myoglobin können molekularen Sauerstoff reversibel binden. Ersteres dient in den Erythrocyten dem O_2-Transport, letzteres in den Muskelzellen der O_2-Bevorratung.

Hämoglobin und Myoglobin werden ebenso wie Ferritin und Hämosiderin als nicht katalytisch wirkende Metallproteide bezeichnet. Ihnen stehen die Fe-spezifischen Metallenzyme gegenüber. Hierunter fallen die Hämenzyme, NAD-Cytochrom c-Reduktase, die Fettsäureacyldehydrogenase, Xanthinoxidase und die Succinatdehydrogenase.

Zu den Hämenzymen gehören die Cytochrome der Klassen a, b und c. Sie dienen dem Elektronentransport der Atmungskette in den Mitochondrien. Die Cytochromoxidase überträgt die Elektronen am Ende der Kette auf molekularen Sauerstoff. Sie enthält außer Fe noch Kupfer. Während der Aufnahme und Abgabe der Elektronen wechselt bei ihnen die Wertigkeit des Fe. — Zur selben Klasse von Enzymen mit Häm als prosthetischer Gruppe gehören noch die Katalasen mit 4 und die Peroxidasen mit 1 Atom Fe^{+++} je Molekül. Letztere oxidieren organische Substrate, indem deren Wasserstoff auf H_2O_2 übertragen wird. Katalasen zerlegen $2\,H_2O_2$ in $2\,H_2O$ und O_2.

Die *Speicherung* von Fe setzt seine stoffwechselneutrale Lagerung voraus. Hierfür eignen sich das Ferritin, das 20–24 % Fe aufnehmen kann, und das wasserunlösliche Hämosiderin. Es enthält etwa 35 % Fe und bildet Granula, die vermutlich durch dichte Zusammenlagerung von Ferritin nach Denaturierung der Apoferritinmatrix entstehen. Wieweit Fe aus Hämosiderin wieder mobilisierbar ist, bedarf noch der Klärung. Etwa 66 % des Speichereisens der Leber entfallen bei Rind, Schaf und Pferd auf das Ferritin.

Die *Abgabe* von Fe auf den Fetalkomplex erfolgt in allen Trächtigkeitsabschnitten in ausreichender Menge. Der Mehrbedarf wird durch eine erhöhte Resorptionsrate gedeckt. Während der Laktation wird Fe mit der Milch ausgeschieden (Kuhmilch: 64–108 mmol/l; Sauenmilch 26,8–44,8 mmol/l). Dasselbe gilt für die Eibildung, wobei je Ei 1 mg Fe abgegeben wird. Ähnlich dem

Ca erhöht die Legehenne zu diesem Zweck vor der Legephase Resorption, Plasmaspiegel und Depotbildung des Eisens.

Über die *Regulationsmechanismen* des Fe-Stoffwechsels ist ebenso wie über die Steuerung der Resorption noch wenig bekannt.

Da das im Rahmen der Abbauprozesse freiwerdende Fe zu 90 % zum Stoffwechsel wieder verwendet werden kann, ist die *Ausscheidungsrate* gering. Die Exkretion erfolgt überwiegend über den Kot, wobei das endogene Kot-Fe wenig mehr oder gleich der über den Harn bzw. Schweiß ausgeschiedenen Menge betragen kann.

Aufgrund der hohen Ökonomie des Fe-Stoffwechsels sowie der in der Regel bedarfsdeckenden Zufuhr über das Futter sind bei adulten Nutztieren keine Mangelerscheinungen zu erwarten. Fe-Mangel tritt dagegen hauptsächlich bei milchernährten Säugern auf. Dabei ist das Saugferkel besonders gefährdet. Während der ersten 4–10 Lebenstage sind die geringen Fe-Reserven erschöpft, zumal der Fe-Gehalt der Sauenmilch auffallend niedrig ist.

Der Eisenmangel adulter Tiere beruht in der Regel auf einer Störung der Eisenresorption im Darm (Diarrhoe, Malabsorption, Infektion etc.). Zunächst kann die verminderte Fe-Resorption durch Mobilisierung des Depot-Fe aufgefangen werden. Nach Entleerung der Speicher wird die Transferrin-Synthese gesteigert, so daß Transferrin zunehmend weniger mit Eisen beladen ist. Die anfänglich normochrome Anämie geht dann in die für Fe-Mangel typische hypochrome oft mikrozytäre Anämie über.

Bei akuten Fe-Intoxikationen werden in erster Linie Leber, Pankreas und Herzmuskel geschädigt. Bei chronischer Eisenüberversorgung ist die beobachtete Leistungsdepression meist von einem Mangan- und Kupfermangel begleitet.

c. Zink

Tierische Organismen enthalten durchschnittlich 20–30 mg Zn/kg Körpergewicht. Es kommt vorwiegend an Protein gebunden vor und ist in der Choreoidea des Auges, in Haaren, Knochen, Pankreas, im Sperma und in der Prostata besonders konzentriert. — Bei weiblichen Tieren liegt die Resorptionsrate höher als bei männlichen. Sie erfolgt bei Monogastren vor allem im distalen Dünndarm. Bei Wiederkäuern gelangen in Pansen und Haube mehr endogene Zn-Anteile als Nahrungs-Zn resorbiert wird. Im Labmagen findet eine deutliche Resorption statt, während im oberen Dünndarm wieder die Sekretion überwiegt, vor allem über das Sekret der Bauchspeicheldrüse. Auch hier wird dann das resorbierbare Zn größtenteils im Bereich des unteren Dünndarms dem Chymus entzogen. Zn kann in kleinen Mengen auch über Haut und Vagina aufgenommen werden.

Die Verwertung kann durch eine Reihe von Nahrungsfaktoren beeinflußt werden. Bei Monogastren wird in erster Linie die Phytinsäure für die geringere Zn-Verfügbarkeit aus pflanzlichen Futtermitteln verantwortlich gemacht. Entweder liegt Zn in diesen bereits als schwerlösliches Zn-Ca-Phytat vor oder es wird ein solcher Komplex bei Vorhandensein von freier Phytinsäure im Magen-Darm-Kanal gebildet. — Höhere Ca-Konzentrationen verschärfen bei Schwein und Geflügel die Zn-Mangelsymptome, obwohl die tägliche Zn-Retentionsrate dadurch erhöht wird. Sie führen offensichtlich zu einem Eingriff in den Zn-Stoffwechsel, zumal auch die Zn-Verteilung verändert wird. Um derartige Wechselwirkungen möglichst auszuschalten, sollte im Futter zwischen Ca und Zn ein Gewichtsverhältnis von ca. 150 : 1 vorliegen. — Auch zu Cadmium zeigt sich ein Antagonismus, denn es ist in der Lage, bei Wiederkäuern, Schweinen und Geflügel die Zn-Resorption zu hemmen, Bindungsstellen im Transportsystem zu besetzen und zinkhaltige Enzyme zu inaktivieren. Neben Ca und Cd liegen mit Cr, Fe, Mn und Ni vergleichbare Interaktionen vor.

Im *Blutplasma* ist Zn sowohl fest an eine Globulinfraktion als auch locker an Albumin assoziiert. Der Zn-Spiegel im Plasma liegt zwischen 11,4 und 23 mmol/l. Da die Erythrocyten durch ihren Gehalt an Carboanhydratase über einen recht hohen Zn-Gehalt verfügen, wird im Vollblut eine fast doppelt so hohe Zn-Konzentration gefunden.

Resorbiertes Zn verläßt die Blutbahn rasch und wird an sämtliche Organe abgegeben. Besonders schnell erfolgt der Zn-Umsatz im *Stoffwechsel* der Bauchspeicheldrüse, wo es von den Inselzellen benötigt wird. Die β-Zellen der Langerhans'schen Inseln weisen hohe Zinkkonzentrationen auf, die für die Insulinspeicherung von Bedeutung sind. Darüber hinaus ist Zn als Bestandteil des Metalloenzyms Carboxypeptidase B bei der quantitativen Umwandlung von Proinsulin zu Insulin beteiligt. Das neu gebildete Insulin wird durch Zn in einer osmotisch inaktiven und biochemisch stabilen kristallinen Form gebunden. Vor der Ausschleusung muß Zn aus dem Zink-Insulin-Komplex gelöst werden, wobei stärkere Komplexbildner, wie z. B. die Stoffwechselprodukte der stimulierten β-Zellen Citrat, Oxalacetat und organische Phosphorverbindungen, eine Rolle spielen.

Auch Leber, Niere und NNR haben einen hohen Zn-Austausch. Analog zum Fe gibt es auch Zn-spezifische Metalloenzyme. Hierzu gehören u. a. die Carboanhydratase, Carboxypeptidase B, Glutaminsäuredehydrogenase, Alkoholdehydrogenase und Lactatdehydrogenase. Zink ist auch in der δ-Aminolävolinsäure-Dehydratase (ALA-D) mit 4 bzw. 8 Atomen pro Enzymmolekül enthalten und übt einen signifikanten Einfluß auf die Aktivität der ALA-D aus bzw. hebt die Pb-induzierte Hemmung der ALA-D auf. Darüber hinaus existieren eine Reihe weiterer Fermente, die durch Zn^{++} aktivierbar sind, wobei allerdings andere zweiwertige Kationen dieselbe Wirkung auszuüben vermögen. Weiterhin spielt Zn bei der Erhaltung der Hautfunktion sowie bei der Protein-RNA- und DNA-Synthese als Bestandteil oder Aktivator bzw. Cofaktor eine wichtige Rolle. Die Enzymsynthese der alkalischen Phosphatase, die als Metalloenzym vier Atome Zn und zwei Atome Mg als integrale Bestandteile in einem Dimer enthält, wird ebenfalls durch Zn positiv beeinflußt.

Die Bedeutung des Zn im Auge dürfte primär struktureller Natur sein. Im Tapetum lucidum, das bis zu 14 % Zn in der Trockensubstanz enthält, wurde ein Zn-Cystein-Komplex isoliert, der offensichtlich als polymere Substanz vorliegt, die das Dämmerungssehen verbessert. Auch ist eine Mitbeteiligung an photochemischen Prozessen denkbar.

Im Hoden wird Zn für die Erhaltung des Keimepithels und für die Spermiogenese benötigt, wobei allerdings zwischen den einzelnen Tierarten graduelle Unterschiede bestehen. Bei Ratten und Ziegen scheint eine ausreichende Zn-Versorgung auch für die Ausbildung der Brunstsymptome weiblicher Tiere wesentlich zu sein.

Auch für dieses Element findet eine *Abgabe* an die Foeten, eine Sekretion mit der Milch und ein Übergang an das Hühnerei statt. Auch über das Ejakulat werden erhebliche Zn-Mengen abgegeben. Die Ausscheidung erfolgt vorwiegend über die Galle und das Sekret der Bauchspeicheldrüse.

Perfusionsstudien an Ratten ergaben, daß sich der Aufnahme- und Transportvorgang an der mucosalen Epithelzelle adaptiv mit der nutritiven Zn-Zufuhr verändert. Dabei scheint dem intestinalen Zn-Metallothionin eine entscheidende Funktion zuzukommen, da die Konzentration dieses Zn bindenden Proteins in einem umgekehrten Verhältnis zur Resorptionsrate von Zn steht. Auch die Exkretionsrate kann sich bis zu einem gewissen Bereich der oralen Zn-Zufuhr anpassen. Ab 100–150 mg Zn/kg Futter werden diese Regulationsmechanismen jedoch überfordert und führen zu einem abrupten Anstieg der Zn-Konzentrationen in Organen und Geweben.

Die Vielfalt der Zn-Enzyme läßt erahnen, welche weitreichenden Folgen ein Zinkmangel für den Organismus haben muß. Folgende Ausfallerscheinungen sind bekannt: verminderte Futteraufnahme, anormale Hodenentwicklung, gestörte Ovulation, fehlende Potentia coeundi, Störung der Proteinsynthese, Epithel- und Haarschäden. Die bekannteste Zn-Mangelkrankheit ist die Parakeratose des Schweines. Als ursächlich hierfür wird eine durch den Einsatz phytathaltiger pflanzlicher Eiweißträger, z. B. Soja- und Rapsextraktionsschrot, bei gleichzeitig hohem Ca-Gehalt im Trockenfutter bedingte verminderte Zinkresorption angesehen. Die Parakeratose kann auch bei Geflügel und Schafen auftreten. Auch an Milchkühen zeigten sich nach Zn-Depletion teils nässende, teils trockene, grindartige Schuppen mit tiefen Rhagaden. Zinkintoxikationen sind bei praxisgerechter Fütterung nicht zu erwarten, zumal Zn einer homöostatischen Kontrolle unterliegt (s. o.).

d. Kupfer

Der gesamte Cu-Bestand erwachsener Tiere liegt bei 1–3 mg/kg Körpergewicht. Die größte absolute Menge ist in Haut und Haaren sowie im Leberspeicher enthalten. Auch das Epithel des Verdauungskanals ist relativ Cu-reich.

Für die vorwiegend im oberen Dünndarm, aber auch im Dickdarm stattfindende *Resorption* scheint auch hier kein besonderer Regel-Mechanismus zugrunde zu liegen. Die HCl-Konzentration im Magen zerstört einen Teil der meist in der Nahrung vorhandenen Cu-Komplexe, so daß im noch sauren Bereich des Duodenum die in diesem Milieu große Diffusionsgeschwindigkeit des Cu für die Resorption ausgenutzt werden kann. Nahrungs-Cu wird durchschnittlich zu 10–40 % vom Darmkanal aufgenommen, wobei das Ausmaß von den durch die örtlichen Verhältnisse bestimmten Bindungsformen abhängt. Anorganische und organische Liganden der Nahrung können zum Teil im Verdauungskanal schwerlösliche Kupferverbindungen bilden, wobei z. B. Cu aus Kupfersulfid erst im Kolon nach bakterieller Zersetzung zum kleinen Teil verwertbar ist.

Bei Wiederkäuern besteht eine für die Tierernährung wichtige Wechselbeziehung zwischen Cu-Resorption und der Höhe des Ca-Gehalts im Futter. Je mehr Ca und damit Basen vorhanden sind, desto weniger Cu kann aufgenommen werden. Aufgrund dieser negativen Wechselwirkung sollte das Gewichtsverhältnis zwischen Ca und Cu im Futter auf ca. 350 : 1 eingestellt sein. — Im Magen des Schweines ist die für die Cu-Resorption wichtige Protonenkonzentration wesentlich größer als beim Rind, deshalb wirkt sich bei diesem Tier ein größerer Ca-Gehalt erst bei erheblicher Überdosierung störend aus.

Resorption bzw. Retention von Cu werden aber auch noch von anderen Mineralien und Spurenelementen beeinflußt. So verringern größere Molybdän-Konzentrationen im Futter in Gegenwart von Sulfat die Cu-Speicher in den Lebern von monogastrischen und polygastrischen Tieren. Auf das optimale Cu : Mo-Verhältnis im Futter zwischen 2,0–3,0 : 1 ist daher in Zweifelsfällen zu achten. Die Ursache der Cu-Mo-S-Interaktion wird in der Bildung von Tetrathiomolybdat (MoS_4^{--}) im Pansen vermutet, das wahrscheinlich sowohl die intestinale Resorption von Cu reduziert als auch die intermediäre Verfügbarkeit verschlechtert. Hohe Mn-Gehalte verhindern die Bildung der unlöslichen Cu-Mo-Sulfat-Komplexe. Steigende Sulfatkonzentrationen reduzieren in der Nahrung die Cu-Speicher der Leber, wofür möglicherweise die SO_4^{--}-Reduktion zu Sulfid im Darmkanal mit anschließender Bildung von CuS verantwortlich ist. Auch unter dem Einfluß hoher Zn-, Ag- und Cd-Gehalte wird die Cu-Resorption nachteilig beeinflußt.

Cu wird nach Resorption in loser organischer Bindung zur Leber transportiert, wo ein Einbau durch einen Mechanismus erfolgt, der keine Energie benötigt. Nach gewisser Zeit erscheint Cu in Bindung an α_2-Globulin als Coeruloplasmin im Kreislauf. Ein geringer Teil (4 %) ist locker an Serumalbumin assoziiert.

Im Blut liegt Cu sowohl als Erythrokuprein in den Erythrocyten als auch in verschiedenen Bindungsformen im *Plasma* vor. Ein relativ großer Teil des Plasma-Cu ist fest an das Enzym Coeruloplasmin gebunden, von dem jedes Molekül 8 Atome Cu^{++} enthält. Diese können mit freien Cu-Ionen nicht mehr in Austausch treten. Im suboptimalen Versorgungsbereich ist die Coeruloplasminaktivität von der Cu-Konzentration im Serum abhängig. Bei optimaler Cu-Konzentration bildet sich für die Coeruplasmin-Aktivität ein Sättigungsniveau. Der Gesamtgehalt an Coeruloplasmin ist jedoch weder alimentär noch durch Cu-Infusionen beeinflußbar. Nur in der Gravidität und bei Infektionen erhöht sich diese Fraktion. Das übrige, nicht dialysierbare Plasma-Cu ist vermutlich an verschiedene Serumeiweißfraktionen gebunden. Seine Konzentration reagiert auf exogene Einflüsse. — Der Cu-Gehalt im Plasma bei Rind, Schaf und Schwein schwankt zwischen 12 und 35 µmol/l, wobei der Anteil der Coeruloplasminfraktion beim Rind und Schaf etwa 75 % und beim Schwein etwa 55 % beträgt.

Die Bedeutung des Cu im *Stoffwechsel* liegt überwiegend im enzymatischen Bereich. Es gibt eine Reihe Cu-spezifischer Metalloenzyme wie Tyrosinase, Uratoxidase, Lysyloxidase, Superoxid-Dismutase, Butyryldehydrogenase, Askorbinsäureoxidase. In den Cu enthaltenen Oxidasen gilt Cu als alleiniger Wirkbestandteil der prosthetischen Gruppe. Im Cytochrom-a/a_3-Komplex dagegen übernimmt Cu die Funktion eines Bausteins. Dieses Enzym besteht aus einem Cu-Proteid mit einer prosthetischen Hämgruppe. Darüber hinaus gibt es noch eine Reihe von Enzymen, die Cu^{++} in Vertretung anderer, zweiwertiger Kationen aktivieren kann.

Die Beteiligung des Cu an der Hämatopoese hat zumindest beim Schwein Bedeutung, ohne daß die Mechanismen im einzelnen bekannt wären. Sowohl die Resorptions- und Retentionsrate von Fe als auch die Bildung von Globin ist ohne ausreichende Cu-Konzentration in den Geweben nicht optimal. Selbst bei der Reifung von Erythrocyten und deren Lebensdauer zeigen sich derartige Abhängigkeiten. Bei einem Cu-Mangel ist die Oxidation von Fe^{2+} zu Fe^{3+} gestört, so daß Fe infolge fehlender Bindungsmöglichkeiten an das Transferrin weder über die Darmwand noch aus den Depots zu den Syntheseorten des Häms transportiert werden kann. Darüber hinaus ist aber auch die Synthese des Häms infolge ungenügender Cytochromoxidase-Aktivität in den Mitochondrien beeinträchtigt. Eine verringerte Fe-Mobilisierung ist jedoch erst dann zu erwarten, wenn die Coeruloplasmin-Aktivität auf 1–2 % des Normalniveaus abgefallen ist.

Da die für Pigmentbildung verantwortlichen Polyphenoloxidasen Cu-haltige Enzyme sind, nimmt dieses Element auf die Haar- und Wollbildung Einfluß. So bestimmt Cu maßgeblich die Färbung der schwarzen Haare und bei Schafen auch die Höhe des Wollertrags sowie die Kräuselung der Wolle. Letzteres soll durch die Bildung von Disulfidbrücken zwischen freien Sulfhydrilgruppen zustande kommen, wodurch Präkeratin in Keratin überführt wird.

Weiterhin ist Cu für die Elastinbildung essentiell. Bei der Bildung der Desmosine kondensieren vier Lysinreste, deren ε-Aminogruppen durch die Cu-abhängige Aminooxidase oxidativ desaminiert werden müssen. Bei Cu-Mangel unterbleibt dieser Schritt unter gleichzeitiger Elastizitätsverminderung der Gefäßwände. Auch die nach Cu-Depletion beobachtete ungenügende Bildung von Kollagen und Demyelinisierung im Rückenmark lassen auf eine Beteiligung des Cu bei inter- bzw. intramolekulären Vernetzungsreaktionen des Kollagens und deren enzymatischer Synthese sowie am Abbau der Glykoproteine und Ganglioside schließen.

Höhere Cu-Dosierungen im Futter (bis 175 mg/kg) erzeugen nur bei älteren Ferkeln und Mastschweinen einen beachtlichen zusätzlichen Wachstumseffekt, der zum Teil auf die verbesserte peptische Hydrolyse von Proteinen aufgrund der stabilisierenden und damit antiautolytischen Wirkung von Cu auf Pepsin und Trypsin zurückgeführt werden kann. Diskutiert wird weiterhin die auch vom Menschen her bekannte günstige Wirkung von Cu auf die Infektionsabwehrmechanismen und der direkte Einfluß auf die Hemmung bakterieller Enzyme. — Als Hauptorgan für die *Speicherung* gilt die Leber. Sie ist in der Lage, Cu vollständig dem venösen Blut zu entziehen, als Coeruloplasmin bzw. Heptakuprein überwiegend im Cytoplasma abzulagern und bei Bedarf wieder abzugeben. Ihr Cu-Gehalt ist vom Alter und von der Tierart abhängig. Zum Teil wird Cu auch an die organspezifischen Proteine Erythrokuprein und Cerebrokuprein gebunden. Die im intermediären Stoffwechsel nachgewiesenen Wechselwirkungen zwischen Cu und Zn bzw. Cd und chemisch ähnlichen Elementen resultieren in erster Linie aus einer Konkurrenz um die gleichen Bindungsstellen an in der Leber bzw. anderen Organen gespeicherten Cu-haltigen Proteinen.

Auch bei Cu ist der tierische Organismus bestrebt, eine unterschiedliche nutritive Versorgung durch entsprechende Veränderung der Resorption und Exkretion auszugleichen. Dabei kommt der enteralen Cu-Exkretion eine wesentliche Bedeutung zu, da die renale Cu-Exkretion sehr gering ist. Auch die adaptive Elimination durch die Milch unterstützt die homöostatische Anpassung. Ob die Cu-Empfindlichkeit von Kälbern sowie jungen und adulten Schafen allein durch begrenztes Ausscheidungsvermögen verursacht wird, bedarf noch der weiteren Klärung.

Bei Cu-Intoxikation befinden sich hohe Cu-Konzentrationen in der Zellkernfraktion der Leberzellen. Cu reagiert dort mit der DNS unter Bildung von Cu-DNS-Komplexen. Weiterhin konnte eine Cu-bedingte Inhibition der RNS-Polymerase nachgewiesen werden. Die bei Cu-Vergiftung typische extra- und intravaskuläre Hämolyse ist in erster Linie auf die Wechselbeziehungen zwischen Cu und der Erythrozytenmembran zurückzuführen.

e. Mangan

Der Gesamtbestand im Tierkörper an Mn beträgt etwa 0,5 mg/kg Körpergewicht. Trotzdem hat auch dieses Element eine wichtige Funktion durch die Beeinflussung der Aktivität zahlreicher Enzyme. Es findet sich in allen Geweben und ist innerhalb der Zellen in den Mitochondrien angereichert.

Zur *Resorption* gelangen bei adulten Tieren nur etwa 5–10 %. Überschüsse an Ca und P in der Ration reduzieren die Resorptionsrate. Im *Plasma* wird es wie Fe in das β_1-Globulin als leicht dissoziierbarer Mn-Komplex gebunden und wandert bei Bedarf rasch in die Gewebe ab. Der Mn-Serum-Spiegel ist vor allem bei adulten Tieren niedrig. Beim erwachsenen Rind liegt er zwischen 0,18 und 0,36 μmol/l, beim halbjährigen Schwein zwischen 1,09 und 1,46 μmol/l.

Mangan wirkt im *Stoffwechsel* als Bestandteil bzw. Aktivator wichtiger Enzyme.

Mn ist ein Cofaktor der oxidativen Phosphorylierung und beeinflußt u. a. über das Malatenzym die Decarboxylierung der Oxalbernsteinsäure zu α-Ketoglutarsäure. Weiterhin wird die Aktivität z. B. der Arginase, Enolase, Desoxyribonuclease, Adenosintriphosphatase, Carboxylase sowie einiger alkalischer Phosphatasen und Peptidasen durch Mn^{++} beeinflußt. Dies trifft insbesondere auch für das Polymerase- und Galaktosyltransferase-System zu. Darüber hinaus ist Mn für die Verwertbarkeit einiger Vitamine, wie z. B. B_1, durch

Überführung in Thiaminpyrophosphat, seine Coenzym-aktive Form, von Bedeutung. Auch die Cholesterol- und Fettsynthese ist möglicherweise von der Anwesenheit von Mn^{++} abhängig.

Aufgrund dieser Eigenschaften spielt dieses Element auch für die Synthese von sauren Mucopolysacchariden, vorwiegend des galaktosaminhaltigen Typs, eine große Rolle. Eine ausreichende Mn-Versorgung ist daher für optimale Verknöcherung Voraussetzung. — Störungen bei der enchondralen Verknöcherung stehen bei Schweinen und Geflügel nach manganarmer Fütterung im Vordergrund. Die Eischalenstabilität ist gleichfalls reduziert. Bei Ratte, Schwein, Rind, Ziege und Schaf kann, vor allem bei weiblichen Tieren, durch Mn-Mangel eine Störung der Fortpflanzungstätigkeit beobachtet werden, die sich in Stillbrünstigkeit, Verzögerung oder Störung der Brunst, embryonalem Fruchttod bzw. Sterilität äußert. Diese Fruchtbarkeitsstörungen stehen offensichtlich mit der Mn-mangelbedingten Reduktion der Mucopolysaccharidsynthese in Verbindung, die eine Verminderung der Schleimproduktion der Genitalmucosa nach sich zieht.

Da Eisen und Mangan in ihren chemischen Eigenschaften verwandte Elemente sind, bestehen zwischen Fe und Mn teilweise Verdrängungs- bzw. Ergänzungswirkungen im intermediären Stoffwechsel. So ist z. B. zu vermuten, daß Mn die Fe-Aufnahme im Sinne eines Mucosablocks beeinflußt und damit einer Fe-Überladung in den Organen entgegenwirkt.

Die Ausscheidung erfolgt überwiegend über die Galle. Der über die Niere, Bauchspeicheldrüse und Milch exkretierte Anteil ist gering.

Intoxikationen durch zu hohen Mn-Gehalt im Futter sind aufgrund der geringen Resorption und der schnellen Ausscheidung kaum zu erwarten. Extreme Überdosierungen haben bei Wiederkäuern eine Verminderung des Gehaltes an niedermolekularen Fettsäuren im Pansen, bei Schweinen eine gestörte Fe-Resorption und Anämie zur Folge.

f. Molybdän

Der Gesamtgehalt tierischer Organismen an Molybdän beträgt mit durchschnittlich 0,4 mg/kg Körpergewicht die Hälfte der Manganmenge und ist im Einzelfall von der Höhe des Angebots, der Resorptions- und Retentionsrate sowie dem Gehalt der Ration an Cu, P, Zn, Sulfat und S-haltigen Aminosäuren abhängig. Mo ist Bestandteil verschiedener Flavoproteinenzyme. Im Gegensatz zu Eisen, Zink und Mangan kann Mo wie Kupfer und Selen bei Überdosierung leicht Stoffwechselstörungen hervorrufen.

Die *Resorption* erfolgt bevorzugt als 6wertiges Ion. Die Resorptionsrate liegt etwa zwischen 20 und 50 %. Mo wird von der Leber aufgenommen, die neben Skelett, Nieren und Milch die höchste Mo-Konzentration aller Organe aufweist. Mo unterliegt keiner ausgeprägten homöostatischen Kontrolle.

Für den Stoffwechsel ist Mo u. a. als Bestandteil der Mo-spezifischen Metalloenzyme Xanthinoxidase, Aldehydoxidase und Nitratreduktase interessant. Die Xanthinoxidase katalysiert den Abbau der Purinbasen von der Stufe Hypoxanthin und Xanthin weiter zur Harnsäure und Allantoin. Hohe Konzentrationen von Wolfram mit einem W : Mo-Verhältnis von $>100:1$ führen zu einer kompetitiven Hemmung dieser Reaktion, wie beim Geflügel nachgewiesen wurde. Bei dieser Tierart konnte auch zuerst die wachstumsstimulierende Wirkung von Mo ermittelt werden. Inzwischen wurde diese auch für Wiederkäuer bestätigt. Dieser Effekt ist vermutlich in erster Linie auf die Stimulation der vorwiegend am Abbau der Zellulose beteiligten Pansenbakterien zurückzuführen.

Die Exkretion von Mo erfolgt überwiegend renal. Beträchtliche Mengen werden jedoch auch über Milch und Galle ausgeschieden.

Die natürlichen Antagonisten des Mo sind Sulfat, Cu und W. Während Sulfat-Ionen Resorption und renale Exkretion beeinflussen, hemmen Cu und W u. a. die Entwicklung der durch Mo stimulierten Bakterienflora.

Eine übermäßige Mo-Aufnahme kann nach Verfütterung Mo-reichen Grünfutters (>15 mg/kg Trockensubstanz) an Wiederkäuer auftreten. Der dabei beobachtete Durchfall entsteht durch die starke Bakterienvermehrung im Darm. Die weiteren Symptome wie Lähmungen, Schädigung des Keimepithels und Anämie sind denen eines Kupfermangels ähnlich, so daß die Mo-Vergiftung auch als relativer Cu-Mangel anzusehen ist. In derartigen Fällen ist in der Ration auf das optimale Cu : Mo-Verhältnis von 3,5–4,5 : 1 zu achten. Durch Zulage von Kupfersulfat kann eine Molybdänose begrenzt werden. Die Zulage von W-Salzen sollte jedoch auf Grund der Gefahr einer W-bedingten Anämie unterbleiben.

g. Jod

In den Tierkörpern ist das Halogen zu etwa 0,3–0,6 mg/kg Körpergewicht enthalten. Etwa 60–80 % des Gesamtjods befinden sich in der Schilddrüse, der Rest verteilt sich auf die Muskulatur und die übrigen Gewebe.

Jod wird als Jodid im gesamten Magen-Darmtrakt, vorwiegend im Dünndarm, bei Wiederkäuern im Pansen, schnell und unabhängig von der Höhe der Zufuhr mit 80–92 % nahezu vollständig *resorbiert.* Es verteilt sich anschließend im extrazellulären Flüssigkeitsraum und ist mit Ausnahme der Schilddrüse in allen Geweben und so auch im *Blutplasma* im Bereich von 39–118 nmol/l gering dosiert. Vom J^--Spiegel zu unterscheiden ist die an Protein gebundene Jodfraktion, die in ihrer Konzentration vom Alter der Tiere, der Nährstoffversorgung und vom Umfang der Stoffwechselbelastung abhängt. Den Hauptbestandteil dieser Fraktion bildet das Schilddrüsenhormon. Unter physiologischen Normalbedingungen beläuft sich der Gehalt an proteingebundenem Jod bei Rind und Schwein zwischen 157,6–315 nmol/l, bei Geflügel um 78,8 nmol/l. Die Werte der Jungtiere liegen bis zum Doppelten höher.

Die Zellen der *Schilddrüse* verfügen über einen besonderen Transportmechanismus zur Aufnahme von Jodid, die das Organ in die Lage versetzen, das Halogenion gegenüber dem Blut um das 1 : 250 bis 1 : 1000fache zu konzentrieren. Über ähnliche Einrichtungen verfügen offensichtlich auch Magenschleimhaut und Speicheldrüsengewebe, hier allerdings mit fühlbar geringerer Aktivität.

Zur Synthese von Schilddrüsenhormon wird Jodid zunächst mit Hilfe von flavinhaltigen Enzymen zu elementarem Jod oxidiert. Der dabei beschrittene Weg scheint folgender zu sein:

$$2\,J^- + H_2O_2 + 2\,H^+ \xrightarrow[\text{Peroxidase}]{} 2\,H_2O + 2\,J$$

Das elementare Jod erlaubt das im Verband des Thyreoglobulins vorkommende Tyrosin schrittweise zu jodieren, wobei Monojod- und Dijodtyrosin entstehen. Thyreoglobulin ist ein von den Epithelzellen der Schilddrüse gebildetes, spezifisches Globulin. In dessen Verband spielt sich anschließend eine Kondensation von Mono- und Dijodtyrosin ab, wodurch Trijodthyronin bzw. Thyroxin (3,3′, 5,5′ — Tetrajodthyronin) entstehen. Trijodthyronin kann auch durch Dejodierung von Thyroxin gebildet werden.

Solange das an das Thyreoglobulin gebundene Schilddrüsenhormon im »Kolloid« verbleibt, ist es stoffwechselinaktiv gespeichert. Bei Bedarf wird es mit Hilfe einer Protease gespalten, wobei je nach Tierart ein spezifisch zusammengesetztes Gemisch aus Thyroxin und Trijodthyronin gemeinsam mit Peptiden an die Blutbahn abgegeben wird. Über die Wirkung der Hormone auf die Aktivität der Enzyme der biologischen Oxidation und der oxidativen Phosphorylierung in den Mitochondrien wird im Kapitel Hormone berichtet. Ihr Abbau erfolgt über Dejodierungen, die hauptsächlich in der Leber stattfinden. Dabei freiwerdendes Jodid erscheint zum großen Teil wieder in der Blutbahn und steht der erneuten Synthese zur Verfügung. Das Ausmaß der Wiederverwendung ist vom jeweiligen alimentären Versorgungsgrad abhängig.

Über eine *Regulation* der Jodidverteilung ist nichts bekannt. Sie dürfte primär eine Funktion der Schilddrüsenaktivität darstellen. Für J^- scheint nicht einmal ein renaler Schwellenwert zu bestehen, denn auch im Mangelzustand erscheint es im Harn. Dies ist zugleich der wichtigste *Ausscheidungsort.* Wegen der beinahe vollständigen Resorption sind die geringen Jodidmengen in den Faeces überwiegend endogenen Ursprungs. Demgegenüber können die Ausscheidungen über die Milch beträchtlich sein. Bei Wiederkäuern werden hierüber zwischen 8 und 39 % des aufgenommenen Jodids ausgeschieden.

Jod-Mangel führt zu morphologischen und histologischen Veränderungen der Schilddrüse und zur Verminderung der Thyroxinproduktion. Ursächlich hierfür sind neben einer ungenügenden Versorgung mit Jod auch in einigen Pflanzen (Cruciferae) enthaltene Begleitstoffe verantwortlich, die die Jodidaufnahme bzw. die Oxidation von Jod inhibieren (Thyreostatika). Senfölglykoside, bei deren Abbau im Magen-Darm-Kanal Thiozyanate frei werden, hemmen die Jodidaufnahme in den Epithelzellen der Schilddrüse (z. B. Grünkohl, Raps). Thiooxazolidine (z. B. Raps) sowie 5-Vinyl-2-Thiooxazolidin hemmen dagegen die Oxidation von Jod. — J-Intoxikationen sind selten.

h. Selen

Die Bedeutung von Selen als Spurenelement ist seit 1957 bekannt. Nachdem an Ratten festgestellt wurde, daß die durch den Mangel an Vitamin E und S-haltigen Aminosäuren provozierten nekrotischen Leberdegenerationen nach Se- und L-Cystin-Zulagen ausblieben. Wenig später folgten weitere Erkenntnisse über die Beziehung von Se zur Muskeldystrophie. Im Jahre 1973 konnte Se als essentieller Co-Faktor der selenabhängigen Glutathion-Peroxidase (Se-GSH-Px) nachgewiesen werden. Der mittlere Se-Gehalt im tierischen Organismus liegt etwa zwischen 0,1 und 0,3 mg/kg.

Das Ausmaß der *Resorption* (10–40 %) hängt bei Monogastren von der Löslichkeit der verfütterten Se-Verbindung in nachstehend abfallender Reihenfolge ab: organische Se-Verbindungen, Selenate, Selenite, Selenide. Elementares Se wird schlecht aufgenommen. Hohe Sulfat- und S-haltige Aminosäurekonzentrationen hemmen die gegen das Konzentrationsgefälle gerichtete Resorption, vermutlich infolge Konkurrenz mit Se beim Transport durch die Mukosa. — Bei Wiederkäuern wird im Pansen ein großer Teil des zugeführten Se in eine stabile, nicht resorptionsfähige Form überführt. Im Plasma erfolgt sowohl eine Bindung an Albumin als auch an β- und γ-Globuline. Resorbiertes Se wird überwiegend als Se-Cystein bzw. Se-Methionin in der Leber und Niere, aber auch in Pankreas, Intestinum und Hoden abgelagert. Während die Se-Ausscheidung über Niere und Atemluft (Tri- bzw. Dimethylselenid) dosisabhängig erfolgt, ist die Elimination über Kot (Galle) und Haare vergleichsweise gering und unabhängig von der Zufuhr.

Se ist mit vier Grammatomen pro Mol Bestandteil der selenabhängigen Glutathion-Peroxidase (Se-GSH-Px), die sich von anderen Peroxidasen durch die hohe Spezifität gegenüber dem Wasserstoffdonator Glutathion (GSH) unterscheidet. Das Enzym liegt hauptsächlich in der wäßrigen Phase des Plasmas bzw. Cytosols vor. Aufgrund der geringen Peroxid-Substratspezifität werden neben Wasserstoffperoxid (H_2O_2) auch organische Hydroperoxide (R-OOH) sowie Lipid- und Prostaglandinhydroperoxide abgebaut. Dabei werden die Peroxide zu Wasser bzw. Alkohol reduziert und GSH zu Glutathion-Disulfid (GSSG) oxidiert:

$$2\,GSH + H_2O_2 \xrightarrow{\text{Se-GSH-Px}} GSSG + 2\,H_2O$$

$$2\,GSH + R\text{-}OOH \xrightarrow{\text{Se-GSH-Px}} GSSG + H_2O$$

Bei der Entgiftung von Peroxiden, die beim Abbau ungesättigter Fettsäuren entstehen, wird durch Se-GSH-Px die Umwandlung zellulärer Lipidperoxide in unschädliche Hydroxyfettsäuren katalysiert. Damit werden die in zellulären und subzellulären Membranen enthaltenen mehrfach ungesättigten Fettsäuren vor Peroxidation geschützt. Der Se-GSH-Px kommt somit für die Aufrechterhaltung der für den Zellstoffwechsel lebensnotwendigen Membranstabilität essentielle Bedeutung zu. Die antioxidative Wirkung des Se steht mit der des Vitamin E im engen Zusammenhang. Zum einen vermindert Vitamin E membranständig das Auftreten von Peroxiden, die in Form einer »Kettenreaktion« die Lipide schädigen können. Die selenabhängige Glutathionperoxidase macht die entstandenen Peroxide unschädlich. Außerdem können über Se-GSH-Px bereits oxidierte Substrate wieder reduziert werden. Beide, sowohl Vitamin E als auch Selen, wirken somit dem Auftreten freier Radikale und damit der Bildung von Lipidperoxiden und den daraus entstehenden Membranschädigungen entgegen. Da die Funktion der Peroxidase von der Aktivität der Glutathionreduktase und damit auch von dem NADP/NADPH-Quotienten abhängt, wird der Pentosephosphatzyklus maßgeblich beeinflußt. Depletions- und Repletionsstudien ergaben, daß sich hinsichtlich der Aktivität der selenabhängigen Glutathionperoxidase nach Erreichen der Se-Bedarfsgrenze ein Aktivitätsplateau in Leber und Plasma abzeichnete. In den Erythrozyten war dagegen eine lineare Abhängigkeit festzustellen. Weiterhin ist Se Katalysator in Enzymsystemen, die Elektronen übertragen und mit der oxidativen Phosphorylierung in Zusammenhang stehen. Weiterhin werden antiphlogistische, immunitätssteigernde sowie anticarcinogene Eigenschaften des Selens diskutiert.

Aufgrund der Interaktionen zwischen Se und Vitamin E ist es schwierig, die Se- von den Vitamin E-Mangelerscheinungen zu differenzieren. Unbestritten ist jedoch, daß die Atrophie und bindegewebige Organisation des Pankreas beim Huhn, Myopathien wie z. B. Polymyositis bei Saugferkeln oder Tying-up-Syndrom bei Leistungspferden sowie Fruchtbarkeitsstörungen in Zusammenhang mit der ernährungsbedingten Muskeldystrophie und der Se-mangelbedingten Wachstumsstörung als typische Se-Mangelkrankheiten angesehen werden. Auch die in China auftretende Cardiomyopathie bei Kindern und Frauen im fortpflanzungsfähigen Alter (Keshan-Krankheit) ist auf Se-Mangel zurückzuführen. Muskeldystrophien, die durch mehrfach ungesättigte Fettsäuren ausgelöst werden, können jedoch nur durch Vitamin E-Zulage therapiert werden. Auch die Enzephalomalazie des Geflügels und die Resorptionssterilität der Ratte sind nur durch Vitamin E heilbar. Lebernekrosen und Nephrosen bei Ratte, Schwein und Kaninchen, die sog. Maulbeerherzkrankheit bei Schweinen, die exsudative Diathese bei Küken sowie die Fe-Überempfindlichkeit der Ferkel sind auf Vitamin E- und Se-Mangel zurückzuführen.

Bei Se-Konzentrationen im Futter, die das 10fache der nutritiven Dosis überschreiten, treten bei allen Tierarten mehr oder weniger ausgeprägte Stoffwechselstörungen auf. Bei der chronischen Form, als Alkali disease bezeichnet, werden Wachstumsdepressionen, Abmagerung, Anämie und Gelenkschwellungen beobachtet. Auf Wiesen und Weiden mit einem hohen Anteil an Se-reichen Pflanzen (Astragalusarten) kann die akute Selenose (Blind staggers) auftreten, die zur Paralyse, Blindheit oder zum Tod der Tiere führt.

In der Ernährung bestehen für Selen negative Wechselwirkungen zu hohen Gehalten an Sulfat und Kupfer. Weiterhin antagonisiert Selen Cd-, Hg- und Mg-Intoxikationen.

i. Kobalt

Der Kobaltgehalt des Organismus ist sehr gering und beträgt etwa 0,04 mg/kg Körpergewicht. In der Leber finden sich etwa 10fach höhere Konzentrationen. Zur Resorption gelangen 3–5 %. Als Hauptspeicher gilt die Leber, es kommt aber auch in der Bauchspeicheldrüse, den Nebennieren, dem Thymus und dem Knochenmark zu Ablagerungen.

Die bisher bekannten Funktionen sind seine Beteiligung am Aufbau der Cobalamine und des Thiamins. Da die Biosynthese von Verbindungen mit Vitamin B_{12}-Aktivität nur von Bakterien, nicht jedoch von höheren Pflanzen und Tieren durchgeführt werden kann, ist die Co-Versorgung monogastrischer Tiere gleichbedeutend mit der essentiell notwendigen Verfütterung von Vitamin B_{12}. Für die geringe Eigensynthese der Darmflora dieser Tiere reichen im allgemeinen jene Kobaltmengen, die aus dem intermediären Cobalaminabbau anfallen und über die Galle in den Darmkanal gelangen.

Nur die Wiederkäuer sind von der Vitamin B_{12}-Verfütterung unabhängig, weil sie in der Lage sind, mit Hilfe der Pansenbakterien eine umfangreiche, den Bedarf deckende Cobalamin-Synthese durchzuführen. Voraussetzung ist ein ausreichendes Co-Angebot, das eine Co^{++}-Konzentration in der Pansenflüssigkeit von nicht weniger als 0,34 µmol/l voraussetzt.

Ein durch Co-Mangel ausgelöster Vitamin B_{12}-Mangel ist mit Anämie und Abmagerung verbunden. Die bei Kälbern, Jungrindern und Mastbullen in neuerer Zeit auftretende cerebrocorticale Nekrose wird durch gleichzeitigen Co-Mangel begünstigt. — Co-Intoxikationen sind relativ selten und führen zu Polyzythämien, Gewichtsverlust und verminderter Futteraufnahme.

j. Chrom

Cr wurde im Jahre 1959 als essentielles Spurenelement entdeckt. Die höchsten Konzentrationen im tierischen Organismus finden sich in der Niere. Aber auch Leber, Lunge, Herz sowie Skelett weisen relativ hohe Cr-Konzentrationen auf.

Cr wird als dreiwertiges Ion resorbiert und nach Bindung an Transferrin zu den jeweiligen Organsystemen transportiert. Die stoffwechselphysiologische Bedeutung von Cr konnte bisher noch nicht vollständig geklärt werden. Cr ist ein wesentlicher, aber nicht fest gebundener Bestandteil des Trypsins. Nach Abtrennung von Cr sinkt die Trypsinaktivität auf 5 % des Ausgangswertes. Darüber hinaus ist Cr mit dem Glucosetoleranzfaktor identisch. Entsprechend ist bei Cr-Mangel eine verschlechterte Glucosetoleranz und damit gleichzeitig eine Hyperglykämie und Glucosurie nachweisbar. Vermutlich ist Cr ein essentieller Co-Faktor für die Reaktion des Insulins mit Insulinrezeptoren der Zellmembranen. Die starke Glykogenspeicherung Cr-versorgter Tiere läßt jedoch auch für die Glucoseregulation eine Permeabilitätsbeeinflussung vermuten, die das Verteilungsgleichgewicht von Glucose bzw. Glykogen verändert. In einigen Untersuchungen konnte auch eine Beteiligung des Cr an der Fettsäure- und Cholesterinsynthese aufgezeigt werden. Die nach Cr-Zulage beobachtete signifikante Verbesserung des Knochenwachstums ist vermutlich auf eine im einzelnen nicht differenzierbare Beteiligung am Kohlenhydrat-, Mineralstoff- und Eiweißstoffwechsel zum Aufbau der Matrix zurückzuführen.

Cr wird über den Darm, aber hauptsächlich über die Nieren ausgeschieden. Der Organismus beschränkt die Cr-Retention auf ein Gleichgewicht zwischen Resorptionsdruck und Retentionsaffinität der Gewebe, wobei sich die Elimination über die Niere als physiologisches Regulativ zeigt.

Cr-Mangelerscheinungen sind unter Praxisbedingungen bisher nicht bekannt geworden. Auch Cr-Intoxikationen sind selten, wobei Cr in der 6wertigen Valenz wesentlich toxischer ist als in der 3wertigen Form. Betroffen sind vor allem die Nieren.

k. Zinn und Vanadium

Die Unentbehrlichkeit der Elemente Sn und V wurden erstmals 1970 bzw. 1971 beschrieben. Sn und V liegen im Tierkörper in einer Konzentration von 0,01 % vor und fungieren primär als Oxidations-Reduktions-Katalysatoren.

Sn kommt primär als 2wertiges Ion vor und wirkt vermutlich als Oxidations-Reduktions-Katalysator. Das Redoxpotential liegt interessanterweise im selben Bereich wie das der gelben Atmungsfermente.

Von den vier Oxidationsstufen des **V** sind in erster Linie die 4- und 5wertige am stabilsten und biologisch aktiv. An V-mangelernährten Hühnerküken ließ sich nach Repletion eine positive Beeinflussung des Federwachstums sowie der Knorpel- und Knochenentwicklung nachweisen. Weiterhin reduzierte V die Cholesterinsynthese und senkte den Phospholipoid- und Cholesterinspiegel im Blut.

Der Bedarf an beiden Elementen bewegt sich in Konzentrationsbereichen, die normalerweise über Futtermittel und Trinkwasser zugeführt werden.

l. Fluor

Die Essentialität von F ist seit 1972 bekannt. Depletions- und Repletionsstudien ergaben eine positive Beeinflussung der Lebendmassezunahme, des Längenwachstums und der Gesamtentwicklung der Tiere.

Die Resorption des enteral, pulmonal oder percutan in den Körper gelangenden Fluors hängt neben anderen Funktionen in erster Linie von der Verfügbarkeit aus den Ausgangssubstraten ab. Die Bildung unlöslicher Komplexe u. a. mit Al, Ca, Fe und Mg beeinträchtigt ebenfalls die Resorptionsrate. Bei Wiederkäuern ist die Resorption wegen der langen Verweildauer der Nahrung in den Vormägen besonders hoch. Das resorbierte F wird hauptsächlich in Skelett, Zähnen, Schilddrüse und Nieren gespeichert. Im Blut liegt F als niedermolekulare organische Verbindung vor. Durch die Veränderung der Exkretionsrate über die Nieren sowie durch die selektive Ablagerung in Knochen und Zähnen kann der F-Spiegel im Blut und in parenchymalen Organen innerhalb gewisser Grenzen konstantgehalten werden. Neben der Kariesprophylaxe sowie der Stabilisierung des Knochengerüstes spielt Fluor bei der Aktivierung der Citrullin-Synthese in der Leber sowie der Adenyl-Cyclase eine wichtige Rolle. Da diese Effekte jedoch deutlich unter den normalerweise anzutreffenden Gehalten in Futtermitteln liegen, sind Beeinträchtigungen des Stoffwechsels infolge einer zu hohen Fluor-Aufnahme von größerer Bedeutung. Ameloblasten reagieren bereits auf geringe F-Überschüsse außerordentlich empfindlich, wobei Pigmentierungen und Mißbildungen während der Zahnbildung entstehen können. Langdauernde Zufuhr von Fluoriden bewirkt einen zunehmenden Ersatz des Hydroxylapatits durch den schwer abbaubaren Fluorapatit. Dieser rein physiko-chemische Vorgang wird durch die gleichzeitige Stimulation der Osteoblasten unterstützt. Weiterhin kann sich durch Bildung des schwer löslichen Calciumfluorids ein Calciummangel entwickeln. Demzufolge sind Tiere mit einem hohen Ca- und P-Bedarf gegenüber Fluorbelastung sehr empfindlich. Die Verdickungen und Verformungen bestimmter Skelettabschnitte haben ihre Ursache in einer Dysfunktion der Proliferationszonen der Knochen, die Erweichungen und Deformationen der Epiphysenfugen zur Folge hat.

m. Silicium

Bereits seit 1900 wurde Si aufgrund seiner selektiven Verteilung im Organismus eine besondere Bedeutung zugemessen. In den Bindegewebsstrukturen der Haut, Knorpel, Knochen, Glaskörper sowie der Gefäßwände liegt Si in einem Konzentrationsbereich vor, der um das 100–250fache größer ist als im Blut bzw. in parenchymalen Organen. Neuere Untersuchungen ergaben, daß Si nicht als freie oder polymere Kieselsäure, sondern als organisch gebundenes Derivat vorliegt. Si ist integraler Bestandteil der Mucopolysaccharide und spielt als Vernetzungs- und Stabilisierungsmittel im Bindegewebe eine wesentliche Rolle. Durch -C-O-Si-O-C-Brücken kann Si wesentlich zur tertiären Struktur und intra- bzw. intermolekularen Stabilität u. a. der Hyaluronsäure, des Chondroitinsulfates und anderer Glucoseaminoglykane sowie Polyuronide beitragen. Auch für die Calcifizierung des Knochens ist Si ein essentieller Faktor. Somit dürfte Si für die physikalischen Eigenschaften des Stützapparates von grundlegender Bedeutung sein. Im alternden Organismus ist die Si-Konzentration in Haut und Gefäßwänden fühlbar reduziert.

n. Nickel, Arsen und Blei

Die essentiellen Effekte dieser Spurenelemente wurden in sehr niedrigen Konzentrationsbereichen gefunden, die um ein Vielfaches unter den in der Umwelt anzutreffenden Gehalten und deutlich unter den Konzentrationen liegen, die Arsen und Blei als Schadstoffe wirksam werden lassen.

na. Nickel

Der Nickelgehalt des Organismus ist mit 0,01 mg/kg Körpergewicht sehr gering. Relativ hohe Konzentrationen liegen im Skelett, in den Nieren, in der Leber und im Herzmuskel vor. Die Essentialität für den tierischen Organismus konnte 1973 durch den Nachweis der Ni-Abhängigkeit der Urease, die z. B. beim Wiederkäuer für den mikrobiellen Harnstoffabbau von Bedeutung ist, erbracht werden.

Die Resorption erfolgt überwiegend im Dünndarm als 2wertiges Ion und liegt zwischen 5 und 15 %. Hinsichtlich der stoffwechselphysiologischen Funktionen scheint Ni bei der Insulin-, Prolaktin- und Glucagon-Sekretion sowie der Gluconeogenese eine Rolle zu spielen. Dafür sprechen auch die hohen Ni-Konzentrationen in den Ribosomen sowie der DNA und RNA. Darüber hinaus konnte Ni als funktioneller Bestandteil des Plasmins, einem proteolytischen Enzym, das Fibrin in Fibrinopeptide spaltet, ermittelt werden. Antagonistische Wechselbeziehungen bestehen mit Ca und Zn offensichtlich durch Verdrängung dieser Elemente aus Bindungen an Carrier und Liganden.

Die Ausscheidung von Ni erfolgt überwiegend im Kot. Durch Veränderung der Resorption, Exkretion und auch durch intermediäre Mechanismen kann die Ni-Konzentration im Organismus innerhalb gewisser Grenzen konstant gehalten werden.

Bei Ni-Mangel, der unter Praxisbedingungen nicht zu erwarten ist, treten neben einer erhöhten renalen Ca-Ausscheidung und des dadurch sicherlich bedingten sekundären Zn-Mangels Fruchtbarkeitsstörungen, Wachstumsdepressionen, eine gestörte Hämoglobinsynthese sowie Haut- und Haarschäden auf. — Intoxikationen sind selten; aufgrund der eiweißfällenden Wirkung der Ni-Salze sind diese mit Schleimhautreizungen und Erbrechen verbunden.

nb. Arsen

Die Essentialität wurde 1976 bei Ziegen, Zwergschweinen, Hühnerküken und Ratten bewiesen. Nach oraler Zulage aliphatischer As-Verbindungen konnten teilweise Wachstumsverbesserungen bis zu 30 % beobachtet werden. Gleichzeitig ließen die behandelten Tiere einen erhöhten Hämoglobingehalt des Blutes erkennen. Die Resorptionsrate organischer und anorganischer As-Verbindungen ist sehr hoch. Aufgrund der hohen Ausscheidungsrate organischer Verbindungen ist jedoch nur bei anorganischen As-Verbindungen mit einer Kumulation im Organismus zu rechnen. Ein As-Defizit konnte unter Laborbedingungen nachgewiesen werden. Einige Befunde deuten darauf hin, daß ein As-Defizit die Zn-Verwertung bzw. den Zn-Stoffwechsel beeinflußt. Negative Wechselbeziehungen bestehen auch zwischen Arsen und Jod bzw. Selen. Bei der akuten As-Vergiftung stehen Reizerscheinungen der Schleimhäute, im Magen-Darm-Bereich, bei chronischen Vergiftungen Störungen im Eiweißstoffwechsel sowie Kachexie und Knochenmark- bzw. Blutkapillarschäden im Vordergrund. Der Wirkungsmechanismus beruht auf der Eigenschaft der Arsenoxide, Sulfhydrilgruppen verschiedener Enzymsysteme zu ersetzen und die Enzyme damit zu inaktivieren.

nc. Blei

Seit 1981 liegen Arbeiten zur Essentialität geringer Pb-Mengen vor. Die mit extrem Pb-armen Diäten bei Laborratten provozierten Mangelsymptome weisen dabei auf eine hypochrome, mikrocytäre Fe-Mangelanämie hin, deren Ursache vermutlich auf eine bei Pb-Mangel reduzierte Fe-Resorption zurückzuführen ist. Entsprechend ist die Fe-Konzentration im Serum vermindert. Weitere Interaktionen sind mit Ca, Cu, Zn, Ni und Co bekannt. Aus neueren Untersuchungen über Enzymaktivitäten an Pb-depletierten Ratten läßt sich eine physiologische Wirkung bei den Transaminasen GOT und GPT sowie der alkalischen Phosphatase ableiten.

Bleiverbindungen sind bereits in kleineren Mengen toxisch. Bei chronischer Vergiftung entwickelt sich die sogenannte Bleianämie.

Literatur

BETKE, K., F. BIDLINGMAIER, 1975: Spurenelemente in der Entwicklung von Mensch und Tier. Verlag Urban & Schwarzenberg, München, Berlin, Wien.

BUDDECKE, E., 1971: Grundriß der Biochemie. 2. Aufl. Verlag Walter de Gruyter & Co., Berlin.

CANAR, C. L., F. BRONNER, 1960, 1962, 1964, 1969: Mineral metabolism, Vol. I, II, III. Academic Press, New York, London.

KARLSON, P., W. GEROK, W. GROSS, 1978: Patobiochemie. Verlag Georg Thieme, Stuttgart.

KIRCHGESSNER, M., H. FRIESECKE, 1966: Wirkstoffe in der praktischen Tierernährung. Bayerischer Landwirtschaftsverlag, München, Basel, Wien.

LENKEIT, W., K. BREIREM, E. CRASEMANN, 1972: Handbuch der Tierernährung, Band I und II. Verlag Paul Parey, Hamburg, Berlin.

PALLAUF, J., 1982: Zum Einfluß der Ernährung mit Spurenelementen auf die Qualität von Lebensmittel tierischer Herkunft. Übers. Tierernährung **10,** 163–188.

PÜSCHNER, A., O. SIMON, 1982: Grundlagen der Tierernährung. VEB Gustav Fischer Verlag, Jena.

UNDERWOOD, E. J., 1977: Trace elements in human and animal nutrition. 4th Ed. Academic Press, New York, San Francisco, London.

WIESNER, K., 1970: Ernährungsschäden der landwirtschaftlichen Nutztiere. VEB Gustav Fischer Verlag, Jena.

F. Energiehaushalt

E. PFEFFER

1. Allgemeines

Unter Energie wird die Fähigkeit verstanden, Arbeit zu leisten. Energie ist in verschiedenen Erscheinungsformen wahrnehmbar, etwa als mechanische, elektrische oder chemische Energie. Da im lebenden Organismus ständig Arbeit verschiedenster Art geleistet werden muß, findet in den Zellen während der Dauer des Lebens ein Energieumsatz statt, dessen Intensität von verschiedenen Faktoren abhängt. Die im Rahmen der Physik erforschten Grundgesetzmäßigkeiten der Energetik haben im Bereich der gesamten Biologie uneingeschränkte Gültigkeit.

Der 1. Thermodynamische Hauptsatz besagt, daß innerhalb eines geschlossenen Systems die in verschiedenen Erscheinungsformen vorliegende Energie in ihrer Summe konstant bleibt. Demnach kann Energie weder erzeugt noch vernichtet werden, sie kann nur von einer Form in eine andere überführt werden.

Der 2. Thermodynamische Hauptsatz drückt aus, daß die Überführung der Energie von einer in eine andere Erscheinungsform außer Wärme nie vollständig erfolgen kann, da bei allen Umsetzungen ein Teil der umgesetzten Energie unwiderruflich in Wärme übergeht (Entropie). Spontan streben Systeme immer nur von einem Zustand höherer Ordnung in einen solchen geringerer Ordnung unter Freisetzung von Wärme, nicht umgekehrt. Der Zustand höherer Ordnung, etwa das Glucose-Molekül, ist daher energiereicher als derjenige geringerer Ordnung, im Beispiel also je 6 Moleküle Kohlendioxid und Wasser.

Reaktionen, bei denen Energie frei wird, werden als exergonische Reaktionen bezeichnet. Der umgekehrte Vorgang, bei welchem die Reaktionsprodukte energiereicher sind als die Ausgangssubstrate, wird als endergonisch bezeichnet, da derartige Reaktionen nur dann möglich sind, wenn dem System Energie zugeführt wird.

Im Organismus sind zahlreiche endergonische

Reaktionen, beispielsweise im Zusammenhang mit Synthesen höherer Verbindungen, erforderlich, die nur dadurch möglich werden, daß sie jeweils mit solchen Reaktionen gekoppelt sind, die in höherem Maße exergonisch sind, so daß die Summe beider Prozesse exergonisch und daher auch nach dem 2. Thermodynamischen Hauptsatz möglich ist.

An einem einfachen Beispiel soll der genannte Zusammenhang erläutert werden. Bevor Glucose im Zellstoffwechsel verwertet werden kann, muß sie »energetisch angereichert«, d. h. in Glucose-6-phosphat überführt werden. Dieser Prozeß wird nun mit der Hydrolyse einer Phosphatbindung in dem Nucleotid Adenosintriphosphat (ATP) gekoppelt, so daß gleichzeitig das energieärmere Adenosindiphosphat (ADP) entsteht. Nur ein Teil der Energie aus der Phosphatbindung wird bei dieser Koppelung als Wärme frei, der Rest ist als chemische Energie erhalten geblieben in der Bindung zwischen Glucose und Phosphat.

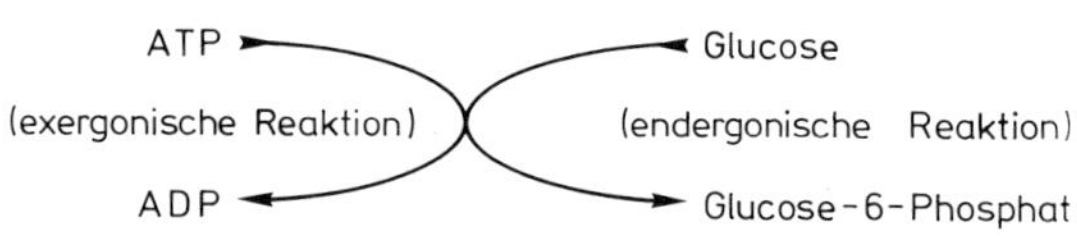

Wird aber Glucose-6-Phosphat hydrolysiert, so reicht die dabei freiwerdende Energie nicht aus, um wieder ATP entstehen zu lassen, vielmehr fallen als Reaktionsprodukte Glucose und anorganisches Phosphat an. ADP und anorganisches Phosphat werden nur dann zu dem energiereicheren ATP kombiniert, wenn der Vorgang mit einer stärker exergonischen Reaktion gekoppelt wird, etwa einem Oxidationsschritt in der Atmungskette. Auch hier wiederum entsprechen die in der Summe der gekoppelten Reaktionen ablaufenden Energieumsetzungen den Bedingungen beider Thermodynamischer Hauptsätze.

Nucleotide sind wegen ihrer energiereichen Phosphatbindungen wichtige Coenzyme für die geordnete Übertragung von Energie im Organismus. Alle endergonischen Reaktionen im Zusammenhang mit Zellarbeit werden durch Koppelung an die Hydrolyse energiereicher Phosphatbindungen möglich, während die Knüpfung dieser Bindungen durch Koppelung an exergonische Reaktionen möglich wird. Für atmende Organismen ist die »biologische Knallgasreaktion«, also die Oxidation von Wasserstoff in der Atmungskette, die wichtigste Energiequelle für die Knüpfung energiereicher Phosphatbindungen. Der Wasserstoff wird dabei im Zwischenstoffwechsel aus umgesetzten organischen Verbindungen gewonnen.

Die in diesen organischen Verbindungen enthaltene Energie entstammt ursprünglich dem einstrahlenden Sonnenlicht. In grünen Pflanzen kann bei der Photosynthese Energie aus Licht bestimmter Wellenlänge in chemische Energie überführt werden. Diese »eingefangene« Sonnenenergie wird schließlich in Wärme überführt. Das Streben aus dem Zustand höherer in den der geringsten Ordnung wird von allen Lebewesen zur Leistung von Zellarbeit genutzt. Der Strom von Stoffen, welcher die Organismen durchzieht, ist daher zugleich und allein Quelle ihrer Energie.

In Abbildung 54 werden die Zusammenhänge in Form eines stark vereinfachten Schemas dargestellt.

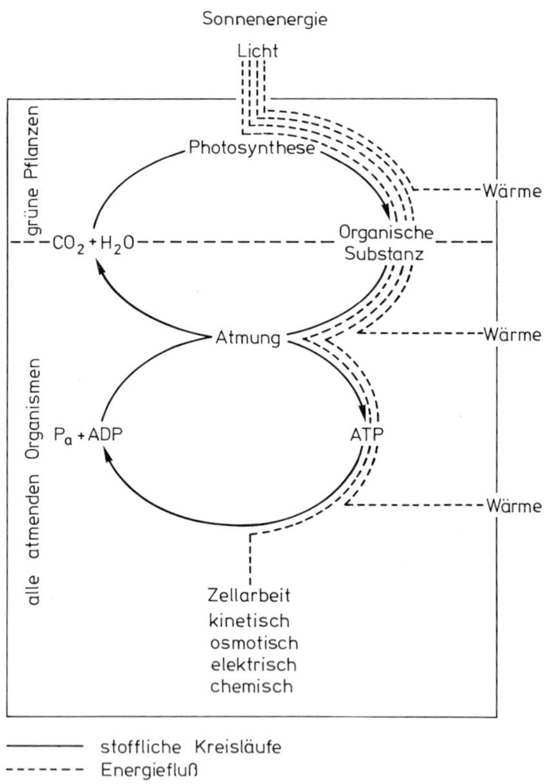

Abb. 54. Schematische Darstellung des Energieflusses durch lebende Organismen; → stoffliche Kreisläufe, . . . Energiefluß)

2. Calorimetrie

Die in einer Substanz enthaltene Energie kann vollständig in Wärme überführt werden, wenn die Substanz oxidiert wird. Dies bedeutet, daß durch Erfassung der bei vollständiger Verbrennung der Substanz freiwerdenden Energie der Energie-Inhalt der Substanz festgestellt werden kann. Das hierzu verwendete Gerät heißt Calorimeter, der Meßvorgang Calorimetrie.

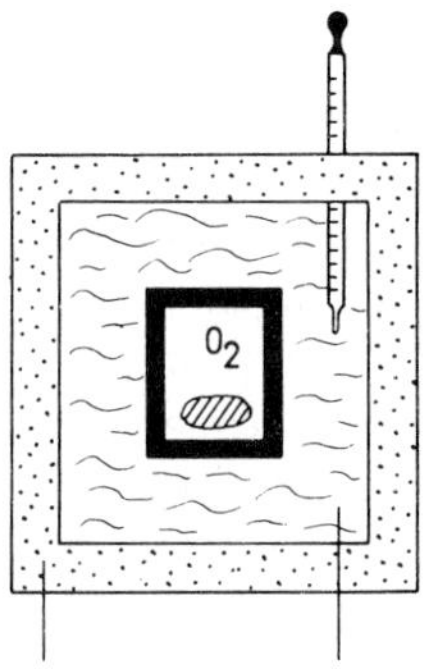

Abb. 55. Prinzip des Calorimeters.

Elektrische Zündeinrichtung und Rührwerke im Wassermantel sind im Schema fortgelassen

Das in Abbildung 55 vereinfacht dargestellte Gerät besteht aus einem mit Wasser anfüllbaren Raum, der nach außen wärmeisoliert ist. In das Wasser kann ein verschließbares Stahlgefäß, die Berthelot'sche Bombe, versenkt werden. In der Bombe befindet sich eine bekannte Menge der zu untersuchenden Substanz und ein Glühdraht, der mit Stromzuführungen in Verbindung steht. Über bestimmte Ventile wird im Innenraum der Bombe eine reine Sauerstoffatmosphäre mit Überdruck erzeugt. Nach Eintauchen der Bombe in das Wasser wird kurz der Stromkreis geschlossen, was den Draht zum Glühen bringt, wodurch es wegen der reinen Sauerstoffatmosphäre explosionsartig zum vollständigen Verbrennen der gesamten organischen Substanz im Inneren der Bombe kommt. Die hierbei freiwerdende Wärme wird an den die Bombe umgebenden Wassermantel abgegeben, so daß das Wasser sich erwärmt. Die Erhöhung der Temperatur des Wassers, multipliziert mit seiner spezifischen Wärme und seinem Volumen, ergibt die aufgenommene Wärmemenge, die in der allgemeinen Energieeinheit Joule (J) bemessen wird. Damit sich handliche Zahlen ergeben, wird häufig auch das Kilojoule (1 kJ = 1000 J) oder Megajoule (1 MJ = 1000 kJ) verwendet.

Tab. 9. Physikalischer Brennwert einiger Substanzen

Substanz	kJ/g
Stärke	17,5
Zellulose	17,5
Glykogen	17,5
Rohrzucker	16,5
Milchzucker	16,5
Glucose	15,6
Kleberprotein	25,1
Eieralbumin	23,9
Casein	24,5
Harnstoff	10,5
Schweineschmalz	38,8
Butterfett	39,0
Erdnußöl	39,7
Essigsäure	14,6
Methan	55,2

Der im Bombencalorimeter festgestellte Energie-Inhalt einer Substanz wird physikalischer Brennwert oder auch Gehalt an Brutto-Energie genannt. Für einige Substanzen wird der physikalische Brennwert in Tabelle 9 aufgeführt.

3. Messung des Energieumsatzes im Tier

Nach den vorangegangenen Ausführungen ist einzusehen, daß die im zeitlichen Mittel von einem Tier abgegebene Wärme ein Maß dafür sein muß, wieviel Energie im Organismus dieses Tieres freigesetzt wird. Die Ausdehnung der Calorimetrie von der Verbrennung unter Standard-Bedingungen in der Bombe auf die Bedingungen im lebenden Organismus ist daher von sehr großem physiologischen Interesse. Methodisch gibt es verschiedene Möglichkeiten für die Calorimetrie am Tier.

a. Direkte Calorimetrie

Zur direkten Messung der vom Tier abgegebenen Wärme wurde bereits vor gut 200 Jahren von Lavoisier ein Gerät entwickelt, welches im Prinzip dem besprochenen Calorimeter ähnelt, nur daß die Brennkammer durch eine Tierkammer ersetzt ist. In Abbildung 56 wird dieses Gerät schematisch dargestellt. Die Tierkammer ist von Eis umgeben, welches durch einen Mantel von Eiswasser gegen die äußere Umgebung isoliert ist. Die zum Schmelzen des Eises im Inneren des Gerätes benötigte Wärme kann also nicht der äußeren Umwelt entnommen werden. Wenn trotzdem ein Teil dieses Eises schmilzt, so kann die hierfür erforderliche Wärme nur aus der Tierkammer entnommen worden sein, sie muß also auf Abgabe durch das Tier zurückgehen. Durch Messung des in der Zeiteinheit abgetropften Schmelzwassers läßt sich daher direkt die vom Tier abgegebene Wärme errechnen, da zum Schmelzen von 1 g Eis zu Wasser immer 335 kJ notwendig sind.

In heute gebräuchlichen Anlagen verfolgt man nicht mehr das Ziel, die vom Tier abgegebene Wärme in einem isolierten Raum einzufangen, vielmehr wird die aus gut isolierendem Material bestehende Kammerwand von einem Netz von Wärmeleitern durchsetzt, so daß aus der regelmäßigen präzisen Erfassung der Temperatur an beiden Enden der Wärmeleiter auf den Wärmefluß und damit auf die Wärmeabgabe durch das Tier geschlossen werden kann, da die Temperaturdifferenz nach dem Newton'schen Abkühlungsgesetz dem Wärmefluß proportional ist. Da bei dem geschilderten Vorgehen die vom Tier abgegebene Wärme direkt gemessen wird, spricht man von direkter Calorimetrie. Die Verfahren sind zwar sehr genau, aber auch sehr aufwendig und werden daher vergleichsweise selten angewendet.

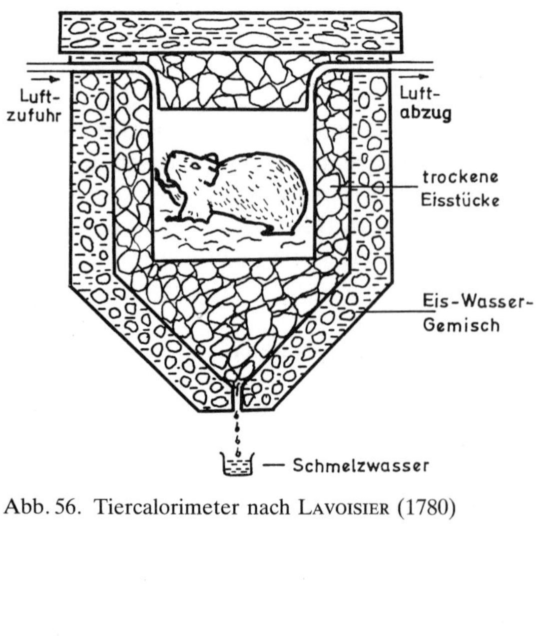

Abb. 56. Tiercalorimeter nach Lavoisier (1780)

b. Indirekte Calorimetrie

Verfahren, bei denen nicht die vom Tier abgegebene Wärme gemessen, bei denen vielmehr aus Messungen des Stoffumsatzes die im Tier erfolgte Wärmebildung errechnet wird, bezeichnet man als indirekte Calorimetrie. Die Verfahren erscheinen zwar theoretisch komplizierter, sind jedoch meßtechnisch leichter zu handhaben. In der Präzision steht die indirekte der direkten Calorimetrie nicht nach. Es wird davon ausgegangen, daß innerhalb nicht zu kurzer Zeitspannen Wärmebildung und Wärmeabgabe gleich groß sind.

Es darf angenommen werden, daß die gesamte Energieumsetzung im Körper auf schrittweise durchgeführte Oxidationsprozesse zurückgeht. Da gleiche Wärmemengen freiwerden, unabhängig davon, ob Oxidationsprozesse stürmisch ablaufen, wie in der Berthelot'schen Bombe, oder in geregelten kleinen Schritten, wie im Organismus, muß unter allen Bedingungen eine feste Beziehung zwischen Sauerstoff-Verbrauch und Wärmebildung bestehen. Wenn man nun weiß, wieviel Wärme pro Liter Sauerstoff bei der Oxidation einer Substanz gebildet wird, so kann mit einer einfachen Bestimmung des O_2-Verbrauches indirekt die gebildete Wärme gemessen werden. Da nun aber im Körper stets ein Gemisch verschiedener Nährstoffe oxidiert wird, ist zu fragen, welchen Einfluß die Zusammensetzung des Gemisches der oxidierten Nährstoffe auf das zugehörige Wärmeäquivalent des Sauerstoffes hat (oxicalorisches Äquivalent).

Die wichtigsten Energielieferanten des Organismus sind die verdauten Anteile der mit der Nahrung aufgenommenen Kohlenhydrate, Fette und Proteine. Beispielhaft seien hier die Verdauungsendprodukte Glucose (I), Palmitinsäure (II) und Alanin (III) näher betrachtet. Glucose und Fettsäuren können im Organismus vollständig zu Kohlendioxid und Wasser oxidiert werden, während der Stickstoff aus Aminosäuren nur in Harnstoff überführt wird, der über die Nieren ausgeschieden werden muß.

Für den Abbau der drei Verbindungen ergäben sich summarisch folgende Reaktionsabläufe, wobei die mittels Bombencalorimetrie meßbaren Wärmemengen mit aufgetragen sind:

$$\text{(I)}\quad C_6H_{12}O_6 + 6\,O_2 \rightarrow 6\,CO_2 + 6\,H_2O + 2\,826\,\text{kJ Wärme}$$
$$\text{(II)}\quad C_{16}H_{32}O_2 + 23\,O_2 \rightarrow 16\,CO_2 + 16\,H_2O + 10\,132\,\text{kJ Wärme}$$
$$\text{(III)}\quad 2\,CH_3CH(NH_2)COOH + 6\,O_2 \rightarrow 5\,CO_2 + 5\,H_2O + CO(NH_2)_2 + 2\,721\,\text{kJ Wärme}$$

Gehen wir davon aus, daß 1 Mol eines Gases ein Volumen von 22,4 l einnimmt, so können wir für jede der drei Gleichungen errechnen, welche Volumina an Sauerstoff verbraucht und an Kohlendioxid gebildet werden. Pro Liter Sauerstoff-Verbrauch werden je nach oxidierter Verbindung zwischen 19,7 und 21,1 kJ Wärme erzeugt.

Tab. 10. Gaswechsel, Respiratorischer Quotient (RQ) und Wärmeäquivalent bei der Oxidation ausgewählter Substanzen im Organismus

Oxidierte Substanz	Glucose	Palmitinsäure	Alanin
Oxidationsprodukte	$CO_2 + H_2O$	$CO_2 + H_2O$	$CO_2 + H_2O$ + Harnstoff
O_2-Verbrauch, l/Mol	134	515	134
CO_2-Bildung, l/Mol	134	358	112
RQ	1,00	0,70	0,84
Wärmebildung, kJ/Mol	2826	10132	2721
Wärmeäquivalent, kJ/l O_2	21,1	19,7	20,3

Aus der Tabelle 10 ist zu erkennen, daß für die drei Reaktionen nicht nur das Wärmeäquivalent je l O_2, sondern auch das Verhältnis zwischen gebildetem CO_2 und gebrauchtem O_2, welches als Respiratorischer Quotient (RQ) bezeichnet wird, unterschiedlich ist. Für die gegebenen Zahlen wäre zu folgern, daß das korrekte Wärmeäquivalent den Wert 19,7 kJ/l um einen Betrag übersteigt, der proportional zu dem Betrag ist, um welchen der gemessene RQ den Wert 0,7 übersteigt, also:

$$\text{Wärmeäquivalent (kJ/l)} = 19{,}7\ \text{(kJ/l)} + \frac{(\text{RQ} - 0{,}7)}{0{,}3} \cdot 1{,}4\ \text{(kJ/l)}$$

Wenn sich aus dem bisher Dargelegten auch schließen läßt, daß durch Messung von O_2-Verbrauch und CO_2-Bildung die Wärmebildung eines Tieres indirekt zu ermitteln ist, so kann doch zunächst nicht festgestellt werden, auf welche Oxidationsprozesse diese Wärmebildung zurückzuführen ist. Ein RQ von 0,84 könnte demnach bedeuten, daß der Energieumsatz allein mit Alanin bestritten wird. Er könnte aber auch heißen, daß zu 47 % Glucose und zu 53 % Palmitinsäure oxidiert werden und Alanin überhaupt nicht beteiligt ist. Möglich und am wahrscheinlichsten wäre, daß alle drei in einem solchen Verhältnis zueinander metabolisiert werden, daß der RQ von 0,84 resultiert.

Die Frage nach der Beteiligung einzelner Energiequellen an der gesamten Wärmebildung läßt sich weitgehend beantworten, wenn neben O_2-Verbrauch und CO_2-Bildung auch noch die Harnstoff-Ausscheidung am Tier gemessen wird. Wenn der Stickstoff im Harn nur aus metabolisierten Aminosäuren stammt, in dem gewählten Modell also nur aus Alanin, dann läßt sich aus der gemessenen N-Ausscheidung im Harn rückrechnen, wieviel Alanin abgebaut worden sein muß. Nach Gleichung (III) läßt sich dann ausrechnen, wieviel O_2 verbraucht und wieviel CO_2 gebildet wurde im Zusammenhang mit dem Abbau von Alanin. Der Rest wäre dann auf ein Gemisch aus Glucose und Palmitinsäure zurückzuführen, für das aus dem »N-freien RQ« das Mischungsverhältnis errechnet werden könnte.

In Wirklichkeit nun werden sehr viel mehr Verbindungen oxidiert als die hier modellhaft gewählten drei Vertreter. Deshalb stellt der RQ hinsichtlich der Natur der metabolisierten Substrate eher einen Schätzwert dar. Da er unter den Bedingungen des Grund-, Ruhe- und Erhaltungsumsatzes sich aus theoretischen Gründen zwischen 0,7 und 1,0 bewegen muß, gibt er jedoch in diesen Stoffwechselsituationen ein brauchbares Kriterium dafür ab, ob bei Anwendung des gasanalytischen Verfahrens der indirekten Calorimetrie ins Gewicht fallende methodische Fehler unterlaufen sind oder nicht.

Eine weitere Methode der indirekten Calorimetrie basiert auf der Ermittlung der Bilanzen von Kohlenstoff und Stickstoff. Voraussetzung für diese Methode ist, daß während der Beobachtungszeit nicht nur der Gaswechsel des Tieres bekannt ist, sondern daß auch alle Exkremente quantitativ erfaßt werden. Aus diesem Grund ist die CN-Bilanz-Technik nur für Untersuchungen geeignet, bei denen die Versuchstiere über eine ausreichend lange Zeit gleichmäßig gefüttert werden.

Zieht man von der calorimetrisch ermittelten, insgesamt mit dem Futter aufgenommenen Energie diejenige Energie ab, die in Form von Exkrementen und von Gärgasen wieder ausgeschieden worden ist, so erhält man denjenigen Anteil, der für Umsetzungen im Tier genutzt werden kann. Wenn in Futter und allen Exkrementen sowohl Kohlenstoff als auch Stickstoff analytisch bestimmt werden und zusätzlich aus den Respirationsdaten die Kohlenstoffausscheidung mit CO_2 (und CH_4) errechnet wird, so können für den Organismus C- und N-Bilanzen aufgestellt werden. Dies bedeutet, daß ausgerechnet wird, um welchen Betrag an beiden Elementen sich während der Beobachtungszeit der Bestand im Körper erhöht oder vermindert hat.

Im Körper liegt Kohlenstoff sowohl im Fett als auch im Protein vor, Stickstoff dagegen nur im Protein. Da der N-Gehalt im Protein konstant 16 % beträgt, kann aus der N-Bilanz direkt ausgerechnet werden, wieviel Protein im Tierkörper während der Versuchsdauer entweder gebildet oder abgebaut wurde. Da Protein 52 % C enthält, läßt sich leicht errechnen, wieviel Kohlenstoff sich in gebildetem oder abgebautem Protein befindet, so daß die Differenz zur C-Bilanz der Veränderung in der Menge des Körperfettes zuzurechnen ist, bei dem wiederum ein konstanter C-Gehalt von 76,7 % angenommen werden darf. Da Körperenergie de facto nur in Protein oder in Fett vorliegt, kann aus der stofflichen Änderung dieser beiden Körper-Bestandteile auch auf die Änderung im Energie-Gehalt des Körpers geschlossen werden. Die entscheidenden Daten für Protein und Fett im Körper zeigt Tabelle 11. Setzt beispielsweise ein Schwein während der Mast täglich 100 g Protein und 125 g Fett an, so entspricht dies einer täglichen Zunahme an Körperenergie von

Tab. 11. Gehalte an Kohlenstoff, Stickstoff und Energie in Körperprotein und Körperfett

	Körper-protein	Körper-fett
C-Gehalt, g/kg	520	767
N-Gehalt, g/kg	160	0
Brennwert, kJ/g	23,8	39,7

	100 g · 23,9 kJ/g =	2390 kJ im Protein
und	125 g · 39,7 kJ/g =	4962 kJ im Fett,
insgesamt also		7352 kJ.

Der nicht in Körperenergie bzw. energiehaltige Körpersubstanz überführte Anteil der umsetzbaren Energie muß nach den Hauptsätzen der Thermodynamik in Wärme überführt worden sein. Hat das Schwein unseres Beispiels nun täglich 22 MJ umsetzbare Energie aufgenommen, so muß die tägliche Wärmebildung 22,0 MJ − 7,35 MJ = 14,65 MJ betragen haben.

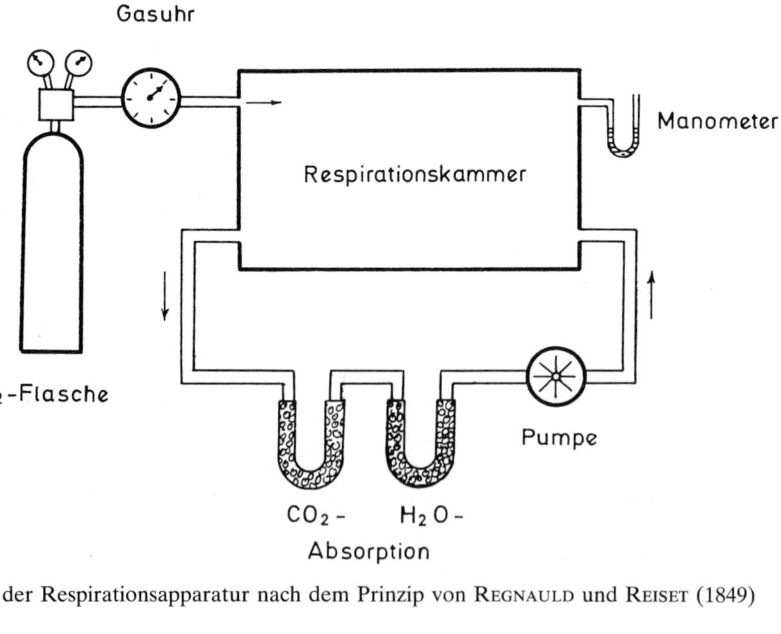

Abb. 57. Schema der Respirationsapparatur nach dem Prinzip von Regnauld und Reiset (1849)

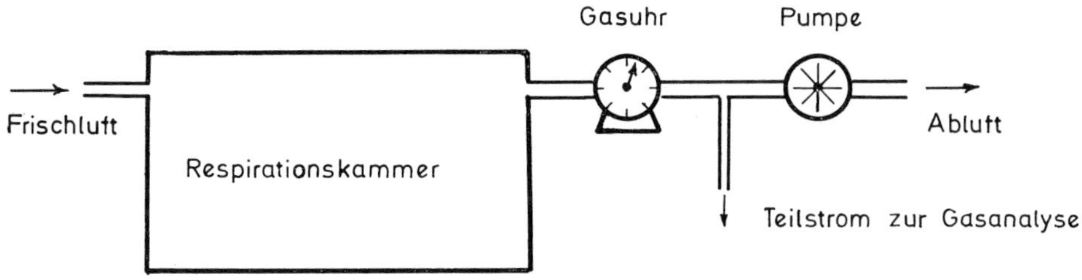

Abb. 58. Schema der Respirationsapparatur nach dem Prinzip von PETTENKOFER und VOIT (1862)

c. Messung des Gaswechsels

Unter Gaswechsel eines Tieres wird allgemein der Verbrauch von Sauerstoff und die Abgabe von Kohlendioxid verstanden. Zu errechnen ist der Gaswechsel jeweils als Differenz zwischen der mit der Inspirationsluft aufgenommenen und der im gleichen Zeitraum mit der Expirationsluft ausgeschiedenen Menge jedes der beiden Gase. Zur Messung des Gaswechsels werden Tiere in sogenannte Respirationskammern gebracht, die nach unterschiedlichen Prinzipien arbeiten können.

Bei dem in Abbildung 57 schematisch gezeigten »geschlossenen Belüftungssystem« befindet sich das Versuchstier in einer nach außen vollkommen abgedichteten Kammer. Die Kammerluft wird dauernd im Kreislauf über Absorptionsgefäße gepumpt, so daß ausgeatmetes Kohlendioxid und ausgeschiedener Wasserdampf gebunden werden. Der vom Tier verbrauchte Sauerstoff aus der Kammerluft wird aus einem Vorratsgefäß kontinuierlich derart ersetzt, daß in der Kammer kein Druckabfall eintritt. Die zuzugebende Sauerstoffmenge wird also laufend über den mittels Manometer feststellbaren Druck in der Kammer geregelt. Die Menge des ausgeschiedenen CO_2 kann durch laufende Wägung des Absorptionsgefäßes, der O_2-Verbrauch durch laufende Kontrolle der zugegebenen Gasmenge ermittelt werden. Voraussetzung für korrektes Messen ist, daß die Kammerwände absolut gasdicht sind.

Als alternative Methode wird häufiger das Prinzip des »offenen Belüftungssystems« verwandt, das schematisch in Abbildung 58 gezeigt wird. Hierbei wird ständig Frischluft durch die Respirationskammer gesaugt, wobei das Volumen der in der Zeit-

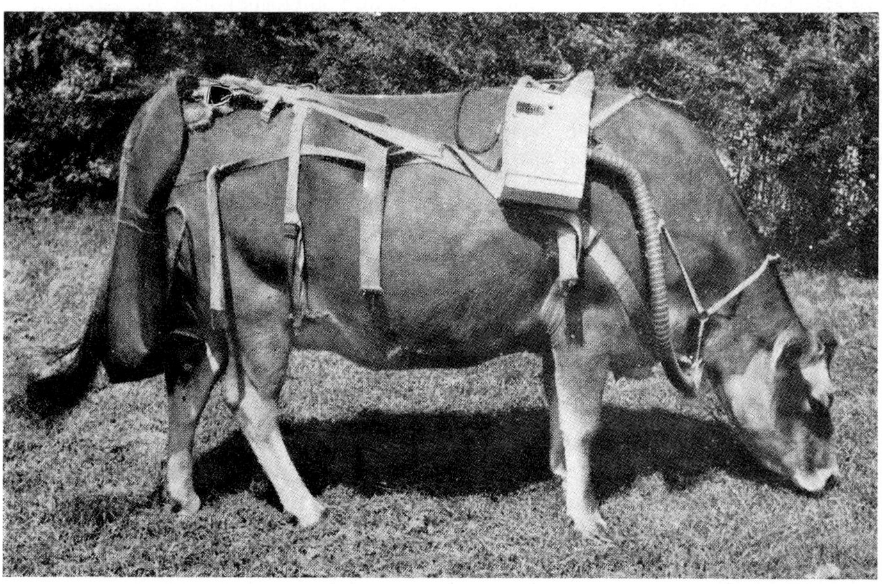

Abb. 59. Respirationsmessungen an einer weidenden Kuh mit Trachealkanüle, Gasuhr, Douglassack sowie Kot- und Harnbeutel. (Zit. nach L. A. MAYNARD and J. K. LOOSLI, Animal Nutrition. McGraw — Hill Book Company, New York, 1972)

einheit durch die Kammer bewegten Luft gemessen werden muß. Da nun das Tier in der Kammer der Luft Sauerstoff entnimmt und Kohlendioxid hinzufügt, muß die aus der Kammer austretende Luft O_2-ärmer und CO_2-reicher sein als die in die Kammer eingetretene Frischluft. Nach Analyse von Frischluft und aus der Kammer ausgetretener Luft läßt sich unter Verwendung der durch die Kammer bewegten Luftmenge mit hoher Präzision der Gaswechsel des Tieres errechnen. Da die Luft immer aus der Kammer herausgesaugt wird und Frischluft von außen eintritt, ist die völlige Gasdichte der Wände bei diesem System nicht erforderlich.

Die gleichzeitige Durchführung von direkter und indirekter Calorimetrie wird möglich, wenn die Kammer die Messung sowohl der Wärmeabgabe als auch des Gaswechsels erlaubt. In diesem Fall wird von einem Respirationscalorimeter gesprochen. Durch Arbeiten mit derartigen Anlagen konnte die sehr gute Übereinstimmung von Ergebnissen der direkten und der indirekten Calorimetrie bewiesen werden.

Bei den bisher besprochenen Methoden ist eine Voraussetzung, daß die Versuchstiere in eine Kammer gebracht werden. Damit sind Untersuchungen bei freier Bewegung unmöglich. Sollen Messungen des Energieumsatzes bei freier Bewegung durchgeführt werden, was im Zusammenhang mit Arbeits- oder Sportphysiologie von großem Interesse sein kann, so müssen Geräte tragbar am Körper angebracht sein, die eine Volumenbestimmung der Atemluft und die Entnahme einer repräsentativen Probe derselben für die Gasanalyse erlauben. Beim Menschen werden derartige Messungen durch bewußte Kooperation der Versuchsperson erleichtert. Wie bei einer weidenden Kuh das Problem lösbar ist, zeigt Abbildung 59.

4. Einflüsse auf die Höhe des Energieumsatzes

a. Grundumsatz und Körpergröße

Wieviel Energie ein Tier unter bestimmten Umständen umsetzt, hängt davon ab, in welchem Zustand innerer und äußerer Tätigkeit es sich befindet. Je mehr Arbeit den einzelnen Organen abverlangt wird, desto mehr Energie muß vom Organismus aufgewendet werden. Selbst wenn ein Tier aus der Sicht des Tierhalters keine Nutzleistung erbringt, verursacht die Futteraufnahme verstärkte Bewegungsarbeit des Verdauungstraktes, verstärkte Sekretionsarbeit der Anhangsdrüsen und verstärkte Transportarbeit für die Weiterleitung der Verdauungs-Endprodukte. Bei Bewegung des eigenen Körpers wird Energie aufgewandt für Hebe- und Beschleunigungsarbeit sowie zur Überwindung der Bodenreibung.

Um den Energieumsatz unter verschiedenen Bedingungen sinnvoll vergleichen zu können, benötigt man einen definierten »Standardzustand« als Bezugsbasis. Denkbar wäre hierfür sowohl der maximale als auch der minimale Umsatz. Aus verschiedenen Gründen ist im allgemeinen dem Minimum der Vorzug zu geben. Als Grundumsatz ist derjenige Umsatz definiert, den ein waches Tier bei völliger Ruhe in thermoneutraler Umgebung aufweist, wenn es sich im postabsorptiven Zustand befindet. Der Grundumsatz ist zur Erhaltung des Lebens, der Atmungs- und Kreislauffunktionen, der normalen Körpertemperatur, der Struktur und der Leistungsbereitschaft aller Organsysteme notwendig und kann nicht wesentlich unterschritten werden.

Da der Grundumsatz nach Definition in die postabsorptive Phase fällt, also in eine Zeit, in welcher nicht mehr mit der Absorption größerer Mengen an Verdauungs-Endprodukten zu rechnen ist, muß die hierfür benötigte Energie aus dem Abbau von Körpersubstanz, also Fett und Protein, gewonnen werden.

Vergleicht man nun den Grundumsatz verschiedener Tiere, so zeigt sich, daß er bei großen Tieren höher ist als bei kleinen, daß der Unterschied im Grundumsatz jedoch nicht dem Unterschied in der Lebendmasse entspricht. Bezieht man die in der Tabelle 12 gemachten Angaben über den Grundumsatz verschiedener Tiere auf die Einheit der Lebendmasse, so ergibt sich für die 100 g-Ratten etwa der zehnfache Wert im Vergleich zum 700 kg schweren Pferd. Die in der Tabelle aufgeführten Werte gelten natürlich, wie die meisten Daten in der Biologie, nur größenordnungsmäßig, bei wiederholt durchgeführten Messungen werden die Einzelergebnisse jeweils mehr oder weniger stark um einen Mittelwert streuen.

Trägt man alle in der Literatur zu findenden Angaben über den Grundumsatz verschiedenster Tiere als Abhängige y der jeweiligen Lebendmasse x auf, so ergibt sich auch nicht annähernd eine lineare Funktion der Art $y = a + bx$; vielmehr er-

Tab. 12. Lebendmasse, Grundumsatz und metabolische Körpergröße verschiedener Tiere

Tierart	Lebendmasse kg	Grundumsatz MJ pro Tag	Grundumsatz MJ pro Tag und kg	metabolische Körpergröße $kg^{0,75}$
Ratte	0,1	0,055	0,55	0,18
Huhn	1,5	0,40	0,27	1,4
Hund	15	2,3	0,15	7,6
Schaf	35	4,3	0,12	14,4
Schwein	75	7,6	0,10	25,5
Rind	600	37	0,062	121
Pferd	700	41	0,058	136

kennt man eine Potenzfunktion, die sich allgemein als $y = a \cdot x^b$ ausdrücken läßt. Durch Logarithmieren erhält man: $\log y = \log a + b \cdot \log x$.

Wenn wir also die Logarithmen der Größen des Grundumsatzes gegen die Logarithmen der Lebendmasse in ein Koordinatenkreuz tragen, so erhalten wir eine Gerade, deren Steigung durch denjenigen Exponenten der Lebendmasse angegeben wird, welcher die Abhängigkeit zwischen Grundumsatz und Lebendmasse bestimmt. Max Kleiber hat aufgrund gründlicher Überprüfung aller verfügbaren Daten vorgeschlagen, als allgemeinen Exponenten der Lebendmasse 0,75 einzuführen und »$kg^{0,75}$« als Einheit der »metabolischen Körpergröße« festzulegen, die vor allen Dingen den Vergleich zwischen verschiedenen Tieren möglich machen sollte. Dieser Vorschlag wurde beim 3. Internationalen Symposium über Energieumsatz angenommen.

Es gilt demnach, daß man die Größe des täglichen Grundumsatzes von Tieren im Mittel erhält, wenn man die metabolischen Körpergröße, ausgedrückt in $kg^{0,75}$, mit einem Faktor a multipliziert, der die Dimension $kJ \cdot kg^{-0,75} \cdot d^{-1}$ aufweist. Aus den Erfahrungsdaten ist abzuleiten, daß der Faktor a für ausgewachsene Tiere etwa den Wert 300 hat. Dies heißt, daß bei ausgewachsenen Tieren im Mittel der tägliche Grundumsatz in kJ sich durch Multiplikation der metabolischen Körpergröße mit 300 ergibt. Unabhängig von der Lebendmasse setzen Tiere daher als absolutes Minimum je $kg^{0,75}$ täglich 300 oder stündlich 12,5 kJ um.

b. Energieumsatz und Umgebungstemperatur

Es wurde dargestellt, daß der größte Teil der umgesetzten Energie in Form von Wärme vom tierischen Organismus abgegeben wird. Es ist daher leicht einzusehen, daß die Umgebungstemperatur einen Einfluß auf die Höhe des Energieumsatzes im Tier ausübt, der auch als Energiestrom durch das Tier verstanden werden kann. In der Abbildung 60 werden schematisch einige kritische Temperaturen aufgezeigt. Innerhalb des Bereiches der Behaglichkeit (A-A′) wird die Körpertemperatur bei minimaler Bemühung von Regulationsmechanismen erhalten. Bei Überschreiten der Grenztemperaturen zum Kälteren oder zum Wärmeren muß der Organismus Anpassungsmechanismen einschalten. Innerhalb des Bereiches der Thermoneutralität (B-B′) kann der Organismus durch Vasokonstriktion bzw. -dilatation, Schwitzen oder Hecheln und ähnliche Anpassungsformen die Wärmeabgabe einschränken oder steigern, ohne die Wärmebildung zu ändern. Bei Unterschreiten der unteren Grenze der Thermoneutralität kann durch Steigerung des Energieumsatzes die Wärmebildung gesteigert werden zur Aufrechterhaltung der Körpertemperatur. Bei Überschreiten der oberen Grenze hat das Tier meist geringere Möglichkeiten der Anpassung, da jegliche Zellarbeit mit Wärmebildung verbunden ist. Jenseits der Grenzen der Homöothermie (C-C′) finden sich die Grenzbereiche der Hypothermie und der Hyperthermie, so daß der gesamte Bereich zwischen Kältetod (D) und Hitzetod (D′) als Überlebensbereich zu bezeichnen ist.

Die Grenzen zwischen den einzelnen Bereichen sind abhängig von der Beschaffenheit der Körperoberfläche (Größe, Behaarung, Wolle etc.), von der Dicke der Fettschicht und vom Ausmaß körperlicher oder physiologischer Aktivität.

Im Bereich der Thermoneutralität reicht die aus der Zellarbeit resultierende Wärme zur Aufrechterhaltung der Körpertemperatur aus. Wird die untere Grenze unterschritten, so steigt der Energieumsatz zur Erhöhung der Wärmebildung, etwa durch Kältezittern oder durch willkürliche Bewegungen, durch Änderung des Muskeltonus oder durch in bestimmten Fällen mögliche Oxidation ohne Energie-Überführung in Phosphatbindungen.

Es ist leicht einzusehen, daß die Grenzen des Behaglichkeitsbereiches nicht konstant sein kön-

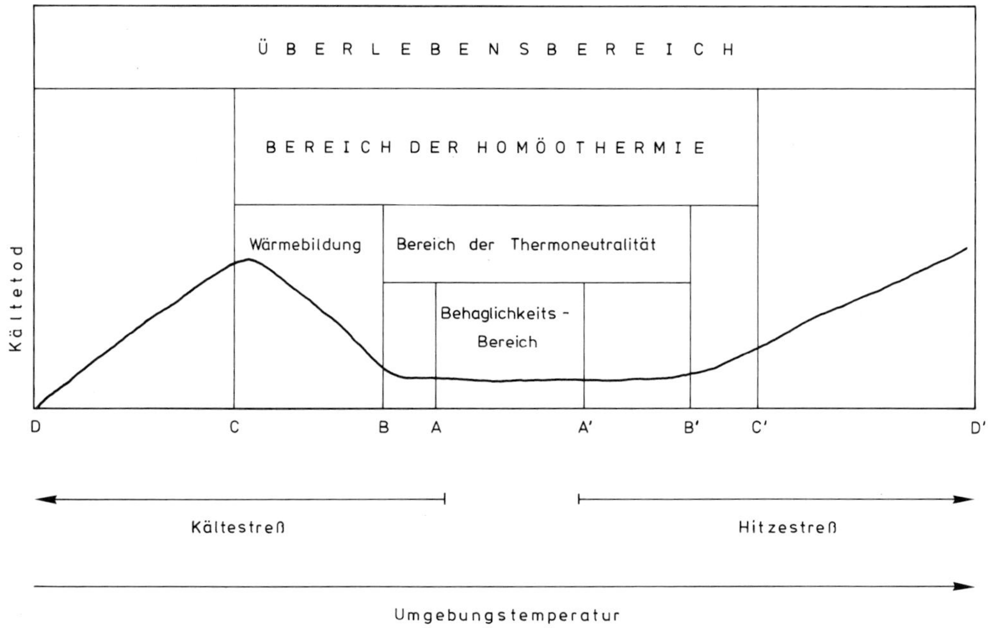

Abb. 60. Schematische Darstellung der verschiedenen Bereiche der Umgebungstemperaturen

nen. Im Grundumsatz liegen sie höher als in einem Zustand, in welchem höhere Zellarbeit zu leisten ist.

c. Energieumsatz und Aktivität

Jede körperliche Aktivität ist unweigerlich mit einer Steigerung der Umsatzrate verbunden. In welchem Maße die körperliche Aktivität am gesamten Energieumsatz eines Tieres beteiligt ist, hängt von verschiedenen Faktoren ab. So sind allgemein kleine Tiere unruhiger als große, weshalb die Aktivität einen größeren Anteil des Umsatzes erklärt.

Im Stand wird wegen der notwendigen Haltearbeit meist mehr Energie umgesetzt als im Liegen. Wieviel Energie Änderungen der Position, also Aufstehen oder Hinlegen kosten, dürfte zwischen Tieren unterschiedlich sein.

d. Erhaltungsbedarf

In der Praxis ist der Grundumsatz kaum anzutreffen, da eine gewisse körperliche Aktivität nie längere Zeit vermeidbar ist. Aus der Sicht von Praktikern hat aber die Frage große Bedeutung, wieviel Energie umgesetzt werden muß, damit ein Tier seine Körpersubstanz erhält, damit also der bei Hunger unvermeidliche Abbau von Körperfett und Körperprotein nicht eintritt. Einleitend wurde festgestellt, daß nur derjenige Anteil der umgesetzten Energie für Zellarbeit nutzbar ist, der in energiereiche Phosphatbindungen überführt wird (Abb. 54). Es ist daher entscheidend, wieviel Energie aus verschiedenen Substraten zum Erhalt einer energiereichen Phosphatbindung aufgewandt werden muß.

In der Tabelle 13 wird für die bei Hunger mobilisierbaren Körperreserven Fett und Protein sowie für wichtige absorbierbare Endprodukte der Verdauung neben dem im Calorimeter zu ermittelnden physikalischen Brennwert auch aufgeführt, mit welcher Ausbeute an energiereichen Phosphatbindungen beim vollständigen Abbau gerechnet werden kann. Für die Einzelheiten der Berechnung dieser Ausbeute muß auf Lehrbücher der Biochemie verwiesen werden. Bezieht man den Brennwert auf die Ausbeute an energiereichen Phosphatbindungen, so ergibt sich, daß der Aufwand beim Abbau von Glucose und Körperfett etwa gleich ist, daß er aber beim Abbau flüchtiger Fettsäuren etwas und beim Abbau von Aminosäuren deutlich höher ist. Wenn nun unterstellt wird, daß beim Hunger zunächst nur Körperfett abgebaut wird, dann würde bei Vermeidung dieses

Tab. 13. Physikalische Brennwerte und mögliche Ausbeute an energiereichen Phosphatbindungen bei vollständigem Abbau von Körperbestandteilen und wesentlichen Endprodukten der Verdauung

Substanz und Menge	physikalischer Brennwert kJ	Ausbeute an energiereichen Phosphatbindungen Mol	Aufwand für energiereiche Phosphatbindungen kJ je Mol
100 g Körperfett	3 970	51,6	77
100 g Muskelprotein	2 400	21,8	110
1 Mol Glucose	2 826	38	74,4
1 Mol Essigsäure	875	10	87,5
1 Mol Propionsäure	1 536	18	85,3
1 Mol Buttersäure	2 193	27	81,2
1 Mol Palmitinsäure	10 132	129	78,5
1 Mol Stearinsäure	11 347	146	77,7
1 Mol Ölsäure	11 124	144	77,2
1 Mol Alanin	1 629	13	125,3
1 Mol Glutaminsäure	2 261	22	102,8
1 Mol Asparaginsäure	1 662	13	127,9
1 Mol Prolin	2 436	22	110,7
1 Mol Valin	2 931	25	117,2

Abbaues durch Glucose-Abbau die Wärmebildung nicht erhöht, durch Abbau flüchtiger Fettsäuren etwas und durch Abbau von Aminosäuren deutlich erhöht. Da beim Abbau von Aminosäuren aus der abgetrennten Aminogruppe Harnstoff gebildet wird, also eine Substanz, die noch einen Brennwert aufweist, ist für Aminosäuren zwischen physiologischem und physikalischem Brennwert zu unterscheiden. Der physiologische Brennwert ist deutlich geringer als der physikalische.

Gegenüber dem hungernden Tier ist beim gefütterten Tier die Wärmebildung gewöhnlich auch dann erhöht, wenn das Tier nicht wahrnehmbare Leistungen zu erbringen hat. Diese durch die Fütterung verursachte Steigerung der Wärmebildung wird in der Literatur teils als »Thermische Energie«, als »calorigene Wirkung« oder auch als »spezifisch dynamische Wirkung« bezeichnet. Beweiskräftige Erklärungen der Ursache für diese Extrawärme sind bisher nicht gelungen. Als Teilgrößen sind hier aufzuführen:

- ▷ die für die Aufnahme, das Kauen und Wiederkauen erforderliche Muskelarbeit,
- ▷ die im Zusammenhang mit Gärungen im Vormagen oder Dickdarm anfallende Wärme,
- ▷ die durch die Futteraufnahme hervorgerufene Arbeit der Darmbewegungen und der Sekretionen,
- ▷ verstärkte Arbeit für Weitertransport und Verarbeitung der Verdauungs-Endprodukte.

e. Leistungshöhe

Wieweit der Energieumsatz eines Tieres diejenige Höhe überschreitet, welche zur Erhaltung des Körpers im energetischen und stofflichen Gleichgewicht erforderlich ist, hängt von Art und Intensität der dem Organismus abverlangten zusätzlichen Leistungen ab.

Kurzfristig können bei einzelnen Tierarten sehr große Steigerungen des Energieumsatzes im Zusammenhang mit der Muskelarbeit erfolgen. Obwohl eine exakte physikalische Erfassung aller mit Zug- oder Tragearbeit verbundenen Teilvorgänge äußerst schwierig ist, läßt sich leicht einsehen, daß die Steigerung der Geschwindigkeit energetisch aufwendiger sein muß als vergleichbare Steigerungen der zu bewegenden Masse, wie folgendermaßen belegt wird:

Gemäß dem Energieerhaltungssatz der Mechanik führt die an einem Körper geleistete Arbeit u. a. zur Steigerung der Geschwindigkeit nach der Beziehung

$$A = K \cdot \Delta S = \frac{m}{2} \cdot v^2.$$

Darin bedeuten

A die an der Masse m geleistete Arbeit,
K die an der Masse m angreifende Kraft,
v die der Masse m erteilte Geschwindigkeit,

ΔS die von der Masse m unter Einwirkung der Kraft K zurückgelegte Wegstrecke.

Aus dem Energieerhaltungssatz folgt also gemäß obiger Gleichung, daß bei Verdoppelung der Masse, aber beibehaltener Geschwindigkeit die Arbeit verdoppelt, dagegen bei gleichgehaltener Masse und verdoppelter Geschwindigkeit die Arbeit vervierfacht werden muß.

Die über Stunden dauernde Zugarbeit, etwa von Arbeitsochsen, dürfte in den seltensten Fällen den Energieumsatz stärker als um den Faktor 2 gegenüber dem Erhaltungsumsatz steigern. Dagegen muß ein Reitpferd für verschiedene sportliche Leistungen seinen Energieumsatz gegenüber der für Erhaltung erforderlichen Höhe in den folgenden Größenordnungen steigern:

bei Schritt	um den Faktor 2– 3,
bei leichtem Trab	um den Faktor 7– 9,
bei mittlerem Trab	um den Faktor 18–20,
bei Galopp	um den Faktor 35–40.

Bei Arbeit wird ebenso wie im Erhaltungsumsatz praktisch die gesamte umgesetzte Energie in Wärme überführt. Bei Reproduktion, Laktation und Wachstum dagegen wird ein Teil der umgesetzten Energie als chemische Energie in Protein, Fett und Laktose erhalten, mit der Wärmeabgabe oder Wärmebildung wird also nicht die gesamte Summe der umgesetzten Energie erfaßt. So müssen zur Bildung von 1 kg Milch etwa 5 MJ umgesetzt werden, von denen 3 MJ als chemische Energie der Milchinhaltsstoffe erhalten bleiben, während 2 MJ als Wärme freiwerden. Bildet also eine Kuh täglich 20 kg Milch, so übersteigt die Wärmeabgabe dieses Tieres den Erhaltungsumsatz um rund 40 MJ, während rund 60 MJ als chemische Energie der Milchinhaltsstoffe der Milch ausgeschieden werden. Im Gegensatz zu den Leistungen bei Sport oder Transportarbeit findet die Steigerung des Umsatzes in Zusammenhang mit der Synthese neuer Verbindungen kontinuierlich statt, so daß also im Mittel des Tages die Steigerung des Energieumsatzes bei einer hochleistenden Kuh oder einem intensiv wachsenden Masttier durchaus mit derjenigen bei einem Hochleistungssportler zu vergleichen ist.

5. Stufen der Umwandlung von Nahrungsenergie

a. Bruttoenergie

Damit der tierische Organismus die verschiedenen Formen der Zellarbeit leisten kann, die ständig oder in begrenzten Phasen erforderlich werden, muß er Energie umsetzen, welche als chemische Energie mit der Nahrung zugeführt worden sein muß. Auch wenn kurzfristig auf die Mobilisierung von Energie aus Körperbestandteilen zurückgegriffen werden kann, trifft dies zu, da die Körperenergie ebenfalls nur auf Nahrungsenergie zurückgehen kann. Bei langfristiger Betrachtung kann daher der Energieumsatz im Organismus unmöglich höher sein als der physikalische Brennwert des aufgenommenen Futters. Daher wird der mittels Bombencalorimetrie zu erhaltende Wert auch als Bruttoenergie des Futters bezeichnet. Dieser Wert ist zwar ohne große Schwierigkeit mit hoher Präzision zu ermitteln, physiologisch aber nicht von großem Aussagewert, da er für den Umsatz nur einen Maximalwert darstellt, der in der Realität nicht erreicht wird.

b. Verdauliche Energie

Da je nach Art des Futters ein mehr oder weniger großer Anteil der organischen Futterbestandteile nicht verdaut, sondern im Kot ausgeschieden wird, kann die chemische Energie dieser Bestandteile auch nicht vom Tier genutzt werden. Der mit der Aufnahme von Bruttoenergie vorgegebene Maximalwert für Umsetzungen wird daher verringert, wenn vom Energieinhalt des aufgenommenen Futters der physikalische Brennwert des Kots abgezogen wird. Entsprechend den verdaulichen Nährstoffen sprechen wir auch von der Verdaulichen Energie, für die folgende Definition gilt:

Verdauliche Energie = Brennwert des Futters minus Brennwert des Kots

Die Verdaulichkeit der Futterenergie gibt demnach an, welcher Anteil der Bruttoenergie verdaulich ist, also nicht im Kot ausgeschieden wird.

Wegen der im Abschnitt III.B. besprochenen Unterschiede in der Ausbildung des Verdauungstraktes ergibt sich zwingend, daß für identische Futter die Verdaulichkeit der Bruttoenergie bzw. der Gehalt an Verdaulicher Energie bei Fütterung an verschiedene Tierarten sehr unterschiedlich sein kann. Vegetatives Pflanzenmaterial, das für Wiederkäuer hoch verdaulich sein kann, weist gewöhnlich für Schweine eine sehr mäßige Verdaulichkeit der Energie auf und wird für Carnivoren als Energielieferant nicht in Erwägung gezogen.

Mit der Verdaulichkeit der Energie wird der größte Teil der futterbedingten Varianz in der Höhe der Energieumsetzung erklärt.

c. Umsetzbare Energie

Neben der Energie des Kots existieren noch andere Möglichkeiten, wie chemische Energie den Körper verlassen kann, ohne für Umsetzungen im Körper genutzt werden zu können. Mikroorganismen im Verdauungstrakt der Herbivoren bilden in größerem Maße Methan, das bei Wiederkäuern 10 bis 15 % der Verdaulichen Energie entsprechen kann.

Die absorbierbaren Endprodukte der Verdauung können nicht in jedem Fall im intermediären Stoffwechsel vollständig oxidiert werden. Der Stickstoff aus Aminosäuren wird beispielsweise als Harnstoff beim Säuger und als Harnsäure bei Vögeln ausgeschieden. Bei der Oxidation werden je g N aus Harnstoff 22,6 kJ und aus Harnsäure 34,4 kJ als Wärme freigesetzt. Diese im Harn ausgeschiedene Energie steht also für Umsetzungen im Organismus nicht zur Verfügung.

Bei Carnivoren und Omnivoren entfällt der größte Teil der Energie im Harn auf Endprodukte des Stickstoff-Umsatzes, so daß man hier ohne allzu großen Fehler aus der N-Ausscheidung im Harn auf die Energie-Verluste mit dem Harn schließen kann. Bei Herbivoren dagegen finden sich gelegentlich größere Mengen phenolischer Verbindungen, die zwar absorbiert, jedoch intermediär nicht genutzt und deshalb mit dem Harn ausgeschieden werden. Bekanntestes Beispiel hierfür ist die Hippursäure, die in Pferdeställen gewöhnlich für den dort typischen Geruch verantwortlich ist. Sie ist wasserlöslich und daher harnfähig, da eine den Peptidbindungen ähnliche Bindung zwischen Benzoesäure und Glycin geknüpft ist. Andere Möglichkeiten sind Esterbildungen mit Schwefelsäure.

Vermindert man nun die Verdauliche Energie um die Energieausscheidungen in Gärgasen und im Harn, zieht man also von der Bruttoenergie des Futters den Energieinhalt aller noch brennbaren Ausscheidungen ab, so erhält man die **Umsetzbare Energie,** also denjenigen Teil der Energie des Futters, welcher im Organismus umgesetzt werden kann. Soll die Umsetzbare Energie als prozentualer Anteil an der Bruttoenergie ausgedrückt werden, so sprechen wir von der »Umsetzbarkeit« der Bruttoenergie.

d. Nettoenergie

Der tierische Organismus nutzt die dem Futter entstammende Umsetzbare Energie,

— um vorhandene energiereiche Körpersubstanz vor dem Abbau zu bewahren,
— um im Zusammenhang mit Wachstum, Reproduktion oder Laktation energiereiche Substanz neu zu bilden,
— um durch koordinierte Muskelkontraktionen mechanische Arbeit zu leisten.

Derjenige Anteil der Umsetzbaren Energie, welcher dem physikalischen Brennwert der vor dem Abbau bewahrten und der neugebildeten Substanz sowie der geleisteten Arbeit äquivalent ist, wird als **Nettoenergie** bezeichnet. Da nun die Wirkungsgrade der Umsetzbaren Energie für verschiedene physiologische Leistungen sehr unterschiedlich sein können, muß bei Verwendung des Begriffes Nettoenergie zusätzlich kenntlich gemacht werden, für welche Leistungsrichtung die Energie aufgewendet werden soll. Identisches Futter hat demnach unterschiedliche Gehalte an Nettoenergie für Erhaltung, für Mast, für Laktation oder für Arbeit.

In der Abbildung 61 werden die verschiedenen Stufen der Energie-Umwandlung im Organismus schematisch dargestellt. Dabei ist zu erkennen, daß gedanklich bei der gebildeten Wärme zu unterscheiden ist zwischen dem Äquivalent der Energieinhalte der erhaltenen, also vor dem Abbau bewahrten Körpersubstanz (Grundumsatz) einerseits, und der im Zusammenhang mit verschiedenen Umsetzungen frei werdenden Extrawärme andererseits. Da eine solche Unterscheidung nur gedanklich, nicht aber meßtechnisch durchführbar ist, läßt sich die Nettoenergie von Futtermitteln nur ableiten, wenn mindestens zwei Versuche mit unterschiedlicher Energieversorgung durchgeführt worden sind. Am Beispiel eines möglichen Versuches, für den sich Zahlenangaben in der Tabelle 14 finden, soll dies kurz erläutert werden.

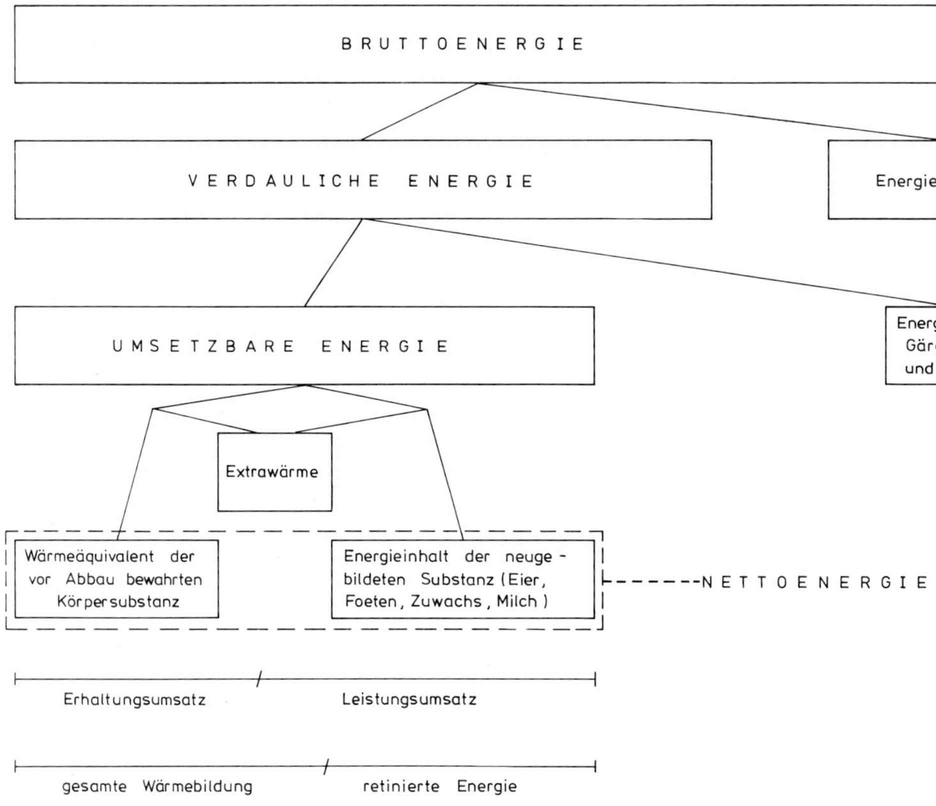

Abb. 61. Stufen der Energie-Umwandlung im tierischen Organismus

Tab. 14. Mögliches Beispiel für den Energieumsatz eines Schweines bei Fütterung unterschiedlicher Mengen von Alleinfutter mit 17,0 MJ Brutto-Energie je kg

Futter-Zuteilung, kg/Tag	1,5	2,0
Brutto-Energie, MJ/Tag	25,5	34,0
Energie im Kot, MJ/Tag	3,9	5,2
Energie im Harn, MJ/Tag	2,55	3,4
Energie in Gärgasen, MJ/Tag	0,15	0,2
Wärmebildung, MJ/Tag	14,8	17,3
Energie-Retention, MJ/Tag	4,1	7,9
Verdauliche Energie MJ/Tag	21,6	28,8
% der Brutto-Energie	84,7	84,7
MJ/kg Futter	14,4	14,4
Umsetzbare Energie, MJ/Tag	18,9	25,2
% der Brutto-Energie	74,1	74,1
MJ/kg Futter	12,6	12,6

Von einem Alleinfutter, welches 12,6 MJ Umsetzbare Energie je kg enthält, sollen an gleich schwere Schweine pro Tier und Tag entweder 1,5 kg oder 2,0 kg gefüttert werden, die Versorgung mit Umsetzbarer Energie beträgt demnach pro Tier und Tag 18,9 oder 25,2 MJ. Aus calorimetrischen Untersuchungen möge nun hervorgehen, daß die tägliche Wärmebildung je Tier 14,8 MJ bei der niedrigeren und 17,3 MJ bei der höheren Versorgung betrage. Der Energieinhalt angesetzter Körpersubstanz, auch Energie-Retention genannt, beträgt demnach je Tier und Tag bei der niedrigen Versorgung 4,1 MJ und bei der höheren Versorgung 7,9 MJ. In Anlehnung an die Technik ließe sich sagen, daß der Gesamtwirkungsgrad bei der niedrigen Versorgung 4,1 MJ : 18,9 MJ = 0,22, bei der höheren Versorgung 7,9 MJ : 25,2 MJ = 0,31 beträgt. Aber wieviel Nettoenergie für Mast dieser Schweine enthält das verwendete Futter? Zur Beantwortung dieser Frage wird aus beiden Versuchsergebnissen die Differenz gebildet. Die Differenz der Versorgung mit Umsetzbarer Energie in Höhe von 6,3 MJ pro Tag ermöglichte eine Steigerung der Energie-Retention um 3,8 MJ pro Tag, was einem Teilwirkungsgrad der Umsetzbaren Energie für Mast in diesem Beispiel von 3,8 MJ : 6,3 MJ = 0,60 entsprechen würde. Da die Mehrfütterung von 0,5 kg Futter den Energieumsatz um 3,8 MJ steigerte, läßt sich auch sagen, daß dieses Futter je kg 3,8 MJ : 0,5 = 7,2 MJ Nettoenergie für Mast von Schweinen der im Versuch eingesetzten Art enthält.

6. Energetische Bewertung von Nahrungs- und Futtermitteln

Für die Bewertung von Futtermitteln oder Rationen ist der energetische Aspekt zwar nicht allein entscheidend, aber doch von großer Bedeutung. Für eine energetische Bewertung muß in zwei Fragen Übereinstimmung erzielt werden, wobei in unterschiedlichen Ländern oder zu verschiedenen Zeiten unterschiedliche Beschlüsse als zweckmäßig angesehen werden können. Zu entscheiden ist grundsätzlich:

I. Auf welcher der im vorangegangenen Abschnitt beschriebenen Stufe soll die Bewertung vorgenommen werden?
und
II. Soll die physikalische Einheit für Energie (J, kJ, MJ) oder ein »Ersatzäquivalent« verwendet werden?

Zur Frage II. ist in der Bundesrepublik Übereinstimmung erreicht, daß früher übliche Ersatzäquivalente wie Heuwert, Stärkewert oder Gesamtnährstoff nicht mehr zweckmäßig sind und daher zur Quantifizierung nur noch die allgemeine physikalische Einheit der Energie verwendet werden sollte.

Die Bruttoenergie gilt in der Tierernährung als ungeeignet für die Bewertung, da auf dieser Stufe wesentliche futterbedingte Unterschiede nicht erfaßt werden. In der Humanernährung gilt diese Stufe als ausreichend, da bezüglich der Verdaulichkeit durch die Nahrungswahl nur geringe Varianzen auftreten und da andererseits die Erfassung der gegessenen Mengen immer erhebliche Fehler beinhaltet, die durch eine weitergehende Bewertung nicht ausgeschlossen würden.

Die Verdauliche Energie wird bei uns für die Bewertung von Pferdefutter gewählt, während bei Geflügel und bei Schweinen die Umsetzbare Energie als am zweckmäßigsten angesehen wird. In der Milcherzeugung schließlich wird die Nettoenergie Laktation (NEL) zur Bewertung gewählt. Weitergehende Einzelheiten finden sich in Lehrbüchern der Tierernährung.

Literatur

Brockway, J. M., 1978: Escape from the chamber: alternative methods for large animal calorimetry. Proc. Nutr. Soc. **37,** 13–19.

Brouwer, E., 1965: Report of sub-committee on constants and factors. S. 441–443. In: Energy Metabolism (Ed.: Blaxter, K. L.). Proc. 3rd Symp. EAAP-Publ. No 11. Academic Press, London, New York.

Close, W. H., 1980: The significance of the environment for energy utilization in the pig. Proc. Nutr. Soc. **39,** 169–175.

Lindsay, D. B., 1975: Fatty acids as energy sources. Proc. Nutr. Soc. **34,** 241–248.

Lindsay, D. B., 1980: Amino acids as energy sources. Proc. Nutr. Soc. **39,** 53–59.

Lundy, H., 1978: Recent studies in poultry calorimetry. Proc. Nutr. Soc. **37,** 55–63.

Mount, L. E., 1976: Heat loss in relation to plane of nutrition and thermal environment. Proc. Nutr. Soc. **35,** 81–86.

Mount, L. E., 1978: Heat transfer between animal and environment. Proc. Nutr. Soc. **37,** 21–27.

Reeds, P. J., K. W. J. Wahle, P. Haggarty, 1982: Energy cost of protein and fatty acid synthesis. Proc. Nutr. Soc. **41,** 155–159.

Webster, A. J. F., 1980: Energy cost of digestion and metabolism in the gut, S. 469–484. In: Digestive Physiology and Metabolism in Ruminants (Ed.: Ruckebusch, Y., P. Thivend). Proc. 5th Int. Symp. Ruminant Physiol., Clermont-Ferrand, 3.–7. 9. 1979. MTP-Press, Falcon House, Lancaster.

G. Wachstum

H. Zucker

Wachstum ist die kontinuierliche Vergrößerung eines Systems. Einzeller, pflanzliche und tierische Zellen, Gewebe, Organe, Individuen und Populationen wachsen in ähnlicher Weise. Durch Auftragen von geeigneten Parametern wie Gewicht, Länge oder Zellzahl gegen die Zeit erhält man eine Wachstumskurve, wie sie schematisch in Abbildung 62 dargestellt ist.

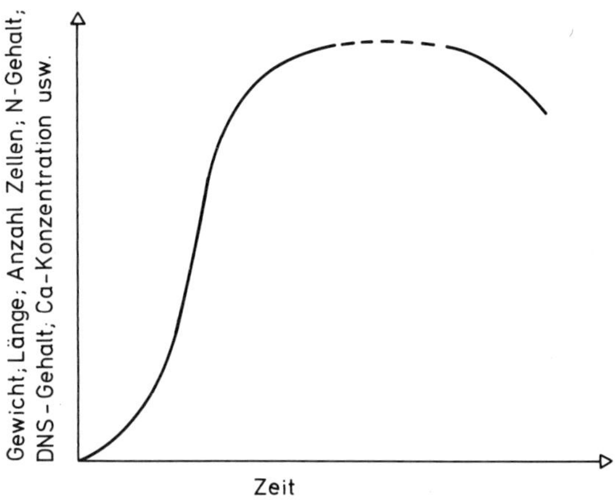

Abb. 62. Wachstumskurve, gültig für Zellen, Gewebe, Organe, Individuen, Populationen (oder für Parameter, die für deren Wachstum charakteristisch sind)

Übliche Methoden der Wachstumsmessung sind die Bestimmung des Körpergewichts oder das Nehmen von Längenmaßen wie Körperlänge, Widerristhöhe, Brustumfang und Gliedmaßenumfang. Um das Wachstum der Strukturmasse des Körpers besser zu erfassen, können über Stickstoff-, Calcium- und Phosphorbilanzen die Bestandsveränderungen an Muskel- und Organprotein bzw. des Skeletts ermittelt werden. Dadurch werden die beim Wägen miterfaßten Veränderungen im Fett- und Wassergehalt oder in der Füllung des Verdauungstrakts eliminiert. Die jeweilige Wachstumsintensität in einer gegebenen Zeitspanne wird ermittelt, indem der Zuwachs auf den vorhandenen Bestand bezogen wird, z. B. die tägliche Körpergewichtszunahme auf das jeweilige Körpergewicht. Entsprechend dem Verlauf der Wachstumskurve (Abb. 62) nimmt diese »Wachstumsrate« mit fortschreitendem Wachstum ab (Abb. 63).

Wachstum ist ein Überwiegen der anabolen gegenüber den katabolen Prozessen im betreffenden System. Der resultierende Überschuß kann als Vermehrung der Zellzahl, als Zellvergrößerung oder Vermehrung extrazellulärer Substanzen deponiert werden. Da das Wachstum von Zellen und Organismen einer genetisch fixierten Regulation

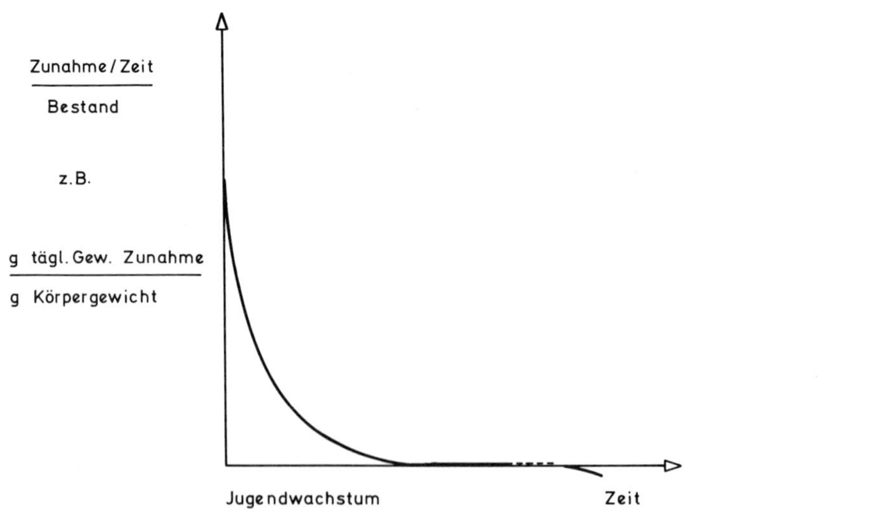

Abb. 63. Wachstumsintensität. Die »Wachstumsrate« (z. B. Zunahme pro Tag in % des Körpergewichts) nimmt mit der Zeit ab

unterliegt, die gleichzeitig Differenzierung bewirkt, bedeutet Wachstum stets auch qualitative Veränderung. Diese Veränderungen sind für jede Spezies und jedes Lebensalter unterschiedlich. Sie unterliegen außerdem noch verschiedenen Umwelteinflüssen.

Im Einzelfalle ergeben sich daher beträchtliche Abweichungen von dem in Abbildung 62 dargestellten Verlauf des Wachstums. Eine Phase ausgeprägter Differenzierung, wie etwa das Puppenstadium von Insekten, kann »Wachstumsstillstand«, Größenabnahme und Gewichtsverlust bewirken. Dabei findet allerdings intensives Wachstum statt, nämlich das Wachstum neuer Strukturen auf Kosten nunmehr entbehrlicher Systeme und Reserven.

Rasches Wachstum führt in der Regel zu einem Konkurrenzvorteil, da z. B. Körpergröße innerhalb von Wurfgeschwistern oder von Jungtieren einer Herde die Überlebenschancen beeinflussen kann. Trotzdem ist die Bewertung der Wachstumsintensität problematisch. Optimale Wachstumsintensität ist nicht notwendig mit maximaler Wachstumsrate in allen Phasen der Entwicklung gleichzusetzen. Deshalb wird versucht, verschiedene Wachstumsraten zu Eigenschaften wie Infektionsresistenz, Stabilität bestimmter Stoffwechsel- und Organfunktionen, Adaptationsfähigkeit und Langlebigkeit in Beziehung zu setzen. Ob hohe Wachstumsintensität während der gesamten Jugendentwicklung oder in bestimmten Phasen günstig ist, hängt weitgehend von den Anforderungen ab, die das betreffende Ökosystem an das Individuum stellt.

Eine interessante Beziehung zwischen Ernährung und Wachstum besteht bei der Muttermilch. Ihre Zusammensetzung ist bei allen Spezies in der frühen Säuglingsphase maßgeschneidert für die Nährstofferfordernisse maximalen Wachstums. Protein- und Energiegehalt, auch der Aschegehalt (Ca und P für Skelett-Wachstum, K und Na) korrelieren mit der Wachstumsrate, die z. B. als zur Verdoppelung des Geburtsgewichts benötigte Zeit gemessen wird. Die bei manchen Spezies scheinbar auftretenden Abweichungen von dieser Regel hängen meist mit dem Reifezustand bei der Geburt und mit besonderen Lebensbedingungen, z. B. der Umgebungstemperatur, zusammen.

Umweltfaktoren wie Ernährung, Infektionskrankheiten oder Umgebungstemperatur bewirken nicht nur Abweichungen von der genetischen Wachstumspotenz. Sie beeinflussen auch den zeitlichen Ablauf von Differenzierungsvorgängen. Das Lebensalter ist deshalb kein zuverlässiger Maßstab für die Charakterisierung des Entwicklungszustands. Hierfür werden meist physiologische und morphologische Kriterien wie etwa Eintritt der Pubertät, Epiphysenschluß oder Ausbildung der Rumenzotten herangezogen. Ein auf diese Weise definierter Zustand wird oft als »physiologisches Alter« bezeichnet. Dieser etwas problematische Begriff wird auch benützt, wenn Wachstums- oder Altersvergleiche zwischen verschiedenen Spezies vorgenommen werden.

Milieuveränderungen haben in jüngster Zeit bei Haustieren und beim Menschen augenfällige Veränderungen der durchschnittlichen Wachstumsrate bewirkt. Die »Akzeleration« des Wachstums beim Menschen ist hauptsächlich auf das Säuglings- und Kleinkindalter beschränkt. Häufig führt sie auch zu früherem Eintritt in die Pubertät und früherer Erreichung der endgültigen Körpergröße, die sich beträchtlich erhöht hat. Dieses Phänomen ist auf Gebiete überdurchschnittlicher Hygiene und reichlicher, qualitativ hochwertiger Nahrungsversorgung beschränkt. Es wird hauptsächlich der besseren Ernährung und der Eliminierung früher weit verbreiteter Krankheiten zugeschrieben. Ähnliche Beobachtungen werden an Haus- und auch an Wildtieren gemacht, die in ein günstiges Biotop verbracht werden.

1. Kompensatorisches Wachstum und Realimentation

Ruhephasen in der Embryonalentwicklung (Reh), perinatale Zeitspanne, Milieuwechsel, Infektionen, Mangelernährung, traumatische Einwirkungen, wie überhaupt Noxen jeder Art, können zeitweilige Wachstumshemmung, Wachstumsstillstand oder sogar »negatives Wachstum« bewirken. Solchen Perioden folgt häufig ein rasches Aufholen, das als kompensatorisches Wachstum bezeichnet wird (Abb. 64 und 65). So wechseln z. B. bei Tierarten, die ihr Wachstum nicht in einer Saison mit gleichbleibend günstigen Umweltbedingungen abschließen, sondern während der Wachstumsperiode Winter- oder Trockenzeiten zu überleben haben, Phasen von Stagnation mit Phasen raschen kompensatorischen Wachstums ab.

Auch im Erwachsenenzustand, der durch ein annäherndes Gleichgewicht von anabolen und katabolen Prozessen über eine längere Zeitspanne gekennzeichnet ist, findet nach starker Abnahme der Muskelmasse oder der Fettdepots ein kompensatorisches Wachstum der betroffenen Gewebe statt.

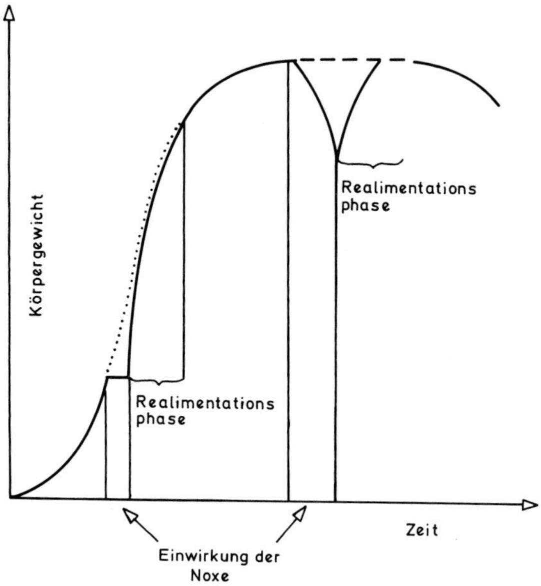

Abb. 64. Kompensatorisches Wachstum, das nach Zeiten der Stagnation eintritt; im Jugendwachstum und Erwachsenenstadium

Zeitweilige Wachstumshemmungen durch Umwelteinflüsse werden in der Regel ausgeglichen und sind scheinbar ohne wesentlichen Einfluß auf den endgültigen Entwicklungszustand. Man spricht von einer Tendenz zur Äquifinalität, zur Erreichung eines genetisch vorgegebenen Endzustands. Dieser Erwachsenen- oder Reifezustand tritt meist erst geraume Zeit nach Erreichung der Geschlechtsreife ein. Ein gebräuchliches und weithin akzeptiertes Kriterium ist z. B. für Säugetiere und Vögel der Abschluß des Skelettwachstums.

Die Folgen langanhaltenden Wachstumsstillstands und anschließender »Rehabilitierung« wurden in langjährigen Versuchsreihen an der Universität Cambridge (McCance, Widdowsen et al.) untersucht. Die Versuchstiere, hauptsächlich Hühner und Schweine, erhielten im Küken- bzw. Ferkelstadium nur soviel Futter, daß das erreichte Körpergewicht erhalten wurde. Nach 6 Monaten (Huhn) bzw. 12 Monaten (Schwein), zu diesem Zeitpunkt würde normalerweise bereits die Geschlechtsreife eingetreten sein, wurde Futter ad libitum verabreicht. Das nun folgende Wachstum wurde mit dem normal ernährter, gleich schwerer Kontrolltiere verglichen. In dieser Realimentationszeit wiesen die Versuchstiere etwas geringere Wachstumsraten auf als die Kontrolltiere (Abb. 66). Auch schlossen sie ihr Wachstum früher

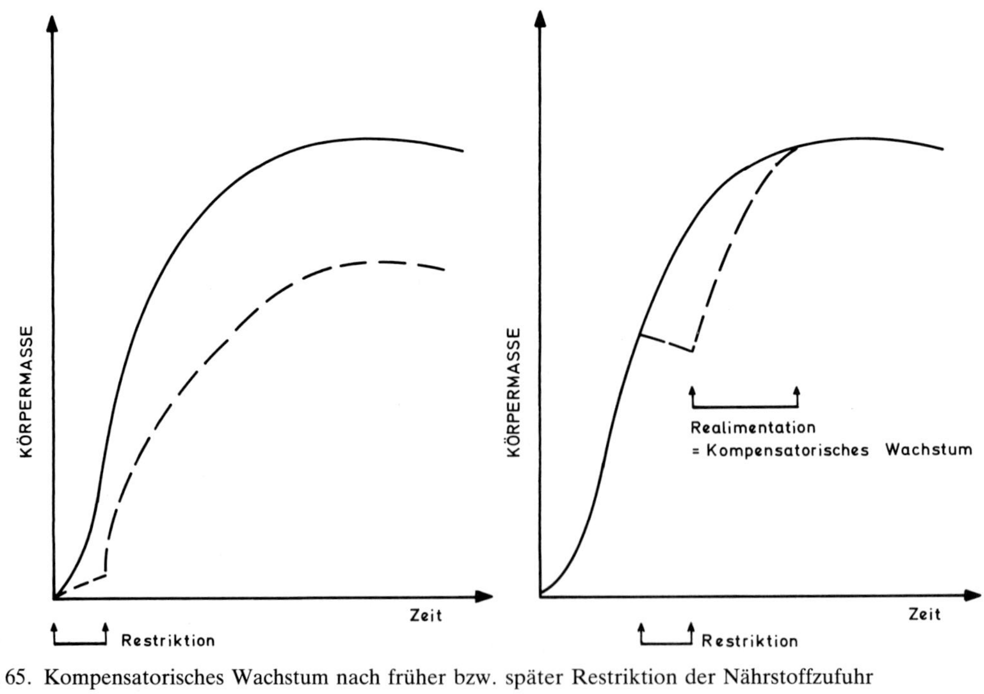

Abb. 65. Kompensatorisches Wachstum nach früher bzw. später Restriktion der Nährstoffzufuhr

ab, so daß sie nicht ganz deren Körpergewicht und Statur erreichten. Doch bestanden trotz einiger pathologischer Abweichungen und höheren Fettgehalts in den meisten Merkmalen keine signifikanten Unterschiede zwischen Versuchs- und Kontrolltieren. Die in der Jugendentwicklung retardierten Hennen begannen statt mit 5 Monaten mit 10 Monaten zu legen. Aus diesen und anderen Versuchen ergibt sich außerdem, daß Wachstumsretardierung den Reifezustand um so mehr beeinträchtigt, je früher sie erfolgt.

Bei stark reduzierter Nährstoffzufuhr während früher Phasen der Entwicklung gelten Prioritäten für das Wachstum verschiedener Gewebe und Organe. Hohe Prioritäten haben das Zentralnervensystem, das Knochengewebe, der Verdauungstrakt und seine Anhangsdrüsen und schließlich die Fortpflanzungsorgane. Skelettmuskulatur und vor allem Fettgewebe haben geringere Prioritäten. Entsprechend gilt für den Abbau während längerer Hungerphasen im Erwachsenenzustand die umgekehrte Reihenfolge. Depotfett wird zuerst abgebaut.

2. Wachstumsrate und Nährstoffökonomie

Beim Haustier steht die Wachstumsgeschwindigkeit oft in enger Beziehung zu den Nutzungszielen. Rascheres Wachstum ergibt ein früheres Schlachtalter, frühere Nachkommenschaft bei Zuchttieren und auch frühere Erkennung des Zuchtwerts, raschere Generationsfolge und frühere Milch- und Legeleistung. Deshalb erfolgt bei vielen Tieren eine züchterische Selektion auf hohe Wachstumsraten. Sie ist von Selektion auf Körpergröße im Erwachsenenzustand zu unterscheiden.

Das Schwein liefert ein einprägsames Beispiel für die Beziehungen zwischen Wachstumsrate, Frühreife, Körpergröße und Körperzusammensetzung. Genetisch bedingt spätreife, große Typen sind z. B. bei Erreichung eines Lebendgewichts von 100 kg fettärmer und »fleischreicher« als kleinere, frühreife Schweine. Dementsprechend weisen sie auch bis zu diesem Zeitpunkt höhere Wachstumsraten auf, z. B. gemessen an der täglichen N- und Ca-Retention.

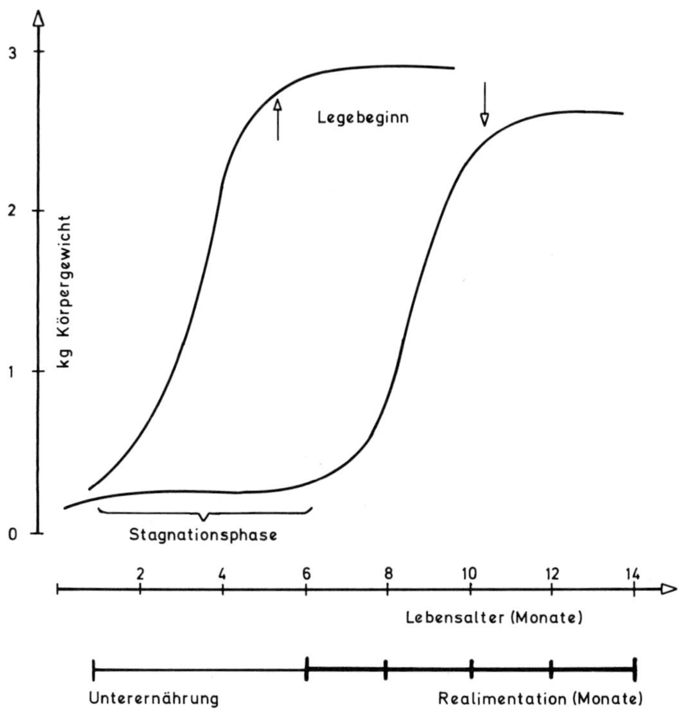

Abb. 66. Einfluß von Unterernährung und Realimentation beim Huhn (Rhodeländerhennen) auf Wachstum und Legereife im Vergleich zu Kontrollhennen mit normaler Ernährung (schematisiert nach Daten von LISTER, COWEN und MCCANCE, 1966)

Die im Verlauf des Jugendwachstums eintretende Veränderung der Körperzusammensetzung, nämlich die Abnahme des Wasser- und Proteingehalts bei zunehmendem Fettgehalt, ist in gewissen Grenzen von der Nährstoffzufuhr abhängig. Dies ist von großer Bedeutung für die Schlachttierproduktion. Sie beruht ja, ob über Rind, Schaf, Schwein, Geflügel oder Fisch erfolgend, hauptsächlich auf der Fütterung von wachsenden Tieren, die noch in juvenilem Zustand getötet werden. Hier versucht man durch ausreichende Zufuhr von Protein und Energie maximalen Proteinansatz zu erreichen, das Energieangebot jedoch andererseits so zu begrenzen, daß übermäßige Depotfettbildung vermieden wird.

Speziesbedingte Unterschiede in der Wachstumsintensität veranschaulicht Abbildung 67 am Beispiel des täglichen Stickstoffansatzes. Während die langsam wachsende Spezies Mensch selbst während des pubertären Wachstumsschubs pro Tag weniger als 0,5 g N retiniert, beträgt der N-Ansatz beim schnell wachsenden Schwein bei gleichem Körpergewicht etwa das Vierzigfache.

Unterschiede in der Wachstumsintensität sind ausschlaggebend für die energetische Ökonomie der Fleischproduktion. Da der tägliche Erhaltungsbedarf an Energie und Protein vom Körpergewicht abhängt, entfällt beim geringeren Zuwachs ein großer Anteil der verzehrten Nahrung (Energie, Protein) auf den Erhaltungsbedarf. Das rasch wachsende Schwein erreicht ein Gewicht von 70 kg in 4 Monaten, der Mensch in 15–20 Jahren. Während der Mensch in diesem Abschnitt 3000 kg Getreide verzehren würde, benötigt das Schwein nur 200 kg. Dieses Beispiel macht deutlich, warum Tierzucht, Fütterung und Haltung auf die Erzielung hoher Wachstumsraten ausgerichtet sind. Hohe Wachstumsraten senken den Energieaufwand durch Einsparung von Erhaltungsstoffwechsel.

Kleiber illustriert diesen Sachverhalt in seinem Standardwerk »The Fire of Life« am Beispiel der 300 Kaninchen, die ebensoviel wiegen wie ein Ochse, jedoch infolge ihrer geringen Körpergröße täglich die vielfache Energiemenge als Wärme verlieren. Sie gleichen diesen Nachteil in der energetischen Ökonomie jedoch durch ihre höhere Wachstumsrate aus. In 30 Tagen erlangen sie den gleichen Körpergewichtszuwachs, für den der Ochse 120 Tage benötigt. Der Gesamtfutterverbrauch ist in beiden Fällen eine Tonne Heu. Der höhere Wärmeverlust der Kaninchen wird durch die eingesparte Zeit (= Erhaltungsstoffwechsel) voll kompensiert.

Hoher Energieverbrauch für den Erhaltungsum-

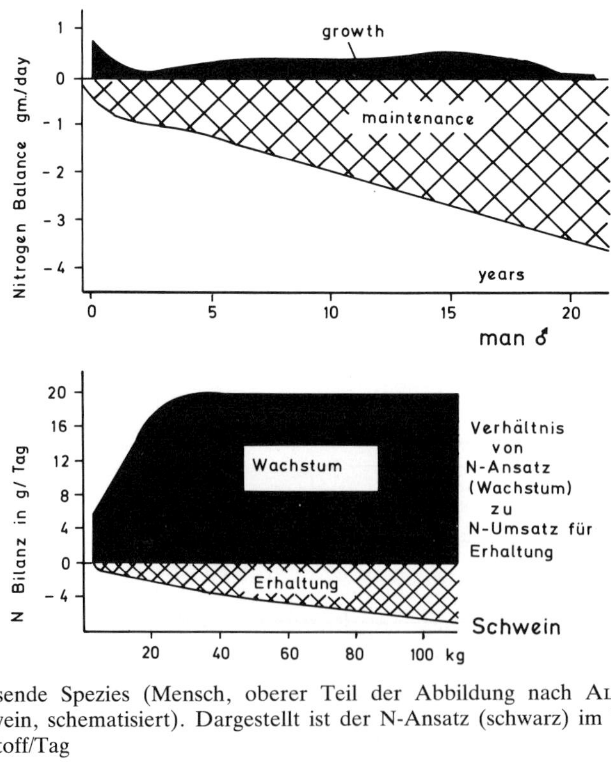

Abb. 67. Langsam wachsende Spezies (Mensch, oberer Teil der Abbildung nach Allison, 1960) und schnell wachsende Spezies (Schwein, schematisiert). Dargestellt ist der N-Ansatz (schwarz) im Verhältnis zum N-Umsatz (= Erhaltung) in g Stickstoff/Tag

satz ist heute ein Hauptproblem der mit Nutztieren übervölkerten Regionen der Erde. Durch die geringe Leistung der Tierbestände wird dort fast die gesamte verfügbare Futterenergie für die bloße Erhaltung der Tiere benötigt. Leistungsbegrenzend, schon beim Jugendwachstum, wirken Nährstoffmangel und Infektionskrankheiten. Weniger Tiere mit höheren Leistungen würden viele der ökologischen und ökonomischen Probleme lösen. Bei den die Trockenzeit oder Seuchenzüge überlebenden Individuen läßt sich das Phänomen der Realimentation, des kompensatorischen Wachstums, gut beobachten.

3. Wachstum im Erwachsenenstadium

Die laufende Zellneubildung im Erwachsenenstadium ist in einigen Geweben besonders intensiv. Die Mucosazellen des Dünndarmepithels haben eine Lebensdauer von wenigen Tagen, auch das exokrine Pankreasgewebe hat eine sehr kurze Halbwertszeit. Muskelproteine, Serumproteine und intrazelluläre Enzymproteine unterliegen ständigem Abbau und ständiger Neusynthese. Neusynthesen und Abbau betragen, auf den Gesamtorganismus bezogen, ein Vielfaches des »Nettoansatzes«, wie er in Bilanzuntersuchungen ermittelt wird. Die beim Abbau freiwerdenden Bausteine, z. B. die Aminosäuren, werden in den Körperpool abgegeben und stehen für Neusynthesen zur Verfügung. Daß trotz dieses »Re-Cycling« ein ständiger Ergänzungsbedarf besteht, die Notwendigkeit einer Zufuhr von außen, hat hauptsächlich einen Grund: die Synthesebedürfnisse wechseln ständig, der Anfall von Bausteinen aus dem Abbau ist nicht genau der gleiche wie der Bedarf für die jeweils gerade aktuellen Neusynthesen.

Ständiges Wachstum weisen auch die Hautanhangsgebilde aus Keratin wie Huf und Haare auf. Das Wollwachstum beim Schaf beträgt z. B. ein Mehrfaches an Stickstoffretention gegenüber dem Stickstofferhaltungsumsatz. Beim weiblichen Tier fällt vor allem die Mammogenese ins Gewicht, daneben weitere außerembryonale Gewebsvermehrung als Konzeptionsfolge. Die Gravidität ist außerdem bei vielen Tierarten vom Phänomen der »Superretention« begleitet, nämlich dem Ansatz von Protein und von Fett, von Calcium und Phosphor im Skelett. Diese Reserven werden dann zur Bestreitung des Bedarfs in der Laktation mobilisiert.

4. Regulation von Wachstumsprozessen

(s. dazu auch Kap. IX, »Endokrinium«)

Die Regulation des Wachstums konnte zunächst vor allem durch die Beobachtung von Folgeerscheinungen der Exstirpation endokriner Drüsen und entsprechender Hormonsubstitution untersucht werden. Dazu kommen die Erfahrungen aus der Pathologie hormoneller Störungen, z. B. den Dys- und Unterfunktionen, die verschiedenen Formen des Zwerg- oder auch Riesenwuchses zugrunde liegen.

Nach Abschluß des Embryonalwachstums bzw. der frühen Säuglingszeit kommt dem im Hypophysenvorderlappen gebildeten Wachstumshormon (STH, Somatotropes Hormon) eine übergeordnete Steuerungsfunktion zu, die sich auf alle Gewebe erstreckt. Um zur vollen Wirkung zu gelangen, benötigt STH am Wirkungsort ausreichende Aminosäurenanflutung zur Proteinsynthese und eine genügend hohe Insulinkonzentration, wodurch der Aminosäurentransport in die Zelle gefördert wird. Diese Abhängigkeit der STH-Wirkung von Aminosäurenanflutung und Insulinspiegel entspricht der Hauptvoraussetzung für Wachstum, nämlich ausreichender, regelmäßiger Nahrungszufuhr.

Die chemische Charakterisierung (Aminosäurensequenz) und die neuen Herstellungsmöglichkeiten dieser übergeordneten, wachstumsregulierenden Peptide führten in den letzten Jahren zu Untersuchungen, die auf zootechnische Anwendungen ausgerichtet sind. Sowohl die direkte synthesestimulierende Wirkung von STH wie auch der indirekte Weg wird erforscht, nämlich die aktive Immunisierung gegen das Somatostatin, das die Freisetzung des STH inhibiert.

Im pubertären Wachstum tritt zur anabolen Wirkung des STH noch die der Androgene. Auf deren Wirkung scheint der bei einigen Spezies sehr ausgeprägte »pubertäre Wachstumsschub« zu beruhen. Doch beendet die über die Geschlechtsreife hinaus andauernde Androgensekretion schließlich auch das Längenwachstum, indem sie den Epiphysenschluß bewirkt.

Geschlechtsunterschiede beeinflussen das Wachstum des Skeletts (Körpergröße, Körperproportionen), der Muskelmasse und der Fettdepots. Weibliche Tiere sind in vergleichbaren Lebensphasen muskelärmer und fettreicher als männliche Tiere. Männliche Kastraten gleichen eher den weiblichen Tieren, etwa im Fettansatz. Deshalb benötigen Kastraten, z. B. Ochsen oder kastrierte Schweine, auch mehr Futter pro kg Zunahme an Körpermasse. Die männlichen und weiblichen Sexualhormone (Androgene, Östrogene) sind somit wichtige Wachstumsregulatoren. Die Nutzung solcher Hormoneffekte zählt zu den ältesten zootechnischen Praktiken. Auch die Entdeckung der Hormonwirkung im vorigen Jahrhundert war die Folge von Beobachtungen nach einem Kastrationsexperiment am Huhn.

Östrogene und androgene Hormone und deren Derivate oder Wirkungsanaloge werden seit Jahrzehnten bei Geflügel, Rind und Schwein zur Wachstumsbeschleunigung, Futterersparnis und zur Beeinflussung der Schlachtkörperzusammensetzung angewendet. Bei unbestrittener Wirksamkeit bestehen Beurteilungsunterschiede hinsichtlich der Unbedenklichkeit eventueller Rückstände aus der Applikation in den resultierenden Lebensmitteln.

Neben bereits länger bekannten Hormonen mit gut lokalisierbarem Bildungsort wurden zahlreiche, meist gewebsspezifische Regulatoren gefunden, die das Organwachstum durch Stimulierung oder Inhibierung der Mitose beeinflussen. Die erstaunliche Regenerationsfähigkeit der Leber ist ein gutes Modell zur Erforschung lokalen Gewebswachstums, da bei diesem wichtigen zentralen Stoffwechselorgan selbst sehr große Gewebsverluste in kurzer Zeit durch funktionell intakte Neubildung ersetzt werden.

Der Mechanismus der Leberregeneration ist nach wie vor nicht vollständig bekannt. Zwei Regelkreise sind betroffen: das mittlere Volumen der Leberzellen, das mit dem Körpergewicht korreliert, und die Zahl der Leberzellen, die altersunabhängig ungefähr konstant ist und bei der Ratte z. B. 5×10^8 Zellen beträgt. Beide Regelkreise sind voneinander unabhängig. Nach einer Teilhepatektomie erhöht sich die normal sehr niedrige Proliferationsrate außerordentlich, bis die Gesamtzahl der Hepatozellen ungefähr wieder erreicht ist. Bekannte Einflüsse sind Alter, Ernährung, Tagesrhythmus, Hormonstatus und Ausmaß des Leberzellverlustes. Beeinflussende Faktoren werden in portalem Flow (»quantitative Theorie«) oder portalvenösen Inhaltsstoffen (»qualitative Theorie«) gesehen. Von verschiedenen Forschergruppen wurden organspezifische und spezies-unspezifische Glykoproteine und Peptide angereichert, die in normalen Hepatozyten sowohl *in vivo* als auch *in vitro* eine Proliferationserhöhung hervorriefen. Der Syntheseort dieser hepatotropen Faktoren wird im gastrointestinalen Trakt vermutet.

Das Wachstum der Dünndarmmucosa unterliegt einer Regulation durch die intestinalen Hormone. Die Ausschüttung dieser Peptide ist abhängig von der Konzentration an Verdauungsprodukten und vom intraluminalen pH-Wert.

Kurzkettige Fettsäuren stimulieren das Wachstum der Pansenzotten und ebenso die Mitoserate der Epithelzellen des Dickdarms. Hier beeinflußt also die Konzentration an Verdauungsprodukten spezifisch das Wachstum derjenigen Zellen, die zur Resorption dieser Verdauungsprodukte benötigt werden. Es scheint sich um keine direkte Wirkung der kurzkettigen Fettsäuren zu handeln, sondern um mehrstufige Wege, die auch das autonome Nervensystem einbeziehen. Diese Erkenntnisse sind von praktischer Bedeutung, z. B. für die Fütterung von Kühen gegen Ende der Trächtigkeit und auch zur Verhütung von Stoffwechselstörungen durch diätetische Maßnahmen.

Je nach Gewebe, Entwicklungszustand und Spezies sind zahlreiche weitere hormonelle Einflüsse auf das Wachstum bekannt, wie etwa der des Thyroxins auf das jugendliche Knorpel- und Knochenwachstum oder die Calcitonineinwirkung auf die Deponierung von Calcium und Phosphor. Für eine widerspruchsfreie Erklärung der Gesamtkybernetik, die dem harmonischen Wachstumsvorgang der verschiedenen Spezies und Geschlechter zugrunde liegt, reichen die vorliegenden Befunde jedoch heute noch nicht aus.

Literatur

BERG, R. T., R. M. BUTTERFIELD, 1976: New concepts of Cattle Growth. Sydney University Press, Sydney.

DIRKSEN, G., H. G. LIEBICH, G. BROSI, H. HAGEMEISTER, E. MAYER, 1984: Morphologie der Pansenschleimhaut und Fettsäurenresorption beim Rind — bedeutende Faktoren für Gesundheit und Leistung. Zbl. Vet. Med. A **31,** 414–430.

KLEIBER, M., 1961: The Fire of Life — an Introduction to Animal Energetics. John Wiley & Sons, New York, London.

MCCANCE, R. A., 1981: The Determinants of Growth. Comp. Anim. Nutr. **4,** 33–52.

RUHENSTROTH-BAUER, G., M. GOLDBERG, S. VOGT, 1985: Regulation of Hepatocyte Proliferation — The Feed-Back System of Hepatopoietin. Naturwissenschaften **71,** 404–407.

SAKATA, T., W. v. ENGELHARDT, 1983: Stimulatory Effect of Short Chain Fatty Acids on the Epithelial Cell Proliferation in Rat Large Intestine. Comp. Biochem. Physiol. **74 A,** 459–462.

IV. Thermophysiologie

H. HÖRNICKE

A. Homoiothermie und Poikilothermie

Säugetiere und Vögel sind homoiotherme Tiere. Sie besitzen eine hochentwickelte Temperaturregulation und sind dadurch in der Lage, auch bei stark wechselnder Außentemperatur und bei Änderung der Stoffwechselintensität ihre Körperkerntemperatur innerhalb enger Grenzen konstant zu halten. Bei den poikilothermen Tieren hängt dagegen die Körpertemperatur von der Umgebungstemperatur ab. Sie werden deshalb auch als »ectotherm« bezeichnet. Ihre Reaktionsfähigkeit ist bei niedrigen Temperaturen herabgesetzt. Die Homoiothermie hat demgegenüber den Vorteil, daß in einem weiten Bereich von Klima und Aktivität die lebenswichtigen Organe eine gleichmäßige Stoffwechselintensität aufrechterhalten können. Voraussetzung dafür ist ein 5–10fach höherer Energieumsatz. Nachteile einer solchen »endothermen« Homoiothermie sind ein hoher Nahrungsbedarf und Schwierigkeiten der Wärmeabgabe bei hohen Umgebungstemperaturen.

B. Die Körpertemperaturen

1. Meßmethoden

Die Messung von Temperaturen erfolgt für klinische Zwecke mit einem Maximalthermometer mit einem Meßbereich zwischen 35 und 43 °C, dessen Quecksilbersäule jeweils auf dem höchsten erreichten Punkt stehen bleibt, so daß eine genaue Ablesung erfolgen kann. Zunehmend werden für die Temperaturmessung auch Thermoelemente und Widerstandsthermometer verwendet. Diese können durch ihre geringen Abmessungen leicht in Körperhöhlen und Blutgefäße eingeführt werden, zeigen rasch an und ermöglichen auch eine fortlaufende Registrierung. Die von der Hautoberfläche und den dicht darunter liegenden Geweben und Blutgefäßen ausgehenden Wärmestrahlen können auch durch Infrarot-Fotografie oder durch eine Infrarot-Kamera mit Schirmbilddarstellung (Thermographie) sichtbar gemacht werden. Dieses Verfahren hat diagnostische Bedeutung bei Gelenkserkrankungen, Durchblutungsstörungen und Tumoren.

2. Temperaturtopografie

a. Körperkern und Körperschale

Nicht in allen Teilen des Körpers herrscht die gleiche Temperatur. Man unterscheidet zwischen dem Körperkern, dessen Temperatur durch Regulation innerhalb enger Grenzen konstant gehalten wird, und der Körperschale, deren Temperatur je nach dem Abkühlungsverhältnis und den Bedürfnissen der Temperaturregulation mehr oder weniger stark unter der Körperkerntemperatur liegt. Zum Körperkern gehören die Organe der Brust- und Bauchhöhle und das Gehirn, zur Körperschale Haut- und Unterhaut sowie in Ruhe auch ein Teil der Muskulatur der Extremitäten. Die Grenzen zwischen Kern und Schale sind variabel. In den Extremitäten besteht ein axiales und ein radiales Temperaturgefälle.

b. Hauttemperaturen

Die Haut weist im allgemeinen eine niedrigere Temperatur auf als der Körperkern. Dabei bestehen erhebliche topographische Unterschiede. Die Haut des Rumpfes — besonders, wenn sie durch Haare oder Federn bedeckt ist — zeigt relativ hohe und wenig schwankende Temperaturen. Die am meisten der Abkühlung ausgesetzten Hautstellen (Ohren, Extremitäten, Schwanz) sind gegenüber der Haut des Rumpfes stets kühler. Ihre Temperaturen schwanken stark mit den Bedingungen des Wärmeentzuges. Die geringsten Temperaturen haben verhornte Körperpartien (Huf, Klauen, Krallen, Schnabel).

c. Temperaturen des Blutes und der Organe

Entsprechend der Wärmeerzeugung in den Organen ist im allgemeinen das aus ihnen abfließende venöse Blut wärmer als das arterielle. Die höchste Temperatur besitzt das Blut der Lebervenen wegen der intensiven Wärmebildung in der Leber und der geringen Wärmeabgabe aufgrund ihrer geschützten Lage. Die Temperaturdifferenz zwischen Leberarterie und Pfortader kann bis zu 1,5 °C betragen. Größere Temperaturanstiege bei stärkerer Stoffwechselaktivität von Organen — insbesondere in der Muskulatur — werden dadurch verhindert, daß mit der Zunahme des Stoffwechsels auch die Durchblutung ansteigt (Kühlfunktion des Blutes).

d. Rektaltemperatur

Da in einzelnen Regionen des Körpers verschiedene Temperaturen herrschen, ist man übereingekommen, als Vergleichswert und zur klinischen Beurteilung der Körpertemperatur die im Rektum

	Mittelwert	Bereich
Mensch	36,9	36,4 - 37,4
Pferde über 5 Jahre	37,8	37,5 - 38,0
Pferde unter 5 Jahre, Esel	38,0	37,5 - 38,5
Rinder über 1 Jahr	38,5	37,5 - 39,5
Jungrinder	39,0	38,5 - 40,0
Kälber	39,1	38,5 - 40,0
Schafe über 1 Jahr	39,1	38,4 - 40,0
Lämmer unter 1 Jahr	39,5	38,5 - 40,2
Ziegen über 1 Jahr	39,1	38,5 - 39,7
Ziegenlämmer	40,0	39,0 - 41,0
Schweine	39,0	38,0 - 40,0
Ferkel	39,5	39,0 - 40,5
Hunde	38,5	37,5 - 39,0
Katzen	39,0	38,0 - 39,5
Kaninchen	39,0	38,5 - 39,5
Hühner	41,0	40,5 - 42,0
Puten	40,5	40,0 - 41,5
Tauben	42,0	41,0 - 43,0
Enten	42,0	41,0 - 43,0
Gänse	40,5	40,0 - 41,0

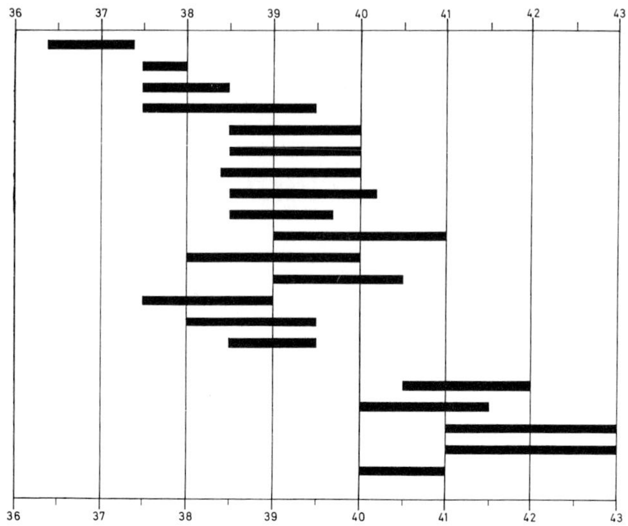

Abb. 68. Bereiche der normalen Körpertemperaturen bei verschiedenen Säugetieren und Vögeln

gemessene Temperatur zu wählen. Da im Rektum ein Temperaturgradient besteht, muß das Thermometer mehrere Zentimeter tief eingeführt werden, um reproduzierbare Werte zu erhalten. Normalwerte der Körpertemperaturen verschiedener Tiere sind in Abbildung 68 zusammengestellt. Dabei ist zu beachten, daß solche »Normalwerte« immer nur für eine bestimmte Kombination von Bedingungen Gültigkeit haben. Die graphische Darstellung läßt erkennen, daß der als physiologisch anzusehende Schwankungsbereich bei den einzelnen Tierarten verschieden breit ist. Dies hängt mit der Leistungsfähigkeit der Temperaturregulation und mit den Lebensgewohnheiten zusammen. Besonders beim Menschen, bei den Einhufern und bei Kaninchen findet man eine hohe Konstanz der Körpertemperatur. Die Körpertemperaturen der Vögel liegen deutlich höher als die der Säugetiere. Dem entsprechen auch der höhere Grundumsatz und der höhere Blutzuckerspiegel der Vögel. Die biologische Bedeutung dieser höheren Stoffwechselintensität ist noch nicht geklärt.

3. Einflüsse auf die Körpertemperatur

Als Ursachen für die physiologische Schwankungsbreite kommen verschiedene Faktoren in Betracht.

a. Tageszeit

Die Körpertemperatur unterliegt ebenso wie die Mehrzahl der Körperfunktionen einer 24-Stunden-Rhythmik. Diese Rhythmik ist endogen, d. h. sie bleibt auch nach Ausschalten äußerer Faktoren (Licht-Dunkel-Wechsel, Temperaturschwankungen, Fütterungszeiten) und innerer Faktoren (Schlaf- und Wachzeiten, Aktivität) bestehen. Im allgemeinen steigt die Körpertemperatur während des Tages an, um am Nachmittag oder in den Abendstunden ein Maximum zu erreichen. Danach erfolgt ein Absinken mit einem Minimum in den frühen Morgenstunden. Nachtaktive Tiere (z. B. Eulen, viele Nagetiere) haben dagegen erhöhte Körpertemperaturen während der Nachtstunden. Die Amplitude der täglichen Schwankungen beträgt im allgemeinen 0,5–1,5 °C.

b. Nahrungsaufnahme

Nach der Aufnahme von Futter kann die Körpertemperatur geringfügig (um 0,2–1 °C) ansteigen. Bei den Wiederkäuern erfolgt regelmäßig ein deutlicher Anstieg der Körpertemperatur, der seine Ursache in erster Linie in der Wärmebildung durch den mikrobiellen Nahrungsabbau in den Vormägen hat. Die Temperatur im Vormageninhalt kann dabei um 1–2 °C zunehmen. Intensiv gefütterte

Tiere haben erhöhte, unterernährte Tiere leicht erniedrigte Körpertemperaturen.

c. Alter

Alle Säugetiere und Vögel besitzen schon bei der Geburt eine Thermoregulation. **Nestflüchter** mit voll entwickeltem Haar- oder Federkleid (Meerschweinchen, Küken) sind sofort in der Lage, ihre Körpertemperatur auch bei wechselnden Außentemperaturen konstant zu halten. Ähnliches gilt für Kälber, Lämmer und Fohlen. Bei Ferkeln kann sogleich nach der Geburt die Körpertemperatur um 1–3 °C abfallen; sie kehrt aber innerhalb von 24 Stunden zur Norm zurück. Bereits kurze Zeit nach der Geburt besitzen die Ferkel die Fähigkeit, durch Stoffwechselsteigerung ihre Körpertemperatur auch bei niedrigen Umgebungstemperaturen konstant zu halten. Durch Verbrauch der Energiereserven bei dieser Regulation ist jedoch dann die Entwicklung mangelhaft. Daher empfiehlt sich für diese Zeit die Anwendung von Wärmelampen.

Nesthocker, die in den ersten Lebenstagen nur ein unvollständiges Haar- oder Federkleid haben (Hunde, Katzen, Ratten, Mäuse — und von den Hausvögeln z. B. Tauben), verfügen bereits über die Mechanismen der Thermoregulation. Durch die geringe Isolation und das ungünstige Verhältnis von Oberfläche zu Masse können diese nur in einem relativ engen Temperaturbereich wirksam werden. Fehlt das isolierende Nestmaterial und die äußere Wärmezufuhr durch das Muttertier, so kann es zu einem erheblichen Absinken der Körpertemperatur mit unter Umständen tödlichem Ausgang kommen. In den ersten 10–15 Lebenstagen liegt die Körpertemperatur dieser Tiere oft niedriger als einige Wochen später, ohne daß man daraus auf ein Versagen der Temperaturregulation schließen dürfte.

d. Geschlecht, Zyklus und Schwangerschaft

Deutliche Geschlechtsunterschiede bezüglich der Körpertemperatur bestehen nicht. Bei weiblichen Tieren kann jedoch an bestimmten Tagen des Zyklus die Temperatur um etwa 0,1–0,3 °C höher liegen. Dadurch haben weibliche Tiere eine größere Schwankungsbreite der Normalwerte. Diese ist hormonal bedingt. Bei der Frau findet regelmäßig in der zweiten Hälfte des Zyklus unter dem Einfluß der Progesteronausschüttung ein Anstieg der Körpertemperatur um 0,5–0,8 °C statt. Ein solcher, deutlich zweiphasiger Temperaturverlauf ist bei den Haustieren nicht gegeben. Beim Rind erfolgt 2–4 Tage vor der Brunst ein Abfall der Temperatur um 0,3 °C; während der Brunst erfolgt ein Wiederanstieg. Für 1–5 Tage nach der Ovulation werden wieder geringfügig erniedrigte Werte gemessen.

In den letzten Wochen der Schwangerschaft weisen alle Haustiere im Gegensatz zum Menschen eine erhöhte Körpertemperatur auf. Am deutlichsten ist dies beim Rind ausgeprägt, bei dem dann Temperaturen bis zu 40,5 °C noch als physiologisch gelten. Während der Geburt zeigen Mensch, Hund und Schaf eine geringe Steigerung, Pferd und Rind eine Senkung, das Schwein dagegen ein wechselndes Verhalten der Körpertemperatur.

e. Körperliche Aktivität

Bereits durch Erregung treten bei Tieren aufgrund der höheren Muskelspannung erhöhte Temperaturen auf. Aus diesem Grunde können echte Ruhewerte nur durch langfristige Registrierungen an unbeeinflußten Tieren oder nach längerer Eingewöhnung erhalten werden. Je kleiner ein Tier ist, um so rascher und deutlicher steigt die Kerntemperatur bereits durch die spontane motorische Aktivität (Orientierung, Nahrungsaufnahme, Körperpflege) an. Sie kehrt dann auch rasch auf die Ausgangswerte zurück. Auf diese Weise führen z. B. bei Ratten und Kaninchen die spontanen Aktivitätsschübe zu größeren (1–2 °C) Schwankungen der Körpertemperatur als die Tageszeit: die »ultradianen« Rhythmen sind bei vielen Kleintieren ausgeprägter als die »circadianen«.

Bei Muskeltätigkeit steigt die Körpertemperatur proportional der Arbeitsintensität an. Die erhöhte Körpertemperatur bei Arbeit ist ein zweckmäßiger Anpassungsprozeß; die Energie liefernden Reaktionen können dadurch schneller ablaufen (RGT-Regel). Außerdem wird die Abgabe des Sauerstoffs vom Blut an die Gewebe gefördert. Bei schwerer Arbeit überschreitet die Körperkerntemperatur den Normalbereich unter Umständen erheblich. Bei Pferden z. B. können nach einer Military-Prüfung Temperaturen von 41 °C gemessen werden.

C. Der Wärmehaushalt

Eine konstante Körpertemperatur ist dann gegeben, wenn Wärmebildung und Wärmeabgabe im Gleichgewicht sind. Dieses Gleichgewicht ist durch die natürlichen Lebensbedingungen ständig gefährdet. Änderungen sowohl der Wärmeerzeugung (Arbeit, Nahrungsaufnahme usw.) als auch der Wärmeabgabe (durch Wechsel von Temperatur, Feuchtigkeit, Luftbewegung, Sonneneinstrahlung) können rasch eintreten und erhebliche Ausmaße annehmen. Deshalb müssen die Homoiothermen über leistungsfähige Mechanismen verfügen, um Wärmebildung und Wärmeabgabe zu verändern. Die Regulierung der Wärmeabgabe erfolgt dabei durch physikalische Mechanismen, während sich die Änderung der Wärmeerzeugung als ein chemischer Regulationsvorgang erweist.

Möglichkeiten und Mechanismen der Thermoregulation sind zum Teil durch die Tiergröße vorgegeben und begrenzt. Nur bei sehr großen Tieren (z. B. adulten Rindern und Pferden) wird der Wärmeentzug durch die Umwelt in etwa durch den Ruhestoffwechsel kompensiert. Je kleiner ein Tier ist, um so ungünstiger wird das Verhältnis der Oberfläche zur Masse (vgl. Kap. III F, Energiehaushalt). Ein starker Wärmeverlust an die Umgebung ist die Folge. Eine Ratte muß z. B. schon in Ruhe etwa ⅘ ihres Umsatzes für thermoregulatorische Zwecke einsetzen. Ähnliches gilt für viele Jungtiere. Kleintiere und Jungtiere sind für diese Aufgabe mit einem aktiveren Stoffwechselsystem (mehr Mitochondrien, mehr Atmungsenzyme) ausgestattet. Bei ihnen sind also Wärmebildung und Wärmeabgabe schon unter thermoneutralen Bedingungen sehr hoch, während bei großen Tieren die Thermoregulation auf einem relativ niedrigen Niveau von Wärmebildung und -abgabe erfolgt. Kleine Tiere haben Schwierigkeiten, sich warm zu halten, große Tiere haben dagegen das Problem, ihre Stoffwechselwärme loszuwerden. Mastschweine, Mastrinder und Hochleistungsmilchkühe, deren Ruheumsatz durch die kalorigene Wirkung der Nahrung beträchtlich gesteigert ist, müssen schon unterhalb 20 °C Umgebungstemperatur thermoregulieren, um ihren Wärmeüberschuß abzuführen.

1. Wärmebildung (chemische Regulation)

Beim ruhenden Organismus findet die Wärmebildung hauptsächlich in Organen statt, die im Körperkern liegen. Die Wärmebildung in der ruhenden Skelettmuskulatur ist nur gering. Die Temperatur der meisten Muskeln liegt in Ruhe erheblich unter der Körperkerntemperatur. Dem ruhenden Organismus stehen zwei Möglichkeiten zur Verfügung, um die Wärmebildung zu steigern, sobald die Außentemperatur die kritische Temperatur unterschreitet: eine Steigerung des Zellstoffwechsels im Fettgewebe, u. U. auch in Leber und Skelettmuskulatur (zitterfreie Thermogenese), und eine vermehrte Wärmebildung durch unwillkürliche Muskeltätigkeit (Tonuszunahme und Kältezittern). Die erstere wird durch das sympathische Nervensystem ausgelöst, die letztere durch motorische Nerven. Die Muskulatur verfügt somit über zwei verschiedene zelluläre Mechanismen zur Wärmebildung, deren Effekte sich addieren.

Bei willkürlicher Muskelarbeit verlagert sich der Schwerpunkt der Wärmebildung in den Bereich der arbeitenden Muskelgruppen. Die Temperatur dieser Gebiete gleicht sich dadurch rasch der des Körperkernes an. Durch die bei Muskelarbeit entstehende zusätzliche Wärmebildung kann der Körper auch bei niedrigen Außentemperaturen noch im Wärmegleichgewicht bleiben. In extremer Kälte können aktive Muskeltätigkeit und Kältezittern gleichzeitig auftreten. Auf diese Weise kann im Extremfall die Wärmebildung unabhängig von der Tiergröße auf etwa das fünffache gesteigert werden.

a. Zitterfreie Thermogenese

Mäuse, Ratten, Meerschweinchen und Kaninchen sowie neugeborene Schafe, Ziegen und Kälber haben die Möglichkeit, ihre Wärmebildung auch ohne Kältezittern erheblich zu steigern. Bei diesen Tierarten findet sich zwischen den Schulterblättern, am Hals, im Mediastinum und in der Nierenregion sogenanntes braunes Fettgewebe (brown adipose tissue, BAT). Bei größeren Tieren überwiegt die abdominale Lage. BAT hat im Gegensatz zum normalen (weißen) Depotfett feintropfige

»multilokuläre« Fetteinlagerungen in den Zellen und zahlreiche Mitochondrien. Ein weiteres Charakteristikum sind noradrenerge Nervenendigungen, die im Depotfett fehlen. Die braune Farbe beruht auf dem hohen Gehalt an Atmungsfermenten und einer starken Vascularisierung. Bezogen auf die fettfreie Substanz gehört braunes Fett zu den stoffwechselaktivsten Geweben des Körpers. Durch die Lage des braunen Fettgewebes und den Verlauf der Venen gelangt die gebildete Wärme direkt in den Körperkern. Bei neugeborenen Tieren ist das braune Fettgewebe besonders gut ausgebildet. In den ersten Lebenswochen bildet es sich in dem Maße zurück, wie andere thermoregulatorische Mechanismen (Isolation, Kältezittern) in Funktion treten. Durch Kälteakklimatisation kann es, selbst bei adulten Tieren, erneut ausgebildet werden. Beim Geflügel, beim Schwein und bei den großen Haustieren findet man kein braunes Fettgewebe. Dementsprechend ist die zitterfreie Thermogenese geringfügig oder sie fehlt vollständig.

Die Wärmebildung im braunen Fettgewebe wird durch das sympathische Nervensystem ausgelöst. Durch intravenöse Infusion von Noradrenalin kann sie auch unter thermoneutralen Bedingungen hervorgerufen werden. Die Adipozyten des braunen Fettgewebes besitzen α- und β-adrenerge Rezeptoren. Die zu intensiver Wärmebildung in diesen Zellen führende Stoffwechselsteigerung kommt wahrscheinlich auf mehreren Wegen zustande: (1) Noradrenalin vermehrt die Permeabilität der Adipozytenmembran für Na und K. Es kommt zur Membrandepolarisierung. Zum Ausgleich tritt die Na/K-Pumpe vermehrt in Funktion. Dies ist mit erhöhtem Energieverbrauch und Wärmebildung verbunden. (2) Stimulation der Adenylatcyclase vermehrt die cAMP-Bildung. Dies wiederum aktiviert die Na/K-Pumpe der Membran. (3) cAMP aktiviert außerdem die Lipase, was zur Bereitstellung von freien Fettsäuren führt. Die Oxidation dieser Fettsäuren in den Mitochondrien ist zum Teil von der Phosphorylierung abgekoppelt und damit stark wärmebildend. Ein Teil der Fettsäuren gelangt in den Kreislauf und kann als Substrat für eine Wärmebildung in Leber und Muskel dienen.

b. Thermogenese durch Muskeltonus und Kältezittern

Als Reaktion des Körpers auf Wärmeentzug nimmt die Impulsfrequenz in den motorischen Nerven zu. Dies führt zunächst nur zu einer Zunahme des Muskeltonus. Die Muskeln leisten dabei keine äußere Arbeit, sie setzen die gesamte chemische Energie in Wärme um, der mechanische Wirkungsgrad ist Null. Bei stärkerem Wärmeentzug setzt sichtbares Muskelzittern ein. Im Gegensatz zur Willkürbewegung kontrahieren sich beim Muskelzittern Strecker und Beuger gleichzeitig. Die Zitterfrequenzen sind aufgrund der strukturellen Gegebenheiten bei kleinen Tieren höher als bei großen. Das Kältezittern erlischt, sobald die motorischen Bahnen vom Großhirn für willkürliche Bewegungen in Anspruch genommen werden. Für größere Tiere ist das Kältezittern die einzige Möglichkeit einer thermoregulatorischen Stoffwechselsteigerung. Kleinere Tiere können das Kältezittern als einen zusätzlichen Mechanismus einsetzen.

2. Wärmeabgabe (physikalische Regulation)

a. Der Wärmeaustausch zwischen Körperkern und Körperschale
(Abb. 69 »Innerer Gradient«)

Die Wärmeleitfähigkeit der tierischen Gewebe ist gering. Der Wärmeausgleich zwischen den einzelnen Organen des Körpers und der Wärmetransport vom Körperinneren zur Körperoberfläche erfolgt daher fast ausschließlich durch die Konvektion des Blutes. Der **Kreislauf** hat daher für die Temperaturregulation eine große Bedeutung. In warmer Umgebung nimmt die Durchblutung der Körperperipherie durch Erweiterung der Blutgefäße zu. Bei unpigmentierter und unbehaarter Haut zeigt sich dies in einer lebhaften Rötung. Die Haut wird wärmer, der Temperaturunterschied zwischen Haut und Umgebung größer und dadurch die Abgabe durch Strahlung und Leitung vermehrt. In kalter Umgebung wird die Durchblutung der Körperschale vermindert und dadurch der Wärmetransport an die Körperoberfläche eingeschränkt. Unter diesen Bedingungen wirkt die Körperschale als Isolierschicht. In extremer Kälte sinkt die Hauttemperatur an den Extremitäten bis auf wenige Grade oberhalb 0 °C ab. Dies stellt einen wirksamen Schutz gegen Wärmeverluste dar, da die Temperaturdifferenz zur Umgebung klein gehalten wird. Der Gewebsstoffwechsel ist unter diesen Bedingungen sehr gering. Die Versor-

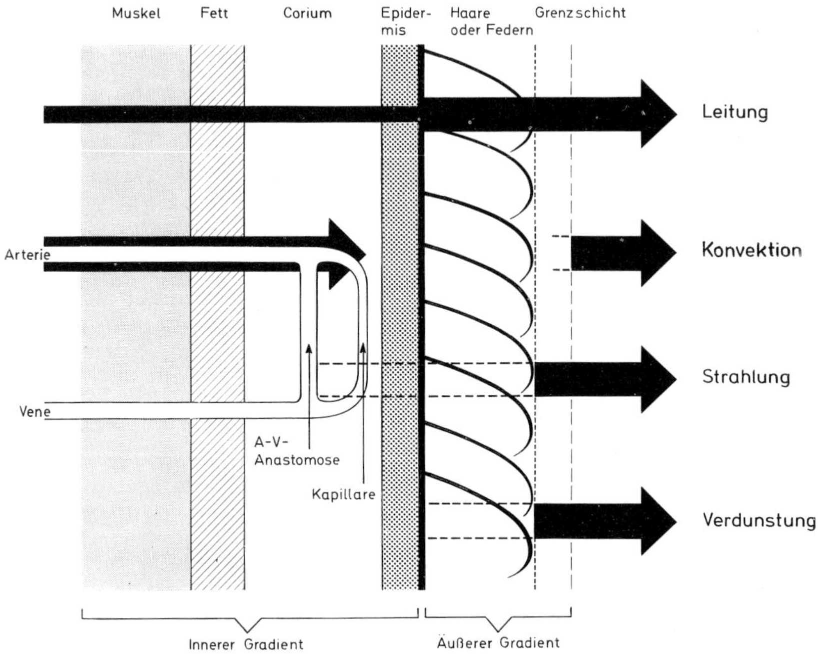

Abb. 69. Mechanismen des Wärmeübergangs zwischen Körperkern und Hautoberfläche (innerer Gradient) und zwischen Haut und Umgebung (äußerer Gradient). Da die Wärmeleitung der Gewebe gering ist, erfolgt der Wärmetransport zur Körperoberfläche vorwiegend konvektiv. Dabei spielt die Durchblutungsgröße eine wesentliche Rolle. Leitung erfolgt dort, wo die Hautoberfläche kühlere Flächen berührt. Konvektion beruht auf Abtransport erwärmter Luftschichten über der Haut. Das Haar- oder Federkleid vermindert die Konvektion. Strahlung kommt von der Oberfläche, kann aber auch aus den tieferen Blutgefäßen stammen. Verdunstung nimmt ihren Ausgang von der Hautoberfläche. Bei Umgebungstemperaturen, die höher als die Hauttemperatur liegen, kehrt sich die Richtung des Wärmestromes um (Wärmeaufnahme durch Strahlung, Leitung und Konvektion). Die Verdunstung wird dann zum alleinigen Weg der Wärmeabgabe

gung der Gewebe wird dabei durch rhythmisch auftretende Vasodilatation sichergestellt, wobei die Hauttemperatur kurzfristig um 10–20 °C ansteigen kann. Diese rhythmische Vasodilatation in Kälte wird als hunting-reaction oder Lewis-Reaktion bezeichnet.

Daneben verfügt der Kreislauf über besondere Einrichtungen, die im Dienste der Thermoregulation stehen. Es sind dies die arteriovenösen Anastomosen und die Parallelführung von Arterien und Venen, die einen Wärmeaustausch im Gegenstromprinzip ermöglichen.

aa. Arteriovenöse Anastomosen (AVA)

Diese finden sich besonders in der Haut von Körperregionen, an denen ein starker Wärmeentzug stattfinden kann (Ohren, Extremitäten). Durch ihren größeren Querschnitt (40–50 μm gegenüber 3–12 μm bei den Kapillaren) bieten sie dem Blut einen wesentlich geringeren Strömungswiderstand. Durch ein Gebiet mit eröffneten arteriovenösen Anastomosen kann viel Blut mit einer relativ geringen Kreislaufarbeit hindurchgepumpt werden. In einigen Regionen liegen die AVA nahe genug an der Hautoberfläche, um einen konvektiven Wärmetransport zu gewährleisten (Abb. 70). Öffnung der AVA fördert hier die Wärmeabgabe. In anderen Regionen, z. B. in der Haut des Rindes, liegen die AVA in tieferen Gewebsschichten. In diesem Fall vermindert die Öffnung der AVA die Kapillardurchblutung und auch die Wärmeabgabe. Insgesamt läßt sich feststellen, daß die arteriovenösen Anastomosen eine wichtige Rolle bei der Regulation der Wärmeabgabe spielen, daß sie dabei aber regional in unterschiedlicher Weise eingesetzt werden.

ab. Wärmeaustausch im Gegenstromprinzip

In den Extremitäten verlaufen die tiefen (zentralen) Venen (Venae comitantes) über längere

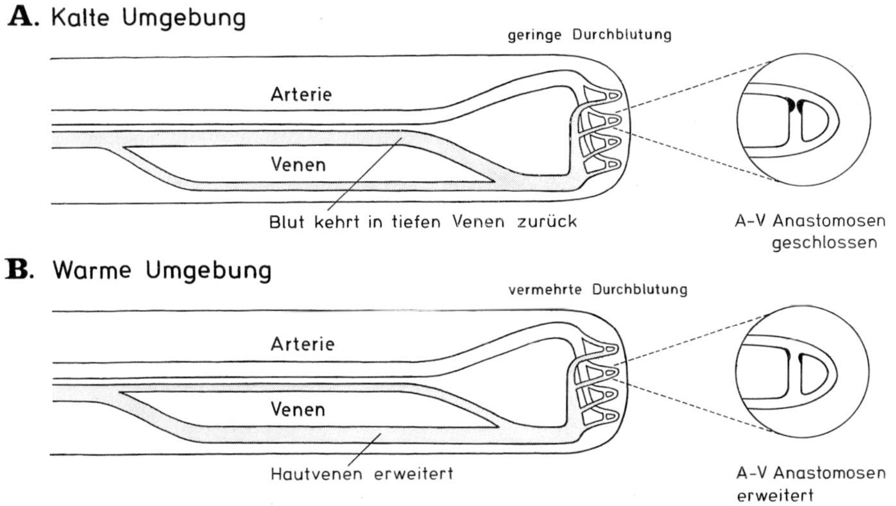

Abb. 70. Schema der hämodynamischen Veränderungen im Bereich der Venen und der arteriovenösen Anastomosen einer Extremität im Dienst der Thermoregulation. In kalter Umgebung ist die Gesamtdurchblutung gering, die arteriovenösen Anastomosen sind geschlossen. Das arterielle Blut wird durch das in tiefen Venen zurückkehrende Blut vorgekühlt. In warmer Umgebung wird die Durchblutung durch Eröffnung vor allem der arteriovenösen Anastomosen verstärkt. Da das Blut vorwiegend in oberflächlichen Venen zurückfließt, unterbleibt die Abkühlung des arteriellen Blutes. Es ist zu beachten, daß abweichend von diesem Schema Anastomosen mit anderer Lage unter Umständen eine umgekehrte Funktionsweise haben, d. h. in kalter Umgebung geöffnet werden

Strecken mit den Arterien parallel (Abb. 70A). Das mit Körperkerntemperatur in die Extremität einströmende Blut wird durch das zurückströmende Venenblut gekühlt. Es gelangt daher mit erniedrigter Temperatur in die Extremitätenspitzen. Diese Anordnung hat zwei Vorteile: Erstens kann die Hauttemperatur niedrig gehalten werden. Damit sind die Wärmeverluste bei niedrigen Umgebungstemperaturen gering. Zweitens bleiben auch die tieferen Gewebe der Extremitäten auf niedrigen Temperaturen. Dies senkt ihren Stoffwechsel und wirkt energiesparend. Unter Bedingungen, die eine erhöhte Wärmeabgabe erfordern, erfolgt eine Umleitung des Venenblutes von den zentralen zu den peripheren Venen (Abb. 70B). Die Hautvenen sind erweitert, was besonders beim Pferd deutlich zu erkennen ist. Dem arteriellen Blut strömt dann in den tiefen Venen nur noch wenig Blut entgegen. Damit kann das Blut vom Körperinneren praktisch ohne Abkühlung an die Haut gelangen. Die Hauttemperatur steigt entsprechend an.

Bei manchen Tierarten haben sich für das Gegenstromprinzip hochspezialisierte Strukturen entwickelt. Dabei treten **arterielle Gefäßnetze** *(»rete«)* in engen, großflächigen Kontakt mit Venengebieten *(»plexus«)*. In 3 Bereichen haben diese Kontaktstellen besondere thermoregulatorische Bedeutung:

- ▷ Bei männlichen Tieren wird durch die exponierte Lage der **Hoden** im Hodensack und den Wärmeaustausch zwischen dem rete arteriae spermaticae und dem venösen plexus pampiniformis die Hodentemperatur etwa 5 °C unterhalb der Körperkerntemperatur gehalten. Dies ist eine Voraussetzung für die Spermiogenese. Bei niedrigen Außentemperaturen werden die Hoden durch den M. cremaster näher an die Bauchwand gezogen und dadurch vor zu starker Auskühlung geschützt. Wird die Wärmeabgabe des Skrotums durch Isolierung verhindert oder bleiben die Hoden durch Entwicklungsstörungen im Leistenkanal liegen, so kann keine Spermiogenese stattfinden.
- ▷ Bei Hund, Katze, Schaf, Ziege und Rind sowie vor allem bei einigen Antilopenarten wird das arterielle Blut an der Basalfläche des **Gehirns** durch Venenblut gekühlt, das aus dem Nasen- und Mundbereich kommt. Besonders bei Wärmehecheln kann auf diese Weise die Gehirntemperatur niedriger als die Körpertemperatur gehalten werden. Ein ähnlicher vaskularer Wärmeaustausch wurde auch bei vielen Vogelarten gefunden. Bei diesen spielt neben dem

Hecheln z. T. auch der Wärmeentzug durch Verdunstung von der Cornea (besonders beim Flug) eine Rolle. Beim Kaninchen, beim Pferd und bei den Primaten findet sich kein solches Kühlsystem.

▷ Schließlich findet man sogenannte »Wundernetze« (retia mirabilia) in den **Extremitäten** mancher Vogelarten (Storch, Ibis). Sie dienen hier in erster Linie als Schutz gegen Wärmeverluste.

b. Der Wärmeaustausch zwischen Körper und Umgebung

(Abb. 69 »Äußerer Gradient«)

Die Abgabe von Wärme an die Umgebung erfolgt durch Strahlung, Leitung, Konvektion und Verdunstung (Abb. 71). Die Größe der Wärmeabgabe auf jedem dieser vier Wege kann durch Regulation beeinflußt werden. Strahlung, Leitung und Konvektion werden auch stark durch das Verhalten der Tiere verändert. Eine gewisse Wärmemenge verläßt den Körper auch durch Harn, Kot, Milch und Eier.

ba. Strahlung

Die durch Strahlung abgegebene Wärmemenge hängt von der Temperaturdifferenz zwischen Körperoberfläche und den umgebenden Oberflächen ab. Durch eine niedrige Hauttemperatur können Strahlungsverluste gering gehalten werden. Umgekehrt fördert die bei gesteigerter peripherer Durchblutung erhöhte Hauttemperatur die Wärmeabgabe durch Strahlung. Ein Teil der Wärmestrahlung geht von den unter der Haut liegenden Gefäßen aus (Abb. 69).

Liegt die Temperatur der umgebenden Oberflächen höher als die Hauttemperatur, so nimmt der Körper Strahlungswärme auf. Das ist besonders bei intensiver Sonneneinstrahlung der Fall. Bei Weidetieren kann die Wärmebelastung im Sommer erheblich herabgesetzt werden, wenn für Schatten gesorgt wird. Für die Strahlungswärmebilanz spielt die **Pigmentierung** von Haut und Hautanhangsorganen eine große Rolle. Dunkle Haare und Federn schützen die Haut gegen die schädigenden Wirkungen ultravioletter Strahlungsanteile. Obwohl sie eine beträchtliche Strahlungswärme absorbieren, stellen sie dennoch einen Überwärmungsschutz dar, da die Wärme konvektiv abgeführt werden kann, bevor sie die Hautoberfläche erreicht. Weiße Haare und Federn reflektieren zwar einen größeren Teil der kurzwelligen Strahlung, lassen aber die längerwellige Wärmestrahlung weitgehend ungehindert zur Haut gelangen. Dunkel pigmentierte Tierarten sind daher für tro-

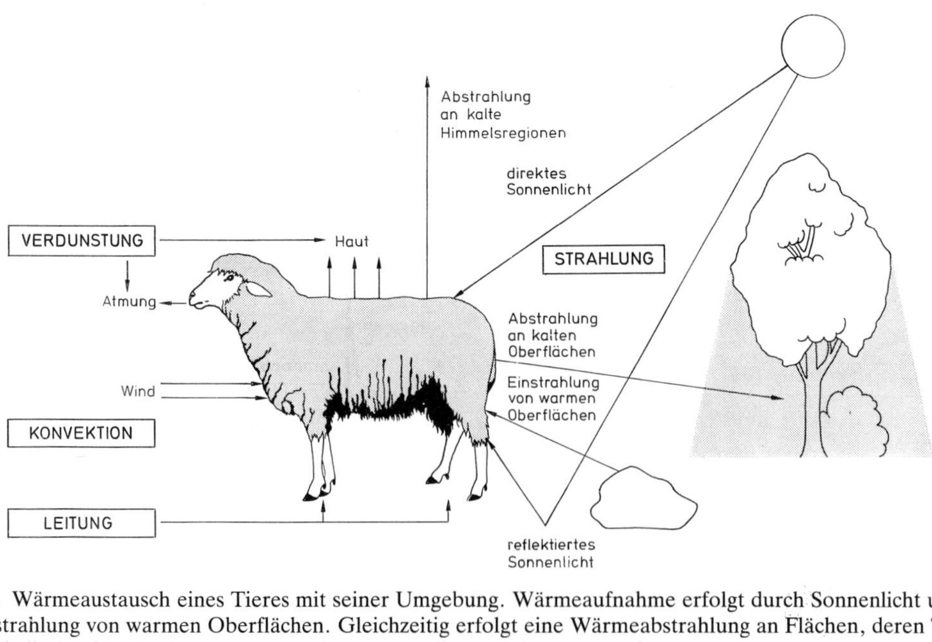

Abb. 71. Wärmeaustausch eines Tieres mit seiner Umgebung. Wärmeaufnahme erfolgt durch Sonnenlicht und durch Infrarotstrahlung von warmen Oberflächen. Gleichzeitig erfolgt eine Wärmeabstrahlung an Flächen, deren Temperatur unterhalb der Oberflächentemperatur des Körpers liegt. Weitere Wege der Wärmeabgabe sind Leitung, Konvektion und Verdunstung

pische Gebiete mit starker Sonneneinstrahlung u. U. besser angepaßt.

bb. Leitung

Wärmeverluste durch Leitung entstehen bei direktem Kontakt mit umgebenden Gegenständen, z. B. dem Stallfußboden. Die Einschränkung dieser Wärmeverluste durch Isolierung des Fußbodens oder durch geeignete Einstreu ist eine wichtige Maßnahme zur Verminderung des Futterbedarfs bei der Mast und zur Verhütung von Erkältungskrankheiten.

bc. Konvektion

Luft hat eine sehr geringe Wärmekapazität. Der Wärmeentzug durch Aufwärmung der Luft hängt davon ab, wie rasch die mit der Haut in Kontakt stehende Luftschicht (Grenzschicht, Abb. 69) abgeführt und durch neue, kühlere Luft ersetzt wird. Dies erklärt die Bedeutung der Windgeschwindigkeit für die Wärmeabgabe. Auch bei fehlender Luftbewegung erfolgt eine gewisse Konvektion durch den Auftrieb, den die erwärmte Luft erfährt. Sie steigt der Körperoberfläche entlang nach oben. Diese vertikale Luftbewegung kann durch Schlierenfotografie sichtbar gemacht werden. Auch durch Körperbewegungen wird eine erhöhte Konvektion erreicht.

Das Haar- bzw. Federkleid ist ein anatomisches Hilfsmittel zur Verminderung von Leitungs- und Konvektionsverlusten. Die zwischen Haaren und Federn festgehaltenen Luftmengen wirken ähnlich schützend wie die Luft in einem Doppelfenster. Durch Aufstellen der Haare und Federn mit Hilfe der sympathisch innervierten musculi arrectores pilorum (»Gänsehaut«) sind die Tiere in der Lage, die zwischen den Haaren gehaltene Luftmenge zu vergrößern und dadurch die Wärmeabgabe weiter zu verringern. Für langhaarige Tiere ist dies der wichtigste Wärmeschutz. Dem jahreszeitlichen Wechsel der Außentemperatur passen sich Säugetiere durch Wachstum und Wechsel des Haarkleides, Vögel durch die Mauser an. Eine Durchfeuchtung des Haarkleides setzt die Isolationswirkung erheblich herab. Das Abscheren der Haare ist ein schwerwiegender Eingriff in die Möglichkeiten des Tieres sich gegen Kälte zu schützen. So kann die Körpertemperatur im Anschluß an die Schur beim Pferd um 1–1,5 °C, beim Schaf bis zu 4 °C sinken.

bd. Verdunstung

Die Verdunstung von 1 Liter Wasser auf die Körperoberfläche entzieht dem Körper rund 2430 kJ. Damit ist die Verdunstung der wirksamste Weg der Wärmeabgabe. Aus Gründen der Wasserökonomie werden Mechanismen zur Steigerung der Verdunstung erst dann eingesetzt, wenn die Wärmeabgabe durch Strahlung, Leitung und Konvektion unzureichend ist.

Insensible Wasserabgabe

Da die Haut nicht vollständig wasserundurchlässig ist, diffundiert ständig Wasser aus den tieferen Gewebsschichten durch das verhornte Epithel in die angrenzende Luftschicht. Der Körper verliert auf diese Weise ständig an Gewicht. Die Größe des Wasserverlustes auf diesem Wege hängt z. T. von der Wasserdampfdruckdifferenz zwischen Haut und Luft ab; sie ist daher in trockener Luft größer. Da der Feuchtigkeitsverlust nicht sichtbar in Erscheinung tritt, bezeichnet man diesen Vorgang als *perspiratio insensibilis.* Durch die Verdunstung des herausdiffundierenden Wassers an der Hautoberfläche wird dem Körper Wärme entzogen. Auf diesen Weg entfallen jedoch gemeinsam mit der Wasserabgabe von den Atemwegen im

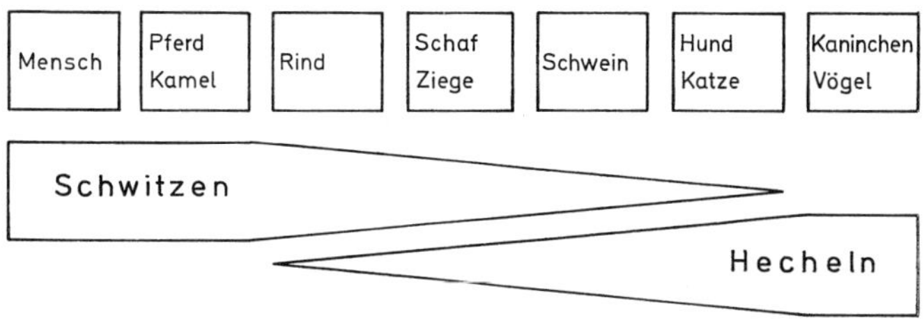

Abb. 72. Relativer Anteil des Hechelns und des Schwitzens an der Verdunstungswärmeabgabe verschiedener Tierarten

allgemeinen nur 10–20 % der Gesamtwärmeabgabe.

Sensible (glanduläre) Wasserabgabe

Sensible Wasserabgabe erfolgt durch Schweißsekretion, Hecheln oder Salivation. In dem Maße, in dem Tieren die Fähigkeit zur Schweißsekretion fehlt, ist das Wärmehecheln als Mechanismus der Thermoregulation entwickelt. Dadurch ergibt sich die in Abbildung 72 dargestellte Rangordnung abnehmender Schweißsekretionskapazität und zunehmender Hechelkapazität. Gegenüber der Schweißsekretion hat das Hecheln den Vorteil einer Wasserverdunstung ohne Salzverlust. Energetisch ist es jedoch aufwendiger.

Schweißsekretion

Die in der Haut vorkommenden Schweißdrüsen haben nicht in allen Fällen thermoregulatorische Bedeutung. Hinsichtlich des Vorkommens und der Topographie thermisch stimulierbarer Schweißdrüsen lassen sich die Haus- und Laboratoriumstiere in vier Gruppen einteilen:

- ▷ Aktive Schweißdrüsen auf behaarter Haut und Sohlenflächen: Mensch, Affe, Hund.
- ▷ Aktive Schweißdrüsen nur auf behaarter Haut: Pferd, Kamel, Rind, Schwein, Ziege, Schaf.
- ▷ Aktive Schweißdrüsen nur an Sohlen und Zehenballen: Katze, Ratte.
- ▷ Keine thermoregulatorisch aktiven Schweißdrüsen: Kaninchen, Meerschweinchen, Vögel.

Die Flüssigkeitssekretion an den Zehen und Sohlenballen dient weniger der Thermoregulation als vielmehr einer besseren Haftung beim Laufen und Klettern. Die wenigen Schweißdrüsen auf der behaarten Haut des Hundes sind thermoregulatorisch bedeutungslos. Pferd und Esel können intensiv an der ganzen Körperoberfläche schwitzen. Bei ihnen stellt die Verdunstung von der Haut den Hauptweg der Wärmeabgabe bei erhöhten Umgebungstemperaturen dar. Beim Rind sind die Schweißdrüsen weniger entwickelt und ungleichmäßig über die Körperoberfläche verteilt. Eine vermehrte Wasserabgabe findet vor allem im Bereich der Schulter statt. Die thermoregulatorische Bedeutung der Schweißsekretion beim Rind ist begrenzt. Sichtbares Schwitzen findet sich nur in besonderen Belastungszuständen, z. B. bei der Geburt. Besondere Verhältnisse liegen beim Schaf vor. Die Schweißdrüsen sind voll entwickelt und treten bei Wärmebelastung des Tieres in Funktion. Eine Durchfeuchtung der Wolle führt aber aufgrund physikochemischer Vorgänge zu einer starken Wärmeentwicklung. Diese Wärme wird bei Verdunstung des Wassers wieder gebunden.

Die Sekretionsrate der Schweißdrüsen zeigt bei Wiederkäuern synchrone rhythmische Schwankungen, möglicherweise durch Kontraktion der die Drüsen umgebenden Myoepithelien. Die Regulation der Schweißdrüsentätigkeit konnte noch nicht eindeutig geklärt werden. Bei Mensch, Katze und Ratte sind cholinerge Fasern beteiligt, die in sympathischen Nerven verlaufen. Die Schweißdrüsen anderer Tierarten reagieren dagegen nicht auf Acetylcholin, sondern auf Adrenalin. Rind und Pferd können auch schwitzen, wenn die Nebenniere ausgeschaltet ist, nicht aber nach sympathischer Denervierung der Haut. Dies spricht für eine Beteiligung sympathischer, adrenerger Nervenfasern.

Verdunstung über die Luftwege

Alle Tierarten verlieren ständig Wärme durch Erwärmung der Atmungsluft und Verdunstung von den Schleimhäuten der Luftwege. Wird bei erhöhtem Sauerstoffverbrauch die Lungenbelüftung gesteigert, so nimmt der Wasser- und Wärmeverlust auf diesem Wege entsprechend zu. Diese Wärmeverluste sind also eine unvermeidliche Begleiterscheinung des Gasaustausches.

Beim **Hecheln** wird das Atemminutenvolumen über die Bedürfnisse des Gaswechsels hinaus gesteigert. Dabei wird die Atemfrequenz erhöht und die Atemtiefe herabgesetzt. Auf diese Weise kann eine vermehrte Totraumbelüftung erreicht werden, ohne daß die Belüftung der Alveolen zunimmt. Das Auftreten einer Alkalose wird durch diesen Atemtyp weitgehend vermieden (vgl. hierzu das Kapitel Gaswechsel). Am bekanntesten ist das Auftreten einer solchen Wärmepolypnoe beim Hund. Bei geöffneter Mundhöhle und heraushängender Zunge steigt die Zahl der Atemzüge auf 130–400 pro Minute. Das Atemminutenvolumen kann dabei von 2 auf 50–75 Liter zunehmen. Der Hund atmet dabei vorwiegend durch die Nase ein und durch den Mund aus. Die Verdunstung erfolgt deshalb in erster Linie von der Nasenschleimhaut. Die Wasserverdunstung kann Werte von 200 g pro Stunde erreichen. Diese Flüssigkeit stammt aus den lateralen Nasendrüsen und den Speicheldrüsen, deren Sekretion während des Hechelns gesteigert wird. Katzen, Kaninchen, Rinder, Schafe und auch Schweine verhalten sich ähnlich. Vögel atmen unter Wärmebelastung ebenfalls sehr rasch bei geöffnetem Schnabel. Hühner, Enten und vor allem Tauben erzielen die Belüftung der Mundhöhle zusätzlich durch das wenig Energie erfordernde **Kehlgangsflattern.** Dieses erfolgt bei der Taube synchron zur Atmung mit einer Frequenz von etwa 650 pro Minute. Tauben können außerdem durch Blähung und Pulsation des Ösophagus Verdunstungskälte erzeugen, wodurch einem subkutanen Gefäßnetz im Halsbereich Wärme entzogen wird.

Förderung der Verdunstung durch das Verhalten der Tiere

Bei starker Wärmebelastung durchfeuchten Kaninchen und Nager mit dem dann reichlich fließenden Speichel das Fell an Hals, Brust und Flanken **(Salivation).** Schweine und Büffel suchen bei warmem Wetter Schlammplätze, sogenannte Suhlen, auf. Durch das Trocknen des Schlamms an der Körperoberfläche wird dem Körper Wärme entzogen.

be. Die Bedeutung der Oberflächengröße für die Wärmeabgabe

Je größer die Oberfläche eines Körpers im Verhältnis zu seiner Masse ist, um so rascher wird ihm Wärme entzogen. Dies gilt nicht nur im Vergleich kleiner und großer Tierarten (vgl. Kapitel Grundumsatz), sondern auch für Extremitäten, Ohren und Schwanz im Verhältnis zum Rumpf. Viele der an tropische Gebiete angepaßten Tierarten und -rassen besitzen durch Vergrößerung der Ohren, durch Hautfalten oder durch einen schlankeren Körperbau günstigere Voraussetzungen der Wärmeabgabe durch Strahlung und Konvektion. Auch die Hörner der Rinder, Schafe und Ziegen sowie das in Bast stehende Geweih der Hirsche haben thermoregulatorische Bedeutung.

Durch das Verhalten können die Bedingungen für die Wärmeabgabe verändert werden. In der Wärme strecken sich die meisten Tiere aus. In kalter Umgebung rollen sie sich zusammen. Die Hühnervögel vermindern die Auskühlung, indem sie die unbehaarten Zehen an den Rumpf ziehen und den Kopf mit Kamm und Kehllappen unter die Flügel stecken. Eine äußerst wirksame Maßnahme zur Verringerung der Oberflächengröße ist das gruppenweise Zusammenlagern mehrerer Tiere, wie es z. B. bei Ferkeln und bei Küken beobachtet wird. Bei Ferkeln wird die Gesamtwärmeabgabe dabei u. U. bis auf die Hälfte herabgesetzt.

D. Die Temperaturregulation

Der Vergleich der physiologischen Mechanismen zur Aufrechterhaltung der Körperkerntemperatur mit den Komponenten eines technischen Reglers (Kap. II C) liegt nahe. Es gelingt auch, alle für einen Regelkreis erforderlichen Glieder im Organismus nachzuweisen. Eine nähere Analyse des regeltechnischen Verhaltens zeigt jedoch, daß wir es nicht mit einem einfachen Regelkreis zu tun haben, sondern daß mehrere Kreise miteinander vernetzt sind. Nur auf diese Weise kann das System auch unter verschiedenen inneren und äußeren Störfaktoren seine Funktion noch erfüllen. Bei einer regeltechnischen Betrachtung müssen wir unterscheiden zwischen den Rezeptoren, die über afferente Nerven zum Zentrum melden, der zentralen Integration und schließlich den Stellgliedern, durch die das regulierende Zentrum auf Wärmebildung und Wärmeabgabe Einfluß nimmt.

Als **Stellglieder** zur kurzfristigen Veränderung der Wärmebildung stehen dem Organismus die Aktivierung des sympathischen Systems (zur Steigerung des Stoffwechsels im braunen Fettgewebe) sowie die Veränderung der Impulsfrequenz der motorischen Nerven zur Verfügung. Längerfristig kann der Energieumsatz z. B. über die Thyroxinsekretionsrate und das Nahrungsaufnahmezentrum der thermischen Belastung angepaßt werden. Über das Stellglied Wärmebildung kann der Körper nur begrenzt verfügen. Eine basale Wärmeproduktion (Grundumsatz) kann nicht unterschritten werden. Durch Umwelt- oder Haltungsbedingungen wird dem Organismus u. U. eine solche Steigerung der Wärmeproduktion aufgezwungen, daß diese den Charakter einer Störgröße annimmt. Dies ist bei körperlicher Arbeit und bei Mast der Fall. Stellglieder der Wärmeabgabe sind in Veränderungen der Gefäßdurchmesser, Totraumbelüftung, Schweiß- und Speichelsekretion erkennbar; sie zeigen sich zudem in Haar- und Federmuskeln und äußern sich zudem in einer Reihe von Verhaltensweisen.

1. Rezeptoren und Afferenzen

a. Periphere Thermorezeptoren

Die Warm- und Kaltrezeptoren der Haut werden im Kapitel Sinnesphysiologie behandelt. Für ihr regeltechnisches Verhalten ist von Bedeutung, daß es sich um Rezeptoren vom P-D-Typ handelt. Sie reagieren auf rasche Temperaturänderung mit einer überschießenden Veränderung der Impulsfrequenz. Auf diese Weise können die thermoregulierenden Zentren Gegenmaßnahmen einleiten, bevor die Körperkerntemperatur verändert wird. Man bezeichnet dies als Störgrößenaufschaltung. Außerdem ist die Lage der Rezeptoren von Bedeutung. Sie müssen sich vor allem in Körperregionen befinden, die einem besonders ausgeprägten Wärmeentzug ausgesetzt sind. Da die von Haaren oder Federn bedeckte Haut gegen direkte Temperatureinflüsse weitgehend geschützt ist, kommt den exponierten Körperregionen sowohl für die Thermorezeption als auch für die Regulation der Wärmeabgabe eine besondere Bedeutung zu. Dies gilt für die Nase-Mund-Region, die Ohren, den unbehaarten Schwanz, das Euter und das Scrotum (bei Vögeln: Kamm und Kehllappen, Füße). Auch in der behaarten Haut und unter den Federn finden sich Thermorezeptoren, die bei starker Abkühlung und bei geschorenen Tieren besonders in Funktion treten.

b. Zentrale Thermorezeptoren

Die Rezeptoren, von denen die Körperkerntemperatur erfaßt wird, liegen im Hypothalamus. Durch Mikroelektroden konnten Neuronen nachgewiesen werden, die ihre Impulsfrequenz bei Erwärmung entweder steigerten oder senkten. Ein weiteres thermosensitives Rezeptorenfeld wurde im Wirbelkanal nachgewiesen. Es hat regeltechnisch die gleiche Funktion wie die Rezeptoren im Hypothalamus.

Da von der Bauchhöhle und insbesondere vom Magen her thermoregulatorische Vorgänge ausgelöst werden können, müssen in dieser Region Thermorezeptoren liegen. Sie spielen jedoch eine untergeordnete Rolle.

2. Zentrale Integration

Die temperaturregulierenden Zentren liegen im Hypothalamus und in der rostral davon gelegenen Area praeoptica. Bei Zerstörung dieser Zentren verliert ein Tier die Fähigkeit zur Homoiothermie. In starker Vereinfachung der komplexen morphologischen und funktionellen Verhältnisse kann man ein Wärmeabgabezentrum im vorderen Hypothalamus und ein Wärmebildungszentrum im hinteren Hypothalamus unterscheiden (Abb. 73). Das **Wärmeabgabezentrum** erhält Afferenzen vor allem von den Warmrezeptoren im Hypothalamus und im Rückenmarkskanal. Überschreitet die Hypothalamustemperatur einen bestimmten, beim Individuum innerhalb sehr enger Grenzen festgelegten Sollwert, dann setzen die artspezifischen Mechanismen der Wärmeabgabe ein (Vasodilatation und Schweißsekretion bzw. Hecheln und Speichelfluß). Das **Wärmebildungs- und Wärmekonservierungszentrum** im hinteren Hypothalamus erhält im wesentlichen Afferenzen von den Kaltrezeptoren der Haut. Bei starker Abkühlung wird der Muskeltonus gesteigert und schließlich Kältezittern ausgelöst. Die beiden Regionen des Hypothalamus hemmen sich wechselseitig. Zum Beispiel wird ein durch Abkühlung der Haut ausgelöstes Kältezittern durch Erwärmung des Hypothalamus beendet. Ein Wärmehecheln kann durch Kältereize auf die Haut bei gleichbleibender Körperkerntemperatur abgeschwächt oder aufgehoben werden. Die Kennlinien, nach denen die Regler arbeiten, werden also durch Afferenzen in ihrer Schwelle und Steilheit verändert.

Hinsichtlich der Ausbildung und thermoregulatorischen Bedeutung der beiden hypothalamischen Zentren bestehen große tierartliche Unterschiede. Bei einer Reihe von Tieren (Wiederkäuer, Katze, Vögel) ist durch die oben (S. 149) genannte Gegenstromkühlung des arteriellen Blutes – besonders während des Hechelns — die Gehirntemperatur niedriger und weitgehend unabhängig von der Körperkerntemperatur. Die Hypothalamustemperatur verliert dadurch die zentrale Bedeutung für die Regulation der Körperkerntemperatur, die sie bei anderen Tierarten hat. Die Hypothalamustemperatur kann bei diesen Tierarten um 0,5–1 °C

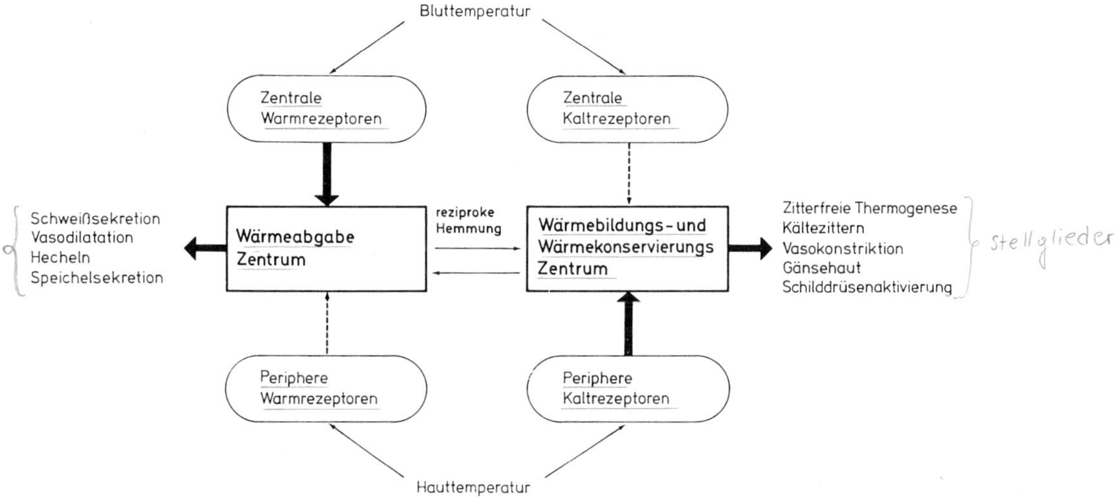

Abb. 73. Vereinfachtes Schema der temperaturregulierenden Zentren und ihrer Beziehungen zu Rezeptoren und Effektoren. Es ist zu beachten, daß die Wärmeabgabe überwiegend durch zentrale Wärmerezeptoren, Wärmebildung und -konservierung dagegen vorwiegend durch periphere Kaltrezeptoren beeinflußt werden. Hierin bestehen jedoch starke tierartliche Unterschiede

schwanken, ohne die Mechanismen der Wärmeabgabe und -bildung zu verändern. Damit erlangen periphere Rezeptorenfelder und die Rückenmarkstemperatur eine größere Bedeutung für die Regulation.

E. Grenzzustände

Ein Überschreiten des physiologischen Schwankungsbereiches der Körpertemperatur nach oben bezeichnet man als Hyperthermie, ein Abweichen nach unten als Hypothermie. Solche Abweichungen können entweder durch eine Überforderung oder durch Ausfall der Regulation eintreten. Im Gegensatz hierzu erfolgt bei Fieber eine geregelte Einstellung der Körpertemperatur auf einen erhöhten Wert.

1. Fieber

Fieber ist eine spezifische Reaktionsweise des Körpers auf das Eindringen körperfremder Stoffe. Es kann sowohl durch bestimmte Membransubstanzen und Toxine von Bakterien, als auch durch parenteral verabreichtes Fremdeiweiß ausgelöst werden. Solche Fremdsubstanzen **(exogene Pyrogene)** bewirken die Bildung und Freisetzung spezifischer Proteine aus Granulozyten und anderen Zellen des reticuloendothelialen Systems. Diese **endogenen Pyrogene** beeinflussen das Regelverhalten des Hypothalamus im Sinne einer Verstellung des Sollwertes nach oben (Abb. 74).

Ein akuter Fieberanfall beginnt in kühler Umgebung mit einer starken Steigerung der Wärmeproduktion durch Muskelzittern (Schüttelfrost). Bei Tieren mit braunem Fettgewebe ist auch die zitterfreie Thermogenese beteiligt. Die Wärmeabgabe bleibt weitgehend unverändert. In warmer Umgebung entsteht das Fieber dagegen vor allem durch eine Einschränkung der Wärmeabgabe (Beendigung von Hecheln oder Schwitzen, Vasokonstriktion) bei wenig veränderter Wärmeproduktion. Die Wärmebilanz wird dadurch jeweils vorübergehend positiv. Nach 1–2 Stunden hat sich auf einem 1–3 °C höheren Niveau der Körpertemperatur ein neues Gleichgewicht von Wärmebildung und Wärmeabgabe eingestellt. Die Beendigung einer Fieberperiode erfolgt durch eine Rückstellung des Sollwerts in den ursprünglichen Bereich. Der

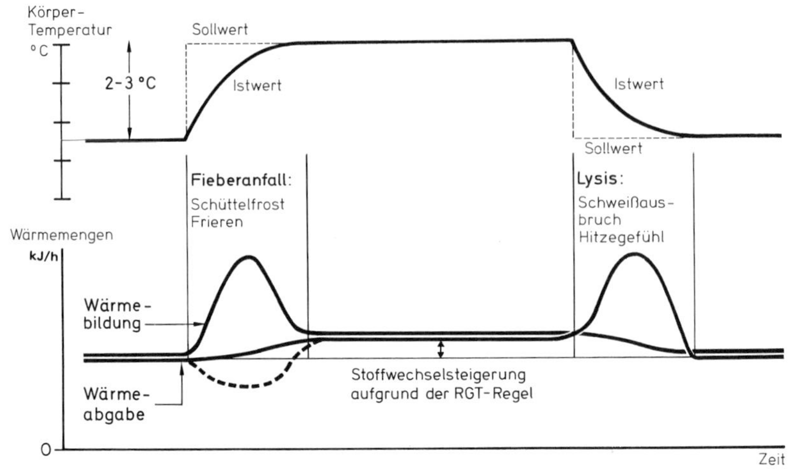

Abb. 74. Zeitlicher Verlauf von Körpertemperatur, Wärmebildung und Wärmeabgabe bei Fieber (Schema). Während des Fieberanfalls ist die Wärmebilanz positiv. Wodurch diese Wärmeretention erreicht wird, hängt von der Umgebungstemperatur ab. In Kälte wird vorwiegend die Wärmebildung vermehrt, in Wärme dagegen die Wärmeabgabe gedrosselt (unteres Bild, gestrichelte Linie). In der anschließenden Phase gleichmäßig erhöhter Körpertemperatur stimmen Wärmebildung und Wärmeabgabe wieder überein. Während der Lysis ist die Wärmebilanz negativ

so entstandene Wärmeüberschuß verursacht eine starke Steigerung der Wärmeabgabe (sog. *Lysis,* beim Menschen verbunden mit Schweißausbruch).

Unter Pyrogenwirkung kommt es zu einer Veränderung der Erregbarkeit zentraler Thermorezeptoren. Die Empfindlichkeit der Warmrezeptoren wird herab- und die der Kaltrezeptoren heraufgesetzt. Regeltechnisch wirkt sich dies in gleicher Weise aus wie eine Anhebung des Sollwertes. Befunde über eine Beteiligung des Na/Ca-Verhältnisses und der Prostaglandine an der zentralen Pyrogenwirkung sind nicht schlüssig.

Während der erhöhten Körpertemperatur bei Fieber ist der Stoffwechsel entsprechend der RGT-Regel gesteigert. Der Organismus erleidet dadurch erhöhte Energie- und Wasserverluste. Während des Fiebers besteht gesteigerter Durst. Dagegen ist das Verlangen, Nahrung aufzunehmen, ebenso wie bei anderen Formen der Hyperthermie, herabgesetzt. Die einzelnen Tierarten reagieren in unterschiedlicher Intensität und Dauer auf bestimmte Pyrogene. Salizylsäure und verwandte chemische Verbindungen können den Pyrogeneinfluß im Hypothalamus teilweise aufheben; sie wirken daher fiebersenkend.

2. Hyperthermie

Die Körpergewebe vertragen im allgemeinen eine Überwärmung um 5 °C. Schäden durch Hyperthermie entstehen zuerst an den empfindlichen Proteinen des Nervensystems. Etwa 5 °C oberhalb der normalen Körpertemperatur können Krämpfe auftreten, denen der Hitzetod folgt. Die obere Grenze der Körpertemperaturen, die überlebt werden, liegt für die meisten Säugetiere bei 43,5 °C; für Vögel liegt sie bei 46–47 °C, entsprechend ihrer höheren Normaltemperatur. Die Gefahr ist besonders groß, wenn es zu einer lokalen Überwärmung des Gehirns kommt (»Sonnenstich«).

Durch das bei Infektionskrankheiten auftretende Fieber erreicht die Körpertemperatur selten lebensbedrohliche Werte. Dagegen sind Tiere gefährdet, wenn sie Bedingungen ausgesetzt sind, in denen die Möglichkeiten zur Wärmeabgabe eingeschränkt sind (Transporte in engen Käfigen, hohe Lufttemperaturen, verbunden mit unzureichender Trinkwasserversorgung). In einigen Schweinerassen gibt es Individuen mit einer genetisch bedingten Abweichung im Membranstoffwechsel der Muskelzellen. Wenn diese Tiere bestimmten Narkosemitteln, wie z. B. Halothan, ausgesetzt werden, kommt es zu einer dramatischen Steigerung der Wärmeproduktion, verbunden mit Krämpfen **(Maligne Hyperthermie).** Gefährdete Individuen können frühzeitig selektiert werden (Halothan-Test).

Wie bereits oben (Abschnitt B 3 e) ausgeführt wurde, ist der Anstieg der Kerntemperatur bei körperlicher Aktivität **(Arbeitshyperthermie)** für den Organismus nicht nachteilig. Er unterscheidet sich von dem Anstieg bei Fieber durch mehrere Eigenschaften:

- ▷ Wärmebildung und Wärmeabgabe sind gleichermaßen gesteigert, es stellt sich ein Gleichgewicht des Wärmeflusses auf einem erhöhten Temperaturniveau ein.
- ▷ Die erhöhte Körpertemperatur wird reguliert, aber nicht verteidigt. Arbeitet der Organismus in kühler Umgebung, dann ist der Anstieg geringer oder fällt aus.
- ▷ Die Präferenztemperatur erniedrigt sich bei Arbeit, während sie im Fieberanfall deutlich erhöht ist.
- ▷ Fiebersenkende Mittel, wie Aspirin, sind bei der Arbeitshyperthermie wirkungslos.

3. Hypothermie

Ein intakter Organismus gleicht im allgemeinen einen starken Wärmeentzug durch Stoffwechselsteigerung aus. Eine Hypothermie kann bei intakter Temperaturregulation nur dann eintreten, wenn der Wärmeentzug zu stark wird, z. B. durch eine Kombination von niedrigen Außentemperaturen, nasser Körperoberfläche und hohen Windgeschwindigkeiten, oder in kaltem Wasser. Bei Kälteeinbrüchen sind neugeborene Lämmer und frisch geschorene Schafe besonders gefährdet. Tritt Energie- und Sauerstoffmangel dazu, dann kann die Körpertemperatur rasch um mehrere Grade absinken.

Andererseits kann schon ein geringfügiger Wärmeentzug zur Hypothermie führen, wenn die Temperaturregulation eingeschränkt ist. Viele Narkosemittel beeinträchtigen die Regulationsmechanismen. Daher können Tiere bei Operationen leicht auskühlen. Bei Hypothermie sind die Stoffwechselprozesse verlangsamt, in gesteuerter Hypothermie kann daher bei Operationen die Blutzufuhr zu lebenswichtigen Organen länger unterbrochen werden als bei normaler Körpertemperatur. Die Unterkühlung des Organismus erfolgt dabei nach Ausschaltung der Gegenregulation, z. B. durch ganglienblockierende Mittel.

4. Kryobiologie

Unter bestimmten Bedingungen kann tierisches Gewebe Temperaturen unterhalb des Gefrierpunktes ertragen. Je kleiner der Organismus ist, um so günstiger sind die Voraussetzungen einer Kältekonservierung. Das Einfrieren von Spermatozoen in flüssigem Stickstoff ist bereits zu einem Routineverfahren geworden. Auf diese Weise kann die Befruchtungsfähigkeit von Sperma über mehr als ein Jahrzehnt erhalten werden. Auch Embryonen tolerieren das Einfrieren relativ gut. Daher hat die Gefrierkonservierung von Embryonen Bedeutung für die Tierzucht erlangt. Wichtig ist der Zusatz von schützenden Substanzen (z. B. Glyzerin) sowie das Einhalten bestimmter Abkühlungs- und Auftaugeschwindigkeiten. Es dürfen keine Eiskristalle innerhalb der Zellen auftreten, welche die Zellstrukturen zerstören würden. In Einzelfällen ist es gelungen, auch adulte Organismen, z. B. Hamster, einzufrieren und wieder zum Leben zu erwecken. Hoffnung auf eine Erhaltung des Lebens über längere Zeiträume durch Einfrieren besteht nicht, da selbst bei den Temperaturen der flüssigen Luft autolytische Enzymreaktionen in den Geweben weiterlaufen und schließlich zu einer Gewebszerstörung führen.

F. Akklimatisation

Wird ein Organismus in ein anderes Klima verbracht, so finden tiefgreifende morphologische und funktionelle Veränderungen statt. Durch sie werden die bereits bestehenden Regulationsmöglichkeiten verstärkt und effektiver gestaltet. Dabei werden die rasch erfolgenden funktionellen Umstellungen mit der Zeit durch spezifische morphologische Umgestaltungen ergänzt oder abgelöst.

1. Jahreszeitliche Umstellungen

In Regionen mit jahreszeitlichem Klimawechsel unterliegen die Tiere einer ständigen Akklimatisation und Deakklimatisation an Kälte bzw. Wärme. Besonders augenfällig sind die Veränderungen in der Länge und Dichte des Haarkleides. Gleichzeitig verändern sich Hautdurchblutung, Dicke der subkutanen Fettschicht, Schilddrüsenfunktion usw.; jedoch sind Art und Ausmaß dieser saisonalen Umstellungen bei Haustieren noch wenig untersucht. Diese Anpassungsvorgänge werden endokrin gesteuert und vorwiegend durch die Veränderung der **Tageslänge** ausgelöst. Durch Verlängerung der Beleuchtungsdauer bilden z. B. Rinder im Winter das Sommerhaarkleid aus. Die **Temperatur** spielt hierbei zusätzlich eine Rolle. Außerdem können Anpassungserscheinungen ohne Verlängerung der Tageslichtdauer durch Temperatureinwirkung allein erreicht werden.

2. Wärmeakklimatisation

Bei Tieren mit thermoregulatorischen Schweißdrüsen wird durch einen mehrtägigen Aufenthalt in einer warmen Umgebung die Fähigkeit zur Schweißsekretion gesteigert. Durch eine höhere Aldosteron-Sekretion wird der Natriumgehalt des Schweißes gesenkt. Auf diese Weise verringern sich die Elektrolytverluste im Schweiß. Langfristig verändert sich die Zahl und Größe der Schweißdrüsen sowie deren Leistungsfähigkeit. Durch Umstellungen in der Atmungsregulation und im Säure-Basen-Haushalt wird bei hechelnden Tieren die Gefahr einer Alkalose vermindert. Die Behaarung der Haut geht zurück, die Haut wird dünner und stärker durchblutet. Der allgemeine Habitus der Tiere verändert sich, sie wirken hochbeiniger und hagerer. Alle diese Umstellungen sind nach Rückkehr in das Ausgangsklima weitgehend reversibel.

Die Fähigkeit der einzelnen Rassen und Individuen, sich an Wärme bzw. an tropische Bedingungen anzupassen, ist unterschiedlich. Tiere, deren physikalische Regulation und Anpassungsfähigkeit begrenzt ist, sind darauf angewiesen, die Nahrungsaufnahme und damit ihren Stoffwechsel einzuschränken. Aus diesem Grunde bringen viele europäische Rinderrassen in den Tropen unzureichende Leistungen. Es ist deshalb zweckmäßig, Zuchttiere vor dem Export in Klimakammern auf ihre Anpassungsfähigkeit zu prüfen.

3. Kälteakklimatisation

Für die Anpassung an Kälte stehen dem Organismus weniger Möglichkeiten zur Verfügung. Wirksame Maßnahmen sind ein dichteres und längeres Haarkleid und die Ausbildung eines Unterhautfettgewebes.

Bei Ratten, Meerschweinchen, Kaninchen und Katzen nimmt die zitterfreie Thermogenese zu, während das Kältezittern zurückgeht. Das sonst nur bei neugeborenen Tieren stark ausgeprägte braune Fettgewebe ist auch bei kälteakklimatisierten adulten Tieren deutlich ausgeprägt.

Literatur

Aschoff, J., 1971: Temperaturregulation. In: Gauer/Kramer/Jung, Physiologie des Menschen, Bd. 2. Verlag Urban & Schwarzenberg, München.

Baker, M. A., 1979: Ein Kühlsystem im Gehirn von Säugetieren. Spektrum der Wissenschaft **1,** Heft 7, 51–57.

Baker, M. A., 1982: Brain cooling in endotherms in heat and exercise. Ann. Rev. Physiol. **44,** 85–96.

Bligh, J., 1976: Environmental physiology of animals. Blackwell, Oxford.

Bligh, J., 1973: Temperature regulation in mammals and other vertebrates. North Holland Publishing Co., Amsterdam, London.

Bligh, J., 1979: The central neurology of mammalian thermoregulation. Neuroscience 4, 1213–1236.

Dawson, W. R., 1982: Evaporative losses of water by birds. Comp. Biochem. Physiol. **A 71,** 495–510.

Folk, G. E., 1974: Textbook of environmental physiology. 2nd. Ed. Lea & Febiger, Philadelphia.

Gale, C. C., 1973: Neuroendocrine aspects of thermoregulation. Ann. Rev. Physiol. **35,** 391–430.

Girardier, L., 1977: Symposium: The regulation of the biological furnance of warm blooded animals. Experientia **33,** 1121–1131.

Hales, J. R. S., 1983: Thermal physiology. Raven Press, New York.

Hardy, R. N., 1979: Temperature and animal life. Edward Arnold, London.

Heller, H. C., L. I. Crawshaw, H. T. Hammel, 1978: Die Regulation der Körpertemperatur. Spektrum der Wissenschaft, November, 68–76.

Hensel, H., 1981: Thermoreception and temperature regulation. Monographs of the Physiological Society No. 38. Academic Press, London.

Houdas, Y., E. F. J. Ring, 1982: Human body temperature. Its measurement and control. Plenum Press, New York.

Ingram, D. L., L. E. Mount, 1975: Animals and man in hot environment. Springer-Verlag, New York.

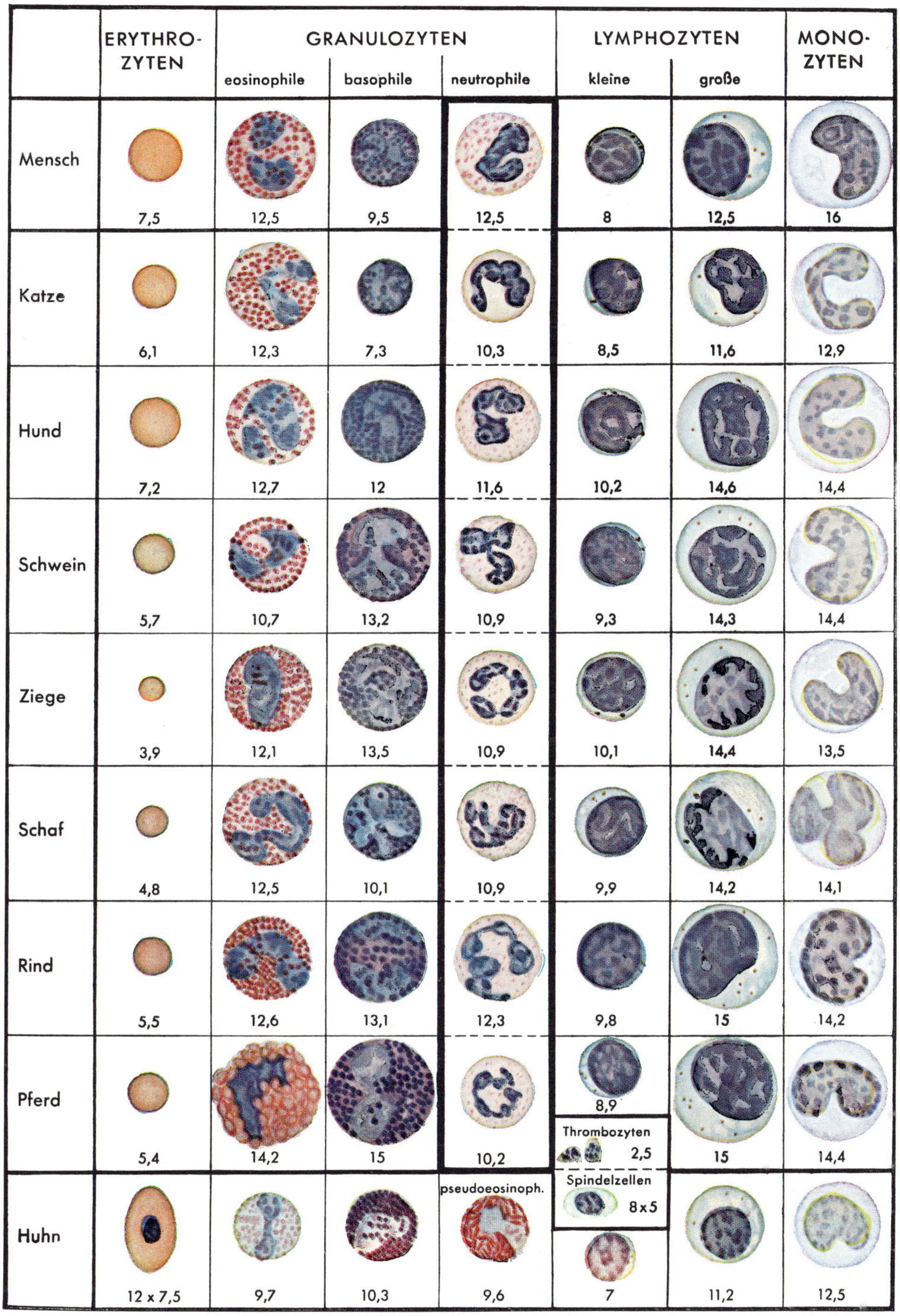

Vergleichende Darstellung der Blutzellen. (Nach BÖHME, Wiener Tierärztl. Monatsschrift — Festschrift — 1960)

KLUGER, M. J., 1979: Fever, its biology, evolution and function. Princeton University Press, Princeton, New Jersey.

LYHS, L., 1971: Der Wärmehaushalt landwirtschaftlicher Nutztiere. VEB Gustav Fischer Verlag, Jena.

LYHS, L., 1978: Umwelt und Leistung landwirtschaftlicher Nutztiere. VEB Gustav Fischer Verlag, Jena.

MONTEITH, J. L., L. E. MOUNT, 1974: Heat loss from animals and man. Assessment and control. Butterworths, London.

MOUNT, L. E., 1979: Adaptation to thermal environment, man and his productive animals. Edward Arnold, London.

PRECHT, H., J. CHRISTOPHERSEN, H. HENSEL, 1973: Temperature and life. Springer-Verlag, Berlin.

WEBSTER, M. E. D., 1982: Cardiovascular, respiratory and thermoregulatory function during exercise. University of New England Press, Armidale.

WHITTOW, G. C., 1971: Comparative physiology of thermoregulation, Vol. II, Mammals. Academic Press, New York.

YOUSEF, M. K., 1983: Stress physiology in livestock. CRC Press, Cleveland.

V. Blut und Lymphe

H. EDER

A. Blut

Blut besteht aus dem **Blutplasma** (der Blutflüssigkeit) und den in ihm suspendierten **Blutzellen** oder Blutkörperchen. Beide Anteile enthalten eine Vielzahl gelöster Substanzen. Ihr Zusammenwirken ermöglicht die mannigfachen Funktionen des Blutes.

Das Blut ist der Mittler des Stoffaustauschs zwischen den Teilen des Organismus. Es erfüllt also vor allem **Transportfunktionen.** Zu den wichtigsten Stoffgruppen, die durch die Blutflüssigkeit und die Blutzellen transportiert werden, zählen die Atemgase, die Nährstoffe sowie die Zwischen- und Endprodukte des Stoffwechsels. Der Transportfunktion ist auch die Übertragung von Information zuzurechnen. Dies ist am deutlichsten am Beispiel der Hormone zu erkennen, die vom Bildungs- oder Speicherort zum Wirkungsort gebracht werden. Auch bei der Regulation der Körpertemperatur vermittelt das Blut den Wärmetransport zwischen Orten höherer Wärmeproduktion und Wärme abgebender Oberfläche.

Daneben erfüllt das Blut weitere Aufgaben. Zu ihnen gehört die Aufrechterhaltung eines geeigneten physikochemischen Zustands im gesamten extrazellulären Raum. Diese **Homöostase** wird durch komplexe Regulationsmechanismen erreicht. Sie betreffen vor allem die **Isotonie,** die **Isoionie** und die **Isohydrie,** also die Konstanz des osmotischen Drucks, der ionalen Konzentrationsverhältnisse und der Wasserstoffionenkonzentration. Das Blut erfüllt diese Funktionen im Zusammenwirken mit anderen Organen, vor allem den Nieren und der Lunge. Schließlich hat es an **Abwehrvorgängen** einen wesentlichen Anteil, wobei zelluläre und humorale Komponenten gleichermaßen wichtig sind.

1. Allgemeine Eigenschaften

Als Transportmedium muß das Blut vor allem bestimmte Fließeigenschaften aufweisen. Von Bedeutung ist hier seine **Viskosität** oder innere Reibung. Sie wird durch eine Reihe von Faktoren bestimmt: Die Viskosität des Gesamtblutes hängt in erster Linie von der Zahl der roten Blutzellen ab, die Viskosität des Blutplasmas vor allem von der Konzentration der verschiedenen Plasmaproteine.

Die relative **Viskosität des Plasmas** ist bei Säugern nur etwa doppelt so hoch wie die des Wassers (1,5 bis 2,2, bezogen auf Wasser = 1). Sie erhöht sich besonders bei Zunahme von Fibrinogen, aber auch bei Vermehrung von α_2-Makroglobulin und von bestimmten Immunglobulinen sowie bei Hypohydratation (Wasserverlust des Organismus).

Die **Viskosität des Blutes** wird in vivo nicht nur vom Volumenanteil der Blutzellen, dem Hämatokrit, bestimmt. Vielmehr bringt es die außerordentliche Verformbarkeit der Erythrozyten mit sich, daß die Viskosität der Zellsuspension von der Strömungsgeschwindigkeit stark beeinflußt wird. Nur so erklärt sich, daß Blut in großen Arterien eine rund fünfmal höhere »scheinbare relative Viskosität« aufweist, in sehr kleinen Gefäßen aber der Viskosität des Plasmas nahekommt.

Auch am **spezifischen Gewicht** des Blutes haben die Blutzellen maßgebenden Anteil. Es liegt bei den Haustieren zwischen etwa 1,045 und 1,060, bei Jungtieren darunter. Das spezifische Gewicht von Plasma beträgt etwa 1,027, das von roten Blutzellen alleine etwa 1,090. Schwankungen können durch Nahrungsaufnahme oder Änderung der Zellzahl verursacht sein.

Arterielles Blut hat eine hellrote **Farbe,** bedingt durch den roten Blutfarbstoff, das *Hämoglobin,* der in den Erythrozyten enthalten ist und mit Sauerstoff eine lockere Bindung eingeht. Die Sauerstoffverarmung in venösem oder in ruhigstehendem Blut ergibt dessen dunkelroten Farbton. Blut ist auch in dünnen Schichten undurchsichtig (deckfarben). Tritt aber durch Hämolyse Hämoglobin aus den Blutkörperchen aus, so wird es durchsichtig (lackfarben).

Die **Wasserstoffionenkonzentration** des Blutes liegt bei pH = 7,4. Obwohl ständig saure und basische Stoffwechselprodukte ins Blut eintreten, wird seine Reaktion durch Pufferung innerhalb enger Grenzen konstant gehalten (Isohydrie). Am wichtigsten ist hierbei das Kohlensäure-Bikarbonat-Puffersystem, auf das im Kapitel Atmung eingegangen wird.

Hämatokrit

Man kann die Blutzellen vom Plasma leicht trennen, indem man ungerinnbar gemachtes Blut in einem geeigneten Gefäß stehen läßt oder es zentrifugiert. Die Blutzellen sedimentieren dann. Am raschesten sinken die Erythrozyten, weil sie agglomerieren, sich also zu größeren Partikeln zusammenlagern. Sie bilden eine Erythrozytensäule, die etwa 30–45 % des Blutvolumens ausmacht. In ihr finden sich aber auch Leukozyten. Deren wesentlicher Anteil legt sich jedoch zusammen mit den Blutplättchen als dünne weiße Schicht (buffy coat) auf die rote Säule auf. Der Überstand ist zellfreies oder plättchenhaltiges Plasma.

Der Anteil der Blutzellen am Gesamtblutvolumen wird **Hämatokrit** genannt. In diesen diagnostisch wichtigen Wert gehen vor allem die Erythrozytenzahl und -größe gleichsinnig sein. Zur Bestimmung des Hämatokrits (packed cell volume)

Tab. 15. Hämatokritwerte

Mensch	0,45	Kaninchen	0,42
Pferd	0,42	Meerschweinchen	0,42
Rind	0,40	Ratte	0,46
Schaf	0,32	Maus	0,42
Ziege	0,34	Huhn	0,32
Schwein	0,42	Gans	0,44
Hund	0,46	Ente	0,40
Katze	0,40	Frosch	0,30

wird ungerinnbar gemachtes Blut in einer Kapillare unter standardisierten Bedingungen zentrifugiert. Die Säule ist dann so dicht gepackt, daß sie nur etwa 1–2 % Plasma einschließt. Der Hämatokrit läßt sich als Länge der Säule direkt ablesen.

2. Blutmenge

Das **Blutvolumen** der Haustiere steht in Beziehung zu ihrem Körpergewicht. Vielfach wird angegeben, daß die Blutmenge 7–8 % des Körpergewichts beträgt. Diese Zahl kann aber nur ein Näherungswert sein, weil es tierartliche und individuelle Unterschiede gibt. Darüber hinaus hängt das Blutvolumen vom Ernährungs- und Trainingszustand ab. Bei Fettansatz wird es nicht der Gewichtszunahme entsprechend vermehrt, dagegen bei stärkerer Entwicklung der Muskulatur. Jüngere Tiere besitzen eine relativ größere Blutmenge als ausgewachsene. Generell muß also für die Blutmenge der Haustiere reine recht große Spanne angegeben werden. Sie liegt zwischen 60 und 80 ml/kg Körpergewicht.

Bei Lauftieren werden bei Bedarf die *Blutreserven* zur Erhöhung der O_2-Transportkapazität ausgeschüttet, wodurch sich das zirkulierende Blutvolumen erhöht. Ferner treten vorübergehende Änderungen der individuellen Blutmenge nach Flüssigkeitsaufnahme auf. Schließlich gibt es, wie bei vielen physiologischen Größen, tagesrhythmische Schwankungen.

Bei ausgeglichenem Wasserhaushalt des Körpers wird das Blutvolumen durch Flüssigkeitsverschiebung zwischen interstitiellem Raum und Plasmaraum reguliert. Nach **Blutverlusten** füllt sich das Gefäßsystem innerhalb weniger Stunden aus dem Gewebe auf. Die Plasmaproteine erreichen nach 1–2 Tagen die ursprüngliche Konzentration, während der Nachschub der Erythrozyten aus dem Knochenmark längere Zeit benötigt. Man kann größere Blutverluste durch *Infusion von Ersatzlösungen* weitgehend ausgleichen.

Zur **Bestimmung der Blutmenge** injiziert man mit ^{51}Cr oder ^{59}Fe radioaktiv markierte körpereigene Erythrozyten in die Blutbahn und entnimmt nach einigen Minuten eine Blutprobe. Deren Aktivität wird gemessen. Sie ergibt die Verdünnung der Erythrozyten und erlaubt einen Rückschluß auf das **Erythrozytenvolumen.** Daraus läßt sich bei bekanntem Hämatokrit das zirkulierende Blutvolumen bestimmen.

Das *Plasmavolumen* (der Plasmaraum) wird bestimmt, indem man die Plasmaeiweiße markiert oder solche Farbstoffe injiziert, die die Blutbahn nur langsam verlassen. Auch hier ergibt sich bei Berücksichtigung des Hämatokrits die zirkulierende Blutmenge. Die direkte Bestimmung der Blutmenge durch Entbluten (bei Schlachttieren) ergibt keine verläßlichen Werte, weil unterschiedlich große Blutmengen in Kapillargebieten verbleiben.

3. Blutplasma

Blutplasma ist eine schwach gelbliche, visköse Flüssigkeit. Es wird durch Sedimentation oder Zentrifugation aus ungerinnbar gemachtem Blut gewonnen. Ähnlich wie Plasma sieht **Blutserum** aus, das aber im Gegensatz zum Blutplasma kein Fibrinogen enthält. Blutserum wird erhalten, wenn man Blut gerinnen läßt. In der Retraktionsphase

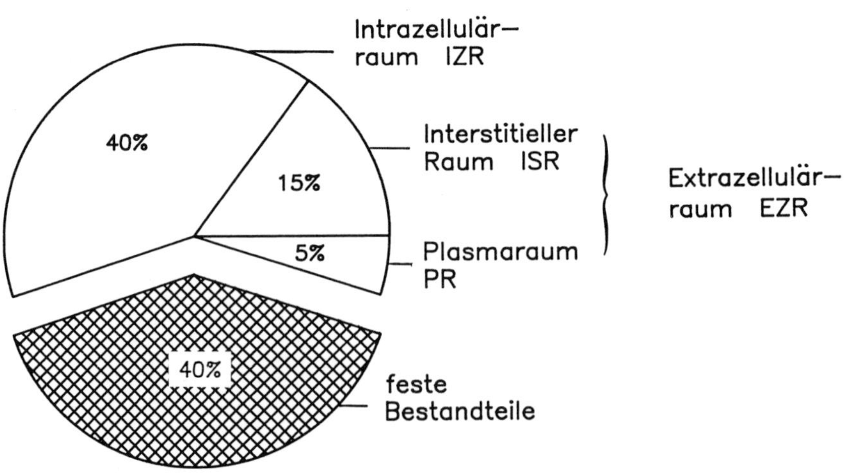

Abb. 75. Prozentuale Anteile der Flüssigkeitsräume an der Körpermasse

wird es dann vom Blutkuchen (Fibrin + Blutkörperchen) abgepreßt.

Die Blutflüssigkeit ist ein *Teil des extrazellulären Flüssigkeitsraums (EZR)*. Sie stellt dessen intravasalen Anteil, den Plasmaraum (PR) dar. Ihm kommt im Wasser- und Elektrolythaushalt die wichtige Rolle des zentralen Durchgangskompartiments zu.

a. Organische Bestandteile

Nahezu alle organischen Stoffe, die im Stoffwechsel eine Rolle spielen, sind im Blutplasma enthalten. Von besonderer Bedeutung sind die Eiweißstoffe. Sie verleihen dem Blutplasma die Eigenschaften einer kolloidalen Lösung.

aa. Plasmaproteine

Die Proteine des Blutplasmas stellen ein Gemisch verschiedener Eiweiße mit sehr unterschiedlichen Funktionen dar. Der **Gesamteiweißgehalt** des Plasmas der Haussäuger liegt bei 7 % (60–80 g/l). Serum hat einen annähernd gleichen Eiweißgehalt, da die Fibrinogen-Konzentration nur 0,3 % beträgt.

Die Plasma- oder Serumeiweiße lassen sich durch chemische und physikalische Methoden trennen. Zu besonderer Bedeutung ist hier in den letzten Jahrzehnten die *Elektrophorese der Plasmaproteine* gelangt. Die einzelnen Fraktionen sind quantitativ zu bestimmen und in ihren Funktionen zu erkennen.

Unter **Elektrophorese** versteht man allgemein die Wanderung elektrisch geladener Teilchen in einem elektrischen Feld. Auch Proteine wandern als relativ große Anionen bei einem pH von 7,4 zur Anode. Die einzelnen Eiweißgruppen tragen unterschiedliche Ladungen und wandern daher unterschiedlich schnell. Dies führt zur Auftrennung der einzelnen Proteinfraktionen. Albumin wandert am schnellsten; die Reihenfolge der Globulinfraktionen ist durch griechische Buchstaben gekennzeichnet.

Es gibt mehrere Anordnungen, die die Trennung auch bei kleinen Volumina erlauben. Vielfach wird die Papierelektrophorese angewandt, bei der das Plasma oder Serum auf einen mit Puffer pH = 8,6 getränkten Papierstreifen aufgebracht und eine Gleichspannung angelegt wird. Nach der Trennung werden die Streifen getrocknet, die Proteine gefärbt und photometrisch gemessen. Das Resultat der Auswertung ist ein **Elektropherogramm.**

Neben der Papierelektrophorese existieren neuere Verfahren, die andere Trägermaterialien verwenden

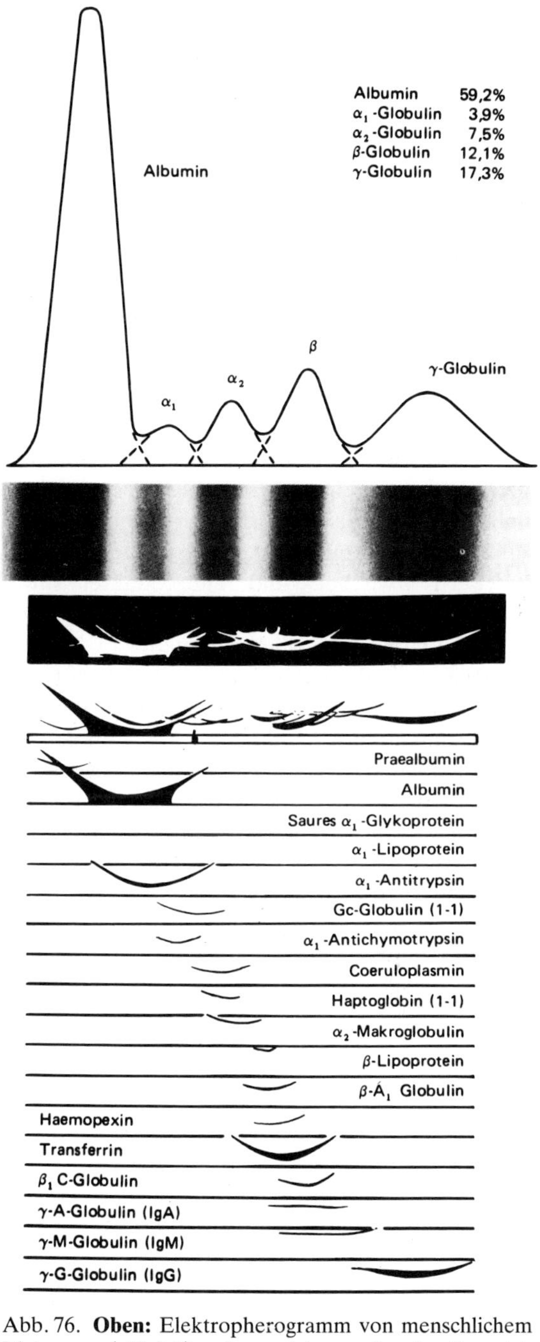

Abb. 76. **Oben:** Elektropherogramm von menschlichem Blutserum (pH 8,6), wie es sich aus der densitometrischen Ausmessung des darunter liegenden Filterpapierstreifens ergibt. **Darunter** das zugehörige Immunelektropherogramm (elektrophoretische Auftrennung und anschließende Präzipitation mit einem Antiserum gegen die einzelnen Komponenten). Zusätzlich sind die einzelnen Präzipitationsbanden getrennt gezeichnet. (Nach SCHMID-SCHÖNBEIN, 1980)

(z. B. Stärkegel oder Kunststoff-Folien). Ferner gibt es die Immunelektrophorese, bei der die physikochemische Trennung mit einer immunologischen Methode (Immundiffusion) kombiniert ist. Neben elektrophoretischen Trennverfahren werden vielfach auch andere Methoden (**Ultrazentrifuge,** Säulenchromatografie) eingesetzt.

Das Blutplasma und das Blutserum enthalten zwei Hauptproteinfraktionen, das **Albumin** und die **Globuline.** Ferner gibt es eine Vielzahl weiterer Proteine, die in nur geringer Konzentration vorliegen (in menschlichem Plasma konnten mehr als 80 Proteine näher beschrieben werden). Sie wandern elektrophoretisch vor allem mit den Globulinen.

Das **Albumin** (MG bei 69 000) ist die bei den meisten Haustieren und beim Menschen stärkste einheitliche Fraktion. Es hat vor allem Vehikelfunktionen: Albumin bindet eine große Zahl von Stoffwechselzwischen- und -endprodukten sowie viele Hormone, Vitamine und Elektrolyte reversibel; es ist ein wasserlösliches Protein.

Albumin wird in der Leber synthetisiert. Im Plasma findet sich nur der kleinere Teil des Gesamtbestandes an Albumin: Rund 60 % findet man außerhalb der Gefäße, vor allem im Extrazellulärraum. Es wird ständig aus bestimmten Bereichen abgegeben und im EZR abgebaut. Die Bruchstükke dienen anderweitig zum Aufbau von Zelleiweiß. Für das abgebaute Albumin liefert die Leber ständig neues nach. Auf diese Weise wird der Albumingehalt des Blutes auf gleicher Höhe gehalten. Dasselbe gilt für die übrigen Plasmaeiweißfraktionen. Wenn die Leber infolge einer Unterfunktion für die Synthese ausfällt, sinkt der Eiweißgehalt des Plasmas schnell ab. Bei einer Eiweißmangelernährung wird durch einen vermehrten Abbau von Muskeleiweiß die Neubildung der Proteine zunächst aufrechterhalten. Erst bei länger dauerndem Mangel fällt der Gehalt an Plasmaeiweiß merklich ab, namentlich an Albumin.

Globuline. Im normalen Elektropherogramm findet man mehrere Globulinfraktionen, die bei den meisten Haustieren verschiedene Konzentrationen aufweisen. Auch die Fraktionen selbst sind nicht einheitlich.

Die α-**Globuline** enthalten reichlich Glykoproteine, verschiedene Gerinnungsfaktoren und andere Proteine, die β-**Globuline** unter anderem Transferrin und weitere Gerinnungsfaktoren sowie Lipoproteine. In der γ-**Fraktion** finden sich vor allem die Immunglobuline (= Gammaglobuline), die vielfältige Antikörper darstellen. Sie werden vom Organismus bei der Abwehr schädlicher Stoffe gebildet. Im Verlauf einer Infektion nimmt der Gehalt des Plasmas an γ-Globulinen zu. Bei älteren Tieren ist die Fraktion daher meistens größer als bei jüngeren.

Das Verhältnis Albumin : Globulin bezeichnet man als den **Albumin-Globulin-Quotienten.** Beim Menschen liegt er über 1, bei den meisten Haussäugern darunter.

Fibrinogen. Dieses Plasmaeiweiß ist ein relativ großes Linearprotein (MG = 400 000), ein Glykoprotein. Aus ihm enstehen bei der Blutgerinnung

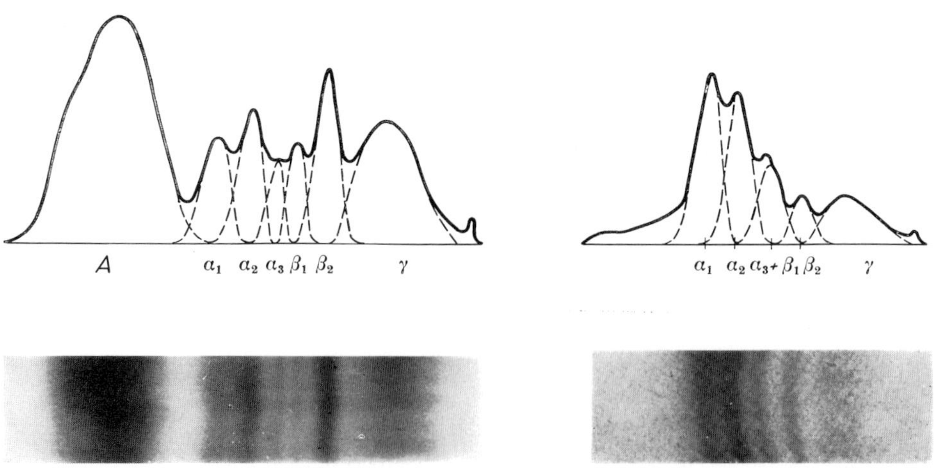

Abb. 77. Papierelektrophorese von Schweineserum. (Nach BOGUTH et al., Zbl. Vet. Med. **6**, 1959).
Links: Darstellung der Proteine mit Amidoschwarz; **rechts:** Darstellung der Glykoproteine mit der Perjodsäure-Schiff-Reaktion

Tab. 16. Gesamteiweißgehalt des Serums und prozentualer Anteil der einzelnen Fraktionen. (Nach BOGUTH)

	Gesamteiweiß im Serum g/l	Albumin A	Prozentualer Anteil der einzelnen Fraktionen Globuline								
			α_0	α_1	α_2	α_3	β_1	β_2	β_3	γ	γ_2
Pferd	74 ± 4	39		4	12		13	10		22	
Rind	75 ± 4	44		4	6	3	3	9		12	19
Schaf	80 ± 4	42	3	5	10		9			23	8
Ziege	72 ± 5	54		9	3	8	4	4		18	
Schwein	73 ± 8	45		4	13		6	12		20	
Hund	63 ± 4	53	4	4	5		3	5	12	12	
Katze	68 ± 6	55		4	11		5	8		16	
Kaninchen	58 – 65	60–70		5	5		10	2		8–20	
Ratte	71 ± 8	40–60		10	6		6	15		8–20	
Huhn	46 – 56	25–32		4	16	10	10	15		11	5

durch Thrombineinwirkung Fibrinmonomere. Fibrinogen wandert elektrophoretisch zwischen den β- und γ-Globulinen.

Lipoproteine. An diese Stoffgruppe, die in der α- und der β-Globulinfraktion zu finden ist, sind fast alle im Plasma vorhandenen Lipide reversibel gebunden. Sie dient dem Transport dieser wasserunlöslichen Substanzen, die freies und verestertes *Cholesterin, Phospholipide und Triglyceride* umfassen. Die Lipidbeladung der Lipoproteine ist sehr unterschiedlich. Sie äußert sich in verschiedener Dichte und Teilchengröße. Am stärksten beladen sind die Prä-β-Lipoproteine; sie haben ein sehr niedriges spezifisches Gewicht (VLDL der Abbildung). Es erhöht sich (über LDL und HDL) in dem Maße, in dem der Proteinanteil steigt.

Der Lipidgehalt des Blutes hängt im übrigen stark von der Nahrungszufuhr ab. Schon kurz nach der Aufnahme fettreicher Nahrung enthält das Blutplasma zahlreiche kleine Fettkügelchen, die

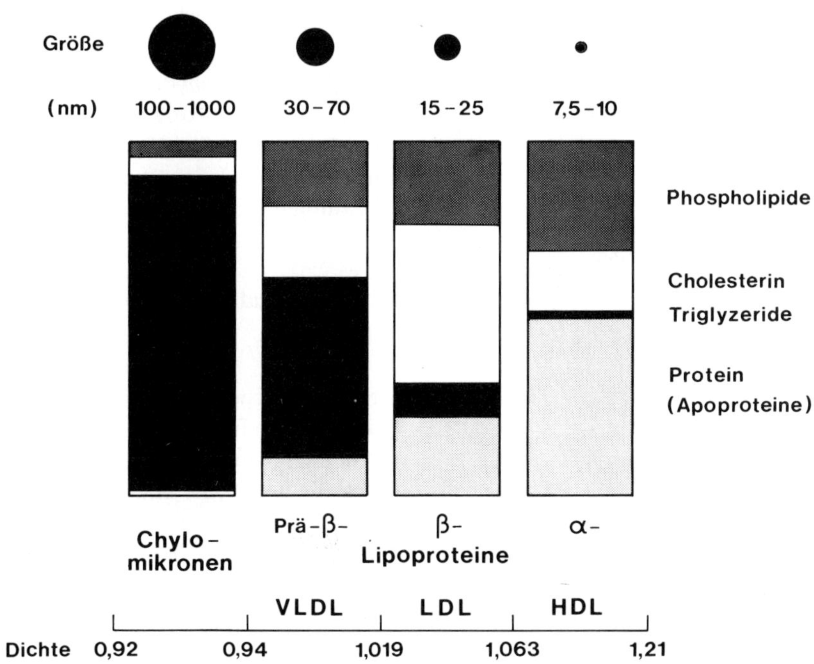

Abb. 78. Zusammensetzung und Einteilung der Lipoproteine des Blutplasmas. Die Molekülgröße ist umgekehrt proportional der Dichte. Nach dieser werden die Fraktionen eingeteilt in VLDL (very low density lipoproteins), LDL (low density lipoproteins) und HDL (high density lipoproteins)

man Chylomikronen nennt. Plasma oder Serum erscheinen bei einer derartigen Lipämie milchigtrüb und opaleszierend.

Kolloidosmotischer Druck

Alle Plasmaproteine sind von großer Bedeutung für die Aufrechterhaltung des kolloidosmotischen oder onkotischen Drucks im Blutplasma. Er beträgt *etwa 25 mm Hg* (3,3 kPa). Die Plasmaproteine sind als hochmolekulare Polyelektrolyte befähigt, Wasser zu binden und somit entgegen dem arteriellen hydrostatischen Druck im Gefäßsystem zu halten. Im arteriellen Teil der Kapillaren sind die Gefäßwände für Wasser und gelöste niedermolekulare Stoffe leicht durchgängig. Der hydrostatische Druck preßt hier das Wasser bis zum Gleichgewicht mit dem vom Plasmaeiweiß entwickelten onkotischen Druck aus dem Gefäßsystem ab. Bei der Besprechung der Funktionen der Kapillargebiete wird darauf näher eingegangen.

ab. Andere organische Plasmabestandteile

Reststickstoff. Die niedermolekularen stickstoffhaltigen Substanzen des Plasmas treten zwar gegenüber den Proteinen an Menge weit zurück, sind aber mannigfaltig. Man findet neben Aminosäuren Produkte des Eiweiß-, Nukleinsäure- und Muskelstoffwechsels. Der N-Gehalt dieser Substanzen macht den **Reststickstoff** des Blutes aus.

Tab. 17. Zusammensetzung des Reststickstoffs

	N in mg je 100 ml Blut
Gesamt-Rest-N	20–43
Harnstoff-N	8–25
Kreatin-Kreatinin-N	4–10
Aminosäuren-N	5–10
Harnsäure-N (Geflügel)	0,7–2,5

Blutzucker. Unter dieser Bezeichnung faßt man die im Blut vorhandenen Kohlenhydrate zusammen. Den wesentlichen Anteil daran hat die Glukose. Der Blutzuckergehalt hängt stark von der Nahrungszufuhr ab. Nach Aufnahme von leicht verdaulichen Kohlenhydraten kommt es zu einem vorübergehenden Anstieg des Blutzuckers, zu einer Hyperglykämie. Dies ist bei Wiederkäuern nicht festzustellen, da im Pansen Kohlenhydrate zu niederen Fettsäuren abgebaut werden. Die Regulation des Blutzuckergehalts geschieht durch verschiedene Hormone. Sein durchschnittlicher Nüchternwert ist in der Tabelle wiedergegeben. Als Produkt des Kohlenhydratstoffwechsels findet sich im Blut auch Milchsäure in einer Konzentration von etwa 10–15 mg/dl Plasma (ca. 1,1–1,7 mmol/l).

Tab. 18. Blutzucker (mg/100 ml bzw. mmol/l Blut)

	mg/100 ml	mmol/l
Mensch	80–120	4,4–6,7
Pferd	55–95	3,1–5,3
Rind	35–60	1,7–3,3
Schaf	30–60	2,2–3,9
Ziege	40–70	4,4–5,3
Schwein	80–95	3,3–5,0
Hund	60–90	3,4–4,4
Katze	60–80	3,9–6,1
Kaninchen	70–110	3,3–6,9
Meerschweinchen	60–125	3,3–4,4
Ratte	60–80	6,7–11,1
Huhn	120–200	

Weitere organische Bestandteile des Plasmas sind die **Enzyme**, die eigentlich zu den Proteinen zu rechnen sind. Man findet u. a. eine Reihe von Hydrolasen, Transhydrogenasen und Transaminasen. Besonders letztere sind von einiger diagnostischer Bedeutung. Weiterhin finden sich im Plasma **Farbstoffe, Vitamine** und **Hormone** sowie eine Vielzahl anderer organischer Stoffe.

b. Mineralbestandteile und Osmotischer Druck

Der Osmotische Druck im extrazellulären Flüssigkeitsraum und somit im Blut ist eine wichtige physiologische Größe. Sie wird in erster Linie durch die gelösten **Mineralbestandteile** bestimmt. Im Blut findet man regelmäßig eine Reihe von Kationen und Anionen, von denen die wesentlichen in der Tabelle aufgeführt sind. Die Natriumionen und Chlorionen liegen in relativ hoher Konzentration vor. Mg^{++} und Ca^{++} sind teilweise an Proteine gebunden.

Aus der Gesamtkonzentration aller gelöster Teilchen resultiert der **Osmotische Druck** des Blu-

Tab. 19. Elektrolytgehalt des Serums

		mmol/l
Kationen	Na	139–143
	K	4,3–6
	Ca	2,2–3
	Mg	0,8–1,2
Anionen	Cl	96–110
	Phosphat-P	1,0
	Sulfat-S	0,5
	Bikarbonat	27

tes von etwa 7 atm (über 5000 mm Hg, ca. 700 kPa). Er wird trotz ständiger Aufnahme und Abgabe von Wasser und Salzen innerhalb enger Grenzen konstant gehalten. Vielfältige Regulationsmechanismen, die man zusammenfassend als **Osmoregulation** bezeichnet, erhalten diesen Zustand der **Isotonie.** Sie stehen in enger Beziehung zum Wasserhaushalt des Organismus.

Zur *Ermittlung des osmotischen Drucks* mißt man die ihm proportionale *Gefrierpunktserniedrigung.* Sie liegt für Serum im Mittel bei 0,54 °C. Das entspricht einem osmotischen Druck von etwa 7,3 atm (etwa 5600 mm Hg oder 745 kPa) bei 37 °C.

Neben dem osmotischen Druck ist auch das Verhältnis der einzelnen Ionenarten zueinander konstant zu halten **(Isoionie).** So wird das Verhältnis $Na^+ : K^+$ von Aldosteron aus der Nebennierenrinde über die Nieren geregelt. Die Niere vermag die Kationen selektiv aus dem Primärharn zu resorbieren oder auszuscheiden. Sie kann auch bei Bedarf die Kationen Na^+ und K^+ durch NH_4 ersetzen.

Spurenelemente

Das Blutplasma enthält eine Reihe von Spurenelementen, von denen vor allem *Eisen, Kupfer und Zink,* daneben *Kobalt und Jod* zu nennen sind.

Das Eisen (100–200 µg/dl Plasma, ca. 18–36 µmol/l) ist als Fe^{+++} an ein β-Globulin, das Transferrin, gebunden. In dieser Form transportiert das Blut das Eisen vom Ort der Resorption zu den Speichern (Milz, Leber), wo es als Ferritin und Hämosiderin gelagert wird, oder von diesen zum Knochenmark.

Das Plasmakupfer (50–100 µg/dl bzw. 8–16 µmol/l Plasma, beim Schwein 200–220 µg bzw. 30–35 µmol/l) ist zu 95 % an ein α_2-Globulin, das Coeruloplasmin, gebunden, der Rest vor allem an Albumin.

Zink (150–300 µg/dl bzw. 23–46 µmol/l Plasma) verteilt sich über fast alle Plasmaeiweißfraktionen. Erythrozyten enthalten durch die Carboanhydrase sehr viel Zink (1200 µg/dl bzw. 184 µmol/l Erythrozyten).

4. Blutzellen

Im Blutplasma sind die **Blutzellen** oder **Blutkörperchen** suspendiert. Sie entstammen dem Knochenmark und den lymphatischen Geweben. Wir unterscheiden drei Arten:

▷ **Erythrozyten (rote Blutzellen),**
▷ **Leukozyten (weiße Blutzellen),**
▷ **Blutplättchen (Thrombozyten).**

Die Blutzellen sind sowohl in ihrer Zahl als auch morphologisch und funktionell sehr verschieden. Die weitaus zahlreichsten Zellen sind die Erythrozyten. Sie dienen in erster Linie dem Sauerstoff- und CO_2-Transport. Rund tausendmal kleiner ist die Zahl der Leukozyten. Sie haben im wesentlichen Abwehrfunktionen.

Die Erythrozyten und die Blutplättchen üben ihre Funktion ausschließlich intravasal, innerhalb der Blutgefäße aus. Im Gegensatz dazu erfüllen die Leukozyten ihre vielfältigen Aufgaben überwiegend extravasal, also in den Geweben, vor allem in Leber, Lunge, Milz und Darmwand. Nur etwa 3 % aller im Organismus vorhandenen reifen Leukozyten findet man im Blut; es dient diesen Zellen vor allem als Transportmedium.

a. Erythrozyten

Die **Erythrozyten** oder **roten Blutkörperchen** dienen vornehmlich dem Transport des Sauerstoffs von der Lunge zum Gewebe und der Kohlensäure in umgekehrter Richtung. Ihr wesentlicher Bestandteil ist das Hämoglobin, der rote Blutfarbstoff, der Sauerstoff locker binden kann. Durch Vermittlung der Erythrozyten wird CO_2 in den Kapillaren in Bikarbonat und in der Lunge wieder in CO_2 umgewandelt. Durch diese und andere Leistungen sind sie auch an der Konstanthaltung der Reaktion des Blutes beteiligt.

Morphologie. Die Erythrozyten der Säuger stellen kernlose, runde (bei den Tylopoden elliptische), bikonkave Scheiben dar. Bei den anderen Wirbeltierklassen — beispielsweise bei den Vögeln

und Träger ihrer Sauerstofftransportfunktion. Das Hämoglobin ist ein *Chromoproteid,* ein Protein mit einer Farbstoffkomponente als prosthetischer Gruppe. Vier Polypeptidketten bilden zusammen den Eiweißanteil des Moleküls, das Globin. In jede der vier Polypeptidketten ist eine Farbstoffgruppe eingelagert, das Häm. Eine Hämgruppe besteht aus einem zentralen Eisenatom (Fe II), das von einem substituierten Porphyrinring umgeben ist.

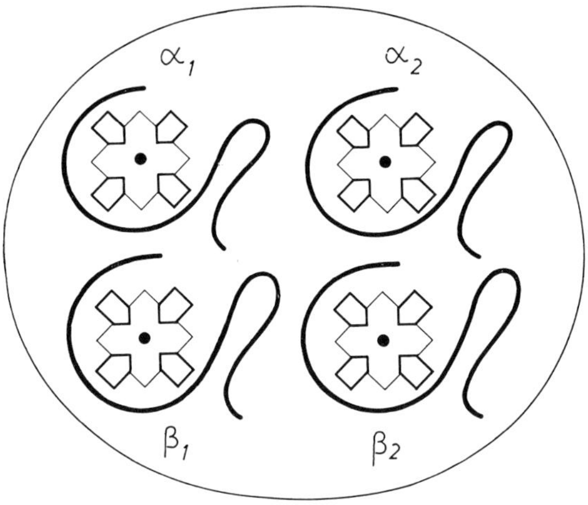

Abb. 82. Das Hämoglobinmolekül hat 4 Hämgruppen und 4 Polypeptidketten: Zwei α-Ketten mit 141 und zwei β-Ketten mit 146 Aminosäuren. (Nach DICKERSON u. GEIS, 1971)

Das Hämoglobin der verschiedenen Säuger hat ein Molekulargewicht zwischen 64 500 und 70 000. Die Molekülform ist annähernd rundlich. Es besitzt die Eigenschaft, ohne Valenzänderung des Eisens molekularen Sauerstoff in Abhängigkeit vom Sauerstoffpartialdruck aufnehmen und abgeben zu können. Ein Molekül Hämoglobin vermag maximal 4 Moleküle Sauerstoff reversibel zu binden (1 g Hämoglobin bindet dementsprechend 1,34 ml O_2). Die Verbindung nennt man dann oxygeniertes Hämoglobin **(Oxyhämoglobin, HbO_2)**, während das sauerstofflose Molekül desoxygeniertes Hämoglobin **(Desoxyhämoglobin)** oder einfach **Hämoglobin (Hb)** genannt wird. Auf die ältere Bezeichnung »reduziertes Hämoglobin« sollte man verzichten.

Ähnlich wie Hämoglobin ist *Myoglobin* aufgebaut. Auch dieses enthält Häm als prosthetische Gruppe, jedoch nur ein Häm pro Molekül. Das Molekulargewicht beträgt 17 000. Die Gesamtmenge Myoglobin im Organismus ist etwa gleich der des Hämoglobins. Myoglobin besitzt aber eine wesentlich höhere Affinität zum Sauerstoff als der Blutfarbstoff.

Der sigmoide Verlauf der **Sauerstoffbindungskurve** ist Folge der Wechselwirkung zwischen den vier Untereinheiten des Hb-Moleküls: Die Bindung eines Moleküls Sauerstoff durch eine Hämgruppe erhöht die Bindungsfähigkeit der übrigen drei Hämgruppen. Es handelt sich dabei um einen allosterischen Effekt. Die physiologische Bedeutung der *sigmoiden Bindungscharakteristik* ist groß: Das Hb-Molekül kann sich im Bereich hoher O_2-Partialdrucke (Lunge) fast maximal mit Sauerstoff beladen. Bei niedrigeren O_2-Partialdrucken, wie sie im Gewebe herrschen, ist die Bindungskurve wesentlich steiler; hier wird Sauerstoff also leichter abgegeben. Auch der Einfluß der CO_2-Konzentration und der Temperatur auf den Verlauf der Sauerstoffbindungskurve wird wahrscheinlich durch entsprechende reversible Verformung der Peptidketten bedingt.

Beim Übergang von Hämoglobin in Oxyhämoglobin tritt eine Veränderung des Basenbindungsvermögens ein. Das Oxyhämoglobin vermag beim pH-Wert des Blutes (7,4) erheblich mehr Basen aufzunehmen, ist also eine stärkere Säure als Hämoglobin.

Während der Aufbau des Häm bei Mensch und Tier gleich ist, weist der Globinanteil bei den einzelnen Tierarten Verschiedenheiten auf. Dementsprechend weichen auch die Sauerstoffbindungskurven voneinander ab. Aber auch bei einem Individuum können Hämoglobin-Varianten neben- und nacheinander vorkommen, zum Beispiel fetales Hämoglobin *(HbF)* und adultes Hämoglobin *(HbA)*. Beide unterscheiden sich im Globinaufbau. Im Laufe der fetalen Entwicklung tritt zunächst Hämoglobin F auf. Es wird bis zur Geburt immer mehr durch das bleibende Hämoglobin A verdrängt.

Unter dem Einfluß verschiedener Oxidationsmittel geht das Fe^{++} im Häm in Fe^{+++} über. Es bildet sich **Hämiglobin,** auch Methämoglobin (Met-Hb) genannt. Sein Sauerstoff kann bei Verringerung des O_2-Partialdrucks nicht mehr abdissoziieren: Das Hämoglobin fällt für den Sauerstofftransport aus. Geringe Mengen Hämiglobin entstehen fortlaufend auch bei der normalen Oxygenierung des Blutes mit molekularem Sauerstoff. Reduzierende Enzyme in den Erythrozyten halten den Anteil jedoch ständig unter 1–2 %.

Außer Sauerstoff kann das Hämoglobin auch Kohlenmonoxid binden. Es wird zum **Kohlenmonoxid-Hb** (CO-Hb). Beim Einatmen CO-haltiger Luft besetzt das Kohlenmonoxid Bindungsplätze, die für den O_2-Transport ausfallen. Eine CO-Konzentration von 0,1 % in der Atmungsluft genügt, um nach einiger Zeit 50 % des Hämoglobins zu besetzen.

Hb, HbO_2, Hämiglobin, CO-Hb und andere Derivate haben charakteristische **Absorptionsbanden** im sichtbaren Teil des Spektrums. HbO_2 und CO-Hb gleichen sich in der Lage der Absorptionsbanden. CO-Hb läßt sich aber im Unterschied zu HbO_2 nicht mit Reduktionsmitteln in Hb umwandeln. Abbildung 83 zeigt die Überführung des eingipfligen Hb-spektrums in das zweigipflige HbO_2-Absorptionsspektrum im Zuge der O_2-Sättigung.

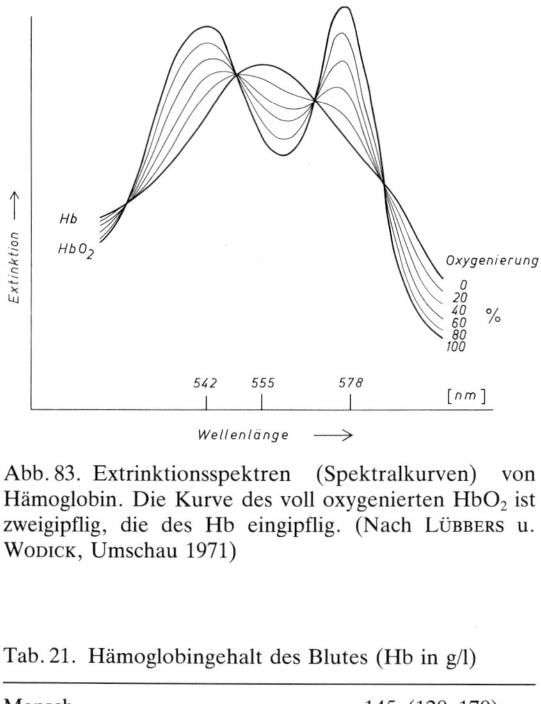

Abb. 83. Extrinktionsspektren (Spektralkurven) von Hämoglobin. Die Kurve des voll oxygenierten HbO_2 ist zweigipflig, die des Hb eingipflig. (Nach LÜBBERS u. WODICK, Umschau 1971)

Tab. 21. Hämoglobingehalt des Blutes (Hb in g/l)

Mensch	145 (120–170)
Pferd	110 (80–140)
Rind	115 (90–140)
Schaf	125 (100–150)
Ziege	105 (70–140)
Schwein	130 (100–160)
Hund	150 (110–180)
Katze	110 (70–150)
Kaninchen	120 (80–150)
Meerschweinchen	145 (110–160)
Ratte	150 (120–170)
Maus	150 (100–190)
Huhn	110
Gans	110
Ente	115
Frosch	80

Der **Hämoglobingehalt des Blutes** wird in Gramm Hb/l Blut angegeben. Wie die Tabelle 21 zeigt, weist er bei den einzelnen Tierarten beträchtliche Unterschiede im Durchschnitt und Schwankungsbereich auf. Der Hb-Gehalt des Blutes korreliert eng mit der Zahl und der Größe der Erythrozyten. Er ist eine wichtige physiologische und diagnostische Größe. Die Bestimmung des Hb-Gehalts geschieht meist mit photometrischen Methoden (Überführung des Hämoglobins der Blutprobe in das stabile Hämiglobincyanid).

Neben dem Gesamthämoglobingehalt des Blutes sind zwei abgeleitete Größen von Interesse, die Aufschluß über die Beladung der Erythrozyten mit Hb gehen:

Die **mittlere zelluläre Hämoglobinkonzentration** (= **MCHC,** mean corpuscular hemoglobin concentration) errechnet sich aus

$$\frac{\text{Hb-Gehalt des Blutes (g/l)}}{\text{Hämatokritwert (l/l)}}$$

Sie ist eine recht konstante Größe, die bei den meisten Tierarten und beim Menschen zwischen 300 und 350 g/l liegt.

Der **mittlere Hämoglobingehalt des Einzelerythrozyten** (= **MCH,** mean corpuscular hemoglobin, auch Hb_E oder Färbeindex) errechnet sich aus

$$\frac{\text{Hb-Gehalt des Blutes (g/l)}}{\text{Erythrozytenzahl (Millionen/µl)}}$$

und wird angegeben in pg (1 pg = 10^{-12} g). Diese Größe gibt unabhängig vom Blut- und Plasmavolumen Aufschluß über die Hb-Beladung der Erythrozyten und ist für die Anämie-Diagnostik von Bedeutung. Eine wesentliche Erhöhung des MCH über die Norm (je nach Tierart zwischen etwa 15 und 30 pg) bezeichnet man als *Hyperchromie,* eine Erniedrigung als *Hypochromie der Erythrozyten.*

Die Angaben der Hb-Werte sind hier in g/l bzw. in pg vorgenommen worden, weil die Bemessung in molaren Konzentrationen bzw. Stoffmengen berücksichtigen müßte, ob den Berechnungen das Monomer Hb (Fe) oder das Tetramer Hb (4 Fe) zugrunde gelegt werden soll.

Die funktionelle Bedeutung der Hämoglobineinlagerung in Erythrozyten

Bei niedrigen Tieren ist der Blutfarbstoff (Hämocyanin oder Hämoglobin) frei im Blut gelöst. Bei Wirbeltieren ist er ausschließlich in den Erythrozyten konzentriert. Dadurch wird die *Viskosität des*

Blutes relativ niedrig gehalten. Eine Hämoglobinlösung mit einer Konzentration von etwa 150 g/l wäre bei den gegebenen Kreislaufverhältnissen viel zu viskös.

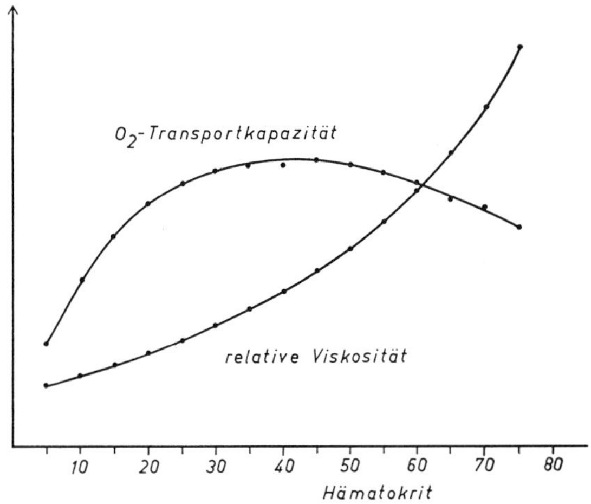

Abb. 84. Abhängigkeit der Viskosität und der O_2-Transportkapazität vom Erythrozytengehalt des Blutes, bestimmt an Plasma-Erythrozytengemischen. (Modifiziert nach J. W. Harris, The Red Cell, Harvard University Press, Cambridge, Mass., 1963)

Mit der Einlagerung in die Erythrozyten wird die Geschwindigkeit der O_2-Aufnahme und -Abgabe verringert, da die Diffusion durch die Membran behindert wird. In vitro nimmt eine Hämoglobinlösung etwa 20mal schneller O_2 auf als eine Erythrozytensuspension gleichen Hämoglobingehalts. In vivo ist dies aber von untergeordneter Bedeutung, weil die Oberfläche der Erythrozyten in einem bestimmten Blutvolumen gegenüber der umgebenden Gefäßwandfläche groß ist.

Die O_2-Transportleistung des Blutes läßt sich aber durch eine Steigerung der Zellzahl nicht beliebig erhöhen. Das Optimum der O_2-Transportkapazität des Blutes liegt bei physiologischen Hämatokritwerten.

ad. Hämolyse

Unter **Hämolyse** versteht man den Austritt von Hämoglobin aus den Erythrozyten infolge Membranschädigung, im weiteren Sinne auch Auflösung und Zerfall von Erythrozyten. Hämolyse kann durch viele Faktoren in vitro und in vivo verursacht werden. So wirken zahlreiche *chemische Agentien* hämolytisch, beispielsweise Säuren und Fettlösungsmittel. Oberflächenaktive Substanzen (Saponin und Detergentien) sowie Insekten- und Schlangengifte können schon in geringer Konzentration Hämolyse verursachen, ebenso wie hämolysierende Antikörper. Zu den **physikalischen Einflüssen** gehören z. B. mechanische Beanspruchung, ionisierende und UV-Strahlen sowie starke Temperaturänderungen. Auch Änderung des osmotischen Drucks im Suspensionsmedium kann hämolytisch wirken.

Diese **osmotische Hämolyse** kann man leicht beobachten, wenn man Erythrozyten in ein hypotones Medium bringt. Durch Wasseraufnahme schwellen die Zellen an und werden kugelrund. Von einer bestimmten Volumenvergrößerung an tritt Hämoglobin diffus aus, ohne daß die Membranen platzen. Die mehr oder weniger hämoglobinfreien Erythrozytenmembranen sedimentieren, während das Medium transparent rot erscheint.

Wie gegenüber allen hämolytischen Einflüssen zeigen die Erythrozyten auch bei Änderungen des osmotischen Milieus eine gewisse Widerstandsfähigkeit, die **osmotische Resistenz.** Deren Bestimmung ist von physiologischem und klinisch-diagnostischem Interesse.

Dazu verbringt man die Erythrozyten in eine Reihe von Lösungen absteigender Kochsalzkonzentration, und zwar von 0,95–0,0 % NaCl. Bei geringgradiger Hypotonie, z. B. bei 0,8 % NaCl, tritt noch keine Hämolyse ein. Der Hämolysebeginn **(Minimalresistenz)** liegt beim Menschen bei einer NaCl-Konzentration von etwa 0,44 %. Die vollständige Hämolyse, bei der alle Erythrozyten, auch die widerstandsfähigsten, hämolysiert sind **(Maximalresistenz),** tritt hier bei etwa 0,31 % NaCl ein. Die Differenz beider Werte nennt man **Resistenzbreite.** Die Tabelle 22 gibt die entsprechenden Daten von Haustieren an.

Tab. 22. Osmotische Resistenz der Erythrozyten (% NaCl)

	Minimalresistenz	Maximalresistenz
Pferd	0,59	0,39
Rind	0,59	0,42
Schaf	0,60	0,45
Ziege	0,62	0,48
Schwein	0,74	0,45
Hund	0,46	0,33
Katze	0,69	0,50
Kaninchen	0,57	0,45
Meerschweinchen	0,45	0,33
Ratte	0,48	0,38
Maus	0,54	0,33
Huhn	0,40	0,32

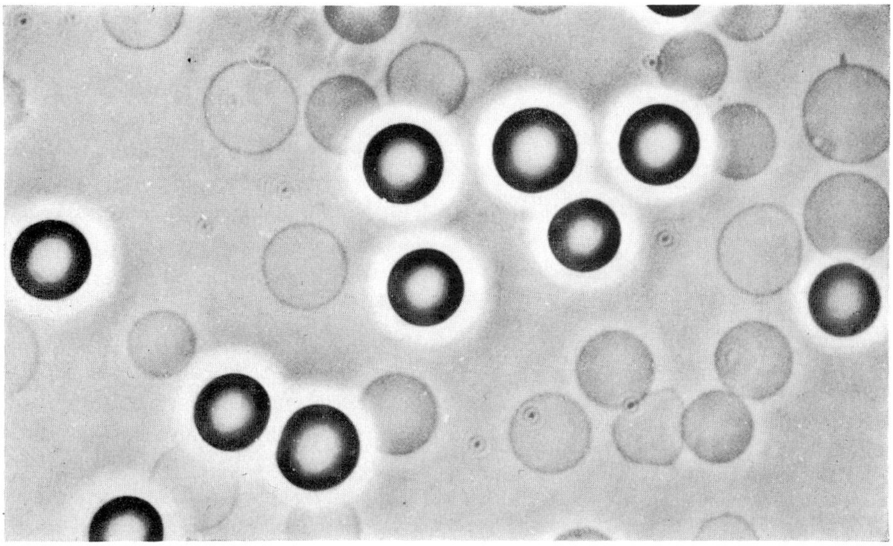

Abb. 85. Osmotische Hämolyse von Erythrozyten (Phasenkontrastmikroskop). Die Zellen werden zunächst kugelig, dann tritt das Hämoglobin aus

ae. Erythropoese

Die **Bildung** der roten Blutzellen, die Erythrozytopoese oder kurz *Erythropoese,* geschieht im allgemeinen im Knochenmark. Hier entwickeln sich aus Stammzellen durch mehrere Teilungen kernhaltige Vorstufen, aus denen die Erythrozyten hervorgehen.

Die erste morphologisch bekannte Zelle der erythropoetischen Reihe ist der **Proerythroblast.** Er kann sich mitotisch teilen, und zwar in Zellen, die entweder in den weiteren erythropoetischen Entwicklungsprozeß eintreten oder die erneut teilungsfähigen Proerythroblasten darstellen. Der Proerythroblast ist eine relativ große Zelle (12–20 μm Durchmesser) mit großem Kern und basophilem Zytoplasma. Der **Makroblast** ist ihm ähnlich, nur etwas kleiner. Weitere Teilungsschritte mit intermitotischen Reifungsphasen führen sukzessiv zu drei Erythroblastentypen, dem **basophilen,** dem **polychromatischen** und schließlich dem **azidophilen Erythroblasten** oder **Normoblasten.** Diese Entwicklung ist morphologisch gekennzeichnet durch eine Verminderung der Kerngröße und zytochemisch durch eine zunehmende Azidophilie des ursprünglich basophilen Zytoplasmas. Dies folgt aus der kontinuierlichen Abnahme von zytoplasmatischer RNA bei gleichzeitiger Zunahme an Hämoglobin. Die *Hämoglobinbildung* beginnt auf der Stufe der basophilen Erythroblasten. Eiseneinlagerungen kann aber schon in den Makroblasten nachgewiesen werden.

Im Stadium der azidophilen Erythroblasten er-

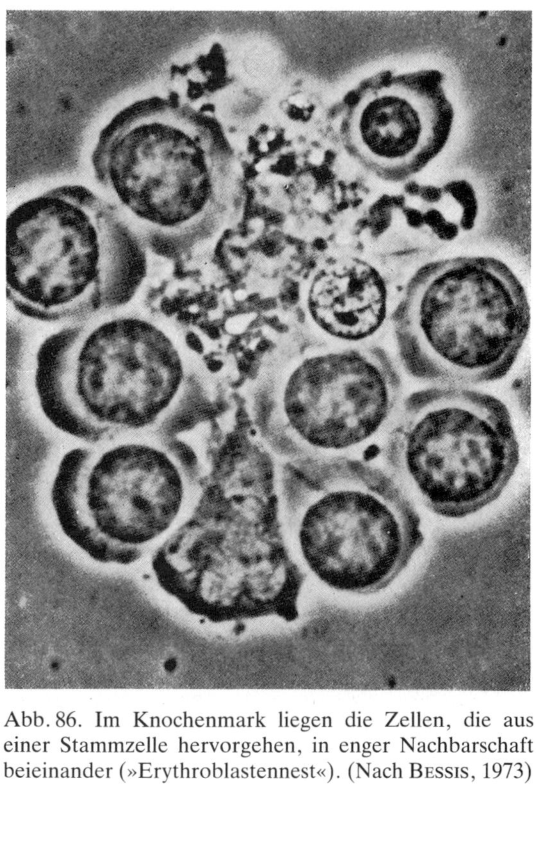

Abb. 86. Im Knochenmark liegen die Zellen, die aus einer Stammzelle hervorgehen, in enger Nachbarschaft beieinander (»Erythroblastennest«). (Nach Bessis, 1973)

folgt die *Enukleation,* das ist die Ausstoßung des pyknotisch gewordenen Kernes aus der Zelle. Damit ist das Stadium der Retikulozyten erreicht. **Retikulozyten** sind jugendliche Erythrozyten. Der Kernverlust bringt es mit sich, daß sie sich nicht mehr teilen. Sie sind aber noch zur Globinsynthese fähig und haben noch einen oxidativen Stoffwechsel. Retikulozyten reifen einige Tage im Knochenmark und werden dann in das Blut abgegeben. Beim Menschen und bei den meisten Tierarten werden sie hier in 1–2 Tagen zu Erythrozyten. Diese decken ihren Energiebedarf aus der anaeroben Glykolyse und können Hämoglobin nicht mehr synthetisieren.

Der Name **Retikulozyt** stammt von *netzartigen oder granulären Strukturen* im Zellinneren, die sich nach *Vitalfärbung mit basischen Farbstoffen* zeigen. Sie sind Aggregationsprodukte ribosomaler RNA und der Farbstoffe. Man bezeichnet die Strukturen als **Substantia granulofilamentosa.**

Im Blut werden je nach Spezies verschiedene Retikulozytenzahlen gefunden: Bei kleinen Nagern findet man 2–4 %, bei Hund und Katze bis 1 %, bei Schwein und Mensch 1–2 % der Erythrozyten als Retikulozyten. Bei den Wiederkäuern und beim Pferd sind sie gar nicht oder nur vereinzelt nachzuweisen. Die Retikulozytenzahl im peripheren Blut ist ein gutes Maß für die erythropoetische Aktivität des Organismus, weil sich in ihr auch relativ kurzfristige Schwankungen der Produktion widerspiegeln. Beispielsweise steigt die Retikulozytenzahl nach einem Aderlaß an. Dies ist Ausdruck einer kompensatorischen Proliferationssteigerung des erythropoetischen Systems. Umgekehrt führt eine Verminderung der Proliferationsrate zu einem Abfall der Retikulozytenzahl im Blut.

Abbildung 88 gibt schematisch die Entwicklung der Erythrozyten aus ihren Vorstufen wieder. Hierzu ist zu sagen, daß nur im Modell genau acht Erythrozyten aus einem Proerythroblasten entstehen. Es können wahrscheinlich sowohl weniger als auch mehr sein, weil entweder Mitosen übersprungen werden können oder vermehrt stattfinden. Schon normalerweise wird offenbar ein kleiner Teil fehlgebildeter Zellen abgebaut.

Neuere Methoden und ihre Ergebnisse erlauben die Verknüpfung der geschilderten formalen Genese mit einem dynamischen Modell der Erythropoese: Man faßt die funktionell gleichen Zellen zu Gruppen zusammen, die Zellspeicher oder Kompartimente genannt werden. Aus einem **Stammzellenspeicher** wird der **Proliferationsspeicher** gespeist, der die teilungsfähigen Vorstufen umfaßt, in dem aber auch Reifungsprozesse ablaufen. Ihm schließt sich der **Reifungsspeicher** an mit den nicht mehr teilungsfähigen Zellen, also den azidophilen Erythroblasten und den Retikulozyten, die schließlich dem **Funktionsspeicher** als Erythrozyten angehören.

Der **Erythrozytenabbau** geschieht vor allem in der Milz, aber auch in anderen Organen und Geweben sowie im Blut. Dem Abbau gehen Alterungsprozesse voraus, vor allem an der Erythrozytenmembran, die diese unelastischer werden las-

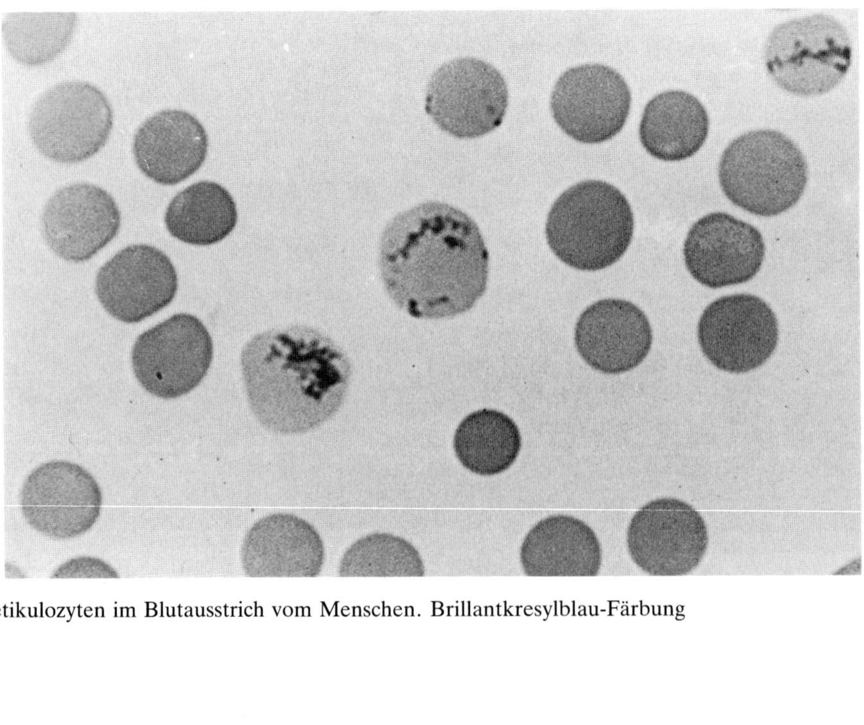

Abb. 87. Retikulozyten im Blutausstrich vom Menschen. Brillantkresylblau-Färbung

sen. Wahrscheinlich werden alte Erythrozyten an solchen geänderten Membraneigenschaften erkannt und von Makrophagen phagozytiert.

Die reifen Erythrozyten haben bei den einzelnen Spezies eine verschiedene **mittlere Lebensdauer.** Beim Menschen leben die Erythrozyten durchschnittlich etwa 120 Tage, bei Pferd, Rind und Schaf etwa 150 Tage. Für den Hund werden 100–110, für die Katze 70–80 und für das Schwein 90 Tage angegeben. Relativ kurzlebige Erythrozyten findet man bei der Ratte (50–50 Tage) und besonders beim Huhn (30 Tage).

Der *Abbau des Hämoglobins* führt beim extravasalen Untergang der Erythrozyten über Abspaltung des Globins und Ringöffnung des Häms zur Ausscheidung von Gallenfarbstoffen. Das Eisen wird zum größten Teil zurückgehalten. Im Plasma wird es an ein β-Globulin gebunden (Transferrin), in Milz, Leber und Knochenmark im Ferritin und Hämosiderin gespeichert. Hämoglobin, das intravasal aus den Erythrozyten tritt, wird zunächst an ein spezifisches α-Globulin des Plasmas, das Haptoglobin, gebunden.

Der Hämoglobin-Haptoglobinkomplex (MG 300000) wird allmählich vom retikuloendothelialen System aufgenommen und abgebaut. Nicht an Haptoglobin gebundenes Hämoglobin tritt mit dem Primärharn durch die Glomerulumwand. Die proximalen Tubulusabschnitte

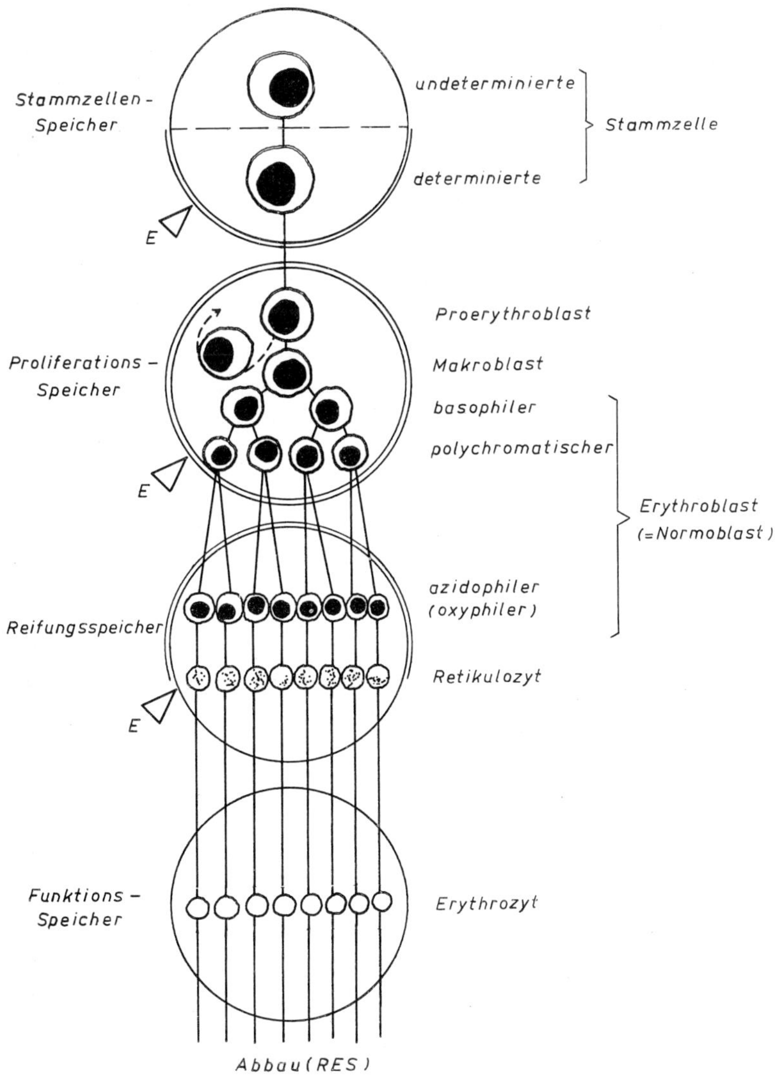

Abb. 88. Erythropoese-Modell. Knochenmarkbereich doppelt, Blut einfach konturiert.

E = Ansatzpunkte der Erythropoietinwirkung

können einen Teil des Hämoglobins wieder resorbieren und abbauen. Ihre Kapazität ist jedoch schnell erschöpft. Bei starker intravasaler Hämolyse wird der größte Teil des Hämoglobins also mit dem Harn ausgeschieden (Hämoglobinurie).

af. Regulation der Erythrozytzahl

Man kennt keine Faktoren, die das Ausmaß des normalen Erythrozytenabbaus beeinflussen. Daher muß man annehmen, daß die Aufrechterhaltung der recht konstanten Erythrozytenzahl im Blut ausschließlich über die Regulation des Erythrozytennachschubs erfolgt. Tatsächlich unterliegt die Erythropoese sowohl humoralen als auch nervalen Regulationsmechanismen. Sie passen die Erythrozytenzahl und damit die Sauerstofftransportkapazität den jeweiligen Anforderungen an. Bei der **humoralen Regulation** kennt man den Regelmechanismus in groben Zügen. *Demnach ist der Sauerstoffpartialdruck im Nierengewebe der entscheidende Faktor, die Regelgröße x:* Jede Gewebshypoxie, also jede Erniedrigung der normalen O_2-Spannung, besonders im Nierengewebe, führt zu einer Steigerung der Erythropoese, unabhängig von der primären Ursache. Eine Gewebshypoxie kann durch eine Reihe äußerer oder innerer Einflüsse entstehen: Erniedrigung der Erythrozytenzahl durch Blutverluste oder Hämolyse, Erniedrigung des O_2-Partialdrucks in der Atemluft (große Höhe), Verringerung der Durchblutung oder Steigerung des Sauerstoffbedarfs und anderes.

Offenbar liegen in der Niere Rezeptoren für den Sauerstoffpartialdruck. Hier werden Substanzen gebildet, die bei Hypoxie eine Erhöhung der Konzentration von **Erythropoietin** im Plasma bewirkt. Erythropoietin ist ein Glykoprotein, das unmittelbar die Erythropoese stimuliert. Es greift wahrscheinlich vorzugsweise an determinierten Stammzellen an, und zwar durch Stimulierung ihrer Differenzierung. Es beeinflußt aber auch die Hb-Synthese und die Entwicklung der Zellen im Proliferationskompartiment, mit größerer Wahrscheinlichkeit aber die der unmittelbaren Erythrozytenvorläufer. Man kann diese Wirkungen auch durch Injektion von Erythropoietin erzeugen und erhält dann nach einigen Tagen einen Anstieg der Retikulozyten- und Erythrozytenzahl. Neben der spezifischen Erythropoietinwirkung gibt es weitere, auf humoralem Wege erythropoesesteigernde Einflüsse. Hierzu gehören vor allem bestimmte Hormone, wie STH, die Schilddrüsenhormone, die Glukokortikoide und Testosteron. Sie wirken offenbar indirekt über eine Steigerung des O_2-Verbrauchs.

Hemmend auf die Neubildung von Erythrozyten wirken: Die Vermehrung der Erythrozytenzahl im Blut, die Erhöhung des Sauerstoffpartialdrucks

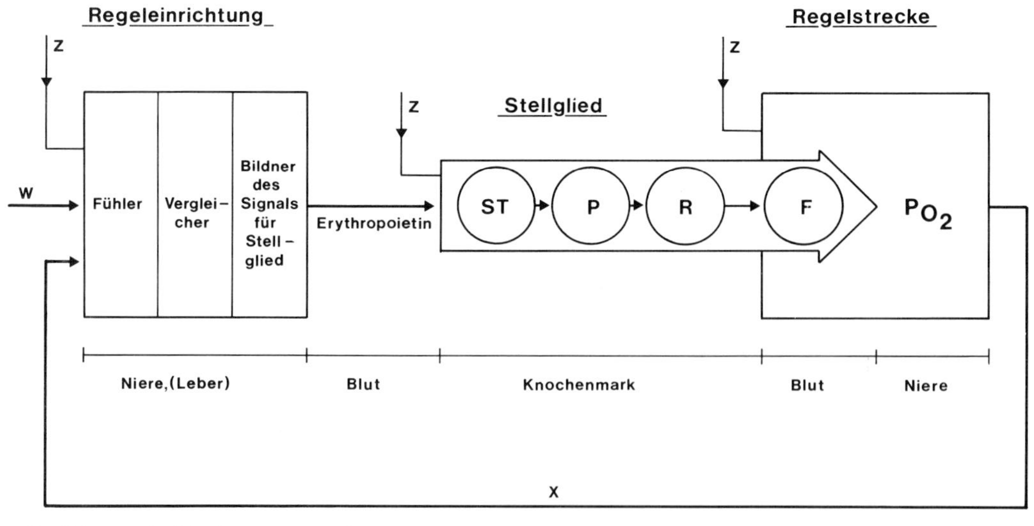

Abb. 89. Schema der Erythropoeseregelung.

St = Stammzellenspeicher, **P** = Proliferationsspeicher, **R** = Reifungsspeicher, **F** = Funktionsspeicher, $\mathbf{P_{O_2}}$ = Sauerstoffpartialdruck, **w** = Führungsgröße, **x** = Regelgröße, **z** = Störgrößen.
Erythropoietin ist Signal für das Stellglied

der Atemluft oder die Verminderung des Sauerstoffbedarfs in den Geweben, z. B. infolge Ausschaltung der Thyreoidea. Auch hier ist anzunehmen, daß Erythropoietin über das Stellglied die Regelgröße in einem Regelkreis beeinflußt.

ag. Blutkörperchensenkungsgeschwindigkeit

Bei der Erythrozytensenkung sind, wie man heute weiß, *drei Phasen* zu unterscheiden: In der ersten sinken die Erythrozyten zunächst einzeln, lagern sich aber gleichzeitig zu reversiblen Agglomeraten verschiedener Größe zusammen. Während der zweiten Phase sedimentieren diese Agglomerate infolge der relativen Oberflächenverkleinerung rasch. Ihre Senkungsgeschwindigkeit wird schließlich in der dritten Phase geringer, weil die dicht gepackt liegenden Teilchen sich gegenseitig behindern.

Die *Ballungsfähigkeit der Erythrozyten* spielt bei der Senkungsreaktion eine ausschlaggebende Rolle. Sie wird beschleunigt, wenn bestimmte, senkungsaktive Plasmaproteine im Blut vermehrt sind. Zu diesen sogenannten Agglomerinen gehören u. a. das Fibrinogen, das Coeruloplasmin, zwei Haptoglobine und Gammaglobuline. Diese Eiweiße werden reversibel an Rezeptoren der Erythrozytenmembran gebunden. Dadurch kommt es zu einer erhöhten Haftfähigkeit der Erythrozyten untereinander. Umgekehrt vermindert Albumin die Agglomerationsbereitschaft der Erythrozyten.

Die Senkungsreaktion weist erhebliche tierartliche Unterschiede auf. Bei Wiederkäuern und bei kleinen Nagern ist die Ballungsfähigkeit und damit die Senkungsgeschwindigkeit der Erythrozyten sehr niedrig. Bei Hund, Katze, Huhn und Schwein findet man sie höher, am höchsten beim Pferd.

Die **Senkungsreaktion** wird mit ungerinnbar gemachtem Blut in senkrecht aufgestellten graduierten Kapillarröhrchen durchgeführt, indem die Länge der erythrozytenfreien Plasmasäule in bestimmten Zeitabständen abgelesen wird. Vielfach wird die Originalmethode von WESTERGREN angewandt. Es gibt aber mannigfache methodische Variationen. In speziellen Fällen verwendet man Mikromethoden, die geringere Blutmengen benötigen.

In der Veterinärmedizin wird wegen der sehr langsamen Erythrozytensedimentation bei den meisten Haustieren (außer Pferd und Schwein) eine besondere Methode eingesetzt, die *Schrägsenkung*. Hier werden die Glasröhrchen nicht senkrecht, sondern in einem bestimmten Neigungswinkel gegenüber der Horizontalen befestigt. In solchen schräg geneigten Senkungsröhrchen läuft der Sedimentationsvorgang wesentlich schneller ab als in senkrecht stehenden. Dies ist vor allem darauf zurückzuführen, daß die Erythrozytenagglomerate nur eine kurze Strecke frei im Plasma fallen.

In der Praxis liest man im allgemeinen (bei Schrägsen-

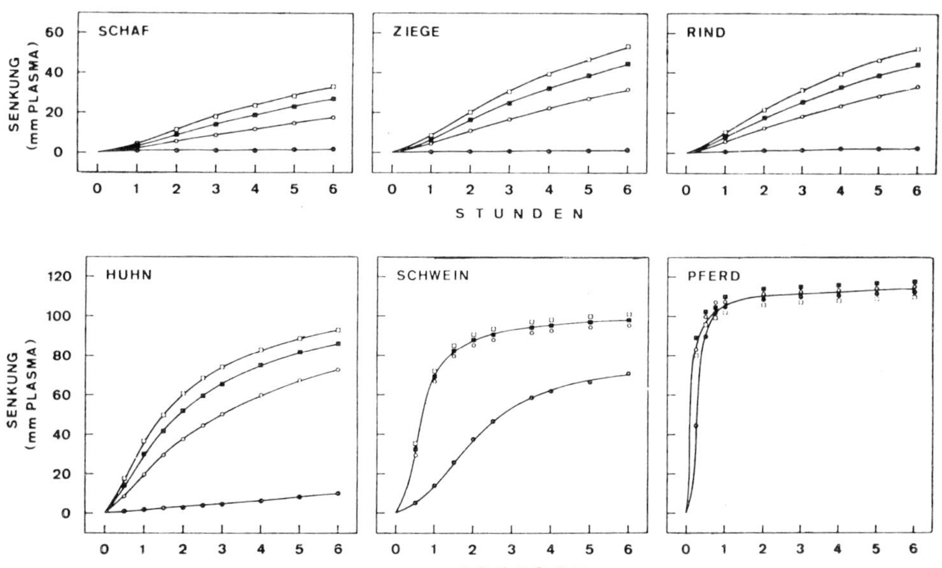

Abb. 90. Blutkörperchensenkungsgeschwindigkeit bei verschiedenen Tierarten bei Neigungswinkeln der Senkungsröhrchen von 90° (●), 60° (○), 45° (■) und 30° (□) von der Horizontalen. Die Daten sind Mittelwerte von je sechs Tieren. Heparinblut. (Aus BIANCA u. BERÜTER-CASSELS, Schweiz. Arch. Tierheilkde. **113**, 1971)

kung) nach einer halben und/oder nach einer Stunde ab. Beim Hund beträgt die Senkung normalerweise nach einer halben Stunde 20–40 mm (Westergren, 60°), beim Menschen nach einer Stunde 3–8, nach 2 Stunden 15–20 mm (Westergren, senkrecht).

b. Leukozyten

Die Leukozyten oder weißen Blutkörperchen sind keine einheitliche Zellpopulation. Es gibt **mehrere Leukozytenarten,** die sich morphologisch und funktionell unterscheiden:

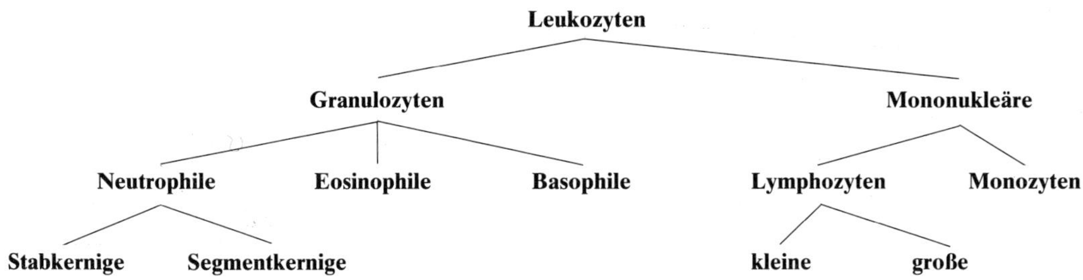

Granulozyten sind kernhaltige Zellen, die im Zytoplasma Körnchen (Granula) enthalten. Je nach deren Affinität gegenüber Farbstoffen gibt es **neutrophile, eosinophile** (azidophile) und **basophile Granulozyten.** Ihnen stehen Zellen gegenüber, die keine spezifische Granulation aufweisen. Weil sie einen prominenten Kern haben, werden sie **Mononukleäre** genannt. Hierzu gehören die **Lymphozyten** und die **Monozyten.**

Die einzelnen Leukozytenarten haben ganz verschiedene Funktionen. Im Gegensatz zu Erythrozyten findet man Leukozyten nicht nur im Blut, sondern auch in Geweben. Hier vor allem erfüllen sie ihre vielfältigen Aufgaben. Alle Leukozyten sind amöboid bewegliche Zellen. Im axialen Blutstrom sind sie rundlich oder tropfenförmig. Auf geeigneten Oberflächen können sie haften und sich dann unter stetem Formwandel fortbewegen. Neben der Motilität haben sie die Fähigkeit zur **Phagozytose** und **Pinozytose.** Sie können also geformte Bestandteile wie Bakterien, Zelltrümmer oder sogar ganze Zellen und Flüssigkeit aufnehmen. Besonders Monozyten und neutrophile Granulozyten sind phagozytotisch und pinozytotisch aktiv.

ba. Leukozytenzahl

Obwohl die einzelnen Leukozytenarten in unterschiedlicher Anzahl vorhanden sind, hat die Zahl der Leukozyten physiologische und diagnostische Bedeutung. Aus Tabelle 23 ist erkenntlich, daß die **Leukozytenzahl** der Tiere und des Menschen auch normalerweise eine beträchtliche Schwankungsbreite aufweist. Neben tierartlichen gibt es individuelle Unterschiede.

Die aktuelle Zahl der Leukozyten im peripheren Blut wird von einer Reihe von Faktoren beeinflußt. Beispielsweise führen Nahrungsaufnahme oder körperliche Tätigkeit zu einer Vermehrung der Leukozyten. Eine derartige Erhöhung der Leukozytenzahl bezeichnet man als **Leukozytose.** Sie kann auch bei Infektionskrankheiten und anderen pathologischen Zuständen auftreten und bei krankhafter Erhöhung der Leukozytenproduktion (Leukosen oder Leukämien) lange anhalten. Eine Verminderung der Leukozytenzahl ist dagegen eine **Leukozytopenie** oder **Leukopenie.** Die Regulation der Leukozytenzahl im Blut unterliegt unter normalen Umständen überwiegend vegetativ-nervalen Regulationsmechanismen. Dies wird am

Tab. 23. Leukozytenzahl (10^9/l)

	Mittelwert	Schwankungsbreite
Mensch	7	3–11
Pferd	9	7–11
Rind	8	5–10
Schaf	8	4–12
Ziege	10	8–12
Schwein	12	8–16
Hund	12	8–18
Katze	10	9–24
Kaninchen	9	6–13
Meerschweinchen	12	7–19
Ratte	14	5–25
Maus	8	4–12
Huhn		20–30
Taube		15–30

Tab. 24. Differentialblutbild (%)

	Neutrophile	Eosinophile	Basophile	Lymphozyten	Monozyten
Mensch	60–70	2–4	< 1	20–30	5–7
Pferd	55–60	2–4	< 1	30–40	3–4
Rind	25–35	5–6	< 1	55–65	5–10
Schaf	30–40	5–15	< 1	45–70	2–5
Ziege	40–45	3–5	< 1	50–55	3–5
Schwein	45–55	2–3	< 1	40–50	2–6
Hund	55–75	3–10	< 1	20–25	2–6
Katze	55–60	3–6	< 1	30–35	2–5
Kaninchen	35–55	1–3	2–6	40–60	2–6
Meerschweinchen	40–45	3–6	< 1	45–50	3–5
Ratte	20–25	2–3	< 1	70–75	2–3
Maus	20–30	2–3	< 1	40–60	3–5
Huhn	25–50	2–3	2–3	40–60	2–5

deutlichsten an ihren tagesrhythmisch bedingten (diurnalen) Veränderungen.

Die *Leukozytenzahl* wird ähnlich wie die der Erythrozyten in mikroskopischen Zählkammern an Verdünnungen kleiner Blutproben nach Hämolyse bestimmt. Wegen des hohen methodischen Fehlers dieser visuellen Zählmethoden finden auch hier in zunehmendem Maße automatische Zählverfahren Verwendung.

Differentialblutbild. Die Leukozytenzahl stellt eine pauschale hämatologische Größe dar. Da die einzelnen Leukozytenarten ganz unterschiedliche Funktionen haben, ist deren Anteil von Interesse. Die *Aufschlüsselung der Leukozytenarten* wird als Differenzieren bezeichnet; das Ergebnis ist das weiße **Differentialblutbild.** Man erstellt es an fixierten und gefärbten Blutausstrichen. Dabei werden bei starker mikroskopischer Vergrößerung 200 oder mehr Leukozyten einzeln bestimmt und den verschiedenen Kategorien zugeordnet. Die jeweiligen Anteile werden im allgemeinen prozentual angegeben. Sie sind bei den einzelnen Tierarten unterschiedlich.

Die neutrophilen Granulozyten und die Lymphozyten sind bei allen Tierarten und beim Menschen am zahlreichsten. Bei Mensch, Pferd, Hund und Katze stehen die Neutrophilen mit 55–70 % aller Zellen an erster Stelle, während bei den anderen Tierarten die Lymphozyten überwiegen. Eosinophile und Monozyten treten zahlenmäßig stark zurück. Den geringsten Anteil haben die Basophilen.

bb. Neutrophile Granulozyten

Die Neutrophilen haben im Blutausstrich einen Durchmesser von 10–12 µm. Der Kern hebt sich von der nur schwach tingierten Granulation deutlich ab. Je nach Alter der Zelle ist er verschieden stark segmentiert. Am häufigsten findet man im peripheren Blut Neutrophile mit drei oder vier Segmenten, daneben Zweisegmentierte und Stabkernige, vereinzelt auch Jugendliche. Zellen mit mehr als 5 Segmenten nennt man Übersegmentierte.

Beim **Geflügel** treten an die Stelle der Neutro-

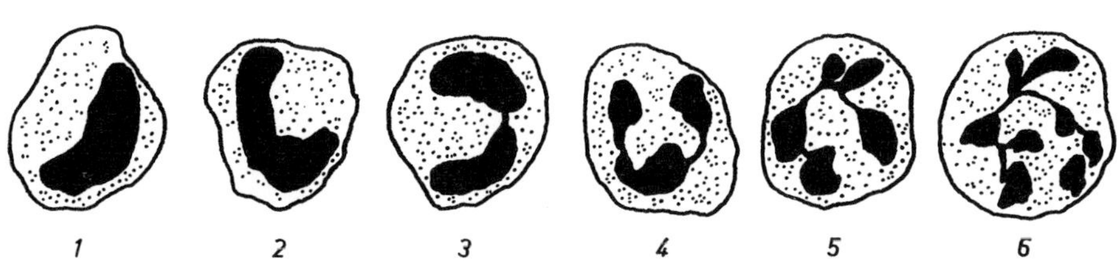

Abb. 91. Kernformen der Neutrophilen.

1 = Jugendlicher (Metamyelozyt), **2** = Stabkerniger, **3–5** = Segmentkernige, **6** = Übersegmentkerniger philen die spezialgranulierten oder **pseudoeosinophilen Granulozyten.** Ihre azidophilen Granula sind meist stäbchenförmig.

Lebende Neutrophile zeigen lebhafte intrazelluläre Bewegung. Besonders die reiferen Formen sind darüber hinaus zur schnellen, gerichteten **Lokomotion** befähigt. Sie wandern, indem sich frontal ein granulafreier Zytoplasmasaum über die Unterlage ausbreitet, mit einer Geschwindigkeit von etwa 2 mm/Stunde. Diese amöboide Beweglichkeit oder **Migrationsfähigkeit** ermöglicht das Durchwandern von Geweben, vor allem von Gefäßendothelien (Diapedese). Sie schafft die Voraussetzung für die wichtigste Funktion der Neutrophilen, die **Phagozytose:** Bakterien, Zellmaterial und andere geformte Bestandteile werden in den Geweben und in geringerem Umfang auch im Blut aufgenommen und abgebaut. Die Neutrophilen sind damit ein wesentlicher Teil der unspezifischen Abwehr; sie stehen als **Mikrophagen** an der Seite des Monozyten-Makrophagen-Systems. Im Abschnitt über die Funktion der Abwehrsysteme wird daher auf sie zurückzukommen sein.

Von Bedeutung für die Migrationsfähigkeit und für die phagozytotische Effektivität der Neutrophilen sind offenbar zwei Eigenschaften: die Klebrigkeit der Zellen untereinander (ihre Agglomerationsfähigkeit) und ihre Haftfähigkeit an festen Oberflächen oder größeren Partikeln. Beide Funktionen sind noch weitgehend ungeklärt.

Zu Beginn einer Infektion ist die Zahl der Neutrophilen im Blut erhöht. Diese **Neutrophilie** ist vorübergehend und kennzeichnet den vermehrten Transfer von den Bildungs- und Speicherorganen in die betroffenen Gewebe. Sie wird durch humorale und nervale Faktoren induziert. Zu den ersteren sind fiebererzeugende (pyrogene) Substanzen aus Bakterien oder zerfallendem Gewebe zu rechnen. In jüngster Zeit hat man darüber hinaus in Leukozyten eine Reihe von **Signalstoffen** (Mediatoren) entdeckt, die offenbar im komplexen Entzündungsgeschehen und bei der Wundheilung Funktionen haben.

Man kennt u. a. Leukomitogene, die die Granulozytopoese stimulieren und Leukorekrutine, die die Ausschwemmung aus dem Knochenmark fördern. Leukokinesine beeinflussen die Motilität der Leukozyten, Leukotaxine ihre Chemotropie, Angiotropine induzieren die Sprossung von Gefäßen im alterierten Gewebe. Es wird deutlich, daß die Funktionen der Neutrophilen wie die der übrigen Leukozyten der Abwehr in umfassendem Sinne dienen; sie erstrecken sich auch auf Restitutionsvorgänge.

Die **Lebensdauer** der neutrophilen Granulozyten ist sehr verschieden. Aus Untersuchungen an markierten Zellen weiß man, daß zwischen Ausschwemmung aus dem Knochenmarkt und dem Abbau im Gewebe nur einige Minuten oder auch ein bis zwei Tage vergehen können.

bc. Eosinophile Granulozyten

Die Eosinophilen sind relativ große Zellen mit einem Durchmesser zwischen 10 und 18 µm. Sie sind beweglich und können phagozytieren. Der meist zweigelappte Kern ist immer gut erkennbar, auch wenn die eosinophile (azidophile) Granulation die Zelle dicht erfüllt. Die Granula sind im allgemeinen rundlich oder oval und bei den verschiedenen Tierarten ungleich groß. Besonders große Granula enthalten die Eosinophilen beim Pferd.

In gefärbten Blutausstrichen findet man oft zerstörte Zellen, bei denen die frei gewordenen Granula in der Umgebung des Kerns liegen. Dies liegt daran, daß die Zellen selbst sehr fragil sind und beim Ausstreichen zerstört werden. Die stark lichtbrechenden Granula bestehen wahrscheinlich aus einem Eiweiß-Lipoidgemisch. Sie enthalten auch Eisen und Kupfer sowie eine Reihe von Enzymen.

Die Eosinophilen machen normalerweise einige Prozent aller Leukozyten aus. Ihre **Zahl** unterliegt beträchtlichen Schwankungen. Im Knochenmark

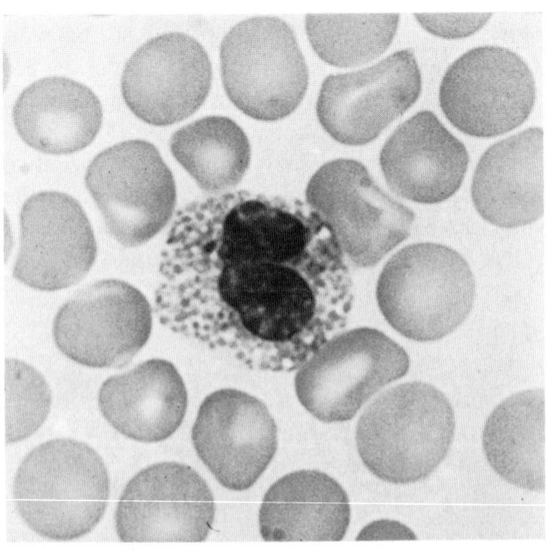

Abb. 92. Eosinophiler Granulozyt Mensch. Pappenheim-Färbung

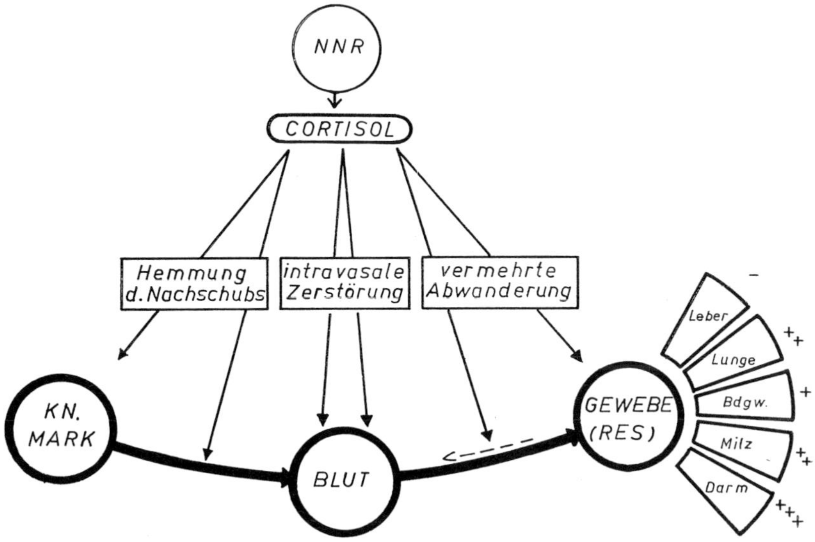

Abb. 93. Glukokortikoide, wie Cortisol, verursachen eine Eosinopenie. Die Wirkungsweise ist unklar. Es gibt mehrere Möglichkeiten: 1. Hemmung des Nachschubs der Eosinophilen aus dem Knochenmark. 2. Zerstörung der Zellen in der Blutbahn. 3. Am wahrscheinlichsten ist die Stimulierung der Abwanderung der Zellen in bestimmte Gewebe

befinden sich relativ große Speicher, die vermutlich auf verschiedenartige Stimuli hin rasch mobilisiert werden können. Das führt dann zu einer Vermehrung der zirkulierenden Zellen. Diese **Eosinophilie** ist aber im allgemeinen nur vorübergehend, weil die Zellen ebenso rasch ins Gewebe abwandern können. Eine **Eosinopenie,** also eine Verminderung der Zahl der Eosinophilen, findet man beispielsweise unter dem Einfluß von Glukokortikoiden: Im Rahmen des *Streßgeschehens* wird durch ACTH in der Nebennierenrinde vermehrt Cortisol gebildet und ausgeschüttet. Man beobachtet daher in der Alarmreaktion des *»Allgemeinen Anpassungs-Syndroms« (SELYE)* stets eine Eosinopenie, die einige Stunden anhält. Wahrscheinlich wandern die Zellen in vermehrtem Maße in bestimmte Gewebe aus. Sie finden sich schon normalerweise in zum Teil beträchtlichen Mengen in Geweben, vor allem in der Darmwand, in Lunge und Milz.

Über die **Funktion** der eosinophilen Granulozyten ist man sich bis heute noch weitgehend im unklaren. Man weiß aber, daß sie in irgendeiner Weise mit dem Abbau von körperfremdem Eiweiß zu tun haben, daß sie eine Rolle bei der *allergischen Reaktion* spielen und daß sie auch in Beziehung zu Histamin stehen. So findet man eine Eosinophilie bei Befall mit bestimmten Endoparasiten, z. B. Echinokokken, Askariden oder Leberegeln. Lokal kann dadurch auch eine Gewebseosinophilie ausgelöst werden. Exogene Antigene und auch körpereigene Substanzen können im allergischen Geschehen eine Blut-Eosinophilie induzieren, besonders bei Autoimmunkrankheiten. Konkrete Hinweise auf die Funktionen der Eosinophilen ergeben sich aus gut gestützten Hypothesen, die in den letzten Jahren aufgestellt wurden. Demnach sind Eosinophile bei *Überempfindlichkeitsreaktionen* beteiligt (s. bei Basophilen).

bd. Basophile Granulozyten

Die **Zahl** der Basophilen im strömenden Blut ist relativ niedrig. Sie beträgt im allgemeinen weniger als 1 % der Leukozyten. Lediglich beim Kaninchen und beim Huhn findet man höhere Konzentrationen. Die **Größe** dieser Zellen schwankt je nach Spezies zwischen etwa 8 und 16 μm. Im gefärbten Ausstrich sind sie an den intensiv basophil gefärbten, mehr oder weniger zahlreichen Granula zu erkennen, die den meist zweigelappten Kern häufig fast vollständig verdecken.

Die **Granula** enthalten *Heparin,* ein saures Mucopolysaccharid, in beträchtlicher Menge. Daher zeigen sie bei Anwendung geeigneter Farbstoffe die Erscheinung der Metachromasie: Sie nehmen einen Farbton an, der von dem der gelösten Farb-

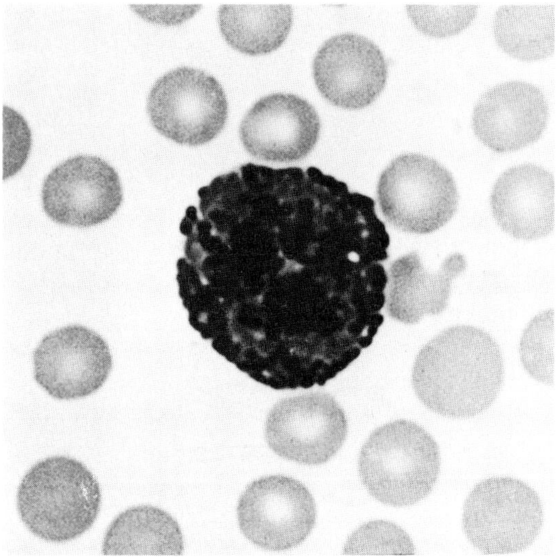

Abb. 94. Basophiler Granulozyt Schaf. Pappenheim-Färbung

stoffe abweicht. Beispielsweise erscheinen die Granula nach Färbung mit Toluidinblau ziegelrot, nach Färbung mit Neutralrot gelblich. Ferner enthalten die Granula verhältnismäßig viel *Histamin*.

Mit den **Mastzellen** der Gewebe haben die basophilen Granulozyten große Ähnlichkeit. Mastzellen werden im Blut nicht beobachtet; sie finden sich vor allem im lockeren Bindegewebe und in der Nachbarschaft der Gefäße. Die basophilen Granulozyten unterscheiden sich von ihnen durch die spärlicheren Granula, die im übrigen wasserlöslich sind. Auch in den Mastzellen ist die Konzentration von Histamin und Heparin sehr hoch. Die morphologische und zytochemische Ähnlichkeit von basophilen Leukozyten und Mastzellen läßt vermuten, daß beide Zellarten funktionell miteinander verknüpft sind (darauf deutet auch hin, daß bei Katze, Ratte und Maus den sehr spärlichen Blutbasophilen relativ viele Mastzellen gegenüberstehen; beim Kaninchen und Huhn ist das Verhältnis umgekehrt). Neuere Untersuchungen belegen die-

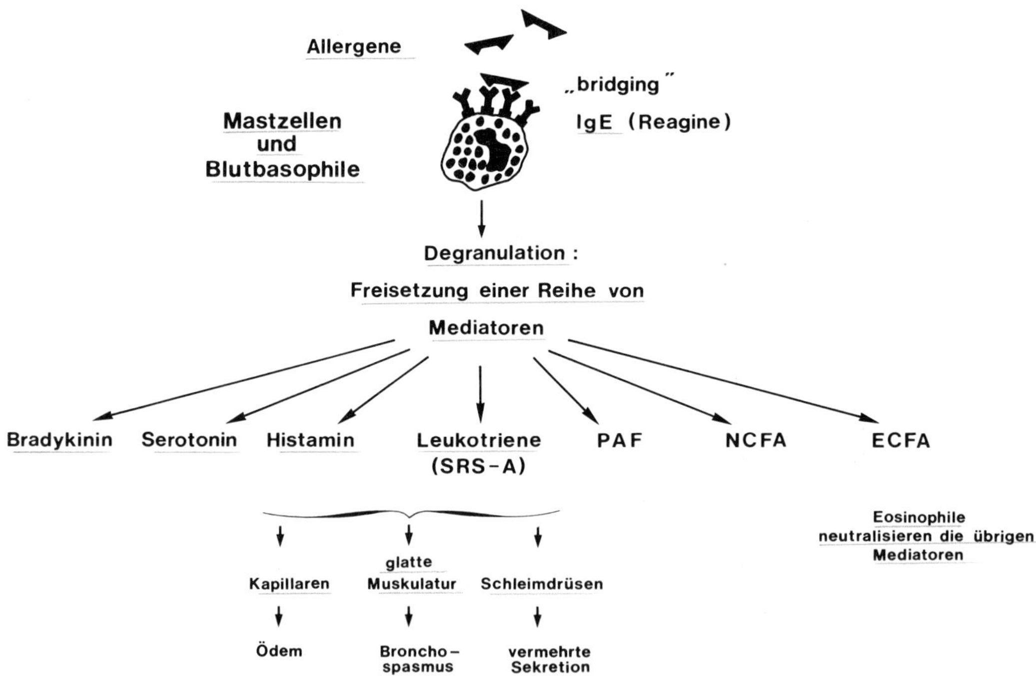

Abb. 95. Aktivierung von Basophilen.

IgE-Antikörper, im Plasma normalerweise nur in sehr niedriger Konzentration vorhanden, bindet sich mit seinem Fc-Teil an Rezeptoren der Mastzellen- und Blutbasophilen-Membran. Wenn entsprechendes Antigen (Allergen) die freien Enden nebeneinanderliegender IgE verbindet (»bridging«), werden die basophilen Zellen aktiviert. Von den freigesetzten Mediatoren scheinen neben Histamin die Leukotriene besonders wirksam zu sein. Ein Teil dieser allergische und entzündliche Reaktionen vermittelnden Substanzgruppe ist mit der schon länger bekannten »slow reacting substance of anaphylaxis« = SRS-A identisch.

PAF = Plättchenaggregations-Faktor, **NCFA** = Neutrophile anlockender Faktor, **ECFA** = Eosinophile anlockender Faktor der Anaphylaxie se Auffassung: Während man im allgemeinen weiterhin eine getrennte Entwicklung der beiden Zellpopulationen annimmt, werden sie funktionell völlig gleichgestellt. Damit spielen die basophilen Granulozyten wie die Mastzellen in *allergischen und entzündlichen Prozessen* eine zentrale Rolle.

Bei Überempfindlichkeitsreaktionen (**Allergie** vom Soforttyp) sowie bei entzündlichen Vorgängen kommt es zu einer *Aktivierung der Mastzellen / basophilen Granulozyten* (Abb. 95). Ihre *Degranulation* führt zur Freisetzung einer Reihe von *Mediatoren*. Vor allem Histamin und die Leukotriene bewirken Reaktionen an den Kapillaren, an glatter Muskulatur und an Schleimhäuten mit vielfältiger klinischer Symptomatik. Andere Mediatoren aktivieren Blutplättchen oder locken neutrophile und eosinophile Granulozyten an. Die Eosinophilen wirken offenbar dämpfend auf die Mastzellenreaktion.

be. Granulopoese

Die Bildung der Granulozyten nennt man **Granulopoese,** synonym auch Granulozytopoese oder **Myelopoese.** Sie geschieht normalerweise bei den erwachsenen großen Säugetieren und beim Menschen im Knochenmark.

Granulozyten haben wie die Erythrozyten gut bekannte Vorläufer. Am Anfang der Entwicklungsreihe aller Granulozyten stehen die **Myeloblasten,** die sich von den hämopoetischen Stamm-

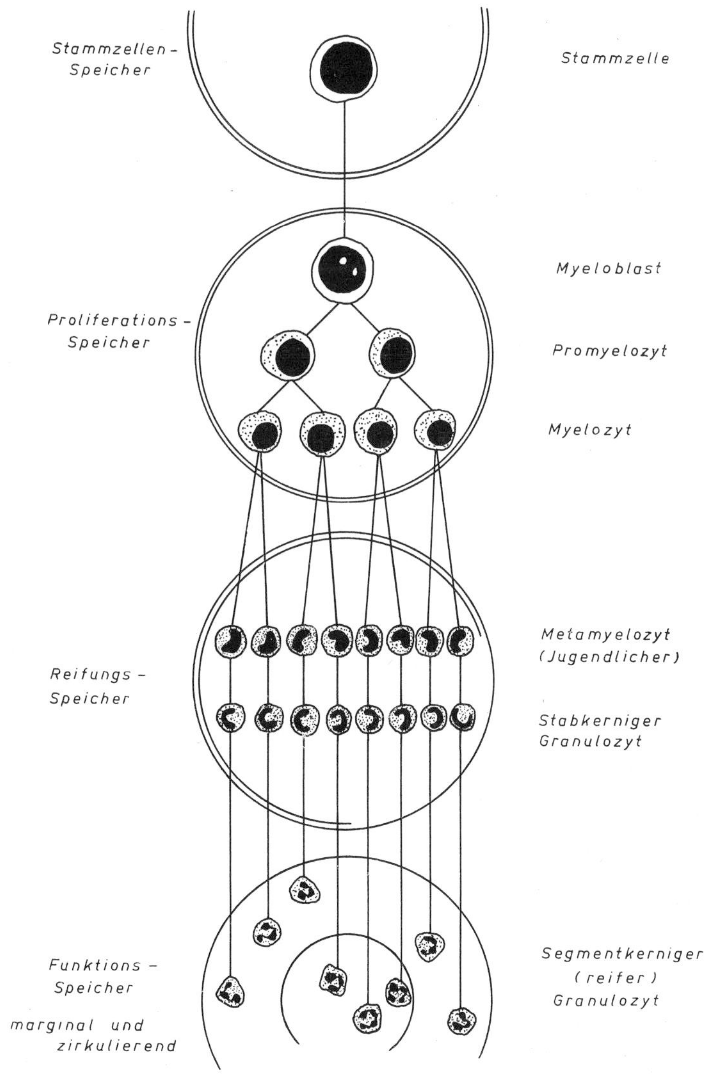

Abb. 96. Schema der Granulopoese. Knochenmarkbereich doppelt, Blutbereich einfach konturiert

zellen herleiten. Myeloblasten sind etwa 20 µm große Zellen, die noch keine Granulation aufweisen. Durch mehrere Teilungen entstehen aus ihnen zunächst **Promyelozyten,** bei denen bereits erste spezifische Granula im Plasma auftreten. In der folgenden Zellgeneration, den **Myelozyten,** ist die neutrophile, eosinophile oder basophile Granulation bereits deutlich ausgeprägt.

Myelozyten sind noch teilungsfähig. Sie enthalten Nucleolen und plasmatische RNA sowie Mitochondrien. Aus ihnen entstehen **Metamyelozyten.** Diese sind nicht mehr teilungsfähig und werden auch als **jugendliche Granulozyten** bezeichnet. Von dieser Entwicklungsstufe an wird die alkalische Phosphatase zytochemisch nachweisbar. Jugendliche reifen zu Zellen heran, die man **Stabkernige** nennt (nicht ganz zutreffend, denn ihr Kern ist mehr oder weniger hufeisenförmig). Im Laufe der weiteren Zellreifung wird der Kern gelappt oder segmentiert. Die einzelnen Kernsegmente dieser reifen Granulozyten **(Segmentkernige)** bleiben durch dünne Chromatinbrücken miteinander verbunden.

Das Zellerneuerungssystem der Granulozyten umfaßt also ebenso wie das der erythrozytären Reihe verschiedene Zellkompartimente oder -speicher. Dem **Stammzellenspeicher** ist der **Proliferationsspeicher** nachgeordnet. Er enthält die teilungsfähigen Granulozytenvorstufen. Hier laufen also Serien von Zellteilungen ab. Im nachfolgenden **Reifungsspeicher** befinden sich die jugendlichen, stabkernigen oder geringgradig segmentierten Granulozyten. Weil erhebliche Granulozytenmengen hier in Reserve gehalten werden, bezeichnet man dieses Kompartiment auch als **Reservespeicher.** Stabkernige und segmentierte Granulozyten des Knochenmarks wandern aufgrund ihrer ausgeprägten Migrationsfähigkeit durch die Gefäßendothelien und gelangen so in das Blut. Bei erhöhtem Bedarf findet man hier auch Jugendliche (Metamyelozyten). Im Blut schreitet der Reifungsprozeß weiter fort, erkenntlich an der zunehmenden Kernsegmentierung. Während man bei neutrophilen Granulozyten schließlich vier, fünf oder mehr Segmente findet, gibt es bei den Eosinophilen und den Basophilen gewöhnlich nur zwei.

Nach dem Übertritt in das Blut und das Gewebe gehören die Granulozyten zum **Funktionsspeicher.** Im Blut muß man unterscheiden zwischen den mit dem Blutstrom kreisenden Zellen und den randständigen (marginalen) Granulozyten. Beide Anteile sind etwa gleich groß.

bf. Monozyten

Monozyten sind große mononukleäre Leukozyten. Ihr Durchmesser liegt zwischen 12 und 25 µm. Man findet sie sowohl im Blut, wo sie einige Prozent aller Leukozyten ausmachen, als auch in Geweben. Die Monozyten sind sehr beweglich. Sie weisen vielfach Pseudopodien auf und erscheinen dadurch unregelmäßiger als die Lymphozyten. Im relativ großen Zytoplasma liegt etwas exzentrisch ein meist nierenförmiger oder ovaler, zuweilen eingebuchteter Kern. Er zeigt im gefärbten Blutausstrich charakteristische schollige Verdichtungen.

Die Monozyten enthalten eine Reihe von Enzymen. Hier sind vor allem unspezifische Esterasen zu nennen, die in dieser Zellart in hoher Konzentration vorliegen. Durch sie können die Monozyten zytochemisch definiert werden.

Die große Beweglichkeit und der hohe Enzymgehalt der Monozyten stehen in enger Beziehung

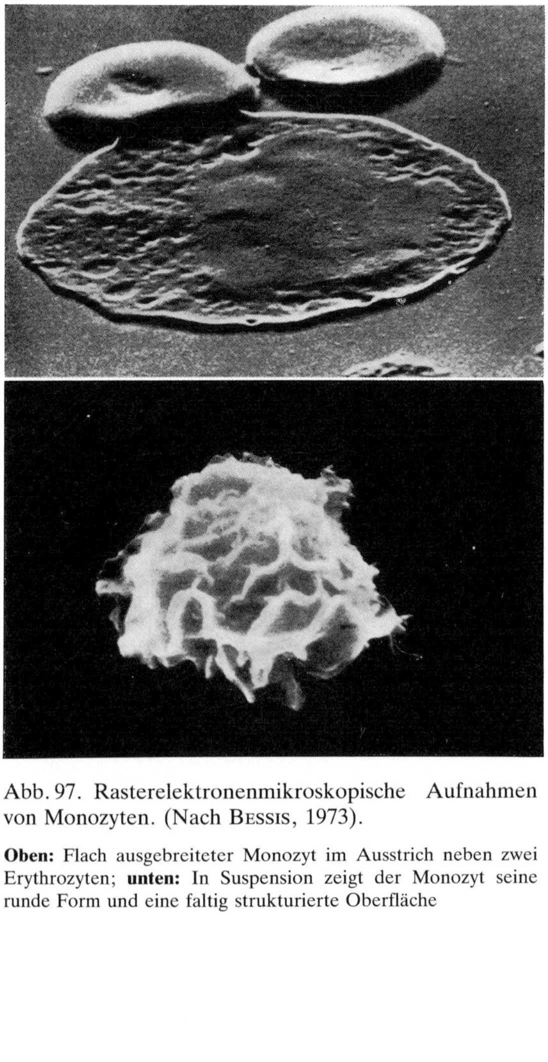

Abb. 97. Rasterelektronenmikroskopische Aufnahmen von Monozyten. (Nach Bessis, 1973).

Oben: Flach ausgebreiteter Monozyt im Ausstrich neben zwei Erythrozyten; **unten:** In Suspension zeigt der Monozyt seine runde Form und eine faltig strukturierte Oberfläche

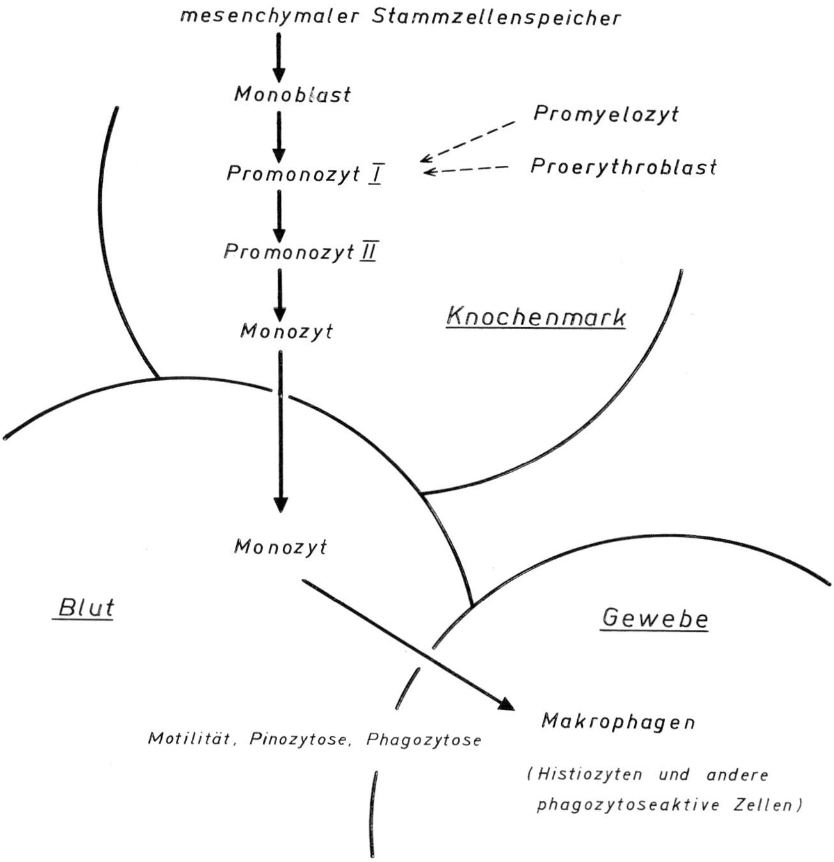

Abb. 98. Schema der Monozytopoese und der Monozyten-Umwandlung in Makrophagen

zu ihrer *ausgeprägten Phagozytose- und Pinozytosefähigkeit.* Sie gehören zum Retikuloendothelialen System (RES), das besser als **Mononukleäres Phagozyten-System** (MPS) oder als Monozyten-Makrophagen-System (MMS) aufgefaßt wird. Im Abschnitt über unspezifische Abwehr wird hierauf näher eingegangen.

Monozytopoese. Monozyten leiten sich aus mesenchymalen Stammzellen des Knochenmarks her. Aus ihnen entwickeln sich schnell proliferierende Monozyten-Vorläufer, die **Monoblasten** und die **Promonozyten.** Zunächst unreife Monozyten gelangen dann in einem steten Zellstrom in das Blut. Hier zirkulieren sie einige Stunden oder wenige Tage und gehen dann ins Gewebe über. Dieser Übergang wird wahrscheinlich chemotaktisch gesteuert.

Im Gewebe wandeln sich die Monozyten in **Makrophagen** verschiedener Art um. Als solche entfalten sie ihre schon im Blut vorhandenen Fähigkeiten zu Phagozytose und Pinozytose und erweisen sich damit als *wesentlicher Bestandteil der unspezifischen zellulären Abwehr.* Aber auch bei Immunreaktionen ist ihre Mitwirkung notwendig.

bg. Lymphozyten

Bei den meisten Tierarten bilden die Lymphozyten die stärkste Leukozytenfraktion des Blutes, wie das Differentialblutbild zeigt. Ihr Anteil liegt bei keiner Spezies unter 20–30 %. Man teilt sie vielfach nach ihrer Größe in zwei Gruppen ein: Der Durchmesser der kleinen Lymphozyten beträgt im Ausstrich 7–10 µm, der der großen 10–20 µm. Die **kleinen Lymphozyten** überwiegen an Zahl, ihr rundlicher, chromatinreicher Kern nimmt fast die ganze Zelle ein. Das basophile Zytoplasma bildet im gefärbten Präparat meist nur einen schmalen, sichelförmigen Saum. Bei den **großen Lymphozyten** liegt der oft gebuchtete Kern leicht exzentrisch im basophilen oder wenig gefärbten Zytoplasma.

Hier ist die Kern-Plasma-Relation ausgeglichener. Im Zytoplasma findet man besonders bei großen, spärlicher auch bei kleinen Lymphozyten rötliche Granulationen, die als Azurgranula bezeichnet werden.

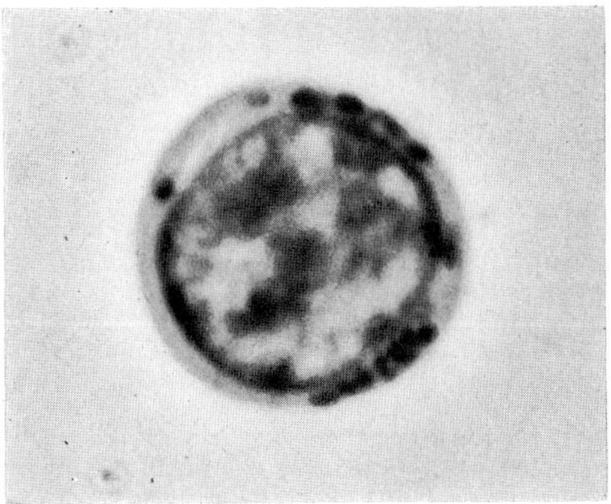

Abb. 99. Kleiner Lymphozyt vom Pferd in Suspension (Plasma). Die Mitochondrien liegen als dunkle Punkte im Zytoplasma. Phasenkontrast

Lebende Lymphozyten zeigen aktive Lokomotion und bewegen sich dabei ebenso schnell wie Granulozyten. Sie breiten sich zwar nicht auf Oberflächen aus, sind aber in der Lage, sich an andere Zellen anzuheften, über sie hinwegzukriechen und sie sogar zu durchdringen. Ihre Bewegungen sind nicht chemotaktisch gerichtet. Zumindest große Lymphozyten sind teilweise auch zur Phagozytose fähig.

Die Blutlymphozyten machen nur einen sehr kleinen Teil (etwa 1 %) des gesamten Lymphozytenbestandes eines Organismus aus. Die Masse der Lymphozyten findet sich in den Geweben. Das Blut dient auch diesen Zellen nur als Vehikel. Sie durchwandern die Gefäßwände, gelangen in lymphatische Organe oder werden über Lymphbahnen und Lymphknoten geleitet und gelangen dann über den Ductus thoracicus wieder in das Blut zurück. Diese **Rezirkulation** der Lymphozyten ist offenbar für die Erfüllung ihrer Funktion bedeutsam: So können viele Lymphozyten mit antigenem Material in Berührung kommen.

Die **Zahl** der Lymphozyten im Blut unterliegt erheblichen Schwankungen, die sowohl kurzfristig als auch über längere Zeiträume hin auftreten. Man bezeichnet eine Erhöhung der Lymphozytenzahl über die Norm als **Lymphozytose,** eine Verminderung als **Lymphopenie.** Die Schwankungen können tagesrhythmisch bedingt sein, aber auch durch körperliche Aktivität, Nahrungsaufnahme und andere Einflüsse ausgelöst werden. Bekannt ist die endokrin induzierte Lymphopenie bei Überfunktion der Nebennierenrinde oder der Thyreoidea. Applikation von ACTH oder Kortikosteroiden führt ebenfalls zu Lymphopenie, die dementsprechend auch in der Alarmreaktion des Streßgeschehens zu beobachten ist. Eine Lymphozytose findet man schon nach reichlicher Zufuhr von Eiweiß mit der Nahrung, pathologisch unter anderem in der letzten Phase bakterieller Infekte (»lymphatische Heilphase«) sowie bei Viruserkrankungen.

Bildung und Funktionen der Lymphozyten

Die Lymphozyten werden im *lymphatischen Gewebe (Lymphknoten, Lymphfollikel der Milz und des Gastrointestinaltrakts, Tonsillen, Thymus u. a.) und im Knochenmark* gebildet. Nach klassischer Auffassung entwickeln sie sich aus großen basophilen Zellen über **Lymphoblasten** zunächst zu großen und weiter zu kleinen Lymphozyten. Lange Zeit hat man diese Entwicklungslinie als obligat angesehen: Der kleine Lymphozyt wurde analog zu Erythrozyten oder Granulozyten als differenzierte Endzelle der »lymphatischen Reihe« aufgefaßt. Inzwischen weiß man, daß sich kleine Lymphozyten unter Einwirkung von Antigenen in teilungsfähige Zellen umwandeln können. Dies läßt sich gut verfolgen, wenn man z. B. Phytohämagglutinin (PHA, aus Phaseolus vulgaris) oder verschiedene bakterielle Antigene zu einer Lymphozytenkultur hinzugibt. Nach einigen Tagen entwikkeln sich aus den kleinen Lymphozyten große basophile Zellen, die die Fähigkeit zur DNA-Synthese haben. Der Vorgang wird als **Lymphozyten-Transformation** bezeichnet. Die transformierten Lymphozyten werden **Blasten, Immunoblasten** oder einfach **Lymphoblasten** genannt, weil sie morphologisch den Lymphozytenvorstufen völlig entsprechen.

Die Bedeutung dieses Vorgangs liegt darin, daß er auch in vivo in der Milz und in den Lymphknoten im Rahmen von **Immunreaktionen** abläuft. Hierbei werden bestimmte Lymphozyten bei Kontakt mit antigenem (also als »fremd« empfundenem) Material ebenfalls zu Immunoblasten, die nun aber ihrerseits kleine Lymphozyten produzieren. Da ständig Antigenkontakte vorkommen, muß man schließen, daß die Lymphozyten zu einem Zellsystem gehören, das sich teilweise selbst erneuert.

Tatsächlich liegen aber die Verhältnisse viel komplizierter. So entstehen aus den großen basophilen Zellen im Organismus mehrere funktionell verschiedene Lymphozytentypen mit verschiedener Lebensdauer. Sie sind am Immungeschehen in unterschiedlicher Weise beteiligt. Zusammen mit den Makrophagen und Plasmazellen zählt man sie deswegen zu den **Immunzellen.** Im Zusammenhang mit den Abwehrfunktionen des Blutes wird auf die Funktionen der Lymphozyten zurückzukommen sein.

Der größte Teil der peripheren Lymphozyten (T-Lymphozyten) hat eine **Lebensdauer** von einigen Monaten. Eine andere, kleinere Population (B-Lymphozyten) lebt nur einige Tage. Lymphozyten werden hauptsächlich von Retikulumzellen in Lymphknoten und Lymphfollikeln durch Phagozytose abgebaut. Ein gewisser Teil wird zu anderen Zellen transformiert. Nur wenige Zellen gehen durch Emigration in der Lunge oder im Magendarmtrakt zugrunde.

c. Blutplättchen (Thrombozyten)

Die Blutplättchen sind Zellfragmente, die sich aus **Megakaryozyten** entwickeln. Diese relativ großen Zellen (30–100 µm Durchmesser) reifen im Knochenmark aus kleineren, ein- oder mehrkernigen **Megakaryoblasten** heran. Sie haben zunächst nur ein fein granuliertes, basophiles Zytoplasma. Später bilden sich azidophile Granula im stark vermehrten Zytoplasma, während der Kern zunehmend segmentiert. Es treten zahlreiche, bandförmig angeordnete Bläschen auf, die zusammenfließen und Membranen bilden. Diese Membranen grenzen schließlich Teile des Zytoplasmas ab und bilden die Plasmamembranen der Blutplättchen. Die reifen Megakaryozyten lagern sich an die Endothelien der Blutsinus an. Von ihnen lösen sich die Thrombozyten in großer Zahl ab und werden frei.

Im strömenden Blut beträgt die Zahl der Blutplättchen 200 000–800 000/µl. Sie stellen hier 2–3,5 µm große Gebilde von rundlicher oder scheiben- und spindelförmiger Gestalt dar **(Zirkulationsform).** Außerhalb der Blutbahn bilden sich rasch tentakelähnliche Protoplasma-Ausläufer, die den Zellfragmenten ein sternförmiges Aussehen verleihen können **(»dendritische« Form).** Überhaupt neigen die Plättchen bei geringen Änderungen des Milieus zu Gestaltänderungen, darüber hinaus zu Agglutination und Zerfall. Gerade diese Fragilität steht in engem Zusammenhang mit ihrer

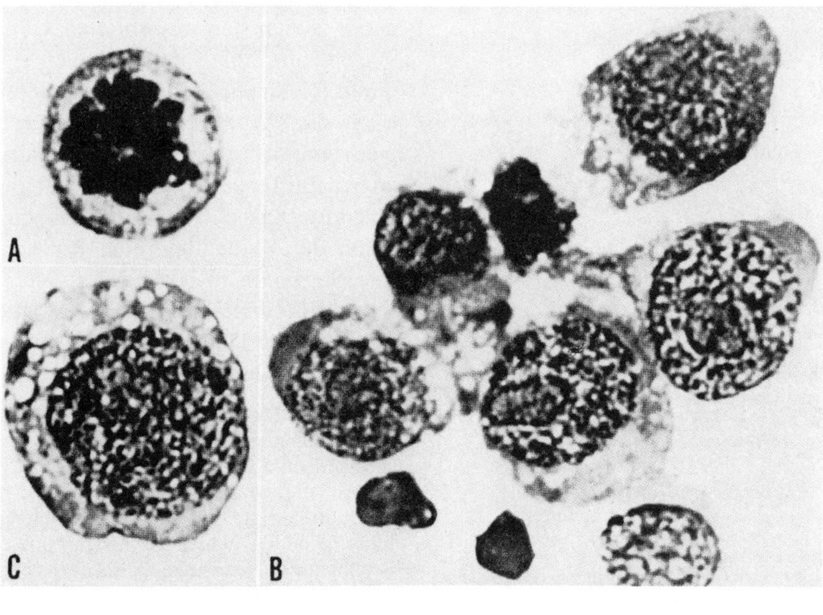

Abb. 100. Durch Phytohämagglutinin (PHA) stimulierte Zellen einer 3 Tage alten Blutlymphozytenkultur. (Nach Weiss in: Spörri/Stünzi, Pathophysiologie der Haustiere. Paul Parey, Berlin 1969).

A = Transformierter Lymphozyt in Anaphase, **B** = Mehrere transformierte Lymphozyten im Vergleich zu zwei Lymphozyten (deformiert), **C** = Sehr große transformierte Lymphozyten

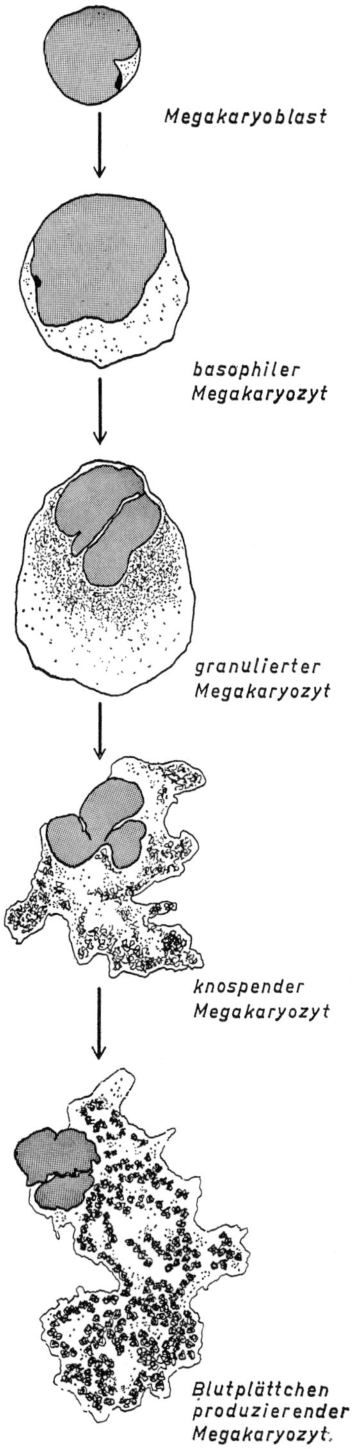

Abb. 101. Thrombozytopoese. Halbschematische Umzeichnung nach Originaldarstellungen von McDONALD et al. 1972

wesentlichen Funktion, ihrer Beteiligung bei der Blutstillung. Die Verweildauer der Plättchen im Blut schätzt man auf fünf bis zehn Tage. Sie werden in der Leber, der Lunge und in der Milz abgebaut.

Die **Feinstruktur** der Blutplättchen zeigt verschieden geformte Elemente, die innerhalb der Plasmamembran liegen. Man findet in Membrannähe bündelig angeordnete, röhrchenförmige Gebilde, die Mikrotubuli genannt und denen formstabilisierende Funktionen zugeschrieben werden. Weiter zentral liegen verschiedene granuläre Strukturen: Am häufigsten sind die α-Granula, die aus Phosphatiden bestehen. Daneben unterscheidet man sehr kleine Mitochondrien (β-Granula), bläschenförmige und tubuläre Elemente (γ-Granula), sowie Glykogengranula (δ-Granula) und eisenhaltige Siderosomen. Die Gesamtheit dieser granulären und vesikulären Strukturen wird als **Granulomer,** die Grundsubstanz der Plättchen dagegen als **Hyalomer** bezeichnet.

Die **Oberfläche** der Blutplättchen besitzt eine hohe Adsorptionsfähigkeit für Plasmaproteine. Der die Plasmamembran umgebende, eiweißhaltige Überzeug enthält **alle plasmatischen Gerinnungsfaktoren.** Dies ist von erheblicher funktioneller Bedeutung, vor allem für die Ingangsetzung der Blutgerinnung. Die Thrombozytenoberfläche gilt deswegen als bevorzugter Ort der Fibrinbildung. Neben den adsorbierten Gerinnungsfaktoren enthalten die Plättchen auch eigene, **autochthone Gerinnungsfaktoren** im Inneren. Hierzu gehören die Thrombozytenfaktoren 2, 3 (Phospholipide) und 4, ferner Thrombosthenin und Thrombozytenfibrinogen. Im Plättcheninneren finden sich ferner **vasoaktive Substanzen,** die in der ersten Phase der Blutstillung eine Rolle spielen. Diese sind Serotonin (5-Hydroxytryptamin), Adrenalin sowie Noradrenalin. Ferner enthalten die Plättchen neben ATP auch ADP, das für die Plättchenaggregation von Bedeutung ist.

Beim **Geflügel** gibt es echte **Thrombozyten,** die auch **Spindelzellen** genannt werden. Beim Huhn sind diese kernhaltigen Zellen etwa 9 × 6 μm groß. Ihre Zahl beträgt hier etwa 225 000/μl. Die aviären Thrombozyten werden innerhalb der Sinus des Knochenmarks aus Vorstufen gebildet, analog zur Erythropoese. Neben ihrer Beteiligung am Gerinnungsgeschehen zeigen sie eine *ausgeprägte phagozytotische Aktivität.*

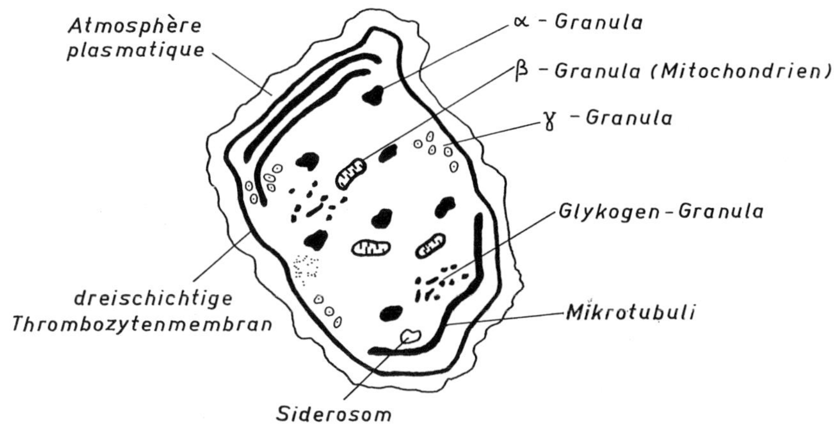

Abb. 102. Schematische Darstellung der Feinstruktur eines Thrombozyten. (Nach OHLER, 1971)

d. Kinetik der Blutzellbildung (Hämopoese)

So unterschiedlich die Funktionen der einzelnen Blutzellarten auch sind: Allen ist gemeinsam, daß sie nach mehr oder weniger langer Zeit in den Geweben abgebaut werden. Die blutbildenden Organe müssen folglich alle Zellarten nachliefern, und zwar in einem Umfang, der der Abbaurate entspricht. Die verschiedenen Fließgleichgewichte können nur durch *wirksame Regulationsmechanismen* aufrechterhalten werden. Bei gesteigertem Bedarf muß darüber hinaus der Nachschub rasch erhöht werden können.

Man faßt heute die Hämopoese als ein zusammengehörendes **Zellerneuerungssystem** auf. Dessen Komponenten sind räumlich und funktionell eng miteinander verknüpft. Charakteristisch für dieses Zellerneuerungssystem ist zum einen seine *außerordentlich hohe Proliferationsaktivität:* Die hämopoetischen Organe, das Knochenmark und das lymphatische Gewebe sind die prominentesten Zellproduktionsgewebe des Organismus. Zum anderen ist kennzeichnend, daß alle Blutzellen von einer *Stammzellen-Population* herzuleiten sind.

Im roten, aktiven **Knochenmark** finden sich neben diesen Stammzellen alle Entwicklungsstadien der erythropoetischen, granulopoetischen, monopoetischen und megakaryozytären Zellinien sowie in gewissem Umfang auch der lymphozytären Entwicklung nebeneinander. Sie stellen die Knochenmark-Parenchymzellen dar. Alle Zellen liegen im Netzwerk der Stroma-Retikulumzellen und deren Verbindungen mit dem Endost und den Sinusendothelien. Dieses Gewebe ist von einem geschlossenen Blutgefäßsystem mit Arteriolen, arteriellen Kapillaren und einem vielgestaltigen Sinussystem durchzogen. Beim Säuger geschieht also die gesamte Hämopoese extravasal (beim Vogel werden die kernhaltigen Erythrozyten und Thrombozyten intravasal gebildet). Die Ausschwemmung aus dem Parenchym in das Blut stellt einen komplizierteren Vorgang dar.

Um die Komponenten der Zellerneuerungssysteme und ihre Dynamik beschreiben zu können, muß man populationsstatistische Begriffe einführen. Bereits bei der Besprechung der Erythropoese und der Granulopoese war von **Zellspeichern** (synonym: *Zellpopulationen oder Zellkompartimente*) die Rede. Gemeint sind stets **Zell-Mengen,** die durch gemeinsame Merkmale, beispielsweise gleiche Funktionen, gekennzeichnet sind. Für quantitative Verschiebungen zwischen solchen Speichern hat sich der Begriff der **(Zell-)Kinetik** eingebürgert. Die wichtigsten statistischen Größen zu ihrer Erfassung (und damit zur Beurteilung der Dynamik der Hämopoese) sind der **Speicherumfang** und die **Speicherdurchgangszeit.** Sie beschreiben die Zahl der Zellen und ihre Verweildauer im jeweiligen Speicher. Aus beiden Größen kann man auf den Massenfluß schließen und unter Heranziehung von Markierungsmethoden Teilungs- und Reifungsschritte verfolgen und quantifizieren.

Man kennt heute die Kinetik der hämopoetischen Zellinien des Knochenmarks in groben Zügen. Sie nehmen ihren Ausgang im **Stammzellenspeicher.** Er umfaßt alle **Stammzellen,** die dadurch gekennzeichnet sind, daß ein Teil ihrer Tochterzellen sich über Vorläuferzellen zu Blutzellen entwikkelt, ein Teil aber Stammzelleneigenschaften behält: *Der Stammzellenspeicher erhält sich selbst.* Bei Mensch, Hund, Ratte und Maus wurden Zellen mit Stammzelleigenschaften im Knochenmark

Abb. 103. Knochenmark Huhn. Vorwiegend erythropoetische Vorläuferzellen im kugeligen Endabschnitt eines Sinus. (Dr. I. Käufer, Gießen; REM-Aufnahme 1450 ×)

und im Blut nachgewiesen. Sie lassen sich morphologisch nicht ohne weiteres von kleinen Lymphozyten unterscheiden.

Bei der Maus wurden im Knochenmark Stammzellen nachgewiesen, aus denen sich *alle* Blutzellen entwickeln können. Man bezeichnet sie als *pluripotente* (oder *undeterminierte) Stammzellen.* Diese Zellen sind noch nicht morphologisch identifiziert; ihre Existenz bei anderen Spezies gilt als nicht sicher. Dagegen sind myelopoetische Stammzellen bekannt: Man nennt sie »colony forming units in the spleen« = **CFU-S,** weil sie durch die Bildung von Zellkolonien auf der Milz nachgewiesen werden können. Aus ihnen entwickeln sich *determinierte,* also auf eine bestimmte Entwicklung gerichtete Stammzellen etwa nach dem Schema der Ab-

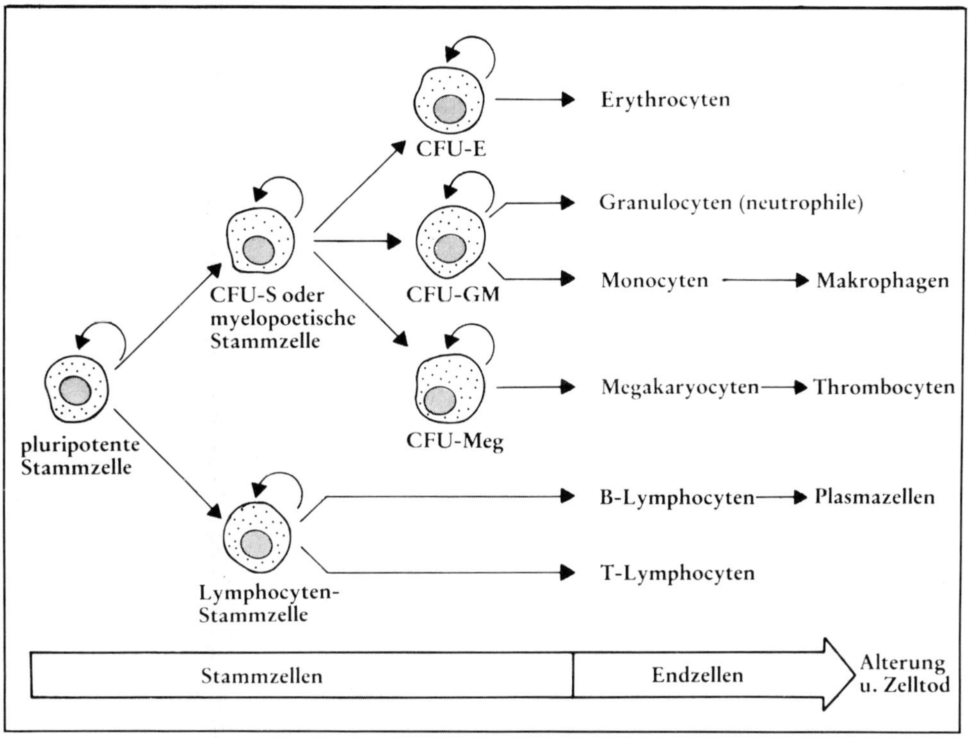

Abb. 104. Differenzierungs-Schema der Hämopoese der Maus. (Nach NEUMEIER u. GABLER, 1981).

Aus der in der Embryonalphase gebildeten pluripotenten Stammzelle bilden sich alle Endzellen der Hämopoese. Möglicherweise existiert beim Menschen keine pluripotente Stammzelle. Die frühesten Vorläufer der menschlichen Blutzellen wären dann die myeloische und die Lymphozyten-Stammzelle. **CFU** = colony forming unit

bildung. Aus diesen bilden sich nach vielfach vertretener Auffassung die Vorläuferzellen der einzelnen Blutzellarten.

Die Zahl der Stammzellen ist relativ klein. Bei der Maus findet man 0,2%, beim Menschen 0,05% aller Knochenmarkzellen als CFU-GM-Zellen.

Alle teilungsfähigen Tochterzellen der determinierten Stammzellen gehören zum **Proliferationsspeicher** der jeweiligen Entwicklungslinie. Im erythropoetischen System umfaßt er die vier Erythrozytenvorläufer, im granulopoetischen die Myeloblasten, Promyelozyten und die Myelozyten. Zwischen den Mitosen laufen auch Reifungsprozesse ab.

Die nachfolgenden Tochterzellen teilen sich in der Regel nicht mehr. Sie reifen aber weiter, während sie noch im Knochenmark verweilen oder auch schon in das Blut ausgeschwemmt werden. Man faßt diese Zellen funktionell in dem jeweiligen **Reifungs- und Reservespeicher** zusammen. Beispielsweise gehört ein Retikulozyt dazu oder ein stabkerniger Neutrophiler, unabhängig davon, ob er sich noch im Knochenmark oder schon im Blut befindet.

Im **Funktionsspeicher** befinden sich schließlich alle reifen Zellen. Er entspricht der Menge aller in Funktion befindlichen Zellen gleicher Art. Dabei ist klar, daß auch hier der Funktionsraum bei der Zuordnung keine Rolle spielt. Ein neutrophiler Granulozyt wird zwar seine Funktion vor allem im Gewebe ausüben, vermag dies aber ebenso im Blut.

Erythropoese

Welch enormes Ausmaß die Erythropoese schon normalerweise hat, ergibt sich aus folgenden Zahlen: Beim Menschen beträgt die Neubildungsrate $2 \cdot 10^{11}$, bei einem 500 kg schweren Rind $1{,}26 \cdot 10^{12}$ Erythrozyten pro Tag. Das heißt, daß beim Menschen in jeder Sekunde über 2 Millionen Erythrozyten neu gebildet werden, beim Rind rund 15 Millionen. Dieser Zellstrom vom Knochenmark ins Blut wird durch Regulationseinrichtungen dem Sauerstoffbedarf angepaßt. Er kann auf das Mehrfache gesteigert werden.

Der **Umfang** des Proliferationsspeichers beträgt beim Menschen etwa ein Viertel des Umfangs des Reifungsspeichers, dieser etwa ein Fünfzigstel der Erythrozytenmenge. Die **Durchgangszeit** des Proliferationsspeichers liegt bei 4–5 Tagen; sie läßt sich aus den Generationszeiten der einzelnen Vorstufen errechnen (die Generationszeit ihrerseits aus Mitosedauer und Mitoseindex). Rechnet man die Reifungsdauer der azidophilen Erythroblasten und der Retikulozyten hinzu, ergibt sich für die gesamte Entwicklungsdauer der Erythrozyten ein Zeitraum von etwa 5–7 Tagen.

Granulopoese

Die Granulozytenproduktion liegt normalerweise in der Größenordnung der Erythrozytenneubildung. Beim Menschen (70 kg) beträgt der **Granulozytenumsatz** (Turnover) im Blut $1–2 \cdot 10^{11}$ Zellen pro Tag. Unter der Annahme, daß eine Rückkehr der Zellen vom Gewebe ins Blut nicht erfolgt, entspricht dieser Umsatz der Zahl der täglich neu gebildeten Granulozyten. In jeder Sekunde werden also 1–2 Millionen Granulozyten neu gebildet, vor allem Neutrophile.

Auch in diesem Zellsystem ist eine Produktionssteigerung auf ein Mehrfaches der normalen Neubildung möglich. Die Einstellung des Fließgleichgewichts und die Anpassung an einen erhöhten Bedarf geschieht durch mehrere regulatorische Faktoren. Man hat genügend Hinweise darauf, daß bei den neutrophilen Granulozyten sowohl humorale als auch nervale Faktoren eine Rolle spielen. Es wird auch der Einfluß zellulärer Faktoren diskutiert, die durch Zellkontakte wirksam sind.

Neben Bakterientoxinen und Substanzen aus zerfallendem Gewebe mobilisieren Nebennierenrindenhormone Granulozyten aus dem marginalen Speicher des Blutes und aus dem Reservespeicher im Knochenmark. Dies führt zu einer raschen Erhöhung der Zahl der zirkulierenden Granulozyten. Das gleiche wird durch eine Reihe weiterer Faktoren bewirkt, von denen hier nur der *Leucocytosis inducing factor,* LIF, erwähnt werden soll. Man postuliert auch eine Substanz, die analog zum Erythropoietin durch Stimulierung der granulozytopoetischen Stammzellen zu einer Steigerung der Granulozytenbildung führt. Dieses »Leukopoietin« ist bisher aber nicht sicher nachgewiesen worden. Kompliziert werden die Verhältnisse durch weitere regulatorische Einrichtungen: Lunge, Leber und Milz können durch Abfangen oder Freigabe gewisser Granulozytenmengen eine Kontrolle über die peripheren Granulozytenkonzentration ausüben.

Untersuchungen über die statistischen Größen der Granulozytenkinetik wurden vor allem beim Menschen durchgeführt. In der Tabelle sind die ungefähren Zahlen für die Neutrophilen angegeben:

Tab. 25. Kinetische Daten der Granulopoese (Mensch; Angaben mehrerer Autoren)

	Speicherumfang (Zellen/kg Kgw)	Speicherdurchgangszeit
Proliferationsspeicher	$2{,}6 \cdot 10^9$	im Mittel 6, mindestens 3,5 Tage
Reifungs- und Reservespeicher	Reifung $2{,}7 \cdot 10^9$ Reserve $6{,}1 \cdot 10^9$ (Stab- u. Segmentk.)	im Mittel 6, mindestens 3,5 Tage
Intravasaler Teil des Funktionsspeichers	zirkulierend $\sim 0{,}3 \cdot 10^9$ marginal $\sim 0{,}3 \cdot 10^9$	im Mittel 9,5 Stunden

5. Abwehrfunktionen des Blutes

Auf jeden Organismus wirken verschiedenartige Umweltfaktoren ein, die je nach Art und Stärke fördernd oder hemmend sein können. Die stete Auseinandersetzung mit der Umwelt ist ein Kennzeichen des Lebens. Abwehrvorgänge gegenüber schädigenden Einflüssen (Noxen, Insulten) sind für die Integrität des Organismus, für die Aufrechterhaltung eines normalen milieu interieur und damit seiner Lebensfähigkeit von grundlegender Bedeutung.

Im Laufe der Evolution entwickelten sich die Abwehrmechanismen zu immer höherer Komplexität. Am deutlichsten werden sie erkennbar, wenn es sich um das Eindringen schädlicher Substanzen in den Organismus handelt, also um Krankheitserreger oder sonstiges körperfremdes Material. Hier haben sowohl zellige als auch gelöste Blutbestandteile wesentliche Aufgaben. Dem Blut kommt dabei vor allem eine Vehikelfunktion zu.

Sind schädigende Partikel, beispielsweise pathogene Bakterien, nach Überwindung der natürlichen mechanischen und chemischen Barrieren in den Organismus gelangt, werden sie einem *zweigliedrigen Abwehrsystem* konfrontiert. Zum einen sind **unspezifische Schutzmechanismen** wirksam; sie werden durch allgemeine Fremdkörpereigenschaften der eingedrungenen oder gebildeten Substanzen ausgelöst. Dieses phylogenetisch ältere Abwehrsystem bildet die Grundlage der allgemeinen Widerstandsfähigkeit oder **Resistenz.** Zum anderen gibt es bei Wirbeltieren **spezifische Schutzmechanismen.** Hier werden gegen definierte Noxen (Antigene) in strenger Zuordnung Abwehrsubstanzen (Antikörper) gebildet, die sie unschädlich machen. Beide Mechanismen stehen in enger Wechselbeziehung zueinander; beide enthalten sowohl zelluläre als auch humorale Komponenten: wirksam, phagozytieren aber auch andere geformte Elemente. Einer effektiven Abwehr kommt dabei zugute, daß sie rasch und in großer Zahl mobilisierbar und besonders migrationsfähig sind. Ferner sind die Zellen des **Mononukleären Phagozyten-Systems** (MPS) Träger der unspezifischen Abwehr, also die Makrophagen und andere Monozyten-Abkömmlinge. Sie phagozytieren in den Geweben körperfremde und auch körpereigene inkompatible Substanzen (Bakterien, Viren, fremde Zellen, eigene Zellfragmente, Abbauprodukte und anderes) und bauen sie damit ab. Ihre Zahl beträgt allerdings nur etwa ein Zehntel der Neutrophilenzahl.

Das **Mononukleäre Phagozyten-System MPS** umfaßt nach einem neueren Konzept alle phagozytoseaktiven Zellen, die sich von den Monozyten herleiten. Es ist daher dem MMS (Monozyten-Makrophagen-System), aber auch dem RES (Retikuloendotheliales System) sowie dem RHS (Retikulohistiozytäres System) funktionell annähernd gleichzusetzen. Die unspezifische Abwehr ist durch das vielgliedrige Zellsystem des MPS äußerst anpassungsfähig: Die **Resistenz** kann schon durch Erhöhung der Zahl der Phagozyten rasch gesteigert werden.

Abwehrmechanismen

unspezifisch = Resistenz		**spezifisch = Immunreaktionen**	
zellulär	**humoral**	**zellulär**	**humoral**
Phagozytose durch Makrophagen und Neutrophile Granulozyten	bestimmte Plasmaproteine, z. B.: Opsonine, Properdin, Komplementanteile, Lysozym, Interferon	bestimmte kleine Lymphozyten	Immunglobuline (Antikörper)

a. Resistenz oder unspezifische Abwehr

Die funktionelle Basis der unspezifischen zellulären Abwehr ist die **Phagozytose.** Daher ist dieses sehr wichtige, entwicklungsgeschichtlich alte Verteidigungsprinzip an Zellsysteme gebunden, die phagozytierende Zellen umfaßt. Es sind dies vor allem die **neutrophilen Granulozyten,** die man auch Mikrophagen nennt. Sie sind im Blut und in den Geweben besonders gegenüber Bakterien

Die Effektivität der zellulären Abwehr ist auch von mehreren humoralen Faktoren abhängig. Man faßt sie als *humorale unspezifische Faktoren* zusammen. Hierzu gehören Opsonine (s. u.) und **Komplementfaktoren,** eine Gruppe von Plasmaproteinen. Komplement spielt auch eine Rolle bei der Wirkung von **Properdin,** einem weiteren Plasmaeiweiß. Es schädigt polysaccharidhaltige Zellmembranen bestimmter Bakterien und wirkt dadurch bakterizid. Zu den humoralen Abwehrfak-

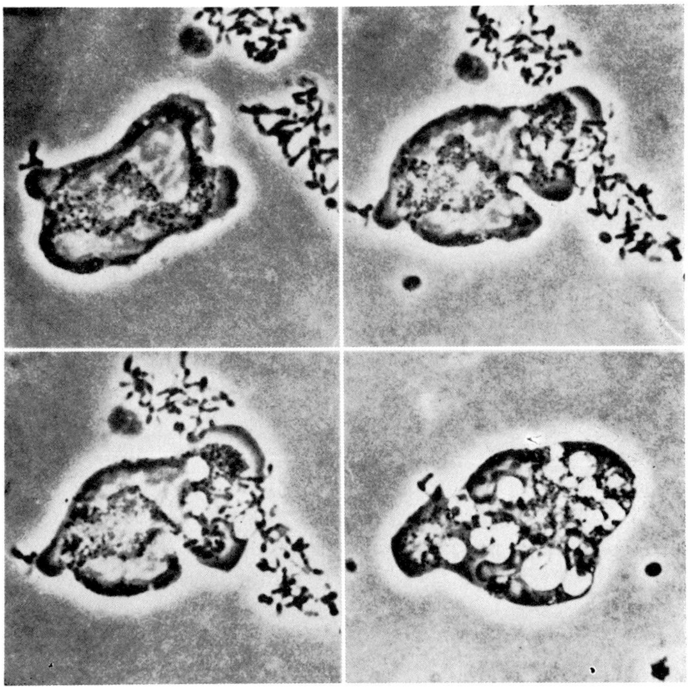

Abb. 105. Phagozytose von Bakterien durch einen neutrophilen Granulozyten. Die Einverleibung der Bakterien führt zum Auftreten von Nahrungsvakuolen. Phasenkontrast. (Nach BESSIS, 1973)

toren ist ferner **Lysozym** zu rechnen. Dieses Enzym entfaltet bakterizide Wirkungen, indem es Mucopolysaccharide von Bakterien spaltet.

Die **Phagozytose** durch Makrophagen und Neutrophile ist phasenkontrast- und elektronenmikroskopisch eingehend beschrieben. Die dabei wirksamen Kräfte sind dennoch ungenügend bekannt. Man hat drei Stadien bei der Phagozytose zu unterscheiden: Zunächst muß das zu phagozytierende Teilchen an der Zellmembran des Phagozyten adhärieren können, wozu es wahrscheinlich immer einen umhüllenden Proteinfilm (Fibrin, Globulin u. a.) tragen muß. Bei Bakterien wird die Oberfläche durch Einwirkung von **Opsoninen** offenbar angreifbarer gemacht. Im zweiten Stadium erfolgt die **Umhüllung** des Teilchens durch die Phagozytenmembran. Es ist naheliegend, hier Änderungen der Grenzflächenspannung der Membran anzunehmen. Das dritte Stadium ist die intrazelluläre Verdauung, die **Digestion.** Dabei werden die Teilchen in Phagosomen eingeschlossen, die mit Lysosomen zu Phagolysosomen zusammenfließen. An der folgenden Verdauung sind viele Enzyme beteiligt, u. a. Proteasen, Peptidasen, Oxidasen und Peroxidasen sowie Lipasen.

b. Spezifische oder Immunabwehr

Die **spezifischen Abwehrmechanismen** umfassen die **Immunreaktionen.** Sie basieren auf der Wechselwirkung zwischen Antigenen und Antikörpern, also auf einer Antigen-Antikörper-Reaktion.

Antigene sind Substanzen, die die Bildung von Antikörpern auslösen und mit diesen spezifisch reagieren können. Sie sind meist hochmolekulare Substanzen (Proteine und Polypeptide von Viren, Bakterien oder Parasiten, Zellbestandteile, Poly-

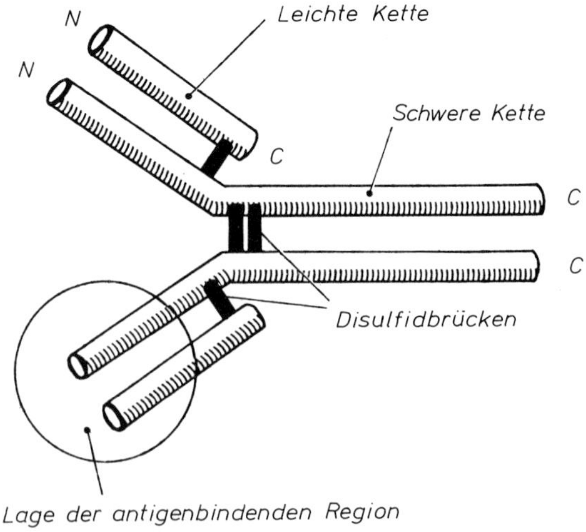

Abb. 106. Einfaches Modell eines IgG-Moleküls. (Nach TIZARD, 1981)

saccharide und Lipopolysaccharide). Auch niedermolekularen Substanzen können, wenn sie mit Eiweiß gekoppelt sind, antigenisch wirken (Haptene). Im allgemeinen sind Antigene körperfremd. Aber auch körpereigene Substanzen können, beispielsweise bei Strukturänderungen, Antigencharakter erwerben. Die Spezifität des Antigens ist in einem bestimmten Teil seines Moleküls, der determinanten Gruppe, festgelegt.

Durch Antigene wird die Bildung von **Antikörpern** stimuliert. Sie sind Plasmaproteine, die elektrophoretisch hauptsächlich in der γ-Globulinfraktion zu finden sind. Man bezeichnet sie auch als **Immunglobuline (Ig).** Ihre Aufgabe liegt in der gezielten Unschädlichmachung der Antigene. Dazu ist ihre spezifische Affinität zur determinanten Gruppe des Antigens eine wesentliche Voraussetzung. Die einzelnen Arten der Immunglobuline sind hier nach ihrer Konzentration im Plasma aufgeführt:

IgG = γ G-Globulin = 7 S-γ-Globulin	MG 150 000	Hauptbestandteil der Immunglobuline
IgA = γ A-Globulin	MG 160 000	besonders in Sekreten
IGM = γ M-Globulin = 19 S-γ-Globulin = Makroglobulin	MG 1 000 000	frühzeitig auftretende Antikörper, u. a. Blutgruppenisoagglutinine
IgD = γ D-Globulin	MG 190 000	nur beim Menschen
IgE = γ E-Globulin	MG 200 000	Beteiligung an anaphylaktischen Reaktionen; Reagine

Tab. 26. Serum-Immunglobulinspiegel bei Haustieren und beim Menschen. (Nach TIZARD)

	Immunglobulin-Spiegel (mg/100 ml)			
	IgG	IgM	IgA	IgE
Pferd	5–20	0,8–2	0,6–3,5	–
Rind	17–27	2,5–4	0,1–0,5	–
Schaf	17–20	1,5–2,5	0,1–0,5	–
Schwein	17–29	1–5	0,5–5	–
Hund	5–17	0,7–2,7	0,2–1,2	0,2–0,4
Huhn	3–7	1,2–2,5	0,3–0,6	–
Mensch	8–16	0,5–2	1,5–4	$2 \cdot 10^{-5}$–$5 \cdot 10^{-4}$

Tab. 27. Die Immunglobulinspiegel im Kolostrum von Haustieren. (Nach TIZARD)

	Immunglobulin-Spiegel (mg/100 ml)		
	IgA	IgM	IgG
Pferd	5–15	1–3,5	15–50
Rind	1–7	3–13	34–39
Schaf	1–7	7–12	8–13
Schwein	9,5–10,5	3–32	30–70
Hund	5–22	0,14–0,57	1,2–3

Der Fetus bildet während seiner Entwicklung normalerweise keine Immunglobuline. Durch eine Placenta haemochorialis können zwar begrenzte Mengen von der Mutter auf ihn übergehen, bei den mehrschichtigen Placenten scheint dieser Weg aber versperrt zu sein. Die Jungen von Pferd, Rind und Schwein kommen ohne Immunglobuline zur Welt. Nach der ersten Aufnahme von *Kolostralmilch* enthält ihr Plasma jedoch bereits erhebliche Mengen γ-Globulin, das in den ersten 24 Stunden die Darmschleimhaut unverändert passieren kann. Diese Übertragung von Abwehrstoffen immunisiert das Junge gegenüber einer Reihe von Erregern, gegen die sein Organismus während der ersten Wochen noch keine Antikörper bilden kann.

Die Immunglobuline werden vor allem von *Plasmazellen und ihren Vorstufen* in der Milz, in Lymphknoten und im Knochenmark gebildet. Einige Tage nach einer Antigenzufuhr kann man die spezifischen Antikörper im Plasma oder Serum nachweisen. Ihre Konzentration bleibt einige Wochen konstant, um dann über einen Zeitraum von einigen Monaten bis zu zwei Jahren langsam wieder abzusinken.

Bei einer *zweiten Applikation des gleichen Antigens* erfolgt die Reaktion des Immunsystems wesentlich schneller als bei der ersten. Es kommt zu bedeutend stärkerer Antikörperbildung (vor allem von IgG): Der erste Antigenkontakt hat zu einem Zustand erhöhter Abwehrbereitschaft gegenüber dem betreffenden Antigen geführt, den man als **Immunität** bezeichnet.

Auch mit abgetöteten oder abgeschwächten Krankheitserregern kann die Ausbildung von Antikörpern induziert werden. Diese **aktive Immunisierung** (Schutzimpfung) verleiht wie das Überstehen einer natürlichen Infektion einen längeren, manchmal sogar lebenslänglichen Schutz. Die körpereigenen Abwehrkräfte können bei einer bestehenden Infektion auch durch eine **passive Immunisierung** (Heilimpfung) unterstützt werden. Hierbei werden anderweitig produzierte Antikörper als Immunserum zugeführt.

Immunreaktionen in vitro *(= Serologische Reaktionen).* Man kann den Ablauf der Immunreaktionen unter geeigneten Bedingungen auch in vitro verfolgen. Solche serologischen Reaktionen dienen vor allem diagnostischen Zwecken. Die Reaktionsweise ist dabei verschieden: Bei **Präzipitationen** bilden die Antikörper mit gelöstem Antigen meist unlösliche, präzipitierende Komplexe. Bei einer **Agglutination** werden geformte Elemente (z. B. Erythrozyten oder Bakterien) durch Antikörper zusammengeballt, die mit Bestandteilen der Zellmembran reagieren. Die Agglutinate sind mit bloßem Auge sichtbar und sedimentieren rasch. Eine weitere Reaktionsweise zeigt sich in **Komplementbindungsreaktionen.** Bei diesen lagert sich Komplement (eine in jedem normalen Blutplasma vorkommende Gruppe von Proteinen) an primär gebildete Antigen-Antikörper-Komplexe an. Sobald diese Immunreaktion an Zelloberflächen abgelaufen ist, führt die (an sich unspezifische) Komplementbindung zu einer punktförmigen enzymatischen Auflösung der Membran und damit zur Lyse der Zellen. Die beteiligten Antikörper kann man folglich als **Lysine** bezeichnen.

Eine weitere Gruppe von Immunreaktionen läßt sich nur indirekt in vivo oder an lebenden Zellen nachweisen. Man faßt sie unter dem Begriff **Neutralisation** zusammen. Hier soll nur die Unschädlichmachung von Bakterientoxinen (Antigenen) durch **Antitoxine** (Antikörper) erwähnt werden.

c. Das Immunzellsystem

Alle Immunreaktionen eines Organismus lassen sich auf Leistungen seiner **Immunzellen** (oder immunkompetenten Zellen) zurückführen. Dies sind die *Lymphozyten, die Plasmazellen und die Makrophagen.* Bei jeder Immunreaktion werden sie durch einen Rezeptormechanismus aktiviert, der an der Zelloberfläche lokalisiert ist. Hier finden sich Rezeptoren, worunter in diesem Zusammenhang Haftstellen für Antigene, Immunglobuline und Immunkomplexe verstanden werden.

Den **Lymphozyten** kommt im Immungeschehen zentrale Bedeutung zu. Wie weiter oben bereits erwähnt, unterscheidet man *mehrere Lymphozytenpopulationen,* die sich funktionell, nicht aber morphologisch unterscheiden. Eine Lymphozytengruppe, die vor allem im Knochenmark anzutreffen ist, hat Stammzellen-Eigenschaften (Abb. 108). Aus ihnen differenzieren sich über Vorläuferzellen zwei Lymphozytenpopulationen, die B- und die T-Lymphozyten. Beiden ist gemeinsam, daß sie bei Antigenkontakt über Lymphoblasten zur Zellproliferation stimuliert werden. Es resultieren aber Zellen mit unterschiedlichen Eigenschaften und Aufgaben (Abb. 108).

Die **B-Lymphozyten** haben ihren Namen von

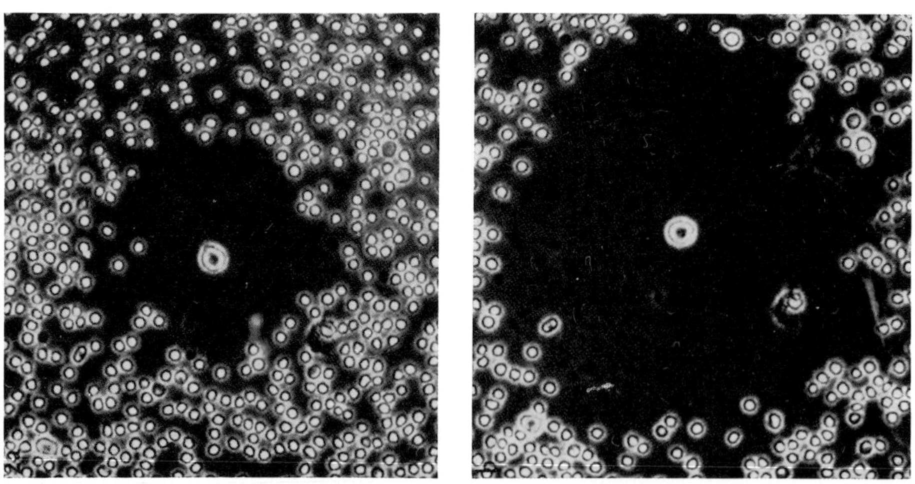

Abb. 107. Eine Plasmazelle gibt (hämolysierende) Antikörper an die Umgebung ab. Sie lösen — zusammen mit Komplement — Schaferythrozyten auf. Es entsteht ein langsam größer werdender Lysehof (Plaque-Test). (Aus Fischer et al., Klin. Wschr. **47,** 1969)

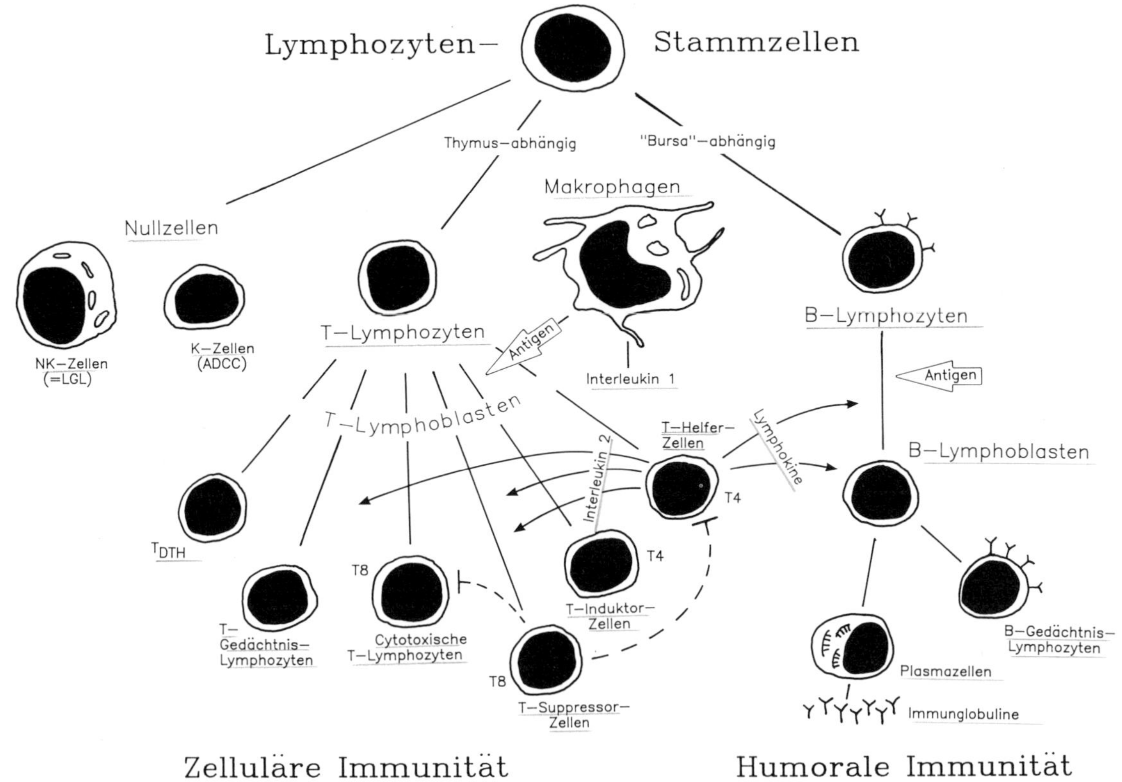

Abb. 108. Zellen des Immunsystems.

Das Schema gibt die wesentlichen Zellpopulationen wieder, die bei der Immunantwort eine Rolle spielen. Die mannigfachen Wechselbeziehungen können nur angedeutet werden.
Abkürzungen: NK-Zellen (= Natural Killer Cells) = Natürliche Killerzellen, identisch mit großen, granulären Lymphozyten (LGL); K-Zellen (= Killer Cells) = Zellen der antikörperabhängigen Zytolyse = Antibody Dependent Cellular Cytotoxicity (ADCC); T_{DTH} = T-Zellen der Allergie vom verzögerten Typ (Delayed Type of Hypersensitivity); T4, T8 = Oberflächenmerkmale (Membranantigene) von Lymphozyten-Subpopulationen

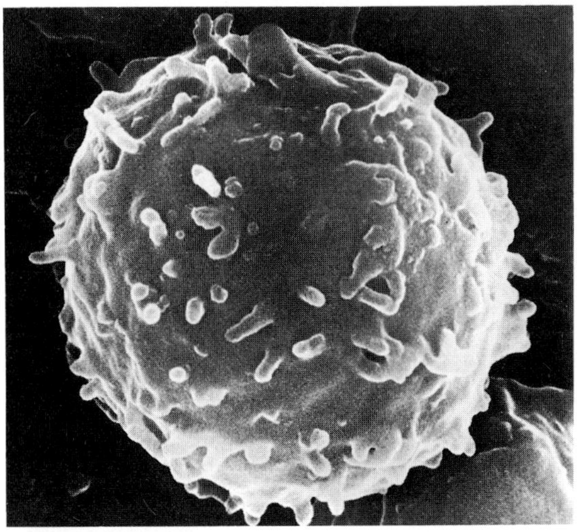

Abb. 109. T-Lymphozyt. (Nach SCHWICK-BRÄUER: Exempla immunologica)

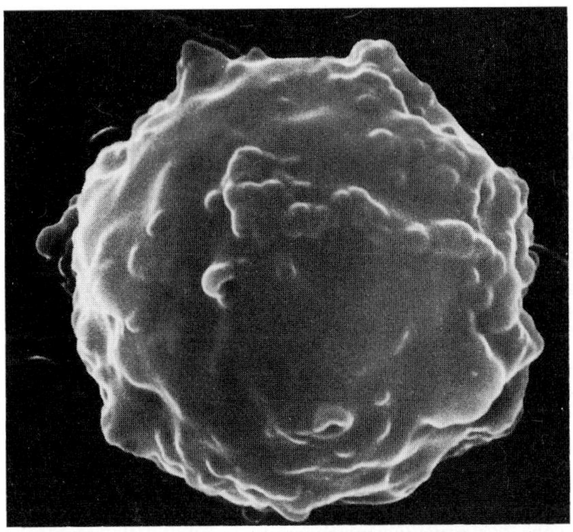

Abb. 110. B-Lymphozyt. (Nach SCHWICK-BRÄUER: Exempla immunologica)

der Bursa Fabricii der Vögel. Dieses lymphatische Organ ist für die Entwicklung der B-Zellpopulation verantwortlich: Aufgrund eines nicht näher bekannten Reifungsprozesses, offenbar durch Organkontakt, werden sie »immunkompetent«. Bei Säugern bleibt ein der Bursa entsprechendes »Bursa-Äquivalent« vorerst hypothetisch. Möglicherweise ist es in den Tonsillen oder in lymphatischen Geweben des Darmes, am wahrscheinlichsten im Knochenmark zu suchen. Die B-Lymphozyten sind relativ kurzlebig; ihr Anteil an den Blutlymphozyten beträgt 5–15 %.

Aus B-Lymphozyten entstehen nach Antigenstimulierung Klone von **Plasmazellen,** die entsprechende Immunglobuline (Antikörper) in großer Zahl produzieren. Diese werden in das Blutplasma und andere Körperflüssigkeiten abgegeben und sind die Basis der *humoralen Immunität.* Es werden im übrigen auch **B-Memory-** oder **-Gedächtniszellen** gebildet. Sie stellen durch Antigen-Erstkontakt sensibilisierte Lymphozyten dar, deren Proliferation zunächst ruht, die aber bei einem erneuten Antigenkontakt eine raschere »Sekundärantwort« ermöglichen.

T-Lymphozyten. Ihre Vorläufer, zunächst noch immunologisch inkompetent, besiedeln vom Knochenmark aus den Thymus. Viele Zellen gehen hier zugrunde, aber andere gelangen vom Thymus als immunkompetente, »thymusabhängige« T-Lymphozyten in periphere lymphatische Organe, wie Milz und Lymphknoten. Sie sind auffallend langlebig und rezirkulieren zwischen peripheren Lymphorganen, Lymphe, Blut und Geweben. Im Blut machen sie 50–70 % aller Lymphozyten aus.

Durch Antigenstimulation proliferieren die verschiedenen Subpopulationen der T-Lymphozyten über Lymphoblasten zu aktiven Zellen. Dabei wirken von Makrophagen und Lymphozyten gebildete lösliche Faktoren mit (Monokine: z. B. Interleukin 1; Lymphokine: z. B. Interleukin 2).

Bei den T-Lymphozyten unterscheidet man heute folgende *Subpopulationen:* **T-Helfer-Zellen** fördern entscheidend Proliferation und Differenzierung von B-Lymphozyten und die Aktivität von T-Lymphozyten; **T-Suppressor-Zellen** wirken ihnen nach einer gewissen Zeit entgegen. Eine weitere Subpopulation, die **zytotoxischen T-Lymphozyten** (CTL), zerstören virusinfizierte oder immunologisch »fremde« Zellen durch Zytolyse. **Memory-** oder **Gedächtniszellen** können auch im T-Zellsystem bei einem erneuten Antigenkontakt zu einer schnelleren Immunreaktion führen (booster-Effekt). Antigenspezifische **T-Induktorzellen** lassen aus Vorläuferzellen funktionell verschiedene T-Lymphozyten entstehen. Die **T_{DTH}-Zellen** sind verantwortlich für die Allergie vom Spättyp (s. u.)

Mit den **Null-Zellen** ist in den letzten Jahren eine weitere Lymphozytenpopulation bekannt geworden. Sie stellen weder B- noch T-Lymphozyten dar; jedenfalls weisen sie keine entsprechenden Oberflächenmerkmale auf. Von Null-Zellen leiten sich die **K-Zellen** (Killerzellen) und die **NK-Zellen** (Natürliche Killerzellen) her. Erstere sind auf Zielzellen gerichtet, die mit IgG-Antikörpern überzogen sind; NK-Zellen sind große granuläre Lymphozyten, die ohne Sensibilisierung zytotoxisch wirken, vor allem auf Tumorzellen und virusinfizierte Zellen.

Makrophagen spielen nicht nur bei der unspezifischen Abwehr eine Rolle. Sie *haben auch bei Immunreaktionen große Bedeutung.* Antigene werden zunächst von Makrophagen aufgenommen, teils durch Phagozytose, teils durch Pinozytose. Sie werden dann erst den anderen Immunzellen überlassen (»präsentiert«). Ohne Makrophagenpassage kann das Antigen offenbar in den immunkompetenten T-Zellen keine Immunantwort induzieren. Umgekehrt sind Antigene vielfach in der Lage, die Phagozytoseaktivität zu steigern. In dieser Wechselbeziehung zeigt sich die enge Verflechtung spezifischer und unspezifischer Abwehrvorgänge.

Allergie

Dieser Begriff bezeichnet eine **pathologische Immunreaktion,** aus der dann eine **veränderte Reaktionslage** des Organismus resultiert. Die anomale Immunreaktion löst eine Kette unspezifischer Reaktionen aus, die schließlich zu klinischen Symptomen, also bestimmten Krankheitserscheinungen führen.

Man kennt mehrere Typen der Allergie (Reaktionstypen). Der Typ I ist die Allergie vom Soforttyp oder die **Anaphylaktische Reaktion.** Sehr verschiedene Antigene (Allergene) veranlassen durch Vermittlung von IgE (Reaginen) die Freisetzung einer Reihe von Mediatoren aus Mastzellen, die an Haut und Schleimhäuten allergische Entzündungen bewirken (z. B. Heuschnupfen oder Bronchialasthma). Seltener sind die Allergien der Typen II und III. Beim ersteren werden Allergene von Blutzellen gebunden, die dann durch Zytolysine aufgelöst werden. Der Typ III ist die Allergie vom verzögerten Typ. Sie bildet sich einige Stunden nach Antigenkontakt aus und beruht auf komplizierteren Antigen-Antikörper-Reaktionen. Der Allergie-Typ IV, die Allergie vom Spättyp, ist zellulär vermittelt: Hier werden T-Lymphozyten durch das Allergen aktiviert; sie setzen Lymphokine frei, die mononukleäre Zellen anlocken (lymphozytär-histiozytäres Infiltrat). Am bekanntesten ist hier die Tuberkulinreaktion.

d. Blutgruppen

Tiere der verschiedensten Klassen produzieren Antikörper gegen Erythrozyten mancher Säuger. Beispielsweise agglutiniert Kaninchenserum Erythrozyten vom Menschen: Es enthält Antikörper gegen Antigene, die in der Membran menschlicher Erythrozyten lokalisiert sind. Solche Antikörper werden **Heteroagglutinine** genannt, weil sie gegen Antigen einer anderen Art gerichtet sind.

Tab. 28. ABO-System des Menschen

Blutgruppe	Antigen an der Erythrozyten-Oberfläche	Antikörper (= Agglutinin) im Plasma
A	A	Anti-B
B	B	Anti-A
AB	A und B	–
O	–	Anti-B und Anti-A

Es gibt auch **Isoagglutinine** (oder Isoantikörper), die Erythrozyten der gleichen Art zusammenballen. Man findet sie im bekanntesten Blutgruppensystem des Menschen, dem **ABO-System** (LANDSTEINER, 1900). Seine Einteilung geht auf die gruppenspezifischen Antigene A und B zurück, die an die Erythrozytenmembran gebunden sind. Menschen der Blutgruppe A haben Erythrozyten mit dem Blutgruppenantigen A und im Plasma oder Serum das Agglutinin Anti-B. Die Blutgruppe B ist Träger des Erythrozytenantigens B und hat im Plasma das Agglutinin Anti-A. Bei der Blutgruppe AB sind beide Erythrozytenantigene, dementsprechend ist im Plasma keines der Agglutinine Anti-B oder Anti-A vorhanden. Die Blutgruppe O besitzt umgekehrt keines der Erythrozytenmerkmale A oder B, im Plasma dagegen beide Agglutinine Anti-A und Anti-B.

Die Blutgruppeneigenschaften (Antigene) werden als gengebundene Merkmale nach den Mendelschen Gesetzen vererbt. Im ABO-System sind die Eigenschaften A, B und O in allen Genen verankert.

Die Antigene des ABO-Systems sind übrigens nicht nur an Erythrozyten, sondern auch an andere Zellen (Leukozyten, Epithelzellen u. a.) gebunden. Sie finden sich darüber hinaus auch an Oberflächen von Bakterien und Pflanzen. Man vermutet, daß diese Substanzen im frühesten Lebensalter die Ausbildung der Antikörper induzieren.

Das ABO-Blutgruppensystem hat in der Medizin wegen der hohen Konzentration der Antikörper bei Blutübertragungen große praktische Bedeutung. In vivo kommt es bei Zufuhr der entsprechenden Antikörper zur Hämolyse und bei Übertragung größerer Mengen auch zur Agglutination der antigenischen Erythrozyten. Hämolysierende und agglutinierende Eigenschaften gehen parallel.

In vitro treten die letzteren deutlicher in Erscheinung. Deswegen erfolgt die Bestimmung dieser (und anderer) Blutgruppen in Agglutinationsproben. Die **Blutgruppenbestimmung** hat nicht nur klinische, sondern auch genetische und forensische Bedeutung. Die Blutgruppen werden mit Hilfe von Testseren in der Weise bestimmt, daß man auf einen Objektträger Testseren der Gruppe A, B und zur Kontrolle O aufbringt und etwas Blut der unbekannten Gruppenzugehörigkeit dazu gibt. Nach einigen Minuten läßt sich das Eintreten oder Ausbleiben einer Agglutination feststellen und damit die Blutgruppe bestimmen.

Neben dem ABO-System sind bis heute *beim Menschen weitere 8 Blutgruppensysteme* genau bekannt, die untereinander in keinem Zusammenhang stehen. Sie werden durch Übertragung von gruppenungleichen Erythrozyten gebildet. Besondere Bedeutung hat das **Rh-System** (auch *CDE-System* genannt) erlangt. Es wurde 1940 bei der Immunisierung von Meerschweinchen und Kaninchen mit Blutkörperchen von Rhesusaffen ent-

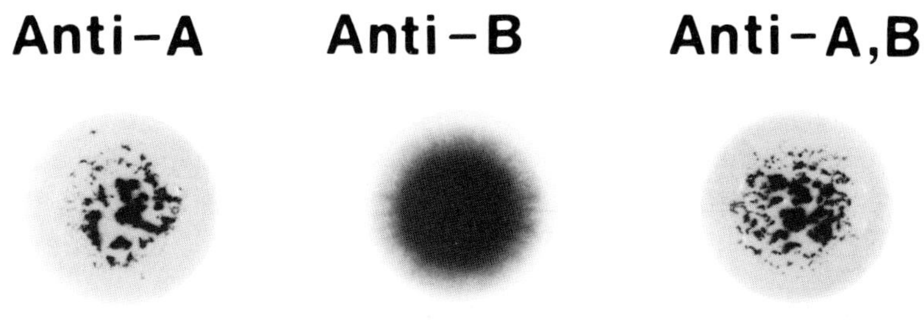

Abb. 111. Blutgruppenbestimmung (ABO-System Mensch). Blut wurde mit den Testseren Anti-A, Anti-B und Anti-A, B gemischt. Da bei Anti-B keine Agglutination der Erythrozyten auftritt, handelt es sich um Blut der Blutgruppe A

deckt (daher Rh-Faktor). Das Serum der Empfängertiere enthält dann ein Agglutinin, das nicht nur gegen Erythrozyten von Rhesusaffen, sondern auch gegen die der meisten Menschen gerichtet ist. Die Erythrozyten dieser Personen enthalten bestimmte Antigene (C, D und E in verschiedenen Anteilen), sie sind Rh-positiv. Bei 15 % der europäischen Bevölkerung finden sich diese Erythrozyteneigenschaften nicht: Sie sind Rh-negativ. Diese Menschen bilden nach Kontakt mit Rh-Antigenen (Bluttransfusion, Schwangerschaft) relativ häufig Rh-Antikörper. Diese können bei einer zweiten Transfusion mit Rh-positivem Blut Hämolyse auslösen. Auch bei einer Schwangerschaft Rh-negativer Frauen können, wenn das Kind bei homozygot Rh-positivem Vater ebenfalls Rh-positiv ist, gelegentlich Rh-positive Erythrozyten diaplazentar in das mütterliche Blut gelangen. Das führt zur Bildung mütterlicher Rh-Isoantikörper, die die Erythrozyten des Kindes hämolysieren können. Es kommt zu Totgeburten oder einer schweren Erkrankung des Kindes, vor allem bei einer zweiten Schwangerschaft.

Blutgruppen bei Tieren

Auch bei Haustieren gibt es eine Vielzahl von Blutgruppen. Bei allen Arten bezeichnet man die einzelnen Systeme mit Buchstaben, beginnend mit A. Zwischen gleichbenannten Faktoren zweier Tierarten muß daher keine serologische Beziehung bestehen.

Tab. 29. Blutgruppensysteme bei Haustieren. (Nach W. J. Herbert »Veterinary Immunology«, Blackwell 1970)

	Ungefähre Zahl der Blutgruppensysteme	Iso-Antikörper im Plasma
Pferd	8	selten
Rind	12	keine
Schaf	8	keine
Schwein	15	selten
Hund	7	gelegentlich
Katze	?	selten
Geflügel	14	keine

Die Blutgruppensysteme der Tiere gehen überwiegend nicht auf »präformierte« Antikörper zurück. Sie sind also meist nicht vom Typ des ABO-Systems des Menschen, sondern ähneln dem Rh-System. So findet man entweder gar keine oder nur gelegentliche Isoantikörper im Plasma. Man kann *Ersttransfusionen* bei Rind und Schaf auch ohne Verträglichkeitsprüfung (Kreuzproben) durchführen. Bei Pferd, Hund und vor allem beim Schwein ist die Gefahr einer Unverträglichkeit größer. Mit Komplikationen muß aber bei allen Tierarten nach einer *Zweittransfusion* infolge einer vorhergegangenen Immunisierung gerechnet werden.

6. Hämostase

Die **Hämostase** oder **Blutstillung** hat vitale Bedeutung bei Gefäßverletzungen oder Spontanblutungen. Der physiologische Begriff der Blutstillung umfaßt alle vom Organismus entwickelten Vorgänge, die eine Blutung verhindern oder beenden sollen.

Am hämostatischen Geschehen sind mehrere Faktoren beteiligt:

- ▷ *das Gefäßsystem,*
- ▷ *die Blutplättchen (Thrombozyten),*
- ▷ *die Blutgerinnung und die Fibrinolyse.*

Die Reaktion des Gefäßsystems auf eine Verletzung oder Schädigung erfolgt rasch. Im Bereich der Kapillaren verkleben deren Endothelflächen, so daß kapilläre Blutungen nur unter besonderen Bedingungen anhalten. Blutverluste erfolgen vor allem aus eröffneten Arteriolen und Venolen. Bei diesen Gefäßen kommt es sehr rasch zu einer **Vasokonstriktion** durch Freisetzung vasoaktiver Substanzen aus Blutplättchen. Das führt zusammen mit dem Absinken des intravsalen Drucks zu einer Verkleinerung des Gefäßlumens. Bei Verletzung größerer Gefäße kommt es ebenfalls zu solchen lokalen Reaktionen. Darüber hinaus werden hier aber, durch den Blutverlust bedingt, übergeordnete Regulationsvorgänge auf nervalem und humoralem Weg eingeleitet. Sie führen einmal zu einer weiteren Gefäßverengung, zum anderen zu einer Verminderung der Durchblutung der betroffenen Gebiete.

Die vaskulären Reaktionen reichen allein aber nicht aus, um die Gefäße zu verschließen. Vielmehr heften sich in Sekundenschnelle Blutplättchen an die verletzten oder geschädigten Gefäßendothelien an. Sie bilden innerhalb kurzer Zeit durch Zusammenlagerung einen Wundpropf, den weißen oder **Plättchenthrombus.** Er kann das Gefäß vorläufig verschließen. Die Blutplättchen oder Thrombozyten spielen also schon in der initialen Phase der Blutstillung durch ihre Fähigkeit zur **Adhäsion** und zur **Aggregation** eine bedeutende Rolle.

Die Plättchenadhäsion erfolgt in vivo bevorzugt

an kollagenen Fasern. Beim Kontakt wird die Plättchenmembran für Inhaltsstoffe der Plättchen durchlässig, zu denen Gerinnungsfaktoren, gefäßaktive Substanzen sowie ATP und ADP gehören. Letzteres bewirkt zusammen mit ATP aus dem verletzten Gewebe die Aggregation der Plättchen. Diese Zusammenlagerung ist reversibel.

a. Blutgerinnung

Der eigentliche Verschluß eines verletzten Gefäßes erfolgt erst durch die dritte hämostatische Komponente, die **Blutgerinnung.** Hierbei entstehen Fibrinfäden, die den Plättchenthrombus als Netzwerk durchziehen. Sie verfestigen ihn und legen sich ihm auf. Durch Einbeziehung von Erythrozyten und Leukozyten in das Fibrinnetz entsteht der eigentliche **rote Gerinnungsthrombus.** Dieser weist gegenüber dem Plättchenthrombus eine höhere Festigkeit auf. Die nachfolgende **Retraktion** des Blutgerinnsels verfestigt ihn weiter und bewirkt durch Annäherung der Wundränder den endgültigen und dauerhaften Verschluß des Gefäßes.

Das Blut gerinnt immer, wenn es nicht mehr von der gesunden Gefäßintima eingeschlossen ist, folglich auch außerhalb der Blutbahn. In vitro kann man beobachten, wie frisch entnommenes Blut nach einiger Zeit zu einer gelartigen, elastischen Masse erstarrt. Dieser **Blutkuchen** enthält alle Anteile des Blutes. Die Blutzellen sind in die Maschen eines neu entstandenen Fasernetzes aus Fibrin eingelagert, auf das oben schon hingewiesen wurde. Der Blutkuchen löst sich nach einigen Stunden von der Glaswandung ab und zieht sich zusammen. Dabei wird das Blutserum abgepreßt. Dies ist Folge der **Retraktion** des Fibrinfasernetzes.

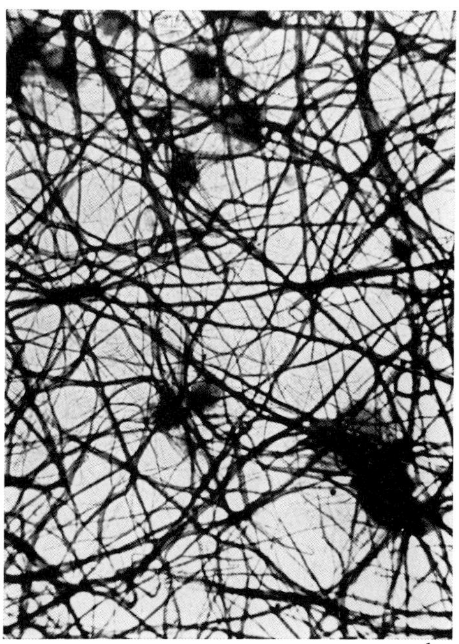

Abb. 112. Fibrinfasergerüst mit eingebauten Thrombozyten, 4 Stunden nach der Blutentnahme. (Nach Köppel, 1969)

Bei langsamer Gerinnung haben die Blutzellen Zeit zur Sedimentation. Es entsteht dann an der Oberfläche eine von Blutzellen freie Plasmaschicht. Der Blutkuchen erscheint in seinem obersten Teil nicht rot, sondern gelblich und speckartig. Bei Pferdeblut ist das besonders gut zu beobachten, weil hier die Erythrozyten schnell absinken und der Gerinnungsvorgang zudem eine längere Zeit beansprucht.

Gerinnungszeit. Die Gerinnung erfolgt beim Geflügel in 1–2 min, bei Hund und Schaf in 4–8, beim Menschen in 6–8, beim Rind in 8–10, beim Schwein in 10–15 und beim Pferd in 15–30 min. Diese Zahlen können nur Anhaltspunkte sein, da mannigfache Einflüsse die Gerinnungszeit verkürzen oder verlängern können. Beispielsweise verzögern niedrige Temperaturen die Gerinnung erheblich.

b. Der Gerinnungsvorgang

Die Fibrinbildung ist der wesentliche Vorgang der Blutgerinnung. Dabei wird das lösliche Plasmaprotein Fibrinogen in unlösliches Fibrin umgewandelt. Schon 1905 stellte Morawitz das klassische Gerinnungsschema auf, das auch heute noch den Kern der **Gerinnungstheorie** bildet. Danach wird die Fibrinbildung durch das proteolytische Enzym Thrombin bewirkt. Thrombin wird seinerseits unter Beteiligung von Thrombokinase und Calciumionen aus einer inaktiven Vorstufe, dem Prothrombin, gebildet:

Prothrombin (Faktor II)
↓ ← Thrombokinase (Faktor III)
↓ ← Ca^{++} (Faktor IV)
Fibrinogen + Thrombin → Fibrin
(Faktor I)

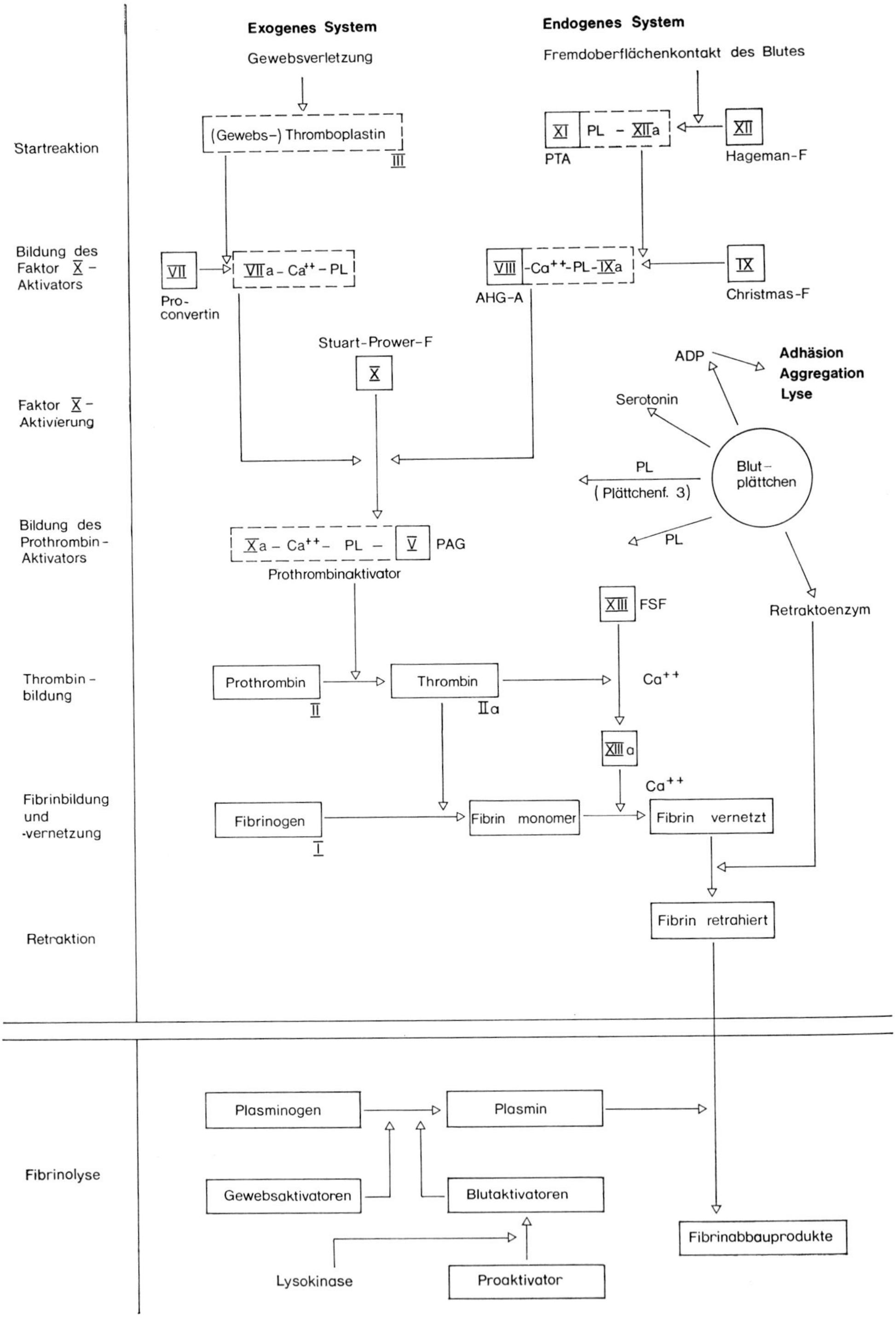

Abb. 113. Schema der Blutgerinnung und Fibrinolyse. Wirkungskomplexe gestrichelt, gebräuchlichste Faktorenbezeichnungen ausgezogen umrandet. Inhibitorische Einflüsse nicht berücksichtigt

Dieses Gerinnungsschema ist seitdem wesentlich und in verschiedener Richtung erweitert worden. Einmal weiß man, daß der Fibrinbildung komplizierte Reaktionen vorweggehen, an denen zahlreiche Faktoren beteiligt sind. Zum anderen ist der Vorgang der Wiederauflösung des Fibrins, die **Fibrinolyse,** in seiner physiologischen Bedeutung klar geworden.

Am **Gerinnungsvorgang** sind **plasmatische Faktoren** beteiligt, die vor allem im Blutplasma vorliegen. Daneben gibt es **zelluläre Faktoren,** die für den Gerinnungsablauf notwendig sind, beispielsweise Phospholipide (PL), die aus den Blutplättchen und anderen Zellen stammen.

Die Einleitung der Gerinnung kann auf zwei verschiedenen Wegen erfolgen. Sie kann erstens von einer Gewebsverletzung ausgehen und über das **exogene System** ablaufen (es wird auch als extravasales oder extrinsic System bezeichnet). Die zweite Möglichkeit ist mit dem **endogenen System** (intravasales oder intrinsic System) gegeben. Es wird in Gang gesetzt, sobald Blut mit fremden Oberflächen in Kontakt kommt. Beide Wege führen zum gleichen Ziel: Zur Aktivierung des Faktors X.

In Abbildung 113 sind die einzelnen Reaktionsschritte dieser Vorphase der Gerinnung skizziert. Das initiale Ereignis im **exogenen System** ist die Freisetzung von chemisch verschiedenen gerinnungsaktiven Substanzen aus Zellen des verletzten Gewebes. Man faßt sie unter dem Begriff **Thromboplastin** (auch **Gewebsthromboplastin** oder **Thrombokinase,** Faktor **III**) zusammen. Durch Gewebsthromboplastin wird der Plasmafaktor **VII** zu Faktor VII a aktiviert, der zusammen mit Calciumionen und Phospholipiden den **Faktor X-Aktivator** darstellt. Durch ihn wird Faktor **X** *(Stuart-Prower-Faktor)* in seine aktive Form X a überführt. Das geschieht unter Mitwirkung des aus zerfallenden Thrombozyten stammenden **Plättchenfaktors 3,** einem Phospholipid. Die Faktorenaktivierung auf dem exogenen Weg läuft sehr rasch ab.

Das **endogene System** benötigt längere Zeit. Hier beginnt die Reaktionsfolge mit der *Aktivierung des Hageman-Faktors,* **Faktor XII,** wenn das Blut nicht mehr mit der gesunden Gefäßintima in Berührung ist, wenn es mit fremden Oberflächen Kontakt erhält. Hierzu zählen auch Intimadefekte oder -alterationen. Zusammen mit einem weiteren Plasmafaktor, dem Faktor **XI** und mit Phospholipiden entsteht ein Enzym-Substrat-Komplex, der seinerseits die Aktivierung des Faktors **IX** katalysiert. Der aktivierte Faktor IX a reagiert nun mit dem Faktor **VIII** und bildet mit Phospholipiden unter Beteiligung von Ca^{++} den **Faktor-X-Aktivator** des endogenen Systems.

Der Faktor **X** stellt den Ausgangspunkt für den weiteren, beiden Systemen gemeinsamen Gerinnungsablauf dar. Seine aktivierte Form X a ist ein Enzym, das zusammen mit Ca^{++}, Phospholipiden und dem Plasmafaktor **V** die Umwandlung von **Prothrombin** (Faktor **II**) in **Thrombin** bewirkt. Man faßt die an dieser Reaktion beteiligten Komponenten unter dem funktionellen Begriff **Prothrombinaktivator** zusammen. Prothrombin wird in der Leber gebildet und ist normalerweise im Plasma vorhanden. Es wird durch den Prothrombinaktivator in mehrere Komponenten zerlegt, von denen eine **Thrombin** darstellt (Faktor II a).

Thrombin ist ein proteolytisches Enzym. Es bewirkt die wesentliche Reaktion des Gerinnungsvorgangs, die Umwandlung des **Fibrinogens** in **Fibrin.** Dabei entstehen durch Abspaltung zweier Peptide vom Fibrinogenmolekül **Fibrinmonomere,** die sich zu polymeren Doppelsträngen zusammenlagern und schließlich die Fibrinfibrillen bilden. Dieses Fibrin ist unter bestimmten Bedingungen noch löslich. Erst durch die Einwirkung des fibrinstabilisierenden Faktors **XIII** (aktiviert zu XIII a) entsteht in Anwesenheit von Ca^{++} das **kovalent vernetzte Fibrin.** Damit ist die eigentliche Gerinnung beendet, das **Gerinnsel** gebildet. Durch Zusammenziehung der Fibrinfibrillen erfolgt dann schließlich die **Retraktion** des Koagulums. Diese relativ langsam ablaufende Reaktion wird durch einen Thrombozytenfaktor, das **Retraktoenzym,** bewirkt.

c. Fibrinolyse

Im Zuge der Wundheilung erfolgt die Beseitigung des Gefäßverschlusses, indem das gebildete Fibrin wieder zu kleineren Peptiden abgebaut wird. Den Vorgang bezeichnet man als Fibrinolyse. Das fibrinolytische System ist einfacher als das Gerinnungssystem.

Der Fibrinabbau geschieht durch eine Protease, das **Plasmin** oder Fibrinolysin. Es ist im Blut als inaktive Vorstufe vorhanden, als **Plasminogen** (oder Profibrinolysin). Plasminogen ist ein β-Globulin mit hoher Adsorptionstendenz zu Fibrin. Seine Aktivierung zum aktiven Enzym Plasmin ist

Tab. 30. Am Gerinnungsprozeß beteiligte Faktoren. (Nach HEIMBURGER u. TROBISCH, 1971; gekürzt)

Faktor (F.)	Synonyme	elektrophoret. Beweglichkeit	Funktion und bes. Eigenschaften
I	Fibrinogen	β_2-Globulin	β_2-Glykoprotein, das durch F. II a an zwei spezifischen Arginylsequenzen zu Fibrinmonomeren gespalten wird
II	Prothrombin	α_2-Globulin	Proesterase, die durch F. X a zu einer Endopeptidase aktiviert wird, die relativ fibrinogenspezifisch ist
II a	Thrombin		
III	Thromboplastin, Thrombokinase		Gewebefaktor, wird zusammen mit Phospholipiden bei Verletzungen freigesetzt
IV	Ca^{++}		
V	Accelerin, Plasma-Accelerator-Globulin (PAG)	β-Globulin	Sehr empfindliches Protein, das durch Ca^{++} stabilisiert wird. Katalysiert zusammen mit Phospholipiden und Ca^{++} die Prothrombinaktivierung durch F. X a
VII	Proconvertin	β-Globulin	Proenzym, Aktivierung durch Kontakt mit Zellfragmenten, Cofaktor von F. III, mit dem er den Aktivator von F. X bildet
VII a	Convertin		
VIII	Antihämophiles Globulin A, AHG-A	β_2-Globulin	Enzymcharakter nicht bewiesen, wird durch Ca^{++} stabilisiert, Substrat von F. IX a
IX	Christmas-F., Antihämophiles Globulin B	β_2-Globulin	
IX a			F. IX a bildet im Komplex mit F. VIII, Ca^{++} und Phosholipiden den Aktivator von F. X
X	Stuart-Prower-F.	α_1-Globulin	Proesterase, die durch endogen oder exogen gebildete Aktivatoren zur Arginin-Esterase wird
X a			
XI	Plasma-Thromboplastin Antecedent, PTA	β_2-Globulin	Substrat von F. XII a, mit Phospholipiden bilden beide einen Komplex, der die Aktivierung von F. IX katalysiert
XII	Hageman-F., Kontakt-F.	β_2-Globulin	Proesterase, Aktivierung durch Fremdoberflächen zur Arginin-Esterase (F. XII a)
XII a			
XIII	Fibrin-stabilisierender F., Fibrinase	β_2-Globulin	Transglutaminase, die durch Thrombin aktiviert wird
XIII a	Plasmatransglutaminase		Verknüpft die Fibrinmonomeren über Peptidbindungen zu einem festen Netz

Anmerkung: Aktivierte Faktoren werden durch »a« kenntlich gemacht

der wesentliche Vorgang im fibrinolytischen Geschehen. Die Aktivierung kann durch eine Reihe von Substanzen eingeleitet werden, die in nahezu allen Organen vorkommen **(Gewebsaktivatoren).** Daneben gibt es auch wirksame Faktoren, die ausschließlich im Blut vorkommen **(Blutaktivatoren).** Insofern könnte man auch bei der Fibrinolyse von einem exogenen und einem endogenen System sprechen. Der Blutaktivator bedarf seinerseits der Aktivierung aus einer Vorstufe, dem **Proaktivator,** durch **Lysokinasen.** Beim Menschen spielt die Aktivierung von Human-Plasminogen durch Streptokinase, einem Stoffwechselprodukt aus Streptokokken, bei der fibrinolytischen Therapie eine bedeutende Rolle.

Plasmin kann nicht nur den Abbau von Fibrin katalysieren, sondern auch den von Fibrinogen und der Faktoren VIII und V. Hieraus ist zu ersehen, in wie starkem Maße das fibrinolytische System den Gegenspieler zum Gerinnungssystem darstellt. Es ist als Regulativ bei überschießender Gerinnungsaktivität aufzufassen.

d. Inhibitoren der Gerinnung und Fibrinolyse

Sowohl die Gerinnung als auch die Fibrinolyse müssen in vivo lokal begrenzt werden. Die Kontrolle über das Ausmaß von Gerinnung und Fibrinolyse liegt bei den **Inhibitoren** beider Systeme. Dies sind Substanzen, die die gerichteten Abläufe auf bestimmter Stufe blockieren können.

Als Inhibitoren im Gerinnungssystem sind zwei Substanzgruppen bekannt. Sowohl im Blut als auch im Gewebe gibt es zunächst Stoffe, die zusammenfassend **Antithrombokinasen** oder **Antithromboplastine** genannt werden. Sie blockieren den Prothrombinaktivator. Wichtiger als diese Substanzgruppe ist die Gruppe der **Antithrombine.** Diese umfaßt mehrere Proteine, die in verschiedener Weise dem Thrombin entgegenwirken:

▷ Antithrombin I
Fibrin, das relativ viel Thrombin zu binden und damit zu neutralisieren vermag;

▷ Antithrombin III
ein α-Globulin, neutralisiert Thrombin stark und progressiv;

▷ Antithrombin IV
wird während der Prothrombinaktivierung proportional zur Thrombinneubildung freigesetzt;

▷ Antithrombin V
wahrscheinlich ein Antikörper (pathologisch).

▷ Fibrin- und Fibrinogenspaltprodukte, die bei gesteigerter Fibrinolyse die Fibrin-Polymerisation hemmen.

Dem *Antithrombin III* kommt besondere Bedeutung zu. Es stellt den Kofaktor zu **Heparin** dar. Heparin ist ein Mucopolysaccharid mit schneller und starker Antithrombinwirkung. Es wird in Mastzellen gebildet und transportiert, entfaltet seine Wirkung aber nur in Verbindung mit Antithrombin III. Es greift auch an anderen Punkten hemmend in den Gerinnungsablauf ein.

Auch für das *Fibrinolysesystem* gibt es eine Reihe von Inhibitoren, die an verschiedenen Stellen angreifen. Sie finden sich im Gewebe und in Körperflüssigkeiten. Im Plasma gibt es zwei **Antiplasmine,** von denen das α_2-Makroglobulin besonders bedeutend ist. Es wirkt nicht nur als Antiplasmin, sondern auch als Antithrombin. Das gleiche trifft für das Antithrombin III zu. Beide wirken also hemmend sowohl im Gerinnungs- als auch im Fibrinolysesystem. Dies bedeutet, daß sie das physiologische Gleichgewicht zwischen Gerinnungstendenz einerseits und fibrinolytischer Aktivität andererseits zu regulieren in der Lage sind. Sie spielen offenbar im komplizierten Wechselspiel der fördernden und hemmenden Einflüsse in den beiden antagonistischen Systemen eine besondere Rolle.

Ein anderer Stoff, der ebenfalls in den Gerinnungsablauf eingreift, ist **Dicumarol,** ein Cumarinderivat. Dicumarol kann bei bakterieller Einwirkung auf Cumarin in faulendem Süßkleeheu entstehen. Es führt zu tödlichen Erkrankungen der mit diesem verdorbenen Heu gefütterten Haustiere (Süßkleekrankheit der Rinder, sweet clover disease).

Die **Cumarine** wirken als Antagonisten des **Vitamin K_1,** das für die Bildung der Faktoren II (Prothrombin), VII, IX und X in der Leber notwendig ist. Bei Vitamin-K-Mangel wird der »Prothrombinkomplex«, zu dem man die genannten vier Proteine zusammenfaßt, zwar weiterhin gebildet, zeigt aber keine gerinnungsphysiologische Wirksamkeit. Durch Verabreichung von Cumarinderivaten kann man somit die Gerinnungstendenz des Blutes senken. Solche (Langzeit-)Antikoagulantien haben in der Thromboseprophylaxe Bedeutung erlangt.

Gerinnungshemmung in vitro

Eine Verzögerung oder Aufhebung der Gerinnung in vitro kann durch eine Reihe von Maßnahmen erreicht werden. Stark gehemmt wird die Gerinnung schon durch *Abkühlen des Blutes* und durch Verhinderung des Eintritts von Gewebsflüssigkeit in das Blut. Eine weitgehende Verzögerung erreicht man durch *Verwendung von Geräten mit schlecht benetzbarer Oberfläche* (glattwandige Kanülen, silikonierte Glaswaren oder Polyäthylengefäße), weil Adhäsion und Zerfall der Blutplättchen dadurch stark vermindert werden. Auch durch *Defibrinieren* (Schütteln mit Glasperlen oder Schlagen) kann das Blut ungerinnbar gemacht werden.

Von praktischer Bedeutung ist der Zusatz **gerinnungshemmender Substanzen.** Allgemein gebräuchlich ist die Zugabe von **Heparin,** das in geringer Konzentration wirksam ist, oder von **EDTA** (Äthylendiamintetraessigsäure), einem Chelatbildner. Ferner verwendet man als Antikoagulans Lösungen von **Natriumcitrat** oder **-oxalat,** wodurch die für die Gerinnung notwendigen Calciumionen gebunden werden. Erneuter Zusatz von Calciumionen im Überschuß (Rekalzifizierung) führt hier zu sofortiger Gerinnung. Man kann schließlich die Gerinnung durch manche Schlangengifte oder durch Hirudin hemmen, eine Substanz, die sich im Mundsekret des Blutegels findet und als Antithrombin wirkt.

Blutgerinnungsbestimmungen dienen der Prüfung der pauschalen Gerinnungsaktivität des Blutes oder einzelner Phasen oder Faktoren. Zur ersteren Gruppe gehört die Bestimmung der **Gerinnungszeit** und die der **Rekalzifizierungszeit.** Beides sind Suchmethoden, die Aufschluß über das Vorliegen einer normalen, verstärkten oder verminderten Gerinnungsneigung geben. Die Bestimmung der **Thrombinzeit** zählt wie die der **Thromboplastinzeit** (Quick) zu den Gruppentests, mit denen mehrere Faktoren erfaßt werden. Die Aktivität einzelner Faktoren und die Plättchenfunktion lassen sich mit speziellen Bestimmungsmethoden prüfen.

B. Lymphe

Aus den arteriellen Kapillaren fließt ein ständiger Strom von Flüssigkeit in die Gewebsspalten, das Interstitium. Der Abfluß erfolgt auf zwei Wegen, über die venösen Blutkapillaren und über die Lymphkapillaren. Bei der Bildung der Lymphe sind Filtrations- und Diffusionsvorgänge von Bedeutung. Das den Lymphkapillaren sich anschließende Lymphgefäßsystem führt schließlich die Lymphe dem venösen Blut in der Nähe des Herzens zu. Die Blockierung des Lymphflusses in einem bestimmten Gebiet führt dort zu einer Flüssigkeitsstauung (Ödem).

Im Lymphplasma sind die **Lymphzellen** suspendiert. Sie werden der Lymphe überwiegend in den Lymphknoten zugeführt. Nach Lymphknotenpassage findet man bis zu 40 000 Lymphozyten je ml. Daneben enthält die Lymphe wenige oder keine Erythrozyten und Granulozyten.

Das **Lymphplasma** stellt eine farblose oder schwach gelbliche Flüssigkeit dar. Vom Blutplasma unterscheidet es sich insbesondere durch einen geringeren Eiweißgehalt. Wie das Blut enthält die Lymphe Albumin, Globuline und Fibrinogen. Infolge der geringen Fibrinogenmengen gerinnt die Lymphe nur langsam. Der Fettgehalt wechselt zeitlich und örtlich besonders stark. Vor allem trifft das für die Lymphe des Darmgebietes zu, die mindestens 90 % der resorbierten Fettsäuren aufnimmt. Die Fettsäuren werden in der Mucosazelle zu Triglyceriden resynthetisiert. Diese bilden (mit Phospholipiden, Cholesterin und Protein) kleine Fetttröpfchen von etwa 1 µm Durchmesser, die Chylomikronen. Bei fetthaltiger Nahrung gewinnt die Darmlymphe dadurch ein milchartiges Aussehen (Chylus) und emulsionsartige Konsistenz. Der Chylus vermischt sich in den großen Lymphgefäßstämmen mit der übrigen Körperlymphe.

Das System der **Lymphgefäße** ist dem Blutgefäßsystem angegliedert. Die Lymphgefäße der Säugetiere bilden ein von Endothelzellen (ohne

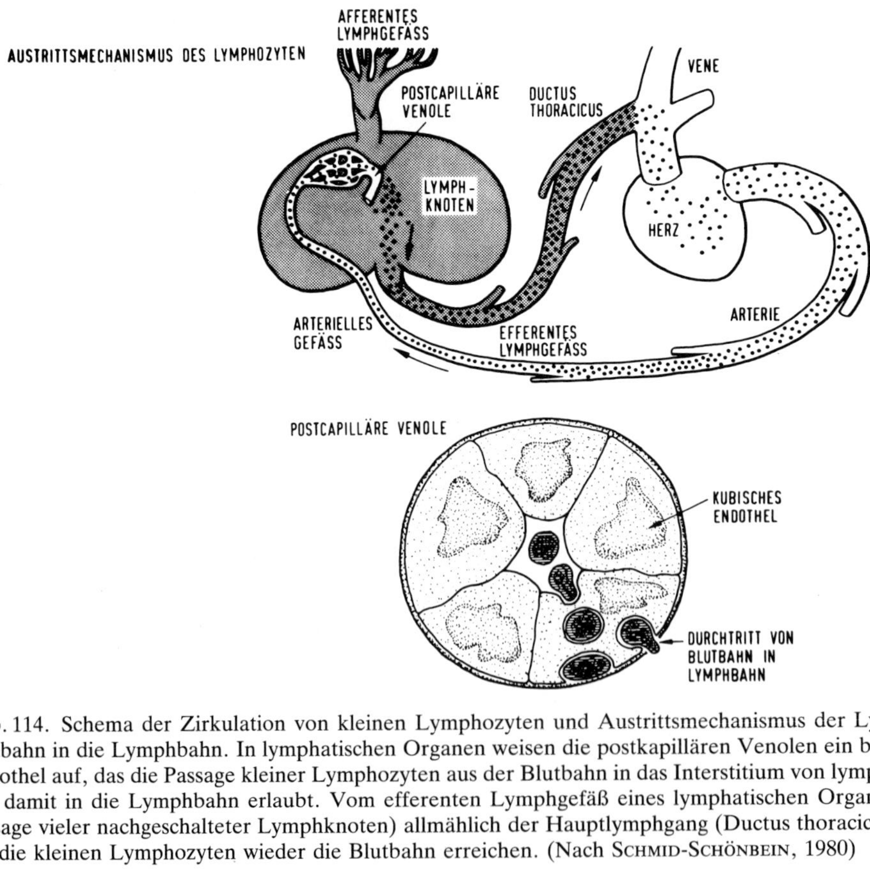

Abb. 114. Schema der Zirkulation von kleinen Lymphozyten und Austrittsmechanismus der Lymphozyten aus der Blutbahn in die Lymphbahn. In lymphatischen Organen weisen die postkapillären Venolen ein besonderes kubisches Endothel auf, das die Passage kleiner Lymphozyten aus der Blutbahn in das Interstitium von lymphatischen Geweben und damit in die Lymphbahn erlaubt. Vom efferenten Lymphgefäß eines lymphatischen Organs wird (meist unter Passage vieler nachgeschalteter Lymphknoten) allmählich der Hauptlymphgang (Ductus thoracicus) erreicht, von wo aus die kleinen Lymphozyten wieder die Blutbahn erreichen. (Nach Schmid-Schönbein, 1980)

Basalmembran) ausgekleidetes Röhrensystem. Seine Anfänge, die Lymphkapillaren, liegen als geschlossene Netze im subepithelialen Bindegewebe der äußeren und inneren Körperoberflächen sowie im bindegewebigen Gerüst der Organparenchyme und grenzen an die Gewebsspalten, denen sie zur Dränage blinde, kolbenartige Wandausbuchtungen entgegenstrecken. In ihrem Bau gleichen die *Lymphkapillaren* weitgehend den Kapillaren der Blutgefäße. Aus den Ursprungskanälchen entstehen die abführenden Lymphgefäße, die sich allmählich zu wenigen Stämmchen vereinigen.

Das bedeutendste Lymphsammelrohr ist der *Ductus thoracicus,* der in das Venensystem im Gebiete des Brustraumes mündet. Auf dem Wege dahin muß die Lymphe in die Lymphbahnen eingeschaltete Lymphknoten durchfließen.

Für die **Lymphbewegung** muß zunächst als Triebkraft der Druck gelten, den die in die Lymphkanäle stets nachrückende Gewebsflüssigkeit dauernd ausübt. Der Druck in den Lymphgefäßen schwankt nach Befunden beim Schaf zwischen 1 und 25 mm Hg. Infolge des Druckes im Blutgefäßsystem ist dieser in den im Gewebe liegenden Lymphwurzeln (Kapillaren) relativ hoch, an der Einmündungsstelle des Ductus thoracicus in das venöse System dagegen sehr niedrig; bei jeder Inspirationsbewegung sinkt er, so daß die Lymphe in Richtung auf das venöse System angesaugt wird. Am Zentralchyluskanal der Darmzotten, der Ursprungsstätte der Chylusbahn, bewirken die um ihn herumliegenden glatten Muskelbündel bei ihrer Kontraktion eine Verkürzung der Zotten und damit eine Entleerung ihres Zentralkanals in zentripetaler Richtung in die Lymphgefäße der Darmwand. Die in den letzteren vorhandenen zahlreichen Klappen verhindern einen Rückfluß des Chylus in den Zentralkanal, wenn die Zotten sich wieder strecken.

Literatur

Allgemeines

Heimpel, H., 1974: Standardmethoden für die Bestimmung des Erythrozyten- und Plasmavolumens. Bericht des Internationalen Komitees für Standardisierung in der Hämatologie (ICSH). Blut **29,** 422–433.

Kaboth, W., H. Begemann, 1977: Blut. In: Gauer, O. H., K. Kramer, R. Jung: Physiologie des Menschen, Bd. 5. Verlag Urban & Schwarzenberg, München, Wien, Baltimore.

Schmid-Schönbein, H., 1980: Blut. In: Kramer, K. (Hrsg.): Vegetative Physiologie. Verlag Urban & Schwarzenberg, München, Wien, Baltimore.

Schalm, O. W., N. C. Cain, E. J. Carroll, 1975: Veterinary Hematology. 3rd Ed. Lea & Febiger, Philadelphia.

Schmidt, R. F., G. Thews (Hrsg.), 1980: Physiologie des Menschen. 20. Aufl. Springer-Verlag, Berlin, Heidelberg, New York.

Williams, W. J., E. Beutler, A. J. Ersley, R. W. Rundles (Ed.), 1977: Hematology. 2nd Ed. McGraw-Hill Book Company, New York.

Blutzellen und Hämopoese

Agar, N. S., P. G. Board (Ed.), 1983: Red Blood Cells of Domestic Mammals. Elsevier, Amsterdam, New York.

Bessis, M. (Ed.), 1973: Living Blood Cells and their Ultrastructure. Springer-Verlag, Berlin, Heidelberg, New York.

Boll, I., 1976: Granulozytopoese. Morphologie, Physiologie, Kinetik und Funktion. In: Begemann, H. (Hrsg.): Handbuch der Inneren Medizin. 5. Aufl., Bd. II, 3. Springer-Verlag, Berlin, Heidelberg, New York.

Eder, H., A. Wels, 1977: Hämatologische Regulationsmechanismen. Tierärztl. Umschau **32,** 291.

Fliedner, Th. M., 1974: Kinetik und Regulationsmechanismen des Granulozytenumsatzes. Schweiz. med. Wschr. **104,** 98.

Kubanek, B., 1980: Physiologie des Blutes (Homöostase zellulärer Blutbestandteile). In: Ahnefeld, F. W. et al. (Hrsg.): Therapie mit Blutkomponenten. Springer-Verlag, Berlin, Heidelberg, New York.

Mamoud, A. F., K. F. Austen, A. S. Simon, 1980: The Eosinophil in Health and Disease. Grune & Stratton, New York.

Neumeier, R., H. R. Maurer, 1981: Regulation der Zelldifferenzierung bei Leukozyten. Biol. i. u. Zeit **11,** 78–85.

Parwaresch, M. R., 1976: The Human Blood Basophil. Springer-Verlag, Berlin, Heidelberg, New York.

Quaisser, W. (Hrsg.), 1978: Das Knochenmark. Morphologie, Funktion, Diagnostik. Verlag Georg Thieme, Stuttgart.

Trepel, F., 1976: Das lymphatische Zellsystem: Struktur, allgemeine Physiologie und allgemeine Pathophysiologie. In: Begemann, H. (Hrsg.): Handbuch der Inneren Medizin. 5. Aufl., Bd. II, 3. Springer-Verlag, Berlin, Heidelberg, New York.

Unspezifische Abwehr

Bessler, W., 1981: Abwehrmechanismen gegen bakterielle Infektionen. Biol. i. u. Zeit **11,** 1–6.

Rister, M., 1980: Phagozytosemechanismen alveolärer Makrophagen und Granulozyten. Blut **41,** 257–267.

Weiss, E., 1982: Entzündung. In: Stünzi, H., E. Weiss (Hrsg.): Allgemeine Pathologie für Tierärzte und Studierende der Tiermedizin. 7. Aufl. Verlag Paul Parey, Berlin, Hamburg.

Immunabwehr

Keller, R., 1981: Immunologie und Immunpathologie.

Eine Einführung. 2. Aufl. Verlag Georg Thieme, Stuttgart, New York.
ROITT, I., 1983: Immunologie. 3. Aufl. Steinkopff-Verlag, Darmstadt.
SCHLIESSER, TH., 1982: Immunologie. In: STÜNZI, H., E. WEISS (Hrsg.): Allgemeine Pathologie für Tierärzte und Studierende der Tiermedizin. 7. Aufl. Verlag Paul Parey, Berlin, Hamburg.
SELL, ST., 1977: Immunologie, Immunpathologie und Immunität. Verlag Chemie, Weinheim, New York.
TIZARD, I. R., 1981: Einführung in die veterinärmedizinische Immunologie. Übers. u. bearb. von BUSCHMANN, H. G. (Pareys Studientexte Nr. 30). Verlag Paul Parey, Berlin, Hamburg.

Hämostase

KAŠE, F., J. POSPÍŠIL, 1983: Die physiologischen Inhibitoren der Blutgerinnung. Teil 1: Das Antithrombin III (AT III). Folia Haematol. Leipzig **109,** 337–349.
LECKNER, K., 1982: Blutgerinnungsstörungen. (In der Reihe Laboratoriumsdiagnose hämatologischer Erkrankungen.) Springer-Verlag, Berlin, Heidelberg, New York.
MEYER-BERTENRATH, J. G., 1980: Blutgerinnung und Fibrinolyse. 5. Aufl. Deutscher Ärzte-Verlag, Köln-Lövenich.
OGSTON, D., B. BENNET (Ed.), 1977: Haemostasis: Biochemistry, Physiology, and Pathology. J. Wiley & Sons, London.
WITT, I., 1975: Biochemie der Blutgerinnung und Fibrinolyse. Verlag Chemie, Weinheim.

VI. Blutkreislauf

H. Spörri

A. Allgemeine Vorbemerkungen

Das Blut kann seine vielen Aufgaben (Versorgung der Zellen mit Sauerstoff und Nährstoffen, Transport der Stoffwechselschlacken von den Zellen zu den Ausscheidungsorganen, Hormon- und Antikörpertransport, Wärmekonvektion usw.) nur erfüllen, wenn es alle Organe durchströmt, und zwar so, daß es, vom Herzen ausgehend, durch ein entsprechend angelegtes Gefäßsystem (Arterien, Arteriolen, Kapillaren, Venolen, Venen) immer wieder zum Herzen zurückkehrt. Schon die Bezeichnung »Kreislauf« weist darauf hin, daß das Blut in einer in sich geschlossenen Bahn strömt bzw. zirkuliert.

Es ist üblich, das gesamte Blutkreislaufsystem in einen **Lungenkreislauf (kleiner Kreislauf)** und einen **Körperkreislauf (großer Kreislauf)** zu unterteilen. Die Bezeichnungen Lungenkreislauf und Körperkreislauf sind aber eigentlich falsch, denn weder der Lungenkreislauf noch der Körperkreislauf schließen für sich allein eine Kreisbahn. Erst das **Lungengefäßsystem** und das **Körpergefäßsystem** zusammen bilden ein in sich geschlossenes Kreislaufsystem (Abb. 115), in welchem das Körper- und Lungengefäßsystem hintereinander geschaltet sind.

Um das Blut in Strömung zu versetzen, sind in das Kreislaufsystem der Säugetiere und Vögel zwei Pumpsysteme eingefügt, nämlich der linke Vorhof und die linke Herzkammer (»linkes Herz«) am Anfang des Körpergefäßsystems; der rechte Vorhof und die rechte Herzkammer (»rechtes Herz«) am Anfang des Lungengefäßsystems. Die linke Herzkammer pumpt das arterielle Blut via Aorta und arterielles Gefäßsystem in sämtliche Organe inklusive Herz (Koronararterien) und Lunge (Bronchalarterie). Aus den Organen kehrt das venöse Blut durch die vordere und hintere Hohlvene in den rechten Vorhof und von dort in die rechte

Herzkammer zurück. Die rechte Herzkammer pumpt das venöse Blut durch die Arteria pulmonalis in die Kapillarnetze der Lungenalveolen, wo es CO_2 an die Lungenluft abgibt und O_2 aus derselben aufnimmt. Durch die Venae pulmonales fließt das arterielle Blut in den linken Vorhof und von dort in die linke Herzkammer zurück.

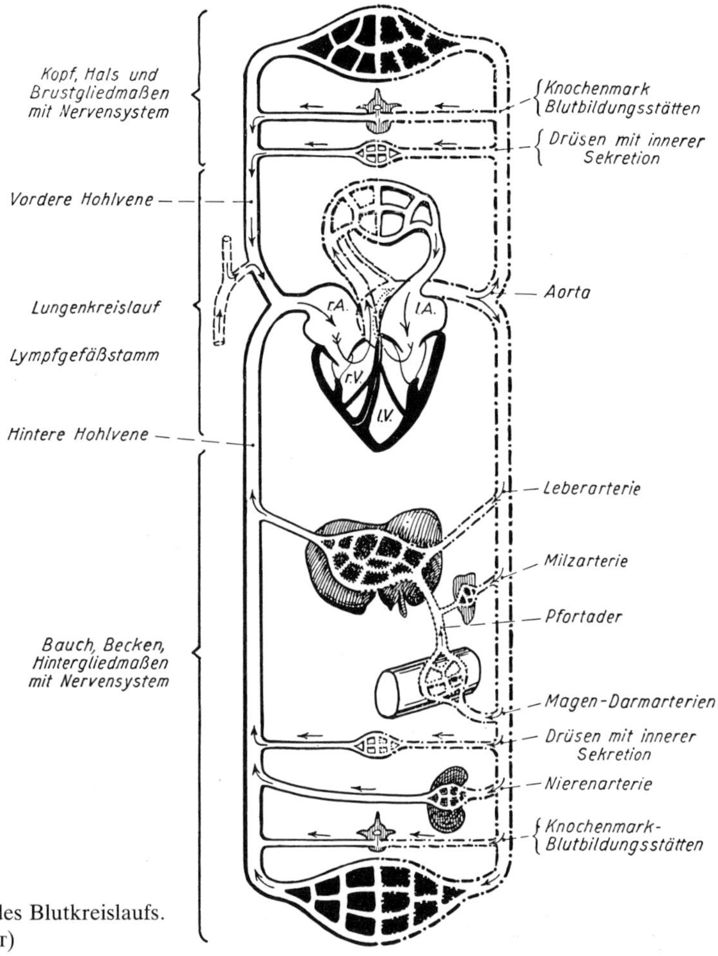

Abb. 115. Schema des Blutkreislaufs. (Nach Ackerknecht)

B. Das Herz

Das Herz ist der wichtigste Motor der Blutbewegung. Andere Mechanismen, wie die Atmungsbewegungen und die Tätigkeit der Skelettmuskulatur, sind von verhältnismäßig geringer Bedeutung für die Blutförderung[1]. Bei den Säugetieren und Vögeln besteht es aus je zwei **Vorhöfen** und zwei **Kammern** (Abb. 116). Normalerweise sind sowohl die Vorhöfe als auch die Kammern durch Scheidewände, das Vorhofseptum und das Kammerseptum, vollständig voneinander getrennt[2]. Zwischen rechtem Vorhof (Atrium dextrum) und rechtem Ventrikel (Ventriculus dexter) bzw. linkem Vorhof (Atrium sinistrum) und linker Kammer (Ventriculus sinister) besteht je eine weite Öffnung, das

[1] Gewisse Tierarten, z. B. die Fledermäuse, verfügen in Form rhythmischer Kontraktionen der Flügelvenen noch über »Hilfsmotoren« für die Blutströmung.

[2] Bei Entwicklungsstörungen kann die während der Embryonalzeit im Vorhofseptum bestehende Öffnung offen bleiben (Foramen ovale persistens).

Ostium atrioventriculare. An dieser Stelle befinden sich als Ventile die **Atrioventrikularklappen,** welche den Rücktritt von Blut aus den Kammern in die Vorhöfe verhindern. Eine analoge Funktion erfüllen auch die **Semilunarklappen** am Ursprung der Aorta bzw. der Art. pulmonalis. Sie verhüten einen Rückfluß von Blut aus den erwähnten Arterien in die Ventrikel (S. 245).

Die Wandungen der Vorhöfe und Kammern bestehen aus drei Schichten, dem Epikard, Myokard und Endokard. Die mittlere Schicht, das **Myokard,** ist am dicksten und besteht aus quergestreifter Muskulatur. **Epikard** und **Endokard** überziehen als dünne Häute das Myokard, und zwar das Epikard außen und das Endokard innen. Funktionell und histologisch können am Myokard zwei Muskelarten unterschieden werden, nämlich die eigentliche **Arbeits-** oder **Triebmuskulatur** und die **spezifische Muskulatur,** auch **Reizbildungs-** und **Erregungsleitungssystem** genannt.

1. Die Arbeits- oder Triebmuskulatur

Sie bildet die Hauptmasse (etwa 99 %) des Myokards und erzeugt die Kraft für die Blutbewegung. Im Unterschied zur Skelettmuskulatur sind die Fasern der Triebmuskulatur des Herzens durch Verbindungsäste miteinander verwachsen. Auch in der Anordnung der Myofibrillen und durch die zentrale Lage der Kerne sowie die Unbeeinflußbarkeit durch den Willen unterscheiden sich diese Zellen von den Skelettmuskelfasern. In Abständen von 20–50 µm weist die Triebmuskulatur die sog. **Kittlinien** oder **Glanzstreifen** auf. An diesen Kittlinien sind die äußeren Lamellen der Muskelzellmembranen stellenweise miteinander verschmolzen (tight junctions bzw. low resistance junctions), wobei der interzelluläre bzw. extrazelluläre Spaltraum verschwindet. An diesen intimen Kontaktstellen der Myokardzellen fehlt somit auch die Extrazellularflüssigkeit und damit auch ein elektrisches Diffusionspotential (S. 218). Der elektrische Widerstand dieser Kontaktstellen ist sehr gering. Kontraktionsimpulse (Erregungswellen) können deshalb an diesen Stellen direkt von Zelle zu Zelle übertreten. Elektrophysiologisch bzw. hinsichtlich der Ausbreitung von Kontraktionsimpulsen verhält sich das Myokardgewebe wie ein Zellsynzytium (S. 215). Die Glanzstreifen vermögen bei Verletzungen innerhalb weniger Minuten neue isolierende Zellgrenzflächen zu bilden und so das unversehrte Myokard gegen verletztes oder absterbendes Gewebe zu demarkieren. So wird verhindert, daß bei einer Läsion das gesamte Myokard der Zerstörung anheimfällt.

Die **Triebmuskulatur der Vorhöfe** ist im Vergleich zu der der Kammern schwach entwickelt (geringe Arbeitsleistung). Sie ist durch einen bindegewebigen Ring, den vierfach durchlochten (linkes und rechtes Ostium atrio-ventriculare, Mün-

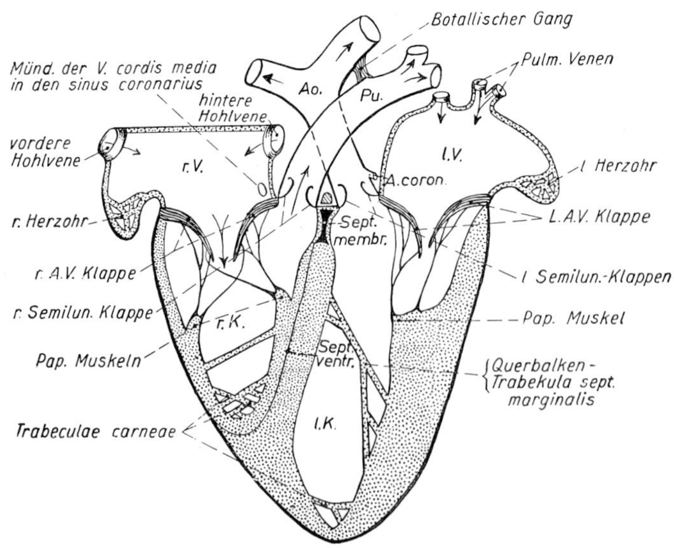

Abb. 116. Schema des Herzens. (Nach Ackerknecht)

dung der A. pulmonalis und der Aorta) **Anulus fibrosus,** vollständig von der Triebmuskulatur der Kammern getrennt. Dieser stellt das »Herzskelett« dar. In ihm sind die Aorta und A. pulmonalis sowie ein großer Teil der Vorhof- und Kammermuskulatur verankert (Abb. 143). Im Faserring des Aortenursprungs, der Stelle der stärksten Erschütterung, sind zur Versteifung bei den Haustieren Knorpel bzw. Knochen eingelagert. Die Muskulatur der Vorhöfe besteht aus einer äußeren, im wesentlichen zirkulären, teils jeden Vorhof für sich, teils beide Vorhöfe umkreisenden Schicht und einer inneren, mehrheitlich longitudinalen Schicht. Darüber hinaus finden sich zahlreiche, nach verschiedenen Richtungen verlaufende Bündel, die an der Innenfläche, besonders in den Herzohren, als balkige Muskelgeflechte erscheinen. Die zirkuläre Schicht setzt sich mehr oder weniger weit auf die Venen fort.

Die **Triebmuskulatur der Kammern** zeigt einen komplizierten, in drei Schichten angeordneten Aufbau. Vom linken Teil des Anulus fibrosus und dem Faserring des Aortenursprungs ausgehend, ziehen oberflächlich liegende Fasern schräg zur Herzspitze, wo sie (unter Wirbelbildung) in die innere Muskelschicht eintreten (Abb. 117). Von dort steigen sie, teilweise die Ventrikel umkreisend, im subendokardialen Teil der Kammerwand wieder auf. Sie enden teils in den Papillarmuskeln, teils erst wieder am Anulus fibrosus bzw. am Aortenring. Die Gipfel der Papillarmuskeln gehen in **Sehnenfäden (Chordae tendineae)** über, die zu den Segeln der Atrioventrikularklappen ziehen. Aus der Innenschicht des Myokards entspringend, verbindet ein System von Verstrebungen die Kammerinnenfläche (Abb. 116). Diese Querbalken haben die Aufgabe, bei der Systole eine allzu starke Ausbuchtung der Herzwände zu verhindern. Teilweise sind in ihnen auch Fasern des Reizbildungs- und Erregungsleitungssystems vorhanden. Die mittlere Muskelschicht, welche die mächtigste ist, besteht aus ringförmig den linken Ventrikel umziehenden Fasern und ist als das stärkste Triebwerk des Herzens aufzufassen. Zahlreiche Muskelzüge gehen von ihr zu den oberflächlichen Schichten. Entsprechend der großen Arbeitsleistung ist die Muskulatur der linken Kammer etwa dreimal dikker als die der rechten.

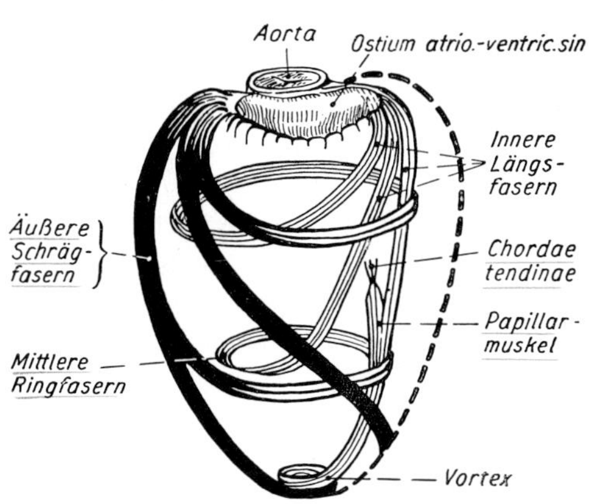

Abb. 117. Schema des Fasersystems der linken Herzkammer. (Nach BENNINGHOFF)

2. Die spezifische Muskulatur (Reizbildungs- und Erregungsleitungssystem)

Im Myokard findet man noch Muskelzellen, die sich von der großen Masse der Triebmuskelfasern unterscheiden. Sie bilden die Reize für die Herzkontraktionen und leiten sie (bzw. die von ihnen ausgelösten Erregungswellen) zur Triebmuskulatur. Die Zellen dieses Systems sind polygonal, sarkoplasmareich und besitzen relativ wenig Mitochondrien und spärlich Myofibrillen mit nur undeutlicher Querstreifung. Abgesehen von ihren peripheren Ausläufern, welche ohne scharfe Grenze in die gewöhnliche Triebmuskulatur übergehen, sind diese Elemente von der Umgebung durch eine Bindegewebsscheide abgesondert. Entsprechend ihrer besonderen Funktion faßt man die Gesamtheit dieser Zellen als **Reizbildungs-** und **Erregungsleitungssystem** (RB- und ELS)[1] zusammen.

Das RB- und ELS besteht aus dem **Sinusknoten** (Keith-Flack-**Knoten**), dem **Atrioventrikular-Knoten** (Aschoff-Tawara-**Knoten**), dem His-**Bündel,** dem linken und rechten Tawara-**Schenkel** sowie den Purkinje-**Fasern** (Abb. 118).

Der **Sinusknoten** liegt nahe der Einmündung der vorderen Hohlvene in den rechten Vorhof. Er bildet einen Zellkomplex, der in enger Verbindung mit den Triebmuskelfasern des rechten Vorhofs

[1] Häufig auch als **Reizbildungs-** und **Reizleitungssystem** bezeichnet. Da aber nicht Reize, sondern Erregungswellen geleitet werden, ist es besser, von einem **Erregungs**leitungssystem (ELS) zu sprechen. Funktionell stellt das ELS ein Verteilersystem der Erregung dar.

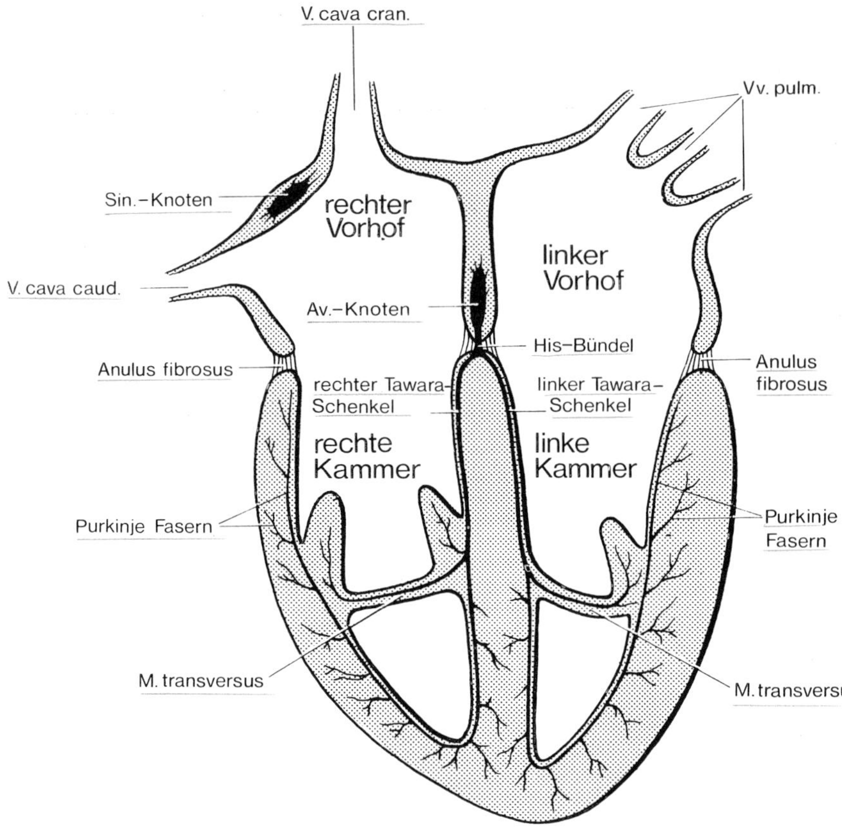

Abb. 118. Schema des Reizbildungs- und Erregungsleitungssystems (RB und ELS)

steht, denn es fehlt ihm die bindegewebige Trennung von der Vorhofmuskulatur.

Der **Atrioventrikularknoten** (Av.-Kn.) liegt direkt am Septum fibrosum atrioventriculare an der Basis der Vorhofscheidewand. Ventrikelwärts findet er seine Fortsetzung im His-**Bündel.** Dieses durchbohrt den Anulus fibrosus und teilt sich dann in zwei **Schenkel (Crus sinistrum, Crus dextrum).** Diese ziehen subendokardial auf den beiden Seiten des Kammerseptums herzspitzenwärts. Ungefähr in der Mitte des Kammerseptums zweigen viele Fasern ab und ziehen in den Musculi transversi quer durch das Lumen der linken bzw. rechten Kammer zur Kammeraußenwand, wo sie in die Basis der Papillarmuskeln einmünden. Jeder Schenkel gibt viele Zweige ab, die sich immer mehr verästeln, wodurch direkt unter dem Endokard beider Kammern ein Netzwerk aus spezifischen Muskelzellen, den sog. Purkinje-**Fasern,** entsteht. Von diesem Netzwerk senken sich sowohl im Gebiet des Kammerseptums als auch der Kammeraußenwände viele Fasern in die Tiefe des Myokards, wo sie ohne klare Grenze in die gewöhnliche Triebmuskulatur übergehen.

Funktionell ist bedeutungsvoll, daß Vorhof- und Kammermyokard normalerweise nur durch eine einzige schmale Muskelbrücke miteinander verbunden sind, und zwar in Form der spezifischen Muskelzellen des His-Bündels.

a. Funktionen des Reizbildungs- und Erregungsleitungssystems

Ein aus dem Körper herausgeschnittenes, mit Nährlösung und Sauerstoff versorgtes Herz schlägt weiter. Diese, als **Automatie** bezeichnete Eigenschaft, verdankt das Herz dem Gehalt an spezifischen Muskelzellen. Die Reizbildung und damit die Aktivierung des Herzens erfolgt also myogen. Das Nervensystem (intramurales und vegetatives Nervensystem) des Herzens spielt bei der Reizbildung an sich keine Rolle. Jede Zelle des RB- und ELS hat die Fähigkeit der Reizbildung. Normalerweise werden aber nur Reize, welche im Sinusknoten erzeugt werden, wirksam (Ausnahmen s. S. 233). Der Sinusknoten bestimmt damit den Rhythmus des Herzens. Er wird deshalb auch **»Schrittmacher«** (»pace maker«) des Herzens genannt (Primäres Reizbildungs-Zentrum).

aa. Aktivierung der Vorhöfe

Die im Sinusknoten erzeugte Erregungswelle geht zunächst auf die umgebende Triebmuskulatur des rechten Vorhofes über und setzt sie in Erregung bzw. Kontraktion[1]. In dieser pflanzt sich die Erregungswelle radiär in allen Richtungen fort, wobei gleichzeitig die ganze Dicke der Vorhofwand von der Erregung erfaßt wird (Abb. 119). Die Erregungsausbreitung in der Vorhofmuskulatur ist mit der Ausbreitung eines Wassertropfens in einem Stück Fließpapier vergleichbar[2]. Die Geschwindigkeit der Erregungsausbreitung ist in den Vorhöfen relativ langsam (etwa 0,8 m/s), da in ihnen, im Gegensatz zu den Ventrikeln, wahrscheinlich keine typischen Leitungsbahnen aus spezifischen Muskelfasern vorhanden sind. Es wurden allerdings besondere Muskelfaserbündel zwischen dem Sinusknoten und dem Av.-Knoten beschrieben (**Bachmannsches** Bündel, **Wenckebach-**Trakt, **Thorel-**Trakt), die eine etwas größere Leitungsgeschwindigkeit als gewöhnliche Triebmuskelfasern haben dürften (Muylle, 1974). In der Folge greift die Erregungswelle auch auf den linken Vorhof über. Das Zeitintervall zwischen dem Erregungsbeginn im rechten und linken Vorhof ist von der Herzgröße abhängig, bei kleinen Herzen (Hund, Katze) beträgt es 0,02–0,04 s, bei großen Herzen (Pferd, Rind) 0,05–0,10 s. Am spätesten werden die blinden Enden der Herzohren von der Erregung erfaßt.

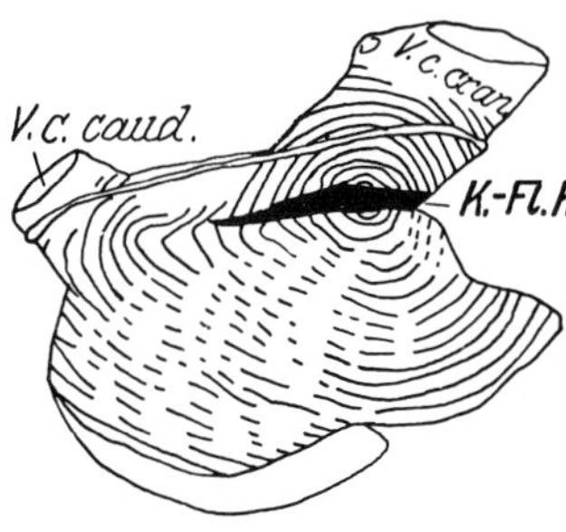

Abb. 119. Ausbreitung der vom Sinusknoten (Kt.-Fl. Kn.) ausgehenden Erregung in der Vorkammermuskulatur. (Nach Lewis).

V. c. cran. = Vena cava cranialis, V. c. caud. = Vena cava caudalis

ab. Aktivierung des Überleitungssystems

Im Moment, da die Erregungswelle den Av.-Knoten erreicht (0,02 bis 0,05 s nach dem Beginn der Vorhofserregung), geht sie auf denselben über, worauf sie via das His-Bündel sowie den linken und rechten Tawara-Schenkel und das Purkinje-Fasersystem zur Triebmuskulatur der beiden Kammern gelangt.

Während das His-Bündel, die Tawara-Schenkel und die Purkinje-Fasern die Erregungswellen sehr rasch leiten (2,5–4,5 m/s), ist die Impulsleitung im Av.-Knoten, und zwar vor allem in seinem oberen (vorhofseitigen) Teil, außerordentlich langsam. In diesem wurden Leitungsgeschwindigkeiten von nur 0,05 m/s oder sogar weniger gemessen. Beinahe die gesamte **Überleitungszeit** (Zeit, welche die Erregung braucht, um vom Sinusknoten via Vorhofmuskulatur, Av.-Knoten, His-Bündel, Tawara-Schenkel und Purkinje-Fasern zur Kammermuskulatur zu gelangen, s. S. 228) wird durch die extrem geringe Leitungsgeschwindigkeit im Anfangsteil des Av.-Knotens verursacht.

Hämodynamisch ist die verzögerte Erregungsleitung im Av.-Knoten bedeutungsvoll, denn dadurch wird erreicht, daß die Kammerkontraktion je nach Tierart 0,1–0,5 s (Hund: 0,10–0,18 s; Pferd: 0,30–0,45 s) nach derjenigen der Vorhöfe einsetzt. Es verbleibt somit während der Vorhofkontraktion bzw. vor der Kammerkontraktion Zeit für den Übertritt des Blutes aus den Vorhöfen in die Kammern.

ac. Aktivierung der Kammern

Die Erregungsausbreitung im Kammermyokard ist tierartlich etwas verschieden. Die Differenzen sind

---

[1] Die Kontraktion folgt der Erregung in einem sehr kurzen Zeitabstand von etwa 1m/s.

[2] Hinsichtlich der Ausbreitung der Erregung besteht zwischen der Herz- und Skelettmuskulatur ein wesentlicher Unterschied. Während sich die Erregungswelle im Skelettmuskel nur in der gereizten Faser ausbreitet, überwindet die Welle im Herzmuskel die Querwände (Kittlinien [S. 212]) des Zellsystems. Dadurch kann das gesamte Myokard von einer einzigen Stelle aus aktiviert werden. Funktionell kann man das Myokard als Synzytium auffassen.

durch die unterschiedliche Ausbildung des ventrikulären Erregungsleitungssystems bedingt. In dieser Hinsicht kann man die Tierarten zwei Gruppen zuordnen. Bei einer ersten Gruppe, zu der z. B. die Primaten, Hund, Katze und Kaninchen gehören, senken sich die Abzweigungen des subendokardialen Purkinjefaser-Systems nur wenig (ca. ¼–½ der Ventrikelwanddicke) in das Kammermyokard ein. Bei einer zweiten Gruppe, zu der z. B. die Equiden, Wiederkäuer, Suiden und Vögel zu zählen sind, dringen die Abzweigungen des Purkinjefaser-Systems bis in die subepikardiale Kammermuskulatur vor, d. h. sie durchziehen praktisch die ganze Dicke der Ventrikelwand.

Bei der ersten Gruppe (Primaten, Hund, Katze, Kaninchen) erfolgt die Aktivierung der Kammermuskulatur relativ langsam, weil sich die Erregungswelle zum großen Teil ohne spezifisches Leitungssystem verhältnismäßig langsam in der Triebmuskulatur ausbreiten muß (Abb. 120). Bei diesen Tieren kann eine eigentliche Erregungsfront, die in der freien Wand der Herzkammern vom Endokard zum Epikard fortschreitet, festgestellt werden. Bei der zweiten Gruppe (Equiden, Wiederkäuer, Suiden und Vögel) wird die Ventrikelmuskulatur relativ rasch aktiviert, da die Erregungswelle auf schnelleitenden Zweigen des spezifischen Leitungssystems beinahe gleichzeitig an die verschiedenen Teile der ventrikulären Triebmuskulatur herangeführt wird. Hierbei aktiviert jeder Zweig des spezifischen Leitungssystems nur ein relativ kleines Areal, quasi ein »Paket« von Triebmuskelfasern. Bei diesen Tieren kann keine große gemeinsame Erregungsfront gefunden werden. Bei ihnen wird die Kammerwand mit nur geringer zeitlicher Staffelung in ihrer ganzen Dicke aktiviert. Dank der besseren Entwicklung des ventrikulären Leitungssystems erfolgt die Aktivierung der Kammermuskulatur bei der zweiten Tiergruppe rascher als bei der ersten. Hierzu ein Vergleich: Beim Menschen und beim Rind (erwachsene Individuen) sind die ventrikulären Aktivierungszeiten gleich (meistens 90–100 m/s), obwohl das Herz des Menschen rund zehnmal kleiner ist als das des Rindes.

Bei beiden Tiergruppen beginnt die Aktivierung des Ventrikelseptums im apikalen Drittel, und zwar an der endokardialen Oberfläche, von wo sie gegen die zentralen Teile des Septums vordringt. Da die Erregung linksseitig aber etwas früher be-

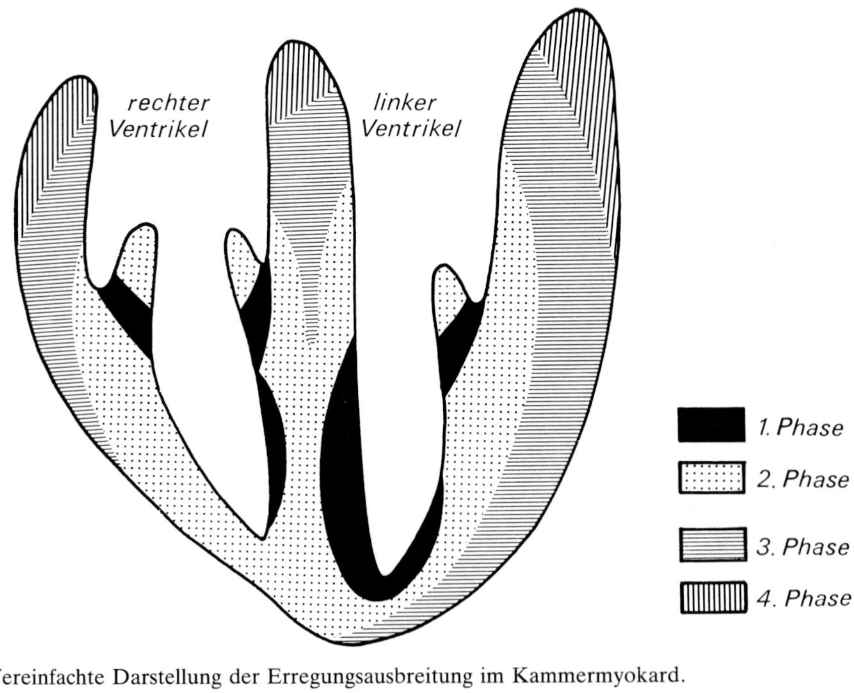

Abb. 120. Vereinfachte Darstellung der Erregungsausbreitung im Kammermyokard.

Berücksichtigt sind die Verhältnisse bei Primaten, Hund, Katze und Kaninchen. Die gesamte Erregungsausbreitung (Aktivierungsdauer) ist in vier Phasen unterteilt. Während der ersten Phase werden gewisse subendokardiale Myokardpartien sowie die Basis der Papillarmuskeln erregt, zuletzt (vierte Phase) werden die basalen Teile der freien Kammerwandungen sowie des Kammerseptums von der Erregung erfaßt. Weitere Erläuterungen im Text

Tab. 31. Herzfrequenz verschiedener Tierarten (Ruhewerte)

Spezies	Herzfrequenz (min)	Spezies	Herzfrequenz (min)
Mensch	60–80	Löwe	40–50
Wal	15–16	Tiger	65
Elefant (2000 kg)	25–30	Kaninchen	130–200
Pferd, erwachsen	28–40	Meerschweinchen	160–270
Fohlen, 1–14 Tage alt	80–120	Ratte	350–450
Fohlen, 3–12 Mon. alt	45–75	Maus	550–650
Esel	40–55	Truthahn	93
Ochse	36–50	Huhn	200–300
Kuh	55–80	Peking-Ente	170–270
Kalb (1–2 Wochen alt)	110–130	Taube	140–230
Kalb (2 Monate alt)	95–120	Schwan	375–400
Rind (1 Jahr alt)	70–100	Papagei	320
Schaf, Ziege	70–100	Sperling	500–800
Kamel	25–32	Kanarienvogel	1000
Mutterschweine (140–250 kg)	70–100	Krokodil 15 °C	30
Läuferschweine (30–45 kg)	90–130	23,5 °C	70
Ferkel (10–20 kg)	120–180	Schildkröte 28–30 °C	11–37
Hund, groß	70–100	Kreuzotter	40
Hund, klein	100–130	Eidechse	60–66
Welpen (2–6 Tage alt)	200–250	Frosch 2 °C	5–9
Katze	110–140	22 °C	35–40

ginnt als rechtsseitig, wird das Septum zum größeren Teil vom linken Tawara-Schenkel her in Erregung versetzt. Von den apikalen Septumpartien schreitet die Erregung dann gegen die basalen vor. Bei der ersten Tiergruppe werden die basalen Septumteile ungefähr gleichzeitig wie die basalen Teile der freien Wandungen der Kammern aktiviert. Bei der zweiten Tiergruppe, bei der — wie erwähnt — die freien Wandungen der Ventrikel außerordentlich rasch aktiviert werden, erfolgt die Aktivierung der basalen Septumteile deutlich später als die der basalen Teile der freien Kammerwandungen.

ad. Die Bedeutung des Reizbildungs- und Erregungsleitungssystems

Die Bedeutung des RB- und ELS kann man folgendermaßen zusammenfassen: 1. Es verleiht dem Herzen Automatie. 2. Dank diesem System werden die verschiedenen Muskelpartien der Kammern sehr rasch aktiviert. Dadurch kommt es in den Ventrikeln zu der hohen Druckentwicklung, die zur Überwindung des Blutströmungswiderstandes im Gefäßsystem notwendig ist.

ae. Herzschlagfrequenz

Die Anzahl der Herzschläge wird gewöhnlich pro Minute angegeben und der Kürze halber einfach als **Herzfrequenz** bezeichnet. Die Herzfrequenz weist ziemlich große tierartliche und individuelle Schwankungen auf (Tab. 31).

Eine erhöhte Herzfrequenz wird **Tachykardie,** eine verminderte **Bradykardie** genannt.

Faktoren, welche die Herzfrequenz beeinflussen: Tiergröße. Große Tiere bzw. große Tierarten haben i. d. R. eine niedrigere Frequenz als kleine. (Gilt auch für verschiedene Individuen derselben Art.) Die Ursache dieser Erscheinung ist vor allem darin gelegen, daß kleinere Tiere einen intensiveren Stoffwechsel aufweisen, welcher seinerseits in erster Linie auf den großen Wärmeverlust infolge der relativ großen Körperoberfläche zurückzuführen ist.

Auch bei den **poikilothermen** Tierarten (Kaltblüter) kennt man analoge größenbedingte Unterschiede der Herzfrequenz wie bei den **homoiothermen.** Hierbei sind allerdings nur Werte vergleichbar, die bei gleicher Außentemperatur erhalten wurden.

Geschlecht. Bei vielen (jedoch nicht allen) Tierarten weisen die weiblichen Individuen eine etwas höhere Frequenz auf als die männlichen.

Alter. Junge Tiere haben höhere Frequenzen als alte. Außer auf der Stoffwechselintensität dürfte diese Erscheinung auf dem erhöhten Sympathikustonus der Jungtiere beruhen.

Bei neugeborenen Säugetieren ist der Tonus des N. vagus i. d. R. gering und die Herzfrequenz daher hoch. In der Folge erhöht sich der Vagustonus, was zu einer »Bremsung« des Sinusknotens führt. Somit ist verständlich, daß eine Atropinbehandlung (Vagusblockade) eines Neugeborenen die Herzfrequenz nur geringgradig erhöht, die Atropinisierung eines Erwachsenen jedoch eine Tachykardie auslöst.

Andere Verhältnisse sind bei den Vögeln zu finden. Vor dem Ausschlüpfen schlägt das Vogelherz langsamer als danach.

Leistung, Arbeit aller Art (Muskelarbeit, Futteraufnahme, Verdauungstätigkeit, Laktation, Eiproduktion, Gravidität, Aktivität der thermoregulatorischen Mechanismen etc.) erhöht die Frequenz.

Die Werte können dabei auf das Zwei- bis Siebenfache steigen[1]. Im **Wachen** ist die Frequenz deutlich höher als im **Schlaf.** Viele Krankheiten, die mit einer Erhöhung der Körpertemperatur **(Fieber)** einhergehen, haben auch eine vermehrte Herzfrequenz zur Folge (RGT-Regel).

Tonus des vegetativen Nervensystems. Alle Einflüsse, die zu einer Erhöhung des Sympathikustonus bzw. Erniedrigung des Parasympathikustonus führen, erhöhen die Herzfrequenz (s. nervöse Regulation der Herztätigkeit, S. 262, sowie Physiologie des vegetativen Nervensystems). Nervöse Erregung, Angst usw. erhöhen daher die Herzfrequenz, eine sog. **Trainingsvagotonie** senkt sie hingegen.

3. Die elektrischen Erscheinungen der Herztätigkeit[2]

a. Das Ruhepotential (Ruhemembranpotential)

Legt man auf die Oberfläche von unverletzten Muskelzellen zwei Elektroden und verbindet sie unter Zwischenschaltung eines hochempfindlichen Potentiometers miteinander, so zeigt das Meßgerät keinen Ausschlag. Dies bedeutet, daß verschiedene Stellen der Zelloberfläche das gleiche Potential aufweisen. Sticht man nun die eine Elektrode (Mikroelektrode nach Ling und Gerard von nur etwa 0,2 µm Durchmesser) durch die Membran ins Innere der Zelle, so zeigt das Registriergerät im Moment des Einstichs einen Potentialsprung von 60–80 mV, und zwar erweist sich das Zellinnere als negativ gegenüber der Außenfläche der Zelle (Abb. 121)[3].

Diese Potentialdifferenz zwischen der Außen- und Innenfläche der Membran einer ruhenden Zelle wird als Ruhemembranpotential oder einfach Ruhepotential bezeichnet.

Das Ruhepotential ist auf die in Abbildung 122 beschriebenen Differenzen der Ionenkonzentrationen im extra- und intrazellulären Medium und die unterschiedliche Permeabilität der Zellmembran für die verschiedenen Ionenarten, insbesondere der Na- und K-Ionen, zurückzuführen.

Zur Aufrechterhaltung des Ruhemembranpotentials mit Hilfe der sog. Ionenpumpen (S. 221) ist Energie notwendig. Diese Energie stammt aus dem Zellstoffwechsel, wobei das ATP eine zentrale Rolle spielt. Störungen des Zellstoffwechsels ziehen daher auch die elektrischen Phänomene in Mitleidenschaft. Dieser Umstand kann mittels der Elektrokardiographie (S. 223) diagnostisch ausgewertet werden.

b. Das Aktionspotential

Das Membranpotential bzw. die Membranpolarisation ist die Voraussetzung für die Aktionsbereitschaft der Zellen. Insbesondere beruht auch die Erregbarkeit, d. h. die Eigenschaft, auf physikalische (z. B. plötzliche Temperatur- oder Druckänderungen, elektrische Stromstöße) oder chemische Reize (z. B. Acetylcholin) in den Zustand der Erregung überzugehen, auf der Polarisation der Zellmembran. Sinkt das Ruhepotential unter − 55 mV, so wird die Muskelfaser unerregbar, weil der Mechanismus, welcher den Eintritt von Na^+-Ionen in die Zellen bewirkt, inaktiviert wird (s. u.). Die Erregung ihrerseits ist das auslösende Agens der

[1] Bei Rennpferden kann die Herzfrequenz bis 240/min ansteigen.

[2] Zum besseren Verständnis dieser Ausführungen sollte vorerst das Kapitel Physiologie biologischer Membranen studiert werden.

[3] Vereinbarungsgemäß wird dem Potential auf der Außenseite einer ruhenden Zelle der Wert Null zugeschrieben. Hätte man statt dessen die Spannung im Zellinnern mit Null festgelegt, so würde die Spannung außerhalb der Zelle + 60 bis + 80 mV betragen, d. h. auch in diesem Fall wäre das Zellinnere negativer als das Zelläußere.

Abb. 121. Registrierung des Ruhepotentials einer Muskelfaser mittels eines Kathodenstrahloszillographen. (Nach H. JUNG, 1958).

Zu Beginn der Registrierung liegen beide Elektroden auf der Oberfläche unverletzter Zellen. Zwischen den beiden Elektroden besteht keine Potentialdifferenz, die Kurve verläuft auf der Null-Linie. Im Moment, wo die eine Elektrode (Mikroelektrode) in eine Muskelzelle eingestochen wird (linke Seite der Abbildung), registriert das Meßinstrument einen Potentialsprung, das sog. Ruhepotential, welches im vorliegenden Fall etwa 60 mV beträgt. Wird die Elektrode aus der Zelle herausgezogen (rechte Seite der Abbildung), so verschwindet auch die Spannungsdifferenz wieder

Aktion, bei Muskelzellen also der Kontraktion. Die dabei auftretenden Änderungen der Membranpolarisation bzw. des Membranpotentials faßt man unter dem Begriff des **Aktionspotentials** zusammen.

Wie bereits erwähnt, weist die Zellmembran für die K- und Na-Ionen eine unterschiedliche Permeabilität auf. Die Permeabilität ist aber keine konstante Größe, sondern eine Funktion der Membranpolarisation. In der Ruhe ist die Permeabilität für Na-Ionen relativ klein, für K-Ionen hingegen ziemlich hoch. Beim Erregungsbeginn erhöht sich plötzlich die Permeabilaität der Zellmembran für Na-Ionen. Ein Schwall von Na-Ionen strömt, getrieben vom Konzentrationsgefälle und der Potentialdifferenz, aus der Gewebsflüssigkeit ins Zell-

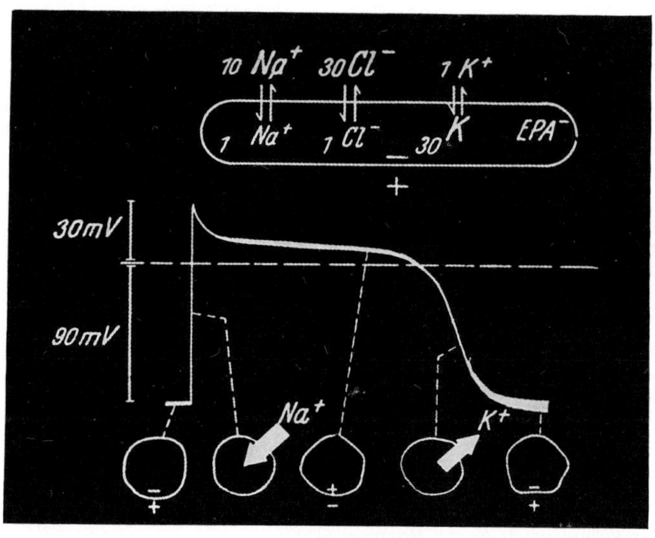

Abb. 122. **Oben:** Schematische Darstellung der Verteilung der Ionen im Innern einer Herzmuskelfaser und in der extrazellulären Gewebsflüssigkeit. EPA — stellt die negativen Ladungen der Eiweiße, Phosphate und Aminosäuren dar. — **Unten:** Schema der hauptsächlichsten Ionenverschiebungen, die dem Aktionspotential einer Herzmuskelzelle zugrunde liegen: Natrium-Einstrom in die Zelle während der Umpolarisationsphase (Depolarisationsphase); Kalium-Ausstrom aus der Zelle während der Repolarisationsphase. (Nach TRAUTWEIN, 1959)

innere (vgl. Abb. 122). Auf der Innenseite der Membran vermehren sich die positiven Ladungen, auf der Außenseite hingegen entsteht eine relative Negativität. Dadurch kommt es zu einer Reduktion der Membranpolarisation, d. h. zu einer **Depolarisation** der Zellmembran. Diese erhöht ihrerseits die Permeabilität der Membran für Na-Ionen noch mehr. Dieser positive Rückkoppelungsprozeß bewirkt eine außerordentlich rasche Abnahme des Membranpotentials. Nach dem Na-Ionen-Influx befinden sich auf der Innenseite der Zellmembran mehr positive Ionen als auf der Außenseite. Dies hat zur Folge, daß die Innenseite um 20–30 mV positiver ist als die Außenseite. Es kommt also zu einer **Umpolarisation**[1] der Membran. Der bei dieser Umpolarisation auftretende Potentialsprung beträgt somit etwa 80–120 mV (Abb. 122 und 123).

wiegt, der K^+-Ausstrom dominiert. Dieser K-Ionen-Efflux wird durch die Positivität des Zellinnern unterstützt. Damit wird sukzessiv die Außenseite der Membran gegenüber der Innenseite wieder positiv, d. h. es stellt sich wieder das Ruhepotential ein (Abb. 122 und 123). Der letztere Vorgang wird als **Repolarisation** bezeichnet. Die physikalisch-chemischen Veränderungen der Membran, die den experimentell nachgewiesenen Permeabilitätsänderungen zugrunde liegen, sind noch nicht sicher bekannt.

Am Aktionspotential bzw. Erregungsvorgang lassen sich 3 Phasen unterscheiden. Die erste Phase ist durch den plötzlichen Einstrom der Na-Ionen in das Zellinnere und die dadurch erzeugte rasche Umpolarisation (Depolarisation) der Zellmembran gekennzeichnet. Sie kommt in der Aktionspotentialkurve durch den sehr steilen Anstieg zum Ausdruck (Abb. 122). Die zweite Phase ist durch eine relativ geringe Permeabilität sowohl für Na- als auch für K-Ionen charakterisiert. Während dieser halten sich der Na-Ionen-Influx und K-Ionen-Efflux fast die Waage, die Membranpolarisation bleibt deshalb beinahe konstant. In der Aktionspotentialkurve manifestiert sich diese Phase als ein beinahe horizontal, nur wenig über dem Null-Po-

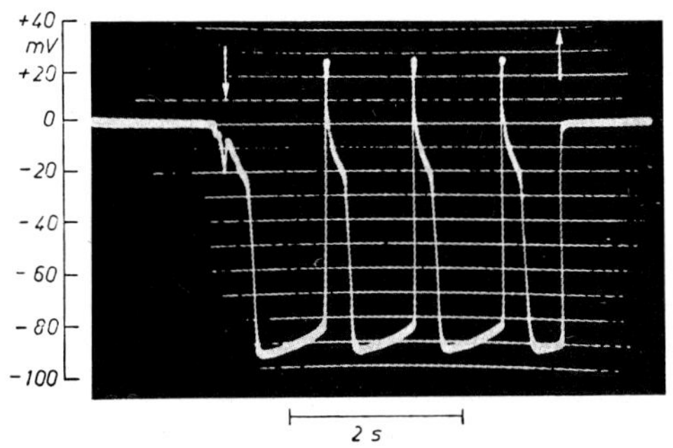

Abb. 123. Potentialkurve einer spontan arbeitenden, d. h. reizbildenden Purkinjefaser des Hundes. (Nach S. Weidmann, 1957).

Während der Zeit, wo die Kurve horizontal auf der Nullinie verläuft (erster und letzter Teil der Kurve) befinden sich beide Ableitungselektroden auf der Außenfläche der Zelle. Es herrscht zwischen den Elektroden keine Potentialdifferenz. Beim abwärts gerichteten Pfeil wird die eine Elektrode (Mikroelektrode) in das Innere der Purkinjefaser gestochen. Im Moment des Einstiches tritt ein Potentialsprung von etwa 90 mV, das Ruhepotential, auf. Beim Herausziehen der Mikroelektrode aus der Zelle (aufwärts gerichteter Pfeil) verschwindet die Potentialdifferenz, die Kurve verläuft wieder auf der Nullinie. Zwischen dem Einstechen und Herausziehen der Elektrode zeigt die Kurve drei Aktionspotentiale. Zwischen den Aktionspotentialen verläuft die Kurve nicht horizontal, wie dies bei der Potentialableitung von einer Triebmuskelfaser des Herzens der Fall wäre, sondern kontinuierlich ansteigend. Dieser Anstieg deutet darauf hin, daß die Membranpolarisation sich sukzessive vermindert (Reizbildung). Nach dem Erreichen der Schwellenspannung (Depolarisation auf den Wert von − 80 mV) bricht die Membranpolarisation plötzlich zusammen bzw. tritt eine Umpolarisation der Membran auf. In diesem Moment wird die Erregungswelle »ausgeklinkt«. Das maximale Aktionspotential der Erregungswelle beträgt etwa 125 mV

Der Einstrom der Na-Ionen sistiert im Moment, da das Gleichgewichtspotential für die Na-Ionen erreicht ist. Zugleich geht auch die Membranpermeabilität für Na^+ zurück.

Fast gleichzeitig mit der Vergrößerung der Permeabilität der Zellmembran für Na-Ionen erhöht sich im Zustand der Erregung auch deren Permeabilität für die K-Ionen. Die letztere steigt jedoch nur allmählich zum Maximum an. So kommt es, daß nach einer ersten kurzen Phase von etwa 1–3 m/s, während welcher der Na^+-Einstrom über-

tential verlaufendes Plateau. In der dritten Phase wird die Permeabilität für K-Ionen größer, und es dominiert der K-Ionen-Efflux über den zu dieser Zeit nur noch sehr geringen Na-Ionen-Influx. Die Außenseite der Zelle wird daher sukzessiv wieder positiv gegenüber der Innenseite, d. h. der alte

[1] Das Phänomen der Umpolarisation wird auch oft als **Depolarisation** bezeichnet, weil man früher der Meinung war, es handle sich dabei lediglich um ein Verschwinden der Membranpolarisation.

Ladungszustand der Membran wird allmählich wiederhergestellt, es tritt die Repolarisation ein.

Während der ersten und zweiten Phase ist die Zelle für Reize vollkommen unempfindlich **(absolute Refraktärphase)**. Während der dritten Phase kehrt die Reizempfindlichkeit der Zelle wieder zurück **(relative Refraktärphase)**. Am Ende der Repolarisation erreicht die Zelle wieder ihre normale Reizempfindlichkeit.

Umpolarisation (Depolarisation) und Repolarisation pflanzen sich bei einer Herzkontraktion (Systole) wellenförmig über die ganze Muskelzelle sowie von Muskelzelle zu Muskelzelle fort, ein Phänomen, das man als **Dromotropie**[1] bezeichnet.

Während der Entspannungsphase (Diastole) müssen die während der Erregung in die Zellen eingetretenen Na-Ionen wieder aus denselben herausgeschleust und die verlorengegangenen K-Ionen wieder in die Zellen zurückgeholt werden (Natrium-Kaliumpumpe, s. o.). Die bei einem einzelnen Herzschlag sich abspielenden Ionenverschiebungen sind ziemlich gering. Beim Schildkrötenherz werden beispielsweise pro Herzschlag ca. $\frac{1}{400}$ des zellulären Kaliumgehaltes durch die Membran verschoben.

Schlägt das Herz sehr rasch und ist deshalb die Zeit (Diastole) für das Herauspumpen der Na-Ionen bzw. Zurückholen der K-Ionen sehr kurz, so kommt es mit der Zeit zu einer starken Anreicherung der Na-Ionen bzw. zu einem K-Defizit im Zellinnern, womit die Zelle ihre Reizbarkeit und Kontraktionsfähigkeit verliert. Auch eine Insuffizienz der Natrium-Kaliumpumpe hat die gleichen Folgen.

c. Die Bedeutung der Ca^{2+}-Ionen bei der Kontraktionsauslösung, elektromechanische Kopplung

Die Kontraktion wird nicht direkt durch die Erregungswelle (elektrische Depolarisation der Muskelzellmembran) ausgelöst. Als Mediator zwischen den elektrischen Membranvorgängen und der mechanischen Aktion (teleskopartiges Ineinandergleiten der intrazellulären (genauer intrafibrillären) Aktin- und Myosinfilamente, s. Muskelphysiologie) spielen die Ca^{2+}-Ionen eine zentrale Rolle (Fleckenstein, 1967). Ein isoliertes Froschherz verliert in einer Ca^{2+}-freien Nährlösung sehr rasch seine Kontraktionsfähigkeit, ohne daß dabei die von den Na^+- und K^+-Ionen abhängigen elektrischen Membranvorgänge (Aktionspotential, EKG) wesentlich beeinflußt werden. Dieses Phänomen wird **elektromechanische Entkopplung** genannt.

Der Kontraktionsprozeß setzt ein, wenn die Konzentration der freien Ca^{2+}-Ionen im Sarkoplasma den Schwellenwert von etwa 10^{-5} mol/l erreicht. Dies geschieht durch Einschleusen von Ca^{2+}-Ionen aus der extrazellulären Flüssigkeit und/oder aus dem sarkoplasmatischen Retikulum (longitudinales endoplasmatisches Vesikel- und Gangsystem, sog. intrazelluläres L-System), welches einen Ca^{2+}-Speicher darstellt. Genauere Ausführungen über die Wirkungsweise der Ca^{2+}-Ionen beim Kontraktionsvorgang finden sich im Kapitel Muskelphysiologie). Die freien Ca^{2+}-Ionen aktivieren ihrerseits eine ATPase, wobei die aus der ATP-Spaltung freiwerdende Energie dem Rücktransport der Ca^{2+}-Ionen in das sarkoplasmatische Retikulum dient. Mit der Abnahme der Ca^{2+}-Konzentration auf etwa 10^{-7} mol/l sistiert die Kontraktion.

Störungen der elektromechanischen Kopplung haben eine Abnahme der Herzkraft (Herzmuskelinsuffizienz) zur Folge. Auch die Erhöhung der Herzkraft (positiv inotroper Effekt) durch gewisse Stoffe, z. B. Adrenalin und Digitalis-Glykoside, wird auf einen erhöhten Ca^{2+}-Einstrom in die Fibrillen und die dadurch verstärkte Aktivierung der Ca^{2+}-abhängigen Myofibrillen-ATPase zurückgeführt.

Das Phänomen der elektromechanischen Entkopplung beweist, daß zwischen den elektrischen und mechanischen Vorgängen des Myokards nur eine lose Kopplung besteht. Bei gewissen Tieren (Känguruh, Igel, Maus, Ratte) ist z. B. das ventrikuläre Aktionspotential (QT-Intervall des EKG, S. 230 und Abb. 131) wesentlich kürzer als die mechanische Aktion, d. h. kürzer als die Kammersystole (Spörri, 1956). Weitere diesbezügliche Hinweise finden sich auf Seite 232 (Die praktische Bedeutung der Elektrokardiographie).

d. Das Wesen der Erregungsbildung, Automatie

Als Erregungsbildung wird das lokalisierte Auftreten von Erregungen ohne äußeren Reiz bezeichnet. Da sie selbsttätig eintritt, spricht man auch

[1] Grch. dromos = Lauf.

von **Automatie** bzw. **Autorhythmie.** WEIDMANN (1956) fand, daß das Ruhemembranpotential in den Triebmuskelfasern des Herzens, d. h. den Zellen, die normalerweise keine automatische Erregungsbildung aufweisen, zwischen den Herzschlägen (Diastole) konstant bleibt. In den Zellen des RB- und ELS sinkt hingegen das Ruhemembranpotential während der Diastole spontan ab (sichtbar in der Abb. 123 am kontinuierlichen Ansteigen der Kurve zwischen den Aktionspotentialen). Hat diese Abnahme des Ruhemembranpotentials die sog. Zündschwelle **(Schrittmacher-** bzw. **Generatorpotential)** erreicht (was bei etwa −50 bis −80 mV der Fall ist), so wird das System unstabil (starke Erhöhung der Ionenpermeabilität, vorerst insbesondere für Na-Ionen, später auch für K-Ionen, s. o.). Es kommt plötzlich zu einer starken Depolarisation bzw. Umpolarisation der Zelle. Sie gerät in den Zustand der Erregung. Diese Änderung bringt auch die benachbarten Zellen zur Umpolarisation, d. h. es wird eine Erregungswelle ausgeklinkt, die sich über das gesamte Erregungsleitungssystem (ELS) fortpflanzt und von diesem auf die Arbeitsmuskulatur übergeht. Diejenige Zelle oder Zellgruppe, die sich am raschesten depolarisiert und daher die kritische Schwelle zuerst erreicht, bringt das Herz unter ihre Führung, übernimmt also die »Schrittmacher-Funktion«. Nicht alle Herzmuskelfasern besitzen in gleichem Maße die Fähigkeit zur selbsttätigen Erregungsbildung.

Der Grad der Automatie nimmt in folgender Reihenfolge ab: Sinusknoten, Atrioventrikularknoten (Av.-Kn.), His-Bündel, Tawara-Schenkel, Purkinje-Fasern. Die Schnelligkeit der Erregungsbildung ist im Av.-Kn. normalerweise nur etwa halb so groß wie im Sinusknoten. In den übrigen Teilen des RB- und ELS ist sie noch kleiner. Dieser Tatsache ist es zuzuschreiben, daß dem Sinusknoten normalerweise die Führung des Herzens zufällt. Bei jeder Herzaktivierung werden nämlich die in den übrigen Teilen des spezifischen Muskelsystems im Entstehen begriffenen Generatorpotentiale infolge der Umpolarisation wieder gelöscht. Da die ventrikulären Teile des RB- und ELS langsamer Erregungen bilden als der Sinusknoten, kommt ihnen der letztere immer zuvor. Unter besonderen Umständen oder bei Herzerkrankungen können auch andere Teile des spezifischen, ja sogar des unspezifischen Muskelsystems als Erregungszentren wirksam werden (s. Störungen der Erregungsbildung und Erregungsleitung, S. 233)[1]. Entzieht man z. B. der unspezifischen Herzmuskulatur Ca-Ionen, so gewinnt auch sie die Fähigkeit zur rhythmischen Erregungsbildung. Ca-Ionen dämpfen also die Erregungsbildung.

Die spontane Depolarisation der Zellen des RB- und ELS während der Diastole (Abb. 123) ist wahrscheinlich darauf zurückzuführen, daß die Natrium-Kaliumpumpe mehr K-Ionen in die Zellen hineinpumpt, als durch Diffusion aus den Zellen austreten. Damit erhöht sich die Anzahl der positiven Ladungsträger innerhalb der Zellen, d. h. die Potentialdifferenz zwischen der Außen- und Innenfläche der Zellmembran (Ruhemembranpotential) wird sukzessiv kleiner und erreicht früher oder später die Schwelle, bei der sich die Membranpermeabilität für Na-Ionen plötzlich stark erhöht und das Aktionspotential (Kontraktionsimpuls) ausgelöst wird.

Der Vorgang der diastolischen Depolarisierung der spezifischen Muskelzellen und damit auch die Geschwindigkeit der Impulsbildung bzw. Frequenz der Herzschläge wird von vielen Faktoren beeinflußt. Eine Reizung der kardialen Parasympathikusfasern im N. vagus oder Acetylcholinapplikation erhöht beispielsweise die Permeabilität der spezifischen Muskelzellen für K-Ionen. Infolge des erhöhten K-Ionen-Effluxes verlangsamt sich die diastolische Depolarisation, und es dauert daher länger bis zur Erreichung der Schwellenspannung, bei der das Aktionspotential ausgelöst wird. Das erklärt die **Bradykardie** bei Reizung des Herzvagus bzw. Acetylcholinverabreichung.

Reizung der sympathischen Herznerven oder die Applikation von Noradrenalin reduziert hingegen wahrscheinlich die Permeabilität der Zellen des RB- und ELS für K-Ionen[2]. Die Schwellendepolarisation der Zellen wird rasch erreicht, was eine **Tachykardie** zur Folge hat.

Eine Erhöhung der Körpertemperatur (Fieber) beschleunigt, eine Hypothermie hingegen verlangsamt die ionalen Austauschprozesse an den Zellmembranen. Im ersteren Fall kommt es zu einer Erhöhung, im letzteren Fall zu einer Verminde-

[1] Die frühere Auffassung, die Aktivierung des Herzens erfolge durch Nervenimpulse (Theorie der neurogenen Erregungsbildung), ist durch die neuere Forschung widerlegt. Die intramuralen Nervengeflechte des Herzens beeinflussen zwar im Verein mit dem sympathischen und parasympathischen Nervensystem die Schnelligkeit der Erregungsbildung, sie sind aber nicht die eigentlichen auslösenden Elemente derselben.

[2] Gewisse Autoren nehmen an, eine Sympathikusreizung erniedrige die Ruhemembranpolarisation. In diesem Fall genügt ein kleinerer K-Ionen-Influx bis zur Erreichung der Schwellendepolarisation.

rung der kardialen Impulsbildung bzw. Kontraktionsfrequenz.

e. Das Elektrogramm und Elektrokardiogramm

Das Studium der elektrischen Phänomene des Herzens spielt heute nicht nur in der Physiologie, sondern vor allem auch in der klinischen Diagnostik eine große Rolle. Die elektrischen Ströme bzw. Potentiale des Herzens werden mit Hilfe von schnell reagierenden Registrierinstrumenten, sog. Elektrokardiographen (Kathodenstrahloszillograph, Schleifengalvanometer), graphisch festgehalten.

Werden die vom Herzen erzeugten elektrischen Ströme bzw. Spannungen ohne direkten Kontakt der Elektroden mit dem Herzen, z. B. durch Anlegen von Ableitungselektroden auf der Körperoberfläche, in herznahen Teilen des Oesophagus oder in den Herzhöhlen (wobei die Elektroden aber das Endokard nicht berühren dürfen) registriert, so bezeichnet man die so gewonnenen Kurven als **Elektrokardiogramme** (EKG). Werden die elektrischen Potentiale hingegen durch direktes Anlegen von Elektroden auf das Epikard oder Endokard des Herzens oder durch Einstechen von Elektroden ins Myokard gewonnen, so nennt man die Kurven **Elektrogramme** (EG).

EKG sind ziemlich komplizierte Kurven, deren Interpretation einige Schwierigkeiten bereitet. Das Verständnis wird erleichtert, wenn man vom einfach konfigurierten EG einer isolierten Herzmuskelfaser oder eines Myokardstreifens ausgeht.

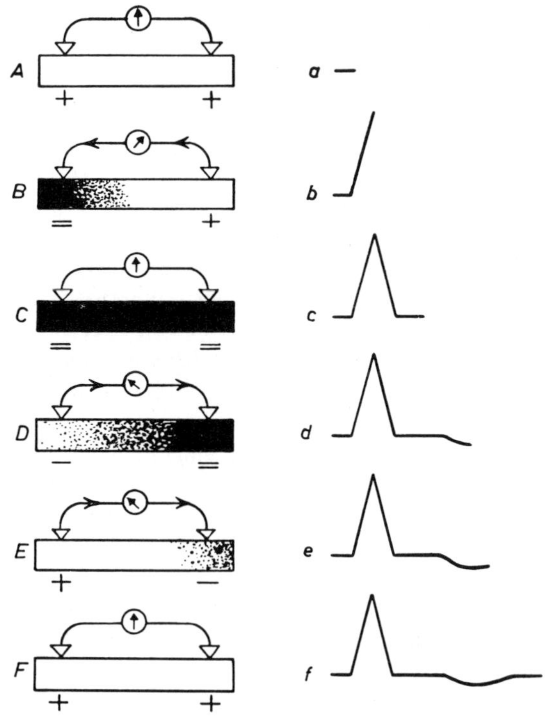

Abb. 124. Schematische Darstellung des Erregungsablaufes und seines Aktionsstromes an einem Herzmuskelstreifen bei bipolarer Ableitung. (Nach HOLZMANN).

Links = Herzmuskelstreifen — erregtes Gebiet getönt — mit angeschlossenem Galvanometer und Angabe der elektrischen Ladung unter den Elektroden. **Rechts** = Die Aktionsstromkurve bis zum jeweiligen, links gezeichneten Erregungszustand. **A** = in Ruhe, **B** = Herzmuskelstreifen am linken Ende in Erregung; die Aktionsstromkurve steigt steil an **(b)**, **C** = ganzer Herzmuskelstreifen in Erregung; keine Potentialdifferenz **(c)**, **D** = Beginn der Erregungsrückbildung am linken Ende des Herzmuskelstreifens; entgegengesetzter flacher Kurvenausschlag **(d)**, **E** = Erregung links erloschen, rechts in der Intensität vermindert; Kurve wird flacher **(e)**, **F** = Erregung völlig abgeklungen, Aktionsstromkurve verläuft auf der Nullinie **(f)**

ea. Das elementare Elektrogramm

Legt man an die Enden eines Myokardstreifens unter Zwischenschaltung eines Registrierinstrumentes (Galvanometer) je eine Ableitungselektrode an (Abb. 124), so zeigt das Instrument keinen Ausschlag, da der Muskel unter beiden Elektroden das gleiche Potential aufweist (Abb. 124 A). Löst man am linken Ende durch einen depolarisierenden kurzen Stromstoß eine Erregungswelle aus (B), so entwickelt sich zwischen den beiden Elektroden infolge der Negativierung der Außenseite der Muskelfasermembran an der erregten Stelle eine Potentialdifferenz. Es fließt ein Strom von rechts nach links. Das Galvanometer schlägt aus. Die Aktionsstromkurve (b) steigt steil an. Kurze Zeit später erreicht die Erregung schon die rechte Elektrode, und zwar bevor sie an der linken abgeklungen ist (C). An beiden Elektroden herrscht nun das gleiche (negative) Potential, und das Galvanometer kehrt infolge Stromlosigkeit zur Ruhestellung zurück. Die Aktionsstromkurve sinkt zur Nullinie ab (c). Das Fehlen eines Galvanometerausschlages bedeutet hier aber nicht Ruhe, sondern gleichzeitige und gleichstarke Erregung unter beiden Elektroden. Nun beginnt unter der linken Elektrode die Repolarisation, die Erregung klingt ab, und die Negativität wird hier deshalb geringer (D). Es stellt sich eine neue Spannungsdifferenz ein, die jetzt zu einem Stromfluß in umgekehrter

Richtung führt. Die Aktionsstromkurve zeigt einen negativen Ausschlag (d). Beim weiteren Abklingen der Erregung (E) tritt unter der linken Elektrode bereits wieder der Ruhezustand ein, während an der rechten die Erregung — zufolge der teilweisen Repolarisation allerdings in vermindertem Maße — noch anhält. Der Ausschlag am Meßinstrument wird kleiner, die Kurve nähert sich wieder der Nullinie (e). In der letzten Phase (F) ist der ganze Muskelstreifen wieder repolarisiert, die Erregung ist erloschen, unter beiden Elektroden herrscht das gleiche Potential. Im Galvanometer fließt kein Strom, das EG (f) verläuft auf der Nullinie.

Da sich die Repolarisation langsamer vollzieht als die Depolarisation, ist die Steilheit des zweiten, negativen Kurvenausschlages geringer und zeitlich gedehnter als der erste, positive Ausschlag während der Depolarisation (Umpolarisation).

Betrachten wir das durch die bipolare Ableitung von Herzmuskelstreifen gewonnene EG, so lassen sich an ihm drei Phasen erkennen:

1. ein positiver Ausschlag, die **Anfangsschwankung.** Sie entspricht der **Erregungsausbreitung** (Depolarisierung bzw. Umpolarisierung) im Muskelstreifen;
2. ein isoelektrisches **Zwischensegment,** das während der anhaltenden gleichmäßigen Erregung des ganzen Muskelstreifens (Depolarisation bzw. Umpolarisation) entsteht;
3. ein negativer Ausschlag, die **Endschwankung,** in welcher sich die Erregungsrückbildung (Repolarisierung) manifestiert.

Zwischen den eben beschriebenen drei Phasen des elementaren EG (Abb. 124) und den drei Phasen eines Aktionspotentials, welches mit Hilfe einer in die Muskelzelle eingeführten Mikroelektrode erhalten wird (Abb. 122 und 123), besteht eine enge Verwandtschaft. Es entsprechen im Prinzip:

a) Die Anfangsschwankung des EG der Umpolarisations- bzw. Depolarisationsphase des Aktionspotentials,
b) das isoelektrische Zwischensegment des EG dem Plateau des Aktionspotentials,
c) die Endschwankung des EG der Repolarisationsphase des Aktionspotentials.

Der Verlauf der Aktionsstromkurve wird von den Spannungsdifferenzen zwischen den zwei Ableitungselektroden bestimmt. Die Größe der Ausschläge läßt jedoch keinesfalls auf die Kraft der Muskelkontraktion schließen, verläuft die Kurve doch gerade im Stadium totaler Erregung auf der Nullinie. Das eben Gesagte gilt auch für das EKG.

Ist die Dauer der Erregung nicht in allen Teilen des Muskelstreifens gleich lang, sondern z. B. in der unter der rechten Elektrode (Abb. 124) gelegenen Muskelpartie wesentlich kürzer, so klingt die Erregung unter der rechten Elektrode, trotz ihres späteren Eintreffens an dieser Stelle, früher ab als unter der linken Elektrode. Das EG zeigt auch in diesem Fall die drei erwähnten Phasen, wobei aber die Endschwankung positiv ist (Stromfluß von rechts nach links wie während der Depolarisation, s. o.). Die Endschwankung hat also in diesem Fall gleichsinnige Ausschlagsrichtung wie die Anfangsschwankung. Eine solche Endschwankung nennt man **konkordant.** Am Kammermyokard dauert die Erregung tatsächlich nicht überall gleichlang; an der Herzspitze ist sie z. B. deutlich kürzer als in den basalen Muskelpartien und in den subendokardialen Muskelpartien länger als in den subepikardialen. Es wird deshalb verständlich, daß am EKG des Gesamtherzens die Endschwankung des Ventrikel-EKG konkordant verlaufen kann (s. u.). Ist die Endschwankung zur Anfangsschwankung entgegengesetzt gerichtet (wie in Abb. 124), so bezeichnet man sie als **diskordant.**

eb. Das Elektrokardiogramm

In der klinischen Praxis sind Ableitungen der Potentiale direkt von der Herzmuskulatur relativ selten möglich (etwa bei Herz- und Lungenoperationen). Es hat sich aber gezeigt, daß auch von der Körperoberfläche oder von anderen, nicht direkt auf dem Myokard gelegenen Stellen (z. B. herznaher Oesophagus) ein recht gutes Bild über die elektrischen Erscheinungen des Herzens zu erhalten ist.

Der Erregungsablauf am Gesamtherzen ist viel komplizierter als am einfachen Muskelstreifen. Über eine riesige Zahl von Muskelfasern mit verschiedener Richtung laufen, zeitlich gestaffelt und mit wechselnder Geschwindigkeit, Erregungswellen. Jede dieser Erregungswellen ist Quelle einer elektrischen Spannung.

Die vektorielle Deutung des EKG

Wie im Abschnitt über das elementare Elektrogramm (s. o.) gezeigt wurde, verhält sich die Außenseite einer erregten Muskelfaser elektronegativ gegenüber derjenigen einer unerregten (Abb. 124 und 125). Daraus ergibt sich an jeder Muskelfaser eine gerichtete elektrische Potentialdifferenz, d. h. ein **elektrischer Dipol,** der als Vektor dargestellt werden kann. Vektoren werden graphisch als Pfeile gekennzeichnet. Sie besitzen eine bestimmte Richtung, Größe und Polarität. Die Richtung entspricht der Richtung der elektrischen Kraft, die Länge der Größe der elektrischen Spannung, und die Spitze des Pfeiles gibt die Polarität an. Gemäß internationaler Vereinbarung weist die Spitze nach dem elektropositiven (unerregten) Teil einer Muskelfaser hin. Wie die Abbildung 125 zu veranschaulichen sucht, erzeugt jede Erregungswelle auf einer Muskelfaser zwei Dipole, nämlich einen **Depolarisationsdipol** und einen **Repolarisationsdipol.** Der Depolarisationsdipol befindet sich am »Kopf« der Erregungswelle, dessen positiver Pol liegt im noch unerregten, d. h. von der Erregung noch nicht erfaßten Faserabschnitt. Der Repolarisationsdipol befindet sich hingegen am Ende der Erregungswelle, dessen positiver Pol weist rückwärts, d. h. zum bereits wieder repolarisierten (nicht mehr erregten) Teil der Muskelfaser.

Da die Erregungswellen während einer Herzaktion gleichzeitig über eine riesige Anzahl von Muskelfasern mit verschiedenen Richtungen ablaufen, haben auch die elektrischen Dipole (Vektoren) in jedem Moment der Erregungsausbreitung im Myokard (Depolarisationsdipole) und der Erregungsrückbildung (Repolarisationsdipole) verschiedene Richtungen. Die im Herzen während der Erregungsausbreitung und Erregungsrückbildung auftretenden Vektoren der einzelnen Muskelfasern addieren und subtrahieren sich je nach Größe, Richtung und Polarität nach dem Gesetz vom Parallelogramm der Kräfte zu einem **Integral-** oder **Summationsvektor.** Dieser stellt also die gerichtete elektrische Spannung sämtlicher Dipole der in einem bestimmten Moment erregten Muskelfasern des gesamten Herzens dar.

Da die Dipole der einzelnen Muskelfasern infolge der unterschiedlichen Richtung der verschiedenen Muskelfasern im Verlauf einer Erregungsausbreitung und Erregungsrückbildung fortwährend ihre Richtung wechseln, ändert auch der Integralvektor ständig seine Richtung und Größe. Man spricht deshalb von **Momentanvektoren** und versteht darunter die **Integral-** bzw. **Summationsvektoren** zu den verschiedenen Zeitpunkten einer Herzaktion (vgl. S. 231, Vektorkardiogramm).

Den größten Integralvektor während der Phase der Erregungsausbreitung in der Muskulatur der beiden Ventrikel bezeichnet man auch als **elektrische Herzachse** (Abb. 127).

Die Richtung der elektrischen Herzachse stimmt am normalen Herzen oft recht gut mit der anatomischen Herzachse überein.

Da die Erregungswelle mehr als 20 cm lang, also größer ist als die Länge einer Herzmuskelfaser bzw. des ganzen Herzens, hat bei den meisten Tieren nicht die ganze Erregungswelle, sondern nur ein Teil derselben auf einer Muskelfaser bzw. auf dem Herzen Platz. Es besteht also eine gewisse Ähnlichkeit mit einem Zug, der über eine kurze Brücke fährt. Es befindet sich stets nur ein Teil des Zuges auf der Brücke bzw. nur ein Teil der Erregungswelle auf einer Faser bzw. auf dem Herzen. Der Depolarisationsdipol und der Repolarisationsdipol befinden sich also i. d. R. nicht gleichzeitig auf dem Herzen.

Das elektrische Feld des Herzens

Die über die Muskelfasern hinwegwandernden Di-

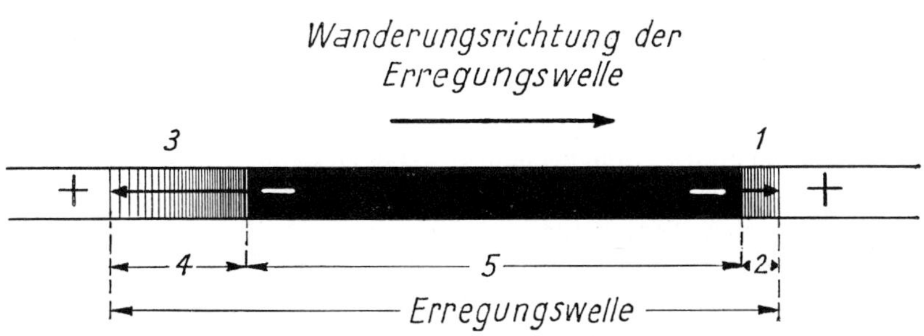

Abb. 125. Schematische Darstellung einer Erregungswelle auf einem Muskelstreifen.

1 = Depolarisations- bzw. Umpolarisations-Dipol, **2** = in Depolarisation bzw. Umpolarisation befindliche Zone, **3** = Repolarisations-Dipol, **4** = in Repolarisation befindliche Zone, **5** = vollständig depolarisierte bzw. umpolarisierte Zone

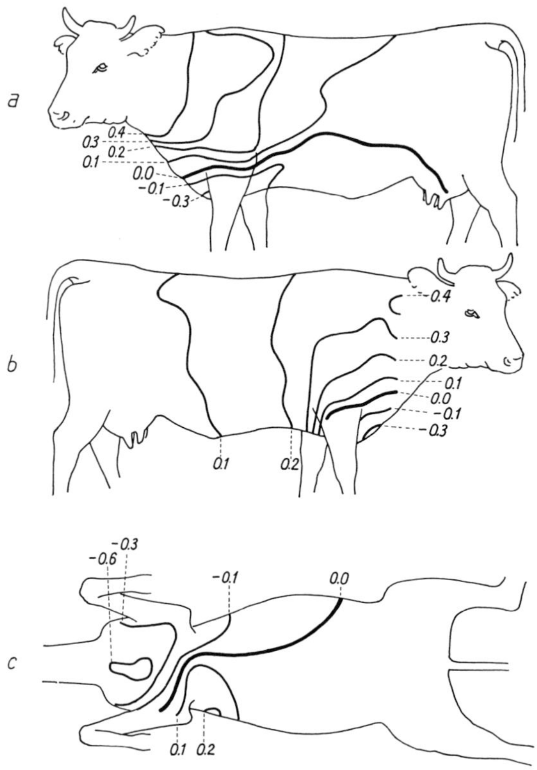

Abb. 126. Verlauf der Isopotentiallinien (Punkte mit gleicher elektrischer Spannung) auf der Körperoberfläche eines Rindes im Moment, wo im EKG die Spitze der R-Zacke (Abl. II) geschrieben wird. Die Zahlen entsprechen der Spannung in mV. Zu diesem Zeitpunkt liegt die größte Negativität (– 0,6 mV) im Gebiet des kranialen Teiles des Brustbeines, also etwas kranial der Herzspitzengegend **(c)**. Die größte Positivität (+ 0,4 mV) befindet sich im Gebiet des Kopfes und der linken kranialen Halspartie **(a, b)**. Die Verbindungslinie zwischen dem stärksten elektronegativen und elektropositiven Punkt entspricht der elektrischen Herzachse, auch Integralvektor genannt. (Nach Detweiler und Spörri, 1956)

pole (+ – und – +) erzeugen ein **elektrisches Feld.** Das Herz befindet sich in einem leitenden Medium. Die das Herz umgebenden Gewebe stellen infolge ihres Wasser- und Ionengehaltes einen elektrischen Leiter zweiter Klasse dar, und zwar einen sog. **Volumenleiter,** da er den Strom in allen Richtungen des Raumes zu leiten vermag.

Untersucht man das elektrische Potentialfeld an der Körperoberfläche, beispielsweise in einem bestimmten Moment der Erregungsausbreitung in den Herzkammern (Spitze der R-Zacke des EKG, s. u.), so erhält man beim Rind das in der Abbildung 126 dargestellte Resultat. Diejenigen Punkte der Körperoberfläche mit gleichem Potential sind durch Linien miteinander verbunden, stellen also **Isopotentiallinien** dar. Im festgehaltenen Moment liegt die größte Negativität etwas kranial der Herzspitzengegend (Abb. 126 c), die größte Positivität in der kranialen Halspartie (Abb. 126 a, b).

Das Wesen der Elektrokardiographie besteht nun darin, das elektrische Feld des Herzens bzw. seine Änderungen im Verlaufe der Herztätigkeit zu untersuchen. Da die Bestimmung des ganzen Feldes eine riesige Arbeit bedeuten würde, begnügt man sich, die Potentialdifferenzen zwischen einigen wenigen Punktpaaren des Feldes zu registrieren.

Die EKG-Ableitungen

Der holländische Physiologe Einthoven, der Erfinder des nach ihm benannten Galvanometers (1903) und der Begründer der modernen Elektrokardiographie, machte 1906 den Vorschlag, die Potentialdifferenzen zwischen dem rechten und linken Arm sowie dem linken Bein zu registrieren. Nach internationaler Übereinkunft werden diese Extremitätenableitungen entsprechend den in der Tabelle 32 gemachten Angaben durchgeführt und bezeichnet. Weitere EKG-Ableitungen s. Abbildung 130.

Die Elektrokardiographen sind so gepolt, daß sich nach oben gerichtete (positive) Kurvenausschläge ergeben, wenn

a) in der Ableitung I der linke Arm positiv ist gegenüber dem rechten,
b) in der Ableitung II das linke Bein positiv ist gegenüber dem rechten Arm und
c) in der Ableitung III das linke Bein positiv ist gegenüber dem linken Arm.

Denkt man sich die Ansatzstellen der Extremitäten am Rumpf miteinander verbunden, so erhält man beim Menschen ein fast gleichseitiges Dreieck, das sog. **Einthovensche Dreieck** (Abb. 127), in dessen Mitte das Herz bzw. auch die elektrische Herzachse zu liegen kommt.

Die Ableitungen (I, II, III) entsprechen der Projektion der Integralvektoren auf die drei Seiten des Dreiecks. Diese geometrische Beziehung erlaubt es daher, aus zwei Ableitungen die Richtung und Größe der Integralvektoren in jedem beliebigen Zeitpunkt **(Momentanvektor)** des Herzzyklus zu eruieren (Abb. 127). Der größte Momentanvektor oder Hauptvektor während der Phase der Erregungsausbreitung (Umpolarisation) der Herzkam-

Tab. 32.

Bezeichnung der Ableitung	Lage der Ableitungselektroden Mensch	Tier
Ableitung I	rechter Arm — linker Arm	rechte Vorderextremität — linke Vorderextremität
Ableitung II	rechter Arm — linkes Bein	rechte Vorderextremität — linke Hinterextremität
Ableitung III	linker Arm — linkes Bein	linke Vorderextremität — linke Hinterextremität

mern wird — wie erwähnt — **elektrische Herzachse** genannt.

Beim Menschen liefern die beschriebenen Extremitätenableitungen meistens aufschlußreiche Kurven. Bei den Tieren sind sie oft weniger befriedigend. Der Grund dafür liegt in der ungünstigen Stellung des Herzens zu den Ableitungspunkten; d. h. im fast senkrechten Verlauf der anatomischen und elektrischen Achse des Herzens zur Horizontalebene, auf der die 3 Ableitungspunkte der Extremitäten liegen. Die Projektionen des Integralvektors auf die 3 Ableitungslinien sind daher oft ziemlich klein. In der Tier-Elektrokardiographie wurden deshalb von Anfang an sog. Brustwandableitungen (präkordiale Ableitungen) vorgezogen. Hierbei werden Elektroden auf der linken und

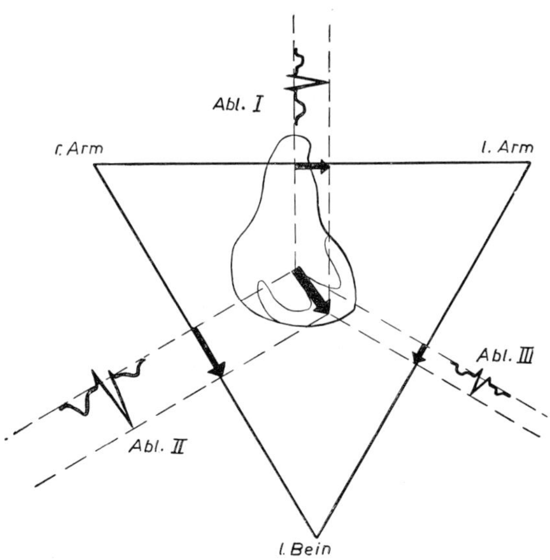

Abb. 127. Einthoven-Dreieck. Der in die Kammermuskulatur eingezeichnete Pfeil stellt den größten Momentanvektor eines normal gelagerten menschlichen Herzens während der Erregungsausbreitung in den Ventrikeln dar. Seine Projektionen auf die Seiten dieses Dreiecks ergeben jeweils die Größe der Zacken in den drei Extremitäten-Ableitungen. (In Anlehnung an BODEN)

rechten Brustwand der Herzgegend angelegt (Abb. 130, Ableitung V-2, V2, V4). Bei Spezialuntersuchungen werden auch Ableitungselektroden in die herznahen Teile des Oesophagus oder direkt in die verschiedenen Herzhöhlen eingeführt.[1]

Form, Bezeichnung und physiologische Bedeutung der verschiedenen EKG-Teile. Das EKG des Gesamtherzens besteht im Prinzip aus den gleichen Komponenten wie das elementare EG eines Herzmuskelstreifens. Da die Vorhöfe früher in Erregung geraten als die Kammern, zerfällt das EKG in einen Vorhofteil (**Elektroatriogramm**, EAG) und einen Kammerteil (**Elektroventrikulogramm**, EVG).

Sowohl am EAG als auch am EVG kann man eine Anfangsschwankung, ein Zwischensegment und eine Endschwankung unterscheiden (Abb. 128a, b). Da die Ventrikel eine größere Muskelmasse aufweisen als die Vorhöfe, sind auch die Ausschläge des EVG größer als die des EAG.

Im EKG ist die Endschwankung des EAG oft nicht oder nur schwer erkennbar, da sie meist sehr flach ist und zeitlich teilweise von den großen Ausschlägen der Anfangsschwankung des EVG (QRS, s. u.) überlagert wird.

Infolge der ungleichen Erregungsdauer in den verschiedenen Teilen der Kammermuskulatur ist die Kammerendschwankung oft nicht negativ, sondern diphasisch oder positiv, also konkordant zur Anfangsschwankung (S. 224). Auch die Kammeranfangsschwankung zeigt meistens keinen einfachen positiven Ausschlag, sondern einen Komplex von positiven und negativen Zacken (Abb. 130). Diese komplizierte Konfiguration der Kammeranfangsschwankung ist durch die komplexe Anordnung der Muskelfasern in den Herzkammern und ihren verwickelten Erregungsmodus bedingt.

[1] Vorschläge zur Standardisierung der EKG-Ableitungen bei Haustieren wurden von A. W. M. BROOYMANS (1954) gemacht.

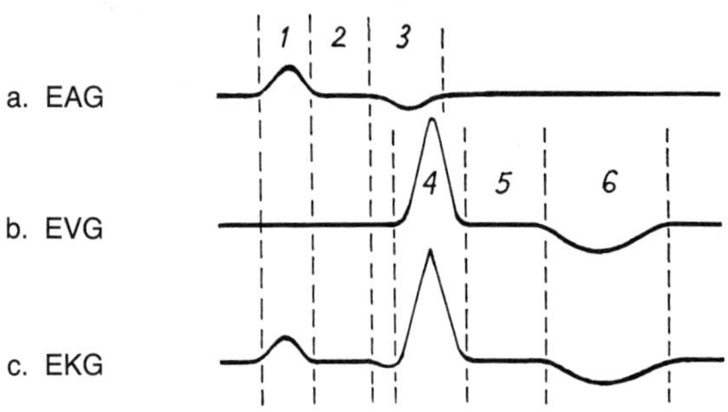

Abb. 128. Schema eines EKG als Kombination aus dem EAG und EVG. **a: 1** = Anfangsschwankung, **2** = Zwischensegment, **3** = Endschwankung des EAG. **b: 4** = Anfangsschwankung, **5** = Zwischensegment, **6** = Endschwankung des EVG. **c:** Gesamt-EKG, welches eine Kombination des EAG und des EVG darstellt.

Das Zwischensegment des EAG ist in der Abbildung (absichtlich) zu lang gezeichnet. In Wirklichkeit ist das atriale Zwischensegment in gewissen Fällen (insbesondere beim Pferd) so kurz, daß die Endschwankung des EAG der Anfangsschwankung direkt folgt (vgl. Ta in der EKG-Ableitung A der Abb. 136)

Das EKG besteht teils aus positiven (nach oben gerichteten), teils aus negativen (nach unten gerichteten) Zacken. Zwischen den Zacken liegen mehr oder weniger horizontal verlaufende Kurvenstücke.

Nach dem Vorschlag des holländischen Physiologen **Einthoven** (Begründer der modernen Elektrokardiographie) bezeichnet man die EKG-Zacken mit den Buchstaben P, Q, R, S, T und U (Abb. 129). Kurvenabschnitte zwischen zwei Zacken werden **Segmente** oder **Strecken** (Beispiel: ST-Segment) genannt. Die Zeit von Anfang bis zum Ende einer Zacke wird als **Dauer** bezeichnet (Beispiel: P-Dauer). EKG-Abschnitte, die sowohl Zacken als Segmente umfassen, heißen **Intervalle** (Beispiel: PQ-Intervall). Die EKG-Konfiguration (Größe und Ausschlagsrichtung der Zacken) hängt von folgenden Faktoren ab:

1. Lage der Ableitungselektroden,
2. Leitfähigkeit des zwischen Herz und den Ableitungselektroden liegenden Gewebes,
3. Position des Herzens im Thorax,
4. Körperhabitus,
5. Art der Ausbreitung (Depolarisation und Rückbildung (Repolarisation) der Erregung im Myokard (Abb. 130).

Das EAG. Die P-Zacke entspricht der Vorhofanfangsschwankung, also der Erregungsausbreitung (Depolarisation) in den Vorhöfen. Sie ist ein- oder doppelgipflig und je nach Ableitungsart positiv, diphasisch oder negativ (Abb. 130).

Das Kurvenstück zwischen dem Ende der P- und Anfang der Q-Zacke (bzw. R-Zacke, wo Q fehlt) wird **PQ-Segment** genannt. Es entspricht dem Zwischensegment und teilweise auch noch der Endschwankung des EAG, also der Zeit der totalen Erregung, und z. T. auch noch dem Abklingen der Erregung in der Vorhofmuskulatur. Wie bereits erwähnt, ist die Endschwankung des EAG oft so flach, daß sie kaum erkannt werden kann, zumal sie oft mit den großen Kurvenausschlägen der Kammeranfangsschwankung zusammenfällt und

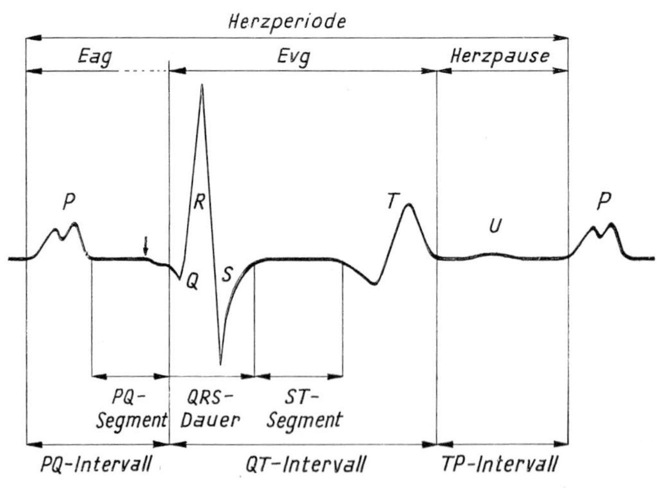

Abb. 129. Benennung der EKG-Teile.

↓ = Beginn der Vorhofendschwankung, **EAG** = Elektroatriogramm (Vorhofteil des EKG), **EVG** = Elektroventrikulogramm (Kammerteil des EKG)

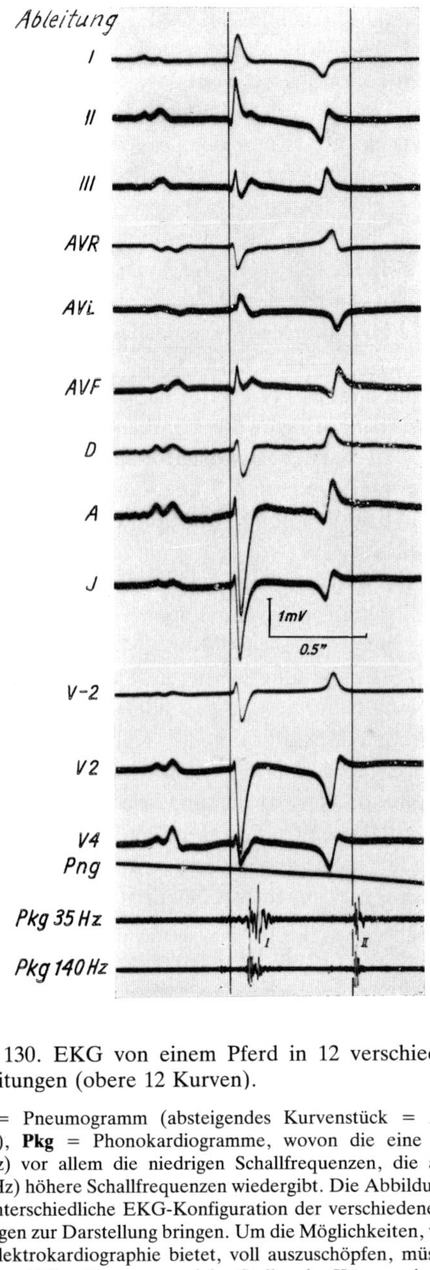

Abb. 130. EKG von einem Pferd in 12 verschiedenen Ableitungen (obere 12 Kurven).

Png = Pneumogramm (absteigendes Kurvenstück = Ausatmung), **Pkg** = Phonokardiogramme, wovon die eine Kurve (35 Hz) vor allem die niedrigen Schallfrequenzen, die andere (140 Hz) höhere Schallfrequenzen wiedergibt. Die Abbildung soll die unterschiedliche EKG-Konfiguration der verschiedenen Ableitungen zur Darstellung bringen. Um die Möglichkeiten, welche die Elektrokardiographie bietet, voll auszuschöpfen, müssen in gewissen Fällen Kurven von vielen Stellen des Körpers abgeleitet werden.
Die Kurven I, II und III sind Extremitätenableitungen (s. Tab. 32) und die Kurven aVR, aVL und aVF sog. Goldberger-Ableitungen. Die Kurven D, A und J wurden wie folgt abgeleitet: **D** = Regio praescapularis dexter/Regio lumbalis, **A** = Regio praescapularis dexter/Regio apicis cordis, **J** = Regio apicis cordis/Regio lumbalis. Die Ableitungen V-2, V2, V4 sind unipolare Brustwandableitungen (präkordiale Ableitungen) gegen die indifferente Wilson-Elektrode[1]. Die differente Elektrode, d. h. die Elektrode, welche hauptsächlich die Kurvenform bestimmt, liegt, entsprechend dem Vorschlag von Brooijmans, an folgenden Stellen: **V-2** = 5. Interkostalraum rechts auf der Höhe des Ellbogenhöckers, **V 2** = 5. Interkostalraum links auf der Höhe des Ellbogenhöckers, **V 4** = 5. Interkostalraum links auf der Höhe des Schultergelenkes

deshalb durch die letzteren verdeckt wird. Das Ende des EAG ist daher meistens nicht exakt bestimmbar. Sofern eine Vorhofendschwankung zu sehen ist, wie dies etwa bei einem Ausfall einer Kammerkontraktion vorkommt (s. partieller Atrioventrikularblock), dann wird sie als Ta (T-Zacke des Atriums) bezeichnet (Abb. 136).

Das Intervall zwischen dem Beginn der P-Zacke bis zum Anfang der Q-Zacke (bzw. R-Zacke, wo Q fehlt) wird auch als **PQ-Intervall, Atrioventrikularintervall** oder **Überleitungszeit** bezeichnet. Es gibt die Zeit an, welche die Erregungswelle benötigt, um vom Sinusknoten via Vorhofmuskulatur, AV-Knoten, Hissches Bündel, Tawara-Schenkel und Purkinje-Fasern zur Kammermuskulatur zu gelangen.

Das EVG. Im Moment, wo die Erregungswelle durch die vielen feinen Aufzweigungen der Purkinjefasern auf die großen Muskelmassen der Kammern übergeht, entstehen im EKG die großen Ausschläge der Kammeranfangsschwankung. Die letztere besteht sehr oft aus drei Zacken, nämlich der negativen Q-, der positiven R- und der negativen S-Zacke. Sie bilden zusammen den **QRS-Komplex.** Definitionsgemäß wird ohne Berücksichtigung der Größe die erste positive Zacke der Kammeranfangsschwankung als R, eine ihr vorangehende negative Zacke als Q und eine ihr folgende negative Zacke als S bezeichnet. Q und S sind also immer negativ. Weist die Kammeranfangsschwankung zwei oder sogar drei positive Zacken auf, dann werden sie als R_1, R_2 und R_3 angesprochen. Auf R_1 bzw. R_2 folgende negative Zacken sind als S_1, S_2 usw. zu bezeichnen. Bei Boviden und Equiden ist die Kammeranfangsschwankung in gewissen Ableitungen oft rein negativ. In diesem Fall fehlt eine R-Zacke, Q und S sind verschmolzen. Eine solche Kammeranfangsschwankung wird mit QS bezeichnet.

Der QRS-Komplex entspricht der Erregungsausbreitung (Depolarisation) in den Kammern. Dessen Dauer ist ein sehr wichtiges Kriterium bei der EKG-Beurteilung. Eine Verbreiterung des QRS-Komplexes tritt z. B. bei einer Unterbrechung der Erregungsleitung im linken oder rechten Schenkel des ventrikulären Erregungsleitungssystems (sog. **Schenkelblock**) sowie bei ventrikulä-

[1] Als indifferente Elektroden bezeichnet man solche, deren Potential während des ganzen Herzzyklus' praktisch unverändert bleibt. (Für Einzelheiten muß die Spezialliteratur konsultiert werden.)

ren **Extrasystolen** auf (S. 234). Die zwischen Ende S (oder R, wenn S fehlt) und Anfang T verlaufende Strecke wird **ST-Segment** geheißen. Sie entspricht der Zeit der totalen Erregung der Kammermuskulatur, d. h. der Zeit, während der das gesamte Ventrikelmyokard depolarisiert ist und daher praktisch keine Potentialdifferenzen zwischen den verschiedenen Teilen der Kammermuskulatur bestehen. Das ST-Egment verläuft deshalb auf oder nahe der Nullinie. Bei hoher Herzschlagfrequenz (Körperarbeit, Fieber, Leitunfähigkeit der Tawara-Schenkel [sog. **Schenkelblock**], ventrikulären **Extrasystolen** [S. 234] usw.) kann dieses Segment fehlen, weil die Kammerendschwankung (Repolarisation) unmittelbar nach dem Ende der Kammeranfangsschwankung (Depolarisation) beginnt. Das gleiche Phänomen ist auch bei gewissen Tierarten (Känguruh, Igel, Maus, Ratte usw.) bei Körperruhe festzustellen (Abb. 131).

Die **T-Zacke** stellt die Kammerendschwankung dar. In ihr manifestiert sich die Repolarisation (Erregungsrückbildung) der Kammermuskulatur. Da die Erregungsrückbildung sich langsamer vollzieht als die Erregungsausbreitung, ist die T-Zacke breiter als der QRS-Komplex. Erfolgt die Erregungsrückbildung in der gleichen Reihenfolge wie die Erregungsausbreitung, dann ist die Endschwankung diskordant zur Anfangsschwankung (vgl. Ausführungen über das elementare EG). Dies ist aber meistens nicht oder nur annährungsweise der Fall. Die Erregungsrückbildung erfolgt in den basisnahen und subendokardialen Myokardteilen der Kammer langsamer als in den apikalen und subepikardialen. Deshalb ist die T-Zacke zur Kammeranfangsschwankung i. d. R. mehr oder weniger konkordant gerichtet, also beispielsweise ebenfalls positiv, wenn der größte Ausschlag der Kammeranfangsschwankung positiv ist. Das Ende der T-Zacke fällt ungefähr mit dem Ende der mechanischen Systole zusammen (Ausnahmen: Känguruh, Ratte, Maus, Igel). Das Intervall zwischen dem Anfang der Q-Zacke bis zum Ende der T-Zacke **(QT-Intervall)** wird deshalb auch als **elektrische Systole** bezeichnet. Unter pathologischen Umständen (z. B. Hypokalzämie bei der Gebärparese der Rinder, schwere Myokardschädigungen) kann es zu starken Dissoziationen zwischen dem Ende von T und dem Ende der mechanischen Systole bzw. Anfang des 2. Herztones (s. u.) kommen.

Im Anschluß an die T-Zacke wird bei Tieren in seltenen Fällen (beim Menschen relativ häufig) ein kleiner flacher Ausschlag, die **U-Welle,** beobachtet. Ihre Entstehungsweise und Bedeutung sind noch nicht sicher geklärt. (Vielleicht steht sie mit der raschen Erweiterung der Kammern bei der diastolischen Füllung in Zusammenhang.) Gewisse Autoren sind der Auffassung, sie sei durch eine langsame Repolarisation der Papillarmuskeln bedingt oder stelle, ähnlich wie bei den Elektroneurogrammen, ein negatives Nachpotential dar. Eine maximale diastolische Dehnung des Myokards soll erst nach dem Ende der U-Welle möglich sein.

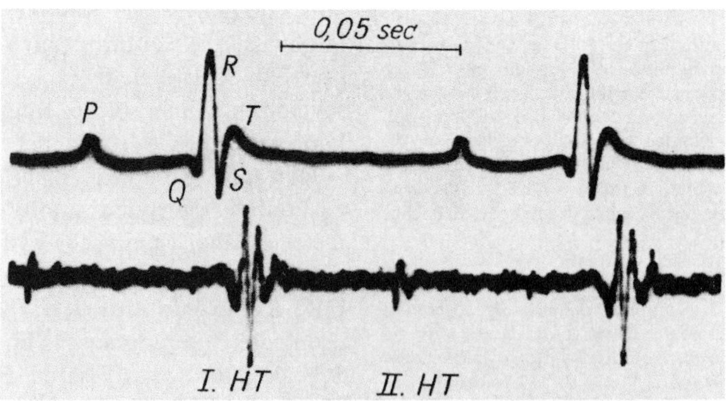

Abb. 131. EKG (obere Kurve) und Herztonkurve (untere Kurve) einer weißen Maus.

Die T-Zacke des EKG schließt sich unmittelbar an die S-Zacke der Kammeranfangsschwankung an. Dadurch entsteht eine Dissoziation zwischen dem Ende der T-Zacke und dem Anfang des 2. Herztones (II. HT). Bei den meisten Tierarten koinzidiert der 2. Herzton ziemlich genau mit dem Ende der T-Zacke (vgl. Abb. 130). Ein ähnliches Verhalten hinsichtlich der T-Zacke wie die Maus zeigen auch Ratten, Igel und Känguruhs. Bei den eben erwähnten Tierarten weisen allerdings ganz junge Tiere ein EKG auf, bei welchem die T-Zacke ebenfalls spät, d. h. ungefähr mit dem Beginn des 2. Herztones endet

ec. Das Vektorkardiogramm

Die Richtung und Größe der Momentanvektoren (S. 225) ändern sich während eines Herzzyklus' von Moment zu Moment (Abb. 132 a). Verbindet man die Spitzen aller Momentanvektoren miteinander, so erhält man dreidimensionale, schleifenförmige Gebilde, sog. **Vektorschleifen.** Diese stellen also den geometrischen Ort der Spitzen aller Momentanvektoren eines Herzzyklus' dar. Ein normaler Herzschlag erzeugt drei Vektorschleifen. Die erste Schleife entsteht bei der Erregungsausbreitung in den Vorhöfen. Im gewöhnlichen EKG entspricht ihr die P-Zacke. Sie wird deshalb auch als P-Schleife bezeichnet. Die zweite Schleife ist gewöhnlich die größte und wird bei der Erregungsausbreitung in der Herzkammermuskulatur erzeugt. Im EKG hat sie ihr Analogon in der Kammeranfangsschwankung (QRS-Komplex). Sie wird daher auch QRS-Schleife genannt. Die dritte Schleife wird durch das Abklingen der Erregung in den Ventrikeln hervorgerufen. Im EKG bildet die T-Zacke ihr Gegenstück. Sie heißt deshalb auch T-Schleife. Da die Potentiale bei der Repolarisation der Vorhofmuskulatur (Vorhofendschwankung) in der Regel sehr klein sind und zudem oft mehr oder weniger mit den großen Potentialen der Kammerdepolarisation (Kammeranfangsschwankung, QRS-Komplex) koinzidieren, entsteht während der Phase der Repolarisation der Vorhofmuskulatur i. d. R. keine gesonderte Vektorschleife.

Projiziert man die dreidimensionalen Vektorschleifen eines Herzschlages auf drei senkrecht aufeinanderstehende Ebenen, so erhält man zweidimensionale Kurven, die als Vektorkardiogramme (VKG) bezeichnet werden. Meistens werden die Vektorschleifen auf eine Sagittalebene (S) sowie eine Transversal- (T) und Horizontalebene (H) des Körpers projiziert (Abb. 132 b).

Auf diese Weise erhält man ein Sagittal-, Transversal- und Horizontal-VKG. VKG können mit Hilfe von Kathodenstrahloszillographen direkt registriert (Abb. 133) oder aus zweckentsprechend abgeleiteten EKG errechnet und konstruiert werden. Im Prinzip stellt die Vektorkardiographie lediglich eine Modifikation der konventionellen Elektrokardiographie dar. Gegenüber der Elektrokardiographie bietet sie jedoch den Vorteil, daß sie ein anschaulicheres Bild über die räumliche Ausbreitung der Erregungswelle im Herzen gibt (Abb. 133). Die vektorielle Darstellung der elektrischen Phänomene des Herzens faßt die drei Eigenschaften der kardialen Potentiale (Stärke, Richtung und Polarität; s. S. 225) in einem einzigen Symbol zusammen.

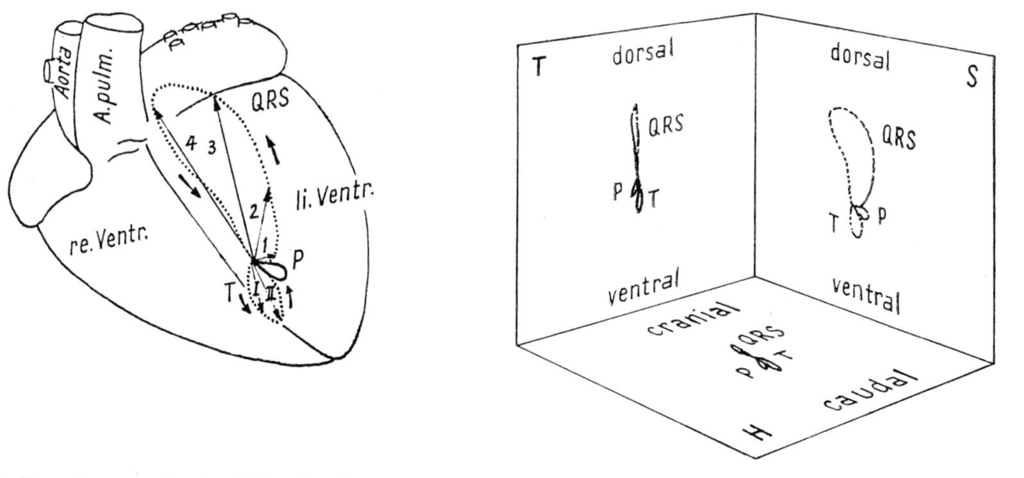

Abb. 132. Entstehungsweise des Vektorkardiogramms.

a. Die Zeichnung zeigt vier Momentanvektoren **(1, 2, 3, 4)** während der Zeit der Erregungsausbreitung in den Ventrikeln sowie zwei Momentanvektoren **(I, II)** während der Erregungsrückbildung in den Ventrikeln. Verbindet man die Spitzen sämtlicher Momentanvektoren während der Erregungsausbreitung in den Vorhöfen sowie der Erregungsausbreitung in den Kammern und der Erregungsrückbildung in den Kammern, so erhält man drei dreidimensionale, schleifenförmige Gebilde, die sog. Vektorschleifen.

b. Projiziert man die Vektorschleifen eines Herzschlages auf drei senkrecht aufeinanderstehende Ebenen (Sagittalebene = **S**, Transversalebene = **T**, Horizontalebene = **H**), so erhält man zweidimensionale Kurven, die als Vektorkardiogramme (VKG) bezeichnet werden. Ein normales VKG besteht aus drei Schleifen, nämlich der P-, QRS- und T-Schleife

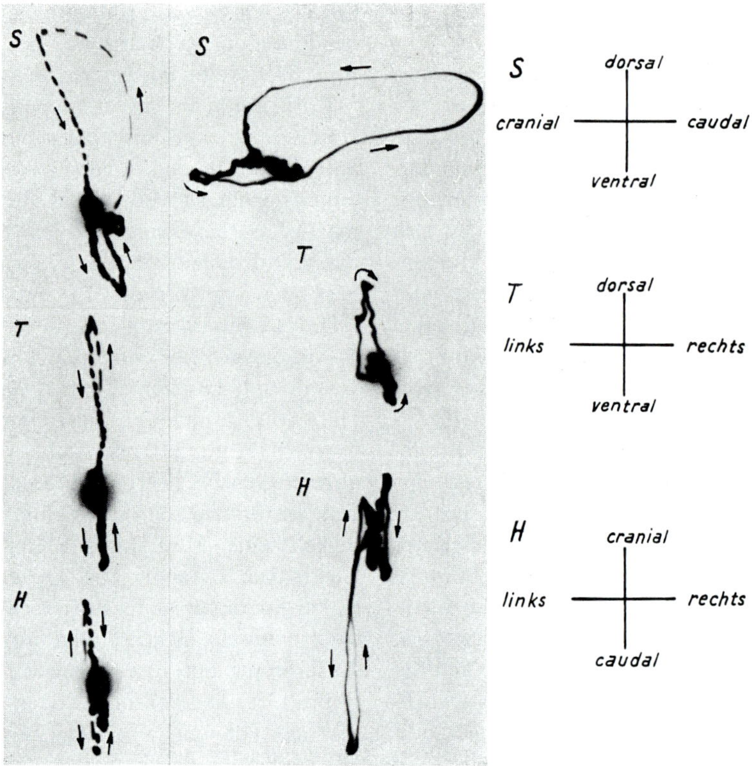

a b c

Abb. 133. Vektorkardiogramme von 2 Kühen.

Oben = Sagittal-VKG **(S)**, **Mitte** = Transversal-VKG (T), **unten** = Horizontal-VKG **(H)**. Die VKG der linken Reihe **(a)** stammen von einer herzgesunden Kuh. Die VKG der rechten Seite **(b)** wurden von einer Kuh mit einer abnormen Erregungsausbreitung in den Ventrikeln (sog. Wolff-Parkinson-White-Syndrom) registriert. Am rechten Bildrand **(c)** sind Erläuterungen über die Lage der Ebenen, auf welche die VKG projiziert wurden, angebracht.

In beiden Fällen ist die während der Erregungsausbreitung in den Ventrikeln erzeugte Schleife (QRS-Schleife) am größten und ellipsenähnlich. Beim herzgesunden Tier **(a)** steht der große Durchmesser der Ellipse fast senkrecht (ventrodorsal). Summarisch betrachtet erfolgt bei diesem Tier die ventrikuläre Erregungsausbreitung in ventrodorsaler Richtung. Beim Tier mit dem Wolff-Parkinson-White-Syndrom liegt die QRS-Schleife **(b)** hingegen fast horizontal. Die allgemeine Richtung der ventrikulären Erregungsausbreitung erfolgt in diesem Fall also in kraniokaudaler Richtung. Aus der Konfiguration des S.-, T- und H-VKG kann geschlossen werden, daß bei beiden Tieren (a, b) alle 3 Schleifen eines Herzzyklus' (P-Schleife, QRS-Schleife, T-Schleife) in der Sagittalebene liegen, denn die Projektionen auf die Transversal- und Horizontalebene ergeben VKG, deren Schleifen sich nur ganz wenig öffnen (vgl. hierzu auch Abb. 132).

Die Unterbrechung der Vektorkurven in der Reihe a ist dadurch bedingt, daß der Elektronenstrahl des Kathodenstrahloszillographen 400mal pro Sekunde kurz ausgelöscht wurde, wodurch eine zeitliche Analyse des VKG möglich ist

ed. Die praktische Bedeutung der Elektrokardiographie

Die Elektrokardiographie vermittelt auf einfache und für den Probanden (Patienten) schonende, d. h. nicht traumatisierende Weise derart viele Informationen über die Herztätigkeit wie keine andere Untersuchungsmethode. Insbesondere für die Abklärung von Reizbildungs- und Erregungsleitungsstörungen (s. u.) ist sie die souveräne Methode. Auch gewisse Veränderungen des »milieu intérieur« (z. B. Veränderungen des Ca^{2+}- und K^{+}-Spiegels im Blut) sowie Herzmuskelhypertrophien und Dilatationen der Herzhöhlen (z. B. infolge Störungen der Herzklappen [S. 252]) verursachen oft charakteristische EKG-Veränderungen. Da die elektrischen Erscheinungen (z. B. Polarisation der Zellmembranen [S. 218]) aufs engste mit dem Myokardmetabolismus gekoppelt sind, vermag das EKG auch über diesbezügliche Störungen Anhaltspunkte zu geben. Fast unentbehrlich sind EKG auch als zeitliche Referenzkurven bei der

Analyse von kardialen und vaskulären Druckkurven (Abb. 138), Phonokardiogrammen, Sphygmogrammen usw.

Die Elektrokardiographie ist hingegen nicht imstande, unmittelbar Auskunft über die Kraft der Herzkontraktionen zu geben. Zwischen den elektrischen und mechanischen Vorgängen des Myokards besteht nämlich nur eine sehr lose Korrelation (s. S. 221, die elektromechanische Kopplung). Das zeigt z. B. auch die Feststellung, daß nach dem Eintritt des klinischen Todes (Aufhören der Atmung, Verschwinden des Pulses bzw. der Blutströmung) meistens noch EKG mit großen Ausschlägen registrierbar sind, obwohl das Herz praktisch keine mechanische Tätigkeit mehr erkennen läßt und hämodynamisch völlig inaktiv ist.

f. Reizbildungs- und Erregungsleitungsstörungen

Wie bereits erwähnt (S. 215), bildet normalerweise der Sinusknoten die Reize für die Herzkontraktionen. Unter besonderen Umständen sind aber auch alle anderen Teile des Reizbildungs- und Erregungsleitungssystems, ja sogar die Zellen der Triebmuskulatur, zur Reizbildung befähigt. Man bezeichnet den Sinusknoten als **primäres Reizbildungszentrum,** den Atrioventrikularknoten als **sekundäres Reizbildungszentrum** und das Hissche Bündel, die Tawara-Schenkel und das System der Purkinjefasern als **tertiäre Reizbildungszentren** (Abb. 134).

Reizbildungsstörungen. Man unterscheidet nomotope (rechtortige) und heterotope (fehlortige) Reizbildungsstörungen.

Nomotope Reizbildungsstörungen liegen dann vor, wenn die Reize zwar am normalen Ort (Sinusknoten) gebildet werden, jedoch die Frequenz der Reize bzw. die Länge der Intervalle zwischen denselben abnorm sind. Zu ihnen gehören die **Sinustachykardie** (abnorm hohe Frequenz), die **Sinusbradykardie** (abnorm niedrige Frequenz), die **Sinusarrhythmie** (ungleiche Intervalle).

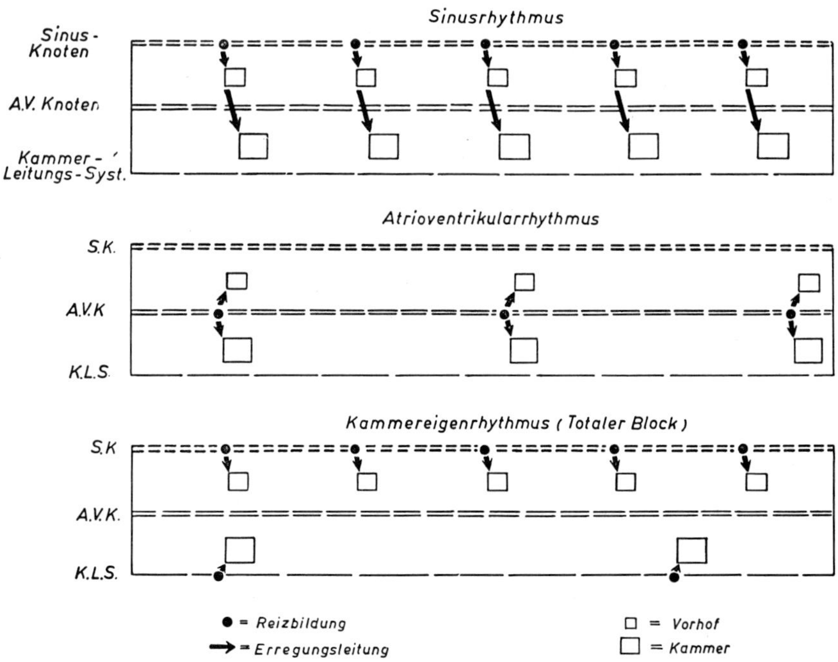

Abb. 134. Schematische Darstellung der 3 Reizbildungszentren des Herzens mit den dazugehörigen Herzrhythmen.

Oben = Sinusrhythmus: Der Sinusknoten bildet Reize, die zu den Vorhöfen und via das Überleitungssystem (Atrioventrikularknoten und Hissches Bündel) zu den Kammern geleitet werden. Vorhöfe und Kammern schlagen in regelmäßigem Rhythmus nacheinander. **Mitte** = Atrioventrikularrhythmus: Der Sinusknoten ist nicht in Funktion. das Sekundärzentrum (Atrioventrikularknoten) bildet jetzt mit seiner langsameren Frequenz die Reize und erregt etwa gleichzeitig Vorhöfe und Kammern. **Unten** = Kammereigenrhythmus: Der Sinusknoten erregt mit seinen regelmäßigen Impulsen die Vorhöfe. Die Leitung zu den Kammern ist aber im Überleitungssystem vollständig blockiert (totaler Av.-Block. An irgendeiner Stelle im Kammerleitungssystem ist ein tertiäres Reizbildungszentrum in Funktion getreten und erregt völlig selbständig die Kammern in einem ihm eigenen langsamen Rhythmus

Heterotope Reizbildungsstörungen liegen vor, wenn die Reize im sekundären Reizbildungszentrum (Atrioventrikularknoten) oder in tertiären Reizbildungszentren (Hissches Bündel, Tawara-Schenkel, Purkinjefasern) gebildet werden. Heterotope Reizbildungsstörungen können wirksam werden:

1. Wenn der Sinusknoten keine Reize bildet. Sekundäre oder tertiäre Zentren können dann in die Bresche springen und die Führung des Herzens übernehmen (Abb. 134).
2. Wenn der Sinusknoten zwar Reize bildet, die Leitungsbahnen, z. B. der Atrioventrikularknoten, die Erregungsimpulse jedoch nicht weiter leiten (Atrioventrikularblock). Auch in diesen Fällen übernimmt dann häufig ein sekundäres oder tertiäres Zentrum die Reizbildung und verhindert so den Stillstand der Herzkammern.
3. Wenn abnorme Zentren rascher Reize zu bilden vermögen als der Sinusknoten. In solchen Fällen wird das Herz bald vom abnormen Reizzentrum zur Kontraktion angeregt **(Extrasystolie)** und bald vom normalen Zentrum (Sinusknoten) mit Impulsen versehen (Abb. 135).

Da die sekundären und tertiären Zentren für die Reizbildung normalerweise viel mehr Zeit benötigen als der Sinusknoten (die Reizbildungsfrequenz des Atrioventrikularknotens ist nur ungefähr halb so groß wie die des Sinusknotens), ist die Herzschlagfrequenz bei alleiniger Impulsbildung durch ein heterotopes Zentrum meistens um 50 oder mehr Prozent reduziert.

Erregungsleitungsstörungen. Da alle Muskelfasern des Herzens, also sowohl die Fasern des spezifischen Leitungssystems als auch diejenigen der Triebmuskulatur die Fähigkeit bzw. die Aufgabe haben, Erregungsimpulse zu leiten, kann es bei Störungen dieser Funktion auch an jeder beliebigen Stelle des Herzens zu einer Leitungsstörung, zu einem sogenannten **Leitungsblock,** oft einfach **Herzblock** genannt, kommen.

Nach der Topographie der Erregungsleitungsstörungen unterscheidet man:

1. Sinu-aurikuläre Leitungsstörungen,
2. Intra-aurikuläre Leitungsstörungen,
3. Atrio-ventrikuläre Leitungsstörungen (Überleitungsstörungen),
4. Intra-ventrikuläre Leitungsstörungen.

Nach der Stärke werden Leitungsstörungen 1., 2. und 3. Grades unterschieden. Bei einer Leitungsstörung 1. Grades ist die Impulsfortpflanzung lediglich verzögert, bei einer Leitungsstörung 2. Grades, auch partieller Block genannt, werden einzelne Impulse nicht fortgeleitet, und bei einer Leitungsstörung 3. Grades, auch als totaler Block bezeichnet, werden an der Blockadestelle überhaupt keine Impulse mehr weitergeleitet.

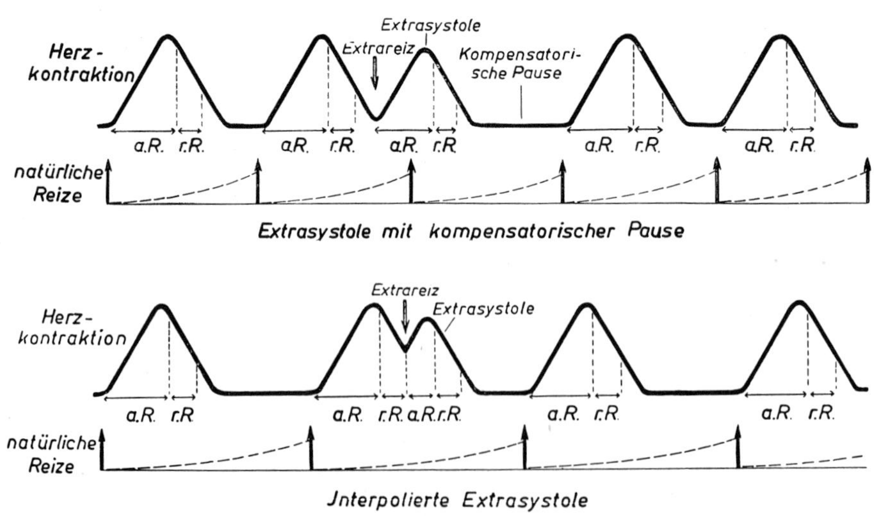

Abb. 135. **Oben** = Schematische Darstellung einer Extrasystole mit kompensatorischer Pause, **unten** = Interponierte (interpolierte) Extrasystole ohne kompensatorische Pause.

a. R = absolute Refraktärphase, **r. R** = relative Refraktärphase)

Beispiele

Sinu-Aurikularblock: Die im Sinusknoten gebildeten Erregungen können nicht auf die Vorhofmuskulatur übertreten. Betrifft dies nur vereinzelte Erregungsimpulse, so fallen lediglich einzelne Herzschläge (Vorhof- und Kammerkontraktionen aus **(partieller Sinu-Aurikularblock).** Gelangen keine Erregungsimpulse mehr vom Sinusknoten an die Vorhofmuskulatur **(totaler Sinu-Aurikularblock),** so kann ein tödlicher Herzstillstand die Folge sein. Häufig übernimmt aber in solchen Fällen der Av.-Knoten oder ein tertiäres Reizzentrum (s. S. 233) die Reizbildung und regt entweder nur die Kammern, oder, sofern der Impuls auch retrograd durch das Überleitungssystem zu den Atrien gelangt, auch die Vorhöfe zur Kontraktion an (Abb. 134, Atrioventrikularrhythmus).

Intraaurikuläre Leitungsstörungen: Bei diesen ist die Ausbreitung der Erregung in der Vorhofmuskulatur abnorm, sei es, daß sie stellenweise verzögert oder durch Blockzonen zum Ausweichen von der normalen Bahn gezwungen ist. Im EKG gibt dies zu Verformungen oder/und Verbreiterungen der P-Zacke Anlaß.

Atrioventrikuläre Leitungsstörungen: Ist die Leitung nur verzögert **(Atrioventrikularblock 1. Grades),** so ist im EKG die Überleitungszeit (PQ-Intervall) verlängert. Bleiben vereinzelte Impulse im Überleitungssystem (Av.-Knoten, His-Bündel) »stecken« **(Av.-Block 2. Grades),** so folgen im EKG auf gewisse P-Zacken keine Kammerkomplexe (Fehlen von QRST). Einen solchen Fall zeigt Abbildung 136.

Av.-Blockaden 1. und 2. Grades sind bei Pferden im Zustand völliger körperlicher und psychischer Ruhe recht häufig. Sie sind auf einen erhöhten Tonus des Herzparasympathikus (S. 263) zurückzuführen. Sobald der Parasympathikustonus abnimmt (z. B. bei Muskelarbeit oder nervöser Erregung), verschwindet die Blockierung im Überleitungssystem. Sie sind daher in rund 90 oder mehr Prozent der Fälle eher als bedeutungslose Anomalie (Folge einer sog. Trainingsvagotonie) denn als pathologisches Phänomen zu betrachten.

Vermag das Überleitungssystem keine Impulse mehr zu leiten **(Av.-Block 3. Grades,** totaler Av.-Block), so würde das an sich einen Herzkammerstillstand zur Folge haben. Meistens springt aber ein tertiäres (ventrikuläres) Zentrum als Reizgeber vikariierend ein. Die Kammern kontrahieren sich dann mit niedriger Frequenz im Rhythmus des heterotopen Reizzentrums, während die Vorhöfe unter der Führung des Sinusknotens mit höherer Frequenz weiterarbeiten. Solche Herzen weisen also gleichzeitig zwei Reizzentren auf (Abb. 134).

Intraventrikuläre Leitungsstörungen: Bei diesen liegt die Blockade unterhalb der Teilungsstelle des **His**-Bündels, also im linken oder rechten **Tawara**-Schenkel **(Linksschenkelblock, Rechtsschenkelblock)** oder in den Aufzweigungen der Purkinjefasern **(Verzweigungsblock).**

Da bei einem **Links-** oder **Rechtsschenkelblock**

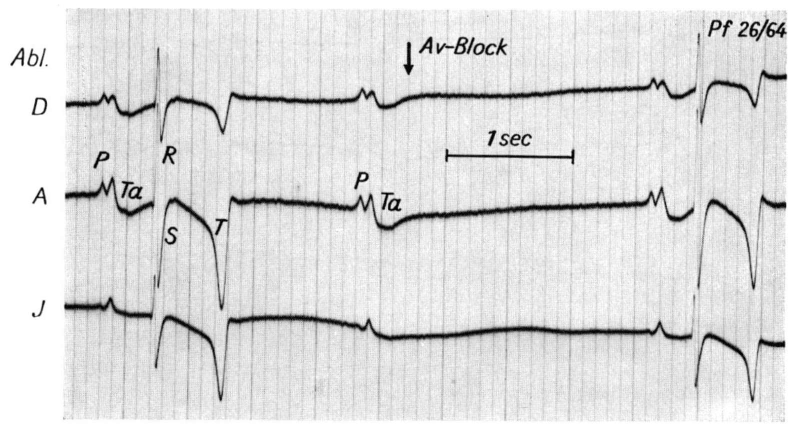

Abb. 136. EKG von einem Pferd mit partiellem Atrioventrikularblock (Av.-Block).

Ableitung **D** = Regio praescapularis dexter/Regio lumbalis, Ableitung **A** = Regio praescapularis dexter/Regio apicis cordis, Ableitung **J** = Regio apicis cordis/Regio lumbalis. Das EKG zeigt in der Ableitung D und A eine gut ausgeprägte Vorhofendschwankung **Ta,** welche besonders beim zweiten EAG, dem infolge des Av.-Blockes kein EVG folgt, deutlich zu sehen ist die Muskulatur desjenigen Ventrikels, dessen Schenkel blockiert ist, die Kontraktionsimpulse auf dem Umweg über die Muskulatur des anderen Ventrikels erhält, ist die ventrikuläre Erregungsausbreitungszeit (Kammeranfangsschwankung des EKG) verlängert und die Form des Kammer-EKG verändert.

4. Die mechanischen Erscheinungen der Herztätigkeit

a. Herzzyklusphasen

Das Herz gleicht nicht einer kontinuierlich Flüssigkeit auswerfenden ventillosen Kreiselpumpe, sondern einer stoßweise Flüssigkeit fördernden, mit Ventilen ausgerüsteten Kolbenpumpe. An einem Herzschlag (Herzzyklus, Revolutio cordis) können sowohl an den Vorhöfen als auch an den Kammern zwei Hauptphasen unterschieden werden, die **Systole** und die **Diastole.** Während der Systole kontrahiert sich der Herzmuskel, während der Diastole erschlafft er wieder. Ein Herzzyklus beginnt mit der **Vorhofsystole,** während der sich die Kammern in Diastole befinden. Nun folgt die **Kammersystole** und fast gleichzeitig die **Vorhofdiastole.** Alsbald erschlaffen auch die Kammern wieder **(Kammerdiastole).** Während kurzer Zeit, d. h. bis zum Beginn des nächsten Herzschlages, befinden sich also meistens sowohl die Vorhöfe als auch die Kammern in Diastole. Diese Phase wird **Herzpause** genannt.

Die Systole der Vorhöfe beginnt bei ruhiger Herztätigkeit (niedrige Herzschlagfrequenz) erst gegen Ende der Kammerdiastole. Es wird also kurz vor der Kammersystole noch etwas Blut aus den Vorhöfen in die Kammern gepreßt und auf diese Weise eine bessere Kammerfüllung und stärkere Spannung der Kammerwandmuskulatur erreicht, was sich hämodynamisch günstig auswirkt, denn die Kraftentwicklung während der Kammersystole wird dadurch erhöht (s. Regulation der Herztätigkeit, S. 257).

In den Vorhöfen ist der diastolische Druck geringer als in den Hohlvenen. Das Blut fließt deshalb aus diesen in die Vorhöfe. Die Füllung der Vorhöfe wird aber noch dadurch unterstützt, daß während der Kammersystole die geschlossenen Atrioventrikularklappen herzspitzenwärts gezogen werden. Dadurch wird das Lumen der Vorhöfe vergrößert, und das Blut strömt, infolge der Saugwirkung der sich nach der Art eines Spritzenstempels bewegenden Ventilebene, in die Vorhöfe (Abb. 137). Die Verschiebung der Ventilebene zwischen den Vorhöfen und Kammern durch die herzspitzenwärts gerichtete Bewegung der Atrioventrikularklappen beruht auf der Verkürzung der Herzkammern während ihrer Systole (s. u.). Dabei verändert die Herzspitze ihre Lage nur wenig. Auch die an den großen Gefäßen befestigten Vor-

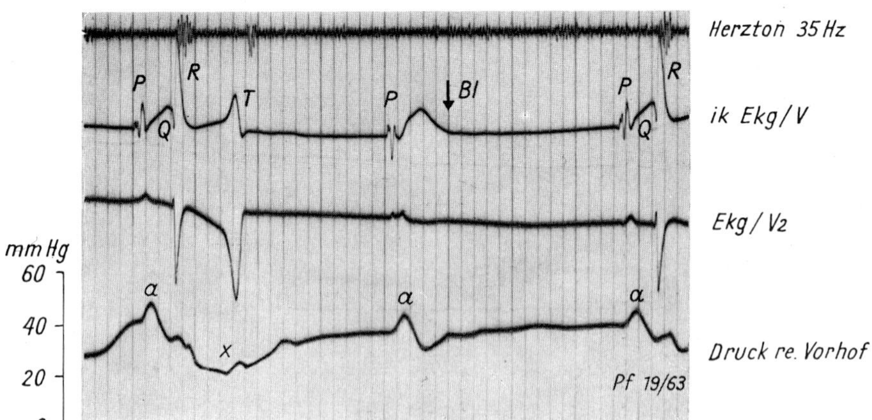

Abb. 137. Demonstration des atrialen Soges während der Ventrikelsystole.

Während der Kammerkontraktion (erkenntlich am intrakardialen EKG [ik EKG/V] durch die Q-, R- und T-Zacke) fällt der atriale Druck erheblich ab (x-Welle der Druckkurve des rechten Vorhofes [Druck re. Vorhof]). Die Kurven zeigen, daß dieser Druckabfall zum größten Teil auf die Kammertätigkeit und weniger auf die Erschlaffung der Vorhofwandung zurückzuführen ist; denn bei der zweiten Vorhofkontraktion, welcher infolge des Atrioventrikularblockes (Bl) keine Kammeraktion folgt, ist der Druckabfall nach der atrialen Druckwelle (a) viel kleiner. Die auf die positive Druckwelle des Atriums (a) folgende kleine negative Druckwelle der zweiten Herzaktion (ohne Kammersystole) ist offenbar die Folge der bei der Vorhofdiastole freiwerdenden Rückstellkräfte der Vorhofwandung

Herzzyklus
- Systole
  - Umformungsphase
  - Druckanstiegsphase
  - Austreibungsphase
- Diastole
  - Entspannungsphase
  - Füllungsphase

höfe können dieser Bewegung nur wenig folgen, weshalb sich die Vorhöfe stärker entfalten.

Die Kammersystole erfüllt also eine doppelte Funktion, erstens drückt sie das im Ventrikel befindliche Blut in das arterielle Kreislaufsystem, zweitens hilft sie, das Blut aus den Venen in die Vorhöfe zu saugen. Während der Kammerdiastole steigt die atrioventrikuläre Ventilebene dank den stark gespannten großen Gefäßstämmen wieder aufwärts. Dabei schiebt sich die Kammer mit geöffneten Segelklappen quasi über das aus der Vorkammer einströmende Blut. Der Vorgang ist mit dem Ladevorgang einer Repetierpistole vergleichbar, bei der sich das Rohr über die bereits wartende neue Patrone schiebt, wenn es nach dem Schuß in die Ruhelage zurückfedert (GAUER). Die darauf einsetzende Vorhofsystole fördert nur noch wenig Blut in die Kammer. Die Vorhöfe stellen in erster Linie Blutreservoire dar, in die das Blut während der Kammersystole aus den Hohlvenen und Pulmonalvenen einströmen kann und für die nächste Ventrikelfüllung gestapelt wird.

Die Vorhofsystole beginnt an den Mündungen der großen Venen, welche durch die sich kontrahierende Ringmuskulatur verengt werden. Dadurch wird der Rückfluß des Blutes in die Venen erschwert. Ein solcher ist aber bei starker Füllung der Vorhöfe möglich.

Sowohl die Systole als auch die Diastole wird in weitere Phasen unterteilt. Klinisch-diagnostische Bedeutung hat diese Unterteilung bisher nur bezüglich der Kammertätigkeit erlangt, weshalb nur auf diese eingegangen wird.

Die Kammersystole wird in die Umformungsphase, Druckanstiegsphase und Austreibungsphase, die Kammerdiastole in die Entspannungsphase und Füllungsphase unterteilt.

aa. Umformungsphase

Betrachtet man simultan geschriebene EKG und Ventrikeldruckkurven (Abb. 138), so fällt auf, daß das Kammer-EKG früher beginnt als der Anstieg der Ventrikeldruckkurve. Die Zeitdifferenz zwischen dem Beginn des Kammer-EKG (Q-Zacke) und dem Anstieg der Druckkurve wird als **elektropressorische Latenz** bezeichnet. Sie ist darauf zurückzuführen, daß die Herzkammern während der Diastole erschlaffen und deshalb länglich-ovoide Form aufweisen. Zu Beginn der Systole nähern sich die Ventrikel der Kugelform, ohne daß dabei der Druck im Innern ansteigt oder Blut ausgeworfen wird[1]. Diese erste Phase der Systole, während der die Ventrikel von der ovoiden in eine mehr sphäroide Form übergehen, wird Umformungsphase genannt (Abb. 138).

Sie stellt annäherungsweise eine isotonische Kontraktion dar, da während dieser Phase die Spannung (»Tonus«) der Muskelfasern praktisch konstant bleibt, deren Länge aber abnimmt (s. Muskelphysiologie).

ab. Druckanstiegsphase

Hat die Kammerwand am Ende der Umformungsphase bei gleichbleibendem Ventrikelinhalt ihre kleinstmögliche Größe erreicht, so führt die weiter anhaltende Kontraktion zur stärkeren Anspannung der Kammermuskulatur um den inkompressiblen Ventrikelinhalt. Sobald der Druck im Ventrikel denjenigen im vorgeschalteten Vorhof übertrifft, was bei horizontal liegenden Tieren normalerweise bei einem Druck von etwa 3–5 mm Hg (0,4–0,7 kPa) der Fall ist, schließen sich die Atrioventrikularklappen, und der Druck im Ventrikel steigt steil an. Auch jetzt wird aber noch kein Blut ausgetrieben. Das Volumen der Ventrikel bleibt also gleich. Während dieser Phase vollzieht der Herzmuskel eine **isometrische Kontraktion,** denn er verändert dabei seine Länge nicht, sondern erhöht lediglich seine Spannung[2].

Diese Phase wird Druckanstiegsphase genannt.

[1] Die Kugel hat bekanntlich von allen Körpern mit gleichem Inhalt die kleinste Oberfläche.

[2] Da sich das Ventrikelvolumen während dieser Phase nicht ändert, wird sie auch als **isovolumetrische Herzzyklusphase** bzw. die Kontraktion als isovolumetrisch bezeichnet.

Sie dauert bis zum Moment, da der Druck in den Ventrikeln denjenigen in der Aorta bzw. der A. pulmonalis übersteigt. Die Druckanstiegsphase entspricht also dem Zeitintervall vom Schluß der Atrioventrikularklappen bis zur Öffnung der Semilunarklappen (Abb. 138).

ac. Austreibungsphase

Diese schließt sich an die Druckanstiegsphase an. Während dieser Zeit wird ein Teil (bei Körperruhe etwa 40–45 %) des in den Herzkammern enthaltenen Blutes in das Gefäßsystem des großen und kleinen Kreislaufes gepreßt. Diese Phase dauert bis zum Ende der Systole, d. h. bis zum Moment, wo der Ventrikeldruck jäh abfällt (Abb. 138). Während dieser Phase führen die Muskelfasern eine **auxotonische Kontraktion** aus, denn sie verändern dabei sowohl ihre Länge (Verkürzung) als auch die Spannung (vorerst Spannungserhöhung, dann Spannungsabnahme).

Oft wird der Schluß der Semilunarklappen bzw. der Anfang des zweiten Herztones als Ende der Austreibungsphase und damit auch der Kammersystole angesehen. Das ist zwar eine zweckmäßige Vereinbarung, entspricht aber nicht ganz der Wirklichkeit, sofern unter Systole die Kontraktion des Kammermyokards und die Austreibung des Blutes verstanden wird. Aus der Abbildung 138 ersieht man, daß der Drucksturz im linken Ventrikel dem Anfang des zweiten Herztones bzw. dem Semilunarklappenschluß um etwa 0,02 s vorangeht. Erst im Moment, da das Blut in den Arterienwurzeln die Tendenz aufweist, in die Ventrikel zurückzuströmen, schließen sich die Semilunarklappen. Der Zeitabschnitt zwischen dem effektiven Ende der Systole und dem Anfang des zweiten Herztones (Semilunarklappenschluß) wird als **protodiastolische Phase** bezeichnet.

ad. Entspannungsphase

Diese Phase leitet die Diastole ein. Während dieser Zeit entspannt sich die Ventrikelmuskulatur

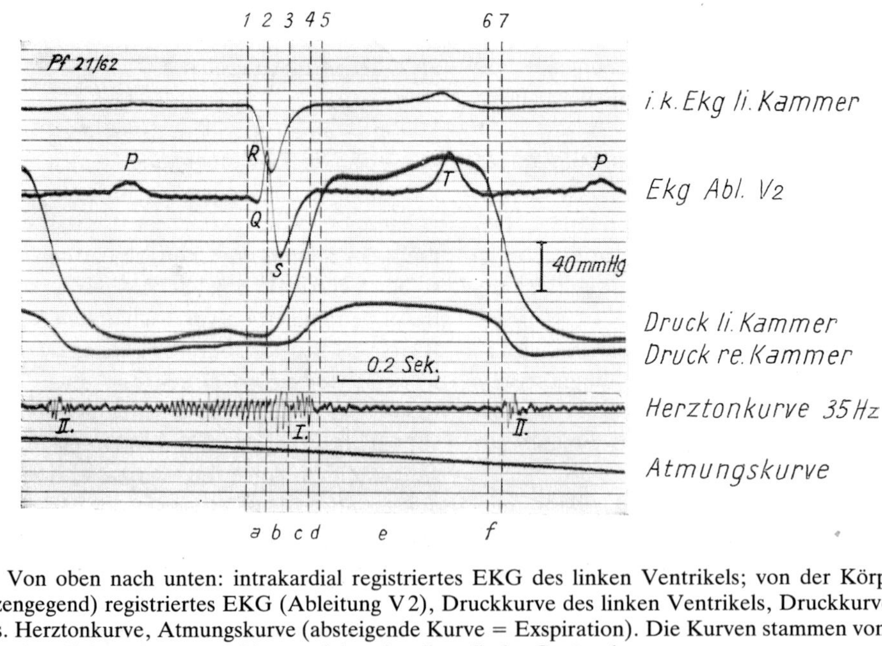

Abb. 138. Von oben nach unten: intrakardial registriertes EKG des linken Ventrikels; von der Körperoberfläche (Herzspitzengegend) registriertes EKG (Ableitung V 2), Druckkurve des linken Ventrikels, Druckkurve des rechten Ventrikels. Herztonkurve, Atmungskurve (absteigende Kurve = Exspiration). Die Kurven stammen von einem Pferd mit leichter Insuffizienz der Aortenklappe, daher das diastolische Geräusch.

Die Zeitintervalle (a bis f) entsprechen folgenden Herzzyklusphasen: **a** = Umformungsphase (elektropressorische Latenz) des linken Ventrikels; **a** + **b** = Umformungsphase (elektropressorische Latenz) des rechten Ventrikels, **c** = Druckanstiegsphase des rechten Ventrikels, **b** + **c** + **d** = Druckanstiegsphase des linken Ventrikels, **e** = Austreibungsphase des linken Ventrikels, **d** + **e** + **f** = Austreibungsphase des rechten Ventrikels. Die gestrichelten Senkrechten (1 bis 7) entsprechen folgenden Zeitpunkten: **1** = Beginn der Erregungsausbreitung in der Ventrikelmuskulatur, **2** = Schluß der Mitralis (approximativ), **3** = Schluß der Trikuspidalis (approximativ), **4** = Öffnung der Pulmonalklappen, **5** = Öffnung der Aortenklappen, **6** = Schluß der Aortenklappen, **7** = Schluß der Pulmonalklappen.

Über die Dauer der Herzzyklusphasen bei einigen Haustierarten gibt die Tabelle 33 Auskunft wieder, ohne daß sich ihre Länge vorerst verändert (isometrische Entspannung). Im Moment, da der Druck in den Kammern denjenigen der Aorta bzw. A. pulmonalis unterschreitet, schließen sich die Semilunarklappen. Kurze Zeit später unterschreitet der Druck in den Ventrikeln auch denjenigen der Vorhöfe, wodurch die Öffnung der Atrioventrikularklappen eintritt. Die Entspannungsphase entspricht also der Zeit zwischen der Schließung der Semilunarklappen und der Öffnung der Atrioventrikularklappen. Während dieser Phase sind sowohl die Atrioventrikular- als auch die Semilunarklappen geschlossen, so daß zu dieser Zeit weder Blut in die Ventrikel ein- noch austritt, d. h. die Ventrikel erweitern sich noch nicht. Diese Phase wird deshalb auch als **isovolumetrische Relaxationsphase** bezeichnet.

ae. Füllungsphase

Während dieser Periode strömt das Blut aus den Vorhöfen in die Kammern. Sie dauert von der Öffnung der Atrioventrikularklappen bis zu deren Schluß zu Beginn der Druckanstiegsphase des nächsten Herzzyklus. Da sie auch unter normalen Verhältnissen ziemlich variabel und die genaue Feststellung ihrer Dauer diagnostisch nicht besonders bedeutungsvoll ist, wird sie der Einfachheit halber oft nur bis zum Anfang der nächsten Systole, also dem Beginn der Umformungsphase (Anfang der Q-Zacke im EKG) gemessen.

Der größte Teil des Blutes fließt normalerweise schon während der allerersten Zeit der Füllungsphase in die Ventrikel **(Phase der schnellen Füllung),** deshalb steigt der Ventrikeldruck zu Beginn der Diastole in der Regel rascher an als in den späteren Phasen der Diastole. Dieser Umstand wirkt sich sehr günstig aus. Er erlaubt auch bei stark erhöhter Herzschlagfrequenz, die mit einer erheblichen Verkürzung der Diastole einhergeht (Abb. 141), eine gute Kammerfüllung. Bei myokardgeschädigten Herzen ist die Füllung verzögert, weshalb eine Tachykardie leichter zu einer Kreislaufinsuffizienz führt.

Auch die Vorhofsystole, die erst gegen Ende der Füllungsphase einsetzt, preßt noch kurz vor dem Beginn der Kammersystole etwas Blut in die Ventrikel (S. 237).

b. Intrakardiale Druckverhältnisse

Chauveau und Marey glückte 1861 erstmals mittels besonderer Registriergeräte die exakte und fortlaufende Aufzeichnung des Blutdruckes im rechten Vorhof und in der rechten Kammer eines Pferdes. Später führten Wiggers (1928) und Frank (1929) mit empfindlichen Manometern analoge Untersuchungen in allen Herzkavitäten an verschiedenen Tierarten durch. Besondere Verdienste um die Einführung derartiger Untersuchungen (Herzkatheterisierung) in die praktische Humankardiologie kommen Forssmann (1929) und Cournand (1941) zu. Seit einigen Jahren werden Herzkatheteruntersuchungen auch in der veterinärmedizinischen Diagnostik routinemäßig durchgeführt.

Werden die Druckmessungen an flach auf einer Körperseite liegenden Tieren ausgeführt, dann sind die Druckwerte in allen Herzabteilungen etwas kleiner als bei Messungen an stehenden Tieren mit (normal) erhobenem Kopf. Der Unterschied ist vor allem auf den größeren hydrostatischen Druck der auf dem Herzen (insbesondere rechtsseitig) lastenden Blutsäule bei stehenden Tieren zurückzuführen. Diese hydrostatische Druckkomponente ist natürlich um so erheblicher, je größer

Tab. 33. Dauer der systolischen Herzzyklusphasen bei Pferd, Rind, Schaf, Ziege u. Schwein (Mittelwert)

Tierart	Anzahl untersuchte Tiere	Herzschlagfrequenz min	Rechter Ventrikel			Linker Ventrikel		
			Umformungsphase s	Druckanstiegsphase s	Austreibungsphase s	Umformungsphase s	Druckanstiegsphase s	Austreibungsphase s
Pferd	16	47,5	0,060	0,055	0,390	0,040	0,105	0,352
Rind	10	77,0	0,051	0,033	0,325	0,032	0,067	0,308
Schaf	3	104,1	0,030	0,028	0,270	0,025	0,055	0,240
Ziege	5	101,5	0,027	0,027	0,279	0,023	0,059	0,243
Schwein	8	83,5	0,041	0,056	0,306	0,025	0,099	0,261

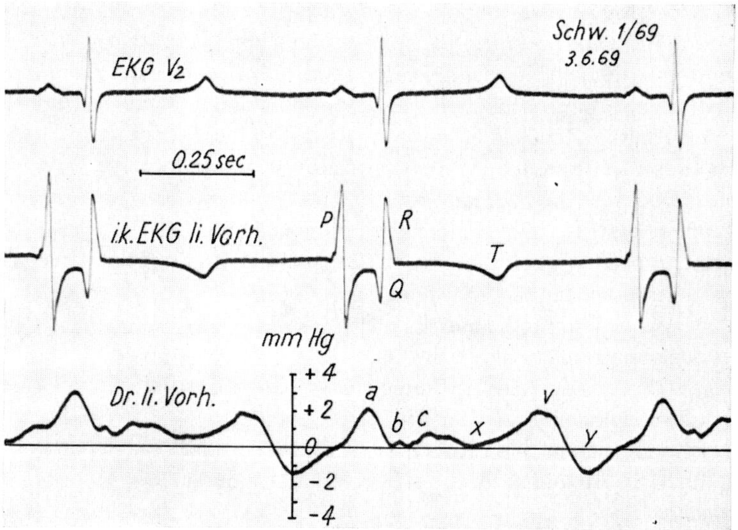

Abb. 139. Druckverhältnisse im linken Vorhof bei einem Schwein (Körpergewicht: 25 kg, Thiogenal-Narkose, rechte Seitenlage, eröffneter Thorax).

Die Kurven bedeuten (von oben nach unten): EKG in Wilson-Ableitung V_2 (Erläuterung s. Abb. 130); EKG-Ableitung aus dem linken Vorhof gegen die Wilson-Elektrode (i. k. EKG li. Vorh.; Druckkurve des linken Vorhofs [Dr. li. Vorh.]). Die Horizontale quer durch die atriale Druckkurve bedeutet Atmosphärendruck. Der Druck im Vorhof schwankt zwischen 2 mm Hg (0,3 kPa) Überdruck und 1,5 mm Hg (0,2 kPa) Unterdruck

das Tier ist. Bei in Seitenlage befindlichen Tieren liegt der minimale diastolische Druck in allen Herzabschnitten meistens einige wenige mm Hg (Bruchteile von kPa) unter dem Atmosphärendruck (Abb. 139). Dieser leichte Unterdruck ist nicht so sehr auf eine Saugwirkung des Herzens, sondern einfach auf die Übertragung des intrathorakalen Unterdruckes (s. S. 324) auf die Herzkavitäten zurückzuführen. Lediglich die Druckabnahme in den Vorhöfen während der Kammersystole (Abb. 137) ist durch eine Saugwirkung infolge der herzspitzenwärts sich verschiebenden Ventilebene der Atrioventrikularklappen (S. 236) bedingt.

Bei stehenden Tieren bewegen sich die tiefsten **diastolischen Druckwerte** in der rechten Herzhälfte zwischen 10–30 mm Hg (1,3–4 kPa) bei Großtieren (Pferde, Rinder) und zwischen 5–10 mm Hg (0,7–1,3 kPa) bei Kleintieren (Ziegen, Schafen). Heben bzw. Senken des Kopfes erhöht bzw. reduziert die Meßwerte.

ba. Intraatriale Druckverhältnisse

Wie aus den Abbildungen 137 und 139 hervorgeht, weisen der linke und rechte Vorhof ganz ähnliche Druckverhältnisse auf. Im Vergleich zu den Kammerkontraktionen erzeugen die Vorhofkontraktionen normalerweise nur sehr geringe Drucke.

Die systolischen Druckamplituden betragen bei Kleintieren (Katze, Hund) nur etwa 2–5 mm Hg (0,3–0,7 kPa), bei Großtieren (Pferd, Rind) etwa 5–10 mm Hg (0,7–1,3 kPa). Hämodynamisch sind die Vorhöfe deshalb von geringer Bedeutung. Von der gesamten Herzarbeit leisten die Kammern rund 85 %, die Vorhöfe nur ca. 15 %. Diese Tatsache erklärt auch, wieso ein Ausfall von koordinierten Vorhofkontraktionen, wie dies z. B. beim sog. **Vorhofflimmern** der Fall ist (wobei die Vorhöfe keine Drucke mehr erzeugen), die Förderleistung des Herzens wenig beeinträchtigt, sofern die Kammermuskulatur gesund ist. Die atrialen Druckkurven weisen während eines Herzzyklus mehrere positive und negative Fluktuationen auf, deren Entstehungsweise in den Legenden der Abbildungen 137 und 139 erläutert wird.

bb. Intraventrikuläre Druckverhältnisse

Die maximalen systolischen Druckwerte des **rechten Ventrikels** schwanken bei stehenden Großtieren (Pferde, Rinder) meistens zwischen 40–80 mm Hg (5,3–10,7 kPa), wobei Rinder durchschnittlich

Tab. 34. Intraventrikuläre Druckverhältnisse bei Pferd, Rind und Schwein. Bei den Pferden und Rindern wurden die Messungen am wachen, stehenden Tier, bei den Schweinen an liegenden Tieren in Halothan-Narkose durchgeführt. (Körpergewicht der Schweine: ca. 100 kg.) Infolge der hydrostatischen Druckkomponente sind die Druckwerte an stehenden Tieren (Pferd, Rind) 10–30 mm Hg (1,3–4 kPa) höher, als sie an liegenden Tieren (Seitenlage) erhalten werden (s. o.)

Tierart	Herzschlag-frequenz	Druck (mm Hg bzw. kPa)					
		rechter Ventrikel			linker Ventrikel		
	(min)	minimaler diastolischer Druck	enddiastolischer Druck	maximaler systolischer Druck	minimaler diastolischer Druck	enddiastolischer Druck	maximaler systolischer Druck
Pferd	23–55	5–25	15–30	40–70	10–35	10–40	130–240
		0,7–3,3	2,0–4,0	5,3–9,3	1,3–4,7	1,3–5,3	17,3–32,0
Rind	60–90	10–30	20–35	40–80	0–30	10–40	130–240
		1,3–4,0	2,7–4,7	5,3–10,7	0–4,0	1,3–5,3	17,3–32,0
Schwein	70–90	–2–10	4–15	20–40	–5–8	4–20	100–210
		–0,3–1,3	0,5–2,0	2,7–5,3	–0,7–1,1	0,5–2,7	13,3–28,0

Tab. 35. Maximale Druckanstiegsgeschwindigkeiten des linken und rechten Ventrikels einiger Haustierarten (gesunde Individuen). Die Daten von Pferd, Rind, Schaf und Ziege wurden von nichtnarkotisierten, diejenigen vom Schwein von narkotisierten (Halothannarkose) Individuen gewonnen (Spörri und Denac, 1969)

Tierart	max. dp/dt (mm Hg/s bzw. kPa/s) linker Ventrikel	rechter Ventrikel
Pferd	1000–1500	250–450
	133–200	33–60
Rind	2000–4500	400–1500
	267–600	53–200
Schaf	2500–5000	400–1000
	333–667	53–133
Ziege	2500–6000	400–1000
	333–800	53–133
Schwein	800–1800	200–300
	107–240	27–40

um fast 10 mm Hg (1,3 kPa) höhere Drucke aufweisen als Pferde. Bei kleineren Tieren (Ziegen, Schafe, Schweine, große Hunde) werden systolische Drucke zwischen 20–40 mm Hg (2,7–5,3 kPa) gemessen (Tab. 34).

Entsprechend dem viel größeren Strömungswiderstand im Körperkreislauf als im Lungenkreislauf erzeugt der **linke Ventrikel** 3–5mal höhere Drucke als der rechte. Die systolischen Maximaldrucke der linken Kammer variieren bei den verschiedenen Tierarten zwischen 100–200 mm Hg (13,3–26,7 kPa). Sie entsprechen ziemlich genau dem systolischen Druck in den Arterien des großen Kreislaufs (Tab. 43). An wachen Tieren werden nicht selten systolische Drucke über 200 mm Hg (26,7 kPa) registriert, diese dürften aber meistens einer Druckerhöhung infolge der Erregung des Probanden bei der Untersuchung zuzuschreiben sein.

Im linken Ventrikel ist die **Geschwindigkeit des Druckanstieges,** d. h. die Änderung des Druckes pro Zeiteinheit (dp/dt) wesentlich größer als im rechten (Abb. 138 und 140). Die Druckanstiegsgeschwindigkeit ist während der isometrischen Druckanstiegsphase nicht konstant. Vorerst ist sie klein, wird dann größer und später wieder kleiner (S-förmiger Verlauf). Mit gewissen Einschränkungen, auf die hier nicht eingegangen werden kann, darf gesagt werden, daß die myokardiale Kraftentfaltung (Kontraktilität) der ventrikulären Druckanstiegsgeschwindigkeit proportional ist. Als diagnostisch wertvoller Parameter für die Kontraktilität der Kammermuskulatur hat sich die Druckanstiegsgeschwindigkeit im Zeitpunkt ihrer maximalen Größe (max. dp/dt) während der isovolumetrischen Druckanstiegsphase erwiesen. Die Druckanstiegsgeschwindigkeit kann mit entsprechenden Apparaturen direkt kurvenmäßig registriert werden (Differenzieren des Drucksignals nach der Zeit mittels eines RC-Gliedes), wie dies die Abbildung 140 zeigt, oder sie kann durch Anlegen einer Tangente an die steilste Stelle der Ventrikeldruckkurve ermittelt werden. Der Tangens des Winkels, welchen die Tangente mit der Horizontalen bildet, entspricht dann dem max. dp/dt. In der Tabelle 35 sind die maximalen Druckanstiegsgeschwindigkeiten des linken und rechten Ventrikels einiger Haustierarten (gesunde Individuen) zusammengestellt.

Agentien, welche die myokardiale Kraftentfaltung beeinträchtigen (Herzmuskelerkrankungen,

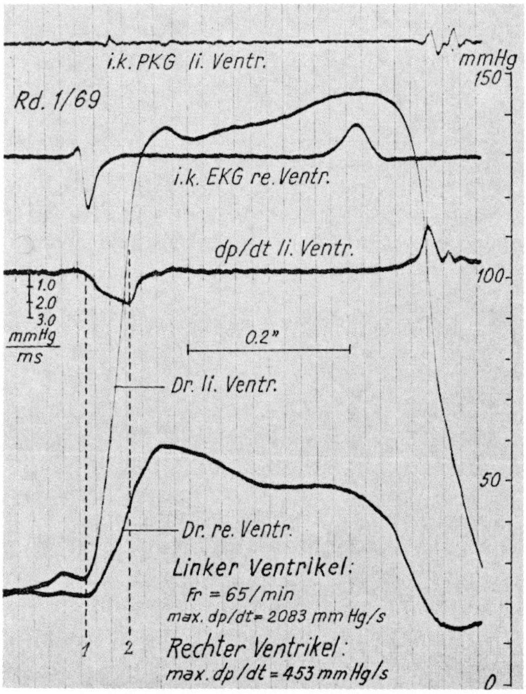

Abb. 140. Bestimmung der kardialen Druckanstiegsgeschwindigkeit (max. dp/dt) des linken und rechten Ventrikels während der isovolumetrischen Kontraktionsphase bei einem Rind.

Die Kurven bedeuten (von oben nach unten): Im linken Ventrikel registriertes Phonokardiogramm (i. k. PKG li. Ventr.); im rechten Ventrikel registriertes EKG[1] (i. k. EKG re. Ventr.). Kurve, welche die Geschwindigkeit der Druckänderungen im linken Ventrikel (nach der Zeit differenziertes Drucksignal, dp/dt li. Ventr.) darstellt, wobei ein negativer Kurvenausschlag die Geschwindigkeit des Druckanstieges, ein positiver Ausschlag hingegen die Geschwindigkeit des Druckabfalles angibt. Druckkurve des linken Ventrikels (Dr. li. Ventr.). Druckkurve des rechten Ventrikels (Dr. re. Ventr.). Im dargestellten Fall betrugen: Herzfrequenz 65/min; max. dp/dt des linken Ventrikels 2083 mm Hg/s (278 kPa/s); max. dp/dt des rechten Ventrikels 453 mm Hg/s (60 kPa/s)

Narkotika usw.), vermindern den max. dp/dt-Wert, Stoffe, welche die Kraftentfaltung des Herzens erhöhen (z. B. Ca-Ionen, Adrenalin, Digitalisglykoside), vergrößern den max. dp/dt-Wert.

c. Asynchronizität der Vorhof- und Kammertätigkeit

Asynchronizität der Vorhoftätigkeit. Da der rechte Vorhof etwas früher von der Erregungswelle erfaßt wird als der linke (S. 215), tritt die durch die Vorhofkontraktion erzeugte Druckwelle (in den Vorhofdruckkurven der Abb. 137 und 139 mit a markiert) im rechten Vorhof etwas früher auf als im linken. Die Unterschiede betragen beim Pferd etwa 0,05 s und bei einem großen Hund ca. 0,02 s.

Asynchronizität der Kammertätigkeit. Die beiden Ventrikel arbeiten nicht genau synchron. Besonders ausgeprägt können diese Asynchronizitäten unter pathologischen Bedingungen (Störungen der intraventrikulären Erregungsleitung [S. 234], ventrikuläre Extrasystolen, Klappenfehler usw.) sein. Im linken Ventrikel beginnt die Druckanstiegsphase etwas früher als im rechten (Abb. 138). Am deutlichsten sind die Differenzen beim Pferd (etwa 0,02–0,04 s), bei den anderen Tierarten sind sie normalerweise ziemlich klein (0,01–0,03 s). Aus dem Gesagten geht hervor, daß die Mitralis sich etwas früher schließt als die Trikuspidalis, demzufolge sind auch die ersten großen Schwingungen des ersten Herztones (S. 249) auf den Schluß der Mitralis zurückzuführen.

Obwohl der Druck im linken Ventrikel früher zu steigen beginnt als im rechten, öffnen sich die Aortenklappen trotzdem meistens etwas später als die Pulmonalklappen, weil die Druckanstiegsphase des linken Ventrikels länger dauert als die des rechten (Abb. 138). Dies ist verständlich, hat doch der linke Ventrikel einen bedeutend höheren Druck zu entwickeln als der rechte. Für die große Druckerzeugung braucht der linke Ventrikel mehr Zeit als der rechte für die relativ geringe Druckentwicklung.

Anderseits endet die Austreibungsphase im linken Ventrikel meistens etwas früher als im rechten, was zu einer **Spaltung des zweiten Herztones** Anlaß geben kann. Der erste Teil des zweiten Herztones entspricht dann dem Schluß der Aortenklappe, der zweite hingegen dem der Pulmonalklappe. Besonders deutlich kann diese Spaltung oder Verdoppelung des zweiten Herztones während der Inspirationsphase werden, weil zu dieser Zeit infolge der Vergrößerung des intrathorakalen Unterdruckes (s. S. 324) der Blutrückfluß zur rechten Kammer erleichtert ist. Demzufolge nimmt das Schlagvolumen und damit die Austreibungsphase des rechten Ventrikels zu, und die Pulmonalklappen schließen sich etwas später. Die Aortenklappe schließt sich hingegen während der Inspiration eher etwas früher, weil sich zu dieser Zeit das Schlagvolumen infolge des reduzierten Blutrück-

[1] Differente Elektrode: an der Spitze des in den linken Ventrikel eingeführten Herzkatheters. Indifferente Elektrode: Wilson-Elektrode.

stromes aus der Lunge zum linken Ventrikel verkleinert (Ausweitung des pulmonalen Strombettes zufolge des verstärkten intrathorakalen Unterdruckes).

d. Einfluß der Herzschlagfrequenz auf die Herzzyklusphasen

Eine Änderung der Herzschlagfrequenz bzw. der Herzperiodendauer läßt die einzelnen Zyklusphasen nicht proportional kürzer oder länger werden. Wie die Abbildung 141 erkennen läßt, erfolgt die Verkürzung der Herzperiode bei einer Frequenzerhöhung hauptsächlich auf Kosten der Diastole (speziell der Füllungsphase).

Bei sehr hoher Herzfrequenz kann der Fall eintreten, daß die Vorhofsystole schon einsetzt, wenn die Atrioventrikularklappen noch geschlossen sind, die Kammern sich also noch in Systole befinden. Es kommt zur sog. **Vorhofpfropfung,** d.h. das Blut der Vorkammern muß in die zuführenden Venen ausweichen (Abb. 141).

Da der größte Teil des Blutes schon innerhalb der allerersten Zeit der Füllungsphase aus den Vorhöfen in die Ventrikel übertritt, besteht die Gefahr einer ungenügenden diastolischen Kammerfüllung erst bei sehr hohen Frequenzen. Da aber die Durchblutung der Herzmuskulatur zur Hauptsache während der Diastole erfolgt (S. 259), kann eine sehr starke und langanhaltende Tachykardie zufolge einer zu geringen Durchblutung des Myokards zu einer Erschöpfung des Herzens führen. Auch ein ungenügender Wärmeabtransport aus dem intensiv arbeitenden Myokard mag bei hoher Schlagfrequenz schädlich wirken.

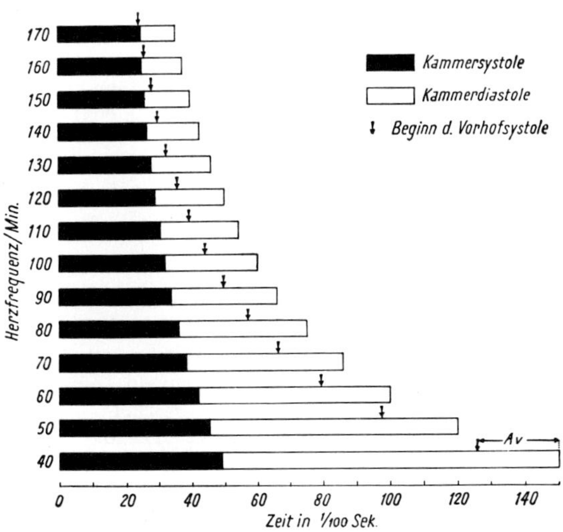

Abb. 141. Verhalten des Atrioventrikularintervalles (Av) sowie der Systolen- und Diastolendauer bei steigender Herzschlagfrequenz beim Rind. Mit Zunahme der Frequenz verkürzt sich die Herzrevolution überwiegend auf Kosten der Diastole, und zwar unter Umständen so sehr, daß die Vorkammersystole schon vor Beendigung der Kammersystole einsetzt (Vorkammerpfropfung)

e. Physiologische und diagnostische Bedeutung der Herzzyklusphasen

Bisher liegen relativ wenig Untersuchungen über die Länge der Herzzyklusphasen bei den verschiedenen Tierarten vor. Die meisten Mitteilungen befassen sich mit der **Systolen-** und **Diastolendauer.** Das Zeitverhältnis dieser beiden Phasen ist aus mehreren Gründen physiologisch bedeutungsvoll. Durch den wechselnden Kontraktionszustand verändert sich auch die Weite bzw. die Durchblutung der Myokardgefäße. Während der Systole ist der intramyokardiale Druck, besonders in den inneren Schichten des linken Ventrikels, derart groß, daß die darin enthaltenen Gefäße zusammengepreßt werden. Während dieser Zeit kann das Blut nur noch in die oberflächlichen, unter geringerem Umgebungsdruck stehenden größeren Koronararterien fließen. Vor allem die Durchblutung der linken Koronararterie nimmt während der Druckanstiegsphase stark ab und ist oft sogar rückläufig, weil der Verschluß des Kapillarbettes durch die Kompression das Blut bis in die Arterien zurückzudrängen vermag. Während der Austreibungsphase nimmt die Stromstärke für kurze Zeit wieder etwas zu. Erst wenn der Ventrikeldruck in der anschließenden Entspannungs- und Füllungsphase abnimmt, können sich die intramuralen Gefäße wieder gut entfalten, wobei die Durchblutung ansteigt (Abb. 154). Entsprechend dem kleineren systolischen Ventrikeldruck in der rechten Herzkammer ist die Beeinträchtigung der Blutströmung in der rechten Koronararterie geringer als in der linken.

Je länger die Diastole im Vergleich zur Systole, desto mehr Zeit steht für die Blutzirkulation und damit für die O_2-Versorgung des Herzmuskels und den Austausch von Stoffwechselprodukten sowie die Wärmeabgabe zur Verfügung. Die Diastole kann als die eigentliche Erholungsphase des Herzens betrachtet werden. Für eine gute Leistungsfähigkeit des Herzens scheint somit eine relativ lange Diastole vorteilhaft.

Untersuchungen über die **relative Diastolendauer** (Prozentsatz der Diastole vom Schlagintervall) ergaben tierartliche Unterschiede. Folgende Durchschnittswerte wurden unter Ruheverhältnissen gefunden: Pferd (verschiedene Rassen) 69 %; Hund (Deutscher Schäfer, Boxer) 67 %; Elefant 61 %; Rind 56 %; Katze 53 %; Schlachtschweine 40–60 % (Spörri, 1954; Kronberger, 1966).

Die längsten Diastolen weisen die Pferde auf, die auch in der Leistungsfähigkeit an erster Stelle stehen, kurze Diastolen zeigen die Schweine, von denen wir wissen, daß sie für den Herztod prädisponiert sind.

Zur richtigen Beurteilung der relativen Diastolen- bzw. Systolendauer muß allerdings noch ein anderer Faktor berücksichtigt werden, nämlich die **Dicke der Herzmuskelfasern.** Bei dünnen Muskelfasern ist der Diffusionsweg für die verschiedenen Metaboliten von der Blutkapillare bis zum Zentrum (Kern) der Zellen klein und der Sauerstoffaustausch relativ leicht möglich. Bei dicken Herzmuskelfasern ist der Diffusionsweg für die Metaboliten größer, und der Stoffwechsel ist daher nur bei einer längeren Erholungsphase (Diastole) gesichert.

Es scheint eine positive Korrelation zwischen der Dicke der Herzmuskelfasern und der Herzschlagfrequenz und damit auch der Diastolendauer zu bestehen (Tab. 36).

Kommt es aus irgendeinem Grunde zu einer Hypertrophie der Herzmuskelfasern (Aktivitätshypertrophie infolge starker Arbeitsleistung, Herzklappenfehler oder Zerstörung eines Teiles der Herzmuskelfasern), dann sollte gleichzeitig

Tab. 36. Beziehung zwischen der Dicke der Herzmuskelfasern und der Herzfrequenz

Tierart	Durchmesser der Herzmuskelfasern (μm)	Herzfrequenz/min
Ratte	11,2	350
Schaf	14,8	100
Mensch	16,2	70
Rind	17,6	60

Tab. 37.

Herzzyklusphase	Diagnostische Bedeutung	Vorkommen
Umformungsphase		
– Verlängerung	Geringe Kammerfüllung, Störung der intraventrikulären Erregungsleitung	Kurze Diastole Extrasystolie, Mitralstenose, Verzögerung der Erregungsleitung (Schenkelblock, Arborisationsblock)
– Verkürzung	Große Kammerfüllung	Aortenklappeninsuffizienz, 1. Schlag nach kompensatorischer Pause bei Extrasystolie
Druckanstiegsphase		
– Verlängerung	Vergrößerte präsystolische Druckdifferenz zwischen Ventrikel und Arterie, Kontraktionsschwäche des Myokards	Hypertonie, Extrasystolie, Myokardschädigung, geringer diastolischer Druckabfall in den Arterien infolge kurzer Diastole
– Verkürzung	Reduzierte präsystolische Druckdifferenz zwischen Ventrikel und Arterie	Aorten- oder Pulmonalklappeninsuffizienz, starker diastolischer Druckabfall infolge langer Diastole
Austreibungsphase		
– Verlängerung	Großes Schlagvolumen, erhöhter Strömungswiderstand im Gefäßsystem; Kontraktionsschwäche des Myokards	Aortenklappeninsuffizienz, nach verlängerten Kammerdiastolen (z. B. nach der kompensatorischen Pause bei Extrasystolen, Aorten- oder Pulmonalstenose, mäßige bis mittelgradige Abnahme der Herzkraft
– Verkürzung	Kleines Schlagvolumen, sehr starke Kontraktionsschwäche des Myokards	Hegglin-Syndrom, Mitralstenose, geringe Ventrikelfüllung infolge kurzer Diastole

auch die Diastolendauer verlängert bzw. die Herzfrequenz erniedrigt werden. Diese Forderung ist bei der mit einer Bradykardie einhergehenden sog. **Trainingsvagotonie** erfüllt.

Dank den modernen technischen Hilfsmitteln ist es heute auch in der klinischen Diagnostik möglich, nicht nur die Systolen- und Diastolendauer, sondern auch deren Unterphasen zu bestimmen. Von praktischem Interesse sind vor allem die Umformungs-, Druckanstiegs- und Austreibungsphase. Einige Hinweise über die diagnostische Bedeutung derartiger Untersuchungen gibt die Tabelle 37.

f. Herzspitzenstoß, Herzstoß

Bei jedem Herzschlag wird die linke Brustwand sichtbar oder für die aufgelegte Hand fühlbar vorgewölbt. Beim Pferd befindet sich diese Stelle im 4. bis 6., bei den Wiederkäuern und beim Schwein im 3. bis 5., bei den Fleischfressern im 4. bis 7. linken Interkostalraum in der Mitte des unteren Thoraxdrittels. Diese Erscheinung geht auf mehrere Ursachen zurück. Das Herz wird bei der Systole in allen Durchmessern verkürzt und ziemlich hart, wobei infolge des Faserlaufs seiner Muskulatur eine Drehung des Herzens um seine Längsachse nach rechts erfolgt. Dabei werden entweder größere Teile des linken Ventrikels oder nur die Herzspitze gegen die Brustwand gestoßen. Im ersteren Fall spricht man von **Herzstoß** (Ictus cordis), im letzteren von **Herzspitzenstoß.** Im Gegensatz zum Menschen, bei dem ein Herzspitzenstoß vorliegt, handelt es sich bei den Haustieren in der Regel um

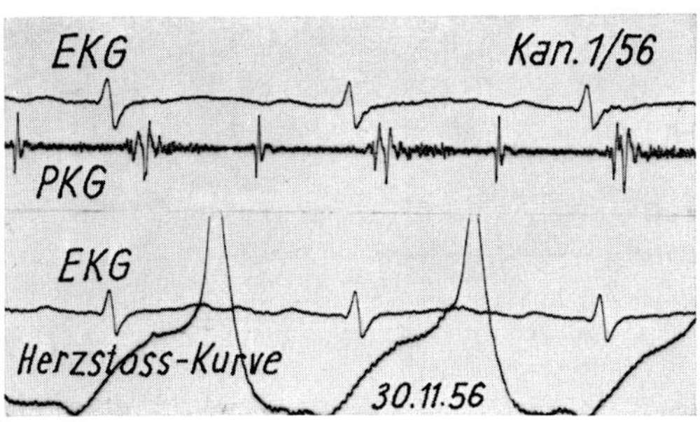

Abb. 142. Herzstoßkurve (Kardiogramm) bei einem Kaninchen.

Das obere Kurvenpaar zeigt ein EKG und ein Phonokardiogramm (PKG), das untere ein EKG sowie eine Herzstoß-Kurve. Der aufsteigende Schenkel der Herzstoßkurve entspricht einer Vorwölbung der Brustwand

einen Herzstoß. Die Erscheinung kann leicht registriert werden. Die Kurven nennt man **Kardiogramme** (Abb. 142). Bei Tieren mit engem Thorax, bei starken Herzhypertrophien oder Rechtsverlagerungen des Herzens kann der Herzstoß auch auf der rechten Brustseite wahrgenommen werden.

g. Die Funktion der Herzklappen

Die Herzkammern arbeiten nach dem Prinzip einer Kolbenpumpe. Damit das Blut nicht einfach hin- und herpendelt, sondern immer in gleicher Richtung fließt, müssen am Ein- und Ausgang der Ventrikel Ventile (Klappen) vorhanden sein. An der Einmündung der Venen in die Vorhöfe sind speziell ausgebildete Klappen nicht notwendig, da die systolische Druckentwicklung der Vorhöfe viel geringer ist als diejenige der Kammern. Die an der Einmündung der Venen vorhandene Ringmuskulatur genügt im allgemeinen, einen Rückstrom von Blut zu verhindern, da sie sich im Moment der Vorhofsystole ebenfalls kontrahiert und so die atrialen Einflußöffnungen verengt.

Entsprechend ihrem Bau unterscheidet man Segel- und Taschenklappen und nach deren Lokalisation eine linke und rechte Atrioventrikularklappe sowie eine Aortenklappe und eine Pulmonalklappe (Abb. 116, 143 und 144).

Die **Segelklappen** bestehen aus dünnen, segelförmigen Häuten, die rings um die Atrioventrikularöffnungen am Anulus fibrosus fixiert sind und trichterförmig im Kammerlumen hängen. Die Klappe der linken Atrioventrikularöffnung besteht aus zwei Segeln und wird daher **Bikuspidalis (Valvula bicuspidalis** oder **Mitralis)** geheißen, diejenige der rechten Atrioventrikularöffnung besitzt drei Segel und wird deshalb **Trikuspidalis (Valvula tricuspidalis)** genannt.

Vom freien Rand der Klappe zieht eine Anzahl **Sehnenfäden (Chordae tendineae)** zu den Papillarmuskeln. Beim Ansteigen des intraventrikulären Druckes zu Beginn der Systole werden die Segel vom Blutstrom erfaßt und in die Atrioventrikularöffnungen gehoben, wobei sich die Randzonen aneinanderlegen und damit die atrioventrikuläre Passage schließen. Dabei wirken die Sehnenfäden wie Haltetaue und verhindern das Umschlagen der Segel in die Vorhöfe. Da sich die Papillarmuskeln schon ganz zu Beginn der Kammersystole (s. Herzaktivierung S. 216) verkürzen, verschiebt sich die Ventilebene der Atrioventrikularklappen während

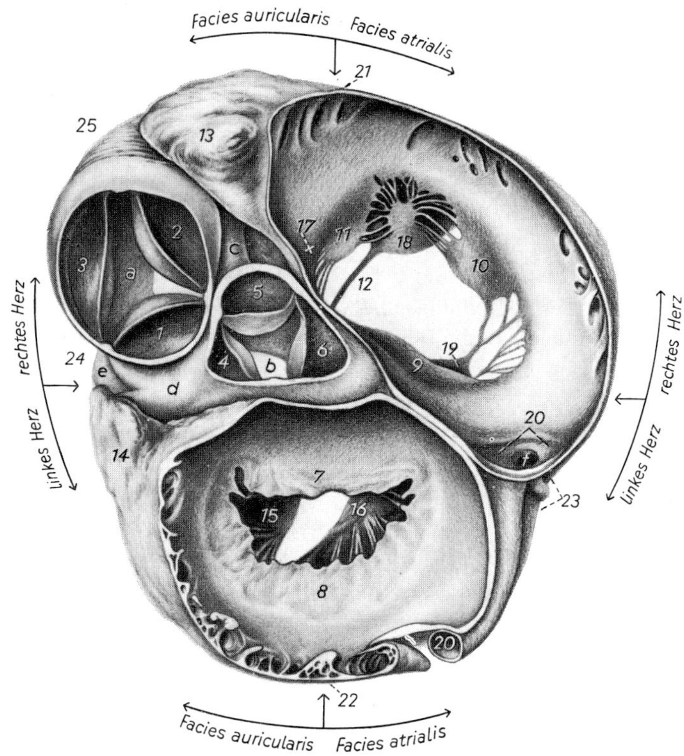

Abb. 143. Basis eines Rinderherzens. Kammern und Vorkammern zum Teil abgetragen. Aorten- und Pulmonalklappe freigelegt. Basale Ansicht. (Nach PREUSS).

1, 2, 3 = Semilunarklappen der Lungenarterie, **4, 5, 6** = Semilunarklappen der Aorta, **7, 8** = linke Atrioventrikularklappe, **9, 10, 11** = rechte Atrioventrikularklappe, **12** = Querbalken, **13** = rechtes, **14** = linkes Herzohr, 15, 16, 17, 18, 19 = Papillarmuskeln

der Systole trotz der Verminderung der Distanz Herzbasis—Herzspitze (vgl. Umformungsphase S. 237) nicht in Richtung der Atrien, sondern sogar etwas herzspitzenwärts, wodurch ein Sog auf das Blut der Hohl- und Pulmonalvenen in Richtung der Vorhöfe erreicht wird (S. 236).

Die Klappenflächen sind erheblich größer als der Querschnitt der Atrioventrikularöffnungen. Dieser »Materialüberschuß« der Klappen erlaubt das Aneinanderlegen einer schmäleren oder breiteren Randzone während der Systole und gewährleistet daher auch dann einen vollkommenen Schluß, wenn die Atrioventrikularöffnungen sich bei größeren kardialen Restblutmengen (s. S. 252) oder höheren Förderleistungen des Herzens erweitern.

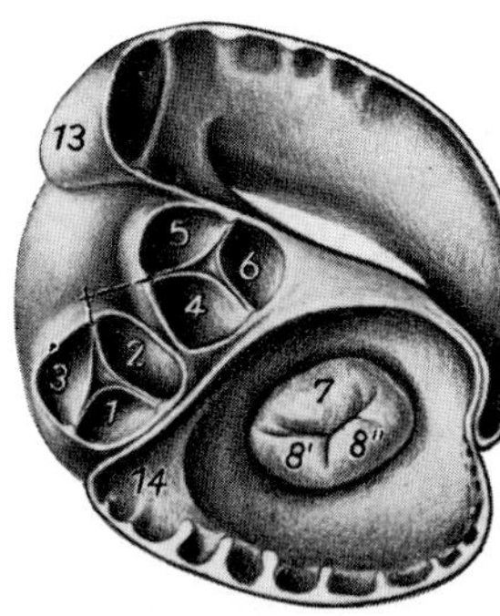

Abb. 144. Basis eines Hühnerherzens mit geschlossenen Klappen. (Nach PREUSS).

Legende wie Abb. 143 mit Ausnahme von **7, 8′** und **8″** = linke Atrioventrikularklappe (beim Vogel dreizipflig!)

Einen ganz anderen Bau weisen die **Taschenklappen (Valvulae semilunares)** auf. Sie sitzen zu je drei am Aorten- und Pulmonalostium. Die Konkavitäten der Klappen liegen auf der Gefäßseite. Im Moment, wo der Druck in den Ventrikeln denjenigen in den Arterien (Aorta, A. pulmonalis) übersteigt (Ende der Druckanstiegsphase), weichen die Taschen, deren derbe Ränder während der ganzen Diastole sowie der Umformungs- und Druckanstiegsphase dicht aneinanderliegen, auseinander. Während der Austreibungszeit legen sich die Taschen der Arterienwand aber nicht platt an, ihre Ränder flottieren vielmehr frei im Blutstrom, die Klappen bleiben »gestellt«. Dieses Phänomen beruht auf Wirbelbildungen des Blutstromes im Gebiete der Klappen. Durch das »Stellen« der Klappen wird erreicht, daß sich die Taschenränder im gleichen Moment, wo der Blutstrom am Ende der Austreibungsphase sistiert bzw. die Tendenz hat, in die Gegenrichtung umzuschlagen, aneinanderlegen und »Pendelblut« vermieden wird. Außerdem verhindert das »Stellen« der Klappe eine Blockierung der direkt hinter den Semilunarklappen gelegenen Ostien der Koronargefäße.

Klappenfehler kommen relativ häufig vor. Sie können angeboren (embryonale Entwicklungsstörungen) oder erworben sein (Entzündungen, Zerreißungen, Schrumpfungen usw.). Sie manifestieren sich in Form von Verengungen **(Stenosen)** oder Schlußunfähigkeit **(Insuffizienzen)** der Ventile. Solche Störungen werden vor allem durch das Auftreten abnormer Schallerscheinungen (s. Herzgeräusche, S. 251) erkannt.

5. Die akustischen Erscheinungen der Herztätigkeit (Herztöne, Herzgeräusche)

Bei jedem Herzschlag geraten das Herz und die herznahen Gefäße in Schwingungen, die sich auf die umgebenden Medien (Lunge, Brustwand) fortpflanzen und durch Auflegen des Ohres auf die Brust oder mittels eines Stethoskopes bzw. Phonendoskopes als Schall wahrgenommen werden können. Werden die Herzschallphänomene mit einer geeigneten elektroakustischen Apparatur (Phonokardiograph) aufgeschrieben, so erhält man eine Herzschallkurve, das **Phonokardiogramm** (PKG). Vorteilhaft ist die gleichzeitige Registrierung eines PKG mit einem EKG (Abb. 130, 145, 146, 147, 148 und 149). Diese Kurvenkombination erlaubt eine exakte zeitliche Lokalisation der Schallphänomene im Herzzyklus. Im PKG werden auch Schallschwingungen sichtbar, die nicht hörbar sind, teils weil sie zu schwach sind, teils weil sie außerhalb des hörbaren Tonbereiches liegen[1]. Die Untersuchung der kardialen Schallerscheinungen ist für die Beurteilung der Herzfunktion von großer Bedeutung.

Physikalisch handelt es sich um Geräusche. Soweit sie **normale Schallerscheinungen** darstellen, werden sie jedoch als **Herztöne** bezeichnet. Pathologische Schallerscheinungen werden hingegen **Herzgeräusche** genannt, obwohl gerade sie oft eher Ton- bzw. Klangcharakter aufweisen.

Bei herzgesunden Tieren kann man mindestens zwei, bei gewissen Spezies (Pferd) oft sogar drei oder vier Herztöne (in ganz vereinzelten Fällen noch mehr) unterscheiden (Abb. 147).

Der erste Herzton (1. HT) tritt 0,02–0,04 s nach Beginn der Kammersystole (Beginn der Kammeranfangsschwankung im EKG) auf. Bei Tieren mit hoher Herzfrequenz ist das Intervall zwischen dem Beginn der Kammeranfangsschwankung und dem Beginn des 1. HT kürzer als bei Tieren mit niedriger Herzfrequenz. Bei simultaner Registrierung von Druckkurven der Herzkammern und PKG stellt man fest, daß der Beginn des 1. HT mit dem Anfang der Druckanstiegsphase koinzidiert. Er fällt also in die Kammersystole und wird deshalb auch als systolischer Ton bezeichnet. Als Ganzes betrachtet, ist er tiefer (niederfrequente Schwingungen) und länger als der zweite Herzton (2. HT). Den 1. und 2. HT kann man durch die Silben »puh-tup« nachahmen.

Das PKG des 1. HT besteht i. d. R. aus drei Hauptkomponenten, dem **Vor-**, **Haupt-** und **Nachsegment** (Abb. 148). Das Vorsegment besteht aus Schwingungen niedriger Frequenz, das Hauptsegment (auch Tonsegment genannt) weist Schwingungen mit größerer Amplitude sowie höhere Frequenz auf und zeigt oft zwei Amplitudenmaxima. Das Nachsegment besteht wie das Vorsegment aus Schwingungen geringerer Frequenz und kleineren Amplituden. Nicht selten (insbesondere beim Pferd) sind dem 1. HT Schallphänomene der Vorhöfe (Vorhoftöne, s. u.) überlagert. Sie können ein (meist zu früh auftretendes) Vorsegment vortäuschen (Abb. 147 und 149). Die Abbildung 148 zeigt ein PKG von einem Pferd mit Vorhofflimmern. Da flimmernde Vorhöfe keine koordinierten Kontraktionen ausführen (S. 240) und damit keine Töne

[1] Die Reizschwelle des menschlichen Ohres ist von der Schwingungsfrequenz abhängig (s. Physiologie des Gehörorganes). Ein Ton mit einer Frequenz von 20 Hz muß einen etwa tausendmal stärkeren Schalldruck aufweisen als ein Ton von 400 Hz, um eine gleich starke Schallempfindung zu erzeugen. Im PKG können deshalb Ausschläge geringer Frequenz relativ groß aber gleichwohl nicht hörbar sein.
Da die Schallerscheinungen des Herzens verhältnismäßig niedrige Frequenzen (20–1000 Hz) aufweisen, vermag auch ein alter Tierarzt mit einer Presbyakusis Herztöne und Herzgeräusche auskultatorisch noch ziemlich gut zu erfassen.

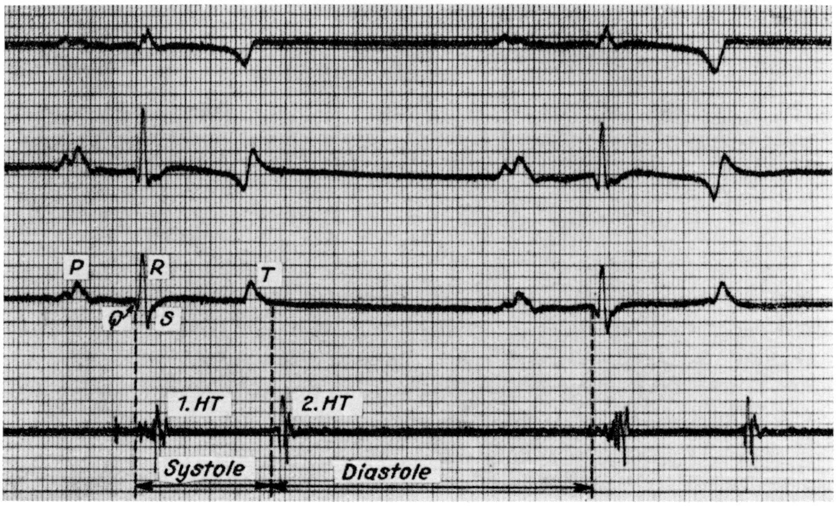

Abb. 145. EKG eines gesunden Pferdes (Hannoveraner, 13 Jahre).

Die drei oberen Kurven stellen die simultan registrierten 3 Extremitätenableitungen (I, II, III) nach EINTHOVEN dar. Darunter ist die Herztonkurve (PKG) mitregistriert. Die senkrechten Linien bedeuten die Zeitmarkierung. Die Distanz zwischen 2 feinen Linien entspricht 0,02 s, diejenige zwischen 2 dicken Linien 0,1 s. Der 1. Herzton (1. HT) tritt kurz nach Beginn der Q-Zacke auf, der 2. Herzton (2. HT) am Ende der T-Zacke

erzeugen, ist in der eben erwähnten Abbildung das PKG alleinige Manifestation der Kammern.

Die beste Hörbarkeit (Punctum maximum) des 1. HT liegt in der Herzspitzengegend (Areal des Herzstoßes), d. h. meistens im Gebiet des 4. bis 6. linken Interkostalraumes (IKR) in der Höhe der Rippen-Rippenknorpel-Gelenke (Pferd: 4. bis 5. IKR, Rind: 4. IKR, Hund und Katze: 5. bis 6. IKR). Der **zweite Herzton** tritt zu Beginn der Diastole auf und wird deshalb auch als diastolischer Ton bezeichnet. Er koinzidiert mit dem Schluß der Semilunarklappen. Bei simultaner Registrierung von PKG und EKG stellt man fest, daß er bei den meisten Säugetierarten etwa mit dem Ende der T-Zacke oder einige hundertstel Sekunden später beginnt (Abb. 130, 145, 147 und 148). Bei einigen Säugern (z. B. Igel, Ratte, Maus, Känguruh), die ein EKG mit sehr kurzem QT-Intervall aufweisen, tritt der 2. HT erst einige Zeit nach dem Ende der T-Zacke auf (Abb. 131).

Der 2. HT ist am lautesten (Punctum maximum) über den Semilunarklappen der Aorta und ev. der A. pulmonalis (4. oder 3. linker IKR etwas unterhalb der Höhe des Schultergelenkes) zu hören. Er ist heller (höherfrequent) und etwas kürzer als der 1. HT (Abb. 145 bis 149).

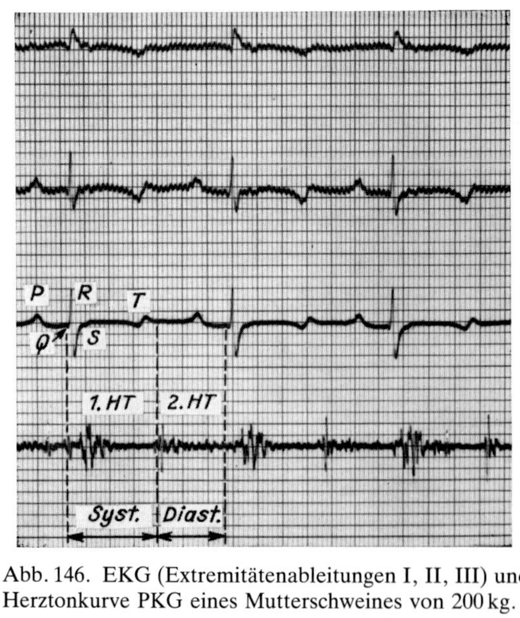

Abb. 146. EKG (Extremitätenableitungen I, II, III) und Herztonkurve PKG eines Mutterschweines von 200 kg.

Zeitmarkierung wie in Abb. 145. Beachte die zeitlichen Verhältnisse zwischen Systole und Diastole in Abb. 145 und 146

Entstehungsweise der Herztöne

Über die Genese der Herztöne herrscht zur Zeit noch keine einheitliche Auffassung. Herz und herznahe Gefäße und das in ihnen befindliche Blut bilden zusammen mit den sie umgebenden Brusteingeweiden und der Brustwand ein schwingungs-

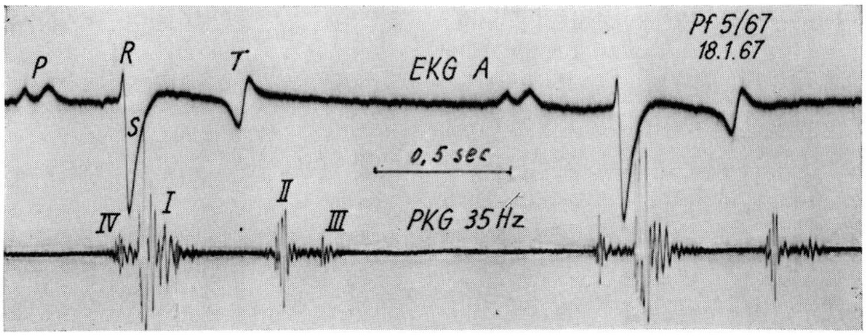

Abb. 147. EKG (Ableitung A) und PKG (35 Hz-Frequenzband) eines Pferdes.

Das PKG weist 4 Herztöne (I, II, III, IV) auf. Am ersten Herzton (I) können drei Teile unterschieden werden, nämlich: 1) ein Vorsegment aus ganz kleinen Schwingungen (nur beim zweiten Herzschlag der Abbildung gut zu sehen, bei welchem der 4. Herzton (IV) vom 1. Herzton durch ein längeres Intervall getrennt ist), 2) ein aus zwei Komponenten bestehendes Hauptsegment, wovon die Schwingungen der ersten Komponente sehr groß, diejenigen der zweiten wesentlich kleiner sind, 3) ein Nachsegment, welches sich nur in ganz kleinen Ausschlägen des PKG manifestiert. Weitere Erläuterungen im Text

fähiges System. Das Herz kann dieses System durch zwei Mechanismen zu hörbaren Schwingungen anregen:

1. durch plötzliche Veränderungen der Blutströmungsgeschwindigkeit (Beschleunigung oder Abbremsung). Nach dem Trägheitsprinzip treten Schwingungen bei einer abrupten Dezeleration oder Akzeleration einer Masse (Herzmuskelgewebe, Blut) auf;
2. durch Turbulenzen im strömenden Blut.

Entstehung des 1. HT

Normalerweise entsteht der 1. HT hauptsächlich durch die Tätigkeit des linken Ventrikels; denn seine Kraftentfaltung ist 3- bis 5mal größer als die des rechten. Bei gewissen pathologischen Zuständen (z. B. Hypertrophien) kann allerdings auch der rechte Ventrikel zum 1. HT beitragen, denn an ihm spielen sich im Prinzip gleiche dynamische Vorgänge ab wie am linken.

Nach LUISADA, 1975, tritt das Vorsegment während des ersten Teiles der Druckanstiegsphase im linken Ventrikel auf. Während der Diastole sind die entspannten Ventrikel infolge ihrer Schlaffheit länglich (ovoid). Während der ersten Phase der Systole (Umformungsphase, S. 237) gehen die Ventrikel von der ovoiden in die sphäroide Form über, ohne daß dabei der Druck steigt bzw. Blut ausgeworfen wird. Hat die Kammerwand am Ende der Umformungsphase ihre kleinstmögliche Größe erreicht, so kann sich das Myokard nicht mehr verkürzen, die weitere Kontraktion der Muskelfasern führt in diesem Moment (Druckanstiegsphase) zu

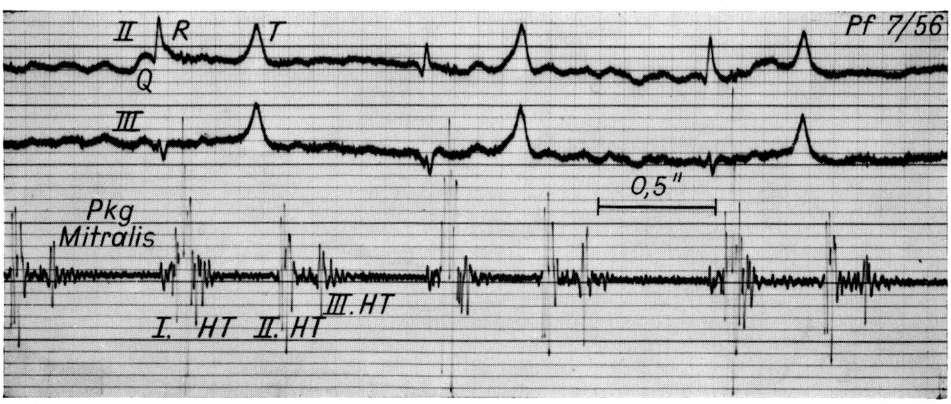

Abb. 148. EKG (Ableitung II und III) und Phonokardiogramm registriert vom Punctum maximum der Mitralklappe (PKG Mitralis) mit stark ausgeprägtem III. Herzton (III. HT); I. HT erster Herzton, II. HT zweiter Herzton. Das EKG zeigt das Vorliegen von Vorhofflimmern

einer starken Anspannung bzw. Straffung der Kammerwand um den inkompressiblen Inhalt, die ganze Ventrikelwand inklusive Atrioventrikularklappen und Blut geraten dabei in leichte Vibration. Da die Druckanstiegsphase im linken Ventrikel normalerweise etwas früher beginnt als im rechten (S. 242), dürfte der Anfangsteil des 1. HT allein durch die Aktivität der linken Kammer erzeugt werden.

Das Hauptsegment fällt mit der Öffnung der Aortenklappe, d. h. mit dem Anfang der Austreibungsphase zusammen (LUISADA, 1975). Beim Pferd beginnt die Austreibungsphase etwa 0,12–0,13 s nach Beginn der Kammeranfangsschwankung im EKG (Abb. 138). In den Abbildungen 147 und 148 beginnt das Hauptsegment des 1. HT 0,12 s nach dem Beginn der Kammeranfangsschwankung, ein Befund, der die obige These von LUISADA bestätigt. Am Anfang der Austreibungsphase öffnen sich die Semilunarklappen. Die Ventrikel pressen einen Teil ihres Blutes in die Aorta und die A. pulmonalis. Durch die plötzliche Drucksteigerung in diesen Gefäßen geraten ihre Wandungen in Schwingungen, was sich als Hauptsegment des 1. HT manifestiert. Da sich Aorta- und Pulmonalklappen oft nicht genau synchron öffnen, kann das Hauptsegment zwei Schwingungsmaxima aufweisen, sofern auch die Vibration der A. pulmonalis einen Teil zum 1. HT beiträgt.

Das Nachsegment des 1. HT soll nach LUISADA, 1975, vornehmlich aortalen Ursprungs sein und mit der Endphase der raschen Ausdehnung der Aorta ascendens zusammenfallen.

Die Stärke des 1. HT verhält sich proportional zur Druckanstiegsgeschwindigkeit (dp/dt, S. 241) der Ventrikel, d. h. normalerweise des linken Ventrikels.

Nach der derzeitigen Auffassung stellt der 1. HT also einen Mischton aus Schwingungen der Kammermuskulatur, der Atrioventrikularklappen und der Gefäßwände (Aorta, A. pulmonalis) dar.

Enstehung des 2. HT. Im Moment, da die Ventrikelmuskulatur am Ende der Systole zu erschlaffen beginnt, sinkt der Druck in den Kammern. Das Blut der Aorta und A. pulmonalis hat die Tendenz, in die Ventrikel zurückzuströmen, stößt dabei aber auf die sich schließenden elastischen Semilunarklappen. Klappen, Gefäßwurzeln und Blut geraten durch den Impuls in Schwingungen und erzeugen den 2. HT. Die Aortenschwingungen sind wegen des stärkeren Impulses, den das unter hohem Druck stehende Aortenblut ausübt, größer und von etwas höherer Frequenz als diejenigen der A. pulmonalis, in welcher endsystolisch ein 3–5mal kleinerer Druck herrscht als in der Aorta. Der 2. HT geht deshalb hauptsächlich von der Aorta aus, zudem erzeugen normalerweise die Aortenschwingungen den ersten Teil des 2. HT, denn die Entspannungsphase des linken Ventrikels beginnt etwas früher als die des rechten (Abb. 138). Nicht selten kann man daher auch am 2. HT zwei Amplitudenmaxima feststellen. Ist die Asynchronizität

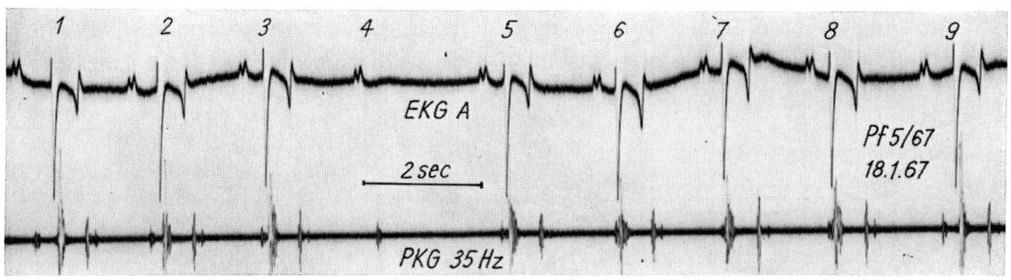

Abb. 149. EKG in Ableitung A (EKG A) und PKG im 35 Hz-Frequenzband (PKG 35 Hz) eines herzgesunden Pferdes.

Das EKG läßt einen Av.-Block 1. Grades (Verlängerung des Av.-Intervalles) und 2. Grades (Ausfall von Kammerkomplexen infolge »Steckenbleibens« des Kontraktionsimpulses im Überleitungssystem) erkennen. Der vierten P-Zacke folgt kein Kammer-EKG, ein Phänomen, das als partieller Av.-Block bezeichnet wird. Das PKG weist einen 1., 2., 3. und 4. Herzton auf. Der vierte Herzton entspricht der spätatrialen Komponente. Die Av.-Intervalle des EKG sind verschieden lang. Beim ersten, zweiten und neunten Herzschlag sind die Av.-Intervalle stark verlängert (Av.-Block 1. Grades). Die vierte Herzaktion besteht nur aus einer Vorhoftätigkeit, die Kammertätigkeit fällt aus, da der Impuls das Überleitungssystem nicht zu passieren vermag (Av.-Block 2. Grades). Infolge der unterschiedlichen Länge der Av.-Intervalle sind auch die Abstände des 4. Herztones vom 1. Herzton verschieden, beim ersten, zweiten und neunten Herzschlag sind sie lang, beim dritten und fünften kurz, beim sechsten, siebten und achten Schlag koinzidiert der 4. Herzton mehr oder weniger mit dem 1. Herzton. Daß es sich bei dem Schallphänomen, das dem 1. Herzton vorangeht, wirklich um eine vom Vorhof erzeugte Erscheinung, d. h. 4. Herzton handelt, beweisen folgende Eigenschaften: 1) die zeitlichen Abstände des 4. Herztones vom 1. Herzton variieren in genau gleichem Maße wie die Abstände der P-Zacke (Vorhofzacke) des EKG vom QRS-Komplex. 2) der 4. Herzton tritt auch auf, wenn die Aktion des Herzens auf eine solche der Vorhöfe beschränkt ist (Av.-Block 2. Grades) zwischen dem Systolenende der linken und rechten Kammer vergrößert (Inspirationsphase, Block des rechten Tawara-Schenkels), dann kommt es zur Spaltung oder sogar zur Verdopplung des 2. HT (S. 235). Tritt der Pulmonalklappenschluß aus bestimmten Gründen vor dem Aortenklappenschluß auf, dann kommt es zur Inversion der beiden Komponenten des 2. HT, ein Phänomen, das z. B. normalerweise während der Exspirationsphase auftreten kann (S. 324). Auch bei einer verspäteten Aktivierung des linken Ventrikels infolge eines Blockes des linken Tawara-Schenkels kann die zweite Komponente des 2. HT durch einen verspäteten Schluß der Aortenklappe bedingt sein.

Bei Pferden, nur sehr selten bei den anderen Tieren, kann man häufig noch zwei weitere Schallphänomene, nämlich einen dritten und vierten Herzton hören oder wenigstens im PKG feststellen (Abb. 147 und 149).

Der **dritte Herzton** tritt je nach Tierart 0,10–0,20 Sekunden (beim Pferd meistens 0,15 s) nach dem Beginn des 2. HT auf.

Entstehung. Nach der Entspannung des Kammermyokards öffnen sich die Atrioventrikularklappen, und das Blut strömt aus den Vorhöfen vorerst sehr rasch (Phase der raschen Füllung) in die Kammern. Dabei können die Ventrikelwandungen durch die rasche Dehnung in Vibration geraten. Die Schwingungsfrequenz ist wegen der ziemlich großen Masse der Ventrikelwandungen relativ klein (Abb. 147 und 148). Sein Punctum maximum stimmt mit dem des 1. HT überein. Eine Füllung der Ventrikel mit erhöhter Wucht (großes Schlagvolumen) begünstigt die Entstehung eines 3. HT.

Der **vierte Herzton (Vorhofton)** ist bei den Haustieren unter normalen Verhältnissen fast nur beim Pferd wahrzunehmen, und zwar bei etwa 70 % der Tiere[1]. Bei den anderen Tierarten sind die durch die Vorhöfe erzeugten Vibrationen normalerweise so schwach, daß sie nicht auskultierbar, sondern nur mittels Phonokardiographen registrierbar sind. Besonders gut ist der vierte Herzton bei Pferden mit einem partiellen Atrioventrikularblock (S. 235) zu hören, weil er im Moment der Blockade (Ausfall einer Kammersystole) nicht durch die anderen Herztöne gestört wird (Abb. 149). Sein Punctum maximum liegt etwas kranial von dem des 1. HT.

Der vierte Herzton des Pferdes besteht sogar oft aus zwei Komponenten, einem frühatrialen und einem spätatrialen Teil. In rund zwei Drittel der Fälle ist nur der spätatriale Teil, in einem Drittel hingegen sowohl der früh- als auch der spätatriale Teil festzustellen. Der frühe Teil beginnt 0,05–0,15 s nach dem Beginn der P-Zacke des EKG, der späte hingegen erst 0,25–0,35 s nach dem P-Zackenanfang, d. h. kurz vor dem ersten Herzton. Nicht selten verschmilzt der späte Teil mit dem ersten Herzton (Abb. 149; 6., 7. und 8. Herzschlag). Bei Vorhofflimmern kann kein vierter Herzton entstehen.

Entstehung. Den beiden Komponenten des vierten Herztones liegt ein verschiedener Mechanismus zu Grunde. Der frühe Teil beruht auf Schwingungen der Vorhofwandung infolge ihrer Straffung zu Beginn der Systole (»Anspannungston«). Der späte Teil fällt zeitlich in die Austreibungszeit der Vorhöfe. Er ist wohl durch Strömungsturbulenzen im Gebiet der Atrioventrikularostien bedingt. Auch Vibrationen der Ventrikelmuskulatur beim Einpressen des Blutes in die Kammern durch die Vorhofsystole (aktive Füllungsphase der Ventrikel) sowie eine Schließung der Av.-Klappen als Folge der Erschlaffung der Vorhöfe dürften mitbeteiligt sein. Der frühatriale Teil ist somit genetisch mit dem ersten, der spätatriale Teil hingegen mit dem dritten Herzton verwandt. Für die eben geschilderte Entstehungsweise sprechen auch die Befunde von intrakardialen Herztonregistrierungen. Der frühatriale Ton ist am intensivsten bei Aufzeichnungen von Phonokardiogrammen im Lumen der Vorhöfe, der spätatriale Ton ist hingegen am ausgeprägtesten in Phonokardiogrammen vom Ventrikellumen.

Abnormitäten der Herztöne treten in Form einer Verstärkung, Abschwächung, Spaltung und Verdoppelung auf und spielen in der klinischen Diagnostik eine große Rolle.

Herzgeräusche. Wie bereits erwähnt (S. 247), versteht man unter Herzgeräuschen abnorme Schallerscheinungen. Solche treten beispielsweise auf bei:

1. Verengungen im Gebiet der Herzklappen (Stenosen),

[1] Die bei der klinischen Untersuchung (Auskultation) von Pferden in rund 70 % der Fälle diagnostizierten **Spaltungen** oder **Verdoppelungen des ersten Herztones** stellen effektiv nur ganz selten die postulierten Phänomene dar. In den meisten Fällen handelt es sich um Vorhoftöne, welche dem ersten Herzton unmittelbar vorangehen und den letzteren gespalten, verdoppelt oder sogar verdreifacht erscheinen lassen.

2. Undichtigkeiten der Herzklappen (Insuffizienzen),
3. Abnormen Öffnungen zwischen den Herzkammern bzw. herznahen Gefäßen (Shunts),
4. Vermehrtem Herzminutenvolumen (Anaemie, Fieber usw.).

Für die Interpretation der Geräusche ist neben ihrem Charakter (laut, leise, anschwellend, abschwellend, niederfrequent, hochfrequent, lang, kurz usw.) vor allem ihr zeitliches (systolisch, diastolisch) und örtliches Auftreten **(Punctum maximum)** von Bedeutung.

Systolische Geräusche sind zu finden bei:

1. Insuffizienzen der Mitralis oder Trikuspidalis (Rücktritt von Blut aus dem Ventrikel in den Vorhof während der Systole),
2. Stenosen der Aorten- oder Pulmonalklappe (Wirbelbildungen beim Durchtritt des Blutes durch die verengte Stelle),
3. Ventrikelseptumdefekten (Übertritt von Blut aus dem linken in den rechten Ventrikel),
4. vergrößertem Schlagvolumen.

Diastolische Geräusche treten auf bei:

1. Insuffizienzen der Aorten- oder Pulmonalklappe,
2. Stenosen der Mitralis oder Trikuspidalis.

Systolisch-diastolische Geräusche treten auf bei:

1. Ductus arteriosus Botalli persistens (sog. Maschinengeräusch),
2. Kombination von Stenosen und Insuffizienzen von Klappen.

6. Das Ventrikelvolumen und seine Unterteilung

Unter dem Ventrikelvolumen versteht man die in einer Herzkammer vorhandene Blutmenge. Es wird in mehrere Komponenten unterteilt:

1. Das **enddiastolische Volumen** (EDV), das ist die Blutmenge, die am Ende einer Diastole sich im Ventrikel befindet, es wird auch präsystolisches Volumen genannt,
2. das **endsystolische Volumen** (ESV), das ist die Blutmenge, die am Ende einer Systole noch im Ventrikel zurückbleibt,
3. das **Schlagvolumen** (SV), das ist die Blutmenge, die bei einem Herzschlag aus dem Ventrikel ausgetrieben wird, es entspricht der Differenz zwischen EDV und ESV.

Das ESV kann noch in das **systolische Reservevolumen** und das **Residualvolumen** unterteilt werden. Das Residualvolumen ist diejenige Blutmenge, die auch bei stärkster Kontraktion des Herzens noch im Ventrikel zurückbleibt. Das systolische Reservevolumen entspricht demnach der Blutmenge, die bei nicht maximaler Tätigkeit außer dem Residualvolumen noch im Ventrikel verbleibt, bei stärkster Anstrengung aber noch ausgeworfen werden kann.

Es ist heute auch in der Klinik möglich, das Ventrikelvolumen und seine Komponenten zu bestimmen und diagnostisch auszuwerten.

Durchschnittlich fördern beide Herzkammern fast gleich große Schlagvolumen, wobei allerdings das linksventrikuläre während der Exspirationsphase etwas größer ist als das rechtsventrikuläre und umgekehrt das rechtsventrikuläre während der Inspirationsphase das linksventrikuläre etwas übertrifft (s. S. 324, Einfluß des Intrathorakaldrukkes auf die Mediastinal- und Abdominalorgane).

a. Das Schlagvolumen

Die Größe des Schlagvolumens schwankt nach Tierart und Blutbedarf der Organe in weiten Grenzen. Bei Säugetieren beträgt es 0,4 bis 1,5 ml je kg Körpergewicht (Tab. 38).

Zwischen dem enddiastolischen Volumen (EDV) und dem SV besteht unter Ruheverhältnissen (Hund, Schwein, Rind und Pferd) folgende Beziehung:

$$\text{SV} = 0{,}43\ \text{EDV}$$

Das SV beträgt also 43 % des EDV.

b. Das enddiastolische Volumen

Beim Hund, Schwein, Rind und Pferd besteht zwischen der Herzfrequenz (F) und dem EDV (Ruheverhältnisse) folgende Beziehung:

$$\text{F} = 246\ \text{EDV}^{-0{,}23}$$

c. Das endsystolische Volumen

Das ESV beträgt beim Hund, Schwein, Rind und Pferd bei Körperruhe 57 % des EDV:

$$ESV = 0,57\ EDV$$

Bei erhöhter Arbeit vergrößert sich das SV auf Kosten des ESV. Die **Residualblutmenge,** die das Herz unter keinen Umständen auswerfen kann, ist bei maximaler Herztätigkeit sehr klein.

Das **systolische Reservevolumen** (s. o.) ermöglicht dem Herzen bei einem plötzlichen Leck im arteriellen Gefäßsystem (Blutverlust), sein Schlagvolumen momentan durch eine stärkere systolische Entleerung bis etwa auf das Doppelte zu vergrößern. Das Herz kann also sein Schlagvolumen vermehren, ohne einen erhöhten Rückstrom von Blut abwarten zu müssen. Hierbei kommt es zu einer entsprechenden Verkleinerung des Herzens, die röntgenologisch leicht feststellbar ist.

Bei plötzlichen starken Gefäßerweiterungen oder akuten Blutverlusten (Entblutung bei der Schlachtung) kann der Ventrikel bei der Systole sich so stark entleeren, daß die Ventrikelwandungen gegeneinanderstoßen, wobei **subendokardiale Blutungen** auftreten können.

7. Die Förderleistung des Herzens (Herzminutenvolumen)

Als Herzminutenvolumen (HMV) gilt die Blutmenge, die das Herz (linker oder rechter Ventrikel) in einer Minute fördert. Es schwankt sehr stark, denn die Durchblutung der Organe wird deren Stoffwechselgröße, insbesondere dem O_2-Verbrauch und der CO_2-Produktion angepaßt (s. Kreislaufregulation, S. 290). Das HMV verändert sich also etwa proportional mit der O_2-Aufnahme bzw. CO_2-Abgabe in der Lunge.

Eine Erhöhung des HMV wird einerseits durch eine Vergrößerung des Schlagvolumens, andererseits durch eine Steigerung der Herzfrequenz erreicht, wobei die letztere von größerer Bedeutung ist. Bei maximaler Arbeit kann das HMV das Fünffache des Ruhewertes erreichen.

Das HMV kann heute auf relativ einfache Weise auch in der Klinik bestimmt und diagnostisch ausgewertet werden. Der Quotient aus HMV und Herzfrequenz ergibt das Schlagvolumen (SV). Die Tabelle 38 enthält eine Übersicht des SV und HMV einiger Haustiere.

Es ist üblich (speziell in der Humankardiologie), das HMV pro m^2 Körperoberfläche zu berechnen. Der so erhaltene Parameter wird als **Herzindex** bezeichnet.

Die vom linken und rechten Ventrikel geförderten Blutmengen sind normalerweise — sofern sie für eine längere Zeitspanne (z. B. pro Minute) berechnet werden — beinahe gleich groß. Wäre dies nicht der Fall, so würde sich das Blut wegen der Hintereinanderschaltung (Serienschaltung) des großen und kleinen Kreislaufs aus dem großen in den kleinen Kreislauf oder umgekehrt verschieben.

Kleine Unterschiede hinsichtlich der vom linken und rechten Ventrikel geförderten Blutmengen sind allerdings vorhanden. Das vom linken Ventrikel geförderte Blutvolumen ist etwas größer, und zwar aus folgenden Gründen: Etwa 20 % des Bronchalarterienblutes strömen durch die Wandungen des Bronchalbaumes und kehren über die Pulmonalvenen in den linken Vorhof zurück (umgehen also den kleinen Kreislauf). Auch das Koronararterienblut fließt teilweise durch die Vv. The-

Tab. 38. Herzfrequenz, Schlag- und Minutenvolumen beim Menschen und einigen Haustieren. (Nach CLARK)

	Körpergew. (kg)	Herz-frequenz	Schlag-volumen (ml)	Minuten-volumen (Liter)
Pferd[1]	500	34	852	29,00
Rind	500	50	696	34,80
Mensch	70	70	72	5,07
Schaf	50	75	53	3,98
Ziege	24	70	43	3,02
Hund	10	100	14	1,45

[1] KUBO et al. (1973) fanden bei 8 wachen Vollblutpferden (Durchschnittsgewicht 455 kg) mit Hilfe der Farbstoffverdünnungsmethode folgende Werte: Herzschlagfrequenz 34 ± 3,8/min; Minutenvolumen 25,3 ± 7,7 Liter/min; Schlagvolumen 746 ± 220 ml.

besii direkt in das linke Herz zurück. Demnach müssen auch die linksventrikulären Schlagvolumina durchschnittlich etwas größer sein als die rechtsventrikulären. Die Unterschiede sind aber sehr klein, denn das durch die Bronchalarterie strömende Blut macht nur 1–2 % des Herzminutenvolumens aus.

8. Die Herzarbeit

Damit das Blut zirkuliert, d. h. den Strömungswiderstand überwinden kann, muß zwischen Anfang und Ende des großen und kleinen Kreislaufes ein Druckgefälle vorhanden sein. Das Blut muß vom linken und rechten Ventrikel quasi auf eine bestimmte Höhe gehoben werden (Druckerzeugung). Die hierbei geleistete Arbeit ist der »Hubhöhe« und dem Blutvolumen proportional (sog. **Volumenarbeit**). Sie entspricht dem Produkt aus Schlagvolumen (SV) und mittlerem Druck (p) in den Arterien (Aorta, A. pulmonalis).

$$\text{Volumenarbeit} = p \cdot SV$$

Das Herz leistet aber auch Arbeit, indem es das Blut, welches im Ventrikel zu Beginn einer Systole die Geschwindigkeit Null hat, auf die Strömungsgeschwindigkeit bringt **(Beschleunigungsarbeit).**

$$\text{Beschleunigungsarbeit} = \frac{1}{2}\, m \cdot v^2$$

$$m = \frac{\text{Volumen (Liter)} \cdot \text{spezif. Gewicht } (\varrho)}{\text{Gravitationskonstante (g)}}$$

m = Masse des Blutes
v = Strömungsgeschwindigkeit in der Aorta bzw. A. pulmonalis
$g = 9{,}81\,m \cdot s^{-2}$
ϱ des Blutes = 1,05

Die gesamte Arbeit pro Herzschlag setzt sich somit aus der Volumen- und Beschleunigungsarbeit des linken und des rechten Ventrikels zusammen.

Berechnungsbeispiel. Bei einer Kuh in Körperruhe betrage: das Schlagvolumen (SV) 0,6 l, der mittlere Aortendruck (pAo) 120 mm Hg bzw. 16,0 kPa (= 1,63 m Wassersäule), der mittlere Druck in der Lungenarterie (pLa) 30 mm Hg bzw. 4,0 kPa (= 0,41 m Wassersäule)[1] und die Strömungsgeschwindigkeit (v) in der Wurzel der Aorta bzw. der A. pulmonalis 0,5 m pro Sekunde.

Die pro Herzschlag geleistete Arbeit beträgt:

Volumenarbeit des linken Ventrikels:
$0{,}6 \cdot 1{,}63 = 0{,}978$ m kg (9,6 J)

Volumenarbeit des rechten Ventrikels:
$0{,}6 \cdot 0{,}41 = 0{,}246$ m kg (2,4 J)

Beschleunigungsarbeit des linken Ventrikels:

$$\frac{0{,}6 \cdot 1{,}05 \cdot 0{,}5^2}{2 \cdot 9{,}81} = 0{,}005\text{ m kg } (0{,}05\text{ J})$$

Beschleunigungsarbeit des rechten Ventrikels:

$$\frac{0{,}6 \cdot 1{,}05 \cdot 0{,}5^2}{2 \cdot 9{,}81} = 0{,}005\text{ m kg } (0{,}05\text{ J})$$

Totale Arbeit beider Ventrikel pro Herzschlag
= 1,234 m kg (12,1 J).

Sofern die Herzschlagfrequenz im obigen Beispiel 60 pro min beträgt, ergibt sich eine Herzarbeit pro Minute von 74,04 m kg (726 J) und eine solche pro Tag von 106 618 m kg (ca. 1MJ).

Aus dem dargelegten Beispiel kann entnommen werden, daß die Beschleunigungsarbeit bei körperlicher Ruhe im Vergleich zur Volumenarbeit sehr klein ist. Bei starker Körperanstrengung nimmt die Beschleunigungsarbeit jedoch erheblich zu und kann bis 20 % der gesamten Herzarbeit ausmachen.

9. Grundeigenschaften des Herzmuskels (Irritabilität, Kontraktilität, Refraktärität)

Wichtige Grundeigenschaften sowohl des Herz- als auch des Skelettmuskels sind die **Erregbarkeit** (Irritabilität), die **Kontraktilität** und die **Refraktärität.**

Am einfachsten lassen sich diese Eigenschaften durch künstliche Reizung (am besten mittels eines elektrischen Stromstoßes) untersuchen. Dabei stellt man fest, daß sich der Herz- und Skelettmuskel im Prinzip zwar gleich verhalten, in quantitativer Hinsicht aber erhebliche Unterschiede aufweisen. Auf die durch den Reiz ausgelöste Erregung folgt nach etwa einer Millisekunde bei beiden Muskelarten die Kontraktion. Während aber beim Skelettmuskel Erregung und Aktionsstrom schon abgeklungen sind, wenn die mechanische Kontraktion beginnt (Abb. 150, unten), dauern sie beim Herzen noch während eines großen Teiles der Kontraktion an (Abb. 150, oben).

[1] Spezif. Gewicht des Hg = 13,6.

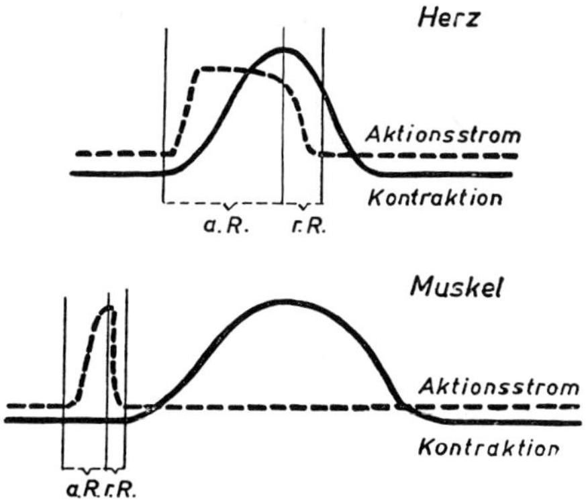

Abb. 150. Vergleichende schematische Darstellung der zeitlichen Beziehungen zwischen Refraktärphase, Erregungsablauf (monophasischer Aktionsstrom) und Kontraktion am Herzen und Skelettmuskel. (Nach B. LUEKEN).

a. R. = absolute Refraktärphase, **r. R.** = relative Refraktärphase

a. Alles- oder Nichts-Gesetz

Versetzt man einen Skelettmuskel mit einem gerade überschwelligen Reiz in Erregung, so antwortet er mit einer ganz kleinen Kontraktion. Verstärkt man sukzessive den Reiz, so wird auch die Kontraktion stärker (Abb. 151 b), allerdings nur bis zu einer bestimmten Grenze, von der ab trotz weiterer Reizverstärkung die Kontraktionsgröße gleich bleibt.

Der Herzmuskel verhält sich anders. Ist der Reiz unterschwellig, so erfolgt keine Kontraktion, erreicht er aber die Reizschwelle, so antwortet der Herzmuskel sogleich mit einer maximalen Zukkung. Eine weitere Verstärkung des Reizes ändert den Effekt nicht (Abb. 151 a). Diese Erscheinung wird als **Alles- oder Nichts-Gesetz** bezeichnet. Sie beruht nicht auf einer grundsätzlichen Verschiedenheit von Skelett- und Herzmuskulatur, sondern darauf, daß ein Skelettmuskel ein Kollektivum von vielen voneinander isolierten Muskelfasern mit verschiedener Reizschwelle darstellt. Schwache Reize vermögen nur die Fasern mit leichter Erregbarkeit in Kontraktion zu versetzen, starke Reize auch solche mit schwerer Erregbarkeit, was eine stärkere Zuckung zur Folge hat. Der Herzmuskel stellt hingegen ein Organ dar, welches entweder als Ganzes auf einen Reiz anspricht (»Alles«), sofern derselbe überschwellig ist, oder gar nicht (»Nichts«), wenn der Reiz unterschwellig ist. Eine einzelne Skelettmuskelfaser folgt ebenfalls dem Alles- oder Nichts-Gesetz, d. h. sie spricht auf einen Reiz entweder mit maximaler Kontraktion an oder gar nicht.

Das Alles- oder Nichts-Gesetz bedeutet nicht, daß das Herz sich einer erforderlichen Mehrleistung nicht mit größerer Kraftentfaltung anpassen kann, sondern lediglich, daß es sich entsprechend den gegebenen Umständen (intraventrikulärer Druck, Ionenmilieu, O_2-Spannung, pH, Aktivität der Fermentsysteme, Temperatur, mechanische Spannung der Muskelfasern etc.) stets maximal kontrahiert (s. Regulation der Herztätigkeit S. 262).

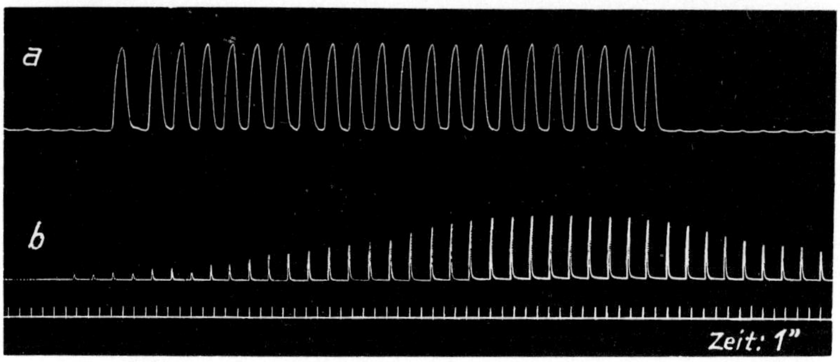

Abb. 151. Einfluß von elektrischen Reizen verschiedener Stärke auf die Größe der Kontraktionen eines Herz- und Skelettmuskels (M. gastrocnemius) des Frosches.

a. Durch Anlegen einer Ligatur zwischen dem Sinus venosus und dem rechten Vorhof (sog. 1. *Stannius*-Ligatur) wurde der physiologische Reizgeber, der Sinusknoten, ausgeschaltet und dadurch das Herz in Diastole stillgelegt (erster und letzter Teil der Kurve a). Durch Applikation elektrischer Stromstöße hinlänglicher Stärke kann das Herz zu Kontraktionen angeregt werden. Obwohl die Reize vorerst sukzessiv verstärkt und alsdann wieder reduziert werden, zeigt das Herz immer Kontraktionen gleicher Größe.
b. Eine analoge Reizung wie am Herzen (Kurve a) wurde am Skelettmuskel durchgeführt (Kurve b). Eine Verstärkung bzw. Abschwächung des Reizes hat innerhalb bestimmter Grenzen entsprechende Änderungen der Kontraktionsgröße zur Folge

b. Refraktärphase

Im weiteren unterscheidet sich der Herz- vom Skelettmuskel durch eine längere Refraktärperiode. Vom Moment einer Reizung bis zum Gipfel des Mechanokardiogramms bzw. Beginn der T-Zacke des EKG ist das Herz für neue Reize vollkommen unerregbar (absolute Refraktärphase, a. R., s. Abb. 150, oben), und zwar deshalb, weil die Membranen der Muskelzellen noch depolarisiert (S. 220) sind. In der anschließenden Phase der Repolarisation (der T-Dauer im EKG entsprechend) kehrt auch die Erregbarkeit mehr und mehr zurück, so daß vorerst sehr starke, dann aber immer schwächere Reize imstande sind, eine neue Kontraktion auszulösen (relative Refraktärphase, r. R., s. Abb. 150, oben). Im Anschluß an die relative Refraktärphase, d. h. in der ersten Periode der Diastole, während der die Membranpolarisation noch nicht die normale Größe erreicht hat, ist die Erregbarkeit sogar höher als am Ende der Diastole. Während dieser Zeit vermögen schon ganz geringe Reize eine Systole auszulösen. **Extrasystolen** (s. S. 234) treten deshalb vor allem während dieser Phase erhöhter Erregbarkeit auf.

c. Nichttetanisierbarkeit des Herzmuskels

Das Bestehen einer ausgedehnten Refraktärperiode verhindert die Tetanisierbarkeit des Herzmuskels. Am Skelettmuskel haben rasch aufeinanderfolgende Reize eine Dauerverkürzung (Tetanus) zur Folge (Abb. 152 b). Die gleiche, hochfrequente Reizung des Herzmuskels führt hingegen nicht zu einer Dauerkontraktion, sondern lediglich zu einer sehr raschen Herzschlagfolge. Hierbei bleiben alle Reize, welche in die Refraktärzeit fallen, unbeantwortet, und nur jene lösen eine Systole aus, die außerhalb der Refraktärperiode eintreffen (Abb. 152 a). Eine Dauerkontraktion des Herzmuskels, analog dem Krampf eines Skelettmuskels, würde innerhalb weniger Minuten den Tod infolge Kreislaufstillstandes zur Folge haben.

d. Kompensatorische Pause nach Extrasystolen

Die Refraktärphase erklärt auch die sog. kompensatorische Pause nach dem Auftreten von Extrasystolen (ES). Unter ES versteht man Kontraktionen

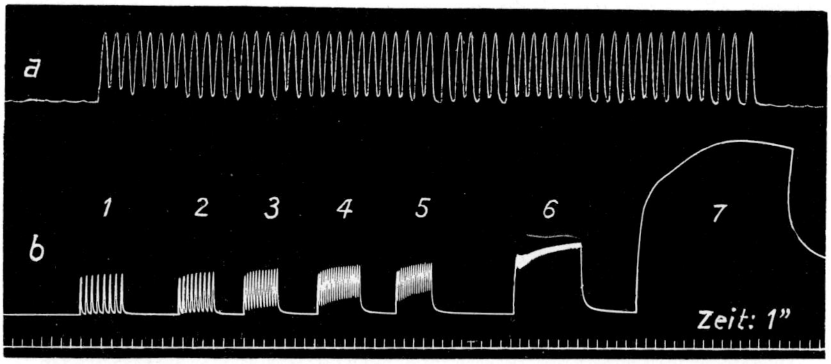

Abb. 152. Einfluß von elektrischen Reizen verschiedener Frequenz auf die Tätigkeit des Herz- und Skelettmuskels (M. gastrocnemius) des Frosches.

a. Durch Anlegen einer Ligatur zwischen dem Sinus venosus und dem rechten Vorhof (sog. 1. *Stannius*-Ligatur) wurde der Sinusknoten ausgeschaltet und dadurch das Herz in Diastole stillgelegt (erster und letzter Teil der Kurve a).
Trotz Applikation von elektrischen Reizen hoher Frequenz (50 Reize/s) ergibt sich eine rhythmische Tätigkeit, wobei der Rhythmus von der Reizfrequenz insoweit unabhängig ist, als nur jene Reize wirksam werden, welche nicht in die Refraktärphasen des Herzmuskels fallen. Der Skelettmuskel ergibt bei einer derart hohen Reizfrequenz (Kurve b, 7) eine Dauerkontraktion (vollkommener Tetanus).
b. Einfluß von Reizen verschiedener Frequenz auf die Tätigkeit des Skelettmuskels. Bei etwa 2–3 Reizen/s zeigt der Muskel Einzelzuckungen (Kurve b, 1 und 2). Bei Reizen einer Frequenz von etwa 4–12/s weist der Muskel einen unvollkommenen Tetanus (Kurve b, 2 bis 6) und bei Reizen einer Frequenz über 20/s einen vollkommenen Tetanus auf (Kurve b, 7). Die Kurve zeigt das sog. **Treppenphänomen.** Darunter versteht man die Erscheinung, daß ein Muskelpräparat, welches nach einer Ruheperiode rhythmisch gereizt wird, zu Beginn der Reizperiode von Schlag zu Schlag stärkere Kontraktionen ausführt. Dieser Effekt ist darauf zurückzuführen, daß zu Beginn der Reizperiode mehr Ca^{2+}-Ionen aus dem sarkoplasmatischen Retikulum bzw. der Extrazellularflüssigkeit in das Myoplasma übertreten als zurückströmen (»Auffüllung« des intrazellulären bzw. intrafibrillären Calciumpools). Auch die Erhöhung der Reizfrequenz hat ein Treppenphänomen zur Folge. Weitere Erklärungen s. Abschnitt über die Bedeutung der Ca^{2+}-Ionen bei der elektromechanischen Kopplung (S. 221)

des Herzens oder bestimmter Herzabteilungen, welche durch einen vorzeitigen und meist von einem abnormen Reizbildungsherd ausgehenden Impuls ausgelöst werden. Da durch die ES das Herz für eine bestimmte Zeit refraktär wird, fällt ein normaler Sinusreiz meistens in die Refraktärperiode der ES. Die Folge davon ist, daß eine normale Systole ausfällt. Erst der übernächste normale Sinusreiz kann wieder wirksam werden (Abb. 135, oben). Die Diastole zwischen der ES und dem ersten postextrasystolischen Herzschlag ist länger als normal, und zwar gerade um die Zeit, um welche die ES gegenüber einem Normalschlag zu früh einsetzt. Das verlängerte Intervall zwischen der ES und dem darauffolgenden Normalschlag wird als **kompensatorische Pause** bezeichnet. Sie ist meistens gerade um denselben Betrag verlängert, um welchen die präextrasystolische Pause verkürzt ist. Der erste Schlag nach der ES erfolgt also zeitlich im Moment, wo er auch normalerweise eingetreten wäre.

Fällt nach einer ES ein normaler Sinusreiz nicht in die Refraktärphase, was u. U. bei sehr kleiner Herzfrequenz möglich ist, so kommt es zu einer sog. **interponierten**[1] **ES** (Abb. 135, unten). In diesem Fall ist die ES zwischen zwei Normalschlägen eingeschoben und deshalb effektiv eine «Extra«-Systole, d. h. zusätzliche Systole[2].

e. Reservekraft des Herzens. Starlingsches Herzgesetz Kardiale Autoregulation

Auch ein aus dem Körper herausgeschnittenes Herz, welches also von allen regulierenden Einflüssen von seiten des Nerven- und Endokrinsystems (S. 262) isoliert ist, verfügt noch über ein gewisses Anpassungsvermögen an verschiedene Leistungsansprüche **(kardiale Autoregulation).** Relativ leicht läßt sich diese kardiale Adaptationsfähigkeit bzw. Reservekraft für erhöhte Leistungen am **Herz-Lungen-Präparat** nach STARLING (Abb. 153) nachweisen. Ein solches Herz ist zwar nicht mehr imstande, die Schlagfrequenz zu ändern, es hat aber noch folgende Fähigkeiten:

1. Bei erhöhtem Blutzufluß zum rechten Vorhof (Lösen der Klemme Kl. zwischen dem Vorratsgefäß V und der Vena cava cranialis im Versuch der Abb. 153) erhöht sich automatisch das Schlagvolumen des Herzens bzw. seine Förderleistung entsprechend dem vergrößerten Blutangebot.
2. Bei Erhöhung des Strömungswiderstandes im künstlichen Körperkreislauf durch Kompression des Gummischlauches Gs (Abb. 153) vermehrt sich die Kraftentfaltung der Herzmuskelfasern. Die systolische Druckentwicklung steigt an, und trotz erschwerten Blutauswurfes bleibt die geförderte Blutmenge konstant.

Das Herz besitzt also die Fähigkeit, von sich aus seine Leistung den Anforderungen in gewissen Grenzen anzupassen. Es verfügt über **Reservekräfte,** die bei Bedarf zum Einsatz gebracht werden können **(Starlingsches Herzgesetz)**[3].

Wie kommt diese Adaptation zustande? Ein erhöhter Blutzufluß zum Herzen (s. o. Ziff. 1) hat eine stärkere enddiastolische Füllung der Herzkammern und diese ihrerseits eine stärkere Spannung der Herzmuskelfasern zur Folge. Eine stärkere passive Spannung der Muskelfasern führt automatisch zu einer erhöhten Kraftentwicklung während der Kontraktionsphase (Erhöhung des max. dp/dt-Wertes; s. S. 241)[4].

Bei einer Erhöhung des Strömungswiderstandes (s. o. Ziff. 2) liegen im Prinzip die gleichen Verhältnisse vor, wie sie eben geschildert wurden. Genauere Untersuchungen haben gezeigt, daß nach Erhöhung des Strömungswiderstandes der Druck im linken Ventrikel bzw. in der künstlichen Aorta (Abb. 153, Ao. Druck) nicht schon mit dem nächstfolgenden Schlag ansteigt, sondern erst im Verlaufe einiger Systolen und zwar dadurch, daß bei jeder Systole etwas mehr Restblut im Ventrikel zurückbleibt. Dadurch werden die Herzmuskelfasern sukzessive stärker gespannt, was wiederum eine Verstärkung der bei der Systole entwickelten Kraft zur Folge hat. Fazit: Trotz erhöhtem Strömungswiderstand bleibt die kardiale Blutförderung konstant.

Bei einer zu starken enddiastolischen Dehnung der Muskelfasern nimmt die systolische Kraftentfaltung wieder ab. Es gibt also hinsichtlich der

---

[1] Oft auch **interpolierte ES** genannt.

[2] Bei den ES mit kompensatorischer Pause kommt eine zusätzliche Kammersystole nicht zustande, weil anstatt der ES eine normale Systole ausfällt. In solchen Fällen sollte eigentlich nicht von einer »Extra«-Systole, sondern von einer vorzeitigen Systole (englisch: premature beat) gesprochen werden.

[3] Auch Frank-Straub-Starlingsches Herzgesetz genannt.

[4] Dieses Phänomen kann mit den Verhältnissen bei einer Armbrust verglichen werden. Je stärker die Armbrustsehne gespannt wird, desto größer ist die Kraftentfaltung beim Schuß.

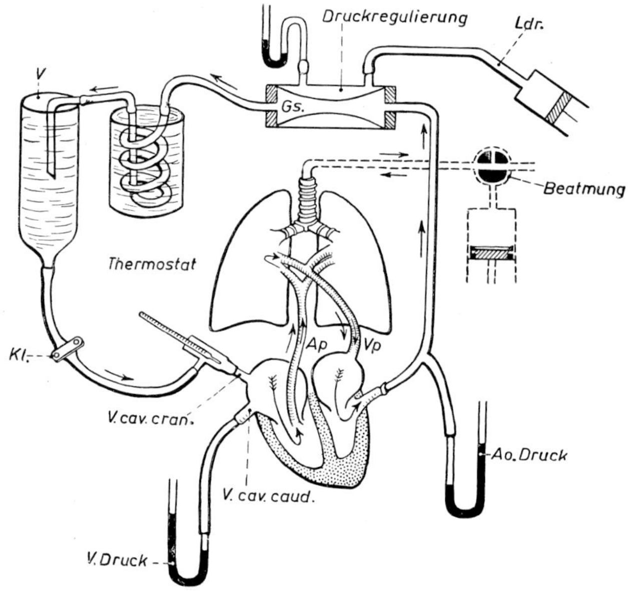

Abb. 153. Schematische Darstellung der Untersuchung des isolierten Säugetierherzens am sog. Herz-Lungenpräparat nach STARLING.

Das Herz steht mit der künstlich ventilierten Lunge (Beatmung) in natürlichem Zusammenhang (Ap; Vp). In die Aorta bzw. in einen Hauptast derselben, z. B. in die A. brachiocephalica, ist eine Kanüle eingebunden, über welche das gesamte, vom linken Ventrikel ausgeworfene Blut einem künstlichen »großen Kreislauf« (Plastikschläuche) zugeführt wird. Aus diesem kehrt es durch eine Kanüle, die sich in der Wurzel der Vena cava cranialis (V. cav. cran.) befindet, in den rechten Vorhof zurück. In den Stumpf der Vena cava caudalis (V. cav. caud.) ist ein Manometer (V. Druck) eingebunden, welches den Druck im rechten Vorhof anzeigt. Zur Messung des Druckes im »großen Kreislauf« ist auch in die künstliche Aorta ein Manometer (Ao. Druck) eingesetzt. Der Strömungswiderstand im »großen Kreislauf« läßt sich variieren, indem der dünne Gummischlauch (Gs) durch Luftdruck (Ldr) mehr oder weniger komprimiert werden kann (Druckregulierung). In einer Heizschlange (Thermostat) wird das Blut auf Körpertemperatur gehalten. Aus dem »großen Kreislauf« fließt das Blut in ein offenes Vorratsgefäß (V). Von dort aus strömt es in den rechten Vorhof zurück. Der Rückfluß des Blutes kann mittels der Klemme (Kl.) vergrößert oder verkleinert werden

maximalen systolischen Kraftentwicklung eine optimale Vordehnung der Myokardfasern.

Beim Myokard der Katze liegt die optimale Vordehnung der Muskelfasern bei einer Sarkomerlänge zwischen 1,9 und 2,2 µm, was einem enddiastolischen Ventrikeldruck von 10 mm Hg (1,3 kPa) entspricht (GAUER, 1972). Da bei den großen Haustieren (Pferd, Rind) der enddiastolische Druck normalerweise zwischen 15 und 25 mm Hg (2,0 und 3,3 kPa) liegt (Abb. 161), dürfte bei diesen Tieren der enddiastolische Ventrikeldruck für die maximale Kraftentfaltung entsprechend höher sein.

Bei starken Herzmuskelerkrankungen kann der eben beschriebene Starlingsche Anpassungsmechanismus ebenfalls reduziert oder vollständig aufgehoben sein. Auch genügt er meist nicht, bei erhöhten körperlichen Leistungen eine ausreichende Adaptation zu erreichen. Dazu sind noch extrakardiale Regelmechanismen nötig. Von besonderer Bedeutung sind in dieser Beziehung positiv inotrope Effekte durch Impulse des sympathischen Nervensystems sowie der Nebennierenmarkhormone (Adrenalin, Noradrenalin).

10. Der Koronarkreislauf

Zur Gewährleistung der Arbeitsfähigkeit müssen dem Herzen ständig in angemessener Weise Sauerstoff und Nährsubstrate zugeführt und die Stoffwechselschlacken abgenommen werden. Das geschieht durch den Koronarkreislauf[1]. Dieser wird beim Warmblüter durch die beiden **Koronararterien (Aa. coronariae cordis),** welche an der Aortenwurzel unmittelbar über den Semilunarklappen entspringen, gespeist.

Die Querverbindungen zwischen den größeren

[1] Beim Kaltblüter (z. B. Frosch) ist die Versorgung des Herzmuskels mit Nährstoffen und O_2 direkt von den Herzhöhlen aus möglich.

Ästen der Koronararterien sind (besonders beim Menschen) spärlich. Der Verschluß einer größeren Koronararterie führt daher zu schwersten Zirkulationsstörungen im entsprechenden Myokardbezirk, zum **Myokardinfarkt.**

Das venöse Blut wird durch Herzvenen, speziell die **V. cordis magna,** in den rechten Vorhof zurückgeleitet. Ein kleiner Teil desselben gelangt durch die **Venulae Thebesii** direkt in die verschiedenen Herzkammern (vor allem in den rechten Vorhof). Der Koronarkreislauf stellt die kürzeste Verbindung zwischen linkem und rechtem Herzen dar; etwa 5–10 % des gesamten, vom Herzen ausgeworfenen Blutes, also eine relativ große Menge, nehmen diesen Weg. Der O_2-Gehalt des Koronarvenenblutes ist auffallend konstant klein, auch bei einem stark erhöhten O_2-Verbrauch des Myokards sinkt er nur noch wenig. Dies bedeutet, daß sich bei einem O_2-Mehrverbrauch die Koronardurchblutung entsprechend verstärkt.

Beim Hund wurden für die Koronardurchblutung Werte zwischen 60–120 ml/min/100 g Muskel gefunden. Die maximale Durchblutung (bei Körperarbeit oder Applikation von koronardilatierenden Medikamenten, z. B. Adenosin-Persantin-Intensain), kann 5–10mal höher sein als der Basiswert.

Die **Durchblutung des Koronarkreislaufes** hängt vor allem von folgenden Faktoren ab:

1. Vom Aorten- bzw. Koronararteriendruck;
2. von der Herzkinetik;
3. von der Weite der Gefäße (Gefäßwandtonus).

Einfluß des Koronararteriendruckes. Eine Druckerhöhung in der Aorta bzw. den Koronararterien führt nicht nur zu einer Erhöhung der Strömungsgeschwindigkeit, sondern auch zu einer passiven Erweiterung der Gefäße und damit auch zu einer Verminderung des Strömungswiderstandes. Die Koronardurchblutung steigt deshalb relativ stärker an als die Druckzunahme. Eine Erhöhung des systolischen Druckes in der Wurzel der Koronararterie um 50 %, beispielsweise von 120 mm Hg (16 kPa) auf 180 mm Hg (24 kPa), erhöht die Stromstärke nicht nur um 50 %, sondern um 600 %. Eine derart gewaltige Steigerung der Koronardurchblutung beruht aber nicht nur auf einer passiven Erweiterung der Arterie infolge des erhöhten Innendruckes, sondern in starkem Maße auch auf einer aktiven Abnahme des Tonus der Arterienwand (s. u.).

Einfluß der Herzkinetik. Bei jeder Systole steigt

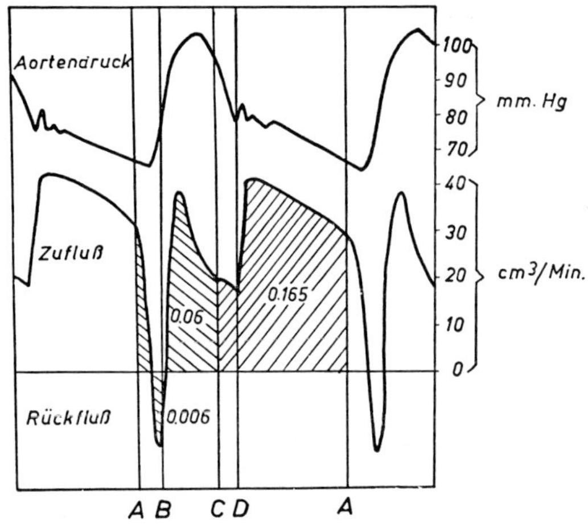

Abb. 154. Blutströmung im vorderen absteigenden Ast der linken Art. coronaria sinistra mit synchron aufgenommener Aortendruckkurve. (Nach GREGG and GREEN).

Am Ende der Diastole **(A)** strömt das Blut mit einer Stärke von 28 ml/min. Mit Beginn der isometrischen Kontraktion **(A)** sinkt die Stromstärke plötzlich und ein vorübergehender Rückfluß setzt ein. Am Anfang der Austreibungsphase **(B)** kehrt sich die Strömungsrichtung wieder um, und der Blutstrom erreicht kurz vor dem Punkte des höchsten Aortendruckes ein Maximum von 40 ml/min. Mit dem Abfall des Aortendruckes nimmt die Stromstärke wieder etwas ab und steigt nach dem Schluß der Aortenklappen **(D)** erneut an. Schließlich fällt die Stromstärke parallel mit dem sinkenden diastolischen Druck bis zum Beginn der nächsten Systole gleichmäßig ab

nicht nur der Druck in den Herzhöhlen, sondern auch der Binnendruck im Myokard, insbesondere in den inneren (subendokardialen) Schichten des linken Ventrikels. Dadurch werden die Blutgefäße im Myokard periodisch komprimiert und der Blutstrom gedrosselt (LASZT und MÜLLER, 1958). Aus der Abbildung 154 geht hervor, daß der Zufluß zu den Koronararterien während der isometrischen Kontraktionsphase (Druckanstiegsphase) vorübergehend völlig zum Erliegen kommt, ja daß sich der Blutstrom in den Arterien während kurzer Zeit sogar umkehrt. Während der Diastole sinkt der Druck im Myokard, und die Gefäße können sich wieder entfalten. Von der während eines Zyklus das Herz durchströmenden Blutmenge fallen im Beispiel der Abbildung 154 ein Drittel auf die Zeit der Systole und zwei Drittel auf die Zeit der Diastole. Erzeugt man durch Vagusreizung einen vorübergehenden Herzstillstand, so steigt die Durchblutung infolge Wegfalls der systolischen Kompression auf etwa den doppelten Wert. Eine ausreichende Myokarddurchblutung ist daher um so besser gesichert, je länger die Diastole im Vergleich zur Systole dauert, was bei niedriger Schlagfrequenz der Fall ist (S. 243).

Auch während der Systole herrscht — wie erwähnt — eine gewisse Koronarströmung, und zwar vornehmlich in den subepikardialen Gefäßen, während der Fluß in den subendokardialen Gefäßen (insbesondere des linken Ventrikels) praktisch aufhört[1]. Diese nachteiligen Verhältnisse werden durch eine größere Myoglobinkonzentration in den subendokardialen Myokardschichten gemildert. Infolge der sehr hohen O_2-Affinität des Myoglobins bildet sich während der Diastole ein kleiner O_2-Vorrat, der während Phasen geringer O_2-Zufuhr (z. B. Systole) mobilisiert werden kann.

Einfluß der Gefäßweite (Tonus der Koronargefäße). Einen wichtigen Hinweis für die Steuerung des Koronarkreislaufes gibt wohl die Feststellung, daß schon eine geringe Senkung des O_2-Druckes im arteriellen Blut zu einer Zunahme der Koronardurchblutung führt. Dieser Effekt ist unabhängig von der Herzfrequenz und tritt auch nach einer Durchschneidung des kardialen Vagus und Sympathikus ein. Auch eine Erhöhung der CO_2-Spannung im Myokard führt zu einer Erweiterung der Koronargefäße und damit zu einer Steigerung der Durchblutung. Hieraus ist zu folgern, daß der Tonus der glatten Muskulatur der Koronargefäße in erster Linie durch den Stoffwechsel des Herzmuskels gesteuert wird. Daneben wurde beobachtet, daß unmittelbar mit dem Beginn einer Körperarbeit auch die Herzmuskeldurchblutung, ähnlich wie die Durchblutung der Skelettmuskeln, vorsorglich durch nicht näher bekannte Mechanismen erhöht wird, d. h. noch bevor sich der Myokardmetabolismus und die O_2-Spannung im arteriellen Blut geändert haben. Der Nachweis einer echten (»aktiven«) Änderung der Koronardurchblutung unter dem Einfluß des vegetativen Nervensystems (Vagus, Sympathikus) ist außerordentlich schwierig, denn die Reizung oder Blockierung dieser Nerven hat zwangsläufig eine Änderung der Herzfrequenz und damit der relativen Diastolendauer (s. o.) sowie der Kontraktionskraft, des arteriellen Blutdruckes und des Myokardmetabolismus zur Folge. Diese Faktoren beeinflussen den Ventrikelkreislauf ebenfalls.

Die **Reizung des Herzsympathikus** (Ganglion stellatum) ruft eine vermehrte Durchblutung der Koronargefäße hervor. Es soll sich hierbei um einen direkten Gefäßeffekt handeln (Stimulation der β-Rezeptoren). Infolge der durch die Sympathikusreizung bewirkten Erhöhung der Herzarbeit bzw. der damit verbundenen Erniedrigung der kardialen O_2-Spannung und Vermehrung von Metaboliten, welche die Koronargefäße ebenfalls erweitern, dürften auch indirekte Einflüsse im Spiele stehen.

Eine **Reizung des Herzvagus** hat zwar eine Vergrößerung der Koronardurchblutung zur Folge. Dieser Effekt ist wahrscheinlich der relativen Verlängerung der Diastolendauer infolge der Herzfrequenzabnahme zuzuschreiben (S. 243). Für eine direkte, vagal bedingte Koronardilatation fehlen sichere Beobachtungen.

Adrenalin und **Noradrenalin** erhöhen die Koronardurchblutung. Von den meisten Forschern wird angenommen, es handle sich dabei um einen direkten Effekt. Sehr wahrscheinlich stehen aber auch indirekte Einflüsse im Spiel; denn die erwähnten Hormone erhöhen auch den Druck in der Aorta, der seinerseits eine Dilatation der Koronargefäße zur Folge hat. Adrenalin und Noradrenalin stimulieren auch die Herztätigkeit, wobei es zu einem vermehrten Anfall von Metaboliten kommt, welche die Koronargefäße ebenfalls zur Erweiterung bringen.

Azetylcholin bewirkt ebenfalls eine Vergrößerung der Koronardurchblutung, und zwar auch dann, wenn sich die Herzfrequenz und der Blutdruck nur wenig ändern.

Thyroxin bewirkt eine Erhöhung des Myokardstoffwechsels und der Koronardurchblutung. **Vasopressin** vermindert die Koronarströmung, wahrscheinlich handelt es sich dabei um einen direkten vasokonstriktorischen Effekt auf die Koronargefäße. Das als Medikament oft verwendete **Nitroglyzerin** hat eine ausgeprägte koronarerweiternde Wirkung.

11. Der Herzstoffwechsel

Gegenüber dem Stoffwechsel des Skelettmuskels weist derjenige des Herzmuskels wesentliche Unterschiede auf, was sich vor allem auch darin äußert, daß das Herz nur ein sehr beschränktes Vermögen zum Eingehen einer sog. **O_2-Schuld** besitzt.

[1] Bei der Blutversorgung des Myokards spielen wohl auch die **Vv. Thebesii** (Gefäßverbindungen zwischen dem Koronarkreislauf und den Herzhöhlen) eine Rolle. Sie dürften aber weniger dem Abfluß des venösen Blutes, sondern vielmehr der Zufuhr von O_2-reichem Blut in die subendokardialen Muskelschichten des linken Ventrikels während der Systole dienen.

Da auch die O_2-Reserve des oxygenierten Myoglobins klein ist — sie ist bereits nach etwa 8–10 Schlägen erschöpft —, erträgt der Herzmuskel eine vollständige Blockierung der kardialen Blutzirkulation (Ischämie) nur während weniger Minuten.

Die O_2-Ausschöpfung aus dem Blut **(O_2-Utilisation)** beträgt im Herzen 10 bis 15 Vol.% und ist somit zwei- bis dreimal höher als in den meisten anderen Organen, in denen sie sich auf etwa 5 Vol.% beläuft. Entsprechend der starken O_2-Ausschöpfung sinkt auch die O_2-Spannung im Koronarvenenblut sehr stark. Am wachen Hund wurden im Koronarvenenblut P_{O_2}-Werte von nur 4,7 mm Hg (0,63 kPa) gemessen. Derart niedrige Werte sind nur dank dem sehr dichten myokardialen Kapillarnetz (kurze O_2-Diffusionswege) möglich. Im Herzen entfällt praktisch auf jede Muskelzelle eine Kapillare. Eine noch stärkere O_2-Ausschöpfung des Blutes ist kaum mehr zu erreichen. Einem gesteigerten O_2-Bedarf des Herzens, z. B. bei einer Arbeitsbelastung, kann deshalb fast nur durch eine entsprechende Erhöhung der Koronardurchblutung entsprochen werden. Oft nimmt dabei die Herzarbeit stärker zu als die O_2-Aufnahme, was auf eine Zunahme des Wirkungsgrades (s. u.) hinweist. Die Fähigkeit, unter anaeroben Verhältnissen (Anoxie) zu arbeiten, ist beim Herzen viel geringer als beim Skelettmuskel. Dieser Unterschied ist vor allem auf die verschiedene Fermentausrüstung der beiden Muskelarten zurückzuführen. Das Myokard weist einen größeren Gehalt an Enzymen der sog. Atmungskette auf, was sich auch morphologisch in Form des äußerst reichlichen Gehaltes an Mitochondrien (Sarkosomen) manifestiert.

Der **O_2-Verbrauch** des Herzens beträgt bei Körperruhe 10–15 ml/min/100 g Muskelgewebe[1], im Gehirn hingegen nur 3–4 ml/min/100 g Gewebe. Bei Körperarbeit ist der O_2-Bedarf noch viel größer. Der O_2-Verbrauch hängt aber nicht nur von der Größe, sondern auch von der Art der zu leistenden Arbeit ab. Bei einem mittleren Füllungsgrad der Ventrikel ist der O_2-Verbrauch pro Einheit geleisteter Arbeit kleiner als bei einer abnorm kleinen oder bei einer übermäßigen starken Füllung. Einen erheblichen Einfluß auf die Größe des O_2-Verbrauchs pro Einheit geleistete Arbeit hat auch der bei der Herzaktion zu erzeugende Druck. Arbeitet das Herz mit abnorm niedrigem (sehr geringer vaskulärer Strömungswiderstand) oder abnorm hohem Druck (sehr hoher vaskulärer Strömungswiderstand), so ist die für eine bestimmte Arbeitsleistung verbrauchte O_2-Menge größer, als wenn das Herz seine Tätigkeit bei normalen Druckwerten (systolischer Druck des linken Ventrikels zwischen 130–170 mm Hg bzw. 17,3–22,7 kPa) verrichtet. Daraus ergibt sich, daß bei gleich großer Herzarbeit eine **Myokardhypoxie** bei erhöhter Druckarbeit eher eintritt als bei erhöhter Volumenarbeit. Wahrscheinlich ist allerdings nicht der Druck an sich die maßgebliche Größe, sondern die präsystolische Vordehnung der Herzmuskelfasern. Bei einer starken Steigerung des Strömungswiderstandes erhöht sich das enddiastolische Volumen außerordentlich stark. In einem bestimmten Bereich gilt: Je stärker die Vordehnung der Muskelfasern, desto größer ist die Kraft der Kontraktion (S. 257), um so größer ist aber auch der Energie- bzw. O_2-Verbrauch.

Der **respiratorische Quotient (RQ)** des Herzmuskels schwankt normalerweise zwischen 0,80–0,90 und ist etwas kleiner als der durchschnittliche RQ der übrigen Organe. Daraus folgt, daß der Anteil der Nichtkohlenhydrate im Metabolismus des Herzens größer ist als in demjenigen der Skelettmuskeln. Im Myokard werden neben Glucose in großen Mengen Milchsäure, Brenztraubensäure, Glutaminsäure sowie andere Oxy-, Keto- und Aminosäuren verwertet. Im Hundeherz werden beispielsweise pro 100 g Gewebe in der Stunde 70 mg Glucose und 200 mg Milchsäure oxidiert. Im Gegensatz zum Skelettmuskel, der bei seiner Tätigkeit fast immer Milchsäure produziert, entsteht im Herzen kein Laktat, sofern die Blut- bzw. O_2-Versorgung normal ist. Im Gegenteil, das Herz vermag sogar, wie eben gezeigt wurde, viel Milchsäure in seinen Stoffwechsel einzuschleusen. Diese Fähigkeit beruht auf einer reichlich vorhandenen Lactat-Dehydrogenase, welche Lactat zu Pyruvat oxidiert, das in der Folge zu CO_2 und H_2O verbrannt wird.

Eine Erhöhung des Glucose- oder Milchsäuregehaltes im arteriellen Blut hat einen verstärkten Abbau dieser Substrate zur Folge, während derjenige der Fettsäuren eingeschränkt wird. Umgekehrt werden bei einem Abfall der Glucosekonzentration (Hunger) in vermehrtem Maße Fette als Energielieferanten herangezogen.

Auch Glucose und Lactat können sich gegensei-

---

[1] O_2-Verbrauch (ml/min/100 g Myokardgewebe) beim Hund: Wachzustand 15,15 ± 3,54, in Narkose 8,6.

tig vertreten (vermehrter Glucoseabbau bei Lactatmangel und vice versa). Hierbei dürfte Glucose besser geeignet sein, eine myokardiale Glykogenerschöpfung zu beseitigen, während Lactat imstande sein soll, eine Herzinsuffizienz durch Nährstoffmangel rascher zu beheben als Glucose.

Die direkte Energiequelle für die Myokardkontraktion ist, wie beim Skelettmuskel, das ATP. Neben dem ATP kommt auch im Herzmuskel viel Phosphokreatin vor. Hinsichtlich dieser beiden Aktionssubstanzen gleicht der Herzmuskelchemismus weitgehend demjenigen des Skelettmuskels.

Eine Erniedrigung des P_{O_2} im arteriellen Blut **(Hypoxämie)** führt zu einer Steigerung der Glykolyse und damit zu einer Abgabe von Milchsäure an das Blut. Gleichzeitig nimmt der Gehalt der Herzmuskelfaser an Glykogen und ATP ab, wodurch die Leistungsfähigkeit des Herzens abnimmt[1].

Eine normale Herztätigkeit ist nur möglich, wenn im Blut die **anorganischen Ionen** in einer bestimmten Konzentration und in einem entsprechenden gegenseitigen Verhältnis vorhanden sind. Eine **Abnahme der Ca-Ionen** im Blut **(Hypokalzämie)**, wie sie z. B. bei der Gebärparese des Rindes auftritt, führt zu einer starken Verlängerung der mechanischen und in noch vermehrtem Maße der elektrischen Systolendauer infolge Verzögerung der Repolarisation. Die EKG-Veränderungen (Verlängerung des QT-Intervalles) sind so charakteristisch, daß sie mit großer Sicherheit auf eine Hypokalzämie schließen lassen. Ein vollständiger Mangel an Ca-Ionen (Ca-Entionisierung durch Natriumcitrat) führt zum Herzstillstand infolge der sog. **elektromechanischen Entkopplung** (S. 221). Diese Erscheinung wird in der Herzchirurgie ausgewertet, um das Herz während operativer Eingriffe vorübergehend stillzulegen. Eine **Erhöhung der Ca-Ionen** (Hyperkalzämie) hat eine Verkürzung der mechanischen und elektrischen Systolendauer sowie eine Verstärkung der systolischen Kraftentfaltung (Erhöhung des max. dp/dt-Wertes) zur Folge (S. 241).

Eine **Hyperkaliämie** verzögert die Ausbreitung der Erregungswelle im Herzen (Verlängerung der Überleitungszeit und der QRS-Dauer im EKG), auch Blockierungen der atrioventrikulären Überleitung (S. 235), Extrasystolen und Kammerflimmern (S. 233) können auftreten (z. B. bei rascher intravenöser Injektion von K-haltigen Medikamenten). Eine **Hypokaliämie** bewirkt am EKG meistens eine Niveauverschiebung (Depression oder Elevation) des ST-Segmentes.

12. Wirkungsgrad der Herzmuskeltätigkeit

Unter dem Begriff Wirkungsgrad (Nutzeffekt) versteht man den Prozentsatz der chemischen Energie, der vom Muskel bei seiner Tätigkeit in mechanische Arbeit transformiert wird. Der myokardiale Wirkungsgrad variiert zwischen 15–35 % (Mittel etwa 25 %). Er liegt somit im gleichen Bereich wie derjenige des Skelettmuskels. Bei Herzmuskelerkrankungen sinkt er erheblich ab.

Summarisch darf gesagt werden: Bei der sog. **Volumenarbeit** (Förderung eines großen Blutvolumens bei mittlerem Strömungswiderstand bzw. mittelhohem systolischem Druck) ist der Wirkungsgrad höher als bei sog. **Druckarbeit** (Förderung einer relativ kleinen Blutmenge bei sehr hohem Strömungswiderstand bzw. sehr hohem systolischem Druck).

13. Regulation der Herztätigkeit

a. Nervöse Regulation

Das Herz wird vom vegetativen Nervensystem innerviert, und zwar sowohl von efferenten als auch von afferenten Fasern.

Die **efferenten Fasern** gehören teils dem sympathischen, teils dem parasympathischen Nervensystem an.

Die **präganglionären parasympathischen** Fasern verlaufen im N. vagus und ziehen in dessen Ramus cardiacus zu den Ganglienzellen des Herzens. Von dort aus ziehen dann die **postganglionären** (cholinergischen) Fasern zum Sinusknoten, zum Atrioventrikular-Knoten sowie zum Hisschen Bündel und zur Vorhofmuskulatur. Die Triebmuskulatur

---

[1] Die mechanische Aktivität des Myokards ist aufs engste mit dem Stoffwechsel der energiereichen Phosphate (ATP, Phosphokreatin) gekoppelt. Nach dem Verhalten der energiereichen Phosphate können aufgrund eingehender Untersuchungen von FLECKENSTEIN, 1967, zwei Insuffizienz-Typen unterschieden werden: Beim ersten Typ besteht ein **Mangel an energiereichem Phosphat** im Myokard (wichtigste Ursache: O_2-Mangel), der zweite Typ beruht auf einer Hemmung der Utilisation von energiereichem Phosphat, wobei das Myokard normale oder sogar erhöhte Mengen von ATP und Phosphagen enthält (Ursache: Beeinträchtigung der elektromechanischen Koppelung, z. B. wegen Ca-Ionenmangel, S. 221).

der Kammern des Warmblüterherzens wird im Gegensatz zum Froschherzen wahrscheinlich nicht parasympathisch innerviert. Bei den Säugetieren gehen die parasympathischen Fasern des rechten Vagus mehrheitlich an den Sinusknoten, die des linken Vagus vorwiegend an den Atrioventrikularknoten und das Hissche Bündel.

Die **präganglionären sympathischen** Fasern entspringen aus den ersten 4 bis 5 Thorakalsegmenten des Rückenmarkes. Sie ziehen teils zu den Ganglia cervicalia (Ganglion cervic. craniale, medium und caudale), teils zu den oberen thorakalen Ganglien des Grenzstranges, wo die Synapsen dieser Bahnen liegen. Die **postganglionären** (adrenergischen) Fasern verlaufen dann zu ihren Wirkungsorten, der spezifischen Muskulatur des RB- und ELS sowie der Triebmuskulatur der Vorhöfe und der Kammern.

Die sympathischen und parasympathischen Nerven beeinflussen die Grundeigenschaften sowohl des RB- und ELS als auch der Triebmuskulatur des Herzens in charakteristischer Weise.

Die **Reizung des Herzsympathikus** zeitigt folgende Effekte:

1. Beschleunigung der Erregungsbildung, in den Automatiezentren (insbesondere im Sinusknoten), dies gibt zu einer Erhöhung der Herzschlagfrequenz Anlaß (positiv chronotroper[1] Effekt);
2. Beschleunigung der Erregungsleitung, was z. B. im EKG zu einer Verkürzung der Überleitungszeit führt (positiv dromotroper[2] Effekt);
3. Steigerung der Erregbarkeit der Herzmuskulatur; Reize geringerer Stärke vermögen eine Kontraktion auszulösen, so daß dabei häufig Extrasystolen auftreten (positiv bathmotroper[3] Effekt);
4. Verstärkung der Kontraktionskraft der Vorhof- und Kammermuskulatur und als Folge davon eine Erhöhung des Blutdruckes (positiv inotroper[4] Effekt).

De **Reizung der parasympathischen Nervenfasern** zeigt hingegen:

1. Herabsetzung der Erregungsbildung, also Verminderung der Schlagfrequenz (negativ chronotrope Wirkung), eine starke Reizung des Herzvagus führt unter Umständen sogar zu einem Herzstillstand in Diastole;
2. Verlangsamung der Erregungsleitung, ersichtlich an einer Verlängerung des PQ-Intervalles, der sog. Überleitungszeit im EKG (negativ dromotrope Wirkung)[5];
3. Abnahme der Erregbarkeit der Herzmuskulatur (negativ bathmotrope Wirkung).

Somit ist der Parasympathikus (Vagus) der Hemmungs- bzw. Schonungsnerv des Herzens (N. retardans). Der Sympathikus ist hingegen der Beschleunigungs- und Energieentfaltungsnerv des Herzens (N. accelerans). Normalerweise besteht ein Übergewicht zugunsten des Vagus. Das bedeutet Schonung der Kräfte und Reserven des Herzens. Ausschalten des einen Nerven, z. B. des Vagus (Durchschneidung, Unterkühlung oder Injektion von Atropin), bringt das Herz unter die alleinige Herrschaft des Sympathikus und damit zu den oben erwähnten sympathikotonen Effekten. Der Ausschaltungseffekt ist natürlich um so größer, je stärker der dämpfende Einfluß des Vagus war. Bei Säuglingen oder untrainierten Tieren mit relativ geringem Vagustonus ist der Effekt geringer als bei erwachsenen bzw. trainierten. Nach Vagusausschaltung stellte man z. B. fest, daß bei Kaninchen, die in der Ruhe einen Ruhepuls von 265/min aufwiesen, die Pulszahl auf 325/min anstieg (Differenz: +56%), beim Hasen hingegen von 64 auf 264/min (Differenz: +324%). Auch das Hausschwein zeigt nach Vagusausschaltung eine relativ geringgradige Erhöhung der Herzfrequenz. Da die parasympathischen Fasern des rechten Vagus mehrheitlich zum Sinusknoten, diejenigen des linken Vagus hingegen vor allem zum Atrioventrikularknoten ziehen, wirkt eine Reizung des rechten Vagus vor allem negativ chronotrop (Erniedrigung der Impulsbildung im Sinusknoten), eine Reizung des linken Vagus jedoch vor allem negativ dromotrop (Verzögerung oder Unterbrechung der Impulsleitung im Atrioventrikularknoten, welche sich im EKG als Verlängerung des Av.-Intervalles bzw. Ausfall von Kammerkomplexen manifestieren, S. 235).

Die efferenten Herznerven (Sympathikus, Parasympathikus) greifen wahrscheinlich am gleichen Mechanismus an, sie modifizieren das Membranruhepotential der Effektorenzellen (S. 218). Wahr-

[1] chronos = Zeit.
[2] dromos = Lauf.
[3] bathmos = Schwelle.
[4] inos = Muskelfaser.
[5] Der dromotrope Effekt beschränkt sich auf den Av.-Knoten und das Hissche Bündel. Er kann zu einem Av.-Block (S. 234) führen.

scheinlich erhöht eine Erregung des Parasympathikus die K-Ionenpermeabilität. Infolge des erhöhten K-Ionen-Effluxes aus den Zellen erhöht sich das Ruhemembranpotential. Eine Erregung des Sympathikus vermindert die K-Ionenpermeabilität. Infolge des reduzierten K-Effluxes erniedrigt sich das Ruhemembranpotential. Eine Erhöhung des Membranpotentials hat eine Reduktion, eine Senkung desselben eine Steigerung der Erregbarkeit zur Folge. Eine erhöhte Membranpolarisation bedingt auch eine Verlängerung der spontanen Vordepolarisation bis zur »Zündungsspannung« (»firing level«), welche in den Zellen der Reizbildungszentren das plötzliche Ausklinken der Erregung bewirkt. Die Herzfrequenz wird dadurch herabgesetzt. An hyperpolarisierten Zellen müssen auch die Reizströmchen der Erregungswelle länger einwirken, bis die zur Weiterleitung der Erregung benötigte Depolarisation der Zellmembran erreicht ist. Hierdurch verlangsamt sich die Erregungsleitung. Eine reduzierte Membranpolarisation führt hingegen zu einem rascheren Ausklinken der Erregung in den Reizzentren (Erhöhung der Herzfrequenz) und zu einer rascheren Weiterleitung der Erregungswelle.

Die **afferenten Herznerven** verlaufen vorwiegend im N. vagus. Sie leiten Impulse von Rezeptoren, welche teils auf mechanische Reize (z. B. Spannungsveränderungen in den Wandungen der Vorhöfe und der Herzkammern), teils auf chemische Reize ansprechen, zu den kardiovaskulären Zentren. Diese Nervenfasern bilden den afferenten Schenkel von Reflexbögen wichtiger Herz- und Kreislaufreflexe [Bainbridge-Reflexe (S. 296); Bezold-Jarisch-Reflex (S. 296); **Diurese-Reflex** (S. 296)].

b. Hormonale Regulation

Adrenalin und **Noradrenalin,** die Hormone des Nebennierenmarkes, entfalten am Herz ähnliche Effekte wie eine Sympathikusreizung. **Acetylcholin**applikation kommt dagegen einer Vagusreizung gleich (s. Vegetatives Nervensystem). Eine eigentliche Steuerungsfunktion am Herz scheint aber nur dem Adrenalin bzw. Noradrenalin zuzukommen. Das Acetylcholin gelangt auf dem Blutweg wohl kaum in wirksamen Mengen ins Herz, vielmehr entsteht es dort nur lokal an den Endigungen der parasympathischen Vagusfasern als Überträger ihrer Impulse auf die Effektoren.

14. Funktionen des Herzbeutels

Dem **Herzbeutel (Perikard)** werden folgende Funktionen zugeschrieben:

1. Er fixiert das Herz im Brustraum.
2. Seine glatte Innenfläche gewährleistet im Verein mit der Perikardflüssigkeit ein leichtes Gleiten des Herzens bei seinen Bewegungen.
3. Er hilft mit, das Herz vor einer Überdehnung zu schützen.

Das Perikard ist nicht unbedingt lebensnotwendig. Individuen, denen es weggeschnitten wird, leben weiter.

Entzündungen des Herzbeutels, wie sie häufig bei sog. Fremdkörpererkrankungen **(Reticulitis traumatica)** der Rinder sowie bei verschiedenen Infektionskrankheiten vorkommen, können zu starken Vermehrungen der Perikardflüssigkeit Anlaß geben. Dadurch kommt es zu dessen Ausweitung und zu einer Druckerhöhung in seinem Innern. Dies erschwert die Blutströmung in den großen Venen (V. cava cranialis und caudalis, Vv. pulmonales). Steigt der Perikarddruck über etwa 10 mm Hg (1,3 kPa), so treten gefährliche Störungen der Blutzirkulation in den herznahen Venen ein. Auch die diastolische Erweiterung bzw. Füllung der Ventrikel wird dabei beeinträchtigt.

C. Das periphere Kreislaufsystem

1. Allgemeine Vorbemerkungen

Neben der allgemeinen Funktion als Leitungssystem für das Blut haben die verschiedenen Abschnitte des Körper- und Lungengefäßsystems noch spezielle Funktionen zu erfüllen. Nach diesen speziellen Funktionen erhielten die verschiedenen Gefäßabschnitte besondere Bezeichnungen (Tab. 39).

Voraussetzung für das Strömen einer Flüssigkeit ist eine Druckdifferenz. Im Kreislaufapparat wird diese Druckdifferenz durch die Herztätigkeit erzeugt.

2. Strömungsgesetze

Die genaue Erfassung der Gesetzlichkeiten, nach denen die Strömung des Blutes erfolgt, ist außerordentlich schwierig, ja fast unmöglich, und zwar aus folgenden Gründen:

1. Das Blutgefäßsystem besteht nicht aus starren, sondern dehnbaren (elastischen) Röhren,
2. das Gefäßsystem teilt sich vorerst im arteriellen Teil in immer kleinere Gefäße auf, wobei sich das Gesamtstrombett zugleich immer mehr erweitert. Im venösen Teil vereinigen sich die Gefäße wieder zu immer größeren Röhren,
3. der große Kreislaufapparat besteht nicht aus einem einzigen Kreislauf, sondern aus sehr vielen parallel geschalteten Kreisläufen,
4. das Blut wird nicht kontinuierlich in das Gefäßsystem hineingetrieben, sondern stoßweise,
5. das Blut stellt keine homogene Flüssigkeit dar, denn es besteht aus einem flüssigen Teil, dem Plasma und den mehr oder weniger festen Elementen, den Zellen,
6. an gewissen Stellen ist die Strömung laminar, an anderen turbulent (s. u.).

Die folgenden Ausführungen können daher nur einige Annäherungen an die wahren Verhältnisse darstellen.

a. Das »Ohmsche« Gesetz

Auch im Blutkreislaufapparat besteht zwischen Stromstärke, Druck und Strömungswiderstand eine dem Ohmschen Gesetz formal analoge Beziehung. Zwischen der Stromstärke (Stromvolumen/Zeit, V), dem Druckgefälle ΔP und dem Strömungswiderstand (R) gilt folgende Beziehung:

$$V = \frac{\Delta P}{R} \qquad (1)$$

Bei konstantem Strömungswiderstand ist also das Durchflußvolumen dem Druckgefälle proportional, umgekehrt ist die Stromstärke um so größer,

Tab. 39. Bezeichnungen der verschiedenen Gefäßabschnitte nach ihren Sonderfunktionen

Gefäßabschnitt	Spezialfunktion	Bezeichnung
Aorta, A. pulmonalis, große Arterien	Leitung des Blutes zu den Organen Windkesselfunktion (S. 270)	Windkesselgefäße
Arteriolen	Regelung des Blutzuflusses zu den Kapillaren und des Blutdruckes in den Kapillaren durch entsprechende Änderung des Blutströmungswiderstandes (Änderung der Gefäßweite)	präkapillare Widerstandsgefäße, Verteilergefäße
Kapillaren	Stoffaustausch zwischen Blut und Gewebe	Austauschgefäße
Venolen u. kleine Venen	Blutspeicher Regelung des Blutgehaltes der Gewebe	Kapazitätsgefäße, postkapillare Widerstandsgefäße
Große Venen	Rückleitung des Blutes von den Organen zum Herzen	Sammelgefäße, Kapazitätsgefäße
Arteriovenöse Anastomosen	Direkte Verbindung zwischen arteriellen und venösen Gefäßen unter Umgehung des Kapillarnetzes	Shuntgefäße

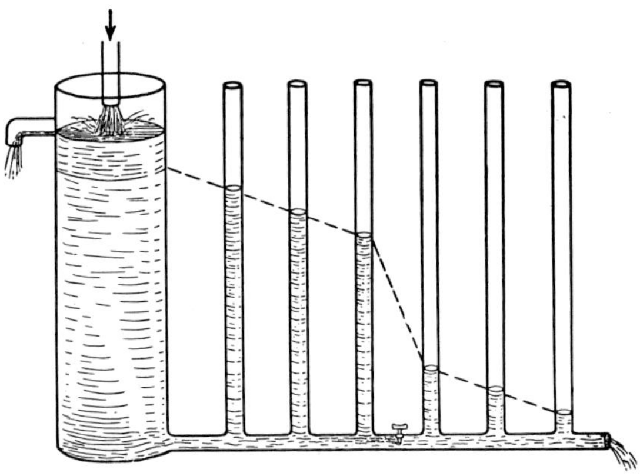

Abb. 155. Flüssigkeitsströmung in starren Röhren.

Der Druckabfall im horizontalen Ausflußrohr wird in den senkrecht stehenden Steigröhren durch die Höhe des Flüssigkeitsspiegels ausgedrückt. Bei gleicher Rohrweite beobachtet man gleichmäßigen Druckabfall. Die Verengung im Ausflußrohr setzt der Flüssigkeit einen hohen Widerstand entgegen, der einen entsprechend großen Druckabfall zur Folge hat (niedriger Flüssigkeitsspiegel in den peripheren Steigröhren). Der hohe Druck proximal der Verengung und der niedrige Druck jenseits dieser Stelle sind mit Vorbehalt in einem gewissen Grade mit dem arteriellen und venösen Blutdruck zu vergleichen, wenn man die Verengung des Ausflußrohres mit ihrem hohen Widerstand als Arteriolen- und Kapillargebiet ansehen will

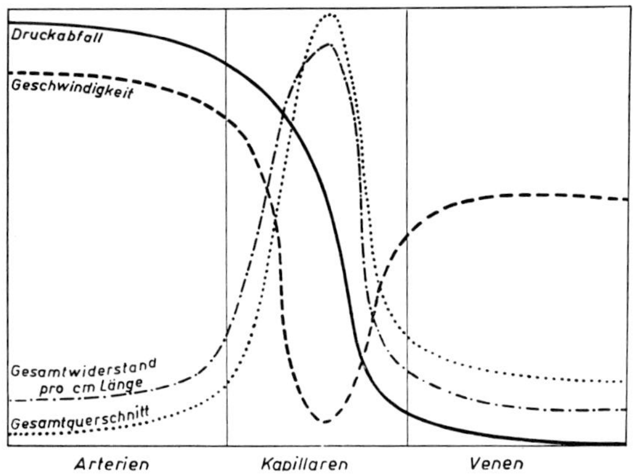

Abb. 156. Verhalten von Gesamtquerschnitt. Gesamtwiderstand, Blutströmungsgeschwindigkeit und Druckabfall pro 1 cm Länge der Arterien, Kapillaren und Venen. (Nach BROEMSER)

je kleiner der Strömungswiderstand. In einem geraden, überall gleich weiten Rohr fällt der Druck der darin strömenden Flüssigkeit gleichmäßig ab. In einem Rohr mit ungleichem Durchmesser ist dies jedoch nicht der Fall. Weite Abschnitte haben einen geringeren Strömungswiderstand als enge, infolgedessen ist dort auch der Druckabfall wegen des geringen Energieverbrauches flacher (Abb. 155). Fließt in einem Röhrensystem an allen Stellen je Zeiteinheit die gleiche Flüssigkeitsmenge, so kann man aus dem Verhalten des Druckgefälles den Arbeitsaufwand zum Aufrechterhalten der Strömung in den verschiedenen Abschnitten bestimmen (steiler Druckabfall bedeutet großen Strömungswiderstand bzw. großen Energieaufwand, flacher Druckabfall bedeutet kleinen Strömungswiderstand bzw. geringen Energieverbrauch).

Auch der Kreislauf weist Erweiterungen und Verengungen auf. Im Arteriolen- und Kapillargebiet kommt es zu einer außerordentlich starken Erweiterung des Strombettes, weil die Summe der Gefäßquerschnitte nach jeder Aufzweigung größer ist als der Gefäßquerschnitt vor der Verzweigung. Bei einem Hund von etwa 13 kg Gewicht weist die Aorta z. B. einen Querschnitt von $0{,}8\,cm^2$ auf. Der Gesamtquerschnitt aller Kapillaren beträgt ungefähr $600\,cm^2$. Trotzdem sinkt der Druck im Gebiet der Arteriolen und Kapillaren enorm (Abb. 156). Dies beruht darauf, daß die Gefäßerweiterung nicht durch diejenige eines einzigen Gefäßes zustande kommt, sondern gleichzeitig mit einer tausendfältigen Aufteilung der Gefäße gekoppelt ist. Dadurch nehmen die Gesamtgröße der Gefäßwandinnenfläche und damit auch der Reibungswiderstand des Blutes an diesen Wandungen hochgradig zu (s. u.).

b. Abhängigkeit des Strömungswiderstandes von der Länge und vom Querschnitt der Gefäße sowie von der Blutviskosität

Je länger die Rohrleitung (L), desto größer ist die Reibung und damit auch der Strömungswiderstand. Der Strömungswiderstand hängt aber auch von der Beschaffenheit der Flüssigkeit, nämlich ihrer Viskosität (η, s. S. 267) ab. Im weiteren spielt auch der Durchmesser der Röhre eine wichtige Rolle. Je enger die Röhre, desto größer ist ihre Innenfläche im Vergleich zum Fassungsvermögen, um so größer daher auch die Wandreibung der in ihr strömenden Flüssigkeit. Die Reibung verhält sich umgekehrt proportional der vierten Potenz des Röhrenradius, somit bewirken schon sehr kleine Änderungen des Rohrdurchmessers erhebliche Veränderungen des Strömungswiderstandes.

Zusammengefaßt ergibt sich für den Strömungswiderstand:

$$R = \eta \cdot L \cdot \frac{1}{r^4 \pi} \cdot \text{konst.} \qquad (2)$$

Setzt man diesen Wert in die Gleichung (1) ein, so erhält man für die pro Zeiteinheit durch eine Röhre fließende Flüssigkeitsmenge:

$$V = \frac{\Delta P \cdot \pi r^4}{L \cdot \eta} \cdot \text{konst.} \qquad (3)^1$$

Soll die Durchblutung eines Organes erhöht werden, so kann dies auf zweierlei Weise geschehen; entweder durch eine Erhöhung des Druckes oder eine Erweiterung der Gefäße. Die letztere ist außerordentlich wirksam (r^4!) und spielt bei der Regulation der Organdurchblutung (s. S. 291) die Hauptrolle.

Die eben beschriebenen Gesetzlichkeiten gelten nur für die laminare Strömung (Schichtenströmung), nicht aber für die turbulente Strömung (s. u.).

3. Strömungsarten

In den großen Gefäßen (Arterien, Venen) sind zwei Strömungsarten möglich, die **laminare** und die **turbulente.**

a. Laminare Strömung

In den engen Gefäßen (Arteriolen, Venolen) ist die Strömung laminar (auch Schichtenströmung genannt). Das gleiche gilt für die Strömung in den meisten großen Gefäßen. Bei dieser Strömungsart fließen die wandnahen Flüssigkeitsschichten langsamer **(Wandstrom)** als die in der Mitte **(Achsen- oder Axialstrom)** (Abb. 157). Von besonderer Bedeutung ist dabei die Erscheinung, daß sich die Erythrozyten in einer fast kompakten Säule im schnellen Axialstrom befinden. Dadurch werden die O_2-transportierenden Elemente öfter durch das Gefäßsystem getrieben als ein großer Teil des Plasmas. Der Umstand, daß sich die Erythrozyten im Axialstrom befinden, setzt auch die Wandreibung des Blutes — ganz besonders in den kleinen Gefäßen — herab, wodurch die Herzarbeit um fast die Hälfte vermindert wird.

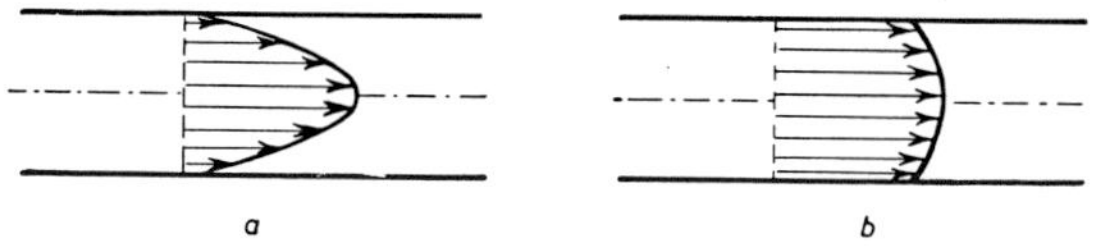

Abb. 157. Geschwindigkeitsprofil bei laminarer und turbulenter Strömung im Rohr. (Nach PRANDTL).

a = Laminarströmung: Der Axialstrom ist bedeutend rascher als die Wandströmung (parabolisches Profil der Strömungsgeschwindigkeiten). Die Länge der Pfeile ist ein Maß für die dort herrschende Geschwindigkeit. **b** = Turbulente Strömung: Die Bewegung der Flüssigkeitsteilchen ist in allen Teilen des Querschnittes nahezu gleich

b. Turbulente Strömung

Die **turbulente Strömung** (Wirbelströmung) kommt normalerweise vor allem im Herzen und in Herznähe vor, z. B. direkt hinter den Semilunarklappen. Sie dient hier dem »Stellen« der Klappen (S. 247) als Vorbereitung zu ihrer Schließung am Ende der Austreibungszeit. In der turbulenten Strömung gibt es keine Schichtung, vielmehr bewegen sich alle Teile der Flüssigkeitssäule gleichmäßig (Abb. 157). Überschreitet die Schnelligkeit der Strömung eine bestimmte Größe (sog. **kritische Geschwindigkeit**), so schlägt die laminare in turbulente Strömung um. Dies bedeutet eine schwere Belastung für das Herz, weil sich dann das Stromvolumen nicht mehr linear proportional zum Druckgefälle (Gleichung 1), sondern nur noch proportional zur Quadratwurzel desselben verhält. Soll z. B. das Volumen auf den doppelten Betrag ansteigen, so muß der Druck nicht verdoppelt, sondern vervierfacht werden. Die kritische Geschwindigkeit ist abhängig von der Gefäßweite und der Beschaffenheit des Blutes. Je enger das Gefäß oder je höher die Viskosität des Blutes, desto geringer ist die Gefahr der Zerwirbelung der Flüssigkeitsströmung[2].

Eine besondere Spielart der turbulenten Strömung (sog. **Bolusströmung**) weist das Plasma in den Kapillaren auf. Da der Erythrozytendurchmesser ungefähr gleich groß ist wie der Kapillardurchmesser[3], passieren die roten Blutkörperchen die Kapillaren gewissermaßen im Gänsemarsch, wobei sich zwischen den Zellen eine Portion Plas-

[1] Infolge der Dehnbarkeit verändern die Blutgefäße bei Druckänderungen auch ihre Weite, weshalb V sich nicht linear proportional zum Druck ändert, sondern stärker.

[2] Diese Gesetzmäßigkeiten wurden von REYNOLDS exakt beschrieben. Die sog. **Reynoldsche Zahl** gibt darüber nähere Auskunft.

[3] Oft ist der Erythrozytendurchmesser sogar etwas größer als der Kapillardurchmesser, so daß die gallertig-weichen roten Blutkörperchen gefaltet durch die Kapillaren gepreßt werden.

ma befindet. Dieses Plasma bewegt sich nicht laminar durch die Kapillare. Im Achsenbereich der Kapillare bewegt sich das Plasma schneller als die Erythrozyten. Ein solches Plasmapartikel erreicht daher bald den hinteren Pol des vorangehenden Erythrozyten. Hier wendet sich das Plasmateilchen seitwärts zur Kapillarwand und »wartet« dort, bis das nachfolgende Blutkörperchen vorüberzieht. Das Plasma vollzieht so in der Kapillare eine Art Kreisbewegung, welche dem Gasaustausch zwischen dem Blut und den Geweben bzw. zwischen Blut und Alveolarluft förderlich ist (PROTHERO und BURTON, 1961).

4. Stromstärke

Die **Stromstärke** (Volumengeschwindigkeit, V) gibt an, welches Flüssigkeitsvolumen (Blut) in der Zeiteinheit den Querschnitt einer bestimmten Gefäßstelle durchfließt. Hierbei kann eine **durchschnittliche** und eine **momentane Stromstärke** unterschieden werden (Abb. 158). Die durchschnittliche Stromstärke besagt, wieviel Blut während einer längeren Zeiteinheit (z. B. Minute) eine Gefäßstelle durchströmt (Abb. 158, untere Kurve). Die momentane Stromstärke gibt hingegen die Schwankungen der Stromstärke im Verlauf der Zeit an (Abb. 158, obere Kurve).

Die Messung der Stromstärke geschieht nach verschiedenen Prinzipien bzw. mit verschiedenen Apparaten (alte Methode: Ludwigsche Stromuhr, neue Methoden: Reinsche Thermostromuhr, elektromagnetische Strommesser (Abb. 158).

Mit der Reinschen Thermostromuhr wurden bei Hunden folgende Stromstärken (ml/min) gemessen: A. mesenterica cran.: vor der Fütterung 194; nach der Fütterung 312; A. hepatica 45–163; V. portae 252–620; A. lienalis 97; A. femoralis vor Sympathektomie 77; nach Sympathektomie 201.

Die momentane Stromstärke zeigt im Verlauf eines Herzzyklus vor allem in den Arterien ziemlich starke Schwankungen. In der Aorta steigt die Stromstärke beispielsweise während der ersten Phase der Systole steil an und fällt dann in der zweiten Phase wieder fast so steil ab. Meistens geht sie dabei nicht nur auf den Nullwert zurück, sondern wird sogar zeitweise negativ, d. h. die Strömungsrichtung kehrt sich während eines Momentes sogar (herzwärts) um. Dann erhöht sie sich wieder und bleibt, allmählich abfallend, während der ganzen Diastole positiv, also peripheriewärts

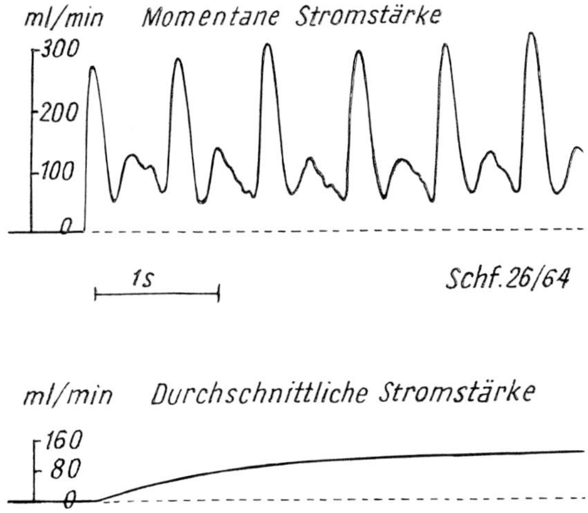

Abb. 158. Direkte Registrierung der momentanen (obere Kurve) und der durchschnittlichen Stromstärke (untere Kurve) in der A. carotis com. sin. eines Schafes in Pentobarbital-Narkose mittels eines elektromagnetischen Strommessers. Die momentane Stromstärke schwankt während eines Schlagintervalles zwischen 50 bis 300 ml/min. Die durchschnittliche Stromstärke beträgt etwa 125 ml/min.

Bei dieser Meßmethode liegt das uneröffnete Gefäß zwischen den Polschuhen eines Magneten. Die strömende Elektrolytflüssigkeit des Blutes wirkt als bewegter Leiter, wobei eine Spannung induziert wird, welche mittels Elektroden von der Oberfläche des Gefäßes abgeleitet werden kann.
Infolge der Trägheit des Meßsystems für die Registrierung der durchschnittlichen Stromstärke (untere Kurve) zeigt die Kurve zu Beginn der Registrierung nicht sofort den wahren Wert an, sondern erst nach etwa 1,5 Sekunden

gerichtet. Eine kurze Phase des Blutrückstromes kann nicht nur in der Aorta, sondern hin und wieder auch in der A. carotis com., A. axillaris und A. femoralis, hingegen nicht in der A. renalis, A. hepatica und A. mesenterica cran. registriert werden.

Die Abbildung 158 zeigt eine direkte Registrierung der momentanen und durchschnittlichen Stromstärke in der linken Karotis eines Schafes mittels eines elektromagnetischen Strommessers. Die größere arterielle Strömungsgeschwindigkeit während der Systole als während der Diastole ist auch bei der Eröffnung einer Arterie leicht zu erkennen (stärkerer Blutstrahl während der Systole als während der Diastole).

In der Gefäßperipherie, d. h. in den Arteriolen und Kapillaren verschwinden die Schwankungen der Stromstärke (sog. **Strömungspulse**) mehr und mehr, so daß die Kapillaren unter normalen Verhältnissen fast gleichmäßig durchströmt werden.

Auch in den Venen ist die Strömung normalerweise praktisch gleichförmig.

5. Strömungsgeschwindigkeit

Unter dem Begriff Strömungsgeschwindigkeit (auch lineare Strömungsgeschwindigkeit genannt) versteht man die Wegstrecke, welche ein Blutteilchen pro Zeiteinheit zurücklegt. Die Verhältnisse der Strömungsgeschwindigkeit sind außerordentlich komplex. Im Abschnitt über die Strömungsarten wurde bereits dargelegt, daß die Geschwindigkeit der Flüssigkeitsteilchen nicht über dem ganzen Querschnitt eines Gefäßes gleich groß ist (Abb. 157). Im weiteren wurde darauf hingewiesen, daß auch die (mittleren) Strömungsgeschwindigkeiten in den verschiedenen Abschnitten des Gefäßsystems (Arterien, Kapillaren, Venen) sehr unterschiedlich sind. Die Abbildung 156 zeigt, daß sich die mittlere Strömungsgeschwindigkeit in den verschiedenen Abschnitten der Gefäßbahn umgekehrt proportional zum Gesamtquerschnitt des Strombettes in dem betreffenden Gefäßabschnitt verhält.

Im Kapillargebiet ist das Gesamtstrombett sehr groß (600–700mal größer als in der Aorta) und dementsprechend die Strömungsgeschwindigkeit klein, nämlich 0,5–0,8 mm/s. In den Venolen und Venen wird das Gesamtstrombett wieder kleiner, in entsprechendem Maße wächst die Strömungsgeschwindigkeit in den Venen auf etwa 20 cm/s an. Da der Querschnitt der beiden Hohlvenen in Herznähe fast doppelt so groß ist wie der der Aorta, ist die Strömungsgeschwindigkeit in den Hohlvenen viel kleiner als in der Aorta, nämlich im Mittel nur etwa 33 cm/s.

Für die Messung der linearen Strömungsgeschwindigkeit wurden verschiedene Methoden und Apparate entwickelt, z. B. Messung mit dem Pitotschen Staurohr, Venturi-Rohr, Rotameter, Strompendel usw.

Die Tabelle 40 gibt Anhaltspunkte über die mittlere lineare Blutströmungsgeschwindigkeit beim Hund.

Tab. 40

Gefäßabschnitt	Mittlere Blutströmungsgeschwindigkeit (cm/s) Systole	Diastole	ganzes Schlagintervall
Aorta			50
Arteria carotis com.	37	9,7	12,4
Arteria femoralis	33,3	5,0	7,8
Kapillaren	–	–	0,05–0,08
V. cava			33

6. Kreislaufzeit

Die Kreislaufzeit ist im Prinzip ebenfalls ein Parameter für die Strömungsgeschwindigkeit. Man versteht darunter diejenige Zeit, die ein Blutteilchen für das Durchlaufen eines bestimmten Teiles des Kreislaufsystemes benötigt. Sie wird z. B. in der Weise bestimmt, daß eine Indikatorsubstanz an einer Stelle in das Gefäßsystem eingespritzt und an einer anderen Stelle deren Ankunft mit einem

Tab. 41. Kreislaufzeiten einiger Tierarten. (Nach ALTMAN, PH., Handbook of Circulation. Saunders, Philadelphia/London, 1959)

Tierart	Kreislaufabschnitt	Indikator	Kreislaufzeit (s)
Pferd	Jugularvene/Jugularvene	NaCl-Lösung	31,5
Kuh	Eutervene/Eutervene	Fluorescein	52
Hund	Femoralvene/Konjunktiva	Fluorescein	12,6 (9–16)
Hund	rechte Herzkammer/ linke Herzkammer		4,6–6,2
Katze	Femoralvene/Femoralvene	P^{32}-markierte Zellen	4–8
Kaninchen	Ohrvene/Ohrvene	Methylenblau	6
Mensch (42–58 J. alt)	Armvene/Armvene bei Körperruhe	Evans Blau	18,4 (10,3–23,8)
Mensch (42–58 J. alt)	Armvene/Armvene bei Körperarbeit	Evans Blau	12,3 (9,8–16,1)

geeigneten Gerät (Photometer, Geiger-Müller-Zähler) registriert wird. Als Indikatoren werden verwendet: Methylenblau, Evans-Blau, ^{32}P-markierte Erythrozyten, Fluorescein). In der Tabelle 41 sind normale Kreislaufzeiten einiger Tierarten aufgezeichnet.

Die Bestimmung von Kreislaufzeiten kann bei der Abklärung von Zirkulationsstörungen wertvoll sein. So lassen sich z. B. Oedeme infolge von Nieren- oder Lebererkrankungen von solchen wegen einer Herzinsuffizienz unterscheiden. Bei den ersterwähnten sind die Kreislaufzeiten normal, bei den letzteren hingegen verlängert.

7. Die hämodynamische Bedeutung der Elastizität der Arterien (Windkesselfunktion)

Die Elastizität bzw. Dehnbarkeit der Arterienwandungen ist in mehrfacher Hinsicht sehr bedeutungsvoll:

1. Sie ermöglicht die Umwandlung des diskontinuierlich aus dem Herzen ausgetriebenen Blutes in einen kontinuierlichen (allerdings noch etwas pulsierenden) Strom. Dies gewährleistet eine ununterbrochene Anlieferung von O_2 und Nährstoffen an die Gewebe und einen dauernden Abtransport von CO_2 und Stoffwechselschlacken aus den Geweben.
2. Sie vermindert den Anstieg des systolischen sowie den Abfall des diastolischen Blutdruckes. Dies hat zwei Vorteile. Während der Diastole bleiben einerseits der arterielle Blutdruck und — was vor allem wichtig ist — der kapilläre Blutdruck relativ hoch, wodurch der Flüssigkeitsaustausch zwischen dem Kapillarblut und dem Interstitium der Organe auch während der Diastole erhalten bleibt (s. Stoffaustausch im Kapillarbett, S. 284). Andererseits steigt der systolische Druck in den Arterien nicht so hoch an, daß Gefäßrisse zu befürchten sind.
3. Sie vergrößert die Effizienz der kardialen Pumpleistung, d. h. das Herz muß für die Blutförderung weniger Arbeit leisten (Ökonomisierung der Herzarbeit).
4. Sie erlaubt eine Längenadaption der Gefäße bei Körperbewegungen. Dies ist insbesondere für Gefäße in der Gegend von Gelenken wichtig.
5. Sie erleichtert die Blutstillung bei Gefäßverletzungen; denn bei einer Durchtrennung ziehen sich die normalerweise etwas angespannten Arterien ins Gewebe zurück. Hierbei werden die Gefäßöffnungen vom Gewebe zugedeckt, was einer Blutstillung bzw. Bildung eines Thrombus förderlich ist.
6. Nur dank dem Umstand, daß die Gefäße keine starren Röhren sind, können sie ihr Kaliber verändern und derart bei der Kreislaufregulation (S. 290) mitwirken.

Zum besseren Verständnis der oben angeführten Punkte sollen noch einige Erläuterungen gemacht werden.

Bei jeder Systole pumpt das Herz eine gewisse Blutmenge (Schlagvolumen) in die bereits blutgefüllten und einen bestimmten Druck aufweisenden Arterien des großen und kleinen Kreislaufes. Da Flüssigkeiten (im Gegensatz zu Gasen) inkompressibel sind, kann Blut nur in die Gefäße eintreten, wenn dafür Platz geschaffen wird. Dies geschieht einerseits dadurch, daß Blut ständig aus dem Arteriensystem via Kapillaren und Venen abfließt. Dieser Abfluß ist aber während der Systole (Austreibungsphase) kleiner als der Bluteinstrom. Es muß also noch auf eine andere Weise Platz geschaffen werden. Dies geschieht dadurch, daß die Arterien dem systolisch sich erhöhenden Druck nachgeben, d. h. sich erweitern. Vom Schlagvolumen fließt also während der Systole nur ein Teil sofort weiter, der Rest wird zunächst in den erweiterten und

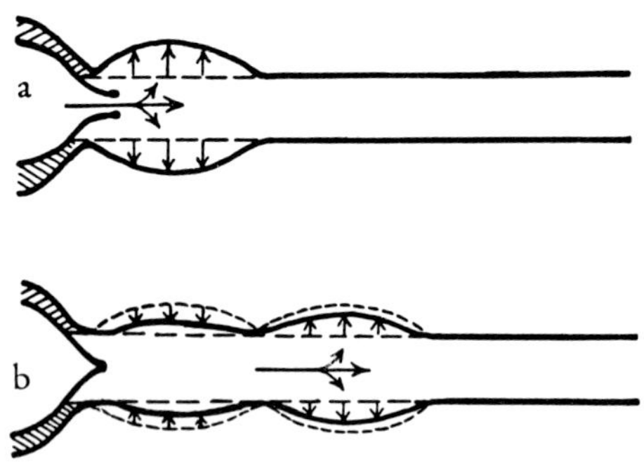

Abb. 159. Schematische Darstellung der Windkesselfunktion der Aorta.

a. Ein Teil des vom Ventrikel ausgeworfenen Blutes wird zunächst in dem durch Dehnung der Aortenwand gewonnenen Raum gespeichert.

b. Mit Absinken des Aortendruckes zu Beginn der Diastole zieht sich die Gefäßwand wieder zusammen und drückt das gespeicherte Blut weiter. Bei der nächsten Systole wiederholt sich dieser Vorgang, der sich peripheriewärts wellenartig fortsetzt dadurch gedehnten herznahen Arterien gespeichert (Abb. 159). Hierbei wird ein Teil der systolischen Herzarbeit in Form einer vestärkten Wandspannung der Arterien gespeichert (Umwandlung von kinetischer Energie in potentielle Energie). Während der Diastole, also der Phase ohne kardiale Blutförderung, üben die stark gedehnten Gefäßwände einen Druck auf das Blut aus und treiben es peripheriewärts, denn ein Rückfluß ins Herz ist wegen der geschlossenen Semilunarklappen nicht möglich. Es wird also die diastolische Druckpause des Herzens durch den Druck, welchen die gedehnten Arterienwände auf das Blut ausüben, überbrückt, wobei die in den Arterienwänden gespeicherte potentielle Energie wieder in kinetische Energie (Strömungsimpuls) zurückverwandelt wird.

Wären die Blutgefäße starre Röhren, so könnte während der Systole nur soviel Blut in sie eingepumpt werden, wie gleichzeitig wegströmt. Das hätte eine Stagnation der Blutsäule und ein starkes Sinken des Blutdruckes während der Diastole zur Folge. Während jeder Systole müßte daher die ganze Blutsäule des Gefäßsystems wieder in Bewegung gesetzt werden, wobei sie ruckweise um einen, dem jeweiligen Schlagvolumen entsprechenden Betrag vorwärts geschoben würde. Dies erforderte einen sehr hohen Druck bzw. eine enorme Arbeit.

Dank der Gefäßwandelastizität bzw. Dehnbarkeit der Gefäßwände strömt das Blut auch während der Diastole weiter. Die Gefäßwandelastizität übt einen ganz ähnlichen Effekt aus wie der sog. **Windkessel** bei einer mit einer Kolbenpumpe ausgestatteten alten Feuerspritze. Ein Windkessel besteht aus einem metallenen (starren) Behälter (Kessel) der teils mit Wasser und teils mit Luft (Wind) gefüllt ist. Gase sind bekanntlich im Gegensatz zu Flüssigkeiten komprimierbar. Während der Druckphase (»Pumpensystole«) wird die Luft im Windkessel komprimiert, wobei sich der Druck im Kessel erhöht, weil pro Zeiteinheit mehr Wasser in den Kessel eingepreßt wird, als am Strahlrohr der Feuerwehrleitung ausströmt. Während der Pumpensystole wird also etwas Wasser im Windkessel gespeichert.

Während der Saugphase (»Pumpendiastole«) strömt kein Wasser in den Windkessel, hingegen fließt ein Teil des Wassers infolge des Druckes der komprimierten Luft durch die Wasserleitung aus ihm aus.

Fazit: Das diskontinuierlich in den Windkessel eintretende Wasser strömt kontinuierlich (allerdings etwas pulsierend) aus ihm aus. Je vollständiger der Windkessel die Strompulse der Kolbenpumpe in eine gleichmäßige Strömung transformiert, um so größer ist auch sein Energiespareffekt für die Pumpe. Bei gleicher Pumparbeit wird also bei kontinuierlichem Fluß ökonomischer gearbeitet als bei diskontinuierlichem, was an einem Modell leicht gezeigt werden kann. Der mathematische Beweis für diese Tatsache würde an dieser Stelle zu weit führen.

Zu dieser **Windkesselfunktion** tragen vor allem die herznahen **Arterien vom elastischen Typus** bei, während die peripheren **Arterien vom muskulären Typus** daran weniger beteiligt sind. Die letzteren haben dank ihrer Fähigkeit, ihr Lumen aktiv zu verändern, vor allem wichtige Funktionen bei der Blutzuteilung zu den Organen zu erfüllen (S. 291). Mit der Fortbewegung des Blutes hat die Gefäßmuskulatur aber praktisch nichts zu tun (s. Kreislaufregulation S. 290). Die Druckentlastung des Herzens durch die Windkesselfunktion der Aorta manifestiert sich z. B. auch darin, daß der systolische Maximaldruck im Anfangsteil der Aorta nicht höher, sondern sogar niedriger ist als in ihren distalen Teilen oder in der A. femoralis. Die Elastizität der Arterien erleichtert die Herzarbeit. Ohne sie wäre die kardiale Beschleunigungsarbeit ($\frac{1}{2}mv^2$) viel größer (s. S. 254).

8. Puls, Pulswelle

Wie oben dargestellt, sind die Blutgefäße nicht starre, sondern dehnbare Röhren. Bei Druckerhöhungen in ihrem Innern werden sie gedehnt, bei Druckabnahmen werden sie wieder enger. Da es sowohl an den Arterien als auch an den Venen zu periodischen Druckänderungen und damit zu Pulsationen kommt, sind einerseits Arterienpulse, anderseits Venenpulse zu unterscheiden.

a. Der Arterienpuls

Die durch die Druckerhöhung mit jeder Systole erzeugte Ausweitung der Aorta ergreift von der Aortenwurzel ausgehend das ganze arterielle Gefäßgebiet in Form einer **Schlauchwelle.** An Stellen,

Tab. 42. Zusammenstellung einiger Pulsqualitäten

Bezeichnung	Eigenschaften	Vorkommen
Pulsus rarus	niedrige Frequenz	Bradykardie (Schlaf, Trainingsvagotonie, Ikterus)
P. frequens	hohe Frequenz	Tachykardie (Arbeit, Fieber, Anämie)
P. regularis	Pulsintervalle gleich lang	regelmäßige Herztätigkeit
P. irregularis	Pulsintervalle ungleich lang	unregelmäßige Herztätigkeit (Atrioventrikularblock, Vorhofflimmern, Extrasystolen), respiratorische Arrhythmie)
P. mollis	»weicher« Puls, Pulswelle leicht unterdrückbar	niedriger Blutdruck, Herzschwäche
P. durus	»harter« Puls, Pulswelle schwer unterdrückbar	hoher Blutdruck, Arteriosklerose
P. parvus s. humilis	kleine Pulswelle	kleines Schlagvolumen (völlige Ruhe, Herzschwäche, Mitralstenose)
P. magnus s. altus	große Pulswelle	großes Schlagvolumen, große Differenz zwischen systolischem und diastolischem Blutdruck (Arbeit, kräftiges Herz)
P. tardus	langsam ansteigende Pulswelle	Aortenklappenstenose
P. celer	rasch ansteigende und abfallende Pulswelle, hüpfender bzw. schneller Puls	Aortenklappeninsuffizienz mit großem Schlagvolumen
P. aequalis	Pulswellen gleich groß	Schlagvolumina gleich groß (regelmäßige Herztätigkeit, s. o.)
P. inaequalis	Pulswellen ungleich groß	bald große, bald kleine Schlagvolumina (Extrasystolen, Vorhofflimmern, Atrioventrikularblock)

die eine Palpation erlauben[1], kann diese Schlauchwelle als **Pulswelle** bzw. **Puls** mit dem Finger gefühlt werden. Die Strömungsgeschwindigkeit der einzelnen Blutteilchen bleibt von dieser Wellenbewegung praktisch unbeeinflußt. Wie eine Wasserwelle über die Oberfläche eines Stromes, und zwar auch entgegen der Stromrichtung, hinwegläuft, so pflanzt sich die Pulswelle über die strömende Blutsäule in den Gefäßen fort. Sie wird an jeder Stelle des Gefäßsystems durch das seitliche Ausweichen von Flüssigkeitsteilchen neu gebildet und hat eine viel größere Geschwindigkeit als die Blutströmung (vgl. Pulswellengeschwindigkeit und Blutströmungsgeschwindigkeit). Bereits im Altertum kannte man die als Puls bezeichnete Erscheinung und nutzte sie zu diagnostischen Zwecken aus.

Zum **Fühlen des Pulses** wählt man eine oberflächliche, am besten direkt unter der Haut gelegene, nicht zu kleine Arterie auf möglichst fester Unterlage (Knochen). Beim **Menschen** wird der Puls meistens an der A. radialis gefühlt. Bei **Einhufern** und **großen Wiederkäuern** eignen sich die A. maxillaris externa, A. facialis transversa, A. brachialis, A. digitalis communis und A. coccygica media; bei **kleinen Wiederkäuern, Schweinen** und **Fleischfressern** die A. femoralis. Bei **Pferd** und **Rind** sind auch die vom Rektum aus sehr gut tastbare Aorta abdominalis und deren Aufzweigungen (A. hypogastrica, A. iliaca) zu Pulsuntersuchungen geeignet. Die Palpation des Pulses kann wertvolle Aufschlüsse über die Funktion des Herzens und des Kreislaufes geben. Sie gestattet u. a. einen allgemeinen Überblick über die Frequenz, den Rhythmus und die Stärke des Herzschlages sowie über die Füllung der Gefäße und deren Innendruck. Eine Übersicht über einige Pulsqualitäten, ihr Vorkommen und ihre Bedeutung gibt die Tabelle 42.

Zur genaueren Untersuchung des Pulses wird häufig eine **Pulskurve (Sphygmogramm)** mit Hilfe eines **Sphygmographen** registriert (Abb. 160).

Die Pulswelle pflanzt sich über das ganze arterielle Gefäßsystem fort, wobei sie in den kleineren Arterien allmählich abflacht und schließlich im Gebiet der Arteriolen meistens ganz verschwindet. Dementsprechend erhält man von verschiedenen Gefäßen eine unterschiedliche Kurvenform, die zudem tierartliche und individuelle Besonderheiten aufweist. Sie wird vor allem von der Art der Herztätigkeit (Schlagvolumen, Frequenz, Tätigkeit der Herzklappen usw.), vom Tonus der Gefäßwand sowie vom peripheren Strömungswider-

[1] Pulsationen sind auch am Gefäßsystem des kleinen Kreislaufs vorhanden. Da sie aber der direkten Exploration nicht zugänglich sind, spielen sie in der klinischen Diagnostik keine Rolle.

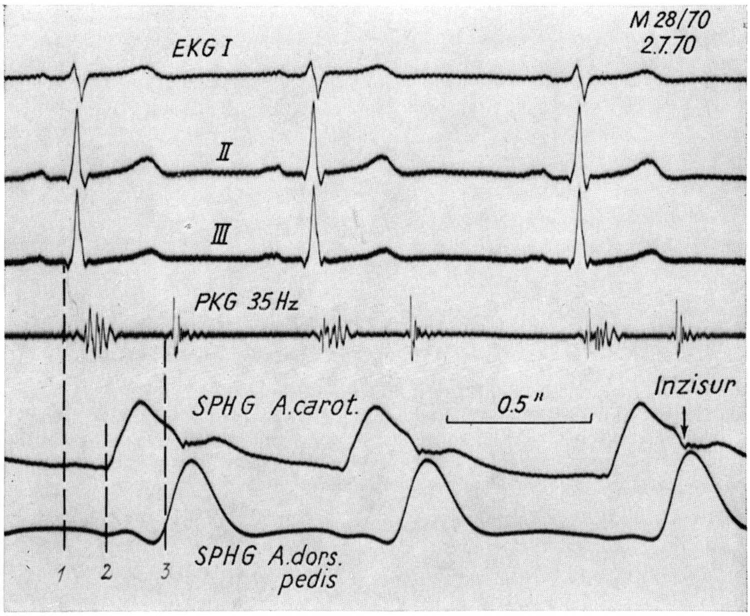

Abb. 160. Simultan registrierte EKG, PKG sowie Sphygmogramme von einer herznahen (A. carotis com.) und herzfernen (A. dors. pedis) Arterie von einem 22jährigen gesunden Mann.

Die Kurven bedeuten (von oben nach unten): EKG-Ableitung I, EKG-Ableitung II, EKG-Ableitung III; PKG (35 Hz-Frequenzband), Sphygmogramm der A. carot. com., Sphygmogramm der A. dors. pedis. Die gestrichelte Vertikale 1 markiert den Beginn der Kammeranfangsschwankung im EKG; die gestrichelte Vertikale 2 markiert den Beginn des Pulsanstieges in der A. carot. com., die gestrichelte Vertikale 3 markiert den Beginn des 2. Herztones. Die Pulskurve der A. dors. pedis ist gegenüber derjenigen der A. carot. com. verspätet. Aus dem von der jeweiligen Pulswelle zurückgelegten Weg und der zeitlichen Differenz zwischen dem Beginn der Austreibungsphase des linken Ventrikels (Start der Pulswelle) und dem Anstieg der Pulswelle läßt sich die durchschnittliche Pulswellengeschwindigkeit in den betreffenden Gefäßabschnitten berechnen. Beim Menschen beginnt die Austreibungszeit des linken Ventrikels etwa 0,10 s nach dem Beginn der Kammeranfangsschwankung (QRS-Komplex) im EKG. Im vorliegenden Fall beträgt die Pulswellenlaufzeit vom Herzen bis zur Pulsabnahmestelle an der A. carot. com. am Hals 0,027 s. Sofern die von der Pulswelle zurückgelegte Gefäßstrecke mit 25 cm veranschlagt wird, ergibt sich eine mittlere Pulswellengeschwindigkeit von 9,26 m/s. Die Pulswellenlaufzeit vom Herzen bis zur A. dors. pedis beträgt 0,25 s. Die von der Pulswelle zurückgelegte Wegstrecke (Herz A. dors. pedis) dürfte etwa 130 cm betragen. Für die mittlere Pulswellengeschwindigkeit errechnet sich somit ein Wert von 5,20 m/s

stand geprägt, weshalb sie speziell über diese Faktoren Aufschluß gibt. Da die Pulskurve der Ausdruck einer Druckschwankung ist, stimmt sie formal mit der Blutdruckkurve überein (Abb. 161).

Das Sphygmogramm zeigt einen steilen Anstieg **(anakroter Schenkel),** der der systolischen Ausweitung der Arterie entspricht (Abb. 160). Dem meist ziemlich spitzen Gipfel folgt ein etwas flacherer Abfall **(katakroter Schenkel).** Die Entfernung der untersuchten Gefäßstelle vom Herzen hat einen großen Einfluß auf die Konfiguration der Pulskurve. Kurven, die von einer herznahen Arterienstelle aufgenommen werden, zeigen im katakroten Schenkel eine Kerbe, die sog. **Inzisur** (Abb. 160 und 161). Diese wird durch den kurzdauernden Rückstrom des Blutes in der Aorta ascendens am Ende der Systole, also zur Zeit des Aortenklappenschlusses, hervorgerufen. Bei simultan registrierten Puls- und Herztonkurven tritt die Inzisur nur einige Hundertstelsekunden später ein als der Beginn des zweiten Herztones. Diese Verspätung der Inzisur gegenüber dem zweiten Herzton ist durch die Laufzeit der Pulswelle von der Aortenklappe bis zur Abnahmestelle der Pulswelle bedingt. Wird die Puls- bzw. Blutdruckkurve mittels Katheter ganz in der Nähe der Aortenklappe registriert, so fallen Inzisur und Anfang des zweiten Herztones zeitlich fast zusammen. Die Zeit zwischen dem Steilanstieg der Pulskurve bis zur Inzisur entspricht der systolischen Austreibungsphase des linken Ventrikels.

Auf die Inzisur folgt eine zweite kleinere Erhebung. Sie wird **dikrote Welle** genannt. Diese Elevation ist meistens auch an Pulskurven von peripheren Arterien zu sehen. Sie kommt durch die Reflexion der »Schlauchwelle« in der Gefäßperipherie, nämlich im Gebiet, wo die Gefäße plötzlich enger werden, also in den Arteriolen, zustan-

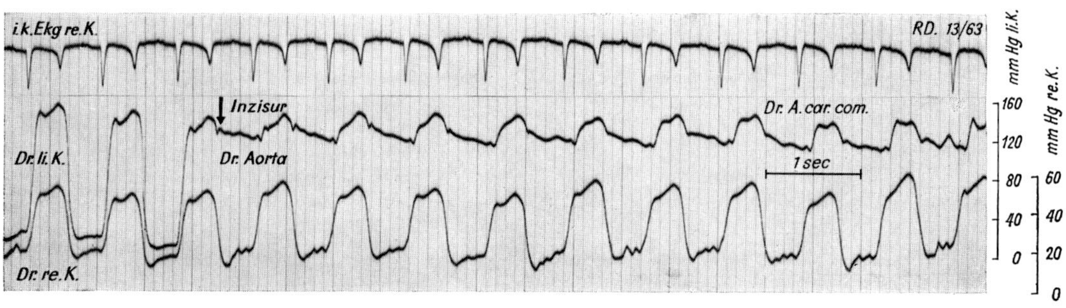

Abb. 161. Simultane Registrierung des intrakardialen EKG der rechten Herzkammer (i. k. EKG re. K.) sowie des Druckes in der linken (Dr. li. K.) und rechten Herzkammer (Dr. re. K.) bei einer Kuh.

Nach der Registrierung von zwei Herzschlägen wurde der Katheter aus dem linken Ventrikel in die Aorta bzw. A. carotis com. zurückgezogen, wodurch auch die Druckverhältnisse in der Aorta (Dr. Aorta) und der A. carotis com. (Dr. A. car. com.) zur Darstellung kamen. Die Aortendruckkurve weist im katakroten Schenkel eine deutliche Kerbe, die Inzisur, auf, welche um so undeutlicher wird, je weiter sich der Druckfühler des Katheters vom Herzen entfernt. Da eine Pulskurve (Sphygmogramm) Ausdruck der arteriellen Druckschwankungen ist, zeigt auch das Sphygmogramm die gleiche Konfiguration wie die entsprechende Blutdruckkurve

de. Sie wird daher auch etwa als Rückstoßelevation bezeichnet. Diese reflektierte Welle wird von den Aortenklappen erneut in die Peripherie zurückgeworfen und von dort u. U. nochmals zentralwärts reflektiert. So kann sich bei jedem Herzschlag ein ganzes System von stehenden, die Pulskurvenform bestimmenden Wellen ausbilden, weshalb im katakroten Schenkel oft mehrere Elevationen zu sehen sind (**Polykrotie** der Pulskurve).

Sphygmogramme zentraler Arterien weisen gegenüber solchen peripherer Arterien beträchtliche Unterschiede auf. Sie zeigen Schwankungen, die in der Peripherie bereits ausgeglichen sind. Sie stimmen in ihrem Verlauf weitgehend mit den bei direkter Registrierung des Aortendruckes erhaltenen Kurven überein. Man erkennt unmittelbar am Ende des absteigenden (katakroten) Schenkels oft zwei kleine Erhebungen, von denen die erste, längere darauf zurückzuführen ist, daß bei der Vorhofkontraktion das Blut in den Ventrikel und damit gegen die geschlossenen Semilunarklappen gedrückt wird. Die zweite beruht darauf, daß die während der Druckanstiegsphase plötzlich eintretende Druckerhöhung im Ventrikel auch eine Schwankung der Gefäßwand hervorbringt (Abb. 161).

Je größer die Entfernung eines Gefäßes vom Herzen, desto kleiner ist seine Pulswelle. In den Kapillaren fehlt normalerweise eine Pulsation. Bei starken Erweiterungen der Kapillaren und Arteriolen (Entzündungen) kann aber der Puls gelegentlich bis in die Kapillaren oder sogar die Venolen »durchschlagen«.

Die Pulswelle pflanzt sich über das in den Arterien strömende Blut fort. Die **Pulswellengeschwindigkeit** (PWG) ist bedeutend größer als die Geschwindigkeit der Blutströmung. Zur **Bestimmung** der PWG legt man gleichzeitig zwei Sphygmographen in verschiedener Entfernung vom Herzen an das Gefäßsystem an und beobachtet, um wieviel später sie bei dem vom Herzen entfernteren Apparat ankommt als bei dem näher am Herzen gelegenen. Aus der Differenz der durchlaufenen Wegstrecken und des zeitlichen Eintreffens berechnet man die PWG (Abb. 160).

Die PWG ist nicht in allen Gefäßabschnitten gleich groß, denn sie ist vom Gefäßdurchmesser und der Gefäßwandelastizität abhängig[1]. In leicht dehnbaren, weiten Gefäßen ist die PWG kleiner als in relativ starren und engen. In der Aorta beträgt sie 3–6 m/s (kleinere Werte bei großen Tieren), in kleineren Arterien werden Werte von 12–15 m/s gemessen.

---

[1] Je dehnbarer bzw. elastischer eine Gefäßwand, desto weiter schwingt sie bei Ankunft einer Druckwelle aus, desto länger dauern die Energiespeicherungs- und Energieentspreicherungsvorgänge (vgl. Windkesselfunktion) und um so kleiner ist die PWG. Die Formel für die PWG lautet:

$$v = \sqrt{\frac{\varkappa}{\varrho}}$$

v = PWG
$\varkappa$ = Volumenelastizitätsmodul
ϱ = Dichte des Blutes

Für den Volumenelastizitätsmodul gilt weiter:

$$\varkappa = \frac{dp}{dV} \cdot V = E' \cdot V$$

p = Druck
V = Volumen
E' = Volumenelastizität (Volumenelastizitätskoeffizient)

Je geringer die Dehnbarkeit bzw. je größer die Spannung der Arterienwand, desto größer ist die PWG. Bei einem hohen Blutdruck sowie einer Gefäßwandsklerose bei zunehmendem Alter ist die Geschwindigkeit erhöht. Wegen des kleinen Blutdruckes und der großen Dehnbarkeit der A. pulmonalis beträgt die PWG in der Lungenarterie nur etwa 1–2 m/s.

Die **Pulswellenlänge** ist recht groß. Beispiel: Die Pulsfrequenz betrage 70 pro Minute und die PWG 10 m/s. In diesem Fall dauert eine Pulswelle also 1/70 min bzw. 0,8 s. Die Pulswellenlänge beträgt daher 8 Meter (10 · 0,8). Daraus geht hervor, daß die »Front« der Pulswelle schon das Ende des arteriellen Gefäßsystems erreicht, bevor das Ende der Welle an der Aorta ascendens vollkommen abgeklungen ist. Die in der schematischen Darstellung der Abbildung 159 wiedergegebene Pulswelle entspricht also nicht der Realität. Die Pulswelle ist in Wirklichkeit viel länger.

b. Venenpuls

Wie oben erwähnt, verschwindet die Pulswelle normalerweise im Gebiete der Arteriolen und Kapillaren. Nur in Fällen von starken Erweiterungen der Arteriolen und Kapillaren (z. B. in Entzündungsgebieten) kann der Puls bis in die Venolen bestehen bleiben. In den Venen verschwindet aber auch eine solche Pulsation vollständig. Die Venenpulsationen sind also keinesfalls Fortsetzungen von arteriellen Pulsen. Es gibt normale und pathologische Venenpulse. Beide Arten sind nur an den herznahen Venen (Vv. jugulares) zu sehen.

Der **normale Venenpuls** ist auf die periodische Unterbrechung des Blutzustromes zum Herzen während der Kontraktion der Vorhöfe zurückzuführen. Er verläuft peripheriewärts, also gegen den Blutstrom, und wird deshalb auch **»negativer« Venenpuls** genannt.

Eine Venenpulskurve hat praktisch die gleiche Form wie eine Vorhofdruckkurve. Als Beispiele von normalen Venenpulskurven kann deshalb die Abbildung 139 dienen.

Ein **pathologischer Venenpuls** tritt am häufigsten bei einer **Insuffizienz der Trikuspidalklappe** auf. Da an der Einmündung der Hohlvenen in den rechten Vorhof kein Ventil vorhanden ist, fließt bei einer Schlußunfähigkeit der Trikuspidalis während der Kammersystolen Blut aus dem rechten Ventrikel in den rechten Vorhof und die großen Venen zurück. Hierbei kommt es zu einer Pulsation, welche die gleiche Richtung wie das zurückfließende Blut aufweist und daher auch etwa als **»positiver« Venenpuls** bezeichnet wird (Abb. 162). Während normalerweise die Druckkurven des rechten Vorhofes bzw. der herznahen Venen während der Kammerkontraktion einen Druckabfall aufweisen (Abb. 137 und 139), kommt es bei einer Trikuspidalinsuffizienz im Moment der Kammersystole zu einem Druckanstieg (in der Druckkurve

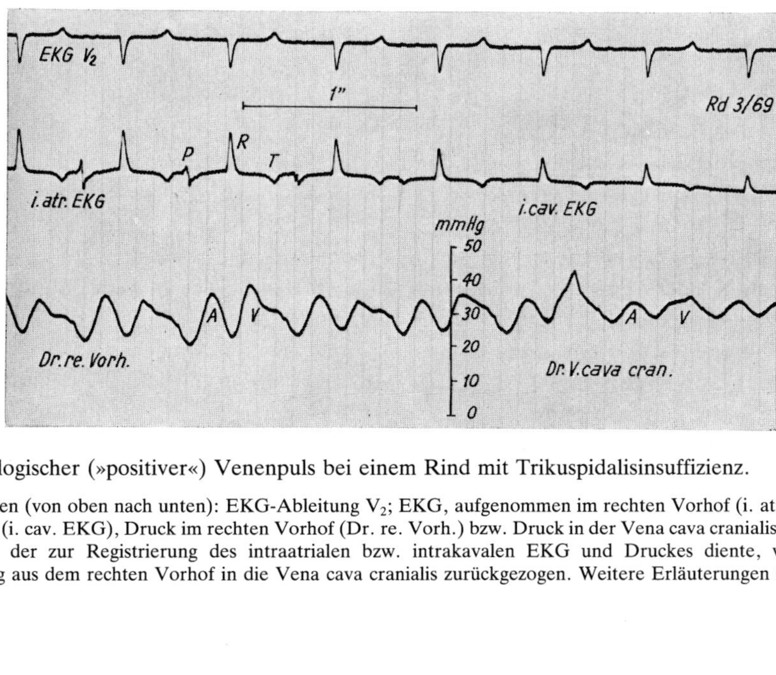

Abb. 162. Pathologischer (»positiver«) Venenpuls bei einem Rind mit Trikuspidalisinsuffizienz.

Die Kurven bedeuten (von oben nach unten): EKG-Ableitung V_2; EKG, aufgenommen im rechten Vorhof (i. atr. EKG) bzw. in der Vena cava cranialis (i. cav. EKG), Druck im rechten Vorhof (Dr. re. Vorh.) bzw. Druck in der Vena cava cranialis (Dr. V. cava cran.). Der Herzkatheter, der zur Registrierung des intraatrialen bzw. intrakavalen EKG und Druckes diente, wurde während der Kurvenregistrierung aus dem rechten Vorhof in die Vena cava cranialis zurückgezogen. Weitere Erläuterungen im Text des rechten Vorhofs sog. Ventrikularisation der Vorhofdruckkurve bzw. der Vena cava cranialis der Abb. 162 mit V markiert). Solche Venenpulskurven weisen also bei jedem Herzschlag zwei ausgeprägte positive Wellen auf, wovon die erste auf die Vorhofkontraktion (Abb. 162, A) und die zweite auf die Kontraktion der rechten Kammer zurückzuführen ist. Der positive Venenpuls fällt zeitlich somit mit dem Arterienpuls zusammen.

9. Blutdruck

a. Allgemeine Vorbemerkungen

Daß das Blut in den Gefäßen unter Druck steht und dieser in den verschiedenen Abschnitten des Blutgefäßsystems nicht gleich groß ist, kann aus allgemein bekannten Erscheinungen geschlossen werden:

1. Wird eine Arterie durchschnitten, dann spritzt das Blut aus dem zentralen Arterienteil pulsierend heraus.
2. Wird eine Vene eröffnet, so fließt das Blut gleichmäßig und ohne großen Druck aus dem peripheren Teil des Gefäßes aus.
3. Werden bei einer Organverletzung nur Kapillaren eröffnet, dann sickert das Blut aus den Wundflächen heraus.
4. Da das Blut vom Herzen zu den Arterien strömt und von dort durch die Kapillaren und Venen zum Herzen zurückfließt, muß angenommen werden, daß der Blutdruck im Verlaufe des Strombettes fortwährend sinkt, denn Flüssigkeiten fließen nur in der Richtung eines Druckgefälles.

Nach der Höhe des Blutdruckes kann das Kreislaufsystem in ein **Hochdrucksystem** und ein **Niederdrucksystem** unterteilt werden. Das erstere umfaßt den linken Ventrikel und die arteriellen Gefäße des Körperkreislaufes, das letztere beginnt im Kapillarsystem des Körperkreislaufes und umfaßt die daran anschließenden Gefäßabschnitte bis zum linken Vorhof (Venen des Körperkreislaufes, rechter Vorhof, rechter Ventrikel, Lungenarterien, Lungenkapillaren, Lungenvenen).

Im klinischen Sprachgebrauch versteht man, sofern keine näheren Angaben gemacht werden, unter dem Begriff Blutdruck den Druck in den Arterien des Körperkreislaufes. Mit der Vereinfachung der Meßmethoden und der Einführung des Herzkatheterismus werden heute jedoch sehr häufig auch die Druckwerte in den Venen des großen Kreislaufes sowie in den Herzkammern und den Lungenarterien bestimmt. Zur Verhütung von Mißverständnissen ist es deshalb angezeigt, bei der Angabe von Blutdruckwerten gleichzeitig den Ort der Messung mitzuteilen.

Im physikalischen und physiologischen Sinne ist der Blutdruck die Summe des hydrostatischen und hydrodynamischen Druckes in irgendeinem Gebiet des Blutgefäßsystems, die Hohlräume des Herzens inbegriffen.

Infolge der Herzkontraktionen weist der Druck vor allem in den Arterien des großen und kleinen Kreislaufes periodische Schwankungen auf. Während der Austreibungsphase (S. 238) steigt der Druck in den Arterien an. Der höchste Wert dieser Phase wird als **systolischer Blutdruck** bezeichnet. Während der Diastole sinkt der Druck. Der tiefste Wert während dieser Phase wird **diastolischer Blutdruck** genannt (Abb. 161). Die Differenz zwischen dem systolischen und diastolischen Druck eines Herzzyklus wird **Blutdruckamplitude** oder **Pulsdruck** geheißen.

Unter dem **mittleren Druck** versteht man den Druck, der durchschnittlich während der Dauer eines gesamten Schlagintervalles herrscht. Als Maß für die treibende Kraft der Blutströmung ist die Angabe des mittleren Blutdruckes viel aussagekräftiger als die Angabe des systolischen Druckes, und zwar deshalb, weil — insbesondere in peripheren Arterien — oft sehr hohe, jedoch nur ganz kurz dauernde Druckspitzen zu verzeichnen sind[1]. In peripheren Arterien liegt der mittlere Blutdruck deshalb dem diastolischen Druck näher als dem systolischen. In peripheren Arterien entspricht der mittlere Blutdruck etwa dem diastolischen Druck, vermehrt um ein Drittel der Druckamplitude. Für eine exakte Bestimmung des mittleren Blutdruckes muß das für eine gewisse Zeitspanne berechnete Druck-Zeit-Integral durch die betreffende Zeitspanne dividiert werden. In zentralen Arterien (Aorta) kann der mittlere Blutdruck mit hinreichender Genauigkeit gleich dem arithmetischen Mittel aus systolischem und diastolischem Druck gesetzt werden. Der mittlere Blutdruck kann z. B. mit einem sehr trägen Hg-Manometer, welches

[1] In peripheren Arterien können die systolischen Druckspitzen 10–30 mm Hg (1,3–4 kPa) höher sein als in der Aorta. Dieses Phänomen wird auf die Reflexion der Druckwellen (S. 274) zurückgeführt.

den systolisch-diastolischen Druckschwankungen nicht zu folgen vermag, direkt registriert werden.

Auch die Atmung und die Lage des Körpers bzw. seiner Teile beeinflussen die Druckwerte. Bei exakten Angaben sollten daher auch Hinweise über die Atmungsphase und Körperlage nicht fehlen: Am aufrechtstehenden Tier ist beispielsweise der Druck in der über der Herzbasis gelegenen A. coccygica kleiner als in der tiefer gelegenen A. metacarpica. Die Differenz entspricht dem hydrostatischen Druck einer Blutsäule von der Größe des Höhenunterschiedes der beiden Meßpunkte. Es ist üblich, die an einem bestimmten Punkt des Körpers gemessenen Druckwerte auf die Höhe der Herzbasis zu korrigieren.

Der Blutdruck wird nicht als absolute Größe angegeben, sondern als Überdruck, bezogen auf den bei der Messung herrschenden Atmosphärendruck. Die Messung des Blutdruckes in den verschiedenen Abschnitten des großen und kleinen Kreislaufes spielt in der Krankheitsdiagnostik eine bedeutende Rolle.

b. Methodik der Blutdruckmessung

Für die Blutdruckmessung wurden sowohl direkte Methoden, wobei das Blutgefäßsystem eröffnet wird, als auch indirekte Methoden ohne Eröffnung der Gefäße ausgearbeitet.

ba. Direkte Methoden

Die erste direkte Bestimmung des Blutdruckes wurde 1733 von Stephan Hales durch Einbinden von Glasröhren in die A. carotis com. bzw. in die A. femoralis verschiedener Tiere vorgenommen. In einer in die A. carotis com. des Pferdes eingeführten senkrechten Röhre stieg das Blut 280 cm hoch. Heute werden direkte Messungen mehr und mehr auch in der Klinik angewendet. Unter Lokalanästhesie wird eine Hohlnadel oder ein Katheter in eine oberflächliche Arterie (z. B. A. maxillaris ext.) eingeführt und mit einem Elektromanometer verbunden, welches die Eigenschaften besitzt, auch sehr rasche Druckschwankungen getreu zu registrieren. Die Katheter können zur Druckmessung durch Venen (z. B. V. jugularis und V. cava cran.) bis in den rechten Vorhof, die rechte Herzkammer und die Lungenarterie vorgeschoben werden. Im weiteren ist es möglich, die Katheter durch die Arterien bis in die linke Herzkammer einzuführen und Druckkurven derselben zu registrieren (Abb. 137 bis 140 sowie 161 und 162).

bb. Indirekte Methoden

Die indirekten Methoden sind nicht so genau wie die direkten, haben aber den Vorteil, keinen operativen Eingriff zu benötigen. Sie werden zu klinischen Zwecken allgemein zur Messung des arteriellen Druckes im großen Kreislauf verwendet.

Die palpatorische Methode nach Riva-Rocci (1896). Das Prinzip beruht auf der Überlegung, daß zum Zusammendrücken einer Arterie bzw. zur Blockierung der Blutströmung der gleiche Druck aufgewendet werden muß, der in ihrem Innern herrscht. Zur Ausübung des erforderlichen Außendruckes benützt man eine aufblasbare Gummimanschette, deren Außenwand durch eine Auflage von Leinwand oder dergl. undehnbar gemacht ist. Zur Ablesung des Druckes in der Manschette wird dieselbe mit einem Hg- oder Federmanometer verbunden. Die Manschette wird um eine Gliedmaße oder um den Schwanzansatz gelegt und durch ein Gebläse so lange mit Luft aufgepumpt, bis der Puls bzw. die Blutströmung distal der komprimierenden Manschette verschwindet. Die Kontrolle des Pulses geschieht palpatorisch mit dem Finger. Sie kann aber auch mit einem elektrischen Druckwandler erfolgen und mit einem entsprechenden Schreibgerät (Kathodenstrahloszillograph, Schleifenoszillograph) registriert werden (Abb. 163). Ist peripher der Kompressionsstelle an der Arterie kein Puls mehr festzustellen, dann ist der Druck in der Manschette höher als der maximale systolische Druck in der Arterie. Man senkt nun den Druck in der Manschette, indem durch ein Ventil langsam Luft aus der Manschette abgelassen wird. Im Moment, da der Puls in der peripheren Arterie wieder fühlbar wird, ist der Druck in der Manschette gerade ein wenig kleiner als die systolische Druckspitze in der Arterie. Der nun herrschende Manschettendruck wird am Manometer abgelesen. Er entspricht dem systolischen Blutdruck.

Nicht nur der systolische, sondern auch der diastolische Blutdruck ist von klinischem Interesse. Die Feststellung des diastolischen Druckes auf indirektem Wege bereitet erhebliche Schwierigkeiten. Zur gleichzeitigen Messung des systolischen

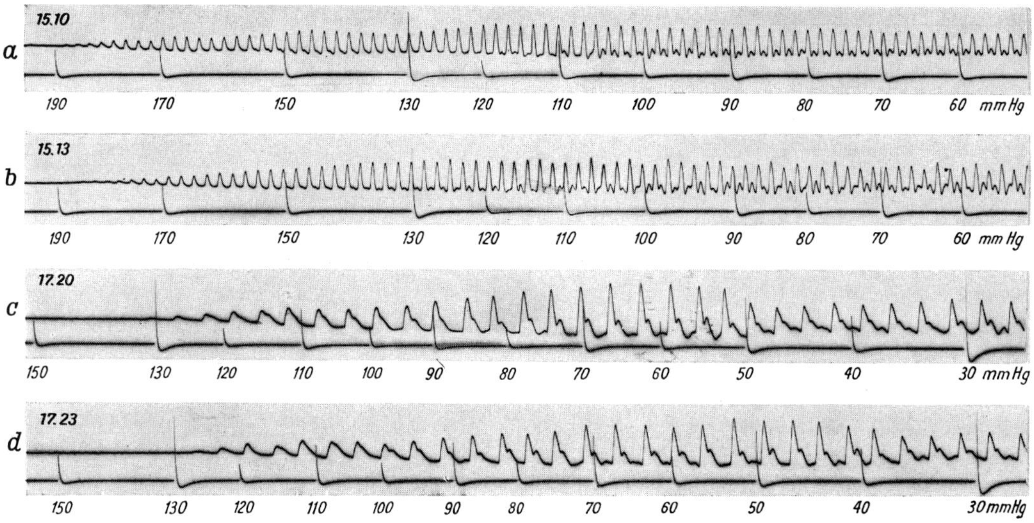

Abb. 163. Blutdruckmessung nach dem Prinzip von Riva-Rocci beim Hund.

Die Druckmanschette liegt am rechten Vorarm (Kompression der Arteria brachialis) und der Pulsabnehmer an der Volarseite des Metacarpus (Registrierung des Sphygmogrammes der Arteria metacarpea). Die obere Kurve zeigt Pulsausschläge (Sphygmogramm der A. metacarpea) und die untere den während der Messung abfallenden Manschettendruck in Form von vertikalen Marken verschiedener Höhe. Das Intervall zwischen den vertikalen Marken beträgt 20 oder 10 mm Hg (2,7 oder 1,3 kPa). Zu Beginn der Registrierung ist der Manschettendruck so hoch, daß die Arteria brachialis vollständig komprimiert und die Blutströmung deshalb blockiert ist; peripher der Manschette herrscht Pulslosigkeit. Im Moment, da der Manschettendruck unter den arteriellen Druck sinkt, vermag — wenigstens während der Systole — etwas Blut die unter der Manschette liegende Arterienstrecke zu passieren. Distal der Manschette treten damit die ersten kleinen Pulsausschläge auf. An dieser Stelle der Kurve wird der systolische Druck abgelesen. In der Folge sinkt der Manschettendruck sukzessive weiter ab, und die Pulsausschläge werden, entsprechend der größeren Blutmenge, welche die Kompressionsstelle während der Systole zu passieren vermag, größer. Ungefähr in dem Moment, da der Manschettendruck den diastolischen Druck unterschreitet, sind die Pulsausschläge am größten. An dieser Stelle wird der diastolische Druck abgelesen.
Bei den ersten beiden Druckmessungen (a, b) war das Tier aufgeregt und wies daher erhöhte Druckwerte auf. In der Folge beruhigte sich der Hund, wobei auch der Blutdruck sank (c, d). Die systolischen Druckwerte betragen im vorliegenden Fall: **a** = 190 mm Hg; **b** = 185 mm Hg; **c** = 135 mm Hg; **d** = 130 mm Hg (bzw. a = 25,3, b = 24,7, c = 18,0, d = 17,3 kPa). Die diastolischen Druckwerte betragen (approximative Werte): **a** und **b** = 120 mm Hg (16,0 kPa); **c** und **d** = 70 mm Hg (9,3 kPa)

und diastolischen Druckes wurden verschiedene Verfahren vorgeschlagen (s. u.).

Die oszillometrische Methode. Beim Durchschlagen des Pulses unter der Manschette wird die Luft in der Manschette ein bißchen komprimiert. Der damit verbundene pulsatorische Druckanstieg in der Manschette wird mit einem Manometer registriert. Solange der Manschettendruck höher ist als der systolische Blutdruck, sind die pulsatorischen Manometerausschläge minimal. Mit sinkendem Manschettendruck erweitert sich die im Gebiet der Kompressionsmanschette gelegene Arterie während der Systole immer mehr, die Manometerausschläge werden deshalb größer. Das Größerwerden der Pulsation zeigt somit den systolischen Blutdruck an. Im Moment, wo der Manschettendruck auf den diastolischen Druck abgesunken ist, variiert die Gefäßweite zwischen fast völliger Öffnung und völligem Verschluß. Die größten Manometerausschläge sind also ein Kriterium für den diastolischen Blutdruck. Fällt der Druck in der Manschette noch weiter ab, dann werden die Pulsationen wieder kleiner, weil nun die Arterie auch während der Diastole weitgehend offen bleibt (Abb. 163).

Die auskultatorische Methode nach Korotkoff. Wie bereits erwähnt, blockiert die Kompressionsmanschette je nach ihrem Druck die Blutströmung in der Arterie dauernd (Manschettendruck höher als der systolische Blutdruck) oder nur zeitweise (Manschettendruck zwischen diastolischem und systolischem Blutdruck) oder nicht bzw. nur unvollständig (Manschettendruck kleiner als diastolischer Blutdruck). Die verschiedenen Blutströmungsarten sind aufgrund ihrer akustischen Erscheinungen zu erkennen. Ist der Manschettendruck höher als der systolische Blutdruck, so fließt überhaupt kein Blut durch die periphere Arterie, es ist deshalb über der Arterie auch kein Schallphänomen zu hören. Fällt der Manschettendruck gerade etwas unter den systolischen Druck, dann tritt im Moment, wo etwas Blut durch die Arterie fließt, ein blasend-klopfendes Geräusch, das sog. Korotkoff-Geräusch, auf. Bei weiterer Drucksenkung in der Manschette verstärkt sich zunächst dieses Geräusch. Im Moment, wo der Manschettendruck den diastolischen Druck unterschreitet, und die Blutströmung in der Arterie nicht mehr schubweise, sondern kontinuierlich erfolgt, verschwindet, von gewissen Ausnahmen abgesehen, das Korotkoff-Geräusch. Das Verschwinden des Geräusches kann somit für die Festlegung des diastolischen Druckes ausgewertet werden.

Bei Tieren ist die auskultatorische Methode infolge der Unhörbarkeit der Korotkoff-Geräusche oft nicht anwendbar.

c. Der Druck in den Arterien des großen Kreislaufes

Die höchsten Druckwerte im gesamten Blutgefäßsystem findet man in den Arterien des großen Kreislaufes. Da der Strömungswiderstand in den Arterien verhältnismäßig gering ist, nimmt der Druck in den großen und mittleren Arterien nur um wenige Millimeter Hg bzw. Zehntel kPa ab (Abb. 156 und 161).

Die Tabelle 43 enthält eine Zusammenstellung der arteriellen Blutdruckwerte im großen Kreislauf einiger Tierarten (gesunde Tiere, Ruhewerte).

Aus der Tabelle 43 erkennt man, daß der arterielle Blutdruck bei großen und kleinen Säugetieren Werte gleicher Größenordnung aufweist. Dies

Tab. 43. Blutdruckwerte in der Arteria carotis com. einiger Tierarten. Approximative Werte, berechnet auf Herzhöhe. (Nach Angaben verschiedener Autoren)[1]

Tierart	Blutdruck (mm Hg bzw. kPa)			
	Systolisch		Diastolisch	
	Variationsbreite (mm Hg)	Mittel (mm Hg bzw. kPa)	Variationsbreite (mm Hg)	Mittel (mm Hg bzw. kPa)
Pferd	120–180	140 18,7	70–130	90 12,0
Rind	120–190	145 19,3	70–130	90 12,0
Schaf	110–140	135 18,0	70–120	90 12,0
Ziege	115–145	130 17,3	70–100	85 11,3
Giraffe[4]	260–350	300 40,0	160–300	230 30,7
Schwein	120–180	130 17,3	70–120	90 12,0
Hund	110–160	130 17,3	70–125	90 12,0
Katze	110–160	125 16,7	60–100	75 10,0
Kaninchen	85–140	110 14,7	50–80	65 8,7
Maus	95–130	110 14,7	60–100	70 9,3
Huhn[2]	120–200	150 20,0	100–150	120 16,0
Peking-Ente[5]	140–180		90–120	
Truthahn[3]	200–240	220 29,3	140–170	155 20,7

[1] Detaillierte Angaben über den Blutdruck in den verschiedenen Teilen des Kreislaufsystems bei einer sehr großen Anzahl von Säugetieren finden sich in dem Buch »Herz auf Kreislauf der Säugetiere« von J. Grauwiler (Verlag Birkhäuser, Basel, 1965).
[2] Geschlechtsreife Hähne weisen um etwa 20–30 mm Hg (2,7–4 kPa) höhere Blutdruckwerte auf als geschlechtsreife Hennen.
[3] Bei Truthähnen ist der systolische Blutdruck etwa 10 mm Hg (1,3 kPa) höher als bei Truthennen.
[4] In den Gehirnarterien der Giraffe ist der Blutdruck gleich groß wie bei den anderen Tierarten, nämlich systolisch etwa 130 mm Hg (17,3 kPa) und diastolisch etwa 75 mm Hg (10 kPa).
[5] Pentobarbital-Narkose.

mag etwas überraschen, sind doch bei einem großen Tier die Kreislaufwege viel länger als bei einem kleinen. Man könnte deshalb vermuten, beim großen Tier sei auch der Strömungswiderstand viel größer. Dies ist aus folgenden Gründen nicht der Fall: Beim großen Tier fließt das Blut während des größten Teiles seines Umlaufes in langen, weiten Gefäßen, die einen geringen Strömungswiderstand aufweisen. Für die Überwindung des Strömungswiderstandes in diesen weiten Gefäßen ist nur wenig Kraft notwendig, weshalb der Druck nur wenig sinkt. Den größten Strömungswiderstand muß das Blut in den Arteriolen und Kapillaren überwinden. Hier sinkt deshalb der Blutdruck rapid. Nun ist aber die Länge der Arteriolen und Kapillaren bei großen und kleinen Tieren praktisch gleich groß; demzufolge ist auch der Strömungswiderstand in diesen Gefäßabschnitten gleich. Deshalb muß der arterielle Druck bei großen Tieren (z. B. Elefant) nicht wesentlich höher sein als bei kleinen (z. B. Maus).

Eine Ausnahme macht die Giraffe. Zur Überwindung der großen hydrostatischen Druckdifferenz zwischen Herz und Gehirn (3 Meter bei aufrechter Haltung) sind hohe Drucke notwendig. Bei dieser Tierart wurden auf Herzhöhe systolische Druckwerte von 282–353 mm Hg (37,6–47 kPa) und diastolische Drucke von 158–300 mm Hg (21,1–40 kPa) gemessen.

Auch bei Vögeln, z. B. Hühnern und Truthühnern werden oft recht hohe arterielle Blutdruckwerte bis über 200 mm Hg (26,7 kPa) gefunden (Tab. 43). Im Gegensatz zu den Säugetieren dürfte der hohe arterielle Blutdruck bei den Vögeln normal sein.

ca. Faktoren, die den arteriellen Blutdruck beeinflussen

Besondere Regulationsmechanismen (S. 293) sorgen dafür, daß der arterielle Blutdruck beim gesunden Individuum trotz der vielen Faktoren, welche die Blutdruckkonstanz gefährden, relativ wenig variiert. Einige Faktoren, welche auch bei normalen Regulationsmechanismen zu Schwankungen des Blutdruckes Anlaß geben, sollen kurz erwähnt werden.

Betrachtet man während längerer Zeit registrierte Blutdruckkurven, so stellt man meistens drei Arten von Druckschwankungen, nämlich Wellen erster, zweiter und dritter Ordnung fest.

Die Wellen I. Ordnung folgen sehr rasch aufeinander. Sie sind der Ausdruck der systolisch/diastolischen Druckschwankungen.

Die Wellen II. Ordnung verlaufen synchron mit der Atmung. Bei jeder Inspiration sinkt der Druck gewöhnlich um einige mm Hg (Zehntel kPa) und steigt bei der Exspiration wieder etwas an.

Die Wellen III. Ordnung (Hering-Traube-Mayersche Wellen) bilden Perioden von 20–40 Sekunden. Sie dürften auf langsame Schwankungen der Atmungsmittellage (Änderung des Intrathorakaldruckes) sowie des Tonus der Gefäßmuskulatur infolge Änderungen der Tonuslage des vegetativen Nervensystems zurückzuführen sein.

Blutdruckschwankungen mit noch längerer Periodendauer stehen mit dem Tag-Nacht-Rhythmus bzw. mit Phasen hoher und geringer Aktivität zusammen. Bei sog. Tagtieren (erhöhte Aktivität während des Tages) ist der Blutdruck tagsüber etwas höher als nachts.

Einfluß der Herzfrequenz und des Schlagvolumens. Sowohl eine Steigerung der Herzfrequenz als auch des Schlagvolumens führen zu einer Erhöhung des systolischen, diastolischen und mittleren Blutdruckes sowie der Druckamplitude. Eine Erniedrigung der Herzfrequenz und des Schlagvolumens bewirken das Gegenteil. Verändern sich Frequenz und Schlagvolumen in entgegengesetzter Richtung, so heben sich die beiden Effekte gegenseitig mehr oder weniger auf.

Einflüsse, die zu einer vermehrten Herzarbeit führen (körperliche Arbeit, Futteraufnahme, Wiederkauen, Brunst, Geburt, nervöse Erregung) erhöhen, solche, die eine Herabsetzung der Herzarbeit (Ruhe, Schlaf) bewirken, erniedrigen hingegen den Blutdruck.

Einfluß der Gefäßweite. Eine Vasokonstriktion hat, sofern die Stromstärke nicht vermindert wird, eine Vergrößerung des Strömungswiderstandes zur Folge. Zu dessen Überwindung muß vom Herzen ein erhöhter Druck erzeugt werden, wobei der systolische und diastolische Druck ungefähr in gleichem Maße vergrößert werden, so daß der Pulsdruck ziemlich konstant bleibt.

Einfluß der Gefäßwandelastizität. Abnahme der Gefäßwandelastizität (Arteriosklerose, erhöhter Tonus der vasomotorischen Nerven usw.) erhöht den Blutdruck, und zwar vor allem den systolischen Druck (vgl. Windkesselfunktion der Gefäßwände).

Bei einer gesteigerten Dehnbarkeit der Aorta ist der diastolische Druck erhöht, weil sich die Aorta während der Systole stärker füllt (größerer »Windkessel«, s. S. 270) und der Druck während der Diastole infolge Abgabe von mehr »Windkesselblut« besser aufrechterhalten bleibt.

Einfluß der Blutviskosität. Eine Erhöhung der Blutviskosität erhöht den Strömungswiderstand des Blutes. Dies führt, sofern das Minutenvolumen nicht entsprechend reduziert wird, zu einem Anstieg des systolischen und diastolischen Blutdruckes.

Einfluß des Blutvolumens. Eine Zunahme des Blutvolumens führt meistens zu einem Anstieg des arteriellen Blutdruckes. Starke Blutverluste haben gewöhnlich einen Druckabfall zur Folge. Ist der Blutverlust nicht allzu groß, dann wird ein Blutdruckabfall durch eine Gefäßverengung und Entleerung der Blutdepots sowie durch das Einströmen von Gewebsflüssigkeit in die Gefäße verhindert (s. Kreislaufregulation).

Einfluß von Blutentnahmen. Blutentnahmen bewirken, sofern sie nicht allzu massiv sind, sehr oft eine leichte Steigerung des systolischen und diastolischen Blutdruckes. Diese Erscheinung beruht auf einer Abnahme depressorischer Impulse von seiten der Pressorezeptoren, weil während des Blutentzuges die Steilheit, Amplitude und Dauer des systolischen Druckanstieges abnimmt (vgl. propriozeptive Kreislaufreflexe, S. 294).

Einfluß der Atmung. Die oben erwähnten, atmungssynchronen Blutdruckschwankungen (Wellen II. Ordnung) sind teils auf eine zentrale Koppelung bzw. gegenseitige Beeinflussung des Atmungs- und Kreislaufzentrums zurückzuführen. Zudem spielt aber auch eine rein mechanische Komponente eine Rolle. Während der Einatmung wird der Intrathorakaldruck (S. 324) erniedrigt, wodurch der Bluteinstrom in den rechten Ventrikel und die Lungengefäße erleichtert ist. Der Blutabstrom aus dem linken Herz wird aber gleichzeitig erschwert (kleineres Schlagvolumen), was zu einer leichten inspiratorischen Drucksenkung im großen Kreislauf führt. Bei der Ausatmung kehren sich die Verhältnisse um. Schwankungen der Atmungsmittellage (S. 311) sind an der Entstehung langsamer Blutdruckschwankungen (Wellen III. Ordnung) mitbeteiligt.

Einfluß des Vegetativen Nervensystems. Der Tonus des Vegetativen Nervensystems wird von unzähligen exogenen (z. B. Sinnesreize) und endogenen Faktoren (z. B. psychische Erregung) beeinflußt. Da das Vegetative Nervensystem seinerseits, insbesondere der Sympathikus, die Gefäßweite und damit den Strömungswiderstand steuert, sind die fortwährenden Blutdruckfluktuationen (Wellen III. Ordnung) verständlich.

Beispielsweise wurde festgestellt, daß Lärm (30 s dauernde Geräusche unterbrochen von einem geräuschfreien Intervall von 5 s) den Blutdruck bei Ratten erhöht (vgl. Beeinflussung des Kreislaufsystems durch das Zwischenhirn und die Hirnrinde, S. 298).

d. Der Blutdruck in den Arteriolen und Kapillaren des großen und kleinen Kreislaufes

Die stärkste Änderung der Gefäßweite (30 : 1) findet sich beim Übergang der kleinen Arterien in die Arteriolen. Hier erfährt deshalb der Strömungswiderstand eine gewaltige Zunahme und der Blutdruck einen jähen Abfall von etwa 100 auf ungefähr 30–40 mm Hg (bzw. von 13,3 auf 4–5,3 kPa). Auch in den Kapillaren ist die Steilheit des Druckabfalles groß. Da die Kapillaren aber nur etwa 0,6–1,0 mm lang sind und die Blutströmungsgeschwindigkeit relativ klein ist, ist der Druckverlust im Kapillargebiet relativ gering. Der Druck in den Kapillaren beträgt aber immerhin 20–35 mm Hg (2,4–4,7 kPa), wobei der Druck im arteriellen Schenkel etwa 15 mm Hg (2 kPa) größer ist als im venösen Schenkel der Kapillare. In zwei Kapillargebieten liegen besondere Druckverhältnisse vor, nämlich in den alveolären Kapillaren des Lungenkreislaufes sowie in den Kapillaren der Glomerula der Nierenkörperchen. In den alveolären Kapillaren ist der normale Druck niedrig, er variiert etwa zwischen 7–12 mm Hg (0,9–1,6 kPa). Man könnte also von »Niederdruckkapillaren« sprechen. In den Kapillarschlingen der Glomerula ist der Druck sehr hoch, er schwankt etwa zwischen 70–85 mm Hg (9,3–11,3 kPa). Man könnte sie als »Hochdruckkapillaren« bezeichnen.

e. Der Blutdruck in den Venen des großen Kreislaufes

In den Venen ist der Strömungswiderstand infolge der verhältnismäßig großen Gefäßweite und geringen Strömungsgeschwindigkeit ziemlich klein. Der Druckgradient ist dementsprechend niedrig. In kleineren Venen (z. B. V. facialis, V. femoralis) liegt der Druck zwischen 5–10 mm Hg (0,7–1,3 kPa). In den herznahen Venen schwankt er durchschnittlich wenige mm Hg (Zehntel kPa) über oder unter dem Atmosphärendruck. Eng begrenzte Angaben über den venösen Blutdruck können nicht gemacht werden, da derselbe von verschiedenen Faktoren beeinflußt wird.

f. Faktoren, die den venösen Blutdruck beeinflussen

Einfluß der Lage des Gefäßes bzw. des hydrostatischen Druckes. Je tiefer eine Vene unterhalb des Herzens liegt, desto höher ist infolge des hydrostatischen Druckes des Blutes der intravasale Druck. Eine wesentliche Druckentlastung kommt allerdings durch die Venenklappen zustande. Diese verhindern einerseits ein Zurücksacken des Blutes, nachdem dieses durch externe Druckwirkungen auf die Venen (Kompression durch sich kontrahierende Muskeln sowie durch arterielle Pulsationen usw.) entgegen der Schwerkraft nach oben gefördert wurde. Andererseits verhindern die Venenklappen auch, daß die gesamte, über einen bestimmten Venenabschnitt stehende Blutsäule als hydrostatischer Druck wirksam wird. Der Druck in den Venen der Extremitäten liegt deshalb oft nur wenige mm Hg (Zehntel kPa) über dem Atmosphärendruck. Würde der Druck in den Venen stark ansteigen, so würde sich auch der Kapillardruck entsprechend erhöhen, was zu einem vermehrten Austritt von Flüssigkeit aus dem Blut in das perikapilläre Gewebe, d. h. zu einem **Ödem** führen würde (S. 286).

Erweitern sich pathologischerweise die Venen (**Varizen** oder sog. **Krampfadern**) in den tiefgelegenen Körperpartien, z. B. des Unterbauches, der Gliedmaßen usw., so werden die Venenklappen schlußunfähig. Nun lastet nicht nur das Blut eines kurzen — zwischen zwei Klappen sich befindenden — Gefäßsegmentes auf der Venenwand, sondern die Blutsäule, welche sich über mehrere Venenklappensegmente erstreckt. Dabei wird oft auch der Druck in den vorgeschalteten Kapillargebieten erhöht, was seinerseits zu der oben erwähnten Ödematisierung des Gewebes (Austritt von Plasmawasser aus den Kapillaren ins Interstitium infolge des hohen Druckes in den Kapillaren) führen kann (s. auch S. 286).

Einfluß der Atmung. Während der Einatmung wird der Intrathorakaldruck (S. 324) kleiner (Vergrößerung des Unterdruckes im Thorax), und der Intraabdominaldruck erhöht sich. Dies bewirkt entsprechende Druckveränderungen in den thorakalen und abdominalen Gefäßen, was den Abfluß des Blutes aus dem Abdomen zum Herzen wesentlich fördert. Bei der Exspiration kehren sich die Verhältnisse um. Eine Ausatmung bei verschlossener Glottis (Versuch von VALSALVA, Preßwehen bei der Geburt, Defäkation usw.) erhöht den Druck im Thorax (Verminderung des Unterdrukkes) und hemmt damit den Rückfluß des venösen Blutes zum Herzen.

Einfluß der Herztätigkeit. Während der Kammersystole fällt der Druck in den Vorhöfen und den herznahen Venen (S. 236). Dadurch wird der Blutzufluß zum Herzen gefördert (Saugwirkung der Kammersystole).

Bei einer **Schlußunfähigkeit der Trikuspidalklappe** oder bei einer Schwäche des rechtsventrikulären Myokards kann der Venendruck infolge Stauung des Blutes wesentlich ansteigen. Ein erhöhter Venendruck ist ein wichtiges Kriterium einer **Herzinsuffizienz,** weshalb Messungen des venösen Blutdruckes in der Kardiologie eine große Rolle spielen.

Einfluß von intravenösen Flüssigkeitsinfusionen. Viele Venen (insbesondere große Venen) sind meistens nicht voll entfaltet. Bei einer Flüssigkeitsinfusion (z. B. Blut oder Plasma) in solche Gefäße kann deshalb ein gewisses Volumen ohne Druckanstieg aufgenommen werden, weil sich die Venen einfach mehr entfalten. Der Strömungswiderstand kann dabei sogar abnehmen, weil sich die partiell kollabierten Gefäße stärker öffnen bzw. kreisrund werden.

10. Der Stoffaustausch im »Kapillarbett«

a. Allgemeine Vorbemerkungen

Funktionell gesehen stellt nicht das Herz, sondern das Kapillarbett das eigentliche Zentrum des Blutkreislaufsystems dar, denn in ihm spielen sich die zentralen Vorgänge des Zirkulationsapparates, die Stoffaustauschprozesse zwischen dem Blut und seinem Milieu (Gewebe, Lungenluft, renale Glomerula usw.), ab. Da die Stoffaustauschvorgänge zwischen dem Blut und seinem Milieu nicht auf die Kapillargebiete beschränkt, sondern auch in den vorgeschalteten Metarteriolen und nachgeschalteten Venolen möglich sind, soll hier der Terminus »Kapillarbett« für all diejenigen Teile des Gefäßsystems verwendet werden, die dem Stoffaustausch dienen[1].

Das Blut kommt nicht in direkten Kontakt mit den Zellen der Organe. Zwischen beiden liegt nämlich die Kapillarwand und der Interzellularraum (Bindegewebsraum, Interstitium), welcher die alle Zellen umspülende Gewebsflüssigkeit (Gewebslymphe, Interzellularflüssigkeit) enthält. Alle Stoffe, die vom Blut zu den Zellen der Organe oder von diesen ins Blut gelangen sollen, müssen also die Kapillarwand und den Interzellularraum (sog. **Blut-Gewebeschranke**) passieren. Die Stoffaustauschvorgänge im Gebiet des Kapillarbettes sind sehr komplex und weisen zudem organspezifische Unterschiede auf, die auf einer unterschiedlichen Struktur der Kapillarwandungen in den verschiedenen Organen beruhen. Unsere diesbezüglichen Kenntnisse sind noch ziemlich fragmentarisch. Endgültige Aussagen über diese Phänomene sind daher unmöglich. Aus dem eben erwähnten Grund und der Kürze halber beschränken sich die nachfolgenden Darlegungen auf einige prinzipielle Permeationsmechanismen.

b. Permeationsmechanismen

Drei Permeationsmechanismen stehen beim transkapillaren Stoffaustausch im Vordergrund; nämlich die **Diffusion,** die **Ultrafiltration** und die **Zytopempsis.** Diffusion und Ultrafiltration sind **passive Permeationsmechanismen,** d. h. für ihren Ablauf hat die Kapillarwand keine Energie aufzubringen. Die Diffusion kommt dank der Wärmebewegung und den unterschiedlichen Konzentrationen der Partikel zu beiden Seiten der Schranke zustande. Eine Diffusion vollzieht sich auch in stagnierenden Medien. Bei den Diffusionsvorgängen in den Geweben ist jedoch eine Blutströmung im Kapillarbett notwendig, um eine adäquate Konzentrationsdifferenz der diffundierenden Stoffe aufrechtzuerhalten. Ohne eine Blutströmung käme es sehr bald zu einem Ausgleich der Stoffkonzentrationen und damit zum Sistieren der Diffusion.

Die Ultrafiltration basiert auf unterschiedlichen hydrostatischen und onkotischen Druckdifferenzen zu beiden Seiten der Kapillarwand. Sie bewirkt eine Flüssigkeitsströmung durch die Kapillarwand ins Interstitium der Gewebe und von dort entweder direkt zurück ins Kapillarlumen oder indirekt via die Lymphbahnen in das Blutgefäßsystem.

Die Zytopempsis[2] beruht hingegen auf einer energieerfordernden Transportleistung der Gefäßendothelien, stellt also einen sog. **aktiven Permeationsmechanismus** dar. Die Zytopempsis stellt einen transzellulären Stofftransport dar. Sie hat — wenigstens in ihrer Initialphase — eine große Ähnlichkeit mit der Pinozytose. Sie unterscheidet sich aber von dieser dadurch, daß der in die Zelle aufgenommene Stoff auf der Gegenseite der aufnehmenden Zelle wieder unverändert aus der Zelle ausgeschieden wird. Das letztere Phänomen bezeichnet man als **Emeiozytose.** Wegen der unterschiedlichen Struktur der Blutgewebeschranke in den verschiedenen Organen sind nicht alle drei erwähnten Permeationsmechanismen in allen Organen gleich bedeutungsvoll.

ba. Diffusion

In den meisten Organen dürfte der transkapillare Stoffaustausch zum überwiegenden Teil durch Diffusion stattfinden. Hierbei kommt es (im Gegensatz zur Ultrafiltration, s. u.) an sich nicht zu Flüssigkeitsverschiebungen durch die Kapillarwand, denn Diffusionsvorgänge können sich, wie bereits erwähnt, auch in stagnierenden Flüssigkeiten abspielen. Die diffundierende Substanzmenge hängt — abgesehen von den Konzentrationsverhältnissen der Stoffe — von der Größe der Diffusionsfläche (Größe der Oberfläche der offenen Kapillaren) sowie von der Permeabilität der Kapillarmembranen ab. Die Kapillarwand kann quasi als ein Netzwerk aufgefaßt werden, das für den Stoffdurchschnitt ein mehr oder weniger ausgeprägtes Hindernis darstellt. Die Permeationsfähigkeit der Partikel hängt von vielen Faktoren ab (Größe und Form der Teilchen, elektrische Ladung der Teilchen, Löslichkeit der Teilchen in der Zellmembran, Temperatur usw.). Vornehmlich fettlösliche und zudem kleinmolekulare Stoffe können die Lipidschicht der Zellmembran passieren und daher die Endothelzellen durch Diffusion durchqueren.

---

[1] Der Begriff »Kapillarbett« ist annäherungsweise identisch mit **»Endstrombahn«, »terminale Strombahn«** und **»Mikrozirkulationsgebiet«.** Diese Bezeichnungen umfassen diejenigen Gefäße des großen und kleinen Kreislaufes, welche einen Durchmesser von weniger als 100 μm aufweisen, d. h. Metarteriolen, Kapillaren und Venolen.

[2] Griech. pempsis = senden, schicken.

Wasserlösliche Stoffe vermögen vor allem die wassergefüllten Poren der Interzellularsubstanzen durch Diffusion zu durchdringen. Die Diffusionsfähigkeit gewisser Partikel (z. B. O_2, CO_2, Wasser, Na^+, K^+, Cl^-, Harnstoff und der meisten anderen Metaboliten) kann so groß sein, daß die Kapillarmembran für sie praktisch kein Hindernis darstellt und die Diffusion annäherungsweise so rasch erfolgt wie in einem homogenen Lösungsmittel. Für andere Teilchen (spez. für die Makromoleküle der Proteine) kann die Diffusionsfähigkeit praktisch den Nullwert erreichen.

Wie bereits angedeutet, stellt die Blut-Gewebeschranke nicht in allen Organen ein gleich starkes Diffusionshindernis dar. Die Dichte der Blut-Gewebeschranken nimmt in folgender Reihenfolge ab: Blut-Gehirnschranke, muskuläre Blut-Gewebeschranke, Blut-Plazentaschranke (im Laufe der Gravidität ansteigende Dichte der Schranke); renale Glomerulumschranke; Blut-Leberschranke. In der Leber ist die Schranke so gering, daß große Eiweißmengen die Wandungen des Kapillarbettes in beiden Richtungen passieren können. In hochaktiven Organen ist die Schranke in der Regel weniger dicht als in ruhenden Organen.

Die geringe Dichte der Blut-Leberschranke beruht darauf, daß die Sinusoide keine Basalmembran besitzen und deren Endothelzellen nicht überall eng aneinanderliegen, sondern durch interzelluläre Lücken voneinander getrennt sind[1].

Die Blut-Gehirnschranke ist so dicht, daß sie nur vom Wasser, O_2 und CO_2 leicht überwunden wird, für alle übrigen Stoffe stellt sie eine starke, allerdings nicht absolute Barriere dar.

Die große Dichte der Blut-Gehirnschranke dürfte darauf zurückzuführen sein, daß die Kapillaren einerseits eine sehr dicht strukturierte Basalmembran aufweisen und anderseits nur etwa 20 % der Kapillarwand in direktem Kontakt mit dem Interstitialraum stehen, während 80 % derselben mit Astrozytenfortsätzen belegt sind. Infolge der sehr dichten Schranke ist das Gehirnparenchym gegenüber allerlei Fremdstoffen (Toxine, Antibiotika) gut abgeschirmt. Das ist notwendig, denn die Ganglienzellen des Gehirns sind gegenüber Änderungen der Zusammensetzung der umgebenden Flüssigkeit außerordentlich empfindlich. Die kräftige Blutgehirnschranke bietet einen guten Schutz gegenüber gefährlichen Änderungen des zerebralen Milieu intérieur. Therapeutisch wichtig ist z. B. der Umstand, daß die Blutgehirnschranke gegenüber Penicillin und Chlortetracyclin praktisch völlig dicht, gegenüber Sulfodiacin und Erythromycin hingegen ziemlich gut durchlässig ist. Auch die bei der Gehirnaktivität aus den Zellen austretenden Ionen (K^+, KPO_4^{2-}) werden nicht sofort von der Interstitialflüssigkeit bzw. vom Blut weggetragen und stehen deshalb für die Reabsorption während der Erholungsphase noch zur Verfügung. Wegen der großen Dichte der Schranke spielen im Gehirn aktive Transportvorgänge (z. B. für Glucose) eine wesentlich größere Rolle als in anderen Organen.

Die Permeabilität der Kapillarwand wird von vielen Agentien verändert. Erhöht wird sie z. B. durch im Organismus selbst erzeugte Stoffe, wie Hyaluronidase, Heparin und heparinähnliche Verbindungen, Histamin, Serotonin, Bradykinin, Mineralocorticosteroide (Aldosteron, Desoxycorticosteron) sowie durch starke Hypoxie, gewisse Zellzerfallsprodukte, proteolytische Enzyme und Entzündungen (vgl. Proteinurie infolge erhöhter Durchlässigkeit der Glomerulumkapillaren der Nieren bei einer Glomerulonephritis). Eine Tonuserhöhung sympathischer Nerven vermindert die Permeabilität. Viele Substanzen, z. B. Glucocorticosteroide (Cortison, Hydrocortison), Adrenalin, Ascorbinsäure (Vitamin C), α-Tocopherol (Vitamin E), Flavonoide und Calcium-Ionen erniedrigen die Durchlässigkeit ebenfalls.

Welche transkapillaren Wege die permeierenden Stoffe einschlagen, ist nur schlecht bekannt. Lipidlösliche Substanzen passieren die Kapillarwand leichter als lipidunlösliche, weil die lipidlöslichen direkt die Membran und das Zytoplasma der Endothelzellen zu durchdringen vermögen.

bb. Ultrafiltration

Auf kurze Distanzen (einige μm) sind Diffusionsvorgänge sehr wirkungsvoll. Sobald die Diffusionswege aber etwas länger werden — dies ist in den Organen der Fall, wenn die zu versorgenden Gewebszellen nicht in der Nähe der Kapillaren liegen — ist ein genügender Antransport von Nährstoffen aus dem Blut zu den Zellen bzw. ein ausreichender Abtransport von Stoffwechselschlacken von den Zellen ins Blut nur gewährleistet, wenn außer der Diffusion der Stoffe noch eine Strömung der Gewebsflüssigkeit vorhanden ist, welche die durch die Kapillarmembran diffundierten Stoffe

[1] Eine ähnliche Wandstruktur wie die Lebersinusoide weisen auch die Sinuskapillaren der Milz und des Knochenmarkes auf.

ins Schlepp nimmt, d. h. wenn eine passive **Stoffkonvektion** hinzukommt, welche die Stoffe zu den von den Kapillaren entfernteren Zellen hinträgt bzw. die von den Zellen eliminierten Stoffwechselschlacken in das Kapillarblut einschleust. Für diese Stoffkonvektion sorgt ein transkapillarer und interzellulärer Flüssigkeitsstrom, der seine Quelle in einer kapillaren **Ultrafiltration** (nach seinem Inaugurator auch **Starling-Mechanismus** genannt) hat. Als Ultrafiltration bezeichnet man die Trennung von hochmolekularen Stoffen (Kolloide, z. B. Proteine) von niedermolekularen Teilchen (Nichtkolloide, z. B. Na- und Cl-Ionen, Glucose, Harnstoff) einer Flüssigkeit mittels eines Filters mit sehr kleinem Porendurchmesser. Die Wandungen der meisten Blutkapillaren (renale Glomerulumkapillaren, Muskelkapillaren usw.) stellen annähernd solche Ultrafilter dar. Die Hauptmenge der Flüssigkeit fließt bei der kapillaren Ultrafiltration nicht durch die Endothelzellen selbst, sondern durch die interzelluläre Kittsubstanz. Da die Plasmaproteine nicht nur bei den bereits beschriebenen Diffusionsvorgängen, sondern auch bei der Ultrafiltration von der Kapillarmembran weitgehend zurückgehalten werden, ist die Proteinkonzentration im Plasma wesentlich größer als in der Gewebsflüssigkeit. Entsprechend ist auch der onkotische Druck (kolloidosmotischer Druck) des Blutes wesentlich größer als derjenige der Gewebsflüssigkeit. Der osmotische Druck der kleinmolekularen Stoffe (sog. kristalloidosmotischer Druck) des Blutes ist hingegen — sofern man von minimalen Differenzen im Elektrolytgehalt, welche durch den **Donnaneffekt** bedingt sind, absieht — gleich groß wie derjenige von Gewebsflüssigkeit, denn die kleinmolekularen Substanzen vermögen — wie oben erwähnt — die Kapillarwand frei zu passieren. Dieser Parameter braucht daher in den nachfolgenden Darlegungen nicht berücksichtigt zu werden.

Folgende Faktoren bestimmen die Größe und Richtung der Ultrafiltration im Kapillarbett:

1. der hydrostatische Druck in der Kapillare (Blutdruck),
2. der hydrostatische Druck im Interstitium (Gewebsdruck),
3. der onkotische Druck des Kapillarblutes,
4. der onkotische Druck der Gewebsflüssigkeit.

Verständnishalber sei festgehalten, daß der onkotische Druck die Kraft darstellt, mit der eine kolloidhaltige Flüssigkeit Wasser an sich zieht bzw. festhält. Der onkotische Druck des Blutes beruht in erster Linie auf dem Gehalt an hydrophilen Plasma-Eiweißkörpern. Da der Eiweißgehalt des Blutplasmas meist wesentlich höher ist als derjeni-

Tab. 44. Darstellung der beim Flüssigkeitsaustausch (Ultrafiltration, Reabsorption) zwischen Kapillarblut und Gewebsflüssigkeit wirksamen Kräfte.

Die relativ starke Abnahme des hydrostatischen Druckes zwischen dem arteriellen Anfang und dem venösen Ende der Kapillare ist auf den Strömungswiderstand zurückzuführen. Der etwas höhere onkotische Druck am venösen Ende der Kapillare ergibt sich aus dem Wasserverlust im arteriellen Schenkel der Kapillare. Die Daten stellen Durchschnittswerte verschiedener Organe dar. Es bedeuten: positive Vorzeichen = filtrativ wirksame Druckkomponenten, negative Vorzeichen = reabsorptiv wirksame Druckkomponenten

	Druckverhältnisse im Kapillarblut (mm Hg bzw. kPa)	Druckverhältnisse in der Gewebsflüssigkeit (mm Hg bzw. kPa)	Druckdifferenzen zwischen Blut und Gewebsflüssigkeit (mm Hg bzw. kPa)
Arterielles Ende der Kapillare			
Hydrostatischer Druck	+ 35 (4,7)	− 5 (0,7)	+ 30 (4,0)
Onkotischer Druck	− 25 (3,3)	+ 8 (1,1)	− 17 (2,3)
Effektiver Filtrationsdruck			+ 13 (1,7)
Venöses Ende der Kapillare			
Hydrostatischer Druck	+ 15 (2,0)	− 5 (0,7)	+ 10 (1,3)
Onkotischer Druck	− 26 (3,5)	+ 8 (1,1)	− 18 (2,4)
Effektiver Filtrationsdruck (Reabsorption)			− 8 (1,1)

ge der Gewebsflüssigkeit, ist die wasseranziehende Kraft des Blutes entsprechend höher. Das würde an sich bedeuten, daß das Blut das Gewebswasser in das Gefäßsystem hineinsaugen würde. Dieser Effekt wird aber dadurch verhütet, daß das Kapillarblut unter einem höheren hydrostatischen Druck steht als die Gewebsflüssigkeit (Tab. 44). Der hydrostatische Druck ist eine Kraft, welche Wasser vom Blutplasma bzw. der Gewebsflüssigkeit abpressen möchte. Infolge des höheren hydrostatischen Druckes in den Blutkapillaren als im Interstitium ist die wasserabstoßende Kraft im Kapillarblut größer als in der Gewebsflüssigkeit. Da die hydrostatischen und onkotischen Drucke des Kapillarblutes und der Gewebsflüssigkeit entgegengesetzte Richtung aufweisen, müssen zur Berechnung des **effektiven Filtrationsdruckes** für das Wasser des Blutplasmas die Differenzen der hydrostatischen und onkotischen Drucke für die entsprechenden Kapillarstellen eingesetzt werden. In der Tabelle 44 sind die Druckwerte (approximative Mittelwerte für das arterielle und venöse Ende einer Kapillare zusammengestellt.

Ist der effektive Filtrationsdruck positiv, so bedeutet dies, daß Wasser aus der Kapillare in das Interstitium austritt, ist er hingegen negativ, dann wird Wasser aus dem Interstitium in die Kapillare gesaugt. In allen Kapillarnetzen, ausgenommen die alveolären der Lunge und die glomerulären der Niere, findet unter normalen Verhältnissen im arteriellen Schenkel der Kapillare eine Abgabe, im venösen Schenkel hingegen eine Reabsorption von Wasser statt (Abb. 164). Der Inversionspunkt zwischen Filtration und Reabsorption ist gegen das venöse Ende der Kapillare verschoben, es wird also mehr Flüssigkeit aus der Kapillare in das Interstitium abfiltriert, als aus dem Interstitium in die Kapillare zurückgesaugt. Der interstitielle Flüssigkeitsüberschuß fließt via Lymphgefäße aus den Organen ab und wird wieder dem Blute zugeleitet. In den meisten Kapillaren werden die feindispersen Plasmaalbumine (Mol. Gew. etwa 69 000) höchstens noch in kleinsten Mengen durchgelassen. Tritt bei hämolytischen Prozessen Hämoglobin (Mol. Gew. ca. 67 000) aus den Erythrozyten ins Plasma, so wird dieses im Harn ausgeschieden **(Hämoglobinurie),** da es die Wandungen der Glomerulumkapillaren passieren kann. Die grobdispersen Plasmaglobuline (Mol. Gew. meist über 90 000) und das Fibrinogen (Mol. Gew. 360 000 oder höher) können hingegen die normale Kapillarwand nicht passieren. Aus diesen Beobachtungen kann geschlossen werden, daß das kritische Molekulargewicht hinsichtlich der kapillaren Ultrafiltrierbarkeit (und Diffusionsfähigkeit) etwa bei 68 000 liegt. Abweichungen der in der Tabelle 44 angeführten Kräfte von der Norm ziehen Störungen im Flüssigkeitsaustausch zwischen Kapillare und Interstitium nach sich. Eine Erhöhung des hydrostatischen Druckes in den Kapillaren infolge Blutstauungen in den Venen (z. B. Insuffizienz der rechten Herzkammer, Schlußunfähigkeit der Trikuspidalklappe) führt zu einem erhöhten Flüssigkeitsaustritt ins Interstitium **(interstitielles Oedem).** Auch durch eine Reduktion des Plasmaproteingehaltes (z. B. große Albuminverluste durch den Harn bei Nierenerkrankungen) wird der effektive Filtrationsdruck infolge Abnahme des onkoti-

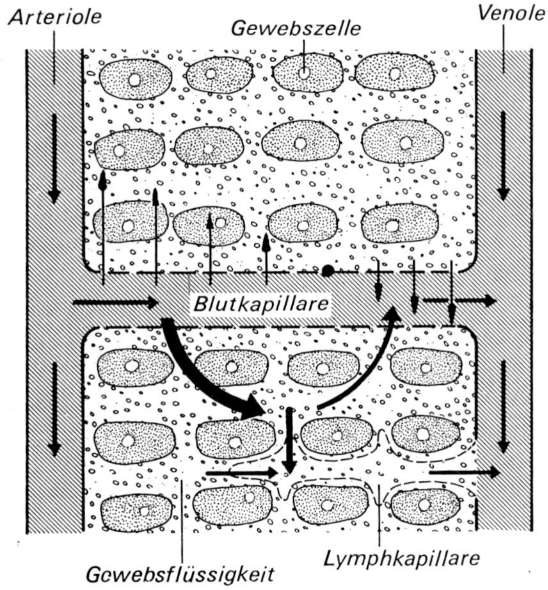

Abb. 164. Kapillare Ultrafiltration.

Auf der arteriellen Seite der Kapillare (links im Bild) überwiegen die Kräfte, welche eine Auswärtsfiltration von Flüssigkeit bewerkstelligen. Auf der venösen Seite der Kapillare (rechts im Bild) überwiegen hingegen die Kräfte, welche eine Einwärtsfiltration (Reabsorption von Flüssigkeit ins Blut) verursacht. Die Auswärtsfiltration nimmt im Verlaufe der Kapillare sukzessiv ab (im Bild durch die kleiner werdenden, nach oben gerichteten Pfeile veranschaulicht). Im venösen Teil der Kapillare besteht eine sukzessiv zunehmende Einwärtsfiltration (nach unten gerichtete, größer werdende Pfeile). Der Inversionspunkt der Strömungsrichtung liegt nicht in der Mitte der Kapillare, sondern ist etwas nach rechts verschoben (großer »Punkt« im Bild). Ein Teil der ins Interstitium ultrafiltrierten Flüssigkeit (Differenz zwischen der auswärts- und einwärtsfiltrierten Flüssigkeit) fließt via Lymphgefäße ins Blut zurück (im Bild durch Pfeile angedeutet). Die gebogenen Pfeile verschiedener Stärke sollen veranschaulichen, daß der transkapillar-interstitielle Auswärtsstrom größer ist als der Einwärtsstrom

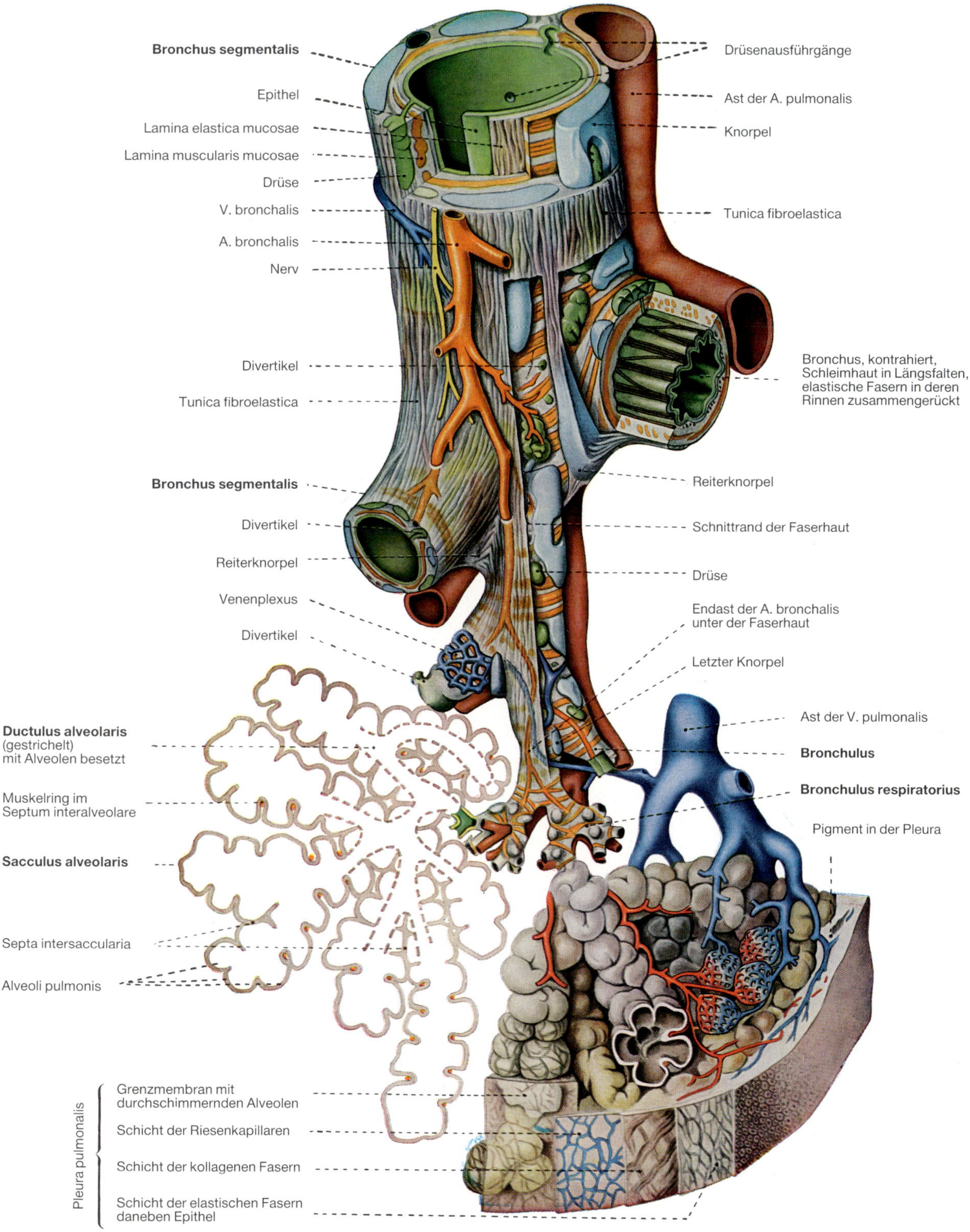

Plastisches Schema eines Lungenläppchens. (Nach Braus, entnommen aus Nickel/Schummer/Seiferle, Lehrbuch der Anatomie der Haustiere, Band II, 6. Auflage, 1987).

An einigen Alveolen wurde das Kapillarnetz, an anderen das Netz der elastischen Fasern und links unten die an einen Bronchulus respiratorius angeschlossenen Sacculi alveolares im Längsschnitt dargestellt

schen Druckes erhöht; dabei erhöht sich der Flüssigkeitsaustritt aus den Kapillaren ebenfalls. Von großer Wichtigkeit sind bei der Oedementstehung allerdings auch Veränderungen der physikochemischen Struktur der interstitiellen Substanzen (das Interstitium besteht ja nicht nur aus Spalten, die mit einem Ultrafiltrat des Blutes gefüllt sind), über die noch wenig bekannt ist. Diese Annahme stützt sich auf Beobachtungen, bei welchen sich trotz starker Erhöhung des hydrostatischen Druckes bzw. Erniedrigung des onkotischen Druckes im Blut keine interstitiellen Oedeme entwickeln. Infolge der raschen Austauschbarkeit von Elektrolytflüssigkeit durch die Kapillarwände besteht auch die Möglichkeit, einen Blutverlust mehr oder weniger vollständig aus dem Interstitium zu ersetzen (»Autotransfusion«). Bestimmt man nach einer Blutentnahme mäßigen Ausmaßes in Intervallen von etwa 10 Minuten den Hämatokritwert und die Eiweißkonzentration im Blutplasma, so kann man aus der Blutverdünnung und dem vorher gemessenen Blutvolumen den Volumenersatz durch Einstrom eiweißarmer Flüssigkeit aus dem Interstitium berechnen.

Wie bereits erwähnt, weichen die Verhältnisse in zwei Kapillargebieten von den eben geschilderten etwas ab. In den **perialveolären Kapillaren des Lungenkreislaufes** ist der hydrostatische Druck entsprechend dem niedrigen Blutdruck in der Lungenarterie viel kleiner als in den Kapillaren des Körperkreislaufes (S. 281). Dies hat zur Folge, daß unter normalen Verhältnissen an keiner Stelle der Alveolarkapillaren Flüssigkeit abfiltriert wird. Wasser, das in die Lungenalveolen gelangt, tritt sogar schnell in das Lungenkapillarblut über[1]. Die schnelle Wasseraufnahme in das Pulmonalblut bei einem Ertrinkenden verursacht eine Hämolyse der Erythrozyten sowie eine Vergrößerung des Blutvolumens, was zu einer Überlastung des Herzens führen kann. Unter pathologischen Verhältnissen (erhöhter Blutdruck im Pulmonalkreislauf infolge Blutstauungen, z. B. bei Mitralstenose) kann es aber auch hier zu einem Flüssigkeitsaustritt aus den Kapillaren kommen, und zwar gelangt die Flüssigkeit in die Lungenalveolen. Solche flüssigkeitsgefüllten Lungenalveolen **(Lungenödem)** können an der Atmung nicht mehr teilnehmen, was tödlich sein kann, sofern große Lungenteile betroffen sind.

In den **Kapillaren der Nierenkörperchen** ist hingegen der hydrostatische Druck sehr hoch (S. 281). Dementsprechend wird unter normalen Verhältnissen auf der ganzen Kapillarstrecke Flüssigkeit (sog. Primärharn) abfiltriert. Sinkt der Blutdruck im großen Kreislauf stark (z. B. bei einem Kreislaufschock), dann hört auch in den Kapillaren der Nierenkörperchen die Filtration auf, was zu einer tödlichen **Anurie** führen kann.

bc. Zytopempsis

Elektronenmikroskopische Beobachtungen sprechen dafür, daß Makromoleküle (z. B. Proteine) das Zytoplasma der Kapillarendothelzellen durchwandern. Dieser Prozeß ist wahrscheinlich für die Verteilung von großmolekularen Hormonen und Antikörpern in den Geweben von Bedeutung.

In den Organen, deren Kapillaren keinen geschlossenen Endothelbelag (Lücken zwischen den Endothelzellen) und keine bzw. eine nur unvollständige Basalmembran aufweisen, vermögen Makromoleküle, ja sogar ganze Zellen, auch ohne aktiven Transport, also ohne Zytopempsis, durch die Membranlücken ein- oder auszutreten. In besonders hohem Maße ist ein derartiger transkapillärer Stoffaustausch in der Leber festzustellen. Aber auch in anderen Organen mit analog strukturierten Kapillaren (Milz, Knochenmark) spielt ein solcher Substanzaustausch eine Rolle.

11. Die Innervation der Blutgefäße

Die Blutgefäße werden von Fasern des vegetativen Nervensystems (Vasomotoren) innerviert. Wie alle efferenten Nervenbahnen des vegetativen Nervensystems (VNS) bestehen auch diejenigen für die Gefäße aus zwei Neuren, nämlich aus dem präganglionären Neuron (vor der Synapse) und dem postganglionären Neuron (nach der Synapse). Zu den Vasomotoren gehören:

1. sympathische Vasokonstriktoren,
2. sympathische Vasodilatatoren,
3. parasympathische Vasodilatatoren.

---

[1] Im Jahre 1873 teilte COLIN mit, er habe einem Pferd im Laufe von 6 Stunden 25 l Wasser in die Trachea gegossen, ohne dem Tier erkennbaren Schaden zuzufügen. Das Wasser wurde im Atmungsapparat vollständig resorbiert (zit. nach COMROE, 1968).

a. Sympathische Vasokonstriktoren

Diese Nervenfasern sind die wichtigsten, denn die meisten Gefäße (Arterien, Arteriolen, Venolen, Venen, arterio-venöse Anastomosen)[1] werden nur von solchen innerviert. Die präganglionären markreichen Neuren treten aus dem Rückenmark (Columna intermedio-lateralis) durch die Ventralwurzeln (Hund: 1. Thorakal- bis 4. Lumbalsegment) aus[2] und ziehen durch die Rami communicantes albi zum Grenzstrang des Sympathikus. Diejenigen Bahnen, welche zu den Gefäßen der Haut und Skelettmuskulatur ziehen, haben ihre Synapsen in den Ganglien des Grenzstranges (Vertebralganglien). Die postganglionären, markarmen Neuren verlassen den Grenzstrang durch die Rami communicantes grisei und schließen sich den peripheren gemischten Nerven an. Diejenigen Bahnen, welche die Gefäße der Eingeweide innervieren, verlaufen ununterbrochen durch den Grenzstrang, ihre Synpasen befinden sich mehr peripher in den Prävertebralganglien (z. B. Ganglion coeliacum, Ganglion mesentericum craniale oder caudale, Plexus hypogastricus). Die präganglionären Neuren sind cholinergisch, die postganglionären adrenergisch (s. VNS).

Jeder Nervenimpuls setzt am Ende des postganglionären Neurons eine bestimmte Menge von Noradrenalin frei. Je mehr Noradrenalin sezerniert wird, desto stärker ist die Kontraktion (Tonus) der glatten Gefäßwandmuskulatur, d. h. um so enger wird das Gefäß.

Der konstriktorische Effekt kann daher abgestuft werden durch:

1. die Änderung der Impulsfrequenz der Nervenfasern (bei maximaler Aktivität leitet eine Faser etwa 20 Impulse/s, gewöhnlich sind es deren 1–3 Impulse/s),
2. den Rekrutierungsgrad der Fasern (Prozentsatz der aktiven Fasern),
3. die Dichte der Fasern, welche ein Gefäß innervieren.

Eine Erweiterung der Gefäße beruht einfach auf einer Verminderung der Impulsfrequenz bzw. der dadurch bedingten Abnahme des Gefäßtonus. Die Blutgefäße stehen also normalerweise dauernd unter der Einwirkung vasokonstriktorischer Impulse. Dies demonstriert folgender Versuch:

Durchschneidet man bei einem Kaninchen einseitig den Halssympathikus, welcher die Fasern für die Kopfgefäße enthält, so stellt man nach kurzer Zeit eine homolaterale Dilatation dieser Gefäße fest. Sie ist besonders am Ohr in Form einer starken Rötung und Temperaturerhöhung leicht festzustellen. Wird der distale Teil des durchschnittenen Nerven elektrisch gereizt, so verengen sich die Gefäße, und das Ohr wird blaß und kühl. Ähnliche Feststellungen kann man nach **Neurotomien** peripherer Nerven, wie sie etwa bei Pferden mit Gliedmaßenlahmheiten zwecks Schmerzausschaltung (z. B. infolge Podotrochlitis) ausgeführt werden, machen. Die Weite der Blutgefäße der verschiedenen Organe wird durch die Reizung sympathischer Vasokonstriktoren nicht in gleichem Maße beeinflußt. Die Blutgefäße der Haut, des Magendarmtraktes und der Niere sprechen dabei stark an, geringer ist der Effekt an den Skelettmuskelgefäßen, und praktisch keine Wirkung ist an den Gehirngefäßen zu erzielen.

b. Sympathische Vasodilatatoren

Fasern dieser Art innervieren nur die Gefäße der Skelettmuskulatur und die Herzkranzgefäße. Die postganglionären Fasern für die Skelettmuskelgefäße sind cholinergisch und nur bei stärkster Muskeltätigkeit (»Notfallssituation«) aktiv. Ihre Erregung begünstigt also die Verteidigung oder die Flucht. Vielleicht sind sie auch bei der sofort nach dem Einsetzen der Muskelarbeit erhöhten Muskeldurchblutung beteiligt.

Nicht alle Tiere scheinen solche Fasern zu besitzen. Sie wurden z. B. beim Hund, bei der Katze und beim Hasen gefunden, nicht aber beim Kaninchen und beim Affen. Der zentrale Ursprung dieser Bahnen liegt in der Nähe der motorischen Großhirnareale. Von dort ziehen sie via Hypothalamus zum Mesencephalon und von dort ohne Unterbrechung zu den vasomotorischen Stellen im Seitenhorn des Rückenmarks. Mit dem (vasokonstriktorischen) Kreislaufzentrum in der Medulla oblongata haben sie wahrscheinlich keinen Konnex.

c. Parasympathische Vasodilatatoren

Die Erweiterungen vieler Gefäße, welche man frü-

[1] Die Weite der kleinen Gefäße (Präkapillaren, Metarteriolen) wird vor allem durch lokale Faktoren (Metaboliten) reguliert.

[2] Die Nervenimpulse aus dem medullären Vasomotorenzentrum zu den präganglionären sympathischen Neuren in der Columna intermediolateralis werden von Nervenfasern in den Seitensträngen des Rückenmarkes geleitet.

her der Erregung besonderer Vasodilatatoren zuschrieb, sind nach neueren Befunden anders zu erklären. Beispielsweise kommt die Erweiterung der Mesenterialgefäße nicht direkt durch eine Erregung des Bauchvagus, sondern durch die Aktivitätssteigerung der Verdauungsdrüsen und der damit gekoppelten Absonderung des vasodilatatierenden Polypeptids **Bradykinin** zustande. Bradykinin wird von allen aktiven Drüsen, vor allem aber von den Speichel-, Pankreas- und Schweißdrüsen, gebildet. Wahrscheinlich wird von den Drüsenzellen ein proteolytisches Enzym abgesondert, welches das Bradykinin aus Eiweißstoffen abspaltet[1]. Auch die **Hitzedilatation** der Hautgefäße wird auf diesen Stoff zurückgeführt.

Nur die Gefäße der folgenden Organe werden von parasympathischen Vasodilatatoren versorgt: Hirnhaut, Corpora cavernosa des Penis und der Klitoris.

12. Gefäßaktive Hormone und Metaboliten

Nicht nur Nervenimpulse, sondern auch Hormone und Metaboliten beeinflussen die Gefäßweite.

a. Vasokonstriktorische Stoffe

Gefäßverengend wirken: Noradrenalin, Adrenalin, Vasopressin (Adiuretin), Angiotensin II, Serotonin. An den Koronargefäßen wirken Noradrenalin und Adrenalin gefäßerweiternd.

b. Vasodilatatorische Stoffe

Gefäßerweiternd wirken: Acetylcholin, Histamin, Bradykinin, Wasserstoffionen, CO_2, Milchsäure, ATP, ADP und AMP. Eine Hypoxie wirkt vor allem wegen eines erhöhten Anfalles von Wasserstoffionen vasodilatatorisch.

13. Rezeptorentheorie der Katecholaminwirkungen[2]

Die Rezeptorentheorie nimmt an, daß die Effekte des Adrenalins und Noradrenalins dadurch zustande kommen, daß sich die erwähnten Stoffe mit bestimmten chemischen Gruppen (Haftstellen, Reaktionspartner), den sog. Rezeptoren in den Muskelzellen der Gefäße bzw. des Myokards, verbinden. Zwei Rezeptorenarten (α-Rezeptoren und β-Rezeptoren) werden postuliert. Eine Erregung der α-Rezeptoren der Gefäße bewirkt eine Kontraktion der Muskelzellen und daher eine Gefäßkonstriktion mit konsekutiver Blutdrucksteigerung. Eine Erregung der β-Rezeptoren der Gefäße bewirkt hingegen eine Erschlaffung der Muskelzellen und somit eine Gefäßdilatation mit konsekutivem Blutdruckabfall.

Die Muskelzellen der Arterien sollen sowohl α- als auch β-Rezeptoren enthalten, die Muskelzellen der Venen nur α-Rezeptoren und die Herzmuskelfasern nur β-Rezeptoren. Eine Erregung der myokardialen β-Rezeptoren wirkt positiv chronotrop, inotrop und bathmotrop.

Adrenalin vermag sowohl mit den α- als auch β-Rezeptoren zu verbinden bzw. diese Rezeptoren zu erregen, wobei allerdings der erregende Effekt an den α-Rezeptoren wesentlich stärker ist als derjenige an den β-Rezeptoren. Die Wirkungsresultante ist deshalb eine Gefäßkonstriktion, d. h. eine Blutdruckerhöhung in den Arterien[3]. Am Herzen wirkt Adrenalin infolge Erregung der β-Rezeptoren positiv chronotrop (Tachykardie), inotrop (Verstärkung der Kontraktionskraft) und bathmotrop (Herabsetzung der Reizschwelle).

Noradrenalin verbindet sich praktisch nur mit den α-Rezeptoren, was eine Gefäßkonstriktion und einen Blutdruckanstieg auslöst.

Es gibt Stoffe (Antagonisten), welche sich ebenfalls mit den Rezeptoren verbinden, ohne diesel-

---

[1] Die bereits von CL. BERNARD entdeckte Durchblutungssteigerung der Glandula sublingualis und mandibularis bei Reizung der parasympathischen Fasern der Chorda tympani ist ebenfalls dem Bradykinin zuzuschreiben. Dafür spricht die folgende Beobachtung: Appliziert man dem Versuchstier bei dem eben erwähnten Experiment Atropin, welches die Acetylcholinwirkung blockiert, so wird zwar der sekretorische Effekt, nicht aber der vasodilatatorische (bradykininbedingte) gehemmt.

[2] Zu den Katecholaminen zählt man vor allem das Adrenalin und Noradrenalin.

[3] Insbesondere die Gefäße der Haut und der Abdominalorgane verengen sich unter dem Adrenalineinfluß, während sich die Gefäße der Skelettmuskulatur erweitern. Der Strömungswiderstand in der Kreislaufperipherie nimmt deshalb gesamthaft betrachtet sogar meist etwas ab. Die Erhöhung des systolischen Blutdruckes (der diastolische Blutdruck erhöht sich kaum) nach der Adrenalinapplikation dürfte daher auf das vergrößerte Schlagvolumen bzw. Herzminutenvolumen zufolge der Erregung der kardialen β-Rezeptoren (positiv inotroper Effekt) zurückzuführen sein.

ben aber zu erregen **(Rezeptorenblockade).** An derart blockierten Rezeptoren vermögen Adrenalin bzw. Noradrenalin keine Erregung mehr auszulösen.

Die α-Rezeptoren können beispielsweise durch **Phentolamin** und **Dihydroergotamin** blockiert werden (sog. α-**Blocker**). Die β-Rezeptoren können z. B. durch **Dichlorisoproterenol** blockiert werden (sog. β-**Blocker**).

Nach der Vorbehandlung eines Versuchstieres mit einem α-Blocker vermag das Adrenalin die α-Rezeptoren der Arterien nicht mehr zu erregen, hingegen verbindet es sich nach wie vor mit den β-Rezeptoren, wodurch eine arterielle Dilatation und Blutdrucksenkung eintritt. (Umkehr des Adrenalineffektes nach α-Rezeptorenblockade). Am Herzen bleibt der bereits erwähnte Adrenalineffekt (β-Rezeptorenerregung) erhalten.

Eine β-Rezeptorenblockade bewirkt am Herzen eine Bradykardie (negativ chronotroper Effekt) und eine Abnahme der Herzkraft (negativ inotroper Effekt).

14. Regulation des Blutkreislaufes

Der Organismus ist hinsichtlich der Blutzirkulation sehr ökonomisch eingestellt, das Minutenvolumen wird so klein wie möglich gehalten und den Organen deshalb nur so viel Blut zugeführt, wie sie gemäß ihrer Leistung wirklich benötigen. Für die Anpassung der Durchblutungsgröße an die variablen Bedürfnisse sorgt ein kompliziertes Regulationssystem, das teils aus humoralen, teils aus neuralen Mechanismen besteht. **Die regulativen Vorgänge nehmen ihren Anfang in der Kreislaufperipherie,** d. h. im Gebiet der Arteriolen und Kapillaren, also dort, wo sich die »zentralen Funktionen«, nämlich die Stoffaustauschprozesse, zwischen Blut und Gewebe vollziehen.

a. Regulierung der Organdurchblutung

aa. Lokal-chemische Durchblutungsregelung, Kapillarisation, Autoregulation

Steigt die Leistung eines Organes, dann erhöhen sich auch sein O_2-Verbrauch und der Anfall an Stoffwechselprodukten. Die Hypoxie und viele der Metaboliten wirken direkt auf den Schleusenmechanismus in der Wand der Metarteriolen **(präkapillare Sphinkter, Kapillarpförtner)** ein. Dieser besteht aus glatter Muskulatur. Mit ihrer Hilfe kann die Gefäßweite variiert und damit die Blutzufuhr zu den Kapillaren reguliert werden (Abb. 165). Nach der Ansicht vieler Forscher besitzen die Kapillaren keine kontraktilen Elemente[1]. Demnach würde die Änderung der Kapillarweite passiv, d. h. durch Variation des Kapillardruckes bzw. der Blutzufuhr von seiten der Arteriolen erfolgen.

Für die Öffnung der Kapillarsphinkter dürften folgende Stoffe von besonderer Bedeutung sein: CO_2, H^+, K^+, Milchsäure, Adenosintriphosphorsäure (ATP), Adenosindiphosphorsäure (ADP), Adenosinmonophosphorsäure (AMP) sowie das Acetylcholin, das Histamin (bzw. ein histaminähnlicher Stoff) und das Bradykinin.

Das **Bradykinin** ist ein Polypeptid, welches in allen aktiven Drüsen gefunden wird. Da es auch in den Schweißdrüsen entsteht, wird ihm ebenfalls die Hitzedilatation der Hautgefäße zugeschrieben[2]. Milchsäure, ATP, ADP und AMP kommen speziell im Muskel in großen Mengen vor und spielen vor allem bei der Regulation der Durchblutung dieses Organes eine große Rolle. Ihr gefäßdilatierender Effekt ist derart stark, daß die gefäßkonstringierenden Impulse von seiten sympathischer Nerven (s. u.) wirkungslos bleiben.

Auch die sog. **reaktive Hyperämie,** d. h. die verstärkte Durchblutung nach einer temporären Blockade eines Gefäßbezirkes, beruht wahrscheinlich auf der Anhäufung von Stoffwechselprodukten während der Zeit der mangelhaften Durchblutung. Den gleichen Effekt zeigt eine Hautgefäßsperre bei starker Abkühlung der Haut oder nach einer intrakutanen Adrenalininjektion.

Ruht ein Organ, so ist abwechslungsweise ein großer Teil der Kapillaren vom Blutstrom abge-

[1] Nach neueren, elektronenmikroskopischen Untersuchungen soll auch die Kapillarwand kontraktile Elemente besitzen. Die außen auf der Kapillarwand aufliegenden **Perizyten** (Adventitiazellen, Rougetzellen), denen man früher kontraktile Eigenschaften zuschrieb, dürften jedoch an der Regulation der Kapillarweite nicht beteiligt sein, denn auch perizytenlose Kapillaren verändern ihr Lumen. Die Perizyten werden heute als Makrophagen betrachtet, die sich bei »Reizzuständen« sogar von den Kapillaren ablösen können.

[2] Damit erhält auch die bei Reizung der Chorda tympani eintretende Mehrdurchblutung der Speicheldrüse eine andere Deutung. Früher wurde sie der Erregung parasympathischer (vasodilatatorischer) Nervenfasern zugeschrieben. Nach heutiger Ansicht beruht sie auf dem vasodilatatorischen Effekt des bei der Speichelsekretion gebildeten Bradykinins.

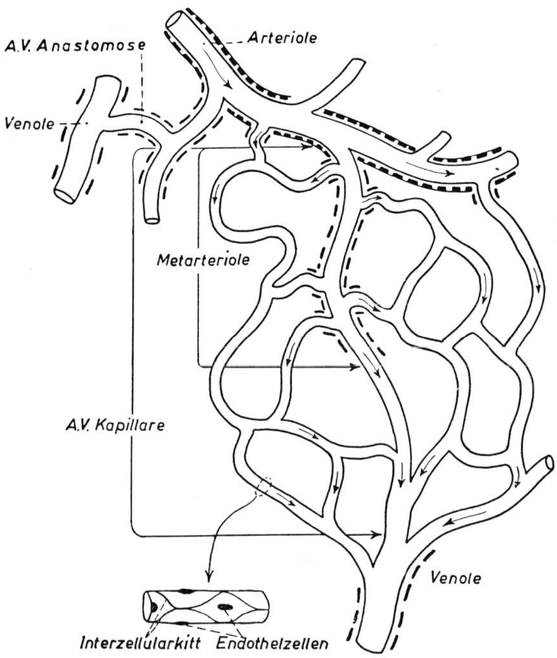

Abb. 165. Ausschnitt eines Kapillargebietes (Schema). (Nach CHAMBERS und ZWEIFACH).

Die Verteilung der Muskulatur wird durch schwächere und stärkere, der Gefäßwand parallel laufende Strichelung angezeigt. Beachte die durchgehende Muskulatur der Arteriolen, Venolen und der A. V.-Anastomosen, die teilweise Bemuskelung der A. V.-Kapillaren (Metarteriolen) und die Begrenzung der Muskulatur bei den eigentlichen Kapillaren auf die präkapillaren Sphinkteren. Unten links wird ein stark vergrößerter Kapillarausschnitt gezeigt

sperrt und deshalb mikroskopisch meist nicht ohne weiteres sichtbar. Mit beginnender Tätigkeit des Organs wird eine dem Blutbedarf entsprechende Zahl von weiteren Kapillaren geöffnet, wodurch die Stoffaustauschfläche zwischen Blut und Gewebe stark vergrößert wird. So ist z. B. für 1 cm³ Muskulatur des Meerschweinchens bei Ruhe eine Kapillaroberfläche von 3–32 cm², bei maximaler Arbeit dagegen eine solche von 360–750 cm² berechnet worden. Es besteht also eine außerordentliche Anpassungsfähigkeit an den jeweiligen Blutbedarf. Das Spiel der sich öffnenden und schließenden Kapillaren wird **Kapillarisation** genannt. Die durch den vermehrten Anfall von Metaboliten induzierte verstärkte Durchblutung eines aktiven Gewebes wird als **aktive Hyperämie** bezeichnet.

Der Übertritt des Blutes aus den Arteriolen in die Venolen braucht nicht unbedingt über die Kapillaren zu erfolgen. In vielen Organen (Haut, Nasenschleimhaut, Speicheldrüsen, Magen- und Darmwand, Lungen, Nieren, Penis, Ovar, Uterus, Plazenta, verschiedene Hormondrüsen usw.) bestehen zwischen Arteriolen und Venolen **arteriovenöse Anastomosen.** Es handelt sich um vaskuläre Kurzschlüsse **(Shunts).** In gewissen Organen sind sie sehr zahlreich. So wurden in der Submukosa des Schweinedarms 600 arteriovenöse Anastomosen auf 1 cm² Fläche berechnet. Die in Venen einmündenden Endabschnitte dieser Gefäße sind sehr dick, denn sie besitzen viel Muskulatur und unter dem Endothel mehrere Schichten spezifischer Zellen **(Quellzellen),** welche durch Quellung und Entquellung die Kurzschlüsse sperren oder öffnen. Sind diese Verschlußmechanismen geöffnet, dann kann das Blut direkt aus dem arteriellen in den venösen Teil des Gefäßsystems übertreten. Dabei setzen sich die arteriellen Druckschwankungen (Pulswellen) unter Umständen bis in das Venengebiet fort. Unter Ruheverhältnissen fließt ein großer Teil (bis 50 %) des vom Herzen ausgeworfenen Blutes durch die vaskulären Kurzschlüsse. Dadurch wird dem Herz viel Arbeit erspart (geringerer Strömungswiderstand in den arteriovenösen Anastomosen als in den Kapillaren).

Abschließend sei festgehalten, daß der kapillare Blutstrom in erster Linie humoral (Metabolite, vasoaktive Hormone [S. 290], O_2-Gehalt des Gewebes) gesteuert wird. Nerveneinflüsse spielen eine geringe Rolle.

ab. Blutzuteilung an die Organe. Nutritionsreflex

Die Öffnung der präkapillaren Sphinkter (Kapillarpförtner) durch die lokalchemischen Regulationsmechanismen genügt allein nicht, eine vermehrte Organdurchblutung zu gewährleisten. Dadurch käme nur eine verlangsamte Strömung im erweiterten Kapillarbett zustande. Sofern der arterielle Druck konstant bleibt, tritt eine wesentliche Durchblutungssteigerung nur ein, wenn auch eine Erweiterung der Arteriolen und Metarteriolen, d. h. eine Reduktion des Strömungswiderstandes, in den eben erwähnten Gefäßen erfolgt. Die Erweiterung dieser Gefäße wird durch eine Abnahme des Tonus der glatten Wandmuskulatur erreicht. Diese Tonusabnahme bewirken Nervenfasern, welche die Gefäße begleiten. Diese Nervenfasern (wahrscheinlich handelt es sich um Fasern im Dienste der Schmerzperzeption) bzw. ihre Endorgane sind chemosensibel. Sie werden durch

Stoffwechselprodukte (CO_2, Milchsäure, erhöhte [H^+] etc.) erregt. Die Nervenimpulse wandern afferent und über Kollateralen (also auch efferent) zu den mehr proximal gelegenen Arteriolen. Die Steuerung der Blutzufuhr zum Kapillargebiet erfolgt somit durch lokale Reflexe (**Nutritionsreflex** nach W. R. HESS)[1].

Wir stellen fest, daß die Organe die ihnen zukommende Blutmenge selber bestimmen (Selbstsorge-Prinzip). Dieses Regulationsprinzip frappiert durch seine Einfachheit. Es birgt aber gewisse Gefahren in sich, die nur vermieden werden können, wenn zentrale Regulationseinrichtungen für das Wohl des Gesamtorganismus besorgt sind und die peripheren Steuerungsmechanismen zweckmäßig koordinieren und modifizieren. Hiervon soll nun die Rede sein.

b. Zentral-nervöse Kreislaufregulation

Eine gleichzeitige Aktivität vieler Organe bewirkt nach den obigen Ausführungen eine Ausweitung des Strombettes in einem großen Teil des Blutgefäßsystemes (z. B. Skelettmuskelgefäße). Ohne entsprechende Korrekturmaßnahmen müßte dies zu einem Mißverhältnis zwischen der vorhandenen Blutmenge und dem Fassungsvermögen des Kreislaufapparates führen, was seinerseits eine arterielle Blutdrucksenkung (verminderte Spannung der Gefäßwände) und damit auch Verlangsamung der Blutströmung zur Folge hätte[2]. Dadurch würde auch in jenen Organen ein »Bluthunger« mit konsekutiver Gefäßdilatation entstehen, die ihre »Blutschleusen« nicht erweiterten. Ein Circulus vitiosus würde ausgelöst, dessen Resultat wäre der Zusammenbruch des Blutkreislaufs. Dies wird durch einen zentralen Steuerungsmechanismus, das Kreislaufzentrum, verhütet.

ba. Das Kreislaufregulationszentrum

Dieses Zentrum sorgt in erster Linie dafür, daß bei plötzlichen Erweiterungen (Arbeit) oder Verengungen der peripheren Gefäße (Ruhe) der Blutdruck[3] keine allzu starken Abweichungen nach unten oder oben aufweist; denn dadurch würde entweder der Stoffaustausch im Kapillargebiet gefährdet oder eine zwecklose Überlastung des Herzens eintreten. Ihm kommt die Aufgabe zu, die Blutzirkulation in der Weise zu beeinflussen, daß die Bedürfnisse aller Organe zwar gewahrt, die für den Kreislauf eingesetzten Kräfte aber möglichst geschont bzw. so ökonomisch wie möglich eingesetzt werden.

Lage des Kreislaufzentrums. Wie die meisten anderen Zentren, stellt auch das Kreislaufzentrum kein scharf- und engbegrenztes Gebiet des Zentralnervensystems (ZNS) dar. Kreislaufregulatorische Substrate werden auf verschiedenen Höhen der Zerebro-Spinal-Achse gefunden.

Wird der Gehirnstamm am oralen Ende des Pons durchtrennt, so ändert sich der Blutdruck kaum. Durchschneidet man aber das Rückenmark an der Übergangsstelle zur Medulla oblongata, so tritt ein lang anhaltender Blutdruckabfall auf, der sich allerdings sukzessiv wieder verkleinert.

Aus diesen Experimenten ergibt sich, daß der Pons und die Medulla oblongata (Bulbus) einen wichtigen Part bei der Regulation des Blutdruckes spielen, daß aber auch das Rückenmark bzw. der spinale Sympathikus wesentlich bei der Aufrechterhaltung des Blutdruckes mithilft. Noch viele andere Stellen des ZNS (Mesencephalon, Diencephalon, Cortex) spielen bei der Regulation des Blutdruckes bzw. der Blutzirkulation eine Rolle. Die Beeinflussung des Herzens (Tachykardie, Bradykardie) und der Gefäße (Erröten, Erblassen) durch das Großhirn bzw. psychische Vorgänge (Schreck, Freude, Angst, Zorn usw.) ist allgemein bekannt. Es ist aber üblich, die bulbo-pontinen Abschnitte als das eigentliche (primäre) Kreislaufzentrum anzusprechen.

Das Kreislaufzentrum (Vasomotorenzentrum, VMZ) stellt ein diffuses Netzwerk von miteinander verbundenen Neurengruppen in der **Formatio reticularis** dar, welches rostral bis zum mittleren Teil des Pons und kaudal bis zum Obex (oraler Rand des Zervikalmarkes) reicht. Es kann in ein **pressorisches Unterzentrum (Vasokonstriktorenzen-**

[1] Es handelt sich um einen sog. **Axonreflex.** In einem solchen durchlaufen die afferenten Impulse keine Synapsen, sondern verbleiben innerhalb des Verzweigungsgebietes eines einzigen Axons. Nach dieser Vorstellung fungiert also ein und dasselbe Neuron sowohl als rezeptorisches (afferentes) wie auch als effektorisches (efferentes) Element. Von gewissen Forschern wird die Existenz des geschilderten Nutritionsreflexes bezweifelt, ohne aber anzugeben, wie die Erweiterung der den Metarteriolen und Kapillaren vorgeschalteten größeren Gefäße zustande kommt.

[2] Eine ganz ähnliche Situation ergibt sich auch bei akuten Blutverlusten infolge einer Verletzung oder bei einem Aderlaß.

[3] Wird von Blutdruck ohne nähere Bezeichnung gesprochen, so ist darunter immer der Blutdruck in den Arterien des großen Kreislaufes zu verstehen.

trum) und ein **depressorisches Unterzentrum (Vasodilatatorenzentrum)** unterteilt werden. Das erstere liegt in den rostrolateralen Teilen der Formatio reticularis, dessen Reizung erzeugt eine Blutdrucksteigerung. Das letztere liegt in den mediokaudalen Partien der Formatio reticularis, seine Reizung senkt den Blutdruck.

Die Aktivität des Vasokonstriktorenzentrums ist bis zu einem gewissen Grad autonom bzw. spontan, denn die Neuren setzen ihre Impulsbildung rhythmisch fort, nachdem jede neurale Aktivierung durch periphere Afferenzen oder höhere Zentren ausgeschaltet ist, sofern das chemische Milieu innerhalb der Norm verbleibt[1]. Die Tätigkeit des Zentrums wird aber durch afferente Nervenimpulse verschiedener Provenienz (Pressorezeptoren, Chemorezeptoren, höhere Zentren des Zwischenhirns und des Cortex) und humorale Stoffe aus den tätigen Muskeln dauernd modifiziert. Das so resultierende Erregungsmuster wird in Form efferenter Impulse auf verschiedenen Wegen, insbesondere sympathischen und parasympathischen Nerven, zum Herzen und zu den verschiedenen Teilen des Gefäßsystemes (Arterie, Arteriolen, arteriovenöse Anastomosen, Venen, Blutspeicher [Milz, Leber, subpapilläre Gefäßplexus der Haut usw.]) gesendet.

Beide Unterzentren arbeiten in gegenseitiger Abhängigkeit derart, daß eine Erregungssteigerung des einen eine Hemmung des andern bedingt.

Ein Steuerungsorgan kann seiner Aufgabe nur gerecht werden, wenn es über den Zustand des zu steuernden Systems und über die Effekte seiner Steuerungsmaßnahmen laufend orientiert wird (Rückmeldung der Steuerungseffekte an das Steuerungszentrum). Somit kann das VMZ seine regulative Tätigkeit nur erfüllen, wenn es über die Druckverhältnisse im Gefäßsystem und die chemische Beschaffenheit des Blutes informiert ist. Der Blutbedarf der Organe, der — wie bereits dargelegt wurde — von peripheren Mechanismen gesteuert wird (s. lokalchemische Durchblutungsregelung), braucht hingegen dem VMZ nicht »bekannt« zu sein. Sofern der arterielle Druck richtig eingestellt ist, ist damit gleichzeitig Gewähr geboten, daß den Organen bei normaler Beschaffenheit der Blutgefäße genügend Blut zufließt.

Da das Blut, der Blutkreislauf und die Atmung eine funktionelle Einheit bilden, von der jeder Partner die Fähigkeit besitzt, das Ungenügen des andern bis zu einem gewissen Grad auszugleichen[2], ist es verständlich, daß auch die chemische Beschaffenheit des Blutes, z. B. bezüglich der Atemgase (O_2, CO_2 [H^+]), das Kreislaufzentrum beeinflußt.

An bestimmten Stellen des Gefäßsystems befinden sich Fühlorgane, die einerseits die Gefäßwandspannung und somit den intravasalen Druck, anderseits die chemische Beschaffenheit des arteriellen Blutes, insbesondere bezüglich O_2- und CO_2-Gehalt sowie der [H^+] prüfen und entsprechende Meldungen zum VMZ senden. Die Fühlorgane des Blutdruckes fungieren als Dehnungsrezeptoren und nicht als Druckmeßrezeptoren, sie werden als **Pressorezeptoren (Barorezeptoren)**, diejenigen für die Kontrolle der chemischen Beschaffenheit des Blutes als **Chemorezeptoren** bezeichnet (s. S. 346).

bb. Pressor- und Depressorreflex

Pressorezeptoren wurden sowohl auf der arteriellen als auch auf der venösen Seite des Gefäßsystems gefunden, nämlich:

1. in der Wand des Aortenbogens,
2. an der Teilungsstelle der A. carotis com. (Sinus caroticus der A. carotis int.)[3],
3. an den Wurzeln der Vv. cavae und Vv. pulmonales,
4. in den Wandungen der Vorhöfe und Herzkammern,
5. im Perikard[4].

Von den Rezeptoren des Aortenbogens schließen sich die afferenten Nervenfasern dem N. vagus an

[1] Die Aktivität (Impulsbildung) des Vasokonstriktorenzentrums wird stark vom P_{CO_2} der Interzellularflüssigkeit im Gebiet des Zentrums beeinflußt (Erhöhung der Impulsfrequenz bei einer Erhöhung des P_{CO_2}; Erniedrigung der Impulsfrequenz bei einer Senkung des P_{CO_2}).

[2] Beispiel: Erhöhung der Blutzirkulation bei einer Insuffizienz des Atmungsapparates.

[3] Beim Hund wurden Pressorezeptoren in der ganzen A. carotis com. festgestellt. Bei den Wiederkäuern, die keine A. carotis interna und damit auch keinen Sinus caroticus besitzen, finden sich Pressorezeptoren an der Abgangsstelle der A. occipitalis von der A. carotis communis. Bei den Vögeln entspricht ein unmittelbar distal vom Abgang der A. subclavia gelegenes Segment der A. carotis communis dem Sinus caroticus der Säugetiere.

[4] Blutdruckrezeptoren wurden auch in der A. coeliaca, A. mesenterica, A. meningea media, A. hepatica sowie in den Gefäßen der Extremitäten gefunden. Die Reflexe, welche von diesen Rezeptoren ausgelöst werden, sind aber lokal und spielen sich über untergeordnete spinale Zentren ab. Für die Regulation des allgemeinen Blutdruckes sind sie deshalb von geringer Bedeutung.

und erreichen so das VMZ[1] (Abb. 166). Die Pressorezeptoren des Karotissinus sind durch einen sensiblen Ast des N. glossopharyngicus mit dem VMZ verbunden und diejenigen der Hohlvenen, der Pulmonalvenen sowie der Herzwandungen und des Perikards durch afferente Fasern im N. vagus.

Die Pressorezeptoren am Aortenbogen und Karotissinus lösen über das VMZ ganz analoge Effekte aus. Man bezeichnet sie in Analogie zu den Eigenreflexen der Skelettmuskeln als **propriozeptive Reflexe,** weil die Rezeptoren und Effektoren im gleichen Organsystem gelegen sind. Es kann ein Pressor- und Depressorreflex unterschieden werden.

Pressorreflex. Es wurde bereits erwähnt, daß die gleichzeitige Aktivität vieler Organe infolge der lokal-chemischen Durchblutungsregelung und des Nutritionsreflexes eine Ausweitung des Strombettes im Aktionsgebiet zur Folge hat. Ohne entsprechende gegenregulatorische Maßnahmen müßte dies zu einem Abfall des arteriellen Blutdruckes führen. Dies wird vor allem durch den Pressorreflex verhindert. Im Moment, wo der Druck abzusinken droht, wird dies von den Pressorezeptoren registriert und dem VMZ in Form einer Abnahme der Impulsfrequenz übermittelt[2]. Als regulatorische Maßnahmen (negativer feedback) werden vom VMZ (Pressor-Zentrum) vorwiegend über Fasern des sympathischen Nervensystems (Erhöhung der Impulsfrequenz) folgende Effekte ausgelöst:

1. Vasokonstriktion (Venen und Arterien) in Gefäßgebieten, wo dies ohne wesentliche Gefährdung möglich ist (z. B. im Gebiet des Magendarmtraktus, sog. Splanchnikusgebiet),
2. Entleerung der Blutspeicher (Milz, Leber, Lunge, subpapilläre Gefäßplexus der Haut usw.; S. 298),
3. Erhöhung der Frequenz und Stärke der Herzschläge (Vergrößerung des Schlagvolumens),
4. Anregung des Nebennierenmarkes zu erhöhter Absonderung von Adrenalin und Noradrenalin, wodurch die von den vasokonstriktorischen Nerven bewirkte Gefäßverengerung noch unterstützt wird (»Verstärkereffekt«).

Durch diese Effekte wird der Zufluß von Blut zum Herzen vermehrt, der Abfluß des Blutes aus den großen Arterien (Windkessel, S. 270) gehemmt, es kommt zu einer Erhöhung des arteriellen Blutdruckes, wobei auch verstärkte Herzkontraktionen eine Rolle spielen. Die Effekte des Pressorreflexes sind auf eine Enthemmung des Pressorzentrums zurückzuführen.

Depressorreflex. Erhöhte Wandspannung der Aorta und des Karotissinus infolge Blutdruckanstieg induziert in den Pressorezeptoren eine höhere Impulsfrequenz. Das VMZ (Depressor-Zentrum) löst darauf — wiederum in Form eines negativen feedback — folgende Gegenmaßnahmen aus:

1. Vasodilatation speziell im Splanchnikusgebiet und in der Skelettmuskulatur,
2. vermehrte Stapelung von Blut in den Blutspeichern (Leber, Milz, Haut),
3. Senkung der Frequenz und Kraft der Herzschläge[1].

Der Blutrückfluß zum Herzen nimmt ab und damit auch das Minutenvolumen des Herzens. Der Blutabstrom vom Herzen bzw. aus dem vaskulären Windkessel ist erleichtert, der arterielle Blutdruck sinkt. Der Depressorreflex schützt das Herz und die Arterien vor zu starker Belastung. Die Effekte des Depressor-Reflexes kommen vor allem durch eine Abnahme der Impulsfrequenz der sympathischen Herz- und Gefäßnerven sowie eine Zunahme der Impulsfrequenz der parasympathischen Herznerven zustande.

Das Elektroneurogramm des N. depressor zeigt, daß schon die systolischen Drucksteigerungen bei jedem Herzschlag zu einer Erhöhung der afferenten Impulse Anlaß geben. Ausschaltung der Pressorezeptoren führt zu einem langdauernden Blutdruckanstieg. Dies ist ein Hinweis, daß sie normalerweise dauernd eine gewisse Drosselwirkung entfalten und daher auch als **»Blutdruckzügler«** bezeichnet werden. Der Blutdruckanstieg ist um so größer, je mehr Pressorezeptoren (durch Blockierung ihrer afferenten Nerven) ausgeschaltet werden. Bei einer Denervation aller Pressorezeptoren an der Aorta und A. carotis kann der mittlere Arteriendruck im großen Kreislauf bis zu 100 mm Hg (13,3 kPa) ansteigen. Eine derart induzierte

[1] Beim Kaninchen bilden diese afferenten Fasern einen besonderen, neben dem N. vagus liegenden Nerv. Seine Reizung führt zu einer starken arteriellen Blutdrucksenkung, weshalb er auch als **N. depressor** bezeichnet wird.

[2] Die Pressorezeptoren senden dauernd Impulse zum VMZ. Die Impulsfrequenz ist um so größer je höher der Blutdruck. Die ungefähre Frequenz beträgt: 30/s bei einem Druck von 50 mm Hg (6,7 kPa); 40/s bei einem Druck von 120 mm Hg (16 kPa); 70/s bei einem Druck von 180 mm Hg (24 kPa).

[3] Die Effekte des Depressorreflexes beruhen wahrscheinlich auf einer Hemmung des Depressorzentrums durch das Pressorzentrum.

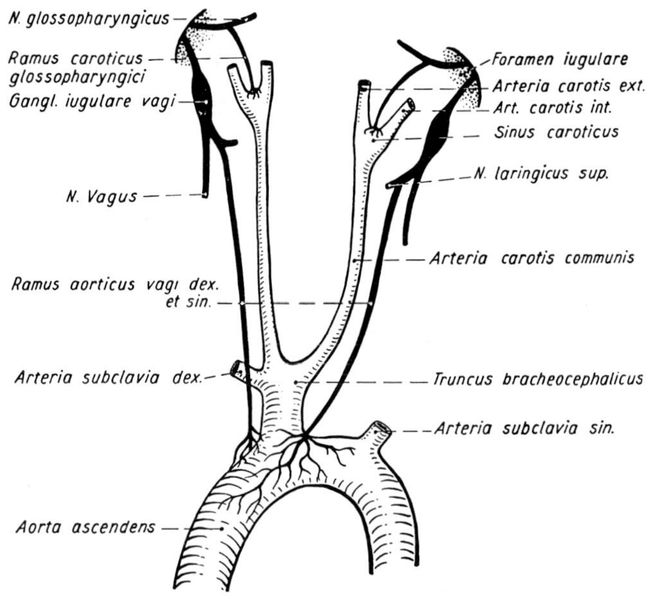

Abb. 166. Schema der pressorezeptorischen Nerven des Kreislaufes; Kaninchen. (Nach Koch)

Hypertonie wird **»Entzügelungshochdruck«** genannt. Auch eine Blockierung des Blutstromes in den Karotiden führt wegen des lokalen Druckabfalles in den Sinus carotici zu einer Drucksteigerung im übrigen arteriellen Gefäßsystem.

Der Depressorreflex tritt auch ins Spiel, wenn durch eine Adrenalininjektion eine starke Blutgefäßkonstriktion mit konsekutiver Blutdruckerhöhung eintritt. Im Moment, wo der Druck eine gewisse Schwelle überschreitet, tritt plötzlich eine starke Verlangsamung der Herztätigkeit ein (sog. **Vaguspulse**). Diese ist nicht direkt durch das Adrenalin, sondern durch den Depressorreflex verursacht.

Die Pressorezeptoren des Karotissinus können auch durch Druck von außen (Daumendruck) mechanisch gereizt werden. Dies gibt zu einer Verlangsamung des Herzschlages und einer Senkung des Blutdruckes Anlaß. Der Effekt kann so stark werden, daß eine Ohnmacht eintritt[1].

Der Pressor- bzw. Depressorreflex wirkt sich nicht an allen Gefäßen in gleichem Maße aus. Die dauernd tätigen Organe Herz, Nieren und Gehirn, werden von den Durchblutungsänderungen wenig betroffen. Die Gefäße in den Organen, deren Tätigkeit unter den gegebenen Verhältnissen gedrosselt werden kann, ohne die Existenz des Individuums zu gefährden, sprechen hingegen auf die kollaterale Vasokonstriktion stark an. Bei einer kollateralen Vasokonstriktion verengen sich daher die Mesenterialgefäße während der Verdauungsphase weniger stark als bei Verdauungsruhe.

Die Pressorezeptoren beeinflussen nicht nur den Zirkulations-, sondern auch den Atmungsapparat (Dämpfung der Atmung bei Blutdruckanstieg, S. 348).

bc. Chemorezeptoren-Reflex

Am Karotissinus (Glomus caroticum) und Aortenbogen (Glomus aorticum) finden sich Rezeptoren, welche die chemische Beschaffenheit des Blutes kontrollieren. Sie reagieren insbesondere auf Änderungen des Gehaltes an O_2, CO_2 und H^+ und spielen bei der Atmungsregulation eine ausschlaggebende Rolle (S. 346). Bei Abnahme des O_2-Druckes bzw. bei Zunahme des CO_2-Druckes und der $[H^+]$ senden die Rezeptoren im Glomus aorticum via N. vagus und diejenigen im Glomus caroticum via N. glossopharyngicus vermehrt Impulse zum VMZ. Dies bewirkt eine Erhöhung des Sympathikustonus mit konsekutiver Erhöhung der Frequenz und Stärke der Herzschläge sowie kollaterale Vasokonstriktion und Entspeicherung von Depot-

[1] Der Daumendruck auf dem Karotissinus wird beim Menschen zur Kupierung einer paroxysmalen Tachykardie verwendet.

blut. Damit erhöht sich der arterielle Blutdruck. Da die Reizung der Chemorezeptoren gleichzeitig eine Intensivierung der Atmung zur Folge hat, ist die Kreislaufreaktion durchaus zweckmäßig, denn die vermehrte Lungenventilation wird nur voll ausgenützt, wenn auch die pulmonale Blutzirkulation erhöht wird **(Synergismus von Atmung und Kreislauf)**. Die Blutdruckerhöhung bei einer Hypoxie wird vor allem durch die Chemorezeptoren induziert. Unter Normalbedingungen spielt der Chemorezeptoren-Reflex bei der Kreislaufregulation nur eine geringe Rolle. Er ist vielmehr quasi ein Nothelfer bei schweren Hypoxämien, Hyperkapnien und Azidosen.

Sowohl die Presso- als auch die Chemorezeptoren üben ihre Effekte nur über die Vasokonstriktoren, nicht über Vasodilatatoren aus (S. 287).

bd. Bainbridge-Reflex

Auch die Wandungen der intraperikardialen Teile der Vv. cavae und pulmonales sowie der Vorhöfe weisen Fühler auf, welche den Pressorezeptoren der Aorta und des Karotissinus ähnlich sind. Eine Erhöhung der Wandspannung in den erwähnten Gefäßen, etwa bei vermehrtem venösem Blutzufluß, einer raschen intravenösen Injektion, zu geringer Förderleistung der Herzkammern usw. bewirkt eine frequentere und kräftigere Herztätigkeit infolge reflektorischer Abnahme des Vagustonus. Der Reflex verhindert also eine Anstauung von Blut vor dem kleinen Kreislauf. Der Reflex dürfte auch an der Auslösung der Tachykardie bei Körperarbeit oder bei einer Myokardinsuffizienz sowie beim Zustandekommen der **respiratorischen Arrhythmie** (Erhöhung der Herzschlagfrequenz während der Inspiration) mitbeteiligt sein. Die auf die eben beschriebene Weise ausgelöste Herzfrequenzsteigerung kommt nur bei relativ niedriger Herzschlagfrequenz infolge eines hohen Parasympathikustonus zustande. Ist die Herzschlagfrequenz infolge eines niedrigen Parasympathikustonus bereits hoch, so läßt sich derselbe durch Reizung der Bainbridge-Reflexrezeptoren kaum mehr stärker reduzieren, d. h. der Reflex läßt sich nicht mehr auslösen.

be. Perikard-Reflex

Eine vermehrte Dehnung des Herzbeutels führt zur Reizung von Mechanorezeptoren und zu einer reflektorischen Erhöhung der Herzschlagfrequenz. Die zu fördernde Blutmenge wird dadurch in kleinere Schlagvolumina aufgeteilt und eine diastolische Überfüllung bzw. Überdehnung des Herzens verhindert.

bf. Bezold-Jarisch-Reflex

Im Jahre 1867 fanden Bezold und Hirt, daß die Injektion von Mistelextrakt (wirksamer Stoff: Veratridin) eine Bradykardie und Blutdrucksenkung sowie eine Atmungsdepression zur Folge hat. Die Forscher vermuteten, es könnte sich um einen durch Reizung kardialer Rezeptoren ausgelösten Reflex handeln. Diese Befunde wurden vergessen. 1937 stellte Jarisch fest, daß Veratridin und andere Gifte sowie körpereigene Stoffwechselprodukte die Erregbarkeit von Rezeptoren der linken Ventrikelwand in hohem Maße steigern und eine reflektorische Bradykardie mit Blutdruckabfall herbeiführen. Der zirkulatorische Hemmungseffekt kann derart stark sein, daß Bewußtlosigkeit eintritt. Sowohl die afferenten als auch die efferenten Refleximpulse verlaufen im Nervus vagus. Vagotomie oder Blockade der Vagusnerven durch Unterkühlung hebt daher den Reflex auf. Die Bedeutung des Reflexes ist nicht völlig klar. Vielleicht handelt es sich um einen Schutzreflex des Herzens, bei zu starker Beanspruchung bzw. Erkrankung, also eine Art »Notbremse«.

bg. Diuresereflex (Gauer und Henry)

Im linken Vorhof sind Dehnungsrezeptoren (Volumenrezeptoren) lokalisiert, welche während der Vorhofdiastole, d. h. während der Dehnung der Vorhofwand via afferente Fasern im N. vagus Impulse ins ZNS senden und ihm in der Weise die Füllung des Vorhofs signalisieren. Während der Vorhofsystole bleiben die Rezeptoren stumm, sie sprechen also nicht auf den atrialen Druck, sondern auf die Dehnung der Vorhofwand an.

Die Impulse lösen eine zweifache Reaktion aus:

1. Eine **Verminderung der Adiuretinausschüttung** aus dem Hypophysenhinterlappen, was eine Reduktion der Wasserreabsorption in den Nierentubuli zur Folge hat und damit zu einer vermehrten Urinausscheidung (Polyurie) und

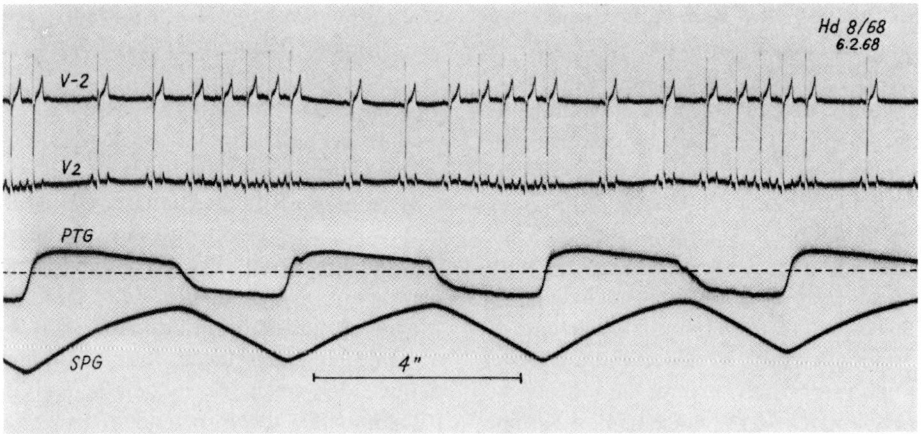

Abb. 167. Ausgeprägte respiratorische Arrhythmie bei einem herzgesunden Hund (Boxer, 8 Jahre alt).

Die Kurven bedeuten (von oben nach unten): EKG-Ableitung V-2; EKG-Ableitung V_2; Pneumotachogramm (Kurvenzug oberhalb der gestrichelten Horizontalen = Exspiration, Kurvenzug unterhalb der gestrichelten Horizontalen = Inspiration); Spirogramm (ansteigende Kurve = Exspiration; absteigende Kurve = Inspiration)

konsekutiven Abnahme des Blutvolumens führt.

2. Eine **Abnahme des Sympathikustonus** und damit eine Tonusabnahme der Venenwandungen, wodurch das Fassungsvermögen des Venensystems zunimmt.

Die erwähnten Reaktionen sind um so ausgeprägter je stärker die Füllung des linken Vorhofs. Der Reflex steht nicht nur im Dienste der Blutdruckregulation, sondern hilft vor allem auch bei der Regelung des Blutvolumens mit.

bh. Beeinflussung des Kreislaufregulationszentrums durch das Atmungszentrum. Respiratorische Arrhythmie

Bei allen Säugetierarten — allerdings in tierartlich verschieden starker Ausprägung — schlägt das Herz während der Inspiration rascher und während der Exspiration langsamer (Abb. 167). Da das Phänomen eine strenge Korrelation zur Atmung aufweist, wird es als **respiratorische Arrhythmie** (r. A.) bezeichnet. Oft tritt insofern eine gewisse Phasenverschiebung zwischen der Respiration und Herzfrequenzperiodik ein, als die höchste Frequenz (kürzestes Schlagintervall) nicht während des Inspiriums, sondern erst zu Beginn der Exspiration, und die niedrigste Frequenz (längstes Schlagintervall) nicht mehr im Exspirium, sondern in der ersten Phase der Inspiration erreicht wird.

Bei den Kaniden (Hund, Fuchs)[1] ist die r. A. viel stärker als bei den andern Haustieren. Eine Blokkade der parasympathischen Herznerven (beidseitige Durchschneidung des N. vagus oder Atropinapplikation) bringt die r. A. zum Verschwinden. Bei einer Blockade der adrenergischen β-Rezeptoren des Herzens bleibt die r. A. jedoch erhalten. Muskelarbeit, nervöse Erregung, Hyperthyreose, Fieber vermindern die r. A., während Schlaf, physische und psychische Ruhe sie verstärken. Die r. A. ist vor allem auf eine Beeinflussung des Kreislaufregulationszentrums durch das Atmungszentrum zurückzuführen, und zwar in der Weise, daß das Kreislaufregulationszentrum (Herzhemmungszentrum) via parasympathische Fasern des N. vagus Impulse mit bald höherer bzw. niedrigerer Frequenz zum Herzen sendet (S. 287). Auch der **Bainbridge-Reflex** (S. 296) dürfte an der Auslösung der r. A. mitbeteiligt sein. Im weiteren spielen wahrscheinlich die arteriellen Druckschwankungen via die Pressorezeptoren eine Rolle (Druckerhöhung → Frequenzabnahme und vice versa). Die Thoraxbewegungen hingegen sind beim Zustandekommen der r. A. unbeteiligt, denn eine Ausschaltung der respiratorischen Thoraxbewegungen (Lähmung der Atmungsmuskeln mittels Succinylcholin) unterdrückt die r. A. nicht (Hamlin et al., 1966).

[1] Weist ein Mensch eine sehr starke r. A. auf, so spricht man von einem »Hundepuls«.

bi. Beeinflussung des Kreislaufsystems durch supramedulläre Gehirnteile

Die Feststellung, daß eine Durchschneidung des Hirnstammes oberhalb der Medulla oblongata die Blutzirkulation bzw. ihre Regulation kaum beeinträchtigt, spricht für eine weitgehende Selbständigkeit der medullären Regelmechanismen. Schon lange ist aber bekannt (HESS, 1938), daß das Kreislaufsystem von supramedullären nervösen Elementen, insbesondere des Hypothalamus und des Kortex, beeinflußt wird. Von bestimmten Teilen der Hirnrinde (motorische Areale und diesen benachbarten Gebieten) und von dorsalen Kerngebieten des Hypothalamus kann man bei elektrischer Reizung Blutdrucksteigerungen von andern Zonen der Hirnrinde und von ventralen Gebieten des Hypothalamus Blutdrucksenkungen auslösen. Diese Effekte kommen teils unter Mitwirkung des medullären Kreislaufzentrums, teils aber auch ohne dieses zustande. Das erstere ist bei den **vasokonstriktorischen Effekten** der Fall. Bei diesen werden die von den supramedullären Hirnteilen kommenden Impulse in der Medulla auf Bahnen umgeschaltet, die von der Medulla zu den sympathischen, vasokonstriktorischen Nerven im Seitenhorn des Rückenmarks ziehen. Die von der Hirnrinde und vom Hypothalamus ausgelösten **vasodilatatorischen Effekte** kommen hingegen durch Impulse zustande, die über Bahnen geleitet werden, die keine Umschaltstelle in der Medulla besitzen. Die Impulse gelangen ebenfalls in den Seitenhörnern des Rückenmarks zu den Ursprungszellen des sympathischen vasodilatatorischen (cholinergen) Nerven (S. 288).

Als Beispiele für die Beeinflussung des Kreislaufes durch das Großhirn (nervöse Erregung, Emotionen) seien erwähnt:

1. die Vergrößerung des Herzminutenvolumens,
2. das Verschwinden der respiratorischen Arrhythmie des Hundes,
3. das Verschwinden des partiellen Av.-Blockes (Av.-Block 2. Grades, S. 235) beim Pferd,
4. das Auftreten einer Tachykardie beim Erscheinen einer fremden Person (Tierarzt) im Stall bzw. bei Untersuchungen von Tieren,
5. das Auftreten eines Blutdruckabfalles und einer Bradykardie (Kreislaufkollaps) bei gewissen Menschen beim Anblick von Blut oder depressiver Verstimmung.

bk. Beeinflussung des Kreislaufsystems durch spinale Vasomotorenzentren

Durchschneidet man das Zervikalmark, so kommt es zunächst zu einem außerordentlich starken Abfall des arteriellen Blutdruckes, weil das Blutgefäßsystem des Rumpfes und der Gliedmaßen nicht mehr unter der Herrschaft des medullären Kreislaufzentrums steht. Die Hypotonie ist aber nicht permanent. Nach einiger Zeit steigt der Druck wieder an und kann in gewissen Fällen sogar die normale Höhe erreichen. Diese Erhöhung beruht darauf, daß auch die in den Seitenhörnern des Rückenmarks entspringenden präganglionären, sympathischen, vasokonstriktorischen Neuren eine gewisse Autonomie erlangen und so als **spinale Vasomotorenzentren** fungieren. Hierbei fehlt allerdings die von der Medulla bewirkte Koordination zwischen der Herz- und Gefäßinnervation.

c. Die Bedeutung der Blutspeicher bei der Regulation der Blutzirkulation

Bei der Regulation der Blutzirkulation spielen auch die **Blutspeicherorgane,** welche bis zu 45 % der Gesamtblutmenge aufnehmen können, eine wichtige Rolle (s. auch Pressor- und Depressorreflexe sowie von Chemorezeptoren ausgelöste Reflexe, S. 295). Zu ihnen gehören vor allem: Leber, Lunge, Herz und Milz sowie die Gefäße der Haut und des Magendarmtraktus.

Die Venen der **Leber** besitzen besondere muskuläre Einrichtungen, mit deren Hilfe sie das Blut zurückhalten und auf diese Weise bis zu 20 % des Gesamtblutes zu speichern vermögen. Im Gegensatz zur Milz stehen aber in der Leber keine speziellen Speicherräume zur Verfügung, vielmehr fließt das Blut einfach verlangsamt durch die kleineren Lebervenen. Bei Erregung des Sympathikus kontrahieren sich die Muskeln dieser Gefäße und bewirken so eine Entspeicherung des Lebervenenblutes, was eine Volumenabnahme des Organes zur Folge hat. Der **Blutspeicher der Haut,** der etwa 10 % des Gesamtblutes fassen kann, dürfte in ähnlicher Weise funktionieren.

Von großer Bedeutung ist die **Blutspeicherfunktion des Lungenkreislaufes.** Die Lungengefäße sind dadurch ausgezeichnet, daß sie nicht in ein festes Parenchym eingebettet, sondern im leicht dehnbaren Netzwerk des luftgefüllten Lungengewebes aufgehängt sind. Diese Lokalisation, zusammen mit der großen Dehnbarkeit seiner Wände, gibt dem intrapulmonalen Kreislaufabschnitt die Funktion eines Druckausgleichgefäßes, in das relativ große Blutmengen leicht ausweichen können, wenn das periphere Gefäßbett durch Kompression oder Vasokonstriktion eingeengt oder das Gesamtblutvolumen durch Transfusion vergrößert wird. Umgekehrt wird ein erhöhter Blutbedarf der Peripherie (Körperarbeit, Blutverluste, Anoxie usw.) rund zur Hälfte aus dem pulmonalen Reservoir gedeckt, obwohl dieser Gefäßabschnitt nur etwa 25 % des Gesamtblutvolumens enthält.

Ein Blutdepot besonderer Art stellt die **Milz** dar, da sie als einziges Speicherorgan nicht Blut als Ganzes, sondern vor allem Blutkörperchen speichert. Beim Hund vermag sie bis zu 16 % der Gesamtblutmenge zu stapeln. Im Milzblut können Hämatokritwerte von 0,8 bis 0,9 gefunden werden, d. h. solches kann pro Volumeneinheit mehr als doppelt soviel Erythrozyten wie das in den übrigen Organen zirkulierende Blut enthalten. Das Plasma des in der Milz eingedickten Blutes wird durch die Lymphgefäße und die Venen der Milz dem übrigen Blut zurückgegeben. Die Entspeicherung der Milz geschieht durch Kontraktion der in Kapsel und Trabekelsystem vorhandenen glatten Muskulatur, wobei die Milz wie ein Schwamm ausgepreßt wird. Ihr Umfang kann dabei auf ein Drittel bis ein Viertel des Ruhewertes abnehmen. In der Ruhe füllt sich die rote Milzpulpa aus dem Blutstrom wieder auf[1].

Tab. 45. Erythrozytenspeicherung bzw. -entspeicherung durch die Milz

Versuchstier	Erythrozytengehalt (Hämatokritwert) des Jugularisblutes	
	bei Körperruhe	nach 5 min Bewegung
Pferd 1	0,25	0,37
Pferd 2	0,28	0,38
Hund	0,26	0,36
Hund nach Splenektomie	0,29	0,28

Beim Pferd und Hund ist der Gehalt des zirkulierenden Blutes an Erythrozyten in der Ruhe um rund ein Viertel niedriger als bei Bewegung (Tab. 45). Nach einer operativen Entfernung der Milz bleibt der Erythrozytengehalt bei Ruhe und Bewegung jedoch ständig gleich hoch. Das Speichervermögen der Milz ist vor allem bei Lauf- und Springtieren (z. B. Pferd und Hund) gut entwikkelt. Die Milz dieser Tierarten weist viel rote Milzpulpa (Speicherraum) auf und ist mit einem starken Trabekelsystem mit viel glatter Muskulatur (Entleerungsmechanismus) ausgestattet. Sie ist dagegen relativ arm an Milzkörperchen (weiße Pulpa).

Einen deutlichen Unterschied zum eben beschriebenen Speichertyp zeigt die Milz anderer Tierarten (z. B. Wiederkäuer, Schweine, Kaninchen, Mensch), welche muskelarm ist, dafür aber relativ viel weiße Pulpa aufweist. Die Milzen dieser Tiere sind mehr in die Abwehrvorgänge des Organismus einbezogen und werden deshalb dem oben beschriebenen Speichertyp als Abwehrtyp gegenübergestellt.

d. Synopsis der Kreislaufregulation

Überblicken wir zum Schluß noch einmal die gesamte Kreislaufregulation, so erkennt man, daß sie in mehreren Phasen abläuft. Im Aktionsgebiet der Organe kommt es bei Arbeitsbeginn durch lokalchemische Einflüsse (Metabolite) zu einer stärkeren Öffnung der präkapillaren Sphinkter sowie auf nervös-reflektorischem Wege zur Erweiterung der blutzuführenden Arterien (Nutritionsreflex nach W. R. Hess). Die regulativen Vorgänge beginnen also in der Kreislaufperipherie, d. h. dort, wo sich der Stoffaustausch zwischen Blut und Gewebe abspielt. Die Gefäßerweiterungen im Aktionsgebiet führen aber nicht zu einem allgemeinen Blutdruckabfall, weil gleichzeitig zentralnervös gesteuerte Kreislaufreflexe in kollateralen Gefäßgebieten eine Vasokonstriktion sowie eine Entleerung der Blutspeicher induzieren.

Daß der Blutdruck bei Muskelarbeit sich sogar etwas erhöht, wird dadurch erklärt, daß mit dem Arbeitsbeginn auch das »Reglerniveau« für den Blutdruck über vegetative Zentren des Zwischenhirns höher eingestellt wird. Auch eine sog. Mitin-

[1] Beim Hund bewirkt eine Reizung der Milznerven eine Abnahme des Bluteinstromes in die Milz sowie gleichzeitig eine Zunahme des Blutausflusses aus der Milz. Die ersterwähnte Reaktion (reduzierter Blutzufluß) kann durch eine intraarterielle Injektion von Noradrenalin, die letztere (erhöhter Blutausfluß) hingegen durch eine Adrenalininjektion ausgelöst werden. Dieser Befund spricht für die Existenz besonderer Füllungs- und Entleerungsmechanismen der Milz. Eingehende Untersuchungen beim Pferd wurden von Persson, 1967, Persson et al., 1973, und Heusser, 1951, ausgeführt.

nervation des Kreislaufzentrums durch Impulse aus den motorischen Gehirnarealen soll hierbei eine Rolle spielen. Zur **Steuerung der Herztätigkeit** stehen dem Kreislaufregulationszentrum zwei efferente Wege zur Verfügung, nämlich sympathische und parasympathische Nerven (S. 299). Für die **Steuerung der Blutgefäßweite** bzw. des Blutdrukkes bedient sich das Kreislaufregulationszentrum hingegen nur eines einzigen efferenten Weges, nämlich der sympathischen Vasokonstriktoren (Gefäßverengung bei einer Frequenzerhöhung der Vasokonstriktorenimpulse; Gefäßerweiterung bei einer Frequenzerniedrigung der Vasokonstriktorenimpulse).

Die Kenntnis der Regulationsmechanismen läßt verstehen, weshalb bei **akuten Blutverlusten** der Blutdruck vorerst nicht sinkt. Dies ist deshalb nicht der Fall, weil Kreislaufreflexe vor allem im Splanchnikusgebiet, in der Haut und der Skelettmuskulatur eine Gefäßkonstriktion sowie eine Entleerung der Blutspeicher auslösen (sog. **Zentralisation des Kreislaufs**). Überschreitet aber der Blutverlust eine kritische Grenze oder hält die »Zentralisation« zu lange an, wobei es zu einer Anhäufung von Metaboliten in den Organen infolge der Gefäßkonstriktion kommt, dann erfolgt plötzlich ein Umschlag der Reaktion. Der Gefäßtonus sinkt, und der Blutdruck fällt. Die Gehirndurchblutung geht zurück, es tritt Ohnmacht und Bewußtlosigkeit ein **(Entspannungskollaps)**. Die Blutdrucksenkung vermag in gewissen Fällen die Blutung zum Stehen zu bringen und damit heilsam sein. Hält der Kollaps aber zu lange an, dann führt er zur Schädigung des Gehirnes und damit auch der kreislaufregulatorischen Zentren. Es kommt zum **paralytischen Kollaps**, der innerhalb weniger Minuten irreversibel wird und zum Tode führt. Therapeutische Maßnahmen (Transfusion von Blut oder Plasma usw.) müssen also frühzeitig, d. h. wenn immer möglich schon in der Phase der »Zentralisation« erfolgen.

Die bei Infektionskrankheiten durch Bakterientoxine oder bei anderen toxischen Einwirkungen auftretende Kollapsform beruht auf einer primären Schädigung des Herzens oder der Gefäße bzw. der Kreislaufregulationsmechanismen und erheischt demnach auch andere therapeutische Maßnahmen.

Literatur

Brooymans, A. W. M., 1954: Standardization of Leads in Veterinary Clinical Electrocardiography. Tijdschrift voor Diergeneeskunde **79,** 801–811.

Comroe, J. H., 1968: Physiologie der Atmung. Verlag F. K. Schattauer, Stuttgart, New York.

Cournand, A., H. A. Ranges, 1941: Catheterization of the right auricle in man. Proc. Soc. Exp. Biology and Med. **46,** 462–467.

Fleckenstein, A., 1967: Stoffwechselprobleme bei der Myokard-Insuffizienz. Verh. Dtsch. Ges. f. Pathol. 51. Tagung. Verlag Gustav Fischer, Stuttgart.

Forssmann, W., 1929: Die Sondierung des rechten Herzens. Klin. Wschr. **8,** 2085–2090.

Gauer, O. H., 1972: Kreislauf des Blutes (In: Gauer-Kramer-Jung, Physiologie des Menschen). Verlag Urban & Schwarzenberg, München, Berlin, Wien.

Grauwiler, J., 1965: Herz und Kreislauf der Säugetiere. Verlag Birkhäuser, Basel.

Hamlin, R. L., C. R. Smith, D. L. Smetzer, 1966: Sinus arrhythmia in the dog. Am. J. Physiol. **210,** 321–328.

Hess, W. R., 1938: Das Zwischenhirn und die Regulation von Kreislauf und Atmung. Verlag Georg Thieme, Leipzig.

Heusser, H., 1951: Untersuchungen über die Blutausrüstung und Blutreserven des Pferdes, insbesondere des Jurapferdes. Diss. Zürich.

Kronberger, H., 1966: Elektrokardiographische Untersuchungen über das Systolen-Diastolen-Verhältnis bei einheimischen Hausschweinen, Chinesischen Maskenschweinen, Vietnamesischen Hängebauchschweinen und Europäischen Wildschweinen. Arch. Exp. Vet. Med. **20,** 1049–1056.

Kubo, K., T. Senta, O. Sugimoto, 1973: Cardiac Output in the Thoroughbred Horse. Experimental Reports of Equine Health Laboratory Nr. **10,** 84–89.

Laszt, L., A. Müller, 1958: Der myokardiale Druck. Helv. Physiol. Acta **16,** 88–106.

Luisada, A. A., 1975: Phonokardiographie des kranken Herzens. Verlag F. K. Schattauer, Stuttgart, New York.

Muylle, E., 1974: The depolarisation process in the equine heart and the genesis of the P and QRS complex, Diss. Gent.

Ostermeyer, J., W. Hofmann, 1975: Röntgenologische Visualisation von Anteilen des ventrikulären Reizleitungssystems an Säugetierherzen. Zbl. Vet. Med. A **21,** 806–814.

Persson, S., 1967: On blood volume and working capacity in horses, Acta veterinaria scandinavica. Suppl. 19.

Persson, S. G. B., L. Ekman, G. Lydin, G. Tufvesson, 1973: Circulatory Effects of Splenectomy in the Horse. Zbl. Vet. Med. A **20,** 441–468.

PROTHERO, J., A. C. BURTON, 1961: The physics of capillary flow. Biophys. J. **1,** 566–579.

SPÖRRI, H., 1954: Untersuchungen über die Systolen- und Diastolendauer des Herzens bei den verschiedenen Haustierarten und ihre Bedeutung für die Klinik und Beurteilungslehre. Schweiz. Arch. Tierheilk. **9,** 593–604.

SPÖRRI, H., 1956: Über die Ausbreitung der Erregungswelle im Pferde- und Rinderherzen. Helv. Physiol. Acta C 79–81.

SPÖRRI, H., 1956: Starke Dissoziation zwischen der elektrischen und mechanischen Systolendauer bei Känguruhs. Cardiologia **28,** 278–284.

SPÖRRI, H., M. DENAC, 1969: Die ventrikuläre Druckanstiegsgeschwindigkeit als Parameter der kardialen Kraftentfaltung. Schweiz. Arch. Tierheilk. **111,** 239–259.

WEIDMANN, S., 1956: Elektrophysiologie der Herzmuskelfasern. Medizin. Verlag Hans Huber, Bern, Stuttgart.

WETTERER, E., H. PIEPER, 1968: Grundlagen der Dynamik des Arterienpulses. Springer-Verlag, Berlin, Heidelberg, New York.

WIGGERS, C. J., 1928: The Pressure Pulses in the Cardiovascular System. Longmans, New York.

VII. Atmung

H. Spörri und G. Wittke

A. Definition der Atmung

Für die tausendfältigen physikalischen und chemischen Lebensprozesse braucht der Organismus fortwährend Energie. Diese bezieht er aus dem Abbau energiereicher, organischer Verbindungen, hauptsächlich von Kohlenhydraten, Fetten und Proteinen. Am meisten Energie kann aus diesen Verbindungen durch die aerob-oxidative Spaltung gewonnen werden. Hierbei wird Sauerstoff verbraucht, und als Endprodukte entstehen beim Abbau von Kohlenhydraten und Fetten vor allem Wasser und Kohlendioxid sowie zusätzlich NH_3 bzw. Harnstoff beim Abbau von Proteinen. Im Wasser lebende Einzeller bedürfen keiner besonderen Einrichtungen für den Antransport von O_2 und Abtransport von CO_2. Bei den hochdifferenzierten Vielzellern mit ihrem großen Energieumsatz gewährleistet die Diffusion durch die im Verhältnis zur Körpergröße kleine Oberfläche des Organismus keinen ausreichenden Gaswechsel. Dies um so weniger als die Haut bei vielen Tierarten infolge ihrer Verhornung, Behaarung oder Befiederung für die Gasdiffusion wenig geeignet ist. Es mußten deshalb Vorrichtungen entwickelt werden, die den Gasaustausch aller Zellen mit der Außenwelt erlauben. Bei den Wirbeltieren dienen hierfür das Blut, der Blutkreislauf und der Atmungsapparat.

Ursprünglich verstand man unter Respiration nur das Ein- und Ausatmen von Luft. Durch die Abklärung der biologischen intrazellulären Verbrennungsprozesse hat der Begriff wesentliche Erweiterungen erfahren. Nach der heutigen Definition umfaßt die Atmung folgende Vorgänge (Abb. 168):

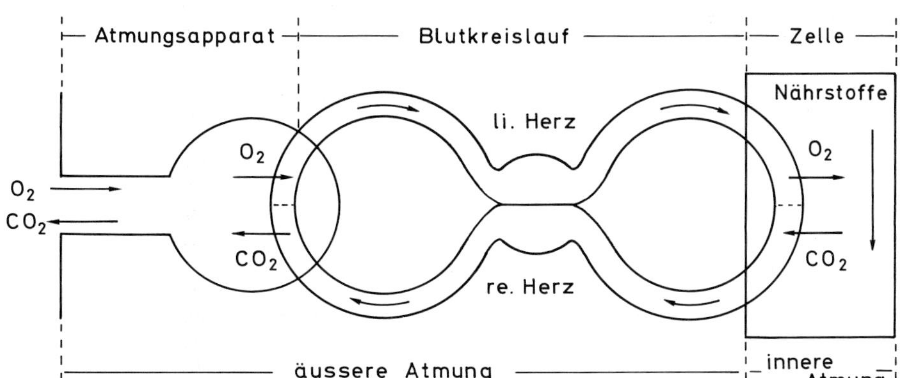

Abb. 168. Schematische Darstellung der Atmung

Der äußeren Atmung dienen beim Säugetier zwei Transportsysteme. Das erste System, der Respirationsapparat, befördert den O_2 und das CO_2 in Gasform, das zweite, der Blutzirkulationsapparat, hingegen in gelöster und chemisch gebundener Form. Im Stoffwechsel der Zelle wird der O_2 verbraucht und das CO_2 gebildet (innere Atmung)

1. Die Aufnahme von O_2 und die Abgabe von CO_2 durch die Atmungsorgane im engeren Sinne (Lunge, Kiemen oder analoge Organe).
2. Den Transport des O_2 von den Atmungsorganen zu den Zellen des gesamten Organismus und des CO_2 von den Zellen zu den Atmungsorganen durch das zirkulierende Blut.
3. Die Verwertung des O_2 und die Produktion von CO_2 im intrazellulären Stoffwechsel.

Die Vorgänge unter Ziffer 1 und 2 werden zusammen als **äußere Atmung,** die unter Ziffer 3 als **innere Atmung** (Gewebsatmung, Zellatmung, biologische Oxidation) bezeichnet.

Da der Organismus weder O_2 noch CO_2 in nennenswerter Menge zu speichern vermag, die aerob-oxidative Energieproduktion aber ununterbrochen vor sich gehen muß, darf die Atmung keine längere Unterbrechung erfahren. Bereits eine Unterbrechung der äußeren Atmung von mehr als 3 Minuten führt meistens zu schweren Störungen, eine Atmungsunterbrechung von etwa 8–10 Minuten ist tödlich.

B. Abkürzungen atmungsphysiologischer Begriffe

Um die Wiedergabe atmungsphysiologischer Begriffe zu rationalisieren, sind Abkürzungen (Symbole) eingeführt worden (MEAD and MILIC-EMILI, 1964). Die gebräuchlichsten sind in der Tabelle 46 zusammengestellt.

Tab. 46. Abkürzungen (Symbole) atmungsphysiologischer Begriffe

f	Atemfrequenz (min)
I_t	Inspirationsdauer
E_t	Exspirationsdauer
AZQ	Atemzeitquotient
V_T	Atemzugvolumen (ml oder l)
V_D	Totraum (ml oder l)
VK	Vitalkapazität (ml oder l)
FRK	Funktionelle Residualkapazität (ml oder l)
TK	Totalkapazität (ml oder l)
A	Alveolargas, alveolär
T	Atemgas
D	Totraumgas
α	Löslichkeitskoeffizient von Gasen (Bunsenscher Absorptionskoeffizient)
a	arteriell (arterielles Blut)
v	venös (venöses Blut)
c	kapillär (Kapillarblut)
$\dot{V}_A$	alveoläre Ventilation (ml oder l/min)[1]
$\dot{V}_D$	Totraumventilation (ml oder l/min)
$\dot{V}_E$	Atemminutenvolumen (ml oder l/min exspiratorisch)
I	eingeatmetes Gas (inspiratorisch)
E	ausgeatmetes Gas (exspiratorisch)
P_B	Luftdruck (Barometerdruck)
P_{AO_2}	alveoläre O_2-Spannung (mm Hg, Torr oder Pa)
P_{IO_2}	inspiratorische O_2-Spannung (mm Hg, Torr oder Pa)
P_{EO_2}	exspiratorische O_2-Spannung (mm Hg, Torr oder Pa)
P_{ACO_2}	alveoläre CO_2-Spannung (mm Hg, Torr oder Pa)
P_{aO_2}	arterielle O_2-Spannung (mm Hg, Torr oder Pa)
P_{aCO_2}	arterielle CO_2-Spannung (mm Hg, Torr oder Pa)
P_{VCO_2}	venöse CO_2-Spannung (mm Hg, Torr oder Pa)
$\dot{V}_{O_2}$	O_2-Aufnahme (ml/min)
$\dot{V}_{CO_2}$	CO_2-Ausscheidung (ml/min)
F_{ACO_2}	CO_2-Gehalt der Alveolarluft (Vol. %)
F_{ICO_2}	CO_2-Gehalt der Inspirationsluft (Vol. %)
F_{ECO_2}	CO_2-Gehalt der Exspirationsluft (Vol. %)
RQ	respiratorischer Quotient $\left(\frac{V_{CO_2}}{V_{O_2}}\right)$
$\frac{\dot{V}_E}{\dot{V}_{O_2}}$	Atemäquivalent $\left(\frac{\text{ml/min}}{\text{ml/min}}\right)$
C	Compliance, Dehnbarkeit $\frac{\Delta\ \text{Vol}}{\Delta\ \text{Ppl}}$ $\left(\frac{\text{ml oder l}}{\text{cm } H_2O}\right)$[2]
STPD	Messung von Gasvolumina unter Normalbedingungen (**s**tandard **t**emperature and **p**ressure, **d**ry, d. h. 0 °C, 760 mm Hg, trocken)
BTPS	Messung von Gasvolumina unter Körperbedingungen (**b**ody **t**emperature and **p**ressure, **s**aturated with vapor, d. h. Körpertemperatur, Umgebungsdruck, wasserdampfgesättigt)
ATPS	Messung von Gasvolumina unter Umgebungsbedingungen (**a**mbiant **t**emperature and **p**ressure, **s**aturated with vapor, d. h. Zimmer- bzw. Umgebungstemperatur, Umgebungsdruck, wasserdampfgesättigt)

[1] Der Punkt über einem Hauptsymbol bedeutet Zeitabhängigkeit. Beispiele: V_T = Atemzugvolumen, $\dot{V}_E$ = Atemminutenvolumen, V_D = Totraum, $\dot{V}_D$ = Totraumventilation.

[2] Δ = Differenz zweier Meßwerte.

C. Die Ventilation der Lunge

Der Gasaustausch zwischen Blut und Luft findet bei den Säugetieren in den Lungenalveolen statt (s. Tafel II, gegenüber S. 302). Es handelt sich dabei um eine Einrichtung, die den Kontakt großer Luftmengen mit großen Blutmengen ermöglicht. Ist die O_2-Konzentration in der Alveolarluft (P_{AO_2}) höher bzw. die CO_2-Konzentration (P_{ACO_2}) niedriger als im Blut der alveolären Kapillaren, so diffundiert O_2 aus den Alveolen in das Blut bzw. CO_2 aus dem Blut in die Alveolen (S. 338). Würde die Alveolarluft nicht fortwährend durch atmosphärische Luft erneuert, so würde sie rasch an O_2 verarmen und mit CO_2 angereichert. Somit käme rasch ein Konzentrationsgleichgewicht der Atemgase zwischen Blut und Alveolarluft zustande, was zum Stillstand des Gasaustausches führte. Zur Aufrechterhaltung des Konzentrationsgefälles der Atemgase müssen die Alveolen dauernd mit Frischluft ventiliert werden. Dies geschieht bei den Säugetieren nach dem Prinzip einer Kolbenpumpe bzw. eines Blasebalges in zwei Takten. Während des ersten Taktes (Einatmung) strömt frische Luft in die Alveolen; während des zweiten Taktes (Ausatmung) wird verbrauchte Luft aus den Alveolen ausgestoßen[1].

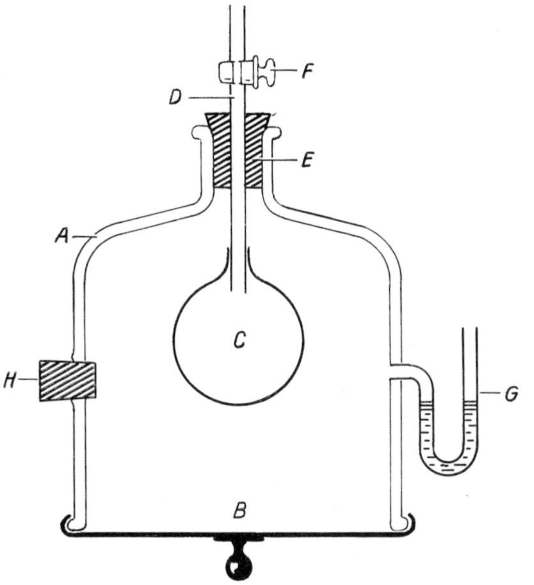

Abb. 169. Donderssches Modell zur Darstellung der Lungenventilation sowie des intrapulmonalen und intrathorakalen (interpleuralen) Druckes.

Eine Glasglocke A (»Brustwand«) ist am offenen Ende mit einer Gummimembran B überzogen (»Zwerchfell«). Die »Lunge« bzw. »Lungenalveole« besteht aus einem Ballon C aus dünnem, leicht dehnbarem Gummi, der an einem Glasrohr D hängt. Das Glasrohr steckt in der Bohrung eines Gummistopfens E, der den Hals der Glasglocke verschließt. Das Innere des Ballons kommuniziert, sofern der Hahn F des Glasrohres offensteht, mit der Außenluft. In die Seitenwand der Glasglocke ist ein mit Wasser oder Quecksilber gefülltes Manometer G eingefügt, sowie eine Öffnung enthalten, die mit einem Gummistopfen H verschlossen ist. Wird die Gummimembran B nach unten gezogen, dann entsteht in der Glasglocke (»Thoraxraum«, »Interpleuralspalt«) ein luftverdünnter Raum bzw. ein Unterdruck. Der letzte kann am Manometer abgelesen werden. Die Folge davon ist, daß Luft aus der Außenatmosphäre in den Ballon C einströmt und denselben aufbläht. Läßt man die Gummimembran wieder in die Ausgangslage zurückgehen, so kollabiert der Gummiballon wieder, wobei ein Teil seiner Luft ausgepreßt wird. Dieses Modell gibt infolge seines Luftgehaltes zwischen der »Lunge« C und der »Brustwand« A nicht die normalen Verhältnisse, sondern diejenigen bei einem geschlossenen Pneumothorax wieder (S. 327).
Würde man die Glasglocke evakuieren, dann würde sich die Gummimembran kuppelförmig nach innen wölben (»Zwerchfellskuppel«), und der Gummiballon C würde sich eng der Glasglocke und der Gummimembran anlegen, womit der »Pneumothorax» aufgehoben wäre

Zur Erreichung einer möglichst wirksamen Lungenventilation müssen folgende Voraussetzungen erfüllt sein:

1. die Lungenalveolen müssen sich periodisch erweitern und verengen,
2. sowohl die Erweiterung als auch die Verengung der ungezählten Millionen von Alveolen muß gleichzeitig erfolgen, denn bei einer Asynchronizität würde die Luft z. T. nur von einem Lungenteil in einen andern verschoben. Dieses Problem der synchronen Erweiterung und Verengung aller Alveolen hat die Natur auf einfachste Weise gelöst, indem die Thoraxwand und das Zwerchfell die Lunge hermetisch von der Außenwelt abschließen, das millionenfach gekammerte Hohlraumsystem der Lunge (Alveolarsystem) jedoch durch die Nasenhöhle, Trachea und Bronchen mit der Außenwelt kommuniziert.

1. Mechanik der Einatmung

Während der Einatmung (Inspiration) erweitert sich infolge der Kontraktion der Zwerchfell- und

[1] Bei den Fischen findet der Gasaustausch direkt zwischen dem Außenmedium (Wasser) und dem Kiemenblut statt. Bei den luftatmenden Vögeln und Säugetieren sind die dem Gasaustausch dienenden Gewebe in das Innere des Körpers verlagert, wo sie vor der Austrockung relativ gut geschützt sind.

inspiratorischen Brustwandmuskulatur (s. u.) der Thorax. Wegen der Undehnbarkeit der zwischen den Pleurablättern ausgebreiteten Flüssigkeitsschicht muß die Lunge insgesamt dieser Bewegung folgen. Der normalerweise lückenlose Flüssigkeitsfilm zwischen Lungen- und Brustfell bietet den Vorteil, daß beide trotz fester Verbindung miteinander, doch gegeneinander verschiebbar sind. Da mit der Erweiterung des Brustkorbes eine Erweiterung des Alveolarraumes einhergeht, tritt hier vorübergehend ein Unterdruck gegen die Atmosphäre auf, der durch Einstrom eines entsprechenden Luftvolumens ausgeglichen wird.

Für die Überwindung der Widerstände (S. 321), die sich der Erweiterung des Thorax und der Lunge entgegenstellen, ist Arbeit erforderlich. Diese wird durch bestimmte Muskeln, die nach ihrer Funktion als **Inspirationsmuskeln** bezeichnet werden, geleistet. Der wichtigste Muskel für die Einatmung ist das **Zwerchfell.** Das Zwerchfell ist je nach Atmungslage mehr oder weniger stark kuppelförmig in die Brust vorgewölbt. Es besteht aus einem randständigen muskulösen (kontraktilen) und einem zentralen sehnigen (nicht kontraktilen) Teil. Bei der Kontraktion der muskulösen Partie, die in Exspirationsstellung zum großen Teil der Brustwand direkt anliegt, hebt sich der randständige Teil des Zwerchfells von der Thoraxwand ab. In die sich dabei zwischen Zwerchfell und Brustwand bildende Nische **(Sinus phrenico-costalis)** stößt die sich erweiternde Lunge hinein, wodurch sich der abdominale Lungenrand während der Inspiration kaudal verschiebt (Abb. 170), was durch Perkussion des Thorax feststellbar ist. Gleichzeitig wird die Zwerchfellkuppel abgeflacht und gegen das Abdomen verschoben, was ebenfalls zur Vergrößerung des Brustraumes beiträgt.

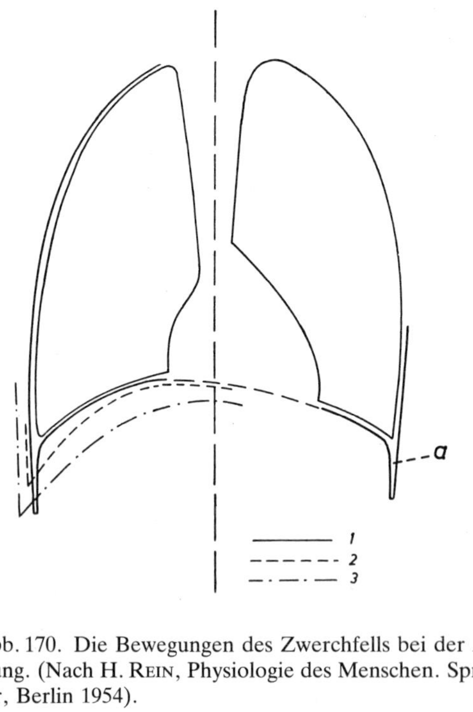

Abb. 170. Die Bewegungen des Zwerchfells bei der Atmung. (Nach H. Rein, Physiologie des Menschen. Springer, Berlin 1954).

In Ausatmungsstellung (1) liegen die Seitenteile des Zwerchfells der Brustwand im Sinus phrenicocostalis (a) direkt an. Bei normaler Inspiration (2) hebt sich das Zwerchfell hier von der Brustwand ab, so daß die Lunge auch diesen Raum ausfüllen kann. Bei tiefer Inspiration (3) tritt das Zwerchfell noch tiefer, wobei zusätzlich auch der untere Teil des Brustkorbes erweitert wird

Neben dem Zwerchfell, das bei ruhiger Atmung im allgemeinen der hauptsächlichste aktive Atmungsmuskel ist, können aber auch noch alle jene Muskeln eine Vergrößerung des Brustkorbes hervorrufen, die an den Brustkorb in der Richtung von kraniodorsal nach kaudoventral herantreten, da sie bei ihrer Kontraktion eine kraniale Bewegung der Rippen bewirken (Abb. 171). Die Gelenke zwischen den Rippen und der Wirbelsäule bedingen eine Bewegung der Rippen nach außen, wodurch sich der Transversal- und Vertikaldurchmesser des Brustkorbes vergrößert. Die wichtigsten Einatmungsmuskeln der Brustwand sind: die **Mm. intercostales externi (inspiratorii),** der **M. serratus dorsalis cranialis (inspiratorius),** die **Mm. levatores costarum,** der **M. transversus costarum** und die **Mm. intercartilaginei externi.** Damit die **Mm. intercostales** in der erwähnten Richtung wirken, muß ihr kranialer Ansatzpunkt fixiert werden. Dies geschieht durch den **M. scalenus primae costae,** welcher bei der Kontraktion eine Immobilisierung der ersten Rippe bewirkt. Der **M. scalenus supracostalis,** der dem Pferde fehlt, dient beim Wiederkäuer, Schwein und Hund ebenfalls als kräftiger Inspirationsmuskel. Bei starker Atemnot kann schließlich auch durch die von der Brustwand an die Vorderextremitäten ziehenden Muskeln eine Erweiterung des Thorax erzielt werden, indem durch Spreizen und festes Einstemmen der Vorderbeine auf dem Boden sich ihre Wirkung umkehrt, d. h. ihre Kontraktion nicht eine Adduktion der Vordergliedmaßen, sondern eine Erweiterung des Brustkorbes herbeiführt. Bei einer Zwerchfellslähmung vermag die thorakale Atmungsmuskulatur allein eine das Leben gewährleistende Respiration aufrechtzuerhalten.

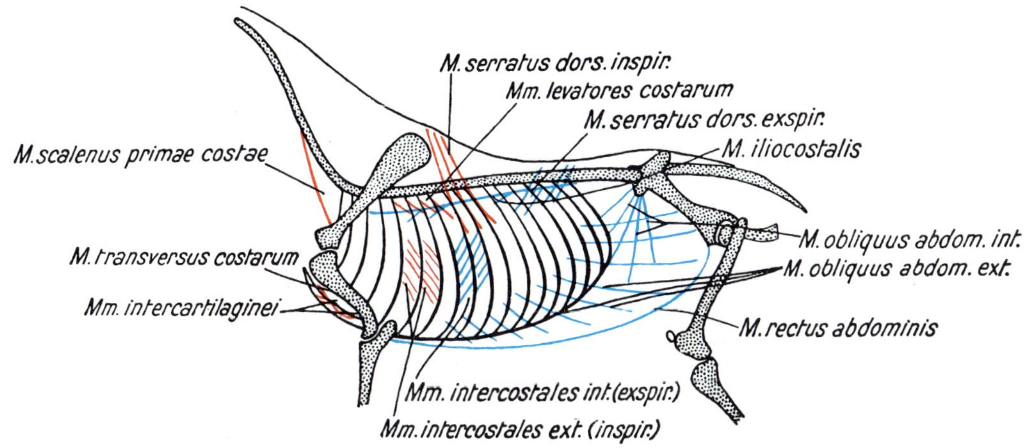

Abb. 171. Die wichtigsten Atmungsmuskeln des Pferdes.

Rot = Inspirationsmuskeln, **Blau** = Exspirationsmuskeln. Das Zwerchfell ist nicht eingezeichnet

2. Mechanik der Ausatmung

Bei der Ausatmung (Exspiration) verkleinert sich der Thorax, und die gedehnte Lunge kann sich wieder etwas zusammenziehen und entspannen. Die Luft in den Alveolen wird dabei komprimiert und strömt durch die Atemwege (Bronchen, Trachea, Nasenhöhle) nach außen.

Im Gegensatz zur Inspiration verläuft die exspiratorische Verkleinerung des Thorax meistens fast rein passiv, einfach dadurch, daß die Inspirationsmuskeln erschlaffen und der Brustkorb wieder in die (exspiratorische) Ruhelage zurücksinkt. Die während der Inspiration in den Geweben der Thoraxwand sowie in der Lunge infolge der Dehnung gespeicherte Energie genügt normalerweise für die Überwindung der Widerstände der exspiratorischen Luftströmung und Gewebsdeformation (S. 326)[1].

Nur bei verstärkter oder erschwerter Atmung (Körperarbeit, Gasmaskenatmung, Bronchialasthma, Lungenemphysem usw.) sowie beim Niesen und Husten werden die **Ausatmungsmuskeln** in Aktion gesetzt. Es sind dies: die **Mm. intercostales interni (exspiratorii)**, der **M. serratus dorsalis caudalis (exspiratorius)**, der **M. iliocostalis**, die **Mm. intercartilaginei interni** und die Bauchwandmuskeln: **M. obliquus abdominis internus, M. obliquus abdominis externus** und **M. rectus abdominis** (Abb. 171). Die vier zuerst erwähnten thorakalen Muskeln treten in kaudodorsal-kranioventraler Richtung an den Brustkorb heran und verengen den Brustkorb, die letzteren unterstützen die Exspiration durch Erhöhung des Druckes in der Bauchhöhle (sog. **Bauchpresse**) und die dadurch bewirkte stärkere Vorwölbung des Zwerchfelles in die Brusthöhle.

Bei einer Paralyse des Zwerchfelles vermag die thorakale Atmungsmuskulatur allein eine das Leben gewährleistende Respiration aufrechtzuerhalten.

3. Topographische Unterschiede der Lungenventilation

Die respiratorischen Exkursionen sind nicht in allen Lungenabschnitten gleich groß. Entsprechend den geringeren Erweiterungen des Brustraumes in den kranialen Teilen wird das Lungengewebe der

---

[1] Da unter den eben beschriebenen Umständen nur während der Inspiration Muskelarbeit geleistet und Energie aus dem Stoffwechsel bezogen werden muß, wird die Einatmung als aktiv, die Ausatmung hingegen als passiv bezeichnet. Damit soll aber nicht gesagt sein, daß während der Ausatmung keine Energie verbraucht wird. Die exspiratorisch aufzuwendende Energie wird bereits während der Inspiration in Form der Lungen- und Brustwanddehnung investiert.
Bei der Exspiration wird normalerweise nicht die gesamte elastische Energie, welche die Lunge während der Inspiration speichert, zur Überwindung der viskösen Widerstände verbraucht, sondern ein Teil wird in der Thoraxwand als elastische Energie gestapelt, die dann für die nächste Einatmung zur Verfügung steht. Erklärung: Bei der normalen Exspirationslage ist der Thoraxraum infolge des Lungenzuges kleiner als der Raum, den der Thorax einnehmen würde, wenn er nicht unter dem Einfluß der Retraktionskraft der Lunge stehen würde (vgl. Ausführungen über die Atmungslagen).

Spitzenlappen weniger ventiliert als dasjenige der Zwerchfellappen. Außerdem ist die Dehnbarkeit der Lunge nicht überall gleich. Im Gebiet der Lungenwurzel, wo sich die großen Bronchen, Arterien, Venen und Lymphgefäße befinden, ist die Dehnbarkeit, und deshalb auch die Belüftung, geringer als in den peripheren Teilen.

Die Unterteilung der Lunge in mehrere Lappen und ihre Verschieblichkeit in der Brusthöhle ermöglicht eine Anpassung an die ungleichmäßigen Volumenänderungen der verschiedenen Thoraxabschnitte. Verwachsungen bzw. Verklebungen der **Pleura pulmonalis** mit der **Pleura parietalis** oder der Lungenlappen miteinander, wie sie bei Brustfellentzündungen vorkommen, hemmen die Verschiebungen der Lunge gegenüber der Brustwand oder der Lungenteile unter sich und führen deshalb nicht selten zu einer ungleichmäßigen Ventilation und damit zur Herabsetzung der Atmungsleistung **(Partialinsuffizienz der Lunge).**

Bei gewissen Säugetieren (z. B. Elefant und Tapir) verwachsen die **Pleura pulmonalis** und **parietalis** bald nach der Geburt miteinander. Damit geht eine starke Reduktion der kostalen Atmungsbewegungen einher. Die Atmung erfolgt fast rein diaphragmatisch. Auf diese Tatsache ist die auffallende Bewegungslosigkeit eines stehenden Elefanten zurückzuführen.

4. Atmungstypen

Bei den meisten Tierarten kommt es während der Atmung zu Veränderungen der Brustkorbweite sowohl in transversaler als auch dorsoventraler Richtung. In den kaudalen Partien, d. h. im Bereich der asternalen Rippen, sind die respiratorischen Schwankungen des Brustkorbes ausgeprägter als in den kranialen, wo die Beweglichkeit der Rippen infolge der Fixierung am Brustbein etwas eingeschränkt ist.

Synchron mit den respiratorischen Schwankungen der Thoraxgröße kommt es auch zu solchen des Abdomens. Ursächlich sind die letzteren vor allem auf die Zwerchfelltätigkeit zurückzuführen. Bei der inspiratorischen Abflachung der Zwerchfellkuppel werden die Baucheingeweide kaudalwärts gedrängt. Da das knöcherne Becken unnachgiebig, die Bauchwand aber dehnbar ist — zumal bei der Inspiration der Tonus der Bauchmuskeln reflektorisch abnimmt — wölbt sich der Bauch unter dem erhöhten Druck lateral und ventral vor. Während der Exspiration gehen die Brust- und Bauchwand wieder in ihre Ausgangsstellung zurück. Bei der Atmung kommt es also sowohl an der Brust- als auch an der Bauchwand zu gleichsinnigen Bewegungen, weshalb von einem **kostoabdominalen**[1] **Atmungstyp** gesprochen wird. Der kostoabdominale Atmungstyp kann normalerweise bei den meisten Säugetieren beobachtet werden, je nach der Intensität der Zwerchfelltätigkeit ist er aber mehr kostal oder abdominal betont. Beim Hund ist die Atmung mehr kostal, beim Pferd und bei den Wiederkäuern hingegen mehr abdominal akzentuiert.

Aus atem- und kreislaufdynamischen Gründen ist der abdominal akzentuierte Atmungstyp günstiger als der kostal akzentuierte, denn der erstere erlaubt eine stärkere Entfaltung der Lunge und unterstützt den Rückstrom des Blutes aus den Abdominalorganen zum Herzen (S. 324).

Die Prüfung des Atmungstypus spielt in der klinischen Diagnostik eine wichtige Rolle. Ein **kostaler Typ** (sog. Brustatmung) tritt bei gehemmter bzw. mangelhafter Zwerchfelltätigkeit und daher kompensatorisch erhöhter Brustwandatmung auf (Gravidität, Magenüberfüllung, Aszites, Peritonitis, Tympanie der Vormägen usw.). Einen **abdominalen Atmungstyp** (sog. Bauchatmung) findet man hingegen bei gehemmter Brust- bzw. kompensatorisch erhöhter Zwerchfellatmung (Rippenfrakturen, Affektionen der Brustmuskulatur usw.). Auch beim **Lungenemphysem** (sog. Lungendampf) des Pferdes ist die Atmung abdominal akzentuiert. Da bei dieser Erkrankung vor allem die Exspiration erschwert ist, erfolgt sie in zwei Phasen. Die erste Phase verläuft normal, d. h. passiv (s. o.), die zweite hingegen aktiv durch Kontraktion der Bauchmuskeln (Doppelschlägigkeit der Ausatmung). Die vermehrte Tätigkeit der Ausatmungsmuskulatur führt zu deren Hypertrophie. Dies ist besonders deutlich am **M. obliquus abdom. ext.** zu sehen. Da seine sehnige Aponeurose am Rippenbogen von der Hypertrophie nicht betroffen wird, tritt ihr Übergang in den Muskel-, insbesondere bei der Ausatmung (Kontraktion), deutlich hervor. Dadurch kommt es längs des Rippenbogens zur Ausbildung der sog. **Dampfrinne,** die ein wichtiges Symptom zur Erkennung dieser Krankheit darstellt.

---

[1] Costa = Rippe bzw. Brustwand; Abdomen = Bauch.

5. Atmungsfrequenz

Als Atmungsfrequenz wird die Anzahl der Atemzüge pro Minute bezeichnet. Die Schwankungen sind tierartlich und individuell relativ groß. Auch bei ein und demselben Individuum sind sie beträchtlich. Dies ist verständlich, denn die Atmung wird von vielen Faktoren beeinflußt (vgl. Steuerung der Atmung). Bei erhöhten Leistungen (Muskelarbeit, Laktation, Gravidität, Verdauung usw.) sowie bei nervöser Erregung und Fieber ist die Frequenz höher als bei physischer und psychischer Ruhe (z. B. Schlaf). Die Atmungsfrequenz ist auch von Klimafaktoren, insbesondere von der Umgebungstemperatur abhängig (Abb. 172). Viele Tierarten (Hunde, Katzen, Rinder, Ziegen, Schafe, Vögel) sind oft nicht in der Lage, der Gefahr der Überhitzung durch entsprechende Erhöhung der Wärmeabstrahlung oder Wasserverdunstung durch die Haut allein zu begegnen. Zur Konstanthaltung der Körpertemperatur wird deshalb eine vermehrte Wasserverdunstung durch gesteigerte Atmungstätigkeit in Gang gesetzt. Beim Pferd beeinflußt die Außentemperatur die Atmung relativ wenig, denn es vermag die Körpertemperatur weitgehend durch entsprechende Vermehrung oder Verminderung der Schweißsekretion zu regeln.

Eine Abnahme der Atmungsfrequenz beobachtet man mit zunehmendem Alter. Anhaltspunkte über die Atmungsfrequenz einiger Spezies (erwachsene Individuen) unter Ruhebedingungen und in Abhängigkeit vom Körpergewicht geben die Tabelle 47 sowie die Abbildung 173.

Tab. 47. Atemfrequenz einiger Tierarten (Ruhewerte)

Tierart	Atemfrequenz/min
Pferd (erwachsen)	8–16
Fohlen (1 Monat)	15–20
Kuh (in Laktation)	15–30
Kalb (1 Woche)	50–60
Kalb (2 Wochen)	45–55
Kalb (1 Monat)	40–50
Ziege, Schaf (erwachsen)	15–40
Schwein (100 kg)	10–25
Hund, groß	10–20
Hund, klein	15–30
Katze	20–30
Kaninchen	40–60
Meerschweinchen	90–150
Chines. Hamster	150–400
Wal	4–5
Haushuhn	20–40
Ente	50–70
Gans	12–25
Truthahn (Pute)	12–15
Taube	30–45
Kondor	5–10
Kanarienvogel	80–120

Die Atmungsfrequenz kann bei den meisten Tieren durch Beobachtung der Bewegungen der Bauchwand, insbesondere im Bereich der Hunger-

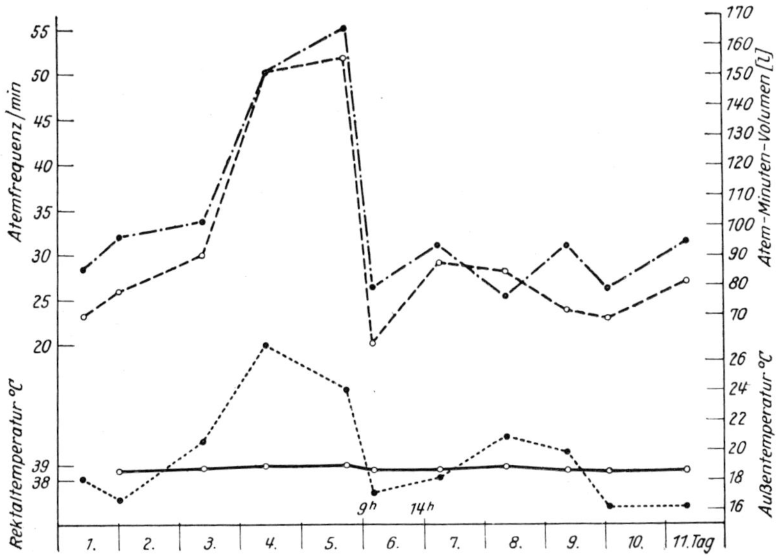

Abb. 172. Abhängigkeit der Atemfrequenz (- - - - -), des Atem-Minuten-Volumens (—·—·—) und der Rektaltemperatur (———) von der Außentemperatur (. . . . .) bei einer Kuh von 561 kg Körpergewicht. (Nach G. Wittke, 1955)

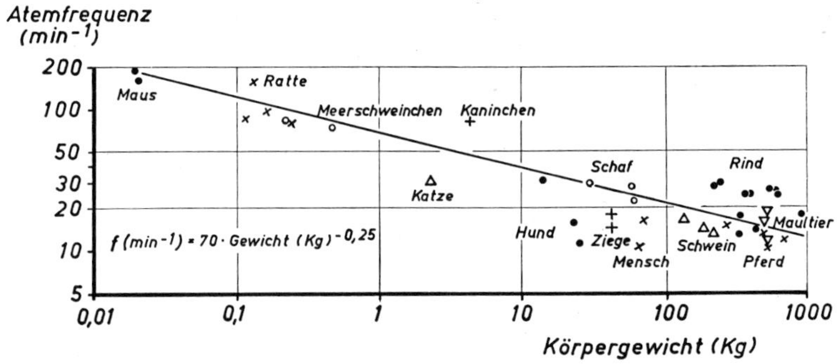

Abb. 173. Die Atemfrequenz adulter Tiere und des Menschen unter Ruhebedingungen in Abhängigkeit vom Körpergewicht. Beide Koordinaten logarithmisch geteilt. (Aus H. HÖRNICKE, 1969)

grube ermittelt werden. Auch durch Auskultation der Atmungsgeräusche (S. 327), Beobachtung der akzessorischen Atmungsbewegungen (S. 311) und Registrierung von Pneumogrammen (Thorakogramme, Spirogramme, Pneumotachogramme) kann sie festgestellt werden (Abb. 178).

6. Atemzeitquotient

Als Atemzeitquotient (AZQ) wird das Verhältnis der Exspirationsdauer (E_t) zur Inspirationsdauer (I_t) bezeichnet. Im Zustand der Eupnoe (S. 357) dauert die Ausatmung meistens ein wenig länger als die Einatmung. Bei gesunden Tieren schwankt der AZQ unter Ruheverhältnissen etwa zwischen 1,0 und 1,7. WITTKE und HABERICH (1957) erhielten bei der Ruheatmung des Pferdes einen durchschnittlichen AZQ von 1,6 und stellten fest, daß dieser bei Bewegung der Tiere sinkt.

Der AZQ hängt sowohl von der Atemfrequenz als auch vom Atemzugvolumen ab (SPÖRRI, 1971, GRETENER, 1975). Wie die Abbildung 174 zeigt, nimmt die AZQ mit zunehmender Atemfrequenz (bei konstantem Atemzugvolumen) ab. Auch bei einer Vertiefung der Atemzüge wird der AZQ (bei konstanter Atemfrequenz) kleiner. Bei gewissen Lungenkrankheiten (z. B. alveoläres Lungenemphysem, spastische Bronchitis) nimmt der AZQ in rund 85 % der Fälle signifikant zu, eine Erscheinung, die diagnostisch ausgewertet wird.

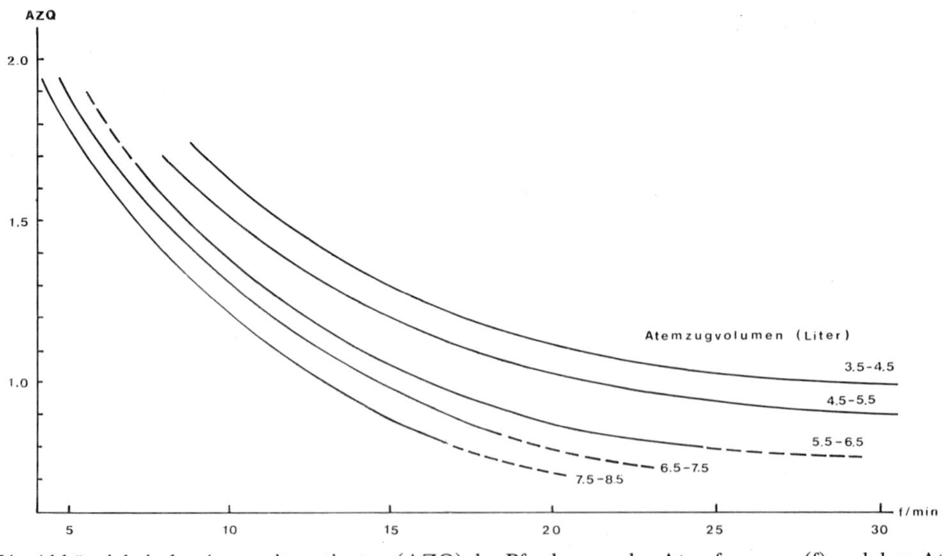

Abb. 174. Abhängigkeit des Atemzeitquotienten (AZQ) des Pferdes von der Atemfrequenz (f) und dem Atemzugvolumen. Die Kurven stellen Durchschnittswerte für Atemzugvolumina von 3,5–4,5; 4,5–5,5; 5,5–6,5; 6,5–7,5 und 7,5–8,5 Liter dar. Weitere Erläuterungen im Text. (GRETENER, 1975)

7. Akzessorische Atmungsbewegungen

Neben den Atmungsbewegungen des Thorax und Abdomens treten bei vielen Tierarten noch an anderen Körperteilen atmungssynchrone Bewegungen auf, die als akzessorische Atmungsbewegungen bezeichnet werden. Erwähnt sei das Spiel der Nasenflügel, das beim Kaninchen besonders deutlich ist. Beim Pferd kommt es inspiratorisch zur Erweiterung (Blähung) der Nüstern, wodurch die Einatmung erleichtert wird. Besonders deutlich ist dieses Phänomen bei starken körperlichen Leistungen, nervöser Erregung sowie bei Atemnot infolge Lungenemphysem, Pneumonie usw. Eine Lähmung des **N. facialis,** des motorischen Nerven der Nasenflügel, kann eine hochgradige Behinderung der Atmung zur Folge haben, weil durch die rasche Luftbewegung bzw. Unterdruckentwicklung in der Nasenhöhle die gelähmten Nüstern bei der Inspiration angesaugt werden und die Nasenlöcher verschließen.

Auch am Kehlkopf sind akzessorische Atmungsbewegungen zu beobachten, sie manifestieren sich in einer Erweiterung der Stimmritze und einem Senken des Kehlkopfes bei der Inspiration sowie einer Verengung der Stimmritze und einem Heben des Kehlkopfes bei der Exspiration. Eine Lähmung des **N. recurrens,** die linksseitig (Degeneration des Nerven an der Umschlagstelle zwischen der **A. carotis com.** und der **Trachea**) ziemlich häufig beim Pferd auftritt, führt zum Ausfall der normalen Stimmbandmotorik. Die Luftströmung bewirkt dann starke Schwingungen des schlaffen Stimmbandes der erkrankten Seite. Dies verursacht abnorme Kehlkopfgeräusche (sog. **Rohren** der Pferde). Bei vertiefter oder angestrengter Atmung (z. B. Lungenemphysem des Pferdes) treten infolge verstärkter intraabdominaler Druckschwankungen auch am Anus atmungssynchrone Bewegungen auf.

Mundatmung des Pferdes. Lange Zeit wurde die Ansicht vertreten, beim Pferd sei eine Atmung durch den Mund nicht möglich, weil sich während der Atmung der distale Teil des Gaumensegels unter den geöffneten Kehldeckel lege. Aufgrund dieser Annahme wurden für das Pferd Gasmasken hergestellt, die nur den Oberkiefer (Nüstern) umschließen. Neuere Untersuchungen ergaben, daß viele Pferde bei Atemnot imstande sind, Luft via den Mund einzuatmen, wobei das Gaumensegel in Schwingung gerät und schnarchende Geräusche verursacht. Viel schwieriger als eine Inspiration scheint allerdings eine Ausatmung durch den Mund zu sein. Wird einem Pferd die Nase zugehalten, so stellt sich bald schwerste Atemnot ein; eine länger anhaltende Blockierung der Nasenatmung kann zur Erstickung führen.

D. Atmungslagen

Unter Atmungslage wird der Grad der Ein- bzw. Ausatmungsstellung verstanden. Von besonderer Bedeutung sind die **normale** und die **maximale Inspirationslage** sowie die **normale** und **maximale Exspirationslage** (Abb. 175).

In der normalen Exspirationslage halten sich die Kräfte, welche den Brustraum verkleinern (Zug der Lunge nach innen [Retraktionskraft der Lunge]) und diejenigen, welche ihn vergrößern möchten (Zug der Thoraxwand nach außen [elastische Kräfte der Thoraxwand]), das Gleichgewicht (s. Pneumothorax, S. 327). Diese Atmungslage wird deshalb auch als **Atmungsmittellage** oder **Atmungsruhelage** bezeichnet.

E. Lungenvolumina

Die Lungenvolumina sind Parameter des pulmonalen Luftgehaltes bei den verschiedenen Atmungslagen (Abb. 175). Folgende Lungenvolumina werden unterschieden:

a) **Das Atemvolumen** (V_T). Dieses entspricht der Differenz des Luftgehaltes zwischen der normalen Inspirations- und Exspirationslage.
b) **Das inspiratorische Reservevolumen** (V_{RI}). Dieses stellt die Differenz des Luftgehaltes zwischen der normalen und maximalen Inspirationslage dar.
c) **Das exspiratorische Reservevolumen** (V_{RE}). Dieses entspricht der Differenz des Luftgehaltes zwischen der normalen und maximalen Exspirationslage.
d) **Das Residualvolumen** (RV). Als solches wird die nach einer maximalen Exspiration in der Lunge verbleibende Luftmenge bezeichnet.

WITTKE, 1957, fand für das inspiratorische Reservevolumen des Pferdes Werte in der Größenordnung von 15 Litern.

Die Residualluft kann physiologischerweise nicht mobilisiert werden, denn die Lunge kann sich nicht stärker als bis zur maximalen Exspirationslage verkleinern. Eine stärkere Deflation wird durch die starren knöchernen Strukturen des Thorax verhindert. Ein Teil der Residualluft kann aus der Lunge entweichen, wenn der Thorax eröffnet wird, und die Lunge sich vollständig retrahieren kann (S. 327). Die hierbei aus der Lunge entweichende Luft wird als **Retraktions-** oder **Kollapsluft** bezeichnet. Auch die vollständig retrahierte (kollabierte) Lunge ist noch lufthaltig. Sie enthält noch die **Minimalluft.** Die Minimalluft kann ohne Zerstörung des Lungenparenchyms nicht aus der Lunge ausgetrieben werden, da sich bei der vollständigen Retraktion der Lunge die Terminalbronchuli verschließen und Luft in den Alveolen gefangen halten. Dank der Minimalluft schwimmt auch ein kollabiertes Lungenstück noch im Wasser. Ein vollständig luftleeres Lungengewebe (embryonales, pneumonisches oder atelektatisches Lungengewebe) sinkt im Wasser. Die **Schwimmprobe** zeigt daher, ob eine Lunge von einer lebend- oder totgeborenen Frucht stammt; denn sie ist bereits nach einem einzigen Atemzug positiv. Vom Atemvolumen (Tab. 48) abgesehen, sind Lungenvolumina-Messungen bei Tieren kaum möglich, denn sie setzen die Mitarbeit des Probanden voraus.

Tab. 48. Durchschnittliche Atemzugvolumina (V_T) einiger Tierarten (Ruhewerte, BTPS-Bedingungen)

Spezies	V_T (Liter)
Mensch (70 kg)	0,45
Pferd (550 kg)	6,0
Rind (500 kg)	3,8
Ziege (40 kg)	0,35
Hund (8 kg)	0,15
Katze (3 kg)	0,04
Kaninchen (3 kg)	0,02

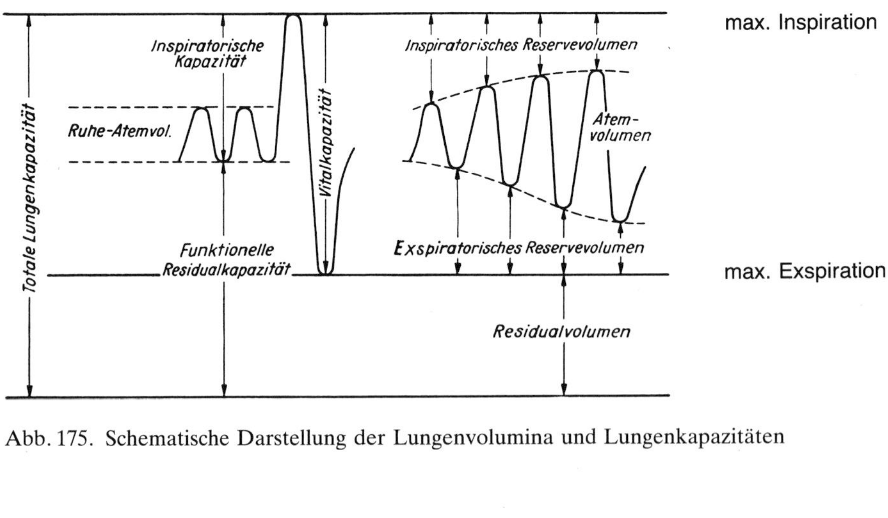

Abb. 175. Schematische Darstellung der Lungenvolumina und Lungenkapazitäten

F. Lungenkapazitäten

Als Lungenkapazitäten bezeichnet man Kombinationen von Lungenvolumina (s. o.). Es werden unterschieden:

a) **Die Totalkapazität** (TK). Sie entspricht dem totalen Luftaufnahmevermögen der Lunge bei einer maximalen Inspiration (maximales Lungenvolumen, Vpulm. max.). Sie umfaßt also das Atemvolumen, das inspiratorische und exspiratorische Reservevolumen sowie das Residualvolumen (Abb. 175).

b) **Die Vitalkapazität** (VK). Sie stellt die nach einer maximalen Inspiration durch eine maximale Exspiration ausatembare Luftmenge dar. Sie besteht somit aus dem Atemvolumen sowie dem inspiratorischen und exspiratorischen Reservevolumen.

c) **Die funktionelle Residualkapazität** (FRK). Sie umfaßt die nach einer normalen Ausatmung (Atmungsmittellage) in der respiratorisch aktiven Lunge (Alveolen, Bronchuli respiratorii) verbleibende Luftmenge, d. h. das Residualvolumen und das exspiratorische Reservevolumen[1].

d) **Die Inspirationskapazität** (IK). Sie besteht aus dem Atemvolumen und dem inspiratorischen Reservevolumen.

Bei Lungenfunktionsprüfungen des Menschen werden die Kapazitätswerte routinemäßig bestimmt. Bei den Tieren ist deren Messung — abgesehen von der funktionellen Residualkapazität — schwierig, weil sie die Mitarbeit des Exploranden erfordert.

Beim Menschen und Hund wurden für die **Totalkapazität** Werte von 80 bis 90 ml/kg Körpergewicht ermittelt. Für die meisten Tierarten fehlen diesbezügliche Untersuchungen.

Über die **Vitalkapazität** der verschiedenen Tierarten und ihre Abhängigkeit vom Körpergewicht gibt die Abbildung 176 Auskunft.

Die Bestimmung der **funktionellen Residualkapazität** ist ohne die Mitarbeit des Probanden, also auch bei den Tieren möglich. Bisher liegen allerdings relativ wenig Untersuchungen vor. Diese ergaben (Durchschnittswerte): Mensch (70 kg) 3 l; Pferd (500 kg) 16,2 l[2] (DENAC, 1976): Hund (25 kg) 0,75 l; Katze (3,0 kg) 0,1 l; Kaninchen 11 ml; Meerschweinchen 5 ml. HÖRNICKE, 1969, ermittelte auf-

[1] In der Klinik wird auch die Totraumluft (S. 315) zur funktionellen Residualkapazität gerechnet.

[2] Inklusiv Totraumluft.

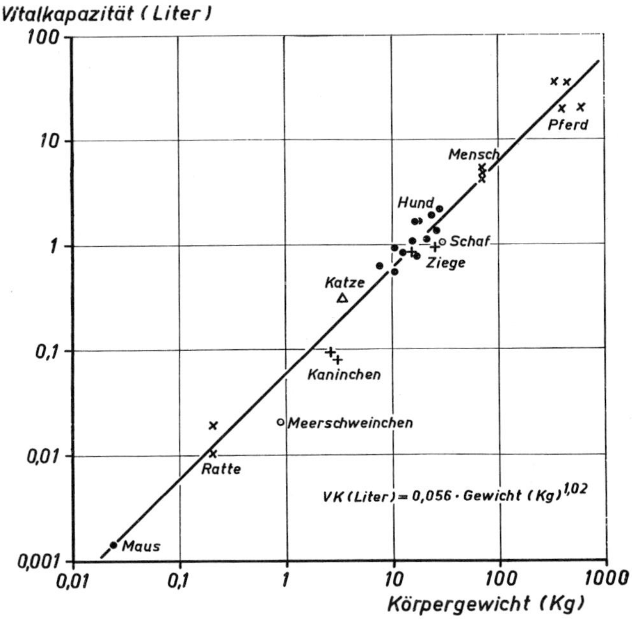

Abb. 176. Die Vitalkapazität verschiedener Spezies in Abhängigkeit vom Körpergewicht. Beide Koordinaten logarithmisch geteilt. (Aus H. HÖRNICKE, 1969)

grund der publizierten Daten folgende Beziehung zwischen der funktionellen Residualkapazität und dem Körpergewicht:

FRK (Liter) = 0,025 · Gewicht $(kg)^{1,08}$

Die funktionelle Residualkapazität bzw. das Residualvolumen sind eine Art Puffer, welche starke Änderungen der O_2- und CO_2-Konzentrationen in der Alveolarluft und damit auch im arteriellen Lungenblut während eines Atmungszyklus verhindern (s. Ventilationskoeffizient, S. 317). Würde bei einer Exspiration alle Luft aus den Alveolen entweichen, d. h. würden die Lungenbläschen völlig kollabieren, so wäre bei jeder Inspiration eine sehr große Arbeit erforderlich, um die verschlossenen Alveolen wieder zu eröffnen bzw. Luft zwischen die verklebten Alveolarwandungen hineinzutreiben. Die Atmungsmuskulatur wäre einer derart schweren Arbeit auf die Dauer nicht gewachsen.

G. Ventilationsgrößen (Atemzeitvolumina)

Ventilationsgrößen bzw. Atemzeitvolumina sind Parameter für die bei der Atmung umgewälzten Luftvolumina. Bei Tieren bleibt man dabei im allgemeinen darauf beschränkt, das exspiratorische **Atemminutenvolumen** ($\dot{V}_E$) zu bestimmen.

Sind das durchschnittliche Atemzugvolumen (V_T) und die Atemfrequenz (f) pro Minute bekannt, so läßt sich das Atemminutenvolumen als Produkt der beiden erwähnten Parameter berechnen ($\dot{V}_E = f \cdot V_T$). Das Atemminutenvolumen wird in erster Linie von der Stoffwechselintensität und der Totraumventilation (S. 317) bestimmt. Es weist deshalb große Schwankungen auf (Tab. 49). Hörnicke (1969) ermittelte für die verschiedenen Spezies folgende Beziehung zwischen dem Atemminutenvolumen ($\dot{V}_E$) und dem Körpergewicht:

$\dot{V}_E$ (Liter) = 0,375 · Gewicht $(kg)^{0,75}$

Tab. 49. Atemzugvolumen (BTPS-Verhältnisse) einiger Tierarten

Tierart	$\dot{V}_E$ (Liter/min)
Pferd (Laufbahnversuche von Zuntz)	
Ruhe	63 ± 8
Schritt (90,2 m pro Min.)	114 ± 35
Trab (195 m pro Min.)	270 ± 44
Zugarbeit (67,0 kg) im Schritt (73,2 m pro Min.)	288 ± 41
Zugarbeit (67,0 kg) im Trab (153,2 m pro Min.)	521
Rind (Körpergewicht: 500 kg)	86 ± 10
Schaf (Körpergewicht: 45 kg)	14,3 ± 4,3
Ziege (Körpergewicht: 40 kg)	9,8 ± 1,8

Andere funktionsdiagnostische Größen wie der **Atemgrenzwert** (maximale Atmungskapazität, d. h. die pro Minute maximal ventilierbare Luftmenge in Litern) oder die **exspiratorische Sekundenkapazität** (Tiffeneau-Test), das ist die in Prozent der Vitalkapazität ausgedrückte Luftmenge, die nach tiefster Einatmung während der ersten Sekunde einer äußerst forcierten Ausatmung ausgestoßen werden kann, verlangen die Mitarbeit des Exploranden und sind deshalb in der Veterinärmedizin nicht anwendbar. Lediglich der sogenannte **Exspirationsstoß** (Pneunometerwert, V_E max, maximal mögliche Ausatmungsstromstärke in Litern pro Sekunde) kann annäherungsweise durch künstliche Auslösung eines Hustenstoßes ermittelt werden. Bei Hustenstößen gesunder Pferde sind V_E max-Werte von 50–65 l/s gemessen worden. Bei obstruktiven Ventilationsstörungen (z. B. Bronchospasmen) sind sie erheblich erniedrigt.

H. Der tote oder schädliche Raum

1. Definition. Größe des schädlichen Raumes

Nicht alle Luft, die eingeatmet wird, gelangt bis in die Lungenalveolen. Ein Teil verbleibt in den Atemwegen, wo kein Gaswechsel möglich ist. Diese Luft wird unausgenutzt wieder ausgeatmet. Mit jedem Atemzug wird also ohne respiratorischen Nutzen Luft umgewälzt und dafür Arbeit geleistet. Derjenige Raum des Respirationsapparates, der nicht zum Gasaustausch beiträgt, wird als Totraum (schädlicher Raum, V_D) bezeichnet.

Man unterscheidet einen anatomischen und einen physiologischen Totraum. Zum anatomischen Totraum gehört das gesamte Hohlraumsystem des Respirationsapparates mit Ausnahme der Bronchuli respiratorii und Lungenalveolen, also der Nasenrachenraum, der Kehlkopf, die Trachea und Bronchen. Der physiologische Totraum, auch effektiver schädlicher Raum bzw. **Volumen inefficax** genannt, ist eine funktionelle Größe. Er stellt keinen anatomisch abgrenzbaren Raum dar, sondern besteht aus demjenigen Teil der Atmungsluft, welcher nicht am Gaswechsel teilnimmt. Diese Luft ist annäherungsweise mit derjenigen im anatomischen Totraum identisch. Sie besteht also aus der Luft des Nasenrachenraums, des Kehlkopfs, der Trachea und der Bronchen. Zu ihr gehört aber auch die Luft in jenen Alveolen, die zwar ventiliert, aber nicht oder nur mangelhaft durchblutet werden, in denen also kein oder nur ein geringer Gastaustausch stattfindet. Zum physiologischen Totraum gehört im weiteren die Luft in abnorm großen Alveolen (z. B. beim Lungenemphysem vorkommend), in denen die zentralen Luftpartien zu weit von den alveolären Kapillaren entfernt sind, um sich am Gasaustausch beteiligen zu können. Der physiologische Totraum kann also größer sein als der anatomische. Er kann aber sogar auch kleiner sein. Dies beweist z. B. die **Wärmepolypnoe (Hecheln)** der Hunde, bei der auch dann noch ein genügender Gaswechsel möglich ist, wenn das Atemzugvolumen kleiner ist als der anatomische Totraum, und man vermuten könnte, es werde dabei nur der Totraum ventiliert. Die Erklärung ergibt sich aus der komplizierten Strömungsweise der Atemluft in den Bronchen. Vereinfachend dargestellt, besteht in den Bronchen ein langsamer bzw. fast stagnierender Wandstrom (also Luft, die praktisch nicht umgewälzt wird und vorwiegend verbrauchte Totraumluft darstellt), an dem ein schneller, vorwiegend aus Frischluft bestehender Axialstrom vorbeigleitet. Aerodynamisch entsteht so ein funktioneller Bronchusquerschnitt und damit physiologischer Totraum, der kleiner ist als der anatomische.

Sowohl die Größe des anatomischen als auch des physiologischen Totraumes ist nicht konstant; denn sie wird einerseits rein mechanisch durch die Dehnung und Entspannung der Lunge während eines Atmungszyklus beeinflußt und anderseits durch nervöse Regelmechanismen den wechselnden Bedürfnissen angepaßt. Die nervöse Regulation erfolgt durch die vom vegetativen Nervensystem innervierte Bronchalmuskulatur. Verstärkt sich der Tonus dieser Muskulatur (erhöhter Erregungszustand der pulmonalen parasympathischen Nervenfasern im N. vagus oder/und verminderter Erregungszustand der pulmonalen Orthosympathikusfasern) (S. 352), so verengen sich die Bronchen, und der Totraum wird kleiner. Läßt hingegen der Tonus der Bronchalmuskulatur nach (verminderter Erregungszustand der pulmonalen Parasympathikusfasern oder/und erhöhter Erregungszustand der pulmonalen Orthosympathikusfasern), dann erweitern sich die Bronchen, und der Totraum wird größer.

Bei geringer Atemtiefe bleiben die Bronchen eng und der Totraum somit klein. Am Ende der Inspiration verbleibt daher von der ventilierten Luft relativ wenig im Totraum. Bei engen Bronchen erhöht sich zwar der Strömungswiderstand der Atemluft. Dieser fällt aber nicht sehr ins Gewicht, weil bei einer geringen Atmungstiefe die Strömungsgeschwindigkeit und damit auch der Strömungswiderstand relativ klein sind.

Je größer die Atmungstiefe, desto nebensächlicher wird der schädliche Raum, um so wichtiger wird aber der Strömungswiderstand, welcher bei einer Erweiterung der Luftwege in sehr starkem Maße, nämlich mit der 4. Potenz des Radius, abnimmt. Wenn auch bei einem großen Atemvolumen die Totraumgröße zunimmt, so kommt trotzdem ein relativ hoher Prozentsatz Frischluft in die Alveolen.

Die Größe des Totraumes variiert nicht nur mit derjenigen des Atemvolumens, sondern sogar während eines einzelnen Atmungszyklus. Während der Inspiration ist der Totraum etwas größer als während der Exspiration, da sich die Bronchen während der Inspiration wegen der verstärkten Dehnung der Lunge etwas erweitern bzw. während der Exspiration infolge der Entspannung des Lungengewebes verengen.

2. Berechnung der Größe des physiologischen Totraumes

Bei der Ausatmung wird vorerst die Luft aus dem Totraum ausgestoßen (Abb. 169). Diese Luft entspricht in ihrer Zusammensetzung der Atmosphärenluft, denn sie ist am Ende der vorangegangenen Einatmung inspiriert worden und hat am Gasaustausch nicht teilgenommen. Nach der Totraumluft wird die Alveolarluft exspiriert. Die ersten Teile dieser Alveolarluft sind zwar noch mit Totraumluft vermischt, die letzten Teile stellen aber — hinreichendes Ausatmungsvolumen vorausgesetzt — reine Alveolarluft dar. Das Prinzip der Berechnung des physiologischen Totraumes beruht auf der Konzentrationsabnahme eines Testgases der Alveolarluft durch die Beimischung der Testgasfreien Totraumluft. Als Testgas eignet sich das in der Alveolarluft enthaltene CO_2. Aus dem Verdünnungsgrad des CO_2 durch die praktisch CO_2-freie Totraumluft kann dic Totraumgröße berechnet werden. Die Berechnungsformel (Bohrsche Formel) lautet:

$$V_D = V_T \cdot \frac{F_{ACO_2} - F_{ECO_2}}{F_{ACO_2} - F_{ICO_2}}$$

Hierbei bedeutet: V_D Totraumvolumen, V_T Atemzugvolumen; F_{ACO_2} CO_2-Vol % in der Alveolarluft, F_{ECO_2} CO_2-Vol. % in der Exspirationsluft (Gemisch von Totraumluft und Alveolarluft); F_{ICO_2} CO_2-Vol. % in der Inspirationsluft (zu vernachlässigen, da sie nur 0,03 % beträgt). Für die Berechnung müssen alle Größen beim gleichen Atemzyklus gemessen werden. Mit entsprechenden Apparaturen (Spirograph, Ultrarot-Absorptions-Schreiber für CO_2-Analyse) kann diese Forderung jedoch leicht erfüllt werden.

Bei Ruheatmung setzt sich das Atemzugvolumen etwa zu einem Drittel aus Totraumluft und zu zwei Dritteln aus Alveolarluft zusammen.

3. Nutzen des schädlichen Raumes

Ist der sog. schädliche Raum nur ein notwendiges Übel, ohne den es nicht möglich ist, die Millionen von Lungenalveolen durch ein mit der Außenatmosphäre kommunizierendes Kanalsystem zu ventilieren? Bei näherer Betrachtung stellt man fest, daß es der Natur gelang, dem Totraum nützliche Funktionen zuzuweisen, nämlich:

a) Der Totraum erwärmt die meist relativ kühle Einatmungsluft. Die Schleimhaut des Nasenrachenraumes ist sehr gut durchblutet. Beim Vorbeistreichen der Luft an der warmen Schleimhaut erwärmt sie sich. Zur Steigerung dieses Effektes ist die Oberfläche der Schleimhaut durch besondere Bildungen, die Nasenmuscheln (Conchae), stark vergrößert. Dank dieser Einrichtungen erreicht die in die Alveolen eintretende Luft auch bei sehr tiefen Außentemperaturen (bis $-50\,°C$) fast Körpertemperatur.
b) Der Totraum dient der Reinigung der Atemluft von Schwebeteilchen (Staub, Ruß, Mikroben usw.). Die feinen Fremdkörperpartikel bleiben an der Sekretschicht der Schleimhaut kleben. Durch den Flimmerstrom des mit Zilien ausgerüsteten Oberflächenepithels der Schleimhaut wird das Sekret mitsamt den Schwebeteilchen wie auf einem Förderband teils rostral (in Richtung der Nasenlöcher), teils aboral in den Atmungsrachen, befördert. Der sich im Rachen ansammelnde »Abraum« wird entweder ausgehustet oder abgeschluckt. Da dem Magensaft infolge seines Salzsäuregehaltes bakterizide Wirkung zukommt, können auch pathogene Mikroben im abgeschluckten Material unschädlich gemacht werden. Auch Leukozyten sind am Abtransport der Fremdkörperpartikel mitbeteiligt.
c) Im Totraum wird die Luft mit Wasserdampf gesättigt, indem sie während ihrer Passage von der feuchten Schleimhaut Wasser aufnimmt.
d) Der Totraum spielt auch beim Riechen eine wichtige Rolle, denn in ihm befinden sich die Rezeptoren des Geruchsinnes. Hier erfolgt eine Kontrolle der Atemluft auf ihre Zuträglichkeit für den Organismus. Gelangen Gase mit starker Reizwirkung (z. B. NH_3, Chloroform, Äther usw.) in die Nase, so lösen Sinnesrezeptoren der Schleimhaut (Geruchsrezeptoren und

trigeminale Afferenzen) reflektorisch einen Atmungsstillstand aus. Von Rezeptoren in der Schleimhaut des Totraumes werden auch der Husten- und Niesreflex induziert (S. 350), welche dem Schutz des Atmungsapparates dienen.

e) Der Totraum enthält auch Einrichtungen (Larynx der Säugetiere, Syrinx der Vögel) für die Lauterzeugung (Phonation).

f) Bei vielen Tieren steht der Totraum auch im Dienste der Regulation der Körpertemperatur (Kühlung durch Hecheln, s. S. 349).

Wir stellen fest, der sog. schädliche Raum ist eine notwendige und sehr nützliche Einrichtung. Das beweisen die Folgen einer **Tracheotomie** (Luftröhrenschnitt). Diese Operation wird als Notbehelf dann ausgeführt, wenn die kranialen Luftwege derart stark blockiert sind, daß Erstickungsgefahr besteht (Glottisödem, Fremdkörper in den Atemwegen, Blastome usw.). Bei der Tracheotomie tritt die Luft durch die künstliche Öffnung direkt in die Trachea ein. Hierbei ist die Temperierung, Reinigung und Wasserdampfsättigung der in die Lungenalveolen gelangenden Atemluft ungenügend. Als Folge treten nicht selten schwere, oft sogar tödliche Lungenaffektionen auf.

J. Alveoläre Ventilation, Totraumventilation, Ventilationskoeffizient

Am Ende einer Exspiration bleibt viel Luft im Atmungs-Apparat zurück, nämlich die Luft der funktionellen Residualkapazität und des anatomischen Totraumes. Beim nächsten Atemzug wird vorerst die im anatomischen Totraum zurückgebliebene, O_2-arme und CO_2-reiche also »verbrauchte« Luft in die Lungenalveolen eingeatmet und erst nachher Frischluft. Bei den Haussäugetieren beträgt das Totraumvolumen normalerweise zwischen 25 bis 40 % des Atemzugvolumens. Zwischen dem Atemzugvolumen und dem Totraumvolumen besteht allerdings keine lineare Proportionalität, denn mit der Vergrößerung des Atemzugvolumens nimmt das Totraumvolumen relativ ab.

Als **alveoäre Ventilation** ($\dot{V}_A$) bezeichnet man das Frischluftvolumen, das in die Alveolen gelangt. Sie entspricht also dem Atemminutenvolumen ($\dot{V}_E$) minus die Totraumventilation ($\dot{V}_D$).

$$\dot{V}_A = \dot{V}_E - \dot{V}_D$$

Aus den obigen Ausführungen ergibt sich, daß die alveoläre Ventilation 60–75 % bzw. die Totraumventilation 25–40 % des Atemzeitvolumens ausmacht. Je oberflächlicher die Atmung, desto größer wird die Totraumventilation im Vergleich zur alveolären Ventilation. Beim **Hecheln** kann die alveoläre Ventilation auf wenige Prozent der Totraumventilation sinken.

Wie erwähnt, verbleibt am Ende einer Ausatmung viel »verbrauchte« Luft (FRK + V_D) im Atmungsapparat zurück. Das Volumenverhältnis der bei einer Inspiration in die Alveolen eintretenden Frischluft ($V_T - V_D$) zur »verbrauchten« Luft (FRK + V_D) wird als **Ventilationskoeffizient** bezeichnet.

$$\text{Ventilationskoeffizient} = \frac{V_T - V_D}{\text{FRK} + V_D}$$

Normalerweise beträgt dieses Verhältnis etwa 1 : 8 bis 1 : 10, woraus sich ein Ventilationskoeffizient von 0,12 bis 0,10 ergibt. Je tiefer die Atemzüge, desto größer wird der Ventilationskoeffizient.

Nicht selten herrscht die Ansicht, die alveoläre O_2-Konzentration (P_{O_2}) steige synchron mit dem Beginn der Inspiration an und gleichzeitig sinke die alveoläre CO_2-Konzentration (P_{CO_2}). Das ist nicht der Fall, denn während der ersten Phase der Inspiration gelangt vorerst die »verbrauchte« Totraumluft, die sich schon einmal in den Alveolen befand, in die Alveolen. Da aber während dieser ersten Inspirationsphase die Lungendurchblutung und der damit verbundene Übertritt von O_2 aus der Alveolarluft in das Blut bzw. von CO_2 aus dem Blut in die Alveolarluft weitergehen, sinkt die alveoläre O_2-Konzentration während der ersten Zeit der Einatmung sogar noch weiter ab, und die CO_2-Konzentration steigt noch an. Erst nach der vollständigen Einatmung der Totraumluft bzw. mit dem Beginn des Frischlufteintrittes in die Alveolen steigt der alveoläre P_{O_2} bzw. sinkt der alveoläre P_{CO_2}.

K. Druckverhältnisse im Atmungsapparat

Die Untersuchung der Druckverhältnisse im Atmungsapparat vermag Auskunft über die Beschaffenheit (Dehnbarkeit) des Lungengewebes sowie den Strömungswiderstand der Luft in den Atemwegen zu geben. Sie hat daher bei der Abklärung von Lungenerkrankungen große Bedeutung. Besonders wichtig sind in dieser Hinsicht der Intrapulmonaldruck und der Intrathorakaldruck.

1. Intrapulmonaldruck

Als Intrapulmonaldruck (P pulm) wird der Druck in den Lungenalveolen bezeichnet. Er wird daher auch Alveolardruck (P alv) genannt.

a. Größe des Intrapulmonaldruckes unter statischen Verhältnissen

Statische Verhältnisse sind vorhanden, wenn im Atmungsapparat keine Luftströmung herrscht. Normalerweise ist dies im Moment des Überganges der Inspiration zur Exspiration bzw. der Exspiration zur Inspiration sowie beim Anhalten der Atmung der Fall. Da die Alveolen — offene Glottis vorausgesetzt — durch die Atemwege mit der Außenatmosphäre kommunizieren, entspricht der P pulm unter statischen Verhältnissen dem Atmosphärendruck.

b. Größe des Intrapulmonaldruckes unter dynamischen Verhältnissen

Dynamische Verhältnisse liegen vor, wenn im Atmungsapparat eine Luftströmung vorhanden ist, also während der Ein- und Ausatmung. Während der Inspiration und Exspiration kommt es wegen des Luftströmungswiderstandes in den Atemwegen nicht momentan zu einem Druckausgleich zwischen der Atmosphäre und den Alveolen. Während der Inspiration ist der P pulm deshalb kleiner als der Atmosphärendruck, während der Exspiration hingegen größer. Je höher der Luftströmungswiderstand in den Atemwegen, desto größer wird der alveoläre Über- bzw. Unterdruck. Am größten ist der alveoläre Über- bzw. Unterdruck zur Zeit der schnellsten Verengung bzw. Erweiterung des Thorax, also im Moment der größten Luftströmungsgeschwindigkeit. Hierbei können die inspiratorischen Unterdrucke bzw. exspiratorischen Überdrucke 1–5 mm Hg (0,1–0,7 kPa) erreichen. Im Gefolge einer partiellen oder totalen Blockade der Atemwege (Schwellung der Schleimhäute bei einer Rhinitis oder Bronchitis, Glottisödem, Zuhalten der Nasenöffnungen usw.) entwickeln sich inspiratorische Unterdrucke und exspiratorische Überdrucke, die über 100 mm Hg (13,3 kPa) betragen und Rupturen von Alveolarwandungen verursachen können.

2. Intrathorakaldruck

Als Intrathorakaldruck (Inter- oder Intrapleuraldruck, Pleuraldruck, Ppl) bezeichnet man den Druck im Interpleuralspalt und Mediastinum. Unter diesem Druck stehen somit die Flüssigkeit im Spalt zwischen der Pleura pulmonalis und Pleura parietalis sowie die Mediastinalorgane (Herz; thorakale Teile der Hohlvenen, der Aorta und des Oesophagus). Die Differenz zwischen dem Intrathorakaldruck und Intrapulmonaldruck (unter statischen Verhältnissen gemessen) wird **Transpulmonaldruck** genannt.

Die einfachste Methode für die Messung des Intrathorakaldruckes besteht darin, eine mit einem Manometer verbundene, flüssigkeitsgefüllte Kanüle zwischen den Rippen so tief in die Brust einzustechen, daß deren Öffnung im Interpleuralspalt liegt. Da, wie erwähnt, auch der thorakale Oesophagus unter dem Intrathorakaldruck steht, kann der Ppl auch mittels Oesophaguskatheter registriert werden. Diese Methode gibt aber nur bei Tieren befriedigende Resultate, deren Oesophaguswand so dünn und nachgiebig ist, daß sich der periösophagale Druck restlos auf das Lumen des Oesophagus überträgt.

a. Größe des Intrathorakaldruckes unter statischen Verhältnissen

Unter statischen Verhältnissen, d. h. wenn im Atmungsapparat keine Luftströmung vorhanden ist, herrscht im Pleuralspalt ein Druck, der kleiner ist als der Atmosphärendruck (subatmosphärischer

Druck, Unterdruck, fälschlicherweise auch als negativer Druck bezeichnet). Dies erklärt die Erscheinung, daß bei einer perforierenden Brustwandverletzung, Luft in den Interpleuralspalt gesaugt wird, d. h. ein **Pneumothorax** (S. 327) entsteht.

Die Größe des Ppl hängt von der Retraktionskraft der Lunge ab. Als **Retraktionskraft (elastischer Lungenzug, elastischer Lungendruck, Pel)**[1] wird die Kraft bezeichnet, mit der sich die Lunge zusammenziehen möchte. Aus Gründen, die teils schon im Abschnitt über die Mechanik der Einatmung (S. 305) besprochen wurden, befindet sich die Lunge in einem gedehnten Zustand und hat deshalb die Tendenz, sich zusammenzuziehen. Eine Retraktion ist aber wegen des hermetischen Einschlusses der Lunge im Thorax nicht möglich. Die Lunge liegt deshalb nicht mit ihrem ganzen Intrapulmonaldruck (P pulm), der bei statischen Verhältnissen dem Atmosphärendruck entspricht, der Brustwand an. Der pulmonale Anliegedruck an der Brustwand ist gerade um die Retraktionskraft der Lunge (P el) kleiner.

$$P\,pl = P\,pulm - P\,el$$

Beispiel: Beträgt der Intrapulmonaldruck (P pulm) 760 mm Hg (101 kPa) und die Retraktionskraft der Lunge (P el) 15 mm Hg (2,0 kPa), dann ist der Intrathorakaldruck (P pl) 745 mm Hg (99,3 kPa). Der intrathorakale Unterdruck ist also gleich groß wie die pulmonale Retraktionskraft. Die Größe des Intrathorakaldruckes bzw. der Retraktionskraft der Lunge ist von folgenden Faktoren abhängig:

a) von der Dehnbarkeit des Lungengewebes,
b) vom Verhältnis der einander entgegengesetzt gerichteten elastischen Rückstellkräfte von Lunge und Brustkorb zueinander bzw. vom Mißverhältnis von Lungen- und Brustraumgröße im unverbundenen Zustand,
c) von der Atmungslage (pulmonaler Luftgehalt).

Einfluß der Dehnbarkeit des Lungengewebes auf den Intrathorakaldruck. Dic Lungc läßt sich stark dehnen bzw. aufblähen. Bei der Dehnung entwickelt das Lungengewebe eine Gegenkraft. Je geringer die Dehnbarkeit der pulmonalen Gewebselemente, desto größer ist diese Gegenkraft (Retraktionskraft). Die Dehnbarkeit des Lungengewebes hängt z. B. ab:

1. von den mechanischen Eigenschaften seiner Gewebselemente (Gehalt an elastischen und kollagenen Fasern),
2. von der geometrischen Anordnung der pulmonalen Gewebselemente,
3. vom Blutgehalt der Lungengefäße (je höher das pulmonale Blutvolumen, desto kleiner die Dehnbarkeit der Lunge).

Man könnte vermuten, bei einer vollständigen Entspannung der morphologischen Gewebselemente der Lunge sinke die Retraktionskraft der Lunge auf den Wert Null und damit herrsche im Interpleuralspalt kein Unterdruck mehr. Das ist aber nicht der Fall. Bereits am Ende einer normalen Exspiration sind die morphologischen Gewebselemente (insbesondere auch die elastischen Fasern) völlig entspannt, gleichwohl herrscht im Interpleuralspalt noch ein Unterdruck (Abb. 178) und die Lunge hat noch die Fähigkeit, sich weiter zu retrahieren. Dies erklärt auch die Erscheinung, daß die Lunge kollabiert, wenn man den Thorax eröffnet (s. **Pneumothorax,** S. 327).

Die Eigenschaft der Lunge, sich auch nach einer völligen Entspannung der eigentlichen pulmonalen Gewebselemente zusammenzuziehen, beruht auf der **alveolären Oberflächenspannung.**

Die Alveolarmembran stellt ein wässeriges Medium dar. Zwischen dieser Membran und der Alveolarluft besteht somit eine Phasengrenzfläche (Flüssigkeit-Luft). Infolge der Oberflächenspannung dieser gekrümmten Grenzfläche haben die Alveolen die Tendenz, sich zu verkleinern. (Weitere Ausführungen über die physiologische Bedeutung der alveolären Oberflächenspannung s. S. 325).

Einfluß des Mißverhältnisses zwischen Lungengröße und Brustraumgröße auf den Intrathorakaldruck. Vor der Geburt (Fötalzustand) ist die Lunge nicht gedehnt, denn die Alveolen sind noch nicht entfaltet[2]. Die Lunge ist von solider, fleischähnlicher Konsistenz und besitzt ein spezifisches Gewicht > 1, weshalb sie im Wasser untergeht. Da

[1] Unter dem Terminus Elastizität versteht man die Eigenschaft eines Stoffes, nach einer durch äußere Kräfte erlittenen Deformation wieder in den Ausgangszustand zurückzukehren. Bei einem (perfekt) elastischen Körper ist die Größe der Deformation der Größe der von außen einwirkenden Kraft bis zur Erreichung der Elastizitätsgrenze direkt proportional.

[2] Die Alveolen der Fötuslunge sind nicht völlig kollabiert, sondern mit etwas Flüssigkeit gefüllt. Entgegen früheren Annahmen, handelt es sich hierbei nicht oder nur zum kleinen Teil um aspiriertes Fruchtwasser, sondern um ein Sekret der Alveolarepithelien und der tracheobronchalen Drüsen sowie um ein Ultrafiltrat des Lungenkapillarblutes. Wahrscheinlich trägt diese pulmonale Flüssigkeit sogar zur Fruchtwasserbildung bei.

fötales Lungengewebe noch nicht gedehnt ist, hat es auch keine Retraktionskraft. Im Interpleuralspalt des Föten herrscht deshalb noch kein subatmosphärischer Druck.

Nach der Geburt setzt die Lungenatmung ein, der Brustkorb weitet sich mit jedem Atemzug stärker; denn auch bei maximaler Ausatmung kehrt er nicht mehr in die ursprüngliche fötale Stellung zurück, weil der kontraktile Tonus der Atmungsmuskeln (analog demjenigen der übrigen Skelettmuskulatur) postnatal ansteigt. Die Folge ist ein Mißverhältnis zwischen Lungen- und Brustraumgröße. Da die Lunge immer den ganzen Thorax ausfüllen muß (ihre Retraktionskraft ist ja viel geringer als der intrapulmonale Luftdruck, durch den sie aufgebläht wird, s. S. 305), wird sie mehr und mehr gedehnt. Während der Wachstumsphase wächst der Brustkorb zudem relativ stärker als die Lunge und zugleich vermehrt sich die Zahl der pulmonalen elastischen Fasern. Auch deswegen nimmt die Retraktionskraft und damit der intrathorakale Unterdruck noch zu.

Einfluß der Atmungslage (pulmonaler Luftgehalt) auf den Intrathorakaldruck. Je größer die Luftfüllung der Lunge, desto stärker ist ihre Dehnung und somit auch ihre Retraktionskraft. Der Unterdruck im Interpleuralspalt ist daher am Ende einer Inspiration größer als zu Beginn derselben. Beträgt er z. B. zu Beginn der Einatmung beim Pferd ca. 6 mm Hg (0,8 kPa), so können an ihrem Ende 10 mm Hg (1,3 kPa) gemessen werden.

b. Das statische Volumen-Druck-Diagramm

Das statische Volumen-Druck-Diagramm wird im Prinzip in der Weise bestimmt, daß am Ende verschieden starker Inspirationen oder Exspirationen der Intrathorakal- oder Oesophagealdruck (S. 318) gemessen wird[1]. Die Druckänderungen werden als Funktion der Lungenvolumenänderungen (Δ Vol Lg) in ein Koordinatensystem eingetragen (Abb. 177).

Das statische Volumen-Druck-Diagramm weist bei gesunden Tieren innerhalb etwa ¾ der Vitalkapazität, also innerhalb der normalen Atmungslagen, eine lineare Beziehung zwischen Druck und Volumen auf. Bei sehr tiefen In- bzw. Exspirationen weicht das Diagramm allerdings progressiv in negative bzw. positive Druckbereiche ab und nimmt daher insgesamt S-Form an. Der mittlere, lineare Teil des Diagramms kann zur Berechnung der Dehnbarkeit des Lungengewebes verwendet werden. Je steiler der Verlauf dieses Kurventeiles, desto mehr nimmt die Retraktionskraft der Lunge pro Einheit Volumenänderung zu, d. h. um so weniger dehnbar ist die Lunge. Je flacher der Verlauf des linearen Diagrammteiles, desto dehn-

[1] Die Bestimmung des statischen Volumen-Druck-Diagrammes stößt beim Tier auf erhebliche Schwierigkeiten, weil dieses nicht imstande ist, dem Wunsch des Untersuchers entsprechend, seine Atmung in bestimmten Stellungen der In- und Exspiration anzuhalten.

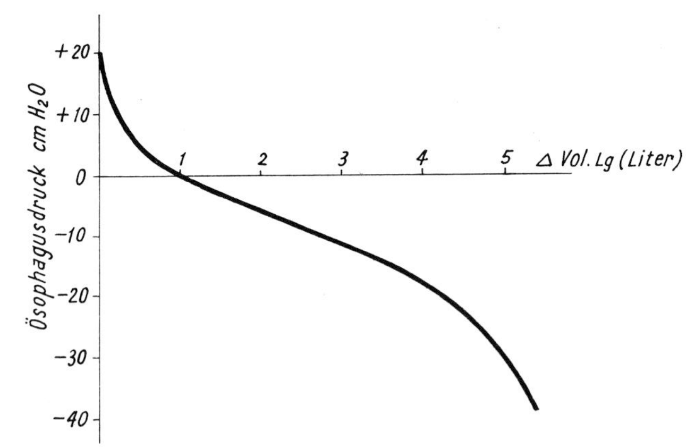

Abb. 177. Statisches Volumen-Druck-Diagramm eines erwachsenen Menschen (umgezeichnet nach SCHERRER, BUCHER u. KOSTYAL, 1958).

Der Oesophagusdruck entspricht etwa dem Interpleuraldruck. Der Druck Null entspricht dem Atmosphärendruck. In mittleren Atmungslagen (normales Atemvolumen) ist der Verlauf des Diagrammes (Elastizitätskurve) geradlinig. Bei tiefster Einatmung (über 4 Liter) wird der Oesophagusdruck (Interpleuraldruck) stark negativ, weil in der Lunge zusätzliche Retraktionskräfte wirksam werden. Bei tiefster Ausatmung wird der Interpleuraldruck infolge der Kompression der Lungen durch die Thoraxwand positiv. Die statische Compliance (Cstat) beträgt im abgebildeten Fall 0,22 l/cm H_2O

barer ist die Lunge. Der Quotient aus Lungenvolumenänderung (Δ Vol Lg) und Intrathorakaldruckänderung (Δ Ppl) wird als **statische Compliance** (C stat)[1] bezeichnet.

$$\frac{\Delta \text{ Vol Lg (Liter oder ml)}}{\Delta \text{ Ppl (cm } H_2O)} = \text{C stat (Liter oder ml/cm } H_2O)$$

Ein großer C stat-Wert bedeutet leichte Lungendehnbarkeit, ein kleiner C stat-Wert hingegen eine geringe Lungendehnbarkeit, d. h. relativ steifes (starres) Lungengewebe. Eine verminderte Compliance zeigt die Lunge bei Entzündungen, Atelektasen (oft im Gefolge einer Narkose), Blutstauungen in den pulmonalen Gefäßen, Oedemen, Blastomen usw. Erhöhte Compliance-Werte können in gewissen Fällen von Lungenemphysem auftreten.

In der Tabelle 50 sind die Compliance-Werte (ml/cm H_2O) einiger Tierarten zusammengestellt.

Aus der Tabelle ist zu entnehmen, daß die Compliance-Werte bei großen Tieren höher sind als bei kleinen. Die Compliance einer Katzenlunge ist z. B. rd. 165mal kleiner als die einer Pferdelunge. Das bedeutet aber nicht, daß das Lungengewebe einer Katze 165mal steifer ist als dasjenige des Pferdes, denn die Compliancewerte hängen offensichtlich von der Lungengröße (Lungenvolumen) ab. Zwei Beispiele mögen die Abhängigkeit der Compliance von der Lungengröße verständlich machen:

a) Bläst man in einen kleinen und großen Kinderballon, deren Häute die gleichen elastischen Eigenschaften (Dehnbarkeit) aufweisen, je 1 Liter Luft, so steigt der Druck im kleinen Ballon wesentlich stärker als im großen, weil der kleine Ballon der Blähung einen größeren Widerstand entgegensetzt als der große.
b) Ein Pferd atme 5 Liter Luft ein und der intrathorakale Unterdruck vergrößere sich dabei um 5 cm H_2O. Die Compliance beträgt somit 1 l/cm H_2O (1000 ml/cm H_2O). Bei der Annahme, die inspirierte Luft habe sich gleichmäßig auf beide Lungenflügel verteilt, ergibt sich eine Compliance für einen Lungenflügel von nur 0,5 l/cm H_2O (500 ml/cm H_2O). Die Dehnbarkeit des Gewebes ist natürlich in beiden Lungenflügeln gleich groß.

Compliance-Werte von Tieren mit verschiedener Lungengröße sind also nur miteinander vergleichbar, wenn sie auf ein bestimmtes Lungenvolumen (l oder ml) bezogen werden. Zur Vornahme dieser Korrektur muß die Lungengröße, d. h. die Funktionelle Residualkapazität (FRK, S. 313), bekannt sein. Den auf einen Liter FRK bezogenen Compliance-Wert bezeichnet man als **spezifische Compliance** (spezif. C).

$$\text{spezif. C} = \frac{C}{FRK} = \frac{\frac{\Delta \text{ Vol Lg}}{\Delta \text{ Ppl}}}{FRK}$$

Systematische Untersuchungen über die spezif. C der verschiedenen Tierarten liegen noch nicht vor. Nach den bisherigen Messungen scheinen aber die Compliance-Werte der verschiedenen Tierarten von der gleichen Größenordnung zu sein, und zwar im Bereich von 55–65 ml/cm H_2O pro Liter FRK zu liegen (Tab. 50).

Tab. 50. Compliance-Werte einiger Tierarten. Die Daten der funktionellen Residualkapazität (FRK) und der Compliance wurden willkürlich etwas auf- bzw. abgerundet

Spezies	FRK (Liter)	Compliance ml/cm H_2O	Spezif. Compliance (ml/cm H_2O) pro Liter FRK
Pferd (500 kg)	16	1000	60
Schaf (40 kg)	1,5	100	60
Hund (20 kg)	1,0	60	60
Katze (3,5 kg)	0,1	6	60
Mensch (70 kg)	3,0	200	66

c. Größe des Intrathorakaldruckes unter dynamischen Verhältnissen

Unter dynamischen Verhältnissen, d. h. wenn sich die Luft während der In- und Exspiration in Strömung befindet, wird der Intrathorakaldruck (Pleuraldruck, Ppl) nicht nur durch die Retraktionskraft der Lunge (elastischer Widerstand der Lunge) sondern durch weitere Faktoren bestimmt. Es sind dies:

1. der Reibungswiderstand der strömenden Luft in den Atemwegen **(Resistance),**

[1] Compliance bedeutet Dehnbarkeit bzw. Nachgiebigkeit. Den reziproken Wert der Compliance nennt man **Elastance** (E).

$$E = \frac{\Delta \text{ Ppl}}{\Delta \text{ Vol Lg}}$$

Die Elastance ist ein Maß für die Steifigkeit der Lunge. Je größer die E, um so unnachgiebiger ist die Lunge gegenüber einer Blähung. Der Terminus Elastance wird in letzter Zeit kaum mehr verwendet.

2. der Reibungs- bzw. Deformationswiderstand des Lungengewebes,
3. der Trägheitswiderstand der Atemluft und des Lungengewebes.

Der unter Ziffer 3 erwähnte Trägheitswiderstand (Widerstand gegen die Änderung des Bewegungszustandes (Beschleunigung) ist so klein — sofern nicht eine starke Tachypnoe besteht — daß er bei atmungsmechanischen Untersuchungen vernachlässigt werden kann. Die unter den Ziffern 1 und 2 angeführten Reibungswiderstände werden unter dem Begriff visköse Widerstände **(Viscance)** zusammengefaßt. Sowohl der Reibungswiderstand der Luft in den Atemwegen (Atemwegswiderstand) als auch der Reibungswiderstand des Lungengewebes (pulmonaler Gewebsdeformationswiderstand) manifestieren sich lediglich, wenn die Atemluft strömt bzw. wenn das Lungengewebe sich bewegt. Sie können deshalb nur **während** der Inspirations- oder Exspirationsphase gemessen werden. Im Moment des Überganges der Inspiration in die Exspiration bzw. Exspiration in die Inspiration sind die Reibungswiderstände (Viscance) normalerweise gleich Null, weil die Luft nicht strömt und die Gewebe nicht deformiert werden. Die Reibungswiderstände sind normalerweise im Moment der maximalen Atemstromstärke am größten.

Unter dynamischen Verhältnissen weicht der Intrathorakaldruck bei gleichem Luftgehalt bzw. Dehnungsgrad der Lunge von demjenigen unter statischen Verhältnissen ab. Die Abbildung 178 zeigt das Verhalten des Intrathorakaldruckes (Ppl) im Verlauf einiger Atemzüge eines Pferdes.

d. Das dynamische Volumen-Druck-Diagramm (Atmungsschleife)

In der Abbildung 179 ist die Änderung des Intrathorakaldruckes (Δ Ppl) als Funktion der Lungenvolumenänderung (Δ Vol Lg) im Verlauf eines Atmungszyklus (zweiter Atemzug der Abb. 178) dargestellt. Die so gewonnene Kurve wird als **dynamisches Volumen-Druck-Diagramm** bzw. wegen ihrer Schleifenform auch als **Atmungsschleife** bezeichnet. Normalerweise herrscht während der ganzen In- und Exspiration im Interpleuralspalt Unterdruck. Das Diagramm zeigt, daß der interpleurale Unterdruck zu Beginn der Inspiration 6,8 mm Hg (0,9 kPa) und am Ende derselben 12,0 mm Hg (1,6 kPa) beträgt. Im Gegensatz zum statischen Volumen-Druck-Diagramm (S. 320) wird der größte Unterdruck nicht am Ende der Inspiration, d. h. im Moment der größten Luftfüllung bzw. maximalen Lungendehnung erreicht, sondern kurz vor dem Ende der Inspiration, nämlich in einem Zeitpunkt, in dem die Lungendehnung beinahe am größten ist, zudem aber noch eine starke Luftströmung herrscht (vgl. das Pneumotacho-

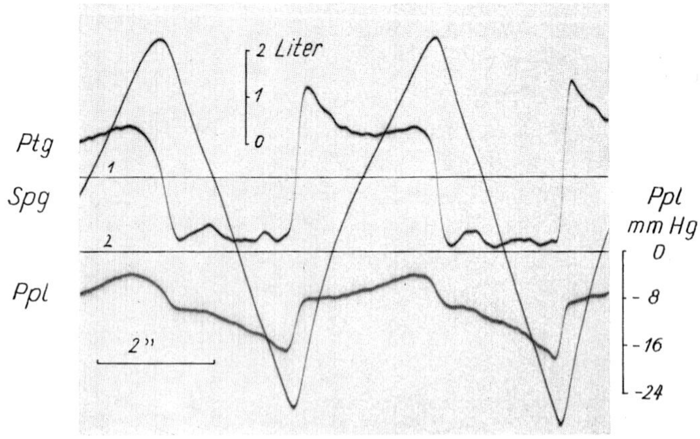

Abb. 178. Pneumotachogramm (Ptg), Spirogramm (Spg) und Interpleuraldruck (Ppl) eines Pferdes (Prot. Nr. 26/64).

Der oberhalb der horizontalen Linie (1) verlaufende Kurvenzug des Ptg stellt das Verhalten der Atemstromstärke während der Exspiration, der unterhalb derselben verlaufende Kurventeil während der Inspiration dar. Der absteigende Schenkel des Spg entspricht der Inspiration, der aufsteigende Schenkel der Exspiration. Das Atemvolumen beträgt im vorliegenden Fall etwa 7,8 Liter. Die der Interpleuraldruckkurve (Ppl) beigegebene Skala gibt den Unterdruck in mm Hg an. Der interpleurale Unterdruck beträgt zu Beginn der Inspiration 6,8 mm Hg (0,9 kPa) und am Ende der Inspiration 12,0 mm Hg (1,6 kPa). Der Unterdruck ist kurz vor dem Ende der Inspiration am größten bzw. kurz vor dem Ende der Exspiration am kleinsten (vgl. Abb. 179) gramm und Spirogramm der Abb. 178). Im weiteren ist der pleurale Unterdruck nicht am Ende der Exspiration (geringste Luftfüllung bzw. Lungendehnung) am kleinsten, wie dies beim statischen Volumen-Druck-Diagramm der Fall ist, sondern kurz vorher, d. h. in einem Zeitpunkt, in dem die Lungendehnung bereits sehr stark abgenommen hat, die Luftströmung aber noch recht groß ist.

Im Augenblick des Überganges der Exspiration in die Inspiration bzw. der Inspiration in die Exspiration ist die Atmungsbewegung und somit auch die Strömungsgeschwindigkeit der Atemluft (normalerweise) gleich Null. In diesen respiratorischen Phasenwechseln ist daher der interpleurale Unterdruck (normalerweise) gleich groß wie bei den entsprechenden Atmungslagen unter statischen Verhältnissen.

Verbindet man bei einer Atmungsschleife den Interpleuraldruckwert zu Beginn der Inspiration (Luftgehalt der Lunge: FRK) mit demjenigen am Ende der Inspiration (Luftgehalt der Lunge: FRK plus Atemzugvolumen), so erhält man die **Schleifendiagonale** (Abb. 179). Die der Schleifendiagonalen entsprechenden Druckwerte stimmen (bei lungengesunden Tieren) mit den Druckwerten überein, die bei analogen Lungenvolumina unter statischen Verhältnissen erhalten würden. Die Schleifendiagonale gibt somit wie das statische Volumen-Druck-Diagramm (S. 320) Auskunft über die Dehnbarkeit der Lunge. Die auf solche Art ermittelte Dehnbarkeit des Lungengewebes wird als **dynamische Compliance** (C dyn) bezeichnet. Verläuft die Schleifendiagonale flach (kleiner Neigungswinkel zur Horizontalen), so bedeutet dies eine große Dehnbarkeit (große Compliance), verläuft sie hingegen steil (großer Neigungswinkel zur Horizontalen), so bedeutet dies eine geringe Dehnbarkeit (kleine Compliance) des Lungengewebes.

Der Abstand der Schleifenpunkte von der Schleifendiagonalen (Abb. 179) ist ein Maß für den viskösen (nichtelastischen) Widerstand **(Viscance)** (S. 322).

Der Flächeninhalt der Atmungsschleife stellt somit einen Parameter für die Arbeit zur Überwindung der viskösen Widerstände (Reibungswiderstände der Luft in den Atemwegen, Reibungswiderstände des sich deformierenden Lungengewebes) während eines Atemzuges dar (S. 321). Da in der Regel rd. 70–80 % der viskösen Widerstände

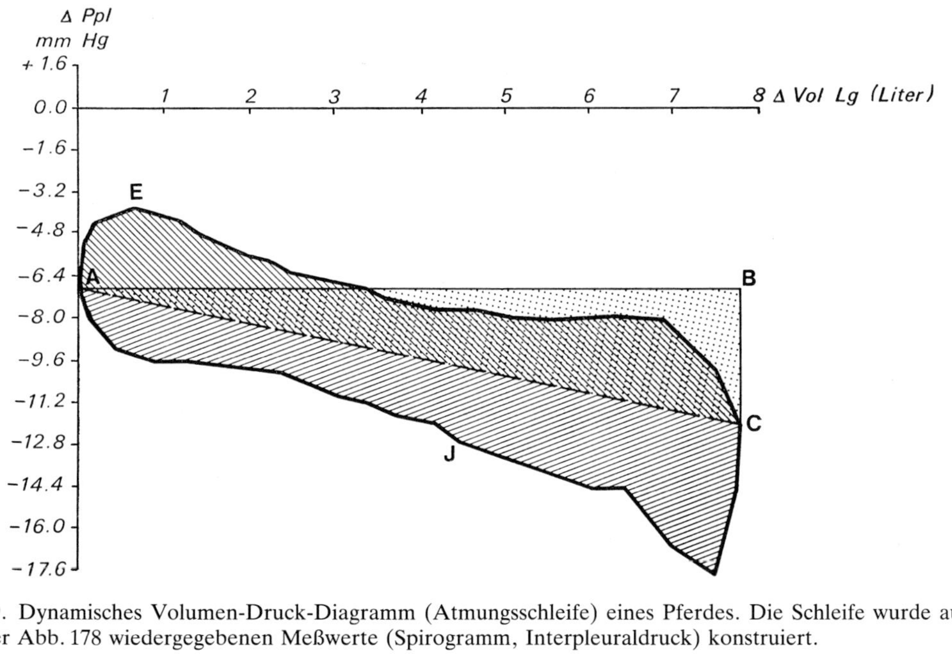

Abb. 179. Dynamisches Volumen-Druck-Diagramm (Atmungsschleife) eines Pferdes. Die Schleife wurde aufgrund der in der Abb. 178 wiedergegebenen Meßwerte (Spirogramm, Interpleuraldruck) konstruiert.

Bei dem zur Darstellung gelangten Atmungszyklus (zweiter Atemzug der Abb. 178) beträgt das Atemvolumen 7,8 Liter. Zu Beginn der Einatmungsphase (bzw. am Ende der Ausatmung) beträgt der interpleurale Unterdruck 6,8 mm Hg/0,9 kPa (9,2 cm H_2O). Am Ende der Einatmungsphase (bzw. zu Beginn der Ausatmungsphase) hat sich der interpleurale Unterdruck auf 12,0 mm Hg/1,6 kPa (16,3 cm H_2O) vergrößert. Der größte Unterdruck wird kurz vor dem Ende der Inspirationsphase erreicht, in welchem Moment er 17,6 mm Hg/ 2,4 kPa (23,9 cm H_2O) ausmacht. Der geringste Unterdruck wird kurz vor dem Ende der Ausatmungsphase gemessen. Er beträgt 3,8 mm Hg/0,5 kPa (5,1 cm H_2O). Die dynamische Compliance (Cdyn) beträgt 1,13 (Liter/cm H_2O). Weitere Erläuterungen im Text auf den Strömungswiderstand der Luft in den Atemwegen (Resistance) entfallen, ist die Fläche des Druck-Volumen-Diagrammes annäherungsweise ein Maß für den Luftströmungswiderstand (enge Schleife = geringer Strömungswiderstand, weite Schleife = hoher Strömungswiderstand). Wären die viskösen Widerstände (Luftströmungswiderstand plus Deformationswiderstand) Null, so würde sich die Atmungsschleife praktisch nicht öffnen, d. h. sie würde mit der Schleifendiagonalen bzw. mit dem statischen Druck-Volumen-Diagramm zusammenfallen.

Die unter statischen und dynamischen Verhältnissen festgestellten Differenzen des Intrathorakaldruckes sind somit auf die oben erwähnten Reibungswiderstände (Viscance) zurückzuführen. Während der Inspiration bewirkt der Reibungswiderstand der Luft in den Atemwegen (Resistance) einen alveolären Unterdruck (S. 318). Dieser alveoläre Unterdruck superponiert sich auf den durch die Retraktionskraft (Pel) bedingten interpleuralen Unterdruck. Durch den Reibungswiderstand des Lungengewebes wird der interpleurale Unterdruck während der Inspiration ebenfalls noch verstärkt. Für die Berechnung des Intrathorakaldruckes während der Inspirationsphase gilt somit:

$$Ppl = Patm - (Pel + Pvisc)$$

Ppl = Intrathorakaldruck (Interpleuraldruck)
Patm = Atmosphärendruck
Pel = Retraktionskraft der Lunge
Pvisc = visköse Widerstände (Viscance)

Während der Exspiration kehren sich die Verhältnisse um. Der Atemwegwiderstand bewirkt einen alveolären Überdruck. Dieser intrapulmonale Überdruck wird natürlich auch auf den Interpleuralspalt übertragen und führt zu einer entsprechenden Reduktion des dortigen Unterdruckes. Auch der Reibungswiderstand im Lungengewebe trägt während der Exspiration zur Verminderung des interpleuralen Unterdruckes bei. Für die Exspirationsphase gilt daher:

$$Ppl = Patm - (Pel - Pvisc)$$

Unter dynamischen Verhältnissen ist der interpleurale Unterdruck während der Exspiration kleiner als bei gleichem Lungenluftgehalt unter statischen Verhältnissen (Abb. 179).

Bei erschwerter oder sehr rascher Ausatmung (Bronchospasmen, Gasmaskenatmung, Phonation, Niesen, Husten) kann der visköse Widerstand (Pvisc) größer werden als die Retraktionskraft der Lunge (Pel), dann übersteigt der Intrathorakaldruck (Ppl) den Atmosphärendruck (Patm).

Beim Husten kann der Intrapulmonaldruck bei Großtieren über 200 mm Hg (26,7 kPa) ansteigen, dabei ist aber auch der Interpleuraldruck ebenso stark erhöht, so daß die transmurale (transpulmonale) Druckdifferenz kleiner sein kann als bei einer maximalen Inspiration. Zu einem Überdruck im Interpleuralspalt kann es auch beim sog. **Valsalva-Versuch** (Ausatmungsbewegung bei geschlossener Glottis) sowie bei obstruktiven Lungenaffektionen (Lungenemphysem) kommen.

e. Der Einfluß des Intrathorakaldruckes auf die Mediastinal- und Abdominalorgane

Durch die inspiratorische Drucksenkung im Thorax (Saugwirkung) wird der Blutrückfluß in die thorakalen Hohlvenen, den rechten Vorhof und die rechte Herzkammer gefördert und auch die Entleerung der Lymphe aus dem Ductus thoracicus in die V. cava erleichtert. Besonders ausgeprägt ist dieser Effekt bei vertiefter Einatmung oder einer Inspirationsbewegung bei geschlossener Glottis. Auch während der sog. Ansaugungsphase des Wiederkauens (Rejektion) spielt die Unterdruckerzeugung durch eine schnelle Einatmungsbewegung bei geschlossener Glottis eine Rolle (s. Wiederkauen). Bei der Exspiration kehren sich die Verhältnisse um. Der intrathorakale Unterdruck wird kleiner, der Thorakaldruck kann sogar den Atmosphärendruck übersteigen. Der Rückfluß des Blutes zum Herzen wird gehemmt oder völlig blokkiert. Diesen Effekt kann man z. B. am Anschwellen der Venen im Kopf- und Halsgebiet bei gewichthebenden Schwerathleten oder während der sog. Preßwehen bei der Geburt, in geringerem Maße auch bei der Defäkation, Miktion und Phonation beobachten.

Infolge des ungleichen Rückstromes des venösen Blutes zum Herzen ist das Schlagvolumen (S. 282) des rechten Ventrikels während der Inspirationsphase größer als während der Exspirationsphase. Das linksventrikuläre Schlagvolumen ist hingegen inspiratorisch kleiner als exspiratorisch, weil sich infolge der inspiratorischen Drucksenkung im Thorax die Lungengefäße etwas erweitern und Blut zurückhalten. Während der Exspiration erhöht sich der Thorakaldruck, die Pulmonalgefäße verengen sich etwas und das in ihnen enthaltene Blut wird in vermehrtem Maße dem linken Ventrikel zugeführt, wodurch dessen Schlagvolumen ansteigt.

3. Die Bedeutung der alveolären Oberflächenspannung und deren Beeinflussung durch oberflächenaktive Stoffe

Auch nach einer völligen Entspannung der eigentlichen Gewebselemente (elastische Fasern, Alveolarepithel usw.) besitzt die Lunge noch immer die Fähigkeit, sich zusammenzuziehen (Kollabieren der Lunge bei der Eröffnung des Thorax). Diese Erscheinung ist auf die alveoläre Oberflächenspannung zurückzuführen. Die Lungenalveolen kann man annäherungsweise gasgefüllten Flüssigkeitsblasen gleichsetzen. Demnach gilt für diese **das Gesetz von** LAPLACE. Nach diesem besteht zwischen der Oberflächenspannung (T), dem Alveolardruck (P) und dem Alveolarradius (r) folgende Beziehung:

$$T = \frac{P \cdot r}{2} \quad \text{bzw.} \quad P = \frac{2\,T}{r}$$

Da das Alveolarepithel physikalisch-chemisch eine gewisse Ähnlichkeit mit dem Blutplasma aufweist, könnte man vermuten, die Oberflächenspannung an der Innenfläche der Lungenbläschen sei etwa gleich groß wie diejenige einer Plasmagrenzfläche gegenüber Luft (55 Dyn/cm). Sofern die Vermutung richtig wäre, benötigte man nach dem Laplaceschen Gesetz zur Erweiterung der Lungenalveolen von der Größe, wie sie z. B. dem Hund eigen sind, einen transpulmonalen Druck[1] von etwa 20 cm H_2O. In Wirklichkeit genügt aber zur Blähung der Alveolen ein wesentlich geringerer Luftdruck. Aus diesem Befund folgt, daß an der Oberfläche der Alveolarepithelien eine Substanz wirksam ist, die die Oberflächenspannung herabsetzt. Diese oberflächenaktive Substanz (»surfactant«-Substanz) ist von großer physiologischer Bedeutung:

1. Sie vermindert die Arbeit für die Erweiterung der Alveolen während der Inspiration.
2. Sie hilft mit, daß das gesamte Lungenparenchym trotz der verschiedenen Alveolengröße einigermaßen gleichmäßig ventiliert wird.

Nach dem Gesetz von LAPLACE wäre für die Entfaltung kleiner Alveolen ein größerer Druck nötig als für die Entfaltung großer Alveolen. Nun weist die Lunge Alveolen verschiedener Größe auf. Da der Luftdruck zur Entfaltung der Lungenbläschen normalerweise praktisch überall gleich groß ist, würde die Lunge ein sehr instabiles Gebilde darstellen, d. h. die großen Alveolen würden stärker belüftet als die kleinen, die kleinen Alveolen würden sogar ihre Luft in die größeren entleeren, so daß die Lunge einerseits aus kollabierten und anderseits aus überdehnten Alveolen bestehen würde.

Dem oberflächenaktiven Stoff ist es vor allem zu verdanken, daß nicht ein Teil der Alveolen am Ende der Exspiration kollabiert, d. h. atelektatisch[2] wird und ein anderer Teil der Alveolen bei der Inspiration nicht überdehnt wird. Mit der exspiratorischen Verkleinerung der Alveolenwand konzentriert sich nämlich der oberflächenaktive Stoff und gewinnt dadurch an Wirksamkeit, d. h. die Oberflächenspannung der Alveolen wird während deren Deflation sukzessiv kleiner, was einer weiteren Verkleinerung entgegenwirkt. Während der inspiratorischen Inflation der Alveolen wird die oberflächenaktive Substanz auf eine größere Fläche verteilt, also verdünnt, was einer weiteren Alveolarvergrößerung entgegenwirkt. Aufgrund ihrer Wirkungen wird die oberflächenaktive Substanz auch als **Stabilisierungsstoff** bzw. **Antiatelektasenfaktor** bezeichnet.

Die chemische Natur des Antiatelektasenfaktors ist noch nicht genau bekannt. Es handelt sich um einen Phospholipid-Protein-Polysaccharid-Komplex, also um einen Stoff mit hydrophilen und hydrophoben Gruppen wie bei den Seifen. Die Lipidkomponente enthält wahrscheinlich mehrfach ungesättigte Fettsäuren. Eine wichtige Komponente des Antiatelektasenfaktors dürfte das Dipalmitoyllezithin darstellen.

Der Faktor ist in einem zellfreien Flüssigkeitsfilm, der die Alveolarzellen bedeckt, lokalisiert. Bei zu früh geborenen Früchten und bei gewissen Lungenkrankheiten kann der Stoff fehlen[3]. Durch

---

[1] Der transpulmonale (transmurale) Druck entspricht der Differenz zwischen dem Intrapulmonaldruck und Intrathorakaldruck.

[2] Atelektasen sind luftleere Alveolargebiete.

[3] Bei Lammfoeten, die vor dem 130. Graviditätstag durch Kaiserschnitt entnommen wurden, soll der »surfactantfactor« fehlen (WENSVOORT, 1969, zit. nach SASSE, 1971).

gewisse Agentien (z. B. Atmung von Gasen mit stark erhöhtem P_{O_2}) kann der Faktor inaktiviert werden. In solchen Fällen gelingt es trotz stärkstem Einsatz der Atmungsmuskulatur nicht, die Lunge genügend zu ventilieren, was zum Erstikkungstod führt **(»respiratory-distress-syndrome«).**

4. Arbeit für die Lungenventilation

Physikalische Arbeit ist definiert als Kraft mal Weg bzw. als das dimensionsgleiche Produkt aus Druck mal Volumen. Für die Lungenventilationsarbeit entspricht dies dem Produkt aus ventiliertem Luftvolumen und der dabei entwickelten Änderung des Thorakaldruckes. Demnach läßt sich diese Arbeit durch Planimetrieren der in der Abbildung 179 eingezeichneten Flächen berechnen[1]. Während der Einatmung entspricht die Druckvolumenkurve dem Verlauf der Kurve AJC. Die Fläche AJCBA (punktierte und von oben rechts nach unten links schraffierte Fläche) ergibt die Atemarbeit während der Inspiration. Davon entfällt die punktierte Fläche ACBA auf die Arbeit, die zur Überwindung des elastischen Lungengewebswiderstandes zu leisten ist. Die von oben rechts nach unten links schraffierte Fläche AJCA entspricht der Überwindung der (nichtelastischen) viskösen Widerstände (Viscance), und zwar vornehmlich des Reibungswiderstandes der Luft in den Atemwegen (Resistance) während der Inspiration. Die etwas unregelmäßig verlaufende Kurve CEA stellt die Druck-Volumenbezeichnung während der Exspiration dar und die von oben links nach unten rechts schraffierte Fläche ACEA ist ein Maß für die während der Ausatmung aufzubringende Arbeit.

Normalerweise entfallen ca. 1–2% des Totalenergieverbrauchs des Organismus auf die Atmungsarbeit. Bei verstärkter Atmung (Muskelarbeit) nimmt der Energieverbrauch prozentual mehr zu als das Ventilationsvolumen. Die Tabelle 51 gibt Auskunft über die Atmungsarbeit einiger Tierarten.

Sasse (1971) berechnete bei 24 lungengesunden Pferden sowie 14 Pferden mit einem Lungenemphysem die Arbeit zur Überwindung der Viscance für folgende Parameter: Inspirationsphase, Exspirationsphase, Atmungszyklus, Ventilation während einer Minute (Atemminutenvolumen), Ventilation pro Liter Atemluft während der Inspiration

[1] Die Flächen entsprechen einem Produkt aus Volumen (cm^3) und Druck (g/cm^2 bzw. p/cm^2), was einer Arbeit ($g \cdot cm$ bzw. $p \cdot cm$) gleichkommt.

Tab. 51. Atmungsarbeit einiger Tierarten. (Nach S. M. Tenney, Dukes' Physiology of Domestic Animals, 1971)

Tierart	Körpergewicht (kg)	Atmungsfrequenz (min)	Atmungsarbeit pro min (mW)	Atmungsarbeit pro min und pro kg Körpergewicht (mW)
Ratte	0,25	97	$8{,}0 \cdot 10^{-1}$	3,2
Meerschweinchen	0,52	90	$4{,}6 \cdot 10^{-1}$	0,8
Kaninchen	2,4	39	2,5	1,0
Katze	2,95	26	3,0	1,0
Hund	12	22	11	0,9
Menschen	70	12	50	0,7

Tab. 52. Arbeitsaufwand zur Überwindung der Viscance für verschiedene Respirationsparameter. (Nach Sasse, 1971)

Respirationsparameter	Mittlerer Arbeitsaufwand zur Überwindung der Viscance (J) Lungengesunde Pferde	Emphysemkranke Pferde
Inspiration	$1{,}6 \cdot 10^{-6}$	$5{,}2 \cdot 10^{-6}$
Exspiration	$1{,}5 \cdot 10^{-6}$	$5{,}1 \cdot 10^{-4}$
Atmungszyklus	$3{,}1 \cdot 10^{-6}$	$1{,}04 \cdot 10^{-4}$
Atemminutenvolumen	$4{,}8 \cdot 10^{-5}$	$1{,}48 \cdot 10^{-3}$
pro Liter Inspirationsluft	$3{,}0 \cdot 10^{-7}$	$7{,}0 \cdot 10^{-7}$
pro Liter Exspirationsluft	$2{,}5 \cdot 10^{-7}$	$6{,}5 \cdot 10^{-7}$

und Exspiration (Tab. 52). Aus den Daten geht hervor, daß Pferde mit einem Lungenemphysem zur Überwindung der Viscance wesentlich mehr Arbeit leisten müssen als gesunde Tiere. Es ist dies einer der Gründe für die relativ rasche Ermüdbarkeit bzw. geringe Leistungsfähigkeit emphysemkranker Tiere[1].

5. Pneumothorax

Darunter versteht man das Vorhandensein von Luft oder anderen Gasen im Interpleuralspalt (Thorakalraum). Ein Pneumothorax kann durch eine Perforation der Brustwand (Schußverletzung, Messerstiche usw.) oder durch Läsionen des Lungengewebes (z. B. tuberkulöse Kavernen), bei denen abnorme Kommunikationen zwischen den Alveolen oder Bronchen und dem Interpleuralraum auftreten, zustandekommen. Im Interpleuralraum herrscht nun der gleiche Druck wie in der Atmosphäre bzw. im Lungeninnern, sofern die Kommunikationsöffnung zwischen Atmosphäre und Thorax weit ist. Die Lunge kann sich deshalb zusammenziehen bis ihre Retraktionskraft erschöpft ist. Gleichzeitig erweitert sich der Thorax. Der Pneumothorax zeigt, daß im Bereich der Atmungsruhelage (S. 311) die elastischen Kräfte von Lunge und Thoraxwand in entgegengesetzter Richtung wirken. Die Retraktionskraft der Lunge wirkt nach innen, d. h. verkleinernd auf den Brustraum, die elastische Kraft der Thoraxwand nach außen, d. h. erweiternd auf den Brustraum. Ist das Mediastinum intakt, dann entsteht bei einseitiger Eröffnung der Pleuralhöhle nur ein einseitiger Pneumothorax; der Lungenflügel der Gegenseite atmet mehr oder weniger normal weiter und vermag unter Ruheverhältnissen dem Gasstoffwechsel zu genügen. Ist das Mediastinum undicht, wie dies z. B. beim Hund fast immer der Fall ist, oder zerreißt es bei einem einseitigen Pneumothorax, so stellt sich auch bei einer einseitigen Eröffnung des Thorakalraumes ein doppelseitiger Pneumothorax ein. Beim Pferd und bei der Katze wurden im ventralen Teil des Mediastinums undichte Stellen gefunden, deshalb stellt sich bei diesen Tieren nach der Eröffnung des einen Pleuralspalts ein doppelseitiger Pneumothorax ein. Sofern die Lunge solcher Tiere infolge einer großen Kommunikationsöffnung völlig kollabiert und nicht künstlich ventiliert wird, tritt der Tod durch Erstickung ein.

In solchen Fällen wird die Lunge trotz der Atembewegungen nicht mehr belüftet, ventiliert wird hierbei (durch die Kommunikationsöffnung) hingegen der Thorakalraum.

Bei gewissen Lungenerkrankungen (z. B. Tuberkulose) wird zu therapeutischen Zwecken (zwecks Ruhigstellung eines Lungenflügels) ein künstlicher Pneumothorax (einseitig, oder evtl. doppelseitig, aber partiell) erzeugt.

Bei Verschluß der Kommunikationsöffnung kommt es durch allmähliche Resorption des Gases im Thorakalraum spontan zur Rückbildung des Pneumothorax', wobei die Lunge ihre Atmungsfunktion wieder aufnimmt.

L. Atmungsgeräusche

Die Luftströmung versetzt gewisse Teile der Atemwege in Schwingung. Diese Schwingungen sind teilweise so stark, daß sie hörbare Geräusche erzeugen, sofern man das Ohr oder die Membran eines Phonendoskops direkt auf die Brustwand oder an den Hals über der Trachea anlegt. Bei vielen Erkrankungen des Atmungsapparates sind diese Geräusche verändert bzw. treten abnorme Geräusche auf. Die Auskultation (Abhorchen) des Atmungsapparates ist deshalb eine diagnostisch wichtige Untersuchungsmethode.

Bei gesunden Tieren können zwei Atmungsgeräusche unterschieden werden, nämlich das bronchale (tracheale) Atmungsgeräusch und das vesikuläre Atmungsgeräusch.

Das bronchale oder tracheale Atmungsgeräusch hört sich wie das Aussprechen eines »Ch« mit am Gaumen angelegter Zunge an und ist dem Fauchen einer Katze ähnlich. Es entsteht durch die Bildung

[1] Bei der Atmung muß nicht nur Arbeit für die Überwindung der elastischen und viskösen Widerstände der Lunge, sondern auch Arbeit für die Überwindung des viskösen Widerstandes der sich bewegenden Thoraxwand geleistet werden.

von Wirbeln beim Vorbeistreichen der Luft an den Stimmbändern des Kehlkopfes sowie an den Verzweigungen der größeren Bronchen. Es ist daher vor allem über dem Kehlkopf, der Trachea und den großen Bronchen hörbar. Da das lufthaltige Lungenparenchym das Geräusch nur schlecht wei-

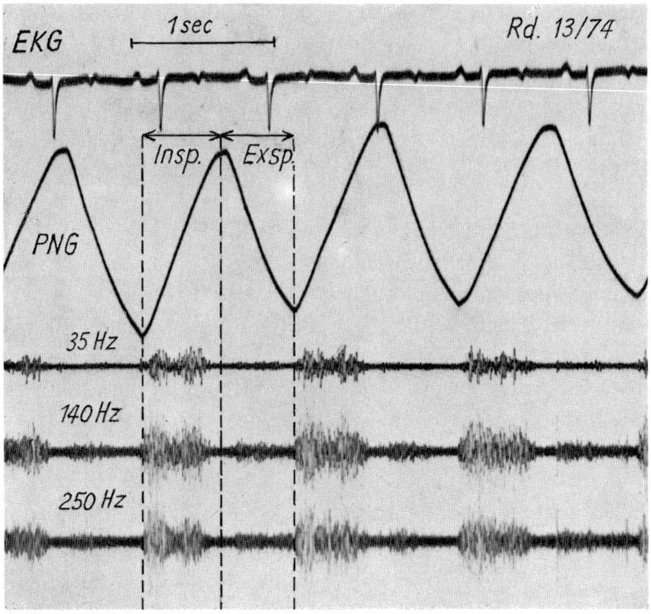

Abb. 180. Vesikuläre Atmungsgeräusche bei einem 10 Monate alten Stier.

Die Kurven bedeuten (von oben nach unten): EKG (Ableitung J, S. 229); Pneumogramm (steigende Kurve = Inspiration, fallende Kurve = Exspiration); Lungenschallkurven im 35-, 140- und 250 Hz-Frequenzband. Die Kurven zeigen, daß das vesikuläre Atmungsgeräusch während der Inspiration wesentlich stärker ist als während der Exspiration

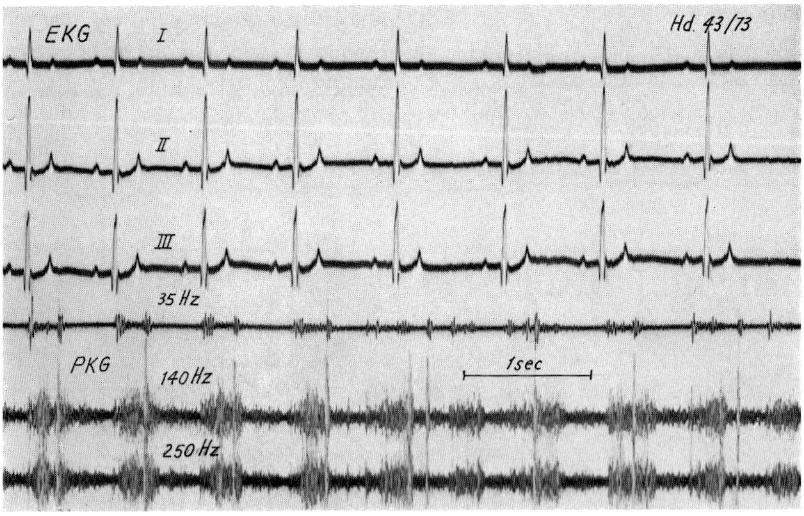

Abb. 181. Starkes vesikuläres Atmungsgeräusch bei einem Hund (Boxer, männlich, 3 Jahre alt).

Die Kurven bedeuten (von oben nach unten): EKG (Ableitung I, II und III); Phonokardiogramme in den Frequenzbändern 35 Hz, 140 Hz, 250 Hz.

Bei der klinischen Untersuchung (Auskultation) wurden die starken inspiratorischen Atmungsgeräusche vorerst für systolische Herzgeräusche gehalten, weil die Kammersystolen (QRST-Komplexe des EKG) mit den Inspirationen weitgehend synchronisiert waren. Durch eine Atmungshemmung konnten die Atmungsgeräusche ausgeschaltet und dadurch die Phonokardiogramme ohne superponierte Atmungsgeräusche erhalten werden (vgl. hierzu Abb. 182) terleitet, ist es über dem Lungenfeld normalerweise kaum wahrzunehmen, sondern nur in Fällen, in denen die Lungenalveolen nicht mit Luft, sondern z. B. mit Flüssigkeit gefüllt sind (Pneumonie), wodurch die Leitfähigkeit des zwischen Bronchen und Auskultationsstelle gelegenen Gewebes für diese hochfrequenten Geräusche verbessert wird.

Das vesikuläre Atmungsgeräusch, dessen Bezeichnung von vesicula (Bläschen, gemeint ist Lungenalveole) kommt, hat hauchenden Charakter und kann durch das inspiratorische Aussprechen eines V oder W nachgeahmt werden. Das Geräusch entsteht durch Schwingungen der Wandungen der feinsten Bronchuli und Alveolengänge (Tafel II, bei S. 302) beim Ein- und Ausströmen der Luft. Das Geräusch ist jedoch während des Inspiriums in der Regel wesentlich stärker als während des Exspiriums, weil es wahrscheinlich vornehmlich durch die inspiratorische Dehnung der Lungenbläschen entsteht (Abb. 180). Werden die Alveolen mit Luft gefüllt, so wird ihre Wand gespannt und gerät in Schwingung. »Die Summierung der Millionen ›Entfaltungsgeräusche‹ macht das vesikuläre Atmungsgeräusch aus« (HOLLDACK, 1959). Das Geräusch ist über dem ganzen Lungenfeld hörbar; verschwindet aber, wenn die Ventilation der Alveolen durch Ansammlung von Transsudat, Exsudat, Fibrin usw. oder durch die Entwicklung von Atelektasen (Kollabieren bzw. Kompression der Alveolen) sistiert. Unter pathologischen Verhältnissen treten weitere Geräusche auf, z. B. Rasseln, Giemen und Reibegeräusche.

Das vesikuläre Atmungsgeräusch kann die Auskultation des Herzschalles erheblich erschweren, und zwar insbesondere in Fällen, bei denen die Atmungs- und Herzschlagfrequenz praktisch übereinstimmen (Abb. 181). Durch Atmungshemmung gelingt es meistens, den Herzschall ohne störende Atmungsgeräusche zu erhalten (Abb. 182).

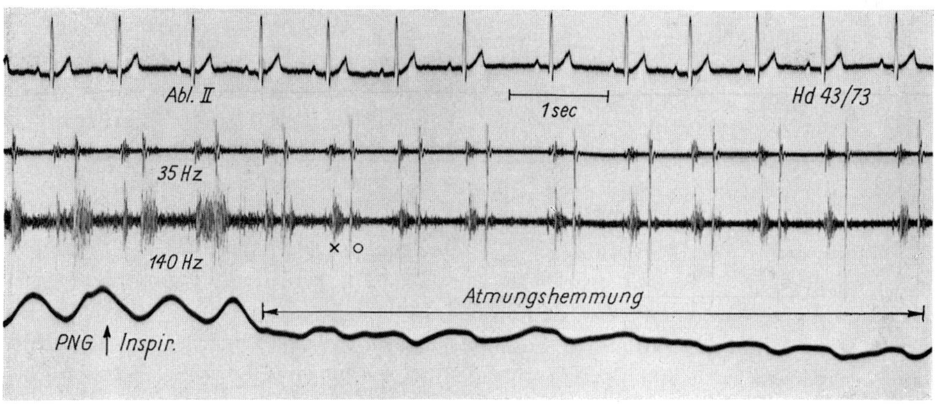

Abb. 182. Die Kurven stammen vom gleichen Patienten wie diejenigen der Abb. 181.

Sie bedeuten (von oben nach unten): EKG (Ableitung II); Phonokardiogramme in den Frequenzbändern 35 Hz und 140 Hz; Pneumogramm (steigende Kurve = Inspiration, fallende Kurve = Exspiration).
Während der Kurvenregistrierung wurde die Atmung durch Zuhalten der Nase gehemmt, wodurch die Atmungsgeräusche ausgeschaltet und ungestörte Phonokardiogramme erhalten wurden. Dadurch kamen ein kurzes protosystolisches Geräusch (in der Abb. mit x markiert) und ein kurzes protodiastolisches Geräusch (in der Abb. mit o markiert) zum Vorschein. Das PKG spricht für das Vorliegen einer Insuffizienz der Mitralklappe

M. Das Blut im Dienste der Atmung

Die Vorgänge bei der Aufnahme, beim Transport und bei der Abgabe der Atemgase durch das Blut sind nur verständlich, wenn die Beziehungen zwischen Volumen, Druck und Temperatur von Gasen sowie die Gesetze über die Lösung bzw. Absorption und chemische Bindung von Gasen in Flüssigkeiten bekannt sind.

1. Beziehungen zwischen Volumen, Druck und Temperatur von Gasen

In der Physiologie ist es üblich, die Menge eines Gases nicht in Gewichts-, sondern in Volumeneinheiten anzugeben. Da das Volumen eines Gases vom Druck (Gesetz von BOYLE-MARIOTTE) und der Temperatur (Gesetz von GAY-LUSSAC) abhängt, muß man, um vergleichbare Volumenwerte zu erhalten, stets die bei den Messungen herrschenden Drucke und Temperaturen angeben. Noch besser ist es, das Volumen auf Normalbedingungen (Standardbedingungen) umzurechnen, d. h. anzugeben, welches Volumen das Gas bei 0 °C und 760 mm Hg (760 Torr, 101 kPa) Druck hätte. Da die Atemgase unter physiologischen Bedingungen meistens eine größere oder kleinere Menge von Wasserdampf enthalten, ist es zudem meistens nötig, auch diesen zu berücksichtigen.

In Stoffwechselrechnungen werden Gasvolumina gewöhnlich auf Normalbedingungen reduziert eingesetzt (STPD, S. 304). Für die Angabe von Ventilationsgrößen ist es dagegen sinnvoller, die tatsächlichen Gasvolumina unter den aktuellen Bedingungen hinsichtlich Körpertemperatur, Luftdruck und Wasserdampfgehalt anzugeben (BTPS, S. 304).

In einem **Gasgemisch** ist der **Partialdruck** eines jeden darin vorhandenen Gases dem Anteil proportional, den es zum Gesamtvolumen des Gemisches beiträgt. Die Summe der Partialdrucke entspricht somit dem **Gesamtdruck.**

Beispiel. Die trockene atmosphärische Luft enthält 20,93 Vol. % O_2; 0,03 Vol. % CO_2 und 79,04 Vol. % N_2 (inkl. Edelgase und Spuren von H_2). Die Partialdrucke (P) der Atmosphärenluft bei einem Barometerstand von 760 mm Hg (101 kPa) betragen somit: P_{O_2} 159,07 mm Hg (21,2 kPa), P_{CO_2} 0,23 mm Hg (0,03 kPa), P_{N_2} 600,70 mm Hg (80,1 kPa)[1].

2. Physikalische Lösung von Gasen in Flüssigkeiten

Gase sind in Flüssigkeiten bis zu einem gewissen Grade löslich. Steht ein Gas mit einer Flüssigkeit in Kontakt, so wandern Gasmoleküle durch Diffusion in die Flüssigkeit hinein, d. h. Gasmoleküle lösen sich in der Flüssigkeit. Die Gasmenge, welche in einer Flüssigkeit gelöst werden kann, ist vom Gasdruck, von der Temperatur des Lösungsmittels und vom Gehalt des Lösungsmittels an andern gelösten Stoffen abhängig. Der Vorgang der physikalischen Lösung eines Gases in einer Flüssigkeit verlangsamt sich mit zunehmender Sättigung und führt schließlich zu einem **Lösungsgleichgewicht** (vollständige Gassättigung der Flüssigkeit), bei welchem pro Zeiteinheit gleichviel Gasmoleküle in die Flüssigkeit eintreten wie austreten. Die Gaskonzentration in der Flüssigkeit (C) ist beim Lösungsgleichgewicht dem Gaspartialdruck (P) direkt proportional (**Gesetz von** HENRY).

$$C = \alpha \cdot P$$

Hierbei bedeutet α die Löslichkeit des Gases in der Flüssigkeit **(Löslichkeitskoeffizient, Bunsenscher Absorptionskoeffizient).** Sie ist von der Art des Lösungsmittels und der Temperatur abhängig. Mit steigender Temperatur sinkt die Löslichkeit der Gase. Beim Siedepunkt sinkt der Gasgehalt einer Flüssigkeit auf den Wert Null. Wird bei gleichbleibender Temperatur der Druck des Gases über der Flüssigkeit gesenkt, so entweicht ein Teil des gelösten Gases in den Gasraum, bei weiterer Drucksenkung ein weiterer Teil und so fort, bis die Flüssigkeit beim Gasdruck Null völlig entgast ist. Durch Auskochen oder Auspumpen kann also ein gelöstes Gas aus einer Flüssigkeit entfernt werden.

Es ist üblich, den Vorgang der physikalischen Lösung eines Gases in einer Flüssigkeit als **Absorption** zu bezeichnen. Der **Absorptionskoeffizient** (α) gibt das auf 0 °C reduzierte Gasvolumen an, welches bei einer gegebenen Temperatur und dem Gasdruck von einer Atmosphäre (760 mm Hg bzw. 101 kPa) in 1 ml Flüssigkeit gelöst (absorbiert) werden kann. In der Physiologie interessiert die Gaslöslichkeit bei Körpertemperatur. In der Tabelle 53 sind die gelösten Gasmengen von O_2, CO_2 und N_2 im Wasser und Blut bei einer Temperatur von 37 bis 38 °C wiedergegeben. Aus ihr geht hervor, daß die Löslichkeit der Gase im Blut etwas geringer ist als im Wasser, und zwar deshalb, weil sie durch die Anwesenheit anderer gelöster Stoffe abnimmt. Meerwasser enthält deshalb weniger O_2

[1] Wenn der Gesamtgasdruck 760 mm Hg und der Raumanteil des betreffenden Gases x Prozent betragen, dann berechnet sich dessen Partialdruck (P) nach der Formel

$$P = \frac{x \cdot 760}{100} \text{ mm Hg bzw. } P = \frac{x \cdot 760 \cdot 0{,}1333}{100} \text{ kPa.}$$

gelöst als das nahezu salzfreie Süßwasser. Bemerkenswert ist auch der Umstand, daß die Löslichkeit von O_2 in Wasser ungefähr doppelt so groß ist wie diejenige des N_2. Die in Wasser gelöste Luft ist deshalb relativ reicher an O_2 als die atmosphärische, was für die Atmung der Fische bedeutungsvoll ist.

Tab. 53. Gelöste Mengen von O_2, CO_2 und N_2 in Wasser und Blut bei einer Temperatur von 37–38 °C

Flüssigkeit (37–38 °C)	Absorption (ml Gas/ml Flüssigkeit bei einem Druck von 760 mm Hg, 101 kPa)		
	O_2	CO_2	N_2
Wasser	0,0239	0,567	0,0123
Blut	0,0236	0,488	0,0117

Nicht nur bei gasförmigen Medien spricht man von Gasdrucken bzw. Gaspartialdrucken, sondern auch bei gashaltigen Flüssigkeiten. Befindet sich ein Gas der Gasphase im Lösungsgleichgewicht mit dem Gas in einer Flüssigkeit, so sind auch seine Drucke in der Gasphase und in der Flüssigkeit gleich groß.

3. Chemische Bindung von Gasen in Flüssigkeiten

Befinden sich in einer Flüssigkeit Stoffe, die mit einem des mit der Flüssigkeit in Kontakt stehenden Gases chemisch reagieren, so kommt es neben der physikalischen Absorption auch noch zu einer chemischen Verbindung mit den entsprechenden Stoffen der Flüssigkeit. Die chemischen Bindungskräfte können stark variieren. Sie können so klein sein wie pyhsikalische Lösungskräfte. In diesem Fall besteht die Möglichkeit, die Bindung durch bloße Senkung des Gasdruckes wieder zu lösen **(dissoziable chemische Bindung).** Als physiologisch bedeutsames Beispiel sei die Bindung von O_2 an das Hämoglobin erwähnt. Die chemische Bindungskraft kann aber auch sehr groß sein. In diesem Fall gelingt es durch Senkung des Gasdruckes nicht, eine Lösung des Gases von seinem Bindungspartner zu bewirken **(nichtdissoziable chemische Bindung).** Als Beispiel sei das Methämoglobin (Hemiglobin) erwähnt, bei dem das zweiwertige Eisen des Hämoglobins zu dreiwertigem oxidiert ist. Dadurch erfährt der O_2 eine so starke Bindung an das Hämoglobin, daß die Verbindung nicht dissoziabel ist. Methämoglobin ist daher als O_2-Transporter unbrauchbar.

4. Der Transport der Atemgase

Im Organismus werden Gase im freien, d. h. physikalisch gelösten und chemisch gebundenen Zustand transportiert. Dabei spielen zwei physikalische Vorgänge eine wichtige Rolle, nämlich die **Diffusion** (Transport infolge der Brownschen Bewegung der Gasmoleküle bei einem Konzentrationsgefälle) und die **Konvektion** (Transport durch ein strömendes Vehikel). Während der Gastransport durch Diffusion ein passiver Vorgang (kein Energieverbrauch seitens des Organismus) darstellt, beruht die Gaskonvektion auf einer aktiven (energieverbrauchenden) Leistung (Ventilation der Lunge durch die Atmungsmuskulatur, Blutströmung durch die Herztätigkeit). Wo nur mikroskopisch kleine Distanzen zu überbrücken sind, z. B. zwischen der Lungenalveole und dem Blut der Alveolarkapillaren oder zwischen dem Blutplasma und den Erythrozyten, erfolgt der Gasaustausch durch Diffusion. Wo größere Distanzen zu überwinden sind, ist ein Gastransport durch bloße Diffusion wegen der kleinen Diffusionsgeschwindigkeit ungenügend. Bei großen Distanzen geschieht der Transport durch Konvektion. Beispiele: Gastransport im Luftstrom von der Nase zu den Lungenalveolen oder — nach physikalischer Lösung bzw. chemischer Bindung der Gase im Blut — durch das strömende Blut von der Lunge zu den verschiedenen Organen. Sogar zwischen dem Blut der Gewebskapillaren und den Zellen der Gewebe spielt die Gaskonvektion durch die strömende Gewebsflüssigkeit eine wichtige Rolle, obwohl hier die Entfernungen relativ klein sind. Im arteriellen Schenkel der Blutkapillaren tritt die gashaltige Flüssigkeit in den Interzellularraum der Gewebe aus und kehrt im venösen Schenkel der Kapillaren in das Blut zurück (S. 284).

a. Der Transport des Sauerstoffs

Wegen des relativ kleinen O_2-Absorptionskoeffizienten vermag das Blut nur wenig O_2 in physikalisch gelöster Form zu transportieren (0,31 ml/100 ml Blut bei einem P_{O_2} von 100 mm Hg, 13,3 kPa). Mit dem im Blut gelösten O_2 könnte der O_2-Bedarf der Gewebe nicht gedeckt werden. Erst das Hämoglobin (Hb) der Erythrozyten, mit dem der O_2 eine lockere chemische Bindung eingeht (Oxyhämoglobin, Hb-O_2), ermöglicht einen ausreichenden O_2-Transport von der Lunge zu den Geweben. 1 g Hb vermag bei vollständiger Sättigung 1,34 ml O_2 zu binden. Dabei lagert sich je ein O_2-Molekül an ein $Fe^{2\oplus}$ im Häm des Hb an, ohne daß sich dabei die Wertigkeit des Eisens ändert. Da die $Fe^{2\oplus}$ des Hb vom O_2 nicht oxidiert, d. h. nicht in die dreiwertige Form transformiert werden, wird der Vorgang der O_2-Aufnahme durch das Hb nicht als Oxidation, sondern als Oxygenierung bezeichnet.

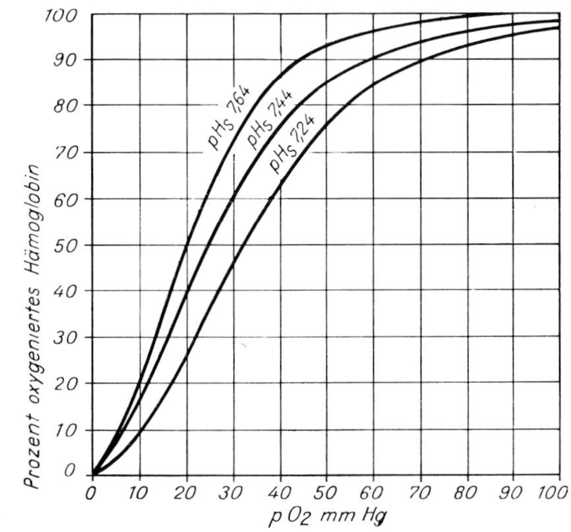

Abb. 183. Sauerstoff-Dissoziationskurve des Hämoglobins bei verschiedenen pH-Werten des Serums (Van Slyke and Peters: Quantitative Clinical Chemistry)

aa. Die Sauerstoffkapazität des Blutes

Wie erwähnt, vermag 1 g Hb bei vollständiger O_2-Beladung 1,34 ml O_2 aufzunehmen. Der normale Hb-Gehalt im Blut der Haussäugetiere schwankt zwischen 100–200 g/l. Je nach Tierart weist das arterielle Blut somit 13–26 Volumprozent O_2 in lockerer chemischer Bindung sowie 0,31 ml O_2 pro 100 ml in physikalisch gelöster Form (s. o.) auf. Da das Blut nur wenig physikalisch gelösten O_2 enthält, beruht seine O_2-Transportkapazität fast ausschließlich auf dem chemisch an das Hb gebundenen O_2. Frei beweglich, d. h. diffusibel und damit für die Zellatmung direkt verwertbar, ist aber nur der physikalisch gelöste O_2.

Das maximale O_2-Aufnahmevermögen des Blutes bezeichnet man als **Sauerstoffkapazität.** Dieser Parameter umfaßt die maximale O_2-Menge, welche von 100 ml Blut chemisch gebunden und physikalisch gelöst werden kann. Bei pathologischen Verminderungen oder Erhöhungen des Hb-Gehaltes im Blut ist auch die O_2-Kapazität proportional verändert.

ab. Das Sauerstoffbindungsvermögen des Hämoglobins

Das O_2-Bindungsvermögen des Hb hängt von folgenden Faktoren ab:

1. vom P_{O_2},
2. vom pH bzw. P_{CO_2} des Blutes,
3. vom Elektrolytgehalt des Blutes,
4. von der Temperatur des Blutes,
5. von der chemischen Struktur des Globins.

Abhängigkeit der O_2-Bindung des Hb vom P_{O_2}. Mißt man das O_2-Bindungsvermögen (O_2-Sättigung) des Hb bei verschiedenen P_{O_2} und trägt die Ergebnisse in ein Koordinatensystem ein (Abszisse: P_{O_2}, Ordinate: prozentuale O_2-Sättigung), so erhält man die **O_2-Bindungskurve** des Hb, welche auch **O_2-Sättigungskurve** bzw. **O_2-Dissoziationskurve** des Hb genannt wird (Abb. 183 und 184).

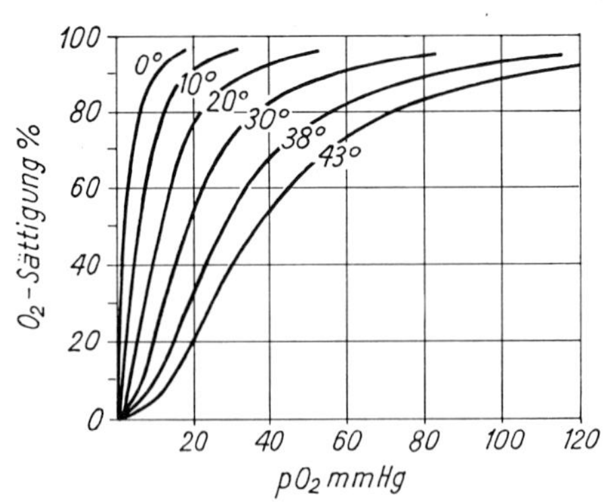

Abb. 184. Blut-O_2-Dissoziationskurve bei verschiedenen Temperaturwerten. (Roughton, Chap. 5, in: Handbook of Respiratory Physiology, Ed. Boothby, Randolph, Air Force Base, Texas 1954)

Die Abbildungen 183 und 184 zeigen, daß das Hb bei einem P_{O_2} von 0 mm Hg keinen O_2 aufzunehmen bzw. zu halten vermag. Bei einem P_{O_2} im Bereich von 100 mm Hg bzw. 13,3 kPa (ein solcher P_{O_2} herrscht in den Lungenalveolen) ist das Hb zu etwa 99 % mit O_2 gesättigt. Bei einer weiteren Erhöhung des P_{O_2} nähert sich der Prozentsatz des oxygenierten Hb asymptotisch dem Wert 100. Bei einem P_{O_2} über 250 mm Hg (33,3 kPa) ist das Hb praktisch zu 100 % mit O_2 gesättigt (0 % desoxygeniertes Hb). Bei einer weiteren Erhöhung des P_{O_2} kann das Hb keinen weiteren O_2 chemisch binden. Die Erhöhung des O_2-Gehaltes im Blut (Plasma und Erythrozyten) beruht dann nur noch auf einer Zunahme von physikalisch gelöstem O_2. Bei niederen O_2-Drucken (P_{O_2} zwischen 0–50 mm Hg bzw. 0–6,7 kPa) steigt die O_2-Bindungskurve steil an. Bei höheren O_2-Drucken verläuft sie sukzessiv flacher.

Das Hb-Molekül (Mol. Gew. je nach Tierart 64 500–70 000) besteht aus 4 miteinander verbundenen Monomeren (Mol. Gew. ca. 16 800). Jedes Monomer besteht aus einer Peptidkette sowie einem Häm mit einem $Fe^{2\oplus}$, das ein O_2-Molekül zu binden vermag, wobei ein Molekül Wasser abgegeben wird.

$$Hb_4\,(H_2O)_4 + 4\,O_2 \rightleftarrows Hb\,(O_2)_4 + 4\,H_2O$$

Die O_2-Bindung erfolgt sehr rasch (< 0,01 s) in 4 Stufen:

$$\begin{aligned} Hb_4 + O_2 &\rightleftarrows Hb_4O_2 \\ Hb_4O_2 + O_2 &\rightleftarrows Hb_4O_4 \\ Hb_4O_4 + O_2 &\rightleftarrows Hb_4O_6 \\ Hb_4O_6 + O_2 &\rightleftarrows Hb_4O_8 \end{aligned}$$

Hierbei erhöht die Verbindung des ersten Häms eines Hb-Moleküls mit O_2 die Affinität des zweiten Häms zu O_2. Die Oxygenation des zweiten Häms erhöht die O_2-Affinität des dritten und die Oxygenation des dritten verstärkt die O_2-Affinität des vierten (kooperativer Effekt). Diese wechselnde Affinität für O_2 bewirkt den S-förmigen Verlauf der O_2-Bindungskurve. Aus dem S-förmigen Kurvenverlauf ist folgendes zu schließen:

1. bei den relativ hohen O_2-Drucken in den Lungenalveolen (P_{O_2} ungefähr 100 Torr/ 13,3 kPa) kann sich das Hb des Blutes in den alveolären Kapillaren fast maximal mit O_2 beladen;
2. auch bei einer wesentlichen Senkung des P_{O_2} in den Alveolen auf etwa 60 Torr/8 kPa, beispielsweise wegen einer pulmonalen Ventilationsstörung oder Aufstieges in große Höhen, ist das Hb immer noch zu rund 90 % mit O_2 gesättigt;
3. bei niedrigen O_2-Drucken (P_{O_2}: 20–40 Torr/ 2,7–5,3 kPa), wie sie in tätigen, metabolisch aktiven Geweben herrschen, muß das Hb einen großen Teil seines O_2 abgeben.

Besonders bedeutungsvoll ist dabei, daß der P_{O_2}, also die treibende Kraft (Druck) für die O_2-Verschiebung in das Gewebe, trotz des großen O_2-Verlustes relativ wenig abnimmt.

Diffundiert aus dem Plasma der Gewebskapillaren physikalisch gelöster O_2 ins Gewebe (nur physikalisch gelöster O_2 ist frei beweglich bzw. diffusibel und für die Zellatmung direkt verwertbar), so löst sich infolge der P_{O_2}-Senkung im Plasma sofort O_2 von seiner chemischen Bindung am Hb der Erythrozyten und diffundiert in das Plasma. Der Weg des O_2 aus der Alveolarluft in die chemische Bindung des erythrozytären Hb sowie vom Hb der Erythrozyten zu den atmenden Gewebszellen geht also stets über den im Plasma und in der Interzellularflüssigkeit physikalisch gelösten O_2.

Abhängigkeit der O_2-Bindung des Hb vom pH bzw. pCO_2 (Bohr-Effekt). Mit sinkendem pH bzw. steigendem P_{CO_2} des Blutes nimmt das O_2-Bindungsvermögen des Hb ab **(Bohr-Effekt).** Die O_2-Bindungskurve verschiebt sich dabei nach rechts (Abb. 183). Dieses Verhalten ist zweckmäßig. Durch den Übertritt von CO_2 und saurer Metaboliten (z. B. Milchsäure) ins Blut der Gewebskapillaren wird die O_2-Abgabe des Hb erleichtert. Der Bohr-Effekt scheint nicht allein auf einer Erhöhung der $[H^+]$ zu beruhen, sondern zudem eine spezifische CO_2-Wirkung zu sein. Ein übermäßiger CO_2-Verlust des Blutes **(Hypokapnie),** etwa infolge einer Hyperventilation, kann die O_2-Belieferung der Gewebe erschweren. Infolge der CO_2-Abgabe in der Lunge vermag das Blut wieder leichter O_2 aufzunehmen.

Abhängigkeit der O_2-Bindung des Hb vom Elektrolytgehalt. Die O_2-Bindungskurve einer rein wässerigen Hb-Lösung ist etwas nach links verschoben und weist eine mehr hyperbelartige Form auf. Das bedeutet, daß eine reine Hb-Lösung bei niedrigen O_2-Drucken, etwa solchen zwischen 20–40 Torr bzw. 2,7–5,3 kPa, wie sie in den Geweben vorliegen, relativ wenig O_2 abzugeben vermöchte. Während Hb in seinem elektrolythaltigen erythrozytären Milieu bei einem P_{O_2} von 20 Torr (2,7 kPa) nur noch eine 35 % O_2-Sättigung aufweist, ist eine reine Hb-Lösung bei einem P_{O_2} von 20 Torr noch zu 80 % mit O_2 gesättigt. Eine der Aufgaben der Erythrozyten besteht darin, ein Milieu zu schaffen, das die Funktionen des Hb im Dienste der Atmung begünstigt.

Abhängigkeit der O_2-Bindung des Hb von der Temperatur. Wie die Abbildung 184 zeigt, wird die O_2-Bindungskurve durch eine Temperatursenkung nach links bzw. durch eine Temperaturerhöhung nach rechts verschoben. Bei einem Temperaturabfall wird also die O_2-Aufnahme begünstigt bzw. die O_2-Abgabe erschwert. Auf diese erschwerte O_2-Abgabe werden die bei künstlichen Unterkühlungen von Warmblütern unter 26 °C **(künstliche Hibernation)** hin und wieder auftretenden hypoxischen Gewebsschädigungen zurückgeführt. Da die Temperatur in der Lunge in der Regel etwas niedriger ist als in hochaktiven Organen (Leber, Muskulatur), wird dank diesem Verhalten sowohl die O_2-Aufnahme in der Lunge als auch die O_2-Abgabe an die tätigen Zellen erleichtert.

Die Temperaturabhängigkeit der O_2-Bindung beschränkt den Temperaturbereich, innerhalb dessen ein Tier leben kann. Ein Frosch, den man in Wasser von ca. 30 °C verbringt, ist nach wenigen Minuten gelähmt und erstickt, weil sein Hb nicht mehr imstande ist, bei dieser für ihn zu hohen Temperatur genügend O_2 aufzunehmen.

Abhängigkeit der O_2-Bindung des Hb von der chemischen Struktur des Globins. Bestimmt man bei gleichen pH-Werten und Temperaturen die O_2-Bindungskurven verschiedener Tierarten, so weisen sie nach Lage und Verlauf signifikante Differenzen auf, welche vornehmlich auf die unterschiedliche chemische Struktur der Globinkomponente des Hb zurückzuführen sind. Bei Pferd, Rind, Ziege und Hund wird eine O_2-Halbsättigung bei einem P_{O_2} von 30 Torr (4,0 kPa), bei der Katze bei einem P_{O_2} von 35 Torr (4,7 kPa), beim Schaf bei einem P_{O_2} von ca. 40 Torr (5,3 kPa), beim Huhn hingegen erst bei einem P_{O_2} von mindestens 55 Torr (7,3 kPa) erreicht. Das Hb des Huhnes hat also eine geringere O_2-Affinität als dasjenige der Säugetiere. Das ist kein Nachteil, denn die Vogellunge weist günstigere Ventilationsverhältnisse auf als die der Säugetiere (S. 353), weshalb sich das Hb in der Lunge trotzdem fast vollständig mit O_2 zu beladen vermag. Der O_2-Verbrauch in den Geweben der Vögel ist größer als bei den Mammalia, dank dem größeren O_2-Abgabevermögen des Vogel-Hb kann diesem hohen O_2-Bedarf entsprochen werden.

Kaltblüter-Hb weist bei 20 °C eine ähnliche O_2-Bindungskurve auf wie Warmblüter-Hb bei 37 °C. Wäre dies nicht der Fall, so würde Kaltblüter-Hb den O_2 bei den relativ niedrigen Körpertemperaturen nur in sehr geringem Maße an die Gewebe abgeben (vgl. Abhängigkeit der O_2-Bindungskurve von der Temperatur) und das Tier würde trotz des hohen O_2-Gehaltes im Blut ersticken.

Sogar beim gleichen Individuum besitzt das prä- und postnatale Hb eine verschiedene O_2-Affinität. Wegen seiner größeren O_2-Affinität vermag das fötale Hb aus dem mütterlichen Blut trotz des geringen P_{O_2} in der Plazenta verhältnismäßig viel O_2 aufzunehmen. Zur Gewährleistung einer genügenden O_2-Versorgung des Fötus' ist dieser Umstand sehr wichtig.

Zusammenfassend stellen wir fest, daß das Hb in mannigfacher Weise an seine funktionellen Aufgaben adaptiert ist (s. a. S. 336).

b. Der Transport des Kohlendioxids

Das Blut hat nicht nur die Aufgabe, den Geweben O_2 zuzuführen, sondern auch CO_2 von ihnen abzutransportieren.

ba. Die Aufnahme des CO_2 im Gewebe

Das im Stoffwechsel anfallende CO_2 diffundiert als gelöstes, elektrisch ungeladenes Molekül entsprechend dem Konzentrationsgefälle aus den Zellen in die Interzellularflüssigkeit und wird mit dieser in den venösen Schenkel der Blutkapillaren eingeschleust (S. 286). CO_2 ist zwar im Blut 20mal besser löslich als O_2, trotz der guten Löslichkeit vermag das Blut aber nur etwa 10 % des Gesamt-CO_2 in physikalisch gelöster Form (teils im Plasma, teils in den Erythrozyten) zum Ausscheidungsort (Lunge) zu transportieren. Die restlichen 90 % werden in chemisch gebundener Form verfrachtet. Hierbei spielen sich folgende Vorgänge ab (Abb. 185): Gelöstes CO_2 reagiert im Blutplasma mit H_2O und bildet H_2CO_3.

$$CO_2 + H_2O \rightleftarrows H_2CO_3$$

Diese Hydratisierung verläuft relativ langsam und das Gleichgewicht der Reaktion befindet sich bei den Temperaturen und CO_2-Drucken des Säugetierorganismus ganz auf der linken Seite, d. h. nur

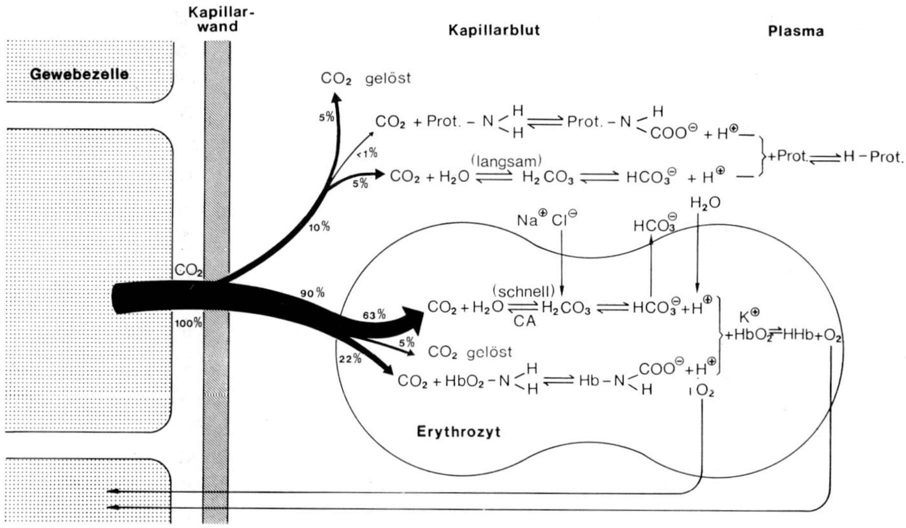

Abb. 185. Schema des CO_2-Transportes im Blut und die damit verbundenen chemischen und physikalischen Vorgänge

ca. 1‰ des gelösten CO_2 liegt als H_2CO_3 vor[1]. Die H_2CO_3 dissoziiert zu etwa 93 % in $H^\oplus$- und $HCO_3^\ominus$-Ionen.

$$H_2CO_3 \rightleftarrows HCO_3^\ominus + H^\oplus$$

Eine kleine Menge (1 %) CO_2 verbindet sich reversibel mit freien Aminogruppen der Plasmaproteine zu Carbamat-CO_2 und wird in dieser Form zur Lunge transportiert.

Diese Reaktion verläuft sehr rasch und bedarf weder eines Katalysators noch einer Hydratisierung des CO_2 zu H_2CO_3. Die bei den eben erwähnten zwei Reaktionen anfallenden $H^\oplus$-Ionen werden von den Plasma-Puffern (Proteine, $HPO_4^{2\ominus}$) aufgenommen und verhüten so eine merkliche Senkung des pH-Wertes.

Der weitaus größte Teil des CO_2 (ca. 90 %) diffundiert aus dem Plasma in die Erythrozyten hinein (Abb. 185), wo wiederum ein wenig (etwa 5 %) gelöst bleibt. Eine erhebliche Menge CO_2 (ca. 22 %) wird von den freien Aminogruppen des Hb aufgenommen und ähnlich wie im Plasma als Carbamat-CO_2 transportiert. Die Affinität der Aminogruppen für CO_2 ändert sich mit dem Grade der Oxygenierung **(Christiansen-Douglas-Haldane-Effekt)**[2]. Desoxygeniertes Hb bildet 3mal soviel Carbamino-Hb wie oxygeniertes Hb. Die Hauptmenge des CO_2 (63 %) verbindet sich aber an einem zinkhaltigen Enzym der Erythrozyten, der **Carboanhydrase** (Carboanhydratase, CA) mit Wasser.

$$CO_2 + H_2O \rightleftarrows H_2CO_3$$

Dank der katalytischen Wirkung der Carboanhydrase erfolgt die Hydratisierung des CO_2 fast 1000mal schneller als der spontan ablaufende Vorgang. Infolge der äußerst raschen Hydratisierung des CO_2 innerhalb der Erythrozyten und des dadurch erzeugten CO_2-Konzentrationsgefälles strömt sehr viel CO_2 in die roten Blutkörperchen hinein. Die in den Erythrozyten entstehende H_2CO_2 dissoziiert in $HCO_3^\ominus$- und $H^\oplus$-Ionen. Man könnte nun vermuten, daß die $H^\oplus$-Ionen die Konstanz des Blut-pH-Wertes gefährden könnten. Das ist aber nicht der Fall, denn gleichzeitig mit der CO_2-Aufnahme in das Blut gibt das Hb O_2 ab. Durch diese Desoxygenierung erlangt das Hb eine erhöhte Protonenaffinität (Affinität zu $H^\oplus$-Ionen), wodurch rund 50 % der von der H_2CO_3 abdissoziierenden $H^\oplus$-Ionen an das desoxygenierte Hämoglobin gebunden werden. Die $K^\oplus$-Gegenionen der

[1] Von 26,8 ml CO_2, die bei 38 °C und einem P_{CO_2} von 40 Torr (5,3 kPa) in 1 Liter Plasma physikalisch gelöst werden, sind nur 0,027 ml effektiv H_2CO_3. Diese geringe Menge H_3CO_3 ist aber gleichwohl von großer physiologischer Bedeutung, denn sie dissoziiert in HCO_3^- und H^+, und zwar bei einem pH von 7,4 zu etwa 93 %.

[2] Der Christiansen-Douglas-Haldane-Effekt, meist einfach als C-D-H-Effekt oder Haldane-Effekt bezeichnet, ist das Gegenstück zum Bohr-Effekt der O_2-Bindung durch das Hämoglobin (S. 333). Der Haldane-Effekt bewirkt, daß das Blut in den Gewebskapillaren, wo es O_2 abgibt, vermehrt CO_2 aufnehmen kann und in den Lungenkapillaren, wo es O_2 aufnimmt, zusätzlich CO_2 abgeben muß.

verschwindenden Oxyhämoglobin-Anionenladungen werden hierbei zu Gegenionen der neu gebildeten $HCO_3^{\ominus}$-Ionen. Anderseits liegt dem nahezu isohydrischen (ohne pH-Änderung) Verlauf der Ionisation des H_2CO_3 der ungemein große Pufferungswert des erythrozytären Oxyhämoglobins und Hämoglobins zugrunde, welcher das 9fache desjenigen der im Plasma vorhandenen Proteinmenge erreicht. Der Anstieg der Protonenaffinität mit der Desoxygenierung und auch das ungewöhnlich hohe Pufferungsvermögen des Hb gelten als eindrückliche Zeichen der mannigfachen Adaptation des Blutfarbstoffs. Es sei betont, daß das CO_2, obwohl mit Wasser eine Säure bildend, ohne eine ins Gewicht fallende pH-Senkung zu verursachen, im Blut transportiert werden kann.

Die Carboanhydrase kommt — wie erwähnt — nur in den Erythrozyten vor. Dies bedeutet, daß die H_2CO_3 bzw. die von ihr abdissoziierenden $H^{\oplus}$-Ionen hauptsächlich in den roten Blutkörperchen auftreten. Im Plasma werden relativ wenig $H^{\oplus}$-Ionen gebildet (s. o.), welche die Plasmaphosphate und -proteine ohne Schwierigkeiten zu neutralisieren vermögen. Physiologisch erscheint es wesentlich, daß die große $H^{\oplus}$-Produktion, welche im Gefolge der CO_2-Aufnahme auftritt, nicht im »milieu intérieur«, d. h. in der Interzellularflüssigkeit und im Blutplasma stattfindet, sondern abgeschirmt von den Gewebszellen innerhalb der roten Blutkörperchen.

Durch die geschilderten Vorgänge reichern sich die $HCO_3^{\ominus}$-Ionen in den Erythrozyten an. Entsprechend dem Konzentrationsgefälle diffundieren Hydrogenkarbonationen aus den roten Blutkörperchen in das Plasma. Man würde nun erwarten, daß zur Aufrechterhaltung der elektrischen Neutralität jedes negative Hydrogenkarbonation ein positiv geladenes Ion (wobei speziell die in großer Zahl vorhandenen $K^{\oplus}$-Ionen in Frage kämen) aus der Zelle mitnehmen würde. Für viele Kationen, so auch für $K^{\oplus}$-Ionen, verhält sich die Erythrozytenmembran jedoch undurchlässig. Zur Wahrung der Elektroneutralität diffundiert deshalb eine äquivalente Menge $Cl^{\ominus}$-Ionen aus dem Plasma in die Erythrozyten. Dieser **Anionenaustausch** wird auch als **Chloridverschiebung** bzw. **Hamburgershift** bezeichnet. Der Anionenaustausch erreicht einen Gleichgewichtszustand, wenn die $HCO_3^{\ominus}$-Konzentration in den Erythrozyten des venösen Blutes etwa 3,4mal kleiner ist als die des Plasmas. Am Ende des Ionenaustausches ist die Ionenkonzentration in den Erythrozyten größer als zu Beginn desselben. Während des Austausches wandert deshalb auch Lösungswasser in die Zellen. Die Erythrozyten des venösen Blutes haben daher ein meßbar größeres Volumen als diejenigen im arteriellen Blut. Wir stellen fest, daß die Hydrogenkarbonationen hauptsächlich im Plasma transportiert werden, obgleich sie innerhalb der Erythrozyten entstehen. Diese inhomogene Verteilung der die Erythrozytenmembran frei durchdringenden (diffusiblen) Anionen ($HCO_3^{\ominus}$, $Cl^{\ominus}$ u. a.) beruht auf dem Vorhandensein ungleicher Mengen von Anionenladungen in den Erythrozyten und dem Plasma, deren Träger — zur Hauptsache Proteine — die Erythrozytenmembran nicht zu passieren vermögen **(Donnan-Systeme).** Für den CO_2-Gehalt des venösen Mischblutes einer männlichen Versuchsperson wurden von STADIE und O'BRIEN folgende Daten angegeben: Total CO_2: 52,1 Vol. %, Plasmabikarbonat-CO_2: 35,2 Vol. %, Erythrozytenbikarbonat-CO_2: 10,5 Vol. %, Plasmacarbamat-CO_2: 1,1 Vol. %, Erythrozytencarbamat-CO_2: 2,6 Vol. %, frei gelöstes CO_2 des Plasmas: 1,8 Vol. %, frei gelöstes CO_2 der Erythrozyten: 0,9 Vol. %.

bb. Die Abgabe des CO_2 in der Lunge

In den Lungenkapillaren laufen all die Vorgänge, die soeben im Abschnitt über die Aufnahme des CO_2 im Gewebe beschrieben wurden, in umgekehrter Richtung ab. Physikalisch gelöstes CO_2 diffundiert aus dem Blutplasma der alveolären Kapillaren in die Alveolen und O_2 aus den Alveolen in das Blut der alveolären Kapillaren, denn in den Lungenbläschen herrschen ein niedriger P_{CO_2} sowie ein hoher P_{O_2} (S. 338). Durch die Abwanderung von CO_2 wird das Gleichgewicht

$$CO_2 + H_2O \rightleftarrows H_2CO_3 \rightleftarrows HCO_3^{\ominus} + H^{\oplus}$$

nach links verschoben und demzufolge H_2CO_3 zu H_2O und CO_2 umgewandelt. Infolge der Lokalisation der Carboanhydrase in den Erythrozyten (s. o.), die bei entsprechenden Konzentrationsverhältnissen auch die Dehydratisierung des H_2CO_3 katalysiert, verläuft die Umwandlung von H_2CO_3 in H_2O und CO_2 in den Erythrozyten viel rascher als im Plasma. In diesen tritt somit eine $HCO_3^{\ominus}$-Verarmung zuerst ein. Dadurch entwickelt sich ein $HCO_3^{\ominus}$-Konzentrationsgefälle in Richtung zum Erythrozyteninnern und demzufolge ein Einstrom von $HCO_3^{\ominus}$ in die roten Blutkörperchen. In den Erythrozyten wird somit aus dem Plasma-Hydrogenkarbonat CO_2 gebildet, welches via Plasma und Alveolarwand in das Lumen der Alveolen diffundiert. Die bei dieser Reaktion benötigten $H^{\oplus}$-Ionen werden vom Hb geliefert, das infolge der Oxygenierung und pH-Verschiebung stärker dissoziiert, d. h. mehr $H^{\oplus}$-Ionen abgibt. Die Elektroneutralität in den Erythrozyten und im Plasma wird dadurch bewahrt, indem für das in die Zellen diffundierende $HCO_3^{\ominus}$ eine äquivalente Menge $Cl^{\ominus}$ aus den Zellen in das Plasma austritt (**Hamburger-Effekt,** s. o.).

Durch die Oxygenierung des Hb wird auch das Gleichgewicht der Hb-Carbamatbindung nach links verschoben, denn oxygeniertes Hb vermag etwa 3mal weniger CO_2 als Carbamat zu binden als desoxygeniertes Hb **(Haldane-Effekt).**

$$\text{Hb-N}{<}^{\text{H}}_{\text{H}} + CO_2 \rightleftarrows \text{Hb-N}{<}^{\text{H}}_{\text{COOH}} \rightleftarrows \text{Hb-N}{<}^{\text{COO}^{\ominus}}_{\text{H}} + H^{\oplus}$$

Auch dieses vom Hb abgestoßene CO_2 diffundiert in die Lungenalveolen.

5. Der Gasaustausch in der Lunge und im Gewebe

Wichtige Auskunft über den Gasstoffwechsel gibt die chemische Analyse der Ein- und Ausatmungsluft.

a. Der Gasaustausch in der Lunge

Da der Gasaustausch zwischen der Luft und dem Blut im Gebiet der Lungenalveolen stattfindet, ist die Kenntnis der Zusammensetzung der Alveolarluft zur Klärung dieses Austauschvorganges von grundlegender Bedeutung. Die Tabelle 54 gibt Auskunft über die Zusammensetzung der Alveolarluft sowie der Ein- und Ausatmungsluft.

Daraus ersieht man, daß die mittlere Zusammensetzung der Exspirationsluft erheblich von derjenigen der Alveolarluft abweicht. Dies ist verständlich, besteht doch die bei einer Exspiration zuerst ausgeatmete Luft aus Frischluft, d. h. aus Luft des Totraumes (S. 315), die am Gasaustausch nicht teilnimmt. Die am Ende einer starken Exspiration ausgestoßene Luft kommt hingegen aus den tiefsten Partien des Atmungsapparates und entspricht in ihrer Zusammensetzung derjenigen der Alveolarluft. Eine Methode zur Feststellung der Beschaffenheit der Alveolarluft besteht darin, die am Ende einer maximalen Exspiration ausströmende Luft in einem evakuierten Gefäß aufzufangen und zu analysieren.

Die Zusammensetzung der Ausatmungsluft ist ziemlich variabel, weil der Ausnützungsgrad der

Tab. 54. Mittlere Zusammensetzung der Ein- und Ausatmungsluft sowie der Alveolarluft.

Da die Luft in den Lungenalveolen vollständig mit Wasserdampf gesättigt ist, ist die Zusammensetzung der Alveolarluft sowohl unter Normalbedingungen (STPD) als auch unter Körperbedingungen (BTPS) angegeben. Für die physiologischen Vorgänge sind die Verhältnisse unter Körperbedingungen ausschlaggebend. Bei einer Körpertemperatur von 37 °C beträgt der Partialdruck des Wasserdampfes in den Lungenalveolen 47 mm Hg (6,3 kPa), bei einer Temperatur von 38 °C 49,6 mm Hg (6,6 kPa). Für die übrigen Gase (O_2, CO_2 und N_2) zusammengerechnet verbleibt damit bei einem Atmosphärendruck von 760 mm Hg bzw. 101 kPa (Meereshöhe) noch ein Partialdruck von 713 mm Hg (95 kPa) bei einer Körpertemperatur von 37 °C bzw. 710,4 mm Hg (95 kPa) bei einer Körpertemperatur von 38 °C. Bei den Angaben des N_2-Gehaltes sind die Edelgase (Argon, Neon, Helium, Krypton) und H_2 miteinbezogen

	O_2		CO_2		N_2		H_2O-Dampf	
	Vol. %	Partialdruck (mm Hg bzw. kPa)	Vol. %	Partialdruck (mm Hg bzw. kPa)	Vol. %	Partialdruck (mm Hg bzw. kPa)	Vol. %	Partialdruck (mm Hg bzw. kPa)
Einatmungsluft, STPD	20,93	159,07 21,2	0,03	0,23 0,03	79,04	600,70 80,1	–	–
Ausatmungsluft, STPD	16,8	127,7 17	3,8	28,9 3,9	79,4	603,4 80,4	–	–
Alveolarluft								
– STPD	14,0	106,6 14,2	5,3	40,5 5,4	80,7	612,9 81,7	–	–
– BTPS	13,2	100,0 13,3	5,0	38,0 5,1	75,6	575,0 76,7	6,2	47,0 6,3

Atemluft schwankt. Macht ein Tier z. B. einige vertiefte Atemzüge, so vermindert sich die Ausnützung, der O_2-Gehalt der exspirierten Luft steigt und der CO_2-Gehalt fällt.

Als Faustregel gilt: der O_2-Gehalt der Ausatmungsluft ist um 4–5 Vol. % geringer als derjenige der Einatmungsluft; der CO_2-Gehalt in der Ausatmungsluft ist hingegen rund hundertmal größer als in der Einatmungsluft.

Die in der Ausatmungsluft höhere N_2-Konzentration als in der Einatmungsluft beruht keineswegs auf einer metabolischen Freisetzung von molekularem Stickstoff, sondern ist lediglich darauf zurückzuführen, daß das Ausatmungsvolumen kleiner ist als das Einatmungsvolumen, sofern die Gasvolumina unter STPD-Bedingungen gemessen werden[1]. Die vom Organismus verbrauchte O_2-Menge ist nämlich meistens größer als die von ihm produzierte CO_2-Menge. (Respiratorischer Quotient $\left(\frac{CO_2}{O_2}\right)$ meistens kleiner als 1.)

Da die N_2-Mengen in der Ein- und Ausatmungsluft identisch sind, nimmt der N_2-Gehalt in der Exspirationsluft prozentual etwas zu.

In der Lunge tritt O_2 aus der Alveolarluft in das Blut der alveolären Kapillaren über, umgekehrt gelangt CO_2 aus dem Kapillarblut in die Alveolarluft. Hierbei müssen die Gase mehrere Membranschichten passieren, nämlich

1. das Zytoplasma der Alveolarepithelien,
2. die Basalmembran (Kapillarbindegewebe) und
3. die Endothelzellen der alveolären Kapillaren.

Die Gesamtdicke dieser Membranen schwankt zwischen 0,15–0,5 µm. Es stellt sich nun die Frage, ob diese Membranen für den Gasaustausch nicht ein beträchtliches Hindernis darstellen. Früher wurde diese Frage bejaht und die Auffassung vertreten, der Gastransport durch diese Membran beruhe auf einem vitalen, energieverbrauchenden

[1] Unter BTPS-Bedingungen ist das exspiratorische Atemzugvolumen wegen des höheren Wasserdampfgehaltes der Ausatmungsluft gegenüber der Einatmungsluft größer als das inspiratorische Atemzugvolumen.

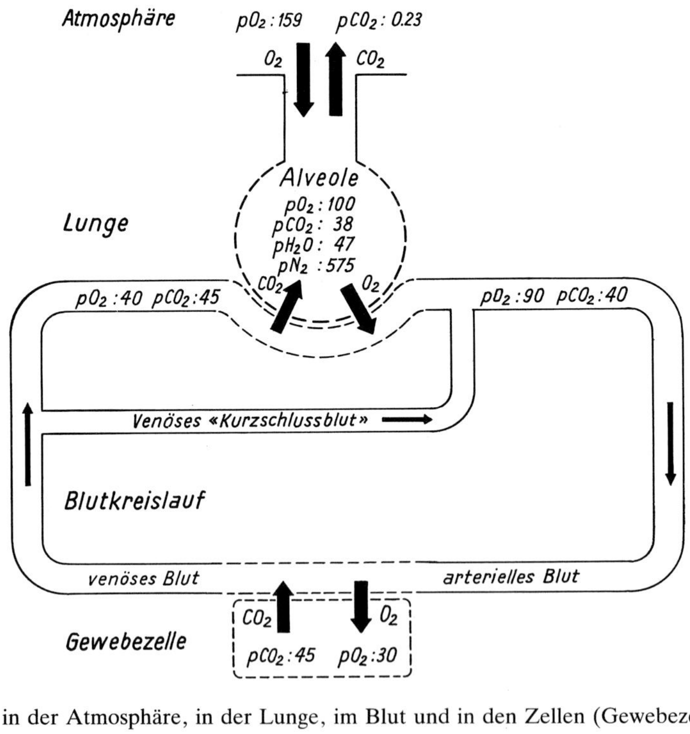

Abb. 186. Gasdrucke in der Atmosphäre, in der Lunge, im Blut und in den Zellen (Gewebezellen) der Organe.

p = Partialgasdrucke in mm Hg. Hinsichtlich der Atmosphäre beziehen sich die Daten auf STPD-Verhältnisse, hinsichtlich der Alveolarluft hingegen auf BTPS-Verhältnisse. Der P_{O_2} innerhalb ein und derselben Gewebezelle schwankt sehr stark. An den Stellen, wo der O_2 von den Enzymen (»Atmungskette«) aufgenommen wird, kann der P_{O_2} sich dem Nullwert nähern. Die Angabe P_{O_2} : 30 entspricht daher dem Durchschnittswert, der zudem in gewissen Zellen (z. B. Herzmuskelzellen) wesentlich niedriger sein kann. Die in mm Hg angegebenen Drucke erhält man durch Multiplikation mit 0,1333 in kPa

Mechanismus des Lungengewebes. Die Lunge wurde mit einer Drüse (»Gasdrüse«) verglichen, wobei die Alveolarwand den O_2 aktiv aus der Luft resorbieren und in das Kapillarblut sezernieren sollte. Ein analoger Mechanismus sollte das CO_2 aus dem Blut in die Alveolarluft transportieren.

Experimentelle Untersuchungen zeigten, daß der Übertritt der Gase durch die alveolo-kapilläre Membran keine vitalen, energieverbrauchenden Transportmechanismen von seiten des Lungengewebes benötigt, sondern lediglich durch Diffusion entsprechend dem Konzentrationsgefälle zustande kommt.

Abbildung 186 gibt einen Überblick über die O_2- und CO_2-Druckverhältnisse. In der Atmosphäre (Inspirationsluft) herrscht ein O_2-Partialdruck (P_{O_2}) von etwa 159 mm Hg[1] (21,2 kPa) in der Alveolärluft beträgt er etwa 100 mg Hg (90–105 mm Hg bzw. 13,3 kPa (12,0–14,0 kPa).

Im Pumonalarterienblut wird ein P_{O_2} von rund 40 mm Hg (38–41 mm Hg) bzw. 5,3 kPa (5,1 bis 5,5 kPa) gemessen. Somit herrscht zwischen der Alveolarluft und dem venösen Lungenblut eine O_2-Druckdifferenz von etwa 60 mm Hg (8,0 kPa). Es diffundiert daher O_2 aus der Alveolarluft in das Blut. Zu einem vollständigen O_2-Druckausgleich zwischen Luft und Blut kommt es allerdings aus folgenden Gründen nicht:

1. Die Verweildauer des Blutes in den Lungenkapillaren, d. h. die für die Gasdiffusion[2] zur Verfügung stehende Zeit ist relativ kurz, nämlich nur 0,4–0,7 s. Bei Gesunden spielt eine diffusionsbedingte Reduktion des P_{O_2} im Pulmonalvenenblut allerdings kaum eine Rolle.
2. Dem bereits arterialisierten Lungenblut mischt sich Blut bei, das keine alveolären Kapillaren[3] bzw. Kapillaren schlecht ventilierter Alveolen passiert hat[4]. Dieses als »Kurzschlußblut« bezeichnete Blut macht normalerweise 2–4 % der vom Herzen geförderten Blutmenge aus und bewirkt eine P_{O_2}-Erniedrigung des Lungenblutes von etwa 5–10 mm Hg (0,7–1,3 kPa). Das die Lunge verlassende Blut besitzt einen P_{O_2} von etwa 90–95 mm Hg (12,0–12,7 kPa).

Hinsichtlich des CO_2 verläuft das Druckgefälle im Vergleich zu dem des O_2 gerade umgekehrt und außerdem viel flacher (Abb. 186). Im venösen Blut der alveolären Kapillaren beträgt der P_{CO_2} etwa 45 mm Hg (6,0 kPa) und in der Alveolarluft etwa 38 mm Hg (5,1 kPa). Das CO_2 diffundiert daher aus dem venösen Lungenblut in die Alveolarluft. Infolge des sehr guten Diffusionsvermögens des CO_2 kommt es trotz der relativ geringen Differenz des P_{CO_2} zwischen Blut und Alveolarluft beinahe zu einem Ausgleich des P_{CO_2} zwischen arterialisiertem Blut und Luft. Die kleine P_{CO_2}-Differenz von etwa 2 mm Hg (0,3 kPa) beruht hauptsächlich auf der Beimischung von nicht arterialisiertem »Kurzschlußblut« (s. o.).

Dasjenige Gasvolumen (ml, STPD-Bedingungen), das pro Minute und pro Torr mittlerer O_2-Druckdifferenz (Δp) durch die alveolo-kapillären Membranen in das Blut der Kapillaren zu diffundieren vermag, wird als **Diffusionskapazität** der Lunge bezeichnet. Diese Größe wird in der Klinik zur Klärung von pulmonalen Gasaustauschstörungen benützt. Sie ist um so größer

1. je ausgedehnter die Austauschfläche für die Gasdiffusion,
2. je dünner die alveolo-kapillären Membranen,
3. je besser die Löslichkeit des betreffenden Gases in der Membransubstanz sowie im Blutplasma und in den Erythrozyten,
4. je größer die Differenz des Gasdruckes in der Alveolarluft und dem Kapillarblut,
5. je größer die Blutmenge, die die Lunge pro Zeiteinheit durchströmt.

Bei Lungenfunktionsprüfungen wird vor allem die Diffusionskapazität für Sauerstoff (D_{O_2}) bestimmt. Da die Druckdifferenz des O_2 zwischen Alveolarluft und Blut sich z. B. mit der alveolären

[1] Da die Atmosphärenluft Wasserdampf enthält, ist der effektive P_{O_2} um einige mm Hg (Zehntel kPa) kleiner.

[2] Das Diffusionsvermögen des O_2 ist im Vergleich zu dem des CO_2 relativ schlecht.

[3] Das Lungenkreislaufsystem weist arterio-venöse Anastomosen auf, in welchen kein Gasaustausch zustande kommt. Auch durch die **Venae Thebesii** des Herzens wird dem arteriellen Blut des linken Ventrikels venöses Blut beigemischt. Im weiteren fließt ein Teil des Blutes des großen Kreislaufes, das in die Bronchalarterien gelangt, nicht via Bronchalvenen in den rechten Vorhof, sondern in die Pulmonalvenen und damit in den linken Vorhof.

[4] In Lungenteilen, die mangelhaft belüftet werden, tritt zwar infolge der Abnahme der O_2-Konzentration eine Verengung der Lungengefäße, insbesondere der Arteriolen, ein (Euler-Liljestrand-Reflex). Die Durchblutung schlecht ventilierter Lungenbezirke wird also reduziert. Auf diese Weise wird trotz schlechter Belüftung gewisser Lungenabschnitte eine befriedigende O_2-Sättigung des aus der Lunge ausströmenden Blutes erreicht. — Über die Mechanismen, die die Größe der alveolären Ventilation sowie die Blutzuteilung in den verschiedenen Lungenabschnitten regulieren, herrscht noch keine einhellige Auffassung. Nach neueren Untersuchungen soll es sich nicht um nervös-reflektorische Mechanismen, sondern um direkte Wirkungen der Gaspartialdrucke auf die glatte Muskulatur der Bronchen und Gefäße handeln.

Ventilationsgröße ändert (Vergrößerung bei einer Vertiefung und Frequenzerhöhung der Atemzüge), ist es vorteilhaft, das Diffusionsvermögen auf eine Druckdifferenz von 1 mm Hg (0,13 kPa) zu beziehen. Auf diese Weise spielt die Variabilität des treibenden Druckes (alveolo-kapilläre Druckdifferenz) für die O_2-Diffusion keine Rolle mehr. Wird zudem die Größe der Lungendurchblutung gemessen, so gibt der Test Auskunft über die Größe der pulmonalen Diffusionsfläche und den Widerstand, welche die alveolo-kapillären Membranen dem O_2-Durchtritt entgegensetzen. Die soeben erwähnten zwei Faktoren können nicht auseinandergehalten werden. Eine Verminderung des D_{O_2} kann sowohl durch eine Verkleinerung der Diffusionsfläche als auch durch eine Widerstandserhöhung der Membranen für die O_2-Passage (Zunahme der Membrandicke) bedingt sein. Die D_{O_2} kann sogar scheinbar normal sein, obwohl die Membran verdickt ist (z. B. durch ein interstitielles Oedem), nämlich dann, wenn die Diffusionsfläche gleichzeitig vergrößert ist (Verschiebung der Atmungsmittellage nach der inspiratorischen Seite oder Erhöhung der Anzahl der durchbluteten, d. h. respiratorisch aktiven Lungenkapillaren). Bei pathologischen Membranverdickungen (Oedematisierung, Exsudatansammlung im Interstitium oder Alveolarraum) nimmt die Diffusionskapazität ab. Eine solche Abnahme führt vor allem zu einer Störung des O_2-Austausches, kaum je zu einer solchen des CO_2, da, wie oben erwähnt, das O_2-Diffusionsvermögen etwa 20mal kleiner ist als dasjenige des CO_2.

Bei alten Tieren nimmt die Diffusionskapazität infolge der Reduktion der Austauschfläche (Abnahme der alveolären Kapillaren) ab. Auch bei gewissen Krankheiten (z. B. Lungenemphysem) verkleinert sich die Gasaustauschfläche. Bei körperlicher Arbeit erhöht sich die Diffusionskapazität infolge Vergrößerung der Austauschfläche u. U. auf mehr als das Doppelte.

Die Vergrößerung der Austauschfläche ist auf eine inspiratorische Verschiebung der Atemmittellage zurückzuführen. Hierbei vermehrt sich der Tonus der Inspirationsmuskulatur, der Thorax erweitert sich, und die Lungenalveolen werden stärker entfaltet.

Der Gasstoffwechsel kleiner Tiere ist relativ größer als der großer Individuen. Die Vermutung drängt sich daher auf, Kleintiere benötigten eine verhältnismäßig größere Lunge als Großtiere. Das ist aber nicht der Fall. Die Größe bzw. **Totalkapazität der Lunge** (S. 313) ist bei den verschiedenen Tierarten dem Körpergewicht proportional, gleichwohl hat aber die Lunge von Kleintieren eine relativ größere Diffusionskapazität als diejenige von Großtieren, und zwar aus folgenden Gründen:

1. Kleine Tiere besitzen kleinere Lungenalveolen und deshalb mehr Alveolen bzw. eine größere respiratorische Austauschfläche pro Volumeneinheit Lungengewebe als große Tiere.
2. Kleintiere haben eine größere Atemfrequenz und deshalb eine intensivere Lungenbelüftung als Großtiere.

Beide erwähnten Faktoren begünstigen den pulmonalen Gasaustausch.

Für die Aufnahme von 1 ml O_2 ins Blut müssen bei Säugetieren 20–30 ml Luft ventiliert werden. Den Quotienten der Ventilation zur O_2-Aufnahme bezeichnet man als **spezifische Ventilation** bzw. **Atemäquivalent.**

$$\text{Spezif. Ventilation} = \frac{\dot{V}_E\ \text{(BTPS) ml/min}}{\dot{V}_{O_2}\ \text{(STPD) ml/min}}$$

Störungen des Gasaustausches in der Lunge gehen meistens mit einer Erhöhung des Atemäquivalentes einher.

Die alveolären Kapillaren dienen nicht nur dem Gasaustausch, sondern auch der Ernährung des Alveolarepithels. Störungen der Kapillardurchblutung führen zu einer Verkleinerung bzw. Atelektase der Alveolen infolge Erhöhung ihrer Oberflächenspannung.

b. Der Gasaustausch im Gewebe

Das Blut verläßt die Lunge mit einem P_{O_2} von etwa 90–95 Tor (12,0–12,7 kPa) und einer O_2-Sättigung von 95–97 %. Von dort strömt es ohne Änderung des P_{O_2} und des O_2-Sättigungsgrades via linken Vorhof und linke Kammer in die Kapillarnetze des großen Kreislaufes, wo es infolge des geringen O_2-Druckes in den Gewebszellen (P_{O_2}: 20–30 Torr bzw. 2,7–4,0 kPa) laufend O_2 an die Zellen abgibt. Das aus den Organen zum rechten Herzen bzw. zur Lunge zurückkehrende venöse Mischblut weist unter gewöhnlichen Verhältnissen noch einen P_{O_2} von 30–40 Torr (4,0–5,3 kPa) bzw. eine O_2-Sättigung zwischen 60–75 % auf. Unter normalen Bedingungen wird also die O_2-Transportkapazität des Blutes nur zu etwa 20–35 % ausgenutzt. In O_2-Volumprozenten ausgedrückt, ergeben sich — bei Annahme eines Hb-Gehaltes von 15 g/100 ml Blut

— folgende Werte: Arterielles Blut vermag 20 ml O_2 (15 · 1,34 ml O_2) zu binden (S. 332). Bei einer **O_2-Utilisation** von 25 % enthält das venöse Mischblut immer noch 15 ml O_2/100 ml[1]. Der O_2-Utilisationsgrad ist je nach Organ und Arbeitsintensität sehr verschieden. Im Herzen ist er beispielsweise sehr groß (S. 261), in der Niere hingegen gering. Das bedeutet allerdings nicht einen niedrigen O_2-Verbrauch pro g Nierengewebe, im Gegenteil, der O_2-Konsum der Niere ist sehr hoch, die Durchblutung ist aber außerordentlich groß, was eine relativ geringe O_2-Ausschöpfung zur Folge hat. In sehr intensiv arbeitenden Organen, z. B. im kräftig arbeitenden Skelettmuskel, kann der O_2-Gehalt des venösen Blutes auf 3 Vol. % zurückgehen. Bei einer Erstickung sinkt der O_2-Gehalt des venösen Blutes sogar unter 1 Vol. %[2].

Ähnlich wie in der Lunge erfolgt der Gasaustausch zwischen Blut und Gewebszellen durch bloße Diffusion. Auch in den Geweben ist die P_{O_2}-Differenz zwischen Blut- und Gewebszellen (Blut-P_{O_2}: 90 Torr/12,0 kPa; Gewebszellen-P_{O_2}: 30 Torr/4,0 kPa) viel größer als die P_{CO_2}-Differenz (Blut-P_{CO_2}: 40 Torr/5,3 kPa; Gewebszellen-P_{CO_2}: 45 Torr/6,0 kPa). Dies erklärt, daß der O_2 trotz seines zwanzigmal kleineren Diffusionsvermögens in ungefähr gleicher Menge aus dem Blut ins Gewebe zu diffundieren vermag wie das CO_2 aus den Zellen ins Blut.

[1] Bei dieser Berechnung ist die sehr kleine arterio venöse Differenz physikalisch gelösten O_2 nicht berücksichtigt worden.

[2] Zur Angabe der O_2-Utilisation im Gewebe dient der **Sauerstoffutilisationskoeffizient.** Dieser Parameter gibt wertvollen Einblick über den Gasaustausch und die Kreislaufverhältnisse in den Geweben. Er wird nach folgender Formel berechnet:

$$O_2\text{-Utilisationskoeffizient} = \frac{O_2\text{-Verbrauch/min (ml)} \cdot 100}{O_2\text{-Angebot/min (ml)}}$$

Das O_2-Angebot an die Gewebe entspricht dem zugeführten arteriellen Blut (in ml/min) multipliziert mit seinem O_2-Gehalt in $\frac{\text{Vol \%}}{100}$

N. Die Größe des Gaswechsels bei verschiedenen Tierarten

Die Größe des Gaswechsels wächst naturgemäß mit der Größe des Tieres. Bei einer Berechnung des O_2-Verbrauches auf 1 kg Körpergewicht bei verschiedenen Tierarten sieht man, daß bei kleinen Tieren der Gaswechsel relativ größer ist als bei großen. Die Ursache hierfür liegt u. a. darin, daß das kleine Tier je kg Gewicht eine größere Oberfläche besitzt, die ja für die Wärmeabgabe und daher auch für die benötigte Energieproduktion, bzw. den Umfang der Verbrennungsprozesse, maßgebend ist.

Der Gaswechsel ist aber nicht nur von der Größe, sondern auch von anderen Eigentümlichkeiten einer Tierart abhängig. So weisen die Vögel einen relativ höheren Gaswechsel auf als die Säugetiere, viel geringer ist er dagegen bei den Poikilothermen. Bei den letzteren ist er (wie alle Stoffwechselvorgänge) um so höher, je höher die Temperatur (Regel von VANT'HOFF). Bei den Homoiothermen ist der Umfang des Gaswechsels ebenfalls von der Außentemperatur abhängig, aber sofern die letztere unterhalb der **Indifferenztemperatur** liegt, in umgekehrtem Sinne (Zunahme des Gaswechsels mit sinkender Außentemperatur).

O. Sauerstoffmangel und Sauerstoffüberangebot

1. Sauerstoffmangel (Hypoxie)

Zu niedrige Sauerstoffdrucke in der Umgebung und damit letztlich auch in den Körperflüssigkeiten führen zu Funktionsstörungen in verschiedenen Organen, wobei das Zentralnervensystem sich am empfindlichsten erweist. Aber nicht nur zu niedrige Gasdrucke, sondern auch zu hohe sind gefährlich.

2. Sauerstoffüberangebot (Hyperoxie)

Der kritische P_{O_2}, oberhalb dessen Störungen auftreten, liegt etwa bei 600 Torr (80 kPa). Ein Aufenthalt in reinem O_2 von Atmosphärendruck (P_{O_2} : 760 Torr bzw. 101 kPa) während mehr als 24 Stunden führt bereits zu vielerlei Krankheitserscheinungen (z. B. Benommenheit, Lungenödem infolge Schädigung der alveolären Kapillaren, Abnahme der Vitalkapazität und der pulmonalen Diffusionskapazität (S. 339), Pneumonie, Tachykardie, Blutdruckanstieg in den Arterien, Muskelkrämpfe usw.). Besonders empfindlich sind neugeborene Kinder, bei denen schwere, zu Erblindung führende Augenschädigungen (retrolentale Fibroplasien) beobachtet wurden. Säugetiere, die in reinem O_2 mit einem Druck von 3–4 Atmosphären (P_{O_2}: 2500 Torr bzw. 333 kPa) gehalten werden, sterben innerhalb weniger Stunden. Ein P_{O_2} von 4500 Torr bzw. 600 kPa (6 Atmosphären) führt bei den meisten Versuchstieren fast schlagartig zu Bewußtlosigkeit und klonisch-tonischen Muskelkrämpfen und nach wenigen Minuten zum Tod.

Starke Hyperoxien führen vor allem am Lungengewebe sowie an den Wandungen der Lungenvenen und Arterien des großen Kreislaufs zu Veränderungen (Abnahme der Dehnbarkeit des Lungengewebes, herdförmige Atelektasen, wahrscheinlich infolge Zerstörung oder Inaktivierung des alveolären Antiatelektasenfaktors (S. 325), also in Gewebsgebieten, wo der P_{O_2} am größten ist. Im venösen Blut des großen Kreislaufs ist der der P_{O_2} infolge des O_2-Verbrauchs in den Organen so niedrig, daß an den Venenwandungen des großen Kreislaufs in der Regel keine morphologischen Läsionen feststellbar sind.

P. Die Regulation der Atmung

Tag und Nacht, im Schlafen und Wachen, in tiefer Ohnmacht oder Bewußtlosigkeit und in der Narkose läuft die Atmung in ununterbrochenem Wechselspiel von Ein- und Ausatmung ab. Obwohl die Atmungsmuskeln aus willkürlich innervierten, quergestreiften Skelettmuskelfasern bestehen, werden sie offensichtlich nicht allein willkürlich, sondern von einem **automatischen Steuerungsmechanismus** in Funktion gehalten. Die willkürliche Innervationsmöglichkeit ist leicht erkennbar; kann doch die Respiration willentlich verlangsamt, beschleunigt, vertieft oder in komplexer Art (z. B. Schnüffeln, Phonation, Pressen mit dem Bauch bei der Defäkation, Miktion und Geburt) modifiziert werden. Sie kann sogar willkürlich angehalten werden. Hierbei sind aber enge Grenzen gesetzt, denn nach wenigen Minuten stellt sich ein unüberwindlicher Zwang zur Atmung ein. Woher rührt dieser Zwang? Woher kommen die Impulse, die dafür sorgen, daß die Atmung während des ganzen Lebens praktisch pausenlos bestehen bleibt, und die große Zahl der beteiligten Effektoren wohlkoordiniert zusammenarbeiten? Hierfür sorgt eine besondere »Planungsstelle«, das Atmungszentrum (AZ).

Vom AZ werden die Impulse durch verschiedene Nerven, die sog. Atmungsnerven, an die vielen bei der Atmung beteiligten Organe übermittelt.

1. Das Atmungszentrum

Experimente zur Eruierung des Quellgebietes der Atmungsimpulse (Ablationsversuche mit stufenweisem Ausschalten von Teilen des ZNS in kaudorostraler Richtung) ergaben: Eine Leitungsblockade des zervikalen Rückenmarks (quere Durchschneidung oder Unterkühlung) kaudal vom Abgang der Nn. phrenici führt zu einer Lähmung der thorakalen und abdominalen Atmungsmuskeln, bei erhaltener Tätigkeit des Zwerchfelles. Eine Durchtrennung des Rückenmarkes am Übergang zur Medulla oblongata lähmt auch das Diaphragma und führt zur Erstickung. Wird der Gehirnstamm zwischen Medulla oblongata und dem Pons durchschnitten und zugleich — zwecks Ausschaltung von peripheren Impulsen — eine beidseitige Vagotomie ausgeführt, so hört die rhythmische Atmung auf, und es tritt ein **Inspirationskrampf** ein, der nur in langen Intervallen von kurzen Exspirationen unterbrochen wird (apneustische Atmung, **Apneusis**)[1]. Die Atmung wird also unkoordiniert, unter Umständen kann infolge des Inspirationskrampfes sogar Erstickung eintreten.

Wird der Gehirnstamm hingegen am rostralen Ende des Pons durchschnitten, so bleibt die Atmung annähernd unverändert bestehen[2]. Aus diesen Feststellungen kann geschlossen werden, daß der wesentlichste Teil des AZ im Gebiete des verlängerten Markes (Calamus scriptorius im Boden des 4. Ventrikels) und der Brücke gelegen sein muß. In diesem Gebiet wurden einerseits Neuren gefunden, die während der Inspiration Aktionspotentiale erzeugen und anderseits solche, die während der Exspiration Aktionspotentiale produzieren. Wie viele andere Regulationszentren besteht auch das AZ nicht aus einer kernartig geschlossenen Formation von Nervenzellen, es erstreckt sich vielmehr über ein verhältnismäßig großes Feld des Gehirnstammes[3].

a. Die Organisation des Atmungszentrums

Das AZ zerfällt in mehrere Teilzentren, die man als inspiratorisches, exspiratorisches und pneumotaktisches Unterzentrum bezeichnen kann[4].

Das **inspiratorische Unterzentrum** liegt im ventralen Teil des Formatio reticularis der Medulla oblongata (dorsal der Oliva inferior). Seine Reizung aktiviert die kostale Inspirationsmuskulatur und das Zwerchfell[5], Zerstörung führt hingegen zum Atmungsstillstand (Abb. 187).

Das **exspiratorische Unterzentrum** liegt ebenfalls in der Formatio reticularis der Medulla oblongata, jedoch mehr dorsal und rostral als das Inspirationszentrum. Seine Reizung induziert die Exspiration. Der entscheidende Effekt dieses Teilzentrums besteht in der Hemmung des inspiratorischen Zentrums und — bei forcierter Respiration — in der Aktivierung der Exspirationsmuskulatur (s. u.).

Das **pneumotaktische Unterzentrum**[6] liegt im Pons cerebri. Es steht sowohl mit dem inspiratorischen als auch exspiratorischen Zentrum in Verbindung. Ihm kommt gemeinsam mit den Hering-Breuerschen Reflexen (s. u.) vor allem eine koordinierende Funktion zwischen dem inspiratorischen und exspiratorischen Teil des AZ (rhythmischer Wechsel zwischen In- und Exspiration)[7] zu.

b. Entstehung der Atmungsrhythmik

Isoliert man das inspiratorische Unterzentrum, indem man die Nervenbahnen, die es mit dem pneumotaktischen sowie dem exspiratorischen Unterzentrum verbinden, zerstört, und durchschneidet man zudem noch die Vagusnerven, welche afferente Impulse von der Lunge zum inspiratorischen Unterzentrum leiten, so kommt es zum **Inspirationskrampf** (**Apneusis,** s. o.).

Dies zeigt, daß das auf sich allein gestellte inspiratorische Unterzentrum spontan und dauernd Impulse zu den Inspirationsmuskeln senden würde. Erst durch die Zusammenarbeit des inspiratorischen mit dem pneumotaktischen und exspiratorischen Unterzentrum und dem Einfluß afferenter Vagusimpulse kommt es zum rhythmischen Wechselspiel von Ein- und Ausatmung. Wie kommt dieses inspiratorisch-exspiratorische Wechselspiel zustande?

Nach derzeitiger Auffassung nimmt die Atmungsmotorik im inspiratorischen Unterzentrum

---

[1] Werden während der Apneusis von Fasern des N. phrenicus Aktionspotentiale registriert, so stellt man eine fast dauernde, hochfrequente Impulsleitung fest.

[2] Allerdings ist hierbei eine thermische Polypnoe (Hecheln) infolge Ausfalls der Verbindungen zwischen dem Atmungs- und Thermoregulationszentrum (s. S. 344) nicht mehr möglich.

[3] Als »Zentrum« bezeichnet die Physiologie die Gesamtheit von nervösen Elementen, welche für die Regulation eines Funktionssystems von **zentraler Bedeutung** sind.

[4] Auf das spinale Zentrum, das bei niederen Wirbeltieren (Fische) für die schnappenden Kieferbewegungen der Kiemenatmung eine wichtige Rolle spielt, soll hier nicht eingegangen werden. Residuen eines spinalen AZ sind auch bei Säugetieren noch vorhanden. Sie manifestieren sich z. B. bei der sog. **Schnappatmung** (Aufreißen des Mundes bei jedem Atemzug) von Neugeborenen oder beim Sterben nach dem Aussetzen der pontomedullären Atmungszentren. Infolge der niederen Frequenz vermag die spinal induzierte Schnappatmung beim Säugetier dem Gasstoffwechsel auf längere Zeit nicht zu genügen, weshalb bald der Tod infolge Asphyxie eintritt.
Die spinalen Motoneurone für die Respirationsmuskeln werden nicht mehr zum AZ gezählt. Sie sind als Effektoren dem bulbopontinen AZ untergeordnet und verfügen nicht über eine autonome Tätigkeit, die einem »Zentrum« zukommen muß.

[5] Die Reizung einer Hälfte der Medulla aktiviert in gleicher Weise die Atmungsmuskeln beider Körperseiten. Dieser Befund spricht für das Vorhandensein gekreuzter absteigender Verbindungen zwischen einer Hälfte des Hirnstammes (Pons und Medulla) und den Atmungsmuskeln beider Körperseiten (M. Monnier, 1963).

[6] Von gewissen Forschern wird das pneumotaktische Unterzentrum zum Exspirationszentrum gezählt, wobei das erwähnte exspiratorische Unterzentrum als bulbäres und das pneumotaktische Unterzentrum als pontines Exspirationszentrum bezeichnet wird.

[7] Das pneumotaktische Unterzentrum steht auch mit dem thermoregulativen Zentrum im Hypothalamus in Verbindung und ist bei der Auslösung des **Hechelns** (S. 344) von Bedeutung.

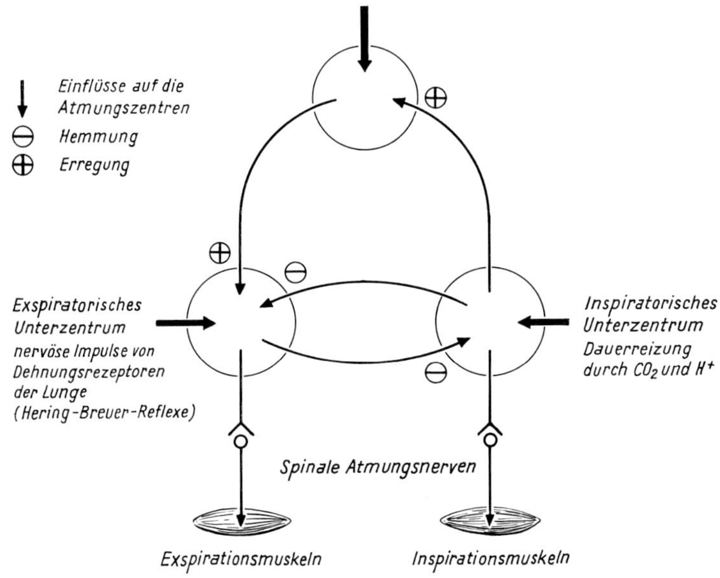

Abb. 187. Schematische Darstellung des Zustandekommens der intrazentralen, rhythmischen Automatie der Atmung (modifiziert nach F. R. WINTON and L. E. BAYLISS, Human Physiology, J. & A. Churchill Ltd., London, 1962)

ihren Anfang, und zwar dadurch, daß seine Nervenzellen durch den CO_2-Gehalt des Blutes, welches diese Zellen umspült, und andere nicht näher bekannte Einflüsse dauernd gereizt, d. h. in einen tonischen Erregungszustand versetzt werden. Als Folge dieser Reizung sendet das Inspirationszentrum durch die Atmungsnerven Kontraktionsimpulse zu den Inspirationsmuskeln. Gleichzeitig sendet es aber auch über rekurrente Kollateralen Impulse zum pneumotaktischen Zentrum. Das letztere sendet daraufhin Impulse zum exspiratorischen Unterzentrum (Abb. 187). Dieses wirkt nun auf das inspiratorische Unterzentrum zurück, und zwar im Sinne einer Hemmung (Hyperpolarisation »inspiratorischer« Ganglienzellen). Die Aussendung von Erregungswellen zur Inspirationsmuskulatur sistiert fast vollständig[1] (Abb. 188) und damit wird die Ausatmung eingeleitet, die ja bei ruhiger Atmung (Eupnoe) einfach darauf beruht, daß die Kontraktionsimpulse zur Atmungsmuskulatur ausfallen bzw. frequenzmäßig sehr stark abnehmen. Nur bei forcierter Atmung sendet das exspiratorische Unterzentrum gleichzeitig auch Impulse an die Ausatmungsmuskulatur (aktive Exspiration).

In dem Moment, in dem das Inspirationszentrum infolge des Hemmeffektes von seiten des exspiratorischen Unterzentrums fast keine Impulse mehr aussendet, fällt auch die Erregung des pneumotaktischen Unterzentrums (durch das Inspirationszentrum) aus. Als Folge davon sistiert auch die Aktivierung des exspiratorischen Unterzentrums, womit die Bremse auf das Inspirationszentrum ausfällt. Das Inspirationszentrum beginnt daher wieder Impulse an die Atmungsmukulatur auszusenden. Es beginnt ein neuer Atmungszyklus.

Nach dieser Anschauung liegt die Bedeutung des pneumotaktischen und exspiratorischen Unterzentrums vor allem darin, die inspiratorische Dauerinnervation, d. h. den autonomen inspiratorischen Tonus in einzelne rhythmisch aufeinanderfolgende, durch Pausen getrennte Erregungssalven zu zerlegen[2]. Der geschilderte Mechanismus würde also einen Rückkoppelungsprozeß darstellen, in dem als treibende Kraft vor allem die CO_2-Spannung von Bedeutung wäre. Damit der Zyklus nicht

[1] Auch bei ruhiger Atmung leiten gewisse Fasern des N. phrenicus während der Exspirationsphase Kontraktionsimpulse niedriger Frequenz (5–20/s) zum Zwerchfell. Die Zwerchfellmuskulatur erschlafft deshalb während der Ausatmungsphase nicht vollständig. Dieser »Zwerchfellresttonus« wird durch vagale Reflexe modifiziert. Auch bei der Hyperventilationsapnoe ist er beispielsweise verstärkt.

[2] Die Transformation eines solchen dauernden Erregungszustandes in eine rhythmische Erregungsfolge wird nach neuerem physiologischem Sprachgebrauch als **Automatie** bezeichnet. Ein weiteres Beispiel für eine Automatie liefern auch die Zellen des Sinusknotens im Herzen (»Schrittmacher«). Bei der intrazentralen Automatie der Atmung handelt es sich aber nicht um einen primären Zellrhythmus wie beim Sinusknoten, sondern um einen komplizierten interneuralen Schaltmechanismus.

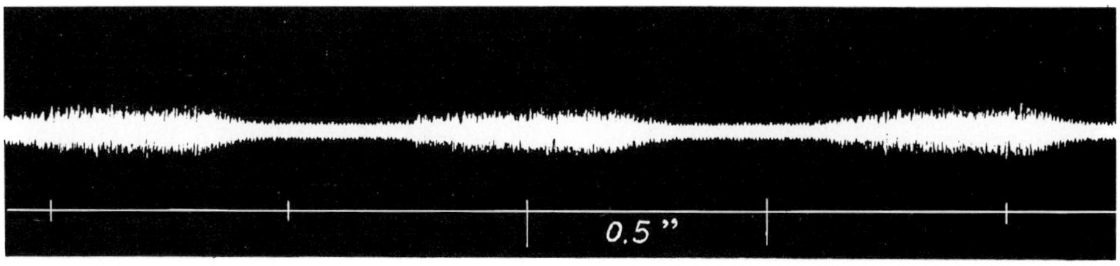

Abb. 188. Elektroneurogramm vom N. phrenicus eines Kaninchens. Aktionspotentiale sind fast nur während der Inspirationsphase festzustellen. Während der Exspiration leitet der N. phrenicus nur ganz vereinzelte Impulse

zu rasch abläuft bzw. die Inspiration und Exspiration nicht zu rasch aufeinanderfolgen, ist Voraussetzung, daß die Zellen des pneumotaktischen bzw. exspiratorischen Unterzentrums einer längeren Reizung bedürfen, bis sie in Aktion treten.

Es genügt nicht, daß die Atmungsmuskulatur einfach zur rhythmischen Tätigkeit angeregt wird, es muß auch die Größe der Atmung festgelegt werden, und zwar so, daß sie jederzeit den stets wechselnden Bedürfnissen des Organismus, d. h. der Intensität der inneren Atmung gerade entspricht. Sowohl eine zu geringe als auch eine zu starke Atmungstätigkeit führt zu lebensgefährlichen Störungen, die erstere wegen der **Hypoxie** und **Hyperkapnie** bzw. **Azidämie** (respiratorische Azidose), die letztere infolge der **Hypokapnie** bzw. **Alkaliämie** (respiratorische Alkalose).

Aber nicht nur die **Atmungsgröße,** d. h. das Gesamtatemvolumen pro Zeiteinheit wird den Bedürfnissen angepaßt, sondern auch der **Atmungstypus,** d. h. die Frequenz und Tiefe der Atemzüge, indem deren inspiratorische und exspiratorische Dauer (Atemzeitquotient) so gesteuert wird, daß der Arbeitsaufwand für den Luftwechsel möglichst gering ist.

Damit das AZ den eben angedeuteten vielseitigen und fortwährend sich ändernden Anforderungen entspricht, wird seine bereits beschriebene autonome (spontane) Tätigkeit von verschiedenen Stellen und Faktoren modifiziert. Dies veranschaulicht die schematische Darstellung der Abbildung 187. Die drei Unterzentren beeinflussen sich nicht nur untereinander, sondern ihre Tätigkeit wird auch von außen her modifiziert. So strahlen ins exspiratorische Zentrum beispielsweise Impulse ein, die via afferente Vagusfasern von den Dehnungsrezeptoren der Lunge herkommen (vgl. Hering-Breuersche Reflexe). Das pneumotaktische Unterzentrum wiederum wird z. B. von Impulsen, die vom Temperaturregulationszentrum des Zwischenhirnes ausgehen, beeinflußt, wodurch das Hecheln induziert werden kann. Die Zellen des inspiratorischen Unterzentrums stehen vor allem unter der Einwirkung der CO_2-Spannung und der $[H^+]$ der sie umspülenden Gewebsflüssigkeit bzw. des Blutes sowie von Impulsen, die via afferente Interkostalnerven von den Muskelspindeln der Brustmuskulatur einlaufen.

Das AZ ist somit einerseits eine autonom arbeitende Zentralstelle, anderseits aber zugleich eine Schaltstelle für einlaufende Nervenimpulse, also ein Reflexzentrum. Seine effektive Leistung ist die Resultante autonomer Tätigkeit und exogener Beeinflussung. Die das AZ beeinflussenden Faktoren sollen nun näher betrachtet werden.

c. Das Atmungszentrum beeinflussende Faktoren

Der vom AZ erzeugte respiratorische Grundrhythmus unterliegt, wie eben angedeutet, mannigfaltigen zentralen (direkten) und peripheren (indirekten) Einflüssen, die vor allem für eine feinere respiratorische Adaptation an die fortwährend wechselnden Bedürfnisse besorgt sind.

Da die Hauptaufgabe der Atmung darin besteht, das Blut mit genügend O_2 zu versorgen, und es vom überschüssigen CO_2 zu befreien sowie bei der Konstanthaltung des Blut-pH mitzuhelfen, drängt sich die Vermutung auf, diese Faktoren könnten bei der Steuerung der Atmung eine wichtige Rolle spielen. Diese Vermutung wird durch die experimentellen Befunde bestätigt. Der Gehalt des Blutes an O_2, CO_2 und H^+ bestimmt in erster Linie die Größe der Lungenventilation **(Atmungsgröße).** Weitere Faktoren (s. u.) regulieren den **Atmungstypus,** d. h. die Tiefe der Atemzüge, die Dauer der Inspirations- und Exspirationsphase (Atemzeitquotient, S. 310) und die Weite der Atemwege (insbesondere der Bronchen). Das Ziel all dieser Steuerungsmechanismen besteht darin, eine ausreichende alveoläre Ventilation mit möglichst kleinem Energieaufwand zu bewerkstelligen.

Gewisse Stoffe im Blut beeinflussen das AZ teils direkt, teils indirekt.

ca. Direkter Einfluß der chemischen Beschaffenheit des Blutes auf das Atmungszentrum

Im AZ (inspiratorisches Unterzentrum) finden sich Ganglienzellen, die direkt auf die chemische Beschaffenheit des sie umspülenden Blutes, insbesondere auf dessen $[H^{\oplus}]$ und CO_2-Gehalt ansprechen (zentrale Chemorezeptoren).

Eine Erhöhung des P_{CO_2} oder eine Senkung des pH führen momentan zu einer vertieften und frequenteren Respiration. Dieser Effekt ist sehr leicht durch Zusatz von CO_2 zur Atmungsluft auszulösen. Sinkt der P_{CO_2} unter einen bestimmten Wert, so findet keine Reizung des Atmungszentrums mehr statt. Die Atmung sistiert **(Apnoe).** Ein solcher Zustand kann durch mehrere rasch aufeinanderfolgende tiefe Atemzüge (Hyperventilation) erreicht werden (Abb. 189). Hierbei kommt es zu einer verstärkten CO_2-Abgabe aus dem Blut (Senkung des P_{CO_2}). Der Zwang zur Atmung verschwindet eine Zeitlang (**Hyperventilations-Apnoe** oder besser **hypokapnische Apnoe,** s. S. 357), kehrt aber, da das CO_2 wegen fehlender Atmung ansteigt, zurück, wenn der P_{CO_2} die Reizschwelle wieder überschreitet. Neuere Untersuchungen zeigen, daß die Hyperventilations-Apnoe nicht allein auf die veränderten Drucke des CO_2 im Blut zurückzuführen ist; denn es kann nach einer verstärkten Atmung auch eine Apnoe auftreten,

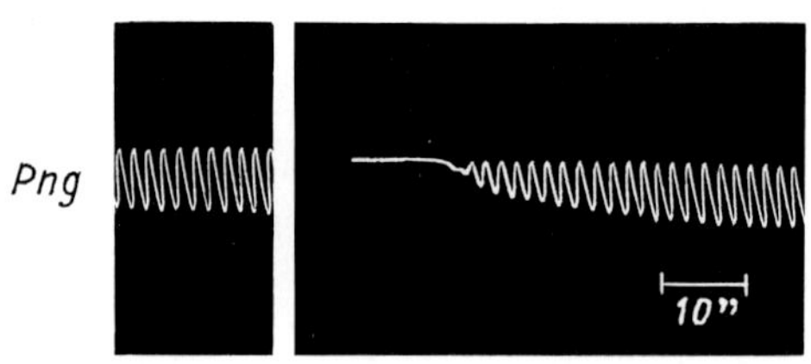

Abb. 189. Hyperventilations-Apnoe bei einem Kaninchen.

a. Pneumogramm (Spirogramm) vor der Hyperventilation
b. Pneumogramm nach verstärkter künstlicher Beatmung (Hyperventilation) des Tieres. Nach der Hyperventilation zeigt das Tier vorerst keine Atmungsbewegungen. Danach werden die Atemzüge sukzessive stärker. Die Apnoe dauert so lange an, bis der P_{CO_2} im Atmungszentrum bzw. Blut die Reizschwelle wieder erreicht hat.

wenn der P_{CO_2} im Blut durch CO_2-Zusatz zur Atemluft konstant gehalten wird.

Wird bei der Hyperventilation Luft mit einem CO_2-Gehalt von etwa 4,5 Vol. % geatmet, dann bleibt die Apnoe in der Regel aus. Der Grund ist darin zu erblicken, daß infolge des hohen P_{CO_2} einer solchen Luft, der beinahe gleich groß ist wie derjenige des Blutes, die CO_2-Konzentration im Blut trotz der verstärkten Atmung nicht unter die Reizschwelle sinken kann.

Da jede Änderung des P_{CO_2} des Blutes zwangsläufig auch eine Änderung des pH zur Folge hat, ist zu prüfen, ob der atmungsstimulierende Effekt einer P_{CO_2}-Erhöhung unspezifisch, d. h. nicht lediglich auf die Erhöhung der $[H^{\oplus}]$ zurückzuführen sei. Diesbezügliche Experimente (intravenöse Infusion von Säure mit Konstanthaltung des P_{CO_2} im arteriellen Blut, durch Atmung von Luft mit entsprechender CO_2-Konzentration) ergaben, daß die Atmungsverstärkung bei einer Erhöhung des P_{CO_2} wesentlich größer ist als diejenige, die bei gleicher Erhöhung der $[H^{\oplus}]$ durch andere Säuren eintritt. CO_2 hat also einen spezifisch stimulierenden Effekt auf das AZ.

Eine direkte Stimulation des AZ durch eine Abnahme des P_{O_2} des Blutes konnte bisher nicht nachgewiesen werden[1].

cb. Indirekter Einfluß der chemischen Beschaffenheit des Blutes auf das Atmungszentrum (Bedeutung der peripheren Chemorezeptoren)

Im Jahre 1927 fanden J. F. und C. HEYMANS im Gebiete des Aortenbogens und an der Teilungsstelle der A. carotis com. Fühlorgane **(Glomus aorticum, Glomus caroticum),** die, ähnlich wie die nervösen Elemente des AZ, ebenfalls auf Änderungen des Blutchemismus ansprechen. Diese Glomera bzw. **Chemorezeptoren** (ChR) bestehen aus epitheloiden Zellen, die nur durch die dünne Wand sinusartiger Kapillaren vom Blutstrom getrennt sind (BRISCOE, 1971). Von den Zellen der ChR ziehen afferente Nervenfasern zum AZ, und zwar vom Glomus aorticum via N. vagus (Ramus aorticus vagi) und vom Glomus caroticum via N. glossopharyngicus (Ramus caroticus glossopharyngici).

[1] Ein starker Abfall der P_{O_2} führt zu einer Lähmung des AZ und damit zu einem Atmungsstillstand.

Beide Glomera haben gleiche Funktionen. Eine Senkung des P_{O_2} (Hypoxämie) oder Erhöhung des P_{CO_2} (Hyperkapnie) sowie der [$H^{\oplus}$] lösen eine Erhöhung der Impulsfrequenz in den erwähnten Nerven aus. Diese induziert eine Aktivierung des AZ und damit eine Erhöhung der Lungenventilation.

Schon der normale P_{O_2} des arteriellen Blutes führt zu einer geringgradigen Reizung der ChR und daher zu einer kleinen Aktivierung der Atmung. Eine Erhöhung des P_{O_2} auf abnorm hohe Werte (bis gegen 500 mm Hg bzw. 66,7 kPa) durch Beatmung mit reinem O_2 hat eine leichte Atmungsverminderung zur Folge. Sehr ausgeprägt ist die hypoxämische Atmungsstimulation, wenn der P_{O_2} im arteriellen Blut den Wert von 65 Torr (8,7 kPa) unterschreitet. Nach einer Denervierung der Glomera bewirkt eine Abnahme des P_{O_2} keine Atmungsstimulation mehr. Dies zeigt, daß die Atmungsverstärkung bei Hypoxie nicht durch direkte Reizung des AZ, sondern indirekt über die peripheren ChR, also reflektorisch erfolgt. Im Gegensatz dazu induziert eine Erhöhung des P_{CO_2} auch bei denervierten Glomera noch eine Ventilationssteigerung. Das CO_2 entfaltet somit seine atmungsstimulierende Wirkung sowohl direkt zentral, als auch indirekt peripher via ChR. Eine Erhöhung des P_{CO_2} in den Lungenalveolen um je 2 mm Hg (0,3 kPa) bewirkt annäherungsweise eine Verdoppelung der Lungenventilation.

Betont sei noch, daß der P_{O_2} und nicht der O_2-Gehalt des arteriellen Blutes das Stimulans für die ChR darstellt. Bei einer Anämie oder bei einer Kohlenmonoxidvergiftung beispielsweise ist der O_2-Gehalt des Blutes gesenkt, da hierbei der P_{aO_2} aber normal ist, tritt keine vermehrte Atmung ein. Die Empfindlichkeit der atmungsregulierenden Mechanismen für einen Hyperkapnie- bzw. Hypoxiereiz ist abhängig vom Verhältnis des alveolären P_{O_2}- und P_{CO_2}-Druckes. Je niedriger der alveoläre P_{O_2}, desto größer ist die Empfindlichkeit der atmungsregulierenden Mechanismen für CO_2 und je höher der alveoläre P_{CO_2}, desto empfindlicher sind die Regelmechanismen für eine Hypoxie.

Wahrscheinlich wirken nicht der erhöhte P_{CO_2} bzw. der gesenkte P_{O_2} an sich reizend auf die Zellen der ChR, sondern ein noch unbekanntes humorales Agens, welches durch die Gasdruckänderungen induziert wird.

Auch gewisse Pharmaka haben, wie die Abbildung 190 zeigt, eine erregende Wirkung auf die ChR, z. B. das als Atmungsstimulus verwendete **Lobelin** (Alkaloid aus Lobelia inflata) und das **Coramin** (Pyridincarbonsäure-Diäthylamid).

cc. Einfluß der Lungenfüllung auf das Atmungszentrum (Lungendehnungsreflexe, Hering-Breuer Reflexe)

HERING und BREUER entdeckten 1868, daß künstliche Aufblähung (Inflation) der Lunge die Inspiration, künstliche Entblähung (Deflation) hingegen die Exspiration hemmt, sofern die Nn. vagi intakt sind. Die Entdecker bezeichneten diese Phänomene als vagale »Schaltreflexe«. Heute faßt man sie als propriozeptive phasische Atmungsreflexe auf, die jeden Atemzug kontrollieren und möglicherweise auch die Atmung etwas anregen. Werden

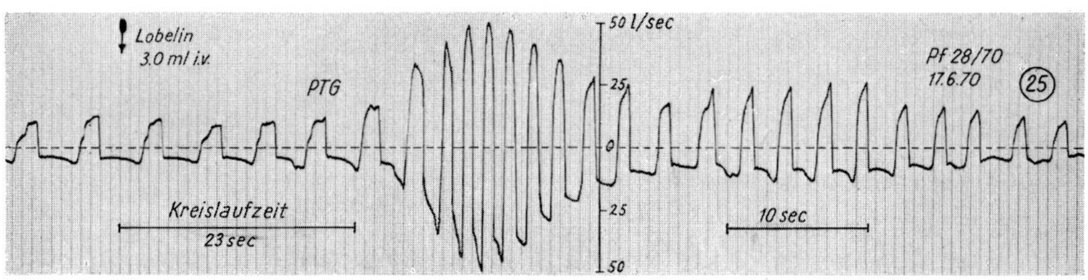

Abb. 190 Stimulation der Atmung durch Lobelin bei einem Pferd.

Die Kurve (PTG) stellt das Pneumotachogramm dar. Die gestrichelte Horizontale gibt den Nullwert der Atemstromstärke an. Der Kurvenzug oberhalb der Horizontalen entspricht der Atemstromstärke während der Inspiration, der Kurvenzug unterhalb der Horizontalen entspricht der Atemstromstärke während der Exspiration. 23 Sekunden nach der Injektion (Pfeil) von 3,0 ml Lobelin (10 mg/1 ml) in die Vena jugularis sin. zeigt das Pneumotachogramm eine starke Intensivierung der Atmung an. Vor der Lobelininjektion betrugen: Atemfrequenz 9,8/min, maximale inspiratorische Atemstromstärke 11,2 l/s, maximale exspiratorische Atemstromstärke 6,4 l/s, Atemzeitquotient 2,01. Im Zeitpunkt der stärksten Lobelinwirkung betrugen: Atemfrequenz 28,1 min, maximale inspiratorische Atemstromstärke 50 l/s, maximale exspiratorische Atemstromstärke 50 l/s, Atemzeitquotient 1,06. – Das Intervall zwischen der Lobelininjektion und dem Beginn der Atmungssteigerung entspricht der Kreislaufzeit (S. 269) von der Mitte der V. jugularis/Chemorezeptoren

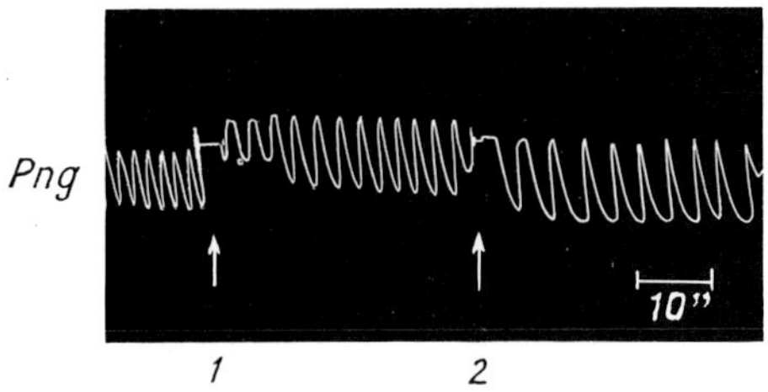

Abb. 191 Einfluß der Vagotomie (Blockade der Hering-Breuer-Reflexe) auf die Atmung (Kaninchen in Urethannarkose).

Die Kurve (Png) stellt ein Spirogramm dar (ansteigender Schenkel: Inspiration). Nach der Durchschneidung des linken Vagus (1. Pfeil) nimmt die Atmungstiefe etwas zu, die Atmungsfrequenz hingegen ab. Wird auch der rechte Vagus durchschnitten (2. Pfeil), so wird das Atemzugvolumen noch größer und die Atmungsfrequenz noch kleiner. Man erhält den Eindruck, als ob das Tier bei jedem Atemzug die ganze Vitalkapazität ein- bzw. ausatme

diese Reflexe durch beidseitige Vagotomie ausgeschaltet, dann verlangsamt und vertieft sich die Atmung (Abb. 191). Der vom AZ ausgelöste autonome Atmungsrhythmus, der sich, wie früher erwähnt wurde, durch eine geringe Frequenz und große Tiefe auszeichnet, wird durch die Hering-Breuerschen Reflexe modifiziert.

Je weiter die Inspiration fortschreitet, d. h. die Lunge sich dehnt, um so rascher senden Dehnungsrezeptoren in den Wandungen der Bronchen (vielleicht auch der Alveolen und der Pleura pulmonalis) via N. vagus Impulse zum AZ. Dadurch wird das exspiratorische Zentrum aktiviert bzw. das inspiratorische Zentrum mehr und mehr gehemmt **(Inflationsreflex).** Die Inspiration sistiert früher als dies ohne die Hering-Breuerschen Reflexe der Fall wäre. Beim exspiratorischen Kollabieren der Lunge nimmt die von den Reflexrezeptoren induzierte Impulsfrequenz ab. Die Hemmung des Inspirationszentrums fällt weg, und die Umschaltung auf die Einatmung erfolgt etwas früher als sie ohne die Hering-Breuerschen Reflexe eintreten würde **(Deflationsreflex).** Dieser letztere Effekt wird allerdings erst bei starkem Lungenkollaps oder bei vertiefter Ausatmung deutlich. Die geschilderten Reflexe bewirken infolge der Verkürzung der Inspirations- und Exspirationsphase eine Erhöhung der Atemfrequenz. Auch am Entstehen des Atmungsrhythmus sind sie wohl mitbeteiligt (Unterbrechung der Inspiration, wenn eine gewisse Lungenblähung erreicht ist). Die Atmungsrhythmik wird jedoch, wie dargelegt, zentral induziert.

Der Mechanismus der Atmungssteuerung durch die Hering-Breuerschen Reflexe beruht vielleicht auf einem Frequenzunterschied der afferenten Vagusimpulse. Lungenblähung führt zu einer hohen Impulsfrequenz (etwa 150/s), was inspirationshemmend wirkt. Lungenkollaps (kleiner Luftgehalt der Lunge) führt zu einer kleinen Impulsfrequenz (etwa 30/s), was inspirationsfördernd wirkt[1].

cd. Einfluß des arteriellen und venösen Blutdruckes auf das Atmungszentrum, hämodynamische Kontrolle der Atmung durch vaskuläre Pressorezeptoren

Die arteriellen und venösen Pressorezeptoren (PrR) in der Wand der Aorta, des Sinus caroticus sowie der Wurzeln der Hohlvenen und des rechten Vorhofes, die auf Änderungen des Blutdruckes ansprechen, beeinflussen nicht nur die Blutzirkulation (S. 293), sondern auch die Atmung. Ein Sinken des arteriellen Blutdruckes führt zu einer Verstärkung der Atmung **(Hyperpnoe),** eine plötzliche Erhöhung desselben hingegen zu einer Dämpfung der Atmung, manchmal bis zur **Apnoe**[2].

[1] Niederfrequente Reizung (etwa 30 Imp./s) des zentralen Vagusstumpfes stimuliert, hochfrequente Reizung (etwa 150 Imp./s) hingegen hemmt die Atmung. Dadurch werden die früher scheinbar widersprechenden Beobachtungen, bei denen die Reizung des zentralen Vagusstumpfes bald zu einer Intensivierung, bald zu einer Hemmung der Atmung führten, besser verständlich. Sie erklären sich z. T. wohl einfach dadurch, daß die Reizfrequenz bei den Experimenten nicht berücksichtigt wurde.

[2] Spritzt man einem narkotisierten Kaninchen 100 μg Adrenalin intravenös ein, so kommt es zu einem starken Anstieg des arteriellen Blutdruckes und gleichzeitig zu einer starken Verminderung der Atmung, u. U. sogar zu einer temporären Apnoe (sog. **Adrenalin-Apnoe**). Werden die Nerven, die die Pressorezeptoren innervieren (Ramus caroticus glossopharyngici, Ramus aorticus vagi [s. S. 295]), vor der Adrenalininjektion durchgeschnitten, so bleibt die Apnoe aus. Es ist dies ein Beweis für die von den Pressorezeptoren ausgelöste reflektorische Apnoe.
Die eben beschriebene Adrenalin-Apnoe ist jedoch eher als pharmakologischer Artefakt (ausgelöst durch die hohe Adrenalindosis), denn als normalphysiologisches Phänomen zu betrachten. Adrenalindosen, wie sie unter normalphysiologischen Verhältnissen, z. B. Körperarbeit, vom Nebennierenmark abgesondert werden, haben keine dämpfende Wirkung auf die Atmung, sondern eher einen stimulierenden Effekt auf das Atmungszentrum.
Fällt der arterielle Blutdruck bei einem narkotisierten Tier infolge von Blutverlusten ab, so kommt es im allgemeinen zu einer Intensivierung der Atmung, welche folgenderweise zu erklären ist. 1. Infolge des Druckabfalles senden die Pressorezeptoren weniger Hemmungsimpulse zum Atmungszentrum, 2. die durch den Blutdruckabfall bedingte Verminderung der Blutzirkulation führt zu einer Reduktion des P_{O_2} im Blut (Hy-

Eine Senkung des venösen Blutdruckes (im Gebiet der Hohlvenen und des rechten Vorhofes) erzeugt hingegen eine **Hypopnoe,** bzw. eine Steigerung desselben eine Hyperpnoe.

Diese Effekte bedeuten eine zweckmäßige Korrelierung der Kreislauf- und Atmungsfunktionen. Wie im Kapitel über die Blutzirkulation dargelegt wurde, bewirkt eine Reizung der PrR bei einer arteriellen Blutdruckerhöhung reflektorisch eine Herabsetzung der Herzleistung bzw. der Blutförderung. Für die Arterialisierung des kleineren Blutvolumens genügt daher auch eine kleinere Ventilationsgröße. Umgekehrte Verhältnisse liegen bei einer Senkung des arteriellen Blutdruckes vor. Eine Erhöhung des venösen Blutdruckes (Hohlvenen, rechter Vorhof) hat eine Erhöhung der Herzleistung bzw. der Blutförderung zur Folge (Bainbridge-Reflex). Zur Arterialisation der größeren Blutmenge muß daher auch die Respiration entsprechend intensiviert werden. Die Koordinationsstelle zwischen dem Atmungs- und Kreislaufregulationszentrum findet sich auf einem höheren Niveau des Gehirnstammes, nämlich im Zwischenhirn.

ce. Einfluß der Körpertemperatur bzw. des hypothalamischen Temperaturregulationszentrums auf das Atmungszentrum (temperaturbedingte Ventilationsänderungen)

Mit dem Erreichen der Homoiothermie im Verlauf der phylogenetischen Entwicklung erlangte die Atmung auch eine thermoregulatorische Bedeutung (Kühlung durch Wasserverdampfung im Respirationsapparat), besonders augenfällig ist diese Funktion bei hechelnden Tieren (Hunde, Katzen, Rinder, Vögel usw.). Da beim **Hecheln (Wärmepolypnoe)** die Atemtiefe sehr klein, die Atemfrequenz hingegen hoch ist (200–400 Atemzüge/min beim Hund), kann bei geöffnetem Mund eine große Wassermenge des dünnen Speichels auf der Zunge und Mundschleimhaut sowie der wasserdampfgesättigten Atemluft verdunstet werden, ohne daß eine übermäßige Lungenventilation bzw. die damit verbundene Hypokapnie bzw. respiratorische Alkalose eintritt. Beim Hecheln spielt das pneumotaktische Unterzentrum eine besondere Rolle: zerstört man dieses Zentrum, dann hört das Hecheln sofort auf, und die Atmung wird langsam und tief[1].

Hyperthermiebedingte Atmungssteigerungen, wie sie beispielsweise bei Fieber oder Behinderungen der Wärmeabgabe in heißen Stallungen oder Tiertransportwagen vorkommen, bewirken eine Abnahme der alveolären CO_2-Spannung (Abnahme des P_{ACO_2}). Es handelt sich also um eine Hyperventilation, d. h. die Ventilation der Lungenalveolen (CO_2-Elimination) nimmt relativ stärker zu als der Stoffwechsel (CO_2-Produktion). Diese Atmungssteigerung kann daher nicht allein auf den intensiveren Stoffwechsel zurückgeführt werden.

Über die Art der hier im Spiele stehenden atmungsantreibenden Mechanismen können keine sicheren Angaben gemacht werden. In Frage kommen z. B. eine Änderung der Empfindlichkeit der Atmungszentren durch direkte Temperatureinwirkung oder infolge ihrer Beeinflussung von seiten der Thermorezeptoren der Haut oder Chemorezeptoren. Dem zuletzt erwähnten Einfluß ist es wohl auch zuzuschreiben, daß sich die Atmungsintensität oft schon vor einer Erhöhung der Körpertemperatur verstärkt bzw. bereits vor einer Senkung der Körpertemperatur abnimmt.

Auch eine Hypothermie (Abnahme der Körpertemperatur) bewirkt vorerst eine Hyperventilation (erkennbar an der Abnahme des P_{ACO_2}). Mit zunehmender Senkung der Körpertemperatur kommt es aber zu einer starken Atmungsdepression, die zu einer Erhöhung des P_{ACO_2} führt. Bei starken Hypothermien, wie sie bei chirurgischen Eingriffen durch sog. künstliche Hibernation erzeugt werden, kommt es deshalb trotz der Abnahme des Stoffwechsels in den Organen zu einer Hypoxie und Hyperkapnie, welche nur durch eine entsprechende künstliche Beatmung vermieden werden können.

cf. Einfluß der Arbeit auf das Atmungszentrum

Muskeltätigkeit, ja sogar nur die Intention, Arbeit zu leisten (Mensch), löst sofort eine Verstärkung

poxie), welche ihrerseits eine Reizung der Chemorezeptoren bzw. des Atmungszentrums zur Folge hat.
Ist der Blutverlust aber sehr stark bzw. die Hypoxie des Atmungszentrums sehr ausgeprägt, so kommt es zu einem Atmungsstillstand infolge Lähmung des Atmungszentrums.

[1] Man nimmt an, daß bei der Gefahr der Hyperthermie das Wärmeregulations-Zentrum im Hypothalamus das pneumotaktische Zentrum in der Weise beeinflußt, daß es das Inspirationszentrum sehr frühzeitig hemmt, d. h. noch bevor die Hering-Breuerschen Reflexe ins Spiel treten. Die Atmung wird deshalb sehr flach und frequent.

der Atmung aus. Man könnte vermuten, diese sei durch eine Erhöhung des P_{ACO_2} bzw. Abnahme des P_{AO_2} infolge der erhöhten CO_2-Produktion und des vermehrten O_2-Verbrauches der arbeitenden Muskeln bedingt. Das ist aber nicht der Fall, denn unter normalen Verhältnissen ist der P_{CO_2} des Blutes bei der Arbeit gegenüber dem unter Ruheverhältnissen nicht erhöht, sondern häufig sogar etwas niedriger (übrigens ein Hinweis dafür, daß die arbeitsbedingte Hyperpnoe größer ist als der CO_2-Mehrproduktion entspricht)[1]. Auch der P_{O_2} ist dabei nicht oder nur unwesentlich vermindert. Bei der Arbeit kommt es zu einer Erhöhung des Tonus des sympathischen Nervensystems mit vermehrter Sekretion von Adrenalin des Nebennierenmarkes. Eine Erregung des Sympathikus bewirkt eine Hyperpnoe.

Auch die bei Arbeit eintretende Erhöhung der Körpertemperatur[2] und des Blutdruckes in den Hohlvenen und im rechten Vorhof (s. o.)[2] tragen zur Atmungssteigerung bei. Ob afferente Impulse aus den sensiblen Muskelspindeln (Dehnungsrezeptoren) und hypothetischen Chemorezeptoren der Muskulatur das AZ ebenfalls zu aktivieren vermögen, ist nicht sicher abgeklärt. Beim narkotisierten Hund bewirkt eine Muskelarbeit durch elektrische Muskelreizung auch dann noch eine Hyperpnoe, wenn die künstlich aktivierte Muskulatur von einem Spendertier durchblutet wird, d. h. kein Blut aus der fraglichen Muskelgruppe in den allgemeinen Kreislauf des Versuchstieres kommt (Kao, 1963). Auch die motorischen Zentren des Großhirnes, welche der Skelettmuskulatur die Kontraktionsimpulse erteilen, senden wahrscheinlich gleichzeitig Impulse zum AZ (sog. Mitinnervation). Humorale Stoffe des Muskelmetabolismus vermögen vielleicht, das AZ ebenfalls zu reizen bzw. seine Empfindlichkeit für Reize (z. B. CO_2) zu erhöhen. Anderseits übt das parasympathische Nervensystem einen hemmenden Einfluß auf das AZ aus. Die Hypopnoe (S. 352) während des Schlafes und Winterschlafes dürfte, wenigstens teilweise, durch den erhöhten Parasympathikustonus bedingt sein.

cg. Einfluß der Reizung verschiedener Sinnesorgane auf das Atmungszentrum (Schutzreflexe der Atmung)

Hustenreflex. Reizung von Rezeptoren in der Schleimhaut des Larynx und der Bronchen durch Schleim, Eiter, Staubpartikel, Futterpartikel usw. bewirkt eine kräftige Exspiration bei vorerst geschlossener Glottis. Dies hat eine starke Druckerhöhung der Luft im Tracheobronchalbaum und der Lunge zur Folge. Dann wird der Glottisverschluß plötzlich gelöst, und die komprimierte Luft entweicht explosionsartig, unter Verlegung der Choanen durch das gehobene Gaumensegel, durch den Mund. Bei einem solchen Hustenstoß erreicht die Luft im Bereich der Glottis eine Strömungsgeschwindigkeit von 50–120 m/s (Windstärke 12 [Orkan] = 50 m/s), in der Trachea von 15–35 m/s. Daß dadurch Schleim und andere Fremdkörper aus dem Tracheobronchalbaum herausbefördert werden, ist leicht einzusehen. Die afferenten Nerven des Reflexbogens verlaufen im Nervus laryngeus cranialis.

Niesreflex. Reizung von Rezeptoren in der Nasenschleimhaut durch Fremdkörperpartikel (z. B. auch Nieswurzpulver) führt ebenfalls zu einer starken Exspiration bei zunächst geschlossener Glottis. Nach der Sprengung des Stimmritzenverschlusses strömt die Luft mit großer Geschwindigkeit durch die Nase aus (Niesen), wobei Fremdkörper aus den vorderen Teilen der Atemwege herausgeschleudert werden können. Die afferenten Nerven des Reflexbogens befinden sich im N. trigeminus.

Ruktusreflex. Der Ruktusreflex der Wiederkäuer kann in jedem beliebigen Moment eines Atemzyklus auftreten. In dem in der Abbildung 192 dargestellten Fall wurde eine Inspiration infolge eines Ruktus (durch nach unten zeigenden Pfeil markiert) vorzeitig abgebrochen. Ein Ruktus beginnt immer mit einer ganz kurzen Exspiration (Dauer: 0,3 s), die in der Abbildung 192 mit a markiert ist. Im Kapnogramm manifestiert sich diese kurze Exspiration in Form eines stark verkleinerten Ausschlages (unmittelbar vor der Skala der CO_2-Vol. %). In dem Moment, in dem das Pansengas im Pharynx ankommt, wird die Atmung während etwa einer halben Sekunde blockiert (Verschluß des Pharynx gegen die Nasenhöhle durch Hebung des Gaumensegels). Danach folgen eine oder oft sogar mehrere Inspirationen ohne dazwischentretende Exspirationen (im Fall der Abbildung 192 wurde nur eine einzige Inspiration ausgeführt, in gewissen Fällen werden aber bis zu

[1] Auch bei maximaler chemischer Reizung durch CO_2 kann nie eine derart große Hyperpnoe erhalten werden, wie dies bei Muskelarbeit der Fall ist.

[2] Diese Effekte können ihrerseits als Folgen des erhöhten Sympathikustonus aufgefaßt werden.

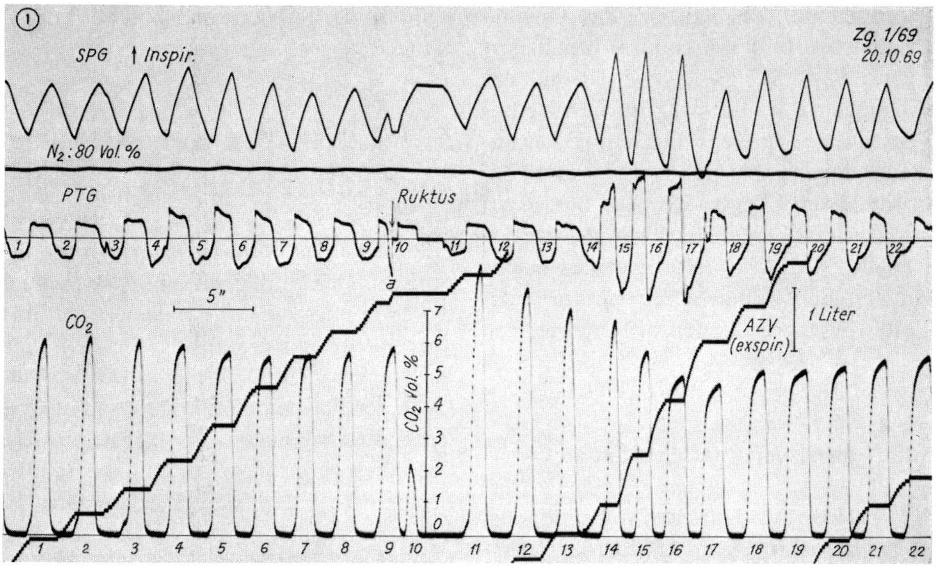

Abb. 192 Einfluß des Ruktusreflexes auf die Atmung bei einer Ziege (Zg 1/69).

Die Abbildung zeigt folgende Kurven (von oben nach unten): Spirogramm (SPG, ansteigende Kurve = Inspiration); N_2-Konzentrationskurve, Pneumotachogramm (PTG, die Horizontale quer durch das PTG entspricht der Strömungsgeschwindigkeit Null); Kapnogramm (CO_2); die treppenförmigen Kurven zeigen Atemzeitvolumen an. Eine einzelne Stufe der Treppe stellt ein exspiratorisches Atemzugvolumen dar, eine ganze »Treppe« von der Basis bis zum höchsten Punkt entspricht einem $\dot{V}_E$ von 5 Litern. Die N_2-Konzentrationskurve sowie die CO_2-Konzentrationskurve sind gegenüber den anderen Kurven zeitlich verspätet. Bei der CO_2-Konzentrationskurve beträgt die Verspätung 1 Sekunde. Beim PTG stellen die Kurvenzüge oberhalb der Horizontalen die Luftströmungsgeschwindigkeit während der Inspiration und die Kurvenzüge unterhalb der Horizontalen die Luftströmungsgeschwindigkeit während der Exspiration dar. Weitere Erklärungen im Text

fünf aufeinanderfolgende Inspirationen, d.h. Inspirationen, die lediglich durch kurze Atmungspausen jedoch nicht durch Exspirationen voneinander getrennt sind, registriert). Hierdurch wird das CO_2-haltige Pansengas in die Lunge aspiriert. Sehr oft tritt dann ein Atmungsstillstand ein, der bis zu 5 Sekunden dauern kann. Anschließend folgt wieder eine normale Atmungsrhythmik. Während der ersten 5 bis 8 postruktalen Exspirationen wird das in die Lunge aspirierte Pansengas-CO_2 wieder ausgewaschen (erkenntlich an den endexspiratorisch sukzessive abfallenden CO_2-Konzentrationen im Kapnogramm der Abb. 192). Vom Pansengas-CO_2 wird in der Lunge ein Teil resorbiert. Der sich dadurch erhöhende P_{CO_2} im arteriellen Blut reizt das Atmungszentrum, weshalb etwa 10 Sekunden nach dem Ruktus einige Atemzüge deutlich vertieft und frequenter sind (Abb. 192, SPG und PTG).

Tauchreflex. Untertauchen des Kopfes unter Wasser löst von Rezeptoren der Gesichtshaut eine Hemmung der Atmung aus. Die afferenten Nerven des Reflexbogens verlaufen im N. trigeminus.

Reflektorischer Atmungsstillstand. Einatmung stechender, irrespirabler Gase (NH_3, $CHCl_3$, Cl_2, Br_2, HCl usw.) führt zur Reizung sensibler Rezeptoren der Nasenschleimhaut und in der Folge zu einem Atmungsstillstand. Die afferenten Nerven dieses Reflexbogens verlaufen im N. trigeminus. Ein kurzer reflektorischer Atmungsstillstand tritt auch beim Schlucken und Erbrechen sowie bei der Rejektion des Wiederkaubissens und beim Ruktus (s. Verdauungsphysiologie) ein.

Einfluß von Schmerz und Kälte. Plötzlich auftretende starke Kältereize auf die Haut vermögen reflektorisch eine tiefe Inspiration mit anschließendem kurzem Atmungsstillstand auszulösen. Schmerzreize auf die Haut induzieren eine Vertiefung und Frequenzsteigerung der Atmung. Diese Reaktion ist im Abwehrkampf oder bei der Flucht zweckmäßig.

ch. Einfluß kortikaler und zerebellarer Zentren auf das Atmungszentrum

Da die Atmung nicht nur im Dienste des Gasstoffwechsels steht, ist verständlich, daß das AZ auch durch höhere Zentren des Kortex', des Di- und Mesenzephalons sowie des Kleinhirns modifiziert werden kann[1]. Vom Kortex aus werden die Atmungsbewegungen z. B. bei willkürlichen Betätigungen (Sprechen, Schreien, Lecken, Grunzen, Schnüffeln, Atemanhalten, Gehen usw.) sowie bei seelischen Einflüssen (Angst, Schreck, Wut usw.) modifiziert. Auch das Zerebellum vermag die Atmung zu ändern, elektrische Reizung des Lobus anterior hemmt den Tonus der inspiratorischen Muskeln und dämpft die von den ChR ausgelösten Reflexe.

ci. Einfluß des Schlafes auf die Atmung

Bei Rindern hat der sog. Tiefschlaf folgende Auswirkungen auf die Atmung: Reduktion der Atemfrequenz um 50 oder mehr Prozent, Abnahme des Atemzeitvolumens um etwa 50 %, Zunahme des Atemzugvolumens um 15–30 %, Zunahme der endexspiratorischen (alveolären) CO_2-Konzentration um 1,0–1,5 Vol. % (v. SEEFELD, WITTKE und KRZYWANEK, 1972; RUCKEBUSCH und BELL, 1970). Wahrscheinlich ist die CO_2-Empfindlichkeit des Atmungszentrums während Phasen des Tiefschlafes herabgesetzt.

2. Einfluß des Vegetativen Nervensystems auf den Atmungsapparat[2]

Die Gefäße des Pulmonalkreislaufes sind reichlich mit sympathischen Vasokonstriktoren innerviert. Reizung dieser Nerven reduziert die Lungendurchblutung (bis um 30 %). Da das Lungengefäßsystem auch als Blutspeicher fungiert, kann durch die Konstriktion der Lungengefäße Blut entspeichert werden (S. 298). Erregung der zur Lunge ziehenden sympathischen Nervenfasern bewirkt eine Dilatation der Bronchuli, den gleichen Effekt hat die Applikation von Noradrenalin und Adrenalin.

Die Erregung der parasympathischen Nervenfasern (im N. vagus) induziert eine Kontraktion der Bronchalmuskulatur und somit eine Verengung der Bronchen. Die gleiche Wirkung entfalten Acetylcholin sowie Anticholinesterasen (Akkumulation von Acetylcholin infolge Blockierung der Cholinesterase). Histamin verursacht eine Konstriktion der Sphinktermuskelfasern der Alveolargänge.

3. Einsetzen der Atmung beim Neugeborenen

Die Lunge des Fötus ist respiratorisch noch funktionslos. Gelegentliche Atmungsbewegungen werden zwar während der Fötalzeit ausgeführt, dienen aber nicht dem Gasaustausch; sie sind übrigens auch ungefährlich, da die Frucht den benötigten O_2 in der Plazenta aufnimmt und das CO_2 dort an den mütterlichen Blutkreislauf abgibt. Die Apnoe des Föten ist insofern auffällig, als sein Pa_{CO_2} größer bzw. sein Pa_{O_2} kleiner ist, als der der Mutter. Diese Erscheinung wird auf eine geringere Erregbarkeit des fötalen AZ zurückgeführt.

Bei der Geburt wird die Verbindung zwischen Mutter und Fötus anläßlich der Abnabelung bzw. Lösung der Plazenta unterbrochen. In der Folge steigt der CO_2-Gehalt im Föten an, und der O_2-Gehalt nimmt ab. Damit wird die Reizschwelle für die Stimulation seines AZ erreicht, und der erste Atemzug setzt ein[3]. Auch Kältereize und Impulse von den sensiblen Muskelspindeln der nun in Aktion tretenden Gliedmaßen mögen zur Aktivierung beitragen. Der erste Atemzug ist der schwierigste und wird deshalb von altersher als ein dramatisches Ereignis bewertet. Die Schwierigkeit der initialen Atmung ergibt sich aus dem Umstand, daß die Alveolen der fötalen Lunge völlig kollabiert sind. Deren Entfaltung erfordert viel Arbeit, da die Kohäsion der feuchten Alveolarwandungen dem Einströmen der Luft einen erheblichen Widerstand leistet. Bis zur vollen Entfaltung der ganzen Lunge werden mehrere Stunden oder Tage benötigt. Manche Lungenteile können, besonders beim Rind, während des ganzen Lebens unentfaltet (atelektatisch) bleiben.

---

[1] Diese kortikalen, di- und mesenzephalen sowie zerebellaren Elemente werden nicht zum eigentlichen AZ gerechnet, da sie an der primären Impulsbildung für die Atmung unbeteiligt sind.

[2] Vgl. hierzu das Kapitel Vegetatives Nervensystem.

[3] Eine Unterbrechung des Plazentarkreislaufes durch vorzeitige Lösung der Plazenta oder Einklemmung der Nabelschnur während der Geburt induziert ein verfrühtes Einsetzen der Atmung. Da der Föt sich dabei noch im Uterus befindet und anstatt Luft Fruchtwasser aspiriert, erstickt er.

Q. Besonderheiten der Atmung bei den Vögeln

Da die Vögel weder eine dem Zwerchfell der Säugetiere entsprechende muskulöse Scheidewand zwischen dem thorakalen und abdominalen Teil der Leibeshöhle besitzen, und auch die Lungenstruktur sich wesentlich von derjenigen der Säugetiere unterscheidet, weist auch die Lungenventilation bzw. die ganze Atmungsmechanik der Vögel gegenüber derjenigen der Mammalia erhebliche Unterschiede auf. Auch beim gleichen Individuum unterscheidet sich die Lungenventilation beim Fliegen von der beim Stehen bzw. Gehen auf dem Boden. Obwohl die Vögel einen intensiveren Stoffwechsel haben als die Säugetiere, ist ihre Lunge relativ kleiner. Ihr Gewicht macht nur etwa $\frac{1}{180}$ des Körpergewichtes aus. Die Vogellunge muß somit einen sehr wirkungsvollen Gasaustauschapparat darstellen.

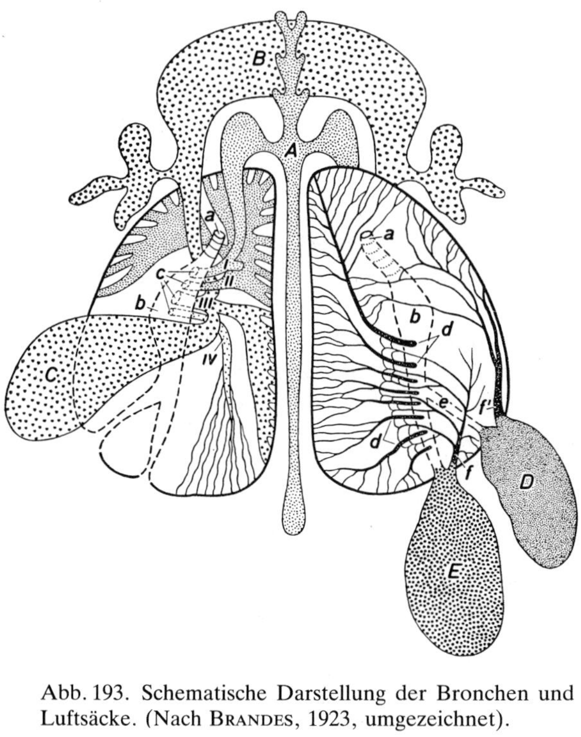

Abb. 193. Schematische Darstellung der Bronchen und Luftsäcke. (Nach BRANDES, 1923, umgezeichnet).

A = Saccus cervicalis; **B** = Saccus clavicularis; **C** = Saccus thoracalis cran.; **D** = Saccus thoracalis caud.; **E** = Saccus abdominalis; **a, a** = Mesobronchus; **b, b** = Vestibulum; **c I–IV** = Ventrobronchen II. Ordnung; **d, d** = Dorsobronchen; **e** = Laterobronchus; **f, f'** = Saccobronchen (nach A. SCHUMMER, 1973)

1. Bronchus- und Luftsacksystem

Die im dorsalen Teil des Thorax' befindlichen Lungenflügel sind mit der Brustwand bindegewebig verwachsen (Fehlen eines Interpleuralspaltes sowie einer Verschiebbarkeit der Lunge gegenüber der Brustwand)[1]. Die Trachea verzweigt sich nach ihrem Eintritt in den kranialen Brustraum in zwei **Hauptbronchen** (auch als **Primärbronchen, Stammbronchen, Bronchen I. Ordnung** oder **Mesobronchen** bezeichnet). Die Hauptbronchen treten zusammen mit den Blutgefäßen ventral in die Lungenflügel ein, dorsal ansteigend erreichen sie den kaudalen Lungenrand und münden hier in die großen Bauchluftsäcke ein (Abb. 193/E). Im mittleren Teil erweitert sich jeder Hauptbronchus zum **Vestibulum** (Abb. 193/b). Aus dem Hauptbronchus bzw. dem Vestibulum entspringen kleinere Kanäle, die **Sekundärbronchen** (Bronchen II. Ordnung). Es sind dies:

1. vier **Ventrobronchen,** die vom Vestibulum ausgehen (Abb. 193/c I–IV);
2. sieben bis zehn **Dorsobronchen,** die kaudal vom Vestibulum aus dem Hauptbronchus entspringen (Abb. 193/d);
3. eine unterschiedliche Zahl von **Laterobronchen,** die ebenfalls aus dem Hauptbronchus entspringen, und zwar aus seiner Ventralseite gegenüber den Dorsobronchen (Abb. 193/e).

Zwei der Ventrobronchen kommunizieren mit Luftsäcken, nämlich mit dem Halsluftsack (Abb. 193/A), dem Schlüsselbeinluftsack (Abb. 193/B) und dem kranialen Brustluftsack (Abb. 193/C). Der erste Laterobronchus stellt die Verbindung mit dem kaudalen Brustluftsack her (Abb. 193/D).

Aus allen Sekundärbronchen, aber auch aus dem Hauptbronchus entspringen **Tertiärbronchien (Bronchen III. Ordnung, Parabronchen, Lungenpfeiffen).** Ihr Durchmesser beträgt ungefähr 1 mm. Von den Tertiärbronchen gehen nach allen Seiten

[1] Dank der Verwachsung der Lunge mit der Brustwand befindet sich das Lungengewebe in einem leicht gespannten Zustand. Wird die Lunge von der Brustwand abgelöst, so kollabiert sie etwas und ein Teil der Luftwege wird blockiert. Bei doppelseitiger Ablösung der Lunge von der Brustwand ersticken die Tiere.

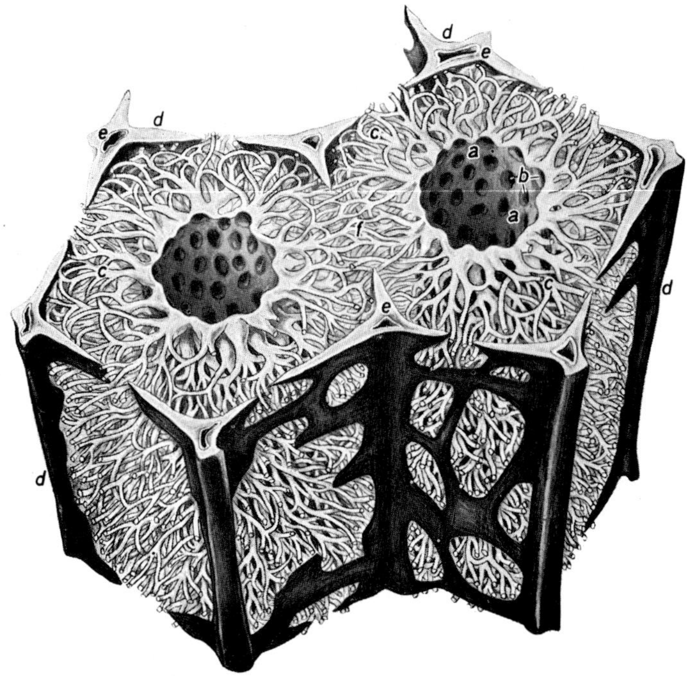

Abb. 194. Halbschematische Darstellung zweier Parabronchen. (Nach MARCUS, 1937).

a = Septen; **b** = Atrien; **c** = Luftkapillaren; **d, d, d, d** = Bindegewebssepten; **e** = Blutgefäße; **f** = Verbindungen der Luftkapillaren benachbarter Parabronchen (nach A. SCHUMMER, 1973)

feinste, untereinander anastomosierende Kanälchen, die **Luftkapillaren,** aus. Ihre Weite beträgt nur etwa 7 µm (Abb. 194). Die Ausbuchtungen aufweisenden Luftkapillaren stehen mit dem pulmonalen Blutkapillarnetz in engstem Kontakt. Sie entsprechen funktionell den Alveolen der Säugetierlunge, denn in ihnen findet durch Diffusion der hautsächlichste Gasaustausch zwischen der Atemluft und dem Lungenblut statt.

Wie erwähnt, entspringen aus den Primär- und Sekundärbronchen Kanälchen, die in die **Luftsäcke** einmünden. In großen Teilen der Lunge vereinigen sich aber auch Tertiärbronchen (Parabronchen) zu größeren Kanälchen, die als sog. **Saccobronchen (Bronchi recurrentes)** ebenfalls Verbindungen mit den Luftsäcken bilden. In der Abbildung 193 stellen beispielsweise die mit f und f′ markierten Kanälchen Saccobronchen zu den Bauchluftsäcken und kaudalen Brustluftsäcken dar. Auch der Schlüsselbeinluftsack und die kranialen Brustluftsäcke sind durch Saccobronchen mit Tertiärbronchen verbunden.

Eine Besonderheit des Atmungsapparates der Vögel stellen die mehrmals erwähnten **Luftsäcke (Sacci aerophori)** dar. Sie können als extrapulmonale Fortsetzungen der Bronchen angesehen werden. Es handelt sich um dünnhäutige, blasenartige Gebilde, die sich zwischen die Eingeweide und die Leibeshöhlenwand schieben und sogar als Divertikel in gewisse Knochen (z. B. Humerus)[1] vordringen.

Folgende neun Luftsäcke werden unterschieden: **Schlüsselbeinluftsack (Saccus clavicularis), Halsluftsäcke (Sacci cervicales), vordere Brustluftsäcke (Sacci thoracales craniales), hintere Brustluftsäcke (Sacci thoracales caudales), Bauchluftsäcke (Sacci abdominales).** Abgesehen vom unpaaren Schlüsselbeinluftsack sind alle Luftsäcke paarig ausgebildet.

Der Luftgehalt aller Luftsäcke ist etwa 5–7mal größer als derjenige der Lungen. Die Tabelle 55 gibt approximative Werte über das Luftvolumen der verschiedenen Luftsäcke von Huhn, Ente und Taube.

Die Wandungen der Luftsäcke sind gering durchblutet; ein ins Gewicht fallender Gasaustausch ist in ihnen deshalb nicht möglich.

[1] Die Kommunikation zwischen dem System der Bronchen und dem pneumatisierten Humerusknochen ermöglicht eine Ventilation der Lunge durch den Humerus, sofern sein Luftsackdivertikel durch einen Knochenbruch oder eine künstliche Öffnung mit der Außenatmosphäre in offener Verbindung steht.

Tab. 55. Luftvolumen (ml) in den verschiedenen Luftsäcken von Huhn, Ente und Taube. (Nach STURKIE, 1971)

Luftsack	Huhn männlich	Huhn weiblich	Ente	Taube
Saccus interclavicularis	79	42	53	
Saccus cervicalis	26	18	–	2
Saccus thoracicus cranialis	88	48	24	10
Saccus thoracicus caudalis	29	22	57	4
Saccus abdominalis	181	112	145	20

2. Atmungsmechanik

Bei der Einatmung erweitert sich die Leibeshöhle (Thorakoabdominalhöhle) vornehmlich durch die Bewegungen des Brustbeines. Hierbei vergrößert sich der dorsoventrale Durchmesser des Thorax, während sich der transversale sogar etwas verkleinert. Die Erweiterung der Leibeshöhle bewirkt ein Einströmen von Luft in die Lunge und Luftsäcke. Die Luftsäcke vergrößern dabei ihr Volumen viel mehr als die Lungen. Aus Analysen der Luftzusammensetzung in den verschiedenen Luftsäcken im Verlaufe der Ein- und Ausatmung (Tab. 56) kann gefolgert werden, daß bei der Inspiration nur ein Teil der Luft (30–50 %) durch die Parabronchi und die Luftkapillaren, d. h. durch diejenigen Teile des Atmungsapparates streicht, wo der Gasaustausch zwischen Luft und Blut stattfindet. Der restliche Teil strömt während der Einatmung unter Umgehung des respiratorischen Lungengewebes durch die Primär- und Sekundärbronchen direkt in die Luftsäcke, und zwar insbesondere in die Brust- und Bauchsäcke. Zu dieser Feststellung kommt man aufgrund der Beobachtung, daß die Luft in den Bauchluftsäcken am Ende der Inspiration nur eine geringe O_2-Abnahme bzw. CO_2-Zunahme gegenüber der Atmosphärenluft aufweist (Tab. 56). In den übrigen Luftsäcken weist die Inspirationsluft niedrigere O_2-Konzentrationen bzw. höhere CO_2-Werte auf als in den Bauchsäcken. Die Luft dieser Säcke muß also bereits bei der Einatmung größtenteils die Tertiärbronchen und Luftkapillaren, in denen der Gasaustausch stattfindet, passiert haben.

Da die Exspirationsluft einen höheren CO_2- bzw. niedrigeren O_2-Gehalt als die Luft der Luftsäcke aufweist, muß die Luftsackluft, insbesondere diejenige der Abdominalsäcke, auch bei der Ausatmung durch die Luftkapillaren strömen, wobei nochmals ein Gaswechsel zwischen Luft und Lungenblut erfolgt.

Die Atemluft kann also auf zwei verschiedenen Wegen in die Luftsäcke gelangen bzw. aus diesen austreten, nämlich einerseits direkt via Primär- und Sekundärbronchen, also unter Umgebhung der respiratorisch aktiven Lungenpartien (Tertiärbronchen, Luftkapillaren), anderseits via Primär-, Sekundär-, Tertiär- und Saccobronchen, also unter Passage respiratorisch aktiver Lungenpartien (Tertiärbronchen).

Der Entwicklung miteinander anastomosierender Kanalsysteme (Tertiärbronchen, Luftkapillaren) anstelle eines in den Alveolen blind endenden Bronchalsystems der Säugetiere ist es wohl zuzuschreiben, daß die kleine Vogellunge einen relativ größeren Gasaustausch gestattet als die Säugetierlunge.

Im Gegensatz zu den Säugern ist bei den Vögeln die Exspiration wesentlich aktiver, wobei eine eigenartige Differenzierung der Aktivität der Inter-

Tab. 56. Zusammensetzung der Luft in den Luftsäcken am Ende der Inspiration sowie der Exspirationsluft beim Huhn. (Nach GRAHAM, 1939)

Atemgas	Zusammensetzung der Luft in den verschiedenen Luftsäcken am Ende der Inspiration (Vol. %)					Zusammensetzung der Ausatmungsluft (Vol. %)
	Zervikalsack	Interklavikularsack	Vorderer Brustsack	Hinterer Brustsack	Bauchsack	
O_2	15,6	14,6	16,3	17,4	19	13,5
CO_2	3,2	5,0	3,2	3,4	2	6,5

kostal- und Abdominalmuskulatur vorzuliegen scheint, indem die erstere während der ganzen Exspirationsphase, die letztere aber erst gegen Ende der Ausatmungsphase aktiv ist (WICK und BUCHER, 1963). Vielleicht dient dieser zeitlich differenzierte Einsatz der Exspirationsmuskulatur einer zweckmäßigen Lenkung der Luftströmung im Atmungsapparat, insbesondere bei großen Anstrengungen.

Daß bei den Vögeln, im Gegensatz zu den Säugetieren, die Atmungsmuskulatur auch bei der Ausatmung aktiviert werden muß, ist wohl darauf zurückzuführen, daß die kleinen, wenig elastischen Lungen und die Luftsackwände bei der Inspiration wenig Dehnungsenergie speichern und deshalb bei der Ausatmung auch wenig Energie zur Überwindung der Atmungswiderstände abzugeben vermögen.

3. Atmungsfrequenz

Viele Faktoren (Tierart, Geschlecht, Alter, Aktivität, Umgebungstemperatur bzw. Körpertemperatur usw.) beeinflussen die Atmungsfrequenz (S. 309). Über die Atmungsfrequenz einiger Vogelarten gibt die Tabelle 47 Auskunft.

4. Der Atmungsapparat im Dienste der Regulation der Körpertemperatur

Abgesehen von ihrer Blasebalgfunktion bei der Ein- und Ausatmung kommt den Luftsäcken und auch dem übrigen Atmungsapparat der Vögel eine Bedeutung bei der Regulation der Körpertemperatur zu. Das Fliegen ist mit einer starken Wärmebildung der Flugmuskulatur verbunden. Da Vögel keine Schweißdrüsen besitzen, spielt die Wärmeabgabe durch Wasserverdunstung (Vaporisation) im Respirationsapparat eine große Rolle. Bis 50 % der Gesamtvaporisation findet in den Luftsäcken statt. Bei der Taube dürften unter Grundumsatzbedingungen etwa 20 % und während des Fliegens 40–60 % der anfallenden Wärme durch Vaporisation im Atmungsapparat abgegeben werden. Gewisse Beobachtungen sprechen dafür, daß die Hauptfunktion der vorderen Luftsäcke (Halssack, Schlüsselbeinsack, vorderer Brustsack) darin besteht, als Vaporisationskühler zu wirken. Zur Verstärkung des Effektes wird die Atemfrequenz stark erhöht, wobei zur Vermeidung einer respiratorischen Alkalose die Atemzüge sehr oberflächlich werden (Hecheln). Im Gegensatz zum großen Kühleffekt der Vaporisation hält sich die Wärmeelimination durch Erwärmung der Atemluft in bescheidenen Grenzen, denn Luft weist nur eine sehr kleine spezifische Wärme auf, d. h. sie besitzt nur ein geringes Wärmeaufnahmevermögen. Die Tabelle 57 gibt eine Übersicht über die Veränderungen der Atmung bei sich erhöhender Körpertemperatur der Taube.

Tab. 57. Veränderungen der Atemfrequenz und des Atemzugvolumens bei sich erhöhender Körpertemperatur einer Taube. (Zit. nach SALT und ZEUTHEN, 1960)

Körpertemperatur (°C)	Atemzugsvolumen (ml)	Atemfrequenz/min
41,7	4	46
41,8	4	56
42,0	2,5	140
42,6	1,6	380
43,1	1,3	490
43,6	1,2	510

5. Regulation der Atmung

Die Regelmechanismen für die Atmung der Vögel stimmen im Prinzip weitgehend mit denjenigen der Säugetiere überein (Atmungszentren in der Medulla oblongata, Reizung des Atmungszentrums durch CO_2, Beeinflussung des Atmungszentrums durch die Temperatur des Blutes, Existenz der Hering-Breuer-Reflexe usw.). Der Kürze halber muß auf eine eingehende Darstellung der Verhältnisse verzichtet werden.

R. Kurze Übersicht und Definitionen einiger Atmungsformen

Eupnoe. Normale, mühelose Atmung, praktisch ohne Einsatz der Atmungsmuskulatur während der Exspiration. Normale Empfindlichkeit des Atmungszentrums. Normale P_{O_2}- und P_{CO_2}-Werte in den Lungenalveolen und im arteriellen Blut.

Apnoe. Atmungsstillstand in exspiratorischer Ruhelage wegen Fehlens des Atmungsbedürfnisses. Vorkommen: Beim Fötus. Dieser Terminus dürfte streng genommen nicht verwendet werden, wenn die Atmung nötig wäre, aus bestimmten Gründen aber unterbleibt (z. B. Lähmung der Atmungsmuskeln nach Applikation von Muskelrelaxantien [Curare, Succinylcholin]).

Apneusis. Atmungsstillstand in Inspirationsstellung.

Apneustische Atmung. Durch periodische kurze Exspirationen unterbrochene Apneusis.

Alveoläre Hypoventilation. Die Belüftung der Lungenalveolen ist kleiner als der Stoffwechselgröße entspricht. Der P_{O_2} in den Alvolen und im arteriellen Blut ist erniedrigt, der P_{CO_2} hingegen erhöht.

Alveoläre Hyperventilation. Die Belüftung der Lungenalveolen ist größer als der Stoffwechselgröße entspricht. Der P_{O_2} in den Alveolen und im arteriellen Blut ist leicht erhöht, der P_{CO_2} hingegen stark erniedrigt.

Hyperpnoe. Die Atmung (alveoläre Ventilation) ist dem erhöhten Stoffwechsel gemäß verstärkt.

Tachypnoe (Polypnoe). Erhöhte Atemfrequenz. Vorkommen: Bei erhöhter Stoffwechselintensität infolge Muskelarbeit, Hyperthyreose, Hyperthermie (Wärmepolypnoe) usw.

Bradypnoe. Erniedrigte Atemfrequenz. Vorkommen: bei reduzierter Stoffwechselintensität infolge Körperruhe, Schlaf, Winterschlaf, Hypothermie.

Dyspnoe. Angestrengte, mit dem quälenden Gefühl des Lufthungers einhergehende Atmung. Voraussetzung ist somit ein mehr oder weniger freies Sensorium. Der Begriff deckt sich nicht mit demjenigen der respiratorischen Insuffizienz. Ein bewußtloses Individuum (Narkose, Morphinvergiftung) kann daher — trotz einer respiratorischen Insuffizienz (Hyperkapnie, Hypoxie) — nicht dyspnoisch sein. Anderseits kann eine Dyspnoe (Gefühl des Lufthungers) ohne respiratorische Insuffizienz auftreten (z. B. bei einer Übererregbarkeit des Atmungszentrums).

Cheyne-Stokessche Atmung. Periodische Zu- und Abnahme des Atemzugvolumens und oft auch der Atemfrequenz. Periodisch können sogar Atmungsstillstände eintreten.

Biotsche Atmung. Gruppen von ungefähr gleichstarken Atemzügen wechseln ab mit Phasen ohne Atmungstätigkeit.

Kussmaulsche Atmung (sog. große Atmung). Abnorm tiefe, oft mit Geräuschentwicklung verbundene Atemzüge. Vorkommen: Vor allem bei metabolischen Azidosen (z. B. bei Diabetes mellitus, Ketonämie, Niereninsuffizienz).

Literatur

Agostini, E., 1959: Volume pressure relationships of the thorax and lung in the newborn. J. Appl. Physiol. **14,** 909–913.

Bachofen, H., 1969: Die mechanischen Eigenschaften der Lunge. Verlag Hans Huber, Bern, Stuttgart.

Briscoe, T. J., 1971: Carotid Body: Structure and Function. Physiol. Rev. **51,** 437–495.

Comroe, J. H. jr., 1968: Physiologie der Atmung. Verlag F. K. Schattauer, Stuttgart und New York.

Crawford, E. C., 1962: Mechanical aspects of panting in dogs. J. Appl. Physiol. **17,** 249–251.

Denac-Sikirić, M., 1976: Die Funktionelle Residualkapazität und Helium-Einmischzeit gesunder und lungenkranker Pferde. Zbl. Vet. Med. A **23,** 193–205.

Graham, J. D. P., 1939: The air stream in the lung of the fowl. J. Physiol. (London) **97,** 133–137.

Gretener, P., 1975: Untersuchungen über die Abhängigkeit des Atemzeitquotienten von der Atemfrequenz und vom Atemzugsvolumen beim Pferd. Diss. Zürich (Institut für Veterinär-Physiologie).

Holldack, K., 1959: Lehrbuch der Auskultation und Perkussion. Verlag Georg Thieme, Stuttgart.

Hörnicke, H., 1969: Atmung und Gaswechsel. In: Hdb. d. Tierernährung. Bd. I, 3. Teil, S. 298–326. Verlag Paul Parey, Hamburg, Berlin.

Kao, F. F., 1963: An experimental study of the pathways involved in exercise hyperpnea employing crosscirculation techniques. In: Cunningham, D. J. C., B. B.

LLOYD (Hrsg.): The Regulation of the Human Respiration. Oxford 1963.

MAPLESON, W. W., B. M. Q. WEAVER, 1969: Respiratory resistance and compliance in the anaesthetized horse. Respir. Physiol. **6,** 257–270.

MEAD, J., J. MILIC-EMILI, 1964: Theory and methodology in respiratory mechanics with glossary of symbols. In: Handbook of Physiology, Respiration. Sect. 3, Vol. I, Kap. 11. Am. Physiol. Soc., Washington, D. C.

MONNIER, M., 1963: Physiologie und Pathophysiologie des vegetativen Nervensystems. Hippokrates Verlag, Stuttgart.

RUCKEBUSCH, Y., F.-R. BELL, 1970: Etude polygraphique et comportementale des états de veille et de sommeil chez la vache (Bos taurus). Ann. Rech. vétér. **1,** 41–62.

SALT, G. W., E. ZEUTHEN, 1960: The Respiratory System. In: A. J. MARSHALL (Editor): Biology and Comparative Physiology of Birds. Vol. I, Kap. X. Academic Press, New York, London.

SASSE, H. H. L., 1971: Some pulmonary function tests in horses. Diss. Utrecht.

SCHUMMER, A., 1973: Anatomie der Hausvögel. Bd. V des Lehrbuches der Anatomie der Haustiere. Verlag Paul Parey, Berlin, Hamburg.

SEEFELD, H. VON, G. WITTKE, H. KRZYWANEK, 1972: Respiratorische, zirkulatorische und rumenomotorische Veränderungen im Tiefschlaf des Rindes. Zbl. Vet. Med. A, **19,** 353–363.

SPÖRRI, H., 1971: Zur Typendifferenzierung des Lungenemphysems. Kongreßbericht: First meeting of the Academic Society for Large Animal Medicine pp. 42–48, Utrecht.

STURKIE, P. D., 1971: Respiration in Birds. In: Dukes' Physiology of Domestic Animals, 8. Ed. Cornell University Press, Ithaca, London.

WENSVOORT, 1969: (mündliche Mitteilung an H. H. L. SASSE) vgl. SASSE, H. H. L., 1971: Some pulmonary function tests in horses. Diss. Utrecht, 1971.

WICK, H., K. BUCHER, 1963: Charakteristika einer aktiven Exspiratorität bei der Taube. Helv. Physiol. Acta **21,** 165–172.

WITTKE, G., 1957: Ansätze zu einer Atmungsphysiologie des Pferdes. Habilitationsschrift, Freie Universität Berlin.

WITTKE, G., 1967: Atemgaswechsel der Säugetiere und der Vögel. Fortschritte der Zoologie **18,** 279–300.

WITTKE, G., F. J. HABERICH, 1957: Atmung und Puls des Pferdes in Ruhe und Bewegung. Z. Biol. **109,** 401–408.

VIII. Wasser- und Elektrolythaushalt; Physiologie der Niere

K. HIERHOLZER und M. FROMM

A. Einleitung

Schon im 19. Jahrhundert erkannte C. Bernard, daß die normale Funktion der Körperzellen auf die physiologische Zusammensetzung der extrazellulären Körperflüssigkeit (EZF) angewiesen ist. Die Konstanterhaltung des »Milieu intérieur« ist ein wichtiges Regelprinzip. Störungen durch Einflüsse von außen (Umgebung) oder innen (Körperinneres) werden normalerweise rasch gegenreguliert, so daß die Zusammensetzung der extrazellulären Flüssigkeit nur geringe und kurzzeitige Abweichungen von der Norm aufweist. Der so erreichte quasi-stationäre Zustand, die Homöostase (Cannon), ist die Folge einer minutiösen Abstimmung aller beteiligten Prozesse wie Aufnahme, Verteilung, Stoffwechsel und Ausscheidung von Wasser und gelösten Stoffen.

Im folgenden soll die Salz- und Wasserhomöostase besprochen werden. Homöostase wird insbesondere dadurch gewährleistet, daß die Ausscheidung von Wasser, Elektrolyten und anderen gelösten Stoffen der Aufnahme bzw. dem Stoffwechsel angepaßt ist. Da die Nieren beim Säugetier die wichtigsten Ausscheidungsorgane darstellen, wird der Nierenfunktion ein besonderes Kapitel gewidmet.

Tubulusabschnitte in Reihenfolge der Strömungsrichtung

Begriff	Abkürzung	engl. Herkunft der Abkürzung
Proximaler gewundener Tubulus	PCT	proximal convoluted tubule
Proximaler gestreckter Tubulus	PST	proximal straight tubule
Henlesche Schleife:		loop of Henle:
Dünner absteigender Schenkel	DTL	descending thin limb
Dünner aufsteigender Schenkel	ATL	ascending thin limb
Dicker aufsteigender Schenkel	TAL	thick ascending limb
Medullärer Teil des TAL	MTAL	medullary portion of TAL
Kortikaler Teil des TAL	CTAL	cortical portion of TAL
Distaler gewundener Tubulus	DCT	distal convoluted tubule
Distales Verbindungsstück	CNT	connecting tubule
Kortikaler Teil des Sammelrohres	CCT	cortical collecting tubule
Medullärer Teil des Sammelrohres	MCT	medullary collecting tubule

Im Abschnitt »Meßmethoden« verwendete Abkürzungen

Begriff	Abkürzung	Maßeinheit
Clearance	C	$ml \cdot min^{-1}$
Extraktion	E	%
Renaler Plasmafluß	RPF	$ml \cdot min^{-1}$
Renaler Blutfluß	RBF	$ml \cdot min^{-1}$
Hämatokrit	Hkt	1
Urinzeitvolumen (Urinfluß)	$\dot{V}_u$	$ml \cdot min^{-1}$
Verteilungskoeffizient	λ	1
Dichte des Gewebes	ϱ	$g \cdot ml^{-1}$
Aktivitätsabfall (Steilheit)	K	min^{-1}
mittlere Passagezeit	$\bar{t}$	min
Konzentration von X im Urin	$[X]_U$	$mmol \cdot l^{-1}$
Konzentration von X im Plasma	$[X]_P$	$mmol \cdot l^{-1}$
arteriell; venös	a; v	

Im Abschnitt »Funktion der Glomeruli« verwendete Abkürzungen

Begriff	Abkürzung	Maßeinheit
Volumenfluß (z. B. GFR)	I_{Vol}	$ml \cdot min^{-1}$
Filtrationskoeffizient	K_f	$ml \cdot s^{-1} \cdot mmHg^{-1}$
Filtrationsfläche	F	cm^2
hydraulische Leitfähigkeit	L_p	$cm \cdot s^{-1} \cdot mmHg^{-1}$
effektiver Filtrationsdruck	P_{UF}	mmHg
mittl. glomer. Kapillardruck	P_{glom}	mmHg
mittl. Druck in Bowman Kapsel	P_{Bow}	mmHg
kolloidosmotischer Druck	π	mmHg
afferente Arteriole	aa	
efferente Arteriole	ea	
glomerulär	glom	
Bowmanscher Kapselraum	Bow	

B. Wasser- und Elektrolythaushalt

Die Regelung des Wasser- und Elektrolythaushaltes ist die Voraussetzung dafür, daß das Milieu intérieur des Körpers auch unter wechselnden Umgebungsbedingungen unverändert bleibt. Diese Regelung geschieht hauptsächlich durch die kontrollierte Ausscheidung von Wasser und Elektrolyten durch die Niere.

Der Anteil des Wassers am gesamten Körpergewicht schwankt bei Säugetieren zwischen 45 und 75 %. Die höchsten Werte findet man bei neugeborenen und die niedrigsten bei alten Tieren. Weiterhin ist der Wassergehalt bei weiblichen Säugetieren um 6–10 % niedriger als bei männlichen.

Tab. 58. Wassergehalt und Gewichtsanteil einiger Gewebe beim Säuger

	Wassergehalt	Gewichtsanteil
Fett	10–30 %	10 %*
Knochen	22 %	16 %
Haut	72 %	18 %
Muskeln	76 %	42 %
innere Organe	68–83 %	14 %

* Der Gewichtsanteil des Fettes kann individuell stark abweichen.

Tabelle 58 zeigt mittlere Werte des Wassergehalts verschiedener Gewebe sowie den Anteil dieser Gewebe am Gesamtgewicht beim Säuger. Es fällt auf, daß die beiden Gewebe dieser Liste, die keinen intensiven Stoffwechsel haben, nämlich Knochen und Fettgewebe, mit Werten unter 30 % sehr wasserarm sind. Demgegenüber haben alle anderen Gewebe Wassergehalte von mehr als 68 %.

Da Fettgewebe so wenig Wasser enthält, hängt der prozentuale Wassergehalt des gesamten Körpers stark vom Fettgehalt des Körpers ab. Tiere mit höherem Fettgehalt haben daher einen geringeren Wassergehalt als magere Tiere und dies

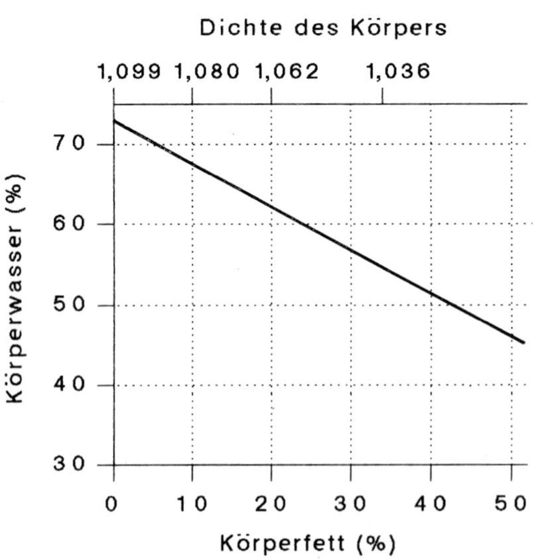

Abb. 195. Zusammenhang zwischen Körperfett, Körperwasser und Dichte des Körpers. (Nach Pitts, 1972)

ist auch die Erklärung dafür, daß weibliche Tiere einen geringeren Wassergehalt aufweisen als männliche.

Abbildung 195 zeigt den Zusammenhang zwischen den drei Größen Fettanteil, Wassergehalt und Dichte. Man sieht, daß der Wassergehalt eines Körpers ohne jegliches Fettgewebe (= fettfreie Körpermasse) 73 % beträgt. Dieser Wert ist bei ausgewachsenen Säugetieren so konstant, daß er zur Bestimmung des Fettgehalts benutzt werden kann, wenn der Wassergehalt gemessen wird (beide Angaben in %):

(1) Fettgehalt = 138 − Wassergehalt / 0,53

Da Fett mit 0,94 g/ml eine geringere Dichte als alle anderen Gewebe hat, hängt die Dichte des Körpers ebenfalls vom Fettgehalt ab (s. Abb. 195).

Die starke Abnahme des Wassergehalts mit dem Lebensalter kommt außer durch die Zunahme des Fettgehalts mit dem Alter durch den altersbedingten Umbau des Bindegewebes von wasserreichen zu wasserärmeren Typen zustande.

Wasserbilanz

Zwischen Aufnahme, Bildung und Abgabe von Wasser besteht ein Gleichgewicht. Eine Übersicht über die tägliche Wasserbilanz fleischfressender Säuger gibt Tabelle 59. Etwa die Hälfte der Wasseraufnahme erfolgt bei mitteleuropäischem Klima und ausgewogener Ernährung durch Trinken; die andere Hälfte stammt aus den flüssigen Anteilen der festen Nahrung sowie aus dem Oxidationswasser. Dieses wird beim Abbau der Nährstoffe gebildet; und zwar entstehen aus

1 g Protein 0,44 ml,
1 g Kohlenhydrat 0,60 ml,
1 g Fett 1,09 ml Wasser.

Die Wasserabgabe erfolgt hauptsächlich durch Urinbildung in den Nieren und durch Verdunstung über innere und äußere Oberflächen (Atemwege,

Tab. 59. Wasserbilanz bei fleischfressenden Säugern

Wasseraufnahme	Anteil	Wasserabgabe	Anteil
Trinken	50 %	Urin	58 %
feste Nahrung	38 %	Lunge und Haut	38 %
Oxidationswasser	12 %	Faeces	4 %
	100 %		100 %

Zunge, Haut). Diese unmerkliche Verdunstung (perspiratio insensibilis) ist stark von der Arbeitsbelastung des Organismus, der Körpertemperatur, der Außentemperatur und der Luftfeuchte abhängig. Erhebliche Flüssigkeitsmengen können gegebenenfalls durch Schweißsekretion ausgeschieden werden.

Der Wasserbedarf ist außer von den eben genannten äußeren Umständen u. a. auch von der Zusammensetzung der Nahrung abhängig: Eine proteinarme, kohlenhydrat- und fettreiche Nahrung erniedrigt den Wasserbedarf, während eine proteinreiche Kost zu einer erhöhten Trinkmenge führt. Der Grund dafür liegt darin, daß beim Proteinabbau vermehrt »harnpflichtige Substanzen« (hauptsächlich Harnstoff; s. Abschnitt 10.ac) entstehen, für deren Ausscheidung die Nieren zusätzliches Wasser benötigen. Außerdem hat Fleischnahrung oft einen höheren Salzgehalt als andere Nahrungsmittel.

1. Flüssigkeitsräume

Das Gesamtkörperwasser ist in einzelne Verteilungsräume (Kompartimente) unterteilbar, und zwar zunächst in den etwa zwei Drittel des gesamten Wassers enthaltenden intrazellulären Raum und den ein Drittel enthaltenden extrazellulären Raum (Tab. 60).

Tab. 60. Flüssigkeitsräume des Körpers bei Säugern

	% des KGW		% des gesamten Wassers	
Intrazellulärraum	41 %		63 %	
Extrazellulärraum	24 %		37 %	
davon:				
Interstitieller Raum		18 %		27 %
Blutplasma		4 %		7 %
Epitheliale Lumina		2 %		3 %
Gesamtgehalt	65 %		100 %	

Der Intrazellulärraum (IZR; Anteil 63 % am gesamten Wasser) ist der durch Zellmembranen umschlossene Raum aller Zellen. Der IZR ist ein nicht direkt meßbarer und daher eher pauschal definierter Raum, der die gesamte Vielfalt der Zellen umfaßt. Wenn man den IZR weiter unterteilen wollte, müßte man die von selektiven Membranen umschlossenen Zellorganellen (z. B. Zellkern, Mitochondrien, endoplasmatisches Retikulum) als eigene Kompartimente abgrenzen können.

Der Extrazellulärraum (EZR; Anteil 37 %) wird in 3 Kompartimente unterteilt:

1. Das Interstitium (Anteil 27 %) ist der alle Zellen (außer Blutzellen) unmittelbar umgebende Flüssigkeitsraum. Dies schließt auch die zwischen benachbarten Epithelzellen befindlichen lateralen Interzellulärspalten ein.
2. Das Blutplasma (Anteil 7 %) ist der extrazelluläre flüssige Anteil des Blutes.
3. Die epithelialen Lumina (= »transzellulärer Raum«; Anteil 3 %; bei Pflanzenfressern bis 12 %) sind die von Epithelien umschlossenen flüssigkeitsgefüllten Räume.

Quantitativ bedeutsam sind der Magen-Darm-Trakt und die Harnblase. Der höhere Anteil der epithelialen Lumina am gesamten Körperwasser bei Pflanzenfressern erklärt sich durch deren voluminöseren Darminhalt. Weitere, funktionell wichtige epitheliale Lumina sind z. B. Nierentubuli, Schweißdrüsen, Speicheldrüsen, Pleurahöhle, Peritonealhöhle, vordere und hintere Kammern der Augen, Hirn-Liquorräume. Die epithelialen Lumina sind vollständig von Epithelzellen umkleidet. Einige epitheliale Lumina besitzen Ausführungsgänge zur Außenwelt.

Messung der Flüssigkeitsräume

Die Größe der Flüssigkeitsräume kann mit der Indikatorverdünnungsmethode gemessen werden. Als Indikatoren sind Substanzen geeignet, die in das zu messende Kompartiment eingebracht werden, sich dann gleichmäßig in diesem verteilen und es nur langsam wieder verlassen. Die jeweilige Substanz darf in dieser Zeit nicht verstoffwechselt werden. Es gilt dann die Beziehung:

(2) $V = M / C$

wobei V = Volumen des Kompartiments (l), M = eingebrachte Indikatormenge (g) und C = Konzentration des Indikators nach Gleichverteilung (g/l). Direkt meßbar sind auf diese Weise das Gesamtkörperwasser, das Plasmavolumen und der Extrazellulärraum:

Das Gesamtkörperwasser wird mit Indikatoren gemessen, die gut durch die Zellmembran diffun-

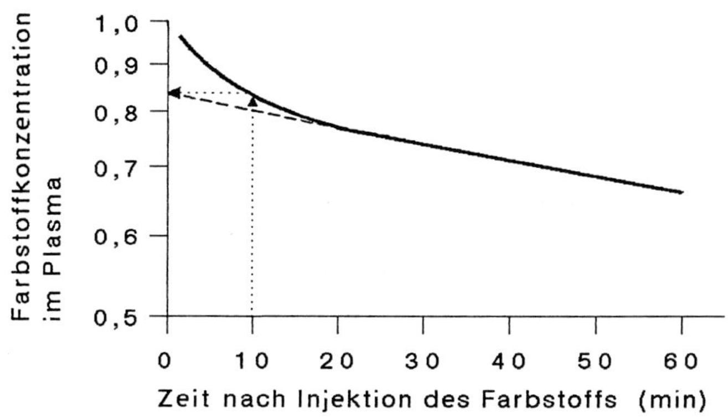

Abb. 196. Indikatorverdünnungsmethode bei langsam ausgeschiedenem Indikator. Auftragung der Plasmakonzentration von Evans blue gegen die Zeit nach Injektion des Farbstoffs. Die nach vollständiger Mischung des Indikators durch Ausscheidung bedingte Konzentrationsabnahme wird nach null extrapoliert (gestrichelte Linie). Aus diesem extrapolierten Wert wird das Plasmavolumen berechnet. (Nach Pitts, 1972)

dieren. Hierzu eignen sich z. B. das Medikament Antipyrin, schweres Wasser (D_2O) und radioaktiv markiertes Wasser (^3HOH). Die Entnahme einer Plasmaprobe kann 2 Stunden nach Injektion des Indikators erfolgen; die in dieser Zeit erfolgte Ausscheidung bzw. Verstoffwechselung wird vernachlässigt.

Das Volumen des Blutplasmas wird mit Indikatoren gemessen, die die Blutgefäße praktisch nicht verlassen können. Hierzu eignet sich der Farbstoff Evans blue, der sich an Albumin bindet, oder radioaktiv markiertes Albumin selbst. Da das intravasale Albumin sich langsam mit dem extravasalen austauscht, muß ein Zeitfaktor bei der Messung berücksichtigt werden. Hierzu werden in zeitlichem Abstand mehrere Proben entnommen, die gemessenen Konzentrationen gegen die Zeit aufgetragen (Abb. 196) und die Konzentration zum Zeitpunkt null extrapoliert. Näherungsweise stimmt der Wert bei 10 Minuten nach Zugabe von Evans blue mit dem durch Extrapolation ermittelbaren überein. Das Blutvolumen kann leicht aus dem Plasmavolumen und dem Hämatokrit errechnet werden:

(3) Blutvolumen = Plasmavolumen / (1 − Hämatokrit)

Der extrazelluläre Raum (EZR) wird mit Indikatoren gemessen, die gut durch die Kapillarendo-

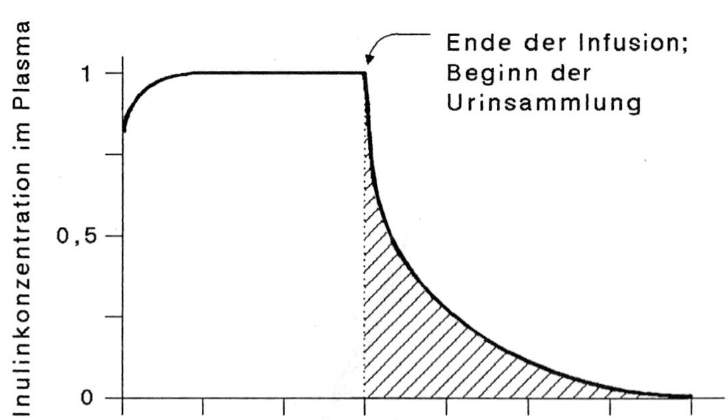

Abb. 197. Indikatorverdünnungsmethode bei schneller und ausschließlicher Ausscheidung durch die Nieren. Abschätzung des extrazellulären Raumes mit Inulin. Zum Zeitpunkt null wird die konstante Infusion des Farbstoffs beendet und die Urinsammelperiode begonnen; Erklärung s. Text. (Nach Pitts, 1972)

thelien gelangen und bis in die entlegensten Zwischenzellräume diffundieren, jedoch nicht die Zellmembran passieren können. Es gibt keine Indikatoren, die diese Anforderungen exakt erfüllen. Die Indikatoren Inulin (vgl. Abschnitt 5.f), Mannitol, Thiosulfat, radioaktiv markiertes Sulfat und Thiozyanat ergeben (in aufsteigender Reihenfolge) verschieden große Räume und man nennt daher den ermittelten Raum Inulinraum, Mannitolraum usw.

Bei der Benutzung von Inulin muß bedacht werden, daß es schnell durch die Nieren (und nur durch diese) ausgeschieden wird. Statt der in Abbildung 196 gezeigten Methode benutzt man das in Abbildung 197 dargestellte Verfahren. Hierbei wird der Indikator zunächst konstant infundiert, bis angenommen werden kann, daß ein gleichbleibender Plasmaspiegel vorliegt. Dann wird die Infusion abgebrochen, die im Urin ausgeschiedene Indikatormenge bestimmt und als Größe M in Gleichung (2) eingesetzt.

Die nicht direkt bestimmbaren Volumina des Intrazellulärraums (IZR) und des interstitiellen Flüssigkeitsraums (ISF) ergeben sich aus:

(4) IZR = Gesamtkörperwasser − EZR und
(5) ISF = EZR − Plasmavolumen.

Für die Therapie eines gestörten Hydratationszustandes eines Tieres ist es notwendig, kurzfristige Veränderungen des Gesamtkörperwassers zu beobachten. Diese Änderungen lassen sich recht genau durch wiederholte Messungen des Körpergewichts erfassen.

2. Zusammensetzung der Körperflüssigkeiten

Bei der Betrachtung der Kompartimente wurde klar, daß diese nicht notwendigerweise aus zusammenhängenden Räumen im architektonischen Sinn bestehen. Die Kompartimente (= Verteilungsräume) sind vielmehr definiert durch ihr ähnliches oder gleiches Verhalten bezüglich der Verteilung bestimmter Testsubstanzen. Da diese Verteilung durch die Selektivitätseigenschaften der begrenzenden Membranen beeinflußt wird, sind die Kompartimente durch die Eigenschaften der sie umkleidenden Membranen bestimmt. Dies kommt nicht zuletzt darin zum Ausdruck, daß die Flüssigkeiten verschiedener Kompartimente unterschiedliche Ionenkonzentrationen aufweisen.

Die Konzentrationen der in nennenswerter Menge bei Säugetieren auftretenden Elektrolyte in Blutplasma, ISF und IZR sind in Tabelle 61 dargestellt. Abbildung 198 stellt die Kationen und Anionen der 3 Räume einander gegenüber. Zu diesem Zweck wurden die Konzentrationen der Elektrolyte mit ihrer Ladung multipliziert, so daß sich gleichhohe Säulen für Kationen und Anionen ergeben.

Tab. 61. Konzentrationen der wichtigsten Ionen beim Säuger

Ionensorte	Blutplasma mmol/l		Interstitielle Flüssigkeit mmol/l		Intrazelluläre Flüssigkeit mmol/l	
Kationen:						
Na^+	142		144		10	
K^+	4		4		155	
Ca^{++}	2,5	(5)	1,25	(3)	0,001	
Mg^{++}	1,5	(3)	0,75	(1,5)	15	(30)
Summe	150	(154)	150	(152)	180	(195)
Anionen:						
Cl^-	103		114		2	
HCO_3^-	27		30		10	
HPO_4^{--}	1	(2)	1	(2)	50	(100)
SO_4^{--}	0,5	(1)	0,5	(1)	10	(20)
organ. Säuren	5		5		~0	
Proteine	16		(*)		63	
Summe	152,5	(154)	150,5	(152)	135	(195)

Die Angaben in Klammern sind Konzentrationen multipliziert mit der elektrischen Wertigkeit; sie entsprechen den früher gebräuchlichen mval/l-Angaben. Die angegebenen Anionen-Konzentrationen der intrazellulären Flüssigkeit sind orientierende Werte. (*): Die Proteinkonzentration im Interstitium ist gering und variiert in verschiedenen Organgebieten.

Blutplasma und Interstitielle Flüssigkeit

Bei der Betrachtung der Zusammensetzung von Blutplasma und interstitieller Flüssigkeit fällt auf, daß sie mit Ausnahme des Proteingehalts sehr ähnlich zusammengesetzt sind. In beiden Kompartimenten sind Na^+, Cl^- und — etwas geringer konzentriert — HCO_3^- die bei weitem überwiegenden Bestandteile. Im einfachsten Fall läßt sich daher eine Infusionslösung aus je 154 mmol/l (0,9 %) Na^+ und Cl^- herstellen, die bekannte ›physiologische Kochsalzlösung‹.

Der wesentliche Unterschied zwischen Blutplasma und interstitieller Flüssigkeit besteht darin, daß im Blutplasma Proteine in nennenswerter Konzentration vorhanden sind, während die interstitielle Flüssigkeit wesentlich weniger Proteine enthält. Der Unterschied kommt dadurch zustande, daß die beide Kompartimente trennende Kapillarwand gut durchlässig für alle niedermolekularen Teilchen, jedoch mehr oder weniger impermeabel für Proteine ist (vgl. Abschnitt 6.bb). Die vorwiegend negativ geladenen Proteine verursachen dadurch einen Donnan-Effekt, der sich dahingehend auswirkt, daß im Interstitium die Konzentration der übrigen Anionen etwas höher und die der Kationen etwas niedriger ist als im Blutplasma. Für einwertige Ionen ergibt sich aus dem Gibbs-Donnan-Faktor ein Konzentrationsunterschied von + bzw. – 5 %, für zweiwertige Ionen von ca. +/– 10 %.

Die glomeruläre Filtration in der Niere erfolgt ebenfalls durch Kapillarendothelien hindurch; es ist deshalb nicht überraschend, daß der Primärurin ungefähr die gleiche Zusammensetzung aufweist wie die interstitielle Flüssigkeit (vgl. Abschnitt 5 a und b).

Intrazellulärraum

Es gibt eigentlich keine für alle Arten von Zellen eines Organismus zutreffende Zusammensetzung der Intrazellularflüssigkeit. Die in Tabelle 61 und in Abbildung 198 angegebenen intrazellulären Elektrolytkonzentrationen haben daher lediglich

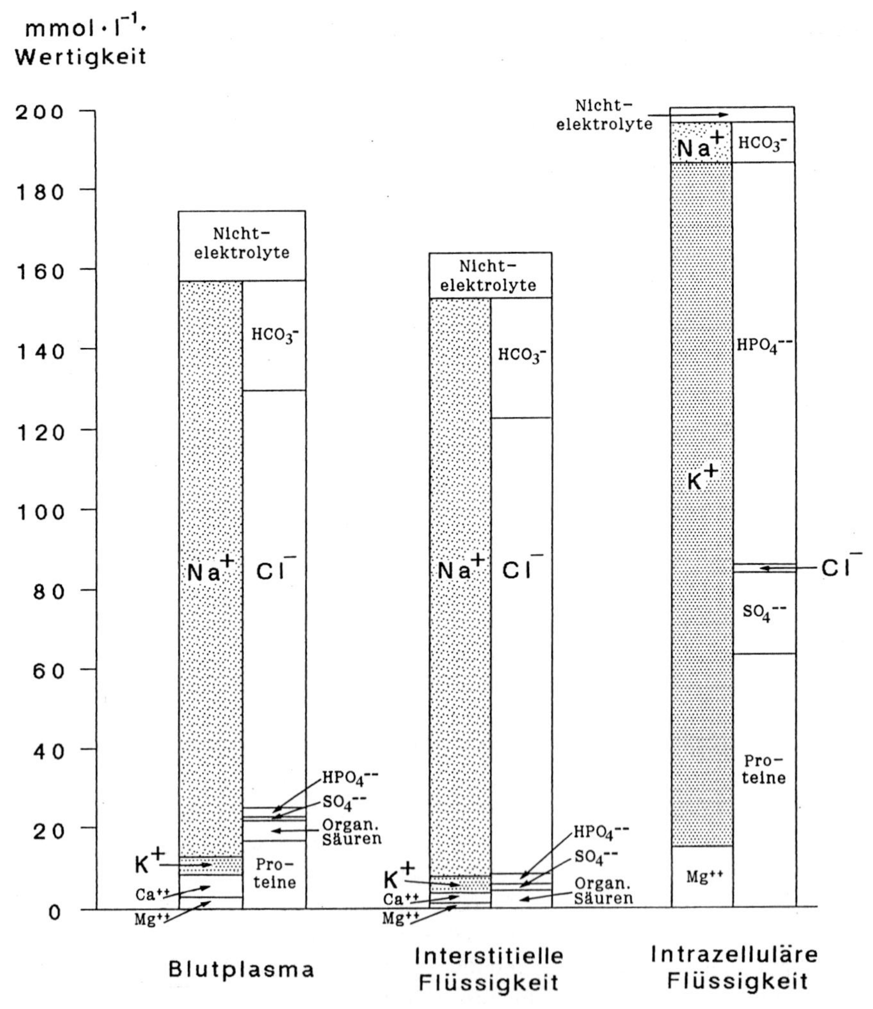

Abb. 198. Ionenkonzentrationen von Blutplasma, interstitieller Flüssigkeit und intrazellulärer Flüssigkeit. Die Angaben sind Konzentrationen in mmol/l multipliziert mit der Wertigkeit der betreffenden Ionen (früher mval/l)

exemplarischen Charakter. Allgemein gilt jedoch für alle Zellen, daß — im Gegensatz zum EZR — K^+ hoch und Na^+ niedrig konzentriert ist. Dies ist zunächst überraschend, da die Zellmembran für beide Ionen permeabel ist und folglich Na^+ und K^+ die Tendenz haben, sich durch Diffusion gleichmäßig zu verteilen. Die Ungleichverteilung wird aufrechterhalten durch die in den Membranen der Zellen anzutreffenden primär aktiven Transporter (vgl. Abschnitt 6.ba). Sie ›pumpen‹ Ionen durch die Membran hindurch und gewinnen die dazu nötige Energie aus der Hydrolyse von ATP zu ADP + Phosphat. In der biochemischen Nomenklatur sind diese Transporter daher ATPasen. Die quantitativ wichtigste ist die Na^+K^+-ATPase, die Na^+ aus der Zelle heraus und zugleich K^+ in die Zelle hinein befördert. Die intrazellulären Konzentrationen befinden sich dadurch in einem Fließgleichgewicht, das durch die Konzentration im EZR, die Membranpermeabilität und die Pumprate der aktiven Transporter bestimmt wird. Die Ionenverteilung wird insbesondere durch die intrazellulären Proteine, die die Zellen nicht verlassen können, geprägt. Eine ausführlichere Darstellung der Ionenverteilung an der Zellmembran findet sich in Kapitel II.B.

Zusammenhang zwischen Ionenkonzentration und Osmolalität

Die Konzentration aller osmotisch wirksamen Teilchen ist als Osmolalität (Teilchen pro kg Lösungsmittel) meßbar, nicht jedoch als Osmolarität (Teilchen pro l Lösung). Die Osmolalität des Blutplasmas beträgt 290 mosm/kg. Dies entspricht einer Osmolarität von 270 mosm/l, da 1 l Blutplasma wegen des großen Volumens der Proteine nur 0,93 kg Wasser enthält. Die Summe der Elektrolyte im Blutplasma beträgt nach Tabelle 61 jedoch 302,5 mmol/l, dazu kommen noch etwa 15 mmol/l Nicht-Elektrolyte. Diese Diskrepanz zwischen Osmolarität und Konzentration kommt dadurch zustande, daß die Elektrolyte nicht vollständig in freier und dissoziierter Form vorliegen, sondern ein Teil an Proteine gebunden ist und ein weiterer Teil undissoziiert vorliegt, so daß diese Teilchen zur Osmolarität weniger beitragen als es ihren Einzelkonzentrationen entspricht. Diese Überlegungen gelten in noch stärkerem Maße auch für den IZR, der wegen seines hohen Gehalts an Makromolekülen pro l nur 0,7 kg Wasser enthält.

Es sei noch darauf hingewiesen, daß isoosmolale Lösungen nicht notwendigerweise auch ›isoton‹ (= gleicher osmotischer Druck) sind, da der osmotische Druck außer von der Osmolalität auch von der Selektivität der Trennschicht abhängt.

Für verdünnte Lösungen und ideal teilchenundurchlässige Trennschichten kann der von einer Teilchensorte i über dieser Trennschicht verursachte osmotische Druck (π) nach VAN'T HOFF berechnet werden:

(6) $\pi_i = R \cdot T \cdot \Delta c_i$

R = allgemeine Gaskonstante, T = absolute Temperatur, Δc_i = Konzentrationsdifferenz der Teilchensorte i über der Trennschicht.

3. Regulationsmechanismen des Wasser- und Elektrolythaushalts

Der Wasser- und Elektrolytgehalt des Organismus wird durch den steten Ausgleich der Bilanz von Zufuhr und Ausscheidung konstant gehalten. Während die Regelung der Zufuhr durch die Stillung von Durst oder Hunger eher pauschal, diskontinuierlich und unter Umständen nur unzureichend erfolgen kann, geschieht die Regelung der Ausscheidung sehr selektiv, kontinuierlich und in einem weiten Anpassungsbereich.

Regelung der Zufuhr

An der Regelung der Zufuhr sind mindestens drei Mechanismen beteiligt:

1. Eine erhöhte intrazelluläre Osmolalität wird im Gebiet des Hypothalamus durch Osmorezeptoren registriert und löst einen ›hyperosmotischen Durst‹ aus.
2. Eine erhöhte extrazelluläre Osmolalität verursacht eine Ausschüttung von Renin, was einen ›hypovolämischen Durst‹ verursacht.
3. Eine Abnahme des zirkulierenden Blutvolumens mit Abnahme des zentralen Venendrucks verursacht über Volumenrezeptoren ebenfalls einen ›hypovolämischen Durst‹.

Eine erniedrigte Osmolalität wird normalerweise nicht durch Regelung der Zufuhr beeinflußt, sondern durch Regelung der Ausfuhr, außer bei extremem chronischen Kochsalzmangel, der zu ›Salzhunger‹ führt.

Regelung der Ausscheidung

An der Regelung der Ausscheidung sind vor allem die beiden Hormone ADH (= **Anti**d**iuretisches** **H**ormon) und Aldosteron beteiligt, die entsprechend der Plasmaosmolalität, des Plasmavolumens bzw. der Plasmakonzentrationen von K^+ und Na^+ ausgeschüttet werden und in der Niere Menge und Zusammensetzung des auszuscheidenden Urins beeinflussen. Die Ursachen von Veränderungen des Wasser- und Elektrolythaushalts sind im Prinzip eine unausgeglichene Bilanz zwischen Aufnahme und Ausscheidung, eine Verschiebung zwischen EZR und IZR oder eine veränderte hormonale Regulation. Die Veränderungen des Wasser- und Elektrolythaushalts können nach ihrer Charakteristik eingeteilt werden in Verschiebungen

(1) vorwiegend von Wasser,

(2) von Wasser und Elektrolyten in isoosmolalem Verhältnis und schließlich

(3) vorwiegend von Elektrolyten.

Abbildung 199 gibt einen Überblick über die jeweils bei (a) einer Hyperhydratation oder (b) einer Dehydratation auftretenden Verschiebungen. Die Bezeichnungen ›Hyper-‹ und ›Hypo-‹ beziehen sich auf Veränderungen relativ zum normalen Volumen bzw. zur normalen Osmolalität des Blutplasmas (Abb. 199: Zustand ›0‹).

(1) Verschiebung vorwiegend von Wasser

(1 a) Wasserüberschuß: Hypoosmolale Hyperhydratation

Ein Wasserüberschuß kann z. B. durch zu reichliches Trinken bei eingeschränkter Nierenfunktion, durch Infusion einer hypoosmolalen Lösung oder

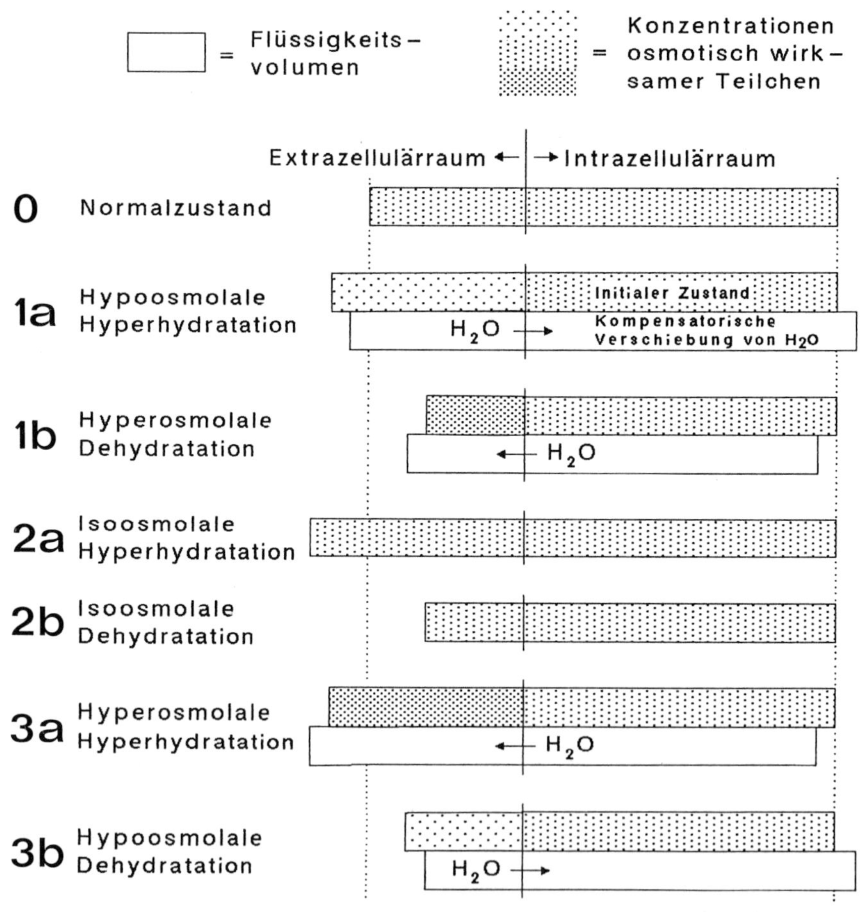

Abb. 199. Verschiebungen von osmotisch aktiven Teilchen (Osmolyte) und von Wasser bei verschiedenen Zuständen.

Die Länge der Balken gibt das Volumen von EZR und IZR an; die Anzahl der Punkte symbolisiert die Menge der Osmolyte in diesen Räumen und die Dichte der Punkte repräsentiert die Konzentration der Osmolyte (Osmolalität). In den Zuständen 1 a, 1 b, 3 a und 3 b treten kompensatorische Wasserverschiebungen zwischen EZR und IZR auf. Diese Verschiebungen sind jeweils durch einen zweiten Balken angedeutet; hier sind jedoch die Osmolyte aus Gründen der Übersichtlichkeit weggelassen worden durch Infusion einer isoosmolalen (5 g / 100 ml) Glucoselösung zustande kommen. Der Wasserüberschuß bei Glucoseinfusion kommt dadurch zustande, daß die Glucose rasch verstoffwechselt wird und dadurch die Infusion im Effekt hypoosmolal wird. Es entsteht also »freies Wasser«. Bei eingeschränkter Nierenfunktion kann dies zu einer Wasserintoxikation führen, die infolge einer Gehirnschwellung zu Bewußtseinsstörungen und zu Krämpfen führen kann. Eine Wasserintoxikation kann auch nach extremem Schweißverlust durch Trinken von Wasser ohne zusätzliche Salzzufuhr eintreten. Die hypoosmolale Hyperhydratation ist gekennzeichnet durch eine Zunahme des EZR, gefolgt von einem Wasserübertritt vom EZR in den IZR (Abb. 199: 1 a). Die Osmolalität in EZR und IZR nimmt dabei ab, ebenso der Hämatokrit. Bei eingeschränkter Nierenfunktion nimmt das Körpergewicht zu; schließlich können sogar Ödeme auftreten. Bei normaler Nierenfunktion dagegen werden Gewichtszunahme und Ödembildung durch eine rasch einsetzende Wasserdiurese verhindert (s. Abschnitt 12.b).

(1 b) Wasserdefizit: Hyperosmolale Dehydratation

Fehlt ADH (Diabetes insipidus centralis) oder reagieren die Nierentubuli nicht auf ADH (Diabetes insipidus renalis) kommt es durch renale Flüssigkeitsverluste zu einem Wasserdefizit. Außer durch eine vermehrte Ausscheidung kann das Wasserdefizit auch durch eine verminderte Zufuhr verursacht werden. Dursten geht meistens mit Hungern einher. Dabei wird dann der Energiebedarf des Körpers durch Proteinabbau gedeckt, was ungünstig ist, da zur Ausscheidung der vermehrt anfallenden harnpflichtigen Substanzen auch vermehrt Wasser ausgeschieden wird. Die hyperosmolale Dehydratation ist gekennzeichnet durch eine Abnahme des EZR, gefolgt von Wasserübertritt vom IZR in den EZR (Abb. 199: 1 b). Die Osmolalität in EZR und IZR nimmt dabei zu, ebenso der Hämatokrit. Das Körpergewicht nimmt ab. Es tritt Durstgefühl auf. Die Nieren versuchen diese Veränderung durch eine Antidiurese zu kompensieren.

(2) Verschiebung von Wasser und Elektrolyten in isoosmolalem Verhältnis

(2 a) Isoosmolale Hyperhydratation

Eine isoosmolale Hyperhydratation kann z. B. durch die intravenöse Infusion einer isoosmolalen Lösung auftreten. Weiterhin führt eine Rechtsherzinsuffizienz, eine Nephrose oder eine Leberzirrhose zu derartigen Verschiebungen, da sich bei diesen Krankheitszuständen extrazelluläre Flüssigkeit ansammelt. Die isoosmolale Hyperhydratation ist gekennzeichnet durch eine Zunahme des EZR bei gleichbleibendem IZR und gleichbleibender Osmolalität in EZR und IZR (Abb. 199: 2 a). Der Hämatokrit sinkt; es können Ödeme auftreten. Die Nieren versuchen diese Veränderung durch eine Steigerung der GFR und vermehrte Exkretion von extrazellulärer Flüssigkeit auszugleichen.

(2 b) Isoosmolale Dehydratation

Ein isoosmolaler Flüssigkeitsverlust kann z. B. durch Erbrechen, Durchfall, Fisteln, Blutverlust, Aszites, sowie durch Gabe von Diuretika verursacht werden. Die isoosmolale Dehydratation ist gekennzeichnet durch eine Abnahme des EZR bei gleichbleibendem IZR und gleichbleibender Osmolalität in EZR und IZR (Abb. 199: 2 b). Der Hämatokrit steigt; dies ist für die O_2-Versorgung eines schlecht durchbluteten Gebiets ungünstig, da die Abnahme der Fließeigenschaften stärker ins Gewicht fällt als die gleichzeitige Zunahme der O_2-Konzentration im Blut. Die Nieren versuchen, diese Veränderung durch eine Abnahme der GFR und eine verminderte Exkretion von extrazellulärer Flüssigkeit auszugleichen.

(3) Verschiebung vorwiegend von Elektrolyten

(3 a) Salzüberschuß: Hyperosmolale Hyperhydratation

Ein Salzüberschuß kann z. B. durch Infusion hypertoner Kochsalzlösung oder durch Trinken von Meerwasser (ca. 1200 mosm/kg) zustande kommen. Die hyperosmolale Hyperhydratation führt zu einer Zunahme des EZR und dessen Osmolalität. Dadurch strömt Wasser aus dem IZR und in den EZR, bis die Osmolalität in beiden Räumen gleich hoch ist (Abb. 199: 3 a). Die Nieren versuchen, den Salzüberschuß durch erhöhte Exkretion von Na^+ und Cl^- zu kompensieren. Außerdem tritt Durst auf.

(3 b) Salzdefizit: Hypoosmolale Dehydratation

Ein Salzdefizit kann wie bei (2 b) durch Verlust von extrazellulärer Flüssigkeit, z. B. bei Diarrhoe, Schwitzen und gleichzeitig stark erniedrigter Kochsalzzufuhr, auftreten. Die hypoosmolale Dehydratation ist gekennzeichnet durch eine Abnahme der

Plasmaosmolalität, gefolgt von einer Verkleinerung des EZR infolge Wasserverlagerung in den IZR (Abb. 199: 3b). Kompensationsmechanismen sind eine Verminderung der renalen Na^+-Ausscheidung, Durstgefühl und bei starkem Salzdefizit ›Salzhunger‹.

C. Funktion der Nieren

1. Einleitung

Die Nieren sind charakterisiert durch eine hohe spezifische Durchblutung, die größer ist als die der meisten übrigen Organe des Körpers. Das Prinzip der Nierenfunktion besteht darin, daß von dem durchfließenden Blut ein relativ großer Anteil als Ultrafiltrat in die Nierentubuli (= Nephrone) abgepreßt wird. Der so durch Ultrafiltration in den glomerulären Kapillarschlingen gebildete Vorurin (= Tubulusflüssigkeit [TF]) fließt durch die Nephrone nierenbeckenwärts. Dabei werden Volumen und Zusammensetzung des Ultrafiltrates durch Resorptions- und Sekretionsprozesse modifiziert. Das Ergebnis fließt als Urin am Ende der Sammelrohre in das Nierenbecken ab, und wird dann über die Ureteren, die Harnblase und die Urethra ausgeschieden. In der Abbildung 200 sind die wichtigsten Begriffe erklärt.

Die Nieren haben im Prinzip folgende vier Aufgaben:

I. Stoffwechselprodukte auszuscheiden (z. B. Harnstoff, Kreatinin, Urat, Phosphat, Sulfat, H^+);
II. Substrate durch Resorption aus dem Ultrafiltrat zu konservieren, so daß diese Substanzen mit dem Urin nicht oder nur in Spuren ausgeschieden werden (z. B. Kohlenhydrate, Aminosäuren, Fettsäuren);
III. Elektrolyte und Wasser auszuscheiden bzw. zu konservieren, damit Elektrolytkonzentrationen und Volumen der EZF mehr oder weniger konstant bleiben (z. B. Na^+, K^+, Ca^{++}, Mg^{++}, Cl^-, HCO_3^-);
IV. Hormone zu aktivieren, zu inaktivieren und in aktiver oder inaktiver Form zu resorbieren oder auszuscheiden.

Die Nieren haben demnach wichtige exkretorische, regulatorische und endokrine Funktionen.

a. Historischer Überblick

Bereits Galen (2. Jh. n. Chr.) erkannte, daß die Nieren den Urin bilden, nicht etwa die Harnblase, wie man zuvor vermutet hatte. Die Italiener Bellini (1662) und Malpighi (1666) beschrieben den komplexen tubulären Aufbau des Nierenparenchyms und die Glomeruli.

Bowman (1883) untersuchte im einzelnen die glomerulären Kapillarknäuel, die sie umgebende Epithelhülle (»Bowmansche Kapsel«) und die Verbindung zu den von einschichtigem Epithel ausgekleideten Tubuli. Er sah, daß jeder Glomerulus

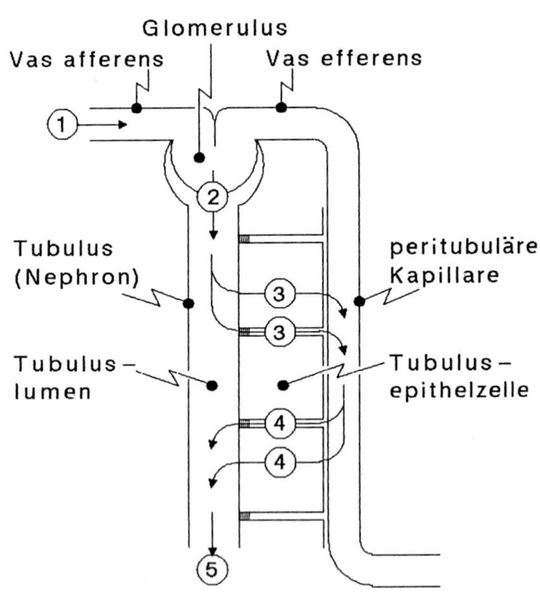

Abb. 200. Erklärung wichtiger, die Nierenfunktion beschreibender Begriffe: **(1)** große spezifische Durchblutung, **(2)** Ultrafiltration = Abpressen von Serumwasser in das Tubulussystem, **(3)** Resorption = Nettotransport von Vorurin aus dem Tubuluslumen in das Kapillarblut, **(4)** Sekretion = Nettotransport aus dem Kapillarblut in das Tubuluslumen, **(5)** Exkretion von Urin

nur in einen Tubulus mündet und daß mehrere Tubuli zu Sammelrohren konfluieren. Er vermutete, daß in den Glomeruli Wasser ausgeschieden wird, welches dann die durch die Tubuluszellen sezernierten Substanzen ausschwemmt:

= glomeruläre Wasserexkretion und tubuläre Sekretion.

Ludwig (1844) faßte den glomerulären Flüssigkeitstransport als passiven Ultrafiltrationsprozeß auf, durch den eine Elektrolytlösung ohne Plasmaeiweiß in die Tubuli abgepreßt wird. Stromabwärts würde dann, so folgerte er, ein Teil des filtrierten Wassers resorbiert und so die Konzentration der gelösten kleinmolekularen Stoffe im Vorurin erhöht. Er vermutete, daß das Volumen des Ultrafiltrates sehr groß sei, so daß alle auszuscheidenden Stoffe bereits darin enthalten wären. Die Wasserresorption entlang des Nephrons sollte durch »endoosmotische« physikalische Kräfte bewerkstelligt werden:

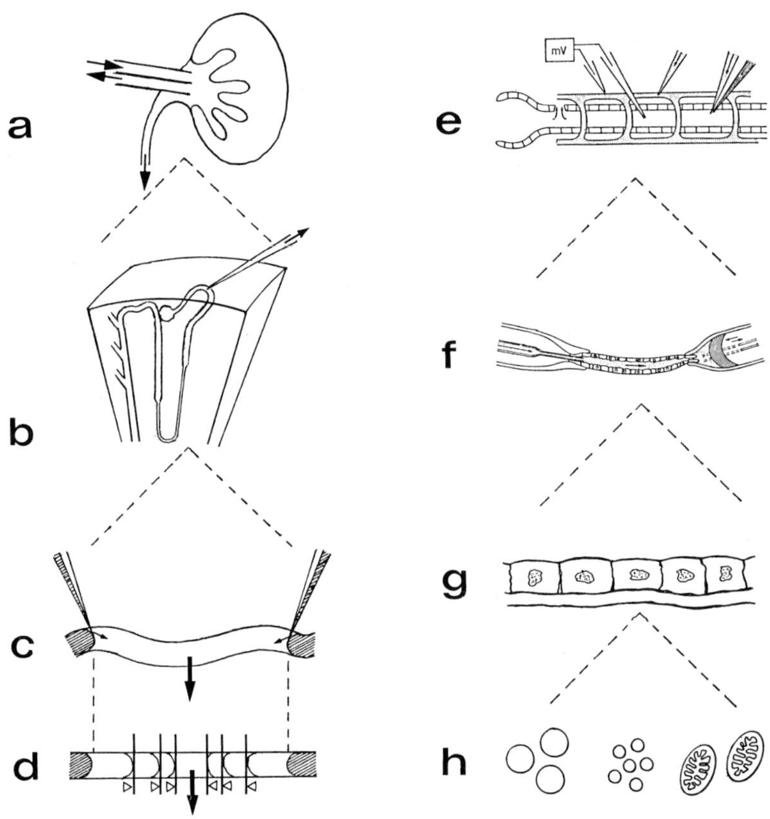

Abb. 201. Überblick über verschiedene Methoden zur quantitativen Untersuchung der Nierenfunktion.

a: Während die konventionelle **Clearance-Technik** die Funktion des gesamten Organsystems erfaßt, erlauben Mikromethoden die Analyse einzelner Nephronsegmente in vivo und/oder in vitro. **b:** Bei der **Freifluß-Mikropunktionstechnik** analysiert man an verschiedenen Stellen aspirierte TF anstelle von Urin. Die mathematische Behandlung der Daten entspricht dem der Clearance-Berechnungen. **c** und **d: Methode der gespaltenen Ölsäule:** Durch Öltropfeninjektion in Tubuli kann der TF-Strom unterbrochen werden (›stopped flow‹) und eine Testlösung in die Ölsäule injiziert werden. Aus der photographisch registrierten Bewegung der gespaltenen Öltröpfchen aufeinander zu kann man die tubuläre Resorptionsrate der Flüssigkeit berechnen. Fügt man dem stehenden Tropfen eine resorptionshemmende osmotisch wirksame Substanz (z. B. Mannit) zu, so läßt sich die Testlösung nach variabler Verweildauer wieder aspirieren und der Analyse zuführen. So erhält man stationäre intratubuläre Konzentrationen interessierender Substanzen an verschiedenen Orten entlang des Nephrons. **e: Mikroperfusion in vivo:** Mikropunktionstechniken lassen sich durch den Gebrauch von Perfusionspumpen und Mikroelektroden erweitern. Das Prinzip besteht darin, die tubuläre und die peritubuläre Seite genau zu kontrollieren und zugleich transtubuläre Transportraten und/oder elektrische Potentialdifferenzen zu messen. **f:** Eine wichtige neuere Erweiterung ist die Methode der **in vitro-Perfusion** einzelner aus der Niere herauspräparierter Tubulussegmente. Hierbei lassen sich wiederum die chemischen und physikalischen Parameter kontrollieren; der Vorteil besteht aber darin, daß auch in der Tiefe des Nierenparenchyms liegende Abschnitte herauspräpariert und analysiert werden können. **g: In vitro-Kultivierung** von Tubuluszellen. **h:** Aus den Tubuluszellen lassen sich **subzelluläre Fraktionen** gewinnen (z. B. Kerne, Mikrosomen, Mitochondrien, Membranvesikel), die sich mit verschiedenen Methoden weiter untersuchen lassen

= glomeruläre Ultrafiltration und passive tubuläre Wasserresorption.

Heidenhain (1874) modifizierte das Konzept von Bowman: Er vertrat die Ansicht, daß die Urinbildung durch Sekretion in den Glomeruli und in den Tubuli bedingt sei. An der transzellulären Sekretion sei eine aktive (chemische) Kraft beteiligt. Die große Harnstoffausscheidung sei nur durch eine Sekretion in den Bowmanschen Kapselraum zu erklären, es sei denn, man gehe von einer seiner Meinung nach »unrealistisch hohen« Filtrationsrate aus, die beim Menschen um $70\ l \cdot 24\ h^{-1}$ betragen müsse. Später stellte sich heraus, daß dieser Wert sogar etwa $180\ l \cdot 24\ h^{-1}$ beträgt:

= glomeruläre und tubuläre Sekretion.

Die verschiedenen Konzepte waren größtenteils Postulate, die sich auf ungenügende experimentelle Befunde stützten. Sie wurden 1917 von Cushing in einer Monographie zusammengefaßt, die sich mit den verschiedenen Elementen Ultrafiltration, Resorption und Sekretion auseinandersetzte. Sie gewann vor allem dadurch an Bedeutung, daß sie viele experimentelle Forscher zum eingehenden Studium der Nierenfunktion stimulierte.

Von den vielen folgenden Erkenntnissen, mit denen sich das vorliegende Kapitel auseinandersetzt, seien nur drei weitere wichtige genannt, weil sie schlaglichtartig den Zusammenhang zwischen Struktur und Funktion erhellen. Peter (1909) publizierte die Beobachtung, daß nur Tiere mit Henleschen Schleifen, also Vögel und Säugetiere, einen im Vergleich zum Blutplasma konzentrierten Urin bilden können. Wirz (1954) war der erste, der experimentelle Daten zur Aufklärung des in den Henleschen Schleifen lokalisierten Gegenstrom-Mechanismus vorlegte. Peter beschrieb auch die bemerkenswerte Tatsache, daß die aufsteigenden Schleifenschenkel Kontakt mit ihren eigenen Glomeruli aufnehmen. Dieser strukturellen Merkwürdigkeit ordnete Thurau (1974) experimentelle Befunde zu, die man heute als tubuloglomeruläre Feedbackkontrolle der Filtration bezeichnet.

Wesentliche methodische Marksteine, die die moderne Nierenphysiologie befruchteten, sind die Einführung der Mikropunktionstechnik, die Entwicklung der in vitro-Perfusion isolierter Einzeltubuli, die Anwendung elektrophysiologischer Methoden, die in vitro-Züchtung von Nierenzellen und die Anwendung der Vesikeltechnik auf die Niere (Abb. 201).

2. Morphologische Grundlagen

Im folgenden geben wir eine kurze Übersicht über die wichtigsten Strukturmerkmale, die für das Verständnis der Nierenfunktion von Bedeutung sind. Makroskopisch lassen sich an einem Nierenschnitt drei Abschnitte erkennen:

a. die bräunlich gefärbte Nierenrinde,
b. das rötlich gefärbte äußere Mark,
c. das weiße innere Mark, das mit der Papillenspitze in das Nierenbecken hineinragt.

Die Grenze zwischen Rinde und äußerem Mark ist durch die bogenförmig verlaufenden Aa. und Vv. arcuatae gut begrenzt.

Anordnung der Gefäße

Die am Hilus eintretende A. renalis teilt sich in die Aa. interlobares, diese in die Aa. arcuatae, aus denen schließlich die rindenwärts verlaufenden Aa. interlobulares entstehen. Hiervon zweigen in verschiedenen Etagen nahezu rechtwinkelig die afferenten Arteriolen ab, die sich in die Kapillarknäuel der Glomeruli aufspalten. Am Ende der Glomeruli vereinigen sich die Kapillarschlingen jeweils zu einer efferenten Arteriole, die dann erneut in ein Kapillargebiet, das peritubuläre Kapillarnetz, einmündet. Letzteres versorgt die Tubuli. Der venöse Rückfluß erfolgt dann analog zum arteriellen Zustrom. Das Charakteristische der Rindengefäßversorgung besteht also darin, daß je zwei Arteriolen- und Kapillarabschnitte hintereinander geschaltet sind:

afferente Arteriolen ----> glomeruläre Kapillaren ---->

efferente Arteriolen ----> peritubuläre Kapillaren

In Abbildung 202 sind die Besonderheiten der Gefäßanordnung in der Säugetierniere dargestellt. Aus der Strömungsrichtung des Blutes läßt sich ablesen, daß der Blutdruck in den Glomeruluskapillarschlingen höher sein muß, als in den peritubulären Kapillaren. Durch den höheren Druck in den Glomeruli wird das Abpressen des Ultrafiltrates, durch den niedrigen Druck in den peritubulären Kapillaren dagegen die Aufnahme von Flüssigkeit in das Blut begünstigt. Die an der Rinden/Mark-Grenze gelegenen efferenten Arteriolen (= juxtamedulläre Arteriolen) weisen im Gegen-

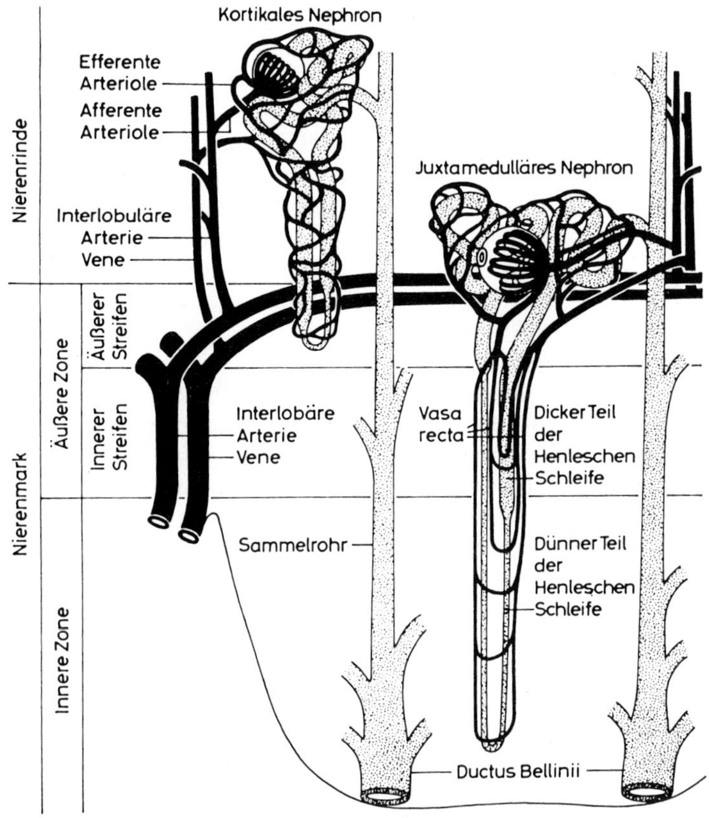

Abb. 202. Unterschiedliche Blutversorgung der oberflächlichen (kortikalen) und tiefen (juxtamedullären) Nephrone. (PITTS, 1972)

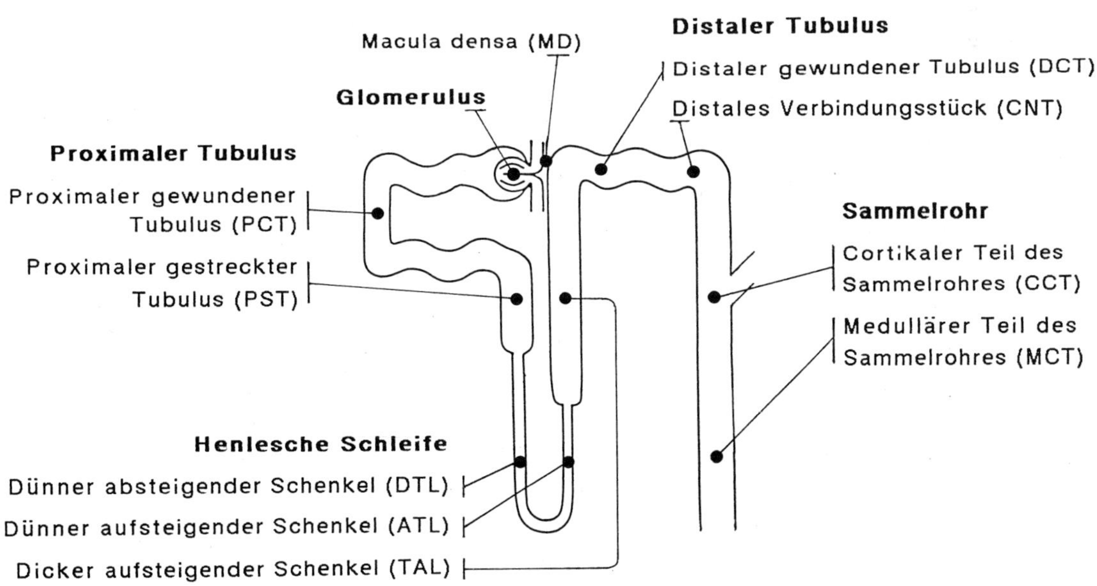

Abb. 203. Schematische Darstellung eines Tubulus mit Bezeichnung der wichtigsten Abschnitte (Abkürzungen s. Abschnitt A)

satz zu den kortikalen efferenten Arteriolen eine Besonderheit auf: Sie versorgen nicht nur das peritubuläre Kapillarnetz der unmittelbaren Umgebung, sondern sie geben die nach markwärts verlaufenden Vasa recta ab. Diese bilden im äußeren und inneren Mark ein Schleifensystem mit Kapillargeflechten (s. Abb. 202).

Nierentubuli (Nephrone)

Die als Tubuli bezeichneten Harnkanälchen beginnen mit dem Bowmanschen Kapselraum und erstrecken sich mit einem komplizierten Verlauf bis zur Papillenspitze (s. Abb. 203). Sie sind die eigentlichen Funktionselemente des Nierenparenchyms, in denen aus dem Ultrafiltrat durch transtubuläre Transportprozesse der Endurin hergestellt wird. Die wichtigsten Abschnitte sind: a) der proximale Tubulus mit dem gewundenen (pars convoluta; PCT) und dem markwärts gestreckten (pars recta; PST) Anteil. Darauf folgt die Henlesche Schleife, die sich aus dem dünnen absteigenden (DTL), dem dünnen aufsteigenden (ATL) und dem dicken aufsteigenden Schleifenschenkel (TAL) zusammensetzt. Letzterer erstreckt sich rindenwärts bis zum dazugehörigen Glomerulus, dessen Gefäßpol er berührt. Eine wichtige Besonderheit besteht darin, daß die Henlesche Schleife der Säugetierniere immer zurück zum individuellen »eigenen« Glomerulus zieht. Henlesche Schleifen oberflächlich gelegener Tubuli sind kürzer als solche von tiefen juxtamedullären Tubuli. Die Schleifen haben eine wichtige Bedeutung bei der Urinkonzentrierung. Der sich anschließende distale Tubulus hat ebenfalls eine pars convoluta (DCT) und mündet mit einem kurzen Übergangsstück (CNT) in ein Sammelrohr (CCT und MCT). Mehrere distale Tubuli fließen in ein Sammelrohr zusammen. Die Sammelrohre verlaufen von der Rinde gestreckt bis zur Papillenspitze und münden dort in das Nierenbecken. Entlang des Nephrons lassen sich wesentliche ultrastrukturelle Besonderheiten nachweisen, die in Abbildung 204 schematisch vereinfacht dargestellt sind. Das Prinzip dieser longitudinalen Struktur- (und Funktions-) Heterogenität besteht darin, daß die proximalen Tubuli von einem durchlässigen (›lecken‹) Epithel, die distalen Tubuli und Sammelrohre von einem dichteren (›mäßig lecken‹) Epithel ausgekleidet sind. Von besonderer funktioneller Bedeutung ist ferner die Berührungsstelle zwischen aufsteigendem Schleifenschenkel und Glomerulus, die Macula densa. Von hier aus wird die Größe des glomerulären Ultrafiltrates mitbeeinflußt.

Neben der longitudinalen Strukturheterogenität der Tubuli gibt es auch Unterschiede zwischen oberflächlichen und tiefen (juxtamedullären) Nephronen und den dazugehörigen Glomeruli (= regionale Heterogenität). So haben z. B. oberflächliche Glomeruli ein kleineres Volumen als juxtamedulläre. Letztere haben besonders weite efferente Arteriolen.

Lymphgefäße und Nerven

In der Nierenrinde finden sich reichlich Lymphgefäße. Sie beginnen im perivaskulären Gewebe der Aa. interlobulares und verlaufen an der Rinden/Mark-Grenze mit den Arcuatagefäßen. Von dort ziehen sie mit den Blutgefäßen und verlassen die Niere am Hilus. Für die Gegenstromkonzentrierung des Urins mag es von Bedeutung sein, daß im Nierenmark Lymphgefäße nur schwach oder gar nicht ausgebildet sind. Die Niere ist mit sympathischen und parasympathischen Nervenfasern versorgt, die vor allem aus dem Plexus coeliacus stammen. Sie ziehen zu den glatten Muskelzellen der Arterien und Arteriolen und zum juxtaglomerulären Apparat (s. u.). Auch zu den Tubuli ziehen vereinzelt Nervenfasern; ihre Funktion ist nur unvollständig untersucht.

3. Untersuchung der Nierenfunktion

Urinanalysen: Gemessen wird das Urinzeitvolumen ($\dot{V}_U$, $ml \cdot min^{-1}$) und die Urinzusammensetzung, d. h. die osmotische Gesamtkonzentration ($[Osmol]_U$, $mosmol \cdot kg^{-1}$) und die Konzentration verschiedener Substanzen im Urin ($[X]_U$, $mmol \cdot l^{-1}$). Bis zu einem gewissen Grad kann man aus den Meßergebnissen Rückschlüsse auf die Gesamtnierenfunktion ziehen. Aus dem Urinzeitvolumen läßt sich ablesen, ob sich ein Individuum im Zustand der Normurie ($\dot{V}_U$ im Normbereich), der Polyurie ($\dot{V}_U$ erhöht) oder der Oligurie ($\dot{V}_U$ erniedrigt) befindet. Als Anurie bezeichnet man den Zustand des völligen Versiegens der Urinausscheidung. Die genaue Messung des Urinzeitvolumens erfordert unter bestimmten Bedingungen, vor allem bei Oligurie, die Katheterisierung der Blase. Der Urin sollte normalerweise praktisch frei von

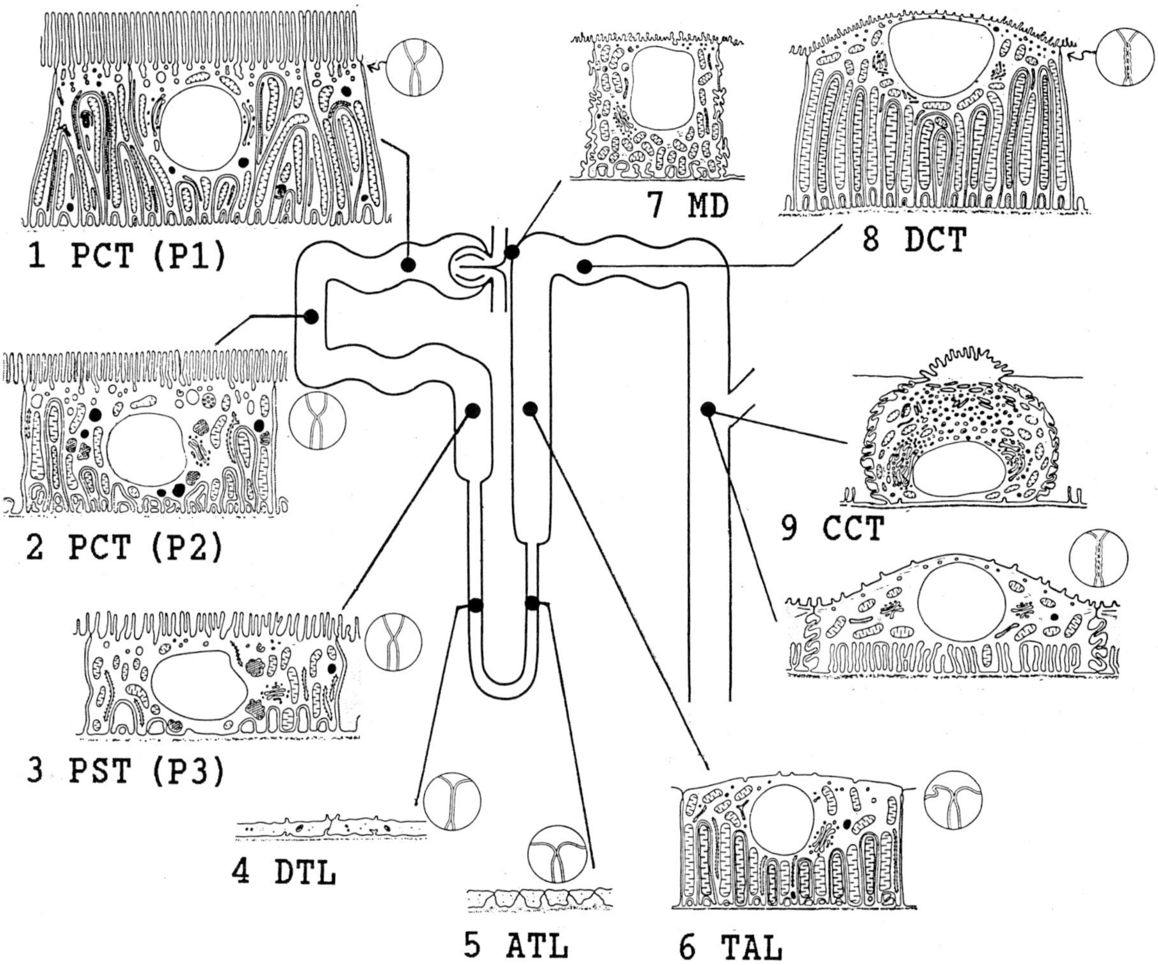

Abb. 204. Longitudinale Heterogenität der Tubulusepithelien.

Die Epithelzellen sind mit der dem Tubuluslumen zugewandten apikalen Seite nach oben dargestellt. Die neben den Zellen angeordneten kreisförmigen Detailzeichnungen sind vergrößerte Darstellungen der Schlußleisten (Zonulae occludentes, englisch: tight junctions). **1** = proximaler gewundener Tubulus (Segment P 1), **2** = proximaler gewundener Tubulus (Segment P 2), **3** = proximaler gestreckter Tubulus (Segment P 3), **4** = dünner absteigender Schenkel, **5** = dünner aufsteigender Schenkel, **6** = dicker aufsteigender Schenkel der Henleschen Schleife, **7** = Macula densa, **8** = distaler gewundener Tubulus, **9** = kortikaler Teil des Sammelrohres; oben: dunkle Zelle; unten: helle Zelle (nach Kriz & Kaissling; in Seldin & Giebisch, 1985, und nach Bulger & Dobyan, 1982). Mitochondrienreichtum weist auf hohe aktive Transportleistung hin (1–2 und 6–8). Kleine flache Zellen weisen keinen meßbaren aktiven Transport auf (4–5). Starke Einfältelung der apikalen Membran (Oberflächenvergrößerung) sowie punktartige Zonulae occludentes sind typisch für ›lecke‹ Epithelien mit großer Durchlässigkeit, hohen Transportraten und der Unfähigkeit, gegen nennenswerte Gefälle zu transportieren (1–2). Ausgeprägte reißverschlußartige Zonulae occludentes sind typisch für ›mäßig lecke‹ und ›dichte‹ Epithelien mit geringerer Durchlässigkeit, geringeren Transportraten und der Fähigkeit, gegen starke Gefälle zu transportieren (8–9) (vgl. Abschnitt 6.a; Abkürzungen s. Abschnitt A)

Glucose und Aminosäuren sein und nur geringste Mengen von Erythrozyten und Leukozyten enthalten (s. Lehrb. f. Klin. Chemie).

Plasmaanalysen: Sie eignen sich in begrenztem Maß zur »Erfolgskontrolle« der Nierenfunktion, da die normale Zusammensetzung des Plasmas wesentlich von der Ausscheidungsfunktion der Nieren mitbestimmt wird. Störungen der Nierenfunktion führen zu Veränderungen der Zusammensetzung des Plasmas. Die Schwierigkeit besteht jedoch darin, daß solche Veränderungen nicht notwendigerweise durch eine gestörte Nierenfunktion bedingt sein müssen, sondern auch durch Störungen der Aufnahme, der Verteilung und des Stoffwechsels von Stoffen bedingt sein können.

Ganz allgemein gilt, daß Plasmavolumen, Plasmazusammensetzung, Urinzeitvolumen und Urinzusammensetzung nicht nur durch primär renale Prozesse, sondern auch durch prärenale Prozesse (Aufnahme, Verteilung, Stoffwechsel, extrarenale Ausscheidung) und durch postrenale Prozesse (im urinableitenden System) bedingt sein können. Urin- und Plasmaanalysen allein sind deshalb diagnostisch nicht ausreichend, vor allem auch deshalb, weil sie über die intrarenalen Vorgänge wie Durchblutung, glomeruläre Filtration, tubuläre Resorption und tubuläre Sekretion keine quantitative Information vermitteln. Diese erhält man nur durch Clearancemessungen.

Clearance

Mißt man über eine bestimmte Zeit die ausgeschiedene Menge einer Substanz X ($= [X]_U \cdot \dot{V}_U$) und vergleicht sie mit der zur gleichen Zeit gemessenen Plasmakonzentration der Substanz X ($= [X]_P$), so erhält man einen Wert, den man als Clearance (= C = Klärwert) bezeichnet:

$$(7) \quad C = \frac{[X]_U \cdot \dot{V}_U}{[X]_P} \ (\mathrm{ml \cdot min^{-1}\ bzw.\ ml \cdot 24\,h^{-1}})$$

$[X]_U$, $[X]_P$ = Konzentration der Substanz X in Urin bzw. Plasma ($\mathrm{mmol \cdot l^{-1}}$)
$\dot{V}_U$ = Urinzeitvolumen ($\mathrm{ml \cdot min^{-1}}$ bzw. $\mathrm{l \cdot 24\,h^{-1}}$)

> Die Clearance einer Substanz X gibt das Plasmavolumen an, das pro Zeiteinheit durch renale Exkretion von X vollständig gereinigt wird.

Die Clearance bezeichnet somit ein fiktives Plasmavolumen, nämlich dasjenige, das pro Minute mindestens durch die Nieren fließen muß, um die ausgeschiedene Substanzmenge der Niere zuzuführen. Hierzu ein Beispiel: Bei einem Tier betrage der renale Plasmadurchfluß zu einer bestimmten Zeit $100\,\mathrm{ml \cdot min^{-1}}$. Die gleichzeitig gemessene Clearance einer Substanz X betrage $10\,\mathrm{ml \cdot min^{-1}}$. Nach der Clearanceangabe wurden also 10 ml Plasma pro Minute von der Substanz X vollständig gereinigt. Tatsächlich betrug die renale Reinigung (= renale Extraktion) der gesamten durchfließenden Plasmamenge nur 10 %, d. h. die Konzentration von X im Nierenvenenblut betrug ca. 90 % der arteriellen Plasmakonzentration (der genaue Wert der venösen Konzentration hängt von $\dot{V}_U$ ab).

Der Vorteil des Clearanceverfahrens besteht darin, daß die Meßwerte unter normalen Bedingungen meist nur innerhalb engerer Grenzen variieren als die Werte für die Ausscheidung der Substanzen. Primäre Erhöhungen der Plasmakonzentration einer Substanz führen normalerweise zu einem Anstieg der ausgeschiedenen Stoffmenge. Andererseits kann die Clearance ein empfindlicher Indikator für krankhafte Abweichungen der Nierenfunktion sein; steigt die Plasmakonzentration einer Substanz an, weil sie durch eine gestörte Nierenfunktion vermindert eliminiert wurde, so wird die Clearance dieser Substanz stark erniedrigt. Tabelle 62 zeigt typische Clearancewerte beim Menschen unter Normalbedingungen.

Tab. 62. Typische Clearancewerte beim Menschen unter Normalbedingungen. Das Verhältnis der Clearances zueinander ist bei vielen Säugern ähnlich

Meßsubstanz	Clearance (ml/min)
Glucose	0
Aminosäuren	0
Na^+	0,5
K^+	8
Harnstoff	75
Inulin (Kreatinin)	125
PAH	650

Die Betrachtung der Clearanceformel ergibt, daß sie einen Grenzfall des Fickschen Prinzips darstellt, das ganz allgemein formuliert werden kann:

$$(8) \quad \text{Stromstärke } \dot{Q} = \frac{\text{transportierte Menge von X pro Zeit}}{\text{arteriovenöse Konzentrationsdifferenz von X}}$$

Auf die Niere bezogen:

$$(8a) \quad C_X = \frac{[X]_U \cdot \dot{V}_U}{[X]_{aP} - [X]_{vP}}$$

aP, vP = arterielles bzw. venöses Plasma

C_X ist demnach die vollständige Formel, mit Hilfe derer der Gesamtplasmadurchfluß durch die Niere berechnet werden kann. Dasselbe wäre mit der vereinfachten Clearanceformel (7) möglich, wenn die Meßsubstanz bei einmaligem Passieren der Niere vollständig extrahiert wird (d. h. ihre Konzentration im Nierenvenenblut $[X]_{vP} = 0$ ist). Dies ist in Näherung bei PAH gegeben (vgl. Abschnitt 4.c). Ein weiterer Sonderfall ist die Clearance einer Substanz, die, wie z. B. Inulin (s. u.), unbehindert filtriert, dann aber von den Tubuli nicht resorbiert und nicht sezerniert werden kann. Für diesen Fall gilt (vgl. Abschnitt 5.f), daß die Clearance ein Maß für die glomeruläre Filtrationsrate darstellt.

Clearancewerte können also maximal den Wert einer vollständig extrahierten Substanz und minimal den Wert 0 annehmen. Lediglich im Fall der Clearance des freien Wassers (C_{H_2O}) gibt es negative Werte (s. Abschnitt 4.c). Unter einem Clearancequotienten (C_X/C_{glom}) versteht man die Clearance einer Substanz X dividiert durch die gleichzeitig gemessene Clearance von Inulin. Unbehinderte Filtration vorausgesetzt, läßt sich aus den Clearancequotienten ablesen:

(9) $C_X/C_{Inulin} = 1$ Substanz X wird bilanzmäßig wie Inulin ausgeschieden, also im Nettoeffekt weder resorbiert noch sezerniert.

(10) $C_X/C_{Inulin} < 1$ Substanz X wird im Nettoeffekt teilweise oder ganz resorbiert.

(11) $C_X/C_{Inulin} > 1$ Substanz X wird im Nettoeffekt filtriert und sezerniert.

Wie ausgeführt wurde, setzt die Berechnung einer renalen Clearance die Sammlung und Analyse von Urin und arteriellem Plasma voraus. Sie beschreibt dann den Klärwert der gesamten Niere. Mit Hilfe verschiedener Mikropunktionsmethoden (s. Abb. 201 e) gelingt es, aus verschiedenen Segmenten der Tubuli Vorurin (= Tubulusflüssigkeit) anzusaugen und zu analysieren. Man kann auf diese Weise die Transportfunktion einzelner Nephronsegmente getrennt untersuchen. Voraussetzung ist, daß das entsprechende Segment von der Oberfläche her durch eine Mikropunktionskapillare erreicht werden kann. Neuerdings gelingt es jedoch auch, tiefer gelegene Tubulusabschnitte herauszupräparieren und sie in vitro zu perfundieren (s. Abb. 201 f).

4. Hämodynamik und Sauerstoffverbrauch

Es wurde bereits darauf hingewiesen, daß die Nieren zu den bestdurchbluteten Organen gehören. In der Tabelle 63 sind am Hund erhobene Meßwerte dargestellt, die die Verhältnisse bei den meisten Säugetieren repräsentieren. Aus den vorliegenden Messungen läßt sich folgendes ableiten:

1. Etwa 20 % des Herzminutenvolumens fließen durch die Nieren, obwohl diese nur 0,5 % des Körpergewichtes ausmachen (= hohe spezifische Durchblutung).
2. Das in die Niere einströmende Blut passiert praktisch vollständig die Glomeruli.
3. Die Nierenrinde wird stärker durchblutet als das äußere und innere Mark (= ungleiche spezifische Durchblutung).
4. Die Blutverteilung in der Niere ist nicht absolut konstant. Dies ist deshalb von Bedeutung, weil sich oberflächliche und tiefe Nephrone sowie in der Nierenrinde oder im Nierenmark liegende Tubulusabschnitte strukturell und funktionell unterscheiden (= longitudinale und regionale Heterogenität).

Da alle Nierenregionen dem gleichen arteriellen Blutdruck ausgesetzt sind und etwa das gleiche vaskuläre Volumen besitzen, muß die Abnahme der regionalen Durchblutung (I) von der Rinde zur Papilla hin durch einen zunehmenden Strömungswiderstand (R) bedingt sein (vgl. Tab. 63):

(12) $I = \Delta P/R$ — ΔP = arteriovenöse hydrostatische Druckdifferenz (mmHg bzw. kPa)

(13) $R = \frac{8 \cdot l \cdot \eta}{r^4 \cdot \pi}$ — l = Länge des Gefäßes (cm); η = Viskosität des Blutes (mmHg · min bzw. Pa · s); r = Radius des Gefäßes (cm)

Tab. 63. Intrarenale Verteilung der Blutstromstärke (I), mittlere Kreislaufzeiten ($\bar{t}$) und vaskuläre Volumina (V) der Hundeniere (DEETJEN et al. [1964]; Pflügers Arch. **279**, 281)

	Gewicht (% Gesamtniere)	V (ml/100 g Gewebe)	$\bar{t}$ (s)	I (ml/100 g Gewebe)	I (% Gesamtdurchbltg.)
Rinde	70	19	1,3	458	92,5
äußere Markzone	20	19	5,2	112	6,5
innere Markzone	10	22	22,4	29	1,0

Der höhere Widerstand in den Markgefäßen ist teilweise durch die Länge (l) der Vasa recta und teilweise durch den Anstieg der Blutviskosität (η) im konzentrierenden Nierenmark (s. u.) bedingt, möglicherweise aber auch durch nervöse und humorale Faktoren, die den Radius (r) der Widerstandsgefäße beeinflussen.

Der Druckabfall entlang der Nierengefäße erfolgt nicht linear. Wie in der Abbildung 205 dargestellt, sind besonders die afferenten Arteriolen und an zweiter Stelle die efferenten Arteriolen die Hauptwiderstandsgefäße. In den Glomeruluskapillaren findet nur ein unmerklicher Druckabfall statt. Die absolute Höhe des mittleren Blutdruckes ($\bar{P}_{glom}$) in den Glomeruli ist jedoch nicht konstant, sondern abhängig von den Strömungswiderständen der in Serie geschalteten afferenten und efferenten Arteriolen. Es gilt:

$$(14)\quad \bar{P}_{glom} = \bar{P}_a \cdot \frac{R_{eff}}{R_{aff} + R_{eff}}$$

In Abbildung 206 sind die hämodynamischen Folgen von Widerstandsveränderungen in den beiden Arteriolengebieten schematisch vereinfacht dargestellt. Es läßt sich ablesen, daß

- afferente Widerstandsänderungen gleichsinnige Änderungen von RPF und GFR, und
- efferente Widerstandsänderungen gegensinnige Änderungen von RPF und GFR bewirken.

Der Nierengefäßwiderstand steht unter dem Einfluß verschiedener Faktoren, die am Ende des folgenden Abschnitts zusammengestellt sind.

a. Autoregulation

Der Begriff »Autoregulation« bezeichnet die Tatsache, daß die Durchblutung nicht einfach druckpassiv variiert. Steigt oder fällt der arterielle Mitteldruck, so bleibt innerhalb eines Bereiches von ca. 80–180 mmHg (10–24 kPa) der renale Plasmafluß und damit die Durchblutung nahezu konstant (Abb. 207), zumindest ändert sie sich weniger, als bei druckpassivem Verhalten starrer Widerstandsgefäße zu erwarten wäre. Die Autoregulation kann auch bei denervierten und bei isolierten Nieren beobachtet werden, selbst dann, wenn diese mit einem zellfreien Perfusat statt mit Blut durchströmt werden. Der Mechanismus funktioniert also auch unabhängig von extrarenalen nervösen oder humoralen Faktoren und in Abwesenheit von Blutzellen. Bis zu einem gewissen Grad findet man Autoregulation auch im Bereich anderer Gefäßgebiete (z. B. im Intestinal-, Gehirn- und Muskelgebiet), jedoch nicht so ausgeprägt wie in der Niere.

Aus Abbildung 207 ist ersichtlich, daß Druckschwankungen im Autoregulationsbereich offenbar mit proportionalen Änderungen des Strö-

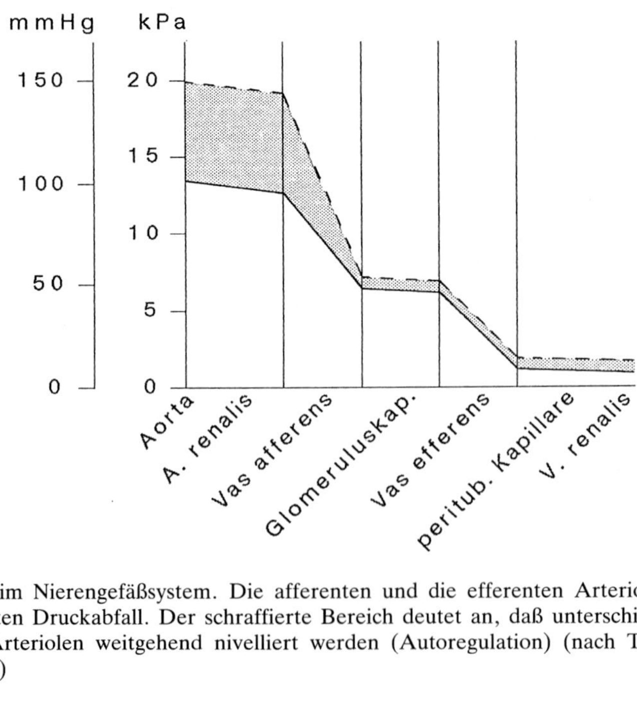

Abb. 205. Druckabfall im Nierengefäßsystem. Die afferenten und die efferenten Arteriolen (Vasa aff. und eff.) verursachen den stärksten Druckabfall. Der schraffierte Bereich deutet an, daß unterschiedliche arterielle Drucke durch die afferenten Arteriolen weitgehend nivelliert werden (Autoregulation) (nach THURAU & WOBER, 1962; Pflügers Arch. **274**, 553)

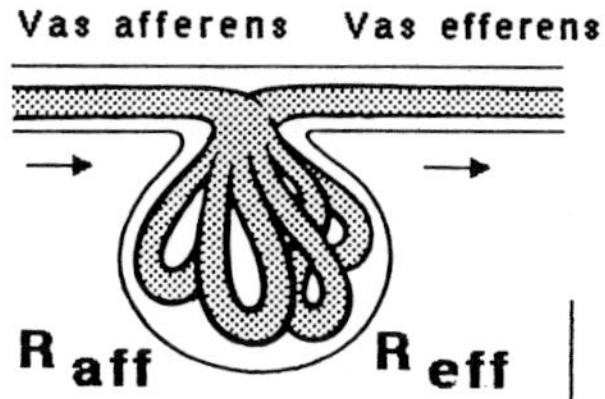

R_{aff}	R_{eff}	R_{total}	P_{Glom}	GFR	RPF
normal	normal	normal	normal	normal	normal
↓	normal	↓	↑	↑	↑
↑	normal	↑	↓	↓	↓
normal	↓	↓	↓	↓	↑
normal	↑	↑	↑	↑	↓

Abb. 206. Auswirkung von Änderungen des afferenten (R_{aff}) und efferenten (R_{eff}) Arteriolenwiderstandes auf GFR und RPF. Der arterielle hydrostatische Druck und der kolloidosmotische Druck des arteriellen Blutes wird als konstant angenommen, normal (1. Zeile) = Ausgangszustand

mungswiderstandes einhergehen. Dies ist nur möglich, wenn bei steigendem arteriellen Druck afferente und/oder efferente Arteriolen enger gestellt werden. Da nicht nur die renale Durchblutung, insbesondere die der Nierenrinde, sondern auch die GFR autoreguliert ist (vgl. Abb. 207), muß man aufgrund der in Abbildung 206 dargestellten Gesetzmäßigkeiten auf eine überwiegende Anpassung des afferenten Arteriolenwiderstandes schließen. Mehrere Mechanismen scheinen für die »Autoregulation« verantwortlich zu sein:

Myogener Mechanismus: Es ist seit den Untersuchungen von Bayliss (1962) bekannt, daß glatte

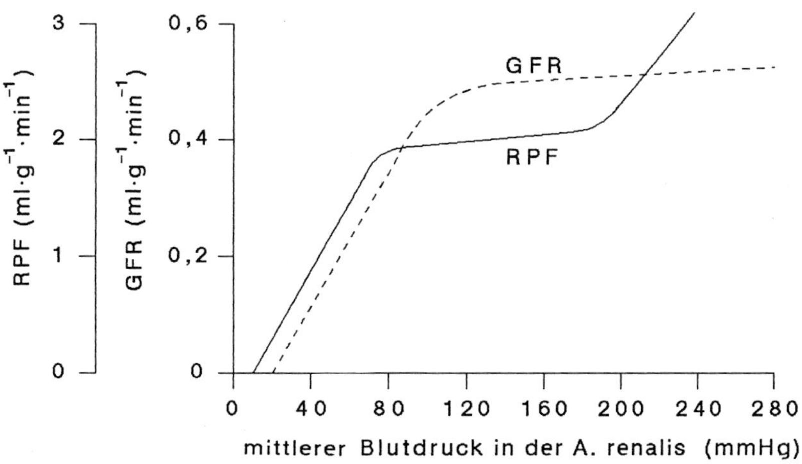

Abb. 207. Autoregulation des renalen Plasmaflusses (RPF) und der glomerulären Filtrationsrate (GFR) beim Hund. (Modifiziert nach Ochwadt, 1961; Progr. cardiovasc. Dis. **3**, 501)

Muskelfasern auf eine Dehnung nach wenigen Sekunden mit einer Erhöhung des Tonus reagieren. Dies gilt nicht nur für die Gefäßmuskulatur, sondern auch für die glatte Muskulatur des Magen-Darm-Kanals. Auf die Niere übertragen bedeutet dies, daß eine Erhöhung des arteriellen Druckes über eine Zunahme des transmuralen Druckes und der Wandspannung der afferenten Arteriolen zu einer partiellen Gefäßkontraktion führt.

Tubuloglomerulärer Feedback-Mechanismus: Da die renale Autoregulation ausgeprägter ist als die anderer Gefäßabschnitte, hat man nach weiteren, spezifisch renalen Mechanismen gesucht. Einer davon scheint von einem tubulären Signal ausgelöst zu sein. Man nimmt an, daß eine arterielle Druckschwankung über kurzzeitige druckpassive Schwankungen der GFR zu einer Änderung der Strömungsrate der Tubulusflüssigkeit im Nephron führt. Experimentell konnte gezeigt werden, daß dem Macula densa-Segment hierbei eine besondere Bedeutung zukommt. Eine Erhöhung der Strömungsrate in diesem Segment führt zu einer Abnahme der Filtrationsrate im dazugehörigen Glomerulus. Wahrscheinlich wird aus dem schneller an der Macula densa vorbeiströmenden Vorurin mehr NaCl in die Umgebung resorbiert. Da ein enger Kontakt zwischen Macula densa und afferenter Arteriole besteht, ist es vorstellbar, daß durch den vermehrten Salztransport — möglicherweise über eine lokale Aktivierung von Angiotensin II in der Wand der afferenten Arteriolen — die myogen ausgelöste Gefäßkontraktion verstärkt wird. Diese von Thurau formulierte Hypothese, die durch viele experimentelle Befunde gestützt wird, ist in Abbildung 208 schematisch dargestellt.

Weitere Mechanismen werden zur Erklärung der ausgeprägten renalen Autoregulation diskutiert, auf die hier nicht eingegangen werden kann. Vor allem den Prostaglandinen hat man eine Bedeutung zugeschrieben. Bei Abnahme der Nierendurchblutung ist eine vermehrte Bildung von PGE_2 beobachtet worden. PGE_2 ist, wie in Abschnitt 13.d besprochen werden wird, ein lokaler

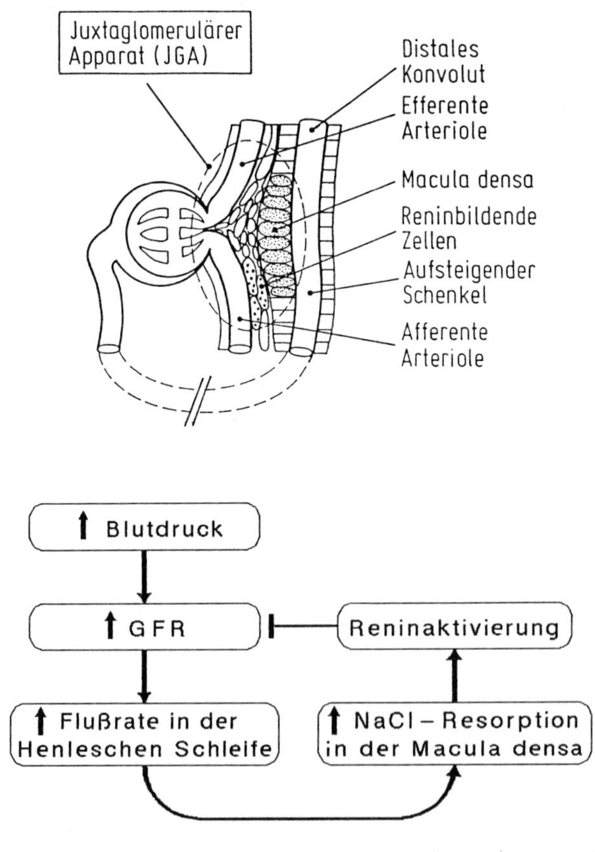

Abb. 208. Tubuloglomerulärer Feedback-Mechanismus nach THURAU. (Darstellung modifiziert nach SCHNERMANN, 1980, in: KRAMER, Arbeitsbuch Physiologie, Band 2. Urban & Schwarzenberg, München, Wien, Baltimore)

Vasodilatator. Allerdings scheint eine Zunahme der Nierendurchblutung nicht den gegenteiligen Effekt auszulösen und Befunde, die man nach Verabreichung von Indomethacin (= Hemmer des PG-Synthetasekomplexes) erhoben hat, sind noch uneinheitlich. Hinzu kommt, daß die PGE_2-Synthese vor allem im Nierenmark lokalisiert ist. Man weiß aber, daß im Bereich des Nierenmarkes nur eine geringgradige Autoregulation besteht, d. h. die Durchblutungsschwankungen bei arteriellen Druckschwankungen ausgeprägter sind als in der Nierenrinde. Dies spielt eine Rolle bei der Auslösung der sog. »Druckdiurese« (s. Abschnitt 12.b).

Um Mißverständnissen vorzubeugen, sei darauf hingewiesen, daß »Autoregulation« lediglich die Tatsache einer relativen Druckunabhängigkeit der Nierendurchblutung bezeichnet. Trotzdem können renale Durchblutung und GFR variieren, z. B. bei starker sympathicoadrenerger Aktivierung (Blutverlust, Schock) oder unter dem Einfluß von Hormonen oder Pharmaka. Postprandial, d. h. nach Nahrungsaufnahme, kommt es physiologischerweise zu einer Zunahme der GFR.

Abschließend wird eine Übersicht über die Faktoren und Zustände gegeben, die auf den renalen Gefäßwiderstand und damit auf die Durchblutung und die regionale Blutverteilung einwirken können (nach LANG, 1982; in: LOSSE/RENNER, Klinische Nephrologie):

Widerstandserniedrigend wirken Acetylcholin, Bradykinin, Prostaglandine (PGE_2), Glucocorticoide, Glucagon, Calcitonin, Furosemid, Dopamin (niedrige Dosis), Papaverin, Mannitol, Ethacrynsäure, Isoproterenol, NaCl-Zufuhr, gesteigerter Ureterdruck, Blutdruckabfall, Zunahme des Hämatokrits, Trächtigkeit.

Widerstandserhöhend wirken Noradrenalin, Adrenalin, Dopamin (hohe Dosis), Angiotensin II, ADH, Adenosin, Chlorothiazid, Indomethacin, starke nervale Stimulierung, massive Ca^{++}-Infusion, Blutdruckanstieg, Kälte, schwere Arbeit.

b. Sauerstoffverbrauch

Als transport- und stoffwechselaktive Organe haben die Nieren einen hohen spezifischen O_2-Verbrauch ($\dot{Q}_{O_2}$). Bei Menschen und Haussäugetieren beträgt er um $5\,ml \cdot 100\,g^{-1} \cdot min^{-1}$ ($= 500\,\mu mol \cdot 100\,g^{-1} \cdot min^{-1}$). Trotz des hohen $\dot{Q}_{O_2}$ ist die arteriovenöse O_2-Differenz mit ca. $1{,}5\,ml \cdot 100\,ml^{-1}$ auffallend niedrig, was durch die hohe spezifische Durchblutung der Nieren zu erklären ist. Die Verhältnisse sind in der Abbildung 209 dargestellt. Es zeigt sich:

a. daß im Normalbereich und über einen weiten Bereich abfallender Durchblutung $\dot{Q}_{O_2}$ und RBF proportional verlaufen. In diesem Bereich ist die arteriovenöse O_2-Differenz konstant (flußlimitierter Bereich);

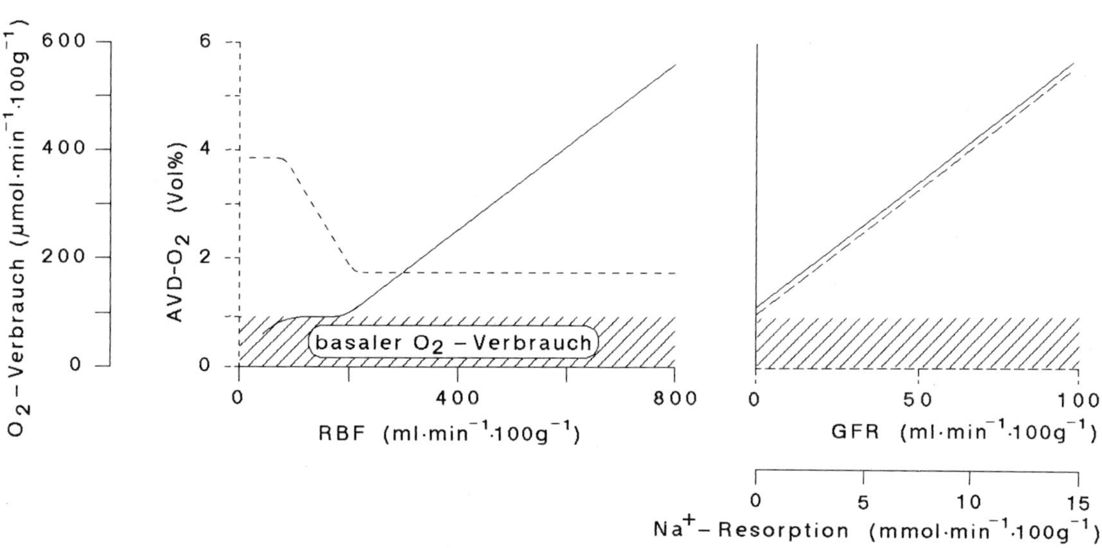

Abb. 209. Beziehung zwischen renalem O_2-Verbrauch (linke Bildhälfte, ——) bzw. AVD-O_2 (---) und RBF sowie GFR (rechte Bildhälfte, ——) und renaler Na^+-Resorption (---) beim Hund (nach KRAMER & DEETJEN, 1960; Pflügers Arch. **271,** 782)

b. erst bei drastischer Einschränkung der Durchblutung steigt die arteriovenöse O_2-Differenz an und garantiert eine »basale« O_2-Versorgung;
c. der renale O_2-Verbrauch im flußlimitierten Bereich ist proportional der »Filtratbelastung« (filtered load) des Tubulussystems. Hier ist darauf hinzuweisen, daß ca. 99 % des filtrierten Volumens und der darin gelösten Stoffe, vor allem Na^+, von den Tubuluszellen resorbiert werden; daraus ergibt sich:
d. der renale O_2-Verbrauch im flußlimitierten Bereich ist proportional der tubulären Na^+-Resorption. Die Abbildung 209 gibt die eigentliche kausale Beziehung wieder: Der renale O_2-Verbrauch wird im wesentlichen von der Größe des renalen Na^+-Transportes bestimmt. Aus der Steigung in Abbildung 209 kann man ablesen, daß einer Nettoresorption von ca. 28 mmol Na^+ der Verbrauch von 1 mmol O_2 entspricht. Die Bedeutung dieses Befundes wird in Abschnitt 7 weiter diskutiert.

c. Meßmethoden

Die im folgenden verwendeten Abkürzungen sind in Abschnitt A zusammengefaßt. Die renale Durchblutung kann mit verschiedenen Methoden gemessen werden, je nachdem, ob man an der spezifischen Organdurchblutung, der Gesamtdurchblutung oder der regionalen Blutverteilung interessiert ist.

Clearancetechnik

Wird eine mit dem Blut einströmende Meßsubstanz durch Filtration und Sekretion vollständig ausgeschieden, so gilt, wie in Abbildung 210 abgeleitet:

(15) $RPF = C_X$

Die renale Extraktion der Meßsubstanz ist dann vollständig (E = 100 %) und die Konzentration im Nierenvenenblut null ($[X]_{vP} = 0$). In Näherung gilt dies für die p-Aminohippursäure (PAH), die bei niedrigen Plasmakonzentrationen (< 0,3 mmol/l) eine konstante Extraktion von 93 % aufweist, da nahezu das gesamte durch die Nierenrinde fließende Blut von PAH »gereinigt« wird. Dies gilt nicht für den Markanteil der Nierendurchblutung (ca. 7 %). Die PAH-Clearance gibt dementsprechend den »effektiven Rindenplasmafluß« an:

(16) $$C_{PAH} = RPF_{eff} = \frac{[PAH]_U \cdot \dot{V}_U}{[PAH]_{aP}}$$

Aus C_{PAH} und Hämatokrit (Hkt) läßt sich die effektive Rindendurchblutung berechnen:

(17) $RBF_{eff} = C_{PAH}/(1 - Hkt)$

Dies gilt nur unter physiologischen Bedingungen. Bei toxischer oder hypoxischer Schädigung des Nierenparenchyms kann die PAH-Extraktion absinken, so daß die PAH-Clearance den Plasmadurchfluß durch die Nierenrinden nicht mehr korrekt angibt. Bei erniedrigter PAH-Extraktion kann der renale Plasmafluß bzw. die renale Gesamtdurchblutung bestimmt werden, wenn mittels Katheter Nierenvenenblut gewonnen und außer $\dot{V}_U$, $[PAH]_U$ und $[PAH]_{aP}$ auch $[PAH]_{vP}$ gemessen wird:

(18) $$RPF_{gesamt} = C_{PAH}/E_{PAH} = \frac{[PAH]_U \cdot \dot{V}_U}{[PAH]_{aP} - [PAH]_{vP}}$$

und

(19) $RBF_{gesamt} = RPF_{gesamt}/(1 - Hkt)$.

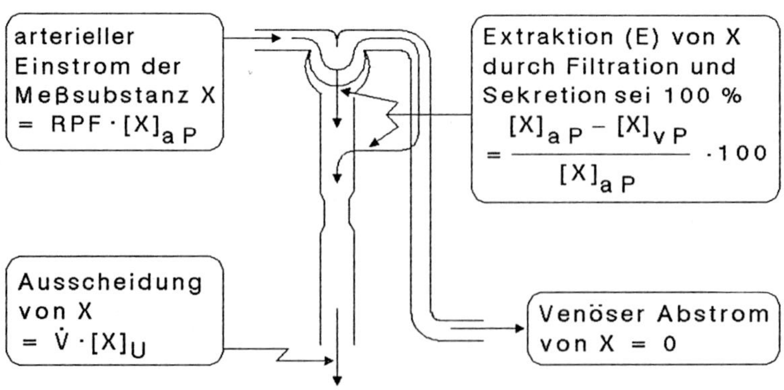

Abb. 210. Prinzip der Messung des renalen Plasmaflusses (RPF) mit der Clearancetechnik

Tab. 64. Glomeruläre Filtrationsrate (GFR), renaler Blutfluß (RBF), renaler Plasmafluß (RPF, alle $ml \cdot min^{-1} m^{-2}$ Körperoberfläche) und Filtrationsfraktion (FF, %) verschiedener Säuger

	GFR (C_{Inulin})	RBF (C_{PAH} / [1-Hkt])	RPF (C_{PAH})	FF (C_{Inulin} / C_{PAH})
Pferd[1]	57 ± 6	462 ± 68	332 ± 64	17 ± 2
Rind[1]	72 ± 9	655 ± 33	473 ± 29	15 ± 1
Schwein[1]	72 ± 6	421 ± 87	296 ± 54	24 ± 2
Schaf[1]	59 ± 5	595 ± 39	425 ± 36	14 ± 1
Mensch[2]	75 (60–90)	620 (430–670)	370 (260–403)	19–21
Hund[2]	104 ± 15	530 ± 80	295 ± 60	27–32
Katze[3]	40 (28–50)	200 (130–230)	120 (78–140)	28
Kaninchen[3]	50 (31–68)	490 (290–690)	296 (178–414)	28–37
Meerschweinchen[3]	~ 42	–	–	–
Ratte[3]	35 (28–53)	410 (270–520)	250 (163–312)	17–25
Maus[3]	50 (35–65)	–	–	–

[1] Nach VOGEL, 1962. [2] Nach SMITH, 1951. [3] Nach RENKIN & GILMORE, 1973; in: Handbook of Physiology, Renal Physiology.

In der in (18) dargestellten Form entspricht die Clearance der Fickschen Gleichung (Abschnitt C.3, Gleichung 8). Nach (8 a) kann RPF_{gesamt} nicht nur mit PAH, sondern auch mit anderen Substanzen gemessen werden, die eine meßbare renale Extraktion aufweisen.

Werte für RPF, die mit der Clearancetechnik gemessen wurden, finden sich in Tabelle 64.

Farbstoffverdünnungstechnik (s. Abb. 211 a)
Hier wird bei einem Versuchstier ein geeigneter

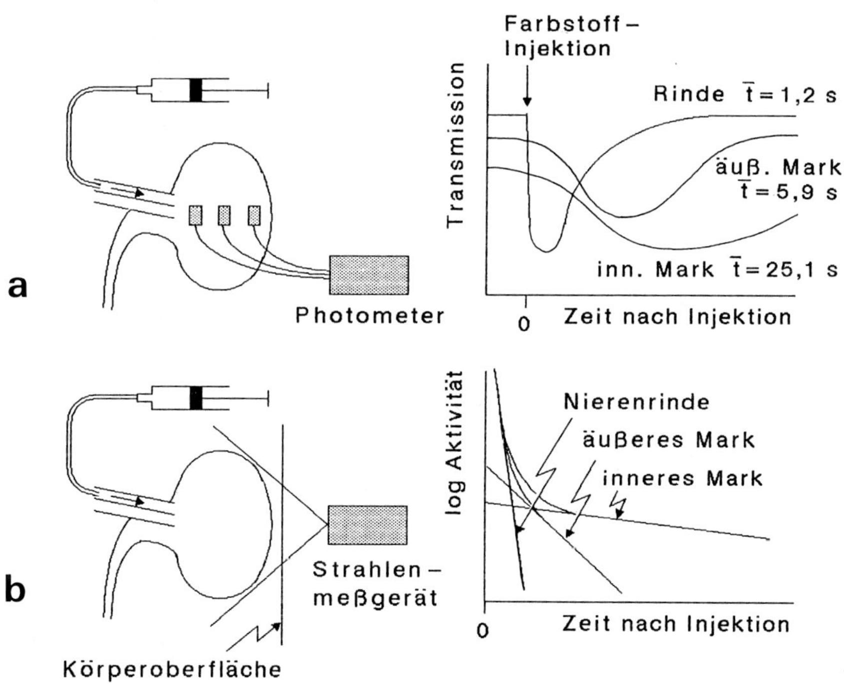

Abb. 211. Schematische Darstellung von Methoden zur direkten Messung renaler Blutstromstärken.

a = Farbstoffverdünnungstechnik, t̄ = mittlere Passagezeit, **b** · Isotopenauswaschtechnik. Die Halbwertszeit der Aktivitätsabnahme wird aus der Steigung der linearen Kurvenanteile ermittelt

Farbstoff (z. B. Evans blue) stoßartig in die Nierenarterie injiziert und mit Mikrophotometern die Farbstoffpassage durch verschiedene Nierenregionen gemessen: Je größer die regionale Durchblutung, desto niedriger ist die mittlere Passagezeit. Es gilt:

$$(20)\quad RBF_{regional} = \frac{0{,}5 \cdot V}{\bar{t}} \quad (ml \cdot min^{-1} \cdot 100\,g^{-1})$$

V = vaskuläres Volumen in $ml \cdot 100\,g^{-1}$.

Nach diesem Verfahren wurden die in Tabelle 63 dargestellten Werte der spezifischen Durchblutung von Rinde und Markzonen ermittelt.

Isotopenauswaschtechnik (s. Abb. 211 b)

Durch einen Nierenarterienkatheter wird ein geeignetes Isotop (^{85}Krypton, ^{133}Xenon) infundiert, bis das Gewebe eine konstante Konzentration der inerten Meßsubstanz erreicht. Nach Unterbrechung der Injektion wird das Isotop aus verschiedenen Regionen entsprechend der Blutstromstärke ausgewaschen. Dieser Vorgang kann, wie in Abbildung 211 b dargestellt, durch die Körperoberfläche hindurch mit einem externen Isotopenzählgerät registriert werden. Hier gilt:

$$(21)\quad RBF_{regional} = \frac{K \cdot \lambda \cdot 100}{\varrho} \quad (ml \cdot min^{-1} \cdot 100\,g^{-1})$$

(Erklärung der Symbole s. Abschnitt A.)

Bei dieser Technik kann im Gegensatz zur PAH-Clearance auf die Sammlung von Urin verzichtet werden.

Weitere Methoden

Die regionale Nierendurchblutung kann zu wissenschaftlichen Zwecken auch durch die intraarterielle Injektion von a) Antibasalmembran-Antikörpern oder b) Mikrosphären (radioaktiv markierte, mikronisierte Kunststoffpartikel) gemessen werden. Die Verteilung der injizierten Stoffe ist durchblutungsabhängig. Zu experimentellen Zwecken benutzt man auch implantierbare elektromagnetische Flußmeßköpfe, die den Blutdurchfluß durch die Nierenarterie registrieren. Neuerdings verwendet man auch die Doppler-Ultraschallsonographie als unblutige Meßmethode zur Bestimmung von Änderungen der Nierendurchblutung (Messung zu verschiedenen Zeitpunkten). Schließlich kann man durch Röntgenkontrastmittelinjektion angiographisch Hinweise auf Seitendifferenzen, Gefäßeinengungen und Durchblutungseinschränkungen erhalten.

5. Funktion der Glomeruli

a. Bildung des Ultrafiltrates

In den Glomeruli wird durch den Blutdruck ein Teil des Plasmawassers in den Bowmanschen Kapselraum abgepreßt. Die treibende Kraft liefert das Herz. Die Filtrationsbarriere ist die glomeruläre Membran mit ihrem typischen dreischichtigen Aufbau. Die abgepreßte Flüssigkeit hat annähernd die gleiche Zusammensetzung wie das Blutserum. Sie enthält keine Blutzellen und nur Spuren von Plasmaproteinen. Es handelt sich also um ein Ultrafiltrat.

Die glomeruläre Filtrationsrate (GFR) beträgt ca. 15–25 % des RPF. Nur ca. 1 % dieses Volumens wird als Endurin ausgeschieden. Die Tabelle 64 enthält Meßwerte, die bei verschiedenen Säugern erhalten wurden. Meist weist die GFR eine Altersabhängigkeit auf. Sie ist bei neugeborenen Individuen niedriger, steigt während des Wachstums an und nimmt im Alter wieder ab.

b. Filtrationsbarriere (Aufbau und Eigenschaften)

Der Aufbau der glomerulären Wand ist in Abbildung 212 b schematisch dargestellt. Man erkennt drei Schichten: Endothelzellen, Basalmembran und epitheliale Podocyten. Bei letzteren handelt es sich um die viszerale Membran der Bowmanschen Kapsel. Makromoleküle erfahren in den 3 Schichten der Basalmembran und an den Schlitzporen der Podocyten entsprechend ihrer Molekülgröße eine Durchtrittsbehinderung. Blutzellen werden bereits an den Fensterporen des Endothels am Durchtritt gehindert. In der Basalmembran werden Teilchen mit einem Molekulargewicht von 200 kDalton zurückgehalten (»reflektiert«). Die engste, den Durchtritt durch das glomeruläre Filter begrenzende Stelle sind die Schlitzporen der Podocyten, wo Stoffe mit einem Molekulargewicht von 65 kDalton normalerweise nicht durchtreten können. Von großer funktioneller Bedeutung ist die

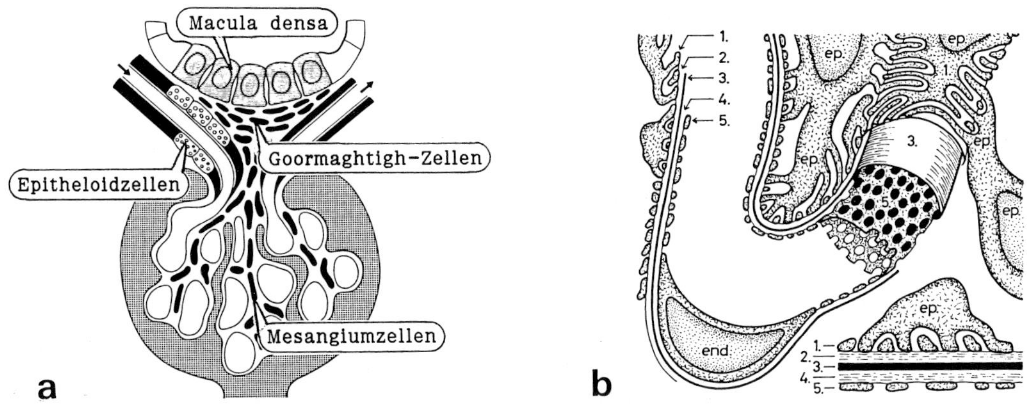

Abb. 212. Struktur der Glomeruli.

a = juxtaglomerulärer Apparat. Die glatte Muskulatur der afferenten (links) und efferenten Arteriole (rechts) ist schwarz eingezeichnet. Die Goormaghtigh-Zellen und die Mesangiumzellen sind durch ihre Zellkerne repräsentiert (Kriz & Kaissling; in: Seldin & Giebisch, 1985), **b** = elektronenmikroskopisch nachweisbare Strukturen an den Glomeruluskapillaren. Die Endothelzellen (end) bilden das gefensterte Epithelrohr **(5)**. Nach außen schließt sich die dreischichtige Basalmembran an **(2–4)**, welcher die Epithelzellen (ep) **(1)** mit tentakelartigen Fortsätzen aufsitzen. Diese lassen zwischen sich Schlitze, durch die das Glomerulusfiltrat in den Kapselraum abfließt (Pease, 1955; J. Histochem. Cytochem. **3**, 259)

Tatsache, daß die Basalmembran und das Diaphragma der Schlitzporen reich an sialinsäurehaltigen Proteoglykanen und Glycoproteinen sind und sich deshalb wie poröse Membranen mit negativen fixen Wandladungen verhalten. Die »Poren« sind dabei ein funktionelles Konzept; fixe Poren sind bisher in der Basalmembran nicht nachgewiesen worden.

Aus dem Aufbau der glomerulären Membran läßt sich ableiten, daß

1. die Molekülgröße,
2. die Molekülform (kugelig, gestreckt),
3. die Verformbarkeit und
4. die Ladung der makromolekulären Blutbestandteile sowie
5. die »Poren«größe und
6. die negativen Fixladungen der Glomerulusmembran

den Filtrationsprozeß beeinflussen.

Wie in Tabelle 65 dokumentiert, besteht ein Siebeffekt, d. h. mit steigender Molekülgröße wird der filtrierte Anteil eines Stoffes kleiner. Der Siebkoeffizient

$$S_{f(X)} = \frac{[X]_{Filtrat}}{[X]_{Plasma}} \quad (22)$$

ist oberhalb einer Molekülgröße von ca. 5 kDalton und einem Molekülradius von ca. 1,5 nm kleiner als 1. Lediglich wesentlich kleinere Stoffe wie Wasser, Harnstoff und Glucose werden unbehindert

Tab. 65. Beziehungen zwischen Molekulargewicht, Molekülgröße und glomerulärer Filtrierbarkeit (nach Pitts, 1972)

Substanz	Molekulargewicht (Dalton)	Molekülradius (nm)	Moleküllänge und -breite (nm)	Siebkoeffizient $\left(\frac{[X]_{Filtrat}}{[X]_{Plasma}}\right)$
Wasser	18	0,10		1,0
Harnstoff	60	0,16		1,0
Glucose	180	0,36		1,0
Rohrzucker	342	0,44		1,0
Inulin	5500	1,48		0,98
Myoglobin	17000	1,95	5,4 × 0,8	0,75
Eieralbumin	43500	2,85	8,8 × 2,2	0,22
Hämoglobulin	68000	3,25	5,4 × 3,2	0,03
Serumalbumin	69000	3,55	15,0 × 3,6	< 0,01

filtriert ($S_f = 1,0$). Auch die größten »Poren« sind kleiner als ca. 4,0 nm, denn größere Moleküle weisen einen Siebkoeffizienten von $S_f = 0$ auf. Inulin steht an der Grenze, es wird gerade noch unbehindert filtriert. Der Einfluß der Molekülladung auf die Filtrabilität eines Stoffes wurde am Beispiel von neutralen, anionischen und kationischen Dextranmolekülen untersucht (Abb. 213). Es zeigte sich, daß polykationische Dextranmoleküle wesentlich besser durch die Filtermembran hindurchtreten, als neutrale oder gar polyanionische. Letztere unterliegen vermutlich durch Interaktion mit den negativen fixen Matrixladungen einem verstärkten Siebeffekt. Da Serumalbumine (Radius 3,6 nm) bei einem pH von 7,4 als Polyanionen vorliegen, werden sie im Gegensatz zu gleichgroßen neutralen oder kationischen Dextranmolekülen nur noch in Spuren filtriert. Dies bewirkt a) eine Hemmung der Filtrabilität kleinmolekularer Substanzen, wenn sie an Plasmaproteine gebunden sind, b) einen durch den Lösungsraum bedingten Konzentrationsunterschied für alle filtrierbaren Substanzen zwischen Plasma und Ultrafiltrat und c) einen geringgradigen Donnan-Effekt auf Elektrolyte (vgl. Abschnitt 6.bb). Dazu im einzelnen:

a. Liegen kleinmolekulare Stoffe (Radius < 1,0 nm) ganz oder teilweise an Plasmaproteine gebunden vor, so erfahren sie in den Glomeruli die gleiche Filtrationsbehinderung, wie die entsprechenden Trägerproteine. Als Beispiele sind Magnesium, Calcium, Kupfer, Eisen, verschiedene Hormone (z. B. Corticosteroide) und viele Medikamente zu nennen.
b. Da auf der Urinseite im Bowmanschen Kapselraum ein nahezu proteinfreies Ultrafiltrat vorliegt, unterscheidet sich der Lösungsraum für alle kleinmolekularen Stoffe von dem des Plasmas. Die Plasmaproteine nehmen bei einer mittleren Konzentration von ca. $70\,g \cdot l^{-1}$ einen Lösungsraum von ca. 5 % in Anspruch. Die Konzentration aller filtrierten Bestandteile ist demnach im Ultrafiltrat um ca. 5 % höher als im Plasma. Sie entspricht der des Serumwassers nach Entfernung aller Proteinmoleküle.
c. Auf der Blutseite des kapillären Filters liegen gut filtrierbare Kationen (Na^+, K^+) und Anionen (Cl^-, HCO_3^-, SO_4^{--}, PO_4^{--}) und nicht filtrierbare Anionen (Proteine) vor. Beim Filtrationsvorgang steigt die Konzentration der Proteinanionen auf der Blutseite an, was einen elektrostatischen Effekt auf die filtrierbaren Kat- und Anionen auslöst (= Donnan-Effekt): Kationen werden zurückgehalten und deshalb bei der Filtration behindert, während Anionen abgestoßen und bei der Filtration gefördert werden, da die Summe der Ladungen von Anionen und Kationen auf beiden Membranseiten gleich ist (= Elektroneutralität in beiden Flüssigkeitsräumen). Es gilt:

(23) $[\text{ProteinAn}]_P + [\text{An}]_P = [\text{Kat}]_P$ und
(24) $[\text{An}]_{UF} = [\text{Kat}]_{UF}$

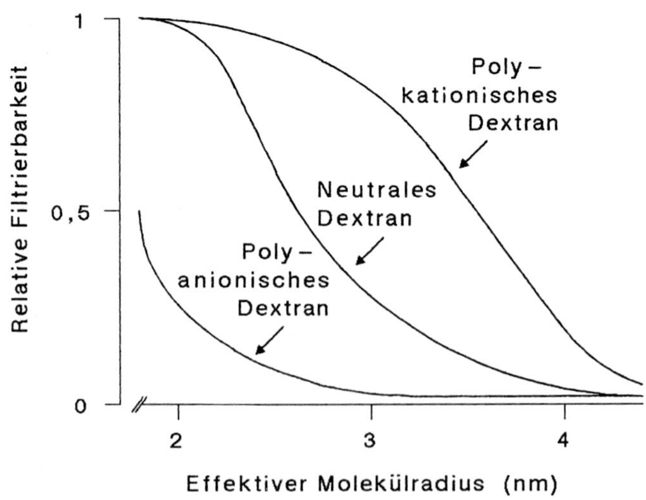

Abb. 213. Einfluß der elektrischen Ladung und des Molekulargewichts eines Moleküls auf die relative Filtrierbarkeit ($C_{Dextran}/C_{Inulin}$) in Glomeruli der Ratte. (Nach BOHRER et al., 1978; J. Clin. Invest. **61,** 72)

Dabei bedeuten [An] und [Kat] Ladungen filtrierbarer An- bzw. Kationen. Ferner gilt:

(25) $[An]_{UF} / [An]_P = [Kat]_P / [Kat]_{UF} = r$

Bei den normalerweise herrschenden Strömungsverhältnissen im Säugetierglomerulus beträgt r = 1,05 für einwertige Ionen. Man beachte dabei, daß im Fall der Kationen die Plasmakonzentrationen im Zähler, bei den Anionen dagegen im Nenner enthalten sind. Auf der Seite der nicht filtrierten Anionen (= Blutseite) muß dementsprechend die Konzentration der filtrablen Anionen kleiner und die Konzentration der filtrablen Kationen größer sein als auf der Urinseite im Ultrafiltrat. Weitere Konsequenzen des Donnan-Effektes sind:

aa. das Entstehen einer kleinen elektrischen Potentialdifferenz (nach der Nernstschen Gleichung zu berechnen)

(26) $E = \frac{R \cdot T}{z \cdot F} \cdot \ln \frac{[Kat]_P}{[Kat]_{UF}}$

Das Kapillarlumen ist dementsprechend gegenüber dem Kapselraum leicht negativ;

bb. das Entstehen eines geringen Osmolalitätsunterschieds (vgl. (6))

(27) $\pi = R \cdot T\,(\Sigma c_P - \Sigma c_{UF})$

Σc_P, Σc_{UF} = Summe der Konzentrationen im Plasma bzw. Ultrafiltrat

c. Die Ultrafiltration beeinflussende Kräfte

Die im folgenden benutzten Abkürzungen sind in Abschnitt A definiert. Für den Volumenfluß (GFR) gilt:

(28) $I_{Vol} = K_f \cdot P_{eff}$ bzw.
(29) $I_{Vol}/F = L_p \cdot P_{eff}$

Danach ist die GFR abhängig von K_f, d. h. von den Eigenschaften der filtrierenden Membran (Gesamtfläche, Dicke, Fixladungsdichte) und der effektiven treibenden Kraft P_{eff}. Diese setzt sich aus folgenden Komponenten zusammen:

(30) $P_{eff} = [(\bar{P}_{glom} - \bar{P}_{Bow}) - (\bar{\pi}_{glom} - \bar{\pi}_{Bow})]$

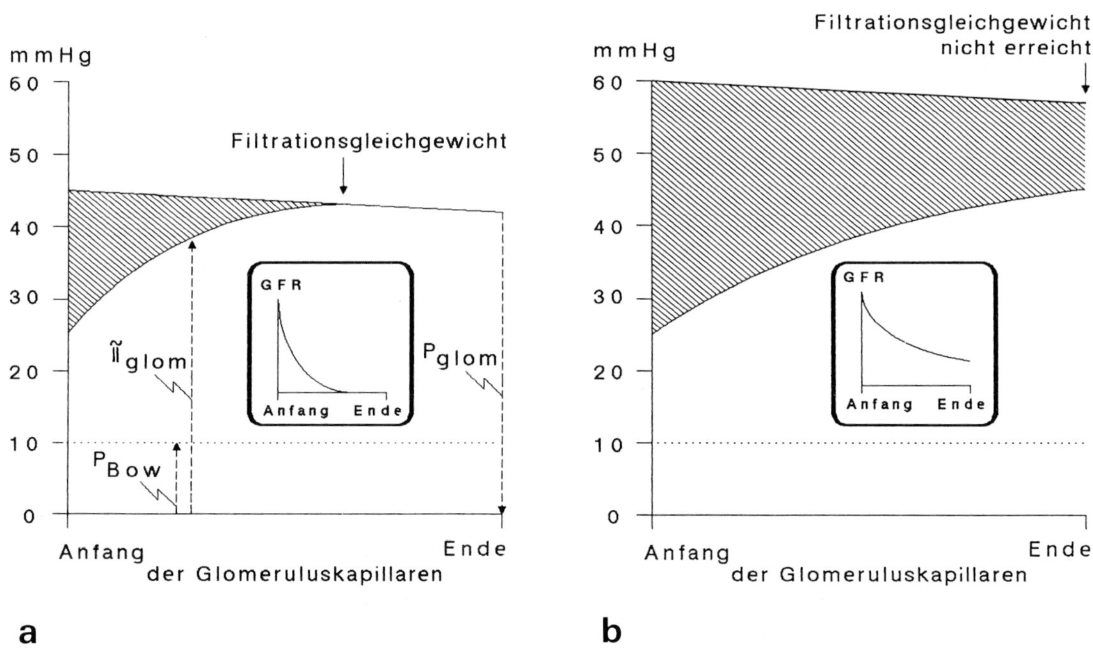

Abb. 214. Hydrostatischer Druck (P_{glom}), kolloidosmotischer Druck (π_{glom}) entlang der Glomeruluskapillaren und Druck in der Bowmanschen Kapsel (P_{Bow}).

a = Filtration im Äquilibrium. Gleichgewicht wird vor dem Kapillarende erreicht, **b** = Filtration im Disäquilibrium. Gleichgewicht wird nicht erreicht. **Einsätze** = Filtrationsrate entlang der Glomeruluskapillaren

Ein Minuszeichen vor einer Komponente bedeutet, daß die Kraft kapillareinwärts gerichtet ist, d. h. der Flüssigkeitsfiltration entgegenwirkt. Von den einzelnen Komponenten hat man in Mikropunktionsexperimenten an der Ratte folgende direkt gemessen:

P_{glom} ≈ 45 mmHg (6 kPa); ein Druckabfall entlang der Glomerulus-Kapillaren war experimentell wegen des geringen Strömungswiderstandes nicht zu messen, d. h. P_{glom} entspricht praktisch $\bar{P}_{glom}$.

P_{Bow} = 10 mmHg (1,3 kPa)

π_{Bow} = 0 mmHg (unter physiologischen Bedingungen)

Diese Werte sind in Abbildung 214 a eingetragen. Aus der schematischen Darstellung geht hervor, daß die Bestimmung von $\bar{\pi}_{glom}$ problematisch ist. Am arteriellen Kapillarschenkel beträgt der kolloidosmotische Druck ca. 25 mmHg (3,3 kPa). Durch das Abpressen von Flüssigkeit steigt er entlang der Kapillaren bis zum Ende an. Es ist jedoch bisher noch nicht möglich gewesen, den genauen Verlauf des Anstiegs direkt zu messen und damit $\bar{\pi}_{glom}$ exakt zu bestimmen. Die früher zugrunde gelegte Annahme, daß die Proteinkonzentration direkt proportional der Kapillarlänge zunimmt und am Ende den in der efferenten Arteriole herrschenden Wert erreicht, ist eine starke Vereinfachung. Unter dieser Annahme wäre

(31) $\bar{\pi}_{glom} = (\pi_{aa} + \pi_{ea}) / 2$

(32) $P_{eff} \approx [(45-10)-(25-0)] \approx 5$ mmHg (0,7 kPa)

Prinzipiell sind zwei Möglichkeiten denkbar:

Filtration im Äquilibrium

Der treibende glomeruläre Kapillardruck ist so niedrig und die Filtrationspermeabilität K_f so groß, daß der Anstieg des kolloidosmotischen Druckes sehr rasch erfolgt (s. Abb. 214 a). Schon vor dem Ende der glomerulären Kapillarstrecke wird die Summe aus P_{Bow} und π_{glom} gleich groß wie P_{glom}, d. h. es wird ein Filtrationsgleichgewicht erreicht. Nur im Anfangsteil der Glomeruluskapillaren erfolgt Nettofiltration. Am Ort des Filtrationsgleichgewichtes wird sie Null. Der rasch abnehmende Filtrationsdruck wird in Abbildung 214 a durch die schraffierte Fläche angegeben. Diese Verhältnisse sind bei niedrigem Kapillardruck und hoher hydraulischer Leitfähigkeit zu erwarten. Nimmt bei dieser Konstellation der renale Plasmafluß durch eine Abnahme des afferenten Arteriolenwiderstandes zu, so erfolgt der Anstieg von π_{glom} langsamer, d. h. P_{UF} und damit die GFR würden ansteigen. Die GFR ist in diesem Fall abhängig vom RPF. Bei sehr hohen Plasmaflüssen könnte dieser Zustand übergehen in:

Filtration im Disäquilibrium

Die Verhältnisse sind in Abbildung 214 b dargestellt. Hier geht man von der Annahme aus, daß P_{glom} etwas höher (z. B. 60 mmHg bzw. 8 kPa) und die Leitfähigkeit niedriger ist als oben angenommen. Hier erfolgt die Nettofiltration entlang der ganzen Kapillarschlingen, ohne daß sich ein Filtrationsgleichgewicht einstellt. Auch hier würde mit zunehmendem RPF die GFR ansteigen, jedoch nicht direkt proportional.

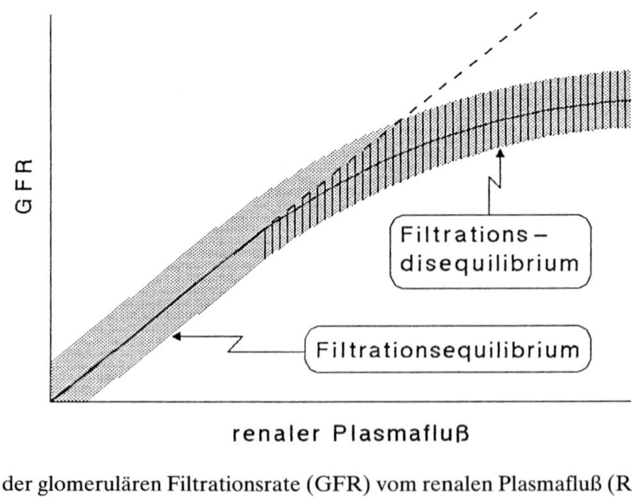

Abb. 215. Abhängigkeit der glomerulären Filtrationsrate (GFR) vom renalen Plasmafluß (RPF). (Baylis & Brenner, 1978)

Derzeit läßt sich nicht mit Sicherheit entscheiden, welches Filtrationsmodell bei welcher Säugetierspezies verwirklicht ist. Wichtig ist die Erkenntnis der Abhängigkeit der GFR vom RPF. Die Verhältnisse sind semiquantitativ in Abbildung 215 dargestellt. Im Filtrationsäquilibrium kann mehr Flüssigkeit abgepreßt werden, bis schließlich der limitierende Anstieg des kolloidosmotischen Druckes im Kapillarraum erreicht ist. Der Gleichgewichtspunkt wird in den Glomeruluskapillaren nach rechts verschoben. Die GFR steigt direkt proportional dem RPF an. Steigt der RPF weiter an, so nimmt die GFR weniger als direkt proportional zu, weil der Äquilibriumspunkt jenseits des Endes der Glomeruluskapillaren liegen würde. Die Zunahme des RPF wird also nicht voll wirksam, der Anstieg des GFR weicht von der direkten Plasmaflußabhängigkeit ab. Steigt ΔP durch intraglomeruläre Druckerhöhung, so steigt auch die abgepreßte Flüssigkeit an, jedoch nicht direkt proportional der Druckdifferenz, weil π gleichzeitig zunimmt. Eine intraglomeruläre Druckerhöhung wird also vor allem dann für die Steigerung der GFR wirksam, wenn gleichzeitig der RPF ansteigt.

d. Filtrationsfraktion (FF)

Die Filtrationsfraktion (FF) bezeichnet den Anteil des RPF, der glomerulär filtriert wird: FF = GFR/RPF. Beim Menschen ist die FF $\approx$ 0,2. Experimentell ermittelte Meßwerte für verschiedene Spezies sind in Tabelle 64 wiedergegeben. Aus den oben diskutierten Gründen ergeben sich folgende Beziehungen:

$$(33)\quad FF = GFR \,/\, RPF = C_{Inulin} \,/\, C_{PAH}$$

$$(34)\quad FF = 1 - \frac{\dot{Q}_{eff}}{\dot{Q}_{aff}} = 1 - \frac{[Prot]_{aff}}{[Prot]_{eff}},$$

die die experimentelle Bestimmung der FF ermöglichen.

Da die GFR, wie ausgeführt, vom RPF abhängig ist, erscheint es sinnvoll, sich an dieser Stelle noch einmal die in Abbildung 206 dargestellten Verhältnisse ins Gedächtnis zurückzurufen. Es wurde dort ausgeführt, daß Änderungen des afferenten und efferenten Arteriolenwiderstandes zu typischen Änderungen des glomerulären Kapillardruckes und damit zu typischen Änderungen der GFR führen.

e. Autoregulation und Änderungen der GFR

Aus der Abbildung 207 geht hervor, daß nicht nur die renale Durchblutung, sondern auch die GFR der Autoregulation unterliegt. Die beteiligten Mechanismen wurden im Abschnitt 4.a besprochen. Hier sei nur wiederholt, daß die Widerstandsanpassung bei arteriellen Druckschwankungen vor allem im Bereich der afferenten Arteriolen erfolgt, da sich RBF und GFR gleichsinnig verhalten. Änderungen der GFR sind immer dann zu erwarten, wenn

a. der RPF zu- oder abnimmt (gleichsinnige Veränderungen der GFR) (Abb. 207),
b. der glomeruläre Kapillardruck zu- oder abnimmt,
c. der kolloidosmotische Druck des Blutes zu- oder abnimmt,
d. der Filtrationskoeffizient K_f zu- oder abnimmt.

Da $K_f = F \cdot L_p$, kann sowohl eine Zunahme der filtrierenden Fläche als auch eine Änderung der Wanddicke bzw. der Wandeigenschaften der glomerulären Membran eine Veränderung der GFR bewirken. Die Fläche nimmt beim Wachstum und bei kompensatorischer Hypertrophie nach unilateraler Nephrektomie zu. Die Wandeigenschaften der glomerulären Membran ändern sich unter pathologischen Bedingungen, z. B. bei Auftreten immunologischer Schädigung (Glomerulonephritis). Meist ist dabei K_f erniedrigt.

Nach Untersuchungen der letzten Jahre ist damit zu rechnen, daß die GFR nicht nur durch die obengenannten physikalischen Faktoren beein-

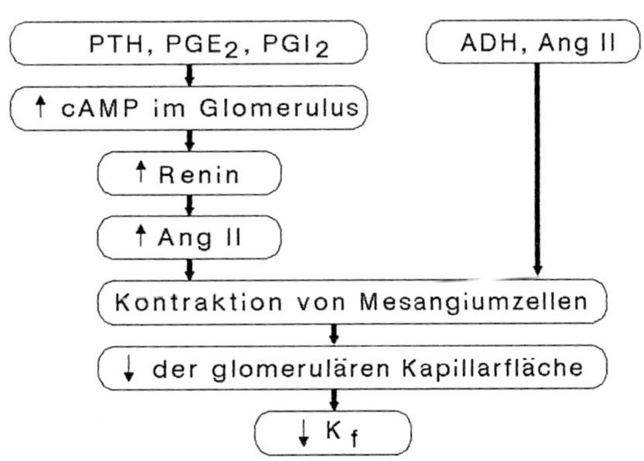

Abb. 216. Konzept zur Erklärung von Hormonwirkungen auf den glomerulären Kapillarfilter. (Nach SCHOR & BRENNER, 1980)

flußt wird, sondern daß eine Reihe von vasoaktiven Hormonen die Filtrationspermeabilität direkt beeinflussen können. Es konnte gezeigt werden, daß Angiotensin II, Parathormon, Vasopressin, Prostaglandine, Acetylcholin und Histamin nach intravenöser Injektion eine Senkung von K_f und damit eine Abnahme der GFR bewirken. Offenbar spielt Angiotensin II dabei eine entscheidende Vermittlerrolle, insofern es Teil einer »gemeinsamen Endstrecke« ist, über die die genannten Hormone wirken. Lediglich ADH scheint einen angiotensinunabhängigen Effekt auszulösen. Da im Glomerulus eine hohe Adenylatcyclase-Aktivität nachgewiesen wurde, besteht die Möglichkeit, daß zyklisches Adenosinmonophosphat (cAMP) als intrazellulärer Mediator (= second messenger) miteingeschaltet ist. Der derzeit diskutierte Wirkungsmechanismus ist in Abbildung 216 dargestellt.

Es ist zu vermuten, daß die genannten Hormone über die Mesangiumzellen auf die Filtrationspermeabilität einwirken. Isolierte Mesangiumzellen können in vitro jedenfalls mit Angiotensin II zur Kontraktion gebracht werden. Mesangiumzellen sind zwischen den Glomerulusschlingen angeordnet (vgl. Abb. 212a) und könnten, wenn sie sich unter dem Einfluß von vasoaktiven Hormonen kontrahieren, die filtrierende Fläche (F) und damit den Filtrationskoeffizienten K_f der Membran reduzieren. Die physiologische und pathophysiologische Bedeutung der hormonellen Regulation der GFR bedarf der weiteren Analyse.

f. Bestimmung der GFR mit Inulin

Nicht nur der renale Plasmafluß (RPF), sondern auch die GFR kann mit Hilfe der renalen Clear-

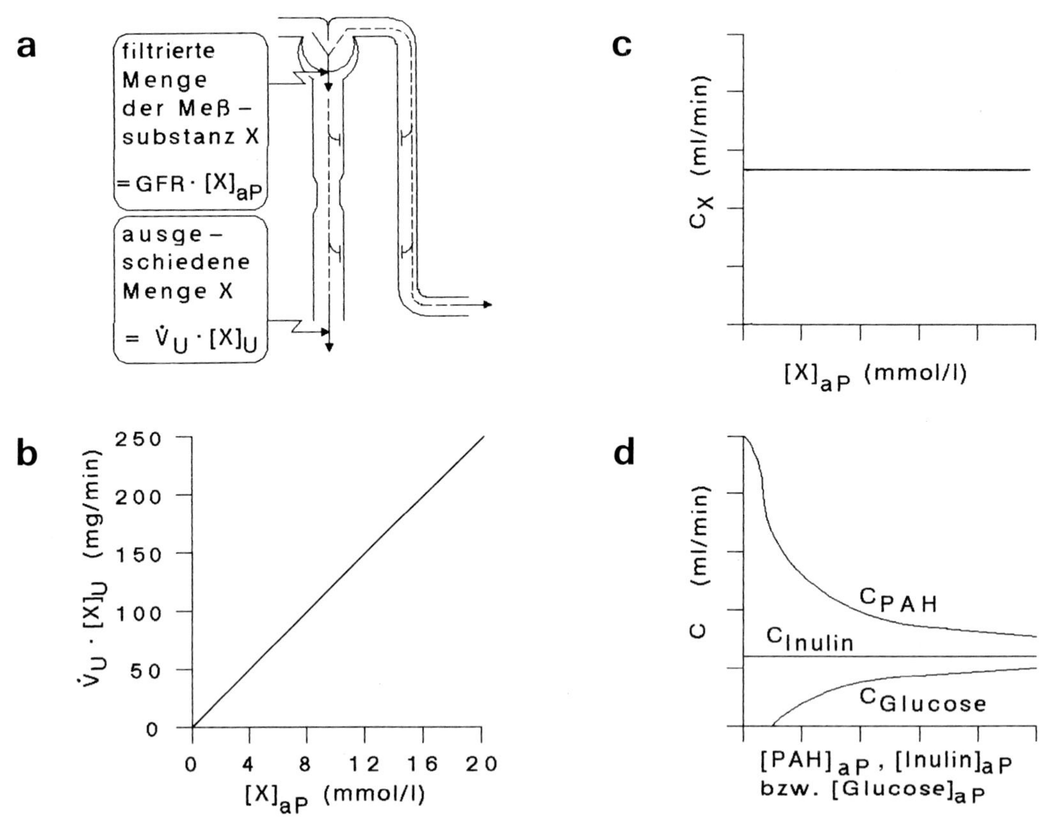

Abb. 217. Verhalten der GFR-Meßsubstanz Inulin.

a = Filtration und fehlender tubulärer Transport, **b** = Ausscheidungsrate in Abhängigkeit von der Plasmakonzentration, **c** = Clearance in Abhängigkeit von der Plasmakonzentration, **d** = Konvergenz der Clearances verschiedener Substanzen bei zunehmenden Plasmakonzentrationen. (Nach Pitts, 1972) ancetechnik bestimmt werden. Man benötigt dazu eine Meßsubstanz, die unbehindert filtriert, nicht aber durch die Tubuluswand transportiert wird, d. h. die gesamte filtrierte Menge des glomerulären Markers muß ausgeschieden werden (Abb. 217 a). Inulin, ein Fruktosepolysaccharid aus Wurzeln von Dahlien und Jerusalem-Artischocken, mit einem Molekulargewicht von ca. 5500 Dalton, hat sich als geeignete Meßsubstanz erwiesen. Inulin hat folgende Eigenschaften:

- es wird frei filtriert, entlang des Tubulus jedoch weder resorbiert noch sezerniert;
- es wird in den Nieren weder synthetisiert noch metabolisiert;
- es hat in den klinisch verwendeten Konzentrationen keine toxischen Wirkungen;
- es kann kolorimetrisch relativ einfach und genau in Plasma und Urin nachgewiesen werden. Deshalb gilt:

(35) $\text{filtrierte Inulinmenge} = \text{ausgeschiedene Inulinmenge}$

(36) $GFR \cdot [In]_{aP} = [In]_U \cdot \dot{V}_U$ und deshalb

(37) $GFR = \frac{[In]_U \cdot \dot{V}_U}{[In]_{aP}} = C_{In}$

Aus diesen Eigenschaften läßt sich ableiten, daß die Ausscheidung von Inulin proportional der Inulinkonzentration des Plasmas ansteigt (Abb. 217 b) und folglich die Inulinclearance unabhängig ist von der Inulin-Plasmakonzentration (Abb. 217 c). Ein weiterer Hinweis für die Zuverlässigkeit von Inulin ist die Tatsache, daß Clearancewerte von resorbierten und sezernierten Substanzen bei hohen, die Transportmechanismen sättigenden Plasmakonzentrationen zur Inulinclearance konvergieren (Abb. 217 d). Dies erklärt sich folgendermaßen: Die Clearance einer Substanz wie z. B. PAH wird bei niedriger Plasmakonzentration durch den filtrierten und den wesentlich höheren sezernierten Anteil der ausgeschiedenen PAH-Menge bestimmt. Steigt die PAH-Konzentration des Plasmas an, reicht die maximale Sekretionsleistung zur vollständigen PAH-Extraktion nicht mehr aus, der filtrierte Anteil jedoch nimmt proportional der PAH-Plasmakonzentration zu. Schließlich ist der filtrierte Anteil sehr hoch und der sezernierte Anteil vernachlässigbar klein und die Clearance nähert sich asymptotisch der glomerulären Inulin-Clearance. Umgekehrt gilt für Glucose, daß nach Überschreiten der »Glucoseschwelle« (s. Abschnitt 10.aa) nicht mehr die gesamte filtrierte Glucosemenge resorbiert werden kann. Aus der ursprünglich durch vollständige Resorption geprägten Glucose-Clearance wird immer mehr eine durch den filtrierten, nicht resorbierbaren Anteil bestimmte Clearance, weil schließlich die resorbierte Menge gegenüber der filtrierten vernachlässigt werden kann.

Inulin kommt im Säugetierkörper nicht vor. Es muß deshalb durch Dauerinfusion zugeführt werden, damit konstante und meßbare Plasmakonzentrationen ($[In]_P$ z. B. $100\,mg \cdot l^{-1}$) erreicht werden. Außerdem muß über einen definierten Zeitraum das gesamte ausgeschiedene Urinvolumen gesammelt und darin die Inulinkonzentration gemessen werden. Man nennt dieses Vorgehen die Messung einer »exogenen Clearance«. Besteht die Möglichkeit zur quantitativen Urinsammlung nicht, kann die GFR auch dadurch bestimmt werden, daß man die zur Erreichung einer zeitlich konstanten (stationären) Inulin-Plasmakonzentration erforderliche Inulin-Infusionsrate mißt. Sie ergibt sich aus dem infundierten Volumen pro Zeit ($\dot{V}_I$) und der Inulinkonzentration der Infusionslösung ($[In]_I$). Da bei konstanter Plasmakonzentration infundierte und ausgeschiedene Inulinmengen gleich groß sind, gilt:

(38) $\dot{V}_U \cdot [In]_U = \dot{V}_I \cdot [In]_I$

(39) $GFR = \frac{[In]_I \cdot \dot{V}_I}{[In]_P}$

Ist Inulin bzw. eine andere geeignete Meßsubstanz radioaktiv markiert, kann die Plasmakonzentration von außen registriert und über das Isotopenzählgerät die Infusionspumpe gesteuert werden.

Analog zum Vorgehen bei der Messung der Gesamtnieren-GFR kann man mit Hilfe einer Mikropipette aus einem oberflächlich gelegenen Tubulus die Tubulusflüssigkeit (TF) quantitativ absaugen und die Einzelnephron-GFR (GFR_{EN}) berechnen:

(40) $GFR_{EN} = \frac{[In]_{TF} \cdot \dot{Q}_{TF}}{[In]_P}$

Bei Versuchstieren angewandt, ergab dieses Verfahren, daß eine regionale Heterogenität besteht: normalerweise haben juxtamedulläre Nephrone eine größere GFR_{EN} als oberflächliche kortikale. Diese regionale Heterogenität ist jedoch nicht konstant. So kommt es z. B. bei einer vermehrten Zufuhr von NaCl bevorzugt in den oberflächlichen Nephronen zu einem Anstieg der GFR_{EN}, also zu einer Umverteilung von Filtrat.

g. Weitere Meßsubstanzen

Außer Inulin werden Polyfruktosan, Na-Iothalamat, Cr-EDTA (**E**thylene **d**iamine **t**etra**a**cetate), Vit B_{12} und hochmolekulares Dextran verwendet, ferner, was von großer praktischer Bedeutung ist, Kreatinin.

Kreatinin hat gegenüber Inulin den Nachteil, daß es geringgradig sezerniert wird. Der große Vorteil dieser Meßsubstanz besteht darin,

a. daß sie im endogenen Muskel-Stoffwechsel aus Kreatinphosphat gebildet wird und
b. daß die in 24 h produzierte Menge mehr oder weniger konstant ist (Mensch: 14,4 mmol · 24 h^{-1}).

Dadurch wird unter physiologischen Bedingungen eine Plasmakonzentration von ca. 80 μmol · l^{-1} aufrechterhalten. Die Notwendigkeit der exogenen Zufuhr von Kreatinin entfällt. Man spricht deshalb von »endogener Clearance«. Sie entspricht unter Normalbedingungen mit ausreichender Genauigkeit der (exogenen) Inulinclearance. Für Kreatinin gilt:

(41) Bildungsrate = GFR · $[Kr]_P$ = $\dot{V}_U$ · $[Kr]_U$ = k
(42) GFR = k / $[Kr]_P$

Aus Gleichung (42) ergibt sich die Form der in Abbildung 218 dargestellten Hyperbel. Aus deren

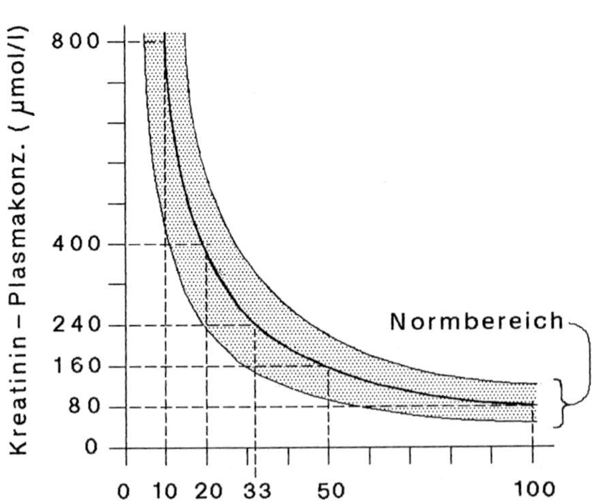

Abb. 218. Abhängigkeit der Kreatinin-Plasmakonzentration von der Kreatinin-Clearance (vgl. Gleichung 42). Diese Beziehung gilt unter der Voraussetzung, daß Kreatinin konstant gebildet wird, nicht verstoffwechselt wird und in der Niere unbehindert filtriert, jedoch nicht sezerniert oder resorbiert wird

Verlauf läßt sich folgendes ablesen: Sinkt die GFR bei unveränderter Kreatininbildungsrate ab, z. B. von 100 auf 50 %, so muß die Kreatininkonzentration des Plasmas ansteigen, in diesem Fall auf die doppelte Plasmakonzentration. Einprägsam ist die Daumenregel: Abnahme der GFR auf 1/10 der Norm (1/5, 1/3 usw.) führt zum Anstieg von $[Kr]_P$ um das 10fache der Norm (das 5fache, 3fache usw.). Dabei ist vorausgesetzt, daß sich ein stationärer Zustand eingestellt hat, d. h. die Kreatininkonzentration des Plasmas zeitunabhängig konstant ist. Aus der Plasmakonzentration von Kreatinin lassen sich deshalb wertvolle Hinweise auf die Größe der GFR ableiten. Allerdings ist dieses Verfahren, wie sich aus Abbildung 218 ableiten läßt, erst bei starken Einschränkungen der GFR hinreichend genau. Sind nur geringgradige Einschränkungen zu erwarten, muß entweder die endogene Kreatininclearance oder die exogene Inulinclearance bestimmt werden.

Bei Hund, Schaf und Kaninchen stimmt die exogene Kreatininclearance (d. h. nach Erhöhung der Plasmakreatininkonzentration durch intravenöse Infusion gemessen) mit der Inulinclearance gut überein ($C_{Kr}/C_{In} \approx 1$). Die endogene Kreatininclearance ist dagegen aus zwei Gründen weniger verläßlich:

Erstens wird die Plasmakreatininkonzentration bei der häufig zum Kreatininnachweis benutzten Jaffé-Reaktion zu hoch bestimmt (unspezifische Jaffé-Chromogene); die endogene Clearance wird also zu niedrig berechnet.

Zweitens wird Kreatinin bei Menschen, Affen, Ratten, Meerschweinchen, Vögeln, Reptilien, Amphibien und Fischen nicht nur filtriert, sondern auch tubulär sezerniert. Der sezernierte Anteil spielt bei der endogenen, nicht aber bei der exogenen Clearancebestimmung eine Rolle. Er ist bei männlichen Individuen größer als bei weiblichen.

Die gute Übereinstimmung der endogenen Kreatininclearance mit der Inulinclearance beim gesunden Menschen rührt daher, daß die beiden genannten Fehler sich gegenseitig praktisch aufheben.

Da die Clearance jeder Meßsubstanz, also auch eines glomerulären Markers, das Plasmavolumen angibt, das vollständig von der Meßsubstanz gereinigt wurde, von diesem Volumen aber der Proteinanteil (= 5 Vol%) nicht durch die Filterbarriere hindurchtreten kann, ist das Ultrafiltrationsvolumen entsprechend kleiner. Die Inulinclearance eines Tieres betrage 100 ml/min; dann gilt:

(43) $\dot{V}_{UF} = C_{Inulin} \cdot 0{,}95 = 95\,ml \cdot min^{-1}$

Meist gibt man die Clearancewerte auf Körperoberfläche bezogen an, da die Nierenfunktion in absoluten Größen annähernd proportional zur Körperoberfläche ist.

6. Mechanismen des tubulären epithelialen Transports

Wesentliche Funktionen der Tubuli sind Resorption und Sekretion. Die diesen Prozessen zugrundeliegenden Gesetzmäßigkeiten sind die des epithelialen Transports. Aus diesem Grund wird der Beschreibung des renalen Transports einzelner Teilchensorten (Abschnitte 7 bis 11) eine Einführung in die Struktur und Funktion der Epithelien vorangestellt.

a. Struktur der Epithelien

Epithelien sind durch drei strukturelle Besonderheiten gekennzeichnet, (1) die Bildung von inneren oder äußeren Oberflächen, (2) die Abdichtung der Zellzwischenräume durch Schlußleisten und (3) die Verschiedenheit der Zellmembranen diesseits und jenseits dieser Schlußleisten (apikal und basolateral).

(1) Epithelzellverbände bilden eine durchgehende Oberfläche. Diese kann plan (z. B. Haut), zylindrisch (Nierentubuli, Darm, Drüsenausführungsgänge) oder annähernd sphärisch (Gallenblase, Magen, Harnblase) sein. Es fällt auf, daß alle genannten Epithelien das Körperinnere gegen die funktionelle Außenseite abgrenzen. Die funktionellen Außenseiten der Epithelien des Magen-Darm-Traktes und der Nierentubuli sind — scheinbar paradoxerweise — die Lumina, da der luminale Inhalt von außen kommt oder nach außen abgegeben werden kann. Für die Außen- und Innenseite des Epithels bzw. seiner die Außen- oder Innenseiten begrenzenden Zellmembranen sind mehrere Begriffspaare gebräuchlich:

»funktionelle Außenseite«	– »Blutseite«:
apikal	– basolateral,
mucosal	– serosal,
luminal	– kontraluminal (Niere: peritubulär).

(2) Die Zellzwischenräume sind durch Schlußleisten (Zonulae occludentes; engl. tight junctions) abgedichtet. Die Schlußleisten stellen die parazellulären Trennlinien zwischen luminalem und kontraluminalem Kompartiment dar. Die Abdichtung ist jedoch keineswegs so vollständig wie der Name ›Schlußleiste‹ suggeriert, sondern bei den ›dichten‹, ›mäßig lecken‹ und ›lecken‹ Epithelien sehr verschieden stark ausgeprägt:

Dichte Epithelien sind dadurch gekennzeichnet, daß die Schlußleisten für Ionen wesentlich impermeabler als die Zellmembranen sind. Der transepitheliale Transport verläuft daher fast ausschließlich auf dem transzellulären Weg, also durch die Epithelzellen hindurch. Die Transportraten dieser Epithelien sind gering; es kann jedoch gegen sehr große Gradienten transportiert werden. Zu dieser Gruppe von Epithelien zählen die Harnblase und z. B. die Froschhaut.

Lecke Epithelien sind dadurch gekennzeichnet, daß die Schlußleisten für Ionen durchlässiger sind als die Zellmembranen. Die Transportraten sind hoch und in Abwesenheit eines Gradienten kann ein erheblicher Teil des Transports parazellulär verlaufen. Ein dem transzellulären Transport entgegengerichteter Gradient kann jedoch verursachen, daß die Teilchen auf dem transzellulären und dem parazellulären Weg entgegengesetzt laufen. Beispiele für lecke Epithelien sind die proximalen Tubuli, der Dünndarm und die Gallenblase.

Viele Epithelien, z. B. die distalen Tubuli, Sammelrohre und Dickdarm nehmen eine Mittelstellung ein und werden als **mäßig lecke Epithelien** (andere Bezeichnung: mitteldichte Epithelien) klassifiziert. Sie sind dadurch gekennzeichnet, daß die Schlußleisten zwar merklich permeabel, jedoch weniger permeabel als die Zellmembranen sind. Der transepitheliale Transport erfolgt daher überwiegend transzellulär, zu einem kleineren Teil jedoch auch parazellulär, also durch die Schlußleisten und die Zwischenzellräume hindurch. Die Transportraten und die Fähigkeit, gegen Gradienten zu transportieren, ist mäßig stark ausgeprägt.

Für die Klassifizierung der Epithelien wird statt der allgemeinen Teilchenpermeabilität die leichter meßbare Gesamtleitfähigkeit (Kehrwert des Widerstandes) für Ionen herangezogen. Dichte Epithelien sind zwar insgesamt meist weniger leitfähig als mäßig lecke oder gar lecke Epithelien; es sei jedoch darauf hingewiesen, daß die Klassifizierung dieser drei Gruppen nicht auf der pauschalen epithelialen Leitfähigkeit beruht, sondern auf der Relation zwischen parazellulärer und transzellulärer Leitfähigkeit.

(3) Die Epithelzellen haben zwei funktionell verschiedene Zellmembranen, die an das Lumen grenzende apikale Zellmembran und die an das Interstitium grenzende basolaterale Zellmembran (nicht identisch mit der nur im Elektronenmikroskop sichtbaren ›Basalmembran‹). Apikale und basolaterale Zellmembran unterscheiden sich ultrastrukturell und bezüglich des Vorkommens verschiedener Transporter (Carrier und Kanäle, s. u.). Erst diese asymmetrische Anordnung der Transporter verursacht einen transepithelialen Nettotransport. Die Transporter sind im Prinzip in den Zellmembranen lateral beweglich; eine Vermischung zwischen denen der apikalen und der basolateralen Zellmembran wird jedoch durch die jede Epithelzelle gürtelförmig umschließende Schlußleiste verhindert.

b. Transportmechanismen

Die zellulären Mechanismen des epithelialen Transports sind zur Zeit noch nicht vollständig geklärt. Ihre Charakterisierung beinhaltet heute zumeist

1. das quantitative Ausmaß des Transports,
2. die treibenden Kräfte zur Unterscheidung von primär aktiven, sekundär aktiven und passiven Transportvorgängen.
3. gegebenenfalls die stöchiometrische Kopplung an andere Transporte,
4. die Stimulierbarkeit bzw. Hemmbarkeit des Transports durch physikalische Parameter, Pharmaka, Hormone oder nervale Einflüsse, und schließlich
5. ihr Vorkommen in verschiedenen Zellsorten (hier: Lokalisation entlang des Tubulus).

Noch nicht aufgeklärt ist in den meisten Fällen die biochemische Struktur und Wirkungsweise der Transporter in der Membran und der Transportstellen in den Schlußleisten.

Im folgenden werden die primär aktiven, die passiven und die sekundär aktiven Transportmechanismen beschrieben.

ba. Primär aktiver Transport

Primär aktiver Transport einer Teilchensorte ist dadurch definiert, daß er unter unmittelbarem Verbrauch von Stoffwechselenergie für die Translokation dieser Teilchensorte abläuft. Der primär aktive Transport kann gegen äußere Gradienten ›bergauf‹ erfolgen; dies ist jedoch kein für die Definition hinreichendes Kennzeichen, da er auch in gleicher Richtung wie der äußere Gradient ›bergab‹ verlaufen kann und außerdem der sekundär aktive Transport ebenfalls gegen äußere Gradienten ablaufen kann.

Primär aktiver Transport zeigt das Phänomen der **Sättigung,** d. h. die Transportrate ist bei geringer Angebotskonzentration des zu transportierenden Stoffes proportional zu dieser Konzentration, erreicht dann aber ein Transportmaximum (J_{max}, in der Nierenphysiologie auch T_m), das nicht überschritten werden kann. Sättigbarer Transport folgt der Michaelis-Menten-Kinetik:

$$(44) \quad J_{aktiv} = J_{max} \cdot \frac{c}{K_m + c}$$

J_{aktiv} = Transportrate einer primär aktiv transportierten Ionensorte, c = Konzentration der zu transportierenden Ionensorte, K_m = Konzentration der Ionensorte, bei der $J_{aktiv} = \frac{1}{2} J_{max}$.

Primär aktiv transportiert werden nach heutigen Kenntnissen kleine Kationen, wie H^+, Na^+, K^+ und Ca^{++}, jedoch (wahrscheinlich) keine Anionen oder Nicht-Elektrolyte. Der primär aktive Transport weist demnach eine hohe Selektivität auf.

Die Energie für den primär aktiven Transport liefert die Hydrolyse von ATP. Dies geschieht unter der Einwirkung von ATPasen, die Teil der aktiven Transportstellen (Transporter) in der Membran sind. Viele Autoren setzen die ATPase sprachlich sogar mit dem Transporter gleich. Am bekanntesten ist die in allen Zellen vorkommende Na^+K^+-ATPase, die bei Epithelien typischerweise in der basolateralen Membran lokalisiert ist und wahrscheinlich je 3 Na^+ gegen 2 K^+ transportiert.

Dieses Zahlenverhältnis bedeutet, daß die Na^+K^+-ATPase im Nettoeffekt elektrische Ladung transportiert, also Strom erzeugt. Ein solcher Strom ist als sog. Kurzschlußstrom direkt meßbar, wenn durch eine geeignete Versuchsanordnung alle äußeren elektrochemischen Gradienten beseitigt werden. Diese 1951 von H. Ussing eingeführte Methode hat sehr zur Erweiterung unserer Kenntnisse des epithelialen Transports beigetragen und wird heute in vielfältigen Abwandlungen in der Forschung verwendet.

bb. Passiver Transport

Alle Transporte, die nur durch äußere Gradienten angetrieben werden, sind passive Transporte. Als äußere Gradienten (= Gefälle = Änderung längs eines Weges) des epithelialen Transports kommen im wesentlichen in Frage: hydrostatischer Druckgradient, Konzentrationsgradient und elektrische Spannung. Demgemäß gibt es verschiedene Komponenten passiven Transports, z. B. Filtration, Diffusion, Osmose, Solvent drag, erleichterte Diffusion.

Filtration

Filtration ist der Transport von Lösungsmitteln und filtrierbaren Teilchen aufgrund eines hydrostatischen Druckgradienten durch einen Filter hindurch. Dieser Filter ist eine porenbesetzte Membran, die zwischen gelösten Teilchen und dem Lösungsmittel einerseits und ungelösten Teilchen andererseits unterscheidet. Die Porengröße z. B. der Kapillarwände ist jedoch so klein, daß auch große gelöste Moleküle zurückgehalten werden; dieser Prozeß wird **Ultrafiltration** genannt (vgl. Abschnitt 5.a). An Epithelien im engeren Sinne spielen Filtration und Ultrafiltration keine merkliche Rolle, da deren Permeabilität zu gering ist. Filtration und Ultrafiltration sind nicht sättigbar, d. h. die Transportrate hängt ohne Limitierung linear von der treibenden Kraft ab.

Für die Filtration (und für Solvent drag, s. u.) gilt die Überlegung, daß die mitgeführten Teilchen an den Wasserdurchtrittsstellen entweder durchgelassen oder ›reflektiert‹ werden können. Das Maß hierfür ist der Reflexionskoeffizient σ; er kann experimentell bestimmt werden aus

(45) $\sigma = \pi_{real} / \pi_{ideal}$, wobei
(46) $\pi_{ideal} = R \cdot T \cdot \Delta c_{osm}$.

π_{real} ist der reale an der zu untersuchenden Membran gemessene osmotische Druck; π_{ideal} ist der an einer ideal selektiven Membran auftretende osmotische Druck. R = allgemeine Gaskonstante; T = absolute Temperatur; Δc_{osm} = Osmolalitätsdifferenz. Da $\pi_{real} \leq \pi_{ideal}$, kann σ Werte zwischen 1 (vollständige Reflexion der Teilchen an der Membran) und 0 (keine Behinderung) annehmen. Formal ist σ eine Wahrscheinlichkeit, die die Chance angibt, mit der eine Teilchensorte an der Membran zurückgeworfen (reflektiert) wird. Der durch Filtration bzw. Ultrafiltration verursachte Teilchentransport J_i wird beschrieben durch:

(47) $J_i = \bar{c}_i \cdot (1-\sigma) \cdot J_V$

$\bar{c}_i$ = mittlere Konzentration von i im transportierenden Kompartiment. σ = Reflexionskoeffizient von i. J_V = transepithelialer Volumentransport (Wassertransport).

Diffusion

Die treibende Kraft der Diffusion ist ein Konzentrationsgradient, der die nach außen richtungslose Brownsche Molekularbewegung aufgrund der höheren Zusammenprall- und Abstoßungswahrscheinlichkeit im konzentrierteren Kompartiment in eine Netto-Diffusion überführt. Der Transport von Ionen aufgrund der Einwirkung einer elektrischen Spannung ist eigentlich ein gesonderter Vorgang, wird aber üblicherweise in den Begriff Diffusion mit einbezogen (von einigen Autoren jedoch als Elektrodiffusion abgegrenzt). Konzentrations- und elektrischer Gradient werden in dem Begriff **elektrochemischer Gradient** zusammengefaßt.

Der durch Diffusion (einschließlich Elektrodiffusion) verursachte Transport wird beschrieben durch:

(48) $J_i = P_i \left(\Delta c_i + \frac{z_i \cdot F \cdot \Delta E}{R \cdot T} \cdot \bar{c}_i\right)$

Hierbei bedeuten: J_i = Nettotransport des Teilchens i, P_i = Permeabilität von i, Δc_i = transepitheliale Konzentrationsdifferenz, ΔE = transepitheliale elektrische Potentialdifferenz, z_iF/RT = elektrische Triebkraft (z, F, R, T haben die übliche Bedeutung), $\bar{c}_i$ = mittlere Konzentration von i im transportierenden Kompartiment.

Wenn die Diffusion in ein Gleichgewicht gekommen ist (Nettoflux = 0), kann dieser Zustand durch die Nernstsche Gleichung beschrieben werden:

(49) $\Delta E = \frac{R \cdot T}{z \cdot F} \ln \frac{c_1}{c_2}$

Bei 37 °C ergibt sich für einwertige Ionen (z = 1)

(49 a) $\Delta E = -61 \text{ mV} \cdot \log (c_1/c_2)$

und für zweiwertige Ionen (z = 2)

(49 b) $\Delta E = -30{,}5 \text{ mV} \cdot \log (c_1/c_2)$.

c_1 und c_2 sind die Konzentrationen einer Ionensorte diesseits und jenseits des Epithels bzw. der Membran. Mit Hilfe dieser Gleichung kann untersucht werden, ob die Verteilung eines Ions allein auf Diffusion beruht, oder ob auch primär oder sekundär aktiver Transport beteiligt ist. In diesem Fall wäre ΔE kleiner oder größer als aus c_1/c_2 berechnet wird, die Gleichung würde also nicht aufgehen.

Für die Diffusion von ungeladenen Teilchen **(Nicht-Ionische Diffusion)** vereinfacht sich Gleichung (48) zu

(50) $J_i = P_i \cdot \Delta c_i$.

Osmose: Osmose ist Diffusion des Lösungsmittels (Wasser) aufgrund eines Konzentrationsgradienten des Lösungsmittels. Dieser ist dem Konzentrationsgradienten der Summe aller Teilchen entgegengerichtet: Diffusion von Teilchen in eine Vorzugsrichtung ist begleitet von Osmose in die entgegengesetzte Richtung. In Gegenwart einer wasserselektiven (also für Wasser durchlässigen und für Teilchen undurchlässigen) Membran verursacht die Osmose einen osmotischen Druck. Ist die Membran lediglich undurchlässig für Makromoleküle, wird der entstehende Druck kolloidosmotisch genannt. Der kolloidosmotische Druck plus der kleine zusätzliche osmotische Druck, der durch die Donnan-Verteilung (s. u.) entsteht, wird als onkotischer Druck bezeichnet.

Der Wassertransport der Epithelien geschieht aufgrund lokaler Osmose, das Wasser folgt also stets passiv der Summe der transportierten Teilchen. Es kann dabei je nach Epitheltyp eher transzellulär (dichte und mäßig lecke Epithelien) oder eher parazellulär transportiert werden (lecke Epithelien). Falls die Wasserpermeabilität (hydraulische Leitfähigkeit) ausreichend groß ist, wird Wasser praktisch als isoosmolale Flüssigkeit (bei Warmblütern etwa 300 mOsmol gelöste Substanzen in 1 kg Wasser) transportiert.

Solvent drag: Man spricht von Solvent drag, wenn Teilchen aufgrund ihrer Wechselwirkung mit den Wassermolekülen in einer Volumenströmung mitgeführt werden. Angetrieben wird dieser Teilchentransport durch den Wassertransport, der seinerseits durch osmotische Kopplung an einen anderen Teilchentransport entstanden war. Bei den lecken Epithelien wie dem proximalen Tubulus führt Solvent drag zu einer erheblichen Verstärkung der Effektivität des Teilchentransports.

Für die durch Solvent drag verursachte Teilchenmitführung gelten die gleichen formalen Regeln wie für die der Filtration (s. o.).

Donnan-Effekt (auch Gibbs-Donnan-Effekt; vgl. Abschnitt 5.b): Proteine liegen im Blut bei physiologischem pH zumeist als Anionen vor. Dadurch, daß bei der Ultrafiltration die Proteinmoleküle zurückgehalten werden, ergibt sich eine Ungleichverteilung aller beteiligten Ionensorten diesseits und jenseits der Filtermembran. Analoge Verhältnisse gelten für alle Zellmembranen, da das Zytoplasma reich an Protein-Anionen ist, die die Zelle nicht verlassen können. Dies hat drei Konsequenzen:

1. Donnan-Potential: Es entsteht eine Potentialdifferenz von wenigen mV mit negativem Vorzeichen auf der proteinhaltigen Seite.
2. Donnan-Verteilung: Das Donnan-Potential verursacht eine geringfügige Verschiebung von Kationen auf die proteinhaltige Seite und von Anionen auf die proteinarme Seite.
3. Donnan-Faktor: Die Donnan-Verteilung gilt für alle passiv verteilten Ionen in quantitativ gleicher Weise, jedoch in Abhängigkeit von ihrer Ladung. Für einwertige Kationen bzw. Anionen ergibt sich ein Konzentrationsunterschied von + bzw. − 5 %, für zweiwertige Ionen von + bzw. − 10 %.

Erleichterte Diffusion

Man versteht darunter jeglichen passiven Transport, der durch spezielle Transporter in der Membran vermittelt wird. Der Name erklärt sich dadurch, daß für polare Substanzen der Transport durch Transporter um Größenordnungen schneller verläuft als die einfache Diffusion durch die Lipidphase der Membran. Alle Formen der erleichterten Diffusion zeigen Sättigung und sind mehr oder weniger spezifisch für bestimmte Teilchensorten. Im Hinblick auf ihren Mechanismus kann man zwei Grenzfälle von Transportern unterscheiden, Kanäle und Carrier:

Kanäle (Poren) sind passive Transporter der Zellmembran, die nur für einige wenige Ionensorten durchlässig sind. Typisch für Kanäle ist, daß sie unter dem Einfluß des Membranpotentials oder chemischer Stoffe ihre Durchlässigkeit sprungartig zwischen offen und geschlossen variieren (gating). Im offenen Zustand können Kanäle $\geq 10^7$ Ionen pro Sekunde passieren lassen. Kanäle zeigen eine Sättigungskinetik, z. B. indem bei steigender intrazellulärer Na^+-Konzentration die ›offen‹-Wahrscheinlichkeit der apikalen Na^+-Kanäle abnimmt. Die Funktion der Kanäle ist nicht stark temperaturabhängig.

Die wichtigsten Kanäle sind die für K^+ und Na^+. Die K^+-Kanäle der Epithelzellen und der erregbaren Zellen sind sich sehr ähnlich, während die Na^+-Kanäle unterschiedlich sind: Die Na^+-Kanäle erregbarer Zellen werden vor allem durch die Membranspannung sowie durch das Gift Tetrodotoxin beeinflußt, während die Na^+-Kanäle der Epithelien typischerweise durch das Diuretikum Amilorid gehemmt werden. In zellulären Transportschemata werden Kanäle durch einen einfachen, die Membran kreuzenden Pfeil symbolisiert; wenn der Pfeil eine Neigung aufweist, soll dies die Richtung des elektrochemischen Gradienten andeuten (s. z. B. Abb. 222 b–d).

Carrier sind Transportproteine der Zellmembran, die spezifisch für eine Teilchensorte — also nicht nur Ionen — oder für eine festgelegte Kombination mehrerer Teilchensorten sind. Typisch für Carrier ist, daß sie keine sprungartigen Durchlässigkeitsänderungen aufweisen. Carrier transportieren mit $\leq 10^4$ Teilchen pro Sekunde erheblich langsamer als Kanäle und sind stark temperaturabhängig. Es gibt Carrier, die primär aktiv arbeiten und solche, die — für sich allein betrachtet — passiven Transport vermitteln. In zellulären Transportschemata werden Carrier durch Pfeile, die durch einen Kreis führen, symbolisiert; bei primär aktiven Carriern ist der Kreis ausgefüllt und bei passiven Carriern ist er hell (s. z. B. Abb. 222 b–d).

Die primär aktiven Carrier sind die bereits besprochenen ATPasen. Für passive Carrier gelten die Gesetzmäßigkeiten der Diffusion, allerdings ist carriervermittelter Transport im Gegensatz zur einfachen Diffusion sättigbar. Die maximale Transportrate wird dabei durch die begrenzte Umsatzrate des Carriers bestimmt.

Diejenigen Carrier, die nicht eine Teilchensorte allein, sondern stets eine spezifische Kombination von 2 oder 3 Teilchensorten gekoppelt befördern, heißen **Cotransporter.** Hinsichtlich der Transportrichtung unterscheidet man **Symporter,** die mehrere Teilchensorten in gleicher Richtung transportieren, und **Antiporter,** die die Teilchensorten in entgegengesetzter Richtung transportieren. (Einige Autoren bezeichnen nur den Symport als Cotransport und nennen den Antiport statt dessen Countertransport.)

bc. Sekundär aktiver Transport

Der Transport einer Teilchensorte wird sekundär aktiv genannt, wenn zwar obligat Stoffwechselenergie verbraucht wird, diese Energie jedoch nicht für den Transport der betreffenden Teilchensorte selbst aufgewendet wird. Der Grundmechanismus des sekundär aktiven Transports sei am Beispiel des Na^+Glucose-Cotransports erklärt (s. Abschnitt 10.aa):

Cotransporter weisen das Phänomen der **Flußkopplung** auf; z. B. transportiert der in der apikalen Membran vieler Epithelien vorhandene Na^+Glucose-Carrier (s. Abb. 232) ausschließlich, nachdem er je ein Na^+ und ein Glucosemolekül aufgenommen hat. Nun muß nicht etwa für beide Teilchensorten zugleich ein elektrochemischer Gradient vorhanden sein; die Flußkopplung bewirkt vielmehr, daß der gemeinsame Transport beider Teilchen stattfindet, wenn die Summe der beiden Gradienten in die entsprechende Richtung weist. Da für Na^+ in der Regel ein ausgeprägter Gradient von extrazellulär nach intrazellulär vorhanden ist, kann die Glucose sogar gegen ihren Gradienten in der Zelle angereichert werden.

Für sich allein gesehen arbeitet der Cotransporter eigentlich passiv, da die Energie für den Glucosetransport aus dem elektrochemischen Gradienten für Na^+ stammt. Dieser Na^+-Gradient muß jedoch von einem primär aktiven Transporter, nämlich der in der basolateralen Membran befindlichen Na^+K^+-ATPase, ständig aufrechterhalten werden, so daß für den Glucosetransport auf indirekte Weise eben doch Stoffwechselenergie verbraucht wird. Im funktionellen Zusammenhang mit dem primär aktiven Transporter wird daher der Na^+Glucose-Cotransport als ›sekundär aktiv‹ bezeichnet.

Der sekundär aktive Transport einer Substanz beinhaltet also zwei Komponenten, den passiven Cotransporter dieser Substanz und einen diesen Cotransport indirekt antreibenden primär aktiven Transporter.

Die Funktion der beiden Transporter hängt eng zusammen: Einerseits führt die Hemmung des primär aktiven Transporters auf der basolateralen Seite (z. B. durch Ouabain = g-Strophantin) schließlich auch zu einer Hemmung des Glucose-transports, andererseits bewirkt die Hemmung des passiven Transporters auf der apikalen Seite (z. B. durch Na^+- oder Glucoseentzug) letztlich auch eine Einschränkung der Funktion der Na^+K^+-ATPase, da diese auf die intrazelluläre Anlieferung von Na^+ angewiesen ist.

Sekundär aktiver Transport ist weit verbreitet; die meisten Cotransporter sind solche mit Flußkopplung an Na^+, es gibt z. B. Na^+-Symporte mit Cl^-, Sulfat, Phosphat, Glucose, verschiedenen Gruppen von Aminosäuren sowie mit vielen schwachen Elektrolyten und es gibt Na^+-Antiporte z. B. mit H^+, Ca^{++} oder Mg^{++}.

7. Tubulärer Transport von Natrium und Chlorid

Aus der Tatsache einer extrem hohen GFR und einer damit verglichen geringen Urinausscheidung von $< 1\,\%$ der GFR kann abgelesen werden, daß die Tubuli Flüssigkeit und einen Teil der darin gelösten Solute resorbieren. Dies gilt besonders für NaCl, $NaHCO_3$ und Substrate wie Glucose und Aminosäuren. Am Beispiel der PAH haben wir zudem gesehen, daß die Tubuli auch zur Sekretion befähigt sind. Dies trifft für viele organische Säuren und Basen, für Protonen und Kalium zu. In den folgenden Abschnitten soll nun beschrieben werden, welche Substanzen wo entlang des Nephrons transportiert werden und welche Mechanismen dem transtubulären Transport zugrunde liegen. Einen ersten Überblick über die Lokalisation der Transportvorgänge gibt die Abbildung 219.

Aus der Größe der GFR und der hohen Natriumkonzentration im Ultrafiltrat läßt sich berechnen, daß in 24 Stunden der Gesamtkörpergehalt an austauschbarem Na^+ ca. 9mal in die Bowmanschen Kapselräume abgepreßt wird. Von dieser Menge (engl.: filtered load) werden normalerweise mehr als 99 % resorbiert und nur weniger als 1 % ausgeschieden.

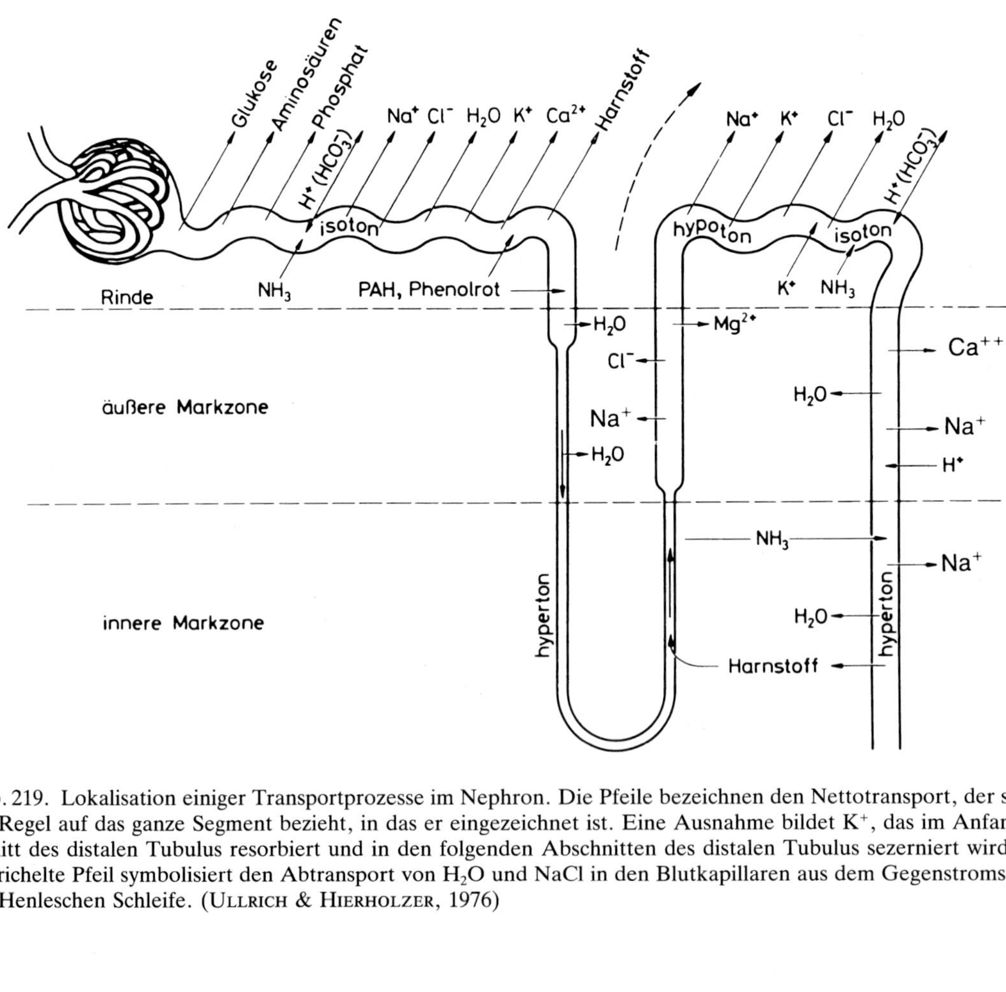

Abb. 219. Lokalisation einiger Transportprozesse im Nephron. Die Pfeile bezeichnen den Nettotransport, der sich in der Regel auf das ganze Segment bezieht, in das er eingezeichnet ist. Eine Ausnahme bildet K^+, das im Anfangsabschnitt des distalen Tubulus resorbiert und in den folgenden Abschnitten des distalen Tubulus sezerniert wird. Der gestrichelte Pfeil symbolisiert den Abtransport von H_2O und NaCl in den Blutkapillaren aus dem Gegenstromsystem der Henleschen Schleife. (Ullrich & Hierholzer, 1976)

a. Lokalisation und Mechanismen der Natrium-Resorption

Diese wurden in Mikropunktionsexperimenten untersucht. Tubulusflüssigkeit wurde an verschiedenen Stellen des Nephrons abgesaugt und analysiert. Die Abbildung 220 gibt die Ergebnisse wieder. Teil a der Abbildung enthält $[Na]_{TF}/[Na]_P$-Quotienten, aus denen sich ableiten läßt, daß im proximalen Teil des Nephrons die Na^+-Konzentration der TF nicht unter die des Plasmas absinkt, während sie distal und in den Sammelrohren deutlich abfällt. Dementsprechend ist die Na^+-Konzentration der resorbierten Flüssigkeit proximal gleich der des Plasmawassers, distal dagegen höher. Mißt man gleichzeitig die Inulinkonzentration der TF entlang des Nephrons, so kann man sowohl die prozentuale Flüssigkeitsresorption als auch die prozentuale Natriumresorption entlang des Nephrons berechnen (Abb. 220 b):

(51) $(1/[In]_{TF}/[In]_P)\cdot 100$ = im Tubulus an der Punktionsstelle vorhandene Flüssigkeitsmenge in % der GFR; analog:

(51 a) $(1/[In]_U/[In]_P)\cdot 100$ = Urinvolumen in % der GFR

(52) $(1-(1/[In]_{TF}/[In]_P))\cdot 100$ = bis zur Punktionsstelle resorbierte Flüssigkeitsmenge in % der GFR; analog:

(52 a) $(1-(1/[In]_U/[In]_P))\cdot 100$ = entlang des gesamten Tubulus resorbierte Flüssigkeitsmenge in % der GFR.

(53) $\frac{[Na]_{TF}/[Na]_P}{[In]_{TF}/[In]_P}\cdot 100$ = im Tubulus an der Punktionsstelle vorhandene Na^+-Menge in % der filtrierten Menge

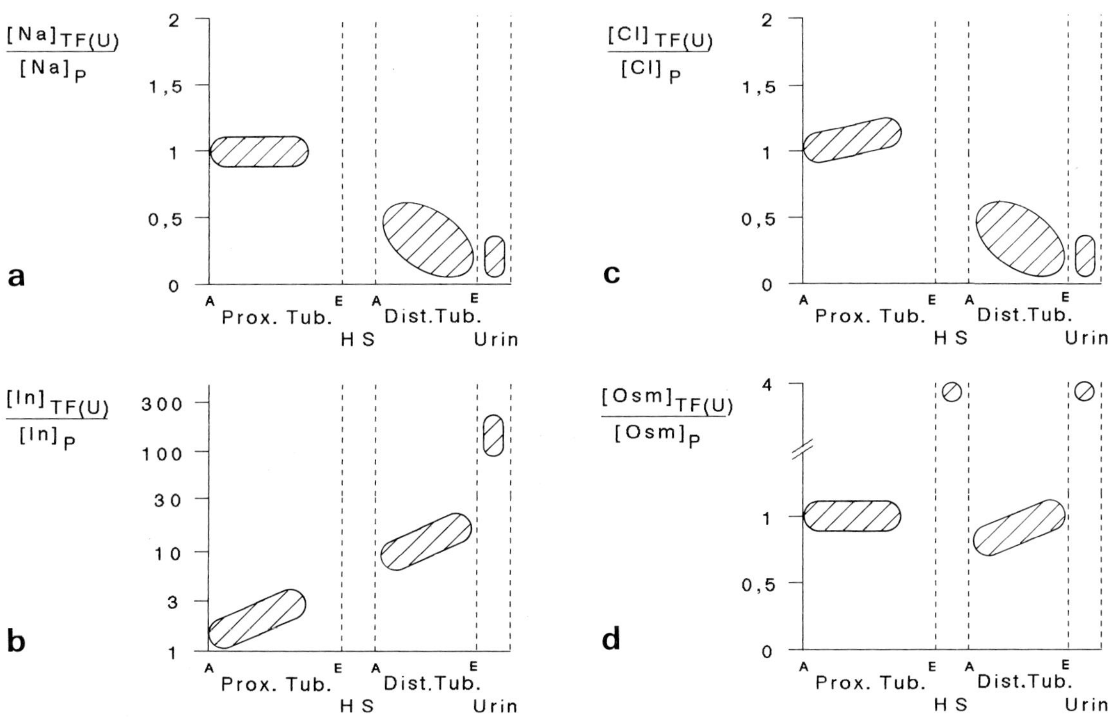

Abb. 220. Konzentrationsquotienten (TF/P bzw. U/P) von Na^+, Cl^-, Inulin und der Summe aller osmotisch wirksamen Teilchen (Osmolyte) in den Abschnitten des Tubulus (bzw. im Urin) in Antidiurese. Die TF/P-Quotienten aller unbehindert filtrierbaren Substanzen sind am Anfang des proximalen Tubulus etwa 1.

HS = Henlesche Schleife, **A** und **E** = Anfang und Ende

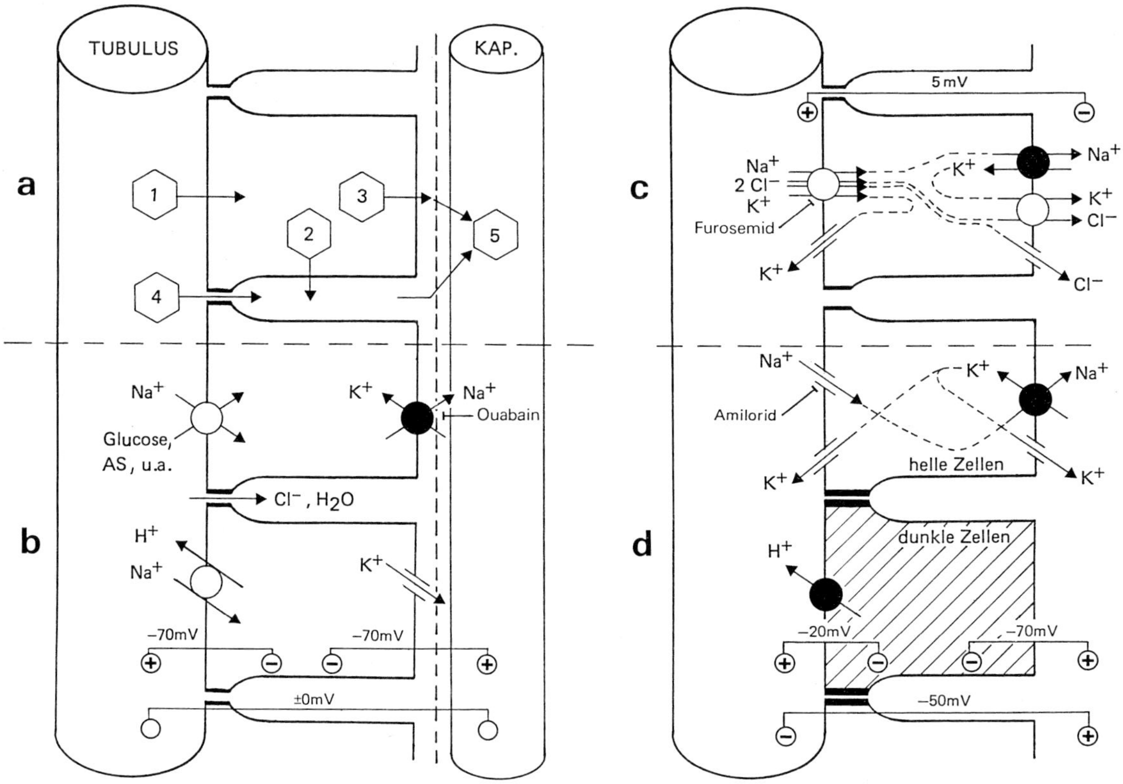

Abb. 222. Zelluläre Mechanismen des Na^+-Transports im Nephron.

a = mögliche transzelluläre (1, 2, 3, 5) und parazelluläre (4, 5) Transportwege, **b** = Na^+-Transporter im proximalen Tubulus, **c** = im dicken aufsteigenden Schenkel der Henleschen Schleife, **d** = in Sammelrohren. Erklärungen s. Text. In der linken Bildhälfte (a, b) sind zur Verdeutlichung der strukturellen Anordnung die azelluläre Basalmembran (BM) und eine Blutkapillare (KAP) dargestellt; diese sind in den folgenden Schemata (c, d und Abb. 227–242) jedoch weggelassen

ein nach zelleinwärts gerichteter elektrochemischer Gradient.

Bildteil b: Na^+ kann somit »bergab« in die Zellen eintreten, nach basolateral zu den aktiven Transportpumpen diffundieren und dort aus den Zellen herausgepumpt werden. Der Durchtritt von Na^+ durch die apikale Zellmembran des proximalen Tubulus erfolgt im Cotransport mit anderen Soluten, die aus der TF resorbiert oder in die TF sezerniert werden. Die Cotransporter der ersteren Sorte werden als Symporter, die der letzteren Sorte als Antiporter bezeichnet (s. Abschnitt 6.bb, bc). Man hat im proximalen Tubulus Symporter für Na^+ + Glucose, Na^+ + Aminosäuren, Na^+ + Phosphat, Na^+ + Mono- bzw. Dicarboxylate, Na^+ + Sulfat bzw. Thiosulfat nachgewiesen; wahrscheinlich existieren weitere. Außerdem wurde in der apikalen Zellmembran ein Antiporter gefunden, der einen Austausch von Na^+ gegen H^+ vermittelt; letzteres stammt aus dem Stoffwechsel der Zelle.

Die Na^+-abhängigen und nicht **direkt** auf die ATP-Spaltung angewiesenen Cotransportsysteme werden als »sekundär aktiv« bezeichnet. Man kann sich vorstellen, daß der Bergab-Transport von Na^+ in die Zellen hinein diese Vorgänge treibt. Die Energie hierzu stammt letztlich aus dem basolateral lokalisierten ATP-getriebenen Na^+/K^+-Austauschtransport, der die hohe elektro-chemische Potentialdifferenz für Na^+ an der Lumenseite bedingt. Cl^- wird im proximalen Tubulus vermutlich nur passiv und vor allem über den parazellulären Weg transportiert. Zusammenfassend läßt sich feststellen, daß durch die asymmetrische Anordnung von aktiven, sekundär aktiven und passiven Transportmechanismen ein von apikal nach basolateral gerichteter Na^+- und Stofftransport aufrechterhalten wird, durch den osmotisch Wasser mitresorbiert werden kann. Der Wasserfluß durch die

Zwischenzellspalten ist wiederum die Ursache für den konvektiven Stofftransport durch Solvent drag. Der genaue Mechanismus des im ganzen gesehen isoosmolalen proximalen Wassertransportes ist noch nicht vollständig aufgeklärt.

Schließlich ist noch darauf hinzuweisen, daß der letzte Transportschritt (Nr. 5 in Abb. 222 a) ausschließlich durch physikalische Kräfte bewerkstelligt wird, und zwar ähnlich wie im venösen Schenkel der Muskelkapillaren. Im Vergleich zu den glomerulären Kapillaren herrscht in den peritubulären Kapillaren ein niedrigerer hydrostatischer und ein höherer kolloidosmotischer Druck.

Bildteil c: Im aufsteigenden dicken Schleifenschenkel unterscheiden sich die Verhältnisse von proximal, wie Messungen der elektrischen Potentialdifferenzen ergaben. Hier ist das Tubuluslumen deutlich positiv gegenüber der EZF. Wie skizziert findet sich auf der luminalen Seite eine besondere Art von Co-Transportproteinen, die Natrium zusammen mit Kalium und Chlorid in die Zelle hineinbefördern. Kalium kann entweder zusammen mit Cl^- ins Interstitium gepumpt werden oder passiv in das Tubuluslumen zurückfließen. Der letztere Vorgang führt zur typischen Potentialdifferenz. Neuerdings hat man spezifische Hemmstoffe für das Na/2Cl/K-Transportsystem gefunden, die der Gruppe der Diuretika angehören (s. Abschnitt 12.b).

Bildteil d: In den Sammelrohren findet man als Besonderheit zwei Zelltypen in der Tubuluswand: Hauptzellen, die untereinander in Kontakt stehen und dazwischen verstreut sog. »dunkle Zellen« (durch Mitochondrienreichtum dunkel erscheinend). Die Na^+-Resorption erfolgt hier durch die Hintereinanderschaltung apikaler Na^+-Kanäle mit basolateralem Na^+/K^+-Austausch. Wie im Abschnitt 8 beschrieben wird, sind hier außer der Na^+-Resorption Sekretionsmechanismen für K^+ und H^+ lokalisiert.

Es finden sich Besonderheiten, die hier nicht besprochen werden, in den dünnen Henleschen Schleifenschenkeln (keine aktive Resorption, keine el. PD) und in den papillären Sammelrohren (keine el. PD). Der Na^+-Transport in den Macula densa-Zellen verläuft möglicherweise ähnlich wie in Abbildung 222 c; er spielt eine Rolle bei der tubuloglomerulären Feedback-Regulation (s. Abschnitt 4.a).

Energetisch gesehen ist die Resorption von Na^+ und entsprechenden Anionen, vorwiegend Cl^- und HCO_3^-, die wichtigste tubuläre Resorptionsleistung. Betrachtet man die Niere insgesamt, so werden pro mol O_2-Verbrauch ca. 28–30 mol Na^+ resorbiert. Geht man von Schätzungen des passiven parazellulären Anteils von ca. 50 % aus, so ergibt sich rechnerisch, daß pro mol O_2 ca. 15 mol Na^+ aktiv durch die Tubuluszellen resorbiert werden (vgl. Abschnitt 4.b).

c. Regulation der Natrium-Ausscheidung

Normalerweise werden > 99 % der filtrierten Na^+-Ionen resorbiert und nur < 1 % im Urin ausgeschieden. Eine Änderung der Na^+-Ausscheidung beobachtet man a) bei Änderungen der GFR und b) bei Änderungen der tubulären Resorption.

Änderungen der GFR bedingen zwar eine proportionale Änderung der filtrierten Na^+-Menge, zugleich aber auch eine Zunahme der Na^+- Resorption, die zu der in Abbildung 209 dargestellten Zunahme des Sauerstoffverbrauches führt. Man hat diesen Anpassungsvorgang »glomerulotubuläre Balance« genannt. Der Ausdruck umschreibt die Fähigkeit vor allem des proximalen Tubulus auf Änderungen der filtrierten Menge mit einer Anpassung der Resorption so zu reagieren, daß die prozentuale Na^+- und Flüssigkeits-Resorption fast konstant bleibt. Auch die dicken aufsteigenden Schleifenschenkel können bei erhöhtem Angebot von TF auf der luminalen Seite mit einer Mehrresorption reagieren, die distalen Tubuli und die Sammelrohre dagegen kaum. Durch die Anpassungsfähigkeit der Tubuli ist es bedingt, daß Filtrationsänderungen nur zu geringgradigen Änderungen der Urinausscheidung führen. Hinzu kommt, daß die GFR und damit das »filtered load« autoreguliert ist und meist nur innerhalb enger Grenzen variiert. Der Mechanismus der glomerulotubulären Balance ist nicht befriedigend geklärt. Man vermutet derzeit, daß Änderungen der GFR über entsprechende Änderungen des kolloidosmotischen und des hydrostatischen Druckes in den peritubulären Kapillaren den letzten Resorptionsschritt (5 in Abb. 222 a) beeinflussen. Auch ein (lokal gebildeter?) tubulärer Faktor, der die Na^+-Resorption im proximalen Tubulus beeinflussen soll, wurde in Erwägung gezogen.

Das wichtigste auf die tubuläre Na^+-Resorption einwirkende Hormon ist Aldosteron (vgl. Abschnitt 13.fa). Es gelangt von der Zona glomerulosa der Nebennierenrinde mit dem Blut zur Niere und fördert vor allem im spätdistalen Tubulus und in den kortikalen Sammelrohren die Na^+-Resorption. Zugleich stimuliert es dort die K^+-Sekretion. Bilanzmäßig gesehen stehen nur wenige % der filtrierten Na-Ionen unter dem Einfluß von Aldosteron. Wird die Nebennierenrinde zerstört, kommt es zur Mehrausscheidung von Na^+ und Flüssigkeit und zur Retention von K^+ (= Morbus Addison). Aldosteron wirkt nicht sofort, sondern es weist einen verzögerten Wirkungseintritt (frühestens nach 30 Minuten) auf. Dies ist dadurch bedingt, daß sich das Hormon zunächst an cytoplasmatische Rezeptoren bindet und als Hormon-Rezeptorkomplex in den Zellkern der Zielzellen (Targetzellen) transportiert wird. Die spezifischen Wirkungen werden durch aldosteron-induzierte ribosomale Proteinsynthese vermittelt. Man hat gefunden, daß an den luminalen Zellseiten die Anzahl der Natriumkanäle ansteigt, so daß Na^+ aus der TF leichter in den intrazellulären Raum und damit an die peritubulären Na^+K^+-ATPase-Carrier gelangen kann. Als Folge davon nimmt auf den basolateralen Zellseiten die Zelloberfläche und die Zahl der Transportcarrier zu. Bei längerer Verabreichung von Aldosteron normalisiert sich die zunächst verminderte Na^+-Ausscheidung wieder. Man bezeichnet dies als Escape-Phänomen. Aldosteron beeinflußt auch die Sekretion von K^+ und H^+. Diese Wirkungen sind jedoch nicht direkt mit der Na^+-resorptionsfördernden Wirkung gekoppelt.

Ein weiterer, die Na^+-Ausscheidung beeinflussender hormonaler Faktor ist das kürzlich entdeckte Atriopeptin. Es wird in den Vorhöfen des Herzens gebildet und bei starker Kochsalzzufuhr ins Blut ausgeschüttet. Möglicherweise existieren verschiedene Atriopeptine. Sie sind gefäßaktiv, steigern die GFR und fördern die Na^+-Ausscheidung. Der Wirkungsmechanismus ist allerdings noch nicht aufgeklärt, insbesondere ist noch unbekannt, ob sie direkt auf den tubulären Na^+-Transport einwirken oder nur indirekt über die glomeruläre Wirkung.

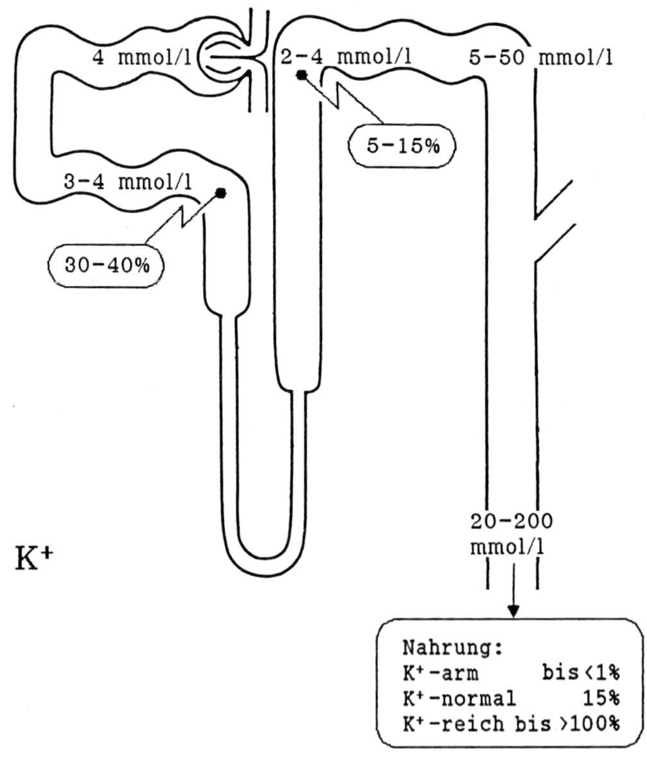

Abb. 223. Profil des K^+-Transports entlang des Nephrons in Antidiurese. Die Prozentangaben beziehen sich auf die in den betreffenden Nephronabschnitten noch vorhandenen Mengen in Relation zum filtrierten ›load‹ (= 100 %). In den distalen Tubulusabschnitten wird K^+ je nach K^+-Gehalt der Nahrung resorbiert oder sezerniert, so daß die Ausscheidung in einem weiten Bereich variieren kann

8. Renaler Transport von Kalium

Die intra- und extrazellulären Konzentrationen von Kalium verhalten sich umgekehrt wie die von Natrium (vgl. Abb. 198): Kalium ist das am höchsten konzentrierte intrazelluläre Ion, der Normalwert im Plasma $[K]_P$ beträgt jedoch nur 4,0 ± 0,5 mmol/l.

Diese Verteilung hat zur Folge, daß schon bei leicht hämolytischen Blutproben ein falsch zu hohes $[K]_P$ gemessen wird. Mehr als 98 % der Kalium-Ionen befinden sich damit intrazellulär, geregelt wird jedoch vor allem der kleine extrazelluläre Anteil von 1–2 %. Der Körper ist jedoch relativ intolerant gegenüber Veränderungen von $[K]_P$.

So ist bei $[K]_P$ von weniger als der Hälfte des Normalwerts (Hypokaliämie) keine Kontraktion der Skelettmuskulatur mehr möglich, während es bei einer Verdoppelung von $[K]_P$ (Hyperkaliämie) zum Herzstillstand kommen kann. Daher muß $[K]_P$ in engen Grenzen konstant gehalten werden. Das geschieht hauptsächlich durch Variation der Kaliumausscheidung durch die Nieren. Etwa 90 % der Kaliumausscheidung erfolgt über die Nieren und etwa 10 % durch den Darm. Den Nieren kommt somit eine entscheidende Bedeutung in der Kalium-Homöostase zu.

Die Kaliumaufnahme schwankt je nach Zusammensetzung der Nahrung zwischen etwa 1 und 3 mmol pro Tag und kg Körpergewicht. Kalium wird im Glomerulus frei filtriert; das bedeutet, daß bei einer GFR von $2\ l \cdot 24\ h^{-1} kg^{-1}$ etwa $10\ mmol \cdot 24\ h^{-1} kg^{-1}$ Kalium filtriert werden. Da die Aufnahme (s. oben) und Ausscheidung von K^+ gleich sind, bedeutet dies, daß normalerweise der größte Teil des filtrierten K^+ wieder resorbiert wird. Es zeigt sich jedoch, daß bei einer chronisch erhöhten K^+-Zufuhr die ausgeschiedene Menge die filtrierte erreichen oder sogar übertreffen kann, so daß K^+ offenbar auch nettomäßig sezerniert werden kann.

Durch Mikropunktion verschiedener Abschnitte des Tubuluslumens wurde festgestellt, daß im proximalen Tubulus stets etwa 60–70 % des filtrierten K^+ und in der Henleschen Schleife weitere 25–35 % resorbiert werden, so daß im distalen Tubulus etwa 5–15 % erscheinen. Bis zu diesem Punkt ist die Resorption weitgehend obligat, d. h. sie wird nicht durch $[K]_p$ oder durch Hormone variiert. Im distalen Tubulus ist der Nettotransport von K^+ jedoch sehr variabel und kann zwischen Resorption und starker Sekretion schwanken. Ausmaß bzw. Richtung des K^+-Transports in den distalen Tubulusabschnitten wird u. a. stark von der K^+-Zufuhr beeinflußt (s. Abb. 223).

a. Transportmechanismen für Kalium

Die Mechanismen des K^+-Transports der Niere werden am Beispiel von 3 Tubulusabschnitten dargestellt, dem proximalen Tubulus, der Henleschen Schleife und den Sammelrohren (Abb. 224 a—c):

Proximaler Tubulus (Abb. 224 a)

In der apikalen Membran befindet sich ein K^+-Transporter, der K^+ aus dem Lumen in die Zelle aufnimmt. Er ist bisher nicht vollständig charakterisiert worden; möglicherweise handelt es sich um einen primär aktiven Transport. Das durch diesen Transporter sowie durch die Na^+K^+-ATPase aktiv in die Zelle hineinglangte K^+ kann diese blutwärts (aber auch lumenwärts) durch Kanäle in der basolateralen bzw. apikalen Membran wieder verlassen. Außer durch diesen aktiven Transport kann K^+ auch passiv transportiert werden: K^+ kann durch Solvent drag (s. Abschnitt 6.bb) mit dem transportierten Wasser auf einem gemeinsamen parazellulären Transportweg durch die Zonula occludens und den Interzellulärspalt mitgeführt werden. K^+ wird im proximalen Tubulus normalerweise nettomäßig resorbiert, der Transport kann jedoch durch Veränderungen des elektrochemischen Gradienten und des Wassertransportes stark beeinflußt werden.

Dicker aufsteigender Teil der Henleschen Schleife (Abb. 224 b)

Hier wird je ein K^+ zusammen mit 2 Cl^- und 1 Na^+ durch einen kürzlich identifizierten Cotransporter in der apikalen Membran in die Zelle aufgenommen. Da hier je 2 Kationen und Anionen parallel laufen, verursacht dieser Transporter keine wesentliche elektrische Spannung. Die treibende Kraft für die K^+-Aufnahme in die Zelle stammt aus dem einwärts gerichteten Konzentrationsgradienten für Na^+, der durch die basolateral angesiedelte Na^+K^+-ATPase aufrechterhalten wird, die das in die Zelle gelangte Na^+ auf der basolateralen Seite unter Verbrauch von Stoffwechselenergie herauspumpt. Da der K^+-Transport des $Na^+2Cl^-K^+$-Transporters somit indirekt an einen primär aktiven Na^+-Transport gekoppelt ist, ist er ein sekundär aktiver Transport. Dieser Transporter ist durch Furosemid hemmbar, eine Substanz, die daher als Diuretikum wirksam ist und wegen ihres Wirkortes als Schleifendiuretikum bezeichnet wird.

In der apikalen Membran befindet sich weiterhin ein K^+-Kanal, durch den K^+ die Zelle verläßt und dabei eine elektrische Spannung verursacht. Dieser Kanal wird durch Ba^{++} im Lumen gehemmt. Auf der basolateralen Seite befindet sich außer der Na^+K^+-ATPase, die unter ATP-Verbrauch je 3 Na^+ gegen 2 K^+ austauscht, ein passiver K^+Cl^--Cotransporter, der beide Ionen aus der Zelle heraustransportieren kann und ebenfalls durch Ba^{++} hemmbar ist.

Dies bedeutet, daß in beiden Zellmembranen je zwei Mechanismen vorhanden sind, die K^+ in die Zelle hinein und aus der Zelle heraus transportieren können. Durch Stimulierung oder Hemmung der einzelnen Transporter ist der K^+-Gehalt der Zelle und zugleich der K^+-Nettotransport auf mehrfache Weise beeinflußbar.

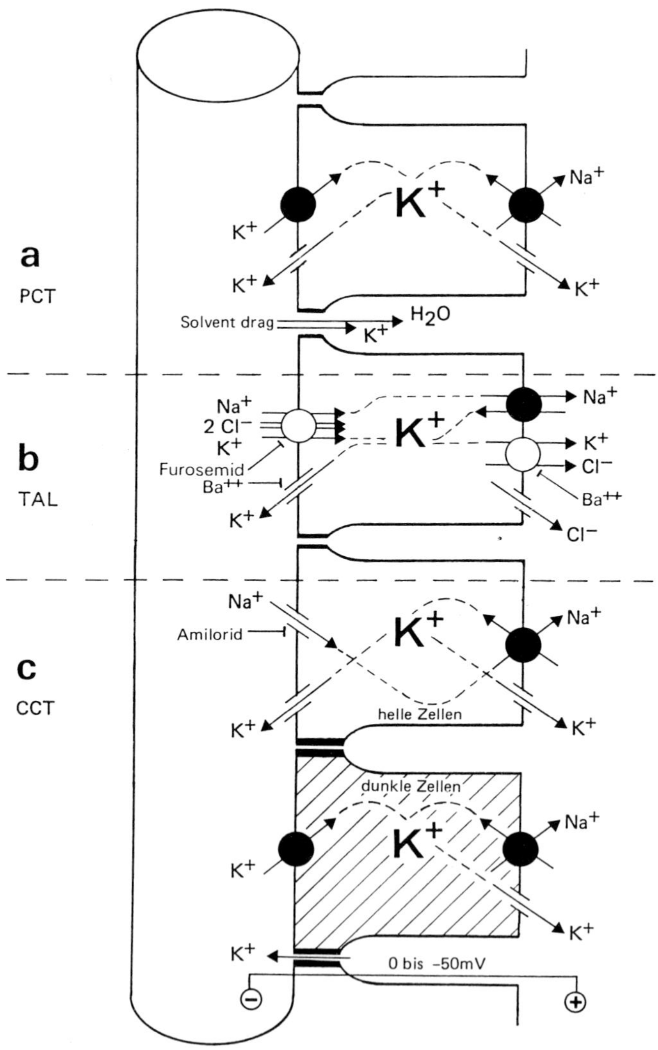

Abb. 224. Zelluläre Mechanismen des renalen K^+-Transports in verschiedenen Tubulussegmenten.

a = proximaler Tubulus, **b** = dicker aufsteigender Teil der Henleschen Schleife, **c** = *oben:* DCT und ›helle Zellen‹ des CCT, *unten:* ›dunkle Zellen‹ des CCT

Distaler Tubulus und Sammelrohr (Abb. 224 c)
Der K^+-Transport im distalen Tubulus und in den hellen Zellen der Sammelrohre verläuft wiederum sowohl transzellulär als auch parazellulär: Das auf der basolateralen Seite von der Na^+K^+-ATPase in die Zelle aufgenommene K^+ verläßt diese wieder durch zwei konduktive K^+-Transporter, die auf den beiden Zellseiten angesiedelt sind.

Der Schlußleistenkomplex enthält ebenfalls gut durchlässige Transportstellen für K^+. Unter dem Einfluß von Aldosteron kann die Na^+-Resorption in diesem Segment eine ausgeprägte transepitheliale lumennegative elektrische Spannung erzeugen. Diese Spannung treibt eine Sekretion von K^+ durch den Schlußleistenkomplex und verursacht zugleich, daß das intrazelluläre K^+ vermehrt auf der apikalen Seite und weniger auf der basolateralen Seite herausströmt. Die Sekretion von K^+ im distalen Tubulus und in den hellen Zellen der Sammelrohre ist demnach ein passiver Transport; es ist noch umstritten, ob dabei der parazelluläre oder der transzelluläre Weg der quantitativ wichtigere ist.

Man hat beobachtet, daß K^+ nettomäßig in einem geringeren Maße sezerniert wird, als es dem treibenden elektrochemischen Gradienten entspricht. Bei nur geringem Gradienten kommt es sogar zu einer Nettoresorption von K^+. Es hat sich gezeigt, daß dieser Transport den dunklen Zellen der Sammelrohre zuzuordnen ist, in deren apikaler Zellmembran ein primär oder sekundär aktiver K^+-Transporter anzunehmen ist, dessen Charakterisierung allerdings noch aussteht.

b. Regelung der Kalium-Ausscheidung

In Kenntnis der Transportmechanismen für K^+ können die meisten der die K^+-Ausscheidung beeinflussenden Parameter diskutiert werden. Die in Abbildung 224 gezeigten Transportwege enthalten in allen drei Tubulusabschnitten sowohl Mechanismen, die in sekretorischer Richtung wirken, als auch solche, die in resorptiver Richtung arbeiten. Je nach Aktivierung oder Hemmung des einen oder anderen Transportweges überwiegt nettomäßig eine Sekretion oder eine Resorption. Folgende Parameter können den K^+-Transport beeinflussen:

(1) K^+-Diät: Veränderungen der K^+-Zufuhr führen zu gleichsinnigen Veränderungen vor allem des intrazellulären K^+-Gehaltes. Eine Erhöhung des intrazellulären K^+ verursacht bzw. verstärkt die Sekretion und damit die Ausscheidung von K^+, während eine Erniedrigung eine Resorption und damit eine Ausscheidung bewirkt.

(2) pH des Blutes: Veränderungen der extra- und intrazellulären H^+-Konzentration führen im distalen Tubulus und im Sammelrohr zu gegensinnigen Veränderungen des intrazellulären K^+-Gehaltes. Dies hat zur Folge, daß eine akute Alkalose die K^+-Ausscheidung erhöht und eine akute Azidose die K^+-Ausscheidung verringert.

(3) Transepitheliale elektrische Spannung: Eine Lumen-negative Spannung verstärkt die distale K^+-Sekretion. Die transepitheliale Spannung schwankt im spätdistalen Tubulus (CNT und CCT) etwa zwischen 0 und − 50 mV. Sie wird durch den konduktiven Na^+-Kanal durch die apikale Membran verursacht bzw. beeinflußt, der wiederum variiert wird durch (3 a) Aldosteron, (3 b) Blocker dieses Transporters und (3 c) durch das luminale Na^+-Angebot:

(3 a) Aldosteron: Mineralokortikoide erhöhen die aktive Na^+-Resorption, indem vermehrt Na^+- und K^+-Kanäle in der apikalen Membran aktiviert werden. Außerdem führt dies zu einer Steigerung der Lumen-negativen Spannung und zu vermehrt arbeitender Na^+K^+-ATPase und so zu einem Anstieg der intrazellulären K^+-Konzentration. Diese 3 Faktoren bewirken eine Zunahme der Sekretion, die auch anhält, wenn bei einem chronisch über mehrere Wochen erhöhten Aldosteronspiegel die gesteigerte Na^+-Resorption wieder nachläßt.

(3 b) Blocker des konduktiven Na^+-Transports: Der konduktive Na^+-Transport kann entweder direkt gehemmt werden durch luminale Einwirkung von Amilorid, oder indirekt durch den Aldosteronantagonisten Spironolacton. Dies führt zu einer Verminderung der K^+-Sekretion und die beiden Substanzen gelten daher als kaliumsparende Diuretika (siehe Abschnitt 12.b).

(3 c) Luminales Na^+-Angebot: Hemmung des Na^+-Transports in der Henleschen Schleife (TAL) oder im distalen gewundenen Tubulus (DCT) verursacht eine Steigerung des Na^+-Angebots in dem noch weiter distal gelegenen Verbindungsstück (CNT) und dem kortikalen Sammelrohr (CCT).

Dadurch steigt die Na^+-Resorption und damit die Lumen-negative Spannung, wodurch es zu einer vermehrten K^+-Sekretion kommt. Dies ist eine der beiden Ursachen für die erhöhte K^+-Ausscheidung bei Gebrauch der sog. Schleifendiuretika und der Benzothiadiazine.

(4) Steigerung der Flußrate: Bei gleichbleibendem K^+-Angebot kann eine Steigerung der Flußrate die luminale K^+-Konzentration soweit vermindern, daß der Konzentrationsgradient über der apikalen Membran schließlich eine Sekretion begünstigt. Dies ist die zweite Ursache für die erhöhte K^+-Sekretion nach Gabe von Schleifendiuretika oder Benzothiadiazinen. In den meisten Fällen ist eine Steigerung der Flußrate mit einer Zunahme des luminalen Na^+-Angebots verbunden (s. Absatz 3c).

9. Renaler Transport von Calcium und Magnesium

a. Calcium

Calcium hat eine zentrale Bedeutung für viele Zell- und Organfunktionen; dies hat man vor allem erkannt, seitdem auch Meßmethoden für die sehr niedrige intrazelluläre Calciumkonzentration zur Verfügung stehen. Calcium ist nicht nur Hauptbestandteil der Knochen und dort für die Stabilität ausschlaggebend, sondern es beeinflußt sehr viele Funktionsabläufe des Körpers, wie z. B. die Permeabilität der Zellmembranen, die Blutgerinnung, die Weiterleitung von Nervenerregungen, die neuromuskuläre Erregungsübertragung, die Muskelkontraktion sowie viele Enzymreaktionen.

Die Aufnahme mit der Nahrung bei größeren Säugern beträgt etwa 0,25 mmol · $24\,h^{-1}\,kg^{-1}$ KGW. Während und nach der Trächtigkeit ist der Bedarf erhöht, da über die Placenta und über die Milch erhebliche Mengen für den Einbau in das Skelett des Neugeborenen zur Verfügung gestellt werden. 30–40 % des mit der Nahrung aufgenommenen Calciums werden im Darm, und zwar hauptsächlich im Dünndarm, resorbiert; da der Darm jedoch Calcium gleichzeitig auch sezerniert, beträgt die Netto-Aufnahme nur 20–25 % (Abb. 225).

99 % des gesamten Calciums befinden sich in den Knochen. Die Konzentration im Plasma beträgt 2–3 mmol/l (frühere Einheit 4–6 mval/l), während die intrazelluläre Calciumkonzentration mit weniger als 1 µmol/l um 3–4 Dekaden kleiner ist. Bedeutsam ist jedoch, daß kurzzeitige intrazelluläre Konzentrationsschwankungen als Mechanismus der Signalübertragung dienen. Die Ausscheidung des Calciums erfolgt zu 70–90 % mit dem Kot und zu 10–30 % mit dem Urin (Abb. 225).

Etwa 50–60 % des im Blutplasma vorhandenen Calciums werden in der Niere filtriert; etwa 40 % sind an Proteine gebunden. Die Proteinbindung des Calciums ist mäßig pH-abhängig: Eine Azidose senkt und eine Alkalose erhöht die Bindung, und zwar um etwa 0,2 mmol/l pro pH-Einheit. Das filtrierte Calcium liegt zu 80 % als freies Ca^{++}-Ion vor, der Rest ist an Phosphat oder an Citrat komplex gebunden.

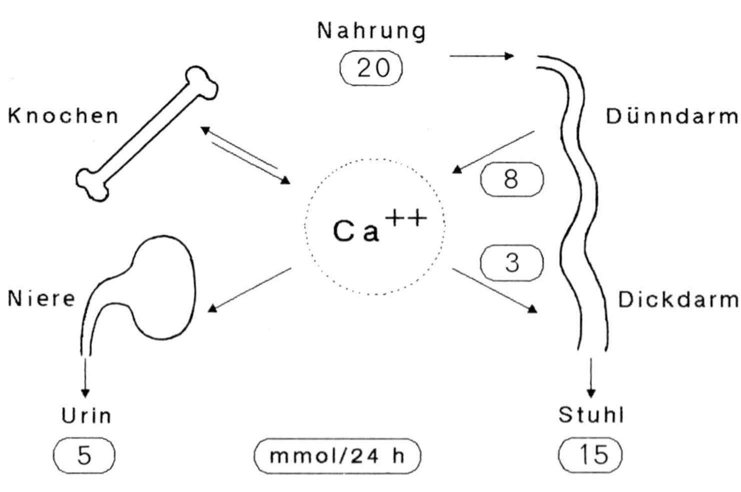

Abb. 225. Calciumbilanz beim Menschen. Aufnahme, Umsatz und Ausscheidungsraten sind in mmol/24 h angegeben

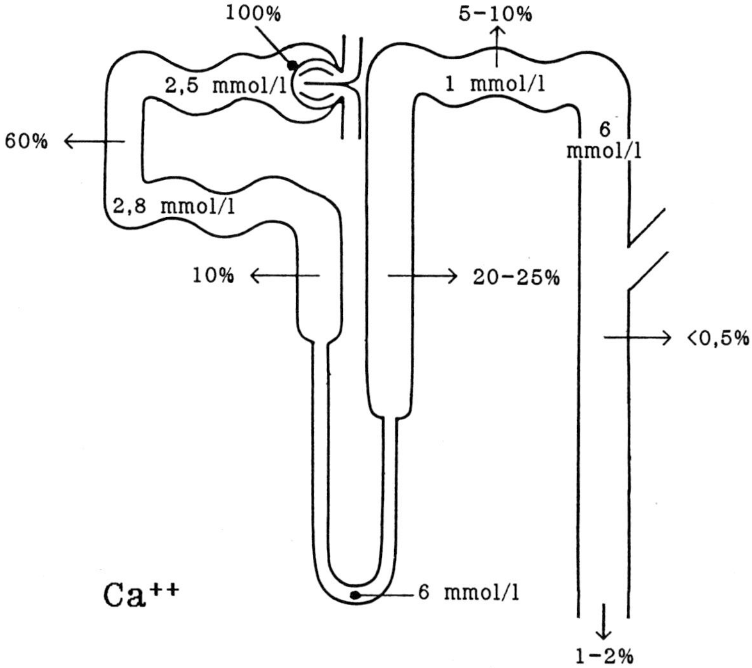

Abb. 226. Profil des Ca^{++}-Transports entlang des Nephrons in Antidiurese. Die Prozentangaben beziehen sich auf in den betreffenden Nephronabschnitten resorbierte bzw. im Urin ausgeschiedene Mengen (filtriertes ›load‹ = 100 %)

Lokalisation und Mechanismen des Calcium-Transports

Im proximalen Tubulus werden etwa 60 % des filtrierten Calciums resorbiert. Weitere 30 % werden in der Henleschen Schleife und ca. 5–10 % in den distalen Tubulusabschnitten resorbiert; ca. 1 % wird im Urin ausgeschieden (Abb. 226). Es gibt in der Niere vermutlich drei Transportmechanismen, die verschieden stark in den unterschiedlichen Tubulusabschnitten vertreten sind, nämlich einen passiven, einen sekundär aktiven und einen primär aktiven Mechanismus (Abb. 227):

1. Der proximale Tubulus ist sehr permeabel für Calcium. Im nichtdiuretischen Zustand bleibt die Calciumkonzentration entlang des proximalen Tubulus annähernd konstant, was dafür spricht, daß Calcium durch Solvent drag mit dem resorbierten Wasser vermutlich auf dem parazellulären Weg mitgeführt wird. Im TAL und im CNT wird Calcium ebenfalls auf passive Weise transportiert; als treibende Kräfte stehen hier die elektrische Spannung und der Konzentrationsgradient im Vordergrund. Im CCT ist die Calcium-Permeabilität zu gering, um nennenswerte Fluxe zu erlauben.

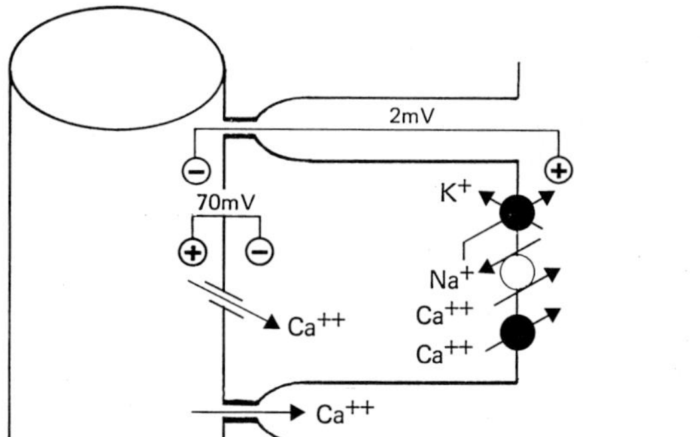

Abb. 227. Zelluläre Mechanismen des Ca^{++}-Transports im proximalen Tubulus

Neben den genannten passiven Mechanismen finden sich in PCT, PST, CNT und möglicherweise auch im TAL primär bzw. sekundär aktive Transportprozesse.

2. In der basolateralen Membran existiert ein Cotransporter, der wahrscheinlich je 3 Na^+ gegen 1 Ca^{++} austauscht. Es handelt sich um einen sekundär aktiven Transport, da der Transporter nicht selbst Stoffwechselenergie verbraucht, sondern seine Energie aus dem nach intrazellulär gerichteten Konzentrationsgradienten für Na^+ bezieht, der wiederum durch die in der gleichen Membran befindliche Na^+K^+-ATPase aufrechterhalten wird. Ein transepithelialer Transport entsteht dadurch, daß Ca^{++} dem elektrochemischen Gradienten folgend von der apikalen Seite her in die Zelle diffundiert.
3. Schließlich gibt es noch Hinweise auf einen direkt ATP verbrauchenden Transporter in der basolateralen Membran, der daher Ca^{++}-ATPase genannt wird.

Regelung des Calcium-Transports

Die Charakteristik des Calcium-Transports ist sehr verschieden in den proximalen und distalen Segmenten des Tubulus. Wie in Abbildung 226 gezeigt, wird der größte Teil des Calciums in PCT, PST und TAL transportiert; im PCT verhalten sich die Nettofluxe von Ca^{++} und Na^+ annähernd parallel. In den distalen Abschnitten wird zwar weniger transportiert, jedoch erfolgt hier die Regelung der Calcium-Ausscheidung durch Anpassung des Transports an den Calciumhaushalt (analog zu Na^+).

Der Calciumhaushalt (und der Phosphathaushalt) wird durch drei Hormone, und zwar 1. Parathormon (PTH, Parathyrin), 2. Calcitonin und 3. Vitamin D-Hormon (1,25-$[OH]_2$-Cholecalciferol) sowie 4. durch die Calcium-Konzentration im Plasma geregelt. Die Hauptangriffsorte der drei Hormone sind die Knochen, der Darm und die Niere:

1. Parathormon erhöht die Freisetzung von Calcium aus den Knochen und fördert die Resorption im Ileum und im distalen Tubulus. Die Wirkung in der Niere ist durch eine PTH-sensitive Adenylat-Zyklase vermittelt.
2. Calcitonin vermindert die Calcium-Freisetzung aus den Knochen. Der Einfluß auf die tubuläre Resorption ist bisher umstritten. Zwar wurde eine Calcitonin-sensitive Adenylat-Zyklase in

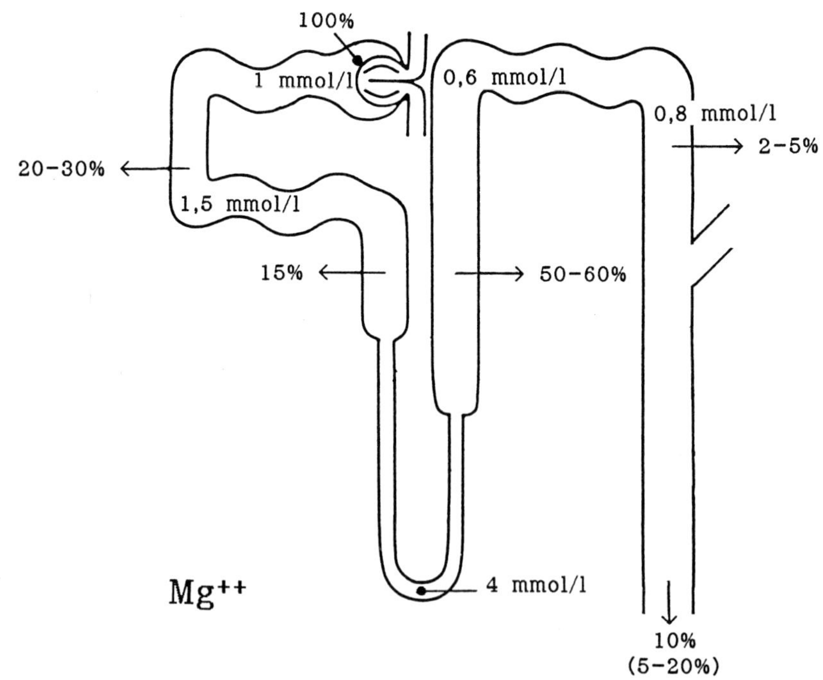

Abb. 228. Profil des Mg^{++}-Transports entlang des Nephrons in Antidiurese. Die Prozentangaben beziehen sich auf in den betreffenden Nephronabschnitten resorbierte bzw. im Urin ausgeschiedene Mengen (filtriertes ›load‹ = 100 %).

mehreren Tubulusabschnitten gefunden, es wird jedoch auch vermutet, daß der tubuläre Effekt dieses Hormons durch seine extrarenale Calcium-erniedrigende Wirkung zustande kommt.

3. Vitamin D-Hormon erhöht die Resorption im Darm und die Einlagerung von Calcium in die Knochen. Es ist noch unklar, ob es in der Niere eine direkte Wirkung (möglicherweise nur zusammen mit PTH) hat, oder indirekt über die extrarenale Veränderung des Calcium-Spiegels im Plasma wirkt. Vitamin D-Hormon wird in Abhängigkeit von $[Ca]_P$ und $[PO_4]_P$ in der Niere aktiviert (s. Abschnitt 13.fc).
4. Eine Zunahme der Calcium-Konzentration im Plasma verursacht eine verminderte Ausschüttung von PTH, und damit indirekt eine verminderte tubuläre Resorption. In in vitro-Experimenten, in denen Hormoneffekte ausgeschlossen werden können, fand sich jedoch an Segmenten des TAL auch ein direkter resorptionsvermindernder Effekt einer kontraluminalen Calcium-Konzentrationserhöhung.

b. Magnesium

Magnesium-Ionen haben wichtige regelnde Wirkungen, indem sie u. a. eine große Zahl von Enzymreaktionen (vor allem die Mg^{++}-ATPase) aktivieren, die Membranpermeabilität verändern und die Erregbarkeit neuromuskulärer Strukturen beeinflussen. Die Gesamtkonzentration des Magnesiums im Plasma beträgt 0,7–1 mmol/l. 55 % des Magnesiums im Plasma liegen ionisiert vor, 32 % sind an Albumin gebunden, der Rest liegt als $MgPO_4$, Mg-Zitrat usw. vor. Die intrazelluläre Konzentration liegt bei 2,3–3 mmol/l, jedoch liegt Mg^{++} auch hier nur zum Teil in ionisierter Form vor.

Es ist bisher relativ wenig bekannt über die Transportmengen, -orte und -mechanismen von Magnesium. Die Niere ist der wichtigste Ort der Regulation des Magnesiummetabolismus. Bei erhöhter Magnesiumzufuhr bzw. -aufnahme im Darm oder verstärkter Freisetzung von Magnesium aus den Knochen wird es vermehrt ausgeschieden. Umgekehrt wird Magnesium bei erniedrigter Plasmakonzentration in den Nieren vermindert ausgeschieden.

Lokalisation und Mechanismen des Magnesium-Transports

Entsprechend des hohen Anteils gebundenen Magnesiums im Plasma wird Mg nur zu 50–70 % filtriert. Anders als für alle anderen Elektrolyte ist der proximale Tubulus nicht sehr permeabel für Mg^{++}, so daß in diesem Abschnitt nur 20–30 % der filtrierten Menge resorbiert werden (Abb. 228). Da Wasser im PCT zu etwa 60 % resorbiert wird, steigt die Mg-Konzentration im PCT auf das 1,5fache der Ultrafiltratkonzentration an (TF/UF = 1,5; s. Abb. 228).

Der TAL ist der Hauptresorptionsort für Mg: hier werden 50–60 % der ultrafiltrierten Menge resorbiert; Schleifendiuretika lösen eine vermehrte Magnesium-Ausscheidung aus. Bezüglich des Mechanismus werden Mg^{++}-Transporter in beiden Membranen vermutet, in der basolateralen Membran möglicherweise im Antiport gegen Na^+ (Abb. 229). Die intrazelluläre Mg^{++}-Aktivität ist vermutlich höher als die extrazelluläre. Trotzdem ist der elektrochemische Gradient für Mg^{++} stark nach intrazellulär gerichtet, da durch die apikale Membranspannung von − 60 mV ein chemischer Gradient von nahezu 1 : 100 aufgewogen wird (vgl. Nernstsche Gleichung für zweiwertige Ionen (49 b)). Der Nettoflux wird von der transepithelialen Spannung beeinflußt. Weiterhin scheint eine Kompetition zwischen Ca^{++} und Mg^{++} um die Transportstellen der basolateralen Membran zu bestehen.

In den distalen Tubulusabschnitten erscheinen noch etwa 10–15 % des filtrierten Mg. Der Netto-

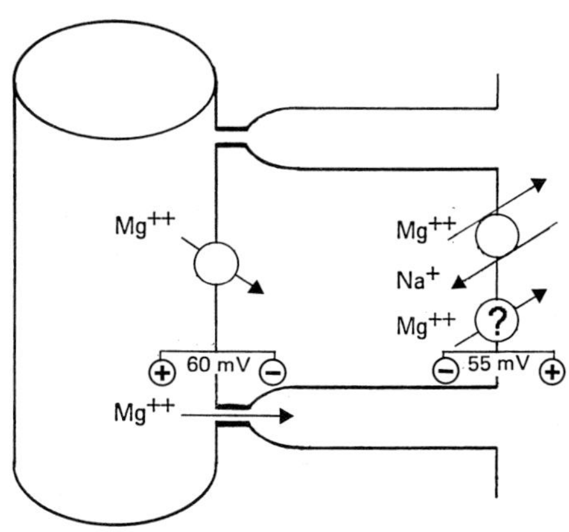

Abb. 229. Zelluläre Mechanismen des Mg^{++}-Transports im aufsteigenden dicken Schenkel der Henleschen Schleife (TAL). Die Transportmechanismen in der basolateralen Membran sind z. Zt. nicht sicher aufgeklärt

transport in diesen Segmenten ist nur gering, so daß etwa 5–20 % des filtrierten Mg mit dem Urin ausgeschieden werden.

Regelung des Magnesium-Transports

Es gibt keinen einzelnen Parameter, der den Magnesiumhaushalt allein regeln kann, vielmehr scheint ein Zusammenwirken mehrerer Faktoren für diese Aufgabe notwendig zu sein. Die wichtigsten physikalischen Faktoren für eine Hemmung der passiven Resorption sind Anstiege des Extrazellulärvolumens, der Magnesiumkonzentration und der Calciumkonzentration im Plasma. Die sekundär aktive Resorption im TAL wird durch PTH und cAMP stimuliert.

10. Renaler Transport weiterer Stoffe

a. Vorwiegend resorbierte Stoffe

aa. Glucose

Die normale Plasma-Glucosekonzentration ($[Glu]_P$) ohne vorangehende Nahrungsaufnahme (›nüchtern‹) beträgt 4,5 ± 1 mmol/l. Bei dieser Konzentration ist die Clearance für Glucose Null, d. h. es wird keine Glucose ausgeschieden. Da Glucose frei filtriert wird, muß offensichtlich die filtrierte Menge zu 100 % resorbiert werden. Steigt jedoch $[Glu_P]$ bei Diabetes mellitus erheblich an und überschreitet eine Schwellenkonzentration von 10 mmol/l, wird Glucose ausgeschieden (Abb. 230). Ab 16 mmol/l steigt die Ausscheidung linear an. Man kann daraus ableiten, daß die Glucose-Resorption durch eine Maximalrate, das Transportmaximum T_m, begrenzt ist.

Aus Abbildung 230 ist zu ersehen, daß T_m die Differenz zwischen glomerulärer Filtrationsrate ($GFR \cdot [Glu]_P$) und Ausscheidungsrate von Glucose ($\dot{V}_U \cdot [Glu]_U$) darstellt. Idealerweise müßten die Kurven der Resorption und der Ausscheidung im Bereich der theoretischen Schwellenkonzentration scharf abgewinkelt sein; sie sind jedoch abgerundet. Diese Abrundung wird ›splay‹ genannt und bewirkt, daß die tatsächliche Schwellenkonzentration um so niedriger liegt, je größer der ›splay‹ ist. Für die Entstehung des ›splay‹ kommen zwei Faktoren in Betracht:

1. Die Carrier haben nur eine endliche Affinität zu der vorbeifließenden Glucose. Dies bedeutet, daß schon etwas unterhalb des T_m einige Moleküle in den am weitesten distal gelegenen Transportern nicht mehr transportiert werden.
2. Die Tubuli sind unterschiedlich lang und dadurch verschieden leistungsfähig. Im Bereich des ›splay‹ sind die längeren Tubuli noch unterhalb ihres T_m, während für kürzere Tubuli die Schwellenkonzentration bereits überschritten sein kann. Ähnliche Überlegungen gelten für die unterschiedliche Größe der Glomeruli und der daraus resultierenden Verschiedenheit der Einzelnephron-GFR.

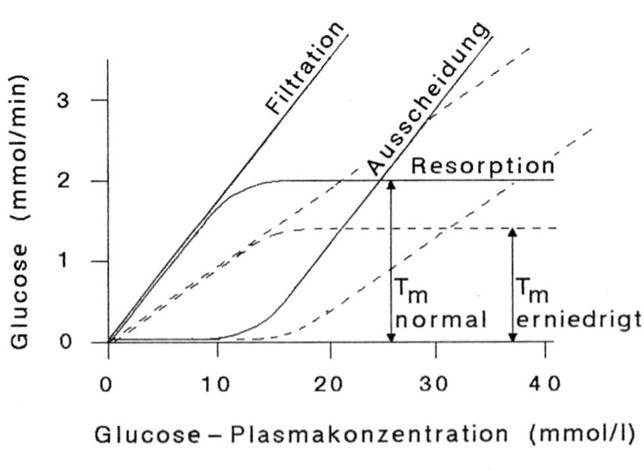

Abb. 230. Filtration, Resorption und Ausscheidung von Glucose in Abhängigkeit von der Glucosekonzentration im Plasma bei normaler (durchgezogene Linien) und bei erniedrigter GFR (gestrichelte Linien). Hinweis: Bei länger bestehendem Diabetes mellitus ist die GFR häufig erniedrigt

Die in Abbildung 230 gezeigten Kurven (durchgehende Linien) sind gültig, solange die GFR konstant bleibt. Bei verminderter GFR ist zwar auch das T_m für Glucose verringert, die Schwellenkonzentration kann jedoch erhöht sein (gestrichelte Linien). Dadurch kann bei einer verminderten GFR ein Diabetes mellitus unentdeckt bleiben, der sonst durch die Ausscheidung von Glucose auffällig geworden wäre.

Da die Schwellenkonzentration, oberhalb derer die Ausscheidung der Glucose im Urin beginnt, doppelt so hoch ist wie die normale Plasmakonzentration, ist die Niere im gesunden Organismus nicht an der Konstanthaltung der Glucosekonzentration beteiligt, sondern beeinflußt diese erst bei pathologisch erhöhten Werten. Zusammen mit der Glucose wird dann aus osmotischen Gründen vermehrt Wasser ausgeschieden, was die bei Diabetes mellitus auftretende osmotische Diurese (s. Abschnitt 12.b) und den daraus resultierenden Durst erklärt.

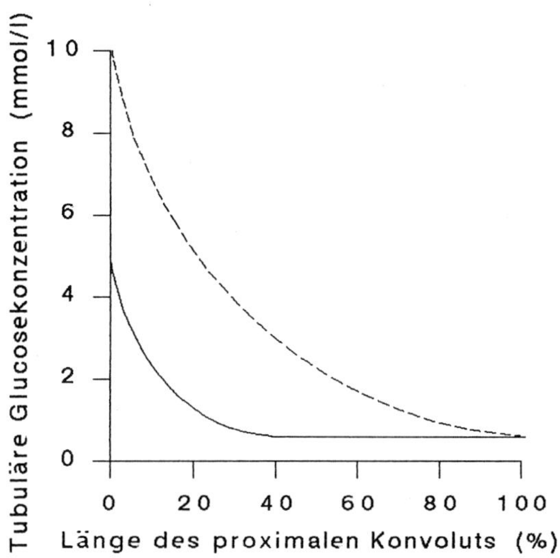

Abb. 231. Abnahme der Glucosekonzentration im proximalen Tubulus bei normaler (durchgezogene Linie) und bei erhöhter Glucosekonzentration im Plasma (gestrichelte Linie). (Nach ROHDE & DEETJEN, 1967; Pflügers Arch. **302,** 219)

Lokalisation und Mechanismen des Glucose-Transports

Bei normaler Glucosekonzentration im Plasma wird die filtrierte Glucose bereits in der ersten Hälfte des PCT weitgehend resorbiert und die Glucosekonzentration sinkt im Verlauf des PCT nicht weiter ab (Abb. 231; durchgezogene Linie). Bei steigender Konzentration im Filtrat werden nach und nach weitere Abschnitte des PCT in den Transport einbezogen (gestrichelte Linie). Das T_m wird erreicht, sobald der gesamte proximale Tubulus für den Transport rekrutiert ist. Diese Verhältnisse gelten für Tierarten mit sehr leistungsfähigen Nieren, z. B. für Ratten, bei denen in den distalen Segmenten kein wesentlicher Transport mehr stattfindet. In den weniger leistungsfähigen PCT der Hundeniere werden nur 80 % und in den distalen Segmenten 20 % der filtrierten Glucosemenge resorbiert.

Der zelluläre Mechanismus des Glucose-Transportes im proximalen Tubulus besteht aus drei Teilen (Abb. 232):

1. In der apikalen Membran befindet sich ein Cotransporter, der je ein Na^+ und ein Glucose-Molekül gemeinsam in die Zelle transportiert. Für Na^+ besteht ein starker elektrochemischer Gradient in die Zelle hinein, der größer ist als der dem Transport entgegenwirkende chemische Gradient für Glucose. Da der Transport von Na^+ und Glucose fest miteinander verkoppelt ist, werden beide Teilchen in die Zelle transportiert. Da dieser Na^+ Glucose-Cotransporter nur funktioniert, solange die Na^+-Konzentration in der Zelle durch einen weiteren Transporter niedriggehalten wird, handelt es sich um ein typisches Beispiel von sekundär aktivem Transport, der indirekt an den Verbrauch von Stoffwechselenergie gekoppelt ist (vgl. Abschnitt 6.bc).

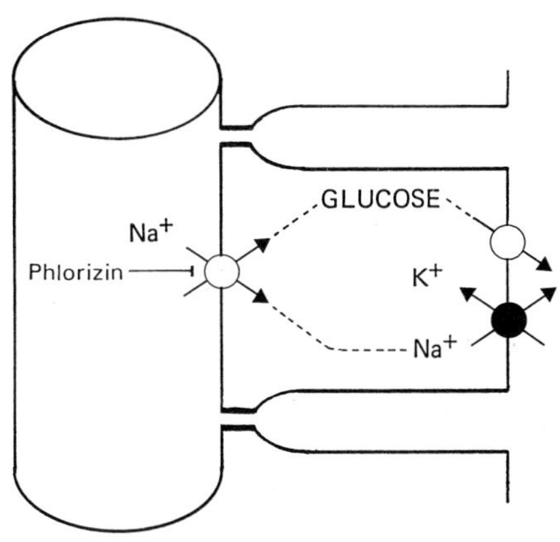

Abb. 232. Zelluläre Mechanismen des Glucose-Transports im proximalen Tubulus

2. Dieser weitere Transporter ist die in der basolateralen Membran befindliche und direkt Stoffwechselenergie verbrauchende Na^+K^+-ATPase.
3. Die intrazellulär angereicherte Glucose kann die Zelle entlang eines chemischen Gradienten durch Diffusion verlassen. Auf der basolateralen Seite befindet sich ein Transporter, der der Glucose diesen Transportschritt durch die Membran erleichtert.
4. Das Alkaloid Phlorizin hemmt den Glucose-Aufnahmemechanismus in die Zelle und führt zu einer Glucosurie.

ab. Aminosäuren

Die Plasmakonzentrationen der verschiedenen bei Wirbeltieren vorkommenden Aminosäuren (AS) liegen zwischen etwa 1 µmol/l und 1 mmol/l. Die Gesamtkonzentration der unbehindert filtrierbaren AS ist 2–3 mmol/l. Die Ausscheidung der verschiedenen AS beträgt 0,1–6 % (Gesamtheit aller AS 1 %) der filtrierten Menge.

Für Lokalisation und Mechanismen des Aminosäuren-Transports gelten ähnliche Prinzipien wie für die im vorigen Abschnitt behandelte Glucose: Die AS werden im Tubulus vorwiegend resorbiert und zwar schon in den ersten Abschnitten des PCT. Bei ansteigendem AS-load werden weitere Abschnitte rekrutiert (vgl. Abb. 231). Für die entgegen des elektrochemischen Gradienten erfolgende Aufnahme der AS in die Zelle stehen sekundär aktive Na^+AS-Cotransporter in der apikalen Membran zur Verfügung (vgl. Abb. 232). Es gibt verschiedene Cotransporter, die eine unterschiedliche Spezifität z. B. für basische, saure und neutrale AS aufweisen. Auf der basolateralen Seite befinden sich Transporter, die das passive Verlassen der Zelle erleichtern.

Es existieren mehrere mögliche Ursachen für eine pathologisch erhöhte Ausscheidung von Aminosäuren:

1. Die Plasmakonzentration der AS oder die GFR kann so stark erhöht sein, daß das tubuläre Transportmaximum überschritten wird.
2. Der tubuläre Transportmechanismus einer oder mehrerer AS kann defekt sein. Es existieren genetisch determinierte Störungen einzelner Transporter, die dann zur ›klassischen‹ Form der renalen Aminoazidurie führen.

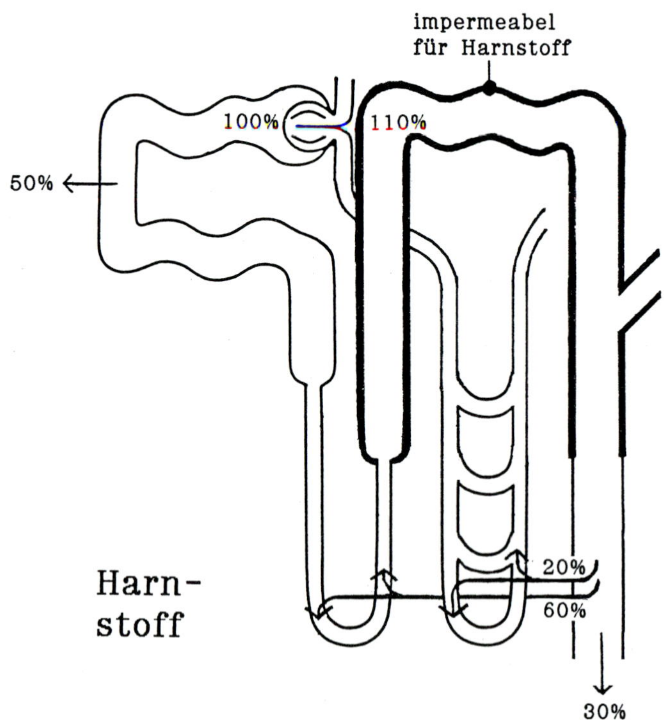

Abb. 233. Profil des Harnstoff-Transports entlang des Nephrons in Antidiurese. Die Prozentangaben beziehen sich auf das filtrierte ‹load› = 100 %

3. Eine AS kann vermehrt filtriert oder vermindert resorbiert werden; dadurch kann die Resorption einer weiteren AS kompetitiv gehemmt werden, deren Transport primär nicht gestört war.
4. Die tubuläre (Leck-)Permeabilität für AS kann erhöht sein und macht dadurch die Resorption ineffektiv.
5. Der elektrochemische Gradient für Na^+ kann erniedrigt sein, wodurch die treibende Kraft des Na^+ AS-Cotransports verringert ist.

Wie in Abschnitt 13.e dargestellt, werden im proximalen Tubulus auch filtrierte Proteohormone und Proteine resorbiert. Da diese in den Tubuluszellen zu Aminosäuren abgebaut werden, entspricht dieser Vorgang ebenfalls einer Resorption von Aminosäuren.

ac. Harnstoff

Der beim Abbau der Proteine und Aminosäuren in Form von Ammoniak anfallende Stickstoff kann für die Resynthese von Aminosäuren benutzt oder muß ausgeschieden werden, da er giftig ist. Der Stickstoff wird bei den verschiedenen Tiergruppen in 3 unterschiedlichen Endprodukten ausgeschieden. Während die Fische hauptsächlich Ammoniak abgeben, scheiden die Reptilien, Vögel und Säugetiere Harnstoff und/oder Harnsäure aus.

Harnstoff kann auf zweierlei Weise entstehen, entweder im Ornithin-Harnstoffzyklus (z. B. Säugetiere) oder auf uricolytischem Wege (z. B. Knochenfische; s. folgender Abschnitt). Die Harnstoffproduktion hängt von der Proteinaufnahme mit der Nahrung ab. Harnstoff wird unbehindert filtriert und anschließend im Tubulus in vielfältiger Weise, jedoch stets passiv, transportiert (Abb. 233). 50 % des filtrierten loads werden im PCT durch Diffusion (Anteil ⅔) und durch Solvent drag (Anteil ⅓) resorbiert. Nettomäßig gesehen werden weitere 20 % in den distalen Tubulusabschnitten resorbiert. DCT und CCT sind nahezu impermeabel für Harnstoff. Dies führt dazu, daß ein großer Teil des filtrierten Harnstoffs in der Niere (im Nierenmark) rezirkuliert: Nach Passage von DCT und CCT tritt der Harnstoff in das Sammelrohr ein, von wo er in das Interstitium und zurück in die Henlesche Schleife diffundiert. Der Harnstoff trägt damit erheblich zu der hohen Osmolalität im Bereich der Henleschen Schleifen bzw. Sammelrohre bei (Näheres zum Gegenstromprinzip s. Abschnitt 12.a). Die Harnstoffkonzentration im Sammelrohr ist dabei 100fach höher als im Plasma bzw. im Ultrafiltrat. Auf diese Weise gelingt es der Niere, in Antidiurese den Harnstoff in hoher Konzentration bei minimalem Wasserverlust auszuscheiden.

Da der Harnstofftransport in den medullären Sammelrohren von der resorbierten Menge Wasser in den distalen Tubulusabschnitten abhängt, führt eine Verringerung der Wasserausscheidung zu einer verminderten Ausscheidung von Harnstoff. Dies kann z. B. durch eine extreme Ein-

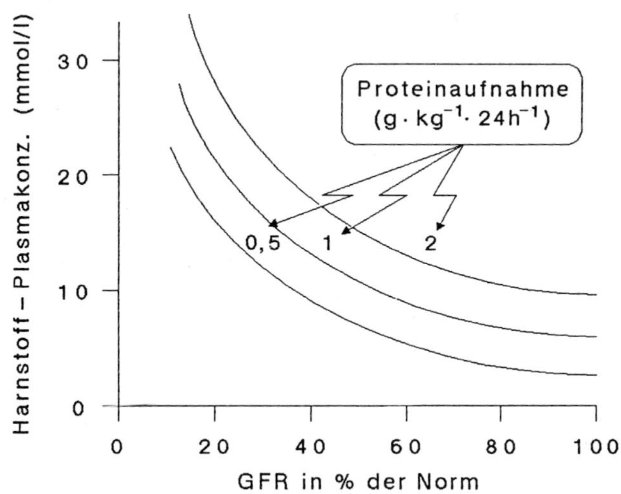

Abb. 234. Harnstoff-Plasmakonzentration in Abhängigkeit von der glomerulären Filtrationsrate (GFR) und der Proteinaufnahme pro kg Körpergewicht

schränkung der GFR bedingt sein. Eine krankhafte Einschränkung der GFR wird demnach zu einem Anstieg des Harnstoffs im Plasma führen. Diese annähernd hyperbolische Beziehung wird auch diagnostisch zur Beurteilung der Nierenfunktion verwertet, allerdings ist hierbei zu beachten, daß sich bei veränderter Proteinaufnahme mit der Nahrung veränderte Werte ergeben (Abb. 234).

ad. Harnsäure

Die Harnsäurekonzentration im Plasma ($[Urat]_P$) des Menschen beträgt 0,2–0,4 mmol/l. Die meisten Säugetiere wandeln Harnsäure unter Einwirkung des Enzyms Uricase zu Allantoin um und scheiden daher keine wesentlichen Mengen von Harnsäure aus (ureotelische Tiere). Die Menschenaffen und der Mensch besitzen keine Uricase und scheiden daher etwa 5 % des anfallenden Stickstoffs als Harnsäure aus. Terrestrische Vögel und Reptilien scheiden den Stickstoff sogar überwiegend als Harnsäure aus (uricotelische Tiere).

Der Harnstoff wird dabei zum größeren Teil (beim Menschen 70 %) mit dem Harn ausgeschieden; der Rest wird im Darm abgebaut. Harnsäure wird ungehindert filtriert, die Transporteigenschaften im proximalen Tubulus sind jedoch bei verschiedenen Species unterschiedlich: Beim Menschen, beim Schimpansen und bei Bastardhunden wird Harnsäure vorwiegend resorbiert, und zwar etwa 90 % der filtrierten Menge. Bei einem Anstieg von $[Urat]_P$ wird die Harnsäure sowohl vermehrt resorbiert als auch vermehrt ausgeschieden. Der Resorptionsmechanismus erreicht ein Transportmaximum bei $[Urat]_P \approx 1$ mmol/l. Die Ausscheidung steigt jedoch schon vor Erreichen dieses T_m, da die Titrationskurve der Harnsäure einen starken ›splay‹ aufweist (s. Abschnitt 10.aa und Abb. 230).

Beim Dalmatinerhund wird im Gegensatz zu anderen Hunden Harnsäure proximal nicht resorbiert sondern sezerniert. Bei Ratten wird Harnsäure am Anfang des PCT sezerniert und erst im weiteren Verlauf des proximalen Tubulus resorbiert.

Während die Säuger nur einen Teil des Stickstoffs als Harnsäure ausscheiden, ist die Harnsäure bei den Reptilien und den Vögeln das wichtigste Ausscheidungsprodukt (s. Abschnitt 14). Bei diesen Tieren wird Harnsäure vorwiegend sezerniert. Der Sekretionsmechanismus entspricht dem der schwachen Säuren (Abschnitt 10.b).

ae. Phosphat

Phosphate sind im Körper weit verbreitet. Cal-

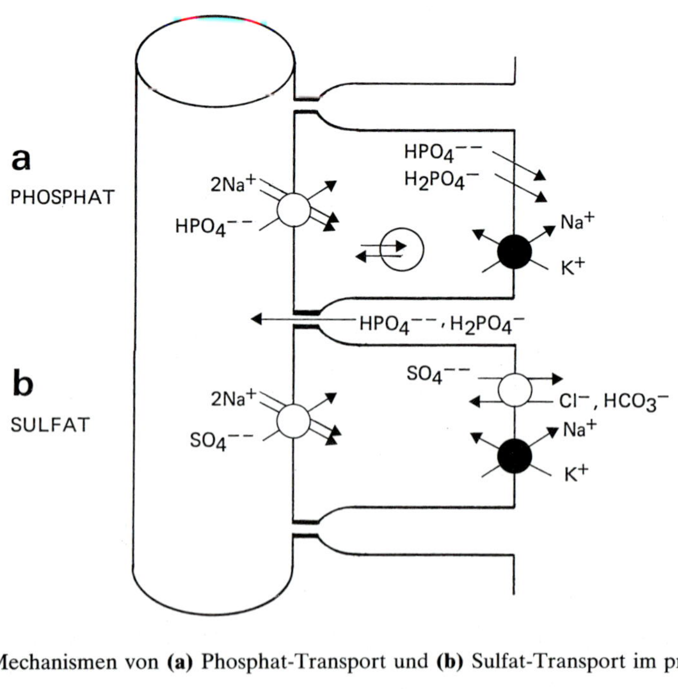

Abb. 235. Zelluläre Mechanismen von **(a)** Phosphat-Transport und **(b)** Sulfat-Transport im proximalen Tubulus

ciumphosphat ist ein Hauptbestandteil der Knochen, organische Phosphate fungieren als energieübertragende Substanzen im Stoffwechsel und schließlich dienen anorganische Phosphate der Pufferung des Urins (s. Abschnitt 11.b). Die normale Plasmakonzentration anorganischen Phosphats beträgt 1,1 ± 0,4 mmol/l.

Phosphat wird nahezu unbehindert filtriert und weitgehend bereits im proximalen Tubulus resorbiert. Insoweit bestehen einige Parallelen zum Glucosetransport; im Gegensatz zu diesem (vgl. Abschnitt 10.aa) liegt die Schwellenkonzentration für Phosphat, oberhalb der das T_m überschritten wird und eine Ausscheidung erfolgt, im Bereich der normalen Plasmakonzentration. Dies bedeutet, daß die Ausscheidung von Phosphat im Gegensatz zu der von Glucose bereits bei normalen Plasmakonzentrationen durch die Nieren geregelt wird.

Phosphat wird als HPO_4^{--} durch einen elektroneutral arbeitenden Cotransporter zusammen mit je 2 Na^+ gegen den elektrochemischen Gradienten in die Zelle geschleust (Abb. 235 a). Der Na^+-Gradient dieses sekundär aktiven Transports wird von der Na^+K^+-ATPase aufrechterhalten.

Auf der basolateralen Seite verläßt Phosphat die Zelle aufgrund des auswärts gerichteten elektrochemischen Gradienten. Die intrazelluläre Konzentration wird außer durch die apikale Aufnahme von Phosphat noch beeinflußt durch metabolische Vorgänge wie Glykolyse und oxidative Phosphorylierung.

Der Phosphattransport wird außer durch die Phosphatkonzentration im Plasma durch die Hormone Parathyrin (PTH), Calcitonin und Vitamin D-Hormon geregelt. Parathyrin und Calcitonin hemmen die Resorption von Phosphat und erhöhen damit die Ausscheidung; der Effekt ist vermutlich indirekt vermittelt über Änderungen des intrazellulären pH oder des Zellmetabolismus. Vitamin D-Hormon hat den umgekehrten Effekt; es erhöht die Resoption und hemmt damit die Ausscheidung (vgl. Abschnitt 9.a, Regelung des Calcium-Transports).

af. Sulfat

Die Sulfatkonzentration im menschlichen Plasma beträgt etwa 0,3 ± 0,05 mmol/l. Sulfat wird mit ähnlicher Charakteristik wie Phosphat in der Niere transportiert und gelangt ebenfalls durch einen elektroneutral arbeitenden Cotransporter zusammen mit je 2 Na^+ gegen den elektrochemischen Gradienten in die Zelle (Abb. 235 b). Auf der basolateralen Seite verläßt Sulfat die Zelle entlang eines elektrochemischen Gradienten durch einen in dieser Membran befindlichen Cotransporter, der Sulfat gegen andere Anionen (aber nicht Phosphat) austauscht.

ag. Mono- und Dicarboxylsäuren

Wie bereits in Abschnitt 7.b ausgeführt, werden Mono- und Dicarboxylate im proximalen Tubulus resorbiert, indem sie apikal im Cotransport mit Na^+ in die Zellen aufgenommen und sodann nach basolateral abgegeben werden.

b. Vorwiegend sezernierte Stoffe

Es hat sich gezeigt, daß eine ganze Reihe schwacher Säuren und Basen außer durch Filtration zusätzlich durch sekundär aktive tubuläre Sekretionsmechanismen (vgl. Abschnitt 6.bc) ausgeschieden werden. Eine Auswahl solcher Substanzen zeigt Tabelle 66.

Tab. 66. Vorwiegend sezernierte Stoffe

Schwache Säuren	Schwache Basen
endogene Substanzen:	
cAMP	Acetylcholin
Gallensäuren	Histamin
Prostaglandine	(Nor-)Adrenalin
	Serotonin
exogene Substanzen:	
Acetazolamid	Atropin
Cephalosporine	Amilorid
Diodrast	Isoproterenol
Furosemid	Morphin
Paraaminohippurat (PAH)	Procain
Penicilline	Triamteren
Phenylbutazon	
Salicylate	
Sulfonamide	
Tielinat	

Die Sekretion dieser Substanzen geschieht im proximalen Tubulus, vor allem im PST. Sie werden in ihrer dissoziierten Form auf der basolateralen Seite durch einen Cotransporter gegen den elektrochemischen Gradienten in die Zelle aufgenommen (Abb. 236). Es ist nicht sicher aufgeklärt, mit welcher Substanz die Flußkopplung des Cotransporters erfolgt; wahrscheinlich ist es Na^+. Der Transporter kann durch Probenecid und Stilben-Derivate (SITS) gehemmt werden. Einige der schwachen Elektrolyte hemmen sich gegenseitig kompetitiv, was auf gemeinsame Cotransporter für diese Substanzen hindeutet. Der Transport durch die apikale Membran erfolgt ebenfalls in der dissoziierten Form, entlang eines elektrochemischen Gradienten, und wird durch einen mehr oder weniger substanzspezifischen Transporter erleichtert.

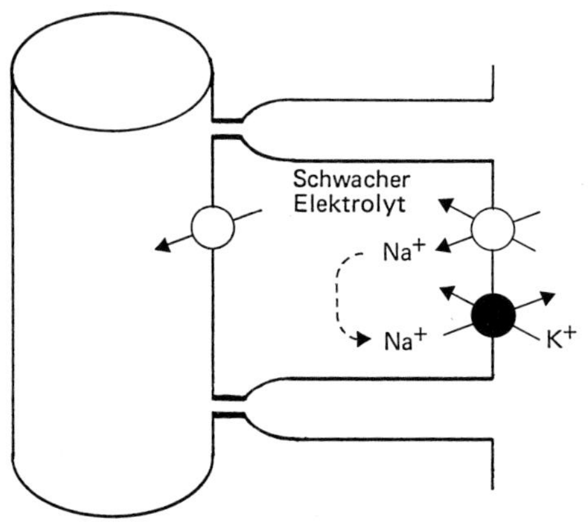

Abb. 236. Zelluläre Mechanismen des Transports schwacher Elektrolyte (s. Tab. 66) im proximalen Tubulus

Nicht-ionische Diffusion

Die Lipidphase der Zellmembran ist für Elektrolyte in dissoziierter und damit geladener Form nahezu impermeabel; dissoziierte Elektrolyte gelangen daher nicht durch die Lipidphase der Membran, sondern — wie schon besprochen — durch spezifische Proteine, die ›Transporter‹.

Die schwachen Elektrolyte liegen in erheblichem Maß auch in undissoziierter, also ungeladener und damit besser lipidlöslicher Form vor. In dieser Form können sie durch die Lipidphase der Zellmembran gelangen. Dieser Transport ist eine Diffusion und benutzt keine spezifischen Transportstellen.

Für einen schwachen Elektrolyten, der z. B. nach einer Vergiftung oder Überdosierung möglichst rasch ausgeschieden werden soll, ist es therapeutisch bedeutsam, ob er in geladener oder ungeladener Form besser sezerniert werden kann: Die Ausscheidung von Substanzen, für die kein Transporter in der Membran existiert (vgl. Tab. 66), kann wesentlich beschleunigt werden, indem der pH der Tubulusflüssigkeit so beeinflußt wird, daß die Substanz entsprechend ihrem pK in die ungeladene Form übergeht und in dieser Form durch nicht-ionische Diffusion verstärkt ausgeschieden werden kann.

Beispiel para-Amino-Hippursäure (PAH)

Der Transport der para-Amino-Hippursäure (und einiger Substanzen mit ähnlichen Eigenschaften wie Diodrast und Penicillin) ist insofern einer separaten Erwähnung wert, da sie bei niedriger Plasmakonzentration schon bei einmaliger Passage durch die Niere vollständig extrahiert wird und die Konzentration in der Nierenvene annähernd Null wird. Die Clearance für PAH gibt daher bei niedriger Konzentration eine ›reale‹ Größe an, nämlich den effektiven renalen Plasmafluß (vgl. Abschnitt 4.c). Da die PAH-Sekretion als sekundär aktiver Transport sättigbar ist, wird bei einer Erhöhung der PAH-Plasmakonzentration ein Transportmaximum (T_m) erreicht und schließlich überschritten (Abb. 237). In diesem Konzentrationsbereich wird PAH dann auch ausgeschieden; die PAH-Clearance entspricht dann jedoch nicht mehr dem effektiven renalen Plasmafluß.

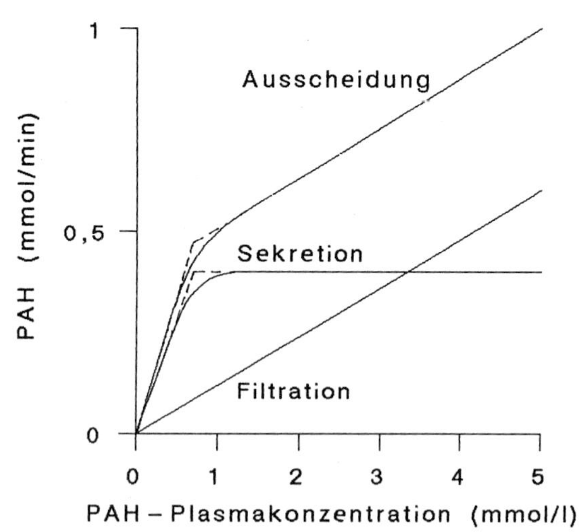

Abb. 237. Filtration, Sekretion und Ausscheidung von Para-Amino-Hippursäure (PAH) in Abhängigkeit von der PAH-Konzentration im Plasma. Das Transportmaximum beträgt beim Menschen 0,4 mmol · min^{-1} · 1,73 cm^{-2} Körperoberfläche. (Pitts, 1972)

11. Ansäuerung und Alkalisierung des Urins

Die Zufuhr von Säuren oder Basen hängt von der Zusammensetzung der Nahrung ab: Die Bildung von HCO_3^- ist erhöht bei vorwiegender pflanzlicher Kost, während die Bildung von Säuren bei vorwiegender Protein- und Fettverbrennung ansteigt. Letzteres kann sowohl durch die Zusammensetzung der Nahrung bedingt sein als auch durch die verstärkte Verbrennung körpereigener Proteine und Fette im Hungerzustand.

Der extrazelluläre pH wird zunächst durch mehrere Puffersysteme konstant gehalten. Das für die Vertebraten wichtigste Puffersystem ist der Kohlendioxid-Bikarbonat-Puffer, der durch das Enzym Carboanhydrase (CAH) besonders reaktionsfähig gemacht wird:

$$(56) \quad H_2O + CO_2 \overset{CAH}{\rightleftharpoons} H_2CO_3 \rightleftharpoons H^+ + HCO_3^-$$

In der Schreibweise der Henderson-Hasselbalch-Gleichung ergibt sich:

$$(57) \quad pH = pK + \log \frac{HCO_3^-}{CO_2} \quad (pK = 6{,}1)$$

Bei ständiger Zufuhr von Säuren oder Basen wäre die Pufferkapazität schnell erschöpft, daher müssen die überschüssigen Valenzen ausgeschieden werden. Dies geschieht auf zwei Wegen: 1. durch vermehrte oder verringerte Abatmung von CO_2 über die Lunge und 2. durch Ansäuerung oder Alkalisierung des Urins durch die Niere.

Bei einer azidotischen Stoffwechsellage wird der Urin angesäuert, indem das gesamte filtrierte HCO_3^- resorbiert und vermehrt Säure augeschieden wird. Der Urin kann jedoch nicht saurer werden als pH 4, gleichbedeutend mit einer H^+-Ausscheidung von nur 100 µmol pro Liter Urin. Dies entspricht meist nur weniger als 1 % der auszuscheidenden sauren Valenzen. Mengenmäßig wichtig sind jedoch die ›titrierbaren Säuren‹ sowie das Ammonium (NH_4^+).

Die **titrierbare Säure** wird dadurch gebildet, daß die in den Glomeruli filtrierten Puffersalze Phosphat, Sulfat, Harnsäure und Citrat Wasserstoffionen aufnehmen und dadurch in die saure Form übergehen. Das wichtigste Puffersystem ist der Phosphatpuffer. Die titrierbaren Säuren des Urins können bestimmt werden, indem die Menge NaOH gemessen wird, die zur Rücktitration der Urinprobe auf den pH des Blutes (7,4) benötigt wird. Das Entstehen von titrierbarer Säure wird bestimmt durch 1. die Konzentration und den pK des Puffers und 2. den pH des Blutes:

1. Je höher der pK des Puffers, desto größer ist der Anteil der dissoziierten Form dieses Puffers. Der Phosphatpuffer ($HPO_4^{--}/H_2PO_4^-$) hat einen pK von 6,8.
2. Je stärker die Azidose des Blutes, desto niedriger ist der pH des Ultrafiltrats und desto größer ist der dissoziierte Anteil des Puffers. Z. B. liegt der Phosphatpuffer bei pH 7,4 nur zu 20 %, bei pH 4,5 jedoch zu 99 % als primäres Phosphat ($H_2PO_4^-$) vor.

NH_4^+ ist in den titrierbaren Säuren nicht enthalten, daher ergibt sich die Gesamtmenge der ausgeschiedenen Säuren aus der titrierbaren Säure plus der ausgeschiedenen Menge Ammonium minus dem ausgeschiedenen Bicarbonat.

Ausgesch. Säure = titrierb. Säure + ausgesch. NH_4^+ − ausgesch. HCO_3^-

Bei einer alkalotischen Stoffwechsellage wird der Urin alkalisiert, indem die HCO_3^--Resorption vermindert wird und weniger Säuren ausgeschieden werden.

Der Grundprozeß sowohl der HCO_3^--Resorption als auch der Säurenausscheidung ist ein H^+-Sekretionsmechanismus in der apikalen Zellmembran. Das weitere Schicksal des sezernierten H^+ hängt davon ab, welche Anionen im Tubuluslumen überwiegen, und je nach Art dieser Anionen wird der Urin angesäuert oder alkalisiert.

a. Grundprozeß apikale Wasserstoff-Sekretion

Der Transport von H^+ aus der Zelle in das Tubuluslumen erfolgt ›bergauf‹ gegen den elektrochemischen Gradienten. H^+ muß daher primär oder sekundär aktiv transportiert werden. Es hat sich gezeigt, daß beide Mechanismen existieren, jedoch vorzugsweise in unterschiedlichen Segmenten des Tubulus (Abb. 238 zeigt beide Mechanismen):

1. In der apikalen Membran des proximalen Tubulus findet sich ein elektroneutraler Na^+/H^+-Cotransporter, der den Eintritt von Na^+ in die Zelle entlang dem bestehenden Gradienten dafür benützt, H^+ in das Tubuluslumen abzuge-

ben. Der Na^+-Gradient wird aufrechterhalten durch die Na^+K^+-ATPase in der basolateralen Membran.

2. In den dunklen, mitochondrienreichen Zellen der Sammelrohre (s. Abb. 222 d) findet sich ein primär aktiver, elektrogener H^+-Transporter, der direkt ATP verbraucht und der daher auch als H^+-ATPase bezeichnet wird. Es gibt Hinweise darauf, daß dieser ansonsten für eher ›dichte‹ Epithelien typische H^+-Transporter auch im proximalen Tubulus existiert; der quantitativ bedeutsamere Transporter im proximalen Tubulus ist jedoch der Na^+/H^+-Cotransporter.

Da sich intrazelluläres H^+ mit HCO_3^- im Gleichgewicht befindet, sammelt sich pro apikal sezerniertem H^+ auch je ein HCO_3^- in der Zelle an und diffundiert dann vorzugsweise durch die basolaterale Membran ins Blut. Dieser Schritt kann durch drei Transporter vermittelt werden, einen konduktiven HCO_3^--Kanal, einen elektroneutralen HCO_3^-/Cl^--Antiport und einen elektrogenen $HCO_3^-Na^+$-Symport (*, Abb. 238). Die relative quantitative Bedeutung dieser drei Mechanismen ist noch ungeklärt; aus diesem Grund wird in den folgenden Abbildungen 239, 240 und 242 auf die detaillierte Darstellung aller drei Transporter verzichtet.

b. Ansäuerung des Urins: Phosphat-Ausscheidung

Bedingt durch seinen pK von 6,8 liegt Phosphat im Blut zu 80 % als sekundäres Phosphat (HPO_4^{--}) vor. Bei einer Azidose wird vermehrt Phosphat aus den Knochen freigesetzt. Der Plasmaspiegel steigt und das sekundäre Phosphat wird vermehrt filtriert. Wie Abbildung 239 zeigt, trifft es im Tubulus auf das sezernierte H^+ (siehe vorigen Abschnitt) und verbindet sich sofort mit diesem zu primärem Phosphat ($H_2PO_4^-$). Das Tubulusepithel ist impermeabel für das primäre Phosphat, so daß es als Träger einer sauren Valenz (s. ›titrierbare Säure‹) ausgeschieden wird. Gleichzeitig mit der H^+-Sekretion wird dem Plasma HCO_3^- zugefügt und damit der Azidose entgegengewirkt.

c. Ansäuerung des Urins: Ammonium-Ausscheidung

Der Ammoniak ↔ Ammonium-Puffer (NH_3 ↔

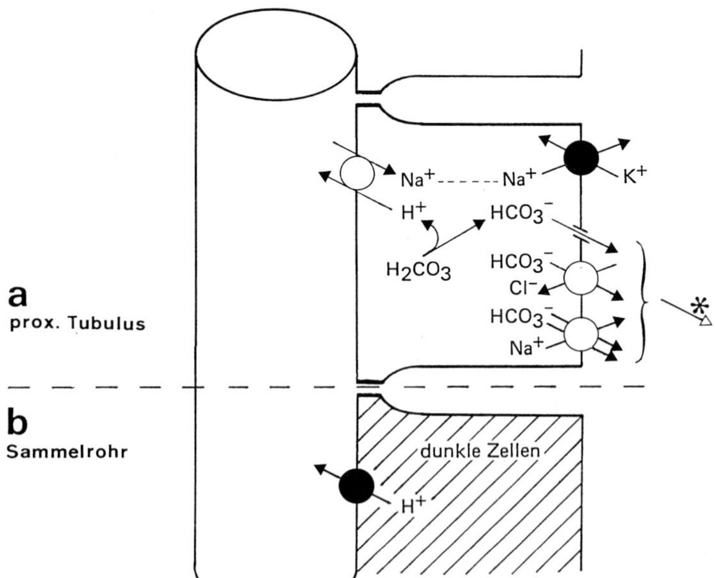

Abb. 238. Zelluläre Mechanismen des renalen H^+-Transports.

a = apikaler Na^+/H^+-Cotransport im proximalen Tubulus, **b** = apikale H^+-ATPase in den mitochondrienreichen Zellen der Sammelrohre (möglicherweise auch im prox. Tub.). * s. Text

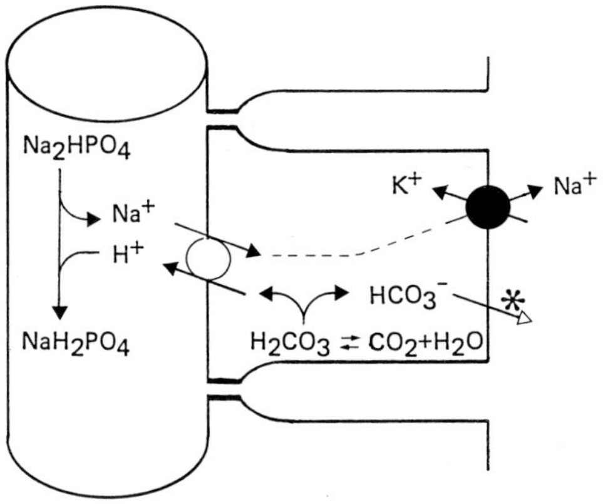

Abb. 239. Zelluläre Mechanismen der renalen H^+-Sekretion: Ausscheidung als Phosphat. * vgl. Abbildung 238

NH_4^+) hat mit einem pK von 9,4 eine noch höhere Kapazität als der Phosphatpuffer. Der quatitativ wichtigste Reserve-Mechanismus zur pH-Konstanthaltung ist daher die Ausscheidung von Ammonium-Ionen, die bei einer Azidose auf das 10fache ansteigen kann. In den Tubulusepithelzellen wird von amidhaltigen Aminosäuren, vor allem von Glutamin, $NH_4^+ \leftrightarrow NH_3$ gebildet. Aus Glutamin entsteht durch Deamidierung NH_4^+ und Glutamat$^-$, und aus letzterem durch Deaminierung NH_4^+

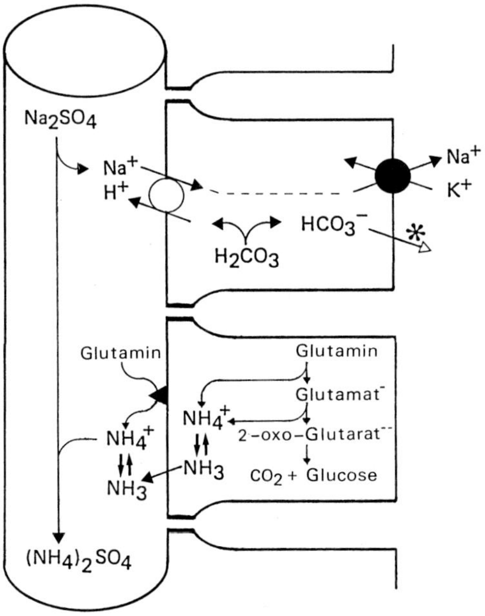

Abb. 240. Zelluläre Mechanismen der renalen H^+-Sekretion: Sekretion als $NH_3 \leftrightarrow NH_4^+$ und Ausscheidung als NH_4^+. * vgl. Abbildung 238

und 2-Oxo-Glutarat^{--}. NH_4^+ und vor allem NH_3 werden in das Tubuluslumen sezerniert. Im Fall von NH_3 handelt es sich um nicht-ionische Diffusion (s. Abschnitt 10.b). Im proximalen Tubulus kann durch eine in den apikalen Membranen vorkommende γ-Glutamyl-Transferase auch NH_4^+ im Lumen gebildet werden. NH_3 verbindet sich in der Tubulusflüssigkeit mit H^+ zu NH_4^+, für das die Tubuluszellmembranen weniger permeabel sind als für NH_3.

Hauptort der renalen NH_3^- und NH_4^+-Bildung ist der proximale Tubulus. Am Ende dieses Segmentes ist etwa 9mal mehr $NH_3 \leftrightarrow NH_4^+$ in der Tubulusflüssigkeit vorhanden als im glomerulären Ultrafiltrat. Ein Teil davon kann in den aufsteigenden Henleschen Schleifen resorbiert werden, wodurch sich $NH_3 \leftrightarrow NH_4^+$ im Interstitium des Nierenmarks anreichern und zu einem corticomedullären Gradienten führen. Es gilt also auch für $NH_3 \leftrightarrow NH_4^+$ das Prinzip der Gegenstromkonzentrierung. $NH_3 \leftrightarrow NH_4^+$ diffundieren schließlich aus dem Interstitium und den Sammelrohrepithelzellen in das Lumen der Sammelrohre.

Die NH_4^+-Ausscheidung wird an zwei Punkten geregelt:

1. Bei einer Azidose ist die Aktivität der Glutaminasen erhöht, so daß vermehrt NH_3 produziert wird. Dies ist der quantitativ bedeutendere Mechanismus.
2. Ein erniedrigter pH im Tubuluslumen verschiebt das Gleichgewicht zwischen NH_3 und NH_4^+ noch weiter in Richtung zum NH_4^+ und erhöht damit den Konzentrationsgradienten für die NH_3-Diffusion aus der Zelle ins Lumen.

d. Alkalisierung des Urins: Bikarbonat-Resorption

Bei ausgeglichenem Säuren-Basenhaushalt beträgt die HCO_3^--Konzentration im Plasma 24 ± 3 mmol/l. Bei einer Alkalose steigt die HCO_3^--Konzentration und bei Überschreitung einer Schwellenkonzentration von 28 mmol/l wird HCO_3^- ausgeschieden (Abb. 241). Im proximalen Tubulus werden etwa 90 % des filtrierten HCO_3^- resorbiert. In den distalen Segmenten DCT und CCT werden bei azidotischer Stoffwechsellage die restlichen 10 % resorbiert, während bei alkalotischer Stoffwechsellage HCO_3^- in diesen Segmenten nettomäßig sezerniert wird.

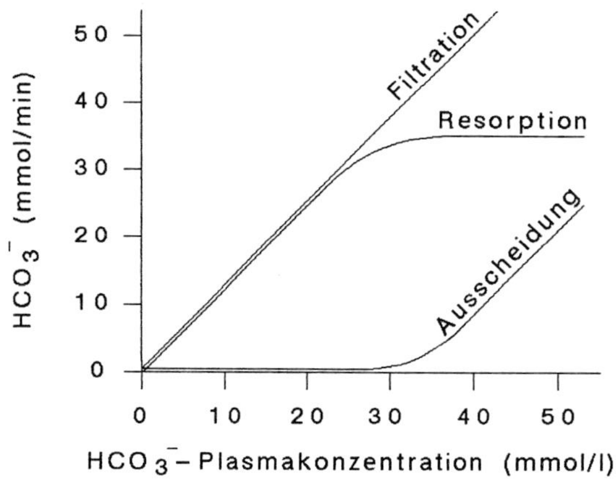

Abb. 241. Filtration, Resorption und Ausscheidung von HCO_3 pro l Filtrat in Abhängigkeit von der HCO_3-Plasmakonzentration. (Nach PITTS, 1972)

Die Resorption von HCO_3^- ist abhängig von der Konzentration der Substanz im Plasma bzw. im Filtrat. Dadurch, daß die Schwellenkonzentration für HCO_3^- so dicht oberhalb der normalen Plasmakonzentration liegt, führt ein auch nur geringer Anstieg des HCO_3^- im Plasma bei intakter Niere so lange zu einer Ausscheidung von HCO_3^- bis diese Abweichung korrigiert ist.

Der Mechanismus der HCO_3^--Resorption ist in Abbildung 242 dargestellt. Das im Tubuluslumen befindliche HCO_3^- wird nicht in dieser Form in die Zelle aufgenommen, sondern verbindet sich mit dem sezernierten H^+ zu H_2CO_3. Dieses diffundiert entweder direkt in die Epithelzelle oder wird (möglicherweise unter Einwirkung von in der apikalen Membran befindlicher Carboanhydrase) zunächst zu CO_2 und H_2O gespalten, und diffundiert

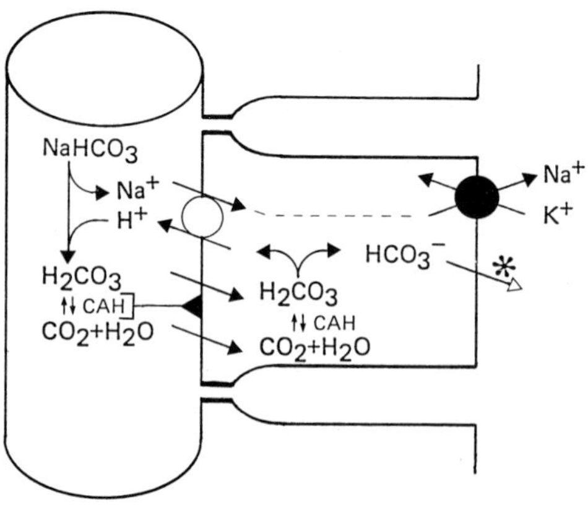

Abb. 242. Zelluläre Mechanismen der renalen HCO_3-Resorption. CAH: Carboanhydrase. * vgl. Abbildung 238

in dieser Form in die Zelle. Das intrazellulär angesammelte H_2CO_3 gibt sein H^+ an den Na^+/H^+-Cotransporter ab, der das H^+ wieder ins Lumen schafft. Das verbleibende HCO_3^- diffundiert durch die basolaterale Membran ins Blut und ist somit nettomäßig resorbiert worden.

12. Konzentrierung und Verdünnung des Urins

a. Gegenstromsystem

Die normalerweise bestehenden Verhältnisse der tubulären Wasserresorption sind in Abbildung 220 dargestellt worden. Aus dem etwa 100fachen Anstieg der Kreatinin- bzw. Inulinkonzentration des Urins über die des Plasmas läßt sich berechnen, daß in den Säugetiernephronen weniger als 1% des Glomerulusfiltrates als Urin ausgeschieden wird. Der Urin ist dabei hyperosmolal.

Nach reichlicher Wassereinnahme scheidet die Säugetierniere einen hypoosmolalen Urin (< 300 mosmol · kg^{-1}) aus. Diesen Zustand bezeichnet man als Wasserdiurese.

Bei Wassermangel kann der Urin bei verschiedenen Spezies auf das 4–10fache der Plasmaosmolalität konzentriert werden. Die Fähigkeit zur Urinkonzentrierung ist an das Vorhandensein eines Gegenstromsystems im Nierenmark gebunden. Die dabei beteiligten Strukturen sind in Abbildung 243 schematisch dargestellt. Es handelt sich um die absteigenden dünnen (DTL), die aufsteigenden dünnen (ATL) und die dicken (TAL) Schenkel der Henleschen Schleife, um die Sammelrohre (CCT und MCT) und die Gefäßbündel der Vasa recta, die wie in Abbildung 243 dargestellt angeordnet sind. Die für das Verständnis des Gegenstromsystems wichtigsten Transporteigenschaften der beteiligten Strukturen sind in Tabelle 67 aufgeführt.

Ausgelöst wird die Urinkonzentrierung durch Na^+-Resorption aus dem wasserimpermeablen dicken aufsteigenden Schenkel der Henleschen Schleifen (TAL) in das Interstitium. Dies hat 3 Konsequenzen:

1. die tubuläre Flüssigkeit (TF), die nach distal abfließt, wird hypoosmolal;
2. das Interstitium wird hyperosmolal und

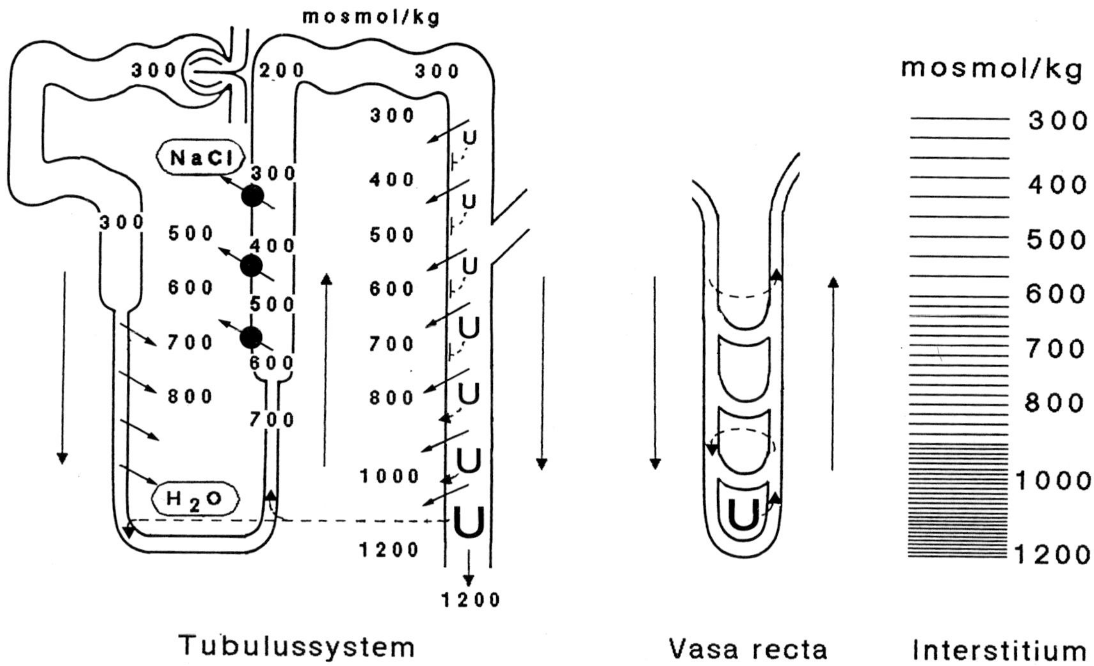

Abb. 243. Schematische Darstellung der Konzentrierung und Verdünnung des Urins durch das Gegenstromsystem. Getrennte Darstellung der tubulären und vaskulären Vorgänge und der resultierende kortikomedulläre osmotische Gradient im Interstitium

3. die in die absteigenden dünnen Schleifenschenkel einströmende TF wird durch Wasserausstrom und $Na^+(Cl^-)$-Einstrom hyperosmolal.

Man kann sich vorstellen, daß der primäre Effekt mit der Anzahl der entlang des TAL angeordneten Pumpen multipliziert wird, d. h. die Konzentration von der Länge des TAL abhängt. Das Ergebnis ist eine markwärts zunehmende Konzentrierung der TF, die jedoch im TAL wieder abgebaut wird. Die Na^+-Konzentration wird gegen die Papille hin bis in die Region des Übergangs von ATL in TAL ansteigen. Die aus dem aktiven Schenkel des Gegenstromsystems abfließende TF ist jedoch hypoosmolal.

Durch das hyperosmolale Nierenmark verlaufen nun aber auch die Sammelrohre, die über die distalen Tubuli mit den Henleschen Schleifen in Verbindung stehen. Ist das antidiuretisch wirksame Hormon ADH in ausreichender Konzentration vorhanden, so werden die spätdistalen Tubuli und die Sammelrohre wasserpermeabel. Dies hat zur Folge, daß Wasser entlang eines osmotischen Gradienten aus dem Tubuluslumen in das Interstitium

Tab. 67. Transporteigenschaften von Tubulussegmenten, die dem Gegenstromsystem angehören

Segment		Wasserpermeabilität	Na^+-Permeabilität	Harnstoffpermeabilität	aktiver Na^+-Transport
Henlesche Schleife					
– dünn absteigend	(DTL)	+	+	+	0
– dünn aufsteigend	(ATL)	0	+	+	0
– dick aufsteigend	(TAL)	0		0	+
Sammelrohre					
– kortikal	(CCT)	(ADH = 0) : 0 (ADH = +) : +		0	+
– medullär	(MCT)	(ADH = 0) : 0 (ADH = +) : +		+	(+)

abfließt. Dabei kommt es normalerweise zum osmotischen Ausgleich, d. h. die TF in den Sammelrohren hat auf verschiedenen Etagen etwa die gleiche Osmolalität wie die umgebende interstitielle Flüssigkeit.

Schwieriger ist die Frage zu beantworten, warum auch im inneren Mark die Konzentrierung weiter zunimmt, obwohl dort keine wasserimpermeablen TAL vorhanden sind und deshalb hier keine aktive Na^+-Resorption mehr erfolgt. Tatsächlich ist es im inneren Mark auch nicht Na^+, sondern vor allem Harnstoff, der für die Konzentrierung der interstitiellen Flüssigkeit (und der TF) verantwortlich ist. Dies hat man wie folgt erklärt: Harnstoff wird durch die enddistal einsetzende Wasserresorption entlang der Sammelrohre zunehmend konzentriert, da die kortikalen Sammelrohre (CCT) durch ADH zwar permeabel für Wasser, nicht aber für Harnstoff werden. Erst die medullären Sammelrohrabschnitte (MCT) sind für Harnstoff permeabel (vgl. Tab. 67), so daß hier Harnstoff entlang einer Konzentrationsdifferenz ($[Urea]_{TF} - [Urea]_{ISF}$) in das Interstitium und von dort in die TF der ATL diffundieren kann. Ein Teil des in die Sammelrohre einfließenden Harnstoffs unterliegt somit einer »Rezirkulation«. An der Konzentrierung des inneren Markes können auch Endprodukte des lokalen Stoffwechsels (Laktat, Bicarbonat) beteiligt sein. Wichtig für das Funktionieren des Gegenstromsystems ist also der Aufbau eines hyperosmolalen Interstitiums.

Die Anordnung der das Mark versorgenden Vasa recta verhindert nun, daß

a. im Mark durch transtubulären Transport und durch den Stoffwechsel angereicherte Solute konvektiv abtransportiert werden und
b. Stoffe, die mit dem Blut der Vasa recta in das Mark einfließen, sich dort rasch anreichern. Dies ist dadurch bedingt, daß durch die Anordnung der vasa recta-Gefäßbündel Harnstoff auch hier rezirkuliert.

Kleinmolekulare Substanzen, die einströmen, nehmen wie in Abbildung 243 dargestellt, einen Kurzschlußweg. So ist gut zu verstehen, daß Sauerstoff, Substrate und Medikamente u. U. nur schwer ins Mark gelangen. Andererseits diffundieren im Mark angereicherte Solute aus den aufsteigenden in die absteigenden Vasa recta-Schleifen. Diese »Gegenstromdiffusion« bewirkt eine Rezirkulation der Solute.

b. Diurese und Diuretika

Unter Diurese versteht man alle Zustände mit erhöhtem Urinzeitvolumen. Allen Diuresezuständen ist gemeinsam, daß mit der Zunahme von $\dot{V}_U$ die osmotische Gesamtkonzentration des Urins ($[Osmol]_U$) absinkt, allerdings bei verschiedenen Diureseformen unterschiedlich stark (Abb. 244).

Wasserdiurese

Wie bereits ausgeführt sind die Epithelien des terminalen Tubulusabschnitts ADH-empfindlich.

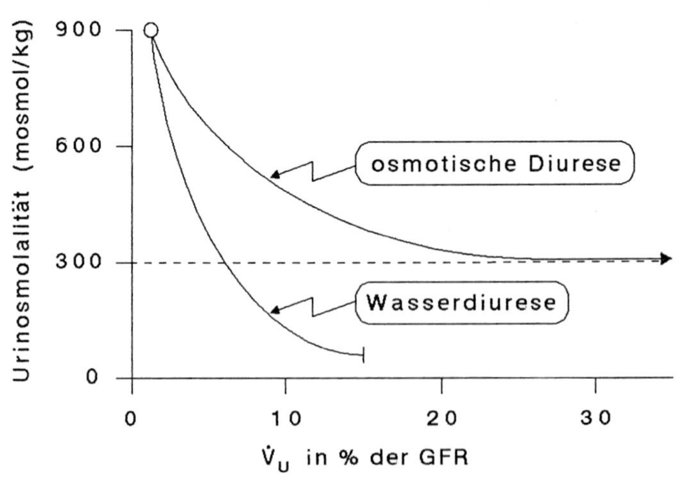

Abb. 244. Verhältnis von Urin-Osmolalität und Urinausscheidungsrate (in % der glomerulären Filtrationsrate) bei zunehmender osmotischer Diurese oder Wasserdiurese

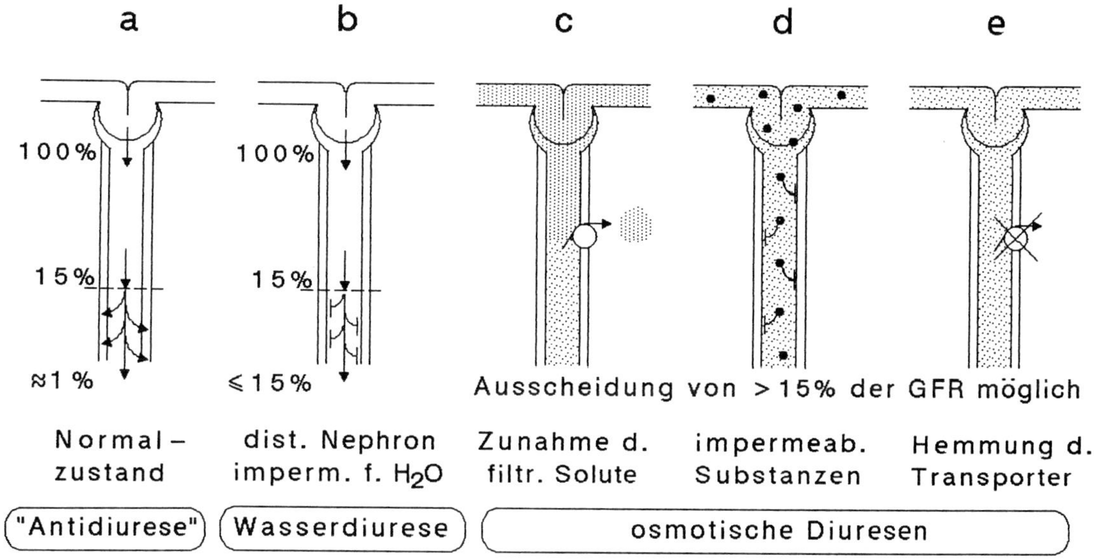

Abb. 245. Mechanismen der Diureseauslösung.

a = Normalzustand: In Gegenwart von ADH werden im distalen Nephron etwa 15 % des Ultrafiltrats (= 100 %) resorbiert. Weniger als 1 % werden ausgeschieden. **b = Wasserdiurese:** Im Extremfall einer vollständigen Abwesenheit von ADH wird im distalen Nephron überhaupt kein Wasser resorbiert. **c–e = osmotische Diuresen:** Solute, die aus verschiedenen Ursachen nicht ausreichend resorbiert werden, binden osmotisch Wasser und werden zusammen mit diesem vermehrt ausgeschieden. Es werden drei Ursachen dargestellt: **c:** Durch Zunahme der filtrierten Solute kann das Transportmaximum für die betreffenden Substanzen überschritten werden (Beispiel: Hyperglykämie) **d:** Filtration impermeabler Substanzen (Beispiel: Mannitol) **e:** Hemmung der Resorptionsmechanismen z. B. durch Pharmaka (Saluretika)

Sie besitzen spezifische Rezeptoren für dieses Hormon, das nach Ausschüttung aus dem Hypophysenhinterlappen von der Blutseite an die Zellen des Sammelrohrepithels gelangt und dort durch Stimulation der intrazellulären Signalsubstanz cAMP eine Zunahme der Wasserpermeabilität bewirkt. Wie in Abbildung 245 dargestellt, kann ADH die Ausscheidung des gesamten in das terminale Nephronsegment einfließenden Flüssigkeitsvolumens verursachen. Da nur ca. 12—15 % des Ultrafiltrates in das ADH-empfindliche Segment gelangen, ist dies zugleich die theoretische Obergrenze der Wasserdiurese bei vollständiger Hemmung der ADH-Ausschüttung. Da die Resorption von Soluten, vor allem Kochsalz, im Gegenstromsystem fast unverändert weiterläuft, wird der ausgeschiedene Urin hypoosmolal. Analog zur Clearance von Einzel-Soluten wie Na, Cl, Glucose etc. kann man auch die Clearance der Summe aller Solute als osmotische Clearance (C_{osmol}) berechnen:

(58) $$C_{osmol} = \frac{[Osmol]_U \cdot \dot{V}_U}{[Osmol]_P}$$

Besonders wichtig für die Wasserbilanz des Körpers ist die Clearance für Wasser (Freiwasserclearance; C_{H_2O}):

(59) $$C_{H_2O} = \dot{V}_U - C_{osmol}.$$

Letztere ist im normalerweise bestehenden Zustand der Antidiurese negativ, d. h. dem Körper wird durch Ausscheidung eines konzentrierten Urins bilanzmäßig gesehen, osmotisch freies Wasser (entspricht »destilliertem« Wasser) erhalten. Aus den in Tabelle 68 wiedergegebenen Modellberechnungen ergibt sich, daß bei der Wasserdiurese:

1. $\dot{V}_U$ ansteigt,
2. $[Osmol]_U$ abnimmt (umgekehrt proportional),
3. C_{H_2O} ansteigt und
4. C_{osmol} sich nicht ändert.

Unter Diabetes insipidus versteht man einen Zustand, bei dem entweder kein ADH gebildet und ausgeschüttet werden kann (= D. i. centralis) oder ADH zwar ausgeschüttet aber an der Niere nicht wirksam wird (= D. i. renalis) und somit dauernd eine Wasserdiurese besteht.

Tab. 70. Wichtige Renale Wirkungen von Hormonen

A. Extrarenal gebildete Hormone

1. Vasopressin (ADH)
   - Erhöhung der Wasserpermeabilität im Bereich der Sammelrohre
   - Stimulierung des NaCl-Transportes in MTAL (bei Maus, Ratte, Kaninchen)
   - Verminderung der glomerulären Ultrafiltrationspermeabilität → Verminderung der GFR
2. Parathormon (PTH)
   - Hemmung der tubulären Phosphatresorption (proximal)
   - Förderung der tubulären Ca^{++}-Resorption (distal)
   - Stimulierung der Synthese von $1,25(OH)_2$-Cholecalciferol (proximal)
   - Verminderung der glomerulären Ultrafiltrationspermeabilität
3. Calcitonin
   - Hemmung der tubulären Phosphatresorption
   - Hemmung der tubulären Resorption von Ca^{++} und Na^+
   - Stimulierung der Synthese von $1,25(OH)_2$-Cholecalciferol (proximaler gestrecker Tubulus)
4. Insulin
   - Einfluß auf Biosynthese und Abbau von Kollagen im Glomerulus
   - Förderung der tubulären Resorption von Phosphat und Na^+
5. Glucagon
   - Hämodynamische Effekte (Zunahme von RBF und GFR)
   - natriuretische Wirkung (gering)
6. Somatostatin
   - Hemmung des hydroosmotischen ADH-Effektes in den Sammelrohren
7. Catecholamine
   - Hämodynamische Effekte: Verminderung von RBF und GFR über α-Adrenorezeptoren; Stimulation der Reninfreisetzung über β-Adrenorezeptoren und Hemmung der Na^+-Resorption über α-Adrenorezeptoren
8. Mineralocorticosteroide (Aldosteron)
   - Förderung der tubulären Resorption von Na^+
   - Förderung der tubulären Sekretion von K^+ und H^+
9. Glucocorticosteroide (Cortisol)
   - Förderung der Wasserausscheidungsfähigkeit bei adrenalektomierten Tieren
10. Atriopeptin
    - natriuretische Wirkung, durch Erhöhung der GFR (durch Erhöhung des Quotienten P_{eff}/P_{aff})
    - fraglich ist derzeit eine direkte Hemmung der tubulären Na^+-Resorption
11. Schilddrüsenhormone
    - Förderung der tubulären Resorption von Na^+

B. Intrarenal gebildete Hormone

1. $1,25(OH)_2$-Cholecalciferol
   - antiphosphaturischer Effekt (direkte tubuläre Wirkungen nicht gesichert)
2. Angiotensin II
   - Vasokonstriktion: Erhöhung des afferenten (und efferenten?) Arteriolenwiderstandes
   - Förderung der tubulären Resorption von Na^+
3. Kinine
   - lokale Gefäßdilatation
4. Eicosanoide
   - renale Vasodilatation (PGE_2, PGI_2)
   - renale Vasokonstriktion (Thromboxan A_2)
   - Hemmung der Resorption von Na^+ (PGE_2, PGI_2)
   - Hemmung der tubulären hydroosmotischen Wirkung von ADH in Sammelrohren (PGE_2)
   - Steigerung der Reninsekretion (PGE_2, PGI_2)

daß glatte Muskelzellen in den afferenten Arteriolen in granulahaltige Epitheloidzellen umgewandelt werden können (z. B. bei Salzmangel). In den Arteriolenwänden ist ferner das Enzym Convertase (= Converting Enzyme) nachgewiesen worden. In der Gefäßwand kann deshalb die Bildung des Dekapeptids Angiotensin I (biologisch inaktiv) und daraus des Octapeptids Angiotensin II (biologisch aktiv) erfolgen. Bei einigen Spezies kann daraus schließlich das Heptapeptid Angiotensin III entstehen. Der Abbau über verschiedene Aminopeptidasen erfolgt innerhalb und außerhalb der Niere. Die Halbwertszeit von Angiotensin II im Plasma beträgt ca. 2 Minuten.

Der ratenlimitierende Schritt der Reaktionskette wird durch Renin katalysiert. Die Sekretion von Renin wird auf dreierlei Weise beeinflußt:

a. Abnahme des arteriellen Blutdrucks und des zentralen Blutvolumens aktivieren über Barorezeptor- und Volumenreflexe die Reninsekretion (= adrenerges efferentes Signal);
b. Abnahme des lokalen renalen Perfusionsdrukkes stimuliert die Reninsekretion (= prostaglandinvermitteltes Signal);
c. Abnahme der NaCl-Resorption im Macula densa-Bereich (z. B. bei herabgesetzter Strömungsgeschwindigkeit von TF im aufsteigenden Schleifenschenkel) hemmt die Reninsekretion (tubuloglomeruläres Signal).

Im Kontext des vorliegenden Kapitels ist vor allem die intrarenale Aktivierung von Angiotensin II von Bedeutung. Es sei jedoch daran erinnert, daß ein Teil des freigesetzten Renins in das Plasma gelangt

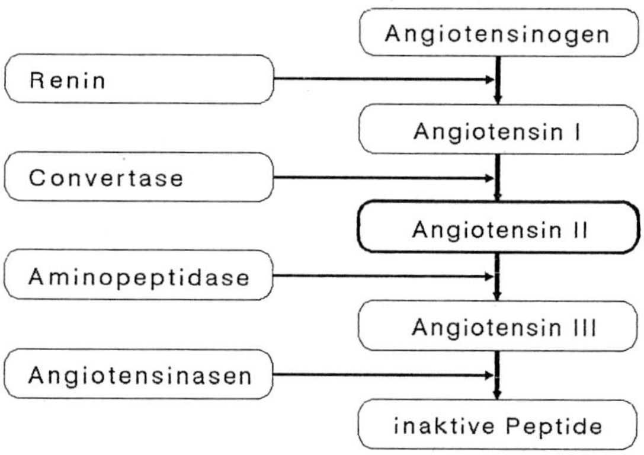

Abb. 246. Bildung von Angiotensin II (NH_2-Asp-Arg-Val-Tyr-Ile-His-Pro-Phe-OH) unter dem Einfluß von Renin und Converting enzyme sowie Abbau durch Angiotensinasen

und das dort gebildete Angiotensin I in den Lungen in Angiotensin II umgesetzt wird. Die Halbwertszeit von Renin im Plasma beträgt ca. 30 Minuten. Der Abbau erfolgt vorwiegend in der Leber.

Das wichtigste biologisch aktive Produkt der Reaktionskette ist Angiotensin II: Es hemmt die

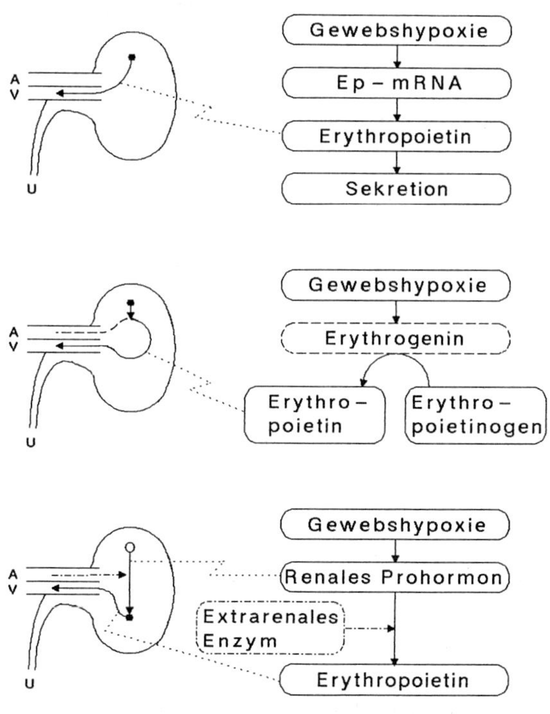

Abb. 247. Hypothesen zur renalen Bildung von aktivem Erythropoietin. (Nach Powell & Adamson; in: Seldin & Giebisch, 1985)

Freisetzung von Renin, bewirkt eine Kontraktion der glatten Gefäßmuskulatur und stimuliert die Zona glomerulosa der Nebennierenrinde zur Freisetzung von Aldosteron. Außerdem spielt Angiotensin II eine Rolle bei der Auslösung von Durst.

b. Erythropoietin

Die aktive Form des bei Sauerstoffmangel gebildeten Hormons Erythropoietin (Ep) wird zum größten Teil in der Niere gebildet. Ep ist ein Glycoprotein mit einem hohen Kohlenhydratanteil (ca. 30 %); es besteht vermutlich aus 166 Aminosäuren und hat ein Molekulargewicht von 39 kDalton. Die Aminosäuren-Sequenz ist noch nicht völlig aufgeklärt. Die Bildung des Hormons wird durch Gewebshypoxie stimuliert, wobei ein prostaglandinabhängiger Mechanismus beteiligt zu sein scheint. PGE_2 und PGI_2 stimulieren die Ep-Bildung. Der Mechanismus der Hormonbildung ist noch nicht sicher aufgeklärt. Diskutiert werden 3 Hypothesen, die in Abbildung 247 dargestellt sind:

1. renale Synthese des Hormons durch einen ribosomalen Prozeß. Hierfür spricht die Isolation von mRNA für Ep aus Nierengewebskulturen, ferner, daß serumfrei perfundierte isolierte Nieren Ep bilden;
2. renale Aktivierung einer von außen zugeführten Vorstufe durch ein renales Enzym (Erythrogenin). Hierfür spricht die Beobachtung, daß subzelluläre Fraktionen aus Nierenhomogenat Ep bilden, wenn sie mit Plasma inkubiert werden;
3. renale Synthese eines Prohormons, das durch ein mit dem Plasma einströmendes Enzym in der Niere aktiviert wird. Auch diese Hypothese stützt sich auf experimentelle Befunde.

Über den Bildungsort von Ep in der Niere gibt es 2 Konzepte: Immunfluoreszenzstudien mit Ep-Antikörpern weisen auf die glomerulären Mesangiumzellen als den Hauptbildungsort hin. Auch isolierte Glomeruli in vitro und Zellkulturen von Mesangiumzellen sind zur Ep-Bildung befähigt. Es gibt aber auch Befunde, die für eine Bildung von Ep in den Tubulusepithelzellen sprechen.

c. Kallikrein-Kinin-System

Der derzeitige Stand der Kenntnisse ist in Abbildung 248 dargestellt. Im Nierengewebe wird ein enzymatisch inaktives Präkallikrein gebildet, welches zu renalem Kallikrein aktiviert wird. Kallikrein ist eine Serin-Protease. Dies weist darauf hin, daß sich Serin an der katalytischen Stelle des Enzyms befindet. Renales Gewebskallikrein ist wahrscheinlich identisch mit Gewebskallikreinen aus Speicheldrüsen, Schweißdrüsen, Pankreas und Gastrointestinaltrakt. Es katalysiert die Umwandlung von Kininogenen in Kallidin (= Lysylbradykinin). Die im Plasma vorhandene Kallikreinaktivität katalysiert die Bildung von Bradykinin. Außerdem kann durch Uropepsin die Bildung von Methionyl-Lysyl-Bradykinin katalysiert werden (vgl. Abb. 248 b). Kallidin, Bradykinin und Met-Lys-Bradykinin sind im Urin nachweisbar.

Die höchste Aktivität an renalem Gewebskallikrein findet sich in der äußeren Nierenrinde. Histochemisch gelang es, immunreaktives Kallikrein in den distalen Tubuli und hier besonders an der luminalen Zellseite nachzuweisen. Es könnte sich demnach bei Kallikrein um ein membrangebunde-

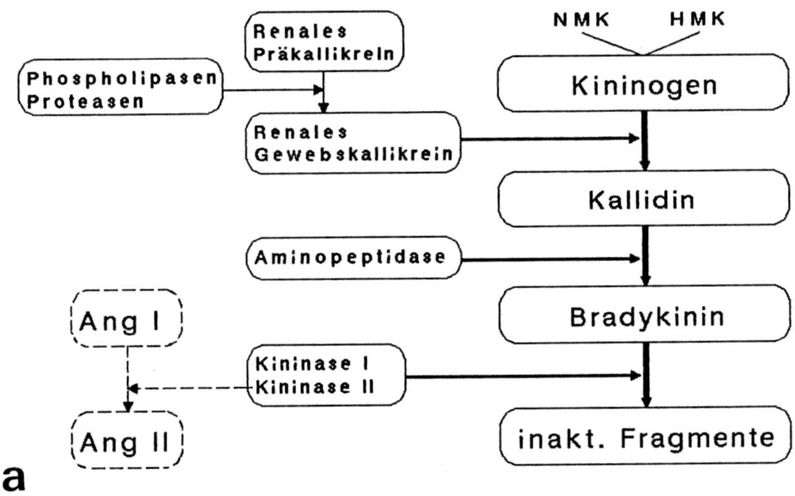

a

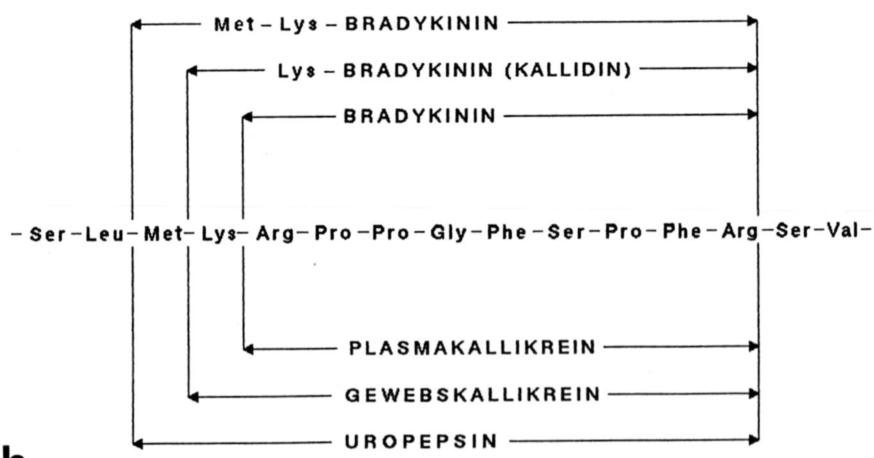

b

Abb. 248. **a** = renales Kallikrein-Kinin-System. NMK: niedermolekulares Kininogen; HMK: hochmolekulares Kininogen. Kallidin, nicht jedoch Bradykinin, ist das Haupthormon im Nierengewebe. Kininase II konvertiert auch Angiotensin I zu Angiotensin II. **b** = Aminosäurensequenzen verschiedener Kinine (oben) und die Spaltung bewirkende Enzyme (unten) nes Ektoenzym handeln, das entweder ortsgebunden oder nach Sekretion in das Tubuluslumen aus dort vorhandenem Kininogen Kinin bildet. Hierfür spricht, daß in der Tubulusflüssigkeit Kinine nachgewiesen werden konnten. Die Regulation der Aktivität des Kallikrein-Kinin-Systems und die physiologische Bedeutung der Wirkungen der Kininhormone ist nicht aufgeklärt. Da Kinine vasodilatatorisch wirken, diskutiert man eine Rolle bei der Regulation der renalen Hämodynamik. Auch eine natriuretische Wirkung und Wechselwirkungen mit Aldosteron, ADH und Prostaglandinen sind unlängst beschrieben worden. So bewirken Kinine über eine Stimulation der Phospholipase A_2 eine vermehrte Freisetzung von Arachidonsäure und damit eine Stimulierung der Bildung von PGE_2, PGI_2 und Thromboxan A_2.

d. Renales Prostaglandin-System

Nierengewebe besitzt die Fähigkeit, aus mehrfach ungesättigten Fettsäuren (Eicosatrien-, -tetraen- und -pentaensäuren) Prostaglandine zu bilden. Das Hauptsubstrat ist die Arachidonsäure (Abb. 249).

Über den Cyclooxygenaseweg werden gebildet:
- PGE_2, PGD_2, $PGF_{2\alpha}$
- Prostacyclin und
- Thromboxan A_2.

Über den Lipoxygenaseweg entstehen in den Nieren:
- Hydroxy- und Hydroperoxy-Metabolite und
- Leukotriene.

Über den Epoxygenaseweg entstehen weitere, trihydroxylierte Metabolite.

Die Bildung wird wie in anderen extrarenalen Geweben durch eine Phospholipase-stimulierte Freisetzung von Arachidonsäure eingeleitet. Auch hier besteht eine regionale Heterogenität.

Bevorzugte Bildungsorte sind:
- Zellkulturen aus efferenten Arteriolen für PGI_2 (Schwein);
- Isolierte Glomeruli für $PGF_{2\alpha}$ (Ratte);
- Interstitielle Zellen des Nierenmarks und Sammelrohrzellen für PGE_2.

Die gebildeten Hormone werden im Gewebe sehr

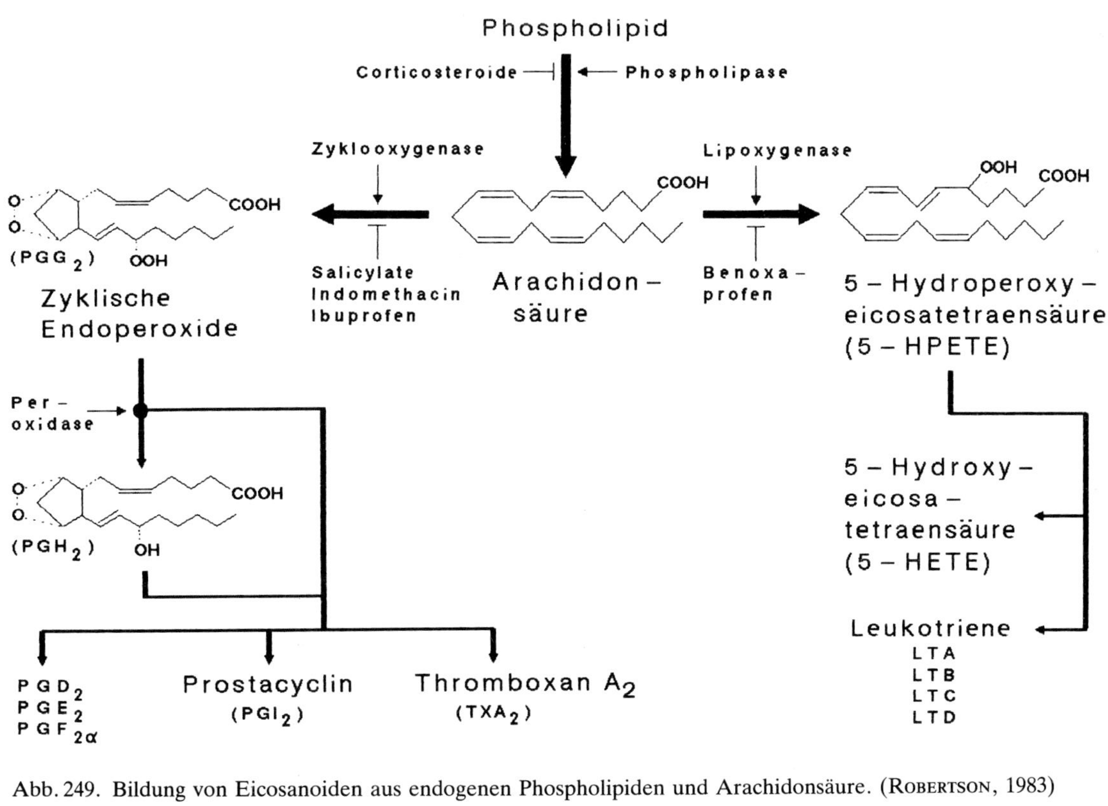

Abb. 249. Bildung von Eicosanoiden aus endogenen Phospholipiden und Arachidonsäure. (ROBERTSON, 1983)

GCS, in den Nieren auslösen. Die Rezeptoren der Gruppen I und II befinden sich in löslicher Form im Cytoplasma der Targetzellen. Dorthin gelangen die CS, die wegen ihrer guten Lipidlöslichkeit durch die Zellmembranen hindurchtreten können. CS werden filtriert und resorbiert, aber auch von peritubulär in die Zellen aufgenommen (vgl. Abb. 250 b). Im Gegensatz zu Proteohormonen können sie jedoch wahrscheinlich auch in nativer Form aus der Tubulusflüssigkeit in das Blut resorbiert werden. Zum Beispiel besitzt das distale Tubulussegment die Fähigkeit, Aldosteron zu resorbieren. Derjenige Anteil von CS, der sich an spezifische Rezeptoren bindet, erfährt wie in anderen extrarenalen Targetzellen eine Translokation in den Zellkern, wo über eine Bindung an DNA die Bildung von mRNA und damit die Bildung von CS-induzierten Proteinen ausgelöst wird.

Im Fall des wichtigsten MCS Aldosteron bewirken die Aldosteron-induzierten Proteine eine gesteigerte Resorption von Na^+ und eine gesteigerte Sekretion von K^+ und H^+, vorwiegend in den kortikalen Sammelrohren. Im Fall des GCS Cortisol wird die Wasserpermeabilität des terminalen Nephronsegmentes, aber z. B. auch die proximale Phosphatresorption moduliert.

In den Nierenepithelzellen befinden sich jedoch auch Enzyme, die CS zu metabolisieren vermögen. Subzellulär sind sie in Mikrosomen und in Zellkernen nachgewiesen worden. Es handelt sich um Oxidoreduktasen und Hydroxylasen, die Corticosteroide an typischen Stellen umwandeln (Abb. 251). Außerdem erfolgt in den Nieren die Veresterung von CS zu Glucuroniden. Allerdings bestehen Speziesunterschiede. Die genaue Lokalisation der CS-metabolisierenden Enzyme entlang des Nephrons ist noch nicht bekannt. Auch die physiologische Bedeutung des renalen CS-Stoffwechsels ist ungeklärt. Denkbar ist, daß die CS am Ort abgebaut werden, nachdem sie ihre physiologische Wirkung in den Zellkernen der Erfolgszellen ausgeübt haben. Möglich wäre auch, daß der Metabolismus vorwiegend in den Nierenzellen erfolgt, die keine spezifischen CS-Rezeptoren besitzen.

fb. Geschlechtshormone

Auch C 18-Steroide (weibliche Geschlechtshormone) und C 19-Steroide (männliche Geschlechtshormone) unterliegen einem renalen Metabolismus. Dieser dient nicht, oder zumindest nicht ausschließlich, dem Abbau der Hormonaktivität. Nachgewiesene renale Stoffwechselschritte sind:

Testosteron: Aktivierung zu 5 α-dihydro-Testosteron durch A-Ring-Reduktion
Östrogene: A-Ring-Reduktion (3 α- und 5 β-Reduktion, Oxidation an C 17)

Das Gebiet des renalen Stoffwechsels von Geschlechtshormonen, seine Lokalisation in den Nieren, die Regulation und die physiologische Bedeutung sind nur wenig untersucht.

fc. Vitamin D-Hormon

Eine der wichtigsten renalen Funktionen innerhalb des endokrinen Systems ist die Aktivierung von Vitamin D-Hormon. Die Nieren sind der einzige Ort im Säugetierkörper, an dem das für die Ca^{++}-Homöostase essentielle Hormon 1,25 $(OH)_2$-Cholecalciferol gebildet werden kann. Das in der Haut unter dem Einfluß von UV-Licht aktivierte Cholecalciferol gelangt zunächst in die Leber, wo eine Seitenkettenhydroxylierung zu 25 (OH)-Cholecalciferol stattfindet. Dieses ist das eigentliche Prohormon für die renale Aktivierung. In den proximalen Tubuluszellen laufen dabei folgende Reaktionen ab:

- 25 (OH)-Cholecalciferol $\rightarrow$ 1,25 $(OH)_2$-Cholecalciferol (= aktiviertes Vitamin D-Hormon). Diese Reaktion wird durch eine Abnahme der Plasma-Ca^{++}- und Phosphat-Konzentration und durch PTH stimuliert.
- 25 (OH)-Cholecalciferol $\rightarrow$ 24,25 $(OH)_2$-Cholecalciferol (= inaktives Produkt). Diese Reaktion wird durch PTH gehemmt und durch Ca^{++} und 1,25 $(OH)_2$-Cholecalciferol stimuliert.
- Aus 24,25 $(OH)_2$-Cholecalciferol kann, wie unlängst nachgewiesen wurde, 1,24,25 $(OH)_3$-Cholecalciferol und aus 25 (OH)-Cholecalciferol auch 25,26 $(OH)_2$-Cholecalciferol gebildet werden.

Die Regulation des Vitamin D-Hormonstoffwechsels ist in Abbildung 252 schematisch zusammengefaßt. Man ersieht daraus, daß nicht nur die an der Ca^{++}-Homöostase direkt beteiligten Faktoren (Ca^{++}, Phosphat, 1,25 $(OH)_2$-Cholecalciferol), sondern auch andere Hormone auf den renalen Vitamin D-Stoffwechsel einwirken.

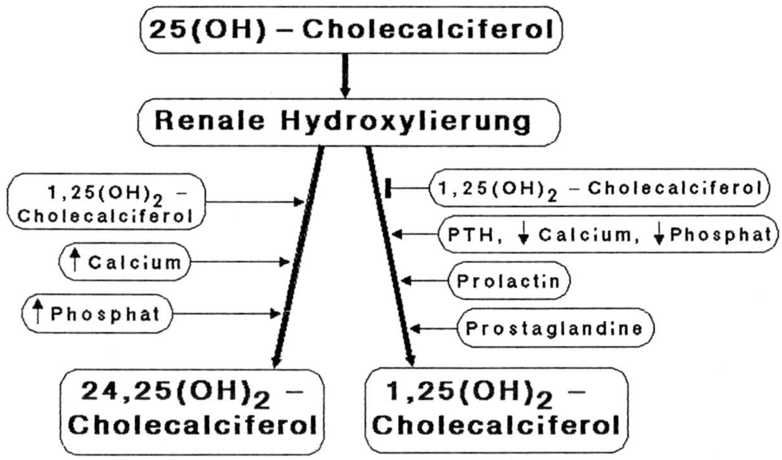

Abb. 252. Regulation des Vitamin D-Hormonstoffwechsels. (Nach EISMAN, 1983)

g. Schilddrüsenhormone

Auch Schilddrüsenhormone beeinflussen die Nierenfunktion. In der Hypothyreose sind GFR und RPF erniedrigt; gleichzeitig beobachtet man eine Natriurese, eine Störung der Urinazidifizierung und eine Einschränkung der renalen Konzentrierungs- und Verdünnungsfähigkeit. Schilddrüsenhormone normalisieren die Nierenfunktion. An hypothyreoten Ratten konnte nachgewiesen werden, daß Trijodthyronin (T_3) die Resorption von Na^+ und Flüssigkeit im proximalen Tubulus erhöht. In Untersuchungen an mikrodissezierten Einzeltubuli wurde gezeigt, daß die Aktivität der Na^+K^+-ATPase nicht nur im proximalen Tubulus, sondern auch in den cortikalen Sammelrohrepithelien unter dem Einfluß der Schilddrüsenhormone steht.

Der Mechanismus der renalen Schilddrüsenhormonwirkung ist im einzelnen noch nicht aufgeklärt. Wahrscheinlich befinden sich die spezifischen Hormonrezeptoren im Zellkern der Zielzellen.

14. Besonderheiten der Nierenfunktion beim Geflügel

Die Nieren des Geflügels weisen einige Unterschiede zu den Nieren der Säuger auf. Dieser Abschnitt beschränkt sich darauf, die wichtigsten Abweichungen aufzuzählen.

Während bei den Säugern alle Vasa recta aus den Vasa efferentia der Glomeruli entspringen, kommen die Vasa recta beim Geflügel zum Teil aus dem Pfortaderkreislauf wie bei den Amphibien und Reptilien. Die Glomeruli sind im Mittel kleiner (35–45 μm), was auf eine geringere Filteroberfläche hinweist. Die GFR beträgt dementsprechend auch nur 1,2–1,7 ml · $min^{-1}kg^{-1}$ und die Filtrationsfraktion (GFR/RPF) ist mit 0,1–0,15 nur halb so groß wie bei vielen Säugern.

Kreatinin kann beim Geflügel nicht zur Messung der GFR benutzt werden, da es tubulär sezerniert wird.

Die Henleschen Schleifen sind kürzer als die der Säugernieren. Die maximale Osmolalität des Urins beträgt 600 mosm/kg, also nur etwa die Hälfte der maximalen Urinosmolalität vieler Säuger. Während die Säugernieren $>99\%$ der GFR resorbieren können, wird Wasser beim Geflügel nur zu etwa 90 % der GFR und Na^+ zu 95 % des filtrierten loads resorbiert.

Die Ureter münden in das Coprodeum. Der Urin kann von dort zurück bis ins Colon fließen und kann dort sozusagen nachträglich noch weiter konzentriert werden. Beide Darmabschnitte sind in der Lage (wie das distale Colon und Rectum der Säuger im übrigen auch), gegen steile elektrochemische Gradienten Na^+ und Wasser zu resorbieren und K^+ zu sezernieren. Die Transporte von Na^+ und K^+ werden in Colon und Coprodeum u. a. durch Aldosteron reguliert. Die beiden Darmabschnitte sind in der Lage, etwa zwei Drittel des mit dem Urin angelieferten Na^+ zu resorbieren. Zusammenfassend kann daher gesagt werden, daß die

Geflügelnieren zwar ein geringeres Konzentrierungsvermögen besitzen als die Säugetiernieren; dies wird aber durch den nachgeschalteten und ebenfalls regelbaren Transport im Colon und Coprodeum teilweise ausgeglichen.

Das Stickstoff-Endprodukt bei Vögeln ist hauptsächlich Harnsäure. Harnsäure wird beim Geflügel sowohl filtriert als auch proximal sezerniert, so daß die Harnsäure-Clearance ebenso groß ist wie die PAH-Clearance. Die große Harnsäurebelastung der Niere ist nicht unkritisch: Harnsäure kann in den Tubuli kristallin ausfallen, was im ungünstigen Fall zu einer Verstopfung der betroffenen Tubuli und nachfolgend zu ihrem Untergang führen kann. Allerdings ist die Harnsäurekonzentration der tubulären Flüssigkeit so hoch, daß es bei Bildung von Harnsäurekristallen zu einem wesentlichen Abfall der Osmolalität kommt; dies wirkt einer Verstopfung der Tubuli entgegen. Ein weiterer Schutzmechanismus besteht darin, daß in den Ureteren Schleim sezerniert wird, durch den die Harnsäurekristalle suspendiert werden.

Die Fütterung von stickstoffreicher Nahrung muß vermieden werden, da dadurch die Harnsäurekristallbildung noch verstärkt wird und es zu einer meist tödlich endenden ›Nierengicht‹ kommen kann.

Literatur

Adam, G., P. Läuger, G. Stark, 1977: Physikalische Chemie und Biophysik. Springer-Verlag, Berlin, Heidelberg, New York.

Alberts, B., D. Bray, J. Lewis, M. Raff, K. Roberts, J. D. Watson, 1986: Molekularbiologie der Zelle. VCH Verlagsgesellschaft, Weinheim.

Baylis, C., B. M. Brenner, 1978: The physiologic determinants of glomerular ultrafiltration. Rev. Biochem. Pharmacol. **80,** 1–46.

Brenner, B. M., F. C. Rector, 1985: The kidney. Saunders, Philadelphia.

Bulger, R. E., D. C. Dobyan, 1982: Recent advances in renal morphology. Ann. Rev. Physiol. **44,** 147–179.

Eismann, J. A., 1983: The 1,25-dihydroxyvitamin D_3 receptor: Its physiology and biochemistry. In: Agarwal, M. K-: Principles of rcceptorology. Verlag Walter de Gruyter, Berlin, New York, S. 465–544.

Forth, W., D. Henschler, W. Rummel, 1983: Pharmakologie und Toxikologie. Bibliographisches Institut, Mannheim.

Hoppe, W., W. Lohmann, H. Markl, H. Ziegler, 1982: Biophysik. Springer-Verlag, Berlin.

Lehninger, A. L., 1985: Biochemie. VCH Verlagsgesellschaft, Weinheim.

Losse, H., E. Renner, 1982: Klinische Nephrologie. Verlag Georg Thieme, Stuttgart.

Orloff, J., R. W. Berliner, 1973: Handbook of Physiology, Section 8, Renal Physiology. Am. Physiol. Soc., Washington D. C.

Pitts, R. F., 1972: Physiologie der Niere und der Körperflüssigkeiten. Verlag F. K. Schattauer, Stuttgart.

Robertson, R. P., 1983: Prostaglandins, glucose, homeostasis, and diabetes mellitus. Ann. Rev. Med. **34,** 1–12.

Sauer, 1973: Non-equilibrium thermodynamics of kidney tubule transport. In: Orloff/Berliner, S. 399–414.

Schmidt-Nielsen, K., 1975: Animal physiology. Adaptation and environment. Cambridge University Press, London.

Schor, N., B. M. Brenner, 1980: Humoral regulation of glomerular filtration. In: Lichardus, B., R. W. Schrier, J. Panec: Humoral regulation of sodium excretion. Elsevier/North-Holland, Amsterdam.

Seldin, D. W., G. Giebisch, 1985: The kidney: physiology and pathophysiology. Raven Press, New York.

Skadhauge, E., 1973: Renal and cloacal salt and water transport in the fowl. Danish Med. Bull. **20** (suppl. I), 1–82.

Smith, H. W., 1951: The kidney. Structure and function in health and disease. Oxford University Press, New York.

Starck, D., 1982: Vergleichende Anatomie der Wirbeltiere auf evolutionsbiologischer Grundlage. Band 3. Springer-Verlag, Berlin, Heidelberg, New York.

Ullrich, K. J., K. Hierholzer, 1976: Physiologie der Niere. In: Sarre, H.: Nierenkrankheiten. Verlag Georg Thieme, Stuttgart, S. 1–70.

Ussing, H. H., 1960: The alkali metal ions in isolated systems and tissues. In: Eichler, O., A. Farah: Handbuch der experimentellen Pharmakologie, Bd. 13, 1–195.

Valtin, H., 1983: Renal function. Mechanisms preserving fluid and solute balance in health. Little & Brown, Boston.

Vogel, G., 1962: Beiträge zur Kenntnis der Nierenphysiologie einiger Haussäugetiere. Zbl. Vet. Med., Beiheft 3. Verlag Paul Parey, Berlin, Hamburg.

IX. Endokrinium

E. BAMBERG

A. Allgemeine Endokrinologie

Die Endokrinologie ist die Lehre von der »inneren Sekretion«. Sie beschreibt die Substanzen (Hormone, Neurosekrete etc.) und die Gewebe, in denen diese produziert werden.

Die fortlaufende Anpassung der Stoffwechselvorgänge an die von der Umwelt geforderten Bedingungen steuert das neuroendokrine System, indem es die psychischen, neuroendokrinen und metabolischen Aktivitäten des Organismus koordiniert. Als chemische Botenstoffe wirken Neurotransmitter, Neuropeptide bzw. die klassischen Hormone.

Die Bezeichnung »Hormon« wurde von STARLING (1905) am Beispiel des Sekretins zum erstenmal verwendet. Der klassische Hormonbegriff hat jedoch im Laufe der Zeit verschiedene Interpretationen erfahren, und gerade in den letzten Jahren wurde es erforderlich, ihn gegenüber anderen Formen der »inneren Sekretion« abzugrenzen:

»Endokrine (hormonale) Regulationssysteme sind dadurch gekennzeichnet, daß von endokrinen oder neuroendokrinen Zellen Signalstoffe (Hormone) in den Blutstrom abgegeben werden, die an den Erfolgsorganen auf spezifische Rezeptoren treffen und dadurch Stoffwechselvorgänge oder morphologische Veränderungen steuern« (KARLSON, 1982).

Von diesen Hormonen sind die parakrinen Signalstoffe zu unterscheiden:

»Von parakrinen Zellen werden Signalstoffe (Paramone, Cybernine) abgegeben, die durch Diffusion im Interstitium zu den Zellen gelangen, deren Funktion sie steuern. Sie wirken nur über kurze Entfernungen« (KARLSON, 1982).

Die übrigen im Organismus vorkommenden hormonähnlichen Signalstoffe können nach physiologischen Gesichtspunkten in Mediatoren (z. B. Histamin, Serotonin, Kinine, Prostaglandine), Neurotransmitter (z. B. Acetylcholin, Noradrenalin, Dopamin, Serotonin, γ-Aminobuttersäure, Substanz P, Endorphine, Enkephaline) und Pheromone (s. S. 476) eingeteilt werden.

Den endokrinen Funktionen liegen bei Mensch und Tier die gleichen Gesetzmäßigkeiten zugrunde, wobei jedoch zu beachten ist, daß die an einer Tierspezies gewonnenen Erkenntnisse nicht unmittelbar auf eine andere übertragen werden dürfen.

Bei der Entdeckung und Erforschung der Wirkungsweise der klassischen Hormone wurden meist die folgenden Methoden angewandt:

- ▷ Beobachtung der Wirkungsweise von Hormonen und der Ausfallserscheinungen bei Entfernung der hormonproduzierenden Drüse;
- ▷ Behebung der Ausfallserscheinungen durch Reimplantation der Drüse bzw. Injektion von Drüsenextrakten;
- ▷ Isolierung des Hormons, Strukturaufklärung, Synthese im Laboratorium;
- ▷ Erforschung der Wirkungsmechanismen.

Das biochemische Schicksal vieler Hormone im Organismus läßt sich etwa folgendermaßen umschreiben: Zelle des endokrinen Gewebes (Synthese, Speicherung, Sekretion) — Transport im Blut — Zelle des Erfolgsorganes (Rezeptoren, Wirkung) — Transport im Blut — Leber (Inaktivierung) — Transport im Blut — Niere (Ausscheidung).

1. Historischer Überblick

Als angewandte Endokrinologie (z. B. Kastration) reicht dieses Teilgebiet der Medizin bis in die Frühzeit der Menschheitsgeschichte zurück. Bereits vor mehr als 3000 Jahren wurden im fernen Osten Hodenextrakte zur Behandlung der Impotentia coeundi verabreicht. Der Kropf war bei den Ägyptern als eine endokrine Störung bekannt. ARISTOTELES beschrieb als erster die Folgen der Kastration bei Vögeln.

Im Laufe der Jahrhunderte gingen viele Erkenntnisse wieder verloren, und erst vor ca. 130

Jahren begann die Entwicklung der modernen Endokrinologie.

1849 gelang BERTHOLD der Nachweis, daß kastrationsbedingte Veränderungen bei Hähnen vermieden werden konnten, wenn die Hoden in die Bauchhöhle transplantiert wurden. Damit wurde erstmals bewiesen, daß die Hoden auf dem Blutwege ihre Wirkung auf den Organismus ausüben. 40 Jahre später berichtete BROWN-SEQUARD über einen Selbstversuch, bei dem er nach Injektion eines Stierhodenextraktes einen subjektiven Verjüngungseffekt an sich feststellen konnte.

1855 prägte BERNARD den Begriff der »inneren Sekretion« anhand von Untersuchungen, wonach die Leber Glucose an das Blut abgeben kann. 1869 beschrieb LANGERHANS die später nach ihm benannten Zellareale des endokrinen Pankreas. 1887 erkannten MINKOWSKI und VON MERING den Zusammenhang zwischen Bauchspeicheldrüse und Zuckerkrankheit.

1901 wurde Adrenalin als erstes Hormon in kristalliner Form gewonnen und 13 Jahre später synthetisch hergestellt.

1905 definierte STARLING am Beispiel des Sekretins den Begriff »Hormon«.

1922 erhielten BANTING und BEST den ersten Nobelpreis auf dem Gebiet der Endokrinologie für die Isolierung des Insulins.

1926–1935 war ein Höhepunkt der endokrinologischen Forschung, wobei das Interesse insbesondere den Sexualhormonen galt. In dieser Zeit gelang die Entdeckung von HCG, FSH, LH, PMSG, Östrogenen, Testosteron und Progesteron. Einige der bekanntesten Endokrinologen dieser Zeit sind: ASCHHEIM, BUTENANDT, COLE, DOISY und ZONDECK. Das erste oral wirksame Sexualsteroid (17 α-Ethinyl-Testosteron) wurde 1938 von INHOFFEN und HOHLWEG synthetisiert.

1935 definierte SELYE die Begriffe »Stressor« und »Stress« und begründete die Lehre vom »allgemeinen Adaptationssyndrom«. An Strukturaufklärung und Synthese der Nebennierenrindenhormone (1937–1952) waren REICHSTEIN, KENDALL und WINTERSTEINER wesentlich beteiligt.

Als erste Peptidhormone konnten Oxytocin und Vasopressin von DU VIGNEAUD 1955 isoliert und synthetisiert werden.

Zum Verständnis der molekularen Wirkungsweise der Hormone trugen die Untersuchungen von SUTHERLAND (1957) sowie CLEVER und KARLSON (1960) wesentlich bei.

Durch die Entwicklung empfindlicher und spezifischer Nachweismethoden (z. B. Radioimmunoassay) konnten bis dahin unbekannte Zusammenhänge zwischen endokrinen Organen und ihrer Steuerung aufgeklärt sowie weitere Hormone (Neuropeptide, Liberine, Statine etc.) entdeckt und teilweise bereits synthetisiert werden.

Tab. 71. Einteilung der Hormone nach ihrer chemischen Natur

Chemische Natur	Gruppenbezeichnung	Name des Hormons	Wichtigster Syntheseort
Steroidhormone	Glucocorticoide	Cortisol, Corticosteron	Nebennierenrinde
	Mineralocorticoide	Aldosteron	Nebennierenrinde
	Sexualsteroide	Gestagene, Androgene, Östrogene	Nebennierenrinde, Ovar, Testis, Placenta
	—	1,25 Dihydroxy-cholecalciferol	Niere
Von Aminosäuren abgeleitete Hormone	Katecholamine	Adrenalin	Nebennierenmark
		Noradrenalin, Dopamin	Nebennierenmark, Nervengewebe
	Indolderivate	Melatonin	Zirbeldrüse (Epiphyse)
		Serotonin	Nervengewebe, Mastzellen
	—	γ-Aminobuttersäure	Nervengewebe
	—	Histamin	Mastzellen
	Schilddrüsenhormone	Thyroxin, Trijodthyronin	Thyreoidea
Von Fettsäuren abgeleitete Hormone	Prostaglandine	PG E_2, PG F_2	versch. Gewebe
	Thromboxane	TX A_2, TX B_2	Thrombozyten
	Prostacycline	PG I_2	Gefäßwand
Peptid- bzw. Proteohormone	s. Tab. 73–75 und 77		

2. Klassifizierung der Hormone

Für analytische Fragestellungen und das Verständnis der Biosynthese ist die Einteilung der Hormone nach ihrer chemischen Struktur (s. Tab. 71) interessant. Sie läßt aber keine wesentlichen Schlüsse auf die biologische Funktion eines Hormons zu.

Aufgrund ihrer physiologischen Wirkungsweise können Hormone wie folgt eingeteilt werden:

▷ **Neurosekretorische Hormone** (s. Tab. 73 und 74) werden in spezialisierten Nervenzellen produziert, wobei Bildungsort und Wirkungsort voneinander entfernt sind. Die im Hypothalamus sezernierten Liberine und Statine wirken auf die Adenohypophyse, die in der Neurohypophyse gespeicherten Peptide auf verschiedene Organe.

▷ **Glanduläre Hormone** (s. Tab. 72, 73 und 75) werden in bestimmten Drüsen (Adenohypophyse, Placenta, endokrine Organe) produziert. Sie treten als glandotrope (Wirkung auf endokrine Organe) bzw. als peripher wirkende Hormone (Wirkung auf die Erfolgsorgane) auf.

▷ **Paramone** (Gewebshormone) werden in spezialisierten Zellen (vorwiegend im Magen-Darm-Trakt, s. Tab. 77) produziert und wirken auf die entweder in unmittelbarer Nähe befindlichen oder weiter entfernten Erfolgszellen.

▷ **Mediatorstoffe** (Mediatoren) wirken meist lokal in dem Gewebe, in dem sie produziert werden, auf benachbarte Zellen (z. B. Angiotensin, Kinine, Histamin, Serotonin, Prostaglandin).

3. Steroidhormone

Die gemeinsame chemische Vorstufe aller Steroide ist das Cholesterin mit dem Grundgerüst des Sterans (Cyklopentanoperhydrophenanthren). Durch Abspalten der Seitenkette und durch Einführung von Hydroxylgruppen entstehen die Steroidhormone, die nach der Anzahl der Kohlenstoffatome

Tab. 72. Übersicht über die wichtigsten glandulären Hormone

Drüse	Hormon	Wirkung
Thyreoidea	Thyroxin	erhöht Grundumsatz, steigert Wachstum und Entwicklung vieler Gewebe
	Calcitonin	senkt Calciumgehalt des Blutes
Parathyreoidea	Parathyrin (PTH)	erhöht Calciumgehalt des Blutes; mobilisiert Calcium und Phosphat aus dem Knochen; fördert Phosphatausscheidung in der Niere
Pankreas	Insulin	senkt Glucosegehalt des Blutes; fördert Glykolyse; hemmt Gluconeogenese; beeinflußt Protein- und Fettstoffwechsel
	Glucagon	erhöht Glucosegehalt des Blutes durch vermehrte Gluconeogenese und Glykogenolyse in der Leber
Nebennierenmark	Adrenalin	erhöht Glucosegehalt des Blutes durch vermehrte Glykogenolyse in der Leber; stimuliert Glykogenolyse in der Muskulatur
	Noradrenalin	steigert Herzkreislauf-Funktion; wirkt als Neurotransmitter
Nebennierenrinde	Glucocorticoide	erhöhen den Gehalt an Glucose, freien Fettsäuren und Aminosäuren im Blut; steigern Gluconeogenese; hemmen Glucoseverwertung; entzündungshemmender und antiallergischer Effekt
	Mineralocorticoide	regulieren Elektrolyt- und Wasserhaushalt
Ovar/Placenta	Relaxin	erweitert den Geburtskanal
	Östrogene (Östradiol)	Entwicklung der sekundären weiblichen Geschlechtsmerkmale; Proliferationsstadium des Endometriums
	Progesteron	Entwicklung der Milchdrüse; Sekretionsstadium des Endometriums
Testis	Androgene (Testosteron)	Entwicklung der sekundären männlichen Geschlechtsmerkmale; Einfluß auf Spermiogenese; anaboler Effekt
	Inhibin	hemmt FSH-Sekretion in der Adenohypophyse
Epiphyse	Melatonin	Gegenspieler des Melanotropins (MSH); beeinflußt Gonadotropinausschüttung
Thymus	Thymosin	stimuliert Proliferation von lymphoiden Zellen und Differenzierung der Lymphozyten; Antagonist zu Corticotropin und Gonadotropinen
Niere	1,25-Dihydroxycholecalciferol	fördert Resorption von Calcium und Phosphat im Dünndarm

in verschiedene Gruppen eingeteilt werden können (s. Abb. 253a): Gestagene und Corticosteroide (C 21); Androgene (C 19) und Östrogene (C 18).

Die Cholesterinbiosynthese geht von Acetyl-Coenzym A aus. Über die Zwischenstufen Mevalonsäure, Isopentenyldiphosphat (= »aktives Isopren«) und Squalen wird in mehreren Reaktionsschritten Cholesterin gebildet.

Beim Menschen werden täglich etwa 250 mg Cholesterin für die Synthese der Steroidhormone in Nebennierenrinde, Testes, Ovar und Placenta herangezogen. Wie aus Untersuchungen mit radioaktiv markiertem Cholesterin hervorgeht, stammen die in der Nebennierenrinde synthetisierten Steroide durchwegs aus dem Plasma-Cholesterin. Während des Zyklus stammen bei der Frau das Progesteron und seine Metaboliten etwa zu gleichen Teilen aus Plasma-Cholesterin und aus neu synthetisiertem Cholesterin.

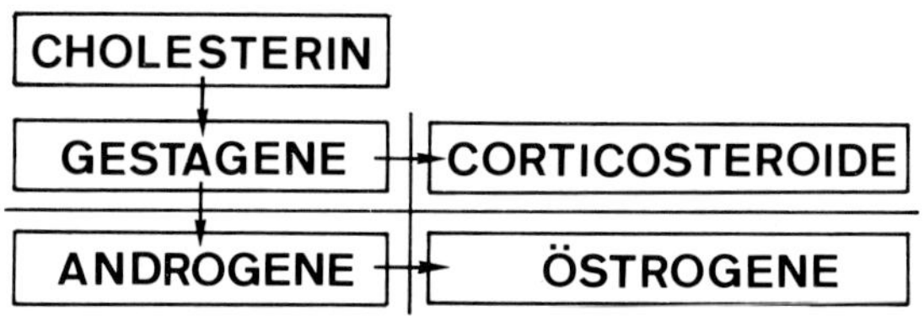

Abb. 253a. Gruppierung der Steroidhormone nach der Anzahl der Kohlenstoffatome

Im Cytoplasma der steroidproduzierenden Gewebe werden Cholesterin-Ester in Form von Lipid-Granula gespeichert. Nach Einwirken der entsprechenden glandotropen Hormone (z. B. ACTH, LH) wird Cholesterin aus den Granula freigesetzt, in die Mitochondrien transportiert und unter Beteiligung von Cytochrom P-450 zu Pregnenolon metabolisiert.

Vom Pregnenolon ausgehend werden dann Gestagene, Corticosteroide, Androgene und Östrogene gebildet (Abb. 253b).

Die einzelnen endokrinen Gewebe besitzen jeweils eine spezifische Ausstattung von steroidumwandelnden Enzymen und sind daher zu einer unterschiedlichen Biosynthese von Steroidhormo-

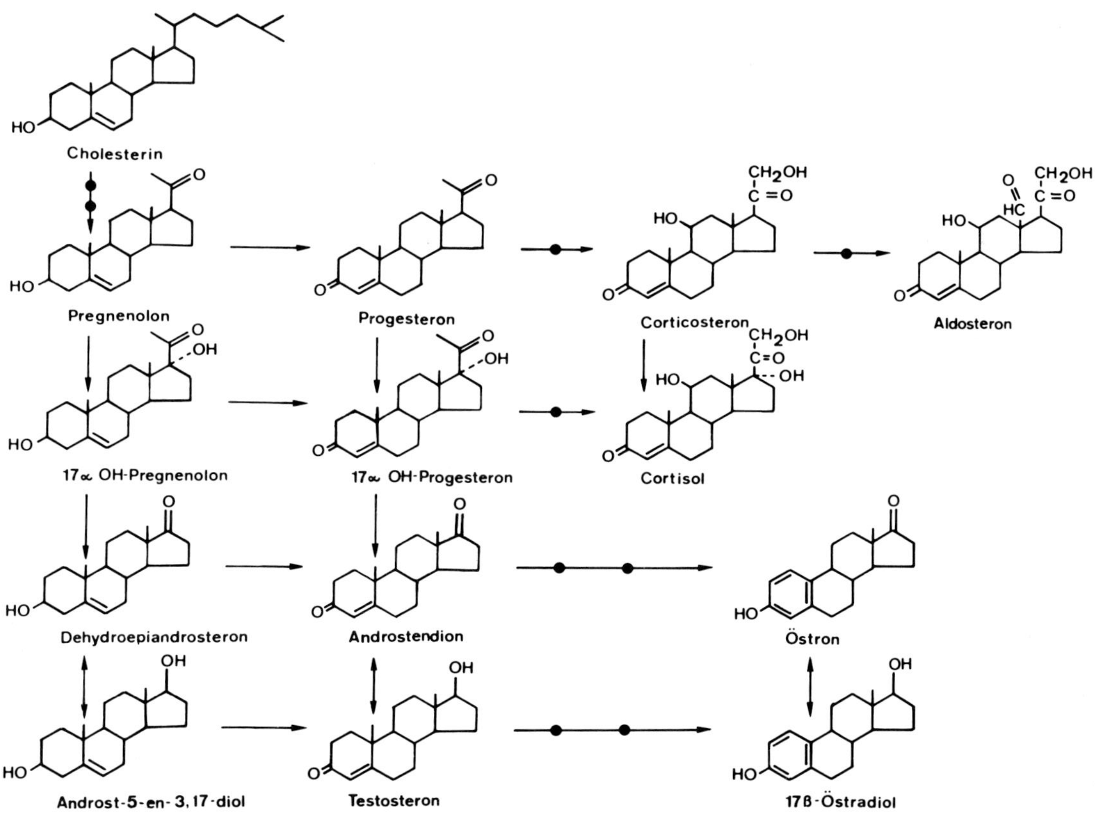

Abb. 253b. Biosynthese der wichtigsten Steroidhormone

nen befähigt. Darüber hinaus existieren auch tierartliche Unterschiede der Biosynthese in gleichartigen Drüsen (siehe Nebennierenrinde S. 461 und Gonaden S. 463).

Die steroidhormonproduzierenden Gewebe beeinflussen einander synergistisch, antagonistisch oder permissiv. Die Wirkung kann als Hemmung der Gonadotropinbildung, als Einfluß auf die Umwandlung von Vorstufen in wirksame Hormone oder als Konkurrenz um einen gemeinsamen Rezeptor auftreten. Gestagene z. B. wirken als natürliche Antiöstrogene, indem sie die Gonadotropin-Sekretion hemmen und zusätzlich die Synthese von Östradiol-Rezeptoren unterbinden. Corticoide und Östrogene wiederum hemmen die Androgenbiosynthese. Synthetische Progesteronderivate (Cyproteron, Cyproteronacetat) wirken antiandrogen, da sie die Androgen-Rezeptoren in den Zielorganen der Androgene besetzen.

Im Blut werden die Steroide zum überwiegenden Teil an Plasmaproteine (Albumin, Globuline) gebunden transportiert. Diese Plasmarezeptoren (z. B. Albumin, Transcortin, sexhormonbindendes Globulin) schützen die im Blut zirkulierenden Steroide vor den inaktivierenden Enzymen im Blut bzw. in den Organen und erhöhen dadurch die biologische Halbwertszeit der Steroide. Zusätzlich wird durch die Konkurrenz der Plasmarezeptoren und der intrazellulären Rezeptoren um die Steroidmoleküle die Konzentration der Steroide innerhalb der Zelle reguliert. Im Gegensatz zu den intrazellulären Rezeptoren weisen die Plasmarezeptoren nur eine niedrige Affinität zu den Steroiden auf, kommen aber in hoher Konzentration im Blut vor.

Für die Geschwindigkeit der Inaktivierung von Steroidhormonen ist das Ausmaß der Bindung an Plasmaproteine (Bindungsproteine) maßgebend. Je höher der Anteil an protein-gebundenem Hormon im Blut ist, desto kleiner ist die Chance, daß es in den Organen enzymatisch umgewandelt und damit inaktiviert wird. Die Inaktivierung der Steroide (z. B. durch Konjugation mit Glucuronsäure) erfolgt hauptsächlich in der Leber, aber auch in anderen Geweben (Niere, Lunge, Gonaden u. a.). Steroidglucuronide sind gut wasserlöslich und werden mit dem Harn ausgeschieden.

4. Peptid- und Proteohormone

Die Biosynthese der Peptid- und Proteohormone verläuft nach dem allgemeinen Schema der Synthese von exkretorischen Proteinen: Generell wird an den Polysomen im Cytoplasma der spezifischen (hormonproduzierenden) Zellen zuerst ein Prä-Pro-Hormon gebildet, aus dem dann nach dem Transport in die entsprechenden Zellorganellen (insbesondere Golgi-Komplex) durch Peptidasen das Pro-Hormon abgespalten wird. Dieses wird entweder ins Blut abgegeben (z. B. Angiotensinogen, Bradykininogen) oder in Form von Sekretionsgranula im Cytoplasma der hormonproduzierenden Zellen gespeichert (z. B. Pro-Opiomelanocortin, -Somatostatin, -Parathyrin, -Insulin, -Glucagon, -Gastrin).

Bei Bedarf werden die aktiven Hormone aus diesen Vorstufen durch spezifische Enzyme im Blut bzw. in den intrazellulären Sekretgranula abgespalten. Im letzteren Fall werden die aktiven Hormone dann durch merokrine Extrusion aus der Drüsenzelle ausgeschleust.

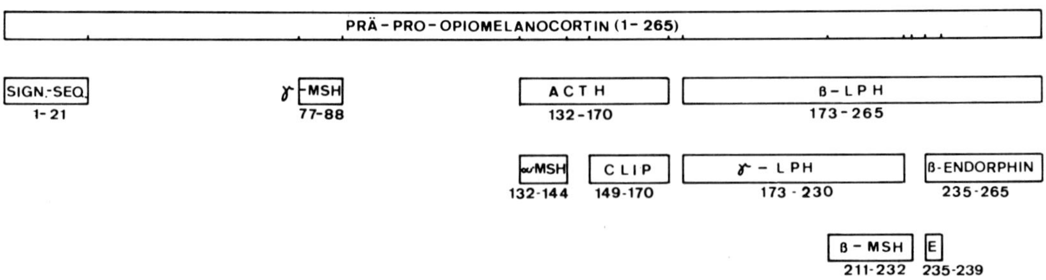

Abb. 254. Lokalisation verschiedener hormonwirksamer Peptide in der Aminosäuresequenz des Prä-Pro-Opiomelanocortins.

SIGN.-SEQ. = Signalsequenz, **ACTH** = adrenocorticotropes Hormon = Corticotropin, **LPH** = lipotropes Hormon = β-Lipotropin, **MSH** = Melanozyten stimulierendes Hormon = Melanotropin, **CLIP** = Corticotrophin-like intermediate lobe peptide, **E** = Enkephalin

Tab. 73. Peptid- und Proteohormone (Erklärungen der Abkürzungen s. Tab. 74, 75 und 77)

Syntheseort	Name bzw. Abkürzung und Anzahl der Aminosäuren (...)
Hypothalamus	TRH (3), Gn-RH (10), GIH (14), MRF (5), MIF (3), CRF (?), PRF (?), PIF (?), GRF (?) α- (16), β- (31), γ-Endorphin (17) Enkephalin (5), Substanz P (11), Neurotensin (13), ACTH 4–10 (7)
Hypophyse	ACTH (39), PRL (198), STH (191), TSH (209), LH (215), FSH (204), β-LPH (90) γ-LPH (58), α-MSH (13), β-MSH (18), γ-MSH (12) Oxytocin (9), Adiuretin-Vasopressin (9)
Thyreoidea	Calcitonin (32)
Parathyreoidea	Parathyrin (84)
Pankreas	Insulin (51), Glucagon (29), Pankreas-Polypeptid (36), Somatostatin (14)
Magen-Darm-Trakt	Gastrin (17), Sekretin (27), Pankreozymin (33), GIP (43), VIP (28), Motilin (22), GLI (?), Substanz P (11), Neurotensin (13), Somatostatin (14), Enkephalin (5)
Leber	Somatomedin-A (60), -B (44), -C (?), Angiotensinogen (?), Kininogen (?)
Blut	Angiotensin (8), Bradykinin (9)
Niere	Erythropoietin (?)
Hoden	Inhibin (137), Anti-Müllergang-Hormon (?)
Ovar	Relaxin (48)
Placenta	Chorion-Gonadotropin (240), Pregnant mare serum gonadotropin (?), Placental lactogen (190), Relaxin (48)

Am Beispiel der Biosynthese des ACTH soll das Prinzip der größeren aber inaktiven Hormonvorstufen erläutert werden. Wie in Abbildung 254 dargestellt ist, besteht eine gemeinsame Vorstufe, das Prä-Pro-Opiomelanocortin, bei der Biosynthese von ACTH, Lipotropin, Melanotropin und Endorphinen. Dieses Protein stellt eventuell eine Speicherform für die Hormone dar, die bei Streß rasch freigesetzt werden müssen.

Die Sekretion der Peptid- und Proteohormone erfolgt teilweise unabhängig von der Biosynthese, da ein hoher Prozentsatz der Gesamtmenge in gespeicherter Form vorliegt. Dabei wird zuerst das bereits gespeicherte Hormon aus der Zelle freigesetzt und dann erst mit der Neusynthese begonnen. Die im Blut zirkulierenden Hormone werden innerhalb kurzer Zeit (Halbwertszeit ca. 20 min) durch Peptidasen inaktiviert bzw. abgebaut und über die Niere ausgeschieden.

Für die biologische und immunologische Aktivität des Moleküls sind bei den Peptid- und Proteohormonen unterschiedliche Abschnitte der Polypeptidkette verantwortlich. So genügt z. B. beim ACTH (39 Aminosäuren) die Sequenz 1–24 für die volle biologische Aktivität, während für die immunologische Aktivität das ganze Molekül erforderlich ist. Doch können Hormone mit unterschiedlicher biologischer Aktivität in einem bestimmten Bereich eine gemeinsame Struktur aufweisen: So sind die ersten 13 Aminosäuren des ACTH identisch mit denen des α-MSH (Melanotropin, s. d.).

Die Primärstruktur von Proteinen ist genetisch festgelegt und somit die Ursache für die ausgeprägte Speziesspezifität vieler Peptid- und Proteohormone. Tiere, denen Peptidhormone einer anderen Spezies über einen längeren Zeitraum verabreicht werden, bilden Antikörper gegen dieses Hormon aus. Durch die Bindung an den Antikörper wird die Wirkung des applizierten Hormons verringert oder neutralisiert. Aufgrund dieser Speziesunterschiede der Peptid- und Proteohormone ist die quantitative Bestimmung mit Hilfe des Radioimmunoassays noch nicht für alle Hormone in der Veterinärmedizin möglich.

Von den meisten bisher beschriebenen Peptid- und Proteohormonen ist die Primärstruktur bekannt (Tab. 73). Wie die Erfahrungen der letzten Jahre gezeigt haben, ist aber aufgrund der verbesserten Analysenverfahren mit der Entdeckung weiterer Peptid- und Proteohormone zu rechnen.

Die Synthese vieler Peptidhormone ist bereits im Laboratorium gelungen. Seit kurzem ist es auch mittels Gentechnologie möglich, hormonspezifische mRNA als Vorlage für die Transkription in komplementäre DNA zu verwenden. Diese neugewonnene DNA-Information kann dann in Plasmide eingebaut und damit in Bakterien spezifisch zur Expression gebracht werden. Zur Zeit gibt es sogar Patente für die bakterielle Synthese von Insulin, Somatostatin, Somatotropin und Prolaktin.

5. Molekulare Wirkungsweise der Hormone

Die Hormone werden in den Erfolgsorganen an spezifische Rezeptoren gebunden und können dadurch verschiedene Stoffwechselreaktionen steuern.

Vereinfachend kann man zwei verschiedene Arten der Hormonwirkung unterscheiden:

▷ Hormone, die von einem Rezeptor an der Zelloberfläche (Zellmembran) erkannt werden und die Adenylat-Cyclase aktivieren;
▷ Hormone, die in die Zelle eindringen, sich zuerst im Cytosol und dann im Zellkern mit spezifischen Rezeptoren verbinden und so die Genaktivität kontrollieren.

a. Aktivierung der Adenylat-Cyclase

Die Modellvorstellung des cAMP als »2. Bote« wurde am Beispiel der Wirkung von Adrenalin auf die Glykogenolyse in der Leberzelle entwickelt. Adrenalin als »1. Bote« wird am Rezeptor der Zellmembran gebunden und verursacht dadurch eine Aktivierung des Adenylat-Cyclase-Systems. Dieses Enzym wandelt ATP in cAMP um, das nun innerhalb der Zelle als »2. Bote« wirkt. cAMP aktiviert (allosterisch) eine Proteinkinase, die über eine Kette von Enzym-Interkonversionen die Glykogensynthese hemmt und die Glykogenolyse steigert (Abb. 262).

Das Adenylat-Cyclase-System besteht aus dem Rezeptor, den Regulatorproteinen und der Adenylat-Cyclase. Das Regulatorprotein bindet Guanosintriphosphat (GTP) und aktiviert dadurch die Adenylat-Cyclase. Weiters sind membrangebundene Lipide sowie Magnesiumionen erforderlich.

Das Adenylat-Cyclase-System wirkt wie ein Verstärker, wobei es innerhalb der Zelle sehr rasch zu einer vorübergehenden Aktivierung der vorhandenen Enzyme kommt. Demgegenüber würde eine Regulation der Stoffwechselaktivität durch Enzyminduktion (also durch Neubildung von Enzymproteinen) wesentlich länger dauern.

Mit der Aktivierung der Adenylat-Cyclase und der Synthese des cAMP geht allerdings ein Teil der Hormonspezifität verloren. Die Fettgewebszellen besitzen z. B. Rezeptoren für Corticotropin, Adrenalin, Glucagon, Sekretin, Thyrotropin, Lutropin und Insulin. Alle genannten Hormone (mit Ausnahme des Insulins) stimulieren das Adenylat-Cyclase-System und können daher innerhalb der Zelle nur die gleiche Wirkung ausüben (indem eben die cAMP-Konzentration erhöht wird).

Manche Hormone (z. B. Insulin) hemmen die Adenylat-Cyclase, sobald sie sich mit den entsprechenden Rezeptoren verbunden haben, und wirken so als Antagonisten der stimulierenden Hormone.

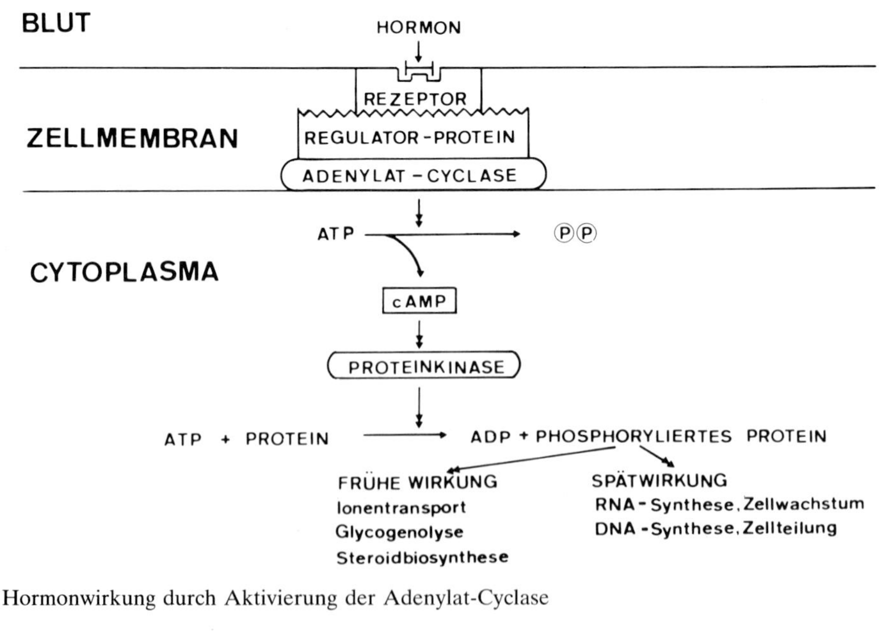

Abb. 255. Hormonwirkung durch Aktivierung der Adenylat-Cyclase

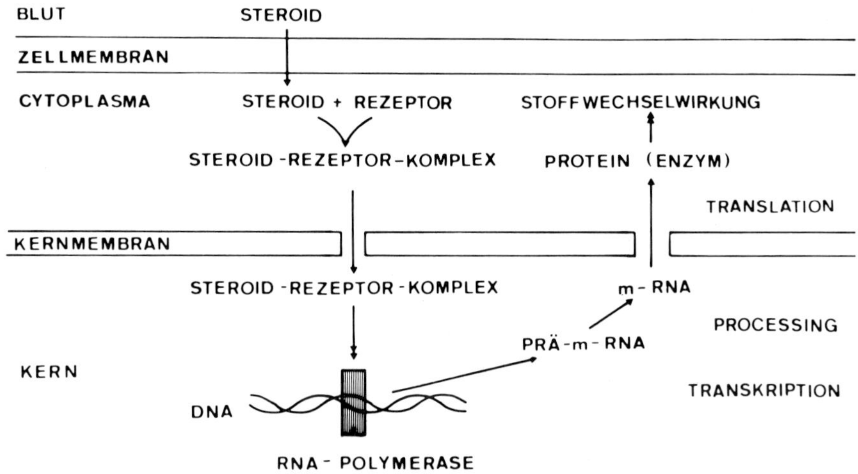

Abb. 256. Hormonwirkung durch Aktivierung spezifischer Gene

b. Aktivierung spezifischer Gene

Alle Steroidhormone und eventuell auch die Schilddrüsenhormone wirken erst nach ihrer Bindung an intrazelluläre Rezeptoren. Aufgrund ihrer schlechten Wasserlöslichkeit sind diese Hormone im Blut an Transport-Proteine locker gebunden, so daß sie bei Bedarf leicht abgegeben werden können. Innerhalb der Zelle werden die Hormone an einen Cytosol-Rezeptor gebunden, der dadurch in seiner Konformation geändert wird und somit in den Zellkern eingeschleust werden kann.

Im Zellkern wirkt der Hormon-Rezeptor-Komplex auf die DNA, indem er die Transkription bestimmter Gene aktiviert. Die daraufhin synthetisierte Prä-Messenger-RNA wird noch im Zellkern modifiziert, gelangt dann ins Cytosol und verbindet sich mit den ribosomalen Untereinheiten. Dadurch sind die Voraussetzungen für die Translation der Basensequenz in die Aminosäurensequenz der spezifischen Proteine gegeben. So können z.B. Corticosteroide die Synthese der Schlüsselenzyme der Gluconeogenese und des Aminosäurestoffwechsels in der Leber stimulieren.

Für die Wirkung der Steroidhormone wird also eine Kontrolle der Transkription angenommen. Bei Prokaryonten erfolgt die Enzyminduktion nach dem Modell von Jacob und Monod durch Wechselwirkung des Substrates mit dem Repressor. Da aber bei Eukaryonten solche Repressoren noch nicht nachgewiesen wurden, nimmt man an, daß die Regulation der Transkription nach einem komplizierteren Schema abläuft (s. Abschn. II. A, S. 10). Prinzipiell ist eine negative Kontrolle durch Entfernung eines hemmenden Proteins bzw. eine positive Kontrolle durch spezifische Aktivierung der Transkription mittels Stimulierung der RNA-Polymerase denkbar.

6. Regulationsmechanismen

Vor allem das Endokrinium und das Nervensystem sind an der Aufrechterhaltung des Fließgleichgewichtes der Stoffwechselvorgänge im lebenden Organismus beteiligt.

Diese beiden Regulationssysteme sind miteinander eng verknüpft und stellen eine funktionelle Einheit dar. Der Hypothalamus wirkt dabei als Vermittler zwischen den nervalen Impulsen und den endokrinen Signalen. Obwohl selbst ein Teil des Zentralnervensystems, wirkt er gleichzeitig auch als endokrine Drüse.

Die unterschiedlichen Funktionsebenen des neuroendokrinen Regulationssystems sind durch Rückkopplungsmechanismen miteinander verbunden: So wirken die von der peripheren Drüse produzierten Hormone steuernd auf die Funktion des Hypothalamus und der Hypophyse.

Diese Rückkopplungsmechanismen werden auch als Regelkreise aufgefaßt, die horizontal oder vertikal korreliert sein können. Horizontal korreliert ist z.B. die Regulation des Kohlenhydratstoffwechsels, die durch die Hormone Insulin, Glucagon, Somatotropin, Glucocorticoide, Adrenalin und Schilddrüsenhormone erfolgt. Die gemeinsame Regelgröße ist die Konzentration der Glucose im Blut.

Eine vertikale Korrelation der Regelkreise besteht z. B. bei der funktionellen Verknüpfung von Hypothalamus — Adenohypophyse — Gonaden, Schilddrüse, Nebennierenrinde. Als Regler wirkt dabei die Funktionseinheit Hypothalamus und Adenohypophyse, die mittels Sekretion von glandotropen Hormonen (Tropine) die Konzentration der Steroidhormone (die von den peripheren endokrinen Drüsen produziert werden) reguliert.

Die Rückkopplung kann als Einwirken der Liberine und Tropine auf ihre eigene Biosynthese bzw. Sekretion (ultrakurze Rückkopplung), als Wirkung der Tropine auf die Sekretion der Liberine (kurze Rückkopplung) bzw. als Beeinflussung der Biosynthese und Sekretion der Liberine und Tropine durch die Steroidhormone (lange Rückkopplung) stattfinden.

Die von den peripheren endokrinen Drüsen produzierten Hormone üben den stärksten Einfluß aus. Sie wirken nicht nur auf den Hypothalamus und die Hypophyse, sondern auch auf das limbische System und das Mittelhirn.

Ein Konzentrationsanstieg der von den peripheren Drüsen gebildeten Hormone bewirkt über entsprechende Rezeptoren im Hypothalamus und in der Adenohypophyse, daß die Sekretion der glandotropen Hormone gehemmt wird (negative Rückkopplung = Feedback).

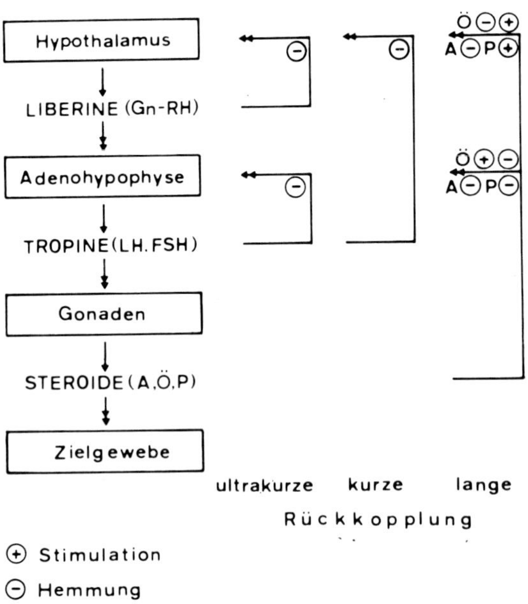

Abb. 257. Regulationsmechanismen der Hypothalamus-Hypophysen-Gonaden-Achse.

A = Androgene, **Ö** = Östrogene, **P** = Progesteron, **Gn-RH** = Gonadoliberin, **LH** = Luteinisierungshormon, **FSH** = Follikel stimulierendes Hormon

Eine positive Rückkopplung wurde für das System Hypothalamus — Adenohypophyse — Ovar beschrieben, das für den zur Ovulation führenden Gonadotropinanstieg während des Zyklus verantwortlich ist. Der Regelkreis wird jedoch sofort wieder unterbrochen, sobald der ovulierte Follikel in einen Gelbkörper umgewandelt wird.

Eine Überfunktion der peripheren Drüse infolge autonomer Tumoren bzw. aufgrund exogen zugeführter Gonadotropine resultiert in einer erhöhten Steroidhormonkonzentration im Blut, die wiederum (ebenso wie exogen zugeführte Steroide) über eine negative Rückkopplung eine Unterfunktion des Hypothalamus-Hypophysen-Systems verursacht. Hingegen führt eine Unterfunktion der peripheren Drüse zu einer kompensatorischen Überfunktion des Zentrums.

Bei der Betrachtung der Funktionsweise von Regelkreisen ist wesentlich, daß man ihr »dynamisches Schwingungsverhalten« berücksichtigt (s. a. Abschn. II. C, S. 20). Das heißt, daß bei einer Störung des hormonellen Gleichgewichtes die Ausgangslage erst nach Überkompensation und mehrmals wiederholter Gegenregulation wieder erreicht wird. Die Anpassung des Organismus an entwicklungsbedingte Veränderungen (Pubertät, Alter) sowie an Einflüsse der Umwelt (Stressoren, exogene Hormonzufuhr) ist beispielhaft für derartige Regulationsprozesse, die schließlich dazu führen, daß das hormonelle Gleichgewicht auf einer anderen Konzentrationsstufe als vorher eingestellt wird.

Da die Hormonsekretion nicht kontinuierlich erfolgt, wirkt sie damit als ein Signal für die Steuerung des Stoffwechsels: In unregelmäßigen Zeitabständen nimmt die Konzentration im Blut zu und dann wieder ab. Aus der Höhe und Häufigkeit (Amplitude und Frequenz) dieses Hormonanstieges resultiert eine bestimmte Hormonkonzentration im Blut, die auch von der biologischen Halbwertszeit des Hormones abhängt.

Für verschiedene Hormone wurden circadiane und circannuale Rhythmen nachgewiesen. Eine deutliche Jahresrhythmik weist z. B. die Sekretion des Prolactins bei Wiederkäuern auf, wobei im Frühjahr und Sommer hohe, im Herbst und Winter aber niedrige Prolactinkonzentrationen auftreten. Die Gonadotropinsekretion unterliegt insbesondere bei den Nagetieren einer deutlichen Tagesrhythmik, bei der die Zirbeldrüse eine wichtige Rolle spielt. Auch die Fortpflanzungsaktivität verschiedener landwirtschaftlicher Nutztiere hängt von einem Licht-Dunkel-Rhythmus ab.

7. Nachweismethoden

a. Biologische Methoden

Für die Bestimmung der biologischen Aktivität von Hormonen haben die biologischen Methoden trotz ihrer Nachteile (relativ unempfindlich, sehr aufwendig) noch immer große Bedeutung.

Die Wirkung des verabreichten Hormons wird entweder quantitativ am Testobjekt gemessen oder qualitativ als Reaktionseintritt bestimmt. Der Vergleich der Aktivität erfolgt dann zwischen der unbekannten Probe und einem Hormonstandard, wobei eine Dosis-Wirkungs-Kurve ermittelt wird. Um die in verschiedenen Labors erarbeiteten Resultate miteinander vergleichen zu können, wurden von der Weltgesundheitsorganisation die Herstellung internationaler Standardpräparate veranlaßt und internationale Einheiten festgelegt.

Bedingt durch die biologische und methodische Variabilität der Ergebnisse müssen bei biologischen Methoden unbedingt statistische Auswertungen der Analysendaten erfolgen und dabei Vertrauensgrenzen festgelegt werden.

b. Chemisch-physikalische Methoden

Steroidhormone wurden lange Zeit mittels photometrischer (Kolorimetrie, Fluorimetrie) oder gaschromatographischer Analyse bestimmt (Flammenionisations-, Elektroneneinfangdetektor).

Die Gaschromatographie ist insbesondere in Kombination mit der Massenspektrometrie auch heute noch für bestimmte Forschungsvorhaben (z. B., wenn gleichzeitig mehrere Steroide erfaßt werden sollen) die Methode der Wahl.

c. Immunologische Methoden: Radioimmunoassay (RIA), Enzymimmunoassay (EIA), Radiorezeptorassay (RRA)

Für den routinemäßigen Nachweis von Steroidhormonen, die in Körperflüssigkeiten nur in geringen Konzentrationen vorkommen, haben sich im letzten Jahrzehnt nur die immunologischen Methoden durchgesetzt.

Sie basieren auf der hochspezifischen Antigen-Antikörper-Reaktion, die auch *in vitro* bei Inkubation eines Hormones mit einem spezifischen Antikörper stattfindet.

Das grundlegende Prinzip soll kurz am Beispiel eines RIA erläutert werden (Abb. 258): Das radioaktiv markierte, zugegebene Hormon und das aus der Probe stammende, nicht markierte Hormon

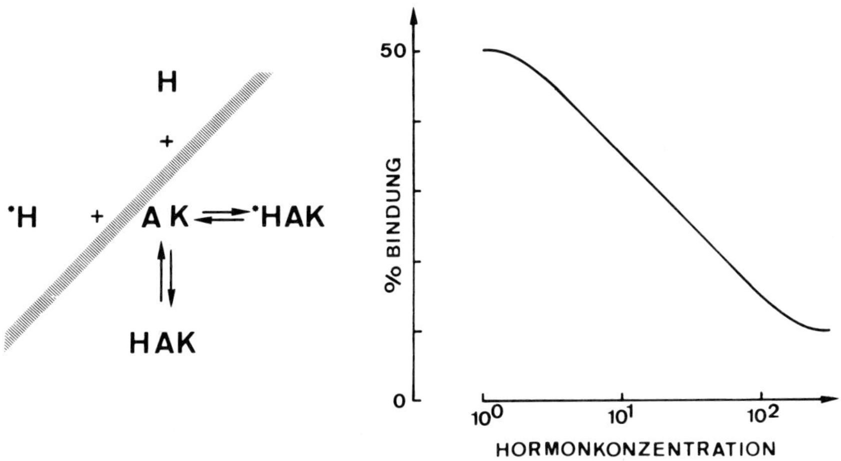

Abb. 258. Schema des Prinzips und der Auswertung eines Radioimmunoassays.

H = Hormon, ***H** = Radioaktiv markiertes Hormon, **AK** = Antikörper, **HAK** bzw. ***HAK** = Hormon-Antikörper-Komplex,

$$\textbf{\% Bindung} = \frac{*HAK}{*H + *HAK} \cdot 100$$

Tab. 74. Neurosekretorische Hormone

Neuere Bezeichnung	Abkürzung	Anzahl der Aminosäuren	Frühere (bzw. noch übliche) Bezeichnung
a) Hypothalamus:			
Gonadoliberin	Gn-RH (LH-RH)	10	Gonadotropin-releasing-hormone, Luteinisierungshormone-RH
Corticoliberin	CRF	?	Corticotropin-releasing-factor
Thyreoliberin	TRH	3	Thyreotropin-releasing-hormone
Somatoliberin	GRF	?	Somatotropin-releasing-factor; Growth hormone-RF
Somatostatin	GIH	14	Somatotropin-release-inhibiting hormone; Growth-hormone-release-IH
Prolactoliberin	PRF	?	Prolactin-releasing-factor
Prolactostatin	PIF	?	Prolactin-release-inhibiting-factor
Melanoliberin	MRF	5	Melanotropin-releasing-factor
Melanostatin	MIF	3	Melanotropin-release-inhibiting-factor
b) Neurohypophyse (Hypophysenhinterlappen):			
Adiuretin (= ADH) = Vasopressin		9	
Oxytocin		9	

die unter die Nierenkapsel (gute Blutversorgung) verpflanzt wurden, mehr Prolactin sezernierten als an ihrer ursprünglichen Lokalisation. Bei gleichzeitiger Transplantation von Hypothalamus-Segmenten unter die Nierenkapsel war dieser Effekt nicht mehr zu beobachten. Daraus schloß man, daß der Hypothalamus Substanzen produziert, die die Prolactinsekretion in der Adenohypophyse hemmen.

Melanoliberin (MRF), Melanostatin (MIF)

Melanoliberin fördert, Melanostatin hemmt die Sekretion von Melanotropin. Auch Dopamin hemmt die Freisetzung von Melanotropin in der Hypophyse. Weitere Einflüsse üben der Tag-Nacht-Rhythmus, verschiedene Stressoren und die Temperatur aus.

2. Neurohypophyse

Die anatomische Verbindung zwischen dem Hypothalamus und der Neurohypophyse beruht darauf, daß sekretorische Neurone, die in den Kerngebieten des Hypothalamus entspringen, durch den Hypophysenstiel bis in den Bereich der Neurohypophyse (Hypophysenhinterlappen = HHL) reichen, wo sie in der Nähe von Blutgefäßen enden.

Die Neurosekrete der Zellen des im Hypothalamus gelegenen Nucleus supraopticus (Adiuretin) und Nucleus paraventricularis (Oxytocin) werden an Proteine (Neurophysin I bzw. II) gebunden und als Granula mit einer Geschwindigkeit von ca. 5 mm/h entlang den Nervenfasern in die Neurohypophyse transportiert. Dort werden sie solange gespeichert, bis ein entsprechendes nerval übermitteltes Signal zur Abspaltung vom Trägerprotein und damit zur Freisetzung in den Blutkreislauf eintrifft.

Die beiden Nonapeptide Oxytocin und Adiuretin unterscheiden sich voneinander nur durch die Aminosäuren in der Position 3 bzw. 8 (Ile statt Phe bzw. Leu statt Arg).

Oxytocin

Der Name leitet sich aus dem Griechischen ab und bedeutet »rasche Geburt«. Oxytocin bewirkt das »Einschießen« der Milch und verstärkte Kontraktionsaktivität der Uterusmuskulatur. Eine mechanische Stimulierung der Zitzen bzw. des weiblichen Genitaltraktes führt über einen neurohumoralen Reflexbogen zur vermehrten Freisetzung von Oxytocin. Über bedingte Reflexe steigert bereits die Vorbereitung des Euters (z. B. »Anrüsten«) beim Rind die Milchejektion, während Schreck oder Schmerz sie hemmen (s. Abschn. Laktation).

Mit gegenläufiger Wirkung beeinflussen Östrogene und Progesteron die Reaktion der Uterusmuskulatur auf endogen freigesetztes bzw. exogen zugeführtes Oxytocin: Durch Progesteron wird das Membranpotential der Myometriumzellen so lange erhöht, bis nur mehr selten Aktionspotentiale auftreten. Aufgrund dieses erhöhten Schwellenwertes ist nun die Ansprechbarkeit auf Oxytocin erniedrigt. Diese »Progesteronsperre« ist für die Erhaltung der Gravidität wichtig und muß vor der Auslösung der Geburt aufgehoben werden.

Mit dem einige Tage vor der Geburt stattfindenden Absinken des Progesterongehaltes und Ansteigen der Östrogenkonzentration im Blut wird die Uterusmuskulatur wieder vermehrt ansprechbar auf Oxytocin.

Adiuretin (Antidiuretisches Hormon = ADH) = Vasopressin

Bei den Säugetieren ist die Wirkung des Adiuretins auf die Harnausscheidung ausgeprägter als die gefäßkontrahierende Wirkung, die nur bei unphysiologisch hohen Dosen zu beobachten ist. Die Freisetzung von Adiuretin hängt unmittelbar mit dem Wasserhaushalt des Organismus zusammen, wobei angenommen wird, daß die entsprechenden Osmorezeptoren im Hypothalamus lokalisiert sind. Nach Entwässerung des Organismus bzw. nach Injektion einer hypertonen Elektrolytlösung in die Hypothalamus-Arterie wird vermehrt Adiuretin sezerniert und dadurch in der Niere mehr Wasser aus dem Glomerulumfiltrat rückresorbiert. Dementsprechend wird weniger Harn ausgeschieden. Barbiturate, Nikotin und Schmerz fördern die Adiuretinsekretion und verringern dadurch die Harnausscheidung. Der vermehrte Harndrang nach Alkoholkonsum hingegen ist auf eine Hemmung der Adiuretinsekretion zurückzuführen. Zusätzlich stimuliert auch das bei absinkendem Blutvolumen aktivierte Renin-Angiotensin-System über die vermehrte Produktion von Angiotensin die Adiuretinsekretion. Durch das Zusammenspiel von Neurohypophyse und Nieren wird somit in Form der Abgabe eines hyper- oder hypotonen Harnes das Verhältnis von Wasser zu Salzen im Organismus in den vorgegebenen Grenzen gehalten.

Ein Mangel an Adiuretin führt zum Diabetes insipidus, der bei Hund, Katze und Pferd häufiger als bei anderen Tierarten beobachtet wird. Es wird vermehrt Harn mit niedrigem spezifischen Gewicht ausgeschieden, und dies bedingt wiederum eine vermehrte Wasseraufnahme.

3. Adenohypophyse (Hypophysenvorderlappen = HVL)

Die Hormone der Adenohypophyse sind Peptid- bzw. Proteohormone (s. Tab. 75). Sie werden in verschiedenen Zellarten produziert, die histochemisch und elektronenmikroskopisch unterschieden werden können. Histochemisch unterscheidet man acidophile, basophile und nicht anfärbbare Zellen. STH und PRL werden in den acidophilen Zellen; ACTH, TSH, FSH, LH, LPH und MSH in den basophilen Zellen produziert. Nicht anfärbbare Zellarten werden als Vorstufen oder inaktive Formen angesehen. Die Morphologie der Zellen der Adenohypophyse kann bei den Säugetieren durch jahreszeitliche Einflüsse, Geschlechtsreife und andere physiologische Vorgänge verändert werden.

Von den Hormonen der Adenohypophyse wirken ACTH, TSH, LH und FSH indirekt, indem eine endokrine Drüse zur Produktion von Hormonen stimuliert wird (glandotrope Hormone). Die übrigen Hormone (PRL, STH, LPH und MSH) wirken direkt auf die entsprechenden Gewebe (histotrope Hormone).

a. Glandotrope Hormone

Synthese und Freisetzung der glandotropen Hormone werden primär durch die entsprechenden im Hypothalamus sezernierten Liberine und Statine gesteuert. Aufgrund des Einwirkens der glandotropen Hormone werden in den peripheren endokrinen Drüsen Hormone produziert (Steroide, Thyroxin), die wiederum sowohl den Hypothalamus als auch die Adenohypophyse beeinflussen: Sinkt die Konzentration von Steroiden bzw. Thyroxin im Blut ab, so werden zuerst vermehrt Tropine aus den Zellen der Adenohypophyse sezerniert und in weiterer Folge die Synthese der Tropine gesteigert.

Corticotropin (ACTH = Adrenocorticotropes Hormon)

Von den 39 Aminosäuren des ACTH sind nur die ersten 24 für die biologische Wirksamkeit verantwortlich. Bei Rind, Schaf, Schwein und Mensch sind die ersten 27 und die letzten 7 Aminosäuren identisch. Die immunologische Spezifität des

Tab. 75. Hormone der Adenohypophyse

Hormon	Anzahl der Aminosäuren	Wirkungsort	Wirkung
1. Glandotrope Hormone:			
a) Corticotropin (adrenocorticotropes Hormon = ACTH)	39	Nebennierenrinde	Gluco- und Mineralocorticoide
b) Thyreotropin (thyreotropes Hormon = TSH)	209	Schilddrüse	Thyroxin und Trijodthyronin
c) Follitropin (follikelstimulierendes Hormon = FSH)	204	Gonaden	Wachstum der Ovarfollikel, Spermatogenese. Follikelreifung und ovarielle Östrogensekretion
d) Lutropin (luteinisierendes Hormon = LH; interstitial cell stimulating hormone = ICSH)	215	Gonaden	Ovulation, Gelbkörperbildung; Androgensekretion
2. Histotrope Hormone			
a) Prolactin (lactotropes Hormon, luteotropes Hormon = LTH; Mammotropin)	198		Lactogenese, Galactopoese, Gelbkörperfunktion bei einigen Tierarten
b) Somatotropin (somatotropes Hormon = STH)	191		Proteinsynthese, Abbau der Fettdepots, Wachstum, Differenzierung
c) β-Lipotropin (lipotropes Hormon = LPH)	β 90 γ 58		Mobilisierung der Fettdepots
d) Melanotropin (Melanozyten stimulierendes Hormon = MSH)	α 13 β 22 γ 12		Verteilung der Melaningranula in den Melanozyten; Wachstum und Entwicklung des Fetus

ACTH und seine Biosynthese aus Prä-Pro-Opiomelanocortin wurde bereits im Abschnitt A.4 (Abb. 254) beschrieben.

ACTH stimuliert die Zona fasciculata der Nebennierenrinde zur vermehrten Synthese von Glucocorticoiden. Die Sekretion von Mineralocorticoiden (die vom Renin-Angiotensin-Aldosteron-System geregelt wird, s. Abb. 261) wird nur indirekt beeinflußt, indem ACTH die Umwandlung von Cholesterin in Pregnenolon fördert.

Eine erhöhte Konzentration von Glucocorticoiden im Blut hemmt in Form einer negativen Rückkopplung die Freisetzung von Corticoliberin im Hypothalamus und reduziert damit die Synthese und Freisetzung von ACTH. Allerdings kann auch unabhängig von der Cortisolkonzentration über neurale Impulse eine Stimulierung der Corticoliberinsekretion stattfinden, die insbesondere bei Streß eine rasche Erhöhung der ACTH- und damit der Glucocorticoid-Konzentration ermöglicht.

ACTH hat eine kurze Halbwertszeit (ca. 10 Minuten) im Blut und weist eine Tagesrhythmik mit einem Maximum am Morgen auf.

Thyreotropin (TSH = Thyreoidea stimulierendes Hormon)

TSH ist ein Glykoprotein mit einem Kohlenhydratanteil von ca. 15 %. Der Peptidanteil des Moleküls besteht aus einer α- und einer β-Untereinheit, die nur gemeinsam biologisch aktiv sind. Da die α-Untereinheit des TSH, LH und HCG identisch sind, kann angenommen werden, daß sie für die Aktivierung der Adenylatcyclase im Zielgewebe verantwortlich ist, während die β-Untereinheit das spezifische Erkennen des Hormones durch das Zielgewebe ermöglicht.

TSH beeinflußt die Morphologie und die Funktion der Schilddrüse. Es stimuliert die Aufnahme von Jodid sowie die Produktion und Freisetzung von Thyroxin nach proteolytischer Abspaltung vom Thyreoglobulin. Thyroxin hemmt über eine negative Rückkopplung die Sekretion von Thyreoliberin im Hypothalamus und dadurch die Produktion und Freisetzung von TSH in der Adenohypophyse.

TSH wird in einem zirkadianen Rhythmus sezerniert. Maximale Sekretion findet in der Nacht (ca. 24 Uhr) und minimale Sekretion am Tag (ca. 8 Uhr) statt. Darüber hinaus existiert ein jahreszeitlicher Rhythmus mit einem Maximum im Winter und einem Minimum im Sommer, der hauptsächlich durch die Umgebungstemperatur bewirkt wird. Niedrige Umgebungstemperatur oder Abkühlung des Tieres erhöhen die Sekretion von

Tab. 76. Wirkung von FSH und LH auf die Gonaden

	Wirkung	Lokalisation Testis	Ovar
FSH	Spermatogenese	Keimzellen	
	Ausbildung des Antrums		Follikel
	Aromatisierung von Androgenen zu Östrogenen	Sertolizellen	Granulosazellen
	Synthese von Androgen-Bindungsprotein und Inhibin	Sertolizellen	
	Induktion von LH-Rezeptoren		Granulosazellen
LH	rasches Follikelwachstum — Ovulation		Follikel
	Differenzierung; Androgensynthese	Leydigzellen	Thekazellen
	Luteinisierung		Granulosazellen
	Progesteronsynthese		Gelbkörper

Thyreoliberin, da die Zentren für die Temperaturregulation und für die Thyreoliberin-Sekretion nahe benachbart vorliegen. Die vermehrte Sekretion von Thyreoliberin führt zu einer erhöhten Freisetzung von Thyreotropin und damit zur erhöhten Thyroxinkonzentration im Blut. Dadurch wird der Grundumsatz des Organismus erhöht und vermehrt Wärme gebildet. Trotz erniedrigter Umgebungstemperatur kann damit die physiologische Körpertemperatur aufrechterhalten werden.

Follitropin (FSH = Follikel stimulierendes Hormon), Lutropin (LH = Luteinisierungshormon)
(früher auch ICSH = interstitial cell stimulating hormone)

Diese beiden hypophysären Gonadotropine sind Glykoproteine mit einem Kohlenhydratanteil von ca. 20 %. Die Halbwertszeit von FSH (2–4 Stunden) ist wesentlich länger als die des LH (30 Minuten). Beide Hormone sind für die Entwicklung und für die Aufrechterhaltung der Funktion der Gonaden erforderlich (s. Tab. 76). Die hypophysäre Konzentration der Gonadotropine ist tierartlich unterschiedlich. Pferd und Kaninchen weisen die höchste FSH-, Wiederkäuer und Schwein die höchste LH-Konzentration auf.

Die Sekretion der Gonadotropine wird geschlechtsspezifisch reguliert: Gehemmt wird die FSH-Sekretion beim weiblichen Tier durch Östrogene, die LH-Sekretion durch Gestagene (aber nur in Gegenwart von Östrogenen). Andererseits wird die LH-Sekretion durch Östrogene stimuliert, wenn gleichzeitig ein niedriger Progesterongehalt vorliegt.

Beim männlichen Tier hemmen die Androgene sowohl die FSH- als auch die LH-Sekretion. Auch das in den Samenkanälchen des Hodens und in der Follikelflüssigkeit des Ovars vorkommende Inhibin hemmt die FSH-Sekretion.

FSH verursacht die multiple Anbildung von Follikeln, die keine Östrogene produzieren und nicht ovulieren, wenn kein LH (z. B. nach Hypophysektomie) vorhanden ist. Beim männlichen Tier beeinflußt FSH die Spermatogenese unter Beteiligung der von den Leydig-Zellen unter LH-Einfluß produzierten Androgene.

LH fördert die Reifung und die Östrogenproduktion des heranwachsenden Follikels und anschließend die Ovulation, wenn FSH bereits eingewirkt hat.

Die extrahypophysären Gonadotropine (HCG und PMSG) werden auf Seite 466 besprochen.

b. Histotrope Hormone

Prolactin (PRL)
(früher auch: Luteotropin, luteotropes Hormon = LTH, Mammotropin)

Dieses Proteohormon enthält keinen Kohlenhydratanteil und ist strukturell dem Somatotropin ähnlich. PRL beeinflußt bei den landwirtschaftlichen Nutztieren vor allem die Mammo- und Lactogenese, bei Schwein und Hund auch die Galactopoese (s. S. 475). Bei den laktierenden Säugetieren wird nach der Geburt durch den Saugreiz vermehrt PRL sezerniert, das die FSH- und LH-Sekretion hemmt und eine desensibilisierende Wirkung auf das Ovar ausübt. Daraus resultiert eine vorübergehende laktationsbedingte Azyklie.

Bei Ratte, Maus und Hamster wirkt PRL luteotrop, indem es die Progesteronsekretion im Gelbkörper stimuliert und wird daher bei diesen Tierarten zu den Gonadotropinen gezählt.

Beim männlichen Tier wird ebenfalls Prolactin

sezerniert, das im Synergismus mit den Androgenen das Wachstum und die Funktion der akzessorischen Geschlechtsdrüsen steuert. Wahrscheinlich stimuliert PRL die Neubildung von Androgenrezeptoren in den betreffenden Geweben.

Bei der Taube stimuliert PRL die Kropfdrüsen zur Sekretion der »Kropfmilch« (biologische Nachweismethode).

Die Sekretion von PRL wird durch Prolactoliberin, aber auch durch Thyreoliberin gefördert und durch Prolactostatin (eventuell auch direkt durch Dopamin) gehemmt.

Somatotropin (STH = Somatotropes Hormon), Wachstumshormon

STH ist ein Proteohormon mit ausgesprochener Speziesspezifität. Obwohl 169 der insgesamt 191 Aminosäuren des STH bei Mensch, Schaf und Rind identisch sind, wirken die tierischen Hormone nicht beim Menschen.

Generell wirkt STH anabol auf den Stoffwechsel und zeigt dabei einerseits rasch einsetzende, kurz andauernde Effekte (z. B. Anstieg von cAMP, cGMP, Calcium-Ionen in den Zellen; erhöhte Aufnahme von Glucose, Aminosäuren, Ionen) andererseits langsam einsetzende, lang anhaltende Wirkungen (erhöhte RNA- und Proteinsynthese). Auf den Fettstoffwechsel wirkt STH katabol (verminderte Fettsynthese, vermehrte Mobilisation von Depotfett, Anstieg der freien Fettsäuren im Blut).

STH hemmt die Verwertung von Glucose in der Zelle (»Glucose-sparender« Effekt) und wirkt dadurch als Antagonist zum Insulin, dessen Synthese es direkt fördert und dessen Freisetzung kompensatorisch gesteigert wird.

Somatotropin besitzt auch eine thymotrope Wirkung und beeinflußt bestimmte Thymozyten. Nach Thymektomie erfolgt eine Vermehrung der Somatotropin produzierenden Zellen in der Adenohypophyse.

Die wachstumsfördernde Wirkung des Somatotropins auf das Stützgewebe (Knorpel, Knochen) wird durch die Somatomedine (44–78 Aminosäuren) ausgeübt, die unter STH-Einfluß in der Leber produziert werden: Somatomedin-A, -B, -C, Insulin-like-growth-factor (IGF), multiplication stimulating activity (MSA) wirken insulinartig und werden kompetitiv an den gleichen Rezeptoren der Zellmembranen gebunden.

Für die biologische Wirksamkeit des STH ist nicht das gesamte Molekül erforderlich, sondern es sind auch kleinere Fragmente biologisch aktiv. Da diese einfacher und billiger herzustellen sind und keine Speziesspezifität aufweisen, erhofft man durch ihren Einsatz bei den landwirtschaftlichen Nutztieren Wachstumssteigerung und vermehrte Milchleistung. Nach Applikation von STH ist die Laktation deutlicher erhöht als nach Verabreichung von Prolactin.

Synthese und Freisetzung des STH werden durch das im Hypothalamus sezernierte Somatoliberin gefördert und durch Somatostatin gehemmt.

Niedriger Glucosegehalt, Training, Fasten, Schlaf usw. führen zu einem STH-Anstieg im Blut. Übermäßige lang andauernde STH-Sekretion bewirkt beim Erwachsenen die Akromegalie (große Hände, lange Nase), ein reduzierter STH-Gehalt den hypophysären Zwergwuchs.

Als biologischer Nachweis der STH-Wirkung hat sich der »Ratten-Tibia-Test« bewährt. STH bewirkt eine Verbreiterung des proximalen Epiphysenknorpels der Tibia bei hypophysektomierten Ratten. Seit ca. 10 Jahren ist es darüber hinaus möglich, bei den verschiedenen Tierarten die Konzentration von STH im Blut mittels Radioimmunoassay zu messen.

Lipotropin (LPH = lipolytisches Hormon), Lipotrope Substanzen

Vor mehr als 50 Jahren wurde aus Rinderhypophysen ein »Fettstoffwechselhormon« isoliert, das eine Erhöhung der freien Fettsäuren und der Ketonkörper im Blut sowie eine Leberverfettung hervorrief. Inzwischen wurden bei verschiedenen Tieren mehrere Peptide mit lipolytischer Wirksamkeit aus der Hypophyse, aber auch aus Hypothalamus und Zirbeldrüse sowie aus Blut und Harn isoliert und charakterisiert. Dabei stellte man fest, daß die aus Blut und Harn gewonnenen Lipotropine aus der Hypophyse stammen. Wie bereits in Abbildung 254 beschrieben, ist β-LPH aus 91 Aminosäuren und γ-LPH aus 58 Aminosäuren aufgebaut, und beide Lipotropine können in den gleichen Sekretgranula wie ACTH nachgewiesen werden.

LPH bewirkt eine rasche Erhöhung der freien Fettsäuren im Blut, der später eine generelle Lipämie folgt. Am isolierten Fettgewebe hingegen weist LPH nur eine untergeordnete Bedeutung auf, während ACTH, Glucagon und Adrenalin am stärksten lipolytisch wirken. Insulin hemmt die Lipolyse.

Melanotropin (MSH = Melanozyten stimulierendes Hormon), Intermedin

MSH stammt vorwiegend aus der Pars intermedia der Hypophyse und teilweise auch aus der Adenohypophyse. Vom Melanotropin existieren drei unterschiedliche Arten: α-, β- und γ-MSH.

Die Bezeichnung MSH stammt aus der Beobachtung, daß dieses Hormon bei niederen Wirbeltieren primär auf die Pigmentverteilung (Wanderung der Melaningranula vom Kern in Richtung Cytoplasmafortsätze) und die Erhöhung des Pigmentgehaltes in den Melanozyten wirkt.

Bei den Säugetieren wurden jedoch auch noch andere physiologische Wirkungen des MSH beobachtet: MSH beeinflußt Wachstum und Entwicklung des Fetus und stimuliert die fetale Nebennierenrinde zur Corticosteroid-Biosynthese. Ferner wirkt MSH lipolytisch und stimuliert die Talgdrüsensekretion sowie die Pheromonproduktion in den modifizierten Talgdrüsen. Insbesondere die im Zentralnervensystem produzierten MSH-Peptide nehmen an neuroregulatorischen Prozessen (z. B. Verhalten) teil (THODY, 1980).

Eine chronische Nebennierenrindeninsuffizienz führt beim Hund und beim Menschen (Morbus Addison) zu einer bronzefarbenen Hautveränderung aufgrund einer vermehrten Melaninablagerung. Als Mechanismus dieser Veränderung kann angenommen werden, daß niedrige Konzentrationen von Glucocorticoiden in der Blutzirkulation über eine negative Rückkopplung eine vermehrte Ausschüttung von ACTH hervorrufen. Aufgrund der strukturellen Beziehung (die ersten 13 Aminosäuren des ACTH sind mit den 13 Aminosäuren des α-MSH identisch) weist ACTH auch eine geringe MSH-Aktivität auf und führt daher zu einer Zunahme der Pigmentierung.

4. Epiphyse = Glandula pinealis = Zirbeldrüse

In der Zirbeldrüse entsteht aus Serotonin durch enzymatische Umwandlungen (N-Azetylierung; O-Methylierung) Melatonin, das entweder in den Liquor cerebrospinalis oder in das Blut abgegeben wird.

Melatonin wirkt bei Amphibien als Antagonist zum Melanotropin, indem es die Aggregation der Melaningranula in den Melanozyten verursacht.

Bei Säugetieren wirkt Melatonin antigonadotrop, wobei der vorwiegende Angriffspunkt im Zentralnervensystem liegt, aber auch direkte Einflüsse auf die Gonaden diskutiert werden. Andererseits wurde auch eine progonadotrope Wirkung der Zirbeldrüse beobachtet. So besteht bei Wiederkäuern ein Zusammenhang zwischen der verstärkten Stoffwechselaktivität der Zirbeldrüse bei Dunkelheit und der erhöhten Gonadotropinsekretion der Adenohypophyse in Herbst und Winter.

5. Thyreoidea und Parathyreoidea

In der Thyreoidea werden Thyroxin, Trijodthyronin und Calcitonin, in der Parathyreoidea das Parathyrin produziert.

Das Schilddrüsengewebe besteht aus zahlreichen Follikeln, die von einem einschichtigen Epithel umgeben sind und einen kolloidalen Inhalt aufweisen. Je nach dem Funktionszustand der Schilddrüse ist das Epithel hochprismatisch bis plattenförmig ausgebildet. Das Follikellumen enthält jodiertes Thyreoglobulin als Speicherform von Thyroxin und Trijodthyronin.

Die C-Zellen der Schilddrüse, die sich deutlich von den Follikelzellen unterscheiden, liegen entweder in der Follikelwand oder zwischen den Follikeln in kleinen Gruppen beisammen und weisen zahlreiche Sekretgranula im Cytoplasma auf, die Calcitonin enthalten.

Die anatomische Lokalisation der Parathyreoidea ist bei den einzelnen Haustierarten unterschiedlich. Nur beim Fleischfresser liegt die Parathyreoidea unmittelbar der Schilddrüse an. Die histologisch erkennbaren verschiedenen Zelltypen (helle und dunkle Hauptzellen, oxyphile Zellen) sind wahrscheinlich nur unterschiedliche Funktionsstadien einer einzigen Zellart, die Parathyrin synthetisiert, speichert und sezerniert.

Thyroxin (T_4) und Trijodthyronin (T_3)

Diese beiden Schilddrüsenhormone leiten sich von der Aminosäure Tyrosin bzw. ihrem Kondensationsprodukt Thyronin ab. Mit der Nahrung aufgenommene Jodidionen werden entgegen einem Konzentrationsgefälle in die Schilddrüse transportiert (durch Thyreotropin gesteigert; durch Perchlorat gehemmt) und mit Hilfe einer Peroxidase in die Tyrosylreste des speziell in der Schilddrüse vorkommenden Thyreoglobulins (Glykoprotein; Mr = 660 000) eingebaut. Die entstandenen Monojodtyrosin- bzw. Dijodtyrosinreste werden dann zu Tri- bzw. Tetrajodthyronin kondensiert, die immer noch an das Thyreoglobulin gebunden sind (Abb. 259). Das jodierte Thyreoglobulin wird von den Follikelzellen in das Lumen sezerniert und auf diese Weise gespeichert. Bei Bedarf wird dieses Thyreoglobulin wiederum in die Epithelzellen aufgenommen und aus ihm T_3 bzw. T_4 enzymatisch freigesetzt und in das Blut abgegeben. T_4 wird im Blut zu mehr als 99 % an spezifische Proteine gebunden transportiert. T_3 kommt nur in ganz geringen Konzentrationen im Blut vor ($T_4 : T_3$ = 50 : 1), da es an Plasmaproteine nur locker gebunden wird und das Blut rasch wieder verläßt. Da T_3 leichter in die Zellen eindringen kann, ist es biologisch wesentlich wirksamer als T_4.

Durch eine außerhalb der Schilddrüse (z. B. im Blut) stattfindende Dejodierung des T_4 entstehen T_3 und »reverse T_3« (rT_3) in etwa gleichem Ausmaß. Dies stellt eventuell einen Mechanismus zur Anpassung an den veränderten Energiebedarf dar, da rT_3 stoffwechselinaktiv ist.

Unter den Wirkungen der Schilddrüsenhormone ist die kalorigene Wirkung am ausgeprägtesten. Nach einer von Tier zu Tier unterschiedlichen Latenzperiode wird der Grundumsatz (bei gesunden Tieren) nach Thyroxin-Applikation für mehrere Tage erhöht. Die Steigerung des Stoffwechsels führt zu einer erhöhten ATP-Synthese (oxidative Phosphorylierung = Atmungskette), wenn zugleich ein vermehrter Verbrauch (z. B. Stimulierung der Natrium-Kalium-ATP-ase-Aktivität) besteht und der ADP-Gehalt innerhalb der Zelle ansteigt.

Jungtiere weisen eine höhere Sekretionsrate von Schilddrüsenhormonen auf als erwachsene Tiere. Dies hängt eventuell mit den erhöhten Stoffwechselanforderungen während des Wachstums zusammen. Ebenso bewirkt ein hoher Proteingehalt im Futter eine erhöhte Ausscheidung von Schilddrüsenhormonen und führt damit zu einer vermehrten Wärmeabgabe der Tiere.

Die Schilddrüsenhormone sind sowohl in freier Form als auch als Thyreoglobulin (z. B. pulverisierte Schilddrüsen) bei oraler Verabreichung wirksam. Jodhaltiges Kasein wurde zur Verbesserung der Legeleistung bzw. der Milchproduktion eingesetzt. Dadurch konnte die Milchleistung über einen Zeitraum von 6 Wochen um ca. 20 % erhöht werden. Bei länger dauernder Verabreichung von Jodproteinen sinkt die Milchleistung jedoch wieder ab.

Bei Jodmangel nimmt der Jodgehalt des Kolloids in den Schilddrüsenfollikeln ab, während die Epithelzellen versuchen, durch Hypertrophie und Hyperplasie die Biosynthese der Schilddrüsenhormone aufrechtzuerhalten. Ein länger andauernder Jodmangel kann schließlich zu degenerativen Veränderungen der Schilddrüse führen. Diese hyperplastischen Veränderungen können als parenchy-

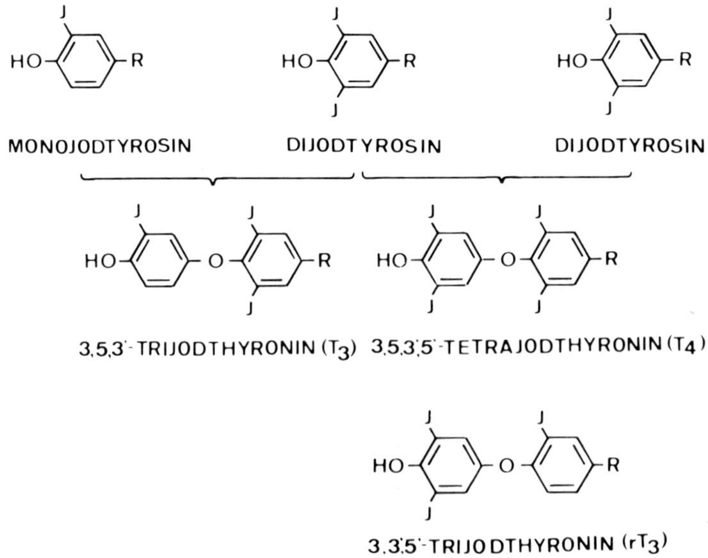

Abb. 259. Biosynthese der Schilddrüsenhormone

matöser oder knotiger Kropf in Erscheinung treten. Als endemischen Kropf bezeichnet man auf bestimmte geographische Gebiete (absoluter oder relativer Jodmangel) beschränkte, aber mit einem hohen Prozentsatz unter den Tieren auftretende Kropfformen. Bei den landwirtschaftlichen Nutztieren kann zur Verhütung einer Kropfbildung die Prophylaxe mit jodiertem Salz (z. B. Lecksteine) erfolgen. Wachsende bzw. laktierende Tiere weisen einen höheren Jodbedarf auf.

Hypothyreoidismus aufgrund eines Jodmangels führt zu schweren Stoffwechselstörungen, die bei den neugeborenen Haustieren eine hohe Mortalitätsrate verursachen. Ein Mangel an Schilddrüsenhormonen wirkt sich um so deutlicher aus, je jünger ein Tier ist, und führt zu unzureichender Skelettbildung, verzögertem Wachstum, Muskelschwäche und einem verspäteten Eintritt der Pubertät.

Thyreostatika hemmen die Biosynthese der Schilddrüsenhormone entweder dadurch, daß sie die Aufnahme von Jodid in die Schilddrüse verhindern (z. B. Thiocyanat, Perchlorat) oder indem sie die oxidative Jodierung in der Schilddrüse hemmen (z. B. Thiourazile). Auch verschiedene Kohlarten enthalten antithyreoidale Substanzen (z. B. Pro-Goitrin). Die Verabreichung von Thyreostatika an Masttiere führte zu Scheinerfolgen, da die Steigerung der Gewichtszunahme vor allem durch eine vermehrte Füllung des Gastrointestinaltraktes verursacht war. Wegen der Gefährdung des Konsumenten ist diese Form der »Mastleistungssteigerung« abzulehnen.

Für die Diagnostik der Schilddrüsenfunktion bei den Haustieren eignen sich als *in vivo*-Methoden insbesondere die quantitative Bestimmung des Umsatzes des Thyroxin-Pools und die Bestimmung der Thyroxin-Sekretionsrate. Bei den *in vitro*-Methoden wurden die älteren Verfahren wie die Bestimmung des Protein-gebundenen Jods (PBI) bzw. Butanol-extrahierbaren Jods (BEI) durch neuere Verfahren zur Erfassung des Gesamtthyroxins (TT_4), des freien Thyroxins (FT_4) sowie des Trijodthyronins (T_3) mittels radioimmunologischer Methoden ersetzt.

Calcitonin

Die Primästruktur des Calcitonins ist tierartlich unterschiedlich, nur 9 der 32 Aminosäuren sind bei 5 Spezies identisch. Für die biologische Aktivität sind alle 32 Aminosäuren und die Disulfidbrücke (die 7 Aminosäuren zu einen Ring verknüpft) erforderlich.

Calcitonin senkt den Calciumgehalt des Blutes. Dadurch wird einerseits die Entwicklung einer Hypercalcämie aufgrund der raschen Resorption von Calcium nach der Nahrungsaufnahme verhindert und andererseits der mütterliche Organismus während der Trächtigkeit gegen ausgedehnte Verluste an Calcium und Phosphat geschützt.

Calcitonin wirkt vor allem am Knochen und in der Niere als Gegenspieler des Parathyrins: In den Knochen hemmt Calcitonin die Freisetzung von Calcium durch Stimulierung der Osteoblasten, in der Niere verringert es die Rückresorption des Phosphats und steigert die Calciumausscheidung. Die Wirkung des Calcitonins ist vom Vitamin D unabhängig.

Nach peroraler Calciumaufnahme steigt die Sekretion von Calcitonin bereits an, bevor ein erhöhter Calciumgehalt im Blut gemessen werden kann. An diesem Effekt sind eventuell gastrointestinale Hormone (Gastrin, Pankreozymin) und Glucagon beteiligt.

Als Ursache für den höheren Calcitoningehalt im Blut von Stieren (gegenüber Kühen) kann die Aufnahme größerer Mengen an Calcium als es die physiologischen Erfordernisse darstellen (keine Milchsekretion!), verantwortlich sein.

Parathyrin (PTH = Parathormon)

Das aktive Parathyrin besteht aus 84 Aminosäuren, deren Sequenz bei Rind und Schwein bereits bekannt ist. Die Biosynthese des Parathyrins geht von einem Prä-Pro-Hormon aus, das in der Parathyreoidea an den Ribosomen der Hauptzellen synthetisiert wird. Innerhalb einer Minute wird diese Vorstufe in das Pro-Hormon und durch weiteres Abspalten von Aminosäuren in das aktive Hormon umgewandelt.

Im Gegensatz zu anderen endokrinen Drüsen, die einem komplizierten Kontrollmechanismus unterliegen, wird die Parathyreoidea nur durch die Calciumkonzentration im Blut reguliert. Wird der Calciumgehalt gesenkt, folgt ein unmittelbarer und deutlicher Anstieg der PTH-Konzentration.

PTH erhöht den Calciumgehalt und senkt den Phosphatgehalt im Blut; es wirkt direkt auf die Funktion der Zielzellen in Knochen und Niere und indirekt auf den Dünndarm. Aufgrund der durch PTH-Einwirkung vermehrten Anzahl von Osteoklasten an der Knochenoberfläche ist die Osteolyse beschleunigt. In der Niere wird die tubuläre Rückresorption von Calcium gesteigert und die Phosphatausscheidung durch eine verringerte Phosphatrückresorption in den Tubuli erhöht. Außerdem stimuliert PTH die Biosynthese von 1,25-Dihydroxycholecalciferol, das im Dünndarm die Calciumresorption steigert.

Aufgrund einer übermäßigen Sekretion von Parathyrin wird der Mineralstoffwechsel erheblich gestört. So kommt es zu erhöhter Knochenresorption und verringerter Dichte der Knochen mit inkompletten Frakturen (Osteodystrophie).

▷ *Primärer Hyperparathyreoidismus*
Adenome, Hyperplasien und Karzinome der Hauptzellen führen zu einer funktionellen Schädigung der Parathyreoidea, die sich in einer Überproduktion des Parathyrins äußert.

▷ *Sekundärer Hyperparathyreoidismus*
Bei Katzen, Hunden und Labortieren tritt ein alimentärer sekundärer Hyperparathyreoidismus auf. Als Ursache kommen ein niederer Calciumgehalt, viel Phosphat bei normalem oder niederem Calciumgehalt sowie unzureichende Mengen an Vitamin D_3 im Futter in Frage.

Bei Hunden kommt häufig ein renaler sekundärer Hyperparathyreoidismus vor. Infolge einer chronischen Niereninsuffizienz, bei der die glomeruläre Filtrationsrate verringert ist, entwickelt sich eine Hyperphosphatämie, die indirekt eine vermehrte Sekretion von Parathyrin bewirkt.

6. Pankreas (Bauchspeicheldrüse)

Vor mehr als 100 Jahren beschrieb Langerhans kleine Epithelzellinseln im exokrinen Pankreas, die sich deutlich vom Drüsengewebe unterscheiden und in ihrer großen Anzahl (ca. 1,5 Millionen) für etwa 2–3 % des Pankreasvolumens verantwortlich sind.

In diesen histochemisch unterscheidbaren Zellen (A, B, D, F) werden Insulin (B), Glucagon (A), Somatostatin (D) und das Pankreas-Polypeptid (F) produziert.

Insulin

Die Beobachtung, daß die Entfernung des Pankreas beim Hund eine Zuckerausscheidung mit dem Harn ähnlich dem Diabetes mellitus des Menschen verursachte, führte zu der Hypothese, daß in den Langerhansschen Inseln ein Hormon, das sogenannte Insulin produziert wird. Erst 1921 gelang es dann Banting und Best, Insulin zu isolieren und damit für die Therapie einzusetzen.

Insulin ist aus zwei Polypeptidketten (21 bzw. 30 Aminosäuren) aufgebaut und durch drei Disulfidbrücken in seiner räumlichen Struktur stabilisiert.

Die Biosynthese des Insulins erfolgt in gleicher Weise wie bei anderen Proteohormonen und geht vom Prä-Pro-Insulin aus, das selbst keine blutzuckersenkende Wirkung aufweist. Nach enzymatischer Abspaltung von Peptidresten entsteht das Insulin, dessen Halbwertszeit im Blut nur 3–4 Minuten beträgt.

Die Synthese des Insulins im Laboratorium erfordert 224 Reaktionsschritte und ist bereits voll automatisierbar. Seit kurzem ist auch die bakterielle Biosynthese des Insulins mit Hilfe der Gentechnologie möglich. Die synthetischen Hormone sind reiner (und damit verträglicher) als die extrahierten Hormone und eignen sich daher auch für eine länger dauernde Anwendung. Die biologische Aktivität des Insulins hängt vom gesamten Molekül ab, und geringe Veränderungen, insbesondere der Disulfidbrücken, führen zu einer deutlichen Verringerung der Wirksamkeit.

Die wichtigsten Stoffwechselwirkungen übt Insulin auf Leber, Muskulatur und Fettgewebe aus, wobei es in erster Linie den Kohlenhydratstoffwechsel, aber auch die Lipogenese und die Proteinsynthese steuert. Hinsichtlich des Kohlenhydratstoffwechsels nimmt die Leber eine Sonderstellung ein, da die Leberzellen das Enzym Glucose-6-Phosphatase besitzen, das Glucose-6-Phosphat in freie Glucose umwandeln kann. Weiters ist die Membran der Leberzelle (im Gegensatz zu anderen Zellen) frei permeabel für Glucose.

Außerdem ist im Pfortaderblut die Insulinkonzentration bis zu 10mal höher als im peripheren Blut und Insulin wird leicht in die Leberzellen aufgenommen. In der Leber hemmt Insulin die Biosynthese der Schlüsselenzyme der Gluconeogenese und stimuliert die der Glykolyse. Insulin stimuliert auch den Aufbau von Glykogen und hemmt gleichzeitig dessen Abbau, so daß eine Zunahme des Leberglykogens daraus resultiert.

In der Muskulatur und im Fettgewebe steigert Insulin die Aufnahme von Glucose durch die Zellmembran: Im ruhenden Muskel wird mehr als die

Hälfte der aufgenommenen Glucose vermehrt über den Pentosephosphat-Stoffwechsel abgebaut.

Insulin steigert die Lipogenese und hemmt den Abbau der Neutralfette, so daß eine vermehrte Fettspeicherung in den Fettgewebszellen erfolgt.

In allen Geweben stimuliert Insulin den Einbau von Aminosäuren in Proteine und hemmt in Leber und Muskulatur den Abbau von Proteinen sowie in der Leber die Harnstoffbiosynthese.

Insulin wirkt somit als ein anaboles Hormon, das bei ausreichender Nahrungszufuhr die Speicherung von Glucose als Glykogen in der Leber, von Fettsäuren als Neutralfette im Fettgewebe und von Aminosäuren als Proteine im Muskelgewebe reguliert.

Bei Wiederkäuern stimulieren flüchtige Fettsäuren in physiologischer Konzentration die Insulinsekretion stärker und schneller als Glucose, die auf den Insulingehalt keinen Einfluß nimmt. Die exogene Glucose spielt ja bei Wiederkäuern für die Deckung des Energiebedarfes eine untergeordnete Rolle. Das im Vormagen in großen Mengen entstehende Acetat ist das wichtigste Ausgangsprodukt für die Fettsäuresynthese. Insulin senkt bei Wiederkäuern die Konzentration von Acetat im Blut und verstärkt dessen Einbau in Fettsäuren. Zugleich wird auch vermehrt Glucose über den Pentosephosphatzyklus abgebaut und dabei die für die Fettsäuresynthese erforderlichen reduzierten Coenzyme gebildet.

Insulinmangel verursacht das klinische Bild des Diabetes mellitus (Hyperglykämie), der auch bei älteren, vor allem weiblichen Hunden und Katzen unter anderem als Folge einer chronischen Pankreatitis beobachten wird.

Bei Insulinmangel treten verschiedene miteinander verknüpfte Wirkungen auf, die in ihrer Gesamtheit zum Koma bzw. Tod führen können: Die gestörte Aufnahme von Glucose in die Körperzellen sowie die vermehrte Gluconeogenese in den Leberzellen führen zu einer Hyperglykämie bis auf Werte oberhalb der Nierenschwelle. Die Nierentubuli sind nun nicht mehr in der Lage, diese erhöhten Glucosemengen vollständig zu resorbieren, so daß ein Großteil der Glucose zusammen mit Wasser (Osmolarität) ausgeschieden wird. Um die Energieversorgung aufrechtzuerhalten, greift der Körper auf die Möglichkeit des erhöhten Fett- und Proteinabbaues zurück. Dadurch steigt die Konzentration der Ketonkörper im Blut an und führt schließlich zu ihrer Ausscheidung im Harn als Natrium- und Kaliumsalze. Dies und die Polyurie verursachen einen Verlust an Elektrolyten, der schließlich bis zum Koma führen kann. Der vermehrte Proteinabbau ist anhand der erhöhten Harnstoffkonzentration im Blut zu erkennen.

Auch beim gesunden Hund kann durch die Verabreichung von Glucocorticoiden der Blutglucosegehalt erhöht werden. Ist der Blutglucosegehalt lange Zeit erhöht, führt dies zu einer Erschöpfung der B-Zellen des Pankreas und induziert damit einen Diabetes mellitus.

Glucagon

Dieses Hormon wird in den A-Zellen der Langerhansschen Inseln produziert und ist ein Polypeptid mit 29 Aminosäuren, dessen chemische Synthese bereits gelang. Glucagon erhöht den Glucosegehalt des Blutes durch Stimulierung der Glykogenolyse in der Leber.

Ein rasches Absinken des Blutglucosegehaltes führt zur sofortigen Freisetzung von Glucagon, das in der Leber die Phosphorylase aktiviert, so daß vermehrt Glykogen zu Glucose abgebaut und ins Blut abgegeben wird.

Auch unter dem Einfluß einer adrenergen Stimulation wird Glucagon freigesetzt und zählt deshalb zu den Streßhormonen. Beim Wiederkäuer steuert Glucagon die Aufnahme der Aminosäuren in die Leber und ihre Verwertung für die Gluconeogenese.

Somatostatin

In den D-Zellen der Langerhansschen Inseln wurde mit immunologischen Methoden eine Somatostatin-ähnliche Aktivität nachgewiesen. Somatostatin hemmt Biosynthese und Sekretion der Verdauungsenzyme und der Hormone des Pankreas.

Da Somatostatin auch in der Schleimhaut und in den Nervenfasern des Magen-Darm-Traktes vorkommt, kann es als ein Gewebshormon angesehen werden, das den Einfluß anderer Hormone oder des vegetativen Nervensystems moduliert.

Pankreas-Polypeptid

Das in den F-Zellen der Langerhansschen Inseln gebildete Hormon besteht aus 36 Aminosäuren und fungiert eventuell als ein Sättigungshormon, da es über seine Wirkung im Hypothalamus eine Hemmung der spontanen Nahrungsaufnahme auslöst.

7. Nebennierenmark

Die Nebenniere besteht aus zwei Anteilen, die getrennte endokrine Organe darstellen. Das Nebennierenmark ist funktionell dem sympathischen Nervensystem zuzurechnen, die Nebennierenrinde produziert lebenswichtige Steroidhormone.

In den chromaffinen Zellen des Nebennnierenmarkes werden die Katecholamine Adrenalin und Noradrenalin gebildet. (Die Bezeichnung Katechinamine wäre chemisch exakter, da sie die Verwandtschaft zum Brenzkatechin verdeutlicht.)

Bei Pferd, Rind und Schwein lassen sich im Nebennierenmark zwei verschiedene Zelltypen unterscheiden: Im Markzentrum wird Noradrenalin, in der Markperipherie Adrenalin sezerniert. Bei Hund und Katze treten die entsprechenden Zellen in unregelmäßiger Anordnung nebeneinander auf.

Die im Nebennierenmark synthetisierten Hormone wirken auslösend auf verschiedene physiologische Vorgänge, die für den Ablauf des »Kampf oder Flucht«-Verhaltens verantwortlich sind und sind nicht unbedingt lebenswichtig, da ihre Funktion vom sympathischen Nervensystem übernommen werden kann. Außer im Nebennierenmark werden Katecholamine als Neurotransmitter auch noch in den postganglionären Synapsen des sympathischen Nervensystems sowie in spezifischen Neuronen des Zentralnervensystems synthetisiert.

Die Biosynthese des Adrenalins geht vom Tyrosin aus und verläuft über eine Hydroxylierung zu DOPA (Dihydroxyphenylalanin), Decarboxylierung zu Dopamin und β-Hydroxylierung zu Noradrenalin, aus dem durch N-Methylierung Adrenalin entsteht (s. Abb. 260).

Die Inaktivierung der kurzlebigen Katecholamine erfolgt insbesondere in der Leber durch Methylierung der 3-Hydroxylgruppe und nachfolgender oxidativer Desaminierung.

Die kontinuierlich stattfindende Sekretion der Katecholamine wird fast ausschließlich von Zentren des Zwischenhirns und der Medulla oblongata reguliert. Impulse vom Hypothalamus, dem Mittelhirn oder der Großhirnrinde führen zu einem vorübergehenden deutlichen Anstieg der Sekretion. Mit Angst verbundene psychische Erregungen erhöhen die Adrenalin-, aktive Abwehrreaktionen die Noradrenalinsekretion. Starke physische Anstrengungen, Hypoglykämie, das Absinken der Körpertemperatur sowie ein Blutdruckabfall führen zu einer vermehrten Freisetzung von Adrenalin. Glucocorticoide und ACTH stimulieren die Adrenalinsynthese.

Die Wirkung der Katecholamine auf die verschiedenen Organe erfolgt über spezifische Rezeptoren in den Erfolgszellen, wobei Noradrenalin die α-, Adrenalin die α- und β-Rezeptoren stimuliert.

Obwohl die beiden Hormone chemisch sehr ähnlich sind, unterscheiden sie sich quantitativ in ihrer Wirkung. Noradrenalin ist in erster Linie verantwortlich für die Steuerung des Kreislaufes, während Adrenalin hauptsächlich Stoffwechselveränderungen verursacht.

Die direkte Wirkung beider Katecholamine führt zu einer Verengung der Blutgefäße, die insbesondere in der Haut (Blässe), aber auch im Darm und in den Nieren in Erscheinung tritt. Da aber Adrenalin den Stoffwechsel anregt, werden insbesondere in Muskulatur, Leber und Gehirn die Blutgefäße erweitert und somit eine Umverteilung des Blutes erzielt. Gleichzeitig wird die Herztätigkeit angeregt, das Herzminutenvolumen gesteigert und der systolische Blutdruck erhöht. Sobald dieser ein Maximum erreicht hat, wird über arterielle Druckrezeptoren die Adrenalinsekretion wieder gebremst. Noradrenalin erhöht den Blutdruck nur durch seine gefäßverengende Wirkung.

Die Katecholamine hemmen generell die Aktivität der glatten Muskulatur des Verdauungs- und

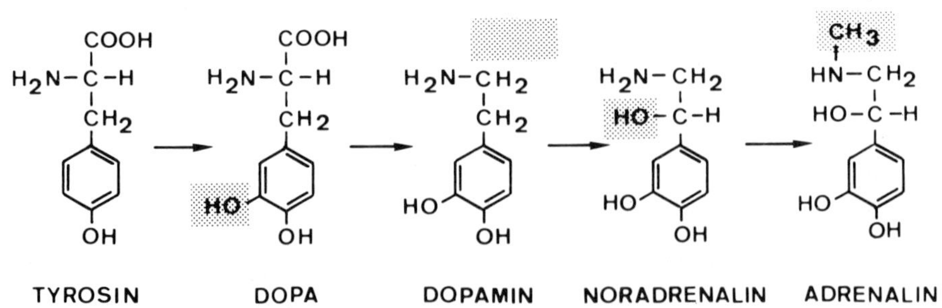

Abb. 260. Biosynthese der Katecholamine

Genitaltraktes. Nur die Sphincteren und die Uterusmuskulatur (während der Trächtigkeit) werden unter Adrenalin- und Noradrenalin-Wirkung kontrahiert. Psychische Erregungen führen bei Hund und Katze infolge der vermehrten Katecholaminsekretion zu einer Aufrichtung der Haare und Erweiterung der Pupillen.

Insbesondere bei Belastungen des Organismus bewirken die Katecholamine eine rasche Mobilisierung der körpereigenen Reserven und erhöhen die Stoffwechselrate, was anhand der vermehrten Sauerstoffaufnahme und der vermehrten Wärmeproduktion zu erkennen ist. Die kalorigene Wirkung der Katecholamine resultiert aus einer Reihe von Stoffwechselvorgängen, die ATP verbrauchen (Lipolyse, Lipogenese, Gluconeogenese).

Adrenalin steigert über eine Aktivierung der Phosphorylase die Glykogenolyse in der Leber und in der Muskulatur und hemmt gleichzeitig die Insulinsekretion. Dadurch wird die Glucosekonzentration im Blut erhöht. Das beim vermehrten Glucoseabbau in der Muskulatur entstehende Laktat kann in der Leber wiederum zur Gluconeogenese herangezogen werden, wobei die zugleich erhöhte Glucocorticoidkonzentration im Blut synergistisch wirkt. Über eine Aktivierung der Lipase in Fettgewebe, Skelettmuskulatur, Herz und Leber kommt es im Blut zum Anstieg von freien Fettsäuren und infolge der verstärkten Oxidation der Fettsäuren in den peripheren Organen zu einem Anstieg der Ketonkörper. Die nicht für den Energiegewinn benötigten freien Fettsäuren werden insbesondere in Leber, Muskulatur und Herz vermehrt zur Lipogenese verwendet.

Die Wirkung der Katecholamine kann durch andere Hormone beeinflußt werden: Glucocorticoide üben einen permissiven Effekt auf die Katecholamin-abhängige Kontraktion der glatten Muskulatur der Gefäßwand, auf die Lipolyse und die Hyperglykämie aus. So führte bei Schweinen lang anhaltender Lärmstreß zu einer vermehrten Katecholaminsekretion und zu einer deutlich verringerten Konzentration an Glucocorticoiden. Trotz der erhöhten Katecholaminkonzentration wurde ein Absinken der Glucosekonzentration und ein niederer Gehalt an freien Fettsäuren festgestellt. Aufgrund des fehlenden permissiven Effekts der Glucocorticoide konnten die vermehrt freigesetzten Katecholamine den Stoffwechsel nicht beeinflussen.

8. Nebennierenrinde (NNR)

Die Nebennierenrinde besteht aus drei Zonen, deren Zellen zu einer unterschiedlichen Steroidhormonbiosynthese befähigt sind:

- ▷ Mineralocorticoide: Zona glomerulosa (Wiederkäuer, Schwein), Zona arcuata (Pferd, Hund)
- ▷ Glucocorticoide: Zona fasciculata
- ▷ Sexualsteroide: Zona reticularis

Die Hormone der NNR sind lebenswichtig und beeinflussen viele physiologische Vorgänge im Körper. Daher führt das Entfernen der NNR innerhalb weniger Stunden zu schweren Ausfallserscheinungen: Der Mangel an Mineralocorticoiden äußert sich durch vermehrte Ausscheidung von Wasser, Natriumchlorid und Bicarbonat sowie durch erhöhte Retention von Kalium in den Nierentubuli. Adrenalektomierte Tiere weisen Muskelschwäche, niederen Blutdruck und schwere gastrointestinale Störungen auf, die in 1–2 Wochen zum Tod führen. Die Tiere sterben rascher, wenn sie zusätzlich Belastungen (z. B. Hitze, Kälte, Krankheit oder schwere körperliche Anstrengung) ausgesetzt sind. Trächtige Tiere überleben länger, da das Progesteron hinsichtlich mancher Wirkungen die Corticosteroide ersetzen kann.

Unterfunktion der NNR (z. B. nach Langzeitbehandlung mit synthetischen Corticosteroiden) verursacht einen Mangel an Gluco- und Mineralocorticoiden. Bei Überfunktion der NNR ist nur der Gehalt an Glucocorticoiden erhöht. Eine Überproduktion von Mineralocorticoiden wurde bei Tieren bisher nicht beobachtet.

a. Glucocorticoide: Cortisol, Corticosteron

Bei Mensch, Schwein und Hund ist Cortisol, bei Kaninchen, Maus und Ratte Corticosteron das vorwiegende Glucocorticosteroid. Beim Wiederkäuer kommen Cortisol und Corticosteron etwa in gleichen Mengen vor. Von den ca. 30 Steroiden, die aus der Nebennierenrinde des Rindes isoliert wurden, sind nur 7 von biologischer Bedeutung. Beim neugeborenen Kalb ist Cortisol das Hauptsekretionsprodukt, Corticosteron hingegen tritt erst ab dem 10. Lebenstag auf.

Die Biosynthese der Steroidhormone wurde bereits auf Seite 440 beschrieben. Vom Pregnenolon ausgehend entstehen die Glucocorticoide durch Hydroxylierungen in Position 17 α, 21 und 11 β. Für die Wirksamkeit als Corticosteroid ist die Hydroxylgruppe in Position 21 erforderlich. Die Hydroxylierung in Position 11 β und 17 α erhöht die Glucocorticoidwirkung, während für die Mineralocorticoide die Hydroxylierung in Position 18 charakteristisch ist.

Glucocorticoide erhöhen die Konzentration an Glucose, freien Aminosäuren und freien Fettsäuren im Blut. Viele Stoffwechselwirkungen der Glucocorticoide sind antagonistisch zu denen des Insulins. Katabol wirken die Glucocorticoide in Muskulatur (Proteinabbau), Knochen (Kollagenverlust) und Fettgewebe (Lipolyse), anabol wirken sie in der Leber. Die Aktivität der Transaminasen sowie der Schlüsselenzyme der Gluconeogenese wird erhöht und deren Biosynthese gesteigert.

Von therapeutischem Interesse ist der entzündungshemmende (Stabilisierung der Lysosomenmembran in den Leukozyten) und der immunsuppressive Effekt (Verminderung der eosinophilen Granulozyten im Blut, verminderte Antikörperbildung). Bei Wiederkäuern kann durch die Verabreichung von synthetischen Glucocorticoiden die Geburt vorzeitig eingeleitet werden.

Die Glucocorticoidkonzentration im Plasma der Haustiere beträgt zwischen 10–100 ng/ml und ist von Tierart, Geschlecht, Alter, Fortpflanzungsstadium, Fütterung, Haltung (und auch von der Technik der Blutentnahme) abhängig.

Die Nebennierenrinde kann keine größeren Mengen an Steroidhormonen speichern; bei Bedarf werden sowohl Biosynthese als auch Sekretion der Corticosteroide durch ACTH stimuliert. In Form einer negativen Rückkopplung hemmen hohe Corticosteroidkonzentrationen im Blut die Freisetzung von ACTH. Die Tagesrhythmik des ACTH wird auch durch die Glucocorticoidkonzentrationen im Blut widergespiegelt. Bei Schwein und Pferd werden zwischen 4 und 10 Uhr morgens die höchsten Glucocorticoidkonzentrationen im Blut gemessen. Nahezu jeder Stressor erhöht zusätzlich die Produktion von ACTH und stimuliert damit die Glucocorticoidsynthese.

Bei Haltungsbedingungen, die zu einer vermehrten Glucocorticoidsekretion führen (Transport, neuer Stall), muß daher auch mit einer verringerten Abwehrbereitschaft des Organismus gegenüber Infektionskrankheiten gerechnet werden.

Cortisol ist im Blutplasma zu ca. 75 % an Transcortin und weiteren 10–15 % an Albumin gebunden. Die restlichen 10–15 % sind frei und damit die physiologisch wichtigen Moleküle, da nur sie in die Zelle eindringen können und dort nach der Bindung an Rezeptoren ihre spezifische Wirkung entfalten.

Die Halbwertszeit von Cortisol im Blut beträgt weniger als 2 Stunden. Nach Passage der Leber wird es vor allem in konjugierter Form als Glucuronid oder Sulfatester mit Harn (75 %) oder Kot (25 %) ausgeschieden.

Durch die Einführung verschiedener synthetischer Verbindungen gelang es, die entzündungshemmende Wirkung und die gluconeogenetische Fähigkeit der Glucocorticoide zu steigern.

Die synthetischen Corticoide können von den Enzymsystemen des Körpers nicht so leicht abgebaut werden und besitzen daher eine länger dauernde Wirkung.

Der Einsatz der Wirkung ist rasch, die Dauer hängt von der chemischen Struktur des Moleküls ab. Cortisol und Cortison wirken nur kurz und müßten daher mehrmals täglich verabreicht werden. Damit wird der Tagesrhythmus des Cortisols unterbrochen, der für die zyklische Freisetzung von ACTH verantwortlich ist. Der tägliche Anstieg der ACTH-Konzentration im Blut wird aber für die Aufrechterhaltung der Funktion der Zona fasciculata benötigt.

Verabreicht man peroral jeden zweiten Tag ein kurzzeitig wirkendes synthetisches Glucocorticoid (z. B. Prednisolon), so kann damit ein therapeutischer Effekt am Tag der Verabreichung erzielt werden und trotzdem die Hypothalamus-Hypophysen-Nebennierenrinden-Achse am nächsten Tag funktionieren. Langwirkende Glucocorticoide unterbinden die ACTH-Freisetzung und damit den Tagesrhythmus und führen somit zu den kritischen Erscheinungen bei einer Langzeitbehandlung mit Corticosteroiden.

b. Mineralocorticoide: Aldosteron

Mineralocorticoide steigern die Resorption von Natrium im distalen Tubulus der Niere und die Ausscheidung von Kalium.

Aldosteron beeinflußt mehrere Elektrolyte und wirkt somit auch auf den Flüssigkeitshaushalt im Körper und auf das Herz-Kreislauf-System.

Aldosteronmangel verursacht Natrium-, Chlorid-, Bicarbonat- und Wasserverlust. Dadurch wird die Menge an extrazellulärer Flüssigkeit verrin-

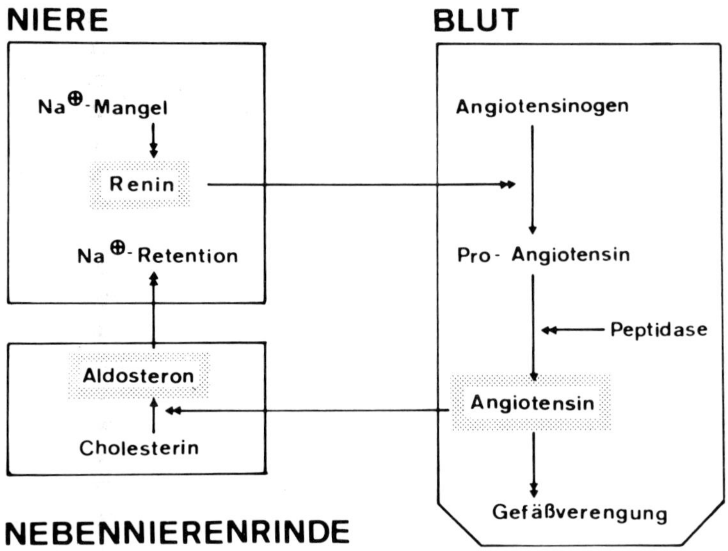

Abb. 261. Renin-Angiotensin-Aldosteron-System

gert, die Herzleistung erniedrigt und der Blutdruck sinkt. Zur gleichen Zeit steigt der Kaliumgehalt bis zu toxischen Konzentrationen an.

Dem Entfernen der Nebennierenrinde folgt innerhalb von 5–10 Tagen der Tod infolge Natriummangel und Kaliumüberschuß, wenn nicht eine Ersatzdiät oder ein Mineralocorticoid verabreicht wird.

c. Sexualsteroide

Die in der Zona reticularis der Nebennierenrinde produzierten Androgene (Dehydroepiandrosteron, Androstendion, 11 β-Hydroxyandrostendion) und Östrogene sind unter physiologischen Bedingungen von untergeordneter Bedeutung, da in den Gonaden wesentlich größere Mengen synthetisiert werden.

9. Gonaden

Die Gonaden (Hoden und Ovarien) produzieren die Keimzellen und zusätzlich auch die Steroidhormone, die für die Ausbildung der sekundären Geschlechtsmerkmale und für die Aufrechterhaltung der Fortpflanzungsfunktionen erforderlich sind.

Unter dem stimulierenden Einfluß der hypophysären Gonadotropine entwickeln sich die Gonaden auch nach der Geburt weiter und erreichen erst am Ende der Pubertät ihre volle Funktionsfähigkeit.

In den Gonaden werden aufgrund der geschlechtsunspezifischen Impulse der Adenohypophyse (Gonadotropine) die geschlechtsspezifischen Hormone (Sexualsteroide) produziert. Abhängig vom genetisch fixierten Enzymmuster in den Hoden bzw. Ovarien liefert die gesteigerte Steroidhormonbiosynthese unterschiedliche Reaktionsprodukte.

Die Einteilung in »männliche« (Androgene) und »weibliche« (Östrogene, Gestagene) Sexualsteroide ist üblich, aber nicht begründet, da alle Sexualsteroide in Gonaden beider Geschlechter, wohl aber in unterschiedlicher Konzentration synthetisiert werden.

Die Biosynthese der Sexualsteroide in Hoden und Ovarien erfolgt in ähnlicher Weise und in gleichartigen Zellen. So sind die Leydig-Zellen des Hodens bzw. die Theka interna-Zellen der Ovarfollikel zur Synthese von Androgenen befähigt, die dann in den Sertoli-Zellen bzw. in den Granulosa-Zellen in Östrogene umgewandelt werden (Tab. 76).

Der Säugetierorganismus ist am Anfang seiner Entwicklung sexuell bipotentiell angelegt. Grundsätzlich werden weibliche Gonaden und ein weiblicher Genitaltrakt ausgebildet (basic femaleness). Nur wenn im Verlaufe der Fetalentwicklung verschiedene Faktoren einwirken, entwickelt sich ein männliches Individuum. Das Y-Chromosom induziert über ein Histokompatibilitäts-Antigen (H-Y-Antigen) die Ausbildung der Hoden aus den primordialen Geschlechtsanlagen. Für die Ausbildung des männlichen Phänotyps ist zusätzlich noch ein weiteres Protein (Androgen-Rezeptor) erforderlich, dessen genetische Information am X-Chromosom lokalisiert ist.

Ist in einer bestimmten Zeitspanne der fetalen Differenzierung der Einfluß des Hodens nicht vorhanden, so kommt es unabhängig vom genetisch determinierten Geschlecht zur Ausprägung des weiblichen Genitaltraktes aus den Müllerschen Gängen und zu einer Rückbildung der Wolffschen Gänge. In den Sertolizellen des fetalen Hodens wird ein spezifisches Protein (Anti-Müller-Gang-Hormon) synthetisiert, das die Rückbildung der Müllerschen Gänge bewirkt. Da also die Ausbildung der weiblichen Geschlechtsorgane nur auf dem Fehlen der Hoden beruht, wirken Östrogene und Gestagene erst während und nach der Pubertät auf die Funktion des weiblichen Genitaltraktes. Für die Ausbildung des männlichen Genitaltraktes sind jedoch auch die in den fetalen Hoden produzierten Androgene verantwortlich. Die hormonell inaktiven fetalen Ovarien sowie die maternalen Hormone sind an der Differenzierung der Genitalorgane nicht beteiligt.

Weibliche Kälber aus zweigeschlechtlichen Zwillingsgeburten haben meist Fehlentwicklungen der Gonaden und des Genitaltraktes (Zwicken, Freemartins). Als Ursache wird angenommen, daß es durch Gefäßanastomosen während der Fetalentwicklung zu einem Austausch von Keimzellen kommt.

a. Hoden

In den Leydigschen Zwischenzellen des Hodens erfolgt die Biosynthese der Androgene vom Cholesterin ausgehend über Pregnenolon, Progesteron, 17 α-Hydroxyprogesteron zu Androstendion und Testosteron. Die Metabolisierung zu 5 α-Dihydrotestosteron (dem wirksamsten Androgen) erfolgt überwiegend in den Erfolgsorganen (akzessorische Geschlechtsdrüsen, Nebenhoden etc.) und nur zu einem geringen Anteil im Hoden.

Die Androgene sind an der Ausbildung der primären und sekundären männlichen Geschlechtsmerkmale sowie an der Aufrechterhaltung ihrer Funktion beteiligt.

In der Pubertät bewirken die Androgene die morphologische und funktionelle Ausreifung des männlichen Genitaltraktes. Zusammen mit FSH ist Testosteron an der Spermato- und Spermiogenese beteiligt. Androgene und zusätzlich auch Östrogene stimulieren die Sekretion der akzessorischen Geschlechtsdrüsen.

Über längere Zeit verabreichte oder einwirkende Androgene hemmen die Sekretion von Gonadotropinen, dabei vorwiegend die des LH. Zunächst wird die Sekretion von Gonadoliberinen herabgesetzt und erst später die Hypophyse desensibilisiert.

Das im vorderen Hypothalamus gelegene männliche Erotisierungszentrum wird durch Androgene stimuliert, so daß verschiedene Reize zur Auslösung des spezifischen Sexualverhaltens führen können. Im Zentralnervensystem wirken die Androgene oft erst nach ihrer Metabolisierung zu Östrogenen.

Androgene beeinflussen den Proteinstoffwechsel anabol und sind in der Lage, die katabole Wirkung der Schilddrüsenhormone und der Glucocorticoide auszugleichen. Unter dem Einfluß der Androgene nimmt die Masse von Skelettmuskulatur, Herz, Leber und Nieren zu, die organische Knochenmatrix wird vermehrt und die Epiphysenknorpel verknöchern.

Synthetische Anabolika werden insbesondere durch Modifikation von 17 α-Methyltestosteron bzw. 19-Nor-Testosteron hergestellt und sind in der Humanmedizin und in der Veterinärmedizin in Verwendung.

Im Eberhoden werden aus Pregnenolon und Progesteron zusätzlich spezielle Androgene gebildet, die die Vorstufen der dann in den Speicheldrüsen modifizierten Ebergeruchsstoffe (Pheromone) darstellen und auch für den typischen Geruch des Eberfleisches verantwortlich sind.

In den Sertolizellen des Hodens werden bei Eber und Hengst auch noch größere Mengen an Östron und Östradiol gebildet. In den Samenkanälchen des Hodens wird Inhibin, ein Peptid- oder Proteohormon, produziert, das nach Resorption im Nebenhoden auf die Adenohypophyse wirkt und die Freisetzung von FSH hemmt.

b. Ovar

Unter dem Einfluß des Luteinisierungshormons werden in den Theka-Zellen der heranreifenden Follikel Androgene synthetisiert, die durch die

Basalmembran in die Granulosazellen gelangen und dort unter der Einwirkung des FSH zu Östrogenen umgewandelt werden.

In der Follikelflüssigkeit werden beträchtliche Mengen an Östrogenen und Gestagenen (oft in 1000fach höherer Konzentration als im Blut) gespeichert und üben eventuell einen Einfluß auf die Eireifung aus.

Die Gestagenproduktion findet in den Granulosa-Luteinzellen des Gelbkörpers statt. Bei der Frau und beim Schwein werden im Gelbkörper zusätzlich Östrogene produziert.

Östrogene sind für die Entwicklung der primären und sekundären weiblichen Geschlechtsmerkmale und für verschiedene Funktionen des weiblichen Genitaltraktes verantwortlich. Die wichtigsten natürlich vorkommenden Östrogene sind Östradiol-17 β, Östradiol-17 α, Östron und Östriol, bei der Stute auch noch Equilin und Equilenin. Verschiedene synthetische Substanzen ohne Steroidstruktur weisen ebenfalls östrogene Wirksamkeit auf (z. B. Diäthylstilböstrol, Hexöstrol, Dienöstrol, Zeranol).

Östrogene verursachen eine vermehrte Mitose, Proliferation und Keratinisierung des Vaginalepithels (Allen-Doisy-Test), die durch Progesteron verhindert werden kann. Unter Östrogeneinfluß sezernieren die Zellen des Cervixepithels reichlich dünnflüssiges klares Sekret, das durch den erweiterten Cervixkanal abfließen kann. Die Uterusmuskulatur wird stärker durchblutet und die Zellen nehmen mehr Natriumionen und Wasser auf. Durch eine Zunahme der Zellmasse (Glykogen, Proteine, energiereiche Phosphate) und der Zellzahl kommt es zu einer Zunahme des Uterusgewichtes. Die Uterusmuskulatur zeigt vermehrte Spontankontraktionen und ist erhöht ansprechbar auf Oxytocin.

Östrogene bewirken eine Proliferation des Endometriums (»Proliferationsstadium«) mit Verdikkung des Epithels und Verlängerung der Drüsenausführungsgänge. Damit ist die Voraussetzung für die anschließend durch Progesteron veranlaßte Sekretion geschaffen.

Verschiedene Funktionen der Eileiter (Sekretion, Kapazitation der Spermien, Transport von Spermien und Zygoten) werden ebenfalls durch Östrogene (und Progesteron) beeinflußt.

Männliche Haustiere sind ständig, weibliche nur während der Brunst paarungsbereit. Auslösend für die weibliche Paarungsbereitschaft ist die erhöhte Östrogensekretion. Die Östrogene wirken dabei wahrscheinlich über ein weibliches Erotisierungszentrum im Hypothalamus. Eine kurzzeitige Behandlung mit Testosteron, das im Zentralnervensystem zu Östrogenen umgewandelt werden kann, löst ebenfalls weibliches Sexualverhalten aus; eine länger dauernde Androgenbehandlung bewirkt männliches Sexualverhalten.

Beim Rind findet die Ovulation erst einen halben Tag nach dem Ende der äußeren Brunstsymptome statt: Die für die Brunstauslösung erforderliche Östrogenkonzentration wird bereits in einem frühen Stadium der Follikelreifung erreicht. Zu diesem Zeitpunkt reicht jedoch die Östrogensekretion der Follikel noch nicht für die positive Rückkopplung aus, die schließlich zur Ovulation führt.

Die extragenitalen Wirkungen der Östrogene äußern sich (insbesondere während der Gravidität) in einer Verminderung des Lipidgehaltes im Blut und in einer Zunahme des subcutanen Fettgewebes und der Fettablagerung in der Muskulatur.

Östrogene bewirken eine vermehrte Retention von Natrium und Wasser und sind für die Ödemisierung des Genitaltraktes verantwortlich.

Beim Wiederkäuer besitzen die Östrogene und dabei insbesondere die synthetischen Stilbene in niedriger Dosierung eine ausgeprägte Protein-anabole Wirkung und wurden daher zur Steigerung der Mastleistung eingesetzt.

Phytoöstrogene sind Substanzen mit östrogenartiger Wirkung, die bisher in mehr als 300 Pflanzenarten nachgewiesen wurden. Einige dieser Pflanzen verursachen Fortpflanzungsstörungen bei den landwirtschaftlichen Nutztieren. Unterschiede im Pflanzenwachstum (Standort, Reifestadium, Klima) sowie in der Gewinnung (Schnittzahl, -zeitpunkt, Lagerung usw.) beeinflussen den Gehalt an Phytoöstrogenen. Generell sind die nicht zu den Steroiden zählenden Phytoöstrogene um drei Zehnerpotenzen schwächer wirksam als die Östrogene bzw. Diäthylstilböstrol.

Gestagene veranlassen die Sekretion der Uterindrüsen (»Sekretionsstadium«) und sind damit auch für die Aufrechterhaltung der Trächtigkeit verantwortlich. Das wichtigste natürlich vorkommende Gestagen ist das Progesteron. Synthetische Derivate des Progesterons oder des 19-Nor-Testosterons weisen oft noch stärkere gestagene Eigenschaften auf.

Progesteron und synthetische Gestagene hemmen die Gonadotropinsekretion, insbesondere den ovulationsauslösenden LH-Gipfel. Sie wirken vor allem antiöstrogen, indem sie die Sensibilisierung

Mit Angst bzw. Schreck verbundener Streß führt zu einer vermehrten Sekretion von Adrenalin und bewirkt das »Aufziehen« der Milch, da Adrenalin zentral die Oxytocin-Freisetzung hemmt und peripher in der Milchdrüse zu einer Kontraktion der Blutgefäße und zur Relaxation der Myoepithelzellen führt.

8. Kommunikation (Pheromone)

Pheromone werden als Drüsenexkrete ausgeschieden und lösen bei Individuen der gleichen Art bestimmte Verhaltensmuster bzw. physiologische Reaktionen aus.

Von den nur als Geruchsstoffe wirkenden Substanzen unterscheiden sich die Pheromone dadurch, daß sie ohne den Produzenten selbst zu beeinflussen, bei einem oder mehreren Individuen bestimmte Verhaltensmuster auslösen. Tierarten mit gut ausgeprägtem Geruchssinn werden durch Pheromone vor allem im Hinblick auf die endokrine Steuerung des Fortpflanzungsverhaltens beeinflußt. Daraus ergeben sich Konsequenzen sowohl für die Tierhaltung als auch für die Schädlingsbekämpfung.

Die Pheromone können in 3 Gruppen eingeteilt werden.

a. Primer(Auslöser)-Pheromone

Bei in Gruppen gehaltenen weiblichen Mäusen tritt abhängig von der Gruppengröße gehäuft Pseudogravidität auf (Lee-Boot-Effekt). Bei Tieren mit fehlendem Geruchssinn konnte dieser Effekt nicht beobachtet werden.

Durch ein im Harn von geschlechtsreifen Mäusebböcken enthaltenes Pheromon läßt sich bei weiblichen Mäusen eine Zyklussynchronisation herbeiführen (Whitten-Effekt).

Bei der Maus wird die Trächtigkeit unterbrochen, wenn innerhalb der ersten vier Tage — also noch vor der Implantation — das Pheromon eines fremden Männchens einwirkt (Bruce-Effekt).

b. Releaser(Freisetzungs-) oder Signal-Pheromone

Die Sex-Pheromone der männlichen Tiere wirken meist stimulierend auf das Sexualverhalten der weiblichen Partner. Die von den weiblichen Tieren produzierten Sex-Pheromone wiederum dienen dem männlichen Partner als Hinweis auf die aktuelle Zyklusphase. Die läufige Hündin z. B. scheidet unter Östrogeneinfluß in Harn und Vaginalsekret Pheromone aus, die vom Rüden auf weite Distanz wahrgenommen werden. Bei der Katze kann durch Pheromone des Katers, aber auch durch chemische Verbindungen wie z. B. Isovaleriansäure (Baldrian) ein rolliges Verhalten ausgelöst werden. Brünstige Kühe können aufgrund der Pheromone im Vaginalsekret innerhalb der Herde von speziell trainierten Hunden erkannt werden.

Besonders ausführlich wurde das Pheromon des Ebers untersucht, das bei der rauschenden Sau den Stehreflex auslöst und biotechnisch bereits in Form von Aerosol-Sprays angewendet werden kann. Dieses Pheromon wird insbesondere im Fettgewebe angereichert und ist für den typischen Geruch des Eberfleisches verantwortlich. Chemisch gesehen stellt es eine Mischung aus verschiedenen 5-Androst-16-en Steroiden (3 α-ol; 3 β-ol; 3-on) dar, die unter dem Einfluß der Androgene aus Pregnenolon bzw. Progesteron gebildet und in den Speicheldrüsen modifiziert werden.

Weitere Releaser-Pheromone sind für die territoriale Markierung insbesondere bei den wildlebenden Säugetieren nachgewiesen worden. Diese Art der Markierung ist androgenabhängig und steht in engem Zusammenhang mit der Paarungsbereitschaft der männlichen Tiere.

Erwachsene Mäusemännchen zeigen beim Aufeinandertreffen ein aggressives Verhalten, das durch Pheromone hervorgerufen wird, die im Harn bzw. im Sekret der plantaren Zwischenzehendrüsen auftreten. Eine Degeneration des Riechepithels bzw. die Verabreichung von Antiandrogenen unterdrückt diese Aggressivität.

c. Imprinting(Präge)-Pheromone

Das soziale Verhalten der Säugetiere wird auch durch Geruchserfahrungen während der Säugeperiode geprägt. Ratten, die in den ersten vier Lebenswochen in einem parfürmierten Raum aufwuchsen, zeigten als erwachsene Tiere ein gestörtes Sozialverhalten.

Literatur

DÖCKE, F., 1981: Veterinärmedizinische Endokrinologie. VEB Gustav Fischer Verlag, Jena.

KARLSON, P., 1984: Kurzes Lehrbuch der Biochemie. Verlag Georg Thieme, Stuttgart.

KARLSON, P., 1982: Was sind Hormone? Die Naturwissenschaften **69,** 1–14.

LÖFFLER, G., P. E. PETRIDES, L. WEISS, H. A. HARPER, 1979: Physiologische Chemie. Springer-Verlag, Berlin, Heidelberg, New York.

MCCRACKEN, J. A., W. SCHRAMM, B. BARCIKOWSKI, L. WILSON, Jr., 1981: Acta vet. scand. Suppl. **77,** 71–88.

MCDONALD, L. E., 1980: Veterinary Endocrinology and Reproduction. Lea & Febiger, Philadelphia.

THODY, A. J., 1980: The MSH Peptides. Academic Press, London.

TRÄGER, L., 1977: Steroidhormone. Springer-Verlag, Heidelberg.

X. Physiologie der Fortpflanzung

K. Zerobin

A. Allgemeine Grundlagen

1. Einleitung

Für die Erhaltung der Art ist eine ungestörte Fortpflanzungsleistung (Fertilität) notwendig. Die Fortpflanzungseffektivität, das ist die Zahl lebensfähig geborener Nachkommen, ist abhängig von der Anzahl der ovulierten Eier, vom Befruchtungsprozentsatz und von der Fähigkeit der befruchteten Eier, sich zu normalen Embryonen zu entwickeln, sowie von den intrauterinen Bedingungen im Muttertier. Die Fekundität, unter der man die Vermehrungsrate pro Einzeltier versteht, ist demnach von mehreren Faktoren abhängig. Beiden, der Fertilität und Fekundität, kommt heute besondere ernährungswirtschaftliche Bedeutung zu. Die Bereitstellung von Fleisch und Tierprodukten kann einerseits durch verbesserte Fleisch- und Milchleistung des Einzeltieres, andererseits durch eine erhöhte Fekundität der tierischen Gesamtpopulation erzielt werden. Beides wird heute gleichzeitig angestrebt. Die erhöhten Leistungsanforderungen und die damit verbundenen Änderungen in Haltung und Fütterung der Tiere führen aber oft dazu, daß die Fortpflanzungsleistung geschmälert wird.

Unter diesem Blickwinkel ist die Physiologie der Fortpflanzung besonders wichtig, denn nur aufgrund umfassender Kenntnisse über das normale Fortpflanzungsgeschehen kann den Fortpflanzungsstörungen (Sterilitäten) begegnet werden. Den prophylaktischen Maßnahmen zur Verhinderung von Sterilitäten wird demnach heute vermehrt Beachtung beigemessen, da vorbeugende Maßnahmen wirtschaftlicher sind als die Heilung bereits bestehender Genitalerkrankungen.

Für das Verstehen der Fortpflanzungsmechanismen ist auch eine gute Kenntnis der übrigen Organfunktionen vonnöten, da zwischen diesen enge Beziehungen bestehen. In der Regel ist bei einer gestörten Fortpflanzungstätigkeit, z. B. bei einer hormonal bedingten Ovarinsuffizienz, das Leben des Tieres nicht gefährdet, die Magen-Darm-Funktionen laufen normal ab, die Herztätigkeit zeigt keine Irregularitäten, Kreislauf, Atmung u. a. bleiben davon unbeeinflußt. Umgekehrt aber führen Erkrankungen anderer Organe früher oder später zu einer Störung der Fortpflanzungsfunktionen. Insbesondere führen schwere Organerkrankungen zu einer beeinträchtigten Fortpflanzungsfähigkeit. Schon von diesen Beispielen kann abgeleitet werden, daß die Physiologie der Fortpflanzung nur dann richtig verstanden werden kann, wenn auch alle übrigen Organfunktionen in die Betrachtung miteinbezogen werden.

2. Embryonale Entwicklung der Fortpflanzungsorgane und Geschlechtsdifferenzierung

Keimdrüsenentwicklung. Die Gonaden bilden sich aus den undifferenzierten Keim- oder Geschlechtsfalten, welche aus der neben der Urniere liegenden Keimleiste hervorgegangen sind. Die bisexuellen Primitivgonaden bestehen aus einer inneren medullären und aus einer äußeren kortikalen Schicht. Es wird angenommen, daß die Medulla einen männlich bestimmenden Stoff abgibt, genannt **Medullarin,** während aus dem Rindenteil das zum Weiblichen führende **Cortexin** stammen soll. Die Keimdrüsendifferenzierung beginnt, wenn die primordialen Zellen des Keimepithels (Urgeschlechtszellen) in die Medulla einwachsen und je nach den vorhandenen Geschlechtschromosomen sich die Medulla zu den Testes oder sich die Rinde zu den Ovarien entwickelt.

Bei der weiteren Ausbildung der Geschlechtsorgane kommt dann den Geschlechtshormonen besondere Bedeutung zu, denn der Embryo synthetisiert schon im frühen Entwicklungsstadium Gonadenhormone (sog. gonadales Geschlecht). Unter dem Einfluß androgener Hormone entwickelt sich ein männlicher Organismus; fehlen hingegen Androgene, bildet sich ein weibliches Individuum. So entstehen unter dem Einfluß androgener Hormone die Wolffschen Gänge, während die Ausbildung der Müllerschen Gänge gehemmt wird; fehlen Androgene, entwickeln sich die Müllerschen Gänge, und die Wolffschen Gänge bleiben rudimentär. Die Nebenhoden, die Samenleiter und die Samenblasen gehen aus den Wolffschen Gängen hervor; beim weiblichen Individuum sind Endabschnitte genannter Gänge als sog. Gartnersche Gänge nachweisbar. Vagina (teilweise), Uterus und Oviduct mit Fimbrien entstammen den Müllerschen Gängen; beim männlichen Tier sind Reste dieser Gänge als Uterus masculinus (Utriculus prostaticus) vorhanden. Aus dem Sinus urogenitalis entwickeln sich beim männlichen Geschlecht die Harnröhre, die Bulbourethraldrüsen und die Prostata, beim weiblichen Geschlecht ein Teil der Vagina, das Vestibulum vaginae, die Bartholinschen Drüsen und die Urethra. Die Vasa efferentia bzw. Epoophoron und Paroophoron gehen aus der Urniere hervor. Die äußeren Geschlechtsorgane (Glans-, Corpus penis, Scrotum, Glans-, Corpus clitoridis, Labia minora et majora) entwickeln sich aus dem Tuberculum genitale (Geschlechtshöcker) und den Geschlechtswülsten.

Das Geschlecht der Säugetiere wird durch die Geschlechtschromosomen bestimmt (sog. gonadales Geschlecht); die gesamte Chromosomenzahl, die tierartlich unterschiedlich ist (s. Tab. 79), besteht aus den Autosomen und den 2 Geschlechtschromosomen.

Tab. 79. Chromosomenzahlen (diploider Satz = 2 n) bei verschiedenen Tierarten

Pferd	64	Katze	38
Esel	62	Kaninchen	44
Rind	60	Meerschweinchen	64
Schaf	54	Maus	40
Ziege	60	Ratte	42
Schwein	38	Huhn	78
Hund	78	Mensch	46

Das weibliche Tier besitzt 2 X-Chromosomen, das männliche Tier ein X- und ein Y-Chromosom. Da die weiblichen und männlichen Gameten je einen haploiden Chromosomensatz besitzen, wird die männliche Keimzelle bei der Verschmelzung der Keimzellen **(Syngamie)** geschlechtsbestimmend: In Anwesenheit des X-Chromosoms entwickelt sich ein weiblicher Organismus; ist ein Geschlechtschromosom ein Y-Chromosom, dann bildet sich ein männlicher Organismus.

Das genetische Geschlecht kann bei sich in Teilung befindenden Körperzellen bestimmt werden, denn in den meisten Kernen somatischer Zellen weiblicher Tiere ist ein plankonvexer bis ovaler Chromatinkörper, das sog. Barrsche Körperchen, mit einer Größe von 0,8 × 1,1 µm vorhanden; bei männlichen Tieren ist dieses Körperchen nur ausnahmsweise anzutreffen. (Für den Nachweis des Sexchromatins werden Abstriche von der Mundschleimhaut, der Vagina und auch Zellen aus der Amnionsflüssigkeit verwendet und die Barrschen Körperchen spezifisch angefärbt.) Mit dieser Methode kann man das Geschlecht des Feten schon vor der Geburt und auch von Zwittern, welche sich phänotypisch nicht einordnen lassen, bestimmen.

Bei Störungen während der Keimzellenentwicklung kann es zu anomalen Geschlechtschromatinkombinationen kommen. Am besten bekannt sind u. a. das Klinefelter-Syndrom (XXY; Hypogonadismus) und das Turner-Syndrom (XO, sog. Gonadendysgenesie, weiblicher Phänotyp).

Es ist gelungen, X- und Y-Spermien zu trennen. Y-Chromosomen enthalten nämlich weniger Chromatin als X-Chromosomen und sind daher von leichterem spezifischen Gewicht. Die Trennung kann durch Zentrifugieren eines Ejakulates oder durch Sedimentation der Spermien in speziellen Verdünnermedien erfolgen. Auch sollen die X-Spermatozoen im elektrischen Feld zur Anode wandern, die Y-Spermatozoen zur Kathode. Möglicherweise wird in Zukunft eine Trennung auch durch verschiedene antigene Eigenschaften der Gyno- und Androspermien möglich werden. Die bisherigen Untersuchungsergebnisse erlauben aber noch keine praktische Anwendung in der Tierzucht, um schon bei der künstlichen Besamung (KB) das Geschlecht bestimmen zu können. Während bei den Säugetieren die geschlechtliche Heterogamie beim männlichen Tier liegt, ist diese bei den Vögeln im weiblichen Geschlecht festgelegt und schon vor der Reduktionsteilung der Oozyten fixiert. Demgemäß sind die weiblichen Vögel heterogametisch (ZW), die Männchen homogametisch (ZZ).

Obwohl die Geschlechtsdifferenzierung von den Geschlechtschromosomen bestimmt ist, können andere Faktoren das phänotypische Geschlecht verändern, z. B. Geschlechtshormone, extreme Temperaturen und möglicherweise noch unbekannte Agentien, wie Pheromone. So kann ein männlich veranlagter Organismus weibliche und umgekehrt ein genetisch weibliches Individuum männliche Züge aufweisen. Letzterer Fall kann bei verschiedengeschlechtigen Zwillingen auftreten, wenn durch Gefäßanastomosen männliche Geschlechtshormone in den weiblichen Fetus gelangen und die Entwicklung der weiblichen Geschlechtsorgane stören (sog. **Zwicken** oder **Freemartins**). Von den Zwicken sind die **Zwitter** oder **Hermaphroditen** zu unterscheiden, bei denen autosomale Gene die sexuelle Differenzierung derart beeinflussen, daß bei ein- und demselben Individuum männliche und weibliche Geschlechtsorgane ausgebildet sind (sog. Hermaphroditismus verus oder gonadaler Hermaphroditismus) oder daß Keimdrüsen des einen Geschlechts und gleichzeitig Geschlechtsmerkmale des anderen Geschlechts vorhanden sind (sog. Hermaphroditismus spurius oder Pseudohermaphroditismus). Nähere Angaben über die embryonale und fetale Entwicklung finden sich bei Austin und Short (1978).

3. Die hormonale Steuerung der Fortpflanzung

Das gesamte Fortpflanzungsgeschehen unterliegt bei beiden Geschlechtern der Kontrolle von Hormonen (siehe auch Kap. IX). Wir kennen Hormone, welche in erster Linie der Fortpflanzungssteuerung dienen (d. s. Hormone des Hypothalamus, der Hypophyse, der Gonaden sowie der Plazenta), und Hormone anderer Organsysteme, welche indirekt, sei es über deren Metaboliten oder über deren Einflußnahme auf den Gesamtstoffwechsel, das Sexualgeschehen beeinflussen. Während der Wirkungsweg der erstgenannten Hormone relativ gut bekannt ist, wissen wir über die exakte Wirkungsweise der zweitgenannten Stoffgruppe relativ wenig.

Für das Verhältnis der Wirkungsweise von Hormonen ist wesentlich, daß Hormone zwar regulierend wirken, nie aber ungeachtet der Reaktionslage des Organismus einen Vorgang auslösen können. Darüber hinaus können Sexualhormone, indem sie steuernd z. B. die Bildung von Samenzellen fördern, gleichzeitig hemmend wirken, wenn das hierfür verantwortliche Hormon entweder in zu großer oder in zu kleiner Menge am Wirkungsort eingreift. Wird z. B. für die Follikelbildung am Ovar parenteral einem weiblichen Tier zuviel FSH verabreicht, kann es zu einer forcierten Follikelbildung kommen, ohne daß aber das Ei aus dem Follikel austritt. Denn im weiteren sind sowohl beim männlichen als auch beim weiblichen Organismus mehrere Sexualhormone für einen ungestörten Ablauf der Sexualfunktionen notwendig. Es ist zu beachten, daß der Effekt eines Sexualhormons von einem anderen sexualaktiven Hormon je nach vorhandener Menge gehemmt oder gefördert werden kann. Bildlich gesehen wäre die Hormonwirkung mit einem Zahnrädersystem zu vergleichen, das mit einem Gangsystem versehen ist: Jede Schaltung würde zwangsläufig zu einer veränderten Gangart im Bereich des Zahnräderwerkes führen.

Die hormonale Steuerung der Fortpflanzung erfolgt unter der Kontrolle der Sexualzentren im Hypothalamus (Abb. 263). Die in diesen Zentren gebildeten Freisetzungshormone (Releasing Hormones, RH oder Gonadoliberine) gelangen auf dem Blutweg über das sog. Pfortadersystem an der Eminentia mediana des Hypophysenstiels in den Hypophysenvorderlappen (HVL). Dort veranlassen die RH die Abgabe der im Hypophysenvorderlappen gebildeten Hormone, der sog. Gonadotropine, nämlich des FSH, LH (ICSH) und LTH (Prolaktin), in die Blutbahn. Die Gonadotropine, die geschlechtsunspezifisch sind, bewirken am Erfolgsorgan neben morphologisch-funktionellen Veränderungen die Bildung der sog. untergeordneten Sexualhormone (Sexualsteroide). Die wichtigsten Sexualsteroide sind das in den Leydigschen

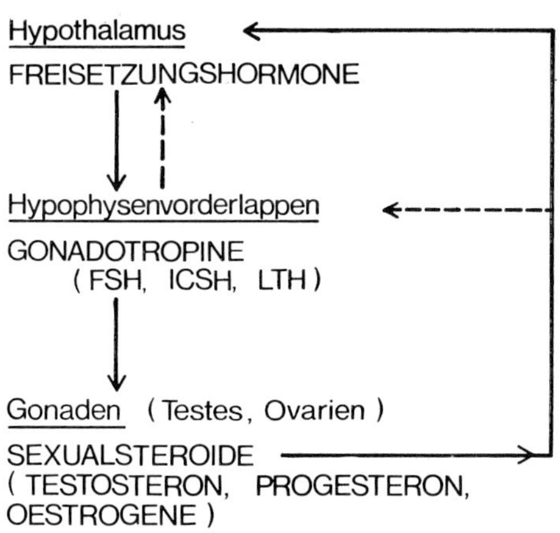

Abb. 263. Hormonaler Regelkreis (vereinfachtes Schema)

Zwischenzellen der Hoden gebildete Testosteron, die größtenteils in der Theca interna des Ovars synthetisierten Östrogene und das im Corpus luteum gebildete Progesteron. Über die Bedeutung der in den Hoden in kleinen Mengen gebildeten Östrogene ist man sich heute noch nicht im klaren, sie dürften die Bildung des Testosteron mitkontrollieren (MANN und LUTWAK-MANN, 1981). Diese Sexualsteroide (Chemie und Funktion der Sexualsteroide siehe Kap. IX) werden in die Blutbahn abgegeben, gelangen in den Hypothalamus und bewirken dort in Abhängigkeit von ihrer Menge entweder eine Freisetzung oder eine Retention der Freisetzungshormone: Sind sie in größerer Menge vorhanden, bedingen sie eine Retention der RH; man spricht von einem negativen Rückkoppelungseffekt bzw. Feedback. Treffen weniger Sexualsteroide im Hypothalamus ein, dann können diese die Abgabe der RH erleichtern oder auslösen; man spricht in diesem Fall von einem positiven Rückkoppelungseffekt bzw. Feedback. HOHLWEG hat 1932 durch Verabreichung von Östrogenen diesen Effekt zum ersten Mal beschrieben, ohne damals von den Releaser-Hormonen zu wissen. Man spricht daher auch vom sog. Hohlweg-Effekt der Östrogene oder allgemein von einem Rebound-Phänomen der Sexualsteroide. Von dieser Wirkung der Sexualsteroide wird heute therapeutisch und prophylaktisch Gebrauch gemacht, so mit Ovulationshemmern (Antibaby-Pille) zur Verhütung einer Befruchtung der Frau, zur Verhinderung der Läufigkeit bei der Hündin, zur Synchronisation des Sexualzyklus bei landwirtschaftlichen Nutztieren, zur Behebung von hormonalen Dysfunktionen und auch zur Prophylaxe bestimmter ovarieller Insuffizienzen.

Aus dem Regelkreisschema ist abzuleiten, daß die Hormonsynthese in einem hormonbildenden Organ von den übrigen Hormonbildungsstätten abhängt. Die feine Abstimmung der verschiedenen Hormonproduzenten untereinander wird ferner beim sog. »Short-loop-effect« deutlich: Man konnte feststellen, daß die RH in Abhängigkeit ihrer im hypophysären Pfortadersystem vorhandenen Menge auf ihre Bildungsstätten im Hypothalamus rückwirken, indem sie die weitere Abgabe von RH verhindern, wenn viele RH im HVL, und umgekehrt eine weitere RH-Abgabe erleichtern, wenn weniger RH im HVL vorhanden sind.

Neben den geschilderten sexualaktiven Stoffen können weitere Hormone die Sexualfunktionen beeinflussen. Diese Hormone, z. B. Hormone der

Schilddrüse und der Nebennierenrinde, sind aber nicht primär an der Fortpflanzungssteuerung beteiligt, sondern sind als Sicherungssystem im Hinblick auf die Erhaltung des Lebens aufzufassen: Bei Störungen, die das Leben in Frage stellen, wird die Aktivität der Fortpflanzungsorgane eingeschränkt oder gänzlich aufgehoben. Diese Wechselbeziehungen sind zwar im einzelnen ungeklärt, aber anhand von Hypo- oder Hyperfunktionen genannter Hormonsysteme konnte deren Einfluß auf das Fortpflanzungsgeschehen beobachtet werden. Ferner führt neben einem Mangel an bestimmten Nähr- und Wirkstoffen, wie Vitaminen, Spurenelementen, Mineralien, Proteinen, essentiellen Aminosäuren, auch eine Insuffizienz der am Stoffwechselgeschehen beteiligten Hormone, z. B. NNR-Hormone, zu einer Störung der Fortpflanzungsorgane. Allgemein gesprochen ist es der Gesundheitszustand der Tiere, welcher die Fortpflanzungsaktivität mitsteuert. Und nicht zuletzt beeinflußt auch die Erbanlage die Fortpflanzungsfähigkeit der Tiere.

Die Tätigkeit der Fortpflanzungsorgane wird ferner vom Nervensystem her beeinflußt. Einerseits sind es Sinnesreize, welche von der Großhirnrinde aufgenommen werden, andererseits können es Reize sein, welche vom Körperinnern stammen. Zu diesen Reizen sind zu zählen: optische, olfaktorische, klimatische und temperaturabhängige Empfindungen, Berührungsreize und von Körperbewegungen stammende Reize. (Man kann z. B. beim Geflügel durch Änderung der Belichtungsdauer die Eiablage erhöhen. Wird einem Jungtier der Bulbus opticus entfernt, tritt die Geschlechtsreife verspätet ein. Bei Wildtieren beginnt der Geschlechtszyklus in der Zeit für sie optimaler klimatischer Bedingungen. Tägliche Bewegung der KB-Stiere verbessert die Samenqualität.) In den letzten Jahren konnte die Bedeutung bestimmter Stoffgruppen, die unter dem Sammelbegriff Pheromone bekannt sind, für das Fortpflanzungsgeschehen erkannt werden. Diese Pheromone dürften als olfaktorischer Reiz das hormonale Sexualgeschehen und das phänotypische Verhaltensmuster beeinflussen.

Aus diesen Ausführungen ergibt sich, daß der Reproduktionsablauf der hormonalen Kontrolle unterliegt, daß jedoch die der Fortpflanzung dienende Hormonproduktion wiederum im gesamten Organgeschehen so eingeordnet ist, daß sie sowohl vom Milieu intérieur als auch vom Milieu extérieur abhängt.

4. Die Geschlechtsfunktionen bis zur Zuchtreife

Die im voranstehenden Abschnitt geschilderten Steuerungsmechanismen treffen auch für den jugendlichen Organismus zu. Allerdings sind beim Jungtier die Hormonproduktion noch niedrig und die morphologischen Voraussetzungen an den Keimdrüsen noch nicht gegeben, damit eine Fortpflanzung des jungen Organismus möglich wäre. Die während der Embryonalzeit und nach der Geburt gebildeten Keimdrüsenhormone haben denn auch vorrangig Einfluß auf die sexuelle Differenzierung und morphologische Ausbildung der Geschlechtsorgane und erst später Bedeutung für die Ingangsetzung und Aufrechterhaltung normaler, zyklischer Geschlechtsfunktionen.

Während beim weiblichen Organismus zum Zeitpunkt der Geburt die Oogonien bereits vorhanden sind, geht beim männlichen Tier noch keine Spermienbildung vor sich; es finden sich in den Samenkanälchen noch keine Spermien, sondern nur das wenig differenzierte Keimepithel. Hierin liegt ein wesentlicher Unterschied zwischen männlichem und weiblichem Fortpflanzungsgeschehen: Während beim weiblichen Tier die Zahl der Ova zur Zeit der Geburt festgelegt ist, muß das männliche Keimgewebe erst in die Lage versetzt werden, befruchtungsfähige Keimzellen zu bilden. Die Reifung der Ova zu befruchtungsfähigen Zellen erfolgt beim weiblichen Organismus ebenfalls erst nach der Geburt.

Unter **Pubertät** versteht man den Übergang von der Wachstumsperiode in die Fortpflanzungsperiode. Letztere kann in die Phase der **Geschlechtsreife** und in die nachfolgende **Zuchtreife** unterteilt werden. Eine genaue zeitliche Abgrenzung der einzelnen Perioden ist aber nicht möglich, da auch bei bereits vorhandener Fortpflanzungsfähigkeit noch ein, wenn auch verlangsamtes, Größenwachstum vorhanden ist.

Daß der Eintritt der Pubertät von einer Änderung der Sekretion der Hypophyse von gonadotropen Hormonen herrührt und nicht eine Eigenschaft des Ovariums ist, wird durch nachstehenden Befund unterstrichen: Wenn ein Ovarium von einem juvenilen Tier in ein geschlechtsreifes Tier transplantiert wird, fängt das Ovarium an, reife Eizellen zu erzeugen, während nach Transplantation eines Ovariums von einem geschlechtsreifen Tier in ein juveniles Tier die Produktion von Eizellen aufhört. Es ist außerdem möglich, die Geschlechtsreife bei ganz jungen Tieren durch Behandlung mit gonadotropen Hormonen hervorzurufen. Bei hypophysektomierten Tieren bleibt die Pubertät aus.

Das hormonale Geschehen während der pubertären Entwicklung ist keineswegs geklärt und dürfte auch tierartlich unterschiedlich sein. Generell gilt, daß während der Pubertät im Zwischenhirn ein Reifungsprozeß neurohormonaler Mechanismen stattfindet. So ist die hypothalamische Reizschwelle für Sexualsteroide bezüglich Gonadotropin-Freisetzung niedrig und die Gonadotropinsynthese selbst hoch. Außerdem haben andere zentralnervöse Strukturen Bedeutung für den Eintritt der Geschlechtsreife (HOGART, 1978), wie Wegfall der zentralnervösen Hemmung der Gonadotropinsekretion durch die Amygdala und die Epiphyse, welche früher auch als Keuschheitsdrüse bezeichnet wurde; verschiedene in der Zirbeldrüse gebildeten Indolverbindungen, wie Melatonin und Serotonin, haben antigonadotrope Effekte.

Der Eintritt der Geschlechtsreife wird daneben von zahlreichen Faktoren, wie Erbanlagen (es gibt früh- und spätreife Rassen), Geschlecht, Klima, Temperatur, Licht, Haltung, Fütterung und der Art sowie Intensität von Sinnesreizen, beeinflußt. Besonders durch eine intensive, proteinreiche Fütterung kann die Geschlechtsreife zeitlich vorverlegt werden. Die Geschlechtsreife und die Zuchtreife treten bei unseren Haustieren durchschnittlich in den folgend angegebenen Lebensmonaten ein:

	Geschlechts-reife	Zucht-reife
Pferd	15–18	36–60
Rind	8–14	18–20
Schaf, Ziege	7–12	12–14
Schwein	6–9	8–10
Hund	6–12	18–24
Katze	7–12	16–20
Kaninchen	3–4	4–6
Huhn	4–7	9–12

Die Pubertät kann unter bestimmten Verhältnissen, z. B. bei tumorösen Veränderungen hormonbildender Organe, wie Hypophyse, Ovar, Testes, NNR, frühzeitiger als üblich eintreten; man spricht dann von einer Pubertas praecox. Bei einer Insuffizienz der angeführten Organe wiederum kann die Geschlechtsentwicklung verzögert einsetzen (= Pubertas tardiva), welche neben einer Inaktivität der Gonaden in der Regel mit einer Fettsucht (Adipositas) einhergeht.

Tab. 80. Einteilung der Geschlechtsmerkmale

Geschlechtsmerkmale	
Primäre (genitale) *Geschlechtsmerkmale*	*Sekundäre* (extragenitale) *Geschlechtsmerkmale*
a) Primäre Geschlechtsorgane	a) Physische Geschlechtsmerkmale
b) Sekundäre Geschlechtsorgane	b) Psychische Geschlechtsmerkmale

Während dieser geschlechtlichen Entwicklungsphase treten am Organismus äußerlich sichtbare Veränderungen auf, die sich auch auf das Verhalten und Gebaren der Tiere erstrecken (s. Tab. 80). Die primären Geschlechtsmerkmale, das sind Ovarien und Testes, nehmen an Größe zu. Im weiteren bilden sich die sekundären Geschlechtsorgane aus; beim männlichen Tier betreffen diese die Nebenhoden, die Samenleiter und den Penis, beim weiblichen Tier die Eileiter, den Uterus, die Scheide, die Klitoris, die Vulva und die Mammae. Bei den einzelnen Tierarten können zusätzlich weitere sekundäre, mit der Geschlechtsentwicklung einhergehende Merkmale auftreten. Beim Stier entwikkeln sich eine gut bemuskelte Brust und ein kräftiger Nacken (Stiernacken), beim Eber die Hauer, beim Ziegenbock der Kinnbart und der unverkennbare Geschlechtsgeruch, beim Hahn der Kamm, die Kehllappen und die Sporen, beim Rotwild das Geweih. Ferner ist auch das äußere Erscheinungsbild zu diesen Merkmalen zu zählen: Der kräftige männliche Organismus mit schmalem Becken, der feiner gebaute weibliche Organismus mit breiterem Becken und leichterem Kopf als das männliche Tier. (Werden männliche Tiere während der Geschlechtsreife kastriert, entwickelt sich das äußere Erscheinungsbild in Richtung des Weiblichen.)

Das Verhalten der Tiere ändert sich während der sexuellen Reifung ebenfalls. Männliche Tiere zeigen eine Tendenz zu Aggressivität und weisen ein lebhafteres Temperament auf als weibliche Tiere. Die Lautäußerungen der männlichen Tiere sind von einem tieferen Ton als die weiblicher Individuen (beim Mensch ist der Übergang vom Knaben- zum Mannesalter auch am Stimmbruch erkennbar). Und zuletzt entwickelt sich ein typischer Geschlechtstrieb, der beim männlichen Tier früher als beim weiblichen Tier einsetzt.

Das Größenwachstum ist während der Geschlechtsentwicklung sehr intensiv. Unter dem Einfluß androgener Hormone kommt es zu einer verstärkten Proteinsynthese im Organismus und zu einer Retention von Elementen, welche für den Knochenaufbau notwendig sind (vor allem Phosphor, Schwefel, Kalzium). Der Androgeneffekt führt auch zum Epiphysenschluß, womit das Wachstum der Röhrenknochen abgeschlossen wird. (Wird ein Jungtier kastriert, dauert das Röhrenwachstum länger an.) Das Größenwachstum ist jedoch nicht allein vom Androgeneffekt abhängig, sondern auch die Folge entsprechender Veranlagung, Fütterung und Haltung.

5. Geschlechtstrieb und Sexualverhalten

Geschlechtstrieb und Sexualverhalten der Tiere sind von mehreren Faktoren abhängig; deren gute Ausbildung bedeutet für die moderne Tierhaltung viel, da bei der vermehrten Stallhaltung und durch die künstliche Besamung die freie Partnerwahl stallgehaltener Tiere nicht mehr möglich ist.

Im Hypothalamus befindet sich ein Bereich, welcher als sog. Verhaltenszentrum (Erotisierungszentrum, mating center) bezeichnet wird (KARG, 1965). Dieses Zentrum wird schon während der Fetalzeit »konditioniert«, indem durch Androgene ein späteres männliches, durch Fehlen androgener Hormone die Fähigkeit zu einem weiblichen Sexualverhalten induziert wird. Mit anderen Worten: es wird durch androgene Hormone das dem entsprechenden Geschlecht zugeordnete Sexualverhalten bereits intrauterin derart geprägt, daß im späteren Sexualleben in Abhängigkeit von der Sexualsteroidproduktion das für eine optimale Fortpflanzung notwendige Sexualverhalten gewährleistet ist. Das männliche Sexualgebaren (Geschlechtstrieb) wird demnach durch Testosteron ausgelöst, während für das weibliche Tier Östrogene notwendig sind.

Sofern eine Spermiogenese und demnach auch eine Androgenproduktion vorhanden ist, zeigen unter ungestörten Verhältnissen männliche Tiere einen fortwährenden Geschlechtstrieb. Dieser äußert sich darin, daß sie ein paarungswilliges weibliches Tier besteigen, den Penis in die Scheide einführen und ejakulieren. Fehlt ein williger Partner, kann es zu sog. Übersprunghandlungen kommen, indem die Männchen einen Reizpartner besteigen, der gleichgeschlechtlich sein kann (Sprung von Stier auf Stier zur Samenentnahme) oder auf einem partnerähnlichen Gebilde (sog. Phantom) absamen. Fehlt ein Sprungpartner, kann es zur spontanen Samenabgabe (Pollution) im Liegen oder Stehen kommen. In Anwesenheit eines brünstigen Tieres wird ein Stier aber stets den weiblichen dem männlichen Partner vorziehen. Daraus läßt sich ableiten, daß optische und olfaktorische Sinneseindrücke das Ausmaß des Geschlechtstriebes mitbeeinflussen (die Qualität des Samens kann in der Regel bei einem Sprung auf ein brünstiges Tier verbessert werden). Es werden heute bereits stimulierende Stoffe zur besseren Auslösung der Samenabgabe angewendet (z. B. Derivate des Androstendion beim Eber).

Das weibliche Tier zeigt erst mit dem Einsetzen eines Genitalzyklus einen Geschlechtstrieb. Das bei freier Herdenhaltung zu beobachtende Aufspringen auf brünstige Tiere kann nur bedingt als Zeichen eines Geschlechtstriebes gewertet werden, da vermutlich olfaktorische oder optische Sinneseindrücke diese Handlung auslösen.

Während der Brunst läßt sich ein weibliches Individuum mehrmals von einem männlichen Tier belegen. Die sog. Duldungsbereitschaft wird durch die starke Zunahme der Östrogenproduktion des Ovars ermöglicht. Nach dem Abklingen der Brunst läßt sich kein weibliches Tier ohne Abwehr besteigen. Obwohl das Östrusverhalten in Einzelheiten artspezifisch sehr unterschiedlich sein kann, ist neben dem Immobilisationseffekt die Lordosereaktion, das Durchbiegen des Rückens, ein sicherer Hinweis für einen bestehenden Östrus. Eine Ovariektomie, das ist die chirurgische Entfernung der Ovarien, führt zu einem unmittelbaren Verlust des Geschlechtstriebes, und auch bei männlichen Tieren erlischt, zwar etwas später als bei weiblichen, nach einer Kastration der Geschlechtstrieb.

Obwohl der Geschlechtstrieb maßgeblich von den hormonalen Verhältnissen abhängig ist, bestimmen auch Fütterung, Haltung und Gesundheitszustand die Intensität des Verhaltens. Eine Über- und Unterernährung kann zu einer Minderung des Geschlechtstriebes führen und ihn vollständig sistieren. In Gegenden mit einem ausgeprägten Jahreszeitwechsel ist auch zu beobachten, daß im Frühjahr der Geschlechtstrieb deutlicher ist als in den vorangegangenen Wintermonaten. Dabei hat neben der verlängerten Belichtungsdauer auch die im Frühjahr einsetzende Grünfütterung (sog. Flushing, das ist der besonders bei der Schafzucht zur Auslösung der Brunst angewendete Vorgang, der bei der Umstellung von relativ kargem auf inhaltsreicheres Futter auftritt) maßgebenden Einfluß.

Der Geschlechtstrieb ist bei jüngeren Tieren meist deutlicher ausgeprägt als bei älteren. Ein altersbedingtes Erliegen der Libido wird bei gesunden Nutztieren nur selten beobachtet. Bei Stuten und auch Heimtieren, welche oft ungeachtet ihrer Fortpflanzungsfähigkeit gehalten werden, kann man bis in ein hohes Lebensalter einen Geschlechtstrieb erkennen.

B. Die Fortpflanzungsfunktionen bei männlichen Tieren

1. Die männlichen Geschlechtsorgane

Die männlichen Geschlechtsorgane umfassen die *Hoden,* die *Nebenhoden,* die *Samenleiter,* die *akzessorischen Geschlechtsorgane* und den *Penis.* Die makroskopische und mikroskopische Anatomie dieser Organe variiert etwas von Tierart zu Tierart.

Testis (Orchis). Das sekretorische Gewebe des Hodens ist von einer recht festen Bindegewebskapsel, Tunica albuginea, umgeben, die zahlreiche elastische Fasern und eine Anzahl glatter Muskelzellen enthält. Mediastinum testis und Septula testis teilen den Hoden in eine Anzahl pyramidenähnliche Läppchen, die Lobuli testis. Die einzelnen Läppchen bestehen aus verschlungenen, etwas anastomosierenden Kanälen, *Tubuli contorti* (Tubuli seminiferi), die in einem lose gewobenen, stark vaskularisierten Bindegewebe gelagert sind. Die Tubuli contorti führen in etwas enge Röhren, *Tubuli recti,* über, die im *Rete testis* ausmünden, das durch *Ductuli efferentes* mit dem *Ductus epididymidis* in Verbindung steht. Dieser Kanal, der stark geschlungen ist und bei den Haustieren eine Länge von 30–90 m hat, bildet zusammen mit einem umgebenden Gewebe den *Nebenhoden, Epididymis.* In diesem unterscheidet man drei Abschnitte: *Caput, Corpus und Cauda epididymidis.* Der Teil des Ductus, der in der Cauda liegt, hat eine Länge von 10 bis 30 m und hat einen größeren Durchmesser als der übrige Teil. Er fungiert als *Samenreservoir.* Der Ductus epididymidis führt in den *Ductus deferens* über, der sich durch *Funiculus spermaticus, Plica ductus deferentis* und *Plica urogenitalis* zur Ausmündung im *Sinus urogenitalis* fortsetzt. Kurz vor der Ausmündung wird bei einigen Tierarten die Wand drüsenführend und stärker; die *Ampulla ductus deferentis* wird gebildet.

Zwischen Tubuli contorti und dem lose gewobenen, stark vaskularisierten Bindegewebe liegen einige polygonale, großkernige Zellen, *die interstitiellen* oder Leydig-*Zellen.* In diesen inkretorischen Zellen werden die androgenen Hormone gebildet (Testosteron und Dihydrotestosteron s. DHT), die im Hoden selbst wirken und in die Blutbahn (BG) abgegeben werden.

Die Sertolischen Zellen sind als Stütz- und Nährzellen für das eigentliche spermiogenetische Gewebe anzusehen; außerdem bilden sie ein Androgen bindendes Protein (ABP), Östrogene und das Inhibin (s. Abb. 264). Zwischen ihnen, an den Fußplatten, ist eine Schicht kubischer Zellen vorhanden, die *Spermiogonien* s. Spermatogonien genannt werden.

Bei allen Säugetieren, abgesehen von den Seesäugetieren und Elefanten, findet eine Wanderung des Hodens von der Bauchhöhle durch den Canalis inguinalis zum Scrotum statt. Diese Wanderung, die man Descensus testiculorum nennt, erfolgt im fetalen Leben (Rinder), um den Geburtszeitpunkt herum (Schwein, Pferd) oder etwas später (Hund). Die Wanderung des Hodens wird ohne Zweifel endokrin geregelt; sie kann durch androgene Hormone und das ICSH gefördert werden, falls das Scrotum entwickelt ist. Verbleiben die Hoden im Abdomen oder im Inguinalkanal, spricht man von einem Kryptorchismus bzw. von einer Retentio testis. Bei landwirtschaftlichen Nutztieren ist die skrotale Lage der Hoden Voraussetzung für eine ungestörte Samenbildung, ist doch dort die Thermoregulation durch das subepitheliale Lymphgefäßsystem, durch den Plexus pampiniformis, geringste Behaarung des Skrotums u. ä. am besten gewährleistet. Kryptorchide Tiere haben häufig eine übersteigerte Libido, ohne befruchtungsfähig zu sein (Hengst) oder einen sehr starken Geschlechtsgeruch im Fleisch (Eber, sog. Binneneber), das für den menschlichen Konsum ungeeignet ist. Neben Vögeln gibt es Säugetiere, bei denen die Testes zeitlebens (Elefanten) oder zeitweise (einzelne Nagetiere) im Abdomen verbleiben. Der Kryptorchismus ist überwiegend genetisch verursacht.

Die akzessorischen Geschlechtsdrüsen. Diese sind *Ampulla ductus deferentis, Gl. vesiculosa, Gl. bulbourethralis* und *Gl. prostatica.* Bei Hengsten und Stieren gibt es sämtliche vorerwähnte Drüsen, bei dem Eber fehlt die Ampulla ductus deferentis, bei der Katze Gl. vesiculosa, und beim Hund fehlen Gl. vesiculosa und Gl. bulbourethralis. Die akzessorischen Drüsen bilden zusammen den größten Teil des Sekretes, das Samenplasma, worin die Spermien bei der Ausscheidung aufgeschwemmt sind.

Penis. Das männliche Glied dient beim Begattungsakt der Übertragung der Samenflüssigkeit in den weiblichen Geschlechtsapparat. Form, Größe und Ausbildung der paarigen Schwellkörper weisen große tierartliche Unterschiede auf.

Die Innervation der männlichen Geschlechtsorgane erfolgt durch Rückenmarksnerven und durch Anteile des vegetativen Nervensystems. Eine reichliche arterielle Blutversorgung, ein besonders ausgebildetes Venensystem und Lymphgefäße sind für die spezifischen Funktionen der männlichen Genitale verantwortlich.

2. Die hormonale Regelung der Hodenfunktionen

Die hormonale Regelung der Hodenfunktionen, worunter man einerseits die kontinuierliche Produktion von Spermien und andererseits die Synthese von Hormonen versteht, unterliegt den auf Seite 481 dargelegten Regelmechanismen. Unter dem direkten Einfluß von FSH werden die Samenkanälchen zum Wachstum angeregt. Das ICSH wiederum fördert primär die morphologische Ausbildung der Leydigschen Zwischenzellen, welche das Testosteron bilden. Das Testosteron, welches, wie erwähnt, für die Entwicklung der männlichen Geschlechtsmerkmale und den Geschlechtstrieb bestimmend ist, fördert ferner die Spermienbildung und gleichzeitig das Größenwachstum sowie die Synthesetätigkeit der akzessorischen Geschlechtsdrüsen. Eine schematische Darstellung der hormonalen Regelung der Hodenfunktion ist in der Abbildung 264 aufgezeichnet.

Obwohl die hormonale Regelung der Hodenfunktionen gut bekannt ist, gelingt es in den wenigsten Fällen, mittels einer Hormontherapie spermiogenetische Schäden (z. B. Oligospermie) oder einen Hypogonadismus bleibend zu beheben. Die Erfolglosigkeit einer Korrektur testikulärer Funktionen dürfte insbesondere darin liegen, daß Hodeninsuffizienzen meist zu spät erkannt werden. Eine restitutio ad integrum des geschädigten spermiogenetischen Epithels ist nämlich nicht möglich.

Die Bedeutung des Prolaktins (LTH) für das männliche Tier ist noch unklar. Ähnliches gilt auch für das Ocytocin; wahrscheinlich dürfte es bei der Samenausstoßung durch Anregung der glatten Muskulatur der abführenden Wege zur Kontraktion von Bedeutung sein (Abb. 265). Länger dauernde Zufuhr von Ocytocin führt, wie Untersu-

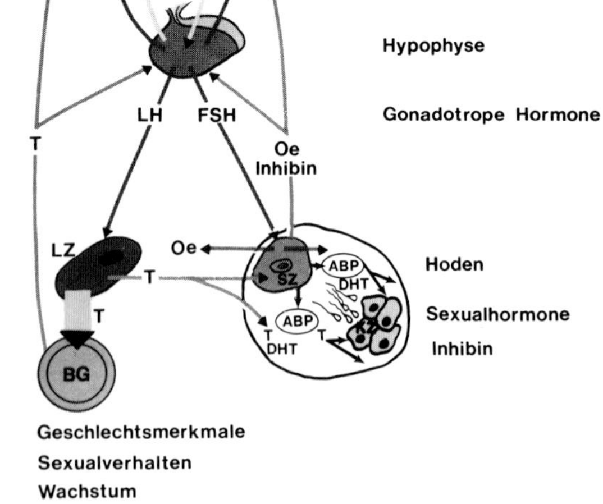

Abb. 264. Neuroendokrine Regulation der Hodenfunktion

chungen an Schafen zeigten, vorerst zu einer Zunahme des Ejakulatvolumens, in der Folge aber zu Störungen in der Spermiohistogenese. Eine wesentliche Bedeutung in der hormonalen Regulation der Testesfunktionen besitzt das Inhibin, das als ein Nichtsteroid erkannt wurde; es hat eine FSH-retinierende Wirkung. Das FSH wiederum stimuliert in den Sertolizellen die Bildung von ABP, das eine hohe Affinität zu Testosteron und Dihydrotestosteron aufweist. Das ABP hält das Testosteron, das episodisch in das periphere Blut sezerniert wird, teilweise im Hoden zurück (Einsparungsfunktion?).

Die männliche Keimdrüsenfunktion wird des weiteren sehr stark von den Fütterungs- und Haltungsverhältnissen bestimmt. Von besonderer Bedeutung sind hierfür essentielle Stoffe, wie Spurenelemente und Vitamine. Von Untersuchungen mit Tritium markiertem Vitamin A bei Bullen und Ebern weiß man, daß das Vitamin sehr rasch nach der Applikation im Ejakulat und auch in den Spermien selbst nachgewiesen werden kann. In den meisten Besamungsstationen wird den Bullen, vor allem während des Winters, Vitamin A zugeführt. Auch Ascorbinsäure ist für eine normale Hodenfunktion wichtig, während das als Fruchtbarkeitsvitamin (bei Ratten führt eine Vitamin E-freie Ernährung zu Fruchtbarkeitsstörungen) bezeichnete Vitamin E bei unseren Haustieren primär zu keinen Funktionsstörungen in den Hoden führt (s. a. Kapitel Vitamine).

Die Haltungsbedingungen können die Hodenfunktionen in einem starken Ausmaß beeinflussen. Bei Bullen und Ebern kann eine ausschließliche Stallhaltung, die auch zu Erkrankungen der Extremitäten disponiert, die Befruchtungsfähigkeit beeinträchtigen. Ferner können auch ein dunkler Stall sowie eine von anderen Tieren isolierte Hal-

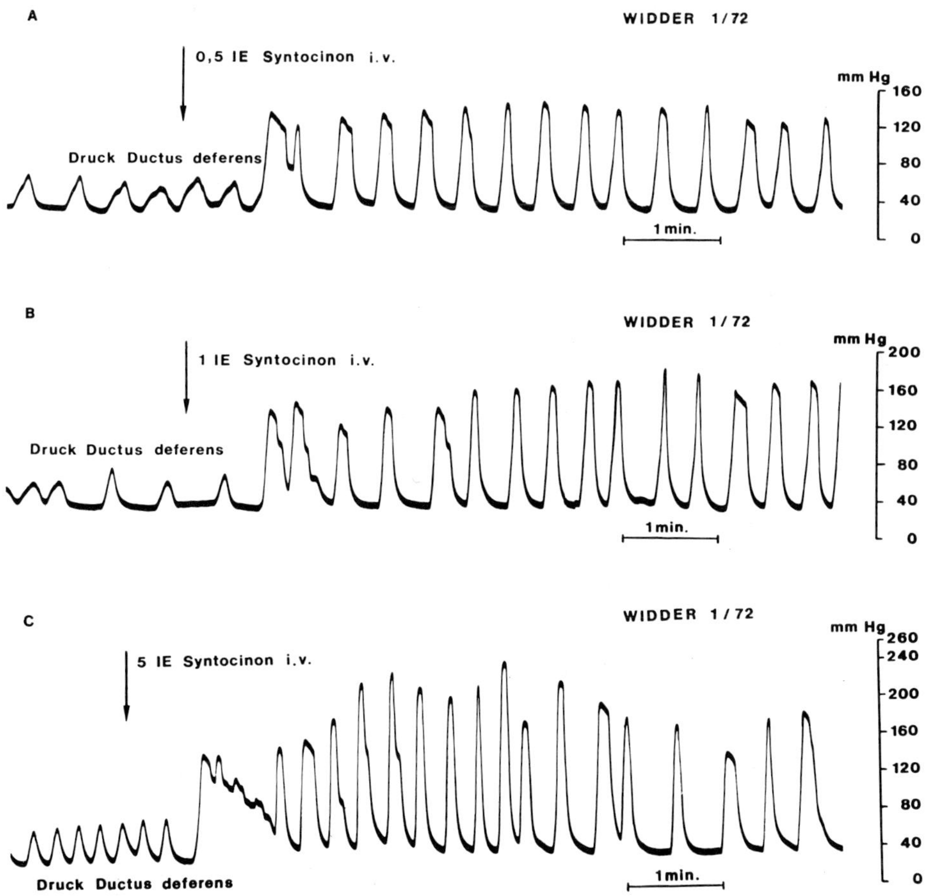

Abb. 265. Samenleiterkontraktionen eines Widders. (STEINGRUBER und ZEROBIN).

Die Kurvenbilder zeigen die dosisabhängige motorische Ansprechbarkeit des Samenleiters auf Ocytocin. (Syntocinon®-Sandoz) tung auf die Hodentätigkeit und auf das Sprungverhalten einschränkenden Einfluß nehmen.

3. Die Samenabgabe (Ejakulation)

Die Samenabgabe ist ein nervös gesteuerter Vorgang, dem die Erektion des Penis vorangeht. Das Ausmaß der Erektion ist von den anatomischen Verhältnissen abhängig. Der Penis des Bullen und des Ebers besteht aus einem größeren Anteil Bindegewebe und einem kleineren Anteil Schwellkörper, so daß während der Erektion nur eine minimale Volumenzunahme eintritt. Anders beim Hengst und Rüden, bei denen aufgrund des reichlich vorhandenen Schwellgewebes eine enorme Vergrößerung des Gliedes eintritt, welche nach Einführung des Penis in die Vagina aufgrund des Berührungsreizes noch verstärkt wird. Bei Tieren mit einem Os priapi (Rüde) ist damit eine zusätzliche Versteifung des Penis gewährleistet. (Das sog. »Hängen« des Rüden nach Abschluß des Deckaktes ist einerseits auf die starke Anschwellung des Penis, andererseits auf eine Schrägstellung des Penisknochens nach dem seitlichen Absteigen des Rüden von der Hündin zurückzuführen. Eine gewaltsame Trennung der Partner wäre als Kunstfehler zu werten, da nach dem Abschwellen des Gliedes sich die Tiere mühelos voneinander trennen können.)

Der eigentliche Erektionsvorgang wird von einem *Zentrum im Lumbal- und Sakralmark* gesteuert. Der Vorgang kann reflektorisch durch mechanische Einwirkung auf *Glans penis, Urethra* und *Scrotum* und starke Füllung des *Nebenhodens* mit Samen ausgelöst werden. Die afferenten Bahnen zum genannten Zentrum führen durch N. dorsalis penis und N. pudendus. Die efferenten Bahnen gehen durch den parasympathischen Nerven, N. erigens, dessen Fasern vom 1.–3. Sakralsegment ausgehen. Die Reizung dieses Nervs hat die Erektion des Penis zur Folge. Für die Auslösung des Erektionsvorganges sind auch Impulse von supraspinalen Zentren von Bedeutung; wenn man das Spinalmark kranial vor dem Erektionszentrum durchschneidet, kann die Erektion überhaupt nicht oder nur schwer reflektorisch ausgelöst werden. Es besteht außerdem kein Zweifel darüber, daß der Erektionsvorgang psychisch beeinflußt wird.

Der Erektions- und Ejakulationsvorgang bringt für den Organismus eine enorme Kreislaufbelastung. Nach Lewis et al. (1968) steigt während der Ejakulation beim Stier der Druck im Penis bis auf 2172 mm Hg (288,9 kPa), beim Eber erhöht sich die Herzschlagfrequenz bis auf 320 Schläge pro Minute, und der arterielle Blutdruck in der A. coccygea erreicht Werte bis 280 mm Hg bzw. 37,2 kPa (Zerobin, unveröffentlichte Untersuchungen). Ähnliche Kreislaufverhältnisse kennt man auch beim Mann. Es ist daher nicht verwunderlich, daß während der Kopulation (geschlechtliche Vereinigung) bei insuffizienten Herz- und Kreislaufbedingungen Tod durch Kreislaufversagen eintreten kann (vorwiegend bei Ebern und Rüden, auch beim Mann, beobachtet).

Die *Entleerung des Samens,* die *Ejakulation,* ist das Resultat von Kontraktionswellen der glatten Muskulatur des ausführenden Systems, beginnend im Epididymis und fortlaufend durch Ductus deferens und Sinus urogenitalis. Gleichzeitig findet eine Kontraktion der Wand der Gl. vesiculosa und der glatten Muskulatur der Prostata statt, wodurch deren Sekrete mit dem Samen gemischt werden. Wenn der gemischte Samen die Urethra erreicht, wird er durch Kontraktion des M. ischiocavernosus und des M. bulbocavernosus entleert.

Der Ejakulationsvorgang wird von einem oder mehreren Zentren im Lumbal- und Sakralmark gelenkt. Er kann durch mechanische Beeinflussung der Glans penis reflektorisch ausgelöst werden. Die afferenten Bahnen in diesem Reflexbogen ziehen durch N. pudendus und die efferenten durch den N. erigens und N. hypogastricus. Der Ejakulationsvorgang kann auch durch elektrische Stimulierung des Lumbal-Sakralmarks ausgelöst werden, und zwar durch **Einführen** einer zweipoligen Elektrode ins Rectum. Ein solches Verfahren hat man zur Samengewinnung für die künstliche Samenübertragung benutzt.

Die Dauer des Begattungsvorganges wechselt von Art zu Art. Beim Rind und Schaf dauert er weniger als 1 Minute, beim Pferd etwas länger und beim Schwein mehrere Minuten. Beim Hund dauert die Begattung bis zu einer halben Stunde.

Bei Kuh, Schaf und Ziege wird der Same am dorsalen Scheidengewölbe, bei der Hündin und Stute durch den innigen Kontakt des vorderen Penisendes mit dem äußeren Muttermund teilweise direkt in den Zervikalkanal und beim Eber durch schraubenförmiges Einführen des korkzieherartig gewundenen Penisendes in den Muttermundkanal direkt in den Uterus eingebracht.

4. Die Samenbildung (Spermiogenese) und die Morphologie der Spermien

Schon etwas vor Beginn der Geschlechtsreife, bei den meisten Tieren im Alter von 3–5 Monaten, beginnen die ersten Teilungsvorgänge an den bisher »ruhenden« Gonozyten, das sind die in den Tubuli seminiferi wandständigen Spermienentwicklungszellen. Die Teilungen setzen unter dem Einfluß allmählich ansteigender Gonadotropinproduktion durch die Hypophyse ein.

Die Spermiogenese kann in eine Phase der Zellvermehrung, die gleichzeitig mit mikrohistologischen Veränderungen verbunden ist, unterteilt werden. Man spricht deshalb von einer *Spermiozytogenese* und von einer *Spermiohistogenese*.

Vorerst teilt sich der wandständige Gonozyt (Stammspermatogonie) mitotisch in 2 A-Spermatogonien, wobei die eine Zelle wandständig ruhend verbleibt, während sich die andere A-Spermatogonie in 2 I-Spermatogonien (= Intermediär-S.) und diese weiterhin mitotisch in B_1-, dann in B_2-Spermatogonien aufteilen. Letztere teilen sich

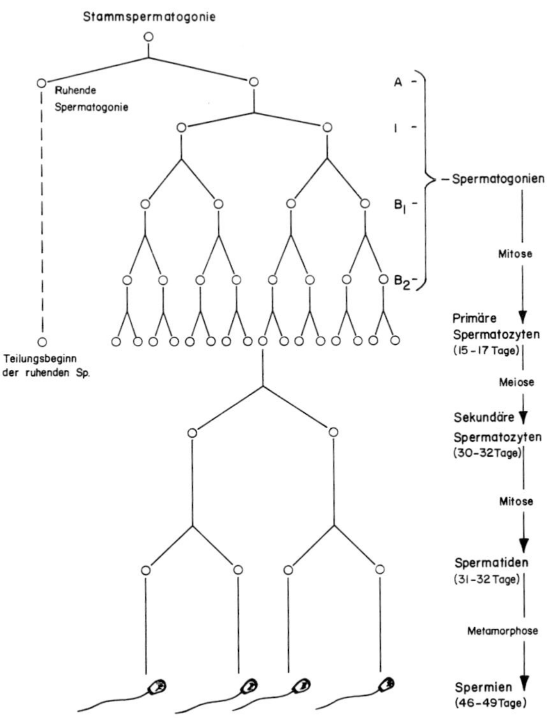

Abb. 266. Schema der Spermiogenese beim Widder. (Nach White, 1962)

wiederum mitotisch in sog. primäre Spermatozyten. Nun teilen sich diese meiotisch in sekundäre Spermatozyten — sie besitzen nun den haploiden Chromosomensatz —, die sich nochmals teilen und deren Teilungsprodukte als Spermatiden bezeichnet werden. Die Teilungsvorgänge sind damit abgeschlossen (s. Abb. 266). Die nachfolgenden Reifungsvorgänge betreffen nun die Ausbildung der einzelnen Formelemente der Spermien. Sie finden ihren vorläufigen Abschluß während der Speicherung im Nebenhoden und ihre endgültige Befruchtungsfähigkeit im weiblichen Genitale (s. Abschnitt Befruchtung, S. 509) nach deren Ejakulation.

Nach Untersuchungen von Leidl (1968) können bei den bisher untersuchten Säugetieren in den einzelnen Tubulusabschnitten zyklisch ablaufende Spermiogenesewellen festgestellt werden, die für jede Tierart typisch sind. Sie lassen sich innerhalb eines Tubulusabschnittes in Richtung Tubulusmitte (sog. Stadien) kreisförmig (sog. Phasen) und längs der Tubuli (sog. Segmente) verfolgen, die durch unbekannte Faktoren gesteuert werden dürften. Dadurch bilden sich typische Zellassoziationen, die von verschiedenen Untersuchern unterschiedlich bezeichnet werden (Ortavant, 1956, bezeichnet 8 Stadien, Leblond und Clermont, 1952, 12 verschiedene Stadien). Die einzelnen Ordnungsprinzipien sollen durch Synchronisations- und Koordinationsfaktoren erreicht werden (Leidl, 1968). Dabei dürften die Sertolizellen, die für die Ernährung der Spermatozyten notwendig und auch einer gewissen zyklischen Transformation unterworfen sind, Bedeutung haben.

Wie stark das vegetative Nervensystem bei der Steuerung der Spermiogenesewellen mitbeteiligt ist, kann heute noch nicht gesichert beurteilt werden. Eine Verabreichung von Parasympathikomimetika führt jedenfalls zu einer gesteigerten Spermienbildung, und nach Grenzstrangresektionen wurden Hypo- und Oligospermien beobachtet. Es wird angenommen, daß die im Hoden vorhandenen Nervenfasern vor allem der vasomotorischen Regulierung dienen; möglicherweise stehen auch die Leydig-Zellen unter ihrer Kontrolle (Setchell, 1978).

Für die histogenetische Differenzierung der Spermatiden werden sämtliche zellulären Einschlüsse (Kern, Golgi-Körperchen, Mitochondrien, Zentriolen) verwendet. Aus dem Zellkern bildet sich der Kopf des Spermiums und aus einer, der proximalen, Zentriole der Spermienschwanz.

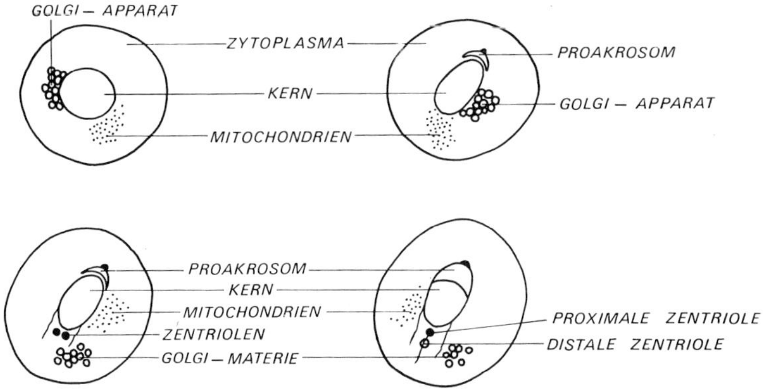

Abb. 267. Schema der Spermiohistogenese

Die übrigen morphologischen Anteile des Spermiums gehen aus den oben erwähnten Anteilen hervor (Abb. 267). Die Golgi-Materie und Mitochondrien lagern sich nach Abflachung des Kerns mehrheitlich an der Basis des Kerns um die Zentriolen an. Der Akroblast (Proakrosom), aus dem Golgi-Apparat hervorgegangen, umgibt das vordere Kopfende und breitet sich dort aus. Zwischen den beiden Blättern befindet sich die sog. akrosomale Substanz, die vor allem ein für die Durchdringung der Eihüllen notwendiges Enzymsystem zum Inhalt hat. Der Schwanz, durch eine Art Gelenkscheibe mit der Kopfbasis locker verbunden, ist fibrillär aufgebaut, besteht aus 2 Axialfibrillen und je 2 konzentrisch angeordneten Fibrillensträngen, welche aus je 9 einzelnen Fibrillen bestehen (s. Abb. 268, 269, 270). Die Fibrillenstränge sind von der sog. Mitochondrienscheide umgeben, die, strangförmig um den Schwanz gewunden, im mittleren Schwanzteil stärker ausgebildet ist. Das Mittelstück wird durch den Schlußring nach Jensen (Terminalring) abgeschlossen. Das Hauptstück des Schwanzes ist ebenfalls von einer fibrillären Scheide umgeben; sie fehlt im verjüngten Endstück des Schwanzes. Kopf und Schwanz sind von einer Membran aus Phospholipiden umhüllt.

Die Dauer der Spermiogenese bis zur Enddifferenzierung der Keimzellen kann mittels markierter Stoffe (z. B. Thymidin) bestimmt werden, die in die DNS der Spermien eingebaut werden. Nach diesen Bestimmungen dauert die Spermiogenese bei Wiederkäuern rund 49 Tage, bei den übrigen

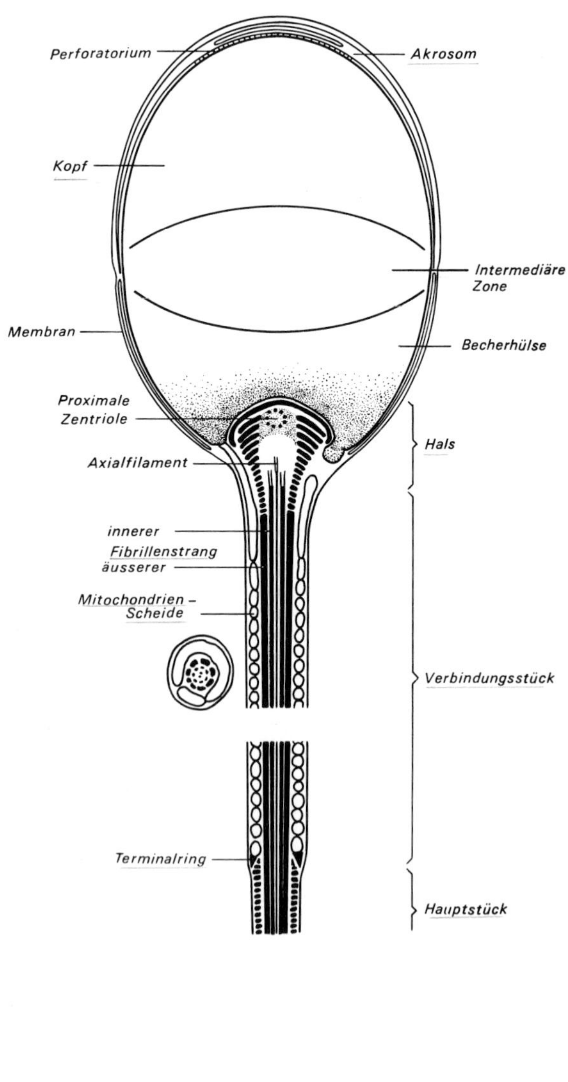

Abb. 268. Schematische Darstellung eines Stierspermiums, gezeichnet nach einer elektronenoptischen Aufnahme. (Nach Blom und Birch-Andersen, 1960 und 1965).

Die proximale Zentriole ist im Querschnitt, die übrigen Elemente des Spermiums im Längsschnitt dargestellt. Links im Bild ist das Verbindungsstück im Querschnitt wiedergegeben

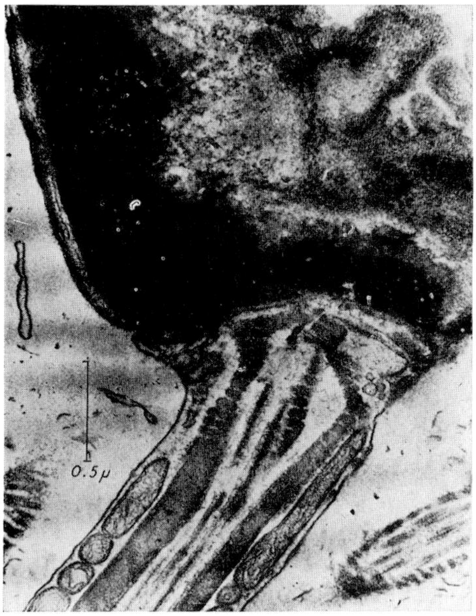

Abb. 269. Elektronenmikroskopische Abbildung vom Basisteil eines Spermiumkopfes und vom Anfangsteil eines Spermiumschwanzes des Stieres. (Blom, 1969)

Die Abbildung zeigt im Schwanzteil von außen nach innen die Zellmembran, die gewundene Mitochondrienscheide, den äußeren und inneren Fibrillenstrang sowie die Axialfibrillen. An der Kopfbasis erkennt man den Feinbau des Schwanzansatzes (sog. Implantationsregion)

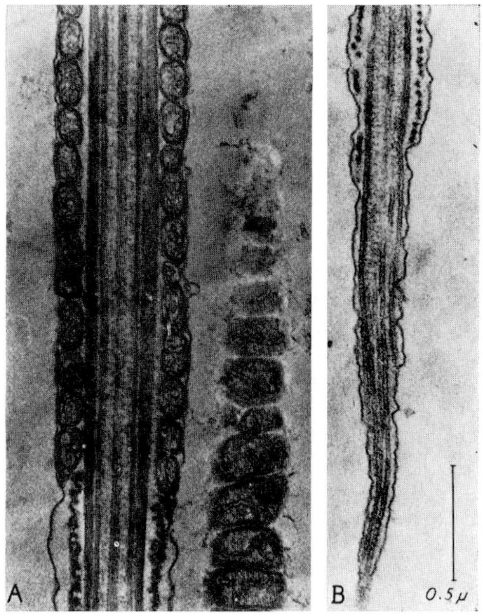

Abb. 270. Elektronenmikroskopische Abbildung des Spermiumschwanzes eines Stieres. (Blom, 1969)

A = Verbindungsstück, **B** = Endstück des Schwanzes. In A ist anhand eines Längsschnittes der Übergang des Mittelstücks in das Hauptstück des Schwanzes wiedergegeben. Die Abb. B zeigt den Übergang des Hauptstückes in das Endstück des Schwanzes

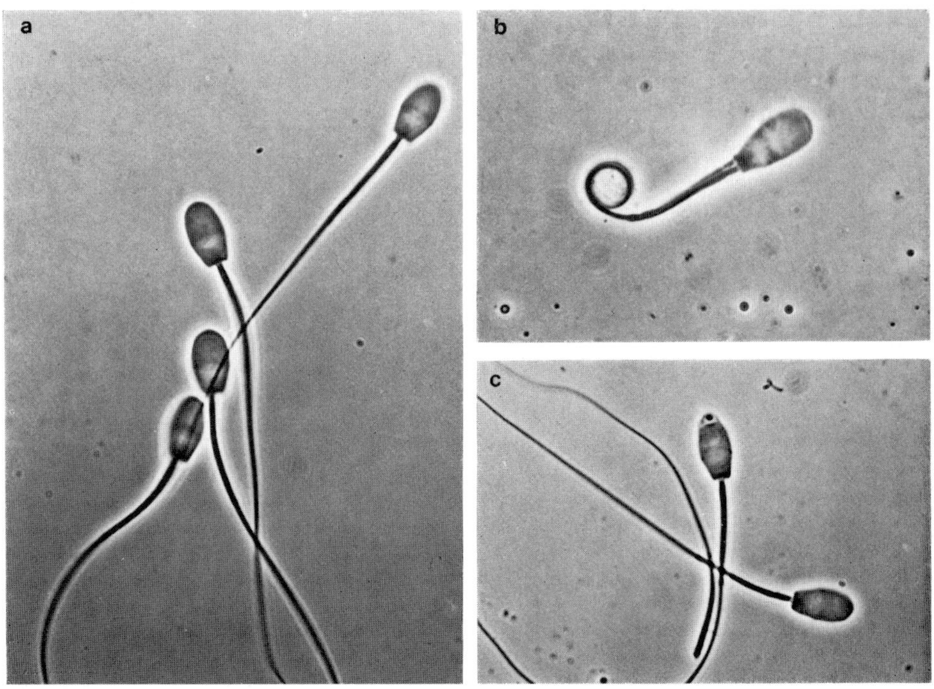

Abb. 271. Normale Spermien eines Ebers (**a**). Morphologisch abnorme Spermien eines Widders: Ausgestülpte Kopfbasis, doppeltes Verbindungsstück und persistierender Zytoplasmatropfen mit Schwanzverkrümmung (**b**) sowie persistierendes Akrosom (**c,** Bildmitte)

Haustieren etwas weniger lang. Die Nebenhodenwanderung der Spermien vom Nebenhodenkopf bis zum Nebenhodenschwanz dauert 2–3 Wochen.

Während der Spermiogenese ändert sich die chemische Zusammensetzung, insbesondere die des Spermienkopfes, des Trägers der genetischen Information und des Geschlechts. Während die Kerne von Spermienentwicklungszellen vor allem Ribonukleinsäure (RNS = RNA) enthalten, besteht der Kopf chemisch vor allem aus an Protein gebundener Desoxyribonukleinsäure (DNS = DNA) (aufgrund des RNS- bzw. DNS-Gehaltes kann man auf das Alter der Spermien schließen). In der Kopfkappe finden sich neben verschiedenen für die Befruchtung notwendigen Enzymen (u. a. Akrosin, Glykosidasen, Neuraminidasen, Hyaluronidase, Arylphosphatase) proteingebundene Polysaccharide. Der Schwanz enthält die für den Stoffwechsel der Spermien wichtigen Plasmalogene, Adenosintriphosphat und Enzyme (Cytochromoxidase, Dehydrogenasen, Aldolasen, ATPase, Hexokinase, Phosphohexoisomerase) sowie Mineralien und Spurenelemente (Übersicht bei Mann und Lutwak-Mann, 1981).

Im Nebenhoden werden die Spermien weiter ausgereift. Worin diese Ausreifung im einzelnen besteht, ist heute noch nicht ganz geklärt, aber sicherlich ein androgenabhängiger Vorgang. Das sichtbarste Merkmal dieser Maturation ist der Verlust des Zytoplasmatropfens, welcher dem Spermienschwanz an irgendeiner Stelle, meist im proximalen Abschnitt, anhaftet und vom Golgi-Apparat abstammt. Freie Zytoplasmatropfen können in jedem Ejakulat angetroffen werden.

Die Beurteilung der morphologischen Beschaffenheit der Spermien ist für eine Aussage über deren Befruchtungsfähigkeit sehr wichtig. Man unterscheidet morphologische Anomalien, die während der Spermiogenese in den Hoden auftreten (sog. Primärdefekte), und Veränderungen, die während der Nebenhodenwanderung und während bzw. nach der Ejakulation (sog. Sekundärdefekte) auftreten. Ein gut befruchtungsfähiges Ejakulat soll nicht mehr als 15 % abnorme Spermien enthalten.

5. Das Ejakulat

Das Gesamtejakulat besteht aus einem zelligen und aus einem plasmatischen Anteil. Der zellige Part setzt sich aus Spermien und zu einem geringfügigen Teil aus abgestoßenen Zellen des gesamten Genitaltraktes zusammen; er beträgt je nach Tierart 3–12 % des Gesamtejakulates (sog. Spermatokrit). Folgende Zellen und Zellanteile können in einem Ejakulat vorgefunden werden: Spermienentwicklungszellen, Sertolizellen, Oberflächenepithelien des Nebenhodens (darunter wimpertragende Zellen vornehmlich aus dem Nebenhodenkörper, sog. Medusazellen), oberflächliche Zellen der Geschlechtsanhangdrüsen und der Harnröhre, freie Protoplasmatropfen, unter pathologischen Verhältnissen auch Leukozyten, Erythrozyten und desquamierte Zellen des Urogenitaltraktes.

Das Samenplasma besteht zum größten Teil aus den Sekreten der akzessorischen Geschlechtsdrüsen, aber auch etwas aus solchen der Testes und der Epididymis.

Die paarigen **Samenblasen** (Gl. vesiculosa), die nur beim Pferd und Kaninchen blasig, sonst aber als fest-kompakte Drüsen mit zum Teil gelappter Oberfläche ausgebildet sind, sekretieren bei den meisten Tieren den Hauptanteil des Samenplasmas und der Nährstoffe. Dieses Organ kann beim Stier durch das Rektum mit der Hand palpiert werden. Das Samenblasenepithel besteht aus glykogen- und lipidhaltigen Zylinderzellen und Basalzellen. Die sekretorische Tätigkeit der erwähnten Zellen unterliegt dem Einfluß von Testosteron.

In der Samenblase werden Substanzen gebildet, die sonst in keiner Körperflüssigkeit anzutreffen sind. Allen voran wäre die *Fruktose* zu nennen, die im Ejakulat von Stieren in einer Konzentration von 500–1000 mg% vorhanden ist. *Zitronensäure* wird bei den Haustieren hauptsächlich in der Samenblase, beim Mann vorwiegend in der Prostata gebildet. Sie stellt ebenfalls eine Nahrungsreserve dar, scheint aber auch eine Rolle hinsichtlich der Kalziumbindungsfähigkeit des Samenplasmas zu spielen. Im Ejakulat des Rüden sind fast keine Fruktose und Zitronensäure vorhanden, vermutlich deswegen, weil bei dieser Tierart die Samenblasen und auch die Cowpersche Drüse fehlen. *Inositol* ist in größeren Mengen nur beim Eber vorhanden. Die schwefelhaltige Base *Ergothionein* wird beim Eber ebenfalls vorwiegend in den Samenblasen, beim Hengst in den dem Eber fehlenden Samenleiterampullen, synthetisiert (Ejakulatgehalt an Ergothionein ca. 1000 mg%; s. Tab. 81).

Ferner werden in den Samenblasen hauptsächlich E- und F-Prostaglandine synthetisiert, aber in sehr unterschiedlichen Mengen bei den einzelnen

Tab. 81. Ungefährer Gehalt des Samens und Samenplasmas an einer Anzahl organischer und anorganischer Stoffe. Sämtliche Werte sind mg pro 100 ml

	Samen				Samenplasma
	Eber	Hengst	Widder	Stier	Stier
Trockensubstanz	4600	2400	14800	9486	
Cl	328	264	87	371	175
Na	646	68	103	109	258
K	243	62	71	288	172
Ca	5	20	9	34	37
Mg	11	3	3	12	8
P (anorg.)	5	17	12	9	—
Lipoid-P	6	—	875	9	—
Total-N	613	167	57	756	877
NPN	22	55	40	48	—
Inosit	600	—	137	60	35
Zitronensäure	129	50	247	720	713
Fructose	13	2	36	500	529
Milchsäure	27	12	5	35	—
Ascorbinsäure	4	1		6	9

Tierarten. Über die physiologische Bedeutung der Prostaglandine im Ejakulat ist man sich noch keineswegs im klaren. Während beim Mann Beziehungen zwischen niedrigem Prostaglandingehalt und Subfertilität bestehen, fehlen entsprechende Untersuchungen beim Tier. Es sind Anhaltspunkte dafür vorhanden, daß die Prostaglandine Beziehungen haben zur testikulären glatten Muskulatur (Samenkanälchen, Blood flow, Ejakulation), zur Spermiogenese, und im weiblichen Genitale den Spermientransport unterstützen. Prostaglandin $F_{2\alpha}$ einmalig verabreicht, erhöht beim Bullen die LH- und Testosteronkonzentration im peripheren Blut. In kleineren Mengen werden Prostaglandine in anderen Anteilen des männlichen Genitale, vor allem in Testis und Epididymis gebildet.

Die **Prostata** oder Vorsteherdrüse, die besonders beim Hund gut ausgebildet ist und wie beim Mann zu Erkrankungen neigt, bildet ein Sekret mit einem hohen Gehalt an saurer Phosphatase und Glukuronidase, daneben Zitronensäure, bei einzelnen Tieren ebenso Fruktose und ein Spermien-Antagglutinin.

Die **Cowpersche Drüse** (Bulbourethraldrüse, Harnröhrenzwiebeldrüse), von allen Haustieren beim Schwein am größten angelegt, bildet ein muzinreiches Sekret, das während, beim Schwein vor allem am Ende der Ejakulation, dem Samen beigemengt wird (beim Schwein wird dadurch der Zervikalkanal verschlossen und so ein Samenrückfluß verhindert); dieses gelatinöse Endsekret enthält viel *Sialsäure* (26,6 %).

Im weiteren Sinne müssen die **Nebenhoden** und die **Samenleiterampullen** als akzessorische Geschlechtsdrüsen angesehen werden. Die Nebenhoden bilden bei allen Haustieren einen hohen Anteil an *Glyzerylphosphyrylcholin* und sondern auch Spurenelemente sowie Mineralien ab. Die Samenleiterampullen sekretieren, sofern vorhanden, etwas Fruktose und Zitronensäure.

Tab. 82. Ungefähre Größe des Ejakulats, der Spermiendichte und des pH-Wertes des Samens bei verschiedenen Säugetieren

Art	Ejakulat ml	Anzahl Spermien pro µl	pH
Stier	4–8	1000000	6,2–6,8
Widder	0,5–2	2500000	6,2–6,8
Hengst	30–200	100000	7,2–7,8
Eber	150–500	100000	7,2–7,6
Hund	2–15	200000	6,6–6,8
Kaninchen	0,3–1,5	700000	6,6–7,5
Hahn	0,2–1,5	4000000	6,3–7,8

Die **Ejakulatvolumina** und **Spermiendichten** (Tab. 82) variieren nicht nur zwischen den Tierspezies, sie sind auch von der Art der Samenentnahme, vom Alter und Gesundheitszustand der Tiere und von Reizen abhängig, die über das ZNS aufgenommen werden. Einen gesunden Organismus und eine normale Spermiogenese vorausgesetzt, bestimmt das sexuelle Vorspiel die Spermiendichte im hohen Grade. Während der sexuellen Vorbereitung kommt es zu einem Samentransport vom Nebenhoden in die Samenleiterampullen, wodurch die Samendichte bei der anschließenden Ejakulation verbessert wird. Beim Stier tropft während dieser Phase das sog. Vorsekret, bestehend aus Sekreten der akzessorischen Geschlechtsdrüsen, vornehmlich der Prostata, ab, das eine gewisse »Reinigung« der Harnröhre bedingt. (Dieses Vorsekret hat einen pH-Wert, der für Stierenspermien ungünstig ist.) Da der größte Teil eines Ejakulates aus Sekreten der Geschlechtsanhangdrüsen besteht, kann man in den Ejakulatvolumina ein Maß für die Sekretionsfähigkeit der entsprechenden Drüsen und auch ein Maß für die androgene Wirkung des Testosteron erkennen (bei kastrierten Tieren degenerieren die akzessorischen Geschlechtsdrüsen). Ejakulatmengen und Samendichte sind für die Erreichung guter Befruchtungsergebnisse von großer Bedeutung. In einem normalen Ejakulat befinden sich stets eine gewisse Anzahl von Spermien, die nicht mehr oder noch nicht befruchtungsfähig sind. Es handelt sich entweder um gealterte Spermien, bei denen bereits intrazelluläre, vor allem das Enzymsystem betreffende Veränderungen eingetreten sind, oder um noch nicht ganz ausgereifte Spermien, denen noch der Zytoplasmatropfen anhaftet (Spermien mit Proximal- oder Distaltropfen, s. Abb. 271). Gealterte Spermien werden z. T. durch Makrophagen (sog. Wendelinzellen) phagozytiert; zum Teil werden Spermien beim Urinieren abgesetzt (Harn von Rüden enthält immer einige Spermien). Unter pathologischen Verhältnissen kann es durch eine sog. Spermatorrhoe zu einem ständigen Samenverlust und zur Unfruchtbarkeit kommen. Bei einer länger dauernden starken Sexualbeanspruchung sinken Samenmenge und -dichte stark ab. Jüngere Tiere haben niedrigere Samendichten und -mengen.

Tab. 83. Die wichtigsten Kriterien eines Spermiogrammes

Samenmenge (ml)	Spermatokrit (in %)
Geruch	Methylenblaureduktionszeit (in Minuten)
Farbe	
Konsistenz	Fruktosegehalt in mg %
pH-Wert	Katalasezahl
Massenbewegung	Zellige Ejakulatbeimengungen
Einzelbewegung	Refraktometerwert des Samenplasmas
Lebend-tot-Färbung (in %)	Normale Spermien (in %)
Samendichte (pro ml)	Abnorme Spermien (in %)

Die Bestimmung der Samenmenge und -dichte ist ein wichtiges Hilfsmittel für die Beurteilung der Befruchtungsfähigkeit eines Ejakulates. In der Tabelle 83 sind die wichtigsten Untersuchungen angegeben, welche für die Prüfung der Befruchtungsfähigkeit eines Ejakulates von Bedeutung sind.

Die Ejakulate von Haustieren sind ohne spezifischen Geruch. Die Farbe ist weißlich; bei Wiederkäuern ist die Farbe etwas von der Futterzusammensetzung abhängig (relativ hoher Flavingehalt bedingt gelbe Farbe). Die Entfärbungszeit von Methylenblau wird um so kürzer sein, je dichter ein Ejakulat und je größer der Prozentsatz an lebenden Spermien ist. Da in einem normalen Ejakulat fast keine Katalase vorhanden ist, wird bei Zugabe von Wasserstoffsuperoxyd kein Sauerstoff abgespalten. In Anwesenheit von katalasehaltigen Zellen wird vermehrt Sauerstoff frei (erhöhte Katalasezahl ist Ausdruck des »Reinheitsgrades« eines Ejakulates). Anhand eines Spermiogramms kann man die Befruchtungsfähigkeit eines männlichen Tieres mit großer Sicherheit abschätzen.

6. Stoffwechsel und Motilität der Spermien

Der Stoffwechsel der Spermien umfaßt im wesentlichen zwei Vorgänge, die zur Energiegewinnung führen, nämlich den Abbau von Zucker (Glykolyse) und die Respiration. Als Energiequellen stehen die intrazellulären Nahrungsreserven, die allerdings geringfügig sind, die Sekrete der akzessorischen Geschlechtsdrüsen und nach der Insemination in das weibliche Genitale Substrate des weiblichen Geschlechtsapparates zur Verfügung. Aufgrund der Stoffwechseltätigkeit sind die Spermien in der Lage, sich zu bewegen und damit ein Ovum zu befruchten. Bewegungslose Spermien sind befruchtungsunfähig.

Die Spermienmotilität ist eng mit dem Stoffwechsel korreliert, d. h. vom metabolischen Substrat und dem Metabolierungsvermögen der Spermien abhängig. Im Nebenhoden z. B. sind die Spermien aufgrund des hohen CO_2- und des niedrigen O_2- sowie des Fruktosegehaltes ohne Bewegung. Als weitere Ursachen ihrer Bewegungslosigkeit wären zu nennen: große Spermiendichte, hoher K^+-Gehalt und möglicherweise bewegungsblockierende Substanzen. Verbringt man aber Nebenhodenspermien in ein O_2-haltiges Milieu, verlieren sie augenblicklich ihren sog. anabiotischen Zustand.

Normale Spermien bewegen sich mit einer Geschwindigkeit von 4–6 mm/Minute fort (sog. Vorwärtsbewegung), indem die Spermienschwänze rhythmische, peitschende Bewegungen ausführen. Der Bewegungsvorgang hat seinen Ursprung an der Kopfbasis, wobei angenommen wird, daß sich in der proximalen Zentriole eine Art Schrittmacher befindet, von dem die Schwanzbewegung ihren Ausgang nimmt (vom Kopf getrennte Spermienschwänze können beweglich bleiben; ein bekannter hereditärer Defekt bei Guernsey-Bullen). Voraussetzung für den Bewegungsvorgang ist ein intakter kontraktiler Apparat im Spermienschwanz. Der äußere Fibrillenstrang soll die hauptsächlichsten kontraktilen Elemente beherbergen, während die neun inneren Fibrillen der Erregungsleitung dienen sollen (HAFEZ, 1962). Eine weitere Besonderheit der Spermienbewegungen ist, daß sie sich gegen einen Flüssigkeitsstrom bewegen und einem bestimmten chemischen Milieu zuwandern; man spricht hierbei von positiver Rheotaxis.

Betrachtet man einen unverdünnten Tropfen eines Ejakulates auf einem gewärmten Objektträger, kann man eine intensive Beweglichkeit feststellen, die der eines Fischschwarmes ähnlich ist. Man spricht von einer sog. Massenbewegung, die einerseits von der Bewegungsintensität der Spermien und andererseits von der Spermiendichte abhängig ist. Verdünnt man ein Ejakulat mit einer Verdünnerlösung (z. B. 0,95%ige Kochsalzlösung) kann man bei entsprechender Vergrößerung die Bewegungsarten der einzelnen Spermien beobachten. In einem qualitativ guten Ejakulat sollen wenigstens 80 % der Spermien eine Vorwärtsbewegung zeigen.

Ungeachtet der Quelle, aus der die Energie stammt, wird sie mittels energiereicher Phosphatverbindungen als Adenosintriphosphat (ATP) und

Tab. 84. Schema der Energiegewinnung von Spermien. (Nach HAFEZ, 1962).

Das Schema gibt die wichtigsten Abbaustufen der im Samenplasma vorhandenen Fruktose, Sorbitol und GCP sowie des intrazellulären Plasmalogens wieder. Da beim Plasmalogenabbau intrazellulär O_2 verbraucht wird, spricht man von sog. endogener Atmung (nachweisbar mit gewaschenen Spermien). Der O_2-Verbrauch beim Sorbitol-Abbau und beim Krebs-Zyklus wird als exogene Atmung bezeichnet

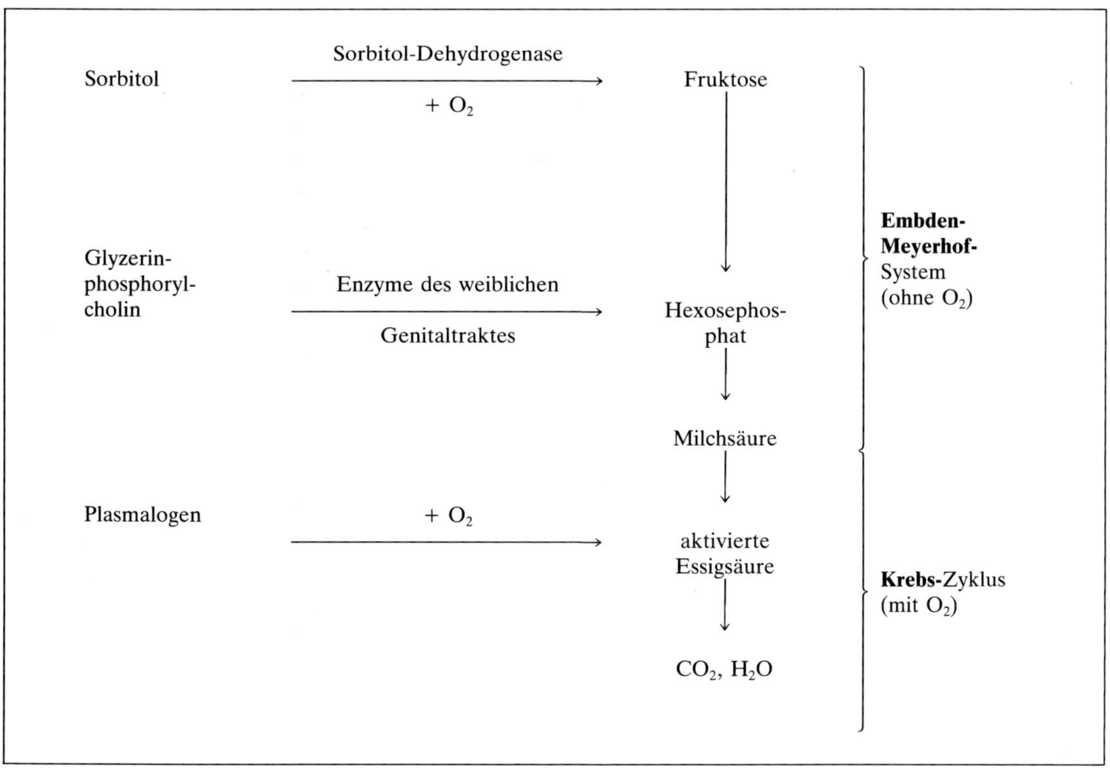

auch als Kreatinphosphat übertragen. Die unmittelbare Energiequelle zur Eigenbewegung der Spermien ist zweifelsohne das ATP. Die wichtigsten Nährstoffe sind Fruktose, Glyzerinphosphorylcholin (GPC), Sorbitol und das intrazelluläre Plasmalogen. Als weitere oxidable Verbindungen zur Energiegewinnung kommen aber auch die meisten übrigen Inhaltsstoffe des Samenplasmas in Frage (z. B. Zucker, Alkohole, organische Säuren).

Die Fruktose wird unter anaeroben Verhältnissen über das Embden-Meyerhof-System vorerst zu Pyruvat und weiter zu Milchsäure unter Energiefreisetzung abgebaut (sog. anaerobe Fruktolyse; Tab. 84).

Unter natürlichen Verhältnissen dominiert infolge des verhältnismäßig niedrigen Sauerstoffdruckes im Sekret des Uterus und Oviducts die anaerobe Phase, während der als Endprodukt Milchsäure entsteht. Obwohl das Samenplasma eine gewisse Pufferungskapazität besitzt, sinkt dadurch der pH-Wert mit zunehmendem Milchsäureanfall ab, wodurch die Intensität der Spermienbewegung abnimmt.

Mißt man den Fruktosegehalt einer frischen Samenprobe (sog. Anfangsfruktosegehalt) und nach einer bestimmten Inkubationsdauer in einem sauerstofffreien Milieu, kann man damit den Fruktoseverbrauch pro Zeiteinheit errechnen. Dieser wird als sog. Fruktolyseindex (FI) bezeichnet und gibt die verbrauchte Fruktosemenge von 10^9 Spermien während 1 Stunde bei 37 °C wieder. Wird bei derselben Versuchsanordnung Sauerstoff zugeführt, wird weniger Fruktose verbraucht, da die bei der Fruktolyse anfallende Milchsäure weiter abgebaut werden kann. Dieser Fruktoseminderverbrauch kann als Meyerhof-Oxidationsquotient erfaßt werden und wird auch als sog. Pasteur-Effekt bezeichnet. Unter anaeroben Bedingungen werden von 10^9 Bullenspermien/l Stunde/37 °C ca. 1,5–2,0 mg, von der entsprechenden Anzahl Eberspermien ca. 0,2–1,0 mg Fruktose verbraucht. Neben Fruktose kann in gleicher Weise auch Glukose, Mannose und Sorbitol abgebaut werden.

Der Fruktoseabbau ist ein Maß für die Vitalität der Spermien; er gibt aber nur bedingt Aufschluß über die Befruchtungsfähigkeit der Spermien, denn auch morphologisch abnorme Spermien können eine normale Fruktolyse besitzen.

Der Sauerstoffverbrauch der Spermien kann mittels eines Warburg-Manometers gemessen werden; 10^9 Spermien verbrauchen während 1 Stunde bei 37 °C ca. 5–20 µl O_2 (endogener und exogener O_2-Verbrauch).

Ein weiteres Maß für die Stoffwechseltätigkeit der Spermien ist die Entfärbungsgeschwindigkeit von Methylenblau (Reduktion zu Leukomethylenblau durch Wasserstoffaufnahme mittels wasserstoffübertragender Fermente).

7. Samenkonservierung und künstliche Besamung

Durch Zugabe von bestimmten Verdünnungsmedien zu einem Ejakulat ist es möglich, die Lebens- und Befruchtungsfähigkeit der Spermien über eine kürzere oder längere Zeitspanne hinweg aufrechtzuerhalten. Im Prinzip besteht die Konservierung von männlichen Keimzellen darin, durch Anwendung von niedrigen Temperaturen und Lösungen bestimmter chemischer Zusammensetzung den Metabolismus der Spermien reversibel zu reduzieren oder weitestgehend aufzuheben. Die Verdünnermedien müssen vor allem den osmotischen Verhältnissen und den optimalen Wasserstoffionenkonzentrationen der entsprechenden tierartlichen Ejakulate entsprechen. Folgende Konservierungsmethoden werden heute angewendet:

a) Aufbewahrung bei Kühlschranktemperatur. Unmittelbar nach der Samengewinnung mittels einer künstlichen Scheide wird zum Ejakulat fraktioniert eine Konservierungslösung beigegeben. Anschließend erfolgt eine gleichmäßige, langsame Abkühlung des verdünnten Ejakulates (Verhinderung eines Kälteschocks). Bei einer Kühlschranklagerung von +4 bis +6 °C kann die Befruchtungsfähigkeit je nach Tierart 2 bis 4 Tage, ausnahmsweise auch etwas länger, erhalten bleiben.
   Für die sog. Frischsamenkonservierung werden zumeist dotterhaltige Verdünner verwendet, z. B. Eidotterphosphatpuffer nach Phillips ($0{,}2\,g\ Na_2HPO_4 \times 12H_2O + 0{,}2\,g\ KH_2PO_4$ ad 100 g Aqua dest. + 10 bis 20 % Eidotter), Eigelb-Zitrat-Puffer, Eidotter-Glukose-Bikarbonatpuffer, auch glycinhaltige Verdünner sowie Magermilchverdünner mit und ohne Eidotterzusatz. Selbst Kokosnußmilch eignet sich als Verdünner. Zur Verhinderung einer Keimvermehrung müssen zusätzlich Antibiotika und Sulfonamide beigefügt werden.

b) Aufbewahrung bei Zimmertemperatur durch Zugabe von CO_2. CO_2 verursacht bei Spermien eine starke Reduzierung des Stoffwechsels bei gleichzeitigem Erhalt der Befruchtungsfähigkeit. Für diese Konservierungsart muß ein besonderer Verdünner nach SALISBURY und VAN DEMARK verwendet werden (sog. IVT = Illinois Variable Temperature Diluent). Diese Methode wird heute kaum noch verwendet, denn es gelingt mittels spezieller Verdünner (z. B. TRIS = trishydroxymethylaminomethan), Spermien auch ohne CO_2 bei Zimmertemperatur während einiger Tage befruchtungsfähig zu erhalten.
c) Aufbewahrung bei Temperaturen unter 0 °C. Im Jahre 1949 ist es POLGE und PARKER bei Spermien von Hähnen gelungen, durch Gefrieren der Spermien auf – 79 °C deren Befruchtungsfähigkeit über eine längere Zeitspanne zu erhalten. Diese Konservierungsmethode wird heute, verbessert zwar, vor allem zur Konservierung von Bullensperma, von Sperma kleiner Wiederkäuer, Hengsten, Ebern und auch von humanem Sperma verwendet. Für das Tiefgefrieren müssen dem Verdünner besondere Zusätze beigegeben werden, vor allem Glyzerin und Eidotter. Vor dem Einfrieren des in Portionen abgefüllten Samens muß eine mehrere Stunden andauernde Anpassungszeit (sog. Äquilibration) eingehalten werden. Das Einfrieren muß mit einer bestimmten Geschwindigkeit vor sich gehen, damit eine intrazelluläre Eiskristallbildung, die den Feinbau der Spermien schädigen würde, verhindert wird. Das Tiefgefrieren kann in Alkohol durch Zugabe von Trockeneis auf – 79 °C oder durch Einströmen von flüssigem Stickstoff in einem Samenbehälter auf – 196 °C durchgeführt werden. Die Befruchtungsfähigkeit kann solcherart über Jahre, sogar über Jahrzehnte hinweg, erhalten bleiben. Aber nicht jedes Ejakulat eignet sich für das Tiefgefrieren.

Erste Angaben über eine künstliche Samenübertragung bei Stuten und Hündinnen finden sich schon in der Literatur des 18./19. Jahrhunderts. Als Wegbereiter für die heute aus der modernen Tierzucht nicht mehr wegzudenkende künstliche Besamung (KB) der Haustiere müssen die Russen angesehen werden, welche nach der Revolution zielgerichtet die KB zur Verbesserung der Rinderzucht praktiziert haben. In Dänemark wird seit ungefähr 1934 in größerem Ausmaß künstlich besamt, im übrigen Europa fand die KB nach 1945 größere Ausdehnung. Hauptgründe für die KB sind die Ausnützung und breite Streuung des Samens guter, nachzuchtgeprüfter Vatertiere und die Bekämpfung bzw. Vermeidung durch den natürlichen Deckakt übertragbarer Genitalerkrankungen und Seuchen.

C. Die Fortpflanzungsfunktionen bei weiblichen Tieren

1. Weibliche Geschlechtsorgane und Oogenese

Die weiblichen Geschlechtsorgane umfassen die Ovarien und die akzessorischen Geschlechtsorgane, nämlich *Ovidukt* (Eileiter), *Uterus* (Gebärmutter), *Cervix* (Muttermundkanal), *Vagina* (Scheide), *Vulva* (Scham) und *Klitoris* (Kitzler).

Die Ovarien haben zwei Funktionen, nämlich die Bildung und Abgabe der *Eizellen* und die Erzeugung *weiblicher Geschlechtshormone,* der östrogenen Hormone und des Progesterons.

Während der präpuberalen Periode sind die Ovarien klein, aber beim Eintritt der Geschlechtsreife nehmen sie erheblich an Größe zu. Das Ovarium ist bei allen Haussäugetieren, abgesehen vom Pferd und Esel, an der Oberfläche weitgehend von einem niedrigen kubischen Epithel bedeckt, dem *germinativen Epithel* (Keimepithel), wo alle Eier gebildet werden. Unter diesem befindet sich eine Schicht von recht festem Bindegewebe, *Tunica albuginea.* Beim Pferd und Esel ist das Keimepithel nur in einem beschränkten Teil des Ovariums vorhanden, nämlich in der Ovulationsgrube. Der übrige Teil ist mit Peritoneum bedeckt, und die *Tunica albuginea* ist bei diesen Tieren kräftig entwickelt.

Im Ovarium kann man zwei Zonen unterscheiden: außen die *Zona folliculosa* (Cortex), welche Follikel und eventuelle Gelbkörper von verschiedenen Entwicklungsstufen enthält und außerdem aus einem außerordentlich zellreichen Bindegewebe besteht. Zentral im Ovarium ist die *Zona vasculosa* (Medulla), wo viele Blutgefäße sowie Ganglien und Nervenfasern vorhanden sind. Sowohl in dieser als auch in der äußeren Zone gibt es bei vielen Tierarten (aber nicht beim Rind) einige polygonale, gelblichbraune granulierte Zellen, in Strängen oder Gruppen verteilt. Diese interstitiellen Zellen haben wahrscheinlich eine endokrine Funktion.

Die Bildung der Eizellen **(Oogenese)** beginnt in dem den jugendlichen und fetalen Eierstock umgebenden Keimepithel und setzt dann im Eierstock und sogar noch im Eileiter ihre Reifung fort. Bei den strangartigen Wucherungen des Keimepithels gelangen auch die im Keimepithel eingelagerten Ureizellen in die Tiefe und bilden sich zu den *Oogonien* aus (Abb. 272), die sich vermehren und dann zu *Oozyten* I. Ordnung heranwachsen. Mit dem sie umgebenden Epithelmantel, der den Wucherungen des Keimepithels entstammt, bilden sie die *Primärfollikel (Primordialfollikel)*. Das neugeborene Rind hat ungefähr 150000 Primordialfollikel, die geschlechtsreife Kuh ca. 60000 und eine ältere Kuh nur mehr ca. 1000 (McDonald, 1980).

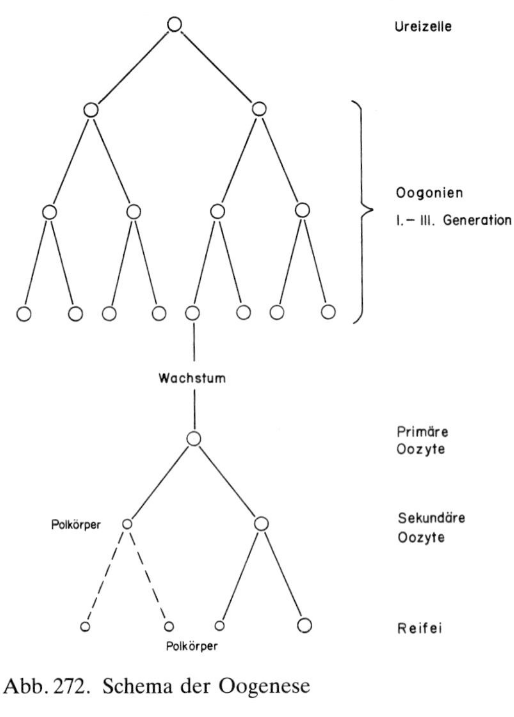

Abb. 272. Schema der Oogenese

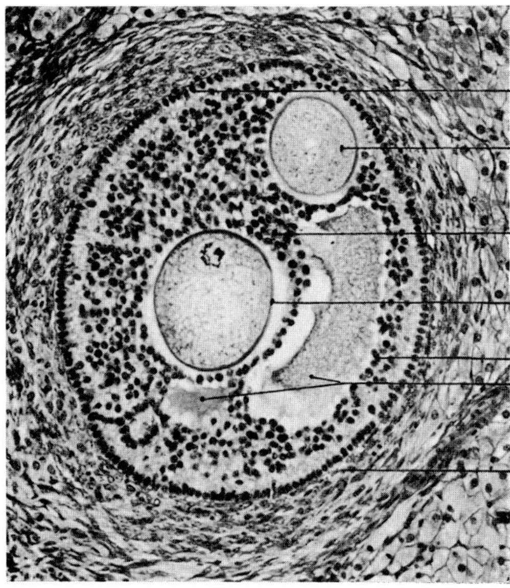

Abb. 273. Tertiärfollikel mit 2 Eizellen im Eierstock des Kaninchens. Azanfärbung 150 f. vgr. (Krölling und Grau, 1960).

a = Eizelle, etwa im größten Durchmesser geschnitten, **a'** = Eizelle, seitlich vom Zellkern geschnitten, **b** = Eiepithel-Zellen, **c** = Follikelepithel-(Granulosa-)Zellen, **d** = Spalträume im Follikelepithel- mit geronnener Follikelflüssigkeit gefüllt, **e** = eben noch sichtbare Basalmembran, **f** = im Aufbau befindliche Theka folliculi aus Stromafibrocyten und aus epitheloiden Zellen

Schon in der präpuberalen Periode, aber besonders beim Eintritt der Geschlechtsreife, wachsen einige Primärfollikel mit den Oozyten, die im Primärfollikel einen Durchmesser von 20–30 μm haben; die Follikelepithelzellen vermehren sich, es wird dadurch ein mehrschichtiges Epithel gebildet (Stratum granulosum). Bei dieser Entwicklungsstufe wird der sogenannte *Sekundärfollikel* erreicht. Dieser wächst weiter, und zwischen den Epithelzellen bilden sich flüssigkeitsgefüllte Spalträume, die zu einem großen Hohlraum, der Follikelhöhle, zusammenfließen. Diese ist mit einer leicht gelblichen, alkalischen Flüssigkeit gefüllt, dem *Liquor folliculi*, die auch viele östrogene Hormone enthält. In den Hohlraum hinein wandert eine Gruppe Epithelzellen, die den *Eihügel* oder *Cumulus oophorus* bilden. Darin befinden sich Oozyten, die von Epithelzellen umgeben sind, die die Corona radiata bilden. Zwischen diesen Zellen und dem Oozyt liegt ein dünnes, glasklares Häutchen, *Oolemma* oder *Zona pellucida*. Ein solcher Follikel wird als *Tertiärfollikel* (Graafscher Follikel Abb. 273) bezeichnet. Dessen Hohlraum wird von Stratum granulosum-Zellen begrenzt, die östrogene Hormone produzieren. Das umgebende Bindegewebe bildet eine zelluläre Kapsel, *Theca interna,* um den Follikel herum. Außerhalb dessen ist eine Schicht festes und weniger zellreiches Bindegewebe, *Theca externa,* vorhanden.

Während der Follikel wächst, wandert er immer weiter an die Oberfläche des Ovariums, und der Druck in der Follikelflüssigkeit wird größer. Zuletzt bildet der äußere Teil des Follikels eine konische Prominenz an der Oberfläche des Ovariums. Die Wand am Gipfelpunkt der Prominenz wird immer dünner, was wahrscheinlich sowohl von dem intrafollikulären Druck als auch von dem Gehalt der Follikelflüssigkeit an proteolytischen Enzymen herrührt. Zuletzt öffnet sich die Wand, und die von der Corona radiata umgebenen Oozyten gelangen, eingebettet in einer viskösen Flüssigkeit, in den Eileiter. Diesen Vorgang nennt man *Ovulation.* Kurz vor dem Sprung des Follikels teilt sich die Eizelle durch indirekte Teilung unter Bildung der ersten Polzelle. Es entsteht das Vorei, der Oozyt II. Ordnung (Proovum). Aus diesem bildet sich — gewöhnlich nach dem Follikelsprung — durch Reduktionsteilung (d. h. die Hälfte der Chromosomenzahl wird in der zweiten Polzelle abgestoßen) das *befruchtungsfähige Reifei,* das *Ovum.* Dieses hat einen Durchmesser von 100–200 µm und ist von der von ihm selbst gebildeten Eimembran umgeben.

Nach der Ovulation füllt sich die Follikelhöhle mit einem Blutkoagulum *(Corpus haemorrhagicum).* Dieses wird resorbiert, während nun von der Theca interna aus gefäßführendes Bindegewebe in das Stratum granulosum hineinwächst. Diese Zellschicht wächst und verändert sich, es entwickeln sich stärker granulierte Luteinzellen, die die ganze Follikelhöhle ausfüllen. Diese Zellen werden wahrscheinlich auch aus Zellen des eingewachsenen Bindegewebes (Theca-Luteinzellen) gebildet. Die Luteinzellen und das Bindegewebe bilden den Gelbkörper *(Corpus luteum periodicum).* Wird das Tier trächtig, so fungiert der Gelbkörper eine kürzere oder längere Zeit während der Trächtigkeit als ein progesteronproduzierendes Organ *(Corpus luteum graviditatis);* wenn das Tier nicht trächtig wird, wird das Corpus luteum wieder zurückgebildet *(Corpus luteum non graviditatis).* Der Vorgang beginnt damit, daß Bindegewebe in den Gelbkörper hineinwächst, und gleichzeitig treten degenerative Änderungen der Luteinzellen ein; diese gehen zugrunde, und am Platze des Gelbkörpers bildet sich ein Narbengewebe, das weiß oder schwach bräunlich ist *(Corpus albicans).*

Nur ein kleiner Teil der Primärfollikel entwickelt sich zur Reife. In zahlreichen Fällen tritt eine *Involution (Atresie)* der Follikel ein. Diese kann zu jeder Zeit der Entwicklung stattfinden und fängt immer damit an, daß der Oozyt zugrunde geht und ein Einwuchern des zellreichen Bindegewebes von der Theca interna aus stattfindet. Ein Teil der eingewucherten Zellen wird zu Luteinzellen. Auf diese Art und Weise werden Zellinseln oder Stränge aus Luteinzellen gebildet; diese machen die vorerwähnten interstitiellen Ovarienzellen aus. Es gibt somit im Ovarium drei innersekretorische Zellelemente, nämlich das *Stratum granulosum* (östrogene Hormone), das *Corpus luteum* (Progesteron) und die *interstitiellen Zellen.*

Die Ovulationshäufigkeit ist für das rechte und linke Ovarium nicht gleich groß. Bei Schweinen und Pferden erfolgen 55–60 % aller Ovulationen im linken Ovarium; beim Pferd sind die reifen Follikel in diesem größer als im rechten Ovarium. Beim Rind und Schaf finden etwa 55–60 % aller Ovulationen im rechten Ovarium statt. Die Ovulationsrate mehrgebärender Tiere während des Östrus ist im wesentlichen von der genetischen Veranlagung und von einem intakten Endokrinium abhängig.

2. Hormonale Regelung der Ovarfunktionen und der akzessorischen Geschlechtsdrüsen

Die Steuerung der weiblichen Sexualfunktionen erfolgt nach denselben Regelmechanismen wie beim männlichen Tier (s. S. 486). Die Bildung von reifen, befruchtungsfähigen Eiern geht aber in bestimmten zeitlichen Abständen — und nicht wie bei der Spermiogenese kontinuierlich — vor sich; man spricht deshalb von einem weiblichen *Sexualzyklus.*

Follikelreifung und Ovulation werden durch die synergistisch wirkenden FSH und LH ausgelöst. Das FSH ist vornehmlich für die Reifung des Eies verantwortlich, während das LH für den Ovulationsprozeß notwendig ist. Es konnte z. B. nachgewiesen werden, daß bei hypophysektomierten Ratten nach Injektion von FSH die Entwicklung von primären zu sekundären Oozyten gefördert wird, während sonst jede Eireifung aufhört. Wird bei hypophysektomierten Tieren sowohl FSH als auch LH verabreicht, können Eireifung und Ovulation induziert werden.

Der ovulationsfördernde Effekt der beiden hypophysären Hormone wird bei der Behandlung von hormonal bedingten Ovulationsstörungen therapeutisch angewendet. Man kann auch durch Zufuhr von Gonadotropinen bei Tieren mit einem ungestörten Sexualzyklus eine größere Anzahl von Eiern zur Ovulation bringen. Diese *Superovulation* hat wissenschaftliches Interesse erweckt, da man derart von einem Spendertier fertilisierte Ova auf mehrere Empfängertiere, welche sich allerdings in derselben Sexualzyklusphase wie das Spendertier befinden müssen, übertragen kann. Diese als *Embryotransfer* bezeichnete Technik wird heute, in einem beschränkten Umfang zwar, bereits angewendet. Er könnte, wenn das Verfahren für die Superovulation, die Befruchtungsraten und die Embryonenkonservierung verbessert würde, ähnlich der KB zuchthygienische Bedeutung erlangen.

Während eines Sexualzyklus werden FSH und LH in unterschiedlichen Mengen vom HVL abgegeben. Karg und Mitarbeitern (1970) ist es als ersten mittels des Radioimmunoassay's (RIA) gelungen, die im Rinderblut zirkulierende LH-Menge zu bestimmen. Diese und andere Untersuchungen haben ergeben, daß FSH etwas vor oder gleichzeitig mit dem LH mehrere Stunden vor dem Eiabgang vermehrt aus dem HVL ausgeschieden werden und die Ovulation einleiten (Abb. 274).

Entscheidend für eine zeitgerechte Ovulation ist demnach, daß die Gonadotropine in der entsprechenden zeitlichen Sequenz von der Hypophyse entlassen werden. Diese zeitgerechte Gonadotropinabgabe steht in einem direkten Zusammenhang

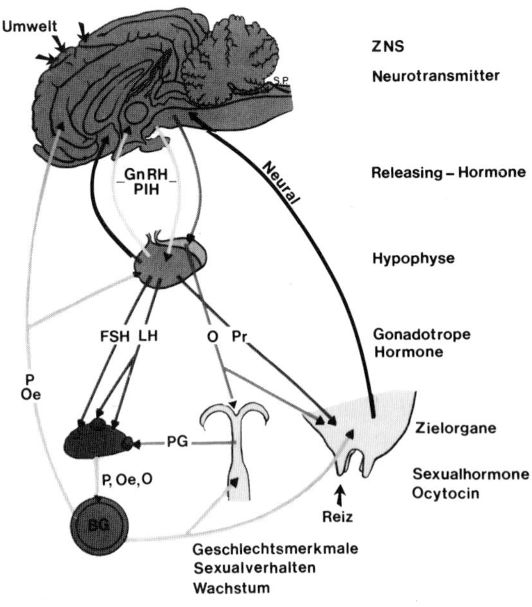

Abb. 274. Neuroendokrine Regulation des weiblichen Geschlechtsapparates

mit der Bildung der Ovarhormone; denn größere Mengen an Ovarhormonen bewirken eine Retention der Releaserhormone im Hypothalamus und somit auch eine Retention der Gonadotropine, während kleinere Mengen an Ovarhormonen die Sekretion hypothalamischer und hypophysärer Hormone erleichtern (sog. Rückkoppelungseffekt). So nimmt während der Follikelreifung die Sekretion ovarieller östrogener Hormone zu, welche die weitere FSH-Ausscheidung hemmen und gleichzeitig die LH-Abgabe erhöhen. Die nach der Ovulation einsetzende ovarielle Progesteronsynthese wiederum hemmt dann eine weitere Gonadotropin-Ausscheidung. Diese etwas vereinfachte Darstellung der hormonalen Ovulationssteuerung ist im Prinzip nicht bestritten, die Wirkungsweise der Gonadenhormone im einzelnen aber wird von mehreren Untersuchern unterschiedlich interpretiert. Es scheint, daß Östrogene und Progesteron, ja auch Androgene, sowohl in den Releaserzentren für FSH als auch für LH angreifen, aber in unterschiedlicher Intensität (es können für die künstliche Ovulationssteuerung alle drei genannten Gonadenhormone verwendet werden, was für die Richtigkeit der Annahme spricht). Es sei in diesem Zusammenhang vermerkt, daß die quantitativen FSH- und LH-Werte während eines Sexualzyklus individuell und tierartlich stark streuen können.

Aus diesen Ausführungen geht hervor, daß der ovarielle Rhythmus die periodischen Variationen in der Abgabe von Gonadotropinen aus der Hypophyse verursacht, indem die Sexagene die Releaserhormonsynthese und -abgabe im Hypothalamus kontrollierten (s. auch Abb. 274 und 275). Daneben besitzt der Hypothalamus, prinzipiell genetisch festgelegt, eine deutliche Autonomie, welche aber von Umweltfaktoren (z. B. Haltung, Fütterung, Klima, Hell-Dunkel-Verhältnis) beeinflußt wird. Außerdem wird die hypothalamische RH-Abgabe in einem »kurzen Rückkoppelungsmechanismus« (sog. short loop) durch die Releaserhormone selbst abgestimmt. Auf welche Weise das Ocytocin, das nach neueren Untersuchungen auch im Ovar gebildet wird oder dort gespeichert ist (Flint and Sheldrick, 1982), die neuroendokrine Regulation mitsteuert, wird noch zu klären sein; gleiches gilt für das in Ovarien nachgewiesene Inhibin, das eine FSH-retinierende Wirkung besitzen soll (Henderson and Franchimont, 1981).

Obwohl das Ovarium sowohl eine *sympathische* als eine *parasympathische Innervation* hat, ist deren Bedeu-

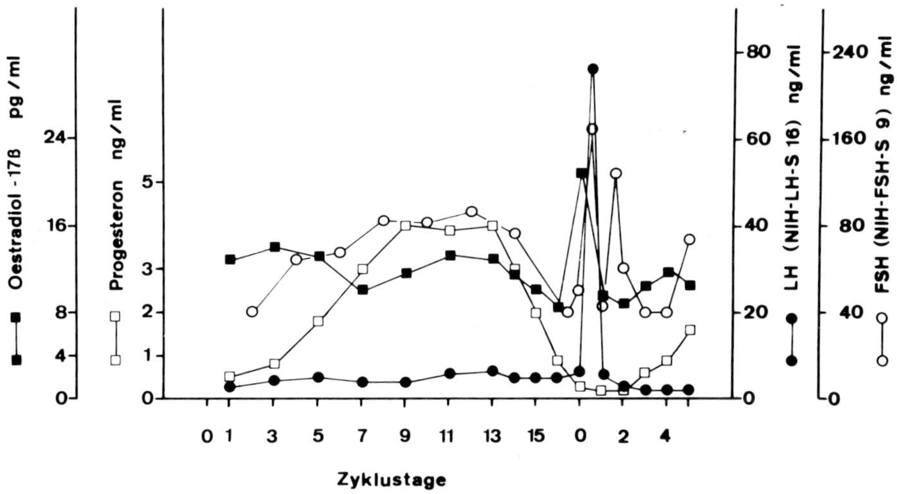

Abb. 275. Hormonkonzentration im Blutplasma (V. jugularis) während des Sexualzyklus beim Schaf. LH, Progesteron und Östradiol-17β: Mittelwerte von 6, FSH von 5 Tieren. (In Anlehnung an PLANT et al., 1977)

tung nicht ganz geklärt. Dies geht am deutlichsten daraus hervor, daß ein Ovarium, an eine andere Stelle des Körpers transplantiert, denselben funktionellen Rhythmus hat wie das Ovarium, das man in situ gelassen hat. Es ist jedoch wohlbekannt, daß bei einigen Tieren (Kaninchen, Katzen) nur dann eine Ovulation eintritt, wenn das Tier gedeckt wird. Bei Kaninchen erfolgt die Ovulation normal etwa 10 Stunden nach dem Deckakt. Der genannte Umstand deutet darauf hin, daß der Ovulationsvorgang bei diesen Tieren neurohormonal reguliert wird. Es ist anzunehmen, daß von der Schleimhaut in Vagina oder Cervix uteri reflektorisch über den Hypothalamus eine vermehrte Sekretion von Gonadotropinen erfolgt, wodurch eine Ovulation hervorgerufen wird. Bei Kaninchen, deren Ovarien reife Follikel haben, kann die Ovulation auch durch mechanische Beeinflussung der Vagina oder durch direkte elektrische Reizung des Hypothalamus ausgelöst werden. Wenn die Verbindung zwischen Hypothalamus und Hypophyse unterbrochen wird, oder wenn man Atropinsulfat einspritzt, wodurch der parasympathische Effektorstoff Acetylcholin blockiert wird, kann die Ovulation nicht in einer der genannten Weisen ausgelöst werden, sondern nur durch eine zusätzliche Injektion von LH.

Inwiefern eine neurohormonale Regulierung des Ovulationsvorganges auch bei Tieren, wie z. B. Rind und Schwein, eine Rolle spielt, bei denen die Ovulation auch ohne Begattung stattfindet, ist nicht klargelegt, aber verschiedene Untersuchungen deuten darauf hin. Es ist einwandfrei festgestellt worden, daß Injektionen von Atropinsulfat bei brünstigen Färsen das Eintreten der Ovulation stark verzögert, und daß die Ovulation bei Färsen, die gedeckt wurden, mehrere Stunden früher als bei nicht gedeckten Färsen eintritt.

Unter welchem dominierenden Einfluß die Bildung und Funktion des Corpus luteum periodicum steht, ist im Detail nicht ganz geklärt. Für die Aufrechterhaltung der Corpus luteum-Funktionen kommt das luteinisierende Hormon LH in Frage, da es z. B. beim Rind gelungen ist, durch LH-Injektionen die Lebensdauer des Gelbkörpers zu verlängern. Von der Ratte wiederum weiß man, daß das Prolaktin bei dieser Tierart einen luteotropen Effekt besitzt. Es ist allgemeine Ansicht, daß bezüglich der Aufrechterhaltung der zyklischen C.l.-Funktion tierartliche Unterschiede bestehen und bei eingetretener Befruchtung der Embryo das Signal (antiluteolytische Substanz?) für das Weiterbestehen des Gelbkörpers liefert.

Die Rückbildung des Gelbkörpers wird bei den meisten Tieren vom Uterus aus kontrolliert, in dessen Schleimhaut PG-$F_{2\alpha}$ synthetisiert wird, das unter Umgehung des systemischen Kreislaufs aufgrund eines »counter current transfer« von der Uterusvene in die Ovararterie gelangt und im Ovar die Rückbildung des Gelbkörpers verursacht. Eine Regression des Trächtigkeitsgelbkörpers kann bei Tieren, von Ausnahmen abgesehen, auch in der frühen und späten Gravidität durch parenterale Applikation von PG-$F_{2\alpha}$ eingeleitet und so therapeutisch sowie zootechnisch genutzt werden. Als Auslöser für die einsetzende PG-Synthese im Endometrium darf nach derzeitiger Auffassung Östradiol angenommen werden, indem es die Bildung von Ocytocinrezeptoren induziert und Ocytocin seinerseits die uterine PG-Synthese vermehrt und möglicherweise auch eine Verringerung der lutealen Blutversorgung bedingt. (Schon lange ist bekannt, daß hohe Ocytocingaben bei Kühen die Lebensdauer des C.l. verkürzt.)

Das geschilderte hormonale Regelkreisgeschehen muß als Modell betrachtet werden, das in Details bei einzelnen Tieren qualitative und quantitative Unterschiede aufweist (z. B. Hund, Primaten). Letzteres gilt auch für bestimmte Substanzen (z. B. PG-I, Inhibin), die bei verschiedenen Tieren das endokrine Geschehen zwar beeinflussen können, deren Relevanz zur Zeit aber nicht umfassend genug beurteilt werden kann.

Die zyklischen Variationen in der Funktion des Ovariums, die sich auch durch morphologische und funktionelle Änderungen in den sekundären Geschlechtsorganen ausdrücken, werden als *Brunstzyklus* bezeichnet. Man unterscheidet demnach einen ovariellen, tubalen, uterinen, zervikalen, vaginalen und einen mammären Sexualzyklus. Da sich auch das Verhalten der Tiere während eines Sexualzyklus ändert, spricht man auch von einem Verhaltenszyklus oder psychischen Sexualzyklus. Der Brunstzyklus kann in verschiedene Perioden unterteilt werden. Die Periode, in der sich die sekundären zu reifen Follikeln entwickeln, wird Proöstrus (Follikelreifungszeit, Vorbrunst) genannt. Danach folgt das Brunststadium oder der Östrus; während dieser Phase oder wenige Stunden später tritt die Ovulation ein. Der Östrus wird vom Nachbrunststadium oder Metöstrus abgelöst, wobei sich der Gelbkörper entwickelt. Nach dieser Periode tritt das Zwischenbrunststadium oder der Diöstrus ein, welches auch als Ruheperiode zwischen zwei Brunstzyklen bezeichnet wird. Die Anzahl der Brunstperioden wechselt von Art zu Art. Tierarten, bei denen während eines Jahres mehrere Brunstzyklen auftreten, nennt man polyöstrische Tiere; bei diesen kann die Polyöstrie zeitlich limitiert sein (z. B. Ziege mit sog. Sexualsaison) oder während des ganzen Jahres in regelmäßigen zeitlichen Abständen auftreten (Tab. 85). Bei ein und derselben Tierspezies kann in Abhängigkeit der Rasse und des Klimas eine sonst zeitlich limitierte Polyöstrie während des ganzen Jahres auftreten. So weisen Pferde in kühlen Gegenden nur während der Frühjahrsmonate einen Sexualzyklus auf, in wärmeren Klimaten hingegen sind sie das ganze Jahr hindurch polyöstrisch; ähnliches kennt man beim Schaf.

Tiere, die während einer Sexualsaison nur einen Brunstzyklus besitzen, nennt man monöstrische Tiere (z. B. Hund). Bei Tieren mit einer Sexualsai-

Tab. 85. Parameter des Fortpflanzungszyklus der wichtigsten Haustiere und einiger Wildtiere

Tierart	Sexualtypus	Dauer des Brunstzyklus in Tagen	Dauer der Brunst (T = Tage S = Stunden)	Ovulations-Zeitpunkt
Pferd	Polyöstrisch Frühjahr	21 (18–24)	5 T (4–7)	letztes Brunstdrittel
Rind	Polyöstrisch	21 (20–22)	18 S (10–30)	12–18 Stunden nach Brunstende
Hausschwein	Polyöstrisch	21 (20–22)	3 T (2–4)	letztes Brunstdrittel
Schaf	Polyöstrisch Herbst o. Frühjahr	16–21	12–18 S	gegen Ende der Brunst
Ziege	Polyöstrisch Herbst/Frühwinter	21	1–2 T	gegen Ende der Brunst
Katze	Polyöstrisch Januar/September August/September	12–14	5 T (4–10)	24–30 Stunden nach Begattung
Nerz	Polyöstrisch Frühjahr		2 T	nach Begattung
Hund	Monöstrisch Frühjahr/Herbst	—	12–24 T	Anfang der Brunst
Wildschwein	Monöstrisch November, Dezember	—	2 T	letztes Brunstdrittel
Fuchs	Monöstrisch Februar	—	einige Tage?	I

son geht der Diöstrus nach dem letzten Brunstzyklus in einen Anöstrus (Brunstlosigkeit) über. Auch nach eingetretener Konzeption stellt sich, von Ausnahmen abgesehen, eine Anöstrie ein; dabei wird der Brunstzyklus im Metöstrus abgebrochen, d. h., die Gelbkörper werden nicht rückgebildet (Bildung der Corpora lutea graviditatis).

3. Sexualzyklus der einzelnen Genitalorgane

Ovarieller Sexualzyklus (s. auch Abschnitt Oogenese). Am Ovar können drei funktionell verschiedene Phasen unterschieden werden, nämlich die Follikelreifungsphase, die Ovulationsphase und die Corpus luteum-Phase. Letztere kann in eine Phase der Proliferation, der Vaskularisation, der Blüte und der Involution unterteilt werden.

Wie bereits beschrieben, kommt es unter dem Einfluß des FSH am Ovar zu einer *Follikelreifung*. Bei allen Haustieren bilden sich während dieser Phase mehrere Tertiärfollikel, aber nicht alle Ova werden ovuliert bzw. befruchtet. Die nicht ovulierten Tertiärfollikel werden atretisch oder, unter pathologischen Verhältnissen (z. B. bei einer LH-Insuffizienz), zu sog. Follikelzysten umgebildet (Follikelzysten sind beim Rind eine der bedeutendsten ovariellen Fortpflanzungsstörungen). Beim Schwein reifen z. B. während eines Sexualzyklus bis zu 50 Follikel, rund die Hälfte davon werden ovuliert, aber nur 10–15, selten bis 20, entwickeln sich zu Feten. Bei Rind und Pferd gelangen in der Regel nur 1, bei Schaf und Ziege 1–2 Follikel zur Ausreifung. Während der Follikelreifung kommt es zu einer beträchtlichen Vergrößerung der Follikeldurchmesser (Rind 1,2–2 cm, Pferd 2–5 cm, Schwein 0,5–1 cm) und zu einer Erhöhung des Follikelinnendruckes (beim Kaninchen bis zu 150 mm Hg bzw. 20 kPa). Gleichzeitig wird die Synthese von östrogenen Hormonen im Folli-

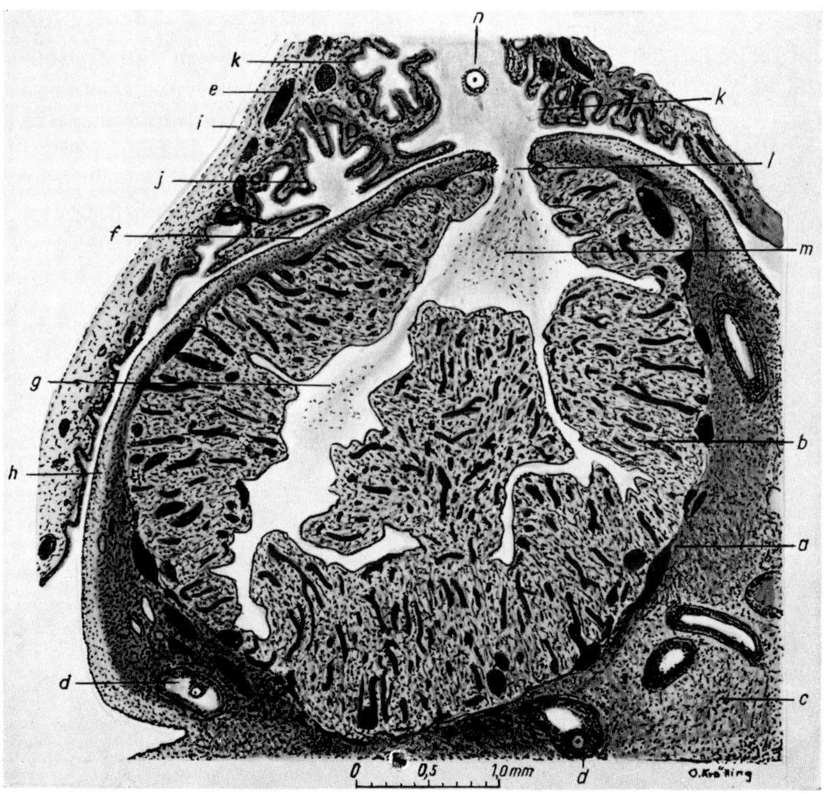

Abb. 276. Ovulation bei der Hündin. 19 f. vgr. 5. Östraltag (Blutgefäße schwarz). (Krölling und Grau, 1960).

a = Theca interna, **b** = faltige Granulosa im Aussprossen, **c** = Stroma ovarii, **d** = Sekundärfollikel, **e** = Peritonäalhöhle, **f** = Keimdrüsenepithel, **g** = Follikeltraumrest, **h** = Tunica albuginea, **i** = Peritonäalendothel, **j** = Schleimhautfalte der Ampulle des Oviduktes, **k** = Flimmerepithel, **l** = Narbe (Stigma), **m** = Fibrinpfropf, **n** = ausgestoßenes Ei kel erhöht, die beim Rind schon ab dem 16. Tag des Sexualzyklus verstärkt einsetzt.

Die Bedeutung der Östrogenproduktion liegt einerseits in der »lockenden« Wirkung der Östrogene auf das Zwischenhirn und andererseits darin, daß die sekundären Geschlechtsorgane für die Aufnahme der männlichen Keimzellen durch die Östrogene vorbereitet werden. Und ferner sind die Brunstsymptome von der Östrogeninkretion abhängig.

Die Follikelphase währt beim Rind 3–4, beim Pferd 2–4, beim Schwein 2–3 und beim Hund 5–12 Tage. Während der *Ovulationsphase,* die bei den meisten Tieren mit sichtbaren Brunstsymptomen einhergeht, kommt es zum Abgang des Eies vom Eierstock. Für den Eiabgang ist in erster Linie die zeitgerechte LH-Abgabe aus dem HVL verantwortlich. Die mechanischen Einflüsse (Innendruck) am Follikel sind für den Ovulationsvorgang von untergeordneter Bedeutung; denn kurz vor der Ovulation tritt sogar eine Abnahme des Follikelinnendruckes ein. Von größerer Bedeutung für den Ovulationsprozeß sind biochemisch-enzymatische Vorgänge, die an der Austrittstelle des Eies die Follikelwanderung auslösen. Es wird angenommen, daß das LH die Synthese von proteolytischen Fermenten fördert.

Das Ei, eingebettet in die relativ visköse Follikelflüssigkeit, gelangt in den Fimbrientrichter des Eileiters, der während der Ovulationsphase das Ovar ganz oder teilweise umfaßt (Abb. 276). Unter Umständen kann das Ei in die Bauchhöhle gelangen und dort befruchtet werden; man spricht in einem solchen Fall von einer ektopischen oder abdominalen Gravidität. Die Embryonen sterben aber in der Regel wegen ungünstiger Implantationsbedingungen bald ab und werden resorbiert.

Tab. 86. Ovulationshäufigkeit der beiden Ovarien

Tier	Ovulationen in % linkes Ovar	Ovulationen in % rechtes Ovar
Pferd	60	40
Rind	40	60
Schaf	44	56
Schwein	55	45
Katze	rechtes Ovar etwas aktiver als linkes	
Kaninchen	51	59

Die Ovulationshäufigkeit der beiden Ovarien ist unterschiedlich (Tab. 86), die Ursache hierfür ist aber unbekannt. Vom Rind nimmt man an, daß die geringere Ovulationshäufigkeit des linken Ovars durch den Druck des Pansens auf das Ovar bedingt ist. Bei multiparen (mehrlingsgebärenden) Tieren finden die Ovulationen an beiden Ovarien gleichzeitig *statt;* der Abgang sämtlicher Eier kann sich über Stunden hin erstrecken. Bei uniparen (einlingsgebärenden) und multiparen Tieren kann sich das vom rechten Ovar stammende Ovum im linken Uterushorn — und umgekehrt das vom linken Ovar kommende Ei im rechten Uterushorn entwickeln.

Bei den meisten Haustieren geht die Ovulation ungeachtet einer vorangegangenen Paarung vor sich; man spricht daher von einer *Spontanovulation.* Bei einigen Tieren (z. B. Katze, Kaninchen, Frettchen, Nerz, Wiesel) findet die Ovulation nur nach einer Kopulation (Begattung) statt. Man spricht in solchen Fällen von einer provozierten oder *Reflex-Ovulation,* weil erst auf einen Kopulationsreiz hin die für den Ovulationsprozeß notwendige LH-Menge vom HVL abgegeben wird. Aufgrund eines Berührungsreizes werden dem Hypothalamus neurale Impulse zugeleitet, die die Releaserfreisetzung und konsekutiv die LH-Ausschüttung veranlassen. Ovulationsauslösende Faktoren können sein: Berührungsreiz an der Cervix und in der Vagina, Umklammerung des deckbereiten Tieres auch durch einen gleichgeschlechtlichen Partner, Streicheln des Rückens u. a. Aber auch bei den reflektorisch ovulierenden Tieren besteht zu den Spontanovulatoren hinsichtlich der Ovulationsauslösung kein prinzipieller Unterschied, da bei ersteren ebenfalls das LH die Ovulation bedingt.

Unmittelbar nach dem Eiaustritt füllt sich die Follikelhöhle mit einem Blutkoagulum, das später resorbiert wird; die Theca- und Granulosazellen beginnen zu wuchern. Es bildet sich dadurch in dieser sog. *Proliferationsphase* ein Corpus luteum haemorrhagicum. Gleichzeitig entstehen Luteinzellen, die einen an Fett und Lipidstoffen gebundenen Farbstoff, nämlich das Lutein, bilden; aus der Granulosa entwickeln sich die Granulosaluteinzellen, aus der Theca die Thecaluteinzellen, welche zwischen den Granulosazellen eingebettet sind. Der Gelbkörper ist reichlich vaskularisiert. Die Proliferationsphase dauert beim Rind ungefähr 3 Tage.

Während der *Vaskularisationsphase,* die beim Rind bis zum 9. Tag des Sexualzyklus währt, stülpt sich die Theka, die das Corpus luteum als Kapsel umhüllt, faltig ein. Dieses führt zu einer vermehrten Vaskularisation des Gelbkörpers, wodurch es zu einem der am besten vaskularisierten Organe des Körpers wird. Während dieser Phase kommt es in diesen, den innersekretorischen Drüsen zugeordneten Gelbkörpern zu einer zunehmenden Synthese von Progesteron. Im anschließenden, beim Rind ca. 3 Tage dauernden *Blütestadium* wird das Maximum der Progesteronsynthese erreicht. Nach COLE und CUPPS (1969) können pro g Ovargewebe beim Schwein am 4. Tag des Sexualzyklus 23 µg Progesteron nachgewiesen werden, am 12. Tag 335 µg, woraus die enorme Steigerung der Progesteronsynthese ersichtlich ist. Hat keine Befruchtung stattgefunden, bildet sich das Corpus luteum wieder zurück. Diese *Involutionsphase* setzt beim Rind ab dem 13. Sexualzyklus ein, indem eine fettige Degeneration der Luteinzellen vor sich geht. Auch das Volumen des Gelbkörpers verkleinert sich, und dessen Farbe wird ockerartig. Daher wird dieser Gelbkörper auch als *Corpus rubrum* bezeichnet. Durch die degenerativen Vorgänge im Corpus luteum bzw. rubrum nimmt die Progesteronbildung ab. So entfällt der hemmende Einfluß auf das Zwischenhirn, und eine neuerliche Follikelreifung kann einsetzen.

Ist hingegen eine Befruchtung des ovulierten Eies eingetreten, bleibt das Corpus luteum periodicum als funktionstüchtiges Corpus luteum graviditatis während fast der ganzen Trächtigkeit erhalten, wodurch weitere Follikelausreifungen unmöglich werden. Eine Ausnahme stellt die Stute dar, bei der zwischen dem 40. und 70. Trächtigkeitstag der Trächtigkeitsgelbkörper degeneriert, dafür aber in den Cups des Endometriums ein Proteohormon, das *Pregnant mare's serum gonadotropin* (PMSG) gebildet wird. Das Maximum der PMSG-Produktion wird um den 70. Trächtigkeitstag erreicht; das Hormon ist bis zum 140. (180.) Tag nachweisbar. Wahrscheinlich kommt es bei der Stute während der Trächtigkeit unter dem Einfluß des PMSG zu einer Follikelreifung und auch zu Ovulationen. Beide, ovulierte und nicht ovulierte, Follikel luteinisieren und bilden sog. Hilfsgelbkörper (Corpora lutea auxilaria), die bis zum 150. Trächtigkeitstag funktionstüchtig bleiben. Dann ist für die Aufrechterhaltung der Trächtigkeit das von der Plazenta gebildete Progesteron verantwortlich. Aus diesem Grunde wird ab dem erwähnten Trächtigkeitstag eine Ovariektomie die Trächtigkeit nicht mehr beeinflussen können, während z. B. beim Schwein eine Eierstockentfernung oder Enukleation der Corpora lutea zu jedem Zeitpunkt der Trächtigkeit einen Abort hervorrufen würde.

Neben den bisher besprochenen Corpora lutea gibt es noch eine weitere Gelbkörperart, welche als *Corpus luteum persistens* bezeichnet wird. Darunter versteht man einen Gelbkörper, der trotz Nichtträchtigkeit des Tieres bestehenbleibt. Ursachen für das Bestehenbleiben eines Gelbkörpers können sein: embryonaler Tod, Entzündung der Gebärmutter, Fremdkörper im Uteruslumen u. a. Es darf angenommen werden, daß fehlendes uterines Prostaglandin für das Ausbleiben der Corpus luteum-Involution verantwortlich sein dürfte.

Künstliche Steuerung des ovariellen Zyklus. Mit Hilfe von Gestagenen, das sind Stoffe, die im Zwischenhirn gleich oder ähnlich wie Progesteron wirken, ist es möglich geworden, den ovariellen Zyklus so zu steuern, daß während der Dauer ihrer Anwendung eine Ovulation unterbleibt. Einige Tage nach der letzten Gestagenverabreichung werden solcherart behandelte Tiere brünstig, ovulieren aufgrund eines Rebound-Effektes und können belegt werden. Werden Tiere mit verschiedenen Sexualzyklusphasen gleichzeitig behandelt, kann man damit eine Synchronisation des Sexualzyklus erreichen, die aus wirtschaftlichen Gründen, z. B. Kostensenkung der KB, gleicher Geburtstermin, erwünscht ist. So ist es heute bereits möglich, bei den meisten polyöstrischen Tieren den Sexualzyklus zeitlich zu verlegen. Da aber die einzelnen Gestagene vornehmlich wegen unterschiedlicher Metabolismen und verschiedenartig intensiver Wirkung auf das Zwischenhirnsystem und auf die sekundären Geschlechtsorgane wirken, ist deren Anwendung in der Zootechnik noch nicht sehr breit. Bestimmte gestagene Stoffe, z. B. das Chlormadinonacetat, Megestrolacetat, Mestranol, werden mit unterschiedlichem Erfolg auch bei der Behandlung von ovariellen Insuffizienzen bereits therapeutisch angewendet. Eine Zyklussynchronisation kann auch mit Prostaglandinen erreicht werden, wenn sich die zu behandelnden Tiere in der entsprechenden C.l.-Phase befinden; die Ansprechbarkeit der Gelbkörper ist bei den einzelnen Tieren zeitlich unterschiedlich (z. B. Rind 5.–16., Schwein 9.–12. Zyklustag).

Bei monöstrischen Tieren, wie Hündin, gelingt es, durch Verabreichung von Gestagenen während der Dauer der Läufigkeit die Brunst und die damit einhergehenden Blutungen aus der Vagina zu unterdrücken, ohne daß nachfolgend eine weitere

Läufigkeit auftritt. Die nächste Läufigkeit setzt erst in der folgenden Sexualperiode ein (Details bei Jöchle, 1969).

Eileiter-Zyklus. Abhängig von der ovariellen Tätigkeit ändern sich die Funktionen und die histologische Beschaffenheit des Eileiters während des Sexualzyklus. Die Funktionen des Eileiters sind: Aufnahme des ovulierten Eies sowie dessen Transport in die Ampulla tubae, Beförderung der Spermien von der uterotubalen Verbindung zur Eileiterampulle, Ernährung der Zygote während des mehrtägigen Tubenaufenthaltes und Transport der Zygote in den Uterus. Diese verschiedenen Aufgaben des Eileiters sind in erster Linie von der wechselnden Östrogen- und Progesteronproduktion des Ovars abhängig. Außerdem dürfte die Innervation des isthmischen Eileiteranteils mit zahlreichen adrenergen Nervenfasern vor allem für den zeitgerechten Eiübertritt in den Uterus von Bedeutung sein (Brundin, 1969).

Unter dem Einfluß der Sexagene kommt es während und nach der Ovulation zu einer intensiven Tätigkeit der sekretorischen Zellen und der Zilientätigkeit der Flimmerepithelien. Durch die Flimmertätigkeit — die Zilien schlagen während des Östrus mit einer Frequenz bis 1200 pro Minute — werden die ovulierten Eier vom Fimbrientrichter zur Ampulle hin befördert. Im Interöstrum und während der Gravidität ist keine Zilientätigkeit zu beobachten. 4–12 Minuten nach der Ovulation sind die Ova bereits in der Ampulla anzutreffen.

Nach der Befruchtung der Ova verweilen diese während einiger Tage in der Ampulla (Tab. 87). Nicht befruchtete Eier degenerieren rasch und werden resorbiert.

Tab. 87. Verweildauer befruchteter Ova im Eileiter

Rind, Ziege	4 Tage	Pferd	7–8 Tage
Schaf	3–4 Tage	Hund	6–8 Tage
Schwein	3 Tage	Katze	5–7 Tage

Die Ursache für den mehrtägigen Aufenthalt der Zygote liegt darin, daß der Isthmus tubae während dieser Zeitspanne kontrahiert bleibt und derart den Eintritt des Eies in den Uterus verwehrt. Intraluminale Druckmessungen beim Schwein haben ergeben, daß zum Zeitpunkt der Spermienaufwanderung eine beträchtliche Kontraktionstätigkeit des Isthmus tubae vorliegt (Abb. 277) und daß nach der Ovulation der Isthmus in Art eines Sphinkters verschlossen bleibt.

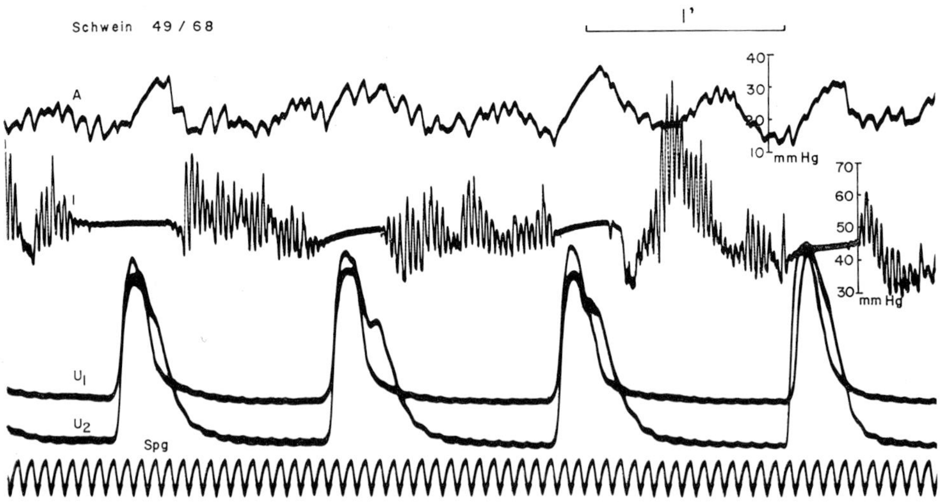

Abb. 277. Eileiter- und Gebärmutterbewegungen eines Schweines am 2. Tag des Sexualzyklus.

Schwein 49/68. Die Kurven bedeuten von oben nach unten: **A** = Druck in der Ampulla tubae, **I** = Druck im Isthmus tubae, $\mathbf{U_1}$ = Druck im Uteruslumen, ca. 10 cm von der Tube entfernt, $\mathbf{U_2}$ = Druck im Uterusinnern, ca. 20 cm von der Tube entfernt (die Uterusdruckkurven geben keine absoluten Werte wieder, da sie mittels der intraluminalen Ballonmethode erhalten wurden), **Spg** = Spirogramm (die Aufzeichnung des Spirogramms erfolgte, um atmungsbedingte Artefakte an den Druckkurven ausschließen zu können).
Die Abbildung gibt den Effekt 10 Minuten nach einer intravenösen Injektion von 10 IE Ocytocin wieder. Es ist deutlich das Wechselspiel zwischen Uterus- und Eileiterbewegung zu erkennen; besonders im Isthmus folgt stets nach einer Uteruskontraktion eine rege und frequente Kontraktionstätigkeit, welche für den Spermientransport wichtig sein dürfte. Im Vergleich dazu sind die ampullären Kontraktionen weniger frequent und weniger kräftig

Die Ova verweilen während der Eileiterpassage nur einige Stunden im Isthmus tubae. Östrogene beschleunigen die Eileiterwanderung der Zygoten.

Uteriner Zyklus. Beim Uteruszyklus können drei verschiedene Phasen unterschieden werden, nämlich die Proliferations-, die Sekretions- bzw. Transformationsphase und die Involutionsphase.

Die *Proliferationsphase* fällt zeitlich mit der Follikelreifungsphase zusammen und unterliegt weitestgehend dem Einfluß der ovariellen Östrogene. Unter dem Östrogeneinfluß kommt es zu einem Wachstum der Endometriumsdrüsen und Höhenwachstum der kubischen Oberflächenepithelien, zur Vasodilatation und zu einer Schleimhautödematisierung; Blutdurchströmung und Energieumsatz werden gesteigert, der Gehalt an Glykogen, energiereichen Phosphatverbindungen, Calcium und Magnesium erhöht sich, und die glatten Muskelfasern des Uterus nehmen an Größe zu (Abb. 278). Gleichzeitig kommt es zu einer Zunahme der Uteruskontraktilität. Während der Ovulationsphase des Ovars beginnen die Uterusdrüsen zu sezernieren; dieses Sekret wird als Brunstschleim bezeichnet und fließt durch die Scheide nach außen ab.

Neben den geschilderten Umbildungen in der Uterusschleimhaut sind die Veränderungen der Uterusmotorik am eindrücklichsten. Bis zum Proöstrus sind keine oder nur abortiv ablaufende Gebärmutterkontraktionen festzustellen. Mit der vermehrten Östrogenproduktion in den Ovarien setzt dann eine rege motorische Uteruskontraktionstätigkeit ein, die sich derart verändert, daß die am Beginn des Östrus von der Tube zur Cervix hin ablaufenden Kontraktionswellen die für den Spermientransport notwendige cervikotubale Richtung einnehmen. Die Richtung der Kontraktionswellen ist vom Verhältnis Östrogene zu Progesteron bestimmt.

Der Samentransport durch die Uterushörner hängt ausschließlich von den Gebärmutterkontraktionen ab, da die Spermien vornehmlich passiv durch den Uterus transportiert werden. Die Intensität der Gebärmutterbewegungen kann durch kontraktionsfördernde Stoffe (z. B. Ocytocin) gesteigert, durch andere wieder gehemmt werden (z. B. Adrenalin).

Die *Sekretions-* bzw. *Transformationsphase* fällt zeitlich mit dem Beginn der ovariellen Gelbkörperphase zusammen; es kommt zu einer Vergrößerung der Endometriumdrüsen, die korkzieherartig geschlängelt erscheinen, und die Gefäße werden

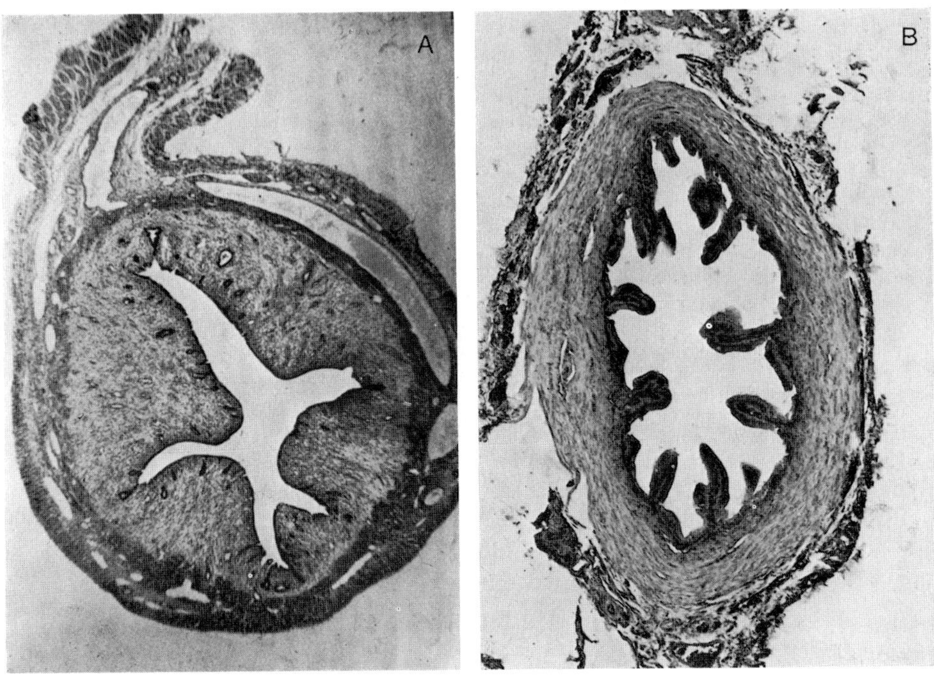

Abb. 278. Querschnitt durch das Uterushorn eines Kaninchens.

A = nach Behandlung mit Östradiol, **B** = nach Behandlung mit Progesteron großlumiger. Diese Vorgänge sind für die Aufnahme einer Blastozyste notwendig, da sich diese bei allen Tieren noch einige Tage frei im Uteruslumen befinden und von den Uterussekreten die Nährstoffe entnehmen. Die Uterusmotorik hingegen wird durch das Progesteron stark reduziert. Würde die Gebärmutterbewegung weiter in gleicher Intensität wie während des Östrus ablaufen, bestünde die Gefahr einer Fruchtausstoßung (Abort).

Während der Rückbildung der Corpora lutea stellt sich die uterine *Involutionsphase* ein. Während dieser Phase kommt es, sofern keine Trächtigkeit eingetreten ist, zu Abbauprozessen im Endometrium und im Myometrium. Die abgestoßenen Gewebebestandteile und allfällig in das Uteruslumen ausgetretenes Blut werden bei den Haustieren resorbiert.

Bei *Primaten* haben die Änderungen im Endometrium einen kräftigeren Verlauf als die bisher erwähnten. Bei direkter Betrachtung der Oberfläche des Endometriums während der Proliferationsphase hat man nachgewiesen, daß diese zwischen Röte und Blässe wechselt, was darauf zurückzuführen ist, daß die Arterioli im Endometrium wechselweise dilatiert und kontrahiert werden. Im letzten Teil der Sekretionsphase, wenn die Progesteroneinwirkung durch die einsetzende Rückbildung des Corpus luteum abnimmt, wird die Oberfläche des Endometriums blutarm. Einige der stark gewundenen Gefäße hierin bersten. Dadurch entsteht eine Blutansammlung zwischen den oberflächlichen und tieferen Schichten des Endometriums, was zur Folge hat, daß es zu Degeneration und Abstoßung des Oberflächenteils der Schleimhaut kommt, gleichzeitig tritt Blut ins Lumen hinein. Diesen Prozeß nennt man die *Menstruation*. Bei *Hündinnen* tritt eine Blutung des Uterus im Proöstrus auf. Dies ist nicht analog mit der Menstruation bei Primaten, sondern ist auf eine sehr starke Proliferation des Endometriums und auf Blutungen von der Oberfläche desselben zurückzuführen. Beim *Rind* sieht man in vielen Fällen (50–70 %) kleine metöstrale Oberflächenblutungen vom Endometrium als Folge der einsetzenden Sekretionsphase.

Cervicaler Zyklus. Die Cervix bildet eine Barriere zwischen Vagina und Uterus, die das Eindringen von Bakterien usw. hindert. Im *Diöstrus* und *Anöstrus* ist der Cervixkanal geschlossen, was auf den erhöhten Muskeltonus der Cervix zurückzuführen ist, die außer glatten Muskelzellen zahlreiche kollagene und elastische Bindegewebsfasern enthält; teils ist für den Verschluß ein sehr dickflüssiges, muköses Sekret verantwortlich, das von den Becherzellen der Schleimhaut herrührt. Im *Proöstrus* und *Östrus,* wo die östrogenen Wirkungen zunehmen, ändert der Cervicalschleim seinen Charakter, es wird ein dünnflüssiges, wäßriges Sekret gebildet, dessen Reaktion schwach sauer ist. Da gleichzeitig eine leichte Herabsetzung des Tonus der Cervixmuskulatur stattfindet, wird der Cervixkanal passierbar. Im Metöstrus ändert das Sekret sich wieder in mucöser Richtung, der Cervixkanal wird gesperrt. Diese Sperrung wird im Anöstrus und besonders bei Trächtigkeit ausgeprägter, wobei der Kanal von einem festen, gummiartigen Schleimpfropfen verschlossen ist.

Vaginaler Zyklus. Beim vaginalen Zyklus kann man vier Phasen erkennen, die bei Nagetieren besonders gut anhand eines Vaginalabstriches bestimmt werden können.

Im Proöstrus, der mit der Follikelreifungsphase einhergeht, wird das Vaginalepithel infolge einer gesteigerten Mitosetätigkeit mehrschichtig. Einige der oberflächlichen, noch kernhaltigen Zellen werden abgestoßen und finden sich im Schleim zusammen mit Leukozyten. Im Östrus verhornen die oberflächlichen Zellen und treten als »Schollen« im Vaginalschleim auf (sog. Schollenstadium), in dem sich keine Leukozyten mehr befinden. Im Metoöstrus verkleinert sich das Vaginalepithel, und im Vaginalschleim finden sich noch wenige Hornschollen, kernhaltige Zellen und zahlreiche Leukozyten. Im Interöstrus sind im wenigen Vaginalschleim viele Leukozyten anzutreffen; die Vaginalschleimhaut ist niedrig.

Diese zyklischen Veränderungen des Vaginalepithels, die bei den Haustieren weniger gut ausgeprägt sind, können zur Trächtigkeitsdiagnose verwendet werden (Allen-Doisy-Test). Die Östrogene können auch auf chemischem Wege mittels der sog. Cuboni-Reaktion nachgewiesen werden. Eine weitere biologische Trächtigkeitsfeststellung, die bei Stuten mittels PMSG-haltigem Blutserum ab 42. Trächtigkeitstag durchgeführt werden kann, ist die Aschheim-Zondek-Reaktion (Versuchstiere sind juvenile Mäuse). Auch bei der Frau kann diese Probe, allerdings auch mit Harn, ausgeführt werden. Die Follikelreifung kommt durch das im Harn ausgeschiedene humane Chorion-Gonadotropin (HCG) zustande.

Während des Sexualzyklus finden sich auch noch makroskopisch sichtbare Veränderungen an Vagina und Vulva: Unter dem Einfluß der Östrogene wird während des Östrus die Vagina stärker durchblutet, die Vulva wird ödematös und rötlich verfärbt. Die Vestibulardrüsen haben eine gesteigerte Sekretion. Der Schamspalt ist während des Östrus etwas geöffnet.

Mammarzyklus (s. auch Kapitel »Physiologie der Milchsekretion«). Die Veränderungen an der Milchdrüse während eines Sexualzyklus sind vor allem in der Corpus luteum-Phase äußerlich zu erkennen, da es zu einem Anschwellen der Drüse kommt (bei der Frau z. Z. des Prämenstruum als Mastodynie oder Mastalgie bezeichnet).

Verhaltenszyklus (Brunstzyklus). Auch beim psychischen Sexualzyklus unterscheidet man verschiedene Phasen, die als Vorbrunst, Brunst, Nachbrunst und Zwischenbrunst bezeichnet werden; sie entsprechen den einzelnen Phasen des ovariellen Zyklus. Der Brunstzyklus wird unter ungestörten Verhältnissen bei Eintritt einer Trächtigkeit im Metöstrus unterbrochen und setzt erst nach einer tierartlich verschiedenen Zeitspanne nach der Geburt wieder ein.

Beim weiblichen Tier zeigt sich die Paarungswilligkeit durch bestimmte Brunstsymptome an, die schon in der Vorbrunst geprägt werden. Im Gegensatz zum Menschen ist bei Tieren die Kopulationsbereitschaft auf die eigentliche Brunstzeit beschränkt. Bei den Brunstsymptomen unterscheidet man allgemeine Symptome, die mehr oder weniger bei allen Tieren auftreten, und für jede Spezies typische, spezielle Brunstsymptome. Zu den allgemeinen Brunstsymptomen können die beim Genitalzyklus beschriebenen Symptome gezählt werden, wie Hyperämie der Vulva, Öffnung des Cervikalkanals, gesteigerte Uterusmotorik u. a.; dazu kommt eine erhöhte Unruhe der Tiere, eine erhöhte Herzschlagfrequenz infolge eines gesteigerten Sympathicustonus und vor allem die zeitlich beschränkte Paarungsbereitschaft. Die allgemeinen und besonders die speziellen Brunstsymptome sind dazu angetan, die männliche Paarungsbereitschaft, die stets vorhanden ist, zu steigern.

Mitunter können Brunstsymptome einen ovariellen Zyklus vortäuschen, so z. B. während der Gravidität. In der Regel finden dann aber keine Ovulationen statt.

Das Ausbleiben einer Brunst wird als *Anöstrie* bezeichnet. Man kennt eine physiologische und eine pathologische Anöstrie. Erstere stellt sich unter folgenden Verhältnissen ein: bei zeitlich limitierten polyöstrischen Tieren, während der Trächtigkeit, während der postpartalen Regenerationsphase (sog. Laktationsanöstrie). Die Laktationsanöstrie tritt bei Schaf, Ziege und Schwein auf. Bei den meisten Tieren kann allerdings trotz sonst ausgeprägter Laktationsanöstrie einige Tage nach der Geburt ein vollständiger oder auch abortiver (Follikelreifung, doch keine Ovulation) ovarieller Zyklus auftreten. Wegen der zu dieser Zeit noch nicht abgeschlossenen Involution der Genitalien sind aber die Befruchtungschancen gering. Nur beim Pferd und bei Nagetieren ist die kurz nach der Geburt einsetzende Brunst gut fertil. Beim Pferd bezeichnet man die erste Rosse nach der Geburt, die 9 bis 12 Tage post partum auftritt, als Fohlenrosse. Bei Tieren mit einer Laktationsanöstrie tritt die Brunst einige Tage nach dem Absetzen der Jungtiere auf; beim Schwein z. B. 4–7 Tage, bei Schaf und Ziege 7–14 Tage nach dem Absetzen, sofern das Absetzen in die Zuchtperiode fällt.

Eine pathologische Anöstrie hat meist entweder eine hypophysär oder ovariell bedingte hormonale Insuffizienz als Ursache; weitere Gründe für das Ausbleiben einer Brunst sind organische und infektiöse Erkrankungen insbesondere des Genitaltraktes, des weiteren Mängel in der Haltung und Fütterung der Tiere. Eine Anöstrie kann dann vorgetäuscht werden, wenn die Brunstsymptome wenig oder gar nicht ausgeprägt sind (sog. stille Brunst).

4. Die Befruchtung

Wenn das Ei, umgeben von den Granulosazellen, der *Corona radiata,* sich vom Ovarium während des Ovulationsvorganges löst, wird es vom *Infundibulum tubae* aufgefangen, wandert durch das *Ostium abdominale* und wird in den erweiterten Teil der *Ampulla tubae uterinae* des *Ovidukts* eingeführt, wo die Befruchtung normalerweise stattfindet. Die Spermien gelangen überwiegend passiv durch wellenförmige Kontraktionen der Gebärmutter zum Befruchtungsort in der Ampulla tubae, aber je nach dem Ort ihrer Abgabe bei der Ejakulation spielt auch die Eigenbeweglichkeit eine Rolle (der Bulle ejakuliert z. B. in die Scheide, der Eber direkt in den Cervikalkanal). Wird der Samen in der Scheide deponiert, müssen die Spermien kraft ihrer Beweglichkeit aktiv in die Cervix einwandern, und auch die Cervixpassage erfolgt zu einem großen Teil aktiv; auch die uterotubale Verbindung haben die Spermien aktiv zu überwinden. Beide, Cervix und uterotubale Verbindung, stellen eine Barriere dar, denen man auch eine Art Filterfunktion zuschreibt. Für den passiven Spermientransport spricht ferner, daß auch abgestorbene Spermien im Eileiter gefunden werden können.

Der Transport, tierartlich zwar stark variierend, geht sehr rasch vonstatten; bei der Kuh können schon wenige Minuten nach der Belegung Spermien im Oviduct angetroffen werden, beim Schwein nach etwa 30 Minuten. Das Seminalplasma dient als Nähr- und Transportsubstrat.

Die Spermien sind unmittelbar nach der Ejakulation noch nicht befruchtungsfähig, sondern müssen noch eine Nachreifung, die sog. Kapazitation, durchmachen; erst dann können sie die Eihüllen durchdringen. Die Kapazitation dauert, tierartlich variierend, zwischen 2 und 7 Stunden und ist funktionell gesehen im wesentlichen Voraussetzung für die Akrosom-Reaktion, die zytochemische, enzymatische und ultrastrukturelle Veränderungen umfaßt; es kommt dabei zu einem Austausch von Glykoprotein, mit dem die Spermien überzogen sind, im Membranbereich. Die Kapazitation erfolgt normalerweise im weiblichen Genitale, ist hormonabhängig (Östrogene fördern sie) und reversibel: im Seminalplasma befindet sich nämlich ein Dekapazitationsfaktor (DF), ein Glykoprotein, das kapazitierte Spermien wieder befruchtungsunfähig machen kann. Der DF ist ein membranstabilisierender Faktor und dürfte die akrosomale Enzymaktivität hemmen.

Da die Lebensdauer der Spermien unter Beibehaltung der Befruchtungsfähigkeit beschränkt ist (beim Rind 28–50 Stunden, beim Schaf 30–48 Stunden, beim Pferd 144 Stunden, beim Geflügel ca. 2 Wochen), diese auch noch die Kapazitation durchmachen müssen und ferner auch die Lebensdauer ovulierter Eier auf 10–30 Stunden limitiert ist, kommt im Hinblick auf eine erfolgreiche Befruchtung dem Beleg- bzw. Besamungszeitpunkt eine besondere Bedeutung zu. Aus dem Geschilderten läßt sich ableiten, daß die Spermien beim Eintreffen des Eies im Ovidukt bereits im kapazitierten Zustand, aber noch nicht zu lange vorhanden sein sollen, da gealterte Spermien ebenso wie gealterte Ova eine beschränkte Befruchtungsfähigkeit besitzen. Gealterte Ova können wohl befruchtet werden, degenerieren aber meist schon während der Tubenwanderung. Untersuchungen haben ergeben, daß bei Kühen der größte Fruchtbarkeitsprozentsatz nach Samenübertragungen erzielt wird, die in der Mitte oder während der letzten Hälfte der Brunstperiode stattgefunden haben. Wenn die Samenübertragung zu Beginn der Brunst oder während der ersten 5–6 Stunden nach deren Beendigung stattfindet, ist der Trächtigkeitsprozentsatz wesentlich niedriger. Bei Schweinen erhält man den größten Trächtigkeitsprozentsatz, wenn die Begattung oder künstliche Besamung während des mittleren Drittels der Brunstzeit stattfindet.

Unter der *Befruchtung* in engerem Sinn versteht man das Zusammenschmelzen von Eizelle und Spermium zu einer Zelle (sog. Syngamie), die dann wieder einen diploiden Chromosomensatz besitzt. Es umfaßt mehrere Stufen und besteht im wesentlichen darin, daß das Spermium das Ei erkennt, die Eihüllen durchdringt und daß letztlich ein Metabolismus in Gang gesetzt wird, der zur embryonalen Entwicklung führt.

Die Eizelle ist nur während 12, maximal 24 Stunden nach der Ovulation befruchtungsfähig. Mit einsetzender Cumulus-Penetration vereinigen sich die äußere Akrosommembran und die Plasmamembran des Spermiums, wobei kleine Öffnungen entstehen, aus denen Enzyme, insbesondere Hyaluronidase, austreten und nachfolgend die Corona radiata (CPE — Corona penetrating enzyme), durchstoßen. Mit Erreichen der Zona-Oberfläche wird die fusionierte Membran abgestoßen. In der Zona pellucida wird ein kleiner Kanal gebildet — möglicherweise an bevorzugter Stelle mit spezifischen Rezeptoren —, wobei das akrosomale Akrosin, dem pankreatischen Trypsin ähnlich, notwendig ist. Etwa gleichzeitig wird ein weiteres Enzym, die Neuroaminidase freigesetzt, wodurch die sog. Zona-Reaktion ausgelöst und ein Eindringen von weiteren Spermien verhindert wird. Nach dem Eindringen des Spermiums in den perivitellinen Raum vereinigen sich die Reste der Plasmamembran mit der Vitellus-Oberfläche, es folgt die Abgabe kortikaler Granula und letztlich das Eindringen des Spermiums in das Ei-Zytoplasma, vermutlich ebenfalls von spezifischen Rezeptoren geleitet. Das Eindringen des Spermienkopfes in den Vitellus ist nicht, wie lange vermutet, ein phagozytoseähnlicher, sondern ein enzymatisch gesteuerter Vorgang, dessen Einzelheiten noch der Klärung bedürfen. Der Spermienschwanz wird spätestens im perivitellinen Raum abgestoßen. Nach dem Eintritt in den Vitellus unterliegen der Spermienkopf und der Eikern morphologischen Veränderungen und bilden sich zum männlichen und weiblichen Pronukleus. Der nächste Schritt ist die Vereinigung der beiden Pronuklei, wodurch wieder der diploide Chromosomensatz hergestellt wird. Nach der Syngamie s. Karyogamie setzt die Furchung und Blastogenese des Eies ein.

Durchdringen mehrere Spermien die Zona pellucida (sog. Polyspermie), z. B. durch Ausbleiben der Zona-Reaktion bei gealterten Ova, entstehen mehrere männliche Pronuklei. Diese Ova können sich nicht weiterentwickeln. Weitere Abnormitäten sind unter der Bezeichnung Gyno- und Androgenese bekannt, wenn sich nur der weibliche und männliche Vorkern bei den Teilungsvorgängen beteiligt. Eine Teilung des Eies ohne Befruchtung wird als Parthenogenese bezeichnet. Letztere Bildungen führen bei den Säugetieren zum Absterben des Embryos.

Der aufgrund der Befruchtung entstandene Embryo wird teils von der Schleimhaut mittels Flimmerepithel und teils von der schwachen motorischen Funktion des Ovidukts in Richtung auf den Uterus befördert. Die Dauer, ehe die Zygote — Morula, oder das frühe Blastulastadium — den Uterus erreicht, wechselt etwas von Tierart zu Tierart (Tab. 87).

Werden mehrere Reifeier während einer Brunstperiode von verschiedenen Vatertieren oder von einem Vater in größeren Zeitabständen befruchtet, spricht man von einer Überschwängerung oder *Superfecundatio.* Sie kommt bei Haustieren des öfteren vor, besonders bei Tieren mit einer längeren Brunstdauer, wie Hündin und Schwein. Von dieser ist die *Superfetatio* (Überfruchtung) zu unterscheiden, bei der die befruchteten Eier aus verschiedenen Brunstperioden stammen. Die von der letzten Brunst stammenden Früchte werden aber zumeist zusammen mit den ausgereiften Früchten ausgestoßen; oder aber, wie vor allem beim Pferd, werden anschließend an den zweiten Deckakt sämtliche Embryonen abortiert. Eine Superfetatio mit nachfolgend zeitgerechter Geburt ist bei Haustieren sehr selten anzutreffen.

5. Die Gravidität

Die Entwicklung der Embryohäute. Dem durch die Befruchtung gebildeten neuen Organismus müssen, damit er wachsen kann, Nährstoffe vom Muttertier zugeführt werden. Dies erfolgt in der ersten Zeit des Embryonallebens in der Weise, daß die Trophoblastenzellen im Morula- und Gastrulastadium Nährstoffe von den intrauterinen Sekreten aufnehmen. Diese nennt man *Embryotrophe* oder Gebärmuttermilch; sie besteht aus Leukozyten, Epithelzellen und roten Blutkörperchen, die kleinen Berstungen der Schleimhaut entstammen. Die Embryotrophe enthält Protein, Fett, Kohlenhydrat und Mineralstoffe. Durch das Wachstum entwickelt sich die Blastula zur Gastrula mit wechselnder Form von Tierart zu Tierart, häufig ist sie langoval mit einem Durchmesser von 1–3 cm. In diesem Stadium entwickelt sich die erste Embryohaut, das *amniogene Chorion,* das später nach Entwicklung der *Allantois* durch die Bildung des *allantogenen Chorion* vaskularisiert wird. Hieran werden Fäden, *Villi,* entwickelt. Sowohl das amniogene als auch das allantogene Chorion sind in enger Verbindung mit dem Endometrium. Hierin werden Versenkungen, *Krypten,* gebildet, in die sich die Villi hineinstecken. Dadurch werden *Plazenta fetalis* und *Plazenta materna* entwickelt. Diesen Prozeß, bei dem sich das Chorion mit dem Endometrium verbindet, nennt man Nidation

Tab. 88. Plazentaklassifizierung nach Grosser

Plazentatyp	Plazentaform	Mütterliche Gewebe (Uterus)			Fetale Gewebe (Chorion)			Beispiele
		Endothel	Bindegewebe	Epithel	Trophoblast	Bindegewebe	Endothel	
Epiheliochorial	P. diffusa	+	+	+	+	+	+	Schwein, Pferd, Esel
Syndesmochorial	P. cotyledonaria	+	+	–	+	+	+	Rind, Schaf, Ziege
Endotheliochorial	P. zonaria/ P. discoidalis	+	–	–	+	+	+	Katze, Hund, Marder
Hämochorial	P. discoidalis/ P. zonaria	–	–	–	+	+	+	Primaten
Hämoendothelial	P. discoidalis/ P. spheroidalis	–	–	–	–	–	+	Ratte, Kaninchen, Meerschweinchen

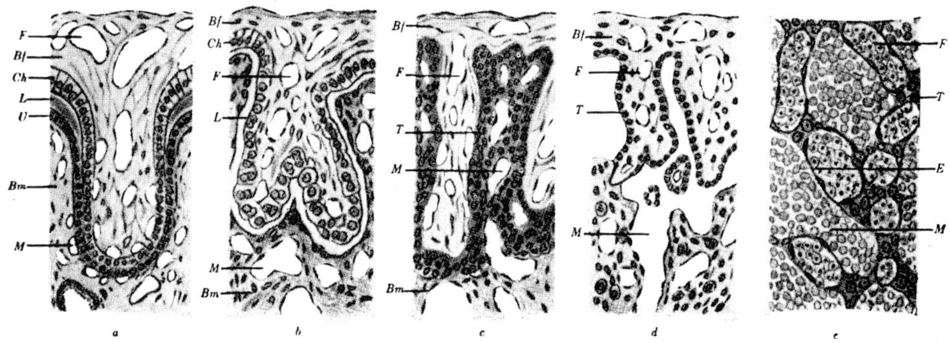

Abb. 279. Plazentatypen, histologisch dargestellt nach den Gewebeschichten zwischen mütterlichem und fetalem Blutkreislauf. (Nach GROSSER, ergänzt nach KRÖLLING aus KRÖLLING und GRAU, 1960).

a = Placenta epitheliochorialis, **b** = Pl. syndesmochorialis, **c** = Pl. endotheliochorialis, **d** = haemochorialis, **e** = Pl. haemoendothelialis, **F** = fetales Kapillarsystem, **M** = mütterliches Kapillarsystem, bei d und e mütterliche Gefäßlakunen, **L** = Uteruslumen, **U** = Uterusoberflächenepithel, **E** bei e = fetales Kapillarendothel

(Einnistung) oder Implantation (Einbettung), die zu folgenden Zeiten nach der Ovulation eingeleitet werden: beim Pferd am 35.–50., beim Rind am 20.–30., beim Schwein am 10.–14. (24.) und bei Hund und Katze ab 10.–12. Tag. Eine eigentliche Einnistung des Eies in die Gebärmutterschleimhaut geht nur bei Primaten und einigen Nagetieren vor sich. Bei den Haustieren, z. B. Pferd und Schwein, bleibt die Endometriumsoberfläche weitestgehend erhalten.

Bei den mehrlingsgebärenden Tieren, wie beim Schwein und Hund, sind die Embryonen ziemlich gleichmäßig im Uterus verteilt, unabhängig davon, ob die Ovulationen hauptsächlich an einem Eierstock stattgefunden haben. Wie die Verteilung im Uterusbereich erfolgt, weiß man nicht, es wird aber angenommen, daß, sobald eine Embryoanlage bleibenden Kontakt mit der Uterusschleimhaut erzielt hat, die Implantationen in einem gewissen Teil der Uterusschleimhaut gesperrt werden (Einhaltung des sog. Implantationsabstandes).

Vollumfänglich differenziert besteht die Plazenta aus 6 Schichten (Plazenta epitheliochorialis), d. h. 2 Kapillarendothelschichten, 2 Bindegewebsschichten und 2 Epithelschichten (Tab. 88). Aber der Schichtaufbau ändert sich bei allen Tieren im Laufe der Trächtigkeit, und bei einigen werden die Schichten mehr oder weniger reduziert. Abbildung 279 zeigt schematisch Plazentatypen, die voll entwickelt sind. Der große Artunterschied in der Struktur der Plazenta bedeutet, daß die Lebensbedingungen im intrauterinen Leben weitgehend verschieden sind.

Die Gewebsschichten, die das maternelle Blut vom fetalen Blut trennen, werden *plazentale Schranke* genannt. Diese hat nachstehende Funktionen:

a) Übertragung von Nährstoffen und Stoffwechselprodukten nebst Sauerstoff und Kohlendioxid zwischen Mutterblut und fetalem Blut;
b) Bildung einer Barriere, die die Übertragung von Bakterien und Viren von der Mutter zum Embryo verhindert;
c) Erzeugung von Hormonen, die für die Regulierung der Trächtigkeit und die Entwicklung der Milchdrüse von Bedeutung sind;
d) Speicherung von bestimmten Stoffen, vor allem Lipiden, Vitaminen und Hormonen.

Nach stattgefundener Implantation kann der Embryo teils durch die Aufnahme von Stoffen der Choriontrophoblasten *(embryotrophe Ernährung)*, teils durch transplazentale Übertragung von Nährstoffen vom Mutterblut *(hämotrophe Ernährung)* genährt werden. In welchem Umfang die eine oder andere Art der Versorgung eine Rolle spielt, hängt von der Tierart und dem Zeitpunkt der Trächtigkeit ab. Die embryotrophe Ernährung ist vor allem zu Beginn des Embryonallebens von Bedeutung.

Bei Tieren mit einer *starken plazentalen Schranke* (Pl. epitheliochorialis und Pl. syndesmochorialis), wie Schwein, Rind und Schaf, findet während des ganzen fetalen Lebens eine gewisse embryotrophe Ernährung statt. Beim Schwein saugen die Choriontrophoblasten das Uterussekret in den Gebieten zwischen den Krypten auf, beim Rind und Schaf findet dies in den interkarunkulären Zonen statt.

Der Umfang der hämotrophen Ernährung hängt von der Größe des zu versorgenden Bereiches und der Art der plazentalen Schranke ab. Das plazentale Blutgefäßsystem hat einen charakteristischen Bau, was zweifelsohne für den transplazentalen Austausch von größter Bedeutung ist. Bei der Plazenta der Wiederkäuer ist nachgewiesen worden, daß das Kapillarsystem in der Pl. fetalis am Gipfel der Villi beginnt und sich gegen die Basis erstreckt, während das Kapillarnetz in der Pl. materna an der Basis der Krypten beginnt und in die Tiefe geht (Abb. 280). Es sei außerdem erwähnt, daß selbst bei Tieren, bei denen der primäre Plazentatypus im ganzen Fetalleben bestehenbleibt (z. B. Schwein), sich Veränderungen einstellen. Eine gewisse Reduktion der Bindegewebsschichten findet statt, sowohl in der fetalen als auch in der maternellen Seite, und die Kapillaren legen sich gegen bzw. sogar zwischen die Epithelzellen, wodurch der Diffusionsradius herabgesetzt wird. Bei Tieren mit einer starken plazentalen Barriere wird der Diffusionsabstand zwischen Mutterblut und Fetusblut im allgemeinen 20 bis 100 µm sein. Vergleichsweise sei erwähnt, daß der Diffusionsabstand zwischen Lungenalveolen und Kapillaren etwa 2 µm ist.

Der plazentalen Übertragung von verschiedenen Stoffen kommt eine große Bedeutung zu, denn eine ungestörte Entwicklung des Fetus ist von einem gesunden mütterlichen Organismus abhängig, wenn auch der Fetus ein nicht unerhebliches Maß an Autonomie, seine Entwicklung betreffend, besitzt. Nach Untersuchungen von Ferrell und Ford (1980) wird der vermehrte Bedarf von seiten des Fetus an Nährstoffen durch eine verstärkte Blutversorgung des Uterus sichergestellt.

Wasser. Die Übertragung von Wasser vom maternellen zum fetalen Blut wird u. a. von dem hydrostatischen und kolloidosmotischen Druck an beiden Seiten der plazentalen Barriere bestimmt. Der Gehalt des fetalen Blutes an Proteinstoffen ist — abgesehen von Tieren mit Pl. hämoendothelialis — immer niedriger als der des Mutterblutes. Da besonders der Gehalt an hochmolekularen Proteinstoffen niedrig ist, ist der kolloidosmotische Druck im fetalen Blut und im Mutterblut wahrscheinlich von ähnlicher Größe. In bezug auf den Verlauf des Blutstromes in den Villi und in der Wand der Krypten ist anzunehmen, daß an der Basis der Villi eine Übertragung von Wasser zum fetalen Blut stattfindet und daß beim Gipfel der Villi ein Transport in entgegengesetzter Richtung erfolgt. An Versuchstieren wurde nachgewiesen, daß pro Zeiteinheit mehrere hundertmal soviel Wasser übertragen wird, wie der Ablagerung im Fetus und in den Fetusflüssigkeiten entspricht.

Mineralstoffe. In bezug auf Natrium und Kalium wurde festgestellt, daß ungeachtet des Plazentatyps eine

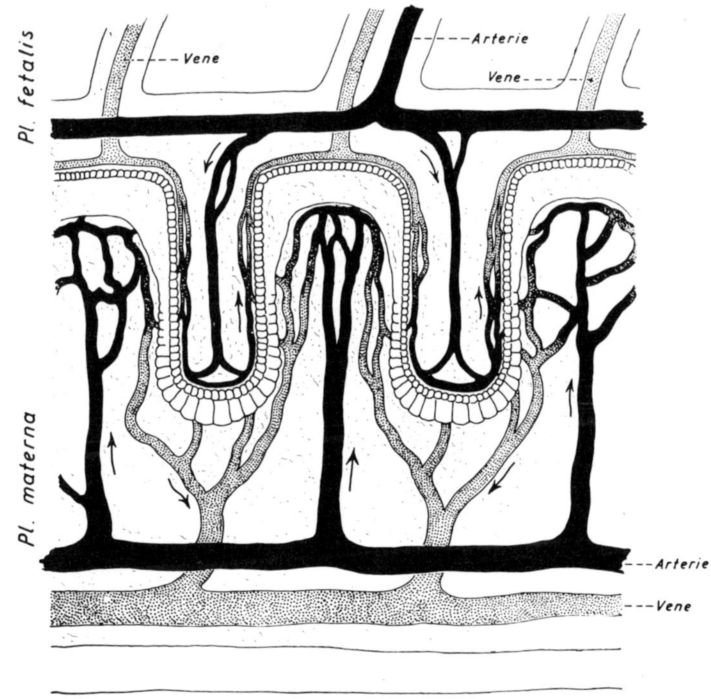

Abb. 280. Schematische Darstellung der Architektur des Gefäßsystems in Krypten und Villi bei Wiederkäuern. (Nach Baron, wesentlich geändert)

gleich große Konzentration im Mutterblut und im fetalen Blut vorhanden ist. Die plazentale Barriere gegenüber diesen Stoffen ist jedoch sehr verschieden (Tab. 89). Andere Untersuchungen haben ergeben, daß die pro g Plazenta übertragene Natriummenge während der letzten Hälfte der Trächtigkeit sehr zunimmt, daß aber mehrmals so viel Natrium übertragen wird, als im Fetus, in den Fetushäuten und den Fetusflüssigkeiten deponiert wird. Es kann daher kein Zweifel darüber bestehen, daß Natrium und Chlor in beiden Richtungen die plazentale Barriere frei passieren können. Dasselbe gilt wohl auch für Kalium.

Tab. 89. Transplazentale Natriumüberführung bei verschiedenen Plazentaformen zu entsprechenden Trächtigkeitszeiten (Flexner)

Tierart	mg Na pro g Plazenta/Stunde überführt	Plazentatypus
Sau	0,03	Epitheliochorialis
Ziege	0,4	Syndesmochorialis
Katze	0,8	Endotheliochorialis
Meerschweinchen	6,3	Haemochorialis
Kaninchen	9,3	Haemoendothelialis

Der Gehalt des *Fetusblutes* an *Calcium* und *Phosphor* ist bei sämtlichen untersuchten Tierarten (auch Haustieren) etwa 1–3 mg% größer als der des Mutterblutes. Hieraus geht hervor, daß diese Stoffe nicht durch einen einfachen Diffusionsprozeß übertragen werden. Die Übertragung dieser Stoffe nimmt während der zweiten Hälfte der Schwangerschaft stark zu, wenn also die Ablagerung im Skelettsystem des Fetus in großem Umfang einsetzt. Der Fetus scheint eine ausgesprochene *Präferenzstellung* in bezug auf Calcium und Phosphor zu haben. Selbst bei starker Herabsetzung des Gehaltes des Mutterblutes an diesen Stoffen bleiben die Konzentrationen im fetalen Blut praktisch unverändert.

Eisen wird von Mutter zu Fetus teils auf embryotrophem und teils auf hämotrophem Wege übertragen. Bei Tieren mit einer Pl. endotheliochorialis findet ein Bluterguß der Kapillaren in die Pl. materna statt. Die Trophoblasten nehmen dieses Blut auf. Es ist zu bedenken, daß, solange der Gehalt des Mutterblutes an Hämoglobin und Serumeisen (Transiteisen) normal ist, eine gesteigerte Eisenzufuhr mit dem Futter nicht die Möglichkeit für eine Übertragung von Eisen zum Fetus vergrößert.

Wir wissen außerordentlich wenig von der transplazentalen Übertragung von *Magnesium, Mangan, Zink* und *Kupfer.* Der Gehalt des Fetusblutes an Magnesium und Mangan ist derselbe wie im Mutterblut, während der Kupfergehalt im fetalen Blut beim Schwein und Rind wesentlich niedriger als im Mutterblut ist.

Die Vitamine. In welcher Weise die plazentale Übertragung von Vitaminen stattfindet und welche Verhältnisse hierauf Einfluß haben, weiß man nicht. Bei Versuchen *mit* Schweinen und Rindern hat man nachgewiesen, daß eine zu hohe Zufuhr von Vitamin A zum Muttertier eine gewisse Steigerung des Vitamin-A-Gehaltes des Fetus mit sich bringt. Genau dasselbe ist bei Versuchen mit Rindern für Vitamin E nachgewiesen worden. Außerdem hat man durch Untersuchungen des Vitamin-B-Gehaltes bei Schweinen festgestellt, daß der Gehalt im fetalen Blut größer ist als im Mutterblut. Hieraus ist es ersichtlich, daß die transplazentale Passage dieser Stoffe ein aktiver Vorgang sein muß.

Protein und Aminosäuren. Nach stattgefundener Implantation wird die Versorgung des Fetus mit Proteinen und Aminosäuren im wesentlichen von den plazentalen Verhältnissen bestimmt. Dies manifestiert sich in der Zusammensetzung der Serumproteine. Bei Tieren mit einer schwachen plazentalen Barriere (z. B. Nagern, Raubtieren) ist der Globulingehalt des Fetusblutes beim Geburtstermin von derselben Größenordnung wie der des Mutterblutes. Bei Tieren mit einer starken plazentalen Barriere (z. B. Schwein und Rind) ist dieses Antikörper tragende Globulin fast nicht im Fetusblut vorhanden. Bei diesen Tieren werden diese Proteine durch Aufnahme der Kolostralmilch während der ersten 1–2 Tage nach der Geburt zugeführt.

In bezug auf die übrigen Blutfraktionen sind bei Tieren auch erhebliche quantitative und qualitative Verschiedenheiten zwischen Mutter und Fetus vorhanden. Dies deutet darauf hin, daß eine direkte transplazentale Proteinübertragung kaum bei Tieren mit einer starken plazentalen Barriere stattfindet, und es ist daher anzunehmen, daß die Proteinsynthese aus den Aminosäuren erfolgt, die dem Blut zugeführt worden sind. Für die Richtigkeit dieser Annahme spricht die Tatsache, daß das venöse Blut des hochschwangeren Uterus bei Wiederkäuern einen niedrigeren Gehalt an freien Aminosäuren als das arterielle Blut hat, und daß eine künstlich hervorgerufene Vergrößerung des Aminosäurengehaltes des Mutterblutes eine Steigerung des Aminosäurengehaltes im fetalen Blut mit sich führt. Die Übertragung von Aminosäuren zum Fetus ist ohne Zweifel ein aktiver Prozeß, da das fetale Blut jedenfalls beim Wiederkäuer und Schwein einen viel größeren Aminosäuregehalt als das Mutterblut und teils eine andere Aminosäurezusammensetzung hat. Der Gehalt an Lysin und Glutaminsäure ist im fetalen Blut bedeutend größer als im Mutterblut.

Kohlenhydrate. Bei Tieren mit einer schwachen plazentalen Barriere ist kein Unterschied zwischen dem Glucosegehalt des Mutterblutes und des fetalen Blutes vorhanden, aber beim Wiederkäuer und Schwein ist der Gehalt an Kohlenhydraten wesentlich größer im fetalen Blut als im Mutterblut. Bei diesen Tieren besteht der Hexosengehalt des fetalen Blutes teils aus Fructose, welche in der Plazenta synthetisiert wird. C. Bernard hat schon nachgewiesen, daß die Plazenta fetalis erhebliche Mengen Glykogen enthält. Außerdem ist eine genaue Proportionalität zwischen dem Phosphatasengehalt und dem Glykogengehalt in den Gewebsschichten der Plazenta fetalis nachgewiesen; auch hat man gefunden, daß der Phosphatasengehalt im endometrialen Teil der Trophoblasten am größten ist. Dies deutet darauf hin, daß die Glucose von der Plazenta materna zur Plazenta fetalis in phosphorylierter Form übertragen wird, um hier bei der Synthese von Glykogen benutzt oder zum fetalen Blut als Glucose oder Fructose abgegeben zu werden.

Lipoide. Die Lipoide des Fetus können teils direkt dem Mutterblut entstammen und teils auf der Basis übertragener Kohlenhydrate synthetisiert sein. Im fetalen Blut des Schafes ist der Gehalt an Totalfett niedriger als im Mutterblut, während er beim Kaninchenfetus mehrfach höher ist. Dieses deutet darauf hin, daß der Lipoidgehalt des Fetusblutes in der Hauptsache nicht vom Gehalt des Mutterblutes beeinflußt wird. Die Lipoide des fetalen Blutes unterscheiden sich übrigens von denen des Mutterblutes dadurch, daß sie einen größeren Gehalt an ungesättigten Fettsäuren haben.

Hormone. Eine der wichtigsten biosynthetischen Aufgaben der Plazenta ist die Bildung, Speicherung und Abgabe von Sexualsteroiden, die vermutlich im syncytialen Anteil des Zottenapparates gebildet werden; deren Synthesegang dürfte dem im Ovar gleichen. Das Progesteron dient vor allem der Schwangerschaftserhaltung; die Östrogene wiederum verstärken die Proteinsynthese, haben einen wachstumsfördernden Effekt auf den Uterus und werden für die Laktations- und Geburtsvorbereitung benötigt. Während der Gravidität treten beträchtliche Unterschiede in der Östrogenproduktion auf, und auch das Verhältnis der verschiedenen Östrogene untereinander verändert sich, wie Untersuchungen bei Frauen ergeben haben. Auf die Bedeutung des PMSG wurde im Abschnitt A eingegangen. Bei der Frau wurde neben dem HCG ein weiteres Proteohormon, das plazentare Lactogen (HPL), von Josimovich und MacLaren 1962 entdeckt, das in den Syncytio-Trophoblasten gebildet wird. Es wirkt sowohl mammotrop als auch luteotrop und ist auch bei einzelnen Tieren nachgewiesen worden. Weitere Plazentahormone werden vermutet.

Es gilt ferner zu beachten, daß etwa gegen Ende des ersten Viertels der Trächtigkeit die fetalen endokrinen Drüsen funktionsfähig sind, den mütterlichen Organismus erheblich beeinflussen können (z. B. Verhalten), die fetalen Hormone Funktionen ausüben, die im späteren Leben keine Bedeutung mehr haben (z. B. Geschlechtsdifferenzierung), aber für die Beendigung der Gravidität vonnöten sind. Letztlich ist zu betonen, daß u. a. eine intakte fetale Schilddrüse (u. a. für die Gehirnentwicklung) und Bauchspeicheldrüse (Wachstumsregulation) für die Entwicklung des Konzeptus notwendig sind.

Alles in allem bilden das mütterliche und fetale Kompartiment zusammen mit der Plazenta eine endokrine Einheit, wobei die einzelnen Hormone in den mütterlichen und in den fetalen Kreislauf übertreten können (Keller, 1971). Daher besteht die Gefahr einer Virilisierung von weiblichen Feten nach Androgenbehandlungen.

Austausch von Sauerstoff und Kohlendioxid. Es wird allgemein angenommen, daß der Austausch von Sauerstoff und Kohlendioxid zwischen Blut und Gewebe, z. B. in den Muskeln, durch Diffusion stattfindet. Beim Austausch zwischen Mutterblut und Fetusblut müssen sich indessen, infolge des großen Umfangs des Gaswechsels und des großen Diffusionsabstandes, besondere Verhältnisse geltend machen. Der Umfang des Austausches wird nicht nur von den relativen Sauerstoff- und Kohlendioxidspannungen im maternellen und fetalen Blut, sondern auch von der Größe des Diffusionsareals und dem Diffusionsradius bestimmt.

Das *Diffusionsareal* wird zu einem gewissen Grad vergrößert, und der *Diffusionsradius* nimmt während der fortschreitenden Schwangerschaft ab. Diese Änderungen der plazentalen Barriere bessern gradweise die Bedingungen für den Austausch. Dieser wird auch durch die Architektur des Gefäßsystems gefördert, das bedingt, daß das venöse, sauerstoffarme, aber kohlendioxidreiche fetale Blut dem auf der anderen Seite der Barriere strömenden arteriellen, d. h. sauerstoffreichen und kohlendioxidarmen Mutterblut begegnet (s. Abb. 281). Dies bedingt, daß der Unterschied im Partialdruck dieser beiden Gase möglichst groß wird.

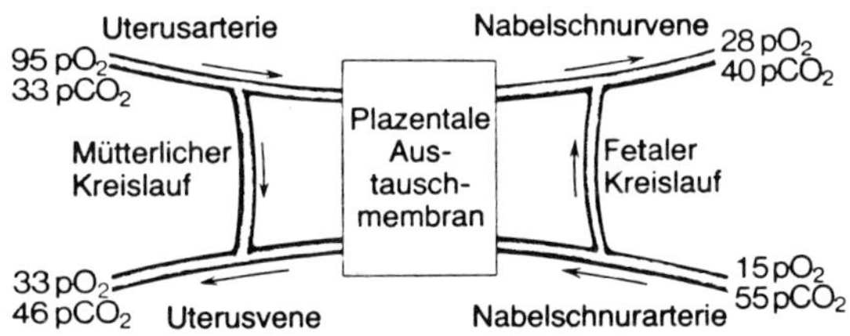

Abb. 281. Gasaustausch in der Plazenta. pO_2 und pCO_2 in mm Hg. (Austin und Short, 1978)

Die Sauerstoffversorgung des Blutes wird auch dadurch unterstützt, daß die *Sauerstoffbindung* des fetalen Blutes, jedenfalls bei Rind, Schaf und den Primaten, größer ist als die des Mutterblutes. Dies hat zur Folge, daß das fetale Blut selbst dann mit Sauerstoff gesättigt wird, wenn die O_2-Spannung in der Plazenta fetalis nur etwa 50 % der O_2-Spannung des arteriellen Mutterblutes beträgt. Der Unterschied in der Sauerstoffbindungskurve des fetalen und des mütterlichen Blutes ist vermutlich darauf zurückzuführen, daß, ausgenommen beim Schwein, im fetalen Leben ein Hämoglobin (HbF) erzeugt wird, das Sauerstoff gegenüber eine größere Affinität besitzt als das Hämoglobin des erwachsenen Tieres. So beträgt der pO_2 im fetalen Blut, das die Plazenta verläßt, nur etwa ⅓ des pO_2 in den mütterlichen Arterien, ohne daß der Fetus dadurch geschädigt wird, denn sowohl eine rege

Herztätigkeit als auch eine in der späteren Trächtigkeit nach links verschobene Sauerstoffdissoziationskurve erhöhen den O_2-Transport bei gleichem pO_2 (AUSTIN u. SHORT, 1978). Beim Menschen erreichen gegen das Ende der Schwangerschaft etwa 10 % des mütterlichen Blutes die Plazenta.

Der fetale Kreislauf. Die Plazenta ist als die Lunge des Fetus anzusehen. Das *venöse Blut,* das in die A. umbilicalis und in das plazentale Kapillarnetz hineinströmt, ist sauerstoffarm und kohlendioxidreich, das *arterielle Blut,* das die Plazenta durch die V. umbilicalis verläßt, hat im allgemeinen eine prozentuale Sauerstoffsättigung von 80–85 %. Dieses Blut strömt zum Herzen. Beim Raubtier und Wiederkäuer wird der größere Teil des arteriellen Blutes, beim Pferd und Schwein nur ein kleinerer Teil, durch den Ductus venosus Arantii und nicht durch das Kapillarnetz der Leber geführt, und es läuft weiter zu V. cava caudalis. Es ist infolgedessen ein arteriell und venös gemischtes Blut, mit einer Sauerstoffsättigung von 60–70 %, das das Herz erreicht. Das Blut der V. cava caudalis wird im wesentlichen durch das Foramen ovale zur linken Vorkammer und Herzkammer geleitet, ein kleiner Teil wird mit Blut aus der V. cava cranialis und dem Sinus coronarius gemischt und strömt in die rechte Herzkammer. Von dem Blut, das von hier ausgepumpt wird, passiert nur ein geringer Teil den Lungenkreislauf, da die nicht entfalteten Lungen einen großen Kreislaufwiderstand leisten. Fast das ganze Blut passiert durch den Ductus arteriosus zur Aorta, und das gemischte Blut läuft weiter, teils zum Fetus und teils zur Plazenta. Da der Kreislaufwiderstand in der Plazenta verhältnismäßig gering ist, läuft wahrscheinlich etwa die Hälfte des Blutes von der Aorta hier durch (Abb. 282).

Die erwähnten Kreislaufverhältnisse bewirken, daß das Minutenvolumen der linken Herzkammer etwa 10–25 % größer als das der rechten Herzkammer ist. Das Minutenvolumen des Herzens nimmt übrigens proportional zum Gewicht des Fetus zu, und es wird angenommen, daß die Blutmenge, die durch die Umbilicalarterien durch die Plazenta gesandt wird, dementsprechend zunimmt. Wie aus den nachstehenden Ausführungen hervorgeht, nimmt das Gewicht des Fetus indessen weit mehr als das der Plazenta zu, weshalb die Sauerstoffversorgung des Fetus während des letzten Drittels der Trächtigkeit zu einer relativen Abnahme tendiert. Die vorerwähnten Änderungen der plazentalen Struktur, die eine Herabsetzung des Diffusionsabstandes bedingen, werden dem aber entgegenwirken. Trotzdem ist eine Neigung vorhanden, daß der Sauerstoffgehalt des fetalen Blutes herabgesetzt wird und dessen Kohlendioxidgehalt sich kurz vor dem Geburtstermin steigert.

Das Wachsen des Fetus. Während der Schwangerschaft nimmt das Gesamtgewicht des Fetus erheblich zu. Dies rührt vom Wachsen des eigentlichen Fetus, der Fetushäute und der Uteruswand her. Das Wachstum der Fetushäute wird im großen und ganzen im Laufe der ersten Hälfte der Trächtigkeit abgeschlossen, wogegen das Wachstum der Feten während der letzten Hälfte der Trächtigkeit mit großer Geschwindigkeit stattfindet.

Die benötigten Nähr- und Aufbaustoffe (s. Tab. 90) erfahren in der zweiten Trächtigkeitshälfte eine beträchtliche Vermehrung, und daher ist der Fütterung des Muttertieres in dieser Phase besonders Rechnung zu tragen, wobei es zu berücksichtigen gilt, daß der Fetus zur Deckung seines Bedarfes vor allem Glukose, Aminosäuren für die Proteinsynthese, essentielle Fettsäuren, Vitamine, Salze und Metalle bedarf. Der Fetus sammelt beträchtliche Mengen an Leberglykogen an (wichtig bei Hypoxie zur Energiegewinnung aus anaerober Glykolyse) und legt verschiedene Fettspeicher an; weißes Fett wird nach Aufspaltung in den Blutkreislauf abgegeben, braunes Fett wird am Ort der Ablagerung oxidiert und soll der Körpertemperaturregulierung nach der Geburt dienen.

Regulierung der Schwangerschaft und der Geburt. Wie die vorerwähnten Änderungen in der

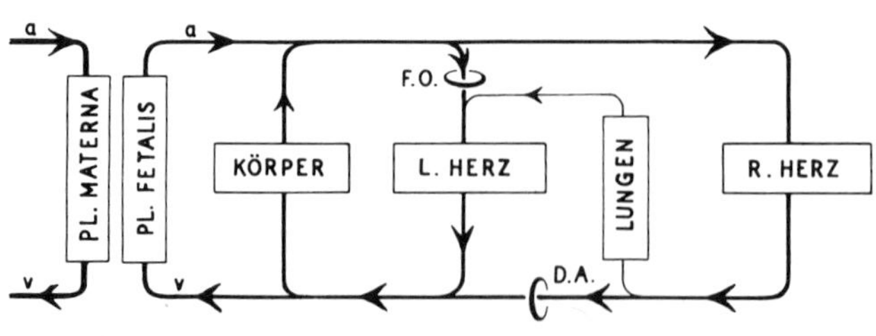

Abb. 282. Schematische Darstellung des Fetuskreislaufes.

F.O. = Foramen ovale, **D.A.** = Ductus arteriosus BOTALLI; **a** = arterielles Blut, **v** = venöses Blut

Tab. 90. Mineralstoffgehalte ($\bar{x} \pm s_{\bar{x}}$) mg/100 ml im maternalen und fetalen Blutserum während der Trächtigkeit beim Schwarzbunten Rind. (FRERKING, 1979)

Monate trächtig		n	Na	K	Ca	P	Mg
4	Kuh**	5	331 ± 10,9	16,1 ± 1,9	9,7 ± 0,4	6,2 ± 1,2	2,2 ± 0,1
	Fet*	5	312 ± 7,8	19,2 ± 3,0	12,4 ± 0,1	8,4 ± 2,6	2,3 ± 0,3
	P		ns	ns	< ,001	ns	ns
7	Kuh	15	330 ± 8,8	17,3 ± 2,5	9,7 ± 0,5	6,3 ± 1,2	2,2 ± 0,2
	Fet	15	315 ± 1,3	18,7 ± 2,4	12,3 ± 0,7	7,6 ± 0,7	2,2 ± 0,2
	P		< ,01	ns	< ,001	< ,01	ns
9	Kuh	34	333 ± 10,5	127,2 ± 1,9	9,5 ± 0,5	6,1 ± 0,9	2,2 ± 0,3
	Fet	34	322 ± 14,3	19,4 ± 5,7	12,8 ± 1,0	8,8 ± 1,1	2,6 ± 1,3
	P		< ,01	ns	< ,001	< ,001	ns

ns: nicht signifikant (P >.05) / * A. umbilicalis / ** V. jugularis.

Funktion des Uterus während der Schwangerschaft reguliert werden, ist zum größten Teil unbekannt. Es kann jedoch kein Zweifel darüber bestehen, daß die Hormonproduktion des Muttertieres eine entscheidende Rolle spielt. Es wurde bereits erwähnt, daß das Hormon des Gelbkörpers (Progesteron) das Endometrium in die Sekretionsphase bringt und damit Voraussetzungen für die embryonale Ernährung schafft. Gleichzeitig wird dadurch auch die motorische Funktion des Uterus stark herabgesetzt. Aber auch bei Tieren, bei denen der Fetus in der Hauptsache hämotrophisch ernährt wird, ist Progesteron zweifellos für den normalen Verlauf der Schwangerschaft erforderlich.

Die Bedeutung des Progesterons für den Verlauf der Schwangerschaft ist auch daraus ersichtlich, daß ein Abort verhindert werden kann, falls man nach der Ovariektomie täglich folgende Mengen des Hormons zuführt: Kaninchen 2 mg, Schafe und Ziegen 5–10 mg und Kühe 60–70 mg.

Ungeachtet, ob die Synthese des Progesterons mehrheitlich in den Ovarien oder der Plazenta stattfindet, ist der Gehalt dieses Hormons während der Trächtigkeitsperiode hoch, der Uterus ist *progesteron-dominiert.*

Während des letzten Viertels der Trächtigkeit nimmt der Gehalt des Blutes an Östrogenen zu (Abb. 283); dies führt die erwähnten Änderungen im Myometrium herbei, die Kontraktionsfähigkeit des Uterus wird allmählich erhöht. Diese östrogenen Hormone werden in der Plazenta gebildet, und zwar in zunehmendem Ausmaß mit Fortschreiten der Trächtigkeit.

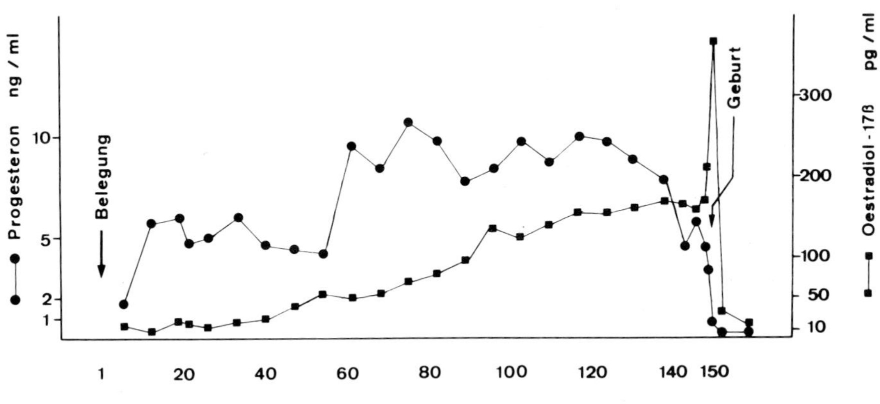

Abb. 283. Progesteron- und Östradiol-17 β-Werte während Trächtigkeit und Geburt beim Schaf

Bei Pferden steigt merkwürdigerweise die Östrogenausscheidung im Harn gleichmäßig vom etwa 60. bis etwa 200. Trächtigkeitstag an, vom 240. Tag an nimmt sie dagegen bis zum Geburtstermin gleichmäßig ab. Diese östrogenen Stoffe werden wahrscheinlich in den Ovarien gebildet.

Während der Trächtigkeit ist die motorische Funktion des Uterus stark herabgesetzt, das Myometrium ist einer Ocytocineinwirkung gegenüber refraktär. Dies rührt vom Progesteron her. Kurz vor Eintritt der Geburt (12–36 Stunden) nimmt die Progesteronhemmung ab, und die Östrogeneinwirkung nimmt zu, das Myometrium wird *östrogendominiert,* und es entstehen Kontraktionen, die allmählich immer kräftiger werden; diese nennt man *Geburtswehen.*

Über die Einleitung der Geburt war man sich lange im unklaren, heute aber wird nicht mehr gezweifelt, daß dem Fetus bei der Beendigung der Gravidität eine zentrale Stellung zukommt, wie LIGGINS (1969) erstmals bei Schafen zeigen konnte. Nach diesen Untersuchungen werden mit fortschreitendem Reifegrad des fetalen Zwischenhirnsystems in zunehmendem Maße ACTH abgegeben und konsekutiv aus der fetalen NNR Corticoide abgesondert, wodurch die Geburt ausgelöst wird. Daher gelingt es bei Wiederkäuern durch parenterale Applikation von Corticoiden vorzeitig eine Geburt in Gang zu bringen.

Schon lange war bekannt, daß der Geburt ein Absinken des Progesteron- und ein Ansteigen des Östrogengehaltes im Blut (Abb. 283) vorausgeht, und man glaubte, diesen Effekt auf die Corticoide zurückführen zu können. Unmittelbar mit dem Corticoideffekt ist aber auch ein Ansteigen der PG-$F_{2\alpha}$-Werte, die aus der Plazenta oder dem Endometrium stammen, festzustellen. PG-$F_{2\alpha}$ ist bekanntlich ein Luteolytikum und außerdem eine deutlich uteroton wirkende Substanz. (Diese Prostaglandinwirkung wird heute zootechnisch genutzt, indem bei landwirtschaftlichen Nutztieren mit dieser Substanz analog den Corticoiden die Trächtigkeit unterbrochen werden kann.) PG-$F_{2\alpha}$ hat insofern eine dominierende Stellung in der Geburtsauslösung, als es im Gegensatz zu den Corticoiden den Uterus auch bei einer abgestorbenen Frucht entleeren kann.

In Tabelle 91 ist die ungefähre Länge der Trächtigkeit einiger Tierarten angegeben. Beim Menschen und Rind ist es nachgewiesen, daß das fetale Leben der männlichen Feten etwas länger als bei den weiblichen dauert. Dieses deutet ebenfalls darauf hin, daß der Eintritt des Geburtstermins vom Fetus mitbestimmt wird.

Tab. 91. Dauer der Trächtigkeitsperiode bei verschiedenen Tierarten (Tage). Die eingeklammerten Zahlen geben die Variationsbreite an

Pferd	336 (314–373)	Katze	64 (63–66)
Rind	282 (279–305)	Fuchs	52 (49–55)
Schwein	115 (112–130)	Nerz	50 (45–60)
Schaf	150 (144–156)	Meerschweinchen	63 (58–72)
Ziege	150 (146–155)	Ratte	23 (21–24)
Hund	60 (58–65)	Maus	19 (18–20)

Während der letzten Hälfte der Trächtigkeit nimmt der Gehalt des Blutes am Hormon *Relaxin* zu, das ein Polypeptid ist. Es wird im Corpus luteum und in der Plazenta gebildet, bei Schweinen vor allem im Corpus luteum. Das Hormon ist für die Regulierung der Geburtswege für den Geburtsakt von Bedeutung, indem es unter Voraussetzung einer gleichzeitigen Beeinflussung östrogener Hormone eine Entspannung (»Relaxation«) der Pelvisligamente zur Folge hat, bei einigen Tieren auch der Symphysis pelvis (z. B. Meerschweinchen). Relaxin verursacht eine größere Blutdurchströmung in Cervix, Vagina und Vulva und hat gleichzeitig eine Relaxation der Cervixmuskulatur und der Vaginalmuskulatur zur Folge und regt die Schleimsekretion in der Cervix an.

Das Einsetzen der Geburt ist ein ganzheitliches Entwicklungsgeschehen, an dem das gesamte Endokrinium vom Feten und Muttertier direkt oder indirekt mitbeteiligt ist, auch wenn tierartliche Unterschiede bei der Geburtsgestaltung vorhanden sind. Neben neurovegetativen Einflüssen (z. B. Angst kann den Geburtszeitpunkt verkürzen oder verlängern) spielt auch die Umwelt eine Rolle, und auch die Tageszeit kann das Einsetzen der Geburt beeinflussen (zirkadianer Rhythmus), ja, wie vom Menschen her gut bekannt ist, kann fallweise auch die Mondphase den Geburtseintritt bestimmen (z. Z. von Vollmond Häufung von Geburten).

Extrauterine Änderungen beim Muttertier. Während der Trächtigkeit nimmt das Körpergewicht des Muttertieres zu. Diese *extrauterine Gewichtszunahme* findet besonders während der letzten Hälfte der Trächtigkeitsperiode statt und rührt von einer Retention von Wasser, Mineralstoffen, stickstoffhaltigen Stoffen und bei einigen Tieren jedenfalls von Fett her.

Der größte Teil der extrauterinen Gewichtszunahme rührt vom Wasser her. Der extrazelluläre Flüssigkeitsraum, einschließlich des Plasmaraumes, wird während der Schwangerschaft um 10–20 %, zuweilen sogar noch mehr vergrößert. Dies ist wahrscheinlich auf eine erhöhte Retention von Natriumchlorid zurückzuführen, was damit zusammenhängt, daß Progesteron eine aldosteronähnliche Wirkung hat.

Wenn die extrauterine Stickstoffretention größer wird, ist dies teils auf eine Retention N-haltiger Stoffe im vergrößerten Flüssigkeitsraum und teils auf eine erhöhte extrauterine Proteinsynthese zurückzuführen. Die labile Proteinreserve wird vergrößert. Dies muß man, ebenso wie die gesteigerte extrauterine Calcium- und Phosphorretention, für eine Anpassung an die darauffolgende Laktationsperiode halten, bei der ja der Bedarf an Protein, Calcium und Phosphor groß ist.

Während der Trächtigkeit nimmt die Wärmeerzeugung stark zu. Dies ist teils auf die intrauterine Wärmeerzeugung, die direkt proportional mit der Gewichtszunahme des Fetus zunimmt, und teils auf den eigenen extrauterinen Energieumsatz des Muttertieres zurückzuführen. Bei Versuchen mit Färsen und Schafen hat man nachgewiesen, daß die Wärmeerzeugung während der Trächtigkeit um etwa 30 % zunahm, während das Gesamtgewicht der Tiere nur 15 % größer wurde. Die Zunahme der extrauterinen Wärmeerzeugung ist auf den geänderten hormonalen Zustand des Tieres zurückzuführen. Sowohl die Tätigkeit der Schilddrüse als auch der Nebennierenrinde ist während der Trächtigkeit gesteigert. Das Ruheminutenvolumen des Herzens wird bei Trächtigkeit um 30–40 % vergrößert. Dies rührt von einer Vergrößerung sowohl der Herzschlagfrequenz als auch des Schlagvolumens her.

6. Die Geburt

Der gesamte Geburtsakt umfaßt vier Phasen, nämlich die Vorbereitungs-, die Eröffnungs-, die Austreibungs- und die Nachgeburtsphase.

Während der *Vorbereitungsphase* kommt es zu einer beträchtlichen Hyperämie des gesamten Genitaltraktes und auch der Milchdrüse. Die Beckenbänder erschlaffen, das straffe Kreuzbein-Darmbeingelenk sowie die Beckensymphyse werden vornehmlich unter dem Einfluß von Relaxin gelokkert, wodurch der knöcherne Geburtsweg eine Erweiterung erfährt. Weitere Zeichen der unmittelbar bevorstehenden Geburt sind: Tonusabnahme der Schwanz- und Kruppenmuskulatur, Einfallen der Flanken, Ödem der Vulva, Austritt dickflüssigen Schleims aus der Scham (sog. Schnur), pralle Milchdrüsen, eventuell Austritt von Kolostralmilch (sog. Harzen), Absinken der Körpertemperatur bis um 1 °C. Das Verhalten der Tiere ändert sich ebenfalls; sie werden unruhig, mitunter widersetzlich. Bei Heimtieren und beim Schwein kann Nestbau beobachtet werden; Hunde und Katzen suchen oft einen ruhigen Ort auf.

Während der *Eröffnungsphase* treten die sog. Eröffnungs- oder Vorbereitungswehen (Dolores praeparantes) auf, wodurch vorerst die Fruchtblasen und dann die Früchte in den Zervikalkanal gepreßt werden, denn die Uteruskontraktionswellen haben mehrheitlich eine tubozervikale Richtung. Gleichzeitig erfolgt dadurch die Einstellung des Feten zur Geburt (z. B. Strecken der Extremitäten), wozu dessen Eigenbewegungen mithelfen. Der zeitliche Abstand zwischen zwei Kontraktionswellen variiert zwischen 5 und 20 Minuten. Im Laufe der Eröffnungsphase treten dann die Fruchtblasen in die Scheide ein, nachfolgend aus der Scheide und bersten. In der Regel erscheint beim Rind vorerst die Allantoisblase (sog. Wasserblase) und nachfolgend die Amnionsblase (sog. Schleimblase), die aufgrund ihres schleimigen Inhalts als Gleitmittel wirkt. Beim Schwein geht der Blasensprung noch innerhalb des Geburtsweges vor sich.

Die Eröffnungsphase dauert je nach Tierart und Anzahl der Geburten mehrere Stunden. Während dieser Phase sind die Tiere unruhig und ändern häufig ihre Lage. Mit dem Sprung der Fruchtblasen ist das Eröffnungsstadium abgeschlossen.

Zum überwiegenden Teil beginnt die *Austreibungsphase* unmittelbar nach dem Blasensprung. Sie ist gekennzeichnet durch kräftige, in regelmäßigen Zeitabständen auftretende Uteruskontraktionen, die durch die Bauchpresse unterstützt werden (sog. Preßwehen, Dolores ad partum).

Preßwehen setzen in dem Augenblick ein, in dem der fetozervikale Kontakt hergestellt ist (visceromotorische Reflexe). Erst während der Austreibungsphase kommt es zu einer stark erhöhten Ocytocinausscheidung aus dem HHL (bei der Ziege von weniger als 100 mU/ml Plasma auf über 250 μU/ml Plasma). Nach diesen Untersuchungen darf angenommen werden, daß Ocytocin mehr für die Austreibung des Feten von Bedeutung ist als für die Auslösung der Geburt. Die Dauer der Austreibungsphase variiert tierartlich sehr. Bei Stuten mit für die Fruchtaustreibung sehr günstigen Beckenverhältnissen währt die Austreibung selten länger als eine halbe Stunde, beim Wiederkäuer mit ungünstigem anatomischem Becken dauert sie durchschnittlich 2–4 Stunden, und bei multiparen Tieren dauert die Austreibung je nach der Anzahl Früchte 2–6 Stunden, und nicht selten länger. Allgemein gilt, daß Erstgebärende (Primipara) eine längere Austreibungsphase aufweisen als

Mehrgebärende (Pluripara). Die Geburtsdauer hängt auch sehr stark von der Haltung der Tiere während der Trächtigkeit ab; Weidetiere haben weniger Geburtsstörungen als im Stall gehaltene Tiere. Mit der Ausstoßung des letzten Feten ist die Austreibungsphase beendet.

Die meisten Feten werden in Vorderendlage geboren, d. h. der Kopf tritt zuerst aus der Wurfspalte (unter Lage oder Situs versteht man die Lagerung der Längsachse des Feten zu der des Muttertieres). Haltungs- und Stellungsanomalien erschweren oder verhindern eine Geburt (unter Stellung oder Positio versteht man die Lagerung des Rückens des Fetus zu dem des Muttertieres und unter Haltung oder Habitus das Verhalten des Kopfes oder der Gliedmaßen der Frucht zu ihrem Rumpf).

Die *Nachgeburtsphase* ist durch starke Nachwehen und den Abgang der Nachgeburtshäute gekennzeichnet. Je nach dem Plazentatypus erfolgt die Ausstoßung der Nachgeburt (Secundinae, bestehend aus Plazenta, Eihäuten und Nabelschnur) verschieden rasch: beim Pferd ca. ½ Stunde, beim Schwein bis 1 Stunde, bei kleinen Wiederkäuern 1–2 Stunden, Rind 2–8 Stunden post partum. Beim Hund werden die Welpen zusammen mit den Eihäuten geboren. Die Plazentalösung findet teilweise schon in der letzten Trächtigkeitsphase statt, indem es an den Anhaftungsstellen zu degenerativen Veränderungen kommt. So wird beim Rind das bindegewebige Stützgerüst in den Karunkeln fortschreitend kollagenisiert, das materne Kryptenepithel wird abgeflacht, und in den Gefäßwandungen der Karunkeln kommt es zu Hyalinisierungen. Unter der Geburt treten an den Karunkeln weitere Veränderungen auf, wie Durchsaftung des Gewebes und Kontraktionen kleiner Arterien. Während der Austreibungsphase werden die Plazentome eng an die Frucht gepreßt, wodurch sich die Randzonen lockern. Nach dem Riß der Nabelschnur kollabiert der Nabelkreislauf, so daß es bis in das Chorionepithel zu einer Volumenverminderung kommt; auch von der mütterlichen Seite her wird das Blutangebot vermindert. Zusätzlich unterstützen die kräftigen Nachgeburtswehen (Dolores post partum) die Nachgeburtslösung. Der Nichtabgang der Nachgeburt wird als Retentio secundinarum bezeichnet; dieser pathologische Prozeß findet sich vor allem bei großen Wiederkäuern und bedarf einer raschen Behandlung.

Die der Geburt nachfolgende Zeitspanne bis zum Wiedereinsetzen normaler, zyklischer Fortpflanzungstätigkeit wird *Puerperium* genannt. Während dieser Phase der Sexualrekonvaleszenz ist nur ausnahmsweise eine Konzeption möglich. Die Rückbildungsvorgänge im Puerperium betreffen in erster Linie den Uterus. Die Zurückbildung des Uterus auf sein nichtträchtiges Volumen (sog. Involution) nimmt beim Rind ca. 4 Wochen in Anspruch. Bis zu 2 Wochen nach der Geburt kann man bei der Kuh einen Abfluß von Lochien aus der Scheide beobachten. Die Lochien bestehen aus Blut, zelligen Anteilen und Schleim, die sich bei Nichtabgang rasch bakteriell zersetzen können.

Im Puerperium ändert sich auch die hormonale Situation des Organismus. Durch die rasche Reduktion der Progesteron- und insbesondere Östrogensynthese nach der Geburt fällt der negative Rückkoppelungseffekt der Sexualsteroide auf das Zwischenhirn weg. Die Umstellung von Gravidität auf normale zyklische Geschlechtsfunktionen stellt aber hohe Ansprüche an die hormonale Regelungsfähigkeit des Organismus. Ferner ist festzuhalten, daß die nach der Geburt einsetzende Milchproduktion, gerade für das Milchtier, das Hormon- und Stoffwechselgeschehen stark belastet. Daher sind Störungen des Fortpflanzungsgeschehens zum überwiegenden Teil in der puerperalen Phase anzutreffen.

Literatur

Adams, W. M., 1969: The elective induction of labor and parturition in cattle. J. Am. Vet. Med. Ass. **154,** 216–268.

Austin, C. R., R. V. Short, 1978: Fortpflanzungsbiologie der Säugetiere. Bd. 2: Embryonale und fötale Entwicklung. Verlag Paul Parey, Berlin, Hamburg.

Blom, E., A. Birch-Andersen, 1960: The ultrastructure of the Bull sperm. I. The middle piece. Nord. Vet. Med. **12,** 261–279.

Blom, E., A. Birch-Andersen, 1965: The ultrastructure of the Bull sperm. II. The sperm head. Nord. Vet. Med. **17,** 193–212.

Csapo, A., 1969: The four regulatory factors of myometrial function. In: Wolstenholme, G. E. W., J. Knight (Ed.): Progesterone. Its regulatory effect on the myometrium. Pag. 13–42. J. & A. Churchill, London.

Döcke, F., 1981: Veterinärmedizinische Endokrinologie. VEB Gustav Fischer Verlag, Jena.

EULER, U. S. VON, R. ELIASSON, 1967: Prostaglandins. Academic Press, New York, London.

FERCHELL, C. L., S. P. FORD, 1980: Blood flow steroid secretion and nutrient uptake of the gravid bovine uterus. J. Anim. Sci. **50,** 1113–1121.

FLINT, A. P. F., E. L. SHELDRICK, 1982: Ovarian secretion of oxytocin is stimulated by prostaglandin. Nature (London) **297,** 587–588.

FRERKING, H., 1979: Mineralstoffgehalte im Blutserum von Rinderfeten und deren Mütter während der zweiten Hälfte der Tragezeit. Dtsch. tierärztl. Wschr. **86,** 265–267.

HAFEZ, E. S. E., 1970: Reproduction and breeding techniques for laboratory animals. Lea & Febiger, Philadelphia.

HENDERSON, K. M., P. FRANCHIMONT, 1981: Regulation of inhibin production by bovine ovarian cells in vitro. J. Reprod. Fert. **63,** 431–442.

HOGARTH, P. J., 1978: Biology of Reproduction. Blackie & son Ltd., Glasgow, London.

JÖCHLE, W., 1969: Die Anwendung der Gestagene in Veterinärmedizin und Zootechnik. Aus: Handbuch der experimentellen Pharmakologie: Die Gestagene, Teil 2. Pag. 805–924. Springer-Verlag, Berlin, Heidelberg, New York.

KARG, H., D. SCHAMS, 1970: Comparative aspects of pituitary regulatory pattern of sexual functions. 21. Kolloquium Gesellschaft f. Biolog. Chemie in Mosbach/Baden. Pag. 88–96. Springer-Verlag, Berlin, Heidelberg.

KRÖLLING, O., H. GRAU, 1960: Lehrbuch der Histologie und vergleichenden mikroskopischen Anatomie der Haustiere. 10. Aufl. Verlag Paul Parey, Berlin, Hamburg.

LEIDL, W., 1968: Steuerung und Beeinflussung der Samenbildungsprozesse. Z. Tierz. Züchtungsbiol. **84,** 273–289.

LIGGINS, G. C., 1969: The foetal role in the initiation of parturition in the Ewe. In: Foetal Autonomy. A Ciba Foundation Symposium. Pag. 218–231. J. & A. Churchil Ltd., London.

MCDONALD, L. E., 1980: Veterinary Endocrinology and Reproduction. Lea & Febiger, Philadelphia.

MANN, T., C. LUTWAK-MANN, 1981: Male reproductive function and semen. Springer-Verlag, Berlin, Heidelberg, New York.

NICKEL, R., A. SCHUMMER, E. SEIFERLE, 1982: Lehrbuch der Anatomie der Haustiere. Bd. II, 5. Aufl. Verlag Paul Parey, Berlin, Hamburg.

Setchell, B. P., 1978: The Mammalian Testis. Cornell University Press, Ithaca, New York.

VIRING, S., 1981: Studies on the sperm transport in the genital tract of the gilt. Diss. Uppsala.

WACHTEL, S. S., S. OHNO, G. C. KOO, E. A. BOYSE, 1975: Possible role for H-Y-antigen in the primary determination of sex. Nature London **257,** 235–236.

WOLSTENHOLME, G. E. W., M. O'CONNOR, 1965: Preimplantation stages of pregnancy. J. & A. Churchill Ltd., London.

ZEROBIN, K., W. JÖCHLE, CHR. STEINGRUBER, 1973: Termination of pregnancy with Prostaglandins E_2 (PGE_2) and $F_{2\alpha}$ ($PGF_{2\alpha}$) in Cattle. Prostaglandins **4,** 891–901.

XI. Physiologie der Milchsekretion

K. Zerobin

1. Entwicklung und Wachstum der Milchdrüse

Die Milchdrüse *(Mamma)* ist ein sekundäres Geschlechtsorgan, das bei männlichen und bei weiblichen Tieren angelegt ist. Sie ist eine modifizierte Schweißdrüse und demnach ein Hautorgan. Die Milchdrüsenentwicklung und -tätigkeit weist enge funktionelle Beziehungen zum Sexualgeschehen auf.

Bei allen Säugetieren entwickeln sich die Milchdrüsen aus dem Ectoderm. Sie sind als sog. *Milchlinien* streifenförmig beidseits der Urwirbelsäule, bestehend aus zwei- bis dreifach geschichteten Epidermiszellen, angelegt. Sie entwickeln sich in der Folge zu den *Milchleisten,* indem sich die wuchernden Zellen vom Nabel an leistenwärts in die Bindegewebsunterlage einsenken. Beim Rind bilden sich gegen das Ende des 2. Embryonalmonats an der Unterseite der Milchleisten je 2 oder auch mehr symmetrisch angeordnete Epithelknospen, die sog. *Mammarknospen.* Die Milchleisten lagern sich immer mehr gegen die Mittellinie der Bauchunterseite und nähern sich somit einander. Durch vermehrtes Bindegewebswachstum treten die Mammarknospen zusehend deutlicher hervor, wodurch die sog. *Milchhügel* entstehen. Aus diesen entwickeln sich später die *Zitzen* (Papilla mammae), die beim Rinderfeten schon gegen Ende des 5. Embryonalmonats deutlicher vortreten. Von der Basis der Mammarknospe wächst sodann ein Epithelstrang in die Tiefe. Er wird als *Primärsproß* bezeichnet (Abb. 284).

Je nach der Zahl voneinander getrennt angelegter Drüsenabteilungen bilden sich entsprechend viele Primärsprossen. Der Primärsproß verästelt sich sodann in Sekundär- und Tertiärsprossen, die knollig verdickt enden. Durch Zerfall von zentral gelegenen Zellen des Primärsprosses bilden sich

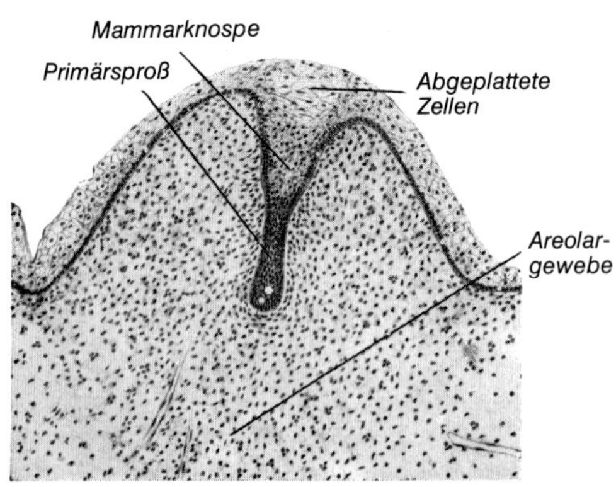

Abb. 284. Schnitt durch die Milchdrüsenanlage des 13,7 cm Sch.-St.-langen Embryo des Rindes mit kurzem Primärsproß; 46fache Vergrößerung. (Aus Zietzschmann/Krölling, 1955)

der *Strichkanal* (Ductus papillaris) und die *Zisterne* (Sinus lactifer) aus. Distal von der Zitzenbasis ausgehende Sekundärsprossen können in ihrer Weiterentwicklung gehemmt werden und akzessorische Milchdrüsen bilden. Ein Hornpfropf verschließt vorerst den Strichkanal gegen außen. Zum Zeitpunkt der Geburt besteht die Milchdrüse hauptsächlich aus Fett und Bindegewebe.

Nach der Geburt hält das Wachstum der Milchdrüse an. Die Volumenvermehrung geschieht aber größtenteils durch Fetteinlagerungen und Bindegewebswachstum. Nach dem Eintritt der Geschlechtsreife wuchern, von den Sekundär- und Tertiärsprossen ausgehend, immer neue Epithelsprossen in das fettreiche Bindegewebe ein. Diese werden nachfolgend kanalisiert. Daraus entsteht das weitverzweigte *Milchgangsystem.*

Die enge Beziehung der Milchdrüsenentwicklung zum Fortpflanzungsgeschehen zeigt sich beim Jungtier darin, daß mit dem Eintritt der Pubertät das Wachstum der Milchdrüse zunimmt. Diese Entwicklung ist hormonal gesteuert, denn die Umfangsvermehrung findet auch dann statt, wenn das Organ an eine andere Stelle des Körpers verpflanzt wird. Werden aber einem weiblichen Jungtier die Ovarien operativ entfernt, wird die Milchdrüsenentwicklung gestoppt. Sie kann jedoch dann wieder in Gang gesetzt werden, wenn sexagene Hormone dem ovariektomierten Tier zugeführt werden. Die meisten Untersucher sind heute der Auffassung, daß bei Vorhandensein eines funktionstüchtigen HVL für das Wachstum des Gangsystems der Milchdrüse Östrogene, für die alveolär-lobuläre Entwicklung sowohl Östrogene als auch Progesteron notwendig sind. Bei Ziegen und Rindern hat man zwar mit östrogenen Hormonen allein ein Wachstum des alveolär-lobulären Gewebes erreichen können, aber einzig in Anwesenheit von Progesteron konnte eine normale Proliferation am alveolären Milchdrüsenteil erzielt werden. Widersprüchliche Untersuchungsergebnisse über den Effekt östrogener Hormone stammen z. T. daher, daß verschiedene Östrogene und in unterschiedlicher Menge für die Untersuchungen verwendet wurden. Auch die Aufbereitungsart der Hormone (ölige Lösung, kristalline Suspension) kann deren

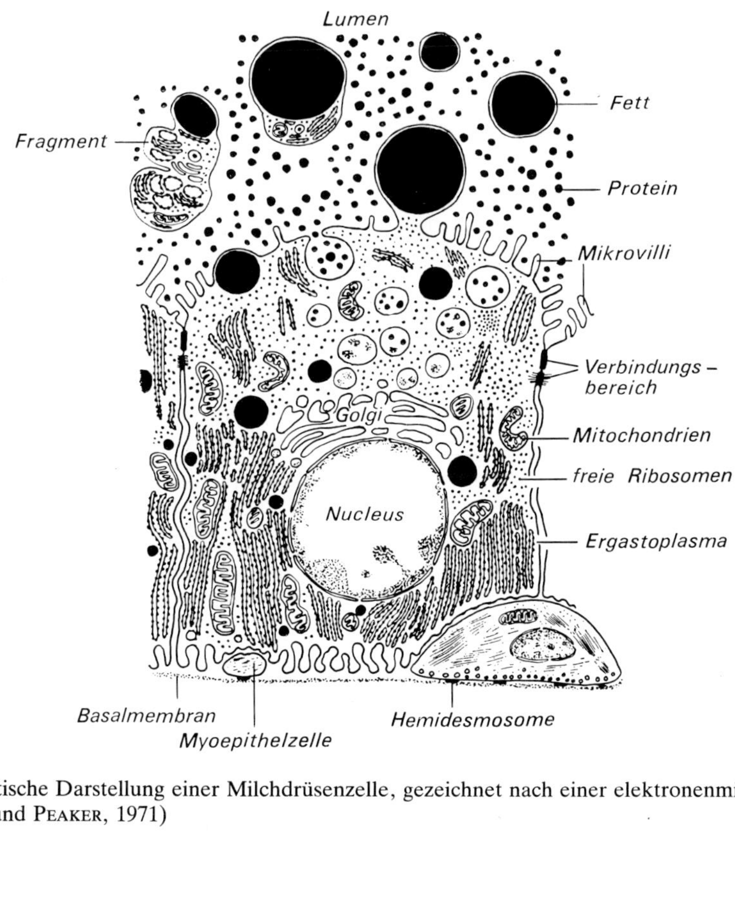

Abb. 285. Schematische Darstellung einer Milchdrüsenzelle, gezeichnet nach einer elektronenmikroskopischen Aufnahme. (Linzell und Peaker, 1971)

Effekt verändern; so sind ölige Lösungen von Hexoestrol/Progesteron wirksamer als entsprechende kristalline Suspensionen.

Neben Hypophysen- und Ovarhormonen dürften auch Plazenta-Hormone die Milchdrüsenentwicklung fördern. Je nach Tierart werden von der Plazenta sowohl extrahypophysäre Gonadotropine als auch Sexualsteroide produziert (s. S. 515), die auf das Milchdrüsenwachstum Einfluß nehmen können. Bei der Ratte hat man außerdem ein chemisch noch nicht identifiziertes Hormon nachgewiesen, das luteotrop und somit indirekt mammotrop wirkt. In der menschlichen Plazenta fand sich eine immuno-chemisch dem STH eng verwandte Substanz, das plazentare Lactogen (von Josimovich und MacLaren 1962 entdeckt = HPL, Human Placental Lactogen). Auch in der Mäuseplazenta ist eine prolaktinähnliche Substanz nachweisbar. In den letzten Jahren konnten auch bei Wiederkäuern aus Plazentagewebe Laktogene isoliert werden; Milchkühe sollen höhere Blutspiegelwerte aufweisen als Masttiere (Döcke, 1981).

Prolaktin, Insulin, Thyroxin und Nebennierenrindenkortikoide beeinflussen ebenfalls das Milchdrüsenwachstum. Der Effekt dieser Hormone darf im großen und ganzen so verstanden werden, daß sie den allgemeinen Stoffwechsel für das Drüsenwachstum anregen. Insulin, so konnte festgestellt werden, vermag sogar bei hypophysektomierten Tieren an den Zellen der Milchdrüse direkt anzugreifen. Auch Cortison führt bei hypophysektomierten Ratten zu einem vermehrten Wachstum der epithelialen Zellen des Gangsystems.

Beim männlichen Tier entwickelt sich die Milchdrüse nach der Geburt nicht weiter. Bei Störungen in der Bildung von Sexualhormonen (z. B. vermehrte Östrogensynthese bei Geschwülsten der Nebennierenrinde und der Hoden) kann es aber zu einer stärkeren Ausbildung von Drüsengewebe kommen. Diese Fehlentwicklung wird als Gynäkomastie bezeichnet und nicht selten beim Ziegenbock angetroffen. Bei Stieren ist eine deutliche Ausprägung von Zitzen erwünscht; diese sollen die Anlage zur Milchleistung besonders gut vererben. Auch vom Eber wird ähnliches angenommen.

Mit der ersten Gravidität setzt die Entwicklung des eigentlichen Drüsengewebes ein. Sie besteht in der Knospung der Alveolen aus den Endsprossen der Milchgänge und dadurch bedingten Drüsenläppchenbildung.

Die Alveolen entstehen als bläschenförmige Ausstülpungen der Seitenwände der Endäste von den Milchgängen und bilden zusammenhängende Ketten mit abschließenden Endalveolen. Kontraktile myoepitheliale Korbzellen umgeben die einzelnen Alveolen; sie sind für das Auspressen der Milch verantwortlich. Die Alveolen sind außerdem von Bindegewebe umwachsen, welche reichlich mit Blutkapillaren versorgt sind (Abb. 285).

Die einzelnen Tierarten besitzen verschieden ausgebildete Milchdrüsen. Das Rind besitzt je 2, seltener auch 3, symmetrisch angeordnete, durch Bindegewebe voneinander abgegrenzte Milchdrüsenkomplexe. 8—12 größere Milchgänge eines Milchdrüsenkomplexes enden in der Milchzisterne, die sich nach außen, von einer deutlichen Ringfalte abgegrenzt, in den einhöhligen Zitzenkanal fortsetzt. Der Zitzenkanal ist von glatter Muskulatur und elastischen Fasern umgeben, wodurch unter ungestörten Verhältnissen ein spontaner Milchabfluß und ein Eindringen von Krankheitserregern verhindert werden. Bei kleinen Wiederkäuern sind je 1 Milchdrüsenkomplex beidseits der Linea alba angeordnet, die ebenfalls nur einen Ausführungsgang haben. Das Pferd besitzt je 1 symmetrisch angeordneten Milchdrüsenkomplex, das Schwein 6–8, der Hund 4–5, die Katze 4 Milchdrüsenkomplexe. Die letztgenannten Tiere haben mehrere Hohlraumsysteme (Pferd 2–3, Schwein 3), die getrennt oder knapp vor der Zitzenspitze vereinigt, nach außen münden. Beim Hund können 8–20, bei der Katze 5–7 Kanälchen in der Zitze gefunden werden.

Experimentelle Entwicklung der Milchdrüse bei den Wiederkäuern. Nach vorliegenden Kenntnissen, daß eine Reihe von Hormonen, insbesondere Sexagene, für die Milchdrüsenentwicklung verantwortlich sind, versuchte man eine künstliche Stimulierung der Milchdrüse von Rindern zu induzieren. Verschiedene Experimente (u. a. Fulkerson, 1978) haben ergeben, daß Kombinationen von Östradiol und Progesteron, täglich oder in bestimmten zeitlichen Abständen verabreicht, denen z. T. auch Kortikoide oder auch Wachstumspromotoren zugegeben wurden, eine Laktation in Gang setzen können, die Kosten für die Laktationsauslösung aber in einem ungünstigen Verhältnis zur Laktationsleistung stehen. Ferner ist in Betracht zu ziehen, daß die Behandlung mit Sexagenen zu ovariellen Insuffizienzen führen können und künstlich zugeführte Hormone auch in der Milch ausgeschieden werden, die nicht dem menschlichen Konsum zugeführt werden darf.

2. Die Ingangsetzung der Milchsekretion

Gleichermaßen wie für die Milchdrüsenentwicklung sind für die Ingangsetzung der Milchsekretion Hormone zuständig. Die Mehrheit der Untersucher ist heute der Auffassung — im Laufe der letzten Jahrzehnte waren mehrere Theorien über die Auslösung der Milchsekretion aufgestellt worden —, daß mehrere Hormone notwendig sind, um eine normale Milchsekretion auslösen zu können. Im Jahre 1928 schon haben STRICKER und GRÜTER beobachtet, daß Extrakte aus dem Hypophysenvorderlappen bei scheinträchtigen Kaninchen eine Milchsekretion einleiten können. Sie haben diesen Effekt dem Prolaktin (LTH) zugeschrieben. Nun ist aber Prolaktin allein nicht in der Lage, bei den meisten hypophysektomierten Tieren eine Milchbildung in Gang zu setzen, es sei denn, es werden gleichzeitig ACTH oder Nebennierenrindensteroide mitappliziert. Daraus geht hervor, daß wohl Hypophysenextrakte unter bestimmten Voraussetzungen (Scheinträchtigkeit; hypophysektomierte, aber laktierende Tiere; nach Östrogen und Progesteronvorbehandlung) eine Laktation einleiten oder aufrechterhalten können, daß aber daneben — wie vorher schon erwähnt — hierfür noch andere Hormone notwendig sind. Ferner wurde für das somatotrope Hormon (STH) des Menschen und Affen nachgewiesen, daß es bei scheinträchtigen Kaninchen eine gleich starke laktogene Aktivität besitzt wie das Prolaktin des Schafes. Das STH kann außerdem bei Mäusen Prolaktin ersetzen, bei anderen Tieren wieder nicht. Die zahlreichen Untersuchungen über die Frage der Laktogenese haben ergeben, daß es hinsichtlich der Wirksamkeit der hypophysären Hormone tierartliche Unterschiede gibt.

Die hormonale Steuerung. Vor mehreren Jahren schon konnte bei verschiedenen Tieren und beim Menschen ein Prolaktin-Inhibiting-Hormon (PIH) nachgewiesen werden, das die laktotropen Zellen des HVL tonisch hemmt; nach heutiger Auffassung handelt es sich um das Katecholamin Dopamin (DEL POZO, 1979), das im Hypothalamus gebildet und über die Eminentia mediana dem HVL zugeleitet wird. Eine Durchtrennung des Hypophysenstiels führt daher zu einer Hyperprolaktinämie. Ob es daneben ein Prolaktin-Releasing-Hormon wirklich gibt, ist mit letzter Sicherheit nicht nachgewiesen; so liegen für das Serotonin Hinweise für einen Prolaktin-stimulierenden Effekt vor. Der aktivste Stimulator für die Prolaktinsekretion ist das Thyreotropin-Releasing-Hormon (TRH); auch Östrogene fördern vermutlich durch Einwirkung auf die Hypophyse und über das hypothalamodopaminerge System die Prolaktinfreisetzung.

Eine Prolaktinzufuhr bei hypophysektomierten Tieren ist nicht in der Lage, eine Milchsekretion aufrechtzuerhalten, sondern nur dann, wenn gleichzeitig STH verabreicht wird. Daneben bedarf es auch des ACTH und der Nebennierenrindenkortikoide. Nach allgemeiner Ansicht ist es ein Hormonkomplex, der für das Einsetzen der Laktogenese verantwortlich ist. Nach KUHN (1977) sind es möglicherweise drei Abläufe, die die Laktogenese steuern, nämlich die vorbereitende Phase während der Gravidität, der Wegfall der Progesteronhemmung am Ende der Gravidität und der postpartale Anstieg der für die Laktation notwendigen Hormone. Die physiologischen Ursachen für eine gesteigerte Prolaktinsekretion haben eine sehr große Bandbreite, wobei die Interaktionen zwischen einzelnen Vorgängen zu unterschiedlichen Ergebnissen führen können und von der Dominanz des jeweiligen Effektes bzw. Hormons abhängig sind: z. B. fördern große Mengen Östrogene die Abgabe von Dopamin (während der Brunst mit erhöhter Östrogensekretion ist häufig ein Milchrückgang zu beobachten) und hemmen so die Laktation. Wird aber gleichzeitig mit Östrogenen auch Progesteron verabreicht, bleibt ein Milchrückgang aus. Wenn andererseits einer laktierenden Kuh die Ovarien entfernt werden, kann über eine längere Zeitspanne die Laktation erhalten werden. Daneben können noch weitere Faktoren die Milchsekretion günstig beeinflussen (Reizung der Zitzen, körperliche Aktivität, Streß).

Trotz bestehender unterschiedlicher Auffassungen über das Ausmaß der Beteiligung der einzelnen Hormone für die Ingangsetzung der Milchsekretion darf als gesichert gelten, daß Hormone des hypothalamisch-hypophysären Bereiches und die östrogenen sowie gestagenen Hormone hierfür verantwortlich sind. Andere Hormone des extragenitalen Bereiches, wie Insulin, NNR-Steroide und Thyroxin, können ebenfalls auf die Milchsekretion Einfluß nehmen. Es wird aber noch weiteren Untersuchungen vorbehalten bleiben müssen, das koinzidente Zusammenspiel der einzelnen Hormone bei der Auslösung der Milchsekretion im Detail klären zu können, neben hormonalen Einflüssen dürften noch andere, z. B. neurogene Mechanismen, bei der Steuerung der Milchsekretion mitbeteiligt sein.

3. Die Regulierung der Milchsekretion

Wird nach der Geburt das Eutersekret durch das Saugen des Kalbes oder durch Melken aus der Milchdrüse entfernt, kann während einer gewissen Zeitspanne, der *Laktationsperiode,* eine Milchsekretion erhalten bleiben. Wenn die Milchdrüse nicht entleert wird, bildet sich diese zurück, und die Milchsekretion sistiert. Bei Mutterschweinen mit einer kleineren Ferkelzahl kann dieser Vorgang besonders gut beobachtet werden. Nach wenigen Lebenstagen saugen die Ferkel nur an bestimmten Milchdrüsenkomplexen. Die nicht »angezogenen« Drüsenkomplexe werden nach einigen Tagen kleiner und enthalten keine Milch mehr. Es gelingt dann nicht, trotz weiter bestehender Laktation der übrigen Drüsenkomplexe, die Milchsekretion an den nicht milchbildenden Komplexen wieder in Gang zu setzen. Nach einer weiteren Geburt sind diese aber wieder voll funktionsfähig. In der Praxis wird von dem Vorgang, daß Nichtmelken vorerst zu einer Reduktion und in der Folge zu einem gänzlichen Sistieren der Milchsekretion führt, beim Ergalten (Trockenstellen) der Kühe Gebrauch gemacht. Mit zunehmender Trächtigkeitsdauer nimmt zwar die tägliche Milchleistung ab; werden die Kühe aber regelmäßig gemolken, kann während der ganzen Gravidität Milch gewonnen werden. In der Regel geben solche Kühe während der nächsten Laktation weniger Milch. Aus diesem Grunde werden trächtige Kühe ungefähr ab dem 7. Trächtigkeitsmonat trockengestellt.

Beschaffenheit und Menge der Milch ändern sich am Beginn der Laktation. Nach der Geburt wird vom Muttertier die sog. Kolostralmilch (Biestmilch) abgegeben. Nach einigen Tagen nimmt dann die Milch eine im großen und ganzen gleichbleibende Zusammensetzung an, und die Milchsekretion wird allmählich erhöht. Das Maximum der Milchleistung wird bei Kühen etwa 3–5 Wochen, bei Schweinen etwa 3 Wochen, bei Ziegen und Schafen etwa 4 Wochen nach der Geburt erreicht. Bei guten Milchkühen tritt die Höchstleistung etwas später ein als bei schlechteren Milchkühen; das Maximum der Milchleistung dauert bei ersteren aber länger an.

Die Länge der Laktationsperioden und die Größe der täglichen Milchproduktion wechseln sowohl individuell als auch von Rasse zu Rasse erheblich. Eine durchschnittliche Leistungskuh einer Milchrasse mit einem Körpergewicht von 500 bis 600 kg produziert während der ersten 8 Wochen einer Laktationsperiode täglich 20–35 kg Milch. Bei der Ziege beträgt die tägliche Milchleistung während der Laktationsspitze 2,5–3,5 kg; für das Schwein wurden 8–11 kg errechnet. Bei Schafen soll der jährliche Milchertrag bis 600 kg ausmachen. Die Stute liefert pro Tag 8–14 l Milch.

Sofern der Milchentzug nicht künstlich vorgenommen wird, laktieren die Kühe nur so lange, als das Junge saugt. Bei Milchkühen wird das Kalb nur während der ersten Lebenstage oder gar nicht gesäugt. Bei Fleischkühen oder Primitivrassen (Zebu, Buffalo) ist die Säugezeit durch den Wiedereintritt einer neuerlichen Trächtigkeit beschränkt. Dasselbe gilt für das Schaf und die Ziege, sofern sie nicht zur Milchgewinnung bzw. Käseherstellung gehalten werden. Dem Schwein werden die Ferkel durchschnittlich 6 Wochen belassen; allerdings versucht man heute, die von der Laktation abhängige Anöstrie (sog. Laktationsanöstrie) durch ein früheres Absetzen der Ferkel (ca. 3 Wochen p. p.) zu verkürzen. Das Fohlen saugt etwa ein halbes Jahr, Welpen und Katzen während etwa 8–12 Wochen.

Das Saugen muß eine anregende Wirkung auf die Prolaktinsynthese im HVL haben. Denn bei Kaninchen konnte man feststellen, daß der Prolaktingehalt in der Hypophyse während der ersten Wochen nach der Geburt erheblich größer bei säugenden als bei nicht säugenden Weibchen war. Auch bei Ziegen und Kühen konnte festgestellt werden, daß neben dem Laktationsstadium die ausgeschüttete Prolaktinmenge von der Reizquantität abhängig ist. Cowie (1966) hat für die Ziege nachweisen können, daß Prolaktin und STH, bis zu einem bestimmten Grade auch ACTH, für die Fortdauer der Laktation ebenso notwendig sind wie für die Ingangsetzung der Milchsekretion. Die Entfernung der Nebennieren, die Erfolgsorgane des ACTH, hat denn auch eine starke Herabsetzung der Milchsekretion zur Folge, was vermutlich davon herrührt, daß die NNR-Steroide stoffwechselregulierend wirken. Auch die Exstirpation der Schilddrüse senkt die Milchleistung, da die stimulierende Wirkung von Thyroxin und Trijodthyronin auf die oxidativen Vorgänge des Zellstoffwechsels wegfällt. Für letztere Überlegung spricht, daß die Zuführung von Thyreoideagewebe oder thyreoidea-aktiven Stoffen, z. B. jodiertes Protein, die Milcherzeugung steigert. Mit diesen Stoffen kann beim Rind die Milchproduktion vorübergehend um 20–30 % gesteigert werden, aber die Wärmeerzeugung wird gleichzeitig derart erhöht, daß der Energieaufwand pro kg produzierte Milch das 3- bis 4fache des normalen ausmacht.

Ungeklärt ist die Frage, ob Ocytocin für die Aufrechterhaltung der Laktation vonnöten ist. Es liegen keine zwingenden Beweise für einen direkten laktogenen Effekt des Ocytocin vor. Der laktationsstimulierende Effekt des Ocytocin dürfte darauf zurückzuführen sein, daß es durch Verhinderung laktationshemmender Einflüsse (z. B. Erhöhung des intramammären Druckes) auch eine bessere Nährstoffversorgung des Euters bietet (Mikrozirkulation, erhöhte Membranpermeabilität). Letztlich ist daran zu denken, daß das Euter reichlich mit sensorischen und motorischen Nerven versorgt ist. Obwohl die Milchsekretion auch nach einer Denervierung vonstatten geht, ist eine intakte Innervation insofern von Bedeutung, als dadurch die neurohormonalen Abläufe die Laktationspersistenz günstig beeinflussen (z. B. Saugreiz und Höhe der Prolaktinausschüttung).

4. Die Entleerung der Milchdrüse

Unter natürlichen Verhältnissen wird die Milch durch das Saugen des Jungen aus der Milchdrüse gesogen. Das Kalb fixiert die Zitze zwischen der gewölbten Zungenoberfläche und dem Mundhöhlendach, wobei die Zitze vorerst zusammengedrückt wird. Durch das Öffnen des Kiefers entsteht in der Mundhöhle ein Unterdruck von 80–100 mm Hg (10,7–13,3 KPa; Bronsch, 1956), wodurch die Milch aus dem Zitzenkanal austritt. Während des Abschluckens der Milch entwickelt sich ein Überdruck von 25 mm Hg (3,3 KPa). Der Vorgang Saugen-Schlucken wird vom Kalb pro Minute 80–120mal durchgeführt.

Damit der Saugvorgang reibungslos ablaufen kann, muß die Milch vorerst in die größeren Milchgänge und in die Milchzisterne eingetreten sein. Da die Milchsekretion fortlaufend stattfindet, kommt es vorerst in den Alveolen und in den Milchgängen zu einer Milchansammlung. Durch den ständig zunehmenden Sekretionsdruck sammelt sich die Milch auch in den größeren Milchgängen und in der Milchzisterne an. Die Milchzisterne der Kuh enthält aber nur ungefähr 1/20 der in einem Euterviertel gebildeten Milch. Die übrige Milch ist in den Milchgängen und in den dehnbaren Alveolen gespeichert. Der spontane Milchabfluß wird einesteils wegen des Verschlußmechanismus in der Zitze und zum anderen wegen der in den Alveolen und Milchgängen herrschenden Kapillarkräfte verhindert. Wenn sich der Druck in den Milchgängen auf etwa 40 mm Hg (5,3 KPa) erhöht hat, hört die Sekretion praktisch auf.

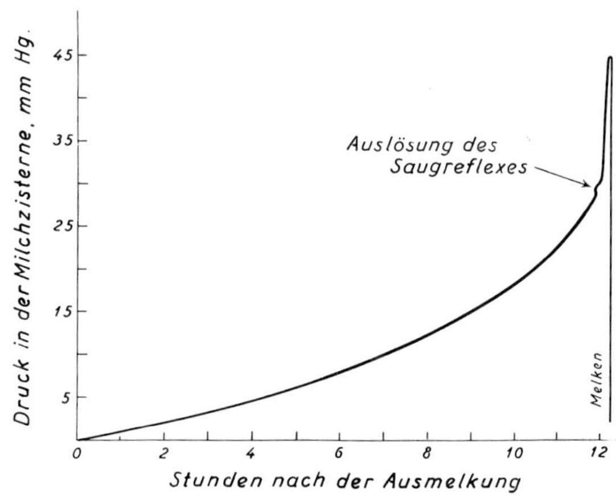

Abb. 286. Steigerung des Zisternedruckes während des Melkintervalles und bei Auslösung des Saugreflexes beim Rind. (Johansson)

Da sich durch die Milchansammlung in der Zisterne auch der intrazisternale Druck verändert, kann dieser Vorgang quantitativ erfaßt werden, indem man durch den Zitzenkanal eine Kanüle bis in die Milchdrüsenzisterne einschiebt und mit einem Manometer verbindet. Derart erhaltene Milchdruckkurven zeigen (Abb. 286), daß unmittelbar nach einer Milchentleerung der Druck in der Zisterne gleich 0 ist. In den nächsten Stunden erhöht sich allmählich der Druck in der Zisterne bis auf 30 mm Hg (4 KPa); dieses besagt, daß im melkfreien Intervall (sog. Zwischenmelkzeit) eine Milchsynthese stattfinden muß. Wie die Abbildung 286 auch zeigt, erhöht sich dann bei Saug- bzw. Melkbeginn der Zisternedruck innerhalb weniger Minuten bis auf 45 mm Hg (6 KPa). Diese Druckerhöhung kommt aufgrund eines Reflexes, des sog. Saugreflexes zustande.

Der Saugreflex ist neurohormonalen Charakters, an dem sowohl das Nervensystem als auch Hormone beteiligt sind. Er besteht im wesentlichen aus zwei Vorgängen, nämlich dem Herablassen der Milch in die Zisterne *(Milcheinschießen)* und der Milchabgabe *(Milchejektion)*. Auslösende Faktoren können sein: mechanische und thermische Reizung der Zitzen und z. T. der übrigen Geschlechtsorgane (= unbedingte Reflexauslösung) sowie olfaktorische, akustische und optische Reize (bedingte Reflexauslösung, z. B. Blöken des Kalbes, Anblick des Jungen, Scheppern der Milchkannen, Vorgänge, die regelmäßig dem Melkakt vorausgehen). Voraussetzung für den Abgabemechanismus sind die Druckverhältnisse im Euter, d. h. es muß eine bestimmte Milchmenge im Euter vorgebildet sein, damit die Milchejektion normal vonstatten gehen kann.

Ausgehend von sensiblen Rezeptoren in den Zitzen werden die Erregungen über das Rückenmark der Medulla oblongata zugeleitet, wo die Umschaltung auf ein zweites, zum Thalamus führendes Neuron erfolgt (man vermutet auch eine direkte Verbindung zum Hypothalamus). Vom Hypothalamus ausgehend erfolgt dann die Freisetzung des Ocytocin aus dem HHL (s. Kap. IX). Das Ocytocin erreicht auf dem Blutweg die Erfolgsorgane im Euter, nämlich die myoepithelialen Korbzellen, die ein kontraktiles Netzwerk um die Alveolen herum bilden. Diese glattmuskeligen Zellen kontrahieren sich unter dem Einfluß des Ocytocins (s. auch glatte Muskulatur), wodurch die alveoläre Milch in die Milchgänge und in die Zisterne gedrückt wird. Bei der bedingten Reflexauslösung geschieht die Ocytocinausschüttung unter Einbeziehung der Großhirnrinde. Im Experiment gelingt eine Ocytocinfreisetzung auch durch elektrische Reizung des Hypothalamus.

Der Saugreflex, besser als Ocytocinsekretionsreflex bezeichnet, nimmt, gerechnet von der Zitzenreizung (Anrüsten des Euters) bis zum Ocytocinwirkungseintritt, im Mittel bei der Kuh 35 Sekunden Zeit in Anspruch, beim Schwein etwa 25 Sekunden. Wird das ocytocische Hormon intravenös zugeführt, z. B. zum Auspressen der Restmilch bei einer Milchdrüsenerkrankung (Mastitis), tritt der Effekt bei der Kuh schon nach 20–25 Sekunden, beim Schwein nach durchschnittlich 20 Sekunden ein (Abb. 287 a). Während eines kontinuierlichen Saug- oder Melkaktes währt der Ocytocineffekt nur 5–7 Minuten, denn das Ocytocin wird sehr rasch inaktiviert (beim Mensch erfolgt die Inaktivierung durch die Ocytocinase).

Der kurzdauernde Ocytocineffekt genügt für das Saugen der Jungtiere, weil diese unter natürlicher Haltung nur während weniger Minuten, dafür aber mehrmals am Tage, Milch aufnehmen. Ein Mutterschwein säugt z. B. die Ferkel während der ersten Lebenstage durchschnittlich im Abstand von 1–1½ Stunden. Beim Handmelken dauert die Milchgewinnung bei einer hoch laktierenden Kuh bis 15 Minuten. Es liegt daher auf der Hand, daß ein geübter, rascher Melker mehr Milch gewinnen kann als ein ungeübter. Beim Maschinenmelken werden die natürlichen Saugbewegungen des Kalbes besser nachgeahmt als beim Handmelken (es gibt heute Melkmaschinen nicht nur für Kühe, sondern auch für Stuten, Ziegen und Schafe; Melkapparaturen für Schweinemilchgewinnung wurden für wissenschaftliche Untersuchungen konzipiert). Die Melkmaschinen sind mit einem Pulsator ausgerüstet, welcher in dem die Zitze umhüllenden sog. Melkbecher pro Minute 60–80mal einen Unterdruck von 250–280 mm Hg (33,3–37,3 KPa) erzeugt. Die Pulsatorfrequenz und die Höhe des Unterdruckes können reguliert werden. Der maschinelle Melkvorgang dauert 5 bis 10 Minuten. Sowohl beim Maschinen- als auch beim Handmelken ist ein Anrüsten des Euters notwendig. Das Anrüsten erfolgt am besten durch Massage des Euters mit der flachen Hand, wobei von der Euterbasis zur Zitze hin massiert werden soll.

Die Melkvorbereitungen sind für die Milchentleerung von ausschlaggebender Bedeutung. Große Unruhe im Stall, rohe Behandlung der Tiere, selbst fremde Personen im Stall können ein »Nichtherablassen« der Milch bewirken. (Die übliche Bezeichnung »Milchaufziehen« sollte fallengelassen werden, denn die Milch wird nicht »aufgezogen«, sie verbleibt vielmehr durch Ausbleiben des Milcheinschießens in den Alveolen.) Da die kontraktilen Elemente im Euter vegetativ innerviert sind, erklärt sich das Nichtherablassen der Milch demnach so, daß bei einem Überwiegen der sympathischen Wirkung (Adrenalin- und Noradrenalinausschüttung) das Ocytocin nicht oder nur vermindert an den Myoepithelien wirksam werden kann (Abb. 287 b). Der genaue Ablauf dieses Vorganges ist aber noch ungeklärt. Es wäre auch zu bedenken, ob nicht durch die adrenalinbedingte verminderte Blutdurchströmung in der Milchdrüse zu wenig Ocytocin an die Korbzellen gelangt. Es ist auch auffallend, daß sensible Tiere eher zum Nichtherablassen der Milch neigen als vegetativ ausgeglichene Tiere. Das Ausbleiben des Milcheinschießens darf nicht mit einer durch anatomische Veränderungen (zu straffer Zitzenschließmuskel, zu kurze Zitzen, enger Strichkanal) verursachten Schwermelkbarkeit verwechselt werden.

Besonders Schweine neigen zum Nichtherablassen der Milch, die oft mit Bösartigkeit der Tiere einhergeht. Mitunter ist diese Art der Milchlosigkeit (Agalaktie) durch Schmerzen hervorgerufen, die beim Saugen der Ferkel durch deren spitze Zähne entstehen. Durch Zufuhr von Ocytocin gelingt es mitunter, diese Anomalie zu beheben. Auch bei der Frau kann u. U. durch Einatmen

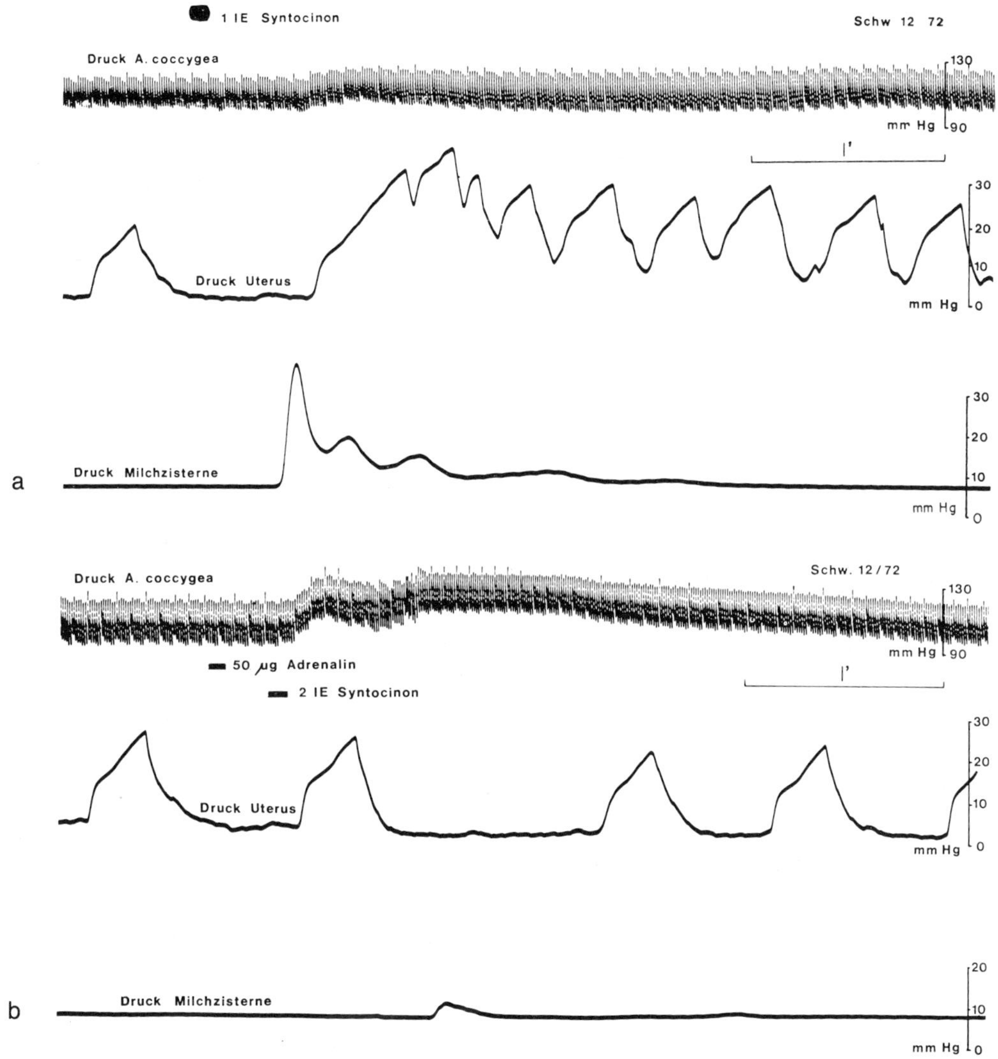

Abb. 287. Druck im Uterus und Milchzisterne während des Milcheinschießens bei einem Schwein.

In der Abb. **a** ist der Effekt nach einer interavenösen Injektion von 1 IE Syntocinon®-Sandoz (synthetisches Ocytocin) aufgezeichnet. 35 Sekunden nach Injektionsbeginn kommt es zu einer kräftigen, frequenten Kontraktionstätigkeit des Uterus, die rund 20 Minuten andauert (das Schwein befand sich im Proöstrum). Der Druck in der Milchzisterne erhöhte sich schon 25 Sekunden nach der Hormonapplikation auf 35 mm Hg (4,7 KPa) und sank innerhalb von 2½ Minuten auf den Wert vor der Injektion ab. Die 4 kleineren Druckschwankungen dürften auf Kontraktionen einzelner Myoepithelien beruhen; die Zahl der kleineren Kontraktionen ist dosisabhängig. Im Gegensatz zum Schwein bleibt bem Rind der Zisternedruck bis zu einer Stunde erhöht, sofern das Tier nicht gemolken wird. Aus der Abb. **b** ist zu entnehmen, daß Adrenalin beim Schwein den Ocytocineffekt sowohl am Uterus als auch in der Milchzisterne weitestgehend verhindern kann: Die uterine Kontraktionstätigkeit ist nach der Hormoninjektion etwas weniger frequent und die Druckerhöhung in der Milchzisterne minimal (ca. 4 mm Hg bzw. ca. 0,5 KPa).
1 mm Hg = 0,1333 KPa

eines Ocytocinsprays das Milcheinschießen ausgelöst werden.

Für eine andauernd gute Milchsekretion ist der Gesundheitszustand der Tiere von wesentlicher Bedeutung, denn jede Erkrankung führt zu einer Beeinträchtigung der Milchsynthese. Gewisse Erkrankungen (z. B. Ketose, schwere Verdauungsstörungen, akute Klauen- und Gelenkleiden) können zu einem abrupten, oft auch bleibenden Milchrückgang führen.

Die Fütterung der Milchkühe muß dem Laktationsstand angepaßt werden. Während der ersten Laktationshälfte wird demnach eine Kuh ein nährstoffreicheres Futter benötigen als gegen das Ende der Laktationsperiode hin oder nach dem Versiegen der Milch. Auch die zeitlichen Melkintervalle beeinflussen die tägliche Milchproduktion. Mehrmaliges Melken während des Tages führt zwar zu einer Erhöhung der Gesamtmilchmenge, der Milchmehrertrag steht aber in einem schlechten Verhältnis zum Arbeitsmehraufwand. Während der ersten Woche nach der Geburt soll die Kuh nach Möglichkeit dreimal gemolken werden; erstens soll während dieser Zeit ansteigender Milchproduktion ein mehrmaliges Melken für die Laktation förderlich sein und zweitens dürfte auch die starke Ödemisierung des Euters nach der Geburt (sog. physiologisches Euterödem) die ohnehin beeinträchtigte Blutzirkulation im Euter durch den sich erhöhenden intramammären Druck während der Zwischenmelkzeiten sich verstärken. Außerdem fördert das Melken reflektorisch die Euterdurchblutung.

Neben der Fütterung, Leistungsveranlagung und Gesundheit der Tiere ist die Milchleistung vom Alter der Tiere abhängig. Der größte Milchertrag stellt sich erst nach mehreren Geburten in einem Lebensalter von 5–8 Jahren ein. In der Leistungszucht ist man bestrebt, Milchkühe zu züchten, die ihre Milchleistung sowohl während einer Laktationsperiode als auch mit zunehmender Geburtenzahl allmählich erhöhen, da sich gezeigt hat, daß in vielen Fällen einem starken Anstieg der Milchproduktion ein ebenso rascher Rückgang in der Milchleistung folgt.

5. Die Milchbestandteile

Die Milch, das Sekret der Milchdrüse, ist von weißlicher bis gelber Farbe. Sie ist eine kolloide und kristalloide Lösung aus Proteinen, Lactose und Salzen. Die Milch besteht aus einer wäßrigen Flüssigkeit, dem Milchplasma, und aus geformten Bestandteilen, nämlich den im Milchplasma emulgierten Fetttröpfchen und den darin suspendierten Zellen (desquamierte Epithelzellen, vereinzelt Leukozyten).

Die chemische und physikalische Zusammensetzung der Milch wechselt von Tierart zu Tierart, von Rasse zu Rasse und ist auch von Individuum zu Individuum verschieden. Abgesehen von diesen erblich bedingten Verschiedenheiten kann die Zusammensetzung der Milch auch von äußeren Verhältnissen beeinflußt werden, wie z. B. von der Futterzusammensetzung, Länge der Entleerungsintervalle usw. und auch vom Gesundheitszustand der Tiere. Beim einzelnen Individuum ändert sich die Zusammensetzung der Milch auch etwas nach dem Zeitpunkt der Laktationsperiode. Insbesondere der Geschmack und die Farbe der Milch sind von der Art der Fütterung abhängig. Die gelbliche Farbe wird vor allem durch pflanzliche Farbstoffe (Karotine, Xantophylle, Flavine, Chlorophylle), die sich im Fett anreichern, hervorgerufen. Parenteral verabreichte Medikamente (z. B. Akridine) können die Milchfarbe verändern. Entrahmte Milch erscheint bläulich, da das einfallende Licht durch die Entfernung des Milchfettes weniger stark gebrochen wird. Homogenisierte Milch wiederum erscheint weißer als eine unbehandelte Milch, da durch die Homogenisierung die Zahl der Fettkügelchen vermehrt und dadurch die Lichtbrechung verstärkt wird. Der Milchgeschmack kann sich auch während des Sexualzyklus ändern; während der Brunst hat die Milch mitunter einen ranzigen Geschmack. Bei laktierenden Sauen ist nicht selten zu beobachten, daß Ferkel einen nicht durch Bakterien verursachten Durchfall aufweisen, der auf eine durch einen Östrus veränderte Milchbeschaffenheit zurückgeführt wird (die Laktationsanöstrie des Schweines kann durch einen Östrus unterbrochen sein; s. S. 509).

Die kurz nach der Geburt produzierte Milch nennt man *Kolostrum* (Biestmilch). Sie besteht aus frisch synthetisierter und aus einem trockensubstanzreichen Sekret, das sich gegen das Ende der Trächtigkeit in der Milchdrüse anhäuft.

Die Zusammensetzung des Kolostrums ist innerhalb der Tierarten verschieden. Dieses Sekret ist bei allen Tieren sehr reich an Salzen, Vitaminen, Fett und Proteinen. Es finden sich darin die sog. Kolostrumkörperchen, die aus mit Fett gefüllten Leukozyten bestehen. Der größte Teil der Protei-

Tab. 92. Veränderungen der chemischen Zusammensetzung (%) der Kolostralmilch einer Kuh in der 4. Laktationsperiode

	Stunden nach der Geburt				
	1	12	24	48	72
Wasser	73	79	82	86	87
Trockensubstanz	27	21	18	14	13
Kasein	2,7	4,0	4,4	3,2	3,3
Albumin & Globulin	16,6	8,9	5,0	2,2	0,9
Fett	3,5	4,5	4,7	4,2	3,9
Milchzucker	3,0	2,0	2,9	3,5	4,1
Salze	1,2	1,6	1,0	0,9	0,8
Spez. Gewicht	1,07	1,042	1,035	1,032	1,032

ne besteht aus hochmolekularen, antikörpertragenden Globulinen. Das Kolostrum ist für das neugeborene Tier ein beinahe unersetzliches Nährmittel, denn die Globuline sind für die Gesundheit während der ersten Lebenstage bedeutungsvoll, da während der Fetalzeit wegen der plazentalen Barriere die mütterlichen Immunoglobuline nicht oder nur in geringer Menge in den Fet übertreten können (besonders bei Schwein und Rind). Außerdem besitzt das Kolostrum eine laxierende Wirkung, die für den Abgang des *Mekoniums* (Darmpech) beim Neugeborenen verantwortlich ist, und ferner enthält es eine Reihe von nicht spezifischen antimikrobiellen Substanzen, die das Neugeborene schützen, bis das eigene Immunsystem entwickelt ist (Reiter, 1978). Kolostralmilch ist u. a. wegen der stark laxierenden Wirkung für den menschlichen Genuß ungeeignet. Sie ist nicht kochfest und hat ein unansehnliches Aussehen. Während der ersten Tage nach der Geburt kann eine mehr oder weniger starke Rotfärbung der Kolostralmilch auftreten, die auf roten Blutfarbstoff bzw. Erythrozyten zurückzuführen ist.

Die chemische Zusammensetzung der Kolostralmilch erfährt während der ersten Laktationstage eine rasche Änderung. Wie aus der Tabelle 92 ersehen werden kann, nimmt der Gehalt an Fett, Eiweiß und Salzen ab, während der Milchzucker- und Wassergehalt ansteigt.

Nachfolgend bleibt die Zusammensetzung der Milch ziemlich konstant. Die Tabelle 93 zeigt den ungefähren Gehalt der Milch an einer Anzahl Stoffen und an Energie bei verschiedenen Tierarten; auch ist die Anzahl Tage ersichtlich, die die verschiedenen Tierarten zur Verdoppelung ihres Körpergewichtes beanspruchen. Es ist charakteristisch, daß eine gewisse Proportionalität zwischen der relativen Wachstumsgeschwindigkeit der Tiere und dem Gehalt der Milch an Aschebestandteilen und Proteinen vorhanden ist.

Tab. 93. Die ungefähre Zusammensetzung der Milch verschiedener Tierarten und die Anzahl Tage, die die Verdopplung des Geburtsgewichtes erfordert

Tierart	Fett	Lactose	Prozent Kasein	Total Protein	Asche	Joule pro g	Verdopplung des Geburtsgewichtes Tage
Pferd	1,6	6,1	1,6	2,0	0,5	2302,74	60
Rind	3,6	4,8	2,7	3,5	0,7	3140,1	46
Ziege	4,1	4,2	2,9	4,3	0,8	3265,7	20
Schwein	7,7	5,6	4,4	5,9	0,8	5568,44	17
Schaf	6,2	4,3	4,3	5,4	0,9	4521,74	12
Hund	8,5	3,7	3,9	7,3	1,2	5777,78	10
Katze	5,0	5,0	3,7	7,1	—	4521,74	10
Nerz	8,0	6,9	—	7,2	0,8	5066,02	10
Kaninchen	16,0	2,0	8,8	12,0	2,0	9587,77	6
Ratte	15,0	3,0	9,0	12,0	2,0	9378,43	6
Rentier	17,1	2,0	8,4	10,4	1,5	9964,58	—

Tab. 94. Relativer Gehalt des Milchfettes an Fettsäuren bei verschiedenen Tierarten. (ASCHAYA und HILDITCH)

Tierart	Fettsäuren, mol. %									
	gesättigte								ungesättigte	
	C_4	C_6	C_8	C_{10}	C_{12}	C_{14}	C_{16}	C_{18}	Ölsäure	andere Vertreter
Schwein			2			2	29	6	35	27
Pferd	1	2	4	8	7	7	15	3	37	16
Kamel	6	2	1	2	6	8	28	10	34	3
Schaf	8	5	3	6	5	10	22	11	22	8
Ziege	7	5	4	13	7	12	24	5	17	6
Kuh	10	4	2	3	2	8	24	11	29	7

Das **Fett** ist in Form kleiner Tröpfchen (sog. Fettkügelchen) in der Milch emulgiert. Der Durchmesser der Fettkügelchen beträgt beim Rind 3–5 µm, bei Schaf und Ziege 2 µm und beim Schwein 1 µm. Die Fettkügelchen sind von einer phosphatidreichen, dünnen Eiweißmembran, der sog. Haptogenmembran umgeben, die als ein Schutzkolloid wirkt. Aufgrund dieser elektrisch geladenen Haptogenmembran ist das Fett relativ stabil emulgiert. Erst bei längerem Stehenlassen der Milch gelangen die Fettkügelchen aufgrund ihres kleineren spezifischen Gewichtes als das des Milchplasmas an die Flüssigkeitsoberfläche (sog. Aufrahmen). Durch mechanische Einwirkung (z. B. beim Butterungsvorgang) oder durch chemische Agentien (z. B. Natronlauge) kann die Haptogenmembran gesprengt bzw. aufgelöst werden. In der Kuhmilch finden sich pro µl 1–7 Millionen Fettkügelchen. Das Milchfett besteht in der Hauptsache aus Triglyceriden, deren Fettsäurezusammensetzung stark von Art zu Art wechselt sowohl hinsichtlich der flüchtigen als auch der langkettigen, gesättigten und ungesättigten Fettsäuren (Tab. 94). Die Fettsäurezusammensetzung der Triglyceride wird von der Ernährung beeinflußt. Der Gehalt des Milchfettes an den einzelnen Fettsäuren kann chemisch bestimmt werden; sie werden mit sog. Fettkennzahlen ausgedrückt.

Abgesehen von Triglyceriden und fettlöslichen Vitaminen (A und D) ist im Milchfett eine geringe Menge an Phosphatiden und Cholesterin vorhanden. Ferner finden sich im Milchfett Enzyme (Phosphatasen).

Die Proteine der Milch bestehen aus **Kasein, Lactalbumin** und **Lactoglobulin;** außerdem liegt eine geringe Menge β- und γ-**Globulin** nebst **Albumosen** in der Milch als Calciumkaseinat vor, das in der Natur sonst nirgendwo vorhanden ist. Die Kaseinteilchen reflektieren ebenso wie die Fetttröpfchen das Licht, so daß sie die weißliche Milchfarbe mitbestimmen. Auf elektrophoretischem Wege kann man ein α-, β- und γ-Kasein unterscheiden. Die Zusammensetzung des Kaseins variiert tierartlich (Tab. 95). Es ist ein Phosphoproteid. Die Phosphorsäure ist darin mit den Hydroxylgruppen der Aminosäure Serin verestert.

Bei Rind, Schaf und Ziege macht das Kasein den Hauptteil des Milchproteins aus (*Kaseinmilch*, s. Tab. 93); die Milch der Stute, der Hündin und der Katze wird als *Albuminmilch* bezeichnet, da nur die Hälfte des Proteins aus Kasein besteht. Darauf beruht die Gerinnung dieser Milchsorten beim Kochen. Die Kuhmilch dagegen ist kochbeständig.

Das Kasein hat besondere Eigenschaften. Durch das Labferment Chymosin wird das Kasein der Milch in das Parakasein übergeführt, das in Anwesenheit von Calciumionen als parakaseinsaures Calcium ausfällt. Diese Labgerinnung geht am besten bei einer Temperatur von 38–40 °C vor sich. Im Gegensatz dazu vollzieht sich die Säuregerinnung so, daß in Anwesenheit von freien H-Ionen

Tab. 95. Schwankungen in der elementaren Zusammensetzung des Kaseins in %. (Nach KÄSTLI, 1972)

Spezies	C	H	N	P	S	O
Kuh	52,24	7,12	15,64	0,85	0,70	22,9
Stute	52,36	7,01	16,44	0,87	0,53	22,7
Frau	52,50	7,10	15,00	0,27	0,70	—

Tab. 96. Annähernder Aminosäuregehalt der Milch verschiedener Tierarten (in % des Proteins)

	Essentielle Aminosäuren									Semiessentielle Aminosäuren		
	Lysin	Tryptophan	Histidin	Phenylalanin	Leucin	Isoleucin	Threonin	Methionin	Valin	Arginin	Tyrosin	Cystin
Rind, Gesamtprotein	8,1	1,6	2,6	5,3	10,2	7,2	4,4	3,2	7,6	3,9	5,5	1,1
Rind, Kasein	8,4	1,2	3,2	5,1	9,4	6,2	5,0	2,9	7,4	4,2	6,4	0,3
Schaf, Gesamtprotein	8,8	—	2,9	4,8	10,0	5,7	4,5	2,6	7,7	—	—	—
Sau, Gesamtprotein	6,5	1,2	2,2	4,1	9,1	3,8	5,1	1,2	6,3	5,9	—	—
Hund, Gesamtprotein	5,4	1,1	2,9	5,4	13,7	5,4	4,8	1,9	5,3	5,1	3,5	—
Nerz, Gesamtprotein	5,5	1,2	1,7	3,4	11,3	3,7	3,9	1,3	5,6	6,1	2,1	—

das Kasein ausfällt. Bei einem pH-Wert von 4,7 (isoelektrischer Punkt des Kaseins) weist das Kasein die geringste Löslichkeit auf und fällt spontan aus. Es ist mit Ausnahme im Bereich des isoelektrischen Punktes bei keinem pH-Wert durch Hitze auszufällen. Darauf beruht die Kochfestigkeit der Kaseinmilch. Die Proteinstoffe der Milch haben eine hohe biologische Wertigkeit. Es bestehen indessen verschiedene Artverschiedenheiten in bezug auf den Gehalt an essentiellen Aminosäuren. Wie aus der Tabelle 96 hervorgeht, haben Kuh- und Schafmilch einen wesentlich größeren Gehalt an Lysin und Methionin als die Milch von einmagigen Tieren. Obwohl das **Lactalbumin** nur in einer Größenordnung von 0,2–1,5 % in der Milch vorkommt, ist es wegen des Gehaltes an Cystein ernährungsphysiologisch sehr wertvoll (die Milch der Frau enthält mehr Lactalbumin als die Kuhmilch). Das **Lactoglobulin,** in seinem chemischen Verhalten dem Serumglobulin sehr ähnlich, ist in normaler Milch nur in Spuren, in der Kolostralmilch jedoch in relativ großer Menge vorhanden.

Das wesentliche Kohlenhydrat der Milch ist das Disaccharid **Lactose** (s. Tab. 92), das mittels Säuren in Glukose und Galaktose gespalten werden kann, aus denen die Laktose in der Milchdrüse auch synthetisiert wird. Die Galaktose wird in der Milchdrüse selbst aus Glukose aufgebaut. Daher ist der Glukosegehalt in den Eutervenen niedriger als in den übrigen Körpervenen. Bei Störungen des Kohlenhydratstoffwechsels bei Wiederkäuern sinkt der Laktosegehalt in der Milch (durchschnittlich 4,8 %) rasch ab. Die Laktose kommt nur in der Milch vor. Andere Kohlenhydrate, wie Glukose, Galaktose und stickstoffhaltige Glukosamine, sind in der Milch nur in kleinsten Mengen vorhanden.

Die wichtigsten **anorganischen Bestandteile** der Milch sind Calcium, Kalium, Magnesium, Phosphate und Chloride (s. Tab. 97 und 98). Daneben kommen weitere Mineralstoffe in Spuren vor. Das für die Hämoglobinsynthese wichtige Eisen ist in der Milch nur in Spuren vorhanden; bei ausschließlicher Milchernährung kann es daher zu einer Eisenmangelanämie kommen (Anämie der Ferkel und der Kälber). Bei einer Erkrankung der Milchdrüse kommt es zu einer Erhöhung des Natrium- und Chlorionen-Gehaltes, da das osmotische Arbeitsvermögen der Milchdrüse (Konzentrierung oder Verdünnung bestimmter Blutbestandteile) gestört ist; die Milch wird blutähnlicher. Dadurch ändert sich auch die elektrische Leitfähigkeit der Milch, die konduktometrisch gemessen werden kann.

Die Angaben in der Fachliteratur über den Gehalt an **Vitaminen** in der Milch weichen voneinander stark ab. Diese Abweichungen resultieren einerseits aus verschiedenen Bestimmungsmethoden, und andererseits ist der Vitamingehalt stark von der Fütterung abhängig. Letzteres gilt vor allem für die **Vitamine A, D und E** sowie **Karotin.** Der Vitamin D-Gehalt ist vornehmlich vom Ausmaß der Ultraviolettbestrahlung abhängig. Ein weiteres fettlösliches Vitamin, das **Vitamin K,** ist in der Milch nur in kleineren Mengen vorhanden. Der Gehalt an wasserlöslichen Vitaminen unterliegt weniger großen Schwankungen, da sie bei den Wiederkäuern zum Teil von Mikroorganismen des Pansens gebildet werden (B-Vitamine). Neben Vitaminen des B-Komplexes findet sich in der Milch vor allem **Vitamin C** (s. Tab. 98).

Die Milch enthält zahlreiche **Enzyme,** die entweder aus den Zellen der Milchdrüse (sog. originäre Enzyme) oder von Bakterien stammen. Die

Tab. 97. Zusammensetzung der Frauen- und der Kuhmilch im Vergleich zum Blutplasma

	Proteine %	Zucker %	Fett %	Ca mg %	P mg %	K mg %
Blutplasma	6–8	0,1	0,5–0,75	10	3,5	20
Kuhmilch	3,3	4,8	3,9	124	94	155
Frauenmilch	1–2	6,7	2,7	32	13	50

Tab. 98. Annähernde Werte des Gehaltes des Kolostrums und der Milch an Vitaminen und Mineralstoffen. (Alle Werte sind pro 100 ml Milch)

	Rind		Schwein		Schaf	Ziege	Pferd	Hund
	Kolostrum	Milch	Kolostrum	Milch	Milch	Milch	Milch	Milch
Vitamin A, i. E.	700	120	200	120	150	120	50	—
Vitamin D, i. E.	4	3	—	4	3	2	—	—
Vitamin E, mg	2	0,4	—	—	—	—	—	—
Vitamin C, mg	2,5	2	30	18	3	2	10	—
Thiamin, µg	60	30	100	65	70	50	30	(50)
Riboflavin, µg	500	170	135	200	500	120	20	(300)
Niacin, µg	100	100	165	400	500	200	50	(700)
Pantothensäure, µg	220	300	130	500	350	350	500	(490)
Vitamin B_6, µg	50	50	10	40	—	—	30	(80)
Biotin, µg	4	3	5	2,0	9	1,5	—	—
Vitamin B_{12}, µg	1,0	0,4	0,6	0,2	0,3	0,1	0,3	—
Calcium, mg	170	120	50	240	160	140	100	250
Phosphat, mg	—	90	80	150	150	120	60	190
Magnesium, mg	15	10	—	—	20	15	10	—
Kalium, mg	150	150	125	90	90	—	120	120
Natrium, mg	60	50	75	30	70	—	60	90
Eisen, µg	200	50	300	100	—	—	—	900
Kupfer, µg	50	20	—	50	—	—	—	—

Milch-Enzyme gehören der Gruppe der Hydrolasen (Proteasen, Carbohydrasen, Esterasen) und der Gruppe der Oxido-Reduktasen (Peroxidase, Xanthinoxidase, Katalase) an. Einige Enzymproben dienen dem Qualitätsnachweis der Milch. So kann mit der **Peroxidaseprobe** (sog. Storchsche Reaktion) hocherhitzte Milch nachgewiesen werden. Die **Phosphataseprobe** dient dem Nachweis einer Kurzzeiterhitzung der Milch. Eine weitere Enzymprobe, die Bestimmung der **Katalasezahl,** kann ebenfalls für die Qualitätsbeurteilung verwendet werden, denn normale frische Milch enthält sehr wenig, krankhaft veränderte Milch und Kolostralmilch dagegen viel Katalase. Die **Methylenblau-Reduktaseprobe** wiederum gibt Auskunft über die Haltbarkeit der Milch, da dadurch der Bakteriengehalt der Milch erfaßt werden kann. Eine weitere Probe dient dem Nachweis der **Xanthinoxidase** (Schardinger-Enzym), die in der Kuhmilch in relativ großer Menge, in der Ziegen- und Frauenmilch in kleiner Menge vorhanden ist. Die Xanthinoxidase ist an die Haptogenmembran gebunden.

Sonstige Milchbestandteile: Die prozentualen Angaben über die **Nichteiweiß-N-Verbindungen** in der Milch variieren zwischen 5 und 15 %. Es kommen vor: Harnstoffe, Ammoniak, Kreatin, Kreatinin, Aminosäuren, Allantoin, Cholin, Carmaminsäure, Hippursäure, Purinbasen, Peptone und Albumosen.

Auch in einer frischen, unveränderten Milch finden sich stets **zellige Bestandteile.** Es sind dies Epithelzellen aus der Zisterne, von den Milchgängen und Leukozyten; pro ml Milch sollen aber nicht mehr als 100 000 Zellen vorhanden sein. In der Kolostralmilch ist die Zellzahl normalerweise stark erhöht.

Die **physikalisch-chemischen Eigenschaften** der Milch wechseln stark. Frischgemolkene Milch und Ziegenmilch haben einen pH-Wert von 6,3–6,7. Stutenmilch hat eine schwach alkalische Reaktion. Auch das spezifische Gewicht der Milch schwankt beträchtlich; es richtet sich vor allem nach dem Fettgehalt. Der osmotische Druck der Milch ist dergleiche wie der des Blutes (etwa 7 Atm. = 709,3 KPa).

Die Milchsynthese aus Protein, Fett und Lactose. Die Zusammensetzung der Milch unterscheidet sich sowohl qualitativ als auch quantitativ sehr von der des Blutplasmas. Es kann daher kein Zweifel bestehen, daß Proteine, Fett und Lactose der Milch hauptsächlich Produkte der synthetischen Prozesse in den Zellen der Drüse sind. Die Frage ist, aus welchen Bestandteilen des Blutplasmas diese Synthese erfolgt.

Zur Beantwortung dieser Frage hat man verschiedene Methoden benutzt, z. B. Untersuchungen der arterio-venösen Differenz beim lebenden Tier, Perfusion der Milchdrüse mit Blut oder physiologischen Salzlösungen und Versuche mit Einbringung von Milchdrüsengewebe in ein geeignetes Wachstumsmedium (Gewebekulturversuche). Bei solchen Untersuchungen hat man häufig Stoffe benutzt, die mit stabilen oder radioaktiven Isotopen markiert waren.

Von diesen Verfahren hat man die arterio-venöse Differenz zuerst benutzt. Wenn der Phosphatgehalt des arteriellen und venösen Blutes der Milchdrüse und die während der Zeiteinheit abgesonderte Menge dieses Mineralstoffes bestimmt werden, kann man berechnen, welche Blutmengen die Milchdrüse während der Erzeugung von 1 Liter Milch passiert haben. Solche Untersuchungen deuten darauf hin, daß bei den Wiederkäuern 250–300 Liter Blut das Gefäßsystem des Euters während der Erzeugung eines Liters Milch durchströmen. Da man aber nicht weiß, wieviel Phosphat mit der Lymphe entfernt wird, leidet das Verfahren an einer beträchtlichen Unsicherheit.

Die *Synthese der Proteinstoffe* der Milch kann aus *Proteinen* oder *freien Aminosäuren* des Blutes stattfinden. Bei Versuchen mit laktierenden Wiederkäuern hat man nachgewiesen, daß der Gehalt des venösen Blutes an Aminosäuren geringer als der des arteriellen Blutes ist, was darauf hindeutet, daß diese Stoffe die Basis der Synthese der Proteine der Milch bilden. Durch Versuche mit radioaktiv markierten Aminosäuren ist dies weiter bestätigt worden. Nach Einspritzung von C^{14}-markiertem Lysin oder S^{35}-markiertem Methionin in das Blut laktierender Tiere ist festgestellt worden, daß die spezifische Radioaktivität der benutzten Aminosäure (C^{14} pro mg Aminosäure) weit höher im Kasein als in den Proteinen des Blutplasmas ist. Dies würde nicht möglich sein, wenn die Aminosäure erst während der Synthese der Proteine des Plasmas benutzt werden sollte, um danach bei der Synthese des Kaseins verwendet zu werden. Bei ähnlichen Versuchen ist nachgewiesen worden, daß eine Einspritzung von C^{14}-Glycin-markiertem Plasmaprotein in das Blut laktierender Tiere keine nennenswerte radioaktive Markierung des Kaseins der Milch zur Folge hatte. Dies zeigt, daß die Biosynthese des Kaseins in der Milchdrüse kaum auf der Basis der Proteine des Plasmas erfolgt, und unterstützt des weiteren die Annahme, daß die freien Aminosäuren des Blutes die wichtigste Muttersubstanz für die Kaseinsynthese sind. Durch versuche mit P^{32}-markiertem Phosphat hat man außerdem nachgewiesen, daß der Gehalt des Blutes an anorganischem Phosphat die Muttersubstanz des Kaseinphosphates ist.

Da eine intravenöse Zufuhr markierter Aminosäuren nicht eine derartig hohe spezifische Aktivität der betreffenden Aminosäure in den Molkeproteinen (Lactalbumin und Lactoglobulin) wie im Kasein zur Folge hat, jedoch bewirkt, daß die radioaktive Markierung dieser Proteine größer als die der Plasmaproteine wird, ist anzunehmen, daß die Synthese des Lactalbumins und des Lactoglobulins sowohl auf Basis freier Aminosäuren als auch der Plasmaproteine stattfindet.

Das Verfahren wird wahrscheinlich damit eingeleitet, daß die von den Zellen aufgenommenen Plasmaproteine in Polypeptide gespalten werden, die zusammen mit den freien Aminosäuren bei der Synthese der Molkenproteine benutzt werden. Daß das Lactoglobulin in der Milchdrüse synthetisiert wird, ist übrigens daraus ersichtlich, daß dieses Protein jedenfalls beim Rind in zwei Formen, α- und β-Lactoglobulin, vorkommt. Ob ein Tier die eine Form (Homozygote) oder beide (Heterozygote) hat, ist erblich bestimmt.

Die **Fettstoffe der Milch** müssen entweder in den Zellen der Milchdrüse synthetisiert werden oder dem Gehalt des Blutes an α- und β-Lipoproteiden nebst albumingebundenen Fettsäuren entstammen. Die Zusammensetzung des Milchfettes unterscheidet sich in bezug auf die *Fettsäurenzusammensetzung* stark vom Transitfett des Blutes. Bei den wiederkäuenden Tieren hat das Milchfett einen größeren Gehalt an kurzen Fettsäuren (C_4–C_{14}) und einen niedrigeren Gehalt an ungesättigten Fettsäuren als das Transitfett des Blutes. Man hat angenommen, daß diese Verschiedenheit davon herrührt, daß ein Teil der Fettsäuren des Blutes, besonders der ungesättigten, in den Zellen der Milchdrüse zu niedrigeren Fettsäuren oxidiert werden.

Tab. 99. Aktivität von Fettsäuren in Milch, isoliert aus Ziegeneutern, die mit Blut durchströmt waren, das C^{14}-markiertes Natriumacetat ($C^{14}H_3 \cdot COOH$) enthielt. (Peeters)

Fettsäuren	Aktivität ($1 \cdot 10^{13}$ mikrocurie/mg C)
Buttersäure (C_4)	43,50
Capronsäure (C_6)	27,00
Caprylsäure (C_8)	21,90
Laurinsäure (C_{22})	19,03
Myristinsäure (C_{14})	12,48
Palmitinsäure (C_{16})	3,69
Stearinsäure (C_{18})	0,05
Ölsäure (9–10-okta-dezensäure)	0,03

Bei Versuchen mit Kaninchen, denen markiertes Natriumacetat zugeführt wurde, ist nachgewiesen worden, daß die Fettsäuren der Milch markiert wurden und daß die Markierung in den kurzen beträchtlich höher als in den langen Fettsäuren war. Dies läßt sich nur so erklären, daß die kurzen Fettsäuren nicht durch Spaltung der langen gebildet werden, sondern in der Milchdrüse auf der Basis von Essigsäure synthetisiert werden. Bei einem anderen Versuch, in dem die Milchdrüse einer Ziege mit Blut durchspült wurde, dem man C^{14}-markiertes Natriumacetat beigegeben hatte, stellt es sich heraus, daß die kurzen Fettsäuren eine weit größere Radioaktivität als die langen Fettsäuren haben (Tab. 99).

Diese Versuche, unterstützt von zahlreichen anderen, zeigen, daß in den sekretorischen Zellen, jedenfalls bei Kaninchen und Wiederkäuern, eine Synthese von Fettsäuren auf der Basis des Gehaltes des Blutes an Essigsäure stattfinden kann, der bei diesen Tieren verhältnismäßig hoch ist. Es ist anzunehmen, daß die kurzen Fettsäuren in der Milchdrüse synthetisiert werden, wogegen der Gehalt des Milchfettes an langen Fettsäuren wesentlich den Fettstoffen des Plasmas entstammt. Nach dieser Auffassung ist zu erwarten, daß eine Minderung des Acetatgehalts des Blutes bei Wiederkäuern den Fettgehalt der Milch herabsetzen wird. Die herabgesetzte Fettsynthese hat indessen zur Folge, daß die Übertragung von Fettsäuren vom Blut gesteigert wird, so daß der Gehalt der Milch an ungesättigten Fettsäuren zunimmt. Bei den Tieren, die einen niedrigen Gehalt an flüchtigen Fettsäuren im Milchfett haben, wird das Milchfett wahrscheinlich hauptsächlich aus den Fettstoffen des Blutes synthetisiert.

Das *Glycerin des Milchfettes* entstammt teils Triglyceriden, die vom Blutplasma aufgenommen werden, teils wird es in der Milchdrüse aus Glucose gebildet.

Die Einwirkung äußerer Verhältnisse auf die Milchsekretion. Bei optimalen Lebensbedingungen wird die Synthese der Milch von der *Anzahl sezernierender Zellen* (dem sezernierenden Areal) und der *sekretorischen Kapazität* der einzelnen Zellen bestimmt werden. Die Anzahl von Zellen ist in der Hauptsache genetisch bestimmt; dies gilt auch zu einem gewissen Grad für die sekretorische Fähigkeit der Zellen, aber hier können äußere Verhältnisse, wie Ernährung, Klima und Entleerungsintervalle, in hohem Grad von Bedeutung sein. Diese Verhältnisse sind am besten für das Rind untersucht worden.

Eine ergiebige Zweinutzungskuh erzeugt etwa 5000–6000 Liter Milch im Laufe der Laktationsperiode, sie sondert hierbei eine Protein-, Fett- und Mineralstoffmenge ab, die mehr als das Gewicht ihres eigenen Körpers ausmacht, und gleichzeitig deckt sie eine bestimmte Zeit den Nahrungsbedarf ihres Fetus. Es ist deshalb kein Wunder, daß eine ungenügende Ernährung die Milcherzeugung hemmen kann. Dieser Effekt kommt wahrscheinlich folgendermaßen zustande:

1. Der Gehalt des Blutes an Stoffen, die zur Synthese der Milch benutzt werden, wird herabgesetzt;
2. die biochemische Funktion der sekretorischen Zellen wird durch Mangel an wichtigen Nährstoffen schwächer;
3. ernährungsbedingte Störung der Funktion des endokrinen Apparates.

Als Beispiel der erstgenannten Gruppe sei erwähnt, daß Fasten bei den Wiederkäuern fast immer eine Abnahme der Milchsekretion auslöst; gleichzeitig ändert sich die Zusammensetzung des Milchfettes, die Menge flüchtiger Fettsäuren wird herabgesetzt, dagegen nimmt der Gehalt an langen Fettsäuren zu. Dies rührt davon her, daß der Essigsäuregehalt des Blutes abnimmt, wodurch die

Synthese der kürzeren Fettsäuren in der Milchdrüse gehemmt wird.

Jeder Umstand, der die Erzeugung von Essigsäure in den Vormägen und dadurch den Gehalt des Blutes an dieser Säure mindert, wird dazu neigen, den Fettprozentgehalt der Milch und den Gehalt an flüchtigen Fettsäuren herabzusetzen, während die Menge der höher gesättigten und ungesättigten Fettsäuren, die dem Transitfett des Blutes entstammen, zunimmt. Die Zusammensetzung des Milchfettes nähert sich der für einmagige Tiere charakteristischen, d. h. die Verseifungszahl fällt, und die Jodzahl steigt. Es gilt bei den Wiederkäuern generell, daß der Gehalt des Milchfettes an flüchtigen Fettsäuren umgekehrt proportional zu der Jodzahl ist.

Ein ausgesprochener Mangel an Mineralstoffen oder Vitaminen, wie z. B. *Phosphor* oder *Vitamin A*, kann zur Folge haben, daß die Milchsynthese herabgesetzt wird. Dies ist wahrscheinlich darauf zurückzuführen, daß die funktionelle Kapazität der Alveolarzellen abnimmt, kann aber möglicherweise auch davon herrühren, daß eine Störung der Funktion der endokrinen Organe vorliegt, so daß die Absonderung des Wachstumshormons und anderer Hormone, die für die Funktion der Milchdrüse von Bedeutung sind, subnormal wird.

Der Energieumsatz eines Tieres ist in der Hauptsache den *klimatischen Bedingungen,* unter denen es lebt, angepaßt. Eine Änderung derselben, besonders wenn es sich um eine Änderung der Grenzen des Temperaturbereiches der physikalischen Wärmeregulierung *(die thermoneutrale Zone)* handelt, wird eine Herabsetzung oder Steigerung des Energieumsatzes herbeiführen, was wieder von einer Änderung des endokrinen Zustandes des Tieres bedingt ist. Aber dies hat auch zur Folge, daß eine Änderung der Funktion der Milchdrüse eintritt.

Aufgrund klimaphysiologischer Untersuchungen mit mittel- und nordeuropäischen Rinderrassen (Findlay, Brody) kann man im großen und ganzen damit rechnen, daß der Fettprozentgehalt der Milch bei Lufttemperaturen über 21–22 °C zu einer Abnahme neigt. Bei Temperaturen unter etwa 3–5 °C besteht die Tendenz der Zunahme des Fettgehaltes. Tropische Rinderrassen können eine Lufttemperatur von etwa 30 °C vertragen, ehe die Milchsekretion abnimmt.

Wie schon oben erwähnt, wird die Sekretionsgeschwindigkeit der Milchdrüse nach einer Entleerung gradweise herabgesetzt, indem der Druck in den Milchgängen und Alveolen steigt (Abb. 287). Ein steigender intraalveolarer Druck führt indessen auch eine Änderung der Zusammensetzung der sezernierenden Milch mit sich, indem diese konzentriert wird. Dies ist die Ursache dafür, daß die zuletzt gemolkene Milch oft einen Fettgehalt hat, der 2–3mal größer ist als derjenige der zuerst gemolkenen, und daß lange Melkintervalle den Fettprozentgehalt und den Trockensubstanzgehalt der Milch steigern können.

6. Die Milch der einzelnen Tierarten

Kuhmilch. Im Laufe der ersten Woche nach der Geburt, der Kolostralperiode, ändert sich allmählich die Zusammensetzung der Milch (s. Tab. 100); während der nächsten 7–8 Monate bleibt der Lactosegehalt fast konstant, während der Fett- und Proteingehalt in den ersten 2 Monaten p. p. etwas abnimmt und anschließend wieder ansteigt (s. Tab. 101). Die absoluten Werte der Kuhmilchbestandteile unterscheiden sich bei gleichen Lebensbedingungen und gleichen Laktationsstadien von Rasse zu Rasse und auch von Individuum zu Individuum. Der Fettprozentsatz kann z. B. zwischen 2,8–8 % und der Trockensubstanzgehalt zwischen 10–20 % variieren.

Zwischen den Konzentrationen einzelner Milchbestandteile bestehen gewisse Korrelationen. Eine Erhöhung des Fettgehaltes ist normalerweise von

Tab. 100. Beispiel von Variationen in der Zusammensetzung der Kuhmilch während der Biestmilchperiode. Ausgedrückt in g %

Stunden nach der Geburt	Trockensubstanz	Casein	Albumin + Globulin	Fett	Milchzucker	Asche
0	33,6	5,6	16,9	6,5	2,1	1,4
24	15,6	4,2	2,6	3,6	4,2	0,9
48	14,7	3,9	1,2	3,7	4,5	0,8
72	14,0	3,5	1,1	3,9	4,6	0,9
96	14,0	3,3	0,9	4,2	4,7	0,9

Tab. 101. Variationen in der Zusammensetzung der Kuhmilch von der 4. bis zur 48. Woche nach dem Kalben. (Nach HANSSON, SKJERVOLD und CARLI)

Wochen nach dem Kalben	Fett %	Gesamtprotein %	Milchzucker %	Asche %
4	3,9	3,3	4,9	0,69
8	3,6	3,1	4,9	0,69
16	3,8	3,3	4,8	0,69
24	3,9	3,4	4,8	0,69
32	4,1	3,6	4,7	0,71
40	4,4	3,8	4,6	0,74
48	4,8	4,2	4,5	

einer geringen Herabsetzung des Lactosegehaltes und einer Zunahme des Proteingehaltes begleitet, wobei aber vermutlich rassespezifische Unterschiede bestehen. Der Energiegehalt der Milch ist einigermaßen mit dem Fettgehalt proportional.

Diese Korrelation kann durch folgende Gleichung ausgedrückt werden:

$$\text{Energie} = 304{,}8 + 114{,}1 \times \text{Fettprozent.}$$

Das Totaleiweiß der Kuhmilch besteht aus Casein (etwa 84 %), Lactalbumin (etwa 15 %) und Lactoglobulin (etwa 1 %). Der Gehalt an Proteinen scheint weniger als der Fettgehalt von der Zusammensetzung des Futters beeinflußbar zu sein. Dies ist wohl darauf zurückzuführen, daß der Gehalt des Blutes an der wichtigsten Muttersubstanz für die Proteinsynthese durch die Aminosäurenreserven des Organismus trotz beträchtlicher Variationen der zugeführten Proteinmengen verhältnismäßig konstant gehalten wird.

In den letzten 4–8 Wochen der Laktationsperiode tritt eine schrittweise Änderung der Zusammensetzung der Milch ein (Tab. 101). Der Gehalt an Fett, Eiweiß und Salzen steigt, die Milch erhält einen salzigen Geschmack. Bei der trächtigen Kuh tritt gewöhnlich eine starke Herabsetzung der Milchleistung 6–8 Wochen vor der erwarteten Geburt ein. Diese *Galtperiode* tritt zu der Zeit ein, in der der Gehalt an Östrogenen im Blut stark zunimmt und in der die Wachstumsgeschwindigkeit des Fetus am größten ist. Sie ist als eine Erholungsperiode für die Milchdrüse anzusehen.

Der Gehalt des *Kolostrums* und der Kuhmilch an Vitaminen und Mineralstoffen ist in Tabelle 98 enthalten. Für die fettlöslichen Vitamine und Vitamine C können die Werte nur als anleitende Werte angesehen werden, da der Gehalt an diesen Stoffen sehr von der Ernährung abhängt. Abgesehen von den in der Tabelle genannten Stoffen enthält Kuhmilch etwa 20–30 µg Carotin und 3–5 µg Vitamin K pro 100 ml, und von den Spurenelementen etwa 10 µg % Mangan, etwa 0,3 mg % Zink, etwa 0,7 µg % Kobalt und 0,02 mg % Jod.

Die Kuhmilch ist ein sehr wichtiges Nahrungsmittel sowohl für das Neugeborene als auch für den Menschen. Der ernährungsphysiologische Wert liegt vor allem darin, daß, von wenigen Ausnahmen abgesehen, in der Milch alle lebensnotwendigen Nahrungsbestandteile enthalten sind, insbesondere die essentiellen Aminosäuren und der hohe Anteil an niedermolekularen ungesättigten und wasserlöslichen Fettsäuren. Demnach sind der Fett- und EW-Gehalt der Milch auch ein wichtiger Gradmesser für die Qualitätsbeurteilung der Verbrauchermilch. Ferner können mit der Fettbestimmung Milchfälschungen nachgewiesen und der Fettgehalt als ein Parameter für die Leistungszucht verwendet werden (quantitative Milchfettbestimmung nach GERBER mittels eines geeichten Gefäßes, dem sog. Butyrometer; heute automatisiert).

Die Milchproteine weisen eine sehr hohe biologische Wertigkeit auf (unter biologischer Wertigkeit versteht man den Proteinansatz im Körper aus dem verdauten Protein, ausgedrückt in Prozenten). So besitzt Milch eine biologische Wertigkeit von 90, Käse 76, Brot 72 und das Hühnerei 93. Auch der Milchzucker ist ernährungsbiologisch bedeutsam, denn dieser wird erst im Dickdarm des Menschen durch bestimmte Milchsäurebakterien zu Milchsäure vergärt, die unerwünschte Fäulnisprozesse zu verhindern vermag; außerdem soll dadurch die Resorption von Phosphor und Calcium begünstigt werden.

Bei einer ausschließlichen Milchernährung eines Erwachsenen kommt es allerdings zu Ausfallserscheinungen, die auf den niedrigen Gehalt der Milch an Magnesium, Eisen und Kupfer zurückzuführen sind (vor allem Störungen der Blutbildung, Anämie). Zum andern wiederum sind in der Milch das Calcium und der Phosphor stark angereichert. 90 % des in der Milch enthaltenen Calciums wird auch resorbiert. Bei einer täglichen Aufnahme von 6 dl Milch kann der Tagesbedarf eines Erwachsenen zu sieben Achteln gedeckt werden. Da das Calcium/Phosphorverhältnis 1 : 1,3 in der Milch weitestgehend demjenigen in der Knochensubstanz entspricht, wirkt sich ein Milchkonsum für die Knochenbildung, insbesondere bei Kleinkindern, günstig aus.

Auch die verschiedenen Milchprodukte stellen sehr bedeutsame Ernährungsquellen dar. Die wichtigsten Milchprodukte sind Butter und Käse. Durch mechanische Einwirkung wird das Milchfett (Rahm) durch Sprengung der Haptogenmembran zur halbfesten Butter verarbeitet, die neben Triglyceriden hohe Mengen an Phosphatiden enthält und einen niedrigen Schmelzpunkt besitzt. Die entrahmte Milch (Magermilch) ist ein hochwertiges Futterprodukt (reich an Proteinen und Mineralstoffen) und Ausgangsmaterial für die Herstellung von Magerkäse. Aus der Vollmilch wird Fettkäse hergestellt. Die Milch wird ferner zu Kondens- und Trockenmilch verarbeitet, zu Konsumrahm (Sahne) und auch zu Joghurt. Letzteres Produkt wird aus pasteurisierter und homogenisierter Milch verfertigt, wobei durch Beimengung von Lactobacillus bulgaricus und Streptococcus thermophilus eine saure Vergärung der Milch vonstatten geht. Dem Joghurt können Aromastoffe oder Fruchtsäfte beigemengt werden.

Die Kuhmilch findet auch als Diätetikum Verwendung, so bei Magen- und Darmgeschwüren, bei Lebererkrankungen und bei Sehstörungen. (Auch zur Verhinderung von Vergiftungen, namentlich Bleivergiftungen, und von Strahlungsschäden wird eine Milchdiät empfohlen.)

Das Milchkasein findet auch Verwendung in der technischen Industrie, indem es zur Herstellung von Leim, in der Textilherstellung und für die Zubereitung von Farben, auch von Galalith benötigt wird.

Sauenmilch (s. Tab. 98 und 102). Die Milch des Schweines dient ausschließlich der Ernährung der Ferkel. Das Kolostrum der Schweinemilch hat einen relativ niedrigen Gehalt an Lactose und Fett, ist aber reich an Proteinen; ein großer Teil derselben besteht aus hochmolekularen Globulinen. Deshalb ist bei Ferkeln die Versorgung mit Kolostralmilch während der ersten Tage nach der Geburt besonders wichtig. Ähnlich wie bei der Kuhmilch ändert sich auch bei der Sauenmilch deren Zusammensetzung während der im Durchschnitt 6 Wochen dauernden Laktationsperiode (s. Tab. 102). Etwa ⅔ des Milchproteins besteht aus Kasein. Das Fett der Sauenmilch hat einen sehr niedrigen Gehalt an flüchtigen Fettsäuren und einen großen Gehalt an Ölsäure und essentiellen Fettsäuren. Das Transitfett des Blutes ist die Ausgangssubstanz des Milchfettes. Daher gelingt es auch, durch Zufuhr eines fettreichen Futters den Milchfettgehalt beim Schwein beträchtlich zu erhöhen. Sauenmilch zeichnet sich ferner durch einen relativ hohen Gehalt an Vitamin C aus. Der pH-Wert schwankt zwischen 6,6 und 7,2.

Störungen bei der Milchejektion treten beim Schwein nicht allzu selten auf. Es ist aber im Hinblick auf eine Therapie zu unterscheiden, ob die Agalaktie auf ein Nichtherablassen der Milch (z. B. bei nervösen Jungschweinen) oder auf eine Störung der Milchbildung (z. B. Entzündung der Milchdrüse, Allgemeinerkrankungen) zurückzuführen ist.

Stutenmilch. Diese ist fast ausschließlich der Ernährung des Fohlens vorbehalten. In gewissen Ländern, so in Kasachstan (UdSSR), wird aus der Stutenmilch Kumys hergestellt (durch Zusatz von Milchsäurebakterien und Kumyshefe). Kumys ist alkoholhaltig. Während einer neunmonatigen Laktationsperiode werden bis zu 3000 Liter Stutenmilch gewonnen.

Die Stutenmilch hat einen Wassergehalt von

Tab. 102. Variationen im Gehalt der Sauenmilch an Protein, Fett, Lactose und Asche während der Laktationsperiode

Zeit nach der Geburt	Fett %	Protein %	Milchzucker %	Asche %
5 Stunden	4,5	15,0	3,0	0,70
20 Stunden	5,5	9,5	4,0	0,77
2 Tage	9,5	8,0	4,5	—
5 Tage	8,5	7,0	5,0	0,70
15 Tage	8,5	5,5	5,5	0,71
30 Tage	7,5	6,0	6,0	0,85
45 Tage	7,5	7,0	5,5	0,90

89,8 %. Die Trockensubstanz besteht aus 1,5 % Fett, 2,2 % Eiweiß, 5,9–6,3 % Milchzucker und 0,36 % Mineralstoffen. Wie bei anderen Tierarten bestehen hinsichtlich der Milchinhaltsstoffe rassebedingte und individuelle Unterschiede.

Milch kleiner Wiederkäuer. Die Milch der Schafe wird nur ausnahmsweise für den menschlichen Konsum verwendet. Sie zeichnet sich insbesondere durch einen hohen Fettgehalt aus. Ein großes Interesse wird der Schafmilchgewinnung für die Weichkäseherstellung entgegengebracht, der sich durch ein gutes Aroma auszeichnet.

Auch der Ziegenmilch wird in den letzten Jahren vermehrt Bedeutung zugemessen. In europäischen Ländern wurde die Ziege als Kuh des kleinen Mannes lange Zeit für die Milchversorgung gehalten; heute ist für den Eigenbedarf die Ziegenhaltung vor allem wegen der starken Geruchsimmission des Ziegenbockes rückläufig. In größeren Herden gehalten aber, z. B. in Südfrankreich, wird deren Milch für die Käsezubereitung gewonnen, denn Ziegenkäse ist wegen der besonderen geschmacklichen Eigenarten sehr gefragt. Die Milch der Ziege eignet sich auch zur Joghurt- und Butterherstellung.

Bezogen auf das Körpergewicht ist die Milchproduktion der Ziege beträchtlich. Die Saanenziege, eine weitverbreitete Milchrasse, produziert während einer Laktationsperiode durchschnittlich 640 kg, die Toggenburgerziege 547 kg Milch.

Literatur

Bronsch, K., 1956: Zur Physiologie der Milchbildung und -abgabe beim Rind. Mh. Vet. Med. **11,** 551–555.

Bryant, G., 1968: A radioimmunological assay for ovine and caprine prolactin in plasma. Thesis Brunel University.

Cowie, A. T., 1966: Anterior pituitary function in lactation. In: Harris, G. W., B. T. Donovan (Ed.): The Pituirary Gland. Vol. 2, pag. 412–443. Butterworth Ltd., London.

Döcke, F., 1981: Veterinärmedizinische Endokrinologie. VEB Gustav Fischer Verlag, Jena.

Erb, R. H., 1977: Hormonal Control of Mammogenesis and Onset of Lactation in Cows. A Review. J. Dairy Sci. **60,** 155—169.

Fulkerson, W. J., 1978. Artificial induction of lactation: A comparative study in heifers. Aust. J. Biol. **31,** 65–71.

Heidrich, H. J., W. Renk, 1963: Krankheiten der Milchdrüse bei Haustieren. Verlag Paul Parey, Berlin, Hamburg.

Josimovich, J. B., J. A. McLaren, 1962: Presence in the human placenta and term serum of a highly lactogenic substance immunologically related to pituitary growth hormone. Endocrinology **71,** 209–220.

Karg, H., D. Schams, 1974: Prolactin release in cattle. J. Reprod. Fert. **39,** 463–472.

Kästli, P., 1972: Milchkunde und Milchhygiene. I. Teil: Wesen und Eigenschaften der Milch. 2. Aufl., Verbandsdruckerei AG, Bern.

Kon, S. K., A. T. Cowie, 1961: Milk: The mammary gland and its secretion. Vol. I and II. Academic Press, New York, London.

Kuhn, N. J., 1977: Lactogenesis: the search of trigger mechanism in different species. Symp. Zool. Soc. London **41,** 165–192.

Labhart, A., 1971: Klinik der inneren Sekretion. 2. Aufl. Springer-Verlag, Berlin, Heidelberg, New York.

Linzell, J. L., M. Peaker, 1971: Mechanism of milk secretion. Physiol. Rev. **51,** 564–597.

McDonald, L. E., 1980: Veterinary Endocrinology and Reproduction. Lea & Febiger, Philadelphia.

Pozo, E. Del, 1979: Prolaktin. Sandorama **II,** 26–28.

Reiter, B., 1978: Review of nonspecific antimicrobial factors in colostrum. Ann. Rech. Vét. **9,** 205–224.

Sulman, F. G., 1970: Hypothalamic Control of Lactation. Springer-Verlag, Berlin, Heidelberg, New York.

Ziegler, H., W. Mosimann, 1960: Anatomie und Physiologie der Rindermilchdrüse. Verlag Paul Parey, Berlin, Hamburg.

XII. Physiologie der Eibildung

K. Männer

Die folgenden Ausführungen berücksichtigen in erster Linie das Legegeflügel und damit die Hybridlegehenne, die am weitesten verbreitet ist. Die Physiologie der Eibildung ist im Prinzip mit der anderen Haus- und Ziergeflügels sowie wildlebender Vögel identisch. Die Unterschiede sind primär auf züchterische sowie haltungs- und fütterungstechnische Maßnahmen zurückzuführen und beziehen sich auf Legeintensität, Legeleistung, Einzeleimasse, chemische Zusammensetzung des Eies und Dauer der Eibildung im Ovidukt.

A. Ovar

1. Morphologie

Von den zwischen dem 6. und 7. Bebrütungstag paarig angelegten Eierstöcken kommt bei Vögeln nur das linke Ovar zur vollen Ausbildung. Das rechte Ovar wird nebst Ovidukt zurückgebildet. Im linken Ovar bilden sich unter dem Einfluß gonadotroper Hormone nach dem 11. Bebrütungstag aus Oogonien und Keimdrüsenepithel Keimstränge, die durch Bindegewebszüge in einzelne Zellkomplexe oder sog. Eiballen unterteilt werden. Die Gesamtzahl der angelegten Eizellen beläuft sich zunächst auf mehrere Millionen. Diese werden bis zur Ausbildung der Legereife auf 120000 reduziert, wobei jedoch nur 1100 bis 1600 zur Follikelreifung gelangen können.

Nach dem Ausschlüpfen erfolgt eine zweiphasige Größenzunahme des Ovars. Die gleichzeitige Ausdifferenzierung der Zona vasculosa und parenchymatosa führt quer zur Längsachse zu ausgerich-

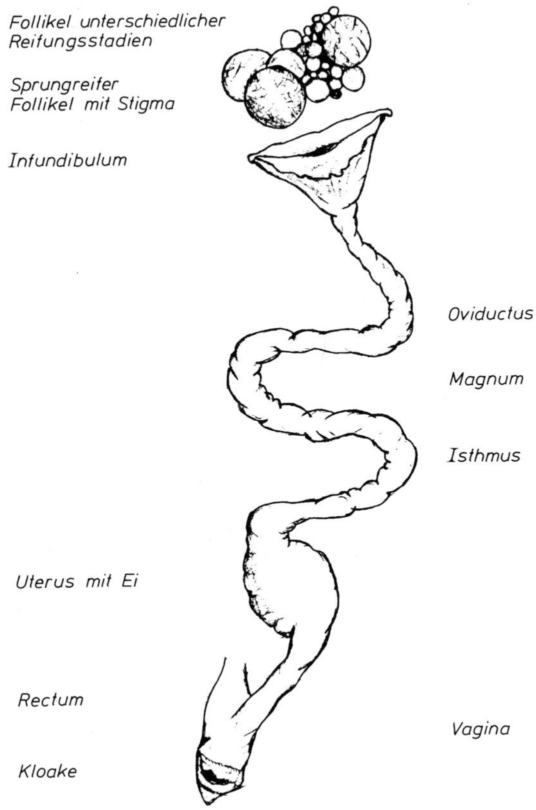

Abb. 288. Schematische Darstellung von Ovar und Ovidukt der Legehenne. (Modifiziert nach NESHEIM et al., 1979)

teten, durch tiefe Furchen getrennten Wülsten. Während die Oberfläche des Ovars in den ersten Lebenswochen (LW) zunächst feingekörnt ist, können in der 12. LW bereits einzelne 0,5–1,5 mm große Follikel beobachtet werden. Bei legereifen Hennen finden sich neben 3–10 mm großen auch teilweise 40 mm große Follikel. Letztere sind gestielt und geben dem Ovar die typische traubenartige Gestalt (Abb. 288).

Im ausgereiften Follikel findet sich am animalen Pol die Eizelle. Ihre Dottermasse besteht aus einem hellen Bildungsdotter und einem gelben Nährdotter. An einer Stelle reicht der Bildungsdotter keulenförmig in den Nährdotter hinein. Auf diesem Zapfen (Latebra) befindet sich die Keimscheibe mit den Keimbläschen (s. Abb. 289). Um die Latebra sind abwechselnd jeweils 7 Schichten aus gelbem und weißem Dotter konzentrisch angeordnet. Die einzelnen Schichten sind zwischen 0,5 und 2,9 μm bzw. 0,25 und 0,4 μm dick. Dem Eidotter liegt unmittelbar die sich später zurückbildende Vitellinmembran an. Dieser schließen sich die Zona radiata und die Perivitellinmembran, die der Zona pellucida bei Säugern entspricht, sowie die

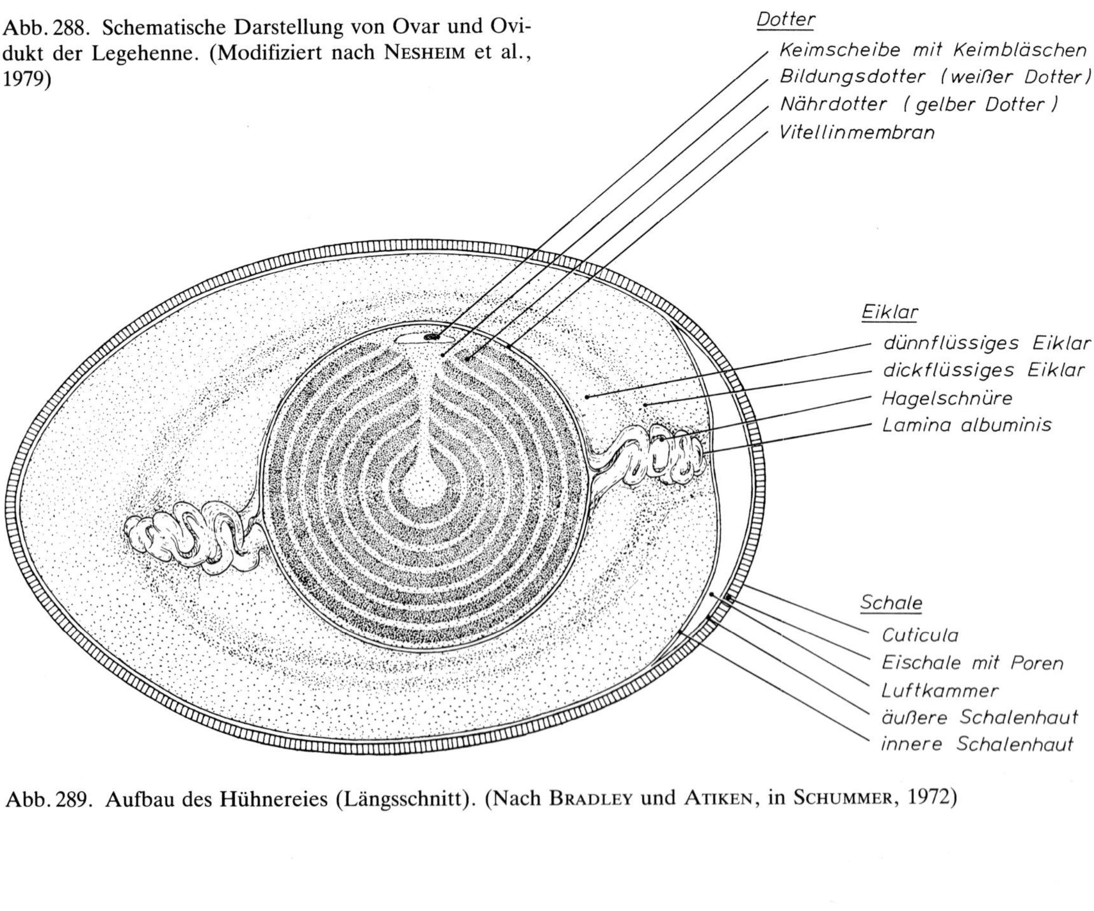

Abb. 289. Aufbau des Hühnereies (Längsschnitt). (Nach BRADLEY und ATIKEN, in SCHUMMER, 1972)

Follikelepithelschicht an. Die äußeren Zonen bilden die gefäß- und zellreiche Theca folliculi interna sowie die bindegewebsreiche Theca folliculi externa.

2. Follikelreifung

Die von den Follikelepithelzellen ausgehende Eidotterbildung ist mit der Follikelreife korreliert und gliedert sich in 3 Wachstumsphasen: Eine langsame, sich über Monate erstreckende diskontinuierliche Einlagerung von Lipoproteinen und Neutralfetten, eine etwa 60 Tage dauernde Zwischenphase, in der überwiegend proteinreicher Bildungsdotter sezerniert wird, sowie in eine 7–11tägige kontinuierliche intensive Wachstumsphase. In dieser Phase erhöht sich das Gewicht des heranreifenden Follikels von 0,5 auf 19 g. 24–48 Stunden vor der Ovulation sistiert die Einbaurate infolge einer drastisch reduzierten Permeabilität.

Die Reifung des Follikels erfolgt unter dem Einfluß des follikelstimulierenden bzw. luteinisierenden Hormons (FSH bzw. LH) und der von den Thecazellen synthetisierten Östrogene bzw. dem Progesteron. Die Konzentrationen dieser Hormone erreichen im Blutplasma mit Ausbildung der Legereife ein insgesamt höheres Niveau als während der nachfolgenden Legephase. So konnte z. B. für 17β-Östradiol bei 12 Wochen alten Hennen 75 pg/ml, mit Ausbildung der Legereife dagegen 800–1200 pg/ml und nach Eintritt in die Legephase nur noch 300–600 pg/ml gemessen werden.

Die Follikel entwickeln sich in einer bestimmten Reihenfolge, und zwar in der Weise, daß der am nächsten ovulierende stets am größten ist. Die graduierte, aber sukzessive Heranreifung der Follikel ist auf zeitliche bzw. mengenmäßige Unterschiede der gonadotropen Hormone FSH und LH zurückzuführen. Für die Aufrechterhaltung der Follikelhierarchie müssen die induzierten Konzentrations- bzw. Schwellenwertsänderungen ausschließlich auf die jeweiligen Follikel begrenzt bleiben. Dabei kommt der Änderung der lokalen Blutversorgung, der circadianen Schwankung des Ca-Spiegels sowie einer vom Follikel synthetisierten, jedoch noch nicht identifizierten Substanz eine wesentliche Rolle zu. — Vereinzelt können zwei Follikel gleichzeitig oder in sehr kurzen Abständen ovulieren, so daß Eier mit 2 Dottern gebildet werden, die eine gemeinsame bzw. je eine eigene Dottermembran besitzen.

Während der Mauser bzw. bei wildlebenden Arten zwischen Spätsommer und Winter werden die Follikel unabhängig von ihren Reifungsstadien atretisch, erreichen aber in der folgenden Legephase wieder ihre alte Größe. In dieser Zeit werden für FSH und LH deutlich geringere Plasma-

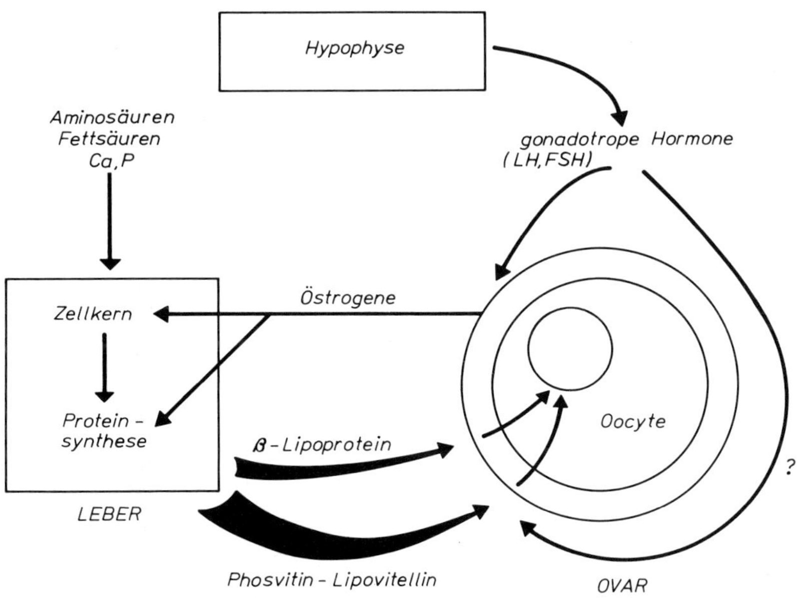

Abb. 290. Endokrine Regulation der Eidotterbildung am Beispiel der Lipovitellinsynthese. (Nach Redshaw und Follet, 1972)

konzentrationen gemessen. Diese sind vermutlich auf die gleichzeitig sehr hohe Schilddrüsenaktivität und Prolactinkonzentration im Plasma zurückzuführen.

Die Triacylglycerine sowie die Lipo- bzw. Phosphoproteine des Eidotters werden überwiegend in der Leber synthetisiert. Etwa mit Beginn der 16. LW setzt die metabolische Umrüstung der Leber ein, um 2–3 Wochen vor der 1. Eiablage ein sehr hohes und danach persistierendes Produktionsniveau zu erreichen. Diese »Umschaltung« ist mit einer teilweisen extremen Leberlipidakkumulation verbunden, wobei sich das gleichzeitig veränderte Fettsäuremuster immer mehr der Fettsäurezusammensetzung des Eidotters anpaßt. — Die Neutrallipide steigen mit Beginn der Legetätigkeit von 0,6 g auf 2–3 g/100 ml Blutplasma. Entsprechend erhöht sich auch der Gehalt an Phospholipoproteinen. Die Neutrallipide lassen sich aufgrund der geringen Schwebedichte (1,006 g/ml) überwiegend der very low density lipoprotein (VLDL)-Fraktion zuordnen. Da beim Huhn die Fettsynthese überwiegend in der Leber stattfindet und die Fettsäuren nur als Triacylglycerine, Cholesterinesther oder Phospholipide in Verbindung mit Apolipoprotein B als Lipoproteine in das Blut abgegeben werden, liegt diesen Syntheseleistungen ein streng koordiniertes Syntheseschema zugrunde, das durch unterschiedliche, in erster Linie jedoch endokrine Regulationszentren kontrolliert wird. Die Komplexität der endokrinen Regulation ist in Abbildung 290 für die Synthese und den Einbau von Lipovitellin und Phosvitin schematisch dargestellt. Die durch FSH und LH in den Thecazellen induzierte Bildung von Östrogenen — speziell Östron und 17β-Östradiol — beeinflussen durch Steigerung der Aktivität der RNA-Polymerase I und II, die für die Transkription ribosomaler Gene bzw. Transkription von Strukturgenen verantwortlich sind, die DNA, RNA und ribosomalen Proteine der Leberzelle. Unabhängig hiervon werden durch eine östradiolbedingte Permeabilitätssteigerung vermehrt Substrate für die Lipoproteinsynthese bereitgestellt. Die über das Blut transportierten Lipoproteine werden nach den Gesetzen der Osmose, Diffusion und der Mikropinozytose in den Follikel unter endokriner Kontrolle eingeschleust und als Granula gelagert. Mit den Lipoproteinpartikeln können weitere lipophile Substanzen in die Oocyte transportiert werden. Diese werden entweder bereits in der Leber oder intravasal bzw. durch Austauschprozesse zwischen Lipoproteinen und Zellmembran in die Partikel eingebaut.

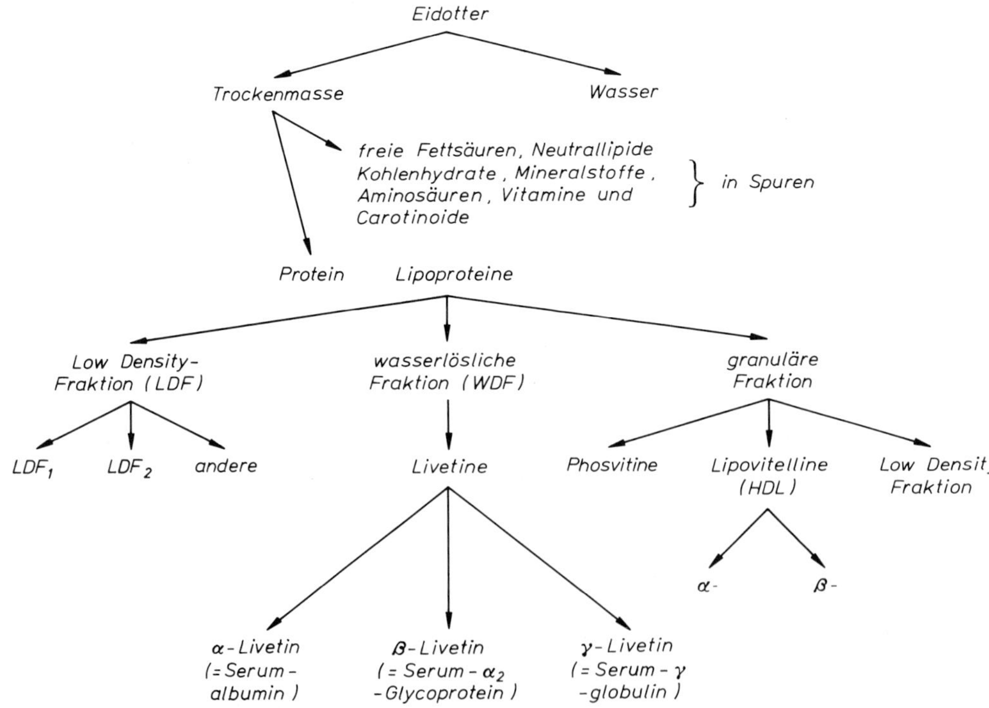

Abb. 291. Zusammensetzung des Eidotters. (Nach Gilbert, 1972)

3. Zusammensetzung des Dotters

Der Gewichtsanteil des Dotters am Ganzei beträgt 30–33 %. Er besteht zu 50 % aus Wasser und im übrigen vorwiegend aus Proteinen und Lipiden im Verhältnis 1 : 2. Weiterhin befinden sich im Eidotter neben Kohlenhydraten, Aminosäuren, Vitaminen und Mineralstoffen (s. Tab. 108–111) auch Farbstoffe. Letztere können von der Henne nicht synthetisiert werden, und werden ausschließlich über das Futter aufgenommen und unverändert im Eidotter aber auch im Körperfett und in den Ständern eingelagert. Je nach Menge der vorhandenen Farbstoffe erscheint der Dotter mehr oder weniger intensiv gefärbt. Die wichtigsten natürlichen Pigmentquellen sind Mais, Maiskleber und Grünmehle (Lutein, Zeaxanthin). Synthetisch hergestellte Carotinoide mit spezifischer Farbwirkung wie z. B. β-apo-8′-Carotinsäureäthylester (Gelb) und Canthaxanthin (Rot) weisen dagegen eine zwei- bis fünffach höhere Wirksamkeit als die natürlichen Farbpigmente auf.

Die Lipide liegen im Eidotter hauptsächlich als Glyceride der Palmitin-, Olein- und Linolsäure und in geringem Umfang als Phospholipoide, Ovolecithine, Ovokephaline und Ovosphingomyeline vor.

Im Dotterprotein können nach der Dichtegradientenmethode, wie in Abbildung 291 dargestellt, eine sog. low density (LDF), eine wasserlösliche (WSF) und eine granulierte Fraktion unterschieden werden. Die Konzentrationen lassen in den einzelnen Wachstumsphasen deutliche Unterschiede erkennen. Während die LDF zunächst von 46 auf 76 % ansteigt, fällt sie bei reifen Follikeln auf 65 %. Die WSF verhält sich entgegengesetzt. Entsprechend sind auch die den jeweiligen Fraktionen zugeordneten Unterfraktionen nicht einheitlich und variieren je nach Wachstumsphase und teilweise auch zwischen Follikeln gleicher Reifungsstadien. Die variierenden Eidotterkomponenten sind neben den durch die Leber bedingten Einflüssen auf Stoffwechselvorgänge in den Theca- und Follikelepithelzellen sowie auf vermutlich dadurch ausgelöste strukturelle Veränderungen der Vitellinmembran zurückzuführen.

Die Partikelgröße der Lipo- und Phosphoproteine liegt zwischen 25 und 150 µm. Daneben werden auch erheblich kleinere Partikel von nur 2 µm Durchmesser festgestellt. Die Granula des weißen Dotters sind insgesamt kleiner als die des gelben Dotters und enthalten zusätzlich lichtbrechende Körper. Phosvitin und Lipovitelline als Spaltprodukte des Vitellogenins machen etwa 20 %, die LDF dagegen 65 % der Eidotterproteine aus. In der LDF sind ca. 95 % aller Dotterlipide enthalten. Die Bildung der konzentrisch angeordneten Schichten aus weißem und gelbem Dotter erfolgt vermutlich durch unterschiedliche Konfluenz der jeweiligen Granula.

Im folgenden werden die Proteine der Dottersubstanz kurz charakterisiert.

a. Low density Fraktion (LDF)

Die LDF-Produktion ist sehr heterogen und kann mittels Ultrazentrifugation in 5 Unterfraktionen mit jeweils typischer chemischer Zusammensetzung aufgetrennt werden. Wie Tabelle 103 zeigt, weisen alle Unterfraktionen einen sehr hohen Lipidgehalt auf. Die Architektur der LDF-Partikel entspricht vermutlich dem Lipidkernmodell. Danach befinden sich Triacylglycerine und Cholesterinesther im Zentrum des Partikels, der an seiner Oberfläche von Phospholipoiden, Cholesterin und Apolipoproteinen umhüllt ist. Dieser Aufbau begünstigt die bereits genannte Vehikelfunktion für Vitamine, Hormone und Polyenfarbstoffe.

b. Lipovitelline

Die Lipovitelline sind Spaltprodukte des Vitellogenins, wasserlöslich und flotieren bis zu einer Dichte von 1,215 g/ml. Damit können sie der Klasse der high density Lipoproteine (HDL) zugeordnet werden (Tab. 103). Im Gegensatz zu der LDF-Fraktion sind die Lipovitelline proteinreicher und enthalten durch Komplexbindung nahezu den gesamten Ca- und Fe-Anteil im Eidotter. Aufgrund der unterschiedlichen Phosphoproteingehalte können die Lipovitelline elektrophoretisch in α- und β-Lipovitelline getrennt werden. Die chemische Zusammensetzung dieser Unterfraktionen ist Tabelle 103 zu entnehmen.

c. Phosvitine

Die Phosvitinfraktion enthält nahezu 80 % der Phosphoproteine, aber nur 10 % der gesamten

Tab. 103. Zusammensetzung der Low Density (LDL) und High Density (HDL) Lipoproteine im Eidotter. (Nach McIndoe, 1972)

	Protein %	Phosphoranteil im Protein %	Lipide %	Zusammensetzung der Lipide Neutrallipide %	Phospholipide %	Cholesterin %
LDF	11	0,09	89	74	26	4,3
LDF_1	13	0,10	87	68	32	–
LDF_1	11	0,15	89	75	25	3,3
LDF_2	17	0,08	83	73	27	–
LDF_2	14	0,16	86	72	28	3,4
HDL α	78	0,50	22	48	52	–
HDL β	78	0,27	22	46	54	–
HDL α	78	0,64	22	40	60	4,3
HDL β	74	0,34	26	37	63	4,2
HDL α	85	0,54	15	37	63	–
HDL β	83	0,28	17	36	64	–
HDL α	83	0,48	17	–	–	–
HDL β	81	0,27	19	–	–	–

Proteine im Eidotter. Die Proteine zeichnen sich durch einen sehr hohen Seringehalt aus. Die Molekulargewichte lassen im Eidotter geringere Werte als im Blutplasma erkennen.

d. Livetine

Die Livetinfraktion wird der wasserlöslichen Fraktion zugeordnet und kann elektrophoretisch in α-, β- und γ-Livetin aufgetrennt werden. Die Unterfraktionen liegen im Eidotter im Verhältnis 2 : 5 : 3 vor. Den Livetinen werden auch Flavoproteine zugeordnet, die jedoch nicht mit den Flavoproteinen des Eiklars identisch sind.

4. Ovulation

Der Ovulationsmechanismus wird durch eine Volumenerweiterung des Follikels eingeleitet. Diese beruht auf einer durch Depolymerisation bedingten Erhöhung des osmotischen Druckes, die wegen der semipermeablen Eigenschaften der Follikelhülle einen vermehrten Wassereinstrom zur Folge hat. Das Aufreißen der Follikelhülle erfolgt nach vorangegangener lokaler Ischaemie an der von Blutgefäßen nahezu freien Stelle, dem sog. Stigma (Abb. 288). Die Ischaemie wird vermutlich durch Kontraktion eines die gestielten Follikel teilweise umgebenden Muskelgewebes und durch strukturelle Veränderungen am Stigma ausgelöst.

Die Ovulation wird durch ovulationsfördernde Hormone reguliert. Inwieweit hierfür ausschließlich die zyklische Abgabe von LH und FSH verantwortlich ist, wird kontrovers diskutiert. Viele Autoren vermuten noch ein bisher unbekanntes, vermutlich mit Progesteron identisches drittes Hormon. Unbestritten ist jedoch, daß dem LH eine wesentliche Rolle zukommt, da beim Huhn die ovulationsstimulierende Wirkung von FSH im Vergleich zu Säugern um das 500fache geringer ist und bei ausbleibender Ovulation kein LH-Anstieg nachgewiesen werden kann. Verlaufsstudien ergaben, daß ca. 7–5 Stunden vor der Ovulation ein Anstieg der LH-Konzentration im Plasma von 1,23 auf 3,09 ng/ml erfolgt. Dieser Gipfel ist deutlich höher als die 20 bzw. 14 Stunden vor der Ovulation gemessenen LH-Gipfel. Letztere bewirken vermutlich neben Ca und FSH eine Sensibilisierung der Follikel für LH. Möglicherweise wird auch die LH-Sekretion durch einen 6–8 Stunden vor der Ovulation gemessenen Anstieg des Progesterons von 2,75 auf 6,47 ng/ml stimuliert. Östron und 17-β-Östradiol erreichen 6–2 Stunden vor der Ovulation, die Corticosteronspiegel dagegen erst zum Zeitpunkt der Ovulation deutlich von Tagesschwankungen abgesetzte Maximalwerte.

Weiterhin lassen die Wachstumshormon-(Growth-Hormone, GH) und Prolactin-Spiegel im Blutplasma deutliche, vom ovariellen Zyklus abhängige Veränderungen erkennen. Während das GH 2 Stunden vor bis 4 Stunden nach der Ovulation Maximalwerte aufweist, fällt der Prolactin-Spiegel 6 Stunden vor bis 2 Stunden nach der Ovulation um ca. 30 % ab.

Die Sekretion von LH wird neurohormonal von der Hypophyse gesteuert, ein Vorgang, der seinerseits einer nervalen Kontrolle durch Kerngebiete des Hypothalamus unterliegt. Die rhythmische Funktion des Hypothalamus-Hypophysen-Vorderlappen-Ovar-Systems wird beim Huhn u. a. durch Lichtreize unterhalten, die über die Sehbahn auf vegetative Kerngebiete treffen und dort wahrscheinlich neurosekretorische Tätigkeiten auslösen. Demzufolge kann bei wildlebenden Hühnern bzw. extensiver Haltung von Legerassen während der Herbst- und Winterzeit mit abnehmender Tagesbeleuchtung zunächst ein deutlicher Rückgang der Ovulationsrate und später sogar ein Ausbleiben der Ovulation beobachtet werden. 12–14 Stunden Licht täglich genügen, um die Ovulation bei Hybridlegehennen maximal zu stimulieren. Dabei spielt jedoch auch die Lichtintensität und die Wellenlänge des Lichtes eine Rolle. Rotes Licht beeinflußt die zentralnervösen Kerngebiete beispielsweise stärker als blaues. Weiterhin kann das Hypothalamus-Hypophysen-System durch Erregung, Umgebungstemperatur, Lärm und andere Umweltbedingungen beeinflußt werden.

An den nach der Ovulation verbleibenden Follikelhüllen werden degenerative Prozesse beobachtet, die bereits wenige Tage später zu einer vollständigen Einschmelzung führen. Ein dem Corpus luteum des Säugers vergleichbares Gebilde gibt es somit bei Vögeln nicht. In den ersten 24–26 Stunden nach der Ovulation synthetisieren vermutlich die noch intakten Thecazellen Prostaglandine, denen beim Legevorgang eine wesentliche Bedeutung zukommen soll.

B. Morphologie und Histologie des Ovidukts

Die die zyklische Funktion des Ovars steuernden gonadotropen sowie vom Ovar synthetisierten Hormone regulieren die funktionellen Abläufe im Ovidukt. Dadurch wird der Ovidukt in einen Zustand versetzt, der befruchteten oder unbefruchteten Oocyte die für die Embryonalentwicklung erforderlichen Nährstoffe und Schutzhüllen bereitzustellen.

Auch der Ovidukt wird zunächst paarig angelegt, wobei sich allerdings nur der linke entwickelt und der rechte in der Regel atrophiert. Während der Ovidukt bei Eintagsküken nur als fadendünner, ca. 8 mm langer Schlauch sichtbar ist, wächst er bis zum Eintritt in die Legephase zu einem 60–80 cm langen, in dichten Schlingen zusammengerafften, darmähnlichen Gebilde. In der Brutzeit wird der Ovidukt auf 30 cm, während der Vollmauser sogar auf 14–19 cm reduziert. Im nachfolgenden Zyklus werden jedoch wieder die o. a. Ausmaße erreicht. Die Wand des Oviduktes ist blaßrosa und besteht von außen nach innen aus dem Mesometrium, einer longitudinal und zirkulär ausgerichteten Muskelschicht, einer auffallend vaskularisierten Lamina propria sowie einer das Lumen auskleidenden Epithelschicht. Die Mucosa ist mit unterschiedlich hohen und für die jeweiligen Abschnitte charakteristischen, nicht verstreichbaren Falten ausgestattet. Der Ovidukt kann morphologisch in folgende Abschnitte unterteilt werden: Infundibulum (Eileitertrichter), Magnum (Tube), Isthmus (Eileiterenge), Uterus (Kalkkammer) und Vagina (Scheide).

Morphologie, Länge, Gewicht des aktiven bzw. inaktiven Oviduktes sowie die jeweilige Dauer der Eipassage sind einschließlich ihrer Funktion in Abbildung 288 bzw. Tabelle 104 dargestellt.

Das **Infundibulum** schiebt sich zwischen die heranreifenden Follikel des Ovars und ist durch ein an der linken vorletzten Rippe inserierendes Band befestigt. Die ca. 8 cm weite Trichteröffnung geht caudalwärts in einen röhrenförmigen Teil über. Die Mucosa läßt dicht aneinanderliegende, mäßig hohe Falten in spiraliger Anordnung erkennen. Diese werden zunächst von einem einschichtigen, dann von einem mehrreihigen, 25–30 µm hohen, zum Teil zilientragenden oder zilienfreien sezernierenden Epithel ausgekleidet. Die Zahl der sezernierenden Epithelzellen ist nicht konstant und scheint mit dem ovariellen Zyklus korreliert zu sein. Im Anfangsabschnitt ist die Mucosa drüsenfrei. Am Übergang zum Magnum befinden sich bläschen- und schlauchförmig verästelte Drüsen.

Das Einfangen der Eizelle erfolgt während der Ovulation durch ausschließlich auf diese Phase beschränkte aktive Bewegungen. In einigen Fällen gelingt es nicht, die Eizelle aufzufangen. Die

Tab. 104. Durchschnittliche Länge, Gewicht und Funktion der Oviduktsegmente sowie die jeweilige Verweildauer des Hühnereies

	Länge des aktiven Ovidukts cm	Länge des inaktiven Ovidukts cm	Prozentualer Anteil %	Gewicht g	Verweildauer	Funktion
Infundibulum	9	2,4	9,5	1,0	18–20 Minuten	Auffangen der Oocyte
Magnum	32	5,4	45,0	17,6	2,0–3,0 Stunden	Eiklarbildung
Isthmus	10	2,2	13,4	4,4	1,25 Stunden	Eiklarbildung Bildung der Schalenhäute und Beginn der Biomineralisation der Eischale
Uterus	11	2,4	16,0	13,5	18,0–20,0 Stunden	Biomineralisation der Eischale Bildung der Cuticula
Vagina	10	3,0	16,1	5,0	5–10 Minuten	Sekretion saurer Mucopolysaccharide

Gründe hierfür sind noch unbekannt. Falls ein Deckakt stattgefunden hat, findet die Befruchtung im Infundibulum statt.

Die Mucosa des **Magnums** weist höhere und in ihrer Gesamtheit deutlich größere spiralig angeordnete Falten auf. Am Übergang zum Isthmus werden die Falten jedoch wieder kleiner. Das Lumen wird von zilientragenden und zilienfreien, sezernierenden prismatischen Epithelzellen ausgekleidet, die im Anfangsteil mehrreihig, caudalwärts einschichtig, und am Übergang zum Isthmus wieder mehrreihig angeordnet sind. Zahl und Form der Zellorganellen läßt auf eine hohe Stoffwechselaktivität schließen. Die Epithelien weisen zahlreiche, ca. 3 µm große Vakuolen auf. Je nach Lage der Zellkerne können apikale und basale Zellen differenziert werden, wobei letztere überwiegend zilienfrei sind und als eigentliche mucinbildende Zellen angesehen werden. Die Mucosa enthält zahlreiche, dichtgepackte, verästelte Drüsenschläuche, die je nach Funktionsstatus mehr oder weniger ampullenartig erweitert sind. Im Grenzbereich zum Isthmus ist die Schleimhaut drüsenfrei.

Im **Isthmus** sind die Falten an Zahl und Höhe geringer, weisen aber im Gegensatz zum Magnum deutliche Ringwülste auf. Das überwiegend kubische Epithel besteht aus zweireihig angeordneten, zilientragenden apikalen und zilienfreien basalen, sezernierenden Zellen. Am isthmouterinen Übergang wird das Epithel mehrreihig und prismatisch und enthält in größerer Zahl dichtgedrängte Drüsen.

Der **Uterus** ist zunächst schlauchförmig und weist caudalwärts eine typische Aussackung auf. Die Falten sind länger als im Isthmus und ebenfalls durch Ringwülste gekennzeichnet. Das Epithel ist hochprismatisch, mehrreihig und setzt sich je nach Zellkernlage aus apikalen und basalen Zellen zusammen. Die apikalen Zellen sind zilientragend und ihr Ca-Gehalt ist höher als in den zahlreichen dicht gelagerten Drüsenschläuchen. Der uterovaginale Übergang wird von einem muskulären Ringwulst markiert.

Die Mucosafalten der **Vagina** sind kleiner und liegen dicht aneinander. Die Epithelien sind im Mittel 35 µm hoch und teilweise zilientragend bzw. zilienfrei und sezernierend. Die Mucosa enthält im Gegensatz zu den vorangegangenen Abschnitten nur sehr wenige Drüsenschläuche.

Der gesamte Ovidukt wird von zahlreichen parasympathischen und sympathischen Nervenfasern innerviert. Die Versorgung der einzelnen Segmente ist jedoch unterschiedlich. Uterus und Vagina zeichnen sich durch eine sehr hohe Anzahl an Nervenfasern aus.

C. Struktur, Zusammensetzung und Bildung des Eiklars

1. Struktur

Das Eiklar ist glasig mit leicht gelblichem Stich und schichtartig um den Eidotter gelagert. Aufgrund ihrer unterschiedlichen Viskosität können von außen nach innen vier Schichten unterschieden werden: eine äußere dünnflüssige (23 Vol. %), die mit Ausnahme der Polregion eine dickflüssige (57 Vol. %) Schicht umfließt; dieser folgt wiederum eine dünnflüssige (18 Vol. %) Schicht; die unmittelbar an die Vitellinmembran grenzende vierte Schicht (2 Vol. %) ist sehr dünn, von sehr hoher Viskosität und mit den Chalazae (Hagelschnüre) verbunden (s. Abb. 289). An der Polregion tritt die mittlere dickflüssige Schicht in Kontakt mit den Schalenhäuten. Diese Verbindung wird als Ligamentum albuminis bezeichnet. Die unterschiedliche Viskosität ist vermutlich auf strukturelle Veränderungen des Ovomucins zurückzuführen. Voraussetzung für die Viskositätsabnahme ist die Bildung eines pH-abhängigen Ovomucin-Lysozymkomplexes. Dabei reagiert die Carboxylgruppe der Glutamin- und Asparaginsäure mit Lysozym. Dieser Komplex ist nicht stabil und wird durch eine bisher noch ungeklärte enzymatische Reaktion in Lysozym, α- und β-Ovomucin aufgespalten. α- und β-Ovomucin unterscheiden sich in ihrem Gehalt an N-Acetylgalactosaminen, Galactose und N-Acetylneuraminsäuren. Während die beiden äußeren Schichten einen mechanischen Schutz für die Eizelle darstellen, kann die Eizelle in den inneren Schichten frei schwimmen. — Wie bereits erwähnt, sind die Hagelschnüre eine Fortsetzung der sehr dünnen dotternahen Schicht. Sich spiralig verdrehend verlassen die Mucinfasern die Schicht und streben gegen die Eipole, durchqueren die innere dünnflüssige Schicht und treten in die dickflüssige Schicht ein. Da diese durch das Ligamentum albuminis mit der inneren Schalenmembran verhaftet ist, bilden die Hagelschnüre und die dickflüssige Schicht ein Aufhängesystem für den Eidotter. Da die Dotterkugel spezifisch leichter ist, strebt sie ständig nach oben, wobei sich die Keimscheibe stets der Wärmequelle (Glucke) zukehrt.

2. Chemische Zusammensetzung

Der Eiklaranteil beträgt 55–67 % des Gesamteies und enthält im wesentlichen 87,5 % Wasser und 10,9 % Eiweiß. Das Eiweiß besteht überwiegend aus Glykoproteinen. Bisher konnte man 40 verschiedene Proteine nachweisen, deren Anteile allerdings nicht konstant sind und u. a. von genetischen, chemischen, haltungs- und fütterungsbedingten Faktoren beeinflußt werden. Als wichtig-

Tab. 105. Einige Parameter der Proteinfraktion im Eiklar. (Nach GILBERT, 1972)

Fraktion	Prozentualer Anteil des Eiklarproteins	Isoelektrischer Punkt	Molekulargewicht	Kohlenhydratanteil in % der Fraktion
Ovalbumin	54,0	4,5–4,8	46 000	3
Ovotransferrin	13,0	6,05–6,6	76 600–86 000	2
Ovomucoid	11,0	3,9–4,3	28 000	22
G_2 Ovoglobulin	4,0	5,5	36 000–45 000	
G_3 Ovoglobulin	4,0	5,8		
Lysozym	3,4	10,5–11,0	14 300–17 000	0
Ovomucin	1,5–3,0			19
Flavoprotein	0,8	3,9–4,1	32 000–36 000	14
Ovomacroglobulin	0,5	4,5–4,7	760 000–900 000	9
Ovoglycoprotein	0,5–1,0	3,9	24 400	16
Trypsin-Inhibitor Chymotrypsin-Inhibitor	0,1–1,5	5,1–5,2	44 000–49 000	6
Avidin	0,05	9,5–10,0	68 300	8
Papain-Inhibitor	0,1		12 700	

ste Eiweißkomponenten gelten Ovalbumin, Ovotransferrin, Ovoglobulin, Ovomucin, Flavoprotein, Ovomacroglobulin, Ovoglykoprotein, Avidin sowie die Enzyme Glycosidase, Katalase, Peptidase und Esterasen und die Enzyminhibitoren Ovomucoid und Lysozym beziehungsweise Papain-, Trypsin- und Chymotrypsininhibitor. In Tabelle 105 sind einige charakteristische Parameter aufgeführt.

Die Eiklarproteine bestehen zu ca. 54 % aus **Ovalbumin.** Der Kohlenhydratanteil liegt bei 3 %. Aufgrund der unterschiedlichen Anzahl an Phosphatgruppen können die Fraktionen Ovalbumin A_1, A_2 und A_3 elektrophoretisch differenziert werden. — **Ovotransferrin** ist ein Protein der Globulingruppe und enthält ca. 13 % des gesamten Eiklarproteins. An die für diese Fraktion typischen SH-Gruppen werden neben Eisen, Kupfer, Mangan und Zink auch noch andere Mineralstoffe gebunden. Aufgrund des hohen Mineralstoffgehaltes weisen die Ovotransferrine auch bakteriostatische Eigenschaften auf. — **Ovomucoid und Ovomucin** enthalten 11 % bzw. 3 % der Eiklarproteine. Der Anteil an hexosaminhaltigen Polysacchariden kann bis 25 % (β-Ovomucin) betragen. Ovomucoid kann in 5 Fraktionen aufgetrennt werden und weist typische Protease-inhibitorische Eigenschaften aus. Ovomucin ist ein wesentlicher Bestandteil der Hagelschnüre und beeinflußt die Viskosität der jeweiligen Eiklarschichten (s. o.). — Die **Ovoglobuline** lassen sich in die Fraktionen G2–G3 aufteilen und sind mit jeweils 4 % im Eiklarprotein enthalten. Die Fraktion G1 ist, entgegen früherer Auffassung, mit Lysozym identisch und kann somit nicht mehr den Ovoglobulinen zugeordnet werden. Weiterhin können sog. **Ovomacroglobuline** mit Molekulargewichten bis zu 900 000 identifiziert werden. Diesen Globulinen kommt vermutlich eine immunologische Bedeutung zu. Die **Flavoproteine** liegen im Eiklar in einer Konzentration von 0,8–1,0 % vor und geben dem Eiklar einen typischen leicht gelblichen Stich und sind für die Riboflavinversorgung des heranwachsenden Embryos essentiell.

3. Bildungsphasen des Eiklars

Im Gegensatz zum Eidotter erfolgt die Synthese des Eiklars, mit Ausnahme des Ovotransferrins, in der Mucosa des Oviduktes. Diese wird durch Östron, 17β-Östradiol und Progesteron in den jeweiligen Zellkomplexen stimuliert bzw. reguliert, wobei sich die beiden Hormone teilweise antagonistisch verhalten. Ein Synergismus konnte bisher nur für die Ovalbumin-, Flavoprotein- und Lysozymsynthese nachgewiesen werden. Die Avidinsynthese ist dagegen streng progesteronabhängig. — Die zelluläre Koordination erfolgt, wie in der Leber, durch hormonbedingte Steigerung der RNA-Polymerase I und II. Die Zunahme umfaßt neben der DNA alle RNA-Species, in erster Linie jedoch m-RNA und t-RNA. Bei geringer Hormonkonzentration wird eine, durch Aktivierung von spezifischen Nukleasen bedingte, verkürzte Halbwertszeit der für die Strukturgene bedeutsamen m-RNA in Betracht gezogen. Ein weiteres Kontrollelement besteht in der teilweise diametral entgegengesetzten Kinetik der Östrogene und des Progesterons bezüglich der Induktion von m-RNA. Inwieweit die in die Basensequenz der Proteine eingebauten, nicht kodierenden Sequenzen für die Transkription bzw. Reifung der m-RNA zusätzliche durch Östrogene und Progesteron beeinflußbare Kontrollelemente darstellen, ist noch ungeklärt. — Die ebenfalls hormonabhängige Sekretion der Proteine wird zusätzlich reflektorisch durch Dehnungsreize des Ovums sowie möglicherweise auch von reabsorbierten Substanzen des Eidotters beeinflußt.

Das Ovum wird vom Infundibulum in die Region des Magnums, des größten Teils des Oviduktes geleitet, wo etwa 55 % der im endgültigen Ei enthaltenen Proteinmenge gebildet werden. Der Gewichtsverlust des Magnums während der Eiklarbildungsphase entspricht etwa der Trockensubstanzmenge des im Magnum gebildeten Eiklars. Die Eiklarproteine werden in den Epithelzellen vor der Eipassage in konzentrierter Form gelagert. Während der Sekretion werden diese hochkonzentrierten Proteine hydriert und teilweise mit Mineralstoffen angereichert. Diese sekretionsbereiten Proteine können elektronenmikroskopisch als helle Granula nachgewiesen werden. Durch peristaltische Bewegungen wird das Ei anschließend in den Isthmus gepreßt. In diesem Abschnitt werden die Schalenhäute gebildet. Am Ende dieses Abschnitts sowie im Anfangsteil des Uterus bilden einzellige, tubuläre Drüsen ein wäßriges Sekret, das dem zunächst hochviskösen Eiklarprotein zugeführt wird. Die anfänglich das Ei locker umgebenden Eimembranen werden infolge der Aufnahme von Uterussekret straff.

Die typische Schichtung des Eiklars sowie die

Bildung der Hagelschnüre kommt neben den bereits erwähnten strukturellen Veränderungen des Ovomucins auch durch Rotations- und Bewegungsänderungen während der Eipassage sowie dem zwischen Magnum und Uterus erfolgenden kontinuierlichen Wassereinstrom zustande. Letzterer wird als Folge der spezifischen Wasserpermeabilität der Schalenhäute und der strukturellen Veränderung des Ovomucins sowie der hohen Natriumsekretion aufrechterhalten. Die anschließende Rückresorption von Natrium im Austausch gegen Kalium steigert zusätzlich den Wassereinstrom. Dieser sog. »plumping Effekt« dient gleichzeitig als Vehikel für wasserlösliche Komponenten. Dabei verringert sich jedoch auch die Protein- und, mit Ausnahme von Kalium, die Elektrolytkonzentration im Eiklar.

D. Eischale

1. Eischalenbildung

Zum besseren Verständnis der Biomineralisation der Eischale wird ihr mikroskopischer Bau vorangestellt.

a. Struktur der Eischale

Zwischen Eischale und Eiklar liegt eine aus keratinähnlichem Protein zusammengesetzte, zweischichtige, zur Umschließung der Luftkammer am stumpfen Pol auseinanderweichende, 70 µm dicke Schalenhaut. Die im Mittel etwa 380 µm dicke Kalkschale setzt sich aus einer inneren Mammillenschicht und einer äußeren Spongiosa- oder Palisadenschicht (Abb. 292) zusammen. Die Mammillenschicht nimmt ein Drittel der gesamten Schalendicke ein. Ihr nach innen gelegener Teil ist aus Eisosphäriten aufgebaut, die in Form knopfartiger Vorverwölbungen in die äußere Schalenmembran eingebettet sind. Die Schalenbausteine entstehen durch Kristallisation um einen von der Uterusschleimhaut sezernierten organischen Kern. Das Bildungszentrum dieser Schalenbausteine liegt auf der Schalenhaut. Der in die Schalenhaut kalottenförmig eindringende Abschnitt ist die eigentliche Mammillenschicht und setzt sich aus einzelnen Eisosphäriten zusammen. Auf diesen bauen sich nach außen zunächst kegelförmige Exosphäriten

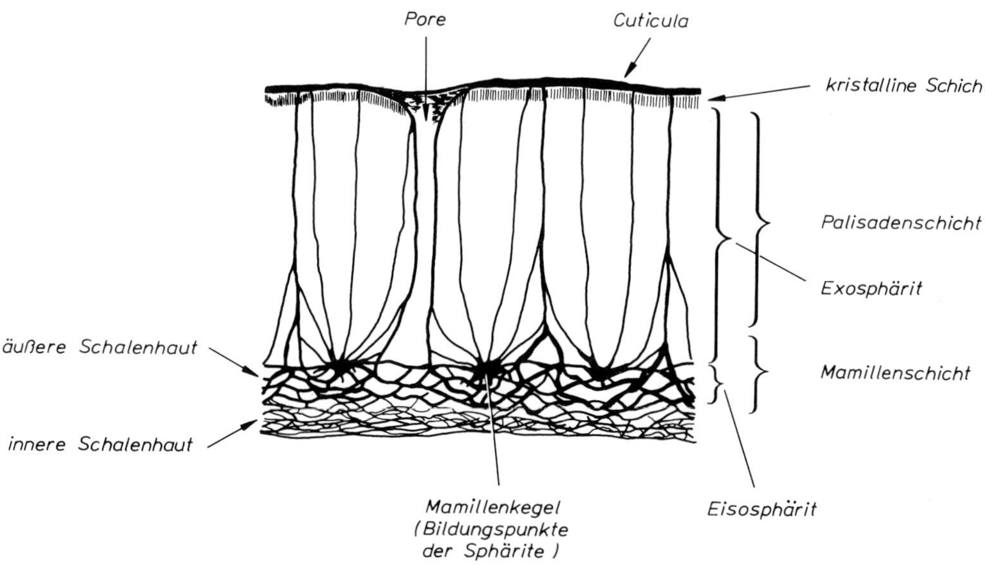

Abb. 292. Struktur der Eischale

auf. Ihre organische Matrix besteht aus einem Chondroitinsulfat-Proteinkomplex. Matrix und anorganische Bestandteile bilden einen stumpfen Kegel, in dem sich der mammilläre Kern befindet und dessen Basis nach außen gerichtet ist. Aufgrund einer kontinuierlichen Größenzunahme wachsen jeweils benachbarte Kegel zusammen (Abb. 292). Die dabei entstehenden Zwischenräume bilden ein in der Regel unverzweigtes Kanalsystem, das sich an der Oberfläche der Eischale zu trichterförmigen Öffnungen (Poren) erweitert. Die Wände, sowie teilweise auch das Lumen, sind mit einem Proteingemisch aufgefüllt, das in seiner Zusammensetzung der organischen Matrix gleicht. Die Porenöffnungen sind nicht gleichmäßig über die Eischale verteilt. Am stumpfen Pol kann eine maximale, am spitzen Pol dagegen eine minimale Anzahl an Porenöffnungen beobachtet werden.

Aufgrund der gegenseitigen Begrenzung der kegelförmigen Exosphäriten führt die weitere Anlagerung von Kristallen zu säulenförmigen Exosphäriten. Die dabei entstehende Schicht ist die eigentliche Palisadenschicht und nimmt etwa zwei Drittel der Schalendicke ein (Abb. 292). Die Zahl der Calcitkristalle verringert sich nach außen mit zunehmender Umfangsvermehrung. Demzufolge werden die Grenzen der einzelnen Exosphäriten immer undeutlicher. Die organische Matrix ist zwischen Mammillen- und Palisadenschicht granuliert und geht nach außen in ein fibrilläres Netzwerk über. Die Aminosäurezusammensetzung der organischen Matrix entspricht dem Knorpelprotein. Die Fasern werden von einem mucopolysaccharidhaltigen Mantel umgeben. Zwischen den verzweigten Fasern ist noch ein weiteres Netz eingelagert, dessen Maschenweite nur 0,0001 µm beträgt. Typisch für die Matrix ist der hohe Anteil an sauren Mucopolysacchariden. Die Struktur der Matrix ist ausschlaggebend für die Bruchfestigkeit der Eischale. Je kompakter bzw. je höher der Anteil an sauren Mucopolysacchariden ist, um so größer ist die Bruchfestigkeit der Eischale. Zwischen Palisadenschicht und Cuticula befindet sich eine 3–8 µm dicke kristalline Schicht, die aufgrund ihrer kleineren, eng aneinanderliegenden und senkrecht zur Oberfläche angeordneten Kristalle von der Palisadenschicht abgegrenzt werden kann. Ihre Funktion ist jedoch noch nicht bekannt.

Die äußere Schicht der Eischale stellt die Cuticula dar. Sie ist etwa 10 µm dick, besteht aus einem mucinhaltigen Material und macht 1,4 % des Eigewichtes aus. Die Cuticula entsteht durch Trocknung eines am caudalen Teil des Uterus sezernierten Sekretes und besteht aus einer äußeren granulierten und einer inneren nicht granulierten Schicht. Diese Schichten verhindern das Eindringen von Mikroorganismen, ermöglichen aber gleichzeitig den uneingeschränkten Gas- und Wasseraustausch.

b. Biomineralisation der Eischale

Die Bereitstellung des zur Eischalenbildung erforderlichen anorganischen Materials ist mit beträchtlichen Transportleistungen des Blutes verbunden. Entsprechend lassen die Blutparameter legender Hühner deutliche Veränderungen gegenüber Junghennen bzw. nicht legenden Hennen erkennen. Bereits vor Legebeginn wird durch den drastischen Anstieg des Östradiolspiegels die Synthese des Phosvitins in der Leber induziert, dessen Ca-Bindungsvermögen im Vergleich zu Serumalbumin um das 20fache größer ist. Das proteingebende Calcium kann demzufolge bei Legehennen bis zu 20 mg/100 ml Blutplasma betragen. Gleichzeitig ist der proteingebundene Anteil an Eisen, Phosphor und Magnesium erhöht.

Der eigentliche Calcifizierungsprozeß beginnt im distalen Teil des Isthmus, dem sog. Richardson'schen isthmouterinen Übergang. Im proximalen Teil werden die Schalenhäute gebildet. Diese liegen zunächst dem Eiklar locker an. Während der Passage wird im Austausch gegen Natrium vermehrt Kalium in das Eiklar eingeschleust. Die damit verbundene Wasseraufnahme führt zu einer Spannung der Schalenhäute. Der Wassereinstrom beträgt zu Beginn der Mammillenkegelbildung 0,46 ml/g Eiklartrockenmasse und wird im Laufe der weiteren Eischalenbildung auf 0,04 ml/g Eiklartrockenmasse reduziert. Der für die beginnende Eischalenverkalkung sowie für die Form der Eischale offensichtlich essentielle Wassereinstrom führt aufgrund der Umfangsvermehrung des Eis zu einer Dehnung der Mucosafalten, so daß sich der Abstand zwischen Kapillaren und Epithel optimal verkleinert und damit die Ca-Abgabe begünstigt.

Im cranialen Teil des isthmouterinen Überganges bilden sich an der äußeren Schalenhaut etwa 20 000 ca. 1–10 µm große Calcit-Kristalle. Weiter distal sind die Kristalle bereits 28–90 µm groß. Diese sind die eigentlichen Vorläufer der Mammillenkegel. Da die Zahl der Kristalle gleichzeitig auf 4500 reduziert wird, kann die Größenzunahme teilweise auf eine Aggregation zurückgeführt werden. Die Vergrößerung der Kristalle wird wesentlich durch den Wassereinstrom begünstigt, da sich dabei der Abstand zwischen den jeweiligen Kristallen verändert.

Der Hauptprozeß der Schalenbildung erfolgt im Uterus und besteht in der Einlagerung von Calciumcarbonat in Form von Calcit an die gleichzeitig sezernierte und präformierte organische Eischalenmatrix. Vermutlich sind bei der Calcifizierung auch Ca-bindende Proteine beteiligt, die einen hohen Anteil an γ-Carboxyglutaminsäure aufweisen. Die Zusammensetzung dieser sogenannten Ovocalcine ist jedoch noch nicht im einzelnen bekannt. Die Deposition von Calcium ist während der Mammillenkegelbildung zunächst gering, erhöht sich danach jedoch drastisch und erreicht fünf Stunden nach Eintritt in den Uterus ein Maximum von 300 mg Ca/h. Anschließend bleibt die Einbaurate konstant und beträgt bis 2 Stunden vor der Eiablage im Mittel 150 mg Ca/h. Neben Calcium und Carbonat werden in die Eischale noch geringe Mengen an Magnesium, Phosphat, Citrat sowie Spuren von Natrium und Kalium deponiert.

Calcium wird über die Kapillaren den apikalen Zellen zugeführt, die während der Eipassage aktiv Calcium-Ionen in das Uteruslumen sezernieren. Die Carbonat-Ionen werden unabhängig vom Ca-Flux über die tubulären Drüsen abgegeben. In der Sekretionsphase zeigen basale und apikale Zellen die für hohe Stoffwechselleistungen typischen Veränderungen der Mitochondrien.

Die bei der Eischalenbildung ablaufenden Prozesse spiegeln sich in den circadianen Schwankungen der Calcium- und Kaliumkonzentration sowie der Alkalireserve im Blut wieder. Die Ca- und K-Gehalte erreichen 6 Stunden nach der Eiablage und damit noch vor der nächsten Eischalenbildung Maximalwerte, während 17 Stunden vor der Eiablage Minimalwerte gemessen werden. Die pH-, HCO_3^-- und pCO_2-Werte im Plasma fallen bis kurz vor der Eiablage kontinuierlich ab und erreichen nach der Eiablage wieder Normalwerte.

Der Ca-Stoffwechsel der Legehenne ist, auf den Gesamtgehalt von 17–20 g Calcium im Tierkörper bezogen, durch eine hohe Umsatzrate gekennzeichnet. Während der Mineralisation der Eischale werden etwa 2 g Calcium als Carbonat eingebaut. Dies entspricht etwa 10 % des Ca-Gehaltes, nach 12 Legetagen bereits dem gesamten Ca-Gehalt im Tierkörper. Demzufolge werden bei Legehennen an den Ca- und Carbonatstoffwechsel hohe Anforderungen gestellt. Im wesentlichen sind dabei die Resorption und Retention von Nahrungscalcium, der Ca-Umsatz im Skelett und die Bereitstellung von Carbonat von Bedeutung.

Die vom Stadium der Eischalenverkalkung abhängigen Schwankungen betreffen vor allem die Ca-Resorptionsrate. Diese beträgt während der Eischalenmineralisation 70 % und fällt nach der

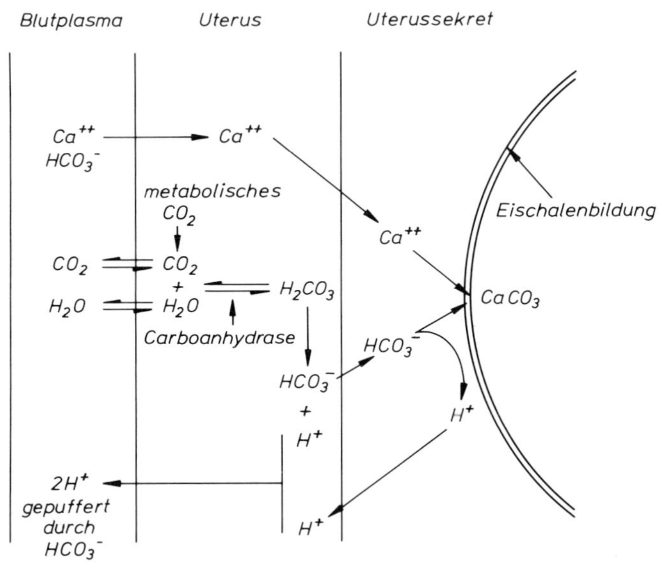

Abb. 293. Schematische Darstellung der Biomineralisation der Eischale. (Nach NESHEIM et al., 1979)

Eiablage auf 40% ab. Die in der mineralisationsfreien Periode ebenfalls reduzierte Ca-Retention ist überwiegend auf eine gesteigerte Ca-Exkretion über die Nieren zurückzuführen.

Während der Ausbildung der Legereife wird unter dem Einfluß der Östrogene und Androgene die Ca-Retention erhöht. In den Markhöhlen zahlreicher Knochen beginnt gleichzeitig die Entwicklung eines sekundär osteoiden Gewebes (medullary bone). Die ineinander verflochtenen Knochenbälkchen dienen als schnell mobilisierbare mineralische Speicher für Calcium, das überwiegend als Octalcalciumphosphatcarbonat vorliegt. Die Regulation der Ca-Abgabe erfolgt durch Parathormon. Als Stellgröße dient vermutlich die diffusible Ca-Fraktion im Plasma. Die Ca-Mobilisierung erfolgt durch einen Parathormonspiegel im Plasma, der deutlich unter der für das übrige Knochengewebe erforderlichen Konzentration liegt. Dieser Sicherungsmechanismus verhindert, daß bei kurzfristig unzureichender Calciumzufuhr (z. B. Sistieren der Futteraufnahme während der Dunkelperiode) das übrige Knochengewebe abgebaut und durch Fasergewebe ersetzt wird.

In Knochen mit radiomarkiertem Calcium konnte nachgewiesen werden, daß trotz optimaler Ca-Versorgung über das Futter ca. 30–33% des Eischalencalciums aus dem medullary bone stammt. Während somit der Ca-Bedarf für die Eischale zum großen Teil über das Futter gedeckt wird, trifft dies für die Bereitstellung des Bicarbonats nicht zu, da resorbiertes Bicarbonat zu 90% als CO_2 über die Lunge ausgeatmet wird. Das Bicarbonat kann somit nur von den Mucosazellen freigesetzt werden. Entsprechend ist in den Epithelzellen eine sehr hohe Aktivität der Kohlensäureanhydrase nachgewiesen worden. Die Kohlensäureanhydrase katalysiert die Reaktion

$$CO_2 + H_2O \rightleftharpoons H_2CO_3 \rightleftharpoons H^+ + HCO_3^- \rightleftharpoons 2H^+ + CO_3^{--}.$$

Das für die Reaktionsabläufe erforderliche CO_2 entstammt den intrauterinen metabolischen Umsetzungen. HCO_3^- wird in das Uteruslumen sezerniert. Die frei werdenden H^+-Ionen führen zu einer örtlichen pH-Wert-Senkung und erleichtern somit die Dissoziation von Calcium-Ionen. Der Bicarbonatpool der extrazellulären Flüssigkeit ist maßgeblich an der Pufferung der während der Carbonatbildung anfallenden H^+-Ionen beteiligt. Dies führt zu einem von 31,5 auf 20,7 mmol/l reduzierten Bicarbonatspiegel, der seinerseits eine relative Acidurie zur Folge hat. Entsprechend fällt der pH-Wert des Blutes während der Eischalenbildung von 7,53 auf 7,41. Die relative Acidurie wird in der Regel durch einen Anstieg der Atemfrequenz (von 7 auf 12 Atemzüge pro Minute) und eine vermehrte Exkretion von Ammonium-Ionen über die Nieren ausgeglichen. Der als Folge der Ca-Mobilisation ansteigende Phosphatspiegel unterstützt zusätzlich die Abpufferung von H^+-Ionen. In Abbildung 293 sind die während der Biomineralisation ablaufenden Reaktionswege nochmals schematisch dargestellt.

Die Farbe der Eischale ist für bestimmte Legerassen charakteristisch. Weiße Leghornhennen legen z. B. Eier mit weißer Schale, asiatische bzw. südamerikanische Rassen und deren Abkömmlinge produzieren braun- bzw. blauschalige Eier. Die Pigmente stammen aus dem Blutfarbstoff bzw. der Eigensynthese der Uterusmucosa und werden erst 3–4 Stunden vor der Eiablage sezerniert. Daher ist die Außenseite der Schale in der Regel stärker gefärbt.

Die Festigkeit der Eischale ist unabhängig von der Schalenfarbe. Sie verringert sich im Laufe der Legeperiode je nach Herkunft mehr oder weniger stark. Bei Funktionsstörungen des Uterus ist die Kalkschale nur mäßig ausgebildet bzw. kann völlig fehlen. Schalenlose Eier werden als Wind- bzw. Fließeier bezeichnet. Die abnorm kleinen Zwerg- bzw. Hahneneier (5–15 g), deren Inhalt aus Weißei oder Dotter besteht, weisen dagegen in der Regel eine intakte Kalkschale auf.

E. Legevorgang

Das Ei wird 18–20 Stunden nach Eintritt in den Uterus herausgepreßt. Dabei stülpt sich die erweiterte Vagina in die nach außen gewendete Kloake. Der Uterus fällt vor und wird, da sich das Ei während des Legevorgangs um 180 Grad dreht, in der Regel mit dem stumpfen Pol direkt aus diesem gelegt. Auslösung und Regulation des Legevorgangs erfolgen multifaktoriell. Als beeinflussende Faktoren können in erster Linie von den rupturierten bzw. noch nicht ovulierten Follikeln sowie vom Ovidukt synthetisierte humorale Komponenten und das für die Kontraktion des Uterus erforderliche, von der Hypophyse stammende Oxytocin aufgeführt werden. Neueren Untersuchungen zufolge soll den von rupturierten Follikeln bzw. Ovidukt gebildeten Prostaglandinen eine wesentliche Beteiligung am Legevorgang zukommen.

F. Legefrequenz

Bezüglich der Zahl der in einer Folge gelegten Eier und der dazwischen liegenden legefreien Periode bestehen artbedingte sowie von züchterischen Maßnahmen bzw. vom Grad der Domestikation abhängige Unterschiede. Bei wildlebenden Arten werden jährlich ein bis acht Gelege beobachtet. Bei den Hybridlegehennen konnte die jährliche Eizahl durch Selektion auf 268–292 Eier erhöht werden. Die Legefrequenz dieser Hochleistungshennen erfolgt jedoch auch hier diskontinuierlich und wird deshalb in sog. Legeserien unterteilt. Die Dauer der Legeserie ist sehr unterschiedlich und schwankt im Mittel zwischen 4 und 6 Tagen. Zwischen den einzelnen Serien liegen in der Regel 1–2 legefreie Tage. Das erste Ei einer Legeserie wird bei konstanter Hell-Dunkel-Periode (14 Stunden hell, 10 Stunden dunkel) gewöhnlich morgens, die folgenden Eier jeweils bis zu 75 Minuten später gelegt. Damit errechnet sich je Legeserie eine kumulative Verzögerung von 6–8 Stunden. Dieses Zeitintervall ist zwar genetisch determiniert, kann jedoch in gewissem Umfang durch haltungs- und fütterungsbedingte Faktoren beeinflußt werden.

Über die den genannten Verzögerungen zugrunde liegenden Regulationsmechanismen liegen bisher nur widersprüchliche Untersuchungsergebnisse vor. Unbestritten ist jedoch, daß die genannten Zeitintervalle nicht auf Verzögerungen während der einzelnen Eibildungsphasen zurückzuführen sind, da die dabei ablaufenden Prozesse, von extremen Haltungsbedingungen abgesehen, konstant sind, und im Mittel 24 Stunden in Anspruch nehmen. Ein wesentlicher Einfluß kommt dem Funktionsstatus der in der Hierarchie nachfolgenden Follikel zu. Der erste bzw. letzte präovulatorische LH-Gipfel einer Legeserie findet unter konstanter Hell-Dunkel-Periode nach Einsetzen bzw. nach Ende der Dunkelperiode statt. Diese in der Regel 10 Stunden dauernde Periode wird als sog. offene Periode definiert, in der die präovulatorischen LH-Gipfel und damit eine 6–8 Stunden später erfolgende Ovulation ausgelöst werden. In den verbleibenden 14 Stunden treten dagegen keine präovulatorischen LH-Gipfel auf. Diese Periode wird deshalb als geschlossene Periode definiert. Entsprechend weisen die Östradiol-Progesteron- und LH-Spiegel im Blutplasma bis zum Beginn der offenen Periode unter Berücksichtigung circadianer Schwankungen auffallend niedrige Werte auf. Die Verzögerung innerhalb und zwischen der jeweiligen Legeserie ist vermutlich auf eine durch teilweise noch unbekannte Faktoren induzierte rhythmische Reduktion der Östradiol- und Progesteronsynthese der in der Hierarchie nachfolgenden Follikel zurückzuführen. Fällt der dabei gleichzeitig ausbleibende Stimulus für die Auslösung des präovulatorischen LH-Gipfels in die offene Periode, hat dies lediglich eine bis zu 75 Minuten dauernde Verzögerung zur Folge; fällt er dagegen in die geschlossene Periode, kann kein präovulatorischer LH-Gipfel ausgelöst werden. Die rhythmische Reduktion der von den Follikeln synthetisierten Hormone ist nach neueren Untersuchungen möglicherweise auf eine Interaktion zwischen adreno-corticotropen Hormonen, Progesteron und Prolactin zurückzuführen.

G. Zusammensetzung des Hühnereies

Das Ei enthält alle für die embryonale Entwicklung des Kükens essentiellen Stoffe. Darüber hinaus sind noch weitere für die Entwicklung nicht erforderliche Inhaltsstoffe bekannt. Deren Bedeutung sowie die ideale Eizusammensetzung ist gegenwärtig noch unklar. Die nachfolgenden Tabellen beziehen sich auf die typische Eizusammensetzung und basieren auf den bisher bekannten empirischen Meßdaten. Diese können im Einzelfall je nach Alter der Henne, Rangfolge des Eies in der Legeserie, Jahreszeit, Umgebungstemperatur, Zusammensetzung des Futters, Lärm oder Erkrankungen teilweise beträchtlich von den aufgeführten Parametern abweichen.

Tab. 106. Physikalische Parameter des Hühnereies bezogen auf eine Einzeleimasse von 58 g

Lange Achse	5,7 cm
Kurze Achse	4,2 cm
Durchmesser (lang)	15,7 cm
Durchmesser (kurz)	13,5 cm
Volumen	53,0 cm^3
Oberfläche (idealisiert)	68,0 cm^3
Bruchfestigkeit	4–2,5 $kp \cdot cm^{-2}$ (39–25 $N \cdot cm^{-2}$)

In Tabelle 106 sind einige physikalische Merkmale des Hühnereis dargestellt. Das Gewicht schwankt zwischen 40 und 80 g. Haupteinflußgrößen sind Alter, Legebeginn, Körpergröße, Futterzusammensetzung und Umgebungstemperatur. Zur Beurteilung der ökonomisch bedeutsamen Eischalenstabilität werden Druckbelastungen unter definierten Bedingungen durchgeführt, die entweder zum Bruch der Eier (Bruchfestigkeit) oder zur Verformung (Deformation) führen. Die Bruchfestigkeit nimmt im Laufe der Legeperiode ab. Der Tabelle 107 ist die Verteilung der Eibestandteile zu entnehmen. Zum Vergleich werden ergänzend die Eibestandteile von anderem Hausgeflügel aufgeführt. In den Tabellen 108–111 sind die Rohnährstoffe, Aminosäuren, Vitamine und Mineralstoffe des Gesamteiinhaltes sowie teilweise der jeweiligen Eibestandteile zusammengefaßt.

Tab. 107. Verteilung der Eibestandteile bei einigen Hausgeflügelarten. (Nach Vogt, 1984)

	Eigewicht in g	Anteil in % Dotter	Eiklar	Schale
Gans	161,0	35,6	51,6	12,8
Pute	85,9	32,9	55,9	11,2
Ente	70,4	35,8	53,9	10,3
Huhn	58,1	31,8	58,1	10,1
Perlhuhn	42,7	37,4	47,6	15,0
Taube	19,4	18,8	70,9	10,3
Jap. Wachtel	10,0	34,7	56,7	8,6

Tab. 108. Durchschnittliche Rohnährstoffgehalte des Hühnereies in % der Frischsubstanz

	Schale	Eiklar	Eidotter
Trockenmasse	99,00	11,73	53,10
Eiweiß	4,00	10,50	17,40
Fett	–	0,03	33,00
Kohlenhydrate	Spuren	0,60	0,80
Andere org. Bestandteile	–	–	0,80
Mineralstoffe	95,00	0,60	1,10

Tab. 109. Durchschnittlicher Aminosäuregehalt im Gesamtei, Eiklar und Eidotter. Angaben in % der Frischsubstanz. (Nach Siewert und Bronsch, 1972)

Aminosäure	Gesamtei	Eiklar	Eidotter
Arginin	0,83	0,65	1,12
Cystin	0,29	0,27	0,27
Histidin	0,26	0,24	0,36
Isoleucin	0,92	0,72	0,98
Leucin	1,09	0,98	1,36
Lysin	0,68	0,67	1,06
Methionin	0,68	0,43	0,41
Phenylalanin	0,75	0,71	0,71
Threonin	0,51	0,49	0,82
Tryptophan	0,18	0,17	0,23
Tyrosin	0,62	0,46	0,75
Valin	1,05	0,87	1,11

Tab. 110. Durchschnittlicher Vitamingehalt des Gesamteiinhalts in µg/100 g Frischsubstanz. (Nach SIEWERT und BRONSCH, 1972)

β-Carotin	470
Vitamin A	220
Vitamin D	5
Vitamin E	1000
Vitamin K	2
Vitamin B_1	100
Vitamin B_2	310
Nicotinsäureamid	83
Pantothensäure	1600
Vitamin B_6	120
Biotin	100
Folsäure	5
Vitamin C	Spuren

Tab. 111. Durchschnittliche Mengen- und Spurenelemente des Gesamteiinhalts in mg/100 g Frischsubstanz. (Nach VOGT, 1984)

Natrium	121	Eisen	2,10
Kalium	138	Mangan	0,02
Chlor	164	Zink	1,40
Calcium	52	Kupfer	0,09
Phosphor	207	Jod	0,02
Magnesium	10	Fluor	0,05
Schwefel	121		

Literatur

BELL, D. J., B. M. FREEMAN, 1971: Physiology and biochemistry of the domestic fowl, Vol. I, II, III. Academic Press, London, New York.

BOORMAN, K. N., B. M. FREEMAN, 1973: Egg formation and production, Vol. 8. British Poultry Science Ltd, Edinburgh.

KOLB, E., 1974: Lehrbuch der Physiologie der Haustiere, Teil 1 und 2. 3. Aufl., Gustav Fischer Verlag, Stuttgart.

LENKEIT, W., K. BREIREM, E. CRASEMANN, 1972: Handbuch der Tierernährung, Band 1 und 2. Verlag Paul Parey, Hamburg, Berlin.

MEHNER, A., W. HAGNAU, W. HARTFIEL, 1983: Handbuch der Geflügelphysiologie, Band 1 und 2. Verlag S. Karger GmbH, Germering.

NESHEIM, M. C., R. E. AUSTIC, L. E. CARD: Poultry production. 12th Ed. Lea & Febiger, Philadelphia.

NOVIKOFF, B. G., 1979: Hypothalamic mechanism of the reproductive function in poultry. World's Poultry Science Journal, **35,** 214–226.

STURKIE, P. D., 1976: Avian physiology. 3th Ed. Springer-Verlag, New York, Heidelberg, Berlin.

XIII. Physiologie des Nervensystems und der Sinnesorgane

G. WITTKE

A. Funktionsziele

Da alle Organe des Körpers zusammenwirken müssen, werden ihre Tätigkeiten durch ein weitverzweigtes System der Informationsübermittlung zentral gesteuert und aufeinander abgestimmt. Als Steuersignale werden außer Botenstoffen (Hormonen), die in Kapitel IX behandelt worden sind, nervöse Impulse verwendet. Funktionsziel aller Steuerungsvorgänge ist, Teilprozesse zu harmonisieren und das Tier auf Reize aus seiner physikalischen, biologischen und sozialen Umgebung zweckmäßig reagieren zu lassen. Dazu bedarf es laufender Unterrichtung über äußere wie innere Zustände und eines Auswertungssystems, dessen Ergebnisse den Organismus vollbringen lassen, was wir als **Koordination** und **Regulation** partieller Funktionen sowie als **Anpassung** und **Verhalten** des ganzen Tieres bezeichnen. Diese Leistungen werden vom Endokrinium in Kooperation mit dem Nervensystem und den Sinnesorganen ermöglicht. Da Sinnesorgane die Aufnahmeorte von Informationen sind, aus denen zentrale Strukturen Impulsmuster für Effektoren zusammenstellen, muß die Beschreibung sensorischer Vorgänge in die Abhandlung aller übrigen Prozesse eingebettet sein.

Als ein Grundelement nervöser Abläufe ist der **Reflex** anzusehen, der jede Veränderung im Zustrom von Impulsen sich in einer Modifikation des Ausstroms widerspiegeln läßt. Es gibt deshalb keine Sinnesfunktion ohne motorische Konsequenz an irgendeiner Stelle des Körpers. Aus diesem Grunde können Sensorik und Motorik allenfalls vorübergehend, aus didaktischer Zweckmäßigkeit, getrennt betrachtet werden. Im Funktionsgefüge des Organismus gibt es nur eine **Sensomotorik.**

B. Neuron

1. Allgemeine Eigenschaften

Funktionstragendes Bauelement des Nervensystems ist das Neuron, worunter man die einzelne Nervenzelle (Ganglienzelle) mit ihren Fortsätzen versteht. Außerdem gibt es Hüll- und Stützzellen (Schwannsche Zellen; Neuroglia), die ihrer Isolationseigenschaften und auch trophischer Funktionen wegen mehr als nur statischen Zwecken dienen.

Von den Ganglienzellen abgehende Axone sind stets von Schwannschen Zellen umgeben, die dem System der Neuroglia zuzuordnen sind. Es können sich mehrere benachbarte Axone in den Zellkörper einer einzigen Schwannschen Zelle einsenken (Abb. 294). Diese einfachste Beziehung zwischen dem Fortsatz einer Nervenzelle und gliösen Hüllzellen ist bei Wirbeltieren außerhalb des Gehirns und Rückenmarks nur an den postganglionären Fasern des vegetativen Nervensystems, d. h. an seinen «marklosen» und deshalb grau erscheinenden Endneuronen zu beobachten. Alle anderen peripheren Axone besitzen eine **Markscheide** (Myelinscheide). Sie besteht aus abwechselnden Schichten protein- und lipidhaltiger Substanz, die einen hohen elektrischen Widerstand hat. Die Markscheide entsteht schon in der embryonalen Entwicklung dadurch, daß eine Schwannsche Zelle, die ursprünglich einem Achsenzylinder lediglich aufliegt, in ihrem weiteren Wachstum um ihn tordiert, so daß eine spiralige Wicklung aus Protoplasma und Zellmembran zustande kommt, deren äußere Lage als Schwannsche Scheide bezeichnet

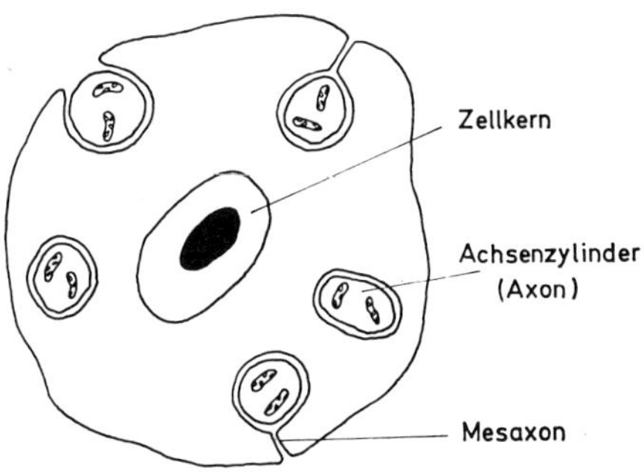

Abb. 294. Schema der Einbettung unmyelinisierter Axone in eine Schwannsche Zelle

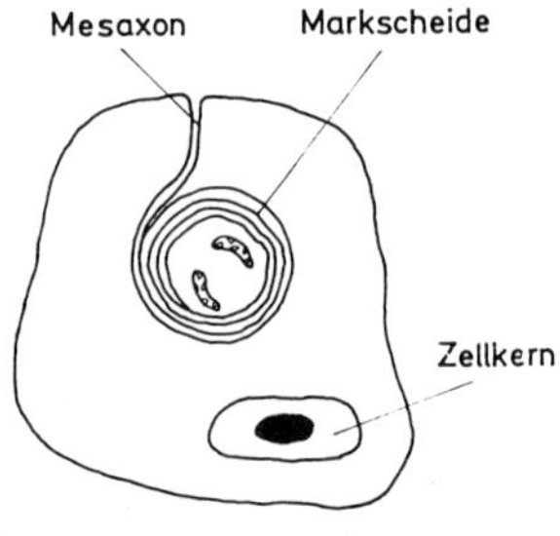

Abb. 295. Schema der Beziehung eines myelinisierten Axons zu einer Schwannschen Zelle

wird (Abb. 295). Die Markscheide ist im Verlaufe eines Neuriten alle 1–3 mm unterbrochen (Ranvierscher **Schnürring**). Das Stück zwischen zwei Schnürringen wird **Internodium** genannt. Es ist in schematischen Abbildungen nicht in den richtigen Proportionen darstellbar. In Wirklichkeit beträgt seine Länge das Mehrhundert- bis Tausendfache des Durchmessers. Die Markscheiden der Nervenfasern bedingen die gelbweiße Farbe der «weißen Substanz» im Gehirn und Rückenmark sowie das helle Aussehen der gemischten peripheren Nerven.

Nicht alle Nervenzellen haben eine Gestalt, wie sie uns von Moto- und Zwischenneuronen her geläufig ist: kernhaltiger Zellkörper (Soma, Perikaryon) mit relativ kurzem Dendritengeäst und einem langen Neuriten, der sich am Ende zu einem Endbäumchen (Telodendron) verzweigt. Bei vielen sensiblen Neuronen wie den unipolaren Ganglienzellen des N. olfactorius, den bipolaren des N. acusticus und den pseudounipolaren der sensiblen Hautnervenfasern ist eine morphologische Unterscheidung zwischen Neuriten und Dendriten schwierig. Es erscheint deshalb vorteilhaft, die Rezeptormembran des Neurons als **dendritische Zone** zu kennzeichnen und den einzigen langen Fortsatz mit der spezifischen Funktion der Erregungsleitung als Axon zu benennen. Dabei ist es unerheblich, ob der Zellkörper in der dendritischen Zone (wie bei Motoneuronen oder Riechnervenfasern) liegt, ob er im Axon selber (wie bei Hörnervenfasern) oder aber seitlich davon angeordnet ist (wie bei pseudounipolaren Nervenzellen der Spinalganglien) (Abb. 296).

Das Nervensystem beherbergt Ganglienzellen sehr unterschiedlicher Größenordnung. Die Axone der spinalen Motoneurone, welche Muskelfasern am distalen Ende der Extremitäten von Großtieren versorgen, dürften bei Durchmessern von ca. 20 µm Längen von 2 m haben. Ein maßstabgerechtes Fadenmodell von 1 mm Stärke müßte demnach 100 m lang sein.

Nervenzellen haben die Eigenschaft der **Reizbarkeit** (irritability), was bedeutet, daß sie auf Energieeinwirkung mit einer Änderung ihres Zustandes reagieren. Diese Eigenschaft haben sie mit anderen Zellen, wie Muskelfasern oder Leukozyten, gemein, vor denen sie sich aber dadurch auszeichnen, daß sie besonders niedrige Reizschwellen besitzen. Der Reizbarkeit entspricht Erregbarkeit (excitability), worunter man die Eigenart versteht, Energieeinwirkung (Reiz) mit einer transito-

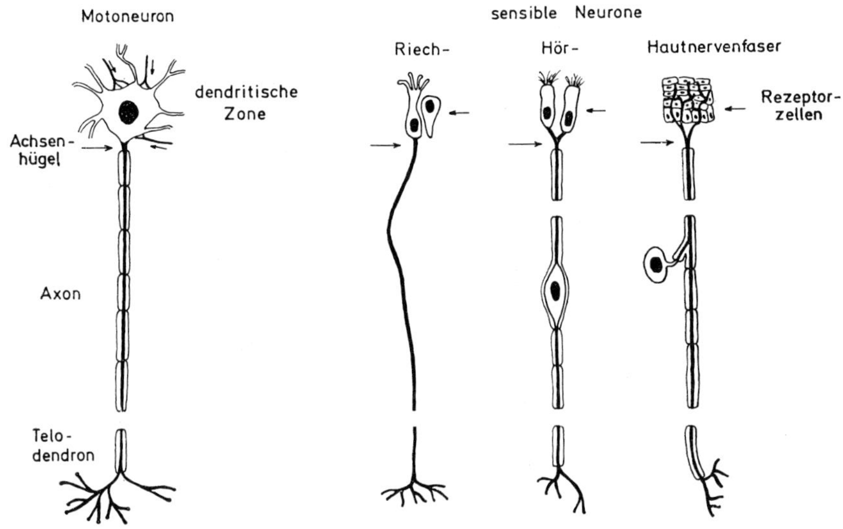

Abb. 296. Lagebeziehungen der Zellkörper einiger Neurone zu den impuls- bzw. reizaufnehmenden Membranteilen (dendritischen Zonen bzw. Rezeptormembranen) und impulsleitenden Axonen. (Nach GANONG, 1965. Lange Medical Publications, Los Altos)

rischen Zustandsänderung speziell der Zellmembran zu beantworten. Sie kann im Bereich des Perikaryons in einer Veränderung (Zu- oder Abnahme) der elektrischen Polarisation bestehen. In der Gegend des Axonhügels und am Axon selbst führt sie gewöhnlich zu einer kurzfristigen Aufhebung und Wiederherstellung der Polarisation, die man als nervösen **Impuls** bezeichnet. Er wird in der Regel über den Achsenzylinder fortgeleitet, dessen Membran also nicht nur die Eigenschaft der Erregbarkeit, sondern auch die Fähigkeit zur **Erregungsleitung** (conductivity) besitzt. Wird eine Nervenfaser irgendwo in ihrem Verlauf gereizt (künstlich oder durch pathologische Prozesse in der Umgebung), so breitet sich die dadurch ausgelöste Erregung nach beiden Richtungen hin (orthodrom und antidrom) aus. Die einsinnige Erregungsleitung afferenter und efferenter Fasern in vivo kommt lediglich dadurch zustande, daß sie normalerweise an einem Ende, nämlich in ihrer dendritischen Zone, erregt werden.

Erregung und Erregungsleitung sind reine Membranprozesse. Sie setzen voraus, daß ein Ruhepotential existiert, wie es im Abschnitt über die Physiologie biologischer Membranen beschrieben worden ist (II.B.). Der Potentialsprung zwischen Axoplasma und interstitieller Flüssigkeit, d. h. das Transmembranpotential des Axolemms kann gemessen werden, seit man über Mikroelektroden verfügt, die sich in das Innere einer Nervenzelle einbringen lassen. Sie bestehen aus Glaskapillaren, deren Spitze äußerst fein ausgezogen wird, so daß ihr Durchmesser nur wenige µm beträgt. Eine Elektrolytfüllung (im allgemeinen KCl) sorgt für die leitende Verbindung zwischen der Zellflüssigkeit und einem chlorierten Silberdraht. Die Gegenelektrode wird außen an die isolierte Zelle oder in die Nährflüssigkeit gesetzt. Zunächst hat man lange Zeit an besonders großen Nervenfasern gearbeitet, wie sie bei Krebsen und Cephalopoden

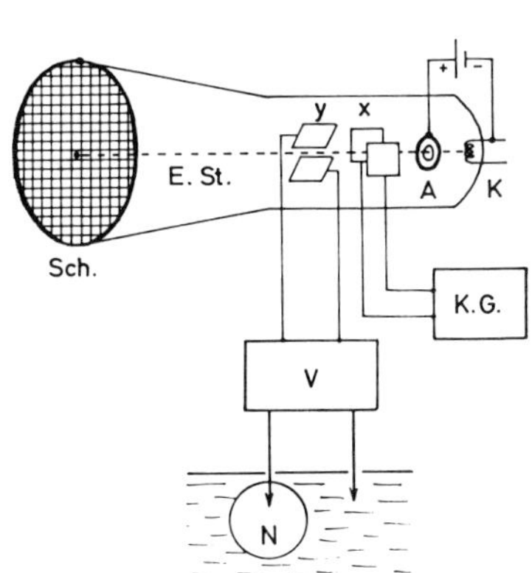

Abb. 297. Anordnung zur Ableitung eines Membranpotentials von einer isolierten Nervenfaser mittels Kathodenstrahloszillographen.

N = Nervenfaser, **V** = Verstärker, **K. G.** = Kippgenerator, **K** = Kathode, **A** = Anode, **x, y** = Ablenkplatten zur horizontalen und vertikalen Ablenkung des Elektronenstrahls **(E. St.)**, **Sch** = Leuchtschirm vorkommen. Deshalb sind die Modellvorstellungen über Eigenschaften von Nervenmembranen an den «Riesenfasern» (∅ 1 mm) des gemeinen Tintenfisches (Sepia officinalis) und des nordatlantischen Kalmars (Loligo pealii) gebildet worden. Man ist heute jedoch in der Lage, mit Ultramikroelektroden (∅ 0,5 µm) auch an isolierten Fasern von Säugetieren zu arbeiten. Das Schema einer Ableitungs- und Meßanordnung enthält die Abbildung 297.

2. Elektrotonus und lokale Antwort

Eine fortgeleitete Erregung kommt erst dann zustande, wenn der auf die Membran einwirkende Reiz eine ausreichende Intensität, die Schwellenintensität, erreicht. Unterschwellige Reize sind aber keineswegs wirkungslos, sondern führen zu örtlich begrenzten Veränderungen des Ruhepotentials. Man kann sie nachweisen, wenn man Ableitungselektroden ganz in die Nähe von Reizelektroden setzt. Wird der Reizstromkreis geschlossen, so wird unter der Anode ⊕ durch Addition positiver Ladungen die Membranpolarisation verstärkt (Hyperpolarisation) und unter der Kathode ⊖ durch Subtraktion positiver Ladungen vermindert (Depolarisation). Ein dauernd fließender Gleichstrom erhält diese Zustandsänderung aufrecht. Die Hyperpolarisation der Membran ist gleichbedeutend mit einer Herabsetzung und die Depolarisation mit einer Erhöhung ihrer Erregbarkeit. Die beobachteten physikalischen und physiologischen Veränderungen werden nach dem Wirkungsbereich der Elektroden als **Anelektrotonus** und **Katelektrotonus** bezeichnet.

Werden nur kurzdauernde Prüfreize verwendet, so klingen die elektrotonischen Veränderungen nach einer Exponentialfunktion wieder ab (Abb. 298). Bei sehr niedrigen Reizstromstärken besteht eine Symmetrie der anelektrotonischen und katelektrotonischen Effekte: Die Potentialänderungen sind den Reizintensitäten proportional, und die Rückläufe zum Ruhepotential erfordern etwa gleiche Zeiten. Führen die Reize aber zu Potentialänderungen, die 7 mV überschreiten, so gilt das nur noch für Hyperpolarisationen im Bereich der Anode. Die depolarisierende Kathodenwirkung fällt dagegen stärker aus. Das ist ein Zeichen dafür, daß die erzwungene elektrotonische Depolarisation, wenn sie einen gewissen Betrag erreicht hat, einen membraneigenen Prozeß anstößt, der die in Gang befindliche Veränderung des Ruhepotentials verstärkt. Gemessen an der anelektrotonischen Hyperpolarisation fällt die Depolarisation stärker aus als erwartet. Eine solche örtlich begrenzte Reaktion der Membran auf einen Reiz bezeichnen wir als **lokale Antwort** (local response). Wird dabei eine Herabsetzung des Ruhepotentials um mehr als 15 mV erreicht, so geschieht zweierlei:

1. Die Depolarisation wird nicht mehr von selbst rückgängig gemacht sondern im Gegenteil mit größter Geschwindigkeit weitergetrieben.
2. Eine solche Veränderung des Membranzustandes bleibt nun nicht mehr örtlich begrenzt, sondern ergreift Nachbarbezirke und pflanzt sich dadurch fort.

Bei einer Depolarisationsstufe von 15 mV wird demnach eine **kritische Schwelle** erreicht, bei der diese Ereignisse einsetzen.

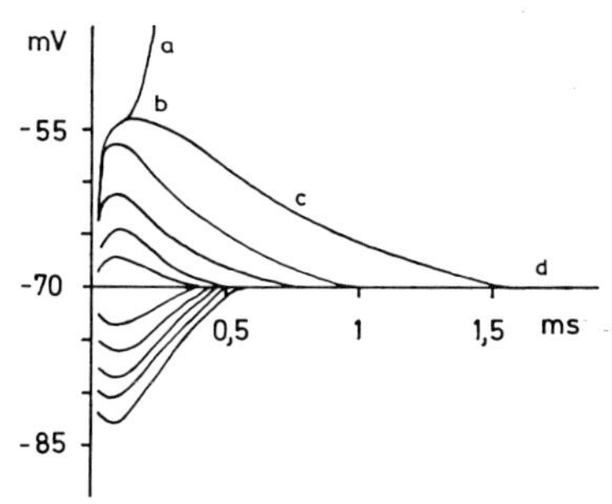

Abb. 298. Elektrotonische Potentiale als Folge abgestufter, unterschwelliger Reize.

Die Potentialverläufe an der Anode sind unterhalb, die an der Kathode oberhalb der Zeitkoordinate abgetragen. Die katelektronische Depolarisation fällt, abgesehen von den schwächsten Reizen, stärker aus als die anelektronische Hyperpolarisation: lokale Antwort (**c**). Bei Erreichen einer kritischen Schwelle (**b**) wird ein Aktionspotential (**a**) ausgelöst; **d** = Membranruhepotential

3. Aktionspotentiale

Wir wiederholen, daß die **Erregbarkeit** einer Membran von ihrer Fähigkeit abhängt, durch aktiven Transport differente Ionen-Konzentrationen zu beiden Seiten aufrechtzuerhalten und, vermöge selektiver Permeabilität für die verschiedenen Ladungsträger, den Zustand elektrischer Polarisation herbeizuführen. Die **Erregung** selbst geht nun mit **Veränderungen** dieser Bedingungen einher, ähnlich wie beim Übergang von potentieller in kinetische Energie eine Masse ihre Lage einer anderen gegenüber ändern muß. In unserem Falle werden Permeabilitäten erhöht, setzen Ionenflüsse ein, ändern sich Potentiale und verstärken schließlich die Ionenpumpen vorübergehend ihre Tätigkeit. Am einfachsten ist der Erregungsablauf am elektrischen Begleitphänomen der **Potentialänderungen** zu verfolgen.

Legt man 2 Ableitungselektroden an die Oberfläche einer Einzelfaser, so befinden sie sich (bei gleichmäßig positiver Ladung der Membranaußenseite) auf einer Isopotentialfläche. Das Meßinstrument zeigt infolgedessen keine Potentialdifferenz zwischen den Ableitungsorten an (Abb. 299 A). Dringt man jedoch mit einer Elektrode in das Innere der Faser ein, so erfolgt plötzlich ein Potentialsprung. Im Falle eines Motoneurons der Katze würde das Instrument eine Potentialdifferenz von − 70 mV, innen gegen außen, anzeigen. Man hat das **Membranruhepotential** (MRP) abgegriffen (Abb. 299 B). Legt man jetzt in einiger Entfernung von den Ableitungselektroden ein Paar Reizelektroden an und beschickt die Faser mit einem elektrischen Reiz, dessen Stärke und Dauer nicht zu gering sind, so kommt es zu Potentialschwankungen, wie sie in Abbildung 299 C wiedergegeben sind.

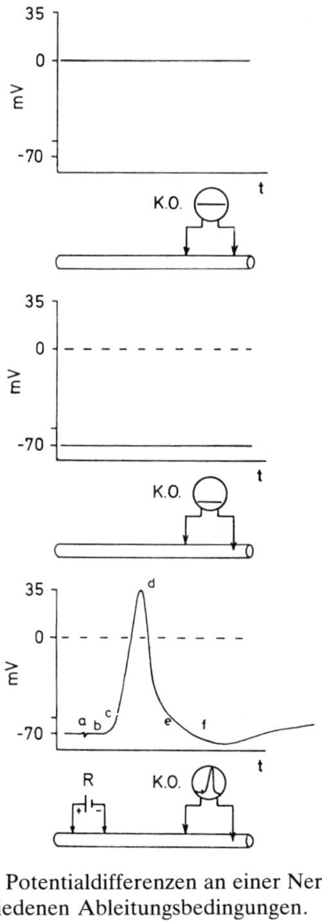

Abb. 299. Potentialdifferenzen an einer Nervenfaser unter verschiedenen Ableitungsbedingungen.

A: Ableitung von der Außenseite der Fasermembran (Isopotentialfläche), keine Potentialdifferenz. *B*: Ableitung innen gegen außen, Membranruhepotential. *C*: Ableitung innen gegen außen bei durchwanderndem Impuls, Aktionspotential.
t = Zeitachse, **K. O.** = Kathodenstrahloszillograph, **R** = Reizelektroden, **a** = Reizeinbruch, **b** = Latenzzeit, **c** = kritische Schwelle, **d** = positives Potential nach dem Durchgang durch Null (overshoot), **e** = negatives Nachpotential, **f** = positives Nachpotential

Der Ablauf der Ereignisse läßt sich folgendermaßen beschreiben: Da Reiz- und Ableitungselektroden durch die Faser in leitender Verbindung miteinander stehen, kommt es bei einem Einsetzen des Prüfreizes zu einer Störung des MRP, die wir als **Reizeinbruch** bezeichnen. Gleichzeitig entsteht an dieser Stelle eine Erregung, die sich über die Membran in Richtung Ableitungselektrode fortpflanzt. Da das mit endlicher Geschwindigkeit geschieht, vergeht eine Latenzperiode, ehe das Instrument eine drastische Potentialschwankung registriert.

Eine genauere Analyse der Veränderungen der Membranpolarisation führt zu folgendem Ergebnis: Erreicht die am Ende der Latenzperiode einsetzende Depolarisation einen Betrag von ca. − 55 mV, so wird der Zusammenbruch des Transmembranpotentials mit größter Geschwindigkeit fortgesetzt. Man spricht von einem **kritischen Potential** (firing level), nach dessen Erreichen es nicht mehr möglich ist, zum Ruhepotential zurückzukehren. Im weiteren Verlauf wird das Membranelement jedoch nicht nur vollständig depolarisiert, sondern sogar umpolarisiert, so daß vorübergehend die Negativität der Innenseite aufgehoben wird und es im Gegenteil zu einer Potentialdifferenz von ca. + 35 mV, innen gegen außen, kommt. Bei der üblichen Polung des Kathodenstrahloszillographen wird eine Spannungsspitze über der Nullinie registriert, die man als Überschuß (overshoot) bezeichnet. Er ist jedoch nur von äußerst kurzer Dauer, weil inzwischen Prozesse eingesetzt haben, die zu einer **Repolarisierung** der Membran führen. Sie laufen zunächst sehr schnell ab, verlangsamen sich jedoch, sobald etwa zwei Drittel der ursprünglichen Membranspannung wieder erreicht sind. Diese über das Spitzenpotential (spike potential) hinauswirkende Depolarisation wird als **negatives Nachpotential** bezeichnet. Sie leitet über in einen Zustand transitorischer **Hyperpolarisation,** den man das **positive Nachpotential** nennt. Erst danach wird das Membranruhepotential wieder eingenommen. Der gesamte Vorgang vom Einsetzen der Depolarisation bis zum Abklingen des positiven Nachpotentials wird als **Aktionspotential** bezeichnet. Die Spitzenentladung selbst dauert nur etwa 1 ms, während die Nachpotentiale sich noch über ca. 40 ms hinziehen können.

Die Ursachen für diese Veränderungen sind in einem raschen Wechsel der Membranpermeabilität für Natrium und Kalium zu suchen, die zu entsprechenden Ionenströmen führt (Abb. 300). Sie gehen einher mit Änderungen der Erregbarkeit der Membran, die vom jeweiligen Polarisationszustand abhängt. Während des Spitzenpotentials ist die Erregbarkeit vollständig aufgehoben, das Membranelement befindet sich in einer **absoluten Refraktärphase.** Während des negativen Nachpotentials ist die Membran, verglichen mit dem Ruhezustand, noch nicht vollständig repolarisiert, befindet sich also näher dem kritischen Potential. Ein solcher Zustand der Hypopolarisation ist gleichbedeutend mit erhöhter Erregbarkeit, und man spricht von einer **supernormalen Phase.** Sie wird abgelöst durch das hyperpolarisierende positive Nachpotential, in dessen Verlauf die Erregbarkeit — wiederum verglichen mit dem Ruhezustand — vorübergehend verringert wird. Diese Zeit wird als **subnormale** Phase bezeichnet.

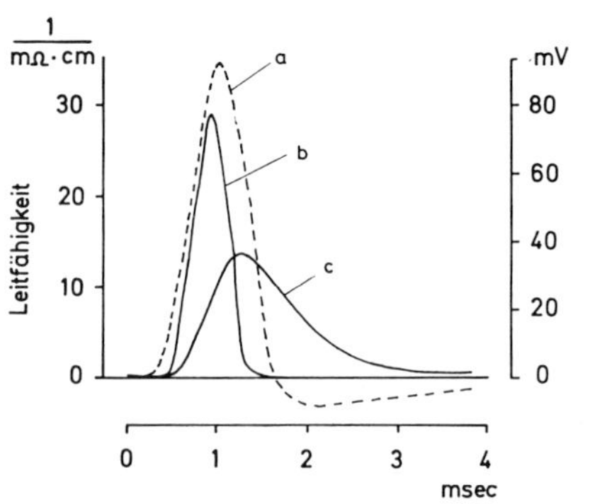

Abb. 300. Wechsel der Membranpermeabilität für Natrium (**b**) und Kalium (**c**) im Verlaufe eines Aktionspotentials (**a**). Als Maß für die Permeabilität ist hier der Kehrwert des elektrischen Widerstandes pro Längeneinheit genommen, der gleichbedeutend mit der Leitfähigkeit ist

Das Aktionspotential ist ein **»Alles-oder-Nichts«**-Ereignis. Wird erst einmal das kritische Potential erreicht, so läuft es unaufhaltsam bis zur vollständigen Depolarisation und Unerregbarkeit der Membran ab. Das hat zur Folge, daß die Spitzenpotentiale einer Nervenfaser stets die gleiche Amplitude haben. Deshalb kann eine Verschlüsselung (Codierung) von Nachrichten nur über eine Veränderung der Abstände zwischen einzelnen Aktionspotentialen erfolgen. Das ist letztlich die Sprache, derer sich das Nervensystem bei der Übertragung von Informationen über die Kabelstrecke des Achsenzylinders bedient.

4. Nutzzeiten, Chronaxie, Akkommodation

Das Aktionspotential ist der elektrische Ausdruck jenes Erregungsvorganges, den wir als nervösen Impuls bezeichnet haben. Um ihn auszulösen, bedarf es einer Mindestreizstärke, die mit dem Ausdruck **Schwellenintensität** belegt wird. Sie ist insofern zeitabhängig, als sie bei zu kurzer Einwirkungsdauer unwirksam bleibt. Es gilt auch für alle anderen überschwelligen Reize, daß sie eine gewisse Zeit andauern müssen, um Erregungsimpulse herbeiführen zu können. Diese Zeit nimmt mit zunehmender Reizintensität sehr stark ab, doch kann ein Minimum auch von noch so starken Reizen nicht unterschritten werden. Trägt man die jeweils notwendigen Reizdauern gegen die Reizstärken ab, so ergibt sich eine hyperbolische Funktion. Sorgt man bei elektrischer Reizung dafür, daß die Widerstände gleichbleiben, so kann man statt der Stromstärken auch die Spannung einsetzen. Deshalb ist die resultierende Kurve als **Reizzeit-Spannungskurve** bekannt (Abb. 301). Die jeweils notwendigen Einwirkungsdauern werden als **Nutzzeiten** bezeichnet. Zwei von ihnen pflegt man besonders hervorzuheben: Die zur Schwellenstromstärke (Rheobase) gehörende Nutzzeit wird **Hauptnutzzeit** genannt, und die Nutzzeit eines Reizes von der Intensität der doppelten Rheobase heißt **Kennzeit** oder **Chronaxie.** Sie liegt am Scheitel der Reizzeit-Spannungskurve, d. h. im Bereich ihrer stärksten Krümmung, und ist deshalb genauer bestimmbar als die anderen Nutzzeiten. Aus diesem Grunde wird die Chronaxie als Maß für die Erregbarkeit verwendet. Je unempfindlicher ein erregbares Gewebe ist, um so länger ist seine

Chronaxie. Bei erhöhter Empfindlichkeit dagegen ist sie verkürzt.

Die geschilderten Verhältnisse sind jedoch nur bei steil ansteigenden Reizströmen anzutreffen. Bei langsam ansteigender Intensität (Einschleichen) hat der Nerv genügend Zeit, sich an den Reiz anzupassen, so daß unter Umständen überhaupt keine Erregung zustande kommt. Dieser Vorgang wird als **Akkommodation** bezeichnet.

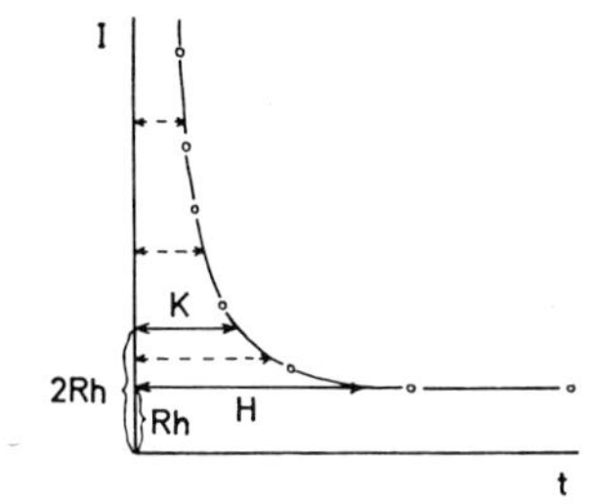

Abb. 301. Reizzeit-Reizstärken-(Reizzeit-Spannungs-) kurve.

t = Zeit, **I** = Reizstärke, **Rh** = Rheobase, **H** = Hauptnutzzeit, **K** = Kennzeit (Chronaxie). Die gestrichelten Pfeile bezeichnen drei beliebige von der Kennzeit verschiedene Nutzzeiten

5. Biphasisches Aktionspotential, Verletzungspotential

Das Membranpotential und seine Veränderungen sind nur mit einer Meßordnung wie in Abbildung 299 B zu registrieren. Werden dagegen beide Elektroden an die Oberfläche einer Nervenfaser gelegt, so herrscht zwischen ihnen keine Potentialdifferenz. Passiert jedoch ein Erregungsimpuls nacheinander beide Ableitungsorte, so kommt es zu Potentialschwankungen, wie sie in Abbildung 302 zu sehen sind. Wegen der Umpolarisation erregter Membranteile herrscht zweimal zwischen beiden Elektroden eine jeweils gegensinnige Spannungsdifferenz, die ebenso wie vorher und nachher nicht existiert, wenn der Impuls sich auf der Zwischenstrecke befindet. Der Komplex der Spannungsschwankungen wird als **biphasisches Aktionspotential** bezeichnet.

Würde man das Gewebe unter einer der beiden Elektroden lädieren, wäre diese Stelle elektronegativ gegenüber der anderen. Die dabei abgreifbare Potentialdifferenz wird **Demarkations-** oder **Verletzungspotential** genannt. Seine Größe hängt vom Grad der Schädigung ab und bleibt auf die Dauer nicht konstant. Da der physiologische Vorgang der Erregung nur über intakte Membranen abläuft, wird unter dieser Bedingung nur ein **monophasisches Aktionspotential** abgeleitet. Bei der Umpolarisation, die nur mehr unter einer Elektrode stattfinden kann, wird diese Stelle stärker negativiert als die verletzte. Demzufolge kommt es zu einer Spannungsschwankung zwischen beiden Elektroden, die jedoch die einzige bleibt, da die Erregung am Ort der Läsion erlischt.

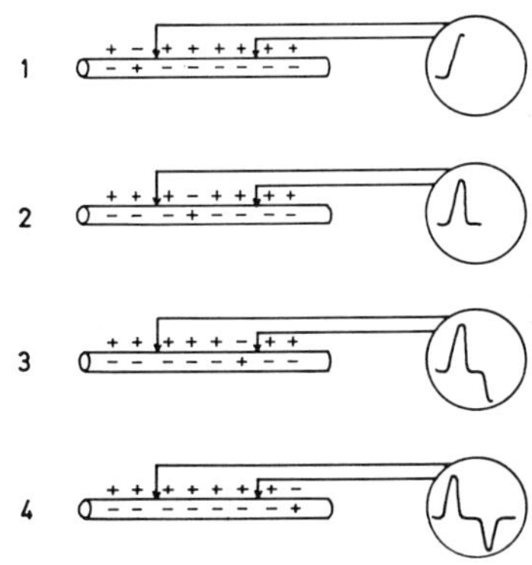

Abb. 302. Ableitung eines biphasischen Aktionspotentials von der Außenseite einer Nervenfasermembran.

1: Der von links kommende Impuls erreicht die eine Elektrode, so daß im Meßinstrument eine Spannungsschwankung registriert wird. **2:** Der Impuls befindet sich zwischen beiden Ableitungselektroden, so daß sie keine Spannungsdifferenz mehr gegeneinander haben. **3:** Der Impuls erreicht die zweite Elektrode, so daß wiederum eine (diesmal gegenpolige) Spannungsschwankung registriert wird. **4:** Nach dem Abwandern des Impulses befinden sich die Elektroden wieder auf einer Isopotentialfläche

6. Arten der Erregungsleitung

Die Fortpflanzung von Erregungsimpulsen und damit die Wanderung von Aktionspotentialen über eine Nervenfaser wird durch eine Folge elektrotonischer Ausgleichsströme herbeigeführt. Im Falle eines Axons ohne Markscheide ergreift dieser Prozeß sukzessive ein Membranelement nach dem anderen, wie es in Abbildung 303 A dargestellt ist. Dort, wo der Impuls sich gerade befindet, ist die Membran umgeladen. Infolgedessen entsteht auf der Außen- wie auf der Innenseite ein Potentialgefälle zwischen diesem Bezirk und den angrenzenden noch unerregten Orten. Der Abfluß positiver Ladungen in die Bereiche negativen Ladungsüber-

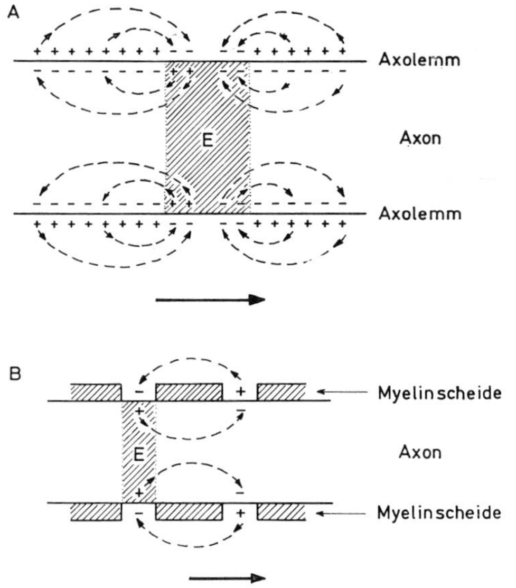

Abb. 303. Fortpflanzung der Erregung auf unmyelinisierten und myelinisierten Nervenfasern.

A = »Strömchentheorie«, **B** = »saltatorische Erregungsleitung«, **E** = erregter Membranbezirk

schusses ist gleichbedeutend mit einer Depolarisation, die nach Erreichen des kritischen Potentials wiederum zur Auslösung eines Aktionspotentials führt. Damit ist der Impuls ein Stück weitergerückt. Wird die Erregung nicht am Ende, sondern inmitten einer Nervenfaser erzeugt, so setzt sie sich nach beiden Seiten hin fort. Einmal in Bewegung geraten, läuft sie jedoch einsinnig weiter, da die Impulse soeben passierte Membranstellen in refraktärem Zustand hinterlassen. Diese Vorstellung von der Art der Erregungsfortpflanzung ist als **Strömchentheorie** bekannt. Sie interpretiert die Vorgänge an unmyelinisierten, langsam leitenden Nervenfasern.

Erheblich höhere Leitungsgeschwindigkeiten werden auf Fasern erzielt, die eine Markscheide besitzen, die in bestimmten Intervallen unterbrochen ist (Ranviersche Schnürringe). Infolge des hohen elektrischen Widerstandes der Myelinschicht fließen elektrotonische Ausgleichströme hauptsächlich zwischen den frei liegenden Membranteilen an den Schnürringen. Dadurch wird erreicht, daß ein Erregungsimpuls nicht über das gesamte Axolemm laufen muß, sondern von Schnürring zu Schnürring springen kann **(saltatorische Erregungsleitung)** (Abb. 303 B). Der Vorteil dieser Einrichtung liegt nicht allein darin, daß höhere Fortpflanzungsgeschwindigkeiten erzielt werden. Die Impulsübertragung erfolgt auch ökonomischer und mit größerer Sicherheit. Depolarisationen mit den anschließenden, Energie kostenden Repolarisationsvorgängen sind auf kleine Membranteile begrenzt. Wegen ihrer geringen Ausdehnung ist überdies die Stromliniendichte bei Potentialdifferenzen zum Nachbarelement im nächsten Schnürring so groß, daß Bruchteile der verfügbaren Kraft ausreichen würden, um das kritische Potential zu erreichen.

7. Summenpotentiale

Der Alles-oder-Nichts-Charakter der Aktionspotentiale ist nur augenfällig bei Ableitungen von der Einzelfaser. An gemischten Nerven, die stets eine größere Anzahl von Fasern führen, erhält man **Summenpotentiale,** die sich aus den Aktionspotentialen einzelner erregter Achsenzylinder zusammensetzen. Hier ist infolgedessen eine Abhängigkeit von der Reizintensität zu beobachten. Die Erregungsschwelle ist durch die Empfindlichkeit der Einzelfasern gegeben. Schwache Reize werden nur einen Teil von ihnen erregen. Mit wachsender Reizintensität werden immer mehr ergriffen, bis schließlich eine **maximale Reizgröße** erreicht ist, bei der alle Fasern feuern und das Summenpotential seine größte Amplitude erreicht hat. **Supramaximale Reize** können sie dann nicht mehr steigern.

8. Geschwindigkeiten der Erregungsleitung

Bringt man an einem gemischten Nerven Ableitungselektroden in zunehmend größerer Entfernung von den Reizelektroden an, so ändert das

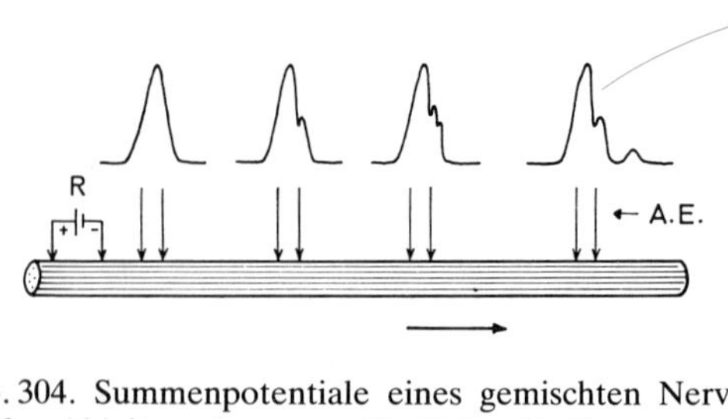

Abb. 304. Summenpotentiale eines gemischten Nerven bei der Ableitung in unterschiedlicher Entfernung vom Reizort (**R**). An den entfernter liegenden Ableitungsorten (**A. E.**) erscheinen in zunehmendem Maße Komponenten langsamer leitender Fasern

Tab. 112. Erregungsleitungsgeschwindigkeiten verschiedener Fasergruppen nach der Einteilung von ERLANGER und GASSER sowie nach einer für sensible Fasern gebräuchlichen Klassifikation

Fasergruppe (ERLANGER u. GASSER-Klassifikation)	Leitungsfunktion	Leitungsgeschw. [m/s]	Fasergruppe (num. Klassifikation für afferente Fasern)
A α	α-motorische Impulse, propriozeptive Afferenzen, Impulse von Muskelspindeln und Sehnenorganen	70–120	I a + b
A β	Tast- und Druckimpulse	30–70	II
A γ	γ-motorische Impulse	15–30	–
A δ	Schmerz- und Temperaturimpulse	12–30	III
B	präganglionäre sympathische Erregungen	3–15	–
C	Schmerzimpulse, postganglionäre sympathische Erregungen	0,5–2	IV

Summenpotential seine Gestalt. Anstelle einer eingipfligen wird eine mehrgipflige Spannungsschwankung registriert. Das hängt mit den unterschiedlichen Leitungsgeschwindigkeiten einzelner Fasergruppen zusammen, die dazu führen, daß ihre Aktionspotentiale trotz gleichzeitigen Starts mit Verzögerungen gegeneinander am Ableitungsort eintreffen (Abb. 304).

Eine Zuordnung der Leitungsgeschwindigkeiten zu den anatomisch differenzierbaren Fasergruppen ergibt, daß die Impulsfortpflanzung um so schneller erfolgt, je dicker die Neuriten sind. Nähere Angaben enthält die Tabelle 112, in der die Klassifikation nach ERLANGER und GASSER neben einer für sensorische Fasern vielfach gebräuchlichen Einteilung enthalten ist.

C. Impulsübertragung

1. Synapsen

Die Erregung eines jeden Neurons ist auf eine nachgeschaltete erregbare Struktur übertragbar. Letztere kann entweder ein weiteres Neuron oder eine Muskel- oder Drüsenzelle sein. Die Impuls-Transmissionen von einer erregbaren Struktur auf die nächste ist auf Kontaktzonen beschränkt, die man als **Synapsen** bezeichnet. Demzufolge gibt es **neuroneuronale, neuromuskuläre** und **neuroglanduläre** Synapsen, die morphologisch jeweils besonders ausgeprägt sind. Ein Beispiel dafür stellt die auf Seite 666 als motorische Endplatte beschriebene myoneurale Synapse dar. Allen Synapsen gemeinsam ist eine im elektronenoptischen Bild auffallende Verdickung der einander angenäherten Membranteile. Ihre Oberflächen berühren sich aber nicht, sondern lassen eine Lücke bis zu 30 nm frei, die mit optisch dünnerem Material, wahrscheinlich mit interstitieller Flüssigkeit, ausgefüllt ist (Synapsenspalt).

Das im Kontaktbereich befindliche Element der neuronalen Grenzstruktur wird als **praesynaptische und das des Folgeneurons oder eines anderen Effektors als postsynaptische** (subsynaptische) Membran bezeichnet. Im Zytoplasma der verdickten Endausläufer von Neuriten (Endknöpfe, boutons terminaux, terminal knobs) befinden sich in der Nähe der praesynaptischen Membran auffallend viele Mitochondrien, die darauf hindeuten, daß in dieser Region mit einer hohen Intensität energiefordernder Biosynthesen zu rechnen ist. Außerdem gibt es dort zahlreiche Gebilde von kugliger bis zylindrischer Gestalt, die als Bläschen oder **Vesikel** angesprochen werden (Abb. 305). Sie enthalten Substanzen, die bei der Impulsübertragung (Transmission) eine Rolle spielen, und die man deshalb Transmitterstoffe oder einfach **Transmitter** nennt.

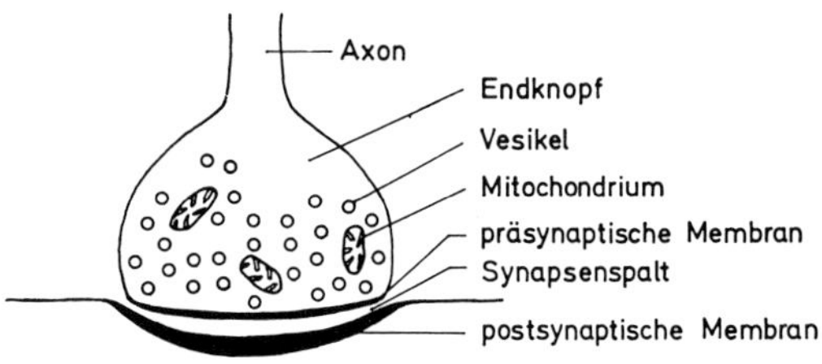

Abb. 305. Schema einer Synapse

Die Ausläufer (Dendriten und Axone) des Körpers (Soma) von Nervenzellen lassen logischerweise drei verschiedene Arten synaptischen Kontaktes zu. Setzen die Endköpfe eines Telodendrons an den Dendriten des nachgeschalteten Neurons an, so spricht man von axodendritischen, geschieht es am Zellkörper selbst, von axosomatischen Synapsen. Schließlich kommen auch axoaxonische Synapsen vor. Man beobachtet Neurone, die nur auf eine, aber auch solche, die auf zwei oder alle drei Arten Synapsen bilden (Abb. 306).

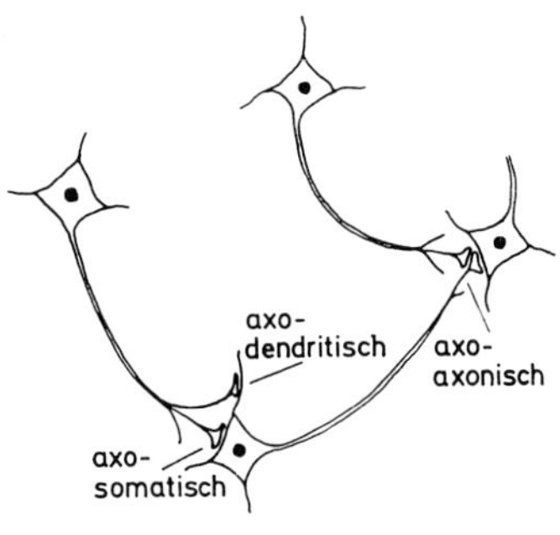

Abb. 306. Möglichkeiten der Synapsenbildung

2. Divergenz-Konvergenz-Schaltung

Dadurch, daß Axone in der Regel in ein Endbäumchen auslaufen, werden auch die Impulse verzweigt. Es kommt hinzu, daß die Endknöpfe eines Telodendrons je mit verschiedenen Nervenzellen Synapsen bilden können, so daß die Erregung eines Neurons auf mehrere nachgeschaltete Neurone verteilt wird. Dieser fundamentale Vorgang der Impulsausbreitung wird das **Prinzip der Divergenz** genannt (Abb. 307 A).

Umgekehrt kann eine Nervenzelle Impulse von einer größeren Anzahl vorgeschalteter Neurone erhalten. Von den großen Motoneuronen in den Vorderhörnern der grauen Substanz des Rückenmarks ist bekannt, daß an ihnen mehrere hundert Synapsen zustandekommen, die etwa 40% der Membranoberfläche im dendritischen Bereich besetzen. Das Zusammenlaufen der Impulse aus verschiedenen Neuronen auf ein einzelnes Folgeneuron wird als **Prinzip der Konvergenz** bezeichnet (Abb. 307 B). Diese Grundformen der Impulsverteilung bzw. der Impulsversammlung im Nervensystem werden durch andere kompliziert, auf die wir später zurückkommen werden.

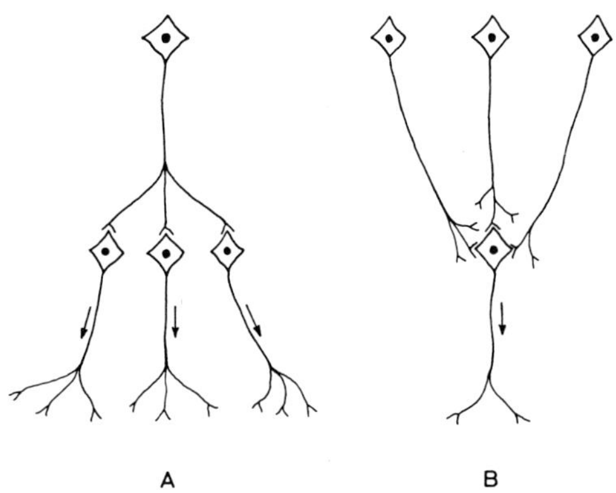

Abb. 307. **A** = Divergenz-, **B** = Konvergenzschaltung

3. Transmitter und ihre Wirkungen

Die Tatsache, daß Signalübermittlung im Nervensystem durch fortgeleitete Aktionspotentiale erfolgt, ließe primär vermuten, daß auch die Impulsübertragung in den Synapsen auf elektrischem Wege vor sich gehe. Eine solche Art der Transmission von Erregung ist aber in nennenswertem Umfang nur bei den Invertebraten realisiert und bei den Wirbeltieren zugunsten einer chemischen Übertragungsweise aufgegeben worden. Insbesondere sind bei den Säugetieren bisher keine »elektrischen«, sondern nur »chemische« Synapsen bekannt geworden. Sehen wir zu, wie man sich den Prozeß der Impulsübertragung bei ihnen vorzustellen hat.

In den Vesikeln der Endknöpfe liegen Transmitterstoffe bereit, die beim Einlaufen von Aktionspotentialen in den Flüssigkeitsraum des Synapsenspaltes entleert werden. Die Menge freigesetzter Transmitter wird von der Frequenz und Amplitude der Aktionspotentiale bestimmt, so daß wir von einer impulsgesteuerten Neurosekretion sprechen können. Die Überträgerstoffe diffundieren gegen die postsynaptische Membran, wo eine chemische Reaktion mit Strukturmolekülen erfolgt, die zur Veränderung der Ionenpermeabilitäten führt. Die dadurch bedingte Veränderung der Membranpolarisation wird als postsynaptisches Potential bezeichnet. Nun hängt es von der Natur des Überträgerstoffes ab, ob er die postsynaptische Membran **de**polarisiert, oder ob er sie **hyper**polarisiert. Im ersteren Falle erzielt er einen Erregungs-, im anderen einen Hemmungseffekt. Dementsprechend charakterisiert man den elektrischen Erfolg der Transmitterwirkung als **exzitatorisches** oder als **inhibitorisches postsynaptisches Potential** und benutzt für diese Ereignisse die Abkürzung **EPSP** und **IPSP** (excitatory or inhibitory postsynaptic potential).

Es ist festzuhalten, daß ein und dasselbe Neuron nicht das eine Mal erregend und das andere Mal hemmend wirkt oder gar über seine verschiedenen Endknöpfe beides zugleich tun kann. Die Wirkungsweise ist vielmehr durch den Transmitter festgelegt, der für das einzelne Neuron spezifisch ist. Demnach gibt es Erregungs- und Hemmungsneurone, je nachdem, welche Art von Überträgerstoff sie herstellen und in den Synapsenspalt sezieren (Abb. 308).

Wegen der chemischen Kopplung zwischen ihnen kann sich der nervöse Impuls des einen Neurons zeitlich nicht unmittelbar auf das nächste Neuron auswirken. Der Diffusionsweg, den die Transmitter zurückzulegen haben, erzeugt in jedem Falle ein kurzes Intervall zwischen der Ankunft eines Aktionspotentials an der praesynaptischen und der Auslösung des nächsten an der postsynaptischen Membran. Man spricht von einer **synaptischen Verzögerung** oder der **Synapsenzeit.** Sie liegt in der Größenordnung von 0,5 ms.

Die Konstruktion chemischer Synapsen hat ferner zur Folge, daß nervöse Impulse stets nur in einer Richtung von einem Neuron auf das andere übertragen werden können. Mit Transmitterstoffen angefüllte Vesikel gibt es nur in Endknöpfen in der Nähe der präsynaptischen Membran. Infolgedessen kann nur von dort her eine Neurosekretion erfolgen. Andererseits befinden sich die Strukturmoleküle, zu denen die Transmitter eine chemische Affinität besitzen, lediglich in der postsynaptischen Membran, so daß sie nur diese beeinflussen können. Während auf der Membran einer Nervenzelle mit ihren Fortsätzen sich Erregungsimpulse grundsätzlich nach allen Richtungen hin ausbreiten können, ist ihr Weg über Synapsen hinweg nur von der praesynaptischen zur postsynaptischen Membran hin möglich. Den Synapsen ist deshalb eine **Ventil-** oder **Gleichrichterfunktion** für die Ausbreitung nervöser Impulse zuzuschreiben.

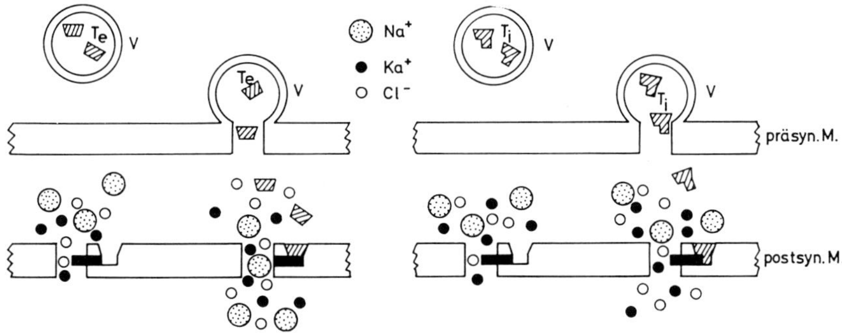

Abb. 308. Schematisches Modell der Transmitterwirkung. (Modifiziert nach GANONG, l. c.).

Links: Synapse eines erregenden Neurons; aus den Vesikeln (V) wird ein Transmitter T_e freigesetzt, der an der postsynaptischen Membran mit Strukturmolekülen so reagiert, daß die partielle Sperre der Poren aufgehoben wird, und die (mit ihren Hydrathüllen) großen Na^+-Ionen entsprechend dem chemischen und elektrischen Gradienten in die Zelle einströmen können. Dadurch wird die Membran depolarisiert und ihre Erregbarkeit gesteigert. **Rechts:** Synapse eines hemmenden Neurons; der Transmitter T_i bewirkt an der postsynaptischen Membran lediglich eine geringe Erweiterung des Porendurchmessers. Sie erleichtert den Ausstrom von K^+-, verhindert aber gerade noch den Einstrom von Na^+-Ionen. Die Folge sind eine Hyperpolarisierung der Membran und eine Minderung ihrer Erregbarkeit

4. Räumliche und zeitliche Summation

Das Auftreten postsynaptischer Potentiale läßt sich durch ihre intrazelluläre Ableitung mit Hilfe von Mikroelektroden nachweisen. Diese schwierige Technik ist zunächst an Nervenzellen vegetativer Ganglien geübt worden, inzwischen aber auch an Motoneuronen von Säugetieren erfolgreich gewesen. Im Prinzip geht man dabei so vor, daß man eine Elektrode in das Vorderhorn der grauen Substanz des Rückenmarks einsticht und dabei auf dem Schirm des Kathodenstrahloszillographen beobachtet, ob ein größerer Potentialsprung auftritt. Kommt er zustande, so muß man annehmen, sich mit der Elektrodenspitze im Innern einer Zelle zu befinden, deren Membranruhepotential nun abgegriffen wird. Ob es sich dabei um ein Motoneuron handelt, läßt sich bestimmen, indem man die Vorderwurzel elektrisch reizt. Dadurch entstehende Fasererregung wird nicht nur orthodrom fortgeleitet, sondern läuft auch antidrom zum Zellkörper zurück. An seiner Membran tritt infolgedessen ein Aktionspotential auf, das vom Registriergerät verzeichnet wird. Ist auf diese Weise die Identifikation einer motorischen Vorderhornzelle gelungen, kann man dazu übergehen, durch Reizung afferenter Fasern der Hinterwurzeln, welche zum Teil direkt zu den Motoneuronen ziehen, praesynaptische Neurone zu erregen. Ein Schema der Versuchsanordnung ist in Abbildung 309 wiedergegeben.

Die Erregung nur weniger afferenter Fasern erzeugt in der Vorderhornzelle eine schwache Depolarisation (EPSP), die bei Rekrutierung weiterer Fasern sowohl der Steilheit des Anstieges als auch der Amplitude nach zunimmt. Erreicht die Depolarisation den kritischen Betrag von 15 mV, so wird in der Gegend des Axonhügels ein Aktionspotential erzeugt, das sich dem EPSP aufsetzt, im Gegensatz zu ihm aber nicht örtlich begrenzt bleibt, sondern über die Axonmembran fortgeleitet wird. Im Falle der Erregung inhibitorischer Neurone kommt es lediglich zu einer Hyperpolarisation der postsynaptischen Membran (IPSP) und infolgedessen nicht zur Ausbildung eines Aktionspotentials.

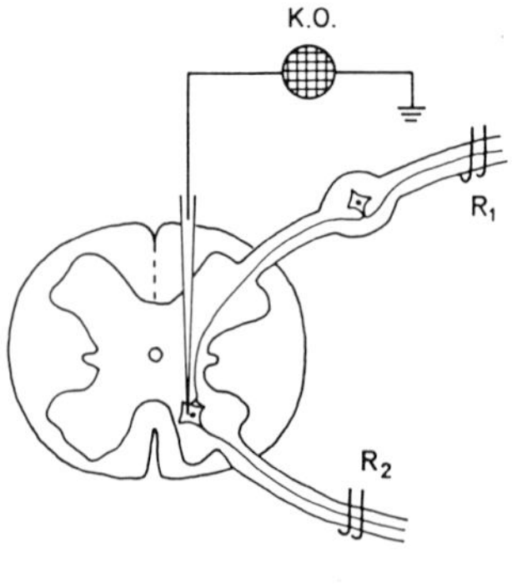

Abb. 309. Versuchsanordnung zur Ableitung postsynaptischer Potentiale.

K. O. = Kathodenstrahloszillograph. $\mathbf{R_1}$ und $\mathbf{R_2}$ = Reizelektrodenpaare

Erinnern wir uns nun der Tatsache, daß jede Nervenzelle in ihrer dendritischen Zone stets eine größere Anzahl von Synapsen mit vorgeschalteten Neuronen bildet. Nehmen wir der Einfachheit halber zunächst einmal an, es handle sich dabei ausschließlich um erregende Neurone. Werden einige davon aktiviert, so wird die Membran des Folgeneurons in den synaptischen Bezirken geringfügig depolarisiert. Der Prozeß ist örtlich begrenzt und beeinflußt die perisynaptischen Membranteile nur so weit, wie die elektrotonische Ausbreitung des lokalen EPSP reicht. Das postsynaptische Neuron feuert keine Aktionspotentiale ab, ist im ganzen aber im Maße der erfolgten Vordepolarisation erregbarer geworden. Spielen sich diese Vorgänge gleichzeitig nicht nur an wenigen, sondern an vielen oder allen Synapsen ab, so addieren sich die Einzelwirkungen und es resultiert eine Gesamtdepolarisation, die den kritischen Betrag zur Erzeugung von Aktionspotentialen erreicht. Dieser Prozeß wird als **räumliche Summation** bezeichnet. Andererseits kann es vorkommen, daß nur einzelne Synapsen aktiviert werden, dies aber durch Salven praesynaptischer Impulse in so kurzen Abständen geschieht, daß jeweils ein EPSP entsteht, noch bevor das vorausgegangene abgeklungen ist. In diesen Fällen kommt es zu einer Überlagerung der lokalen Antworten und schließlich ebenfalls zu einer kritischen Depolarisation und Erzeugung von Aktionspotentialen. Dieser Vorgang wird als **zeitliche Summation** bezeichnet.

In ähnlicher Weise wirken sich die örtlich und zeitlich verteilten Impulse von Hemmungsneuronen aus, nur daß die von ihren Endknöpfen besetzten, postsynaptischen Membranteile hyperpolarisiert und damit unerregbarer werden. Die nichtkonduktile Membran des dendritischen Bereichs einer Nervenzelle hat somit die Aufgabe, alle inhibitorischen und exzitatorischen Einzelwirkungen vorgeschalteter Neurone über den Ort und über die Zeit zu integrieren. Ist das Ergebnis ein kritischer Depolarisationsbetrag von ca. 15 mV, wird ein Aktionspotential gestartet und auf die Reise geschickt. Das Prinzip der räumlichen und zeitlichen Summation wird in Abbildung 310 erläutert.

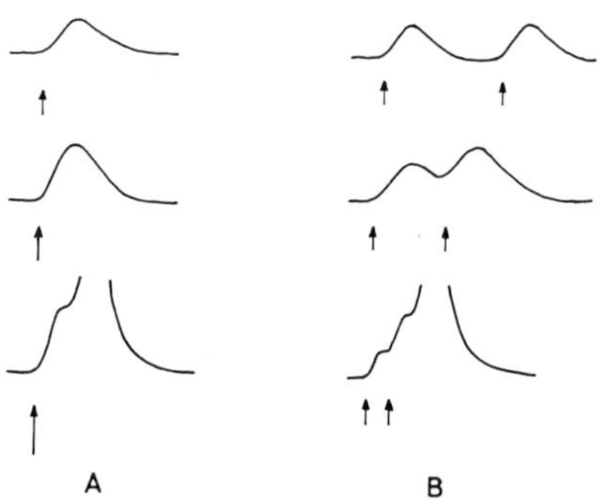

Abb. 310. **A:** Räumliche Summation. Ein afferenter Nerv ist mit zunehmender Stärke (s. Länge der Pfeile) gereizt worden. Auf ein Folgeneuron konvergierende Impulse verursachen durch Summation ihrer örtlichen Wirkungen eine zunehmende Gesamtdepolarisierung, bis die kritische Schwelle erreicht wird. **B:** Zeitliche Summation. Reize gleicher Stärke werden in zunehmend dichterer Folge gesetzt. Die zeitlich getrennten Wirkungen beginnen einander zu überlagern, bis die Gesamtdepolarisation an der postsynaptischen Membran ausreicht, ein Aktionspotential auszulösen

5. Facilitation und Okklusion

Die bisher erläuterten Prinzipien der Konvergenz und Divergenz nervöser Impulse sowie der räumlichen und zeitlichen Summation wirken sich durch ihr Zusammenspiel in Nervenzellenverbänden so aus, daß Erscheinungen zustande kommen, die mit den Bezeichnungen **Facilitation** (Bahnung) und **Okklusion** belegt werden.

Abbildung 311 stellt den modellhaft simplifizierten Ausschnitt aus einem Nervennetz mit den praesynaptischen Neuronen A, B, C und den postsynaptischen Neuronen I, II, III dar. A und B konvergieren auf I, B und C auf II. Andererseits divergiert B auf I und II, C auf II und III. In dieser einfachen morphologischen Situation steckt schon eine Mannigfaltigkeit funktioneller Möglichkeiten.

Wird allein A aktiviert, so wird an der Synapse 1 ein EPSP ausgebildet, das die Rezeptormembran von I zwar erregbarer macht, sonst aber keine weiteren Folgen zeitigt. Werden gleichzeitig A und B aktiviert, entstehen an den Orten 1 und 2 EPSP, die sich elektrotonisch ausbreiten, die Depolarisation von I verdoppeln und zusammen ausreichen mögen, ein Aktionspotential zu erzeugen. Wir begegnen hier wieder dem Fall einer räumlichen Summation, den wir auch so interpretieren können, daß A eine ersichtliche Wirkung von B gebahnt hat und umgekehrt. Bahnung ist also eine Veränderung der Polarisation einer Membran in Richtung auf ihr kritisches Potential hin. Anders ausgedrückt versteht man darunter die Erhöhung der Erregbarkeit in einem Maße, die zusätzlichen Impulsen zu einer Wirksamkeit verhilft, die sie für sich allein nicht gehabt hätten. Analog kann B eine Wirkung von C auf dem Wege der räumlichen Summation bahnen und umgekehrt. Während B und C in II ein Aktionspotential erzeugen, bleibt III stumm, ist aber unterschwellig erregt. Das Neuron befindet sich am Rande einer Entladungszone, kann aber jederzeit darin einbezogen werden, wenn ihm zusätzlich Impulse zufließen.

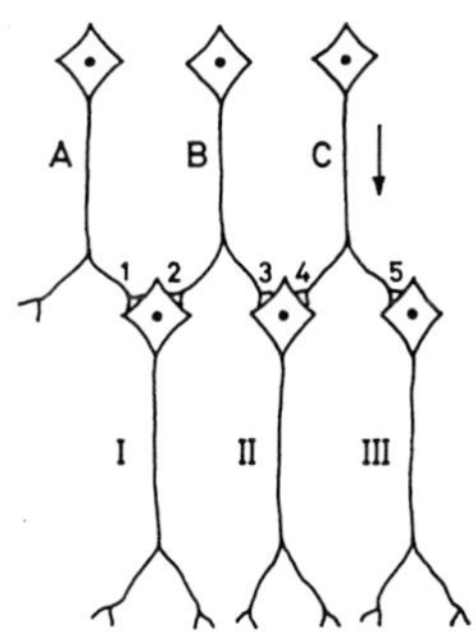

Abb. 311. Schema zur Erläuterung der Facilitation und Okklusion. Näheres siehe Text

Eine Einzelentladung von A würde in I außer einem EPSP nichts bewirken, hätte mit der begrenzten Depolarisation aber einen Bahnungseffekt erzielt. Wiederholte Entladungen würden auf dem Weg der zeitlichen Summation in A Aktionspotentiale erzeugen. Der gleiche Vorgang in B würde wegen der Divergenz auf I und II sogar 2 postsynaptische Neurone zur Entladung bringen. aus demselben Grunde kann C II und III aktivieren. Eine simultane Tätigkeit von B und C würde aber wegen der Konvergenz von B auf I und II offensichtlich nicht die Summe der Einzelwirkungen, nämlich die Entladung von $2 \times 2 = 4$, sondern nur von 3 postsynaptischen Neuronen erbringen. Diese Erscheinung wird als Okklusion bezeichnet.

6. Erregungskreise

Wir müssen uns klar darüber sein, daß Nervennetze allenfalls in der Peripherie, etwa in den praevertebralen Ganglien, aus so einfachen Maschen bestehen, wie wir sie in Abbildung 311 angenommen haben. Im Zentralnervensystem ist dagegen mit einem System lateral oder rückläufig geschalteter Zwischenneurone zu rechnen, die wiederum die Mannigfaltigkeit der Funktionsmöglichkeiten erheblich erweitern. 2 Grundtypen werden in Abbildung 312 A u. B vorgestellt. In A ist angenommen,

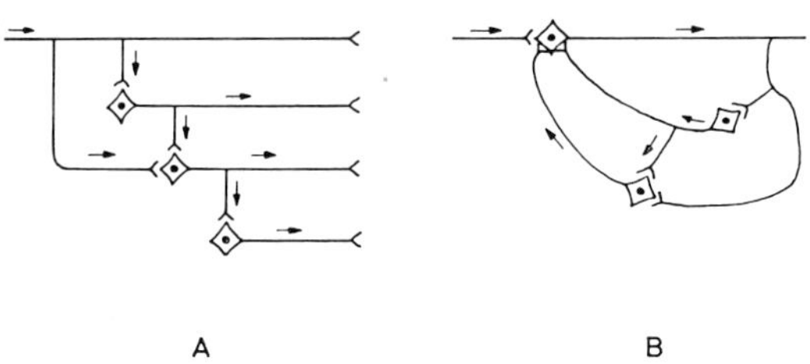

Abb. 312. **A:** Beispiel einer Kollateralschaltung mit Verzögerungswirkung für parallel geleitete Impulse; **B:** Beispiel eines rückgekoppelten Erregungskreises. (Nach Lorente de Nó, 1938, J. Neurophysiol. **1,** 207)

daß die Erregung über eine afferente Faser direkt einem zentralen Neuronenpool zufließt. Unterwegs wird sie jedoch über laterale Äste verzweigt und auf Zwischenneurone übertragen. Über sie gelangen die Impulse indirekt auf parallelem Wege zum selben Ziel, jedoch zweifellos nicht zur selben Zeit, da sie je nach der Anzahl dazwischen liegender Synapsen unterschiedliche Verzögerungen erfahren. Auf diese Weise können Erregungsimpulse nicht nur multipliziert, sondern auch ihre Wirkung an den Zielstrukturen zeitlich ausgedehnt werden. In B ist das Prinzip eines nervösen Schaltkreises dargestellt, in dem Zwischenneurone, die über Seitenzweige eines Axons erregt werden, zu dessen Zellkörper zurücklaufen. Mit einer solchen Anordnung ist ein Neuron imstande, sich selbst zu erregen. Der Erfolg kann entweder darin bestehen, daß ein Einzelimpuls ausreicht, auf dem Wege positiver Rückkopplung eine ganze Serie von Impulsen auszulösen oder aber durch Bahnungseffekte die Reaktion auf Impulse vorgeschalteter Neurone zu erleichtern.

7. Hemmungsvorgänge

Sind rekurrente Neurone inhibitorischer Natur, so kann es sowohl zu einer **Eigenhemmung** als auch zu einer **lateralen Hemmung** benachbarter Nervenzellen kommen. Sie ist von Renshaw an Motoneuronen beobachtet worden. Die beteiligten Zwischenneurone werden deshalb als Renshaw-Zellen bezeichnet. Sie dienen dazu, den Zustand der Erregung motorischer Nervenzellen nicht über ein gewisses Maß hinausschießen zu lassen und sind damit ein Element der Bewegungskontrolle. Die Eigenhemmung durch negative Rückkopplung wird durch einen Schaltkreis erreicht wie ihn Abbildung 313 wiedergibt. Dies ist nur ein Spezialfall **postsynaptischer Hemmung,** wie sie an vielen Stellen des Zentralnervensystems durch Zwischenneurone auch auf nachgeschaltete Nervenzellen ausgeübt wird (Vorwärtshemmung). Ein Beispiel dafür bietet die reziproke Innervation von Beugern und Streckern bei Extremitätenreflexen. Wird ein Beugereflex ausgelöst, so kommt es gleichzeitig durch planmäßige Aktivierung spezifischer Schaltneurone zu einer Hemmung motorischer Einheiten der ipsilateralen Streckermuskulatur. Sinn dieser Maßnahmen ist, die Beugung der Extremität nicht unnötig zu bremsen, was insbesondere beim Ablauf eines Schutzreflexes dem Funktionsziel widersprechen würde.

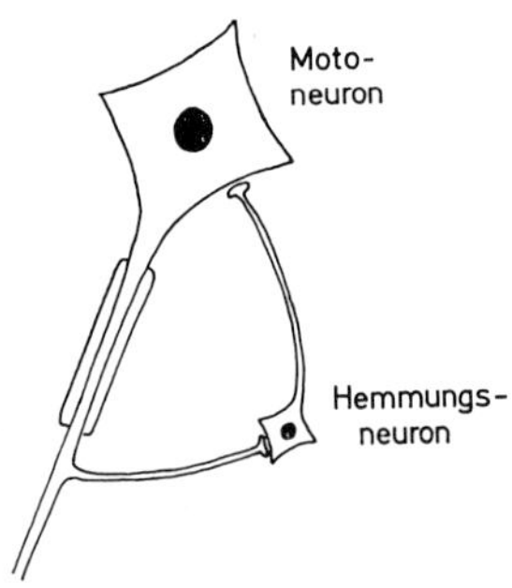

Abb. 313. Eigenhemmung eines Motoneurons; zugleich ein Beispiel für postsynaptische Hemmung

Diese postsynaptische Hemmung wird durch Zwischenneurone ausgeübt, die Transmitter sezernieren, welche das Potential der postsynaptischen Membran stabilisieren und sie damit unerregbarer machen. Daneben gibt es aber auch Formen **praesynaptischer Hemmung,** die ausschließlich durch Erregungswirkungen zustande kommen. Eine

Vorstellung davon gibt die Abbildung 314. Hier bildet ein Zwischenneuron eine Synapse mit der Endigung eines anderen Axons. Ist ersteres aktiv, so setzt es, ganz im Sinne eines Erregungsvorganges, das Membranpotential am Endknopf herab. Läuft dort ein Aktionspotential ein, so wird seine örtliche Amplitude um den Betrag der vorausgegangenen Depolarisation reduziert. Da die Größe des Aktionspotentials die Menge freigesetzten Transmitterstoffes bestimmt, kann das nachgeschaltete Neuron nur in entsprechend geringerem Maße erregt werden.

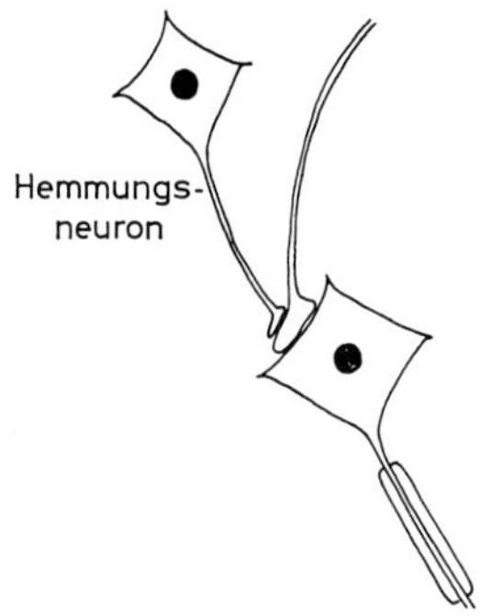

Abb. 314. Praesynaptische Hemmung

Außer den prae- und postsynaptischen Hemmungen, die auf die Aktivität eigens dazu angelegter Zwischenneurone zurückzuführen sind, gibt es Einschränkungen der Erregbarkeit als Folge der Eigentätigkeit der Nervenzellmembranen. So sind sie während des Ablaufs eines Aktionspotentials für die, allerdings sehr kurze, Dauer der vollständigen Depolarisation überhaupt nicht und im Zuge der Repolarisation zunächst nur schwer wieder erregbar (absolute und relative Refraktärphase). Hinzu kommt, daß nach Abklingen des Aktionspotentials die Membran für einige Millisekunden relativ zum Ruhepotential hyperpolarisiert und damit unempfindlicher bleibt (subnormale Phase).

8. Chemische Natur der Transmitter

Die chemische Natur der Stoffe, die bei der Impulsübertragung eine Rolle spielen, ist aus experimentaltechnischen Gründen in peripheren Synapsen gut, in zentralen dagegen nur unvollständig bekannt. Sicher ist, daß die schon erwähnten Kollateralen der Motoneurone, die in Verbindung mit Renshaw-Zellen stehen, ebenso wie die Endigungen an der motorischen Endplatte Acetylcholin als Transmitter sezernieren. Die Verbindung wird in der Nervenfaser aus aktivierter Essigsäure und Cholin synthetisiert und in den Vesikeln der Endknöpfe gespeichert. Zur Freisetzung ist außer einer Membrandepolarisation (Aktionspotential) die Gegenwart von Ca^{++} erforderlich. Nach der Reaktion mit den Rezeptormolekülen an der postsynaptischen Membran wird die Verbindung durch eine Acetylcholinesterase wieder gespalten und damit unwirksam. Der Cholinrest diffundiert zum Teil in die praesynaptische Faser zurück, um wieder in Synthesen einzutreten.

Acetylcholin ist auch der Transmitter zwischen allen prae- und postganglionären Neuronen des peripheren vegetativen Nervensystems sowie an allen Effektoren parasympathischer Fasern. Der Stoff ist aber auch im Hirnstamm, in den thalamischen Kerngebieten und im Cortex sowie (in relativ hohen Konzentrationen) in den Basalganglien und in der Retina nachzuweisen. Es ist also sehr wahrscheinlich, daß es auch im Zentralnervensystem eine große Anzahl **cholinerger** Fasern gibt.

Ähnliches läßt sich von **adrenergen** Fasern sagen, die den Konzentrationen von **Noradrenalin** zufolge besonders häufig im Mittelhirn und im Rhombencephalon vertreten zu sein scheinen. Die Synthese dieses Stoffes geht von Phenylalanin bzw. Tyrosin aus und erfolgt im Cytoplasma der Nervenzelle. Durch Hydroxylierung von Tyrosin entsteht Dihydroxyphenylalanin (Dopa), das durch Decarboxylierung in Dopamin überführt wird. Diese Verbindung erscheint in auffällig hohen Konzentrationen im Nucleus caudatus, so daß sie dort als Transmitter fungieren könnte. In den Vesikeln oder der Granula der Endknöpfe adrenerger Fasern ist ebenfalls Dopamin anzutreffen, jedoch nur als Speichersubstanz, die vor ihrer Verwendung als Überträgerstoff durch β-Hydroxylierung in Noradrenalin umgewandelt wird.

Außer diesem Katecholamin, das auch der neuroeffektorische Transmitter der meisten postganglionären sympathischen Fasern ist, kommen im Zentralnervensystem als Überträgerstoffe vermutlich das Indolamin Serotonin (5-Hydroxytryptamin), das Imidazolamin Histamin sowie evtl. die Aminosäuren Glutaminsäure und γ-Aminobuttersäure in Betracht. Letztere wirkt mit Sicherheit als Hemmstoff an den Muskelfasern von Krebsen, die, anders als die Skelettmuskelfasern von Säugetieren, eine Doppelinnervation durch exzitatorische und inhibitorische Fasern besitzen. Ob die γ-Aminobuttersäure auch im Zentralnervensystem höherer Tiere unter physiologischen Bedingungen eine Hemmfunktion ausübt, ist noch ungewiß.

Die Tatsache einer ausschließlich chemischen Erregungsübertragung in den neuroneuronalen und neuroeffektorischen Synapsen der Säugetiere ermöglicht es, diese Vorgänge pharmakologisch zu beeinflussen. Dabei kann der chemotherapeutische Eingriff auf verschiedenen Stufen des gesamten Funktionsablaufs erfolgen. Er kann sowohl die Synthese der Transmitter, ihre Sekretion, ihre Reaktion an der postsynaptischen Membran wie auch ihre enzymatische Spaltung betreffen. Zu den bekannteren, im Zentralnervensystem wirksamen Synapsengiften gehören Strychnin und Tetanustoxin, welche die Erregungsübertragung von Hemmungsneuronen wahrscheinlich durch Kompetition mit den physiologisch wirksamen inhibitorischen Transmittern unterbinden. Genau besehen, erfolgt hier eine **Hemmung von Hemmung** mit dem Ergebnis einer allgemeinen Hyperaktivität ungezügelter Erregungsneurone, die zu dem klinischen Symptom von Krämpfen führt.

D. Rezeptoren

1. Allgemeine Eigenschaften

Informationen über physikochemische Zustände im Innern des Körpers und in seiner Umgebung fließen dem Zentralnervensystem über afferente Fasern zu, deren periphere Enden entweder frei liegen oder mit Gebilden aus anderen Gewebearten verbunden sind, so daß es verschiedene Formen von **Rezeptoren** gibt. Sie kommen entweder einzeln vor oder sind in größeren Verbänden zu Sinnesorganen zusammengefaßt.

Rezeptoren sollen nicht einfach Reize in Erregungen umsetzen, sondern auch zwischen verschiedenen Reizarten differenzieren, deren Intensitäten ermitteln und Auskunft über ihre räumliche und zeitliche Verteilung geben. Dazu bedarf es einer Reihe von Eigenschaften, die eine dem jeweiligen Zweck angepaßte, strukturelle und funktionelle Organisation erfordert.

Erregungsvorgänge kommen an Rezeptoren in gleicher Weise zustande wie auch sonst an erregbaren Gebilden: durch Depolarisation von Membranen. Je nach der Art des Rezeptors sind diesem Ereignis physikalische oder chemische Prozesse vorgeschaltet, die der Ankopplung ausgewählter Reize dienen. Allgemein gesprochen besitzt der Körper Fühler für mechanische, elektromagnetische und chemische Energie. Unter ihnen gibt es wiederum spezifische Detektoren für unterschiedliche Arten der Einwirkung dieser verschiedenen Erscheinungsformen von Energie. So werden im mechanischen Bereich Dehnungen, Spannungen, Torsionen, Kompressionen und Dekompressionen von Gewebeteilen sowie die thermische Bewegung von Molekülen rezipiert (verschiedene Arten von Mechano- und Thermorezeptoren). Unter den Photorezeptoren gibt es Empfänger für verschiedene Frequenzbänder (Farbrezeptoren). Die Garnitur der Chemorezeptoren enthält u. a. Reagenten auf die Wasserstoffionenkonzentration, auf den Sauerstoff- oder Kohlenstoffdioxiddruck, auf Glukose, auf andere Metaboliten, auf Geruchs- und Geschmacksmoleküle. Der Organismus verfügt demnach über eine Mannigfaltigkeit von Rezeptoren, die der Vielfalt der für die Existenz eines Tieres bedeutsamen Reize entspricht.

2. Adäquate Reize

Die Spezifität der Rezeptoren, d. h. ihre Eigenschaft, nur auf ausgewählte Reize aus der Gesamtheit aller einwirkenden Faktoren mit Erregung zu reagieren, beruht auf ihrer jeweils verschiedenen Empfindlichkeit gegenüber einzelnen Energieformen und Intensitätsbereichen. So sprechen die Rezeptoren der Netzhaut auf elektromagnetische Schwingungen im Bereich der Wellenlängen von 400–760 nm an (sichtbares Licht). Schwingungen mit kürzerer oder längerer Periode bleiben dagegen wirkungslos. Zwar lassen sich retinale Photorezeptoren auch durch mechanischen Druck erregen, doch sind dafür unvergleichlich größere Energiemengen erforderlich. — Bei den Thermorezeptoren gibt es zwei Gruppen, deren Empfindlichkeitsmaxima in unterschiedlichen Temperaturbereichen liegen (Warm- und Kaltrezeptoren). Reize, denen gegenüber Rezeptoren vorzugsweise empfindlich sind, werden **adäquate Reize** genannt.

3. Generatorpotentiale

Die qualitative Differenzierung von Reizen auf der Ebene der Rezeptoren ist somit eine Folge ihrer spezifischen Empfindlichkeit. Die quantitative Unterscheidung von Intensitäten erfolgt dadurch, daß die Membranen von Rezeptorzellen örtliche Potentiale erzeugen, deren Amplituden sich proportional zur Stärke des adäquaten Reizes verhalten. Des Entstehungsortes wegen werden sie als **Rezeptorpotentiale,** ihrer Wirkung wegen aber auch als **Generatorpotentiale** bezeichnet. Sie erzeugen fortgeleitete **Aktionspotentiale,** deren Frequenz wiederum von der Entstehungsgeschwindigkeit und von der Amplitude der Rezeptorpotentiale abhängt.

4. Wandlereigenschaften von Rezeptoren

Technisch gesprochen verfügt der Körper über Sensoren, die für verschiedene Energieformen selektiv empfindlich sind. Sie haben Wandler-(Transducer-)eigenschaften, da sie mechanische, elektromagnetische oder chemische Reize in nervöse Impulse umzusetzen vermögen. Dabei wirken sich wechselnde Reizstärken als Amplitudenmodulation der Generatorpotentiale aus. Diese wiederum steuern eine Frequenzmodulation der Aktionspotentiale. Am Ende dieser Kette von Ereignissen stehen entweder eine reflektorische Antwort auf das auslösende Reizmoment oder eine zentral gebildete Empfindung oder beide zusammen.

Die reizstärkenanaloge Ausformung von Generatorpotentialen und ihre Umsetzung in Alles-oder-Nichts-Ereignisse (Aktionspotentiale) läßt in erster Näherung daran denken, daß Rezeptoren wie technische Analog-Digitalwandler arbeiten. Genau genommen sind es jedoch nicht die Ja-Nein-Antworten der Fasermembran in Gestalt der nervösen Impulse selbst, sondern ihre zeitlichen Abstände zueinander, welche die Information über den Reiz enthalten und stetig variiert werden können. Der analogen Abbildung seiner Intensität im Generatorpotential entspricht demnach eine diskret-analoge Codierung in der Impulsfolge.

5. Arbeitsweisen eines Mechanorezeptors

Um ein einfaches Beispiel der Funktion eines Mechanorezeptors zu geben, seien die gut bekannten Vorgänge an Pacinischen Körperchen beschrieben, wie sie im Unterhautgewebe, in der Muskulatur, an den Gelenken oder auch im Mesenterium anzutreffen sind. Sie bestehen aus einem sphäroiden Gebilde konzentrisch angeordneter Bindegewebslamellen, in die das Ende einer myelinisierten Nervenfaser eingebettet ist, die ihre Markscheide jedoch innerhalb der Kapsel verliert (Abb. 315). Das Organ ist hochempfindlich gegen Deformation durch Druck, wobei die Lamellen gegeneinander verlagert werden. Bereits eine Verschiebung um Bruchteile eines Tausendstel Millimeters führt zur Ausbildung eines Generatorpotentials im unmyelinisierten und nicht konduktilen Ende der Faser. Dabei nehmen sowohl Anstiegsgeschwindigkeit als auch Amplitude mit der Reizintensität zu. Das örtliche Potential führt zur elektrotoni-

Abb. 315. Prinzipielle Struktur eines Druckrezeptors (Pacinisches Körperchen). Rechts: Amplitude und Verlauf von Generatorpotentialen entsprechend einer zunehmenden Deformation des Körperchens. Die größte Amplitude reicht aus, um ein fortgeleitetes Aktionspotential (AP) zu starten

schen Depolarisation der konduktilen Axonmembran am ersten Ranvierschen Schnürring, der außerhalb des Kapselgebildes liegt. Hier werden Aktionspotentiale ausgelöst, deren Frequenz der Amplitude des Generatorpotentials und damit der Reizstärke proportional ist. Die Proportionalität zwischen Reizstärke und Frequenz der Aktionspotentiale ist jedoch nicht linear, sondern logarithmisch. Auf diese Weise wird erreicht, daß ein vergleichsweise großer Umfang von Intensitätsstufen durch das Mittel der Frequenzmodulation abgebildet werden kann.

6. Adaptation

Läßt man eine deformierende Kraft dauernd auf ein Pacinisches Körperchen einwirken, so führt das keineswegs zur Bildung eines konstanten Generatorpotentials und infolgedessen auch nicht zur Dauerentladung von Aktionspotentialen. Vielmehr gehen beide Ereignisse relativ schnell auf Null zurück, obwohl der physikalische Reiz fortbesteht. Diesen Vorgang der Veränderung einer Reizantwort nennt man **Adaptation.** Er stellt sich bei verschiedenen Arten von Rezeptoren mit unterschiedlicher Geschwindigkeit ein. Man unterscheidet rasch und langsam adaptierende Rezeptoren. Die Pacinischen Körperchen gehören zur ersteren Sorte. Ihre Eigenschaft, rasch zu adaptieren, wird wahrscheinlich mitbedingt durch einen Schlupf der Lamellen, die sich nach anfänglicher Verschiebung trotz weiter drückender Kraft alsbald wieder reponieren. Die Dehnungsrezeptoren in den Muskelspindeln adaptieren hingegen nur sehr langsam. Anders wäre ihre Aufgabe, Faserlängen zu signalisieren, auch nicht erfüllbar. Schmerzrezeptoren adaptieren so gut wie gar nicht, was sicherlich notwendig ist, um ihrer Warnfunktion zu genügen.

Die rasche Adaptierbarkeit der Pacinischen Körperchen sowie ihre Eigenschaft, nicht nur auf Kompressionen, sondern auch auf Dekompressionen zu antworten, bedingen, daß es nicht nur beim Einsetzen, sondern auch beim Aussetzen einer deformierenden Kraft zu Reizantworten in Form von Generatorpotentialen kommt. Sie haben demnach eine Ein-Aus-(On-Off-)Charakteristik, wie sie ebenso anderen Arten von Rezeptoren (z. B. Photorezeptoren) eigentümlich ist.

7. Sensorische Einheiten

Vielfach ist eine größere Anzahl von Rezeptoren über eine Anfangsverzweigung an eine einzige afferente Faser angeschlossen. Man nennt ein solches Funktionselement eine **sensorische Einheit** (in Analogie zur motorischen Einheit, unter der man ein Motoneuron samt aller über das Telodendron angeschlossenen Muskelfasern versteht). Das einer afferenten Faser zugehörige Rezeptorenfeld wird als Versorgungs- oder **Innervationsgebiet** bezeichnet (receptive field). Die Innervationsgebiete der sensorischen Eigenschaften überlappen einander, so daß stärkere Reize nicht nur zur Erhöhung der Impulsfrequenz einer Einzelfaser, sondern auch zur Rekrutierung benachbarter sensorischer Einheiten führen. Beide Prozesse wirken bei der Vermittlung einer zentralen Reizstärkenempfindung zusammen (Abb. 316).

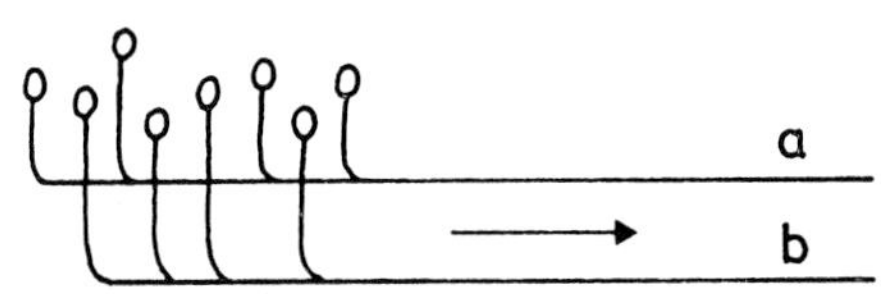

Abb. 316. Verschränkung sensibler Neurone in einem Rezeptorenfeld. Je nach Stärke eines einwirkenden Reizes können a oder b alleine in unterschiedlichem Maße erregt werden. Bei massiverer Einwirkung werden beide sensorischen Einheiten zusammen rekrutiert

E. Reflexe

1. Reflexbogen

Zu den elementaren Funktionen des Nervensystems gehört die Vermittlung von Reflexen. Darunter versteht man automatisierte Reaktionen auf äußere oder innere Reize. Sie kommen dadurch zustande, daß an den Reizaufnahmeorten (Rezeptorenfeldern) Impulse gebildet werden, die über afferente Fasern dem Zentralnervensystem zufließen, um von dort über efferente Bahnen auf Effektoren (Muskeln oder Drüsen) übertragen zu werden. Die Leistung der zentralen Struktur dabei ist, Rezeptoren und Effektoren so miteinander zu verknüpfen, daß die Erfolgsorgane zweckmäßig und angepaßt zu reagieren vermögen, ohne daß es corticaler Kontrollen bedarf. Dazu sind neuronale Verschaltungen erforderlich, die schon auf der Ebene der Rückenmarkssegmente erhebliche Kompliziertheitsgrade erreichen können.

Die Verbindung vom Reizaufnahme- zum Erfolgsorgan wird als **Reflexbogen** bezeichnet. Im einfachsten Fall besteht er aus nur zwei Neuronen. Da ein Impuls auf dem Wege von einem Neuron zum nächsten nur auf eine Synapse trifft, spricht man dann von **monosynaptischen** Reflexen. Das bedeutet aber nicht, wie vereinfachende Schemata es zuweilen darstellen, daß es nur eine einzige Kontaktstelle zwischen erstem und zweitem Neuron gibt. Weil Axone sich an ihren Enden verzweigen (Telodendron), besteht vielmehr die Möglichkeit, Synapsen mit mehreren Folgeneuronen zu bilden. Diese liegen zwar dicht beieinander, müssen aber nicht alle sich in ein und demselben Rückenmarkssegment befinden, sondern können auch auf benachbarte Segmente übergreifen. Die einfachsten Reflexbögen sind also nicht notwendig monosegmental, aber doch monosynaptisch in dem besonderen Sinne, daß ein efferentes Neuron seine Erregung von einem afferenten unmittelbar und nicht über Zwischenneurone erhält.

Analysieren wir nun den Modus der Signalübermittlung über einen solchen Reflexbogen aus zwei Neuronen in seinen Einzelheiten. Am Anfang der Kette steht ein Reizempfänger (Rezeptor). Trifft auf ihn ein adäquater Reiz genügender Stärke, so entsteht als lokale Antwort ein Rezeptor- oder Generator-Potential, dessen Amplitude in einer festen Beziehung zur Reizintensität steht. Ist sie groß genug, werden Aktionspotentiale ausgelöst, deren Folgefrequenz wiederum von der Größe des Generatorpotentials abhängt. Diese Aktionspotentiale laufen schließlich in die Endknöpfe des afferenten Neurons ein, um dort den chemischen Transmittermechanismus auszulösen, der die zentral gelegene neuroneuronale Synapse überbrückt. Infolge der Reaktion des Überträgerstoffes an der postsynaptischen Membran entsteht hier ein örtliches Potential, im Falle eines Depolarisationsvorganges ein exzitatorisches postsynaptisches Potential (EPSP). Dieses löst ebenfalls Aktionspotentiale aus, die über den Neuriten des efferenten Neurons zum Effektor laufen. Ist das eine quergestreifte Muskelfaser, so kommt es im Bereich der myoneuralen Synapse (motorische Endplatte) zu einer lokalen Antwort der postsynaptischen Membran, dem Endplattenpotential. Es wirkt als Auslöser von Aktionspotentialen, die eine Kontraktion der Faser zur Folge haben. Elektrophysiologisch gesehen haben wir es also abwechselnd mit örtlichen und mit fortgeleiteten Potentialänderungen zu tun. Dabei besteht an der zentralen Synapse die Möglichkeit, durch Einflüsse aus anderen Teilen des Nervensystems den Reflexablauf zu beeinflussen.

2. Dehnungsreflexe

Monosynaptische Reflexe begegnen uns nur in der Form von **Eigenreflexen.** Sie sind so genannt worden, weil bei ihnen der Rezeptor im Effektor selber liegt, der Reflexbogen also von Fühlern ausgeht, die sich im Erfolgsorgan befinden. Das ist bei allen Skelettmuskeln der Fall, welche auf Änderungen ihrer Länge infolge einer Dehnung mit einer Kontraktion reagieren.

Ein Muskel ist dehnbar, elastisch und kontraktil. Wird ein isolierter Muskel nicht allzu stark gedehnt und dann wieder freigelassen, so kehrt er in die Ausgangslage zurück, weil durch die Dehnung in seinen elastischen Bauelementen Rückstellkräfte hervorgerufen worden sind. Die kontraktilen Proteine der Muskelfasern verhalten sich dabei völlig passiv. Skelettmuskelfasern — und hierin unterscheiden sie sich von Herzmuskelfasern und von Fasern der glatten Muskulatur — kontrahieren sich nur, wenn sie durch nervöse Impulse dazu veranlaßt werden. Das aber geschieht stets bei Dehnungen eines Muskels, der sich in situ befindet, und dessen Nervenverbindungen zum Rückenmark nicht gestört sind. Solche muskulomuskulären Reflexe werden deshalb zutreffend als **Dehnungsreflexe** gekennzeichnet. Dieser Terminus besagt zwar nicht, wie der Ausdruck »Eigenreflex«, daß Erregung, die in einem Organ entstanden ist, wieder dorthin zurückläuft, gibt aber eine für das Funktionsverständnis wichtige Auskunft über das auslösende Moment.

An der nicht aufgestützten Hinterextremität läßt sich durch Schlag auf das gerade Kniescheibenband eine Zuckung des Musculus quadriceps femoris mit Streckung des Kniegelenks hervorrufen

(Quadriceps-Reflex, »Patellarsehnen-Reflex«). Bei Hund und Katze erhält man diesen Reflex in Seitenlage relativ leicht, beim Großtier und beim Schwein ist der Ausfall weniger deutlich. Eine Analyse des Reflexablaufs führt zu folgendem Ergebnis: Durch Schlag auf die Sehne wird der Muskel gedehnt. Dadurch wird auf Dehnungsrezeptoren in der Muskulatur ein adäquater Reiz ausgeübt. Ihre Erregung wird über sensible Fasern den zuständigen Rückenmarkssegmenten zugeleitet. Dort erfolgt eine direkte Übertragung auf Motoneurone, was zur Kontraktion der von ihnen versorgten Muskelfasern führt. Daraus wird ersichtlich, daß die Kennzeichnung als Sehnenreflex unzutreffend ist und es sich vielmehr um einen muskulomuskulären Eigenreflex handelt. Die Sehne hat bei der Auslösung mit dem Perkussionshammer nur als Kraftübertragungsglied gewirkt.

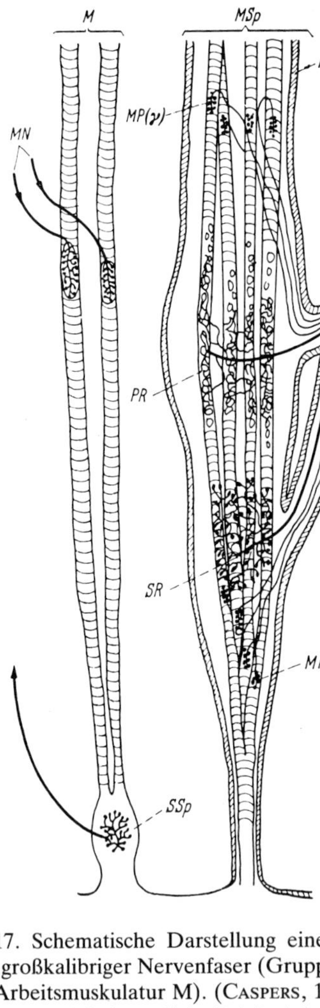

Abb. 317. Schematische Darstellung einer Muskelspindel mit großkalibriger Nervenfaser (Gruppe der gewöhnlichen Arbeitsmuskulatur M). (Caspers, 1961, in: Handbuch der ges. Arbeitsmedizin, Bd. I: Arbeitsphysiologie. Urban & Schwarzenberg, Berlin, München, Wien).

H = fibröse Spindelhülle, **MN** = motorische Nervenfasern der Arbeitsmuskulatur mit Endplatten, **MP** (γ) = motorische Nervenendplatten der γ-Fasern, **PR** = primäres Rezeptorareal der Muskelspindeln mit großkalibriger Nervenfaser (Gruppe I a), **SR** = sekundäres Rezeptorareal mit Nervenfaser der Gruppe II, **SSp** = Sehnenspindel mit afferenter Nervenfaser

Die Dehnungsfühler des Muskels werden ihrer Form wegen Muskelspindeln genannt (fusus = Spindel). Sie liegen parallel zur Arbeitsmuskulatur und enthalten in einer bindegewebigen Hülle einige modifizierte Muskelfasern, die wegen ihrer Lage intra fusum auch als »intrafusale« Fasern mit Rezeptoreigenschaft von den »extrafusalen« Arbeitsfasern zu unterscheiden sind. Die Mittelstükke der intrafusalen Fasern fungieren als Dehnungsrezeptoren. Die Querstreifung der Enden dagegen weist auf eine innere Struktur hin, die der typischen Anordnung von Fadenmolekülen in Arbeitsmuskelfasern entspricht. Diese Abschnitte sind kontraktil und werden von Motoneuronen der Aγ-Gruppe versorgt (Abb. 317, 318).

Bei plötzlicher Dehnung kommt es im Bereich der primären, annulospiralig endenden Ia-Fasern zur Ausbildung von Generator- und zur Auslösung von Aktionspotentialen. Die Erregung läuft über den Reflexbogen zum Muskel zurück, der mit einer synchronisierten Kontraktion der extrafusalen Arbeitsfasern antwortet. Da die Muskelspindeln parallel zu ihnen liegen, werden sie bei der Zukkung entspannt. Dehnungsreiz und Generatorpotentiale sind somit aufgehoben, so daß der reflexauslösenden Impulsentladung nun eine Periode der Ruhe folgt (silent period).

Eine Aktivität der Dehnungsrezeptoren entsteht aber nicht allein durch äußere Kräfte, die auf den Muskel wirken, sondern kann auch intern über die γ-Motoneurone zustande kommen. Erhöhung der Spannung in den kontraktilen Enden der intrafusalen Fasern bewirkt eine Vordehnung des Mittelstücks mit entsprechender Impulserzeugung. Es ist klar, daß bei einer solchen Ausgangslage eine weitere Dehnung zu besonders hohen Entladungsfrequenzen führt. Durch die γ-Motorik kann der Empfindlichkeitsbereich des Fühlers verstellt werden. Auf diesem Wege ist es übergeordneten Teilen des Zentralnervensystems möglich, den Ablauf segmentaler Eigenreflexe zu beeinflussen und den Muskeltonus zu erhöhen. Angst kann zu stärkerer Aktivität der γ-Motoneurone, damit zu größerer Empfindlichkeit der Muskelspindeln und zur Hyperreflexie führen. Läßt man menschliche Patienten die gebeugten Finger ihrer Hände verhaken und dann die Arme kräftig auseinanderziehen (Jendrassikscher Handgriff), so ist der Quadriceps-Reflex besonders leicht auszulösen. Der Grund ist, daß afferente Impulse aus den Vordergliedmaßen das γ-motorische System beeinflussen und dadurch eine Reflexbahnung in den Lumbalsegmenten bewirken.

Die reflektorische Zuckung einer Gruppe von Streckmuskeln kann nur dann ausgiebig erfolgen, wenn gleichzeitig die antagonistischen Beuger sich passiv verhalten. Tatsächlich sorgt dafür eine Schaltung, die wir als **reziproke Innervation** bezeichnen. Sie ermöglicht das sinnvolle Wechselspiel von Beugern und Streckern, bei dem die einen sich kontrahieren, die anderen gleichzeitig erschlaffen und umgekehrt. In einem solchen Falle nimmt das afferente Neuron nicht nur Kontakt mit Motoneuronen des Agonisten, sondern über Kollateralen auch mit solchen des Antagonisten auf. Lezteres geschieht jedoch nicht unmittelbar, sondern über zwischengeschaltete Hemmungsneurone.

Man muß sich klar darüber sein, daß die durch Schlag auf eine Sehne ausgelöste Muskelzuckung ein Kunstprodukt ist und die physiologische Rolle der Eigenreflexe sich nicht auf diese diagnostisch provozierte Reaktion beschränkt. Dehnungsreflexe laufen vielmehr unablässig ab und bilden das Grundelement der Automation von Stellungen und Bewegungen des Körpers. Steht ein Tier auf den Beinen, so droht es ständig durch sein Eigengewicht in den Extremitätengelenken einzuknicken. Nur der Gegenkraft der Strecker der Gelenke ist es zuzuschreiben, daß das nicht geschieht. Diese Gegenkraft besteht in einem permanenten Streckertonus, der eigenreflektorisch unterhalten wird. Die Tendenz zur Beugung des Gelenks führt zu einem dauernden Dehnungsreiz in den Extensoren, der durch muskulomuskuläre Reflexe in ihrer **tonischen** Form beantwortet wird. Die durch Schlag auf die Sehne auslösbare **phasische** Kontraktion ist eher die Ausnahme denn die Regel. Sie kommt nur zustande, wenn alle motorischen Einheiten eines Agonisten synchron aktiviert werden. Auf die beschriebene Weise wirken die Strecker der Extremitäten als Anti-Schwerkraftmuskulatur, und es ist nicht verwunderlich, daß Muskelspindeln in ihnen besonders zahlreich vorkommen, und Eigenreflexe hier am stärksten ausgeprägt sind. Beim Faultier (Bradypus), das — Rumpf nach unten — in den Bäumen zu hängen pflegt, wirken nicht die Strecker, sondern die Beuger als Anti-Schwerkraftmuskulatur, so daß Eigenreflexe vorwiegend an den Flexoren ablaufen.

Es leuchtet ein, daß bei allen Bewegungen jeweils wechselnde Anteile der Muskulatur gedehnt und demzufolge Eigenreflexe hervorgerufen werden müssen. Sie bilden eine wesentliche Grundlage der Stereotypie und Automatie einmal in Gang gesetzter Lokomotion. Dabei spielt vielleicht eine zusätzliche Innervation der intrafusalen Fasern durch sensible Neurone der Gruppe II eine unterstützende Rolle. Von ihnen vermittelte Impulse führen zu gesteigerter Aktivität der Beuger-Moto-

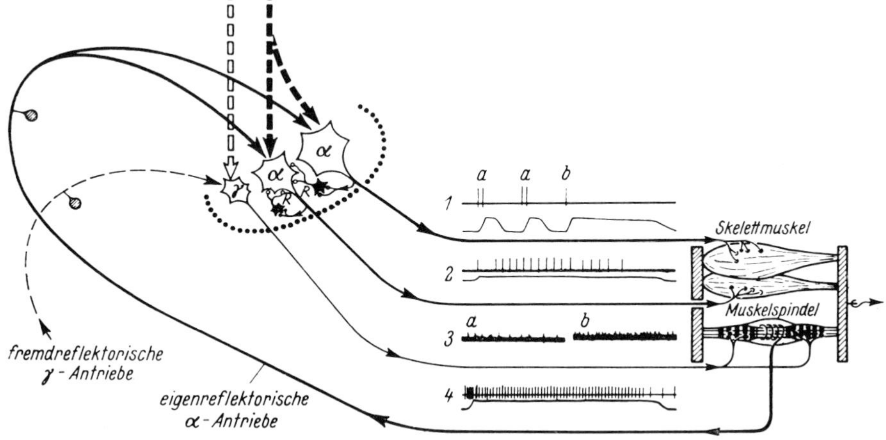

Abb. 318. Schema des Systems der α- und γ-Motoneuren. (Nach W. Blasius, aus Landois-Rosemann s. S. 583)

neurone, dagegen zu Hemmungen der Strecker, doch ist die eigentliche Bedeutung dieser Schaltung noch nicht geklärt.

Zwar sitzen die Fühler der muskulären Eigenreflexe, wie wir gesehen haben, nicht in den Sehnen, doch verfügen auch sie über Rezeptoren in Gestalt der **Sehnenspindeln** (Golgi-Organe). Sie sprechen ebenfalls auf Zug an, haben aber eine erheblich höhere Reizschwelle als die Muskelspindeln. Anders als diese sind die Sehnenorgane mit den Muskelfasern in Reihe geschaltet, so daß sie bei passiven Dehnungen wie auch bei aktiven Kontraktionen beansprucht werden. Sie sind deshalb geeignet, Spannungszustände eines Muskels anzuzeigen. Darüber hinaus liegt ihre Bedeutung darin, einen bei sehr starker Dehnung übermäßig hohen Reflextonus ausschalten zu können, um damit eine Ruptur zu vermeiden. Afferente I b-Fasern erregen dabei Hemmungsneurone, welche ipsilaterale Motoneurone inaktivieren. Diese **autogene Hemmung** wird als **inverser Dehnungsreflex** bezeichnet und dient offenbar dem Schutze des Muskels vor zu großer Belastung.

3. Beugereflexe

Bei einer anderen Gruppe von Reflexen sind die Reflexbögen zwischen Hautrezeptoren und Muskulatur ausgespannt (cutaneomuskuläre Reflexe). Da in diesem Falle Rezeptoren und Effektoren in verschiedenen Organen liegen, spricht man von **Fremdreflexen.** An den Extremitäten können sie sich als Beugereflexe äußern.

Reizt man die Haut einer Gliedmaße an irgendeiner Stelle so intensiv, daß auch Schmerzfasern erregt werden, so erfolgt eine reflektorische Entfernung der Extremität vom Ort der drohenden Noxe. Die Bewegung hat den Charakter eines Schutzreflexes, wie das auch für viele andere Fremdreflexe gilt. Zum Unterschied von den monosynaptischen und nur auf wenige Rückenmarkssegmente beschränkten Eigenreflexen sind die Bögen der Fremdreflexe **polysynaptisch,** d. h. zwischen Rezeptor und Effektor liegt eine Kette von mindestens drei und häufig mehr Neuronen. Das bedeutet, daß die Reflexzeiten länger sein müssen, da sich der Zeitbedarf für die chemische Erregungsübertragung in den Synapsen summiert. Weiterhin können die afferenten Impulse auf die Motoneurone vieler Segmente verteilt werden, weil die **Zwischen-** oder **Schaltneurone** mit auf- und absteigenden Kollateralen auch entferntere Abschnitte der Spina medullaris erreichen. Auf diese Weise kann es zu einer Ausbreitung (Irradiation) der Erregungen bis zum Auftreten von Massenreflexen als Antwort auf sehr hohe Reizintensitäten kommen. Das Schema eines Beugereflexes mit reziproker Innervation der Strecker enthält die Abbildung 319.

Die Beugereflexe der Extremitäten können durch eine koordinative Eigenleistung des Rükkenmarks zu einem Bewegungsmuster im Sinne einer Fluchtreaktion verknüpft werden. Das läßt sich am deutlichsten an Tieren zeigen, denen das Zervikalmark durchtrennt worden ist, so daß alle supraspinalen Einflüsse ausgeschaltet sind. Reizt man einem solchen »Präparat« die Haut der rechten Hinterpfote, so erfolgt als unmittelbare Reaktion ein Beugereflex. Nach dem früher schon besprochenen Prinzip der reziproken Innervation werden dabei die ipsilateralen Strecker gehemmt. Darüber hinaus kommt es gleichzeitig zu einem **gekreuzten Streckreflex,** indem an der Hinterextremität der Gegenseite die Strecker aktiviert und die Beuger reziprok gehemmt werden. Während

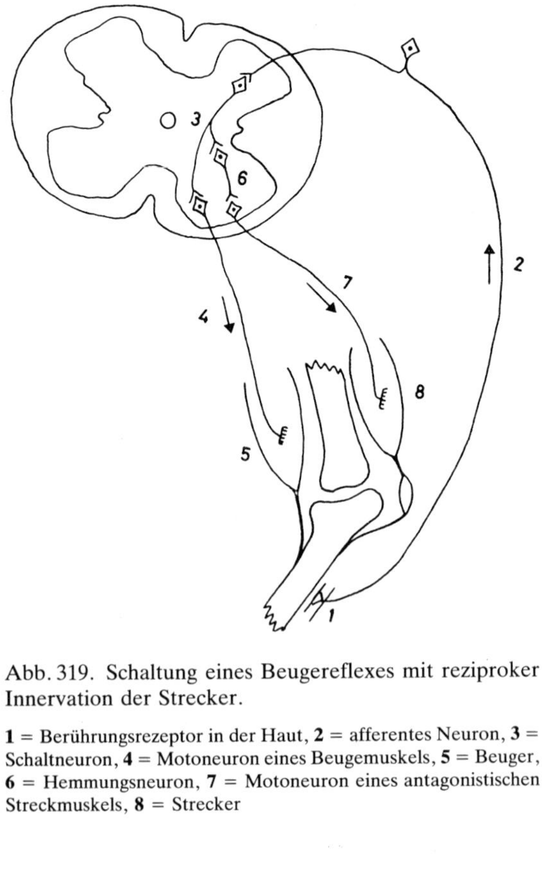

Abb. 319. Schaltung eines Beugereflexes mit reziproker Innervation der Strecker.

1 = Berührungsrezeptor in der Haut, **2** = afferentes Neuron, **3** = Schaltneuron, **4** = Motoneuron eines Beugemuskels, **5** = Beuger, **6** = Hemmungsneuron, **7** = Motoneuron eines antagonistischen Streckmuskels, **8** = Strecker die eine Gliedmaße im Zuge eines Beugereflexes womöglich vom Boden abgehoben wird und damit als tragende Säule des Körpers ausfällt, wird die kontralaterale Extremität automatisch versteift. Damit nicht genug, wird bei starken Reizen die Erregung aus den Lumbalsegmenten über lange Fasern des Binnensystems in den thorakalen Abschnitt getragen, und zwar in einer solchen Verschaltung, daß an den vorderen Extremitäten eine der hinteren entgegengesetzte Reflexkombination zustande kommt. Im Ganzen gesehen ist das ein Ansatz zur Fortbewegung, zur Flucht des Tieres vor dem schädlichen Reiz (Abb. 320).

Nicht alle Hautreize an Extremitäten führen unterschiedslos zu Beugereflexen. Leichter Druck gegen die Pfotenballen erzeugt eine Streckreaktion, die proprioceptiven Streckreflexen gleichgerichtet ist und sie verstärkt. Reizung der Schenkelinnenflächen erzeugt bilateralen Streckreflex der Hinterextremitäten, eine Reaktion, die für die Kopulationsstellung der Tiere von Bedeutung ist. Diese Beispiele mögen zeigen, welch bestimmende Faktoren **Reizqualität** und **Reizort** für die Reflexantwort sind. Während von Druck- und Berührungsrezeptoren cutaneo-muskuläre Streckreflexe ausgehen können, erzeugen Schmerzreize in jedem Falle fugative Beugereflexe. Eine dem Schmerz verwandte Sinnesmodalität ist das Jucken (Pruritus), das den charakteristischen **Kratzreflex** hervorruft. Über weitere Reflexe wird an anderen Stellen berichtet.

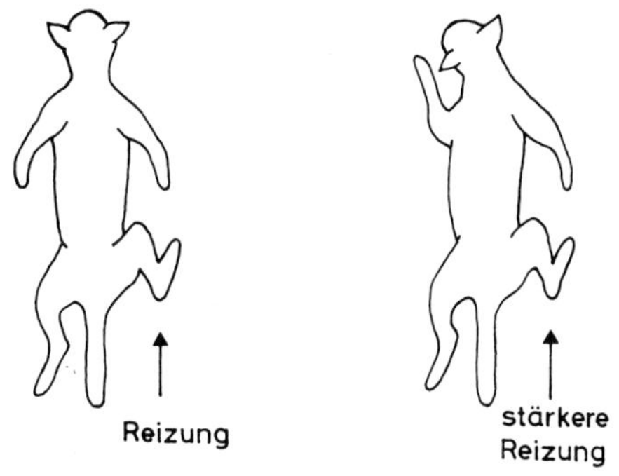

Abb. 320. Gekreuzter Streckreflex und geordnete Reflexausbreitung

F. Sensorische Funktionen

1. Vorbemerkungen

Der Organismus ist ein offenes System, dessen innere Zustände mannigfach von den äußeren Bedingungen abhängen. Er unterhält Komplexe von Fließgleichgewichten, die für Dauer des Lebens beizubehalten, es einer Vielzahl von Anpassungs-, Regulations- und Verhaltensweisen bedarf. Sie alle zielen zunächst darauf hin, den Ablauf aller wichtigen Funktionen im jeweils auferlegten ökologischen Bereich zu garantieren. Zu diesem Zweck ist der Körper mit Sinnesorganen ausgestattet, die der integrativen Struktur des Zentralnervensystems die benötigten Informationen liefern sollen. Ihre Aufnahme, Übermittlung und Auswertung zu beschreiben, ist Aufgabe der Sinnesphysiologie. Sie nähert sich mit ihren Befunden von der somatischen Seite her den Grenzbereichen der Ethologie, und auf der Stufe der höheren Tiere und des Menschen der Psychologie und Erkenntnislehre.

Letztlich sind es Sinnesfunktionen, die dem Individuum Erfahrungen und »Erlebnisse« vermitteln. Auch wenn Erinnerung Erfahrung abruft, die im Gedächtnis schon gespeichert worden ist, greift sie auf Daten zurück, die einmal über das Sensorium aufgenommen worden sind. Die Schwierigkeit sinnesphysiologischer Aussagen über Tiere liegt hauptsächlich darin, daß dabei von subjektiven Momenten menschlicher Betrachtung nicht gänzlich abgesehen werden kann. Wohl ist zuzugeben, daß allein mit den Methoden der objektiven Sinnesphysiologie, die sich an Prozesse der Erregung und Impulsverteilung hält, das Phänomen von Sinneseindrücken nicht vollständig erfaßbar ist. Es muß jedoch darauf hingewiesen werden, daß bloßes Übertragen menschlicher Eigenerlebnisse auf das Tier zu Vorstellungen führt, die prinzipiell unbeweisbar sind. Deshalb sollte mit Analogieschlüssen, besonders im Bereiche höherer Sinnesfunktionen, sehr vorsichtig verfahren werden. Das bedeutet keineswegs, dem Tier bestimmte

Qualitäten, die der Mensch an sich erfährt, abzusprechen, sondern eher, ihm eine eigene Erlebniswelt zuzugestehen, die einen Teil seines spezifischen Verhaltens erklärt. Unterhalb der Ebene, in der Erregungsmuster afferenter Nervenzellen die Qualität von Empfindungen annehmen, gibt es eine Reihe stofflicher und energetischer Vorgänge, die bei allen Tierarten ähnlich verlaufen und als Grundlagen der Sinnesphysiologie hier zu beschreiben sind.

2. Empfindung, Wahrnehmung

Unter **Empfindung** soll verstanden werden, was uns Menschen als ursprüngliches, unmittelbares, unreflektiertes und unbewertetes Sinneserlebnis begegnet. **Wahrnehmung** dagegen ist der Vergleich von Empfindungen, und zwar solcher, die zur selben Zeit aufkommen, wie auch solcher, die im zeitlichen Nacheinander entstanden sind, d. h. als Erfahrung vorliegen. Da diese relativ einfachen Begriffe noch keine Elemente subjektiven Bewußtseins oder operationalen Denkens enthalten, nehmen wir an, sie in die Erlebnisstruktur eines Tieres übertragen zu können.

Schwieriger zu begründen ist die Analogisierbarkeit der vom Menschen erlebten Beziehung zwischen Reiz- und Empfindungsstärke. Nach dem von WEBER und FECHNER formulierten **psychophysischen Grundgesetz** richtet sich bei unterschiedlich starken Reizen die Empfindungsstärke nach dem Verhältnis der jeweils gegebenen Reizstärke zu einer Schwellenintensität, und zwar so, daß die Empfindungsstärke E dem Logarithmus der auf einen Ausgangsschwellenreiz bezogenen Reizstärke i proportional ist

$$(E = K \cdot \log \frac{i}{i_o}).$$

Diese Relation gilt im Bereich der propriozeptiven Sensibilität (Lage- und Bewegungssinn) und auch im Bereich akustischer Empfindungen, wo sie zur Grundlage einer Lautstärkenskala genommen worden ist. Sie trifft nach neueren Erkenntnissen jedoch nicht für alle Sinnesarten zu. Nach einer Regel von STEVENS ist vielmehr die Empfindungsstärke der Potenz der relativen Reizstärke proportional

$$(E = K \cdot (\frac{R}{R_o})^n),$$

wobei R_o eine Absolutschwelle bedeutet. Der Exponent ist in der Reihe der Modalitäten verschieden. Die Beziehungen zwischen relativer Empfindungs- und Reizstärke drücken sich deshalb in doppelt logarithmischer Darstellung als unterschiedliche Steilheit einer Schar von Geraden aus. Die Steilheit ist am stärksten beim Schmerzsinn, was der Tatsache entspricht, daß relativ geringe Zuwächse an überschwelliger Reizintensität bereits zu maximaler Empfindungsstärke führen. Flach hingegen verläuft die Gerade beim Lichtsinn, was mit seiner Fähigkeit zusammenhängt, viele Helligkeitsstufen voneinander unterscheiden zu können (Abb. 321).

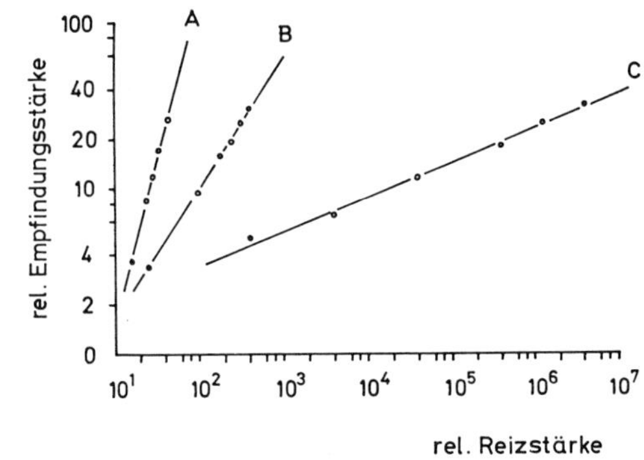

Abb. 321. Doppelt logarithmische Auftragung relativer Reizstärken gegen relative Empfindungsstärken für 3 Sinnesmodalitäten. (In Anlehnung an STEVENS, 1959: On the validity of the loudness scale. J. Acoust. Soc. Amer. **32**, 995–1003).

A = elektrisch ausgelöste Schmerzempfindung, **B** = Druckempfindung, **C** = Helligkeitsempfindung

3. Minimalschwellen, Unterschiedsschwelle

Eine minimale Reizintensität, bei der nur eine unbestimmte Empfindung zustande kommt, die noch keinen sicheren Schluß auf ihre Modalität zuläßt, wird als **unspezifische Schwelle** bezeichnet (detection threshold, sensivity threshold). Die geringste Reizstärke, welche schon zum Erkennen einer bestimmten Sinnesqualität führt, wird dagegen **spezifische Schwelle** genannt (recognition threshold). Der Zuwachs an Reizstärke (Δ I), der gegenüber einer Ausgangsintensität (I) eben noch empfunden werden kann, wird als **Unterschiedsschwelle** bezeichnet (Δ I/I).

4. Informationsinhalt von Nachrichten

Da alle sensorischen Vorgänge Aufnahme von Information bedeuten, versucht man, auf sie Begriffe der Informationstheorie anzuwenden. Der Informationsinhalt (H) einer Nachricht läßt sich als negativer dualer Logarithmus einer Ereigniswahrscheinlichkeit (P) definieren und in der Einheit des binary digit (abgekürzt bit) messen. Bestehen in einem System n Möglichkeiten für das Eintreten eines Zustandes mit Signalcharakter, so ist die Ereigniswahrscheinlichkeit

$$\frac{1}{n}.$$

Demzufolge beträgt der in bit gemessene Informationsinhalt

$$H_{bit} = -\log_2 \frac{1}{n} = \log_2 n.$$

Sind nur zwei unterscheidbare Zustände im Spiel, wie etwa das Leuchten oder Nichtleuchten einer Warnlampe, so ist der Informationsinhalt dieses Systems $H = \log_2 2^1 = 1$ bit. Bei $2^2 = 4$ unterscheidbaren Zuständen wäre $H = \log_2 (2)^2 = 2$ bit usw. Die Informationskapazität eines Systems mit n unterscheidbaren Zuständen ist $C_{bit} = \log_2 n$. Der Informationsfluß durch einen Übertragungskanal kann als Informationsmenge, die ihn in der Zeiteinheit durchsetzt, d. h. in bit pro Sekunde angegeben werden. Die Anzahl unterscheidbarer Intensitätsstufen eines adäquaten Reizes hängt bei einem biologischen Rezeptor von seiner Entladungsfrequenz ab. Von der Gesamtmenge an Informationen, die ständig auf die Sinnesrezeptoren eines Tieres trifft, wird durch Selektion bedeutsamer Signale nur ein Teil ausgewertet und in Verhaltensreaktionen umgesetzt. Auf diese Weise wird der Organismus nicht zum Spielball ihn umhüllender Reizwolken, sondern vermag sich im Sinne der Erhaltung des Lebens zweckmäßig auf seine Umgebung einzustellen.

5. Redundanz, neuronale Kontrastbildung

Da bei Einwirkung eines Reizes zumeist eine größere Anzahl sensorischer Einheiten rekrutiert wird, erfolgt eine Mehrfachübermittlung gleicher Signale auf parallelen Wegen. Ein solcher Aufwand wird in der Nachrichtentechnik als **Redundanz** bezeichnet. Sie ist jedoch nicht der Ausdruck einer luxuriösen Anlage des Nervensystems, sondern dient der Sicherung der Informationsübertragung gegen Störungen auf einzelnen Kanälen so wie der stärkeren Profilierung wichtiger Signale gegen das »Rauschen« der Hintergrundserregung.

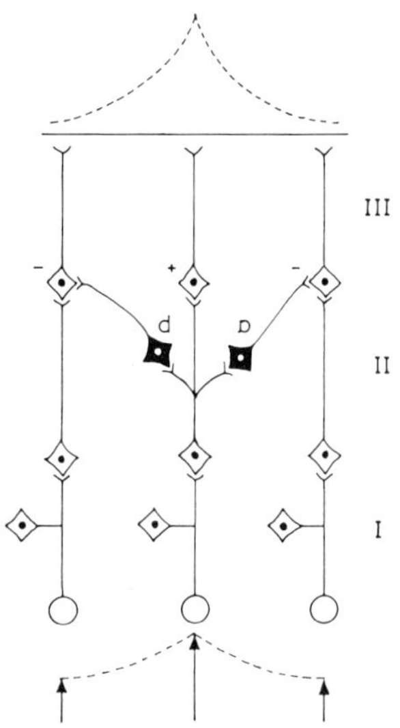

Abb. 322. Neuronale Kontrastbildung durch laterale Hemmung. Die Pfeile ganz unten symbolisieren die Reizstärkenverteilung in einem Rezeptorenfeld.

I = Neurone erster Ordnung, **II** = Neurone zweiter Ordnung und Hemmungsneurone (**a, b**), **III** = Neurone dritter Ordnung mit stark unterschiedlichem Erregungsgrad. Durch die gestrichelte Kurve ganz oben ist die zentrale Verteilung der Empfindungsstärke symbolisiert. Die relativ geringen Unterschiede der peripheren Reizstärken erscheinen auf der Empfindungsseite durch Erregungskontraste erhöht

Das Divergieren afferenter Impulse in den Endverzweigungen sensibler Nervenfasern führt nicht zu bloßem Auseinanderlaufen der Signale und damit zur »Unschärfe« neuronaler Abbildung von Reizgestalten auf den Ebenen synaptischer Transmission. Afferente Fasern nehmen vielmehr über Kollateralen Kontakt zu Hemmungsneuronen auf, die das Umfeld einer erregten Zone inaktivieren. Dieses Verfahren der **lateralen Hemmung** führt zu einer **neuronalen Kontrastbildung,** die neben dem Sicherheitsprinzip der Redundanz auf den Zwischenstrecken, die Zuverlässigkeit der Nachrichtenübermittlung auf den Umschaltstationen der Kerngebiete gewährleistet (Abb. 322).

6. Klassifikation der Sinnesarten

Das empirisch-vorwissenschaftliche Konzept einer fünffältigen Struktur des Sensoriums kennt neben Gesicht, Gehör, Geruch und Geschmack die Sinnesmodalität des »Gefühls«. Im Gegensatz zum spezifischen Charakter der ersten 4 Begriffe erscheint der letzte Ausdruck ungenau und deshalb vieldeutig. Tatsächlich ist er ein Sammelbegriff für eine Reihe von Submodalitäten, die mit wechselnder Betonung zusammenspielen, um Reize, die an der Oberfläche und im Inneren des Körpers wirken, zentral zu einer Allgemeinempfindung zu verarbeiten, die als Körpergefühl oder **Somaesthesie** bezeichnet wird. Sie hat ihre Quelle in der Erregung von Rezeptoren, die in der äußeren Haut, im Periost, im Knochen, in Sehnenscheiden, Faszien der Muskulatur und in Gelenkkapseln eingebettet sind. Sie vermitteln Berührungs-, Druck-, Vibrations- (Wechseldruck-), Kalt-, Warm- und Schmerzempfindungen sowie Empfindungen für die Stellung und Bewegung der Gliedmaßen **(Kinaesthesie)**. Entsprechend der Lokalisation der Rezeptoren hat man von einer **Hautsensibilität** und einer **Tiefensensibilität** gesprochen. Nach einem anderen Einteilungsprinzip (SHERRINGTON) werden die nach außen gerichteten Sinnesorgane (Haut, Nase, Auge, Ohr) als **Exterozeptoren** den im Inneren des Körpers tätigen **Interozeptoren** gegenübergestellt, während dem Lagesinn dienende Fühler im Bewegungsapparat und im Labyrinth als **Propriozeptoren** bezeichnet werden. Solche Klassifikationsversuche haben aber mehr heuristischen Wert und sind nicht als physiologisch begründetes Ordnungsschema anzusehen. Ein Teil der Sinnesqualitäten dieses Systems wird bisweilen unter den Begriff der »niederen Sinne« gestellt. Wir wollen ihre Besprechung mit einer Art der Mechanorezeptoren beginnen, die nach der beim Menschen erzeugten Empfindung als Berührungs- und Drucksensibilität bezeichnet wird.

G. Tastsinn (Berührungs-, Druck- und Vibrationsempfindung)

1. Allgemeine Vorbemerkungen

Diese Sinnesart vermittelt in erster Linie »Eindrücke« von der Wirkung mechanischer Kräfte auf Haare und Haut, erzeugt also Empfindungen, die aus dem Kontakt der Körperoberfläche mit ihrer unmittelbaren Umgebung »herrühren«. Die Reizaufnahme in ihrer Gesamtheit ist demnach ein Vorgang der Mechanorezeption. Ausgelöst wird sie durch Deformation des Hautgewebes und darin eingebetteter Nervenenden. Haare können dabei die Rolle von Übertragungshebeln spielen. In Gestalt der hervorstehenden Schnurr- und Kopfhaare der Katze sind diese Hebel ihrer Länge wegen besonders wirksam und zur Verstärkung von Berührungsreizen geeignet. Physikalischer Gleichartigkeit der wirksamen Kräfte wegen erscheint es willkürlich, zwischen Berührungs- und Druckreizen zu differenzieren. Bei ein und derselben reizeffektiven Energieform sollten nur Intensität und Wirkungsdauer, also quantitative Parameter, unterschieden werden können. Andererseits ist die physiologische Auswertung identischer Stimuli von den Eigenschaften betroffener Rezeptoren abhängig, der dann auf Empfindungsebene eine qualitative Differenzierung entspricht. So gibt es unter den mechanosensiblen Hautrezeptoren solche, die rasch, und andere, die langsam adaptieren. Infolgedessen ist es grundsätzlich möglich, als Folge ein und derselben deformierenden Kraft sowohl flüchtige Berührungs- als auch anhaltende Druckempfindungen hervorzurufen. Da es sich hierbei um menschliche Sinneserlebnisse handelt, ziehen wir es jedoch vor, dieser Unterscheidung nicht allzu viel Aufmerksamkeit zu widmen. Wir wollen deshalb mechanische Reize, die in bestimmten Fasergruppen der Hautnerven Aktionspotentiale erzeugen, als **Tastreize** und das Resultat ihrer cortikalen Folgeprozesse als **Tastempfindung** bezeichnen.

Die einzigen bisher isolierten Tastrezeptoren sind die Pacinischen Körperchen, deren Bau und Arbeitsweise wir auf Seite 575 beschrieben haben.

Außer Nervenfasern mit solchen Körperchen gibt es noch eine große Anzahl anderer afferenter Fasern, deren Endigungen infolge mechanischer Deformation Generatorpotentiale bilden und infolgedessen als Tastrezeptoren wirken. Sie adaptieren teils rasch, teils langsam, wobei die an Haarwurzeln liegenden Terminalstrukturen alle zum rasch adaptierenden Typ gehören.

Tastreize aktivieren keineswegs alle Fasern von Hautästen der Rückenmarks- und Gehirnnerven. Durch Berühren von Haaren oder Hautstellen werden bei Katzen sensible Fasern erregt, deren Dicke zwischen 6 und 14 μm liegt, die also im wesentlichen der Aβ-Gruppe mit Leitungsgeschwindigkeiten in der Größenordnung von 30–70 m/s zuzurechnen sind. Auf stärkere Druckreize sprechen auch dünnere Fasern mit Durchmessern von 3–5 μm (Aγ-Fasern) an.

Unter den Fasern der A-Gruppe scheint es solche zu geben, deren Enden allein auf Tastreize reagieren. Insofern wäre das klassische Konzept, demzufolge der Hautsinn 4 Submodalitäten, nämlich Schmerz-, Kälte-, Wärme- und Tastsinn umfaßt, bestätigt (von Frey). Nach der subjektiven Empfindung des Menschen läßt sich das auch nicht bezweifeln. Nach der Vorstellung von Frey sollen aber jeder dieser Qualitäten spezifische Rezeptoren entsprechen. Das scheint, sofern es nur auf Tastreize reagierende Fasern gibt, mindestens teilweise richtig zu sein. Es muß jedoch hinzugefügt werden, daß es bei mechanischer Reizung der Haut stets auch zu einer Erregung dünner, markloser C-Fasern kommt. Diese langsam leitenden Axone werden aber ebenso durch Wärme-, Kälte- und Schmerzreize aktiviert. Das bedeutet, daß der gesamte, durch Tastreize hervorgerufene Empfindungsfluß neben einer spezifischen, nur durch Reize definierter mechanischer Art auslösbaren Komponente noch eine mehr unbestimmte enthält, die auch bei anderen Sinnesmodalitäten im Spiele ist. Diese Tatsachen werfen neues Licht auf ältere Vorstellungen von Head, der die parallele Existenz einer **protopathischen** und **epikritischen** Sensibilität angenommen hat. Als protopathisch wird eine entwicklungsgeschichtlich primitivere Allgemeinempfindung bezeichnet, während eine höher entwickelte, den auslösenden Reiz lokalisierende, schärfere Empfindung epikritisch genannt wird.

Die Perception von Wechseldrucken relativ hoher Frequenz und geringer Amplitude (Vibration) scheint ebenfalls von Berührungs- und Druckrezeptoren der Haut vermittelt zu werden. Es ist möglich, daß der Vibrationssinn bei den Tieren stärker ausgeprägt ist als beim Menschen. Bei niedrigen Arten wie den Fischen (Seitenlinienorgan) oder bei Krebsen, Heuschrecken und Spinnen (Gelenkrezeptoren) spielt diese Form der Mechanoreception eine orientierende und kommunikative Rolle, die bei den Säugetieren und Vögeln zum größten Teil vom akustischen Organ übernommen worden ist.

2. Leitungsbahnen aus dem Gebiet des Rumpfes und der Extremitäten

Die von Tastrezeptoren ausgehenden Impulse werden über eine Kette von 3 Neuronen zur Hirnrinde geleitet. Die Neurone erster Ordnung, deren Zellkörper in den Spinalganglien liegen, senden ihre aufsteigenden Fasern über die hintere Wurzel in die Dorsalsäulen der weißen Substanz des Rückenmarks. Aus Segmenten kaudal des mittleren Thorakalmarks eintretende Fasern verlaufen im medial gelegenen Fasciculus gracilis, während der lateral gelegene Fasciculus cuneatus afferente Fasern aus dem Vorderrumpf, den Vorderextremitäten und dem Halsgebiet führt. In beiden Fasciculi herrscht eine Schichtenordnung in der Weise, daß die am weitesten caudal eingetretenen Fasern sich auf der medialen Seite des Stranges halten, während die aus cranialwärts gelegenen Segmenten stammenden sich jeweils lateral anlegen (Abb. 323).

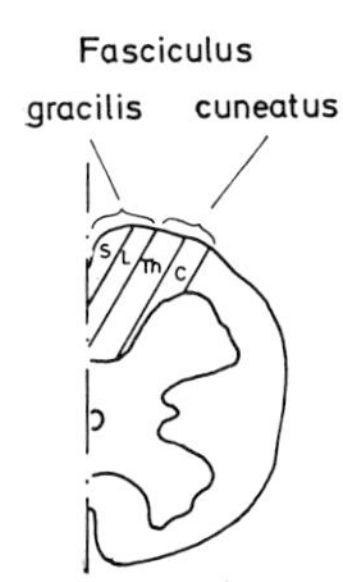

Abb. 323. Schichtenordnung der Tastfasern im Fasciculus gracilis und cuneatus. Fasern aus dem **S** = Sacral-, **L** = Lumbal-, **Th** = Thorakal- und **C** = Cervicalmark

Alle Fasern der genannten Fasciculi enden in Kerngebieten der Medulla oblongata, denen man entsprechende Namen gegeben hat (Nucleus gracilis und Nucleus cuneatus). Sie bestehen aus den Ganglienzellen der Neurone zweiter Ordnung, welche die Verbindung zwischen Medulla und Zwischenhirn herstellen. Bei der synaptischen Verknüpfung zwischen primären und sekundären Neuronen bleibt die lamelläre Ordnung bestehen, so daß z. B. die Axone aus den caudalen Körpersegmenten im medialen Teil des Nucleus gracilis enden. Dementsprechend bleibt eine räumliche Verteilung der Erregungen, wie sie sich aus der Lage der Rezeptorareale zueinander ergibt, auf dieser Ebene erhalten. Die den Nucleus gracilis und Nucleus cuneatus verlassenden Fasern kreuzen bogenförmig auf die Gegenseite, wo sie im **Lemniscus medialis** aufsteigen, um im Gebiet der spezifischen Projektionskerne des Thalamus zu enden. Die Synapsen werden im lateralen Teil des Nucleus ventralis caudalis gebildet. Hier liegen die Zellkörper der Neurone dritter Ordnung, die durch die Innere Kapsel zum postzentralen Cortex der Primaten bzw. zu homologen Rindenfeldern in der Gegend des Gyrus postcruciatus bei den niedrigeren Arten ziehen (Abb. 324).

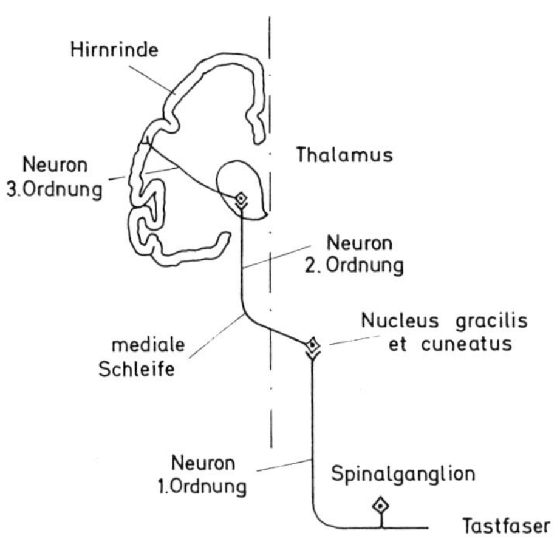

Abb. 324. Schema einer Neuronenkette zur Übertragung von Tastimpulsen

3. Thalamus

Da wir an dieser Stelle zum ersten Male dem Thalamus begegnet sind, den wir noch öfter zu erwähnen haben werden, sei dieser großen Formation von Kernen im Zwischenhirn eine kurze Übersicht gewidmet.

Die Thalamuskerne lassen sich unter funktionellen Gesichtspunkten in 3 Gruppen zusammenfassen. Die erste besteht aus den **spezifischen Kernen** (Projektionskernen), die Afferenzen aus allen Sinneskanälen mit Ausnahme der Riechbahn erhalten. Hier erfolgt die Umschaltung auf das jeweils letzte Neuron, das die Verbindung zu den sensorischen Feldern der Großhirnrinde herstellt. Zu dieser Kerngruppe gehört der Nucleus ventralis caudalis, dessen Pars medialis somaesthetische Impulse aus der Gesichtsregion und dessen Pars lateralis solche aus der Rumpfregion erhält. Auditorische Afferenzen laufen über das Corpus geniculatum mediale und optische über das Corpus geniculatum laterale.

Die zweite Gruppe bilden die **unspezifischen Kerne,** die wegen ihrer Verbindung zur Formatio reticularis des Hirnstammes auch als **reticuläre Kerne** bezeichnet werden. Sie projizieren ihre Impulse diffus auf den gesamten Neocortex und bestimmen damit seine Hintergrundserregung. Zu diesem System gehören die Nuclei paraventriculares sowie Teile der Nuclei rostrales und intralaminares thalami.

Die dritte Gruppe ist als Verband von **Assoziationskernen** zu kennzeichnen. Sie erhalten ihre Afferenzen von anderen Thalamuskernen und haben keine weiteren Verbindungen zu subcorticalen Strukturen. Ihre Efferenzen ziehen hauptsächlich zu den Assoziationsfeldern der Großhirnrinde. Als Einzelkomponenten sind das Tuberculum rostrale thalami bzw. das Pulvinar bei den Primaten zu nennen, ferner der Nucleus dorsomedialis und der Nucleus lateralis caudalis.

Aus diesen Bemerkungen geht hervor, daß der Thalamus als Relais für sensorische Impulse, als Aktivator der Großhirnrinde und als integrative Struktur fungiert. Wir werden später sehen, daß in Verbindung mit dem Limbischen Cortex und mit dem Hypothalamus auf dieser Ebene Emotionen gebildet sowie vegetative und motorische Reaktionen geschaltet werden.

4. Leitungsbahnen aus dem Kopfgebiet

Tastreize aus dem Kopfgebiet werden von weit verzweigten Enden des Nervus trigeminus aufgenommen. Die Zellkörper der afferenten Neurone erster Ordnung liegen im Ganglion trigeminale

(Ggl. Gasseri). Ihre Axone treten in Höhe des mittleren Kleinhirnschenkels in den Hirnstamm ein und bilden Synapsen mit den Ganglienzellen des sensorischen Trigeminuskernes. Dieser ist als Homologon des Nucleus gracilis und des Nucleus cuneatus anzusehen und erhält, gleich ihnen, vorwiegend Impulse von Mechanorezeptoren aus der Gesichtshaut und der Schleimhaut der Mundhöhle. Von hier ausgehende Axone kreuzen zur Gegenseite, wo sie zum Bestandteil des **Lemniscus medialis** werden. Zusammen mit den Fasern der Hinterstrangkerne erreichen sie den Thalamus, wo sie im medialen Teil des Nucleus ventralis caudalis enden. Nicht alle Zellen des sensorischen Trigeminuskernes entsenden ihre Fasern zur Gegenseite. Aus seinem dorsomedialen Bereich zieht ein Teil zum ipsilateralen Thalamus, wodurch es auf dieser Ebene zur bilateralen Repräsentation der Rezeptorareale, insbesondere der Lippengegend und der Mundhöhle kommt.

5. Somatotopische Projektion

Auch auf der synaptischen Ebene der spezifischen Projektionskerne bleiben die einlaufenden Erregungen örtlich so verteilt, daß sie jeweils bestimmte Körperpartien repräsentieren. Das läßt sich experimentell mit der Methode der evozierten Potentiale (Reaktionspotentiale) belegen. Dazu werden mit einem stereotaktischen Gerät Mikroelektroden in Frontalebenen des Zwischenhirns von Punkt zu Punkt vorgetrieben und jeweils die elektrischen Antworten auf Hautreize registriert. Die Positionen der Ableitungselektrode lassen sich nachträglich in histologischen Serienschnitten bestimmen. Auf diese Weise lassen sich Rezeptorareale jenen Orten im Thalamus zuordnen, die bei peripherer Reizung maximal erregt werden. Dabei stellt man fest, daß die thalamische Repräsentation der Peripherie ihrer Innervationsdichte entspricht. Das Ergebnis solcher Untersuchungen bei Rhesus-

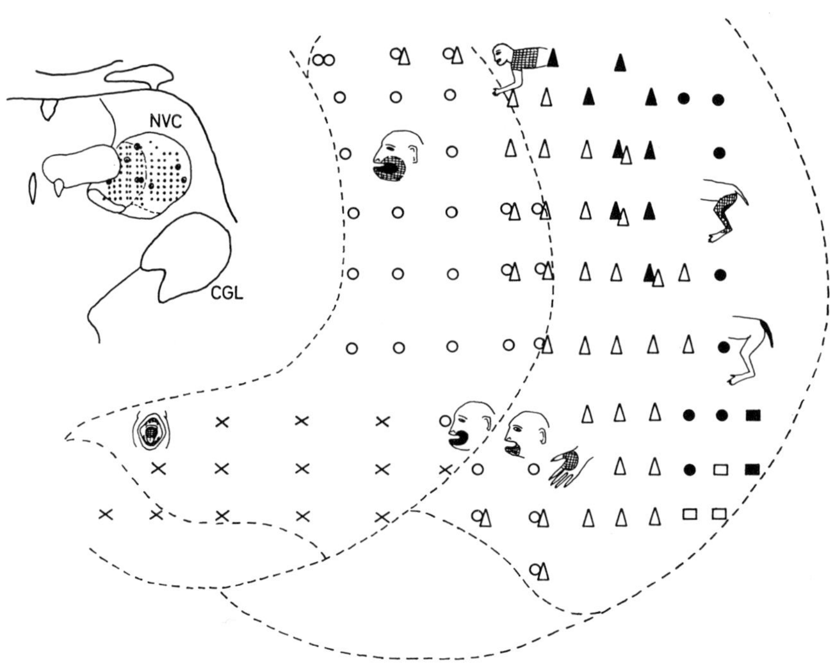

Abb. 325. Thalamische Repräsentation der Körperperipherie eines Rhesusaffen. (Stark vereinfacht nach MOUNTCASTLE/HENNEMAN, 1952, J. Comp. Neurol. **97,** 409).

Die Konturenskizze oben links kennzeichnet einen Frontalschnitt durch den Nucleus ventralis caudalis (**NVC**). An jedem der Punkte sind Reaktionspotentiale nach taktiler Reizung bestimmter Hautstellen abgeleitet worden. Die Zuordnung zu den Reizorten ist den vergrößerten Feldern rechts zu entnehmen. Die hervorgehobenen Ableitungspunkte oben links stehen in Korrespondenz mit den bildlich markierten Hautregionen rechts. Die übrigen Rezeptorenfelder sind durch Symbole auf die thalamischen Projektionsorte übertragen worden. **x** = orale, **o** = periorale Rezeptorenfelder, △ = thalamische Repräsentation von Berührungsrezeptoren in der Haut der Vorderextremität, ▲ des Vorderrumpfes, ● der Hinterextremität, ■ der Inguinalregion und □ des Schwanzes, **CGL** = Corpus geniculatum laterale affen in tiefer Barbituratnarkose ist in Abbildung 325 wiedergegeben. Es ist klar zu erkennen, daß Tastreize auf die intra- und perioralen Strukturen ebenso wie auf die Extremitätenenden ein sehr viel größeres thalamisches Kerngebiet erregen, als es etwa bei Reizung der Rumpfhaut der Fall ist. Das entspricht der unterschiedlichen Verteilung von Rezeptoren und damit der Leistungsfähigkeit des Tastsinnes in den verschiedenen Körperregionen. Diese Verhältnisse erfahren wegen der Ortstreue der neuronalen Erregungsübertragung eine genaue Abbildung im Gehirn.

Aus dem Muster der thalamischen bzw. cortikalen Repräsentation der Rezeptorenfelder läßt sich ablesen, welche Rolle der Tastsinn eines Tieres auf der Organisationsstufe seiner Spezies spielt. Beim Kaninchen überwiegen bei weitem die Verbindungen zum Trigeminus-Gebiet. Bei der Katze und erst recht beim Affen sind dagegen die Projektionen aus dem Bereich der Extremitätenenden, die zu Tast- und Greifzeugen ausgebildet worden sind, sehr viel umfangreicher und besetzen entsprechend größere Gebiete der spezifischen Projektionskerne des Thalamus (Abb. 326).

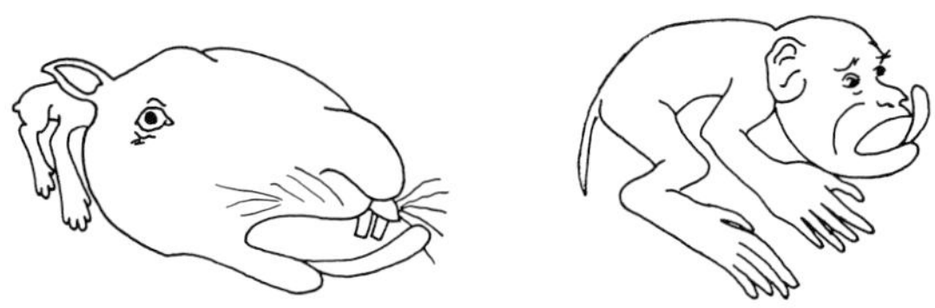

Abb. 326. Der zentralen Repräsentation von Tastfeldern entsprechend disproportionierte Körpergestalten eines Kaninchens (links) und eines Affen (rechts). (Nach Rose/Mountcastle, 1959: Touch and Kinesthesis. In: Handb. of Physiology. Physiological Soc., Washington)

H. Temperatursinn (Kalt- und Warmempfindung)

1. Allgemeine Vorbemerkungen

Die Temperaturen bestimmter Schichten der Haut und Schleimhaut verursachen Kalt- und Warmempfindungen. Daß es sich dabei um gesonderte Sinnesarten und nicht nur um graduelle Unterschiede ein und derselben sensorischen Qualität handelt, ist seit langem bekannt und durch die Anlage spezieller Rezeptor- und Fasersysteme zur Vermittlung beider Empfindungsarten unterstrichen. Auf der Haut des Menschen lassen sich »Kalt-« und »Warmpunkte« nachweisen. Erstere kommen am häufigsten vor und erreichen im Trigeminusgebiet ihre größte Dichte (in der Lippenhaut z. B. 16–19 pro cm^2). Über die Topographie temperaturempfindlicher Stellen in der Haut von Haussäugetieren ist wenig bekannt. Kaltpunkte scheinen zahlreich in den Nasenspiegeln und den vorderen Zungenrändern zu liegen. Warmpunkte müssen in der Skrotalhaut von Schafböcken vorhanden sein, da sich durch örtliche Einwirkung höherer Temperaturen von dort aus Wärmehecheln hervorrufen läßt. Obwohl bei Haustieren nicht vorkommend, sei aus vergleichenden Gründen darauf hingewiesen, daß es im Grubenorgan mancher Schlangenarten eine außerordentliche dichte Häufung von Warmrezeptoren gibt, die als Detektoren von Infrarotstrahlung dienen, die von Beutetieren ausgeht.

2. Rezeptoren und Leitungsbahnen

Ob der Temperatursinn über morphologisch eindeutig definierbare Rezeptoren verfügt, ist noch nicht entschieden. Zwar werden vielfach Krausesche Endkolben als Kalt- und Ruffinische Körperchen als Warmfühler angesehen, doch stützen sich diese Annahmen auf Untersuchungen temperaturempfindlicher Randzonen der Hornhaut. Ob für die übrigen Hautgebiete Ähnliches gilt, läßt sich schwer beweisen, da überall, wo Nervenenden mit Kapselgebilden vorkommen, ihre Vielgestaltigkeit eine histologische Typisierung schwierig macht. Es ist nicht ausgeschlossen, daß die zahlreichen und scheinbar gleichartigen freien Nervenenden in der Haut funktionell durchaus verschieden sind, so daß auch unter ihnen sich temperaturempfindliche

Strukturen befinden können. Aus unterschiedlichen Empfindungszeiten für Wärme und Kälte hat man geschlossen, daß Warmrezeptoren tiefer als Kaltrezeptoren liegen müssen. Letztere liegen in der Zungenspitze der Katze subepithelial in einer Tiefe von weniger als zwei Zehntel Millimetern.

Von den Temperaturfühlern ausgesandte Impulse werden über dünne myelinisierte Fasern der Aδ-Gruppe via Hinterwurzel in das Rückenmark geleitet, wo die Temperaturfasern das dorsolaterale Bündel des Lissauerschen Traktes bilden, in dem sie nur über wenige Segmente aufsteigen. Sie enden an den Zellen der Substantia gelatinosa, deren Axone in der ventralen grauen Kommissur zur Gegenseite ziehen und im lateralen Tractus spinothalamicus weiterlaufen. Die von Segment zu Segment nach Kreuzung neu hinzutretenden Fasern drängen die von caudal ankommenden mehr und mehr nach lateral, so daß auch hier eine Schichtung erfolgt, jedoch umgekehrt wie bei den Tastfasern der Dorsalstränge.

Vom Thalamus ziehen Neurone dritter Ordnung zum sensorischen Cortex, wo es Zellen gibt, die auf Temperaturen in der Peripherie mit Entladungen antworten, deren Latenz, Frequenz und Dauer von der Intensität der Reize abhängen.

Die Temperaturfasern des Nervus trigeminus ziehen zum Nucleus tractus spinalis, in den sie zunächst absteigen, um innerhalb des langgestreckten Kerngebietes Synapsen mit Neuronen zweiter Ordnung zu bilden, deren Axone vorwiegend zur Gegenseite ziehen, um zum Thalamus aufzusteigen. Von dort stellen, wie auch bei anderen spezifischen Leitungsbahnen, thalamocorticale Neurone via Innere Kapsel die Verbindung zum sensorischen Rindenfeld her.

3. Elektrophysiologische Befunde

Die Arbeitsweise der Temperaturrezeptoren ist mit elektrophysiologischen Methoden eingehend an der Katzenzunge studiert worden. Bei solchen Arbeiten kommt es darauf an, mit Hilfe spezieller Thermoden sowohl die Konstanz einer gewählten Temperatur einhalten als auch ihre definierte Änderung herbeiführen zu können. Die Antwort der Rezeptoren auf adäquate Reize wird durch Ableitung von Aktionspotentialen von Fasern des Nervus lingualis festgestellt.

Kältefasern zeigen elektrische Aktivität zwischen 10° und 40 °C. Auf konstante Temperaturen innerhalb dieses Bereiches antworten sie mit gleichbleibender Impulsfrequenz, die von der Höhe der Temperatur abhängt. Die Maximalfrequenz der Einzelfaser liegt bei 10 Impulsen/s und tritt, von Faser zu Faser unterschiedlich, zwischen 20° und 34 °C auf. Wärmefasern verhalten sich prinzipiell ähnlich, nur daß ihre Impulsfrequenzen wesentlich niedriger als bei Kältefasern sind und daß sie ihr Maximum zwischen 37,5° und 40 °C erreichen. Auf konstante Temperaturen reagieren Wärmefasern mit gleichbleibender Dauerentladung im Bereich zwischen 20° und 47 °C.

Auf rasche Abkühlung des Rezeptorenfeldes antworten Kältefasern mit einer überschießenden Impulsentladung, deren Frequenz ein Vielfaches der Dauerentladung bei gleichbleibender Temperatur beträgt. Sie hängt von der Geschwindigkeit der Temperaturänderung ebenso ab wie von dem Temperaturbereich, in dem diese Änderung erfolgt. Rasche Erwärmung führt zum Verstummen jeglicher Aktivität. Prinzipiell ähnliche Vorgänge

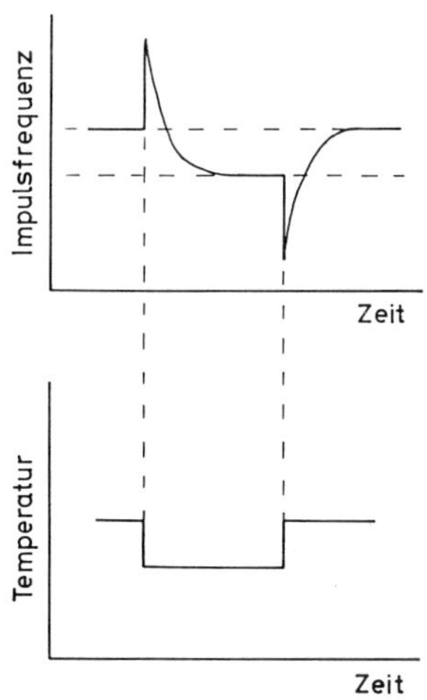

Abb. 327. Charakteristik der Entladungsfrequenz einer Kältefaser bei rechteckigen Temperatursprüngen. (Nach HENSEL, 1955, in: PRECHT, CHRISTOPHERSEN, HENSEL, Temperatur und Leben. Springer-Verlag, Berlin, Göttingen, Heidelberg).

Steile Abnahme der Temperatur führt zu erheblicher Erhöhung, Zunahme dagegen zu transitorischer Minderung der Impulsfrequenz. — Die Wirkungen gleichbleibender Temperaturen sind davon abhängig, ob sie im Bereiche oberhalb oder unterhalb jener Temperatur eintreten, bei der die Faser ihre maximale Entladungsfrequenz hat. Im ersteren Falle kommt es, wie in dieser Abbildung gezeigt, zu einer Abnahme, im letzteren dagegen zu einer Zunahme der Dauerentladungsfrequenz sind an Warmrezeptoren zu beobachten, wenn sie rascher Erwärmung bzw. Abkühlung unterliegen. Die Frequenz der Dauerentladung bei verschiedenen Temperaturniveaus sowie die Veränderungen der Entladungsfrequenz bei Temperatursprüngen sind im Bereich von Kältefasern schematisch in Abbildung 327 dargestellt.

Diese Befunde beweisen, daß Kalt- und Warmrezeptoren der Haut imstande sind, sowohl Informationen über vorherrschende Temperaturen als auch über ihre Veränderungen zu geben. Sie vereinigen in sich die Eigenschaften von Proportional- und Differentialfühlern. Das Gehirn wird durch sie ständig über die thermische Situation des Körpers an seinen Grenzflächen informiert, was die Voraussetzung für regulative Maßnahmen zur Erhaltung einer bestimmten Kerntemperatur ist. Die Kaltrezeptoren zeichnen sich dadurch aus, daß der Bereich ihrer maximalen Empfindlichkeit unterhalb der normalen Körpertemperatur von 38 °C liegt, während er bei den Warmrezeptoren etwas oberhalb davon zu finden ist.

4. Heiß-Empfindung

Von den Empfindungsqualitäten »kalt« und »warm« verschieden ist die Empfindung »heiß«. Anders als die ersten beiden läßt sie sich jedoch nicht auf eigene Substrate der Rezeption zurückführen. Wahrscheinlich ist sie das Resultat des Zusammenwirkens verschiedener Sinnesarten. Paradoxerweise sind daran auch die Kaltrezeptoren beteiligt. Wir haben gesehen, daß die obere Temperaturgrenze ihrer normalen Erregbarkeit bei 40 °C liegt. Oberhalb 45 °C sprechen sie jedoch erneut an und entwickeln ein Maximum der Entladungsfrequenz um 50 °C. Die Heißempfindung könnte deshalb die Folge der Erregung von Warmrezeptoren und der paradoxen Erregung von Kaltrezeptoren sein. Nun stellen erstere jedoch ihre Tätigkeit bei 47 °C ein, so daß sie bei höheren Temperaturen am Zustandekommen der Empfindung nicht mehr beteiligt sein können. Nach neueren Untersuchungen tritt etwa auf dieser Stufe die thermische Erregung von Schmerzfasern hinzu, die nun die Empfindung mitbestimmen. Bei Erregungen über 50 °C werden die meisten Rezeptoren zerstört und allein noch Schmerzfasern aktiviert.

J. Schmerzsinn

1. Allgemeine Vorbemerkungen

Die bisher behandelten Arten von Exterozeption haben für den Organismus vorwiegend informative Bedeutung, da sie dem Gehirn die äußere Einwirkung mechanischer Kräfte signalisieren oder ihm Auskunft über das Temperaturfeld an seiner Oberfläche geben. Dem Schmerzsinn dagegen ist eine ausschließlich protektive Funktion zuzuschreiben, da er dazu angelegt ist, den Körper vor Schädigung durch äußere Noxen zu bewahren oder ihn zur Schonung bereits lädierter Teile zu veranlassen.

In einem weiteren Sinne wirkt auch die Temperaturrezeption protektiv, dient sie doch einer Regulation, die dem Körper eine optimale Arbeitstemperatur erhalten und ihn vor den Nachteilen eines Abweichens von der Normothermie bewahren soll. Auch der Tastsinn ist nicht nur ein Mittel der aktiven Orientierung im mechanischen Umfeld, sondern meldet dem Gehirn unvermutet auftretende oder als störend empfundene Kräfte. Sie sind aber im allgemeinen nicht als bedrohlich anzusehen und lassen dem Organismus immer noch die Wahl, sie zu tolerieren oder ihre weitere Einwirkung zu vermeiden. Anders beschaffen dagegen sind Reize, die erregend auf Schmerzrezeptoren wirken. Gleich, ob mechanischer, chemischer, thermischer oder elektrischer Natur, sind sie stets von einer solchen Intensität, daß sie unmittelbar zerstörend auf das betroffene Gewebe wirken. Wegen der akuten Gefahr alarmieren sie das Zentralnervensystem und führen zu raschen Vermeidungsreaktionen.

Schmerz wird kaum als isolierte Empfindung erlebt, sondern weist in der Regel eine Reihe von Begleitphänomenen auf. Zu ihnen gehört eine affektive Komponente, die nach menschlicher Erfahrung als Unlustgefühl, Mißbehagen oder Leiden erlebt wird. Bei genügend starken Schmerzreizen kommt es, abgesehen von Beuge- und Fluchtreflexen, zu vegetativen Reaktionen, die mit Tachycardie, peripherer Vasokonstriktion, Blutdrucksteigerung und Pupillenerweiterung die typischen Symptome einer Aktivierung des Sympathico-Adrenal-Systems aufweisen. Mit der Schmerzempfindung verbundene Emotionen sowie die motorischen Vorgänge im somatischen und vegetativen Bereich deuten auf eine Miterregung weiter Teile des Zentralnervensystems, besonders des Limbischen Cortex und des Hypothalamus, hin.

Obwohl der Schmerz wahrscheinlich zu den eindrucksvollsten Ur- und Grunderfahrungen der Kreatur zählt, sind wir noch weit davon entfernt, die Bedingungen seines Zustandekommens aufgeklärt zu haben. Der größte Teil der Kenntnisse darüber stammt aus Mitteilungen menschlicher Probanden im physiologischen Versuch und, in noch stärkerem Maße, aus Äußerungen klinischer Patienten. Inzwischen hat aber auch das Tierexperiment im Zusammenwirken neurophysiologischer und neuroanatomischer Untersuchungstechniken einige Fortschritte erbracht, die uns dem Verständnis des Schmerzphänomens etwas näherbringen. Eines der wesentlichen Ergebnisse ist, daß der Schmerzsinn höchstwahrscheinlich über spezifische Rezeptoren und Leitungsbahnen verfügt. Man hat zuweilen angenommen, daß über die Rezeptoren jeder anderen Sinnesart, z. B. Mechano- oder Thermorezeptoren, Schmerz perzipiert werden kann und das Zustandekommen dieser Empfindung lediglich von einer besonders hohen Intensität irgendeiner der spezifischen Reizformen abhängt. Das würde allerdings bedeuten, daß es im Gegensatz zu den anderen Sinnesarten für den Schmerzsinn keinen adäquaten Reiz gäbe, sondern er ebenso mechanisch wie thermisch, chemisch und elektrisch erregt werden könnte. Das trifft auch soweit zu, doch ist zu bedenken, daß solche Reize nur dann schmerzauslösend wirken, wenn ihre Intensität hundert- und tausendfach über das Empfindlichkeitsniveau der anderen Rezeptoren hinausreicht. In solchen Fällen aber kommt es zu Veränderungen im Gewebe und man kann heute sagen, daß der adäquate Reiz spezifischer Schmerzrezeptoren in den Folgen von Störungen des Stoffwechsels und der Desintegration von Zellen zu suchen ist.

Die Kenntnis der objektiven Bedingungen, unter denen Schmerzen zustande kommen, ist für den Tierarzt und erst recht für jeden Tierexperimentator von der allergrößten Bedeutung. Sie sind die Voraussetzung für eine den jeweiligen Zwecken angepaßte Schmerzlinderung oder Schmerzausschaltung und somit die Grundlage für einen ausreichenden Tierschutz. Wie bei den anderen Sinnen haben wir nicht die Möglichkeit, etwas über die Identität der Empfindungsqualitäten bei Mensch und Tier auszusagen. Wir werden aber sicherlich bei Vermeidungs- und Fluchtreflexen, bei vegetativen Reaktionen der oben beschriebenen Art und bei bestimmten Verhaltensweisen auf die Aktivierung nocizeptiver Afferenzen schließen können.

2. Hautschmerz

Die als Nociceptoren fungierenden freien Nervenendigungen in der Haut gehören teilweise dünnen myelinisierten Fasern der Aδ-Gruppe an. Sie gelangen über die Hinterwurzel ins Rückenmark und bilden Synapsen mit Neuronen des Tractus spinothalamicus lateralis, die auf der Gegenseite aufsteigen, in der Nähe des Thalamus sich mit den Tastfasern der medialen Schleife vermischen und mit ihnen zusammen in einer ähnlichen somatotopischen Organisation an den Nucleus ventralis caudolateralis herantreten. Diese Neurone zweiter Ordnung sind eine phylogenetisch junge Komponente des spinothalamischen Systems, die eine beherrschende Rolle in der Übermittlung von Schmerzimpulsen erst auf der Entwicklungsstufe der Primaten erreicht. Eine ältere, neben sehr dünnen, myelinisierten Fasern noch viele C-Fasern führende Komponente endet nicht an den spezifischen, sondern an den retikulären Kernen des Thalamus, von denen eine diffuse Erregungsausbreitung auf den gesamten Neocortex ausgeht. Über diesen Weg wirkt ein Teil jener Schmerzrezeptoren, die peripheren Neuronen der C-Gruppe angehören. Ein anderer Teil nimmt jedoch Verbindung mit Neuronen auf, die zu den phylogenetisch ältesten der Schmerzbahn gehören. Sie erreichen den Thalamus nicht auf direktem Wege, sondern enden in der medullären und mesenzephalen Formatio reticularis, deren aufsteigende Komponente dann die Erregung auf die unspezifischen Kerne überträgt.

Die beiden letztgenannten, aus den dünnsten Fasern der Delta-Gruppe und aus C-Fasern bestehenden Fraktionen bilden wahrscheinlich bei Nagetieren und Fleischfressern den vorherrschenden Teil des spinothalamischen Systems. Außerdem kommen noch ipsilaterale Bahnen für die Übertragung von Schmerzimpulsen in Betracht. Aus diesem Grunde haben Läsionen des Rückenmarks bei diesen Tieren andere analgetische Konsequenzen als bei Primaten und beim Menschen. Für die höheren Arten gilt, daß Schmerzimpulse aus einer Körperhälfte hauptsächlich im ventrolateralen Leitungssystem der Gegenseite durchgehend zum Hirnstamm befördert werden. Bei den niederen Spezies scheinen jedoch Schmerzimpulse im Rükkenmark diffus verteilt zu werden und über eine größere Anzahl aufsteigender Neurone von einer Seite auf die andere hin und her zu wechseln. Infolgedessen könnte hinsichtlich der Empfindungsqualität eine Prädominanz der diffusen, protopathischen Schmerzkomponente angenommen werden, doch ist das ebenso spekulativ wie andere antropomorphe Vorstellungen von Sinneserlebnissen der Tiere.

Zu den merkwürdigen subjektiven Erfahrungen beim plötzlichen Einsetzen eines Schmerzes, etwa infolge eines Nadelstiches in die Haut, gehört eine Doppelempfindung. Zunächst wird ein rasch aufkommender, stechender, gut lokalisierbarer Schmerz empfunden, der metaphorisch auch als »heller« Schmerz bezeichnet wird. Ihm folgt mit einer gewissen Verzögerung ein mehr brennender, nachhaltiger, schwer lokalisierbarer, als »dunkel« oder »dumpf« empfundener Schmerz. In der bereits erörterten Headschen Vorstellungsweise könnte man von einer epikritischen und einer protophatischen Komponente dieser Schmerzempfindung sprechen. Man glaubt heute die morphologischen Substrate dieses Phänomens erkannt zu haben und dessen Doppelnatur aus ihren physiologischen Eigenschaften erklären zu können.

Relativ schnell leitende Aδ-Fasern, die über den Tractus spinothalamicus die spezifischen Projektionskerne des Thalamus erreichen, vermitteln den rasch einsetzenden, gut lokalisierbaren, hellen Schmerz. Die wesentlich langsamer leitenden und an den retikulären Kernen endenden C-Fasern hingegen führen zu dem später einsetzenden, aber auch länger anhaltenden, dumpfen Schmerz. Je weiter die Reizstelle vom Gehirn entfernt ist, um so größer wird die zeitliche Divergenz zwischen beiden Empfindungen. Aufgrund der anatomischen Unterschiede in der Tierreihe hinsichtlich der Entwicklung des ventrolateralen Systems kann diese Funktion jedoch nicht durchweg analogisiert werden, dürfte außer für den Menschen aber auch für höhere Primaten gelten.

3. Tiefenschmerz

Schmerzreceptoren sind ebenso wie Mechanoreceptoren auch in der Tiefe des Körpers zu finden. Soweit sie in Strukturen des mittleren Keimblatts lokalisiert sind, könnte man ihre Funktion unter den erweiterten Begriff der Proprioception stellen. Nociceptoren gibt es in Faszien, Muskeln, Sehnen, Gelenken und im Periost. Die besonders große Schmerzempfindlichkeit der Knochenhaut ist jedem bekannt, der sich einmal das Schienbein gestoßen hat. Das stimmt überein mit Beobachtungen, denen zufolge das Periost nicht nur eine besonders hohe Dichte von Schmerzreceptoren aufweist, sondern daß diese auch im Vergleich mit Nociceptoren der Muskulatur und der anderen erwähnten Organe eine relativ niedrige Reizschwelle haben.

Muskelschmerz kann bei lang anhaltenden Kontraktionen zustande kommen, bei denen das Gewebe nur ungenügend durchblutet wird. Derselbe Schmerz tritt auch bei rhythmischen Kontraktionen auf, wenn die Perfusion dabei phasisch gedrosselt wird. Auslösender Reiz ist wahrscheinlich eine Substanz, die im stark arbeitenden Muskel entsteht, im ischaemischen Organ aber nicht abtransportiert oder abgebaut werden kann (P-Faktor von Lewin). Die chemische Natur des dolorigenen Faktors ist noch nicht mit Sicherheit erkannt. Bisweilen hat man an Kalium gedacht, das im Muskel bei Arbeit und bei Mangeldurchblutung in stärkerem Maße freigesetzt wird. Tatsächlich ist ischämischer Muskelschmerz durch intraarterielle Injektion von Kalium hervorzurufen. Dasselbe ist jedoch auch mit Bradykinin zu erreichen, über dessen Rolle als Schmerzauslöser noch zu sprechen sein wird.

4. Eingeweideschmerz

Diese Komponente der Nociception wird als besonders unangenehm empfunden und ist mit starken vegetativen Reaktionen verbunden. Das hängt damit zusammen, daß viszerale Afferenzen Verbindungen mit Strukturen des Stammhirnes haben, bei deren Erregung u. a. Nausea und Erbrechen entstehen. Daß diese Feststellungen auch für Tiere gelten, ist durch viele Beobachtungen und durch gezielte Experimente mit gekreuztem Kreislauf erwiesen. So hat man die Milz eines Hundes vom eigenen Kreislauf abgehängt und von einem Spenderhund durchbluten lassen. Einbringen von Bradykinin in das Blut der fremdversorgten Milz hat dennoch zu Lautäußerungen, zu Hyperpnoe und Blutdruckanstieg, d. h. zu typischen Schmerzsymptomen geführt. Sie können unter diesen Bedingungen nur auf nervösem Wege zustande gekommen sein, da die fragliche Substanz allein in die Milz, nicht aber in den übrigen Körper des Empfängerhundes gelangt ist.

Die Viszera sind verhältnismäßig spärlich mit Schmerzrezeptoren versehen. Deshalb sind Manipulationen an Eingeweiden möglich, ohne daß es zu Schmerzreaktionen kommt. Sie stellen sich jedoch sofort ein, wenn man dabei am Gekröse zieht. Ebenso muß vermieden werden, bei Eingriffen an den Viszera gleichzeitig die äußere Haut zu reizen. Letzteres findet seine Erklärung im Phänomen des übertragenen Schmerzes, das gleich noch zu behandeln sein wird. Der lockeren Innervation mit Schmerzfasern ist es wohl zuzuschreiben, daß Eingeweideschmerzen nur schwer lokalisierbar sind. Eine sehr intensive Form von Schmerzempfindungen kommt zustande, wenn Rezeptoren in der Wand intestinaler Hohlorgane starken Dehnungsreizen ausgesetzt sind. Das ist z. B. der Fall bei spastischen Kontraktionen der Muskulatur gegen festen, schwer beweglichen Inhalt. Erhöhte Wandspannung scheint der einzige adäquate Reiz für Schmerzrezeptoren in der Darmwand zu sein. Die Schleimhaut selbst ist schmerzunempfindlich, solange mechanische oder chemische Reize nicht zu stark sind.

Die nociceptiven viszeralen Afferenzen verlaufen zum größten Teil in den Nervi splanchnici, d. h. zusammen mit efferenten Fasern des sympathischen Systems. Deshalb kann man durch Sympathektomie Schmerzen ausschalten, deren Ursachen im Herzen oder im Magen-Darmtrakt liegen. Andererseits gibt es auch vagale und pelvische Schmerzafferenzen, erstere aus dem Pharynx, Oesophagus- und Trachealgebiet, letztere z. B. aus dem unteren Colon, der Cervix uteri, der Prostata und der Urethra. Schmerzimpulse aus den Testes verlaufen wiederum im sympathischen System, da sie ursprünglich zu dessen Einzugsgebiet gehören und ihre Innervation beim späteren Deszensus mitnehmen.

Wie alle viszerosensorischen Fasern erfahren auch die Schmerzfasern keine Unterbrechung bei der Passage von praevertebralen und paravertebralen Ganglien. Ihre Zellkörper liegen alle in den Spinalganglien, von wo die zentripetalen Fortsätze das Rückenmark über die Hinterwurzel erreichen. Die Anlage entspricht also trotz verschiedener Wege im Prinzip den somatischen Afferenzen. Sie haben mit ihnen gemein, keine peripheren Synapsen zu bilden, abgesehen davon, daß auch der Fasertyp der gleiche ist.

Wenn wir — ungeachtet der Ausnahmen — die relativ geringe Schmerzempfindlichkeit der Eingeweide hervorgehoben haben, so gilt diese Feststellung nicht für entzündliche und hyperämische Zustände. In ihnen ist offensichtlich die Reizschwelle stark herabgesetzt, so daß selbst geringfügige Reize erhebliche Schmerzen mit allen vegetativen und emotionalen Begleiterscheinungen hervorrufen.

5. Übertragener Schmerz (referred pain)

Hierunter versteht man in der Symptomatologie des Schmerzes, daß Empfindungen, deren Ursache in der Erregung von Nociceptoren der Eingeweide oder der Muskulatur liegen, gar nicht dorthin, sondern in eine oberflächliche Struktur, insbesondere in die Haut, projiziert werden. Dabei ist regelmäßig zu beobachten, daß das Zentralnervensystem die topographisch fehlerhafte Auswertung von Schmerzimpulsen immer nur zwischen Organen vornimmt, die entwicklungsgeschichtlich demselben Körpersegment entstammen. So können schmerzhafte Irritationen des Zwerchfells subjektiv in der Schulter lokalisiert werden. Das hängt zweifellos damit zusammen, daß das Diaphragma ursprünglich Halssegmenten zugehört, im Laufe der embryonalen Entwicklung die Abdominalregion erreicht und seine Innervation dabei mitzieht. Etwa ein Drittel der Fasern des nervus phrenicus sind afferenter Natur. Somit erreichen Schmerzimpulse aus dem Zwerchfell das Rückenmark durch die Hinterwurzeln des zweiten bis vierten Zervikalsegmentes, wo auch Afferenzen aus der Schultergegend einlaufen.

In ähnlicher Weise werden Herzschmerzen in den Brustkorb und auf die Innenseite des linken Oberarms übertragen. Diese Regionen gehören zu einem Dermatom, dessen cranialer Rand ebenso wie das Herz über die Hinterwurzel des ersten Thorakalsegmentes mit dem Rückenmark verbunden ist. Harnleiterschmerzen, etwa infolge eines abgehenden Nierensteines, werden unabhängig davon, an welcher Stelle er sich befindet, in die

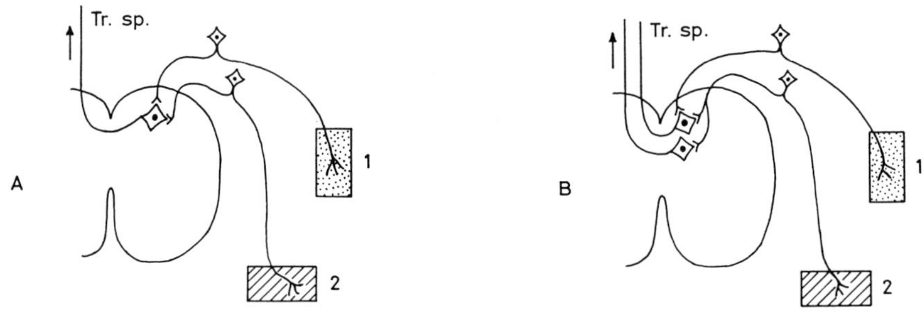

Abb. 328. Vorstellungen über das Zustandekommen des übertragenen Schmerzes. (Nach GANONG, l. c.).

A = Konvergenzhypothese; **1** = somatische, **2** = viszerale Struktur, **Tr. sp.** = Tractus spinothalamus. **B** = Facilitationshypothese. Näheres siehe Text

Leistengegend projiziert, die weiter caudal liegt. Die Beispiele ließen sich fortsetzen, doch könnten sie sich nur auf menschliche Erfahrung beziehen.

Zur Erklärung dieses Phänomens zieht man gewöhnlich zwei Hypothesen heran. Die erste besagt, daß im Rückenmark aufsteigende Neurone zweiter Ordnung weit weniger zahlreich sind als die peripheren Schmerzfasern. Infolgedessen muß es zur Konvergenz von Hinterwurzelfasern somatischen und viszeralen Ursprungs auf ein und dieselbe Ganglienzelle des Rückenmarks kommen. Da Schmerzen häufiger in somatischen als in viszeralen Strukturen entstehen, werden über gemeinsame Bahnen aufsteigende Impulse als aus ersteren stammend erachtet, auch dann, wenn sie einmal aus den Eingeweiden herrühren. Hier spielt also ein gewisser Lerneffekt eine Rolle, der die zentrale Auswertung von Schmerzimpulsen beeinflußt.

Die andere Hypothese geht vom Divergenzprinzip aus, welches Bahnungseffekte in benachbarten Ganglienzellen bedingt. So wäre es möglich, daß Schmerzfasern aus den Eingeweiden über ihre Endverzweigungen zwar teilweise allein, teilweise aber auch gemeinsam mit somatosensiblen Fasern Synapsen an Folgeneuronen bilden. Letztere könnten dann von viszeralen Impulsen so weit vordepolarisiert werden, daß selbst unterschwellige Reize aus den somatischen Regionen zu Entladungen führen und eine Schmerzempfindung dort lokalisiert wird (Abb. 328).

6. Chemische Auslöser des Schmerzes

Wir haben weiter oben festgestellt, daß zur Auslösung von Schmerzempfindungen nur Reize fähig sind, die zu einer mehr oder weniger starken Zerstörung des Gewebes führen. Vielfach wird angenommen, daß dabei Substanzen freigesetzt werden, die ihrerseits imstande sind, Schmerzfasern zu erregen, so daß Nociceptoren in bezug auf die unmittelbare Reizwirkung als Chemorezeptoren anzusehen sind. Unklarheit herrscht allerdings über die chemische Natur solcher Schmerzauslöser. Bisher sind u. a. in Erwägung gezogen worden Histamin, Kalium-Ionen, Serotonin (5-Hydroxytryptamin), Acetylcholin und ATP. In jüngerer Zeit konzentriert sich jedoch die Aufmerksamkeit auf Polypeptide, die dem Nonapeptid **Bradykinin** ähnlich sind. Sie sollen aus Globulinen in der interstitiellen Flüssigkeit unter der Einwirkung eines proteolytischen Enzyms entstehen, das bei der Läsion von Zellen freigesetzt wird. Nicht der schädigende Reiz direkt, sondern ein unter seiner Einwirkung entstehender Stoff würde demnach die Erregung von Schmerzfasern vermitteln.

K. Geruchssinn

1. Allgemeine Vorbemerkungen

Riechen ist eine spezialisierte Form der Chemorezeption. Anfänge sind schon auf der Organisationsstufe einzelliger Protozoen ausgeprägt, von denen bekannt ist, daß sie auf Kontakte mit Stoffen in flüssigen Medien motorisch reagieren. Je nachdem, ob die wirksamen Moleküle Annäherung oder Entfernung des Tieres hervorrufen, spricht man von positiver oder negativer Chemotaxis. Liegt diesen Vorgängen wahrscheinlich noch eine generelle Empfindlichkeit der pelliculären Grenzstruktur für chemische Reize zugrunde, so sind z. B. bei Regenwürmern bereits spezifische Rezeptoren ausgebildet, die an das Nervenystem gekoppelt sind. Sie sind jedoch über die ganze Haut diffus verteilt, wie etwa noch Tast- oder Schmerzrezeptoren bei höheren Tieren. In der weiteren Entwicklung werden die äußeren Chemorezeptoren an begrenzten Stellen des Körpers lokalisiert, wie an den Antennen der Insekten und in der Nasenschleimhaut der Säugetiere. Durch eine ungeheure Steigerung ihrer Empfindlichkeit gewinnen sie den Charakter von Fernrezeptoren, da äußerst geringe Mengen antransportierter Stoffe bereits ausreichen, um Erregungen und Reaktionen darauf hervorzurufen.

Die olfaktorischen Prozesse werden meist zusammen mit den gustatorischen beschrieben, weil beim Menschen ihre Rolle bei der Nahrungsaufnahme im Vordergrund des Interesses steht. Tatsächlich ist der Geruch von Speisen (neben ihrem Anblick) eine der Auslöserkomponenten der encephalen Phase der Speichel-, Magen- und Darmsaftsekretion und damit ein Faktor, der die Verdauung einleitet. Hinzu kommt, daß aus der Mundhöhle und aus dem Schlundkopf durch die Choanen gegen die Riechschleimhaut diffundierende Moleküle zusammen mit Reizen auf Chemorezeptoren in der Schleimhaut der Zunge und des Schlundkopfes jene Empfindung hervorrufen, die wir als den »Geschmack« (flavor) von Speisen bezeichnen. Der Geruch kann also als Detektor für die Bekömmlichkeit eines Nahrungsmittels, als Verstärker des Appetits und als Provokator der Absonderung von Verdauungssäften dienen. Über seine digestiven Funktionen hinaus spielt er eine Rolle als Auslöser sympathischer oder antipathischer Verhaltensweisen im Kontakt mit anderen Individuen, insbesondere im sexuellen Bereich. Im Vergleich mit anderen terrestrisch lebenden Säugetieren wird der Mensch als **Mikrosmat** bezeichnet. Damit soll zum Ausdruck gebracht werden, daß sein olfaktorischer Sinn zwar fein und hoch entwickelt ist, in seiner Leistungsfähigkeit aber gegenüber jenem der **Makrosmaten,** zu denen auch unsere Haussäugetiere zählen, begrenzt erscheint.

Wegen der überragenden Bedeutung im Leben makrosmatischer Tiere muß der Geruchssinn in einem Lehrbuch der Veterinärphysiologie umfassender und ausführlicher behandelt werden, als es in den Lehrbüchern der Humanmedizin üblich und notwendig ist. Von pflanzlichem und tierischem Material ausgehende Duftstoffe sind wichtige Faktoren bei der Suche und Auswahl des Futters. Wesentlich mehr als beim Menschen fallen beim Haustier die kommunikativen Funktionen der Duftstoffe ins Gewicht, die sie beim Kontakt zwischen Säugling und Muttertier, zwischen Individuum und Umgebung (Stallgeruch, Herdengeruch) und zwischen den Geschlechtspartnern ausüben. Weiterhin müssen Organleistungen verstanden werden, die es erlauben, Hunde im Polizei-, Jagd- und Rettungsdienst zu verwenden. Es ist an die Wirkung olfaktorischer Reize in der Versuchstierhaltung zu denken, und es gilt schließlich, olfaktorisch bedingte Vorgänge der Wirtsfindung von Parasiten zu beachten. Darüber hinaus müssen wir uns auch über den Geruchssinn des Menschen unterrichten, da im gesamten Bereich der Lebensmittelhygiene organoleptische Prüfverfahren verwendet werden, die im allgemeinen dem zur Zeit verfügbaren chemisch-analytischen Instrumentarium an Empfindlichkeit überlegen sind.

2. Rezeptorenfeld, Riechbahn

Das Rezeptorenfeld des Geruchssinnes befindet sich in einem Abschnitt der Nasenschleimhaut, der in tierartlich wechselnder Ausdehnung zur pigmentierten Riechschleimhaut ausgebildet worden ist. Sie besteht im wesentlichen aus einem Verband von Basal-, Stütz- und Sinneszellen (Abb. 329), wobei der gelblich bis bräunlich erscheinende Farbstoff sich hauptsächlich in den Stützzellen be-

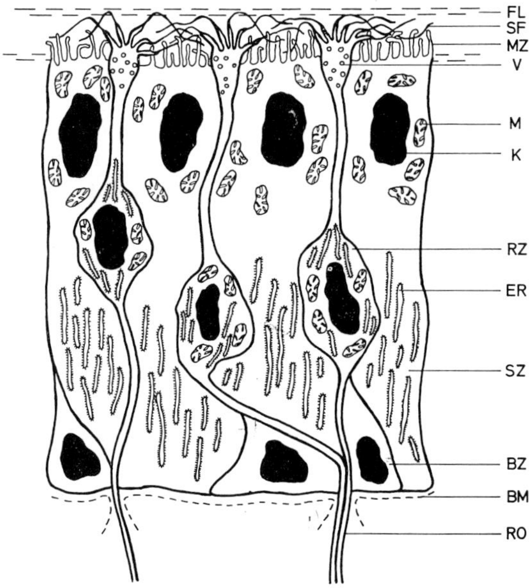

Abb. 329. Struktur der Riechschleimhaut. (Nach ANDREAS, 1966: Der Feinbau des Regio olfactoria von Makrosmatikern. Z. f. Zellforsch. **69**, 140–154).

FL = Flüssigkeit (Schleim), **SF** = fadenförmige Ausläufer der Riechzellen, **V** = Vesikel, **M** = Mitochondrien, **K** = Zellkern, **RZ** = Riechzelle, **ER** = endoplasmatisches Reticulum, **SZ** = Stützzelle, **BZ** = Basalzelle, **BM** = Basalmembran, **RO** = Riechnervenfaser

findet. Wichtig für die Aufnahme und Lösung von Duftstoffen ist das Sekret der Glandulae olfactoriae (Bowmansche Drüsen), deren dünnflüssiges Sekret durch Ausführungsgänge auf die Oberfläche des Epithels gelangt.

Die Riechschleimhaut (Regio olfactoria der Nasenschleimhaut) besetzt beim Menschen im Bereich der beiden oberen Nasenmuscheln ein Areal von insgesamt etwa 5 cm^2. Bei den makrosmatischen Säugetieren ist sie dagegen wesentlich ausgedehnter. So sind beim Dackel 75 cm^2 und bei Schäferhunden ca. 150 cm^2 gemessen worden. Die Anzahl der spezifischen Sinneszellen (Riechzellen) liegt bei den genannten Hunderassen in der Größenordnung von 125 bzw. 225 Millionen. Bei im Wasser lebenden Säugetieren finden wir andererseits eine völlige Rückbildung der Regio olfactoria, so daß sie als **Anosmaten** anzusehen sind. Bei Walen durchsetzt der Riechnerv nicht mehr das Os ethmoidale. Die Nasenhöhle hat bei diesen Tieren nur noch die Funktion eines Leitungsweges für den Strom der Atemluft, dient aber nicht mehr olfaktorischen Zwecken. Vögel besitzen zwar Riechepithel, sind aber ebenso wie die Primaten zu den Mikrosmaten zu rechnen. Es gibt jedoch Vogelarten, deren Riechfähigkeit wahrscheinlich mit der des Menschen verglichen werden kann.

Die Riechzellen sind bipolare Nervenzellen, deren dendritische Ausläufer auf der einen Seite in Gestalt von Zilien in die Flüssigkeitsschicht des Riechschleims hineinragen und deren Axone andererseits — zu den Fila olfactoria gebündelt — die Lamina cribriformis des Siebbeins durchziehen, um die Bulbi olfactorii des Gehirns zu erreichen. Die Riechzellen sind demnach die Neurone erster Ordnung der Riechbahn. Sie sind die einzigen sensorischen Neurone, die nicht mit dem Thalamus in Verbindung stehen. Ihre Impulse haben nur eine einzige Synapse zu überspringen, ehe sie über die Neuriten der Mitral- und Büschelzellen die corticalen Riechfelder erreichen. Die Fila olfactoria sind sehr dünne C-Fasern mit Leitungsgeschwindigkeiten unter einem Meter pro Sekunde.

Die Achsenzylinder der Riechzellen bilden im Lobus olfactorius Telodendren, die auf das innigste mit dem dendritischen Geäst der Mitral- und Büschelzellen verwoben sind (Neurone zweiter Ordnung der Riechbahn). Durch eine Häufung solcher Kontakte an umschriebenen Stellen entstehen Glomeruli olfactorii. Ein Schema der Verbindungen ist der Abbildung 330 zu entnehmen.

Bei den mikrosmatischen Vögeln nimmt jeweils eine Mitral- oder Büschelzelle Impulse aus mehreren Glomeruli auf, von denen wir festgestellt ha-

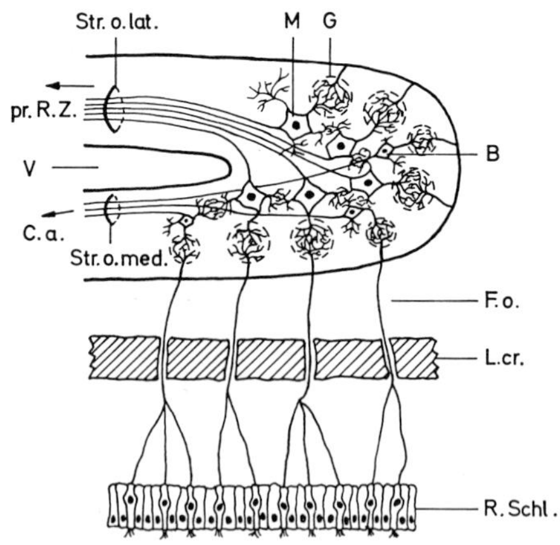

Abb. 330. Lobus olfactorius und seine Verbindungen.

R. Schl. = Riechschleimhaut, **L. cr.** = Lamina cribrosa, **F. o.** = Fila olfactoria, **B** = Büschelzelle, **M** = Mitralzelle, **G** = Glomerulus olfactorius, **Str. o. lat.** = Tractus olfactorius lateralis, **pr. R. Z.** = zum primären Riechzentrum, **V** = olfactorischer Ventrikel, **C. a.** = vordere Kommissur, **Str. o. med.** = Tractus olfactorius medialis

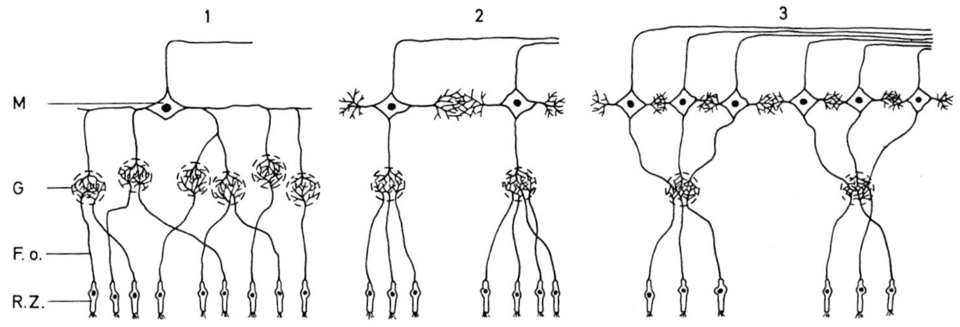

Abb. 331. Beziehungen zwischen Mitralzellen (**M**) und Glomeruli olfactorii (**G** bei 3 Typen von Mikro- und Makrosmaten. (Nach NICCOLINI, 1958, in: FORTUNATO/NICCOLINI, L'olfatto, Istituto Farmacoterapico italiano, Rom).
1 = körnerfressende Vögel, **2** = Mensch, **3** = Hund; **F. o.** = Fila olfactoria, **R. Z.** = Riechzellen

ben, daß in ihnen die Endigungen einer größeren Anzahl von Riechzellen zusammenlaufen. Beim Menschen steht eine Mitralzelle über den Hauptdendriten im allgemeinen nur mit einem Glomerulum in Verbindung. Bei den makrosmatischen Arten dagegen steht ein Glomerulum stets mit mehreren Mitral- oder Büschelzellen in synaptischer Verbindung (Abb. 331). Wahrscheinlich haben wir in dieser Anordnung das neurologische Substrat für das Auflösungsvermögen unterschiedlich leistungsfähiger olfaktorischer Systeme zu erblicken.

Mitral- und Büschelzellen stehen selber untereinander in dendritischem Kontakt. Ihre Achsenzylinder ziehen im wesentlichen in zwei verschiedene Gehirngebiete. Die Neuriten der Büschelzellen verlaufen im Tractus olfactorius medialis über die rostrale Kommissur zum Bulbus olfactorius der Gegenseite. Die Fasern der Mitralzellen ziehen im Tractus olfactorius lateralis zum Mandelkernkomplex und zum Cortex praepiriformis. Für das Kaninchen ist berechnet worden, daß ca. 26 000 Riechfasern auf einen Glomerulus olfactorius konvergieren, wo ihre Impulse auf 24 Mitral- und 68 Büschelzellen übertragen werden. Das entspricht einem Konvergenzverhältnis von 280 : 1, was ein entsprechend hohes Maß an räumlicher Summation ermöglicht. Zur Impulsübertragung in die olfactorischen Zentren stehen bei dieser Tierart etwa 60 000 Mitralzellen mit ihren Neuriten zur Verfügung.

Außer neuroanatomischen Befunden sprechen auch elektrophysiologische Daten dafür, daß in Teilen der Amygdala und in der Area praepiriformis das primäre Geruchsfeld zu suchen ist. Reaktionspotentiale treten hier nach Reizung des Bulbus olfactorius mit relativ kurzer Latenz auf. Zu den übrigen Teilen des sogenannten Rhinencephalon scheinen dagegen verhältnismäßig wenige und nur indirekte Verbindungen zu bestehen, so daß die Bezeichnung »Riechhirn« für die gesamte Struktur nicht mehr paßt. Die mit der Riechfunktion betrauten Teile stehen in der Tierreihe in unterschiedlichem Verhältnis zur Gesamtmasse des Gehirns. Relativ am stärksten treten sie bei den Vögeln und den Primaten zurück. Einen vergleichenden Überblick vermittelt die Abbildung 332.

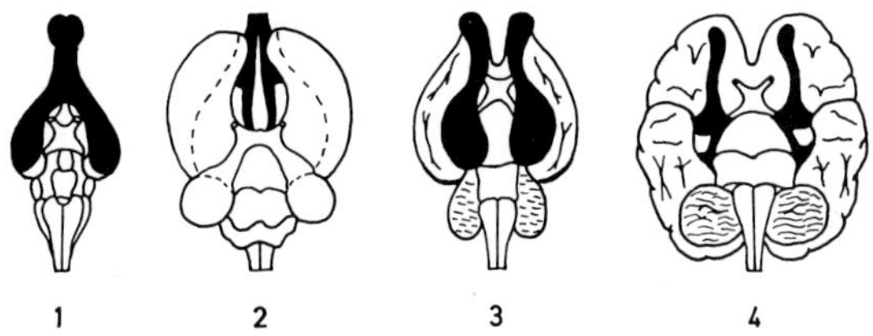

Abb. 332. Relationen der Lobi olfactorii und der olfactorisch fungierenden Rindenbezirke zum Gesamthirn beim Alligator (**1**), bei der Ente (**2**), dem Meerschweinchen (**3**) und dem Menschen (**4**)

3. Reize und Reizempfindlichkeit

Auf welche Art und Weise Riechzellen erregt werden und Geruchsempfindungen zustande kommen, ist noch weitgehend rätselhaft. Man kann bisher weder den Kreis der olfaktorisch wirksamen Stoffe genau bestimmen noch im einzelnen angeben, welche Vorgänge sich an der Membran der Sinneshärchen abspielen, um Impulsmuster hervorzurufen, die eine zentrale Diskriminierung differenter Gerüche ermöglichen. Die Angaben darüber bewegen sich zumeist noch auf hypothetischem Grunde und bedürfen allesamt der überzeugenden experimentellen Verifikation.

Einigermaßen sicher scheint zu sein, daß nur solche Substanzen riechbar sind, die über genügend große Dampfdrucke verfügen, um sich in Luft verflüchtigen und mit dem Atemstrom in die Nase gelangen zu können. Hier wiederum muß eine Lösung im Sekret der Riechschleimhaut erfolgen, um in Kontakt mit Rezeptoren zu geraten. Dabei ist zu bedenken, daß es in der gesamten Nasenschleimhaut Endigungen des Nervus trigeminus gibt, die ebenfalls chemisch erregbar sind, wenngleich die Reizschwellen im allgemeinen über denen der Riechzellen liegen. Bei genügend hohen Konzentrationen der Duftstoffe ist deshalb mit trigeminalen Erregungskomponenten zu rechnen, die den olfaktorischen Empfindungskomplex beeinflussen. Das trifft z. B. für niedere Fettsäuren, wie Essig-, Butter- und Propionsäure, zu. Sie sind als »gewöhnliche Duftstoffe« bezeichnet worden (von Skramlik). Von ihnen werden als »reine Riechstoffe« Substanzen unterschieden, die lediglich auf spezifische Riechzellen erregend wirken. Zu ihnen gehören die etwas längeren Ketten der aliphatischen Reihe wie Valerian-, Capryl- und Capronsäure. Nur die reinen Riechstoffe wären als adäquate Reize der Olfactorezeptoren im engeren Sinne zu betrachten. Daß Trigeminus-Erregungen an der Ausbildung von Geruchsempfindungen beteiligt sein können, haben Versuche an Hunden bewiesen, bei denen bedingte Reflexe auf einige Duftstoffe eingefahren worden sind. Sie sind nach Durchtrennung des Tractus olfactorius erhalten geblieben und erst dann ausgefallen, als auch der Nervus trigeminus durchschnitten worden ist.

Trotz aller tierartlichen, individuellen und konditionellen Variationen läßt sich feststellen, daß die Empfindlichkeit des Geruchssinnes außerordentlich hoch ist. Wahrscheinlich genügen nur wenige Moleküle, um einen spezifischen Rezeptor zu erregen, und eine simultane Reizung von etwa 40 Rezeptoren ist ausreichend, um eine olfaktorische Empfindung hervorzurufen. Sie ist zunächst noch unbestimmt und wird bei ihrem ersten Auftreten als unspezifische Schwelle der Olfaktion eines Riechstoffes bezeichnet (sensivity threshold). Mit zunehmender Konzentration wird dann die spezifische Schwelle (recognition threshold) erreicht, bei der die besondere Qualität eines Geruches wahrgenommen wird.

Beim Antransport einer Quantität von Duftmolekülen ist zu berücksichtigen, daß von der Einatmungsluft nur ein verhältnismäßig kleiner Teilstrom in den Bereich der Regio olfactoria gelangt. Hier wird wiederum nur eine bestimmte Fraktion, die von der Natur des Stoffes abhängt, in Lösung gehen und entsprechend dem Verteilungskoeffizienten die wäßrige Phase des Riechschleims und die Lipidphase des Epithels besetzen. Trotz dieser Verdünnungseffekte sind bei manchen Duftstoffen überraschend geringe Mengen ausreichend, um eine deutliche Duftempfindung zu vermitteln. Das auf die menschliche Nase allerdings besonders intensiv wirkende Merkaptan wird bereits in einer Verdünnung von 1 : 460 000 000 wahrgenommen. Das entspricht einer Konzentration, die 250mal geringer ist als die niedrigste Natrium-Konzentration, die man mit dem Bunsenschen Flammenspektrometer nachweisen könnte.

4. Hypothesen über Primärprozesse

Unsere Kenntnisse von den Vorgängen in der Regio olfactoria sind bei weitem nicht ausreichend, um eine Theorie der Primärprozesse in den Riechzellen zu entwickeln, die imstande wäre, alle oder auch nur einen Teil der olfaktorischen Phänomene befriedigend zu erklären. Der ungeheuren Vielfalt wahrnehmbarer Gerüche steht keineswegs eine entsprechende Anzahl morphologisch differenter Rezeptoren gegenüber. Es ist auch wenig wahrscheinlich, daß es Klassen von Riechfühlern gibt, die in Analogie zu den Photorezeptoren der Netzhaut, eine Spezifität für wenige »Grunddüfte« haben, aus denen alle anderen Gerüche zusammengesetzt werden könnten. Es ist auch keineswegs notwendig, eine solche Art von zellulärer Spezifität vorauszusetzen, da erstens spezifische Prozesse auch im molekularen Bereich denkbar sind und zweitens die subjektive Realität eines Sinnesereignisses in keinem Falle allein von der peripheren Transformation abhängt, sondern letztlich durch den Anstoß zentralnervöser Vorgänge zustande kommt. In der Physiologie der Geruchsrezeptoren ist es bisher nur möglich gewesen, Hypothesen zu bilden, die einen Teil der bekannten Tatsachen zu deuten vermögen, zu anderen aber im Widerspruch stehen. Sie können in ihrer Vielzahl hier nicht erörtert werden, doch seien einige Denkrichtungen angedeutet, um in die Problematik einzuführen.

Plausibel erscheint, daß als Duftstoffe nur solche Substanzen wirken, deren Dampfdrucke hoch genug sind, um in der Zeiteinheit genügend Moleküle an die Luft abzugeben. Die zweite Voraussetzung ist, daß sie von der Luft in ausreichender Menge aufgenommen werden. Gelangen sie mit Teilströmen der Respirationsluft über die Riechschleimhaut, müssen sie sich in deren Schleimschicht lösen, um gegen die Fortsätze der Sinneszellen zu diffundieren. Was dort nun geschieht ist noch weitgehend ungeklärt. Es macht nach wie vor erhebliche Schwierigkeiten, sich zutreffende Vorstellungen darüber zu bilden, welche Eigenschaften Moleküle auszeichnen müssen, um olfaktorischen Reizcharakter zu haben, und welche Primärprozesse Erregungsmuster entstehen lassen, die zentral zur Empfindung von Gerüchen führen.

Fest steht, daß nicht alle flüchtigen sowie wasser- und lipidlöslichen Stoffe, die an die Riechschleimhaut gelangen, als Duftstoffe wirken. Die Reizwirksamkeit der Odorantien könnte aber darin bestehen, daß die Rezeptoren auf bestimmte Molekülgestalten ansprechen, also eine strukturelle Selektivität besitzen. Das scheint jedoch in der einfachen Form einer Vorstellung vom Schlüssel, der in ein bestimmtes Schloß paßt, nicht zu gelten. Zwar gibt es Vertreter verschiedener chemischer Stoffklassen, deren Moleküle ähnliche Gestalt wie ähnlichen Geruch besitzen. Andererseits aber kennen wir Beispiele isomerer, also konstitutionell ähnlicher Verbindungen von völlig unterschiedlicher Geruchsqualität. Hinzu kommt, daß nicht selten die Geruchsempfindung lediglich von der Höhe der Konzentration ein und desselben Stoffes in der Luft abhängt. So riecht Jonon in hoher Konzentration für den Menschen nach Kohl oder feuchter Erde, während es in großer Verdünnung Veilchenduft imitiert. Indol verströmt den unangenehmen Fäkalienduft, erinnert in niedriger Konzentration jedoch an Jasmin.

Diese Beobachtungen haben dazu geführt, versuchsweise anzunehmen, daß olfaktive Wirkungen nicht bestimmten chemischen Stoffen an sich, sondern ihren Zuständen in der Gasphase einerseits und ihren Reaktionsprodukten im Riechschleim und im Protoplasma der Rezeptorzellen andrerseits zuzuschreiben sind. Ersteres könnte erklären, daß uns Sauerstoff in der biatomaren Form (O_2) geruchlos vorkommt, während er als Ozon (O_3) olfaktorisch perzeptibel wird. Letzteres weist darauf hin, daß es auf die Beschaffenheit der Teilchen unmittelbar am Rezeptor ankommt. Hier könnten Duftstoffe Verbindungen mit Bestandteilen des Riechschleims oder mit Plasmaproteinen der Riechzelle eingehen. Es wäre denkbar, daß erst diese neuen Gebilde erregungswirksam werden.

Andere Vorstellungen besagen, daß Duftstoffe in die enzymatischen Systeme der Riechzellen eingreifen, katalytische Funktionen fördern oder hemmen oder sogar neue Enzyme entstehen lassen und auf diese Weise Erregungen zustande bringen. Angesichts der außerordentlich hohen Empfindlichkeit der Rezeptoren, die schon auf wenige Moleküle reagieren, mit denen Vorgänge der genannten Art kaum induziert werden könnten, kommt aber diesem Wirkungsmodus keine große Wahrscheinlichkeit zu.

Außer chemischen Vorstellungen sind auch zahlreiche Möglichkeiten einer rein physikalischen Art der Primärprozesse gedanklich durchgespielt worden. So hat man an Resonanzeffekte gedacht, die zwischen Valenzelektronen von Duftmolekülen und Elektronen der Riechnerven mit gleicher Schwingungsperiode zustande kommen sollen. Es ist auch eine Energieübertragung vom Duftpartikel auf den Rezeptor durch ultraviolette Strahlung diskutiert worden. Selbst Infrarotemission der Riechzellen und quantitativ unterschiedliche Absorption dieser Strahlung durch Duftmoleküle hat man für möglich gehalten. Letzteres hieße allerdings, die Auslösung und die Spezifität olfaktorischer Erregung auf verschiedene Grade der Abkühlung des Rezeptors zurückzuführen. Besonders diese energetische Version mutmaßlicher Wirkung von Duftstoffen zeigt, wie weit man sich in Spekulationen ergeht, weil der suchende Geist durch schlüssige Experimente noch nicht gebunden ist.

Einiges Interesse dürften Überlegungen beanspruchen, denen zufolge Duftstoffe die Oberflächenspannung an der Phasengrenze von Luft und Wasser zu verändern vermögen, was zu Bewegungen der Sinneshaare der Riechzellen führen könnte. Erwähnenswert sind ferner Befunde, denen zufolge eine elektrische Potentialdifferenz, die an der Grenzfläche zwischen Öl und einer wäßrigen Lösung anorganischer Salze existiert, durch Hinzufügen geringer Mengen bestimmter Stoffe verändert werden kann. Solche Veränderungen sind u. a. abhängig von der Verteilung des Stoffes zwischen Öl und Wasser, von Adsorptions- und Diffusionsvorgängen und von der räumlichen Struktur der eingebrachten Moleküle. Sollten Analogien zwischen einem solchen Modellsystem und den Wasser-Lipidphasen von Rezeptorstrukturen bestehen, so könnten dort als Folge der Einwirkung von Duftstoffen elektrische Potentialverschiebungen auftreten, die uns schon eher an die physiologischen Voraussetzungen einer Erregung denken lassen.

Da wir wissen, daß den Erregungsvorgängen stets Permeabilitätsänderungen einer Membran und Ionenflüsse zugrunde liegen, sind schließlich noch Versuche an roten Blutkörperchen als biologischen Modellen erwähnenswert. Der Kalium-Natrium-Austausch durch ihre Membran kann von Duftstoffen je nach ihrer Schwellenintensität in unterschiedlichem Maße verstärkt werden. Analoge Vorgänge an Riechzellmembranen könnten die Ursache zur Ausbildung von Generatorpotentialen sein.

Mit solchen Vorstellungen, wenngleich nichts anderes als Arbeitshypothesen, nähern wir uns einem Gebiet, auf dem, weil methodisch leichter zugänglich, man inzwischen einige Fortschritte erzielt hat. Es sind elektrophysiologische Befunde, die uns Aufschluß geben über die Folgewirkungen der noch unbekannten Primärprozesse.

5. Elektrophysiologische Befunde

Wie durch Ableitung mittels Mikroelektroden an Versuchstieren feststellbar, kommt es bei einer Diffusion von Duftstoffen gegen die Riechschleimhaut zu einer örtlichen Potentialschwankung von einigen Sekunden Dauer, deren Amplitude konzentrationsabhängig ist. Von den Einzelfasern der Fila olfactoria lassen sich außerdem Spitzenpotentiale abgreifen, die in Abwesenheit olfaktorischer Reize nur vereinzelt als Spontanentladung auftreten. Die elektrische Aktivität wird durch Einwirkung von Duftstoffen erhöht, wobei die Impulsfrequenz eine Abhängigkeit von der Konzentration erkennen läßt. Elektrophysiologische Sondierung einzelner Riechzellen des Frosches hat ergeben, daß sie nicht nur auf einen einzigen Geruchsstoff ansprechen. Vielmehr vermögen sie auf mehrere Stoffe zu reagieren, sie tun dies jedoch mit unterschiedlicher Impulsfrequenz. Ein Beispiel dafür gibt die Abbildung 333.

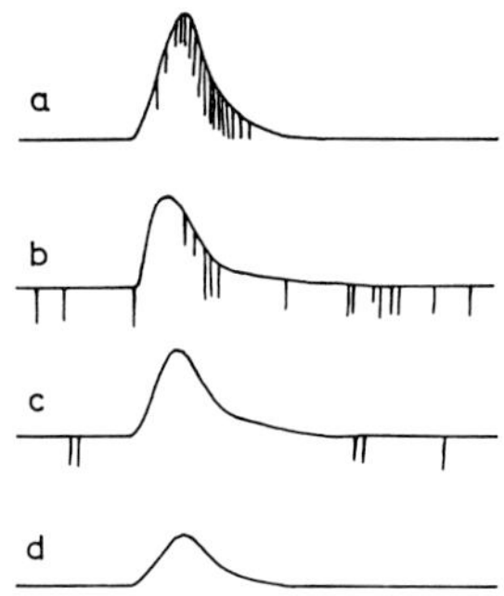

Abb. 333. Örtliches Potential der Riechschleimhaut des Frosches mit superponierten Aktionspotentialen einer einzelnen Riechnervenfaser bei Einwirkung von Moschus-Xylol (**a**), Nitrobenzol (**b**), Benzonitril (**c**) und Pyridin (**d**). (Nach GESTELAND et al., 1963: in: Olfaction and Taste [ZOTTERMANN, ed.]. Pergamon Press, Oxford, London)

Bei fortdauernder Einwirkung von Geruchsstoffen nehmen weder die Amplitude des örtlichen Potentials der Riechschleimhaut noch die Frequenz der Spitzenpotentiale der Neuriten ab. Daraus ist zu folgern, daß der häufig beschriebene Vorgang einer relativ raschen Adaptation der Geruchsempfindung nicht auf einer Abnahme der Rezeptorempfindlichkeit, sondern auf Hemmungsvorgängen auf höherer Ebene beruht.

An wachen Kaninchen und Katzen hat sich mit chronisch implantierten Elektroden eine Spontanaktivität im Bulbus olfactorius nachweisen lassen, die durch Geruchsreize deutlich verändert wird. Sie ist als Summe der Dendritenpotentiale im Bereich der Glomeruli zu deuten, auf deren Ebene wahrscheinlich die Erregungsmuster entstehen, die dem Organismus eine differenzierte Geruchsempfindung ermöglichen. Leitet man von verschiedenen Stellen gleichzeitig ab, so zeigte eine Aufzeichnung der integrierten Signale, daß differente olfactorische Reize mit räumlich und zeitlich unterschiedlich verteilter Aktivität beantwortet werden, so daß jedem Geruchsstoff ein bestimmtes Erregungsmuster entspricht.

Ebenso wie die Tätigkeit anderer Sinneszellen wird auch die Erregung olfaktorischer Neurone durch laterale Hemmung in Grenzen gehalten. So läßt sich die Aktivität einer Mitralzelle durch elektrische Reizung des Tractus olfactorius lateralis, durch den ihr Neurit verläuft, einschränken oder sogar vollständig aufheben. Dieser Effekt kommt wahrscheinlich dadurch zustande, daß die künstlich erregten Impulse sich antidrom fortpflanzen und über rückläufige Kollateralen des Neuriten ein Hemmungsneuron erreichen, das die Membran der beobachteten Mitralzelle hyperpolarisiert und damit unerregbarer macht.

Außer dieser rekurrenten Selbsthemmung erfolgt eine Kontrolle olfaktorischer Neurone durch efferente Impulse aus übergeordneten Strukturen des Zentralnervensystems. Sie können sowohl inhibitorische als auch facilitatorische Funktion haben. Elektrische Reizung im Bereich der intralaminären Thalamuskerne mit niederfrequentem Wechselstrom dämpft die rhythmische Aktivität des Bulbus olfactorius, wohingegen Stimulation des primären olfactorischen Rindenfeldes sie hemmt. Steigerung der Aktivität des aufsteigenden reticulären Systems führt über efferente Bahnen zugleich zu einer Zunahme der Erregungsabläufe im Bulbus olfactorius. Da das Wecksystem über alle anderen Sinneskanäle aktiviert werden kann, kommt es durch Vermittlung der Formatio reticularis des Hirnstammes zu einer Miterregung des Riechsystems. Deshalb bringt jede durch Reize aus der Umgebung hervorgerufene Steigerung der Wachheit und Aufmerksamkeit eines Tieres eine erhöhte Aktivität im olfaktorischen Sinneskanal mit sich.

6. Zum Geruchssinn des Hundes

Bei den Haussäugetieren ist besonders die Riechleistung des Hundes seit jeher besonders beachtet und praktisch genutzt worden. Wegen der großen experimentellen Schwierigkeiten sind jedoch messende Untersuchungen nur auf wenige Laboratorien beschränkt geblieben. Die Resultate, so wertvoll sie im einzelnen sind, können kaum verallgemeinert werden, da die Zahl der beobachteten Tiere relativ gering ist, und man mit großen individuellen Unterschieden der Riechfähigkeit zu rechnen hat. Die erste systematische Olfaktometrie ist an einer Foxterrier-Hündin angestellt worden (NEUHAUS). Ihre Minimalschwellen für die Entdeckung flüchtiger Fettsäuren haben für Buttersäure bei $1{,}3 \cdot 10^{-18}$ g/ml Luft und für Essigsäure bei $7{,}5 \cdot 10^{-17}$ g/ml Luft gelegen. Die Empfindungsschwelle für Buttersäure wird also erreicht, wenn sich etwa 10 000 Moleküle in einem Kubikzentimeter Luft befinden. Nimmt man an, daß pro Atemzug etwa 100 ml Luft eingesogen werden, aber weit weniger als ein Tausendstel dieser Menge an die Riechschleimhaut gelangt, so dürften ihr damit höchstens 1000 Moleküle zugetragen werden. Da die Anzahl der Rezeptoren in der Größenordnung von 100 Millionen liegt, können sie unter diesen Umständen nur von einzelnen Duftmolekülen getroffen werden.

Die Unterschiedsschwelle beträgt in der Nähe der Minimalschwelle etwa 30 bis 50 % der Ausgangsintensität. Mit zunehmender Konzentration des Duftstoffes nimmt sie jedoch ab und beläuft sich im Bereich des 5- bis 80fachen der spezifischen Schwelle auf etwa 10 % des Grundreizes ($\Delta J/J \approx 0{,}1$). Bei höheren Reizstärken nimmt sie wieder zu und wächst gegen 100 %. Das entspricht im konzentrationsabhängigen Verlauf den Verhältnissen beim Menschen, nur daß bei ihm die Unterschiedsschwellen im ganzen höher liegen.

Sehr bemerkenswert sind Befunde, wonach unterschwellige Duftstoffe vom Hunde wahrgenommen werden, wenn sie im Gemisch mit anderen erscheinen. Das gilt zwar nicht für die Kombination beliebiger Substanzen, wohl aber für solche, die einander chemisch und olfaktorisch nahestehen. Außerdem können Duftgemische auch dann diskriminiert werden, wenn sie sich nur in einer einzigen Komponente voneinander unterscheiden, deren Konzentration dabei gering oder sogar unterschwellig sein kann.

Der Abstand zwischen unspezifischer und spezifischer Schwelle scheint beim Hund für manche Stoffe nicht sehr groß zu sein. ZWAARDEMAKER hat die Konzentration eines Duftstoffes an der Minimalschwelle, an der nur eine unspezifische Empfindung zustande kommt, mit 1 Olfactie bezeichnet. Bei Anwendung dieses Maßstabes läßt sich feststellen, daß Buttersäure bei einer Konzentration von 1,3 Olfactien von Propionsäure und bei einer Konzentration von etwa 2 Olfactien von Jonon unterschieden wird.

Riechschwellen unterliegen erheblichen Schwankungen, die in starkem Maße von der aufgenommenen Nahrung abzuhängen scheinen. Enterale Applikation von Buttersäure hat bei dem Versuchshund von NEUHAUS zu einer Erhöhung der Riechschwelle für diesen Stoff auf das 12fache binnen 24 Stunden geführt. Sie ist in den folgenden 5 Tagen auf etwa ein Drittel der normalen Schwellenkonzentration gesunken, um nach weiteren 14 Tagen wieder die Ausgangshöhe zu erreichen.

Eine Verdeckung oder eine wechselseitige Abschwächung (Kompensation) von Gerüchen, wie sie beim Menschen beobachtet wird, scheint beim Hunde nicht vorzukommen. Sie würde bedeuten, daß die Schwelle von Mischdüften höher sein könnte als die Summe der Einzelschwellen. Die bisher erhobenen Befunde besagen, daß beim Hunde eher das Gegenteil eintritt. Für vorwiegend geruchsorientierte Makrosmaten wäre eine Kompensation von Gerüchen ein erheblicher Nachteil, zumal ihnen im natürlichen Habitat praktisch nur Mischdüfte entgegentreten.

Über olfaktorische Adaptation gibt es beim Hunde noch keine objektiven Befunde. Man versteht darunter die Erfahrung, daß bei Einwirkung einer konstanten Duftstoffkonzentration die Geruchsempfindung allmählich schwächer wird. Bei geringen und mittleren Konzentrationen kann Geruchslosigkeit schon nach einer Adaptationszeit von wenigen Minuten eintreten. Bei stärkeren Konzentrationen ist nicht nur eine Schwellenerhöhung, sondern mitunter auch eine Änderung der Geruchsqualität als Folge des fortdauernden Reizes zu beobachten.

Es besteht kein Zweifel, daß außer dem Hunde auch andere Nutz- und Wildtierarten über einen ausgezeichneten Geruchssinn verfügen. Unter den Haus- und Laboratoriumstieren wären beispielsweise Katze, Schwein und Ratte, unter den jagdbaren Tieren u. a. Rehe, Hirsche und Hasen zu nennen. Unsere Kenntnis darüber beziehen wir jedoch mehr aus gelegentlicher Beobachtung als aus systematischer Prüfung, die stets mit großen Schwierigkeiten verbunden ist. Das gilt auch für den Hund, mit dem der Mensch zwar seit ältesten Zeiten in enger Gemeinschaft lebt, dessen Sinnesleben aber dennoch für uns schwer erschließbar ist. Es scheint, daß gerade die Intimität des Umganges mit diesem Tier anthropomorphe Deutungen lange begünstigt und objektive Analysen erschwert und behindert hat. In der wissenschaftlichen Literatur tauchen erst seit etwa 100 Jahren Artikel auf, die den Versuch machen, in der Beschreibung des Geruchssinnes des Hundes von der anekdotischen Schilderung überraschender Leistungen Abstand zu gewinnen. Dabei sind Laboratoriumsversuche mit einem überschaubaren Komplex definierter Bedingungen bis heute selten geblieben. Sie wären auch in großer Anzahl kaum in der Lage, die vielen Fragen zu beantworten, die uns das Verhalten des Hundes als Gebrauchstier aufgibt. Die Verwendung als Suchtier im Jagd-, Polizei- und Rettungswesen hat eine Reihe von Untersuchungen bedingt, die vorwiegend den Charakter von Eignungs- und Zuverlässigkeitsprüfungen haben. Wenngleich sie uns wenig Daten liefern, die wir als eindeutige Parameter in ein exaktes physiologisches Bild vom Geruchssinn des Hundes einordnen könnten, sei auf einige Ergebnisse, ihres großen praktischen Wertes wegen, in diesem Abschnitt Bezug genommen.

Die umfangreichste Arbeit ist der Nutzung des Hundes im Polizeidienst gewidmet worden, wo ihm die Aufgabe übertragen wird, verborgene Personen oder Gegenstände aufzuspüren. Darin können Hunde Erstaunliches leisten, ohne daß solche Erfolge etwa zum Gradmesser einer durchschnittlichen Sinnesleistung dieser Tierart überhaupt gemacht werden dürften. Es ist kaum bestreitbar, daß Spitzenleistungen, wie sie uns bisweilen berichtet werden, nur mit ausgesuchten Exemplaren bei sorgfältiger Abrichtung erzielt werden können. Einmal erworbene Fähigkeiten gehen jedoch verloren, wenn sie nicht ständig geübt werden. Äußerste Empfindlichkeit des Geruchssinnes ist nur zu erreichen, wenn die Tiere sich in hervorragendem Ernährungs- und Gesundheitszustand befinden. Von allergrößtem Einfluß scheint die Person des Trainers zu sein, dessen Intentionen die Handlungen des Tieres in deutlichem Ausmaß bestimmen. Selbst bei Zusammentreffen aller günstigen Faktoren sind Fehlleistungen nicht auszuschließen.

Zwei Fragen haben bei der Verwendung von Suchhunden stets im Vordergrund des Interesses gestanden. Die eine gilt der sogenannten »Fährtenreinheit«, d. h. der Fähigkeit, sich nicht von einer Spur durch eine zweite ablenken zu lassen. Die andere, besonders bei der Verfolgung von Personen interessierende Frage, gilt dem sogenannten »Eigengeruch«, worunter ein Spektrum von Düften zu verstehen ist, die einem Menschen anhaften können.

Hunde sind durchaus in der Lage, menschliche Individualgerüche voneinander zu unterscheiden. Es ist aber strittig, ob der »Eigengeruch« eines Fährtenlegers für den spürenden Hund zum Leitmerkmal wird oder nur eine von vielen Komponenten eines Gemisches darstellt, zu dem auch Duftstoffe aus dem Boden, aus Pflanzen, zertretenem Kleingetier und anderen organischen Materialien beitragen. Wegen der Unsicherheit in diesen Fragen ist das Aufspüren eines Menschen durch einen Hund forensisch ohne Belang, wenn nicht noch andere Indizien den Zusammenhang mit einer Gesetzesübertretung wahrscheinlich machen.

Gelegentlich wird die Auffassung geäußert, daß die olfaktorische Überlegenheit des Hundes nicht grundsätzlicher Natur, sondern nur auf die Größe seines Rezeptorenfeldes zurückzuführen sei. Dann dürfte allerdings die Schwellenempfindlichkeit nur etwa 20- bis 40fach größer sein als beim Menschen und nicht millionenfach für manche Stoffe, wie spezielle Versuche es dokumentieren.

Die olfaktorische Wirksamkeit einer Fährte wird von der Beschaffenheit des Bodens und von meteorologischen Faktoren, wie Temperatur, Feuchtigkeit, Windgeschwindigkeit und Sonneneinstrahlung, beeinflußt. Selbst hochtrainierte Hunde können auf steinigem Grund, auf Asphalt oder auf heißem, trockenem Sand eine Fährte kaum verfolgen. Auf feuchtem Sand dagegen ist das bis zu einem Spurenalter von ca. 6 Stunden möglich. Auf bewachsenem Boden wird bei genügend feuchter, aber wenig bewegter Luft eine »Stehzeit« von 24 Stunden und darüber beobachtet, d. h. die Duftemission ist auch nach dieser Zeit noch hoch genug, um die Wahrnehmungsschwelle des Hundes zu überschreiten. Welche Rolle der Wasserdampf als Duftvektor spielt, geht aus der Tatsache hervor, daß eine Fährte im Gras bei trockener Luft und direkter Sonneneinstrahlung höchstens 3 Stunden hält. Ausgetrocknete Spuren können durch Feuchtigkeit reaktiviert werden. Leichter Regen begünstigt demzufolge die Haltbarkeit von Spuren, während starker Regen sie auswäscht. Mit der Alterung einer Fährte ändert sich auch ihre olfaktorische Wirkung. Geübte Hunde können einen Altersunterschied von 10 Minuten mit Sicherheit erkennen, mitunter auch geringere Zeitdifferenzen, wenn sie 3 Minuten nicht unterschreiten.

Die Riechleistung des Hundes kann durch Übung so verstärkt werden, daß der Mensch mit diesem Tier über einen Chemodetektor von einer Empfindlichkeit verfügt, die von technischen Apparaturen nicht immer zu erwarten ist. Das beweisen die Leistungen von Minensuch-, von Gasspür- und von Lawinensuchhunden. Letztere können nach verbürgten Berichten Menschen selbst unter Schneedecken von mehreren Metern Mächtigkeit entdecken.

Wenn Hunde eine Fährte »ausarbeiten«, wird die Atmung in den Dienst des »Schnüffelns« gestellt, um den Antransport von Duftmolekülen zur Regio olfactoria zu verbessern. Dabei werden der Einatmungsbewegung Schnüffelzüge superponiert, deren Häufigkeit etwa der Hechelfrequenz entspricht. Einer solchen Periode folgt ein nasaler Ausatmungsstoß, der außer der respiratorischen vielleicht auch eine Spülfunktion an der Riechschleimhaut hat. Mit zunehmender Schwierigkeit einer Fährte werden die Schnüffelperioden verlängert.

7. Geruchssinn des Menschen

Beim Farbensehen des Menschen gibt es Sinneserlebnisse, die zu Begriffen, wie Rot, Grün oder Blau, abstrahiert werden und bei jedermann eine klare und eindeutige Vorstellung hervorrufen. Dagegen sind die olfaktorischen Empfindungsqualitäten so unbestimmt und wenig rationalisierbar, daß sie sprachlich nur umschrieben werden können. Dabei wird entweder auf Affekte, die von ihnen ausgelöst werden oder auf ihre Herkunft Bezug genommen. Haller hat in seinem Elementa Physiologiae Corporis Humani von 1763 die Düfte in angenehme, indifferente und unangenehme eingeteilt. Die im Jahre 1924 von Henning vorgeschlagene Klassifikation nennt die Eigenschaften würzig, blumig, fruchtig, faulig und brenzlig. Sie werden als Grundqualitäten angesehen, aus denen in mannigfacher Kombination alle anderen Gerüche entstehen können. Zur Veranschaulichung hat Henning ein Geruchsprisma entworfen, dessen Ecken die Grundgerüche repräsentieren sollen (Abb. 334). Man hat sich vorzustellen, daß auf den Kanten alle jene Gerüche zu finden sind, an denen 2 Elementarkomponenten beteiligt sind. Auf den Dreiecksflächen liegen die Gerüche mit 3 und auf den Quadraten jene mit 4 Komponenten. Im Inneren des Prismas sind schließlich jene Gerüche zu finden, an denen mehr als 4 Grundgerüche zusam-

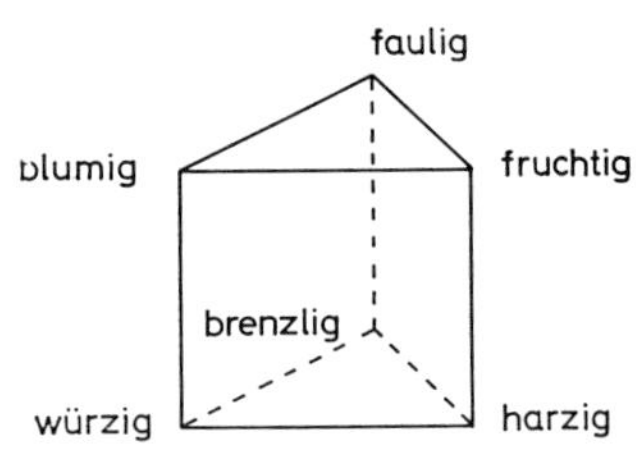

Abb. 334. Grundqualitäten der Geruchsmannigfaltigkeit nach Henning. Näheres siehe Text

menwirken. Es gibt noch eine Reihe anderer Systeme, die jedoch wegen der schwer definierbaren subjektiven Momente einer Geruchsempfindung ebenso wenig geeignet sind, die Mannigfaltigkeit der olfaktiven Erlebniswelt hinreichend auszudrücken.

Auch der Geruchssinn des Menschen kann durch Übung verfeinert werden, wie die Leistungen der Teeriecher und der Parfümeriefachleute beweisen. In den medizinischen Berufen ist er ein nicht zu unterschätzendes Hilfsmittel der Diagnostik. Bestimmte Stoffwechselprodukte oder Erreger bewirken in Harn und Kot mitunter typische Veränderungen des normalen Geruchs. Flüchtige Metaboliten, die den Körper durch die Haut oder mit der Ausatmungsluft verlassen, können auf Erkrankungen hinweisen (Azetonämie, Urämie). Für den Veterinärmediziner gewinnt darüber hinaus die geruchliche Prüfung von Lebensmitteln auf einwandfreie Beschaffenheit eine besondere Bedeutung. Sie ist in ihrer Empfindlichkeit in vielen Fällen nicht durch objektive Testmethoden zu ersetzen. Allerdings ist bei Beurteilungen daran zu denken, daß Empfindungsschwellen nicht konstant sind, sondern durch mannigfache Einflüsse verändert werden können. Erkrankungen mit Affektion der Nasenschleimhaut (Schnupfen) setzen die Geruchsfähigkeit erheblich herab. Sie kann in gewissem Ausmaß reduziert werden durch Einnahme von Mahlzeiten und durch das Rauchen. Manche Medikamente scheinen den Geruchssinn zu beeinträchtigen, andere dagegen ihn zu schärfen. Zu beachten ist stets auch die Möglichkeit der Adaptation, so daß eine Geruchsprüfung nicht zu lange ausgedehnt werden darf.

8. Zum Geruchssinn der Vögel

Über die Geruchsempfindlichkeit von Vögeln liegen widersprüchliche Berichte vor, die von einer Bestätigung olfaktorischer Funktionen bis zu ihrer völligen Leugnung reichen. Obwohl olfaktorische Strukturen (Riechschleimhaut, Nervi und Bulbi olfactorii) ebenso angelegt sind wie bei Säugetieren, scheint der optische Sinn zu dominieren. Immerhin gibt es auch bei Vögeln erhebliche Unterschiede in der Ausbildung der Riechlappen, deren Durchmesser in Relation zur Hirnhemisphäre beim Sperling 8 %, beim Kiwi dagegen 33 % beträgt. Von letzterem wird berichtet, daß er imstande sei, mit Erde bedeckte Regenwürmer von wurmfreier Erde zu unterscheiden, ohne daß optische oder akustische Signale eine Rolle spielen können. Geruchliche Orientierung wird auch manchen Geiern nachgesagt, ohne daß diese Fähigkeit bisher bewiesen ist. Allerdings wäre plausibel, wenn bei den fleischfressenden Vogelarten der Geruch eine größere Bedeutung hätte als bei den Körnerfressern. Von Falken wird berichtet, daß sie nur frisches Fleisch fressen und solches oft verweigern, an dem die menschliche Nase noch keinen Fäulnisgeruch entdeckt.

Beobachtungen und Grobexperimente ohne hinreichende Kontrolle aller möglichen Einflußfaktoren werden in neuerer Zeit durch besser definierte Laboratoriumsversuche ergänzt. Sie erstrekken sich sowohl auf vegetative Reaktionen (Herzschlag- und Atmungsfrequenz) als auch auf elektrische Vorgänge in der Riechschleimhaut und in Riechnervenfasern als Antwort auf olfaktorische Reize. Man hat bei Geiern örtliche Mukosapotentiale und fortgeleitete Aktionspotentiale in Abhängigkeit von der Konzentration der Duftstoffe (z. B. Amylacetat und Hexylacetat) registriert. Tauben reagieren auf Duftstoffe in der Einatmungsluft mit einer nur geringen Änderung der Atmungsfrequenz, jedoch mit einer deutlichen Erhöhung der Herzschlagfrequenz. Nach umschriebener Elektrokoagulation im Bereich der Bulbi olfactorii bleiben diese Reaktionen teilweise erhalten, teilweise werden sie geringer, was darauf hindeutet, daß auch Trigeminus-Reize an ihrem Zustandekommen beteiligt sind. Zunächst ist zu diesen Befunden nur zu sagen, daß es Duftstoffe gibt, die bei Vögeln Erregungen im olfaktorischen System auslösen. Ungeklärt bleibt weiterhin, ob sie auch zu affektgetönten Empfindungen verarbeitet werden, die das Verhalten der Tiere nennenswert beeinflussen.

9. Zum Geruchssinn von Laboratoriumstieren

Von großer Bedeutung sind olfaktorische Momente bei der Haltung und Behandlung von Versuchstieren. Wie stark sie in physiologische Funktionen eingreifen können, sei an einem einzigen Beispiel erläutert. Wenn man einer weiblichen Maus, die nach Paarung trächtig geworden ist, ein fremdes Männchen zugesellt, so wird die Entwicklung der Frucht unterbrochen und ein neuer Ovarialzyklus induziert. Innerhalb von 3–5 Tagen treten wieder

Brunstsymptome auf. Der Effekt kann auch dadurch erzielt werden, daß man das trächtige Weibchen mit Gegenständen in Berührung bringt, mit denen das fremde Männchen vorher Kontakt gehabt hat. Eine Hemmung der Gravidität tritt jedoch nicht ein, wenn man dem Weibchen die Bulbi olfactorii entfernt. Zur Fortdauer einer Trächtigkeit ist bei der Maus erforderlich, daß der Hypophysenvorderlappen luteotropes Hormon (LTH, Prolactin) sezerniert. Durch die Wirkung des Fremdgeruches wird anscheinend im Hypothalamus die Freisetzung des entsprechenden Releaser-Hormons unterdrückt.

L. Geschmackssinn

1. Allgemeine Vorbemerkungen

Geschmacksrezeptoren werden den Chemorezeptoren zugerechnet. Sie unterrichten den Organismus über bestimmte Stoffe, die in die Mundhöhle aufgenommen werden. Sie sind nur dann reizwirksam, wenn sie in Flüssigkeit oder in Speichel gelöst sind. Ihre Minimalschwellen liegen bei verhältnismäßig hohen Konzentrationen. Geschmacksempfindungen treten selten isoliert, sondern zumeist kombiniert mit Geruchsempfindungen auf. Da aufgenommene Nahrung nicht nur Geschmacks- und Geruchsrezeptoren, sondern in der oralen und pharyngealen Schleimhaut Temperatur- und mitunter auch Schmerzrezeptoren erregt, ist anzunehmen, daß erst das Zusammenwirken aller dieser Faktoren erzeugt, was in der menschlichen Erlebnisphäre als »Geschmack« empfunden wird.

Im Leben der Tiere beeinflußt der Geschmackssinn die Aufnahme des Futters. Mit seiner Hilfe ist es vermutlich möglich, eine Auswahl nach Bekömmlichkeit und Bedarf zu treffen. Es scheinen jedoch Unterschiede zwischen Wild- und Haustieren zu bestehen. Man hat Laboratoriumsratten Polyäthylenschläuche implantiert, durch die sie sich selber mittels Hebeldruck flüssige Nahrung nach Belieben zugeführt haben. Diese ist also in den Magen gelangt, ohne in Berührung mit Geruchs- oder Geschmacksrezeptoren gekommen zu sein. Die Tiere haben in der Versuchsanordnung dieselben Mengen aufgenommen wie in Kontrollperioden mit oraler Fütterung. Da eine olfaktorische, gustatorische oder propriozeptive Kontrolle über die am Schlucken beteiligte Muskulatur dabei ausgeschlossen gewesen ist, haben Mechano- und Chemorezeptoren des Gastrointestinaltraktes oder Detektoren im interstitiellen Raum diese Aufgabe erfüllen müssen. Ihre Funktion scheint auszureichen, wenn es bei unbegrenztem Nahrungsangebot lediglich darum geht, die benötigte Menge abzumessen. Unter ökologischen Verhältnissen dagegen, unter denen das Futter erst aufgesucht und nutritive Anteile von anderen unterschieden werden müssen, sind zweifellos die Funktionen des Geruchs und Geschmacks von großer Bedeutung. Hinzu kommt die Möglichkeit, mit beider Hilfe toxische Substanzen zu erkennen und ihre Aufnahme zu vermeiden.

Eine weitere Aufgabe der Geschmacksrezeptoren besteht darin, bei der Ingestion eine verstärkte Sekretion der Drüsen des Intestinaltraktes auszulösen und reflektorisch zu unterhalten. Die Reaktion der Ohrspeicheldrüse auf Geschmacksstoffe ist an Hunden mit Parotisfisteln gemessen worden. Chininhydrochlorid und Weinsäure provozieren oberhalb 0,01 molarer Konzentration eine deutliche Verstärkung der Sekretion. Kochsalz- und Rohrzuckerlösungen sind dagegen erheblich weniger wirksam (Abb. 335). Ähnliche Versuche an Kaninchen zeigen, daß die gleichen Geschmacksstoffe bei einer anderen Tierart andere salivatorische Effekte hervorrufen. Wir haben es überhaupt, wie aus Verhaltensstudien und elektrophysiologischen Befunden hervorgeht, mit einer tierartlich unterschiedlichen Reaktion auf gustatorische Reize zu tun, so daß man wahrscheinlich für jede Spezies ein eigenes Empfindungsspektrum des Geschmacks annehmen muß. Der menschliche Geschmackssinn unterscheidet die Grundqualitäten sauer, salzig, süß und bitter. Es ist prinzipiell ausgeschlossen zu erfahren, ob Tiere gustatorische Empfindungen haben, die subjektiv den unseren entsprechen.

Die Perzeption von Geschmacksreizen ist in er-

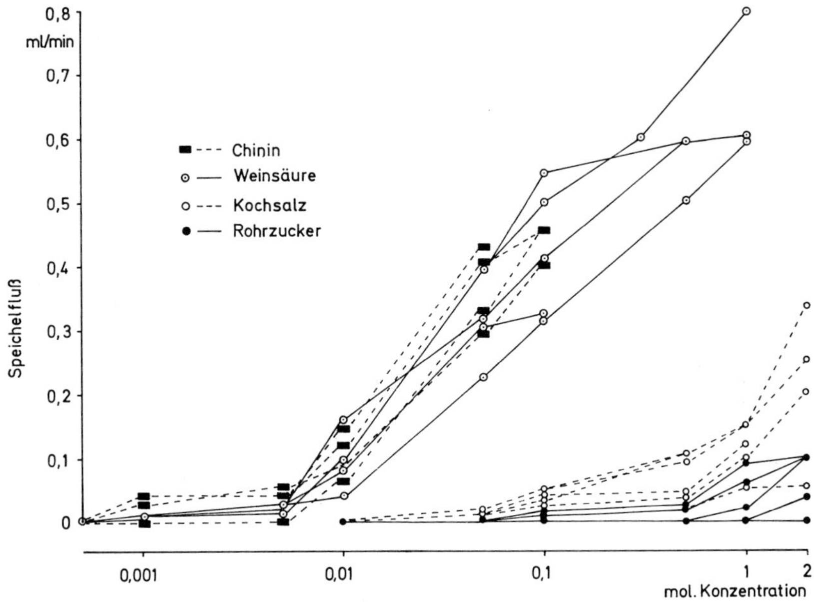

Abb. 335. Speichelfluß aus der Parotis einer Seite bei Berieselung der Zunge mit je 5 ml unterschiedlich konzentrierter Lösungen von Geschmacksstoffen beim Hund. (Nach FUNAKOSHI, M., Y. KAWAMURA, 1967, in: Olfaction and Taste II [HAWAYASHI, ed.]. Pergamon Press, Oxford, London)

heblichem Maße affektiv getönt, so daß sie als angenehm oder unangenehm empfunden werden können. Bei genügend hoher Reizintensität werden Zu- oder Abwendungsreaktionen hervorgerufen, die relativ leicht zu beobachten sind. Diese Kriterien sind vorläufig am ehesten geeignet, die Rolle des Geschmacks im Verhalten der Tiere zu beurteilen.

2. Rezeptoren

Die gustatorischen Rezeptorzellen sind in vorwiegend längsoval geformten Geschmacksknospen zusammengefaßt, die in das Epithel der Mund- und Rachenschleimhaut eingelassen sind (Abb. 336). Sie kommen gehäuft in den Papillae vallatae und den Papillae filiformes der Zunge vor, sind aber auch auf dem weichen Gaumen, im Schlundkopf, auf dem Kehldeckel und im Kehlkopf anzutreffen. Ihre Zahl ist nicht das ganze Leben über konstant. Bei Ratten sind in den ersten Tagen nach der Geburt noch keine Geschmacksknospen vorhanden. Ihre Anzahl erreicht ein Maximum im Alter von 12 Wochen. Kinder haben mehr Geschmacksknospen als der erwachsene Mensch, der im mittleren Alter ungefähr über 2000 verfügt. Bei Greisen ist diese Anzahl auf ein Drittel reduziert, was mit

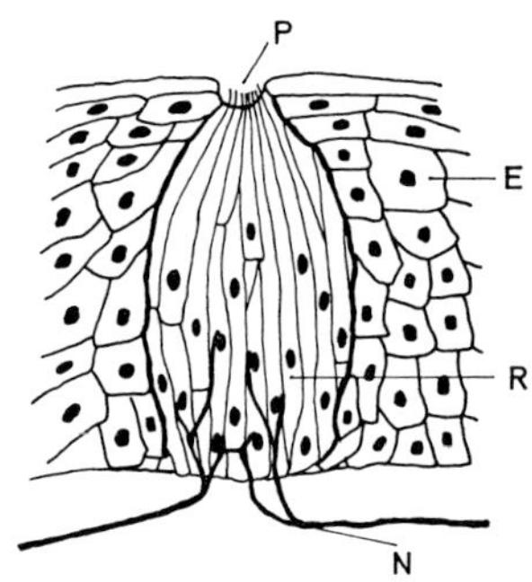

Abb. 336. Grobstruktur einer Geschmacksknospe. (**E** = Epithel, **R** = Rezeptorzelle, **N** = Nervenfaser)

einer entsprechenden Verminderung der Geschmacksempfindung einhergeht.

Die Sinneszellen des Geschmacks scheinen dynamische Strukturen zu sein, die einem ständigen Auf- und Abbau unterliegen. Sie degenerieren nach Durchtrennung der Nervenfasern, werden nach deren Regeneration aber wiederhergestellt. Eine Übersicht über die Anzahl der Geschmacksknospen bei einigen Haustierarten gibt Tabelle 113. Ihre topographische Verteilung ist unterschiedlich. Während beim Rinde die meisten in den Papillae vallatae des Zungengrundes versammelt sind, ist beim Hunde der vordere Teil der

Zunge am stärksten mit ihnen besetzt. Welche Primärprozesse zur Erregung der Rezeptoren führen, ist noch weitgehend unbekannt. Man nimmt an, daß dabei Adsorptionsvorgänge an bestimmten Molekülgruppen der Rezeptormembranen beteiligt sind.

Tab. 113. Zahl der Geschmacksknospen einiger Tierarten

Tierart	Zahl der Geschmacksknospen	Tierart	Zahl der Geschmacksknospen
Huhn	24	Schwein	15 000
Ente	200	Ziege	15 000
Katze	473	Kaninchen	17 000
Hund	1706	Kalb	25 000
Mensch	9000		

3. Leitungsbahnen und corticale Projektion

Die Sinneszellen der Geschmacksknospen in den vorderen zwei Dritteln der Zunge sind an Fasern des Nervus lingualis angeschlossen, die über die Chorda tympani den Nervus intermediofacialis erreichen. Das hintere Drittel der Zunge wird vom Nervus glossopharyngeus versorgt, während die Geschmacksknospen im Schlund- und Kehlkopf mit dem Nervus vagus verbunden sind. Es können sowohl mehrere Sinneszellen an Endigungen einer einzelnen Faser hängen als auch umgekehrt einzelne Zellen von mehreren Nervenfasern erreicht werden. Alle Neurone erster Ordnung versammeln sich schließlich im Tractus solitarius, um mit Ganglienzellen der Neurone zweiter Ordnung im Nucleus tractus solitarii Synapsen zu bilden. Die von hier ausgehenden Neuriten ziehen im Lemniscus medialis zum Nucleus ventralis caudomedialis des Thalamus. Die Geschmacksfasern verlaufen auf allen Ebenen zusammen mit Tast- und Temperaturfasern, so daß die Neurone dritter Ordnung im somatosensiblen Rindenfeld der Mundregion enden.

4. Präferenzprüfungen

Untersuchungen des Geschmackssinnes der Tiere basieren häufig auf Präferenz-Prüfungen. Bei ihnen wird beobachtet, welche von zwei Flüssigkeiten oder Futterproben bevorzugt aufgenommen wird, wenn einer davon der Stoff zugesetzt ist, dessen geschmackliche Wirkung ermittelt werden soll. Dieses Verfahren ist nicht sehr zuverlässig, hat jedoch einige Auskunft über gustatorisch bedingte Verhaltensweisen gegeben.

Läßt man Kälbern bei der Flüssigkeitsaufnahme die Wahl zwischen reinem Wasser und Rohrzuckerlösungen, so ziehen sie letztere vor, selbst in einprozentiger Konzentration, die für den Menschen geschmacklos ist. Sie verhalten sich indifferent gegen Milch- und Malzzucker, nehmen aber Holz-, Frucht- und Traubenzucker gerne auf, wenn sie in 3–4%iger Lösung dargeboten werden. Katzen zeigen keine ausgesprochene Präferenz gegenüber irgendwelchen Zuckerarten, wohl aber Hunde. Schweine bevorzugen Rohrzucker, nur in geringerem Maße Trauben- und Milchzucker. Hühner haben sich Trauben-, Malz- und Rohrzukker gegenüber indifferent erwiesen und vermeiden Holzzuckerlösungen. Solche Präferenztests sind von vielen Faktoren, u. a. vom Ernährungszustand abhängig, zeigen aber deutlich, daß die einzelnen Tierarten unterschiedlich reagieren.

Eine essentielle Rolle können Geschmacksreize spielen, wenn Tiere Defizite in ihrer Diät ausgleichen müssen. Normal ernährte Ratten zeigen starke Präferenz für Lösungen von Natriumsalzen. Diese offensichtlich angeborene Verhaltensweise versetzt sie in die Lage, einen Kochsalzmangel des Körpers durch verstärkte Aufnahme nach Möglichkeit auszugleichen, wobei der Geschmack als wichtiger Detektor dient. Die Präferenzschwellen liegen deutlich über den Konzentrationen, die

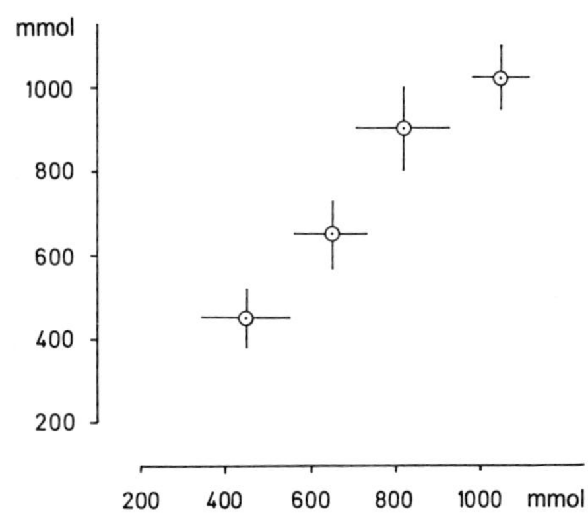

Abb. 337. Verhältnis der Natrium-Verluste nach Anlegen einer Parotisfistel zur Aufnahme von Natrium in Form von $NaHCO_3$ im Trinkwasser (Abszisse). (Nach Bott, E., D. A. Denten, S. Weller, 1967, in: Olfaction and Taste II. Pergamon Press, Oxford, London)

elektrische Antworten an den Geschmacksfasern hervorrufen. Das läßt sich so interpretieren, daß Ratten mit ausgeglichenem Mineralhaushalt Kochsalz schmecken können, ohne zu verstärkter Aufnahme veranlaßt zu werden. In jeder Mangelsituation, wie sie zum Beispiel durch Adrenalektomie herbeigeführt werden kann, nehmen die Tiere jedoch Kochsalz in Mengen auf, wie sie etwa den Verlusten entsprechen. Dieses zweckmäßige Verhalten wird gestört, wenn man die Zunge deafferentiert, und damit die gustatorischen Impulse als Auslöser beseitigt.

Auch bei Wiederkäuern scheint der Salzgeschmack ein Testsignal zum Ausgleich von Defiziten zu sein. Schafe mit ausreichendem Natriumgehalt des Futters und mit freiem Zugang zu Wasser, zeigen keine besondere Neigung, gleichzeitig angebotene Lösungen von Natriumchlorid und Natriumhydrogencarbonat aufzunehmen, obwohl sie gelegentlich daran schmecken. Nach Anlegen von Parotisfisteln, durch die sie erhebliche Mengen von Natrium verlieren, entwickeln sie jedoch in kurzer Zeit eine kompensatorische Präferenz für die Lösungen der Natriumsalze, wobei das Hydrogencarbonat bevorzugt wird. Ein Beispiel für ein solches Verhalten zeigt die Abbildung 337.

5. Elektrophysiologische Befunde

In neuerer Zeit werden mehr und mehr elektrophysiologische Befunde erhoben, die zwar unsere Kenntnis über Reizbedingungen, Erregungsabläufe und zentralnervöse Verschaltungen erweitern, aber selbstverständlich über die Qualität der Empfindung nichts aussagen können. Sie stehen jedoch teilweise in bemerkenswertem Einklang mit den Ergebnissen von Präferenz-Prüfungen. So gibt es bei der Katze keine Nervenfasern, die auf Besprühen der Zunge mit irgendwelchen Zuckerlösungen reagieren, während beim Hunde mit Rohrzucker afferente Impulse ausgelöst werden können. Die »Süßfasern« des Hundes reagieren dagegen nicht auf Saccharinlösungen, welche in höherer Konzentration vielmehr die »Bitterfasern« erregen.

Einzelfaserableitungen von den Zungennerven des Schafes haben ergeben, daß es im Einzugsgebiet des Nervus lingualis drei Sorten gustatorischer Elemente gibt, die entweder auf Salz, auf Säure oder auf beide Reizarten ansprechen. Entsprechende Fasern sind auch im Nervus glossopharyngeus vertreten, der aber außerdem solche führt, die von Rezeptoren herkommen, welche für Lösungen von Rohrzucker oder Chininhydrochlorid empfindlich sind. In den Papillae vallatae des Schafes scheint es also neben den auf »Bitterstoff« reagierenden Sinneszellen solche zu geben, die durch »Süßstoff« erregt werden, was von den Verhältnissen beim Mensch abweicht.

Bei einer Reihe von Tierarten sind sogenannte »Wasserfasern« entdeckt worden, die elektrisch aktiv werden, wenn man die Zunge mit destilliertem Wasser bespült. Außer beim Frosch ist dieses Phänomen bisher beim Kaninchen, bei der Katze, beim Hund, Schwein, bei der Taube und beim Huhn beschrieben worden. Schaf, Ziege, Rind, Ratte und Mensch reagieren dagegen nicht in dieser Weise.

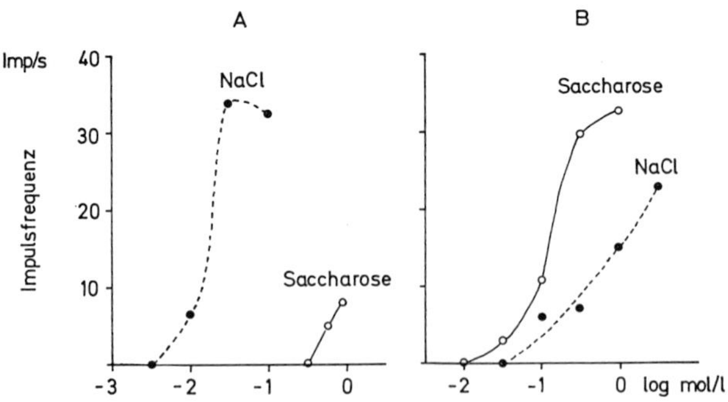

Abb. 338. Impulsfrequenzen zweier Geschmacksfasern der Chorda tympani der Ratte bei Einwirkung zweier Geschmacksstoffe. Die Faser A ist relativ empfindlicher für Kochsalz, die Faser B für Rohrzucker. (Nach PFAFFMANN, 1955, J. Neurophysiol. **18,** 429–440)

Durch Einstich von Mikroelektroden in Sinneszellen der Papillae fungiformes bei Ratten und Hamstern hat man Potentialdifferenzen ableiten können, die durch Lösungen von Geschmacksstoffen veränderbar sind. Einzelne Rezeptoren sprechen nicht nur auf einzelne Stoffe an, sondern werden zumeist von mehreren depolarisiert. Das geschieht jedoch in unterschiedlichem Ausmaß, so daß von einer relativen Spezifität gesprochen werden kann. Die Amplitude der Potentiale ist konzentrationsabhängig. Man nimmt an, daß es sich hierbei um Rezeptorpotentiale handelt, die ihrerseits die fortgeleiteten Aktionspotentiale in den Geschmacksfasern auslösen. Auch an ihnen läßt sich demonstrieren, wie die vorherrschende Empfindlichkeit gegenüber einem bestimmten Geschmacksstoff von Element zu Element wechselt. Vergleicht man in Abbildung 338 die elektrische Aktivität von Einzelfasern, welche u. a. auf Kochsalz- und Rohrzuckerlösungen reagieren, so erkennt man ein jeweils umgekehrtes Verhältnis der Empfindlichkeiten gegenüber den einwirkenden Substanzen. Dehnt man die Untersuchung auf weitere Reizstoffe aus, so lassen sich einzelne Rezeptoren durch »Geschmacksprofile« charakterisieren, aus denen ihre relative Spezifität zu erkennen ist. Abbildung 339 zeigt Aktionspotentiale einer Einzelfaser der Chorda tympani des Rhesusaffen bei Einwirkung verschieden konzentrierter Kochsalzlösungen und von Essigsäure auf die Zunge. Auf Saccharose und Chinin hat dieses Präparat nicht angesprochen.

Ableitungen der integrierten elektrischen Antwort von Neuronenverbänden des Nucleus tractus solitarii der Ratte auf gustatorische Reize haben im allgemeinen eine besonders starke Reaktion auf Kochsalz und eine schwächere auf Chinin und Rohrzucker ergeben. Dabei sind die Maxima, die den beiden letztgenannten Reizen zuzuordnen sind, an verschiedenen Orten der Struktur zu finden gewesen. Trotz solcher Einzelbefunde differenter Projektion von Erregungen ist schon auf dieser Ebene mit Überlappungen und einer erheblichen Konvergenz gustatorischer Impulse mit thermischen und taktilen Impulsen zu rechnen. Das gilt in gleicher Weise für den Thalamus, wo im Nucleus ventralis caudomedialis auf Geschmacksreize ansprechende Bezirke ebenso von Temperatur- und Tastreizen erregt werden können.

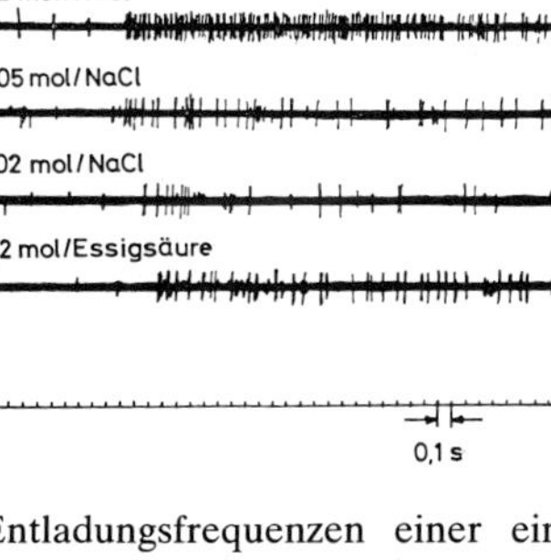

Abb. 339. Entladungsfrequenzen einer einzelnen Geschmacksfaser der Chorda tympani des Rhesusaffen bei Einwirkung verschieden konzentrierter Kochsalzlösungen und von Essigsäure auf die Zunge. (Nach ZOTTERMANN, 1961, in: Sensory Communication. J. Wiley & Sons, New York, London)

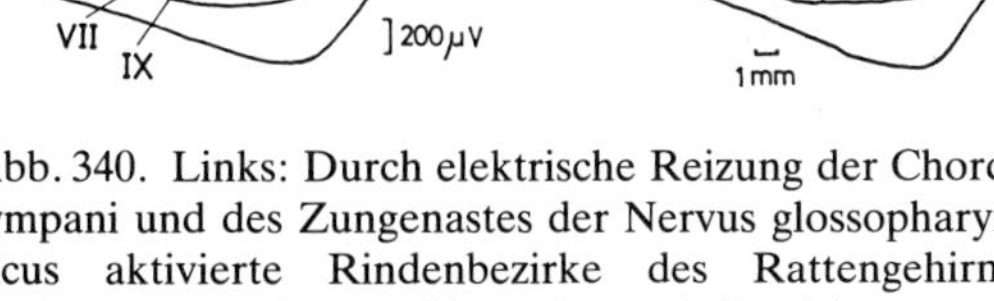

Abb. 340. Links: Durch elektrische Reizung der Chorda tympani und des Zungenastes der Nervus glossopharyngicus aktivierte Rindenbezirke des Rattengehirns. Rechts: Aus mehreren Versuchen mit Reaktionspotentialen ermitteltes Geschmacksfeld (stark umrandet) und seine ungefähre Lage im sensorischen Feld der Kopfregion (gestrichelt abgegrenzt). (Nach BENJAMIN, 1963: Some thalamic and cortical mechanisms of taste, in: Olfaction and Taste. Pergamon Press, Oxford, London)

Die corticale Repräsentation der Geschmacksfasern der Chorda tympani und des Nervus glossopharyngeus, wie sie sich aus der Registrierung von Reaktionspotentialen ergeben hat, ist Abbildung 340 zu entnehmen. Diese Lage im somatosensorischen Rindenfeld ist durch Abtragungsversuche gesichert. Beiderseitige Entfernung des Cortex im entsprechenden Bezirk führt zu Störungen der Geschmacksempfindlichkeit und zum Verlust der Unterscheidungsfähigkeit für Geschmacksstoffe.

6. Zum Geschmackssinn des Menschen

Wegen der Bedeutung von Geschmacksprüfungen, die vom Veterinärmediziner im Bereich der Qualitätskontrolle von Lebensmitteln vorzunehmen sind, sei noch auf einige Charakteristika der gustatorischen Perzeption des Menschen eingegangen.

Aus physikalischen Eigenschaften, wie dem Löslichkeitskoeffizienten oder aus der chemischen Struktur läßt sich keine systematische Klassifikation von Stoffen, die Geschmacksempfindungen hervorrufen, ableiten. Ausnahmen von der häufig gegebenen Schmeckbarkeit wasserlöslicher Stoffe bilden beispielsweise die Gase Sauerstoff und Stickstoff. Metalle, wie Kupfer und Eisen, affizieren die Sinneszellen trotz geringer Lösungstension. Edelmetalle sind nicht schmeckbar, weil sie nicht wasserlöslich sind.

Völlig verschieden gebaute Moleküle wie Zukker und Saccharin können ähnlich schmecken. Stereoisomere Verbindungen dagegen wie D- und L-Phenylalanin schmecken süß bzw. bitter. Dieses Beispiel weist zugleich darauf hin, daß Aminosäuren im allgemeinen nicht sauer schmecken. Der saure Geschmack ist von der Konzentration dissoziierter Wasserstoffionen, bei organischen Säuren der aliphatischen Reihe außerdem von der Länge der Kohlenstoffkette abhängig. Milchsäure schmeckt bei gleicher Konzentration saurer als Essigsäure.

Als Prototyp des salzigen Geschmacks gilt die von Kochsalz hervorgerufene Empfindung. Voraussetzung ist allerdings eine ausreichende Konzentration. In 0,02 molarer Lösung schmeckt es noch süß, um in einer Menge von 0,2 mol/l dann eindeutig die charakteristische Geschmacksqualität anzunehmen. Kaliumchlorid hat in der gleichen Konzentration eine Bitter- und Sauerkomponente.

Süß schmecken vor allem die Zuckerarten, mehrwertige Alkohole wie Glykol und Glyzerin, aber auch Substanzen völlig davon abweichender Struktur. Typische Bitterstoffe sind Chinin, Coffein, Strychnin und Nikotin sowie zahlreiche Alkaloide. Anorganische Salze haben mit steigendem Molekulargewicht einen zunehmend bitteren Beigeschmack.

Minimalschwellen für Geschmacksstoffe lassen sich nur schwer angeben, da einerseits die Versuchsbedingungen variieren und andererseits die individuelle Empfindlichkeit der Probanden sehr unterschiedlich ist. Größenordnungsmäßig scheinen die Schwellen für organische Säuren bei 2 mmol/l zu liegen. Kochsalz wird in einer Konzentration von 0,03 mol/l erkannt, Rohrzucker in 0,17-, Glucose in 0,08- und Saccharin in 0,000023-molarer Lösung. Die Schwelle für Chininhydrochlorid liegt bei 0,00003 mol/l. Die niedrigsten Schwellenwerte bei einem Geschmacksstoff sind bei Temperaturen zwischen 30° und 40 °C zu messen, während sie unterhalb wie oberhalb dieses Bereiches höher liegen. Die Unterschiedsschwelle, d. h. im Vergleich zur Ausgangskonzentration eben merkliche Konzentrationserhöhung, schwankt zwischen 10 und 100 %. Sie liegt im Mittel bei 20 %.

Für eine Schwellenbestimmung ebenso wie für die Stärke einer Empfindung im überschwelligen Bereich ist nicht allein die Intensität des dargebotenen Reizes, sondern auch die Reizfläche, d. h. die Anzahl der gleichzeitig erregten Rezeptoren maßgebend. Bei längerer Einwirkung eines Geschmacksstoffes kommt es zur Schwellenerhöhung infolge von Adaptationsvorgängen, die wahrscheinlich weniger an den peripheren Sinneszellen als vielmehr in zentralen Strukturen ablaufen. Ein Beispiel für den Zeitgang der Adaptation der Geschmacksempfindung und ihre Rückanpassung bei Natriumchlorid gibt die Abbildung 341.

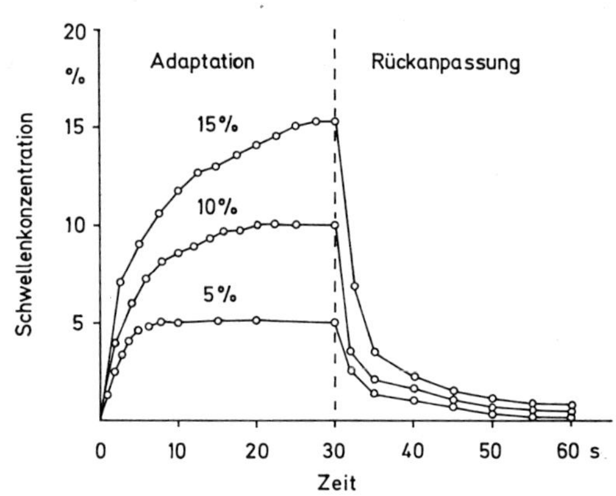

Abb. 341. Zeitgang der Adaptation und Readaptation der Geschmacksempfindung für 5-, 10- und 15%ige Kochsalzlösungen beim Menschen. (Nach HAHN, 1934, Z. Sinnesphysiol. **65**, 105–145)

Eine wichtige Erfahrung ist, daß simultan einwirkende Geschmacksreize sich wechselseitig beeinflussen, sich verstärken, abschwächen oder die Empfindungsqualität verändern können. Darauf ist es zurückzuführen, daß Geschmackskomponenten von Lebensmitteln durch Änderung der Empfindungsschwellen einander hervorheben können. So werden beispielsweise die Schwellen für Inosin-5'-nucleotid und Guanisin-5'-nucleotid in Gegenwart des Natriumsalzes der L-Glutaminsäure herabgesetzt. Das heißt, daß manche Substanzen in einem Gemisch geschmacklich leichter identifizierbar sind als einzeln.

Die geschmacklichen Komponenten des Fleisches bestehen hauptsächlich aus Aminosäuren, Peptiden und Nucleotiden. Bestimmend für den typischen Fleischgeschmack ist das Inosin-5′-monophosphat, das nach der Schlachtung aus Adenosin-5′-triphosphat über Adenosin-5′-monophosphat entsteht. Auch der Geschmack dieser Substanz wird durch die gleichzeitige Anwesenheit anderer Stoffe beeinflußt.

M. Gleichgewichtssinn

An anderer Stelle ist von Propriozeptoren die Rede gewesen, worunter wir Interozeptoren verstanden haben, die sich in der Tiefe des Körpers, in der Muskulatur, in den Fasern, Sehnen, Bändern und Gelenkkapseln befinden, wo sie die Aufgabe erfüllen, das Zentralnervensystem über Längen- und Spannungszustände des Aufhänge- und Bewegungsapparates sowie über Winkelstellungen der Gliedmaßen zu informieren. Sie alle wirken mit einem mechanorezeptiven Organ zusammen, das auf Stellungen und Bewegungen des Körpers im Schwerefeld reagiert. Weil es Reflexe vermittelt, die es einem Tiere ermöglichen, seine aufrechte Stellung beizubehalten, wird es als Gleichgewichtsorgan bezeichnet. Wegen der Lage der Rezeptorenfelder in der Vorkammer des Labyrinths, dem Vestibulum, spricht man auch vom **Vestibularapparat.** Er hat mit dem Gehörorgan und mit dem Seitenlinienorgan der Fische gemeinsam, derselben embryonalen Anlage zu entstammen, dem VIII. Gehirnnerven angeschlossen zu sein und in allen seinen Teilen eine ähnliche Struktur der Sinneszellen aufzuweisen.

Obwohl der Vestibularapparat mit dem akustischen Organ zusammen im Labyrinth des Felsenbeines untergebracht ist, haben beide verschiedene Aufgaben und werden deshalb hier getrennt besprochen. Der enge topographische Verbund wird unter dem Gesichtspunkt verständlich, daß beide Sinnesstrukturen, der vestibulare ebenso wie der cochleare Anteil, auf mechanische Kräfte ansprechen, die auf den Organismus aus seinem Umfelde einwirken (Schwerefeld, Schallfeld).

Unter den Hohlräumen der Pars petrosa des Schläfenbeines befinden sich 3 zueinander nahezu senkrecht in den Hauptebenen des Raumes stehende Bogengänge und eine bauchige Kavität im mittleren Teil des Labyrinths. Sie sind mit Perilymphe ausgefüllt und enthalten häutige Gebilde, deren Volumen erheblich kleiner ist als der vom Knochen umgrenzte Raum, so daß sie, von Stegen aus Bindegewebe gehalten, in die Flüssigkeit eingehängt erscheinen. Den halbkreisförmigen Knochenkanälen entsprechen 3 häutige Bogengänge, die im schlauchartigen Utriculus zusammenlaufen.

Die Bogengänge haben in der Nähe des Utriculus ampullenförmige Erweiterungen, in die hinein kammartige Wülste ragen (Cristae ampullares), die etwa ein Drittel des Lumens verlegen und mit Epithel aus Stütz- und Sinneszellen besetzt sind. Die Sinneszellen laufen in Cilien aus, die von einer gallertartigen Masse, der Cupula, umhüllt sind, deren äußerer Rand die gegenüberliegende Wand der Ampulle erreicht (Abb. 342). Gerät die Endolymphe in eine Relativbewegung zu den Kanälen, so werden die Cupulae abgebogen und die eingebetteten Sinneshaare deformiert. Die Abmessungen des beschriebenen Organs sind außerordentlich klein gehalten. Die Durchmesser der häutigen Bogengänge liegen bei der Katze in der Größenordnung von zwei Zehntel Millimetern, während die Ampullen etwa die 6- bis 7fache Weite haben.

Unter den Sinneszellen sind histologisch 2 Typen zu differenzieren, die sich voneinander sowohl in der äußeren Form als auch im Modus der Synapsenbildung mit den Endigungen des Vestibularnerven unterscheiden. Während eine Gruppe zylindrischer Zellen Kontakt mit Endknöpfen mehrerer Fasern erhält, sind andere, eher flaschenförmige Zellen in das kelchartige Endgebilde einer einzigen Faser eingesenkt, das seinerseits mit Endknöpfen anderer, wahrscheinlich efferenter Axone besetzt ist. Jede sensorische Zelle trägt ein besonders langes, von einem Basalkörperchen ausgehendes und relativ leichtbewegliches Sinneshaar, das »Kinozilium«. Außerdem ist sie mit einer größeren Anzahl (beim Meerschweinchen 50 bis 100) kürzerer und weniger leicht verformbarer »Stereocilien«

besetzt, die in regelmäßiger Weise auf das Kinozilium hin orientiert sind (Abb. 343).

Die Rezeptorenfelder des Utriculus und des Sacculus werden Maculae genannt. Bei aufrechter Haltung des Kopfes liegt die Macula utriculi in einer Horizontalebene, während die Macula sacculi annähernd rechtwinklig dazu sich in einer Vertikalebene befindet. Die Orientierung der Kino- und Stereocilien in der Macula utriculi einiger Tierarten zueinander ist schematisch in Abbildung 344 wiedergegeben.

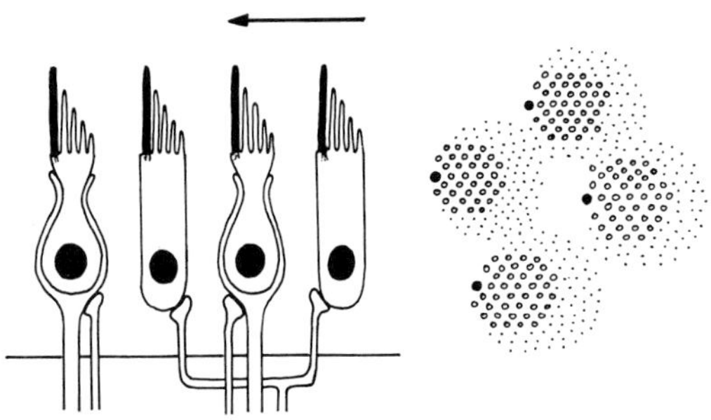

Abb. 343. Typen von Sinneszellen, ihre synaptischen Beziehungen zu Nervenfasern und die Stellung von Kinozilien und Stereozilien zueinander im Sinnesepithel der Vestibularorgane des Meerschweinchens. (Nach LINDEMANN, 1969, Adv. Anat. Cell. Biol. **42**)

Die Sinneshaare der Maculae sind mit einer gelatinösen Masse bedeckt, die eine große Anzahl Steinchen (Otolithen, Statolithen) aus Kalzium-

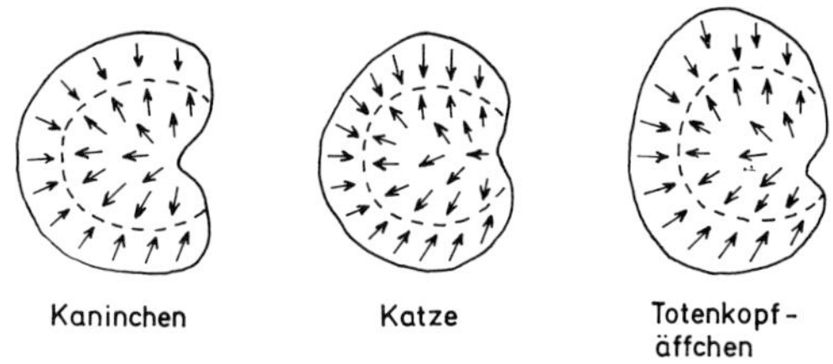

Abb. 344. Richtung der Orientierung von Stereozilien auf Kinozilien in den Rezeptorenfeldern der Maculae utriculi bei Kaninchen, Katze und Totenkopfäffchen. (Nach LINDEMANN, l. c.)

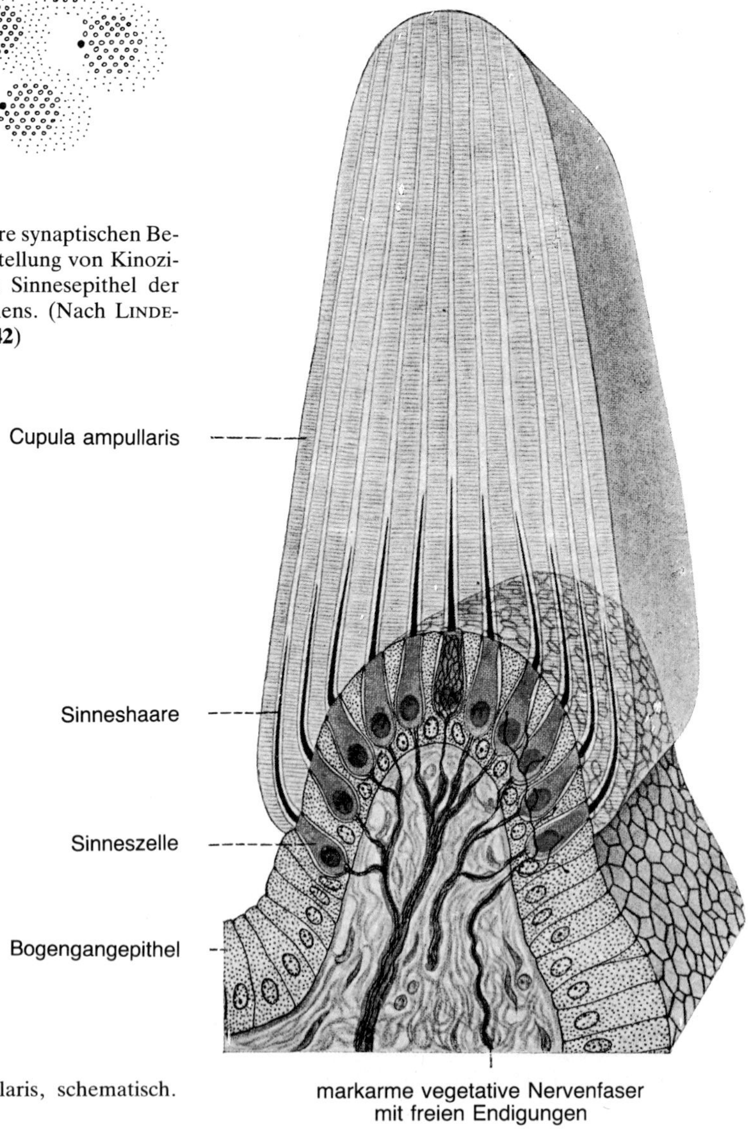

Abb. 342. Crista und Cupula ampullaris, schematisch. (Nach CLARA)

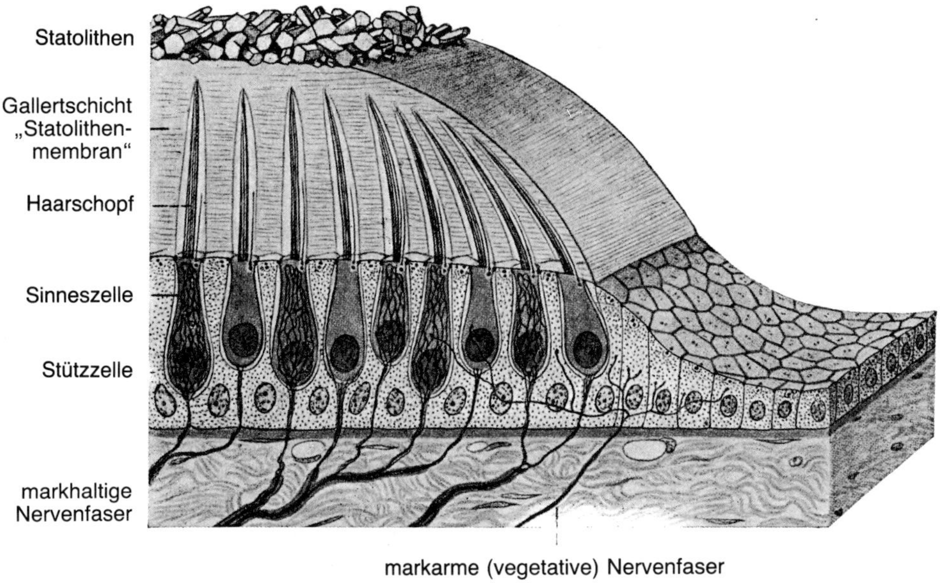

Abb. 345. Macula vestibularis, schematisch. (Nach CLARA)

karbonat enthält, die aus der rhombisch kristallisierenden Form des Aragonits bestehen. Sie sind von wechselnder Größe und in dichten Lagen gepackt (Abb. 345).

Die Sinneszellen der Vestibularorgane sind an den vestibularen Teil des VIII. Gehirnnerven (N. vestibulocochlearis) angeschlossen, der bei der Katze ungefähr 12000, vorwiegend dünne, myelinisierte Fasern führt. Ihre Zellkörper liegen zum größten Teil im Ganglion vestibulare, das bipolare Ganglienzellen enthält, deren zentripetale Fortsätze zu den Vestibulariskernen ziehen. Von hier aus gibt es aufsteigende Verbindungen zu den Kernen jener Gehirnnerven, welche die Augenmuskeln versorgen, und durch den ventralen und lateralen Tractus vestibulospinalis laufende Fasern, die zu den Motoneuronen des Rückenmarkes absteigen. Die Vestibulariskerne beider Körperseiten sind sowohl untereinander als auch mit dem Kleinhirn verbunden. Außerdem gibt es über den Thalamus eine vorwiegend contralaterale Projektion auf die Großhirnrinde in der rostalen Gegend des Gyrus ectosylvius und suprasylvius. Von verschiedenen Orten des Hirnstammes, u. a. aus der Nähe der Vestibulariskerne und aus der Formatio reticularis, werden efferente Fasern in die Cristae und Maculae des Vestibularapparates entsandt (Abb. 346).

Die Otolithenschicht weist eine dreimal höhere Dichte auf als die angrenzenden Materialien. In-

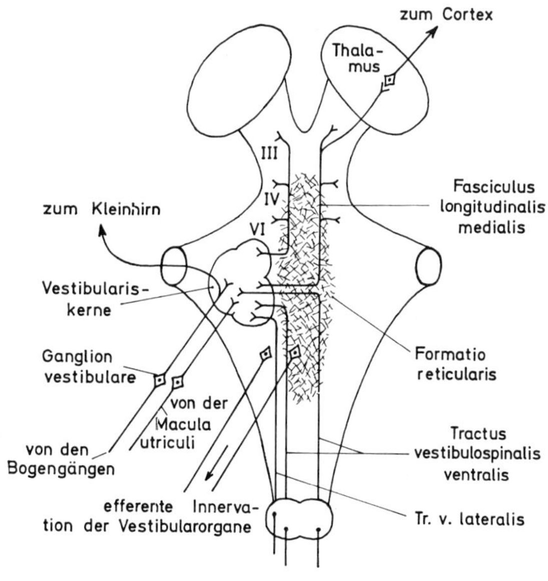

Abb. 346. Lageschema der wichtigsten Vestibularisbahnen

folgedessen übt sie unter dem Einfluß der Gravitation sowie beim Auftreten von Zentrifugal- und Linearbeschleunigungen Kräfte unterschiedlicher Richtung auf die darunter liegenden Sinneshaare aus. Damit sind zugleich die adäquaten Reize bezeichnet, die im Rezeptorenfeld des Utriculus in Erregungen umgesetzt werden, um das Zentralnervensystem über die Lage des Kopfes im Schwerefeld zu orientieren. Da hiernach die Stellung des Rumpfes und der Extremitäten ausgerichtet wird, ist die Macula utriculi ein wichtiges Fühlorgan zur Auslösung von Stellreflexen. Bei der Ableitung von Impulsen aus den Vestibulariskernen der Katze ist gefunden worden, daß bei Seitenneigung des Kopfes die Frequenz der Aktionspotentiale auf der Seite der Neigung ansteigt (Abb. 347).

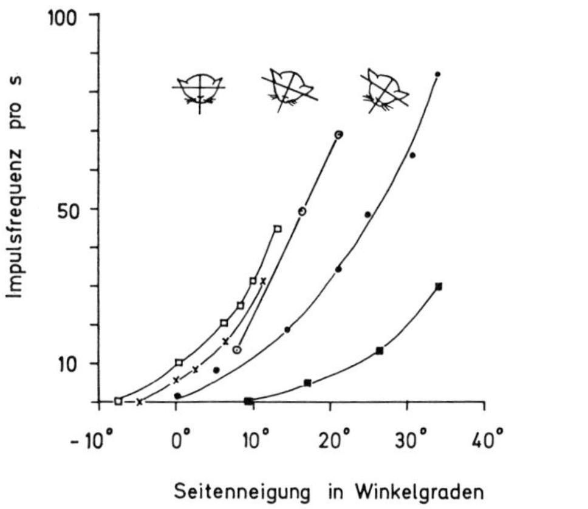

Abb. 347. Ableitung der Impulsfrequenzen aus den rechtsseitigen Vestibulariskernen der Katze bei Neigung des Kopfes zur selben Seite. (Nach E. D. ADRIAN, 1943, J. Physiol. **101,** 389)

Über die Bedeutung der Maculae sacculi herrscht noch Unklarheit, da sie beispielsweise beim Kaninchen zerstört werden können, ohne die Labyrinthreflexe zu beeinträchtigen. Bei niederen Tieren scheinen sie auf Vibrationsreize anzusprechen, funktionell also dem Cortischen Organ näherzustehen.

Die adäquaten Reize für die Sinneszellen der Cristae ampullares sind Winkelbeschleunigungen. Erfolgt eine Drehung des Kopfes nach rechts, z. B. in der Ebene der horizontalen Bogengänge, so kommt es infolge des Trägheitsmomentes zu einer Strömung der Endolymphe im entgegengesetzten Sinne der Drehrichtung. Dadurch wird die Cupula des rechten Bogenganges zum Utriculus hin, ampullopetal, und jene des linken Bogenganges vom Utriculus fort, ampullofugal, abgelenkt (Abb. 348). Die Deviationen sind ein Maß für die Winkelbeschleunigung und modulieren die Frequenz spontaner Rezeptorentladungen. Die mittlere Aktivität der Einzelfasern der Ampullarisnerven liegt in Ruhe bei 90 Impulsen pro Sekunde. Sie wird bei ampullopetaler Auslenkung der Cupula eines horizontalen Bogenganges verstärkt, bei ampullofugaler hingegen herabgesetzt. Die Rezeptoren sind also imstande, durch jeweils entgegengesetzte Modulation der Spontanaktivität die Drehrichtung zu signalisieren. Wird die Kopfdrehung beendet, so kommt es — wiederum infolge der Trägheit der Endolymphe — zu einer Ablenkung der Cupula im Sinne der ursprünglichen Drehrichtung mit einem entsprechenden Wechsel der Impulsmodulation. Diese Ereignisse treten jedoch nur bei einer relativ raschen Änderung der Winkelgeschwindigkeit ein. Bei einer Rotation des Kopfes mit konstanter Winkelgeschwindigkeit verliert die Endolymphe allmählich, infolge der an den Grenzschichten wirksamen Reibung, ihre Relativbewegung gegen die Wand des Bogenganges. Dadurch stellt sich die elastische Cupula wieder auf, und die Rezeptorentladungen gehen auf die spontane Ruhefrequenz zurück.

Die für die horizontalen Bogengänge beschriebenen Vorgänge laufen in gleicher Weise in den vertikalen ab, wenn Drehbewegungen des Kopfes Komponenten in diesen Ebenen haben. Allerdings führen hier ampullofugale Deviatonen der Cupulae zu Steigerungen und, umgekehrt, ampullopetale zu Hemmungen der spontanen Impulsentladung.

Wegen der oben erwähnten direkten Verbindung zu den Oculomotoriuskernen und auch wegen anderer, indirekter Verbindungen dorthin,

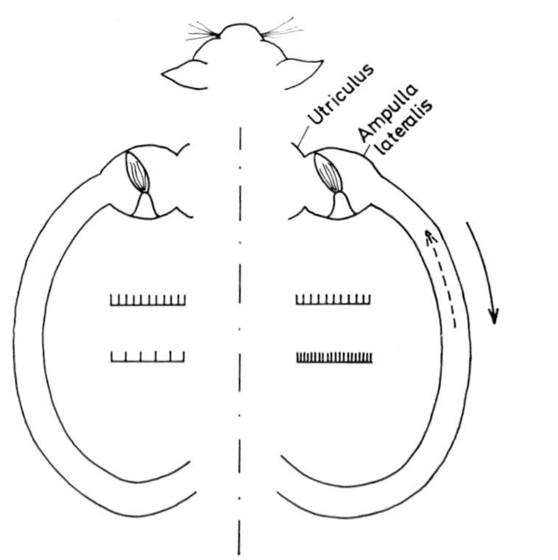

Abb. 348. Schematische Darstellung der Vorgänge in den horizontalen Bogengängen bei Rechtswendung des Kopfes in der Horizontalebene. Die Cupuladeformationen bewirken rechts eine Erhöhung, links dagegen eine Erniedrigung der spontanen Entladungsfrequenz

kommt es beim Einsetzen wie beim Abklingen von Endolymphströmungen, auch bei verdeckten Augen, zu Bulbusbewegungen (rotatorischer und postrotatorischer Nystagmus). Diese Verknüpfung ist ein wichtiges Funktionselement bei der Fixation von Sehdingen im Laufe einer Körperwendung. Bei Vögeln wird wegen der schwachen Entwicklung der äußeren Muskulatur des Bulbus anstelle des Augennystagmus eher ein Kopfnystagmus registriert, d. h. die kompensatorischen Bewegungen werden von den Halsmuskeln ausgeführt.

N. Gehörsinn

1. Allgemeine Vorbemerkungen

Im spiralig gewundenen Teil des Labyrinths (Schnecke, Cochlea) befinden sich Mechanorezeptoren, die darauf spezialisiert sind, in Luft sich ausbreitende periodische Druckschwankungen aufzunehmen und in Erregungen umzusetzen, die zu akustischen Empfindungen führen. Der Bereich der Schwingungsamplituden und -frequenzen, auf den das menschliche Ohr anspricht, wird in der Physik als Schall bezeichnet. Er reicht oberhalb eines effektiven Druckes von mindestens 0,0002 dyn/cm^2 (10^{-5} Pa) von etwa 20 Hz bis maximal 20 000 Hz. Bei höheren (unhörbaren) Frequenzen spricht man von Ultraschall. Diese Unterscheidung bezieht sich aber nur auf die Leistungsfähigkeit des menschlichen Ohres und berücksichtigt nicht, daß die obere Hörgrenze vieler Tiere bei erheblich höheren Frequenzen liegt.

In seiner Bedeutung als Informationsmittel über Vorgänge, die sich in größerer Distanz abspielen (Fernsinn), übertrifft der Gehörsinn der Haus- und der meisten Wildsäugetiere ihren Gesichtssinn bei weitem. Im Gegensatz dazu sind Primaten ebenso wie Vögel stärker optisch orientiert. Im Leben der Tiere dienen akustische Signale nicht allein dazu, das Individium auf Gefahren oder Beute in seiner Umgebung aufmerksam zu machen, sondern haben auch eine kommunikative Funktion in Form von Lock-, Warn- oder Leidensrufen.

Das akustische Organ besteht aus drei Abschnitten, die als äußeres Ohr, als Mittel- und als Innenohr bezeichnet werden. Bis auf die Rezeptorzellen des Innenohres dienen alle anderen Strukturen dem Antransport der adäquaten Reize. Die mechanische Übertragung von Schalldrucken aus der Umgebung auf die Sinneszellen der Schnecke ist ein Beispiel für »Reizleitung« im Organismus, die terminologisch von »Erregungsleitung«, die über Membranen von Nerven- oder Muskelfasern erfolgt, zu trennen ist.

2. Äußeres Ohr

Zum äußeren Ohr gehören Ohrmuschel und äußerer Gehörgang (Meatus acusticus externus). Die Ohrmuscheln können bei vielen Tieren über große Winkel verstellt werden und als Schallempfänger dienen. Bei anderen tritt die sensorische zugunsten einer mehr protektiven Funktion zurück, indem die Ohrmuschel den äußeren Gehörgang abdeckt und als Wärmeabgabefläche benutzt wird (z. B. Hausschwein). Bei Vögeln ist ebenso wie bei Wassersäugetieren eine Ohrmuschel nicht vorhanden. Der äußere Gehörgang ist ein schwingungsfähiges Gebilde mit einer Resonanzfrequenz von ungefähr 4000 Hz. In diesem Bereich kommt eine gewisse Verstärkung der Schalldrucke zustande.

3. Mittelohr

Die Strukturen des Mittelohres befinden sich in der Paukenhöhle, die nach außen durch das Trommelfell abgeschlossen ist (Abb. 349). Letzteres ist eine schalltrichterähnlich geformte Membran, deren Spitze in das Innere des Mittelohres weist. Sie hat eine mittlere Flächengröße von etwa 42 mm^2 bei der Katze (50 bis 90 mm^2 beim Menschen). Das ziemlich steife Trommelfell hat an seinem oberen Rand eine Pars flaccida. Von der Mitte des Konus bis zu diesem beweglichen Teil setzt mit dem sogenannten Hammerstiel das erste der drei Gehörknöchelchen (Malleus) an. Der Hammerkopf arti-

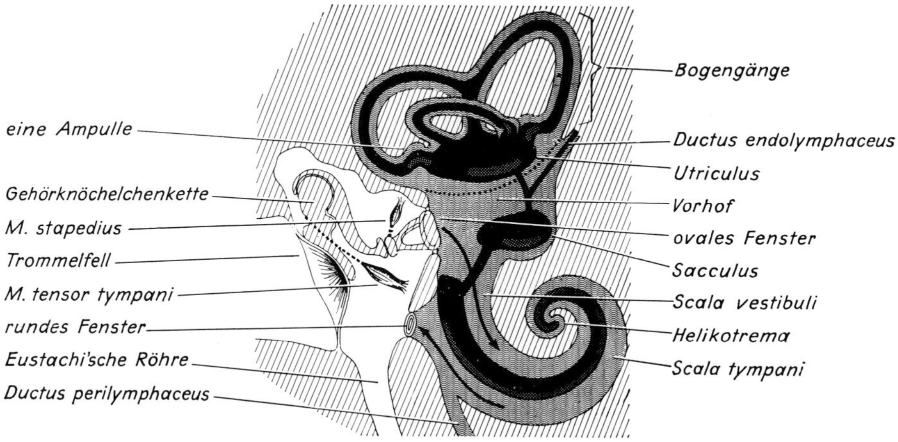

Abb. 349. Gehörorgan und Vestibularapparat, schematisch (Original)

kuliert mit dem Amboß (Incus), ist jedoch so fest mit ihm verbunden, daß beide praktisch ein einziges Hebelstück darstellen. Es ist durch Bänder so aufgehängt, daß nur eine Rotationsbewegung um eine Tangentialachse in der Nähe des oberen Trommelfellrandes möglich ist. Der Amboß hat einen langen Fortsatz, der mit dem Kopf des Steigbügels (Stapes) fest verbunden ist. Die Steigbügelplatte deckt zusammen mit einem ringförmigen Band das ovale Fenster des Innenohres ab, in dessen Öffnung sie sich kolbenartig hin und her bewegen kann. Die Paukenhöhle ist mit Luft angefüllt. Ventilation und Druckausgleich mit der Atmosphäre sind durch einen Verbindungsgang zum Nasopharynx, der Tuba auditiva Eustachii, möglich. Sie hat bei den Equiden große Divertikel, die als Luftsäcke bekannt sind.

Das System des Mittelohres dient der Übertragung der Schalldrucke auf die Perilymphe des Innenohres, wo der ursprüngliche Luftschall als Flüssigkeitsschall weiterläuft. Wird das Trommelfell zu Schwingungen angeregt, so werden seine Bewegungen frequenzgetreu von den Gehörknöchelchen auf das ovale Fenster übertragen. Seine Schwingungsamplituden sind wahrscheinlich wenig von denen des Trommelfells verschieden, so daß, wenn überhaupt, nur eine relativ kleine Hebelübersetzung stattfindet. Wichtiger ist, daß alle auf das Trommelfell wirkenden Kräfte auf die wesentlich kleinere, bei der Katze etwa 1,2 mm^2 große Fläche der Steigbügelplatte übertragen werden, wobei die Drucke sich vervielfachen. Die Schätzungen über das Ausmaß der Verstärkung gehen noch weit auseinander, doch dürfte sie mindestens das zwanzigfache betragen.

Die eigenartige Form der Gehörknöchelchen mit ihrer relativ hohen Massenkonzentration am Stoß von Hammer und Amboß hat wahrscheinlich die funktionelle Bedeutung, daß dadurch der Schwerpunkt des Hebelsystems sich ganz in der Nähe der Drehachse befindet. Auf diese Weise wird es vom Körperschall (Knochenleitung) wenig beeinflußt.

Am langen Fortsatz des Hammers und am Steigbügelhals setzen je ein schmaler quergestreifter Muskel an, der M. tensor tympani und der M. stapedius. Bei sehr lautem Schall kontrahieren sie sich reflektorisch, wobei sie die Tendenz haben, die Knöchelchen, an denen sie ansetzen, in das Innere des Mittelohres zu ziehen. Wahrscheinlich werden dadurch die Steifigkeit des Übertragungshebels und seine Dämpfungseigenschaften verändert, so daß besonders niedrige und sehr hohe Frequenzen unterdrückt werden können.

4. Innenohr

Das Innenohr besteht aus dem Schneckengang, der bei der Katze in 4 Windungen um ein knöchernes Mittelstück, den Modiolus, aufsteigt. Der Gang wird, abgesehen von dem äußersten Stück an seinem blinden Ende, durch ein Hohlgebilde quergeteilt. Auf diese Weise entstehen in der Schnecke drei Stiegen (Scalae). Die untere von ihnen stößt an der Schneckenbasis ebenso wie die häutige Membran des runden Fensters an die Paukenhöhle (Cavum tympani) und wird deshalb Scala tympani genannt. Sie kommuniziert an der Schneckenspitze durch das enge Helicotrema mit der oberen Stiege, die an der Schneckenbasis in das Vestibulum des Labyrinths ausläuft und deshalb Scala vestibuli heißt. Im ovalen Fenster hat sie ebenfalls eine bewegliche Kontaktfläche mit dem Mittelohr. Beide Scalae sind ebenso wie die übrigen Hohlräume des knöchernen Labyrinths mit Perilymphe erfüllt (Abb. 349). Der zwischen den beiden Stiegen verbleibende Mittelgang ist der cochleare Ausläufer des häutigen Labyrinths und ebenso wie der Utriculus, der Sacculus und die Bogengänge mit Endolymphe angefüllt. Diese in der Schneckenspitze blind endende Mittelstiege (Scale media) wird als Ductus cochlearis bezeichnet. Er beherbergt das akustische Rezeptorenfeld, das Cortische Organ, und muß deshalb näher beschrieben werden.

Die äußere Kontur eines Querschnitts durch den Ductus cochlearis sieht einem rechtwinkligen Dreieck ähnlich (Abb. 350). Im Zuge der waagerechten Kathete liegt eine mit dem Schneckengang um den Modiolus aufsteigende Knochenlamelle, die Lamina spiralis. An ihrer inneren Kante setzt eine elastische Struktur, die Membrana basilaris, an, die auf der Gegenseite in das Ligamentum spirale übergeht, das die Außenseite des Schneckenganges bekleidet. Die Lamina spiralis ragt an der Basis der Schnecke am weitesten in das Innere vor, während sie zur Spitze hin immer mehr zurückweicht. Daraus folgt, daß die Basilarmembran eine unterschiedliche Breite hat. Sie beträgt bei der Katze in der unteren Schneckenwindung ungefähr 0,2 mm, während sie an der Spitze 0,37 mm mißt. Im Verlaufe der senkrechten Kathete der Querschnittskontur liegt eine dicke, reichlich mit Kapillaren durchsetzte Zellschicht, die Stria vascularis. Von ihr wird angenommen, daß sie die Endolymphe produziert, das einzige Teilvolumen des extrazellulären Kompartiments, das sehr viel mehr Kalium als Natrium enthält. Die Hypothenuse wird von der aus einer Doppellage flacher Zellen bestehenden Reißnerschen Membran gebildet.

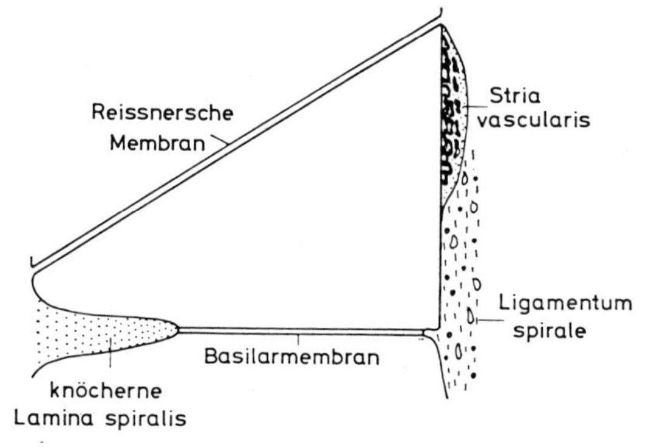

Abb. 350. Dreieckschema des Ductus cochlearis

Das Cortische Organ besetzt die Membrana basilaris in ihrer ganzen Ausdehnung und besteht aus einer komplizierten Anordnung von Stütz- und Sinneszellen. Letztere sind wegen ihrer feinen apikalen Fortsätze als Haarzellen bezeichnet worden. Bei der Katze sind ungefähr 2600 von ihnen in einer inneren Reihe angeordnet, während etwa 9900 in einer zumeist dreireihigen äußeren Formation stehen. Sie werden überdacht von der Membrana tectoria, die vom Limbus spiralis bis zu den

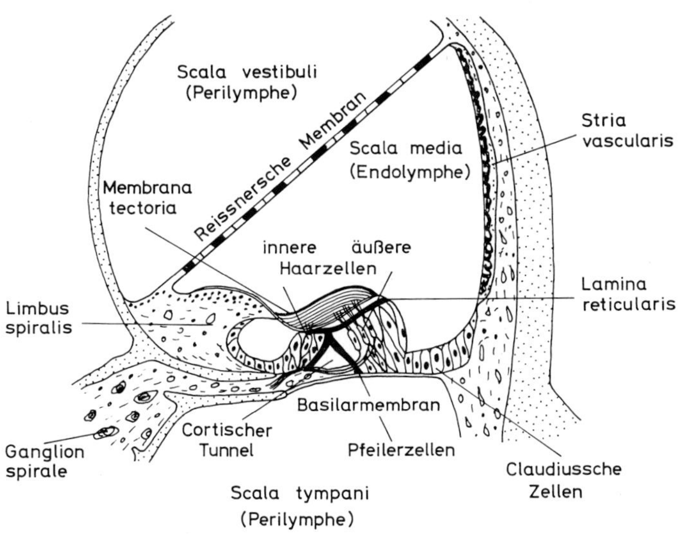

Abb. 351. Querschnitt durch die Cochlea mit Strukturschema des Sinnesepithels

Claudiusschen Zellen reicht. Sie ist ein Analogon der Otolithen-Membranen der Vestibularorgane. In sie hinein ragen die Cilien der Haarzellen, die vorher jedoch die Lamina reticularis durchsetzen, ein Produkt verschiedener Arten von Stützzellen, die dem Gebilde des Cortischen Organs die nötige Festigkeit verleihen. Zwischen den inneren und äußeren Sinneszellen stehen, gegeneinander geneigt und sich apical berührend, die sogenannten Pfeilerzellen. Sie enthalten dunkel erscheinende Macrotubuli und grenzen den Cortischen Tunnel ab (Abb. 351).

Wesentlich für die mechanischen Vorgänge im inneren Ohr ist, daß die Membrana basilaris in ihrem Verlauf unterschiedliche Breite und Steifigkeit besitzt. Breite und Masse nehmen von der Basis der Schnecke zur Spitze hin zu, während die Steifigkeit in derselben Richtung abnimmt. Daraus resultieren abschnittsweise unterschiedliche Resonanzfrequenzen. Alle Elemente des akustischen Rezeptororgans sind jedoch einschließlich der Peri- und Endolymphe durch elastische Kräfte und durch Reibungskräfte aneinandergekoppelt, so daß sie stets als Ganzes funktionieren. Es wird nun darzulegen sein, welche Vorstellung man sich von der Wirkungsweise dieses Systems als einem Analysator von Schallphänomenen zu machen hat.

5. Schalldispersion

Wenn eine Schallwelle auf das Trommelfell trifft, werden seine Vibrationen auf das ovale Fenster und damit auf die Perilymphe der Scala vestibuli übertragen. Obwohl dieser Flüssigkeitsraum nicht allseitig von festen Wänden umschlossen ist, breitet sich die Druckwelle, der geringen Abmessungen wegen, praktisch momentan darin aus. Dabei kommt es zu Druckdifferenzen zwischen Scala vestibuli und Scala tympani. In der Phase des Druckanstieges wird die Membrana basilaris zur Scala tympani hin ausgebuchtet. Diese Bewegung ist deshalb möglich, weil das runde Fenster am Ende der Scala tympani eine entsprechende Exkursion in Richtung Paukenhöhle macht. In der Phase des Druckabfalls kommt es zu entgegengesetzten Verlagerungen der genannten Strukturen. Allerdings darf man sich von den Bewegungsamplituden keine übertriebenen Vorstellungen machen. Sie liegen in der Größenordnung von Tausendstel Millimetern.

Das wesentliche Ereignis ist nun, daß die Membrana basilaris von den Wechseldrucken, die auf sie wirken, in Schwingungen versetzt wird, deren Phasenbeziehungen zueinander von den streckenweise verschiedenen Materialeigenschaften abhängen. Während der relativ steife Abschnitt in der unteren Schneckenwindung sich nahezu in Phase mit den Schalldrucken bewegt, ist das in den weiter apical gelegenen Abschnitten wegen ihrer zunehmend geringeren Steifigkeit (größeren Compliance) nicht mehr der Fall. Vielmehr kommt es (in bezug auf die Druckschwankungen in der angrenzenden Flüssigkeit) zu einer Phasenverzögerung der Membranauslenkung und zu einer Zunahme ihrer Bewegungsamplitude. Letztere erreicht ihr Maximum jeweils dort, wo die Resonanzfrequenz des Membranabschnittes der erregenden Schallfrequenz entspricht.

Anders gesagt lösen Druckschwankungen der Perilymphe Schwingungen der Basilarmembran aus, die sich von der Schneckenbasis zur Spitze hin nach Art einer Schlauchwelle fortsetzen und, genauso wie diese, in ihrer Phasengeschwindigkeit und Bewegungsamplitude von den elastischen Eigenschaften des Fortpflanzungsmediums abhängen. Da die Basilarmembran, wie wir gesehen haben, ein Kontinuum ist, dessen Elastizität zum Helicotrema hin fortlaufend abnimmt, ist zu erwarten, daß das Bild des Wellenzuges sich stetig mit der Beschaffenheit der Membran ändert. Es entstehen Wanderwellen unterschiedlicher Reichweite und Geschwindigkeiten mit unterschiedlicher Lage des Amplitudenmaximums.

Abbildung 352 zeigt den Verlauf einer Wanderwelle, wie sie durch VON BÉKÉSY mit einer strobo-

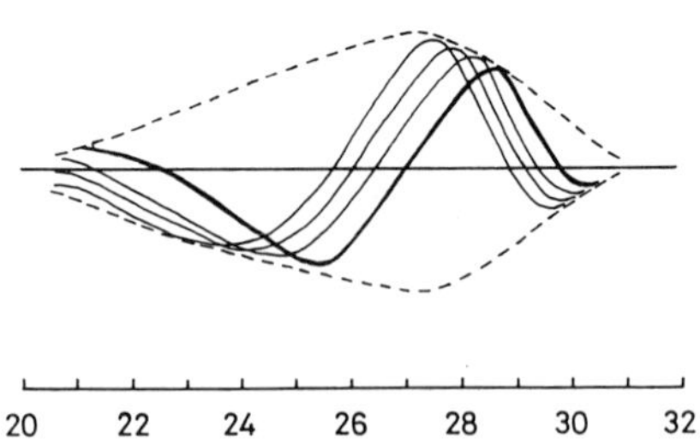

Abb. 352. Wanderwelle auf der Basilarmembran in nacheinander folgenden Momenten (letzter Moment hervorgehoben), ausgelöst durch eine Tonfrequenz von 200 Hz; die Umhüllende deutet den Ort des Amplitudenmaximums an. (Nach v. BÉKÉSY, 1960: Experiments in hearing. McGraw-Hill Book Co., New York)

skopischen Methode an der Basilarmembran der oberen Windung der Cochlea des Menschen für eine Tonfrequenz von 200 Hz aufgenommen worden ist. Die einzelnen Kurvenzüge bezeichnen den Schwingungszustand der Membran in aufeinander folgenden Momenten. Die Umhüllende zeigt einen flachen Anstieg bis zu einem Maximum, das von der Steigbügelplatte etwa 28 mm entfernt liegt. Darauf folgt ein steiler Abfall. Die Schwingungsmaxima sind von der Resonanzfrequenz des Membranabschnitts bestimmt und rücken mit höheren Schallfrequenzen immer weiter in die zunehmend steiferen Teile zur Schneckenbasis hin. Wird dem Ohre nicht eine einzige Frequenz, sondern ein Frequenzgemisch dargeboten, so erregen die einzelnen Komponenten Wanderwellen, deren Amplitudenmaxima auf der Basilarmembran auseinandergezogen erscheinen (Wanderwellendispersion). Da die Topographie der Maxima eine Funktion der Frequenz ist, wirkt die Membran als Frequenzanalysator, dessen Auflösungsvermögen noch durch weitere mechanische Momente bestimmt wird, deren Erörterung hier zu weit führen würde.

Mit von Helmholtz hat man früher angenommen, daß die Basilarmembran quergespannte Fasern unterschiedlicher Länge und Eigenfrequenz und damit einen Satz von Resonatoren enthalte. Diese einfache Vorstellung hat man jedoch aufgeben müssen, nachdem sich herausgestellt hat, daß die Basilarmembran nicht unter Spannung steht. Ihre Funktion als Klanganalysator muß deshalb auf komplizierteren Voraussetzungen beruhen, die zur Zeit am besten von der Wanderwellen-Theorie

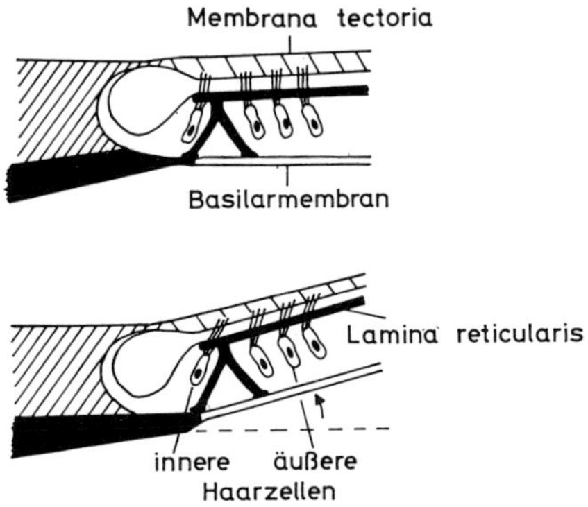

Abb. 353. Deformation der Cilien der Haarzellen durch Verlagerung der Basilarmembran und gleichzeitige Verschiebung der Lamina reticularis gegen die Membrana tectoria. (Nach Davis in: Handb. of Physiol., Sect. 1, Vol. I, Kap. XXIII)

beschrieben werden, wie sie in jüngerer Zeit durch von Békésy entwickelt worden ist. Damit ist zwar der Mechanismus der Auftrennung von Frequenzgemischen einigermaßen plausibel geworden, doch besteht noch Unklarheit darüber, auf welche Weise das Resultat der Analyse in nervöse Erregungen umgesetzt wird. Als naheliegende Möglichkeit wird angesehen, daß die Cilien der Haarzellen bei Bewegungen der Basilarmembran deformiert werden, weil die Lamina reticularis, in der sie fixiert sind, sich gegen die Membrana tectoria verschiebt (Abb. 353). Wenngleich man über Einzelheiten des Bewegungsablaufs noch auf Vermutungen angewiesen ist, so steht doch fest, daß sie letztlich zu elektrischen Wirkungen führen, die das Bindeglied zwischen den mechanischen Vorgängen am Cortischen Organ und der Impulscodierung im Nervus acusticus darstellen.

6. Endocochleares Potential, Mikrofonpotentiale, Summationspotentiale

Zwischen der Flüssigkeit in der Scala media und jener der Scala vestibuli und der Scala tympani herrscht eine elektrische Potentialdifferenz von 80 mV, wobei die Endolymphe sich positiv gegen die Perilymphe zeigt. Dieses Bestandspotential wird auch als **endocochleares Potential** bezeichnet. Es wird durch Bewegungen der Basilarmembran moduliert, wenn sie durch Schalldrucke geringer und mittlerer Intensität hervorgerufen werden. Die Frequenz dieser Potentialschwankungen ist den Schallfrequenzen proportional, so daß sie in einem bestimmten Lautstärkenbereich ein getreues Abbild der akustischen Signale darstellen. Verstärkt und auf Lautsprecher übertragen, läßt sich mit ihnen eine Klangwiedergabe erzielen. Sie werden deshalb als **Mikrofonpotentiale** bezeichnet. Bemerkenswert ist, daß ihre Amplitudenmaxima sich ähnlich über die Schneckenwindungen verteilen, wie es nach den Beobachtungen von Békésys bei den mechanischen Wanderwellen geschieht. Weitere elektrische Antworten auf akustische Reize sind die positiven und negativen **Summationspotentiale,** die sich auf dem Registrierinstrument als Verschiebungen der Null-Linie zu erkennen geben. Alle diese Vorgänge sind Bestandteile eines komplexen Generatorpotentials, das seinerseits die Aktionspotentiale in den Hörfasern auslöst.

7. Hörbahn

Ehe wir uns mit der Impulskodierung akustischer Signale und ihrer Projektion auf die Hirnrinde befassen, wollen wir uns einen Überblick über die neuronalen Verbindungswege verschaffen. Soweit sie bekannt sind, ergeben sie ein recht kompliziertes Bild, das uns eine Vorstellung von dem Einfluß von Erregungen des Gehörorgans auf verschiedene Stufen der zentralnervösen Organisation vermittelt. Die wichtigsten Faserzüge der Hörbahn sind in Abbildung 354 wiedergegeben. Der besseren Übersicht wegen sind die ipsi- und kontralateralen Wege getrennt gezeichnet.

Die Perikaryen der bipolaren Ganglienzellen des ersten akustischen Neurons liegen im Modiolus der Schnecke und werden in ihrer Gesamtheit als Ganglion spirale bezeichnet. Ihre zentripetalen Fortsätze enden in den dorsalen und ventralen Nuclei cochleares. Sie beherbergen die Zellkörper der Neurone zweiter Ordnung, die ipsilateral zum dorsalem Kern des Trapezkörpers ziehen. Von hier gehen Verbindungen zum Thalamus aus, die entweder direkt oder über die hinteren Vierhügel zum Corpus geniculatum mediale führen. Unterwegs werden Kollateralen zur Formatio reticularis entsandt.

Ein großer Teil der Neurone zweiter Ordnung kreuzt jedoch zur Gegenseite, zieht unmittelbar im Lemniscus lateralis zu den hinteren Vierhügeln oder erfährt im Trapezkörper eine Umschaltung. Kollateralen werden sowohl in das reticuläre System als auch durch das Brachium conjunctivum zum Kleinhirn abgegeben. Vom Thalamus steigen Fasern zum corticalen Hörfeld in der Gegend der Gyri ecto- und suprasylvii auf.

Von der vorderen Olive jeder Seite gehen **efferente** Fasern aus, die im Fasciculus olivocochlearis (Rasmussensches Bündel) zu den Haarzellen des Cortischen Organes ziehen. Der Hörnerv der Katze enthält außer 50 000 afferenten ca. 600 efferente Neurone, von denen ⅘ von der Gegenseite und ⅕ von der Olive derselben Seite herkommen. Bei Nagetieren sind außerdem efferente Fasern nachgewiesen worden, deren Ursprung in der Formatio reticularis liegt.

8. Elektrophysiologische Befunde

Bei der Ableitung von Aktionspotentialen von Einzelfasern der Hörnerven registriert man Spontanaktivität, die von wenigen bis zu mehr als 100 Impulsen pro Sekunde reicht. Die Höhe der Frequenz scheint charakteristisch für einzelne Neurone zu sein (Abb. 355). Schallreize bewirken eine Erhöhung der Impulsfrequenz, die bei Einsetzen des Reizes am stärksten ist. Sie geht bei fortdauerndem Reiz allmählich zurück, ohne jedoch auf

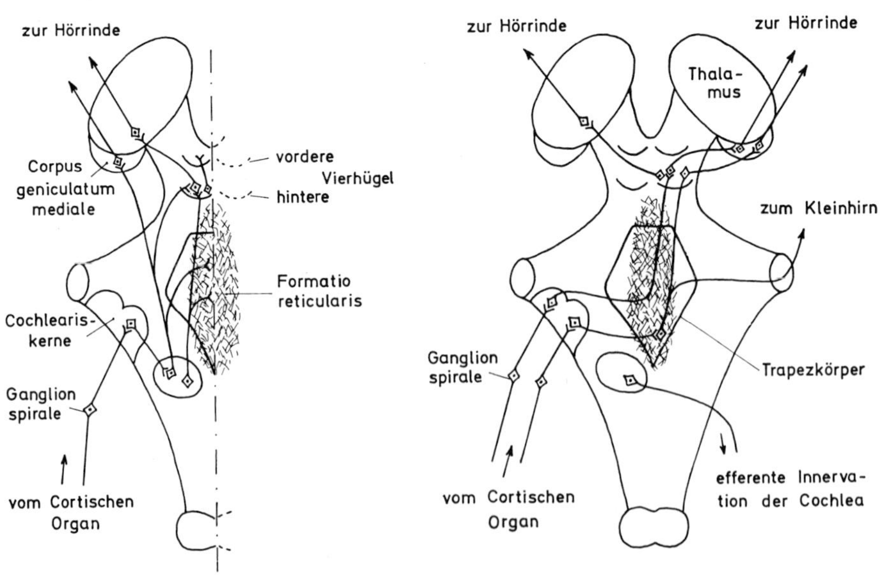

Abb. 354. Die wichtigsten Faserzüge der Hörbahn; links: ipsilaterale, rechts: kontralaterale Verbindungen

das Niveau der Spontanentladungen abzufallen. Die Impulsintervalle sind nicht regelmäßig, sondern weisen bestimmte Häufigkeitsverteilungen auf. Die akustisch ausgelöste Aktivität der einzelnen Elemente ist sowohl von der Frequenz als auch von der Amplitude (Intensität) des Schallreizes abhängig. Jede Faser weist einen Frequenzbereich auf, für den sie besonders empfindlich ist, d. h. auf relativ geringe Schalldrucke anspricht. Unterhalb wie oberhalb dieses Vorzugsbereiches (»charakteristische Frequenz«) sind höhere Reizstärken erforderlich, um die Faser über die Spontanaktivität hinaus zu erregen. Durch Bestimmung der Reizschwellen über einen größeren Frequenzbereich erhält man Kurven, wie sie in Abbildung 356 wiedergegeben sind. Man sieht, daß einzelne Acustikusfasern einerseits ein bestimmtes Empfindlichkeitsmaximum haben und andererseits bei höheren Reizstärken in unterschiedlich breiten Frequenzbändern reagieren.

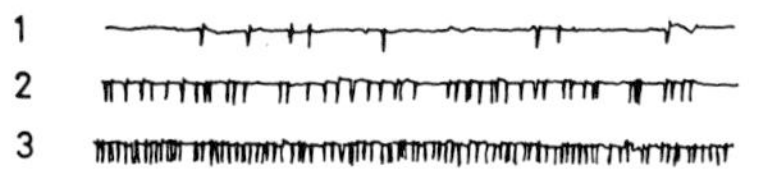

Abb. 355. Beispiele unterschiedlicher Spontanaktivität verschiedener Hörnervenfasern (1, 2, 3) einer Katze. (Nach KIANG, 1965: Discharge patterns of single fibers in the cat's auditory nerve. Research Monograph No. 35. The M. J. T. Press, Cambridge, Massachusetts)

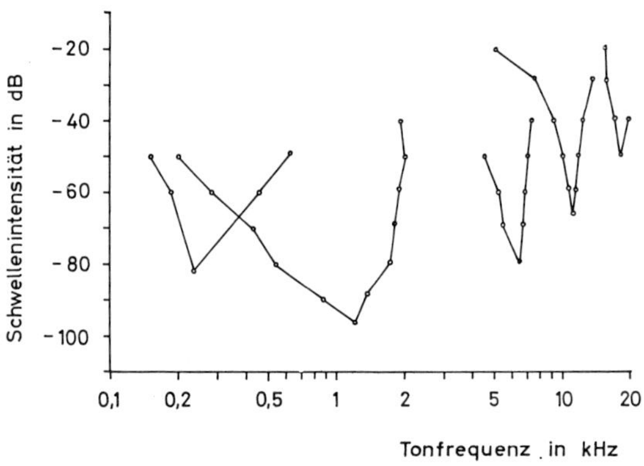

Abb. 356. Charakteristische Arbeitsbereiche einzelner Hörnervenfasern der Katze. (Nach KIANG, l. c.)

Höchstwahrscheinlich stammen die Fasern mit hohen »charakteristischen Frequenzen« aus dem basalen Abschnitt des Cortischen Organs. Im Nervus cochlearis liegen sie oberflächlich, während weiter innen Fasern mit maximaler Empfindlichkeit für niedrige Frequenzen zu finden sind, die aus den apicalen Windungen der Schnecke heranziehen. Auf diese Weise ist bereits auf der primären Übertragungsstufe eine räumliche Ordnung der auditorischen Impulse zu verzeichnen, die über die weiteren Relais-Stationen bis zur Hörrinde beibehalten wird.

Die Trennschärfe im Rezeptorenfeld ist teilweise durch periphere Hemmungsvorgänge bedingt, die zu scharfen Erregungskontrasten führen. Wenn man beispielsweise eine Hörfaser durch einen Schallreiz aktiviert, der ihrer charakteristischen Frequenz entspricht, so kann man ihre Tätigkeit vollständig unterdrücken, wenn man auf eine eng benachbarte Schallfrequenz übergeht.

Außer der räumlichen findet auch eine zeitliche Codierung der akustischen Signale statt. Wird als Reiz eine niedrige Tonfrequenz gewählt, so steht die Anzahl der ausgelösten Aktionspotentiale in einem bestimmten Verhältnis zur Schwingungszahl. Es erfolgt jedoch nicht eine einfache Impulsübersetzung in ganzzahligen Vielfachen der Schwingungsperioden, sondern eine Abbildung nach einem statistischen Prinzip. Dabei spielt die Wahrscheinlichkeit eine Rolle, mit der ein Aktionspotential in eine bestimmte Phase der mechanischen Schwingung des Aufnahmeorgans fällt. Verschiedene Tonfrequenzen können auf diese Weise als differente Häufigkeiten von Intervallen verschlüsselt werden.

An den oben erwähnten efferenten Hörnervenfasern ist eine ganz andere Funktionsweise zu beobachten. Sofern sie kontralateralen Ursprungs sind, haben sie im Gegensatz zu den afferenten Neuronen keinerlei Spontanaktivität. Auf Schall-

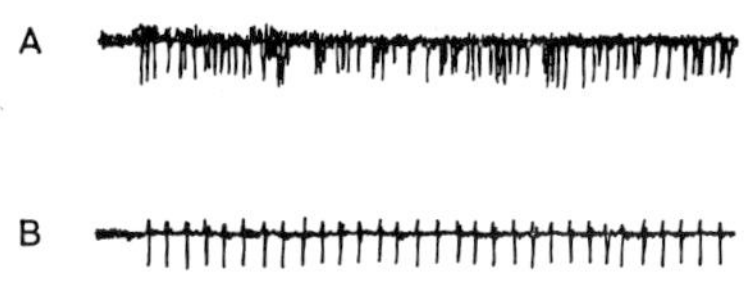

Abb. 357. Unterschiedlicher Modus der Impulsentladung afferenter (**A**) und efferenter Cochlearisfasern (**B**)

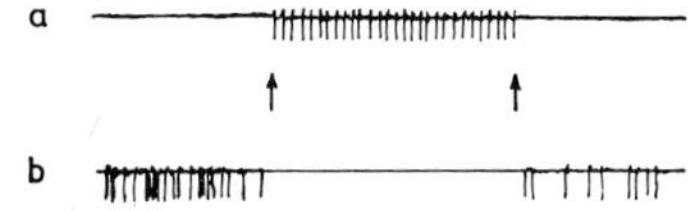

Abb. 358. Beispiel einer Afferenzhemmung (**b**) durch elektrische Reizung einer efferenten Hörnervenfaser (**a**, zwischen den Pfeilen)

reize genügender Stärke reagieren sie jedoch mit Impulsentladung in regelmäßigen Intervallen. Die unterschiedliche Arbeitsweise ist in Abbildung 357 dargestellt. Durch elektrische Reizung efferenter Fasern läßt sich eine Afferenzhemmung erzielen, wie sie in Abbildung 358 wiedergegeben ist. Wir haben es hier mit einem Mechanismus der Drosselung einlaufender Impulse zu tun, wie er auch an anderen Sinneskanälen zu beobachten ist.

9. Nucleus cochlearis

Im komplexen Nucleus cochlearis lassen sich cytoarchitektonisch 3 Regionen unterscheiden, deren jede offenbar Endigungen von jeder Hörfaser erhält. Das ist aus elektrophysiologischen Untersuchungen zu schließen, denen zufolge es auf dieser Ebene des auditorischen Systems eine dreifache Repräsentation des Cortischen Organes gibt. Man hat bei Katzen Mikroelektroden in dorsoventraler Richtung durch die Kernsubstanz geschoben und mittels Ableitung von Aktionspotentialen einzelner Neurone ihre charakteristischen Frequenzen bestimmt. Dabei hat sich eindeutig eine Ordnung in der Weise ergeben, daß die Impulse aus dem basalen Schneckenteil, in dem die Aufnahme der hohen Tonfrequenzen erfolgt, in dorsale Schichten der Cochleariskerne einlaufen, während die Afferenzen aus der Schneckenspitze, in der die Rezeption der tieferen Frequenzen vor sich geht, weiter ventral gelegene Ganglienzellen aktiviert (Abb. 359). Die Bedeutung dieser dreifachen Repräsentation des Rezeptorenfeldes ist nicht bekannt, wie auch noch ungewiß ist, ob sie sich auf den höheren synaptischen Ebenen wiederholt. Einige Befunde deuten darauf hin. Sicher ist jedoch, daß die tonotopische Organisation selber als ein zentralnervöses Abbild des Reizaufnahmeorgans auf dem Wege über die hinteren Vierhügel und das Corpus geniculatum mediale bis in den Cortex erhalten bleibt.

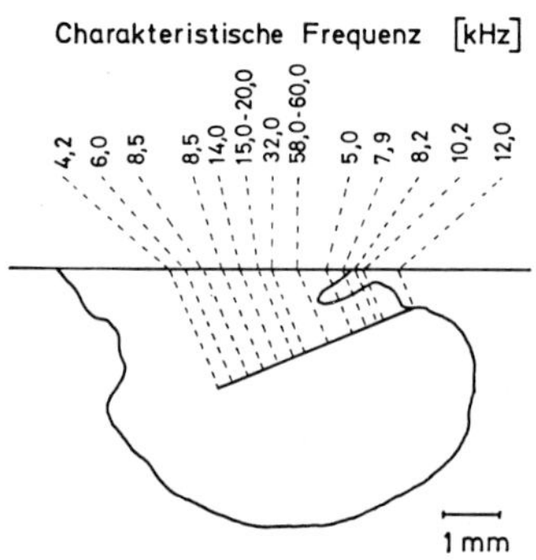

Abb. 359. Schema der 3fachen Repräsentation des akustischen Rezeptorenfeldes in den Cochleariskernen. (Nach Rose et al., 1959: Microelectrode studies of the cochlear nuclei of the cat. Johns Hopkins Hosp. Bull. **104,** 211)

10. Hörrinde

Die auditorischen Rindenfelder der Katze sind mit verschiedenen Methoden, zuletzt hauptsächlich durch Registrierung von Reaktionspotentialen, abgegrenzt worden. Die im einzelnen differierenden Ergebnisse lassen sich so zusammenfassen, daß es im lateralen Cortex 3 Felder gibt, in denen eine Projektion des Cortischen Organs existiert. Im auditorischen Feld I (A I) ist rostral die Basis und caudal die spitze der Schneckenwindung vertreten. Im ventral anschließenden auditorischen Feld II ist die Lage umgekehrt. In der caudalen Area ectosylviaca liegt eine tonotopische Organisation mit der Schneckenbasis im dorsalen und mit der Spitze im ventralen Teil vor (Abb. 360). Jede Cochlea ist bilateral vertreten. Außerdem gibt es noch eine Reihe anderer Rindenbezirke, die auf akustische Reize ansprechen, dies jedoch auch bei optischen und taktilen Reizen tun und keine feste Lokalisation im Sinne der erstgenannten Felder besitzen.

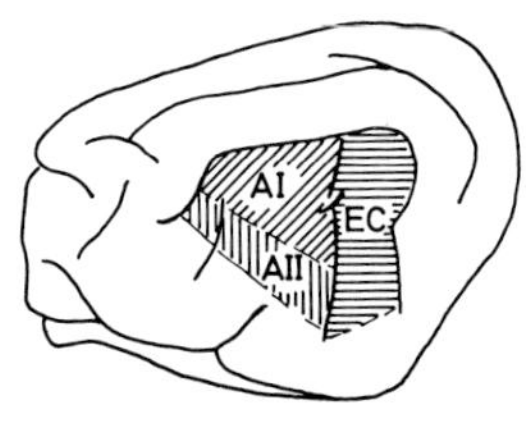

Abb. 360. Rindenfelder der Katze mit auditorischer Funktion. (Nach H. W. Ades in: Handb. of Physiol., Sect. 1, Vol. I, Kap. XXIV).

AI = auditorisches Feld I, **AII** = auditorisches Feld II, **EC** = Area ectosylviaca caudalis

Die auditorischen Rindenfelder des Hundes sind nicht so gut untersucht wie jene der Katze, doch liegen Befunde vor, die auf eine ähnliche funktionelle Organisation des Gyrus ectosylvius hindeuten (Abb. 361).

Die Hörrinde ist mit den Cochleariskernen auch durch absteigende Fasersysteme verbunden, die möglicherweise bei der Siebung sensorischer Impulse eine Rolle spielen, durch die eine Habituation erreicht wird. Darunter wäre in diesem Zusammenhang zu verstehen, daß ein Tier auf einen neu in seiner Umgebung auftauchenden Laut zwar reagiert, ihm aber bei mehrfacher Wiederholung keine Aufmerksamkeit mehr widmet, falls er sich als bedeutungslos herausgestellt hat.

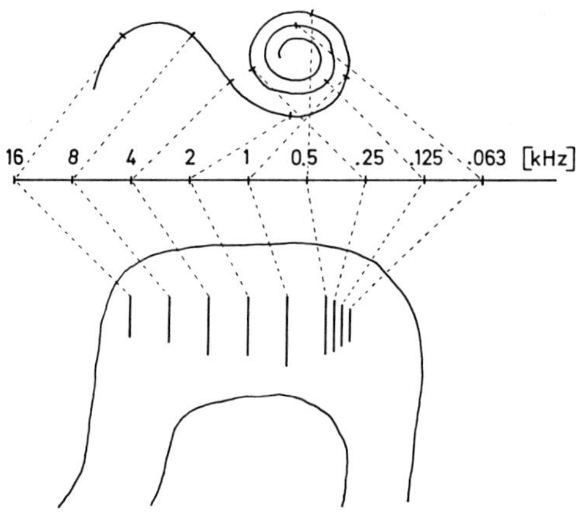

Abb. 361. Tonotopische Repräsentation des Cortischen Organs im Gyrus ectosylvius des Hundes. (Konstruiert nach TUNTURI, 1962: Frequency arrangement in anterior extosylvian auditory cortex of dog. Am. J. Physiol. **203,** 185)

11. Audiometrie

Durch die Bestimmung der Schwellen innerhalb der Hörgrenzen (Audiometrie) erhält man eine Hörkurve (Audiogramm), deren Verlauf die Frequenzabhängigkeit der Schwellenintensitäten widerspiegelt. Als Maß für die Stärke eines Schallreizes wird der effektive Schalldruck zu Grunde gelegt, der in dyn $\cdot$ cm^{-2} (10^{-1} Pa bzw. N/m^2) gemessen werden kann. Da der Mensch in einem Intensitätsbereich unterscheidungsfähig ist, der etwa dem Zehnmillionenfachen des Schwellenwertes entspricht, zieht man es vor, eine logarithmische Skala zu benutzen, in der die wirksamen Schalldrucke auf einen festgelegten Standard bezogen werden. Als Referenzwert ist ein Druck von $2 \cdot 10^{-5}$ N/m^2 angenommen worden, welcher der durchschnittlichen Hörschwelle des Menschen entspricht. Man definiert

$$\log \frac{\text{Schalldruck } (N/m^2)}{\text{Standarddruck } (N/m^2)} = \text{Schallintensität in Bel}$$

und bezeichnet 0,1 Bel als 1 Dezibel. Daraus folgt, daß eine Schallintensität von 0 Dezibel nicht etwa Abwesenheit von Schall bedeutet, sondern daß in diesem Fall der gegebene Schalldruck gleich dem Standarddruck ist ($\log 1 = 0$). Dementsprechend resultieren negative Dezibelwerte, wenn der fragliche Schalldruck kleiner als der Referenzwert und der Quotient aus beiden daher kleiner als 1 ist. Abbildung 362 gibt eine Dezibelskala mit einigen dem Menschen vertrauten Schallereignissen wieder.

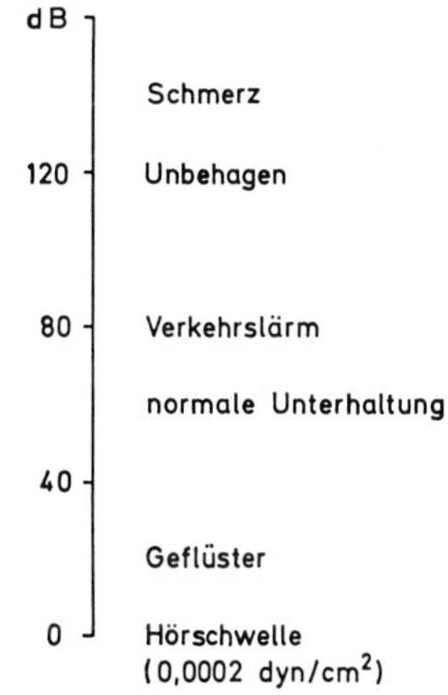

Abb. 362. Dezibelskala mit einigen dem Menschen vertrauten Schallereignissen

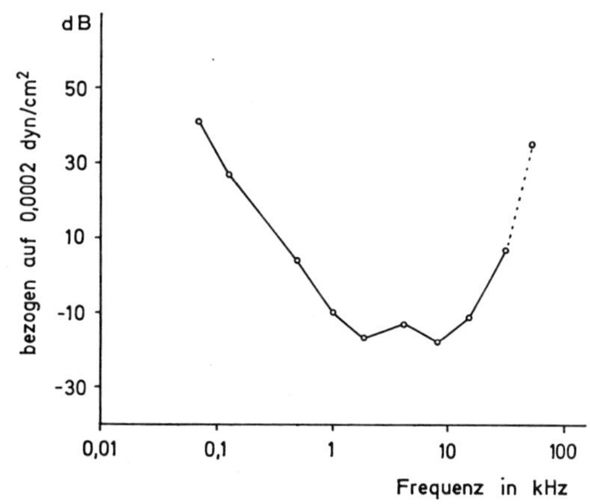

Abb. 363. Hörkurve der Katze. (Nach MILLER, WATSON, COVELL, 1963: Deafening effects of noise on the cat. Acta otolaryng. 176).

Die Minimalschwelle liegt unterhalb der durchschnittlichen Hörschwelle des Menschen. Außerdem liegt die obere Hörgrenze bei erheblich höheren Frequenzen

Während man bei der Audiometrie des Menschen sich auf Aussagen der Probanden stützen kann, ist man bei ähnlichen Prüfungen am Tier auf Anzeichen seines Verhaltens angewiesen. Abbildung 363 zeigt das Ergebnis solcher Untersuchungen bei der Katze. Das Tier ist offenbar am empfindlichsten für Frequenzen zwischen 1000 und 20000 Hz. Beiderseits dieses Bereiches steigen die Hörschwellen stark an. Die obere Hörgrenze scheint bei 60000 Hz zu liegen. Beim Hunde liegt sie mindestens bei 40000 Hz, wahrscheinlich höher.

12. Hörleistung von Haustieren

Das Gehörorgan der Tiere und des Menschen ist sowohl zur Unterscheidung von Tonhöhen, Tonfolgen und Lautstärken als auch zur Lokalisation von Schallquellen fähig. Mit Hilfe erlernter Reaktionen ist festzustellen gewesen, daß Katzen Schallstärkenunterschiede von nur einem Dezibel bemerken. Sie sind ferner in der Lage Schallquellen mit einem Querabstand von 3° zu unterscheiden. Für die Schallortung ist binaurales Hören Voraussetzung. Dabei werden die äußerst gerin-

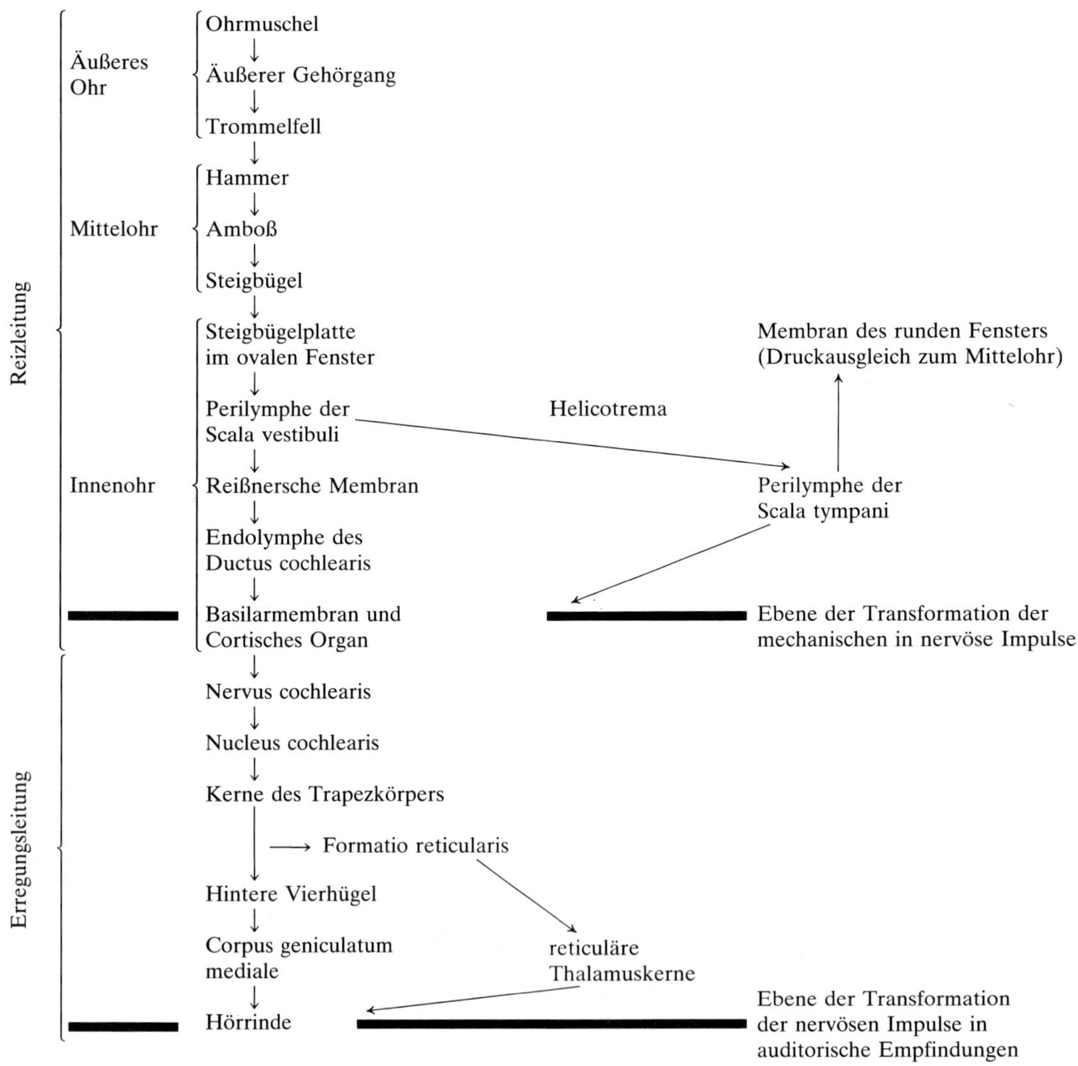

Abb. 364. Wortschema von Strukturen und Funktionen, die am Antransport von Schallreizen, an ihrer Transformation in nervöse Impulse und an deren Fortleitung bis zur Hörrinde beteiligt sind. (Modifiziert und erweitert nach Jenkins, 1972: Functional mammalian Neuroanatomy. p. 309. Lea & Febiger, Philadelphia)

gen Unterschiede in der Laufzeit der Schallwellen zu jedem Ohr ausgenutzt. Die auditorische Leistungsfähigkeit des Affen ist geringer als die von Katze und Hund, was auf die Prädominanz des optischen Sinnes bei den Primaten hinweist. Bei den Carnivoren mit ursprünglich nächtlicher Aktivität ist dagegen der Gehörsinn von vergleichsweise größerer Bedeutung.

Bei unseren Haustieren ist das Hören nicht in dem gleichen Maße von corticalen Funktionen abhängig wie beim Menschen. Wegen der bilateralen Projektion der auditorischen Impulse tritt bei ihm zwar Taubheit infolge von Rindenläsionen erst ein, wenn sie sich auf die Hörfelder beider Seiten erstrecken, bei der Katze ist das jedoch auch dann nicht der Fall. Die Abtragung aller corticalen Hörfelder beeinflußt nicht den Ausfall bedingter Reflexe, die mit akustischen Signalen eingefahren worden sind. Anscheinend genügt die Aktivierung des aufsteigenden reticulären Systems, um das Schallereignis und damit den bedingten Reiz zu signalisieren, wobei es auf eine genaue Identifizierung vielleicht nicht ankommt. Bei einer Zerstörung der hinteren Vierhügel bleibt die Unterscheidungsfähigkeit für Schallintensitäten erhalten. Es ist lediglich die Unterschiedsschwelle um etwa 10 dB heraufgesetzt. Diskriminierung von Tonhöhen und Tonfolgen sowie Schallokalisation sind jedoch auch bei den Carnivoren an eine intakte Hörrinde gebunden.

Abbildung 364 faßt in einem Wortschema den Weg des Antransportes der Schallreize, den Ort der Transformation in nervöse Impulse und ihre Übertragung in das Hörrindenfeld noch einmal zusammen.

O. Gesichtssinn

1. Allgemeine Vorbemerkungen

Die Erlebniswelt der meisten Säugetiere wird wahrscheinlich stärker durch olfaktorische und akustische als durch optische Empfindungen bestimmt. Erst bei den Primaten und vollends beim Menschen hat eine Entwicklung zum »Augentier« stattgefunden. Dessen ungeachtet können Teilleistungen des optischen Sinnes bei manchen Arten infolge der Anpassung an eine spezielle Lebensweise die entsprechenden Fähigkeiten der Hominiden übertreffen. So liegt die Schwelle für Helligkeitsempfindungen bei Nachttieren noch niedriger als beim Menschen und das stereoskopische Schätzen von Nahentfernungen ist bei Raubtieren offensichtlich sehr genau. Bei den mikrosmatischen Vögeln wiederum prädominiert der optische Sinn und die Sehschärfe der Raubvögel ist größer als die der Menschen. Es ist möglich, daß bei den Haustieren durch Formen der Haltung und durch züchterische Selektion, die einseitig auf bestimmte Nutzleistungen abzielt, der Gesichtssinn weniger entwickelt ist als bei den entsprechenden Wildformen.

Das Auge hat die Aufgabe, optische Signale aus dem Umfeld der Tiere aufzufangen, zu bündeln und einer Schicht von Photorezeptoren zuzuleiten. Dort erfolgt eine Impulskodierung, die auf der Ebene des Mittel- und Zwischenhirnes bereits zu optischen Empfindungen und in okzipitalen Rindenfeldern zu Wahrnehmungen führt. Daraus folgt, daß Augen lediglich die Rolle von Reizaufnahmeorganen spielen und sich das eigentliche Sehen im Dunkel des Gehirns vollzieht. Die auf den ersten Blick irritierende Tatsache, daß Gegenstände der Umgebung auf der Netzhaut relativ unscharf, verkleinert und umgekehrt abgebildet, aber dennoch scharf, groß und aufrecht gesehen werden, gibt deshalb nur ein Scheinproblem auf, da korrekte Wiedergabe von Sehdingen und ihre Lokalisation im Gesichtsfeld letztlich nicht oculare, sondern cerebrale Prozesse sind.

2. Lidbewegungen, Tränenflüssigkeit

Anders als beim Gehör kann die Eingangspforte des optischen Sinnes durch Lider geschlossen und die einfallende Lichtmenge auf einen Bruchteil reduziert werden. Das geschieht reflektorisch über den Nervus facialis und den Musculus orbicularis oculi bei Einwirkung grellen Lichtes und beim plötzlichen Auftauchen von Gegenständen, die als bedrohlich empfunden werden. Mechanisch wird Lidschluß durch Berühren der Hornhaut ausgelöst. Ohne äußeren Anlaß laufen bei vielen Tieren Spontanlidschläge ab, die notwendig sein sollen, den Bulbus mit Tränenflüssigkeit zu überziehen und die Cornea vor Austrocknung zu bewahren. Ihre Häufigkeit ist jedoch nicht allein durch eine solche Funktion, sondern auch durch Zustände innerer Erregung bestimmt. Die Augenlider sind als besonders leicht beweglicher Teil der mimischen Muskulatur anzusehen. Fast immer werden Lidschläge auch durch Kopfwendungen hervorgerufen. Im Schlaf werden die Lider entweder ganz oder bis auf einen kleinen Spalt geschlossen. Auf dem Lidrande sitzen Cilien, deren Follikel mit mechanorezeptiven Nervenenden verbunden sind. Berührung und Deformation dieser Haare führen ebenfalls zum Lidschlußreflex. Bei den Neugeborenen mancher Tierarten bleiben die Lider zunächst geschlossen, weil die Entwicklung der Augen noch nicht beendet ist. Welpen öffnen die Lider im Alter von etwa 2 Wochen. Protektive Funktion hat bei Tieren überdies ein drittes Augenlid (Nickhaut, Palpebra tertia, Plica semilunaris conjunctivae). Es überdeckt vom inneren Winkel her kommend etwa zwei Drittel der Hornhautfläche, wenn beim Lidschluß der glatte Musculus retractor bulbi den Augapfel in Richtung Orbita zieht.

In der Augenhöhle befinden sich Tränendrüsen, deren Sekret die Cornea überschichtet und ihr eine optisch homogene Oberfläche verleiht. Bei der Erregung von Rezeptoren in den Bindehäuten durch Fremdstoffe und kleine Partikel wird der Tränenfluß verstärkt, um die Noxen fortzuwaschen. Die Tränenflüssigkeit enthält ein Enzym, das Mucopolysaccharide hydrolysiert und bakterizide Wirkung hat (Lysozym). Der größte Teil des Sekrets verdampft auf der Bulbusoberfläche, der Rest wird durch Kanälchen in die Nasenhöhle abgeleitet.

3. Dioptrik, Refraktionsanomalien

Eine Groborientierung über den Bau des Auges gibt das Sagittalschema in Abbildung 365. Alle Medien, die von einfallendem Licht auf dem Wege

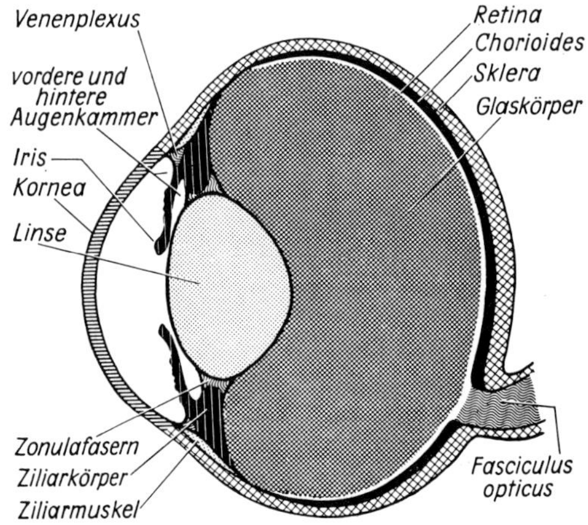

Abb. 365. Senkrechter Schnitt durch das Pferdeauge, halbschematisch. (In Anlehnung an ZIETZSCHMANN)

zur Netzhaut durchsetzt werden und alle Einrichtungen, welche die Lichtmenge und den Strahlengang beeinflussen, werden unter der Bezeichnung **dioptrischer Apparat** zusammengefaßt. Dazu gehören Hornhaut, Kammerwasser, Linse und Glaskörper sowie Iris und Corpus ciliare. Wegen der unterschiedlichen Refraktionseigenschaften benachbarter Medien des Auges kommt es an mehreren Grenzflächen zur Brechung der Lichtstrahlen. Die stärkste Ablenkung tritt an der vorderen Außenfläche auf, wo die Strahlen aus der Luft in die Hornhaut übertreten. Weitere Brechungen finden beim Eintritt in das Kammerwasser, an den Vorder- und Hinterflächen der Linsenkapsel sowie an den Grenzen des Linsenkernes statt. Diese komplizierten Refraktionsverhältnisse lassen sich jedoch als Eigenschaften eines einfacheren Systems mit anderen Abmessungen darstellen, das als **reduziertes Auge** bezeichnet und für die Konstruktion von Strahlengängen verwendet wird.

Im günstigsten Falle sind Bulbuslänge und Brechkraft so aufeinander abgestimmt, daß parallel durch das Sehloch (Pupille) einfallende Strahlen auf der Netzhaut vereinigt werden (Abb. 366 A). Nur unter dieser Bedingung kommt eine scharfe Abbildung zustande (Emmetropie). Ist dagegen der Augapfel im Verhältnis zur Refraktion der optischen Medien zu lang, so liegt der Brennpunkt des Systems **vor** der Netzhaut. Anstelle von Leuchtpunkten werden auf sie nun Zerstreuungskreise projiziert, so daß Gegenstände nur eine unscharfe Abbildung erfahren. Erst wenn sie näherrücken, so daß die Randstrahlen divergent in

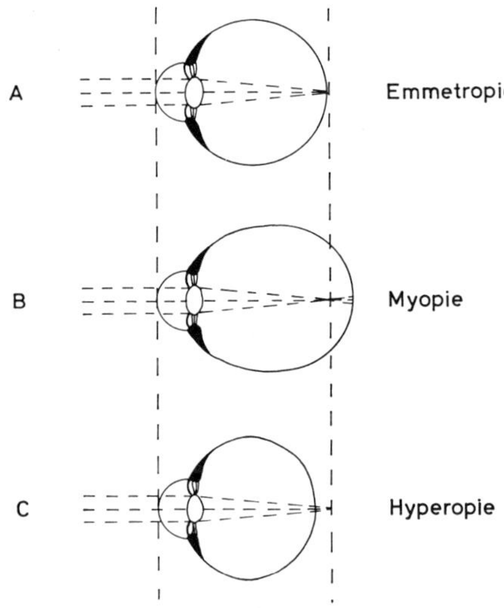

Abb. 366. Schema der Bedingungen von Emmetropie (**A**), Myopie (**B**) und Hyperopie (**C**)

das Auge fallen, kommt eine Fokussierung auf der Netzhaut zustande. Das ist der Zustand der Kurzsichtigkeit (Myopie, Abb. 366 B). Er wäre auch bei normaler Bulbuslänge und zu starker Brechkraft gegeben, doch ist diese Kombination kaum anzutreffen. Werden aus der Ferne (parallel) in das Auge fallende Strahlen erst hinter der Netzhaut vereinigt, so liegt der Fall der Weitsichtigkeit vor (Hyperopie, Abb. 366 C). Weist die Hornhautkuppel nicht in allen Meridianen gleiche Krümmungsradien auf, so resultiert eine verzerrte Abbildung. Ist beispielsweise der vertikale Meridian stärker gekrümmt als der horizontale, werden alle in der vertikalen Ebene einfallenden Strahlen stärker gebrochen. Es gibt demnach in verschiedenen Ebenen verschiedene Brennweiten, was zur Folge hat, daß punktförmige Abbildungen nicht möglich sind (Astigmatismus, Stäbchensehen). Die hier skizzierten **Refraktionsanomalien** sind bei den Haustieren stark verbreitet, ohne indessen dieselbe Bedeutung zu haben wie beim Menschen. Sie beeinträchtigen zwar das Erkennen struktureller Einzelheiten, kaum aber das Gestalt-, und überhaupt nicht das Bewegungssehen. Therapeutische Korrekturen sind deshalb nicht angebracht.

4. Akkommodation

Da Strahlen von Leuchtpunkten in der Nähe befindlicher Gegenstände nicht parallel, sondern divergent das Auge erreichen, ist auch bei Emmetropie eine hinreichend scharfe Abbildung nur zu erzielen, wenn die Brechkraft erhöht werden kann. Das ist durch eine Verformung der Linse möglich, ein Vorgang, der als **Akkommodation** bezeichnet wird. Er führt bei den Primaten zu einer beträchtlichen Verstärkung der Refraktion, die auf folgende Weise zustande kommt: Die Linse ist mit den Zonulafasern in das ringförmige Corpus ciliare eingehängt. Die Fasern stehen unter Spannung und üben einen Zug auf den Kapselrand aus, so daß die elastische Linse etwas abgeflacht wird. Bei einer Kontraktion der glatten Muskulatur des Ciliarkörpers, insbesondere seiner zirkulären Anteile, wird der Insertionsrand der Zonulafasern dem Linsenrand angenähert. Dadurch kommt es zu einer Entspannung des Aufhängeapparates und die elastischen Rückstellkräfte der Linse lassen sie eine Form mit stärker gekrümmter Vorderfläche und damit erhöhter Brechkraft annehmen. Dieser Mechanismus führt beim jugendlichen Menschen zu einer Verstärkung der Refraktion des dioptrischen Apparates um ca. 14 Dioptrien. Im höheren Alter verfestigt sich die Linse, so daß die Akkommodationsbreite geringer wird: Feinheiten nahe gelegener Gegenstände, Buchstaben einer Buchseite erscheinen unscharf (Alterssichtigkeit, Presbyopie). Bei unseren Haustieren ist die Möglichkeit zu akkommodieren nur sehr begrenzt. Das liegt einerseits an der Härte der Linse, andererseits aber auch daran, daß die Muskulatur des Ciliarkörpers relativ schwach ausgebildet ist. Man rechnet damit, daß Katzen noch am ehesten akkommodieren können, jedoch nicht über einen Zuwachs von 3 bis 4 Dioptrien hinauskommen. Bei Hunden ist die Akkommodationskraft wahrscheinlich geringer.

5. Intraocularer Druck

Die Form des Augapfels wird im wesentlichen durch den intraocularen Druck aufrechterhalten, der durchschnittlich 20 mm Hg (2,67 kPa) beträgt und von einem Gleichgewicht zwischen Zu- und Abfluß des Kammerwassers abhängt. Diese Flüssigkeit hat ungefähr die Zusammensetzung proteinfreien Plasmas und wird von Fortsätzen des Ciliarkörpers abgesondert. Sie enthält Metaboliten, die für die Ernährung der Hornhaut und der Linse erforderlich sind. Die Drainage erfolgt beim Menschen in der Hauptsache durch den Schlemmschen Kanal, beim Hunde zumeist durch 3 oder 4 vergleichsweise größere Gefäße eines skleralen Venenplexus. Bei zu hohem intraokularem Druck wird der Glaskörper so stark an die Netzhaut gepreßt, daß die Sinneszellen irreparabel geschädigt werden können (grüner Star, Glaukom). Bei zu niedrigem Druck dagegen besteht die Gefahr einer Ablösung der Netzhaut von der Chorioidea, mit der sie nur lose verbunden ist.

6. Pupillenreflexe

Die in das Auge fallende Lichtmenge hängt von der Weite der Pupille ab, jener Öffnung, die von der Regenbogenhaut (Iris) freigelassen wird. Letztere besitzt parasympathisch innervierte zirkuläre und sympathisch innervierte radiäre Muskelfasern (Musculus sphincter pupillae und Musculus dilatator pupillae). Der jeweilige Durchmesser des Sehlochs resultiert aus dem Impulszustrom in die beiden antagonistischen Systeme. Erhöhung der retinalen Leuchtdichte führt zu einer reflektorischen Verengung der Pupille, um das Auge vor Blendung zu schützen. Der afferente Schenkel des Reflexbogens zieht von den Photorezeptoren über den Nervus und Tractus opticus zum Mittelhirn und von dort über Zwischenneurone zum Westphal-Edingerschen Kern, einem Teil des Oculomotoriuskernes. Von hier laufen präganglionäre parasympathische Fasern zum Ganglion ciliare, von wo aus kurze, postganglionäre Neurone den Sphincter pupillae erreichen. Bei manchen Tierarten wird die im geöffneten Zustand runde Pupille konzentrisch verengt, bei Katzen jedoch zu einem Spalt geschlossen, der nur an seinen Enden winzige Löcher freiläßt. Belichtung nur eines Auges führt immer auch zu Pupillenverengung des anderen (konsensueller Pupillenreflex). Zustände mit starker Steigerung der Aktivität des Sympathico-Adrenal-Systems (Schreck, Schmerz) führen zu einer weiten Öffnung der Pupille (Mydriasis). Alle vegetativ nervösen Effekte können durch Pharmaka direkt oder durch Blockade der Antagonisten imitiert werden. So erzeugt Azetylcholin Miosis, Atropin hingegen durch Hemmung der Wirkung des Azytylcholins Mydriasis. Klinische Bedeutung hat die Beobachtung der Pupillenreaktion in den verschiedenen Narkosestadien. Während bei oberflächlicher, ebenso wie in tiefer Anaesthesie die Pupille weit ist, zeigt sie sich in mittleren Stadien verengt.

7. Augenbewegungen, Blicklinien, Gesichtsfelder

Drehungen der Augen in der Orbita werden durch drei Paare quergestreifter Muskeln bewirkt, deren motorische Einheiten nur aus wenigen Fasern bestehen. Dadurch werden fein abgestufte Bewegungen ermöglicht, die der Fixation von Sehdingen dienen. Dazu bedarf es einer Konvergenz der Blicklinien, um eine korrespondierende Abbildung in jenen zentralen Netzhautbezirken zu erzielen, die infolge hoher Rezeptorendichte ein gutes räumliches Auflösungsvermögen besitzen. Außerdem müssen Kopfwendungen kompensiert werden, wenn dabei das Bild eines Gegenstandes festgehalten werden soll. Das geschieht durch Koppelung vestibulärer und oculomotorischer Reflexe. Im Tiefschlaf und in Narkose werden die äußeren Augenmuskeln atonisch, wobei der Bulbus eine etwas nach oben gedrehte Position einnimmt. Im

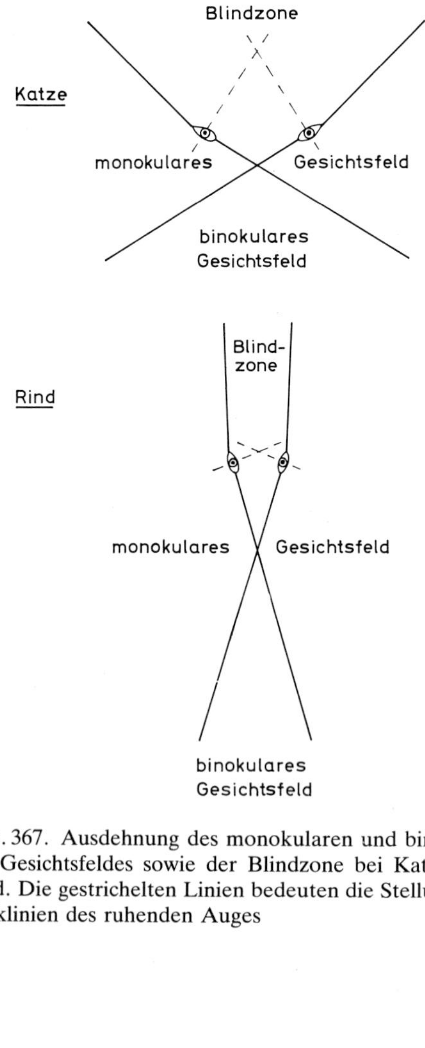

Abb. 367. Ausdehnung des monokularen und binokularen Gesichtsfeldes sowie der Blindzone bei Katze und Rind. Die gestrichelten Linien bedeuten die Stellung der Blicklinien des ruhenden Auges

aktivierten Schlaf dagegen (paradoxical sleep, s. S. 644), der nach menschlicher Erfahrung mit Träumen verbunden ist, laufen lebhafte Augenbewegungen ab, die für diesen Zustand symptomatisch sind.

Zusammen mit der Lage der Orbita im Schädel bestimmt das Gleichgewicht der äußeren Muskeln die Blicklinie eines Auges und damit sein Gesichtsfeld. Man versteht darunter die Gesamtheit aller Sehdinge, die bei ruhendem Auge wahrgenommen werden können. Da je nach Stellung der Blicklinien die Gesichtsfelder der Einzelaugen einander überlappen, existieren monokulare und binokulare Felder, die bei den verschiedenen Tierarten eine unterschiedliche Ausdehnung haben. Beispiele dafür gibt die Abbildung 367. Binokulares Sehen, d. h. das Betrachten eines Gegenstandes mit beiden Augen, deren jedes einen etwas anderen Blickwinkel zum Gegenstand hat, ist die Voraussetzung für räumliches Sehen und das Abschätzen von Entfernungen (Tiefensehschärfe). Es ist klar, daß diese Fähigkeiten für Raubtiere größere Bedeutung besitzen als für Fluchttiere. Letzteren genügt das Entdecken von Bewegungen, was monokular möglich und bei seitlicher Stellung der Augenachsen selbst bei fixiertem Kopf in großer Rundumsicht gewährleistet ist. Solche Tiere können deshalb beim Weiden das plötzliche Auftauchen oder die verdächtige Bewegung eines Gegenstandes sogar erkennen, wenn er sich seitlich hinter ihnen befindet.

8. Netzhaut

Die Photorezeptoren liegen in der Retina auf der

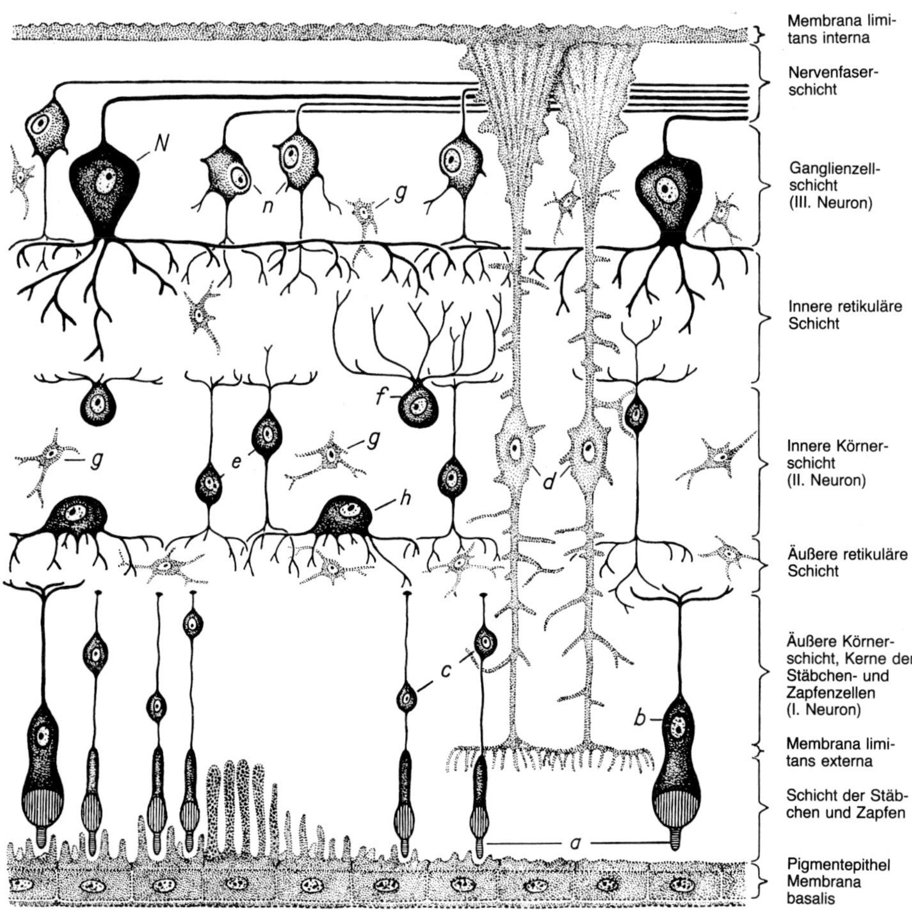

Abb. 368. Bau der Retina, schematisch. (Krölling/Grau).

a = Außenglied des Zäpfchens **b** und des Stäbchens **c**, **d** = Müllersche Stützzelle, **e** = bipolare, **f** = amakrine, **g** = Glia- und **h** ≙ Horizontalzelle, **N** = große Ganglienzelle, **n** = kleine (vegetative) Nervenzelle dem Lichteinfall abgewandten Seite, so daß die Strahlen alle davor liegenden Gewebeschichten durchdringen müssen, ehe sie auf die Sinneszellen treffen. Man unterscheidet 2 Typen, die der Gestalt ihrer dentritischen Fortsätze wegen als Stäbchen und Zapfen bezeichnet werden. Ihre Axone konvergieren auf bipolare Schaltneurone, die wiederum mit Nervenzellen einer dritten Schicht, den Ganglienzellen der Sehnervenfasern in Verbindung stehen. Querschlüsse zwischen Rezeptoren werden durch »Horizontalzellen« und zwischen den Ganglienzellen durch »amacrine Zellen« hergestellt (Abb. 368).

Ungefähr in der Mitte der Netzhaut gibt es eine kleine gefäßfreie Zone, in der zumeist die Zapfen überwiegen und darum dichter als an anderen Stellen beieinanderliegen. In dieser **Area centralis** werden die Gegenstände abgebildet, die vom Auge fixiert werden. Primaten weisen in diesem Bereich eine grubenartige Vertiefung, die Fovea centralis, auf, in der keine Stäbchen mehr wie in der übrigen Netzhaut, sondern nur noch Zapfen vorkommen. Sie sind dadurch ausgezeichnet, daß sie größtenteils über Einzelverbindungen zum Thalamus verfügen. Die Dichte solcher Photorezeptoren ist maßgebend für das Auflösungsvermögen des Auges, das als seine **Sehschärfe** bezeichnet wird. Sie ist bei Vögeln im allgemeinen größer als bei Säugetieren. Die Sehnervenfasern treten medial der Area oder Fovea centralis aus der Retina aus. Da sich an dieser Stelle (Discus oder Papilla nervi optici) keine Rezeptoren befinden, nennt man sie den **blinden Fleck.** Er wird nicht als Ausfall im Gesichtsfeld (Skotom) empfunden, weil im binokularen Gesichtsfeld die Disci beider Seiten nicht an korrespondierenden Plätzen liegen.

In der Chorioidea einiger Spezies (Hund, Katze, Pferd, Wiederkäuer) gibt es ein **Tapetum lucidum** genanntes Areal, das nicht mit absorbierendem Pigment, sondern mit reflektierenden Zellen oder kollagenen Fasern ausgerüstet ist. Von dieser Fläche wird eingefallenes Licht zurückgeworfen, so daß es die Rezeptorenschicht ein zweites Mal passiert. Jener Anteil, der durch die Pupille nach außen gelangt, verursacht in der Dämmerung das auffallende Leuchten der Augen dieser Tiere.

Ein Teil der Fasern, die im Sehnerven die Netzhaut verlassen, kreuzen im Chiasma opticum zur Gegenseite, während der Rest ipsilateral im Tractus opticus weiterzieht. Beide Anteile sind tierartlich sehr verschieden. Beim Meerschweinchen kreuzen fast alle Fasern, bei der Ratte 80 %, bei der Katze 60 % und bei den Primaten 50 %. Demnach scheint der Umfang der Faserkreuzung mit der Größe des binokularen Gesichtsfeldes in Beziehung zu stehen. Bei Katzen und Affen stammen die weitaus meisten der kreuzenden Fasern aus der nasalen und die ungekreuzten vorwiegend aus der temporalen Hälfte der Retina. Bei Schädigungen resultieren daraus charakteristische Ausfälle im Gesichtsfeld, je nachdem, ob die Läsion den N. opticus, das Chiasma oder den Tractus opticus ergreift.

9. Sehstoffe

Der Bildung von Rezeptorpotentialen in den Zapfen und Stäbchen laufen photochemische Prozesse voraus. Am längsten sind sie bei den Stäbchen bekannt, die ein Rhodopsin (Sehpurpur) genanntes Pigment enthalten, das bei Belichtung gebleicht und in der Dunkelheit wieder zum Farbstoff regeneriert wird. Er besteht aus der Verbindung des Vitamin-A-Aldehyds Retinin mit einer Opsin genannten Eiweißkomponente. Die Einwirkung von Licht erzeugt einige isomere Umlagerungen in der prosthetischen Gruppe und schließlich ihre reversible Trennung vom Protein. Aus Zapfen der Netzhäute von Hühnern hat man einen Jodopsin und aus denen von Schildkröten und Fischen einen Cyanopsin genannten Farbstoff extrahieren können. Er unterscheidet sich vom Stäbchenpigment lediglich im Opsinanteil. Rhodopsin und Jodopsin weisen unterschiedliche Absorptionsmaxima auf, die bei 505 bzw. 550 nm liegen.

10. Tagessehen, Dämmerungssehen, Dunkeladaptation

Zapfen sind weitaus unempfindlicher als Stäbchen. Sie sind deshalb für das Sehen bei großen Helligkeiten geeignet (Tagessehen, photopisches Sehen). Es gibt drei verschiedene Sorten von Zapfen mit unterschiedlicher spektraler Empfindlichkeit im Gelb-, Grün- und Blau-Bereich. Sie reagieren demnach spezifisch auf Grundfarben, aus denen durch additive Mischung alle anderen Farben erzeugt werden können. Über die physiologischen Vorgänge, die zu Farbempfindungen führen, ist noch relativ wenig bekannt.

Von außerordentlich hoher Empfindlichkeit sind die Stäbchen, die deshalb für das Sehen bei geringen Helligkeiten eingesetzt werden (Dämmerungssehen, skotopisches Sehen). Bemerkenswert ist, daß die Empfindlichkeit beider Arten von Photorezeptoren durch Schwellenverschiebung der jeweils herrschenden Helligkeit angepaßt werden können (Hell- und Dunkeladaptation). Während eine maximale Helladaptation in wenigen Minuten erreicht wird, ist die Dunkelanpassung ein länger dauernder Prozeß. Bei abnehmender Helligkeit haben nur die Zapfen innerhalb einiger Minuten ihre Minimalschwelle erreicht. Die Stäbchen dagegen benötigen ca. 20 Minuten, innerhalb derer sie ihre Empfindlichkeit um das Vieltausendfache steigern können. Dadurch wird eine Unterscheidung von Helligkeiten und ein Konturensehen selbst bei sehr geringen Lichtintensitäten ermöglicht.

11. Elektroretinogramm

Bei Belichtung laufen Änderungen der zwischen dem vorderen und hinteren Pol des Auges abgreifbaren Potentialdifferenzen ab (Cornea positiv). Sie werden als Elektroretinogramm (ERG) bezeichnet und stellen ein Summenpotential aus mehreren Vorgängen dar. Seine Konfiguration ist tierartlich verschieden, je nachdem, ob eine reine Zapfen- oder Stäbchenretina oder eine Netzhaut mit beiden Arten von Photorezeptoren vorliegt. Außerdem ist sie vom Adaptationszustand abhängig. Abbildung 369 zeigt eine Grundform des ERG mit allen Potentialschwankungen, die auftreten können. Kurz nach Einsetzen der Belichtung ist eine negative a-Welle anzutreffen, die wahrscheinlich auf Aktivität der Rezeptoren zurückzuführen ist und demzufolge den Charakter eines Rezeptorpotentials hat. Die hohe b-Welle resultiert aus Vorgängen in den inneren Zellschichten der Retina, während die c-Welle im Pigmentepithel zustande kommen soll. Die d-Welle ist ein Off-Effekt beim Aussetzen des Reizes, der mitunter nur schwach ausgeprägt ist.

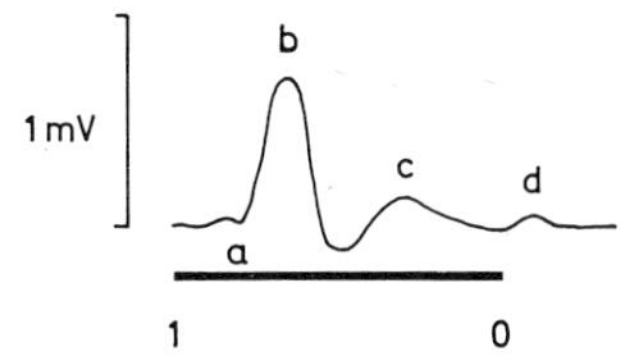

Abb. 369. Schema eines Elektroretinogramms; **1** = Einschalten, **0** = Ausschalten des Lichtreizes

P. Haltungs- und Stellreflexe

Wir haben bereits bei der Besprechung der muskulären Dehnungsreflexe erkannt, welchen Beitrag spinale Mechanismen dazu leisten, das Tier auf seinen Extremitäten stehen oder Lokomotionen vollführen zu lassen. Hier soll nun das Bild vervollständigt und aufgezeigt werden, welche **supraspinalen** Einflüsse am Zustandekommen der Körperpositionen beteiligt sind.

Alle Haltungen, ebenso wie die aus ihnen entwickelten Bewegungen, erfordern eine bestimmte Spannungsverteilung innerhalb der gesamten Muskulatur. Da alle motorischen Einheiten gesondert an das Zentralnervensystem angeschlossen sind, fällt letzterem eine äußerst komplizierte koordinative Aufgabe zu. Es erfüllt sie mit Hilfe früher geschilderter somaesthetischer, kinaesthetischer und vestibulärer Afferenzen, deren Wirkung bei höheren Tieren zunehmend ergänzt wird durch optische Kontrollmechanismen. Auf welche Weise sich eine geordnete und zweckmäßige Tonisierung der Muskulatur einstellt, sei an einem einfachen Beispiel erläutert.

Wenn man bei einem Kaninchen, das sich in Hockstellung mit angewinkelten Gliedmaßen befindet, die Schnauzenspitze anhebt, so daß der Kopf mit der Halswirbelsäule in einer Vertikalebene aufwärts-rückwärts gebeugt wird, so stellt sich das Tier zwangsläufig auf die Vorderextremitäten. Dasselbe geschieht am decorticalisierten Tier, bleibt aber aus, wenn man ihm die Labyrinthe zerstört und die Hinterwurzeln der ersten drei Cervicalsegmente durchtrennt. Daraus folgt, daß Erregungen von Propriozeptoren im Gleichgewichtsorgan sowie in den Bändern und Muskeln des Halses eine Erhöhung des Streckertonus der Vordergliedmaßen bewirken. Eine Analyse dieser und anderer Reflexe mit Hilfe sorgfältiger Ausschaltungsexperimente, wie sie MAGNUS außer an Kaninchen und Meerschweinchen auch an Katzen, Hunden und Affen gelungen sind, haben zu dem Ergebnis geführt, daß die Stellung des Kopfes im Raume, ebenso wie seine Position zum Rumpf, einen maßgeblichen Einfluß auf die Haltearbeit der Skelettmuskulatur ausübt. Dabei kommt es zu einer kombinierten Aktion der durch Bewegung oder Drehung des Halses und der vom Labyrinth auslösbaren Reflexe. Im Falle unseres Beispiels wirken Labyrinth- und Halsreflexe tonisierend auf die Strecker der Vorderbeine. Andererseits gibt es Kopfhaltungen und Halsstellungen, bei denen zentralnervöse Schaltungen zu Impulsströmen in die Beugemuskeln führen. Außerdem können Erregungen aus dem einen Rezeptorenfeld in die Extensoren und aus dem anderen in die Flexoren einer Extremität fließen, so daß die Wirkungen einander kompensieren.

Auf der Grundlage dieser Automatismen werden aber nicht nur Normalpositionen des Körpers eingehalten, sondern auch Abweichungen davon reflektorisch korrigiert. Diese Vorgänge werden als **Stellreflexe** bezeichnet. Wenn man ein Tier unfreiwillig in die Seitenlage bringt, wird es sich sofort wieder aufstellen. Dabei begibt sich als erster Körperteil der Kopf infolge eines Labyrinthreflexes wieder in die Normalposition. Die dadurch hervorgerufene Halsdrehung löst einen weiteren Ablauf von Reflexen aus, der das Tier sich wiederaufrichten und schließlich aufstellen läßt. Dieser Mechanismus ist durch Zuschaltung eines weiteren Rezeptorenfeldes, nämlich der Druckrezeptoren in der Haut, gesichert; denn auch das labyrinthlose Tier kehrt in die Aufrechtstellung zurück, weil die asymmetrische Erregung der Haut an der am Boden liegenden Körperseite sowohl eine Normalhaltung des Kopfes als auch eine Stellreaktion der Extremitäten zur Aufrichtung des Rumpfes hervorruft. Ohne Berührung des Bodens, also etwa schwebend in Wasser oder Luft, könnte dieser Auslöser nicht wirken, so daß in dieser Situation allein die Labyrinth- und Halsreflexe die Körperstellung regulieren müßten.

Ein anschauliches Beispiel für eine Kette von Stellreflexen bietet die Umdrehreaktion eines Tieres im freien Fall, die dafür sorgt, daß es mit Sicherheit mit den Beinen zuerst auf den Boden gelangt. Wenn man eine Katze mit Kopf und Rumpf in Rückenlage plötzlich fallen läßt, so wird zuerst der Kopf in Richtung Normalhaltung gewendet. Dieser Labyrinth-Reflex bewirkt eine Drehung des Halses, die ihrerseits zur Erregung dort gelegener Propriozeptoren führt, die eine schraubenförmige Drehbewegung des Rumpfes einleitet, welche zunächst den Thorax und schließlich das Becken ergreift. Außer der Torsion in der Körperachse ist eine Veränderung der Extremitätenhaltung zu beobachten. Solange die Fallbeschleunigung auf das Tier in Rückenlage wirkt, hält es die Vordergliedmaßen gebeugt. Sobald aber nach Kopfdrehung die Gravitation in umgekehrtem Sinne an den Vestibularorganen angreift, werden die Vorderbeine gestreckt. Da der Schwerpunkt eines Tieres im Vorderkörper liegt, besteht die Logik einer solchen Reflexschaltung darin, durch Streckung der Vordergliedmaßen die gegen den Boden eilende Rumpflast mit hinreichender Kraft abzufangen. Bei ausgeschaltetem Vestibularapparat fehlt einem solchen Bewegungsablauf der auslösende Moment, so daß ein derart geschädigtes Tier fast wie ein lebloser Körper niederfällt.

Ein Labyrinth-Reflex auf die Extremitäten ist auch die Lift-Reaktion. Sie ist am leichtesten bei Kaninchen und Meerschweinchen zu beobachten. Setzt man ein solches Tier auf ein Brett und hebt es damit rasch in die Höhe, so führt die Linearbeschleunigung entgegen der Schwerkraftrichtung zu verstärktem Flexorentonus, der am Ende der Bewegung von einem Streckertonus abgelöst wird, der den Rumpf in die Höhe hebt. Umgekehrt führt eine Beschleunigung nach unten zunächst zur Streckung der Gliedmaßen, die besonders deutlich an den Vorderbeinen in Erscheinung tritt. Am Ende sind stärkerer Beugertonus und Auflegen des Kopfes zu beobachten, ehe das Tier wieder eine normale Haltung einnimmt.

Auch die Einleitung von Bewegungen am Boden erfolgt über proprioceptive Reflexe. Wird beispielsweise die Aufmerksamkeit einer Katze durch ein Geräusch oder das Auftauchen eines Gegenstandes in ihrem Gesichtsfeld erregt, so erfolgt eine Kopfwendung zur Reizquelle, die zu einer Verlagerung des Körperschwerpunktes über der Unterstützungsfläche in Richtung zur neuen Kopfhaltung führt. In der nun stärker belasteten Vorderextremität wird der Streckertonus erhöht, und zwar durch ein Zusammenwirken afferenter Impulse aus den Muskelspindeln der Gliedmaßen selbst sowie aus den Proprioceptoren der Hals- und Kopfregion. Im Gegensatz dazu kommt es in der entlasteten Extremität der Gegenseite reflektorisch zu einer Beugehaltung, welche die Ausgangsposition für einen ersten Schritt darstellt.

Mit dieser fragmentarischen Beschreibung einiger Haltungs- und Stellreflexe soll angedeutet werden, daß Körperposition und Lokomotion eines Tieres überwiegend reflektorisch unterhalten werden, ohne daß es dazu einer Mitwirkung des Großhirnes bedarf. Stereotype Komponenten einer komplizierten Motorik sind bei Hund und Katze noch erhalten, solange Gleichgewichtsorgan und Mittelhirn intakt sind. Damit wird zugleich die Bedeutung der vestibulo- und rubrospinalen Efferenzen bei diesen Tieren unterstrichen. Andererseits ist die weitgehend automatisierte Schaltung von Reflexfolgen das Instrument, dessen sich höher gelegene Integrationszentren bedienen, um situationsgerechte Bewegungen eines Tieres herbeizuführen, die uns als die äußere Seite seines Verhaltens imponieren. Dazu bedarf es zweifellos extero- und telezeptorischer Einflüsse, die über den Thalamus in das Gehirn getragen werden. Über diese Kernformation sind aber auch der Hypothalamus und der Limbische Cortex an die sensomotorischen Vorgänge angekoppelt, Strukturen, in denen vegetative Reaktionen und Emotionen gebildet werden. Sie bestimmen sozusagen die innere Seite des Verhaltens, die wir mit Ausdrücken wie »Stimmung« und »Affektlage« eines Tieres zu umschreiben pflegen. Das bedeutet, daß ein erheblicher Teil des motorischen und affektiven Verhaltens auf der Ebene des Hirnstammes entwickelt wird. Im Zuge der Phylogenese werden aber mehr und mehr zentralnervöse Funktionen »corticalisiert«. Das heißt nicht, daß sie auf dieser neu gewonnenen Funktionsebene erst zustande kommen, wohl aber werden sie von ihr beeinflußt und von ihr abhängig gemacht. Bei den Haustieren begegnen wir diesem evolutionären Prozeß noch auf einer relativ niedrigen Stufe, wohingegen er bei den Primaten viel weiter fortgeschritten ist. Nach diesem Einblick in die reflektorischen Grundlagen der Motorik soll im nächsten Abschnitt die sensomotorische Rolle des Großhirns und der Stammganglien beschrieben werden.

Q. Sensomotorische Funktionen

1. Hirnrinde (Cortex)

Das corticale Relais sensomotorischer Vorgänge ist experimentell verdeutlicht worden, seit es Fritsch und Hitzig vor mehr als hundert Jahren gelungen ist, durch elektrische Reizung der Hirnrinde beim Hunde Muskelkontraktionen hervorzurufen. Vielfache Wiederholung dieser Versuche mit verbesserter Stimulationstechnik hat im Grunde stets dieselben Ergebnisse gezeigt: Motorische Reaktionen sind nicht von allen Teilen der Rinde, sondern nur von bestimmten Arealen aus zu erhalten, und die künstliche Reizung führt nicht zu vollständigen Bewegungsabläufen, sondern allenfalls zu Fragmenten einer koordinierten Motorik. Damit sind Fortschritt und Grenzen einer Methode bezeichnet, die mit großem Erfolg die schon früher geübte Technik des chirurgischen Abtragens von Rindensubstanz ergänzt hat. Man ist bei der Erforschung der Hirnfunktionen nun nicht mehr allein auf die Beobachtung von Ausfallserscheinungen nach Zerstörung zentraler Strukturen angewiesen gewesen, sondern hat, im Gegenteil, Bewegungen, wenn schon nicht an ihren unbekannten Ursprüngen, so doch an Orten auslösen können, die an ihrem Zustandekommen sicherlich beteiligt sind. Dabei hat sich gezeigt, daß nicht etwa durch Reizung genau dieselben Funktionen angestoßen werden, die bei der Läsion der gleichen Stelle auszuschalten sind. Das ist auch nicht zu erwarten, weil Stimulation und Destruktion niemals identische Bereiche betreffen und weil auch noch so fein dosierte und gezielte künstliche Reize weder räumlich noch zeitlich die Gestalt natürlicher neuronaler Impulsverteilungen nachahmen können. Insofern sind selbst so vorsichtige Eingriffe, wie es elektrische Reize sind, als grob und inadäquat anzusehen. Dennoch haben sie unsere Kenntnis motorischer Funktionen in Ergänzung klinischer Beobachtungen erheblich gefördert, ohne indessen schon ein geschlossenes Bild geliefert zu haben. Es sind, wie so oft bei der experimentellen Analyse hochkomplexer Systeme, ebenso viele Antworten gegeben wie neue Fragen aufgeworfen worden.

Auf jeden Fall aber wird deutlich, daß allzu einfache und schematische Vorstellungen von mehr oder weniger selbständig arbeitenden sensorischen und motorischen Komponenten des Nervensystems nicht der Wirklichkeit entsprechen, sondern daß auf allen Ebenen eine enge Verbindung und Wechselwirkung beider Funktionen besteht. So ist Bewegung nicht Aktivität und Ruhe nicht Inaktivität des motorischen Systems. Vielmehr scheint für seine encephalen Anteile zu gelten, daß es dort inhärente Impulsströme gibt, die aus einer Ausgewogenheit exzitatorischer und inhibitorischer Prozesse resultieren. Sie bildet die Grundlage einer ständigen Arbeitsbereitschaft, aus der auf proprio- und exterozeptive Signale hin jederzeit zielgerichtete Bewegungsabläufe hervorgehen können. Welche nervösen Bahnen und Kernstrukturen daran beteiligt sind und an welchen Orten die Verknüpfung sensomotorischer Vorgänge erfolgt, kann nur in Auswahl beschrieben werden.

Zahlreiche Versuche an Primaten haben ergeben, daß bei ihnen das Rindenfeld mit vorwiegend motorischer Funktion etwa dem Bereich des Gyrus praecentralis entspricht (Feld 4 der Brodmannschen Nomenklatur). Die Körperperipherie ist hier ähnlich wie im vorwiegend sensorischen Bezirk des Gyrus postcentralis so vertreten, daß dic Gesichtsmuskulatur in Beziehung zum mittleren Abschnitt dieser Hirnwindung steht, während die übrigen Muskelgruppen in caudalwärts fortschreitender Ordnung (Hals, Vordergliedmaßen, Rumpf, Hintergliedmaßen) in den zur Längsfurche hin gelegenen Bezirken somatotopisch repräsentiert sind (Abb. 370). Reizung an diesen Orten ruft Bewegungen an der kontralateralen Körperhälfte hervor. Darüber hinaus existieren **supplementäre motorische Felder** jeweils an den medialen Seiten der Hemisphären, von denen bilaterale Bewegungseffekte auslösbar sind. In der vierten und fünften Schicht des Feldes 4 der Brodmannschen Einteilung liegen die Betzschen Pyramidenzellen, von denen nach früherer Auffassung die Fasern der Pyramidenbahn ausgehen sollten. Heute wissen wir, daß das nur für einen geringen Teil von ihnen zutrifft. Diesem vor dem Sulcus centralis gelegenen und als motorischer Cortex bezeichneten Rindenbezirk schließt sich nach rostral der sogenannte **Prämotorische Cortex** an (Feld 6), von dem aus Augen-, Kopf- und Rumpfbewegungen zur entgegengesetzten Seite hin auslösbar sind. Es ist aber festzuhalten, daß motorische und sensorische Felder einander teilweise überlappen und daß Bewegungen auch von frontalen, temporalen, okzipitalen und vor allem von bestimmten sensorischen Gebieten hervorgerufen werden können. Damit ist die innige Verbindung mit letzteren bewiesen und zugleich die Richtung gekennzeichnet, aus der motorische Bezirke am intakten Tier einen großen Teil ihrer natürlichen Impulsströme beziehen.

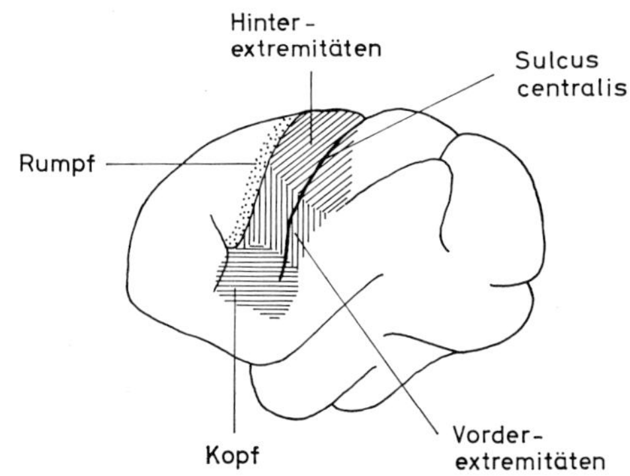

Abb. 370. Schema der motorischen Repräsentation der Körperregion in der lateralen Hirnrinde des Affen

In der Entwicklungsreihe unterhalb der Primaten stehende Tiere weisen eine corticale Repräsentation motorischer Funktionen in homologen Rindenabschnitten auf, wobei es jedoch erhebliche artentypische Unterschiede gibt. Bei Nagern fällt eine besonders starke Vertretung der Gesichtsmuskulatur auf, während die Innervation der Gliedmaßen von dieser Ebene aus weit spärlicher erfolgt und sich auch keine abgegrenzten Projektionsfelder für Vorder- und Hinterextremitäten nachweisen lassen. Bewegungen an ersteren sind leichter auszulösen als an letzteren. Diese Verhältnisse mögen mit dem Ernährungstyp der Rodentier zusammenhängen, der in allen Fällen eine Feinarbeit der Kau- und Lippenmuskulatur und bei einigen Arten auch zielgerichtete Haltefunktionen der vorderen Gliedmaßen verlangt. Man kann als allgemeines Prinzip in der Phylogenese ansehen, daß Bewegungen um so eher corticalisiert werden, je mehr eine Reflexautomatie durch motorische Geschicklichkeit ergänzt werden muß.

Bei den Ungulaten sind Extremitätenbewegungen vom Vorderpol der Hirnhemisphären kaum auslösbar. Bei den Carnivoren hingegen ist eine ziemlich vollständige Repräsentation der Peripherie in der Gegend des Sulcus cruciatus bekannt. Die Erregbarkeit der entsprechenden Rindenbezirke ist von den ontogenetischen Reifungsprozessen abhängig. Bei Hund und Katze lassen sich in den ersten Tagen nach der Geburt überhaupt keine corticalen Reizeffekte erzielen. Danach stellen sich zunächst motorische Reaktionen an den Vordergliedmaßen, dann an den Hintergliedmaßen und schließlich, im Alter von etwa 3 Wochen, an der Gesichtsmuskulatur ein. Bis dahin scheint die Auslösung motorischer Impulse allein von subcorticalen Strukturen auszugehen.

Von Bedeutung ist, daß die Erregung motorischer Rindenfelder sich nicht nur auf die quergestreifte Skelettmuskulatur, sondern auch auf die glatte Muskulatur von Gefäßwänden auswirkt. Es kommt dabei zu Vasokonstriktionen im Hautgebiet, zu einer Erhöhung des Blutdruckes, zu Vasodilatationen in der Muskulatur infolge Erregung cholinerger Sympathicusfasern und zu einer stärkeren Durchblutung dieser Region. Außerdem kommt es zu Atmungseffekten. Das alles sind logische Begleit- oder sogar Vorausmaßnahmen zur Einleitung muskulärer Tätigkeit, die durch Verschaltung motorischer und vegetativer Kerne erreicht werden.

Alle Experimente der Rindenentfernung haben erwiesen, daß die Bedeutung des Cortex für motorische Funktionen tierartlich sehr verschieden ist. Während Decorticalisierung bei höheren Primaten schwere Lähmungen erzeugt, sind die Folgen bei unseren Haus- und Laboratoriumstieren weit weniger eingreifend. Trägt man bei Katzen die Rinde einer Hemisphäre ab, so können die Tiere bereits am ersten Tage nach der Operation wieder laufen. Das legt den Schluß nahe, daß es bei diesen Tieren entweder eine stärkere ipsilaterale Repräsentation motorischer Funktionen gibt als bei Primaten oder aber, und das ist das besser belegte Argument, daß bei ihnen subcorticale Strukturen eine vergleichsweise größere Rolle bei der Ausbildung vollständiger Impulsmuster für die Lokomotion spielen. Wie leistungsfähig sie sein können, wird durch die Verhältnisse bei den Vögeln bewiesen, die außer der Andeutung einer grauen Schicht praktisch noch keine Hirnrinde ausgebildet haben. Hier existieren infolgedessen keine corticospinalen Bahnen, so daß auch alle Intentionsbewegungen über andere Wege zustande kommen müssen. Jedem Studenten ist aus dem physiologischen Praktikum bekannt, daß decapitierte Frösche noch Kriechbewegungen und sogar Sprünge machen. Auf dieser Organisationsstufe ist offenbar selbst der Hirnstamm entbehrlich und ein großer Teil der Bewegungskoordination auf der Ebene der Spina medullaris möglich. Erst eine Zerstörung des Rückenmarks läßt diese Funktion ausfallen.

Die meisten Rindenextirpationen sind in der Frühzeit neurophysiologischer Forschung an Hunden ausgeführt worden. Seitdem wissen wir, daß auch bei diesem Tier einseitige Decorticalisierung keine nachhaltigen Folgen hat. Zwar tritt zunächst eine contralaterale Hemiplegie der Motilität wie auch der Haut- und Muskelsensibilität auf, die jedoch schon wenige Stunden nach dem Eingriff sich zurückzubilden beginnt. Nach wenigen Tagen bereits ist es nur noch einem erfahrenen Untersucher möglich, ein operiertes von einem intakten Tier zu unterscheiden. Erst die drastische bilaterale Abtragung der vorderen Hemisphäre bis kurz vor die Sehnervenkreuzung, wie sie Goltz bei Hunden vorgenommen hat, führt zu Dauersymptomen gestörter Motorik. Stehen, Gehen, Laufen und Springen sind jedoch weiterhin möglich, wenn auch nicht mit der gleichen Sicherheit und Ausgeglichenheit wie beim unversehrten Tier.

2. Afferenzen

Aus der vorangegangenen Schilderung geht mehrfach hervor, daß motorische Rindenfelder allein nicht imstande und auch nicht dafür vorgesehen sind, zweckmäßige Bewegungsmuster zusammenzustellen, auch dann nicht, wenn es sich um sogenannte Willkürbewegungen handelt. Vielmehr fließen dem motorischen Cortex Impulsströme zu, die zu einem großen Teil vom Thalamus herkommen. Über dieses große sensorische Ganglion ist er nicht nur mit den aus der Peripherie aufsteigenden Erregungen verknüpft, sondern auch mit jenen, die über das Kleinhirn und die Stammganglien laufen. Von der hervorragenden Bedeutung dieser Strukturen für die Komposition von Bewegungen wird noch zu reden sein. An dieser Stelle sei nur darauf hingewiesen, daß ein motorisches Feld jeweils Afferenzen von anderen motorischen und sensorischen Feldern derselben Seite und über das Corpus callosum auch von der Gegenseite erhält. Damit ist ein Austausch von Signalen zwischen beiden Hemisphären möglich, dessen funktionelle

Bedeutung für die Bewegungsfähigkeit eines Tieres jedoch noch nicht erkennbar ist. Eine Unterbrechung der Kommissurfasern führt jedenfalls bei Hund, Katze und Affe, solange keine anderen Schäden gesetzt worden sind, nicht zu einer Veränderung der Spontanmotorik. Man hat erwogen, daß, wo Bewegungen nur von einer Hirnhälfte abhängen, die Information der anderen etwas mit Speicherung von Impulsmustern, also mit dem Gedächtnis zu tun hat. Vielleicht tragen auch diese Vorgänge zu der Fähigkeit bei, den Ausfall einer Seite in kurzer Zeit schon ersetzen zu können, wie wir es am Beispiel hemidecorticalisierter Katzen und Hunde gesehen haben. Die wechselseitige Beeinflussung funktionell homologer Strukturen geht schon aus älteren Versuchen an Kaninchen hervor, bei denen Rindenfelder unterschwellig gereizt worden sind, von denen bei hinreichender Reizintensität Bewegungen der Kaumuskulatur ausgelöst werden können. Die unterschwellige Wirkung hat in diesem Falle darin bestanden, daß die Reizschwelle am korrespondierenden Ort der Gegenhemisphäre herabgesetzt worden ist.

3. Efferenzen

Ein Teil der Fasern, die den Tractus pyramidalis bilden, stammen von großen multipolaren Neuronen der Area praecentralis bzw. homologen Feldern (Gyrus praecruciatus), denen sich Axone von Ganglienzellen aus der Parietal-, Temporal- und Okzipitalregion hinzugesellen. Sie ziehen hinab bis ins Rückenmark, wo sie in verschiedenen Höhen enden. Mit ihnen verlaufen zunächst gemeinsam durch die innere Kapsel und die Hirnschenkel, andere efferente Fasern corticalen Ursprungs, die auf der mesencephalen, pontinen und bulbären Ebene des Hirnstammes in die Formatio reticularis einziehen. Sie übertragen motorische Impulse der Rindenregion, die weiter über reticulospinale Bahnen die Motoneurone des Rückenmarks erreichen. Eine dritte Gruppe corticaler Efferenzen zieht zu den Stammganglien, von wo aus Verbindungen über das Zwischenhirn zum reticulären System des Hirnstammes existieren.

4. Das pyramidalmotorische System

Die über die Pyramidenbahn absteigenden corticofugalen Fasern stellen eine phylogenetisch relativ junge Anlage dar, die demzufolge für die Motorik der Primaten eine erheblich größere Bedeutung hat als für andere Tiere. Obwohl ihnen auch bei Affe und Mensch nur Teilaufgaben innerhalb der gesamten Bewegungsvorgänge zugewiesen sind, hat man sich daran gewöhnt, von einer Pyramidalmotorik und einer Extrapyramidalmotorik zu sprechen. Das ist klinisch insofern berechtigt, als die Symptomatik von Schädigungen der Pyramidenbahn bei Primaten eine andere ist als von Läsionen, welche beispielsweise die Stammganglien betreffen. Physiologisch jedoch ist eine Differenzierung zweier motorischer Systeme nur schwer durchzuhalten, da beide funktionell miteinander verbunden sind und eine unabhängige Eigenleistung des pyramidalmotorischen Systems nicht möglich ist. Seine Fasern stammen aus Rindenbezirken, die gleichermaßen Ursprung extrapyramidaler Fasern sind, deren Impulsströme also über andere Wege spinale Motoneurone beeinflussen. Die von anatomischer Seite ursprünglich gehaltene Hypothese, daß die Fasern der Pyramidenbahn von den Betzschen Pyramidenzellen ausgehen, trifft in dieser allgemeinen Form nicht zu. So befinden sich in den Pyramidenbahnen des Affen ca. 20 000 Axone von Betzschen Riesenzellen unter 500 000 Fasern anderweitigen Ursprungs. Sie stammen außer vom Feld 4 (motorische Area pyramidalis) und vom Feld 6 (praemotorischer Cortex) auch aus den Feldern 3, 2, 1, also aus Rindenbezirken mit überwiegend sensorischer Funktion. Bei der Katze sollen sie nur vom Gyrus sigmoideus, coronalis und ectosylvius rostralis her kommen.

Der Beitrag anderer Felder als der Area pyramidalis zur Pyramidenbahn scheint tierartlich stark zu schwanken. In allen Fällen sind die Fasern jedoch corticalen Ursprungs, so daß sie einen echten Tractus corticospinalis bilden. Sie haben bei allen Spezies geringe Durchmesser und dementsprechend niedrige Leitungsgeschwindigkeiten. Selbst beim Menschen sind nur 60 % von ihnen myelinisiert, von denen fast alle der Aδ-Gruppe angehören. Die meisten Fasern treten in der Decussatio pyramidum auf die Gegenseite über, um im Funiculus lateralis weiterzuziehen. Ein geringerer Teil verbleibt ipsilateral in den Funiculi lateralis und ventralis. Die Reichweite der Axone ist sehr unterschiedlich. Bei der Katze zieht ein erheblicher Teil zu sensorischen Kernen. Fasern aus jenem Gebiet des motorischen Cortex, von denen aus Bewegungen der Gesichtsmuskulatur auszulösen sind, enden an den spinalen Trigeminuskernen, während solche aus dem motorischen Feld für die Vorder- und Hinterextremitäten Synapsen in der Nähe des Nucleus gracilis und cuneatus bilden. Hier modulieren anscheinend corticofugale Impulse den sensorischen Einstrom aus den somaesthetischen und kinaesthetischen Rezeptorenfeldern, deren Signale für die Ausarbeitung der Bewegungsmuster von großer Bedeutung sein müssen. Wir begegnen hier wiederum dem allgemein im Nervensystem angewandten Prinzip der efferenten Kontrolle afferenter Impulsströme.

Die weiter zum Rückenmark ziehenden Pyramidenbahnfasern enden zum großen Teil in der Cervikalregion. Beim Menschen sind es etwa 50%. Der Rest verteilt sich auf die Thorakal- und Lumbalsegmente, und zwar so, daß letztere etwas stärker versorgt werden. Bei unseren Haussäugetieren ziehen nur relativ wenige corticospinale Fasern bis in das Brust- und Lendenmark. Im Unterschied zu den Primaten enden sie nirgendwo oder nur ausnahmsweise direkt an motorischen Vorderhornzellen, sondern stehen mit ihnen über Zwischenneurone in Verbindung.

Die Funktionen des pyramidalmotorischen Systems sind vorwiegend nach Ausfallssymptomen beurteilt worden. Einseitige Durchtrennung der Pyramidenbahn erzeugt eine kontralaterale Parese, deren Ausmaß jedoch tierartlich verschieden ist. Bei Primaten erschlafft die Muskulatur der Gliedmaßen, sie werden weniger bewegt und zielgerichtetes Greifen ist erheblich erschwert. Bei Hunden und Katzen sind die Wirkungen weniger nachhaltig. Dabei sind die hinteren Extremitäten stärker betroffen als die vorderen. Grobe Bewegungen sind kaum beeinträchtigt, dagegen macht eine Lokomotion, die sehr genaue Abstimmung der Bewegungen erfordert, wie das Fortschreiten auf einem sehr engen Pfad oder das Gehen über eine Leiter, deutliche Schwierigkeiten. Man kann als allgemeine Folgen pyramidaler Läsionen Hypotonie, Hypokinese und Dysmetrie aufführen. Das Funktionsziel des intakten Systems scheint die Feinabstimmung von Kontraktionen der distalen Muskulatur zu sein. Es bietet somit die neuralen Voraussetzungen für die manuelle Geschicklichkeit, wie wir sie bei Primaten bewundern können.

Man hat häufig argumentiert, es diene das pyramidale System der Auslösung von »Willkürbewegungen«. Dem steht entgegen, daß unter den Vertebraten allein die Säuger über ein solches System verfügen, richtungsspezifische Bewegungen aber auch bei anderen Tieren zu beobachten sind. Sie kommen bei Hunden und Katzen auch nach einer Zerstörung der Pyramidenbahnen zustande und selbst Affen benutzen den nach einseitiger Läsion erschlafften Arm, wenn sie etwas ergreifen wollen, die gesunde Gliedmaße aber an der Bewegung gehindert wird. Am Zustandekommen sogenannter Willkürbewegungen sind wahrscheinlich subcorticale stärker als corticale Strukturen beteiligt. Das Hauptaugenmerk ist hier auf die intralaminären Thalamuskerne zu richten, die zahlreiche Efferenzen zum Corpus striatum entsenden, das bei Vögeln die höchste Ebene sensomotorischer Integration darstellt und bei den Säugetieren thalamische Impulse auf den Cortex überträgt.

5. Das extrapyramidalmotorische System

Die Übertragungswege motorisch wirksamer Impulsströme außerhalb der Pyramidenbahn werden in ihrer Gesamtheit als extrapyramidalmotorisches System gekennzeichnet. Zu ihm gehören außer corticalen Elementen aller motorischen Felder die subcortical gelegenen **Stammganglien** des Gehirns: das Striatum (Nucleus caudatus und Putamen), das Pallidum, der Nucleus subthalamicus, die Substantia nigra und der Nucleus ruber. Diese Formationen von Ganglienzellen stellen jedoch nicht einfach Stationen einer motorischen Hierarchie dar, die vom Cortex als höchster Instanz über den Hirnstamm bis zu den Vorderhornzellen des Rükkenmarks reicht. Sie sind vielmehr so untereinander verschaltet, daß Erregungskreise zustandekommen, in die das Kleinhirn, der aufsteigende Teil der Formatio reticularis und der Thalamus einbezogen sind. Damit ist auch hier wieder die Ankopplung sensorischer Strukturen vollzogen, ohne die eine zweckmäßige und situationsgerechte Motorik kaum möglich erscheint.

Bei den Vertebraten unterhalb der Säugetiere ist das extrapyramidalmotorische System das einzige und bei den Mammaliern unterhalb des Menschen und der anthropoiden Affen das hauptsächlich wirksame Integrationsfeld des neuromuskulären Bewegungsapparates. Hier wird über wechselnde Grade des Muskeltonus entschieden, wie sie sich mit unterschiedlichen Stadien der wachen Aufmerksamkeit oder des Schlafes bei den Tieren einstellen. Die Aktivität der hierfür maßgeblichen Motorik wird durch supraspinale Strukturen beeinflußt, zu denen die Formatio reticularis, die Substantia nigra und das Pallidum gehören. Sie sorgen damit für die Arbeitsbereitschaft der Muskulatur, jenen Grundzustand, aus dem heraus Bewegungen gebildet werden. Soweit es sich dabei um komplizierte Reaktionen handelt wie die bereits besprochenen Haltungs- und Stellreflexe, so werden ihre Impulsmuster im Hirnstamm zusammengestellt. Komponenten des extrapyramidalmotorischen Systems werten in Verbindung mit dem Kleinhirn die exterozeptiven und propriozeptiven Signale aus, um eine zum Gravitationszentrum hin orientierte Stellung des Tieres zu gewährleisten.

Darüber hinaus werden opto- und audiomotorische Reaktionen vermittelt. Taucht plötzlich ein Sehding im Gesichtsfeld eines Tieres auf, so werden Kopfwendungen hervorgerufen, um es zu fixieren. Bekannt ist die Schreckreaktion auf plötzliche Schallreize, die im »Zusammenfahren«, in einer augenblicklichen Veränderung der Muskelspannung und der Körperstellung besteht. Aber auch zielgerichtete Bewegungen, wie das Aufnehmen von Futter, das Verfolgen einer Fährte, das Aufsuchen des Schlafplatzes, sind Leistungen des extrapyramidalmotorischen Systems. Seine Beziehungen zur unspezifischen Formatio reticularis, dem Aktivierungssystem, bringt es mit sich, daß auch alle motorischen Begleitphänomene der Vigilanz eines Tieres, wie Öffnung der Lidspalte, Zuwendungsreaktionen, Stellung der Ohrmuscheln, Erhöhung des allgemeinen Muskeltonus, Bewegungen des Schwanzes, also auch die Elemente mimischer Motorik, von ihm vermittelt werden. Andererseits sind die typischen Schlafstellungen, die Atonie ganzer Muskelgruppen im Tiefschlaf, die Reduktion der Atmungsbewegungen und die Augenbewegungen in bestimmten Schlafphasen eine Folge veränderter Gleichgewichtslagen antagonistischer Mechanismen, an denen die Stammganglien beteiligt sind. Elektrische Reize des Nucleus caudatus führen bei Katzen zu einem schlafähnlichen Zustand, zumindest aber zu einer Herabsetzung der Bewegungsbereitschaft. Es müssen also efferente Bahnen vom Striatum zum Cortex vorhanden sein, deren Erregung eine Inaktivierung motorischer Felder bewirkt.

Die wichtigsten Verbindungen der extrapyramidalmotorischen Strukturen des Hirnstammes zum Rückenmark laufen aus der Formatio reticularis heraus über den Tractus reticulospinalis und über den vom roten Haubenkern ausgehenden Tractus rubrospinalis. Das im mesencephalen Abschnitt der Reticulärformation liegende, als Nucleus ruber bezeichnete Kernareal, enthält einen magnozellulären Anteil, der bei den Tieren — im Gegensatz zum Menschen — den parvizellulären bei weitem überwiegt. Die von hier ausgehenden Axone übertragen die Hauptmenge motorischer Impulse, wel-

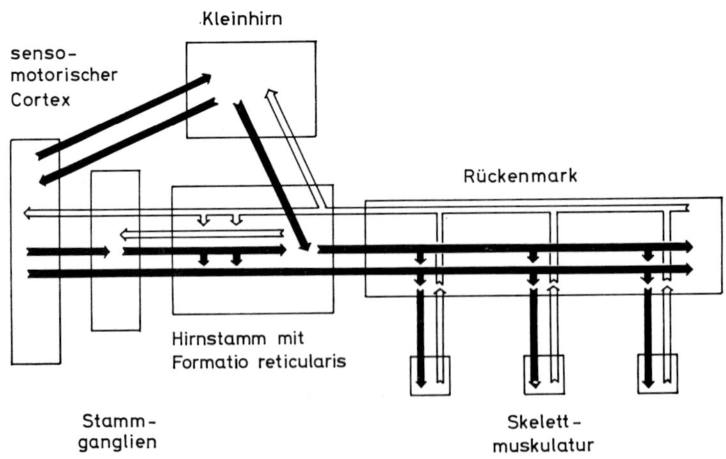

Abb. 371. Blockschema des neuromuskulären (motorischen) Systems. (Modifiziert nach HENNEMAN, E., 1968, in: MOUNTCASTLE, V. B. [Hrsg.]: Med. Physiol., Bd. II, Kap. 71, 12. Aufl. C. V. Mosby Company, Saint Louis).

Schwarze Pfeile: motorische und nicht-sensorische Verbindungen; unausgefüllte Pfeile: sensorische Verbindungen che über Zwischenneurone die Vorderhornzellen des Rückenmarks erreichen. Hinzu kommen konvergierende Impulse aus dem reticulo- und vestibulospinalen Bahnen. Das Pyramidensystem trägt relativ wenig zur Hintergrundserregung der spinalen Motoneurone bei. Wegen der striopallidocorticalen Efferenzen der Stammganglien ist überdies damit zu rechnen, daß der bei unseren Haustieren vorherrschende Einfluß des extrapyramidalmotorischen Systems sich teilweise auch über Fasern der Pyramidenbahn in der Gesamtmotorik geltend macht.

Die durch Erkrankungen im Bereich des Striatum, Putamen und Nucleus subthalamicus beim Menschen auftretenden hyperkinetischen Syndrome (Chorea, Athetose, Ballismus) kommen ebenso wie die durch Degeneration der Substantia nigra entstehenden hypokinetischen Erscheinungen (Parkinson) bei Tieren gar nicht oder nur andeutungsweise vor. Gerade sie aber haben in der Humanpathologie dazu beigetragen, extrapyramidalmotorische Vorgänge von den anderen besonders abzugrenzen. Offenbar ist auf der Entwicklungsstufe der Primaten durch Verstärkung des pyramidalen Systems eine Verschiebung der Funktionsgewichte eingeleitet worden, die bei den niedriger stehenden Säugetieren noch keine Rolle spielt und die Differenzierung zweier Komponenten der Motorik wenig plausibel erscheinen läßt.

Um an dieser Stelle einen Überblick zu gewinnen, gibt Abbildung 371 ein simplifizierendes Schema des sensomotorischen Zusammenspiels von Cortex, Stammganglien, Rückenmark und Muskulatur. Daraus ist zu entnehmen, daß komplementäre Elemente des ganzen Systems das Kleinhirn und die Formatio reticularis sind, deren Funktionen in den folgenden Abschnitten beschrieben werden.

R. Kleinhirn (Cerebellum)

Am Ablauf sämtlicher sensomotorischer Vorgänge, angefangen von der Tonisierung der Muskulatur bis zur Ausführung komplizierter Bewegungen, sind cerebellare Funktionen beteiligt. Das Kleinhirn hat einerseits Verbindungen zu weiten Bereichen der sensorischen Peripherie, hauptsächlich zu den Propriozeptoren, aber auch zu Exterozeptoren (Haut), zu Interozeptoren (Schleimhaut) und zu den Telezeptoren in Ohr und Auge. Andererseits kommuniziert es mit motorischen Strukturen des Hirnstammes sowie mit der Großhirnrinde.

Das Cerebellum ist ein außerordentlich stark gefaltetes Organ, dessen mittlerer Teil ein wurmartiges Aussehen hat (Vermis). Seitlich weist es Erweiterungen auf, die bei Primaten stärker ausgeprägt sind und in Analogie zum Großhirn als Hemisphären bezeichnet werden. Die komplexe Gestalt des Organs und die unterschiedliche Ausformung bei verschiedenen Tierarten spiegelt sich in einer unübersichtlichen Bezeichnung seiner einzelnen Teile wider. Vom funktionellen Standpunkt aus gesehen ist es von Bedeutung, einen phylogenetisch ältesten Teil des Kleinhirns (Archicerebellum) von entwicklungsgeschichtlich jüngeren Abschnitten (Paläo- und Neocerebellum) zu differenzieren. Das zentral gelegene Archicerebellum besteht in seinem mittleren Teil aus einem **Nodulus** genannten Gebilde, von dem nach jeder Seite ein **Flocculus** auslädt. Die ganze Struktur wird auch unter dem Namen **Lobus flocculonodularis** zusammengefaßt. Sie hat als einziger Abschnitt des Kleinhirns direkte Verbindungen zum Vestibularapparat. Benachbart liegen paläocerebellare Teile, die jedoch durch eine tiefe Furche vom Archicerebellum abgesetzt sind. Da dieser Einschnitt im mittleren Bereich eine Uvula genannte Struktur vom Nodulus trennt, wird die Furche Fissura uvulonodularis genannt. Der Uvula hängen seitlich **Paraflocculi** genannte Teile an, die ebenso wie einige weiter rostral gelegene Wurmabschnitte dem Paläocerebellum zugehören. Durch eine dorsoventral in die Tiefe ziehende **Fissura prima** wird die Hauptmasse des Kleinhirns in einen **Lobus rostralis** und einen **Lobus caudalis** geteilt. Sie markieren aber keine phylogenetischen Entwicklungsstufen; vielmehr sind die seitlichen Teile in beiden Lappen ebenso wie die mittleren Abschnitte des Wurmes im hinteren Lappen dem Neocerebellum zuzurechnen (Abb. 372).

Ähnlich wie im Großhirn bilden oberflächlich gelegene Massen von Ganglienzellen eine graue Rindenschicht, die jedoch im Kleinhirn eine ziem-

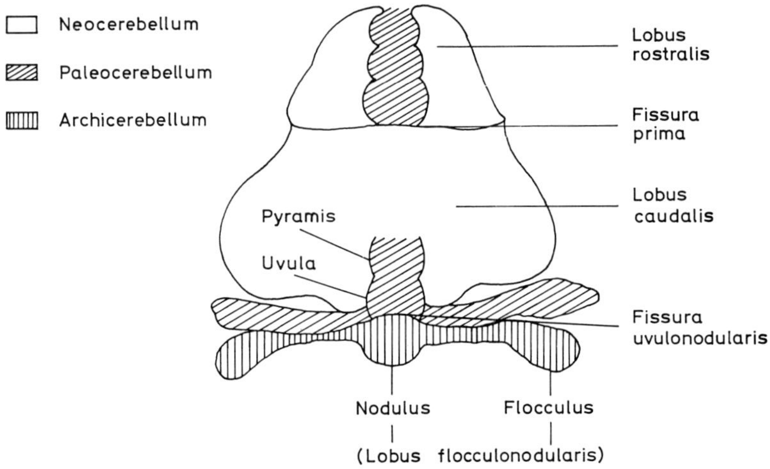

Abb. 372. Schema der phylogenetisch differenzierbaren Anteile des Kleinhirns eines Säugetieres. (In Anlehnung an Brodal, A., 1967: Anatomical studies of cerebellar fibre connections and functional localization. In: Fox/Snider [Hrsg.]: Progress in British Research, Bd. 25. Elsevier Publ. Co., Amsterdam)

lich gleichförmige cytoarchitektonische Struktur aufweist. Außen liegt das **Stratum moleculare,** das nach innen von einer dicht gepackten Schicht von **Purkinje-Zellen** begrenzt wird. Darunter erstreckt sich das **Stratum granulosum,** dem sich nach innen die von Fasermassen gebildete weiße Substanz anschließt. Afferente Impulse fließen dem cerebellaren Cortex über sogenannte »Moosfasern« zu, die im Stratum granulosum Synapsen mit den **Körnerzellen** bilden (Abb. 373). Diese wiederum entsenden ihre Axone in das Stratum moleculare, wo sie entweder Kontakt mit dem außerordentlich weit verzweigten Dendritengeäst der Purkinje-Zellen oder mit Korbzellen aufnehmen. Letztere bilden kollaterale Telodendren, welche die Perikaryen mehrerer Purkinje-Zellen korbartig umfassen, so daß auf diesem Wege eine divergente Impulsverteilung zustande kommt. Außerdem gibt es exodendritische Synapsen zwischen afferenten »Kletterfasern« und den Purkinje-Zellen. Die efferente Impulsübertragung aus dem Cortex erfolgt ausschließlich über Axone der Purkinje-Zellen, welche die Verbindung zu den Kleinhirnkernen herstellen, die inmitten der weißen Substanz sich befinden. Die Axone verlaufen ipsilateral aus dem Wurmteil des Vorder- und Hinterlappens zum Nucleus fastigii, aus den medialen Seitenteilen des Kleinhirns zum Nucleus interpositus lateralis und medialis (dem Nucleus globosus und emboliformis der Primaten) und aus den mehr lateralen Teilen zum Nucleus lateralis cerebelli (dem Nucleus dentatus der Primaten). Die Ganglienzellen dieser

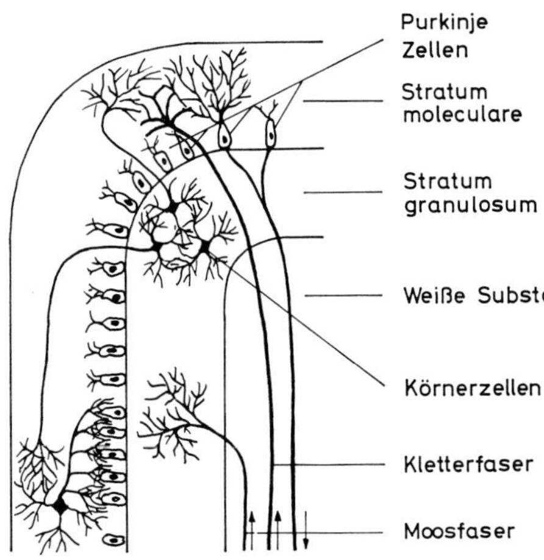

Abb. 373. Schema der funktionell wichtigsten Zell- und Fasertypen der Kleinhirnrinde

Kernmassen entsenden ihrerseits Axone in den Hirnstamm.

Sämtliche Verbindungen mit den übrigen Teilen des Zentralnervensystems werden über die Faserzüge der Kleinhirnschenkel vermittelt, von denen hier nur die wichtigsten erwähnt seien. Die meisten Impulse aus dem Rückenmark und der Medulla oblongata, z. B. aus den Hinterstrang- und den Vestibulariskernen, steigen durch den hinteren Schenkel auf (Pedunculus cerebellaris caudalis). Umgekehrt fließen Impulse aus der Kleinhirnrinde auf diesem Wege zu medullären Ganglienzellstrukturen, hauptsächlich zu den Vestibulariskernen und zu den Kernen im Bereich der Olive. Die mittleren Schenkel (Brachium pontis) führen fast ausschließlich Afferenzen aus Brückenkernen, über welche die Großhirnrinde mit dem Kleinhirn verbunden wird. Durch die vorderen Schenkel (Brachium conjunctivum) werden die efferenten Impulse zum Thalamus, zum roten Haubenkern, zu den übrigen motorischen Kernen des Hirnstammes und zu den absteigenden Teilen der mesenzephalen, pontinen und bulbären Formatio reticularis übertragen.

Auf welche Weise das Kleinhirn seine Funktionen erfüllt, ist noch längst nicht in allen Einzelheiten bekannt. Elektrophysiologisch gesichert ist eine vom ganzen cerebellaren Cortex ableitbare Daueraktivität, die ihren Ursprung in den Purkinje-Zellen hat. Sie manifestiert sich in einem Entladungsrhythmus von 150–250 Hz mit Spannungsamplituden zwischen Hundertstel und Zehntel mV, je nach den Ableitungsbedingungen. Diese elektrische Aktivität kann durch afferente Impulse aus der sensorischen Peripherie verändert werden. Sie laufen zu einem erheblichen Teil aus dem proprioceptiven Bereich ein, sind aber auch cutanen, akustischen und optischen Ursprungs. Hinzu kommen interoceptive Afferenzen, ohne die beispielsweise die Koordination des überaus komplizierten Schluckreflexes nicht möglich wäre. Aus vielen Experimenten hat man geschlossen, daß es bestimmte Körperregionen repräsentierende cerebellare Projektionsfelder gebe. Das scheint im Prinzip auch richtig zu sein, sofern damit eine räumliche Ordnung afferenter Impulsströme gemeint ist. Es gibt aber offensichtlich sehr starke Überlappungen, so daß sich ein einfaches Schema nicht angeben läßt.

Die Spontanaktivität der Rinde wirkt sich über die Axone der Purkinje-Zellen auf die Kleinhirnkerne aus, die ihrerseits dadurch zu Dauerentladungen veranlaßt werden. Wegen ihrer Verbindungen zu den Stammhirnkernen müssen auf dieser Ebene Impulse cerebellaren Ursprungs modulierend in die Erregungszustände von Ganglienzellen eingreifen, welche direkten Einflüssen aus dem Sensorium und aus übergeordneten Strukturen des Nervensystems unterliegen. In diesem Zusammenhang ist nun der wechselseitige Informationsaustausch zwischen Kleinhirn- und Großhirnrinde von allergrößter Bedeutung (Abb. 374). Nicht nur, daß sensorische Signale gleichermaßen beiden Instanzen mitgeteilt werden, sondern es werden auch Kopien motorischer Impulsmuster, die aus dem

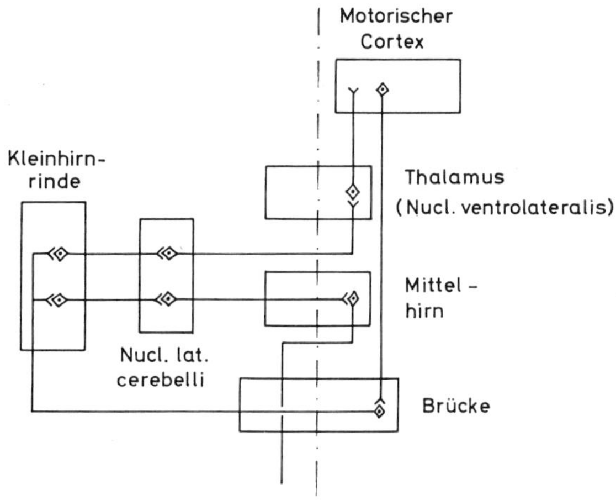

Abb. 374. Blockschema der cerebro-cerebellaren Verbindungen. Strich-Punkt-Strich-Linie: Medianebene

cerebralen Cortex in die Skelettmuskulatur laufen, über corticopontocerebellare Bahnen dem Kleinhirn nachrichtlich übersandt. Da es andererseits über seine proprioceptiven Afferenzen über den Ablauf von Bewegungen informiert wird, ist das Cerebellum in der Lage, motorische Intentionen mit ihrem Erfolg zu vergleichen und notwendige Korrektursignale über cerebello-thalamo-corticale Verbindungen in die Großhirnrinde zu schicken. Ohne daß schlüssige Beweise schon vorliegen, deutet doch manches darauf hin, daß das Kleinhirn eine solche Komparatorfunktion ausübt und damit den angemessenen Ablauf und die Zielsicherheit von Intentionsbewegungen gewährleistet.

Der Einfluß auf den motorischen Cortex geht hauptsächlich vom neocerebellaren Hinterlappen aus, während der vorwiegend paläocerebellare Vorderlappen mit der Reflexkontrolle befaßt ist. Sie wird durch modulierenden Einfluß auf die rubro-, vestibulo- und reticulospinalen Systeme ausgeübt, die letzten Endes über die α- und γ-Motorik den Tonus der quergestreiften Muskulatur bestimmt.

Zerstörung des Kleinhirns führt bei Hund und Katze zunächst zu einem Ausfall hemmender Einflüsse auf spinale Motoneurone. Die Tiere können nicht mehr stehen, sondern liegen mit verstärktem Tonus der Streckermuskulatur des Halses und der Vordergliedmaße in opisthotonischer Haltung. Sie zeigen klonische Bewegungen der Hinterextremitäten und Konvergenzstellung der Augen sowie eine allgemeine Hyperreflexie. Dieses Stadium wird später durch einen Zustand der Spannungslosigkeit und Schwäche der Skelettmuskulatur abgelöst. Das deutet darauf hin, daß nunmehr facilitatorische Einflüsse ausgefallen sind, derer besonders das γ-motorische System bedarf. Die Veränderungen der Symptome erfolgen offenbar im Zuge einer kompensatorischen Reorganisation zentralnervöser Funktionen, die das Tier nach einiger Zeit wieder in die Lage versetzen, sich von Ort zu bewegen. Der Ausfall der koordinativen und tonisierenden Einflüsse des Kleinhirns kann jedoch nicht vollständig ausgeglichen werden. Alle Bewegungen bleiben ausfahrend und schlecht bemessen, der Gang ist taumelig, es herrscht das Bild einer **cerebellaren Ataxie.** Bei der Entwicklung eines solchen Endzustandes nach Kleinhirnläsion ist bei Primaten das erste der oben beschriebenen Stadien nur wenig ausgeprägt, so daß die Erscheinungen der muskulären **Atonie** und **Asthenie** im Vordergrund stehen.

Wegen der Beziehungen des Lobus flocculonodularis zu den Vestibulariskernen führen Beschädigungen in diesem Bereich in erster Linie zu Störungen der Gleichgewichtskontrolle. Es ist damit zu rechnen, daß archicerebellare Funktionen am Zustandekommen der als **Kinetosen** bezeichneten Bewegungskrankheiten (Reisekrankheiten) beteiligt sind. Ihre hervorstechenden Symptome sind Salivation, Schwindel (Vertigo) und Erbrechen. Sie sind auch beim Hunde z. B. durch Schaukeln zu erzeugen, bleiben bei diesem Tier jedoch aus, wenn der Nodulus entfernt wird.

S. Formatio reticularis

1. Allgemeine Bedeutung

Im Zuge dieser Abhandlung ist etliche Male erwähnt worden, daß aus dem Rückenmark hirnwärts aufsteigende ebenso wie aus dem Cerebrum und dem Cerebellum absteigende Impulse in die Formatio reticularis einlaufen. Diese phylogenetisch alte Struktur macht einen erheblichen Teil des Hirnstammes aus und erstreckt sich in ihrer Hauptmasse von der Medulla oblongata bis zum Thalamus. Sie besteht aus einer riesigen Anzahl von Neuronen verschiedenster Größe mit relativ kurzen, auf- und absteigenden Axonen, die ipsilateral und kreuzend verlaufen, und ihre Impulse über viele Kollateralen verteilen. In diesem Netzwerk sind an nahezu hundert Orten Ganglienzellen in einer dichteren Lagerung anzutreffen, so daß der Eindruck von Kernformationen entsteht. Sie sind wahrscheinlich das morphologische Substrat einer Vielzahl von Schaltstellen, sogenannter »Zentren«, deren integrative Tätigkeit für die Funktionsgleichgewichte des Körpers von größter Bedeutung sind. Bei primitiven Organismen besteht das Zentralnervensystem zum überwiegenden Teil aus einem reticulären Neuronenverband. Mit zunehmender Encephalisation werden zwar übergeordnete Funktionen entwickelt, die sich jedoch weiterhin der integrativen Kapazität der verbliebenen Formatio reticularis bedienen und ihr sogar einen erheblichen Teil autonomer Aktivitäten überlassen. Sie enthält die Zentren für die Regulation der Atmung und des Kreislaufs, der Körpertemperatur, der Futter- und Wasseraufnahme, der Rumination und vieler anderer vegetativer Reaktionen. Das bedeutet, daß sie nicht nur afferente Impulsströme verarbeitet, sondern ihrerseits efferent auf praktisch alle Teile des Nervensystems zurückwirkt. Dazu gehört auch die gesamte Skelettmuskulatur.

2. Hemmung, Bahnung, Enthirnungsstarre

Man kann durch elektrische Reizung der Formatio reticularis einen hemmenden Einfluß auf spinale Motoneurone ausüben, so daß der Muskeltonus im Innervationsgebiet nachläßt. Dabei sind teilweise reziproke Wirkungen zu erzielen, das heißt Erschlaffung von Agonisten geht einher mit einer Tonisierung der Antagonisten. Die Erregungen werden vom Reizort über Zwischenneurone in das Rückenmark übertragen, wo inhibitorische Effekte auch zur Unterdrückung segmentaler Reflexe führen können. Umgekehrt kann von anderen Stellen aus eine Bahnung exzitatorischer Impulse erreicht werden, so daß eine Erhöhung des Muskeltonus zustande kommt, oder der Ablauf von Eigenreflexen erleichtert wird. Mit diesen Beobachtungen ist bewiesen, daß die Formatio reticularis über Anteile verfügt, die unter dem Antrieb cerebraler und cerebellarer Impulse, vielleicht sogar bis zu einem gewissen Grade selbständig, auf die Aktivität spinaler Motoneurone Einfluß zu nehmen vermögen.

Man neigt heute zu der Annahme, daß auf diese Eigenschaften der Formatio reticularis das Symptom der Enthirnungsstarre zurückzuführen ist, das nach cerebralen Läsionen bei Versuchstieren regelmäßig zu beobachten ist. Wenn man bei Hunden oder Katzen den Hirnstamm ungefähr in der Höhe zwischen den rostralen und caudalen Vierhügeln durchtrennt, so entsteht sofort ein Hypertonus der gesamten Antischwerkraftmuskulatur, d. h. der Extensoren des Halses, der Extremitäten und des Schwanzes. Die Folge ist eine charakteristische Haltung mit zurückgebogenem Hals und Dorsalflexion der Rückenwirbelsäule (Opisthotonus), mit gestreckten Gliedmaßen und erhobenem Schwanz. Das Bild kommt zustande durch den Ausfall inhibitorischer Einflüsse seitens des Cortex, der Basalganglien und der Formatio reticularis, welche normalerweise das Rückenmark erreichen. In dieser Situation müssen demnach facilitatorische Impulse aus der restierenden Struktur ein Übergewicht gewinnen. Werden auch sie durch einen Querschnitt in der Gegend der Vestibulariskerne ausgeschaltet, so wird die Enthirnungsstarre wieder gelöst.

3. Wecksystem (Reticular Activating System, RAS)

Es steht heute außer Zweifel, daß die Formatio reticularis, insbesondere in ihrer mesencephalen und diencephalen Region, ein aufsteigendes System enthält, das über die unspezifischen Thalamuskerne Impulse in die gesamte Hirnrinde entsendet. Sie ist damit in der Lage, die corticale Erregung graduell zu beeinflussen, so daß von hier aus jene Zustände eines Tieres eingestellt werden, die wir in phänomenologischer Umschreibung als Schlaf und Wachheit bezeichnen. Eine genauere Analyse ergibt jedoch, daß in jeder dieser Phasen wiederum Stufen neuromuskulärer Aktivität zu unterscheiden sind, die vom entspannten Tiefschlaf über verschiedene Stadien der Somnolenz, der unbeteiligten Ruhe, der Aufmerksamkeit bis zu den höchsten Graden der Wahrnehmungshelligkeit führen. In diesem Zusammenhang ist zu bemerken, daß der sensorische Einstrom, der mit Ausnahme seines olfaktorischen Anteils durch den Hirnstamm geleitet wird, auf seinem Wege zu den spezifischen Projektionskernen des Thalamus Impulse an die Formatio reticularis abgibt. Über das RAS tragen sie dazu bei, den Cortex zu aktivieren, so daß jener Erregungshintergrund entsteht, von dem sich spezifische Empfindungen und Wahrnehmungen abheben können. Andererseits besteht auf dieser Ebene die Möglichkeit, die Rindenaktivität zu drosseln, so daß auf direktem Wege durchlaufende sensorische Signale im »Dunkeln« bleiben und sich nicht in der »Helligkeit« des Wachseins zu Empfindungen profilieren (Abb. 375).

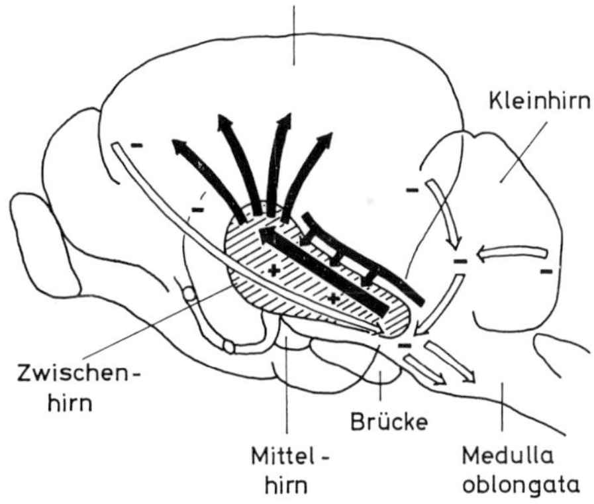

Abb. 375. Kombiniertes Schema des auf- und absteigenden reticulären Systems mit den Richtungen afferenter und efferenter Impulsströme.

Schwarze Pfeile: Aufsteigende, unausgefüllte Pfeile: absteigende Systeme. Pluszeichen: Gebiete, aus denen γ-motorische Aktivität über absteigende Verbindungen gefördert, Minuszeichen: solche, aus denen sie gehemmt werden kann

4. Elektroenzephalogramm (EEG)

Mit Erregungen der Großhirnrinde verbundene elektrische Potentialschwankungen können vom äußeren Schädeldach abgeleitet werden. Mit dieser indirekten Methode der **Elektroenzephalographie** erfaßt man Vorgänge, die sich in der obersten corticalen Schicht abspielen, wo es relativ wenige Perikaryen, aber eine dichte Lage von Dendriten gibt. Hypo- und hyperpolarisierende Wirkungen axodendritischer Synapsen führen an den nichtkonduktilen Membranen zu elektrotonischen Ausgleichsströmen, die auf benachbarte, in gleicher Richtung liegende Fortsätze übergreifen und insgesamt als synchronisierte Spannungsschwankungen in einem Volumenleiter abgegriffen werden können. Das rhythmische und synchronisierte Auftreten von Potentialdifferenzen ist die Voraussetzung dafür, daß ein EEG wellenförmig in Erscheinung tritt. Bei einer zeitlich zufälligen Verteilung im Mittel gleichviel einander entgegengerichteter Potentiale wäre mit einer Kompensation zu rechnen. Ein weiterer synchronisierender Faktor scheint in der Aktivität der unspezifischen Thalamuskerne zu liegen.

Bei einem mit geschlossenen Augen ruhenden Tiere oder Menschen sind Spannungsschwankungen von etwa 50 μV mit einer Frequenz von 8–12 Hz zu registrieren. Man spricht von einem Alpha-Rhythmus, der stellenweise von einem rascheren Beta-Rhythmus oder langsameren Delta- und Theta-Wellen überlagert sein kann. Vorherrschend sind in diesem Zustand jedoch die im Alpha-Rhythmus synchronisierten Wellenzüge. Sobald das Auge jedoch geöffnet und auf ein Sehding gerichtet wird oder irgend ein anderes Signal die Aufmerksamkeit des Tieres erregt, erscheinen im EEG desynchronisierte Schwankungen geringerer Amplitude und höherer Frequenz, ein Vorgang, der als **Alpha-Block** bezeichnet wird. Auf diese Weise sind Phasen gleichgültiger Ruhe und sensorisch erregter Aufmerksamkeit eines Tieres auch dann voneinander zu unterscheiden, wenn sie sich in seinem äußeren Verhalten nicht zu erkennen geben (Abb. 376).

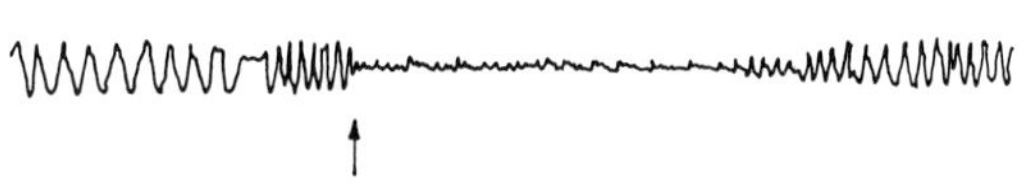

Abb. 376. Beispiel eines α-Blocks. Pfeil: Beginn der sensorischen Aktivität

5. Schlaf

Die Elektroencephalographie ist zu einem wichtigen Mittel geworden, das Phänomen des Schlafes genauer zu studieren. Das desynchronisierte EEG eines wachen Tieres, dessen Aufmerksamkeit von Reizen aus seiner Umgebung in Anspruch genommen wird, geht im Zustande der Ruhe und Entspannung in den synchronisierten Alpha-Rhythmus über. Mit zunehmender Somnolenz verlaufen die Wellen langsamer, um schließlich im Schlafe Potentialschwankungen geringer Frequenz und relativ hoher Amplitude Platz zu machen, die jedoch stellenweise von »Schlafspindeln« durchsetzt sind. Darunter versteht man kurzdauernde Phasen, in denen der Wellenzug einem Alpha-Rhythmus ähnelt. Sie indizieren einen leichteren Schlaf und treten nicht mehr auf, wenn das Tier sich im Tiefschlaf befindet (Abb. 377).

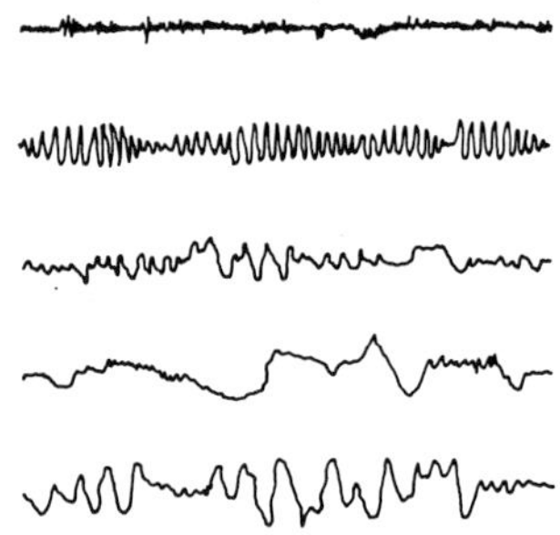

Abb. 377. Beispiel für EEG-Formen in unterschiedlichen Funktionszuständen.

1 = Erregung, **2** = Ruhe, **3** = Schläfrigkeit, **4** = Schlaf, **5** = Tiefschlaf

Eine eigenartige und in ihrer Bedeutung noch nicht vollständig geklärte Erscheinung ist das Auftreten desynchronisierter, dem Wach-EEG vergleichbarer Phasen während des Schlafes. Da diese raschen Wellen sonst nur im Wachzustand anzutreffen sind, hat man von **paradoxem Schlaf** gesprochen (paradoxical sleep, sommeil rapide). Werden Menschen zu Zeiten »desynchronisierten« Schlafes geweckt, so berichten sie gewöhnlich, gerade geträumt zu haben. Wenn diese Phasen bei ihnen insgesamt auch nur ein fünftel der gesamten Schlafdauer ausmachen, so scheinen sie für die Erholung des Nervensystems unerläßlich zu sein. Unterbricht man im Experiment den Schlaf eines Menschen jedesmal, wenn das EEG eine Phase paradoxen Schlafes anzeigt, so entwickeln sich Anzeichen einer neurotischen Störung. Beobachtungen des Verhaltens schlafender Hunde legen die Vermutung nahe, daß auch bei ihnen traumähnliche Vorgänge ablaufen. Die Zustände sind verbunden mit raschen Augenbewegungen (Rapid Eye Movements, REM), die als sogenanntes Elektrooculogramm (EOG) zu registrieren sind. Da Tiere in diesen Phasen durch Weckreize nicht etwa leichter, sondern schwerer in den Wachzustand zu bringen sind, scheint bei ihnen der paradoxe Schlaf eine besonders intensive Rekreation anzuzeigen. Die Art dieser Feststellung soll andeuten, daß der Schlaf nicht als ein passives Zurückfallen des Organismus in einen Zustand leistungsfreier Entspannung aufgefaßt werden muß, sondern daß, im Gegenteil, dieser Status wahrscheinlich aktiv angesteuert wird. Dabei dürften außer corticalen Strukturen auch thalamische Kerne und diencephale Anteile der Formatio reticularis eine entscheidende Rolle spielen. Wie bei allen nervösen Erregungs- und Hemmungsprozessen werden durch die Tätigkeit somnogener Strukturen Neurosekretionsprodukte freigesetzt, deren Natur noch nicht erkannt worden ist. Doch ist es im Experiment gelungen, Schlaf zu induzieren, wenn man den Kreislauf eines wachen mit dem eines schlafenden Tieres verbindet.

Während wir über Schlafperioden von Katzen, Hunden, Schweinen und Pferden schon länger etwas wissen, ist von Wiederkäuern früher behauptet worden, daß sie praktisch überhaupt nicht schliefen, sondern ihrem Restitutionsbedürfnis im wesentlichen in den Ruminationsperioden entsprochen werde.

Durch Verhaltensbeobachtungen mittels Infrarotkamera und durch fortlaufende Registrierung von Elektroencephalo- und Elektromyogrammen (EEG und EMG) sowie durch Aufzeichnung anderer Funktionsparameter ist indessen geklärt, daß auch diese Tiere Zustände tiefen und tiefsten Schlafes kennen. Sie werden allerdings in mehrere, jeweils nur wenige Minuten dauernde Perioden über den 24-Stunden-Tag verteilt.

Der Tiefschlaf ist beim Rinde gekennzeichnet durch eine charakteristische Position, bei der das liegende Tier den Hals zu einer Körperseite wendet und den Kopf auf die Flanke oder den Boden stützt. Die Augenlider sind dabei geschlossen, Herzschlag- und Atmungsfrequenz herabgesetzt. Das EEG zeigt die desynchronisierten Wellenzüge paradoxen Schlafes, während im EMG der Halsmuskulatur völlige Ruhe herrscht, da sie entspannt ist. Die Pansenmotilität weist weiterhin Primärkontraktionen auf, wenn auch mit etwas verminderter Frequenz. Die gewöhnlich mit einer Eruktation verbundenen Sekundärkontraktionen des dorsalen Pansensackes fallen jedoch vollständig aus. In diesem Zustand, der wegen der reduzierten Atmungsbewegungen mit einer alveolaren Hyperkapnie verbunden ist, verharren die Tiere bis zu etwa 3 Minuten. Er wird regelmäßig beendet durch einen Eruktationsreflex, der offenbar durch den Anstieg des intraruminalen Gasdruckes trotz allgemein herabgesetzter Reflexerregbarkeit erzwungen wird.

Aus diesen Beobachtungen läßt sich ableiten, daß die Polyphasie des Schlafes der Wiederkäuer sich notwendig daraus ergibt, daß er nicht in den Ruminationsperioden eintreten kann. Für sie ist auch beim am Boden liegenden Tier eine aufrechte Haltung von Thorax, Kopf und Hals erforderlich, um die Rejektion zu ermöglichen. Andererseits kann eine Tiefschlafperiode in der typischen Position mit abgebeugtem Hals und aufgestütztem Kopf bei völliger Atonie der Halsmuskulatur nur kurze Zeit andauern, da die Gärung im Vormagen weiterläuft und schließlich eine Eruktation herbeiführt. Die über mehrere Stunden verteilten Tiefschlafperioden summieren sich zu einer Gesamtdauer von ca. 20–30 Minuten auf. Sie beträgt beim Saugkalb noch das Mehrfache, wie überhaupt allgemein festgestellt werden kann, daß die Stadien paradoxen Schlafes bei jungen Tieren aller Spezies länger anhalten als bei erwachsenen. Man hat daraus schließen wollen, daß es sich dabei um eine alte, primitivere Form der Restitution handelt, die jedoch auch bei den rezenten Arten in einem gewissen Ausmaß noch unerläßlich sei.

6. Narkose

Es ist fraglich, ob die Narkose als ein dem natürlichen Schlaf vergleichbarer Zustand angesehen werden darf. Jedenfalls teilt sie mit letzterem eine Reihe von Symptomen, die darauf zurückzuführen sein könnten, daß nervöse Strukturen beeinflußt werden, deren physiologische Funktion es ist, die verschiedenen Grade von Somnolenz und Vigilanz eines Tieres zu steuern. Tatsächlich hat sich gezeigt, daß zumindest einige der als Anaesthetica oder Sedativa angewandten Mittel dadurch als solche wirken, daß sie die Erregungsübertragung in den Synapsen des RAS blockieren. So ist z. B. bei einer Verteilung von Äther oder Barbituraten im extrazellulären Raum die Chance, das Wecksystem auszuschalten, weitaus größer, als spezifische Leitungsbahnen zu blockieren. Das RAS ist wegen der riesigen Anzahl seiner Synapsen störanfälliger als Sinnesbahnen, die nur aus wenigen Neuronen bestehen und demzufolge auch nur an wenigen Kontaktstellen chemisch verwundbar sind. Da aber eine Wahrnehmung, wie wir gesehen haben, nur vor dem Hintergrunde corticaler Aktivität zustande kommen kann, dürfte die Unempfindlichkeit eines narkotisierten Tieres gegen sensorische Einflüsse mindestens teilweise auf eine Störung der Funktion des RAS zurückzuführen sein.

T. Vegetatives Nervensystem

1. Allgemeine Vorbemerkungen

Zwar ist es üblich, das vegetative Nervensystem als eine Besonderheit zu betrachten, die man dem animalen (cerebrospinalen) System gegenüberstellt, doch läßt sich eine solche Gliederung nur didaktisch begründen, da beide Systeme nicht nur morphologisch, sondern auch funktionell auf das engste miteinander verbunden sind. Zum Beispiel verlangt die Fortbewegung eines Tieres, primär eine sensomotorische Leistung, immer auch cardiorespiratorische Anpassungen, die über das vegetative System zustande kommen. Ein solches Zusammenwirken setzt Verknüpfungen voraus, die auf den verschiedenen Ebenen des Zentralnervensystems vom Rückenmark bis zur Hirnrinde vorgenommen werden. Die gesonderte Betrachtung des vegetativen Systems kann also nur der Frage gelten, welche Teilaufgaben ihm innerhalb des Ganzen zufallen und auf welche Weise es imstande ist, sie zu lösen.

Die Funktionen der in der Formatio reticularis gelegenen, vegetativen Zentren haben bereits in den Spezialkapiteln über Atmung, Kreislauf, Temperaturregulation usw. Erwähnung gefunden. Wir wollen uns deshalb in diesem Abschnitt lediglich mit efferenten Neuronen des vegetativen Systems befassen, die das Rückenmark verlassen, um zu ihren Erfolgsorganen zu ziehen.

Effektoren des peripheren vegetativen Systems sind Zellen der glatten Muskulatur, der Drüsen und der Herzmuskulatur. Wir haben es demnach mit der Innervation der Eingeweide zu tun, jener Organe, die im Dienste der Atmung, des Blutkreislaufs, der Verdauung, des Stoffwechsels und der Ausscheidung stehen. Aus diesem Grunde spricht man vom **vegetativen Nervensystem.**

Da vegetative Funktionen des Organismus im allgemeinen unbewußt und ohne Betätigung des »Willens« ablaufen, werden auch Ausdrücke, wie »unwillkürliches« oder »autonomes« Nervensystem, benutzt. Sie treffen aber nicht den Kern der Sache; denn einerseits laufen auch die Reflexe des cerebrospinalen Systems unwillkürlich ab, und andererseits ist es zumindest dem Menschen möglich, Vorgänge im vegetativen Bereich willentlich zu beeinflussen (autogenes Training). Hinzu kommt, daß die Erfolgsorgane vegetativer Neurone auch ohne diese Innervation auskommen können, daß sie bei einer Unterbrechung der zuleitenden Fasern weder funktionslos werden noch atrophieren. Das steht völlig im Gegensatz zu den Verhältnissen im spinalmotorischen System. Ein Skelettmuskel besitzt keinerlei Autonomie, arbeitet nur unter dem Einfluß nervöser Impulse und bildet sich zurück, wenn er sie nicht mehr erhält. Die vegetative Innervation **verursacht** nicht die Tätigkeit ihrer Erfolgsorgane, sondern **verändert** sie nur, wobei die Veränderung im Sinne einer Anpassung an bestimmte Funktionszustände erfolgt.

Viele Reize aus der Umgebung haben Reaktionen zur Folge, die über das vegetative Nervensystem vermittelt werden. Lärm, Licht, Temperatur, um nur einige Faktoren zu nennen, beeinflussen vasomotorische und sekretorische Prozesse. Da von beiden produktive Leistungen der Nutztiere abhängen, ist es verständlich, daß die Kenntnis der Funktionen des vegetativen Nervensystems für den Veterinärmediziner von besonderer Wichtigkeit ist, um so mehr als in modernen Formen der Tierproduktion künstliche ökologische Systeme geschaffen werden, in denen das Tier einer schweren Belastung unterliegt, die sich erheblich auf das Vegetativum und davon abhängige Funktionen auswirkt.

Das vegetative Nervensystem ist nicht etwa ein archaisches System, dem in späterer Zeit nervöse Strukturen, die der Auseinandersetzung mit der Umwelt dienen, hinzuentwickelt worden sind. Es ist vielmehr eine phylogenetisch junge Errungenschaft, die bei niederen Organismen noch nicht zu finden ist. Bei Säugern und Vögeln insbesondere ist sie die Voraussetzung für die einzigartige Eigenschaft der Homoiothermie und zu einem System entwickelt, das dazu dient, in Zuständen der Belastung die Homöostase zu garantieren, nicht nur die Konstanz der Temperatur, sondern auch aller anderen Parameter des inneren Milieus. Damit ist eine relative Unabhängigkeit vom äußeren Milieu erreicht oder, anders ausgedrückt, eine verbesserte Anpassungsfähigkeit an neue ökologische Situationen. Besonders dieses letzte Argument ist von großem zootechnischem Interesse.

2. Organisation des peripheren vegetativen Nervensystems

Der Reflex ist auch im vegetativen Nervensystem das fundamentale Funktionselement. Bei den Reflexbögen des animalen Systems liegt der Zellkörper des Motoneurons stets im Vorderhorn der grauen Substanz des Rückenmarks oder in den motorischen Kernen der Gehirnnerven, von wo aus das Axon direkt zum Erfolgsorgan zieht. Beim vegetativen Reflexbogen liegt der Zellkörper des unmittelbar mit dem Effektor verbundenen letzten Neurons (final common path) stets in einem Ganglion **außerhalb** des Zentralnervensystems. Ihm ist ein Neuron vorgeschaltet, das die Verbindung zum Rückenmark oder Hirnstamm herstellt und das infolgedessen als **praeganglionäres** Neuron bezeichnet wird. Es ist als Homologon des Zwischenneurons aufzufassen, das bei vielen Muskelreflexen den afferenten mit dem efferenten Schenkel **innerhalb** des Zentralnervensystems verbindet. Die praeganglionären Neurone haben myelinisierte Achsenzylinder, deren Abmessungen und Leitungsgeschwindigkeiten sie der Gruppe der B-Fasern zugehörig erscheinen lassen. Gebündelt bilden sie die Rami communicantes albi, welche vom ersten Thorakal- bis etwa zum dritten Lumbalsegment die gemischten Nerven verlassen, um zu den Ganglien des Grenzstranges zu ziehen. Den praeganglionären Neuronen nachgeschaltete Nervenzellen werden als **postganglionäre** Neurone bezeichnet. Ihre Perikaryen machen die Ganglien eigentlich aus, so daß letztere nichts anderes sind als die Anhäufung der Zellkörper »postganglionärer« Neurone. Ihre Fortsätze sind nicht von weißlichem Myelin umgeben und ziehen im Thorakolumbalbereich als Rami communicantes **grisei** vom Grenzstrang zu den gemischten Nerven zurück, in denen sie zu den Effektoren weiterlaufen. Es sind langsam leitende, der C-Gruppe zugehörige Fasern.

Morphologisch kann man zwei Abschnitte des peripheren vegetativen Systems differenzieren (Abb. 378). Die Unterscheidung richtet sich nach der Lage der Zellkörper der praeganglionären Neurone. Die einen liegen im Seitenhorn (Columna intermediolateralis) der grauen Substanz des Rückenmarks, und zwar vom 1. Thorakal- bis zum 3. oder 4. Lumbalsegment. Ihre Gesamtheit bildet das **thorakolumbale** oder **sympathische** System. Die anderen liegen in den Kernen des III., VII., IX. und X. Gehirnnerven sowie im 2., 3. und 4. Sacralsegment der Spina medullaris. Dementsprechend werden sie zum **craniosacralen** oder **parasympathischen** System erklärt.

Für Verlauf und Reichweite praeganglionärer Fasern des thorakolumbalen Systems gibt es mehrere Möglichkeiten. Sie können im paravertebralen Ganglion des gleichen Segments, aus dem sie ausgetreten sind, Synapsen mit postganglionären Neuronen bilden, können aber auch mit Kollateralen den Grenzstrang hinauf- und hinabziehen, um erst in anderen Ganglien umgeschaltet zu werden. Auf diese Weise können praeganglionäre Fasern eines Segments sich über 8 bis 9 Ganglien des Grenzstranges ausbreiten und Synapsen mit postganglionären Fasern mehrerer anderer Segmente bilden. Das ist die morphologische Basis der starken Divergenz von Erregungen, wie sie für das thorakolumbale System charakteristisch ist. Man kann darin eine Analogie zur Ausbreitung polysynaptischer Reflexe erblicken, wie sie durch Zwischenneurone des Binnensystems innerhalb des Rückenmarks vermittelt wird. Die praeganglionären Fasern können aber auch ohne Unterbrechung durch den Grenzstrang hindurch in den Nn. splanchnici zu den Praevertebralganglien laufen (Ganglia coeliaca, Ganglion mesenteriale craniale et caudale), um dort erst Synapsen zu bilden. Die von diesen Plexus ausgehenden Fasern versorgen die glatte Muskulatur der Bauch- und Beckeneingeweide sowie die Darm- und Darmanhangsdrüsen.

Eine Gruppe von Splanchnicusfasern innerviert die sekretorischen Zellen des Nebennierenmarks. Das ist anscheinend der einzige Fall einer unmittelbaren Innervation eines Effektors durch praeganglionäre Fasern. Dazu ist jedoch festzustellen, daß

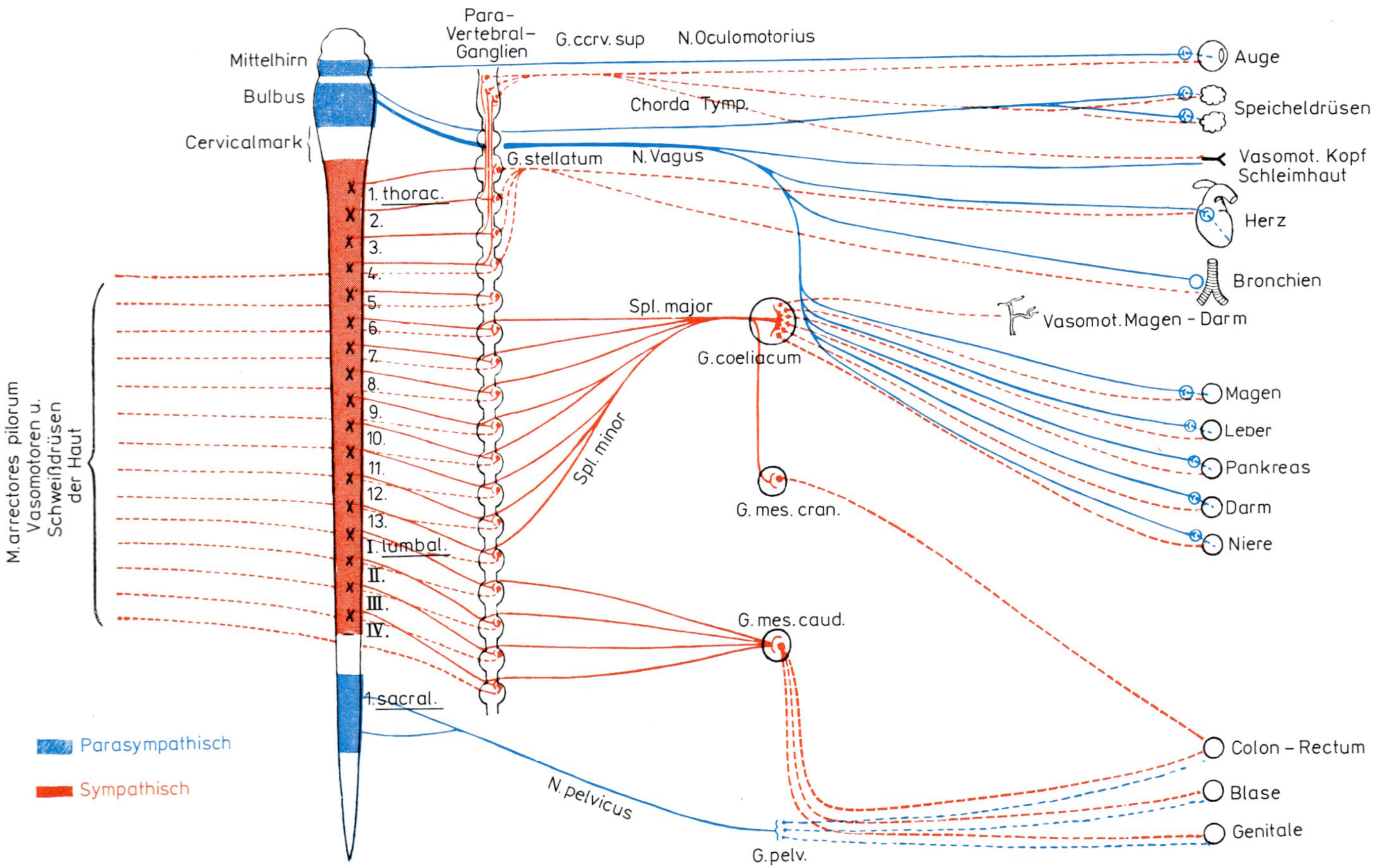

Abb. 378. Schema des autonomen Nervensystems. (LANDOIS-ROSEMANN).

Eingezeichnet sind die dem autonomen System zugehörigen Teile des Zentralnervensystems und die vom autonomen System innervierten Organe. Rot = sympathischer, blau = parasympathisch, ausgezogene Linien = präganglionäre Fasern, punktierte Linien = postganglionäre Fasern die chromaffinen Markzellen umgewandelte postganglionäre Neurone sind und somit das allgemeine Prinzip der Anlage zweier peripherer Neurone nicht durchbrochen ist.

Die Axone der postganglionären Zellen des Grenzstranges laufen durch die Rami communicantes grisei zu den segmental zuständigen Spinalnerven, über die sie ihre Effektoren in Haut und Unterhaut erreichen (Blutgefäße, Schweißdrüsen, Mm. arrectores pilorum). Von den Zervikal- und Thorakalganglien gehen postganglionäre Bündel zu Organen der Brusthöhle, insbesondere zur glatten Muskulatur des Bronchialbaums und zum Herzen (Nn. accellerantes).

Die praeganglionären Fasern des craniosacralen Systems laufen in den Strängen des N. oculomotorius, des N. facialis, des N. glossopharyngicus und N. vagus zu den Effektoren ihrer Einzugsgebiete. Die Umschaltung auf postganglionäre Fasern erfolgt in Ganglien, die ganz in der Nähe der Zielorgane oder sogar in ihnen selber liegen. Im Gegensatz zu den praeganglionären können die postganglionären Fasern also nur sehr kurz sein. Aus dem Sacralmark treten die parasympathischen praeganglionären Fasern durch die Vorderwurzeln aus, trennen sich aber von den somatischen Fasern, um die Nn. pelvini zu bilden. Zwischen parasympathischen, zumeist weit vom Rückenmark entfernt gelegenen Ganglien gibt es fast keine Querverbindungen, so daß einzelne Effektoren isoliert beeinflußt werden können. Das steht im Gegensatz zu den Verhältnissen des sympathischen Systems, in dem es, wie wir gesehen haben, durch Divergenz auf der Ebene des Grenzstranges zu einer mehr diffusen Erregungsausbreitung kommt.

Als Transmitter in vegetativen Synapsen fungieren entweder Azetylcholin oder Noradrenalin. Cholinerg sind sämtliche praeganglionären Neurone beider Systeme sowie alle postganglionären Neurone des parasympathischen Systems. Die sympathischen Endstrecken sind zum großen Teil adrenerg, doch gibt es auch cholinerge, die zu Schweißdrüsen und zu Gefäßen in der Skelettmuskulatur ziehen. Demnach deckt sich die morphologische Unterscheidung eines sympathischen Systems vom parasympathischen System nicht mit der biochemischen Gruppierung in cholinerge und adrenerge Fasern. In neuerer Zeit häufen sich Befunde, denen zufolge auch in adrenergen Nervenendigungen erhebliche Mengen von Azetylcholin anzutreffen sind. Das hat zu der Hypothese geführt, daß die Neurosekretion von Noradrenalin ihrerseits von Azetylcholin ausgelöst werden muß, dem somit eine Schlüsselrolle bei der Erregungsübertragung in vegetativen Synapsen zukäme.

3. Wirkungsweise des vegetativen Nervensystems

Die oft gehegte Vorstellung von einem sympathisch-parasympathischen Antagonismus trifft nicht durchgehend zu. Sie ist an der Tatsache orientiert, daß es Organe gibt, welche — wie das Herz — von dem einen System angetrieben und vom anderen gezügelt werden. Dagegen ist an den Speicheldrüsen ein Synergismus zu konstatieren, da sympathische wie auch parasympathische Impulse die Sekretion anzuregen vermögen. Allerdings beeinflussen sie Volumen und Zusammensetzung des Sekrets in unterschiedlicher Weise. Während cholinerge Aktivität die Absonderung großer Mengen wäßrigen Speichels hervorruft, sorgen adrenerge Impulse für einen größeren Protein-, insbesondere Mucingehalt des im übrigen spärlicher fließenden Sekretionsproduktes. Weder von Antagonismus noch von Synergismus kann man in Fällen sprechen, in denen die Erfolgsorgane überhaupt nur von einem Anteil des vegetativen Systems erreicht werden, wie das bei den Hautgefäßen der Fall ist, zu denen nur adrenerge Fasern ziehen. Vasomotorik, das Wechselspiel von Konstriktion und Dilatation, kommt in diesem Bereich allein durch Veränderungen von Impulsfrequenzen zustande, und Schwankungen des Gefäßkalibers sind demnach Ausdruck von Schwankungen des »Sympathicustonus«. Eine wechselnde Tonisierung der Herzkammern (positiv und negativ inotrope Wirkungen) können wahrscheinlich ebenfalls nur über adrenerge Sympathicusfasern zustande kommen, weil parasympathische Fasern im Ventrikelgewebe bisher nicht nachgewiesen worden sind.

Die vagale Hemmung der Herzschlagfolge ist ein Beispiel für direkte Hemmung von Effektoren (periphere Hemmung), wie sie für das vegetative Nervensystem charakteristisch ist. Im cerebrospinalmotorischen System gibt es dagegen nur eine zentrale Hemmung, d. h. eine inhibitorische Wirkung eines Neurons auf das nächste, nicht aber auf eine Effektorzelle.

Von Förderung oder Hemmung einer Funktion kann man immer nur im Hinblick auf das Funktionsziel sprechen. Das ist besonders bei den Auswirkungen vegetativer Impulse zu bedenken, die erheblich vom Zustand eines Organs und von seiner funktionellen Verbindung mit anderen Organen abhängen. So kann keine Rede davon sein, daß vegetative Impulse an glatten Muskelzellen entweder Kontraktionen oder Relaxationen auslösen oder daß sympathische Neurone das eine und parasympathische das andere tun. Die Effekte sind vielmehr von Organ zu Organ verschieden. So bewirken sympathische Impulse eine Erschlaffung der glatten Muskulatur der Trachea und der Bronchien, der Coronargefäße und der Darmwand. Andererseits führen sie zu einer Kontraktion der glatten Muskulatur der Hautgefäße und der Milztrabekeln. Parasympathische Impulse fördern die Aktivität der Darmwandmuskulatur, aber hemmen sie in den Wänden einiger Gefäße. Das heißt mit anderen Worten, daß es keine eindeutigen Wirkungen vegetativer Impulse gibt, sondern daß sie von Art und Zustand des Effektors bestimmt werden. Es läßt sich jedoch ein Funktionsschema angeben, innerhalb dessen diese Mannigfaltigkeit der Wirkungen in einer sinnvollen Ordnung erscheint.

Die Aktivität des sympathischen Systems ist insgesamt gesteigert, wenn ein Organismus in den Zustand der Leistungsbereitschaft gebracht werden soll. Das gilt sowohl für die Intention rascher Fortbewegung als auch für Aggressions- oder Defensivstimmungen, denen gewöhnlich Bewegungen in Form von Angriffshandlungen oder Fluchtreaktionen folgen. In solchen Situationen kommt es zu einer Voranpassung des gesamten Organismus an die zu erwartende Leistung. Daran ist das sympathische System in erheblichem Maße beteiligt. Selbstverständlich muß es seine gesteigerte Aktivität auch während der Leistung selbst beibehalten, wobei mit einer ganzen Reihe von Funktionsänderungen zu rechnen ist. Symptomatisch ist in allen Fällen die Steigerung der Herzschlagfrequenz, die zu einer Erhöhung des Kreislaufzeitvolumens führt. Erhöhte Herzarbeit erfordert bessere Durchblutung dieses Organs, so daß die Coronargefäße unter sympathischem Einfluß sich erweitern. Durch Konstriktion der Gefäße, insbesondere in der Haut und in den Eingeweiden wird das Blut vorwiegend in die Skelettmuskulatur verlagert. Eng gekoppelt mit den Kreislauf- sind die Atmungsfunktionen. Der Erhöhung des Kreislaufzeitvolumens muß eine Steigerung des Atemzeitvolumens entsprechen. Um den Strömungswiderstand in den Atemwegen herabzusetzen, ist eine Erweiterung ihrer Kaliber erforderlich: die Trachealmuskulatur relaxiert. Zugleich wird die Verdauungstätigkeit reduziert und die Darmmotilität entsprechend gehemmt. Unter dem übergeordneten Gesichtspunkt der Leistungsanpassung löst sich die Verwirrung also auf, die sich bei isolierter Betrachtung einzelner Sympathicuseffekte einstellen könnte. Es ergibt sich eine sinnvolle Kombination verschiedenartiger Wirkungen im Hinblick auf das Funktionsziel. Deshalb hat man den Sympathicus auch den »Leistungsnerv« genannt. W. R. Hess hat von einer »ergotropen« Funktionslage gesprochen, die durch erhöhte Aktivität des sympathischen Systems gekennzeichnet ist.

Im Gegensatz dazu prädominiert in allen Zuständen der Restitution, der Ruhe, der Schonung und des Schlafes das parasympathische System. Der Herzschlag ist verlangsamt, die Durchblutung des Herzens gedrosselt, die Motilität des Magen-Darmtraktes im Dienste der Verdauung gesteigert. Die Kaliber der Bronchien sind wieder den geringeren Strömungsgeschwindigkeiten der Respirationsluft entsprechend herabgesetzt. Der Parasympathicus ist wegen dieser Wirkungen auch als »Schonnerv« bezeichnet worden, dessen Aktivität besonders in »trophotropen« Funktionslagen hervortritt. Die Bezeichnung »Schonnerv« ist unabhängig von allgemeinen Ruhelagen auch für einzelne Schutzreaktionen gerechtfertigt, die über parasympathische Efferenzen zustande kommen. So sind etwa beim Pupillenreflex auf Lichteinfall parasympathische Oculomotoriusfasern beteiligt. Durch die Verengung des Sehlochs (Miosis) wird die Netzhaut vor Blendung geschützt. Effektor ist der parasympathisch innervierte M. sphincter pupillae. Andere Schutzreflexe, wie etwa die Kontraktion der Mm. arrectores pilorum und die Konstriktion der Hautgefäße bei Kälteeinwirkung bedienen sich dagegen sympathischer Efferenzen.

Claude Bernard hat als erster formuliert, daß die Körperflüssigkeiten eine bestimmte Zusammensetzung haben müssen, von der nicht nennenswert abgewichen werden darf, um den ungestörten Fortgang der Lebensvorgänge zu gewährleisten (milieu interne). Dabei ist in erster Linie an die Konzentration der gelösten Stoffe, insbesondere der Wasserstoffionen, zu denken. Cannon hat später in ähnlichem Sinne von der »fluid matrix« gesprochen, deren konstante Zusammensetzung durch eine große Zahl von Regulationsprozessen gewährleistet ist. Sie ergeben ein kompliziertes dynamisches Gleichgewicht, einen gleichbleibenden Grundzustand, den er als **Homöostase** bezeichnet hat. Sie zu erhalten, wird in weitestem Umfange das vegetative Nervensystem eingesetzt, zu dessen Aktionsfeld also die Konservierung eines mittleren Zustandes, die Kompensation von Störungen und die Anpassung an Leistungszustände gehört. Die einzelnen Erfolgsorgane, ob Herz, ob Drüsen oder glatte Muskelzellen, sind auch ohne vegetative Impulse arbeitsfähig. Ihre Einfügung in einen Funktionszusammenhang erfordert jedoch koordinative und regulative Einflüsse des Zentralnervensystems, mit dem sie durch vegetative Efferenzen verbunden sind. Bei einem Ausfall solcher Impulse befindet sich der Organismus zwar in einem labilen Funktionsgleichgewicht, so daß im Zustande der Ruhe sich Defekte nicht sehr leicht erkennen lassen. Jegliche Belastung aber enthüllt, daß der Körper die Homöostase nicht zu verteidigen vermag, weil er dazu eines intakten vegetativen Systems bedarf.

U. Limbisches System

Das rostrale Ende des Hirnstammes, die medialen Flächen der Hemisphären in Nachbarschaft zur Kommissur und diese selbst tragen eine Rindenschicht, deren im Vergleich zum Neocortex primitivere Cytoarchitektur sie als phylogenetisch älteste Teile der Hirnrinde (Archi- und Palaeocortex) ausweisen. Sie machen bei niedrig stehenden Vertebraten, wie z. B. Fröschen, noch die Hauptmasse, in der Tierreihe aufsteigend bis zu den Primaten hingegen einen zunehmend geringeren Anteil des Vorderhirnes aus. Zu ihnen gehören der Bulbus olfactorius, der Gyrus cinguli und der Hippocampus, die wiederum mit einer Reihe subcorticaler Strukturen, wie den Mandelkernen und dem Corpus mammilare, in Verbindung stehen. Wegen seiner Randlage in Beziehung zum Hirnstamm pflegt man den ganzen Komplex als »Limbisches System« zu kennzeichnen (limbus = Saum). Seine morphologischen Komponenten sind weitgehend mit jener Struktur identisch, die man früher »Rhinencephalon« genannt hat. Es ist jedoch erwiesen, daß sie nur teilweise olfaktorischen Zwecken dient, so daß diese Bezeichnung unter funktionellem Aspekt nicht mehr zutreffend erscheint.

Die physiologische Bedeutung des Limbischen Systems bei höheren Tieren ist zur Zeit nur unvollständig bekannt. Ausschaltungsexperimente bei Hunden und Katzen haben — abgesehen von einer gewissen Hypermotorik — keine auffälligen Veränderungen der vegetativen Funktionen und des äußeren Verhaltens ergeben. Stimulations- und Ableitungsversuche dagegen haben gezeigt, daß eine Kopplung mit allen Vorgängen im Hirnstamm bestehen muß und wir hier ein neurophysiologisches Substrat der Erzeugung von Affekten und Emotionen zu suchen haben.

Elektrische Reizung bestimmter Zonen des Limbischen Systems haben bei Hunden, Katzen und Affen zu einer Alteration von Atmungsbewegungen entweder im fördernden oder hemmenden Sinne geführt. Von hier aus kann, vermutlich über thalamische Relais, die Aktivität des gesamten Neocortex beeinflußt, könnten die Reizschwellen in den motorischen Feldern erhöht, Relaxationen kontrahierter Muskeln herbeigeführt oder der Ablauf spinaler Reflexe beeinflußt werden. Reizung im rostralen Bereich des Gyrus cinguli kann bei Hunden und Affen Lautäußerungen hervorrufen. Im rostralen Lobus piriformis und im Mandelkernkomplex können bei diesen Tierarten ebenso wie bei Katzen koordinierte Kau-, Schluck- und Leckbewegungen provoziert werden.

Groß ist die Anzahl vegetativer Reaktionen, die durch Stimulation des Limbischen Cortex auszulösen sind. Sie reichen von Veränderungen des Blutdrucks über Einflüsse auf die Magenmotilität bis zur Salivation, zur Kontraktion der Harnblase und Defäkation. Besondere Beachtung verdient die Induktion komplexer Verhaltensweisen, wie sie sonst auf olfaktorische, akustische und optische Reize hin zustande kommen. Dazu gehören Erheben des Kopfes, Öffnen der Augenlider, Erweiterung der Pupille, Ohrenspiel und rasche Suchbewegungen des Kopfes und der Augen. Ebenso können Körperhaltungen und vegetative Symptome, welche Zustände defensiver Angst oder aggressiver Wut begleiten, durch Reizung im Bereich des Limbischen Systems hervorgerufen werden. Sie kommen nicht mehr zustande, wenn die intralaminären Thalamuskerne oder die Formatio reticularis zerstört werden. Andererseits sind die geschilderten Verhaltensweisen auch aus diesen Regionen künstlich auszulösen. Das deutet auf einen engen funktionellen Verbund dieser Strukturen hin.

Über Hippocampus, Fornix, Corpus mammilare, rostrale Thalamuskerne, Gyrus cinguli und Großhirnrinde laufende Erregungskreise sind schon früher als Erzeuger von Emotionen angesehen worden (Papez). Sie können als angenehm oder unangenehm empfunden werden. In neueren Experimenten sind Versuchstieren Elektroden in den rostralen Hirnstamm implantiert worden, über die durch Berührung eines Hebels ein Stromkreis geschlossen und damit ein elektrischer Reiz in das Gewebe geschickt werden konnte. Je nach dem Sitz der Elektroden haben die Tiere nach der ersten zufälligen Auslösung des Reizes den Kontakt immer wieder, tausende von Malen in der Stunde, geschlossen oder aber die erneute Berührung des Hebels möglichst vermieden. Das deutet darauf hin, daß der Reiz positive oder negative Empfindungen hervorgerufen hat, die das weitere Verhalten des Tieres bestimmt haben. Diese Zuwendungs- oder Abwendungsreaktionen lassen daran denken, daß durch den Stromstoß Strukturen erregt worden sind, deren Aktivität wir in psychologischer Ausdrucksweise als **Motivation** von Handlungen bezeichnen würden.

Es ist bereits erwähnt worden, daß, wenn ein ruhendes Tier plötzlich seine Aufmerksamkeit einer Reizquelle in seiner Umgebung zuwendet, das Elektroencephalogramm stärker desynchronisiert wird. Gleichzeitig macht sich jedoch im Hippocampus eine ausgeprägte Synchronisation der elektrischen Aktivität bemerkbar. Man hat diesen Antagonismus mit Vorgängen der Speicherung sensorischer Erfahrungen in Verbindung gebracht. Wenn das zuträfe, würden Teile des Limbischen Cortex sich an einer zentralnervösen Leistung beteiligen, die wir als **Gedächtnis** bezeichnen.

V. Bedingte Reflexe

Viele Reaktionen der Tiere auf Reizkonstellationen in ihrer Umgebung werden durch antizipierte Erfahrung geprägt. Das ist nur möglich, wenn das Zentralnervensystem Informationen verschiedenen Ursprungs, örtlich und zeitlich geordnet, für einige Zeit zu speichern vermag. Einfachere Beispiele für solche Vorgänge, die hohe Komplikationsgrade erreichen können, sind **erlernte Reaktionen** jener Art, die von Pawlow als **bedingte Reflexe** bezeichnet worden sind. In seinen klassischen Experimenten hat er bei Hunden durch Vorhalten von Fleisch Salivation ausgelöst. Anblick, Berührung und Geschmack der Nahrung sind **unbedingte** Reize, die zwangsläufig zum Speichelsekretionsreflex führen. Wenn dagegen eine Glocke ertönt, ist das keineswegs der Fall, da ein solches akustisches Signal für das Tier zunächst keinerlei Bedeutung in bezug auf die Futteraufnahme hat. Bei Wiederholung würde es die ersten Male eine Zuwendungsreaktion erzielen, mit der Zeit jedoch den Charakter eines neutralen Reizes bekommen, auf den der Hund nicht mehr reagiert. Es hat sich eine Gewöhnung, eine **Habituation** eingestellt. Wird der Glockenton jedoch mit der Futtergabe verbunden und diese Prozedur einige Male wiederholt, so kann man schließlich den unbedingten Reiz fortlassen und dennoch eine verstärkte Salivation erreichen. Das akustische Signal ist zum **bedingten Reiz** geworden, der für sich allein nun ebenso wie der unbedingte imstande ist, die vegetative Reaktion hervorzurufen.

Um eine solche **Konditionierung** herbeizuführen, muß der bedingte Reiz dem unbedingten vorausgeschickt werden. Die Reaktion auf den bedingten Reiz erfolgt in demselben zeitlichen Abstand, den dieser beim Einfahren des Reflexes vom unbedingten Reiz gehabt hat. Auf diese Weise können verzögerte Reaktionen erzielt werden, jedoch nur bis zu Abständen von ca. 90 Sekunden. Die erlernte Reaktion kann auch wieder ausgelöscht (»vergessen«) werden, wenn der bedingte Reiz für längere Zeit allein dargeboten worden ist. Sie kann jedoch durch erneute Paarung mit dem unbedingten Reiz wieder verstärkt und auf Dauer eingeprägt werden. Der Ablauf unterliegt einer Hemmung durch starke äußere Reize anderer Art.

Eine bekannte erlernte Reaktion ist die Konditionierung des Milch-Ejektionsreflexes bei der

Kuh durch optische oder akustische Signale. Sie bedingt das Einschießen der Milch schon beim Erscheinen des Melkers oder beim Lärmen mit dem Melkgerät, ohne daß der unbedingte Reiz des mechanischen Anrüstens noch erforderlich wäre. Ebenso wie diese können auch viele andere Reaktionen eines Tieres auf der Grundlage bedingter Reflexe situativ geprägt werden.

Benutzt man beim Einfahren des bedingten Speichelreflexes einen Ton definierter Frequenz, so kann er zunächst auch durch benachbarte Tonhöhen ausgelöst werden. Wird jedoch nur die Reaktion auf eine einzige Frequenz verstärkt, so kann dadurch das Tier in die Lage versetzt werden, in der vegetativen Reaktion ein äußeres Zeichen für die Diskriminierung verschiedener Schallfrequenzen zu geben. Auf diese Weise sind viele sinnesphysiologische Versuche an Tieren angestellt worden, um etwas über ihre Unterschiedsschwellen für Tonhöhen, Farben und andere Reize zu erfahren.

W. Lernen, Gedächtnis

Reflektorische und reaktive Momente beherrschen zwar in erheblichem Umfang die aktuelle Sensomotorik des Tieres, machen aber keineswegs sein ganzes Verhalten aus. Viele seiner Intentionsbewegungen sind durch Erfahrung, also nicht durch gegenwärtige, sondern durch vergangene Ereignisse bestimmt, die sich ihm eingeprägt haben und als Handlungen auslösende oder sie modifizierende Motive wirksam bleiben. Das Einfahren von Impulsmustern, die bestimmten Reizkonstellationen entsprechen, wird als **Lernen** und ihre Speicherung als **Gedächtnis** bezeichnet. Man hat lange angenommen, daß diese Vorgänge an die Hirnrinde gebunden seien, doch gibt es zunehmend Anzeichen dafür, daß subcorticale Strukturen daran in erheblichem Maße beteiligt sind. So bleiben bedingte Reflexe auch nach Decorticalisierung erhalten, es sei denn, sie erfordern ausgesprochene Rindenfunktionen, wie die Diskriminierung von Farben oder Tönen. Versuche an Tieren mit durchtrenntem Corpus callosum (split brain) haben gezeigt, daß trotz vorwiegend kontralateraler Projektion sensorischer Einflüsse die jeweils andere Hirnhemisphäre informiert und an der Erfahrung beteiligt wird. In jüngster Zeit erwägt man Hypothesen, denen zufolge **Engramme** dadurch zustande kommen sollen, daß sich in Ganglienzellen Moleküle von Ribonucleinsäure verändern und Proteine erzeugen, in deren Struktur ein Impulsmuster verschlüsselt und aufbewahrt wird. Sicherlich ist der Informationsgehalt von RNS und Eiweißen wegen der Vielzahl unterscheidbarer Zustände groß genug, um eine Matrix für Lern- und Speicherprozesse abzugeben. Dennoch ist festzustellen, daß wir Vorgänge, wie Lernen und Gedächtnis, vorwiegend phänomenologisch behandeln und noch weit davon entfernt sind, ihre physiologischen Grundlagen zu verstehen.

X. Schlußbemerkungen

Am Ende wird der Leser rückblickend feststellen, daß dieses Kapitel über das Nervensystem und die Sinnesorgane den Charakter einer Einführung hat, in der bei weitem nicht alle bekannten Befunde besprochen worden sind. Das ist in dem beschränkten Rahmen eines Lehrbuches, in welchem viele Teilgebiete der Physiologie zu berücksichtigen sind, kaum möglich und auch nicht erforderlich. Ebenso wenig ist der Stoff nach dem Muster humanphysiologischer Texte aufbereitet worden, die sich auf Besonderheiten des Menschen konzentrieren und auch in stärkerem Maße auf die neurologische, ophtalmologische, otologische Klinik ausrichten müssen. Bei der Ausführung und Gewichtung der einzelnen Themen haben veterinärmedizinische Interessen eine bestimmende Rolle gespielt. Zu den wichtigsten muß gehören, jene Kenntnis sensomotorischer Funktionen zu gewinnen, die bei der Haltung, Nutzung und Schonung von Tieren Beachtung verdient. Darüber hinaus sind neurophysiologische Elemente vorzutragen gewesen, die zur Erklärung von Verhaltensweisen herangezogen werden können. Sie werden ausführlicher im nun folgenden Kapitel behandelt.

Literatur

Boudreau, J. C., Ch. Tsuchitani, 1973: Sensory Neurophysiology. Van Nostrand Reinhold Company, New York, Cincinnati, Toronto, London, Melbourne.

Fortunato, V., P. Niccolini, 1958: L'Olfatto, Istituto Farmacoterapico Italiano, Rom.

Handbook of Physiology, Section I Neurophysiology. Volumes I—III. American Physiology Society 1959 (Volume I) and 1960 (Volumes II and III).

Hensel, H., 1966: Allgemeine Sinnesphysiologie. Hautsinne, Geschmack, Geruch. Springer-Verlag, Berlin, Heidelberg, New York.

Magnus, R., 1924: Körperstellung. Springer-Verlag, Berlin.

XIV. Physiologie der Bewegung

A. WELS

Die Fähigkeit zur Bewegung ist bei Organismen eine Grunderscheinung des Lebens. Sie beruht auf **Kontraktilität,** die eine Eigenschaft jeder lebenden Zelle ist. Das Funktionsprinzip **intrazellulärer Bewegungen** — wie aktive Plasmaströmung oder Trennung der Chromosomensätze und Durchschnüren des Zelleibs im Ablauf der Zellteilung — beruht auf kontraktilen Systemen des Zytoplasmas und entspricht demjenigen des kontraktilen Apparates in Muskelzellen.

Die **amöboide Bewegung** ist die einfachste Art der Fortbewegung einzelliger Lebewesen. Auch die Leukozyten der hochentwickelten Säugetiere benutzen sie zur Wanderung in den Geweben.

Bewegung mit Hilfe von Zellorganellen wie *Geißeln* und *Zilien* ist eine Weiterentwicklung der aktiven Orts- oder Lageveränderungen. Auch sie kommt im Organismus unserer Haustiere bei den Spermatozoen und — mit Funktionswandlung — in den Flimmerepithelien vor.

Der höchste Stand der Entwicklung der Motilität wurde durch Spezialisierung von Zellen zu eigentlichen Bewegungszellen, den **Muskelzellen,** erreicht. Zwar ist allen lebenden Zellen zu eigen, chemische Energie aus dem Stoffwechsel zu beziehen, sie in spezifische Bindungsenergie zu wandeln und in Form von Wärme, elektrischer und mechanischer Energie nach außen abzugeben; Muskelzellen zeichnen sich aber gegenüber anderen Zellen dadurch aus, daß sie befähigt sind — neben Wärme — *besonders viel mechanische Energie* abzugeben. Die Muskelzellen selbst weisen auch wieder verschiedene *Entwicklungsstufen* auf.

Die **glatte Muskulatur** ist die primitivste. Sie arbeitet ökonomisch, aber langsam und wenig steuerbar. Meistens dient sie zur Erhaltung der Weite oder Spannung von Hohlorganen.

Der **quergestreifte Herzmuskel** ist dagegen wesentlich differenzierter. Er arbeitet Jahrzehnte lang ununterbrochen in seiner rhythmischen Pumpfunktion.

Die höchste Spezialisierung weist der **quergestreifte Skelettmuskel** auf. Er ist strukturell am weitesten differenziert, und seine Funktion kann nur über motorische Zentren beeinflußt werden; er ist »computergesteuert«.

Die quergestreifte Muskulatur gehört heute zu den bestuntersuchten tierischen Geweben. Unsere Vorstellungen über ihre Funktionsweise basieren auf physikalischen und chemischen Gesetzmäßigkeiten und sind bis in den molekularen Bereich weit fortgeschritten; vielleicht auch deshalb, weil das Phänomen Bewegung schon immer Menschen fasziniert hat.

A. Die quergestreifte Skelettmuskulatur

1. Struktur und Zusammensetzung

Die quergestreifte Skelettmuskulatur setzt sich aus langen, kernreichen, zylindrischen Zellen (Plasmodien), den **Muskelfasern,** zusammen. Diese haben einen mittleren Durchmesser von 80 (20–150) µm, eine Länge von einigen mm bis zu etwa 30 cm und sind von feinem Bindegewebe umhüllt, das Blut- und Lymphgefäße sowie Nervenfasern mit sich führt. Mehrere oder viele Fasern werden durch zartes Bindegewebe zu Primärbündeln und diese wieder zu Sekundärbündeln zusammengefaßt. Primärbündel, besonders aber Sekundärbündel sind bereits mit bloßem Auge sichtbar und werden als »Fleischfasern« bezeichnet. Einige oder viele Sekundärbündel bilden einen Muskel.

Skelettmuskelfasern sind vom *Sarkolemm* umgeben und bestehen zum überwiegenden Teil aus den kontraktilen *Myofibrillen,* dem *sarkoplasmati-*

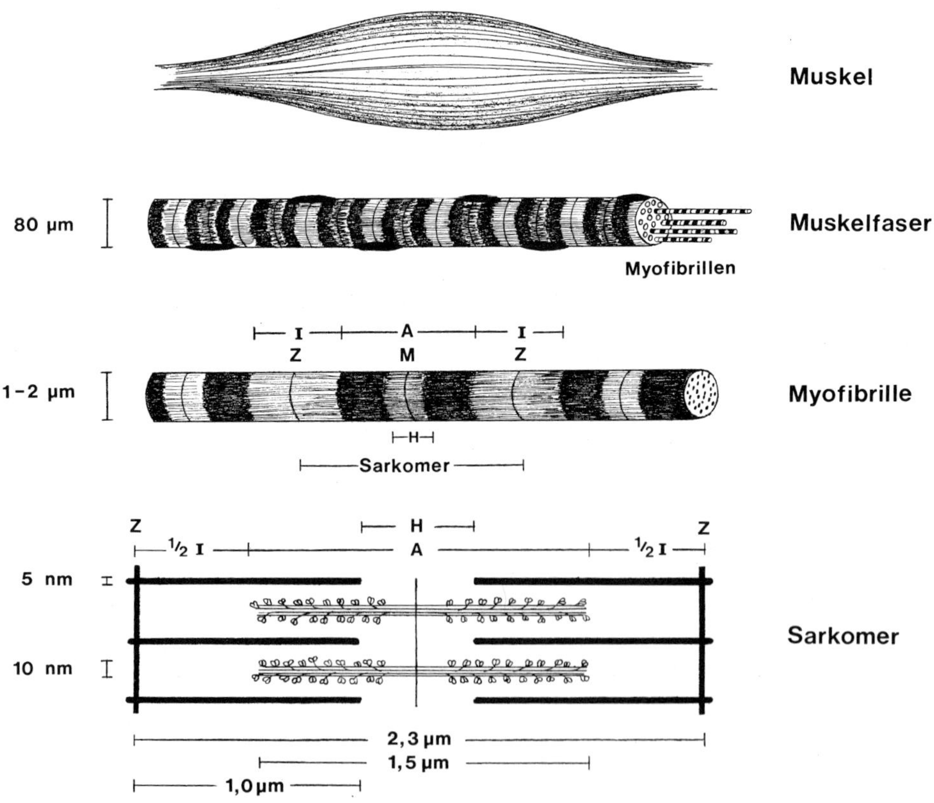

Abb. 379. Aufbau eines Skelettmuskels aus Muskelfaser, Myofibrille und Sarkomer, schematisch. (Geändert nach verschiedenen Autoren)

schen Retikulum, den *Mitochondrien* sowie dem dazwischen liegenden *Sarkoplasma.*

Die zylindrischen Myofibrillen (Durchmesser 1–2 µm) setzen sich aus kontraktilen Proteinfäden, den *Myofilamenten,* zusammen und haben die gleiche Länge wie die Muskelfasern (Abb. 379).

Das Sarkomer. Nach Anfärbung oder bei Anwendung spezieller mikroskopischer Verfahren zeigen die Myofibrillen eine regelmäßige **Querstreifung:** dunkle A-Streifen mit hohem Brechungsindex und hellere I-Streifen (Abb. 379). In der ruhenden Faser sind im polarisierten Licht die *A-Streifen* stark doppelbrechend (anisotrop), die *I-Streifen* dagegen schwach doppelbrechend (isotrop). Der A-Streifen wird durch die regelmäßige Anordnung von etwa 1000 dicken *Myosinfilamenten* (Durchmesser 10 nm) hervorgerufen und weist in der Mitte eine etwas hellere Zone (H-Zone) auf, die frei von dünnen Aktinfilamenten ist (Abb. 379 und 380). In der Mitte der H-Zone befindet sich die M-Membran (Mesophragma), an der die Myosinfilamente fixiert sind. Der helle I-Streifen besteht aus den dünnen *Aktinfilamenten* (etwa 2000, Durchmesser 5 nm), die an der Z-Membran verankert sind und teilweise in den A-Streifen hineinreichen. Der Bereich von Z-Membran zu Z-Membran wird als **Sarkomer** bezeichnet und enthält in Ruhe Abschnitte, die nur aus Aktinfilamenten, aus Aktin- und Myosinfilamenten oder nur aus Myosinfilamenten bestehen (Abb. 380). Das Sarkomer ist das kleinste kontraktile Element des Muskels. Die Myofibrillen sind in den Muskelfasern so streng mit den Streifen auf gleicher Höhe parallel angeordnet, daß auch die Muskelfasern selbst quergestreift sind.

Myofilamente. Die dicken **Myosinfilamente** der A-Streifen sind ein Aggregat aus etwa 150–400 langen asymmetrischen *Myosinmolekülen* (Länge 150 nm, M_r 450 000), an denen man einen *Kopfteil* und einen *Schwanzteil* erkennt (Abb. 380). Der Kopfteil besteht aus zwei länglichen Köpfen. Am Schwanzteil kann man einen »Hals« enzymatisch abspalten, wie man auch die Köpfe proteolytisch vom Hals isolieren kann. Der Hals verbindet »gelenkig« die Köpfe mit dem restlichen Schwanz und ermöglicht damit den Köpfen eine große Beweg-

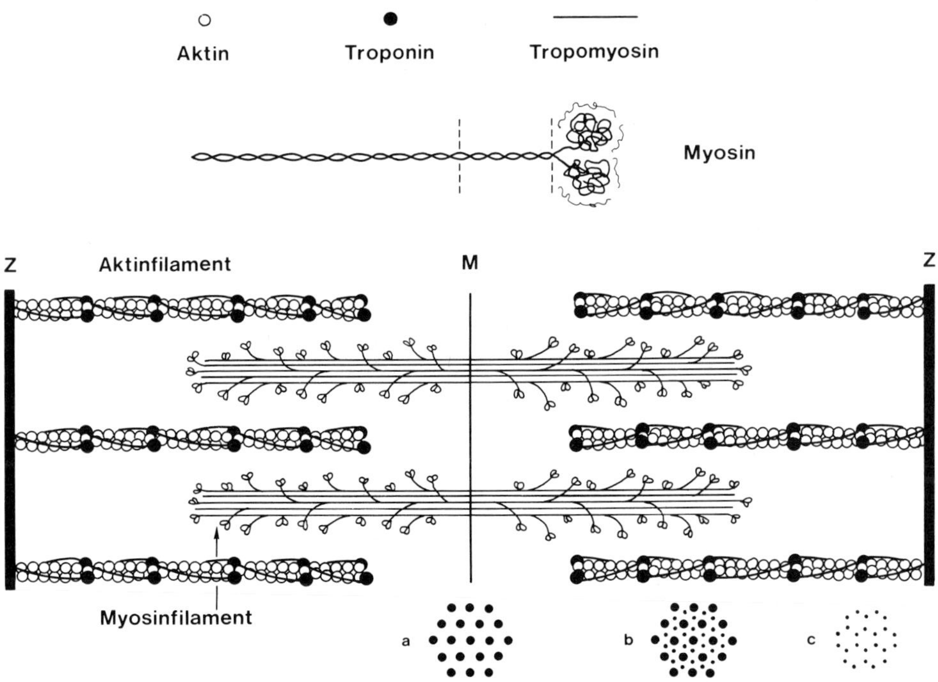

Abb. 380. Struktur des Sarkomers, schematisch. (Modifiziert nach verschiedenen Autoren).

Oben: Moleküle der kontraktilen Proteine: Aktin, Troponin, Tropomyosin und Myosin; **unten:** ein Sarkomer; **darunter:** Querschnitte in unterschiedlichen Sarkomerbereichen, verkleinert: **a** = H-Zone mit nur Myosinfilamenten, **b** = A-Streifen mit Myosin- und Aktinfilamenten, **c** = I-Streifen mit nur Aktinfilamenten
Filamente in hexagonaler Anordnung!

lichkeit. So können sie zur *Brückenbildung* an die Aktinfilamente herantreten und diese zur Sarkomermitte ziehen. Die Schwanzteile bestehen aus helikal gewundenen Polypeptidketten, während in den Kopfteilen die Ketten verknäuelte, globuläre Strukturen ergeben, die jeweils von einem Paar leichter Ketten umhüllt sind. In den Myosinköpfen ist sowohl eine *enzymatische Gruppe,* die ATP binden und hydrolisieren kann (Myosin-ATPase), als auch die *Haftstelle* für die Brückenbildung mit den Aktinfilamenten lokalisiert.

Das *Myosinfilament* besteht also aus einer großen Zahl von aggregierten Myosinmolekülen, die mit den aus dem Filament radiär herausragenden Kopfteilen polar angeordnet sind, so daß ein köpfchenfreier Mittelteil entsteht. In dessen Mitte, und damit auch in der Mitte der H-Zone, fixiert ein Maschenwerk aus Gerüsteiweißen (M-Membran) die etwa 1000 Myosinfilamente einer Myofibrille zu einem Bündel.

Die dünneren **Aktinfilamente** setzen sich aus zwei helikal umeinander gewundenen Ketten aus aggregierten globulären Aktinmolekülen zusammen. In den Rinnen der Aktinketten liegen die länglichen **Tropomyosinmoleküle,** an die in Abständen von 40 nm die wiederum globulären **Troponinmoleküle** gebunden sind (Abb. 380). Die Z-Scheibe, das ist ein stärkeres Maschenwerk aus Gerüsteiweißen, hält das Bündel von etwa 2000 Aktinfilamenten in der Mitte der I-Bande zusammen. Die Aktinfilamente reichen beiderseits der Z-Scheibe zum Teil in das Bündel der etwa 1000 Myosinfilamente hinein, so daß es dort zur Überlappung der mit Myosinköpfchen besetzten Bereiche der dicken Filamente mit den dünnen Aktinfilamenten kommt. Querschnitte in verschiedenen

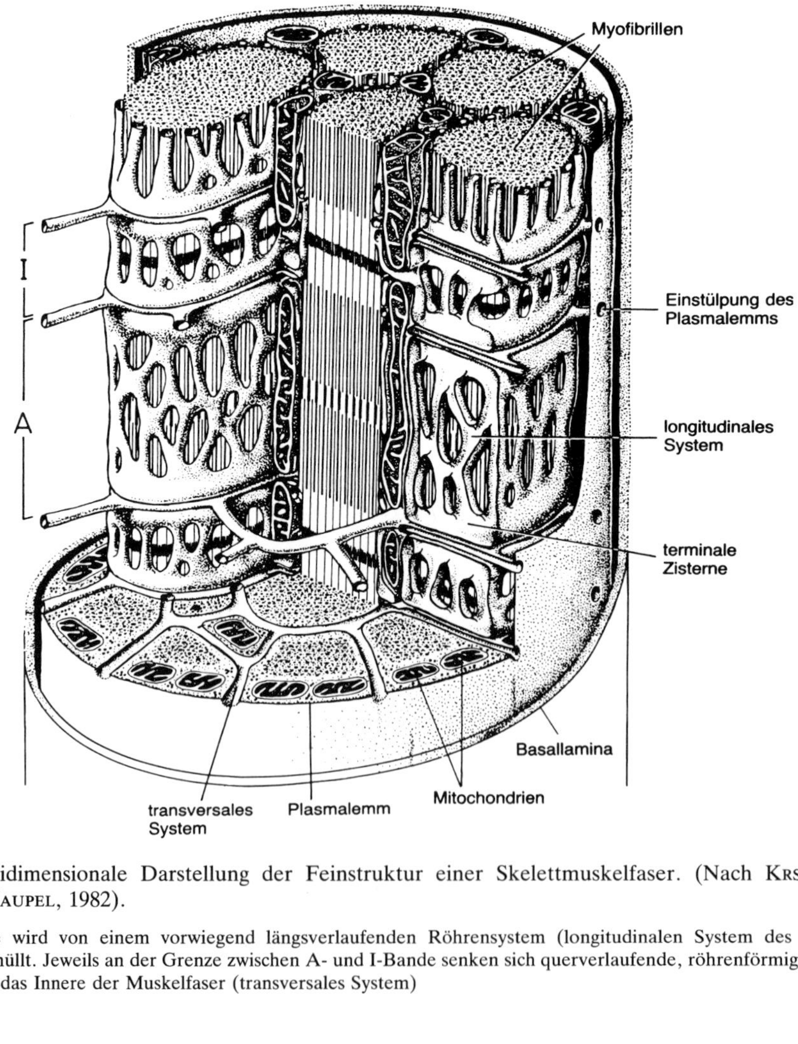

Abb. 381. Dreidimensionale Darstellung der Feinstruktur einer Skelettmuskelfaser. (Nach Krstić aus: Thews, Mutschler, Vaupel, 1982).

Jede Myofibrille wird von einem vorwiegend längsverlaufenden Röhrensystem (longitudinalen System des sarkoplasmatischen Retikulums) umhüllt. Jeweils an der Grenze zwischen A- und I-Bande senken sich querverlaufende, röhrenförmige Einstülpungen des Plasmalemms in das Innere der Muskelfaser (transversales System)

Tab. 114. Stoffliche Zusammensetzung des Skelettmuskels, makroskopisch fettfrei; Wassergehalt 75 %. (Abgeändert nach K. Brecht, 1979)

Proteine 20 %				Rest 5 %
Strukturproteine	70 %	*Gelöste Proteine*	30 %	1. *Organische Stoffe*
davon:		davon:		Glykogen und Derivate.
1. Kontraktile Proteine	50 %	1. Albumine	18 %	Fette (besonders interstitiell).
a) Myosin ⅔		Globuline		N-haltige Verbindungen:
b) Aktin ⅓		Myoglobin		ATP, KP, Carnosin,
c) Tropomyosin und Troponin		2. Enzyme	12 %	Anserin u. a.
(einige %)				2. *Anorganische Stoffe*
d) Paramyosin in Haltemuskeln				Na, K, Cl, Ca, Mg, Fe:
niederer Tiere,				siehe allgemeine intra- und
z. B. Mollusken.				extrazelluläre Ionenverteilung
Hier in hoher Konzentration!				und Spurenelemente!
2. Stromaproteine	20 %			Ca^{++} und Mg^{++} sind u. a. als
(in Salzlösungen unlösliches				Aktivatoren und Inhibitoren
Protein, Gerüstsubstanz)				von Enzymsystemen wichtig

Sarkomerbereichen treffen daher unterschiedliche Filamente in jeweils hexagonaler Anordnung (Abb. 380).

Sarkotubuläres System. Ein umfangreiches sarkotubuläres System durchzieht die quergestreifte Skelettmuskelfaser in Form eines *longitudinalen* und eines *transversalen* tubulären Retikulums. Jede Myofibrille wird im Bereich des I-Streifens von einem kleineren, im Bereich des A-Streifens von einem größeren Segment eines longitudinalen Röhrensystems, dem **L-System** oder **sarkoplasmatischen Retikulum** korbartig umgeben (Abb. 381). An der Grenze zwischen den A- und I-Streifen enden die longitudinalen Schläuche jeweils in einer transversal verlaufenden *Terminalzisterne.* Das sarkoplasmatische Retikulum ist ein Ca^{++}-Ionenspeicher, und seine Membran besitzt eine ausgezeichnete Ca^{++}-Ionenpumpe. Zwischen den Terminalzisternen verlaufen Röhrchen des transversalen Systems **(T-System).** Dieses T-System stellt Einstülpungen des Plasmalemms in das Innere der Muskelfaser dar, und zwar jeweils in der Höhe der Grenzen zwischen A- und I-Streifen (Abb. 381). Die dünnen T-Tubuli umgeben alle Myofibrillen jeweils im Bereich der Terminalzisternen und bilden damit ein transversales Retikulum, das mit dem Extrazellularraum kommuniziert. Das T-System dient der Erregungsleitung von der Oberfläche ins Innere der Muskelfasern.

Sarkoplasma, Mitochondrien, Myoglobin, Enzyme. Zwischen den Myofibrillen, aber auch unter dem Sarkolemm liegen viele Mitochondrien. Diese und alle anderen Zellorganellen sind in Sarkoplasma eingebettet, das je nach Fasertyp 20–40 % der Fasermasse ausmacht. Das Sarkoplasma ist viskös, enthält Enzyme, Myoglobin und andere Proteine neben vielen organischen und anorganischen Bestandteilen.

Zusammensetzung. Die Tabelle 114 enthält eine Übersicht über die stoffliche Zusammensetzung der Skelettmuskulatur.

2. Funktioneller Aufbau

Muskelfasertypen. Seit langem unterscheidet man weiße und rote Muskeln, die sich überwiegend aus *weißen* oder *roten Muskelfasern* zusammensetzen. Außerdem kennt man auch Muskelfasern, die sowohl Merkmale der weißen als auch der roten Fasern tragen: *intermediäre Muskelfasern.*

Die **weißen Muskelfasern** sind dicker, enthalten relativ mehr Myofibrillen, relativ weniger und kleinere Mitochondrien mit weniger Cristae, relativ weniger Sarkoplasma mit geringerer Myoglobinkonzentration als rote Fasern. Die weißen Muskelfasern können sich schneller kontrahieren und mehr Kraft entwickeln. Sie ermüden aber auch leichter, da mit weniger Mitochondrien und weniger Myoglobin ihre Oxidationskapazität geringer ist.

Dagegen sind **rote Muskelfasern** dünner, enthalten relativ weniger Myofibrillen und dafür mehr Sarkoplasma (bis zu 40 % der Muskelmasse) mit einer höheren Myoglobinkonzentration. Sie enthalten viel mehr große und cristaereichere Mitochondrien, die nicht nur zwischen den Myofibrillen, sondern besonders gehäuft auch unter dem

Sarkolemm vorkommen. Rote Muskelfasern sind aufgrund ihres Mitochondrienreichtums und ihrer höheren Myoglobinkonzentration für oxidative Prozesse gut ausgerüstet. Sie kontrahieren sich aber langsamer als weiße Fasern, dafür aber wesentlich ausdauernder. Sie ermüden dabei kaum (z. B. Halte-, Atem- und Kehlkopfmuskulatur). Rote Muskeln sind auch stärker kapillarisiert als weiße. Die rote Farbe der roten Skelett- wie auch der Herzmuskulatur beruht aber nicht nur auf dem höheren Hämoglobin-, sondern auch auf dem höheren Myoglobingehalt und wird zum Rotbraun im Herzen durch seinen hohen Gehalt an mitochondrialen Atmungsfermenten. Die Herzmuskulatur ist besonders reich an Sarkoplasma, Myoglobin und Mitochondrien, was unter anderem zu ihrer Nichtermüdbarkeit beiträgt.

Detailliertere Kenntnisse aus neueren Untersuchungen über funktionelle, histochemische und morphologische Merkmale führen zur Zeit zu einer Klassifizierung in mindestens drei verschiedene Fasertypen:

1. *Schnelle, ermüdbare, dicke Fasern mit hoher Myosin-ATPase- und hoher glykolytischer Enzymaktivität;*
2. *schnelle, wenig ermüdbare, dünnere Fasern mit hoher Myosin-ATPase-, hoher glykolytischer und stärkerer oxidativer Enzymaktivität;*
3. *langsame, nicht (kaum) ermüdbare, dünne Fasern mit hoher oxidativer Enzymaktivität.*

Weitere Angaben hierzu in Tabelle 115 und Abbildung 382.

Motorische Einheiten. Alle Skelettmuskelfasern werden von *Motoneuronen* innerviert. Deren Somata liegen im Ventralhorn des Rückenmarkes. Mit elektrophysiologischen und histochemischen Methoden konnte gezeigt werden, daß jedes Motoneuron über Axon und motorische Endplatten mit einer bestimmten Anzahl von Muskelfasern in Verbindung steht. Motoneuron und zugehörige Muskelfasern werden als **motorische Einheit** bezeichnet. Jedes Aktionspotential des Motoneurons erregt normalerweise alle Fasern der betreffenden motorischen Einheit. Daher ist diese die kleinste funktionelle Einheit der Skelettmuskulatur zur Freisetzung mechanischer Energie.

Die Muskelfasern einer motorischen Einheit sind über ein relativ weites Areal verteilt. Daher kommt es zu starker Überschneidung der Bereiche benachbarter Einheiten. Im Areal einer motorischen Einheit kommen — nach Untersuchungen an Mensch, Katze und Ratte — Muskelfasern aus 20 bis 50 anderen Einheiten vor. Diese hohe Dispersion der Fasern der einzelnen Einheiten führt zu starker funktioneller Verzahnung, die zur Erzeugung und Abstufung des Muskeltonus und bei der Regulation der Muskelkontraktion sicherlich große Bedeutung hat.

Nach Untersuchungen am Menschen haben Areale motorischer Einheiten in den Armmuskeln einen Durch-

Tab. 115. Motorische Einheiten im schnellen M. gastrocnemius med. und im langsamen M. soleus der Katze. (Nach Burke und Edgerton, 1975, aus Küchler, G., 1983, modifiziert).
Die Bezeichnung der Fasertypen bedeutet: FF fast twitch fatiguable (schnelle, ermüdbare Faser); FR fast twitch fatigue resistent (schnelle, wenig ermüdbare Faser); S slow twitch (langsame, nicht ermüdbare Faser)

Muskel	M. gastrocnemius med.			M. soleus
Fasertyp	FF	FR	S	S
Vorkommen in (%)	42	28	28	100
Mittl. Faserdurchmesser (μm)	82	60	46	74
Mittl. Faserzahl/Einheit	750	440	540	150
Kapillardichte	gering	hoch	hoch	hoch
Kontraktionszeit der Einzelzuckung (ms)	20–47	30–55	58–110	65–130
Max. Tetanusspannung (mN)	300–1300	45–550	12–126	20–350
Ermüdbarkeit	+++	+	0	0
Myofibrillen ATPase-Akt.	+++	+++	+	++
Oxidative Enzyme	+	++	+++	+++
Glykolytische Enzyme	+++	+++	+	+
Mittl. axonale Erregungsleitungsgeschwindigkeit ($m \cdot s^{-1}$)	100	100	85	68
Mittl. Membranwiderstand der Ganglienzelle (MΩ)	0,6	0,6	1,6	2,3

messer von etwa 5 mm, in den Beinmuskeln einen solchen von 10 mm. Dabei kommt es zur Überlappung von etwa 10–25 Einheiten mit jeweils 500–2000 Muskelfasern. Die motorischen Einheiten der entsprechenden Muskeln von Katze und Ratte haben eine 4- bis 12mal geringere Anzahl an Fasern. Muskeln mit fein abstufbaren Bewegungen besitzen kleinere motorische Einheiten. So setzen sich die Kehlkopfmuskeln des Menschen aus motorischen Einheiten mit 25–100 Fasern, die äußeren Augenmuskeln beim Menschen aus Einheiten mit etwa 4–6 Muskelfasern zusammen.

Daten über motorische Einheiten anderer Haustiere stehen bisher kaum zur Verfügung. Untersuchungen am Menschen und die dabei gewonnenen Ergebnisse auf dem Gebiet der Motorik — wie auch auf vielen anderen Gebieten — können selbstverständlich analogisiert auf Tiere übertragen werden.

Die einzelne motorische Einheit setzt sich jeweils aus Muskelfasern gleicher Art mit übereinstimmenden Merkmalen zusammen. Sie ist damit durch den jeweiligen Muskelfasertyp charakterisiert. Nach dem Fasertyp unterscheidet man

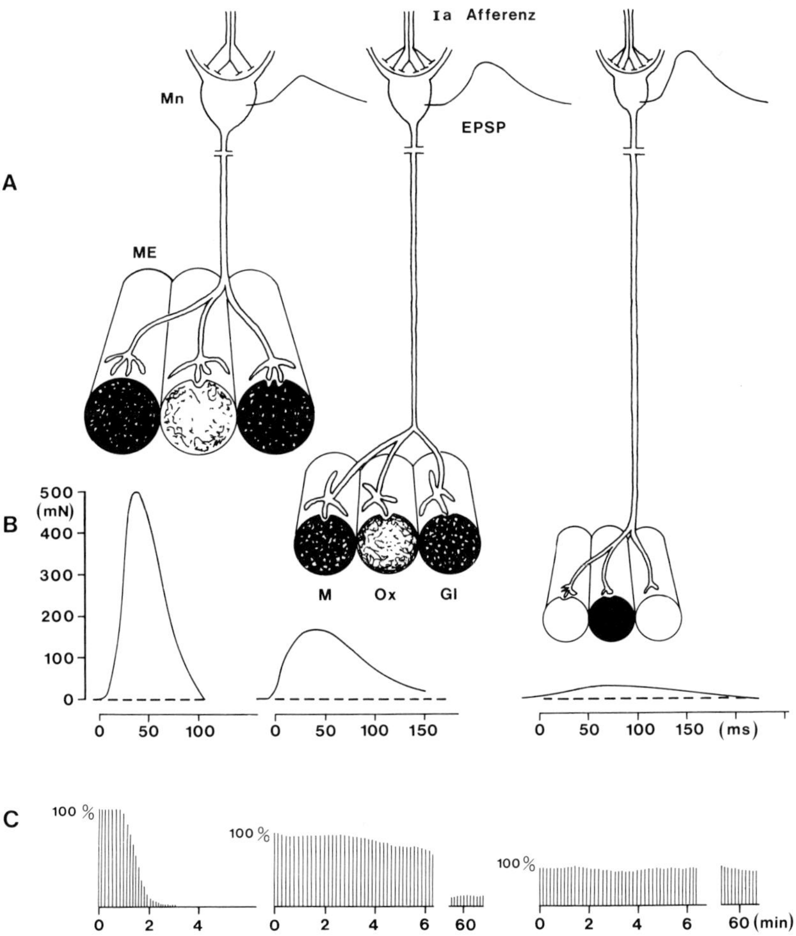

Abb. 382. Motorische Einheiten des M. gastrocnemius med. der Katze. (Nach BURKE und EDGERTON aus: KÜCHLER, 1983).

A: Relative Größen der Motoneurone Mn und der Fasern der motorischen Einheiten ME. I a-Afferenz: synaptische Verbindungen der I a-Afferenzen am Motoneuron mit unterschiedlicher Dichte; EPSP: das am Motoneuron über den Eigenreflex auslösbare EPSP mit unterschiedlichen Amplituden. Die unterschiedliche Schwärzung in den Querschnitten der Muskelfasern entspricht den Farbintensitäten der histochemischen Reaktionen jeweils von links nach rechts: **M** = Myosin-ATPase, **Ox** = oxidative Enzyme, **Gl** = glykolytische Enzyme.

B: Typische isometrische Einzelkontraktionen der motorischen Einheiten.

C: Ermüdbarkeit der motorischen Einheiten im Verlauf periodischer Reizung. **Links:** schnelle, ermüdbare Einheit (FF) mit starken histochemischen Reaktionen der Myosin-ATPase und der glykolytischen Enzyme; **Mitte:** schnelle, wenig ermüdbare Einheit (FR) mit ausgeprägten histochemischen Reaktionen der Myosin-ATPase und der glykolytischen und schwächer der oxidativen Enzyme; **rechts:** langsame, nicht ermüdbare Einheit (S) mit starken histochemischen Reaktionen der oxidativen Enzyme

1. *schnelle, ermüdbare, große (FF);*
2. *schnelle, wenig ermüdbare, mittlere (FR) und*
3. *langsame, nicht ermüdbare, kleine (S) motorische Einheiten* (Tab. 115 und Abb. 382).

Es gibt Hinweise dafür, daß das jeweilige Motoneuron die zugehörigen Muskelfasern prägt und kontrolliert. Das könnte durch trophische Faktoren, die durch das Axon in die Fasern gelangen und/oder durch das Erregungsmuster des Neurons verursacht werden.

In der Tabelle 115 sind charakteristische morphologische, histochemische und funktionelle Merkmale und Daten der drei Arten motorischer Einheiten der Katze aufgeführt. Außerdem enthält die Tabelle beispielhaft das prozentuale Vorkommen der verschiedenen motorischen Einheiten in einem schnellen (M. gastrocnemius medialis) und einem langsamen Muskel (M. soleus) der Katze.

Die Abbildung 382 enthält in A relative Größenverhältnisse der Motoneurone und der Muskelfasern der drei Arten motorischer Einheiten des M. gastrocnemius medialis der Katze. Ferner sind die Dichte der I a-Afferenzen, die Größe der EPSP-Amplituden und die Intensität histochemischer Reaktionen eingezeichnet. In B ist der Zeitverlauf isometrischer Einzelkontraktionen und die dabei entwickelte Kraft und in C die Ermüdbarkeit der verschiedenen Typen motorischer Einheiten dargestellt (s. auch XIV, A, 7).

3. Mechanik der Muskelkontraktion

Kontraktionsformen. Eine Kontraktion mit Verkürzung bei gleichbleibender Spannung bezeichnet man als **isotonische,** eine solche ohne Verkürzung mit Zunahme der Spannung nennt man eine **isometrische Kontraktion** (Abb. 383). Diese beiden Kontraktionsformen sind Grenzfälle der Kontraktion, die beim Skelettmuskel nur selten vorkommen. Der Organismus wendet im allgemeinen Kombinationen dieser Grenzfälle an.

Die häufigste Kontraktionsform bei den natürlich ablaufenden Bewegungen des Körpers ist die **auxotonische Kontraktion** mit *gleichzeitiger* Verkürzung und Zunahme der Spannung des Muskels.

Es kommen aber auch Kontraktionen vor, bei denen der Muskel *nacheinander* zuerst isometrisch und dann isotonisch arbeitet. Diese Form nennt man **Unterstützungskontraktion,** da das am Muskel hängende Gewicht im Beispiel der Abbildung 383 zunächst unterstützt wird und der Muskel erst isometrisch so viel Spannung entwickeln muß, daß er das Gewicht isotonisch heben kann. Viele Muskeln führen in vivo beim Anheben von Gegenständen oder Lasten oder beim Aufstehen aus dem Liegen durch Strecken aus den Gelenkbeugen die Unterstützungskontraktion aus: zunächst muß Spannung entwickelt werden, bevor dann das Heben der Last oder des Körpers durch Muskelverkürzung bei etwa gleichbleibender Spannung stattfinden kann.

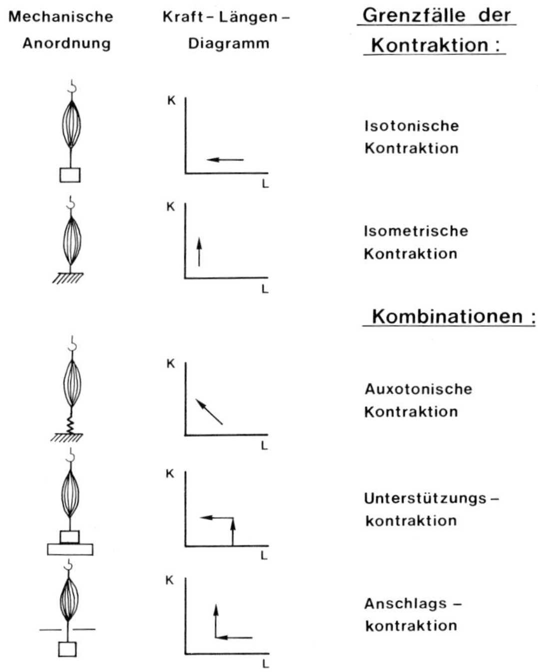

Abb. 383. Kontraktionsformen des Skelettmuskels. (In Anlehnung an K. Brecht, 1979).

Links: mechanische Kontraktionsbedingungen; **Mitte:** Kraft-Längen-Diagramm der Kontraktionen; **rechts:** Bezeichnung der verschiedenen Kontraktionsformen

Die Kontraktionsphasen können aber auch in umgekehrter Reihenfolge ablaufen. Eine Kontraktion, bei der auf eine isotonische eine isometrische Phase folgt, bezeichnet man als **Anschlagskontraktion.** Solche Anschlagskontraktionen werden z. B. mit der Kaumuskulatur durchgeführt, die sich zunächst isotonisch verkürzt und dann annähernd isometrisch weiter kontrahiert.

Mechanische Eigenschaften. Am isolierten Skelettmuskel kann durch Dehnung und Entdehnung demonstriert werden, daß der Muskel *elastische,* aber auch *plastische* Eigenschaften besitzt.

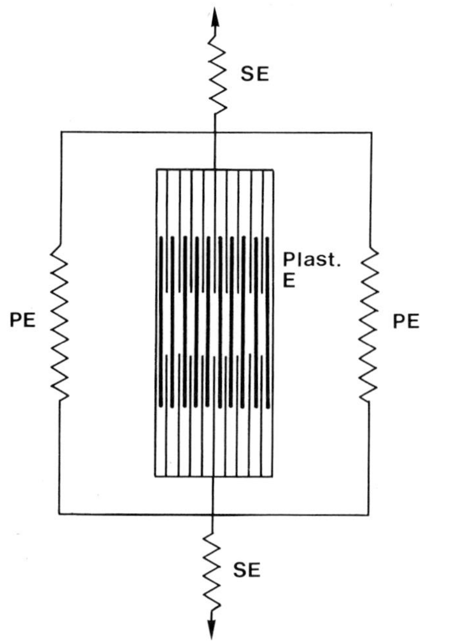

Abb. 384. Modell der mechanischen Eigenschaften des Skelettmuskels mit parallelelastischen **(PE)**, serienelastischen **(SE)** und plastischen Elementen **(Plast. E)**

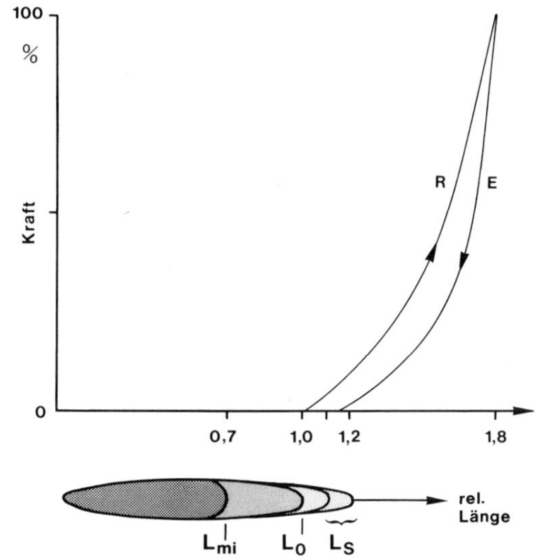

Abb. 385. Kraft-Längen-Diagramm des isolierten Muskels. Ruhedehnungskurve R und Entdehnungskurve E. (Geändert nach Brecht, 1979).

$\mathbf{L_{mi}}$ = Minimallänge, $\mathbf{L_0}$ = Ruhelänge, bei der er beginnt, meßbare Spannung zu entwickeln, $\mathbf{L_s}$ = Länge in situ, $\mathbf{L_0}$ = 1

Die **Muskelelastizität** beruht auf zwei Komponenten. Die eine ist zu den Muskelfasern parallel angeordnet (PE in Abb. 384) und besteht aus dem entsprechenden gesamten Bindegewebe, dem Sarkolemm und dem sarkoplasmatischen Retikulum, während die andere elastische Komponente mit den Muskelfasern in Serie geschaltet ist und von den sehnigen Ansätzen des Muskels gebildet wird (SE in Abb. 384).

Die **Plastizität** des Muskels wird von der Gesamtheit der kontraktilen Elemente zusammen mit dem viskösen Sarkoplasma hervorgerufen (Plast. E in Abb. 384).

Kraft-Längen-Diagramm in Ruhe (Ruhedehnungskurve). Ein von seinen Ansatzstellen abgetrennter Muskel verkürzt sich, unter Umständen bis zu seiner **Minimallänge** (L_{mi} in Abb. 385). Der völlig entspannte Muskel läßt sich dann bis zur **Ruhelänge** L_0 zunächst leicht dehnen bis er bei L_0 gerade beginnt merklich Spannung zu entwickeln. Die leichte Dehnbarkeit bei Längen unter L_0 wird auf schwache Bindungskräfte zwischen gleitenden Filamenten und auf minimalen Dehnungswiderstand des völlig entspannten, vermutlich »gefalteten« Bindegewebes zwischen den Muskelfasern zurückgeführt. Von der Ruhelänge L_0 an beginnt der Dehnungswiderstand zu steigen. Wahrscheinlich werden erst von dieser Länge an die elastischen Elemente (PE und SE in Abb. 384) in Anspruch genommen. Im Körper sind die Skelettmuskeln bei mittlerer Gelenkstellung durch den Muskeltonus um etwa 10–20 % gegenüber der Ruhelänge L_0 vorgedehnt (**Länge in situ** L_s in Abb. 385).

Wird ein ruhender Muskel von der Länge L_0 an fortschreitend durch Anhängen von Gewichten belastet, so nimmt seine Länge zu. Die Beziehung zwischen der einwirkenden Kraft und der Muskellänge ist in der **Ruhedehnungskurve R** im Kraft-Längen-Diagramm der Abbildung 385 dargestellt. Diese Kurve beginnt bei der Ruhelänge L_0 und verläuft mit zunehmender Steilheit etwa exponentiell, da mit zunehmender Länge der Dehnungswiderstand ansteigt. Der Muskel folgt damit nicht dem Hooke'schen Gesetz, nach dem die Spannung dem Längenzuwachs proportional ist. Ohne Schädigung der Struktur kann der Muskel ungefähr auf das 1,8fache seiner Ruhelänge gedehnt werden. Bei weiterer Dehnung beginnen die Muskelfasern einzureißen.

Die **Entdehnungskurve E** in Abbildung 385 erhält man durch schrittweise Entlastung des Muskels. Sie zeigt im gesamten Verlauf einen *Dehnungsrückstand,* der auf der Plastizität des Muskels beruht.

Bei der Dehnung gleiten die Myofilamente aneinander vorbei. Die Aktinfilamente werden dabei aus den A-Streifen herausgezogen, so daß sich die I-Streifen verbreitern, die A-Streifen aber unverändert bleiben. Die Länge der Sarkomere nimmt also mit der Dehnung zu.

Bei der Entdehnung ziehen sich die elastischen Elemente unmittelbar zusammen, während es längerer Zeit bedarf, bis sich die normale Sarkomerlänge — unter Energieaufwand — wieder herstellt: Dehnungsrückstand (Abb. 385).

Eine weitere Dehnung von mehr als 10 % und ebenso eine Verkürzung von mehr als 10 % der normalen Muskellänge im Körper (L_S) ist wegen des begrenzten Bewegungsspiels der Gelenke im allgemeinen nicht möglich.

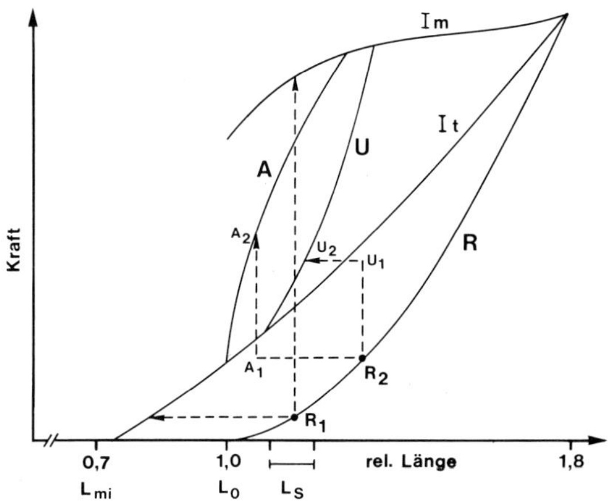

Abb. 386. Kraft-Längen-Diagramm mit Ruhedehnungskurve R und zwei Vordehnungspunkten R_1 und R_2, Kurve der isotonischen Maxima I_t, Kurve der isometrischen Maxima I_m und angenommene Kurven der Unterstützungs- U und Anschlagskontraktion A. (Nach verschiedenen Autoren).

Ordinate = Kraft, **Abzisse** = relative Längenangaben, Minimallänge L_{mi}, Ruhelänge L_o und Länge in situ L_S.
Eine isotonische Kontraktion von R_1 ausgehend erreicht die Kurve I_t (gestrichelter Pfeil waagerecht), eine isometrische Kontraktion, beginnend bei R_1 erreicht die Kurve I_m (gestrichelter Pfeil senkrecht). Bei der Vordehnung R_2 beginnt eine Unterstützungskontraktion mit isometrischer Phase bis U_1 und isotonischer Phase bis U_2. Von R_2 aus beginnt auch eine Anschlagskontraktion, die bis A_1 isotonisch und dann bis A_2 isometrisch abläuft

Kraft-Längen-Diagramm (bei Kontraktion). Die Ruhedehnungskurve zeigt die Abhängigkeit der Muskelspannung von der Vordehnung. Die Vordehnung beeinflußt aber vor allem die Verkürzung und die Kraftentwicklung bei der Kontraktion, wie es aus der Abbildung 386 zu ersehen ist.

Von jedem Punkt der Ruhedehnungskurve aus kann der Muskel in den verschiedenen Kontraktionsformen durch maximale Reizung zu maximaler Kontraktion gebracht werden. Maximale Kontraktion bedeutet, daß alle motorischen Einheiten sich gleichzeitig kontrahieren. Dehnt man einen Muskel z. B. bis zum Punkt R_1 auf der Ruhedehnungskurve R in Abbildung 386 und läßt ihn maximal isotonisch kontrahieren, so erreicht er einen Punkt auf der Kurve I_t. Läßt man ihn von R_1 aus maximal isometrisch kontrahieren, erreicht er einen Punkt auf der Kurve I_m. Führt man den Versuch von mehreren Punkten der Ruhedehnungskurve aus und verbindet die gefundenen isotonischen Kontraktionsmaxima, erhält man die Kurve der **isotonischen Maxima I_t**. Verbindet man die isometrischen Kontraktionsmaxima, ergibt sich die Kurve der **isometrischen Maxima I_m**.

Die Unterstützungskontraktion im Beispiel der Abbildung 386 beginnt im Vordehnungspunkt R_2 der Ruhedehnungskurve. Der Muskel kontrahiert sich erst isometrisch bis zum Punkt U_1 und dann isotonisch bis U_2. Entsprechend läuft die Anschlagskontraktion bis A_1 isotonisch, bis A_2 isometrisch ab.

Unterstützungs-, Anschlags- und die im Organismus am häufigsten vorkommende auxotonische Kontraktion sind *kombinierte* Kontraktionen. Verkürzung und Kraftentwicklung sind bei ihnen immer geringer als bei den Extremfällen der isotonischen und isometrischen Kontraktionen. Die Endpunkte aller möglichen Unterstützungs-, Anschlags- und auxotonischen Kontraktionen müssen auch bei maximaler Reizung immer im Bereich zwischen den Kurven der isotonischen und isometrischen Kontraktionsmaxima liegen (Kurven U und A in Abb. 386).

Es ist nicht möglich, eine Kurve für die Endpunkte der auxotonischen Kontraktionen anzugeben. Die Verteilung zwischen Verkürzung und Spannungsentwicklung ist bei auxotonischer Kontraktion so variabel, daß die Endpunkte auf der gesamten entsprechenden Fläche zwischen den Kurven der isotonischen und isometrischen Maxima liegen können.

Aus den Abbildungen 386 und 387 ist auch ersichtlich, daß die Kontraktionen bei normaler Vordehnung im Körper optimal sind. Sowohl bei geringerer als auch bei stärkerer Vordehnung nehmen Verkürzung und/oder Kraftentwicklung ab. Die Ursache hierfür ist die günstige Überlappung der Myofilamente bei normaler Vordehnung und Sarkomerlänge mit optimaler Möglichkeit zur Brückenbildung bei der Kontraktion (Abb. 387). Bei normaler Vordehnung (Länge in situ) und entsprechender Sarkomerlänge von etwa 2,0 bis 2,3 µm ergibt sich ein Maximum an Kraftentwicklung, da fast alle Myosinköpfchen Querbrücken

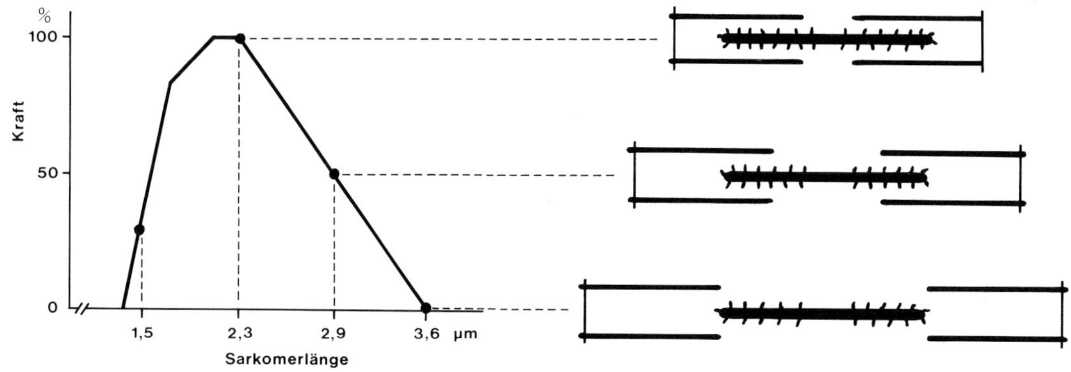

Abb. 387. Abhängigkeit der Kontraktionskraft von der Sarkomerlänge mit entsprechender Filamentüberlappung. (Nach GORDON aus: RÜEGG, 1983, modifiziert)

mit den Aktinfilamenten bilden können. Wenn bei einer Sarkomerlänge von 2,9 µm etwa nur noch die Hälfte der Myosinköpfchen Querbrücken bilden kann, sinkt die Kontraktionskraft auf etwa 50 %. Ab einer Sarkomerlänge von ungefähr 3,6 µm können Querbrücken nicht mehr gebildet und Kraft kann nicht mehr entwickelt werden. Die Sarkomerlänge von 3,6 µm wird an der Grenze der Reißfestigkeit bei einer Vordehnung erreicht, die im Kraft-Längen-Diagramm dem Zusammenfluß der Ruhedehnungskurve R mit den Kurven der isotonischen I_t und isometrischen Maxima I_m entspricht (Abb. 386).

Bei Verkürzung des Muskels und Sarkomerlängen unter 2,0 µm fällt die Kontraktionskraft steil ab (Abb. 387), da es nun zur gegenseitigen Behinderung der Myofilamente kommt. Die Aktinfilamente werden so weit in den A-Streifen hineingezogen, daß sie sich in der Mitte der Myosinfilamente gegenseitig behindern, und die Z-Membranen selbst schließlich auch die Myosinfilamente berühren. Möglicherweise wird auch die elektromechanische Kopplung durch Scherung des sarkoplasmatischen Retikulums beeinträchtigt.

Muskelkraft, Muskelarbeit, Muskelleistung. Die Kraft, die ein Muskel entwickelt, ist die Summe der Kraft seiner tätigen Fasern. Die **Muskelkraft** ist also abhängig vom *mittleren aktiven Querschnitt* des Muskels. Im Training nimmt z. B. der Durchmesser der einzelnen Fasern zu; mit dem Gesamtquerschnitt des Muskels steigt dann auch seine Kraft an. Auf die Fläche des Muskelquerschnitts bezogen entwickelt die Skelettmuskulatur der Säuger maximal mehr als 40 N/cm². Als Kraft/Fläche (N/cm²) ist das physikalisch eigentlich die Zugspannung; in der Muskelphysiologie ist es üblich, die Begriffe Kraft, Spannung und Belastung nebeneinander zu verwenden. Muskeln der Wechselwarmblüter entwickeln weniger Kraft (30 N/cm²). Bei starker Dehnung des Muskels bis an die Grenze der Reißfestigkeit werden Zugspannungen bis zu 100 N/cm² erreicht.

Für die Kraftentwicklung eines Muskels ist die Kontraktionsform wichtig, denn es hängt von den Kontraktionsbedingungen ab (auxotonische, Unterstützungs- oder Anschlagskontraktion), ob der Muskel sich mehr verkürzt oder ob er mehr Kraft entwickelt. In den Grenzfällen der Kontraktion (isotonisch, isometrisch) verkürzt er sich nur, oder er entwickelt nur Kraft.

Muskelarbeit. Im Kraft-Längen-Diagramm der

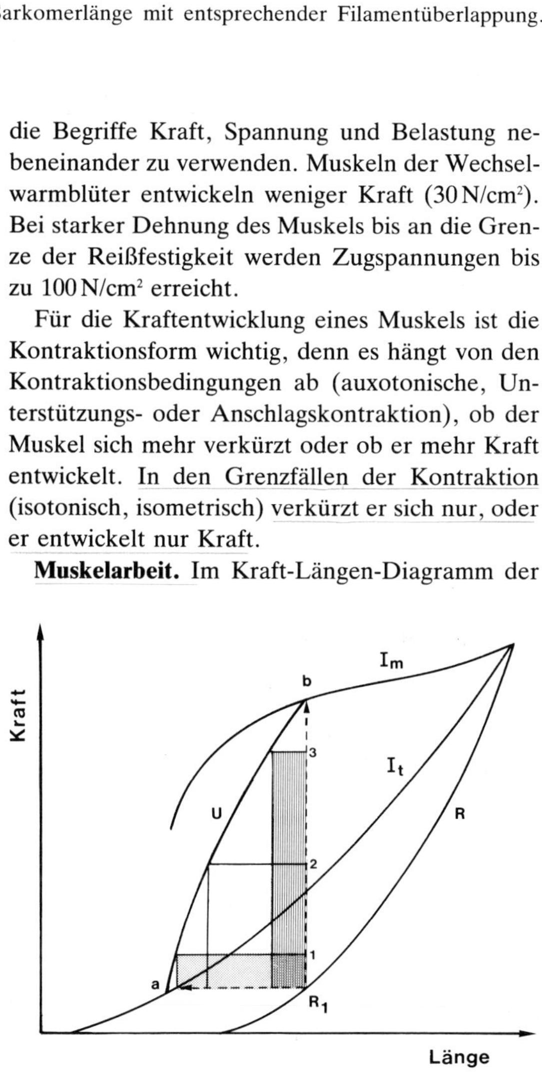

Abb. 388. Kraft-Längen-Diagramm mit Ruhedehnungskurve R und Kurven der isotonischen I_t, isometrischen I_m und Unterstützungsmaxima U. Die drei Rechtecke entsprechen der Muskelarbeit bei Unterstützungskontraktionen mit geringer, mittlerer und großer Last. (Nach THEWS, MUTSCHLER, VAUPEL, 1982)

Abbildung 388 erreicht bei bestimmter Vordehnung (R_1) eine isotonische Kontraktion den Punkt a auf der Kurve I_t, eine isometrische den Punkt b auf der Kurve I_m. Zwischen a und b verläuft die Kurve der Unterstützungsmaxima U. Im Diagramm sind außerdem drei Unterstützungskontraktionen dargestellt, und zwar je eine mit geringer, mittlerer und großer Hublast. Die unterschiedlich gekennzeichneten Rechtecke sind als Produkt von Kraft und Längenänderung ein Maß für die geleistete Muskelarbeit. Der Flächenvergleich dieser Rechtecke ergibt, daß die Arbeit bei *mittlerer Hublast ein Maximum* erreicht. Mit steigender Belastung bis zu einem mittleren Bereich nimmt die Arbeit zu, dann fällt sie wieder ab. Wenn die Last so groß wird, daß der Muskel sie nicht mehr heben kann, geht die nach außen hin geleistete Arbeit, ebenso wie am unbelasteten Muskel, gegen Null.

Die *Muskelarbeit* kann also bei isotonischen, auxotonischen, Unterstützungs- und Anschlagskontraktionen mit meßbarer Längenänderung und gegebener Belastung berechnet werden. Anders ist es bei *isometrischen Kontraktionen* ohne meßbare Längenänderung. Es kann aber kein Zweifel sein, daß hier physikalisch auch Arbeit geleistet wird, ebenso wie bei *Haltearbeit.* Auch der erhöhte Energieumsatz bei isometrischen Kontraktionen und bei Haltearbeit spricht dafür. Die Längenänderungen der kontraktilen Elemente werden bei diesen letzteren Kontraktionsbedingungen aber von inneren elastischen Strukturen aufgefangen, oder die Filamente gleiten (rutschen) zwischen den Köpfchenbewegungen wieder zurück, so daß sie als äußere Längenänderungen an den Muskelansatzstellen nicht in Erscheinung treten.

Kontraktionsgeschwindigkeit. Die Verkürzungs- oder Kontraktionsgeschwindigkeit eines Muskels hängt von seinen Eigenschaften und von seiner Belastung ab. Nach heute gültigen Vorstellungen zählen zu den Eigenschaften, die die Geschwindigkeit beeinflussen, besonders die Aktivität der Myofibrillen-ATPase und die Dauer des Arbeitszyklus der Myosinköpfchen. Mit steigender ATPase-Aktivität wird die Zyklusdauer kürzer und damit die Kontraktionsgeschwindigkeit höher: *Schnelle Muskelfasern haben eine hohe ATPase-Aktivität und eine kurze Zyklusdauer.*

Die maximale Verkürzungsgeschwindigkeit wird ohne Belastung erreicht. Mit zunehmender Belastung (Kraft) nimmt die Geschwindigkeit hyperbolisch ab (Hillsche Kraft-Geschwindigkeits-Relation), und bei maximaler Belastung wird die Geschwindigkeit Null, da der Muskel sich nicht mehr verkürzen kann (Abb. 389). Das entspricht der Alltagserfahrung von Mensch und Tier: Schnelle Bewegungen können nur bei geringer Belastung ausgeführt, große Muskelkraft kann nur bei langsamen Bewegungen entwickelt werden.

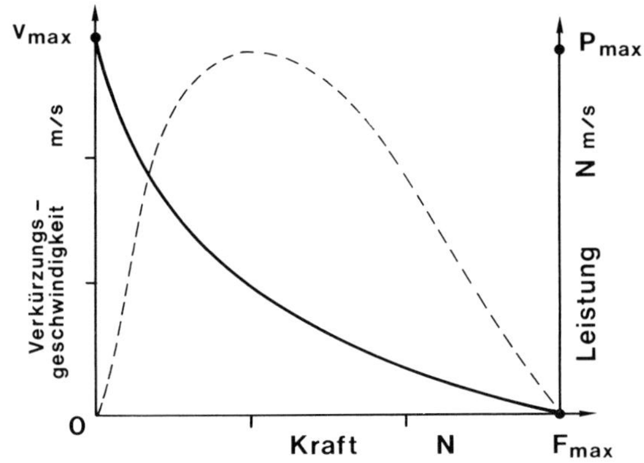

Abb. 389. Kraft-Geschwindigkeits-Kurve (ausgezogene Linie) und Leistungskurve des Muskels (gestrichelte Linie). (Modifiziert nach WILKIE, 1983)

Muskelleistung. Das Produkt aus Muskelkraft und Verkürzungsgeschwindigkeit ist die **Muskelleistung** (Nm/s). Im Diagramm der Abbildung 389 (gestrichelte Kurve) ist die Leistung des Muskels in Abhängigkeit von seiner Belastung oder Verkürzungsgeschwindigkeit graphisch dargestellt. Danach erreicht die Leistung des Muskels ein Maximum, wenn die Muskelkraft und die Verkürzungsgeschwindigkeit etwa *je ein Drittel ihrer Maximalwerte* betragen. Eine optimale Muskelleistung kann also nur erbracht werden, wenn die Belastung der Muskulatur etwa ein Drittel ihrer Maximalkraft ausmacht. Das Diagramm zeigt deutlich, daß sowohl bei maximaler Verkürzungsgeschwindigkeit als auch bei maximaler Kraft keine mechanische Leistung erbracht werden kann.

Beispiele für die Nutzanwendung der Hillschen Kraft-Geschwindigkeits-Relation sind Serpentinen auf Bergwegen, die Gangschaltung am Fahrrad oder die Anwendung des Göpels.

4. Neuromuskuläre Erregungsübertragung

Motorische Endplatte. Bei der Erregungsübertragung von den Motoneuronen auf die Skelettmuskulatur dienen die motorischen Endplatten als neuromuskuläre Synapsen. Jedes Motoaxon verzweigt sich auf alle von ihm versorgten Muskelfasern und endet an diesen im mittleren Drittel mit einer motorischen Endplatte. Diese setzt sich aus der *präsynaptischen Nervenendigung* und einem *postsynaptischen muskulären Anteil* zusammen (Abb. 390). Beide sind getrennt durch den 10–20 nm breiten *synaptischen Spalt,* der eine glykoproteidreiche amorphe Substanz enthält, die den direkten Kontakt zwischen prä- und subsynaptischer Membran verhindert. Im Bereich der Endplatte verzweigt sich das Motoaxon in kurze Äste, die kölbchenartig verdickt enden und in Mulden der Muskelfaser liegen. Diese präsynaptischen Endigungen sind reich an Mitochondrien und angefüllt mit zahlreichen *synaptischen Vesikeln,* die als *Transmitter* Acetylcholin enthalten. Besonders gehäuft liegen die Vesikel in der Nähe des synaptischen Spalts im Bereich von Membranverdikkungen.

Die postsynaptischen Mulden werden vom Plasmalemm der Muskelfaser gebildet. Als *subsynaptische Membran* bildet das Plasmalemm unmittelbar unter den präsynaptischen Endigungen einen ausgeprägten Faltenapparat, der an seinen dem Spalt zugewendeten konvexen Bögen molekulare Acetylcholinrezeptoren trägt. Auf der präsynaptischen Seite gibt es Membranverdickungen, die parallel zu den subsynaptischen Falten laufen und als Ort für das Ausschleusen des Acetylcholins gelten. In der Umgebung der Endplatte enthält das Sarkoplasma keine Fibrillen, dafür aber zahlreiche Mitochondrien.

Funktion der motorischen Endplatte. Bereits an der ruhenden Endplatte können ständig kleinste, weit unterschwellige Potentialänderungen, sogenannte *Miniatur-Endplattenpotentiale,* nachgewiesen werden. Wahrscheinlich entstehen sie durch spontane Abgabe von Acetylcholin aus einzelnen Vesikeln in den synaptischen Spalt.

Beim Einlaufen eines Aktionspotentials in die Endplatte wird unter Mitwirkung von Ca^{++}-Ionen schlagartig Acetylcholin aus einigen hundert Vesikeln in den synaptischen Spalt freigesetzt. Es diffundiert durch den Spalt und bildet an der subsynaptischen Membran für 1–2 ms Acetylcholin-Rezeptor-Komplexe, die zu einer *Erhöhung der Kationenleitfähigkeit,* vor allem für Na^+- und K^+-Ionen führen. Aufgrund der Ionenverteilung strömen besonders Na^+-Ionen nach innen und verursachen eine *lokale* Depolarisation, das **Endplattenpotential EPP.** Dieses wirkt elektrotonisch depolarisierend auf die postsynaptische Muskelfasermembran und löst dort ein *fortgeleitetes* Aktionspotential aus, das sich über die gesamte Muskelfaser ausbreitet und diese zur Kontraktion führt. Das Endplattenpotential ist also ein lokales *Generatorpotential.* Im gesunden Muskel sind Endplattenpotentiale immer weit überschwellig, so daß jedes präsynaptische Aktionspotential immer eine Kon-

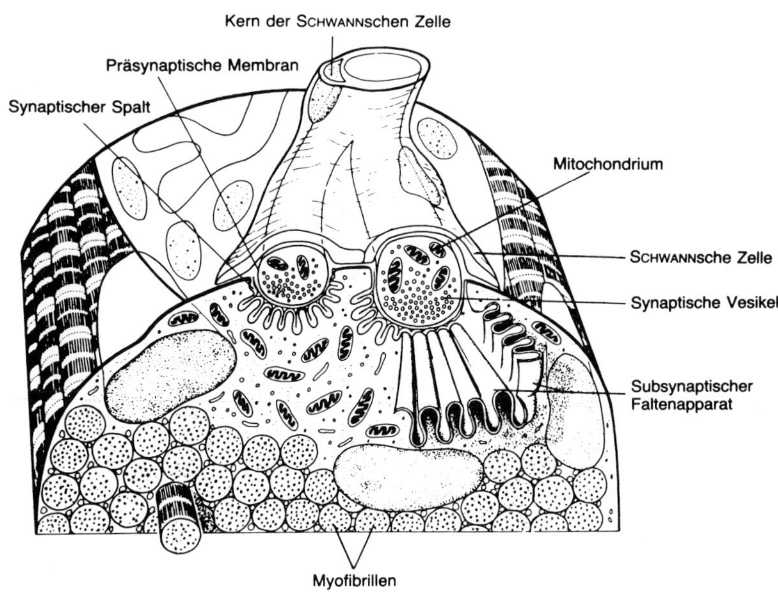

Abb. 390. Feinbau der motorischen Endplatte, schematisch. (Nach ROHEN aus: THEWS, MUTSCHLER, VAUPEL, 1982)

traktion der zugehörigen Muskelfaser auslöst. Der Anstieg des EPP dauert etwa 1–2 ms, der Abfall 5–20 ms. Das freigesetzte Acetylcholin wirkt auch nur 1–2 ms an der Subsynapse, da es zum Teil abdiffundiert, zum überwiegenden Teil durch eine spezifische *Acetylcholinesterase,* die in der Endplatte in hoher Konzentration vorhanden ist, in Cholin und Essigsäure hydrolisiert wird. Die Spaltprodukte werden größtenteils von der Präsynapse wieder aufgenommen und dort zu Acetylcholin resynthetisiert. Für die Aufnahme von Cholin steht ein besonderer Transportmechanismus zur Verfügung.

Beeinflussung der neuromuskulären Erregungsübertragung. Muskelrelaxantien. Die Funktion der motorischen Endplatte kann sowohl an der *Präsynapse* als auch an der *subsynaptischen Membran* beeinflußt werden.

Präsynaptisch greift z. B. *Hemicholinium* ein. Es hemmt den Cholintransport in die Präsynapse. Damit wird die Acetylcholinsynthese unterbunden und die Erregungsübertragung blockiert. Hemicholinium hat aber nur experimentelle Bedeutung. **Botulinustoxin,** Gift von Clostridium botulinum, das in infiziertem Fleisch und Fisch oder verdorbenen Konserven vorkommt, wirkt ebenfalls auf die Präsynapse. Es verhindert die Acetylcholinfreisetzung in den synaptischen Spalt und blockiert damit die neuromuskuläre Erregungsübertragung. Schon kleinste Mengen führen zu Lähmungen bis zum Atemstillstand. Auch *Ca^{++}-Ionen-Mangel* oder deren kompetitive Verdrängung durch *Mg^{++}-Ionen-Überschuß* hemmen die Freisetzung von Acetylcholin und führen damit zum präsynaptischen Block.

Periphere **Muskelrelaxantien** hemmen die neuromuskuläre Erregungsübertragung an der **subsynaptischen Membran** der motorischen Endplatte. Sie haben große klinische Bedeutung in der modernen Narkosetechnik, da durch sie motorische Reflexe und hoher Muskeltonus ausgeschaltet werden. Der Patient benötigt dann nur eine relativ flache Narkose zur Ausschaltung von Bewußtsein und Schmerzempfindung, und die Narkotikakonzentrationen können stark vermindert werden. Die flache Narkose ist wesentlich weniger toxisch und leichter steuerbar. Dadurch können Operationsrisiken besonders bei alten, schwachen oder kachektischen Tieren vermindert werden. Die Patienten erholen sich schneller. Beim Einsatz von Muskelrelaxantien muß allerdings künstlich beatmet werden.

Therapeutisch werden Muskelrelaxantien auch bei Vergiftungen und Erkrankungen mit erhöhter motorischer Aktivität eingesetzt, z. B. Strichninvergiftung, Tetanusinfektion, Tollwut.

Nach dem Wirkungsmechanismus unterscheidet man *stabilisierende* und *depolarisierende* Muskelrelaxantien.

Stabilisierende Muskelrelaxantien gehen mit den subsynaptischen Acetylcholinrezeptoren der Endplatten Bindungen ein, ohne dabei das Membranpotential der Muskelzellen zu verändern. Sie verdrängen kompetitiv den natürlichen Transmitter Acetylcholin von seinen Bindungsstellen. Die Erregungsübertragung wird blockiert. Vertreter dieser Gruppe sind *(+)-Tubocurarin* und *Pancuronium.*

Depolarisierende Muskelrelaxantien verbinden sich mit den subsynaptischen Acetylcholinrezeptoren und depolarisieren die subsynaptische Membran in Form einer Dauerdepolarisation, da sie nur langsam abgebaut werden. Für die Dauer ihrer Bindung an die Rezeptoren ist die Erregungsübertragung blockiert. Die Wirkung setzt ein mit ungeordneten Muskelkontraktionen. *Suxamethonium und Hexacarbacholin* sind bewährte depolarisierende Muskelrelaxantien.

Cholinesterasehemmstoffe blockieren die Spaltung von Acetylcholin und verlängern damit die Transmitterwirkung auf die subsynaptische Membran. Die Rezeptoren bleiben depolarisiert, es kommt zum neuromuskulären Block. Man kennt *reversible* und *irreversible* Cholinesterasehemmstoffe.

Reversible Cholinesterasehemmstoffe, wie *Physostigmin,* erhöhen die Acetylcholinkonzentration in der Endplatte. Sie finden Verwendung bei Überdosierung stabilisierender Relaxantien vom Curare-Typ oder zur Beendigung der Curarisierung nach der Operation. Bei Insuffizienzen der neuromuskulären Erregungsübertragung können sie auch therapeutisch eingesetzt werden.

Irreversible Cholinesterasehemmer sind bestimmte organische *Phosphorsäureester* (Alkylphosphate), die als Pflanzenschutzmittel (E 605, Systox) oder Kampfgase bekannt sind.

Elektromechanische Kopplung. Die an der Endplatte generierte Erregung breitet sich schnell über die Oberfläche der Muskelfaser aus, durchdringt über das *T-System* das gesamte Faserinnere und springt auf die anliegenden Terminalzysternen des *L-Systems* über. Hier kommt es zur Freisetzung von Ca^{++}-Ionen mit einem schnellen Anstieg der

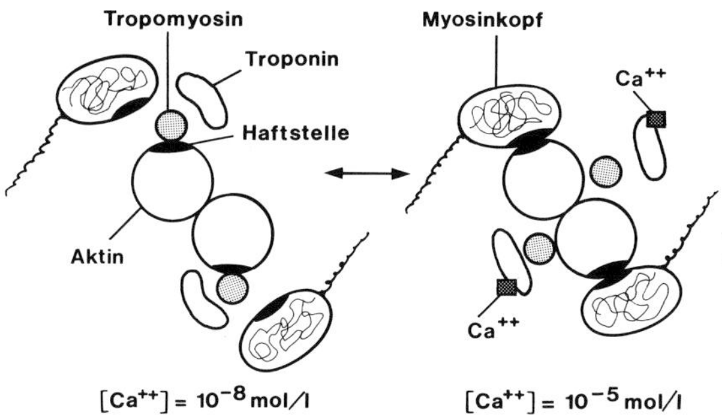

Abb. 391. Funktion der Ca^{++}-Ionen bei der Ingangsetzung (Auslösung) der Muskelkontraktion, schematisch. (Modifiziert nach THEWS, MUTSCHLER, VAUPEL, 1982).

Querschnitt eines Aktinfilamentes mit benachbarten Myosinköpfchen in Ruhe (links) und im Arbeitszyklus (rechts): Ca^{++}-Ionen werden an Troponin gebunden. Troponin ändert seine Konformation. Tropomyosin kann in die Rinnen der Aktinfilamente gleiten. Die Haftstellen für die Myosinköpfchen werden frei

freien Ca^{++}-Konzentration im Sarkoplasma von etwa 10^{-8} auf 10^{-5} mol/l. Das Calcium reagiert mit *Troponin* und führt zu einer Änderung seiner Konformation. Dadurch kann *Tropomyosin* tiefer in die Rinnen der Aktinfilamente gleiten und die Haftstellen am Aktin freigeben (Abb. 391). Die Myosinköpfchen legen sich an die Aktinfilamente an und beginnen Arbeitszyklen durchzuführen: Die Muskelkontraktion beginnt. Beendet wird die Kontraktion durch Absinken der Ca^{++}-Konzentration. Durch aktiven Rücktransport werden die Ca^{++}-Ionen wieder im sarkoplasmatischen Retikulum konzentriert.

5. Die Muskelkontraktion

Gleitfilamenttheorie der Muskelkontraktion. Der **Arbeitszyklus der Myosinköpfchen** beginnt nach derzeitigen Vorstellungen mit dem Freiwerden der Myosinhaftstellen an den Aktinfilamenten, wenn Ca^{++}-Ionen mit Troponin reagieren und über das Tropomyosin wirksam werden (Abb. 391). Die energiereichen Myosinköpfchen, die ADP und Phosphat gebunden enthalten (Abb. 392, a), legen sich nun an Aktinmonomere an und bilden mit ihnen einen energieliefernden Komplex (b). In Wechselwirkung mit Aktin ändern sie ihre Konformation, setzen mechanische Energie frei, indem sie einen Winkel von etwa 45° zum Myosinfilament einnehmen, und ziehen die Aktinfilamente etwa 10 nm in die Sarkomermitte hinein (c). Dabei fallen die Köpfchen in die energiearme Konformation zurück, geben ADP und Phosphat frei (d) und nehmen wieder ATP auf. Daraufhin lösen sie sich vom Aktin (e). Die ATP-Spaltung führt die Köpfchen wieder in die energiereiche Konformation zurück, mit dem 90°-Winkel zur Längsachse der Myofibrillen (a). Damit stehen die Myosinköpfchen »energiegeladen« zum nächsten Arbeitszyklus bereit. Er wiederholt sich in den Köpfchen so lange, wie der »Ca^{++}-Schalter« eingeschaltet ist.

Der *Arbeitszyklus,* auch Köpfchenbewegung oder Brückenbildung genannt, läuft aber *nicht synchron* an allen tätigen Myosinköpfchen ab, sondern die einzelnen Köpfchen befinden sich, statistisch verteilt, in den verschiedenen Stadien dieses

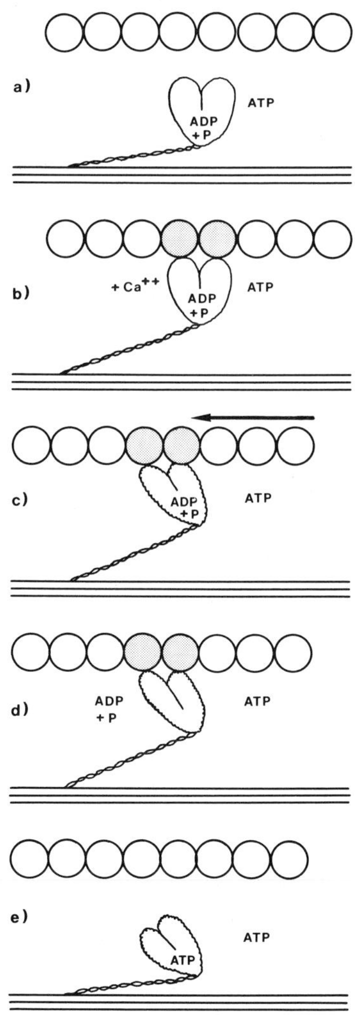

Abb. 392. Der Arbeitszyklus der Myosinköpfchen, schematisch. (Modifiziert nach WILKIE, 1983). Näheres s. Text

Zyklus. Dadurch wird eine gleichmäßige und vibrationsfreie Verkürzung und Kraftentwicklung erreicht. Die in den Myosinfilamenten polar angeordneten Köpfchen ziehen an beiden Seiten die Aktinfilamente zur Sarkomermitte, so daß die Z-Membranen sich einander nähern und die Sarkomere sich verkürzen. Die Aktinfilamente *gleiten* dabei tiefer in den Bereich der Myosinfilamente hinein, und es kommt zu einer stärkeren Überlappung, ohne daß sich die Länge der Aktin- und Myosinfilamente selbst dabei ändert **(Gleitfilamenttheorie).** So ist auch zu verstehen, was lichtmikroskopisch seit langem beobachtet wurde: Am kontrahierten Muskel werden die I-Streifen und die H-Zonen schmaler, die A-Streifen bleiben aber gleich lang wie am ruhenden Muskel (vgl. Abb. 379).

In den Myofibrillen sind viele Sarkomere aneinandergereiht. Daher *addiert* sich die Verkürzung der einzelnen Sarkomere. Rechnerisch verkürzt sich eine Muskelfaser bei einer Köpfchenbewegung um etwa 1 % ihrer Länge. Bei gleicher Anzahl von Köpfchenbewegungen verkürzt sich eine lange Muskelfaser daher absolut mehr als eine kurze Faser.

Fibrillen von einer Länge von 11,5 cm mit etwa 5×10^4 Sarkomeren (2,3 µm) verkürzen sich bei einer Köpfchenbewegung um etwa 1 mm ($5 \times 10^4 \times 20$ nm). Das entspricht 1 % der Fribrillenlänge.

Eine Milliarde Köpfchenbewegungen erzeugen in Parallelschaltung eine Kraft von etwa 1 mN und können dabei eine Masse von 0,1 g heben.

Am Ende der Kontraktion lösen sich die Myosinköpfchen von den Aktinfilamenten, der Muskel *erschlafft.* Die Myosin- und Aktinfilamente sind nun leicht verschiebbar und der Dehnungswiderstand ist gering. Der verkürzte Muskel wird passiv durch seine elastischen Elemente wieder gedehnt.

Die Einzelkontraktion. Ein geeigneter elektrischer Reiz führt an einem Nerv-Muskel-Präparat zu einer *Einzelkontraktion.* Im Organismus kommen Einzelkontraktionen eigentlich nur im Ablauf von *Eigenreflexen* vor. Die Analyse der Einzelkontraktion ermöglicht aber das Beschreiben der Teilprozesse einer Muskelkontraktion und dient damit dem Verstehen des Kontraktionsablaufes, vor allem bei den zusammengesetzten hochfrequenten tetanischen Kontraktionen. Mit Verzögerung von 1–2 ms kann man nach dem Reiz ein Aktionspotential ableiten, *der Muskel wird erregt.* Etwa für die Dauer des Aktionspotentials, also für einige Millisekunden, ist der Muskel *refraktär*

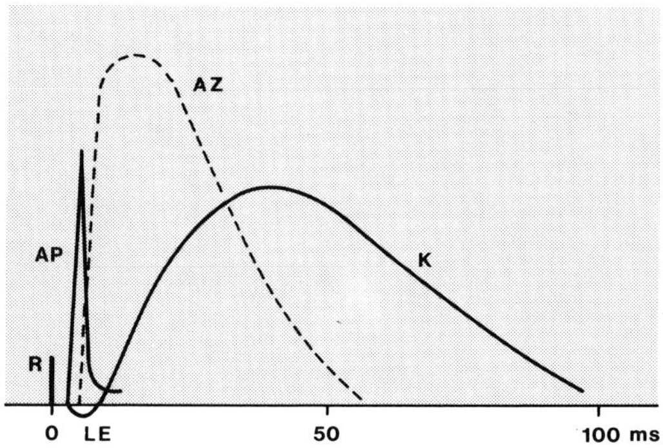

Abb. 393. Eine Einzelkontraktion, schematisch, mit Reiz R, Aktionspotential AP, aktivem Zustand AZ, latenter Erschlaffung LE und Kontraktionskurve K in zeitlichem Zusammenhang. (Nach K. Brecht, 1979)

(Abb. 393). Mit der Erregung des Muskels beginnt der *»aktive Zustand«.* Erst danach kommt es zur Kontraktion. Die Zeitdifferenz zwischen Setzen des Reizes und Kontraktionsbeginn wird als **Latenzzeit** bezeichnet. Während der Latenzzeit, die 1–10 ms bei den verschieden schnellen Muskeln dauert, kommt es zur *elektromechanischen Kopplung,* ferner zu einer kurzen geringen Dehnung des Muskels, der sogenannten *»latenten Erschlaffung«* LE und zu einer explosiven *Wärmefreisetzung.* Während der Latenzzeit laufen also Startprozesse für die Muskelkontraktion ab. Der Muskel benötigt nach dem Setzen des Reizes eine gewisse Zeit, bis die Verkürzung oder Kraftentwicklung an seinen Ansatzstellen wirksam werden kann. Mit dem **aktiven Zustand** beginnt aber die innere Verkürzung und Spannungsentwicklung an den kontraktilen Strukturen bereits früher (Kurve AZ in Abb. 393).

Die zeitliche Verzögerung bei der Übertragung von Verkürzung und Kraftentwicklung auf die Ansatzstellen des Muskels kommt dadurch zustande, daß die kontraktilen Strukturen nicht direkt an den Ansatzstellen angreifen, sondern zwischen ihnen dehnbare elastische Elemente angeordnet sind, die zunächst Energie aufnehmen. Außerdem kontrahieren sich die Muskelfasern wegen ihrer Länge nicht synchron. Bei einem Einzelreiz läuft eine Erregungs- mit einer folgenden Kontraktionswelle über die Fasern (bei Körpertemperatur etwa mit einer Wellenlänge von 2 cm). Die noch nicht kontrahierten Sarkomerbereiche werden von den bereits aktiven zunächst gedehnt. Wegen dieser Verzögerungen und der kurzen Dauer des aktiven

Zustandes kann sich der Muskel bei einer Einzelkontraktion nie maximal verkürzen oder anspannen (s. Tetanus).

Die **Kontraktion** läuft in zwei Phasen ab (Kurve K in Abb. 393). Die erste ist die *Kontraktionsphase,* die bis zum Gipfelpunkt der Kurve K dauert, und die zweite ist die *Erschlaffungs-* oder *Entspannungsphase.* Bei der Katze dauert z. B. die Kontraktionsphase der Augenmuskeln etwa 10 ms, des M. gastrocnemius 40 ms und des M. soleus etwa 100 ms. Die Erschlaffungsphase benötigt immer mehr Zeit als die Kontraktionsphase. Glatte Muskeln kontrahieren sich 10–100fach langsamer als Skelettmuskeln; der Herzmuskel steht dazwischen.

Alles-oder-Nichts-Regel (ANR). Die *einzelne Muskelfaser* — und somit die motorische Einheit — hat ein ausgesprochenes **Alles-oder-Nichts-Verhalten.** Unterschwellige Reize lösen kein Aktionspotential aus und führen deshalb auch nicht zur Freisetzung von Ca^{++}-Ionen. Sobald die Reizschwelle überschritten wird, resultiert ein Aktionspotential mit maximaler Calciumfreisetzung und maximaler Kontraktion, die durch Reizverstärkung nicht gesteigert werden kann.

Das bedeutet aber nicht, daß die Kontraktion nicht durch eine Reihe von Faktoren beeinflußt werden kann, wie z. B. durch Änderung der Stoffwechselbedingungen oder der Ionenkonzentration, durch Ermüdung u. a.

Dagegen zeigt der *ganze Muskel* kein Alles-oder-Nichts-Verhalten. Bei indirekter elektrischer Stimulierung durch Elektroden am Nerven werden in Abhängigkeit von der Reizstärke weniger oder mehr motorische Axone und damit weniger oder mehr motorische Einheiten erregt und zur Kontraktion gebracht. Auch bei Reizung am Muskelbauch werden bei gerade überschwelligen Reizen nur wenige Fasern und erst bei maximalen Reizen alle Fasern des Muskels erregt. Der isolierte Muskel kann sich daher nur bei maximaler Stimulierung reproduzierbar kontrahieren.

Superposition. Tetanische Kontraktion (Tetanus). Einzelkontraktionen von Muskelfasern und ganzen Muskeln führen nie zu maximaler Verkürzung oder Kraftentwicklung. Diese können erst durch Summation schnell aufeinanderfolgender Kontraktionen erreicht werden.

Läßt man einen Muskel z. B. einmal isometrisch kontrahieren, so entwickelt er Kraft und entspannt sich wieder (Abb. 394, a). Wird er während der Kontraktion erneut gereizt, so entwickelt er zusätzliche Kraft. Die zweite Kontraktion überlagert

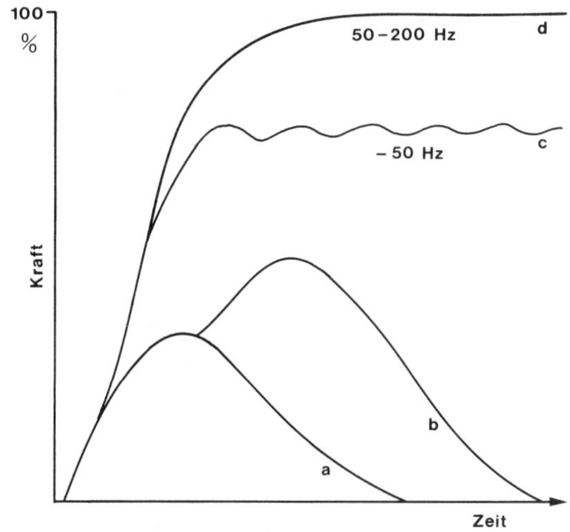

Abb. 394. Isometrische Kontraktionskurven, schematisch. (Geändert nach WILKIE, 1983).

Einzelkontraktion a, Superposition b, unvollständiger c und vollständiger Tetanus d

sich der ersten. Es kommt zur **Superposition** (Abb. 394, b).

Die Superposition ist günstig, wenn auf dem Gipfel der ersten Kontraktion gereizt wird. Dann kann die Kraftentwicklung oder bei isotonischer Anordnung die Verkürzung *doppelt* so groß werden wie bei einer Einzelkontraktion (Abb. 394, b).

Läßt man die Reize schneller aufeinanderfolgen, so gehen die einzelnen Kontraktionen ineinander über, es kommt zur Dauerkontraktion oder **tetanischen Kontraktion (Tetanus).** Bei geringeren Reizfrequenzen sind die Einzelkontraktionen noch erkennbar. Zwischen den Kontraktionsgipfeln gibt es noch geringe Ansätze der Erschlaffungsphase **(unvollständiger Tetanus)** (Abb. 394, c). Höhere Reizfrequenzen lassen die Kontraktionen völlig verschmelzen, es kommt zum **vollständigen Tetanus** (Abb. 394, d). Verkürzung und Kraftentwicklung können bei tetanischen Kontraktionen 3–4mal größer sein als bei Einzelkontraktionen. Die größeren Kontraktionen im Tetanus kommen dadurch zustande, daß mehrere oder viele Erregungs- und Kontraktionswellen *gleichzeitig* über die Muskelfasern laufen, und damit kontrahieren sich mehr oder maximal viele Sarkomere gleichzeitig.

Die niedrigste Erregungsfrequenz, die gerade zum vollständigen Tetanus führt, bezeichnet man als *Verschmelzungs-* oder *Fusionsfrequenz.* Sie liegt bei den Haustieren je nach Muskelfasertyp etwa zwischen 50 und 150 Hz. Alle normalen Bewegungen unserer Haustiere beruhen auf tetanischen Kontraktionen.

Der *Herzmuskel* kann sich — im Gegensatz zum Skelettmuskel — normalerweise *nicht* tetanisch kontrahieren, da sein Aktionspotential und damit seine Refraktärzeit fast während der gesamten Zeit der Kontraktion andauern (s. Herz).

6. Energieumsatz im Muskel

Energiebereitstellung. Der Muskel kann nicht nach dem Carnotschen Prinzip wie eine Wärmekraftmaschine mechanische Energie aus Wärmeenergie freisetzen. Für einen Wirkungsgrad von 20% wäre dazu im Organismus eine Temperaturdifferenz von 77 °C notwendig. Der Muskel kann aber direkt chemische Energie in mechanische umwandeln. Er arbeitet nach dem Prinzip einer chemo-dynamischen Maschine.

Adenosintriphosphat ist bei allen Wirbeltieren der einzige unmittelbare Energieträger für die Muskelkontraktion. Die für die Kontraktion notwendige Energie kann nur durch hydrolytische Spaltung von ATP unter katalytischer Wirkung von Myosin-ATPase freigesetzt werden:

$$ATP + H_2O \leftrightarrows ADP + P + H^+$$

Der Muskel enthält im Vergleich mit anderen Geweben relativ viel ATP (etwa 5–6 mmol/kg Gewebe). Dennoch wäre bei Muskelarbeit dieser Energievorrat in kürzester Zeit verbraucht, etwa schon nach 10–20 Kontraktionen. Im Muskel steht deshalb ATP im Reaktionsgleichgewicht mit energiereichem **Kreatinphosphat (KP),** das eine wichtige Energiereserve darstellt. KP ist in höherer Konzentration vorhanden und steht sofort zur ATP-Synthese zur Verfügung (KP-Gehalt des Muskels: 20–30 mmol/kg). Seine Spaltung liefert nach der Lohmannschen Kreatinkinasereaktion die Energie für die schnelle Resynthese von ATP:

$$ADP + KP \leftrightarrows ATP + K$$

ATP wird nach Verbrauch sofort wieder regeneriert. Auch bei hohem ATP-Verbrauch, wie z. B. bei schwerer Arbeit, sinkt die ATP-Konzentration im Muskel kaum ab, da beim leicht sauren pH-Wert des Sarkoplasmas das Gleichgewicht der Reaktion ganz auf der Seite der ATP-Bildung liegt. ATP und KP sind also die eigentlichen Energiespeicher des Skelettmuskels, die sofort wieder aufgefüllt werden müssen. Beide energiereichen Phosphate könnten rechnerisch die Energie für etwa 100 Kontraktionen bereitstellen. Bei Muskelarbeit genügen bereits geringe Verschiebungen im ATP-ADP- und im KP-System, um regulatorisch die Resynthese von ATP und KP in Gang zu setzen.

Die Energie zur **Synthese von ATP und KP** stammt aus dem *glykolytischen* und dem *oxidativen* Abbau von *Glykogen* und *Glukose* zu Milchsäure oder zu CO_2 und Wasser. Der Glykogengehalt des Muskels beträgt (als Glukose) etwa 100 mmol/kg. Der Energiegewinn beim glykolytischen Abbau von Glukose ist gering (2 mol ATP pro mol Glukose), der oxidative Abbau liefert dagegen 38 mol ATP pro mol Glukose. Beide Wege des Glykogenabbaus laufen in der Regel gleichzeitig ab (Abb. 395). Entscheidend für das Überwiegen des glykolytischen oder des oxidativen Abbaus ist die jeweilige Höhe des zellulären Sauerstoffpartialdruckes und die Größe des Energiebedarfs.

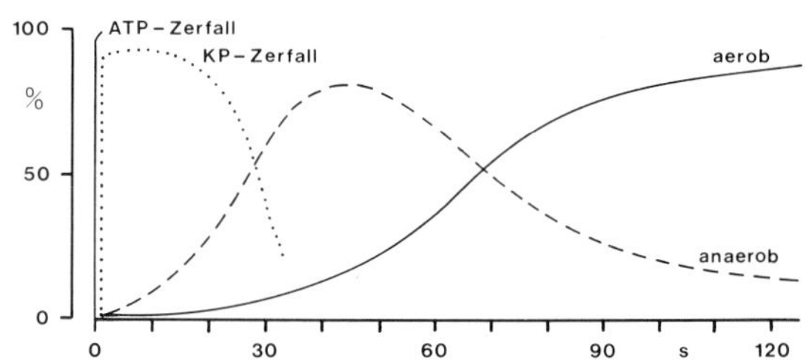

Abb. 395. Anteil energieliefernder Substrate an der Energiebereitstellung im Muskel in %. (Nach Keul, Doll und Keppler, 1969).

Zu Beginn einer Arbeit kann nur ATP Energie liefern. ATP wird aber sofort aus KP resynthetisiert. In Sekunden beginnt die anaerobe Glykolyse, die ihr Maximum etwa nach 30–45 Sekunden erreichen kann. Die oxidativen Prozesse kommen allmählich in Gang und können nach etwa 2–3 Minuten den überwiegenden Teil der benötigten Energie liefern

Ein Teil der Muskelenergie wird auch durch *Oxidation von freien Fettsäuren* gewonnen, besonders bei den Wiederkäuern, die auch Azetat und Hydroxybutyrat verwenden. Die Verwertung von Fettsäuren im Muskel ist dabei vor allem abhängig von der Art der tätigen Muskulatur. Nach der Enzymausrüstung bevorzugen besonders langsame, nicht ermüdende, teilweise auch schnelle, wenig ermüdende Muskelfasern Fettsäuren als Energielieferanten. Dagegen kann der Energiebedarf bei den schnellen, ermüdbaren Fasern entsprechend ihrer Enzymausrüstung am besten durch die Mobilisierung von Glykogen oder durch Glukose gedeckt werden. Bei anhaltender Muskeltätigkeit steigt der Verbrauch von Fettsäuren allgemein, da erst allmählich über den höheren Katecholaminspiegel im Blut die Lipolyse gesteigert wird. Pferde und Hunde können beispielsweise den Energiebedarf überwiegend durch Fettsäuren abdecken (Näheres s. Lehrbücher der Biochemie).

Sauerstoffschuld. Zu Beginn einer Muskeltätigkeit muß die zusätzlich benötigte Energie zunächst überwiegend durch *anaerobe* Stoffwechselprozesse bereitgestellt werden, da der zusätzlich benötigte Sauerstoff für vermehrte *aerobe* Umsetzung zunächst nicht zur Verfügung steht. Die Sauerstoffzufuhr kann sich erst allmählich im Zeitraum von etwa 2–3 Minuten dem erhöhten Energiebedarf anpassen (Abb. 395). Dann erst kann sich ein Fließgleichgewicht zwischen ATP-Spaltung und ATP-Bildung durch oxidative Phosphorylierung einstellen. Der inzwischen angestiegene Lactatspiegel bleibt im neuen Fließgleichgewicht auf erhöhtem Niveau konstant und kann erst nach Beendigung der Arbeit oxidativ abgebaut, der teilweise entleerte Kreatinphosphatspeicher — ebenfalls durch oxidative Phosphorylierung — wieder aufgefüllt werden. Der Organismus geht also zu Beginn der Arbeit eine sogenannte **Sauerstoffschuld** ein, die erst während der Erholung durch vermehrte Sauerstoffaufnahme wieder ausgeglichen wird (Abb. 396).

Leichte Arbeit mit einem neu eingestellten Fließgleichgewicht zwischen ATP-Spaltung und aerober ATP-Bildung auf erhöhtem Niveau bei ebenfalls mäßig angestiegenem Lactatspiegel kann von

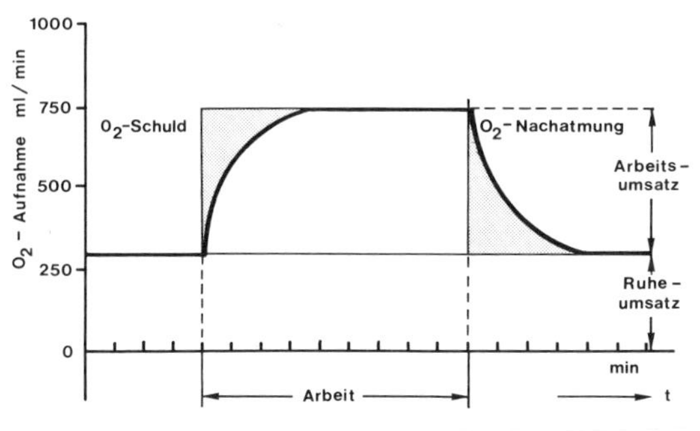

Abb. 396. Entstehung und Ausgleich einer Sauerstoffschuld bei leichter Arbeit. (Nach LEHMANN aus: SCHÜTZ, CASPERS, SPECKMANN, 1982)

Zu Beginn der Arbeit steigt die O_2-Aufnahme allmählich an und erreicht nach etwa 3 Minuten erst den Bedarf. Die linke schraffierte Fläche entspricht der anaeroben Energiedeckung und damit der O_2-Schuld, die erst in der Erholungsphase abgetragen wird (rechte schraffierte Fläche, O_2-Nachatmung)

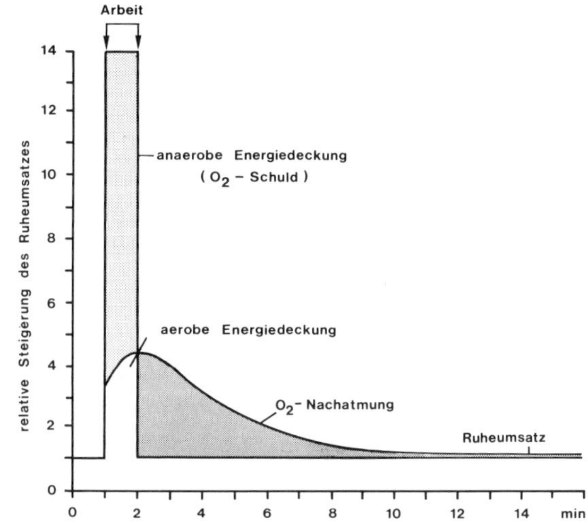

Abb. 397. Sauerstoffschuld bei sehr schwerer Arbeit während 1 min. (Nach K. BRECHT, 1979).

Nur ein kleiner Teil (weiße Säule) kann aerob, der überwiegende Teil der benötigten Energie muß anaerob (hellgraue Säule) gedeckt werden. Die dunkelgraue Fläche entspricht der O_2-Menge, die in der Erholung zusätzlich aufgenommen werden muß, um die O_2-Schuld zu tilgen

Haustieren und vom Menschen stundenlang durchgeführt werden, da sie wenig ermüdet und unter der *Dauerleistungsgrenze* liegt.

Die **Dauerleistungsgrenze** wird überschritten, wenn bei stetiger schwerer Arbeit die verstärkte ATP-Spaltung nicht mehr durch aerobe ATP-Synthese allein ersetzt werden kann, wenn sich also zwischen diesen beiden Größen ein Fließgleichgewicht nicht mehr einstellt. Anaerobe Glykolyse setzt verstärkt ein, und der Lactatspiegel und die Pulsfrequenz steigen trotz gleichbleibender Leistung ständig an. Der pH-Wert sinkt ab. Die Arbeit muß wegen Erschöpfung abgebrochen werden.

Bei *sehr schwerer* oder *maximaler Arbeit,* die ein Vielfaches des Ruheenergieumsatzes erfordert und nur kurze Zeit durchgeführt werden kann, wird durch überwiegende anaerobe Energiedeckung in kurzer Zeit eine relativ große Sauerstoffschuld eingegangen. Im Beispiel der Abbildung 397 werden nach einer Minute Arbeit etwa 15 Minuten Erholung benötigt, um durch vermehrte *»Nachatmung«* und mit Hilfe einer großen *Erholungspulssumme* die Sauerstoffschuld wieder auszugleichen. Die **Erholungspulssumme** ist diejenige Anzahl der Pulse, die in der Erholungsphase über dem Ausgangswert liegen.

Wärmebildung. Die ruhende Muskulatur gibt Wärme ab. Diese trägt wesentlich zur Erhaltung der Körpertemperatur der Homoiothermen bei und entsteht bei den energieliefernden Prozessen des basalen Muskelstoffwechsels und des kontraktilen Tonus. Der *Ruhe-Nüchtern-Umsatz* basiert zu etwa 40 % auf diesem Ruheumsatz des Muskels.

Bei der Muskeltätigkeit erfolgt zusätzlich Wärmebildung, die das 10- bis 100fache der Ruhewärme betragen kann. Mit empfindlichen Sonden kann die Wärmebildung bei der Einzelkontraktion des isolierten Muskels analysiert werden. Sie erfolgt in zwei Schüben als *Initialwärme* während der Kontraktion und als *Erholungswärme* (Abb. 398). Bei tetanischen Kontraktionen verschmelzen natürlich die einzelnen Initialwärme- und Erholungswärmeschübe miteinander zur sogenannten **Erhaltungswärme.**

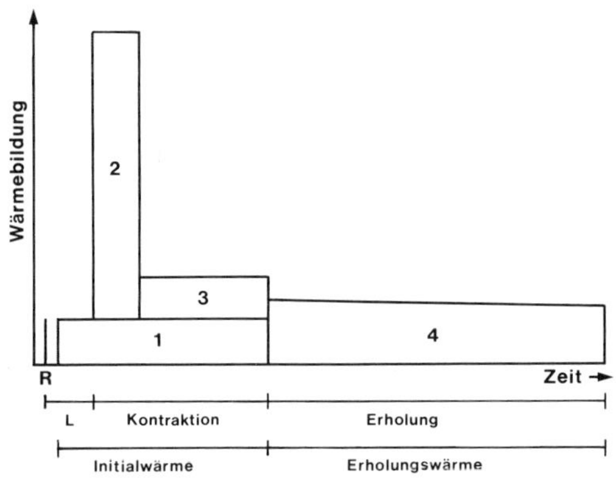

Abb. 398. Wärmebildung bei der Einzelkontraktion, schematisch. Aktivierungs- (1), Verkürzungs- (2) und Erschlaffungswärme (3) als Initialwärme vor und während der Kontraktion. Erholungswärme (4) während der Erholung. Reiz (R) und Latenzzeit (L) (modifiziert nach K. Brecht, 1979)

Die **Initialwärme** setzt sich aus drei Teilwärmen zusammen. Während der Latenzzeit beginnt die Freisetzung der *Aktivierungswärme,* die durch die Aktivierung der kontraktilen Elemente im aktiven Zustand (AZ in Abb. 393) entsteht. Der zweite Anteil setzt sich als *Verkürzungswärme* auf die Aktivierungswärme auf. Sie wird auf die Verkürzung der kontraktilen Elemente zurückgeführt. Mit steigender Verkürzung nimmt sie zu, unabhängig von der Kraftentwicklung. Der dritte Teil, die *Erschlaffungswärme,* tritt bei der Erschlaffung des belasteten Muskels auf. Sie entsteht nicht durch energieliefernde Prozesse, sondern durch Freiwerden potentieller Energie bei der Erschlaffung. Am unbelasteten Muskel fehlt diese Wärme.

Die **Erholungswärme** entsteht nach der Kontraktion und entspricht quantitativ der Initialwärme. Sie wird bei der Aufladung der energiereichen Phosphatspeicher freigesetzt und beruht zu etwa 90 % auf aeroben und zu 10 % auf anaeroben Stoffwechselprozessen.

Wirkungsgrad. Bei der Muskelkontraktion wird nur ein kleiner Teil der insgesamt umgesetzten Energie in mechanische Energie umgewandelt. Das prozentuale Verhältnis der mechanischen Energie an der Gesamtenergie wird als **Wirkungsgrad** bezeichnet. Sie beträgt beim Skelettmuskel des Säugers etwa 20–30 %. Von der umgesetzten Energie wird also etwa nur ein Viertel für Arbeit verwendet; drei Viertel werden in Wärme umgesetzt.

7. Tätigkeit der Skelettmuskeln im Körper

Regulation der Muskelkontraktion. Für die normale Funktion der Skelettmuskulatur ist es zweckmäßig, daß die Tätigkeit der einzelnen Muskeln und Muskelgruppen aufeinander abgestimmt und reguliert wird. Das gilt sowohl für die verschiedenen Haltungen und Stellungen des Körpers als auch für die Bewegungen am Ort (Niederlegen, Aufstehen, Setzen) und erst recht für die komplizierten Lauf- und Sprungbewegungen der Tiere.

Der Organismus hat zwei Möglichkeiten, *Verkürzung, Kraftentwicklung* und *Kontraktionsgeschwindigkeit* zu beeinflussen. Zum einen kann die *Erregungsfrequenz* variiert werden mit dem maximalen Spielraum zwischen Einzelkontraktion und vollständigem Tetanus. Dabei kann die Verkürzung oder die Kraftentwicklung stufenlos bis um das 3- bis 4fache gesteigert werden. Zum anderen kann in den einzelnen Muskeln über die gewählte *Zahl der tätigen motorischen Einheiten* die Kontraktion praktisch stufenlos reguliert werden. Und zwar können sich nach Bedarf wenige, viele oder alle Einheiten kontrahieren.

Es gibt experimentelle Hinweise, daß die jeweilige verschieden starke Rekrutierung von motorischen Einheiten nach einer regelrechten Ordnung abläuft. Die schnellen, ermüdbaren, großen motorischen Einheiten haben relativ große Motoneurone mit *höherer Reizschwelle,* die mittelgroßen, schnellen, wenig ermüdbaren Einheiten mittlere Motoneurone mit *mittlerer Reizschwelle* und die kleinen, langsamen, nicht ermüdbaren Einheiten relativ kleine Motoneurone mit *niedrigerer Reiz-*

schwelle. Die Erregbarkeit ist also um so höher, je kleiner der Zellkörper ist. Dabei verhält sich die Erregbarkeit umgekehrt proportional zum Eingangswiderstand der Zellen. Die kleinsten Motoneurone haben den größten Widerstand. Ein gegebener Strom erzeugt daher an den kleinen Motoneuronen auch die größeren erregenden postsynaptischen Potentiale (EPSP in Abb. 382). Auch die unterschiedliche Packungsdichte an großen und kleinen Neuronen wird für die größere Erregbarkeit kleiner Neurone verantwortlich gemacht.

Da der erregende Impulszustrom in einem motorischen Zentrum relativ diffus und gleichmäßig auf alle Motoneurone verteilt wird, werden bei zunehmender Belastung zunächst immer die kleinen, langsamen, nicht ermüdbaren Einheiten mit geringer, aber abstufbarer Kraftentwicklung erregt. Erst bei höheren und höchsten Anforderungen kontrahieren sich die größeren Einheiten mit ihrer viel größeren, aber nur grob abstufbaren Kraft. Danach arbeiten die kleinen motorischen Einheiten mit den kleinen Motoneuronen viel häufiger als die großen Einheiten. Mit diesen beiden Regulationsmöglichkeiten kann der Organismus in einem weiten Bereich Muskelverkürzung, Kraftentwicklung und Kontraktionsgeschwindigkeit stufenlos einstellen (s. Muskelspindel und Motorisches System).

Praktische Bedeutung hat die Tatsache, daß *optimale Leistung* nur erreicht wird, wenn die Belastung etwa ein Drittel der Maximalkraft und die Verkürzungsgeschwindigkeit ebenfalls etwa ein Drittel des Maximums betragen (s. Muskelleistung).

Muskeltonus. Auch ruhende Skelettmuskulatur steht immer unter einer bestimmten Grundspannung, die durch einen stetigen Eingang von Erregungen aufrecht erhalten wird und auf Kontraktionen sich abwechselnder motorischer Einheiten beruht, die dabei nicht ermüden. Die Erregungen haben ihren Ursprung besonders in den *Muskelspindeln,* aber auch in anderen peripheren Rezeptoren. Durch die Spindelafferenzen wird die Muskellänge geregelt und damit eine geeignete *Vordehnung* der Muskulatur aufrechterhalten. Die freigesetzte Wärmeenergie dient gleichzeitig der Erhaltung der Körpertemperatur. Die Erregungsfrequenz (etwa 5 Aktionspotentiale/s) ist gering. Dennoch wird im Muskel eine gleichmäßige Gesamtspannung durch Summation der Kraft der ständig abwechselnd tätigen Einheiten erzeugt: **Muskeltonus** oder **kontraktiler Tonus.**

Supraspinale motorische Zentren beeinflussen über γ-Motoneurone den Muskeltonus. In tiefem Schlaf oder voller Entspannung wird er vermindert, bei Erregung oder Angst steigt er beispielsweise an. Ebenso wird im ruhenden Organismus bei beginnender Abkühlung der Muskeltonus erhöht (Teil der zitterfreien Thermogenese). Die Frequenz der Aktionspotentiale nimmt dann zu.

Am denervierten Muskel fällt der Muskeltonus aus. Ein Beispiel für den Ausfall ist eine Trigeminuslähmung einer Gesichtshälfte. Der tonisierende Einfluß auf den Muskeltonus dieser Gesichtshälfte fällt weg, und es kommt zu einer Verzerrung des Gesichts durch Überwiegen des Tonus der anderen Gesichtshälfte.

Von diesem *kontraktilen Tonus* der ruhenden Muskulatur ist die *unwillkürliche Haltetätigkeit* zu unterscheiden (z. B. Haltung des Kopfes in Normalstellung, Haltung des Rumpfes und der Gliedmaßen in richtiger Stellung im Raum, Erhaltung des Gleichgewichtes). Hierfür dient die besondere *Haltemuskulatur,* die über supraspinale motorische Zentren besonders von Afferenzen aus dem *Vestibularapparat* und dem *Gesichtssinn* beeinflußt wird. Sie besteht überwiegend aus langsamen, nicht ermüdenden motorischen Einheiten mit langen Kontraktionszeiten und geringem Energiebedarf.

Ermüdung des Muskels. Bei anhaltender schwerer Arbeit ermüdet die Muskulatur. Man unterscheidet hierbei eine *periphere* — das ist die eigentliche Muskelermüdung — von einer *zentralen Ermüdung.*

Die **periphere Ermüdung** tritt besonders schnell auf, wenn die Muskeln über der *Dauerleistungsgrenze* arbeiten. Muskelermüdung tritt nicht auf (z. B. Atmungsmuskulatur, Herz) oder kaum auf (z. B. Gehbewegung, leichte Arbeit), wenn die Muskeln im Bereich unter der Dauerleistungsgrenze arbeiten. *Anzeichen* der peripheren Ermüdung sind die Verminderung der Verkürzung und der Kraftentwicklung und eine Verlängerung der Erschlaffungsphase mit unvollständiger Erschlaffung und beginnendem Kontraktionsrückstand. *Ursachen* hierfür sind vor allem die Erschöpfung der energiereichen Phosphatspeicher und die Anhäufung von Stoffwechselzwischenprodukten, besonders von Milchsäure.

Die **zentrale Ermüdung** äußert sich im Nachlassen der Fähigkeit, koordinierte Bewegungen schnell und präzise durchzuführen. Die Reaktionszeit wird länger. Subjektiv tritt im allgemeinen ein

Müdigkeitsgefühl auf. Die zentrale Ermüdung beruht wahrscheinlich auf einer Verminderung der Funktionsfähigkeit der an der Bewegung beteiligten Nervenzellen, also besonders der *Motoneurone.* Es kommt wohl zu einer »Ermüdung« zentraler Synapsen und motorischer Endplatten.

Muskelkontraktur. Eine **Kontraktur** ist eine reversible Dauerkontraktion eines Muskels, die nicht durch normale Erregung des Muskels, sondern durch Schädigung der Muskelfasern ausgelöst wird.

Experimentell kennt man *Depolarisationskontrakturen* und *Kopplungskontrakturen.* Anhaltende Depolarisation der Muskelfasermembran kommt durch hohe extrazelluläre K^+-Konzentration, durch Säure-, Basen-, Wärme- oder Kälteeinwirkung zustande. Beispiele für Kopplungskontrakturen sind Erhöhung der intrazellulären Ca^{++}-Konzentration und intrazelluläre Koffeinwirkung, die durch Freisetzung von Ca^{++}-Ionen aus dem sarkoplasmatischen Retikulum ebenfalls zu hoher Ca^{++}-Konzentration im Sarkoplasma führt.

Praktische Bedeutung haben *Ermüdungskontrakturen,* die offensichtlich durch Erschöpfung der energiereichen Phosphatspeicher bei Sauerstoff- und Glucosemangel (Durchblutungsstörungen) auftreten und letztlich immer auf ATP-Mangel beruhen *(ATP-Mangelkontraktur)* und mit Anhäufung von Stoffwechselzwischen- und -endprodukten verbunden sind.

Jede Kontraktur wird bei zu starker oder zu langer Einwirkung der auslösenden Ursache irreversibel. Es entsteht die *Muskelstarre,* der *Rigor.*

Muskelstarre. Wenn die Verschieblichkeit der Myofilamente blockiert wird, tritt **Starre** ein. Wohl immer ist ein ATP-Mangel die Ursache. Die an den Aktinfilamenten haftenden Myosinköpfchen können nicht mehr ATP aufnehmen und sich deshalb nicht mehr vom Aktin lösen. Sie verharren in ihrer energiearmen Konformation an Aktin geheftet bis zur Autolyse: Der Muskel ist starr.

Die **Totenstarre,** der **Rigor mortis,** beruht im wesentlichen auch auf einem Mangel an ATP. Es kommt zum Mangel, da im Tode die ATP-Restitution eher erliegt als der ATP-Verbrauch. Totenstarre tritt schneller ein, wenn die energiereichen Phosphatspeicher vor dem Tod stark beansprucht wurden, wie z. B. bei gehetzten Tieren.

Elektromyographie. Mit Nadelelektroden, die durch die Haut in Muskeln eingestochen werden, lassen sich extrazelluläre Aktionspotentiale von Muskelfasern oder motorischen Einheiten ableiten. Bei schwachen willkürlichen Muskelspannungen ist die Aktionspotential-Frequenz etwa 5–10, bei stärkeren 10–20 und bei den stärksten Spannungen bei langsamen Muskeln 30–50, bei schnellen Muskeln 50–100 Impulse/s und mehr. Die im Muskel entstehenden Potentiale können mit Plattenelektroden auch an der Hautoberfläche abgegriffen werden. Dabei erhält man Summenpotentiale vieler motorischer Einheiten. Die Elektromyographie kann klinisch für die Diagnose und Beurteilung von Muskelerkrankungen eingesetzt werden.

Hypertrophie, Atrophie und **Degeneration** des Muskels. Bei häufiger und starker Betätigung der Muskeln, z. B. im Laufe eines Trainings, kommt es zu einer Zunahme des aktiven Muskelquerschnitts. Diese Arbeits-**Hypertrophie** beruht auf einer Dikkenzunahme der einzelnen Muskelfasern.

Bei längerem Nichtgebrauch von Muskeln stellt sich eine Inaktivitäts-**Atrophie** der entsprechenden Muskeln ein. Sie beruht auf einem Substanzverlust und führt zur Dickenabnahme der Muskelfasern.

Zur Erhaltung der Funktionsfähigkeit der Muskulatur ist neben einer genügenden Durchblutung mit ausreichender Sauerstoff- und Substratversorgung auch die motorische Innervierung notwendig. Nach Denervierung eines Muskels kommt es zum Prozeß der **Degeneration,** in deren Verlauf die Muskelfasern schwinden und nur Bindegewebe erhalten bleibt.

B. Die glatte Muskulatur

1. Vorkommen und Struktur

Die **glatte Muskulatur** kommt vor allem in der Wandung von Hohlorganen wie Magen, Darm, Blutgefäße, Gallenblase, Luftröhre, Bronchien, Harn- und Geschlechtsorgane, Uterus, aber auch im Auge und in der Haut vor. Sie ist auf die Erzeugung und langsame Veränderung von *Dauerspannungen* spezialisiert. Die **glatten Muskelzellen** enthalten einen zentral gelegenen Kern, sind klein und spindelförmig und haben einen Durchmesser von etwa 5–15 μm und eine Länge von 50–500 μm, im graviden Uterus bis 900 μm. Durch interzelluläre Kontakte **(Desmosomen)** sind sie zu einem *synzytialen Maschenwerk* verbunden, das von einem bindegewebigen Netz durchzogen ist. Die Membranen der einzelnen Zellen haben miteinander viele niederohmige Kontaktstellen **(Nexus)**, so daß sie im allgemeinen miteinander elektrisch leitend verbunden sind.

Die **kontraktilen Proteine** *(Myosin* und *Aktin)* sind in geringerer Konzentration als im Skelettmuskel vorhanden. Die Aktin- und Myosinfilamente liegen in Längsrichtung der Zellen, sind aber in den glatten Muskelzellen nicht regelmäßig angeordnet, so daß ihnen die Querstreifung fehlt. Ähnlich wie an den Z-Membranen der quergestreiften Muskelfasern sind die Aktinfilamente an *Verdichtungen* angeheftet, die meistens dem Plasmalemm anliegen, aber auch zwischen den Filamenten vorkommen. Das **sarkoplasmatische Retikulum** ist nur spärlich entwickelt.

Wie der Skelettmuskel besitzt auch der glatte Muskel **elastische** und **plastische Elemente.** Seine plastischen Eigenschaften sind aber wesentlich stärker ausgeprägt als beim Skelettmuskel, besonders in der Harnblasenmuskulatur.

2. Kontraktion glatter Muskulatur

Die **Kontraktion** läuft im glatten Muskel prinzipiell gleich ab wie im quergestreiften. Nach der *Gleitfilamenttheorie* kommt es nach Ansteigen der sarkoplasmatischen Ca^{++}-Konzentration auf 10^{-5} mol/l zur Auslösung des *Arbeitszyklus* der Myosinköpfchen, der hier aber wesentlich länger dauert. Die sogenannte Brückenbildung läuft etwa 10- bis 100mal langsamer ab als beim Skelettmuskel mit einer Frequenz von etwa 0,1–0,01 Hz. Das liegt an der sehr geringen Aktivität der Myosin-ATPase. Die *Kontraktionsdauer* glatter Muskulatur ist daher 10- bis mehrere 100mal länger als beim Skelettmuskel. Der **Energiebedarf** ist entsprechend bis zu etwa 500mal geringer, da sich die Zahl der Brükkenbildungen und die ATP-Spaltung direkt proportional verhalten. Mit dieser sehr niedrigen ATP-Spaltungsrate sind die glatten Muskeln besonders geeignet für ökonomische und nicht ermüdende **Haltefunktionen,** zumal ihre **maximale Kraftentwicklung** mit etwa 30–40 N/cm² Muskelquerschnitt nicht geringer ist als die des quergestreiften Skelettmuskels.

3. Innervierung und elektromechanische Kopplung

Eine neuromuskuläre Erregungsübertragung wie beim Skelettmuskel gibt es beim glatten Muskel nicht. Die glatte Muskulatur wird nur vom **vegetativen Nervensystem** innerviert, und zwar *sympathisch* und *parasympathisch.* Es gibt keine somatomotorische Versorgung durch Motoneurone mit motorischen Endplatten. Die sympathischen und parasympathischen Nervenfasern enden in feinen **netzartigen Aufzweigungen** an den glatten Muskelzellen. In Auftreibungen **(Varikositäten)** enthalten sie die Überträgerstoffe, die beim Einlaufen von Aktionspotentialen freigesetzt werden. Sympathische Fasern entlassen *Noradrenalin,* parasympathische Fasern *Acetylcholin.* Die Transmitter diffundieren an die Membranen der glatten Muskelzellen und gehen dort mit Rezeptoren Wechselwirkungen ein, die über Permeabilitätsänderungen depolarisierend oder hyperpolarisierend wirken. Dabei kommt es im wesentlichen nur zu einer *Modifikation* und *Funktionsanpassung* der im Grunde überwiegend automatischen Tätigkeit der glatten Muskelzellen. Die vegetative Innervierung und ihre Wirkung ist in den einzelnen Organen recht unterschiedlich und vielgestaltig (Näheres s. Vegetatives Nervensystem).

Elektromechanische Kopplung. Die **Erregung** glatter Muskelzellen führt ebenso wie beim Skelettmuskel zur Erhöhung der Ca^{++}-Konzentration im Sarkoplasma. Die Freisetzung von Ca^{++}-Ionen aus dem schwach entwickelten sarkoplasmatischen Retikulum läuft aber langsam ab und reicht nicht aus, um die Kopplung auszulösen. Es werden auch membrangebundene Ca^{++}-Ionen freigesetzt und extrazelluläre Ca^{++}-Ionen diffundieren während der Erregung in die Zellen.

Bei Erreichen der Ca^{++}-Konzentration von etwa 10^{-5} mol/l werden die kontraktilen Elemente aktiviert. Der Ca^{++}-Mechanismus läuft hier aber anders ab als beim sogenannten »Calciumschalter« in der Skelettmuskelfaser. Und zwar aktivieren Ca^{++}-Ionen — nach Komplexbildung mit dem Eiweiß *Calmodulin* — die *Myosinkinase,* die dann vom ATP eine Phosphatgruppe auf das Myosin überträgt, und zwar an eine leichte Kette. *Phosphoryliertes Myosin* kann nun in Wechselwirkung mit Aktin treten und durch Köpfchenbewegungen die Kontraktion auslösen.

Wenn die Ca^{++}-Konzentration auf etwa 10^{-8} mol/l absinkt, kommt es zur Erschlaffung. Auch dieser Prozeß läuft sehr langsam ab, denn das spärlich entwickelte sarkoplasmatische Retikulum nimmt nur langsam Ca^{++}-Ionen in seine Speicher auf, und Ca^{++}-Ionen werden auch nur langsam durch die Zellmembran transportiert. Beim Absinken der Ca^{++}-Konzentration kommt es zur *Dephosphorylierung* der Myosinköpfchen, die nun nicht mehr mit Aktin in Wechselwirkung treten können.

Ebenso wie beim Herzmuskel kann der Ca^{++}-Einstrom durch bestimmte Stoffe beeinflußt werden. Z. B. führt *Papaverin* zu einer Verminderung, dagegen *Ocytocin* zu einer Steigerung des Ca^{++}-Influxes mit entsprechender Wirkung auf die elektromechanische Kopplung.

Die *Erregung* glatter Muskulatur läuft in den meisten Organen *myogen* ab, sie kann aber auch auf *neurogenem* Wege entstehen.

4. Myogene Erregung

Die glatte Muskulatur im Darm, Magen, Harnleiter und Uterus besitzt *Schrittmacherzellen,* ähnlich wie das Herz. Morphologisch unterscheiden sich diese Zellen nicht von anderen glatten Muskelzellen. Elektrophysiologisch sind in ihnen aber *Schrittmacher-* oder *Präpotentiale* nachweisbar, die Aktionspotentiale auslösen, sobald die Membran bis zum Schwellenpotential depolarisiert ist. Die Aktionspotentiale der Schrittmacherzellen breiten sich über die oben erwähnten niederohmigen Kontaktstellen oder Nexus mit einer Geschwindigkeit von 5–10 cm/s auf die angrenzenden Zellen und Teile des Muskels oder den ganzen Muskel aus, so daß sich dieser etwa gleichzeitig wie eine einzige funktionelle Einheit kontrahiert (»single unit«). Die **myogene Erregung** beruht also auf der Erregungsbildung durch Schrittmacherzellen in der glatten Muskulatur bestimmter Organe. Auch nach Isolierung vom Nervensystem können sie sich noch spontan und rhythmisch kontrahieren. Bei ihrer langsamen Kontraktionsgeschwindigkeit führen niedrige Erregungsfrequenzen von etwa 1 Hz schon zu einem annähernd vollständigen Tetanus.

Diese myogene Erregung glatter Muskulatur kann durch das vegetative Nervensystem *moduliert* werden. Eine Stimulierung des Nervus vagus führt zu gradueller Depolarisation der Schrittmacherzellen. Die Frequenz ihrer Aktionspotentiale wird höher, die Muskelspannung größer. Umgekehrt wirkt die Reizung des Sympathikus hyperpolarisierend. Die Frequenz der Aktionspotentiale wird niedriger, die Muskelspannung nimmt ab. Außerdem unterliegt die myogene Erregung glatter Muskulatur auch **rhythmischen Schwankungen** im Minuten-, Stunden- und Tagesrhythmus.

Auch **Dehnung** kann die Spontanaktivität glatter Muskulatur verstärken. Mit zunehmender Dehnung kommt es zur Depolarisation der Schrittmacherzellen; damit erhöht sich die Frequenz der Aktionspotentiale. Diese dehnungsbedingte Verstärkung der Kontraktion ist besonders wichtig für die Darmmotorik und die automatisch verstärkte Kontraktion von Gefäßmuskulatur, wie z. B. bei der Autoregulation der funktionellen Nierendurchblutung. Die Fähigkeit zur myogenen Autoregulation der Stromstärke des Blutes besitzen aber auch die Gefäße der Skelettmuskulatur sowie die Mesenterial-, Leber-, Coronar- und Gehirngefäße. Ohne ein solches *dehnungsreaktives Verhalten* hätte z. B. der Darminhalt keinen fördernden Einfluß auf die Darmmotorik! Andererseits ist die große plastische Nachgiebigkeit der Harnblasenmuskulatur speziell dafür geeignet, bei der Füllung der Harnblase einen übermäßigen Innendruck zu vermeiden und den Harn in größerer Menge längere Zeit zurückzuhalten.

Hormone üben ebenfalls eine Wirkung auf die Kontraktilität glatter Muskulatur aus. So wird unter *Östrogeneinfluß* im trächtigen Uterus die Ausbildung funktionstüchtiger Muskulatur gefördert. *Progesteron* senkt die Erregbarkeit der Uterusmuskulatur während der Trächtigkeit und verhindert damit das vorzeitige Auftreten von Wehen. Am Ende der Trächtigkeit fällt der Progesteronspiegel stark ab. Die Erregbarkeit der Uterusmuskulatur steigt nun an und wird als ein wesentlicher Faktor zum Einsetzen der Wehentätigkeit zu Beginn der Geburt angesehen.

5. Neurogene Erregung

Die glatte Muskulatur in den Arterien und besonders in den Arteriolen, aber auch die im Samenleiter und die glatten Augenmuskeln zeigen gewöhnlich keine Spontanaktivität. Ihre Funktion erfordert eine viel feinere Abstufbarkeit der Kontraktionen. Sie haben keine Schrittmacherzellen und werden daher auch nicht myogen, sondern durch Impulse der sie innervierenden vegetativen Nervenfasern **neurogen** erregt.

Dazu weisen sie einige strukturelle Besonderheiten auf. Viele dieser glatten Muskelzellen haben *neuromuskulären Kontakt* mit den Endaufzweigungen der sie versorgenden Nervenfasern. Diese neuromuskulären Kontaktstellen an den glatten Muskelzellen sind nicht kompakt lokalisiert wie die motorischen Endplatten der Skelettmuskulatur. Die Aufzweigungen der vegetativen Fasern verlaufen zwischen den Muskelzellen und haben mehr oder weniger Berührung mit ihnen. Außerdem sind die Muskelzellen untereinander nur spärlich mit Nexus zur elektrotonischen Erregungsausbreitung versehen, so daß sie bei ihrer Erregung kaum synzytiales Verhalten aufweisen, sondern in kleineren Einheiten lokal durch vegetative Nervenfasern erregt werden (»multi unit«).

Einlaufende Aktionspotentiale setzen aus den Varikositäten Transmitter frei, die zu den insgesamt erregbaren Membranen der Muskelzellen diffundieren und dort mit Rezeptoren Wechselwirkungen eingehen. Es bilden sich Präpotentiale aus, denen bei Erreichen der Erregungsschwelle Aktionspotentiale mit geringer elektrotonischer Ausbreitung und lokaler Kontraktion kleiner »Einheiten« folgen.

Die größeren Diffusionswege tragen mit dazu bei, daß Latenzzeit und *Kontraktionszeit* 10- bis mehrere 100mal länger dauern als beim Skelettmuskel. Auch die langsame Beseitigung der Transmitter ist für die lange Kontraktionszeit verantwortlich.

Offenbar ist jeweils die ganze Zelloberfläche mit Rezeptoren besetzt, so daß auch auf dem Blutweg antransportierte Stoffe die Muskelzellen fördernd oder hemmend beeinflussen können (Näheres s. Vegetatives Nervensystem).

C. Spezielle Bewegungsphysiologie[1]

Der Bewegungsapparat ist der Lebensweise der Tierarten angepaßt und darauf eingerichtet, in der Ruhe die Normalhaltung einzunehmen und in der Bewegung Unterstützung und Antrieb zu geben. Wesentliche Teile des Bewegungsapparates sind der Rücken und die Extremitäten, doch wirken an den statischen Haltungs- und an den dynamischen Bewegungsfunktionen auch weitere Körperteile, wie besonders Kopf, Hals und Schwanz wesentlich oder akzessorisch mit.

1. Einfluß der Schwerkraft

Die Lage des Massenmittelpunktes oder *Schwerpunktes* des Körpers ist abhängig von der Körperhaltung und hat großen Einfluß auf Statik und Dynamik. Wenn am stehenden Tier das vom Schwerpunkt gefällte Lot, die Schwerelinie, in die Unterstützungsfläche fällt, befindet sich der Körper im Gleichgewicht. Die *Unterstützungsfläche* ist das Rechteck, das von der Verbindungslinie der am Boden fußenden Gliedmaßenspitzen umgrenzt wird.

Beim Pferd befindet sich der Schwerpunkt median im Schnittpunkt einer Transversalebene unmittelbar hinter dem Processus xiphoideus mit einer Horizontalebene zwischen unterem und mittlerem Drittel des Rumpfes. Das vom Schwerpunkt gefällte Lot fällt etwas vor den Schnittpunkt der Diagonalen der Unterstützungsfläche. Beim Schwein bestehen gleiche Schwerpunktsverhältnisse. Der Schwerpunkt des Rindes liegt etwas weiter kaudal, der des Hundes weiter kranial. Dementsprechend tragen die Vordergliedmaßen etwa beim Hund 62 %, beim Pferd 58 % und beim Rind 55 % der Körpermasse.

Aus der Form der länglichen Unterstützungsfläche ergibt sich, daß es leichter ist, ein Tier nach den Seiten aus dem Gleichgewicht zu bringen als nach vorn oder hinten. Beim Niederlegen der großen Haustiere macht man davon Gebrauch. Aus der Lage des Schwerpunktes ergibt sich ferner, daß es leichter ist, dem Körper einen Bewegungsimpuls nach vorn als nach hinten zu erteilen. Der Gleichgewichtszustand wird auch labiler, je höher der Schwerpunkt liegt. Durch Heben von Kopf

[1] Diesem Kapitel ist der Text von V. Horn aus der 6. Auflage dieses Werkes, gekürzt und geändert, zugrunde gelegt. Die Abbildungen sind dort entnommen.

und Hals wird der Schwerpunkt nach hinten und oben und durch Senken nach vorn und unten verlagert. Arbeitspferde wenden die *Schwerpunktsverlagerung* an, wenn sie beim Anziehen einer Last durch Senken von Kopf und Hals die Vordergliedmaßen stärker belasten, damit deren Haften am Boden erhöhen und zugleich die Hinterextremitäten durch Entlastung für die Entwicklung der Schubkraft beweglicher machen. Dagegen verlagern Dressurpferde durch Heben des Kopfes den Schwerpunkt kaudal und entlasten so die Vorderextremitäten, so daß diese die Bewegungen leichter und freier ausführen können. Auch beim Abbremsen höherer Geschwindigkeiten werden die Schultergliedmaßen entlastet und der Schwerpunkt kaudal verschoben.

Die vom Tier ausgeführten Bewegungen kann man in Bewegungen ohne und mit Ortsveränderung einteilen.

2. Bewegungen ohne Ortsveränderung

Bewegungen, die ohne Ortsveränderung vor sich gehen, sind das Absitzen, das Niederlegen und Aufstehen, das Wälzen, das Steigen und das Ausschlagen.

Das **Absitzen** kommt normalerweise nur bei den Fleischfressern, gelegentlich auch beim Schwein vor. Dazu werden die Hintergliedmaßen unter den Rumpf gestellt und gebeugt. Die Nachhand gleitet unter Krümmung des Rückens zu Boden. Der Rumpf wird vorn von den gestreckten Schultergliedmaßen getragen und stützt sich hinten auf die Sitzbeinhöcker oder die Schenkelmuskulatur einer untergeschlagenen Gliedmaße. Im Sitzen können Fleischfresser eine Vorderpfote heben und zum Putzen oder zu anderen Bewegungen verwenden.

Das Pferd versammelt beim **Niederlegen** die Beine unter den Leib, beugt sie dann unter starker konvexer Rückenkrümmung und läßt sich nach einer Seite niederfallen. Die Wiederkäuer senken den Kopf, beugen die Vordergliedmaßen nacheinander und lassen sich auf beide Karpalgelenke nieder. Dann treten sie mit den Hintergliedmaßen möglichst weit nach vorn, beugen diese und lassen sich zu Boden gleiten. Schweine, Hunde und Katzen beugen zuerst die hinteren, dann die vorderen Gliedmaßen.

Das **Aufstehen** geschieht meist in der umgekehrten Reihenfolge und wird mit einem Aufkrümmen und Durchbiegen des Rückens (z. B. Wiederkäuer) beendet. Schweine, Hunde und Katzen sind weniger an eine bestimmte Bewegungsfolge gebunden.

Das **Wälzen** dient meist der mechanischen Hautpflege, kann aber auch Ausdruck von Schmerzen im Bauchbereich sein. Die Tiere wälzen sich im Liegen mit ruckartigen Beuge- und Streckbewegungen der Gliedmaßen und mit Streckbewegungen des Halses von einer Seite auf die andere.

Beim **Steigen,** das den großen Haustieren — besonders dem Rind — schwer fällt, verlagert das Tier durch Heben von Kopf und Hals den Schwerpunkt nach rückwärts und hebt unter rascher Streckung der Vorhand den Körper auf die Hinterhand. Ein derartiges Steigen als Abwehrmaßnahme kommt im allgemeinen nur beim Pferd vor, daneben bei männlichen Tieren als Einleitung der Begattung.

Durch **Ausschlagen** mit einer oder beiden Hintergliedmaßen wehren sich von den Haustieren das Pferd und das Rind. Das Pferd schlägt mit einer Gliedmaße in der Hauptsache nach hinten, das Rind nach der Seite aus. Verhindern läßt es sich durch Anheben eines Vorderbeines. Beim Ausschlagen mit beiden Hinterbeinen werden Kopf und Hals gesenkt und somit der Schwerpunkt auf die Vorderhand verlegt, die Rückenmuskulatur angespannt und die Hintergliedmaßen nach Abstoßen vom Boden nach hinten oder hinten seitlich herausgeschleudert. Verhindert wird dieses durch Hochhalten des Kopfes, weil dadurch das Verlagern des Schwerpunktes nach vorn und die notwendige Anspannung der Rückenmuskulatur sehr erschwert oder unmöglich gemacht werden.

3. Bewegungen mit Ortsveränderung

Die Bewegung vom Ort (Lokomotion) beginnt mit dem **Angehen.** Dabei hängt es von der Lage des Schwerpunktes oder von der Ausgangsstellung ab, mit welcher Gliedmaße die Bewegung eingeleitet wird. Wenn der Schwerpunkt mehr kranial liegt — im allgemeinen ist das der Fall — ruht mehr Körpermasse auf den Vorderbeinen und hemmt deren Bewegungsfähigkeit. Die Tiere gehen dann in der Regel mit einer Hintergliedmaße an. Liegt der Schwerpunkt mehr kaudal, so gehen die Tiere mit einer Vorderextremität an. Die nächstfolgenden Gliedmaßen gehorchen beim Angehen der festen Fußfolge des Schrittes.

Die **Bewegung der einzelnen Gliedmaßen** gliedert sich funktionell in die **Fußungs-** und **Schwingphase.** In der **Fußungsphase** hat die Gliedmaße Berührung mit dem Boden. Dem **Auffußen** folgen die Lastübernahme oder das **Stützen** (erkenntlich am Durchtreten), das **Stemmen** und schließlich das **Abfußen.** Daran schließt sich die **Schwingphase** an, in der die Gliedmaße den Boden nicht berührt (Abb. 400).

Unter **Gesamtbewegung** versteht man die koordinierten Bewegungen der Gliedmaßen (einschließlich der Mit- und Nebenbewegungen von Kopf, Ohren, Hals, Rücken, Schwanz usw.), die nach einem bestimmten, jede Bewegungsart kennzeichnenden Koordinationsschema nach- und nebeneinander ablaufen. Den gesamten Bewegungsablauf zwischen zwei aufeinanderfolgenden Fußungen der gleichen Gliedmaße bezeichnet man als **Bewegungsfolge.**

Zeitlich folgen die Gliedmaßenbewegungen einander in einer bestimmten Reihenfolge, der sogenannten **Fußfolge** (Abb. 399), und mit einer gewissen Differenz gegenüber der vorhergehenden Gliedmaße, d. h. mit einer **Phasenverschiebung.**

Räumlich entstehen durch Stützen und Stemmen auf dem Boden Spuren, die in ihrer Gesamtheit ein für jede Bewegungsart eigenes **Spurbild** ergeben. Man bezeichnet innerhalb der Spur den Abstand zweier aufeinanderfolgender Fußungspunkte derselben Gliedmaße bei allen Bewegungsarten als **Bewegungslänge.** Diese Größen kennzeichnen jede Bewegungsart in besonderer Weise.

Die **Bewegungsarten** oder **Gangarten** der vierbeinigen Tiere teilt man ein in *Gehbewegungen* (Schritt, Paßgang) und *Laufbewegungen* (Paßlauf, Trab, Galopp). Die einzelnen Bewegungsarten sind durch tierartlich unterschiedlich große Geschwindigkeitsbereiche gekennzeichnet (Tab. 116). Hierbei kann es zu Überlagerungen kommen, d. h. die eine wie auch die andere Gangart ist möglich.

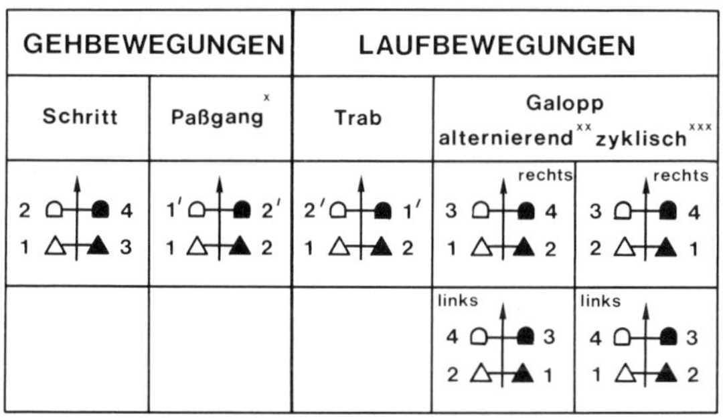

Abb. 399. Koordinationsschema der Fußfolge vierbeiniger Haustiere bei verschiedenen Gangarten.

Die Zahlen 1, 2, 3, 4 geben die zeitliche Aufeinanderfolge der fußenden Gliedmaßen an, die Zahlen 1 und 1′ sowie 2 und 2′ bezeichnen gleichzeitig fußende Gliedmaßen.
Der Galopp wird nach der sogenannten führenden Vordergliedmaße einer Bewegungsfolge in Rechts- und Linksgalopp eingeteilt.
Beim Paßlauf (x) folgt auf jede sagittale Fußung eine Schwebephase; beim alternierenden Galopp (xx) wird bei jeder Fußung die Seite gewechselt; beim zyklischen Galopp (xxx) gehören die zweit- und drittfußenden Gliedmaßen zur gleichen Körperseite

a. Die Gehbewegungen

Der **Schritt** der Vierbeiner ist durch eine gleichseitige, von hinten nach vorn aufeinanderfolgende und dann in gleicher Weise auf der anderen Körperseite fortgesetzte Fußfolge charakterisiert (Abb. 400). Die Hintergliedmaße geht der gleichseitigen Vordergliedmaße eine halbe Bewegungslänge voraus. Phasenverschiebungen, Stützkon-

Tab. 116. Bewegungslänge und Geschwindigkeit von Pferd und Hund bei den verschiedenen Gangarten

	Gangart	Bewegungslänge m	Geschwindigkeit km/h
Pferd	Schritt	1,3–1,8	6–7
	Paßgang		–8
	Trab	2,2–3,3	14–48
	Galopp	–8,0	–61
Hund	Schritt (Dtsch. Schäferhund)		5–9
	Paßlauf (Dtsch. Schäferhund)		–13
	Trab (Dtsch. Schäferhund)		13–14
	Trab (Boxer)	1,0–1,5	16–18
	Galopp	–4,0	–55

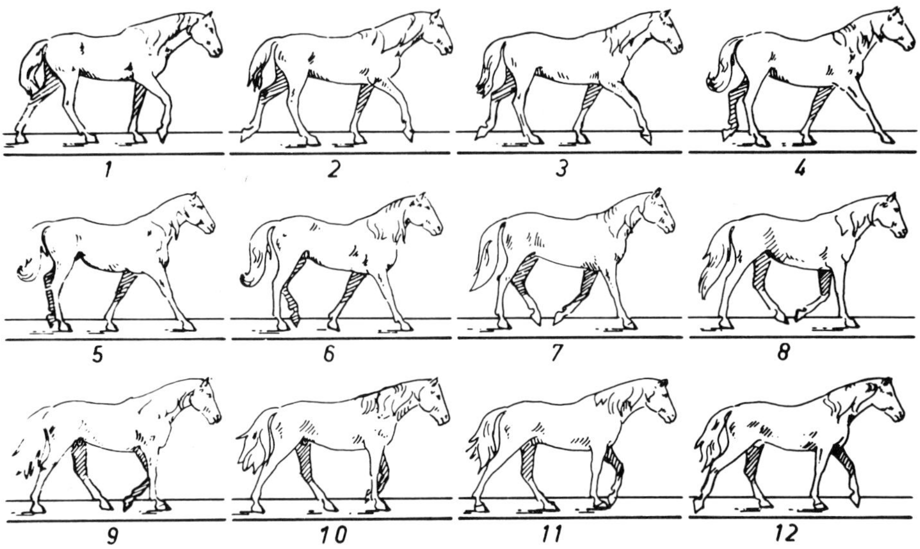

Abb. 400. Schritt des Pferdes, nach Bildern von MUYBRIDGE gezeichnet

stellationen und Bewegungslänge variieren bei konstanter Fußfolge in Abhängigkeit von der Geschwindigkeit und von der Belastung des Tieres. Die gleichseitigen *Phasenverschiebungen* werden bei steigender Geschwindigkeit kleiner und können sich bei hoher Geschwindigkeit dem Werte Null nähern, d. h. es liegt hier ein fließender Übergang zum **Paßgang** vor. Die *Stützkonstellationen* im Schritt stehen in Beziehung zur Geschwindigkeit. Je langsamer sie wird, um so größer ist der prozentuale Anteil der *Dreibeinstützen*. Mit zunehmender Geschwindigkeit treten diagonale und sagittale *Zweibeinstützen* an ihre Stelle. Beim Hund allerdings rücken dann die Abstände diagonaler Trittsiegel so nahe aneinander, daß der Schwerpunkt über einer so kleinen Unterstützungsfläche nicht mehr ausbalanciert werden kann. Deshalb lösen bei dieser Tierart hintere und vordere Dreibeinstützen einander ab. Auch die Abstände aufeinanderfolgender gleichseitiger *Trittsiegel sind abhängig von der Geschwindigkeit*. Im langsamen Schritt bleibt die Hintergliedmaße hinter der gleichseitigen Vordergliedmaße zurück, bei mittlerer Geschwindigkeit decken sich die Trittsiegel, bei hoher Körpergeschwindigkeit greifen die Hintergliedmaßen über die Vordergliedmaßen hinaus.

Die Bewegungen der Gliedmaßen werden durch die **Mitbewegungen** verschiedener Körperteile, z. B. durch pendelnde Bewegungen von Kopf, Schwanz und Ohren, ferner durch rhythmische und wellenartig über den Rücken laufende Schwingungen begleitet. Diese akzessorischen Bewegungen unterstützen die Verlagerung des Körperschwerpunktes in das jeweilige Zentrum der Unterstützungsfläche. So werden Kopf und Hals in der Schwingphase der Vordergliedmaßen gesenkt und während des Stützens gehoben. Während der Schwingphase der Hinterextremitäten hebt sich die Kruppe, in der Fußungsphase senkt sie sich. Der Schwanz pendelt nach der Seite, auf der die Hinterextremität vorgesetzt wird. Auch akzessorische Haltungen der Extremitäten, wie Abduzieren und Adduzieren, dienen der Unterstützung des Schwerpunktes.

Der *Gesamteindruck des Schrittes* ist ruhig, elegant, federnd und harmonisch im Zusammenspiel von Rumpf- und Gliedmaßenbewegungen. Bei den verschiedenen Säugetieren zeigen sich im Schritt lediglich quantitative Unterschiede, keine qualitativen. Die Fußfolge bleibt die gleiche, ebenso der Gesamtcharakter des Schrittes. Veränderlich sind, entsprechend den verschiedenen anatomischen Verhältnissen bei den einzelnen Tierarten, die Bewegungslänge, die Dauer der Bewegungsfolgen und die Phasenverschiebungen.

Das **Rückwärtstreten** geschieht in ähnlicher Weise wie die Schrittbewegungen vorwärts, aber es bereitet allen vierbeinigen Tieren Schwierigkeiten wegen der fehlenden Übung, der schwachen Muskulatur der Vorderhand und der fehlenden knöchernen Verbindung zwischen Vorhand und Thorax.

Der **Paßgang** ist durch die synchrone Bewegung der gleichseitigen Gliedmaßen und regelmäßigen Seitenwechsel gekennzeichnet. Reiner Paßgang wird zuweilen beim Pferd beobachtet und ist zumeist eine Dressurleistung. Bei den übrigen Paßgängern, wie Kamel, Giraffe, Bison und Gnu, scheinen nur die Laufbewegungen in reinem Paß ausgeführt zu werden. Bei dem langsamen Paß, auch unreiner und **Halbpaß** genannt, berührt die Hintergliedmaße stets einen Augenblick vor dem gleichseitigen Vorderbein den Boden. Der Halbpaß mancher Hunderassen dürfte eine durch »Beifußgehen« andressierte Gangart zwischen Schritt und Trab, zuweilen auch eine Überleitung von der langsameren Geh- in die schnellere Laufbewegung darstellen.

b. Die Laufbewegungen

Die Laufbewegungen sind durch auftretende *Schwebephasen* charakterisiert. Zu ihnen sind **Paßlauf, Trab** und **Galopp** zu rechnen. Der *Paßlauf* hat für unsere Haustiere kaum eine Bedeutung.

Der **Trab** ist eine Laufbewegung mit diagonal synchroner und regelmäßig abwechselnder Fußfolge (Abb. 401). Nach dem Abfußen eines diagonalen Beinpaares schwebt der Körper frei (Abb. 401, Fig. 7 + 8). Die Dauer der Schwebephase nimmt mit steigender Geschwindigkeit zu. Der Trittsiegelabstand des diagonalen Gliedmaßenpaares variiert kaum, die Bewegungslänge nimmt durch Verlängerung der Flugweite des Körpers in der Schwebephase zu. Da aber die Dauer der Schwebephase von der *Vertikalverlagerung* des Schwerpunktes abhängt, muß ein erheblicher Teil der Antriebskraft mit zunehmender Schwebephasendauer in die Vertikalbeschleunigung des Schwerpunktes investiert werden. Im *Galopp* liegen in dieser Hinsicht günstigere Verhältnisse vor. Deshalb dürfte der Wechsel vom Trab zum Galopp auch aus Gründen der Kräfteökonomie erfolgen.

Der **Galopp** unterscheidet sich von allen anderen Laufbewegungen dadurch, daß die beiden Vorder- und die beiden Hintergliedmaßen *ungleichmäßig* beansprucht werden. Nach der Fußfolge unterscheidet man zwischen **alternierendem** und **zyklischem Galopp,** nach der Geschwindigkeit zwischen *langsamem, mittelschnellem* und *schnellem* Galopp (Abb. 402). Gemeinsam ist allen Galopparten, daß stets die zweit- und drittfußenden Beine (Abb. 402, Nr. 2 u. 3 bzw. 2 u. 2′) am stärksten beansprucht werden. Man nennt sie daher im alternierenden Galopp die *Hauptdiagonalen* und im zyklischen Galopp die *Hauptsagittalen.*

Der alternierende Galopp kommt beim Pferd (Abb. 403) und Hund vor. Der Hund und die kleineren Boviden laufen aber hohe Geschwindig-

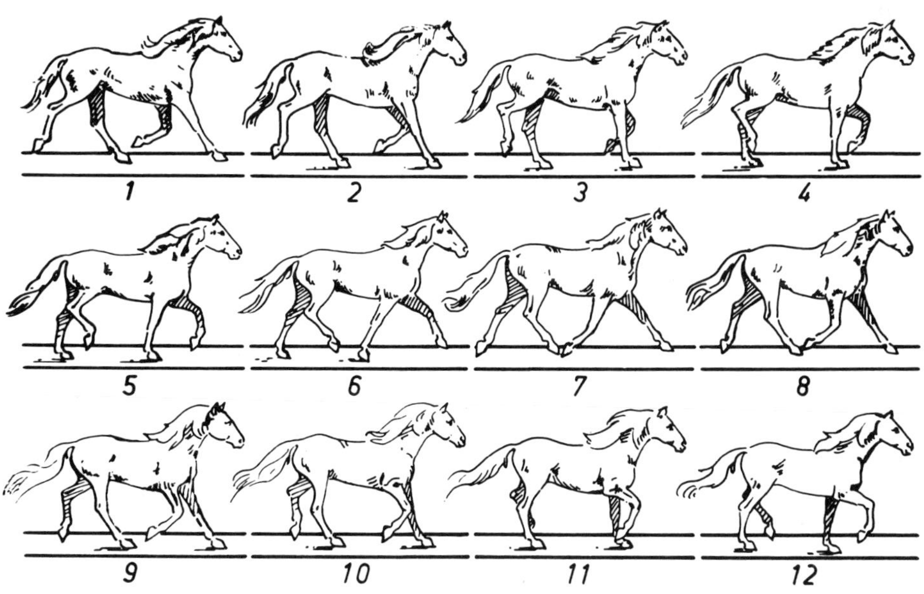

Abb. 401. Trab des Pferdes, nach Bildern von MUYBRIDGE gezeichnet

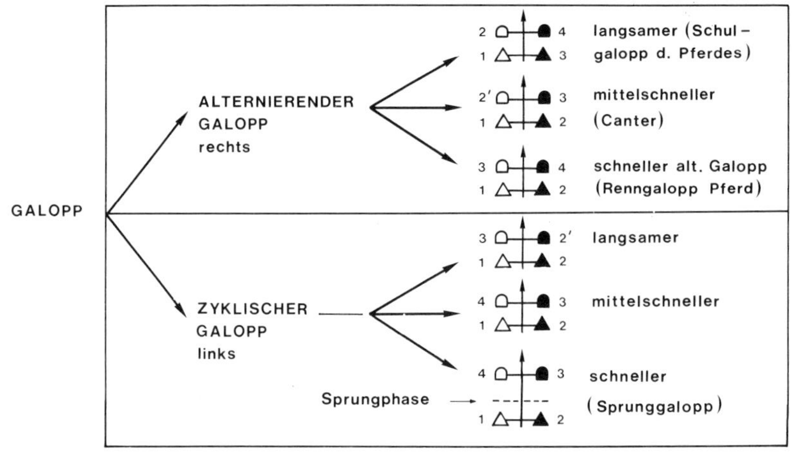

Abb. 402. Fußfolge bei den verschiedenen Galopparten.

Die Zahlen bedeuten die zeitliche Reihenfolge der Fußungen, 2 und 2′ bedeutet gleichzeitige Fußung

keiten im zyklischen Galopp, während der Renngalopp der Equiden stets alternierend ist. Alternierender und zyklischer Galopp können »fliegend«, d.h. innerhalb einer Schwebephase ineinander übergehen. Mit steigender Geschwindigkeit werden die Trittsiegelabstände zwischen den Hauptdiagonalen und Hauptsagittalen bei allen vierbeinigen Haustieren immer größer. Dies geht beim Hund im zyklischen Galopp soweit, daß in die Hauptsagittale eine zweite Schwebephase, die sogenannte Sprungphase, eingeschoben wird (Abb. 402).

c. Der Sprung

Der **Sprung** kann aus dem Stand, aus verschiedenen Gangarten, am leichtesten aber aus dem Galopp heraus vollzogen werden. Wie aus den vorstehenden Ausführungen zu entnehmen ist, wird er beispielsweise im schnellen zyklischen Galopp des **Hundes** als verlängerte Sprungphase dieser Gangart ausgeführt und in die Hauptsagittale zwischen HR und VR oder zwischen HL und VL eingeschoben. Beim **Pferd,** das aus dem alternierenden Galopp springt, wird die Hauptdiagonale aufgelöst.

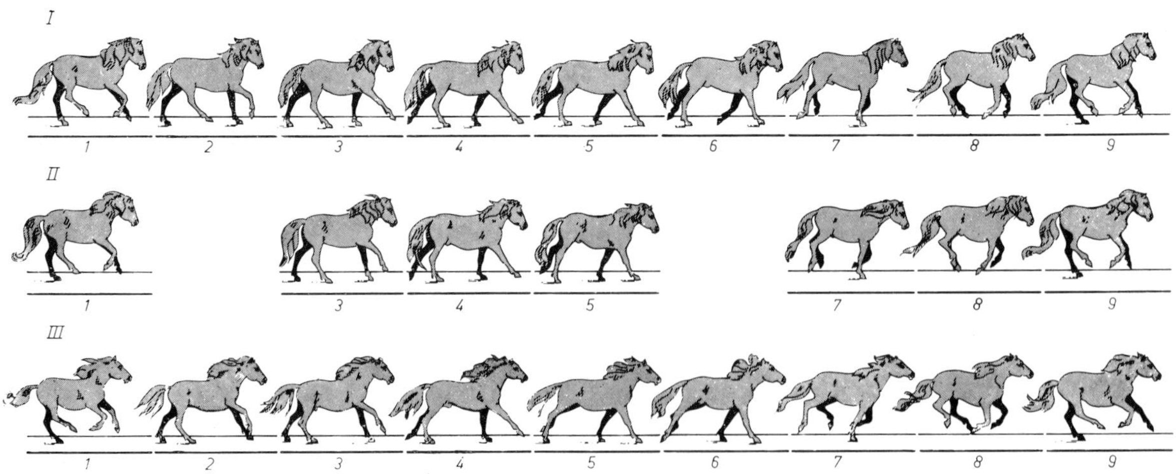

Abb. 403. Galopparten des Pferdes.

I langsamer, II mittelschneller, III schneller Galopp. Im langsamen Galopp fußt die Vorderextremität der Hauptdiagonalen vor der entsprechenden Hinterextremität, im mittelschnellen Galopp gleichzeitig und im schnellen danach

Bei einem Sprung aus dem alternierenden Rechtsgalopp z. B. ist HR die letztfußende Gliedmaße vor dem Hindernis und VL die erstfußende nach dem Hindernis. Der Sprung aus dem Galopp ist also als Extremfall dieser Gangart aufzufassen, wobei Hauptdiagonale (Pferd) bzw. Hauptsagittale (Hund) in der oben angeführten Weise aufgelöst werden.

d. Klettern, Schwimmen

Von anderen Bewegungen sei noch kurz das **Klettern** der Katze und das Schwimmen erwähnt. Das erste erfolgt in der Hauptsache mit den Hinterbeinen, welche sich unter Beugung fest in die Unterlage einkrallen und durch Streckung den Antrieb nach oben geben. Die Führung geschieht durch die Vorderextremitäten.

Die Verhältnisse beim **Schwimmen** sind noch keineswegs genau untersucht. Die *Dichte* des Tierkörpers ist etwas kleiner als 1, so daß die Tiere, wenn Kopf und Hals nicht zu weit aus dem Wasser gehalten werden, schon von selbst schwimmen. Die herunterhängenden schweren Gliedmaßen und die dorsale Lage der luftgefüllten Lungen bewirken, daß die Tiere ohne Anstrengung im Wasser in der aufrechten Lage verharren. Die Schwimmbewegungen werden im allgemeinen als Trabbewegungen ausgeführt.

Literatur

Skelett- und glatte Muskulatur

Brecht, K., 1979: Muskelphysiologie. In: Keidel, W. D. (Hrsg.): Kurzgefaßtes Lehrbuch der Physiologie. Verlag Georg Thieme, Stuttgart.

Burke, R. E., V. R. Edgerton, 1975: Motor Unit Properties and Selective Involvement in Movement. In: Wilmore, J., J. Keogh (Ed.): Exercise and Sport Sciences Reviews, Vol. 3, p. 31–81. Academic Press, New York, San Francisco, London.

Goll, D. E., M. H. Stromer, R. M. Robson, 1977: Skeletal Muscle. In: Swenson, M. J. (Ed.): Dukes' Physiology of Domestic Animals. Cornell University Press, Ithaca, London.

Hasselbach, W., 1975: Muskel. In: Gauer, O. H., K. Kramer, R. Jung (Hrsg.): Physiologie des Menschen, Bd. 4. Verlag Urban & Schwarzenberg, München, Berlin, Wien.

Huxley, A. F., 1974: Muscular contraction. J. Physiol. **243,** 1–43.

Küchler, G., 1983: Motorik. Gustav Fischer Verlag, Stuttgart.

Rüegg, J., 1983: Muskel. In: Schmidt, Thews (Hrsg.): Physiologie des Menschen. Springer-Verlag, Berlin, Heidelberg, New York.

Wilkie, D. R., 1983: Muskel. Verlag B. G. Teubner, Stuttgart.

Spezielle Bewegungsphysiologie

Gray, J., 1953: How Animals move. University Press, Cambridge.

Jacobs, W., 1954: Fliegen, Schwimmen, Schweben. Springer-Verlag, Berlin, Heidelberg, New York.

Krüger, W., 1958: Bewegungstypen. In: Kükenthal: Handbuch der Zoologie, Bd. 8, Lieferung 15. Verlag Walter de Gruyter, Berlin.

Muybridge, E., 1957: Animals in Motion. Dover Publications, New York.

Seiferle, E., J. Frewein, 1984: Statik und Dynamik des Bewegungsapparates. In: Nickel, R., A. Schummer, E. Seiferle: Lehrbuch der Anatomie der Haustiere. Bd. I, 5. Aufl., S. 479–504. Verlag Paul Parey, Berlin, Hamburg.

XV. Physiologie des Verhaltens*

G. Hofecker

A. Verhaltenswissenschaften

»Die Verhaltensforschung befaßt sich mit der höchsten Stufe organischen Geschehens. Dabei steht die Kausalanalyse individueller und sozialer Systemeigenschaften innerhalb definierter Umweltbedingungen im Zentrum des Interesses. Das arbeitshypothetische Konzept muß physiologische Kenntnisse mit einbeziehen. Heute ist die Verhaltensforschung in zunehmendem Maße als physiologische Arbeitsrichtung gekennzeichnet. Sie ist untrennbar mit anderen physiologischen Disziplinen verknüpft, vor allem mit Sinnes-, Nerven- und Muskelphysiologie sowie der Stoffwechselphysiologie. Denn mit jeglicher Analyse des Verhaltens beschreiben wir eine Integrationsstufe physiologischen Geschehens eines Organismus« (Buchholtz, 1982).

* Dieses Kapitel basiert auf dem Abschnitt »Verhaltensphysiologie« (A. Kment und G. Hofecker) in der 6. Auflage dieses Lehrbuches.

Im Gegensatz zur klassischen Physiologie, in der die Erforschung von Gesetzmäßigkeiten der Funktionen von Zellen, Organen und Funktionssystemen im Vordergrund steht, liegt das Hauptinteresse der Verhaltensphysiologie auf der ganzheitlichen Betrachtung des Lebewesens und seiner Beziehungen zur Umwelt. Die moderne Verhaltenswissenschaft ist eine Synthese aus verschiedenen historisch gewachsenen und in ihren Anfängen oft gegensätzlichen Disziplinen. Die wichtigsten sind im folgenden kurz angeführt.

Die **klassische Ethologie** (Ethos = Brauch, Sitte) sah ursprünglich ihre Hauptaufgabe in der Beobachtung, Aufzeichnung und Klassifizierung der Verhaltensweisen von Tieren in ihrer natürlichen Umgebung. Die Entwicklung der Ethologie zur modernen naturwissenschaftlichen Disziplin wurde im wesentlichen durch zwei Denkansätze zur Erklärung der beobachteten Phänomene bestimmt: den **evolutionstheoretischen Ansatz** der **vergleichenden Verhaltensforschung** und den **kausalanalytischen Ansatz** von **Instinktlehre** und **Verhaltensphysiologie.**

Die **vergleichende Verhaltensforschung** (LORENZ) untersucht die stammesgeschichtliche Verhaltensentwicklung anhand verwandter **(homologer)** Verhaltensphänomene bei Tier und Mensch. Sie zeigt auf, daß die Grundprinzipien der Evolution, insbesondere die Entwicklung vom Einfachen zum Komplexen sowie die genetische Anpassung durch Mutation und Selektion, sich gleichermaßen in Struktur und Funktion (in Körperbau und Verhalten) manifestieren. Körperbau, Verhalten und Umwelt stellen demnach eine evolutionär geformte und optimierte Einheit dar.

Die **Instinktlehre** (TINBERGEN) analysiert vor allem die Gesetzmäßigkeiten der Auslösung und des Ablaufes angeborener (instinktiver) Verhaltensmuster unter definierten experimentellen Bedingungen. Sie erbrachte erstmals klare Hinweise, daß angeborene und durch Lernprozesse erweiterte Programme des Zentralnervensystems (ZNS) das Verhalten kontrollieren.

Die **Verhaltensphysiologie** (v. HOLST) untersucht experimentell jene physiologischen Mechanismen, welche den Verhaltensphänomenen zugrunde liegen. Ihre allgemeine Fragestellung lautet: Warum verhält sich ein Tier in einer bestimmten Situation gerade so und nicht anders? Das Hauptinteresse der Verhaltensphysiologie gilt einerseits Problemen angeborenen Verhaltens, wie etwa der Erklärung von **Instinkt** und **Motivation,** andererseits den Fragen von **Lernen** und **Gedächtnis.** Während die Erforschung der physiologischen Grundlagen von Instinkt und Motivation noch in den Anfängen steht, weist die Lernforschung bereits eine lange physiologische Tradition auf. Die Lernphysiologie nahm ihren Anfang mit den Arbeiten von PAWLOW und BECHTEREW, die versuchten, Verhalten auf der Basis unbedingter und bedingter Reflexe zu verstehen **(Reflexlehre).** Es zeigte sich jedoch, daß Verhalten nicht ausschließlich als Reiz-Reaktions-Beziehung erklärt werden kann, da es sowohl spontane als auch reaktive Elemente enthält.

Die Analyse der Reiz-Reaktions-Beziehungen kennzeichnet auch die aus den USA stammende **Experimentalpsychologie,** die auch als Schule des **Behaviorismus** (WATSON, SKINNER) bekannt ist. Sie sieht ihre Aufgabe in der rein mechanistischen Erfassung der Gesetzmäßigkeiten der Lernprozesse, wobei auf jede Verhaltensinterpretation verzichtet wird. Begriffe wie Hunger, Angst, Schmerz, Freude oder Wut werden als subjektiv und, im Hinblick auf das Tier, als Analogien zu menschlicher Selbsterfahrung grundsätzlich abgelehnt. Verhalten wird ausschließlich im Rahmen eines **kybernetischen Systems** (Abb. 404) betrachtet, in dem die Effekte des Verhaltens auf die Umwelt wiederum auf das Tier zurückwirken und die Häufigkeit bzw. die Intensität des betreffenden Verhaltens ändern. Die fördernde bzw. hemmende Rückwirkung der Verhaltensfolgen wird als **positive** bzw. **negative Verstärkung (Reinforcement)** bezeichnet. Die umfassende Kenntnis der Reiz-Reaktions-Beziehungen und ihrer positiven und negativen Verstärker soll, nach Ansicht der behavioristischen Schule, letztlich die gezielte Manipulation des Verhaltens im Sinne einer **Verhaltenstechnologie** (SKINNER) ermöglichen.

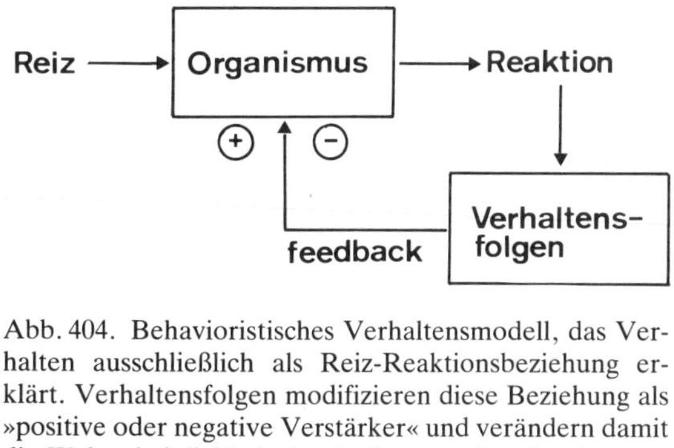

Abb. 404. Behavioristisches Verhaltensmodell, das Verhalten ausschließlich als Reiz-Reaktionsbeziehung erklärt. Verhaltensfolgen modifizieren diese Beziehung als »positive oder negative Verstärker« und verändern damit die Wahrscheinlichkeit des Auftretens eines bestimmten Verhaltens

B. Probleme und Methodik der Verhaltensforschung

Die Verhaltensforschung umfaßt ein breites Spektrum von Problemstellungen und Untersuchungsstrategien. Einige wichtige Schritte im Ablauf wissenschaftlicher Verhaltensstudien sind im folgenden kurz skizziert. Der erste, sich aus Beobachtungen ergebende wissenschaftliche Schritt ist die **Aufzeichnung** (Skizzen, Aufnahme auf Bild- und Tonträger) und **Beschreibung von Konstanzphänomenen** in der Vielfalt tierischer Lebensäußerungen. Erst die Wiederkehr desselben Phänomens (z. B. einer Bewegung, Haltung oder Lautäußerung) bei einem oder mehreren Individuen machen dieses einer wissenschaftlichen Untersuchung zugänglich. Als nächster Schritt erfolgt die **Klassifizierung** der Verhaltensphänomene, die nach verschiedenen Gesichtspunkten erfolgen kann. Die Verhaltensforschung geht hierbei vielfach vom biologischen Nutzen aus, den ein Verhalten im Hinblick auf die Individual- und Arterhaltung besitzt und ordnet die Phänomene bestimmten **Funktionskreisen** (z. B. Nahrungsaufnahme, Fortpflanzung) zu. Die vollständige und geordnete Darstellung der wesentlichen Verhaltensweisen eines Individuums bezeichnet man als **Ethogramm.** Die Darstellung der Verhaltensweisen im Ethogramm erfolgt sowohl in **qualitativer** als auch in **quantitativer** Weise. Letztere umfaßt vor allem die **Häufigkeit** des Auftretens, **Zeit-Weg-Diagramme, Rhythmen** und **Intensitäten,** sowie alle meßbaren **Reiz-Reaktionsbeziehungen.**

Die folgenden Schritte dienen der Aufklärung der **Verhaltensgenese,** wobei drei verschiedene Aspekte mit unterschiedlichen Methoden angegangen werden:

▷ Die **Phylogenese** des Verhaltens. Dieser Aspekt ist Gegenstand der vergleichenden Verhaltensforschung, die anhand von Homologien in Körperbau und Verhalten verschiedener Arten die stammesgeschichtliche Verhaltensentwicklung als evolutionären Lernprozeß erklärt.

▷ Die **Ontogenese** des Verhaltens. Sie umfaßt die Individualentwicklung des Verhaltens, beginnend vom Embryo, bis zum adulten Tier. Das Studium der Verhaltensontogenese liefert wertvolle Aufschlüsse über das Zusammenspiel von genetischen und Umweltfaktoren in tierischen Verhaltensweisen. Eine Reihe von Verfahren dient hierbei dem Nachweis und der Analyse von angeborenen Verhaltensmustern. Andere Methoden untersuchen die **Reifung** angeborener Verhaltensweisen und ihre Modifikation durch **Lernprozesse.** Die im Anschluß an die Ontogenese einsetzende **Phase des Alterns** steht mit dieser in genetisch determiniertem Zusammenhang. Die regressiven Veränderungen von Körperbau und Verhalten des alternden Lebewesens werden deshalb auch meist in Verbindung mit der Ontogenese erforscht.

▷ Die **Aktualgenese** des Verhaltens. Hierunter versteht man alle jene Kausalprozesse, die zum Auftreten eines Verhaltens führen. Die Methodik wurde vor allem im Rahmen von Instinktlehre und Verhaltensphysiologie entwickelt. Sie ist durch das **experimentelle Vorgehen** charakterisiert. Besondere Aufmerksamkeit gilt den **verhaltensauslösenden Reizmustern,** den **endogenen motivierenden Bedingungen,** den **Hirnmechanismen für Reizfilterung und motorische Koordination** sowie den Problemkreisen **Lernen** und **Gedächtnis.** Das Methodenspektrum reicht von den klassischen Verfahren der Instinktlehre (z. B. Attrappenversuche, Wahlversuche) bis zu neurophysiologischen Methoden, wie etwa elektrischer Hirnreizung oder gezielter chemischer Beeinflussung bestimmter Hirnbereiche. Die aufgrund der Ergebnisse aufgestellten Verhaltenshypothesen und Verhaltenstheorien bedienen sich heute in zunehmendem Maße **mathematischer** und **kybernetischer Verfahren,** um die komplexen Systemzusammenhänge des Verhaltens als Gesetzmäßigkeiten darzustellen.

C. Allgemeine Verhaltensphysiologie

1. Vorbemerkungen

Unter **Verhalten** versteht man die integrierten Lebensäußerungen des Gesamtorganismus. Verhalten manifestiert sich vor allem in Lautäußerungen, Bewegungen oder in der Einnahme bestimmter Körperstellungen; ferner in jenen Vorgängen oder vorübergehenden Veränderungen des Organismus, die bei anderen Tieren wiederum Verhaltensweisen auslösen können (z. B. Farbänderungen, Abgabe von Duftstoffen, Markierung durch Harn und Fäces).

Das Verhalten der Tiere ist das Ergebnis der Abstimmung der Tätigkeiten der Organsysteme und ihrer fortlaufenden Anpassung an die Zustände der Innen- und der Außenwelt. Diese Koordination obliegt in erster Linie dem ZNS. Sie ist Voraussetzung für die Erhaltung des Individuums und der Art. Die Verhaltensphysiologie befaßt sich mit den **allgemeinen Gesetzmäßigkeiten** des Verhaltens und versucht, diese anhand physiologischer Abläufe im ZNS, seinen Sensoren (Sinnesorgane), Effektoren (Muskeln und Drüsen) und Informationsvermittlern (Nerven und Endokrinium) zu erklären. Abbildung 405 skizziert die grundlegenden Zusammenhänge: Die Sensoren liefern Informationen aus dem Körper und der Umwelt. Das ZNS verarbeitet die Informationen nach angeborenen und erworbenen (erlernten) Programmen zu Impulsmustern an den Bewegungsapparat **(motorische Programme).** Gleichzeitig werden die Regulationssysteme über vegetatives Nervensystem und Endokrinium den erforderlichen Leistungen angepaßt **(vegetativ-humorale Programme).** Das hieraus resultierende Verhalten wirkt wiederum auf die auslösende Reizsituation zurück (z. B. Hunger → Nahrungssuche → Nahrungsaufnahme → Sättigung).

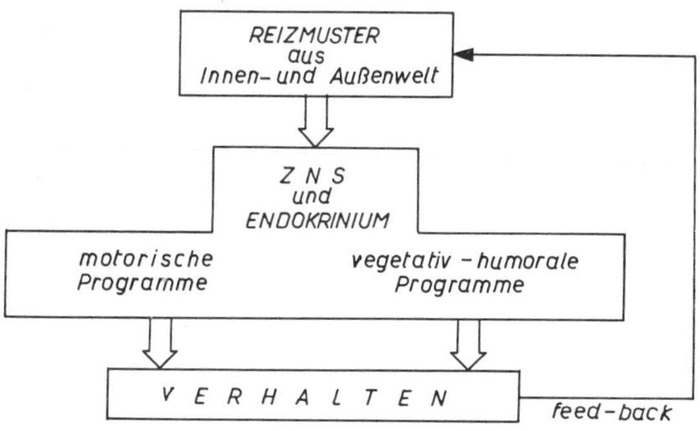

Abb. 405. Schema der Aktualgenese des Verhaltens

2. Aktivität und Ruhe

Verhalten äußert sich hauptsächlich als mehr oder minder ausgeprägte **motorische Aktivität.** Diese besteht entweder aus Lageveränderungen einzelner Körperteile oder des gesamten Körpers. Letztere wird als **lokomotorische Aktivität** bezeichnet. Verhalten ist meist erkennbar an Umweltreizen orientiert, die aufgesucht oder gemieden werden **(gerichtete Aktivität).** Aber auch ohne äußere verhaltensauslösende Reize zeigt ein Tier ein gewisses Ausmaß an Bewegungen, das einen endogenen Antrieb widerspiegelt **(Spontanaktivität).** Diese ungerichtete Basisaktivität stellt ein Maß für das Vigilanzniveau eines Tieres dar.

Verhaltensabläufe setzen sich stets aus **koordinierten motorischen Mustern** zusammen, die vorwiegend auf genetisch determinierten Schaltverbindungen im ZNS beruhen. Diese Bewegungselemente sind häufig **artspezifisch** ausgeformt. Nach Lorenz werden sie als **Erbkoordinationen** bezeichnet. Ein und dasselbe Element tritt oft in verschiedenen Funktionsbereichen auf. So findet sich beispielsweise der »Nackenbiß« bei katzenartigen Raubtieren im Beutefangverhalten (Tötungsbiß), andererseits aber auch in abgeschwächter Form beim Eintragen der Jungtiere (Nackengriff) oder bei der Kopulation (Paarungsbiß).

Die somatische motorische Aktivität wird entscheidend vom Entladungsmuster und der Entladungsrate der spinalen motorischen Neurone und der analogen Neurone in den motorischen Hirnnervenkernen bestimmt. Zu diesen konvergieren zahlreiche Einflüsse vom motorischen Kortex und vom extrapyramidalen System. Ständige Änderungen im Erregungsniveau des **aktivierenden retikulären Systems** des Hirnstammes bewirken wechselnde Aktivitäts- und Ruhepausen, die meist einen oder mehrere **Rhythmen** erkennen lassen. Solchen biologischen Periodizitäten liegen endogene Rhythmen zugrunde, die für die **zeitliche Orientierung** des Tieres von wesentlicher Bedeutung sind.

Diese sogenannte »**innere Uhr**« beruht nach derzeitigem Wissen auf biochemischen Oszillationen in den Körperzellen, wobei bestimmte Hirngebiete, wie der *Nucleus suprachiasmaticus,* das *corpus pineale* und das limbische System eine integrierende Rolle spielen dürften.

Besonders eingehend untersucht wurde die **circadiane Rhythmik,** deren Periodenlänge etwa 24 Stunden beträgt. Sie zeigt sich deutlich in der Spontanaktivität, im Wechsel zwischen Schlaf und Wachzustand, aber auch in den zeitlichen Mustern von Nahrungssuche und Nahrungsaufnahme; ferner in einer Vielzahl physiologischer Funktionsgrößen, wie etwa der Kerntemperatur, der ACTH-Sekretion oder in Schwankungen der fibrinolytischen Aktivität des Blutplasmas. Die endogene Periodenlänge weicht meist von der astronomischen etwas ab. Sie wird jedoch durch sogenannte **Zeitgeber** (zyklische Umweltveränderungen wie z. B. Licht-Dunkel-Wechsel) mit dieser **synchronisiert.** Nach Ausschaltung des Zeitgebers (z. B. Haltung der Tiere im Dauerlicht oder Dauerdunkel) bleibt der endogene Rhythmus bestehen.

Neben circadianen Rhythmen finden sich auch andere endogen bedingte Periodizitäten, z. B. **Lunarrhythmen** oder **circannuale** (jahreszeitliche) Rhythmen, wie sie sich etwa im Fortpflanzungsgeschehen manifestieren. Die genannten Rhythmen können als evolutionäre Anpassung des Organismus an regelmäßig wiederkehrende Umweltveränderungen angesehen werden. Als **Feedforward-Mechanismen** (Vorwärtskopplung) stellen sie den Körper, seine Funktionssysteme und sein Verhalten »vorausplanend« auf die regelmäßig wiederkehrenden Bedingungen der Umwelt ein.

3. Das Ethogramm

Die geordnete Darstellung aller wesentlichen und typischen Verhaltensweisen einer Art bezeichnet man als **Verhaltensinventar** oder **Ethogramm.** Je nach Art der wissenschaftlichen Fragestellung werden den Ethogrammen unterschiedliche Aspekte des Verhaltens zugrunde gelegt. Als Einteilungsgründe dienen beispielsweise die Zielausrichtung des Verhaltens (Individualerhaltung, Arterhaltung), der unmittelbare biologische Nutzen (Funktionskreise), die Verhaltensmotivation (Appetenz und Aversion) oder der Informationsgehalt. Aus verhaltensphysiologischer Sicht können die Verhaltensweisen eines Tieres grundsätzlich drei verschiedenen Kategorien zugeordnet werden: a. **Gebrauchshandlungen,** b. **Signalhandlungen** und c. **Neugier- und Spielhandlungen.**

a. Gebrauchshandlungen

Sie bewirken Zustandsänderungen des eigenen Organismus im Dienste der Individual- und Arterhaltung und dienen dem Tier zum »eigenen Gebrauch«. Nach den Grundfunktionen lebender Systeme kann man 3 Gruppen von Gebrauchshandlungen unterscheiden (Tembrock):

▷ **Gebrauchshandlungen im Dienste des Stoffwechsels** sind Teil umfassender homöostatischer Mechanismen und damit an der Aufrechterhaltung der Fließgleichgewichte wesentlich beteiligt. Hierzu zählen Verhaltensweisen der Nahrungsbeschaffung und Nahrungsaufnahme, der Flüssigkeitsaufnahme, Miktion und Defäkation, thermoregulatorische Verhaltensweisen, spontane Körperpflege (Komfortverhalten), Ruheverhalten und Schlaf. Sie unterliegen einer endogenen Steuerung, wobei in meist regelmäßigen Abständen ein meßbares Bedürfnis **(Appetenz)** nach dem Ablauf der Verhaltensweise festzustellen ist.

▷ **Gebrauchshandlungen im Dienste der Fortpflanzung** umfassen sowohl das eigentliche **Sexualverhalten** als auch die **Pflege der Nachkommenschaft.** Auch diese Verhaltensweisen unterliegen einem endogenen Rhythmus, der über neurohumorale Mechanismen eine wiederkehrende **Appetenz** nach dem Ablauf der Verhaltensweise bewirkt.

▷ **Gebrauchshandlungen im Dienste der Irritabilität.** Hierunter sind Verhaltensweisen zur Vermeidung oder Abwehr äußerer Störgrößen zu verstehen. Die Auslösung erfolgt primär durch Änderungen der äußeren Reizsituation. Störgrößen aktivieren körperliche Zustände, die der menschlichen Erfahrung von Unlust, Furcht und Wut entsprechen dürften. Die Bereitschaft zur Vermeidung solcher Störgrößen wird meist als **Aversion** bezeichnet. Zu den Gebrauchshandlungen im Dienste der Irritabilität zählen unter anderem Verhaltensweisen von Aggression, Flucht und Verteidigung, sowie die Beseitigung von störenden Reizen von der Körperoberfläche.

b. Signalhandlungen

Diese dienen der Kommunikation und beinhalten Informationen für andere Tiere. Die Adressaten können der eigenen oder einer anderen Art angehören **(innerartliche** und **zwischenartliche Kommunikation).** Signale haben **affinen** (distanzmindernden) oder **diffugen** (distanzvergrößernden) Charakter oder enthalten Informationen über Umweltgegebenheiten (z. B. Bienensprache). Viele Signale leiten sich aus Gebrauchshandlungen ab, wobei die betreffenden Bewegungsmuster oft übertrieben, vereinfacht und ausgesprochen formenstarr (stereotyp) erscheinen. Dieser Funktionswandel von Gebrauchshandlungen zu Signalhandlungen wird als **Ritualisation** bezeichnet. Als Beispiel kann die Ritualisation des Miktionsverhaltens dienen, wie z. B. das Harnmarkieren beim Hunderüden, das Spritzharnen bei katzenartigen Raubtieren oder das Harnmarkieren von Harn- und Kotstellen rossiger Stuten durch den Hengst.

c. Neugier- und Spielverhalten

Diese Verhaltensweisen sind nicht unmittelbar auf ein biologisches oder soziales Ziel gerichtet, laufen meist nicht in geordneten Handlungsfolgen ab und werden auch nicht durch eine sogenannte Endhandlung (z. B. Kopulation, Fressen der Beute, Vertreibung des Rivalen) abgeschlossen.

Unter **Neugierverhalten (Erkundungs- oder Explorationsverhalten)** versteht man das Aufsuchen und Untersuchen neuer Reizsituationen ohne unmittelbare Notwendigkeit. Es ist, wie auch das Spielverhalten, bei Jungtieren besonders deutlich ausgeprägt. Es bleibt jedoch, vor allem beim domestizierten Tier, auch im Erwachsenenalter in gewissem Ausmaß bestehen. Aus experimentellen Untersuchungen der Verhaltensmotivation geht hervor, daß — in gleicher Weise wie für verschiedene Gebrauchshandlungen — auch für das Erkundungsverhalten ein wechselnder endogener Bedarf **(Erkundungsappetenz)** besteht.

Im **Spielverhalten** finden sich Elemente nahezu aller Gebrauchs- und Signalhandlungen: Sie stammen aus verschiedenen Funktionskreisen, wie Beutefang, Nahrungsaufnahme, Kampf, Flucht und Fortpflanzung, oder sind allgemeine ungerichtete Bewegungsweisen, wie Laufen oder Springen. Als besondere Merkmale des Spielverhaltens fallen auf: die **freie Kombinierbarkeit** von Elementen verschiedener Funktionsbereiche, das **Fehlen koordinierter Handlungsketten,** häufiger **Rollenwechsel** (in sozialen Spielen) und **oftmalige Wiederholung** einzelner Bewegungsfolgen. Vieles weist auf eine eigene **Spielappetenz,** d. h. auf einen wiederkehrenden physiologischen Bedarf für die Durchführung der betreffenden Verhaltensmuster. Neugier- und Spielverhalten lassen darauf schließen, daß ein physiologischer Bedarf sowohl für die Perzeption bestimmter Reizmuster als auch für den regelmäßigen Ablauf der motorischen Verhaltensprogramme besteht.

D. Angeborene und erworbene Verhaltenselemente

1. Vorbemerkungen

So wie ein Tier von Geburt an mit bestimmten Organen und Funktionssystemen ausgestattet ist, besitzt es auch bestimmte **angeborene Programme** zu deren sinnvollem Gebrauch. Angeborene Verhaltensprogramme sind durch erblich fixierte Schaltverbindungen im ZNS festgelegt. Das durch sie bestimmte Verhalten verläuft daher stets gleichartig ab, d. h. in **formkonstanten Bewegungsmustern,** die durch bestimmte **Reizmuster** ausgelöst werden. Angeborene Verhaltensweisen treten entweder bereits kurz nach der Geburt bzw. nach dem Schlupf (z. B. Saugen oder Futterpicken) oder nach Ablauf eines Reifungsprozesses (z. B. Paarung) in Erscheinung. Die angeborenen Verhaltensmechanismen bilden die lebens- und arterhaltende Grundlage allen tierischen Verhaltens.

Die im Laufe des Lebens gesammelten Erfahrungen passen die angeborenen Verhaltensweisen der veränderlichen Umwelt besser an. Die genetisch determinierte **Verhaltenssteuerung** (Feedforward-Prinzip) wird somit durch den **Regelkreis des Lernvorganges** (Feedback-Prinzip) mit den aktuellen Umweltbedingungen genauer abgestimmt. Lernprozesse erweitern vor allem die genetisch determinierte Zuordnung von Reiz- und Reaktionsmustern (z. B. angeborene Bewegungsmuster des Beutefangs können nach entsprechender Dressur durch einen bisher unwirksamen Reiz, z. B. ein Kommando, in Gang gesetzt und unterdrückt werden). Bestimmte Lernprozesse sind bei Wirbeltieren bereits genetisch »eingeplant« und für den erfolgreichen Vollzug verschiedener angeborener Verhaltensweisen unerläßlich. So zeigt z. B. ein ohne Jagderfahrung aufgezogener Iltis bei der erstmaligen Begegnung mit einer Ratte alle Bewegungsmuster des Beutefangverhaltens, doch fehlt die Orientierung des Tötungsbisses auf die Nackengegend. Diese fehlende Verhaltenskomponente wird allerdings sehr rasch erlernt. Für solche »genetisch eingeplante« Lernprozesse besteht eine besondere **Lerndisposition.** Angeborenes und erlerntes Verhalten sind somit nicht als Gegensätze aufzufassen, sondern als untrennbare Erscheinungsformen derselben Lebensstrategie.

2. Unterscheidung von angeborenen und erlernten Elementen des Verhaltens

Als angeboren gelten jene Elemente tierischen Verhaltens, die auch ohne Mitwirkung individueller Erfahrung in Erscheinung treten. Die Überprüfung, ob Verhalten angeboren ist, erfolgt im allgemeinen durch Erfahrungsentzug in der Ontogenese **(Kaspar-Hauser-Experiment).** Hierbei wird das Tier unmittelbar nach der Geburt bzw. nach dem Schlupf in möglichst neutraler Umgebung isoliert. Während oder nach Abschluß der Ontogenese wird untersucht, welche Verhaltensweisen bei Konfrontation mit natürlichen Reizmustern auftreten. Da völlige Isolation meist schwere Verhaltensstörungen (Deprivationsschäden) nach sich zieht, werden meist nur jene Reize vorenthalten, die unter natürlichen Bedingungen das zu untersuchende Verhalten auslösen. Zusätzlich werden auch genetische Methoden angewandt, wie **Zwillingsvergleich, Kreuzungsversuche** oder **Selektion bestimmter Verhaltensmerkmale.** Weitere Hinweise auf die genetische Verankerung bestimmter Verhaltenselemente ergeben sich aus dem Auftreten homologer Bewegungsabläufe bei phylogenetisch nahestehenden Arten.

3. Instinktverhalten[1]

Unter **Instinkt** versteht man einen **angeborenen Verhaltensmechanismus,** der sich unter natürlichen Bedingungen in **situationsgerechten, geordneten** und **zielorientierten Bewegungsmustern** manifestiert. Instinkte verbinden in spezifischer Weise sensorischen und motorischen Funktionsbereich: sie identifizieren in der Vielfalt eintreffender Sinnesreize solche Muster, die bestimmte Situationen charakterisieren (z. B. Form und Bewegungsart des Beutetieres) und lösen bei entsprechender innerer Bereitschaft (Jagdtrieb, Hunger) die situationsgerechte Bewegungsfolge (Beutefang und -verzehr) aus.

Die **motorischen Elemente** instinktiven Verhaltens sind weitgehend **formenstarr (stereotyp)** und Lernprozessen nur wenig zugänglich. Wir finden eine extreme Beständigkeit von Bewegungen und Haltungen, etwa bei Kampf, Balz, Paarung, Nahrungsaufnahme oder Signalverhalten. Die Stereotypie wird um so auffälliger, je tiefer die betreffende Art in der stammesgeschichtlichen Entwicklung steht. Aus verhaltensphysiologischer Sicht kann man drei stereotype Elemente instinktiver Bewegungsabläufe unterscheiden: **Reflex, Taxis** und **Erbkoordination.**

Reflexe (siehe auch Kap. XIII »Physiologie des Nervensystems«) sind einfache, unwillkürliche stereotype Reaktionen auf bestimmte Reize. Sie beruhen auf der Verschaltung verhältnismäßig kleiner Neuronenzahlen und betreffen jeweils umschriebene Bereiche der Muskulatur. Sie dienen der Bewegungskoordination (Eigenreflexe), dem Schutz vor Verletzungen (z. B. Fluchtreflex) oder sind Grundlage einfacher lebenswichtiger Reaktionen (z. B. Saugreflex, Schluckreflex). Reflexe sind in komplexere Verhaltensmuster, wie Taxien und Erbkoordinationen, eingefügt.

Taxien sind Orientierungsreaktionen, d. h. Einstellbewegungen, durch die der Körper bzw. die Bewegung in bezug auf eine Reizquelle ausgerichtet wird. Die Reizquelle stellt hierbei entweder das Zielobjekt dar (**Objektorientierung,** z. B. Raubtier-Beute-Orientierung) oder dient als **Bezugssystem** (z. B. Orientierung im Schwerefeld der Erde

[1] Der Begriff »Instinkt« wurde vor allem von der Schule des Behaviorismus, besonders im Hinblick auf menschliches Verhalten, abgelehnt. Er hat sich jedoch in der Ethologie bestens bewährt und findet neuerdings zusätzliche Bestätigung durch die Ergebnisse der Neuroethologie (Pfaff, 1983).

oder Sonnenkompaßorientierung). Orientierende Reize finden sich im Bereiche aller Sinnesmodalitäten. Orientierungsreaktionen basieren auf komplexen zentralen Verrechnungsmechanismen, in denen Steuerungs- und Regelungsmechanismen eng gekoppelt sind. So erfordert beispielsweise die Sonnenkompaßorientierung bei Bienen oder Zugvögeln nicht nur die Einstellung des Körpers und seiner Bewegung in einem bestimmten Winkel zur Sonne (Steuerung), sondern auch die Korrektur von Kursabweichungen (Regelung) sowie die Verrechnung des jeweiligen Sonnenstandes anhand eines endogenen Zeitgebers (»innere Uhr«). Die an Orientierungsbewegungen beteiligten Neuronensysteme sind deshalb wesentlich umfangreicher, als dies bei Reflexen der Fall ist.

Erbkoordinationen (modale Bewegungsabläufe) sind erblich fixierte **Handlungsmuster,** wie Drohen, Angriff, Paarung, Verzehr der Beute, etc. Derartige Bewegungsabläufe sind oft für die betreffende Art charakteristisch ausgeformt und werden häufig, ebenso wie morphologische Merkmale, als taxonomische Kennzeichen verwendet. Erbkoordinationen stellen die **spezifischen Einheiten** des tierischen Verhaltensrepertoires dar, aus denen sich längere orientierte Verhaltenssequenzen **(Instinkthandlungen),** wie etwa Jagd, Kampf oder Sexualverhalten, zusammensetzen. Die erbkoordinierten Bewegungsmuster sind **formenstarr** und auch durch Lernen nur schwer zu modifizieren. Die Andressur von neuen Bewegungselementen (kinästhetisches Lernen), wie sie häufig bei der Zirkusdressur durchgeführt wird, bedarf daher besonderer Techniken. Die Stereotypie der Erbkoordinationen wird besonders im Signalverhalten deutlich, in dem die Invarianz der ausgesandten Signale die Informationsübertragung sicherstellt. Ebenso wie bei den Orientierungsbewegungen sind auch bei den Erbkoordinationen die Neuronenschaltungen komplex und weitgehend unbekannt.

4. Die Auslösung von Instinktverhalten

Die situationsgerechte Auswahl von präformierten Verhaltensmustern, auch ohne vorangegangene Lernprozesse, ist eines der erstaunlichsten Phänomene tierischen Verhaltens. So wird beispielsweise Freßverhalten nur dann ausgelöst, wenn einerseits der innere Bedarf (Hunger, Appetit) und andererseits ein für die Species adäquates Nahrungsobjekt vorhanden ist. Gleiches gilt z. B. für das Sexualverhalten, das nur bei entsprechendem Geschlechtstrieb (endogener Faktor) und unverkennbaren Signalen des Sexualpartners (exogener Faktor) in Gang gesetzt wird und bis zur Kopulation und u. U. dem Paarungsnachspiel abläuft. Auch aversiv getönte Verhaltensweisen, wie Angriff oder Flucht, setzen neben exogen auslösenden Reizen eine entsprechende innere Handlungsbereitschaft voraus. Im Gegensatz zu den Reflexen ist im Instinktverhalten die zwingende Reiz-Reaktionsbeziehung nicht mehr gegeben; sie wird durch eine innere Zustandsvariable des Organismus modifiziert.

Der angeborene Erkennungsmechanismus, der bei Vorhandensein der adäquaten inneren und äußeren Reizsituation das situationsgerechte Instinktverhalten auslöst, wird nach Lorenz und Tinbergen als **angeborener Auslösemechanismus (AAM)** bezeichnet. Die neurophysiologischen Grundlagen der Auslösung von Instinktverhalten sind noch wenig bekannt und Gegenstand neuroethologischer Forschung. Aufgrund der bisherigen Ergebnisse von Hirnreizungsversuchen und gezielter Zerstörungen verschiedener Hirnbereiche bei Wirbeltieren ist aber anzunehmen, daß viele wesentliche Prozesse bereits auf den ZNS-Ebenen von **Mittelhirn** und **Zwischenhirn** ablaufen: Mittels spezieller Reizelektroden lassen sich von diesen Gebieten aus koordinierte Instinkthandlungen auslösen, wie etwa Angriff, Nahrungsaufnahme oder Sexualverhalten (Hess, v. Holst). Decerebrierte Ratten (Durchtrennung der Verbindungen zwischen Hirnstamm und Großhirn) sind noch imstande, ihr Fell zu pflegen (Komfortverhalten), während komplexere Verhaltensweisen, wie z. B. Nahrungssuche, nicht mehr in Erscheinung treten;

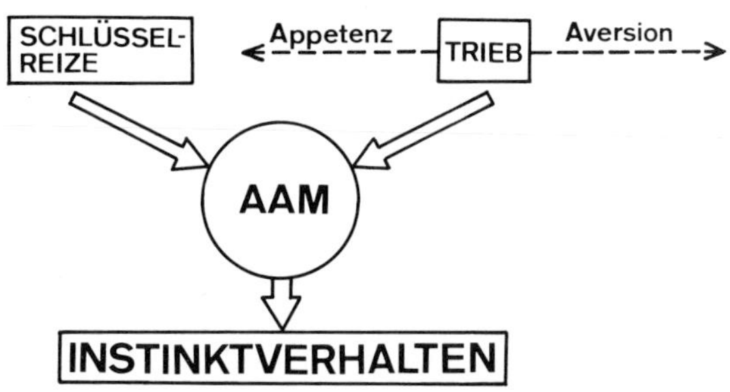

Abb. 406. Schema der Auslösung von Instinktverhalten

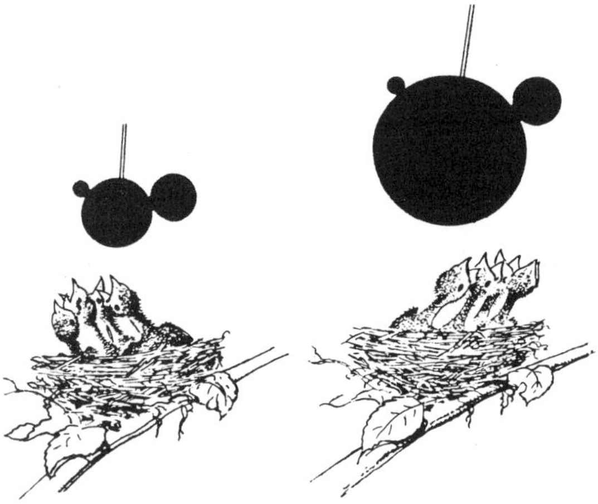

Abb. 407. Attrappen, die das Sperren von Amselnestlingen auslösen. Die Reaktion und ihre Orientierung ist vom Größenverhältnis benachbarter Scheiben, nicht jedoch von einer exakten Nachbildung des Elterntieres abhängig. (Aus CH. BUCHHOLTZ, 1982)

ihr normaler Ablauf ist an die Mitwirkung phylogenetisch jüngerer Hirnbereiche (limbisches System und Neokortex) gebunden.

Obwohl die Neuronenschaltungen angeborener Auslösemechanismen aufgrund ihrer Komplexität noch kaum durchschaubar sind, lassen sich aufgrund ethologischer Studien die grundlegenden Funktionsprinzipien modellhaft darstellen: Abbildung 406 gibt schematisch die Bedingungen für die Auslösung von Instinktverhalten wieder. In den meisten Fällen ist das Zusammenwirken eines exogenen und eines endogenen Faktors notwendig. Als **exogener Faktor** fungieren Reizmuster, die unverkennbar die adäquate Umweltsituation signalisieren. Solche Muster werden **Schlüsselreize** genannt. Schlüsselreize, die von anderen Tieren stammen und vor allem im Sozialverhalten eine Rolle spielen, bezeichnet man als **Auslöser.** Attrappenversuche (Abb. 407) konnten zeigen, daß Schlüsselreize **Abstraktionen der realen Umwelt** darstellen, die meist nur wenige, aber deutliche Merkmale beinhalten. So läßt sich beispielsweise das Schnabelsperren frisch geschlüpfter Amseln mit einer Kombination kreisförmiger Scheiben auslösen, deren Größenverhältnis 1 : 3 beträgt (Kopf-Rumpf-Verhältnis). Ein anderes Beispiel sind »Phantome«, wie sie zur Absamung von Hengst, Stier oder Eber Verwendung finden. Obwohl derartige Phantome (Abb. 408) kaum Ähnlichkeit mit einem Tier besitzen, bieten sie doch die wesentlichen Auslöser des paarungsbereiten weiblichen Tieres. Die grob abstrakte Nachbildung eines feststehenden Sexualpartners bietet visuelle

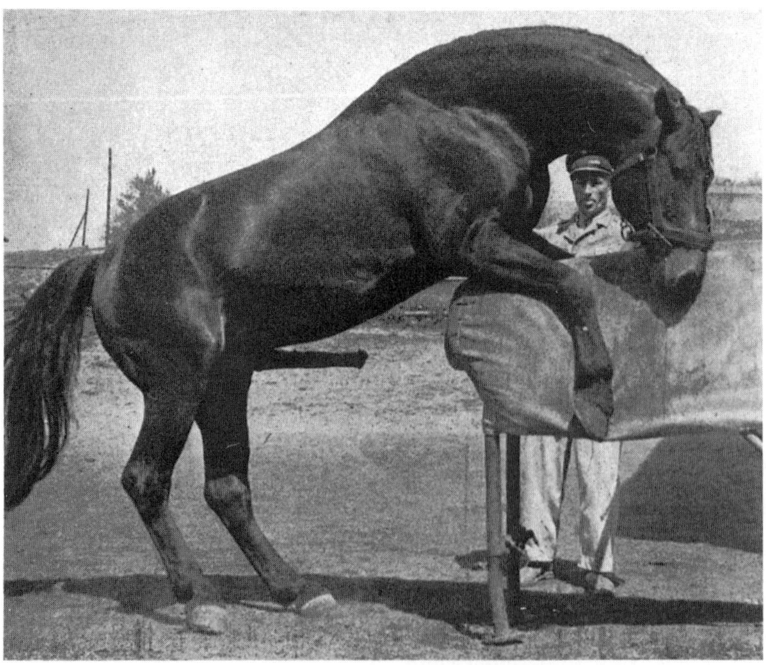

Abb. 408. Paarungsverhalten am Phantom. (Aus BUSCH, LÖHLE, PETER, 1982)

(»Torbogenschema«), taktile und meist auch olfaktorische Schlüsselreize (Harn eines brünstigen weiblichen Tieres) für die Auslösung des Paarungsverhaltens.

Der **endogene Faktor** wird als **Trieb (Motivation, spezifische Handlungsbereitschaft)** bezeichnet. Diese Begriffe beschreiben gleichermaßen variable Zustandsgrößen eines Organismus, die für die wechselnde Bereitschaft zur Beantwortung von Schlüsselreizen, aber auch für ein spontanes Auftreten von Verhaltensweisen verantwortlich sind. Diese Zustandsgrößen lassen sich durch experimentelle Eingriffe in **Hypothalamus** und **limbisches System** verändern (z. B. Auslösung oder Unterdrückung von Nahrungsaufnahme oder Aggression bei Anwesenheit von Nahrung bzw. eines Konkurrenten). Man nimmt deshalb an, daß diese Hirngebiete **Zentren motivierten Verhaltens** darstellen. Sie treten in der Stammesgeschichte erstmals bei den Wirbeltieren auf. Dies macht verständlich, daß das Verhalten Wirbelloser reflexhaft stereotyp verläuft, während es beim Wirbeltier je nach Motivationszustand, den wir z. B. als Hunger, Libido oder Aggressivität interpretieren, nach Häufigkeit und Intensität variiert.

5. Funktionsprinzipien des AAM

Aus ethologischen Experimenten (besonders aus Attrappenversuchen) lassen sich wesentliche Funktionsprinzipien angeborener Auslösemechanismen darstellen. Die wichtigsten seien kurz angeführt:

a. Prinzip der wechselseitigen Reizverstärkung (Reizsummenregel)

Sind einer Verhaltensweise mehrere Schlüsselreize zugeordnet (z. B. optische, olfaktorische und taktile Auslöser des Sexualverhaltens), so ist die verhaltensauslösende Wirkung der Reizsituation um so stärker, je vollständiger das angebotene Reizmuster ist.

b. Bevorzugung übernormaler Schlüsselreize

Attrappen, die auslösende Merkmale größer, intensiver oder kontrastierter hervorheben als das natürliche Objekt, werden gegenüber diesem meist bevorzugt. Ein bekanntes Beispiel ist der Sperrachen des Kuckucks, der durch besondere Größe und Zeichnung den der Nestlinge der Wirtsart übertrifft und eine Bevorzugung bei der Fütterung durch die Wirtstiere bedingt.

c. Trieb-Schlüsselreiz-Beziehungen

Im Zusammenspiel von Trieb und Schlüsselreiz zeigt sich eine grundlegende **qualitative (orientierende)** und eine **quantitative Beziehung:**

Orientierende Beziehung (Abb. 406): Triebe sind angeborenermaßen **objektorientiert** und lassen je nach Art des Instinktverhaltens zwei gegensätzliche Tendenzen erkennen: entweder die Tendenz, die Schlüsselreize aufzusuchen (**Appetenz,** z. B. im Ernährungsverhalten), oder sich von diesen zu entfernen bzw. sie zu meiden (**Aversion,** z. B. im Fluchtinstinkt). Diese angeborenen Tendenzen können durch Lernprozesse modifiziert werden.

Quantitative Wechselwirkung: Unvollständige Schlüsselreizmuster oder Reize geringer Intensität erfordern hohe Triebstärken, um wirksam zu werden. Andererseits kann eine schwache Triebintensität durch hohe Reizqualität und -stärke kompensiert werden und damit verhaltensauslösend wirken (ein hungriges Tier verzehrt selbst minderwertige [wenig adäquate] Nahrung, ein sattes Tier ist wählerisch).

6. Appetenzverhalten und Endhandlung

Im Bereiche der Gebrauchshandlungen im Dienste von Stoffwechsel und Fortpflanzung (appetitiv getöntes Verhalten) zeigt die Triebintensität zyklische Veränderungen (siehe C.2.). Sind, wie dies unter natürlichen Bedingungen häufig der Fall ist, in Phasen hoher Triebintensität keine Objekte vorhanden, welche die verhaltensauslösenden Schlüsselreize darbieten, dann setzt **spontan** die Suche nach den Schlüsselreizen ein. Dieses Suchverhalten wird nach Craig (1918) als **Appetenzverhalten** bezeichnet. Hierzu zählt man Tätigkeiten wie Nahrungssuche, Aufsuchen paarungsbereiter Geschlechtspartner in der Herde, aber auch zeitlich und räumlich lang erstreckte Tätigkeiten, wie Fischwanderungen und Vogelzüge.

Appetenzverhalten enthält neben allgemeinen ungerichteten Bewegungsformen verschiedenste angeborene Verhaltensmuster, die in zufälliger Weise oder aufgrund früherer Erfahrung kombiniert und orientiert werden. Hierdurch gestaltet sich das Appetenzverhalten, besonders in der Anfangsphase, äußerst **variabel** (Abb. 409). Das

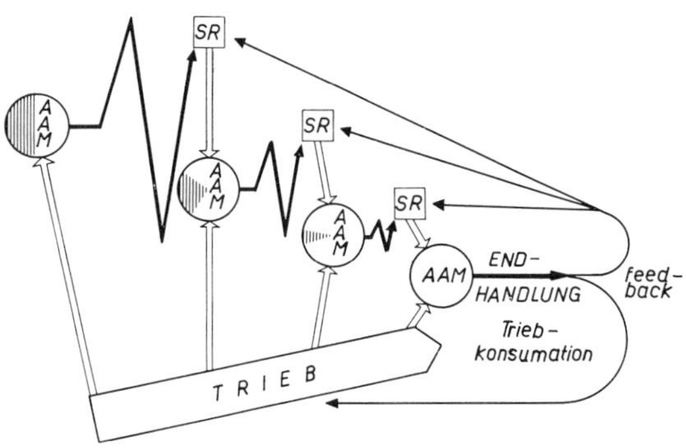

Abb. 409. Appetenzverhalten und Endhandlung. Trieb und Schlüsselreize (SR) aktivieren den angeborenen Auslösemechanismus (AAM) der formkonstanten, triebkonsumierenden Endhandlung. Bei Fehlen der SR wird endogen eine variable Suche nach diesen ausgelöst. Der entsprechende Auslösemechanismus enthält neben spezifischen (AAM) auch unspezifische Anteile (schraffierte Felder). Auftreten von SR aktiviert stufenweise spezifischere Auslösemechanismen, die den Freiheitsgrad des Appetenzverhaltens zunehmend einengen, bis schließlich die stereotype Endhandlung den Trieb konsumiert

schrittweise Auffinden von Schlüsselreizen (im Jagdverhalten: Schlüsselreize des Biotops, der Fährte, des Beutetieres selbst) aktiviert in steigendem Maße angeborene Auslösemechanismen und schränkt den Freiheitsgrad des Appetenzverhaltens zunehmend ein. Das Appetenzverhalten mündet schließlich in die **Endhandlung,** d. h. jene formenstarren Erbkoordinationen, die das Verhalten beenden (Fassen, Töten und Verzehr der Beute). Der Vollzug der Endhandlung wirkt auf den exogenen und den endogenen auslösenden Faktor zurück: Der Trieb wird vorübergehend vermindert oder gelöscht (die Endhandlung wirkt triebkonsumierend) und die äußere Reizsituation verliert ihre Spezifität. Der abnehmende Freiheitsgrad in der Verhaltenssequenz vom Appetenzverhalten zur Endhandlung spiegelt die evolutionäre Hierarchie der Gehirn- und Verhaltensstrukturen wider.

7. Individuelle Verhaltensanpassung (Lernen)

Die lebens- und arterhaltende Grundausstattung des Tieres mit instinktiven Verhaltensmustern wird durch Lernprozesse verschiedener Art den aktuellen Lebensbedingungen des Individuums besser angepaßt. Unter **Lernen** versteht man im Sprachgebrauch der Ethologie die **Ausbildung individueller Verhaltensanpassungen aufgrund vorhergegangener Erfahrungen.** Die durch Lernen hervorgerufene Verhaltensmodifikation ist **nachhaltig** und mit vorübergehenden Verhaltensänderungen durch Sinnesadaptation, Ermüdung oder Motivationsschwankungen nicht vergleichbar.

Lernprozesse stehen bei Tieren fast ausschließlich im Dienste instinktiver Verhaltensmuster. Sie erweitern oder verengern das Spektrum verhaltensauslösender Reize, koordinieren und orientieren Erbkoordinationen in komplexen Verhaltensabläufen (z. B. im Jagdverhalten) und modifizieren die affektive Bewertung von Reizsituationen (z. B. Umwandlung der Fluchttendenz in eine Annäherungstendenz bei der Zähmung eines Wildtieres). Lernprozesse dieser Art sind offenbar in angeborenen Verhaltensmustern (Instinkten) genetisch »eingeplant« und treten unter natürlichen Bedingungen notwendigerweise auf. TEMBROCK bezeichnet sie deshalb als **obligatorisches Lernen.** Im Gegensatz zu diesen treten **fakultative Lernprozesse** (nicht den Instinkten zugeordnetes, zufälliges Lernen, z. B. bei Beschäftigung mit unbekannten Gegenständen) bei Tieren eher selten auf. Man findet sie im Neugier- und Spielverhalten, vor allem bei höher entwickelten Primaten.

Lernprozesse erfordern die räumlich-zeitliche Einordnung von Informationen in Speicher des ZNS, aus denen sie wieder abgerufen werden können **(Gedächtnis).** Man unterscheidet zumindest zwei Formen des Gedächtnisses, denen unterschiedliche neurophysiologische Mechanismen zugrunde liegen: Die Grundlage dieser Informationsspeicherung bildet ein **Kurzzeitgedächtnis,** das die ständig zufließenden Sinnesafferenzen für kurze Zeiträume »in Evidenz« hält und dadurch die laufende Orientierung in Raum und Zeit ermöglicht. Neurophysiologische Untersuchungen weisen darauf hin, daß diese Form der Speicherung mit kreisenden Erregungen im **limbischen System** verbunden ist (Hippocampus → Fornix → Corpus mamillare → Thalamus → Gyrus cinguli → Hippocampus, siehe Abb. 416). Inhalte des Kurzzeitgedächtnisses werden großteils rasch wieder vergessen oder durch neue sensorische Afferenzen gelöscht. Nur ein kleiner Teil der vorübergehend festgehaltenen Informationen wird unter besonderen Bedingungen in ein **Langzeitgedächtnis** übertragen, das die Informationen für Monate und Jahre, in manchen Fällen sogar lebenslang, bewahren kann. Wesentliche Faktoren, die zu einer Fixierung im Langzeitgedächtnis führen, sind eine oftmalige **Wiederholung** des gleichen Inputs (Übungseffekt) sowie eine starke **affektive Tönung** (appetitiv oder aversiv im Sinne von belohnend und strafend) und die dadurch **erhöhte Vigilanz.** Die nervalen Mechanismen der Langzeitspeicherung von Information beinhalten strukturelle Veränderungen an den beteiligten Neuronen. Neuroethologische Experimente zeigten, daß die Verankerung von Informationen im Langzeitgedächtnis mit **Veränderungen der Proteinsynthese** (z. B. Bildung neuer synaptischer Proteine) und vielfach auch mit **Änderungen in Art und Zahl der Synapsen** einhergeht. Hemmung der RNA- und Proteinsynthese durch Actinomycin oder Puromycin hingegen blockiert im Tierversuch den Lernprozeß.

8. Erscheinungsformen tierischen Lernens

Je nach instinktiver Verhaltensausstattung und Lebensweise findet Lernen bei verschiedenen Tierarten unter äußerst unterschiedlichen Bedingungen statt. Aufgrund allgemeiner Gesetzmäßigkeiten im Ablauf der Prozesse können jedoch mehrere Grundtypen beschrieben werden (THORPE). Als wichtigste seien kurz genannt: **assoziatives Lernen, Habituation** und **Prägung.**

a. Assoziatives Lernen

Assoziative Lernprozesse verbinden (assoziieren) neutrale (nicht verhaltensauslösende) Umweltreize mit Schlüsselreizen instinktiven Verhaltens. Dieses Lernprinzip ist Grundlage zweier, im Experiment voneinander abgrenzbarer Lernformen: der **klassischen** und der **operanten Konditionierung.**

aa. Klassische Konditionierung
(Ausarbeitung bedingter Reflexe bzw. bedingter Reaktionen)

In seinen klassischen Experimenten zur Untersuchung der Speichelsekretion beim Hund entdeckte PAWLOW, daß völlig inadäquate Reize, wie das Ticken eines Metronoms, die Sekretion auslösen konnten, wenn sie vorher regelmäßig kurz vor der Fütterung dargeboten worden waren. PAWLOW nannte den vorher unwirksamen und nunmehr wirksamen Reiz **bedingter Reiz (conditioned stimulus, CS),** den auf den CS hin ausgedehnten reflektorischen Mechanismus **bedingter Reflex (conditioned reflex, CR).** Der schon angeborenermaßen wirksame Reiz wird demgegenüber als **unbedingter Reiz (unconditioned stimulus, UCS)** und der angeborene reflektorische Mechanismus als **unbedingter Reflex (unconditioned reflex, UCR)** bezeichnet. Es sei jedoch darauf hingewiesen, daß die Unterscheidung zwischen UCR und CR nicht die Reflexantwort (in PAWLOWS Experiment die Speichelsekretion), sondern den Auslösemechanismus betrifft.

Physiologisch betrachtet ist das wesentliche Merkmal der Konditionierung die Herstellung neuer funktioneller Verbindungen im ZNS. Hierbei ist der Reflex nur Teil eines komplexen Verhaltensphänomens: Die Hunde zeigten nach Einschalten des Metronoms nicht nur vermehrte Sekretion der Speicheldrüsen, sondern ein komplettes Appetenzverhalten, wie es normalerweise der Fütterung vorhergeht. Die umfassende Verhaltensantwort, in die der bedingte Reflex eingebettet ist, bezeichnet man als **bedingte Reaktion.** Aus ethologischer Sicht erweitert sich durch diese Form des Lernens das Spektrum jener Reize, die Instinktverhalten auslösen, d. h. der Schlüsselreize eines bestimmten Instinktverhaltens. Damit tritt zum AAM eine erworbene Komponente hinzu **(EAM),** weshalb die zentralnervale Basis der bedingten Reaktion vielfach als **EAAM** (erworbener + angeborener Auslösemechanismus) bezeichnet wird.

ab. Operante (instrumentelle) Konditionierung

Diese assoziative Lernform wird auch als **handelndes Erwerben einer bedingten Aktion** bezeichnet. Im Gegensatz zur klassischen Konditionierung

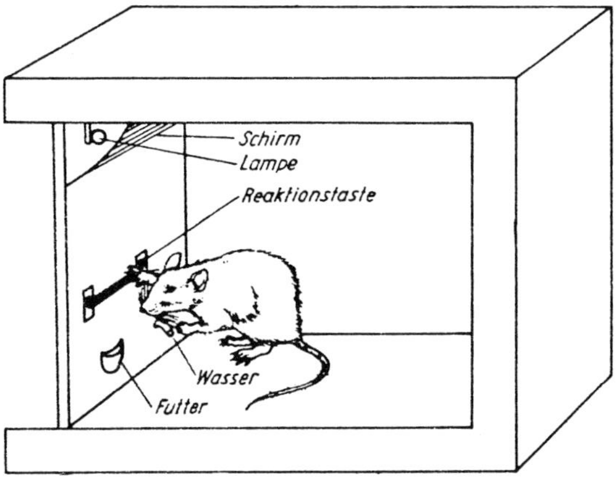

Abb. 410. Skinner-Box mit Ratte. (Aus R. Sinz, 1976)

wird hierbei **nicht ein exogener Reiz** mit einem Schlüsselreiz assoziiert, sondern eine **Tätigkeit des Tieres selbst.** Wird beispielsweise ein beliebiges Verhalten (z. B. Hinsetzen des Hundes) regelmäßig mit einem Leckerbissen belohnt, so wird es häufiger als vorher in Erscheinung treten; wird es hingegen von einem Strafreiz gefolgt, vermindert sich seine Häufigkeit. Die Tätigkeit des Tieres selbst wird durch den Lernprozeß einem appetitiven (Nahrungsaufnahme) bzw. aversiven Instinktverhalten (Schadensvermeidung) zugeordnet. Die Schlüsselreize, die der Tätigkeit des Tieres folgen (in unserem Beispiel Nahrung oder Strafreiz) modifizieren als **positive oder negative Verstärker** die Wahrscheinlichkeit des Auftretens des betreffenden Verhaltens (s. Abb. 404).

Die bedingte Aktion kann wiederum durch klassische Konditionierung an ein Signal gekoppelt

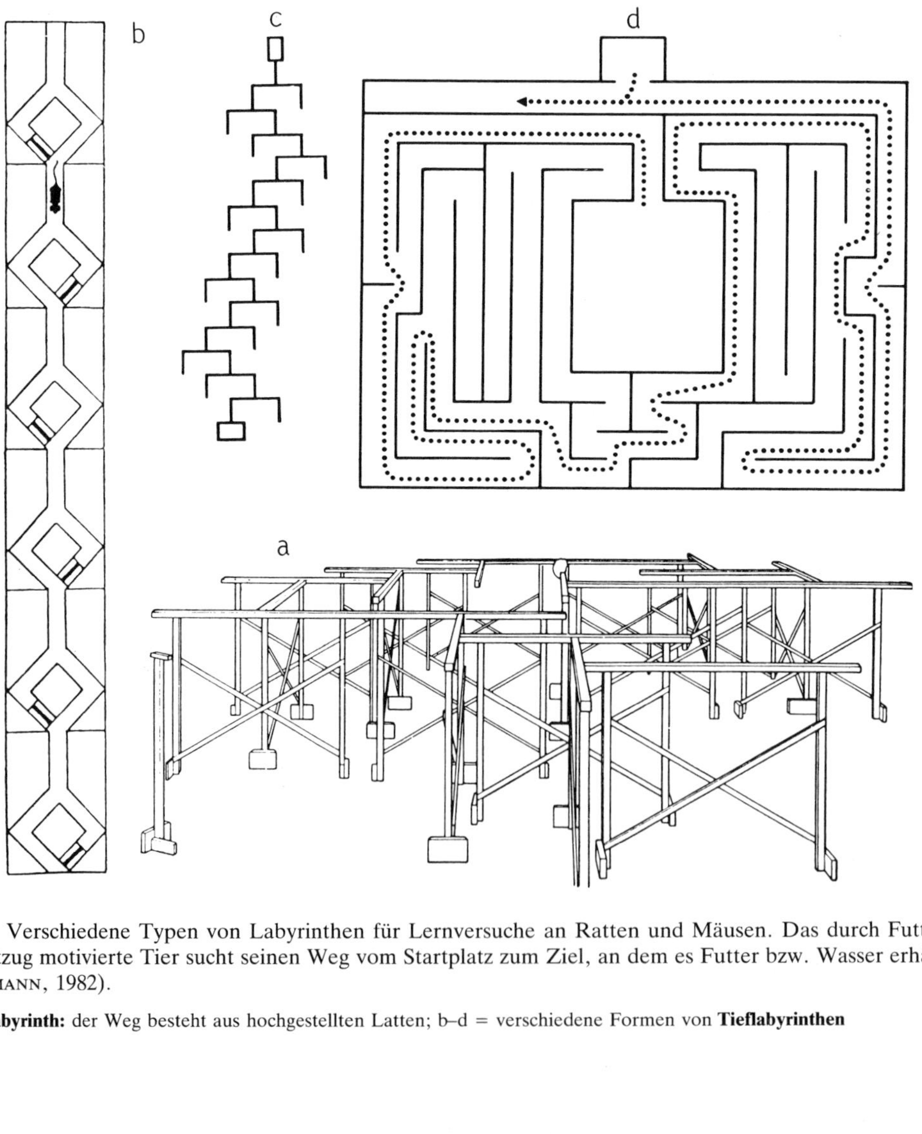

Abb. 411. Verschiedene Typen von Labyrinthen für Lernversuche an Ratten und Mäusen. Das durch Futter- oder Wasserentzug motivierte Tier sucht seinen Weg vom Startplatz zum Ziel, an dem es Futter bzw. Wasser erhält. (Aus K. Immelmann, 1982).

a = **Hochlabyrinth:** der Weg besteht aus hochgestellten Latten; b–d = verschiedene Formen von **Tieflabyrinthen** werden (z. B. an ein bestimmtes Kommando), das schließlich zur gezielten Auslösung einer bestimmten Verhaltensfolge führt. Klassische und operante Konditionierung sind somit Grundlage jeder **Dressur;** sie ermöglichen es, bestimmte Verhaltensmuster herauszuarbeiten, wie etwa in der »hohen Schule« der Pferdedressur, und unerwünschte Verhaltensweisen zu unterdrücken. In der Tierhaltung bewirkt das assoziative Lernen vor allem eine Anpassung des Tieres an den vom Menschen vorgegebenen Tagesablauf (Ort und Zeit der Fütterung, des Melkens, etc.) und erlaubt den Einsatz automatisierter Systeme (z. B. Fütterungs- und Tränkautomaten). Unter natürlichen Bedingungen erfolgt die Konditionierung im Rahmen von Appetenz- und Aversionsverhalten: Versucht z. B. ein hungriges Tier an schwer zugängliche Nahrung heranzukommen, wird es versuchsweise verschiedene Erbkoordinationen zur Erreichung seines Zieles anwenden. Aus der Vielzahl solcher Verhaltensweisen werden jene positiv verstärkt, denen die Nahrungsaufnahme folgt — sie werden in gleichen Situationen künftig bevorzugt eingesetzt. Diese Form der operanten Konditionierung wird meist als **Lernen nach Versuch und Irrtum (trial and error learning)** bezeichnet.

Die operante Konditionierung wird als **experimentelle Methode** in Neuro-, Sinnes- und Verhaltensphysiologie sehr häufig angewandt. Erkenntnisse über Sinnesleistungen der Tiere, Lernen und Gedächtnis wurden großteils auf diese Art gewonnen. Für Laboratoriumsexperimente wurden hierzu unter anderem verschiedene **»Problemkäfige«** entwickelt, mit denen der Verlauf der Konditionierung kontinuierlich verfolgt und aufgezeichnet werden kann. Eine häufig verwendete Apparatur, die **Skinner-Box,** ist in Abbildung 410 dargestellt. Lernen nach Versuch und Irrtum wird meist im **Labyrinthversuch** (Abb. 411) getestet.

ac. Assoziationsgesetze

Obwohl die Konditionierung je nach Situation und instinktiver Ausstattung des Tieres in vielfältiger Form in Erscheinung tritt, können doch grundlegende Gesetzmäßigkeiten (Assoziationsgesetze) festgehalten werden. Die wichtigsten seien kurz und in vereinfachter Form wiedergegeben.

Gesetz der Kontiguität: Die Assoziation ist an eine enge zeitliche Nachbarschaft von CS und UCS gebunden. Im allgemeinen ist hierbei erforderlich, daß der CS unmittelbar vor dem UCS dargeboten wird und sich mit diesem überschneidet. Es ist schwierig, eine bedingte Reaktion zu erhalten, wenn der CS mehr als 1 s vor dem UCS endet oder der CS den UCS erheblich überdauert. Abbildung 412 stellt die Verhältnisse schematisch dar.

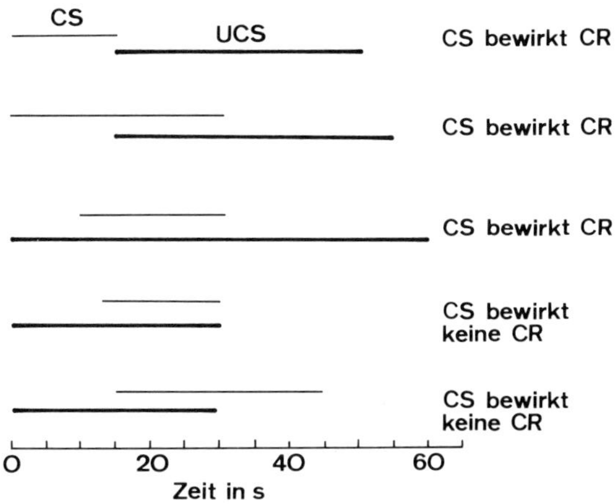

Abb. 412. Bedeutung der Reizsequenz für die Ausbildung eines bedingten Reflexes bzw. einer bedingten Reaktion. (Nach Konorsky, 1948)

CS = conditionierter Stimulus; UCS = unconditionierter Stimulus; CR = conditionierter (bedingter) Reflex (bzw. conditionierte Reaktion).

Gesetz der Wiederholung: Obwohl Lernen auch durch einen einzigen Lernakt erfolgen kann (besonders bei starken aversiven Reizen als Verstärker), wird der Lernprozeß durch Wiederholung gefördert und die Fixierung der bedingten Reaktion im Langzeitgedächtnis verbessert.

Gesetz von Generalisierung und Diskriminierung: Wurden Pawlows Hunde mit einem ganz bestimmten Ton konditioniert, sezernierten die Tiere auch bei anderen Tönen, jedoch in kleineren Mengen. Die Speichelmenge war hierbei um so größer, je näher die Frequenzen bei jener des CS lagen; die Tiere **generalisierten** den bedingten Reflex und schlossen ähnliche Reize mit ein. Wurden hingegen von Beginn an Töne verschiedener Frequenzen angeboten, aber nur eine Frequenz belohnt, die übrigen hingegen mit einem Strafreiz gekoppelt, erfolgte die Sekretion schließlich nur mehr bei der belohnten Frequenz. Die Hunde hatten somit gelernt, zwischen ähnlichen Reizen zu **diskriminieren.** Generalisierung und Diskriminierung im Rahmen von klassischer und operanter Konditionierung bieten u. a. die Möglichkeit zur Erforschung tierischer Sinnesleistungen.

Gesetz der Bekräftigung (Verstärkung): Für das Zustandekommen einer Konditionierung sowie für die Erhaltung der bedingten Aktion oder Reaktion ist die belohnende oder strafende Bedeutung des UCS, d. h. die **affektive Tönung** der betreffenden Schlüsselreize, von besonderer Bedeutung. Starke fluchtauslösende Reize als Verstärker führen meist sofort zu bleibenden Verhaltensänderungen (Meidereaktion), während beispielsweise Nahrungsreize beim satten Tier kaum wirksam sind. Assoziatives Lernen bedarf weiters der **Konstanz des affektiven Wertes der Bekräftigung;** Wechsel von positiven und negativen Verstärkern im selben Lernprozeß unterbindet die Assoziation und führt zur **Frustration** des Tieres.

Die bedingte Aktion bzw. Reaktion ist im allgemeinen nur beständig, wenn sie zumindest von Zeit zu Zeit **bekräftigt** wird, d. h. wenn hin und wieder der verstärkende UCS dem CS folgt. Bleibt die Bekräftigung gänzlich aus, kommt es zur **Extinktion,** dem Erlöschen der bedingten Aktion oder Reaktion.

b. Habituation (Gewöhnung)

Habituation ist in gewisser Hinsicht die einfachste Lernform, die im Tierreich beobachtet werden kann. Sie besteht in einer **Abnahme der Intensität instinktiver Reaktionen, wenn der auslösende Reiz ohne affektiv getönte Folgen bleibt** (z. B. Schußfestigkeit des Jagdhundes). Die instinktive Reaktion auf den betreffenden Reiz bleibt schließlich gänzlich aus. Im Gegensatz zum assoziativen Lernen wird durch die Habituation das Spektrum der Schlüsselreize des betreffenden Instinktverhaltens eingeschränkt.

Die Gewöhnung ist als **obligatorischer Lernprozeß** in der Verhaltensontogenese von besonderer Bedeutung: Jungtiere sind häufig durch eine große Zahl von Freßfeinden bedroht und zeigen instinktive Fluchtreaktionen auf größere oder größer werdende Objekte und überstarke Sinnesreize. Die rasch erfolgende Habituation an bedeutungslose Reize erhält die Aufmerksamkeit für wesentliche Schlüsselreize und vermeidet unnötige Energieausgabe **(Einsparung sensorischer und motorischer Kapazität).** Die Habituation kann im Experiment auch anhand physiologischer Parameter verfolgt werden: Vor Habituation zeigt das Tier bei Darbietung des Reizes eine diffuse **Weckreaktion** und **evozierte Potentiale** im EEG, weiters eine Reihe vegetativer Begleiterscheinungen. Bei wiederholtem Anbieten des Reizes ohne nachfolgende Bekräftigung verlöschen die Veränderungen im EEG, und die Verhaltensantwort einschließlich der autonomen Reaktionen unterbleibt. Die Reaktionsform selbst (z. B. Flucht) bleibt jedoch erhalten und kann durch andere Schlüsselreize in vollem Umfang ausgelöst werden.

c. Prägung

Die Prägung (Lorenz) ist ein **obligatorischer Lernprozeß der Frühentwicklung,** durch den das Tier mit Merkmalen seiner frühkindlichen Umwelt vertraut wird und zu diesen affektive Bindungen entwickelt. Vom assoziativen Lernen unterscheidet sich die Prägung in mehrfacher Hinsicht: 1. Prägung findet nur innerhalb eines kurzen und artspezifisch festgelegten Zeitabschnitts der Ontogenese, der **sensiblen Phase,** statt. Unterbindet man durch Isolation des Tieres in dieser Zeit die Perzeption entsprechender Reize (Kaspar-Hauser-Experiment), kann die Prägung nicht mehr nachgeholt werden. Ein Ausbleiben der Prägung hat meist erhebliche Störungen des Sozialverhaltens zur Folge. 2. Das Ergebnis einer Prägung ist eine oft **lebenslange und irreversible Verhaltensmodifikation.** 3. Prägungsprozesse beeinflussen auch Verhaltensweisen, die zum Zeitpunkt des Lernens noch nicht in Erscheinung getreten sind (Sexualverhalten).

Die klassischen Beispiele für Prägungsvorgänge sind die **Nachlaufprägung** junger Nestflüchter und die **sexuelle Prägung.** Prägung wurde erstmals bei nestflüchtenden Vögeln, wie Enten, Gänsen oder Hühnern nachgewiesen: Unmittelbar nach dem Schlüpfen veranlassen weitgehend **unspezifische Reize** (bewegte Objekte unterschiedlicher Form und Größe, rhythmische Laute) das Küken, sich der Reizquelle zu nähern und ihr nachzufolgen. Verschiedene Merkmale des Objektes, dem die instinktive Nachlaufreaktion gilt, sei es das Muttertier, eine grobe Attrappe oder ein Mensch, werden hierbei als Merkmale der eigenen Art erlernt. Im Wahlversuch zieht ein auf den Menschen oder eine Attrappe geprägtes Küken das Prägungsobjekt dem Artgenossen vor. Manche Vogelarten und verschiedene Säugetiere erlernen nicht nur Kennzeichen der eigenen Art, sondern auch bestimmte überindividuelle Merkmale des Sexualpartners. Männliche Schafe, Ziegen und Schweine

Abb. 413. Auf den Menschen fehlgeprägter Eber. Das Paarungsverhalten wird auf den Menschen gerichtet, während das weibliche Tier im Hintergrund trotz Östrus unbeachtet bleibt. (Aus SAMBRAUS, 1978)

konnten solcherart auf den Menschen geprägt werden, daß sie auch in Gegenwart brünstiger weiblicher Artgenossen ihr Sexualverhalten auf den Menschen richten (**Fehlprägung,** Abb. 413).

Neben Merkmalen des Artgenossen können auch Reize ökologischer Natur aufgrund von Prägungsvorgängen zu lebenslangen Präferenzen führen. So findet man bei manchen Arten eine deutliche Bevorzugung von Lebensräumen oder auch von Nahrungsstoffen, die jenen der Frühentwicklung gleichen **(Biotopprägung, Nahrungsprägung).**

d. Seltene Lernphänomene

Verschiedene Lernformen sind an menschenähnliche Gehirnentwicklung und -funktion gebunden und daher bei unseren Haustieren kaum oder nicht zu finden. **Planhandlungen,** d. h. vorausplanendes Problemlösen ohne Verhaltensaktivitäten in der Lernphase (ohne Versuch-und-Irrtum-Verhalten), finden sich ausschließlich bei höchstentwickelten Primaten (z. B. Schimpansen). Auch **Nachahmungslernen** und die darauf beruhende Ausbildung von **Traditionen** finden sich vor allem bei Primaten und wurden bei anderen Arten nur gelegentlich beobachtet.

Eine Sonderstellung nimmt das **kinästhetische Lernen** ein. Man versteht darunter das Erlernen neuer, nicht als Erbkoordination verankerter Bewegungsmuster. Normalerweise setzt das Tier im angeborenen und erlernten Verhalten die ihm eigenen ererbten und damit formkonstanten Bewegungsmuster (Erbkoordinationen) ein. Lernprozesse können diese Muster anders kombinieren, neuen Reizen zuordnen oder in bestimmter Weise orientieren, ohne sie jedoch in ihrer Form nennenswert zu ändern. Unter besonderen Bedingungen, z. B. bei bestimmten Formen der Zirkusdressur, können durch Mithilfe des Menschen neue Bewegungsabläufe durchgeführt, »erfühlt« und im ZNS verankert werden. Dieser Vorgang erlaubt nach oftmaliger Wiederholung schließlich die Reproduktion der neuen Bewegung. Wesentliche morphologische Substrate dieses Lernprozesses sind vor allem der Eigenreflexbogen, das γ-motorische und das extrapyramidale System. Mit jeder Wiederholung werden hierbei die nervalen Impulse an die Muskelgruppen durch sensorischen Feedback genauer abgestimmt, und schließlich wird der gesamte Bewegungsvorgang automatisiert.

E. Motivation

1. Vorbemerkungen

Reflexlehre und Behaviorismus versuchten, Verhalten ausschließlich als Reiz-Reaktionsbeziehung zu erklären. Es zeigte sich jedoch, daß diese Anschauung eine Reihe von Verhaltensphänomenen höher entwickelter Arten, insbesondere der Wirbeltiere, nicht berücksichtigt. Wird das Verhalten Wirbelloser noch vorwiegend durch stereotype Reiz-Reaktionsbeziehungen bestimmt, so finden wir bei Wirbeltieren häufig unterschiedliche Antworten auf die gleiche Reizsituation. Oft tritt Verhalten auch in Abwesenheit von Schlüsselreizen auf (Spontanverhalten). Wir müssen daher annehmen, daß **innere Bedingungen** die Reiz-Reaktionsbeziehungen modifizieren und zu Spontanverhalten führen können. Diese **wechselnden inneren Zustandsgrößen** eines Organismus, die sich im Verhalten manifestieren, bezeichnen wir als **Motivation** (Handlungsbereitschaft, Trieb).

2. Kennzeichen der Verhaltensmotivation

Komplexere Verhaltensformen sind bei Wirbeltieren immer motiviert. Die Verhaltensmotivation manifestiert sich vor allem in folgenden Phänomenen:

▷ **Vorübergehende Veränderung des Schwellenwertes für Schlüsselreize.** Ein und dieselbe Reizsituation kann, je nach Funktionszustand des Organismus, unterschiedliche Antworten bewirken. Im **stoffwechselbedingten Verhalten,** wie etwa im Rahmen von Nahrungs- und Flüssigkeitsaufnahme, modifizieren **homöostatische Signale** aus dem »inneren Milieu« die Ansprechbarkeit für Schlüsselreize. Beispielsweise wird Trinken in Gegenwart von Wasser nur ausgelöst, wenn erhöhte Osmolalität oder vermindertes Volumen der extrazellulären Flüssigkeit eine Wasseraufnahme erfordern. Ist die Nahrungs- oder Wasseraufnahme eingeleitet, reduzieren **Sättigungssignale** aus dem Verdauungstrakt die Motivation, bevor noch nennenswerte Mengen resorbiert sind.

Im **Fortpflanzungsverhalten** bestimmt der jeweilige **endokrine Funktionszustand der Gonaden** die Bereitschaft eines Tieres, die entsprechenden Auslöser zu beantworten. So bahnen beispielsweise hohe Plasma-Östrogenspiegel im Östrus die Antworten auf Balz und Paarungsintentionen des männlichen Tieres (z. B. Lordoseverhalten, Duldungsreflex) und hemmen zugleich die Abwehrreaktionen. Beim männlichen Tier modifizieren Androgene sowohl das Sexual- als auch das Abwehrverhalten: Erhöhte Testosteronspiegel fördern die Paarungsbereitschaft und erhöhen die Aggressionsbereitschaft gegenüber gleichgeschlechtlichen Artgenossen. Es ist daher verständlich, daß Kastration zu deutlichen Veränderungen in beiden Verhaltensbereichen führt. Andererseits bewirken Auslöser des Fortpflanzungsverhaltens (z. B. Werbeverhalten) Veränderungen im Endokrinium, die wiederum die Handlungsbereitschaft modifizieren. Bei Vogelweibchen wurde beobachtet, daß mitunter allein die optischen und akustischen Signale des balzenden Männchens den Eintritt in den Fortpflanzungszyklus (mit allen endokrinen Veränderungen und Verhaltensphänomenen) bewirken.

Ebenso wie im Fortpflanzungsverhalten sind auch im **Flucht- und Abwehrverhalten** exogen bedingte Motivationsänderungen neben endogen bedingten von besonderer Bedeutung. Wird beispielsweise Fluchtverhalten ausgelöst, so bleibt die Fluchtbereitschaft noch einige Zeit bestehen, wenn der auslösende Reiz und die Verhaltensreaktion bereits beendet sind **(Persistenz der Handlungsbereitschaft).**

Qualitative Verhaltensänderungen ergeben sich häufig in **Konfliktsituationen.** Werden zwei unvereinbare Verhaltenstendenzen (z. B. Nahrungsaufnahme und Flucht) gleichzeitig durch Schlüsselreize aktiviert, so bestimmen die Intensitäten der handlungsspezifischen Motivationen die Art der Lösung des Konfliktes, etwa durch Schwellenerhöhung für fluchtauslösende Reize und Schwellensenkung für Nahrungsreize nach längeren Hungerperioden.

▷ **Spontanverhalten.** Die Unzulänglichkeit behavioristischer »Reiz-Reaktionsmodelle« in der Erklärung von Verhalten zeigt sich besonders am Spontanverhalten, d. h. an jenen Verhaltensweisen, die auch ohne jede feststellbare Veränderung der Reizsituation auftreten. Hierzu zählen vor allem das **Erkundungsverhalten, Komfortverhalten, Ruhen und Schlaf** sowie das **Appetenzverhalten.** Bei letzterem ist gerade das Fehlen entsprechender Schlüsselreize ein Charakteristikum der auslösenden Situation.

▷ **Emotion.** Viele Verhaltensweisen gehen mit **situationsspezifischem Ausdrucksverhalten, erhöhter Vigilanz** und **charakteristischen sympathico-adrenomedullären Reaktionen** einher. Wir bezeichnen sie in Analogie zu menschlichen Verhaltensmustern als **emotionelle Verhaltensweisen.** Das Signalverhalten ist hierbei oft so typisch ausgeprägt, daß daraus der weitere Verhaltensablauf prognostiziert werden kann. Abbildung 414 zeigt emotionelle Signale des Aggressions- und Fluchtverhaltens bei der Katze, sowie die graduellen Übergänge im Konflikt zwischen den entgegengesetzten Handlungsbereitschaften. Integrierte Angst- und Wutreaktionen konnten auch durch Elektrostimulation bestimmter Bereiche des Hypothalamus und anderer entwicklungsgeschichtlich alter Hirngebiete ausgelöst werden. Ob tierische

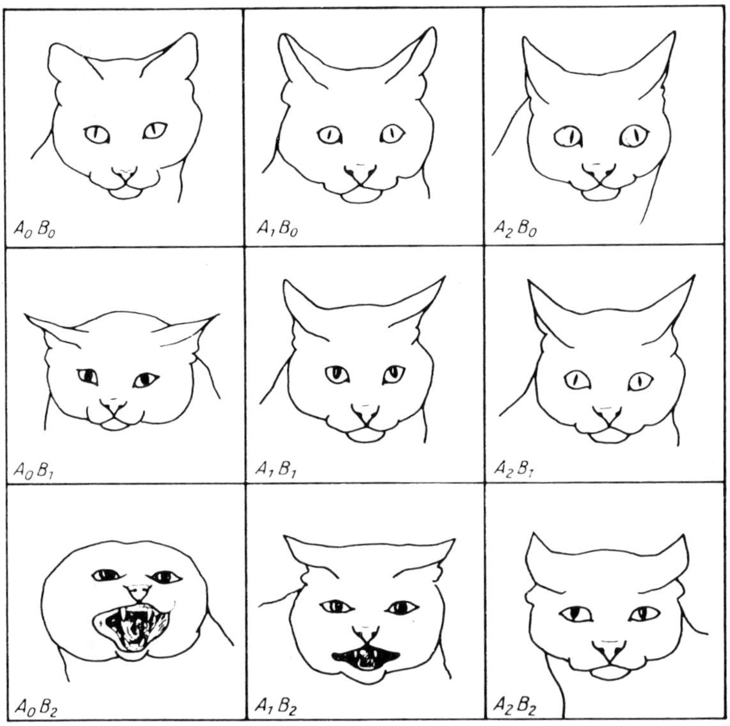

Abb. 414. Emotionelle mimische Signale im Verhalten der Katze. Verschiedene Intensitäten der Angriffsstimmung (A_0–A_2) überlagert von verschiedenen Intensitäten der Abwehrstimmung (B_0–B_2). (Aus LEYHAUSEN, 1982)

Emotionen der menschlichen Erfahrung von Angst, Wut, Freude etc. entsprechen, ist wissenschaftlich nicht entscheidbar. Aufgrund der Homologie der beteiligten Hirnstrukturen und -funktionen bei Säugetier und Mensch ist aber zu vermuten, daß diese phylogenetisch alten psychischen Prozesse grundsätzlich ähnlich sind.

▷ **Affektive Bewertung von Umwelt und Verhalten.** Schlüsselreize als charakteristische Merkmale der Umwelt wirken auf zwei verschiedenen Verhaltensebenen. Auf der **Ebene des Instinktverhaltens** fungieren sie in festgelegter Weise als Auslöser spezifischer Verhaltensweisen, wie Nahrungsaufnahme, Flucht oder Paarung. Auf der **Motivationsebene** dienen sie der Orientierung des Lernens im Sinne von **Appetenz und Aversion.** Dies zeigt am deutlichsten die operante Konditionierung. Wird nämlich eine zufällige Bewegung eines Tieres mit einem nachfolgenden Schlüsselreiz (z. B. Nahrungs- oder Schmerzreiz) assoziiert, so manifestiert sich am Lerneffekt die **affektive Bewertung in zwei polaren Kategorien:** Während die eine Kategorie von Reizen das betreffende Verhalten fördert **(positive Verstärker),** vermindert die zweite Kategorie **(negative Verstärker)** die Häufigkeit seines Auftretens. Der jeweilige affektive Wert des Schlüsselreizes ist daran meßbar, welche Arbeit (z. B. Überwindung von Hindernissen) ein Tier zu leisten bereit ist, um positive Verstärkung (z. B. durch Nahrung) zu erhalten bzw. einer negativen Verstärkung (z. B. einem Schmerzreiz) zu entgehen. Die wesentliche physiologische Aufgabe des Motivationssystems besteht somit vor allem darin, die **Richtung tierischen Lernens** nach phylogenetisch vorgegebenen Kategorien festzulegen.

3. Motivationssysteme des ZNS

In der stammesgeschichtlichen Entwicklung findet man Anfänge motivierten Verhaltens mit Beginn der Ausbildung des Telencephalon. Hierbei reflektiert die Hirnentwicklung die zunehmende Fähigkeit und Notwendigkeit, ererbte Verhaltensmuster durch Lernprozesse zu ergänzen oder zu modifizieren. Nach MACLEAN kann man dementsprechend am Säugetiergehirn drei hierarchisch angeordnete Abschnitte unterscheiden, in denen sich das evolu-

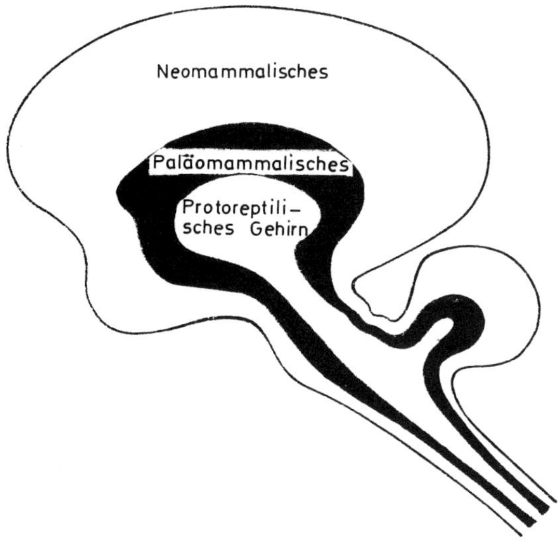

Abb. 415. Schematische Darstellung und Einteilung des Gehirns in drei Gehirntypen. (Nach McLean, 1970)

tionäre Erbe widerspiegelt (Abb. 415): Das **protoreptilische Gehirn,** repräsentiert durch den Hirnstamm, integriert die vegetativen Funktionen und stereotype Verhaltensmuster. Ein von diesem Bereich dominiertes Verhalten ist nur wenig anpassungsfähig und an stabile Umwelten gebunden. Dem protoreptilischen Gehirn ist das **paläomammalische Gehirn** übergeordnet. Es besteht aus den neuralen Strukturen am Übergang vom Stammhirn zu den Rindengebieten der Großhirnhemisphären und wird nach MacLean als **limbisches System** bezeichnet (Abb. 416). Aufgrund zahlreicher neuroethologischer Befunde wird es als zentrale Struktur der Verhaltensmotivation betrachtet. Es vergleicht inneres und äußeres Milieu des Organismus und bewertet das Ergebnis in positiver oder negativer Weise **(affektive Bewertung).** Seine Funktionen stellen damit das wesentliche Bindeglied zwischen Instinkt und Lernen dar. Die phylogenetisch jüngste Struktur, der **Neokortex,** repräsentiert das **neomammalische Gehirn.** Ihm sind vor allem die höheren analytischen und assoziativen Leistungen zuzuordnen. Mit Ausnahme der Menschenaffen ist es bei Tieren vergleichsweise gering entwickelt und steht bei diesen vorwiegend im Dienste affektiv gesteuerter, obligatorischer Lernprozesse.

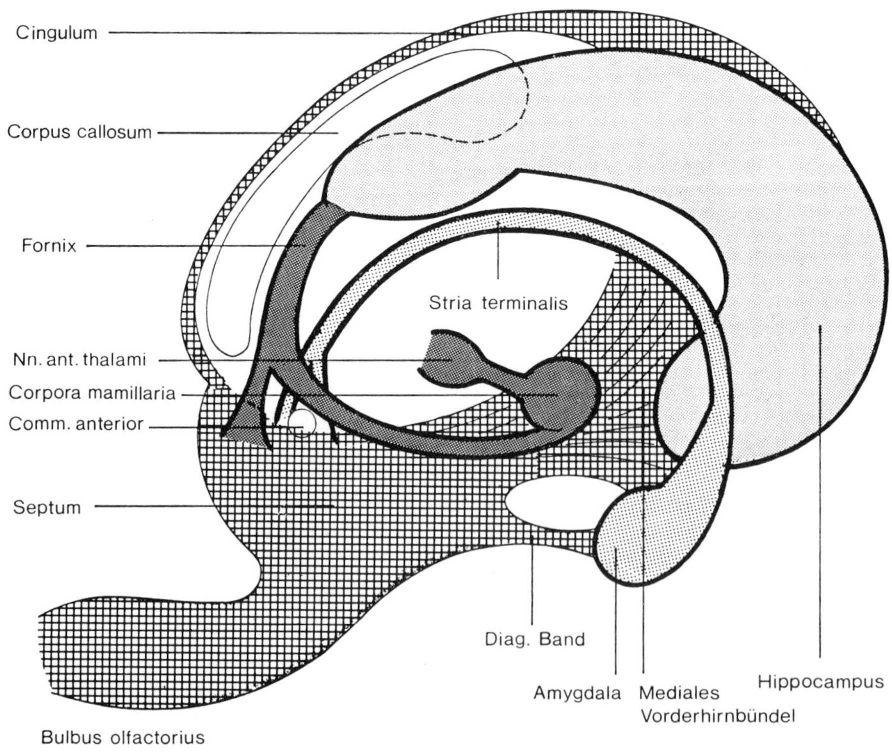

Abb. 416. Das Limbische System der Ratte. (W. Wildschut, Organorama **10** [1973], 3)

a. Funktionsspezifische Motivationssysteme

Im Limbischen System scheinen sich Funktionskreise für Nahrungsaufnahme, Flüssigkeitsaufnahme, Fortpflanzungsverhalten sowie für Flucht- und Abwehrverhalten zu überschneiden und gegenseitig zu beeinflussen. So führt beispielsweise bei Affen die elektrische Reizung der Mandelkerne zu heftigen Flucht- und Abwehrreaktionen, die jedes andere Verhalten sofort beenden. Zerstörung der Mandelkernregion löst hingegen nach einer anfänglichen Trägheitsphase Hyperaktivität, Hypersexualität und Abnormitäten des Nahrungsaufnahmeverhaltens (gestörte Nahrungsselektion) aus. Zugleich unterbleiben Angstreaktionen und wilde Tiere werden auffallend zahm.

Im Hypothalamus und limbischen System konnten bereits eine Reihe von Strukturen identifiziert werden, in denen elektrische Reizung oder die Einbringung bestimmter Substanzen spezifische Motivationen bewirken. Solche Hirnbereiche stellen offenbar **Funktionszentren** oder Teile von zentralnervalen **Funktionskreisen** dar. In Untersuchungen an Ratten zeigte sich beispielsweise, daß **Androgene** durch Aktivierung von Neuronen in der **Area praeoptica medialis** die Kopulationsbereitschaft männlicher Tiere erhöhen. Das Lordoseverhalten weiblicher Tiere wird hingegen durch **Östrogenwirkung** auf den **ventromedialen Hypothalamus** gebahnt. Die Bahnung von Trinkverhalten erfolgt über zwei getrennte Systeme: **Hyperosmolarität** der extrazellulären Flüssigkeit erregt osmorezeptorische Neurone in der **Area praeoptica lateralis,** während **Volumsverluste** vor allem über die **Angiotensin-II-Wirkung auf zirkumventrikuläre Strukturen** das Trinken fördern. Für die Regulation der Nahrungsaufnahme scheinen zwei hypothalamische Zentren verantwortlich zu sein: ein **Appetitzentrum** im **medialen Vorderhirnbündel** und ein **Sattheitszentrum** im **ventromedialen Kern.** Sättigungssignale, die durch Erregung des Sattheitszentrums das Appetitzentrum hemmen, stammen aus mehreren Bereichen des Verdauungstraktes: Erhöhte Glukose- und Insulinspiegel dürften das Sattheitszentrum direkt aktivieren. Bereits vor diesen scheint jedoch Cholecystokinin den Hunger zu vermindern; intraventrikuläre Injektion von CCK konnten beim hungrigen Tier sofort die Nahrungsaufnahme beenden. Angst- und Angriffsverhalten kann von mehreren Gebieten des limbischen Systems, z. B. von den Mandelkernen, durch Elektrostimulation gebahnt werden. Auf die Bedeutung der Gonadenhormone für das Aggressionsverhalten wurde bereits hingewiesen.

b. Positive und negative Verstärkermechanismen des Gehirns

Gibt man einer Ratte die Gelegenheit, durch Betätigung einer Taste in der Skinnerbox sich selbst elektrische Gehirnreize zuzufügen **(intracranielle Selbststimulation),** so zeigt sich an der Häufigkeit des Tastendrückens die emotionelle Bedeutung der Erregung dieses Hirngebietes. Liegt die Spitze der Reizelektrode im **lateralen Hypothalamus,** so beginnen die Tiere, sich mit hoher Frequenz Hirnreize zuzufügen. Der belohnende Effekt der Reize ist so stark, daß Ratten bis 7000mal und Affen sogar bis 17 000mal pro Stunde die Taste betätigen und selbst hungrige oder durstige Tiere den Gehirnreiz Nahrung oder Wasser vorziehen (Olds). Die Appetenz nach dieser **»Gehirnbelohnung«** läßt die Ratten sogar über elektrisch geladene Gitter laufen, wenn sie dadurch zur Taste gelangen können. Im Gegensatz zu belohnenden Schlüsselreizen führt diese Reizung zu keiner Sättigung oder Antriebsverminderung. Liegt die Elektrodenspitze jedoch weiter medial, so wird die Taste nach einigen Reizen meist gemieden — der Reiz löst offenbar negative Empfindungen aus. Bei experimenteller Dauerreizung dieser Zonen leisten Tiere bis zur Erschöpfung Arbeit (z. B. Drehen eines Rades), wenn sie dadurch die Reizung unterbrechen können. Die direkte elektrische Erregung dieser Hirngebiete ist demnach als **positiver bzw. negativer Verstärker** in der operanten Konditionierung ebenso oder noch stärker wirksam als Schlüsselreize natürlichen Verhaltens.

Systematische Untersuchungen des Gehirns mit intracranieller Selbststimulation ergaben, daß belohnende Effekte nahezu vom ganzen limbischen System, vom Stammhirn, vom lateralen Hypothalamus und von Bahnen in Mesencephalon, Pons und Medulla oblongata auszulösen sind. Die wirksamste positive Verstärkung erhält man jedoch vom **medialen Vorderhirnbündel,** welches das Mesencephalon mit Hypothalamus und limbischem System verbindet (Abb. 417). Die Zonen, deren Reizung als positiver Verstärker wirksam ist, sind nahezu deckungsgleich mit dem **katecholaminergen Neuronensystem** des Gehirns und zeichnen sich zudem durch hohe Rezeptorendichte für

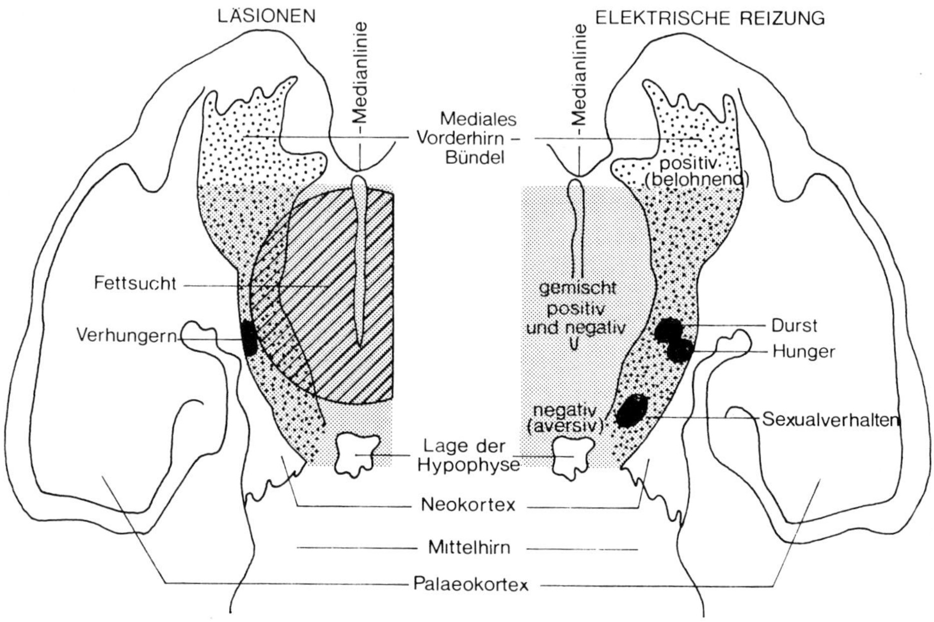

Abb. 417. **Hypothalamische Zentren emotionellen Verhaltens** (Horizontalschnitt). **Läsionen** durch Elektrokoagulation in der großen zentralen Region des Hypothalamus bedingen übermäßige Nahrungsaufnahme und führen zu Fettsucht. Elektrokoagulation in der kleinen lateralen Region führt hingegen zum Einstellen der Nahrungsaufnahme und zum Tod. **Elektrische Reizung** verschiedener Teile des Hypothalamus enthüllte Triebzentren für Hunger, Durst und Sexualverhalten in einem »Strom der Belohnung«, dem medialen Vorderhirnbündel. Eine aversive Region findet sich im zentralen hinteren Hypothalamus. In den davor gelegenen Gebieten lassen sich sowohl positive als auch negative Antworten auslösen. (In Chalmers, Crawley, Rose, 1971)

Endorphine aus. Die negativ verstärkenden Bereiche liegen **periventriculär im Di- und Mesencephalon** und umfassen kleinere Gebiete. Die Verstärkersysteme konnten bisher bei allen untersuchten Säugetieren und auch beim Menschen lokalisiert werden. Sie sind nicht identisch mit den Hirngebieten, von denen homöostatische Reaktionsmuster ausgelöst werden, sondern stellen offenbar ein eigenständiges, den Instinkten übergeordnetes System dar. Man bezeichnet es meist als **Annäherungs- und Meidesystem (Appetenz- und Aversionssystem).** Im Hinblick auf seine Funktion im Lernprozeß und am Menschen gewonnene Ergebnisse spricht man auch vom **Belohnungs- und Bestrafungssystem** bzw. **Lust- und Unlustsystem.**

4. Konfliktverhalten

Die Komplexität der inneren und äußeren Reizsituation führt häufig zur simultanen Aktivierung verschiedener Motivationen. Sind zwei Handlungstendenzen nicht miteinander vereinbar (z. B. Angriff und Flucht), so gerät das Tier in einen Motivationskonflikt, der sich im Verhalten manifestiert. Häufig wird der Konflikt durch **Hemmung aller Reaktionen außer einer** gelöst (z. B. Flucht hemmt Nahrungsaufnahme oder Komfortverhalten). Überwiegt keine der konkurrierenden Handlungstendenzen, so können abwechselnd Bewegungen beider Verhaltensweisen in Ansätzen in Erscheinung treten **(alternierende Intentionsbewegungen)** oder sich auch Elemente beider Verhaltensmuster zu einem **Kompromiß** vereinigen (Abb. 418); in diesem Falle spricht man von **ambivalentem Verhalten.** Tritt in **sozialen Auseinandersetzungen** ein Konflikt zwischen Angriffs- und Fluchttendenz auf, kann die Aggression auf unbeteiligte rangniedrigere Tiere oder neutrale Gegenstände umdirigiert werden **(umorientierte Bewegung).** Vielfach kommt es dabei auch zu Reaktionen, die mit keiner der konkurrierenden Handlungstendenzen zusammenhängen und meist aus dem Nahrungsaufnahme- oder Komfortverhalten stammen (z. B. Verlegenheitskratzen bei Hund und Katze, Scheinäsen bei Rind und Pferd). Die Mechanismen dieser als **Übersprungshandlung** bezeichneten Konfliktreaktion sind noch ungeklärt.

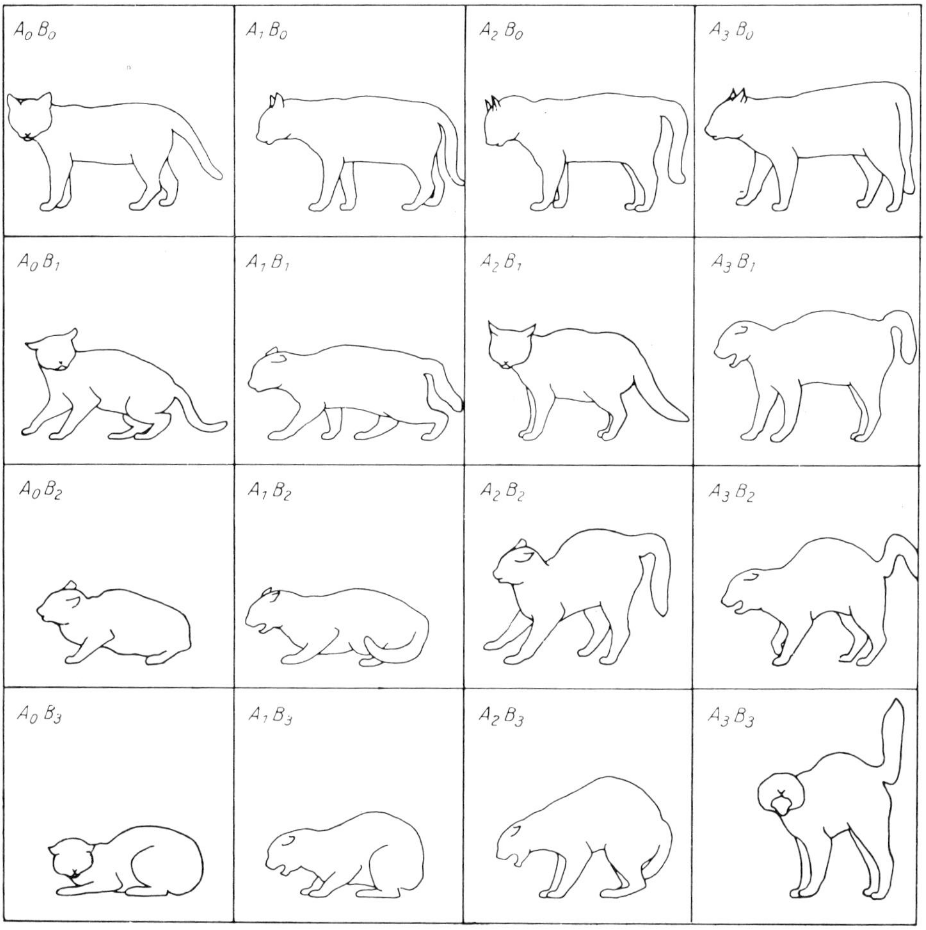

Abb. 418. Verschiedene Formen des Kompromißverhaltens im Konflikt zwischen Angriffsstimmung (Intensitäten A_0–A_3) und Abwehrstimmung (Intensitäten B_0–B_3). (Aus LEYHAUSEN, 1982)

F. Interindividuelle Verhaltensintegration (Sozialverhalten)

Ein Teil der Umweltreize, die das Verhalten des Tieres beeinflussen, stammen von Artgenossen. Diese können sowohl als **Partner** als auch als **Rivalen** auftreten. Soziale Verhaltensweisen treten daher als **Kontaktverhalten** oder als **Distanzierungsverhalten** in Erscheinung. Die Verständigung mit dem Artgenossen erfolgt hierbei durch Signale, die **affinen** (distanzvermindernden) oder **diffugen** (distanzvergrößernden) Charakter haben.

1. Distanzierungsverhalten

Distanzierungsverhalten tritt in verschiedenen Formen auf. Die wichtigsten sind: die **Erhaltung der Individualdistanz,** das **Territorialverhalten** und das **innerartliche** Kampfverhalten.

a. Erhaltung der Individualdistanz

Viele Tiere benötigen eine Minimaldistanz zum Artgenossen, die nur durch besondere Kontaktmechanismen, wie Demutshaltungen, Werbeverhalten und soziale Körperpflege überwunden werden kann. Die Individualdistanz ist z. B. beim Rind deutlich erkennbar, das bei ausreichendem Platz (Weide) stets etwa 2–3 m Abstand zum Nachbartier hält.

b. Territorialverhalten

Einzelne Tiere oder Tiergruppen können ein bestimmtes Gebiet **(Territorium, Revier)** für sich in Anspruch nehmen, von dem sie andere bzw. gruppenfremde Tiere fernhalten. Voraussetzung für die Erhaltung des Revieres ist seine Kennzeichnung. Sie kann durch Duft-, optische und akustische Markierung erfolgen. Die **Duftmarkierung** eines Reviers geschieht vielfach durch Absetzen von Harn oder Kot, dem, wie bei Hund und Kaninchen, Sekrete von Duftdrüsen anhaften. Aber auch Drüsen an anderen Körperstellen (z. B. an den Extremitäten) können der Markierung dienen.

Das markierte Revier muß nicht immer aus einem flächenhaften Areal bestehen. Es kann sich auch, wie bei Hausmäusen und Ratten, um mit Harn markierte Wege handeln.

Akustische Markierung des Reviers findet man bei Vögeln (»Reviergesang«), aber auch bei anderen Arten, wie z. B. den Brüllaffen.

Als **optische Revierkennzeichnung** findet man auffallende und weithin sichtbare Veränderungen der Körperoberfläche, wie beim »Prachtkleid« von Fischen und Vögeln oder der auffallend gefärbten Genitalregion verschiedener Primaten, die Eindringlingen präsentiert wird.

c. Innerartliches Kampfverhalten (aggressives Verhalten)

Als aggressives Verhalten **(Aggression)** bezeichnet man nach Eibl-Eibesfeldt jedes Angriffsverhalten, das allein durch Erscheinen des Artgenossen noch vor jedem physischen Kontakt ausgelöst wird. Nach den auslösenden Faktoren unterscheidet man zwischen **Revierkampf, Rivalenkampf** und **Kampf um die soziale Rangordnung.**

Der innerartliche Kampf hat bei Tieren offenbar nicht die Tötung des Gegners zum Ziel, sondern seine Vertreibung. Das Kampfverhalten hat deshalb meist ritualisierten Charakter und unterscheidet sich vom Kampf mit Beutetier oder Freßgegner. Der Ablauf läßt feste Regeln und bestimmte Phasen in gleichbleibender Reihenfolge erkennen. Derartige Kampfformen werden als **Kommentkampf** bezeichnet. Die Flucht des Unterlegenen oder vom infantilen Verhalten ableitbare **»Demutshaltungen«** beenden den Kampf und wirken auf das überlegene Tier als Tötungs- bzw. Aggressionshemmung.

2. Kontaktverhalten

Zur Bildung sozialer Gemeinschaften ist es notwendig, die Barriere der Individualdistanz und diffuger Signale zu überwinden. Soziale Attraktion wird durch aggressionshemmende **affine Signale** optischer, akustischer, olfaktorischer und auch taktiler Art erreicht. Zu den optischen affinen Auslösern zählen beispielsweise **Werbeverhalten** oder die sog. **Demutsgebärden.** Beide Formen enthalten Elemente infantiler Verhaltensweisen.

Innerhalb kleinerer Gruppen, deren Mitglieder sich gegenseitig kennen, wird die Aggression häufig durch Ausbildung einer **Rangordnung** neutralisiert. In größeren Gruppen markieren sich die Tiere gegenseitig mit Harn oder Drüsensekret (z. B. Mäuse oder Ratten). Tiere, denen dieser **Gruppenduft** anhaftet, werden nicht angegriffen.

Bei vielen Arten ist das Kontaktverhalten der **sozialen Körperpflege** (gegenseitiges Belecken, Beknabbern, Felldurchkämmen, »Lausen« der Affen, usw.) als Aggressionshemmer zu beobachten. Hierzu muß jedoch vorher durch geeignete Signale, wie z. B. Demutshaltungen, die Individualdistanz überwunden werden.

3. Arten von Verbänden

Nach Eibl-Eibesfeldt werden 3 Formen unterschieden: **Aggregationen, anonyme Verbände** und **individualisierte Verbände.**

▷ **Aggregationen** sind gelegentliche Ansammlungen von Tieren einer oder mehrerer Arten, wobei der Grund für das Zusammenkommen allein in der anziehenden Wirkung gewisser Umweltgegebenheiten liegt. Zwischen den Individuen besteht keine soziale Attraktion (z. B. Ansammlung von Schmetterlingen an der Tränke).

▷ **Anonyme Verbände** sind Gruppen mit sozialer Anziehung zwischen den Mitgliedern, wobei aber keine individuelle Bekanntschaft besteht. Sind hierin die Einzelindividuen beliebig austauschbar, wie bei Vogelscharen oder Fischschwärmen, so spricht man von **offenen anonymen Verbänden.** Der Zusammenhalt ist hier durch **artspezifische Signale** gegeben. Dadurch können Artgenossen jederzeit zum Verband stoßen.

Erkennen die Gruppenmitglieder einander an **Gruppenmerkmalen** (z. B. Gruppenduft bei Mäusen und Ratten), werden gruppenfremde Tiere nicht toleriert, d. h. angegriffen. Solche Gruppen werden als **geschlossene anonyme Verbände** bezeichnet.

▷ **Individualisierte Verbände** sind Gruppen, in denen sich alle Mitglieder an bestimmten Merkmalen erkennen. Dies ist die Voraussetzung für die Ausbildung einer **Rangordnung.** Rangordnungen entstehen durch Kämpfe, nach denen jedes Tier die überlegenen und unterlegenen Tiere individuell kennt. Sind die Rangordnungsverhältnisse festgelegt, so wird meist nur mehr wenig gekämpft. Verstöße gegen die Rangordnung werden durch Intentionsbewegungen aus dem Angriffsverhalten (sog. **Drohgebärden**) meist wirkungsvoll unterdrückt. Der Ranghöhere hat gegenüber dem Rangniedrigeren den Vorrang am Futterplatz, am Schlafplatz und beim Sexualpartner, übernimmt meist aber auch die Beschützerrolle gegenüber Freßfeinden. Werden soziale Rangordnungen gestört, z. B. durch Einbringen von neuen Tieren in die Herde, so verursachen neu auftretende Rangordnungskämpfe anhaltende Unruhe, die sich auf Gewichtsentwicklung und Futterverwertung negativ auswirkt.

G. Verhalten und Lebensalter

Das Verhalten unterliegt im Laufe des Lebens qualitativen und quantitativen Veränderungen. Diese sind zwischen den einzelnen Lebensabschnitten deutlich ausgeprägt und lassen 3 große Phasen erkennen: 1. Phase der Entwicklung artspezifischen Verhaltens: Sie reicht vom Embryonalleben bis zum Eintritt der Geschlechtsreife; 2. Phase der vollen Verhaltensausprägung; 3. Phase der Verhaltenseinschränkungen im Alter.

1. Phase der Entwicklung artspezifischen Verhaltens

Das Verhalten in der ersten Phase ist durch Entwicklungs- und Reifungsvorgänge des ZNS bestimmt. Bereits beim **Embryo** findet man periodische Bewegungsvorgänge, die ein geordnetes Muster aufweisen. Diese beginnen im Kopfbereich und setzen sich mit zunehmender Ausreifung des ZNS in Richtung Körperende fort. Sie werden durch spontane Aktivitäten zentralnervöser Zentren verursacht.

Bei der Geburt sind Organe und Verhalten je nach Tierart unterschiedlich weit entwickelt. Während sogenannte **Nesthocker** nur einfache Verhaltensformen zur Auslösung elterlicher Pflegehandlungen zeigen, sind die sog. **Nestflüchter** selbständiger und ähneln in Körperbau und Verhalten schon wesentlich stärker den erwachsenen Tieren.

Der **quantitative Zellenaufbau des Gehirns** ist bei der Geburt offensichtlich noch nicht abgeschlossen. Untersuchungen bei Ratte, Meerschweinchen und Katze ergaben, daß bis kurz nach der Geburt noch unreife Zellen **(Germinativzellen)** in großer Zahl vorhanden sind, die auch zu entfernten Stellen im ZNS wandern können. Man findet sie später differenziert zu Neuronen vom Typ Golgi II, z. B. in Hippocampus und Kleinhirn. Diese Einschaltung von neuen Nervenzellen in schon vorhandene Neuronennetze des Gehirns ist möglicherweise für frühkindliche Lernprozesse von Bedeutung.

In der weiteren Entwicklung reifen die artspezifischen (angeborenen) Verhaltensweisen unterschiedlich rasch aus. Zusammen mit der zunehmenden Speicherfähigkeit für Informationen ermöglicht das wachsende Repertoire verfügbarer ererbter Verhaltensweisen eine verbesserte Anpassung durch Lernprozesse. Das kindliche Verhalten wird schrittweise zurückgedrängt. Einige Verhaltensformen bleiben jedoch in ritualisierter Form erhalten, meist als aggressionshemmende Signale im sozialen Bereich (**»Demutsgebärden«**). Breiten Raum im kindlichen Verhalten nehmen Neugier- und Spielhandlungen ein, die beim erwachsenen Tier nur mehr in geringem Maße beobachtet werden.

2. Phase der vollen Verhaltensausprägung

Mit **Eintreten der Geschlechtsreife** und dem Erscheinen des kompletten Fortpflanzungsverhaltens sind alle artspezifischen Verhaltensweisen ausgebildet. Die nervale Grundlage des Fortpflanzungsverhaltens ist allerdings schon vor der Geschlechtsreife funktionsfähig und durch Behandlung mit Gonadenhormonen aktivierbar. Beim erwachsenen Tier ändert sich das angeborene Verhaltensrepertoire nicht mehr, doch wird durch Lernprozesse eine wirksamere Anpassung an die Umwelt erzielt.

3. Phase der Verhaltenseinschränkungen im Alter

Das **Verhalten des alten Tieres** ist durch sensomotorische und zentralnervöse Funktionseinschränkungen gekennzeichnet. Alterungsprozesse an den Sinnesorganen und rezeptorischen Hirnzentren vermindern den Informationsfluß und engen damit die Umwelt des Tieres ein. Besonders auffallend ist die veränderte Motorik des alten Tieres: Die Bewegungen sind langsamer und unsicherer als bei jüngeren Individuen, außerdem von geringerer Intensität und rascher ermüdbar. Die Ursachen hierfür sind einerseits in degenerativen Prozessen des ZNS zu suchen, andererseits aber auch in der verminderten Leistung der Skelettmuskulatur, deren Fähigkeit zur Regenerierung energiereicher Phosphate im Alter abnimmt. Die Alterung des ZNS äußert sich morphologisch in einer Abnahme der Zellzahl, Degeneration von Ganglienzellen und intrazellulärer Ablagerung von Alterspigment (Lipofuscin). Alterungsprozesse des Gehirns vermindern auch die Fähigkeit zu Lern- und Merkleistungen, wodurch die Verhaltensanpassung an neue Umweltbedingungen erschwert wird.

Ganz allgemein sind Verhaltensweisen im Alter um so stärker betroffen, je komplexer die zentralnervösen Mechanismen sind, die ihnen zugrunde liegen.

H. Die Domestikation

Die Übernahme des Tieres in den menschlichen Hausstand stellt eine Manipulation des natürlichen Selektionsprozesses dar. Der Mensch ändert die Umwelt des Tieres derart, daß der für die natürliche Selektion wesentliche Existenzkampf an Bedeutung verlor. Durch tierzüchterische Maßnahmen wurde auch das Tier selbst in gezielter Weise verändert. Die Selektion nach dem Gesichtspunkt menschlichen Nutzens bewirkte Änderungen des Körperbaues, der Organfunktionen und besonders des Verhaltens.

Schon die allgemeine **Motorik** zeigt auffallende Unterschiede zwischen Wildtieren und ihren domestizierten Formen. Besonders bei den jagenden Tieren erscheinen die Bewegungen der Wildform kraftvoller und fließender. Auch die **Aktivitätsmaxima** im circadianen und in anderen Rhythmen sind bei den Haustieren weniger ausgeprägt. Es muß jedoch bedacht werden, daß sich hier neben genetischen Faktoren auch die meist geringere Bewegungsmöglichkeit der Haustiere auf Muskelkraft und Bewegungskoordination nachteilig auswirkt.

Viele Veränderungen quantitativer Natur finden sich im Bereich des **Instinktverhaltens.** Vor allem solche erbangepaßten Verhaltensweisen, die das Tier für das Zusammenleben mit dem Menschen ungeeignet machten (wie Flucht- und Angriffsverhalten), wurden durch die Auswahl zahmer Tiere für die Zucht soweit eingeschränkt, daß das tierische Verhalten dem Menschen durch Lernprozesse angepaßt werden konnte. So ist beispielsweise die Fluchtdistanz des Hundes wesentlich geringer als die des Wolfes. Auch die Individualdistanz ist bei den Hunden — im Gegensatz zu den Wölfen — äußerst gering.

Häufig findet man bei den Haustieren eine **Dissoziation** angeborener Verhaltensmuster. Das bedeutet, daß Verhaltensabläufe, die bei Wildformen zusammenhängen, unvollständig oder nur in einzelnen Teilkomponenten auftreten. Verhaltensdissoziation läßt sich oft beim Beutefangverhalten (z. B. Katze fängt wiederholt dieselbe Maus, ohne sie zu töten oder zu fressen) oder im Bereiche der Fortpflanzung (z. B. Kopulation ohne vorhergehendes Werbeverhalten) beobachten.

Während einzelne Verhaltensweisen **hypotrophieren** (Aggression und Flucht), **hypertrophieren** andere, wie Freßverhalten, Neugier- und Spielverhalten. Auch Teilkomponenten aus anderen Verhaltensmustern können hypo- oder hypertrophieren. Beispielsweise wird das bei einigen Hunderassen permanente Hochhalten des Schwanzes als Hypertrophie der beim Wolf nur beim Imponieren auftretenden Verhaltensweise interpretiert. Hypertrophie finden wir auch bei bestimmten Bewegungsarten einiger Pferderassen. Diese werden durch Dressur noch weiter herausgearbeitet (Hohe Schule). Bei der Zucht landwirtschaftlicher Nutztiere wird auf eine Hypertrophie des Fortpflanzungsverhaltens hin selektiert. Dies zeigt sich in einem früher auftretenden, länger anhaltenden und intensiveren Geschlechtstrieb. Hyper- und Hypotrophie weisen auf eine **domestikationsbedingte Änderung der Schwellenwerte angeborener Auslösemechanismen** für die entsprechenden Schlüsselreize hin.

Häufig findet man bei erwachsenen Haustieren eine **Regression** in der Verhaltensontogenese. Infantiles Verhalten, das bei erwachsenen Wildtieren weitgehend zurückgedrängt ist (z. B. Spiel- und Neugierverhalten), persistiert bei erwachsenen Haustieren wesentlich stärker.

Die **Selektivität des AAM** ist bei den Haustieren gegenüber den Wildformen vermindert. Das Bankivahuhn (eine Wildform) nimmt nur Küken an, die an Kopf und Rücken eine bestimmte Zeichnung besitzen, andere werden getötet. Die meisten Haushühner akzeptieren jedoch Küken unterschiedlicher Farbe und Größe. Die verminderte Selektivität führt häufig auch zur Verhaltensauslösung durch völlig inadäquate Objekte (z. B. Hunde jagen häufig hinter jedem bewegten Objekt her, selbst wenn es — wie Straßenfahrzeuge — nicht die geringste Ähnlichkeit mit einem Beutetier besitzt).

Im **sozialen Bereich** fällt die Verminderung der Individualdistanz und die Änderung des Signalverhaltens besonders auf. Man konnte feststellen, daß bei Hund und Wolf nur mehr etwa 50 % der Ausdrucksbewegungen identisch sind. Auch die sozialen Strukturen sind bei Wildform und domestiziertem Tier häufig unterschiedlich: Bei Wölfen und Hunden bildet sich innerhalb des Rudels eine Rangordnung aus. Bei Wölfen variiert diese durch häufige Rangkämpfe, bei Hunden ist sie jedoch ziemlich stabil.

Bei einigen Haustierarten, die in engem Kontakt mit dem Menschen leben (Pferd, Hund), sind die sozialen Verhaltensweisen auf den Menschen gerichtet. Dies vor allem dann, wenn die Pflege schon kurz nach der Geburt vom Menschen übernommen wird und Prägung oder prägungsähnliche Vorgänge zur Auswirkung kommen. Alle beobachteten Domestikationserscheinungen haben quantitativen Charakter: Die Häufigkeit und Spezifität angeborener Verhaltensweisen wurde durch Zucht und Umwelt verändert, ohne neue Verhaltensweisen hervorzubringen. Diese Unterschiede im Verhalten sind offensichtlich mit Veränderungen des ZNS korreliert. Es wurde nachgewiesen, daß bei domestizierten Tieren das Hirngewicht gegenüber der Wildform bis über 30 % vermindert ist. Rund 60 % dieser Verminderung entfallen bei evolutiv höherstehenden Säugetieren auf den Neocortex. Es dürfte auch eine Beziehung zwischen Ausmaß der Domestikation und Gehirngewichtsreduktion bestehen: bei der weniger domestizierten Katze ist sie geringer als bei dem stärker domestizierten Hund. Auch im hormonellen System findet man Unterschiede, wobei vor allem Nebennierenrinde und Schilddrüse bei domestizierten Tieren kleiner sind.

Abschließend soll darauf hingewiesen werden, daß besonders die heutige Massentierhaltung verhaltenstechnologische Probleme aufwirft. Die Haltung großer Tierzahlen auf engem Raum und die meist stark eingeschränkte Beweglichkeit unterscheiden die Umwelt stark von der, auf die das

Verhalten in der Evolution programmiert wurde. Die Abnahme natürlicher Reize einerseits und die Überladung mit natürlichen und unnatürlichen Umweltreizen andererseits können auch beim Tier zu Verhaltensstörungen führen, die andere physiologische Vorgänge nachteilig beeinflussen.

Literatur

Wörterbücher

HEYMER, A., 1977: Ethologisches Wörterbuch (Deutsch, Englisch, Französisch). Verlag Paul Parey, Berlin, Hamburg.

IMMELMANN, K., 1982: Wörterbuch der Verhaltensforschung. Verlag Paul Parey, Berlin, Hamburg.

MCFARLAND, D., 1981: The Oxford Companion to Animal Behaviour. Oxford University Press, Oxford, London.

MEYER, P., 1984: Taschenlexikon der Verhaltenskunde. 2. Aufl. UTB, Schöningh Verlag, Paderborn, München, Wien, Zürich.

Zusammenfassende Darstellungen

BUCHHOLTZ, CH., 1982: Grundlagen der Verhaltensphysiologie. Vieweg-Studium 53: Grundkurs Biologie. Verlag Vieweg, Braunschweig, Wiesbaden.

EIBL-EIBESFELDT, I., 1967: Grundriß der vergleichenden Verhaltensforschung. Verlag R. Piper & Co., München.

IMMELMANN, K., 1979: Einführung in die Verhaltensforschung (Pareys Studientexte Nr. 13). Verlag Paul Parey, Berlin, Hamburg.

LORENZ, K., 1978: Vergleichende Verhaltensforschung (Grundlagen der Ethologie). Springer-Verlag, Wien, New York.

MANNING, A., 1979: Verhaltensforschung (Eine Einführung). Springer-Verlag, Berlin, Heidelberg, New York.

TEMBROCK, G., 1980: Grundriß der Verhaltenswissenschaften. Gustav Fischer Verlag, Stuttgart.

TINBERGEN, N., 1976: Instinktlehre (Vergleichende Erforschung angeborenen Verhaltens). 6. Aufl. Verlag Paul Parey, Berlin, Hamburg.

Lernen und Gedächtnis

ANGERMAIER, W. F., M. PETERS, 1973: Bedingte Reaktionen. Springer-Verlag, Berlin, Heidelberg, New York.

BUCHHOLTZ, CH., 1973: Das Lernen bei Tieren. Gustav Fischer Verlag, Stuttgart.

Motivation

OLDS, J., 1977: Drives and Reinforcement. Raven Press, New York.

PFAFF, D. W., 1982: The Physiological Mechanisms of Motivation. Springer-Verlag, New York, Heidelberg, Berlin.

Ethologie der Haustiere

BOGNER, H., A. GRAUVOGL, 1984: Verhalten landwirtschaftlicher Nutztiere. Verlag Eugen Ulmer, Stuttgart.

HOUPT, K., T. R. WOLSKY, 1982: Domestic Animal Behavior for Veterinarians and Animal Scientists. The Iowa State University Press. Ames.

LEYHAUSEN, P., 1982: Katzen, eine Verhaltenskunde. 6. Aufl. Verlag Paul Parey, Berlin, Hamburg.

PORZIG, E., 1969: Das Verhalten landwirtschaftlicher Nutztiere. VEB Deutscher Landwirtschaftsverlag, Berlin.

SAMBRAUS, H. H., 1978: Nutztierethologie. (Das Verhalten landwirtschaftlicher Nutztiere — Eine angewandte Verhaltenskunde für die Praxis.) Verlag Paul Parey, Berlin, Hamburg.

Sachverzeichnis